HANS-GEORG ELIAS · MAKROMOLEKÜLE

# Makromoleküle

## Struktur - Eigenschaften - Synthesen
## Stoffe

HANS-GEORG ELIAS

Mit 262 Abbildungen und 173 Tabellen

3., völlig überarbeitete Auflage

HÜTHIG & WEPF VERLAG BASEL · HEIDELBERG

Anschrift des Verfassers

Prof. Dr. H.-G. ELIAS
Midland Macromolecular Institute
1910 W. St. Andrews Drive
Midland, Mich. 48640, USA

ISBN 3-7785-0211-5 (1. Auflage 1971)
ISBN 3-7785-0262-X (2., unveränderte Auflage 1972)
ISBN 3-7785-0336-7 (3., völlig überarbeitete Auflage 1975)


Printed in Germany

*Didici in mathematicis ingenio, in natura experimentis, in legibus divinis humanisque auctoritate, in historia testimoniis nitendem esse*

*G. W. Leibniz*

*(Ich lernte, daß man sich in der Mathematik auf die Eingebung des Geistes, in der Naturwissenschaft auf das Experiment, in der Lehre vom göttlichen und menschlichen Recht auf die Autorität und in der Geschichte auf begläubigte Quellen zu stützen habe).* .

## Vorwort zur dritten Auflage

Die im November 1971 erschienene 1. Auflage dieses Lehrbuches war innerhalb eines Jahres und somit so schnell vergriffen, daß bereits 1972 eine 2. Auflage folgen mußte. Sie war aus zeitlichen Gründen unverändert gegenüber der ersten. Da sich die Makromolekulare Wissenschaft in der Zeit zwischen der Niederschrift des Buches (1962–1969) und dem Jahre 1973 stürmisch entwickelte, wurde die 3. Auflage gründlich überarbeitet.

Sie enthält nunmehr neue Kapitel über Nomenklatur, den amorphen Zustand, die Kinetik der Ziegler-Polymerisation, strahlungsaktivierte Polymerisationen, Polyazole und optische Eigenschaften. Wesentlich verändert und praktisch neu geschrieben wurden die Kapitel über Konfiguration, Konformation, Thermische Umwandlungen, Grenzflächenphänomene, Ionische Polymerisation, Reaktionen von Makromolekülen, Chemische Alterung, Nucleinsäuren, Proteine und Polysaccharide. Alle anderen Kapitel wurden gründlich überarbeitet und ergänzt sowie teilweise gestrafft. Aus didaktischen Gründen wurde ferner der Teil „Eigenschaften“ in zwei Teile unterteilt, nämlich in „Lösungseigenschaften“ und „Eigenschaften im festen Zustand“. Aus dem gleichen Grund wurde das Kapitel „Polykondensation“ vorgezogen und das Kapitel „Anorganische Ketten“ an das Ende verschoben.

Im ganzen Buch wurden ferner die neuen internationalen Vereinbarungen und nationalen Gesetze berücksichtigt. Die Bundesrepublik Deutschland folgte den Empfehlungen der International Organization for Standardization und verabschiedete 1969-7-2 (früher: 2. Juli 1969) ein „Gesetz über Einheiten in Meßwesen“. Alle in früheren Auflagen verwendeten Einheiten und Zeichen wurden daher umgestellt. Die gesetzlich zulässige Temperatur °C wurde jedoch immer dann beibehalten, wenn die Temperaturangabe lediglich beschreibend ist. In Kombination mit anderen Einheiten wurde stets die thermodynamische Temperatur K benutzt.

In den weitaus überwiegenden Fällen wurden die physikalischen Symbole ferner entsprechend den Empfehlungen der Internationalen Union für Reine und Angewandte Chemie gewählt. In einigen Fällen mußte jedoch im Interesse der Klarheit von diesen Empfehlungen abgewichen werden (vgl. dazu das Verzeichnis der Abkürzungen).

Ich habe auch bei dieser Auflage wieder vielen Kollegen und Freunden zu danken, die mich durch Übersendung von Sonderdrucken unterstützt und auf Fehler aufmerksam gemacht haben. Mein besonderer Dank gilt diesmal meinen Kollegen am Midland Macromolecular Institute für viele fruchtbare Diskussionen und Vorschläge, nämlich Frau Dr. *Mary M. Exner* und den Herren Drs. *Robert J. Kostelnik, Dale J. Meier, Robert L. Miller Sen.* und *Karel Solc.*

## Aus dem Vorwort zur 1. und 2. Auflage

Dieses Lehrbuch ist – wie so viele seiner Art – aus den Bedürfnissen des Unterrichts entstanden. Im obligatorischen Unterricht in den makromolekularen Wissenschaften für die Chemiker und Werkstoffkundler des 3. – 7. Semesters hatte ich seit vielen Jahren ein Lehrbuch vermißt, das von den Grundlagen der Chemie und Physik makromolekularer Substanzen bis zu den Anwendungen der Makromoleküle in der Technik führte. Dieses Lehrbuch sollte die Lücke zwischen den kurzen und daher oft zu sehr simplifizierenden Einführungen und den hochspezialisierten Lehrbüchern und Monographien über Teilgebiete der makromolekularen Wissenschaften schließen und einen Überblick über das Gesamtgebiet vermitteln. Die Gliederung des Stoffes ergab sich dann aus folgenden Überlegungen:

Die chemische Struktur von makromolekularen Verbindungen sollte im Idealfall unabhängig vom eingeschlagenen Syntheseweg sein. Von der chemischen und der physikalischen Struktur hängen auch alle Eigenschaften ab. Die Kapitel über die Struktur der Makromoleküle stehen darum am Anfang des Buches, in Übereinstimmung mit der seit vielen Jahren erfolgreichen Praxis bei Lehrbüchern der anorganischen und der organischen Chemie. ......

Bei den einzelnen Kapiteln wird eine angemessene Kenntnis der anorganischen, organischen und physikalischen Chemie einschließlich der dort verwendeten Methoden vorausgesetzt. Alle für die Wissenschaft der Makromoleküle wichtigen Überlegungen und Ableitungen wurden jedoch – wenn immer möglich – von den Grundphänomenen und -überlegungen aus Schritt für Schritt vorgenommen. Ich hoffe daher, daß sich dieses Buch zum Selbststudium eignet. In einigen Fällen war ich gezwungen, strengere Ableitungen mit ihrem zwangsläufig größeren mathematischen Aufwand zugunsten halbquantitativer, aber durchsichtigerer Ansätze zu vernachlässigen.

Ein Lehrbuch muß sich notgedrungen stark auf die in Übersichtsartikeln und Monographien zugängliche Sekundärliteratur stützen. Ich habe zwar über 4000 Originalarbeiten vor, während und nach der Abfassung der einzelnen Kapitel wiederholt konsultiert, jedoch mit einer Ausnahme davon abgesehen, Originalliteratur zu zitieren. Diese Ausnahme betrifft das Kapitel über die geschichtliche Entwicklung, und zwar deshalb, weil mir eine abgewogene Darstellung der Geschichte der Chemie und Physik der makromolekularen Substanzen im Sinne einer Geschichte der Erkenntnisse nicht zugänglich war. Außerdem glaube ich, daß das Studium dieser älteren Originalliteratur dem Interessierten doch einen kleinen Einblick in die Schwierigkeiten vermittelt, die Vorurteile und unsaubere Begriffe einem besseren Verständnis der Phänomene bereiten. Die Originalliteratur vor allem der neueren Arbeiten sollte jedoch über die angeführten Übersichtsarbeiten verhältnismäßig leicht zugänglich sein. Ich hatte außerdem Bedenken, in einem Lehrbuch (das weder eine Monographie noch ein Referenzbuch ist und sein soll) Originalliteratur zu zitieren, weil der Fachmann nur zu leicht neuere Entwicklungen gegenüber den ihm selbstverständlich gewordenen älteren Entdeckungen und Überlegungen überbewertet. Eine historisch sachgemäße und abgewogene Würdigung der Ideen und Entdeckungen ist aber eine Aufgabe, der ich mich bei der Vielfalt und der Breite dieses Gebietes nicht gewachsen fühlte. Da es mir aus diesen Gründen unmöglich war, der Arbeit einzelner Chemiker und Physiker die gebührende Anerkennung zu zollen, habe ich im Text Namen nur dann erwähnt, wenn sie im Zusammenhang mit Reaktionen, Methoden und Phänomenen zu termini technici geworden sind (z.B. Staudinger-Index, Ziegler-Katalysatoren, Flory-Huggins-Konstante, Trommsdorf-Norrish-Effekt, Smith-Harkins-Theorie usw.). Aus der gelegentlichen Verwendung von Markennamen kann kein Recht für die allgemeine Benutzung abgeleitet werden.

In allen Fällen wurde weniger Wert darauf gelegt, möglichst viele Fakten zu vermitteln als vielmehr das Denken zu schulen und die Zusammenhänge zwischen den einzelnen Teilgebieten aufzuzeigen. Ich habe also ähnlich wie Dr. Andreas Libavius (Alchemia, Ein Lehrbuch der Chemie aus dem Jahre 1597, Neuauflage 1964 des Gmelin-Institutes) die Chemie in

> „mühevoller Arbeit, hauptsächlich aus den allerorten verstreuten Einzelangaben der besten alten und neueren Autoren, ferner auch aus etlichen allgemeinen Lehrvorschriften zusammengetragen und anhand theoretischer Überlegung und größtmöglicher praktischer Erfahrung nach sorgfältiger Methode dargelegt und zu einem einheitlichen Gesamtwerk verarbeitet."

Der Leser möge beurteilen, inwieweit dies für das vorliegende Lehrbuch gelungen ist.

*HANS-GEORG ELIAS*

## Abbildungsnachweis

Den folgenden Verlagen sei für die Erlaubnis zur Übernahme von Abbildungen und Tabellen gedankt:

### Teil I

*Academic Press,* London: D. Lang, H. Bujard, B. Wolff und D. Russell, J. Mol. Biol. **23** (1967) 163, (Abb. 4 - 11)

*Akademie Verlag,* Berlin: H. Dautzenberg, Faserforschg. und Textiltechnik **21** (1970) 117, (Abb. 4 - 18)

*American Chemical Society,* Washington: P. Doty und J. T. Yang, J. Amer. Chem. Soc. **78** (1956) 498, (Abb. 4 - 24); M. Goodman und E. E. Schmitt, J. Amer. Chem. Soc. **81** (1959) 5507, (Abb. 4 - 20); S. I. Mizushima und T. Shimanouchi, J. Amer. Chem. Soc. **86** (1964) 3521, (Abb. 4 - 5)

*American Institute of Physics,* New York: W. D. Niegisch und P. R. Swan, J. Appl. Phys. **31** (1960) 1906, (Abb. 5 - 15)

*Butterworths,* London: A. Nakajima und F. Hameda, IUPAC, Macromol. Microsymp. VIII und IX (1972) 1, (Abb. 5 - 21)

*W. H. Freeman and Company Publishers,* San Francisco: M. F. Perutz, Sci. American, Nov. 1964, S. 71 (Abb. 4 - 19)

*Gazzetta Chimica Italiana,* Rom: G. Natta, P. Corradini und I. W. Bassi, Gazz. Chim. Ital. **89** (1959) 784, (Abb. 4 - 6)

*Interscience Publishers,* New York: T. M. Birshtein und O. B. Ptitsyn, „Conformation of Macromolecules", S. 34, (Abb. 4 - 2); P. H. Lindenmeyer, V. F. Holland und F. R. Anderson, J. Polymer Sci. **C 1** (1963) 5, (Abb. 5 - 16, 5 - 17 und 5 - 19); P. J. Flory, Statistical Mechanics of Chain Molecules (1969) Chapt. V, Fig. 9, (Abb. 4 - 14); J. Berry und E. F. Casassa, J. Polymer Sci. **D 4** (1972) p. 33, (Abb. 4 - 15); P. Pino, F. Ciardelli, G. Montagnoli und O. Pieroni, Polymer Letters **5** (1967) 307, (Abb. 4 - 21); A. Jeziorny und S. Kepka, J. Polymer Sci. **B 10** (1972) 257, (Abb. 5 - 4); H. D. Keith, F. J. Padden und R. G. Vadimsky, J. Polymer Sci. [**A - 2**], **4** (1966) 267, (Abb. 5 - 22)

*Kogyo Chosakai Pub. Co.,* Tokyo, Japan: M. Matsuo, Japan Plastics, July 1968, p. 6 (Abb. 5 - 31)

*Pergamon Press,* New York: J. T. Yang, Tetrahedron **13** (1961) 143, (Abb. 4 - 23)

*Societa Italiana di Fisica,* Bologna: G. Natta und P. Corradini, Nuovo Cimento Suppl. **15** (1960) 111, (Abb. 5 - 9)

*D. Steinkopff Verlag,* Darmstadt: A. J. Pennings, J. M. M. A. van der Mark, und A. M. Keil, Kolloid-Z., **237** (1970) 336, (Abb. 5 - 28)

*Textile Research Institute,* Princeton, N. J.: H. M. Morgan, Textile Res. J. **32** (1962) 866, (Abb. 5 - 33)

*Verlag Chemie,* Weinheim/Bergstraße: L. Pauling, Die Natur der chem. Bindung, S. 80, (Tab. 2 - 2); H. Staudinger und E. Husemann, Liebigs Ann. Chemie **527** (1937) 195, (Tab. 1 - 3)

### Teil II

*Akademie-Verlag,* Berlin: K. Edelmann, Faserf. und Textiltechnik **3** (1952) 344, (Abb. 7 - 6)

*American Chemical Society,* Washington: K. G. Siow und G. Delmas, Macromolecules **5** (1972) 29, (Abb. 6 - 10)

*The Biochemical Journal,* London: P. Andrews, Biochem. J. **91** (1964) 222, (Abb. 9 - 18)

*Butterworths,* London: H. P. Schreiber, E. B. Bagley und D. C. West, Polymer **4** (1963) 355, (Abb. 7 - 7)

*The Faraday Society,* London: R. M. Barrer, Trans. Faraday Soc. **35** (1939) 628, (Tab. 7 - 2); R. B. Richards, Trans. Faraday Soc. **42** (1946) 10, (Abb. 6 - 19)

*General Electric Co.,* Schenectady: A. R. Schultz, General Electric Report 67 -C-072, (Abb. 6 - 15)

*Carl Hanser Zeitschriften Verlag,* München: G. Rehage, Kunststoffe **53** (1963) 605, (Abb. 6 - 11)

*Institution of the Rubber Industry,* London: G. Gee, Trans. Inst. Rubber Ind. **18** (1943) 266, (Abb. 6 - 1)

*Interscience Publishers,* New York: T. G. Fox, J. Polymer Sci. **C 9** (1965) 35, (Abb. 7 - 8); G. Rehage und D. Möller, J. Polymer Sci. **C 16** (1967) 1787, (Abb. 6 - 14); Z. Grubisic, P. Rempp und H. Benoit, J. Polymer Sci. **B 5** (1967) 753 (Abb. 9 - 19)
*Journal of the Royal Netherlands Chemical Society,* 's-Gravenhage: D. T. F. Paals und J. J. Hermans, Rec. Trav. **71** (1952) 433, (Abb. 9 - 25)
*Pergamon Press,* New York: H. Hadjichristidis, M. Devaleriola und V. Desreux, European Polymer J. 8 (1972) 1193, (Abb. 9 - 27)
*Springer Verlag,* New York: H.-G. Elias, R. Bareiss und J. G. Watterson, Adv. Polymer Sci. **11** (1973) 111, (Abb. 8 - 6)
*Verlag Chemie,* Weinheim/Bergstraße: H. Benoit, Ber. Bunsenges. **70** (1966) 286, (Abb. 8 – 5); G. V. Schulz, Ber. Dtsch. Chem. Ges. **80** (1947) 232, (Abb. 9 - 1)

**Teil III**

*American Institute of Physics,* New York: H. D. Keith und F. J. Padden, jr., J. Appl. Phys. **30** (1959) 1479, (Abb. 11 - 15); R. S. Spencer und R. F. Boyer, J. Appl. Phys. **16** (1945) 594, (Abb. 11 - 17)
*Badische Anilin- & Soda-Fabrik AG,* Ludwigshafen/Rh.: „Kunststoff-Physik im Gespräch", S. 103 und 107, (Abb. 11 - 1 und 11 - 3)
*Butterworths,* London: A. Sharples, Polymer **3** (1962) 250, (Abb. 10 - 7); A. Gandica und J. H. Magill, Polymer **13** (1972) 595, (Abb. 10 - 9)
*Engineering, Chemical & Marine Press, Ltd.,* London: R. A. Hudson, British Plastics **26** (1953) 6, (Abb. 11 - 12)
*The Faraday Society,* London: L. R. G. Treloar, Trans. Faraday Soc. **40** (1944) 59, (Abb. 11 - 5)
*General Electric Co.,* Schenectady: F. A. Karasz, H. E. Bair und J. M. O'Reilly, General Electric Report 68-C-001, (Abb. 10 - 4)
*Interscience Publishers,* New York: N. Berendjick, in B. Ke, Hrsg., Newer Methods of Polymer Characterization, 1964, (Abb. 13 - 1); J. P. Berry, J. Polymer Sci. **50** (1961) 313, (Abb. 11 - 14); O. B. Edgar und R. Hill, J. Polymer Sci. 8 (1952) 1, (Abb. 10 - 17); K. V. Fulcher, D. S. Brown und R. E. Wetton, J. Polymer Sci. **C 38** (1972) 315, (Abb. 10 - 10); H. W. McCormick, F. M. Brower und L. Kin, J. Polymer Sci. **39** (1959) 87, (Abb. 11 - 16); N. Overbergh, H. Bergmans und G. Smets, J. Polymer Sci. **C 38** (1972) 237, (Abb. 10 - 12); G. Rehage und W. Borchard, in R. N. Haward, Hrsg., „The Physics of the Glassy State", p. 54, (Abb. 10 - 2); P. I. Vincent, Encyclopedia of Polymer Science Technology, Vol. VII, S. 292, (Abb. 11 - 10); A. Ziabicki, in H. Mark, S. M. Atlas und E. Cernia, Man-Made Fibers, Vol. I (1967) S. 17 und S. 21, (Abb. 12 - 4 und 12 - 5)
*Japan Synthetic Rubber Co.,* Tokyo: anonym, Japan Synthetic Rubber News **10** (1972) Nr. 1, (Abb. 10 - 18)
*Verlag B. M. Leitner,* Wien: F. Patat, Allg. Prakt. Chem. **18** (1967) 96, (Abb. 13 - 5)
*McGraw-Hill Book Co.,* New York: A. X. Schmidt und C. A. Marlies, Principles of High Polymer Theory and Practice, 1948, p. 66 (Abb. 10 - 6)
*Research Group of Polymer Physics in Japan,* Tokyo: H. Tadokoro, Y. Chatani, M. Kobayashi, T. Yoshihara, S. Murahashi und K. Imada, Rep. Progr. Polymer Phys. Japan **6** (1963) 305, (Abb. 10 - 15)
*Society of Plastics Engineers,* Greenwich, Conn.: J. D. Hoffman, SPE Trans. **4** (1964) 315, (Abb. 10 - 11)
*Springer-Verlag,* Berlin: H. Mark, in H. A. Stuart, Die Physik der Hochpolymeren, Bd. IV (1956) 630, (Tab. 12 - 2)
*Dr. Dietrich Steinkopff Verlag,* Darmstadt: G. Kanig, Kolloid-Z. **190** (1963) 1, (Abb. 10 - 22)
*Van Nostrand Reinhold Company,* New York: R. C. Bowers und W. A. Zisman, in S. Baer, Hrsg., Engng. Design for Plastics, S. 696, (Abb. 13 - 4)
*Verlag Chemie,* Weinheim/Bergstraße: K.-H. Illers, Ber. Bunsenges. **70** (1966) 353, (Abb. 10 - 20); G. Rehage, Ber. Bunsenges. **74** (1970) 796, (Abb. 10 - 3)

**Teil IV**

*Akademische Verlagsgesellschaft,* Leipzig: G. V. Schulz, A. Dinglinger und E. Husemann, Z. physik. Chem. **B 43** (1939) 385, (Abb. 20 - 7)
*American Chemical Society,* Washington: P. J. Flory, J. Amer. Chem. Soc. **63** (1941) 3083, (Abb. 17 - 5); H. P. Gregor, L. B. Luttinger und E. M. Loebl, J. Phys. Chem. **59** (1955) 34, (Abb. 23 - 4); G. V. Schulz, Chemtech., April 1973, p. 224, (Abb. 18 - 3) und p. 221, (Abb. 20 - 3)
*Butterworths,* London: C. E. H. Bawn und M. B. Huglin, Polymer **3** (1962) 257, (Abb. 17 - 6); D. R. Burfield und P. J. T. Tait, Polymer **13** (1972) 307, (Abb. 19 - 1) und (Abb. 19 - 2); I. D. McKenzie, P. J. Tait und D. R. Burfield, Polymer **13** (1972) 307, (Abb. 19 - 3)
*The Chemical Society,* London: W. C. Higginson und N. S. Wooding, J. Chem. Soc. (1952) 774, (Tab. 18 - 1)
*Chemie-Verlag Vogt-Schild AG,* Solothurn: G. Henrici-Olivé und S. Olivé, Kunststoffe-Plastics **5** (1958) 315, (Abb. 20 - 4) und (Abb. 20 - 5)
*The Faraday Society,* London: F. S. Dainton und K. J. Ivin, Trans. Faraday Soc. **46** (1950) 331, (Tab. 16 - 9)
*Interscience Publishers,* New York: E. J. Lawton, W. T. Grubb und J. S. Balwit, J. Polymer Sci. **19** (1956) 455, (Abb. 21 - 1)
*The Royal Society,* London: N. Grassie und H. W. Melville, Proc. Royal Society (London) **A 199** (1949) 14, (Abb. 23 - 6)
*Verlag Chemie,* Weinheim/Bergstraße: F. Patat und Hj. Sinn, Angewandte Chem. **70** (1958) 496, (Gl. (19 - 11)); G. V. Schulz, Ber. Dtsch. Chem. Ges. **80** (1947) 232, (Abb. 20 - 6); J. Smid, Angewandte Chem. **84** (1972) 127, (Abb. 18 - 1); K. J. Ivin, Angewandte Chem. **85** (1973) 533, (Abb. 16 - 3)

**Teil V**

*Academic Press,* New York: R. S. Baer, Adv. Protein Chem. **7** (1952) 69, (Abb. 30 - 3)
*W. H. Freeman and Company Publishers,* San Francisco: Hans Neurath, „Protein-diggesting Enzymes“, Sci. American, December 1964, S. 69, (Abb. 30 - 1)
*Interscience Publishers,* New York: J. F. Brown, jr., J. Polymer Sci. **C 1** (1963) 83, (Abb. 33 - 3)
*Verlag Chemie,* Weinheim/Bergstraße: E. Thilo, Angewandte Chem. **77** (1965) 1057, (Abb. 33 - 4)

## Verzeichnis der Abkürzungen

Alle Abkürzungen wurden nach Möglichkeit dem „Manual of Symbols and Terminology for Physicochemical Quantities and Units", Pure and Applied Chemistry **21** (1970) No. 1, entnommen. Einige der dort aufgeführten Symbole mußten jedoch im Interesse der Klarheit durch andere ersetzt werden.

Nach ISO (International Standardization Organization) sollen alle extensiven Größen mit großen Buchstaben, alle intensiven Größen mit kleinen Buchstaben bezeichnet werden. IUPAC folgt jedoch nicht dieser Empfehlung, sondern benutzt kleine Buchstaben für spezifische Größen.

Die folgenden Symbole wurden über oder hinter einem Buchstaben verwendet:

*Symbole über einem Buchstaben:*

| | |
|---|---|
| $\bar{}$ | bezeichnet einen Mittelwert. $\overline{M}$ ist daher der Mittelwert des Molekulargewichtes $M$. Kompliziertere Mittelwerte werden häufig durch ⟨ ⟩ wiedergegeben. $\langle R_G^2 \rangle_z$ ist daher eine andere Schreibweise für $\overline{(R_G^2)}_z$ |
| $\sim$ | gibt eine partielle Größe an. $\tilde{v}_A$ ist das partielle spezifische Volumen der Verbindung A. $V_A$ ist das Volumen von A, während $\tilde{V}_A^m$ das partielle Molvolumen von A ist. |

*Hochgestellte Symbole hinter einem Buchstaben:*

| | |
|---|---|
| $^\circ$ | reine Substanz oder Standardzustand |
| $^\infty$ | unendliche Verdünnung oder unendlich hohes Molekulargewicht |
| $^m$ | molare Größe (in Fällen, bei denen tiefgestellte Buchstaben unzweckmäßig sind) |
| $^{(q)}$ | q. Ordnung eines Momentes (immer in Klammern) |
| $^\ddagger$ | aktivierter Komplex |

*Tiefgestellte Symbole hinter einem Buchstaben:*

| | |
|---|---|
| 0 | Ausgangszustand |
| 1 | Lösungsmittel |
| 2 | Gelöstes |
| 3 | Zusätzliche Komponente (z.B. Fällungsmittel, Salz usw.) |
| am | amorph |
| B | Sprödigkeit oder Bruch |
| bd | Bindung |
| cr | kristallin |
| crit | kritisch |
| cryst | Kristallisation |
| e | Gleichgewicht |
| E | Endgruppe |
| G | Glaszustand |
| i | Laufzahl |
| i | Initiation |
| i | isotaktische Diade |
| ii | isotaktische Triade |
| is | heterotaktische Triade |
| j | Laufzahl |
| k | Laufzahl |
| m | molar |
| M | Schmelzprozeß |
| mon | Monomer |
| n | Zahlenmittel |
| p | Polymerisation, insbesondere Wachstum |
| pol | Polymer |

r allgemein für Mittelwert
s syndiotaktische Diade
ss syndiotaktische Triade
st Startreaktion
t Abbruchreaktion („termination")
tr Übertragungsreaktion („transfer")
u Grundbaustein
w Gewichtsmittel
z z-Mittel

*Präfixes:*

at ataktisch
ct cis-taktisch
eit erythrodiisotaktisch
it isotaktisch
st syndiotaktisch
tit threodiisotaktisch
tt trans-taktisch

Eckige Klammern um einen Buchstaben bezeichnen molare Konzentrationen (IUPAC schreibt für molare Konzentrationen das Symbol $c$ vor, das jedoch bislang stets für die Einheit Masse/Volumen gebraucht wurde). – Alle Winkelangaben sind stets in °.

Von wenigen Ausnahmen abgesehen, wurde als Einheit für die Länge nicht das Meter verwendet, sondern die davon abgeleiteten Einheiten cm oder nm. Die Verwendung des Meters führt in den makromolekularen Wissenschaften zu sehr unzweckmäßigen Einheiten.

*Symbole*

$A$ Absorption (früher Extinktion) (= $\log \tau_i^{-1}$)
$A$ Fläche
$A$ Helmholtz-Energie ($A = U - TS$), früher Freie Energie
$A^m$ Molare Helmholtz-Energie
$A$ Aktionskonstante (in $k = A \exp(-E^{\ddagger}/RT)$
$A_2$ Zweiter Virialkoeffizient

$a$ Exponent in Eigenschaft/Molekulargewichts-Beziehungen ($E = K M^a$). Immer mit Index, z. B. $a_\eta$, $a_s$ usw.
$a$ Linearer Absorptionskoeffizient ($a = l^{-1} \log (I_0/I)$)
$a_0$ Konstante der Moffit-Yang-Gleichung

$b_0$ Konstante der Moffit-Yang-Gleichung

$C$ Wärmekapazität
$C^m$ Molare Wärmekapazität
$C_{tr}$ Übertragungskonstante ($C_{tr} = k_{tr}/k_p$)

$c$ spezifische Wärmekapazität (früher: spezifische Wärme). ($c_p$ = spezifische isobare Wärmekapazität, $c_v$ = spezifische isochore Wärmekapazität)
$c$ „Gewichts"konzentration (= Masse Gelöstes durch Volumen Lösungsmittel). IUPAC schlägt für die Größe das Symbol $\rho$ vor, was zu Verwechslungen mit dem gleichen IUPAC-Symbol für die Dichte führen kann. DIN 1304 besagt in diesem Fall, daß für andere Größen als die Dichte auf andere Buchstaben ausgewichen werden kann.
$\hat{c}$ Lichtgeschwindigkeit im Vakuum

$D$ Diffusionskoeffizient
$D_{rot}$ Rotationsdiffusionskoeffizient

| | |
|---|---|
| $E$ | Energie ($E_k$ = kinetische Energie, $E_p$ = Potentialenergie, $E^{\ddagger}$ = Aktivierungsenergie) |
| $E$ | Elektronegativität |
| $E$ | Elastizitätsmodul, Youngs Modul ($E = \sigma_{ii}/\epsilon_{ii}$) |
| $E$ | Allgemeine Eigenschaft |
| $E$ | Elektrische Feldstärke |
| $e$ | Elementarladung |
| $e$ | Parameter in der $Q$, $e$-Copolymerisationstheorie |
| $e$ | Kohäsionsenergiedichte (immer mit Index) |
| $F$ | Kraft |
| $f$ | Bruchteil (soweit nicht Molenbruch, Massenbruch, Volumenbruch) |
| $f$ | Molekularer Reibungskoeffizient (z.B. $f_s$, $f_D$, $f_{rot}$) |
| $f$ | Funktionalität |
| $G$ | Gibbs-Energie (früher Freie Enthalpie) ($G = H - TS$) |
| $G^m$ | Molare Gibbs-Energie |
| $G$ | Schermodul ($G = \sigma_{ij}$/Scherwinkel) |
| $G$ | Anteil des statistischen Gewichtes ($G_i = g_i/\sum_i g_i$) |
| $g$ | Erdbeschleunigung |
| $g$ | statistisches Gewicht |
| $g$ | gauche-Konformation |
| $g$ | Parameter für die Dimensionen verzweigter Makromoleküle |
| $H$ | Enthalpie |
| $H^m$ | Molare Enthalpie |
| $h$ | Höhe |
| $h$ | Planck-Konstante |
| $I$ | Elektrische Stromstärke |
| $I$ | Strahlungsintensität eines Systems |
| $i$ | Strahlungsintensität eines Moleküls |
| $J$ | Fluß (von Masse, Volumen, Energie usw.), immer mit entsprechendem Index |
| $K$ | Allgemeine Konstante |
| $K$ | Gleichgewichtskonstante |
| $K$ | Kompressionsmodul ($p = -K \Delta V/V_0$) |
| $k$ | Boltzmann-Konstante |
| $k$ | Geschwindigkeitskonstante chemischer Reaktionen (immer mit Index) |
| $L$ | Fadenendenabstand |
| $L$ | Phänomenologischer Koeffizient |
| $l$ | Länge |
| $M$ | „Molekulargewicht" (molare Masse der IUPAC) |
| $m$ | Masse |
| $N$ | Anzahl elementarer Teilchen (z.B. Moleküle, Gruppen, Atome, Elektronen) |
| $N_L$ | Avogadro-Konstante (Loschmidtsche Zahl) |
| $n$ | Menge einer Substanz (mol) |
| $n$ | Brechungsindex |

| | |
|---|---|
| $P$ | Permeabilität von Membranen |
| $p$ | Wahrscheinlichkeit |
| $\mathbf{p}$ | Dipolmoment |
| $\mathbf{p}_i$ | Induziertes Dipolmoment |
| $p$ | Druck |
| $p$ | Reaktionsausmaß |
| $Q$ | Elektrizitätsmenge, Ladung |
| $Q$ | Wärme |
| $Q$ | Zustandssumme (System) |
| $Q$ | Parameter in der $Q$, $e$-Copolymerisationsgleichung |
| $Q$ | Polymolekularitätsindex ($Q = \bar{M}_w/\bar{M}_n$) |
| $q$ | Zustandssumme (Teilchen) |
| $R$ | Molare Gaskonstante |
| $R$ | Elektrischer Widerstand |
| $R_G$ | Trägheitsradius |
| $R_n$ | Sequenzzahl |
| $R_\theta$ | Rayleigh-Verhältnis |
| $r$ | Radius |
| $r_0$ | Anfängliches Molverhältnis der Gruppen bei der Polykondensation |
| $S$ | Entropie |
| $S^m$ | Molare Entropie |
| $S$ | Löslichkeitskoeffizient |
| $s$ | Sedimentationskoeffizient |
| $s$ | Selektivitätskoeffizient (bei osmotischen Messungen) |
| $T$ | Temperatur |
| $t$ | Zeit |
| $t$ | trans-Konformation |
| $U$ | Elektrische Spannung |
| $U$ | Innere Energie |
| $U^m$ | Molare Innere Energie |
| $u$ | Umsatz |
| $u$ | Ausgeschlossenes Volumen |
| $V$ | Volumen |
| $V$ | Elektrisches Potential |
| $v$ | Geschwindigkeit, Reaktionsgeschwindigkeit |
| $v$ | spezifisches Volumen (immer mit Index) |
| $W$ | Gewicht |
| $W$ | Arbeit |
| $w$ | Massenbruch (oder Massengehalt) |
| $X$ | Polymerisationsgrad |
| $X$ | Elektrischer Widerstand |
| $x$ | Molenbruch (Stoffmengengehalt) |

$Z$ Stoßzahl
$Z$ z-Anteil

$z$ Ladung eines Ions
$z$ Koordinationszahl
$z$ Dissymmetrie (Lichtstreuung)
$z$ Parameter der Theorie des ausgeschlossenen Volumens

$\alpha$ Winkel, insbesondere Rotationswinkel der optischen Aktivität
$\alpha$ Kubischer Ausdehnungskoeffizient ($\alpha = V^{-1} (\partial V/\partial T)_p$)
$\alpha$ Ausdehnungsfaktor (als reduzierte Länge, z.B. $\alpha_L$ beim Fadenendenabstand oder $\alpha_R$ beim Trägheitsradius)
$\alpha$ Elektrische Polarisierbarkeit eines Moleküls
$[\alpha]$ „Spezifische" optische Drehung

$\beta$ Winkel
$\beta$ Druckkoeffizient
$\beta$ Integral des ausgeschlossenen Volumens

$\Gamma$ Vorzugssolvatation

$\gamma$ Winkel
$\gamma$ Oberflächenspannung
$\gamma$ Linearer Ausdehnungskoeffizient

$\delta$ Verlustwinkel
$\delta$ Löslichkeitsparameter
$\delta$ Chemische Verschiebung

$\epsilon$ Lineare Dehnung ($\epsilon = \Delta\, l/l_0$)
$\epsilon$ Erwartung
$\epsilon_r$ Relative Permittivität (Dielektrizitätszahl)

$\eta$ Dynamische Viskosität
$[\eta]$ Staudinger-Index (wird in DIN 1342 $J_0$ genannt)

$\Theta$ Charakteristische Temperatur, insbesondere Theta-Temperatur

$\theta$ Winkel, insbesondere Rotationswinkel

$\vartheta$ Winkel, insbesondere Valenzwinkel

$\kappa$ Isotherme Kompressibilität ($\kappa = - V^{-1} (\partial V/\partial p)_T$)
$\kappa$ Elektrische Leitfähigkeit (früher: spezifische Leitfähigkeit)
$\kappa$ Enthalpischer Wechselwirkungsparameter bei der Theorie der Lösungen

$\lambda$ Wellenlänge
$\lambda$ Wärmeleitfähigkeit
$\lambda$ Kopplungsgrad

$\mu$ Chemisches Potential
$\mu$ Moment
$\mu$ Permanentes Dipolmoment

$\nu$ Kinetische Kettenlänge
$\nu$ Moment, bezogen auf einen Referenzwert
$\nu$ Frequenz

$\xi$ Abschirmverhältnis bei der Theorie der statistischen Knäuel

$\Xi$ Zustandssumme

$\Pi$ Osmotischer Druck

$\rho$ Dichte

$\sigma$ Mechanische Spannung ($\sigma_{ii}$ = Normalspannung, $\sigma_{ij}$ = Scherspannung)
$\sigma$ Standardabweichung
$\sigma$ Behinderungsparameter

$\tau$ Relaxationszeit
$\tau_i$ Innere Durchlässigkeit (Transmission, Durchlässigkeitsfaktor) (gibt das Verhältnis von durchgelassenem zu eingestrahltem Licht an)

$\phi$ Volumenbruch (Volumengehalt)

$\varphi(r)$ Potential zwischen zwei durch einen Abstand $r$ getrennten Segmenten

$\Phi$ Konstante in der Viskositäts/Molekulargewichts-Beziehung
$[\Phi]$ „Molare" optische Drehung

$\chi$ Wechselwirkungsparameter in der Theorie der Lösungen

$\psi$ Entropischer Wechselwirkungsparameter in der Theorie der Lösungen

$\omega$ Winkelfrequenz, Winkelgeschwindigkeit

$\Omega$ Winkel
$\Omega$ Wahrscheinlichkeit
$\Omega$ Schiefe einer Verteilung

## Inhaltsverzeichnis

*(Literatur befindet sich am Ende jedes Kapitels)*

## TEIL IV: SYNTHESEN UND REAKTIONEN

# TEIL V: STOFFE

TEIL VI: ANHANG

# Teil I

# STRUKTUR

# 1 Einführung

## *1.1 Mikro- und makromolekulare Chemie*

Makromoleküle sind chemische Verbindungen, die aus einer großen Zahl von Atomen aufgebaut sind. Sie weisen daher ein hohes Molekulargewicht auf. Makromoleküle können natürlicher Herkunft sein (z. B. Cellulose, Proteine, Naturkautschuk) oder auch synthetisch hergestellt werden (z.B. Polyäthylen, Nylon, Silicone). Wie die Verbindungen der mikromolekularen Chemie, kann man auch die makromolekularen Substanzen in „organische“ und in „anorganische“ Makromoleküle einteilen. Anstatt von mikro- und makromolekularen Substanzen spricht man auch häufig von nieder- und hochmolekularen Verbindungen.

Alle Makromoleküle, organische und anorganische, enthalten immer mindestens eine, durch das ganze Molekül sich hindurchziehende Kette aus miteinander verknüpften Atomen. Diese Kette bildet sozusagen das Rückgrat der makromolekularen Verbindungen. Sie kann aus Kohlenstoff/Kohlenstoff-Bindungen bestehen, wie z. B.

$$R-CH_2-CH_2-(-CH_2-)_m\,CH_2-CH_2-CH_2-CH_2-R' \qquad \text{(Poly(methylen))}$$

oder auch aus Kohlenstoff/Sauerstoff-Ketten wie z. B.

$$R-CH_2-CH_2-O-(-CH_2-CH_2-O-)_n\,CH_2-CH_2-O-R' \qquad \text{(Poly(äthylenoxid))}$$

oder auch aus Kohlenstoff/Stickstoff-Ketten wie z. B.

$$R-NH-CHR'-CO-NH-CHR''-CO\sim\sim NH-CHR^{(x)}-CO-R^{(y)} \qquad \text{(Polypeptide)}$$

oder aber auch ganz ohne Kohlenstoff-Atome aufgebaut sein wie z. B.

$$R-\underset{CH_3}{\overset{CH_3}{\underset{|}{\overset{|}{Si}}}}-O-\left(-\underset{CH_3}{\overset{CH_3}{\underset{|}{\overset{|}{Si}}}}-O-\right)_m-\underset{CH_3}{\overset{CH_3}{\underset{|}{\overset{|}{Si}}}}-O-R' \qquad \text{(Poly(dimethylsiloxan); Silicon)}$$

An die Stelle der rein covalenten Bindungen können auch Chelatbindungen treten wie beim Poly(nickel–bis(8–hydroxychinolin))

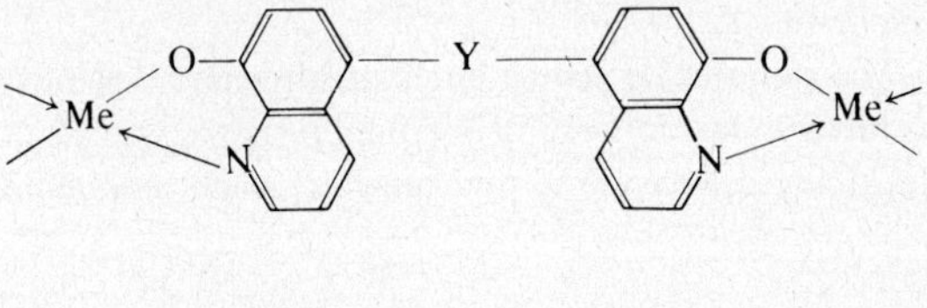

oder schließlich auch Elektronenmangel-Bindungen wie beim Berylliumhydrid

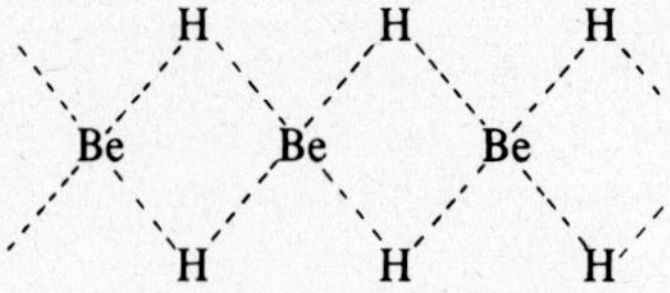

(vgl. Abschnitt 2.2.2). Ketten aus lauter gleichen Kettenatomen heißen *Isoketten,* Ketten aus verschiedenartigen Atomen *Heteroketten.*

Die Tendenz, Iso- oder Heteroketten zu bilden, ist bei den verschiedenen Elementen unterschiedlich hoch (vgl. Kap. 2.2). Kohlenstoff ist besonders leicht geneigt, mit sich selbst oder auch mit den sogenannten Heteroatomen der organischen Chemie Ketten zu bilden. Die Dominanz solcher „organischer“ Ketten mit covalenten Bindungen führte u.a. in den vergangenen Jahren dazu, die makromolekulare Chemie als ein Teilgebiet der organischen Chemie anzusehen.

Die vor allem von H. Staudinger mit Nachdruck vertretene Anschauung, daß nur Ketten mit covalenten Bindungen echte Makromoleküle darstellen, ist historisch verständlich und war zudem als Konzept zur Entwicklung der Idee des makromolekularen Charakters solcher Verbindungen notwendig (vgl. Kap. 1.3). Vor allem bei anorganischen Verbindungen im festen Zustand ist nämlich der Übergang vom echten Makromolekül zu einem Koordinationsgitter oft recht fließend, sodaß der makromolekulare Charakter solcher Verbindungen nicht immer leicht erkannt oder definiert werden kann. Ionengitter, wie sie beim Kochsalz-Kristall vorliegen,

$$\begin{matrix} Na^+ & Cl^- & Na^+ & Cl^- & Na^+ & Cl^- \\ Cl^- & Na^+ & Cl^- & Na^+ & Cl^- & Na^+ \\ Na^+ & Cl^- & Na^+ & Cl^- & Na^+ & Cl^- \\ Cl^- & Na^+ & Cl^- & Na^+ & Cl^- & Na^+ \end{matrix}$$

sind auch bei sehr weitherziger Auslegung des Molekülbegriffes (vgl. Kap. 1.2) nicht unter die makromolekularen Strukturen zu rechnen.

Das organische Makromolekül mit covalent gebundenen Kettenatomen stellt den Grenzfall einer makromolekularen Struktur dar, bei der der Begriff des Makromoleküls in besonders eindeutiger Weise definiert und mit unzweideutigen Experimenten bewiesen werden konnte.

Die Existenz anorganischer Makromoleküle wurde nur zögernd anerkannt, da viele Gründe dagegen zu sprechen schienen. Z.B. ist die Stöchiometrie anorganischer Reaktionen häufig sehr einfach durch Ionenmodelle beschreibbar. Der Erfolg der Formulierung der *Reaktionen* über Ionen führte zu der irrigen Annahme, daß auch die chemischen *Bindungen* vollständig polar aufgebaut sind. Daraus folgerte man weiter, daß es keine anorganischen Makromoleküle im festen Zustand geben kann. Tatsächlich ist aber die reine Ionenbindung ein selten verwirklichter Grenzfall. Die Bindung zwischen zwei Ionen enthält vielmehr außer elektrostatischen auch covalente Bindungsanteile. Die Schreibweise als Ionenreaktion schließt also die Existenz fester anorganischer Makromoleküle nicht aus.

Gegen anorganische Makromoleküle schien auch zu sprechen, daß nur wenige dieser Verbindungen sich unverändert in Lösung überführen lassen, was als unbeding erforderlich für ein Molekül angesehen wurde und teilweise noch wird. Schließlich ist die Existenz anorganischer Makromoleküle auch im kristallinen Zustand nicht immer leicht nachzuweisen, da ein Übergang vom Molekelgitter zum Ionengitter mit der Temperatur erfolgen kann. Germaniumtellurid liegt z.B. unterhalb 400 °C im Arsengitter (Molekelgitter), oberhalb 400 °C dagegen im Steinsalzgitter (Ionengitter) vor. Die gleiche Substanz kann damit je nach ihrem Zustand als Makromolekül bezeichnet werden oder auch nicht.

Neben dem Begriff des Makromoleküls wurde (und wird z.T. noch) ohne weitere Differenzierung der Begriff des *Polymers* verwendet. Ein Polymer im engeren Sinne ist jedoch eine Substanz, die aus vielen gleichen *Grundbausteinen* besteht. Ein solcher Grundbaustein ist z.B. die Äthylenoxid-Gruppierung $+CH_2-CH_2-O+$ im Poly(äthylenoxid). Im sehr engen Sinn ist ein Polymer nur aus Grundbausteinen aufgebaut und besitzt keine *Endgruppen*. Beim Poly(äthylenoxid) $R(CH_2CH_2O)_nR'$ können solche Endgruppen z.B. R = OH und R' = H sein, sodaß das Molekül dann zwei Hydroxylendgruppen besitzt.

Anstelle von Grundbausteinen spricht man häufig auch von Grundmonomereinheiten oder Monomereinheiten. Die Bezeichnung Grundbaustein bezieht sich immer auf die Herkunft der Bausteine in der Kette. Die kleinste, ständig wiederkehrende Einheit wird dagegen *Strukturelement* genannt. Ein Strukturelement kann größer, kleiner oder gleich groß wie ein Grundbaustein sein (vgl. Tab. 1–1). Der Begriff des Strukturelementes bezieht sich immer auf die Struktur des fertigen Polymeren.

Tabelle 1–1: *Grundbausteine und Strukturelemente verschiedener Makromoleküle*

| Ausgangsmonomere | Grundbausteine | Strukturelement |
|---|---|---|
| $CH_2=CH_2$ | $-CH_2-CH_2-$ | $-CH_2-$ |
| $CH_2N_2$ | $-CH_2-$ | $-CH_2-$ |
| $Cl(CH_2)_2Cl + Na(CH_2)_2Na$ | $-CH_2-CH_2-$ | $-CH_2-$ |
| $Cl(CH_2)_2Cl + Na(CH_2)_3Na$ | $\{-CH_2-CH_2- \atop -CH_2-CH_2-CH_2-\}$ | $-CH_2-$ |
| $NH_2(CH_2)_6NH_2 + HOOC(CH_2)_4COOH$ | $\{-NH(CH_2)_6NH- \atop -CO(CH_2)_4CO-\}$ | $-NH(CH_2)_6NH-CO(CH_2)_4CO-$ |

Die Bezeichnung „Poly(äthylenoxid)" läßt – wie auch ähnliche Bezeichnungen (Poly(äthylen), Poly(styrol) usw.) – die Natur der Endgruppen offen. Eine derartige Bezeichnungsweise ist berechtigt, da vor allem bei hohen Molekulargewichten der Gewichtsanteil der Endgruppen an der gesamten Masse des Makromoleküls nur gering ist. Die chemische Struktur der Endgruppen ist umgekehrt bei hohen Molekulargewichten nur schwierig zu ermitteln. Sie kann jedoch häufig trotz dieses geringen Anteiles die Eigenschaften von Makromolekülen beeinflussen, insbesondere die elektrischen Eigenschaften und den Widerstand gegenüber Abbaureaktionen.

Ein Polymer im strengen Sinn kann daher nur eine makrocyclische Verbindung sein. Zu solchen großen Ringen können z.B. die cyclischen Oligomeren des ε-Aminocaprolactams

$$\boxed{\begin{array}{c} +NH-(-CH_2-)_5-CO-)_{n-1} \\ -CO-(-CH_2-)_5-NH- \end{array}}$$

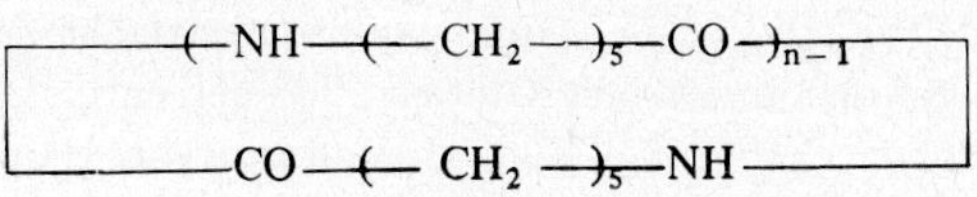

gezählt werden, die allerdings noch ziemlich niedermolekular sind. Als *Oligomere* bezeichnet man Polymere mit einer geringen Zahl von Grundbausteinen (meist 2 bis ca. 20), deren Endgruppen nicht besonders spezifiziert sind. *Telomere* sind dagegen durch Kettenübertragung (vgl. Kap. 20.3) erzeugte Oligomere, die Bruchstücke des Kettenüberträgers als Endgruppen aufweisen. *Telechelische Polymere* sind niedermolekulare Substanzen mit je einer bekannten funktionellen Gruppe an jedem Kettenende.

Makrocyclische Verbindungen im eigentlichen Sinn liegen dagegen bei einigen natürlich vorkommenden Makromolekülen vor, so bei den Desoxyribonucleinsäuren (vgl. Kap. 29) des Bakteriophagen ØX 174 oder bei denen eines Polyoma-Virus. Hierbei handelt es sich zwar um makrocyclische Verbindungen, jedoch nicht um eigentliche Polymerringe. Ein echtes Polymer enthält nämlich nur einen einzigen Typ von Grundbausteinen. Makromoleküle aus nur einer Sorte von Grundbausteinen werden auch *Unipolymere* (früher: Homopolymere) genannt.

Sind dagegen in einem Makromolekül mehrere Typen von Grundbausteinen vorhanden, so spricht man von *Copolymeren*. Diese werden je nach Anzahl der Bausteintypen pro Makromolekül in Bipolymere, Terpolymere, Quaterpolymere usw. eingeteilt. Periodische Copolymere enthalten die verschiedenen Grundbaustein-Typen in regelmäßiger Folge. Periodische Bipolymere mit der Bausteinfolge –A–B–A–B–A–B– heißen auch alternierende Copolymere. Aperiodische Copolymere weisen dagegen eine regellose Anordnung der Grundbaustein-Typen auf.

Die Anzahl der in einem Makromolekül mit dem Molekulargewicht $M$ vereinigten Grundbausteine mit dem Formelgewicht $M_u$ bezeichnet man als Polymerisationsgrad $X$ der Verbindung. $X$ ergibt sich bei hohen Molekulargewichten (vernachlässigbarem Formelgewicht $M_E$ der Endgruppen) als Quotient von Molekulargewicht $M$ und Formelgewicht $M_u$

$$(1-1) \qquad X = (M - M_E)/M_u \approx M/M_u$$

Die meisten makromolekularen Substanzen bestehen aus Mischungen von Makromolekülen verschiedenen Polymerisationsgrades: sie sind molekularuneinheitlich oder polymolekular. Die Polymerisationsgrade bzw. Molekulargewichte derartiger Makromoleküle sind daher stets Mittelwerte. Je nach dem statistischen Gewicht, das der Mittelung zugrundegelegt wird (vgl. Kap. 8), unterscheidet man z. B. Zahlenmittel

$$(1-2) \qquad \langle X_n \rangle = \sum_i n_i X_i / \sum_i n_i \quad ; \quad \langle M_n \rangle = \sum_i n_i M_i / \sum_i n_i$$

und Gewichtsmittel des Polymerisationsgrades bzw. Molekulargewichtes

$$(1-3) \qquad \langle X_w \rangle = \sum_i W_i X_i / \sum_i W_i \quad ; \quad \langle M_w \rangle = \sum_i W_i M_i / \sum_i W_i$$

Aus historischen Gründen unterscheidet man noch zwischen natürlichen und synthetischen Makromolekülen. Synthetische Makromoleküle bestehen in der Regel aus 1 – 3 Typen von Grundbausteinen. Von den vier Klassen von natürlichen Makromolekülen (Polyprene, Polysaccharide, Nucleinsäuren, Proteine) weisen die Polyprene (vgl. Kap. 25.3.2) nur einen einzigen Typ von Grundbausteinen auf; sie sind Unipolymere und entsprechen in Konstitution und Konfiguration den entsprechenden synthetischen Polymeren. Die Polysaccharide (vgl. Kap. 31) sind entweder Unipolymere oder aber

Copolymere mit bis zu fünf verschiedenen Typen von Grundbausteinen. Auch die Nucleinsäuren (vgl. Kap. 29) enthalten nur wenige verschiedene Grundbausteine pro Molekül. Polysaccharide und Nucleinsäuren sind daher nach der Zahl der Grundbaustein-Typen nicht sehr verschieden von den synthetischen Makromolekülen. Die Proteine (vgl. Kap. 30) bestehen dagegen aus bis zu 20 verschiedenen Grundbausteinen. Durch Kombination der Bausteine dieser Grundtypen natürlicher Makromoleküle erhält man weitere Typen (z.B. Nucleoproteine, Glycoproteine). Schließlich ist noch zumindest vielen Proteinen und allen Nucleinsäuren, möglicherweise auch einigen Polysacchariden, eine ganz bestimmte, aber meist aperiodische Anordnung der Grundbausteine in der Kette eigen. Alle derartigen Verbindungen sind dann in jeder Kette chemisch und physikalisch gleich aufgebaut, sie sind *molekulareinheitlich* im strengen Sinn. Eine solche molekulareinheitliche, aperiodische Struktur kann bislang nur mit außerordentlichem Aufwand in vitro aufgebaut werden. Gerade diese aperiodische Sequenz verleiht aber einigen Proteinen ihre außerordentliche Bedeutung als sehr spezifische Katalysatoren und den Nucleinsäuren ihre Bedeutung als Träger genetischer Information oder als Matrize für die Protein-Synthese.

Die Bedeutung der synthetischen Polymeren (Kunststoffe) liegt dagegen mehr in ihren mechanischen, elektrischen oder optischen Eigenschaften. Besonders hervorstechend ist ihre Verwendung als Werkstoffe, sei es als Kunststoffe im engeren Sinn, als Elastomere oder als synthetische Fasern. Beim Einsatz als Werkstoff spielt die chemische Struktur dieser Substanzen eigentlich eine untergeordnete Rolle. Es ist vielmehr sogar erwünscht, daß solche Substanzen chemisch möglichst inert sind, da sonst die Gebrauchseigenschaften mit der Zeit ungünstig verändert werden können. Da die Werkstoffeigenschaften von physikalischen Größen abhängen, ist die Chemie synthetischer Makromoleküle untrennbar mit der Physik und der Physikalischen Chemie solcher Substanzen verbunden. Eine Trennung etwa in eine rein präparative und eine rein physikalische Chemie ist daher gerade bei Makromolekülen sehr unvorteilhaft. Die Makromolekulare Chemie stellt somit eine echte interdisziplinäre Wissenschaft dar.

Ein Vergleich der technischen Chemie bei nieder- und bei hochmolekularen Substanzen zeigt dies sehr deutlich. In der mikromolekularen Chemie kann man ziemlich streng zwischen einer Technologie der Reaktionen (chemische Verfahrenstechnik) und einer Technologie der Stoffe unterscheiden. Ändert man in der niedermolekularen Chemie die Reaktionsbedingungen (Druck, Temperatur, Katalysatorkonzentration, Substratkonzentration usw.), so wird man zwar die Ausbeuten an Haupt- und Nebenprodukten verschieben, aber in der Regel immer noch die gleichen Produkte erhalten. Anders in der makromolekularen Chemie: kleine Änderungen der Verfahren führen hier nicht nur zu anderen Ausbeuten, auch die Struktur der Produkte ist meist verschieden. Die „Nebenprodukte“ tauchen jetzt als nichtabtrennbarer Teil der Makromolekülstruktur auf, und zudem werden Molekulargewicht, Molekulargewichtsverteilung usw. verschoben. Es liegt auf der Hand, daß derartige Strukturänderungen zu anderen Eigenschaften und damit zu anderen Anwendungsgebieten führen müssen. Sehr häufig sind diese Strukturänderungen nur schwierig quantitativ durch chemische und physikalische Methoden nachzuweisen. In einigen Fällen geben wissenschaftliche Methoden nicht einmal qualitative Aussagen; die Strukturänderung ist dann allein durch die Änderung der Gebrauchseigenschaften nachweisbar. Die Kenntnis des Syntheseweges und des ihm zugrundeliegenden Mechanismus gibt hier oft Hinweise auf allfällige Strukturänderungen.

Der große Einfluß, den die Struktur auf die Eigenschaften makromolekularer Verbindungen im Vergleich zu niedermolekularen ausübt, wird ersichtlich, wenn man die beiden 1,2-Dimethyläthylene mit den 1,4-Poly(butadienen) vergleicht. Der Schmelzpunkt $T_M$

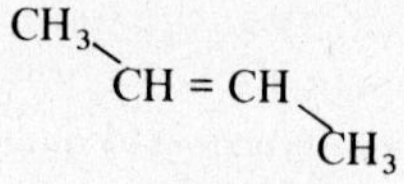

$$\begin{array}{c} CH_3 \\ \diagdown \\ CH = CH \\ \diagdown \\ CH_3 \end{array} \qquad \begin{array}{c} CH_3 \qquad CH_3 \\ \diagdown \qquad \diagup \\ CH = CH \end{array}$$

trans-Buten-2            cis-Buten-2
(trans-1,2-Dimethyläthylen)       (cis-1,2-Dimethyläthylen)

$T_M = -105{,}8\ °C$           $T_M = -139{,}3\ °C$

$T_{bp} = \ +1\ °C$           $T_{bp} = \ +3{,}7\ °C$

des trans-Butens-2 ist um ca. 34 °C höher als der des cis-Butens-2, während sich die Siedepunkte $T_{bp}$ nur um ca. 3 °C unterscheiden. Bei den 2-Pentenen unterscheiden sich die Schmelzpunkte mit $-151{,}4$ °C (cis) und $-140{,}2$ (trans) sogar nur um 11 °C. Während Buten-2 zwei Isomere aufweist, kann Poly(butadien) in fünf Isomeren auftreten. Die den Buten-2-Verbindungen entsprechenden 1,4-Poly(butadiene) unterscheiden sich aber in ihren Schmelzpunkten um fast 140 °C (Tab. 1–2). Das 1,4-cis-Poly(butadien) ist ein Elastomer, das 1,4-trans-Poly(butadien) ein Thermoplast. Auch die anderen isomeren Poly(butadiene) unterscheiden sich teilweise sehr stark in ihren Eigenschaften. Das aromatisierte 1,2-Poly(butadien), das jedoch kein Isomer der Poly(butadiens) ist, weist sogar wegen seiner konjugierten Doppelbindungen Halbleitereigenschaften auf.

Cis- und trans-Poly(butadien) können praktisch den gleichen Reaktionen unterworfen werden, wenn auch natürlich die Reaktionsgeschwindigkeiten verschieden sind. In ähnlicher Weise unterscheidet sich das hochmolekulare Poly(äthylen) von den niedermolekularen Paraffinen nur durch die mechanischen Eigenschaften, nicht aber im Reaktionsverhalten.

Der wesentliche Unterschied zwischen niedermolekularer und makromolekularer Chemie liegt somit weder im Bindungstyp, noch in der chemischen Struktur oder in den Reaktionen, sondern allein in der Größe der Makromoleküle und den dadurch bedingten Eigenschaften. In überspitzter Formulierung kann man die niedermolekularen Substanzen als Punktmoleküle und somit als Grenzfall der makromolekularen Verbindungen betrachten. Durch die sehr große Länge der Hauptkette makromolekularer Verbindungen bestehen andererseits sehr viele Anordnungsmöglichkeiten für die Kettenglieder, sodaß entropische Effekte und damit statistische Größen eine entscheidende Rolle spielen.

Dieser Einfluß der Statistik zeigt sich nicht nur bei den Anordnungsmöglichkeiten der Kettenglieder eines Einzelmoleküls, er zeigt sich auch bei den zu den Makromolekülen führenden Synthesereaktionen (*Polyreaktionen*). Nur unter ganz bestimmten Bedingungen kann man bei diesen Bildungsreaktionen *moleku lareinheitliche* Substanzen erhalten, d. h. Verbindungen, bei denen jedes Molekül die gleiche Bruttozu-

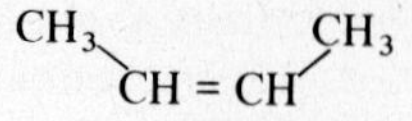

Tabelle 1–2: *Isomere Poly(butadiene)*

| Bezeichnung | Strukturformel | Schmelzpunkt $T_M$ °C | Eigenschaft |
|---|---|---|---|
| 1,4-cis | 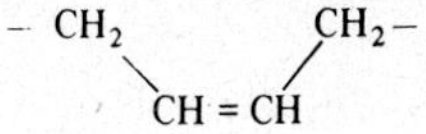 | 2 | Elastomer |
| 1,4-trans | 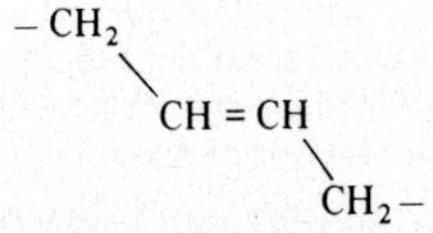 | 140 | Thermoplast |
| 1,2-isotaktisch | 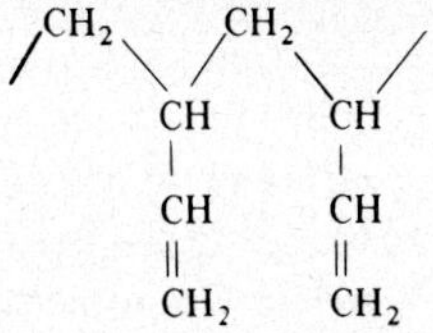 | 126 | Thermoplast |
| 1,2-syndiotaktisch | 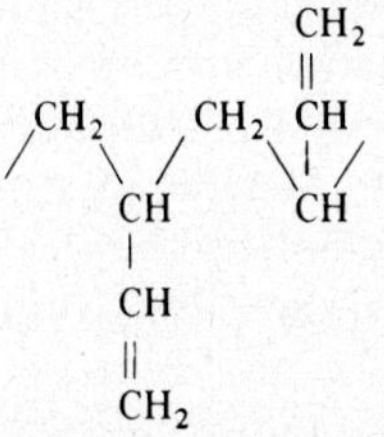 | 156 | Thermoplast |
| 1,2-cyclisiert | 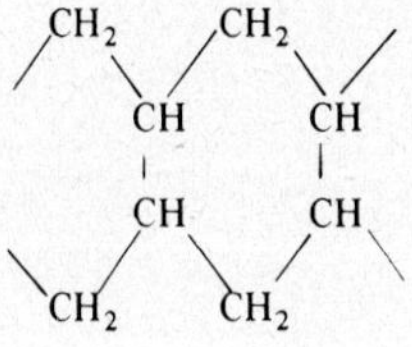 | – | Duromer* Isolator |
| 1,2-aromatisiert | 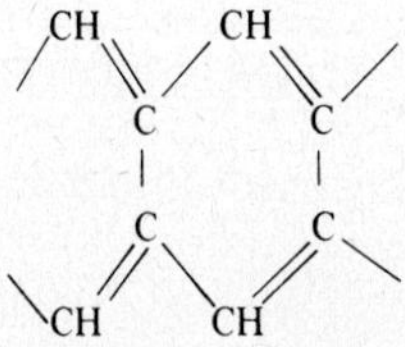 | – | Duromer* elektr. Halbleiter |

* Unlöslich, da bei bei der Cyclisierungsreaktion auch intermolekulare Verknüpfungen (Vernetzungen) auftreten.

sammensetzung, die gleiche Sequenz in der Kette und das gleiche Molekulargewicht aufweist. Unterscheiden sich die Makromoleküle bei sonst gleicher chemischer Struktur nur im Molekulargewicht (abgesehen von den Endgruppen), so spricht man von einer *polymerhomologen* Reihe. Eine Mischung aus wenigen molekulareinheitlichen Verbindungen ist *paucimolekular*, eine Mischung aus sehr vielen solcher Polymerhomologen dagegen *polymolekular.* Polymolekulare Stoffe besitzen somit eine Molekulargewichtsverteilung.

Der Begriff der polymerhomologen Reihe unterscheidet sich somit vom Begriff der homologen Reihe der niedermolekularen Chemie. Als Homologe werden in der niedermolekularen Chemie z. B. die aliphatischen, unverzweigten Alkohole

$$CH_3OH \quad CH_3{-}CH_2{-}OH \quad CH_3{-}CH_2{-}CH_2{-}OH \quad \text{usw.}$$

bezeichnet. Die Homologie wird hier durch die Hydroxylgruppe, eine der beiden Endgruppen im Sinne der makromolekularen Chemie, hervorgerufen. Beim Begriff der polymerhomologen Reihe sind dagegen die mittelständigen Methylengruppen entscheidend; sie machen die polymerhomologe Reihe aus und die chemische Natur der Endgruppen interessiert erst in zweiter Linie.

Zwischen den niedermolekularen (den oligomeren) und den hochmolekularen (den polymeren) Vertretern einer polymerhomologen Reihe besteht chemisch keine scharfe Grenze. Als makromolekular im eigentlichen Sinn kann eine Verbindung angesehen werden, wenn die Endgruppen oder auch der Ersatz *einer* mittelständigen Gruppe durch eine andere keinen wesentlichen Einfluß mehr auf die Eigenschaften dieser Verbindung hat. Diese Definition ist nicht identisch mit der oft gebrauchten, daß sich die Eigenschaften bei Erhöhung der Zahl der Grundbausteine um 1 nicht mehr ändern sollen. Tatsächlich gibt es viele Eigenschaften, die sich bei polymerhomologen Reihen kontinuierlich mit dem Polymerisationsgrad ändern, während andere nach Überschreiten eines gewissen Polymerisationsgrades praktisch konstant werden. Der Siedepunkt von Alkanen nimmt z. B. mit dem Molekulargewicht zu. Bei hohen Molekulargewichten zersetzt sich dann das Material vor dem Verdampfen. Der Schmelzpunkt wird dagegen bei sehr hohen Molekulargewichten praktisch unabhängig vom Molekulargewicht (Abb. 1 – 1). Die Schmelzviskosität nimmt dagegen exponentiell mit dem Molekulargewicht zu.

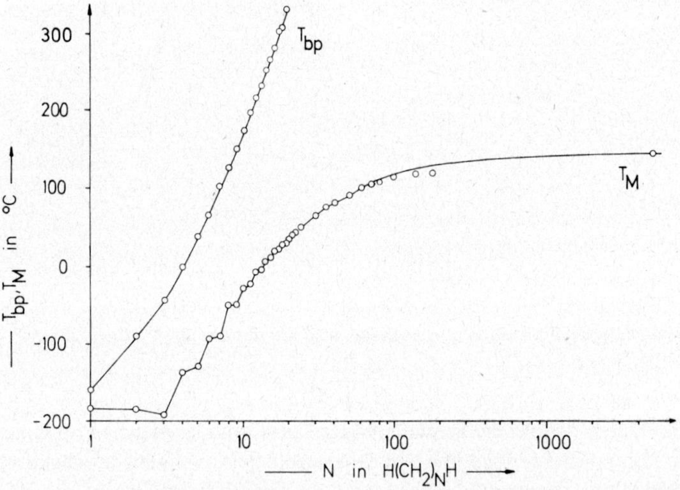


*Abb. 1 – 1* Abhängigkeit des Schmelzpunktes $T_M$ und des Siedepunktes $T_{bp}$ von Alkanen $H(CH_2)_NH$ vom Polymerisationsgrad $N$

## 1.2 Der Molekülbegriff

In der niedermolekularen Chemie wird ein Molekül als körperliche Einheit mit im Zeitmittel stabiler räumlicher Anordnung angesehen. Eine derartige Einheit kann nur existieren, wenn die Bindungsenergie größer als die Energie $kT$ der Wärmebewegung ist. Da die Boltzmann-Konstante den Zahlenwert $k = 1{,}3807 \cdot 10^{-23}$ J/K hat, muß also die Bindungsenergie bei Zimmertemperatur (293 K), umgerechnet auf 1 mol Bindung, größer als 2430 J/mol Bindung sein. Ein bei niedriger Temperatur als Molekül angesehenes Gebilde verliert also bei höheren Temperaturen seine Identität und geht in neue Gebilde über, die wiederum Moleküle genannt werden können. Ein Beispiel dafür ist die Dissoziation von $N_2O_4$ zu 2 $NO_2$.

Die Begriffe „körperliche Einheit" und „Bindungsenergie" sind bei niedermolekularen Substanzen eng miteinander verbunden. In der mikromolekularen Chemie ist es zweckmäßig, chemische und physikalische Bindungen voneinander abzugrenzen. Als chemische Bindungen kann man alle diejenigen Bindungsarten ansehen, deren Bindungsenergie größer als etwa $4{,}2 \cdot 10^5$ J/mol Bindung ist. Physikalische Bindungen besitzen eine geringere Bindungsenergie. Der größere Energie-Inhalt der chemischen Bindung bedingt einen kleineren Bindungsabstand. In der niedermolekularen Chemie kann man daher ein Molekül auch als einen Atomverband definieren, der wenigstens im Prinzip von einem anderen Atomverband isolierbar ist. Bringt man ein solches Molekül in eine fluide Phase (Gas oder Flüssigkeit), so liegen zumindest bei unendlicher Verdünnung immer echte Moleküle vor, da dort im Prinzip nur ein einziges Molekül vorhanden ist. Dieses Molekül bleibt als stabile räumliche Einheit erhalten, da seine Bindungsenergie pro mol Bindung im Gas größer als die Energie der thermischen Bewegung ist. In Lösung sind die Verhältnisse komplizierter, bei niedermolekularen Substanzen kommt es im wesentlichen darauf an, daß die Bindungsenergien größer als die Energien der physikalischen Bindungen zwischen den Molekülen des Gelösten und des Lösungsmittels sind.

Im kristallinen Zustand sind die Verhältnisse solange eindeutig, als die Verbindungen in Molekülgittern kristallisieren. Diese kristallographische Definition besagt letztlich nichts anderes, als daß die Atomabstände innerhalb des so über die Einheitszelle definierten Moleküls viel kleiner sind als außerhalb. Oder anders ausgedrückt: chemische Bindungen sollen bei Molekülgittern nicht über die Begrenzung der Einheitszelle hinausgreifen (zur Definition der Einheitszelle vgl. Kap. 5.3.2).

Bei endlichen Konzentrationen an niedermolekularen Molekülen in fluiden Phasen können sich die Moleküle über intermolekular wirkende physikalische Bindungen zu größeren Teilchen zusammenlagern und *Assoziate,* d.h. „physikalische Moleküle", bilden. Derartige Assoziate werden in vielen Teilgebieten der Chemie auch heute noch „Polymere" genannt. Diese Bezeichnung ist historisch und im streng wörtlichen Sinne richtig, da es sich um einen Atomverband handelt, der aus einem einfachen Vielfachen einer Einheit, einem Mer, besteht. Da unter Polymeren jedoch jetzt wirkliche chemische Moleküle und nicht physikalische Teilchen verstanden werden, seien diese „Polymere" in diesem Buch als Assoziate bezeichnet (vgl. Kap. 6.5). Assoziate können von Makromolekülen im Prinzip durch Untersuchungen der Molekül- bzw. Teilchengröße unter Wechsel des Lösungsmittels unterschieden werden, da dann die Wahrscheinlichkeiten für die inter- und intramolekularen Wechselwirkungen der gelösten Makromoleküle unterschiedlich hoch sind. Da diese Wechselwirkungen meistens temperaturabhängig sind, ist ein Entscheid auch über Molekulargewichtsbestimmungen bei verschiedenen Temperaturen möglich. Die Entscheidung der Frage, ob die kolloiden Eigenschaften vieler Substanzen durch Assoziationen kleiner Teilchen hervorgerufen werden oder aber durch echte makromolekulare Strukturen bedingt sind, öffnete eigentlich erst den Weg zur makromolekularen Chemie (vgl. Kap. 1.3).

Die Forderung nach Isolierbarkeit der Moleküle folgt somit aus der Definition des Moleküls als körperliche Einheit mit stabiler räumlicher Anordnung. Diese Forderung läßt sich bei niedermolekularen Verbindungen wenigstens prinzipiell durch Überführung in den Gas- oder Lösungszustand erfüllen. Makromoleküle können aber nun nicht unzersetzt in den Gaszustand gebracht werden, da die Verdampfungsenergie wegen der großen Summe aller Kohäsionsenergien pro Molekül sehr hoch ist. Das Makromolekül wird daher bereits unterhalb seines Siedepunktes thermisch zersetzt.

Über größere räumliche Distanzen voneinander isolierte Makromoleküle können daher nur in Lösung erhalten werden. Im Kristallverband sind die Moleküle dicht gepackt, der Unterschied in den Abständen zwischen den zu einem Molekül gehörenden Atomen und denen von Molekül zu Molekül wird also geringer. Die Entscheidung, ob gewisse Atome noch zu einem Molekül gehören, wird also schwieriger. Das hat verschiedene Autoren dazu geführt, dreidimensional aufgebaute und daher unlösliche Makromoleküle wie z. B. Phenolharze, vulkanisierter Kautschuk, aber auch Diamant oder Quarz, nicht mehr als Makromoleküle anzusehen. Ausgehend von der Unlöslichkeit der Verbindungen werden für diese Ansicht im wesentlichen zwei Gründe angeführt. Nach der einen Gruppe von Autoren sind diese Gebilde zu groß, um makromolekular zu sein. Die andere Gruppe zählt die unregelmäßig aufgebauten dreidimensionalen Verbindungen (Phenolharze usw.) zu den Makromolekülen, nicht aber die mit regelmäßigen Strukturen (Diamant usw.).

Beide Ansichten sind nicht haltbar, da sie von einem experimentell-praktischen Gesichtspunkt, der Löslichkeit, ausgehen. Nun kann aber die experimentelle Geschicklichkeit und die Findigkeit eines Forschers niemals die Grundlage für eine wissenschaftliche Definition abgeben. Außerdem verwechseln beide Ansichten Ursache und Wirkung. Die Unlöslichkeit ist Folge und nicht Ursache des hohen Molekulargewichtes. Es kann aber im Prinzip weder eine obere Grenze für das Molekulargewicht, noch einen oberen, für Atomanordnungen noch zulässigen Ordnungsgrad geben. Mit zunehmender Größe der hochgeordneten, annellierten Kohlenwasserstoffe der Reihe Benzol, Naphthalin, Anthracen usw. über Perylen, Coronen usw. bis zum Graphit nimmt die Löslichkeit ab, ohne daß man deswegen eine scharfe Grenze zwischen den „Molekülen" Benzol, Naphthalin, Anthracen, Perylen usw. und dem „Nicht-Molekül" Graphit ziehen kann. Der zweidimensionale Graphit ist daher genau so ein Makromolekül wie das eindimensionale Poly(äthylen) oder der dreidimensionale Diamant.

Makromoleküle werden als ein-, zwei- oder dreidimensional bezeichnet, wenn zwei, drei oder vier Verknüpfungsstellen pro Kettenatom vorhanden sind. Diese Bezeichnungsweise auf Grund der Konstitution sagt nichts über die Anordnung der Ketten im Raum aus, die durch die Konformation bestimmt wird.

Der makromolekulare Charakter kann besonders einfach bei eindimensionalen Molekülen mit covalent in der Hauptkette gebundenen Atomen erkannt werden. Solche Moleküle liegen z. B. in den Fadenmolekülen des Poly(äthylens), des Nylons, des Poly(dimethylsiloxans) usw. vor (vgl. Kap. 1.1). Die Längen der Kohlenstoff/Kohlenstoff-Bindungen betragen in den Ketten des isotaktischen Poly(styrols) 0,154 nm. Der

Abstand dieser Kohlenstoffatome zu denen einer anderen Kette ist dagegen ca. 0,35 nm. Die Abstände zwischen Lösungsmittelmolekülen betragen etwa 0,4–0,5 nm. Die Bindungslängen zwischen den Kettenatomen sind somit immer wesentlich kürzer als die Abstände zur Umgebung.

Eine scharfe Grenze zwischen dem als Molekül gedachten Atomverband und seiner Umgebung läßt sich nun offenbar umso weniger ziehen, je mehr die intra- und intermolekularen Atomabstände miteinander vergleichbar werden. Die covalente Bindung ist am deutlichsten beim Kohlenstoff ausgeprägt. Ihr Anteil an der Gesamtbindung nimmt beim Übergang zu anderen Elementen ab, wobei sich die Bindungslänge vergrößert. Anorganische Makromoleküle lassen sich daher oft schwierig als solche erkennen, zumal ihr Atomverband sich wegen der starken Wechselwirkungen mit dem Lösungsmittel nicht immer unverändert in den Lösungszustand überführen läßt.

Die Definition eines Moleküls als körperliche Einheit mit stabiler räumlicher Anordnung ist sehr weit gefaßt und umschließt im Prinzip auch einen Kochsalzkristall oder ein Stück Eisen. Vom Standpunkt des Chemikers ist es zweckmäßig, diese Definition etwas weiter einzuschränken, indem die Bindungsverhältnisse zur weiteren Abgrenzung herangezogen werden. Als Makromolekül wird in diesem Buch eine Verbindung angesehen, bei der die Atome in der Hauptkette durch gerichtete Valenzen gebunden sind und die Bindungselektronen bei beiden Kettenatomen anteilig werden.

Eine derartige Definition beschränkt die Bindungstypen auf die covalente Bindung und deren Übergänge zu der ionischen Bindung (koordinative Bindung) bzw. metallischen Bindung (Elektronenmangelbindung). Über metallische Bindungen aufgebaute Atomverbände werden dagegen nicht zu den Makromolekülen gezählt, da hier zwar die Elektronen bei allen Atomen anteilig werden, die Bindungen aber nicht gerichtet sind. Ionenkristalle wie das Kochsalz werden ebenfalls nicht als Makromoleküle angesehen, da die Elektronen bei der idealen ionischen Bindung nicht bei beiden Atomen anteilig werden und die Bindung nicht gerichtet ist.

## *1.3 Geschichtliche Entwicklung*

„Man gedenkt nicht derer, die zuvor gewesen sind; also auch derer, so hernach kommen, wird man nicht gedenken bei denen, die darnach sein werden.“

Prediger Salomo 1,11.

Natürlich vorkommende Makromoleküle werden von der Menschheit schon seit Urzeiten für verschiedene Zwecke verwendet. Fleisch (Proteine, vgl. Kap. 30) und Getreide (Polysaccharide, vgl. Kap. 31) sind wichtige Nahrungsmittel. Wolle und Seide, beides Proteine, dienen als Bekleidung. Holz mit dem Hauptbestandteil Cellulose, einem Polysaccharid, wird als Bau- und Brennmaterial verwendet. Bernstein, ein hochmolekulares Harz, wurde bereits von den Griechen als Schmuck getragen. Der Einsatz von Asphalt als Adhäsiv ist bereits in der Bibel erwähnt.

Im Jahre 1839 beobachtete E. Simon [1], daß das Styrol ($CH_2$=CH–$C_6H_5$) beim Erhitzen von einer klaren Flüssigkeit in eine feste, durchscheinende Masse übergeht, in ein Poly(styrol) im heutigen Sinne. Da dabei die Bruttozusammensetzung an Kohlenstoff und Wasserstoff konstant bleibt, nannte M. Berthelot [2] diesen Vorgang eine Polymerisation. Der Name Polymerisation gibt also ursprünglich einfach an, daß sich mehrere Moleküle zu einem größeren Verband ohne Änderung der Bruttozusammensetzung vereinigen. Offen blieb dabei, wie man sich eine solche Vereinigung (die Polymerisation im heutigen Sinne) und die Struktur der so entstandenen Produkte vorzustellen hatte. Berthelot beobachtete auch schon, daß bei noch höheren Temperaturen ziemlich leicht eine Depolymerisation der festen Masse zurück zum Styrol eintritt. Diese einfache, nur durch Temperaturänderung erzielbare Umwandlung Styrol ⇌ Poly(styrol) ⇌ Styrol bildet später eine scheinbar zuverlässige Stütze für die Mizellar-Theorie solcher Substanzen.

Vor Berthelot hatte Wurtz [3] bereits Äthylenoxid zu Poly(äthylenoxiden) niedrigen Molekulargewichtes umgesetzt, in der heutigen Schreibweise

(1–4)   $n \; \underset{O}{CH_2-CH_2} \longrightarrow -(CH_2-CH_2-O)_n-$

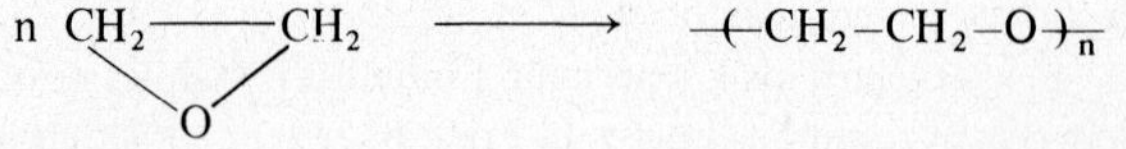

Etwa zur gleichen Zeit nahm Lourenço [4] die Umsetzung in Gegenwart von Äthylenhaliden vor und isolierte aus der Reaktionsmasse Substanzen bis zu einem $n = 6$. Er stellte bereits fest, daß sich die Bruttoformel für derartige Verbindungen immer mehr derjenigen für reines Äthylenoxid nähert, obwohl die Eigenschaften dieser Substanzen von denen des Äthylenoxids verschieden sind. Lourenço beobachtete auch ein Ansteigen der Viskosität dieser bei Raumtemperatur flüssigen Verbindungen mit zunehmendem Polymerisationsgrad n und stellte bereits eine Kettenformel für die Produkte auf.

Nur kurze Zeit nach diesen Arbeiten entdeckte Th. Graham [5], daß gewisse Substanzen wie Leim in Wasser viel langsamer diffundieren als z. B. Kochsalz und auch durch eine Membran nur schlecht permeieren. Da dieses Verhalten für leimähnliche, nichtkristallisierende Substanzen charakteristisch war, die damals bekannten kristallisierenden Substanzen aber alle schnell diffundierten und permeierten, unterschied Graham zwischen Kristalloiden und Kolloiden (von dem Griechischen κòλλα = Leim). Er ordnete also das kolloide Verhalten dem Aufbau der Kolloide und nicht ihrem Zustand zu.

Die weitere Einteilung der Kolloide in Untergruppen hat viele Forscher beschäftigt. Studien des Koagulationsprozesses führten z.B. A. Müller [6] zu den Gruppen der Suspensionen mit physikalischen Flockungsprozessen und den Hochmolekularen mit chemischen Fällvorgängen. Als „hochmolekular" bezeichnete A. Müller die Eiweißkörper und die kolloide Kieselsäure. Eine spätere Einteilung von H. Staudinger [7] in Dispersionskolloide, Mizellkolloide (Assoziationskolloide) und Molekülkolloide (Makromoleküle) hat sich als sehr zweckmäßig erwiesen und bildet die Grundlage moderner Lehrbücher der Kolloid-Chemie [8].

Später fand man, daß auch anorganische Substanzen Kolloide sein können, wie z. B. die Oxidhydrate des Eisens und des Aluminiums. Diese kolloiden Substanzen zeigten in ihrer Reaktionsfähigkeit keine großen Unterschiede zur Chemie der gleichen, aber kristalloid vorliegenden Substanzen. Die richtige Folgerung war, daß offenbar alle Substanzen unter geeigneten Bedingungen in den kolloiden Zustand übergehen und auch wieder in den nichtkolloiden Zustand zurückverwandelt werden können (z. B. Styrol!). Der kolloide Zustand ist demnach ein allgemein möglicher *Zustand* der Materie (Wo. Ostwald [9], P. P. von Weimarn [10]). Von Weimarn widerlegte auch Grahams These von den kristalloiden und kolloiden *Stoffen*, da er kristallisierende Substanzen in den kolloiden Zustand überführen konnte. Die richtige Folgerung, daß man alle niedermolekularen Substanzen in den kolloiden Zustand überführen kann, führte aber auch zur falschen Umkehr dieses Satzes, nämlich, daß alle Kolloide Assoziate oder Aggregate kleinerer Moleküle sind, also physikalische Polymere.

In den Jahren zwischen Graham's Entdeckung und Ostwald's Postulat war die Idee von echten Makromolekülen im heutigen Sinne durchaus lebendig. Hlasiwetz und Habermann [11] nahmen z.B. 1871 an, daß Proteine und Polysaccharide Makromoleküle sind. Sie konnten ihre Anschauung mit den Methoden der damaligen Zeit jedoch nicht beweisen, da ihnen vor allem die Methoden fehlten, das von ihnen postulierte hohe Molekulargewicht zu beweisen.

Eine solche Möglichkeit boten die von Raoult [12] (1882–1885) und van't Hoff [13] (1887/1888) entdeckten Gesetze über die Beziehungen zwischen Dampfdruck und Molenbruch bzw. osmotischem Druck, Konzentration, Temperatur und Molekulargewicht. Mit diesen Methoden erhielt man für Kautschuk, Stärke und Cellulosenitrat sehr hohe Molekulargewichte zwischen 10 000 und 40 000. Andere Autoren fanden an den gleichen Stoffen ähnliche hohe Werte, so Gladstone und Hibbert [14] an Kautschuk 6000 - 12 000 und Brown und Morris [15] an einem durch Hydrolyse gewonnenen Abbauprodukt der Stärke kryoskopisch ein Molekulargewicht von ca. 30 000.

Diese hohen Molekulargewichte erschienen aber den meisten Forschern jener Zeit als unglaubwürdig. Die gleichen Methoden gaben nämlich bei covalent aufgebauten Kristalloiden Molekulargewichte, die gut mit den chemischen Formelgewichten übereinstimmten. Bei den Kolloiden ließ sich aber das Formelgewicht nicht eindeutig ermitteln, sodaß auch die mit den physikalischen Methoden erhaltenen Molekulargewichte suspekt erschienen. Außerdem wurde z.B. vom Raoult'schen Gesetz eine Proportionalität zwischen Dampfdruck und Konzentration, vom van't Hoff'schen Gesetz eine Proportionalität zwischen osmotischem Druck und Konzentration gefordert. Beide Forderungen waren bei den damals untersuchten, covalent aufgebauten Kristalloiden im Rahmen der erreichbaren Meßgenauigkeit gut erfüllt, nicht aber bei den Kolloiden. Auch dieser „Verstoß" gegen die Gesetze von Raoult und van't Hoff ließ die hohen Molekulargewichte der Kolloide nicht glaubwürdiger erscheinen. Wir wissen heute, daß beide Gesetze nur Grenzgesetze für unendlich kleine Konzentrationen sind. Eine Konzentrationsabhängigkeit scheinbarer, d.h. über die Grenzgesetze berechneter, Molekulargewichte ist auch bei niedermolekularen Substanzen die Regel, nicht die Ausnahme. Dieser durch Wechselwirkungen zwischen den Molekülen in der Lösung bedingte Effekt wurde bereits 1900 von Nastukoff [16] bei ebullioskopischen Messungen erkannt, der auch schon eine Extrapolation auf die Konzentration $c \rightarrow 0$ des Gelösten vorschlug. Durch eine ähnliche Extrapolation erhielt Caspari [17] bei osmotischen Messungen an Kautschuk bereits ein Molekulargewicht von 100 000.

Die Formulierung der Gesetze von Raoult und van't Hoff als Grenzgesetze schien aber damals untragbar. Dagegen sprachen die scheinbar uneingeschränkte Gültigkeit dieser Gesetze bei den covalenten Kristalloiden und die Umwandelbarkeit niedermolekularer Verbindungen in Kolloide. Außerdem waren die Kolloide nicht die einzige Klasse von Verbindungen, die starke Abweichungen vom Raoult'schen Gesetz zeigten. Ähnliche Diskrepanzen waren bei Elektrolyten gefunden worden. Da die damals bekannten Elektrolyte sämtlich anorganische Verbindungen waren und man diese prinzipiell in Kolloide überführen konnte, lag der Gedanke an irgendwelche besonderen Kräfte nahe.

Gegen die Annahme echter, durch kovalente Bindungen zusammengehaltene Makromoleküle sprachen aber auch die Erfahrungen der ihre ersten Ruhmestaten vollbringenden organischen Chemie. Der ungeheure Erfolg der klassischen organischen Chemie beruhte vor allem auf dem Prinzip der kleinsten Konstitutionsänderung bei Reaktionen, auf der Elementaranalyse als Grundvoraussetzung zur Aufstellung einer Konstitutionsformel und darauf, daß reine Substanzen kristallisiert werden können. Kolloide konnten aber damals nicht kristallisiert werden. Zwar gab es auch in der niedermolekularen organischen Chemie schwierig zu kristallisierende Stoffe wie Alkohol oder Zucker, was man aber zunächst als unerklärbare Ausnahme betrachtete. Außerdem fehlte bei den Kolloiden ein weiteres Reinheitskriterium der organischen Chemie. Als „rein" gilt in der organischen Chemie eine Substanz, für die sich eine einzige Strukturformel mit einem einzigen Molekulargewicht aufstellen läßt. Für einen Teil der damals bekannten Kolloide gab es aber trotz offenbar gleicher Strukturformeln verschiedene Molekulargewichte.

Damit wurde die Frage wichtig, welcher Art denn die besonderen Kräfte seien, die solche Kolloide zusammenhalten. Aus dem Studium der Gase wußte man von der Existenz zwischenmolekularer Kräfte [18]. Ähnliche Kräfte konnten auch in Lösung wirksam sein. Für organische Moleküle bot sich die Lehre von den Partialvalenzen an, die nach Thiele [19] von Substanzen mit konjugierten Doppelbindungen ausgeübt werden konnten. Diese Lehre schien durch die Existenz von Molekülverbindungen wie den Chinhydronen [20] gesichert.

Die Partialvalenz-Lehre bot eine bequeme Erklärung für das Verhalten des Naturkautschuks. Die bereits von M. Faraday 1826 [21] aufgestellte Bruttoformel $C_5H_8$ wies auf eine Doppelbindung pro Einheit. Harries [22] bestätigte diese Folgerung durch Ozonisieren des Naturkautschuks und anschließende Hydrolyse des Ozonids. Da er als Bruttoformel ebenfalls $C_5H_8$ fand, glaubte er, keine Endgruppen annehmen zu müssen. Aus den von ihm beobachteten niedrigen Molekulargewichten schloß er anfänglich auf Ringe von zwei Isopren-Einheiten,

$$\begin{array}{c} \phantom{CH_2-CH=}CH_3 \\ \phantom{CH_2-CH=}| \\ CH_2-CH=C-CH_2 \\ |\phantom{CH_2-CH=C-}| \\ CH_2-CH=C-CH_2 \\ \phantom{CH_2-CH=}| \\ \phantom{CH_2-CH=}CH_3 \end{array}$$

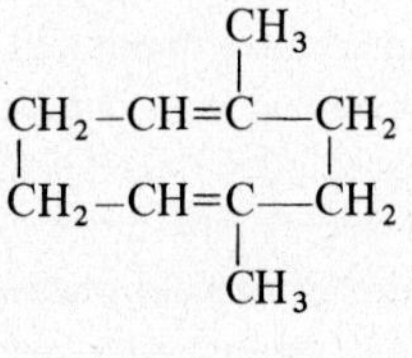

später auf solche von fünf bis sieben pro ringförmiges Molekül.

Für niedermolekulare, ringförmige Verbindungen, die über Partialvalenzen zusammengehalten werden, schien auch zu sprechen, daß Kautschuk nicht destillierbar ist. Es war bekannt, daß assoziierte Substanzen einen weit höheren Siedepunkt als nichtassoziierte haben. Pickles [23] schlug dagegen für den Kautschuk eine Kettenstruktur vor. Er führte zum Konstitutionsbeweis bereits die erste gezielte polymeranaloge Umsetzung aus, nämlich die Anlagerung von Brom an die Doppelbindungen des Naturkautschuks. Da die Bromaufnahme nicht die Molekülgröße änderte, sah Pickles den Naturkautschuk als echtes Molekül an. Seine Auffassung drang jedoch nicht durch.

Ähnliche Ringformeln wie die für den Naturkautschuk wurden dann für sehr viele organische Kolloide aufgestellt. Die Strukturformel der Cellulose (vgl. Kap. 31.5.1) wurde z. B. als

$$\left( \begin{array}{c} \text{OH} \\ | \\ \text{CH}-\text{CH}-\text{CH}-\text{OH} \\ \phantom{\text{CH}-}\diagdown\phantom{-}\diagdown \\ \phantom{\text{CH}-\text{CH}}\text{O}\phantom{--}\text{O} \\ \phantom{\text{CH}-}\diagup\phantom{-}\diagup \\ \text{CH}-\text{CH}-\text{CH}_2 \\ | \\ \text{OH} \end{array} \right)_n$$

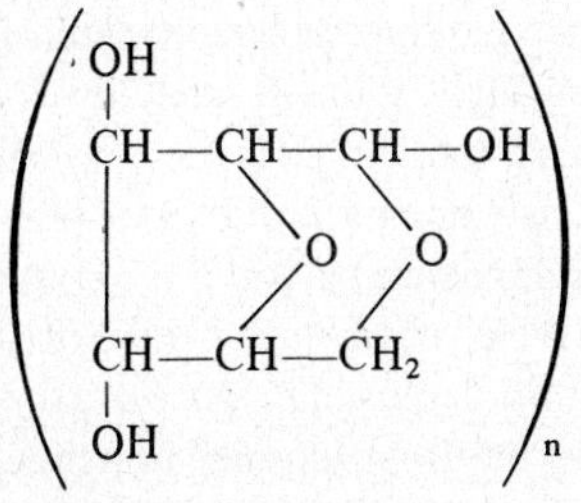

geschrieben. Die Formel konnte mit ihren drei Hydroxylgruppen und der Halbacetalgruppe gut das chemische Verhalten der Cellulose wiedergeben. Der kolloide Charakter wurde durch eine Assoziation vieler solcher cyclischer Verbindungen zu größeren Teilchen erklärt. Mit der Annahme cyclischer Verbindungen stimmte auch überein, daß man keine Endgruppen fand. Wir wissen heute, daß der Anteil der Endgruppen wegen des hohen Molekulargewichtes viel zu gering war, um mit den damaligen Methoden erkannt zu werden.

Auch eine andere Beobachtung sprach für Assoziation: die Drehung von optisch aktivem Diamylitaconat war nämlich beim Monomeren und beim „Polymeren" etwa gleich groß [24]. Bei konstitutiv unterschiedlichen Substanzen wurden aber sonst immer Unterschiede gefunden.

Etwa in den Jahren 1910–1920 waren die Beweise für die Annahme der Existenz der organischen Kolloide als physikalische Teilchenverbände und gegen die Annahme echter, covalent aufgebauter Makromoleküle erdrückend. Die organischen Kolloide hatten die gleiche Bruttozusammensetzung und die gleiche Reaktionsfähigkeit wie ihre bekannten nichtkolloiden Grundbaustoffe. Sie ließen sich ferner oft leicht in die nichtkolloiden Vertreter zurückverwandeln (Styrol-Versuch von Berthelot) und waren nicht kristallisierbar. Bei den Molekulargewichtsbestimmungen traten Anomalien auf (Konzentrationsabhängigkeit der scheinbaren Molekulargewichte). Alle die Phänomene kannte man jedoch auch bei den anorganischen Kolloiden. Auch diese ließen sich, wenn überhaupt, nur unter Verlust des kolloiden Charakters kristallisieren. Da man ferner keine Endgruppen fand, schienen alle Befunde für die Annahme von niedermolekularen Ringen zu sprechen. Der kolloide Charakter war leicht theoretisch zu deuten: die Teilchen wurden durch van der Waals'sche Kräfte zusammengehalten, z. B. durch die Thiele'schen Partialvalenzen.

Gegen die Annahme von Molekülkomplexen bei den organischen Kolloiden sprach sich jedoch H. Staudinger aus. Staudinger hatte bei seinen Untersuchungen über Ketene [25] „polymere" Produkte erhalten, denen er die Struktur von Cyclobutanderivaten zuschrieb. Da ein anderer Autor [26] diese Dimeren jedoch als Molekülkomplexe ansah, stellte H. Staudinger in einer berühmt gewordenen Arbeit [27] die Argumente für covalente Bindungen zusammen. Die durch die Valenzstrichschreibweise geforderten, aber experimentell nicht gefundenen Endgruppen schienen nicht im Widerspruch zu den Vorstellungen zu stehen, da man damals allgemein annahm, daß die Reaktivität einer Gruppe mit steigendem Molekulargewicht absinkt.

In späteren Arbeiten versuchte Staudinger, seine Vorstellung von den organischen Kolloiden als echten Makromolekülen experimentell zu beweisen. Dazu mußte zunächst die Vorstellung der sog. 1. Mizellarlehre widerlegt werden, daß nämlich bei den organischen Kolloiden kleinere Ringe durch Partialvalenzen zusammengehalten würden. Staudinger und Fritschi [28] hydrierten 1922 den Naturkautschuk. Da der Hydrokautschuk keine Doppelbindungen mehr enthielt, sollte er nach den Vorstellungen der Mizellarlehre keine kolloiden Eigenschaften mehr aufweisen. Tatsächlich blieben aber die kolloiden Eigenschaften erhalten, wie auch schon Pickles bei seinen Bromierungsversuchen gefunden hatre. Auch die Hydrierung von Poly(styrol) zum Poly(vinylcyclohexan) entfernte die Träger der Thiele'schen Partialvalenzen, führte aber wiederum zu einem Kolloid. Staudinger schloß daraus, daß diese organischen Kolloide aus vielen über covalente Bindungen verknüpften Atomen bestehen, also echte „Makromoleküle“ [29] sind. Da die Bindungsstärke bei Covalenzbindungen viel größer als bei van der Waals'schen Bindungen ist, sollten derartige Molekülkolloide ihren kolloiden Charakter im Gegensatz zu den Assoziationskolloiden in allen Lösungsmitteln beibehalten [30]. Diese Befunde wurden jedoch vom größeren Teil der Fachwelt nicht als Beweise akzeptiert. Kryoskopische Molekulargewichtsbestimmungen an Naturkautschuk in Campher gaben z. B. Molekulargewichte von 1400–2000 [31], während Staudinger am hydrierten Kautschuk Werte von 3000–5000 gefunden hatte. Gegen Staudinger's Vorstellung von Molekülkolloiden schienen ferner die an solchen Verbindungen ausgeführten röntgenographischen Untersuchungen zu sprechen. Diese zeigten, daß ein großer Teil der organischen Kolloide Röntgenbilder gab, die mehr denen von Flüssigkeiten als denen von niedermolekularen Kristalloiden ähnelten. Außerdem wurde bei organischen Kolloiden mit mehr kristallitähnlichen Röntgenbildern nur eine verhältnismäßig kleine Einheitszelle gefunden. Es war aber von Messungen an homologen Reihen niedermolekularer Substanzen bekannt, daß die Größe der Einheitszelle direkt dem Molekulargewicht proportional ist. Da man sich nicht vorstellen konnte, daß eine derartige Proportionalität nicht für alle Molekulargewichtsbereiche gelten muß, schloß man daraus auf niedrige Molekulargewichte bei den organischen Kolloiden.

Die röntgenographischen Messungen sprachen aber auch gegen die Existenz von kleinen Ringen und für die Annahme von Kettenstrukturen [32], da sich Ringe mit der gefundenen Struktur der Elementarzelle nicht vereinbaren ließen. Die Auswertung der Breite der Röntgenreflexe des Kautschuks führte zu Kristallitlängen von ca. 30–60 nm. Unter der Annahme, daß die Kristallitlänge mit der Moleküllänge identisch sei, kamen K. H. Meyer und H. Mark damit zu Molekulargewichten von ca. 5000 für Cellulose und 5000–10 000 für Naturkautschuk. Die in Lösung gefundenen, viel größeren Molekulargewichte des Naturkautschuks von ca. 150 000–380 000 wurden als Gewicht der solvatisierten Kette interpretiert oder später auch durch die Annahme, daß die röntgenographisch gefundenen Mizellen in Lösung als Assoziate vorliegen. Diese sog. 2. Mizellarlehre nahm also im Gegensatz zur 1. Mizellarlehre Ketten statt Ringe und bereits höhere Molekulargewichte an, während der eigentliche kolloide Charakter durch eine Assoziation solcher Ketten zu größeren Teilchenverbänden zustande kommen sollte.

H. Staudinger und R. Signer [33] betonten dagegen, daß die Kristallitlänge nichts mit der Moleküllänge zu tun haben muß. Da die Kristallstruktur wesentlich von der Konstitution der Verbindungen abhängt, versuchte Staudinger seine Anschauung durch polymeranaloge Umsetzungen zu beweisen. Bei einer polymeranalogen Umsetzung werden die Seitengruppen einer Verbindung ersetzt, ohne daß die Bindungen der Hauptkette angegriffen werden. Unverzweigtes Poly(vinylacetat) läßt sich durch Verseifung in Poly(vinylalkohol) und Poly(vinylalkohol) durch Veresterung wieder in Poly(vinylacetat) überführen:

(1–5)

$$\text{-(}CH_2-\underset{\underset{\underset{CH_3}{|}}{\underset{CO}{|}}}{\underset{O}{\overset{}{CH}}}\text{)}_n \xrightarrow[-\,CH_3COOH]{+\,H_2O} \text{-(}CH_2-\underset{OH}{CH}\text{)}_n \xrightarrow[-\,H_2O]{+\,CH_3COOH} \text{-(}CH_2-\underset{\underset{\underset{CH_3}{|}}{\underset{CO}{|}}}{\underset{O}{\overset{}{CH}}}\text{)}_n$$

Daß bei derartigen polymeranalogen Umsetzungen kein Abbau eintritt, kann durch Molekulargewichtsbestimmungen an Ausgangsprodukt und Umsetzungsprodukten bewiesen werden. Werden für die einzelnen Polymeranaloga in verschiedenen Lösungsmitteln die gleichen Polymerisationsgrade erhalten, so ist wegen der unterschiedlichen Wechselwirkungen Polymer/Lösungsmittel ziemlich unwahrscheinlich, daß Assoziationskolloide vorliegen. Bei derartigen Untersuchungen am Amylopektin, einem Polysaccharid mit drei Hydroxylgruppen pro Grundbaustein, wurden z. B. immer die gleichen Polymerisationsgrade erhalten und damit die Existenz von Assoziationskolloiden für diesen Fall ausgeschlossen [34] (Tab. 1 – 3).

Tabelle 1 – 3: *Polymerisationsgrade $\overline{X}_n$ nach osmotischen Messungen bei polymeranalogen Umsetzungen an Amylopektin-Fraktionen (nach H. Staudinger und E. Husemann)*

| Nr. der Fraktion | $\overline{X}_n$ Amylopektin (Ausgangsprodukt) in Formamid | Amylopektin-triacetat in Aceton | Amylopektin-triacetat in $CHCl_3$ | Amylopektin (regeneriert) in Formamid |
|---|---|---|---|---|
| 1 | 185 | 190 | 190 | 185 |
| 2 | 380 | 390 | 390 | – |
| 3 | 560 | 540 | 540 | 570 |
| 4 | 940 | 960 | 960 | 870 |

Staudinger entwickelte seine Vorstellungen an Naturstoffen (Amylose, Cellulose) oder an über *Polymerisation* entstandenen Verbindungen. Unter Polymerisation wird nach diesen Vorstellungen ein Vorgang verstanden, bei dem sich viele Monomereinheiten unter Ausbildung covalenter Bindungen zu einem Makromolekül zusammenlagern, das die gleiche Bruttoformel wie die Ausgangsmonomeren aufweist (W. H. Carothers [35]), z. B. beim Styrol

(1 – 6)

$$n\ CH_2{=}\underset{C_6H_5}{\underset{|}{CH}} \longrightarrow \text{-(}CH_2-\underset{C_6H_5}{\underset{|}{CH}}\text{)}_n$$

Bei diesem Prozeß werden die Monomermoleküle nacheinander, d. h. stufenweise, an den aktiven Keim* der Polymerkette angelagert [45]:

(1-7) $$R\!-\!(CH_2\!-\!\underset{C_6H_5}{CH})_n\!-\!CH_2\underset{C_6H_5}{CH^*} + CH_2\!=\!\underset{C_6H_5}{CH} \longrightarrow R\!-\!(CH_2\!-\!\underset{C_6H_5}{CH})_{n+1}\!-\!CH_2\underset{C_6H_5}{CH^*} \text{ usw.}$$

Die chemische Natur dieser Keime war damals nicht bekannt. Vermutet wurde ein radikalisches Kettenwachstum [46, 47], doch blieb der Startmechanismus unklar. Diskutiert wurde die Anlagerung von Radikalen an das Monomer [48] oder ein Ablauf über aktivierte Komplexe zwischen dem Styrol und z. B. Dibenzoylperoxid [49]. Das Problem wurde schließlich durch Markierung der Initiatoren gelöst [50–52], wobei bewiesen werden konnte, daß das markierte Initiatorfragment als Endgruppe in das Polymer eingebaut wird.

Der Mechanismus, der zu den von H. Staudinger als Modellsubstanzen verwendeten Polymerisaten führt, war also zu jener Zeit alles andere als klar. Von der zweiten Gruppe der von Staudinger verwendeten Verbindungen, den makromolekularen Naturstoffen, wußte man über den Bildungsmechanismus noch viel weniger. W. H. Carothers [36] beschloß daher, makromolekulare Verbindungen schrittweise mit bekannten Kondensationsreaktionen der niedermolekularen organischen Chemie aufzubauen, z. B. durch Umsetzung von Glykolen mit Dicarbonsäuren:

(1-8) $$HO\!-\!R\!-\!OH + HOOC\!-\!R'\!-\!COOH \xrightarrow{-H_2O} HO\!-\!R\!-\!OCO\!-\!R'\!-\!COOH$$

$$HO\!-\!R\!-\!OCO\!-\!R'\!-\!COOH + HO\!-\!R\!-\!OH \xrightarrow{-H_2O} HO\!-\!R\!-\!OCO\!-\!R'\!-\!COO\!-\!R\!-\!OH \text{ usw.}$$

Bei dieser *Polykondensation* muß im Gegensatz zur Polymerisation vom Keimtyp jeder Verknüpfungsschritt neu aktiviert werden.

Carothers konnte an vielen Verbindungen zeigen, daß Makromoleküle nicht nur durch irgendwelche mysteriösen Prozesse, sondern auch mit den bekannten Methoden der organischen Chemie aufgebaut werden können. Seine Arbeiten lieferten einen weiteren Beweis für den Aufbau organischer Molekülkolloide über covalente Bindungen und führten überdies zur ersten großtechnisch hergestellten synthetischen Faser, dem Nylon 6,6 (Poly(hexamethylenadipamid)), das aus Hexamethylendiamin und Adipinsäure erhalten wird:

(1-9) $$n\, H_2N\!-\!(CH_2)_6\!-\!NH_2 + n\, HOOC\!-\!(CH_2)_4\!-\!COOH \longrightarrow$$

$$H\!-\!(HN\!-\!(CH_2)_6\!-\!NH\!-\!CO\!-\!(CH_2)_4\!-\!CO)_n\!-\!OH + (2n-1)\, H_2O$$

Ein weiteres Argument gegen die Mizellartheorie kam von der Biochemie. Im Jahre 1926 gelang es nämlich Sumner [37], das Enzym Urease und im Jahre 1930 Northrop [38], das Enzym Pepsin zu kristallisieren. Damit war die These widerlegt, daß Kolloide nur unter Verlust ihrer kolloiden Eigenschaften kristallisiert werden können. Th. Svedberg [39] zeigte mit seiner Ultrazentrifuge (vgl. Kap. 9.7) in den Jahren 1927–1940 ferner, daß die kolloide Lösungen liefernden Proteine sich bei Ultrazentrifugen-Versuchen bei verschiedenen Temperaturen und in unterschiedlichen Salzlösungen als einheitlich in Bezug auf die Molmasse erwiesen. Auch dieser Befund sprach gegen die Vorstellung von Assoziationskolloiden. Schließlich fand Tiselius mit der von ihm entwickelten Methode der Elektrophorese [40], daß einunddasselbe Protein immer die gleiche Ladung pro Masse aufwies, was ebenfalls im Widerspruch zum Verhalten der anorganischen Assoziationskolloide stand. Die Erkenntnis, daß es sich bei den organischen Kolloiden um echte Makromoleküle handelt, war somit am Anfang der 30er Jahre gesichert.

Die mangelnde Kristallisationsfähigkeit vieler synthetischer organischer Makromoleküle wurde bereits in der 40er Jahren auf den unregelmäßigen konfigurativen Ausbau zurückgeführt. 1948 fanden Schildknecht und Mitarbeiter [41], daß Vinyläther je nach dem verwendeten Katalysator Polymere mit unterschiedlichen physikalischen Eigenschaften ergaben. Radikalisch hergestellte Poly(vinylmethyläther) waren amorph, kationisch bei tiefen Temperaturen erzeugte dagegen kristallin. Die Befunde wurden auch schon richtig als durch Unterschiede im sterischen Aufbau der Polymeren bedingt gedeutet. Die Ergebnisse wurden jedoch nicht sehr beachtet, offenbar, weil sich auf diesem Wege nicht auch andere stereoregulär aufgebaute Polymere erzeugen ließen.

Der Weg zur gezielten Synthese stereoregulärer Polymere wurde erst nach der Entdeckung der Ziegler-Katalysatoren frei. Ziegler fand, daß Katalysatorsysteme aus Aluminiumalkylen und Titantetrachlorid schon bei Raumtemperatur und Normaldruck Äthylen zu Poly(äthylen) polymerisieren können [42]. Poly(äthylen) wurde bis zu diesem Zeitpunkt ausschließlich durch radikalische Polymerisation von Äthylen bei hohen Drucken erzeugt. Natta und Mitarbeiter [43] beobachteten, daß mit diesen Katalysatoren $\alpha$-Olefine zu sterisch einheitlichen und oft kristallisierbaren Polymeren umgesetzt werden können. Mit abgeänderten Ziegler-Katalysatoren gelang später auch die Polymerisation anderer Monomertypen, so daß heute eine Vielzahl sterisch einheitlicher Polymerer bekannt ist.

Kettenförmige Makromoleküle enthalten viele Bindungen in der Hauptkette. Die einzelnen Kettenatome können daher sehr viele verschiedene Lagen relativ zueinander einnehmen. W. Kuhn [44] erkannte schon in den 30er Jahren, daß die Probleme der räumlichen Gestalt von fadenförmigen Makromolekülen mit statistischen Rechenverfahren besonders elegant gelöst werden können. Ganz allgemein spielen statistische Betrachtungsweisen in der makromolekularen Chemie eine große Rolle.

## *1.4 Nomenklatur*

> "When *I* use a word," Humpty Dumpty said in rather scornful tone, "it means just what I choose it to mean – neither more nor less." "The question is," said Alice, "whether you can make words mean so many different things." "The question is," said Humpty Dumpty, "which is to be master, – that is all."
>
> Lewis Carroll, Alice Through the Looking Glass

Stoffe und Reaktionen werden in der Chemie gewöhnlich nach drei Prinzipien eingeteilt. Die *phänomenologischen* Definitionen bauen auf äußerlichen Kennzeichen auf (Bruttozusammensetzung einer Verbindung, Abspaltung von Gruppen bei der Reaktion usw.). *Molekulare* Definitionen basieren auf der chemischen Struktur oder den Reaktionswegen, also letztlich auf Bindungen und Änderungen von Bindungen. *Ope-*

*rative* Definitionen betrachten alles im Hinblick auf die Zweckmäßigkeit, also z. B. die Größe des erzielbaren Molekulargewichtes, die Höhe der Reaktionsgeschwindigkeit, gewünschte mechanische Eigenschaften usw. Alle drei Typen von Definitionen werden zur Kennzeichnung makromolekularer Stoffe verwendet.

Synthetische Polymere wurden in den Anfangstagen der makromolekularen Chemie einfach nach dem Ausgangsmonomeren bezeichnet. Die Polymeren aus Äthylen wurden daher Poly(äthylene), die aus Styrol Poly(styrole), die aus Lactamen Poly(lactame) usw. genannt. In anderen Fällen wurde der Name nach einer im entstandenen Polymeren charakteristischen Gruppe gewählt. Die Polymeren aus Diaminen und Dicarbonsäuren erhielten so den Namen Polyamide. Diese phänomenologische Bezeichnungsweise muß versagen, wenn aus den Monomeren mehr als eine Sorte von Grundbausteinen im Polymeren entstehen kann. Ein Beispiel dafür ist die Polymerisation von Butadien (vgl. Tab. 1 - 2). Natürlich vorkommende Makromoleküle tragen in der Regel Trivialnamen, die oft auf ihre Funktion (z. B. Katalase), ihr chemisches Verhalten (z. B. Nucleinsäuren) oder ihr Vorkommen (z. B. Cellulose) zurückgehen.

Die moderne Nomenklatur baut dagegen auf der chemischen Struktur der Makromoleküle auf. Der Name eines Polymeren von unspezifiziertem Polymerisationsgrad wird dabei aus der kleinsten Struktureinheit mit der Vorsilbe „poly" gebildet. Bei einem unverzweigten Polymeren ist die kleinste Struktureinheit ein bivalentes Radikal. Der Name dieses Radikals wird analog zu den Namen entsprechender Radikale in der niedermolekularen organischen Chemie gebildet. Die Gruppe $-CH_2-$ heißt daher „methylen" und das entsprechende Polymer „Poly(methylen)" (Bsp. 1 in Tab. 1-4). Für die Radikale $-CH_2-CH_2-$ und $-CH_2-CH(CH_3)-$ gibt es keine strukturellen Namen; hier werden die Trivialnamen „äthylen" und „propylen" beibehalten. Beispiele für Namen anderer bivalenter Radikale sind:

| | | |
|---|---|---|
| $-CH_2-$ | $-CO-$ | $-CH{=}CH-$ |
| methylen | carbonyl | vinylen |
| $-O-$ | $-S-$ | $-NH-$ |
| oxy | thio | imino |
| 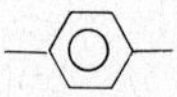 | 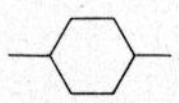 | 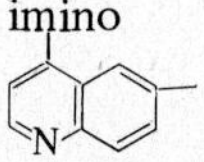 |
| 1,4-phenylen | 1,4-cyclohexylen | 4,6-chinolindiyl |

Substituenten werden in der Regel vor den Namen des bivalenten Radikals gesetzt. Poly(vinylalkohol) (Bsp. 4) heißt daher korrekt *Poly(hydroxyäthylen)*. Der Name des bivalenten Radikals steht also immer in Klammern. Ein anderes Beispiel ist *Poly(1-oxotrimethylen)* (Bsp. 11). In allen Beispielen impliziert der strukturelle Name eine Richtung der Kette, die teilweise nicht mit der Richtung des Kettenwachstums bei der Polyreaktion übereinstimmt (vgl. Bsp. 5, 6 und 9).

Der strukturelle Name komplizierter Verbindungen wird in der Regel durch die Aufeinanderfolge der Namen einfacher bivalenter Radikale gebildet. Beispiele für die Kombination zweier einfacher bivalenter Radikale sind *Poly(oxymethylen)* (Bsp. 8) und *Poly (oxy-1,4-phenylen)* (Bsp. 10).

In vielen Fällen werden für bestimmte Kombinationen von einfachen Radikalen Trivialnamen beibehalten. So heißt die Einheit $-CO-C_6H_4-CO-$ „terephthaloyl"

Tab. 1 - 4 *Trivialnamen und strukturelle Namen von Polymeren*

| Nr. | Struktur | Trivialname (basierend auf der Struktur der Monomeren) | Struktureller Name |
|---|---|---|---|
| 1 | $\text{-(-}CH_2\text{-)-}_n$ | Poly(methylen) | *Poly(methylen)* |
| 2 | $\text{-(-}CH_2CH_2\text{-)-}_n$ | Poly(äthylen) | *Poly(äthylen)* |
| 3 | $\text{-(-}CH(CH_3)\text{-}CH_2\text{-)-}_n$ | Poly(propylen) | *Poly(propylen)* |
| 4 | $\text{-(-}CH(OH)\text{-}CH_2\text{-)-}_n$ | Poly(vinylalkohol) | *Poly(hydroxyäthylen)* |
| 5 | $\text{-(-}CH(C_6H_5)\text{-}CH_2\text{-)-}_n$ | Poly(styrol) | *Poly(phenyläthylen)* |
| 6 | $\text{-(-}C(CH_3)(COOCH_3)\text{-}CH_2\text{-)-}_n$ | Poly(methylmethacrylat) | *Poly*[*1-methoxycarbonyl)-1-methyläthylen*] |
| 7 | $\text{-(-}CH{=}CHCH_2CH_2\text{-)-}_n$ | Poly(butadien) | *Poly(1-butenylen)* |
| 8 | $\text{-(-}OCH_2\text{-)-}_n$ | Poly(formaldehyd) | *Poly(oxymethylen)* |
| 9 | $\text{-(-}OCH_2CH_2\text{-)-}_n$ | Poly(äthylenoxid), Poly(äthylenglykol) | *Poly(oxyäthylen)* |
| 10 | 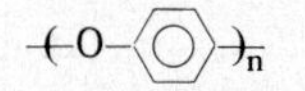 | Poly(phenylenoxid) | *Poly(oxy-1,4-phenylen)* |
| 11 | $\text{-(-}CO\text{-}CH_2CH_2\text{-)-}_n$ | Poly(äthylen-co-kohlenmonoxid) | *Poly(1-oxotrimethylen)* |
| 12 | 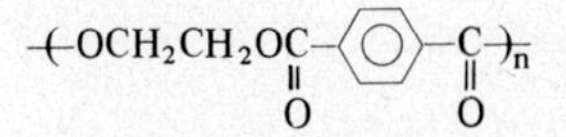 | Poly(äthylenterephthalat) | *Poly(oxyäthylenoxyterephthaloyl)* |
| 13 | $\text{-(-}NHC(O)(CH_2)_4C(O)NH(CH_2)_6\text{-)-}_n$ | Poly(hexamethylendiamin-co-adipinsäure); Nylon 6,6 | *Poly(iminoadipoyliminohexamethylen)* |
| 14 | 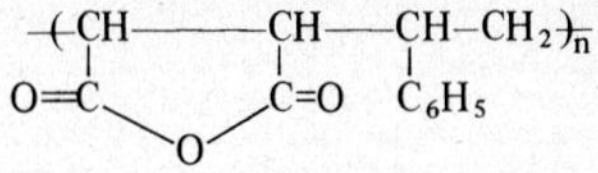 | Poly(maleinsäureanhydrid-co-styrol) | *Poly*[*(tetrahydro-2,5-dioxo-3,4-furandiyl) (1-phenyläthylen)*] |

und nicht „carbonyl-1,4-phenylen-carbonyl" (Bsp. 12). Die Einheit $-CO-CH_2CH_2-$ heißt 1-oxotrimethylen und nicht „carbonyläthylen". Direkt an Heterogruppen gebundene Carbonylgruppen werden jedoch als Acylgruppen bezeichnet. Die Verbindung $\text{-(-}NH\text{-}CO\text{-}CH_2\text{-)-}_n$ heißt daher *Poly(iminocarbonyläthylen)* und nicht Poly[imino(1-oxotrimethylen)].

Bei der Kombination von zwei und mehr bivalenten Radikalen sind Senioritätsregeln zu beachten. Bei jeder Einheit steht die Komponente mit der größten Seniorität links. Rechts davon stehen die Komponenten in der Reihenfolge abnehmender Seniorität. Die größte Seniorität besitzen heterocyclische Ringe. Es folgen Kettenstücke mit Heteroatomen, carbocyclische Ringe und schließlich Kettenstücke mit nur Kohlenstoffatomen als Kettengliedern. Substituenten beeinflussen die Seniorität nicht. In jeder Gruppe sind die folgenden Regeln zu beachten:

1. Innerhalb jedes Ringes wird immer der kürzeste Weg eingeschlagen.
2. Wenn zwei gleiche Ringe vorhanden sind, gilt die folgende Regel: die größte Seniorität haben Ringe mit der größten Zahl an Substituenten. Bei gleicher Zahl von Substituenten kommt der Ring mit den Substituenten mit den niedrigeren Positionsnummern zuerst. Falls sowohl die Zahl der Substituenten als auch deren Positionsnummer gleich sind, hat derjenige Ring die höhere Seniorität, dessen Substituenten Namen haben, die früher im Alphabet erscheinen.
3. Bei verschiedenen Ringen kommt zuerst (a) das System mit der größeren Zahl an Ringen, (b) die größten individuellen Ringe, und (c) die am wenigsten hydrierten Ringe.
4. Heteroatome folgen sich in der Anordnung: O, S, Se, Te, N, P, As, Sb, Bi, Si, Ge, Sn, Pb, B und Hg.
5. Schieben sich z. B. zwischen Heteroatomen oder Ringen aliphatische Stücke ein, so ist immer der kürzeste Weg zwischen den Einheiten mit der größten Seniorität zu wählen. Beispiel: die Verbindung $-(O-CH_2-NH-CHCl-CH_2-SO_2-(CH_2)_6)-$ wird in dieser Reihenfolge geschrieben, weil der kürzeste Weg zwischen O (größte Seniorität und S (zweitgrößte Seniorität) über $-CH_2-NH-CHCl-CH_2-$ (4 Kettenatome) verläuft. Bei der Schreibweise $-O-(CH_2)_6-SO_2-CH_2-CHCl-NH-CH_2-$ käme zwar die richtige Reihenfolge für die Seniorität O, S und N heraus, der Weg zwischen O und S wäre aber länger (6 Kettenatome).
6. Heterocyclische Ringe werden in der folgenden Reihenfolge zitiert: (a) das größte stickstoffhaltige Ringsystem (ohne Rücksicht auf die Zahl der Stickstoffatome), (b) bei gleicher Ringgröße das System mit der größten Zahl Stickstoffatome, und (c) das Ringsystem mit der größten Zahl anderer Heteroatome mit der größten Seniorität. Bei Ringen hat also N die größte Seniorität, gefolgt von O, S, Se, Te, P, As usw. (vgl. Punkt 4).

Doppelketten- oder Leiterpolymere besitzen vier Verknüpfungsstellen. Die Beziehung dieser Stellen zueinander wird durch zwei Paare angegeben, die durch einen Doppelpunkt getrennt sind. Beispiele dafür sind

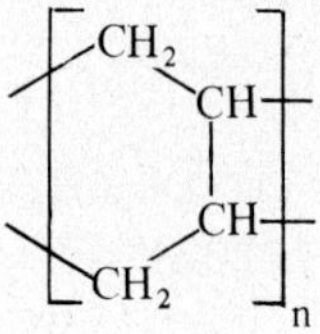

*Poly(1,4:2,3-butantetrayl)*

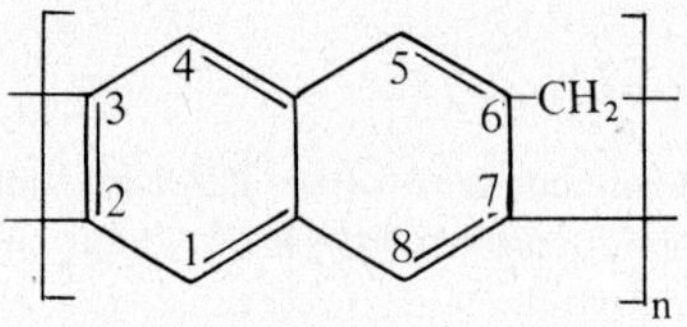

*Poly(2,3 : 6,7-naphthalintetrayl-6-methylen)*

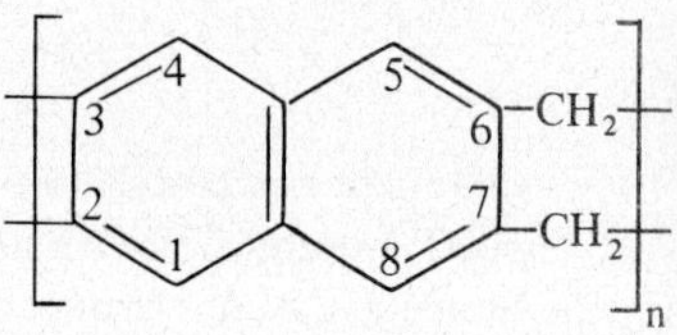

*Poly(2,3 : 6,7-naphthalintetra-6,7-dimethylen)*

Wenn in einer Struktureinheit sowohl tetravalente als auch bivalente Radikale vorhanden sind (z. B. bei Spiropolymeren), dann haben die tetravalenten Radikale den Vorrang vor den bivalenten:

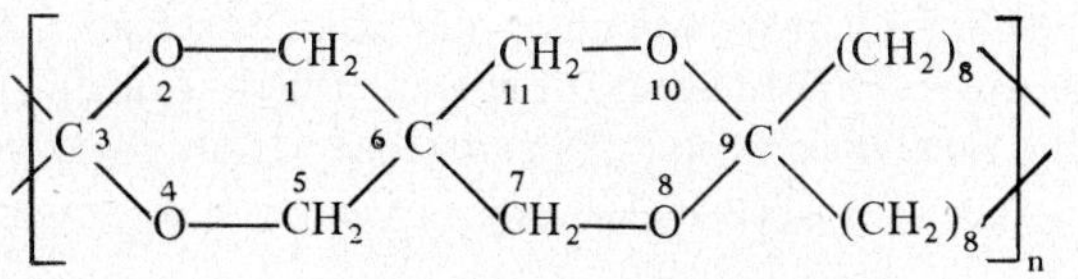

*Poly[2,4,8,10-tetraoxaspiro[5.5]-undecan-3,9-diyliden-9,9-bis (octamethylen)]*

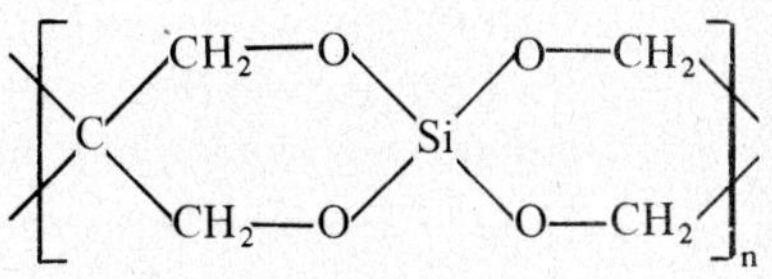

*Poly[1,3-dioxa-2-silacyclohexan-5,2-diyliden-2,2-bis(oxymethylen)]*

Endgruppen werden bei Polymeren normalerweise nicht spezifiziert. Wenn sie jedoch bekannt sind, sollten die Endgruppen mit dem entsprechenden Radikalnamen und den davorgestellten griechischen Buchstaben $\alpha$ und $\omega$ vor dem Namen des Polymeren erscheinen. Ein Beispiel ist

$Cl{+}CH_2{+}_n CCl_3$ $\alpha$-Chlor-$\omega$-(trichlormethyl)-poly(methylen)

Die Nomenklaturvorschriften besagen, daß die Trivialnamen gewöhnlicher Polymerer nicht notwendigerweise durch Strukturnamen ersetzt werden müssen. In diesem Buch werden daher beide Gruppen von Namen nebeneinander verwendet. Die standardisierten Kurzformen von Trivialnamen (vgl. Tab. VI–1 im Anhang) werden in der Regel nur bei Diagrammen benutzt. Zur Orientierung sind ferner in einer gesonderten Tabelle VI–2 einige wichtige Markennamen von Kunststoffen, Elastomeren und Fasern zusammengestellt.

## *1.5 Technische Einteilung und Bedeutung*

Die technisch verwendeten Polymeren werden industriell je nach dem Verwendungszweck oder dem Herstellverfahren in Klassen eingeteilt.

Die Einteilung nach der Herstellung beruht einerseits auf der Betrachtung von Brutto-Gleichungen und andererseits auf rein manuell-praktischen Gesichtspunkten. Sie ist vom mechanistischen Standpunkt aus veraltet, gibt aber dem Technologen Hinweise auf Endgruppen, Restmonomergehalt usw. Man spricht so von Polymerisaten, Polykondensaten und Polyaddukten, wenn die Produkte durch Polymerisation, Polykondensation oder Polyaddition synthetisiert wurden.

Als *Polykondensation* wird in diesem Schema eine Reaktion bezeichnet, bei der Monomere miteinander unter Abspaltung von niedermolekularen Verbindungen reagieren. Ein Beispiel dafür ist die Bildung von Polyamiden aus Diaminen und Dicarbonsäuren (vgl. Gl. (1–9)).

Bei der *Polyaddition* wird im Gegensatz zur Polykondensation kein niedermolekularer Bestandteil abgespalten, z. B. bei der Umsetzung von Diisocyanaten mit Diolen zu Polyurethanen:

(1–10) $n\ HO{-}R{-}OH + n\ OCN{-}R'{-}NCO \rightarrow$

$$H{+}O{-}R{-}O{-}CO{-}NH{-}R'{-}NH{-}CO{+}_{n-1}O{-}R{-}O{-}CO{-}NH{-}R'{-}NCO$$

Manche Autoren sehen als weiteres Charakteristikum von Polyadditionen an, daß ein Übergang von H-Atomen von einem Grundbaustein zu anderen erfolgt. Andere Autoren wiederum zählen auch die Bildung von Poly(äthylenoxiden) aus Äthylenoxid zu den Polyadditionen, obwohl dort kein H-Übergang erfolgt:

$$(1-11) \qquad n\ \underset{\diagdown\,O\,\diagup}{CH_2\text{——}CH_2} \longrightarrow \text{-}\!\!\left(CH_2-CH_2-O\right)\!\!\text{-}_n$$

Bei der *Polymerisation* (vgl. z. B. Gl. (1 – 7)) wird wie bei der Polyaddition nichts abgespalten, im Gegensatz zur Polyaddition wird aber die Bruttozusammensetzung der Bausteine nicht verändert.

Die synthetischen Polymeren teilt man ferner in Plaste (Thermoplaste, Plastomere), Duromere (Duroplaste), Elastomere (Elaste, Kautschuke) und Fasern ein. Stoffe, die sich bei konstanter Temperatur unter den üblichen Bedingungen reversibel verformen lassen, nennt man *Elastomere.* Das bekannteste Beispiel ist der vulkanisierte (vernetzte) Naturkautschuk. Stoffe, die sich unter Beanspruchung verformen, deren Verformung aber nach Aufhören der Beanspruchung nicht mehr zurückgeht, heißen *Plaste.* Zu solchen „plastischen" Stoffen gehört Knetgummi, aber auch Poly(styrol) oder Poly(äthylen). Die Stoffe können spröd sein, wenn sie bei kurzer und heftiger Beanspruchung nicht nur ihre Form verändern, sondern auch noch in kleinere Stücke zerfallen, und zäh, wenn sie dabei nur ihre Form verändern. *Duromere* sind Substanzen, die nach oder während ihrer Verarbeitung aus dem „plastischen" Zustand irreversibel in eine stark vernetzte Form übergeführt worden sind und sich danach nicht mehr durch Temperatur oder Beanspruchung in eine andere Form bringen lassen. Sie sind daher nur wenig „plastisch". *Fasern* zeichnen sich durch eine Vorzugsrichtung in der Lage der Moleküle aus; ihre Zugfestigkeit ist in dieser Richtung hoch, ihre Dehnbarkeit meist gering.

Plaste, Elastomere und Fasern unterscheiden sich demnach wesentlich durch ihren Elastizitätsmodul und durch ihre Dehnbarkeit (Tab. 1 – 5). Als weitere Meßgröße können noch die Zugfestigkeit und die Dehnung beim Bruch der Probe verwendet werden.

Die Gebrauchseigenschaften können außerdem noch wesentlich von der Temperatur beeinflußt werden. Bei tieferen Temperaturen ist die Beweglichkeit der Segmente der Kettenmoleküle gering. Da die Segmente bei höherer Temperatur leichter ausweichen können, nehmen Elastizität und Plastizität mit zunehmender Temperatur auf Kosten der Sprödigkeit zu. Je nach Temperatur kann ein bestimmter Körper aus unvernetzten Makromolekülen somit spröd, viskoelastisch (kautschukelastisch) oder plastisch sein:

| | | | | |
|---|---|---|---|---|
| | Glastemp. | | Fließtemp. | |
| spröder | ⟶ | viskoelast. | ⟶ | viskofluider |
| Zustand | | Zustand | | Zustand |
| (Plast) | | (Elastomer) | | (viskose Flüss.) |

Die Übergänge zwischen den drei Zuständen erfolgen bei relativ gut definierten Temperaturen. Plaste, Elastomere und viskose Flüssigkeiten lassen sich in Duromere überführen und umgekehrt, je nachdem, ob die Vernetzung durch covalente oder ionische Bindungen erfolgt und ob evtl. reversible Reaktionen auftreten können (vgl. Kap. 11.1).

Tab.: 1 – 5 *Einteilung von Makromolekülen nach Gebrauchseigenschaften*

| Typ | Elastizitätsmodul $N/cm^2$ | Dehnbarkeit % | Beispiele Substanz | Zugfestigkeit $10^4$ kg/m² | Bruchdehnung % |
|---|---|---|---|---|---|
| Elastomere | $10 - 10^2$ | < 1000 | Naturkautschuk | 230-320 | 470-600 |
| | | | Buna S | 280 | 580 |
| Plaste | $10^3 - 10^4$ | < 100-200 | Niederdruckpoly(äthylen) | 200-400 | 15-100 |
| | | | Nylon 6,6 | 500-800 | 90 |
| | | | Poly(vinyl) chlorid) | 350-630 | 2-40 |
| Fasern | $10^5 - 10^6$ | 10-30 | Wolle | 1550 | 10-50 |
| | | | Seide | 3500 | 25 |
| | | | Baumwolle | 2100-8400 | 5-8 |
| | | | Niederdruckpoly(äthylen) | 3400-6100* | 10-20* |
| | | | Nylon 6,6 | 4600-8700* | 19-32* |
| | | | Poly(vinylchlorid) | 3400-3800* | 14-20* |

* Abhängig vom Verstreckungsgrad

Die ersten künstlich hergestellten und technisch verwendeten Makromoleküle waren abgewandelte Naturstoffe. 1839 wurde die Vulkanisation von Naturkautschuk zu Weichgummi, 1851 zu Hartgummi eingeführt. 1859 wurde beobachtet, daß die Behandlung von Cellulose mit $ZnCl_2$ zu einem mechanisch sehr widerstandsfähigen Material, Vulkanfiber, führt. Aus mit Campher weichgemachtem Cellulosenitrat entstand 1865 das Celluloid. Die Vernetzung des Proteins Casein mit Formaldehyd führte 1897 zum Galalith.

Die ersten vollsynthetischen Makromoleküle brauchten dagegen viel längere Zeit von der Entdeckung bis zur technischen Reife. Poly(styrol) wurde zwar schon 1839 entdeckt, aber erst ab 1930 fabriziert. Die ersten Polyamide wurden 1907 beobachtet, es bedurfte aber der Pionierarbeiten von W. H. Carothers von 1929 bis 1935, um 1937 die Produktion der Nylon-Faser aufzunehmen. Diese zeitliche Verzögerung kommt vom langen Weg zwischen der Synthese eines Laborproduktes und der Produktion eines technisch verwertbaren Kunststoffes. Zu prüfen sind u.a. die Eigenschaften bei verschiedenen Beanspruchungen, die Modifikation dieser Eigenschaften durch Einstellung verschiedener Typen in Bezug auf Molekulargewicht, Molekulargewichtsverteilung, sterische Reinheit usw., die Konkurrenzfähigkeit gegenüber anderen Handelsprodukten, produktionstechnische Fragen und schließlich die wichtigste „physikalische Größe", der Preis. So kommt es, daß zur Zeit von etwa 6000 im Laboratorium entwickelten Kunststoffen nur einer in die Produktion geht. Bei den Pharmaka liegt das Verhältnis dagegen nur bei 3000 : 1. Die Entwicklungskosten sind entsprechend hoch. Bei der Fa. Du Pont de Nemours soll die Entwicklung des Nylons 6,6 27 Millionen Dollar, die der Poly(acrylnitril)-Faser 60 Millionen Dollar und die Entwicklung des Poly(formaldehydes) 52 Millionen Dollar gekostet haben. Für die technische Entwicklung des Poly(propylens) gab eine andere Firma ca. 30 Millionen Dollar aus, obwohl die Patente und z. T. das Know-How gekauft wurden.

Die Ausgabe derartiger Summen lohnt sich jedoch, da es sich häufig um ausgesprochene Massenartikel handelt oder aber um Spezialprodukte mit hohen Preisen. Aus Tab. 1 – 6 ist der starke Produktionszuwachs ersichtlich. Bei einem mittleren Preis von DM 2 pro kg entspricht die Produktion von 1962 einem Wert von 25 Milliarden DM. Eine Produktion von 10 Mio Tonnen Kunststoffe pro Jahr entspricht nach dem Gewicht 1/35, nach dem Volumen 1/5 und nach dem Wert 1/6 der Stahlerzeugung (350 Mio jato). Im Gegensatz zur nur langsam ansteigenden Stahlerzeugung weist jedoch die Polymerindustrie die phantastisch hohe Wachstumsrate von 16 % auf. Sollte dieser Anstieg anhalten – und alle Anzeichen sprechen dafür – so wird die Polymerproduktion im Jahre 1980 die Stahlproduktion volum- und wertmäßig eingeholt haben.

Tab. 1 - 6: *Welt-Jahresproduktion an Makromolekülen in Millionen Tonnen. Die Angaben für die Naturstoffe Cellulose und Chitin beziehen sich auf die Bildung in der Natur*

| Typ | 1950 | 1960 | 1970 |
|---|---|---|---|
| Thermoplaste und Duromere | 2 | 6,7 | 31,0 |
| Synthetische Elastomere | 1 | 2,6 | 4,7 |
| Naturkautschuk | 1,8 | 2,2 | 2,7 |
| Synthetische Fasern | 0,07 | 0,7 | 4,8 |
| Naturfasern und abgewandelte Naturfasern | | | |
| Baumwolle | 7,0 | 10,4 | 11,6 |
| andere Cellulosefasern | 1,6 | 2,6 | 3,6 |
| Wolle | 1,8 | 1,5 | 1,6 |
| Naturstoffe total | | | |
| Cellulose | 100000 | 100000 | 100000 |
| Chitin | 1000 | 1000 | 1000 |

Besonders auffällig ist der starke Zuwachs an synthetischen Fasern, der vor allem von den Polyester-Fasern stammt. Wichtige synthetische Fasern sind ferner die Nylon- und Acryl-Fasern. Bei den eigentlichen Kunststoffen entfällt die Hauptmenge ebenfalls auf einige wenige Typen. 1970 entfielen auf Poly(äthylen) 29 %, auf Poly(vinylchlorid) 22 % und auf Poly(styrol) 15 % der Produktion.

Polymere für elektrische Zwecke spielen mengenmäßig eine untergeordnete Rolle. Die meisten der in der Elektroindustrie verwendeten Makromoleküle werden als Isolatoren eingesetzt. Halbleiter auf Polymerbasis sind erst im Versuchsstadium. Noch geringer ist der Anteil der Polymeren, die wegen ihrer chemischen Eigenschaften verwendet werden. Zu nennen sind hier vor allem Ionenaustauscher und feste Raketentreibstoffe.

Bei den Biopolymeren verteilen sich die Eigenschaften etwas anders. Natürlich vorkommende Makromoleküle dienen als Katalysatoren (Enzyme), als Informationsträger (Nucleinsäuren), als Transportstoffe (gewisse Proteine), als Gerüstsubstanzen (Cellulose, Kollagen), als Speicher- und Reservestoffe (Glykogen, Stärke) oder sind ganz einfach Stoffwechselprodukte wie der Naturkautschuk. Auch bei den technisch genutzten Biopolymeren sind die Umsätze hoch. In den USA betrug z. B. 1959 der Umsatz an Kollagen-Produkten (Leder, Gelatine, tierischer Leim) 4 Milliarden Dollar, an Keratin-Produkten (Haare, Nägel, Federn, Wolle) 1,5 Milliarden Dollar und an Rohseide 500 000 Dollar.

## Literatur zu Kap. 1

### *Kap. 1.1 Allgemeine Literatur*

PERIODICA (nur überwiegend wissenschaftlichen Charakters)

Journal of Polymer Science, Bd. 1–62 (1946–1962); ab 1963 geteilt in drei Reihen A (= General Papers), B (= Letters) und C (= Symposia); ab 1966 geteilt in [A–1] = Polymer Chemistry, [A–2] = Polymer Physics, [B] = Polymer Letters, [C] = Polymer Symposia; ab 1970 [D] = Band 4 der früheren Reihe der Macromolecular Reviews; ab Oktober 1972 eingeteilt in Polymer Chemistry Edition, Polymer Physics Edition, Polymer Letters Edition, Polymer Symposia und Macromolecular Reviews

Journal of Applied Polymer Science, Bd. 1 ff. (1959 ff.)

Journal of Applied Polymer Science, Applied Polymer Symposia, Bd. 1 ff. (1965 ff.)

Die Makromolekulare Chemie, Bd. 1 ff. (1947 ff.)

Die Angewandte Makromolekulare Chemie, Bd. 1 ff. (1967 ff.)

Journal of Macromolecular Science (ab 1967), [A] = Chemistry, [B] = Physics, [C] = Reviews in Macromolecular Chemistry und [D] = Polymer Processing and Technology. Vorläufer: J. Macromol. Chemistry (1. Band 1966) und Reviews in Macromolecular Chemistry (1. Band 1966, später als Buchausgabe der Serie [C]

European Polymer Journal, Bd. 1 ff. (1965 ff.)

Polymer, Bd. 1 ff. (1960 ff.)

Colloid and Polymer Science (1906–1961 als Kolloid-Z., 1962–1973 als Kolloid-Z. und Z. für Polymere)

The Chemistry of High Polymers (Japan), Bd. 1 ff. (1944 ff.)

Vysokomol. soyed. (= Makromolekulare Verbindungen) (USSR), engl. Übersetzung als Polymer Science USSR (1960 ff.)

Macromolecules, Bd. 1 ff. (1968 ff.)

Polymer Preprints, Bd. 1 ff. (1960 ff.)

Biopolymers, Bd. 1 ff. (1963 ff.)

Biochemistry, Bd. 1 ff. (1964 ff.)

Biophysics, Bd. 1 ff. (1957 ff.), (Englische Übersetzung von „Biofizika")

Biochimica et biophysica acta, Bd. 1 ff. (1946 ff.)

Archives of Biochemistry and Biophysics, Bd. 1 ff. (1952 ff.)

Materials Science and Engineering, Bd. 1 ff. (1966 ff.)

Soviet Plastics, Bd. 1 ff. (1961 ff.) (Englische Übersetzung von „Plasticheskie Massy")

Reports on Progress in Polymer Physics in Japan, Bd. 1 ff. (1958 ff.)

Journal für Makromolekulare Chemie (Bd. 1 = 1944, ab Bd. 2 eingestellt)

Polymer Journal (Bd. 1 ab 1970)

Polymer Engineering and Science (ab 1965; davor Soc. Plastics Engineers Transactions)

Plastics and polymers (J. of the Plastics Institute), Bd. 1 ff. (1963 ff.)

International J. Polymeric Materials, Bd. 1 ff. (1971 ff.)

British Polymer J., Bd. 1 ff. (1969 ff.)

J. Materials Science, Vol. 1 (1966 ff.)

ÜBERSICHTSARBEITEN

Advances in Polymer Science – Fortschritte der Hochpolymerenforschg., Bd. 1 ff. (1958 ff.), Bd. 1 - 3 als Fortschr. Hochpolymeren-Forschg. – Adv. Polymer Science

Reviews in Macromolecular Chemistry, Bd. 1 ff. (1967 ff.)

Progress in Polymer Science, Bd. 1 ff. (1967 ff.)

Advances in Macromolecular Chemistry, Bd. 1 ff. (ab 1968 ff.)

Rubber Chemistry and Technology, Bd. 1 ff. (1928 ff.)

Adv. Materials Research, Bd. 1 ff. (1967 ff.)

Macromolecular Reviews, Bd. 1 ff. (1967 ff.), ab Bd. 4 als J. Polymer Sci. D.

Critical Revs. in Macromolecular Science, Bd. 1 ff. (1972 ff.)

Progr. Polymer Science Japan 1 (1971) ff.

Macromolecular Science (= Vol. 8, Physical Chem. Series, MTP Internat. Rev. of Science), Series One, 1972

REFERATE-ORGANE

Chem. Abstracts, Macromolecular Sections

Literaturschnelldienst Kunststoffe und Kautschuk, Bd. 1 ff. (1955 ff.)

Polymer News (ab 1970)

Polymers (Quarterly Literature Reports), 1969 ff.

HANDBÜCHER UND SERIEN

Houben-Weyl, Methoden der organischen Chemie, E. Müller Hrsg., G. Thieme Verlag, Stuttgart, Band XIV, Makromolekulare Stoffe, Teil 1 „Polymerisate“, 1961, Teil 2 „Polykondensate, Reaktionen an Polymeren“, 1963, Band XV „Makromolekulare Naturstoffe“ (geplant)

R. Vieweg, Hrsg., Kunststoff-Handbuch, Carl Hanser, Verlag München, 1963 ff. (12 Bde geplant)

H. Mark, N. G. Gaylord und N. M. Bikales, Hrsg., Encyclopedia of Polymer Science and Technology, J. Wiley, New York, 1966 ff. (ca. 10 Bde)

J. Brandrup und E. H. Immergut, Hrsg., Polymer Handbook, Interscience Publ., New York, 2. Auflage 1974

B. Carroll, Methods in Macromolecular Analysis, M. Dekker, New York 1969 ff.

W. J. Roff and J. R. Scott, Handbook of Common Polymers, Butterworth, London 1971, und The Chemical Rubber Co., Cleveland 1971

A. D. Jenkins, Hrsg., Polymer Science – A Material Science Handbook, North Holland Publ., Amsterdam 1972

PRAKTIKUMSBÜCHER UND BÜCHER ÜBER PRÄPARATIVE MAKROMOLEKULARE CHEMIE

S. H. Pinner, A Practical Course in Polymer Chemistry, Pergamon Press, New York 1961

G. F. D'Alelio, Kunststoff-Praktikum, Carl Hanser Verlag, München 1952

D. Braun, H. Cherdron und W. Kern, Praktikum der makromolekularen Chemie, Verlag Hüthig, Heidelberg 1966, 2. Aufl. 1971; engl. Übersetzung: Techniques of Polymer Synthesis and Characterization, Wiley, New York 1972

I. P. Lossew und O. Ja. Fedotowa, Praktikum der Chemie hochmolekularer Verbindungen, Akademische Verlagsgesellschaft, Geest & Portig K.-G., Leipzig 1962

W. R. Sorensen und T. W. Campbell, Preparative Methods of Polymer Chemistry, Interscience Publishers Inc., New York 1961, Deutsche Übersetzung Th. Lyssy, Verlag Chemie, Weinheim 1962

C. G. Overberger, Hrsg., Macromolecular Syntheses, J. Wiley & Sons, Inc., New York, Bd. 1, 1963 (fortlaufend); ab Bd. 2 unter wechselnden Herausgebern

E. M. McCaffery, Laboratory Preparation for Macromolecular Chemistry, McGraw-Hill, New York 1970

## *Kap. 1.3 Geschichtliche Entwicklung*

H. Staudinger, Arbeitserinnerungen, Hüthig, Heidelberg 1961

[1] E. Simon, Ann. **31** (1839) 265
[2] M. Berthelot, Bull. soc. chim. France [2] **6** (1866) 294
[3] A. Wurtz, Compt. rend. **49** (1859) 813; **50** (1860) 1195
[4] A.-V. Lourenço, Compt. rend. **49** (1859) 619; **51** (1860) 365; Ann. chim. phys. [3] **67** (1863) 273
[5] Th. Graham, Phil. Trans Royal Soc. [London] **151** (1861) 183; J. chem. Soc. [London] **1864** 318
[6] A. Müller, Z. anorg. Chem. **36** (1903) 340
[7] H. Staudinger, Organische Kolloidchemie, Vieweg, Braunschweig, 1. Aufl. 1940, 3. Aufl. 1950
[8] J. Stauff, Kolloidchemie, Springer. Berlin 1960
[9] Wo. Ostwald, Kolloid-Z. **1** (1907) 291, 331
[10] P. P. v. Weimarn, Kolloid-Z. **2** (1907/1908) 76
[11] H. Hlasiwetz und J. Habermann, Ann. Chem. Pharm. **159** (1871) 304
[12] F. M. Raoult, Comp. rend. **95** (1882) 1030; Ann. chim. phys. [6] **2** (1884) 66; Compt. rend. **101** (1885) 1056
[13] J. H. van't Hoff, Z. physikal. Chem. **1** (1887) 481; Phil.Mag. [5] **26** (1888) 81
[14] J. H. Gladstone und W. Hibbert, J. chem. Soc. [London] **53** (1888) 688; Phil. Mag. [5] **28** (1889) 38
[15] H. T. Brown und G. H. Morris, J. chem. Soc. [London] **55** (1889) 465
[16] A. Nastukoff, Ber. dtsch. chem. Ges. **33** (1900) 2237
[17] W. A. Caspari, J. chem. Soc. [London] **105** (1914) 2139
[18] J. D. van der Waals, Die Kontinuität des gasförmigen und flüssigen Zustands, Diss. Leiden 1873; ferner das Werk gleichen Titels, 2 Bde., 2. Aufl., J. A. Barter, Leipzig 1895 und 1900. J. W. van der Waals, Die Zustandsgleichung, Nobelpreisrede, Akad. Verlagsgesellschaft, Leipzig 1911
[19] J. Thiele, Liebigs Ann. Chem. **306** (1899) 87
[20] P. Pfeiffer, Liebigs Ann. Chem. **404** (1914) 1; **412** (1917) 253
[21] M. Faraday, Quart. J. Science **21** (1826) 19
[22] C. Harries, Ber. dtsch. chem. Ges. **37** (1904) 2708; **38** (1909) 1195, 3985
[23] S. S. Pickles, J. chem. Soc. [London] **97** (1910) 1085
[24] P. Walden, Z. physikal. Chem. **20** (1896) 383
[25] H. Staudinger, Die Ketene, F. Enke, Stuttgart 1912, p. 46
[26] G. Schroeter, Ber. dtsch. chem. Ges. **49** (1916) 2697
[27] H. Staudinger, Ber. dtsch. chem. Ges. **53** (1920) 1073
[28] H. Staudinger und J. Fritschi, Helv. Chim. Acta **5** (1922) 785
[29] H. Staudinger, Ber. dtsch. chem. Ges. **57** (1924) 1203
[30] H. Staudinger, Ber. dtsch. chem. Ges. **59** (1926) 3019; H. Staudinger, K. Frey und W. Starck, Bet. dtsch. chem. Ges. **60** (1927) 1782
[31] R. Pummerer, H. Nielsen und W. Gündel, Ber. dtsch. chem. Ges. **60** (1927) 2167
[32] K. H. Meyer und H. Mark, Ber. dtsch. chem. Ges. **61** (1928) 593, 1939
[33] Vgl. z. B. die Ausführungen zur geschichtlichen Entwicklung in H. Mark, Physical Chemistry of High Polymeric Systems, Interscience, New York 1940
[34] H. Staudinger und E. Husemann, Liebigs Ann. Chem. **527** (1937) 195
[35] W. H. Carothers, Chem. Revs. **8** (1931) 353
[36] H. Mark und G. S. Whitby, Hrsg., Collected Papers of W. H. Carcthers, Interscience, New York 1940
[37] J. B. Sumner, J. Biol. Chem. **69** (1926) 435
[38] J. H. Northrop, J. Gen. Physiol. **13** (1930) 739
[39] T. Svedberg, Die Ultrazentrifuge, D. Steinkopff, Darmstadt 1940

[40] A. Tiselius, Kolloid-Z. **85** (1938) 129
[41] C. E. Schildknecht, S. T. Gross, H. R. Davidson, J. M. Lambert und A. O. Zoss, Ind. Engng. **40** (1948) 2104
[42] K. Ziegler, Folgen und Werdegang einer Erfindung, Angew. Chem. **76** (1964) 545
[43] G. Natta, P. Pino, P. Corradini, F. Danusso, E. Mantica, G. Mazzanti und G. Moraglio, J. Amer. Chem. Soc. **77** (1955) 1708; vgl. auch G. Natta, Von der stereospezifischen Polymerisation zur asymmetrischen autokatalytischen Synthese von Makromolekülen, Angewandte Chem. **76** (1964) 553 (geschichtlicher Überblick)
[44] W. Kuhn, Ber. dtsch. chem. Ges. **65** (1930) 1503
[45] H. Staudinger und E. Urech, Helv. Chim. Acta **12** (1929) 1107
[46] W. Chalmers, J. Amer. Chem. Soc. **56** (1934) 912
[47] H. Staudinger und W. Frost, Ber. dtsch. chem. Ges. **68** (1935) 2351
[48] H. W. Melville, Proc. Royal Soc. [London] **A 163** (1937) 511
[49] G. V. Schulz und E. Husemann, Z. physik. Chem. **B 39** (1938) 246
[50] C. C. Price, R. W. Kell und E. Kred, J. Amer. Chem. Soc. **63** (1941) 2708; **64** (1942) 1103
[51] W. Kern und H. Kämmerer, J. prakt. Chem. **161** (1942) 81, 289
[52] P. D. Bartlett und S. C. Cohen, J. Amer. Chem. Soc. **65** (1943) 543

## *Kap. 1.4. Nomenklatur makromolekularer Verbindungen*

IUPAC Macromolecular Nomenclature Commission, Nomenclature od Regular Single-Strand Organic Polymers, Macromolecules **6** (1973) 149
M. L. Huggins, G. Natta, V. Desreux und H. Mark, Report on Nomenclature Dealing wirth Steric Regularity in High Polymers, Pure Appl. Chem. **12** (1966) 645
J. W. Breitenbach et al, Richtlinien für die Nomenklatur auf dem Gebiet der makromolekularen Stoffe, Makromolekulare Chem. **38** (1960) 1
K. L. Loening, W. Metanomski und W. H. Powell, Indexing of Polymers in Chemical Abstracts, J. Chem. Doc. **9** (1969) 248

BIBLIOGRAPHIEN

E. R. Yescombe, Sources of Information on the Rubber, Plastics and Allied Industries, Pergamon, Oxford 1968

# 2 Konstitution

## *2.1 Der Begriff der Struktur*

Der Begriff der „Struktur“ hat in der Chemie und in der Physik eine unterschiedliche Bedeutung. Zur chemischen Struktur zählt man die Konstitution und die Konfiguration, zur physikalischen Struktur Orientierung und Kristallinität. Die Konformation kann sowohl der chemischen als auch der physikalischen Struktur zugeordnet werden.

Zur *Konstitution* zählen der Typ und die Anordnung der Kettenatome, die Art der Substituenten und der Endgruppen, die Sequenz der Grundbausteine, Art und Länge der Verzweigungen, die Größe des Molekulargewichtes und die Breite der Molekulargewichtsverteilung. Da man Molekulargewichte praktisch ausschließlich über Lösungseigenschaften ermittelt, werden sie in Teil II besprochen.

Die *Konfiguration* (Kap.3) gibt die räumliche Anordnung der Substituenten um eine bestimmtes Atom wieder. Die Umwandlung verschiedener Konfigurationen ineinander ist nur unter Lösen und Neuverknüpfen von chemischen Bindungen möglich. Besonderheiten treten bei makromolekularen Verbindungen durch die Verknüpfung vieler Grundbausteine in der Molekülkette auf, wodurch verschiedene Folgen von Konfigurationen entstehen können. Die Konfiguration der Substituenten selbst entspricht der der niedermolekularen Chemie und wird nicht diskutiert.

Die *Konformation* (Konstellation, Konfiguration der Physiker) gibt die bevorzugte Lagerung von Atomgruppen bei der Drehung um Einfachbindungen wieder (Kap. 4). Konformationen können ohne Lösen von chemischen Bindungen ineinander überführt werden. In der makromolekularen Chemie ist neben der Konformation um eine Einfachbindung noch die Bruttokonformation – die Gestalt – des gesamten Makromoleküls wichtig. Wegen der Vielzahl möglicher Konformationen folgt sie statistischen Gesetzen. Die Bruttokonformationen von Makromolekülen im festen Zustand und in Lösung können sich wesentlich unterscheiden.

Unter *Orientierung* (Kap. 5) versteht man die Vorzugsrichtung von Molekülteilen oder Molekülverbänden ohne Ausbildung einer Ordnung über größere Bereiche.

Die *Kristallinität* (Kap. 5) setzt nicht nur eine dreidimensionale Vorzugsordnung der Ketten voraus, sondern auch strenge gegenseitige Beziehungen zwischen Gitterpunkten. Als Gitterpunkte können in der makromolekularen Chemie die Kettenglieder betrachtet werden. Bei Polymeren ist aber im Gegensatz zu niedermolekularen Substanzen nicht nur die gegenseitige Anordnung von Gitterpunkten verschiedener Moleküle zu betrachten, sondern auch die Anordnung der Gitterpunkte eines einzelnen Makromoleküls relativ zu den Gitterpunkten des gleichen Moleküls.

Der chemische Strukturbegriff umfaßt somit im wesentlichen den Aufbau des isolierten Moleküls, der physikalische Strukturbegriff den Aufbau von Molekülverbänden.

## *2.2 Atombau und Kettenbildung*

Isoketten bestehen aus lauter gleichen, Heteroketten aus verschiedenen Kettenatomen. Die Fähigkeit der Atome, Iso- und Heteroketten zu bilden, hängt stark von ihrer Stellung im Periodensystem ab. Nur eine kleine Anzahl von Elementen kann überhaupt Makromoleküle bilden, im wesentlichen nur die B-Elemente der Gruppen IV, V und VI. Bei anorganischen Makromolekülen spricht man oft davon, daß Isoketten durch Catenation entstanden seien, Heteroketten dagegen durch Alternation. Da jedoch bei Heteroketten die Kettenatome nicht notwendigerweise abwechselnd angeordnet sein müssen, ist der Begriff der Alternation im Vergleich zum Begriff der Heterokette zu eng gefaßt. Die Isokette entspricht dem Homopolymer der organischen makromolekularen Chemie, die Heterokette dem Heteropolymer.

Der Ausdruck „Homopolymer“ wurde früher für Ketten aus einem einzigen Typ von Grundbausteinen (z. B. Poly(äthylen) oder Poly(äthylenoxid)), der Ausdruck „Heteropolymer“ dagegen für den heutigen Begriff des Copolymers benutzt.

Iso- und Heteroketten können unsubstituiert oder substituiert sein. Unsubstituierte Isoketten im strengen Sinne liegen z.B. beim polymeren Schwefel vor, während die Silane $H(SiH_2)_nH$ in diesem Sinne zu den substituierten Ketten gehören. In der organischen Chemie werden dagegen mit Wssserstoff substituierte Ketten als unsubstituiert angesehen, da man als Grundkörper nicht den Diamant oder den Graphit ansieht, sondern die Kohlenwasserstoffe. Poly(methylen) $H(CH_2)_nH$ ist daher nach dieser Definition aus unsubstituierten Isoketten aufgebaut.

Unsubstituierte Heteroketten im strengen Sinn sind nicht bekannt. Substituierte Heteroketten im weiteren Sinn sind z. B. Poly(äthylenoxid) und Poly(caprolactam).

### 2.2.1 ISOKETTEN

Isoketten werden von den Elementen der B-Reihe der Gruppen IV, V und VI des Periodensystems, sowie von Bor gebildet (Tab. 2-1). Als fähig zur Bildung solcher Isoketten werden dabei alle Elemente angesehen, bei denen isolierbare Verbindungen

*Tab. 2-1:* Ordnungszahl der Elemente und ihre Fähigkeit, Isoketten zu bilden. Die bei jedem Element unten rechts stehenden Zahlen geben die höchste Kettengliederzahl an, die bislang bei *isolierten* Isoketten beobachtet wurde.

| III B | IV B | V B | VI B | VII B |
|---|---|---|---|---|
| 2s 1p | 2s 2p | 2s 3p | 2s 4p | 2s 5p |
| 5 B ~5 | 6 C ∞ | 7 N ∞? | 8 O ∞? | 9 F 2 |
| 13 Al 1 | 14 Si 45 | 15 P >4 | 16 S 30000 | 17 Cl 2 |
| 31 Ga 1 | 32 Ge 6 | 33 As 5 | 34 Se ? | 35 Br 2 |
| 49 In 1 | 50 Sn 5 | 51 Sb 3 | 52 Te ? | 53 J 2 |
| 81 Tl 1 | 82 Pb 2 | 83 Bi ? | 84 Po ? | 85 At 2 |

mit mindestens 3 oder mehr gleichen, in der Kette aufeinanderfolgenden Atomen existieren. Die Anzahl der in einer Kette vereinigten Atome heißt Kettengliederzahl. Die höchsten Kettengliederzahlen weisen die Elemente der 1. Periode auf. Innerhalb jeder Gruppe nehmen die Kettengliederzahlen mit zunehmender Periodenzahl ab. So bildet in der Gruppe IV B Kohlenstoff (1. Periode) praktisch unendlich lange isolierte Ketten (Alkane), während Silane (2. Periode) nur mit bis zu 45 Kettengliedern, Germane (3. Periode) nur mit bis zu 6 und Stannane (4. Periode) nur mit bis zu 5 Kettengliedern erhalten werden konnten. Alle genannten Zahlen beziehen sich auf isolierbare Verbindungen. Als isolierbar werden dabei alle diejenigen Verbindungen bezeichnet, die in irgendeiner fluiden Form erhalten werden können, also z.B. als Gas, Lösung oder Schmelze.

*3. Gruppe:* Bor liegt als Element im festen Zustand in polymerer Form vor. Bei den Boranen (Borwasserstoffen) liegen nur teilweise Bor-Bor-Bindungen, teilweise aber Bor-Wasserstoff-Bor-Bindungen vor.

*4. Gruppe:* Auf der Fähigkeit des Kohlenstoffs, Isoketten zu bilden, beruht letzten Endes die gesamte organische Chemie. Diamant und Graphit sind polymere Kohlenstoffe.

Auch Silicium liegt in festem Zustand als Polymer vor. Seine Fähigkeit, isolierbare Isoketten zu bilden, ist jedoch gegenüber dem Kohlenstoff stark herabgesetzt. Immerhin konnten noch Silane $H(SiH_2)_nH$ bis zu Kettengliederzahlen von n = 45 isoliert werden. Silane vom Typ $(SiH)_n$ sind ebenfalls bekannt. Sie liegen vermutlich in der Form eines mit Wasserstoff substituierten Graphitgitters vor:

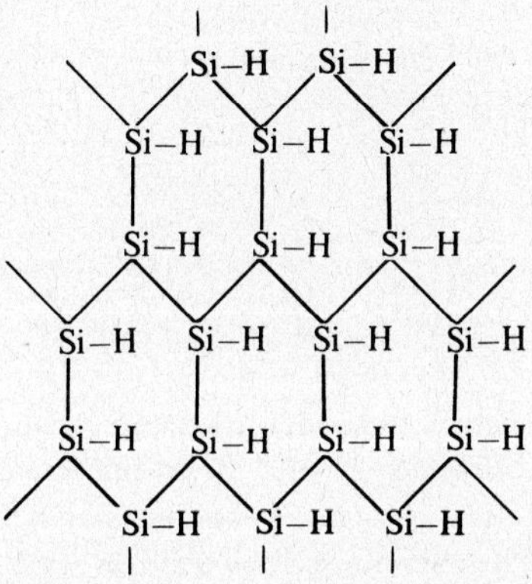

Die Tendenz zur Bildung längerer Isoketten ist bei den Germanen $H(GeH_2)_nH$ und Stannanen $H(SnH_2)_nH$ noch weiter herabgesetzt. Germanium existiert als Element in polymerer Form, während Zinn in einer Modifikation als Polymer existiert, in einer anderen dagegen metallische Bindungen aufweist.

*5. Gruppe:* Isoketten des Stickstoffs liegen vermutlich in einem Produkt $(NH)_n$ vor, das durch Zersetzung von Stickstoffwasserstoffsäure $HN_3$ bei 1000 °C und Abschrecken des Reaktionsproduktes mit flüssigem Stickstoff als blaue Masse erhalten wird, die sich bei –125 °C in Ammoniumazid $NH_4N_3$ umwandelt. Mit organischen Endgruppen substituierte Isoketten des Stickstoffes sind mit bis zu 6 miteinander verknüpften Stickstoffatomen erhalten worden.

Phosphane, Arsane und Stilbane, also die Verbindungen des Wasserstoffs mit Phosphor, Arsen oder Antimon, sind in Form kurzer Isoketten oder als Ringe bekannt. Die Elemente Phosphor, Arsen und Antimon liegen polymer mit wechselnder Anordnung der Kettenatome in ihren sog. allotropen Modifikationen vor. Das bestbekannte Beispiel ist der schwarze Phosphor.

*6. Gruppe:* Eine bei tieferen Temperaturen vorkommende Ozon-Modifikation besteht wahrscheinlich aus Isoketten des Sauerstoffs. Selen und Tellur bilden im festen Zustand, Schwefel in einem bestimmten Temperaturbereich in der Schmelze, kettenförmige Polymere. Die Tendenz zur Bildung von Sulfanen usw. ist gegenüber den Elementen der Gruppe 5 deutlich herabgesetzt.

Isoketten aus Elementen anderer Gruppen sind nicht bekannt. Der experimentelle Befund, daß nur eine ganz bestimmte Zahl von im Periodensystem eng beieinanderstehenden Elementen solche Isoketten bilden kann, läßt sich wie folgt erklären: Die Elemente der 1. Periode weisen keine verfügbaren d-Orbitals auf. Sie können daher nicht mehr als insgesamt 4 $\sigma$-Bindungen pro Atom ausbilden, was dem $sp^3$-Hybrid entspricht. Nur Kohlenstoff und die rechts vom Kohlenstoff stehenden Elemente haben jedoch genügend Elektronen, um mindestens ein Elektron zu jeder vollen Bindung ($\sigma$, $\pi_x$, $\pi$) beisteuern zu können. Die rechts vom Kohlenstoff stehenden Elemente weisen eine geringere Bindungsenergie als Kohlenstoff auf (Tab. 2–2) und bilden als Elektronendonatoren mit entsprechenden Elektronenacceptoren besonders leicht Heteroketten. Stickstoff, Sauerstoff und Fluor weisen relativ zu geringe Bindungsenergien auf, was nach K. S. Pitzer durch die starke gegenseitige Abstoßung der freien Elektronenpaare bedingt ist.

*Tab. 2-2:* Bindungsenergien ($10^{-5}$ J/mol Bindung) bei Bindungen zwischen gleichen Elementen (nach L. Pauling).

| | | | | | | | |
|---|---|---|---|---|---|---|---|
| | | | | | | H–H | 4,3 |
| C–C | 3,5 | N–N | 1,6 | O–O | 1,6 | F–F | 1,6 |
| Si–Si | 1,8 | P–P | 2,1 | S–S | 2,1 | Cl–Cl | 2,4 |
| Ge–Ge | 1,6 | As–As | 1,3 | Se–Se | 1,8 | Br–Br | 1,9 |
| Sn–Sn | 1,4 | Sb–Sb | 1,2 | Te–Te | 1,4 | J–J | 1,5 |

Die links vom Kohlenstoff stehenden Elemente verfügen dagegen über weniger Elektronen als besetzbare Orbitals. Da nun die Atome versuchen, ihre energetisch zugänglichen äußeren Orbitals zu besetzen, bekommt man beim Bor und beim Beryllium Bindungen über Wasserstoff, über Methylgruppen usw. (vgl. Abb. 2–1), da sich dabei die Orbitals überlappen.

Die Elemente der zweiten Periode weisen d-Orbitals mit genügend niedriger Energie aus, um untereinander Bindungen ausbilden zu können. Die d-Orbitals werden aber im allgemeinen nicht für $\sigma$-Bindungen verwendet, sondern für $\pi$-Bindungen in den entsprechenden Hybriden. Die Ausbildung dieser Hybride erhöht die Stabilität der Moleküle. Die Hybridbildung ist am stärksten bei Silicium, Phosphor und Schwefel ausgeprägt. Diese Elemente stellen darum im festen Zustand Polymere dar, die teilweise auch im isolierten Zustand noch hohe Kettengliederzahlen aufweisen.

In der vierten Periode werden die d-Orbitals mehr für $\sigma$-Bindungen als für $\pi$-Bindungen verwendet. Die Bindungsfähigkeit der Elemente der 3. Periode liegt erwartungsgemäß zwischen denen der 2. und denen der 4. Periode.

Man kann daher erwarten, daß die Bindungsenergie innerhalb jeder Gruppe mit steigender Ordnungszahl abnimmt und ebenso innerhalb jeder Periode (vgl. Tab. 2–2). Der makromolekulare Charakter der anorganischen Makromoleküle wird folglich umso weniger ausgeprägt sein, je höher die Ordnungszahl der Elemente ist.

Die in der Tab. 2–2 wiedergegebenen Bindungsenergien entsprechen im großen und ganzen den Erwartungen. Sie sind allerdings nicht ganz unproblematisch, da sie meist nicht an echten Kettenstrukturen gemessen wurden, sondern an niedermolekularen Verbindungen mit nur einer Isobindung. Die Bindungsstärke derartiger Bindungen wird aber durch die Substituenten beeinflußt. Die Energien der Tab. 2–2 sind daher „mittlere" Bindungsenergien aus einer Vielzahl von Verbindungen und keine echten Trennungsenergien. Sogar bei den Makromolekülen selbst sind Effekte zu erwarten, da die ein-, zwei- oder dreidimensionalen Strukturen verschieden stark durch Polarisationseffekte beeinflußt sind und daher eine unterschiedliche Bindungsstabilität besitzen.

Nur wenige Elemente bilden demnach *isolierbare* Isoketten. Mit Ausnahme von 11 Elementen besitzen aber alle anderen, für die kristallographische Daten vorliegen, mindestens eine makromolekulare Form im kristallinen Zustand. Von ca. 1200 kristallographisch untersuchten Verbindungen aus zwei Elementen waren nur 5 % nicht makromolekular. 1,5 % kamen dagegen als lineare Polymere, 7,5 % als Flächenpolymere und 86 % als Schichtenpolymere vor.

### 2.2.2 HETEROKETTEN

Alle Elemente, die Isoketten bilden, können auch mit anderen Elementen Heteroketten aufbauen. Einfache Heteroketten können darüber hinaus auch noch die Elemente der jeweils nächst höheren Perioden der Gruppen III B, IV B und V B bilden, nämlich Aluminium, Blei und Wismut. Verbindungen mit Brückenatomen bilden ferner Beryllium und einige Elemente höherer Perioden, z. B. Niob und Vanadin (Tab. 2–3). In diesen Verbindungen treten die Elemente der Gruppe VII B sowie die OH-Gruppierung und Wasserstoff als Brückenatome auf, z. B. in den Borhydriden, im Niobjodid usw. Diese Elemente können jedoch keine echten Kettenatome darstellen.

Bildung und Stabilität der Heteroketten hängen im Wesentlichen von der Elektronegativität der beteiligten Atome ab. Die Elektronegativität E ist ein Maß für die Fähigkeit der Elemente, mit dem jeweils anderen Element der Bindung um den größeren Anteil der Elektronenladung zu konkurrieren. Elektronegativitäten können nicht direkt gemessen werden. Sie werden aus Ionisationspotentialen, Atomradien, Kraftkonstanten oder Bindungsenergien abgeschätzt. Am bekanntesten ist die von L. Pauling über die Bindungsenergien aufgestellte Elektronegativitätsreihe.

In der Pauling'schen Elektronegativitätsreihe dient Fluor, das elektronegativste Element, als Bezugselement. Kohlenstoff erhält im dieser Skala den Wert $E = 2{,}5$. Jede Kombination von Elementen mit höherer Elektronegativität als 2,5 mit solchen niedrigerer Elektronegativität führt bei Beachtung gewisser Auswahlregeln zu Heteroketten. Sauerstoff (3,5), Stickstoff (3,0) und Schwefel (2,5) bilden daher Heteroketten mit Bor (2,0), Aluminium (1,5), Silicium (1,8), Germanium (1,8), Zinn (1,8), Blei (1,8), Titan (1,5), Zirkon (1,4), Phosphor (2,1), Arsen (2,0), Antimon (1,9), Wismut (1,9) und Vanadin (1,6).

Auf Grund der Elektronegativitätswerte läßt sich erwarten, daß Schwefel und Selen in ihrer Tendenz zur Kettenbildung dem Kohlenstoff sehr ähnlich sind (vgl. auch Tab. 2-3). Auch $-(C-S)_x-$ -Ketten sind daher relativ stabil.

Die Tendenz zur Bildung von Heteroketten konkurriert mit der zur Bildung von Mehrfach-Bindungen. Bei Mehrfachbindungen sind zusätzlich zu den $\sigma$-Bindungen noch $\pi$-Bindungen vorhanden. Eine $\pi$-Bindung besitzt den Bindungsgrad 2. Bindungsgrade können über Kraftkonstanten berechnet werden, die wiederum aus Schwingungsspektren (Infrarot- und Raman-Spektroskopie) erhalten werden können.

Für das Auftreten von $\pi$-Bindungen zwischen verschiedenen Elementen wurden aus derartigen Messungen empirisch folgende Bedingungen aufgestellt:

1) Beide Atome, zwischen denen die Bindung besteht, müssen einen Elektronenmangel aufweisen.
2) Die Summe der Pauling'schen Elektronegativitäten beider Bindungspartner muß mindestens 5 betragen.
3) Die Differenz der Pauling'schen Elektronegativitäten beider Bindungspartner soll möglichst gering sein, d. h. unter 1,5.

Die Bedeutung dieser Regeln für die Polymer-Chemie kann an den folgenden Beispielen demonstriert werden:

Das Stickstoff-Atom weist eine Elektronegativität von 3 auf (Tab. 2-3). Die Summe der Elektronegativitäten $\Sigma$ E beträgt somit 6, die Differenz $\Delta$ E dagegen null. Zwei Stickstoffatome bilden daher eine sehr stabile Mehrfachbindung (Dreifachbindung) aus, unter normalen Bedingungen ist ein polymerer Stickstoff nicht beständig.

*Tab. 2-3:* **Heteroketten-bildende Elemente und deren relative Elektronegativitäten**

| III B | IV B | V B | VI B | VII B | O |
|---|---|---|---|---|---|
| | | | | 1 | 2 |
| | | | | H | He |
| | | | | 2,1 | |
| 5 | 6 | 7 | 8 | 9 | 10 |
| B | C | N | O | F | Ne |
| 2,0 | 2,5 | 3,0 | 3,5 | 4,0 | |
| 13 | 14 | 15 | 16 | 17 | 18 |
| Al | Si | P | S | Cl | A |
| 1,5 | 1,8 | 2,1 | 2,5 | 3,0 | |
| 31 | 32 | 33 | 34 | 35 | 36 |
| Ga | Ge | As | Se | Br | Kr |
| 1,6 | 1,8 | 2,0 | 2,4 | 2,8 | |
| 49 | 50 | 51 | 52 | 53 | 54 |
| In | Sn | Sb | Te | J | Xe |
| 1,7 | 1,8 | 1,9 | 2,1 | 2,5 | |
| 81 | 82 | 83 | 84 | 85 | 86 |
| Tl | Pb | Bi | Po | At | Rn |
| 1,8 | 1,8 | 1,9 | 2,0 | 2,2 | |

Beim Cyanwasserstoff H–C≡N gilt für die Kohlenstoff/Stickstoff-Bindung $\Sigma E = 5{,}5$ und $\Delta E = 0{,}5$. Die Dreifachbindung ist also beständig, aber schwächer als die Stickstoff/Stickstoff-Dreifachbindung. Cyanwasserstoff ist entsprechend auch in Form polymerer Verbindungen bekannt.

Bei der Bor/Stickstoff-Bindung sinkt $\Sigma E$ auf 5,0, während $\Delta E$ auf 1,0 ansteigt. HBNH liegt nicht mehr monomer, sondern ausschließlich trimer vor.

Bei zu großen Unterschieden in der Elektronegativität entstehen ionische Bindungen und damit keine Makromoleküle. Man findet entsprechend, daß die Bindungsenergie bei Bindungen zwischen Elementen der 1. und 2. Periode mit voll besetzten Orbitals mit zunehmender Differenz der Elektronegativität in erster Näherung ansteigt (Tab. 2 – 4). Deutlich höher liegen dagegen die Bindungsenergien bei Bindungen zwischen Bor und Kohlenstoff ($4{,}4 \cdot 10^5$ J/mol Bdg.) und Bor und Stickstoff ($8{,}3 \cdot 10^5$ J/mol Bdg.), was auf die Elektronenstruktur des Bors zurückzuführen ist. Bei derartigen Vergleichen ist also stets auf die Stellung des Elementes im Periodensystem, d. h. auf den „ionischen Bindungsanteil" zu achten.

*Tab. 2-4:* Bindungsenergien und Differenz der Elektronegativitäten

| Bindung | Bindungsenergie $10^{-5}$ J/mol Bdg. | Differenz der Elektronegativitäten |
|---|---|---|
| C – S | 2,6 | 0 |
| C – N | 2,9 | 0,5 |
| C – Si | 2,9 | 0,7 |
| C – O | 3,5 | 1,0 |
| Si – O | 3,7 | 1,7 |

Bindungsenergien (eigentlich Dissoziationsenergien) sagen primär etwas über die thermische Spaltbarkeit der Bindungen aus und geben daher Hinweise auf die thermische Stabilität von Makromolekülen. Die Angreifbarkeit einer Bindung durch andere Reagenzien hängt vom ionischen Bindungsanteil und der Zahl unbesetzter Orbitals oder freier Elektronenpaare ab, da dadurch die Aktivierungsenergie herabgesetzt wird. Der Widerstand gegenüber Reduktion, Oxydation, Hydrolyse usw. nimmt aber in jeder Gruppe mit steigender Ordnungszahl ab. Kohlenwasserstoffe $C_nH_{2n+2}$ werden daher nicht hydrolysiert, wohl aber die Silane $Si_nH_{2n+2}$, da bei diesen nur 4 Stellen bei einer maximalen Koordinationszahl 6 abgesättigt sind.

In den Verbindungen des Kohlenstoffs mit Stickstoff, Phosphor, Sauerstoff, Schwefel, Selen und den Halogenen ist der Kohlenstoff entsprechend der Stellung jener Elemente im Perioden-System positiviert ($C^{\delta+} - E^{\delta-}$) und wird daher leicht durch nucleophile Reagenzien angegriffen. Ist der Bindungspartner des Kohlenstoffs dagegen ein Metallatom, so kann der nunmehr negativierte Kohlenstoff ($C^{\delta-} - Me^{\delta+}$) nur durch elektrophile Reagenzien angegriffen werden. Alle Makromoleküle mit Heteroatomen in der Kette sind daher labiler als die reinen Kohlenstoffketten. Sie gehen unter den meisten Bedingungen Austauschgleichgewichte ein und sind chemisch leichter angreifbar. Die Angreifbarkeit des Kohlenstoffs hängt weiterhin von dessen Substituenten ab. Diese Substituenten wirken entweder als Elektronendonatoren, wie z.B. der Methylrest, oder als Elektronenacceptoren, z.B. Halogene, und können daher je nach Aufbau der Bindungen der Hauptkette diese verfestigen oder lockern.

Ähnliche Überlegungen gelten für die Bindung von Kohlenstoff an kettenständige Heteroatome. Die $\geqslant$Si-CH$_3$-Bindung ist wenig polarisiert und daher so ausreichend stabil, daß sie in den technisch hergestellten Poly(dimethylsiloxanen) $-\!(\text{Si}(CH_3)_2-O)\!-_n$ verwendet werden kann. Die Ti–C- und Al–C-Bindungen sind dagegen sauerstoff- und wasserstoffempfindlich (Elektronegativität der Metalle!). Organische Gruppen können daher mit diesen Metallatomen nur über Äther- oder Carboxylbrücken verbunden werden.

Beim Bor und beim Beryllium sind weniger Elektronen als unbesetzte Orbitals vorhanden. Die Besetzung der äußeren Orbitals kann z.B. beim Dimethylberyllium durch eine Überlappung zwischen je einem Orbital des Kohlenstoffs und je einem zweier verschiedener Berylliumatome erreicht werden (Abb. 2–1). Das resultierende hochmolekulare, kettenförmige Dimethylberyllium weist also 3-Zentren-Bindungen auf, die in der Valenzstrich-Schreibweise zu einer absurden Darstellung führen. Ähnlich sind die Borhydride und einige Aluminiumverbindungen gebaut.

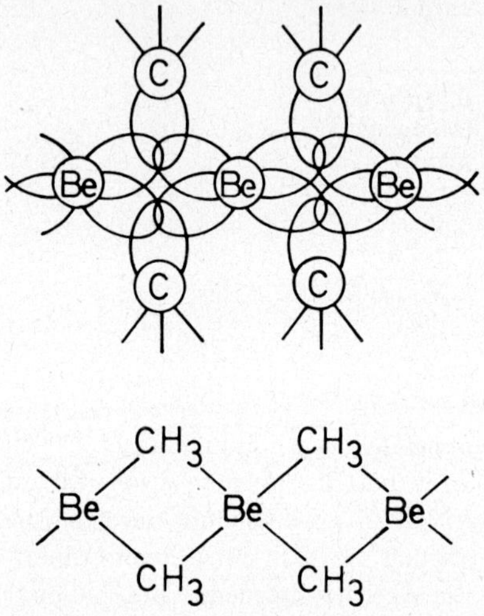


*Abb. 2–1:* Dimethylberyllium. Oben: schematische Darstellung der Überlappung der Orbitals. Unten: Valenzstrichschreibweise.

Neben- und Hauptgruppen-Elemente der höheren Perioden weisen oft ein dynamisches Gleichgewicht zwischen den verschiedenen Koordinationszahlen auf. Zu den freien Orbitals niedriger Energie dieser Metallatome können nun Elemente wie Fluor, Chlor, Sauerstoff usw. ein oder sogar zwei freie Elektronenpaare donieren. Fluor kann daher als bifunktionelles Brückenatom wirken, Sauerstoff sogar je nach Partner mono- bis tetrafunktionell sein. In allen Fällen wird die Koordinationszahl erhöht. Solche Fluor-Brücken liegen z.B. beim Anion des Komplexes aus Thalliumfluorid und Aluminiumfluorid vor (die Valenzstrich-Schreibweise versagt hier)

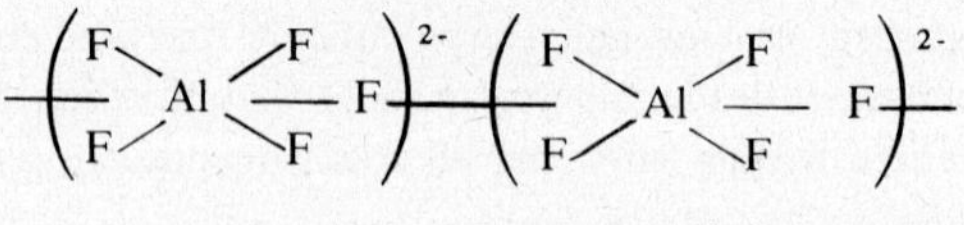

wobei jede Einheit doppelt negativ geladen ist. Chlorbrücken sind z. B. beim Palladium(II)chlorid und Jodbrücken beim Niob(II)jodid vorhanden:

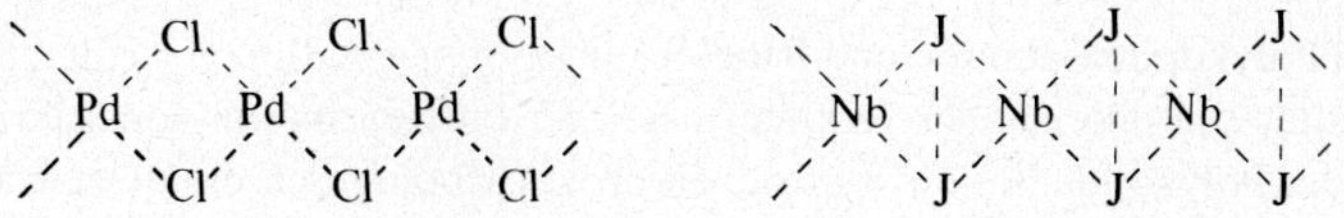

Alle diese Verbindungen verfügen über zahlreiche unbesetzte Orbitals. Sie sind daher leicht angreifbar und zerfallen in allen gebräuchlichen Lösungsmitteln in kleinere Einheiten. Sie wurden daher früher auch im festen Zustand nicht als makromolekulare Substanzen angesehen.

Eine unter Beibehalt der makromolekularen Struktur lösliche anorganische Verbindung mit Brückenatomen ist z. B. die basische Aluminiumseife

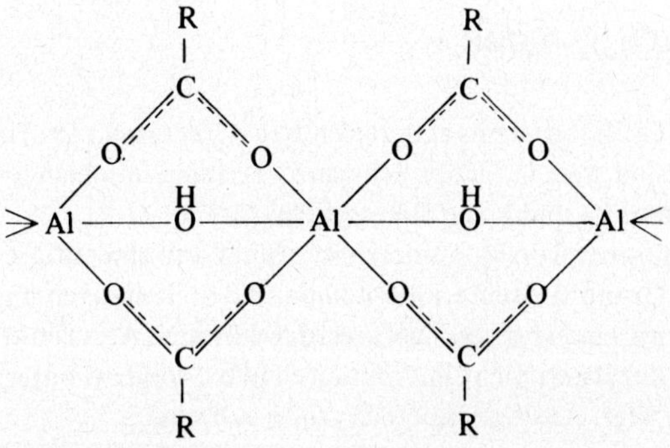

Die Verbindung weist Molekulargewichte bis zu Millionen auf, ist in Kohlenwasserstoffen löslich und wird als Verdicker für Benzin verwendet.

Bei anorganischen Verbindungen können weitere hochmolekulare Strukturen über $\pi$-Komplexe aufgebaut werden, wie z. B. die Ferrocen-Sandwich-Komplexe und das Kupferacetylid. Die acetylenischen $\pi$-Orbitals des Kupferacetylids $Cu_2C_2 \cdot 2H_2O$ geben Elektronen an die leeren Orbitals des Kupfers ab

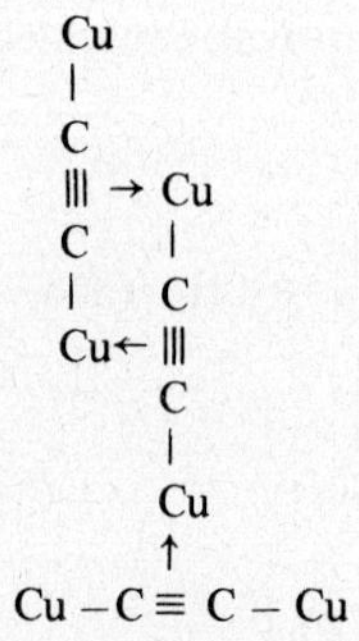

## 2.3 Verknüpfung der Grundbausteine

### 2.3.1 UNIPOLYMERE

Bei Polykondensationen und Ringöffnungspolymerisationen werden die Monomeren eindeutig miteinander verknüpft. Bei der Polymerisation von Lactonen wie bei der Polykondensation von α,ω-Hydroxycarbonsäuren erhält man Polyester:

(2 - 1)

$$(CH_2)_x\begin{matrix}CO\\O\end{matrix} \Bigg] \longrightarrow \ \ \ +O-(CH_2)_x-CO+$$

$$HO-(CH_2)_x-COOH \xrightarrow{-H_2O}$$

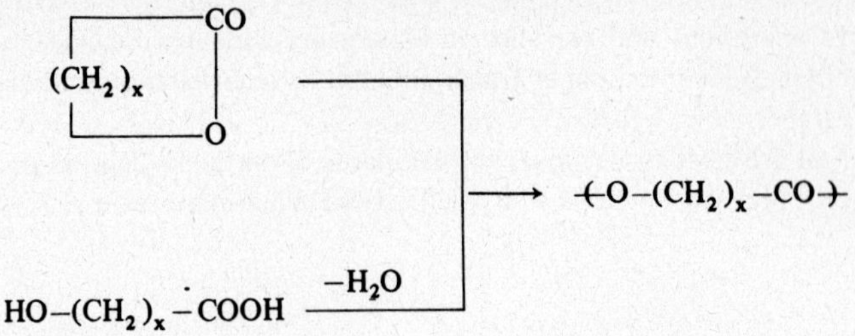

Die Struktur des Grundbausteins ändert sich beim Übergang zum Polymeren nicht, die Grundbausteine sind stets in „Kopf-Schwanz"-Stellung miteinander verknüpft. Es bilden sich keine Peroxid- und keine Diketo-Strukturen.

Die Polymerisation von Monomeren ist oft nicht so eindeutig, da sich u.U. einmal die Struktur der Grundbausteine ändern kann und zum anderen die Grundbausteine verschiedenartig miteinander verknüpft werden können. Acrylamid geht z. B. unter dem Einfluß starker Basen nicht in Poly(acrylamid), sondern unter Proton-Verschiebung in Poly(β-alanin) über. Analog reagiert Styrol-p-sulfamid:

(2-2)

$$CH_2=CH\ |\ C_6H_4\ |\ SO_2NH_2 \quad \xrightarrow{\text{radikalisch}} \quad +CH_2-CH+\ |\ C_6H_4SO_2NH_2$$

$$\xrightarrow{\text{anionisch}} \quad +CH_2-CH_2-C_6H_4-SO_2-NH+$$

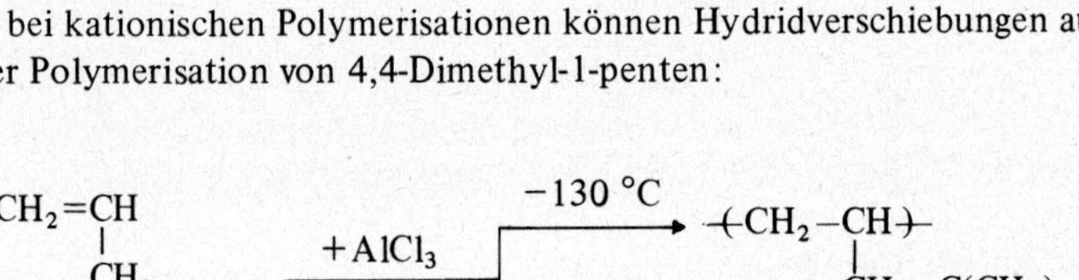

Auch bei kationischen Polymerisationen können Hydridverschiebungen auftreten, z. B. bei der Polymerisation von 4,4-Dimethyl-1-penten:

(2-3)

$$CH_2=CH\ |\ CH_2\ |\ C(CH_3)_3 \quad \xrightarrow{+AlCl_3} \quad \begin{matrix}\xrightarrow{-130\ °C} +CH_2-CH+\ |\ CH_2-C(CH_3)_3 \quad (I)\\ \xrightarrow{0\ °C} (I) \ + \ +CH_2-CH_2-CH+\ |\ C(CH_3)_3\end{matrix}$$

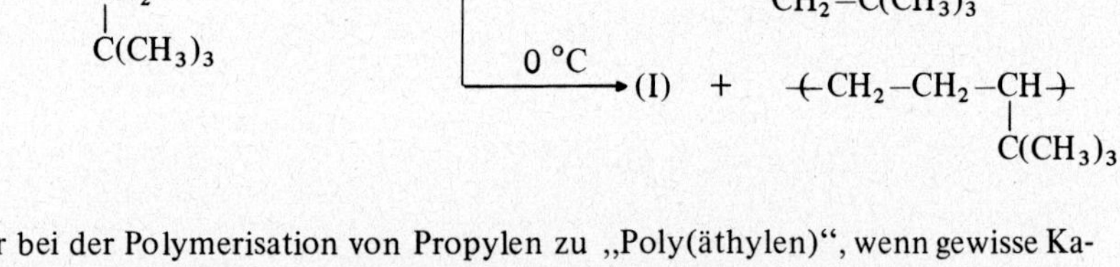

oder sogar bei der Polymerisation von Propylen zu „Poly(äthylen)", wenn gewisse Katalysatoren benutzt werden. Die geänderte Struktur der Grundbausteine kann in diesen Fällen entweder spektroskopisch (Infrarot, Kernresonanz) oder bei den Polymerisaten des Acrylamids oder Styrol-p-sulfamids auch chemisch nach Hydrolyse der Produkte ermittelt werden. Derartige Polymere, zu denen kein im Grundbaustein gleiches Monomeres existiert, werden daher auch „Phantom"- oder „Exoten"-Polymere genannt.

Polymerisat wird ein polymeres Produkt unbekannter Struktur (u.U. mit Beimengungen des Monomeren usw.) genannt, Polymer dagegen eine Substanz bekannter Struktur.

In den beschriebenen Fällen kann die Polymerisation so gelenkt werden, daß die eine oder die andere Struktur praktisch ausschließlich entsteht. Unter normalen Polymerisationsbedingungen ist jedoch immer damit zu rechnen, daß einige wenige Monomereinheiten anomal abreagieren. Bei der radikalischen Polymerisation von Methacrylnitril erfolgt z. B. in geringem Ausmaß eine Polymerisation über die Nitrilgruppe

(2-4)
$$CH_2=C(CH_3)(C\equiv N) \longrightarrow -(CH_2-C(CH_3)=C=N)-$$

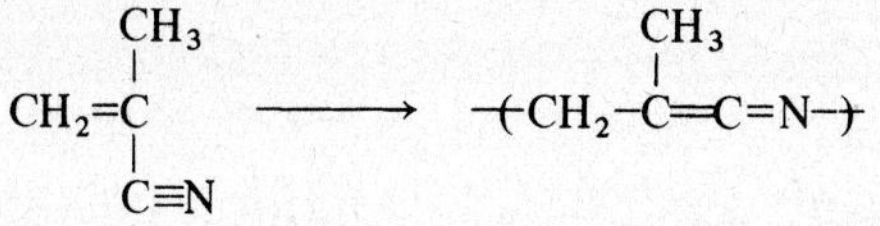

wie spektroskopisch nachgewiesen wurde. Bei der Polymerisation von Styrol vermutet man nach Abbauversuchen auch eine geringfügige Reaktion über den Phenylkern:

(2-5)
$$CH_2=CH(C_6H_5) \longrightarrow -(CH_2-CH_2-C_6H_5)-$$

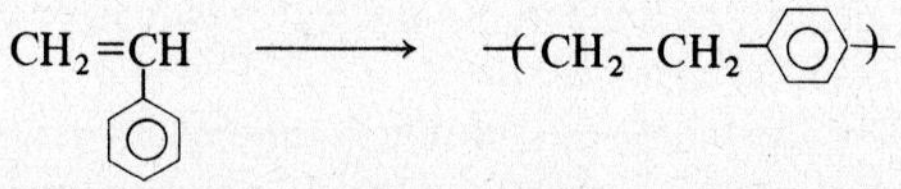

Die durch derartige Nebenraktionen entstehenden Gruppierungen sind meist weniger stabil als die normal entstehenden. Diese Lockerstellen oder „weichen Bindungen" („weak links") sind daher häufig bei Abbauversuchen zu erkennen. Ihre Konstitutionsaufklärung ist wegen der geringen Konzentration dagegen oft unmöglich. Auf ihre Existenz wird daher in der Regel nur über Abbauversuche geschlossen, was allerdings nicht streng beweisend ist.

Lockerstellen können nämlich nicht nur durch eine Änderung der Konstitution des Grundbausteines, sondern auch durch eine verschiedene Verknüpfung der Grundbausteine entstehen. Bei der Polymerisation von z.B. Vinylverbindungen $CH_2=CHR$ ist immer damit zu rechnen, daß neben Kopf-Schwanz-Verknüpfungen auch Kopf-Kopf- bzw. Schwanz-Schwanz-Verknüpfungen gebildet werden:

(2-6)

$CH_2=CH\ |\ R$

1,2-Addition $\longrightarrow$ $-(CH_2-CHR-CH_2-CHR-CH_2-CHR)-$ Kopf/Schwanz

1,1-Addition $\longrightarrow$ $-(CH_2-CHR-CHR-CH_2-CH_2-CHR)-$ Kopf/Kopf bzw. Schwanz/Schwanz

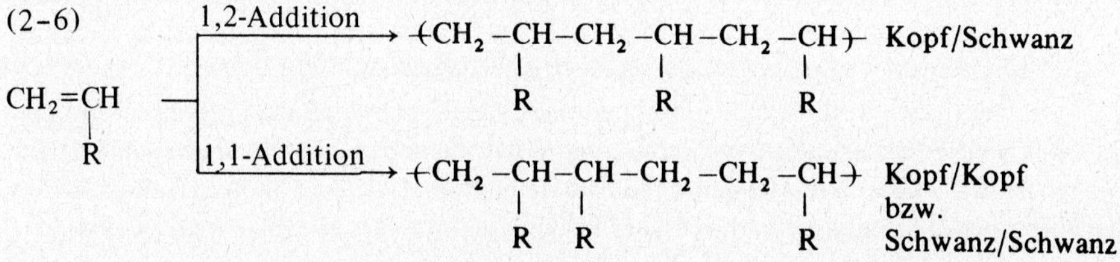

Erste Untersuchungen zu diesem Problem wurden am Poly(styrol) ausgeführt. Bei der Pyrolyse von radikalisch polymerisiertem Poly(styrol) fand man z.B. 1,3-Diphenylpropan und 1,3,5-Triphenylpentan, aber kein 1,2-Diphenyläthan. Kleine Anteile 1,1-Verknüpfungen konnten mit dieser Methode jedoch nicht gefunden werden, da die Pyrolyseprodukte nicht quantitativ aufgearbeitet wurden und die Nachweismethoden nicht sehr empfindlich waren.

Der Nachweis kleinerer Mengen 1,1-Verknüpfungen beim Poly(vinylalkohol) gelang durch Oxydation der Hydroxylgruppen. Mit $CrO_3$ können Kopf-Schwanz-Strukturen zu Essigsäure aufoxydiert werden, während 1,1-Verknüpfungen nicht angegriffen werden:

$$(2-7) \quad +CH_2-CH-CH_2-CH+ \quad \rightarrow \quad +CH_2-C-CH_2-C+ \quad \rightarrow \quad CH_3COOH$$
$$\qquad\qquad\quad \underset{OH}{|}\qquad\underset{OH}{|} \qquad\qquad\qquad \underset{O}{\|}\qquad\underset{O}{\|}$$

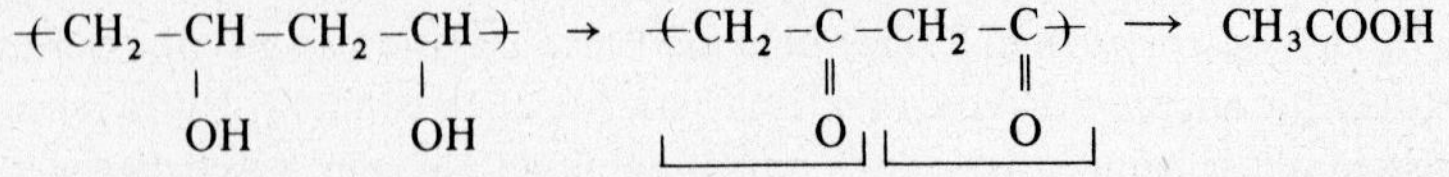

Aus den 1,1-Strukturen entstehen dagegen durch Oxydation mit $H_5JO_6$ Bernsteinsäure und Oxalsäure

(2-8)

$$-CH_2-\overline{CH-CH}-CH_2-CH_2-\overline{CH-CH}-CH_2- \qquad \rightarrow \qquad \begin{array}{l} HOOC-COOH \\ + \\ HOOC-CH_2-CH_2-COOH \end{array}$$
$$\qquad\;\;\; \underset{OH}{|}\;\underset{OH}{|} \qquad\qquad\;\; \underset{OH}{|}\;\underset{OH}{|}$$

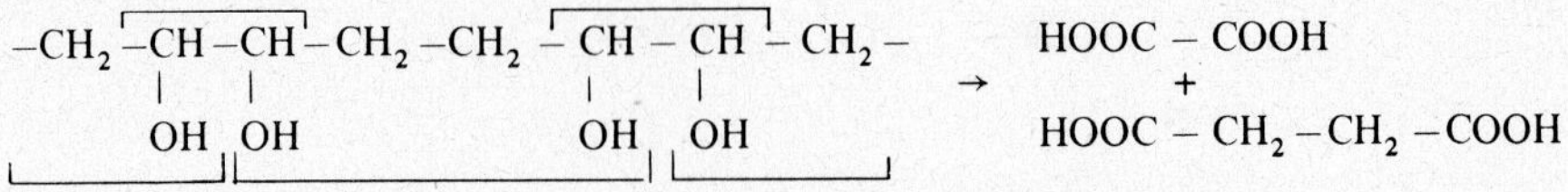

Im normalen Poly(vinylalkohol) sind etwa 1–2% Kopf/Kopf-Verknüpfungen vorhanden. Bei diesen Versuchen wurde gefunden, daß der Anteil an Kopf/Kopf-Verknüpfungen mit zunehmender Polymerisationstemperatur ansteigt, wie man es auch aus sterischen und energetischen Gründen erwarten würde.

Chemische Untersuchungen sind bei diesem Problem nur eindeutig, wenn das angreifende Agens monofunktionell ist. Bei bifunktionellen Reagentien ist der statistische Charakter der Reaktion bei der Auswertung der Ergebnisse zu beachten (vgl. dazu Kap. 23.1.4).

Der Anteil an Kopf/Kopf-Strukturen kann u.U. erheblich werden. So liegen nach Kernresonanz-Messungen ($^1H$ und $^{19}F$) im radikalisch polymerisierten Poly(vinylidenfluorid) $+CH_2-CF_2+_n$ etwa 10-12%, im Poly(vinylfluorid) $+CH_2-CHF+_n$ 6–10% an Kopf/Kopf-Strukturen vor. Zur Bestimmung kleiner Anteile „falscher Strukturen" sind die physikalischen Verfahren allerdings nicht empfindlich genug.

Größere Anteile an Kopf/Kopf- bzw. Schwanz/Schwanz-Strukturen sind immer dann zu erwarten, wenn sterische Effekte klein sind und die Resonanzstabilisierung des wachsenden Keimes (Radikals, Kations, Anions) gering ist. Der Atomradius des Fluoratoms ist geringer als der des Wasserstoffatoms, woraus sich die hohen Anteile an Kopf/Kopf-Strukturen beim Poly(vinylfluorid) erklären. Ähnliche Effekte sind für die 40 % Kopf/Kopf-Strukturen verantwortlich, die bei der Polymerisation von Propylenoxid mit Diäthylzink/Wasser als Initiator entstehen.

Die bisher diskutierten „Lockerstellen" sind sozusagen dem Monomeren und/oder dem Polymerisationsverfahren angeboren. Daneben können aber auch Lockerstellen durch kleinere Mengen Fremdstoffe entstehen. Kleine Mengen Sauerstoff im Monomeren können bei radikalischer Polymerisation als unbeabsichtigtes Comonomer in die Kette eingebaut werden. Die so gebildete Peroxi-Gruppe kann dann wieder zerfallen und z.B. das Polymer oxidieren und Ketogruppen bilden. Diese sind wiederum anfällig gegen Photolyse usw. (vgl. Kap. 24.3).

### 2.3.2 COPOLYMERE

Copolymere können unterschiedliche mittlere Zusammensetzungen und verschiedene mittlere Sequenzlängen der Grundbausteine, sowie unterschiedliche Verteilungen der Zusammensetzung und der Sequenz aufweisen. Bei der Diskussion der Sequenz ist es zweckmäßig, Copolymere mit nur wenigen Baustein-Typen (überwiegend synthetische Polymere) und Copolymere mit sehr vielen Baustein-Typen (z.B. Proteine) getrennt zu behandeln. Da die Bestimmung der Sequenz bei Multipolymeren mit sehr vielen Baustein-Typen sehr spezifisch ist, wird sie bei den entsprechenden Substanzen besprochen.

Bei Bipolymeren (Copolymeren aus zwei Grundbaustein-Typen A und B) wird noch zwischen den Spezialfällen der alternierenden Copolymeren, der statistischen (regellosen) Copolymeren, der Blockcopolymeren und der Pfropfcopolymeren (Graftcopolymeren) unterschieden:

| | |
|---|---|
| –A–B–A–B–A–B–A–B–A–B–A–B– | alternierendes Copolymer |
| –A–B–A–A–B–A–A–A–B–B–A–B– | statistisches Copolymer |
| –A–A–...A–A–B–B–...B–B– | Blockcopolymer |
| –A–A–A–A–A–A–A–A–A–A–A–A– | Pfropfcopolymer |

```
–A–A–A–A–A–A–A–A–A–A–A–A–
   |               |
   B               B
   B               B
   B               |
   B
   |
```

Block- und Pfropfcopolymere werden in zwei aufeinander folgenden, verschiedenen Polyreaktionen erhalten und darum auch als „Mehrschritt"-Polymere bezeichnet. Die gleichen Begriffe können im Prinzip auch auf Multipolymere (Terpolymere, Quaterpolymere usw.) übertragen werden.

### 2.3.2.1 Zusammensetzung

Die mittlere Zusammensetzung von Copolymeren läßt sich am einfachsten bestimmen, wenn die Grundbausteine durch gezielte Abbaureaktionen isoliert und identifiziert werden können. Dieses Verfahren ist bei der Strukturaufklärung von Proteinen üblich. Die Proteine werden in automatisierten Geräten sauer und basisch hydrolysiert, die entstehenden $\alpha$-Aminocarbonsäuren chromatographiert und ihr Anteil über die Farbreaktion mit Ninhydrin quantitativ bestimmt (Aminosäureanalysator).

Bei Kohlenstoff-Ketten ist dieses Verfahren nicht anwendbar, da die Grundbausteine nicht durch derartig milde Abbaureaktionen isoliert werden können. Bei der Pyrolyse solcher Polymerer unter kontrollierten Bedingungen entstehen aber Abbauprodukte, die bei der gaschromatographischen Analyse eine Art Fingerabdruck für das betreffende Polymere (Zusammensetzung und Sequenz) geben. Da die Methode schnell ist, aber keine Absolutaussagen liefert, wird sie bevorzugt für die Betriebskontrolle angewandt.

Die Zusammensetzung von Copolymeren mit Kohlenstoff-Ketten läßt sich verhältnismäßig einfach bestimmen, wenn die Grundbausteine sich in ihrer analytischen Zusammensetzung sehr unterscheiden oder aber charakteristische Elemente, Gruppen oder markierte Atome enthalten. Chemische (Mikroanalyse, Gruppenbestimmung usw.) und spektroskopische Methoden (Infrarot, Ultraviolett, Kernresonanz usw.), sowie Aktivitätsbestimmungen liefern dann die mittlere Zusammensetzung des Polymeren. Die mittlere Zusammensetzung kann auch über den Brechungsindex fester Proben bestimmt werden. In Lösung kann man die Zusammensetzung über das Brechungsinkrement $\mathrm{d}n/\mathrm{d}c$ bestimmen, das die Änderung des Brechungsindex mit der Konzentration angibt. Für den Massenanteil $w_A$ des Grundbausteins A gilt dann

$$(2-9) \qquad (\mathrm{d}n/\mathrm{d}c)_{\mathrm{Copolymer}} = (\mathrm{d}n/\mathrm{d}c)_A w_A + (\mathrm{d}n/\mathrm{d}c)_B w_B$$

mit $w_A + w_B = 1$. Temperatur, Wellenlänge und Lösungsmittel, sowie die Brechungsindexinkremente der beiden Unipolymeren A und B müssen dabei bekannt sein. Tab. 2 – 5 gibt eine Übersicht für die Übereinstimmung der Ergebnisse verschiedener Analysen-Verfahren bei Styrol/Methylmethacrylat-Copolymeren. Die UV-Analyse liefert hier meist stark abweichende Ergebnisse, da die Bandenlage noch von der Länge der Styrolsequenzen abhängt.

*Tab. 2-5:* **Ergebnisse verschiedener Analysen-Verfahren bei Styrol/Methylmethacrylat-Copolymeren (nach H.-G. Elias und U. Gruber)**

| Probe | % Methylmethacrylat im Polymeren | | | | |
|---|---|---|---|---|---|
| Nr. | C, H, O | IR | UV | NMR | d*n*/d*c* |
| CL 2 | 74,4 | 74,0 | 78,5 | 73,5 | 72,8 |
| CL 4 | 58,1 | 53,0 | 57,7 | - | 57,0 |
| CL 6 | 42,2 | 41,0 | 48,5 | 40,2 | 41,5 |
| CL 8 | 23,0 | 23,5 | 28,7 | 24,1 | 21,5 |

Bei sich nur wenig chemisch unterscheidenden Copolymeren kann man auch die Methode der Fällungspunkt-Titration (Kap. 6.6.5) einsetzen. Bei dieser Methode werden Lösungen verschiedener Konzentration mit einem geeigneten Fällungsmittel auf den ersten Fällungspunkt titriert. Durch Extrapolation auf 100 % Polymer wird ein kritischer Volumenbruch $\phi_{\mathrm{crit}}$ des Polymeren erhalten, der linear von der Zusammensetzung des Copolymeren abhängt.

Die Methode der Fällungspunkt-Titration gestattet unter gewissen Voraussetzungen, ein Unipolymer neben Copolymeren nachzuweisen und somit die Ergebnisse von Pfropfversuchen zu kontrollieren. Alle anderen bislang beschriebenen Methoden gestatten keine Differenzierung zwischen Copolymeren und Polymergemischen. Zum Nachweis von Polymergemischen eignet sich auch die Ultrazentrifugation in einem Dichtegradienten (Kap. 9.7.5) und u.U. auch die fraktionierte Fällung (Kap. 6.6.4).

### 2.3.2.2 Konstitutive Uneinheitlichkeit

Ein aus zwei oder mehr konstitutiv verschiedenen Grundbausteinen aufgebautes Polymerprodukt wird durch seine mittlere Zusammensetzung allein nicht genügend gekennzeichnet. Ein Produkt mit einem Anteil von z.B. 50 % einer Komponenten A und 50% einer Komponenten B kann ein echtes Copolymer mit bei allen Molekülen konstanter Zusammensetzung, ein echtes Copolymer mit verschiedener Zusammensetzung der Moleküle, ein Polymergemisch (Polyblend) aus zwei Unipolymeren oder eine entsprechende Mischung verschiedener Uni- und Bipolymerer sein.

Chemisch einheitliche können von chemisch uneinheitlichen Produkten qualitativ über die Abhängigkeit der scheinbaren Molekulargewichte vom Brechungsindex des Lösungsmittels aus Streulichtmessungen unterschieden werden (Kap. 9.5.3).

Zur quantitativen Bestimmung der konstitutiven Uneinheitlichkeiten eignen sich vor allem zwei Verfahren: fraktionierte Fällung (oder Auflösung) und Gleichgewichtsultrazentrifugation in einem Dichtegradienten. Bei der fraktionierten Fällung wird die unterschiedliche Löslichkeit der Produkte verschiedener Zusammensetzung bei Zugabe eines Fällungsmittels oder bei Änderung der Temperatur ausgenutzt. Gibt man zu einer Lösung eines Produktes portionsweise ein Fällungsmittel, so kann man verschiedene Fraktionen gewinnen. Da jedoch die Löslichkeit nicht nur von der chemischen Zusammensetzung, sondern auch vom Molekulargewicht abhängt, entspricht die Reihenfolge der Fraktionen nicht immer einer Zu- oder Abnahme des Gehaltes an einem Grundbaustein. Tab. 2 – 6 zeigt die Ergebnisse einer derartigen Fraktionierung an einem Copolymeren aus Vinylacetat und Vinylchlorid. Die in der 3. Spalte aufgeführten Anteile der Fraktionen an Vinylchlorid-Grundbausteinen gehen nicht mit der in Spalte 1 wiedergegebenen Fraktionszahl konform. Der Erfolg derartiger Fraktionierungen hängt stark von der richtigen Auswahl von Lösungsmittel und Fällungsmittel ab, da ungeeignete LM/FM-Paare bei der Fraktionierung u.U. einheitliche Produkte vortäuschen können.

*Tab. 2-6:* Ergebnisse der Fraktionierung eines Copolymeren aus Vinylacetat und Vinylchlorid, geordnet nach steigendem Anteil $E_{VC}$ an Vinylchloridbausteinen in den Fraktionen (nach H.-J. Cantow und O. Fuchs)

| Fraktion Nr. | Menge $m_i$ mg | Anteil $w_i$ % | $E_{VC}$ | $\Sigma w_i^*$ |
|---|---|---|---|---|
| 2 | 41,0 | 5,32 | 0,363 | 2,660 |
| 1 | 56,0 | 7,27 | 0,364 | 8,955 |
| 5 | 78,5 | 10,19 | 0,412 | 17,683 |
| 3 | 43,5 | 5,65 | 0,414 | 25,600 |
| 4 | 61,5 | 7,98 | 0,510 | 32,414 |
| 6 | 64,5 | 8,37 | 0,577 | 40,591 |
| 15 | 26,5 | 3,44 | 0,587 | 46,495 |
| 11 | 38,0 | 4,93 | 0,595 | 50,681 |
| 13 | 38,0 | 4,93 | 0,595 | 55,613 |
| 7 | 72,5 | 9,41 | 0,625 | 62,784 |
| 9 | 51,0 | 6,62 | 0,636 | 70,798 |
| 8 | 63,5 | 8,24 | 0,638 | 78,228 |
| 10 | 32,0 | 4,15 | 0,642 | 84,425 |
| 14 | 56,0 | 7,27 | 0,665 | 90,136 |
| 12 | 48,0 | 6,23 | 0,676 | 96,885 |

$\Sigma m_i = 770{,}5$ $\Sigma w_i = 100$ $\overline{E}_{VC} = 0{,}550 = (\overline{E}_w)_{VC} = \overline{E}_w$

Bei der Gleichgewichtszentrifugation in einem Dichtegradienten wird eine Mischung aus zwei Lösungsmitteln hergestellt, von denen eines eine geringere Dichte und das andere eine höhere Dichte als alle im Produkt vorkommenden Anteile aufweist. Im Gleichgewicht bildet sich bei einem bestimmten Schwerefeld ein Dichtegradient aus. Bringt man ein Produkt in einem solchen Dichtegradienten, so stellt sich das Produkt im Zentrifugengleichgewicht an der Stelle des Dichtegradienten ein, der seiner Auftriebsdichte entspricht. Unter günstigen Bedingungen kann so die Verteilung der konstitutiven Zusammensetzung quantitativ studiert werden (vgl. dazu Kap. 9.7.5).

Die Verteilung der konstitutiven Zusammensetzung kann graphisch oder rechnerisch mit verschiedenen Parametern dargestellt werden. Für die konstitutive Uneinheitlichkeit spielt praktisch nur die Massenverteilung eine Rolle, d.h. der gewichtsmäßige Anteil der einzelnen Fraktionen an der Gesamtmasse. Die entsprechenden Mittelwerte stellen also Gewichtsmittel dar.

Bei Bipolymeren kann man die Verteilung durch ein zweiachsiges Diagramm wiedergeben, in dem die Ordinate die Summe aller Fraktionen $\Sigma w_i$ und die Abszisse die Eigenschaft $E_i$ angibt. Eine derartige integrale Massenverteilung wird nach einiger Umrechnung aus den Fraktionierdaten erhalten, wie am Beispiel des Copolymeren der Tab. 2.6 demonstriert sei.

Dazu überlegt man sich zunächst, daß die für eine Fraktion i gemessene Eigenschaft $E_i$ bei einer echten Verteilungskurve selbst wiederum einen Mittelwert darstellt. In erster Näherung wird eine Hälfte der Fraktion z. B. eine Zusammensetzung unterhalb des Mittelwertes, die andere Hälfte dagegen oberhalb des Mittelwertes aufweisen. Für die Fraktion 2 der Tab. 2-6 mit $E_{VC} = 0{,}363$ ist also ein $w_i^* = 2{,}66 = (5{,}32/2)\%$ zu nehmen und nicht der Anteil $w_i = 5{,}32$ selbst. Bei der nächsten Fraktion (Nr. 1) berechnet sich der auf der Ordinate einzutragende Anteil entsprechend aus dem ganzen Anteil der Fraktion 2 (5,32 %) und dem halben Anteil der Fraktion 1 ($7{,}27/2 = 3{,}635\%$), also zu $\Sigma w_i^* = 5{,}32 + (7{,}27/2) = 8{,}955\ \%$. Für die in den Eigenschaften folgende Fraktion (Nr. 5) erhält man entsprechend diesem Halbierungsverfahren

$$\Sigma w_i^* = 5{,}32 + 7{,}27 + (10{,}19/2) = 17{,}683\ \%\ \text{usw.}$$

Die Auftragung von $\Sigma w_i^*$ gegen $E_{VC}$ zeigt, daß die integrale Massenverteilung des Gehaltes an Vinylchlorid-Grundbausteinen durchaus nicht „glatt“ ist, d.h. nur einen einzigen Wendepunkt aufweist. Vielmehr sind Stufen ausgeprägt, wobei natürlich durch eine zweite Fraktionierung zu prüfen ist, ob die Stufen real sind oder nur durch das

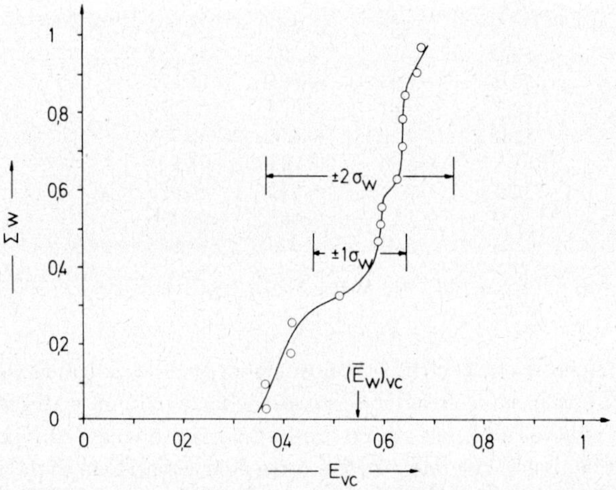


*Abb. 2-2:* Integrale Massenverteilung des Vinylchlorid-Gehaltes eines Poly(vinylchlorid-co-vinylacetates) mit dem Gewichtsmittel $(\bar{E}_w)_{vc}$ der Zusammensetzung und der Standardabweichung $\sigma_w$ der Massenverteilung (nach Daten von H. J. Cantow und O. Fuchs).

Experiment vorgetäuscht werden. Man sieht auch, daß die Verteilungskurve eine deutliche Schiefe aufweist, da die mittlere Zusammensetzung $(\overline{E}_w)_{VC}$ einem Massenanteil von $\Sigma w_i^* = 0{,}35$ entspricht und nicht einem solchen von 0,50. Schließlich erstreckt sich die Verteilung nicht über das gesamte mögliche Spektrum von $E_{VC} = 0$ bis $E_{VC} = 1{,}0$, sondern nur von etwa 0,33 bis 0,73 (Abb. 2 - 2).

Diese drei Eigenschaften – mittlere Zusammensetzung, Verteilungsbreite und Schiefe der Verteilung – können durch drei statistische Parameter beschrieben werden: Gewichtsmittel der Zusammensetzung $\overline{E}_w$, Gewichtsmittel der Standardabweichung $\sigma_w$ und Gewichtsmittel der Schiefe der Verteilung $\Omega_w$. Diese drei Parameter erhält man durch Kombination der Momente der Verteilungskurve in Bezug auf den Ursprung

$$(2-10) \qquad \mu_w^{(q)}(E) = \frac{\sum_i w_i E_i^q}{\sum_i w_i}$$

und in Bezug auf den Mittelwert

$$(2-11) \qquad \nu_w^{(q)}(E) = \frac{\sum_i w_i (E_i - \overline{E}_w)^q}{\sum_i w_i} \quad ; \quad \overline{E}_w = \frac{\sum_i w_i E_i}{\sum_i w_i}$$

Die Standardabweichung $\sigma_w$ berechnet sich aus diesen Momenten zu

$$(2-12) \qquad \sigma_w \equiv \sqrt{\nu_w^{(2)}} \equiv \sqrt{\mu_w^{(2)} - (\mu_w^{(1)})^2}$$

Die Schiefe der Verteilungskurve ist durch das zweite und dritte Moment der Massenverteilung des Produktes bestimmt

$$(2-13) \qquad \Omega_w \equiv \frac{\nu_w^{(3)}}{2\,(\nu_w^{(2)})^{3/2}} = \frac{\mu_w^{(3)} - 3\mu_w^{(1)}\mu_w^{(2)} + 2(\mu_w^{(1)})^3}{2\,[\mu_w^{(2)} - (\mu_w^{(1)})^2\,]^{3/2}}$$

$\Omega_w$ gibt an, ob der größere Anteil der Eigenschaft unterhalb oder oberhalb von $\Sigma w_i = 0{,}5$ liegt. Ordnet man die Eigenschaften so an, daß bei $\Sigma w_i = 0$ auch $E_i = 0$ ist, so wird $\Omega_w$ negativ, wenn der größere Anteil im Bereich von $\Sigma w_i = 0$ bis 0,5 liegt und positiv, wenn der größere Anteil oberhalb $\Sigma w_i = 0{,}5$ liegt. (q) ist dabei die Ordnung des Momentes. Für eine genauere Diskussion von Momenten und Mittelwerten vgl. Kap. 8.

Für das in Tab. 2 - 6 und Abb. 2 - 2 dargestellte Beispiel erhält man so folgende Werte

$$\mu_w^{(1)} = \overline{E}_w = 0{,}550 \qquad \sigma_w = 0{,}106 \qquad \Omega_w = -0{,}300$$

Das Copolymer besteht somit im Mittel aus 55,0 % Vinylchlorid. Die Standardabweichung $\sigma_w$ zeigt, daß die Vinylchloridanteile nicht sehr breit verteilt sind. Rechnet man die Standardabweichung formal auf eine Gauß'sche Verteilungskurve um, so würden mit diesem Wert von 1 $\sigma_w$ 68,3 % im Bereich von $\overline{E}_w = 0{,}550 \pm 0{,}108$ liegen. Tatsächlich liegen jedoch innerhalb dieses Bereiches nur $\Sigma w_i^* = 86 - 28 = 58$ % aller Anteile (vgl. Abb. 2 - 2). Streng genommen ist eine derartige Auswertung auch nur für Gauß'sche Verteilungskurven zulässig. Die Standardabweichung kann jedoch unabhängig von der Produktzusammensetzung immer als qualitatives Maß für die Breite der Verteilung benutzt werden.

*Tab. 2-7:* Verschiedene Momente ($\mu_w^{(q)}$ und $\nu_w^{(q)}$), sowie Standardabweichung $\sigma_w$ und Schiefe $\Omega_w$ der Massenverteilung bei Copolymeren und Polyblends mit den Fraktionen $w_i$, jeweils bezogen auf die Komponente A mit der Zusammensetzung $E_A = 1$ ($E_B = 0$)

| Nr. | Produkt | Gewichtsanteil $w_i$ | | $E$ | | Komponenten-Momente | | Produkten-Momente | | | $\sigma_w$ | $\Omega_w$ |
|---|---|---|---|---|---|---|---|---|---|---|---|---|
| | | $w_I$ | $w_{II}$ | $(E_A)_I$ | $(E_A)_{II}$ | $\mu_w^{(1)} = \bar{E}_w$ | $\mu_w^{(2)}$ | $10^3\nu_w^{(1)}$ | $10^3\nu_w^{(2)}$ | $10^3\nu_w^{(3)}$ | | |
| 1 | Unipolymer | 1 | - | 1 | - | 1 | 1 | 0 | 0 | 0 | 0 | 0 |
| 2 | Konstit. einheitl. Bipolymer (z.B. azeotropes Bipolymer) | 1 | - | 0,65 | - | 0,650 | 0,4225 | 0 | 0 | 0 | 0 | 0 |
| 3 | Alternierendes Bipolymer | 1 | - | 0,50 | - | 0,500 | 0,2500 | 0 | 0 | 0 | 0 | 0 |
| 4 | Bipolymer mit linearer Zunahme der Zusammensetzung von $E_i = 0$ bei $\Sigma w_i = 0$ bis $E_i = 1$ bei $\Sigma w_i = 1$ | ⟵ vgl. Spalte 2 ⟶ | | | | 0,500 | 0,3325 | 0 | 42,50 | 0 | 0,287 | 0 |
| 5 | Mischung aus einem konst. einh. Bipolymeren und einem Unipolymer | 0,5 | 0,5 | 0,65 | 1,0 | 0,825 | 0,7113 | 0 | 30,63 | 0 | 0,175 | 0 |
| 6 | wie 5 | 0,9 | 0,1 | 0,65 | 1,0 | 0,685 | 0,4803 | 0 | 10,94 | +3,087 | 0,105 | +1,349 |
| 7 | Mischung aus zwei Unipolymeren | 0,35 | 0,65 | 0 | 1,0 | 0,650 | 0,6500 | 0 | 227,5 | -68,25 | 0,477 | -0,315 |

In Tab. 2–7 sind dazu die verschiedenen statistischen Parameter für eine Reihe von Polymeren (Unipolymer, Bipolymer, Polyblends) zusammengestellt worden. Die integralen Massenverteilungskurven einiger dieser Produkte gibt Abb. 2–3 wieder. Man entnimmt der Tabelle und der Abbildung, daß die Standardabweichung bei den konstitutiv einheitlichen Polymeren 1, 2 und 3 gleich nah ist. Bei den uneinheitlichen Produkten steigt sie von Nr. 6 über Nr. 5 und Nr. 4 nach Nr. 7 an, wie auch aus Abb. 2–3 anschaulich hervorgeht.

Abb. 2–3 und Tab. 2–7 zeigen ferner, daß die Schiefe $\Omega_w$ gleich null ist, wenn die Verteilung um $\Sigma w_i = 0{,}5$ symmetrisch ist. Dabei ist es gleichgültig, ob es sich um chemisch einheitliche (Nr. 1–3) oder um jeweils chemisch verschiedene (Nr. 4 und 5) Fraktionen handelt. Die Schiefe $\Omega_w$ ist relativ empfindlich auf Beimengungen. Bei Beimengungen von beispielsweise 10, 1 oder 0,1 % eines Unipolymeren mit $E_1 = 0$ zu einem Unipolymeren 2 mit $E_2 = 1$ wird $\Omega_w$ entsprechend zu −1,33, −4,92 bzw. −15,7.

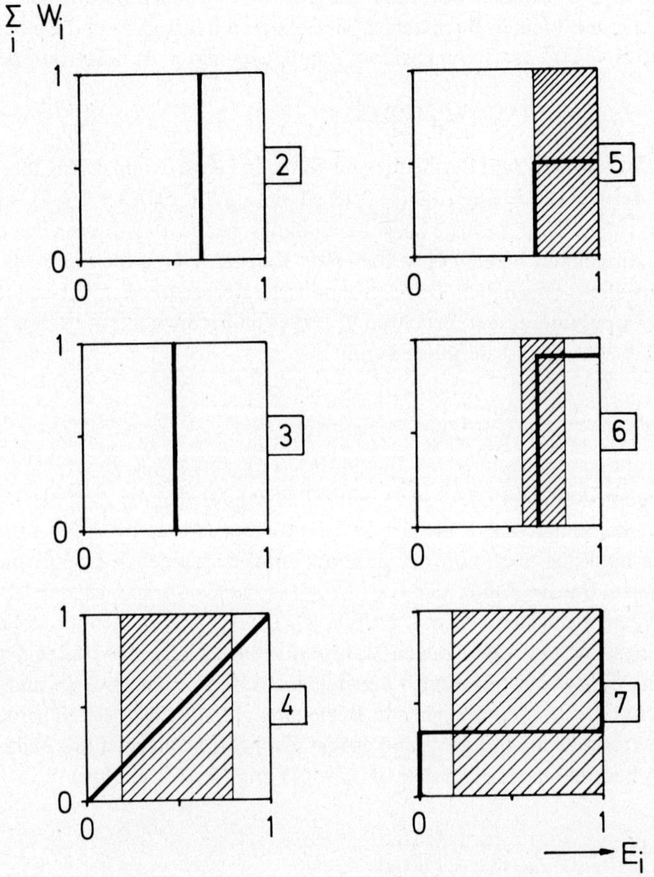


*Abb. 2–3:* Integrale Massenverteilung verschiedener Copolymerer und Mischungen von Polymeren (Polyblends). Die Nummern entsprechen denen der Tab. 2–7. Die Standardabweichungen $\pm\sigma_w$ sind als /// eingezeichnet (nach H.-G. Elias).

Die einzelnen Momente können ferner noch zur Charakterisierung der Fraktionen herangezogen werden. Bestehen die Fraktionen jeweils aus chemisch einheitlichen Substanzen (Uni- oder Bipolymeren), dann wird $\nu_w^{(1)} = 0$ (Nr. 1–7). Handelt es sich bei den Fraktionen um Unipolymere, so gilt $\mu_w^{(1)} = \mu_w^{(2)}$ (Nr. 1 und 7). Analoge Schlüsse für die Momente, die Standardabweichung und die Schiefe können bei Multipolymeren oder Polyblends aus mehr als zwei Komponenten gezogen werden.

2.3.2.3 SEQUENZ

Bei Bipolymeren aus zwei Grundbausteintypen a und b folgen sich die Bausteine in einer bestimmten Kette in einer durch den Mechanismus der Polyreaktion bedingten Weise, z. B.

a–b–a–a–b–b–a–b–a–a–b–a–b–b–b–a–a–a–b–b

In der Kette sind also Sequenzen aus 1, 2, 3 usw. Bausteinen der gleichen Sorte vorhanden. Die Sequenzen werden mit großen Buchstaben bezeichnet, zum Unterschied zu den mit kleinen Buchstaben bezeichneten Bausteinen und Bindungen. Das Zahlenmittel $(\overline{L}_A)_n$ der Sequenzen aus den Bausteinen a ist definitionsgemäß durch

$$(2\text{–}14) \qquad (\overline{L}_A)_n = \sum_i (N_A)_i (L_A)_i / \sum_i (N_A)_i$$

gegeben. $(N_A)_i$ ist die Zahl der Sequenzen von der Länge i und $(L_A)_i$ ihre Länge. Für das obige Beispiel gilt folglich $(\overline{L}_A)_n = (3 \cdot 1 + 2 \cdot 2 + 1 \cdot 3)/(3 + 2 + 1) = 1{,}6\overline{6}$.

Die mittlere Sequenzlänge kann bei radikalischen Copolymerisationen unter bestimmten Annahmen berechnet werden (vgl. Kap. 22.1.4). Experimentell ist sie in der Regel nicht direkt zugänglich. Durch magnetische Kernresonanzspektroskopie ist aber bei vielen Copolymeren der Bruchteil $f_{ab}$ aller ab-Bindungen ermittelbar (d. h. von a → b und b → a). $f_{ab}$ ist definiert durch

$$(2\text{–}15) \qquad f_{ab} = \frac{N_{ab}}{N_{aa} + N_{ab} + N_{bb}} = \frac{N_{ab}}{(\overline{X}_n - 1) N_{cop}}$$

Die rechte Seite der Gl. (2–15) kommt zustande, weil die Zahl der Bindungen in *einem* Molekül immer um 1 kleiner als der Polymerisationsgrad ist und die Zahl *aller* Bindungen natürlich noch von der Zahl der total vorhandenen Copolymermoleküle $N_{cop}$ abhängt. Die im Zähler der Gl. (2–14) stehende Summe ist nun identisch mit der Zahl $N_a$ aller Bausteine a, d.h. $\sum_i (N_A)_i (L_A)_i = N_a$. Die im Nenner stehende Summe der Sequenzen ist bei ringförmigen Makromolekülen gleich der Hälfte der Zahl aller Bindungen $N_{ab}$ zwischen a- und b-Bausteinen (d.h. Bindungen a → b und b → a). Es gilt also $\sum_i (N_A)_i = 0{,}5\, N_{ab}$. Die gleiche Beziehung gilt auch in guter Näherung für offenkettige Makromoleküle mit genügend großer Zahl von Sequenzen pro Makromolekül. Mit diesen Bezeichnungen und den Gl. (2–14) und (2–15) gilt also

$$(2\text{–}16) \qquad (\overline{L}_A)_n = \frac{2 N_a}{f_{ab} (\overline{X}_n - 1) N_{cop}}$$

Die Zahl der Bausteine a hängt mit den Molen $n_a$, der Masse $m_a$ und dem Formelgewicht der Grundbausteine zusammen über $N_a = n_a L_A = m_a L_A / M_a$. Für die Zahl

$N_{cop}$ der Copolymermoleküle erhält man analog mit den Massen $m_a$ und $m_b$ der Grundbausteine a und b $N_{cop} = (m_a + m_b) N_L / \overline{M}_n$. Für das Zahlenmittel $\overline{X}_n$ des Polymerisationsgrades des Copolymeren ergibt sich ferner

$$(2-17) \quad \overline{X}_n = \left(\frac{N_a + N_b}{N_{cop}}\right) = \overline{M}_n \left(\frac{w_A}{M_a} + \frac{w_B}{M_b}\right)$$

wobei der Gewichtsbruch der a-Bausteine im Copolymeren durch $w_a = m_a/(m_a + m_b)$ gegeben ist. Mit diesen Beziehungen geht Gl. (2-15) über in

$$(2-18) \quad \frac{1}{(\overline{L}_A)_n} = 0{,}5 f_{ab} \left[1 - \overline{M}_n^{-1}(M_a/w_a) + (M_a w_b / M_b w_a)\right]$$

Über Gl. (2-18) läßt sich somit das Zahlenmittel der Sequenzlänge der A-Sequenzen berechnen. Der Wert $(2 \cdot 10^2)[(\overline{L}_A)_n + (\overline{L}_B)_n]^{-1} = \overline{R}_n$ wird als Sequenzzahl oder Blockzahl $\overline{R}_n$ bezeichnet (engl. run number). $\overline{R}_n$ ist also die pro 100 Bausteine vorhandene totale Zahl aller Blöcke (A- und B-Sequenzen).

Für das obige Beispiel gilt $\overline{R}_n = 60$.

Ein Bipolymer kann durch die Anteile $f_{aa}$, $f_{ab}$ und $f_{bb}$ an aa-, ab- und bb-Bindungen beschrieben werden. Bei einer Darstellung im Dreiecksdiagramm (Abb. 2-4) gibt die Lage der Koordinaten die Werte für $f_{aa}$, $f_{ab}$ und $f_{bb}$ an. Im Dreiecksdiagramm entspricht der Punkt aa einem reinen Unipolymeren a, der Punkt ab einem alternierenden Copolymeren (ab) und der Punkt bb einem reinen Unipolymeren b. Der in Abb. 2-4 eingezeichnete Punkt ○ gibt ein Copolymer mit $f_{bb} = 45$, $f_{ab} = 25$ und $f_{aa} = 30$ % wieder.

Ein Dreiecksdiagramm wird wie folgt gelesen bzw. konstruiert. Gegeben sei ein Diagramm mit dem eingezeichneten Punkt ○. Die Koordinaten dieses Punktes werden nach der Regel Nullpunkt-Seite-Mitte bestimmt. Um den Gehalt $f_{bb}$ an bb-Bindungen zu ermitteln, geht man vom Nullpunkt der $f_{bb}$-Skala aus (in Abb. 2-4 die linke untere Ecke des Diagramms). Man bewegt sich dann auf dieser Achse, bis man die erste Parallele schneidet, die man vom Punkt ○ parallel zu den Seiten des Dreiecks ziehen kann. Dieser Schnittpunkt liegt bei $f_{bb} = 45$ % (und nicht bei $f_{bb} = 70$ %). Dreiecksdiagramme eignen sich besonders gut dazu, die Abhängigkeit der drei Bindungsanteile als Funktion der Reaktionsbedingungen (Zeit, Temperatur usw.) wiederzugeben. In diesem Fall erhält man im Dreiecksdiagramm anstelle eines Punktes eine Kurve.

Die Breite und die Schiefe der Sequenzverteilung kann in genau gleicher Weise wie die Verteilung der chemischen Zusammensetzung über die entsprechenden Momente berechnet werden (vgl. Kap. 2.3.2.2). Da experimentell nur der Molanteil der Sequenzlänge bestimmt wird, ist hier jedoch anstelle der Massenverteilung die Molzahlverteilung (Index n) zu benutzen.

Die Sequenzlänge kann durch eine Reihe von physikalischen und chemischen Methoden ermittelt werden. Alle Methoden hängen in der Regel stark von der Konstitution der Polymeren ab; sie sind also oft nur bei speziellen Polymeren brauchbar.

Die chemischen Methoden beruhen praktisch ausschließlich auf zwei Prinzipien: Spaltung der Kette oder Reaktion benachbarter Seitengruppen. Die mit der Spaltung der Kette arbeitenden Methoden nutzen aus, daß eine der beiden Komponenten eines Bipolymeren (oder auch anderer Copolymerer) bei einer bestimmten Reaktion ange-

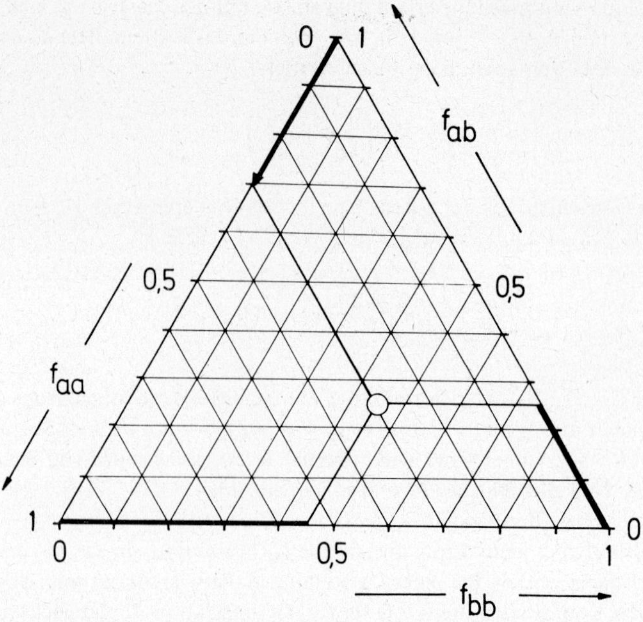


*Abb. 2-4:* Darstellung der Zusammensetzung eines Bipolymeren im Dreiecksdiagramm.

griffen wird, während die Kette der anderen Komponente stabil ist. Die technisch verwendeten Copolymeren aus Isobutylen mit etwa 2 % Isopren

$$\sim\!\sim\!\sim\!\!+\!CH_2-C(CH_3)_2\!+_i\;+\!CH_2-C(CH_3)=CH-CH_2\!+_j\;+\!CH_2-C(CH_3)_2\!+_k\!\sim\!\sim\!\sim$$

können an der Doppelbindung z.B. ozonolytisch gespalten werden. Aus dem Molekulargewicht der übrigbleibenden Oligomeren des Isobutylens kann dann die mittlere Sequenzlänge der Isobutylensequenzen berechnet werden.

Bei der Reaktion benachbarter Gruppen wird die Tatsache ausgenutzt, daß bei kinetisch kontrollierten Reaktionen nicht alle Gruppen vollständig reagieren können (vgl. Kap. 23.4.4). Die Hydroxylgruppen des Poly(vinylalkohols) können z.B. nicht vollständig mit Butyraldehyd acetalisiert werden, da durch den statistischen Charakter der Reaktion isolierte OH-Gruppen übrig bleiben. Damit keine intermolekularen Reaktionen eintreten, muß natürlich in genügend hoher Verdünnung gearbeitet werden. Außerdem sollten möglichst „gute" Lösungsmittel verwendet werden, da dann das Polymerknäuel stark aufgeweitet und die Tendenz weiter entfernt stehender OH-Gruppen zu Reaktionen untereinander verringert wird.

Bei den physikalischen Methoden können ebenfalls zwei Gruppen von Methoden unterschieden werden. Die eine Gruppe erfaßt relativ kleine, die andere relativ lange Sequenzen. Zur ersteren Gruppe gehören Kernresonanz-, Ultraviolett- und Infrarot-Spektroskopie, zur zweiten Gruppe Röntgenographie und Differentialthermoanalyse. Im Infrarotspektrum verschiebt sich z.B. die Intensität der $(-CH_2\!+_n$ -rocking Frequenz von 815 (n = 1) über 752 (n = 2), 733 (n = 3) und 726 (n = 4) auf 722 $cm^{-1}$ ($n \geqslant 5$), so daß also kurze Methylensequenzen ermittelt werden können. Im Fern-IR zeigt eine isolierte Styrol-Einheit (n = 1) in $\leftarrow\!CH_2{-}CH(C_6H_5)\!\rightarrow_n$ eine breite Bande bei 560 $cm^{-1}$, während man für n $\geqslant$ 6 eine scharfe Bande bei 540 $cm^{-1}$ findet. Diese Bande stammt von einer Deformation des aromatischen Ringes, die mit einer Deformation der Kette gekoppelt ist; sie kann daher zur Sequenzanalyse von Styrol-Butadien-Copolymeren verwendet werden. Kernresonanz-Studien erlauben in günstigen Fällen, die Sequenz von Pentaden aufzuklären, Ultraviolett-Untersuchungen maximal diejenige von Triaden. Röntgenographie und Differentialthermoanalyse lassen sich zur Sequenzanalyse heranziehen, weil längere Sequenzen entweder besser kristallisieren können als kürzere oder aber eine deutlich andere Glastemperatur zeigen. Um mit diesen Methoden etwas aussagen zu können, müssen in der Regel mindestens 15–20 Einheiten zu einer Sequenz verbunden sein. Blockcopolymere und Polymergemische können daher nicht unterschieden werden. Beide Methoden sind jedoch weit weniger direkt als die bislang besprochenen, da u.U. „falsche" Gruppen in die Sequenz eingebaut werden können, ohne daß z. B. die Kristallisationsfähigkeit geändert wird.

### 2.3.3 SUBSTITUENTEN

Neutrale Substituenten an makromolekularen Ketten weisen gegenüber niedermolekularen Substanzen keine Besonderheiten bezüglich der Konstitution, der Nomenklatur und meist auch nicht der Reaktionsweise auf. Polymere mit Substituenten mit dissoziierbaren Bindungen heißen Polyelektrolyte. Polyelektrolyte können in ein Polyion und entgegengesetzt geladene Gegenionen dissoziieren. Ein Polyelektrolyt kann eine Polysäure wie die Poly(acrylsäure)

$$\sim\!\sim CH_2{-}\underset{\displaystyle COOH}{\underset{|}{CH}}{-}CH_2{-}\underset{\displaystyle COOH}{\underset{|}{CH}}{-}CH_2{-}\underset{\displaystyle COOH}{\underset{|}{CH}}\sim\!\sim$$

sein, das Polyion ist dann ein Polyanion. Eine Polybase wie das Poly(vinylamin)

$$\sim\!\sim CH_2{-}\underset{\displaystyle NH_2}{\underset{|}{CH}}{-}CH_2{-}\underset{\displaystyle NH_2}{\underset{|}{CH}}{-}CH_2{-}\underset{\displaystyle NH_2}{\underset{|}{CH}}\sim\!\sim$$

kann Protonen aufnehmen und wird dann zum Polykation. Die Salze von Polysäuren heißen Polysalze. Makromolekulare Verbindungen, die sowohl positive als negative Ladungen tragen, werden Polyampholyte genannt.

Die Gegenionen können mono-, bi- oder polyvalent sein, sodaß im Prinzip auch makromolekulare Gegenionen existieren sollten. Gibt man jedoch ein Polykation und ein Polyanion bei endlichen Konzentrationen zusammen, so werden bei nichtvollständiger Dissoziation auch Salzbindungen zu verschiedenen Makromolekülen ausgebildet. Es resultiert ein Netzwerk und die Substanz wird unlöslich. Umgekehrt kann man erwarten, daß Polyelektrolyte mit monovalenten Gegenionen sich in kleinen Konzentrationen besonders gut in Wasser lösen.

Polyionen sind von Makroionen zu unterscheiden. Makroionen tragen im Gegensatz zu Polyionen nur eine oder wenige ionische Gruppierungen. Der bei der kationischen Polymerisation auftretende Kettenträger ist. z.B. ein Makromolekül mit einer positiven Ladung am wachsenden Ende der Kette, also ein Makrokation. Ein Makroradikal ist entsprechend ein Makromolekül mit einem ungepaarten Elektron. Bei radikalischen Pfropfreaktionen können u. U. Polyradikale mit mehreren Radikalstellen pro Molekül auftreten.

### 2.3.4 ENDGRUPPEN

Die Bestimmung der Endgruppen eines Makromoleküls gestattet Rückschlüsse auf den Synthese-Mechanismus und unter günstigen Umständen auch die Ermittlung des Molekulargewichtes oder des Verzweigungsgrades. Da der Anteil der Endgruppen mit zunehmendem Molekulargewicht geringer wird, nimmt die Genauigkeit von Endgruppen-Bestimmungen in einer polymerhomologen Reihe mit zunehmendem Molekulargewicht ab. Da der Anteil der Endgruppen bei gegebener Masse des Polymeren von der Zahl der vorhandenen Moleküle abhängt, spricht die chemische Methode der Endgruppen-Bestimmung auf das Zahlenmittel des Molekulargewichtes an.

Das Zahlenmittel des Molekulargewichts läßt sich aus Endgruppen-Bestimmungen nur dann ermitteln, wenn alle Sorten von Endgruppen bekannt sind und quantitativ bestimmt werden können. Sind z.B. bei unverzweigten Polyamiden mit insgesamt $N_e$ = 2 Endgruppen pro Molekül die Endgruppen nur Amino- oder Carboxylgruppen, so läßt sich das Molekulargewicht des Polymeren $(\overline{M}_n)_{end}$ über entsprechende Titrationen bestimmen. Für die Titration der Aminogruppen werden $V_{Säure}$ ml Säure verbraucht, für die Carboxylgruppen $V_{Base}$ ml Base, jeweils mit den Titern $t_{Säure}$ und $t_{Base}$ in äquiv./Liter. Da der Verbrauch an Titrationsflüssigkeit umso geringer ist, je weniger Endgruppen vorhanden sind, je höher also das Molekulargewicht $(\overline{M}_n)_{end}$ ist, erhält man mit der Einwaage $m$ in g

$$(2-19) \quad (\overline{M}_n)_{end} = \frac{N_e}{\left(\dfrac{t_{Säure} \cdot V_{Säure} + t_{Base} \cdot V_{Base}}{10^3 m}\right)}$$

Für eine beliebige Zahl von Sorten i von Endgruppen und einer ebenso beliebigen Zahl $N_e$ von Endgruppen pro Molekül erhält man entsprechend

$$(2-20) \quad (\overline{M}_n)_{end} = N_e \cdot \left( \sum_{i=1}^{i=i} \frac{t_i V_i}{10^3 m} \right)^{-1}$$

Nach Gl. (2–20) wird also *nicht* das arithmetische Mittel aus den einzeln berechneten Äquivalentgewichten gebildet. In analoger Weise erhält man Ausdrücke, wenn man die Bestimmung über die Gewichtsanteile, die Aktivität radioaktiv markierter oder die Intensität farbiger Endgruppen ausführt. In der gleichen Reihenfolge steigt die Empfindlichkeit der Methode an. Mit Titrationen kann man Molekulargewichte von etwa 40 000, über die mikroanalytische Bestimmung von Jod in Endgruppen Molekulargewichte von 100 000, mit markierten Gruppierungen von etwa 200 000 und mit intensiv farbigen Gruppen von etwa 1 000 000 bestimmen.

Gl. (2–20) zeigt, daß die Bestimmung des Molekulargewichtes über die Endgruppen keine Absolutmethode darstellt, da Annahmen über die Konstitution des Makromoleküls getroffen werden müssen. Bei Absolutmethoden (vgl. Kap. 9.1) wird dagegen das Molekulargewicht nur aus der Einwaage und der Meßgröße bestimmt, z.B. bei der Osmose aus dem osmotischen Druck. Bei vielen Polymeren sind aber weder die Zahl der Enden pro Makromolekül noch die Struktur der Endgruppen mit Sicherheit bekannt. Bei Schmelzkondensationen mit Dicarbonsäuren können z.B. Decarboxylierungsreaktionen auftreten, wodurch die Zahl der titrierbaren Endgruppen herabgesetzt wird. Wird diese neue Endgruppe nicht ermittelt, so erhält man bei konventioneller Berechnung ein zu hohes Zahlenmittel des Molekulargewichtes. Bei jodhaltigen Initiatoren für die Vinylpolymerisation hat man mit Übertragungsreaktionen des Jodrestes zu rechnen. Die Azogruppe von azogruppenhaltigen Initiatoren kann sich an der Polymerisation beteiligen usw.

Bei Polymerisationen können andererseits verschiedene Arten des Kettenabbruches vorkommen, wodurch man ebenfalls Unsicherheiten für die zu treffenden Annahmen erhält. Verzweigungsreaktionen setzen dagegen die Zahl der Endgruppen herauf. Da die Methode der Endgruppen-Bestimmung sich auf die Äquivalentanteile der Endgruppen pro Molekül stützt, stellt sie also eine Äquivalent-Methode und keine Absolutmethode dar. Bei bekanntem Zahlenmittel des Molekulargewichtes liefert sie jedoch wertvolle Aufschlüsse über die Konstitution der Makromoleküle.

## *2.4 Verknüpfung von Einzelketten*

### 2.4.1 VERZWEIGUNGEN

Der einfachste Kettentyp liegt in den unverzweigten oder „eindimensionalen" Ketten des Schwefels

$$-S-S-S-S-S-S-S-$$

oder des Polymethylens

$$-CH_2-CH_2-(CH_2)_x-CH_2-CH_2-$$

vor. Ein derartiger Kettentyp wird aus mehr historischen Gründen auch als „lineare" Kette bezeichnet, weil man ursprünglich der Ansicht war, eine solche Kette läge im Raum vollkommen gestreckt vor. Tatsächlich sorgt die statistische Verteilung der Konformationen (vgl. Kap. 4) dafür, daß eine derartige Kette im isolierten Zustand – nicht aber im kristallinen – die Form eines statistischen Knäuels annimmt (Abb. 2-5).

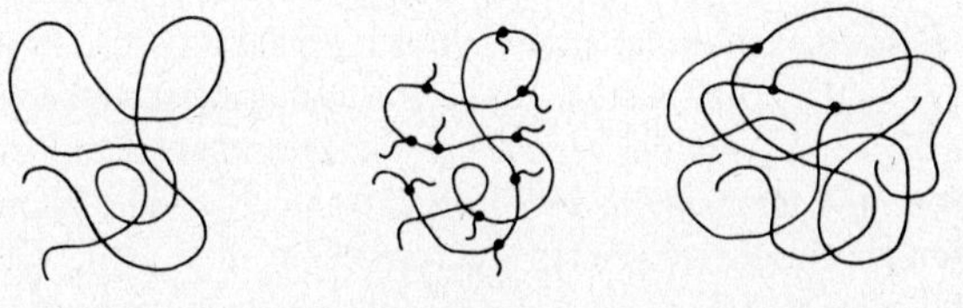

I II III

*Abb. 2-5:* Schematische Darstellung „eindimensionaler" Ketten. I = unverzweigt, II = kurzkettenverzweigt, III = langkettenverzweigt. Verzweigungsstellen sind durch einen • gekennzeichnet.

Unter bestimmten Reaktionsbedingungen können sich bei den zu eindimensionalen Ketten führenden Polyreaktionen zwei oder mehr Ketten unregelmäßig vereinigen. Die längste der so vereinigten Ketten wird als Hauptkette bezeichnet. Die mit dieser

Hauptkette verknüpften anderen Ketten werden je nach ihrer Länge als Kurzketten- oder als Langkettenverzweigungen bezeichnet. Sind die Zweige der Langkettenverzweigungen selbst verzweigt, so spricht man von Folgeverzweigungen. Bei sehr starken Folgeverzweigungen hat das Polymer eine Art Tannenbaumstruktur.

Bei Lang- und Kurzkettenverzweigungen weist jeder der Zweige definitionsgemäß die gleiche Konstitution wie die Hauptkette auf, z. B. beim Poly(äthylen)

$$\sim\!\!\sim CH_2-\underset{\underset{\underset{CH_3}{|}}{\underset{CH_2}{|}}}{\underset{|}{CH}}-(CH_2)_x-\underset{\underset{CH_3}{|}}{\underset{(CH_2)_3}{|}}{CH}-(CH_2)_y\!\!\sim\!\!\sim \qquad \sim\!\!\sim CH_2-\underset{\underset{CH_3}{|}}{\underset{(CH_2)_x}{|}}{CH}-(CH_2)_y-\underset{\underset{CH_3}{|}}{\underset{(CH_2)_z}{|}}{CH}\sim\!\!\sim$$

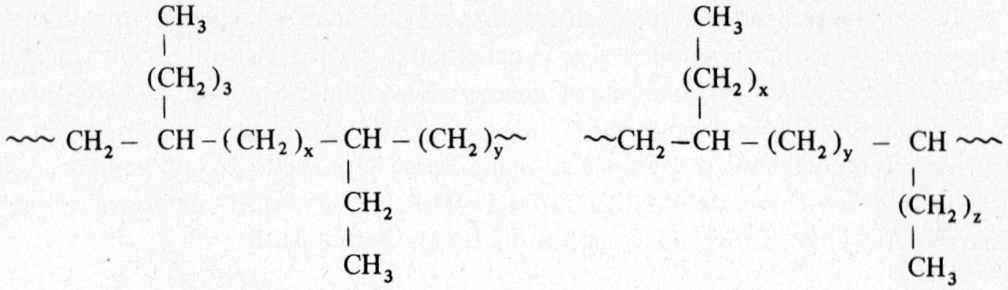

kurzkettenverzweigt        langkettenverzweigt<br>
(y, x ≫ 1)        (x, y, z ≫ 1)

Die andersartig aufgebauten Seitenketten eines Substituenten zählen somit nicht zu den Verzweigungen. Poly(laurylmethacrylat)

$$\left(\!\!-\!\!CH_2-\underset{\underset{CO-O-(CH_2)_{11}-CH_3}{|}}{\overset{\overset{CH_3}{|}}{C}}-\!\!\right)_x$$

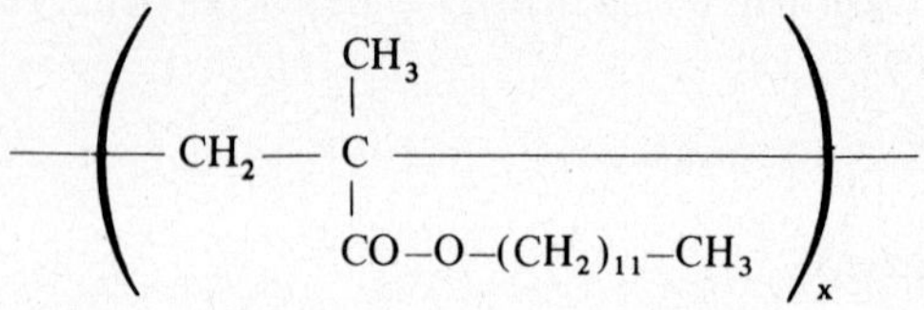

ist daher kein verzweigtes, sondern ein unverzweigtes Makromolekül. Der Rest $-CO-O-(CH_2)_{11}-CH_3$ wird „Seitengruppe" genannt. Bei langkettenverzweigten Makromolekülen ist die Anzahl der Verzweigungsstellen (z. B. der CH-Gruppierungen im Poly(äthylen)) sehr gering im Vergleich zur Gesamtzahl der Kettenglieder $-CH_2-$ und $-CH-$. Sie läßt sich daher in der Regel nicht durch Elementaranalyse, spektroskopische Verfahren und chemische Reaktionen bestimmen. Die Bestimmung der Anzahl Verzweigungsstellen pro Makromolekül, der mittleren Länge der Verzweigungen und der Längenverteilung der Verzweigungen sowie der Länge der Stücke der Hauptkette zwischen zwei Verzweigungsstellen stellt daher ein schwieriges analytisches Problem der makromolekularen Chemie dar. Die Existenz und das Ausmaß der Langkettenverzweigung wird meist über die Dimension der verzweigten Makromoleküle in Lösung abgeschätzt. Bei gleicher Masse muß nämlich ein über Langketten verzweigtes Makromolekül geringere Dimensionen als ein unverzweigtes Makromolekül aufweisen, wie man sich bei sternförmigen Makromolekülen leicht klar macht. Bei sternförmigen Makromolekülen gehen mehrere Verzweigungen von einer Verzweigungsstelle aus. Bei derartigen Makromolekülen ist die Zuordnung einer Hauptkette natürlich rein formal.

### 2.4.2 UNGEORDNETE NETZWERKE

Verzweigte Moleküle sind prinzipiell in irgendeinem Lösungsmittel löslich und daher von den ungeordnet vernetzten Molekülen zu unterscheiden. Umgekehrt sind jedoch nicht alle unlöslichen Polymeren vernetzt. Ungeordnete Netzwerke entstehen entweder bei gewissen unkontrollierten, nicht-stereoselektiven Reaktionen oder aber durch nachträgliche Vernetzung linearer oder verzweigter Makromoleküle. Für eine Vernetzung ist entscheidend, daß pro Makromolekül mindestens zwei Verknüpfungsstellen mit anderen Ketten existieren.

Die Verknüpfungen können aus den gleichen Kettenatomen wie bei der Hauptkette bestehen oder aber auch aus verschiedenen. Ein Beispiel für den ersteren Fall ist das bei der radikalischen Polymerisation von Butadien ohne Regler bei höheren Umsätzen entstehende Produkt. Bei der Polymerisation des Butadiens wird ein Polymer mit einer großen Zahl von 1,4-trans-Bindungen und einer relativ hohen Zahl von 1,2-ständigen Doppelbindungen gebildet. Sowohl die ketten- als auch die seitenständigen Doppelbindungen sind weniger reaktiv als die Doppelbindungen des Monomeren. Die Wahrscheinlichkeit der Beteiligung der Doppelbindungen des Polymeren an der Polymerisationsreaktion wird daher erst bei hohen Umsätzen des Monomeren groß, da dann die Konzentration an Polymeren groß und die an Monomeren klein ist. Ein Beispiel für die zweite Möglichkeit ist die Vulkanisation des Poly(butadiens) mit Schwefel, wobei zwischen den Polymerketten Schwefelbrücken ausgebildet werden (Kap. 23.5.3). Ein anderes Beispiel ist die Vernetzung ungesättigter Polyester mit Styrol.

Sind die Makromoleküle nur klein und/oder sind nur wenige Vernetzungsstellen pro Kette vorhanden, so sind diese so „vernetzten" Makromoleküle noch löslich. Beim Enzym Ribonuclease ist z.B. die einzige Hauptkette durch vier Disulfidbrücken mit sich selbst verknüpft (Abb. 2–6). Beim Insulin, einem anderen Protein, sind dagegen

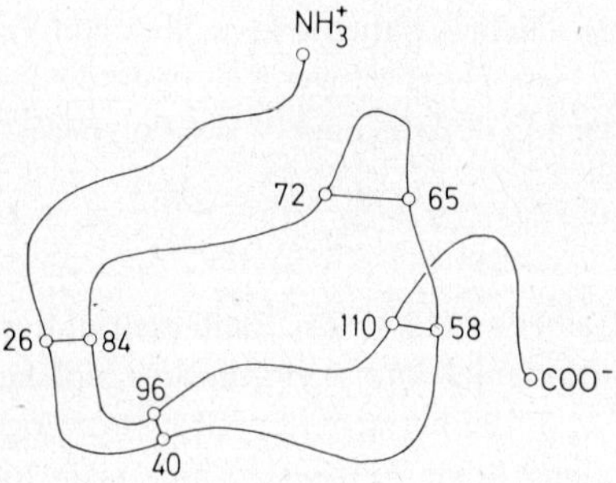


*Abb. 2-6:* Schematische Darstellung des aus 124 Aminosäureresten $+NH-CHR-CO+$ bestehenden Enzyms Ribonuclease. Die vier intramolekularen Vernetzungsstellen (26 - 84; 40 - 96; 58 - 110; 65 - 72) stammen von Cystin-Bindungen (vgl. Kap. 30 - 1).

zwei Ketten A und B durch insgesamt zwei Disulfidbrücken miteinander verknüpft. A- und B-Kette sind von unterschiedlicher Zusammensetzung und Folge der $\alpha$-Aminocarbonsäurereste.

Von eigentlichen vernetzten Molekülen spricht man aber erst, wenn das Molekül so viele Vernetzungsstellen pro Einzelkette aufweist, daß es unlöslich wird. Erstreckt sich die Vernetzung über das gesamte Volumen des Reaktionsgefässes, und ist das vernetzte Produkt noch durch Lösungsmittel gequollen, so spricht man von einem Gel. Gele mit kleinen Abmessungen – d.h. zwischen 300 und 1000 nm – heißen Mikrogele. Ein Mikrogel verhält sich wegen seiner hohen Vernetzungsdichte wie eine dichtgepackte Kugel und ist darum und wegen seiner kleinen Abmessungen meistens noch „löslich", d.h. suspendierbar.

Gelbildung tritt nach einem bestimmten Umsatz (Gelpunkt) immer ein, wenn bei irreversiblen Reaktionen die Funktionalität der Moleküle größer als 2 wird. Kurz nach Überschreiten dieses Gelpunktes liegt ein Teil der Monomeren in einem den ganzen Reaktionsraum umspannenden Gel vor, der andere Teil dagegen in Form von verzweigten und daher noch löslichen Molekülen. Ein solches Produkt heißt teilvernetzt. Der Begriff der Teilvernetzung bezieht sich somit auf Bruttoprodukte, die Begriffe der Verzweigung dagegen auf Moleküle.

Räumlich vernetzte Polymere sind definitionsgemäß „unendlich" groß. Eine Beschreibung über ihr Molekulargewicht ist daher sinnlos. Vernetzte Polymere werden statt dessen über die Netzkettenlänge, die Netzwerkdichte und die Art der Verknüpfung beschrieben.

Die Zahl der Kettenglieder zwischen zwei Vernetzungsstellen (Netzkettenglieder) gibt die Netzkettenlänge an. Eine Vernetzungsstelle wird also als solche Gruppierung definiert, von der mehr als zwei identische oder verschiedene Netzketten ausgehen. Das Zahlenmittel des Formelgewichtes einer Netzkette $(M_c)_n$ ist durch das mittlere Formelgewicht $\overline{M}_0$ des Grundbausteins und den Vernetzungsgrad $x_c$ gegeben:

$$(2\text{-}21) \quad (\overline{M}_c)_n = \overline{M}_o / x_c$$

Der Vernetzungsgrad $x_c$, auch Vernetzungsdichte genannt, gibt dabei den Quotienten aus der Menge (in mol) vernetzter Grundbausteine und insgesamt vorhandener Grundbausteine an ($0 < x_c < 1$). Er ist durch den Molenbruch der vernetzten Grundbausteine gegeben:

$$(2\text{-}22) \quad x_c = \frac{\text{Mole vernetzter Grundbausteine}}{\text{Mole aller Grundbausteine}}$$

Die Netzwerkdichte kann über den Vernetzungsgrad oder über den Vernetzungsindex $\gamma$ charakterisiert werden. $\gamma$ gibt die Zahl vernetzter Grundbausteine pro Primärmolekül an ($\overline{X}_n$ = Zahlenmittel des Polymerisationsgrades):

$$(2\text{-}23) \quad \gamma = \frac{(\overline{M}_n)_o}{(\overline{M}_c)_n} = \frac{(\overline{M}_n)_o}{\overline{M}_0} x_c = \overline{X}_n \cdot x_c$$

Dabei ist $(\overline{M}_n)_o$ das Zahlenmittel des Molekulargewichtes des Primärmoleküls. Ein Primärmolekül ist ein lineares Molekül vor der Vernetzung.

Alle betrachteten Größen bezogen sich auf ideale Netzwerke, d.h. solche, bei denen keine Netzketten mit freien Enden vorhanden sind. Der Anteil der freien Enden ist umso größer, je niedriger das Molekulargewicht der Primärmoleküle ist. Für $(\overline{M}_n)_o > (\overline{M}_c)_n$ kann die Molkonzentration $[M_c]_{eff}$ effektiver Netzketten (z. B. in mol/g) aus der Molkonzentration $[M_c]$ insgesamt vorhandener Ketten nach P.J. Flory über

$$(2\text{-}24) \quad [M_c]_{eff} = [M_c]\,(1 - 2\,(\overline{M}_c)_n \cdot (\overline{M}_n)_o^{-1})$$

berechnet werden. Bei sehr starker Vernetzung läßt sich diese Korrekturformel nicht mehr anwenden, da dann zusätzlich freie Enden entstehen.

Unter bestimmten Reaktionsbedingungen entstehen sog. makroretikulare oder makroporöse Netzwerke. Bei diesen Netzwerken sind die vernetzten Ketten der makromolekularen Substanzen nicht völlig regellos über das gesamte Volumen der Substanz verteilt. Sie bilden vielmehr eine Art Poren aus (Abb. 2-7). Makroretikulare Netzwerke sind bei etwa gleichem Vernetzungsgrad viel durchlässiger für Lösungsmittel und gelöste Substanzen, was zu Anwendungen auf dem Gebiet der Ionenaustauscher (Kap. 23.4.3.2) und bei der Gelpermeationschromatographie (Kap. 9.8.2) geführt hat. Wegen ihrer starreren Struktur quellen sie auch weniger stark als die normalen ungeordneten Netzwerke.

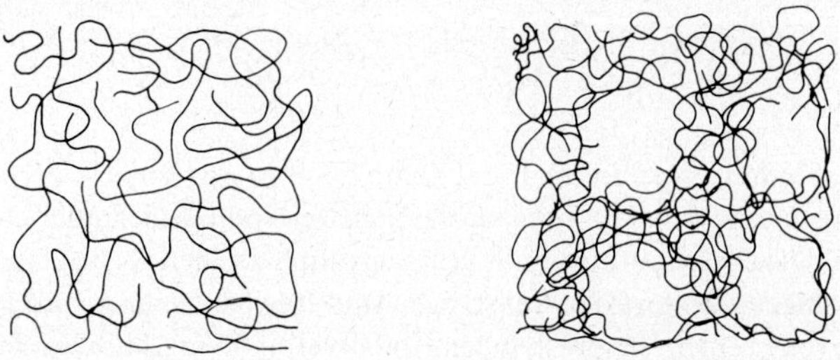

I II

*Abb. 2-7:* Schematische Darstellung normaler ungeordneter (I) und makroretikularer (II) Netzwerke.

2.4.3 GEORDNETE NETZWERKE

Bei geordneten Netzwerken sind im Gegensatz zu ungeordneten Netzwerken alle Grundbausteine strukturell äquivalent. Sie können bei kinetisch kontrollierten Reaktionen direkt durch stereospezifische Unipolymerisation oder Polykondensation starrer Monomerer hoher Funktionalität entstehen, wenn die Cyclisierungsgeschwindigkeit groß ist. Bei reversiblen Reaktionen muß man in der Regel das Gleichgewicht über die Löslichkeit verschieben, um eine hohe Ausbeute an geordneten Netzwerken zu erhalten. Je nachdem, ob sich die geordneten Netzwerke in 0, 1, 2 oder 3 Raumrichtungen über größere Entfernungen geordnet erstrecken können, bezeichnet man sie als 0-, 1-, 2- oder als 3-Typen (Abb. 2-8). Vom gleichen Typ existieren meist mehrere topologische Formen.

Die *0-Typen* bilden Käfigstrukturen und gehören daher nicht zu den Makromolekülen. Beispiele für 0-Typen sind Adamantan und Bullvalen.

Bei den *1-Typen* kann man Spiro-Verknüpfungen und Brückenverknüpfungen unterscheiden. Spiroketten werden häufig von anorganischen Makromolekülen gebildet,

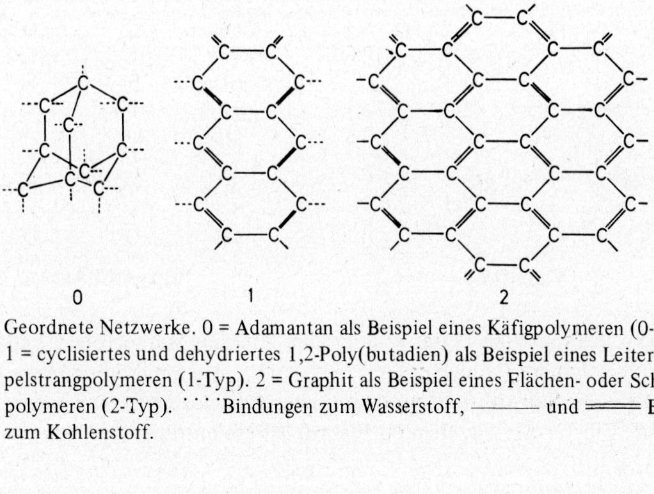

0 1 2

*Abb. 2-8:* Geordnete Netzwerke. 0 = Adamantan als Beispiel eines Käfigpolymeren (0-Typ). 1 = cyclisiertes und dehydriertes 1,2-Poly(butadien) als Beispiel eines Leiter- oder Doppelstrangpolymeren (1-Typ). 2 = Graphit als Beispiel eines Flächen- oder Schichtenpolymeren (2-Typ). ···· Bindungen zum Wasserstoff, ——— und ═══ Bindungen zum Kohlenstoff.

z. B. vom Berylliumhydrid (S. 4), Dimethylberyllium (S. 40), vom Palladiumchlorid (S. 41) oder vom Siliciumdisulfid

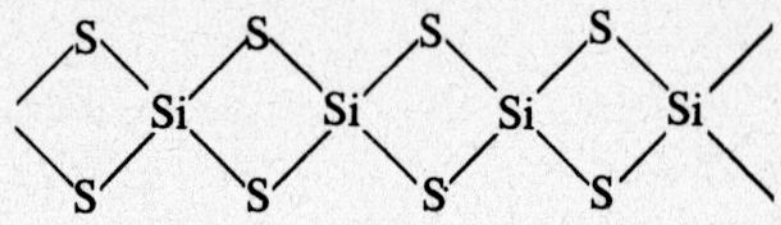

Spiroverbindungen kann man im Prinzip noch zu den Einzelketten rechnen. Die meisten anorganischen makromolekularen Spiroverbindungen sind hochkristallin und daher spröde. Durch Substitution mit größeren aliphatischen Resten wird aber die Kristallisationsfähigkeit gestört; die Substanzen sind folglich weniger spröde. Das aus Zinkacetathydrat (oder einer entsprechenden Kobaltverbindung), Phosphorsäure und höheren Alkoholen hergestellte „Hybridenpolymere“

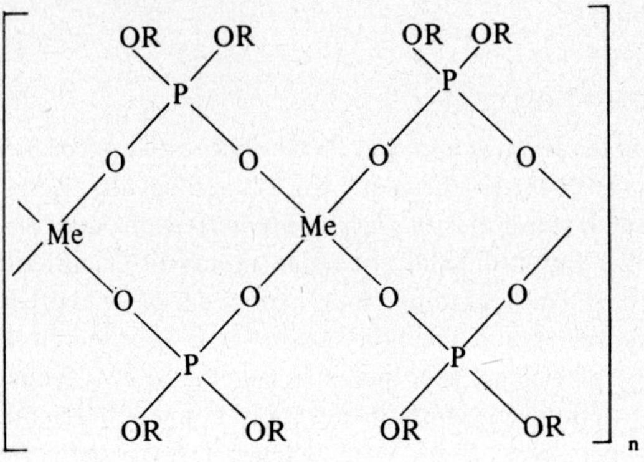

ist beispielsweise noch bei $-60\ ^\circ C$ biegsam.

Über Brücken verknüpfte 1-Typ-Polymere oder Doppelstrang-Polymere sind bei anorganischen Polymeren in großer Zahl vorhanden. Sie bilden in der Regel faserförmige Produkte wie der Valentinit ($\beta$–$Sb_2O_3$) und der Chrysotil-Asbest:

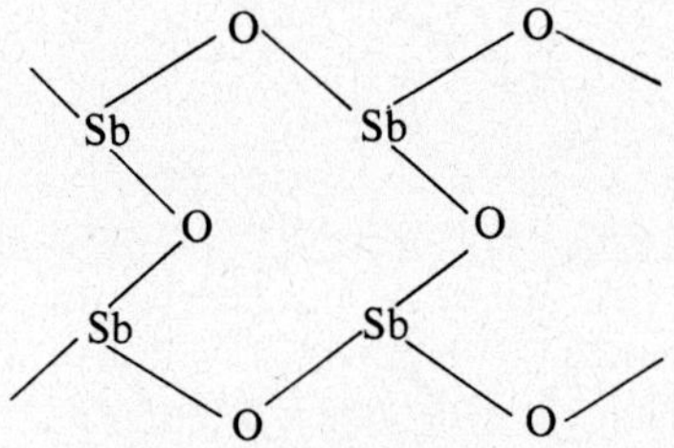

Valentinit

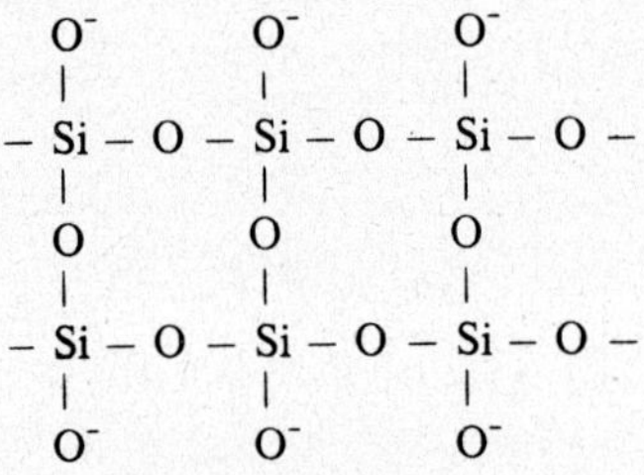

Chrysotil-Asbest

Wegen ihres an eine Leiter erinnernden Aufbaus werden die 1-Typ-Polymeren auch Leiter-Polymere (ladder polymers) genannt. Auch hier können die Gebrauchseigenschaften bei Substitution mit organischen Resten verbessert werden. Das Phenyl-T genannte Silicon der Fa. General Electric ist ein mit Phenylgruppen substituiertes

Leiterpolymer aus zwei syndiotaktischen Siloxanketten. Es weist sehr gute elektrische Eigenschaften, eine doppelt so hohe Reißfestigkeit wie die normalen Polysiloxane mit Einfachketten auf und verliert erst über 525 °C merklich an Gewicht.

In den Jahren seit etwa 1955 sind viele Leiterpolymere auf rein organischer Basis synthetisiert worden. Durch geeignete Polymerisation von Butadien kann z.B. syndiotaktisches 1,2-Poly(butadien) erzeugt werden, dessen Vinylgruppierungen bei einem anschließenden zweiten Polymerisationsschritt zu einem Leiterpolymer umgesetzt werden. Durch Dehydrierung entsteht ein schwarzes Polymer mit konjugierten Doppelbindungen (Abb. 2 - 8), das gut thermisch und elektrisch leitfähig ist und z. B. in Form eines Tuches kurzzeitig ohne merkliche Zersetzung in eine Flamme gehalten werden kann.

Die gute thermische Beständigkeit solcher Polymerer beruht darauf, daß ein einfaches Brechen einer Bindung an einer Kette noch nicht zur Zerstörung (Abbau) des gesamten Moleküls führt, da das Molekulargewicht erhalten bleibt. Statistisch ist es sehr unwahrscheinlich, daß die beiden Bindungen an einem einzelnen Ring gleichzeitig zerstört werden. Die elektrische Leitfähigkeit und die schwarze Farbe werden durch die konjugierten Doppelbindungen hervorgerufen.

Leiterpolymere können stets durch eine Zweischritt-Polymerisation aufgebaut werden, wenn die beiden polymerisationsfähigen Gruppierungen auf unterschiedliche Reaktionsmechanismen ansprechen. Vinylisocyanat kann z.B. radikalisch und anionisch polymerisiert werden:

(2–25)

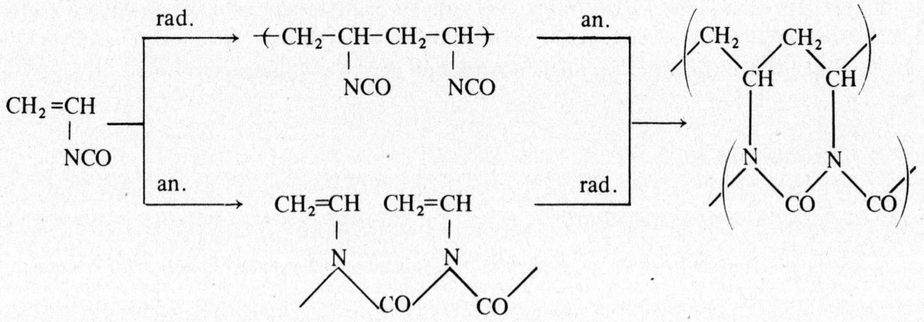


Zu derartigen Leiterpolymeren zählt auch das Paracyan, ein brauner Festkörper, der aus Dicyan entsteht:

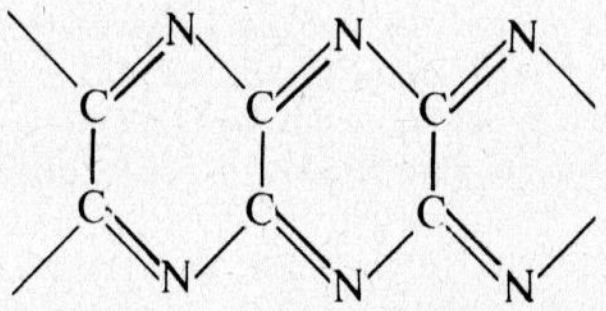


Leiterpolymere sind in der Regel schwer löslich oder gar in allen Lösungsmitteln unlöslich. Paracyan löst sich z.B. nur in konzentrierter Schwefelsäure. Die Unlöslichkeit dürfte in den meisten Fällen auf einer intermolekularen Vernetzungsreaktion bei der Cyclisierung beruhen. Dabei genügt es, wenn bei einer Einzelkette vom Polymerisationsgrad 1000 auf 998 intramolekulare Cyclisierungsschritte zwei intermolekulare Verknüpfungen kommen. Die Wahrscheinlichkeit intermolekularer Verknüpfungen kann herabgedrückt werden, wenn man in hoher Verdünnung arbeitet (Ruggli-Ziegler'sches Verdünnungs-Prinzip, vgl. Kap. 16.1.2). Bei der technischen Synthese derartiger Leiterpolymerer muß man entsprechende Vorsichtsmaßregeln anwenden, da vernetzte Polymere nur sehr schwierig oder gar nicht zu verarbeiten sind. Die Cyclisierungsreaktion wird daher nur so weit getrieben, als das Polymer noch löslich ist, dann wird der Film gegossen und erst anschließend die Vernetzung des Präpolymeren durchgeführt, für die ja nur wenige Verknüpfungen pro Einzelmolekül erforderlich sind.

Zu den 1-Typ-Polymeren gehören im Prinzip auch die verschiedenen Typen von Helices (vgl. Kap. 4). Da deren Aufbau durch eine bestimmte Konformation bedingt ist, werden sie in diesem Kapitel nicht behandelt.

Schichten- oder Flächen-Polymere vom *2-Typ* liegen beim Graphit und seinen Abkömmlingen vor. Diamant ist ein Netz- oder Gitter-Polymer vom *3-Typ*. Netzpolymere existieren ausschließlich, Flächenpolymere praktisch ausschließlich im festen Zustand. Sie werden daher auch als einaggregatige Stoffe bezeichnet. Bestimmte Zellwände von Bakterien bestehen aus sackartig aufgebauten Makromolekülen. Diese sackartigen Moleküle sind ein Spezialfall der Flächenpolymeren.

Beim Kohlenstoff ist die Zahl der Schichten- und Gitter-Polymeren wegen der Koordinationszahl 4 sehr beschränkt. Bei anorganischen Verbindungen existieren sie jedoch in großer Zahl, z.B. beim Quarz $(SiO_2)_x$, beim schwarzen Phosphor $(P)_x$ usw. Bei der Synthese von Flächenpolymeren treten im Prinzip die gleichen Probleme wie bei der von Leiterpolymeren auf. Um die gewünschte Ordnung in einer Richtung (1-Typ) oder in zwei Richtungen (2-Typ) zu erhalten, muß man alle zu ungerichteten Strukturen führenden Vorgänge vermeiden. Bei der Synthese des künstlichen Graphits erreicht man das durch peinlichen Ausschuß aller Kristallisationskeime.

## Literatur zu Kap. 2

### *2.1 Der Begriff der Struktur*

J. Haslam, H. A. Willis und D. C. M Squirrel, Identification and analysis of plastics, Iliffe, London 1972

### *2.2 Atombau und Kettenbildung*

M. F. Lappert und G. J. Leigh, Developments in Inorganic Polymer Chemistry, Elsevier, Amsterdam 1962

F. G. A. Stone und W. A. G. Graham, Hrsg., Inorganic Polymers, Academic Press, New York 1962

F. G. R. Gimblett, Inorganic Polymer Chemistry, Butterworths, London 1963

J. Goubeau, Mehrfachbindungen in der anorganischen Chemie, Angewandte Chemie **69** (1957) 77

J. Goubeau, Kraftkonstanten und Bindungsgrade von Stickstoffverbindungen, Angewandte Chemie **78** (1966) 565

K. Andrianov, Metalorganic Polymers, Interscience, New York 1965

### *2.3 Verknüpfungen der Grundbausteine*

S. Krimm, Infrared Spectra of High Polymers, Fortschr. Hochpolym. Forschg. **2** (1960/61) 51

J. C. Henniker, Infrared Spectroscopy of Industrial Polymers, Academic Press, New York 1967

G. Schnell, Ultrarotspektroskopische Untersuchungen an Copolymerisaten, Ber. Bunsenges. **70** (1966) 297

U. Johnsen, Die Ermittlung der molekularen Struktur von sterischen und chemischen Copolymeren durch Kernspinresonanz, Ber. Bunsenges. **70** (1966) 320

A. Elliott, Infrared Spectra and Structure of Organic Long-chain Polymers, E. Arnold, London 1969

J. L. Koenig, Raman Scattering of Synthetic Polymers, Revs. Appl. Spectroscopy **4** (1971) 233

J. L. Koenig, Raman Spectroscopy of Biological Molecules: A Review, J. Polymer Sci. D [Macromol. Revs.] **6** (1972) 59

D. O. Hummel und F. Scholl, Atlas der Kunststoff-Analyse, C. Hanser, München 1968, 2 Bde. (Bd. 1 in 2 Teilen)

R. Zbinden, Infrared Spectroscopy of High Polymers, Academic Press, New York 1964

S. R. Palit und B. M. Mandal, End-Group Studies Using Dye Techniques, J. Macromol. Sci. [Revs.] **C 2** (1968) 225

M. F. Hoover, Cationic Quarternary Polyelectrolytes – A Literature Review, J. Macromol. Sci. [Chem.] **A 4** (1970) 1327

M. P. Stevens, Characterization and Analysis of Polymers by Gas Chromatography, M. Dekker, New York 1969

F. Oosawa, Polyelectrolytes, M. Dekker, New York 1971

## *2.4 Verknüpfung von Einzelketten*

H.-G. Elias, Die Struktur vernetzter Polymerer, Chimia **22** (1968) 101

W. Funke, Über die Strukturaufklärung vernetzter Makromoleküle, insbesondere vernetzter Polyesterharze, mit chemischen Methoden, Adv. Polymer Sci. **4** (1965/67) 157

W. De Winter, Double Strand Polymers, Revs. Macromol. Chem. **1** (1966) 329

J. I. Jones, The Synthesis of Thermally Stable Polymers: A Progress Report, J. Macromol. Sci. [Revs.] **C 2** (1968) 303

W. Weidel und H. Pelzer, Bagshaped Macromolecules – A New Outlook on Bacterial Cell Walls, Adv. Enzymol. **26** (1964) 193

C. G. Overberger und J. A. Moore, Ladder Polymers, Adv. Polymer Sci. **7** (1970) 113

V. A. Grečanovskij, Verzweigungen an Polymerketten (russ.), Usspechi Chim. (Fortschr. Chem.), **38** (1969) 2194; Rubber Chem. Technol. **45** (1972) 519

G. Delzenne, Recent Advances in Photo-Crosslinkable Polymers, Revs. Polymer Technol. **1** (1972) 185

# 3 Konfiguration

## *3.1 Ideale Strukturen*

### 3.1.1 ASYMMETRIE DER ZENTRALATOME

Für ein tetraedrisch von vier verschiedenen Substituenten umgebenes Kohlenstoffatom sind zwei räumliche Anordnungen möglich, die sich nicht zur Deckung bringen lassen. Die beiden Anordnungen sind jedoch zueinander spiegelbildlich. Kohlenstoffatome mit derartigen Anordnungen bezeichnet man als asymmetrisch. Der Begriff der Asymmetrie ist natürlich auf alle Verbindungen mit vier tetraedrisch um ein Zentralatom angeordneten Substituenten (z.B. Si, $P^+$, $N^+$) sowie auf Zentralatome mit mehr als vier Substituenten bzw. Liganden übertragbar.

Die beiden möglichen Anordnungen um ein Zentralatom werden als D- und L-Form bzw. als R- und S-Form voneinander unterschieden. Welche Form als R und welche als S bezeichnet wird, ist im Grunde gleichgültig, solange man sich auf die Betrachtung eines bestimmten Moleküls CRR'R''R''' beschränkt. Will man aber die Konfiguration verschiedener Moleküle miteinander vergleichen, so sind Konventionen notwendig. Die in der organischen Chemie akzeptierte Konvention ordnet den Liganden Senioritäten zu. Die höhere Ordnungszahl von Atomen hat vor der niedrigeren den Vorrang, die höhere Massenzahl rangiert vor der niedrigeren. Cl hat also die größere Seniorität als C. Man betrachtet dann das Molekül von der bevorzugten Seite, d.h. vom ranghöchsten Liganden aus. Nimmt jetzt die Seniorität im Uhrzeigersinn ab, so wird dem Chiralitätselement das Symbol R zugeordnet. Bei einer S-Konfiguration folgen sich dagegen die Liganden mit abnehmender Seniorität entgegen dem Uhrzeigersinn (Chiralitätsregel). R und S sind daher durch eine Konvention festgelegt.

Ein Molekül mit zwei Zentralatomen kann folglich vier verschiedene konfigurative Diaden aufweisen: RS, RR, SS und SR (Abb. 3–1). Ein Beispiel dafür ist 2,4-Dichlorpentan. Die Zentralatome weisen hier in der Reihenfolge abnehmender Seniorität jeweils die Liganden Cl, $CH_2CHClCH_3$, $CH_3$ und H auf. Die Anwendung der Chiralitätsregel führt dazu, dem Molekül I die Konfigurationsfolge RS zuzuordnen. Die beiden Zentralatome besitzen also nach dieser Regel die entgegengesetzte Konfiguration. Das Molekül ist folglich eine meso-Verbindung. Diese Konfigurationszuordnung kommt letztlich zustande, weil die Konfiguration um jedes Zentralatom separat von jedem Zentralatom aus betrachtet wird: der Beobachter sitzt jeweils im Zentrum der asymmetrischen Anordnung.

Nach dieser Konvention sind die Moleküle I und IV meso-Verbindungen. Sie lassen sich durch eine Drehung eines der Moleküle um 180° ineinander überführen. Die Moleküle II und III lassen sich dagegen nicht durch eine Symmetrieoperation ineinander überführen: sie sind daher als racemisch zu bezeichnen.

Geht man zu den längeren Molekülen über, so ist die Situation ähnlich. Bei den Heptamerender Propylens (Abb. 3–2) gibt es ebenfalls zwei spiegelbildliche, den Molekülen I und IV des 2,4-Dichlorpentans analoge meso-Strukturen und zwei nicht-spiegelbildliche, den Molekülen II und III entsprechende racemische Strukturen. Das sich in der Mitte der Oligopropylen-Ketten befindliche Kohlenstoffatom wird in der organischen Chemie als pseudoasymmetrisches Kohlenstoffatom bezeichnet, da es nur dann

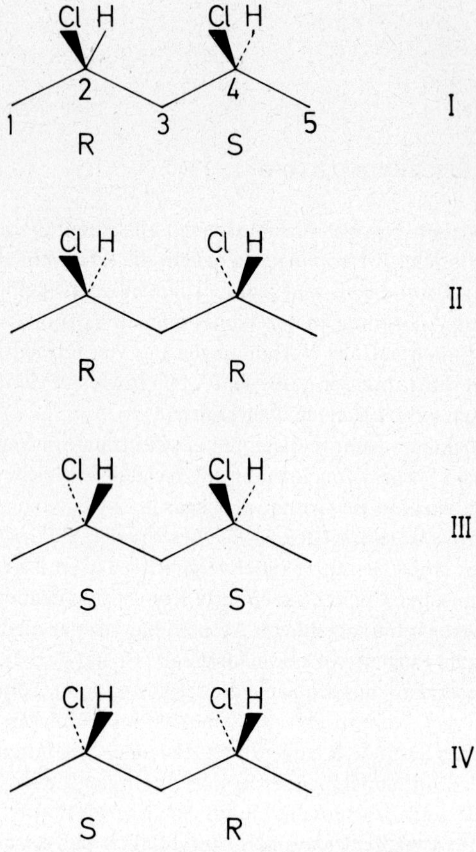


*Abb. 3-1:* Die vier möglichen Konfigurationen des 2,4-Dichlorpentans

asymmetrisch wird, wenn die beiden Endgruppen im Sinne der Strukturanalyse (und nicht der Prozeßanalyse) verschieden sind. An diesem pseudoasymmetrischen Kohlenstoffatom kehrt sich im Sinne der organisch-chemischen Konfigurationsanalyse die Konfiguration um.

Eine solche ,,Konfigurationsumkehr" kommt jedoch nur zustande, weil der Beobachter nacheinander in der verschiedenen Zentralatomen sitzt. Befindet sich der Beobachter jedoch außerhalb des Systems, so ergibt sich ein ganz anderes Bild:

Betrachtet man die Konfiguration um die Zentralatome beim Molekül I der Abb. 3-1 nämlich vom Kohlenstoffatom $C^1$ aus in Richtung der Kohlenstoffatome $C^2$, $C^3$ usw., so folgen sich beim Kohlenstoffatom $C^2$ die *unmittelbaren* Substituenten $H \rightarrow CH_2 \rightarrow Cl$ im Uhrzeigersinn. Beim $C^4$ des Moleküls I in Abb. 3-2 ist die Reihenfolge im Uhrzeigersinn ebenfalls $H \rightarrow CH_2 \rightarrow CH_3$. Die Konfigurationen folgen sich also im gleichen Sinn. Eine solche konfigurative Diade wird isotaktisch genannt. Auch das Molekül IV der Abb. 3-1 und die Moleküle I und IV der Abb. 3-2 enthalten folglich nur isotaktische Diaden.

Das Zentralatom $C^2$ des Moleküls II in Abb. 3-1 weist die Reihenfolge $H \rightarrow CH_2 \rightarrow Cl$ im Uhrzeigersinn auf, das Zentralatom $C^4$ jedoch die Folge

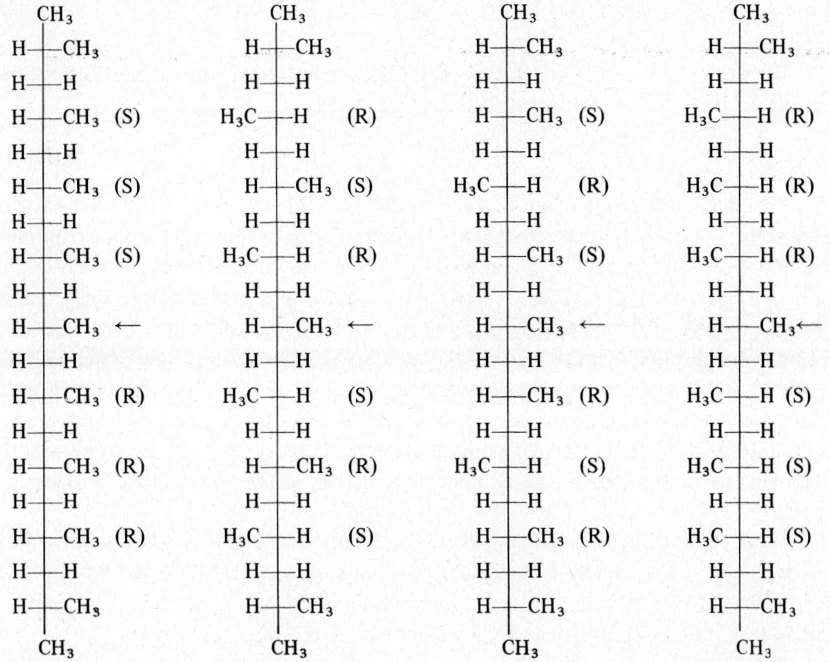

I isotaktisch („meso“) — II syndiotaktisch („racemisch“) — III syndiotaktisch („racemisch“) — IV isotaktisch („meso“)

*Abb. 3–2:* Konfiguration der Heptameren des Propylens mit je einer Isopropyl- und einer Isobutyl-Endgruppe. Für die Konfigurationsanalyse (Strukturanalyse), nicht aber für die Polymerisation (Prozeßanalyse), besitzt das Molekül zwei gleiche Endgruppen. Die Konfiguration wird in der Fischer-Projektion wiedergegeben (vgl. weiter unten). R und S sind im Sinne der organischen Konfigurationsanalyse definiert.

$Cl \rightarrow CH_2 \rightarrow H$. Bei längeren Ketten würde dann das Zentralatom $C^6$ die Folge $H \rightarrow CH_2 \rightarrow Cl$, das Zentralatom $C^8$ die Folge $Cl \rightarrow CH_2 \rightarrow H$ besitzen usw. Jedes *zweite* Zentralatom weist daher die gleiche Reihung der Liganden auf. Derartige Folgen konfigurativer Diaden nennt man syndiotaktisch. Syndiotaktisch sind folglich auch die Moleküle II und III in Abb. 3–2.

Sitzt der Beobachter also außerhalb des Systems (Betrachtung der relativen Konfiguration, d. h. der Diaden), so sind bei isotaktischen Molekülen alle Konfigurationen um ein Zentralatom jeweils gleich. Es gibt keine Konfigurationsumkehr beim pseudoasymmetrischen Kohlenstoffatom wie es die Betrachtung der „absoluten“ Konfiguration nahelegt.

Ideal stereoreguläre Polymere, wie die in Abb. 3–2 gezeigten, besitzen eine translatorische Symmetrie, da man die gleiche relative Konfiguration durch Verschieben der Zentralatome entlang der Kette erzeugen kann. Moleküle mit einem translatorischen oder rotatorischen Symmetrieelement, aber ohne Spiegelsymmetrie, nennt man dissymmetrisch. Asymmetrisch sind dagegen solche Moleküle, die überhaupt kein Symmetrieelement aufweisen. it-Poly(propylen) ist daher dissymmetrisch, aber nicht asymmetrisch. Poly(L-alanin) bzw. Poly(D-alanin) $\text{+NH–CH(CH}_3\text{)–CO+}_n$ sind dagegen asymmetrische Moleküle.

Die Bezeichnungen D und L bzw. R und S werden daher nur solchen Gruppierungen zugeordnet, die ein Asymmetriezentrum enthalten.

### 3.1.2 TAKTIZITÄT

Von den beiden möglichen Betrachtungsweisen (klassisch-organisch: Beobachter im System; makromolekular: Beobachter außerhalb des Systems) ist die makromolekulare für lange Ketten zweckmäßiger, weil sie keinen scheinbaren Konfigurationswechsel in der Mitte einer isotaktischen Kette vortäuscht. Die genaue Analyse zeigt, daß es stets nur auf die relative Verknüpfung zweier Zentralatome ankommt. Die kleinste konfigurative Einheit einer makromolekularen Kette ist daher im allgemeinen Fall die konfigurative Diade aus zwei Grundbausteinen. Eine derartige Diade kann nur isotaktisch oder syndiotaktisch sein. Isotaktische Diaden sind dadurch definiert, daß beide Zentralatome die gleiche relative Konfiguration zueinander besitzen. Bei syndiotaktischen Diaden weisen dagegen beide Zentralatome eine entgegengesetzte Konfiguration auf.

Diese Definitionen können mit Hilfe der Bindungsregel leicht von Grundbausteinen des Typs $\text{+CH}_2\text{–CHR+}$ auf andere Grundbausteintypen wie z. B. +CHR+ oder +X–CHR–Y+ übertragen werden. Für die Bezeichnung der beiden möglichen Lagerungen um ein Zentralatom wird wieder eine Konvention getroffen:

Bei einem Kohlenstoffatom als Zentralatom können die drei verschiedenen Substituenten r, R und ~~~ (Kette) z.B. so angeordnet werden, daß die Größe der Substituenten relativ zur Bindung — entgegengesetzt dem Uhrzeigersinn zunimmt (Abb. 3-3, links). Die zu diesem Zentralatom führende Bindung — kann man dann als eine (+)-Bindung bezeichnen. Die vom Zentralatom zur Kette ~~~ wegführende Bindung ist danach zwangsläufig eine (–)-Bindung. Ordnet man dagegen die Substituenten ihrer Größe nach im Uhrzeigersinn an, so ist die zum Zentralatom führende Bindung nunmehr eine (–)-Bindung und die von ihm wegführende eine (+)-Bindung (Abb. 3-3, rechts).

Zwei Zentralatome bzw. die zu ihnen gehörenden Grundbausteine sind nun konfigurativ identisch, wenn die entsprechenden Bindungen durch den gleichen Satz von (+)- und (–)-Zeichen charakterisiert sind. Als isotaktisch werden Polymere definiert, bei denen alle Zentralatome die gleiche Konfiguration aufweisen. In der Kette folgen

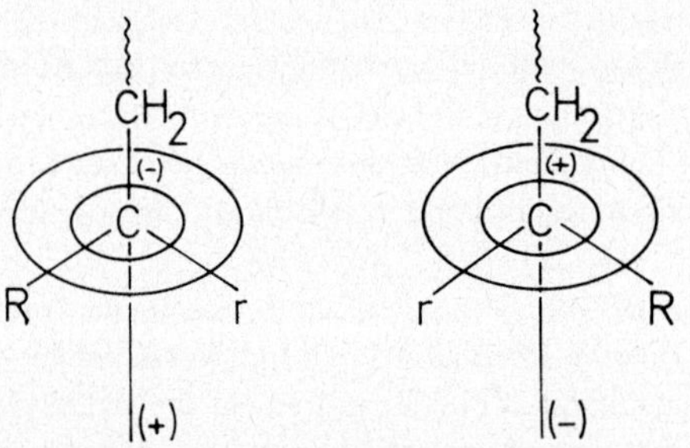


*Abb. 3-3:* Definition der (+)- und (–)-Bindungen um ein Zentralatom C mit den Substituenten r, R und ~~~ (Kette).

sich daher immer (+)- und (–)-Bindungen, d.h. (+) (–) (+) (–) (+) (–) ... Syndiotaktisch sind dagegen Polymere, bei denen jedes zweite Zentralatom die entgegengesetzte Konfiguration wie das erste aufweist und jedes dritte die gleiche wie das erste. Bei syndiotaktischen Polymeren folgen sich also die Bindungen in der Reihenfolge (+) (–) (–) (+) (+) (–) (–) (+) (+) . . . .

Als Beispiel sei eine isotaktische Kohlenstoffkette mit dem Grundbaustein -(-CRr-)- betrachtet (Abb. 3 – 4 oben). Von der Bindung 1 ausgehend sind die drei Substituenten am Kohlenstoffatom I in Bezug auf ihre Größe entgegengesetzt dem Uhrzeigersinn angeordnet. Die Bindung I sei als (+)-Bindung, die Bindung 2 als (–)-Bindung des Kohlenstoffatoms I bezeichnet. Schreitet man die Kette nach rechts ab, so muß nach der

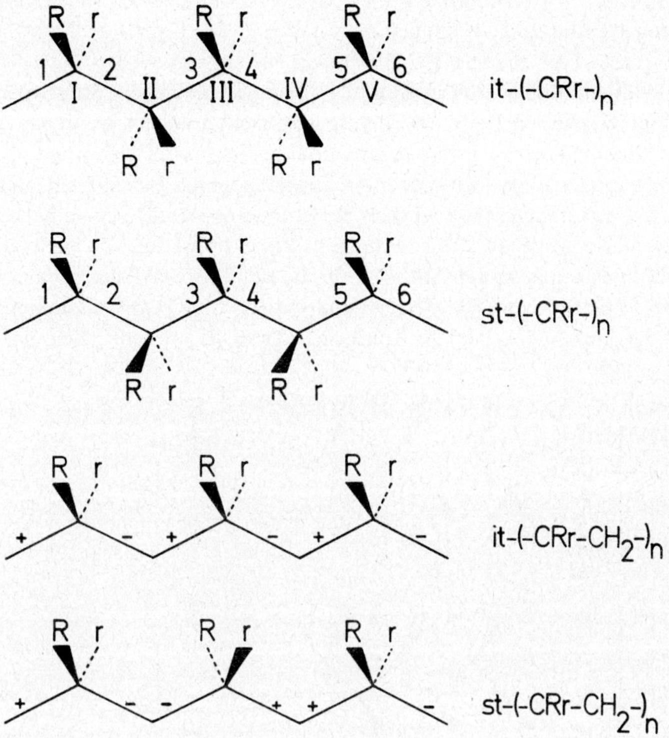


*Abb. 3-4:* Darstellung isotaktischer (it) und syndiotaktischer (st) Polymerer mit den Grundbausteinen (–CRr–) bzw. (–$CH_2$–CRr–).

Definition bei einem isotaktischen Polymeren beim Kohlenstoffatom II die Bindung 2 eine (+)-Bindung und die Bindung 3 eine (–)-Bindung sein. Die drei Substituenten um das C-Atom III müssen also ebenfalls dem Uhrzeigersinn entgegengesetzt angeordnet sein. Das bedeutet für dieses Beispiel bei der gewählten Projektion, daß der Substituent R beim Kohlenstoffatom II hinter der Papierebene liegen muß. Bei einem isotaktischen Polymeren mit dem Grundbaustein -(-CRr-)- liegen daher bei dieser Projektion die Substituenten R abwechselnd vor und hinter der Papierebene. Beim entsprechenden syndiotaktischen Polymeren befinden sich dagegen alle gleichen Substituenten stets auf einundderselben Seite relativ zur Papierebene.

Bei einem isotaktischen Polymeren vom Typ -(-CRr-)- ist also jede einzelne Bindung je nach dem betrachteten Zentralatom gleichzeitig eine (+) *und* eine (–)-Bindung.

Geht man zu einem isotaktischen Polymeren mit dem Grundbaustein $-(CH_2-CRr)-$ über, so ist jedes Zentralatom von zwei $CH_2$-Gruppen flankiert. Bei einem derartigen Polymeren ist jede Bindung entweder (+) *oder* (–). In der Projektion ragen alle R-Substituenten aus der Papierebene heraus. Bei einem syndiotaktischen Polymeren mit dem Grundbaustein $-(CH_2-CRr)-$ liegen dagegen die Substituenten R in der Projektion abwechselnd vor und hinter der Papierebene (Abb. 3–4, unten).

### 3.1.3 PROJEKTIONEN

Die in Abb. 3–4 verwendete Projektionsart ist nur eine von vielen möglichen. Um andere Projektionsarten zu verstehen, muß kurz auf den Begriff der Konformation eingegangen werden (vgl. ausführliche Diskussion in Kap. 4).

Als Konfiguration wurde in Kap. 3.1.1 die Anordnung der Substituenten um ein Zentralatom bezeichnet. Diese Anordnung wird nicht geändert, wenn das Zentralatom um seine Bindung zum nächsten Zentralatom gedreht wird. Dabei ändert sich jedoch die relative Lage derjenigen Substituenten, die nicht an das gleiche Zentralatom gebunden sind. Diese räumliche Lage wird als Konformation bezeichnet. Je nach der gewählten Konformation ergeben sich verschiedene Projektionsarten. die am häufigsten verwendeten Projektionen sind in Abb. 3–5 für die isotaktischen Polymeren mit den Grundbausteinen $-(CHR)-$, $-(CH_2-CHR)-$ und $-(CH_2-CHR-O)-$ zusammengestellt. Ohne auf die einzelnen Typen der Konformation an dieser Stelle näher einzugehen, sei

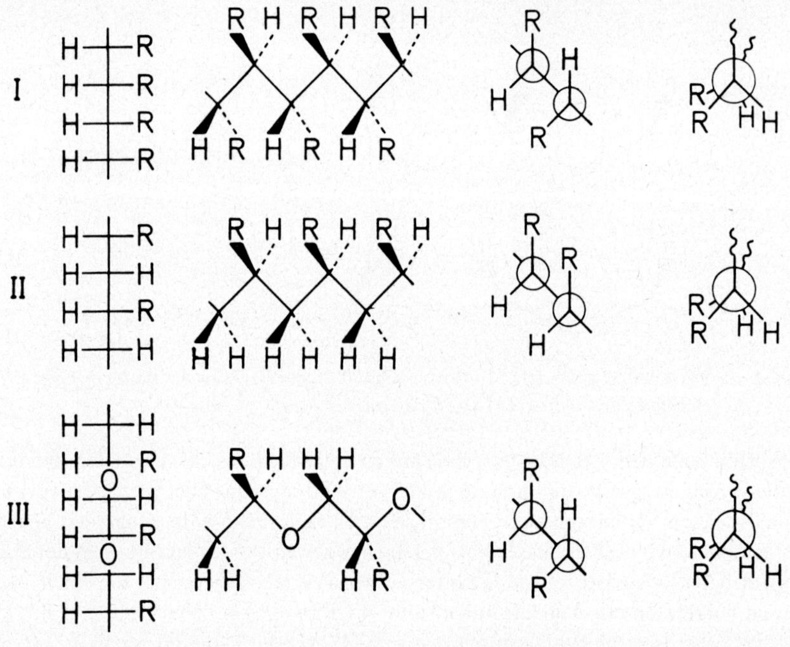


*Abb. 3–5:* Vergleich verschiedener Projektionen von isotaktischen Polymeren mit den Grundbausteinen ($-CHR-$) (I), ($-CH_2-CHR-$) (II) und ($-CH_2-CHR-O-$) (III). Von links nach rechts: Fischer-Projektion (cis-ekliptische Konformation der Kette), Natta-Projektion (trans-gestaffelt), Newman-Projektion (trans-gestaffelt) und Newman-Projektion (cis-ekliptisch).

nur erwähnt, daß die Fischer-Projektion einer ekliptischen und die Natta-Projektion einer gestaffelten Konformation entspricht. Newman-Projektionen können sowohl gestaffelte als auch ekliptische Konformationen darstellen. Bei Projektionen werden in der Regel trans-gestaffelte und cis-ekliptische Konformationen zugrundegelegt (zur Bedeutung dieser Ausdrücke vgl. Kap. 4.1.2)

Abb. 3–5 zeigt, daß isotaktische Polymere je nach der Projektion durchaus nicht „ihre Substituenten immer auf der gleichen Seite" haben, wie man häufig liest. Eine derartige Aussage trifft nur für die beiden Projektionsarten der ekliptischen Konformation zu. Bei den Projektionen der trans-gestaffelten Konformation bestehen jedoch je nach Baustein Unterschiede.

### 3.1.4 MONOTAKTISCHE POLYMERE

Polymere mit einem Stereoisomerie-Zentrum pro Baustein werden monotaktisch genannt. Beispiele monotaktischer Polymerer sind das Poly(äthyliden) $-\!\!\left(CH(CH_3)\right)_{\overline{n}}$ mit einem Zentralatom pro Kettenglied, das Poly(propylen) $-\!\!\left(CH_2-CH(CH_3)\right)_{\overline{n}}$ mit einem Zentralatom pro zwei Kettenglieder und das Poly(propylenoxid) $-\!\!\left(CH_2-CH(CH_3)-O\right)_{\overline{n}}$ mit einem Zentralatom pro drei Kettenglieder.

Folgen sich *alle* Bindungen in der gleichen Reihenfolge, d.h. (+)(–)(+)(–)(+)(–) oder (+)(–)(–)(+)(+)(–)(–)(+), so spricht man von holotaktischen Polymeren. Holotaktische, monotaktische Polymere weisen daher nur isotaktische oder syndiotaktische Diaden auf. Reale Polymere besitzen jedoch immer eine Anzahl konfigurativer Fehler, d.h. sie enthalten sowohl iso- als auch syndiotaktische Diaden (vgl. auch Kap. 3.2). Die Bindungen realer Polymerer folgen sich daher nicht alle in der gleichen Reihenfolge, d.h. z.B. als (+)(–)(+)(–)(–)(+)(+)(–) usw. Die konfigurativen Fehler führen dazu, daß man bei realen Strukturen die Konfigurationsstatistik berücksichtigen muß.

Polymere mit kettenständigen Doppelbindungen können in cis-taktischen (ct) bzw. trans-taktischen (tt) Konfigurationen auftreten, je nachdem wie die Kettenteile zur Doppelbindung angeordnet sind. Ein Beispiel dafür ist 1,4-Poly(butadien) mit den Konfigurationen

$$\left(\!\!\begin{array}{c}-CH_2\\\phantom{-}\diagdown CH\!=\!CH\diagup\phantom{CH_2}\\ ct\end{array}\!\!CH_2-\right) \qquad \left(\!\!\begin{array}{c}-CH_2\phantom{-}\\\phantom{-}\diagdown CH\!=\!CH\diagdown\phantom{CH_2}\\ tt \phantom{-}\phantom{CH_2}\end{array}\!\!CH_2-\right)$$

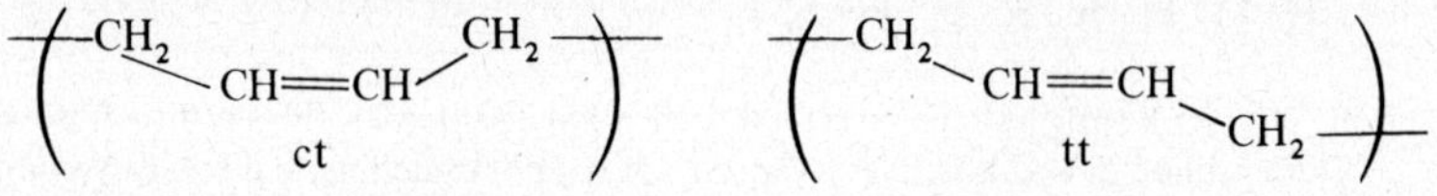

### 3.1.5 DITAKTISCHE POLYMERE

Ditaktische Polymere besitzen zwei Stereoisomerie-Zentren pro konstitutivem Grundbaustein, tritaktische deren drei. Ditaktische Polymere entstehen z.B. durch Polymerisation 1,2-disubstituierter Äthylenderivate, wie Gl. (3 – 1) für Penten-2 zeigt:

(3-1) $\begin{array}{cc}CH\!=\!CH\\|\phantom{xx}|\\CH_3\phantom{x}C_2H_5\end{array} \quad \longrightarrow \quad -\!\!\left(\begin{array}{cc}CH\!-\!-\!CH\\|\phantom{xxx}|\\CH_3\phantom{xx}C_2H_5\end{array}\right)_{\!\!\overline{n}}$

Das entstehende Poly((1-äthyl)(2-methyl)äthylen) kann im Prinzip in vier verschiedenen Konfigurationen auftreten, da je zwei Anordnungen für jedes der beiden

Stereoisomerie-Zentren bestehen. Die Zahl der Anordnungen der Stereoisomerie-Zentren wird jedoch durch deren paarweise Kopplung im Grundbaustein eingeschränkt. Beide Bausteine sind daher entweder nur isotaktisch oder nur syndiotaktisch, so daß das Polymer entweder diisotaktisch oder aber disyndiotaktisch ist. Polymere mit gleicher Folge der Grundbausteine in der Fischer-Projektion werden in Analogie zu der bei niedermolekularen Verbindungen üblichen Nomenklatur als erythro-, solche mit abwechselnder Folge als threo-Polymere bezeichnet (Abb. 3-6).

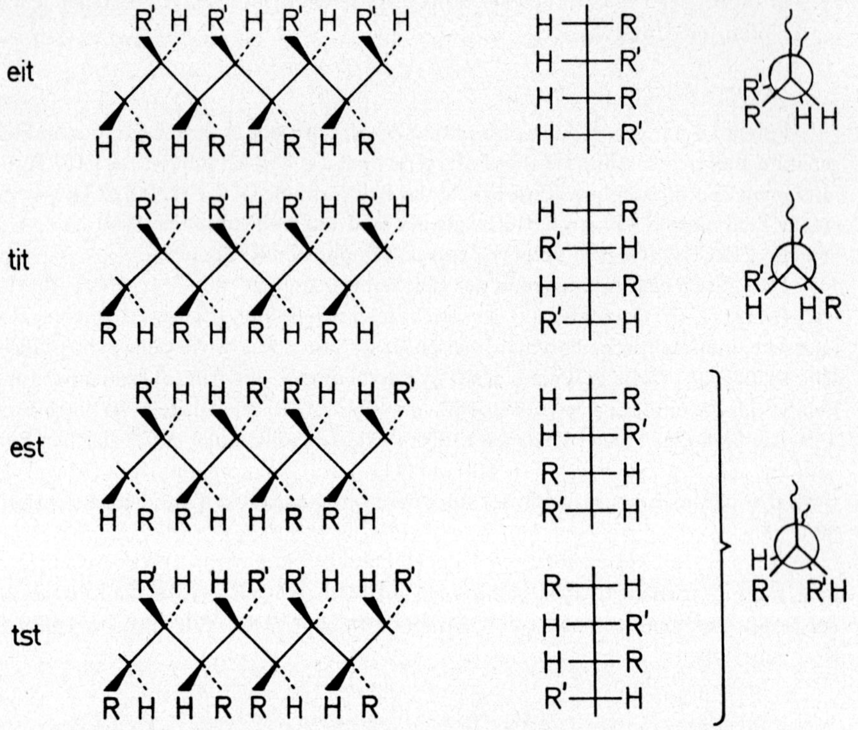


*Abb. 3-6:* Die vier Konfigurationen des ditaktischen Poly(penten-2). eit = erythro-di-isotaktisch. tit = threo-di-isotaktisch, est = erythro-di-syndiotaktisch, tst = threo-di-syndiotaktisch. R = $CH_3$, R′ = $C_2H_5$ (oder umgekehrt).

Bei der erythro-di-isotaktischen (eit) Konfiguration liegen die Substituenten R und R′ bei der Fischer-Projektion alle auf der gleichen Seite. Bei der Natta-Projektion befinden sich alle Substituenten R auf der einen, alle Substituenten R′ dagegen auf der anderen Seite der Papierebene. Bei der Newman-Projektion der ekliptischen Konformation liegen bei der eit-Konfiguration R über R′ und H über H. Die charakteristischen Merkmale der drei anderen Konfigurationen können Abb. 3–6 entnommen werden.

Durch Polymerisation der Doppelbindung ungesättigter Ringe können Polymere mit Ringen als Stereoisomerie-Zentren synthetisiert werden. Die direkt an die Kettenatome der Ringes gebundenen anderen Ringatome sind wie Substituenten zu behandeln. Das Poly(cyclohexen) bildet darum ebenfalls wie das Poly(penten-2) vier verschiedene Konfigurationen aus (Abb. 3-7). Eine Besonderheit ergibt sich nur für die Bindungen, die die Ein- oder Austrittsstellen der Kette am Ring darstellen. Sie weisen eine cis-Stellung bei der erythro- und eine trans-Stellung bei der threo-Konfiguration auf.

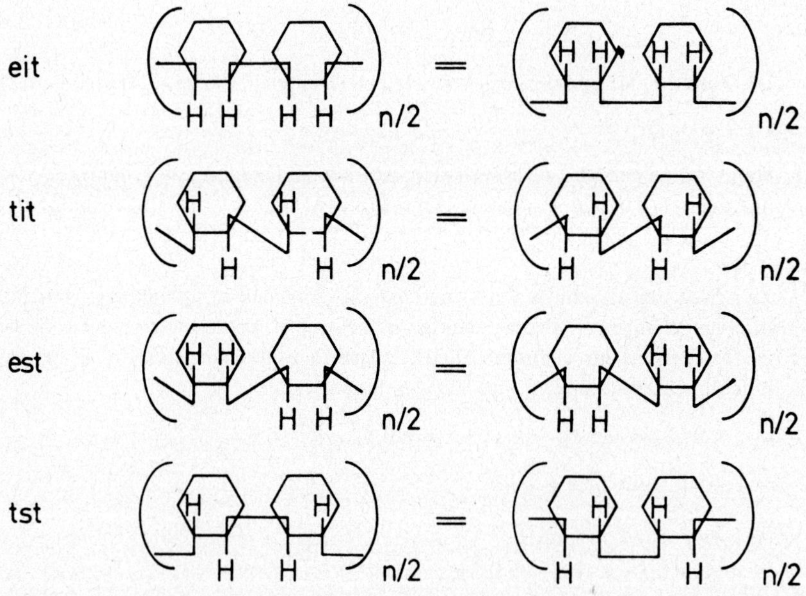


*Abb. 3-7:* Die vier Konfigurationen des ditaktischen Poly(cyclohexens).

## *3.2 Reale Strukturen*

### 3.2.1 J-Aden

Die in Kap. 3.1 beschriebenen idealen, holotaktischen Strukturen setzen eine unendlich lange Kette und die Abwesenheit konfigurativer Fehler voraus. Bei realen Strukturen sind jedoch die Anwesenheit von Endgruppen und eine nicht perfekte sterische Anordnung zu berücksichtigen, die bis zur völlig regellosen Anordnung konfigurativer J-Aden führen kann. Die mittlere Anordnung und die Sequenz der konfigurativen Diaden müssen daher ähnlich wie die anderer Eigenschaften über geeignete statistische Parameter beschrieben werden.

Konfigurative Diaden können nur isotaktisch oder syndiotaktisch sein. Die Summe ihrer Molenbrüche muß daher gleich eins sein:

(3-2) $x_i + x_s \equiv 1$

Konfigurative Triaden bestehen aus je zwei Diaden. Die beiden Diaden können entweder beide isotaktisch, beide syndiotaktisch oder aber je iso- und syndiotaktisch sein. Die Summe der Molenbrüche dieser drei Triadensorten muß ebenfalls gleich eins sein:

(3–3) $x_{ii} + x_{ss} + x_{is} \equiv 1$

Beim Molenbruch $x_{is}$ der sog. heterotaktischen Triaden wird dabei nicht die Richtung unterschieden, d.h. sowohl is als auch si werden durch $x_{is}$ erfaßt.

Analog kann man sechs verschiedene konfigurative Tetraden unterscheiden; die Summe der Molenbrüche muß auch hier wieder gleich eins sein:

(3–4) $x_{iii} + x_{iis} + x_{isi} + x_{iss} + x_{sis} + x_{sss} \equiv 1$

Die Zahl $N_j$ der möglichen J-Aden-Typen (Diaden, Triaden, Tetraden usw.) ist

(3–5) $N_j = 2^{j-2} + 2^{k-1}$

Wenn j eine gerade Zahl ist (Diaden, Tetraden, Hexaden usw.), dann gilt k = j/2. Bei ungeradem j (Triaden, Pentaden, Heptaden usw.) gilt k = (j – 1)/2. Es gibt folglich zwei Diaden-Typen, drei Triaden-Typen, sechs Tetraden-Typen, zehn Pentaden-Typen usw.

Zwischen den verschiedenen Typen von J-Aden müssen unabhängig vom Polymerisationsmechanismus allgemeingültige Beziehungen bestehen, da jeder Typ sich von den Triaden an aus mehreren Diaden zusammensetzt. Die Beziehung zwischen den Molenbrüchen an Diaden und Triaden lautet daher

(3–6) $x_i = x_{ii} + 0{,}5\, x_{is}\,; \qquad x_s = x_{ss} + 0{,}5\, x_{is}$

Für die Tetraden gilt analog

(3–7) $x_{ii} = x_{iii} + 0{,}5\, x_{iis}$

$x_{is} = 0{,}5\, x_{iis} + x_{sis} + 0{,}5\, x_{iss} + x_{isi}$

$x_{ss} = x_{sss} + 0{,}5\, x_{iss}$

Je größer der experimentell erfaßbare Typ der J-Ade ist, umso besser ist die makromolekulare Substanz charakterisiert. Ein Blockcopolymer aus je einem Block isotaktischer bzw. syndiotaktischer Diaden

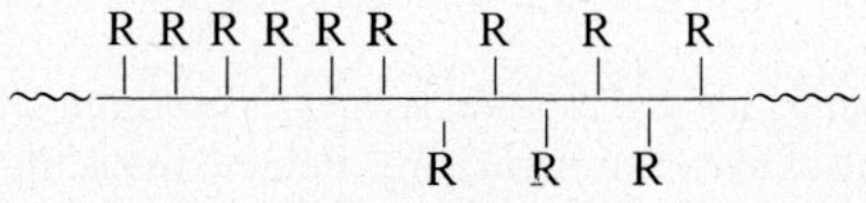


weist z. B. die gleiche Zahl isotaktische und syndiotaktische Verknüpfungen auf wie ein Polymer mit alternierenden isotaktischen und syndiotaktischen Diaden

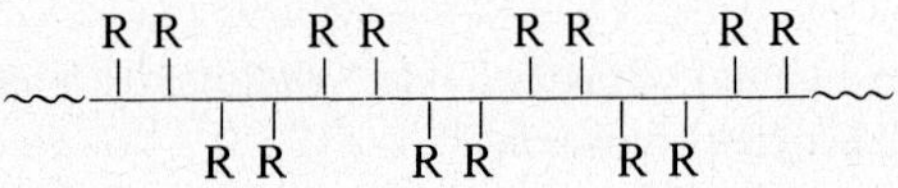


Bei ersteren Polymeren ist jedoch der Molenbruch der heterotaktischen Triaden gleich null (nur in der Mitte des Moleküls befindet sich eine heterotaktische Triade). Das letztere Polymer ist jedoch 100 % heterotaktisch ($x_{is} = 1$). Dabei ist zu berücksichtigen, daß eine bestimmte Diade stets zwei Triaden, drei Tetraden, vier Pentaden usw. angehört.

Als „ataktisch“ werden in der Literatur Polymere bezeichnet, die weder ganz noch überwiegend aus nur einer Sorte von J-Aden bestehen. Streng genommen ist dabei zwischen konventionell-ataktischen und ideal-ataktischen Polymeren zu unterscheiden. Ideal-ataktische Polymere sind nämlich dadurch ausgezeichnet, daß bei jeder Bildung einer Diade isotaktische und syndiotaktische Verknüpfungen gleich wahrscheinlich sind. An einer isotaktischen Diade kann nun wieder je eine isotaktische und eine syndiotaktische Diade gebildet werden und an einer syndiotaktischen Diade ebenfalls. Man erhält also $x_i = x_s = 0{,}5$, $x_{ii} = x_{ss} = 0{,}25$, $x_{is} = 0{,}50$ usw. Da heterotaktische Triaden auf zwei Wegen gebildet werden können ($i \rightarrow is$ und $s \rightarrow si$), isotaktische und syndiotaktische Triaden aber nur auf einem, weist ein ideal-ataktisches Polymer folglich doppelt so viele heterotaktische Triaden wie iso- oder syndiotaktische auf. Bei ideal-ataktischen Polymeren folgen sich außerdem die verschiedenen Diaden, Triaden usw. regellos. Konventionell-ataktische Polymere erscheinen demgegenüber bei Anwendung nur einer Messmethode oft als nichttaktisch.

Die Konfigurationsstatistik wird beim Übergang von einem konstitutiv einheitlichen Grundbaustein zu Copolymeren mit zwei oder mehr konstitutiv verschiedenen Bausteinen sehr kompliziert. Bei einem Copolymeren aus zwei Bausteinen A und B sind z. B. je zwei mono-isotaktische, mono-syndiotaktische und mono-heterotaktische Diaden möglich, dagegen schon je vier co-isotaktische, vier co-syndiotaktische und acht co-heterotaktische Diaden. Nicht alle Diaden sind allerdings experimentell unterscheidbar.

### 3.2.2 SEQUENZLÄNGEN

Eine konfigurative oder taktische Sequenz besteht aus mindestens einer taktischen Verknüpfung und daher aus mindestens zwei Bausteinen. Als Sequenzlänge wird die Zahl aufeinanderfolgender gleichartiger Verknüpfungen definiert. Der Übergang zwischen einer iso- und einer syndiotaktischen Sequenz ist durch eine heterotaktische Triade charakterisiert. Das Zahlenmittel $\overline{L}_n$ der Sequenzlängen aller iso- und syndiotaktischen Sequenzen eines Polymeren ist daher durch den reziproken Anteil aller heterotaktischen Triaden gegeben:

$$(3\text{-}8) \qquad \overline{L}_n = 1/x_{is}$$

Das Zahlenmittel $(\overline{L}_I)_n$ der Sequenzlänge der isotaktischen Sequenzen ergibt sich aus der Definition der Zahlenmittel von Eigenschaften:

$$(3\text{-}9) \qquad (\overline{L}_I)_n = \sum_j (N_I)_j \, (L_I)_j / \sum_j (N_I)_j$$

$(N_I)_j$ ist dabei die Zahl der Sequenzen von der Sequenzlänge $(L_I)_j$. j kann Werte von 1, 2, 3 ... annehmen. Die Summierung $\sum_j (N_I)_j \, (L_I)_j = N_{id}$ ergibt die Zahl der vorhandenen isotaktischen Diaden. Die Größe $x_i$ ist andererseits gleich dem Bruchteil der isotaktischen Diaden an den insgesamt vorhandenen, d.h. $x_i = N_{id}/(N_{id} + N_{sd})$. Die Summe der vorkommenden Sequenzen ist gleich der halben Zahl der heterotaktischen Triaden, da jede Sequenz von 2 heterotaktischen Triaden eingerahmt ist. Es gilt also $\sum (N_I)_j = 0{,}5\, N_{ht}$. Die Größe $x_{is}$ gibt den Bruchteil der heterotaktischen Triaden an den insgesamt vorhandenen an, d. h. $x_{is} = N_{ht}/(N_{it} + N_{st} + N_{ht})$. Die Summe aller

Triaden muß gleich der Summe aller Diaden sein: $(N_{it} + N_{st} + N_{ht}) = (N_{id} + N_{sd})$. Setzt man alle diese Beziehungen in Gl. (3–9) ein, so gelangt man zu

$$(3\text{-}10) \qquad (\bar{L}_I)_n = \frac{N_{id}}{0{,}5\, N_{ht}} = \frac{2\,x_i}{x_{is}}$$

Das Zahlenmittel der Sequenzlänge der syndiotaktischen Sequenzen ergibt sich analog zu $(\bar{L}_S)_n = 2\,x_s/x_{is}$.

## *3.3 Experimentelle Methoden*

Die Methoden zur Bestimmung der Konfiguration von Polymeren können in absolute und in relative Methoden eingeteilt werden. Relativ-Verfahren sprechen dabei entweder direkt auf die Konfiguration an oder aber indirekt auf eine von der Konfiguration abhängige Eigenschaft.

### 3.3.1 RÖNTGENOGRAPHIE

Zu den Absolutmethoden gehört die Röntgenographie (Kap. 5.2.1). Aus der Lage und der Stärke der Reflexe kann hier auf die Abstände der Atome im Kristallverband und damit auch auf die Konfiguration geschlossen werden. Die Methode setzt somit nicht die Kenntnis von Modellverbindungen voraus. Sie ist aber nur bei gut kristallisierenden Substanzen hoher sterischer Reinheit anwendbar. Die Röntgenographie wird bei Untersuchungen der Konfiguration benutzt, um Relativmethoden zu eichen.

### 3.3.2 KERNRESONANZSPEKTROSKOPIE

Die Kernresonanzspektroskopie von Lösungen von Polymeren ist eine sehr wichtige Methode zur Konfigurationsaufklärung von Polymeren, da sie auch bei nichtkristallisierenden Verbindungen angewendet werden kann. Die Methode beruht darauf, daß die chemische Verschiebung der Signale von bestimmten Wasserstoffatomen („Protonen"), $^{13}C$- und $^{19}F$-Atomen usw. von der Konfiguration der Hauptkette abhängt. Die Methode stellt prinzipiell ein Absolutverfahren dar, doch kann sie aus technischen Gründen oft nur als Relativverfahren eingesetzt werden. Ein Beispiel dafür ist die Analyse der Spektren von Poly(methylmethacrylaten) verschiedener Taktizität.

Beim Poly(methylmethacrylat) mit dem Grundbaustein $+CH_2-C(CH_3)(COOCH_3)+$ kann man Signale von den Methylenprotonen $-CH_2-$, von den α-Methylprotonen $-CH_3$ und von den Methylesterprotonen $-COOCH_3$ erwarten. Die Zuordnung der drei Protonensorten ist durch Vergleich mit dem Spektrum des Methylpivalates $(CH_3)_3C-COOCH_3$ möglich. Die α-Methylprotonen und die Methylesterprotonen erscheinen beim Poly(methylmethacrylat) und beim Methylpivalat jeweils an der gleichen Stelle des Spektrums. Aussagen über die Taktizität ergeben sich aus folgenden Überlegungen:

Beim st-Poly(methylmethacrylat) befinden sich die beiden Methylenprotonen in chemisch äquivalenter Umgebung, da jedes Proton von einer α-Methylgruppe und von einer Methylestergruppe flankiert wird. Beim it-Poly(methylmethacrylat) sind dagegen die beiden Methylenprotonen chemisch nicht äquivalent, da das eine Proton von zwei α-Methylgruppen und das andere von zwei Methylester-Gruppen umgeben ist (Abb.

3-5). Dabei ist es gleichgültig, ob wirklich nur die in Abb. 3-5 dargestellten Konformationen eingenommen werden, da nur das Zeitmittel des Aufenthaltes gemessen wird. Die beiden äquivalenten Methylenprotonen des st-PMMA führen daher zu einem einzigen Protonenresonanzsignal, die chemisch nicht äquivalenten Methylenprotonen des it-PMMA dagegen zu einem AB-Quartett (Abb. 3-8).

Da die beiden Wasserstoffatome einer Methylengruppen einer isotaktischen Diade NMR-spektroskopisch nicht äquivalent sind, hat man sie auch als „meso" (oder auch heterosterisch oder diastereotopisch) bezeichnet. Die Methylengruppe einer syndiotaktischen Diade hat man in Analogie dazu auch „racemisch" genannt (oder auch homosterisch oder enantiotrop). Aus diesem Grunde werden die Molenbrüche iso- bzw. syndiotaktischer Diaden in der Literatur häufig durch $(m)$ oder $(r)$ statt $x_i$ bzw. $x_s$ symbolisiert. Diese Namen decken sich nicht mit der Bedeutung in der organischen Chemie und sind daher mißverständlich. Sie sind außerdem überflüssig, da die Bezeichnungen iso- und syndiotaktisch von der Konfiguration her eindeutig definiert sind und man nicht ein meßtechnisches Phänomen einer speziellen Methode zur Grundlage einer Strukturbezeichnung machen sollte.

Die Resonanzsignale der α-Methylprotonen erscheinen je nach Taktizität an verschiedenen Stellen des Spektrums. Aus der Lage dieser Signale allein kann noch nicht auf die Konfiguration geschlossen werden, da nur schwierig etwas über die Art der Abschirmung ausgesagt werden kann. Die Zuordnung gelingt jedoch leicht, wenn man die von den Methylenprotonen stammenden Signale kennt.

Mit den so gewonnenen Zuordnungen kann dann das Spektrum von nicht-holotaktischem PMMA analysiert werden. Man sieht aus dem Spektrum eines sog. ataktischen PMMA, daß aus den Methylenprotonsignalen nur schwierig Aufschlüsse auf den Anteil der iso- und syndiotaktischen Diaden zu erhalten sind. Die Signale des Singletts und des Quartetts sind nicht gut voneinander getrennt. Besser ist die Situation bei den α-Methylprotonsignalen. Hier werden drei verschiedene Signale beobachtet, von denen je eines die Lage der entsprechenden Signale der iso- bzw. syndiotaktischen Polymeren einnimmt. Das dritte Signal liegt zwischen diesen beiden. Man schließt daraus, daß die Signale der α-Methylprotonen auf die Triaden ansprechen und daß das mittlere Signal den heterotaktischen Triaden zuzuordnen ist. Die Fläche unter den Signalen ist dann proportional den Anteilen der entsprechenden Triaden.

Für die Methylesterprotonen erscheint unabhängig von der Taktizität an der stets gleichen Lage nur ein einziges Signal (in Abb. 3-8 nicht gezeigt). Das Signal der Methylesterprotonen kann daher nicht zur Taktizitätsbestimmung herangezogen werden. Offenbar beeinflußt die Konfiguration der Hauptkette wegen des zu großen Abstandes dieser Protonen nicht mehr deren chemische Verschiebung.

Im allgemeinen sind die bei Lösungen von Polymeren erhaltenen Signale breiter als die der niedermolekularen Modellverbindungen. Bei niedermolekularen Verbindungen sind die Signale umso breiter, je höher die Konzentration und je tiefer die Temperatur ist. Die Verbreiterung der Signale resultiert aus den starken magnetischen Wechselwirkungen zwischen verschiedenen Kernen (Kap. 10.2.4). Erniedrigt man die Konzentration, so nimmt die Orientierung der Kerne ab und die Signale werden schmaler. Der gleiche Effekt läßt sich durch Erhöhen der Temperatur erzielen.

Bei Polymeren sind die einzelnen Grundbausteine zu einer Kette gekoppelt. Da es für die Breite der Signale auf die Einflüsse der nächsten Nachbarn ankommt, lassen sich durch Verdünnen der Lösungen keine schärferen Signale erzielen. Die Schärfe der Signale ist bei statistischen Knäueln auch weitgehend unabhängig vom Molekulargewicht. Schärfere Signale lassen sich daher nur durch Messungen bei erhöhten Temperaturen erhalten. Die Aufspaltung der Signale bei nicht-holotaktischen Polymeren

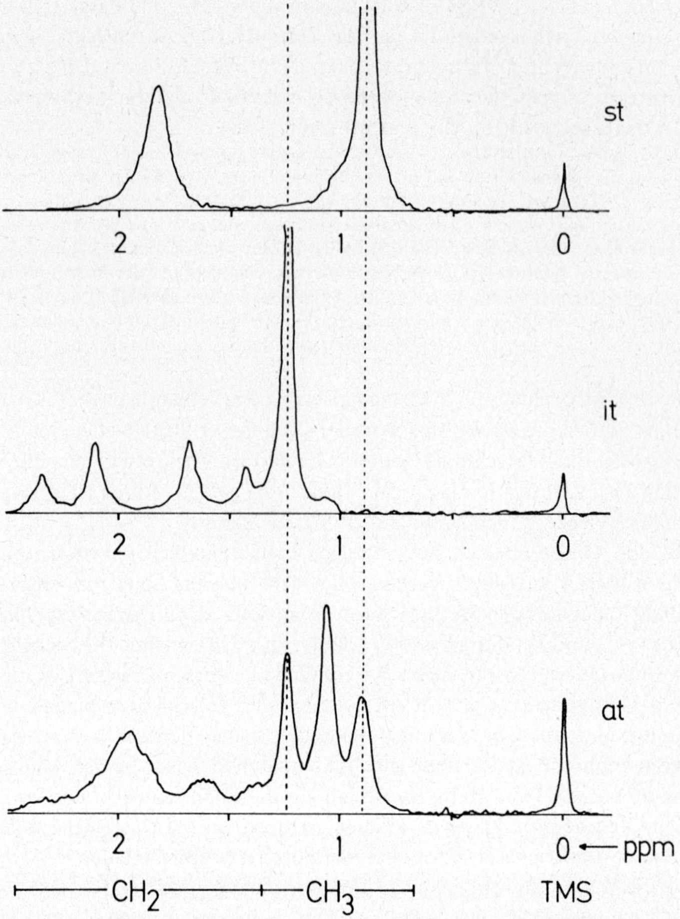


*Abb. 3-8:* Ausschnitt aus den 60 MHz Protonresonanzspektren von isotaktischen (it), syndiotaktischen (st) und ataktischen (at) Poly(methylmethacrylaten). Die Signale der Methylesterprotonen sind nicht gezeigt. TMS = Referenzsignal des Tetramethylsilans (nach P. Goeldi und H.-G. Elias).

hängt in einem gewissen Umfang noch von der Natur der verwendeten Lösungsmittel ab. Es ist z. Zt. nicht geklärt, ob dieser Einfluß des Lösungsmittels von einer Verschiebung der Konformationen oder von einer spezifischen Wechselwirkung des Lösungsmittels mit den Grundbausteinen (Solvatation) herrührt.

Spin/Spin-Kopplungen benachbarter $CH_2$- und CH-Gruppen können bei Polymeren des Typs $(-CH_2-CHR-)_n$ zu schlecht interpretierbaren Protonresonanz-Spektren führen. Diese Schwierigkeit kann durch die Doppelresonanztechnik und/oder höhere Magnetstärken überwunden werden.

60 MHz-Protonresonanz-Spektren liefern in der Regel nur Diaden- und Triaden-Anteile. Tetraden und Pentaden lassen sich durch Messungen bei höheren magnetischen Feldstärken ermitteln, da dann die chemischen Verschiebungen größer sind, was zu ei-

ner besseren Auflösung führt. Derartige Messungen können z. B. bei 220 oder 300 MHz mit supraleitenden, mit flüssigem Helium gekühlten Magneten ausgeführt werden. Höhere J-Aden lassen sich auch häufig über die $^{13}$C-Spektren bestimmen, da die chemische Verschiebung von $^{13}$C viel größer als die von Protonen ist (bis zu 250 ppm gegenüber bis zu 10 ppm).

### 3.3.3 INFRAROTSPEKTROSKOPIE

Zur quantitativen Bestimmung der Anteile der Diaden wird häufig auch die IR-Spektroskopie herangezogen. Die Zuordnung der Diadentypen erfolgt hier in der Regel mit Polymeren oder Oligomeren bekannter Konfiguration. In vereinzelten Fällen ist bereits die Berechnung der Absorptionsfrequenzen für die einzelnen Typen gelungen. Direkt auf verschiedene Konfigurationen sprechen oft die CH- und CH$_2$-Deformationsschwingungen an. Da Produkte unterschiedlicher Stereoregularität verschieden stark kristallisieren und die IR-Spektren im Bereich von ca. 670–1000 cm$^{-1}$ auf Kristallinität empfindlich sind, kann man den Gehalt an Diaden auch über die sogen. kristallinen Banden bestimmen. Diese Methode ist aber oft nicht gut geeignet, da die Kristallinität eines Polymeren von der Vorgeschichte abhängt (Kap. 5).

### 3.3.4 ANDERE METHODEN

Eine Reihe weiterer Methoden nutzt ebenfalls die unterschiedliche Kristallinität verschieden stark stereoregulärer Polymerer aus. Diese Verfahren sind jedoch alle aus zwei Gründen nicht völlig eindeutig. Einmal ist bekannt, daß auch weitgehend „ataktische" Polymere, wie z.B. der durch Verseifung von radikalisch polymerisiertem Vinylacetat hergestellte Poly(vinylalkohol), relativ gut kristallisieren können. Zum anderen können große Substituenten die Kristallisation stereoregulärer Polymerer erschweren oder verhindern. Das kristallisierbare, isotaktische Poly(styrol) läßt sich z. B. in einer Folge von polymeranalogen Reaktionen über das nichtkristallisierbare Poly(p-jodstyrol) und das Poly(p-lithiumstyrol) ohne Konfigurationsumkehr in das kristallisierbare, isotaktische Poly(styrol) zurückverwandeln:

(3-11)

$$\text{\textinverted CH}_2\text{-CH\textinverted} \xrightarrow{+J_2/HJO_3} \text{\textinverted CH}_2\text{-CH\textinverted} \xrightarrow{+Li} \text{\textinverted CH}_2\text{-CH\textinverted} \xrightarrow{+H_2O} \text{\textinverted CH}_2\text{-CH\textinverted}$$
$$\quad C_6H_5 \qquad\qquad\qquad C_6H_4J \qquad\qquad C_6H_4Li \qquad\qquad C_6H_5$$

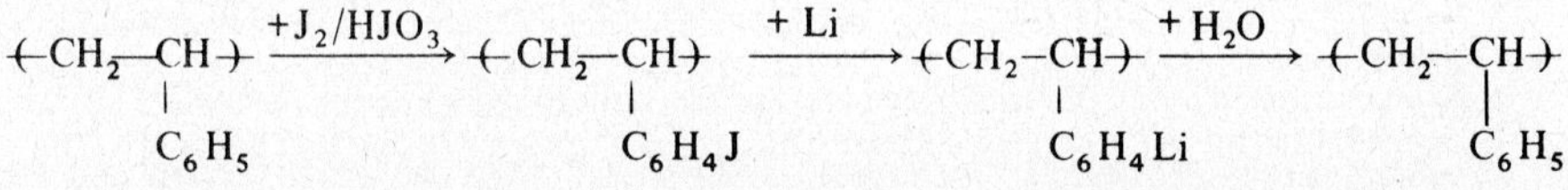

Da sich kristalline Polymere schwieriger lösen als amorphe, können u.U. stereoreguläre Polymere von ataktischen über die Löslichkeit getrennt werden. Die Löslichkeit hängt aber außer von der Kristallinität noch vom Grad der Stereoregularität und vom Molekulargewicht ab. Gut lösliche Fraktionen von hochmolekularen ataktischen Polymeren können daher auch niedermolekulare Anteile von stereoregulärem Material enthalten und umgekehrt. Hinweise auf unterschiedliche Kristallinität – und bei gleicher Probenvorbehandlung damit auch auf verschiedene Stereoregularität – können ferner über die Höhe der Schmelz- und Glastemperaturen erhalten werden (vgl. Kap. 10).

Zur Bestimmung der Stereoregularität wurden ferner Dipolmomente, Strömungsdoppelbrechung, Verseifungsgeschwindigkeit und Fällungspunkttitrationen herangezogen. Alle diese Methoden sind jedoch entweder nur für spezielle Polymere brauchbar und/oder sind nur indirekte Verfahren, so daß sie sich nicht weiter eingeführt haben.

## Literatur zu Kap. 3

### *3.1 Ideale Strukturen und 3.2 Reale Strukturen*

M. Farina, M. Peraldo und G. Natta, Cyclische Verbindungen als konfigurative Modelle sterisch regelmäßiger Polymerer, Angewandte Chem. **77** (1965) 149

M. L. Huggins, G. Natta, V. Desreux und H. Mark, Nomenklaturbericht über sterische Anordnung in Hochpolymeren, Makromolekulare Chem. **82** (1965) 1

G. Natta, Stereospezifische Katalysen und isotaktische Polymere, Angewandte Chem. **68** (1956) 393

G. Natta, Von der stereospezifischen Polymerisation zur asymmetrischen autokatalytischen Synthese von Makromolekülen, Angewandte Chem. **76** (1964) 553

G. Natta und F. Danusso, Stereoregular Polymers and Stereospecific Polymerizations, Pergamon Press, Oxford 1967 (2 Bde., Originalarbeiten der Natta-Schule)

L. Dulog, Taktizität und Reaktivität, di- und tritaktische Polymere, Fortschr. chem. Forschg. **6** (1966) 427

A. D. Ketley, Hrsg., The Stereochemistry of Macromolecules, M. Dekker, New York, 3 Bde. (1967/68)

R. S. Cahn, C. Ingold und V. Prelog, Spezifikation der molekularen Chiralität, Angewandte Chem. **78** (1966) 413

F. A. Bovey, Polymer Conformation and Configuration, Academic Press, New York 1969

### *3.3 Experimentelle Methoden*

F. A. Bovey und G. V. D. Tiers, The High Resolution Nuclear Magnetic Resonance Spectroscopy of Polymers, Fortschr. Hochpolym. Forschg. **3** (1961/64) 139

U. Johnsen, Die Ermittlung der molekularen Struktur von sterischen und chemischen Copolymeren durch Kernspinresonanz, Ber. Bunsenges. **70** (1966) 320

Hung Yu Chen, Application of High Resolution NMR Spectroscopy to Elastomers in Solution, Rubber Chem. Technol. **41** (1968) 47 (enthält auch Daten von Thermoplasten usw.)

P. R. Sewell, The Nuclear Magnetic Resonance Spectra of Polymers, Ann. Rev. NMR Spectrosc. **1** (1968) 165

S. Krimm, Infrared Spectra of High Polymers, Fortschr. Hochpolym. Forschg. **2** (1960) 51

G. Schnell, Ultrarotspektroskopische Untersuchungen an Copolymerisaten, Ber. Bunsenges. **70** (1966) 297

F. A. Bovey, High Resolution NMR of Macromolecules, Academic Press, New York 1972

M. E. A. Cudby, H. A. Willis, Nuclear Magnetic Resonance Spectra of Polymers, Ann. Rev. NMR Spectrosc. **4** (1971) 363

# 4 Konformation

Bei der physikalischen Struktur von Makromolekülen können die beiden idealisierten Fälle des isolierten Makromoleküls (Mikrostruktur) und der Molekülverbände (Makrostruktur) unterschieden werden. Die Makrostruktur wird im wesentlichen durch die Mikrostruktur bestimmt, die Mikrostruktur durch die Konformation um σ-Bindungen.

Bei der Konformation von Makromolekülen sind zwei Begriffe zu unterscheiden. Die Mikrokonformation oder Konformation schlechthin bezieht sich auf die Konformation um eine einzelne Bindung. Da in einem Makromolekül viele solcher Mikrokonformationen vorhanden sind, wird das Makromolekül eine Makro- oder Bruttokonformation annehmen. Die Makrokonformation bestimmt die Molekülgestalt.

## *4.1 Konformation von Einzelmolekülen*

### 4.1.1 DER BEGRIFF DER KONFORMATION

Als Konformationen (Konstellationen) werden die durch Rotation von Gruppen um eine Einzelbindung oder durch Verdrehen von Bindungen hervorgerufenen räumlichen Lagerungen von Atomen bzw. Gruppen bezeichnet, die sich nicht zur Deckung bringen lassen. Moleküle in verschiedener Konformation nennt man Konformere, Rotamere oder Rotationsisomere. Von den vielen theoretisch möglichen Konformationen um eine Bindung sind nur einige energetisch begünstigt.

Äthan besitzt z. B. zwei Konformere (Abb. 4–1). Bei der gestaffelten Konformation stehen die H-Atome jeweils auf Lücke, bei der gedeckten Konformation dagegen einander gegenüber. Beide Konformationen sind beim Äthan durch eine Rotation einer Methylgruppe um jeweils 60° um die C–C-Bindung ineinander überführbar. Die Existenz derartiger Konformerer wurde in den 30er Jahren erstmals aufgrund der Unterschiede zwischen berechneter und beobachteter Entropie vermutet.

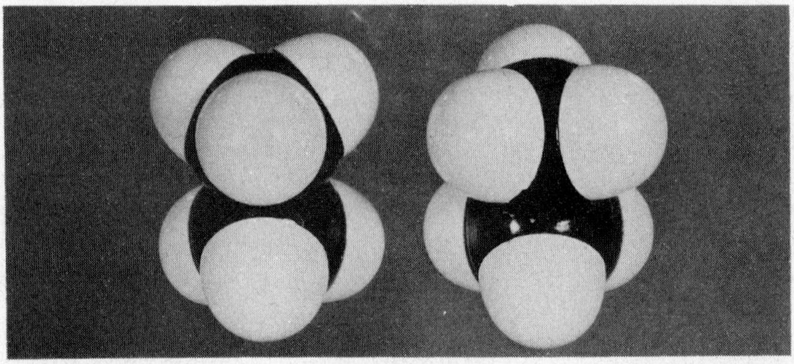

*Abb. 4–1:* Gedeckte (links) und gestaffelte (rechts) Konformation von Äthan.

Bei der Diskussion von Konformationen unterscheidet man zweckmäßig zwischen „gebundenen" und „nichtgebundenen" Atomen und Gruppen. Im Äthanmolekül $CH_3–CH_3$ sind je drei Wasserstoffatome nicht an das gleiche Kohlenstoffatom gebunden und daher „nichtgebundene" Atome. Im Butan $CH_3-CH_2-CH_2-CH_3$ sind die beiden Methylgruppen und die vier Methylenwasserstoffatome in diesem Sinne „nichtgebundene" Atome in bezug auf die zentrale C–C-Bindung. Bei Makromolekülen beziehen sich die Begriffe „gebunden" und „nichtgebunden" immer auf die Bindungen der Hauptkette.

Energieberechnungen gestatten detailliertere Aussagen über die Existenz und die Stabilität von Konformeren. Bei allen Ansätzen werden dabei die Anziehung und die Abstoßung separat als Funktion des Konformationswinkels berechnet. Ein typischer Ansatz geht z. B. von der totalen Energie $E_{tot}$ des Äthanmoleküls aus. $E_{tot}$ setzt sich aus fünf Anteilen zusammen (vgl. auch Abb. 4-2):

I) der Energie $E_{nn}$ zwischen den Kernen der nichtgebundenen Wasserstoffatome,
II) der Energie $E_b$ zwischen den Elektronen der Kohlenstoff/Kohlenstoff-Bindung,
III) der Energie $E_{ee}$ zwischen den Elektronen der Bindungen zwischen den Kohlenstoffatomen und den Wasserstoffatomen,
IV) der Energie $E_{ne}$ zwischen den Wasserstoffatomen und den an den anderen C–H-Bindungen beteiligten Elektronen, und
V) der kinetischen Energie $E_{kin}$ der Elektronen.

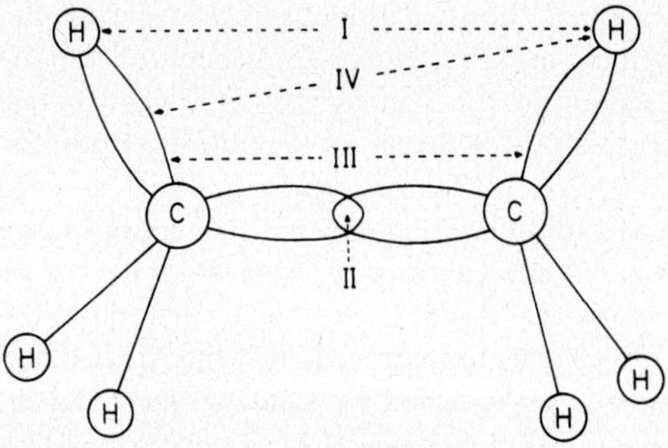


*Abb. 4-2:* Schematische Darstellung der wichtigsten Wechselwirkungen im Äthanmolekül nach T. M. Birshtein und O. B. Ptitsyn (zur Bedeutung von I-IV, vgl. den Text).

Für das Auftreten bestimmter Konformationen sind nun nur solche Wechselwirkungen wichtig, die vom Rotationswinkel abhängen. Wechselwirkungen zwischen den Elektronen der C–C-Bindung (Fall II) können daher nur zur Konformation beitragen, wenn um die σ-Bindung keine zylindrische Symmetrie mehr herrscht. Diese Symmetrie würde aufgehoben, wenn sich der 4 f-Zustand an der C–C-Bindung beteiligen würde, da die entsprechenden Bahnen nicht zylindersymmetrisch zur C–C-Bindung sind. Durch die größere Überlappung der Elektronenwolken müßte dann aber die gedeckte Konformation stabiler als die gestaffelte sein. Bei der gestaffelten Konformation des Äthans stehen die H-Atome jeweils auf Lücke, bei der gedeckten Konformation dagegen einander gegenüber (Abb. 4-1). Experimentell wird aber gerade der umgekehrte Effekt gefunden, d.h. eine stabilere gestaffelte Konformation. Die Wechselwirkungen zwischen den Elektronen der C–C-Bindung tragen daher nicht oder nicht wesentlich zur Konformation bei, d.h. es gilt $E_b \approx 0$.

Die gesamte Anziehung ist folglich durch $E_{ne}$, die Abstoßung durch $E_{nn} + E_{ee} + E_{kin}$ gegeben. Für das Äthanmolekül ergeben sich sowohl für die Anziehung als auch für die

Abstoßung als Funktion des Rotationswinkels Kurven mit je drei gleichen Maxima und Minima. Die Phasen der Anziehungs- und der Abstoßungsenergie sind dabei um 120° verschoben. Der Energieunterschied zwischen Minimum und Maximum beträgt bei der Anziehung $8{,}25 \cdot 10^4$ J/mol (19,7 kcal/mol), bei der Abstoßung $9{,}38 \cdot 10^4$ J/mol (22,4 kcal/mol). Die Differenz zwischen diesen beiden Energien wird als Potentialschwelle definiert. Sie beträgt beim Äthan $1{,}13 \cdot 10^4$ J/mol (2,7 kcal/mol) und wird durch die Abstoßung hervorgerufen.

Die einzelnen Konformeren sind also hier nur durch eine relativ niedrige Potentialschwelle getrennt. Die Konformeren werden sich in fluider Phase relativ schnell ineinander umwandeln können. Die dazu nötige Energie stammt vom Zusammenstoß zweier Moleküle. Bei einer Kollision kann aber im Mittel nur ein kleiner Teil der thermischen Energie (ca. 0,5 $RT$ pro Freiheitsgrad) an das andere Molekül abgegeben werden. Wegen der Maxwell-Boltzmann'schen Energieverteilung wird daher nur bei einer geringen Zahl von Stößen soviel Energie übertragen, daß die Potentialschwelle überwunden werden kann. Bei der größeren Zahl der Stöße wird dagegen nur so wenig Energie abgegeben, daß es nur zu Schwingungen von maximal ± 20° um die Potentialminima kommt. Die Mehrzahl der Moleküle beharrt daher bei normalen Temperaturen in Konformationen mit einem Minimum der Potentialenergie. Man kann folglich die Bindungen bzw. Moleküle so behandeln, als ob sie nur in diskreten Rotationszuständen vorkommen. Fluktuationen um die Minima werden bei diesem Ansatz nicht bestritten; es wird jedoch angenommen, daß sie sich gegenseitig auskompensieren.

Die Potentialschwelle oder Potentialenergie mißt den Energieunterschied zwischen je einem Energiemaximum und einem benachbarten Energieminimum. Sie stellt daher eine Aktivierungsenergie $\Delta E^{\ddagger}$ für die Überwindung eines Energiemaximums dar. Mit ihrer Hilfe kann die Geschwindigkeitskonstante $k_{\text{conf}}$ über

$$(4-1) \qquad k_{\text{conf}} = (kT/h) \exp(-\Delta E^{\ddagger}/RT))$$

berechnet werden (Tab. 4-1). Aus den Zahlenwerten ergibt sich, daß die Konformationsumwandlungen im allgemeinen sehr schnell sind. Nur in seltenen Fällen ist $k_{\text{conf}}$ so niedrig, daß die Konformeren präparativ trennbar sind (Atropisomerie). Ein Beispiel dafür ist 2,2'-Dimethylbiphenyl.

*Tab. 4-1:* Berechnete Geschwindigkeitskonstanten der Konformationsumwandlungen

| $\Delta E^{\ddagger}$ J/mol | $\Delta E^{\ddagger}$ kcal/mol | $k_{\text{conf}}$ in $s^{-1}$ bei 100 K | 300 K | 500 K |
|---|---|---|---|---|
| 12 560 | 3 | $6 \cdot 10^5$ | $2 \cdot 10^{10}$ | $5 \cdot 10^{11}$ |
| 25 120 | 6 | $2 \cdot 10^{-1}$ | $3 \cdot 10^8$ | $2 \cdot 10^{10}$ |
| 41 870 | 10 | $3 \cdot 10^{-10}$ | $3 \cdot 10^5$ | $5 \cdot 10^8$ |

Konformere können nur dann präparativ getrennt werden, wenn innerhalb der für die Trennung benötigten Zeit keine merkliche Konformationsumwandlung stattfindet. Bei Elektronenspinresonanz-Experimenten werden jedoch Zustände mit Lebensdauern von Mikrosekunden beobachtet. Das entspricht einer Art Momentaufnahme der Population der Konformeren. Die Konformeren erscheinen als definierte Spezies. Bei dieser Zeitskala wird es daher begrifflich schwierig, zwischen Konformations- und Konfigurationsisomeren begrifflich zu unterscheiden. Aus diesem Grunde und aus einer Reihe anderer Gründen werden Konformationen von Physikern häufig auch als Konfigurationen bezeichnet.

4.1.2 KONFORMATIONSTYPEN

Beim Äthan wird die Konformation um die C–C-Bindung durch die je drei gleichen Wasserstoffatome als Substituenten bestimmt. Es gibt folglich je drei gleiche Energiemaxima und -minima und nur zwei mögliche Konformationen: gestaffelt und gedeckt.

Beim Butan $CH_3{-}CH_2{-}CH_2{-}CH_3$ befinden sich auf jeder Seite der zentralen C–C-Bindung je zwei Wasserstoffatome und je eine Methylgruppe. Wegen der je *drei* nichtgebundenen Substituenten gibt es je *drei* Energiemaxima und -minima. Nur je zwei von ihnen sind aber gleich (Abb. 4–3). Bei der gestaffelten Stellung kann man eine trans- und zwei gauche-Stellungen unterscheiden, bei der gedeckten Stellung eine cis-Stellung und zwei schiefe Stellungen.

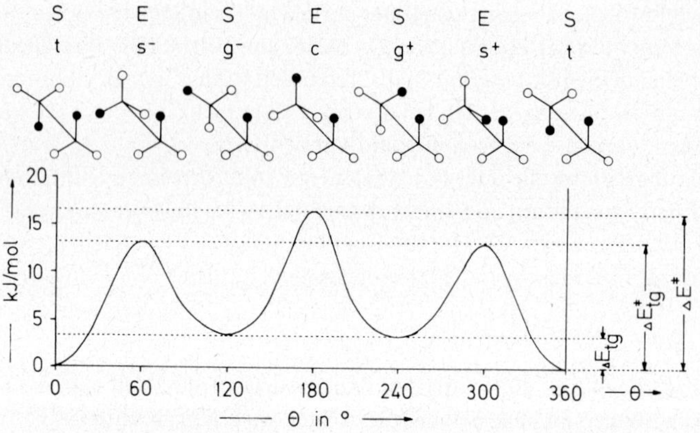


*Abb. 4–3:* Konformation und Potential der $CH_2/CH_2$-Bindung beim Butan $CH_3CH_2CH_2CH_3$ als Funktion des Rotationswinkels $\theta$. ● = $CH_3$, ○ = H. S = gestaffelt, E = ekliptisch (gedeckt), t = trans, g = gauche, s = schief, c = cis.

Die verschiedenen Konformationstypen werden in der Literatur nicht einheitlich bezeichnet. Andere gebräuchliche Namen sind:

| | |
|---|---|
| trans-gestaffelt: | trans, antiparallel, antiperiplanar (IUPAC), anti |
| gauche-gestaffelt: | gauche, schief-gestaffelt, schief, synklinal (IUPAC) |
| cis-gedeckt: | cis, ekliptisch, synperiplanar (IUPAC) |
| gauche-gedeckt: | antiklinal (IUPAC) |

Die IUPAC-Bezeichnungen antiperiplanar (*ap*), synperiplanar (*sp*), antiklinal (*ac*) und synklinal (*sc*) haben sich in der makromolekularen Chemie nicht eingeführt.

Der cis-gedeckten Stellung wird in der niedermolekularen Chemie der Rotationswinkel 0° zugeordnet. Diese Zuordnung ist unzweckmäßig, da die cis-gedeckte Stellung bei Polymerketten aus sterischen Gründen unmöglich ist. In diesem Buch wird daher der trans-Stellung der Winkel 0° zugeordnet, da sie häufig (aber nicht immer) die energieärmste Konformation darstellt.

Butan besitzt zwei Potentialschwellen: eine zwischen dem tiefsten Minimum (trans-gestaffelt) und dem höchsten Maximum (cis-gedeckt) und eine zwischen den trans-gestaffelten und den schief-gedeckten Stellungen. Die Potentialschwellen regulieren als Aktivierungsenergien die kinetischen Eigenschaften. Die thermodynamischen

Eigenschaften werden dagegen durch die Konformationsenergien bestimmt, d.h. durch die Energieunterschiede zwischen energetisch begünstigten Konformationen. Beim Butan ist nur eine Konformationsenergie zu berücksichtigen, nämlich diejenige zwischen trans- und gauche-Konformationen.

Der eigentliche Einfluß der Kette auf die Konformation von Makromolekülen tritt erst beim n-Pentan deutlich hervor, da beim n-Pentan zum ersten Mal zwei aufeinanderfolgende Kettenkonformationen zu berücksichtigen sind. Da bei jeder solchen Kettenbindung eine trans-(t) und zwei gauche-Lagen ($g^-$ und $g^+$) möglich sind, ergeben sich für die beiden aufeinanderfolgenden Kettenkonformationen vier verschiedene Kombinationen oder konformative Diaden (Abb. 4-4). Die Diade tt besitzt dabei die niedrigste Energie, die Kombination $g^-g^+$ die höchste. Die Berechnungen der Makrokonformation gestalten sich nun selbst bei diesem vereinfachten Modell, bei dem die gedeckten Konformationen unberücksichtigt bleiben, sehr schwierig. Man vereinfacht das Modell daher noch weiter, indem man die Kombinationen $g^-g^+$ bzw. $g^+g^-$ ebenfalls ausschließt und die Energiedifferenz zwischen g und t als konstant annimmt (d.h., die Energiedifferenzen sollen von der darauf folgenden Konformation unabhängig sein).

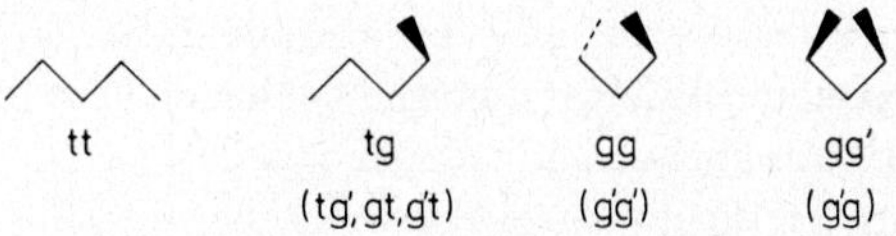


*Abb. 4-4:* Konformative Diaden beim Pentan $CH_3CH_2CH_2CH_2CH_3$ ($g = g^+$, $g' = g^-$)

Die Konformationen von aliphatischen Kohlenwasserstoffen sind durch dreifache Rotationspotentiale und eine bevorzugte trans-Konformation gekennzeichnet. Beides ist nicht immer die Regel. Zweifache Rotationspotentiale werden z.B. durch 1,4-Phenylen-Gruppen als Kettenglieder erzeugt. Auch Polymerschwefel besitzt ein zweifaches Rotationspotential.

Bei aliphatischen Kohlenwasserstoffen führen die dominierenden Abstoßungskräfte zu einer trans-Konformation der Kette. Wenn jedoch das benachbarte Kettenatom nichtgebundene Elektronenpaare oder elektronegative Substituenten aufweist, dann wird für einige der möglichen Konformationen die Anziehung zwischen Kern und Elektronen so groß, daß die Bilanz zwischen anziehenden und abstoßenden Effekten geändert wird. Derartige Verbindungen versuchen die Konformationen mit der größtmöglichen Zahl von gauche-Wechselwirkungen zwischen den benachbarten Elektronenpaaren und/oder elektronegativen Substituenten einzunehmen (gauche-Effekt). Poly(oxymethylen) mit dem Grundbaustein $\text{+O-CH}_2\text{+}$ liegt daher im Kristall im energieärmsten Zustand in einer all-gauche-Konformation vor.

### 4.1.3 KONFORMATIONSANALYSE

Die Konformationsanalyse versucht die Bruttokonformation eines isolierten Moleküls über die Wahrscheinlichkeit des Auftretens der Mikrokonformationen zu berechnen. Die Energie dieser Konformationen hängt aber nicht nur vom eigenen Konformationszustand, sondern auch von den Konformationen um benachbarte Bindungen ab. Einflüsse, die sich über mehr als zwei Kettenbindungen erstrecken, werden jedoch meist vernachlässigt.

Die Konformationsenergie wird dann als gewogene Summe der Beiträge der einzelnen Kettenbindungen berechnet. Einer bestimmten Konformation wird dabei die

Energie 0 und das statistische Gewicht 1 zugeordnet. Für Poly(äthylen) ist dies z.B. die trans-Konformation, für Poly(oxymethylen) die gauche-Konformation.

Für die Berechnung der Konformationsenergie existieren verschiedene Ansätze, die sich in der Wahl des Potentials und der Parameter unterscheiden. Die Konformationsenergie $E_r$ wird aus den Anteilen der Torsionsenergie, der Wechselwirkungsenergie zwischen nichtgebundenen Gruppen, der elektrostatischen Wechselwirkungsenergie und der Energie der Wasserstoffbrücken-Bindung berechnet. Ein typischer Ansatz ist z. B.

$$(4-2) \qquad E_r = \underbrace{\sum_i 0{,}5\,(E_i^{\ddagger})\,(1-\cos N_i \vartheta_i)}_{\text{Torsionsenergie}} + \underbrace{\sum_{i,j} 2\,\epsilon_{ij}\,[(d_{ij}/r^{12}) - (b_{ij}/r^6)]}_{\text{Wechselwirkungsenergie nichtgebundener Gruppen}} + \underbrace{B\,(e_j e_k/r)}_{\text{elektrostatische Energie}} + \underbrace{E_H}_{\text{Energie der Wasserstoffbrücke}}$$

$E_i^{\ddagger}$ ist dabei die Potentialschwelle für die Rotation um die Bindung i, $N_i$ die Symmetrie der Rotation (2, 3 oder 6), $\vartheta_i$ der Rotationswinkel, $r$ der Abstand der Atomkerne und $e_j$ und $e_k$ die durch die Dipolmomente der Bindungen bedingten Partialladungen. Der Faktor $B$ enthält die Coulomb-Energie und die scheinbare Dielektrizitätskonstante. $\epsilon_{ij}$, $d_{ij}$ und $b_{ij}$ sind Parameter, die die Energiekurve für die von den nichtgebundenen Atomen kommenden Anteile beschreiben. Anstelle des Lennard-Jones'schen 12-6-Potentials wird auch häufig ein 9-6-Potential benutzt.

*Tab. 4-2:* Beiträge der einzelnen Wechselwirkungsenergien zur Stabilität der $\alpha$-Helix des Poly(L-alanins)

| Beitrag der | $E$ in J/mol nach Ooi, Scott, Van der Kooi, Scheraga | $E$ in J/mol nach Kosuge, Fujiwa, Isogai, Saitô |
|---|---|---|
| Rotation | 2 050 | 2 430 |
| nichtgebundenen Atome | − 25 080 | − 29 940 |
| elektrostatischen Wechselwirkung | − 4 610 | 10 890 |
| Wasserstoffbrückenbindung | − 7 290 | − 4 280 |
| Total | − 34 930 | − 20 890 |
| Beitrag der Wasserstoffbrückenbindung | 20,8 % | 20,5 % |

Obwohl die Berechnungen je nach Wahl der Bindungsabstände, Wechselwirkungsenergie, Potentiale usw. im einzelnen stark voneinander abweichen können, stimmen die allgemeinen Schlußfolgerungen oft recht gut überein. Für das in einer $\alpha$-Helix vorliegende Poly(L-alanin) mit dem Grundbaustein $\leftarrow$NH–CH($CH_3$)–CO$\rightarrow$ wurde z. B. von zwei Arbeitsgruppen übereinstimmend gefunden, daß Wasserstoffbrückenbindungen hier nur zu ca. 20 % zur Stabilität der Helix beitragen. Dabei unterscheiden sich die Angaben der beiden Arbeitsgruppen für den elektrostatischen Beitrag sogar im Vorzeichen (Tab. 4–2).

### 4.1.4 EINFLUSS DER KONSTITUTION

Die Höhe der Potentialschwelle nimmt mit zunehmenden Atomabstand erwartungsgemäß ab (vgl. Äthan – Methylsilan – Disilan in Tab. 4–3). Die Potentialschwelle sinkt auch beim Übergang von der dreizähligen $CH_3$-Gruppe zur einzähligen OH-Gruppe (vgl. Äthan – Methanol).

Mit zunehmender Substitution nehmen die Potentialschwellen durch die steigende sterische Hinderung zu, wie man an den Reihen Äthan-Propan-Isobutan-Neopentan, Methanol-Dimethyläther und Acetaldehyd-Propylen-Isobutylen sieht.

Die Potentialschwelle ist bei $(-CH_2-CO-)$- und $(-CH_2-O-)$-Bindungen erheblich tiefer als bei der $(-CH_2-CH_2-)$-Bindung. Der Übergang von einer Konformation in die andere ist daher leichter möglich: das Makromolekül wird kinetisch flexibler. Die Flexibilität eines Makromoleküles bestimmt aber viele seiner Eigenschaften wie z.B. Schmelzviskosität, Kristallisationsneigung usw. und ist daher eine technisch wichtige Größe.

*Tab. 4–3:* Potentialschwelle bei den mit ↓ gekennzeichneten Bindungen verschiedener Moleküle

| Verbindung | Potentialschwelle kcal/mol Bdg. | kJ/mol Bdg. | Bindungsabstand nm |
|---|---|---|---|
| $SiH_3 \downarrow SiH_3$ | 1,0 | 4,2 | 0,234 |
| $CH_3 \downarrow SiH_3$ | 1,7 | 7,1 | 0,193 |
| $CH_3 \downarrow CH_3$ | 2,8 | 11,7 | 0,154 |
| $CH_3 \downarrow CH_2-CH_3$ | 3,3 | 13,8 | 0,154 |
| $CH_3 \downarrow CH(CH_3)_2$ | 3,9 | 16,3 | 0,154 |
| $CH_3 \downarrow C(CH_3)_3$ | 4,8 | 20,1 | 0,154 |
| $CCl_3 \downarrow CCl_3$ | 10 | 4,2 | 0,154 |
| $CH_3 \downarrow OH$ | 1,0 | 4,2 | 0,144 |
| $CH_3 \downarrow O-CH_3$ | 2,7 | 11,3 | 0,143 |
| $CH_3 \downarrow CHO$ | 1,0 | 4,2 | 0,154 |
| $CH_3 \downarrow CH{=}CH_2$ | 2,0 | 8,4 | 0,154 |
| $CH_3 \downarrow C(CH_3){=}CH_2$ | 2,4 | 10,0 | 0,154 |
| $-CH_2-CO-CH_2 \downarrow CH_2-$ | 2,3 | 9,6 | 0,154 |
| $-CH_2 \downarrow CO-CH_2-CH_2-$ | 0,8 | 3,35 | 0,154 |
| $-CH_2 \downarrow CO-O-CH_2-$ | 0,5 | 2,1 | 0,154 |
| $-CH_2-CO-O \downarrow CH_2-$ | 1,2 | 5,0 | 0,143 |
| $-CH_2 \downarrow NH-CH_2-CH_2-$ | 3,3 | 13,8 | 0,147 |
| $-CH_2 \downarrow S-CH_2-CH_2-$ | 2,1 | 8,8 | 0,181 |
| $CH_3 \downarrow SH$ | 1,3 | 5,4 | 0,181 |

Bei Verbindungen vom Typ $\text{+}CH_2-CR_2\text{+}_n$ gibt es mehr gleichwertige Konformationen als bei Verbindungen des Typs $\text{+}CH_2-CHR\text{+}_n$. Im ersteren Fall können sich daher die Gruppen mit größerer Wahrscheinlichkeit in bestimmten Konformationen aufhalten als im zweiten. Verbindungen mit zwei gleichen Substituenten sind daher flexibler als Verbindungen mit zwei ungleichen.

Für eine hohe Flexibilität eines Moleküls sind somit verschiedene Faktoren verantwortlich: a) großer Bindungsabstand der Kettenatome, da dann die Potentialschwelle niedrig wird, b) viele konkurrierende Lagen bei gleichen Substituenten, c) geringer Potentialunterschied zwischen gauche- und trans-Lagen durch den gauche-Effekt. Alle drei Effekte sind beim Poly(dimethylsiloxan) $\leftarrow Si(CH_3)_2-O \rightarrow_n$ vorhanden, nämlich ein relativ großer Atomabstand Si–O von 0,164 nm, Symmetrie um die Hauptkette und Polarisation der Si–O-Bindung. Die große Flexibilität der Poly(dimethylsiloxane) ist maßgeblich für die tiefe Glastemperatur verantwortlich. Poly(dimethylsiloxane) sind daher bis zu Molekulargewichten von Millionen noch hochviskose Flüssigkeiten.

## *4.2 Konformation im Kristall*

Die Makrokonformation eines kristallinen Makromoleküles kann prinzipiell durch intra- und/oder intercatenare Faktoren bestimmt werden. Intercatenare Kräfte beeinflussen die gegenseitige Packung der Ketten. Verschiedene Packungen führen aber zu unterschiedlichen Dichten. Die bei kristallinen Poly($\alpha$-olefinen) gefundenen maximalen Dichtedifferenzen entsprechen jedoch nur einer Energiedifferenz von 1200 J/mol Grundbaustein (0,3 kcal/mol). Intercatenare Kräfte können daher allenfalls die Konformation sehr flexibler Ketten beeinflussen, da dort die Konformationsenergien gering sind. Auch die erfolgreiche Berechnung der Makrokonformationen aus den intracatenaren Kräften allein ohne Berücksichtigung von intercatenaren Effekten spricht für den geringen Einfluß der letzteren auf die Konformation.

Die Konformation im kristallinen Zustand wird folglich hauptsächlich durch die intracatenar wirkenden Kräfte bestimmt. Sie wird offenbar durch zwei Prinzipien geregelt. Das Äquivalenzprinzip besagt, daß die Konformation einer Kette durch die Aufeinanderfolge gleicher Struktureinheiten geregelt wird. Als Struktureinheit fungiert meist eine oder eine halbe Monomereinheit. Aufeinanderfolgende Struktureinheiten nehmen geometrisch äquivalente Stellungen inbezug auf die kristallographische Achse ein. Das Prinzip der kleinsten intracatenaren Konformationsenergie sagt aus, daß im Kristall eine isolierte Kette die Konformation mit der kleinsten Energie einnimmt, die mit dem Äquivalenzprinzip noch verträglich ist.

Die Konformation von Polymeren im kristallinen Zustand läßt sich nun mit diesen beiden Prinzipien und den bekannten van der Waals-Radien* abschätzen, ohne daß die im einzelnen wirkenden Kräfte genauer bekannt sein müssen. Der van der Waals-Radius der H-Atome beträgt 0,12 nm. Aus dem Bindungsabstand der C-Atome von 0,154 nm und dem C–C–C-Valenzwinkel von 109,6° läßt sich ferner berechnen, daß die nicht am gleichen C-Atom gebundenen H-Atome bei einer trans-Stellung 0,25 nm entfernt sind. Dieser Abstand ist größer als die Summe der van der Waals-Radien von 0,24 nm. Poly(äthylen) weist darum im ideal-kristallinen Zustand eine all-trans-Konformation (Zick-Zack-Form) auf, da die trans-Konformation dem Potentialminimum entspricht. Beim Übergang zur gauche-Konformation verringern sich die Abstände der

*Für Konformationen sind die van der Waals'schen Radien und nicht die (kleineren) Atomradien entscheidend.

| Konformation | Räumliche Darstellung<br>rechtwinklig zur Kette | <br>in Kettenrichtung | Grundbausteine | Helix-Typ[1] | Rotationswinkel | Beispiele |
|---|---|---|---|---|---|---|
| ··· ttt ··· | 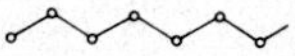 | 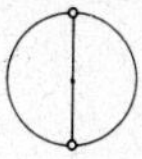 | $-CH_2-CH_2-$<br>$-CH_2-$<br>$-CH_2-CHCl-$ | $1_1$<br>$2_1$<br>$1_1$ | 0/0<br>0/0<br>0/0 | Poly(äthylen)<br>Poly(methylen)<br>st-Poly(vinylchlorid) |
| | |  | $-CF_2-CF_2-$ | $13_1$ | 16/16 | Poly(tetrafluor-äthylen) |
| ··· tgtg ··· | 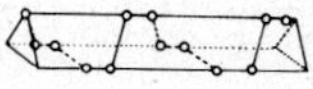 | 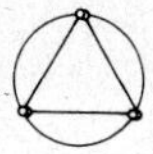 | $-CH_2-CH-$<br>$\vert$<br>R | $3_1$ | 0/120<br>0/120<br>0/120 | it-Poly(propylen) ($R = CH_3$)<br>it-Poly(styrol) ($R = C_6H_5$)<br>it-Poly(5-methyl-1-hepten)<br>($R = CH_2-CH_2-CH(CH_3)-CH_2-CH_3$) |
| | | 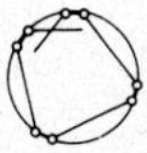 | $-CH_2-CH-$<br>$CH_2$<br>$CH_3-CH$<br>$CH_3$ | $7_2$ | -13/110 | it-Poly(4-methyl-1-penten) |
| | | 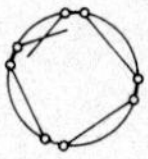 | $-CH_2-CH-$<br>$CH_3-C_6H_4$ | $11_3$ | -16/104 | it-Poly(m-methyl-styrol) |
| | | 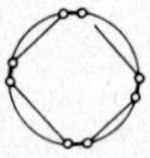 | $-CH_2-CH-$<br>$CH_3-CH$<br>$CH_3$ | $4_1$ | -24/96<br>0/90<br>-45/95 | it-Poly(3-methyl-1-buten)<br>it-Poly(o-methyl-styrol)<br>it-Poly(acetaldehyd) |
| ··· ggg ··· | 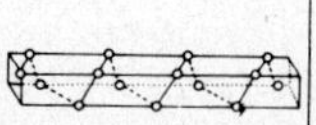 | 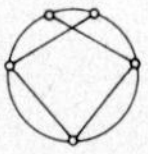 | $-CH_2-O-$ | $9_5$ | 103/103 | Poly(oxymethylen) |
| ··· ttgttg ··· | 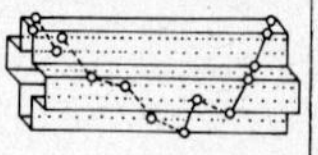 | 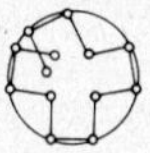 | $-CH_2-CH_2-O-$ | $7_2$ | -12/12/120 | Poly(äthylenglykol) |
| | |  | $-NH-CH_2-CO-$ | $7_2$ | -36/0/106 | Poly(glycin) II |
| ··· tggtgg ··· | 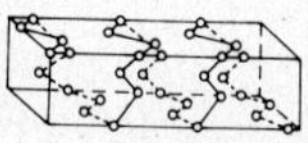 | 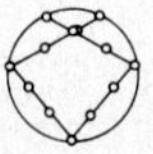 | $-NH-CHR-CO-$ | $11_3$ | 0/122/143 | α-Helix der Polypeptide |
| ··· ttgg ··· | 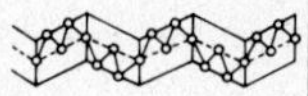 | 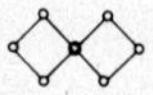 | $-CH_2-CH(CH_3)-$ | $4_2$ | 0/-120/-120 | st-Poly(propylen) |

[1]) Grundbausteine pro Zahl der Windungen

*Abb. 4-5:* Wichtige Konformationstypen von Makromolekülen (nach S.-I. Mizushima und T. Shimanouchi).

$CH_2$-Gruppen an weiter entfernten C-Atomen und die Konformationsenergie erhöht sich um $3{,}3 \cdot 10^4$ J mol Bindung (vgl. auch Abb. 4–3; die • entsprechen einer $CH_2$-Gruppe beim Polyäthylen!).

Die van der Waals-Radien der Fluoratome betragen 0,14 nm. Bei einer all-trans-Konformation des Poly(tetrafluoräthylens) wäre also die Distanz der Fluoratome (0,25 nm) kleiner als die Summe der van der Waals-Radien (0,28 nm). Die Kettenatome weichen daher unter leichter Veränderung des Rotationswinkels von 0 auf 16° aus der idealen all-trans-Lage aus und bilden eine $13_1$-Helix (Abb. 4–5)**. Bei dieser Konformation befinden sich die an benachbarten C-Atomen sitzenden Fluoratome nunmehr in 0,27 nm Abstand. Beim Poly(isobutylen) $+CH_2-C(CH_3)_2+_n$ ist die Situation ähnlich: die großen Methylgruppen zwingen die Kette im Kristall in eine $8_3$-Helix. Da zwei gauche-Lagen möglich sind, können links- und rechtshändige Helices existieren.

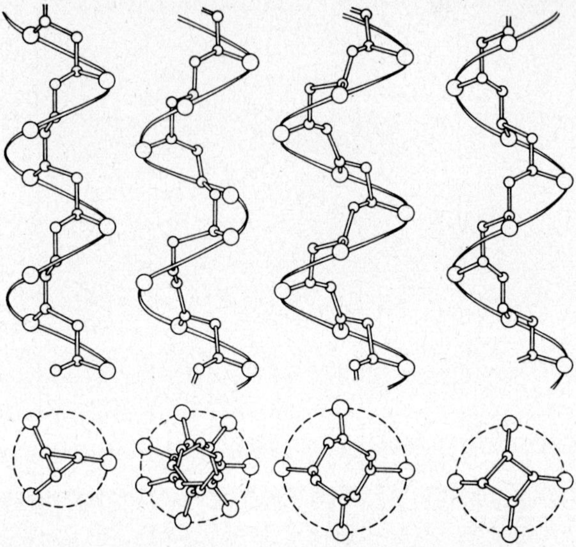


*Abb. 4–6:* Schematische Darstellung der Helix-Typen verschiedener isotaktischer Polymerer $+CH_2-CHR+_n$. I = $3_1$; II = $7_2$; III und IV = $4_1$ (nach G. Natta, P. Corradini und I. W. Bassi).

Helixbildung kommt bei Makromolekülen relativ häufig vor. Helices werden durch eine Zahl $p_q$ gekennzeichnet, bei der p die Anzahl Grundbausteine pro q Windungen angibt, nach denen die Ausgangslage wiederhergestellt ist. it-Poly(propylen) bildet z.B. eine $3_1$-Helix (Abb. 4–6). Bei manchen Makromolekülen winden sich zwei (z. B. Desoxyribonucleinsäure) oder drei (z.B. Kollagen) einzelne Helices ineinander. Solche Helices werden auch als Superhelices bezeichnet (Abb. 4–7).

Bei isotaktischen Polyvinylverbindungen $+CH_2-CHR+_n$ zwingt die Größe der Substituenten R an jedem zweiten Kettenatom die Kette dazu, von der ... tttt ... -Konformation in die ... tgtg ... -Konformation auszuweichen. Die Energie der ... tt ... -Konformation liegt z.B. beim it-Poly(propylen) um $4{,}18 \cdot 10^5$ J/mol höher als die der

**Der Ausdruck Helix (Schraube) stammt vom Namen der Weinbergschnecke (helix pomatia) ab, da diese ein schraubenförmiges Schneckengehäuse besitzt.

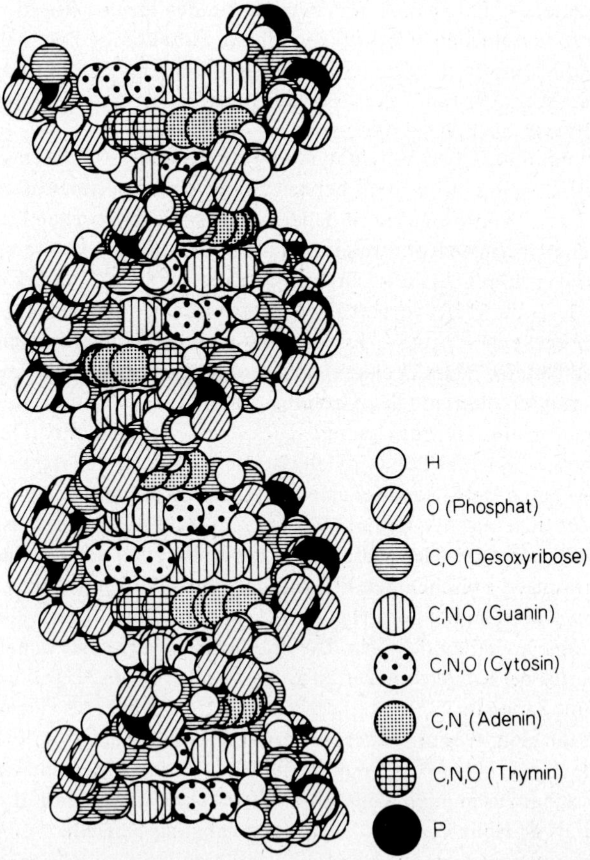


*Abb. 4-7:* Ausschnitt aus der Doppelhelix der Desoxyribonucleinsäure. H-Atome sind nur in der Phosphatesterkette hervorgehoben (nach M. Eigen)

... tg ... -Konformation. it-Poly(propylen) und it-Poly(styrol) liegen im kristallinen Zustand in Form von $3_1$-Helices mit Rotationswinkeln von 0 und 120° vor. Auch die Valenzwinkel werden mit zunehmender Größe des Substituenten deutlich deformiert: 110° beim Poly(äthylen), 114° beim it-Poly(propylen) und 116° beim it-Poly(styrol). Beim Übergang vom it-Poly(5-methyl-1-hepten) zum it-Poly(4-methyl-1-penten) rückt die Methylgruppe näher an die Hauptkette heran. Der größere sterische Effekt zwingt die Kettenatome, von den idealen trans- und gauche-Lagen mit Rotationswinkeln von 0 und +120° abzuweichen und Rotationswinkel von −13 und +110° anzunehmen. Poly(4-methyl-1-penten) liegt daher als $7_2$-Helix vor. Beim Poly(3-methyl-1-buten) befindet sich die Methylgruppe in unmittelbarer Nachbarschaft der Kette, das Polymer liegt als $4_1$-Helix vor.

Konformationen mit Abweichungen von bis zu ± 30° von den Ideallagen werden meist mit den Namen der Ideallagen bezeichnet. Eine Konformation mit einem Rotationswinkel von −13° wird daher als trans bezeichnet.

Isotaktische Polymere mit zwei Kettenatomen pro Grundbaustein neigen also dazu, in mehr oder weniger idealen tg-Konformationen aufzutreten. Die geringeren Energie-Unterschiede bei kleinen Abweichungen von den idealen Rotationswinkeln können außerdem zu verschiedenen Helixtypen führen. Isotaktische Polymere kristallisieren daher gelegentlich in verschiedenen Helixtypen. Bei rascher Kristallisation des it-Poly(buten-1) entsteht eine $4_1$-Helix, die als energiereichere Form beim Tempern in eine $3_1$-Helix übergeht (vgl. auch Kap. 10.3.5).

Bei syndiotaktischen Vinylpolymeren sind die Substituenten in der all-trans-Konformation weiter entfernt als bei den entsprechenden isotaktischen Verbindungen. Die ... tt . .-Konformation ist daher für die syndiotaktischen Polymeren in der Regel die energieärmste Konformation. Poly(1,2-butadien), Poly(acrylnitril) und Poly(vinylchlorid) gehören zu dieser Gruppe. In einigen Fällen ist eine Folge von Rotationswinkeln 0,0, – 120, – 120° vorteilhafter. Substanzen wie st-Poly(propylen) nehmen daher in der Regel eine ... ttgg.. -Konformation ein, können aber auch wegen des geringen Energie-Unterschiedes in einer .. tt ..-Konformation kristallisieren.

Poly(vinylalkohol) mit dem Grundbaustein $-(CH_2-CHOH)-$ trägt an jedem zweiten Kettenatom eine Hydroxylgruppe. Diese OH-Gruppen können intramolekulare Wasserstoffbrücken bilden. it-Poly(vinylalkohol) bildet daher im Gegensatz zu den it-Poly($\alpha$-olefinen) keine Helix, sondern eine all-trans-Konformation aus. st-Poly(vinylalkohol) liegt aus dem gleichen Grund nicht als Zick-Zack-Kette, sondern als Helix vor.

Bei Polymeren mit Heteroatomen in der Kette kann der verminderte Einfluß der Wechselwirkungen zwischen den Elektronenwolken der Bindungen an den Kettenatomen wirksam werden. Bei der $CH_2$-Gruppe sind drei Bindungen, bei der O-Gruppe dagegen nur eine zu berücksichtigen. Die Potentialschwelle sinkt daher auf ungefähr 1/3 des Wertes bei Kohlenstoffketten ab (vgl. auch Tab. 4-3). Das bedeutet, daß z.B. Moleküle mit Sauerstoffatomen in der Hauptkette flexibler als vergleichbare mit Kohlenstoffketten sind. Wegen des verminderten Atomabstandes von 0,144 nm bei der C–O-Bindung gegenüber 0,154 nm bei der C–C-Bindung rücken Methylsubstituenten relativ näher zusammen, wodurch die Helix aufgeweitet wird. it-(Poly(acetaldehyd) liegt daher als $4_1$-Helix vor, it-Poly(propylen) aber als $3_1$-Helix. Fällt der Einfluß der Methylsubstituenten fort, wie beim Poly(oxymethylen), so machen sich die Effekte der Bindungsorientierung besonders stark bemerkbar. Poly(oxymethylen) liegt daher als ... gg ..-Konformation vor, Poly(äthylenglykol) dagegen als .. ttgttg.. Poly(glycin) II kristallisiert wie Poly(äthylenglykol) in einer $7_2$-Helix, die wegen der Wasserstoffbrücken jedoch deformiert ist. Beim it-Poly(propylenoxid) wird durch die Methylsubstituenten die Abstoßung zwischen den Methylgruppen herauf- und die Bindungsorientierung herabgesetzt: dieses Polymere kristallisiert in einer all-trans-Konformation.

## 4.3 Mikroformation in Lösung

### 4.3.1 NIEDERMOLEKULARE VERBINDUNGEN

Die vorstehenden Ausführungen bezogen sich auf Moleküle im Gaszustand oder im Kristall. Da Packungseffekte im Kristall die Konformation im energieärmsten Zustand nur wenig beeinflussen, werden die Konformationen im Gas und im Kristall praktisch nur durch die Konstitution und Konfiguration der Moleküle bestimmt.

Diese Konformationen können durch die Wechselwirkung mit anderen, gleichen oder ungleichen, Molekülen geändert werden. Die Anteile der verschiedenen Konformeren werden daher im Gaszustand einerseits und in Flüssigkeit bzw. Lösung andererseits in der Regel verschieden sein.

Die Konformationsenergien in Lösung bzw. Flüssigkeit und Gaszustand sind in der Regel umso verschiedener, je stärker der gauche-Effekt ist. Der gauche-Effekt ist beim Butan abwesend. Die Konformationsenergie ist daher hier im Gaszustand (3350 J/mol = 0,80 kcal/mol) und im flüssigen Zustand (3220 J/mol = 0,77 kcal/mol) gleich groß. Beim 1,2-Dichloräthan wird dagegen die Konformationsenergie mit steigender Dielektrizitätskonstante der Umgebung immer positiver. In den meisten Lösungsmitteln ist hier die Konformationsenergie $E_t - E_g$ negativ, d. h. die trans-Konformation ist bevorzugt. In Methanol ist jedoch die gauche-Konformation dominierend, da die Konformationsenergie positiv ist (Abb. 4 - 8).

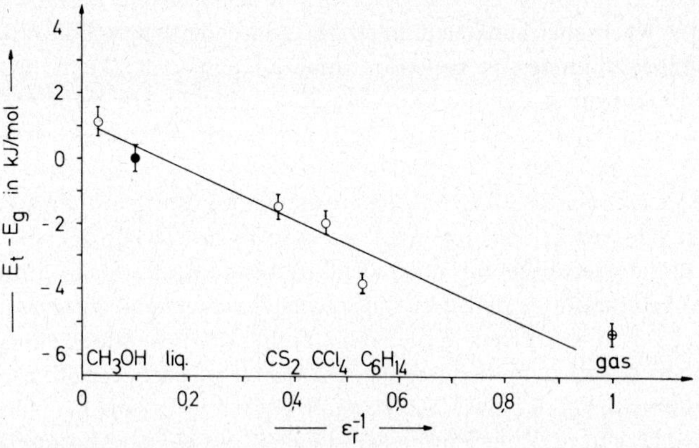


*Abb. 4-8:* Konformationsenergie von 1,2-Dichloräthan als Funktion der relativen Permittivität (früher: Dielektrizitätskonstante) in verschiedenen Lösungsmitteln (○), in Flüssigkeit (●) und im Gaszustand (⊕)

Die durch den gauche-Effekt bedingte Zunahme von gauche-Konformationen in polaren Lösungsmitteln zeigt sich auch beim meso-2,4-Pentandiol (Tab. 4–4). Auffällig ist, daß die Anteile von gauche-Diaden gleichen Vorzeichens in fast allen Lösungsmitteln gleich null sind.

*Tab. 4-4:* Einfluß des Lösungsmittels auf die Konformation von meso-2,4-Pentandiol bei 40 °C

| Lösungs- | | Anteile konformativer Diaden in % | | |
|---|---|---|---|---|
| mittel | tt | $tg^+$ und $g^-t$ | $tg^-$ und $g^+t$ | $g^+g^+$ und $g^-g^-$ |
| $CCl_4$ | 70 | 10 | 10 | 10 |
| $CH_2Cl_2$ | 90 | 10 | 0 | 0 |
| Pyridin | 45 | 48 | 7 | 0 |
| DMSO | 30 | 60 | 10 | 0 |
| $D_2O$ | 5 | 70 | 25 | 0 |

### 4.3.2 MAKROMOLEKULARE VERBINDUNGEN

Die Konformation niedermolekularer Verbindungen in Lösung wird im wesentlichen von den Wechselwirkungen zwischen den nächsten Nachbarn und deren Wechselwirkungen mit dem Lösungsmittel beeinflußt. Die Konformation hochmolekularer

Verbindungen wird aber noch von der Kette selbst bestimmt, wodurch gewisse Konformationen ausgeschlossen werden können. Eine Konformationsänderung an einer Bindung zieht daher häufig Konformationsänderungen an einer Reihe benachbarter Bindungen nach sich. Je nach der Stärke der Wechselwirkungen zwischen dem Makromolekül und dem Lösungsmittel können zwei Grenzfälle unterschieden werden:

Starke Wechselwirkungen können nur zwischen polaren Gruppen auftreten. Sie können z. B. zu einer Solvatation makromolekularer Gruppen führen. Alternativ können auch Lösungsmittelmoleküle in der Nähe einer makromolekularen Gruppe einen gauche-Effekt induzieren. In jedem Falle werden die Konformationsänderungen des Makromoleküls beim Übergang vom kristallinen in den gelösten Zustand durch gruppenspezifische Wechselwirkungen, d. h. letztlich durch enthalpische Effekte bewirkt. Da praktisch jede Bindung eine neue Konformation einnehmen kann, bleiben nur sehr wenige Bindungen in der alten Konformation erhalten. Die Sequenzlänge konformativer Diaden polarer Makromoleküle in stark polaren Lösungsmitteln ist daher sehr kurz.

Beim Lösen apolarer Makromoleküle in apolaren Lösungsmitteln treten dagegen nur schwache oder gar keine gruppenspezifischen Wechselwirkungen auf. Weder Solvatation noch induzierte gauche-Effekte sind treibende Kräfte für Konformationsänderungen. Konformationsänderungen müssen daher weitgehend entropisch bedingt sein. Aus energetischen Gründen werden nur einzelne Konformationen umgewandelt. Große Sequenzen bleiben in der ursprünglichen Konformation erhalten.

Die Konformation der makromolekularen Ketten in Lösung kann ferner noch durch die Ordnung des Lösungsmittels selbst beeinflußt werden. Benzol bildet z. B. geldrollenförmige Assoziate, während $CCl_4$ keine Ordnung aufweist. Geordnete Lösungsmittel können daher den makromolekularen Ketten zumindest über kurze Strekken eine bestimmte Folge konformativer Diaden aufzwingen.

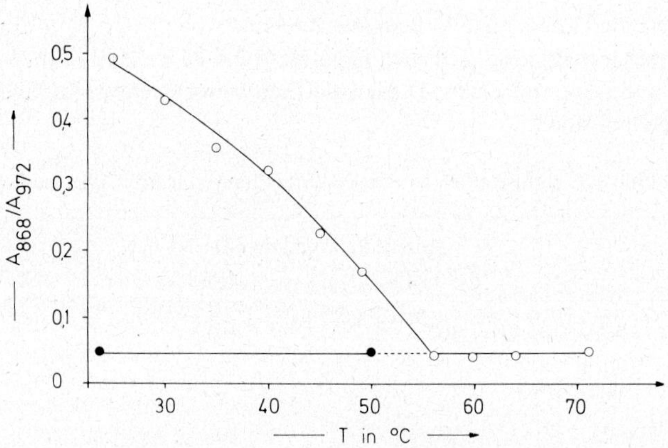


*Abb. 4-9:* Temperaturabhängigkeit des Verhältnisses der Absorptionen bei 868 nm („kristalline" Bande) und bei 972 nm (Bezugsbande) bei einer Lösung eines st-Poly(propylens) (ca. $4 \cdot 10^{-3}$ g/cm³) in Benzol (○) und Tetrachlorkohlenstoff (●) (nach B. Stofer und H.-G. Elias).

Das Auftreten geordneter konformativer Sequenzen konnte bei einigen Lösungen von Makromolekülen direkt experimentell nachgewiesen werden. Kristallines st-

Poly(propylen) weist nämlich im IR-Spektrum bei 868 nm eine sog. kristalline Bande auf, die beim Schmelzen verschwindet. Sie ist nach theoretischen Berechnungen praktisch ausschließlich durch die Helixstruktur des Polymeren bedingt. Sie tritt nicht bei Lösungen in $CCl_4$, wohl aber bei Lösungen in Benzol auf. Mit steigender Temperatur nimmt die Bandenintensität ab: die Helixstücke schmelzen (Abb. 4–9).

Die mittlere Zahl $N_h$ der in Helixstücken vorliegenden Bausteine kann über

$$(4\text{–}3) \qquad N_h = \frac{1 + \exp(-\Delta E/RT)}{\exp(-\Delta E/RT)}$$

abgeschätzt werden. Die Konformationsenergie $\Delta E$ für eine Bindung ist aber gleich der Hälfte der Gibbs-Energie für die „Reaktion" zwischen einer linkshändigen und einer rechtshändigen konformativen Diade,

$$(4\text{–}4) \qquad \mathrm{ll} + \mathrm{dd} \rightleftarrows \mathrm{ld} + \mathrm{dl}$$

d. h.

$$(4\text{–}5) \qquad \Delta E = 0{,}5\ \Delta G = -0{,}5\ RT \ln \frac{[\mathrm{ld}]\,[\mathrm{dl}]}{[\mathrm{ll}]\,[\mathrm{dd}]} = 0{,}5\ RT \ln \frac{g_{\mathrm{ll}} g_{\mathrm{dd}}}{g_{\mathrm{ld}} g_{\mathrm{dl}}}$$

Die Molkonzentrationen können dabei durch die statistischen Gewichte ersetzt werden. Jedes statistische Gewicht ist mit der Konformationsenergie $E_{jk}$ einer konformativen Diade über $E_{jk} = -RT \ln g_{jk}$ verknüpft. Aus Gl. (4–5) erhält man daher

$$(4\text{–}6) \qquad \Delta E = 0{,}5\ (E_{\mathrm{ll}} + E_{\mathrm{dd}}) - 0{,}5\ (E_{\mathrm{ld}} + E_{\mathrm{dl}})$$

$E_{\mathrm{ll}}$ ist dabei die Konformationsenergie einer linkshändigen Monomereinheit, die einer anderen linkshändigen Monomereinheit folgt; $E_{\mathrm{dl}}$ die Energie einer linkshändigen Einheit, die einer rechtshändigen folgt usw. Bei total dissymetrischen Ketten gilt $E_{\mathrm{ld}} = E_{\mathrm{dl}}$, bei Ketten mit asymmetrischen Kettenatomen und/oder asymmetrischen Substituenten gilt dagegen $E_{\mathrm{ld}} \neq E_{\mathrm{dl}}$. Nach diesen Berechnungen bleiben bei optisch inaktiven Poly($\alpha$-olefinen) in Lösung Kettenstücke von ca. 6–10 Monomereinheiten erhalten.

Ähnliche Ordnungserscheinungen in Lösung lassen sich auch bei anderen Polymeren und mit anderen Methoden beobachten. Nach Protonresonanz-Messungen tritt bei Poly(oxyäthylenen) $HO\!\left(CH_2CH_2O\right)_n\!H$ in benzolischer Lösung und schwächer in $CCl_4$-Lösungen vom Heptameren an ein neues Signal auf, das sicher einer anderen Konformation zuzuschreiben ist. Alkane $CH_3\!\left(CH_2\right)_n\!CH_3$ zeigen nach PMR-Messungen in 1-Chlornaphthalin bei $n < 14$ nur ein Methylenproton-Signal, bei $n > 15$ aber zwei. Diese Signalaufspaltung wurde nicht in $CCl_4$ oder in deuterierten Alkanen gefunden. Sie wurde durch eine intramolekulare Kettenfaltung erklärt, könnte aber auch durch eine intermolekulare Assoziation von Kettenstücken bedingt sein.

## *4.4 Ideale Knäuelmoleküle in Lösung*

### 4.4.1 PHÄNOMENE

Beim Lösen einer konstitutiv und konfigurativ einheitlichen makromolekularen Kette können also mindestens Teile der im Kristall vorliegenden Konformationen umgewandelt werden. Diese „falschen" Konformationen erzeugen „Knicke" in der Kette.

Nur wenige solcher Knicke genügen aber, die im Kristall im thermodynamischen Gleichgewicht vorliegende Makrokonformation eines ausgestreckten Stäbchens in die Makrokonformation eines Knäuels zu überführen. Dabei kann durchaus ein mehr oder minder großer Teil der ursprünglich vorhandenen Mikrokonformationen erhalten bleiben (Abb. 4-10).

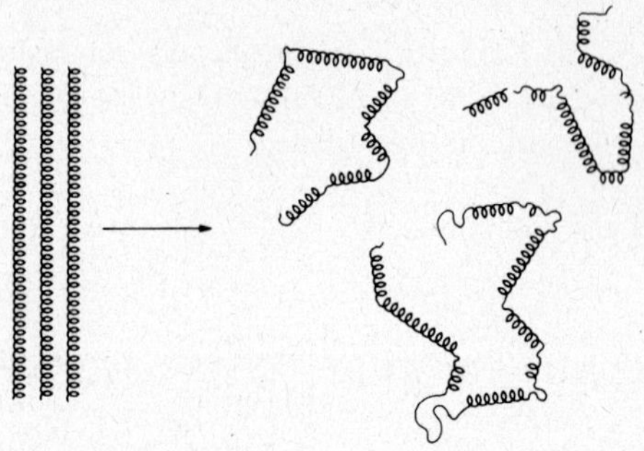

*Abb. 4-10:* Lösen von Makromolekülen, die im Kristall als Helix vorliegen. Nur wenige „falsche" Konformationen genügen, um die Makrokonformation eines Knäuels unter weitgehendem Beibehalt der Mikrokonformation einer Helix zu erzeugen.

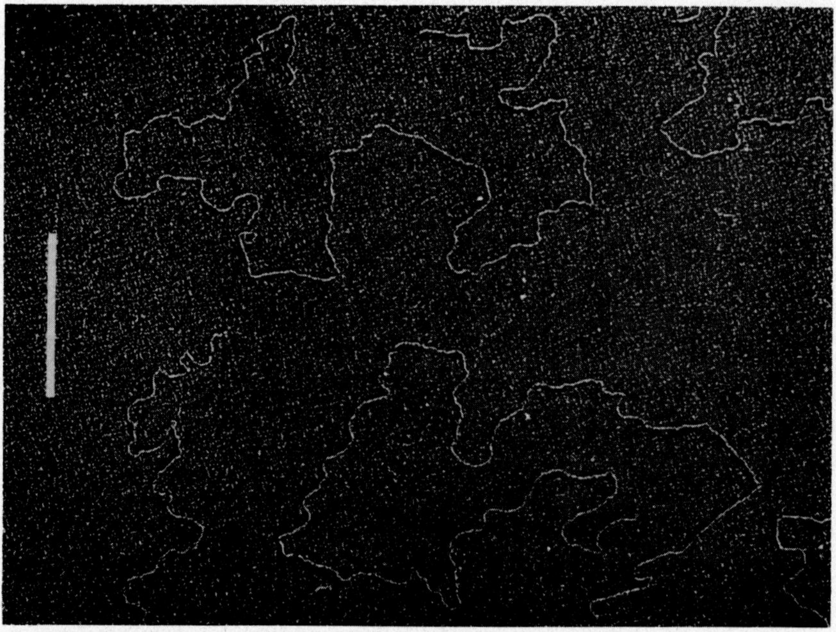

*Abb. 4-11:* Elektronenmikroskopische Aufnahme der Doppelketten der Desoxyribonucleinsäure (nach D. Lang, H. Bujard, B. Wolff und D. Russell).

Die Knäuelform derartiger Makromoleküle läßt sich bei genügend großem Durchmesser der Kette elektronenmikroskopisch nachweisen. Da die Moleküle auf einer Unterlage untersucht werden, erhält man stets eine zweidimensionale Projektion ihrer in Lösung vorliegenden dreidimensionalen Form. Abb. 4-11 zeigt die Knäuelgestalt der Moleküle der Desoxyribonucleinsäure. Die Bausteine liegen dabei lokal in der Konformation einer Doppelhelix vor.

Ein knäuelförmiges Makromolekul kann über seinen Fadenendenabstand $L$ oder über seinen Trägheitsradius $R_G$ charakterisiert werden (Abb. 4-12). Die Beziehungen zwischen diesen beiden Größen, sowie je einer von ihnen und der Anzahl und der Länge der die Knäuel aufbauenden Segmente hängt von den Annahmen bei der Berechnung sowie der Wechselwirkung der Knäuel mit dem Lösungsmittel ab.

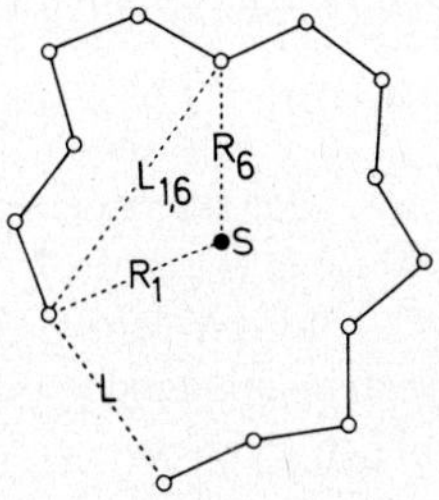


*Abb. 4-12:* Schematische Darstellung eines Knäuelmoleküls aus 14 Massepunkten mit dem Fadenendenabstand $L$ und den Trägheitsradien $R$ der einzelnen Masse-Massepunkte zum Schwerpunkt S.

## 4.4.2 FADENENDENABSTÄNDE UND TRÄGHEITSRADIEN

### 4.4.2.1 Segmentmodell

Beim sog. Segmentmodell wird angenommen, daß die Segmentlängen $l$ immer gleich groß sind, daß der Winkel $\vartheta$ zwischen zwei Segmenten jeden beliebigen Wert annehmen kann, und daß die Segmente unendlich dünn sind. Außerdem wird nicht spezifiziert, was eigentlich ein solches Segment physikalisch darstellt, d. h. z. B. die Bindungslänge zwischen zwei Kettenatomen oder eine Einheit aus mehreren Bindungslängen.

Die gewünschte Beziehung zwischen Fadenendenabstand $L$ und $N$ bzw. $l$ läßt sich durch eine Vektorrechnung erhalten (vgl. Anhang zu Kap. 4). Das Wesentliche läßt sich einer etwas mehr anschaulicheren Betrachtung entnehmen:

Zwei Segmente mit der Länge $l$ sollen einen Winkel $\vartheta$ einschließen. Der Abstand $L_{oo}$ zwischen den Enden der beiden Segmente ist dann durch den Cosinussatz gegeben

(4-7) $$L_{00}^2 = 2\,l^2 - 2\,l^2 \cos\vartheta\,;$$

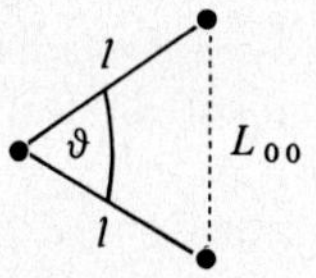


Wenn beliebig viele Winkel $\vartheta$ vorhanden sind, tritt an die Stelle von $L_{00}^2$ das Mittel über alle Fadenendenabstände $\langle L^2\rangle_{00}$ und anstelle $\cos\vartheta$ das Mittel $\langle\cos\vartheta\rangle$. Da alle Richtungen gleich wahrscheinlich sind, wird aber $\langle\cos\vartheta\rangle = 0$. Gl. (4-7) wird daher zu

(4–8) $\langle L^2 \rangle_{00} = 2\, l^2$

Beim Übergang von 2 Segmenten auf $N$ Segmente erhält man entsprechend:

(4–9) $\langle L^2 \rangle_{00} = N\, l^2$

4.4.2.2 Valenzwinkelkette

Das Segmentmodell nimmt beliebige Winkel zwischen aufeinanderfolgenden Segmenten an. In einem realen Knäuel sind jedoch feste Valenzwinkel vorhanden. Die Durchrechnung ergibt für die Beziehung zwischen dem Fadenendenabstand $L_{of}$ dieser Valenzwinkelkette (mit implizit angenommener freier Drehbarkeit) einerseits und der Zahl $N$ der Bindungen, der Bindungslänge $l$ und dem Valenzwinkel $\vartheta$ für eine große Zahl $N$ andererseits

(4–10) $\langle L^2 \rangle_{of} = N\, l^2\, (1 - \cos \vartheta)\, (1 + \cos \vartheta)^{-1}$

Der Übergang von beliebigen zu fixen Valenzwinkeln bedeutet eine Knäuelaufweitung, wenn die Valenzwinkel größer als 90° sind (vgl. die Gl. (4–9) und (4–11)).

Eine Valenzwinkelkette in der all-trans-Konformation weist die physikalisch maximal mögliche Länge $l_{max}$ auf. $l_{max}$ berechnet sich nach einfachen geometrischen Überlegungen zu

(4–11) $l_{max} = N\, l \sin (0{,}5\, \vartheta)$

Die Konturlänge

(4–12) $l_{cont} = N\, l$

ist dagegen die Länge einer völlig gestreckten Kette mit dem Valenzwinkel 180°.

4.4.2.3 Valenzwinkelkette mit behinderter Drehbarkeit

Auch die Valenzwinkelkette mit freier Drehbarkeit ist irreal, da sie die Existenz der Konformeren vernachlässigt. Jeder Konformation ist ein Rotationswinkel $\theta$ zugeordnet (vgl. Abb. 4–3). Durch eine analoge mathematische Behandlung, wie sie beim Einfluß des Valenzwinkels auf die Knäueldimensionen vorgenommen wurde, erhält man für symmetrisch gebaute Ketten (z. B. $\text{+}CH_2\text{–}CR_2\text{+}_n$ unendlich hohen Polymerisationsgrades und für endliche $\theta$-Werte

(4–13) $$\langle L^2 \rangle_0 = N\, l^2 \left( \frac{1 - \cos \vartheta}{1 + \cos \vartheta} \right) \left( \frac{1 + \cos \theta}{1 - \cos \theta} \right) = N\, l^2 \left( \frac{1 - \cos \vartheta}{1 + \cos \vartheta} \right) \sigma_{symm}^2$$

Da verschiedene Mikrokonformationen vorliegen können, ist über alle Einflüsse zu mitteln. Das die Rotationswinkel enthaltende Glied wird daher oft durch eine neue Größe $\sigma_{symm}^2$ wiedergegeben, die als Quadrat angesetzt wird, damit $\sigma$ den Längeneinheiten $L$ und $l$ vergleichbar wird.

Bei einer Kette mit völlig freier Drehbarkeit wird $\cos \theta = 0$ und Gl. (4–13) geht in Gl. (4 – 10) über. Eine all-trans-Kette mit $\theta = 0$ ist völlig steif. $\sigma_{symm}$ ist folglich ein Maß für die Rotationsbehinderung und wird darum Behinderungsparameter genannt. Bei taktischen Polymeren ist der Zusammenhang zwischen $\theta$ und $\sigma$ komplizierter. Man kann jedoch immer eine zu Gl. (4–13) analoge Beziehung ansetzen:

$$(4\text{–}14) \quad \langle L^2 \rangle_0 = N\, l^2\, (1 - \cos \vartheta)\, (1 + \cos \vartheta)^{-1}\, \sigma^2$$

Der Behinderungsparameter $\sigma$ ist ein Maß für die thermodynamische Flexibilität eines Makromoleküls. Er läßt sich aus den bekannten molekularen Daten ($N$, $l$ und $\vartheta$) berechnen, wenn $\langle L^2 \rangle_0$ bekannt ist. Der Fadenabstand läßt sich durch Lichtstreuungs-, Röntgenkleinwinkel- oder Neutronenbeugungs-Messungen bestimmen (vgl. Kap. 9.5 und 9.6) oder über Viskositätsmessungen ermitteln (Kap. 9.9.6).

Wenn der Fadenendenabstand eines Knäuelmoleküls nur durch $N$, $l$, $\vartheta$ und $\sigma$ festgelegt ist, spricht man von einem ungestörten Knäuel.

4.4.2.4 Trägheitsradius

Der Fadenendenabstand ist eine anschauliche, aber keine direkt meßbare Größe. Er verliert zudem bei verzweigten Makromolekülen jede physikalische Bedeutung, da dort mehr als zwei Kettenenden vorhanden sind. Direkt meßbar ist dagegen der Trägheitsradius.

Der Trägheitsradius $\langle R_G^2 \rangle^{0,5}$ ist als Wurzel aus dem Mittel über alle Quadrate der Trägheitsradien definiert, diese wiederum als 2. Moment der Massenverteilung

$$(4\text{–}15) \quad \langle R_G^2 \rangle^{0,5} = [(\sum_i m_i R_i^2)/(\sum_i m_i)]^{0,5}$$

Beim Segmentmodell und den Valenzwinkelketten mit und ohne behinderter Drehbarkeit besteht eine definierte Beziehung zwischen dem Fadenendenabstand und dem Trägheitsradius. Sie ist im Anhang zum Kap. 4 für das Segmentmodell abgeleitet. Aus den Gl. (4–9), (4–10) und (4–13) geht hervor, daß beim Übergang vom Segmentmodell zu den beiden Valenzwinkelketten für $\vartheta > 90°$ der Fadenendenabstand größer wird. Auch der Trägheitsradius muß daher zunehmen. Die Durchrechnung zeigt, daß für alle drei Modelle stets die gleiche Beziehung zwischen Fadenendenabstand und Trägheitsradius besteht, nämlich für den Grenzfall unendlich hohen Molekulargewichtes

$$(4\text{–}16) \quad \langle L^2 \rangle_0 = 6 \langle R_G^2 \rangle_0$$

4.4.2.5 Form von ungestörten Knäueln

Die momentane Gestalt eines knäuelförmigen Fadenmoleküls kann wie folgt quantitativ charakterisiert werden. Der Schwerpunkt des Moleküls wird in den Ursprung eines Cartesischen Koordinatensystems gelegt. Das Molekül wird dann in diesem Koordinatensystem so orientiert, daß die Haupt-Trägheitsachsen mit den Koordinatenachsen identisch sind. Der Vektorradius $\boldsymbol{R}_i$ jedes Massenpunktes (vgl. Abb. 4–12) kann nun in die drei orthogonalen Komponenten $(\boldsymbol{R}_i)_1$, $(\boldsymbol{R}_i)_2$ und $(\boldsymbol{R}_i)_3$ zerlegt werden. Dabei muß gelten

$$(4\text{–}17) \quad (\boldsymbol{R}_i)_1^2 + (\boldsymbol{R}_i)_2^2 + (\boldsymbol{R}_i)_3^2 = R_i^2$$

In gleicher Weise kann auch der Trägheitsradius in drei Komponenten zerlegt werden, nämlich in $\boldsymbol{R}_{G,1}^2$, $\boldsymbol{R}_{G,2}^2$ und $\boldsymbol{R}_{G,3}^2$. Da diese drei Komponenten in einer speziellen Beziehung zu den drei Haupt-Trägheitsachsen des Moleküls stehen, werden sie die Haupt-Komponenten des Trägheitsradius der Kette genannt.

Bei einem völlig kugelsymmetrischen Knäuelmolekül würde gelten

$$(4\text{-}18) \quad R_{G,1}^2 = R_{G,2}^2 = R_{G,3}^2 = R_G^2/3$$

Berechnungen haben jedoch gezeigt, daß die Quadrate der Hauptkomponenten nicht gleich groß, sondern verschieden sind. Sie verhalten sich zueinander wie 11,8 : 2,7 : 1. Die momentane Gestalt eines Knäuelmoleküls ist daher nicht kugelförmig, sondern mehr die eines deformierten Ellipsoids. Mit zunehmender Verzweigung werden die Moleküle jedoch symmetrischer.

### 4.4.3 BEHINDERUNGSPARAMETER UND KONSTITUTION

Der Behinderungsparameter ist nur bei unpolaren Polymeren in apolaren Lösungsmitteln unabhängig von der Umgebung. Bei polaren Polymeren und/oder polaren Lösungsmitteln hängt er jedoch deutlich vom Typ des Lösungsmittels ab (vgl. Tab. 4–5). Derartige Effekte sind wegen der in polaren Lösungsmitteln zu erwartenden Veränderungen des trans/gauche-Verhältnisses zu erwarten.

*Tab. 4–5:* Behinderungsparameter verschiedener „ataktischer" Polymerer

| Polymer | Lösungsmittel | Temp °C | $\sigma$ |
|---|---|---|---|
| Poly(äthylen) | Tetralin | 100 | 1,63 |
| Poly(propylen) | Cyclohexanon | 92 | 1,8 |
| Poly(isobutylen) | Benzol | 24 | 1,93 |
| Poly(styrol) | Cyclohexan | 34 | 2,3 |
| Poly(1-vinyl-naphthalin) | Decalin/Toluol | 25 | 3,2 |
| Poly(methylmethacrylat) | Benzol | 30 | 2,10 |
| | Toluol | 30 | 2,12 |
| | Benzol/Cyclohexan | 25 | 2,14 |
| | Aceton | 25 | 1,86 |
| | Butanon | 25 | 1,89 |
| | Butylchlorid | 25 | 1,87 |
| Cellulose | Kupferäthylendiamin | 25 | 2,0 |
| Hydroxyäthylcellulose | Methanol | 25 | 1,9 |

Bei etwa gleichen Wechselwirkungen Polymer/Lösungsmittel nimmt der Behinderungsparameter mit steigender Größe des Substituenten, d. h. mit zunehmendem Formelgewicht $M_u$ des Grundbausteins zu. Tab. 4–5 zeigt dies für die Reihe Poly(äthylen)-Poly(propylen)-Poly(styrol)-Poly(1-vinylnaphthalin), Abb. 4–13 für eine Reihe von Poly(methacrylsäure-) und Poly(itaconsäureestern).

Cellulose und ihre Derivate weisen $\sigma$-Werte von ca. 2 auf. Sie sind also thermodynamisch etwa gleich flexibel wie Poly(isobutylen). Die Celluloseketten sind also keinesfalls steif, wie häufig noch aufgrund der hohen Exponenten in der Staudinger-Index/Molekulargewichts-Beziehung angenommen wird (vgl. Kap. 9.9.7). Dieser hohe Exponent ist jedoch durch die Durchspülbarkeit der Cellulosemoleküle bedingt.

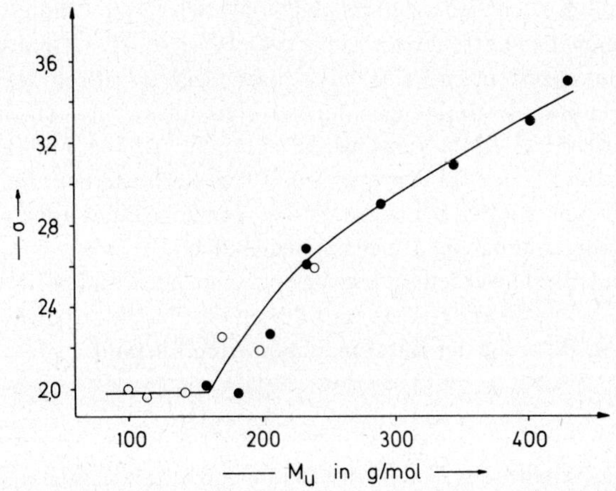


*Abb. 4-13:* Abhängigkeit des Behinderungsparameters $\sigma$ vom Formelgewicht $M_u$ des Grundbausteins bei Poly(methacrylsäureestern) $-\!\!(CH_2-C(CH_3)(COOR)\!\!)_n-$ (○) und Poly(itaconsäureestern) $-\!\!(CH_2-C(COOR)(CH_2COOR)\!\!)_n-$ (●) nach Messungen in Toluol bei 25 °C (nach J. Veličkovič und S. Vasovič)

### 4.4.4 CHARAKTERISTISCHES VERHÄLTNIS

Zur Berechnung des Behinderungsparameters $\underline{\sigma}$ aus dem Quadrat des ungestörten Fadenendenabstandes $\langle L^2 \rangle_0$ wird angenommen, daß die Zahl $N$ der Bindungen, der Bindungsabstand $l$ und der Valenzwinkel $\underline{\vartheta}$ Konstanten sind. Diese Annahme

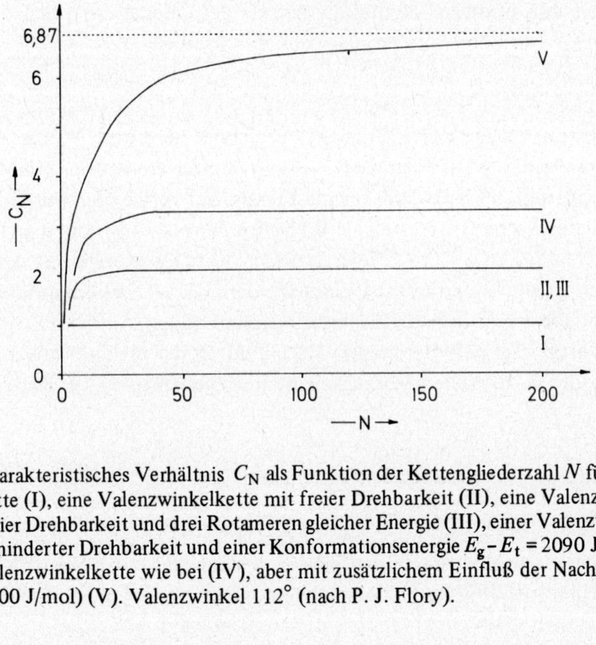


*Abb. 4-14:* Charakteristisches Verhältnis $C_N$ als Funktion der Kettengliederzahl $N$ für eine Segmentkette (I), eine Valenzwinkelkette mit freier Drehbarkeit (II), eine Valenzwinkelkette mit freier Drehbarkeit und drei Rotameren gleicher Energie (III), einer Valenzwinkelkette mit behinderter Drehbarkeit und einer Konformationsenergie $E_g - E_t = 2090$ J/mol, und einer Valenzwinkelkette wie bei (IV), aber mit zusätzlichem Einfluß der Nachbarn ($E_{g\pm} - E_{g\mp} = 8300$ J/mol) (V). Valenzwinkel 112° (nach P. J. Flory).

trifft sicher für die Kettengliederzahl zu und wohl auch für den Bindungsabstand, da die Bindungsenergie der Kettenbindungen ca. $4 \cdot 10^4 - 4 \cdot 10^5$ J/mol Bindung beträgt. Die Annahme eines konstanten Valenzwinkels ist dagegen kritisch. Nach spektroskopischen Messungen und Bestimmungen der Verbrennungswärme von Ringen sind bei einer Deformation des C–C–C-Valenzwinkels um 5,6° nämlich nur etwa 2000 J/mol und bei einer Änderung um 10° nur etwa 7000 J/mol erforderlich. Da die Konformationsenergien im gleichen Bereich liegen, ist die Annahme eines konstanten Valenzwinkels bei der Berechnung von $\underline{\sigma}$ nicht unbedenklich.

Aus diesem Grunde werden oft das Valenzwinkelglied und der Behinderungsparameter nicht getrennt. Man definiert statt dessen ein charakteristisches Verhältnis $C_N$ als Maß für die Ausdehnung der Kette im ungestörten Zustand:

$$(4-19) \quad C_N \equiv \langle L^2 \rangle_0 / (N l^2) = (1 - \cos \vartheta)(1 + \cos \vartheta)^{-1} \sigma^2$$

$C_N$ nimmt mit steigender Zahl $N$ der Bindungen zuerst schnell, dann langsam zu und wird schließlich bei Kettengliederzahlen $N + 1$ über etwa 100–200 praktisch konstant (Abb. 4–14).

#### 4.4.5 STATISTISCHES VORZUGSELEMENT

Die Gl. (4–14) kann noch wie folgt generalisiert werden. In dieser Gleichung hängt der Fadenabstand einmal von der von Konstitution und Konfiguration unabhängigen Zahl der Bindungen und zum anderen von davon abhängigen Größen (Bindungslänge, Valenzwinkel, Behinderungsparameter) ab. Eine bestimmte Versteifung der Kette kann aber sowohl durch eine größere Bindungslänge, einen höheren Valenzwinkel als auch durch einen größeren Behinderungsparameter erreicht werden. Formal kann man dies alles in eine größere Länge einbeziehen und die Anzahl der Glieder entsprechend verringern. Anstelle von Gl. (4–14) kann man daher auch schreiben

$$(4-20) \quad \langle L^2 \rangle_0 = N_s l_s^2$$

wobei $l_s$ als statistisches Vorzugelement bezeichnet wird und $N_s$ die Zahl der statistischen Vorzugselemente ist. Je größer $L_s$, umso steifer die Kette. $l_s$ kann daher wie der Behinderungsparameter $\sigma$ als Maß für die Flexibilität verwendet werden, hat aber eine geringere physikalische Bedeutung als $\sigma$. Da die Berechnung von $\sigma$ jedoch nicht ganz unbedenklich ist und die von $l_s$ frei von diesen Voraussetzungen ist, können $l_s$ und $\sigma$ zur Zeit noch gleichberechtigt verwendet werden. Gl. (4–20) entspricht der Gl. (4–9) für die Segmentkette mit unspezifizierter Segmentlänge.

Die Konturlänge muß bei diesem Modell durch das Produkt aus der Länge $l_s$ und der Zahl $N_s$ der statistischen Vorzugselemente gegeben sein (vgl. Kap. 4.4.2.1):

$$(4-21) \quad l_{cont} = N_s l_s = N l$$

so daß man für Gl. (4–20) auch schreiben kann

$$(4-22) \quad \langle L^2 \rangle_0 = l_{cont} \cdot l_s = N_s l_s^2$$

Das statistische Vorzugselement läßt sich somit aus der Konturlänge $l_{cont}$ und dem experimentell ermittelten Fadenendenabstand berechnen, jedoch nur bei diesem Modell.

### 4.4.6 DIE KETTE MIT PERSISTENZ

Beim Segmentmodell wird der Winkel zwischen zwei Segmenten nicht fixiert. Nimmt man den Bindungsabstand als Segment, so ist somit auch der Valenzwinkel beliebig wählbar. Da jedoch der Valenzwinkel bei einem realen System festgelegt ist, können die auf das erste Segment folgenden Segmente nicht beliebige Lagen im Raum einnehmen. Die Kette hat also eine bestimmte Nachwirkung oder Persistenz.

Die so erzeugte Kettensteifheit kann durch eine Persistenzlänge $l_{pers}$ beschrieben werden. $l_{pers}$ ist als Mittel der Projektion des Fadenendenabstandes einer unendlich langen Kette in Richtung des ersten Segmentes definiert:

(4–23) $$l_{pers} \equiv l/(1 + \cos\vartheta)$$

Für den Fadenendenabstand einer endlich langen Kette mit freier Drehbarkeit gilt nach Gl. (A4–28) im Anhang zu Kap. 4:

(4–24) $$\langle L^2\rangle_{of} = N\,l\left[l\left(\frac{1-\cos\vartheta}{1+\cos\vartheta}\right) + \frac{2\,l\cos\vartheta}{N}\left(\frac{1-(-\cos\vartheta)^N}{(1+\cos\vartheta)^2}\right)\right]$$

Die Kombination der Gl. (4–21) – (4–24) führt zu

(4–25) $$\langle L^2\rangle_{of} = l_{cont}l_{pers}\,(1-\cos\vartheta) + 2\,l_{cont}l_{pers}\left(\frac{\cos\vartheta}{N}\right)\left(\frac{1-(-\cos\vartheta)^N}{1+\cos\vartheta}\right)$$

Eine Kette mit einer unendlichen Zahl von Segmenten mit der Länge null und Valenzwinkeln von $\vartheta \to 180°$ wird wurmähnlich genannt. Die Konturlänge dieser Kette bleibt dabei konstant. Dieser Grenzfall ist nicht ohne weiteres aus Gl. (4–25) abzuleiten, da dann zwar $\vartheta \to \pi$ wird (und folglich $\cos\vartheta \to -1$), aber auch gleichzeitig $N \to \infty$. Im zweiten Glied der Gl. (4–25) wird daher $N$ durch die Konturlänge ausgedrückt und $(1 + \cos\vartheta)$ durch die Persistenzlänge

(4–26) $$\langle L^2\rangle_{of} = l_{cont}l_{pers}\,(1-\cos\vartheta) + 2\,l_{pers}^2\,(\cos\vartheta)\,(1-(-\cos\vartheta)^N)$$

Gl. (4–26) enthält mit Ausnahme des Ausdrucks $(-\cos\vartheta)^N$ kein Glied mehr mit $N$. Für den Grenzfall $\vartheta \to \pi$, d. h. $(1 - \cos\vartheta) \to 2$, geht daher Gl. (4–26) über in

(4–27) $$\langle L^2\rangle_{of} = 2\,l_{cont}l_{pers} - 2\,l_{pers}^2 + 2\,l_{pers}^2\,(-\cos\vartheta)^N$$

$(-\cos\vartheta)$ ist im Grenzfall nur wenig kleiner als 1, es wird aber als $N$. Potenz genommen. Durch einige Umformungen kann es jedoch in einen besser behandelbaren Ausdruck überführt werden. Zuerst wird $\cos\vartheta$ durch Gl. (4–23) ausgedrückt. Anschließend wird durch Multiplikation von Zähler und Nenner mit $N$ die Konturlänge eingeführt:

(4–28) $$\lim_{\substack{N\to\infty\\ \vartheta\to\pi}} (-\cos\vartheta)^N = \lim_{N\to\infty}\left(1-\frac{l}{l_{pers}}\right)^N = \lim_{N\to\infty}\left(1-\frac{l_{cont}}{N\,l_{pers}}\right)^N$$

Es gilt nunmehr

(4–29) $$\lim_{x\to\infty} (1-(1/x))^x = e^{-1}$$

Gl. (4–28) wird daher so umgeformt, daß sie wie Gl. (4–26) gelöst werden kann:

(4–30) $$\lim_{N\to\infty}\left(1-\frac{l_{cont}}{N\,l_{pers}}\right)^N = \left[\lim_{N\to\infty}\left(1-\frac{l_{cont}}{N\,l_{pers}}\right)^{\frac{N\,l_{pers}}{l_{cont}}}\right]^{\frac{l_{cont}}{l_{pers}}} = \exp(-l_{cont}/l_{pers})$$

Einsetzen von Gl. (4–30) in Gl. (4–27) führt daher zu

(4–31) $$\langle L^2\rangle_{of} = 2\,l_{pers}^2\,(y-1+\exp(-y))\;;\; y = l_{cont}\,l_{pers}$$

Für den Trägheitsradius erhält man durch eine analoge Ableitung

(4–32) $$\langle R_G^2\rangle_{of} = l_{pers}^2\,((2/y^2)\,(y-1+\exp(-y))-1+(y/3))$$

Bei flexiblen Ketten ist die Konturlänge viel größer als die Persistenzlänge. $y$ wird also viel größer als 1 und der Ausdruck $\exp(-y)$ strebt gegen 0. Gl. (4–31) wird daher zu

(4–33) $$\lim_{y\to\infty}\langle L^2\rangle_{of} = 2\,l_{pers}\,l_{cont}$$

und Gl. (4–32) zu

(4–34) $$\lim_{y\to\infty}\langle R_G^2\rangle_{of} = \lim_{y\to\infty}\frac{l_{pers}\,l_{cont}}{3}\left[1-\frac{3}{y}+\frac{6}{y^2}-\frac{6}{y^3}\right] = \frac{l_{pers}\,l_{cont}}{3}$$

Aus dem Vergleich der Gl. (4–22) und (4–33) geht hervor, daß die Persistenzlänge gerade halb so groß wie die Segmentlänge $l_s$ ist. In diesem Fall steht der Trägheitsradius einer wurmartigen Kette in der gleichen Beziehung zum Fadenendenabstand, wie derjenige einer Valenzwinkelkette ohne oder mit behinderter Drehbarkeit (vgl. die Gl. (4–33), (4–34) und (4–16)).

Für sehr steife Ketten strebt dagegen $y \to 0$. $\exp(-y)$ kann dann in eine Reihe $(1-y+(y^2/2!)-(y^3/3!)+\ldots)$ entwickelt werden und man erhält für den Fadenendenabstand bzw. den Trägheitsradius

(4–35) $$\langle L^2\rangle_{of} = l_{cont}^2\,(1-(y/3)+(y^2/12)-\ldots) = l_{cont}^2$$

(4–36) $$\langle R_G^2\rangle_{of} = (l_{cont}^2/12)\,(1-(y/5)+(y^2/30)-\ldots) = l_{cont}^2/12$$

Eine sehr steife Kette verhält sich daher wie ein Stäbchen, da der Fadenendenabstand gleich der Konturlänge wird und der Trägheitsradius um den Faktor $(12)^{0,5}$ kleiner als der Fadenendenabstand ist.

Das Modell der Kette mit Persistenz beschreibt also den ganzen Übergang von den mehr stäbchenartigen Oligomeren (kleines $y$) zu den gut entwickelten Knäueln (großes $y$). Es vernachlässigt jedoch die endliche Dicke der Ketten, d. h. es gilt streng nur für ungestörte Knäuel. Der dadurch hervorgerufene Fehler ist jedoch vernachlässigbar, wenn die Persistenzlänge viel größer als die Kettendicke ist.

## *4.5 Ausgeschlossenes Volumen*

### 4.5.1 STARRE TEILCHEN

Das ausgeschlossene Volumen starrer Makromoleküle ist verhältnismäßig einfach zu berechnen, da man hier nur das zwischen zwei Molekülen herrschende ausgeschlossene Volumen betrachten muß. Das ausgeschlossene Volumen innerhalb eines Moleküles ist dagegen bei starren Molekülen definitionsgemäß gleich null.

*Tab. 4–6:* Ausgeschlossene Volumina $u$ und mittlere Trägheitsquadrate $\langle R_G^2 \rangle$ als Funktion der charakteristischen Dimensionen verschiedener Teilchenformen ($V$ = Volumen)

| Teilchen | $u$ | $\langle R_G^2 \rangle$ |
|---|---|---|
| Unendlich dünne Kugelschalen mit Radius $r$ | $8\,V$ | $r^2$ |
| Kugelschale mit äußerem Radius $r_a$ und innerem Radius $r_i = Cr_a$ | $8\,V$ | $(3/5 \left(C^2 + \frac{C+1}{C^2+C+1}\right) r_a^2$ |
| Kugel mit Radius $r$ | $8\,V$ | $(3/5)\,r^2$ |
| Sehr dünnes Scheibchen mit Dicke $h$ und Radius $r$ | $\pi\,(r/h)\,V$ | $0{,}5\,r^2$ |
| Rotationsellipsoide | | |
| a) zigarrenförmig mit Länge $l$ und Radius $r$ ($l \gg r$) | $(3/8)\,\pi\,(l/r)\,V$ | $(1/5)\,(l^2 + 2\,r^2)$ |
| b) linsenförmig mit Dicke $h$ und Radius $r$ ($r \gg h$) | $(3/2)\,\pi\,(r/h)\,V$ | $(1/5)\,(r^2 + 2\,h^2)$ |
| Stäbchen mit Länge $l$ und Durchmesser $2\,r$ | $(l/r)\,V$ | $(l^2/12) + r^2$ |
| Knäuel im Theta-Zustand mit dem Fadenendenabstand $\langle L^2 \rangle_0^{0,5}$ | | $\langle L^2 \rangle_0/6$ |
| Knäuel mit dem hydrodynamisch äquivalenten Radius $r_h$ | siehe Kap. 4.6.2 | $(8/(3\,\pi^{0,5}))^2\,\langle r_h^2 \rangle$ |
| Knäuel mit der Beziehung $\langle L^2 \rangle = \text{const.}\,M^{1+\epsilon}$ | | $(1/6)\,\langle L^2 \rangle\,(1 + (5/6)\,\epsilon + (1/6)\,\epsilon^2)^{-1}$ |

Das Volumen einer unsolvatisierten *Kugel* ist durch

(4–37) $$V_{\text{Kugel}} = (4\,\pi/3)\,(r_{\text{Kugel}})^3 = M_{\text{Kugel}}\,v_{\text{Kugel}}/N_L$$

gegeben. $r$ = Radius, $M$ = Molekulargewicht, $v$ = spezifisches Volumen. Eine Kugel kann sich einer anderen Kugel nur bis auf die Distanz $2\,r_{\text{Kugel}}$ nähern. Das ausgeschlossene Volumen $u_{\text{Kugel}}$ ist somit gleich

(4–38) $$u_{\text{Kugel}} = (4\,\pi/3)\,(2r_{\text{Kugel}})^3 = 8\,M_{\text{Kugel}}\,v_{\text{Kugel}}/N_L$$

Das ausgeschlossene Volumen für eine Kugel ist daher achtmal so groß wie das Volumen der Kugel selbst.

Zur Berechnung des ausgeschlossenen Volumens von *Stäbchen* werden diese als Zylinder mit dem Volumen

$$(4\text{-}39) \qquad v_{\text{stab}} = (\pi\, r_{\text{stab}}^2)\, l_{\text{stab}}$$

und dem Radius $r_{\text{stab}}$ sowie der Länge $l_{\text{stab}}$ angenommen. Das Problem ist hier die Berechnung der gegenseitigen Orientierung der Stäbchen im Raum. Bei Stäbchen, die weniger als der Abstand $l_{\text{stab}}$ voneinander entfernt sind, können nämlich nicht alle Orientierungen auftreten. Die Durchrechnung führt zu einem Faktor $(l_{\text{stab}}/r_{\text{stab}})$ anstelle des bei Kugeln geltenden Faktors 8

$$(4\text{-}40) \qquad u_{\text{stab}} = (l_{\text{stab}}/r_{\text{stab}})\,(M_{\text{stab}}\, v_{\text{stab}}/N_{\text{L}})$$

In analoger Weise lassen sich die ausgeschlossenen Volumina anderer starrer Teilchen berechnen. Sie sind zusammen mit den Beziehungen zwischen dem Trägheitsradius und den charakteristischen Dimensionen in Tab. 4–6 zusammengestellt.

### 4.5.2 UNVERZWEIGTE MAKROMOLEKÜLE

#### 4.5.2.1 Grundlagen

Reale Makromoleküle weisen ein externes und ein internes ausgeschlossenes Volumen auf. Das externe ausgeschlossene Volumen ist das zwischen zwei verschiedenen Molekülen herrschende ausgeschlossene Volumen. Es verschwindet bei unendlicher Verdünnung.

Das interne ausgeschlossene Volumen wird dagegen innerhalb eines Knäuelmoleküls durch die endliche Dicke der Molekülkette erzeugt, da ein zweites Kettenstück nicht gleichzeitig den Platz eines ersten Kettenstückes einnehmen kann. Dieses positive interne ausgeschlossene Volumen weitet das Knäuel auf. Ein negatives internes ausgeschlossenes Volumen kann dagegen auftreten, wenn Anziehungskräfte zwischen zwei Kettenstücken herrschen. In diesem Falle ist das Volumen von zwei sich kontaktierenden Kettenstücken kleiner als die Summe ihrer Einzelvolumina. Sowohl die positiven als auch die negativen internen ausgeschlossenen Volumina verschwinden bei unendlicher Verdünnung nicht.

In speziellen Fällen können sich positives und negatives aufgeschlossenes Volumen gegenseitig kompensieren. Das Knäuel benimmt sich dann so, als ob es aus einem unendlich dünnen Faden besteht. Es nimmt folglich in diesem Falle seine ungestörten Dimensionen ein.

Ein ungestörtes Knäuel weist somit einen Fadenendenanstand wie eine Valenzwinkelkette mit behinderter Drehbarkeit auf (Gl. (4–14)). Die behinderte Drehbarkeit kommt durch Wechselwirkungskräfte zwischen den Gruppen an benachbarten Kettenatomen zustande. Diese Kräfte werden daher auch als „kurzreichend" bezeichnet. Die durch das ausgeschlossene Volumen bewirkten Wechselwirkungen nennt man dagegen „langreichend", da sie zwischen Kettengliedern erfolgen, die entlang der Kette durch viele andere Kettenglieder getrennt sind. Die Ausdrücke „kurzreichend" und „langreichend" beziehen sich daher nicht auf die Reichweite der Kräfte selbst, sondern auf den Abstand der beteiligten Gruppen entlang der Kette.

In einem realen statistischen Knäuel sind Abstoßungs- und Anziehungskräfte wirksam. Die als Folge des Gegeneinanderwirkens beider Kräfte auftretende Knäuelaufweitung läßt sich formal durch einen auf die Trägheitsradien bezogenen Aufweitungs- oder Expansionsfaktor $\alpha_R$ beschreiben:

$$(4\text{-}41) \quad \langle R_G^2 \rangle = \alpha_R^2 \langle R_G^2 \rangle_0$$

Bei einem ungestörten Knäuel ist der Aufweitungsfaktor $\alpha_R = 1$. In ähnlicher Weise läßt sich ein auf den Fadenendenabstand bezogener Aufweitungsfaktor definieren.

Je größer $\alpha_R$, umso stärker ist die Aufweitung und umso „besser" ist auch das Lösungsmittel für das betreffende Polymere. Je mehr das Knäuel aufgeweitet ist, umso größer ist aber auch der Raumbedarf und damit die Viskosität. In der Anstrichtechnik nennt man dagegen ein gutes Lösungsmittel ein solches, das sehr niederviskose Lösungen erzeugt.

In Gl. (4-41) wurde der Aufweitungsfaktor so angesetzt, daß er bei Umrechnung auf Längen gerade die lineare Aufweitung angibt. Der so berechnete Aufweitungsfaktor ist natürlich eine fiktive Größe, da die Knäuel nicht kugelförmig gebaut sind und folglich in den verschiedenen Raumrichtungen verschiedene Aufweitungsfaktoren aufweisen. Die in verschiedenen Richtungen ungleichmäßige Aufweitung führt dann dazu, daß die Verteilung der Molekülsegmente in realen Knäueln nicht mehr wie bei idealen Knäueln einer Gauß-Statistik folgt.

#### 4.5.2.2 Cluster-Integral

Zur Berechnung des ausgeschlossenen Volumens von Knäuelmolekülen muß die Potentialfunktion $\varphi(r)$ zwischen zwei sich im Abstand $r$ befindenden Segmenten gefunden werden. Die Segmente können aus einem Molekül stammen oder auch aus zwei Molekülen. Da jedes Molekül viele Segmente aufweist, gestalten sich die Ansätze sehr schwierig. Der Weg kann daher nur skizziert werden.

Das ausgeschlossene Volumen $u_{seg}$ eines Segmentes wird durch das sog. Cluster-Integral ausgedrückt

$$(4\text{-}42) \quad u_{seg} = 4\pi \int_0^\infty (1 - \exp(-\varphi(r)/(kT)))\, r^2\, dr$$

Alle Theorien stimmen nun darin überein, daß man $u_{seg}$ in eine direkte Beziehung zum Aufweitungsfaktor $\alpha_R$ bringen kann. Zur Vereinfachung der Rechnung wird dazu ein Parameter $z$ definiert

$$(4\text{-}43) \quad z = (4\pi)^{-3/2} (u_{seg}/M_{seg}^2)(M^2/\langle R_G^2 \rangle_0^{3/2})$$

$u_{seg}/M_{seg}^2$ ist dabei eine vom Molekulargewicht $M$ der Kette unabhängige Konstante, da sie das durch ein Segmentpaar erzeugte ausgeschlossene Volumen beschreibt.

Mit Hilfe von $z$ läßt sich aus dem Cluster-Integral ein Ausdruck für den Aufweitungsfaktor ableiten, wenn folgende Annahmen gemacht werden:

1. Die Wahrscheinlichkeit für die Verteilung der Bindungsvektoren folgt einer Gauß-Funktion.
2. Das Potential für die Wechselwirkung zwischen den Segmenten ist additiv.
3. Das Paarpotential folgt dem Ansatz

   $$\exp(-\varphi(r)/(kT)) = 1 - u_{seg}\,\delta(r) \approx \exp(-u_{seg}\,\delta(r))$$

   wobei $r$ der Vektorabstand zwischen zwei Segmenten und $\delta(r)$ die dreidimensionale Dirac-Delta-Funktion ist.

Mit diesen Annahmen folgt für die Beziehung zwischen dem Aufweitungsfaktor $\alpha_R$ (bezogen auf den Trägheitsradius) und $z$

(4-44) $\alpha_R^2 = 1 + (134/105)z - 2{,}082\,z^2 + \ldots$

und entsprechend für den Aufweitungsfaktor $\alpha_L$ (bezogen auf den Fadenendenabstand

(4-45) $\alpha_L^2 = 1 + (4/3)z - 2{,}075\,z^2 + 6{,}459\,z^3 - \ldots$

Die Reihenentwicklungen gelten exakt für Knäuel mit paarweise additiven Wechselwirkungen. Die Reihen konvergieren jedoch nur sehr langsam und sind daher in dieser Form nur für $z \leqslant 0{,}10$ (für $\alpha_R$) bzw. $z < 0{,}15$ (für $\alpha_L$) anwendbar. $\alpha_R^2$ sollte aber in jedem Fall nur von $z$ abhängen, d. h. Gl. (4-44) sollte für alle Systeme Polymer/Lösungsmittel/Temperatur gelten (Abb. 4-15).

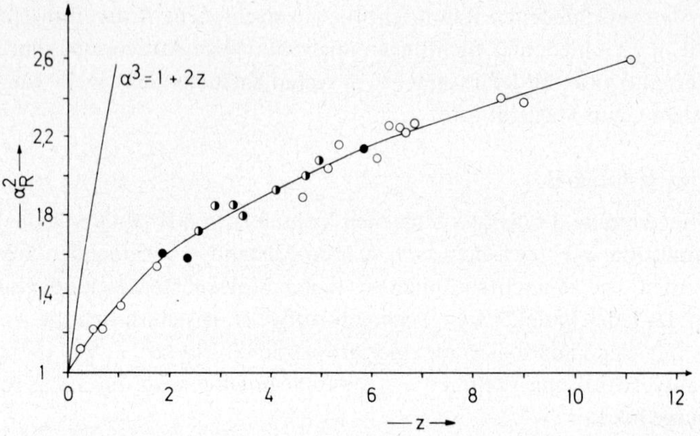


*Abb. 4-15:* Aufweitungsfaktor $\alpha_R$ als Funktion von $z$ für Poly(styrol) (○), Poly(vinylacetat) (◑) und Poly(äthylen) (●) in verschiedenen Lösungsmitteln. Die ausgezogene Kurve entspricht der Gl. (4-44). Nach J. Berry und E. F. Casassa.

Es wurde versucht, für die Funktion $\alpha_R = f(z)$ einen geschlossenen Ausdruck zu finden. Das Problem ist bislang nicht gelöst und es ist auch fraglich, ob es überhaupt eine allgemein gültige Funktion $\alpha_R = f(z)$ gibt. Die früher viel verwendete Funktion

(4-46) $\alpha_R^3 = 1 + 2\,z$

beschreibt zwar die Anfangsneigung bei $\alpha_R \approx 1$ korrekt, führt jedoch bei großen Aufweitungsfaktoren zu starken Abweichungen von der experimentellen Kurve (Abb. 4-15).

### 4.5.2.3 Molekulargewichtsabhängigkeit der Dimensionen

Das ausgeschlossene Volumen eines Knäuels wird durch den Aufweitungsfaktor $\alpha$ beschrieben. $\alpha$ hängt von $z$ (Gl. 4-44)) ab und $z$ vom Molekulargewicht (Gl. (4-43)). Wegen Gl. (4-44) wird daher $\alpha$ eine komplizierte Funktion des Molekulargewichtes.

Setzt man Gl. (4 – 14) für $N_e$ Kettenglieder der Länge $l_e$ an, so ergibt sich mit $N_e = M/M_e$ und Gl. (4 – 16)

$$(4\text{–}47) \quad \langle R_G^2 \rangle_0 = (l_e^2/(6\,M_e)\,(1 - \cos\vartheta)\,(1 + \cos\vartheta)^{-1}\,\sigma^2\,M = K_e M$$

Für beliebig gute Lösungsmittel gilt daher mit den Gl. (4 – 47) und (4 – 41)

$$(4\text{–}48) \quad \langle R_G^2 \rangle = K_e\,\alpha_R^2\,M$$

oder, da $\alpha_R = f(M)$, auch empirisch, indem man den Aufweitungsfaktor in einen Exponenten des Molekulargewichtes einbezieht

$$(4\text{–}49) \quad \langle R_G^2 \rangle = K_R M^{1+\epsilon} = K_R M^{a_R} \qquad (\epsilon > 0)$$

Derartige Beziehungen zwischen dem Trägheitsradius und dem Molekulargewicht gelten häufig über einen erstaunlich großen Molekulargewichtsbereich (Abb. 4 – 16).

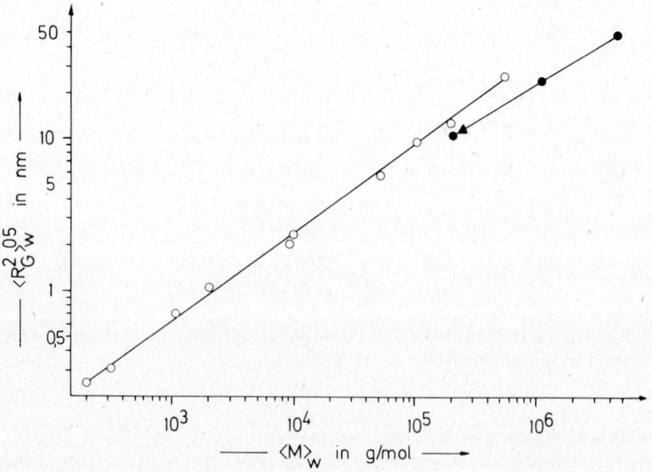


*Abb. 4 – 16:* Gewichtsmittel der Trägheitsradien von Poly(methylmethacrylaten) als Funktion des Gewichtsmittels des Molekulargewichtes in Aceton (○), in Butylchlorid (●) und im festen Zustand (▲). Messungen bei 20 bzw. 35,4 °C (Butylchlorid). Nach R. G. Kirste und W. Wunderlich.

Gl. (4 – 49) beschreibt den kombinierten Effekt lang- und kurzreichender Wechselwirkungen. Beide Effekte können wie folgt getrennt werden. Durch Kombination der Gl. (4 – 41), (4 – 43) und (4 – 46) gelangt man nach einer Umformung zu

$$(4\text{–}50) \quad \left(\frac{\langle R_G^2 \rangle}{M}\right)^{3/2} = \left(\frac{\langle R_G^2 \rangle_0}{M}\right)^{3/2} + 2\,(4\,\pi)^{-3/2}\left(\frac{u_{seg}}{M_{seg}^2}\right) M^{0,5}$$

Das erste Glied der rechten Seite der Gl. (4 – 50) ist eine für den ungestörten Knäuel charakteristische Konstante, wie man durch Kombination der Gl. (4 – 14) und (4 – 16) mit $N = M/M_u$ sieht:

$$(4\text{–}51) \quad \langle R_G^2 \rangle_0 / M = (l^2/(6\,M_u))\,(1 - \cos\vartheta)\,(1 + \cos\vartheta)^{-1}\sigma^2 = \text{const}$$

Da $\langle R_G^2 \rangle_0 / M$ das Quadrat des Behinderungsparameters $\sigma$ enthält, ist es ein Maß für die kurzreichenden Wechselwirkungen. Die Neigung enthält dagegen die Konstante $(u_{seg}/M_{seg}^2)$, also ein Maß für die langreichenden Wechselwirkungen. Durch Auftragen von $(\langle R_G^2 \rangle / M)^{3/2} = f(M^{0,5})$ können also lang- und kurzreichende Wechselwirkungen voneinander getrennt werden (Abb. 4 – 17). Die Beziehung gilt oft über verhältnismäßig weite Molekulargewichtsbereiche. Sie muß aber bei hohen Molekulargewichten versagen, da dort die ihr zugrundliegende Funktion $\alpha_R^3 = 1 + 2z$ stark von den experimentell gefundenen Daten abweicht (vgl. Abb. 4 – 15).

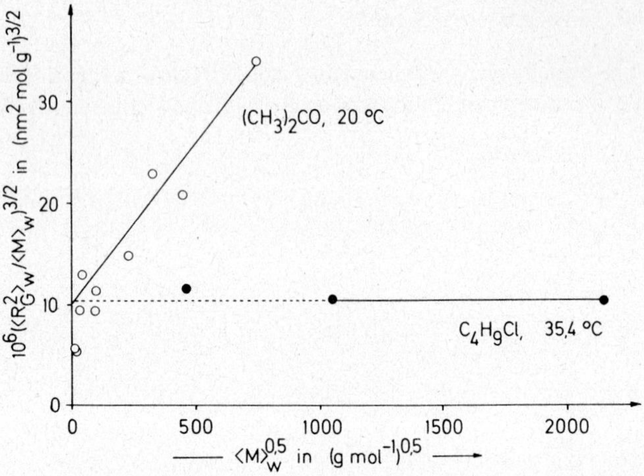


*Abb. 4-17:* Reduzierte Trägheitsradien als Funktion des Molekulargewichtes für Poly(methylmethacrylate in Aceton (Daten der Abb. 4 – 16).

Experimentell hat sich gezeigt, daß iso- und syndiotaktische Polymere in guten Lösungsmitteln (hohes $a$) etwa die gleichen Dimensionen aufweisen, während in Theta-Lösungsmitteln Unterschiede von bis zu 20 % auftreten können. Der Effekt ist verständlich, da in Theta-Lösungsmitteln die Dimensionen durch die kurzreichenden Kräfte bestimmt werden, also durch die Mikrokonformation. Die Mikrokonformation hängt aber stark von der Konfiguration ab (Kap. 4.2). In guten Lösungsmitteln dominieren dagegen die langreichenden Kräfte, die kaum von der Mikrokonformation abhängen.

Zwischen dem Trägheitsradius und dem Fadenendenabstand gilt für Knäuel in beliebig guten Lösungsmitteln eine kompliziertere Beziehung als sie für die Valenzwinkelkette mit behinderter Drehbarkeit gilt, nämlich

(4–52) $\langle L^2 \rangle = 6(1 + (5/6)\epsilon + (1/6)\epsilon^2)\langle R_G^2 \rangle$

Für Knäuel mit ungestörten Dimensionen wird $\epsilon = 0$ und Gl. (4–52) reduziert sich zu Gl. (4 – 16). Bei unendlich dünnen Stäbchen ist dagegen der Trägheitsradius direkt proportional dem Molekulargewicht, d. h. es gilt $\langle R_G^2 \rangle = K_R M^2$. $\epsilon$ ist hier also gleich 1. Für Stäbchen wird also Gl. (4 – 52) zu

(4–53) $\langle L^2 \rangle = 12 \langle R_G^2 \rangle$

4.5.2.4 Konzentrations- und Temperaturabhängigkeit der Dimensionen

Alle bisherigen Betrachtungen bezogen sich auf die Trägheitsradien unverzweigter Fadenmoleküle bei unendlicher Verdünnung. Mit zunehmender Konzentration füllen die Knäuel immer stärker das verfügbare Volumen aus. Oberhalb einer gewissen kritischen Konzentration werden dann die lockeren Knäuel komprimiert. Diese kritische Konzentration kann grob abgeschätzt werden, wenn man bei der kritischen Konzentration eine hexagonal dichteste Kugelpackung (ca. 75 % des totalen Volumens) von Kugeln mit dem Radius $r$ annimmt. Dieser Ansatz führt zu

$$(4-54)\qquad c_{\text{crit}} = \frac{9}{16\,\pi\,(5/3)^{3/2} N_{\text{L}}} \cdot \frac{M}{\langle R_{\text{G}}^2\rangle^{3/2}} = 1{,}38 \cdot 10^{-25}\,\frac{M}{\langle R_{\text{G}}^2\rangle^{3/2}}\ \text{g/cm}^3$$

Ein kugelförmiges Makromolekül mit einem Molekulargewicht von $1{,}3 \cdot 10^6$ g/mol und einem Trägheitsradius $\langle R_{\text{G}}^2\rangle^{1/2} = 100$ nm sollte demnach eine kritische Konzentration von ca. $1{,}8 \cdot 10^{-4}$ g/cm³ aufweisen. Oberhalb dieser Konzentration sollten die Knäuel komprimiert werden und die Trägheitsradien sinken (Abb. 4 – 18). Bei noch höheren Konzentrationen beobachtet man jedoch wieder ein Ansteigen der Trägheitsradien, was als Assoziation gedeutet wurde.

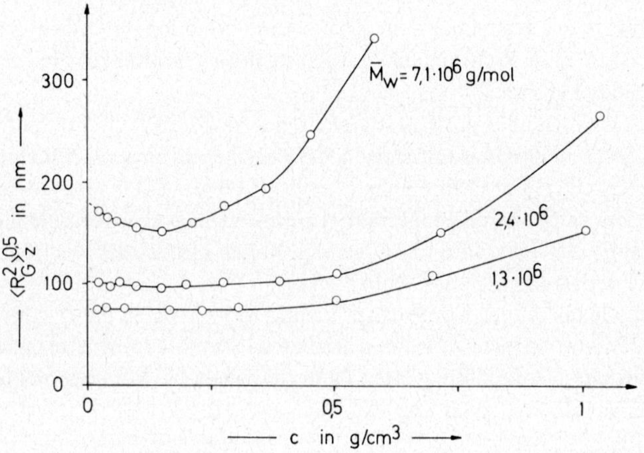


*Abb. 4–18:* Konzentrationsabhängigkeit des z-Mittels der Trägheitsradien für Poly(styrole) verschiedenen Molekulargewichtes in Benzol bei 20 °C (nach H. Dautzenberg). Als Abszissenbezeichnung lies $10^2\,c$, nicht $c$.

Eine allgemein gültige Beziehung für die Temperaturabhängigkeit des ausgeschlossenen Volumens ist noch nicht bekannt. In der Nähe der Theta-Temperatur (zur Definition vgl. Kap. 6.4.2) gilt jedoch mit guter Näherung

$$(4-55)\qquad u_{\text{seg}} = const.\ (1 - \theta/T)$$

## 4.5.3 VERZWEIGTE MAKROMOLEKÜLE

Verzweigte Makromoleküle weisen gegenüber unverzweigten gleichen Molekulargewichtes die größere Segmentdichte und damit das geringere Knäuelvolumen auf, wie man sich durch Vergleich eines sternförmigen Moleküls mit einem linearen leicht klar macht. Der Einfluß der Verzweigung auf die Dimensionen läßt sich bei der Theta-Temperatur durch einen g-Faktor erfassen

$$(4-56) \quad \overline{R^2_{\text{verzweigt}}}/\overline{R^2_{\text{unverzweigt}}} = g$$

Die Größe von $g$ hängt vom Typ der Verzweigung (Stern, Kamm) und der Regelmäßigkeit der Verzweigung ab. Die Dimensionen sinken dabei vom linearen Makromolekül über den regelmäßig aufgebauten Kammtyp, den unregelmäßig aufgebauten Kammtyp, die regelmäßig statistische Verzweigung und die unregelmäßige Verzweigung zum Sterntyp ab. Die quantitative Zuordnung von Typ, Anzahl und Regelmäßigkeit der Verzweigungen einerseits zu den Dimensionen andererseits ist zur Zeit noch nicht vollständig theoretisch gelöst, da die Effekte auch noch von der Güte des Lösungsmittels abhängen. Sie ist aber praktisch wichtig, da die Bestimmung der Dimensionen oft die einzige Möglichkeit ist, die Langkettenverzweigung von Polymeren zu erkennen.

## *4.6 Kompakte Moleküle*

### 4.6.1 HELICES

Die Helix weist gegenüber dem Knäuel eine hohe innere Ordnung auf. Die Kettenstruktur ist in einer Richtung eindeutig festgelegt: das Molekül nimmt die äußere Form eines Stäbchens an.

Jeder Stab weist aber pro Grundeinheit eine gewisse Flexibilität auf. Die Biegsamkeit pro *Molekül* muß daher mit steigendem Polymerisationsgrad zunehmen, selbst wenn die Biegsamkeit pro Grundeinheit konstant bleibt. Ein makroskopisches Beispiel dafür ist die Biegsamkeit von Stahldrähten gleicher Dicke aber verschiedener Länge. Selbst eine perfekte Helix wird daher bei sehr hohen Molekulargewichten als statistisches Knäuel vorliegen (vgl. auch Abb. 4-11).

Makromoleküle in der Konformation einer Helix können daher häufig gut durch das Modell der wurmartigen Kette beschrieben werden: bei verhältnismäßig niedrigen Molekulargewichten sollten die Ketten mehr Stäbchen, bei hohen Molekulargewichten mehr Knäuel ähneln (vgl. auch Kap. 4.4.6).

### 4.6.2 ELLIPSOIDE UND KUGELN

Proteine sind Copolymere mit verschiedenen α-Aminocarbonsäureresten $\leftarrow$NH–CHR–CO$\rightarrow$. Bestimmte Sequenzen dieser Reste können sich zu helicalen Stücken ordnen, während andere Aminosäurefolgen nichthelical sind. Die sog. Tertiärstruktur der Proteine (vgl. dazu Kap. 30.1), die im wesentlichen die Bruttokonformation beschreibt, besteht daher aus helicalen und nichthelicalen Stücken, wie es Abb. 4-19 für das Protein Myoglobin zeigt. Ein solches Proteinmolekül erscheint der äußeren Form nach als ziemlich kompakte Kugel oder als Ellipsoid. Diese Formen werden vermutlich erzeugt, weil sich die hydrophilen Gruppen an der ,,Oberfläche" anzuordnen suchen und die hydrophoben Gruppen im Innern. Beim Myoglobin sind z. B. nur zwei Aminosäurereste mit hydrophilen Substituenten im Innern anzutreffen.

Assoziate von mehreren solcher Proteine nennt man Quartärstrukturen. Jede Quartärstruktur kann bei unendlicher Verdünnung oder beim Behandeln mit geeigneten Lösungsmitteln in kleinere ,,Untereinheiten" dissoziieren. Die thermodynamische

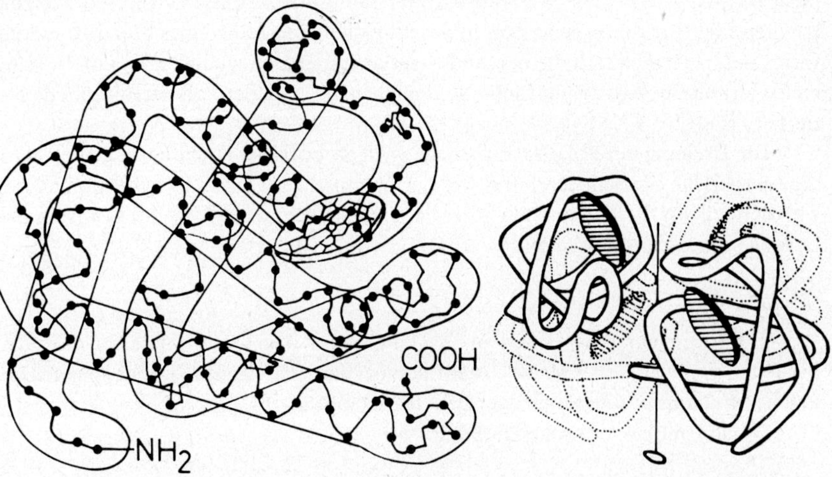


*Abb. 4-19:* Tertiärstruktur des Proteins Myoglobin (I) und Quartärstruktur des Proteins Hämoglobin (II). ● bedeutet einen Aminosäurerest. Hämoglobin besteht aus 4 Untereinheiten vom Myoglobin-Typ. Die Häminebenen sind in der schematischen Darstellung schraffiert eingezeichnet (nach M. F. Perutz). Das Hämoglobin ist verglichen mit dem Myoglobin verkleinert dargestellt.

Stabilität solcher Assoziate ist jedoch häufig so groß, daß sie im meßbaren Konzentrationsbereich nicht merklich dissoziieren. Sie erscheinen dann als Moleküle und nicht als Assoziate.

Quartärstrukturen können der äußeren Form nach kugelförmig oder ellipsoidal erscheinen. Abb. 4–19 zeigt eine derartige Quartärstruktur für das Protein Hämoglobin.

Erhöht man die Temperatur z.B. von Proteinlösungen, so setzen oft makroskopisch wahrnehmbare Veränderungen der Lösungen ein. Die Lösungen werden z. B. trüber und die ausgefallenen Produkte besitzen nicht mehr oder nicht mehr völlig die gleiche biologische Aktivität. Der Prozeß setzt sich aus zwei Teilprozessen zusammen. Durch den Einfluß der Wärme wird zuerst die Konformation geändert, d.h. es erfolgt in der Regel ein Schmelzen der Helix. Dieser Denaturierung im engeren Sinn (Wärmedenaturierung) folgt eine Veränderung der Partikelgröße oder das Partikelgewichtes, die Wärmeaggregation. Im technischen Bereich werden beide Effekte oft nicht voneinander unterschieden und der gesamte Effekt als Denaturierung bezeichnet. Denaturierungen können außer durch Wärme auch durch chemische Reagenzien, Strahlung, Druck oder Scherkräfte hervorgerufen werden. Allen Denaturierungen ist gemeinsam, daß ein hochorganisiertes Makromolekül von einem geordneten in einen weniger geordneten Zustand übergeht.

## *4.7 Optische Aktivität*

### 4.7.1 GRUNDLAGEN

Trifft eine linear polarisierte elektromagnetische Welle auf ein Stereoisomeriezentrum wie z.B. ein asymmetrisches Kohlenstoffatom, so wird die Ebene des polarisierten Lichtes gedreht. Linear polarisiertes Licht kann man als Überlagerung zweier zirkular polarisierter Wellen entgegengesetzten Drehsinns auffassen. Wegen der asymmetrischen Elektronenkonfiguration in der unmittelbaren Nähe eines Stereoisomeriezentrums unterscheiden sich die beiden Fortpflanzungsgeschwindigkeiten von links und rechts zirkular polarisiertem Licht, so daß eine Drehung der Polarisationsebene resultiert.

Die Drehung der Polarisationsebene wird als optische Drehung $\alpha$ gemessen. Die sog. spezifische optische Drehung $[\alpha]$ der organischen Chemie bezieht diesen Drehwinkel noch auf die Länge $l$ der Küvette, den Gewichtsanteil $w_2$ des Gelösten in der Lösung und auf die Dichte $\rho$ der Lösung:

$$(4-57) \quad [\alpha] = \alpha/(l\, w_2 \rho)$$

Traditionsgemäß werden $\alpha$ in °, $l$ in dm und $\rho$ in g/cm$^3$ gemessen. Aus den Einheiten grad · Länge$^2$ · Masse$^{-1}$ geht hervor, daß $[\alpha]$ eigentlich eine spezifische Flächendrehung ist und keine „spezifische" Drehung.

Die sog. molare optische Drehung $[\Phi]$

$$(4-58) \quad [\Phi] = 10^{-2}\, [\alpha] M_u$$

wäre korrekterweise ebenfalls als molare Flächendrehung zu bezeichnen. $[\alpha]$ wird dabei in den traditionellen Einheiten und $M_u$ in g/mol gemessen. $M_u$ ist das Formelgewicht eines Grundbausteins bzw. das Molekulargewicht niedermolekularer Verbindungen.

Gelegentlich wird auch noch eine sog. effektive molare Drehung angegeben. Sie berücksichtigt den Einfluß des Brechungsindex über den Faktor $(n^2 + 2)$ und den der drei Raumrichtungen über den Faktor 3:

$$(4-59) \quad [\Phi]_{eff} = (3/(n^2 + 2))\, [\Phi]$$

$[\alpha]$, $[\Phi]$ und $[\Phi]_{eff}$ hängen noch von der Meßtemperatur und der Wellenlänge ab, gelegentlich auch noch von der Konzentration.

Die Wellenlängenabhängigkeit von $[\Phi]$ läßt sich in der Regel durch eine der beiden folgenden Gleichungen empirisch wiedergeben:

$$(4-60) \quad [\Phi] = a_0 \left(\frac{\lambda_0^2}{\lambda_0^2 - \lambda_0^2}\right) \qquad \text{(eintermige Drude-Gleichung)}$$

$$(4-61) \quad [\Phi] = a_0 \left(\frac{\lambda_0^2}{\lambda^2 - \lambda_0^2}\right) + b_0 \left(\frac{\lambda_0^2}{\lambda^2 - \lambda_0^2}\right)^2 \qquad \text{(Moffitt-Yang-Gleichung)}$$

$a_0$, $b_0$ und $\lambda_0$ sind Konstanten, die für das System spezifisch sind. $\lambda_0$ gibt dabei die Wellenlänge des nächstgelegenen Absorptionsmaximums an. Die Wellenlängenabhängigkeit der optischen Drehung bzw. der von ihr abgeleiteten Größen wird optische Rotationsdispersion genannt (ORD). Sie spricht auf Unterschiede im Brechungsindex der links- und rechtsdrehenden Komponenten an.

Die Drude-Gleichung beschreibt im allgemeinen die optische Aktivität von Knäuelmolekülen, die Moffitt-Yang-Gleichung die von Helices.

Die links- und rechtsdrehenden Komponenten des Lichtes werden bei optisch aktiven Verbindungen verschieden stark absorbiert. Die Wellenlängenabhängigkeit der Differenz der Absorptionen von links- und rechtspolarisiertem Licht wird als Circulardichroismus (CD) bezeichnet.

Führt man Messungen der optischen Rotationsdispersion in der Nähe einer Absorptionsbande aus, so wird ein komplexes Verhalten beobachtet (Cotton-Effekt). Im Wendepunkt der Absorptionsbande ist die optische Aktivität gleich null. Auf der einen Seite der Absorptionsbande geht dagegen die optische Aktivität durch ein Minimum (Tal oder Trog), auf der anderen durch ein Maximum (Gipfel oder Peak). Der Cotton-Effekt wird positiv genannt, wenn sich der Gipfel bei höheren Wellenlängen als das Tal befindet. Der Wendepunkt der Kurve $[\alpha] = f(\lambda)$ liegt bei isolierten Cotton-Effekten bei $[\alpha] = 0$; er entspricht dem Maximum der UV-Absorption.

Ein Cotton-Effekt tritt immer auf, wenn sich eine absorbierende Gruppe in einer asymmetrischen Umgebung befindet. Die eine Komponente des zirkular polarisierten Lichtes wird dann stärker absorbiert als die andere. Die schwächer absorbierte Komponente besitzt die größere Geschwindigkeit und folglich einen kleineren Brechungsindex auf der Bandenseite mit der niedrigeren Frequenz. Da der Cotton-Effekt durch die asymmetrische Umgebung einer absorbierenden Gruppe hervorgerufen wird, hängt seine Größe stark vom Helixgehalt der Moleküle ab.

## 4.7.2 STRUKTUREINFLÜSSE

### 4.7.2.1 Allgemeine Betrachtungen

Die durch das asymmetrische Kohlenstoffatom z. B. in Verbindungen der allgemeinen Formel $R{-}{*}CH(CH_3){-}(CH_2)_y{-}CH_3$ hervorgerufene molare Drehung $[\Phi]$ wird nur wenig durch die weiter entfernten Nachbarn beeinflußt (Tab. 4 - 7). Die meßbare optische Drehung hängt dabei von der Empfindlichkeit des Polarimeters und von den speziellen experimentellen Bedingungen ab. L-Äpfelsäure ist z. B. in verdünnten wässrigen Lösungen links-, in konzentrierteren Lösungen dagegen rechtsdrehend. Bei einer bestimmten Konzentration ist daher die optische Drehung gleich null, obwohl L-Äpfelsäure natürlich chiral ist. Alle optisch aktiven Systeme müssen daher chiral sein. Ob ein chirales System dagegen optisch aktiv ist, hängt von den Bedingungen ab.

*Tab. 4-7:* Molare optische Drehung $[\Phi]_{25}^{D}$ verschiedener niedermolekularer Verbindungen $R{-}{*}CH(CH_3){-}(CH_2)_y{-}CH_3$ bei 589 nm und 25 °C im flüssigen Zustand. Die für $y = \infty$ angegebenen Zahlen wurden durch Extrapolation von $[\Phi]_{25}^{D} = f(y^{-1})$ auf $y^{-1} \to 0$ erhalten.

| R | $[\Phi]_{25}^{D}$ in $10^{-2}$ grad $dm^{-1}$ $cm^3$ $mol^{-1}$ bei y = | | | | |
|---|---|---|---|---|---|
| | 1 | 2 | 3 | 4 | ∞ |
| $(CH_2)_2H$ | 0 | 10 | 11,4 | 12,5 | 16,0 |
| $(CH_2)_3H$ | − 10 | 0 | 1,5 | 2,4 | 6,0 |
| $(CH_2)_4H$ | − 11,4 | − 1,7 | 0 | 0,8 | 5,0 |
| $(CH_2)_5H$ | − 12,5 | − 2,4 | − 0,8 | 0 | 4,0 |
| $(CH_2)_2Br$ | − 38,8 | − 21,3 | − 16,8 | − 14,7 | − 7,0 |
| $(CH_2)_3Br$ | − 21,9 | − 14,5 | − 8,3 | − 6,2 | − 1,0 |
| $(CH_2)_4Br$ | − 14,9 | − 7,8 | − 5,3 | − 4,0 | − 0,5 |
| $(CH_2)_2OH$ | − 9,0 | 2,1 | 4,0 | 6,1 | 10,5 |
| $(CH_2)_3OH$ | − 11,9 | 0 | 0,7 | 2,6 | 7,0 |
| $(CH_2)_4OH$ | − 12,0 | − 1,7 | 0 | 0,8 | 5,5 |

Zur optischen Aktivität eines Polymeren können optisch aktive Seitengruppen, die Konfiguration der Kettenatome selbst sowie die Konformation der Kette beitragen. Die optische Aktivität der Seitengruppen entspricht genau derjenigen niedermolekularer Verbindungen, wenn die Seitengruppen genügend weit voneinander entfernt sind. Diskutiert werden daher nur die Einflüsse der Konfiguration und Konformation der Kette.

Stereoreguläre Polymere unendlich hohen Molekulargewichtes mit dissymmetrischen Zentralatomen und dissymmetrischen Substituenten weisen von der Konfiguration her wegen der intramolekularen Kompensation keine optische Aktivität auf. Isotaktisches Polypropylen ist daher nicht optisch aktiv. Stereoreguläre Polymere mit asymmetrischen Zentralatomen wie z.B. Poly(L-alanin) $\leftarrow NH-CH(CH_3)-CO \rightarrow_n$ und Poly(L-propylenoxid) $\leftarrow O-CH(CH_3)-CH_2 \rightarrow_n$ sind dagegen schon von der Konfiguration her optisch aktiv.

Ein zusätzlicher und meist dominierender Beitrag zur optischen Aktivität kann dagegen von den Ketten in der Konformation einer Helix kommen. Eine Helix weist einen bestimmten Drehsinn auf. In unmittelbarer Nachbarschaft eines Asymmetriezentrums wird dadurch eine zusätzliche Asymmetrie und folglich eine zusätzliche optische Aktivität erzeugt. Eine Helix sollte darum immer optisch aktiv sein. Da eine Lösung jedoch aus vielen Molekülen aufgebaut ist, können die Helices nur dann einen Beitrag zur optischen Aktivität leisten, wenn sie in allen Molekülen den gleichen Drehsinn haben oder eine Helixsorte im Überschuß vorliegt.

Isotaktische Polymere mit dissymmetrischen Grundbausteinen liegen in der Regel als Helices vor, z.B. die Poly($\alpha$-olefine) $\leftarrow CH_2-CHR \rightarrow_n$ mit einem dissymmetrischen Substituenten R. Die links- und rechtshändigen Helices dieser Polymeren weisen die gleiche Energie auf, sind daher auch gleich wahrscheinlich. Die beiden Konformeren können nur getrennt werden, wenn die Potentialschwelle sehr hoch ist. Da dies in der Regel nicht der Fall ist, sind derartige Polymere optisch inaktiv.

Bei Polymeren mit einem asymmetrischen Zentralatom, wie z. B. den L-Poly($\alpha$-aminosäuren) $\leftarrow NH-CHR-CO \rightarrow_n$, oder mit asymmetrischen Substituenten, wie z.B. it-Poly(3-methyl-penten-1) $\leftarrow CH_2-CHR \rightarrow_n$ mit $R = CH(CH_3)(C_2H_5)$, ist dagegen die eine Helixsorte energetisch stabiler als die andere. Derartige Verbindungen sind daher optisch aktiver als der Beitrag der Monomereinheiten erwarten läßt.

Endgruppen beeinflussen die optische Aktivität nur bei niedrigen Polymerisationsgraden, da ihr Anteil am Molekül gering ist. Abb. 4 – 20 zeigt, daß die spezifische Drehung [$\alpha$] der polymerhomologen Reihe der Poly($\gamma$-methyl-L-glutamate) in dem Wasserstoffbrücken sprengenden Lösungsmittel Dichloressigsäure mit steigendem Polymerisationsgrad $X$ weiter abnimmt, da der Einfluß der Endgruppen auf die optische Aktivität immer geringer wird. In dem helicogenen (helixerzeugenden) Lösungsmittel Dioxan sinkt die optische Aktivität vom Monomeren zum Dimeren, Trimeren und Tetrameren ab, um dann beim Pentameren durch die Helixbildung wieder steil anzusteigen. Bei höheren Polymerisationsgraden wird der durch die Helixbildung bedingte Beitrag pro Grundbaustein immer geringer, bis schließlich die optische Aktivität unabhängig vom Polymerisationsgrad wird. Praktisch konstante Werte der optischen Aktivität werden schon bei Polymerisationsgraden von ca. 10 – 15 erreicht.

Der Wiederanstieg der optischen Aktivität beim Pentameren erklärt sich aus der Helixstruktur. Die Helices des Poly($\gamma$-methyl-L-glutamates) weisen 3,7 Grundbausteine pro Windung auf. Damit eine Helix ausgebildet werden kann, sind somit mindestens

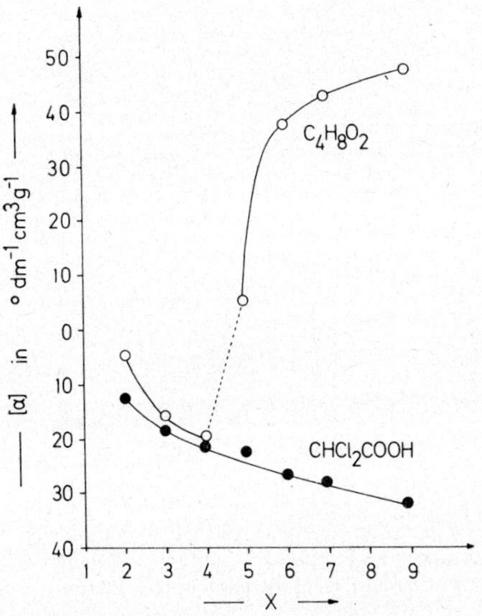


*Abb. 4-20:* Abhängigkeit der spezifischen Deckung $[\alpha]_\lambda$ von oligomeren Poly(γ-methyl-L-glutamaten) verschiedenen Polymerisationsgrades *X* in Dichloressigsäure (Knäuel) und in Dioxan (Helix) (nach M. Goodman und E. E. Schmitt).

4 Aminosäure-Reste erforderlich. Bei 4 Resten ist aber die Helix noch nicht genügend durch den Beitrag der nichtgebundenen Atome stabilisiert (vgl. auch Tab. 4 – 2).

4.7.2.2 Poly(α-olefine)

Die molare optische Drehung von optisch aktiven it-Poly(α-olefinen) hängt außer von der Wellenlänge und Temperatur noch von der optischen Reinheit der Monomeren (und damit auch der Polymeren) ab (Abb. 4 – 21). Bei hohen optischen Reinheiten des Monomeren wird die molare optische Drehung des Polymeren konstant.

Wird ein Monomer mit gegebener optischer Reinheit unter verschiedenen Bedingungen polymerisiert, so hängt die molare optische Drehung des Polymeren noch von seiner Taktizität ab. Durch Extrapolation der reziproken molaren optischen Drehung auf ein holotaktisches Polymer läßt sich die molare optische Drehung des letzeren erhalten (Abb. 4 – 22).

Für Poly[(S)-4-methylhexen-1] wurde so ein Wert $[\Phi] = 292$ gefunden, während der Wert des als Modellverbindung benutzten hydrierten Monomeren nur 9,9 beträgt (jeweils in $10^{-2}$ grad dm$^{-1}$ cm$^{3}$ mol$^{-1}$). Diese Erhöhung stammt zweifellos von dem Beitrag der Helix.

Die Wellenlängenabhängigkeit der molaren optischen Drehung von Poly(α-olefinen) läßt sich gut durch die eintermige Drude-Gleichung beschreiben. $\lambda_0$ ist bei den Polymeren und ihren hydrierten Monomeren etwa gleich groß (Tab. 4–8). Die $a_0$-Werte sind aber bei den Polymeren teilweise beträchtlich höher als bei den hydrierten Monomeren. Sie werden nur wenig von dem bei der Messung verwendeten Lösungsmittel beeinflußt, d. h. die Länge der helicalen Kettenstücke ist lösungsmittelunabhängig.

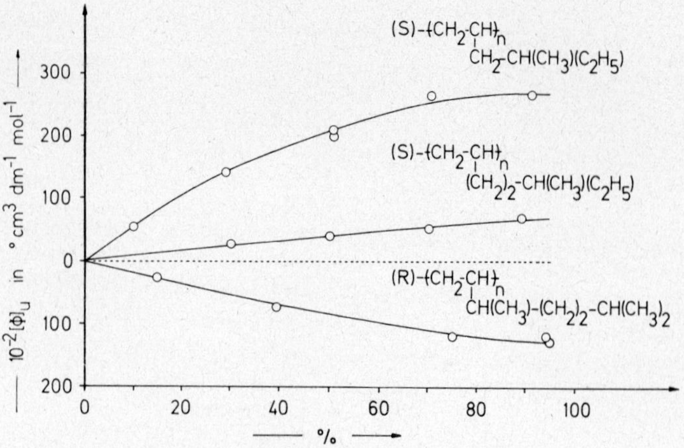


*Abb. 4-21:* Molare optische Rotation verschiedener methanolunlöslicher Poly($\alpha$-olefine) in Kohlenwasserstoff-Lösungen als Funktion der optischen Reinheit der Ausgangsmonomeren (nach P. Pino, F. Ciardelli, G. Montagnoli und O. Pieroni).

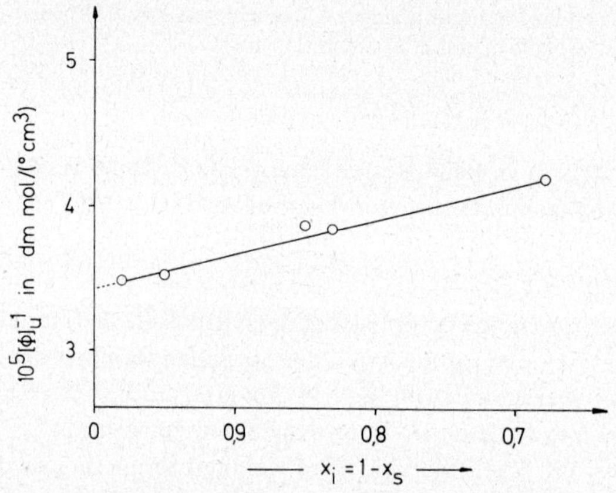


*Abb. 4-22:* Abhängigkeit der reziproken molaren optischen Rotation vom Molenbruch isotaktischer bzw. syndiotaktischer Diaden beim Poly[(S)-4-methyl-1-hexen]. Reinheit des Ausgangsmonomeren: 93 %. Nach Messungen von P. Pino et al.

Die molare optische Drehung der Poly($\alpha$-olefine) sinkt mit steigender Temperatur. Dieser Effekt wurde als Schmelzen relativ langer linkshändiger Helixstücke interpretiert. Nach der gleichen Modellrechnung sollte sich die Länge der relativ kurzen rechtshändigen Helixstücke nicht wesentlich mit der Temperatur ändern.

Die molare optische Drehung konfigurativer Copolymerer aus (S)- und (R)-Isomeren des gleichen Monomeren ist bei Poly($\alpha$-olefinen) in der Regel keine lineare Funktion der optischen Reinheit des Monomeren, sondern eine hyperbolische. Die molaren optischen Drehungen der Copolymeren sind daher höher als sich aus der Ad-

*Tab. 4-8:* Konstanten $a_0$ und $\lambda_0$ der eintermigen Drude-Gleichung für verschiedene synthetische Polymere und ihre hydrierten Monomeren (als niedermolekulare Modelle) bei Raumtemperatur. Polymerisation der Monomeren mit Ziegler-Katalysatoren (I, II), kationisch (III), anionisch (IV) und radikalisch (V, VI). Messungen im jeweils gleichen Lösungsmittel für Polymer und hydriertes Monomer.

| | Monomer | | $\lambda_0$ (in nm) | | $a_0$ (in $10^{-2}$ grad $dm^{-1}$ $cm^3$ $mol^{-1}$) | |
|---|---|---|---|---|---|---|
| | Name | Konstitution | Modell | Polymer | Modell | Polymer |
| I. | (S)-3-Methyl-1-penten | $CH_2{=}CH{-}CH(CH_3)(C_2H_5)$ | 176 | 167 | − 113 | 1143 |
| II. | (S)-4-Methyl-1-hexen | $CH_2{=}CH{-}CH_2{-}CH(CH_3)C_2H_5$ | 170 | 165 | 3078 | 104 |
| III. | (1R, 3R, 4S)-1-Methyl-4-isopropyl-cyclohex-3-yl-vinyläther | 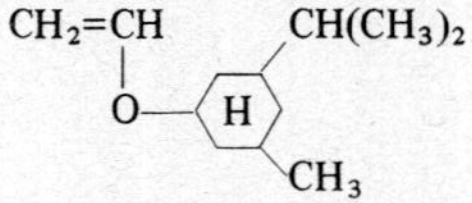 | 155 | 165 | − 1144 | − 2169 |
| IV. | [(−)-N-Propyl-N-α-phenyläthyl]-acrylamid | $CH_2{=}CH{-}CO{-}N(C_3H_7){-}CH(CH_3){-}C_6H_5$ | 280 | 272 | − 1518 | − 1188 |
| V. | [(1S, 2R, 4S)-1,7,7-Trimethyl-norborn-2-yl]-acrylat | 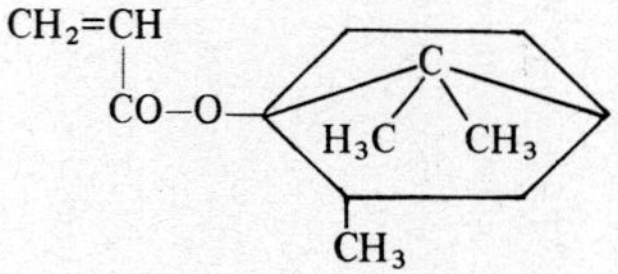 | 190 | 191 | − 485 | − 401 |
| VI. | [(S)-2-Methylbutyl]-methacrylat | $CH_2{=}CCH_3{-}CO{-}O{-}CH_2{-}CH(CH_3){-}C_2H_5$ | 191 | 188 | 59 | 53 |

ditivitätsregel ergibt. Es ist bislang nicht klar, ob dieser Effekt von langen Blöcken im Polymeren oder von Mischungen von konfigurativen Unipolymeren stammt.

4.7.2.3 Poly(α-aminocarbonsäuren)

Stereoreguläre Poly(α-aminocarbonsäuren) bilden im kristallinen Zustand (vgl. Kap. 4.2) und teilweise auch je nach Vorbehandlung (vgl. Kap. 30.1) entweder sog. α-Helices mit 3,7 Monomereinheiten pro Windung oder aber β-Strukturen (Faltblatt-Strukturen). Polymere mit L-Bausteinen führen dabei in der Regel zu rechtshändigen, Polymere mit D-Grundbausteinen zu linkshändigen Helices. Eine Ausnahme ist z. B. das Poly(β-benzyl-L-aspartat). Die Helixstruktur bleibt in gewissen Lösungsmitteln erhalten, in anderen wie z.B. Dichloressigsäure oder Hydrazin wird sie unter Bildung von Knäueln gesprengt.

Die Wellenlängenabhängigkeit der molaren optischen Aktivität der Knäuel kann durch eine eintermige Drude-Gleichung, die von Helices durch die Moffitt-Yang-Gleichung wiedergegeben werden. $\lambda_0$ ist meist völlig unabhängig vom Lösungsmittel, während sich $a_0$ und $b_0$ als verschieden hoch erwiesen (Tab. 4 – 9). $b_0$ wurde für verschiedene helicogene Lösungsmittel für ein gegebenes Polymer als etwa konstant gefunden, während $a_0$ noch vom Lösungsmittel abhängt. $b_0$ erwies sich auch bei verschiedenen Poly(α-aminocarbonsäuren) als etwa gleich hoch sofern diese in der Helixkonformation vorlagen. $b_0$ ist darum eine für die Helixkonformation von Poly-(α-aminocarbonsäuren) typische Konstante, während $a_0$ Beiträge der Helix und des asymmetrischen C-Atoms enthält.

*Tab. 4 – 9:* Einfluß der Bruttokonformation auf die Parameter $\lambda_0$, $a_0$ und $b_0$ beim Poly(γ-benzyl-L-glutamat)

| Lösungsmittel | Bruttokonformation | Auswertung nach | $\lambda_0$ nm | $a_0$ in $10^{-2}$ grad $dm^{-1}$ | $b_0$ $cm^3$ $mol^{-1}$ |
|---|---|---|---|---|---|
| Dichloressigsäure | Knäuel | Drude | 190 | – | – |
| ,, | ,, | Moffitt-Yang | 212 | – | 0 |
| Hydrazin | ,, | Drude | 212 | – | 0 |
| Dimethylformamid | Helix | Moffitt-Yang | 212 | 200 | -660 |
| Dioxan | ,, | ,, | 212 | 220 | -670 |
| Dioxan | ,, | ,, | 212 | 198 | -682 |
| Chloroform | ,, | ,, | 212 | 250 | -625 |
| 1,2-Dichloräthan | ,, | ,, | 212 | 205 | -635 |

4.7.2.4 Proteine

Bei Proteinen, natürlich vorkommenden, in der Sequenz einheitlichen Copolymeren der α-Aminocarbonsäuren (vgl. Kap. 30) ist die Konstante $b_0$ je nach Protein verschieden groß. Da Proteine in der Regel L-Aminosäuren enthalten, die Helixkonformation nicht sehr stark von der Größe des Substituenten abhängt und Proteine in wässriger Lösung eine recht kompakte Struktur einnehmen (vgl. 4.6.2), hat man die Konstante $b_0$ als Maß für den Helixgehalt der Proteine herangezogen. Für eine 100%ige Helickonformation wurde $b_0 = -650$ gesetzt. Für verschiedene Proteine wurden die in Tab. 4 – 10 zusammengestellten Zahlen erhalten.

*Tab. 4-10:* Helixgehalt verschiedener Proteine

| Protein | $b_0$ | % Helix-Gehalt |
|---|---|---|
| Tropomyosin | -650 | 100 |
| Serumalbumin | -290 | 46 |
| Ovalbumin | -195 | 31 |
| Chymotrypsin | - 95 | 15 |

Die Abschätzung des Helixgehaltes von Proteinen ist wichtig, da sie den Einfluß des Lösungsmittels auf die Konformation im Vergleich zur röntgenographisch im kristallinen Zustand ermittelten abzuschätzen erlaubt. Sie setzt ein „2-Phasen"-Modell voraus, d. h. das alleinige und scharf voneinander getrennte Vorkommen von Helix- und Knäuel-Stücken. Diese Annahme wird durch die Beobachtungen bei den Helix/Knäuel-Umwandlungen bestätigt (vgl. weiter unten). Die Bestimmung des Helixgehaltes von Proteinen über $b_0$ ist aber nicht ganz unbedenklich, da zu kurze Helixstücke nicht den vollen Beitrag zu $b_0$ beisteuern (vgl. Abb. 4-20), L-Aminosäuren nicht nur in Rechts-Helices, sondern auch in Links-Helices mit Vorzeichen-Wechsel für $b_0$ vorkommen und schließlich Mischungen von Rechts- und Links-Helices vorhanden sein können.

## *4.8 Konformationsumwandlungen*

### 4.8.1 THERMODYNAMIK

Konformationsumwandlungen können je nach Typ und Ausmaß der Umwandlung gruppenspezifisch (IR, UV, NMR, ORD, CD) oder molekül-spezifisch (Trägheitsradius, Staudinger-Index) verfolgt werden. Konformationen können sich bei Wechsel des Lösungsmittels, der Temperatur und/oder des Druckes ändern.

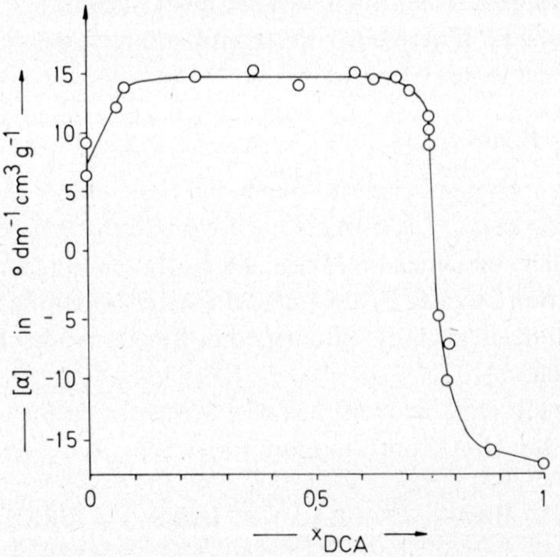


*Abb. 4-23:* Spezifische Drehung $[\alpha]_D$ eines Poly(γ-benzyl-L-glutamates) ($\overline{M}_w$ = 350 000) in Gemischen aus Äthylendichlorid/Dichloressigsäure bei 20 °C (nach J. T. Yang).

Die spezifische Drehung des Poly($\gamma$-benzyl-L-glutamates) nimmt z.B. in einer Mischung von Äthylendichlorid und Dichloressigsäure mit steigendem Gehalt an $CHCl_2COOH$ zuerst etwas zu, bleibt dann über einen großen Mischungsbereich konstant und sinkt schließlich bei einem Gehalt von ca. 75 Vol. proz. $CHCl_2COOH$ sprunghaft zu negativen Werten ab (Abb. 4 – 23). Da Äthylendichlorid ein helicogenes Lösungsmittel ist, wird die anfängliche Zunahme einer Änderung der Helixstruktur (Aufweitung? ), der Abfall aber dem Helix/Knäuel-Übergang zugeschrieben.

Die Konformationsänderungen von Makromolekülen müssen kooperative Effekte sein, da jede Konformation zumindest bei regelmäßigen konformativen Sequenzen durch diejenige der Nachbarbindungen beeinflußt wird. Für jede einzelne Konformationsumwandlung kann man eine Gleichgewichtskonstante definieren. Die verschiedenen Konformationen werden dabei als A und B voneinander unterschieden. A und B können z. B. trans- oder gauche-Konformationen sein, oder aber auch die trans- und cis-Stellungen der Peptidgruppen beim Poly(prolin) usw.

Der Prozeß

(4–62) $\quad AAB \rightleftarrows ABB$

(bzw. $BAA \rightleftarrows BBA$) beschreibt das *Wachstum* bereits bestehender Folgen von A- oder B-Konformationen. Ihm wird eine Gleichgewichtskonstante $K_w = K$ zugeordnet. Beim Prozeß

(4–63) $\quad AAA \rightleftarrows ABA$

wird dagegen eine B-Sequenz begonnen oder vernichtet. Diesem *Keimbildungsprozeß* kann man eine Gleichgewichtskonstante $K_k = \sigma K_w = \sigma K$ zuordnen. $\sigma$ ist ein Maß für die Kooperativität der Umwandlung. Bei $\sigma < 1$ nehmen die Segmente bevorzugt die Konformation der Nachbarn an. Konformative Diaden AA bzw. BB sind in diesem Falle wahrscheinlicher als Diaden AB oder BA (positive Kooperativität). Bei $\sigma = 1$ gilt dagegen $K_w = K_k$; es liegt keine Kooperativität vor. Eine negative Kooperativität oder Antikooperativität mit $\sigma > 1$ ist nicht bekannt.

Die Keimbildung im Innern einer Kette muß mikroskopisch reversibel sein. Die Gleichgewichtskonstante des Prozesses

(4–64) $\quad BBB \rightleftarrows BAB$

beträgt daher $K^{-1}\sigma$. An den beiden Kettenenden besitzen die Konformationen jedoch nur je einen Nachbarn. Die $\sigma$-Werte der Keimbildung von den Enden her müssen daher verschieden von denen im Innern der Kette sein und außerdem noch vom Typ der Konformation (A oder B) abhängen. In erster Näherung kann man jedoch bei vielen Umwandlungen auch die Bildung eines Keimes an den Enden der Kette durch $\sigma$ beschreiben.

In einer Kette mit einer Sequenz aus $N = 4$ Konformationen kann die All-B-Konformation aus der All-A-Konformation in vier Schritten erreicht werden:

(4–65) $\quad AAAA \rightleftarrows BAAA \rightleftarrows BBAA \rightleftarrows BBBA \rightleftarrows BBBB$

Auf einen Keimbildungsschritt folgen drei Wachstumsschritte. Für die Gleichgewichtskonzentrationen gilt daher

(4-66) $c_{BBBB} = \sigma K \cdot K \cdot K \cdot K \cdot c_{AAAA} = \sigma K^4 c_{AAAA}$

Bei $\sigma K^4 = 1$ gilt daher $c_{BBBB} = c_{AAAA}$.

Ist nun die Gleichgewichtskonstante $K \gg 1$, so muß wegen $\sigma K^4 = 1$ auch $1/\sigma^{1/4} \gg 1$ sein. Alle Zwischenstufen müssen daher in diesem Fall gegenüber den beiden Extremformen in kleinen Konzentrationen vorliegen (z. B. für $\sigma = 10^{-4}$: $c_{BBBB} = 10\, c_{BBBA} = 10^2\, c_{BBAA} = 10^3\, c_{BAAA}$). Die Konformationsumwandlung tritt also entweder vollständig oder gar nicht auf.

Die Umwandlung einer Kette aus vier Konformationen ist somit durch das Produkt $\sigma K^4$ beschreibbar. Bei der $N$. Konformation ist dieser Ausdruck folglich durch $\sigma K^N$ zu ersetzen. Der Bruchteil $f_B$ gebildeter B-Zustände ist dann

(4-67) $f_B = \sigma K^N / (1 + \sigma K^N)$

$f_B$ kann jedoch nur dann über Gl. (4-67) berechnet werden, wenn $N$ klein ist. Für einen Alles-oder-Nichts-Prozeß gilt nämlich $1/\sigma^{1/N} \gg 1$ (vgl. oben) oder $\sigma^{1/N} \ll 1$. Bei gleicher Wahrscheinlichkeit der Umwandlung pro Konformation muß aber die Umwandlung pro Kette mit steigendem $N$ zunehmen. Für diese Wahrscheinlichkeit ist daher das Produkt von $\sigma^{1/N}$ und $N$ zu betrachten. Als Bedingung für Gl. (4-67) gilt daher

(4-68) $N\sigma^{1/N} \ll 1$

Bei großen Kettenlängen wird dagegen die Umwandlung unabhängig von $N$. Der Umwandlungsgrad $f_B$ berechnet sich hier zu

(4-69) $$f_B = 0{,}5 \left( 1 + \frac{K - 1}{((K-1)^2 + 4\,\sigma K)^{0,5}} \right)$$

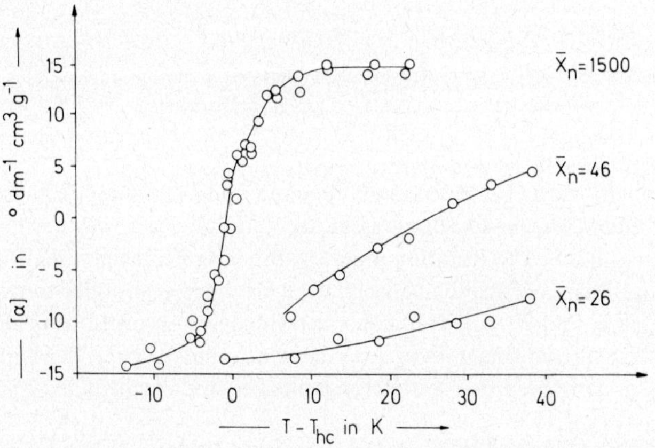


*Abb. 4-24:* Spezifische Drehung $[\alpha]_D$ von Poly($\gamma$-benzyl-L-glutamaten) verschiedenen Polymerisationsgrades $\bar{X}_n$ als Funktion der Temperaturdifferenz $T - T_{hc}$ im Gemisch 1,2-Dichloräthan/Dichloressigsäure (20/80 = vol/vol). $T_{hc}$ ist als Wendepunkt der $[\alpha]_D = f(T)$-Kurve bei der Probe mit dem höchsten Polymerisationsgrad definiert. $T_{hc} = 30\ °C$ (nach P. Doty und J. T. Yang bzw. B. H. Zimm, P. Doty und K. Iso).

Am Mittelpunkt der Umwandlung ($f_B = 0{,}5$) wird daher nach Gl. (4 – 69) unabhängig von $\sigma$ immer $K = 1$. Die Umwandlung ist jedoch umso schärfer, je kleiner $\sigma$ ist.

Für die Umwandlung von Ketten mittlerer Kettenlänge sind die Ausdrücke komplizierter. In diesem Bereich hängen dann die Umwandlungen deutlich von der Kettenlänge ab (vgl. auch Abb. 4 – 24).

### 4.8.2 KINETIK

Die Kinetik der Konformationsumwandlungen ist mit Ausnahme der Helix/Knäuel-Umwandlungen von Polypeptiden und Polynucleotiden noch wenig erforscht. Für derartige Helix/Knäuel-Umwandlungen wurden verhältnismäßig hohe Geschwindigkeitskonstanten von $10^6$ bis $10^7$ $s^{-1}$ gefunden. Bei Denaturierungsprozessen, bei denen auch Helix/Knäuel-Umwandlungen beteiligt sind (vgl. Kap. 4.6.2), beobachtete man dagegen Geschwindigkeitskonstanten von $10^{-6}$ bis 1 $s^{-1}$. Die hohe Geschwindigkeit der Helix/Knäuel-Umwandlungen ist zweifellos durch die Kooperativität bedingt. Die niedrigere Geschwindigkeit der Denaturierung muß daher von den Umwandlungen in den nicht-helicalen Bereichen stammen.

Bei der Rotation um eine Einzelbindung muß sich offenbar ein großer Teil des Moleküls bewegen (Abb. 4–25 a). Das dürfte in viskosen Medien sehr schwierig sein. Bei einer gekoppelten Rotation um zwei Bindungen (Abb. 4–25 b) würde man dagegen eine Erhöhung der Aktivierungsenergie gegenüber ähnlich gebauten niedermolekularen Verbindungen erwarten.

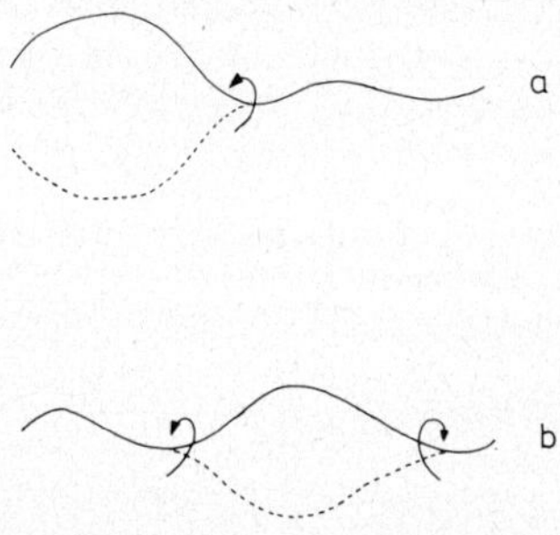


*Abb. 4–25:* Typen von Rotationsumwandlungen in einer Kette (nach H. Morawetz).

Das Problem wurde bei Piperazin-Polymeren und Diacoylpiperazinen als Modellsubstanzen studiert. Die N–CO-Bindung dieser Verbindungen weist partiellen Doppelbindungscharakter auf. Die Rotation um diese Bindung ist daher verhältnismäßig langsam. Je nachdem, ob sich die benachbarten Gruppen in cis oder trans zu der N–CO-Bindung befinden, wird man daher verschiedene Absorptionsbanden im Protonenresonanzspektrum finden. Aus der Temperaturabhängigkeit der Bandenintensitäten läßt sich dann die Freie Aktivierungsenergie $\Delta G^{\ddagger}$ ermitteln.

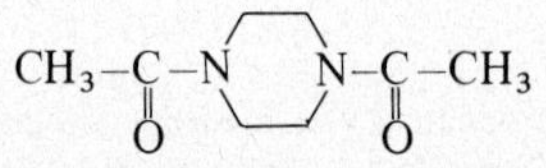 (I)

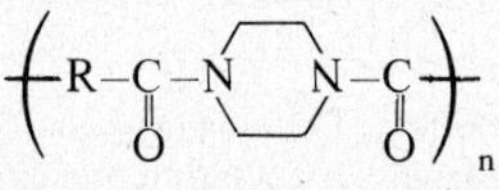 (II)

Experimentell wurde gefunden, daß sich die Gibbs-Aktivierungsenergien für Diacetylpiperazin (I) einerseits und Poly(succinylpiperazin)(II, R = $(CH_2)_2$), Poly(adipylpiperazin) (II, R = $(CH_2)_4$) und Poly(sebacylpiperazin) (II, R = $(CH_2)_8$) andererseits praktisch nicht unterscheiden ($\Delta G^{\ddagger} = 7{,}6 \cdot 10^4$ J/mol). Die Ursache ist unklar. Die Aktivierungsenergie könnte z. B. im Polymermolekül gespeichert und für die Rotation um eine andere Bindung gebraucht werden. Alternativ könnte die durch die Rotation erzeugte Spannung durch Verdrehungen von Rotations- und Valenzwinkeln ausgeglichen werden.

## A – 4 Anhang zu Kap. 4

### *A – 4.1 Berechnung der Fadenendenabstände im Segmentmodell*

Beim Segment-Modell wird die Länge und die Richtung jeder einzelnen Bindung durch einen Vektor $\boldsymbol{l}_i$ beschrieben (Abb. 4 – 12). Der vektorielle Abstand $\boldsymbol{L}_{00}$ zwischen den beiden Enden der Kette ist dann

$$(A4-1) \quad \boldsymbol{L}_{00} = \boldsymbol{l}_1 + \boldsymbol{l}_2 + \ldots \boldsymbol{l}_{n-1} = \sum_{i=1}^{i=n-1} \boldsymbol{l}_i$$

Für das Mittel über die Quadrate der Fadenendenabstände $\overline{L_{00}^2}$ (Mittelung über alle Moleküle und über alle zeitlichen Formen eines Moleküls) sind dann die Produkte der Vektoren anzusetzen

$$(A\,4-2) \quad \overline{(L_{00}^2)} = \boldsymbol{L} \cdot \boldsymbol{L} = \overline{(\sum_i \boldsymbol{l}_i \sum_j \boldsymbol{l}_j)} = \boldsymbol{l}_1 \boldsymbol{l}_1 + \boldsymbol{l}_2 \boldsymbol{l}_2 + \ldots \boldsymbol{l}_{n-1} \boldsymbol{l}_{n-1} + 2 \sum_i \sum_j \overline{\boldsymbol{l}_i \boldsymbol{l}_j}$$

wobei der Index j die gleiche Bedeutung hat wie der Index i und lediglich andeuten soll, daß jedes Glied der ersten Summe mit jedem Glied der zweiten Summe multipliziert werden soll. Das Skalarenprodukt $\boldsymbol{l}_i \boldsymbol{l}_{i+1}$ ist gleich $l_i l_{i+1} \cos(180 - \vartheta)$, wobei $(180 - \vartheta)$ der Winkel zwischen zwei aufeinanderfolgenden Bindungen ist und $\vartheta$ somit der Valenzwinkel. Bei dem gewählten Segmentmodell hat nun jeder Winkel $\vartheta$ die gleiche Wahrscheinlichkeit wie der Winkel $(180 + \vartheta)$. Es gilt dann
$\cos \vartheta = -\cos(180 + \vartheta)$. Die Doppelsumme in Gl. (A 4 – 2) verschwindet und man erhält aus Gl. (A 4 – 2)

$$(A\,4-3) \quad \overline{(L_{00}^2)} = (N-1)\, l^2 \approx N\, l^2$$

Sind mehrere verschiedene Bindungen mit unterschiedlichen Längen $l_q$ vorhanden (z.B. in Polyamiden), so ist Gl. (A 4 – 3) durch die entsprechende Summe zu ersetzen:

$$(A4-4) \quad \overline{(L_{00}^2)} = \sum_q (N-1)_q\, l_q^2$$

### *A – 4.2 Beziehung zwischen Fadenendenabstand und Trägheitsradius im Segmentmodell*

Experimentell zugänglich ist nun nicht der Fadenendenabstand $(\overline{L^2})^{0,5} \equiv \langle L \rangle$, sondern nur der Trägheitsradius $\langle R_G^2 \rangle^{0,5} \equiv \langle R \rangle$. Fadenendenabstand und Trägheitsradius sind aber in diesem Modell eindeutig miteinander verknüpft. Wie in Abb. 4 – 12 gezeigt, kann man sich die Massen der Kettenatome in Massenpunkten konzentriert denken, die durch Bindungen der Länge $l$ miteinander verknüpft sind. $\boldsymbol{r}_1$ ist der Vektor vom Schwerpunkt des Moleküls zum 1. Massenpunkt, $\boldsymbol{r}_i$ der entsprechende Vektor zum i. Massenpunkt und $\boldsymbol{L}_i$ der Vektor zwischen diesen beiden Massenpunkten. Es gilt dann für jeden Massenpunkt

(A4-5) $\boldsymbol{r}_i = \boldsymbol{r}_i + \boldsymbol{L}_i$

Der Schwerpunkt ist als 1. Moment des Trägheitsradius so definiert, daß für ihn mit $\boldsymbol{r}_i = 0$ gilt

(A4-6) $\sum_i m_i \boldsymbol{r}_i = 0$

Da alle Massenpunkte identisch sind, gilt für alle $N$ Massenpunkte

(A4-7) $\sum_{i=1}^{i=n} \boldsymbol{r}_i = N\boldsymbol{r}_1 + \sum_{i=1}^{i=n} \boldsymbol{L}_i = 0$

und daher

(A4-8) $\boldsymbol{r}_1 = -(1/N) \sum_i \boldsymbol{L}_i$

Der Trägheitsradius $\langle R \rangle$ ist nun als Wurzel aus dem Mittel über alle Quadrate der Radien $\boldsymbol{r}$ definiert (vgl. oben), diese wiederum als 2. Moment der Massenverteilung

(A4-9) $\boldsymbol{r}^2 = (\sum_i m_i r_i^2)/(\sum_i m_i)$

bzw. für das Mittel über alle Quadrate (mit dem Index oo für dieses Modell)

(A4-10) $\overline{R_{oo}^2} = (\overline{\sum_i m_i r_i^2})/(\sum_i m_i) = \langle R^2 \rangle_{oo}$

Die Massen $m_i$ sind per Definition alle identisch. Da man außerdem die Mittelung erst über alle Summen oder zuerst über alle Produkte und dann erst über alle Summen ausführen kann, kann man anstelle (A4-10) auch schreiben

(A4-11) $\langle R^2 \rangle_{oo} = (m_i \sum_i \overline{r_i^2})/\sum_i m_i$

und mit $m = \sum_i m_i$ und der Anzahl $N$ der Kettenglieder ($N = m/m_i$) aus (A4-11)

(A4-12) $\langle R^2 \rangle_{oo} = \sum_i \overline{r_i^2}/N$

Beim Poly(methylen) ist die Zahl der Kettenglieder $N$ mit dem Polymerisationsgrad $\overline{X}_n$ identisch. Bei Grundbausteinen aus zwei Kettengliedern, z. B. beim Poly(styrol), wird jedoch $N = 2\,\overline{X}_n$. Für die Beziehung zwischen dem Trägheitsradius und dem Fadenendenabstand ergibt sich

(A4-13) $\langle R^2 \rangle_{oo} = (1/N) \sum_{i=1}^{i=n} (\boldsymbol{r}_1 + \boldsymbol{L}_i)(\boldsymbol{r}_1 + \boldsymbol{L}_i)$

$$\langle R^2 \rangle_{oo} = r_1^2 + (1/N) \sum_{i=1}^{i=n} L_i^2 + (2/N)\, \boldsymbol{r}_1 \left(\sum_{i=1}^{i=n} \boldsymbol{L}_i\right)$$

Nach Gl. (A4-2) wird aber

(A2-2a) $r_1^2 = \sum_{i=1}^{i=n} \sum_{j=1}^{j=n} \boldsymbol{L}_i \boldsymbol{L}_j$

und nach Gl. (A4–8) und Gl. (A 4–2)

$$\text{(A4–8a)}\quad (2/N)r_1\,(\sum_{i=1}^{i=n} L_i) = -(2/N^2)\sum_{i=1}^{i=n}\sum_{j=1}^{j=n} L_i L_j$$

Mit den Gl. (A 4–2a) und (A 4–8a) wird Gl. (A4–13) dann zu

$$\text{(A4–14)}\quad \langle R^2\rangle_{oo} = (1/N)\sum_{i=1}^{i=n} L_1^2 - (1/N^2)\sum_{i=1}^{i=n}\sum_{j=1}^{j=n} L_i L_j$$

Das Vektorprodukt wird nach der schon bei Gl. (A 4–2) benutzten Cosinus-Regel gelöst

$$\text{(A4–15)}\quad L_{ij}^2 = L_i^2 + L_j^2 - 2\,L_i L_j$$

Die Indices i und j haben definitionsgemäß die gleiche Bedeutung, so daß die Summierungen über die Quadrate der Abstände $L_i^2$ und $L_j^2$ identisch sind. Durch Einsetzen von (A 4 – 15) in (A 4 – 14) erhält man daher

$$\text{(A4–16)}\quad \langle R^2\rangle_{oo} = (1/2N^2)\sum_{i=1}^{i=n}\sum_{h=1}^{j=n} \overline{L_{ij}^2}$$

Der Mittelwert $\overline{L_{ij}^2}$ ist aber nach Gl. (A 4 – 2) bzw. (A 4 – 3) der Fadenendenabstand einer Kette von | j – i | Elementen der Länge $l$

$$\text{(A4–17)}\quad \overline{L_{ij}^2} = |j-i|\,l^2 = (|j-i|\,\overline{L^2})/N$$

Die absolute Differenz entspricht einem Summenprodukt, wobei jede Summe einzeln gelöst werden kann. Für die Summierung über alle j-Werte erhält man

$$\text{(A4–18)}\quad \sum_{j=1}^{j=n} |j-i| = \sum_{j=1}^{i}(i-j) + \sum_{j=i+1}^{n}(j-1)$$

$$= i^2 - 0{,}5\,i\,(i+1) + 0{,}5\,(N-i)\,(N+i+1) - i\,(N-i)$$

$$= i^2 - iN + 0{,}5\,N^2 + 0{,}5\,N - i$$

und für die Summierung über alle i-Werte

$$\text{(A4–19)}\quad \sum_{i=1}^{i=n} i^2 = 1^2 + 2^2 + \ldots . N^2 = \frac{N(N+1)\,(2N+1)}{N}$$

Man erhält also

$$\text{(A4–20)}\quad \sum_{i=1}^{i=n}\sum_{j=1}^{i=j} |j-i| = (N^3 - N)/3 \cong N^3/3 \qquad (\text{für } N \geqslant 1)$$

Aus Gl. (A 4–16) wird mit (A 4–17) und (A 4–20)

$$\text{(A4–21)}\quad \langle R^2\rangle_{oo} = \frac{1}{2N^2}\cdot\frac{N^3}{3}\cdot\frac{\overline{L^2}}{N} = \frac{1}{6}\,\overline{L_{oo}^2} = \overline{R_{oo}^2}$$

Gl. (A 4 – 21) gestattet, die experimentell z. B. über Lichtstreuungsmessungen zugänglichen Trägheitsradien in die theoretisch wichtigen Fadenendenabstände umzurechnen. Diese Umrechnung bleibt auch für die Valenzwinkelkette und die Valenzwinkelkette mit behinderter Drehbarkeit gültig, nicht aber für beliebig gute Lösungsmittel und/oder verzweigte Moleküle.

### *A-4.3 Berechnung der Fadenendenabstände bei Valenzwinkelketten*

Das Segmentmodell nimmt beliebige Winkel zwischen den aufeinanderfolgenden Segmenten an. In einem realen Makromolekül sind jedoch Valenzwinkel zu berücksichtigen, die in erster Näherung (vgl. Kap. 4.4.2.3) als konstant angesetzt werden können. Wie beim Segmentmodell (vgl. Gl. (A 4 – 2) sind für $N$ Kettenglieder, d.h. $(N-1)$ Bindungen, alle Vektoren miteinander zu multiplizieren:

$$\text{(A4–22)}\quad (\overline{L^2_{\text{of}}}) = \bar{L}\cdot\bar{L} = (\boldsymbol{l}_1\cdot\boldsymbol{l}_1+\boldsymbol{l}_2\boldsymbol{l}_2+\ldots\boldsymbol{l}_{n-1}\boldsymbol{l}_{n-1})+ \\ +\ 2(\boldsymbol{l}_1\boldsymbol{l}_2+\boldsymbol{l}_2\boldsymbol{l}_3+\ldots\boldsymbol{l}_{n-2}\boldsymbol{l}_{n-1})+ \\ +\ 2(\boldsymbol{l}_1\boldsymbol{l}_3+\boldsymbol{l}_2\boldsymbol{l}_4+\ldots\boldsymbol{l}_{n-3}\boldsymbol{l}_{n-1})+ \\ +\ \ldots$$

Das skalare Produkt der Vektoren $\boldsymbol{l}_i$ und $\boldsymbol{l}_j$, die den Winkel $(180-\vartheta)$ einschließen, ist als $l_i l_{i+1} = |l_i|\,|l_{i+1}|\cos(180-N)$ definiert. Aus Gl. (A 4 – 22) wird dann

$$\text{(A4–23)}\quad (\overline{L^2_{\text{of}}}) = (N-1)\,l^2 + 2(N-2)\,l^2\cos(180-\vartheta) + 2\,(N-3)\,(\boldsymbol{l}_1\boldsymbol{l}_3) + \ldots + 2(\overline{\boldsymbol{l}_1\boldsymbol{l}_{n-1}})$$

Für die Mittelwerte der skalaren Produkte gilt

$$\text{(A4–24)}\quad \overline{\boldsymbol{l}_1\boldsymbol{l}_{1+j}} = l^2\cos^j(180-\vartheta)$$

und Gl. (A 4 – 23) wird dann zu

$$\text{(A4–25)}\quad \overline{L^2_{\text{of}}} = (N-1)\,l^2 + 2\,l^2\,[(N-2)\cos(180-\vartheta) + (N-3)\cos^2(180-\vartheta) + \\ +\cos^{N-2}(180-\vartheta)]$$

Gl. (A 4 – 25) enthält Reihenentwicklungen. Setzt man $a = N-1$ und $x = \cos(180-\vartheta) = \cos\alpha$, so erhält man mit den für $x < 1$ gültigen Beziehungen

$$\text{(A4–26)}\quad (1 + x + x^2 + x^3 + \ldots) = 1/(1-x)$$

und

$$\text{(A4–27)}\quad (1 + 2x + 3x^2 + 4x^3 + \ldots) = 1/(1-x)^2$$

für Gl. (A 4 – 25) nunmehr

$$\text{(A4–28)}\quad \overline{L^2_{\text{of}}} = (N-1)\,l^2\left(\frac{1+\cos\alpha}{1-\cos\alpha}\right) - 2\,l^2(\cos\alpha)\left(\frac{1-\cos^{N-1}\alpha}{(1-\cos\alpha)^2}\right)$$

Für viele Kettenglieder, d. h. für $(N-1) \geqslant 1$, verschwindet das letzte Glied, und Gl. (A 4 – 28) reduziert sich zu

(A4–29) $$\overline{L^2_{\text{of}}} = N \cdot l^2 \left(\frac{1+\cos\alpha}{1-\cos\alpha}\right) = N \cdot l^2 \left(\frac{1-\cos\vartheta}{1+\cos\vartheta}\right)$$

Für den Trägheitsradius erhält man analog

(A4–30) $$6\,\overline{R^2_{\text{of}}} = N \cdot l^2 \left(\frac{1+\cos\alpha}{1-\cos\alpha}\right) = N \cdot l^2 \left(\frac{1-\cos\vartheta}{1+\cos\vartheta}\right)$$

### *A 4.4 Verteilung der Fadenendenabstände*

Ein Ensemble von Kettenmolekülen gleicher Länge weist zu jeder Zeit eine statistische Verteilung der Fadenendenabstände auf. Die Ableitung kann analog zu der der Maxwell'schen Geschwindigkeitsverteilung von Molekülen in einem idealen Gas erfolgen.

$p(L_x)$ sei die Verteilungsfunktion der x-Komponente des Fadenendenabstandes $L$. Da der Raum isotrop ist, muß gelten $p(L_x) = p(-L_x)$ und folglich auch $p(L_x) = f(L_x^2)$.

Die drei Verteilungsfunktionen für die drei möglichen Raumrichtungen müssen bei einer kleinen Zahl $N$ von Bindungen voneinander abhängen. Bei $N = 1$ muß z.B. gelten $L_x^2 + L_y^2 + L_z^2 = l^2$, wobei $l$ der Bindungsabstand ist. Die drei Komponenten werden jedoch umso weniger voneinander abhängen, je größer die Zahl der Bindungen ist. Wird $N$ sehr groß und ist gleichzeitig $L^2$ viel kleiner als das Quadrat der Länge des ausgestreckten Moleküls, dann können die Komponenten als unabhängig voneinander betrachtet werden. Die totale Wahrscheinlichkeit ist dann einfach das Produkt der Einzelwahrscheinlichkeiten, oder

(A 4–31) $$p(L_x)\,p(L_y)\,p(L_z) = f(L_x^2)\,f(L_y^2)\,f(L_z^2)$$

Diese Wahrscheinlichkeit kann jedoch nicht von der Raumrichtung abhängen. Sie muß eine Funktion der Quadrate der Fadenabstände sein:

(A 4–32) $$L^2 = L_x^2 + L_y^2 + L_z^2$$

Es muß also gelten

(A 4–33) $$f(L_x^2)\,f(L_y^2)\,f(L_z^2) = F(L^2) = f(L_x^2 + L_y^2 + L_z^2)$$

Die Bedingung (A 4–33) kann nur durch eine einzige mathematische Funktion befriedigt werden, nämlich durch

(A 4–34) $$p(L_x) = f(L_x^2) = a \exp(-b\,L_x^2)$$

Das Minus-Zeichen kommt dabei von der Bedingung, daß $p(L_x)$ gleich null werden muß, wenn $L_x$ gegen unendlich strebt. Die Konstanten $a$ und $b$ können wie folgt ermittelt werden:

Die Verteilungsfunktion muß normalisiert werden, d. h. es gilt

(A 4–35) $$p(L_x)\,\mathrm{d}L_x = a \int_{-\infty}^{+\infty} \exp(-bL_x^2) = a(\pi/b)^{0.5} = 1$$

Das zweite Moment der Verteilungsfunktion muß außerdem das Mittel über die Quadrate der Komponente von $L$ geben, d. h. $\langle L_x^2 \rangle = \langle L^2 \rangle / 3 = N l^2 / 3$:

$$\text{(A4-36)} \quad \langle L_x^2 \rangle = \int_{-\infty}^{+\infty} L_x^2 \, p(L_x) \, \mathrm{d}L_x = a \int_{-\infty}^{+\infty} L_x^2 \exp(-bL_x^2) = a\,\pi^{0,5}/(2b^{3/2}) = = N l^2/3$$

Division von (A4-35) durch (A4-36) und Einsetzen des Resultats in (A4-34) führt zu

$$\text{(A4-37)} \quad p(L_x) = \left(\frac{3}{2\pi N l^2}\right)^{0,5} \exp\left(-\frac{3}{2 N l^2} L_x^2\right)$$

## Literatur zu Kap. 4

### *4.2–4.4 Konformation*

M. V. Volkenstein, Configurational Statistics of Polymeric Chains, USSR Academy of Science, Moskau 1959; Interscience, New York 1963

T. M. Birshtein und O. B. Ptitsyn, Conformations of Macromolecules, Interscience, New York 1966

F. A. Bovey, Polymer Conformation and Configuration, Academic Press, New York 1969

P. J. Flory, Statistical Mechanics of Chain Molecules, Interscience, New York 1969

G. G. Lowry, Markov Chains and Monte Carlo Calculations in Polymer Science, M. Dekker, New York 1970

### *4.5–4.6 Knäuelmoleküle in Lösung*

H. Morawetz, Macromolecules in Solution, Interscience, New York 1965

V. N. Tsvetkov, V. Ye. Eskin und S. Ya. Frenkel, Structure of Macromolecules in Solution, Butterworths, London 1970

H. Yamakawa, Modern Theory of Polymer Solutions, Harper and Row, New York 1971

### *4.7 Kompakte Moleküle*

H. Sund und K. Weber, Die Quartär-Struktur der Proteine, Angew. Chem. **78** (1966) 217; Ang. Chem. Internat. Ed. **5** (1966) 231

G. N. Ramachandran, Conformation of Biopolymers, 2 Bde., Academic Press, London 1967

R. E. Dickerson und I. Geis, The Structure and Action of Proteins, Harper und Row, New York 1969

### *4.8 Optische Aktivität*

B. Jirgensons, Optical Rotatory Dispersion of Proteins and Other Macromolecules, Springer, Berlin 1969

P. Pino, F. Ciardelli und M. Zandomeneghi, Optical Activity in Stereoregular Synthetic Polymers, Ann. Rev. Phys. Chem. **21** (1970) 561

### *4.9 Konformationsumwandlungen*

D. Poland und H. A. Scheraga, Theory of helix-coil transitions in biopolymers – statistical mechanical theory of order-disorder transitions in biological macromolecules, Academic Press, New York 1970

# 5 Übermolekulare Strukturen

## *5.1 Phänomene*

Makromolekulare Substanzen treten im kompakten Zustand in einer außerordentlichen Fülle von Erscheinungsformen auf. Haushaltsgeräte aus Poly(äthylen) fühlen sich wachsartig an und sehen milchig aus. Folien aus dem gleichen Material sind durchscheinend, aber nicht so klar wie Folien aus Poly(äthylenglykolterephthalat). Becher aus Poly(styrol) sind spröde, Becher aus Polyamiden aber nicht. Einige Produkte wie z. B. Leder sind biegsam, andere wie z. B. ausgehärtete Phenolharze sehr steif.

Alle diese Eigenschaften lassen sich auf die physikalische Struktur von Molekülverbänden zurückführen, die ihrerseits durch Konstitution, Konfiguration und Konformation der Einzelmoleküle bedingt ist. Die physikalische Struktur der Molekülverbände hängt aber außerdem noch stark von äußeren Bedingungen ab, wie z. B. elektronenmikroskopische Aufnahmen von morphologischen Strukturen eines Polyamids zeigen (Abb. 5-1 a-d). Gießt man eine 260 °C heiße Lösung dieses Polyamids in Glycerin in ca. 25 °C warmes Glycerin, so entstehen kugelförmige Gebilde (Abb. 5-1a). Kühlt man die gleiche Lösung mit 1 - 2 K min$^{-1}$ ab, so bilden sich Fibrillen aus (Abb. 5-1b). Bei einer Abkühlungsgeschwindigkeit von ca. 40 K min$^{-1}$ treten Plättchen auf (Abb. 5 - 1 c). Aus einer verdunstenden Lösung von Ameisensäure bekommt man dagegen schafgarbenähnliche Gebilde (Abb. 5- 1 d).

Die kugelförmigen Gebilde zeigen keinen elektronenmikroskopisch erkennbaren Ordnungsgrad und können als amorph angesehen werden. Die Plättchen lassen einen hohen Ordnungsgrad vermuten, sie erinnern an Kristalle. Bei den Fibrillen und Schafgarben liegen zweifellos ebenfalls geordnete Strukturen vor. Welcher Art diese Ordnungszustände sind, läßt sich aus den elektronenmikroskopischen Aufnahmen ohne zusätzliche Methoden nicht erkennen.

Im Grenzfall kann eine Substanz 100 % kristallin oder 100 % amorph vorliegen. Kochsalz bildet gute Kristalle aus; festes Glycerin ist im Normalfall völlig amorph. Beide Grenzfälle können in der niedermolekularen Chemie mit einer Vielzahl von Methoden untersucht werden (Röntgenographie, Schmelzpunkt usw.). Bei makromolekularen Verbindungen sind die Kriterien jedoch weniger eindeutig.

Als Kristall wurde z.B. in der Mitte des 19. Jahrhunderts ein Material mit ebenen Oberflächen bezeichnet, die sich unter festen Winkeln schneiden. Die elektronenmikroskopische Aufnahme 5 - 1 c zeigt z.B. ebene Oberflächen, die aber spiralförmig angeordnet sind. Dichte, Röntgenstreuung und Schmelzpunkt entsprechen jedoch nicht einer 100 prozentigen Kristallinität (vgl. weiter unten). Gegen Ende des 19. Jahrhunderts wurde ein Kristall neu als homogenes, anisotropes, festes Medium definiert. „Homogen" bedeutet, daß die physikalischen Eigenschaften sich bei einer Translation in Richtung der Kristallachsen nicht ändern. Die Kristalle sind anisotrop, weil die physikalischen Eigenschaften in verschiedenen Richtungen – d.h. bei einer Rotation – variieren. Diese Definition trifft aber auch für verstrecktes, durch radikalische Polymerisation hergestelltes Poly(styrol) zu, das aber nach allen experimentellen Kriterien zweifellos nicht kristallin ist.

Die Kristallinität wurde am Anfang des 20. Jahrhunderts auf der molekularen bzw. atomaren Basis des Gitterkonzeptes neu definiert. Kristalle mit hoher Ordnung

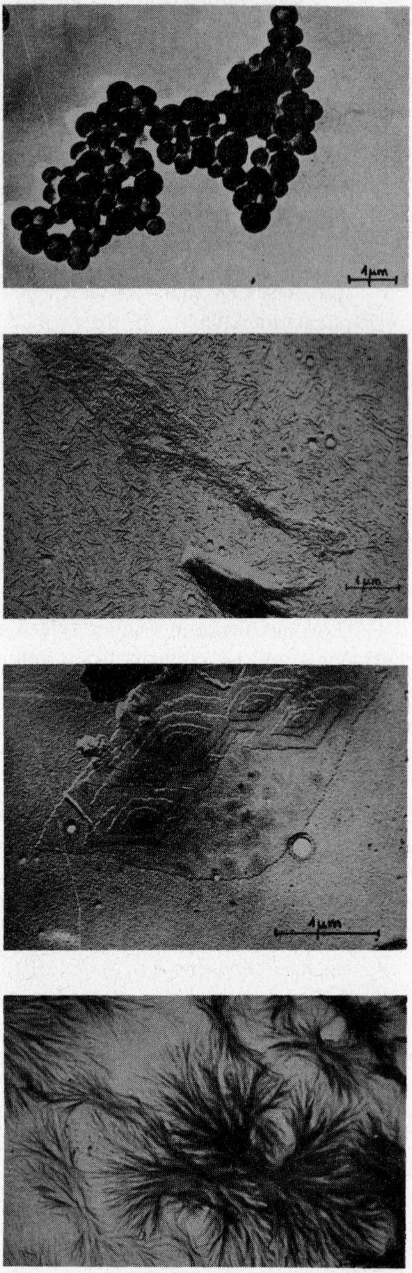


a) 260 °C heiße Lösung des Polyamids in Glycerin bei Zimmertemperatur in Glycerin gegossen
b) 260 °C heiße Lösung in Glycerin mit etwa 1 - 2 K $min^{-1}$ abgekühlt
c) 260 °C heiße Lösung in Glycerin mit etwa 40 K $min^{-1}$ abgekühlt
d) Lösung in Ameisensäure, Ameisensäure bei Zimmertemperatur verdunsten lassen.

*Abb. 5 - 1:* Elektronenmikroskopische Aufnahmen von unter verschiedenen Bedingungen erzeugten morphologischen Strukturen von Poly(caprolactam) (Nylon 6) (nach Ch. Ruscher und E. Schulz)

müssen demnach bei der Durchstrahlung mit Röntgenstrahlen scharfe Beugungsbilder geben, weil die „Sonde" – d.h. die Wellenlänge der Röntgenstrahlung – mit den atomaren Abständen vergleichbar ist. Aus dem Gitterkonzept folgt auch ein scharfer Schmelzpunkt. Makromolekulare Substanzen zeigen aber bei elektronenmikroskopisch als kristallin ansprechbaren Gebilden nur unscharfe Beugungsdiagramme. Das kann man so deuten, als ob kristalline und amorphe Bereiche nebeneinander vorliegen (2-Phasen-Modell) oder als ob der Kristall Fehlstellen enthält (1-Phasen-Modell). Wertet man z.B. die röntgenographischen Messungen an Polyamiden nach dem 2-Phasen-Modell aus, so folgt daraus eine Kristallinität von weniger als 50 %. Eine solche Angabe ist aber nur schlecht mit der elektronenmikroskopischen Aufnahme der Abb. 5-1 c zu vereinbaren. Dichte-Messungen führen zum gleichen Ergebnis: die gleiche Dichte kann als Auswirkung eines relativ großen amorphen Anteils (2-Phasen-Modell) oder einer kleinen Zahl von Fehlstellen (1-Phasen-Modell) interpretiert werden (Tab. 5-1).

*Tab. 5-1:* Vergleich der aus den Dichten $\rho$ bzw. spezifischen Volumina $v = 1/\rho$ des Poly(äthylens) nach dem 2-Phasen-Modell berechneten Kristallinitäten mit dem nach dem 1-Phasen-Modell berechneten Gehalt an Fehlstellen

| Bezeichnung | Dichte $\rho$ g cm$^{-3}$ | spez. Vol. $v$ cm$^3$ g$^{-1}$ | % Kristallinität | % Fehlstellen |
|---|---|---|---|---|
| 100 % kristallin | 1,000 | 1,000 | 100 | 0 |
| – | 0,981 | 1,020 | 89 | 1,9 |
| – | 0,971 | 1,030 | 83 | 2,9 |
| 100 % amorph | 0,852 | 1,174 | 0 | – |

Es ist fraglich, ob das 2-Phasen-Modell die Verhältnisse korrekt beschreibt. Der Begriff der Phase ist bei der Interpretation der physikalischen Struktur makromolekularer Substanzen schon deshalb mit Vorsicht zu gebrauchen, da meist nicht Gleichgewichtszustände vorliegen und die Grenzen zwischen „kristallinen" und „amorphen" Phasen fließend sind. Wie die elektronenmikroskopischen Aufnahmen (insbesondere Abb. 5-1 d) zeigen, können nämlich in einer bestimmten Probe nebeneinander verschiedene Ordnungszustände auftreten. Die einzelnen Methoden zur Bestimmung der Kristallinität erfassen nun verschiedene Grade der Ordnung. Sie werden folglich zu verschiedenen Kristallinitätsgraden führen (Tab. 5-2). Der Begriff *der* „Kristallinität" ist daher bei Makromolekülen ebenso undefiniert wie der *des* Molekulargewichtes, so-

*Tab. 5-2:* Vergleich der nach verschiedenen Methoden erhaltenen Kristallinitätsgrade (Auswertung nach dem 2-Phasen-Modell). Alle Zahlenwerte gelten für ganz bestimmte Kristallisations- bzw. Verstreckungsbedingungen

| Methode | Kristallinitätsgrad (%) bei Cellulose (Baumwolle) | Poly(äthylenglykolterephthalat) unverstreckt | Poly(äthylenglykolterephthalat) verstreckt |
|---|---|---|---|
| Hydrolyse | 93 | – | – |
| Formylierung | 87 | – | – |
| Infrarotspektroskopie | – | 61 | 59 |
| Röntgenographie | 80 | 29 | 2 |
| Dichte | 60 | 20 | 20 |
| Deuteriumaustausch | 56 | – | – |

fern man ihn nicht genauer spezifiziert. Zur Zeit ist es noch nicht möglich, für die verschiedenen Methoden zur Kristallinitätsbestimmung anzugeben, auf welche Grade der Ordnung sie noch ansprechen. Man kennzeichnet daher die Kristallinität durch die verwendete Meßmethode und spricht von Röntgenkristallinität, Dichtekristallinität, Infrarotkristallinität usw. Je nach der verwendeten Methode können somit für das gleiche Polymer verschiedene Kristallinitäten erhalten werden, wie Tab. 5–2 für Baumwolle und Poly(äthylenglykolterephthalat) zeigt. Beim Poly(äthylen) und beim kristallisierten 1,4-cis-Poly(isopren) liefern dagegen die verschiedenen Methoden recht gut übereinstimmende Werte für die Kristallinität.

## *5.2 Bestimmung der Kristallinität*

### 5.2.1 RÖNTGENOGRAPHIE

Beim Auftreffen von schnellen Elektronen auf Materie werden aus den inneren Schalen der getroffenen Atome Elektronen herausgeschlagen und die Atome ionisiert. Aus den äußeren Schalen springen anschließend Elektronen in die inneren Schalen über. Da die Energiestufen diskret sind, wird eine Linienstrahlung ausgesendet. Diesen Linienstrahlungen kommt somit eine ganz bestimmte Wellenlänge zu, z.B. 0,154 nm bei der in der Röntgenographie viel verwendeten Cu-$K_\alpha$-Strahlung. Analog verhalten sich Elektronenstrahlen. Auch ihnen kommt eine diskrete Wellenlänge zu, z.B. 0,0213 nm bei einer Beschleunigung der Elektronen auf 10 000 Volt.

Da die Röntgenstrahlen elektromagnetischer Natur sind, müssen sie an Gittern gebeugt werden, wenn die Gitterabstände der Wellenlänge der Röntgenstrahlen vergleichbar sind. Bei Kristallen mit ihrem dreidimensionalen Gittersystem wird diese Aufgabe von den Netzebenen übernommen. Die von den verschiedenen Netzebenen kommenden Strahlen interferieren miteinander und führen zu diskreten Reflexen. Die Lage der Reflexe ist nach Bragg durch die Wellenlänge $\lambda$ des einfallenden Röntgenlichtes, den Abstand $l_{\mathrm{bragg}}$ der Netzebenen und dem Winkel $\theta$ zwischen einfallendem Strahl und Netzebene gegeben:

$$(5-1) \qquad N\lambda = 2\, l_{\mathrm{bragg}} \sin\theta$$

$N$ ist dabei die Ordnungszahl der Reflexion. Sie kann entsprechend den Interferenzen 1. Ordnung, 2. Ordnung usw. Werte von 1, 2, 3 ... annehmen. Für den Reflex mit der stärksten Intensität wird meist $N = 1$ gesetzt. Sind die Netzebenen der verschiedenen Kristallite zueinander ungeordnet – wie in Kristallpulvern –, so findet ein monochromatischer Primärstrahl genügend Teilchen für alle der Bragg-Bedingung genügenden Reflexionsstellungen (Abb. 5–2). Da viele kleine Kristallite mit vielen Orientierungsrichtungen der Netzebenen vorhanden sind, erhält man ein System koaxialer Strahlungskegel, die eine gemeinsame Spitze im Zentrum der Probe haben. Ein senkrechter Schnitt dieses Kegelsystems auf einer fotografischen Platte führt zu einer Folge von konzentrischen Kreisen bzw. bei Verwendung eines Filmstreifens zu Kreisausschnitten.

Röntgenographische Aufnahmen amorpher Polymerer zeigen auf fotografischen Platten auf einem starken Untergrund schwache Ringe mit höherer Schwärzung (Abb. 5–3 a). Diese schwachen Maxima werden auch Halos genannt und stammen von

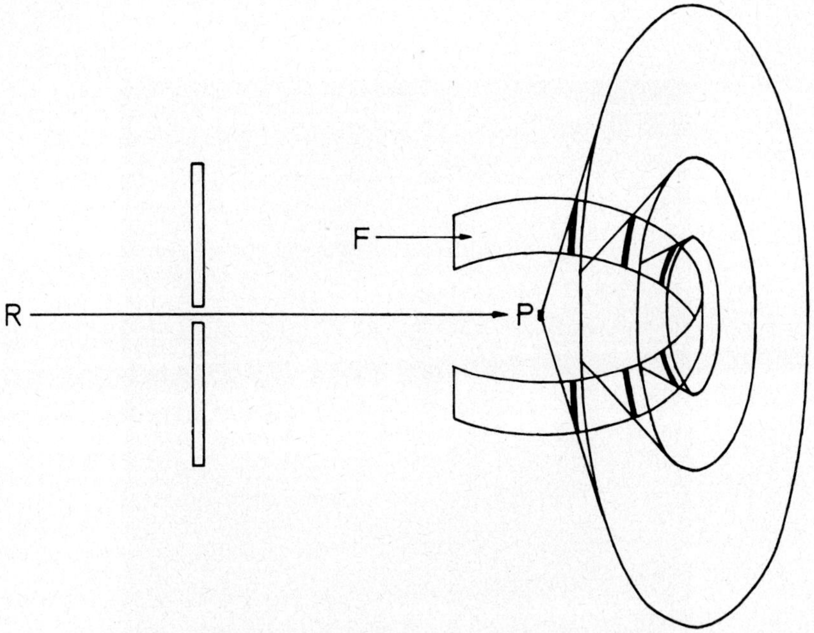


*Abb. 5 - 2:* Pulvermethode nach Debye-Scherrer. Ein Röntgenstrahl R trifft nach Durchlaufen einer Blende auf ein pulverförmiges Präparat P. Die von P hervorgerufenen Reflexe liegen auf Reflexionskegeln, von denen ein Filmstreifen F Bogen herausschneidet.

der Nahordnung in den amorphen Polymeren. Teilkristalline Polymere weisen ebenfalls diese Halos, dazu aber die relativ starken Ringe von den kristallinen Reflexen auf (Abb. 5 - 3b). Die bei Polymeren immer recht starke Untergrundstreuung stammt hauptsächlich von der Streuung durch die Luft und etwas von der thermischen Bewegung in Kristalliten und von der Comptonstreuung. Die Comptonstreuung ist eine inkohärente Streuung, die als quantenmäßiger Streuvorgang bei jeder Substanz unabhängig von deren physikalischem Zustand in gleicher Weise auftritt.

Die Anteile der Reflexe und der Halos werden in der Regel im Sinne des 2-Phasen-Modells als Anteile der kristallinen und amorphen Phasen interpretiert. Dazu wird zunächst der Untergrund abgetrennt (vgl. Abb. 5-4). Zur Ermittlung des amorphen Anteiles fängt man bei den kleinsten Winkeln an, da dort fast immer kristalline Reflexe fehlen. In den Minima zwischen je zwei Maxima ist außerdem die kristalline Streuung immer dann gering, wenn die Maxima mehr als 3° auseinander liegen. Zur weiteren Auswertung wird angenommen, daß die bei einem bestimmten Winkel bzw. bestimmten Winkelbereich gemessene Streuintensität der Reflexe dem kristallinen Anteil und die des Halos dem amorphen Anteil proportional ist. Die Proportionalitätsfaktoren hängen noch vom Beobachtungswinkel und der spezifischen Funktion ab. Sie können z. B. durch Vergleich mit vollständig amorphen bzw. kristallinen Proben ermittelt werden. Amorphe Proben lassen sich beispielsweise durch Abschrecken (nicht immer möglich) erhalten oder indem man direkt die Schmelze röntgenogra-

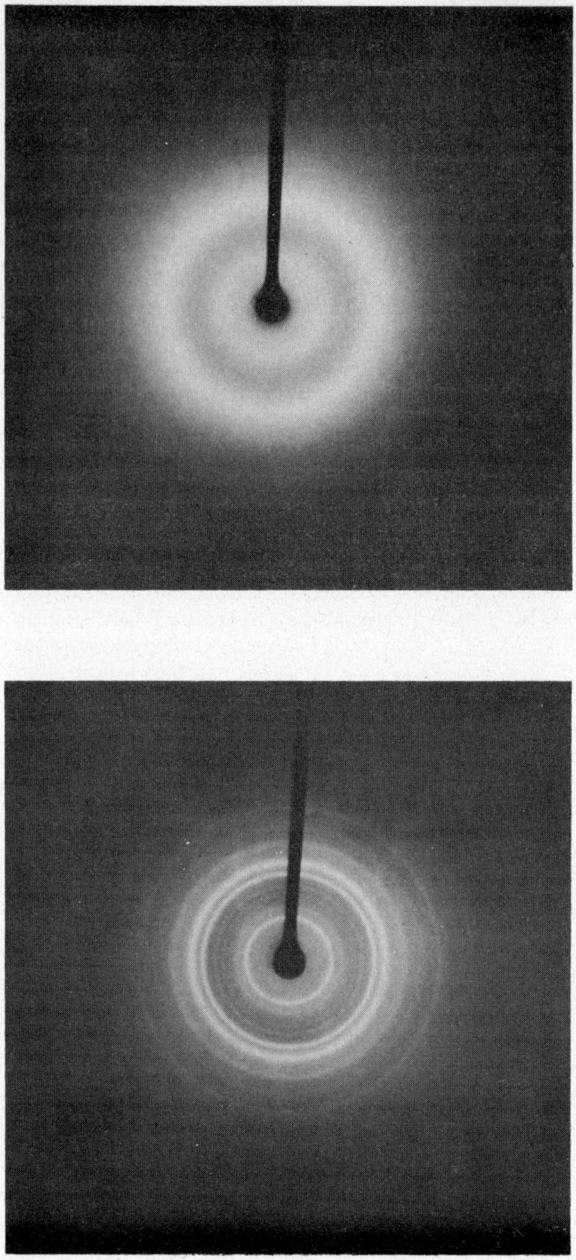

*Abb. 5-3:* Röntgendiagramme von a) amorphem ataktischen Poly(styrol) (oben) und b) unverstrecktem, partiell kristallinen isotaktischen Poly(styrol) (unten)

phisch untersucht. Amorphe Cellulose wird z.B. durch Mahlen in Kugelmühlen hergestellt.

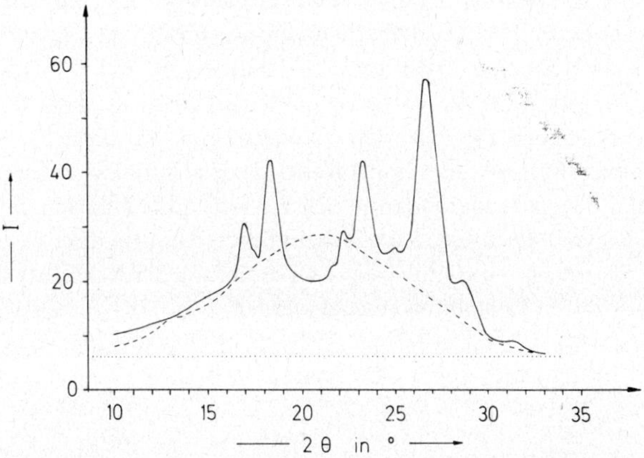


*Abb. 5-4:* Röntgendiagramme eines amorphen (– – – –) und eines kristallinen Poly(äthylenglykolterephthalates) (——). Das amorphe PETP wurde durch Ausfällen des Polymeren aus einer Lösung in Phenol/Tetrachloräthan (1 : 1) mit Glyzerin, das kristalline PETP durch Tempern erhalten. Gezeigt ist die Intensität als Funktion des doppelten Bragg-Winkels (nach A. Jeziorny und S. Kepka)

Die Intensität der Reflexe ist somit ein Maß für die Kristallinität. Die Breite der Reflexe hängt sowohl von der Größe der Kristallite als auch von örtlichen Gitterschwankungen ab. Je kleiner die Kristallite sind, umso mehr geht die selektive Beugung in eine Streuung über. Ganz kleine Kristallite können daher nicht röntgenographisch erkannt werden. Außerdem müssen natürlich die Kristallite in bestimmten Minimalkonzentrationen vorliegen, da die Methode sonst nicht mehr auf die Intensitäten der Reflexe anspricht. In dieser Beziehung ist die qualitative Bestimmung der Kristallinität mit einem Polarisationsmikroskop empfindlicher, da man hier die diskreten kristallinen Bezirke sehen kann, allerdings nur dann, wenn sie größer als die Wellenlänge des Lichtes sind. Damit man diskrete Reflexe im Röntgendiagramm erhält, müssen geordnete dreidimensionale Bereiche von mindestens 2 – 3 nm Kantenlänge in genügend hoher Konzentration anwesend sein. Diese Methode zur Berechnung von Kristallitgrößen aus der Breite der Reflexe ist aber bei fadenförmigen Makromolekülen sehr fraglich. Bei der Kristallisation können sich nämlich die Positionen der Grundbausteine der einzelnen Ketten etwas gegeneinander verschieben, da aus kinetischen Gründen Teile der Ketten in Ordnungszuständen festgelegt werden, bevor die Ketten ihre idealen Gitterpositionen erreichen. Durch diesen Effekt werden örtliche Schwankungen der Gitterkonstanten hervorgerufen, die ebenfalls die Reflexbreite vergrößern.

Bei verstreckten Fasern und Filmen erhält man Röntgenbeugungsbilder, die denen von Drehkristall-Aufnahmen nach Bragg ähnlich sind (Abb. 5–5). Das Drehkristall-Verfahren wurde ursprünglich eingeführt, um möglichst viele Netzebenen zu orientieren. In verstreckten Fasern und Filmen liegen die Molekülachsen weitgehend in Verstreckungsrichtung (vgl. Kap. 5.6). Die Molekülachsen entsprechen einer Netzebene. Ein senkrecht zur Verstreckungsrichtung einfallender Strahl wird daher auf einer fotografischen Platte je nach dem Orientierungsgrad der Molekülachsen mehr oder weniger scharfe Reflexe erzeugen. Die erhaltenen Röntgenbeugungsbilder werden aus historischen Gründen Faserdiagramme genannt, obwohl sie natürlich auch bei verstreckten Filmen beobachtbar sind. Bei Faseraufnahmen muß aber im Gegensatz zu Drehkristallaufnahmen die Faser nicht gedreht werden, da immer sehr viele Kristallite orientiert sind. Reflexe auf der 0. Schichtlinie werden „äquatorial" genannt. Sie entsprechen Netzebenen, die parallel zur Molekülachse liegen. Netzebenen, die senkrecht („normal") zur Molekülachse liegen, erzeugen die sog. Meridional-Reflexe. Meridional-Reflexe liegen auf einer Ebene, die den Äquator halbiert. Bei ungenügender Orientierung der Kristallite entarten die Reflexe (spots) zu Sicheln (arcs) (vgl. dazu Kap. 5.6). Sicheln liegen damit in ihrer Form zwischen den Reflexen des Faserdiagramms mit völliger Orientierung der Kristallite und den Bögen, die von unorientierten Kristalliten erzeugt werden.

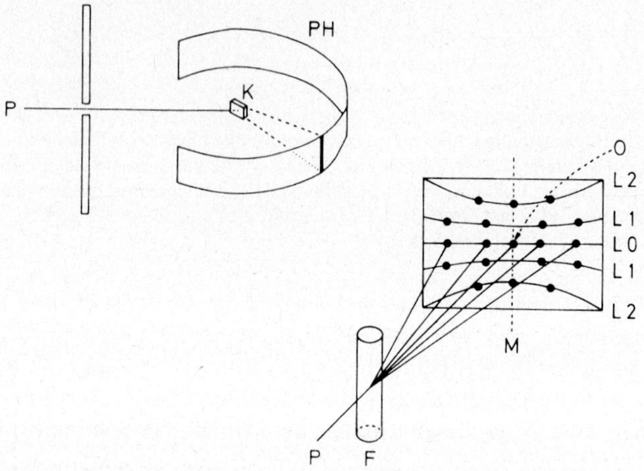


*Abb. 5-5:* Drehkristallverfahren nach Bragg (oben links) und Erzeugung eines Faserdiagramms (unten rechts) durch röntgenographische Messungen. K = Kristall, PH = photographischer Film, P = Primärstrahl, F = Faser, M = Meridian, O = Nullpunkt; L0, L1, L2 = 0.,1. und 2. Schichtlinie. L0 = Äquator.

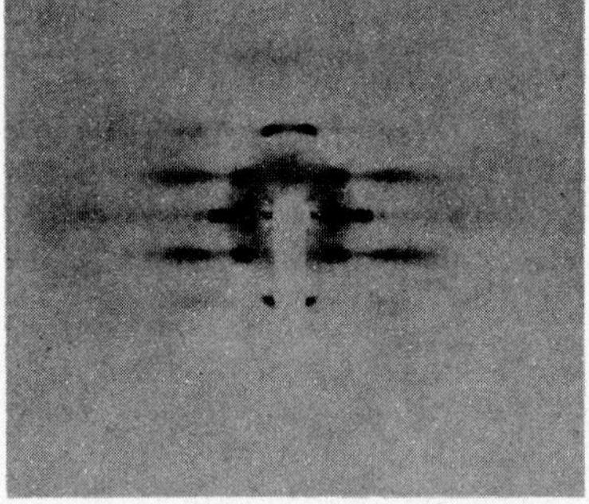

*Abb. 5-6:* Faserdiagramm eines verstreckten Filmes von it-Poly(propylen) (R. J. Samuels).

Bei helixbildenden Makromolekülen läßt sich aus der Anzahl und den Abständen der beobachteten Schichtlinien der Aufbau der Helix ablesen. In einer $3_1$-Helix ist jedes vierte, siebte usw. Kettenglied in der gleichen Position wie das erste. Es sind daher 3 Schichtlinien zu erwarten, wie es Abb. 5 – 6 für einen verstreckten Film von it-Poly(propylen) zeigt.

### 5.2.2 DICHTE-MESSUNGEN

Moleküle sind im kristallinen Zustand dichter gepackt als im amorphen. Die Dichte kristalliner Polymerer ist entsprechend höher ($\rho_{cr} > \rho_{am}$) und ihr spezifisches Volumen folglich niedriger ($v_{cr} < v_{am}$). Aus dem beobachteten spezifischen Volumen $v_{beob}$ kann daher unter Annahme des 2-Phasen-Modells und einer Additivität der spezifischen Volumina $v_{cr}$ und $v_{am}$ ein auf die Masse bezogener Kristallinitätsgrad $\alpha_m$ ermittelt werden

(5–2) $$v_{beob} = \alpha_m v_{cr} + (1 - \alpha_m) v_{am}$$

bzw. aufgelöst nach $\alpha_m$

(5–3) $$\alpha_m = (v_{am} - v_{beob})/(v_{am} - v_{cr})$$

Analog kann man auch einen Kristallinitätsgrad $\alpha_v$ auf Volumenbasis definieren

(5–4) $$\alpha_v = (\rho_{beob} - \rho_{am})/(\rho_{cr} - \rho_{am})$$

Die Dichte $\rho_{beob}$ bzw. das spezifische Volumen $v_{beob}$ werden direkt experimentell bestimmt. Dazu eignet sich z. B. das Dichtegradientenrohr. Ein Dichtegradientenrohr enthält eine Flüssigkeit, deren Dichte vom Meniskus bis zum Boden kontinuierlich zunimmt. Solche Flüssigkeiten können z. B. aus Mischungen organischer Lösungsmittel oder aus Salzlösungen bestehen. Sie dürfen die zu untersuchende makromolekulare Probe weder lösen noch quellen, müssen sie aber benetzen. Durch geeignete mechanische Vorrichtungen können z. B. Dichtegradienten aufgebaut werden, bei denen sich die Dichten linear, konkav, konvex usw. mit der Höhe der Flüssigkeitssäule ändern. Die makromolekulare Probe bleibt dann entsprechend ihrer Dichte in einer bestimmten Höhe schweben.

Das spezifische Volumen der amorphen Substanz wird erhalten, wenn man die spezifischen Volumina der Schmelze über den Schmelzpunkt hinaus zu tieferen Temperaturen extrapoliert. Man kann auch versuchen, durch Abschrecken der Schmelze usw. völlig amorphe Eichsubstanzen herzustellen. Das spezifische Volumen der kristallinen Substanz wird aus dem Röntgendiagramm entnommen. Man bestimmt dazu das Volumen $V_e$ der Elementarzelle (vgl. Kap. 5.3.1) und die Anzahl $N_i$ der in ihr enthaltenen Atome der Sorte i mit den entsprechenden Atomgewichten $A_i$

(5–5) $$1/v_{cr} = \rho_{cr} = \Sigma N_i A_i / V_e$$

Die Dichten amorpher und kristalliner Polymerer können bis zu 15 % verschieden sein (Tab. 5 – 3). Den größten Dichteunterschied weisen dabei Polymere mit unsubstituierten Grundbausteinen auf wie z.B. Poly(äthylen) und Nylon 66. Diese Ketten kristallisieren in einer all-trans-Konformation mit besonders enger Packung der Molekülketten. Bei helixbildenden Makromolekülen mit großen Substituenten, wie z. B. Poly(styrol), ist die Packung dagegen weniger gut.

*Tab. 5-3:* Dichten von Polymeren im total amorphen und im total kristallinen Zustand

| Polymer | Dichte in g/cm³ kristallin ($\rho_{cr}$) | amorph ($\rho_{am}$) | $\rho_{cr} - \rho_{am}$ |
|---|---|---|---|
| Poly(äthylen) | 1,00 | 0,855 | 0,145 |
| it-Poly(propylen) | 0,937 | 0,854 | 0,083 |
| it-Poly(styrol) | 1,111 | 1,054 | 0,057 |
| Poly(vinylalkohol) | 1,345 | 1,269 | 0,076 |
| Poly(äthylenterephthalat) | 1,455 | 1,335 | 0,120 |
| Bisphenol A-Polycarbonat | 1,30 | 1,20 | 0,10 |
| Nylon 66 (α-Mod.) | 1,220 | 1,069 | 0,151 |
| trans-1,4-Poly(butadien) | 1,020 | 0,926 | 0,094 |

### 5.2.3 KALORIMETRIE

Der unterschiedliche Ordnungszustand bedingt unterschiedliche spezifische Wärmen von kristallinen und amorphen Polymeren. Setzt man ein 2-Phasen-Modell voraus, so kann man bei partiell kristallinen Polymeren über die Enthalpien analog zu Gl. (5-3) einen Kristallinitätsgrad $\alpha$ berechnen

(5-6) $$\alpha = (H_{am} - H_{beob})/(H_{am} - H_{cr}) = \Delta H_m / \Delta H_m^o$$

$H_{am}$, $H_{cr}$ und $H_{beob}$ sind die Enthalpien der total amorphen, total kristallinen bzw. der untersuchten Probe. $\Delta H_m$ ist entsprechend die Schmelzenthalpie der Probe und $\Delta H_m^o$ die eines total kristallinen Materiales. $\Delta H_m^o$ ist bei Makromolekülen nur sehr schwierig zu bestimmen, da nie total kristalline Substanzen erhalten werden. $\Delta H_m^o$ wird daher hauptsächlich über die Schmelzpunktsdepression bei Zusatz von Verdünnungsmitteln und gelegentlich an niedermolekularen Modellverbindungen ermittelt, was natürlich eine gewisse Unsicherheit hervorruft. Weist die untersuchte Probe sehr kleine Kristallite auf, so wird nicht $\Delta H_m$, sondern eine Größe $\Delta H_m'$ gemessen, in die noch der Anteil an Grenzflächenenergie $\gamma$ an den Stirnflächen der Kristallite sowie die Länge $L$ der Kristallite eingeht

(5-7) $$\Delta H' = \Delta H_m - (2\gamma/\rho_c L)$$

Dabei wird angenommen, daß die Molekülachsen parallel zur Länge $L$ liegen (vgl. Kap. 10.4.1).

### 5.2.4 INFRAROTSPEKTROSKOPIE

Bei kristallinen Polymeren erscheinen im IR-Spektrum oft Absorptionsbanden, die bei amorphen Polymeren völlig fehlen (Tab. 5-4). Diese Banden liegen meist im Bereich zwischen 650 und 1500 cm$^{-1}$. Sie stammen folglich von Deformations-Schwingungen, die wiederum durch die Konformation der Makromoleküle bedingt sind. Diese Banden des Infrarotspektrums sprechen somit primär auf die Konformation der einzelnen Makromoleküle an und nicht auf intermolekulare Wechselwirkungen. Makromoleküle können nun in verschiedenen Konformationen kristallisieren, wodurch verschiedene Kristallmodifikationen auftreten (vgl. Kap. 5.3.1). Diese Modifikationen können wiederum in einer Probe nebeneinander vorliegen. Man muß sich also bei der Bestimmung des Kristallinitätsgrades aus IR-Messungen zuerst vergewissern, ob durch die herangezogene Bande auch alle kristallinen Anteile erfaßt werden.

*Tab. 5-4:* Bei der Bestimmung der Kristallinität von Poly($\alpha$-olefinen) herangezogene IR-Banden

| Polymer | IR-Bande bei $cm^{-1}$ amorph | kristallin |
|---|---|---|
| Poly(äthylen) | 1298 | 1894, 719 |
| it-Poly(propylen) | 4274 | 975, 894 |
| it-Poly(buten-1) (rhomboedr. Modif.) | 4274 | 815, 922 |

Ein gebräuchliches Verfahren zur Bestimmung der Kristallinität aus IR-Messungen verknüpft die gemessene Absorbance (früher: Extinktion) $A_{cr}$ einer kristallinen Bande über den Kristallinitätsgrad $\alpha_{IR}$ mit der Extinktion $A_{cr}^{o}$ einer 100 % kristallinen Probe. Bei amorphen Banden gilt analog $A_{am} = (1 - \alpha_{IR}) A_{am}^{o}$. Auch bei dieser Auswertung wird daher ein 2-Phasen-Modell zugrundegelegt. Sowohl $A_{am}$ als auch $A_{cr}$ sind natürlich noch der Gesamtmenge der Probe proportional. Da man aber nur das Verhältnis $D = A_{cr}/A_{am}$ mißt, kürzt sich der Konzentrationseinfluß heraus. Durch Einsetzen der Ausdrücke für $A_{cr}$ und $A_{am}$ in den Ausdruck für $D$ erhält man daher

$$(5-8) \qquad \alpha_{IR} = \frac{D}{D + (A_{cr}^{o}/A_{am}^{o})}$$

Die Extinktionen $A_{cr}^{o}$ bzw. $A_{am}^{o}$ der total kristallinen bzw. total amorphen Proben müssen wiederum gesondert ermittelt werden.

### 5.2.5 INDIREKTE METHODEN

Indirekte Methoden zur Bestimmung des Kristallinitätsgrades gehen davon aus, daß in der kristallinen Phase eine bestimmte chemische oder physikalische Reaktion anders als in der amorphen verläuft. Gebräuchliche physikalische Reaktionen sind z.B. die Wasserdampfabsorption hydrophiler Polymerer oder die Farbstoffdiffusion in das Polymere. Sie werden ebenso wie eine Reihe chemischer Reaktionen (Hydrolyse, Formylierung, Deuteriumaustausch) vor allem bei der Kristallinitätsbestimmung der Cellulose verwendet.

Die von derartigen indirekten Methoden stammenden Kristallinitätsgrade sind jedoch nicht sehr zuverlässig. Beim Eindringen von Wasser und chemischen Reagenzien in das feste Polymer kann nämlich eine Quellung eintreten. Dadurch ändert sich aber die Zugänglichkeit der einzelnen Bereiche, und der erhaltene Kristallinitätsgrad bezieht sich folglich nicht mehr auf die Ausgangsprobe.

## *5.3 Kristallstrukturen*

### 5.3.1 MOLEKÜLKRISTALLE

Kugelförmige Proteine lassen sich aus wässrigen Lösungen recht gut kristallisieren. Die entstandenen Kristalle können bis zu 95 % Wasser oder Salzlösung enthalten. Das Wasser bzw. die Salzlösung befindet sich in den Lücken des durch die Proteinmoleküle gebildeten Kristallgitters. Da die Lücken miteinander verbunden sind, entstehen Kanäle. Diese Kanäle und Lücken sind so groß, daß Substrate eindiffundieren und im Kristall z. B. enzymatisch reagieren können. Das Eindiffundieren von Schwermetallionen wird bei Röntgenanalysen derartiger Molekülkristalle ausgenutzt, da die Schwermetallbeladung die Phasen der Streuwellenverteilung und damit auch die dreidimensionale Struktur der Proteinkristalle ermitteln läßt.

Fadenförmige Makromoleküle bilden nur selten derartige große Kristalle. Wenn sie es tun, wie z. B. der Poly(2,6-diphenyl-1,4-phenylenäther) aus Tetrachloräthan, dann können sie ebenfalls verhältnismäßig große Mengen Lösungsmittel im Kristall enthalten (im Beispiel bis zu 35 %).

### 5.3.2 ELEMENTAR- UND EINHEITSZELLE

Während die Intensität der Röntgenreflexe ein Maß für die Kristallinität der Probe ist, gibt ihre Lage Informationen über die Kristallstruktur. Aus der Lage der Reflexe kann man auf die Elementarzelle und die Einheitszelle schließen.

Bei niedermolekularen Substanzen enthält die Einheitszelle wenigstens ein ganzes Molekül. Sie gibt somit die kürzeste Periodizität in einem Röntgenspektrum an. Die größte Ausdehnung dieser Einheitszelle ist z. B. bei unverzweigten niedermolekularen Paraffinen gleich der Länge des Paraffinmoleküls in all-trans-Konformation. Die Länge $L$ der Einheitszelle ist daher bei n-Alkanen $H{-}(CH_2)_n{-}H$ bis zu einer Kettengliederzahl $n = 70$ gleich der max. Länge (Abb. 5-7). Bei anderen Molekülen (z.B. Polyurethanen) steht die Molekülachse nicht senkrecht, sondern schräg auf der Basisebene. In diesem Falle ist $L$ nicht gleich, sondern nur proportional der max. Länge. Da $L$ mit steigendem $n$ wächst, verschieben sich die von diesen Langperioden stammenden Reflexe zu immer kleineren Winkeln. Die beiden anderen Dimensionen der Einheitszelle sind durch die Ausdehnung der Molekülkette senkrecht zur Molekülachse und die zwischenmolekulare Abstände bedingt.

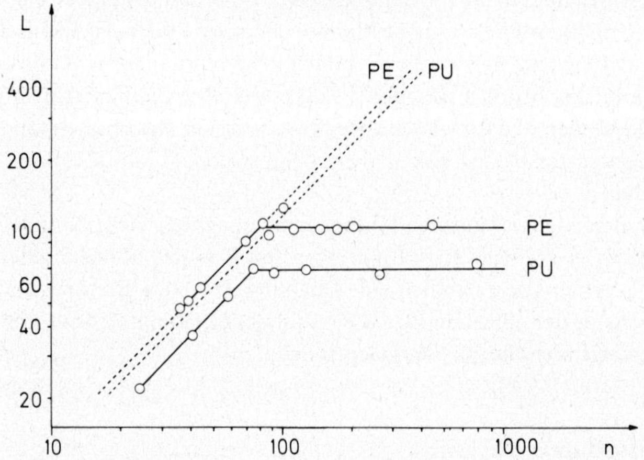


*Abb. 5-7:* Abhängigkeit der Länge $L$ der beobachteten Langperiode (in A) von der Anzahl n der Kettenglieder bei Alkanen PE mit der Konstitutionsformel $H(CH_2)_nH$ (54 °C, c-Richtung) und Polyurethanen PU mit der Konstitutionsformel
$HO{-}\!(CH_2)_2{-}O\!(CH_2)_2\!\!-\![O{-}CO{-}NH\!(CH_2)_6NH{-}CO{-}O\!(CH_2)_2O\!(CH_2]_xOH$
(Raumtemperatur). Die Langperioden der niedermolekularen Polyurethane sind wesentlich kürzer als die für eine all-trans-Konformation (– – – –) berechneten: die Molekülachsen müssen also schief auf der Basisebene stehen. (Messungen an Alkanen und Poly(äthylenen) nach verschiedenen Autoren, an Polyurethanen nach W. Kern, J. Davidovits, K. J. Rauterkus und G. F. Schmidt). 1 A = 0,1 nm.

Oberhalb von $n \approx 80$ bleibt dann jedoch die Länge $L$ der Einheitszelle der Alkane mit $L \approx 10{,}5$ nm bei Zimmertemperatur konstant. Da die Konturlänge mit steigendem $n$ weiter zunimmt, müssen sich folglich die Ketten im Kristall zurückfalten. Einen analogen Effekt beobachtet man z. B. bei Polyurethanen.

Bei kettenförmigen Makromolekülen treten aber zusätzlich zu diesen von der Einheitszelle stammenden Langperiodizitäten noch Kurzperiodizitäten auf. Die Kurzperiodizitäten werden durch die Elementarzelle hervorgerufen. In den Einheitszellen der n-Alkane wiederholen sich nämlich periodisch die $CH_2$-Glieder. Da die n-Alkane und somit auch Poly(äthylen) in der all-trans-Konformation kristallisieren, weist jede 3., 5., 7. usw. $CH_2$-Gruppe die gleiche Lage im Kristallgitter wie die erste auf. Als Folge der sich wiederholenden Methylengruppen ergibt sich somit eine Elementarzelle, die zu Kurzperiodizitäten im Röntgendiagramm führt. Kurzperiodizitäten können röntgenographisch an den starken Reflexen bei relativ hohen Winkeln erkannt werden. Aus der Lage und Intensität dieser Reflexe kann dann auf die Anordnung der Molekülsegmente in der Elementarzelle geschlossen werden. Der kettenförmige Aufbau der Markomoleküle bedingt, daß in Kristallgittern die Atomabstände in Kettenrichtung von denen senkrecht dazu verschieden sind. Diese Anisotropie verhindert das Auftreten kubischer Gitter. Die übrigen sechs Gitterformen – hexagonal, tetragonal, trigonal, rhombisch, monoklin und triklin – werden dagegen bei fadenförmigen Makromolekülen beobachtet (Tab. 5–5). Die Richtung der Molekülkette wird meist als $c$-Richtung bezeichnet. Der Wert $c = 0{,}2534$ nm beim Poly(äthylen) ist gerade derjenige, der sich aus

*Tab. 5-5:* Gitterkonstanten und Kristallformen einiger kristalliner Polymerer bei 25 °C (1 A = 0,1 nm).

| Polymer | Anzahl Grundbausteine in der Elementarzelle | Gitterkonstanten (A) *a* | *b* | *c* | Helix | Kristallsystem |
|---|---|---|---|---|---|---|
| Poly(äthylen) | 2 | 7,36 | 4,92 | 2,534 | – | rhombisch |
| st-Poly(vinylchlorid) | 4 | 10,40 | 5,30 | 5,10 | – | rhombisch |
| Poly(isobutylen) | 16 | 6,94 | 11,96 | 18,63 | $8_5$ | rhombisch |
| it-Poly(propylen) (α-Form) | 12 | 6,65 | 20,96 | 6,50 | $3_1$ | monoklin |
| it-Poly(propylen) (β-Form) | ? | 6,47 | 10,71 | ? | $3_1$ | pseudohexagonal |
| it-Poly(propylen) (γ-Form) | 3 | 6,38 | 6,38 | 6,33 | $3_1$ | triklin |
| st-Poly(propylen) | 8 | 14,50 | 5,81 | 7,3 | $4_1$ | rhombisch |
| it-Poly(styrol) | 18 | 22,08 | 22,08 | 6,63 | $3_1$ | triklin |
| it-Poly(vinylcyclohexan) | 16 | 21,9 | 21,9 | 6,50 | $4_1$ | tetragonal |
| it-Poly(o-methylstyrol) | 16 | 19,01 | 19,01 | 8,10 | $4_1$ | tetragonal |
| it-Poly(buten-1) (Mod. 1) | 18 | 17,69 | 17,69 | 6,50 | $3_1$ | triklin |
| it-Poly(buten-1) (Mod. 2) | 44 | 14,85 | 14,85 | 20,60 | $11_3$ | tetragonal |
| it-Poly(buten-1) (Mod. 3) | ? | 12,49 | 8,96 | ? | ? | rhombisch |

dem Abstand zweier Kohlenstoffatome von 0,154 nm und dem C–C–C-Bindungswinkel von 112° für den Abstand zwischen einer $CH_2$-Gruppe und ihrem übernächsten Nachbarn ergibt, wenn Poly(äthylen) in einer all-trans-Konformation kristallisiert (Abb. 5–8). st-Poly(vinylchlorid) kristallisiert ebenfalls in der all-trans-Konformation. Nur jede zweite CHCl-Gruppe ist aber in der gleichen Lage wie die 1., so daß sich die Gitterkonstante auf $c = 0{,}51$ nm verdoppelt. Beim Poly(isobutylen) ist dagegen der $c$-Wert kein ganzzahliges Vielfaches von 0,253, so daß man allein aus diesem Wert auf die Abwesenheit der all-trans-Konformation der Kette schließen kann. Tatsächlich nimmt Poly(isobutylen) im Kristall die Konformation einer $8_5$-Helix an. Die Gitterkonstanten hängen natürlich stark von Konstitution und Konfiguration ab, wie man an den vier isomeren Poly(butadienen) sieht (Abb. 5 – 9).

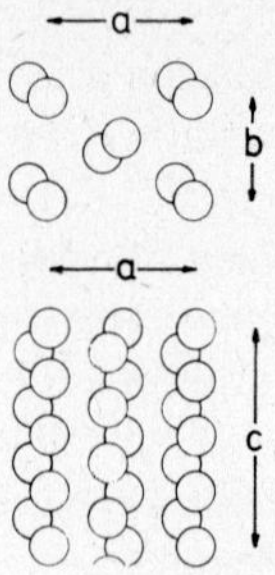


*Abb. 5-8:* Anordnung der $CH_2$-Gruppen (als ○) im Kristallgitter des Poly(äthylens). Die Ketten verlaufen als Folge der Kettenfaltung antiparallel (nach C. W. Bunn).

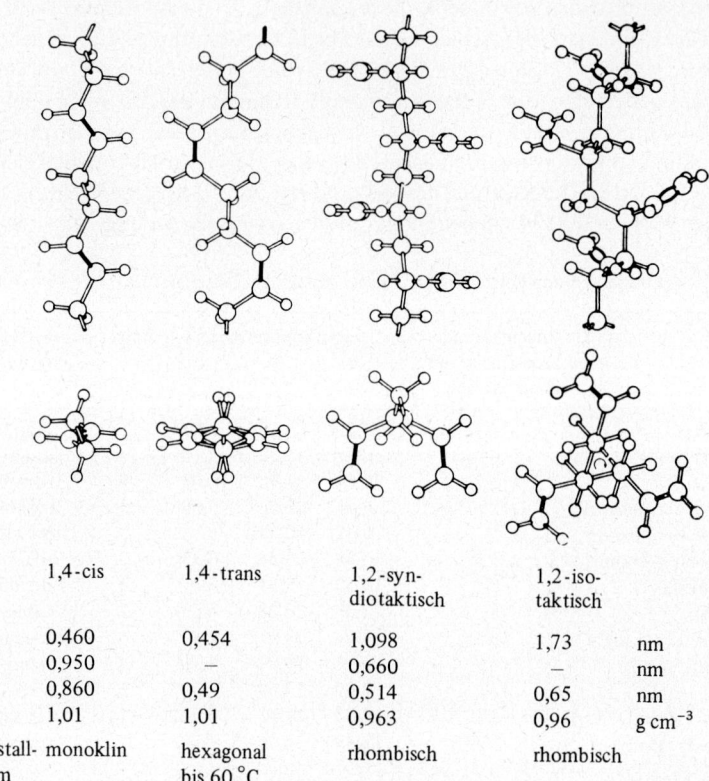

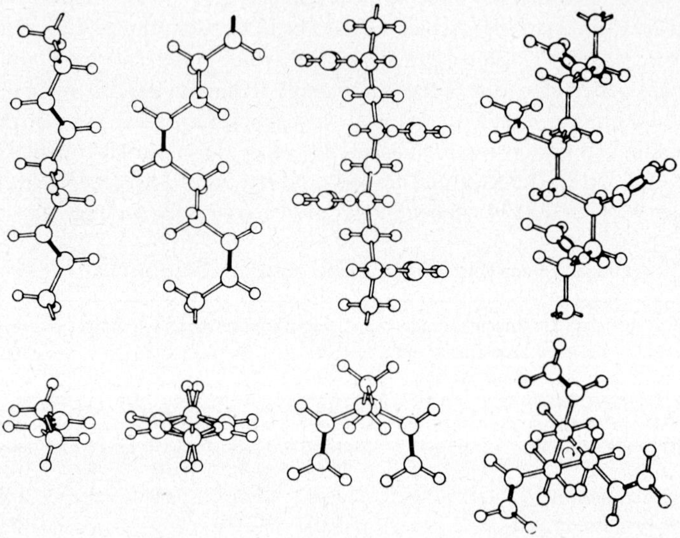

| | 1,4-cis | 1,4-trans | 1,2-syndiotaktisch | 1,2-isotaktisch | |
|---|---|---|---|---|---|
| $a$ = | 0,460 | 0,454 | 1,098 | 1,73 | nm |
| $b$ = | 0,950 | – | 0,660 | – | nm |
| $c$ = | 0,860 | 0,49 | 0,514 | 0,65 | nm |
| $\rho$ = | 1,01 | 1,01 | 0,963 | 0,96 | g cm$^{-3}$ |
| Kristallform | monoklin | hexagonal bis 60 °C | rhombisch | rhombisch | |

*Abb. 5-9:* Konformationen, Gitterkonstanten ($a$, $b$ und $c$), Dichten $\rho$ und Kristallformen der vier isomeren Poly(butadiene) (nach G. Natta und P. Corradini).

Bei einer Temperaturerhöhung bleiben z.B. beim Poly(äthylen) die Abmessungen in $c$-Richtung konstant, da sich Bindungsabstände und Valenzwinkel der Kettenatome praktisch nicht ändern. Da die zwischenmolekularen Kräfte jedoch temperaturabhängig sind, müssen sich die $a$- und $b$-Werte verändern. Der Wert von $b$ nimmt z.B. beim Poly(äthylen) bei Erhöhung der Temperatur von –196 auf +138 °C um ca. 7 % zu.

Bei der Packung der bisher besprochenen fadenförmigen Makromoleküle spielt die laterale Ordnung keine große Rolle. Derartige Effekte werden jedoch merklich, wenn zwischen den einzelnen Ketten starke Wasserstoffbrücken ausgebildet werden können, wie z.B. bei Polyamiden und Proteinen. Einige Vertreter dieser Substanzklassen kristallisieren in Form von Faltblatt-Strukturen (pleated sheet), wie es Abb. 5-10 für Nylon 6 und Nylon 6,6 zeigt.

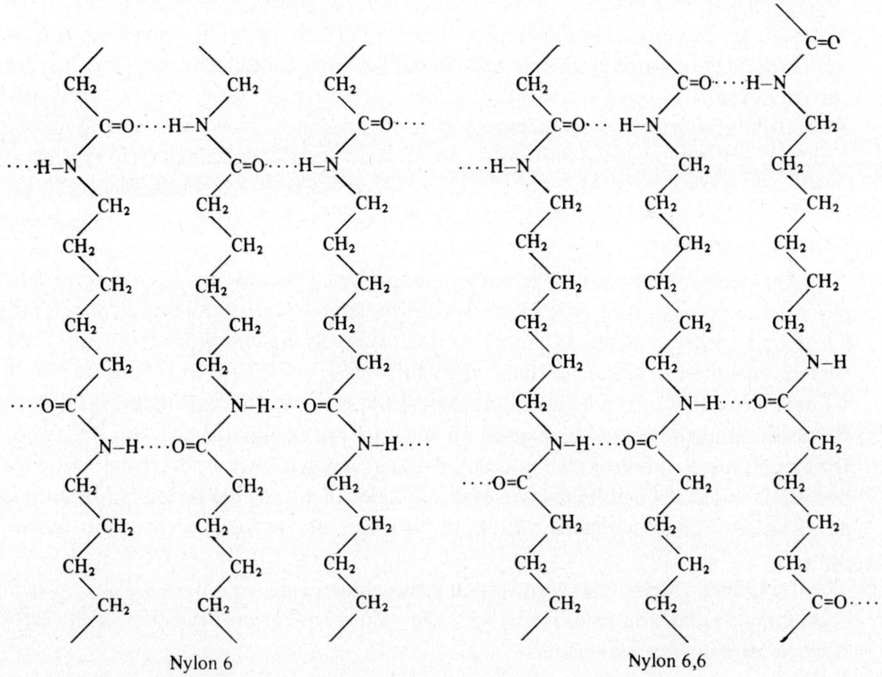

*Abb. 5-10:* Faltblattstrukturen von Nylon 6 (Poly(caprolactam)) und Nylon 6,6 (Poly(hexamethylenadipamid)).

Bestimmte Proteine weisen in ihrer Kette sowohl Helix- als auch Knäuelsequenzen auf, die sich im energieärmsten Zustand so falten können, daß kompakte kugel- oder ellipsoidähnliche Gebilde entstehen (Kap. 4.6.2). Bei derartigen Molekülen kann die Einheitszelle mehrere Moleküle enthalten.

### 5.3.3 POLYMORPHIE

Das Vorkommen verschiedener Kristallmodifikationen bei dem gleichen Molekül oder dem gleichen Grundbaustein wird als Polymorphie bezeichnet. Die Modifikationen zeichnen sich durch unterschiedliche Gitterkonstanten oder -winkel aus und besitzen folglich verschiedene Elementarzellen. Die verschiedenen Elementarzellen bewirken wiederum makroskopisch wahrnehmbare Unterschiede in Kristallform, Löslichkeit, Schmelzpunkt usw.

Polymorphie kann entweder durch unterschiedliche Konformationen der Kettenmoleküle oder durch eine verschiedene Packung derselben bei gleicher Konformation bedingt sein. Derartige Unterschiede werden durch geringfügige Änderungen der Kristallisationsbedingungen hervorgerufen, z. B. durch verschiedene Kristallisationstemperaturen.

Polymorphie wird bei fadenförmigen Makromolekülen relativ häufig beobachtet. Sie tritt immer auf, wenn isoenergetische Zustände vorhanden sind. Die stabile Kristallform des Poly(äthylens) weist z.B. ein orthorhombisches Gitter auf. Beim Verstrecken wurden aber trikline und monokline Modifikationen beobachtet. Beim it-Poly(propylen) sind drei Modifikationen bekannt: $\alpha$ (monoklin), $\beta$ (pseudohexagonal) und $\gamma$ (triklin). Da die Moleküle in allen Modifikationen in der Konformation einer $3_1$-Helix vorliegen, müssen für diese Polymorphie Unterschiede in der Packung der Ketten verantwortlich sein. Die drei Modifikationen treten bei verschiedenen Kristallisationstemperaturen auf. Beim it-Poly(buten-1) entsprechen aber die verschiedenen Modifikationen unterschiedlichen Helixtypen, so daß Konformationsunterschiede wichtig sein dürften (vgl. auch Tab. 5–5).

### 5.3.4 ISOMORPHIE

Als Isomorphie wird das Phänomen bezeichnet, daß sich im Gitter verschiedene Monomereinheiten gegenseitig ersetzen können. Isomorphie ist bei Copolymeren möglich, falls die entsprechenden Unipolymeren analoge Kristallmodifikationen, ähnliche Gitterkonstanten und gleiche Helixtypen aufweisen. Nach Tab. 5 – 5 besitzen z.B. die $\gamma$-Form des it-Poly(propylens) und die Modifikation 1 des it-Poly(buten-1) trikline Kristallform, ähnliche Gitterkonstanten für die *c*-Richtung und den gleichen Helix-Typ. Die Copolymeren aus Propylen und Buten-1 zeigen daher Isomorphie. Isomorphie tritt besonders leicht bei helixbildenden Makromolekülen auf, da die Helixkonformationen zu „Kanälen“ im Kristallgitter führen, in die dann andere Substituenten gut hineinpassen.

Das gleiche Phänomen wird von einigen Schulen auch Allomerie genannt. Als Polyallomere werden von einer Firma kristalline Copolymere aus zwei oder mehr olefinischen Monomeren bezeichnet.

### 5.3.5 GITTERDEFEKTE

Kristallgitter können eine ganze Reihe von Defekten aufweisen. Einige davon sind charakteristisch für alle Arten von nichtmetallischen Festkörpern, andere typisch für kristalline makromolekulare Substanzen. Allgemein vorkommende Gitterdefekte sind Phononen, Elektronen, Löcher, Excitonen, Fehlstellen, Zwischengitteratome und Versetzungen. Typische Gitterdefekte kristalliner makromolekularer Substanzen stammen von Endgruppen, Kinken, Jogs, Reneker-Defekten und Kettenversetzungen. Verzerrungen des ganzen Kristallgitters können durch das Modell des Parakristalls erfaßt werden. Wir werden die Defekte in Punkt-, Linien- und Netzdefekte einteilen.

*Allgemeine Punktdefekte:* Gitteratome können um ihre ideale Position thermisch schwingen. Man kann diese Schwingung als die eines elastischen Körpers mit der Energie $h\nu$ auffassen. Derartige elastische Körper werden *Phononen* genannt. – *Elektronen* und *Löcher* sind vor allem bei halbleitenden nichtmetallischen Festkörpern wichtig. Ein derartiger Festkörper wird perfekt genannt, wenn er ein leeres Leitfähigkeitsband aufweist. In einem perfekten Festkörper muß natürlich ein isoliertes *Elektron* einen Defekt hervorrufen. *„Löcher“* sind Quantenzustände in einem normal gefüllten Leitfähigkeitsband. Sie verhalten sich in einem elektrischen Feld wie eine positive Ladung. Elektronen und Löcher können durch thermische Bewegung oder durch Absorption von Licht erzeugt werden. Elektronen und Löcher können frei durch den Kristall wandern. – *Excitonen* sind Elektron/Loch-Paare. Excitonen werden gebildet, wenn ein Elektron zwar Energie aufnimmt, aber nicht genug, um das „Loch" zu verlassen. Die elektrische Ladung des Excitons ist daher null. Es kann wohl Energie transportieren, aber nicht den elektrischen Strom leiten. – Leere Gitterplätze werden *Fehlstellen* genannt. – Atome auf Plätzen zwischen den Gitterpunkten heißen *Zwischengitteratome.*

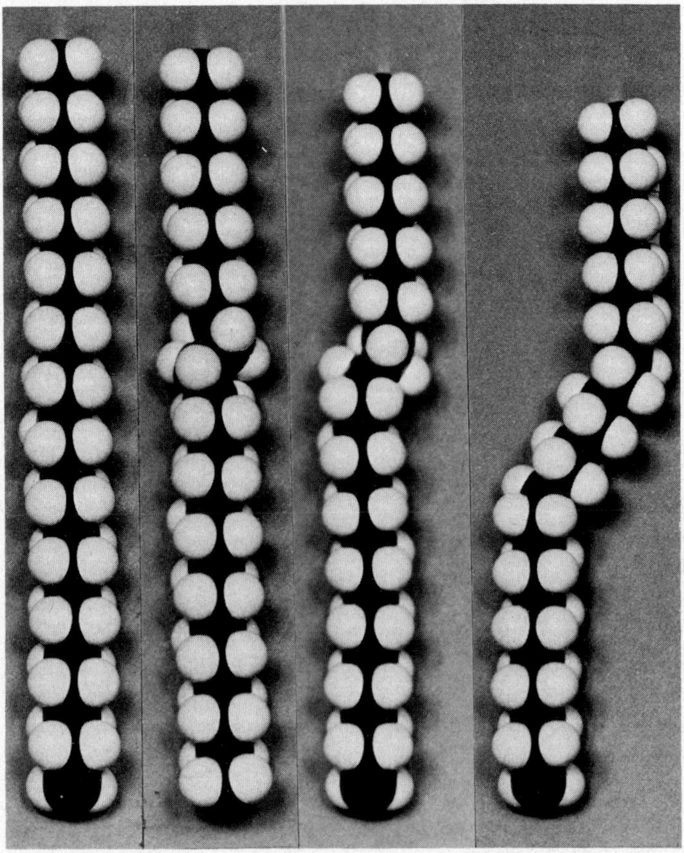

*Abb. 5-11:* Gitterdefekte beim Poly(äthylen). Von links nach rechts: all-trans-Konformation, Reneker-Defekt, Kinke und Jog.

*Spezielle makromolekulare Punktdefekte: Endgruppen* besitzen eine andere chemische Struktur als die Grundbausteine der Kette. Sie rufen daher in einem Kristallgitter Störungen hervor (vgl. auch Abb. 5-18).

*Kinken, Jogs* und *Reneker-Defekte* sind konformative Fehler (vgl. Abb. 5-11). Bei Kinken und Jogs wird ein Teil der Kette durch die „falschen" Konformationen parallel zur Längsachse verschoben. Diese Fehler werden als Kinken bezeichnet, wenn die Verschiebung kleiner als der Kettenabstand ist

(Beispiel: .... ttttg$^+$tg$^-$tttt ...). Bei Jogs ist dagegen die Verschiebung größer als der Kettenabstand (Beispiel: .... ttttg$^+$ttttg$^-$tttt ...). Kinken und Jogs verkürzen planare Ketten und drehen Helices.

Reneker-Defekte bestehen sowohl aus konformativen Fehlern als auch aus Änderungen des Bindungswinkels (vgl. Abb. 5-11). Wie bei den Kinken und Jogs wird auch hier die Kette verkürzt. Reneker-Defekt können durch eine Kette wandern, ohne daß die relative Lage der Kette im Kristallverband geändert wird. Bei Kinken und Jogs sind dagegen weiträumige Kettenbewegungen erforderlich, wenn diese Defekte durch das Gitter wandern sollen.

*Netzdefekte* entstehen, wenn die Positionen der Gitteratome statistisch gegenüber den idealen Positionen der Gitterplätze verschoben werden. Netzdefekte können mit dem Modell des Parakristalls erfaßt werden (Abb. 5-12).

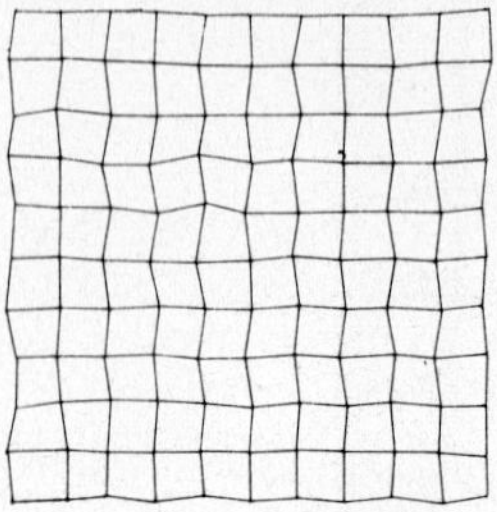

*Abb. 5-12:* Parakristall (schematisch). Das ideale Gitter ist punktiert gezeichnet.

## *5.4 Morphologie kristalliner Polymerer*

### 5.4.1 FRANSENMIZELLEN

In den Anfangstagen der makromolekularen Chemie wurden im Röntgendiagramm der Gelatine (Abbauprodukt des Proteins Kollagen) nebeneinander kristalline Reflexe und amorphe Halos beobachtet, was nach dem 2-Phasen-Modell als Koexistenz von perfekten Kristallbereichen und total amorphen Bereichen gedeutet wurde. Aus der Linienverbreiterung der Reflexe bei diesen Röntgenweitwinkelaufnahmen und später aus der Lage der Reflexe bei der Röntgenkleinwinkelstreuung wurden Kristallitgrößen von 10 – 80 nm berechnet. Die Kristallgrößen waren daher kleiner als die aus den Molekulargewichten errechenbaren max. Längen. Bei Poly(oxymethylenen) wurde außerdem beobachtet, daß mit wachsendem Molekulargewicht die von

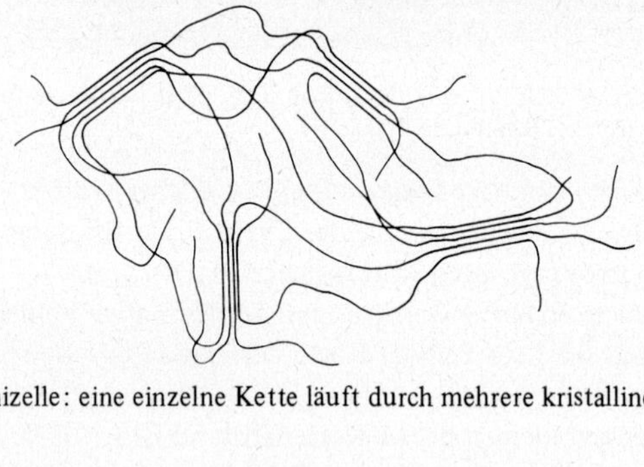

*Abb. 5-13:* Fransenmizelle: eine einzelne Kette läuft durch mehrere kristalline und amorphe Bereiche.

den Elementarzellen herrührenden Kurzperiodizitäten erhalten blieben, während die Langperiodizitäten verschwanden. Dieser Effekt wurde der Abwesenheit höherer Ordnungen zugeschrieben. Höhere Ordnungen können aber nur von hochregelmäßigen Gittern stammen. Da die bekannten makromolekularen Substanzen weder bei direkter Beobachtung noch unter dem Lichtmikroskop als kristallin erschienen, schien die diskutierte Alternative – Gitterfehlstellen in Kristallen – wenig wahrscheinlich. Alle diese Befunde führten somit zum Modell der Fransenmizelle (Abb. 5 - 13).

Bei diesem Modell wird angenommen, daß die einzelne Molekülkette durch mehrere kristalline Bereiche läuft. Das Modell konnte die röntgenographischen Befunde und eine Reihe weiterer Effekte erklären. Derartige Effekte und ihre Deutung sind die im Vergleich zur röntgenographischen Dichte kleinere makroskopische Dichte als Auswirkung der amorphen Bereiche, das Auftreten von Sicheln im Röntgendiagramm verstreckter Polymerer als Folge der Orientierung von Kristalliten, der endliche Schmelzbereich als Folge verschieden großer Kristallite, die optische Doppelbrechung verstreckter Polymerer als Orientierung von Molekülketten im amorphen Bereich und die Heterogenität in bezug auf chemische und physikalische Reaktionen wegen der besseren Zugänglichkeit der amorphen Phase im Vergleich zur kristallinen.

### 5.4.2 POLYMEREINKRISTALLE

Im Jahre 1957 wurde aber gefunden, daß ca. 0,1 % Lösungen von Poly(äthylen) beim Abkühlen elektronenmikroskopisch sichtbare rhombische Plättchen abscheiden (Abb. 5-14). Die Dicke dieser Plättchen ist bei konstanter Kristallisationstemperatur stets gleich groß. Die Elektronenbeugung zeigt scharfe, punktförmige Flecken, die für

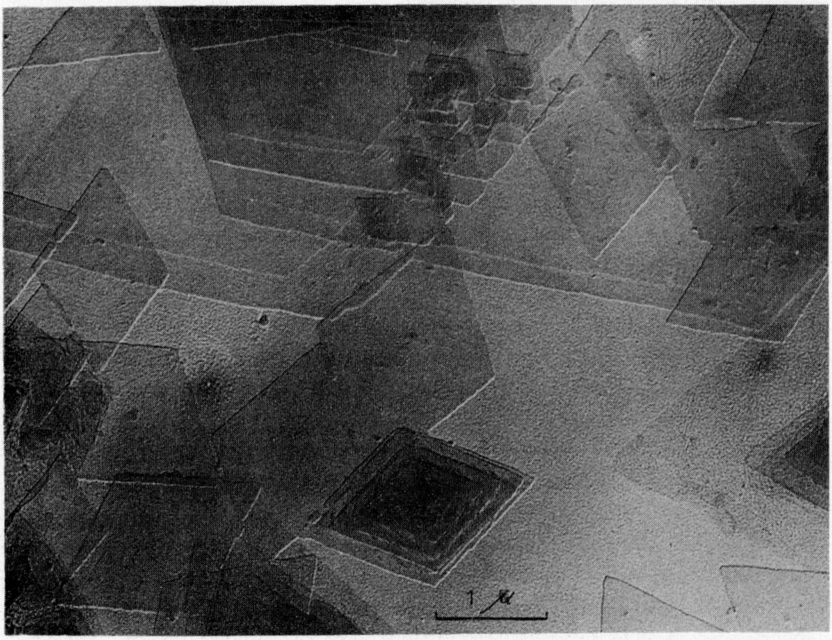


*Abb. 5-14:* Aus verdünnter Lösung erhaltene Einkristalle des Poly(äthylens). Beim Kristall unten mitte ist eine Schraubenversetzung erkennbar (A. J. Pennings und A. M. Kiel).

Einkristalle sprechen. Die Auswertung der Elektronenbeugungs-Diagramme führt zu einem Modell, bei dem die Richtung der Molekülkette senkrecht zur Oberfläche ist. Da die Plättchendicke kleiner als die max. Länge ist, müssen sich folglich die Ketten zurückfalten (Abb. 5 - 15). Polymereinkristalle sind bei vielen makromolekularen Substanzen beobachtet worden, z.B. auch bei Poly(oxymethylen), Poly(acrylnitril), Nylon 6 (vgl. Abb. 5 - 1), Poly(acrylsäure), Cellulosederivaten und Amylose.

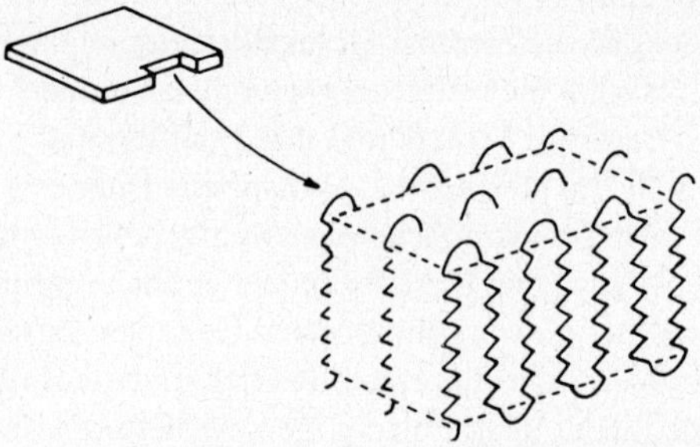

*Abb. 5-15:* Schematische Darstellung der Kettenfaltung in einem Poly(äthylen)einkristall (nach W. D. Niegisch und P. R. Swan).

Für eine Kettenfaltung in den Polymereinkristallen sprechen auch Rißversuche. Bei einer Kettenfaltung nach Abb. 5 - 15 müssen die Molekülebenen in den Diagonalen ihre Richtung wechseln. Risse entlang den Molekülebenen sollten daher an den Diagonalen gestoppt werden (Abb. 5 - 16). Die Moleküle werden bei einem Riß senkrecht zur Kettenebene in Form von Fibrillen herausgezogen (Abb. 5 - 17).

*Abb. 5-16:* Stoppen eines entlang der Kettenebene verlaufenden Risses in einem Polymereinkristall an der Diagonalen (P. H. Lindenmeyer, V. F. Holland und F. R. Anderson).

Die genaue Natur der Faltstellen auf der Oberfläche der Polymereinkristalle ist nicht bekannt. Ganz sicher erfolgt die Rückfaltung nicht so regelmäßig wie in Abb. 5 - 15 dargestellt. Nach röntgenographischen Messungen sind nämlich die Einkristalle etwa 75 - 85 % kristallin. Falls man aber die Deckschichten mit rauchender Salpetersäure abbaut, erhält man jedoch eine ca. 100 % Kristallinität. Daraus folgt, daß die Deckschichten ziemlich ungeordnet („amorph") sind. Es ist jedoch fraglich, ob der Wiedereintritt der Ketten in den Einkristall an benachbarten Stellen erfolgt (wie in Abb. 5 - 18 dargestellt) oder an weiter entfernten.

Da die Makromoleküle in den Polymereinkristallen unter Kettenfaltung kristallisieren, werden derartige Kristallite auch Faltenmizellen genannt. Faltenmizellen entstehen nicht nur aus verdünnter Lösung (Abb. 5 - 14), sondern auch als Lamellenstrukturen bei der Kristallisation aus der Schmelze (Abb. 5 - 19). Bei der Kristallisa-

*Abb. 5-17:* Riss senkrecht zur Kettenebene in einem Poly(äthylen)-einkristall. Die Moleküle werden an der Rißstelle als Fibrillen herausgezogen (P. H. Lindenmeyer, V. F. Holland und F. R. Anderson).

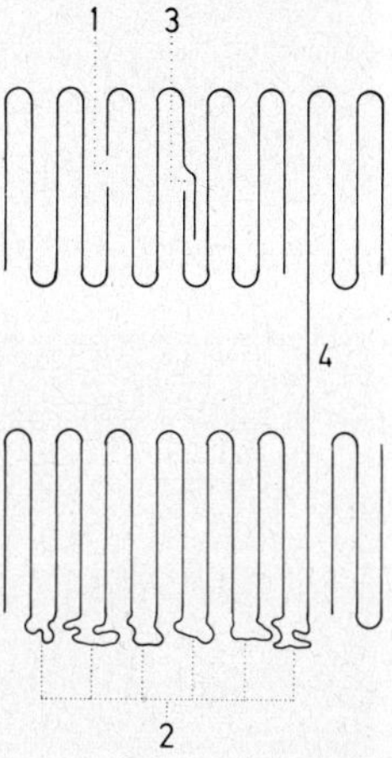


*Abb. 5-18:* Einige mögliche Gitterdefekte bei Kettenfaltungen. 1 = Kettenenden, 2 = ungeordnete Deckschicht, 3 = Versetzung, 4 = interlamellare Verknüpfung.

tion aus der Schmelze unter Druck wird die Lamellenhöhe stark vergrößert, d. h. der relative Anteil der Deckschichten geht zurück (Abb. 5 – 20). Daraus folgt, daß derartige „gestrecktkettige Kristalle" dem Gleichgewichtszustand entsprechen. Kettenfaltungen müssen folglich kinetisch bedingt sein (vgl. auch Kap. 10).

Die Faltenlänge oder Lamellenhöhe kann nicht nur durch steigenden Druck, sondern auch durch steigende Kristallisationstemperaturen vergrößert werden. Bei vielen Polymeren nimmt die Faltlänge linear mit der reziproken Differenz zwischen Schmelz- und Kristallisationstemperatur zu (Abb. 5 – 21). Dieser Effekt der Unterkühlung spricht ebenfalls für eine kinetische Ursache der Kettenfaltung.

Bei Polyamiden ist dagegen die Faltlänge unabhängig von der Unterkühlung. Sie wird hier durch die Anzahl der Wasserstoffbrücken bestimmt. Nylon 3, Nylon 6.6 und Nylon 6.12 besitzen 16 Wasserstoffbrücken pro Faltlänge, d.h. vier Strukturelemente. Nylon 10.10 und Nylon 12.12 weisen dagegen nur zwölf Wasserstoffbrücken pro Faltlänge auf, d. h. nur drei Strukturelemente.

Da die Falthöhe mit steigender Kristallisationstemperatur steil zunimmt, wird ein nachträglich bei höheren Temperaturen getemperter Polymereinkristall entsprechend

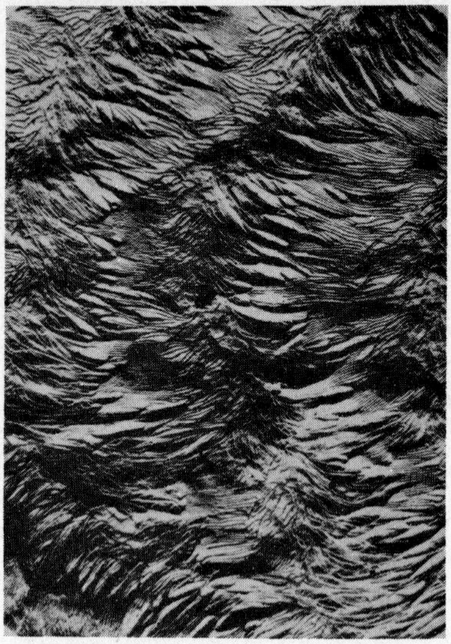

*Abb. 5-19:* Lamellenstruktur von aus der Schmelze kristallisiertem Poly(äthylen). (Nach P. H. Lindenmeyer, V. F. Holland und F. R. Anderson.)

*Abb. 5-20:* Gestrecktkettige Kristalle des Poly(äthylens). Kristallisation bei 4800 bar und 225 °C, $M_w$ = 78 300 g mol$^{-1}$, 99 % kristallin (nach B. Wunderlich und B. Prime).

dicker. Das für die Erhöhung der Falthöhe erforderliche Material wird aus dem Innern des Kristalls entnommen, sodaß Löcher entstehen.

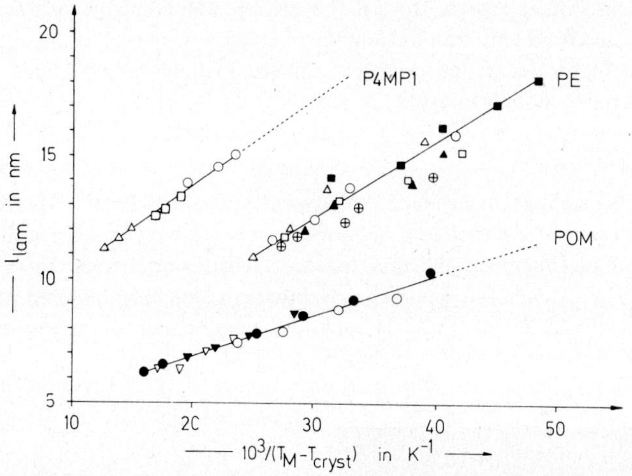


*Abb. 5-21:* Abhängigkeit der Lamellenhöhe $l_{lam}$ von der relativen Unterkühlung beim Poly(4-methylpenten-1), Poly(äthylen) (PE) und Poly(oxymethylen) (POM) nach Versuchen in Tetralin, p-Xylol, Dekalin, Toluol, n-Octan, n-Hexadecan, m-Kresol, Furfurylalkohol und Acetophenon (nach A. Nakajima und F. Hameda).
F. Hameda).

Bei der Kristallisation von konzentrierten Lösungen und von Schmelzen ist die Wahrscheinlichkeit groß, daß Moleküle in andere Lamellen eingebaut werden. Derartige interlamellare Verknüpfungen (vgl. Abb. 5 – 18) wurden erstmals durch gemeinsame

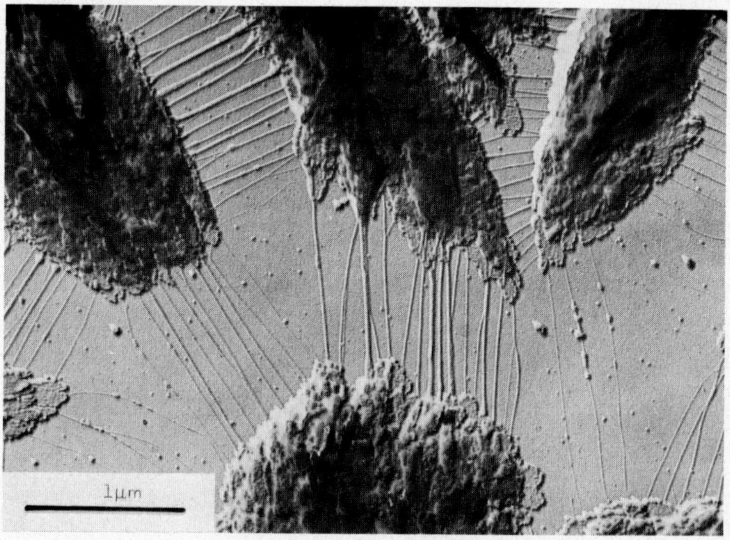


*Abb. 5-22:* Interlamellare Verknüpfungen zwischen Poly(äthylen)-Lamellen ($M_w$ = 728 000 g mol$^{-1}$). Kristallisation von Poly(äthylen)/Paraffin-Mischungen bei 95 °C (nach H. D. Keith, F. J. Padden und R. G. Vadimsky).

Kristallisation von Poly(äthylen) mit Paraffingemischen und nachträgliches Weglösen des Paraffins nachgewiesen (Abb. 5 - 22). Die interlamellaren Verknüpfungen nehmen mit steigendem Molekulargewicht zu, da bei größeren Molekulargewichten eine höhere Wahrscheinlichkeit besteht, daß Kettenteile in anderen Lamellen festgelegt werden können, bevor sie sich zurückfalten. Aus der Schmelze kristallisiertes Material enthält daher immer einen relativ hohen amorphen Anteil.

### 5.4.3 SPHÄROLITHE

Bei der Kristallisation aus der Schmelze entstehen manchmal polykristalline Bereiche, die wegen ihrer Kugelform Sphärolithe genannt werden. Mikrotom-Schnitte zeigen, daß sie im Innern radial-symmetrisch aufgebaut sind. Bei der Kristallisation in dünnen Folien entstehen flächenförmige Gebilde mit ähnlichem inneren Aufbau (Abb. 5-23). Sie werden daher ebenfalls als Sphärolithe bezeichnet, da man sie als Querschnitte von aus der Masse kristallisierten Sphärolithen ansehen kann.

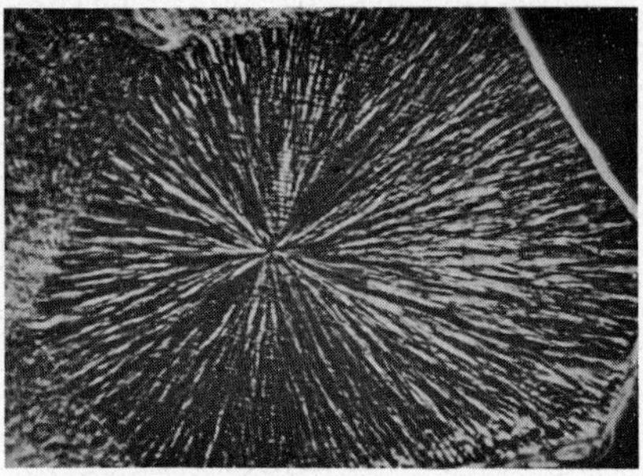

*Abb. 5-23:* Sphärolith des it-Poly(propylens) unter dem Phasenkontrastmikroskop (nach R. J. Samuels).

Sphärolithe mit Durchmessern zwischen ca 5 $\mu$m und einigen Millimetern können mit dem Lichtmikroskop, mit Durchmessern unter 5 $\mu$m mit dem Elektronenmikroskop oder der Kleinwinkellichtstreuung untersucht werden. Im polarisierten Licht zeigen Sphärolithe das von Interferenz-Effekten stammende, typische Malteserkreuz (Abb. 5 - 24). Diese Effekte treten auf, da die Lichtgeschwindigkeit in den verschiedenen Gebieten unterschiedlich groß ist. Das Malteserkreuz erscheint, weil die Sphärolithe sich wie Kristalle mit radialer optischer Symmetrie verhalten und es für diesen Fall vier Positionen der Extinktion gibt (vgl. Kap. 7.4).

*Abb. 5-24:* Sphärolith des it-Poly(propylens) unter dem Polarisationsmikroskop (nach R. J. Samuels).

Die Unterschiede der Lichtgeschwindigkeiten stammen von Unterschieden im Brechungsindex. Ist der höchste Brechungsindex in radialer Richtung, so spricht man von positiven Sphärolithen. Negative Sphärolithe weisen den höchsten Brechungsindex in tangentialer Richtung auf.

Aus dem optischen Verhalten der Sphärolithe lassen sich Informationen über deren Mikrostruktur entnehmen. Bei versteckten Fasern aus Poly(äthylen) ist die Lichtgeschwindigkeit in Faserrichtung geringer als in den Richtungen senkrecht dazu. Zur Faserrichtung paralleles Licht erzeugt hier einen höheren Brechungsindex. In verstreckten Fasern von Poly(äthylen) liegen die Molekülachsen weitgehend parallel zur Faserachse. Da Poly(äthylen) negative Sphärolithe bildet, müssen die Molekülachsen rechtwinklig zum Sphärolith-Radius sein.

Beim Poly(vinylidenchlorid) ist der Brechungsindex in Molekülrichtung niedriger als rechtwinklig dazu. Da die Sphärolithe positiv sind, müssen also auch hier die Molekülachsen tangential zum Sphärolith-Radius angeordnet sein. Dieses Verhalten tritt vor allem bei Polymeren mit stark polarisierbaren Gruppen auf, z.B. auch bei Polyestern und Polyamiden. Ein- und dasselbe Material kann u.U. sowohl positive als auch negative Sphärolithe bilden, evtl. sogar gleichzeitig. Die negativen Sphärolithe des Nylon 66 haben z. B. einen höheren Schmelzpunkt als die positiven.

Sphärolithe weisen eine nicht sehr perfekte kristalline Struktur auf, da der Schmelzpunkt der Sphärolithe meist erheblich unterhalb des thermodynamischen Schmelzpunktes liegt (vgl. Kap. 10). Man kann außerdem selbst dann eine weitere Zunahme der Röntgen-Kristallinität beobachten, wenn der ganze Film schon von Sphärolithen erfüllt ist. Die Orientierung der kristallinen Bereiche führt zu den charakteristischen optischen Eigenschaften der Sphärolithe. Vernetzt man nämlich Sphärolithe durch Bestrahlung, so bleibt die Identität der einzelnen Sphärolithen selbst nach dem Erhitzen über den Schmelzpunkt erhalten. Die Doppelbrechung orientierter Sektionen von Sphärolithen ist aber niedriger als bei hochorientierten Fasern.

Die Orientierung der Molekülachsen in den Sphärolithen kann besonders gut durch Lichtstreuung bei sehr kleinen Winkeln verfolgt werden. Die Streuung von z.B. vertikal polarisiertem Einfallslicht und die Winkelverteilung des vertikal polarisierten Streulichtes kann berechnet werden. Für diesen Fall zeigen z.B. positive und negative Sphärolithe verschiedene Streudiagramme (Abb. 5 – 25).

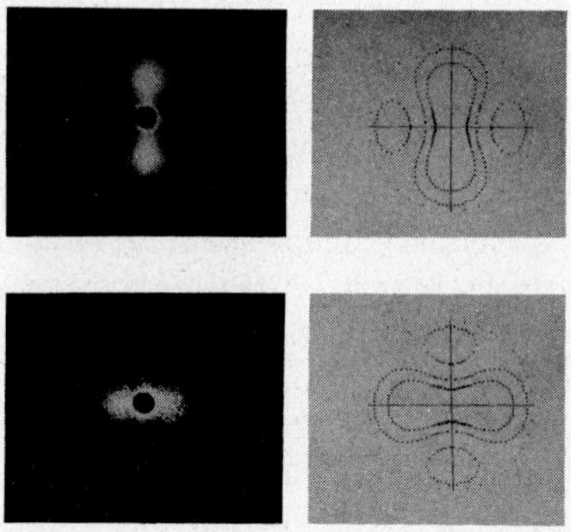

*Abb. 5-25:* Kleinwinkellichtstreuung von positiven und negativen Sphärolithen. Aufnahmen mit vertikalem Einfalls- und Streulicht. Links: experimentell, rechts: theoretisches Bild, oben: negativer, unten: positiver Sphärolith (nach R. J. Samuels).

Sphärolithe machen Filme und Folien opak, wenn ihre Durchmesser größer als die halbe Wellenlänge des Lichtes sind und außerdem Inhomogenitäten in bezug auf die Dichte oder den Brechungsindex bestehen. Sphärolithisches Poly(äthylen) ist z.B. opak, sphärolithisches Poly(4-methyl-penten-1) aber glasklar, selbst wenn beim letzteren Material gleich viele Sphärolithe mit gleichen Dimensionen wie beim Poly(äthylen) vorliegen.

### 5.4.4 DENDRITE UND EPITAKTISCHES WACHSTUM

Sphärolithe entstehen, weil die Brutto-Kristallisationsgeschwindigkeit in allen Raumrichtungen gleich groß ist. Im Innern der Sphärolithe liegen dagegen unterschiedliche Kristallisationsgeschwindigkeiten in den verschiedenen Richtungen vor.

Ist dagegen die Brutto-Wachstumsgeschwindigkeit in den verschiedenen Zonen unterschiedlich hoch, so entstehen sog. Dendrite. Dendrite sind Gebilde, die unter dem Licht- oder Elektronenmikroskop schneeflockenähnlich erscheinen (Abb. 5 – 26). Das in den Dendriten vorliegende amorphe Material kann durch Salpetersäure leicht oxydiert und weggeätzt werden. Die zurückbleibenden kristallinen Anteile weisen wiederum eine Lamellenstruktur mit gleichmäßiger Lamellendicke auf.

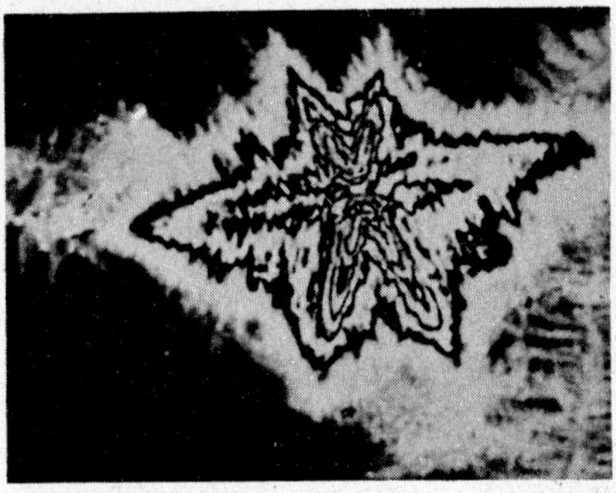

*Abb. 5-26:* Dendrit des Poly(äthylens), kristallisiert aus einer verdünnten Lösung in Xylol bei ca. 70 °C (nach B. Wunderlich).

Unterschiedliche Kristallisationsgeschwindigkeiten führen auch zu den „Fleisch am Spieß"- oder Schaschlik-Strukturen (engl. shish-kebab (aus dem Arab.)) (Abb. 5 – 27). Schaschlik-Strukturen entstehen, wenn kristallisierende verdünnte Lösungen sehr stark gerührt werden. Die Makromoleküle orientieren sich im Strömungsgradienten und lagern sich parallel zueinander ab. Nach Messungen der Röntgenbeugung, Elektronenbeugung und der Doppelbrechung sind die Ketten parallel zur Faserachse. Die entstehenden Fibrillen ordnen sich zu Bündelkeimen. Zwischen diesen Bündelkeimen ist aber das Schergefälle stark vermindert. Aus der sich zwischen den Fibrillen befindenden Lösung kristallisieren die restlichen Makromoleküle in Lamellen mit gefalteten Ketten aus. Die Lamellen sind dabei senkrecht zu den Fibrillen angeordnet (Abb. 5 – 28).

Die Bildung von Schaschlik-Strukturen ist ein Spezialfall des epitaktischen Aufwachsens. Als Epitaxie wird das orientierte Aufwachsen einer kristallinen Substanz auf einer anderen definiert.

*Abb. 5-27:* Shish-kebab-Strukturen bei linearem Poly(äthylen) ($\overline{M}_w$ = 153 000; $\overline{M}_n$ = 12 000). Kristallisation aus 5 proz. Lösung in Xylol bei 102 °C (nach A. J. Pennings und A. M. Kiel).

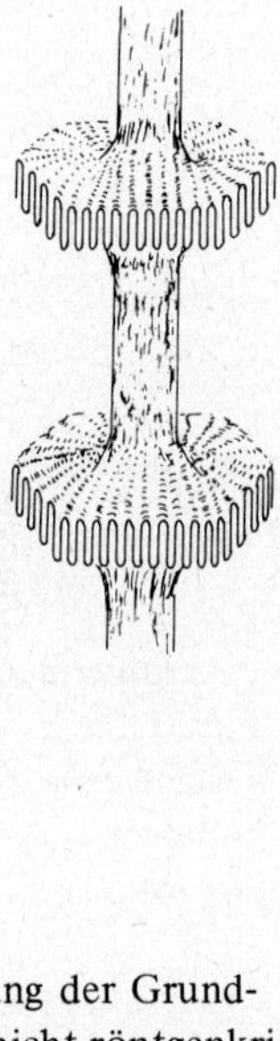

*Abb. 5-28:* Schematische Darstellung der Lagerung der Ketten in Schaschlik-Strukturen (nach A. J. Pennings, J. M. M. A. van der Mark und A. M. Keil).

## *5.5 Amorpher Zustand*

### 5.5.1 FREIES VOLUMEN

Im amorphen Zustand tritt definitionsgemäß keine Fernordnung der Grundbausteine über größere Bereiche auf: amorphe Materialien sind z. B. nicht röntgenkristallin. Diese Definition sagt natürlich nichts über die gegenseitige Lagerung von kurzen Segmenten aus und auch nichts über die relative Anordnung der Moleküle selbst.

Es gibt eine Reihe von Hinweisen, daß röntgenamorphe Polymere eine gewisse Ordnung besitzen. Andererseits muß eine bestimmte Zahl von Leerstellen vorhanden sein. Die Dichte im amorphen Zustand ist nämlich deutlich von der der entsprechenden Flüssigkeit verschieden. Das spezifische Volumen von Polymer/Monomer-Mischungen nimmt mit steigender Konzentration zunächst linear ab (Abb. 5 – 29). Bei einem bestimmten Polymeranteil wird aber die Viskosität der Mischung so hoch, daß sich die Kettensegmente nicht mehr frei bewegen können. Dieser Einfrierprozeß führt dazu, daß das spezifische Volumen $v^o_{am}$ des amorphen Polymeren größer ist als das spezifsche Volumen $v_l^o$ des flüssigen Polymeren bei gleicher Temperatur wäre. Die Dichte des flüssigen Polymeren ist also höher als die Dichte des festen: das feste Polymer besitzt Leerstellen bzw. ein sog. freies Volumen. Man muß sich darunter Bezirke von etwa atomarem Durchmesser vorstellen. Der Anteil $f_{WLF}$ dieses freien Volumens berechnet sich zu

(5-9) $f_{WLF} = (v_{am}^o - v_l^o)/v_{am}^o$

Das gleiche freie Volumen tritt auch in der Williams-Landel-Ferry-Gleichung für die dynamische Glastemperatur auf (vgl. Kap. 10.5.2). Der Anteil dieses freien Volumens ist unabhängig vom Typ des Polymeren. Er beträgt etwa 2,5 % (Tab. 5-6).

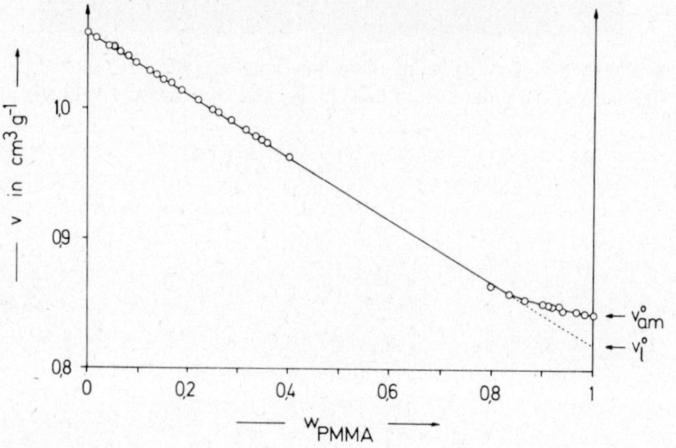


*Abb. 5-29:* Spezifisches Volumen von Methylmethacrylat(Poly(methylmethacrylat)-Mischungen in Abhängigkeit vom Massenanteil des Polymeren bei 25 °C. $v_{am}^o = 0{,}842\ cm^3\ g^{-1}$, $v_l^o = 0{,}820\ cm^3\ g^{-1}$, (nach D. Panke und W. Wunderlich).

Außer dem WLF-freien Volumen werden noch eine Reihe anderer freier Volumina definiert und diskutiert. Das sog. Leervolumen bezieht das bei der Temperatur $T$ gemessene spezifische Volumen $v_{am}^o$ des amorphen Polymeren auf das spezifische Volumen $v_{vdW}^o$, das sich aus den van der Waals-Radien berechnet. Der Anteil des Leervolumens ergibt sich zu

(5-10) $f_{leer} = (v_{am}^o - v_{vdW}^o)/v_{am}^o$

Der Anteil dieses Leervolumens ist beträchtlich (Tab. 5-6). Bei Makromolekülen ist aber das Leervolumen nicht völlig für thermische Bewegungen verfügbar, da die Bausteine aus konformativen Gründen nicht alle freien Plätze einnehmen können. Das für die thermische Ausdehnung verfügbare Volumen kann aus den spezifischen Volumina der amorphen und kristallinen Polymeren bei 0 K berechnet werden. Für den Anteil des Ausdehnungsvolumens erhält man daher

(5-11) $f_{exp} = ((v_{am}^o)_o - (v_{cr}^o)_o/(v_{am}^o)_o$

Schließlich läßt sich noch aus Messungen der Schallgeschwindigkeit ein Anteil $f_{fluk}$ des Fluktuationsvolumens bestimmen, der die Bewegung des Schwerpunktes eines Moleküls als Resultat der thermischen Bewegung beschreibt.

*Tab. 5-6:* Anteile der verschiedenen freien Volumina bei amorphen Polymeren bei der Glastemperatur, berechnet mit den kristallinen Dichten bei 0 °C, nicht 0 K (nach A. Bondi).

| Polymer | Anteile des freien Volumens | | | |
|---|---|---|---|---|
| | $f_{\text{leer}}$ | $f_{\text{exp}}$ | $f_{\text{WLF}}$ | $f_{\text{fluk}}$ |
| Poly(styrol) | 0,375 | 0,127 | 0,025 | 0,0035 |
| Poly(vinylacetat) | 0,348 | 0,14 | 0,028 | 0,0023 |
| Poly(methylmethacrylat) | 0,335 | 0,13 | 0,025 | 0,0015 |
| Poly(butylmethacrylat) | 0,335 | 0,13 | 0,026 | 0,0010 |
| Poly(isobutylen) | 0,320 | 0,125 | 0,026 | 0,0017 |

### 5.5.2 MORPHOLOGIE

Untersuchungen der Neutronenstreuung von deuterierten Polymeren in festen, protonierten Polymeren des gleichen Typs (und vice versa) haben ergeben, daß die Polymeren im amorphen Zustand die gleichen ungestörten Dimensionen annehmen wie in verdünnter Lösung (vgl. auch Abb. 4 – 16). Dieser Befund scheint unabhängig von der Präparation der festen Lösungen zu sein. In einem Fall wurde ein protoniertes Polymer in einem deuterierten Monomer gelöst und das Monomer anschließend polymerisiert. In diesem Fall hätte man intuitiv eine Art Spaghetti-Struktur erwartet. In einem anderen Experiment wurden ein protoniertes und ein deuteriertes Polymer in verdünnter Lösung gemischt und dann die Lösung konzentriert. In diesem Fall hätte man intuitiv eine Art Packung von Wollknäueln erwartet.

Nach diesen Experimenten werden jedoch ähnliche Strukturen erhalten. Da die gleichen ungestörten Dimensionen sowohl in Lösung als auch im amorphen Zustand gefunden wurden, müssen folglich auch die Wechselwirkungen im Mittel gleich groß sein. Dieser Befund schließt natürlich nicht aus, daß lokale Ordnungserscheinungen vorhanden sind.

Das Spaghetti-Modell sagt für ein amorphes Polymer eine Dichte von ca. 65 % der kristallinen Dichte voraus. Experimentell werden aber Werte von 85 – 95 % gefunden. Es muß also im amorphen Zustand eine gewisse Ordnung vorhanden sein. Denkbar sind über kurze Distanzen parallel gelagerte Segmente.

Für Ordnungserscheinungen sprechen auch röntgenographische Untersuchungen. Beim amorphen Poly(styrol) wurden z. B. Intensitätsmaxima bei 0,126, 0,223, 0,478 und 0,9 – 1 nm gefunden. Der Wert von 0,126 nm entspricht natürlich dem Abstand zwischen zwei benachbarten Kohlenstoffatomen der Kette. 0,223 nm ist ungefähr der Abstand zwischen einem Kohlenstoffatom der Kette und seinem übernächsten Nachbarn. Der Wert von 0,478 nm wird auch beim monomeren Styrol gefunden. Er verschiebt sich mit zunehmender Vernetzung zu höheren Werten und muß daher von einem intermolekularen Abstand stammen.

Die Werte bei 0,48 und bei 0,9 – 1 nm sind jedoch nicht die wahren intermolekularen Abstände $l_{\text{inter}}$, sondern die Bragg'schen Netzebenenabstände $l_{\text{bragg}}$. Beide Größen sind über $l_{\text{inter}} = 1{,}22\, l_{\text{bragg}}$ miteinander verknüpft, wenn man eine bestimmte Streufunktion annimmt. Wie man aus Tab. 5 – 7 sieht, nimmt der Abstand zwischen zwei Ketten erwartungsgemäß mit zunehmendem Durchmesser der Ketten zu.

*Tab. 5-7:* Abstände zwischen zwei Kettensegmenten in verschiedenen amorphen Polymeren bei 20 °C

| Polymer | Abstand $l_{inter}$ in nm | |
|---|---|---|
| Poly(äthylen) | – | 0,55 |
| cis-1,4-Poly(isopren) | – | 0,59 |
| Poly(isobutylen) | – | 0,78 |
| Poly(methylmethacrylat) | – | 0,81 |
| Poly(styrol) | 0,576 | 1,20 |
| Poly(p-äthylstyrol) | 0,585 | 1,44 |
| Poly(p-t-butylstyrol) | 0,620 | 1.55 |

An den gleichen Polymeren werden elektronenmikroskopisch gelegentlich kugelförmige Gebilde beobachtet, deren Durchmesser von ca. 2 – 4 nm (Poly(styrol)) bis 8 nm (Poly(äthylenterephthalat)) variiert. Diese Strukturen sind Noduln genannt worden. Es ist allerdings z. Zt. umstritten, ob diese Strukturen real sind oder aber von experimentellen Fehlern herrühren (mangelnde Fokussierung, Artefakte bei der elektronenmikroskopischen Präparation, Oberflächeneffekte beim Bruch usw.).

### 5.5.3 POLYMERLEGIERUNGEN

Gemische aus zwei und mehr Polymeren sind normalerweise thermodynamisch unverträglich (zum Beweis vgl. Kap. 6.6.6). Aus kinetischen Gründen ist die Entmischung jedoch oft nicht vollständig. Polymergemische, bei denen die individuellen Polymeren teilweise in submikroskopischen Bereichen getrennt nebeneinanderliegen, werden Polymerlegierungen genannt. In den USA werden allerdings auch Pfropfcopolymere so bezeichnet.

Polymerlegierungen spielen technisch eine große Rolle bei der Herstellung schlagfester Polymerer (vgl. Kap. 11.6.3). Sie können durch Vermischen von Lösungen über die Schmelze hergestellt werden. Bei Fasern wird auch erst die Faser in den Monomeren gequollen und dann das Monomer polymerisiert. Konjugierte Fasern (vgl. Kap. (12.3.6) sind ebenfalls teilweise Polymerlegierungen.

Falls die submikroskopischen Bereiche größer als ca. 5 nm und amorph sind, weisen Polymerlegierungen zwei Glastemperaturen auf. Kristalline submikroskopische Bereiche können u. U. röntgenographisch erkannt werden.

### 5.5.4 BLOCKCOPOLYMERE

Blockcopolymere bestehen aus Blöcken aus zwei oder mehr verschiedenen Monomereinheiten. Je nach der Anzahl der Blöcke unterschiedet man z. B. bei binären Blockcopolymeren Zweiblock-Copolymere $A_nB_m$, Dreiblock-Copolymere $A_nB_mA_n$ und Multiblock-Copolymere $(A_nB_m)_p$. Multiblock-Copolymere mit kurzen Blöcken $A_n$ und $B_m$ werden auch segmentierte Copolymere oder Segment-Copolymere genannt.

Genügend lange Blöcke von Blockcopolymeren sind miteinander unverträglich. Sie versuchen sich daher zu entmischen. Die Entmischung kann aber nicht unbegrenzt vor sich gehen, da die einzelnen Blöcke aneinander gekoppelt sind. Die Blöcke werden daher aggregieren. Die Form der Aggregate ist dabei durch die Forderung nach bestmöglicher Packung festgelegt. Die Diskussion wird im Folgenden auf amorphe Polymere beschränkt.

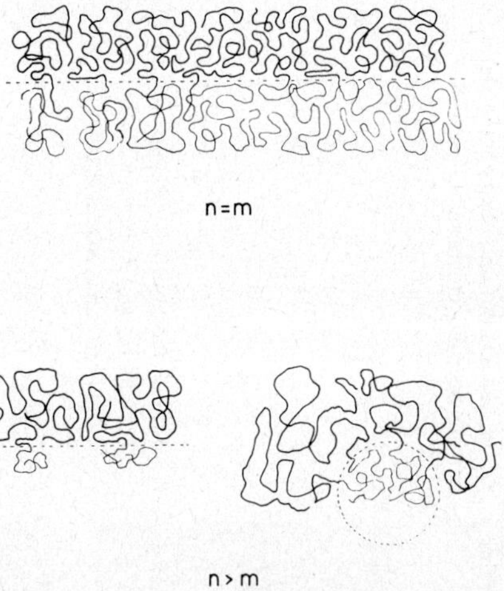


*Abb. 5-30:* Schematische Darstellung der Volumenbeanspruchung der Blöcke bei Zweiblock-Copolymeren $A_nB_m$ mit verschiedenen Blockverhältnissen. Bei sehr großen Blockverhältnissen müssen allein wegen der Volumenbeanspruchung kugelförmige Aggregate der kleineren Blöcke in einer Matrix der anderen Blöcke erhalten werden. Bei einem Blockverhältnis von 1 bilden sich dagegen Lamellen aus. Das Blockverhältnis bezieht sich dabei auf die Dimensionen, nicht auf die Zahl der Grundbausteine.

Isolierte Ketten eines nichtkristallisierbaren Polymeren versuchen die Form eines statistischen Knäuels anzunehmen (vgl. Kap. 4.4). Diese statistischen Knäuel müssen in den segregierten Bereichen möglichst dicht gepackt werden. Sind beide Blöcke gleich lang, so ist auch der Platzbedarf der beiden Knäuel gleich groß. Die Blöcke können sich daher in einer Lamellenstruktur anordnen (Abb. 5 – 30). Ist aber ein Block sehr viel größer als der andere, so ist auch sein Platzbedarf viel größer. Der kleinere Block kann dann nicht in eine Lamelle gepackt werden, ohne die Forderung nach dichter Packung zu verletzen. Günstiger ist es, wenn sich die kleinen Blöcke kugelförmig ausbilden.

Aus diesen Betrachtungen geht hervor, daß bei gleich großen Blöcken Lamellenstrukturen gebildet werden sollten. Bei stark verschiedenen Blocklängen werden die kleineren Blöcke kugelförmige Bereiche in einer Matrix bilden. Zylinder bzw. Stäbchen bilden den Übergang zwischen Kugeln und Lamellen. Man wird daher erwarten, daß sich Zylinder bei Blockverhältnissen ausbilden können, die zwischen denen liegen, die für die Ausbildung von Kugeln und Lamellen günstig sind. Andere morphologische Formen als Kugeln, Zylinder und Lamellen sind nicht zu erwarten, da dann die Forderung nach guter Packung verletzt würde.

Die drei theoretisch vorhergesagten Formen und ihre Abhängigkeit von der relativen Blockgröße wurden in der Tat experimentell gefunden (Abb. 5–31). Das experimentell für das Auftreten von Lamellen gefundene Blockverhältnis von 40/60 entspricht allerdings nicht ganz dem theoretisch geforderten von 50/50. Dieser Effekt

SBS-Polymer mit S/B = 80/20 mol/mol. Kugelförmige Zonen aus Butadien-Segmenten sind in einer Matrix aus Styrol-Segmenten eingebettet.

SB-Polymer mit S/B = 60/40 mol/mol. Stäbchenartige (zylinderartige) Zonen aus Butadien-Segmenten in einer Matrix aus Styrol-Segmenten

SBS-Polymer mit S/B = 40/60 mol/mol. Lamellen (Schichten) aus Butadien-Segmenten wechseln mit Schichten aus Styrol-Segmenten ab.

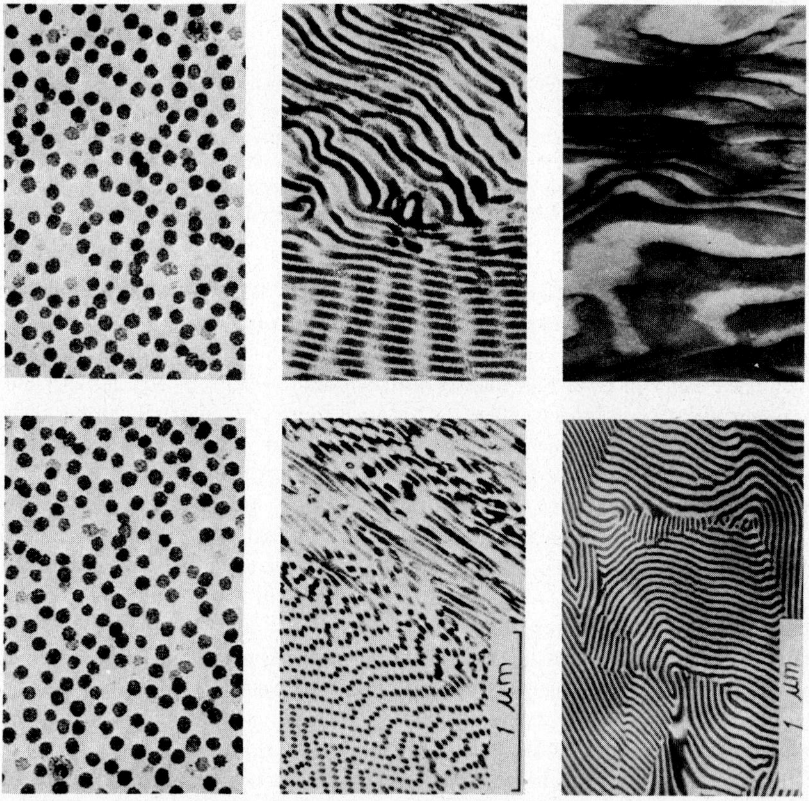


Schnittrichtung parallel zur Filmebene

Schnittrichtung senkrecht zu Filmebene

*Abb. 5-31:* Elektronenmikroskopische Aufnahmen von Filmen aus Zweiblock- und Dreiblock-Copolymeren aus Styrol und Butadien bei Schnitten senkrecht und parallel zur Filmebene (nach M. Matsuo).

ist darauf zurückzuführen, daß die Filme aus Lösungen gegossen wurden. Lösungsmittel ändern aber etwas die Kettendimensionen und damit auch die Morphologie.

## 5.6 Orientierung

### 5.6.1 DEFINITION

Beim Verstrecken von Fasern oder Folien und Filmen können sich Moleküle und/oder Kristallbereiche in Streckrichtung ausrichten und sich damit orientieren. Da der Orientierungsgrad oft nur schwierig und die Verteilungsfunktion der Orientierung bislang praktisch überhaupt nicht meßbar ist, nimmt man daher oft den Verstreckungsgrad als Maß für die Orientierung. Der Verstreckungsgrad ist aber kein gutes Maß für den Orientierungsgrad, da beim Verstrecken im Extremfall nur viskoses Fließen auftreten kann. Die Verstreckungsbedingungen haben daher einen großen Einfluß auf den erzielten Orientierungsgrad. Außerdem hängt natürlich der erzielbare Orientierungsgrad bei einer gegebenen Verstreckung stark von der Vorgeschichte des Materials ab.

Die zur Charakterisierung der Orientierung verwendeten Methoden sind Röntgenweitwinkelstreuung, Infrarotspektroskopie, Kleinwinkellichtstreuung, Brechungsindexmessungen, polarisierte Fluoreszenz und Schallgeschwindigkeit. Sie sprechen teils auf die Orientierung von Ketten, teils auf die Orientierung von Kristalliten und teils auf beide Orientierungsarten an.

### 5.6.2 RÖNTGENINTERFERENZEN

Mit zunehmendem Verstreckungsgrad entwickeln sich auf Röntgenweitwinkel-Aufnahmen rechtwinklig zur Zugrichtung aus den kreisförmigen Reflexen zunächst Sicheln und dann punktförmige Reflexe (Abb. 5-32). Die reziproke Länge der Sicheln ist somit ein Maß für die Größe der Orientierung der Kristallite, genauer gesagt der Netzebenen. Sicheln an verschiedenen Positionen im Röntgendiagramm entsprechen den verschiedenen Netzebenen. Für jede der drei Raumkoordinaten existiert somit ein Orientierungsfaktor $f$, der mit dem Orientierungswinkel $\beta$ über

(5-12) $$f = 0{,}5\,(3\,\overline{\cos^2\beta} - 1)$$

verknüpft ist. $\beta$ ist als Winkel zwischen Verstreckungsrichtung und optischer Hauptachse der Bausteine definiert. $f$ wird gleich 1 für eine vollständige Orientierung in Ket-

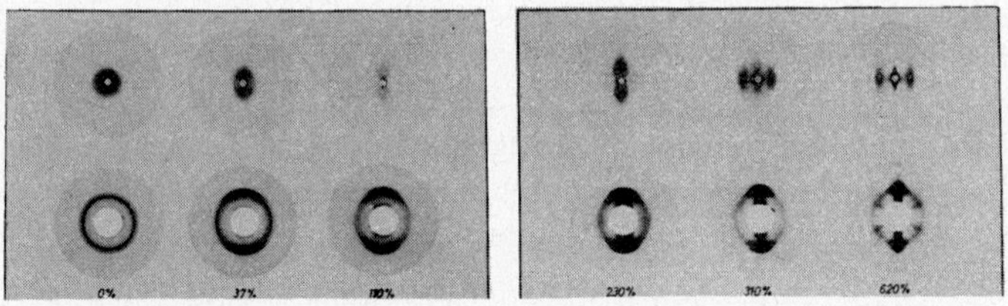

*Abb. 5-32:* Röntgenkleinwinkel- (oben) und Röntgenweitwinkel-Interferenzen (unten) von verstrecktem Poly(äthylen) (nach Hendus). Die Proben wurden um 0, 37, 110, 230, 310 und 620 % verstreckt.

tenrichtung ($\beta = 0$), gleich $-0{,}5$ für eine vollständige Orientierung senkrecht zur Kettenrichtung ($\beta = 90°$) und gleich 0 für eine statistische Orientierung. Falls die optischen Achsen der Kristallite rechtwinklig aufeinander stehen, gilt $f_a + f_b + f_c = 0$. Uniaxial verstreckte Polymere werden durch einen einzigen $f$-Wert charakterisiert. Die Methode eignet sich besonders gut für niedrige bis mittlere Orientierungsgrade, da bei sehr hohen Verstreckungen u. U. schon die Kristallite deformiert werden.

### 5.6.3 OPTISCHE DOPPELBRECHUNG

Jedes durchsichtige Material weist entlang den drei Hauptachsen drei Brechungsindices $n_x$, $n_y$ und $n_z$ auf. Bei isotropen Materialien sind definitionsgemäß alle drei Brechungsindices gleich groß. Bei anisotropen Materialien sind mindestens zwei Brechungsindices verschieden. Die Differenz zwischen je zweien dieser Brechungsindices wird als Doppelbrechung $\Delta n$ bezeichnet.

Brechungsindices sind verschieden, wenn die Polarisierbarkeiten verschieden sind. Ein Alkan besitzt z. B. eine größere Polarisierbarkeit entlang der Kette als rechtwinklig dazu, weil die Elektronenbeweglichkeit entlang der Kette größer ist.

Amorphe nicht-orientierte Polymere sind optisch nicht doppelbrechend, da ihre an sich optisch anisotropen Grundbausteine unregelmäßig angeordnet sind. Eine Doppelbrechung entsteht erst, wenn die Ketten orientiert sind oder unter Spannung stehen. Allgemein gilt

$$(5\text{–}13) \qquad \Delta n = \Sigma \phi_i \, \Delta n_i + \Delta n_f + \Delta n_{sp}$$

Jede einzelne Phase i trägt somit entsprechend ihrem Volumenbruch $\phi_i$ und ihrer Doppelbrechung $\Delta n_i$ zur Doppelbrechung bei. Derartige Phasen können z. B. die amorphe und die kristalline Phase teilkristalliner Polymerer, die Aggregate in Blockcopolymeren, Füllstoffe oder weichgemachte Bereiche sein.

Eine Formdoppelbrechung $\Delta n_f$ entsteht, wenn das elektrische Feld an der Grenzfläche zweier Phasen verzerrt wird. Die beiden Phasen müssen in ihren Dimensionen der Wellenlänge des Lichtes vergleichbar sein.

Unter Spannung werden amorphe Polymere ebenfalls doppelbrechend. Die Spannungsdoppelbrechung $\Delta n_{sp}$ hängt von der Größe der angelegten Spannung und der Anisotropie der Grundbausteine ab. Sie kann daher besonders leicht beim Poly(styrol) mit seinen stark anisotropen Phenylgruppen beobachtet werden, und zwar sogar im unpolarisierten Licht. Die Spannungsdoppelbrechung ist besonders wichtig für das Konstruieren mit Kunststoffen, da die Proben an den Stellen höchster Spannung leicht brechen.

Im allgemeinen muß man jedoch polarisiertes Licht verwenden. Die auftretenden Interferenzfarben sind am stärksten, wenn man die doppelbrechende Probe unter einem Winkel von 45° zur Schwingungsrichtung der Polarisation beobachtet. Die Ordnung der Interferenzfarben hängt von den Brechungsindices parallel und senkrecht zur Verstrekkungsrichtung und von der Dicke der Proben ab. Die Brechungsindices werden durch Einbetten der Proben in inerte Flüssigkeiten von bekanntem Brechungsindex ermittelt.

### 5.6.4 INFRAROT-DICHROISMUS

Licht wird absorbiert, wenn die Schwingungsrichtung des elektrischen Vektors des Lichtes gleich der Schwingungsrichtung der absorbierenden Gruppe ist. Die Intensität einer Absorptionsbande eines orientierten Polymeren hängt also von der Richtung des elektrischen Vektors des einfallenden Strahles relativ zur Orientierungsrichtung ab. Die Absorption wird folglich je nach Schwingungsrichtung des einfallenden polarisierten Lichtes verschieden sein. Der Grad der Orientierung wird über das dichroitische Verhältnis $R$ gemessen.

(5-14) $R = A_{\parallel}/A_{\perp} = \ln (I_0/I_{\parallel})/\ln (I_0/I_{\perp})$

In Gl. (5-14) ist die $I_0$ die Intensität des einfallenden und $I_{\parallel}$ bzw. $I_{\perp}$ die Intensität des durchgelassenen Lichtes parallel bzw. rechtwinklig zur Verstreckungsrichtung. Aus dem dichroitischen Verhältnis $R$ und dem entsprechenden Wert $R^{\infty}$ für eine vollständige Orientierung ergibt sich der Orientierungsfaktor $f$ analog zur Lorenz-Lorentz-Formel zu

(5-15) $f = (R - 1)(R^{\infty} + 2)/(R^{\infty} - 1)(R + 2)$

$R^{\infty}$ kann berechnet werden, wenn bekannt ist, daß die Schwingung des Dipoles einer bestimmten Gruppe in einem uniaxial verstreckten Polymeren rechtwinklig zur Kettenachse erfolgt, wie es z.B. bei Wasserstoffbrücken zwischen Amidgruppen von Polyamiden der Fall ist. Die Methode spricht sowohl auf „amorphe" als auch auf „kristalline" Banden an. Jede durch Verstreckung hervorgerufene Änderung von IR-Banden muß aber zunächst darauf geprüft werden, ob sie nicht von Konformationsänderungen der Moleküle beim Verstrecken herrührt.

### 5.6.5 POLARISIERTE FLUORESZENZ

Die meisten organischen Polymeren fluoreszieren nicht. Es wird ihnen daher ca. $10^{-4}$ Gew. proz. eines fluoreszierenden organischen Farbstoffes zugemischt. Zur Auswertung wird angenommen, daß der Farbstoffzusatz die Morphologie des Polymeren nicht verändert, und daß die Achsen von Farbstoffmolekül und Polymermolekül übereinstimmen. Die chromophoren Gruppen dürfen außerdem während der Lebenszeit des angeregten Zustandes nicht rotieren, was vermutlich wegen der hohen Viskosität zutreffend ist. Da der Farbstoff in den meisten Fällen nicht in das Kristallgitter des Polymeren paßt, spricht die Methode nur auf die amorphen Bereiche an.

Zur Messung läßt man polarisiertes, paralleles Licht auf die fluoreszierenden Gruppen fallen. Das Fluoreszenzlicht ist ebenfalls polarisiert.

Wenn Polarisator und Analysator parallel zur Streckrichtung sind, hängt die beobtete Intensität von der 4. Potenz des Cosinus des Winkels $\beta$ zwischen Streckrichtung und Molekülachse ab

(5-16) $I_{\parallel} = const \langle \cos^4 \beta \rangle$

Für die Intensität des Fluoreszenz-Lichtes mit der Polarisationsrichtung rechtwinklig zur Verstreckungsrichtung erhält man dagegen bei uniaxialer Verstreckung

(5-17) $I_{\perp} = 0{,}5\, C\, [\langle \cos^2 \beta \rangle - \langle \cos^4 \beta \rangle]$

### 5.6.6 SCHALLFORTPFLANZUNG

Die Schallgeschwindigkeit hängt von den Abständen zwischen den Kettenatomen und den intermolekularen Abständen der Ketten ab. Zur Bestimmung des Orientierungswinkels $\beta$ aus der Messung der Schallgeschwindigkeit $\hat{c}$ in Faserlängsrichtung müssen daher auch die Schallgeschwindigkeiten $\hat{c}_\perp$ und $\hat{c}_\parallel$ rechtwinklig und parallel zu einer Probe mit völliger Orientierung der Ketten bekannt sein:

$$(5-18)\quad \frac{1}{\hat{c}^2} = \frac{1 - \langle \cos^2 \beta \rangle}{\hat{c}_\perp^2} + \frac{\langle \cos^2 \beta \rangle}{c_\parallel^2}$$

Bei einer völlig unorientierten Probe ist nach Gl. (5 – 12) $f = 0$ und damit auch $\langle \cos^2 \beta \rangle = 1/3$. Mit diesen Werten geht Gl. (5 – 18) über in

$$(5-19)\quad \hat{c}_\perp^2 = 2\,\hat{c}_u^2 \hat{c}_\parallel^2 / (3\,\hat{c}_\parallel^2 - \hat{c}_u^2)$$

Typische Werte liegen bei etwa $\hat{c}_\parallel \sim 1{,}5$ km/s und $\hat{c}_\perp \sim (7 - 10)$ km/s.

Zur Bestimmung des Orientierungswinkels wird wie folgt vorgegangen. $\hat{c}_\parallel$ wird entweder geschätzt oder theoretisch berechnet. $\hat{c}_u$ wird gemessen. $\hat{c}_\perp$ wird dann über Gl. (5 – 19) berechnet. Da nach allen Erfahrungen die Ungleichung $3\,\hat{c}_\parallel^2 \gg \hat{c}_u^2$ gilt, ist der berechnete Wert von $\hat{c}_\perp$ ziemlich unempfindlich auf den gewählten Wert von $\hat{c}_\parallel$. Gl. (5 – 19) kann daher auch als

$$(5-20)\quad \hat{c}_\perp^2 = 2\,\hat{c}_u^2/3$$

geschrieben werden und Gl. (5 – 18) als

$$(5-21)\quad \frac{1}{\hat{c}^2} = \frac{1 - \langle \cos^2 \beta \rangle}{\hat{c}_\perp^2}$$

Die Kombination der Gl. (5 – 20) und (5 – 21) gibt

$$(5-22)\quad \langle \cos^2 \beta \rangle = 1 - (2\,\hat{c}_u^2/3\,\hat{c}^2)$$

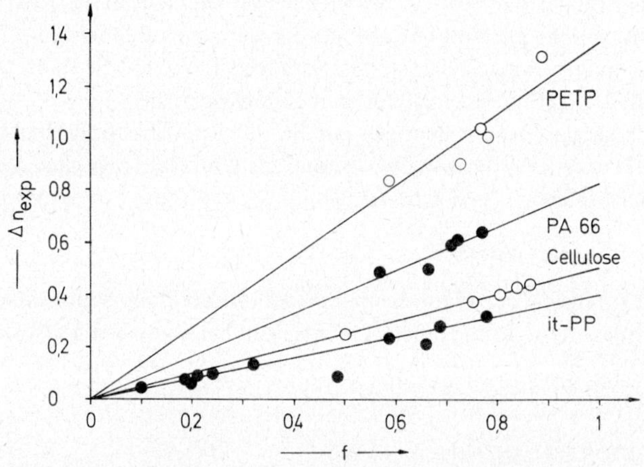


*Abb. 5-33:* Optische Doppelbrechung $n_{\text{exp}}$ als Funktion des Orientierungsfaktors $f$ aus Schallmessungen bei verschiedenen Polymeren (nach H. M. Morgan).

Aus den Gl. (5 – 22) und (5 – 12) erhält man einen Ausdruck für den Orientierungsfaktor *f*, der demnach aus den Schallgeschwindigkeiten in den Fasern und in einer unverstreckten Probe bestimmt werden kann:

$$(5-23) \quad f = 1 - (\hat{c}_u^2/\hat{c}^2)$$

Die Methode gestattet, den Orientierungsfaktor während des Verstreckungsvorganges von Filmen und Fasern zu messen. Experimentell hat sich eine lineare Beziehung zwischen dem so bestimmten Orientierungsfaktor und der Doppelbrechung ergeben (Abb. 5 – 33).

## Literatur zu Kap. 5

*5.1 Allgemeine Übersichten*

E. P. Otocka, Physical Properties of Ionic Polymers, J. Macromol. Sci. [Revs.] **C 5** (1971) 275
R. N. Haward, Hrsg., The Physics of Glassy Polymers, Wiley, New York 1973
B. Wunderlich, Macromolecular Physics, Volume I, Academic Press, New York 1973

*5.2 Bestimmung der Kristallinität*

S. Kavesh und J. M. Smith, Meaning and Measurement of Crystallinity in Polymers: A Review, Polymer Engng. and Sci. **9** (1969) 331
B. K. Vainsthein, Diffraction of X-Rays by Chain Molecules, Elsevier, Amsterdam 1966
L. E. Alexander, X-Ray Diffraction Methods in Polymer Science, Wiley, New York 1969
M. Kakudo and N. Kasai, X-Ray Diffraction by Polymers, Kodansha, Tokio, and Elsevier, Amsterdam, 1972
W. O. Statton, Small Angle X-Ray Studies of Polymers, in B. Ke, Hrsg., Newer Methods of Polymer Characterization, Interscience, New York 1964, 231
H. Brumberger, Hrsg., Small Angle X-Ray Scattering, Gordon and Breach, New York 1967
E. W. Fischer, Electron Diffraction, in B. Ke, Hrsg., Newer Methods, Methods of Polymer Characterization, Interscience, New York 1964, 279
S. Krimm, Infrared Spectra of High Polymers, Fortschr. Hochpolym. Forschg.-Adv. Polymer Sci **2** (1960) 51
A. Elliott, Infra Red Spectra and Structure of Organic Long-Chain Polymers, Arnold, London 1969

*5.3 Kristallstrukturen*

C. W. Bunn, Chemical Crystallography, Clarendon Press, Oxford 1946
F. Danusso, Macromolecular Polymorphism and Stereoregular Synthetic Polymers, Polymer [London] **8** (1967) 281
G. Allegra and I. W. Bassi, Isomorphism in Synthetic Macromolecular Systems, Adv. Polymer Sci. **6** (1969) 549
R. Hosemann, The paracrystalline state of synthetic polymers, Crit. Revs. Macromol. Sci. **1** (1972) 351

*5.4 Morphologie kristalliner Polymerer*

P. H. Geil, Polymer Single Crystalls, Wiley, New York 1963
D. A. Blackadder, Ten Years of Polymer Single Crystals, J. Macromol. Sci. (Revs.) **C 1** (1967) 297
L. Mandelkern, Thermodynamics and Physical Properties of Polymer Crystals Formed from Dilute Solution, Progr. Polymer Sci. **2** (1970) 163
R. A. Fava, Polyethylene Crystals, J. Polymer Sci. **D 5** (1971) 1
R. H. Marchessault, B. Fisa und H. D. Chanzy, Nascent Morphology of Polyolefins, Crit. Revs. Macromol. Sci. **1** (1972) 315
A. Keller, Morphology of Lamellar Polymer Crystals, in C. E. H. Bawn, Hrsg., Macromol. Sci. (= Vol. 8 der Physical Chemistry Series One (1972) der MTP International Review of Science)
J. Willems, Oriented overgrowth (epitaxy) of macromolecular organic compounds, Experientia **23** (1967) 409

### *5.5 Amorpher Zustand*

R. N. Haward, Occupied Volume of Liquids and Polymers, J. Macromol. Sci. **C 4** (1970) 191
T. G. F. Schoon, Microstructure in Solid Polymers, Brit. Polymer J. **2** (1970) 86
G. S. Y. Yeh, Morphology of Amorphous Polymers, Crit. Revs. Macromol. Sci. **1** (1972) 173

### *5.6 Orientierung*

G. L. Wilkes, The Measurement of Molecular Orientation in Polymeric Solids, Adv. Polymer Sici. **8** (1971) 91
C. R. Desper, Technique for measuring orientation in polymers, Crit. Revs. Macromol. Sci. **1** (1973) 501

Zeitschriften: Journal of Materials Science
Journal of non-crystalline solids **1** (1968) ff.
XRS-X-Ray Spectrometry **1** (1973) ff.

# Teil II

# LÖSUNGSEIGENSCHAFTEN

# 6 Thermodynamik der Lösungen

## 6.1 Grundbegriffe

Nach dem zweiten Hauptsatz der Thermodynamik ist die Gibbs-Energie $G$ mit der Enthalpie $H$, der Entropie $S$ und der thermodynamischen Temperatur $T$ über

(6–1) $$G = H - TS = U + pV - TS$$

verknüpft. $U$ ist die innere Energie, $p$ der Druck und $V$ das Volumen. Für die Helmholtz-Energie gilt

(6–2) $$A = U - TS = G - pV$$

Bei isobaren Prozessen in kondensierten Systemen gilt häufig $\Delta G \approx \Delta A$, da die Änderung des Volumens oft (aber nicht immer) vernachlässigbar klein ist.

Die Änderung der Gibbs-Energie mit den Molen $n_i$ der Komponente i wird partielle molare Gibbs-Energie $\widetilde{G}_i^m$ oder chemisches Potential $\mu_i$ genannt:

(6–3) $$(\partial G/\partial n_i)_{T,p,n_j \neq i} \equiv \widetilde{G}_i^m \equiv \mu_i$$

Für das Differential des chemischen Potentials der Komponente i gilt (vgl. Lehrbücher der chemischen Thermodynamik):

(6–4) $$\mathrm{d}\widetilde{G}_i^m = (\partial \widetilde{G}_i^m/\partial p)\,\mathrm{d}p + (\partial \widetilde{G}_i^m/\partial T)\,\mathrm{d}T + (\partial \widetilde{G}_i^m/\partial n_i)\,\mathrm{d}n_i$$
$$\mathrm{d}\widetilde{G}_i^m = \widetilde{V}_i^m \mathrm{d}p - \widetilde{S}_i^m \mathrm{d}T + RT\,\mathrm{d}\ln a_i$$

$\widetilde{V}_i^m$ ist dabei das partielle Molvolumen der Komponente i und $a_i$ deren Aktivität. Das vollständige Differential von $G^m$ ist dann

(6–5) $$\mathrm{d}G^m = \sum_i \widetilde{G}_i^m \mathrm{d}n_i + \sum_i n_i \mathrm{d}\widetilde{G}_i^m$$

Da die linke Seite und das erste Glied der rechten Seite dieser Gleichung nach Gl. (6–3) identisch sein müssen, folgt daraus als sog. Gibbs-Duhem-Beziehung

(6–6) $$\sum_i n_i \mathrm{d}\widetilde{G}_i^m = 0 = \sum_i n_i \,\mathrm{d}\mu_i$$

Für einen isotherm-isobaren Prozeß erhält man aus Gl. (6–4) mit $\mathrm{d}p = 0$ und $\mathrm{d}T = 0$ nach der Integration und dem Übergang zu chemischen Potentialen

(6–7) $$\mu_i = \mu_i^o + RT \ln a_i = \mu_i^o + RT \ln x_i \gamma_i$$

Die Integrationskonstante $\mu_i^0$ ist das auf die reine Substanz bezogene chemische Potential. Die molare Aktivität wird häufig noch in den Molenbruch $x_i$ und den Aktivitätskoeffizienten $\gamma_i$ aufgeteilt. Der vom Molenbruch herrührende Beitrag zum chemischen Potential wird als ideales Glied, der vom Aktivitätskoeffizienten stammende als Exzess-Glied bezeichnet:

(6–8) $$\Delta\mu_i = \mu_i - \mu_i^0 = RT \ln x_i + RT \ln \gamma_i = \Delta\mu_i^{id} + \Delta\mu_i^{exc}$$

Je nach dem Anteil und dem Vorzeichen des idealen Gliedes und des Exzess-Terms teilt man die Lösungen bzw. Mischungen in vier Typen ein: ideale, athermische, reguläre und irreguläre (oder reale) Lösungen.

Bei der idealen Lösung stammt der gesamte Beitrag zur Gibbs-Mischungsenthalpie nur vom Beitrag der idealen Mischungsentropie (vgl. Kap. 6.3.1). Bei der athermischen Lösung ist die Mischungsenthalpie gleich null; die Mischungsentropie ist aber anders als die ideale Mischungsentropie. Bei der regulären Lösung ist keine Exzeß-Mischungsentropie vorhanden; die Mischungsenthalpie ist dagegen nicht gleich null. Bei den irregulären Lösungen treten sowohl eine Mischungsenthalpie als auch eine Exzess-Mischungsentropie auf.

Ein für die makromolekulare Wissenschaft sehr wichtiger Spezialfall der irregulären Lösung ist die pseudoideale Lösung oder Theta-Lösung. Bei der Theta-Lösung kompensieren sich bei einer bestimmten Temperatur gerade die Mischungsenthalpie und die Exzess-Mischungsentropie. Eine verdünnte Lösung erscheint daher bei der Theta-Temperatur als eine ideale Lösung. Im Gegensatz zur idealen Lösung ist jedoch die Mischungsenthalpie ungleich null und die Mischungsentropie beträchtlich von der idealen Mischungsentropie verschieden. Eine ideale Lösung verhält sich somit bei allen Temperaturen ideal, eine pseudoideale dagegen nur bei der Theta-Temperatur. Die Theta-Temperatur entspricht somit der Boyle-Temperatur realer Gase.

## *6.2 Löslichkeitsparameter*

### 6.2.1 GRUNDLAGEN

Die thermodynamische Analyse gestattet eine Einteilung der Lösungen, *nachdem* die thermodynamischen Parameter bestimmt wurden. Sie kann aber ohne zusätzliche Annahmen nicht die Löslichkeit oder Mischbarkeit zweier Substanzen vorhersagen. Eine solche Vorhersage ist jedoch in vielen Fällen mit dem Konzept der Löslichkeitsparameter möglich, das auf den folgenden Überlegungen basiert:

Beim Übergang von der Flüssigkeit in die Dampfphase muß pro Molekül die Wechselwirkungsenergie $z\epsilon_j/2$ und pro Mol folglich die Wechselwirkungsenergie $N_L z\epsilon_j/2$ aufgewendet werden. $N_L z\epsilon_j/2$ ist aber gerade die negative innere molare Verdampfungsenthalpie. Bezieht man auf das Molvolumen $V^m$, so bekommt man eine Wechselwirkungsenergie pro Volumen, die Kohäsionsenergiedichte genannt wird:

$$(6-9) \qquad e_j \equiv -0{,}5\, N_L z\, \epsilon_j/V_j^m = (\Delta E_{vap})_j/V_j^m$$

$\epsilon_j$ ist dabei die Wechselwirkungsenergie pro Bindung. Pro Molekül sind $z$ Nachbarn vorhanden. Als Löslichkeitsparameter wird die Wurzel aus der Kohäsionsenergiedichte definiert:

$$(6-10) \qquad \delta_j \equiv e_j^{0,5} = (N_L \epsilon_j/V_j^m)^{0,5}$$

Die Wechselwirkungsenergien $\epsilon$ sind wie folgt miteinander verknüpft. Beim Mischen von Lösungsmittel 1 und Polymer 2 werden für jede gebrochene 1/1-Bindung und für jede gebrochene 2/2-Bindung zwei zwischenmolekulare 1/2-Bindungen erzeugt. Die Änderung der Wechselwirkungsenergie beim Mischungsprozeß ist daher

(6-11) $\Delta\epsilon = \epsilon_{12} - 0{,}5\,(\epsilon_{11} + \epsilon_{22})$

(6-12) $-2\,\Delta\epsilon = (\epsilon_{11}^{0,5})^2 - 2\,\epsilon_{12} + (\epsilon_{22}^{0,5})^2$

Die Quantenmechanik hat nun gezeigt, daß für Dispersionskräfte die Wechselwirkungsenergie zweier verschiedener kugelförmiger Moleküle gleich dem geometrischen Mittel der Wechselwirkungsenergien der Moleküle unter sich ist, d. h.

(6-13) $\epsilon_{12} = -(\epsilon_{11}\epsilon_{22})^{0,5}$

In Gl. (6 - 13) muß ein Minus-Zeichen auftreten, da die Wechselwirkungsenergie $\epsilon_{12}$ ein geometrisches Mittel aus normalerweise negativen Wechselwirkungsenergien $\epsilon_{11}$ und $\epsilon_{12}$ darstellt. Einsetzen von Gl. (6 - 13) in Gl. (6 - 12) führt zu

(6-14) $\Delta\epsilon = -0{,}5\,(|\epsilon_{11}|^{0,5} - |\epsilon_{22}|^{0,5})^2$

Die Kombination der Gl. (6 - 14) und (6 - 10) führt mit der Annahme, daß das Molvolumen des Lösungsmittels und das Molvolumen des Grundbausteins des Polymeren gleich groß sind, zu

(6-15) $0{,}5\,z\,N_L\,\Delta\epsilon/V^m = -0{,}5\,(\delta_1 - \delta_2)^2$

Die Differenz der Löslichkeitsparameter liefert somit ein Maß für die Wechselwirkungen zwischen Lösungsmittel und Gelöstem im Vergleich zur Wechselwirkung zwischen gleichen Komponenten. Gilt nun $\epsilon_{11} \gg \epsilon_{12}$ und/oder $\epsilon_{22} \gg \epsilon_{12}$, so wird es zu keiner Wechselwirkung des Gelösten mit dem Lösungsmittel kommen. Die Differenz $|\delta_1 - \delta_2|$ wird dann sehr groß. Bei gleich großen Wechselwirkungen 1/1, 2/2 und 1/2 wird dagegen $\delta_1 - \delta_2 = 0$ und man erhält eine gute Löslichkeit. Es muß daher eine maximal zulässige Differenz $|\delta_1 - \delta_2|$ geben, bei der gerade noch Mischung eintritt. Die experimentell gefundenen maximalen Differenzen schwanken je nach Polarität des Lösungsmittels zwischen ± 0,8 und ± 3,4 $cal^{0,5}\ cm^{-1,5}$ (Tab. 6 - 1).

Löslichkeitsparameter werden traditionell ohne Einheiten angegeben, sind aber streng genommen auf die Einheit $cal^{0,5}\ cm^{-1,5}$ bezogen. Es gilt 1 $cal^{0,5}\ cm^{-1,5}$ = 2,05 $J^{0,5}\ cm^{-1,5}$.

*Tab. 6-1:* δ-Bereiche für Polymere

| Polymer | Löslichkeitsparameter δ der noch lösenden Lösungsmittel: apolare Lösungsmittel | polare Lösungsmittel (Alkohole, Ester, Äther, Ketone) |
|---|---|---|
| Poly(styrol) | 9,3 ± 1,3 | 9,0 ± 0,9 |
| Poly(vinylchlorid-co-vinylacetat) | 10,2 ± 0,9 | 10,6 ± 2,8 |
| Poly(vinylacetat) | 10,8 ± 1,9 | 11,6 ± 3,1 |
| Poly(methylmethacrylat) | 10,8 ± 1,2 | 10,9 ± 2,4 |
| Cellulosetrinitat | 11,9 ± 0,8 | 11,2 ± 3,4 |

Das Konzept des Löslichkeitsparameters ist ein Versuch, die alte Faustregel „Gleiches löst Gleiches" quantitativ zu fassen. Es muß versagen, wenn die Wechselwirkungskräfte sehr unterschiedlicher Natur sind. Um die recht groben Vorhersagen über die mögliche Mischung eines Polymeren in einem Lösungsmittel zu verfeinern, wird daher neuerdings der Löslichkeitsparameter in drei Teilparameter zerlegt, die die Anteile der Wechselwirkung durch Dispersionskräfte, Dipolkräfte und Wssserstoffbrückenbindungen beschreiben (Tab. 6 – 2):

(6–16) $\delta^2 = \delta_d^2 + \delta_p^2 + \delta_h^2$

Erwartungsgemäß variieren dabei die von den Dispersionskräften stammenden Anteile $\delta_d$ nur sehr wenig. Löslichkeitsdiagramme werden daher so konstruiert, daß man die $\delta_h$-Werte gegen die $\delta_p$-Werte aufträgt. Für jedes Lösungsmittel wird auch sein $\delta_d$-Wert vermerkt. Dann zeichnet man (z. B. farbig) alle Punkte ein, die Lösungsmittel für das betreffende Polymere darstellen. Schließlich konstruiert man mit Hilfe der $\delta_d$-Werte „Höhenlinien" für alle Löser. Im allgemeinen nimmt die Löslichkeit bei sonst gleichem $\delta_p$ und $\delta_h$ mit steigendem $\delta_d$ zu. Liegt daher eine Substanz mit ihrem $\delta_d$-Wert innerhalb der Höhenlinie für den gleichen numerischen Wert, so wird es sich um ein Lösungsmittel handeln.

*Tab. 6-2:* Löslichkeitsparameter (in $cal^{0,5}cm^{-1,5}$) für verschiedene Lösungsmittel

| Lösungsmittel | $\delta_1$ | $\delta_d$ | $\delta_p$ | $\delta_h$ |
|---|---|---|---|---|
| Heptan | 7,4 | 7,4 | 0 | 0 |
| Cyclohexan | 8,18 | 8,18 | 0 | 0 |
| Benzol | 9,05 | 8,99 | 0,5 | 1,0 |
| Tetrachlorkohlenstoff | 8,65 | 8,65 | 0 | 0 |
| Chloroform | 9,33 | 8,75 | 1,65 | 2,8 |
| Dichlormethan | 9,73 | 8,72 | 3,1 | 3,0 |
| 1,2-Dichloräthan | 9,42 | 8,85 | 2,6 | 2,0 |
| Aceton | 9,75 | 7,58 | 5,1 | 3,4 |
| Butanon | 9,30 | 7,77 | 4,45 | 2,5 |
| Cyclohexanon | 10,00 | 8,65 | 4,35 | 2,5 |
| Äthylacetat | 9,08 | 7,44 | 2,6 | 4,5 |
| Propylacetat | 8,74 | 7,61 | 2,2 | 3,7 |
| Amylacetat | 8,49 | 7,66 | 1,6 | 3,3 |
| Acetonitril | 11,95 | 7,50 | 8,8 | 3,0 |
| Pyridin | 10,60 | 9,25 | 4,3 | 2,9 |
| Diäthyläther | 7,61 | 7,05 | 1,4 | 2,5 |
| Tetrahydrofuran | 9,49 | 8,22 | 2,7 | 3,9 |
| p-Dioxan | 9,65 | 8,93 | 0,65 | 3,6 |
| 1-Pentanol | 10,59 | 7,81 | 2,2 | 6,8 |
| 1-Propanol | 11,85 | 7,75 | 3,25 | 8,35 |
| Äthanol | 12,90 | 7,73 | 4,3 | 9,4 |
| Methanol | 14,60 | 7,42 | 6,1 | 11,0 |
| Cyclohexanol | 10,69 | 7,75 | 3,8 | 6,3 |
| m-Kresol | 11,52 | 9,14 | 2,35 | 6,6 |
| Nitrobenzol | 11,25 | 9,17 | 6,2 | 2,0 |
| Dimethylformamid | 12,14 | 8,5 | 6,7 | 5,5 |

### 6.2.2 EXPERIMENTELLE BESTIMMUNG

Die Löslichkeitsparameter $\delta_1$ können direkt über Gl. (6 – 10) erhalten werden. Von der experimentell zugänglichen negativen äußeren Verdampfungsenthalpie ist nämlich die gegen den Außendruck zu leistende Arbeit abzuziehen, damit die negative innere Verdampfungsenthalpie erhalten wird. Alle $\delta_1$-Werte der Tab. 6 – 2 wurden auf diese Weise ermittelt.

Makromoleküle sind wegen der großen Kohäsionsenergie pro Molekül nicht unzersetzt verdampfbar. Man setzt daher ihre Löslichkeitsparameter $\delta_2$ gleich denen von niedermolekularen Modellverbindungen. Alternativ kann man ihre Löslichkeitsparameter auch durch Quellungsmessungen an entsprechend vernetzten Polymeren abschätzen. Vernetzte Polymere quellen umso stärker, je größer die Wechselwirkung Polymer/Lösungsmittel ist (vgl. Kap. 6.6.7). Trägt man daher den Quellungsgrad $Q'$ eines vernetzten Polymeren gegen die Löslichkeitsparameter $\delta_1$ verschiedener Lösungsmittel auf, so entspricht der $\delta_1$-Wert des optimal quellenden Lösungsmittels dem $\delta_2$-Wert des Polymeren (Abb. 6 – 1).

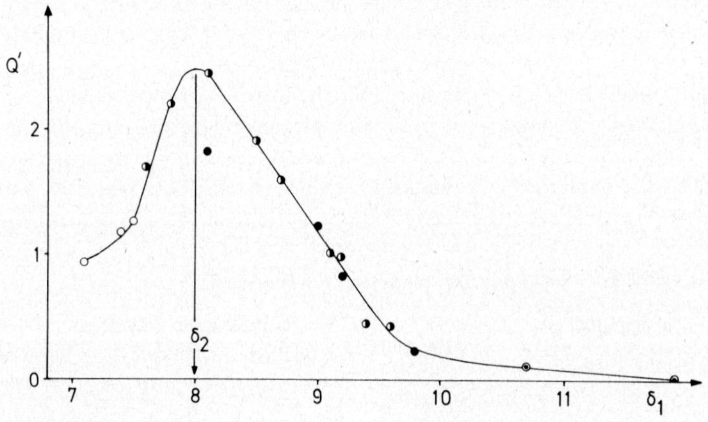


*Abb. 6-1:* Quellungsgrad $Q' = \text{cm}^3$ Lösungsmittel/g Polymer eines vernetzten Poly((butadien)$_{75}$-co-(styrol)$_{25}$) als Funktion der Löslichkeitsparameter $\delta_1$ der quellenden Lösungsmittel (nach G. Gee). ○ = Kohlenwasserstoffe, ◑ = Äther und Ester, ● = Ketone, ⊙ = Nitrile.

Bei löslichen Polymeren kann man auch deren Staudinger-Indices $[\eta]$ in verschiedenen Lösungsmittel messen. $[\eta]$ ist umso größer, je stärker die Wechselwirkung Polymer/Lösungsmittel ist (Kap. 9.9.6). Trägt man daher die $[\eta]$-Werte gegen die Löslichkeitsparameter der verwendeten Lösungsmittel auf, so entspricht das Maximum dem Löslichkeitsparameter $\delta_2$ des Polymeren.

Sowohl das Quellungsverfahren als auch die Viskositätsmethode liefern recht eindeutige Werte, wenn die Lösungsmittel und Polymeren nicht zu polar sind. Beide Methoden versagen, wenn andere als Dispersionskräfte vorherrschen.

Die individuellen Löslichkeitsparameter $\delta_d$, $\delta_p$ und $\delta_h$ werden über theoretische Ansätze berechnet.

### 6.2.3 ANWENDUNGEN

Die Löslichkeit eines Polymeren läßt sich in vielen Fällen mit Hilfe seines $\delta_2$-Wertes abschätzen.

Apolare Substanzen besitzen niedrige, polare dagegen hohe Löslichkeitsparameter, da bei den letzteren die Verdampfungswärme höher ist. Apolare, nichtkristalline Polymere werden sich daher gut in Lösungsmitteln mit niedrigen $\delta_1$-Werten lösen. Auch für polare nichtkristalline Polymere in polaren Lösungsmitteln sind Löslichkeitsvorhersagen aufgrund der Löslichkeitsparameter noch recht zuverlässig (vgl. Tab. 6–3). Schwieriger wird es bei kristallinen Polymeren und bei apolaren Polymeren in polaren Lösungsmitteln und vice versa, da in diesen Fällen die für reine Dispersionskräfte angesetzte Gl. (6–13) nicht mehr gilt.

Verdünnte Lösungen von Poly(styrol) ($\delta_2 = 9{,}3$) sind z.B. wohl mit Butanon ($\delta_1 = 9{,}3$) und Dimethylformamid ($\delta_1 = 12{,}1$) herstellbar, aber nicht mit Aceton ($\delta_1 = 9{,}8$). Im flüssigen Aceton bilden nämlich die Acetonmoleküle durch Dipol/Dipol-Wechselwirkungen Dimere. Bei diesen Dimeren sind die Ketogruppen durch die Methylgruppen abgeschirmt. Sie können daher nicht mehr die Phenylgruppen des Poly(styrols) solvatisieren. Eine Zugabe von Cyclohexan ($\delta_1 = 8{,}2$) setzt die Assoziationstendenz der Acetonmoleküle herab und macht somit Ketogruppen für die Solvatation frei. Aus dem gleichen Grund sind auch 40 proz. Lösungen von Poly(styrol) in Aceton möglich. Butanon ist dagegen durch die zusätzliche $CH_2$-Gruppe „intern verdünnt" und daher ein Lösungsmittel für alle Konzentrationsbereiche.

Ähnliche Überlegungen gelten für Mischungen von Lösungsmitteln. Ein Nichtlöser mit einem niedrigeren und ein Nichtlöser mit einem höheren Löslichkeitsparameter als das Polymer geben zusammen oft einen guten Mischlöser (Tab. 6–4). Umgekehrt kann eine Mischung aus zwei Lösungsmitteln ein Nichtlöser sein. Poly(acryl-

*Tab. 6–3:* Löslichkeit und Löslichkeitsparameter von Polymeren

| Lösungsmittel | | Löslichkeit der Polymeren | | | |
|---|---|---|---|---|---|
| Name | $\delta_1$ | Poly(isobutylen) $\delta_2 = 7{,}9$ | Poly(methylmethacrylat) $\delta_2 = 9{,}1$ | Poly(vinylacetat) $\delta_2 = 9{,}4$ | Poly (hexamethylenadipamid) $\delta_2 = 13{,}6$ |
| Decafluorbutan | 5,2 | – | – | – | – |
| Neopentan | 6,25 | + | – | – | – |
| Hexan | 7,3 | + | – | – | – |
| Diäthyläther | 7,4 | – | – | – | – |
| Cyclohexan | 8,2 | + | – | – | – |
| Tetrachlorkohlenstoff | 8,62 | + | + | – | – |
| Benzol | 9,2 | + | + | + | – |
| Chloroform | 9,3 | + | + | + | – |
| Butanon | 9,3 | – | + | + | – |
| Aceton | 9,8 | – | + | + | – |
| Schwefelkohlenstoff | 10,0 | – | – | – | – |
| Dioxan | 10,0 | – | + | + | – |
| Dimethylformamid | 12,1 | – | + | + | (+) |
| m-Kresol | 13,3 | – | + | + | + |
| Ameisensäure | 13,5 | – | + | – | + |
| Methanol | 14,5 | – | – | – | – |
| Wasser | 23,4 | – | – | – | – |

*Tab. 6-4:* Löslichkeit von Polymeren in Mischungen von Nichtlösern

| Polymer | | Lösungen möglich in Mischungen aus | | | |
|---|---|---|---|---|---|
| Name | $\delta_2$ | Nichtlöser I | $\delta_I$ | Nichtlöser II | $\delta_{II}$ |
| at-Poly(styrol) | 9,3 | Aceton | 9,8 | Cyclohexan | 8,2 |
| at-Poly(vinylchlorid) | 9,53 | Aceton | 9,8 | Schwefelkohlen-stoff | 10,0 |
| at-Poly(acrylnitril) | 12,8 | Nitromethan | 12,6 | Wasser | 23,4 |
| Poly(chloropren) (rad. polymerisiert) | 8,2 | Diäthyläther | 7,4 | Äthylacetat | 9,1 |
| Nitrocellulose | 10,6 | Äthanol | 12,7 | Diäthyläther | 7,4 |

nitril) ($\delta_2 = 12{,}8$) löst sich z. B. sowohl in Dimethylformamid ($\delta_1 = 12{,}1$) als auch in Malodinitril ($\delta_1 = 15{,}1$), aber nicht in deren Mischung.

Um kristallisierte Polymere zu lösen, muß Gibbs-Schmelzenergie aufgewendet werden. Dieser zusätzliche Energieaufwand wird beim Konzept des Löslichkeitsparameters nicht berücksichtigt. Kristalline Polymere lösen sich daher oft erst oberhalb ihrer Schmelztemperatur in Lösungsmitteln mit etwa gleichen Löslichkeitsparametern. Unverzweigtes hochkristallines Poly(äthylen) ($\delta_2 = 8{,}0$) löst sich in Decan ($\delta_2 = 7{,}8$) erst in der Nähe des Schmelzpunktes von ca. 135 °C.

Die Kristallinität von Polymeren ist auch für den merkwürdigen Effekt verantwortlich, daß sich ein Polymer bei konstanter Temperatur in einem Lösungsmittel zunächst löst und später bei der gleichen Temperatur daraus wieder ausfällt. In diesen Fällen ist das ursprüngliche Polymer niedrigkristallin und löst sich daher gut. Wegen der großen Verdünnung ist anschließend des Gleichgewicht kristallines Polymer/Lösungsmittel leicht erreichbar. Das ausgefallene Polymer weist dann eine höhere Kristallinität auf als das ursprüngliche.

## *6.3. Statistische Thermodynamik*

### 6.3.1 MISCHUNGSENTROPIE

Bei idealen Lösungen wird für die paarweisen Wechselwirkungen angenommen, daß beim Ersatz einer Gruppe 1 durch eine Gruppe 2 keine Energie gewonnen wird, d.h. $\Delta \epsilon$ in Gl. (6–11) ist gleich null. Die Mischungsenthalpie einer idealen Lösung ist daher ebenfalls gleich null.

Da bei idealen Lösungen definitionsgemäß alle Kräfte gleich groß sind, können auch alle von der Umgebung der Moleküle abhängigen Entropieanteile nichts zur Entropieänderung beitragen. Die Translationsentropie und die inneren Rotations- und Vibrationsentropien ändern sich daher beim Mischen nicht. Die Lösungsteilnehmer können aber auf sehr viele verschiedene Arten relativ zueinander angeordnet werden. Durch die vielen möglichen Kombinationen wird beim Mischen eine Entropie $\Delta S_{\text{comb}}$ beigesteuert (oft „Konfigurationsentropie" genannt). Dieser Entropiebeitrag läßt sich über die $\Omega$ möglichen Anordnungen der Moleküle 1 und 2 (bzw. Grundbausteine) berechnen, wenn die Molvolumina beider Komponenten gleich groß sind (vgl. Lehrbücher der statistischen Thermodynamik):

$$(6\text{–}17) \qquad \Delta S^{\text{id}} \approx \Delta S_{\text{comb}} = k \ln \Omega = k \ln \left( \frac{(N_1 + N_2)!}{N_1! N_2!} \right)$$

Die betrachteten Fakultäten sind mit Hilfe der Stirlingschen Näherung

(6–18) $N! \approx (2\pi N)^{0,5} N^N e^{-N}$

(6–19) $N! \approx (N/e)^N$

durch Exponentialausdrücke ersetzbar. Die Näherung (6–18) führt zu Fehlern von 6 % bei $N = 2$, 1,5 % bei $N = 3$ und 0,05 % bei $N = 10$. Die Näherung (6–19) gibt dagegen Fehler von 52 % bei $N = 10$, 4,5 % bei $N = 10^{10}$ und 2 % bei $N = 10^{23}$. Einsetzen von Gl. (6–19) in Gl. (6–17) gibt

(6–20) $\Delta S_{\text{comb}} = -k\,(N_1 \ln x_1 + N_2 \ln x_2) = \Delta S$

oder, beim Übergang auf Molenbrüche bzw. Grundmolenbrüche (s. Gl. (6 – 26))

(6–21) $\Delta S^{\text{m}}_{\text{comb}} = -R\,(x_1 \ln x_1 + x_2 \ln x_2)$

Die Molenbrüche bzw. Grundmolenbrüche müssen durch die Volumenbrüche $\phi$ ersetzt werden, wenn der Platzbedarf aller Moleküle bzw. Grundbausteine nicht gleich groß ist.

### 6.3.2 MISCHUNGSENTHALPIE

Zur Berechnung der Mischungsenthalpie wird angenommen, daß die Verteilung der Moleküle bzw. Grundbausteine nicht durch die Mischungsenthalpie beeinflußt wird. Diese Annahme erlaubt, Mischungsenthalpie und Mischungsentropie getrennt voneinander zu berechnen. Die Mischungsenthalpie $\Delta H$ ergibt sich aus der Differenz der Enthalpien $H_{12}$ der Lösung und $H_{11}$ bzw. $H_{22}$ der reinen Komponenten:

(6–22) $\Delta H = H_{12} - (H_{11} + H_{22})$

Die Enthalpien $H_{12}$, $H_{11}$ und $H_{22}$ werden wie folgt berechnet: zwischen zwei Bausteinen herrscht eine Wechselwirkungsenergie $\epsilon_{ij}$. Jeder Baustein trägt also einen Betrag $0{,}5\,\epsilon_{ij}$ bei. Jeder Baustein ist ferner von $z$ Nachbarn umgeben. Im allgemeinen Fall besteht ein Molekül aus $X$ Bausteinen. Für die $X_1 N_1$ Bausteine aller $N_1$ Lösungsmittelmoleküle ergibt sich daher für $H_{11}$ mit der Definition der Volumenbrüche $\phi_1 = N_1 X_1 / N_g$

(6–23) $H_{11} = N_1 X_1 z\,(0{,}5\,\epsilon_{11}) = z\,(0{,}5\,\epsilon_{11})\,N_g \phi_1$

wobei $N_g$ die totale Zahl der Gitterplätze ist. Für die Enthalpie der reinen Makromoleküle erhält man analog

(6–24) $H_{22} = N_2 X_2 z\,(0{,}5\,\epsilon_{22}) = z\,(0{,}5\,\epsilon_{22})\,N_g \phi_2$

Zur Berechnung der Enthalpie $H_{12}$ der Lösung sind für jeden Baustein die Wechselwirkungsenergien mit seinen $z$ Nachbarn zu betrachten. In der Lösung befinden sich $X_1 N_1$ Bausteine des Lösungsmittels, so daß also $X_1 N_1 z$ Wechselwirkungen der Lösungsmittelmoleküle vorhanden sind. Ein Lösungsmittelbaustein kann nun von anderen Lösungsmittelbausteinen mit der Wechselwirkungsenergie $0{,}5\,\epsilon_{11}$ pro Baustein oder aber von Bausteinen des Gelösten mit der Wechselwirkungsenergie $0{,}5\,\epsilon_{12}$ umgeben sein. Die relativen Anteile dieser beiden möglichen Wechselwirkungen sind durch die Volumenbrüche der beiden Bausteinsorten gegeben. Ein entsprechender Beitrag stammt von den Bausteinen des Gelösten. Für die Enthalpie der Lösung ergibt sich daher

(6-25) $H_{12} = X_1 N_1 z\,(0{,}5\,\epsilon_{11}\,\phi_1 + 0{,}5\,\epsilon_{12}\,\phi_2) + X_2 N_2 z\,(0{,}5\,\epsilon_{22}\phi_2 + 0{,}5\,\epsilon_{12}\phi_1)$

Einsetzen der Gl. (6-23) - (6-25) in Gl. (6-22) ergibt mit der Definition der Grundmolenbrüche (Molenbrüche der Grundbausteine)

(6-26) $$\phi_i \equiv x_i \equiv \frac{N_i X_i}{N_i X_i + N_j X_j} = \frac{N_i X_i}{N_g}$$

nunmehr

(6-27) $\Delta H = z N_g \phi_1 \phi_2 (\epsilon_{12} - 0{,}5\,\epsilon_{11} - 0{,}5\,\epsilon_{22}) = z N_1 X_1 \phi_2 \Delta\epsilon$

Es wird nun ein Wechselwirkungsparameter $\chi$ pro Molekül Lösungsmittel wie folgt definiert. $\Delta\epsilon$ ist der mittlere Energiegewinn pro Kontakt Baustein/Baustein. Jeder Lösungsmittelbaustein ist aber von $z$ Nachbarn umgeben. Jedes Lösungsmittelmolekül besitzt $X_1$ Bausteine. Bezogen auf die thermische Energie $kT$ ergibt sich daher

(6-28) $\chi \equiv z X_1 \Delta\epsilon / kT$

Der sog. Flory-Huggins-Wechselwirkungsparameter $\chi$ ist daher definitionsgemäß ein Maß für die Wechselwirkungsenergie $\Delta\epsilon$. $\Delta\epsilon$ ist aber eigentlich ein Maß für die Gibbs-Energie und nicht für die Enthalpie. $\chi$ enthält daher noch einen Entropieanteil. Der Entropiebeitrag hängt aber noch von der Konzentration ab. Diese Konzentrationsabhängigkeit kann man in erster Näherung als lineare Funktion des Volumenbruches $\phi_2$ des Gelösten ansetzen

(6-29) $\chi = \chi_0 + \sigma\phi_2$

Mit den Beziehungen (6-28) und (6-29) geht Gl. (6-27) über in

(6-30) $\Delta H = kTN_1 \phi_2 (\chi_0 + \sigma\phi_2)$

oder bei Bezug auf die Mole $n_1 = N_1/N_L$ bzw. Molenbrüche $x_1 = n_1/(n_1 + n_2)$ für die molare Mischungsenthalpie

(6-31) $\Delta H^m = \Delta H/(n_1 + n_2) = RTx_1 \phi_2 (\chi + \sigma\phi_2)$

### 6.3.3 GIBBSsche MISCHUNGSENERGIE VON NICHTELEKTROLYTEN

Die Kombination der Gl. (6 - 1), (6 - 20) und (6 - 30) führt mit Hilfe der Beziehungen $\phi_2 = N_2 X_2 / N_g$, $N_g = n_g N_L$, $N_g = N_1 + N_2$, $k = R/N_L$, $\Delta G^m = \Delta G/n_g$ und $x_1 = \phi_1$ zu

(6-32) $\Delta G^m/RT = X_1^{-1}[\phi_1\phi_2\chi_0 + \phi_1\phi_2\sigma + \phi_1 \ln\phi_1 + X_1 X_2^{-1}\phi_2 \ln\phi_2]$

In Abb. 6-2 ist $\Delta G^m/RT$ entsprechend Gl. (6-32) als Funktion des Volumenbruches $\phi_2$ der Grundbausteine des Gelösten aufgetragen. Bei Mischungen von niedermolekularen Verbindungen gilt häufig $X_1 = X_2 = 1$. Die molare Gibbs-Mischungsenergie ist für diesen Wechselwirkungsparameter $\chi = 0{,}5$ immer negativ und besitzt ein Minimum bei $\phi_2 = 0{,}5$. Derartige Mischungen können sich niemals entmischen.

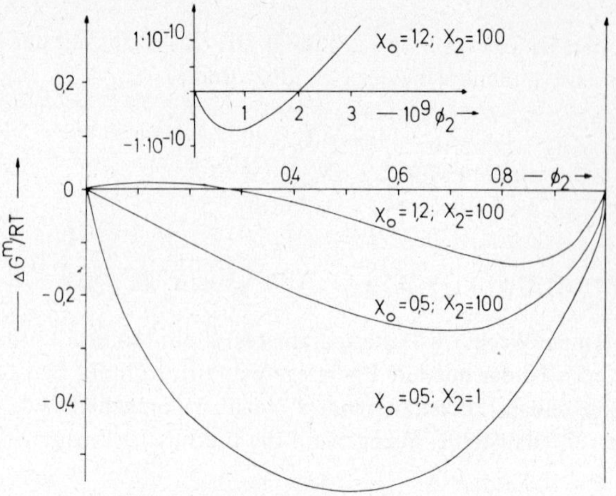


*Abb. 6 - 2:* Reduzierte molare Gibbs-Mischungsenergie $\Delta G^{m}/RT$ als Funktion des Volumenbruches $\phi_2$ der Bausteine des Gelösten bei verschiedenen Wechselwirkungsparametern $\chi_0$ und Polymerisationsgraden $X_2$ des Gelösten für niedermolekulare Lösungsmittel ($X_1 = 1$). Berechnungen mit $\sigma = 0$.

Beim gleichen Wechselwirkungsparameter $\chi_0 = 0{,}5$ wird aber die Funktion unsymmetrisch, wenn der Polymerisationsgrad $X_2$ von 1 auf 100 ansteigt. Dieses Verhalten ist durch das letzte Glied in Gl. (6 – 32), also durch ein Entropieglied bedingt. Das von dem der niedermolekularen Verbindungen abweichende Verhalten der hochmolekularen Lösungen ist also im wesentlichen durch die unterschiedliche Molekülgröße der niedermolekularen Lösungsmittel und der hochmolekularen Gelösten bedingt.

Steigt nun bei gleichem Polymerisationsgrad $X_2 = 100$ der Flory-Huggins'sche Wechselwirkungsparameter $\chi_0$ von 0,5 auf 1,2 an, so wird die molare Gibbs-Mischungsenergie im Bereich zwischen $\phi_2 = 2 \cdot 10^{-9}$ und $\phi_2 = 0{,}3$ sogar positiv. Da es nun zwei Konzentrationsbereiche mit negativen Werten der molaren Gibbs-Mischungsenergie gibt, erfolgt in diesem Gebiet eine Phasentrennung in zwei Lösungen. Die eine Lösung ist dabei sehr verdünnt, die andere sehr konzentriert an dem Gelösten (vgl. auch Kap. 6.6).

Die vorstehend beschriebene einfache Flory-Huggins-Theorie arbeitet mit einer Reihe von inkorrekten Annahmen: gleiche Größe des Gitterplatzes für Lösungsmittel- und Polymergrundbaustein, einheitliche Verteilung der Bausteine im Gitter, statistische Verteilung der Moleküle und Verwendung von Volumenbrüchen anstelle von Oberflächenbrüchen bei der Ableitung der Mischungsenthalpie. Die vorgeschlagenen Verbesserungen führen aber entweder zu sehr komplizierten Gleichungen oder aber sogar zu einer schlechteren Übereinstimmung zwischen Theorie und Experiment. Offenbar kompensieren sich bei der Flory-Huggins-Theorie verschiedene Vereinfachungen weg.

### 6.3.4 GIBBSsche MISCHUNGSENERGIE VON POLYELEKTROLYTEN

Die molare Gibbs-Mischungsenergie $\Delta G_{el}^{m}$ von Polyelektrolyten setzt sich aus der molaren Gibbs-Mischungsenergie des ungeladenen Polymeren $\Delta G^{m}$ (vgl. Gl. (6–32)), dem Anteil $\Delta G_{coul}^{m}$ für die Coulomb'sche Wechselwirkung zwischen dem Polyion und den Gegenionen und dem Anteil $\Delta G_{mm}^{m}$ für elektrische Wechselwirkungen innerhalb der Makromoleküle selbst zusammen:

$$(6\text{–}33) \qquad \Delta G_{el}^{m} = \Delta G^{m} + \Delta G_{coul}^{m} + \Delta G_{mm}^{m}$$

Die Größe von $\Delta G_{mm}^{m}$ wird durch die Verteilung der Ionen im Innern des Makromoleküls bestimmt. Diese Verteilung ist bislang nicht experimentell zugänglich. Man setzt daher ein bestimmtes Modell für die Verteilung der Ionen im Makromolekül an. Das Modell eines Stäbchens eignet sich z.B. sehr gut für echte stäbchenförmige Moleküle (Viren, Nucleinsäuren) oder für fadenförmige Makromoleküle bei hohen Ionisationsgraden. Im letzteren Fall stoßen sich die vielen gleichen Ladungen entlang der Kette gegenseitig ab, wodurch eine Versteifung und ein stäbchenartiges Verhalten resultiert. Für knäuelförmige Moleküle mit niedrigen Ionisationsgraden oder starre Kugeln (z. B. Globuline) sind dagegen Kugelmodelle besser geeignet.

### 6.3.5 CHEMISCHES POTENTIAL KONZENTRIERTER LÖSUNGEN

Das chemische Potential des Lösungsmittels ist nach Gl. (6 – 3) als Ableitung der Gibbs-Mischungsenergie nach den Molen des Lösungsmittels definiert. Durch Differentiation der Gl. (6 – 32) erhält man daher mit der Bedingung $\phi_1 = 1 - \phi_2$

$$(6\text{–}34) \qquad \Delta\mu_1 = RT\,[(\chi_0 - \sigma + 2\,\sigma\phi_2)\phi_2^2 + \ln(1 - \phi_2) + (1 - X_1 X_2^{-1})\phi_2]$$

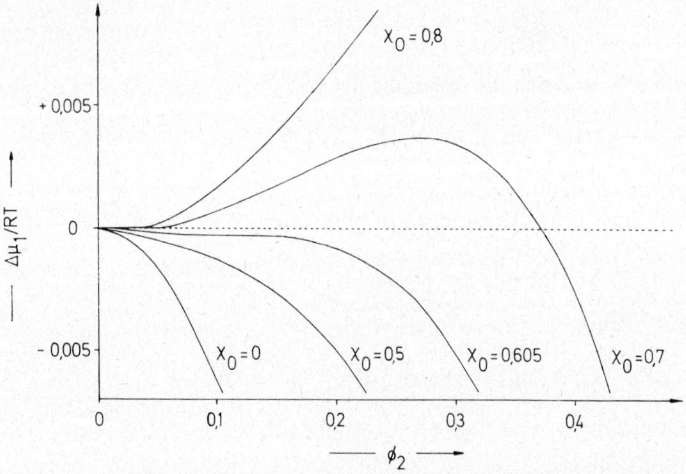


*Abb. 6–3:* Reduziertes chemisches Potential $\Delta\mu_1/RT$ des Lösungsmittels mit dem Polymerisationsgrad $X_1 = 1$ als Funktion des Volumenbruches $\phi_2$ der Bausteine eines molekulareinheitlichen Gelösten vom Polymerisationsgrad $X_2 = 100$ bei verschiedenen Wechselwirkungsparametern $\chi_0$. Berechnungen mit $\sigma = 0$.

und analog für das chemische Potential des Gelösten

(6-35) $\Delta\mu_2 = RT\,[(\chi_0\phi_1 + 2\,\sigma\phi_2\phi_1 - 1)\,X_2X_1^{-1}\phi_1 + \phi_1 + \ln\phi_2]$

Das chemische Potential des Lösungsmittels sinkt in einem System Polymer/Lösungsmittel mit steigendem Volumenbruch des Gelösten zuerst langsam, dann schneller zu negativen Werten ab, falls $\chi_0$ gleich null ist (Abb. 6 - 3). Je größer der Wechselwirkungsparameter wird, umso flacher wird der anfängliche Kurvenverlauf. Für das gewählte Beispiel tritt bei $\chi_0 = 0{,}605$ nach einem schwachen anfänglichen Abfall von $\Delta\mu_1/RT$ im Bereich zwischen $\phi_2 = 0{,}05$ und $\phi_2 < 0{,}14$ ein praktisch horizontales Kurvenstück auf, bevor der Abfall zu negativeren Werten einsetzt. Für noch größere Werte des Flory-Huggins-Wechselwirkungsparameters durchläuft $\Delta\mu_1/RT$ nach einem schwachen Minimum (in Abb. 6-3 nicht erkennbar) ein starkes Maximum. Für das betrachtete Beispiel ist daher $\chi_0 = 0{,}605$ ein kritischer Wechselwirkungsparameter. Als kritische Konzentration wird dabei derjenige Volumenbruch des Gelösten definiert, bei dem Maximum, Minimum und Wendepunkt zusammenfallen.

Die chemischen Potentiale lassen sich für jeden Volumenbruch aus der Auftragung von $\Delta G^m = f(\phi_2)$ entnehmen (vgl. Abb. 6-2 und 6-9). Nach den Gl. (6-5) und (6-6) erhält man nämlich

(6-36) $d\Delta G^m = \Delta\mu_1 dn_1 + \Delta\mu_2 dn_2$

Die Integration führt mit $\phi_i = N_iX_i/N_g$ und $n_i = N_i/N_L$ zu

(6-37) $\Delta G^m = n_1\Delta\mu_1 + n_2\Delta\mu_2 = (\phi_1N_gX_1^{-1}\Delta\mu_1 + \phi_2N_gX_2^{-1}\Delta\mu_2)/N_L$

(6-38) $N_L\Delta G^m = N_gX_1^{-1}\Delta\mu_1 + N_g\phi_2(X_2^{-1}\Delta\mu_2 - X_1^{-1}\Delta\mu_1)$

Die Gleichung der Tangenten an der $\Delta G^m = f(\phi_2)$-Kurve lautet für den Punkt $\phi_2^{\S}$

(6-39) $Y = A + B\phi_2^{\S}$

Die Neigung $B$ ist durch die Ableitung der Gl. (6-38) gegeben

(6-40) $B = (\partial\Delta G^m/\partial\phi_2)_{N_g}^{\S} = N_g(X_2^{-1}\Delta\mu_2^{\S} - X_1^{-1}\Delta\mu_1^{\S})$

Der Wert von $A$ ergibt sich aus der Überlegung, daß am Punkt $\phi_2^{\S}$ der Wert von $\Delta G^m$ ebenfalls durch Gl. (6-38) gegeben ist, d. h. durch

(6-41) $A = X_1^{-1}N_g\Delta\mu_1^{\S}$

Für $Y$ gilt folglich

(6-42) $Y = X_1^{-1}N_g\Delta\mu_1^{\S} + N_g(X_2^{-1}\Delta\mu_2^{\S} - X_1^{-1}\Delta\mu_1^{\S})\phi_2^{\S}$

Für die Grenzfälle $\phi_2 \to 0$ und $\phi_2 \to 1$ ergibt sich daher

(6-43) $\lim_{\phi_2\to 0} Y = X_1^{-1}N_g\Delta\mu_1^{\S}$ und $\lim_{\phi_2\to 1} Y = X_2^{-1}N_g\Delta\mu_2^{\S}$

Legt man daher bei einem Volumenbruch $\phi_2^{\S}$ eine Tangente an die $\Delta G^m = f(\phi_2)$-Kurve, so liefert die Extrapolation dieser Tangenten auf die Werte $\phi_2 = 0$ und $\phi_2 = 1$

Werte, aus denen die chemischen Potentiale des Lösungsmittels bzw. des Gelösten entnommen werden können.

### 6.3.6 CHEMISCHES POTENTIAL VERDÜNNTER LÖSUNGEN

Bei verdünnten Lösungen von Makromolekülen ist der Volumenbruch des Gelösten sehr klein. Der Ausdruck $(1-\phi_2)$ läßt sich in diesem Falle in eine Reihe entwickeln

(6-44) $\ln(1-\phi_2) = -\phi_2 - (\phi_2^2/2) - (\phi_2^3/3) - \ldots..$

Bricht man diese Reihenentwicklung nach dem 2. Glied ab und setzt sie in Gl. (6-34) ein, so erhält man unter Vernachlässigung der Terme mit $\phi_2^3$ und höher für hochmolekulare Gelöste in niedermolekularen Lösungsmitteln $(X_1/X_2 \approx 0)$

(6-45) $\Delta\mu_1^{\text{exc}}/RT = (\chi_0 - \sigma - 0{,}5)\,\phi_2^2$ (vgl. Anhang A6)

In dieser Gleichung stammt die Größe $(\chi_0 - \sigma)$ von der Mischungsenthalpie und der Faktor 0,5 von den Mischungsentropie. Im allgemeinen Fall kann daher $(\chi_0 - \sigma)$ durch einen neuen Enthalpieparameter $\kappa$ und 0,5 durch einen neuen Entropieparameter $\psi$ ersetzt werden:

(6-46) $\Delta\mu_1^{\text{exc}}/RT = (\kappa - \psi)\,\phi_2^2$

Das chemische Potential gibt die partielle molare Gibbs-Verdünnungsenergie an. Für die partiellen molaren Verdünnungsenthalpien und -entropien erhält man daher

(6-47) $\Delta\widetilde{H}_1^{\text{m}} = RT\kappa\phi_2^2 \quad ; \quad \Delta\widetilde{S}_1^{\text{m}} = R\psi\phi_2^2$

Im Theta-Zustand (vgl. Kap. 6.1) gilt $\Theta = \Delta\widetilde{H}_1^{\text{m}}/\Delta\widetilde{S}_1^{\text{m}}$ und nach Gl. (6-47) mit $T = \Theta$ auch

(6-48) $\Theta = \kappa T/\psi$

Die Kombination der Gl. (6-34), (6-46) und (6-48) ergibt daher einen Ausdruck für die Temperaturabhängigkeit des Flory-Huggins-Wechselwirkungsparameters

(6-49) $(\chi_0 - \sigma) = (0{,}5 - \psi) + \psi\,(\Theta/T)$

Im Theta-Zustand nimmt daher für $X_2/X_1 \gg 0$ der Ausdruck $(\chi_0 - \sigma)$ den Wert 0,5 an. Er wird bei guten Lösungsmitteln mit positiver Mischungsenthalpie wegen $T > \Theta$ kleiner als 0,5.

## *6.4 Virialkoeffizienten*

### 6.4.1 DEFINITION

Der chemische Potential von Lösungen von Nichtelektrolyten kann immer als eine Reihenentwicklung nach ganzen positiven Potenzen der Konzentration geschrieben werden:

(6-50) $\Delta\mu_1 = -RT\,\widetilde{V}_1^{\text{m}}\,(A_1 c_2 + A_2 c_2^2 + A_3 c_2^3 + \ldots..)$

Die Proportionalitätskoeffizienten dieser Serie werden die ersten, zweiten, dritten ..... Virialkoeffizienten genannt. Aus dem Vergleich mit dem Ausdruck für den osmotischen Druck Π

(6-51) $\Delta\mu_1 = -\Pi\widetilde{V}_1^{\mathrm{m}} = -RTc_2\widetilde{V}_1^{\mathrm{m}}/M_2$

(vgl. Lehrbücher der chemischen Thermodynamik) geht hervor, daß der erste Virialkoeffizient gleich dem reziproken Molekulargewicht des Gelösten ist. Der zweite Virialkoeffizient ist ein Maß für das ausgeschlossene Volumen (vgl. Kap. 6.4.2).

Beim Vergleich der in der Literatur berichteten Virialkoeffizienten ist auf ihre Definition zu achten. Gl. (6 – 50) entspricht bei Anwendung auf den osmotischen Druck einem Ausdruck

(6-52) $\Pi/c_2 = RTM_2^{-1} + RTA_2c_2 + RTA_3c_2^2 + \ldots..$

Statt dessen definiert man auch oft

(6-53) $\Pi/c_2 = RTM_2^{-1} + A_2c_2 + A_3c_2^2 + \ldots..$

Wir werden in der Regel Gl. (6 – 52) verwenden. Mit Hilfe von Gl. (6 – 52) kann man ein scheinbares Molekulargewicht $M_{\mathrm{app}}$ als Molekulargewicht definieren, das mit Hilfe einer für unendliche Verdünnung geltenden Gleichung aus experimentellen Daten bei endlichen Konzentrationen berechnet wurde

(6-54) $M_{\mathrm{app}}^{-1} \equiv \Pi/(RTc_2) = M_2^{-1} + A_2c_2 + A_3c_2^2 + \ldots..$

Die Virialkoeffizienten können daher aus der Konzentrationsabhängigkeit reziproker scheinbarer Molekulargewichte ermittelt werden. Da die verschiedenen Molekulargewichtsmethoden aber verschiedene Mittelwerte des Molekulargewichtes geben (vgl. Kap. 8 und 9), wird man auch für die Virialkoeffizienten je nach Methode verschiedene Mittelwerte erhalten. Für Messungen des osmotischen Druckes (und aller anderen kolligativen Methoden) erhält man einen Mittelwert

(6-55) $A_2^{\Pi} = \sum_i \sum_j w_i w_j A_{ij}$

während man z. B. für Lichtstreuungsmessungen erhält

(6-56) $A_2^{\mathrm{LS}} = \sum_i \sum_j w_i M_i w_j M_j A_{ij} / (\sum_i w_i M_i)^2$

Der Name „Virialkoeffizient“ stammt von dem gegen Ende des 19. Jahrhunderts viel benutzten Virialtheorem. Dieses Theorem sagte aus

Mittel von $(mv^2/2) = -$ Mittel von $0{,}5\,(Xx + Yy + Zz)$

Dabei sind $m$ = Masse der Teilchen, $v$ = Geschwindigkeit, $x, y, z$ = Koordinaten der Teilchen, und $X, Y, Z$ = Komponenten der Kräfte, die auf die Teilchen einwirken. Der Ausdruck der rechten Seite wurde „Virial“ genannt, da Kräfte betrachtet wurden. Das Virial läßt sich in eine Reihe entwickeln, deren Koeffizienten folglich die Virialkoeffizienten waren.

### 6.4.2 AUSGESCHLOSSENES VOLUMEN

Der zweite Virialkoeffizient hängt vom ausgeschlossenen Volumen $u$ ab. In sehr verdünnten Lösungen verteilen sich die Makromoleküle ohne gegenseitige Behinderung, weil das totale ausgeschlossene Volumen $N_2 u$ viel kleiner als das totale Volumen $V$ ist. Die Gesamtzahl der Anordnungsmöglichkeiten dieser $N_2$ Makromoleküle berechnet sich aus der Zustandssumme $\Omega$ zu

$$(6\text{-}57) \qquad \Omega = const \prod_{i=0}^{N_2-1} (V - iu)$$

Eine allfällige Wechselwirkung Polymer/Lösungsmittel wird mit durch das effektive ausgeschlossene Volumen erfaßt. $\Delta H$ ist daher gleich null und das Zufügen des Lösungsmittels erfolgt „athermisch“

$$(6\text{-}58) \qquad \Delta G = -T\Delta S = -kT \ln \Omega = -kT \ln \left[const \prod_{i=0}^{N_2-1} (V - iu)\right]$$

Das dem zweiten Molekül verfügbare Volumen ist $(V - u)$, das dem dritten verfügbare $(V - 2u)$ usw. Auflösen des Logarithmus führt zu einer Summe anstelle des Produktes

$$(6\text{-}59) \qquad \Delta G = -kT \left[N_2 \ln V + \sum_{i=0}^{N_2-1} \ln(1 - (iu/V))\right] + const'$$

Bei verdünnten Lösungen ist $iu/V \ll 1$. Der Logarithmus läßt sich in eine Reihe $\ln(1 - y) = -y - \ldots\ldots$ entwickeln und man erhält

$$(6\text{-}60) \qquad \Delta G = -kT \left[N_2 \ln V + \sum_{i=0}^{N_2-1} (iu/V)\right] + const'$$

Da $(u/V)$ konstant ist, ergibt sich für den Summenausdruck bei $N_2 \to \infty$

$$(6\text{-}61) \qquad \sum_{i=0}^{N_2-1} i = N_2^2/2$$

Für den osmotischen Druck ergibt sich aus den Gl. (6 – 51) und (6 – 3)

$$(6\text{-}62) \qquad \Pi = -(\widetilde{V}_1^m)^{-1} (\partial G/\partial n_1)_{n_2,p,T} = -(N_L/\widetilde{V}_1^m)(\partial G/\partial N_1)_{N_2,p,T}$$

$$= -(N_L/\widetilde{V}_1^m)(\partial G/\partial V)_{N_2,p,T} (\partial V/\partial N_1)_{N_2,p,T}$$

$$= -(\partial G/\partial V)_{N_2,p,T}$$

Einsetzen von Gl. (6 – 61) in Gl. (6 – 60), differenzieren nach $V$ und berücksichtigen von Gl. (6 – 62) liefert mit $N_2/V = c_2 N_L/M_2$

$$(6\text{-}63) \qquad \Pi/c_2 = (RT/M_2) + (RTN_L u/(2M_2^2))c_2 + \ldots\ldots$$

Der Koeffizientenvergleich mit Gl. (6 – 52) gibt für den zweiten Virialkoeffizienten

$$(6\text{-}64) \qquad A_2 = N_L u/(2M_2^2)$$

Ausdrücke für das ausgeschlossene Volumen starrer Teilchen wurden bereits in Kap. 4.5.1 abgeleitet. Für unsolvatisierte Kugeln ergibt sich aus den Gl. (6 – 64) und (4 – 38) für den zweiten Virialkoeffizienten von Kugeln

(6–65) $A_2 = 4\,v_2/M_2$

wobei $v_2$ das spezifische Volumen ist. Der zweite Virialkoeffizient von Kugeln ist somit reziprok proportional dem Molekulargewicht und wird bei unendlichem Molekulargewicht gleich null.

Für unsolvatisierte Stäbchen ergibt sich aus den Gl. (6–64) und (4–40) mit $M_2 = (\pi R_2^2)\,L N_L/v_2$

(6–66) $A_2 = v_2^2/(2\,\pi\,R_2^3 N_L)$

wobei $R$ der Radius der Stäbchen ist. Der zweite Virialkoeffizient von stäbchenförmigen Molekülen ist daher unabhängig von deren Länge bzw. Molekulargewicht.

Die Abhängigkeit des zweiten Virialkoeffizienten knäuelförmiger Moleküle vom Molekulargewicht ist schwierig zu berechnen, da das ausgeschlossene Volumen eine komplizierte Funktion des Molekulargewichtes ist (vgl. Kap. 4.5.2). Die üblichen Ansätze ersetzen in Gl. (6–64) das ausgeschlossene Volumen $u$ des Moleküls durch das ausgeschlossene Volumen $u_{seg}$ des Segmentes und das Molekulargewicht $M_2$ des Moleküls durch das Formelgewicht $M_u$ des Segmentes. Die Molekulargewichtsabhängigkeit des ausgeschlossenen Volumens wird durch eine Funktion $h(z)$ ausgedrückt, deren Koeffizienten theoretisch berechnet wurden:

(6–67) $$A_2 = \frac{N_L u_{seg}}{2\,M_u^2}\,(1 - 2{,}865\,z + 14{,}278\,z^2 - \ldots..)$$

Für $u_{seg} = 0$ und $z = 0$ wird auch $A_2 = 0$, d.h. $A_2$ wird gleich null für Theta-Bedingungen (vgl. auch Kap. 4.5.2.2). Da $z$ mit steigendem Molekulargewicht schwächer als mit dem Quadrat des Molekulargewichtes zunimmt, sinkt $A_2$ mit steigendem Molekulargewicht. Die Molekulargewichtsabhängigkeit läßt sich in vielen Fällen durch eine Potenzformel wiedergeben:

(6–68) $A_2 = K_A M_2^{a_A}$

wobei $K_A$ und $a_A$ empirische Konstanten für jedes System Polymer/Lösungsmittel/Temperatur sind.

## 6.5 Assoziation

### 6.5.1 GRUNDLAGEN

Makromoleküle können in Lösung unter bestimmten Bedingungen mit ihresgleichen zu größeren, aber noch löslichen Molekülverbänden zusammentreten. Wir werden diese Erscheinung als Multimerisation bezeichnen. Das Multimerisationsgleichgewicht wird Assoziation genannt.

Assoziationen können durch gruppen- oder molekülspezifische Methoden untersucht werden. Gruppenspezifische Methoden sprechen auf das Verhalten einer Gruppe an, z. B. einer Wasserstoffbrückenbindung. Sie sind jedoch oft zu wenig empfindlich. Bei einem Makromolekül genügt nämlich eine assoziationsfähige Gruppe pro Molekül, um eine Dimerisation hervorzurufen. Bei einem Polymerisationsgrad von 1000 entspricht das einer Gruppenkonzentration von nur 0,1 %. Gruppenspezifische Methoden messen aber häufig nicht besser als auf ± 1 %.

Molekülspezifische Methoden sprechen dagegen auf das Molekular- bzw. Teilchengewicht an. Bei einer vollständigen Dimerisation wird sich das Teilchengewicht verdoppeln, d. h. der Effekt beträgt 100 %. Molekülspezifische Methoden sind daher weit empfindlicher als gruppenspezifische. Sie zeigen jedoch nur intermolekulare Assoziationen an und geben in der Regel keinen Aufschluß über die molekulare Ursache der Assoziation.

Bei molekülspezifischen Methoden mißt man die scheinbaren Molekulargewichte als Funktion der Konzentration (vgl. Kap. 6.4.1). Alle bislang angegebenen Ausdrücke gelten aber nur für den Fall, daß eine Erhöhung der Massenkonzentration zu einer gleich großen Erhöhung der Molkonzentration führt. Diese Annahme ist bei Multimerisationen unzutreffend, da bei höheren Massenkonzentrationen relativ geringere Konzentrationen an kinetisch unabhängigen Teilchen entstehen. Die Konzentrationsabhängigkeit der scheinbaren Molekulargewichte ist daher durch zwei Teilfunktionen gegeben. Der Assoziationsterm beschreibt die Änderung der Konzentration unabhängiger Teilchen relativ zur Änderung der Massenkonzentration. Dieser Assoziationsterm tritt bei assoziierenden Polymeren auch in Abwesenheit jeglicher Polymer/Lösungsmittel-Wechselwirkung auf, d.h. auch bei einer Theta-Lösung. Die Virialkoeffizienten beschreiben dagegen alle anderen Wechselwirkungen. An die Stelle von Gl. (6–54) tritt dann

$$(6-69) \quad M_{\text{app}}^{-1} = (M_{\text{app}})_{\Theta}^{-1} + \left( \frac{\sum_{i} \sum_{j} (A_2)_{ij} c_i c_j}{c^2} \right) c + \ldots\ldots$$

$(M_{\text{app}})_{\Theta}$ ist noch konzentrationsabhängig. Die genaue Form der Konzentrationsabhängigkeit hängt sowohl von der Stöchiometrie der Assoziation als auch von der wirksamen Einheit ab.

Bei der Stöchiometrie können zwei einfache Fälle unterschieden werden. Bei der *offenen Assoziation* liegt ein konsekutiver Prozeß vor

$$(6-70) \quad \begin{aligned} M_I &+ M_I \rightleftarrows M_{II} \\ M_{II} &+ M_I \rightleftarrows M_{III} \\ M_{III} &+ M_I \rightleftarrows M_{IV} \quad \text{usw.} \end{aligned}$$

Bei der offenen Assoziation stehen somit alle möglichen Multimeren mit den Unimeren im Gleichgewicht.

Bei der *geschlossenen Assoziation* handelt es sich dagegen um einen „Alles-oder-Nichts"-Prozeß, bei dem nur zwei Teilchensorten vorhanden sind:

$$(6-71) \quad N\,M_I \rightleftarrows M_N$$

Die wirksame Einheit kann entweder das Molekül oder ein Segment sein. Bei den *molekülbezogenen* Assoziationen ist die Zahl der assoziogenen Gruppen unabhängig von der Molekülgröße. Ein Beispiel dafür sind Assoziationen über die Endgruppe. Bei linearen Molekülen sind gerade zwei Endgruppen vorhanden. Jedes Molekül hat daher zwei assoziogene Gruppen. Die Gleichgewichtskonstanten der Assoziation sind in diesem Fall offenbar auf die Molkonzentration zu beziehen.

Bei den *segmentbezogenen* Assoziationen sind Segmente aus mehreren Grundbausteinen für die Assoziation verantwortlich. Ein Beispiel dafür sind z. B. syndiotaktische Sequenzen genügender Länge in einem „ataktischen" Polymeren. Die Zahl dieser assoziogenen Segmente wird mit dem Molekulargewicht zunehmen. Die Gleichgewichtskonstanten der Assoziation sind in diesem Fall auf die Massekonzentrationen zu beziehen.

Makromoleküle besitzen in der Regel eine Molekulargewichtsverteilung. Wenn sie assoziieren, wird eine Teilchengewichtsverteilung entstehen, die je nach den wirksamen Einheiten von der Molekulargewichtsverteilung verschieden sein wird.

Bei *molekülbezogenen* Assoziationen ist das Zahlenmittel des Molekulargewichtes des N-Mers gerade $N$ mal zu groß wie das Zahlenmittel des Molekulargewichtes des Unimers:

(6–72) $(\overline{M}_N)_n = N(\overline{M}_I)_n$

Für das Gewichtsmittel des Molekulargewichtes des N-Meren ergibt die Rechnung dagegen

(6–73) $(\overline{M}_N)_w = (\overline{M}_I)_w + (N-1)(\overline{M}_I)_n$

Bei den *segmentbezogenen* Assoziationen ergibt sich

(6–74) $(\overline{M}_N)_n = (\overline{M}_I)_n + (N-1)(\overline{M}_I)_w$ ; nur Schulz-Flory-Verteilung

(6–75) $(\overline{M}_N)_w = N(\overline{M}_I)_w$

Sowohl bei der molekül- als auch bei der segmentbezogenen Assoziation ist daher die Polydispersität $(\overline{M}_N)_w/(\overline{M}_N)_n$ immer kleiner als die Polymolekularität $(\overline{M}_I)_w/(\overline{M}_I)_n$. Für die molekülbezogene, nicht aber für die segmentbezogene Assoziation ergibt sich dabei eine lineare Beziehung zwischen den beiden Größen:

(6–76) $((\overline{M}_N)_w/(\overline{M}_N)_n - 1) = N^{-1}((\overline{M}_I)_w/(\overline{M}_I)_n - 1)$

Die Verengung der Verteilung tritt auf, weil die Variation der Molekülgrößen nunmehr innerhalb eines Teilchens geschieht. Die Gl. (6–72) bis (6–76) ergeben sich aus längeren statistischen Rechnungen, die hier nicht wiedergegeben werden können.

### 6.5.2 OFFENE ASSOZIATION

Bei der offenen Assoziation liegt eine Reihe von Teilchen mit den Teilchengewichten $M_I$, $M_{II}$, $M_{III}$ usw. vor. Die totale Molkonzentration ist daher

(6–77) $[M] = [M_I] + [M_{II}] + [M_{III}] + \ldots\ldots$

Die Gleichgewichtskonstante der molekülbezogenen offenen Assoziation ist durch

(6–78) $({}^nK_{N-1})_0 = [M_N]/([M_{N-1}][M_I])$

definiert. Erfolgt die Assoziation z. B. über die Endgruppen, so kann man annehmen, daß die so definierten Gleichgewichtskonstanten unabhängig vom Assoziationsgrad $N$ der entstandenen Multimeren sind:

(6–79) ${}^nK_0 = ({}^nK_I)_0 = ({}^nK_{II})_0 = ({}^nK_{III})_0 = \ldots\ldots$

Einsetzen der Gl. (6 – 78) und (6 – 79) in Gl. (6 – 77) führt zu

(6–80) $[\mathrm{M}] = [\mathrm{M_I}]\,(1 + ({}^{\mathrm{n}}K_0[\mathrm{M}]) + ({}^{\mathrm{n}}K_0[\mathrm{M}])^2 + \ldots\ldots)$

Da für die Dimerisation nach Gl. (6 – 78) immer ${}^{\mathrm{n}}K_0[\mathrm{M_I}] = [\mathrm{M_{II}}]\,[\mathrm{M_I}]$ gilt und die Molkonzentration des Dimeren kleiner als die des Unimeren sein muß, gilt stets ${}^{\mathrm{n}}K_0[\mathrm{M_i}] < 1$. Gl. (6–80) kann daher nach den für derartige Reihen gültigen Regeln auch als

(6–81) $[\mathrm{M}] = [\mathrm{M_I}]\,(1 - {}^{\mathrm{n}}K_0[\mathrm{M_I}])^{-1}$

geschrieben werden. Für die totale Molkonzentration gilt

(6–82) $[\mathrm{M}] = c/(\overline{M}_{\mathrm{n}})_{\mathrm{app},\Theta}$

Die Kombination der Gl. (6 – 81) und (6 – 82) ergibt daher

(6–83) $[\mathrm{M_I}]^{-1} = {}^{\mathrm{n}}K_0 + (M_{\mathrm{n}})_{\mathrm{app},\Theta}\,c^{-1}$

Für die Massekonzentration gilt

(6–84) $c = c_{\mathrm{I}} + c_{\mathrm{II}} + c_{\mathrm{III}} + \ldots\ldots$

Mit der Gleichung

(6–85) $[\mathrm{M_i}] = c_{\mathrm{i}}\,(\overline{M}_{\mathrm{i}})_{\mathrm{n}}^{-1}$

und den Gl. (6 – 78), (6 – 79) und (6 – 72) erhält man daher

(6–86) $c = [\mathrm{M_I}]\,(\overline{M}_{\mathrm{I}})_{\mathrm{n}}\,(1 + 2\,{}^{\mathrm{n}}K_0[\mathrm{M_I}] + 3\,({}^{\mathrm{n}}(K_0[\mathrm{M_I}])^2 + \ldots\ldots)$

bzw. für ${}^{\mathrm{n}}K_0[\mathrm{M_I}] < 1$

(6–87) $c = [\mathrm{M_I}]\,(\overline{M}_{\mathrm{I}})_{\mathrm{n}}\,/(1 - {}^{\mathrm{n}}K_0[\mathrm{M_I}])^2$

Die Kombination der Gl. (6 – 87) und (6 – 83) führt zu

(6 – 88) $(M_{\mathrm{n}})_{\mathrm{app},\Theta} = (\overline{M}_{\mathrm{I}})_{\mathrm{n}} + {}^{\mathrm{n}}K_0\,(M_{\mathrm{I}})_{\mathrm{n}}\,(c/(M_{\mathrm{n}})_{\mathrm{app},\Theta})$

Für die scheinbaren Gewichtsmittel des Molekulargewichts im Theta-Zustand erhält man durch analoge Rechnungen

(6–89) $(M_{\mathrm{w}})_{\mathrm{app},\Theta} = (\overline{M}_{\mathrm{I}})_{\mathrm{w}} + 2\,{}^{\mathrm{n}}K_0\,(\overline{M}_{\mathrm{I}})_{\mathrm{n}}\,(c/(M_{\mathrm{n}})_{\mathrm{app},\Theta}$

Gl. (6 – 88) zeigt, daß man durch Auftragen des scheinbaren Zahlenmittels im Theta-Zustand gegen $c/(M_{\mathrm{n}})_{\mathrm{app},\Theta}$ aus dem Ordinatenabschnitt das wahre Zahlenmittel des Molekulargewichtes des Unimeren und aus der Neigung die Gleichgewichtskonstante der Assoziation entnehmen kann. Gl. (6 – 89) zeigt jedoch, daß man aus Messungen des scheinbaren Gewichtsmittels des Molekulargewichtes allein nicht das Gewichtmittel des Molekulargewichtes ermitteln kann, sofern molekülbezogene offene Assoziationen vorliegen: man muß immer noch das entsprechende scheinbare Zahlenmittel kennen.

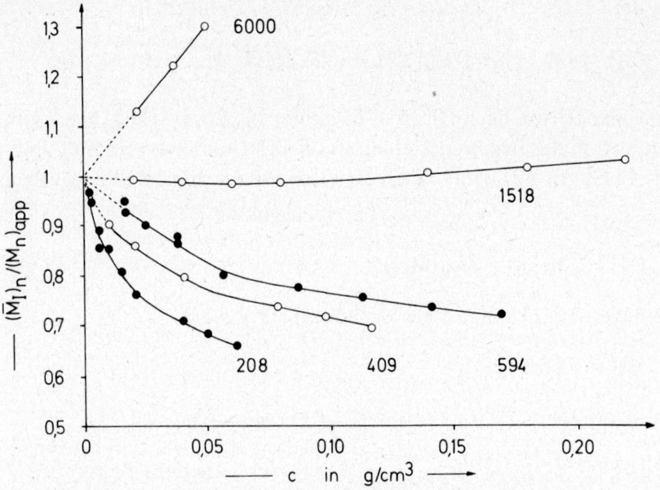


*Abb. 6-4:* Konzentrationsabhängigkeit der normalisierten reziproken scheinbaren Zahlenmittel des Molekulargewichtes einer Reihe von α-Hydro-ω-hydroxy-poly(oxyäthylenen) in Benzol bei 25 °C. Die Zahlen geben die Zahlenmittel des Molekulargewichtes des Unimeren an (nach H.-G. Elias und Hp. Lys).

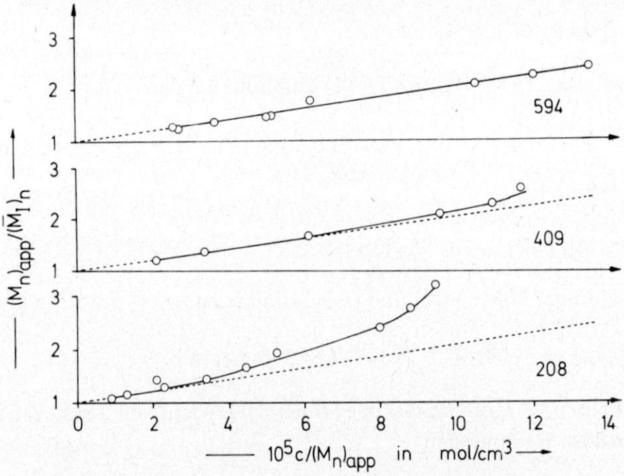


*Abb. 6-5:* Auftragung der Daten der Abb. 6-4 für molekülbezogene offene Assoziationen mit teilchenunabhängigen Gleichgewichtskonstanten der Assoziation. Die Zahlen geben die Zahlenmittel der Molekulargewichte der Unimeren an.

Abb. 6-4 zeigt die Konzentrationsabhängigkeit der normalisierten reziproken scheinbaren Zahlenmittel des Molekulargewichtes einiger Poly(oxyäthylene) $H{-}(OCH_2CH_2)_NOH$ in Benzol. Das hochmolekulare Produkt H 6000 folgt der Gl. (6 – 54). Bei den niedermolekularen Produkten ist die Assoziation offensichtlich. Aus derartigen Diagrammen darf jedoch nicht geschlossen werden, daß die Assoziation mit steigendem Molekulargewicht abnimmt. In der Tat ergibt eine Auftragung nach

Gl. (6 – 88), daß die Anfangsneigungen der Funktion $(M_n)_{app,\Theta}/(\bar{M}_I)_n$ = f $(c/(M_n)_{app,\Theta})$ unabhängig vom Molekulargewicht des Unimeren gleich groß sind. Auch die Gleichgewichtskonstanten der Assoziation müssen daher gleich groß sein. Die mit fallendem Molekulargewicht zunehmenden Abweichungen von der Geraden in Abb. 6 – 5 deuten auf negative Virialkoeffizienten.

### 6.5.3 GESCHLOSSENE ASSOZIATION

Die Gleichgewichtskonstanten der molekülbezogenen geschlossenen Assoziation sind durch

$$(6-90) \quad {}^{n}K_c \equiv [M_N]/[M_I]^N$$

definiert. Für die Konzentrationsabhängigkeit der scheinbaren Molekulargewichte lassen sich keine geschlossenen Ausdrücke angeben. Die Molekulargewichte der Unimeren, die Gleichgewichtskonstante ${}^{n}K_c$ und der Assoziationsgrad $N$ werden daher in der Regel durch Iteration gewonnen.

Die berechneten Abhängigkeiten der Konzentrationen $c_N$ des Multimeren und $c_I$ des Unimeren von der totalen Konzentration $c$ zeigen bei einer bestimmten Kon-

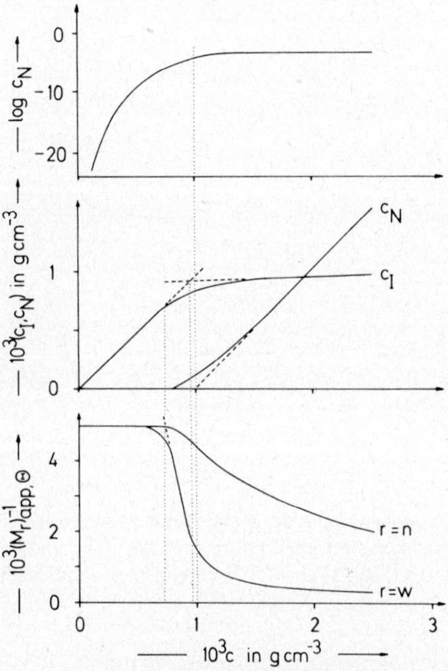


*Abb. 6 – 6:* Berechnete Abhängigkeiten der Konzentrationen des Multimeren und des Unimeren sowie der reziproken scheinbaren Zahlen- und Gewichtsmittel der Molekulargewichte von der Gesamtkonzentration c bei geschlossener (molekülbezogener) Assoziation im Theta-Zustand (nach H.-G. Elias und J. Gerber). Berechnungen für $(\bar{M}_I)_n = (\bar{M}_I)_w$ = 200 g mol$^{-1}$, $N$ = 21 und ${}^{n}K_c = 10^{45}$ (dm$^3$ mol$^{-1}$)$^{N-1}$. Die durch Extrapolation der gestrichelten Linien erhaltenen „kritischen Mizellkonzentrationen" sind je nach Methode verschieden.

zentration einen mehr oder weniger ausgeprägten Knick (Abb. 6 – 6). Dieser Knick wird üblicherweise als kritische Mizellkonzentration cmc bezeichnet. Wie man für die Konzentrationsabhängigkeit der reziproken scheinbaren Molekulargewichte sieht, treten auch dort derartige „kritische Mizellkonzentrationen" auf. Die Lage dieser kritischen Mizellkonzentrationen hängt von der verwendeten Meßmethode ab. Die cmc ist physikalisch nicht gut definiert und auf keinen Fall die Konzentration, bei der *erstmals* Assoziate auftreten (vgl. auch Abb. 6 – 6).

Geschlossene Assoziationen treten besonders bei Lösungen von Detergentien auf. Sie werden aber auch für Poly(γ-benzyl-L-glutamate) in verschiedenen organischen Lösungsmitteln gefunden (Abb. 6 – 7). In diesem Falle konnte gezeigt werden, daß die Gibbs-Energie der Assoziation noch vom reziproken Zahlenmittel des Molekulargewichtes des Unimeren abhing. Die Assoziation muß also hier über die Endgruppen erfolgen. Der scheinbare Widerspruch zwischen diesem Befund und dem Auftreten einer geschlossenen Assoziation anstelle einer offenen wurde durch Auftreten ringförmiger Assoziate erklärt. Da die Moleküle in der Helixkonformation vorliegen und folglich ziemlich steif sind, muß man dann eine Beziehung zwischen der Gleichgewichtskonstanten der Assoziation und dem Assoziationsgrad erwarten. Diese Beziehung wurde in der Tat gefunden.

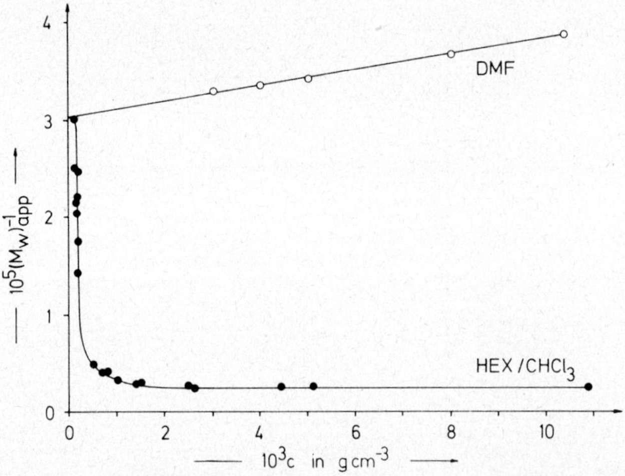


*Abb. 6 – 7:* Konzentrationsabhängigkeit der reziproken scheinbaren Gewichtsmittel eines Poly(γ-benzyl-L-glutamates) in Dimethylformamid bei 70 °C und im Gemisch Hexan/Chloroform ($V/V$ = 0,477/0,523) bei 25 °C (nach Daten von H.-G. Elias und J. Gerber).

### 6.5.4 KONZENTRIERTE LÖSUNGEN UND SCHMELZEN

In konzentrierten Lösungen und Schmelzen treten bei gewissen Verbindungen hochgeordnete Assoziationszustände (Mesophasen) auf. Diese Ordnungszustände werden als smektisch, nematisch und cholesterinisch voneinander unterschieden. Bei smektischen Systemen lagern sich die Moleküle in parallelen Schichten an (Abb. 6-8). Die Molekülachse ist senkrecht zur Schichtebene. Innerhalb dieser Schicht können die Moleküle regelmäßig oder unregelmäßig zueinander angeordnet sein. Im nematischen Zustand liegen die Moleküle ebenfalls parallel, aber nicht in Schichten. Der cholesterinische Zustand liegt zwischen dem smektischen und dem nematischen: Anordnung der Moleküle in Schichten, aber mit Molekülachsen parallel zur Schichtebene.

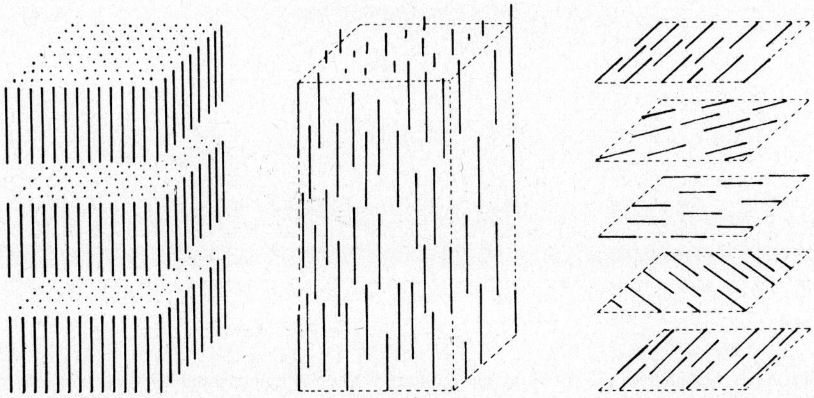


*Abb. 6-8:* Schematische Darstellung der Lagerung der Moleküle in smektischen (sm), nematischen (nem) und cholesterinischen (chol) Mesophasen.

Die Schichten der smektischen Mesophase und die Moleküle in der nematischen Mesophase sind leicht gegeneinander verschiebbar, so daß derartige Schmelzen den Charakter von Flüssigkeiten haben. Wegen des Ordnungszustandes sind aber diese Schmelzen optisch anisotrop und zeigen charakteristische Farben. Solche Schmelzen werden daher auch „flüssige Kristalle" genannt. Bei Lösungen von stäbchenförmigen Makromolekülen können ebenfalls ähnliche Ordnungserscheinungen auftreten, so daß man auch von tactoidalen Lösungen spricht.

## 6.6 *Phasentrennung*

### 6.6.1 GRUNDLAGEN

Falls bei einem System eine Phasentrennung auftritt, müssen die chemischen Potentiale jeder Komponenten in jeder Phase gleich sein. Für ein binäres System aus zwei Komponenten 1 und 2 gilt daher

(6-91) $\mu_1' = \mu_1''$ und $\mu_2' = \mu_2''$

und folglich auch

(6-92) $\Delta\mu_1' = \mu_1' - \mu_1^0 = \mu_1'' - \mu_1^0 = \Delta\mu_1''$

$\Delta\mu_2' = \mu_2' - \mu_2^0 = \mu_2'' - \mu_2^0 = \Delta\mu_2''$

Die Werte von $\Delta\mu_1$ und $\Delta\mu_2$ sind aber durch die Ordinatenabschnitte der Tangenten an der $\Delta G^m = f(\phi_2)$-Kurve gegeben (vgl. Kap. 6.3.5). Die geforderte Gleichheit der chemischen Potentiale in beiden Phasen kann daher nur dann erfüllt sein, wenn zwei Punkte eine gemeinsame Tangente besitzen (vgl. Abb. 6 – 9). Für eine Kurve mit zwei Minima gibt es aber nur eine einzige gemeinsame Tangente. Die Berührungspunkte A und B dieser Tangenten mit der $\Delta G^m = f(\phi_2)$-Kurve bestimmen die Zusammensetzung $\phi_2'$ und $\phi_2''$ der beiden Phasen.

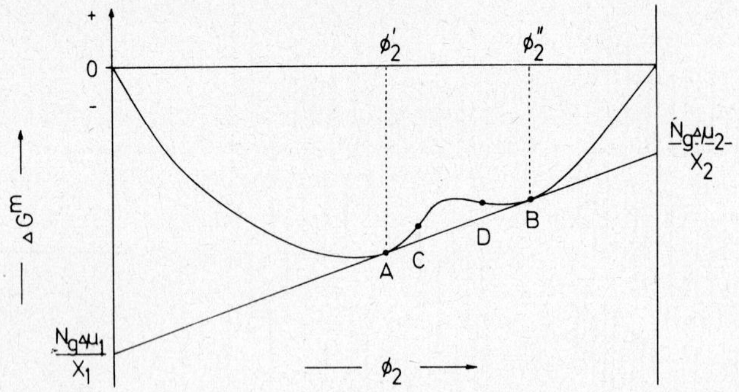


*Abb. 6-9:* Schematische Darstellung der molaren Gibbs-Mischungsenergie als Funktion des Volumenbruches des Gelösten für ein partiell mischbares System.

Nur Systeme mit den Zusammensetzungen $\phi_2 < \phi_2'$ und $\phi_2 > \phi_2''$ sind stabil. Jedes System mit einer Zusammensetzung $\phi_2' < \phi_2 < \phi_2''$ wird sich in zwei Phasen entmischen. Bei Systemen mit dieser Zusammensetzung unterscheidet man metastabile und instabile Bereiche. Die Lage der metastabilen und instabilen Bereiche ist durch die Lage der Wendepunkte C und D in der $\Delta G^m = f(\phi_2)$-Kurve gegeben.

Im Bereich AC und im Bereich DB ist das System noch gegen Phasen mit verschwindend kleinen Unterschieden in der Zusammensetzung stabil, da $(\partial^2 \Delta G^m/\partial\phi_2^2) > 0$ ist. Das System ist aber instabil gegenüber den Phasen mit der Zusammensetzung $\phi_2'$ bzw. $\phi_2''$. Ein derartiges System wird metastabil genannt.

Im Bereich CD ist das System dagegen selbst gegen Phasen mit verschwindend kleinen Unterschieden in der Zusammensetzung instabil, da hier $(\phi^2 \Delta G^m/\partial\phi_2^2) < 0$ gilt. Die Wendepunkte C und D gehören zu der sog. Spinodalen. Die Spinodale ist durch die Bedingung $(\partial^2 \Delta G^m/\partial\phi_2^2) = 0$ charakterisiert.

Durch Differentiation der Gl. (6 – 34) erhält man daher für den Fall $X_1 = 0$ und $\sigma = 0$ für die Spinodale

$$(6\text{–}93) \quad (\partial \Delta\mu_1/\partial\phi_2) = RT[2\chi_0\phi_2 - (1-\phi_2)^{-1} + (1 - X_2^{-1})] = 0$$

Der kritische Punkt ist als derjenige Volumenbruch des Polymeren definiert, bei dem Maximum, Minimum und Wendepunkt der Funktion $\Delta\mu_1 = f(\phi_2)$ zusammenfallen. Durch Differentiation der Gl. (6 – 93) bekommt man daher

$$(6\text{–}94) \quad (\partial^2 \Delta\mu_1/\partial\phi_2^2) = RT[2\chi_0 - (1-\phi_2)^{-2}] = 0$$

Gl. (6 – 93) und (6 – 94) werden je nach $\chi_0$ aufgelöst. Für den kritischen Punkt gilt dann unter Berücksichtigung von $(1 + X_2^{0,5})(1 - X_2^{0,5}) = (1 - X_2)$ und mit einem negativen Vorzeichen der Wurzel $(X_2/(1 - X_2)^2)^{0,5}$ für den kritischen Punkt

$$(6\text{–}95) \quad (\phi_2)_{crit} = (1 + X_2^{0,5})^{-1}$$

Der kritische Volumenbruch nimmt also umso niedrigere Werte an, je höher der Polymerisationsgrad des Gelösten ist.

Der kritische Wert für den Flory-Huggins-Wechselwirkungsparameter ergibt sich durch Kombination der Gl. (6–94) und (6–95) zu

(6–96) $(\chi_0)_{crit} = (1 + X_2^{0,5})^2/(2\,X_2) \approx 0{,}5 + X_2^{-0,5}$

Bei unendlich hohen Polymerisationsgraden strebt der kritische Wechselwirkungsparameter somit einem Wert von 0,5 zu.

### 6.6.2 OBERE UND UNTERE KRITISCHE MISCHUNGSTEMPERATUREN

Die Temperaturabhängigkeit des Flory-Huggins-Wechselwirkungsparameters kann in guter Näherung durch

(6–97) $\chi_0 = \alpha + (\beta/T)$

wiedergegeben werden. $\alpha$ und $\beta$ sind systemabhängige Konstanten. $\beta$ ist gewöhnlich positiv (endotherme Mischung). $\chi_0$ nimmt daher mit steigender Temperatur ab. Oberhalb einer bestimmten Temperatur liegt vollständige Lösung vor („upper critical solution temperature", UCST) (Abb. 6–10).

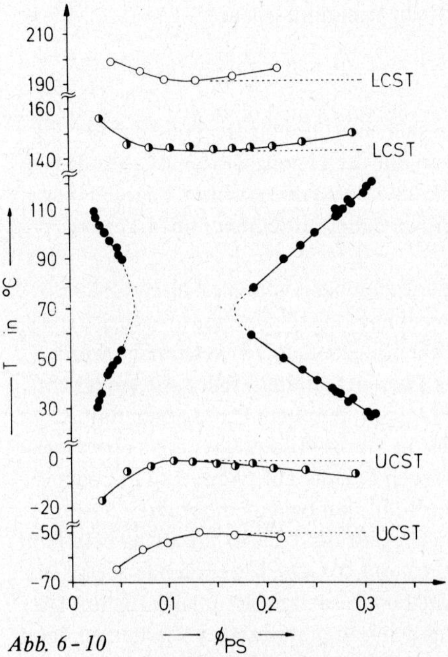


Abb. 6–10

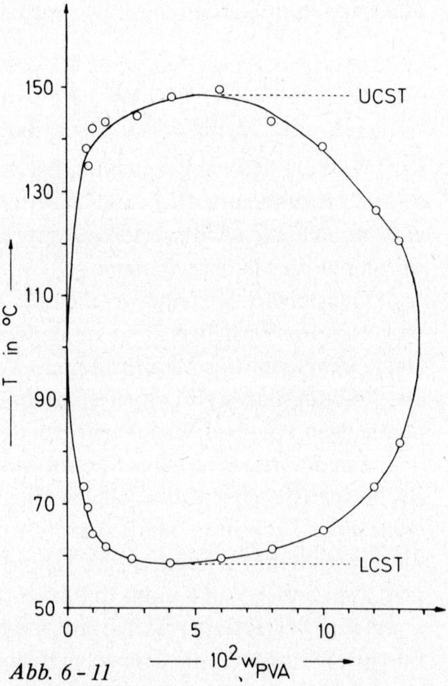


Abb. 6–11

*Abb. 6–10:* Entmischungstemperaturen als Funktion des Volumenbruches des Gelösten für das System Poly(styrol)/Aceton. Daten für Molekulargewichte von 4800 (○), 10 300 (◐) und 19 800 (●). LCST = untere kritische Entmischungstemperatur, UCST = obere kritische Entmischungstemperatur (K. G. Siow, G. Delmas und D. Patterson).

*Abb. 6–11:* Entmischungstemperaturen als Funktion des Gewichtsbruches des Gelösten für das System Poly((vinylalkohol)$_{93}$-co-(vinylacetat)$_7$)/Wasser. $M_n$ = 140 000 g mol$^{-1}$ (G. Rehage).

Es gibt jedoch auch Systeme, die unterhalb einer bestimmten Temperatur einphasig sind („lower critical solution temperature" LCST). Sie entmischen sich oberhalb der LCST. Die Bezeichnungen UCST und LCST haben dabei nichts mit der absoluten Lage der Entmischungstemperaturen zu tun. Bei einigen Systemen liegt nämlich die UCST bei höheren Temperaturen als die LCST (Abb. 6 – 11), bei anderen dagegen tiefer (Abb. 6 – 10).

Der Fall UCST > LCST wird bei wasserlöslichen Polymeren gefunden. Beispiele dafür sind Poly(vinylalkohol) (siehe Abb. 6 – 11), Poly(vinylmethyläther), Methylcellulose und Poly(L-prolin). Die beim Erhitzen der wässrigen Lösungen dieser Polymeren auftretenden Entmischungen stammen von der mit steigender Temperatur zunehmenden Desolvatation. In günstigen Fällen können dabei geschlossene Mischungslücken gefunden werden.

Der Fall UCST < LCST tritt ganz allgemein bei Lösungen von Makromolekülen bei Temperaturen oberhalb des Siedepunktes des Lösungsmittels bei Partialdrucken von mehreren Bar auf. Bei diesen Systemen entsteht durch Mischen des dichten Polymeren mit dem hochexpandierten Lösungsmittel eine Kontraktion, die zu negativen Mischungsentropien und damit zu unteren kritischen Lösetemperaturen führt. Da dieser Effekt für alle Lösungen von Makromolekülen charakteristisch ist, muß die Lösungsmittelgüte zwischen der oberen und der unteren kritischen Lösetemperatur ein Maximum durchlaufen, d. h. $\chi_0$ muß durch ein Minimum gehen.

### 6.6.3 QUASIBINÄRE SYSTEME

Alle bisherigen Betrachtungen bezogen sich auf echte binäre Systeme. Als „binär" wird ein System bezeichnet, bei dem sowohl das Lösungsmittel als auch das Gelöste molekulareinheitlich sind. Makromolekulare Substanzen weisen dagegen meist eine Molekulargewichtsverteilung auf: sie bilden daher mit einem reinen Lösungsmittel nur quasibinäre Systeme.

Quasibinäre Systeme weichen bei Phasentrennungen vom Verhalten binärer Systeme ab. Ihr Verhalten kann am einfachsten anhand der Trübungskurve ternärer Systeme aus einem Lösungsmittel und zwei einheitlichen Gelösten verstanden werden. Die Trübungskurve gibt einen Spezialfall der Phasentrennung wieder: sie entspricht demjenigen Phasengleichgewicht, bei der die Menge der einen Phase gegen null strebt.

Ein derartiges ternäres System weist für die Gibbs-Mischungsenergie eine Oberfläche anstelle einer Kurve wie bei einem binären System auf (Abb. 6 – 12) und anstelle einer Tangenten eine Tangentenebene. Rollt man bei einem ternären System mit begrenzter Mischbarkeit die Tangentenebene auf der Oberfläche ab, so bekommt man zwei Serien von Kontaktpunkten (z.B. B′ und D′). Die Verbindende A′B′C′D′E′ sowie ihre Projektion ABCDE auf die Basisfläche werden je Binodiale genannt. Die Binodiale beschreibt die Grenze zwischen stabilen und metastabilen Mischungen und gibt die Zusammensetzungen der koexistierenden Phasen an. Diese Zusammensetzungen sind durch die Verbindungslinien AE, BD, HJ usw. verbunden. Die Zusammensetzungen der koexistierenden Phasen werden im kritischen Punkt C′ (bzw. C) identisch.

Bei einer Temperaturänderung ändert sich auch die Oberfläche der Gibbs-Mischungsenergie und damit auch die Binodiale (vgl. Abb. 6 – 13). Die Verbindende der kritischen Punkte ist durch $C—C_5—C'$ gegeben. Das Maximum dieser Verbindungs-

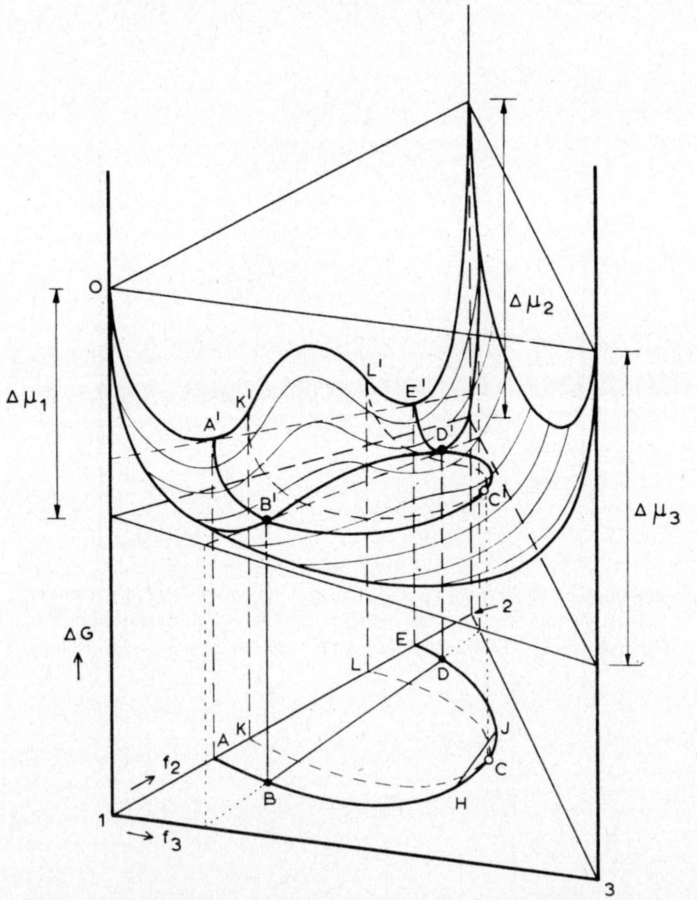


*Abb. 6-12:* Oberfläche der Gibbs-Energie für ein partiell mischbares System aus einem Lösungsmittel und zwei molekulareinheitlichen Polymeren. Das binäre System 1-2 weist begrenzte Mischbarkeit auf, die binären Systeme 1-3 und 2-3 sind völlig mischbar (R. Koningsveld).

linie tritt beim kritischen Punkt C für das reine Polymer $P_2$ auf. Nur bei echten binären Systemen kann daher der kritische Punkt mit dem Maximum der Trübungskurve identisch sein. Die kritischen Punkte für Polymermischungen liegen dagegen tiefer, d. h. bei größeren Volumenbrüchen des Polymeren. Der Schnittpunkt der Koexistenzkurve mit der Trübungskurve gibt den kritischen Punkt an (vgl. Abb. 6-14). Quantitative Berechnungen ergaben, daß der kritische Volumenbruch eines quasibinären Systems durch

(6-98) $$(\phi_2)_{\text{crit}} = (1 + \overline{X}_w \overline{X}_z^{-0,5})^{-1}$$

gegeben ist (vgl. dazu Gl. (6-95) für binäre Systeme). Der kritische Wechselwirkungsparameter ergibt sich zu

(6-99) $$(\chi_0)_{\text{crit}} = 0{,}5\,(1 + \overline{X}_z^{0,5}\,\overline{X}_w^{-1})\,(1 + \overline{X}_z^{-0,5})$$

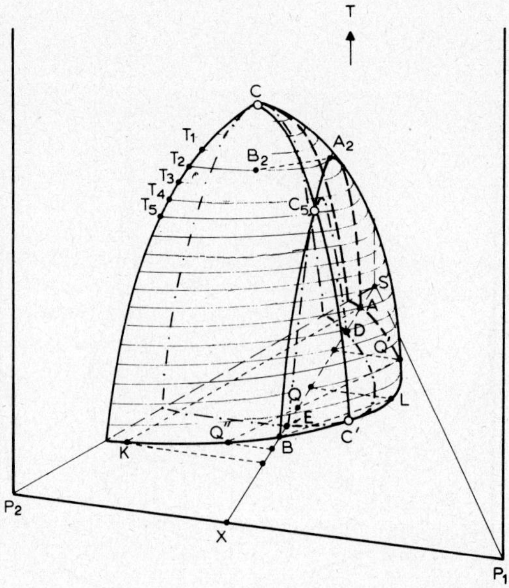


*Abb. 6-13:* Binodial-Oberfläche eines ternären flüssigen Systems mit einem zweiphasigen Bereich. $C_1C_2C_3$: Verbindungslinie der kritischen Punkte. $AC_2B$: quasibinärer Abschnitt (Trübungskurve). $DC_3E$: Binodiale des binären Systems O–$P_2$ (R. Koningsveld).

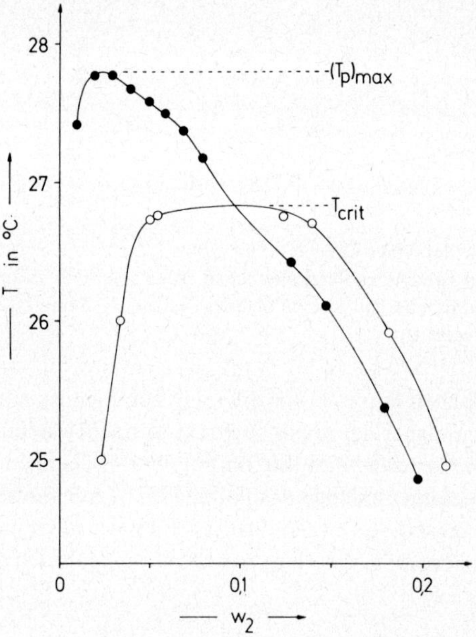


*Abb. 6-14:* Erste Fällungstemperaturen eines molekularuneinheitlichen Poly(styrols) mit $\overline{M}_z : \overline{M}_w : \overline{M}_n = 2{,}4 : 1{,}65 : 1$ und $\overline{M}_n = 210\ 000\ \text{g mol}^{-1}$ in Abhängigkeit vom Massenbruch $w_2$ des Polymeren (●–●–●). Die Kurve ○–○–○ gibt die Koexistenzkurve einer sechsprozentigen Ausgangslösung für verschiedene Temperaturen $T$ wieder, d.h. die Massenbrüche des Polymeren in den beiden koexistierenden Phasen (nach G. Rehage und D. Möller).

Die Differenz zwischen dem Volumenbruch des Gelösten im Maximum der Trübungskurve und dem kritischen Volumenbruch kann als Maß für die Molekularuneinheitlichkeit dienen. Entsprechendes gilt für die Differenz der maximalen Trübungstemperatur und der kritischen Entmischungstemperatur.

### 6.6.4 FRAKTIONIERUNG UND MIKROVERKAPSELUNG

Die Fraktionierung von Polymeren nach dem Molekulargewicht bildet die bedeutendste analytische Anwendung des Phänomens der Phasentrennung. Bei endothermen Systemen fallen bei einer Temperaturerniedrigung aus einer quasibinären Lösung zuerst die Polymeren mit den höchsten Molekulargewichten aus. Bei dieser „Fällung" handelt es sich selbstverständlich um eine Phasentrennung in eine hochkonzentrierte Gelphase und in eine an Polymeren verdünnte Solphase. Durch sukzessive Temperaturerniedrigung werden weitere Fraktionen isoliert und von jeder Fraktion Menge und Molekulargewicht bestimmt. Die Fraktionierung ist dabei so vorzunehmen, daß die erhaltenen Fraktionen möglichst gut die Molekulargewichtsverteilung wiedergeben. Nach Computer-Rechnungen auf der Basis der Flory-Huggins-Theorie wird dies am besten erreicht, indem man zuerst das Polymer in fünf Fraktionen aufteilt und dann jede Fraktion in drei Unterfraktionen zerlegt (oder umgekehrt). Die anfallenden Fraktionen müssen dabei nicht notwendigerweise eine viel engere Molekulargewichtsverteilung als die Ausgangssubstanz aufweisen. Sie kann im Gegenteil u.U. sogar viel breiter sein.

Da die Fällungstemperaturen oft in einem experimentell ungünstigen Bereich liegen, wird die Fällfraktionierung meist durch Zugabe eines Fällungsmittels bei konstanter Temperatur ausgeführt. Es ist dabei vorteilhaft, mit einer ca. einprozentigen Lösung in einem schlechten Lösungsmittel zu beginnen und als Fällungsmittel einen schwachen Nichtlöser zu verwenden. Um eine gute Fraktionierung zu erreichen, wird nach der eingetretenen Fällung wieder bis zum Lösen erwärmt und dann unter gutem Rühren erneut abgekühlt. Weitere Fraktionen werden durch sukzessive Zugabe von Fällungsmittel gewonnen.

Systeme aus einem Polymeren, einem Lösungsmittel und einem Nichtlösungsmittel sind technisch bei den sogenannten Mikroverkapselungsverfahren wichtig geworden. Bei diesem Verfahren wird die zu umhüllende Substanz (z.B. Ruß) in einer Lösung eines Polymeren dispergiert, so daß ein Zweiphasen-System vorliegt. Anschließend wird das gelöste Polymer als neue dritte flüssige Phase abgeschieden, was z. B. durch Zugabe eines Fällungsmittels erfolgen kann. Eine Lösung eines zweiten Polymeren wirkt ebenfalls als Fällungsmittel (vgl. nächstes Kapitel). In dieser dritten Phase liegt das Polymer in einer hochkonzentrierten Lösung in einem Gemisch aus Lösungsmittel und Fällungsmittel vor. Diese hochkonzentrierte Lösung umhüllt die zu umhüllende Substanz und baut eine dicke Wandschicht auf. Durch ständiges Rühren wird dafür gesorgt, daß die Teilchen nicht zusammenfließen. Anschließend wird die Wandschicht verfestigt, z. B. durch Abkühlung unter die Glastemperatur, durch Vernetzung usw. Es entstehen Kapseln mit Durchmessern zwischen $5 \cdot 10^{-3}$ und 5 mm, die das eingeschlossene Gut enthalten. Dieses Gut kann durch einen Druck auf die Kapseln, durch Auflösen, Aufschmelzen oder chemischen Abbau der Kapselwand freigesetzt werden. Die Mikroverkapselung wird vor allem bei Kohlepapieren (eingekapselter und daher bei bloßem Berühren nicht schwärzender Ruß), in der Pharmazie und im Klebstoffsektor angewendet.

### 6.6.5 ERMITTLUNG VON THETA-ZUSTÄNDEN

Bei binären Systemen ist die kritische Temperatur mit dem Maximum der Trübungskurve identisch (vgl. Kap. 6.6.3). Für die Abhängigkeit der kritischen Temperatur von Polymerisationsgrad des Gelösten ergibt sich durch Kombination der Gl. (6 - 49) und (6 - 96) unter Annahme von $\sigma = 0$.

$$(6-100) \qquad \frac{1}{T_{\text{crit}}} = \frac{1}{\Theta} + \frac{1}{\Theta\psi}\left(\frac{1}{X_2^{0,5}} + \frac{1}{2X_2}\right)$$

Bei unendlich hohem Polymerisationsgrad ist somit die kritische Mischungstemperatur mit der Theta-Temperatur identisch. Die Theta-Temperatur ist daher die kritische Mischungstemperatur eines Polymeren mit unendlich hohem Polymerisationsgrad.

Die von Gl. (6 – 100) geforderte Abhängigkeit der kritischen Mischungstemperatur vom Polymerisationsgrad wird nicht nur für binäre, sondern auch für quasibinäre Systeme gefunden (Abb. 6 – 15). Die Neigung der Geraden wird dabei durch den Entropieterm $\psi$ bestimmt. Ist dessen Wert sehr klein, so liegt die kritische Mischungstemperatur weit entfernt von der Theta-Temperatur. Poly(chloropren) in Butanon weist z. B. eine Theta-Temperatur von 298,2 K und einen Entropieterm von $\psi = 0{,}05$ auf. Für ein Molekulargewicht von 700 000 g $mol^{-1}$ beträgt somit die kritische Mischungstemperatur −73 °C. U.U. müssen also recht breite Temperaturintervalle untersucht werden, um die kritische Mischungstemperatur zu bestimmen.

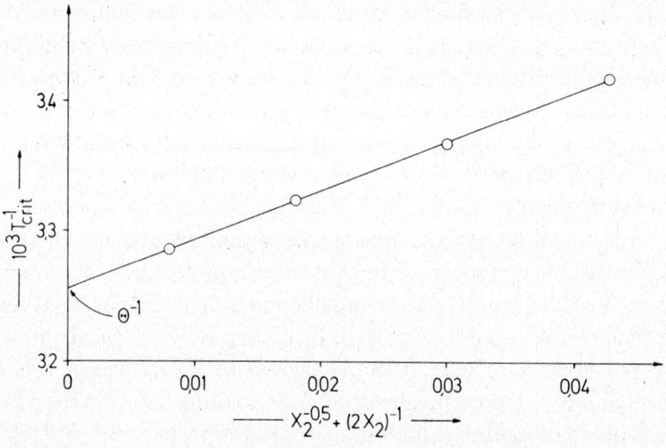


*Abb. 6-15:* Bestimmung der Theta-Temperatur aus der Abhängigkeit der kritischen Temperatur vom Polymerisationsgrad. Messungen an Poly(styrolen) in Cyclohexan (nach A. R. Shultz).

Die auf Gl. (6 – 100) basierende Methode zur Bestimmung der Theta-Temperatur setzt Messungen an verschiedenen Proben bekannten Polymerisationsgrades voraus und ist daher sehr aufwendig. Theta-Temperaturen können aber auch nach einem anderen Verfahren an einer einzigen Probe ermittelt werden, deren Molekulargewicht zudem nicht bekannt zu sein braucht. Das Verfahren wurde erstmals bei der Bestimmung von Theta-Mischungen gefunden und später auf die Bestimmung von Theta-Temperaturen von binären und quasibinären Systemen übertragen.

Das Verfahren arbeitet mit sehr verdünnten Lösungen, normalerweise im Bereich von $\phi_2$ zwischen $10^{-2}$ und $10^{-5}$. Bei der sog. Fällungspunkttitration werden verdünnte Lösungen des Polymeren bei konstanter Temperatur mit einem Nichtlösungsmittel auf die ersten Trübungspunkte titriert. Trägt man dann den Volumenbruch $\phi_3$ des Fällungsmittels im ersten Fällungspunkt gegen den Logarithmus des Volumenbruches $\phi_2$ des Polymeren im Fällungspunkt auf, so schneiden sich die bei polymerhomologen Substanzen erhaltenen Geraden nach experimentellen und theoretischen Befunden beim Volumenbruch $\phi_2 = 1$ in einem Punkt $(\phi_3)_\Theta$ (Abb. 6-16). Dieser Punkt entspricht einem Theta-Gemisch Lösungsmittel/Fällungsmittel für das Polymer bei dieser Temperatur.

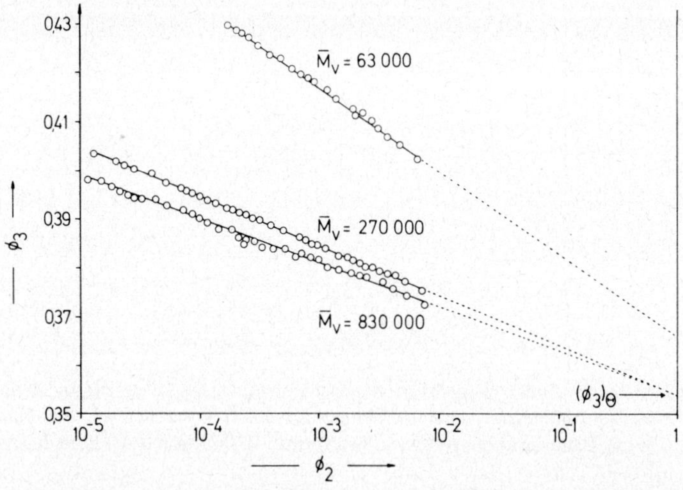


*Abb. 6-16:* Abhängigkeit des Volumenbruches $\phi_3$ des Fällungsmittels vom Logarithmus des Volumenbruches $\phi_2$ des Gelösten im ersten Trübungspunkt für Poly(styrole) verschiedenen Viskositätsmittels des Molekulargewichtes im System Benzol/i-Propanol bei 25 °C (nach A. Staško und H.-G. Elias).

In analoger Weise kann man die erste Trübung auch durch Temperaturerniedrigung anstelle durch Fällungsmittelzugabe erzeugen. Die Konzentrationsabhängigkeit der ersten Trübungstemperaturen wird dabei durch

$$(6-101) \qquad T_p^{-1} = \Theta^{-1} + \text{const.} \log \phi_2$$

beschrieben. Bei $\phi_2 = 1$ erhält man somit den Kehrwert der Theta-Temperatur.

Führt man die Messungen mit dem gleichen System Lösungsmittel/Fällungsmittel/Temperatur an Copolymeren verschiedener Zusammensetzung aus, so liegen die $(\phi_3)_\Theta$-Werte für die verschiedenen Gehalte $w_A$ der Copolymeren an der Bausteinsorte A auf einer Geraden (Abb. 6-17). Experimentell wurde gezeigt, daß die Methode nur auf die mittlere Zusammensetzung der Copolymeren anspricht, vorausgesetzt, es handelt sich um Copolymere mit genügend niedriger Uneinheitlichkeit von Molekül zu Molekül. Die erhaltenen Werte von $(\phi_3)_\Theta$ sind also unabhängig davon, ob es sich um alternierende, statistische oder verzweigte Copolymere, oder um Block- oder Pfropfcopolymere handelt. Mit dem Verfahren kann somit die Zusammensetzung von Copolymeren aufgeklärt werden. Es ist besonders interessant für die Untersuchung von Pfropfcopolymeren, da z. B. eine kleine Beimengung des Unipolymeren mit dem niedrigeren $(\phi_3)_\Theta$ nur diesen Wert ergibt und nicht den $(\phi_3)_\Theta$-Wert der mittleren Zusammensetzung des Gemisches. Wählt man nun umgekehrt ein anderes System Lösungsmittel/Fällungsmittel/Temperatur, in dem dieses Unipolymer jetzt einen höheren $(\phi_3)_\Theta$-Wert als das Copolymer aufweist, so läßt sich die Zusammensetzung des Copolymeren unabhängig von der Beimengung des Unipolymeren ermitteln.

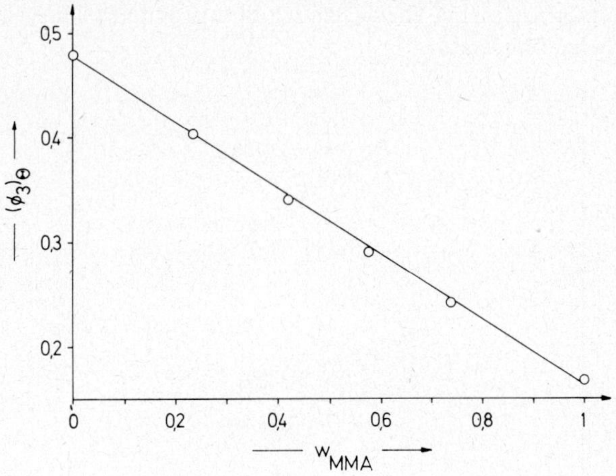


*Abb. 6-17:* Abhängigkeit der $(\phi_3)_\Theta$-Werte vom Gewichtsbruch $w_{MMA}$ der Methylmethacrylat-Bausteine in Poly(styrol-co-methylmethacrylaten). Lösungsmittel: Methylisopropylketon, Fällungsmittel: n-Hexan, Temperatur: 25 °C (nach H.-G. Elias und U. Gruber).

Die Molekulargewichtsverteilung kann, wenigstens im Prinzip, durch die Methode der Fällungstitration ermittelt werden.

Bei der Fällungstitration gibt man zu einer sehr verdünnten (ca. 0,01 %) Lösung unter Rühren laufend Fällungsmittel und beobachtet die Zunahme der Trübung als Funktion der Fällungsmittelmenge. Die erhaltene Trübungskurve ist ein qualitatives Maß für die Molekulargewichtsverteilung. Sie kann jedoch nur schwierig quantitativ ausgewertet werden, da die Trübung sich durch das Zusammenfließen der Tröpfchen während der Titration laufend ändert. Die Trübung ist daher nicht nur durch die Masse und Konzentration der Makromoleküle allein bedingt.

### 6.6.6 UNVERTRÄGLICHKEIT

In einem Gemisch von zwei verschiedenen Polymeren vertritt das Polymer 1 die Rolle des Lösungsmittels für das Polymer 2. In Gl. (6–34) werden in einem System Polymer 1/Polymer 2 die Polymerisationsgrade $X_1$ und $X_2$ vergleichbar groß. Für $\sigma = 0$ geht Gl. (6–34) daher über in

$$(6\text{–}102) \qquad \Delta\mu_1/RT = \chi_0\phi_2^2 + \ln(1-\phi_2)$$

Der ganze Entropiebeitrag stammt also dann vom relativ kleinen logarithmischen Glied. Der Flory-Huggins-Wechselwirkungsparameter $\chi_0$ wird aber wegen des hohen

Polymerisationsgrades $X_1$ sehr groß (vgl. Gl. (6–28)). Der numerische Vergleich der beiden Glieder ergibt, daß das chemische Potential schon bei sehr geringen Konzentrationen positiv wird. Gemische zweier Polymerer sind daher in der Regel thermodynamisch unverträglich. „Unverträglich" bedeutet dabei nicht, daß die beiden Polymeren über den ganzen Konzentrationsbereich unmischbar sind. Es bedeutet nur, daß in den praktisch wichtigen Konzentrationsbereichen Unverträglichkeit auftritt.

Die theoretische Aussage wird experimentell bestätigt. Von 281 untersuchten Polymerpaaren waren 239 mit Sicherheit unverträglich. Unverträglichkeit wird dabei auch für sehr ähnliche Polymere gefunden, z. B. für Poly(styrol)/Poly(p-methylstyrol). Nitrocellulose ist dagegen mit recht vielen Polymeren verträglich.

Für Mischungen von zwei Polymeren in einem gemeinsamen Lösungsmittel gilt sinngemäß das gleiche. Theoretische Berechnungen der Spinodalen zeigten, daß die Unverträglichkeit bei hohen Polymerkonzentrationen vom Wechselwirkungsparameter $\chi_{23}$ (Polymer/Lösungsmittel 3) abhängt. Bei tiefen Konzentrationen ist dagegen die Differenz zwischen den Wechselwirkungsparametern $\chi_{12}$ und $\chi_{13}$ wichtig. Falls diese beiden Wechselwirkungsparameter stark verschieden sind, wird man daher starke Lösungsmitteleinflüsse auf die Unverträglichkeit zweier Polymerer in verdünnten Lösungen beobachten. Das System Poly(styrol)/Poly(vinylmethyläther) ist z.B. in Toluol, Benzol und Perchloräthylen verträglich, nicht aber in Chloroform und Methylenchlorid. Bei hohen Polymerkonzentrationen gilt dagegen, daß die Unverträglichkeit in einem Lösungsmittel normalerweise von einer Unverträglichkeit in allen anderen Lösungsmitteln begleitet wird.

Unverträgliche Polymergemische geben sich in vielen Fällen rein optisch durch ihr opakes Aussehen im festen Zustand zu erkennen. Klare Proben sind dagegen kein Beweis für die Verträglichkeit zweier Polymerer, da eine Opazität nur bei genügend großen Brechungsunterschieden zwischen genügend großen Bereichen beobachtet wird (vgl. auch Kap. 15.3). Bei klaren Proben läßt sich daher eine Unverträglichkeit oft elektronenmikroskopisch nachweisen. Bei genügend großen Bereichen treten oft auch zwei Glastemperaturen auf, die sich bei unverträglichen Polymeren nicht mit der Zusammensetzung des Gemisches ändern.

Unverträglichkeit ist in der Technik nicht immer unerwünscht. Sie wird sogar technisch bei den Blockcopolymeren (vgl. Kap. 5.5.4) und bei den schlagfesten Polymeren (vgl. Kap. 11.6.3) ausgenutzt).

### 6.6.7 QUELLUNG

Bringt man ein chemisch vernetztes Makromolekül in verschiedene Lösungsmittel, so quillt es im Gleichgewicht je nach Güte des Lösungsmittels verschieden stark auf (Abb. 6–18). Die Quellung erfolgt bis zu einem Grenzwert, da das Lösungsmittel versucht, das Gel völlig aufzulösen. Wegen der chemischen Vernetzung werden aber die elastischen Rückstellkräfte wirksam. Im Quellungsgleichgewicht gilt folglich

$$(6-103) \qquad \Delta G = \Delta G_{mix} + \Delta G_{el} = 0$$

wobei $\Delta G_{mix}$ die Gibbs-Mischungsenergie und $\Delta G_{el}$ die Gibbs-Energie der Elastizität ist. Für das chemische Potential des Lösungsmittels im Gel gilt folglich

$$(6-104) \qquad \Delta \mu_1^{gel} = N_L (\partial \Delta G_{mix} / \partial N_1)_{p,T,N_2} + N_L (\partial \Delta G_{el} / \partial N_1)_{p,T,N_2} = 0$$

mit

(6–105) $N_L(\partial \Delta G_{el}/\partial \alpha)_{N_2,p,T}(\partial \alpha/\partial N_1)_{N_2,p,T} = N_L(\partial \Delta G_{el}/\partial N_1)_{N_2,p,T}$

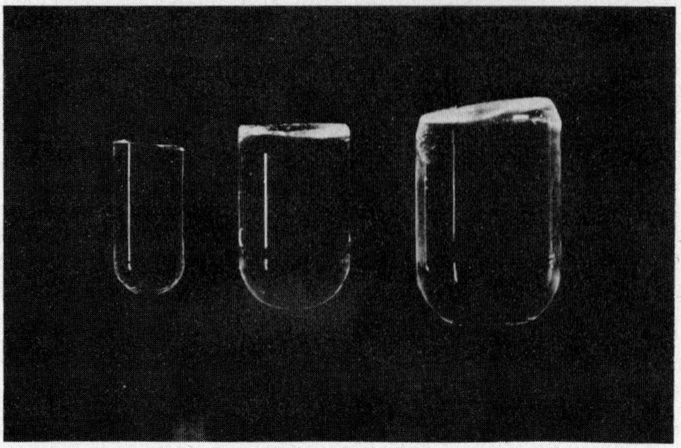

*Abb. 6-18:* Einfluß der Güte des Lösungsmittels auf die Quellung schwach vernetzter Proben von Polystyrol (Vernetzung mit Divinylbenzol). Von links nach rechts: ungequollene Probe, Quellung im schlechten Lösungsmittel Cyclohexan ($\chi_0$ hoch), Quellung im guten Lösungsmittel Benzol ($\chi_0$ niedrig).

Die drei Differentiale in den Gl. (6–104) und (6–105) lassen sich wie folgt ermitteln:

1. Das chemische Potential des Lösungsmittels

   (6–106) $\Delta\mu_1 = (\partial \Delta G/\partial n_1)_{p,T,n_2} = N_L(\partial \Delta G/\partial N_1)_{p,T,N_2}$

   ist durch Gl. (6–34) gegeben. Für unendlich hohe Polymerisationsgrade ($X_2 \to \infty$) in niedermolekularen Lösungsmitteln ($X_1 = 1$) erhält man für $\sigma = 0$ mit $R/N_L = k$

   (6–107) $(\partial \Delta G_{mix}/\partial N_1)_{p,T,N_2} = kT(\chi_0 \phi_2^2 + \ln(1-\phi_2) + \phi_2)$

2. Die Gibbssche Energie der Elastizität hängt nach der Ableitung in Kap. 11.3.3 außer vom Aufweitungsfaktor $\alpha = \alpha_x = \alpha_y = \alpha_z$ noch von der effektiven Molkonzentration $\nu_e$ an Ketten im Netzwerk vor der Vernetzung ab. Mit $\Delta G_{el} = -T\Delta S$ erhält man aus der Gl. (11–31)

   (6–108) $\Delta G_{el} = 0{,}5\ kT\nu_e(3\alpha^2 - 3 - \ln \alpha^3)$

   bzw. nach der Differentiation

   (6–109) $(\partial \Delta G_{el}/\partial \alpha)_{p,T,N_2} = 0{,}5\ kT\nu_e(6\alpha - 3\alpha^{-1})$

3. Ein vernetztes Polymer mit dem Volumen $V_0$ im ungequollenen Zustand quillt bis zum Volumen $V$. Bei einer isotropen Ausdehnung gilt $\alpha^3 = V/V_0 = \phi_2^{-1}$. Falls die Volumina additiv sind, gilt ferner $\phi_2 = V_0/(V_1 + V_0) =$

$V_0/(N_1 V_1^m N_L^{-1} + V_0)$. Durch Einsetzen all dieser Beziehungen in den Ausdruck für $\alpha$ und Differentiation erhält man

$$(6-110) \qquad (\partial\alpha/\partial N_1)_{p,T,N_2} = V_1^m/(3\,\alpha^2 V_0 N_L)$$

Die Kombination der Gl. (6–104), (6–105), (6–107), (6–109) und (6–110) führt nach einigen Umformungen zu

$$(6-111) \qquad \chi_0 \phi_2^2 + \ln(1-\phi_2) + \phi_2 = -(\nu_e V_1^m V_0^{-1} N_L^{-1})(\phi_2^{1/3} - (\phi_2/3))$$

Falls man daher den Flory-Huggins-Wechselwirkungsparameter durch andere Messungen kennt, läßt sich aus dem beobachteten Volumenbruch des Polymeren im Gel die effektive Zahl der Netzketten berechnen.

Gl. (6–111) beschreibt recht gut das Verhalten schwach gequollener, schwach vernetzter Polymerer. Bei stark vernetzten Substanzen sind natürlich die Beiträge der Wechselwirkung Polymer/Lösungsmittel und der Verdünnung durch das Lösungsmittel gegenüber dem Elastizitätsterm zu vernachlässigen. Hochvernetzte Polymere quellen daher in verschieden guten Lösungsmitteln gleich stark, aber selbstverständlich nur wenig.

### 6.6.8 KRISTALLINE POLYMERE

Alle bislang diskutierten Ableitungen gelten nur für die Entmischung in zwei flüssige Phasen. Bei kristallinen Polymeren erfolgt jedoch die Phasentrennung in eine kristalline und eine flüssige Phase. Für die Änderung des chemischen Potentials der gelösten Substanz in der Solphase gilt nach Gl. (6–4):

$$(6-112) \qquad d\mu_i^{sol} = \widetilde{V}_i^m\, dp - \widetilde{S}_i^m\, dT + RT\, d\ln a_i^m$$

Bei einem kristallinen Material ist die Aktivität definitionsgemäß gleich 1:

$$(6-113) \qquad d\mu_i^{cr} = V_i^m\, dp - S_i^m\, dT$$

Im Lösegleichgewicht sind die chemischen Potentiale in beiden Phasen gleich groß:

$$(6-114) \qquad d(\mu_i^{sol} - \mu_i^{cr}) = (\widetilde{V}_i^m - V_i^m)\, dp - (\widetilde{S}_i^m - S_i^m)\, dT + RT\, d\ln a_i = 0$$

Bei einem isotherm/isobaren Prozeß gilt $dp = 0$ und $dT = 0$ und folglich auch $d\ln a_i = 0$, d. h. $a_i = const.$ Im Lösegleichgewicht kristalliner Substanzen kann daher eine bestimmte Sättigungsgrenze nicht überschritten werden. Eine kristalline Substanz ist daher im Gegensatz zu einer amorphen Substanz nur begrenzt löslich. Da diese Sättigungsgrenze von der Aktivität abhängt und Zusätze die Aktivität verändern, wird auch die Sättigungskonzentration durch Zusätze erniedrigt (Aussalzen) oder erhöht (Einsalzen).

Der Schmelzpunkt $T_{cr}$ eines Systems aus einem molekulareinheitlichen Polymeren und einem Lösungsmittel hängt stark von der Konzentration des Polymeren ab. Das chemische Potential des Polymeren in der kristallinen Phase ist mit der Gibbsschen Schmelzenergie $\Delta G_M^m$ identisch

$$(6-115) \qquad \mu_2^{cr} - \mu_2^0 = \Delta G_M^m = \Delta H_M^m - T_{cr}\,\Delta S_M^m = \Delta H_M^m (1 - T_{cr}\,\Delta S_M^m/\Delta H_M^m)$$

Am Schmelzpunkt des unverdünnten Polymeren gilt $T_M^\infty = \Delta H_M^m / \Delta S_M^m$, sodaß Gl. (6–115) übergeht in

$$\mu_2^{cr} - \mu_2^0 = \Delta H_M^m (1 - (T_{cr}/T_M^\infty)) \qquad (6\text{–}116)$$

Die Schmelzenthalpie und die Schmelzentropie werden als temperaturunabhängig angenommen. Im Gleichgewicht gilt ferner

$$\mu_2^{cr} - \mu_2^0 = \mu_2^{sol} - \mu_2^0 \qquad (6\text{–}117)$$

Einsetzen der Gl. (6–116) und (6–35) in Gl. (6–117) führt zu

$$\frac{1}{T_{cr}} = \frac{1}{T_M^\infty} + \frac{R}{\Delta H_M^m} \left[ X_2 X_1^{-1} (\chi_0 + 2\sigma\phi_2)(1-\phi_2)^2 + (1 - X_2 X_1^{-1})(1-\phi_2) + \ln \phi_2 \right] \qquad (6\text{–}118)$$

Nach Gl. (6–118) sollte also der Schmelzpunkt bei einer Phasentrennung in eine flüssige und eine kristalline Phase mit steigender Konzentration des Lösungsmittels abnehmen. Dieses Verhalten wird z. B. bei Lösungen des Poly(äthylens) in Xylol beobachtet (Abb. 6–19).

Bei Lösungen in schlechten Lösungsmitteln kann jedoch der Flory-Huggins-Wechselwirkungsparameter oberhalb einer bestimmten Temperatur seinen kritischen Wert überschreiten. In diesem Fall tritt dann bei kristallinen Polymeren unterhalb einer bestimmten Polymerkonzentration eine Trennung in zwei flüssige Phasen auf. Ein Beispiel dafür ist die Lösung von Poly(äthylen) in Nitrobenzol (Abb. 6–19).

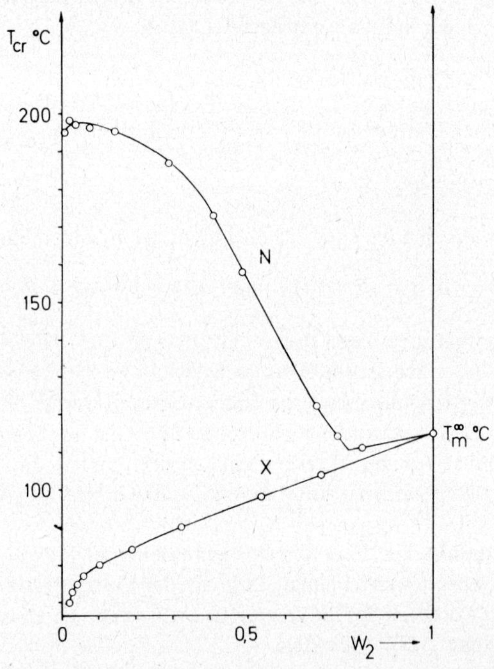


*Abb. 6-19:* Kristallisationstemperatur $T_{cr}$ von Poly(äthylen) in Xylol (X) bzw. Nitrobenzol (N) als Funktion des Gewichtsbruches $W_2$ des Polymeren (nach R. B. Richards).

## Anhang A – 6

In Gl. (6–45) tritt das Exzeß-Potential und nicht das Potential selbst aus dem folgenden Grunde auf. Damit die Gittertheorie der Lösungen angewendet werden kann, muß ein genügend kleines Lösungsvolumen betrachtet werden, da nur hier die Segmentverteilung homogen genug ist. In einem kleinen Lösungsvolumen ist aber kein ganzes Molekül mehr vorhanden, d. h. der Term $X_1/X_2$ strebt gegen null. Da dieser Term aber auch das ideale Verhalten repräsentiert, muß Gl. (6–45) das Exzeß-Verhalten wiedergeben.

## Literatur zu Kap. 6


*6.1 Grundlagen*

P. J. Flory, Principles of Polymer Chemistry, Cornell University Press, Ithaca, N.Y. 1953
H. Tompa, Polymer Solutions, Butterworth, London 1956
H. Morawetz, Macromolecules in Solution, Interscience, New York 1965
P. J. Flory, Statistical Mechanics of Chain Molecules, Interscience, New York 1969
V. N. Tsvetkov, V. Ye. Eskin und S. Ya. Frenkel, Structure of Macromolecules in Solution, Butterworth, London 1970
G. C. Berry und E. F. Casassa, Thermodynamic and Hydrodynamic Behavior of Dilute Polymer Solutions, Macromol. Revs. **4** (1970) 1
H. Yamakawa, Modern Theory of Polymer Solutions, Harper und Row, New York 1971

*6.2 Löslichkeitsparameter*

J. L. Gardon, Cohesive-Energy Density, in H. F. Mark, N. G. Gaylord und N. M. Bikales, Hrsg., Encyclopedia of Polymer Science and Technology, Interscience, New York 1966, Vol 3, p. 833

*6.3 Statistische Thermodynamik*

D. Patterson, Thermodynamics of Non-Dilute Polymer Solutions, Rubber Chemistry and Technology **40** (1967) 1
H. Sotobayashi und J. Springer, Oligomere in verdünnten Lösungen, Adv. Polymer Sci. **6** (1969) 473
D. J. R. Laurence, Interactions of Polymers with Small Ions and Molecules, in B. Carroll, Hrsg., Physical Methods in Macromolecular Chemistry, Dekker, N. Y., Vol. 2, 1972
B. E. Conway, Solvation of Synthetic and Natural Polyelectrolytes, J. Macromol. Sci. **C 6** (1972) 113
A. Katchalsky, Polyelectrolytes, in IUPAC-International Symposium on Macromolecules, Leiden 1970 (= Pure and Applied Chemistry **26** (1971) Nos. 3–4, p. 327
F. Oosawa, Polyelectrolytes, Dekker, New York 1971
N. Ise, The Mean Activity Coefficient of Polyelectrolytes in Aqueous Solutions and Its Related Properties, Adv. Polymer Sci. **7** (1971) 536

*6.5 Assoziation*

H.-G. Elias, Association and Aggregation as Studied via Light Scattering, in M. B. Huglin, Hrsg., Light Scattering from Polymer Solutions, Academic Press, London 1972
H.-G. Elias, Association of Snthetic Polymers, in K. Solc, Hrsg., Order in Polymer Solutions (= Midland Macromol. Monographs, Vol. 2), Gordon and Breach, New York 1975

*6.6 Phasentrennung*

M. J. R. Cantow, Hrsg., Polymer Fractionation, Academic Press, New York 1967
R. Konigsveld, Preparative and Analytical Aspects of Polymer Fractionation, Adv. Polymer Sci. 7 (1970) 1
W. V. Smith, Fractionation of Polymers, Rubber Chem. Technol. **45** (1972) 667
B. A. Wolf, Zur Thermodynamik der enthalpisch und entropisch bedingten Entmischung von Polymerlösungen, Adv. Polymer Sci. **10** (1972) 109
S. Krause, Polymer Compatibility, J. Macromol. Sci. **C 7** (1972) 251
H.-G. Elias, Cloud point and turbidity titrations, in L. H. Tung, Hrsg., Fractionation of Synthetic Polymers, M. Dekker, New York, im Druck

## 7 Transportphänomene

Transportiert werden können Materie, Energie, Ladung, Impuls und Drehimpuls. Die Viskosität von Gasen ist durch einen Transport von Impuls bedingt. Energie wird z. B. bei der Wärmeleitung transportiert. Der Transport von Materie erfolgt durch Diffusion, im Zentrifugalfeld durch Sedimentation und im elektrischen Feld z. B. durch Elektrophorese.

### *7.1 Hydrodynamisch wirksame Größen*

Beim Transport von Materie in einer Lösung sind die hydrodynamisch wirksame Masse und das hydrodynamisch wirksame Volumen nicht mit der Masse und dem Volumen des „trockenen" Makromoleküls identisch. Ein Proteinmolekül wie z. B. Myoglobin schleppt in seinem Innern beim Transport Lösungsmittel mit, das zum Reibungswiderstand beiträgt.

Die hydrodynamisch wirksame Masse $m_h$ eines wandernden Moleküls setzt sich aus der Masse $m_2$ des „trockenen" Makromoleküls mit dem Molekulargewicht $M_2$ und aus der Masse $m_1^\square$ des mit diesem Makromolekül transportierten Lösungsmittels zusammen. Drückt man diese Masse des Lösungsmittels als Vielfaches $\Gamma_h = m_1^\square/m_2$ der Masse des Polymeren aus, so erhält man für die hydrodynamisch wirksame Masse eines Moleküls

$$(7-1) \qquad m_h = m_2 + m_1^\square = m_2(1+\Gamma_h) = M_2(1+\Gamma_h)/N_L$$

Das totale hydrodynamisch wirksame Volumen $V_h$ setzt sich analog aus den Volumina des trockenen Makromoleküls und des mitwandernden Lösungsmittels zusammen, wobei die Volumina durch die spezifischen Volumina $v_2$ und $v_1^\square$ ersetzt werden können:

$$(7-2) \qquad V_h = V_2 + V_1^\square = v_2 m_2 + v_1^\square m_1 = M_2(v_2 + \Gamma_h v_1^\square)/N_L$$

Das spezifische Volumen $v_1^\square$ des Lösungsmittels im Makromolekül ist verschieden vom spezifischen Volumen $v_1$ des reinen Lösungsmittels, da ein Teil des im Makromolekül vorhandenen Lösungsmittels in eine spezifische Wechselwirkung (Solvatation) mit dem Makromolekül treten wird. Ein anderer Teil wird rein mechanisch mitgeschleppt. Das totale Volumen $V$ der Lösung aus dem Lösungsmittel mit der totalen Masse $m_1$ und dem trockenen Makromolekül mit der Masse $m_2$ ergibt sich daher zu

$$(7-3) \qquad V = m_2 v_2 + (m_1 - m_1^\square)\, v_1 + m_1^\square v_1^\square$$

und mit $\Gamma_h = m_1^\square/m_2$

$$(7-4) \qquad V = m_2 v_2 + m_1 v_1 + \Gamma_h m_2 (v_1^\square - v_1)$$

In einer sehr verdünnten Lösung ist $\Gamma_h$ konstant und unabhängig von der Konzentration. Das partielle spezifische Volumen des Gelösten ergibt sich durch Differentiation der Gl. (7-4) in diesem Fall zu

(7-5) $\widetilde{v}_2 = (\partial V/\partial m_2)_{p,T,m_1} = v_2 + \Gamma_h(v_1^\square - v_1)$

Die Kombination der Gl. (7-2) und (7-5) führt zu

(7-6) $V_h = (M_2/N_L)(\widetilde{v}_2 + \Gamma_h \widetilde{v}_1)$

Das hydrodynamische Volumen hängt daher stark vom Faktor $\Gamma_h$ ab. $\Gamma_h$ ist nach diesen Betrachtungen ein Maß für die innerhalb eines Makromoleküls durch Solvatation und/oder rein mechanisch mitgeschleppte Menge Lösungsmittel.

## *7.2 Diffusion in verdünnten Lösungen*

### 7.2.1 GRUNDLAGEN

Bei den Diffusionsprozessen werden die Translationsdiffusion, die Rotationsdiffusion und die Thermodiffusion voneinander unterschieden. Die Translationsdiffusion wird meist als Diffusion schlechthin angesehen. Sie besteht im isothermen Ausgleich von Materie zwischen zwei Phasen unterschiedlicher Konzentration. Als Rotationsdiffusion wird die Drehung von Molekülen und Partikeln um ihre eigene Achse bezeichnet. Thermodiffusion ist der Ausgleich von Materie unter der Wirkung eines Temperaturgradienten.

Zur Ableitung der elementaren Gesetze für die Translationsdiffusion sei angenommen, daß sich die Teilchen oder Moleküle zufällig um Beträge $L$ verschieben. In der Zeiteinheit bewegen sich die Teilchen dadurch eindimensional um eine absolute Strecke $\Delta r$ in der positiven oder negativen Richtung (Abb. 7-1). Diese Bewegung läßt sich durch die Irrflugstatistik beschreiben und führt für das Mittel über die Quadrate der Verschiebung $\overline{\Delta r^2}$ nach $N$ Schritten bzw. nach der entsprechenden Zeit $t$ zu (vgl. die analoge Ableitung für die Verknüpfung des Fadenendenabstandes mit der Bindungslänge in Kap. A 4):

(7-7) $\overline{\Delta r^2} = NL^2$

Die für die Strecke $L$ benötigte Zeit $\tau$ ist gleich dem Quotienten aus der für die Strecke $\Delta r$ benötigten Zeit $t$ und der Anzahl der Schritte $N$ ($\tau = t/N$). Gl. (7-7) wird damit zu:

(7-8) $\overline{\Delta r^2}/t = L^2/\tau$

$\overline{\Delta r^2}/t$ und folglich auch $L^2/\tau$ sind nach den Experimenten für die einzelnen Systeme Konstanten. Wählt man ein Zeitintervall von der Größe $\mathrm{d}t = \tau$ aus, so wird folglich auch $\Delta r \approx \mathrm{d}r = L$ und Gl. (7-8) läßt sich schreiben als

(7-9) $\mathrm{d}r = [(L^2/\tau)\,\mathrm{d}t]^{0,5} = L$

Es sei weiter angenommen, daß die Diffusion durch eine hypothetische Grenzfläche zwischen zwei Kammern mit den mittleren Konzentrationen $c$ bzw. $(c + (\partial c/\partial r)\mathrm{d}r)$ erfolgt (Abb. 7-1). Alle Teilchen in der linken Kammer entfernen

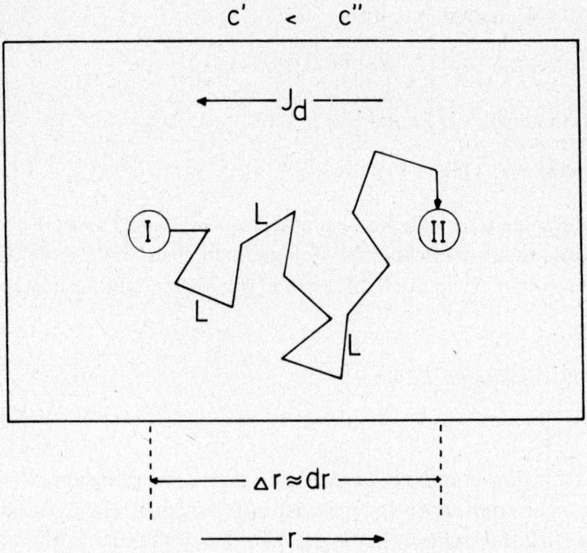


*Abb. 7-1:* Schematische Darstellung des Diffusionsprozesses. Ein Teilchen wandert aus der Kammer mit der Konzentration c′ in eine Kammer mit der Konzentration c″. Zur betrachteten Zeit ist die Hälfte der Teilchen aus dem Volumelement I durch die Grenzfläche in das Volumelement II gewandert und umgekehrt. Wegen $c' < c''$ erfolgt der beobachtbare Fluß $J_d$ von c″ nach c′.

sich durch die Brown'sche Bewegung von ihren ursprünglichen Plätzen. Die Hälfte wandert nach links, die andere Hälfte durch die Grenzfläche nach rechts. Die Hälfte der Teilchen der rechten Kammer passiert gleichfalls die Grenzfläche. Der Nettodurchtritt an Masse ist daher, bezogen auf die Fläche $A$

(7-10) $$\frac{c\,\mathrm{d}r}{2} - \frac{(c + (\partial c/\partial r)\,\mathrm{d}r)\,\mathrm{d}r}{2} = -\frac{\partial c\,(\mathrm{d}r)^2}{2\,\partial r} \equiv \frac{\partial m}{A}$$

In der Zeiteinheit passieren somit die Grenzfläche

(7-11) $$\frac{\mathrm{d}m}{A\mathrm{d}t} = -\left[\frac{\partial c\,(\mathrm{d}r)^2}{2\,\partial r}\right]/\mathrm{d}t$$

Mit der Definition des Flusses $J_\mathrm{d}$

(7-12) $$J_\mathrm{d} \equiv \mathrm{d}m/(A\mathrm{d}t)$$

und der Gl. (7-9) erhält man das 1. Ficksche Gesetz

(7-13) $$J_\mathrm{d} = -(L^2/2\tau)\,(\partial c/\partial r) = -D\,(\partial c/\partial r)$$

wobei der Ausdruck

(7-14) $$D = L^2/(2\,\tau)$$

als Einstein-Smoluchowskische Gleichung bezeichnet wird.

Bei Lösungen von Polymeren mißt man meist nicht die Verschiebung der Masse und folglich auch nicht $J_d$, sondern die Änderung der Konzentration d$c$ mit der Zeit. Während der Diffusion muß das Gesetz der Erhaltung der Masse gelten, d. h. die hydrodynamische Kontinuitätsbedingung (Prüfung durch Einsetzen von Gl. (7 – 12) unter Berücksichtigung der entgegengesetzten Vorzeichen von Fluß und Konzentrationsänderung):

(7–15) $(\partial c/\partial t) = -(\partial J_d/\partial r)$

Durch Kombination dieser Gleichung mit Gl. (7 – 13) gelangt man zum 2. Fickschen Gesetz

(7–16) $$\frac{\partial c}{\partial t} = \frac{\partial (D(\partial c/\partial r))}{\partial r}$$

Ist der Diffusionskoeffizient $D$ unabhängig von der Konzentration $c$ und damit auch vom Weg $r$, so geht Gl. (7 – 16) über in

(7–17) $\partial c/\partial t = D(\partial^2 c/\partial r^2)$

Der Diffusionskoeffizient $D$ ist weiterhin mit dem Reibungskoeffizienten $f_D$ verknüpft. Die Reibungskraft $F_r$ nimmt mit der Geschwindigkeit d$r$/d$t$ der Teilchen zu; die Proportionalitätskonstante ist der Reibungskoeffizient $f_D$ :

(7–18) $F_r = f_D \, (\mathrm{d}r/\mathrm{d}t)$

Am Ende des betrachteten Zeitintervalls d$t$ ist die Hälfte der Teilchen in die eine der beiden Richtungen um den mittleren Betrag d$r$ verschoben worden. Jedes Teilchen behält im Mittel seine ursprüngliche kinetische Energie $E$ bei, d. h. die durch den Diffusionsprozeß verschobene Energie pro Teilchen ist

(7–19) $E = 0{,}5\,(RT/N_L)$

Im betrachteten Zeitintervall nimmt jedes Teilchen die Energie $E$ von einem anderen Teilchen auf und gibt sie an ein drittes Teilchen wieder ab. Da sich an diesem Prozeß die in beiden Richtungen wandernden Teilchen beteiligen, sind im Mittel zwei mal zwei Energieeinheiten zu berücksichtigen. Diese Energie ist gleich der von der Reibungskraft über die Strecke d$r$ geleisteten Arbeit, d. h. es gilt $4E = F_r \mathrm{d}r$ oder mit den Gl. (7 – 18) und (7 – 19)

(7–20) $f_D \, (\mathrm{d}r/\mathrm{d}t)\,\mathrm{d}r = 4\,(0{,}5\,RT/N_L)$

Die Kombination der Gl. (7 – 9), (7 – 14) und (7 – 20) führt zur Einstein-Sutherland-Gleichung, die den Diffusionskoeffizienten $D$ mit dem Reibungskoeffizienten $f_D$ verknüpft

(7–21) $D = RT/(f_D N_L)$

### 7.2.2 EXPERIMENTELLE METHODEN

Das 2. Ficksche Gesetz in der Form von Gl. (7 - 17) kann für verschiedene Randbedingungen gelöst werden. Eine verhältnismäßig einfache Lösung ergibt sich für den Fall, daß beim Beginn des Experiments zur Zeit $t = 0$ eine unendlich scharfe Grenzfläche ($\mathrm{d}r = 0$) zwischen zwei Lösungen mit den Konzentrationen $c'$ und $c''$ besteht ($\Delta c = c' - c''$). Die Diffusion soll ferner nur über einen so großen Zeitraum beobachtet werden, daß an den Enden des Diffusionsraumes immer noch die Ausgangskonzentrationen erhalten bleiben. Die Integration der Gl. (7 - 17) liefert dann

$$(7-22) \qquad c\,(r,t) = \left(\frac{c'-c''}{2}\right)[1-(2/\pi^{0,5})\int_{r_0}^{r} \exp(-(r-r_0)^2/4\,Dt)\,\mathrm{d}r]$$

Die für diese Randbedingungen geforderte scharfe Grenzfläche wird experimentell durch eine Reihe von Diffusionszellen verwirklicht. Bei den Schieberzellen teilt ein Schieber die untere, mit der dichteren Lösung beschickte Kammer von der oberen mit der weniger dichten Lösung (meist Lösungsmittel). Beim Beginn des Diffusionsexperimentes wird dann der Schieber herausgezogen. Eine andere Diffusionszelle arbeitet nach dem Unterschichtungsprinzip. Die Kammer ist hier zunächst zur Hälfte mit der weniger dichten Lösung gefüllt. Durch ein Ventil wird dann am Boden der Kammer die dichtere Lösung eingelassen, und zwar so lange, bis die Grenzschicht zwischen den beiden Lösungen die Mitte des Beobachtungsfensters erreicht. In dieser Position sind rechtwinklig zu den Zellenfenstern Schlitze angebracht, durch die die Grenzschicht abgesaugt und somit geschärft werden kann.

Das Fortschreiten der Diffusion kann z. B. durch Absorptionsmessungen (sichtbares Licht, UV, IR) oder durch Interferenzmessungen verfolgt werden. Beide Typen von Verfahren registrieren eine der Konzentration proportionale Größe als Funktion des Ortes bei konstanter Zeit (oder umgekehrt) und erfüllen daher die Bedingung der Gl. (7 - 22). Durch eine geeignete optische Methode, das Schlierenverfahren, kann man aber auch den Konzentrationsgradienten $\mathrm{d}c/\mathrm{d}r$ als Funktion des Ortes aufnehmen. Zur Auswertung der Experimente nach dem Schlierenverfahren ist Gl. (7 - 22) zu differenzieren:

$$(7-23) \qquad \partial c/\partial r = -[0{,}5\,(c'-c'')/(\pi D t)^{0,5}]\exp[-(r-r_0)^2/(4\,Dt)]$$

Die über die Gl. (7-22) bzw. (7-23) ermittelten Diffusionskoeffizienten hängen in der Regel noch von den Konzentrationen der Ausgangslösungen ab. Alle bisherigen Gleichungen bezogen sich dagegen auf unendlich verdünnte Lösungen. Die Konzentrationsabhängigkeit des Diffusionskoeffizienten läßt sich bei verdünnten Lösungen meist durch

$$(7-24) \qquad D_c = D\,(1+k_D c)$$

wiedergeben. Die Konstante $k_D$ enthält einen hydrodynamischen und einen thermodynamischen Term und nimmt in einer polymerhomologen Reihe im allgemeinen mit steigendem Molekulargewicht ab. Der bei einer endlichen Konzentration $c$ gemessene Diffusionskoeffizient $D_c$ bezieht sich auf das Mittel zwischen den beiden Ausgangskonzentrationen, d.h. bei der Messung einer Konzentration $c_0$ gegen das reine Lösungsmittel auf die Konzentration $c_0/2$. $D_c$ und damit auch $D$ werden je nach Auswertemethode bei polymolekularen Stoffen als verschiedene Mittelwerte erhalten.

### 7.2.3 MOLEKULARE GRÖSSEN

Der Diffusionskoeffizient $D$ (bei $c \to 0$) ist nach Gl. (7–21) mit dem Reibungskoeffizienten $f_D$ verknüpft. $f_D$ und damit $D$ hängen von einer Reihe molekularer Größen ab, wie man aus folgenden Überlegungen sieht. Für den Reibungskoeffizienten $f_{Kugel}$ einer unsolvatisierten Kugel von homogener Dichte gilt nach Stokes $f_{Kugel} = 6\,\pi\,\eta_1\,r_{Kugel}$. Dabei ist $\eta_1$ die Viskosität des Lösungsmittels. Bei einer solvatisierten Kugel tritt an die Stelle des Radius $r_{Kugel}$ der hydrodynamisch wirksame Radius $r_h$. Die Abweichung der Teilchenform von der Gestalt einer unsolvatisierten Kugel wird durch einen Asymmetriefaktor $f_A = f_D/f_{Kugel}$ beschrieben. Für den Reibungskoeffizienten $f_D$ eines solvatisierten Teilchens beliebiger Form erhält man somit für $c \to 0$

$$(7\text{–}25) \quad f_D = f_A\,(6\,\pi\,\eta_1\,r_h)$$

Das Volumen $V_h = (4\,\pi/3)\,r_h^3$ wird durch Gl. (7–6) ausgedrückt und der Reibungskoeffizient $f_D$ durch Gl. (7–21). Für den Diffusionskoeffizienten $D$ erhält man daher

$$(7\text{–}26) \quad D = \left(\frac{RT}{6\,\pi\,\eta_1 N_L f_A}\right)\left[\frac{3\,M_2}{4\,\pi\,N_L}\,(\widetilde{V}_2 + \Gamma_h\,\widetilde{V}_1)\right]^{-1/3}$$

Der Diffusionskoeffizient $D$ läßt sich nach Gl. (7–26) nicht ohne weiteres molekular interpretieren, da er außer von den bekannten bzw. meßbaren Größen $R$, $T$, $N_L$, $\eta_1$, $\widetilde{V}_2$ und $v_1$ noch von drei Unbekannten abhängt: dem Molekulargewicht $M_2$, dem Asymmetriefaktor $f_A$ und dem Parameter $\Gamma_h$. Für unsolvatisierte Kugeln ist $f_A = 1$ und $\Gamma_h = 0$. In einer homologen Reihe solcher Kugelmoleküle nimmt der Diffusionskoeffizient $D$ folglich mit $M^{-1/3}$ ab. In einer homologen Reihe von Molekülen anderer Formen ist noch die Molekulargewichtsabhängigkeit von $f_A$ und $\Gamma_h$ zu berücksichtigen. Allgemein findet man für solche Reihen empirisch

$$(7\text{–}27) \quad D = K_D M_2^{a_D}$$

$K_D$ und $a_D$ sind Konstanten, die noch von der Form und Solvatation der Moleküle abhängen. $a_D$ läßt sich durch die Exponenten der Beziehungen zwischen Molekulargewicht und anderen hydrodynamischen Größen ausdrücken (vgl. Gl. (8–56)).

Die Diffusionskoeffizienten $D$ von Makromolekülen in verdünnten Lösungen weisen Werte von ca. $10^{-7}$ cm²/s auf (Tab. 7–1). Die Diffusionskoeffizienten der

*Tab. 7-1:* Diffusionskoeffizienten $D$ von Makromolekülen in verdünnten Lösungen

| Makromolekül | Molekulargewicht g/mol Molekül | Lösungsmittel | Temperatur °C | $10^7\,D$ cm²/s |
|---|---|---|---|---|
| Ribonuclease | 13 683 | Wasser | 20 | 11,9 |
| Hämoglobin | 68 000 | Wasser | 20 | 6,9 |
| Kollagen | 345 000 | Wasser | 20 | 0,69 |
| Myosin | 493 000 | Wasser | 20 | 1,16 |
| Desoxyribonucleinsäure | 6 000 000 | Wasser | 20 | 0,13 |
| Poly(methylmethacrylat) | 34 100 | Aceton | 20 | 17,4 |
| ,, | 280 000 | ,, | 20 | 4,65 |
| ,, | 580 000 | ,, | 20 | 1,15 |
| ,, | 935 000 | ,, | 20 | 0,85 |
| ,, | 200 000 | Butylchlorid | 35,6 | 7,18 |

Proteine Ribonuclease, Hämoglobin, Kollagen und Myosin sowie der Desoxyribonuclease wurden in verdünnten wässrigen Salzlösungen gemessen. Sie wurden unter der Annahme, daß die Diffusionskoeffizienten in diesen Salzlösungen und in reinem Wasser sich nur durch den Einfluß der unterschiedlichen Viskosität und nicht durch geänderte Asymmetriekoeffizienten und Solvatationskoeffizienten unterscheiden, auf Messungen in reinem Wasser umgerechnet. Die Diffusionskoeffizienten von Makromolekülen in Schmelzen sind viel geringer und liegen bei ca. $10^{-12}$ bis $10^{-13}$ $cm^2/s$.

## *7.3 Permeation durch Festkörper*

### 7.3.1 GRUNDLAGEN

Befindet sich ein Gas auf beiden Seiten einer Membran unter verschiedenen Drucken, so löst sich das Gas in der Membran auf der Seite mit dem höheren Druck und permeiert durch die Membran auf die Seite des geringeren Druckes. Die Permeation erfolgt auch in Abwesenheit makroskopischer Poren, und zwar durch Platzwechselprozesse mit dem Membranmaterial. Bei genügend niedriger Löslichkeit der Gase in der Membran ist die Konzentrationsdifferenz $\Delta c$ nach dem Henry'schen Gesetz proportional der Druckdifferenz $\Delta$p

(7–28) $\Delta c = S\,\Delta p$

Die Proportionalitätskonstante ist der Löslichkeitskoeffizient $S$.

Die nach der Einstellung des Löslichkeitsgleichgewichtes einsetzende Diffusion ist in der Regel der geschwindigkeitsbestimmende Schritt der Permeation. Im stationären Zustand wird die Diffusion durch das 1. Fick'sche Gesetz erfaßt (Gl. (7–13)). Ist der Diffusionskoeffizient $D$ unabhängig von der Konzentration, so kann $\mathrm{d}c$ durch die Konzentrationsdifferenz $\Delta c$ ersetzt werden und $\mathrm{d}r$ durch die Dicke $L_m$ der Membran

(7–29) $-J_d = D\,\Delta c/L_m$

Die Kombination der Gl. (7–28) und (7–29) liefert

(7–30) $-J_d = DS\,(\Delta p/L_m) = P(\Delta p/L_m)$

Das Produkt $DS$ wird Permeabilität $P$ genannt.

### 7.3.2 EXPERIMENTELLE METHODEN

Erzeugt man zur Zeit $t = 0$ eine bestimmte Druckdifferenz zu beiden Seiten einer Membran mit der Dicke $L_m$, die vorher noch nicht mit dem Gas in Berührung war, so beobachtet man in der Regel eine Zeit $t_1$, in der noch kein merklicher Durchtritt des Gases stattfindet (Abb. 7–2). Diese Zeit $t_1$ ist, wie eine längere theoretische Rechnung zeigt, mit dem Diffusionskoeffizienten $D$ des Gases in der Membran verknüpft:

(7–31) $D = L_m^2/(6\,t_1)$

Nach dem Durchbruch nimmt die transportierte Gasmenge linear mit der Zeit $t$ zu. Für $J_d$ gilt nach Gl. (7-12) unter Berücksichtigung der Einstellzeit $t_1$

$$(7-32) \quad \Delta m = J_d A (t - t_1)$$

Aus den Gl. (7-30) bis (7-32) bekommt man

$$(7-33) \quad \Delta m = \frac{DSA\,\Delta p}{L_m}\left(t - \frac{L_m^2}{6D}\right)$$

Aus der Einstellzeit $t_1 = L_m^2/6\,D$ läßt sich daher der Diffusionskoeffizent $D$ und aus der Neigung der Funktion $\Delta m = f(t)$ bei bekannter Membranfläche $A$ und Membrandicke $L_m$ sowie konstanter Druckdifferenz $\Delta p$ der Löslichkeitskoeffizient $S$ ermitteln.

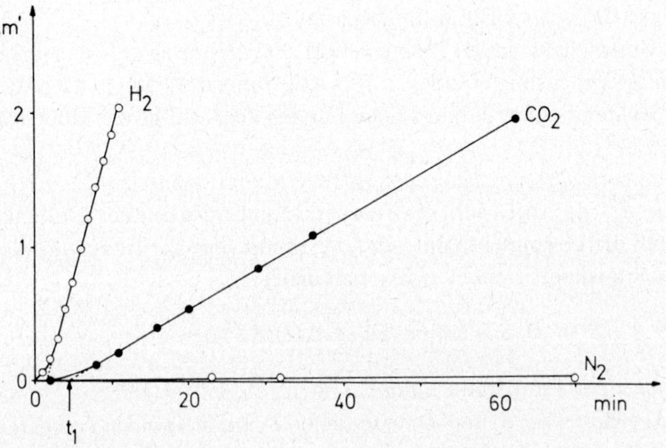


*Abb. 7-2:* Zeitabhängigkeit der Permeation von verschiedenen Gasen durch eine Folie aus einem Styrolcopolymeren bei 25 °C. Die Änderung $\Delta m'$ ist bei der gewählten Versuchsanordnung proportional der Massenänderung $\Delta m$ (nach P. Goeldi und H.-G. Elias).

### 7.3.3 EINFLUSS DER KONSTITUTION

Die Permeation von Gasen durch Membranen oder Folien wird nach den Gl. (7-30) bzw. (7-33) sowohl durch den Diffusionskoeffizienten $D$ als auch den Löslichkeitskoeffizienten $S$ bestimmt. Der Diffusionskoeffizient nimmt für eine gegebene Membran im Großen und Ganzen mit steigendem Molekulargewicht des Gases ab (Tab. 7-2). Da der Löslichkeitskoeffizient $S$ jedoch von der Wechselwirkung des Gases mit dem Membranmaterial abhängt, besteht keine allgemeine Beziehung zwischen dem Molekulargewicht des Gases und dem Permeabilitätskoeffizienten $P$.

Der Diffusionskoeffizient eines Gases in einer Membran ist umso niedriger, je größer der Weg ist, den das Gas zurücklegen muß. Sperrige Grundbausteine, Füllstoffe und kristalline Bereiche setzen daher den Diffusionskoeffizienten herab (Umwegfaktor). Je flexibler die Ketten des Membranmaterials sind, umso geringer ist die Aktivierungsenergie für die Diffusion, umso größer ist auch der Diffusionskoeffizient.

*Tab. 7-2:* Permeabilitätskoeffizient $P$, Diffusionskoeffizient $D$ und Löslichkeitskoeffizient $S$ verschiedener Gase in vulkanisiertem cis-1,4-Poly(isopren) bei 25 °C (nach R. M. Barrer)

| Gas | $M$ g/mol | $10^7 \cdot P$ (cm²/s)/bar | $10^7$ $D$ cm²/s | S (cm³/cm³)/bar |
|---|---|---|---|---|
| $H_2$ | 2 | 3,4 | 85 | 0,040 |
| $N_2$ | 28 | 0,51 | 15 | 0,035 |
| $O_2$ | 32 | 1,5 | 21 | 0,070 |
| $CO_2$ | 44 | 10,0 | 11 | 0,90 |

Die Löslichkeit polarer Gase ist in polaren Membranmaterialien im allgemeinen höher als diejenige apolarer Gase. Im einzelnen bestehen jedoch erhebliche Unterschiede. Der Permeabilitätskoeffizient $P$ ist z.B. für Sauerstoff in Cellulose 900 mal, in Poly(vinylchlorid) $4{,}8 \cdot 10^4$ mal, in Poly(äthylen) $6{,}6 \cdot 10^5$ mal und in Poly(dimethylsiloxan) sogar $10^8$ mal größer als in Poly(vinylalkohol).

Diese Unterschiede in der Permeabilität sind technisch sehr bedeutsam. Verpakkungsfolien für Lebensmittel sollen z. B. wenig Sauerstoff durchlassen. Umgekehrt verlangt man bei Membranen für künstliche Lungen eine sehr große Sauerstoffdurchlässigkeit.

Die Temperaturabhängigkeit der Diffusionskoeffizienten wird durch die Aktivierungsenergie $E_D^\ddagger$ der Diffusion, die Temperaturabhängigkeit der Löslichkeitskoeffizienten durch die Lösungsenthalpie $\Delta H$ bestimmt. Für die Temperaturabhängigkeit der Permeabilitätskoeffizienten erhält man daher

$$(7\text{-}34) \qquad P = DS = (D_0 S_0) \exp(-(E_D^\ddagger + \Delta H)/RT)$$

Mit steigender Temperatur nimmt $S$ meist ab und $D$ meist zu. Je nach der Temperaturabhängigkeit von $S$ und $D$ wird daher $P$ mit steigender Temperatur größer oder kleiner werden.

Permanente Gase zeigen in amorphen Membranen oberhalb der Glastemperatur immer das durch Gl. (7-33) beschriebene ideale Verhalten. Bei Dämpfen und unterhalb der Glastemperatur des Membranmaterials beobachtet man aber in der Regel ein thermodynamisch nichtideales Verhalten. Für diese „anomale" Diffusion können verschiedene Effekte verantwortlich sein: Quellung des Membranmaterials, Änderung der Kristallinität durch die Quellung, Kondensation der Dämpfe in der Membran, Übergang vom Glaszustand in die „Schmelze" durch eine Weichmachung durch das eindringende Lösungsmittel usw.

Die Permeation von Flüssigkeiten, vor allem von Wasser, spielt bei der Witterungsbeständigkeit von Kunststoffen eine große Rolle. Sie ist außerdem ein analytisches Problem bei der Trocknung von Polymeren. Dampft man Lösungen von Polymeren ein, so beobachtet man häufig, daß ein beträchtlicher Teil der Lösungsmittel selbst oberhalb der Siedepunkte nicht aus dem Polymeren entfernt werden kann. Diese Inklusion kann z. B. bis zu 20% bei $CCl_4$ in Poly(styrol) und bis zu 10% bei Dimethylformamid in Poly(acrylnitril) beitragen. Eine unberücksichtigte Inklusion verfälscht die Analysenwerte. Sie tritt auf, weil die Permeation von Flüssigkeiten (Lösungsmittel, Monomere usw.) durch Polymere unterhalb ihrer Glastemperatur sehr gering ist. Eine Inklusion kann am besten durch Gefriertrocknung der Polymerlösungen vermieden werden. Dazu werden ca. 1 – 10 %ige Lösungen des Polymeren in Lösungsmitteln mit genügend hohen Schmelzpunkten und leichter Verdampfbarkeit (z. B. Benzol, Dioxan, Wasser, Ameisensäure) schlagartig eingefroren und das Lösungsmittel anschließend absublimiert. Dieses Verfahren entfernt die Lösungsmittel fast vollständig. Da das zurückbleibende Polymer jedoch eine große Oberfläche aufweist und darum leicht Feuchtigkeit aufnimmt, ist es zweckmäßig, es nach der Gefriertrocknung vorsichtig zusammenzusintern. Inklusion wird auch vermieden, wenn man dem Lösungsmittel vor dem Eindampfen einen Nichtlöser zusetzt, der mit dem Lösungsmittel ein Azeotrop bildet. Eine andere Möglichkeit ist, das Polymer in einem schlechten Lösungsmittel zu lösen und in ein starkes Fällungsmittel auszufällen.

## *7.4 Rotationsdiffusion und Strömungsdoppelbrechung*

In einer verdünnten Lösung von anisotropen Teilchen (z. B. Stäbchen) liegen die Längsachsen der Teilchen im Ruhezustand unter allen möglichen Winkeln zum räumlichen Koordinatensystem verteilt. Diese Winkelverteilung der Längsachsen wird durch ein von außen angelegtes Feld gestört. Die Längsachsen orientieren sich mehr oder weniger stark je nach Art des Feldes und seiner Wechselwirkung mit den Teilchen parallel oder senkrecht zur Richtung des Feldes. Eine solche Orientierung kann z. B. durch ein elektrisches Feld (Kerr-Effekt) oder durch ein magnetisches Feld (Cotton-Mouton-Effekt) erzwungen werden. Nach dem Abschalten des Feldes stellen sich die Teilchen durch Rotationsdiffusion wieder in ihre Gleichgewichtslage ein. Für den Rotationsdiffusionskoeffizienten $D_r$ gilt eine analoge Gleichung wie für den normalen Diffusionskoeffizienten $D$ (vgl. Gl. (7 – 21)), mit einem Reibungskoeffizienten für die Rotation $f_r$:

(7–35) $$D_r = RT/(f_r N_L)$$

Für die stäbchenförmigen Teilchen des Tabakmosaikvirus von 280 nm Länge wurden z. B. bei Zimmertemperatur Rotationsdiffusionskoeffizienten von 550 $s^{-1}$ gefunden. Die Stäbchen brauchen also 1/550 = 0,0018 s, um in ihre Ruhelage zurückzukehren.

Eine Orientierung der Teilchen kann statt durch elektrische oder magnetische Felder auch rein mechanisch durch eine erzwungene Strömung erzielt werden. Eine derartige Strömung mit einem linearen Geschwindigkeitsgradienten läßt sich erzeugen, wenn man die zu untersuchende Flüssigkeit in einen engen Spalt zwischen zwei konzentrische Zylinder bringt (7 – 3). Der eine der beiden Zylinder dreht sich (Rotor), der andere ruht (Stator). Durch die partielle Orientierung der anisotropen Moleküle sind die Brechungsindices $n$ rechtwinklig bzw. parallel zur Strömungsrichtung verschieden. Die Differenz $\Delta n = n_{\perp} - n_{\parallel}$ dieser beiden Brechungsindices wird als Doppelbrechung bezeichnet.

Betrachtet man die rotierende Lösung unter gekreuzten Nicols, so beobachtet man ein dunkles Kreuz auf einem hellen Untergrund. Der Effekt kommt wie folgt zustande. Tritt planpolarisiertes Licht durch eine isotrope Lösung, so erfolgt völlige Auslöschung. Lösungen mit partiell orientierten anisotropen Teilchen verursachen unter den gleichen Bedingungen eine Auslöschung nur an den Stellen, wo die optische Achse der anisotropen Teilchen parallel zur Polarisationsebene des Polarisators oder des Analysa-

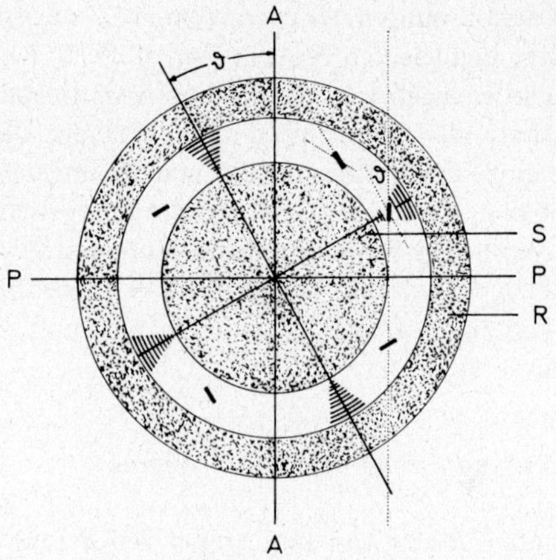


*Abb. 7-3:* Schematische Darstellung der Strömungsdoppelbrechung von ellipsoidförmigen Teilchen zwischen dem Stator S und dem Rotor R.
A —— A bzw. P —— P: Polarisationsebenen des Analysators bzw. Polarisators.
$\vartheta$ = Extinktionswinkel.

tors (Abb. 7-3) ist. Damit gibt es vier Positionen für die Auslöschung. Wie man aus Abb. 7-3 sieht, liegen alle eingezeichneten Teilchen unter einem Winkel $\vartheta$ zur Tangente an eine Kreisbewegung. Nur an den vier Stellen des Kreuzes sind sie aber auch parallel zu den Polarisationsebenen A – A bzw. P – P, wie es für das Teilchen im rechten oberen Quadranten gezeigt ist. Experimentell findet man, daß das Kreuz bei kleinen Gradienten unter Winkeln von 45°, bei sehr großen Gradienten unter Winkeln von 0° mit den beiden Schwingungsebenen liegt. Der kleinere der Winkel zwischen den Schwingungsebenen und dem schwarzen Kreuz wird als Extinktionswinkel $\vartheta$ bezeichnet. $\vartheta$ variiert folglich von 45° bei kleinen zu 0° bei großen Strömungsgradienten. Der Extinktionswinkel ist daher ein Maß für die Ausrichtung der Teilchen im Strömungsfeld, die Stärke der Doppelbrechung ein Maß für die Intensität der Orientierung.

Der Ausrichtung der Moleküle wirkt die Rotationsdiffusion entgegen. Sie wird umso schneller sein, je kleiner die Moleküle sind. Für ein bestimmtes Achsenverhältnis der Molekel besteht daher eine untere Grenze für die noch erfaßbare Länge. Sie liegt bei ca. 20 nm. Noch kürzere Moleküle erfordern so hohe Strömungsgradienten, daß die Strömung turbulent wird und die Voraussetzungen für die Messung und Auswertung nicht mehr gegeben sind. Steife lange Moleküle erfordern umgekehrt nur niedrige Gradienten. So beobachtet man z. B. beim Tabakmosaikvirus schon einen starken Effekt bei Geschwindigkeitsgradienten von ca. 5 $s^{-1}$. Bei den flexiblen Knäueln des Poly(styrols) ist dagegen selbst bei $10^4\,s^{-1}$ nur eine geringe Strömungsdoppelbrechung beobachtbar. Die Methode wird daher hauptsächlich bei starren Makromolekülen angewendet und liefert dort die Länge der Teilchen.

## *7.5 Elektrophorese*

Die Wanderung von elektrisch geladenen Teilchen mit der Masse $m$ und der Ladung $Q$ unter der Wirkung eines einheitlichen elektrischen Feldes mit der Feldstärke

$E$ wird als Elektrophorese bezeichnet. Derartige Teilchen können biologische Zellen, Kolloide, Makromoleküle oder niedermolekulare Substanzen sein. An sich elektrisch neutrale Teilchen können durch geeignete Komplexbildung elektrophoretisch beweglich gemacht werden. Ein Beispiel dafür ist die Bildung von Boratkomplexen bei Polysacchariden:

$$(7-36) \quad H_2BO_3^- + \begin{array}{c} HO \\ HO \end{array}\!\!\!\!>\!\!\!R\!\sim\!\sim \;\rightleftarrows\; \left[\begin{array}{c} HO \\ HO \end{array}\!\!\!\!>\!\!\!B\!\!\!<\!\!\!\begin{array}{c} O \\ O \end{array}\!\!\!\!>\!\!\!R\!\sim\!\sim\right]^- + H_2O$$

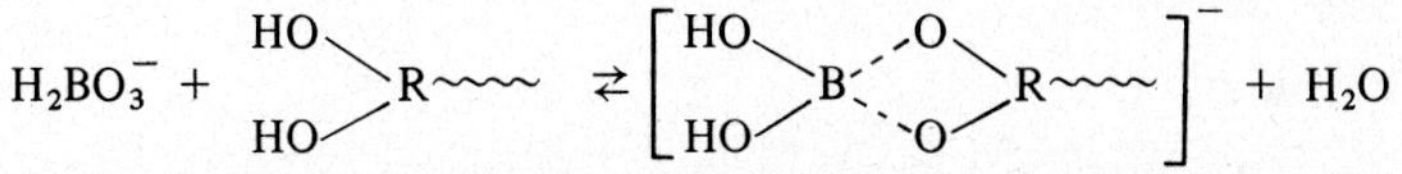

Bei der freien Elektrophorese, auch Tiselius-Elektrophorese genannt, wandern die Teilchen in einem Lösungsmittel, meist wässrige Salzlösungen. Bei der Trägerelektrophorese bewegen sie sich in einem gequollenen Träge (z. B. Papier, Stärkegel, vernetztes Poly(acrylamid)).

Die Wanderung wird mit der Kraft $QE$ erzwungen. Ihr entgegen wirkt die Reibungskraft $f(\mathrm{d}l/\mathrm{d}t)$. $f$ ist dabei der Reibungskoeffizient und $\mathrm{d}l/\mathrm{d}t$ die Wanderungsgeschwindigkeit. Die Resultierende dieser beiden Kräfte ist nach dem zweiten Newtonschen Gesetz durch $m\,(\mathrm{d}^2 l/\mathrm{d}t^2)$ gegeben. Es gilt also:

$$(7-37) \quad m\,(\mathrm{d}^2 l/\mathrm{d}t^2) = QE - f(\mathrm{d}l/\mathrm{d}t)$$

oder aufgelöst

$$(7-38) \quad \mathrm{d}l/\mathrm{d}t = (QE/f)\,(1 - \exp[-(f/m)t])$$

Der Quotient $f/m$ beträgt bei molekularen Teilchen ca. $(10^{12} - 10^{14})\,\mathrm{s}^{-1}$. Für Zeiten größer als $10^{-11}$ s reduziert sich also Gl. (7-38) zu

$$(7-39) \quad \mathrm{d}l/\mathrm{d}t = QE/f$$

Die elektrophoretische Beweglichkeit $\mu$ wird als Wanderungsgeschwindigkeit unter der Wirkung eines elektrischen Feldes von 1 V/cm definiert. Nach Einsetzen der Einstein-Sutherland-Gleichung (Gl. 7-21) erhält man daher mit der Gl. (7-39)

$$(7-40) \quad \mu = (\mathrm{d}l/\mathrm{d}t)/E = N_L\,QD/(RT)$$

Die Elektrophorese wird in der Wissenschaft zur Analyse und Trennung von geladenen Teilchen aufgrund von deren unterschiedlichen elektrophoretischen Beweglichkeiten eingesetzt. Bei der Analyse von Proteingemischen hängt der erhaltbare scheinbare Anteil z. B. des Proteins $A$ außer von der totalen Proteinkonzentration noch von der Ionenstärke $\Gamma$ ab. Man trägt daher die scheinbaren Anteile von $A$ gegen $c/\Gamma$ auf und extrapoliert auf $(c/\Gamma) \to 0$.

In der Technik nutzt man die Elektrophorese bei der Elektrotauchlackierung oder elektrophoretischen Lackierung aus. Der zu lackierende Metallgegenstand wird z. B. als Anode geschaltet. Die negativ geladenen Teilchen (meist Latexteilchen) wandern nach Anlegen eines elektrischen Feldes zur Anode und werden dort als Film abgeschieden. Darauf setzt eine Elektroosmose ein, d. h. eine Austreibung von Wassermolekülen. Der Festkörpergehalt der Polymerschicht wird dadurch bis auf 95 % erhöht. Anschließend kann noch eine Elektrolyse stattfinden, wodurch restliches Wasser und gelöste Ionen entfernt werden. Die Elektrotauchlackierung gestattet im Gegensatz zu anderen automatischen Lackierverfahren eine gleichmäßige Beschichtung von schwer zugänglichen Ecken und Kanten. Außerdem arbeitet sie mit Wasser und nicht mit organischen Lösungsmitteln, sodaß die kostspieligen Anlagen zur Rückgewinnung der Lösungsmitteldämpfe fortfallen. Die Elektrotauchlackierung wird daher zunehmend für die Lackierung von Autokarrosserien eingesetzt.

## 7.6 *Viskosität*

### 7.6.1 BEGRIFFE

Es sei ein unendlich langes, ebenes Band betrachtet, das mit einer Geschwindigkeit $v$ (cm/s) durch eine Flüssigkeit zwischen zwei parallelen, unendlich langen Platten mit dem Abstand $y$ läuft. In unmittelbarer Nähe der Platten wird die Flüssigkeit ruhen, in unmittelbarer Nähe des Bandes sich dagegen ebenfalls mit der Geschwindigkeit $v$ fortbewegen. Zwischen Platte und Band besteht somit ein Geschwindigkeitsgefälle $D = dv/dy$ mit der Einheit $s^{-1}$. $D$ wird auch Geschwindigkeitsgradient oder Schergeschwindigkeit genannt.

Dieses Bandviskosimeter läßt sich wegen der Dichtungsschwierigkeiten an den beiden Enden nur für extrem hochviskose Massen realisieren. Die Eigenschaften eines Bandviskosimeters weisen aber in guter Näherung die Rotationsviskosimeter vom Couette-Typ auf (vgl. Kap. 9.5.2). Bei den Couette-Viskosimetern dreht sich ein Rotor um einen Stator (oder umgekehrt). Zwischen dem Rotor und dem Stator befindet sich die viskose Flüssigkeit. Falls der Spalt zwischen Rotor und Stator genügend eng ist, bleibt das Geschwindigkeitsgefälle über den ganzen Abstand konstant (Abb. 7-4).

Bei laminaren Strömungen von Flüssigkeiten in einer Kapillare ist $dv/dy$ jedoch nicht konstant, sondern ändert sich mit dem Abstand $y$ von der Wand. Am Rand der ruhenden Kapillaroberfläche ist das Geschwindigkeitsgefälle am größten, in der Kapillarmitte ist $D = dv/dy = 0$ (Abb. 7-4).

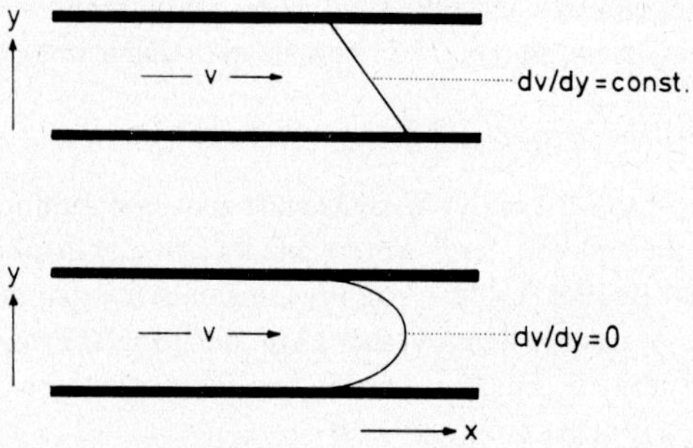


*Abb. 7-4:* Definition der Geschwindigkeitsgefälle $dv/dy$ bei einer Strömung mit der Geschwindigkeit $v$ zwischen zwei parallelen Platten bzw. einem Stator und einem Rotor (oben) oder in einer Kapillare (unten). Bei den Platten ist für alle Abstände $y$ das Geschwindigkeitsgefälle $dv = dy$ const. Bei der Kapillaren ist in der Kapillarmitte $dv/dy = 0$.

Das Geschwindigkeitsgefälle gibt somit die Änderung der Geschwindigkeit zweier vorbeifließender Schichten mit dem Abstand senkrecht zur Strömungsrichtung an. An der Berührungsfläche zwischen den beiden Schichten wirken folglich in Zugrichtung wirkende Kräfte. Sie werden Scher-, Schub-, oder Tangentialkräfte genannt. Das Verhältnis von Scherkraft $K$ zu Berührungsfläche $A$ heißt Scher- oder Schubspannung $\sigma_{ij}$.

Für viele niederviskose Flüssigkeiten besteht nach dem Newton'schen Gesetz

$$(7\text{-}41) \quad \sigma_{ij} = \eta D = \eta\,(\mathrm{d}v/\mathrm{d}y)$$

eine direkte Proportionalität zwischen Geschwindigkeitsgefälle $D$ und Schubspannung $\sigma_{ij}$. Der Proportionalitätsfaktor $\eta$ wird als Viskosität oder Zähigkeit bezeichnet, sein Kehrwert $1/\eta$ als Fluidität.

Flüssigkeiten, die das Newton'sche Gesetz befolgen, werden Newton'sche Flüssigkeiten genannt. Bei nicht-Newton'schen Flüssigkeiten ändert sich die aus dem Quotienten $\sigma_{ij}/D$ berechenbare Größe $\eta$ noch mit dem Geschwindigkeitsgefälle bzw. mit der Schubspannung. $\eta$ ist bei nicht-Newton'schen Flüssigkeiten daher eine scheinbare Viskosität. Für die Grenzfälle $D \to 0$ bzw. $\sigma_{ij} \to 0$ gilt jedoch immer die Gl. (7-41). Schmelzen und Lösungen von Makromolekülen zeigen oft nicht-Newton'sches Verhalten. Nicht-Newton'sche Flüssigkeiten werden in dilatante, strukturviskose, thixotrope und rheopexe Flüssigkeiten eingeteilt.

Bei dilatanten Flüssigkeiten nimmt $D$ schwächer als proportional mit $\sigma_{ij}$ zu, bei strukturviskosen Flüssigkeiten stärker als proportional zu (Abb. 7-5). Anders ausgedrückt: bei strukturviskosen Flüssigkeiten nimmt die scheinbare Viskosität $\eta_{app} = \sigma_{ij}/D$ mit steigender Schubspannung $\sigma_{ij}$ ab, bei dilatanten Flüssigkeiten dagegen zu. Die Fluiditäten nehmen dagegen bei strukturviskosen Flüssigkeiten mit steigendem $\sigma_{ij}$ zu, bei dilatanten ab. Bei $D \to 0$ weisen sowohl dilatante als auch strukturviskose Flüssigkeiten ein Newton'sches Verhalten auf. Strukturviskose Körper werden in der angelsächsischen Literatur oft als pseudoplastisch bezeichnet.

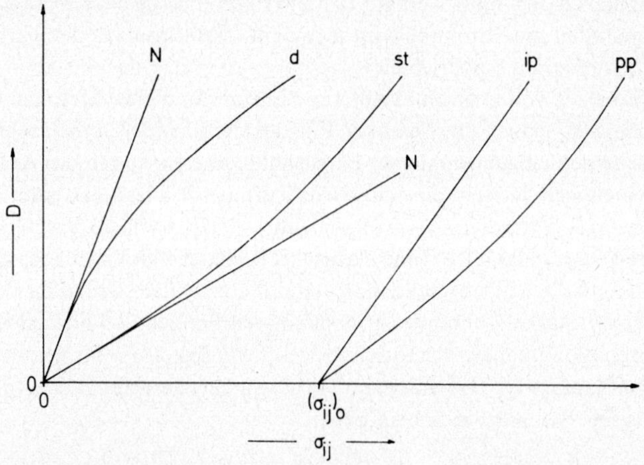


*Abb. 7-5:* Schematische Darstellung der Funktion Schergeschwindigkeit $D = f$ (Schubspannung $\sigma_{ij}$) für Newtonsche (N), dilatante (d), strukturviskose (st), idealplastische (ip) und pseudoplastische (pp) Flüssigkeiten. $(\sigma_{ij})_0$ = Fließgrenze.

Ein strukturviskoses Verhalten tritt auf, wenn sich asymmetrische starre Teilchen in einer Strömung ausrichten und/oder flexible Knäuel durch das Geschwindigkeitsgefälle deformiert werden. Im ersteren Fall sollte die Strukturviskosität wegen der Wechselwirkung zweier Teilchen mit dem Quadrat der Konzentration, im zweiten Fall nur mit der Konzentration selbst variieren. Dilatanz ist bei Schmelzen und Lösungen von Makromolekülen selten, kommt aber bei Dispersionen vor.

Plastische Körper werden auch Bingham-Körper genannt. Sie zeigen eine Fließgrenze (Abb. 7 – 5). Als Fließgrenze (engl. yield value) wird der Mindestwert von $\sigma_{ij}$ bezeichnet; oberhalb dessen eine Variation von D mit $\sigma_{ij}$ eintritt, d.h. oberhalb $(\sigma_{ij})_0$. Idealplastische Körper verhalten sich oberhalb ihrer Fließgrenze wie Newton'sche Flüssigkeiten. Pseudoplastische Körper zeigen dagegen oberhalb $(\sigma_{ij})_0$ ein strukturviskoses Verhalten. Die Plastizität bzw. die Fließgrenze wird als Auflösen von Assoziaten gedeutet. Eine Plastizität ist besonders bei Lacken erwünscht.

Bei Newton'schen, dilatanten und strukturviskosen Flüssigkeiten sowie bei Bingham-Körpern stellt sich bei einer Änderung der Schubspannung praktisch momentan das dazugehörige Geschwindigkeitsgefälle bzw. die entsprechende scheinbare Viskosität ein. Bei einigen Flüssigkeiten ist jedoch eine merkliche Einstellungszeit erforderlich, d.h. die scheinbare Viskosität ist noch zeitabhängig. Nimmt die scheinbare Viskosität bei konstanter Schubspannung bzw. bei konstantem Geschwindigkeitsgefälle mit zunehmender Zeit ab, so spricht man von thixotropen Flüssigkeiten. Flüssigkeiten werden dagegen als rheopex oder antithixotrop bezeichnet, wenn die scheinbare Viskosität mit der Zeit zunimmt. Die Thixotropie wird als zeitabhängiges Zusammenbrechen von Ordnungsstrukturen gedeutet. Für die Rheopexie fehlt ein anschauliches molekulares Bild.

Erhöht man die Fließgeschwindigkeit niedermolekularer Flüssigkeiten sehr stark, so treten als Folge der Oberflächenrauhigkeiten der Wände zusätzliche Geschwindigkeitskomponenten auf. Diese Störungen des laminaren Fließens werden mit steigender Durchflußgeschwindigkeit schließlich so groß, daß sie nicht mehr durch die Viskosität der Flüssigkeit gedämpft werden. Die einzelnen Flüssigkeitsschichten strömen nicht mehr parallel: die Strömung wird turbulent. Das Einsetzen der Turbulenz wird durch die Reynoldszahl beschrieben.

Bei Schmelzen von makromolekularen Substanzen beobachtet man den gleichen Effekt. Weil es sich jedoch um elastische Flüssigkeiten handelt, erhält man zusätzlich noch elastische Schwingungen kleiner Flüssigkeitsteilchen. Durch das Aufschaukeln dieser Schwingungen entsteht eine elastische Turbulenz. Diese elastische Turbulenz tritt schon bei viel geringeren Geschwindigkeiten als die normale Turbulenz auf, d. h. bei geringeren Reynoldszahlen. Eine elastische Turbulenz gibt sich auch dadurch zu erkennen, daß die Durchflußgeschwindigkeit mit steigendem Druck im elastisch-turbulenten Bereich stärker zunimmt als im laminaren Bereich. Bei normalen Flüssigkeiten ist dagegen die Zunahme der Durchflußgeschwindigkeit im turbulenten Bereich geringer als im laminaren. Die elastische Turbulenz macht sich bei der Kunststoffverarbeitung als sog. Schmelzbruch bemerkbar.

### 7.6.2 METHODEN

Bei Messungen an hochviskosen Lösungen und Schmelzen muß man sicher sein, daß sich die Systeme im thermischen Gleichgewicht befinden. In vielen Fällen genügt es, die Systeme ca. eine Woche bei der Meßtemperatur zu temperieren. Bei einigen Untersuchungen wurde jedoch das Gleichgewicht erst nach einem halben Jahr erreicht.

Viskositäten bzw. Schubspannungen und Schergradienten können mit einer Reihe von Geräten gemessen werden. Die wichtigsten von ihnen sind entweder Rotations-

oder Kapillarviskosimeter oder können als technische Viskosimeter klassifiziert werden.

*Rotationsviskosimeter:* Bei Rotationsviskosimetern bewegt sich ein Rotor gegen einen Stator (vgl. Abb. 9–23). Für Messungen an hochviskosen Lösungen eignet sich besonders das Epprecht-Viskosimeter. Beim Epprecht-Viskosimeter ist der Drehwinkel eines Torsionsdrahtes, an dem der Stator hängt, ein Maß für das vom Rotor auf die Flüssigkeit ausgeübte Drehmoment. Da alle anderen Größen (Radius der Zylinder, Spaltbreite, Drehzahl) konstant gehalten werden, läßt sich daraus die scheinbare Viskosität berechnen.

Das Brookfield-Viskosimeter ist einfacher aufgebaut als das Epprecht-Viskosimeter. Beim Brookfield-Viskosimeter wird ein rotierender Metallbügel in die Flüssigkeit eingetaucht und die auf diesen wirkende Bremskraft gemessen.

Bei den Kegel-Platte-Viskosimetern dreht sich ein Kegel auf einer Platte. Der Winkel zwischen der Platte und dem Kegel wird möglichst niedrig gehalten (kleiner als 4°), damit das Schergefälle einheitlich bleibt.

Zur Berechnung der Viskositäten, Schubspannungen und Schergradienten müssen in der Regel eine Reihe von Korrekturen für die nicht unendliche Länge der Zylinder, die Variation des Schergefälles mit dem Abstand usw. angebracht werden, die von Instrument zu Instrument variieren.

*Kapillarviskosimeter* für Messungen an konzentrierten Lösungen und Schmelzen bestehen meistens nur aus einem Kapillarrohr in einem Druckgefäß. Die Kapillaren sind wegen der hohen treibenden Drucke häufig aus Metall.

Beim Fließen einer Flüssigkeit durch eine Kapillare mit dem Radius $R$ und der Länge $L$ unter dem Druck $p$ wirkt auf die Flüssigkeitszylinder eine Kraft $\pi R^2 p$. Ihr entgegen wirkt eine Reibungskraft $2\pi RL\sigma_{ij}$. Im Gleichgewicht gilt daher

(7–42) $$\pi R^2 p - 2\pi RL\sigma_{ij} = 0$$

oder aufgelöst nach dem Proportionalitätskoeffizienten $\sigma_{ij}$

(7–43) $$\sigma_{ij} = pR/(2L)$$

$\sigma_{ij}$ wird als Schubspannung bezeichnet. Das über Gl. (7–43) berechnete $\sigma_{ij}$ gilt für den Kapillarrand. Es ist für Newton'sche und nicht-Newton'sche Flüssigkeiten gleich groß, weil $p$, $R$ und $L$ nur vom Meßsystem und nicht von den zu messenden Eigenschaften der Flüssigkeit abhängen.

Setzt man Gl. (7–43) in das Newton'sche Gesetz, Gl. (7–41), mit $y = R$ ein, so ergibt sich $\mathrm{d}v = (pR/2\eta L)\,\mathrm{d}R$ und nach der Integration mit der Randbedingung $v_R = 0$ für die Geschwindigkeit $v$ bei Abständen $y \leqslant R$ von der Kapillarwand

(7–44) $$v = (R^2 - y^2)\,p/(4\eta L)$$

Das Fließen in einer Kapillare wird als Bewegung von konzentrischen Hohlzylindern mit verschiedenen Geschwindigkeiten aufgefaßt. Durch einen solchen Hohlzylinder mit den Radien $y$ und $(y + \mathrm{d}y)$ strömt das Strömungsvolumen $q$ (pro Zeiteinheit durchfließendes Volumen)

(7–45) $$q = 2\pi\, y\, \mathrm{d}y\, v$$

Das totale Strömungsvolumen ergibt sich durch Integration über die Strömungsvolumina aller Hohlzylinder

$$(7-46) \quad Q = \int_{y=0}^{y=R} 2\,\pi y\, v\, dy$$

und mit Gl. (7 - 44)

$$(7-47) \quad Q = \int_{y=0}^{y=R} 2\,\pi y \left(\frac{R^2 - y^2}{4\,\eta\, L}\right) p\, dy = \frac{\pi p}{2\,\eta L} \int_{y=0}^{y=R} (R^2 - y^2) y\, dy$$

$$Q = \frac{\pi p}{2\,\eta L}\left[\frac{R^2 y^2}{2} - \frac{y^4}{4}\right]_0^R = \frac{\pi\, p\, R^4}{8\,\eta\, L}$$

Gl. (7 - 47) ist das Hagen-Poiseuillesche Gesetz. Durch Einsetzen von Gl. (7-43) und (7 - 47) in Gl. (7 - 41) und Auflösen nach $dv/dR$ erhält man weiterhin für das maximale Geschwindigkeitsgefälle $dv/dR$ am Rand der Kapillare

$$(7-48) \quad dv/dR = (4\,Q)/(\pi\, R^3) = D$$

Bei nicht-Newtonschen Flüssigkeiten ist $D$ eine kompliziertere Funktion von $\sigma_{ij}$ als es das Newtonsche Gesetz angibt, d. h. es ist auch $dv/dR \neq D$. Gl. (7 - 46) wird daher nur partiell integriert

$$(7-49) \quad Q = 2\,\pi \left| \frac{y^2 v}{2} \right|_2^R - \int_0^R y^2 (dv/dy)\, dv$$

Der erste Summand wird in beiden Grenzfällen gleich null. Aus dem zweiten Summanden ergibt sich bei Berücksichtigung von $D = \sigma_{ij}/\eta_{app} = f(\sigma_{ij})$ und nach dem Einführen der Schubspannung $(\sigma_{ij})_R$ am Kapillarrand

$$(7-50) \quad Q = \pi \int_0^R y^2 f(\sigma_{ij})\, dv = (\pi R^3/(\sigma_{ij})_R^3) \int_0^R \sigma_{ij}^2 f(\sigma_{ij})\, d\sigma_{ij}$$

Nach Gl. (7 - 48) gilt für nicht-Newton'sche Flüssigkeiten auch
$dv/dR \neq (4\,Q)/(\pi R^3) = D$. Gl. (7 - 50) wird daher zu

$$(7-51) \quad D = (4/(\sigma_{ij})_R^3) \int_0^R \sigma_{ij}^2 f(\sigma_{ij})\, d\sigma_{ij}$$

$dD/d\sigma_{ij}$ wird damit zu

$$(7-52) \quad dD/d\sigma_{ij} = (4/(\sigma_{ij})_R^3)\, \sigma_{ij}^2 f(\sigma_{ij}) = (4/(\sigma_{ij})_R^3)\, \sigma_{ij}^2 D$$

woraus man erhält

$$(7-53) \quad (1/4)\, \sigma_{ij}\, (dD/d\sigma_{ij}) = ((\sigma_{ij}^3)/(\sigma_{ij})_R^3)\, D$$

In Analogie zur Gleichung für $dv/dR$ für Newtonsche Flüssigkeiten wird für nicht-Newtonsche Flüssigkeiten $dv/dR = AD$ gesetzt. Da in Gl. (7 - 53) ein Faktor $\sigma_{ij}^3/(\sigma_{ij})_R^3 \neq 1$ vorkommt, wird $A$ weiter in $A = a + (\sigma_{ij}^3)/(\sigma_{ij})_R^3$ aufgespalten. Durch Einsetzen von Gl. (7 - 53) ergibt sich dann

$$(7-54) \quad dv/dR = aD + (\sigma_{ij}^3/(\sigma_{ij})_R^3 D = aD + (1/4)\, \sigma_{ij} (dD/d\sigma_{ij})$$

Gl. (7–54) muß auch für Newtonsche Flüssigkeiten zutreffen. Da hier $D = \sigma_{ij}/\eta$ und folglich $dD/d\sigma_{ij} = 1/\eta$ gilt, erhält man weiter $dv/dR = a\,(\sigma_{ij}/\eta) + (1/4)\,(\sigma_{ij}/\eta)$ und folglich $a = 3/4$. Gl. (7–54) geht mit diesen Ausdrücken in die Weißenbergsche Gleichung über

$$(7\text{–}55)\qquad dv/dR = (3/4)D + (1/4)\,\sigma_{ij}\,(dD/d\sigma_{ij})$$

oder mit $dv/dR = \sigma_{ij}/\eta$ und $D = \sigma_{ij}/\eta_{app}$

$$(7\text{–}56)\qquad (1/\eta) = (3/4)\,(1/\eta_{app}) + (1/4)\,(dD/d\sigma_{ij})$$

$dD/d\sigma_{ij}$ wird dabei einer Auftragung von $\sigma_{ij} = f(D)$ entnommen.

Beim Vergleich von Literaturdaten ist zu beachten, daß häufig nicht das Geschwindigkeitsgefälle $D$, sondern nach Kroepelin das mittlere Geschwindigkeitsgefälle $G$ über den gesamten Kapillardurchmesser angegeben wird (vgl. Gl. (7–48)):

$$(7\text{–}57)\qquad G = (8\,Q)/(3\,\pi\,R^3) = (2/3)\,D$$

*Technische Viskosimeter:* Technische Viskosimeter gestatten nicht die Berechnung von Schubspannungen und Geschwindigkeitsgradienten, da die Meßbedingungen in der Regel invariant sind. Ihr Vorteil ist der einfache Aufbau und die schnelle Messung.

Als Fordbecher werden genormte Gefäße mit einem Loch am Boden bezeichnet. Die Flüssigkeit läuft unter ihrem Eigendruck aus. Die Durchlaufzeit einer genormten Flüssigkeitsmenge ist ein Maß für die Viskosität. Da sich während der Messung die Flüssigkeitshöhe und damit der Druck ändert, variiert auch die Schubspannung mit der Zeit. Fordbecher werden vor allem in der Lackindustrie verwendet. Geräte zur Bestimmung des Schmelzindex (auch Graderwert oder Gradzahl genannt) arbeiten im Prinzip ähnlich. Hier wird die Menge der Schmelze gemessen, die in einer bestimmten Zeit unter bestimmten Bedingungen ausgelaufen ist. Der Schmelzindex ist also der Fluidität und nicht der Viskosität proportional.

Bei den Höppler-Viskosimetern mißt man die Zeit, die eine rollende Kugel zum Durchlaufen eines schräg gestellten Rohres benötigt. Bei den Cochius-Rohren ist die Aufsteigzeit einer Luftblase ein Maß für die Viskosität. Die wahren Viskositäten, Schubspannungen und Schergradienten sind auch hier schwierig zu ermitteln.

### 7.6.3 FLIESSKURVE

Die scheinbare Viskosität ändert sich häufig noch selbst dann, wenn man die Schubspannung um mehrere Zehnerpotenzen variiert (Abb. 7–6). In derartigen Fällen ist es zweckmäßig, statt $D$ gegen $\sigma_{ij}$ besser $\log D$ gegen $\log \sigma_{ij}$ aufzutragen. Die resultierende Kurve wird als Fließkurve bezeichnet. Bei sehr kleinen Schubspannungen besitzt die Fließkurve die Neigung 1. In diesem Newton'schen Gebiet läuft sie mit dem Wert $1/\eta_0$ bei $\log \sigma_{ij} = 0$ $(\sigma_{ij} = 1)$ in die Ordinate ein. Bei sehr hohen Schubspannungen wird meist ein zweites Newton'sches Gebiet mit der Viskosität $\eta_\infty$ beobachtet.

Zwischen $\eta_0$ und $\eta_\infty$ liegt das Gebiet nicht-Newton'schen Verhaltens. Die Beziehung zwischen $D$ und $\sigma_{ij}$ läßt sich hier oft durch die empirische Gleichung von Ostwald und de Waele

$$(7\text{–}58)\qquad D = (1/\eta_{app})(\sigma_{ij})^n$$

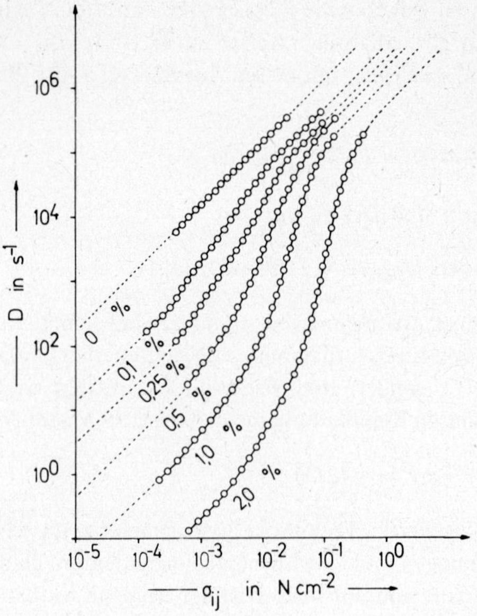


*Abb. 7-6:* Fließkurven verschieden konzentrierter Lösungen eines Cellulosenitrates ($M = 294\,000$ g mol$^{-1}$) in Butylacetat bei 20 °C (nach K. Edelmann).

wiedergeben. Der sogenannte Fließexponent $n$ liegt bei Kunststoffschmelzen zwischen ca. 2 und 3. Gl. (7-58) kann natürlich nur für einen begrenzten Bereich von Schubspannungen gelten.

Die Ostwald-de Waele-Gleichung gehört zu den vielen, bislang erfolglosen Versuchen, ein allgemeines Fließgesetz zu finden. Aus diesem Grunde ist es auch nicht zweckmäßig, das Ausmaß des nicht-Newton'schen Verhaltens durch einen einzigen Punkt auf der Fließkurve zu charakterisieren. Der Quotient $\eta_\infty/\eta_0$ könnte ein gutes Maß für das nicht-Newton'sche Verhalten sein, wenn es ein allgemeines Fließgesetz gibt. Allerdings ist $\eta_\infty$ oft schwierig zu ermitteln. Als Kennzahl für das nicht-Newton'sche Verhalten wird häufig die Neigung im Wendepunkt der Fließkurve benutzt.

### 7.6.4 VISKOSITÄT VON SCHMELZEN

Die Viskosität von Schmelzen homologer Reihen makromolekularer Substanzen nimmt bei konstanter Temperatur mit steigendem Gewichtsmittel $\overline{M}_w$ des Molekulargewichtes zu (Abb. 7-7). Unterhalb eines bestimmten, kritischen Molekulargewichtes $M_c$ besteht dabei eine Beziehung

$$(7\text{-}59) \quad \eta = K\overline{M}_w$$

oberhalb $M_c$ für $\sigma_{ij} \to 0$ eine Beziehung

$$(7\text{-}60) \quad \eta = K'\,\overline{M}_w^{3,4}$$

Die Neigung der $\log \eta = f(\log \overline{M}_w)$-Kurve ist oberhalb $M_c$ umso niedriger, je größer $\sigma_{ij}$ ist. Der Schnittpunkt der $\log \eta_\sigma = f(\log \overline{M}_w)$-Kurve mit der Funktion

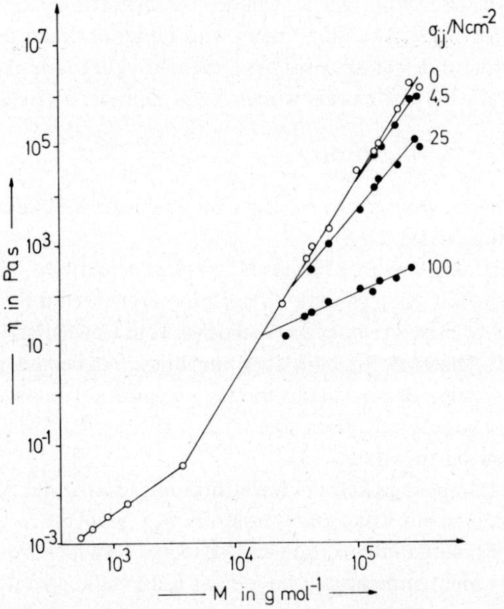


*Abb. 7-7:* Schmelzviskosität $\eta$ unverzweigter Poly(äthylene) als Funktion des Molekulargewichtes $M$ bei 190 °C und Schubspannungen von $\sigma_{ij} = 0$ (○) bzw. 4,5, 25 und 100 N cm$^{-2}$ (alle ●) (nach H. P. Schreiber, E. B. Bagley und D. E. West).
$M_c$ liegt bei $\log M = 3{,}6$.

$\log \eta_{\sigma=0} = f(\log \overline{M}_w)$ liegt je nach dem Wert von $\sigma_{ij}$ bzw. $D$ oft bei verschiedenen Molekulargewichten.

Der Beginn des strukturviskosen Verhaltens bei Molekulargewichten $\overline{M}_w > M_c$ wird als Auswirkung der Verhakung von Molekülteilen gedeutet. Dazu muß natürlich die Kette eine gewisse Länge bzw. eine genügende Zahl von Kettengliedern $N_c$ haben. $N_c$ ist keine allgemeine Konstante, sondern hängt noch von der Konstitution der Makromoleküle ab (Tab. 7-3).

*Tab. 7-3:* Zahl $N_c$ der Kettenglieder verschiedener Makromoleküle beim kritischen Molekulargewicht $M_c$ (nach T. G. Fox)

| Polymer | $N_c$ |
|---|---|
| Poly(äthylen) | 286 |
| 1,4-cis-Poly(isopren) | 296 |
| at-Poly(vinylacetat) | 570 |
| Poly(isobutylen) | 609 |
| at-Poly(styrol) | 730 |
| Poly(dimethylsiloxan) | 784 |

Die Fähigkeit zur Verhakung nimmt mit der Steifheit der Kette ab. Als Maß für die Steifheit kann der Parameter $\langle R^2 \rangle_\Theta / \overline{M}_w$ dienen (vgl. auch Kap. 4.4.2.3). $R_\Theta$ ist dabei der Trägheitsradius im Θ-Zustand. Dabei wird angenommen, daß der Trägheitsradius von Knäuelmolekülen in der Schmelze gleich dem Trägheitsradius im ungestörten Zustand ist (vgl. auch Kap. 5.5.2). Um die Viskositäten von Schmelzen und Lösungen miteinander vergleichen zu können, wird ferner noch auf den Volumenbruch $\phi_2$ des Polymeren und dessen spezifisches Volumen $v_2$ bezogen. Auf diese Weise läßt sich eine neue Größe $z_w$ definieren, wobei $N$ die Zahl der Kettenglieder ist:

$$(7\text{-}61) \quad z_w \equiv (\langle R^2\rangle_\Theta/\overline{M}_w)\, N\, \phi_2/v_2$$

Trägt man log $\eta$ gegen log $z_w$ auf, so liegen nunmehr die Knickpunkte alle beim etwa gleichen Wert von $z_w$ (Abb. 7–8).

In diese Beziehungen wurde für das Molekulargewicht bzw. die Zahl der Kettenglieder das Gewichtsmittel eingesetzt, da nach Experimenten mit Polymeren verschiedener Molekulargewichtsverteilung die Viskosität vom Gewichtsmittel des Molekulargewichtes abhängt. Dieser Befund gilt aber nur für $\sigma_{ij} \to 0$. Bei Schubspannungen $\sigma_{ij} > 0$ hat sich dagegen gezeigt, daß bei gleichem $\overline{M}_w$ die molekulareinheitlicheren Polymeren die größere Viskosität aufweisen. Die niedermolekularen Anteile scheinen als eine Art von Schmiermittel zu wirken.

Die Temperaturabhängigkeit der Viskosität folgt häufig der Arrhenius'schen Beziehung. Definiert man ein Viskositätsverhältnis $\eta_R$ (nicht zu verwechseln mit dem Verhältnis $\eta/\eta_1$ bei verdünnten Lösungen, vgl. Kap. 9.9) über die Viskositäten $\eta$ und Dichten $\rho$ bei der Meßtemperatur $T$ und einer Referenztemperatur $T_I$

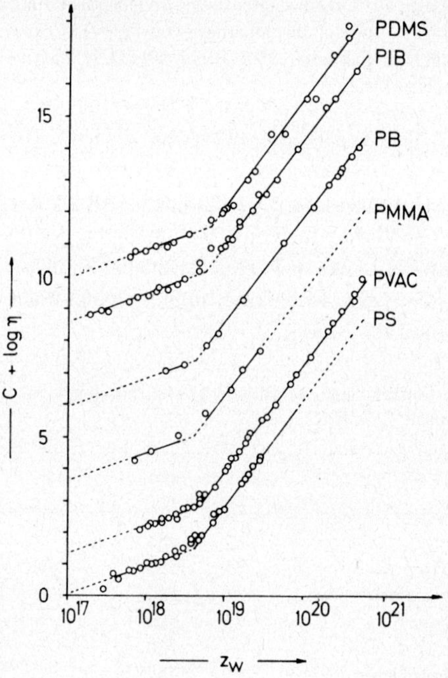


*Abb. 7–8:* Abhängigkeit der Schmelzviskosität $\eta$ von Polymeren von der Größe $z_w$ (vgl. Text) bei $\sigma_{ij} \to 0$. Zur besseren Übersichtlichkeit wurden die $\eta$-Werte der einzelnen Polymertypen jeweils mit einem konstanten Faktor $C$ multipliziert. PDMS = Poly(dimethylsiloxane), PIB = Poly(isobutylene), PB = Poly(butadiene), PMMA = Poly(methylmethacrylate), PVAC = Poly(vinylacetate), PS = Poly(styrole) (nach T. G. Fox).

$$(7\text{-}62) \quad \eta_R = (\eta\, \rho\, T)/(\eta_I\, \rho_I\, T_I)$$

so läßt sich die gesamte Temperaturabhängigkeit über die halbempirische Williams-Landel-Ferry-Gleichung (WLF-Gleichung)

$$(7\text{-}63) \quad \log \eta_R = \frac{-B(T - T_I)}{C + (T - T_I)}$$

erfassen (vgl. auch die Ableitung in Kap. 10.5.2). $B$ und $C$ sind dabei stoffspezifische Konstanten. Die tiefstmögliche Referenztemperatur ist die Glastemperatur $T_G$ (vgl. Kap. 10.5.2).

### 7.6.5 VISKOSITÄT KONZENTRIERTER LÖSUNGEN

Trägt man die Viskosität $\eta$ der Lösungen hochmolekularer Fadenmoleküle gegen ihre Konzentration $c$ in einem log-log-Diagramm auf, so erhält man oft ähnlich wie für die Molekulargewichtsabhängigkeit der Viskosität von Schmelzen eine Kurve, die sich durch zwei Geraden verschiedener Steigung annähern läßt (Abb. 7-9). Die Geraden schneiden sich bei einer Konzentration $c_{crit}$. Dieser Schnittpunkt ist allerdings weniger scharf ausgeprägt als bei den Schmelzen. $c_{crit}$ wird als diejenige Konzentration

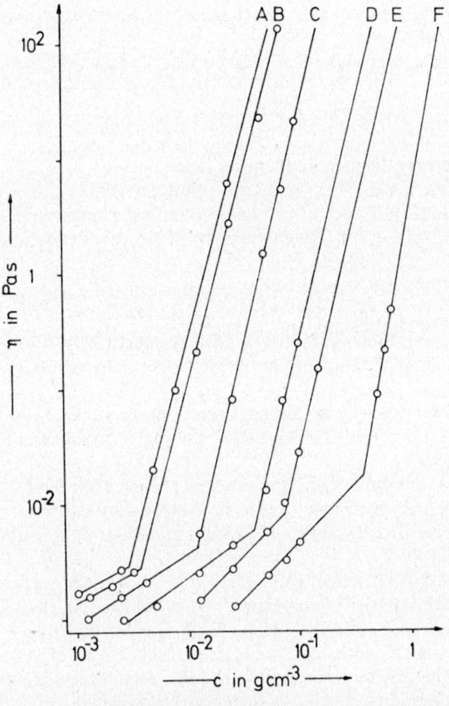


*Abb. 7-9:* Viskosität $\eta$ von Lösungen von Poly(isobutylenen) verschiedenen Molekulargewichtes in Toluol bei 25 °C als Funktion der Konzentration $c$. $\bar{M}_w$ = 7 270 000 (a), 3 550 000 (B), 1 250 000 (C), 328 000 (D), 139 000 (E) und 40 600 (F). Nach J. Schurz und H. Hochberger.

angesehen, bei der sich erstmals Verhakungen ausbilden können. $c_{crit}$ hängt noch von der Güte der Lösungsmittel ab, was die Vorstellung einer Verhakung stützt. Die Neigungen der Geraden in diesem Diagramm betragen je nach System ca. 2–4 unterhalb $c_{crit}$ und ca. 5–6 oberhalb $c_{crit}$.

**Literatur zu Kap. 7**

*7.3 Permeation durch Festkörper*

J. Crank und G. S. Park, Hrsg., Diffusion in Polymers, Academic Press, London 1968
H. J. Bixler und O. J. Sweeting, Barrier Properties of Polymer Films, in O. J. Sweeting, Hrsg., The Science and Technology of Polymer Films, Vol. II, Wiley-Interscience, New York 1971
C. E. Rogers und D. Machin, The Concentration Dependence of Diffusion Coefficients in Polymer-Penetrant Systems, Crit. Revs. Macromol. Sci. **1** (1972) 245
V. Stannett, H. B. Hopfenberg und J. H. Petropoulos, Diffusion in Polymers, in C. E. H. Bawn, Hrsg., Macromol. Sci. (= Vol. 8, Physical Chemistry Series One, MTP International Review of Science, 1972)

*7.4 Rotationsdiffusion und Strömungsdoppelbrechung*

V. N. Tsvetkov, Flow Birefringence, in B. Ke, Hrsg., Newer Methods of Polymer Characterization, Interscience, New York 1964
H. Janeschitz-Kriegl, Flow Birefringence of Elastico-Viscous Polymer Systems, Adv. Polymer Sci. **6** (1969) 170

*7.5 Elektrophorese*

R L. Yeates, Electropainting, Draper, Teddington 1966
K. Weigel, Elektrophorese-Lacke, Wiss. Verlagsges., Stuttgart 1967
J. R. Cann und W. B. Goad, Interacting Macromolecules, The Theory and Practice of Their Electrophoresis, Ultracentrifugation and Chromatography, Academic Press, New York 1970

*7.6 Viskosität*

W. Philippoff, Viskosität der Kolloide, D. Steinkopff, Dresden 1942
M. Reiner, Deformation and Flow, K. H. Lewis & Co., London 1949
F. R. Eirich, Hrsg., Rheology, Theory and Applications, Academic Press, New York 1956–1969 (5 Bde.)
S. Peter, Zur Methodik der Viscositätsmessung, Chem.-Ing.-Techn. **32** (1960) 437
J. R. Van Wazer, J. W. Lyons, K. Y. Kim und R. E. Colwell, Viscosity and Flow Measurement, Interscience, New York 1963
S. Middleman, The Flow of High Polymers, Interscience, New York 1968
G. W. Scott-Blair, Elementary Rheology, Academic Press, London 1969
G. C. Berry und T. G. Fox, The Viscosity of Polymers and Their Concentrated Solutions, Adv. Polymer Sci. **5** (1968) 261
V. Semjonov, Schmelzviskositäten hochpolymerer Stoffe, Adv. Polymer Sci. **5** (1968) 387
J. D. Ferry, Viscoelastic Properties of Polymers, J. Wiley, Chichester 1970
J. A. Brydson, Flow Properties of Polymer Melts, Iliffe, London 1970
A. Peterlin, Non-Newtonian Viscosity and the Macromolecule, Adv. Macromol. Chem. **1** (1968) 225
O. Plajer, Praktische Rheologie für Kunststoffschmelzen, Zechner und Hüthig, Heidelberg 1970
Zeitschrift: Rheologica Acta **I** (1958) ff., D. Steinkopff, Darmstadt
Trans. Soc. Rheol. **1** (1957 ff.

# 8 Molekulargewichte und Molekulargewichtsverteilungen

## *8.1 Einführung*

Bei der Synthese von Makromolekülen in vitro und in vivo entstehen nur unter bestimmten mechanistischen Voraussetzungen molekulareinheitliche Makromoleküle, d.h. solche, bei denen jedes Molekül das gleiche Molekulargewicht aufweist. Die ganz überwiegende Zahl der Reaktionen läuft jedoch statistisch ab; die entstehende makromolekulare Substanz weist dann eine mehr oder weniger breite Molekulargewichtsverteilung auf.

Ein Beispiel für eine solche statistisch ablaufende Reaktion ist die Polykondensation von $\alpha, \omega$-Dicarbonsäuren HOOC–R′–COOH(S) mit Glykolen HO–R–OH(G). Im ersten Schritt bildet sich aus dem Glykol G und der Säure S unter Wasseraustritt der Halbester GS, eine Substanz mit dem Polymerisationsgrad 2. Im zweiten Schritt kann dieser Halbester entweder ein weiteres Molekül Glykol oder aber ein weiteres Molekül Säure anlagern usw.:

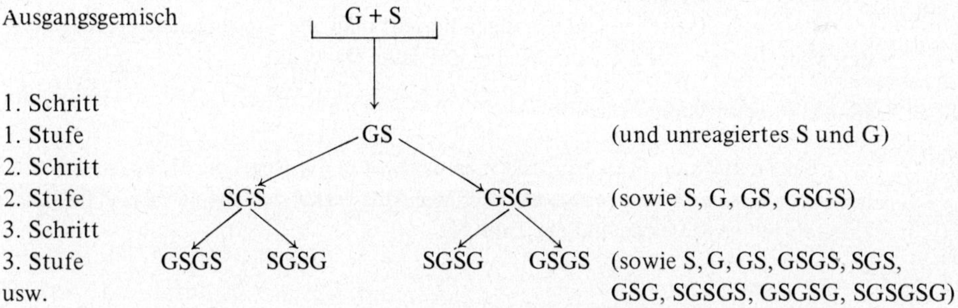


Bei dieser Gleichgewichtsreaktion werden im ersten Schritt nicht alle Glykol- bzw. Säuremoleküle zum Halbester umgesetzt. Sind nun die Reaktivitäten der beteiligten Hydroxyl- und Carboxylgruppen unabhängig von der Molekülgröße (Prinzip der gleichen chemischen Reaktivität), dann werden z. B. im zweiten Schritt neben Molekülen vom Polymerisationsgrad 3 (SGS und GSG) gleichzeitig auch noch neue vom Polymerisationsgrad 2 gebildet. Im 3. Schritt bilden sich Tetramere aus Trimeren und Monomeren, Tetramere aus Dimeren und Dimeren, Trimere aus Dimeren und Monomeren, Dimere aus zwei Monomeren, aber auch schon Pentamere aus Trimeren und Dimeren und Hexamere aus zwei Trimeren, sowie die gleichen Verbindungen aus den Rückreaktionen.

Je nach Reaktionsausmaß bzw. Zeit liegen also bei dieser Polykondensation verschiedene Gemische von Makromolekülen vor: die entstehenden Substanzen besitzen eine Verteilung der Polymerisationsgrade. Der Typ der Verteilung hängt vom Mechanismus der Polymerisation ab. Für jeden Verteilungstyp ist eine bestimmte Beziehung zwischen den Molenbrüchen $x_i$ der vorliegenden Spezies i und ihren Polymerisationsgraden $X_i$ charakteristisch. Aus dem Typ der Verteilungsfunktion kann man daher Rückschlüsse auf den Polymerisationsmechanismus ziehen.

Anstatt die ganze Verteilung der Polymerisationsgrade zu bestimmen, begnügt man sich oft mit der Angabe verschiedener Momente der Verteilung bzw. verschiedener Mittelwerte des Polymerisationsgrades. Auch die Beziehungen zwischen den Momenten bzw. den Mittelwerten sind nämlich charakteristisch für einen bestimmten Typ der Verteilung.

Die Beschreibung der Verteilungsfunktionen, der Momente und der Mittelwerte kann alternativ auch über die Molekulargewichte anstelle der Polymerisationsgrade erfolgen. Die Beschreibung über die Polymerisationsgrade ist jedoch vom theoretischen Standpunkt aus vorzuziehen, da der Polymerisationsgrad direkt mit dem Bildungsmechanismus zusammenhängt. Experimentell wird aber nicht der Polymerisationsgrad, sondern das Molekulargewicht bestimmt.

## *8.2 Statistische Gewichte und Argumente*

Die einzelnen Spezies i einer Polymerisationsgrad- bzw. Molekulargewichtsverteilung können mit verschiedenen statistischen Gewichten belegt werden. Das statistische Gewicht $g$ kann z. B. ein Zählen oder ein Wiegen sein. Um Verwechslungen mit anderen „Gewichten" zu vermeiden, wird im folgenden das statistische Gewicht als „Argument" bezeichnet.

Bei mechanistischen Überlegungen bezieht man alle Vorgänge auf die reagierenden Mole $n_i$ bzw. auf die Zahl $N_i$ der Moleküle. Dabei gilt

(8–1) $$n_i = N_i/N_L$$

Bei Fraktionierungen ermittelt man dagegen in der Regel die Masse $m_i$ aller Moleküle der Spezies i. Die Masse $m_i$ aller Moleküle ergibt sich aus der Masse $(m_{mol})_i$ eines einzelnen Moleküls und der Zahl $N_i$:

(8–2) $$m_i = N_i\,(m_{mol})_i$$

Mit der Definition des Molekulargewichtes (der molaren Masse der IUPAC)

(8–3) $$M_i = (m_{mol})_i N_L$$

und den Gl. (8–2) und (8–3) folgt daher

(8–4) $$M_i = (m_i/N_i)N_L = m_i/n_i$$

Masse und Mol sind daher über das Molekulargewicht miteinander verknüpft:

(8–5) $$m_i = n_i\,M_i$$

Gl. (8–5) gilt nur für molekulareinheitliche Fraktionen i. Sind die Fraktionen molekularuneinheitlich, so tritt an die Stelle des Molekulargewichtes $M_i$ in Gl. (8–5) das Zahlenmittel des Molekulargewichtes (zur Definition vgl. Kap. 1 und Kap. 8.5.1):

(8–6) $$m_i = n_i\,(\overline{M}_n)_i$$

In Analogie zu den Beziehungen (8–5) und (8–6) kann man höhere Argumente definieren, z. B. ein $z$-Argument

(8–7) $z_i \equiv m_i (\overline{M}_w)_i = n_i (\overline{M}_n)_i (\overline{M}_w)_i$

oder ein $(z+1)$-Argument

(8–8) $(z+1)_i \equiv z_i (\overline{M}_z)_i = m_i (\overline{M}_w)_i (\overline{M}_z)_i = n_i (\overline{M}_n)_i (\overline{M}_w)_i (\overline{M}_z)_i$

oder auch niedrigere Argumente wie z. B.

(8–9) $(n-1)_i \equiv n_i/(\overline{M}_{n-1})$

Viele meßbare Mittelwerte und Momente geben $z$- und $(z+1)$-Verteilungen wieder (vgl. weiter unten). Es läßt sich dabei leicht numerisch zeigen, daß für das in den Gl. (8–6)–(8–9) auftretende Molekulargewicht immer der gleiche Mittelwert eingesetzt werden muß, wie ihn das Argument aufweist, mit dem er multipliziert wird. $(z+1)$ und $(n-1)$ sind dabei keine Rechenoperationen, sondern Symbole. Natürlich könnte man statt $m_i$ formal auch $(n+1)_i$, statt $z_i$ auch $(m+1)_i$ oder $(n+2)_i$ schreiben, doch hat sich diese Schreibweise nicht eingeführt.

Anstelle der Mole, Massen usw. kann man als Argumente auch die Molenbrüche $x_i$, Massenbrüche $w_i$, z-Brüche $Z_i$ usw. verwenden. Aus deren Definitionen und den obigen Gleichungen ergibt sich dann

(8–10) $x_i = n_i/\sum_i n_i$

(8–11) $w_i = m_i/\sum_i m_i = x_i (\overline{M}_n)_i/(\overline{M}_n)$

(8–12) $Z_i = z_i/\sum_i z_i = w_i ((\overline{M}_w)_i/\overline{M}_w) = x_i (\overline{M}_n)_i (\overline{M}_w)_i/(\overline{M}_n \overline{M}_w)$

$(\overline{M}_n)_i$, $(\overline{M}_w)_i$, $(\overline{M}_z)_i$ usw. sind dabei Zahlen-, Gewichts- und z-Mittel der einzelnen Fraktionen i, während $\overline{M}_n$, $\overline{M}_w$, $\overline{M}_z$ usw. die entsprechenden Mittelwerte der ganzen Probe sind. Bei der Ableitung der Gl. (8–10) – (8–12) ist zu beachten, daß für die Summe aller Massen mit Gl. (8–6) gilt

(8–13) $\sum_i m_i = \sum_i (n_i (\overline{M}_n)_i) = n \overline{M}_n = m$

und analog für die Summe aller $z$ mit Gl. (8–7)

(8–14) $\sum_i z_i = \sum_i (m_i (\overline{M}_w)_i) = m \overline{M}_w = z$

## *8.3. Molekulargewichtsverteilungen*

### 8.3.1 DARSTELLUNG VON VERTEILUNGSFUNKTIONEN

Die Verteilungsfunktionen werden in diskontinuierliche und in kontinuierliche Verteilungsfunktionen eingeteilt. Die diskontinuierlichen Verteilungsfunktionen unterteilt man in Häufigkeitsverteilungen und in kumulative Verteilungen, die kontinuierlichen Verteilungen in differentielle und integrale Verteilungen.

Bei den *diskontinuierlichen* Verteilungen geben die Häufigkeitsverteilungen die Verteilung der Argumente der Komponenten i einer Mischung in Bezug auf ihre Eigenschaft $E$ an. $E$ kann z. B. der Polymerisationsgrad sein. Typische Häufigkeitsverteilungen sind daher

$$x_i(E_i) \qquad w_i(E_i) \qquad Z_i(E_i) \qquad \text{usw.}$$

Die kumulativen Verteilungen repräsentieren die Summierungen über alle Argumente. Sie geben die Wahrscheinlichkeit an, die Eigenschaft $E$ für Werte kleiner als $E_i$ zu finden. Typische kumulative Verteilungen sind daher

$$\sum_{k=1}^{k=i} x_k(E_k) \qquad \sum_{k=1}^{k=i} w_k(E_k) \qquad \sum_{k=1}^{k=i} Z_k(E_k)$$

Häufigkeitsverteilungen und kumulative Verteilungen sind Stufenverteilungen (vgl. Abb. 8 – 1). Sie können nach dem in Kap. 2.3.2.2 beschriebenen Verfahren in kontinuierliche Verteilungen überführt werden.

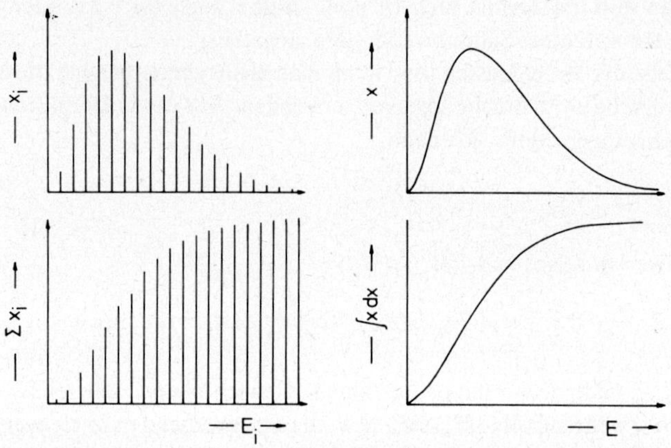


*Abb. 8-1:* Häufigkeitsverteilung (oben links) sowie kumulative (unten links), differentielle (oben rechts) und integrale (unten rechts) Verteilungen der Molenbrüche $x$ einer Eigenschaft $E$ (schematisch).

Diskontinuierliche Verteilungsfunktionen können nämlich dann durch *kontinuierliche* Verteilungsfunktionen ersetzt werden, wenn der Unterschied zwischen zwei benachbarten Eigenschaften sehr klein gegenüber dem gesamten Bereich der Eigenschaften ist. Die Häufigkeitsverteilungen gehen dann in die entsprechenden differentiellen Verteilungen

$$x(E) \qquad w(E) \qquad Z(E) \qquad \text{usw.}$$

über und die kumulativen Verteilungen in die integralen Verteilungen

$$\int_0^E x(E')\,dE' \qquad \int_0^E w(E')\,dE' \qquad \int_0^E Z(E')\,dE' \qquad \text{usw.}$$

Im deutschsprachigen Bereich werden als „Häufigkeitsverteilungen" gelegentlich nur die Molverteilungen bezeichnet. Dieser Sprachgebrauch kann zu Mißverständnissen führen, da auch Massenverteilungen, z-Verteilungen usw. als Häufigkeitsverteilungen dargestellt werden können.

## 8.3.2 TYPEN VON VERTEILUNGSFUNKTIONEN

Die Typen der Verteilungsfunktionen werden meist nach dem Namen ihrer Entdecker bezeichnet. In diesem Kapitel werden nur die mathematischen Konsequenzen der Verteilungsfunktionen beschrieben; die Zuordnung zu Gleichgewichten bzw. Mechanismen erfolgt in den Kap. 16 - 19.

### 8.3.2.1 Gauß-Verteilung

Die bekannteste Verteilung ist die Gauß-Verteilung. Sie gibt das Fehlergesetz für arithmetische Mittel wieder. In der Mathematik wird die Gauß-Verteilung wegen ihres häufigen Vorkommens auch Normalverteilung genannt. In den makromolekularen Wissenschaften bezeichnet man dagegen abweichend davon häufig eine bestimmte Schulz-Flory-Verteilung als Normalverteilung.

Die differentielle Verteilung der Molenbrüche der Eigenschaft $E$ wird bei einer Gauß-Verteilung durch

$$(8-15)\qquad x(E) = \frac{1}{\sigma_n (2\pi)^{1/2}} \exp\left(-\frac{(E - \overline{E}_m)^2}{2\sigma_n^2}\right)$$

wiedergegeben. $\overline{E}_m$ ist der Medianswert. Er gibt den Wert der Eigenschaft, der bei $\int_{-\infty}^{E_m} dx = 0{,}5$ vorliegt. Da die Gauß-Verteilung symmetrisch um den Median ist (vgl. Abb. 8-2), gibt der Median das Zahlenmittel $\overline{E}_n$ der Eigenschaft an. Die folgende Betrachtung wird auf die Eigenschaft Polymerisationsgrad $X$ beschränkt.

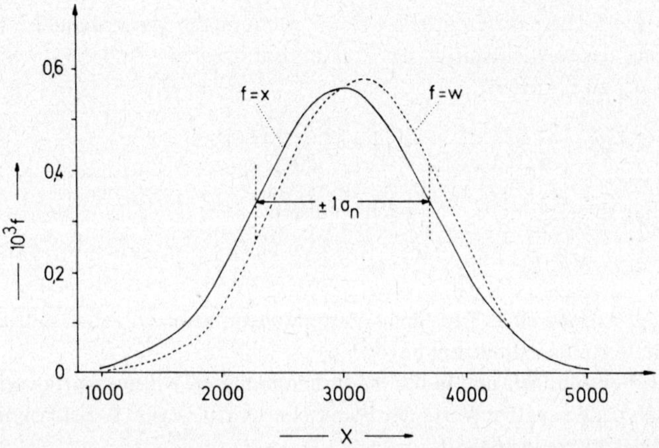


*Abb. 8-2:* Molenbrüche $x$ (——) bzw. Massenbrüche $w$ (– – – –) als Funktion des Polymerisationsgrades $X$ bei einer Gauß-Funktion der differentiellen Molverteilung der Polymerisationsgrade. Berechnungen mit $\overline{X}_w = 3170$ und $\overline{X}_n = 3000$.

$\sigma_n$ ist in Gl. (8-15) ein anpassungsfähiger Parameter. Da er die Breite der Verteilung und damit auch die Abweichung vom Mittelwert beschreibt, wird er Standardabweichung genannt. Die Abweichung eines Wertes $X_i$ vom Mittelwert $\overline{X}_n$ wird durch den mittleren Fehler $s_n$ des Einzelwertes beschrieben:

(8–16) $$s_n = \sqrt{\frac{n_i (X_i - \overline{X}_n)^2}{\sum_i n_i}}$$

Löst man Gl. (8 – 16) auf, summiert, und setzt $\sum_i s_n^2 = \sigma_n^2$, so erhält man

(8 – 17) $$\sigma_n^2 \sum_i n_i = \sum_i n_i X_i^2 - 2 \overline{X}_n \sum_i n_i X_i + \overline{X}_n^2 \sum_i n_i$$

Division durch $\sum_i n_i$, Einsetzen der Ausdrücke für das Zahlen- und das Gewichtsmittel des Polymerisationsgrades (vgl. Gl. (8–40) und (8 – 41)) und Auflösen nach $\sigma_n$ gibt

(8–18) $$\sigma_n = (\overline{X}_w \overline{X}_n - \overline{X}_n^2)^{1/2}$$

Die Standardabweichung der Molverteilung der Polymerisationsgrade kann also aus dem Zahlen- und dem Gewichtsmittel der Polymerisationsgrade berechnet werden. Die Standardabweichung ist ferner ein absolutes Maß für die Breite einer Gauß-Verteilung (und nur einer Gauß-Verteilung), da ein Wert von $\overline{X}_n \pm 1\ \sigma_n$ immer einem Molanteil von 68,26 % entspricht, $\overline{X}_n \pm 2\ \sigma_n$ immer einem Molanteil von 95,44 %, und $\overline{X}_n \pm 3\ \sigma_n$ einem von 99,73 %. Beim Beispiel der Abb. 8 – 2 mit $\overline{X}_w = 3170$ und $\overline{X}_n = 3000$ beträgt nach Gl. (8 – 18) $\sigma_n = 714$. Im Bereich $\overline{X}_n = 3000 \pm 714$ liegen folglich 68,26 % aller Moleküle.

Die differentielle Gauß-Verteilung der Mole verliert ihre Symmetrie und ihre typische GaußForm, wenn man anstelle der Molenbrüche die Massenbrüche aufträgt (Abb. 8 – 2). Die Symmetrie der Kurvenform tritt jedoch wieder auf, wenn man in einer graphischen Darstellung die Massenbrüche für eine Gauß-Verteilung der Massenbrüche aufträgt. Diese differentielle Gauß-Verteilung der Massenbrüche ist selbstverständlich auf das Gewichtsmittel des Polymerisationsgrades und auf die Standard-Abweichung $\sigma_w$ zu beziehen:

(8–19) $$w(X) = \frac{1}{\sigma_w (2\pi)^{1/2}} \exp\left(-\frac{(X - \overline{X}_w)^2}{2\sigma_w^2}\right)$$

Die Standardabweichung $\sigma_w$ ist gegeben durch

(8–20) $$\sigma_w = (\overline{X}_z \overline{X}_w - \overline{X}_w^2)^{1/2}$$

Bei der Angabe eines Typs einer Verteilungsfunktion ist daher stets anzugeben, worauf die Verteilungsfunktion bezogen ist.

Gauß-Verteilungen sind in den makromolekularen Wissenschaften selten. Sie lassen nämlich auch negative Werte der Eigenschaften zu, was z. B. bei Polymerisationsgraden physikalisch unsinnig ist.

### 8.3.2.2 Logarithmische Normalverteilungen

Differentielle logarithmische Normalverteilungen weisen die gleiche mathematische Form wie die Gauß-Verteilungen auf; nur tritt als Variable der Logarithmus der Eigenschaft anstelle der Eigenschaft selbst auf:

(8–21) $$x(X) = \frac{1}{(2\pi)^{1/2} X \sigma_n^*} \exp\left(-\frac{(\ln X - \ln \overline{X}_M)^2}{2(\sigma_n^*)^2}\right)$$

Die Kurve ist nunmehr um $\ln \overline{X}_M$ symmetrisch. Der Median $\overline{X}_M$ ist nicht mit dem Zahlenmittel $\overline{X}_n$ identisch (vgl. weiter unten). Die Funktion entspricht dem Fehlergesetz für das geometrische Mittel. Bei der logarithmischen Normalverteilung ist daher das Verhältnis der Polymerisationsgrade wichtig, bei der Gauß-Verteilung dagegen die Differenz.

Differentielle logarithmische Normalverteilungen lassen sich generalisieren, z. B. für die Massenverteilung der Polymerisationsgrade:

$$(8-22) \qquad w(X) = \frac{1}{(2\pi)^{1/2}\, X\, \sigma_w^*} \cdot \frac{X^A}{B\overline{X}_M^{A+1}} \cdot \exp - \left( \frac{(\ln X - \ln \overline{X}_M)^2}{2(\sigma_w^*)^2} \right)$$

mit $\quad B = \exp\left[0{,}5\,(\sigma_w^*)^2\,(A+1)^2\right]$

Zwei Spezialfälle werden in den makromolekularen Wissenschaften empirisch verwendet:

Lansing-Kraemer-Verteilung: $A = 0$ ; $B = \exp(0{,}5\,\sigma_w^{*2})$

Wesslau-Verteilung : $A = -1$ ; $B = 1$

Sowohl die Lansing-Kraemer- als auch die Wesslau-Verteilung sind bislang nicht mit Polymerisationsmechnismen verknüpfbar.

Eine logarithmische Normalverteilung der Mole gemäß Gl. (8–21) ist in Abb. 8–3 wiedergegeben. Die logarithmische Verteilung ist demnach eine schiefe Verteilung, wenn als Abszisse der Polymerisationsgrad gewählt wird. Das Maximum der Kurve fällt nicht mit dem Zahlenmittel des Polymerisationsgrades zusammen.

Trägt man für die logarithmische Normalverteilung der Molanteile nicht die Molanteile, sondern die Massenanteile auf, so ändert sich das Bild nicht prinzipiell (Abb. 8–4). Auch hier ist das Maximum der Kurve weder mit dem Zahlen- noch mit dem Gewichtsmittel des Polymerisationsgrades identisch.

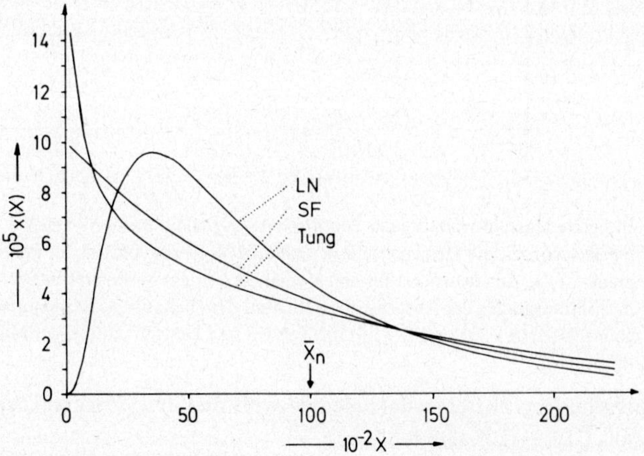


*Abb. 8–3:* Differentielle Molverteilungen der Polymerisationsgrade bei drei verschiedenen Verteilungsfunktionen: logarithmische Normalverteilung (LN), Schulz-Flory-Verteilung (SF) und Tung-Verteilung (Tung). Berechnungen jeweils für $\overline{X}_n = 10\,000$ und $\overline{X}_w/\overline{X}_n = 2$.

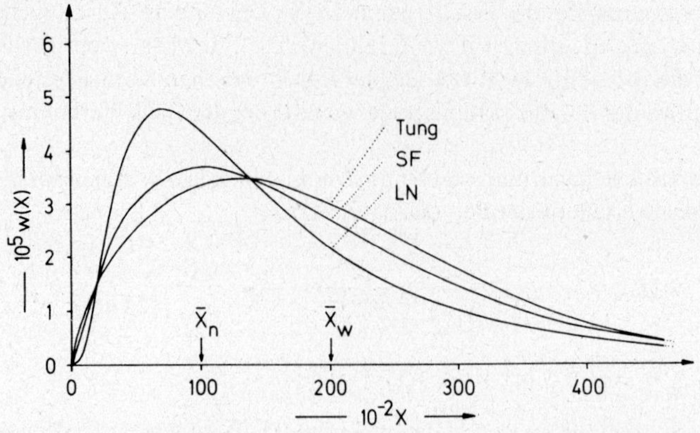


*Abb. 8-4:* Gleiche Verteilungsfunktionen wie Abb. 8-3. Anstelle der Molenbrüche wurden die Gewichtsbrüche verwendet.

Logarithmische Normalverteilungen lassen sich linear darstellen, wenn z. B. ihre integrale Verteilung in ein Diagramm-Papier eingetragen wird, dessen Ordinate entsprechend einer Summenwahrscheinlichkeit und dessen Abszisse logarithmisch eingeteilt ist (Abb. 8-5).

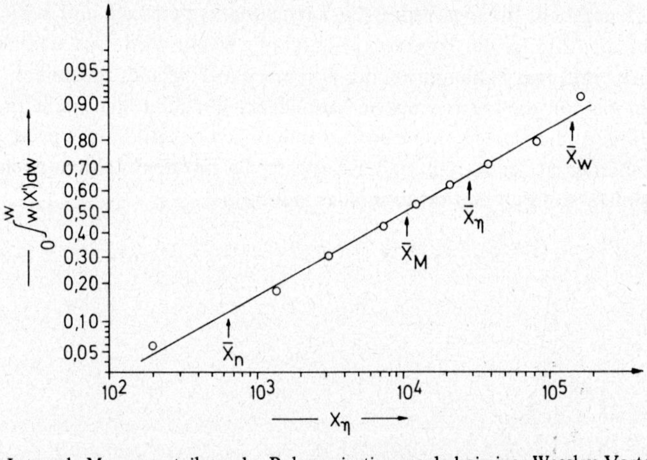


*Abb. 8-5:* Integrale Massenverteilung der Polymerisationsgrade bei einer Wesslau-Verteilung. Gemessen wurden die Massenanteile $w_i$ und die Viskositätsmittel der Polymerisationsgrade $(\bar{X}_\eta)_i$. Aus dem Wert für den Median $\bar{X}_M$, dem Viskositätsmittel $\bar{X}_\eta$ des Polymerisationsgrades der Ausgangssubstanz und dem bekannten Exponenten $a_\eta$ wurden über die Gl. (8-23) und (8-24) die Zahlen- und Gewichtsmittel der Molekulargewichte berechnet.

Die Beziehungen zwischen dem Medianswert und den verschiedenen Mittelwerten lassen sich aus Gl. (8-22) ableiten:

(8-23) $$\bar{X}_n = \bar{X}_M \exp[(2A+1)(\sigma_w^*)^2/2]$$

(8-24) $$\bar{X}_w = \bar{X}_M \exp[(2A+3)(\sigma_w^*)^2/2]$$

$$(8\text{-}25) \quad \overline{X}_z = \overline{X}_M \exp[(2A + 5)(\sigma_w^*)^2/2]$$

und analog für das Viskositätsmittel der Polymerisationsgrade (mit dem Exponenten $a_\eta$ der Viskositäts/Molekulargewichts-Beziehung, vgl. Kap. 9.9.6):

$$(8\text{-}26) \quad \overline{X}_\eta = \overline{X}_M \exp[(2(A + a_\eta) + 1)(\sigma_w^*)^2/2]$$

Die Gl. (8-23) – (8-25) führen somit zu

$$(8\text{-}27) \quad \exp(\sigma_w^*)^2 == \overline{X}_w/\overline{X}_n = \overline{X}_z/\overline{X}_w$$

#### 8.3.2.3 Poisson-Verteilungen

Poisson-Verteilungen treten auf, wenn eine konstante Zahl von Polymerketten gleichzeitig zu wachsen anfangen kann und die Anlagerung der Monomeren an diese Ketten zufällig und unabhängig von der vorhergehenden Anlagerung der anderen Monomeren ist. Poisson-Verteilungen treten daher bei den sog. lebenden Polymeren auf (vgl. Kap. 17).

Für die differentielle Verteilung der Molanteile der Polymerisationsgrade gibt die Poisson-Verteilung:

$$(8\text{-}28) \quad x = \frac{\nu^{X-1} \exp(-\nu)}{\Gamma(X)}$$

wobei $\nu = \overline{X}_n - 1$ und $\Gamma(X)$ = Gamma-Funktion. Für die Beziehung zwischen dem Gewichts- und dem Zahlenmittel des Polymerisationsgrades gilt ferner (vgl. Kap. 17)

$$(8\text{-}29) \quad \overline{X}_w/\overline{X}_n = 1 + (1/\overline{X}_n) - (1/\overline{X}_n)^2$$

Das Verhältnis $\overline{X}_w/\overline{X}_n$ hängt somit bei der Poisson-Verteilung nur vom Zahlenmittel des Polymerisationsgrades und sonst von keinem anderen Parameter ab. Mit steigendem Polymerisationsgrad strebt das Verhältnis $\overline{X}_w/\overline{X}_n$ dem Wert 1 zu. Die Poisson-Verteilung ist somit eine sehr enge Verteilung.

#### 8.3.2.4 Schulz-Flory-Verteilungen

Den Schulz-Flory-Verteilungen liegt ein Prozeß zugrunde, bei dem eine zeitlich konstante Zahl von Ketten wahllos Monomer addiert, bis der individuelle Keim durch einen Abbruch vernichtet wird. Im Gegensatz zur Poisson-Verteilung müssen also die ursprünglich vorhandenen Keime nicht individuell erhalten bleiben. Sie müssen auch nicht alle zur gleichen Zeit eine Polymerkette starten. Es wird nur gefordert, daß die Keimkonzentration stationär bleibt. Derartige Prozesse liegen bei Polykondensationen und den meisten radikalischen Polymerisationen vor. In den Anfangstagen der makromolekularen Wissenschaften wurden derartige Prozesse als die normalen angesehen und die durch sie erzeugten Verteilungen folglich als „Normalverteilungen" bezeichnet. Dieser Begriff ist verschieden vom mathematischen Begriff einer „Normalverteilung" (vgl. Kap. 8.3.2.1). Der englische Ausdruck „most probable distribution" bezieht sich auf eine Schulz-Flory-Verteilung mit $\overline{X}_w/\overline{X}_n = 2$.

Zur Berechnung der Verteilungen muß der sog. Kopplungsgrad $k$ bekannt sein. Der Kopplungsgrad gibt an, wieviel unabhängig gewachsene Ketten zur Bildung einer toten Kette erforderlich sind. Der Kopplungsgrad ist z. B. gleich 2, wenn zwei radikalische Ketten gemäß

(8–30) $P_i^{\cdot} + P_{x-i}^{\cdot} \rightarrow P_x$

zu einer einzigen Kette kombinieren. Für die differentielle Verteilung der Molanteile erhält man (vgl. auch Kap. 19)

(8–31) $$x = \frac{\beta^{k+1} X_i^{k-1} \overline{X}_n \exp(-\beta X)}{\Gamma(k+1)} ;$$

und daraus für die Massenanteile

(8–32) $$w = \frac{\beta^{k+1} X^k \exp(-\beta X)}{\Gamma(k+1)}$$

mit

(8–33) $\beta = k/\overline{X}_n$

Die Auftragung der Molanteile gegen die Polymerisationsgrade gibt für diese Molverteilung eine exponentiell abfallende Kurve (Abb. 8 – 3). Aus diesem Grunde – und nicht etwa wegen des Auftretens einer Exponentialfunktion in der Gl. (8 – 31) – zählt man die Schulz-Flory-Verteilungen zu den Exponentialverteilungen.

Die einfachen einmomentigen Mittelwerte des Polymerisationsgrades sind über

(8–34) $\overline{X}_n/k = \overline{X}_w/(k+1) = \overline{X}_z/(k+2)$

miteinander verbunden. Mit zunehmendem Kopplungsgrad werden also die Verteilungen immer enger. Über die Gl. (8 – 34) und (8 – 27) können übrigens die logarithmischen Normalverteilungen und die Schulz-Flory-Verteilungen voneinander unterschieden werden. Dazu müssen jedoch mindestens drei verschiedene Mittelwerte bekannt sein.

### 8.3.2.5 Tung-Verteilung

Die Tung-Verteilung wurde empirisch gefunden. Sie lautet für die Häufigkeitsverteilung der Massenanteile der Polymerisationsgrade

(8–35) $w_i = D\,B\,(X_i - 1)^{B-1} \exp(-D\,(X_i - 1)^B)$

wobei $D$ und $B$ empirische Konstanten sind. Die Tung-Verteilung stellt somit eine erweiterte Schulz-Flory-Verteilung dar.

## *8.4 Momente*

In der Mechanik ist das 1. Moment $\nu^{(1)}$ einer Kraft als Vektor-Produkt von Kraft (z. B. $g$) und Abstand (z. B. $E$) von der Achse zur Angriffslinie der Kraft definiert. Das 2. Moment $\nu^{(2)}$ ist entsprechend das Vektor-Produkt von Kraft und Quadrat des Abstandes. Greifen mehrere Kräfte an mehreren Abständen an, so hat man zur Bestimmung der Momente die Summen der Vektor-Produkte zu bilden. Allgemein kann man ferner nicht nur erste und zweite Momente, sondern beliebige Momente in Bezug auf einen beliebigen Referenzwert $E_0$ definieren:

(8–36) $\nu_g^{(q)}(E) \equiv \sum_i g_i (E_i - E_o)^q / \sum_i g_i$

$\nu_g^{(q)}(E)$ ist daher das q. Moment der $g$-Verteilung der $E$-Werte in Bezug auf $E_0$. Momente können natürlich nicht nur für die Beziehungen zwischen Kraft und Abstand, sondern ganz generell für die Beziehungen zwischen beliebigen Größen angegeben werden.

Die Ordnung q kann beliebige positive oder negative, ganzzahlige oder gebrochene, rationale oder irrationale Werte annehmen. Ein Moment besitzt daher in der Regel eine andere physikalische Einheit als die Eigenschaft $E$.

Das Argument $g$ kann z. B. ein Zählen oder Wiegen sein (vgl. dazu Kap. 8.2).

Die Eigenschaft kann der Polymerisationsgrad, das Molekulargewicht, der Sedimentationskoeffizient, die Moleküldimension oder irgendeine andere Eigenschaft sein.

Der Referenzwert $E_0$ kann im Prinzip beliebig gewählt werden. Da es aber z.B. keine negativen Polymerisationsgrade geben kann, ist es häufig zweckmäßig, die Momente auf einen Referenzwert 0 zu beziehen und diesen Momenten ein besonderes Symbol zu geben:

(8–37) $\mu_g^{(q)}(E) \equiv \sum_i g_i E_i^q / \sum_i g_i$

Die Einführung der Momente des Polymerisationsgrades bzw. des Molekulargewichtes vereinfacht die Beschreibung komplizierterer Mittelwerte dieser Größen erheblich.

## 8.5 Mittelwerte

### 8.5.1 ALLGEMEINE BEZIEHUNGEN

Mittelwerte besitzen im Gegensatz zu Momenten immer die gleiche physikalische Einheit wie die zugrundeliegende Eigenschaft. Mittelwerte sind daher entweder Momente 1. Ordnung oder solche Kombinationen von Momenten verschiedener Ordnung, daß die resultierende physikalische Einheit wieder die der Eigenschaft ist.

Alle bisher bekannten Mittelwerte setzen sich meist aus ein oder zwei Momenten zusammen. Sie lassen sich durch die allgemeine Formel

(8 – 38) $$\overline{X}_{g(p,q)} = \left( \frac{\mu_g^{p+q-1}(X)}{\mu_g^{q-1}(X)} \right)^{1/p} = \left( \frac{\sum_i G_i X_i^{p+q-1}}{\sum_i G_i X_i^{q-1}} \right)^{1/p}$$

beschreiben. Gl. (8 – 38) enthält vier wichtige Spezialfälle:

1. Im Falle p = q = 1 reduziert sich Gl. (8 – 38) zu einem einfachen einmomentigen Mittelwert.

2. Im Falle q = 1 und p ≠ q erhält man ein einmomentiges Exponentenmittel.

3. Für $q \neq 1$ und $q \neq p \neq 1$ resultiert ein zweimomentiges Exponentenmittel.
4. $p = 1$ und $p \neq q$ führt dagegen zu einem zweimomentigen Ordnungsmittel.

### 8.5.2 EINFACHE EINMOMENTIGE MITTEL

Die einfachen einmomentigen Mittelwerte sind durch

$$(8-39) \quad \overline{X}_g = \frac{\sum_i g_i X_i}{\sum_i g_i} = \sum_i G_i X_i$$

definiert. Sie werden je nach Art des Argumentes als Zahlenmittel ($g = n$), Gewichtsmittel ($g = m$), $z$-Mittel ($g = z$) usw. bezeichnet. Aus historischen Gründen – und neuerdings auch, um Verwechslungen mit dem Index m für „mol" zu vermeiden – ist es üblich, das Gewichtsmittel des Polymerisationsgrades als $\overline{X}_w$ zu bezeichnen und nicht als $\overline{X}_m$.

Das Zahlenmittel des Molekulargewichtes ist daher gegeben durch

$$(8-40) \quad \overline{M}_n = \frac{\sum_i n_i (\overline{M}_i)_n}{\sum_i n_i} = \sum_i x_i (\overline{M}_i)_n = \frac{\sum_i c_i}{\sum_i (c_i/(\overline{M}_i)_n)} = \frac{c}{\sum_i (c_i/(\overline{M}_i)_n)}$$

das Gewichtsmittel durch

$$(8-41) \quad \overline{M}_w = \frac{\sum_i m_i (\overline{M}_i)_w}{\sum_i m_i} = \frac{\sum_i n_i (\overline{M}_i)_n (\overline{M}_i)_w}{\sum_i n_i (\overline{M}_i)_n} = \frac{\sum_i c_i (\overline{M}_i)_w}{\sum_i c_i} =$$

$$= \sum_i w_i (\overline{M}_i)_w = \sum_i x_i (\overline{M}_i)_n (\overline{M}_i)_w$$

das z-Mittel durch

$$(8-42) \quad \overline{M}_z = \frac{\sum_i z_i (\overline{M}_i)_z}{\sum_i z_i} = \frac{\sum_i m_i (\overline{M}_i)_w (\overline{M})_z}{\sum_i m_i (\overline{M}_i)_w} = \frac{\sum_i n_i (\overline{M}_i)_n (\overline{M}_i)_w (\overline{M}_i)_z}{\sum_i n_i (M_i)_n (\overline{M}_i)_w}$$

$$= \sum_i Z_i (\overline{M}_i)_z = \sum_i w_i (\overline{M}_i)_w (\overline{M}_i)_z = \sum_i x_i (\overline{M}_i)_n (\overline{M}_i)_w (\overline{M}_i)_z$$

Nach diesen Gleichungen muß also immer gelten

$$(8-43) \quad \overline{M}_z \geqslant \overline{M}_w \geqslant \overline{M}_n$$

In den Anfangstagen der Polymerchemie wurden die Zahlenmittel des Polymerisationsgrades als „durchschnittliche", die Gewichtsmittel als „mittlere" Polymerisationsgrade bezeichnet. Vor allem in der Technik findet man daher noch die Bezeichnung DP für das Zahlenmittel des Polymerisationsgrades. Im angelsächsischen Sprachgebrauch steht dagegen DP für „degree of polymerization" und kann daher sowohl $DP_n$ als auch $DP_w$ usw. sein.

### 8.5.3 EINMOMENTIGE EXPONENTENMITTEL

Die allgemeine Gleichung für ein einmomentiges Mittel lautet:

$$(8-44) \quad \overline{X}_g = (\sum_i G_i X_i^q)^{1/q}$$

Das bekannteste dieser einmomentigen Exponentenmittel ist das sog. Viskositätsmittel des Molekulargewichtes:

(8-45) $\overline{M}_\eta = (\sum_i w_i M_i^{a_\eta})^{1/a_\eta}$

wobei $a_\eta$ der Exponent der Beziehung zwischen Staudinger-Index $[\eta]$ und Molekulargewicht ist ($[\eta] = K_\eta M^{a_\eta}$). Streng genommen ist das Viskositätsmittel ein Gewichts-Viskositätsmittel, da das zugrundeliegende Argument ein Wiegen ist. Analoge Mittel mit verschiedenen Argumenten existieren für die Sedimentation, die Diffusion usw.

### 8.5.4 MEHRMOMENTIGE MITTEL

Mittelwerte können nach Gl. (8 - 38) auch aus zwei Momenten bestehen. Die Ordnungen der Momente (d. h. (p + q - 1) für das im Zähler und (q - 1) für das im Nenner stehende Moment) müssen mit dem Exponenten 1/p so kombiniert werden, daß der Gesamtausdruck die physikalische Einheit der Eigenschaft besitzt. Da die physikalischen Einheiten auf beiden Seiten der Gleichung identisch sein müssen, folgt aus Gl. (8-38) unmittelbar die sog. Exponentenregel:

(8-46) $1 = (q + p - 1)(1/p) - (q - 1)(1/p)$

Sie lautet in allgemeiner Form: Die Produktensumme der Exponenten der Eigenschaften muß immer gleich 1 sein. Die Regel basiert auf Einheitsbetrachtungen und ist daher unabhängig von jeder Annahme über die Gestalt der Makromoleküle.

Die Exponentenregel ist besonders in Kombination mit einer anderen Regel bedeutsam. Diese andere Regel besagt, daß die Beziehungen zwischen zwei Variablen stets als Exponentialbeziehungen geschrieben werden können, zumindest in einem begrenzten Bereich. Empirisch wurden z. B. die folgenden Beziehungen zwischen Molekulargewicht $M$ einerseits und Sedimentationskoeffizient $s$, Diffusionskoeffizient $D$ und Staudinger-Index $[\eta]$ über weite Molekulargewichtsbereiche gefunden:

(8-47) $s = K_s M^{a_\eta}$

(8-48) $D = K_D M^{a_D}$

(8-49) $[\eta] = K_\eta M^{a_\eta}$

Aus je zwei der drei Größen läßt sich das Molekulargewicht berechnen (für die Ableitung vgl. Kap. 9):

(8-50) $\overline{M}_{sD} = A_{sD} K_{sD}\, s\, D^{-1}$

(8-51) $\overline{M}_{s\eta} = A_{s\eta} K_s\, s^{3/2}\, [\eta]^{1/2}$

(8-52) $\overline{M}_{D\eta} = A_{D\eta} K_{D\eta}\, D^{-3}\, [\eta]^{-1}$

Die Größen $K_{sD}$, $K_{s\eta}$ und $K_{D\eta}$ sind durch unabhängige Messungen zugänglich und molekulargewichtsunabhängig. Sie werden darum physikalische Konstanten genannt. $A_{sD}$, $A_{s\eta}$ und $A_{D\eta}$ sind dagegen Modellkonstanten, da sie noch bestimmte Annahmen enthalten. Sind z. B. die Reibungskoeffizienten von Sedimentation und Diffusion gleich groß (vgl. Kap. 9.7.3), so wird $A_{sD} = 1$. Die Modellkonstanten können allenfalls den numerischen Wert des Molekulargewichtes beeinflussen, nicht aber die Mittelwertsbildung. Sie können bis zum Beweis des Gegenteils gleich 1 gesetzt werden.

Nimmt man z. B. an, daß die Eigenschaften $s$, $D$ und $[\eta]$ jeweils als einfaches Gewichtsmittel gemessen werden, so folgt aus der Kombination der Gl. (8–47) – (8–52):

$$(8\text{–}53)\quad \bar{M}_{s_w D_w} = A_{sD}\,(\sum_i w_i M_i^{a_s})\,(\sum_i w_i M_i^{a_D})^{-1}\;;\quad a_s - a_D = 1$$

$$(8\text{–}54)\quad \bar{M}_{s_w \eta_w} = A_{s\eta}\,(\sum_i w_i M_i^{a_s})^{3/2}(\sum_i w_i M_i^{a_\eta})^{1/2}\;;\quad (3/2)\,a_s + (1/2)\,a_\eta = 1$$

$$(8\text{–}55)\quad \bar{M}_{D_w \eta_w} = A_{D\eta}\,(\sum_i w_i M_i^{a_D})^{-3}\,(\sum_i w_i M_i^{a_\eta})^{-1};\; -3\,a_D - a_\eta = 1$$

Das Produkt der physikalischen Konstanten muß nach der Dimensionsanalyse gleich 1 sein.

Mit den Gl. (8–53) – (8–55) erhält man für die Exponentenregel:

$$(8\text{–}56)\quad a_\eta = 2 - 3\,a_s = -(1 + 3\,a_D)$$

Mit diesen Beziehungen können die in den Gl. (8–53) - (8–55) auftretenden Mittelwerte in andere Mittelwerte bzw. Momente umgerechnet werden. Man entnimmt der Tab. 8–1, daß der Mittelwert derartiger zweimomentiger Mittel sowohl von der Mittelwertsbildung der Eigenschaften als auch von der Molekulargewichtsabhängigkeit der Eigenschaften bestimmt wird. So führt z. B. die Kombination des Gewichtsmittels des Sedimentationskoeffizienten mit dem Gewichtsmittel des Diffusionskoeffizienten $a_\eta = 2$ zum Zahlenmittel des Molekulargewichtes. In einigen Fällen besteht der Mittelwert des zweimomentigen Mittels aus einer Kombination zweier einfacher Mittel, in anderen ist die Beschreibung über die Momente einfacher.

*Tab. 8–1:* Momente und Mittelwerte des Molekulargewichtes für einige Kombinationen von $s$, $D$ und $[\eta]$

| Kombination von | Exponent $a_\eta$ | Momente bzw. Mittelwerte |
|---|---|---|
| $s_n$ und $D_n$ | beliebig | $\mu_n^{(1)} = \bar{M}_n$ |
| $s_w$ und $D_w$ | 2 | $\mu_n^{(1)} = \bar{M}_n$ |
| $s_w$ und $D_w$ | 0,5 | $\mu_n^{(1)}\mu_w^{(0,5)}/\mu_n^{(0,5)} = \sum_i x_i M_i^{1,5} / \sum_i x_i M_i^{0,5}$ |
| $s_w$ und $D_z$ | beliebig | $\mu_w^{(1)} = \bar{M}_w$ |
| $s_w$ und $[\eta]_w$ | 2 | $(\mu_w^{(2)})^{0,5} = (\bar{M}_w \bar{M}_z)^{0,5}$ |
| $s_w$ und $[\eta]_w$ | 0,5 | $(\mu_w^{(0,5)})^2 = (\sum_i w_i M_i^{0,5})^2 = (\bar{M}_\eta)_\Theta$ |

Der numerische Wert dieser zweimomentigen Mittel des Molekulargewichtes hängt somit bei gleicher Verteilungsbreite noch vom Wert der Konstanten $a_\eta$ ab (Abb. 8–6). $a_\eta$ wiederum ist bei einer gegebenen homologen Reihe eine Funktion der Form der Teilchen und ihrer Wechselwirkung mit dem Lösungsmittel. Starre Stäbchen weisen z. B. einen Wert von $a_\eta = 2$, Kugeln einen von $a_\eta = 0$ auf. Für statistische Knäuel werden gewöhnlich Werte zwischen 0,5 und 0,9 erhalten (vgl. auch Kap. 9.8).

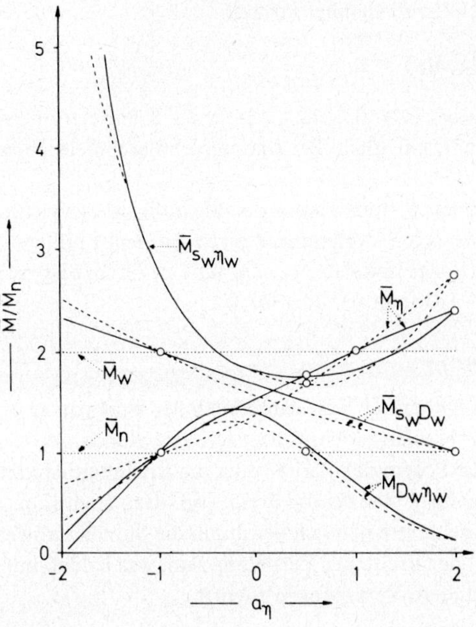


*Abb. 8-6:* Berechnete Verhältnisse $\overline{M}/\overline{M}_n$ als Funktion des Exponenten $a_\eta$ für eine Schulz-Flory-Verteilung (——) bzw. eine generalisierte logarithmische Normalverteilung (– – – –) der Molekulargewichte mit je $\overline{M}_w/\overline{M}_n = 2$. $\overline{M}$ kann $\overline{M}_{s_\eta \eta_w}$, $\overline{M}_\eta$, $\overline{M}_{s_w D_w}$ oder $\overline{M}_{D_w \eta_w}$ sein.

Bei diesen zweimomentigen Mitteln liegt das scheinbare Paradox vor, daß eine Absolutmethode zur Bestimmung des Molekulargewichtes je nach Lösungsmittel (d. h. je nach $a_\eta$) zu verschiedenen numerischen Werten des Molekulargewichtes führt, wenn molekularuneinheitliche Substanzen vorliegen. Eine Molekulargewichtsmethode wird absolut genannt, wenn alle Parameter direkt gemessen werden können und keine Annahmen über die chemische und physikalische Struktur getroffen werden müssen. Dies trifft z. B. bei Gl. (8-53) zu, bei der die Größen $s$, $D$ und $K_{sD} = RT/(1 - v_2\rho_1)$ direkt meßbar sind und bei der $A_{sD}$ gleich 1 gesetzt werden kann.

Die zweimomentigen Mittel können bei gleicher Verteilung beträchtlich vom Exponenten $a_\eta$ abhängen (Abb. 8-6). In einigen Fällen existieren unabhängig von der Breite der Verteilung Identitäten verschiedener Mittelwerte. Bei $a_\eta = 1$ ist z. B. immer $\overline{M}_\eta = \overline{M}_w$, bei $a_\eta = -1$ immer $\overline{M}_{s_w D_w} = \overline{M}_w$. Bei $a_\eta = 0{,}5$ gilt immer $\overline{M}_\eta = \overline{M}_{s_w \eta_w}$.

### 8.5.5 POLYMOLEKULARITÄTSPARAMETER

Die Breite einer Molekulargewichtsverteilung kann wegen Gl. (8-43) immer durch ein Verhältnis zweier Mittelwerte des Molekulargewichtes beschrieben werden. Viel verwendet wird der Polymolekularitätsindex

(8-57) $Q = \overline{M}_w/\overline{M}_n$

oder auch die molekulare Uneinheitlichkeit

$$(8-58) \quad \bar{U} = (\bar{M}_w/\bar{M}_n) - 1$$

Analoge $Q$- bzw. $U$-Werte sind auch für die Kombination anderer Mittelwerte des Molekulargewichtes möglich. Bei einer molekulareinheitlichen Substanz wird $Q = 1$ und $U = 0$.

Je größer $Q$ oder $U$, umso breiter ist die Molekulargewichtsverteilung. $Q$ und $U$ sind allerdings bei engen Verteilungen nicht sehr empfindlich; sie hängen außerdem noch von der Verteilungsbreite ab. Aus der für eine Molekulargewichtsverteilung geschriebenen Gl. (8 – 18) folgt nämlich für $U$

$$(8-59) \quad U = (\bar{M}_w/\bar{M}_n) - 1 = (\sigma_n/\bar{M}_n)^2$$

Die Uneinheitlichkeit $U$ und damit auch der Wert von $Q$ ist somit noch auf das Zahlenmittel des Molekulargewichtes bezogen. Die Standardabweichung ist nun zwar empfindlicher als die Polymolekularität oder die Uneinheitlichkeit, sie ist aber mit einer Ausnahme kein absolutes Maß für die Breite (vgl. dazu auch Kap. 8.3.2.1). Als absolutes Maß für die Breite müßte nämlich der durch die Standardabweichung erfaßte Anteil unabhängig von der Breite der Verteilung sein, was jedoch nur für die Gaußverteilung und nicht für andere Verteilungen zutrifft.

**Literatur zu Kap. 8**

L. H. Peebles, Molecular Weight Distributions in Polymers, Interscience, New York 1971

H.-G. Elias, R. Bareiss und J. G. Watterson, Mittelwerte des Molekulargewichtes und anderer Eigenschaften, Adv. Polymer Sci.-Fortschr. Hochpolym. Forschg. **11** (1973) 111

# 9 Bestimmung von Molekulargewicht und Molekulargewichtsverteilung

## 9.1 Einleitung und Übersicht

Die Methoden zur Bestimmung des Molekulargewichtes können in Absolut-, Äquivalent- und Relativmethoden eingeteilt werden. Bei Absolutmethoden wird das Molekulargewicht aus der Meßgröße berechnet, ohne daß Annahmen über die chemische und physikalische Struktur der Moleküle gemacht werden müssen. Die Verfahren liefern z.T. einfache, z.T. aber auch zusammengesetzte Mittel des Molekulargewichtes. Zu den Absolutmethoden gehören z.B. die colligativen Methoden (Membranosmometrie, Ebullioskopie, Kryoskopie und Dampfdruckosmometrie), die Lichtstreuung und das Sedimentationsgleichgewicht. Colligative Methoden sprechen auf die Zahl der Moleküle an und führen daher zu Zahlenmitteln des Molekulargewichtes.

Äquivalentmethoden benötigen stets eine Annahme über die chemische Struktur, damit das Molekulargewicht aus den Meßdaten berechnet werden kann. Bei Endgruppenbestimmungen muß z.B. die chemische Natur und die Zahl aller Endgruppen pro Molekül bekannt sein (vgl. Kap. 2.3.4).

Relativmethoden messen dagegen Eigenschaften, die sowohl von der chemischen als auch der physikalischen Struktur der Makromoleküle abhängen. Die wichtigste Methode ist die Messung der Viskosität verdünnter Lösungen. Die Viskosität hängt aber sowohl von der Konstitution und Konfiguration als auch von der Wechselwirkung der Makromoleküle mit dem Lösungsmittel und ihrer Form in Lösung ab. Bei Relativmethoden muß daher immer geeicht werden.

Die Auswahl einer Methode richtet sich primär nach der gewünschten Information. Bei reaktionskinetischen und präparativen Untersuchungen ist man an der Zahl der Moleküle interessiert und wird daher das Zahlenmittel des Molekulargewichtes bestimmen. Mechanische Eigenschaften von Polymeren hängen dagegen teilweise vom Gewichtsmittel des Molekulargewichtes ab.

In zweiter Linie wird man den Arbeitsbereich der Methoden zu berücksichtigen haben (Tab. 9 – 1). Die Arbeitsbereiche hängen im wesentlichen von der Größe des Meßeffektes ab, der bei einer bestimmten Konzentration noch erzielt werden kann. Bei einem Molekulargewicht von $10^5$ g/mol Molekül mißt man z.B. bei 100 °C in idealen Lösungen von $10^{-2}$ g/cm³ bei der Membranosmometrie einen osmotischen Druck von $\Pi \approx 3{,}2$ cm Wassersäule, bei der Dampfdruckosmometrie und der Ebullioskopie Temperaturdifferenzen von $\Delta T \approx 4 \cdot 10^{-5}$ K und eine relative Dampfdruckerniedrigung von $\Delta p/p \approx 3 \cdot 10^{-6}$. Die Auswahl der Methoden wird daher auch durch die verfügbare Substanzmenge bestimmt werden. Schließlich spielen noch der Zeitbedarf und die evt. erforderliche Reinigung der Proben eine Rolle.

Die zur Bestimmung des Molekulargewichtes verwendeten Gleichungen beruhen auf thermodynamischen, hydrodynamischen oder anderen Gesetzmäßigkeiten. Bei allen Methoden ist in der Regel (wenn man einmal von Thetalösungen absieht) eine starke Konzentrationsabhängigkeit der über eine ideale Gleichung (für $c \to 0$) berechneten scheinbaren Molekulargewichte $M_{app}$ zu beobachten. In einer Lösung knäuelförmiger Makromoleküle von $c = 10^{-2}$ g Gelöstes/cm³ fertige Lösung (oft inkorrekt als „einprozentige" Lösung bezeichnet) beträgt z. B. bei einem Molekulargewicht der Substanz von $\overline{M}_n = 10^2$ g/mol Molekül das scheinbare Zahlenmittel des Molekulargewichtes $(M_n)_{app}$ = 99,2 g/mol Mol., bei einem $\bar{M}_n = 10^6$ dagegen nur $(M_n)_{app} = 5{,}55 \cdot 10^5$ g/mol Mol.. Bei zehnprozentigen Lösungen lauten die entsprechenden Zahlen 100 gegen 92,6 und $10^6$ gegen $1{,}1 \cdot 10^5$. Die bei endlichen Konzentrationen ermittelten scheinbaren Molekulargewichte müssen daher auf $c \to 0$ extrapoliert werden, um die wahren Molekulargewichte zu erhalten (vgl. auch Kap. 6).

*Tab. 9-1:* Ungefähre Arbeitsbereiche der wichtigsten Methoden zur Bestimmung des Molekulargewichtes (A = Absolutmethode, Ä = Äquivalentmethode, R = Relativverfahren)

| Mittelwert des Molekulargewichtes | Methode | Typ | Molekulargewichtsbereich g/mol Molekül |
|---|---|---|---|
| $\bar{M}_n$ | Ebullioskopie, Kryoskopie, Dampfdruckosmometrie, isotherme Destillation | A | $< 10^4$ |
| $\bar{M}_n$ | Endgruppenbestimmung | Ä | $10^2 - 3 \cdot 10^4$ |
| $\bar{M}_n$ | Membranosmometrie | A | $5 \cdot 10^3 - 10^6$ |
| $\bar{M}_n$ | Elektronenmikroskopie | A | $> 5 \cdot 10^5$ |
| $\bar{M}_w$ | Sedimentationsgleichgewicht | A | $10^2 - 10^6$ |
| $\bar{M}_w$ | Lichtstreuung | A | $> 10^2$ |
| $\bar{M}_w$ | Sedimentationsgleichgewicht im Dichtegradienten | A | $> 5 \cdot 10^4$ |
| $\bar{M}_w$ | Röntgenkleinwinkelstreuung | A | $> 10^2$ |
| $\bar{M}_{sD}$ | kombinierte Sedimentation und Diffusion | A | $> 10^3$ |
| $\bar{M}_\eta$ | Viskosimetrie verdünnter Lösungen | R | $> 10^2$ |

## *9.2 Membranosmometrie*

### 9.2.1 SEMIPERMEABLE MEMBRANEN

Die Membranosmometrie beruht ebenso wie die Ebullioskopie, die Kryoskopie und die Dampfdruckosmometrie auf der strengen thermodynamischen Grundlage des 2. Hauptsatzes in der Form

$$(9-1) \qquad dG = V dp - S dT$$

Bei der Membranosmometrie wird der Druckunterschied zwischen einer Lösung und dem reinen Lösungsmittel gemessen, die durch eine nur für das Lösungsmittel durchlässige (semipermeable) Membran getrennt sind. Da man isotherm arbeitet, geht Gl. (9 – 1) mit $dT = 0$ über in

$$(9-2) \qquad \Delta G = V \Delta p = V \Pi$$

da man für kleine Druckänderungen die Differentiale durch Differenzen ersetzen kann. Der manometrisch meßbare Druckunterschied $\Delta p$ wird als osmotischer Druck $\Pi$ bezeichnet. Die Differentiation der Gl. (9 – 2) nach den Molen $n_1$ des Lösungsmittels gibt

(9-3) $(\partial \Delta G/\partial n_1) = \Pi (\partial V/\partial n_1)$

Mit den bekannten Definitionen des Unterschiedes im chemischen Potential des Lösungsmittels $\Delta\mu_1$ und des partiellen Molvolumens $\widetilde{V}_1^{\rm m}$ erhält man

(9-4) $-\Delta\mu_1 = \mu_{1(\rm p)} - \mu_1 = \Pi \cdot \widetilde{V}_1^{\rm m}$

Die Differenz des chemischen Potentials ist durch die Aktivität des Lösungsmittels $a_1$ ausdrückbar und in sehr verdünnter Lösung durch die Molenbrüche $x_1$ des Lösungsmittels bzw. $x_2$ des Gelösten:

(9-5) $\Pi \widetilde{V}_1^{\rm m} = -RT \ln a_1 \cong -RT \ln x_1 = -RT \ln (1 - x_2) \approx RTx_2$

Nun ist $x_2 = n_2/(n_2 + n_1)$, $n_2 = m_2/M_2$, $c_2 = m_2/(V_2 + V_1)$ und $V_1^{\rm m} = V_1/n_1$. Bei verdünnten Lösungen gilt $n_2 \ll n_1$ und $V_2 \ll V_1$ und folglich $x_2 = V_1^{\rm m} c_2/M_2$. Mit $V_1^{\rm m} \approx \widetilde{V}_1^{\rm m}$ ergibt sich aus Gl. (9 - 5) die van't Hoff'sche Gleichung als Grenzgesetz für unendliche Verdünnung

(9-6) $\lim\limits_{c_2 \to 0} (\Pi/c_2) = RT/M_2$

Für endliche Konzentrationen wird $\Pi/c_2$ bei Lösungen von nichtassoziierenden Nichtelektrolyten durch eine Reihe nach ganzen positiven Potenzen der Konzentration wiedergegeben (vgl. Gl. (6 - 54))

(9-7) $\Pi/(RTc_2) \equiv (M_2)_{\rm app}^{-1} = A_1 + A_2 c_2 + A_3 c_2^2 + \ldots$

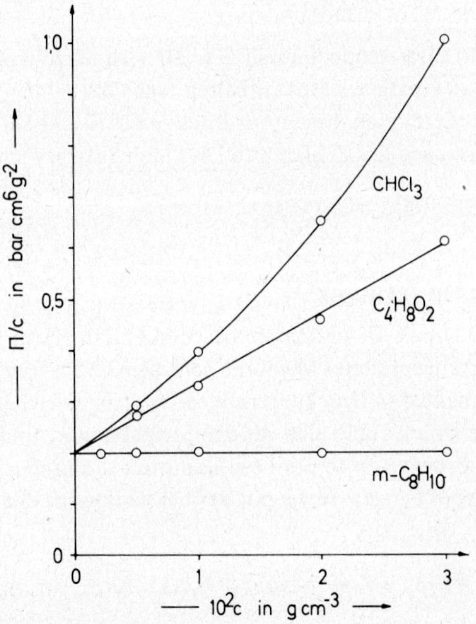


*Abb. 9-1:* Konzentrationsabhängigkeit der reduzierten osmotischen Drucke $\Pi/c$ eines Poly-(methylmethacrylates) in Chloroform, Dioxan und m-Xylol bei 20 °C (nach G. V. Schulz und H. Doll).

wobei $A_1$, $A_2$ usw. die ersten, zweiten usw. Virialkoeffizienten sind. $A_1$ ergibt sich aus dem Koeffizientenvergleich mit Gl. (9 – 6) zu $(M_2)^{-1}$. $A_1$ wird erhalten, indem der osmotische Druck $\Pi$ bei verschiedenen Konzentrationen $c_2$ gemessen wird. Der reduzierte osmotische Druck $\Pi/c_2$ wird gegen $c_2$ aufgetragen und aus dem Ordinatenabschnitt bei $c_2 \rightarrow 0$ der Wert von $RTA_1$ ermittelt (Abb. 9 - 1). Bei assoziierenden Substanzen treten auf der rechten Seite von Gl. (9 – 7) kompliziertere Ausdrücke auf (vgl. Kap. 6.5). Da der meßbare osmotische Druck $\Pi$ reziprok proportional dem Molekulargewicht ist, wird die Methode mit steigendem Molekulargewicht immer ungenauer. Die obere Grenze liegt bei Molekulargewichten von ca. 1 – 2 Millionen.

Bei Polyelektrolyten können die Polyionen nicht wegen ihrer Größe, die Gegenionen nicht wegen des Prinzipes der Elektroneutralität permeieren. Da pro Polyion viele wirksame Gegenionen vorhanden sind, ergibt sich aus Gl. (9 – 6) mit der Molkonzentration $[M_E] = c^2/M^2$ der Polyionen für kleine Konzentrationen näherungsweise

$$(9-8) \qquad \Pi = RTN_z[M_E]$$

$N_z$ ist der effektive Ionisationsgrad, d. h. der Bruchteil von Gegenionen, der zum osmotischen Druck beiträgt. $N_z$ ist also kleiner als die totale Zahl der Gegenionen. Es wird bei hohen Ionisationsgraden praktisch konstant.

Das in Gl. (9 – 6) auftretende Molekulargewicht $M_2$ ist bei einem polymolekularen Gelösten das Zahlenmittel $\overline{M}_n$ des Gelösten. Bei einem System aus vielen Komponenten ist nämlich der resultierende osmotische Durck $\Pi$ durch die Summe aller osmotischen Drucke $\Pi_i$ gegeben:

$$(9-9) \qquad \Pi = \sum_i \Pi_i = RT \sum_i (c_i/\overline{M}_i)$$

Die in Gl. (9 – 9) auftretende Summe $\sum_i (c_i/M_i)$ ist auch in der Definition des Zahlenmittels des Molekulargewichtes enthalten (vgl. Gl. (8 – 40) ), d. h. in $\overline{M}_n = \sum_i c_i / \sum_i (c_i/\overline{M}_i)$. Setzt man diesen Ausdruck in Gl. (9 – 9) ein, so sieht man, daß bei osmotischen Messungen das Zahlenmittel des Molekulargewichtes erhalten wird:

$$(9-10) \qquad \Pi = (RT \sum_i c_i)/\overline{M}_n = RT\, c/\overline{M}_n$$

### 9.2.2 EXPERIMENTELLE METHODIK

Der osmotische Druck $\Pi$ wird im einfachsten Fall in einem Einkammer-Osmometer mit horizontal angeordneter Membran gemessen (Abb. 9 – 2). $\Pi$ wird dann mit dem manometrisch meßbaren Druckunterschied $\Delta p_{eq}$ im Gleichgewicht identifiziert.

Der osmotische Druck ergibt sich aus den Steighöhen $h_s$ und $h_1$ und mit den Dichten $\rho_s$ und $\rho_1$ der Lösung S bzw. des Lösungsmittels 1 mit den Notierungen $\Delta h = h_s - h_1$ und $\Delta \rho = \rho_s - \rho_1$ sowie mit der bei semipermeablen Membranen gültigen Beziehung $\Pi = \Delta p_{eq}$ zu

$$(9-11) \qquad \Pi = \Delta p_{eq} = h_s\rho_s - h_1\rho_1 = \Delta h \rho_1 - h_s \Delta\rho = \Delta h \rho_s + h_1 \Delta\rho$$

Zur Berechnung des osmotischen Druckes $\Pi$ müssen also außer der Steighöhendifferenz $\Delta h$ und der Dichte des Lösungsmittels auch noch die absolute Steighöhe $h_s$ (oder $h_1$) und die Dichtedifferenz $\Delta\rho$ bekannt sein. Bei Osmometern mit vertikal angeordneten Membranen kann man in guter Näherung die Membranmitte als Bezugspunkt für die Höhenmessung annehmen.

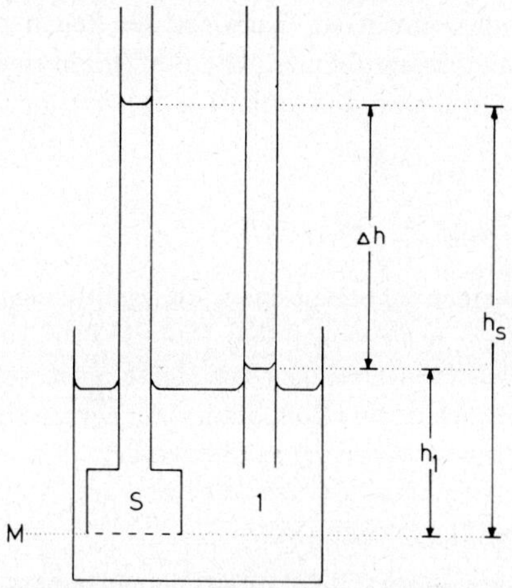


*Abb. 9-2:* Berechnung des osmotischen Druckes Π aus den Höhen $h_s$ der Lösung und $h_1$ des Lösungsmittels über einer horizontal angeordneten Membran

Zu Beginn eines osmotischen Experimentes entspricht der Steighöhenunterschied $\Delta h$ nach der Füllung der beiden Kammern nicht dem osmotischen Druck im Gleichgewicht. Um den Gleichgewichtsdruck zu erreichen, muß Lösungsmittel durch die Membran permeiieren. Der Durchtritt erfolgt z. B. von der Lösungsmittelkammer in die Lösungskammer, falls $\Delta h$ kleiner als der entsprechende osmotische Druck ist bzw. umgekehrt, falls $\Delta h$ größer ist als es dem osmotischen Druck entspricht. Die Zeit bis zum Erreichen des Gleichgewichtes ist umso größer, je größer das zu verschiebende Flüssigkeitsvolumen ist, d.h. je weiter die Kapillaren sind. Da man aus experimentellen Gründen die Kapillaren nicht beliebig eng wählen kann (Verschmutzung usw.) und die Membran eng sein muß (Semipermeabilität), kann die Einstellung eines osmotischen Gleichgewichtes u.U. Tage und Wochen dauern. Dieser Einstellung durch Osmose können sich noch andere Einstellungen wie z. B. durch Nachlauf in den Kapillaren, Adsorption des Gelösten an der Membran, partielle Permeation des Gelösten durch die Membran usw. überlagern, worauf stets gesondert zu prüfen ist.

In den kommerziell erhältlichen, automatisch arbeitenden Membranosmometern wird daher dieser Zeitbedarf durch einen meßtechnischen Trick verringert. Strömt z.B. Lösungsmittel in die Lösungskammer ein, so wird der Anstieg der Steighöhendifferenz sofort über einen Servomechanismus durch eine Änderung der Füllhöhe kompensiert. Bei diesen Geräten treten daher nur sehr kleine Flüssigkeitsmengen durch die Membranen, so daß der Gleichgewichtszustand schon nach 10 – 30 min erreicht wird.

Alternativ kann der osmotische Druck auch dynamisch aus der Einstellgeschwindigkeit berechnet werden. Die Geschwindigkeit der Annäherung an das Gleichgewicht ist der Entfernung vom Gleichgewicht proportional

(9-12) $\mathrm{d}(p - \Pi)/\mathrm{d}t = -k\,(p - \Pi)$

oder integriert

$$\ln\left[(p_1 - \Pi)/(p_2 - \Pi)\right] = \frac{(t_2 - t_1)}{t_{0,5}} \ln 2 = \alpha \ln 2 \qquad (9\text{-}13)$$

$p_2$ und $p_1$ sind dabei die osmotischen Drucke zu den Zeiten $t_1$ und $t_2$. $t_{0,5}$ ist die Halbwertszeit für den Lösungsmitteldurchtritt. Sie wird in einem Vorversuch bestimmt. Gl. (9 - 13) wird entlogarithmiert und nach $\Pi$ aufgelöst:

$$(p_1 - \pi)/(p_2 - \Pi) = 2^\alpha \qquad (9\text{-}14)$$

$$\Pi = (2^\alpha p_2 - p_1)/(2^\alpha - 1) \qquad (9\text{-}15)$$

Als Membranen werden für organische Lösungsmittel meist Folien aus regenerierter Cellulose verwendet, z. B. Cellophan 600, Gelcellophan, Ultracellafilter feinst und allerfeinst. Für wässrige Lösungen eignen sich Membranen aus Celluloseacetat (z. B. Ultrafeinfilter) oder Nitrocellulose (Kollodium). Für aggressive Lösungsmittel (Ameisensäure usw.) sind Glasmembranen verwendet worden.

### 9.2.3 NICHTSEMIPERMEABLE MEMBRANEN

Nach den Voraussetzungen soll die verwendete Membran streng semipermeabel sein, d.h. nur das Lösungsmittel, nicht aber das Gelöste durchlassen. Diese Forderung läßt sich z.B. bei nativen Proteinen leicht erfüllen. Native Proteine sind meist molekulareinheitlich und weisen eine kompakte Struktur auf. Solange die Porendurchmesser der Membran kleiner als die Durchmesser der Proteinmoleküle sind, ist somit die Membran streng semipermeabel. Da Proteinmoleküle Durchmesser von meist mehr als 5 nm aufweisen, ist es nicht allzu schwierig, entsprechende Porenmembranen wie z. B. auf der Basis von Celluloseacetat für wässrige Lösungen zu finden. Fadenförmige Makromoleküle weisen dagegen zwar große Knäueldurchmesser, aber nur sehr geringe Faden-

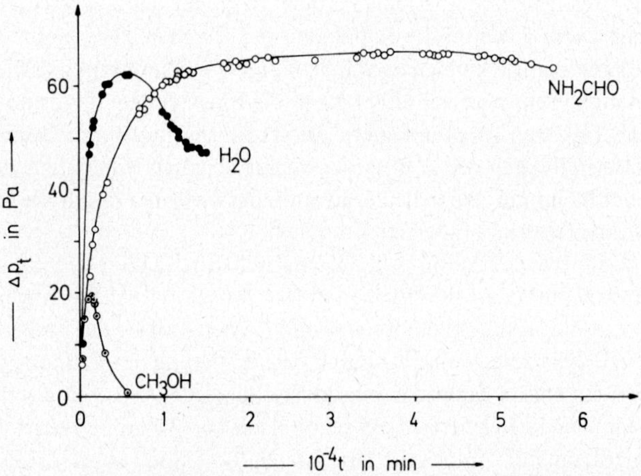


*Abb. 9-3:* Zeitabhängigkeit des hydrostatischen Druckes $\Delta p_t$ bei Lösungen eines Poly(äthylenglykols) ($c = 2 \cdot 10^{-4}$ g/cm$^3$; $\bar{M}_n = 4000$; $\bar{M}_w = 4300$ g/mol Molekül) in Formamid, Wasser bzw. Methanol an Cellophan 600-Membranen (= Cellulosehydrat) bei 25 °C. Der theoretisch für diese Konzentration zu erwartende osmotische Druck einer idealen Lösung beträgt $\Pi_{id}$ = 127 Pa (nach H.-G. Elias).

durchmesser auf. Sie können daher sehr leicht durch Membranen mit relativ engen „Poren“ von nur 1 – 2 nm treten. Die Permeation ist umso leichter möglich, je niedriger die Molekulargewichte sind. Bei molekularuneinheitlichen Substanzen wird daher ein Teil permeieren können. Im osmotischen Gleichgewicht (bei sog. statischen Messungen) werden sich alle permeierbaren Anteile entsprechend ihren Aktivitäten auf beide Seiten der Membran in einem Donnan-Gleichgewicht verteilen. Der beobachtete osmotische Druck im Gleichgewicht entspricht daher bei jeder Konzentration nicht dem theoretischen osmotischen Druck der Ausgangssubstanz. Für den Grenzwert des reduzierten osmotischen Drucks $\Pi/c_2$ bei $c_2 \rightarrow 0$ erhält man das Molekulargewicht des nichtpermeierbaren Anteils.

Die teilweise oder vollständige Permeation des Gelösten kann häufig daran erkannt werden, daß bei Messungen von „unten her“ (Steighöhendifferenz $\Delta p_0$ bei $t = 0$ kleiner als $\Pi$) der meßbare Druck $\Delta p$ durch ein Maximum geht und dann bis zu einem Gleichgewichtswert abfällt (Abb. 9 – 3). Der Effekt kommt durch das Gegeneinanderwirken von Eindringen des Lösungsmittels in die Lösungszelle und Permeation des Gelösten in die Lösungsmittelzelle zustande. Da bei kleinen Versuchszeiten noch praktisch kein Gelöstes permeiert sein kann, wird oft angenommen, daß durch die bei automatischen Osmometern möglichen kurzen Meßzeiten der wahre osmotische Druck auch bei permeierenden Substanzen erfaßt werden kann. Diese Annahme ist irrig.

Bei nicht-semipermeablen Membranen können sowohl das Lösungsmittel als auch das Gelöste durch die Membran treten. $J_v$ sei der Volumenfluß, $J_D$ der Fluß durch Diffusion (Permeation). Beide Flüsse können sowohl durch eine hydrostatische Druckdifferenz $\Delta p$ als auch durch einen osmotischen Druck $\Pi$ bewirkt werden:

(9–16) $$J_v = L_p \Delta p + L_{pD} \Pi$$

(9–17) $$J_D = L_{Dp} \Delta p + L_D \Pi$$

$L_p$, $L_{pD}$, $L_{Dp}$ und $L_D$ sind die sog. phänomenologischen Koeffizienten. Ihre Bedeutung ist wie folgt:

1. Wenn sich zu beiden Seiten der Membran Lösungen gleicher Konzentration (z. B. auch reines Lösungsmittel) befinden, ist der osmotische Druck gleich null. Legt man jetzt einen hydrostatischen Druck $\Delta p$ an, so tritt ein Volumenfluß auf. $L_p$ ist ein Permeabilitätskoeffizient für reine Lösungsmittel. Für gleichkonzentrierte Lösungen ist $L_p$ ein Filtrationskoeffizient. Damit folgt aus (9–16) für $\Pi = 0$:

   (9–18) $$L_p = (J_v/\Delta p)_{\Pi=0}$$

2. Der Volumenfluß $J_v$ kann aber durch einen osmotischen Druck $\Pi$ erzeugt werden, z.B. zwischen zwei verschieden konzentrierten Lösungen bei $\Delta p = 0$. Es gilt daher

   (9–19) $$(J_v)_{\Delta p=0} = L_{pD} \Pi$$

3. Ist der hydrostatische Druck $\Delta p = 0$ und hat man zwei verschieden konzentrierte Lösungen, so wird bei einer nicht-semipermeablen Membran als Folge des osmotischen Druckes zwischen zwei verschieden konzentrierten Lösungen eine Permeation stattfinden. Aus Gl. (9–17) folgt

   (9–20) $$L_D = (J_D/\Pi)_{\Delta p=0}$$

4. Wenn beide Lösungen die gleiche Konzentration aufweisen ($\Pi = 0$), so kann bei Anlegen eines hydrostatischen Druckes gleichwohl ein Diffusionsfluß auftreten. Bei dieser „Ultrafiltration“ permeieren aber Lösungsmittel und Gelöstes verschieden schnell. Es gilt

$$(9\text{-}21) \quad (J_D)_{\Pi=0} = L_{Dp}\Delta p$$

Nach dem Onsager'schen Reziprozitätsprinzip gilt für den Fall der Stationarität für sehr kleine Volumenelemente und in der Nähe des Gleichgewichtes für die reziprok indizierten phänomenologischen Koeffizienten:

$$(9\text{-}22) \quad L_{pD} = L_{Dp}$$

Bei der dynamischen Osmometrie wird nun die Druckdifferenz beim Volumenfluß $J_v = 0$ bestimmt. Aus Gl. (9-16) folgt dann

$$(9\text{-}23) \quad (\Delta p)_{J_v=0} = -(L_{pD}/L_p)\,\Pi = s\Pi$$

$s \equiv -(L_{pD}/L_p)$ wird als Selektivitätskoeffizient, Reflektionskoeffizient oder Staverman-Koeffizient bezeichnet. Bei der dynamischen Osmometrie an nicht ideal-semipermeablen Membranen wird somit beim Volumfluß null niemals (auch nicht bei sehr kurzen Versuchszeiten nach Füllung des Osmometers) der osmotische Druck $\Pi$ erhalten. Bei der normalen Membranosmometrie ist $(-L_{pD}) \leqslant L_p$; für semipermeable Membranen gilt daher $-L_{pD} = L_p$. Der Selektivitätskoeffizient kann daher nur Werte zwischen 1 und 0 annehmen. Bei $s = 1$ ist die Membran semipermeabel. $s$ kann bislang nicht theoretisch berechnet werden. Bei den häufig verwendeten, ausgetrockneten und wieder angequollenen Cellophan 600-Membranen wird nach Messungen an Proben mit enger Molekulargewichtsverteilung $s = 1$ für $\overline{M}_n > 6000$. Bei $\overline{M}_n < 6000$ sinkt s mit fallendem Molekulargewicht bis auf null ab.

Um das Zahlenmittel des Molekulargewichtes einer partiell permeierenden Probe zu ermitteln, dialysiert man daher zuerst die Lösung an der gleichen Membran, wie sie für die Membranosmometrie verwendet wird. Der nichtdialysierbare Anteil wird anschließend membranosmotisch, der dialysierbare z. B. dampfdruckosmotisch untersucht. Aus den Molekulargewichten und Gewichtsanteilen beider Fraktionen wird dann das Molekulargewicht der ursprünglichen Probe nach Gl. (8-40) berechnet.

### *9.3 Ebullioskopie und Kryoskopie*

Die Siedepunkt einer Lösung und des entsprechenden reinen Lösungsmittels sind wegen der Differenz der Aktivitäten verschieden. Im Gleichgewicht geht Gl. (9-1) in der Form $d\Delta G = \Delta V dp - \Delta S dT$ wegen $d\Delta G = 0$ über in

$$(9\text{-}24) \quad \Delta V dp = \Delta S dT$$

Für einen isotherm-isobaren Proteß gilt andererseits der 2. Hauptsatz in der Form $\Delta S = (\Delta H)_{T,p}/T$. Setzt man diesen Ausdruck in Gl. (9-24) ein und formt um, so erhält man

$$(9\text{-}25) \quad \Delta H = T\Delta V(dp/dT)$$

Das Volumen des Gases ist aber am Siedepunkt groß gegenüber dem Volumen der Flüssigkeit. $\Delta V = V_{gas} - V_{fl}$ geht damit über in $\Delta V \approx V_{gas}$. Nach Einführung dieses Ausdruckes und des Gesetzes der idealen Gase $pV_{gas} = RT_s$ in Gl. (9–25) sowie Indizierung für den Siedepunkt $T_s$ bekommt man

$$(9\text{–}26) \qquad \Delta H_s = T_s\,(\mathrm{d}p/\mathrm{d}t)\,(RT_s/p)$$

bzw. mit dem Raoult'schen Gesetz $x_2 = \Delta p/p_1$ und mit $x_2 = n_2/(n_1 + n_2) \approx n_2/n_1 = m_2M_1/m_1M_2 = m_2M_1/M_2\rho_1 V_1 \cong c_2M_1/M_2\rho_1$ nach einer Umformung

$$(9\text{–}27) \qquad \frac{\Delta T_s}{c_2} = \left(\frac{RT_s^2M_1}{\rho_1 \Delta H_s}\right)\cdot\frac{1}{M_2} = E\cdot(1/M_2) \qquad (\text{für } c_2 \to 0)$$

oder analog zu Gl. (9–6) geschrieben

$$(9\text{–}28) \qquad \frac{\Delta T_s}{c_2}\left(\frac{\rho_1 \Delta H_s}{T_sM_1}\right) = \frac{RT_s}{M_2} \qquad (\text{für } c_2 \to 0)$$

Um für ein gegebenes Molekulargewicht $M_2$ des Gelösten eine möglichst hohe Siedepunktserhöhung $\Delta T_s$ zu erreichen, muß folglich die ebullioskopische Konstante $E$ des Lösungsmittels groß sein. Das Lösungsmittel soll möglichst einen hohen Siedepunkt $T_s$, ein großes Molekulargewicht $M_1$ und eine niedrige molare Verdampfungsenthalpie $\Delta H_s$ aufweisen.

Gl. (9–28) gilt nach der Ableitung nur für unendlich kleine Konzentrationen. Für endliche Konzentrationen kann man analog zu membranosmotischen Messungen wieder Reihenentwicklungen mit Virialkoeffizienten schreiben. Bei polymolekularem Gelösten wird ebullioskopisch das Zahlenmittel des Molekulargewichtes gemessen (Beweis analog zur Ableitung für den osmotischen Druck).

Bei kryoskopischen Messungen erhält man durch eine analoge Ableitung für die Gefrierpunktserniedrigung $\Delta T_M$ unendlich verdünnter Lösungen

$$(9\text{–}29) \qquad \frac{\Delta T_M}{c_2} = \left(\frac{RT_g^2M_1}{\rho_1 \Delta H_M}\right)\cdot\frac{1}{M_2} \qquad (\text{für } c_2 \to 0)$$

wobei $T_g$ der Gefrierpunkt des Lösungsmittels und $\Delta H_M$ dessen molare Schmelzenthalpie sind.

Siedepunktserhöhung und Gefrierpunktserniedrigung sind verhältnismäßig kleine Effekte, so daß die Empfindlichkeit der Methoden bei Molekulargewichten oberhalb von ca. 10 000 – 20 000 zu gering ist. Die Bestimmung der Siedepunktserhöhung kann durch Siedeverzug und Schäumen, die der Gefrierpunktserniedrigung durch Unterkühlung und Mischkristallbildung verfälscht werden. Beide Methoden messen die Aktivität *aller* vorhandenen Moleküle, d. h. auch z. B. adsorbierten Wassers. Da inkludierte Lösungsmittel mit steigendem Molekulargewicht der Probe immer schwieriger zu entfernen sind und sie außerdem zahlenmäßig immer mehr zum Meßeffekt beitragen, können die ermittelten Molekulargewichte mit steigendem Molekulargewicht zunehmend zu gering ausfallen.

## 9.4 Dampfdruckosmometrie

Dampfdruckosmotische (thermoelektrische, vaporometrische) Messungen beruhen auf dem folgenden Prinzip. Ein Tropfen einer Lösung mit einem nichtflüchtigen Gelösten befindet sich auf einem Temperaturfühler, z.B. einem Thermistor. Der umgebende Raum ist mit Lösungsmitteldampf gesättigt. Zu Beginn der Messung weisen Tropfen und Dampf die gleiche Temperatur auf. Da der Dampfdruck der Lösung geringer ist als der des Lösungsmittels, kondensiert Lösungsmitteldampf auf dem Lösungstropfen auf. Durch die freigesetzte Kondensationswärme steigt die Temperatur des Tropfens solange an, bis die Temperaturdifferenz $\Delta T_{\text{th}}$ zwischen Lösungstropfen und Lösungsmitteldampf die Differenz der Dampfdrucke wieder aufhebt und damit die chemischen Potentiale des Lösungsmittels in den beiden Phasen gleich sind. Für diesen Fall gilt analog den bei ebullioskopischen Messungen geltenden Gleichungen für die Beziehung zwischen der Temperaturdifferenz $\Delta T_{\text{th}}$ und dem Zahlenmittel $\overline{M}_n = M_2$ des Gelösten

$$(9\text{-}30) \qquad \frac{\Delta T_{\text{th}}}{c_2} = \left(\frac{RT^2}{L_1 \cdot \rho_s}\right) \cdot \frac{1}{\overline{M}_n} \qquad (\text{für } c_2 \to 0)$$

wobei $L_1$ die Verdampfungswärme des Lösungsmittels pro Gramm und $\rho_s$ die Dichte der Lösung ist.

Das Verfahren würde also ähnlich wie die Ebullioskopie oder die Kryoskopie eine strenge thermodynamische Grundlage besitzen, wenn die Versuche sowohl für den Lösungstropfen als auch für den Lösungsmitteldampf jeweils isotherm ausgeführt werden könnten. Tropfen und Dampf stehen jedoch miteinander im thermischen Kontakt, so daß sich die Temperaturdifferenz mit der Zeit durch Konvektion, Strahlung und Leitung auszugleichen versucht. Dadurch kondensiert aber wieder neuer Lösungsmitteldampf und zwar solange, bis sich schließlich ein stationärer Zustand mit einer bestimmten Temperaturdifferenz $\Delta T$ einstellt. Gl. (9 – 30) ist daher mit der Beziehung $\Delta T = k_E \Delta T_{\text{th}}$ durch

$$(9\text{-}31) \qquad \frac{\Delta T}{c_2} = k_E \left(\frac{RT^2}{L_1 \rho_s}\right) \cdot \frac{1}{\overline{M}_n} = K_E \cdot \frac{1}{\overline{M}_n} \qquad (\text{für } c_2 \to 0)$$

zu ersetzen. Da $k_E$ nicht theoretisch berechnet werden kann, wird $K_E$ in der Regel durch Eichmessungen mit Substanzen bekannten Molekulargewichtes ermittelt. Bei endlichen Konzentrationen werden durch die Effekte der Virialkoeffizienten und/oder der Assoziation wie bei allen anderen Methoden zur Molekulargewichtsbestimmung nur scheinbare Molekulargewichte $M_{\text{app}}$ erhalten (vgl. dazu Kap. 6.4 und 6.5), die noch auf die Konzentration $c_2 \to 0$ extrapoliert werden müssen (vgl. auch Kap. 9.2.1). Bei der Dampfdruckosmometrie werden nichtflüchtige Verunreinigungen mitgemessen, flüchtige jedoch nicht, weil sie in den Dampfraum gehen.

## 9.5 Lichtstreuung

### 9.5.1 GRUNDLAGEN

Die Streulichtmethode ist eines der wichtigsten Verfahren zur Bestimmung des Molekulargewichtes und der Dimensionen von Polymeren. Bei diesem Verfahren wird das von Lösungen von Makromolekülen seitlich abgestrahlte Streulicht gemessen. Dieses Streulicht wird bei großen Teilchen im sichtbaren Licht als Tyndall-Effekt beobachtet. Das eintretende Primärlicht der Intensität $I_0$ wird beim Durchgang durch ein streuendes Medium nach dem Beer'schen Gesetz um den Anteil $I_s$ des Streulichtes vermindert

(9-32) $I_0 - I_s = I = I_0 \exp(-\tau r)$

$r$ ist dabei der im Medium zurückgelegte Weg und $\tau$ der Extinktionskoeffizient der Streustrahlung. Die Gesamtintensität bleibt konstant ($I_0 = I + I_s$). Es handelt sich also um eine konservative Extinktion und nicht um eine konsumptive wie bei der Absorption farbiger Lösungen. Die Streulichtintensität $I_s$ beträgt bei reinen Flüssigkeiten und bei verdünnten Lösungen von Makromolekülen nur ca. 1/10 000 bis 1/50 000 der Primärintensität $I_0$. Die Streuintensität $I_s$ kann daher nicht mit genügender Genauigkeit über eine Differenzmessung bestimmt werden. Sie wird daher direkt mit photoelektrischen Zellen und Sekundärelektronenvervielfachern sehr genau gemessen.

Bei Streulichtmessungen ist es zweckmäßig, zwischen den Effekten bei „kleinen" und „großen" Teilchen oder Molekülen zu unterscheiden. Bei kleinen Teilchen sind die Abmessungen viel kleiner als die Wellenlänge $\lambda$ des einfallenden Lichtes, d.h. kleiner als ca. (0,05 - 0,07) $\lambda$.

### 9.5.2 KLEINE TEILCHEN

Sichtbares, unpolarisiertes Licht besitzt einen elektrischen Vektor rechtwinklig auf der Ausbreitungsrichtung, der sich sinusförmig mit der Zeit ändert. Für die Feldstärken $\boldsymbol{E}_v$ und $\boldsymbol{E}_h$ der vertikalen und horizontalen Komponenten gilt dann (vgl. Lehrbücher der theoretischen Physik) für einen bestimmten Punkt im Raum:

(9-33) $\boldsymbol{E}_v = \boldsymbol{E}_h = \boldsymbol{E}_0 \cos(\omega t)$

In Gl. (9 - 33) ist $\boldsymbol{E}_0$ die maximale Feldstärke, $\omega$ die Kreisfrequenz und $t$ die Zeit.

Das elektrische Feld wirkt auf jedes sich im Lichtstrahl befindende Teilchen und erzeugt dort ein Dipolelement $\boldsymbol{p}$, da die Elektronen dieses Teilchens in die eine und die dazugehörigen Atomkerne in die entgegengesetzte Richtung verschoben werden. Feldstärke und Dipolmoment sind einander proportional; die Proportionalitätskonstante $\alpha$ wird Polarisierbarkeit genannt:

(9-34) $\boldsymbol{p} = \alpha \boldsymbol{E}$

Es sei angenommen, daß die Teilchen klein sind (keine intramolekulare Interferenz, vgl. Kp. 9.5.5), daß die Teilchen unabhängig voneinander sind (ideales Gas oder unendlich verdünnte Lösung) und daß das Licht nicht konsumptiv absorbiert wird. Unter diesen Voraussetzungen sind die Gl. (9 - 33) und (9 - 34) kombinierbar:

(9-35) $\boldsymbol{p} = \alpha \boldsymbol{E}_0 \cos(\omega t)$

Gl. (9 - 35) sagt aus, daß der induzierte Dipol dem schwingenden elektrischen Felde mit der gleichen Frequenz folgt. Ein schwingender Dipol sendet aber gleichfalls elektromagnetische Strahlung aus, d. h. die Streustrahlung. Die Streustrahlung weist nach Gl. (9–35) die gleiche Wellenlänge wie die einfallende Strahlung auf. Die Energie einer Lichtquelle wird durch ihre Intensität gemessen, d. h. der pro Sekunde auf eine Fläche von 1 $cm^2$ fallenden Energie. Diese Energie ist nach dem Theorem von Poynting dem über eine Periode gemittelten Wert von $E^2$, d. h. $\overline{E}^2 \equiv \langle E^2 \rangle$ proportional. Für die vertikal und horizontal polarisierten Anteile des einfallenden Lichtes gilt demnach mit Gl. (9–33)

$$(9\text{–}36) \quad I_{0,v} = const. \langle E_v^2 \rangle = const.\ E_0^2 \langle \cos^2(\omega t) \rangle$$

$$I_{0,h} = const.$$

Die Intensität $i_{s,v}$ des vertikal polarisierten Streulichtes eines Moleküles ergibt sich analog aus der Feldstärke $\boldsymbol{E}_s$ des Streulichtes

$$(9\text{–}37) \quad i_{s,v} = const.\ E_{s,v}^2$$

und analog für die horizontal polarisierte Komponente. Die Feldstärke $\boldsymbol{E}_s$ des vertikal oder horizontal polarisierten Streulichtes erhält man durch folgende Überlegungen. Die erste Ableitung des Dipolmomentes nach der Zeit ($d\boldsymbol{p}/dt$) entspricht einem elektrischen Strom, der ein konstantes magnetisches Feld erzeugen würde. Die zweite Ableitung $d^2\boldsymbol{p}/dt^2$ entspricht einem oszillierenden Feld, wie es von dem schwingenden Dipol hervorgerufen wird. Also gilt

$$(9\text{–}38) \quad \boldsymbol{E}_s = const'\,(d^2\boldsymbol{p}/dt^2)$$

Der Ausdruck für $(d^2\boldsymbol{p}/dt^2)$ ergibt sich durch zweimalige Differentiation von Gl. (9–35) zu

$$(9\text{–}39) \quad d^2\boldsymbol{p}/dt^2 = \alpha \boldsymbol{E}_0 \omega^2 \cos(\omega t)$$

Die Proportionalitätskonstante *const'* setzt sich aus zwei Faktoren zusammen, nämlich $(1/r)$ und $(\sin \vartheta_x)$. x kann sowohl für das horizontal polarisierte Streulicht h als auch für den vertikal polarisierten Anteil v stehen.

Der Faktor $(1/r)$ folgt aus dem Gesetz der Erhaltung der Energie. Das abgestreute Licht verteilt sich um den schwingenden Dipol. Der totale Energiefluß, d. h. die pro Sekunde abgestreute Energie, muß jedoch konstant sein. Die Intensität ist gleich dem Energiefluß pro $cm^2$; sie variiert folglich mit $(1/r^2)$. Da die Intensität dem Quadrat der Feldstärke proportional ist, muß die Feldstärke selbst proportional $(1/r)$ sein.

Der Faktor $(\sin \vartheta_x)$ folgt aus der Überlegung, daß zwar das gestreute Licht kugelförmig abgestrahlt wird, die Feldstärke aber von der Richtung abhängt (Abb. 9–4). Wir betrachten dazu vertikal polarisiertes Einfallslicht von der Intensität $(I_v)_0$, das in der x-Richtung auf das Teilchen fällt und einen in der z-Richtung schwingenden Dipol induziert. Senkrecht zur Dipolachse wird die größte Feldstärke des gestreuten Lichtes beobachtet. In Richtung der Dipolachse ist dagegen die Feldstärke gleich null. Die Feldstärke ist daher proportional $(\sin \vartheta_v)$, wobei $\vartheta_v$ der Winkel zwischen der Dipolachse und der Beobachtungsrichtung ist. In der xy-Ebene ist folglich die Intensität $i_{s,v}$ des vertikal polarisierten Streulichtes unabhängig vom Beobachtungswinkel.

Einsetzen dieser Ausdrücke und von Gl. (9–39) in die Gl. (9–38) führt für vertikal polarisiertes Einfallslicht zu

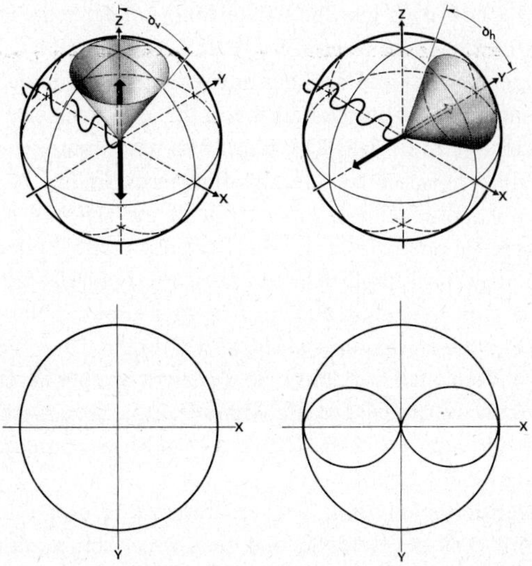


*Abb. 9-4:* Streudiagramme kleiner Teilchen bei vertikal (v) und horizontal (h) polarisiertem Einfallslicht. Obere Reihe: Lagen des schwingenden Dipols und Definitionen der Winkel $\vartheta_v$ und $\vartheta_h$. Untere Reihe: Polardiagramme der Streulichtintensitäten (durch Pfeile angedeutet) in der xy-Ebene.

(9-40) $E_{s,v} = (1/r)(\sin \vartheta_v)(\tilde{c})^{-2} \alpha E_0 \omega^2 \cos(\omega t)$

Die rechte Seite dieser Gleichung wurde dabei noch durch das Quadrat der Lichtgeschwindigkeit $\tilde{c}$ geteilt, um die Dimensionen anzupassen. Die Kombination der Gl. (9-36), (9-37) und (9-40) ergibt dann unter Berücksichtigung der Frequenz $\omega/2\tau = \tilde{c}/\lambda$ und einer Mittelwertsbildung für die Periode

(9-41) $i_{s,v}/I_{o,v} = 16\,\pi^4 \alpha^2 (\sin^2 \vartheta_v)\, r^{-2} \lambda^{-4}$

Bei horizontal polarisiertem Einfallslicht mit der Intensität $(I_h)_0$ schwingt der Dipol in der y-Richtung. Senkrecht zur Dipolachse wird wiederum die größte Intensität beobachtet. In der y-Richtung ist die Intensität gleich null (Abb. 9-4). Die Feldstärke ist proportional ($\sin \vartheta_h$), wobei $\vartheta_h$ der Winkel zwischen der Dipolachse und der Beobachtungsrichtung ist. Für die Streulichtintensität des horizontal polarisierten Streulichtes erhält man analog zu Gl. (9-41)

(9-42) $i_{s,h}/I_{o,h} = 16\,\pi^4 \alpha^2 (\sin^2 \vartheta_h)\, r^{-2} \lambda^{-4}$

bzw. beim Übergang zur Gesamtintensität mit $I_{o,v} = I_{o,h} = 0{,}5\, I_o$

(9-43) $$\frac{i_s}{I_o} = \frac{i_{s,v} + i_{s,h}}{I_o} = \frac{16\pi^4 \alpha^2 (\sin^2 \vartheta_v + \sin^2 \vartheta_h)}{2\, r^2 \lambda^4}$$

und mit $(\sin^2 \vartheta_v + \sin^2 \vartheta_h) = (1 + \cos^2 \vartheta)$, wobei $\vartheta$ der Winkel zwischen dem einfallenden Licht und dem Beobachter ist

(9-44) $i_s r^2 / I_o = 16\,\pi^4 \alpha^2 \lambda^{-4} ((1 + \cos^2 \vartheta)/2)$

Der Faktor $(1 + \cos^2 \vartheta)/2$ gibt die Winkelfunktion der reduzierten Streustrahlung $i_s r^2/I_0$ für unpolarisiertes Licht wieder. Sie setzt sich je zur Hälfte aus dem Beitrag der vertikalen Komponente (1/2) und dem der horizontalen Komponente $(\cos^2 \vartheta/2)$ zusammen. Da bei einem Beobachtungswinkel von 90° die reduzierte Streulichtintensität bei horizontal polarisiertem Einfallslicht gleich null wird, nimmt man für Streulichtmessungen nur vertikal polarisiertes oder unpolarisiertes Licht.

Die bisherigen Ableitungen setzten isotrope kleine Teilchen voraus. Bei isotropen Teilchen erzeugt vertikal polarisiertes Einfallslicht nur vertikal polarisiertes Streulicht und horizontal polarisiertes Einfallslicht nur horizontal polarisiertes Streulicht. Bei anisotropen Teilchen (z. B. Benzolmolekülen) tritt aber eine Depolarisation des Streulichtes auf. Aus vertikal polarisiertem Einfallslicht erhält man daher hier nicht nur vertikal polarisiertes, sondern auch horizontal polarisiertes Streulicht. Dieser Effekt muß durch einen Korrekturfaktor, den sog. Cabannes-Faktor, berücksichtigt werden. Bei Lösungen von Makromolekülen ist der Cabannes-Faktor gewöhnlich sehr nahe bei 1.

In Gl. (9–44) sind alle Größen bis auf die Polarisierbarkeit $\alpha$ direkt meßbar. $\alpha$ ist die totale Polarisierbarkeit, d. h. bei verdünnten Lösungen die Differenz zwischen der Polarisierbarkeit des Gelösten und der des von ihm verdrängten Lösungsmittels: Bei Gasen ist die Polarisierbarkeit mit der relativen Permittivität (Dielektrizitätszahl) $\epsilon$ über $\epsilon - 1 = 4\pi\alpha(N/V)$ verknüpft, wobei $N$ die Zahl der im Volumen $V$ befindlichen Moleküle ist. In verdünnten Lösungen ist entsprechend die Differenz der Dielektrizitätszahlen von Lösung und Lösungsmittel zu berücksichtigen

$$(9\text{–}45) \qquad \epsilon - \epsilon_1 = 4\pi\alpha(N/V) = \Delta\epsilon$$

Mit der Maxwell'schen Beziehung $\epsilon = n^2$ und der Definition $(N/V) \equiv cN_L/M_2$ bekommt man aus Gl. (9–45)

$$(9\text{–}46) \qquad \alpha = \frac{M_2(n^2 - n_1^2)}{4\pi c N_L}$$

Für verdünnte Lösungen läßt sich der Brechungsindex $n$ in eine Reihe als Funktion der Konzentration $c$ entwickeln: $n = n_1 + (dn/dc)c + \ldots$ Dabei ist $n_1$ der Brechungsindex des Lösungsmittels. Für das Quadrat des Brechungsindex bekommt man daraus mit $(dn/dc)^2 c^2 \ll 2n_1(dn/dc)c$

$$(9\text{–}47) \qquad n^2 = n_1^2 + 2n_1(dn/dc)c$$

Durch Kombination der Gl. (9–44) – (9–47) und mit $c = (N/V)M_2/N_L$ gelangt man zu

$$(9\text{–}48) \qquad R_\vartheta = \frac{i_s r^2 (N/V)}{I_0} = \frac{4 n_1^2 \pi^2 (dn/dc)^2 ((1+\cos^2\vartheta)/2)\, c \cdot M_2}{N_L \cdot \lambda^4}$$

Die linke Seite der Gl. (9–48) entspricht der reduzierten Streulichtintensität aller im Volumen $V$ befindlichen $N$ Moleküle und wird Rayleigh-Verhältnis $R_\vartheta$ genannt. Mit der Definition einer optischen Konstanten $\kappa$

$$(9\text{–}49) \qquad \kappa \equiv 4\pi^2 n_1^2 (dn/dc)^2 \cdot N_L^{-1} \lambda^{-4} ((1 + \cos^2\vartheta)/2)$$

läßt sich Gl. (9–48) in der Form

(9-50) $R_\vartheta = \kappa \cdot c \cdot M_2$ für $c \to 0$

schreiben. Gl. (9-50) gilt nach der Ableitung für unendlich verdünnte Lösungen und ist die Basis für Molekulargewichtsbestimmungen nach der Streulichtmethode. Das in ihr auftretende Molekulargewicht $M_2$ ist bei molekularuneinheitlichem Gelösten das Gewichtsmittel $\overline{M}_w$, wie aus der folgenden Ableitung hervorgeht:

Das Rayleigh-Verhältnis für eine Mischung von i polymerhomologen Makromolekülen mit verschiedenem Molekulargewicht lautet mit Gl. (9-50)

(9-51) $\overline{R}_\vartheta = \sum_i (R_\vartheta)_i = \sum_i \kappa\, c_i M_i = \kappa \cdot \sum_i c_i M_i$

da das Brechungsindexinkrement $dn/dc$ bei Molekulargewichten über ca. 20 000 vom Molekulargewicht unabhängig wird und $\kappa$ daher nach Gl. (9-49) weder von $c$ noch von $M$ abhängt. Der Vergleich des Summenausdrucks $\sum_i c_i M_i$ mit den Definitionen der Molekulargewichtsmittelwerte (Gl. (8-40) und (8-41)) zeigt, daß man bei hohen Molekulargewichten ($M_E \ll M_2$) mit $\sum c_i = c$ und $c_i/c = w_i$ schreiben kann

(9-52) $\overline{R}_\vartheta = \kappa c \overline{M}_w$

### 9.5.3 COPOLYMERE

Bei Copolymeren ist im allgemeinen Fall eine Verteilung der Molekulargewichte und zusätzlich eine Verteilung der Grundbausteine auf die einzelnen Moleküle zu erwarten. Da im allgemeinen die einzelnen Moleküle i nicht die gleiche Zusammensetzung aufweisen, werden sie auch nicht das gleiche Brechungsindexinkrement $Y_i = (dn/dc)_i$ besitzen. Gl. (9-48) kann daher nicht wie bei Gl. (9-51) aufsummiert werden, sondern nach

(9-53) $\overline{R}_\vartheta = \kappa' \sum_i Y_i^2 c_i M_i$

$\kappa'$ wird analog zu $\kappa$ (vgl. Gl. (9-49)) definiert als

(9-54) $\kappa' = 4\pi^2 n_1^2 N_L^{-1} \lambda^{-4} ((1 + \cos^2 \vartheta)/2)$

Die Summierung muß sowohl über Moleküle gleicher mittlerer Zusammensetzung, aber verschiedenen Molekulargewichtes, als auch über Moleküle verschiedener mittlerer Zusammensetzung und gleichen Molekulargewichtes erfolgen. Bei einer konventionellen Auswertung der Meßdaten nach Gl. (9-50) wird wegen Gl. (9-53) anstelle des Gewichtsmittels $\overline{M}_w$ selbst bei $c \to 0$ nur ein scheinbares Gewichtsmittel $(M_w)_{app}$ erhalten, nämlich

(9-55) $\overline{R}_\vartheta = \kappa c (M_w)_{app} = \kappa' Y_{cp}^2 c (M_w)_{app}$

$Y_{cp}$ ist dabei das Brechungsindexinkrement des gesamten Copolymeren. Durch Kombination der Gl. (9-53) und (9-55) gelangt man nach Einführen des Gewichtsanteils $w_i = c_i/c$ der Molekülsorte i zu

(9-56) $(M_w)_{app} = Y_{cp}^{-2} \sum_i Y_i^2 w_i M_i$

Die Brechungsindexinkremente $Y_i$ der Molekülsorten i müssen nun mit den Brechungsindexinkrementen $Y_A$ und $Y_B$ der Unipolymeren A und B verknüpft werden. Der Brechungsindex $n_{cp}$

eines Copolymeren aus den Bausteinen A und B hängt von den entsprechenden Brechungsindices $n_A$ und $n_B$ des Unipolymeren sowie den Gewichtsanteilen $w_A$ und $w_B$ ab:

(9-57) $$n_{cp} = n_A w_A + n_B w_B \; ; \; w_A + w_B \equiv 1$$

Analog gilt für ein Copolymermolekül mit der Zusammensetzung i

(9-58) $$n_i = n_A w_{A,i} + n_B w_{B,i}$$

Anstelle der Brechungsindices $n_i$ kann man auch die Differenz der Brechungsindices zum Brechungsindex $n_1$ des verwendeten Lösungsmittels betrachten:

(9-59) $$n_{cp} - n_1 = (n_A - n_1)\, w_A + (n_B - n_1)\, w_B$$

bzw. nach Division beider Seiten durch die Konzentration $c$ des Copolymeren

(9-60) $$\left(\frac{n_{cp} - n_1}{c}\right) = \left(\frac{n_A - n_1}{c}\right) w_A + \left(\frac{n_B - n_1}{c}\right) w_B$$

Die Klammerausdrücke stellen die Brechungsindexinkremente $Y = (dn/dc)$ dar, vorausgesetzt, daß sich die Brechungsindices der Lösungen linear mit der Konzentration ändern:

(9-61) $$Y_{cp} = Y_A w_A + Y_B w_B$$

Analog gilt für die i.Molekülsorte

(9-62) $$Y_i = Y_A w_{A,i} + Y_B w_{B,i}$$

Die Kombination der Gl. (9-61) und (9-62) führt mit $w_B = 1 - w_A$ und $w_{B,i} = 1 - w_{A,i}$ zu

(9-63) $$Y_i - Y = (Y_A - Y_B)\, \Delta w_{A,i} = \Delta Y \Delta w_{A,i}$$
$$Y_i - Y_{cp} = (Y_A - Y_B)(w_A - w_{A,i}) = (\Delta Y)(\Delta w_{A,i})$$

Setzt man nun Gl. (9-63) in Gl. (9-56) ein, so erhält man

(9-64) $$(M_w)_{app} = \sum_i w_i M_i + 2(\Delta Y/Y_{cp}) \sum_i w_i M_i (\Delta Y/Y_{cp})^2 \sum_i w_i M_i (\Delta w_{A,i})^2$$

In dieser Gleichung entspricht die erste Summe dem Gewichtsmittel des Molekulargewichtes $\overline{M}_w = \Sigma w_i M_i$. Die zweite und die dritte Summe enthalten das erste und zweite Moment $v_z^{(1)}$ bzw. $v_z^{(2)}$ der z-Verteilung der Produkte (vgl. dazu Kap. 8.4), da man mit $w_i = m_i / \Sigma\, m_i$ nach Multiplizieren von Zähler und Nenner mit $\sum_i z_i$ schreiben kann $(\Delta w_A = E_i - \overline{E})$ (s.a. Kap. 2.3.2.2 und 8.4)

(9-65) $$\sum_i w_i M_i (\Delta w_{A,i}) = \left(\frac{\sum_i m_i M_i (\Sigma w_{A,i})}{\sum_i Z_i}\right)\left(\frac{\sum_i Z_i}{\sum_i m_i}\right) = v_z^{(1)}\, \overline{M}_w$$
$$\sum_i w_i M_i (\Delta w_{A,i}) = v_z^{(2)}\, \overline{M}_w$$

Mit diesen Beziehungen geht Gl. (9-64) über in

(9-66) $$(M_w)_{app} = \overline{M}_w \left[1 + 2\, v_z^{(1)} \left(\frac{Y_A - Y_B}{Y_{cp}}\right) + v_z^{(2)} \left(\frac{Y_A - Y_B}{Y_{cp}}\right)^2\right]$$

Diese Gleichung sagt aus, daß bei Streulichtmessungen an chemisch uneinheitlichen Copolymeren oder Mischungen von Polymeren nicht ein Gewichtsmittel, sondern ein scheinbares Gewichtsmittel des Molekulargewichtes erhalten wird. Das scheinbare

Gewichtsmittel $(M_w)_{app}$ hängt noch von den Brechungsindexinkrementen $Y_A$, $Y_B$ und $Y_{cp}$ des Unipolymeren A, des Unipolymeren B und des Copolymeren ab. Da sich diese Brechungsindexinkremente in einer Reihe von Lösungsmitteln unterschiedlich ändern, führt man eine Reihe von Streulichtmessungen in Lösungsmitteln möglichst verschiedener Brechungsindices aus. Aus der Auftragung von $(M_w)_{app} = f((Y_A - Y_B)/Y_{cp})$ ist für $(Y_A - Y_B)/Y_{cp} = 0$ das wahre Gewichtsmittel des Molekulargewichtes zu entnehmen (vgl. Abb. 9 - 5). Aus der Krümmung der Kurve lassen sich die Momente $v_z^{(1)}$ und $v_z^{(2)}$ berechnen. Bei konstitutiv einheitlichen Copolymeren, wie sie z. B. durch eine azeotrope Copolymerisation erhalten werden (vgl. Kap. 22), werden dagegen wegen $\Delta w_A = w_A - w_{A,i} = 0$ auch die ersten und zweiten Momente $v_z^{(1)}$ bzw. $v_z^{(2)}$ gleich null. Konstitutiv einheitliche Copolymere geben daher bei Streulichtmessungen in verschiedenen Lösungsmitteln vom Brechungsindex des Lösungsmittels unabhängige Molekulargewichte (vgl. auch Abb. 9 - 5).

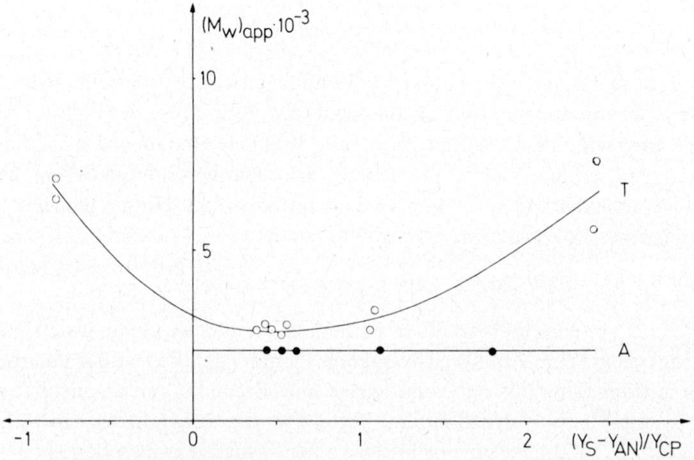


*Abb. 9-5:* Abhängigkeit des scheinbaren Gewichtsmittels des Molekulargewichtes (bei $c \to 0$) bei je einem technisch (T) bzw. azeotrop (A) hergestellten Copolymeren aus Styrol und Acrylnitril von den Brechungsindexinkrementen $Y_s$ des Poly(styrols), $Y_{an}$ des Poly(acrylnitrils) und $Y_{cp}$ der totalen Copolymeren in verschiedenen Lösungsmitteln (nach H. Benoit). Das hier verwendete $(M_w)_{app}$ ist auf $c \to 0$ extrapoliert und daher nicht das $(M_w)_{app}$ des Kap. 6.5 und nicht das $M_{app}$ des Kap. 9.5.4.

### 9.5.4 KONZENTRATIONSABHÄNGIGKEIT

Die Ableitungen in Kap. 9.5.2 bezogen sich auf kleine, isotrope, statistisch verteilte Moleküle, die sich unabhängig voneinander bewegen (z.B. im Vakuum). Die Gesamtintensität des Streulichtes ergab sich dabei aus der Summation der von den einzelnen Molekülen ausgestrahlten Intensitäten. In Flüssigkeiten sind jedoch die thermischen Bewegungen der Molekeln nicht unabhängig voneinander. Wegen der intermolekularen Interferenzen ist die gemessene Streulichtintensität niedriger als die Summe der Einzelintensitäten.

In reinen Flüssigkeiten führen die thermischen Bewegungen der Moleküle zu lokalen und zeitlichen Schwankungen in der Dichte der Flüssigkeiten. Bei Lösungen tritt dazu noch eine Schwankung der Konzentration des Gelösten. Es sei nun angenommen, daß die Schwankungen der Dichte des Lösungsmittels und die Schwankungen der Konzentration des Gelösten unabhängig voneinander erfolgen. In diesem Falle ergibt sich die Streulichtintensität $i_s$ des Gelösten einfach dadurch, daß man die Streulichtintensität $i_{LM}$ des reinen Lösungsmittels von der Streulichtintensität $i_{Lsg}$ der Lösung abzieht:

$$(9\text{-}67) \quad i_s = i_{Lsg} - i_{LM} \,.$$

Gl. (9-44) erfaßt die von einem Molekül ausgesandte Streulichtintensität $i_s$. Das Rayleighverhältnis $R_\vartheta$ eines Systems aus $N$ streuenden Molekülen im Volumen $V$ ist durch $R_\vartheta = i_s r^2 (N/V)/I_0$ definiert (vgl. auch Gl. (9-48)). Gl. (9-44) läßt sich entsprechend schreiben als

$$(9\text{-}68) \quad R_\vartheta = \frac{i_s r^2 (N/V)}{I_0} = \frac{16\,\pi^4 \alpha^2 (N/V)}{\lambda^4} \left(\frac{1 + \cos^2 \vartheta}{2}\right)$$

Das totale Volumen wird nun in $q$ Volumenelemente unterteilt. Jedes Volumenelement sei in seinen Abmessungen kleiner als die Wellenlänge des Lichtes. Andererseits soll es so groß sein, daß es mehrere streuende Moleküle enthält. Jedes Volumenelement soll eine Polarisierbarkeit $\alpha^§$ aufweisen, die um einen bestimmten Betrag $\Delta\alpha$ um die mittlere Polarisierbarkeit $\overline{\alpha}$ des ganzen Systems schwankt. Für das Quadrat der Polarisierbarkeit eines Volumenelementes erhält man daher

$$(9\text{-}69) \quad (\alpha^§)^2 = (\overline{\alpha} + \Delta\alpha)^2 = (\overline{\alpha})^2 + 2\,\Delta\alpha\,(\overline{\alpha}) + (\Delta\alpha)^2$$

Die mittlere Polarisierbarkeit $\overline{\alpha}$ ist für alle Volumenelemente gleich groß und trägt damit nichts zum von der Schwankung stammenden Beitrag der Polarisierbarkeit bei. Die mittlere Schwankung $\Delta\alpha$ ist gleich null. Einen Beitrag zur Lichtstreuung des ganzen Systems liefert folglich nur das Mittel über die Quadrate der Abweichungen, d. h. $\overline{(\Delta\alpha)^2}$. $q$ Volumenelemente steuern einen $q$ mal so großen Betrag bei, so daß Gl. (9-68) übergeht in

$$(9\text{-}70) \quad R_\vartheta = 16\,\pi^4\,\overline{(\Delta\alpha)^2} \cdot q\lambda^{-4}\,((1 + \cos^2\vartheta)/2)$$

Die Polarisierbarkeit ist nach (Gl. 9-45) mit der optischen Dielektrizitätszahl verknüpft. Mit der betrachteten Zahl $q$ der Volumenelemente anstelle der Konzentration $N/V$ erhält man somit $\overline{(\Delta\epsilon)^2} = (4\,\pi q)^2\,\overline{(\Delta\,\alpha)^2}$. Gl. (9-70) wird damit zu

$$(9\text{-}71) \quad R_\vartheta = \pi^2\,\overline{(\Delta\epsilon)^2} \cdot q^{-1}\lambda^{-4}\,((1 + \cos^2\vartheta)/2)$$

Das Mittel über die Quadrate der Differenz der Dielektrizitätszahlen läßt sich durch die entsprechenden Konzentrationsschwankungen ausdrücken

$$(9\text{-}72) \quad \overline{(\Delta\epsilon)^2} = (\partial\epsilon/\partial c)^2\,\overline{(\Delta c)^2}$$

Das Mittel über die Quadrate der Konzentrationsdifferenzen ergibt sich aus der Wahrscheinlichkeit $p$, mit der die einzelnen Quadrate auftreten

$$(9\text{-}73) \quad \overline{(\Delta c)^2} \equiv \int_0^\infty p\,(\Delta c)^2\,\mathrm{d}(\Delta c) / \int_0^\infty p\,\mathrm{d}(\Delta c)$$

Die Wahrscheinlichkeiten $p$ ergeben sich aus der Konzentrationsabhängigkeit der Schwankung der Gibbs-Energie. Bei nicht zu großen Schwankungen kann $\Delta G$ in eine Taylor-Reihe entwickelt werden, die nach dem zweiten Glied abgebrochen wird.

$$(9-74)\qquad \Delta G = \left(\frac{\partial G}{\partial c}\right)_{p,T} (\Delta c) + \frac{1}{2!}\left(\frac{\partial^2 G}{\partial c^2}\right)_{p,T} (\Delta c)^2 + \ldots$$

Die Schwankungen erfolgen bei konstanter Temperatur und konstantem Druck um die Gleichgewichtskonzentration. Es gilt daher $(\partial G/\partial c) = 0$. Für die Wahrscheinlichkeit $p$, einen bestimmten Wert von $\Delta c$ zu finden, ergibt sich daher aus Gl. (9 - 74)

$$(9-75)\qquad p = \exp(-\Delta G/kT) = \exp(-(\partial^2 G/\partial c^2)\,\Delta c)^2/2\,kT)$$

Durch Einsetzen von Gl. (9 - 75) in (9 - 73) und Ersetzen der Summen durch Integrale gelangt man zu

$$(9-76)\qquad \overline{(\Delta c)^2} = \frac{\int_0^\infty [\exp(-(\partial^2 G/\partial c^2)(\Delta c)^2/2\,kT](\Delta c)^2\,\mathrm{d}(\Delta c)}{\int_0^\infty [\exp(-(\partial^2 G/\partial^2 c^2)(\Delta c)^2/2\,kT]\,\mathrm{d}(\Delta c)} = \frac{\int_0^\infty x^2\,e^{-ax^2}\,dx}{\int_0^\infty e^{-ax^2}\,dx} = \frac{A}{B}$$

mit $x = \Delta c$ und $a = (\partial^2 G/\partial c^2)/2kT$. Die Lösung der beiden Integrale ist bekannt, nämlich $A = (1/4\,a)\,(\pi/a)^{0,5}$ und $B = (1/2)\,(\pi/a)^{0,5}$. Gl. (9 - 76) wird damit zu

$$(9-77)\qquad \overline{(\Delta c)^2} = kT/(\partial^2 G/\partial c^2)_{p,T}$$

Weiterhin gilt

$$(9-78)\qquad (\partial^2 G/\partial c^2)_{p,T} = (-\partial\mu_1/\partial c)/(V_1^m c q)$$

Die Kombination der Gl. (9 - 71), (9 - 72), (9 - 77) und (9 - 78) führt zu

$$(9-79)\qquad R_\vartheta = \frac{\pi^2 k T V_1^m c\,(\partial\epsilon/\partial c)^2}{\lambda^4(-\partial\mu_1/\partial c)}\left(\frac{1+\cos^2\vartheta}{2}\right)$$

Wegen der Maxwell'schen Beziehung $\epsilon = n^2$ kann man setzen $\partial\epsilon/\partial c = \partial n^2/\partial c$. Aus Gl. (9 - 47) ergibt sich dann $\partial\epsilon/\partial c = 2n_1(\mathrm{d}n/\mathrm{d}c)$.

Für die Änderung des chemischen Potentials mit der Konzentration erhält man aus der Gl. (6 - 50) (mit $\partial\Delta\mu_1/\partial c_2 \equiv \partial\mu_1/\partial c$)

$$(9-80)\qquad -\partial\mu_1/\partial c = RT\,\widetilde{V}_1^m(A_1 + 2A_2 c + 3A_3 c^2 + \ldots.)$$

Aus den Gl. (9 - 79) und (9 - 80) ergibt sich daher mit $\widetilde{V}_1^m \approx V_1^m$ und $A_1 = M_2^{-1}$ für den Winkel $\vartheta = 0$

$$(9-81)\qquad \left(\frac{4\,\pi^2 n_1^2(\partial n/\partial c)^2}{N_L\lambda^4}\right)\left(\frac{c}{R_o}\right) = \frac{\kappa c}{R_o} = \frac{1}{M_2} + 2A_2 c + 3A_3 c^2 + \ldots.$$

In der Lösung eines nicht assoziierenden Gelösten nimmt das scheinbare Molekulargewicht $M_{app} \equiv R_o/\kappa c$ nach Gl. (9 - 81) mit steigender Konzentration c ständig ab. Bei molekularuneinheitlichen Substanzen ist $M_2$ das Gewichtsmittel (vgl. Gl. 9 - 52)). Die über Gl. (9 - 81) berechenbaren Virialkoeffizienten $A_2$ bzw. $A_3$ sind komplizierte

Mittelwerte und nur bei molekulareinheitlichen Gelösten mit den über Zahlenmittelmethoden bestimmten Virialkoeffizienten identisch. Bei Lösungen von assoziierenden Substanzen stellt die rechte Seite von Gl. (9-81) einen komplizierteren Ausdruck dar (vgl. Kap. 6.5).

### 9.5.5 GROSSE TEILCHEN

Alle vorstehenden Ableitungen bezogen sich auf Moleküle, deren Abmessungen klein gegen die Wellenlänge $\lambda$ des einfallenden Lichtes sind. Sind die Dimensionen größer als ca. (0,1 – 0,05) $\lambda$, so kann das Molekül mehrere Streuzentren aufweisen. Das Verhältnis der von diesen Streuzentren ausgehenden Phasen ist jedoch festgelegt, da das Licht kohärent ist. Die von den verschiedenen Streuzentren ausgehenden Wellen können somit interferieren. Dieses Verhalten ist in Abb. 9-6 schematisch dargestellt.

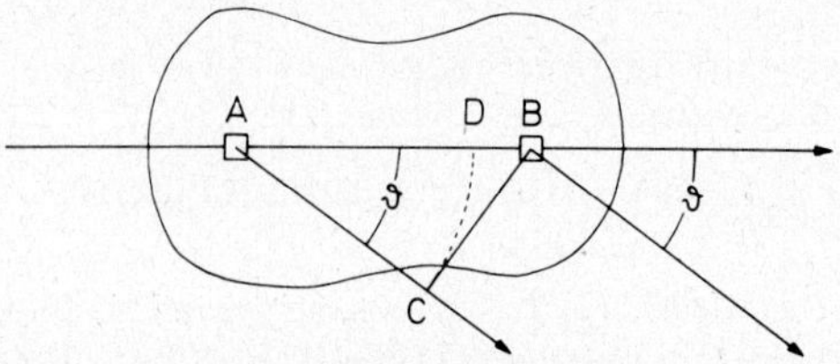


*Abb. 9-6:* Schematische Darstellung der Phasenverschiebung bei der Lichtstreuung an zwei Streuzentren A und B in einem großen Teilchen.

Die von den Streuzentren A und B unter dem jeweils gleichen Winkel $\vartheta$ gestreuten Wellen führen zu einem Gangunterschied $\Delta$, der vom Cosinus des Streuwinkels $\vartheta$ abhängt:

$$(9-82) \qquad \Delta = \overrightarrow{DB} = \overrightarrow{AB} - \overrightarrow{AD} = \overrightarrow{AB}\,(1 - \cos\vartheta)$$

Der Gangunterschied ist somit gleich null für $\vartheta = 0$ und nimmt mit steigendem Winkel $\vartheta$ zu (Abb. 9-7). Das Verhältnis $z$ der Streuintensitäten bei zwei verschiede-

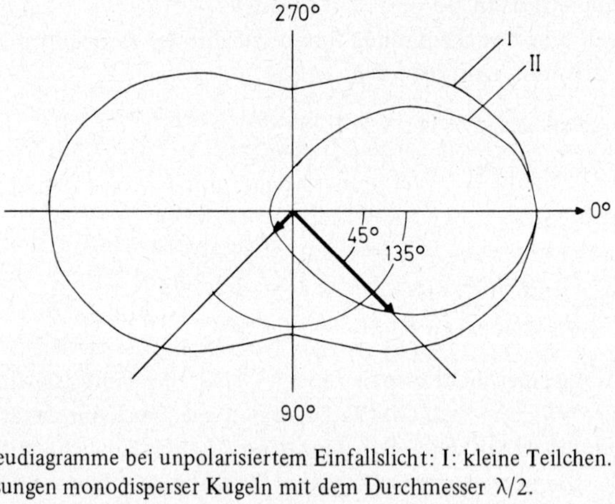


*Abb. 9-7:* Streudiagramme bei unpolarisiertem Einfallslicht: I: kleine Teilchen. II: verdünnte Lösungen monodisperser Kugeln mit dem Durchmesser $\lambda/2$.

nen Beobachtungswinkeln ist somit ein Maß für die auftretende Interferenz. Es wird als Dissymmetrie bezeichnet und experimentell meist bei den Winkeln 45 und 135° gemessen. In diesem Fall gilt $z = R_{45}/R_{135}$. Die Dissymmetrie ist ein Maß für die Größe der Teilchen. Sie hängt aber auch noch von der Form der Teilchen und deren Molekulargewichtsverteilung ab und ist darum nur mit zusätzlichen Annahmen quantitativ auswertbar (Abb. 9–8). Der Einfluß der Molekulargewichtsverteilung ist nach Abb. 9–8 jedoch bei Knäuelmolekülen mit nicht zu breiter Molekulargewichtsverteilung meist zu vernachlässigen.

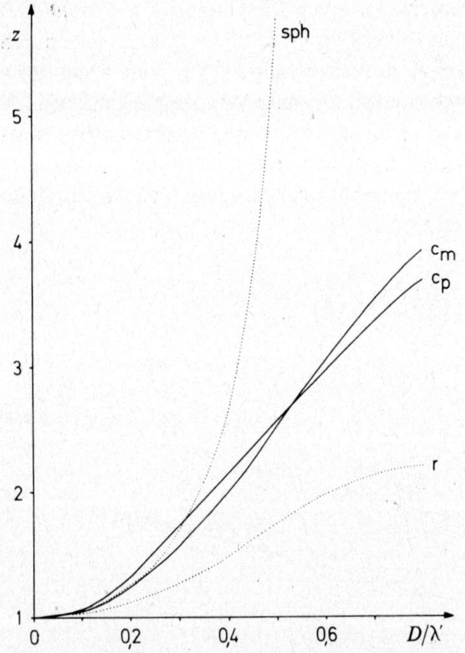


*Abb. 9-8:* Abhängigkeit der Dissymmetrie $z$ des Streulichtes bei Winkeln von 45 und 135° vom Verhältnis $D/\lambda'$ bei Kugeln (sph), molekulareinheitlichen ($c_m$) bzw. molekularuneinheitlichen Knäueln ($c_p$; mit $\overline{M}_w/\overline{M}_n = 2$) und Stäbchen ($r$). $\lambda'$ ist die Wellenlänge des Lichtes im Medium vom Brechungsindex $n$. $D$ entspricht dem Durchmesser von Kugeln, der Länge der Stäbchen und dem Fadenendenabstand $\langle L^2 \rangle^{0,5}$ bei Knäuelmolekülen.

Vorteilhafter ist die Streufunktion $P(\vartheta)$. Als Streufunktion $P(\vartheta)$ wird die Winkelabhängigkeit der Streuintensität großer Teilchen relativ zu derjenigen kleiner Teilchen bezeichnet. Es gilt also $P(\vartheta) = R_\vartheta/R_0$. Für den Winkel $\vartheta = 0$ wird mit Gl. (9–82) definitionsgemäß auch $P(\vartheta) = 1$. Die in den vorhergehenden Abschnitten 9.5.2–9.5.4 abgeleiteten Gleichungen gelten also bei $\vartheta = 0$ auch für große Moleküle. Aus der Streuintensität bei $\vartheta = 0$ läßt sich somit für $c \to 0$ auch für große Moleküle nach Gl. (9–52) das Gewichtsmittel $\overline{M}_w$ des Molekulargewichtes bestimmen.

Experimentell mißt man die Streulichtintensitäten bzw. die Rayleigh-Verhältnisse $R_\vartheta$ bei den verschiedenen Winkeln und extrapoliert dann auf $\vartheta \to 0$. Dazu muß die genaue Funktionalität der Winkelabhängigkeit der Streufunktion bekannt sein. Die komplizierten und hier nicht wiedergegebenen Rechnungen führen für beliebige Teilchen bei Messungen mit unpolarisiertem Einfallslicht zu

(9–83) $P(\vartheta) = 1 - (1/3)(4\pi/\lambda')^2 \overline{(R_G^2)} \sin^2(\vartheta/2) + \ldots\ldots$

$\lambda' = \lambda/n$ ist die Wellenlänge der Strahlung im Medium. Nach Gl. (9–83) erhält man aus Messungen von $P(\vartheta)$ bei kleinen Beobachtungswinkeln das Mittel über die Quadrate der Trägheitsradien $\langle R_G^2 \rangle$. Diese Winkel müssen umso kleiner sein, je größer die Teilchen sind. Ein Wert von $\langle R_G^2 \rangle$ allein sagt natürlich noch nichts über die Form der Teilchen aus. Da sich aber in der Dissymmetrie $z$ sowohl die Dimension als auch die Form der Teilchen widerspiegelt (Abb. 9–8), kann man durch einen Vergleich von $P(\vartheta)$ – bzw. vom daraus ausrechenbaren $\langle R_G^2 \rangle$ – mit $z$ die Form ermitteln. Wenn jedoch Molekulargewicht und spezifisches Volumen bekannt sind, kann man aus diesen Daten die Trägheitsradien für starre Teilchen berechnen (vgl. Kap. 4.5), mit den experimentell bestimmten vergleichen und so die Form ermitteln.

Für die Konzentrationsabhängigkeit der reduzierten Streulichtintensitäten ergibt sich mit der Streufunktion $P(\vartheta)$

(9–84) $$\frac{Kc}{R_\vartheta} = \frac{1}{\overline{M}_w P(\vartheta)} + \frac{2A_2}{Q(\vartheta)} c + \ldots\ldots$$

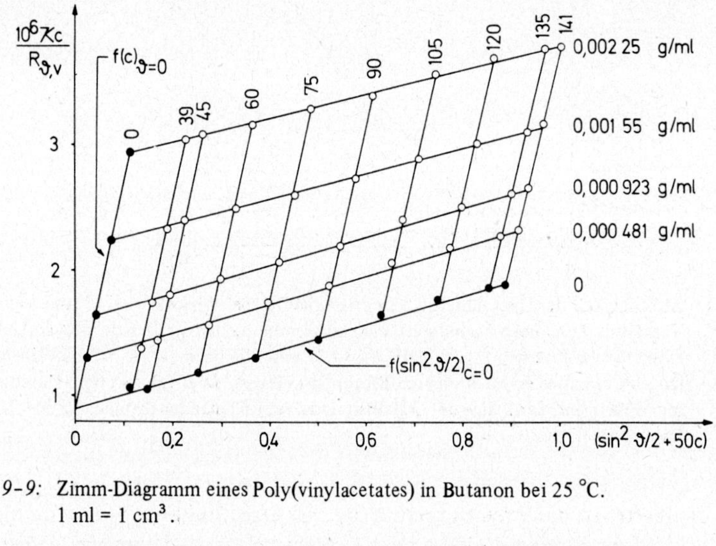


*Abb. 9–9:* Zimm-Diagramm eines Poly(vinylacetates) in Butanon bei 25 °C.
1 ml = 1 cm³.

$Q(\vartheta)$ ist dabei eine weitere Streufunktion für endliche Konzentrationen $c$. Aus der Konzentrationsabhängigkeit der $(Kc/R_\vartheta)$-Werte beim Winkel null läßt sich damit der 2. Virialkoeffizient $A_2$, aus der Winkelabhängigkeit bei der Konzentration null die Streufunktion $P(\vartheta)$ und damit der Trägheitsradius entnehmen. Beide Extrapolationen liefern bei $c \to 0$ bzw. $\vartheta \to 0$ das Gewichtsmittel des Molekulargewichtes.

Die beiden Extrapolationen lassen sich nach Zimm in *einer* Auftragung durchführen. Beim Zimmdiagramm trägt man $(Kc/R_\vartheta)$ gegen $(\sin^2(\vartheta/2) + kc)$ auf. $k$ ist ein beliebig wählbarer Zahlenwert, der lediglich die Aufgabe hat, das Diagramm übersichtlich zu gestalten (vgl. Abb. 9 – 9). Zimmdiagramme besitzen oft nicht die einfache Form der Abb. 9 – 9. Insbesondere ist eine Linearität der Funktion $f(\vartheta)$ für $c = 0$ nur bei statistischen Knäueln mit einer Schulz-Flory-Verteilung der Molekulargewichte $(\overline{M}_w/\overline{M}_n = 2)$ zu erwarten.

Bei einer molekularuneinheitlichen Probe stellt $P(\vartheta)$ und damit auch $\overline{R_G^2}$ einen Mittelwert dar. Für $c \to 0$ gilt nach Gl. (9 – 84) für den Mittelwert $\overline{P}(\vartheta)$ der Streufunktion $\overline{P}(\vartheta) = R_\vartheta/(\kappa c \overline{M}_w)$. Setzt man die entsprechenden Ausdrücke für die i.Spezies ein und summiert, so gelangt man zu

$$(9\text{–}85) \qquad \overline{P}(\vartheta) = \frac{R_\vartheta}{\kappa c \overline{M}_w} = \frac{\sum_i \kappa c_i M_i P_i(\vartheta)}{\sum_i \kappa c_i M_i} = \frac{\sum_i c_i M_i P_i(\vartheta)}{\sum_i c_i M_i} = \frac{\sum_i m_i M_i P_i(\vartheta)}{\sum_i m_i M_i}$$

und weiter mit der Definition $z_i \equiv m_i M_i$ (vgl. Kap. 8.2) zu

$$(9\text{–}86) \qquad \overline{P}(\vartheta) = \sum_i z_i P_i(\vartheta) / \sum_i z_i \equiv \overline{P}_z(\vartheta)$$

Die Streufunktion $\overline{P}(\vartheta)$ und damit nach Gl. (9 – 83) auch das Mittel über die Quadrate der Trägheitsradien stellt somit ein z-Mittel dar. Die aus den Trägheitsradien mit Hilfe einer Eichfunktion berechenbaren Molekulargewichte stellen jedoch je nach Form der Teilchen verschiedene Mittelwerte dar: $\overline{M}_z$ für Knäuel im Theta-Zustand, $(\overline{M}_{z+1}\overline{M}_z)^{0,5}$ für Stäbchen usw.

### 9.5.6 MESSTECHNIK

Die für Streulichtmessungen verwendeten Lösungen müssen absolut staubfrei sein. Staubteilchen liefern nämlich als sehr große Teilchen einen großen, ihrem Massenanteil bei weitem überproportionalen Anteil zur Streustrahlung. Staub kann durch Filtrieren durch enge Fritten und/oder Zentrifugieren bei hohen Tourenzahlen beseitigt werden. Anwesender Staub gibt sich in der Regel durch ein starkes Abbiegen des Zimmdiagramms zu kleineren Werten von $\kappa c/R_\vartheta$ bei Winkeln unter ca. 45 – 60° zu erkennen.

Bei den im Handel befindlichen Streulichtphotometern wird aus dem von einer Quecksilberlampe stammenden Licht durch Farbfilter eine bestimmte Wellenlänge ausgeblendet und der Strahl durch eine Linse parallelisiert (Abb. 9 – 10). Neuerdings werden auch Laser verwendet. Der Strahl fällt dann auf eine die Lösung enthaltende Glas-

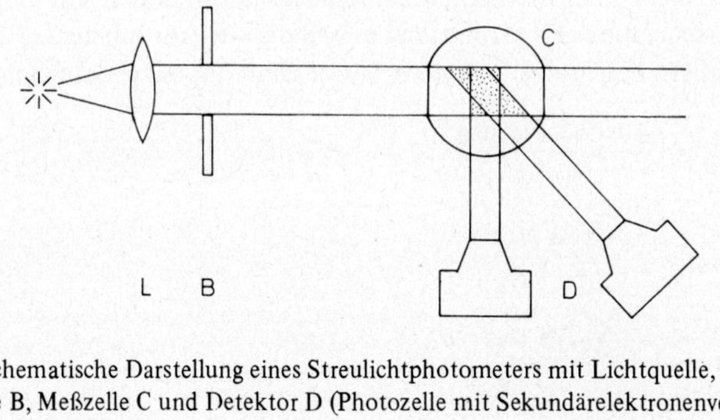


*Abb. 9-10:* Schematische Darstellung eines Streulichtphotometers mit Lichtquelle, Linse L, Blende B, Meßzelle C und Detektor D (Photozelle mit Sekundärelektronenvervielfacher).

zelle mit parallelen Ein- und Austrittsfenstern. Seine Intensität wird mit Photozellen und Sekundärelektronenvervielfachern gemessen. Wie man aus Abb. 9 - 10 erkennt, „sieht" der Strahl unter verschiedenen Beobachtungswinkeln $\vartheta$ verschieden große Streuvolumina. Die beobachtete Intensität wird daher noch durch Multiplikation mit sin $\vartheta$ auf die eines Einheitsvolumens korrigiert. Bei präzisen Messungen müssen je nach der Apparatekonstruktion noch weitere Korrekturen angebracht werden: Korrekturen für Zellen und Spaltformen, für falsches Streulicht (Reflektion von den Wänden), für Mehrfachstreuung usw. Korrekturen müssen auch evt. für Depolarisation und Fluoreszenz vorgenommen werden. Von der so ermittelten Streulichtintensität der Lösung wird dann die Intensität des Lösungsmittels abgezogen, um die Streulichtintensität des Gelösten zu erhalten. Dabei wird angenommen, daß die Fluktuationen der Dichte und der Konzentration unabhängig voneinander erfolgen.

Genügend große Intensitäten werden nur beobachtet, wenn die Absolutwerte der Brechungsindexinkremente $Y = \mathrm{d}n/\mathrm{d}c$ über ca. 0,05 cm³/g betragen. Die Brechungsindexinkremente nehmen in erster Näherung linear mit dem Brechungsindex $n_1$ des Lösungsmittels ab, wobei die Neigung entsprechend der Gladstone-Dale-Regel durch das partielle spezifische Volumen $\tilde{v}_2$ des Gelösten gegeben ist

$$(9-87) \qquad (\mathrm{d}n/\mathrm{d}c) = \tilde{v}_2 n_2 - \tilde{v}_2 n_1$$

Die Brechungsindexinkremente von Polymerlösungen besitzen in der Regel selten Werte über 0,2 cm³/g. Bei Lösungen mit $c = 0{,}01$ g/cm³ beträgt somit der Brechungsindexunterschied zwischen Lösung und Lösungsmittel im günstigsten Fall nur 0,002 Einheiten. Um Molekulargewichte auf ± 2 % bestimmen zu können, müssen die Brechungsindexinkremente auf ± 1 % bekannt sein, da sie in Gl. (9 - 81) im Quadrat eingehen. Die Brechungsindexinkremente müssen also auf besser als $\pm 2 \cdot 10^{-5}$ bekannt sein. Wegen der Temperaturschwankungen bei Einzelmessungen mißt man daher nicht die Brechungsindices der Lösungen und des Lösungsmittels separat, sondern direkt den Unterschied in speziellen Differentialrefraktometern.

## *9.6 Röntgenkleinwinkelstreuung und Neutronenbeugung*

Die Theorie der Lichtstreuung gilt für jede Wellenlänge, also auch für die Röntgenstreuung und die Neutronenbeugung. Die Form der Gl. (9 - 81) bleibt jeweils gleich jeweils gleich. Zu ersetzen ist lediglich der Ausdruck $\kappa$. Während die Lichtstreuung auf die unterschiedliche Polarisierbarkeit der Moleküle anspricht, erfaßt die Röntgenstreuung die unterschiedliche Elektronendichte und die Neutronenbeugung die unterschiedlichen Streuquerschnitte von Atomen. $\kappa$ lautet daher für die verschiedenen Methoden:

$$(9-88) \qquad \kappa_{\mathrm{LS}} = \frac{4\,\pi^2\, n_1^2\, (\mathrm{d}n/\mathrm{d}c)^2}{N_{\mathrm{L}}\, \lambda_0^4}$$

$$(9-89) \qquad \kappa_{\mathrm{RKWS}} = \frac{e^4\, (\Delta N_{\mathrm{e}})^2}{m_{\mathrm{e}}^2\, \hat{c}^4\, N_{\mathrm{L}}}$$

$$(9-90) \qquad \kappa_{\mathrm{NKWS}} = \frac{N_{\mathrm{L}} N_{\mathrm{p}}^2\, (b_{\mathrm{H}} - b_{\mathrm{D}})^2}{M_{\mathrm{u}}^2}$$

Dabei ist $e$ = Ladung eines Elektrons von der Masse $m_e$, $\Delta N_e$ = Differenz zwischen der Zahl der Elektronen von 1 g Polymer und der Zahl der Elektronen im entsprechenden Volumen des Lösungsmittels, $\hat{c}$ = Lichtgeschwindigkeit, $N_p$ ausgetauschte Protonen pro Grundbaustein mit dem Formelgewicht $M_u$, und $b_H$ bzw. $b_D$ = kohärente Streuamplituden von Wasserstoff bzw. Deuterium. Für Gl. (9 – 90) war dabei angenommen worden, daß die Experimente mit wasserstoffhaltigen Polymeren in deuteriumhaltigen Analogen ausgeführt wurden.

Bei Streulichtmessungen sind die Wellenlängen des eingestrahlten Lichtes größer als die Dimensionen der Moleküle, bei Röntgenmessungen dagegen kleiner. Nach Gl. (9 – 83) wird der gleiche Effekt bei einem gegebenen Teilchen mit $\langle R_G^2 \rangle$ durch das Verhältnis $\sin^2(\vartheta/2)/(\lambda')^2$ gegeben. Was bei Streulichtmessungen mit einer Wellenlänge von $\lambda = 436$ nm in einem Lösungsmittel mit $n_1 = 1{,}45$ (d.h. $\lambda' = 436/1{,}45$ nm = 300 nm) bei einem Winkel von $\vartheta = 90°$ beobachtet wird, muß man bei Röntgenuntersuchungen bei einem Winkel $\vartheta = 0{,}03°$ untersuchen.

Bei diesen Röntgenkleinwinkelmessungen kann die Streufunktion nach Guinier durch

$$(9\text{-}91) \qquad P(s) = \exp[-(4\,\pi^2/3\,\lambda^2)\,(\langle R_e^2 \rangle)\,\vartheta^2]$$

approximiert werden. $\langle R_e^2 \rangle$ ist das Mittel über die Quadrate der Trägheitsradien über die Verteilung der Elektronen, nicht der Massen. Die Streufunktion $P(s)$ ist ebenso wie die Streufunktion $P(\vartheta)$ der Lichtstreuung auf den Wert 1 beim Winkel null normiert. Sie entspricht einer Gauß-Kurve. Experimentell beschreibt sie oft nur den Bereich um $\vartheta \to 0$, während bei größeren Winkeln Abweichungen auftreten. Große Assoziate stören bei Röntgenkleinwinkelstreuungen im Gegensatz zur Lichtstreuung nicht, da sie nur bei extrem kleinen Winkeln streuen. Röntgenkleinwinkelmessungen gestatten die Ermittlung von Trägheitsradien von Molekülen bis herab zu Molekulargewichten von ca. 300.

## *9.7 Ultrazentrifugation*

### 9.7.1 PHÄNOMENE UND METHODEN

Gelöste Teilchen oder Moleküle mit der Dichte $\rho_2$ wandern unter dem Einfluß eines Zentrifugalfeldes in einem Lösungsmittel mit der Dichte $\rho_1$. Sie sedimentieren in Richtung des Zentrifugalfeldes, wenn $\rho_2 > \rho_1$ und flotieren in Richtung zum Rotationszentrum bei $\rho_2 < \rho_1$. Die Sedimentationsgeschwindigkeit (bzw. Flotationsgeschwindigkeit) hängt bei konstanten äußeren Bedingungen von der Masse und der Form der Partikeln sowie von der Viskosität der Lösung ab. Alle diese Größen können daher prinzipiell durch dieses Sedimentationsgeschwindigkeits-Experiment bestimmt werden.

Der Absetzbewegung wirkt die durch die Brown'sche Bewegung hervorgerufene Rückdiffusion der Partikeln entgegen. Bei genügend geringen Zentrifugalfeldern (relativ zur Masse der Teilchen und zur Dichtedifferenz) wird die Sedimentationsgeschwindigkeit gleich der Diffusionsgeschwindigkeit und es stellt sich ein Sedimentationsgleichgewicht ein. Das Sedimentationsgleichgewicht hängt bei gegebenen experimentellen Bedingungen von der Masse der gelösten Moleküle ab und ist darum eine Methode zur Bestimmung des Molekulargewichtes.

Sedimentationsgeschwindigkeits- und Sedimentationsgleichgewichtsexperimente wurden mit den erstmals von Th. Svedberg konstruierten Ultrazentrifugen ausgeführt (vgl. Abb. 9–11). Derartige Ultrazentrifugen erreichen Geschwindigkeiten von ca. 70 000 Umdrehungen pro Minute, was Schwerefeldern von ca. 350 000 Erdschweren entspricht. Die Umdrehungsgeschwindigkeiten U/min können über $\omega = 2\pi(\text{U/min})/60$ in Winkelgeschwindigkeiten $\omega$ (rad/s) umgerechnet werden. Die zu untersuchenden Lösungen befinden sich in speziellen Zellen mit Quarz- oder Saphirfenstern in einem Rotor (4) aus Duraluminium oder Titan, der von einem Elektromotor über ein Getriebe (6) angetrieben wird. Die Geschwindigkeit des Rotors wird ständig mit einer Referenzgeschwindigkeit verglichen, die von einem Synchronmotor mit Differentialgetriebe (15) stammt. Die Rotorgeschwindigkeit wird dadurch auf einen konstanten Wert eingeregelt. Der Rotor hängt an einer dünnen Stahlachse zum Schutz gegen Unfälle in einer Kammer aus Stahl (3). Die Stahlkammer wird durch eine Rotationspumpe (14) und eine Öldiffusionspumpe (16) auf ca. $10^{-6}$ bar evakuiert, damit die Reibungswärme gering bleibt. Die Temperatur des Rotors wird durch ein Kühlaggregat (13) und ein Heizaggregat (nicht gezeigt) mit einem Regler auf ca. ± 0,1 °C konstant gehalten. Die Vorgänge in den Zellen werden durch ein optisches System mit Lichtquelle (1) und Linsen (2, 5, 9, 10) auf einer fotografischen Platte (12) registriert oder können über einen

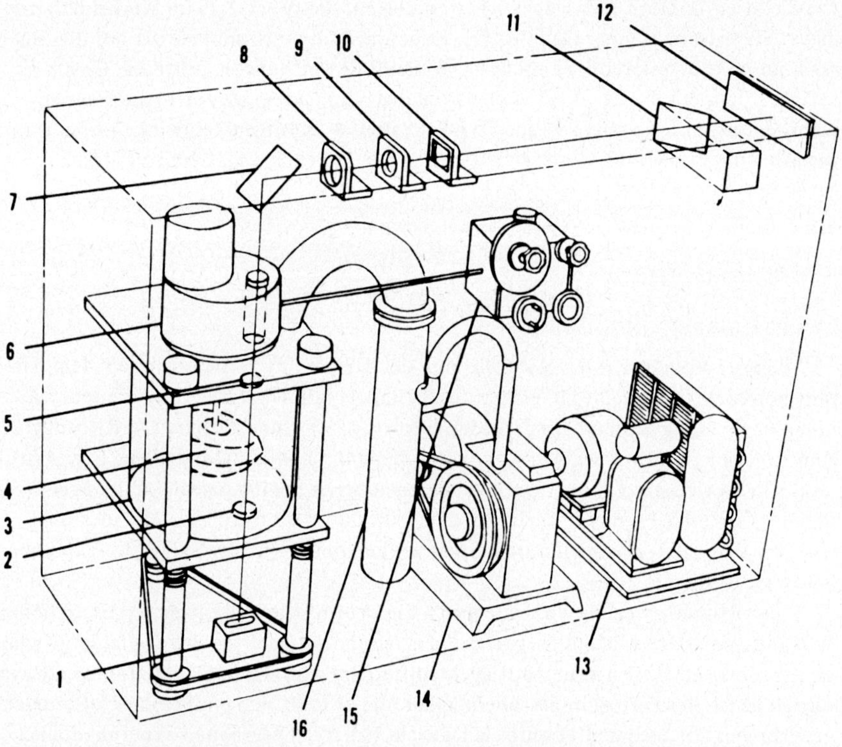


*Abb. 9-11:* Schematischer Aufbau einer analytischen Ultrazentrifuge. Zur Bedeutung der Zahlen vgl. den Text. (Spinco-Ultrazentrifuge der Fa. Beckman Instruments).

Umlenkspiegel (11) direkt beobachtet werden. Zur Zeit sind drei optische Verfahren gebräuchlich: Interferenzoptik, Schlierenoptik, Absorptionsoptik. Bei der Interferenzoptik beobachtet man die Zahl bzw. Verschiebung der Interferenzlinien. Die Zahl der Interferenzlinien ist dem Brechungsindexunterschied und damit der Konzentrationsdifferenz proportional. Bei der Schlierenoptik wird mit Hilfe einer speziellen optischen Anordnung die Änderung der Konzentration $c$ mit dem Weg $r$ optisch differenziert, so daß der Konzentrationsgradient $dc/dr$ als Funktion des Abstandes $r$ beobachtet wird. Bei der Absorptionsoptik wird die Absorption im Sichtbaren oder im Ultravioletten gemessen und registriert. Bei den neueren Absorptionsverfahren wird die Absorption direkt Punkt für Punkt mit einer fotoelektrischen Zelle abgetastet, so daß der mühevolle Umweg über eine fotografische Platte vermieden wird.

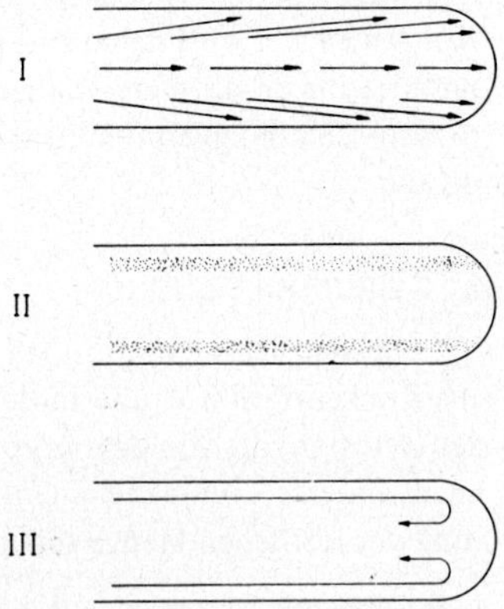


*Abb. 9-12:* Schematische Darstellung der Ausbildung von Konvektionsströmungen bei Ultrazentrifugenzellen mit parallelen Wänden zu den Zeiten I, II und III.

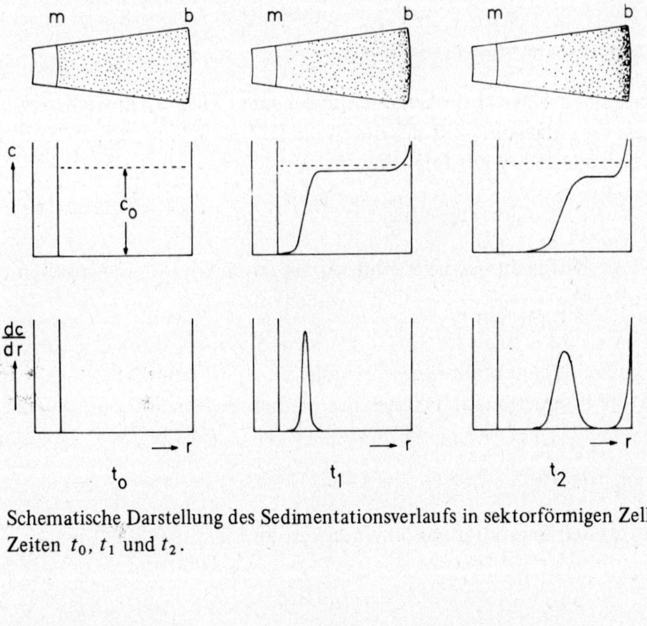


*Abb. 9-13:* Schematische Darstellung des Sedimentationsverlaufs in sektorförmigen Zellen zu den Zeiten $t_0$, $t_1$ und $t_2$.

Die Experimente werden in sektorförmigen Zellen ausgeführt, damit eine Konvektion bei der Sedimentation vermieden wird. Falls nämlich die Wände nicht radial zum Rotationszentrum angeordnet sind, stoßen die wandernden Teilchen gegen die Wand (Abb. 9 - 12,I), werden dort reflektiert und bauen in der Nähe der Wand eine Schicht höherer Konzentration auf (II). Diese Konzentrationsverteilung führt zu radialen Konvektionsströmungen (III).

Zur Zeit $t_0$ ist die Zelle homogen mit der Lösung gefüllt (Abb. 9 - 13). Beim Anlegen eines Schwerefeldes setzen sich alle Moleküle in Bewegung. Am Meniscus m erscheint nach einer Zeit $t_1$ eine Schicht reinen Lösungsmittels, am Boden b lagern sich Moleküle ab. Die Grenzschicht zwischen Lösungsmittel und sedimentierender Lösung ist wegen der Rückdiffusion nicht scharf. Es ergibt sich daher kein Konzentrationssprung, sondern eine Kurve $c = f(r)$. Wegen der Sektorform der Zelle bekommt man einen Verdünnungseffekt, die Konzentration der Lösung in der Zone konstanter Konzentration wird daher mit zunehmender Versuchszeit immer geringer. Bei der Differentiation erhält man Gradientenkurven (dritte Reihe der Abb. 9 - 13). Die Wanderungsgeschwindigkeit der Gradientenkurve ist ein Maß für die Sedimentationsgeschwindigkeit.

### 9.7.2 GRUNDGLEICHUNGEN

Bei der Sedimentation tritt an jeder Stelle der Zelle ein Fluß $J = cv$ als Produkt aus Konzentration $c$ und molekularer Wanderungsgeschwindigkeit $v$ auf. Die Menge des Gelösten, die von einem Volumenelement A im Abstand $r_A$ vom Rotationszentrum in ein anderes Volumenelement B im Abstand $r_B$ fließt, muß gleich der zeitlichen Änderung der restlichen Menge sein:

$$(9-92) \qquad (rJ)_A - (rJ)_B = \frac{\partial}{\partial t} \int_{r_A}^{r_B} (rc\, dr)$$

Dividiert man beide Seiten durch $\Delta r = r_B - r_A$ und geht zum Grenzfall $\Delta r \to 0$ über, so erhält man

$$(9-93) \qquad (\partial c/\partial t)_r = -(1/r)\,[\partial\,(rJ)/\partial r]_t$$

In der Zeiteinheit bewirkt die Sedimentation einen Fluß $J_s$ in Richtung des Zentrifugalfeldes. Ihr entgegen wirkt der durch die Diffusion hervorgerufene Fluß $J_d$. Für den resultierenden Fluß gilt folglich

$$(9-94) \qquad J = J_s + J_d = cv_s + cv_d$$

Der durch die Diffusion bewirkte Fluß $J_d$ ist durch Gl. (7 - 13) gegeben

$$(9-95) \qquad J_d = -D\,(\partial c/\partial r)$$

Die molekulare Sedimentationsgeschwindigkeit $v_s$ ist dem Zentrifugalfeld $\omega^2 r$ proportional; die Proportionalitätskonstante wird als Sedimentationskoeffizient $s$ bezeichnet

$$(9-96) \qquad v_s = s\omega^2 r$$

$s$ ist dabei als Sedimentationsgeschwindigkeit im Einheitsfeld definiert

(9–97) $s \equiv (\mathrm{d}r/\mathrm{d}t)/(\omega^2 r)$

Ein Sedimentationskoeffizient von der Größe $1 \cdot 10^{-13}$ s wird als eine Svedberg-Einheit (1 S) bezeichnet.

Durch Kombination der Gl. (9–93)–(9–96) gelangt man zur sog. Lamm'schen Differentialgleichung der Ultrazentrifuge

(9–98) $$\left(\frac{\partial c}{\partial t}\right)_r = \frac{-\partial\,(s\omega^2 r^2 c - rD\,(\partial c/\partial r))}{r\,\partial r}$$

### 9.7.3 SEDIMENTATIONSGESCHWINDIGKEIT

Bei Sedimentationsgeschwindigkeits-Experimenten werden so hohe Winkelgeschwindigkeiten $\omega$ gewählt, daß in Gl. (9–98) das Diffusionsglied $rD\,(\partial c/\partial r)$ viel kleiner als das Sedimentationsglied $s\omega^2 r^2 c$ wird. Bei der erzwungenen Wanderung eines Mols Moleküle mit der Geschwindigkeit $\mathrm{d}r/\mathrm{d}t$ wird ein Widerstand $F_s$ erzeugt

(9–99) $F_s = f_s N_L (\mathrm{d}r/\mathrm{d}t)$

Die Proportionalitätskonstante $f_s$ wird Reibungskoeffizient genannt. Auf das Molekül mit der hydrodynamischen Masse $m_h$ und dem hydrodynamischen Volumen $V_h$ wirkt ferner eine effektive Zentrifugalkraft $F_r$. $F_r$ ist die Resultierende von Zentrifugalkraft $m_h \omega^2 r$ und durch das Lösungsmittel bewirkter Auftriebskraft $V_h \rho_1 \omega_2 r$:

(9–100) $F_r = m_h \omega^2 r - V_h \rho_1 \omega^2 r$

Setzt man $F_s = F_r$ und führt für $m_h$ bzw. $V_h$ die Gl. (7–1) bzw. (7–6) ein, so erhält man mit $\rho_1 = 1/\tilde{v}_1$ und den Gl. (9–99) und Gl. (9–97)

(9–101) $M_2 = f_s s N_L/(1 - \tilde{v}_2 \rho_1)$

Die $s$-Werte sind also allein noch kein Maß für das Molekulargewicht, da das Molekulargewicht außerdem noch vom Reibungskoeffizienten $f_s$ bzw. vom Auftriebsterm $(1 - \tilde{v}_2 \rho_1)$ abhängt. Die Reibungskoeffizienten sind durch die Form und die Solvatation der Teilchen bestimmt.

*Tab. 9–2:* Sedimentationskoeffizienten s und Reibungskoeffizienten $f_s$ (als Verhältnis $f_s/f_{Kugel}$) von Makromolekülen mit dem Molekulargewicht $M_2$

| Substanz | $10^{-4} M_2$ g/mol | Lösungsmittel | Temperatur °C | $s$ Svedberg | $f_s/f_{kugel}$ |
|---|---|---|---|---|---|
| Poly(styrol) | 9 | Butanon | 20 | 12 | 1,38 |
| ” | 96 | ” | 20 | 22 | 3,75 |
| ” | 500 | ” | 20 | 45 | 5,24 |
| Poly(vinylalkohol) | 6,5 | Wasser | 25 | 1,54 | 3,5 |
| Cellulose | 590 | Cuoxam | 20 | 17,5 | 13,1 |
| Ribonuclease | 1,27 | verd.Salzlösung | 20 | 1,85 | 1,04 |
| Myoglobin | 1,69 | ” | 20 | 2,04 | 1,11 |
| Tabakmosaikvirus | 5900 | ” | 20 | 17,4 | 2,9 |

Die Reibungskoeffizienten $f_s$ lassen sich wie folgt eliminieren. Sind die Reibungskoeffizienten bei der Sedimentation und bei der Diffusion gleich groß, was nach den experimentellen Befunden zutrifft, so erhält man aus Gl. (9 – 101) mit Gl. (7 – 21) die Svedberg-Gleichung

(9–102) $$M_2 = sRT/D\,(1 - \tilde{v}_2 \rho_1)$$

Eine andere Möglichkeit, den Reibungskoeffizienten $f_s$ zu eliminieren, ergibt sich über Viskositätsmessungen. Der Reibungskoeffizent $f_D$ ist nach Gl. (7 – 25) mit einem Asymmetriefaktor $f_A$ und dem Stokes'schen Reibungsfaktor einer Kugel verknüpft. Erweitert man Gl. (7 – 25) mit $M_2^{0,5}$, so erhält man eine Form

(9–103) $$f_s = f_D = f_A\, 6\,\pi\eta_1 (\langle R_G^2\rangle/M_2)^{0,5} M_2^{0,5}$$

die dem später in Gl. (9–153) diskutierten Ausdruck für den Staudinger-Index $[\eta]$ ähnlich ist:

(9–104) $$[\eta] = \Phi\,(\langle R_G^2\rangle/M_2)^{3/2} M_2^{0,5}$$

Durch Kombination der Gl. (9 – 101), (9 – 103) und (9 – 104) erhält man dann die Mandelkern-Flory-Scheraga-Gleichung

(9–105) $$M_2 = \left(\frac{N_L \eta_1}{\Phi^{1/3}(6\,\pi f_A)^{-1}\,(1 - \tilde{v}_2 \rho_1)}\right)^{3/2} [\eta]^{1/2}\, s^{3/2}$$

In der Literatur wird meist noch gesetzt:

(9–106) $$P = 6\,\pi f_A$$

(9–107) $$\beta = \Phi^{1/3} P^{-1}$$

$f_A$ ist ein Faktor, der einerseits die Beziehung zwischen dem Trägheitsradius und dem Radius und andererseits alle Abweichungen vom Reibungsfaktor einer unsolvatisierten Kugel beschreibt. Bei Kugeln besteht die Beziehung $R_G^2 = (3/5)\,r^2$. Der Faktor $f_A$ wird somit bei Kugeln zu $f_A = (5/3)^{0,5}$. $P$ nimmt daher den Wert 24,34 an. Die Konstante $\Phi$ läßt sich bei Kugeln über die Einstein-Gleichung berechnen:

(9–108) $$[\eta] = \frac{2,5}{\rho_2} = \frac{2,5\, V_2}{m_2} = \frac{2,5\,(4\,\pi r^3/3)}{M_2/N_L} =$$

$$= \frac{2,5 \cdot 4 \cdot \pi \cdot N_L \cdot (5/3)^{3/2}}{3}\left(\frac{R_G^3}{M_2}\right) = \Phi\,(R_G^3/M_2)$$

$\Phi$ ergibt sich so zu $13,56 \cdot 10^{24}$ (mol Makromolekül)$^{-1}$. Es ist auf den Trägheitsradius bezogen; $[\eta]$ ist in cm$^3$/g zu messen. Bezieht man auf den Radius der Kugeln und auf $[\eta]$ in 100 cm$^3$/g, so erhält man $\Phi = 6,30 \cdot 10^{22}$. Für andere Teilchengestalten ergeben sich andere Zahlenwerte für $P$ und $\beta$ (vgl. Tab. 9 – 3).

Sowohl Gl. (9 – 102) als auch Gl. (9 – 105) liefern zusammengesetzte Mittel des Molekulargewichtes (vgl. Kap. 8.5.4).

Bei diesen Ableitungen war implizit angenommen worden, daß $s$ und $D$ unabhängig von der Konzentration sind. Gl. (9 – 102) gilt daher nur für unendliche Verdün-

*Tab. 9-3:* Berechnete Konstanten $\Phi$, $P$, und $\beta$. $\Phi$ ist auf dem Trägheitsradius bezogen, $\beta$ dagegen auf den Fadenendenabstand. $r_a$ = Radius der Rotationsachse und $r_b$ = Radius des Äquators bei Ellipsoiden. $[\eta]$ in 100 cm$^3$/g.

| Molekülform | $r_a/r_b$ | $10^{22}\ \Phi$ 100/mol | $P$ | $10^6\ \beta$ |
|---|---|---|---|---|
| Kugeln, unsolvatisiert | 1 | 13,57 | 24,34 | 2,11 |
| Ellipsoide, zigarrenförmig | 1 | – | – | 2,12 |
| | 2 | – | – | 2,13 |
| | 3–300 | – | – | $1{,}81(r_a/r_b)^{0,126}$ |
| Ellipsoide, linsenförmig | $1 \rightarrow 0{,}067$ | – | – | $2{,}12 \rightarrow 2{,}14$ |
| | 0,05–0,0033 | – | – | 2,15 |
| Knäuel, Theta-Zustand | – | 4,21 | 5,20 | 2,73 |
| halbstarre Fäden | – | – | – | 2,81 |

nung. Sedimentations- und Diffusionskoeffizienten werden aber bei endlichen Konzentrationen gemessen und müssen daher auf $c \rightarrow 0$ extrapoliert werden. Für $D$ kann dies nach Gl. (7–24) erfolgen. Die Extrapolationsformel für die Sedimentationskoeffizienten ergibt sich aus der Überlegung, daß nach Gl. (9–101) die $s$-Werte und damit auch die $s_c$-Werte reziprok proportional dem Reibungskoeffizienten $f_s$ sind. Da nun $f_s$ proportional der Viskosität $\eta$ und diese wiederum proportional der Konzentration $c$ ist, muß also $1/s_c$ direkt der Konzentration proportional sein. Diese Abhängigkeit wird meist formuliert als

(9–109) $$(1/s_c) = (1/s)(1 + k_s c)$$

Da die Sedimentationsgeschwindigkeit vom Molekulargewicht abhängt, werden bei paucimolekularen Materialien aus zwei, drei usw. Molekülsorten mit etwa gleichen Reibungskoeffizienten aber unterschiedlichen Molekulargewichtes im Sedimentationsdiagramm zwei, drei usw. Gradientenkurven beobachtet. Sedimentationsmessungen werden daher in der Proteinchemie sehr häufig eingesetzt, um die Homogenität von Materialien zu prüfen. Bei polymolekularen Substanzen kann dagegen aus der Verbreiterung der Gradientenkurven mit der Zeit die Verteilung der Sedimentationskoeffizienten bestimmt werden. Für eine bestimmte Ausgangskonzentration werden dazu bei verschiedenen Zeiten Gradientenkurven erhalten, aus denen die Sedimentationskoeffizienten der 5, 10, 20 .... 80, 90, 95 % entsprechenden Massen ermittelt werden. Da die Gradientenkurven aber auch noch durch die Diffusion verbreitert werden, extrapoliert man die so erhaltenen Sedimentationskoeffizienten noch auf die Zeit unendlich. Bei einer unendlich großen Zeit wirkt sich nur noch die unterschiedliche Sedimentationsgeschwindigkeit, aber nicht mehr die Rückdiffusion aus. Es resultiert eine Funktion $w_i = f(s_i)$, die über die empirische Beziehung $s = K_s M^{\alpha_s}$ in die Molekulargewichtsverteilung $w_i = f(M_i)$ umgerechnet wird. Derartige Messungen werden am besten in $\Theta$-Lösungsmitteln ausgeführt, da sonst zu viele Korrekturen für die thermodynamische Nichtidealität usw. anzubringen sind.

### 9.7.4 SEDIMENTATIONSGLEICHGEWICHT

Im Sedimentationsgleichgewicht ändert sich an jeder Stelle der Ultrazentrifugenzelle die Konzentration nicht mehr mit der Zeit, d. h. es gilt $(\partial c/\partial t)_r = 0$. Gl. (9–98) geht dann über in

$$(9\text{–}110) \quad s/D = (\partial c/\partial r)/(\omega^2 rc)$$

Durch Kombination von Gl. (9–110) mit Gl. (9–102) erhält man für das Molekulargewicht im Sedimentationsgleichgewicht

$$(9\text{–}111) \quad M_2 = \frac{RT}{\omega^2(1-\tilde{v}_2\rho_1)} \cdot \left(\frac{\mathrm{d}c/\mathrm{d}r}{rc}\right)$$

Aus Gl. (9–111) kann man bei Kenntnis der an den Abständen $r$ vom Rotationszentrum herrschenden Konzentrationen $c$ und Konzentrationsgradienten $\mathrm{d}c/\mathrm{d}r$ das Molekulargewicht $M_2$ ermitteln. Bei polymolekularen Substanzen ist dieses Molekulargewicht $M_2$ ein Gewichtsmittel $\overline{M}_w$. Für den mittleren Konzentrationsgradienten ergibt sich nämlich nach einer Umformung von Gl. (9–111)

$$(9\text{–}112) \quad \overline{\mathrm{d}c/\mathrm{d}r} = \frac{\omega^2 r(1-\tilde{v}_2\rho_1)}{RT} \sum_i c_i M_i$$

und mit der Definition des Gewichtsmittels $\overline{M}_w \equiv \sum_i c_i M_i / \sum_i c_i$ sowie $\sum_i c_i = c$

$$(9\text{–}113) \quad \overline{M}_w = \frac{RT}{\omega^2(1-\tilde{v}_2\rho_1)} \cdot \frac{\overline{\mathrm{d}c/\mathrm{d}r}}{rc}$$

Gl. (9–113) gilt streng nur für unendliche Verdünnung. Für endliche Konzentrationen liefert sie ein scheinbares Molekulargewicht $(M_w)_{app}$, das wie üblich durch Auftragen von $1/(M_w)_{app} = f(c)$ auf $c \to 0$ extrapoliert wird.

### 9.7.5 GLEICHGEWICHTE IM DICHTEGRADIENTEN

Bislang wurde stillschweigend angenommen, daß das Lösungsmittel bei Sedimentationsversuchen aus einer einzigen Komponente bestehe. Ist nun aber das Lösungsmittel eine Mischung aus zwei Substanzen stark verschiedener Dichte (z.B. CsCl in Wasser oder Mischungen von Benzol und $CBr_4$), so werden beide Substanzen verschieden stark sedimentieren. Im Gleichgewicht existiert ein Dichtegradient des Lösungsmittelgemisches. Am Boden der Zelle wird die Dichte $\rho_b$, am Meniscus die Dichte $\rho_m$ herrschen. Die Dichte des gelösten Makromoleküls $\rho_2$ soll gerade zwischen diesen beiden Dichten liegen ($\rho_m < \rho_2 < \rho_b$). Die Makromoleküle werden dann vom Meniscus der Zelle in Richtung Boden sedimentieren und vom Boden in Richtung Meniscus flotieren (Abb. 9–9). Im Sedimentationsgleichgewicht werden sich die Makromoleküle an einer Stelle § des Dichtegradienten mit derjenigen Dichte $\rho_g$ befinden, die gerade der Dichte des Makromoleküls in Lösung entspricht ($\rho_g = \rho_2^{\S} \approx 1/\tilde{v}_2^{\S}$). Diese Stelle habe den Abstand $r^{\S}$ vom Rotationszentrum.

Zur quantitativen Betrachtung wird von der Gleichung für das Sedimentationsgleichgewicht (Gl. 9–111) in der Form

$$(9\text{–}114) \quad \mathrm{d}\ln c/\mathrm{d}r = M_2^{\S}\, \omega^2\, r^{\S}\, (1-\tilde{v}_2\rho)/RT$$

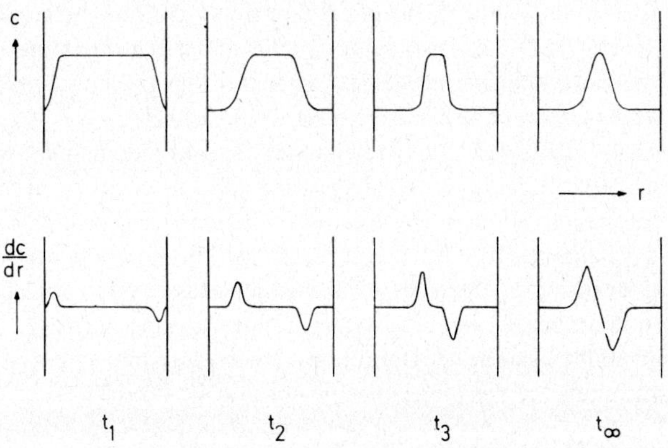


*Abb. 9-14:* Schematische Darstellung der Einstellung eines Sedimentationsgleichgewichtes in einem Dichtegradienten ($c$ = Konzentration des makromolekularen Gelösten).

ausgegangen. $\rho$ ist dabei nunmehr die Dichte des Dichtegradienten an beliebigen Stellen $r$. Statt auf den Abstand vom Rotationszentrum, wird ferner auf den Abstand von der Stelle $r^§$ bezogen. $dr$ wird also durch $d(r - r^§)$ ersetzt. Gl. (9 – 114) geht damit über in

(9–115) $\mathrm{d}\ln c/\mathrm{d}(r - r^§) = M_2^§\ \omega^2\ r^§\ (1 - (\rho/\rho^§))/RT$

In der Umgebung der Stelle $r^§$ ändert sich die Dichte des Gradienten in erster Näherung nach

(9–116) $\rho = \rho^§ + (\mathrm{d}\rho/\mathrm{d}r)^§ (r - r^§)$

Die Dichteänderung des Gradienten wird praktisch nicht von der Anwesenheit der Makromoleküle beeinflußt, da die Konzentration des den Dichtegradienten formenden Materiales viel größer als die der Makromoleküle ist. Die Kombination von (9 – 115) und (9 – 116) führt zu

(9–117) $\mathrm{d}\ln c/\mathrm{d}(r - r^§) = -M_2^§\ \omega_2\ r^§\ (\mathrm{d}\rho/\mathrm{d}r)^§ (r - r^§)/RT\ \rho^§$

oder integriert

(9–118) $\ln(c/c^§) = -\dfrac{M_2^§\ \omega^2\ r^§\ (\mathrm{d}\rho/\mathrm{d}r)^§\ (r - r^§)^2}{2\,RT\ \rho^§}$

bzw. umgeformt

(9–119) $c = c^§ \exp\left(-\dfrac{M_2^§\ \omega^2 r^§ (\mathrm{d}\rho/\mathrm{d}r)^§ (r - r^§)^2}{2\,RT\ \rho^§}\right) = c^§ \exp\left(-\dfrac{(r - r^§)^2}{2\,\sigma^2}\right)$

wobei gesetzt wurde

(9–120) $\sigma^2 = RT\ \rho^§/M_2^§\ \omega^2 r^§ (\mathrm{d}\rho/\mathrm{d}r)^§$

Gl. (9 – 119) gibt eine Gauß'sche Verteilungsfunktion wieder (vgl. auch Kap. 8.3. 2.1). Aus dem Abstand der Wendepunkte der Funktion $c = \mathrm{f}(r - r^§)$ läßt sich somit das Molekulargewicht berechnen. Die untere Grenze für das Molekulargewicht liegt bei Proteinen in $CsCl/H_2O$-Lösungen bei ca. 10 000–50 000 g/mol Molekül. Sie ist im wesentlichen durch die endliche Länge der Ultrazentrifugenzellen (ca. 1,2 cm) und die dadurch gegebenen optimalen Werte von $(r - r^{\S})$ bedingt.

Das in Gl. (9–120) auftretende Molekulargewicht ist jedoch nicht wie das in den Gl. (9–111) und (9 – 102) das Molekulargewicht des unsolvatisierten Moleküls. Die Messungen erfolgen ja in Mischlösern, von denen die eine Komponente das Makromolekül besser als die andere solvatisiert. Solvatisiert nur die Komponente 1, so setzt sich die Masse des solvatisierten Makromoleküls aus den Massen des „trockenen“ Makromoleküls $m_2$ und der Masse $m_1^{\square}$ des solvatisierenden Lösungsmittels zusammen. Aus $m_2^{\S} = m_2 + m_1^{\square}$ ergibt sich mit der Definition $\Gamma_1 = m_1^{\square}/m_2$ folglich $m_2^{\S} = m_2(1 + \Gamma_1)$ und nach Umrechnung auf das Molekulargewicht mit $M_x = m_x N_L$

(9–121) $M_2^{\S} = M_2(1 + \Gamma_1)$

Der Parameter $\Gamma_1$ läßt sich aus den partiellen spezifischen Volumina $\tilde{v}_2$ des Gelösten bzw. $\tilde{v}_1$ des Lösungsmittels und der Dichte $\rho^{\S}$ über

(9–122) $\Gamma_1 = (\tilde{v}_2 \rho^{\S} - 1)/(1 - \tilde{v}_1 \rho^{\S})$

ermitteln. $\tilde{v}_2$ wird über Dichte-Messungen an verdünnten Lösungen der Makromoleküle in einkomponentigen Lösungsmitteln in guter Näherung über $\rho = \rho_1 + (1 - \tilde{v}_2 \rho_1)c$ erhalten.

Sedimentationsgleichgewichtsmessungen im Dichtegradienten werden meist ausgeführt, um Unterschiede in den Dichten verschiedener Makromoleküle zu bestimmen. Sie wurden z.B. bei Replikationsstudien an mit $^{15}N$-markierten Desoxyribonucleinsäuren eingesetzt. Sie eignen sich prinzipiell auch zur Unterscheidung von echten Copolymeren und Polymergemischen. Bei derartigen Versuchen stört jedoch meist die erhebliche Rückdiffusion und die breite Molekulargewichtsverteilung. Beide Effekte verbreitern die Gradientenkurven stark, so daß sich die Kurven von Substanzen mit verschiedener Dichte stark überlappen.

### 9.7.6 PRÄPARATIVE ULTRAZENTRIFUGATION

Substanzen verschiedenen Molekulargewichtes können durch Sedimentationsversuche voneinander getrennt werden. Das Verfahren eignet sich für präparative Trennungen besonders bei kompakten Molekülen und wird daher bevorzugt in der Protein- und in der Nucleinsäurechemie eingesetzt. Es können drei Verfahren unterschieden werden:

Bei den normalen Sedimentationsversuchen sedimentieren die Teilchen in reinen Lösungsmitteln bzw. in relativ verdünnten Salzlösungen. Die Dichte des Lösungsmittels bzw. der Salzlösung ist praktisch über die ganze Zelle konstant (Abb. 9–15). Die schneller wandernden Teilchen sammeln sich bevorzugt am Boden an. Sie sind jedoch stets durch Anteile langsamer sedimentierender Teilchen verunreinigt. Auch die langsamere Komponente kann umgekehrt nicht quantitativ isoliert werden.

Bei der Bandzentrifugation handelt es sich ebenfalls um eine Geschwindigkeitsmethode. Die Teilchen sedimentieren hier aber in einem Mischlöser (z.B. Salzlösung). Zuerst wird durch Zentrifugieren des Mischlösers allein ein Dichtegradient erzeugt. Dann wird die Lösung am Meniscus der Zelle aufgegeben. Die einzelnen Komponenten sedi-

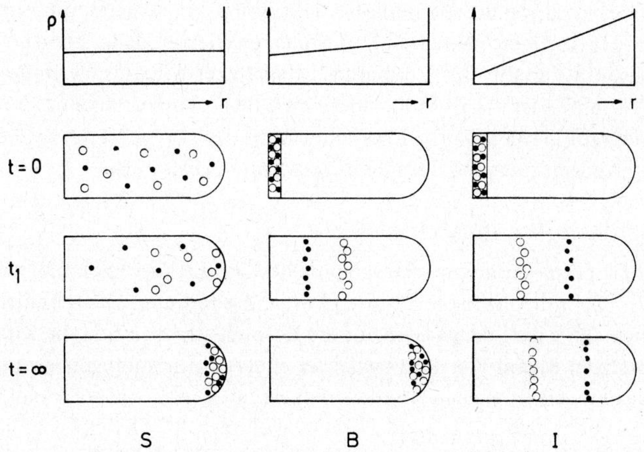


*Abb. 9-15:* Typen von Ultrazentrifugenversuchen für präparative Zwecke. S = normaler Sedimentationsversuch, B = Bandzentrifugation in einem stabilisierenden Gradienten, I = isopyknische Zonenzentrifugation. $\rho$ = Dichte des gradientenbildenden Materials. ○ = hohes Molekulargewicht, niedrige Dichte; ● = niedriges Molekulargewicht, große Dichte.

mentieren in Bändern, die nicht mehr durch die anderen Komponenten verunreinigt sind. Der relativ schwache Dichtegradient soll nur die wandernden Bänder stabilisieren. Sobald sich die Bänder ausgebildet haben, wird die Sedimentation unterbrochen. Die isolierten Komponenten sind hochrein.

Bei der isopyknischen Zonenzentrifugation handelt es sich dagegen um das präparative Analogon zum Sedimentationsgleichgewicht in einem Dichtegradienten. Hier verwendet man steile Dichtegradienten und wartet das Gleichgewicht ab. Sowohl die Bandzentrifugation als auch die isopyknische Zonenzentrifugation können mit sehr kleinen Konzentrationen des Gelösten ausgeführt werden. Sie haben sich daher besonders für die Trennung biologischer Makromoleküle eingeführt. Beide Verfahren werden in der Literatur auch mit einer Anzahl anderer Namen bezeichnet.

## 9.8 *Chromatographie*

Makromoleküle können durch chromatographische Verfahren einerseits nach Unterschieden in ihrer Konstitution bzw. Konfiguration, andererseits nach ihrem Molekulargewicht fraktioniert werden. Viel benutzt werden die Verfahren der Elutionschromatographie und der Gelpermeationschromatographie, seltener die der Adsorptionschromatographie.

### 9.8.1 ELUTIONSCHROMATOGRAPHIE

Bei der Elutionschromatographie wird das zu trennende Material in dünner Schicht auf einen inerten Träger gebracht und dann eluiert. Als inerte Träger eignen sich z. B. Quarzsand oder Metallfolien. Die Folien werden z.B. in die Lösung der Makromoleküle getaucht und dann getrocknet. Der dünne Oberflächenfilm wird dann bei konstanter

Temperatur mit Lösungsmittel/Fällungsmittel-Gemischen steigenden Lösungsmittelgehaltes eluiert. Die niedermolekularen Fraktionen erscheinen daher zuerst.

Eine elegante Variante des Verfahrens ist als Baker-Williams-Methode bekannt. Bei diesem Verfahren ist die Kolonne noch mit einem Temperiermantel umgeben, durch den ein Temperaturgradient aufrecht erhalten wird. Der Trenneffekt wird durch die simultanen Konzentrations- und Temperaturgradienten gesteigert.

### 9.8.2 GELPERMEATIONSCHROMATOGRAPHIE

Bei der Gelpermeationschromatographie besteht die Trennkolonne aus einem sog. makroporösen Gel mit verschieden weiten Poren, das mit dem Lösungsmittel gequollen ist. Eine ca. 0,5 %ige Lösung wird auf die Kolonne gegeben und die Kolonne dann mit einem stetigen Strom von Lösungsmittel eluiert. In homologen Reihen von Molekülen ähnlicher Gestalt erscheinen die Moleküle mit dem höchsten Molekulargewicht zuerst. Sie erfordern also das geringste Elutionsvolumen. Der Effekt wird so gedeutet, daß die großen Moleküle nicht oder weniger gut in die Poren des Gelmaterials eindringen können und daher die geringere Verweilzeit besitzen (Abb. 9–16). Die Methode ist in der Literatur unter einer Vielzahl von weiteren Namen bekannt (Gelfiltration, Gelchromatographie, Ausschlußchromatographie, Molekularsiebchromatographie usw.). Sie ist eine spezielle Form der Flüssigkeits-Chromatographie.

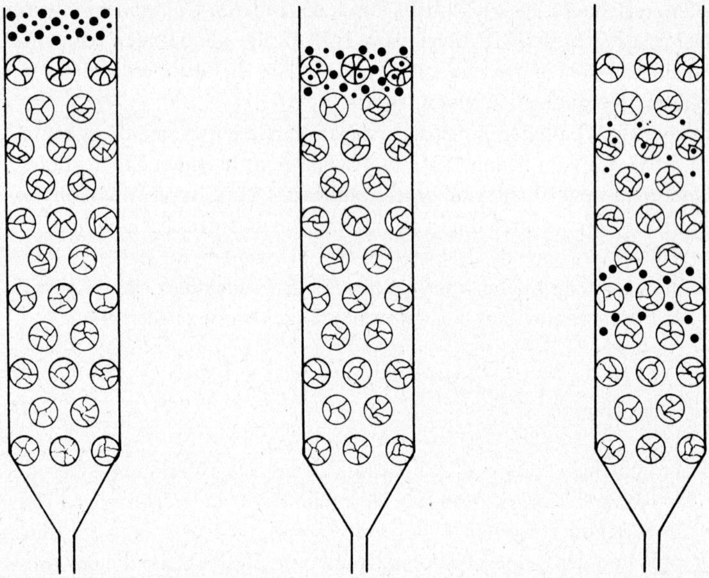

*Abb. 9-16:* Schematische Darstellung der Trennung verschieden großer Moelküle an makroporösen Gelen durch Gelpermeationschromatographie.

Die Elution erfolgt unter Drucken bis zu ca. 10 bar. Die verwendeten Gele dürfen daher unter diesen Bedingungen nicht komprimiert werden. Für organische Lösungsmittel werden meist vernetzte Poly(styrole) oder poröses Glas, für wässrige Lösungen vernetzte Dextrane, Poly(acrylamide) oder Cellulose eingesetzt. Die Konzentrationen der austretenden Lösungen werden meist automatisch als Funktion des Volumens registriert, z. B. über den Brechungsindex oder durch Spektroskopie (Abb. 9 – 17).

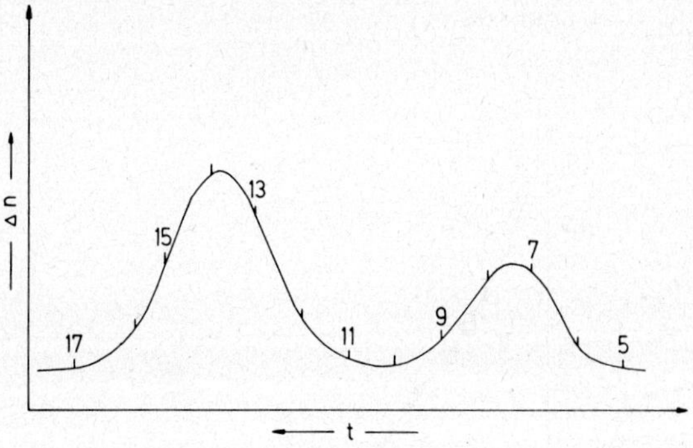


*Abb. 9-17:* Schematische Darstellung eines GPC-Diagramms. Die Zahlen geben die Fraktionsnummer an; sie ist dem durchgeflossenen Volumen proportional. In der Regel wird die Brechungsindex-Differenz von Lösung und Lösungsmittel $\Delta n$ als Funktion der Zeit $t$ gemessen.

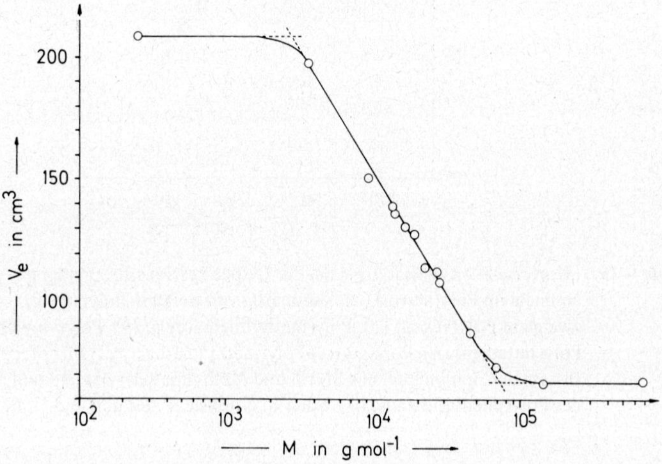


*Abb. 9-18:* Elutionsvolumen $V_e$ als Funktion des Molekulargewichtes $M$ von Saccharose und verschiedenen Proteinen an vernetztem Dextran (Sephadex G 75) in verdünnter Salzlösung (nach P. Andrews).

Das Maximum des entstehenden Diagramms $n_{Lsg} = f(V)$ wird als Elutionsvolumen bezeichnet. Zwischen dem Elutionsvolumen $V_e$ und dem Logarithmus des Molekulargewichtes besteht für Substanzen ähnlicher Molekülgestalt und Wechselwirkung mit dem Lösungsmittel für ein bestimmtes Gel eine empirische Beziehung (Abb. 9 – 18). Bei kleinen und bei großen Molekulargewichten werden die Elutionsvolumina jedoch unabhängig vom Molekulargewicht. Die Ausschlußgrenzen hängen außer vom Gelmaterial auch noch von der Form der gelösten Makromoleküle ab.

Das Elutionsvolumen hängt für eine polymerhomologe Reihe vermutlich nur deshalb mit dem Molekulargewicht zusammen, weil sich auch das hydrodynamische Volumen der Makromoleküle gesetzmäßig ändert. Das hydrodynamische Volumen ist dem Produkt $[\eta]M$ proportional. In der Tat scheint für jedes Gelmaterial eine „universelle" Eichkurve $\log [\eta]M = f(V_e)$ für verschiedene lineare und verzweigte Polymere und Copolymere zu existieren (Abb. 9-19).

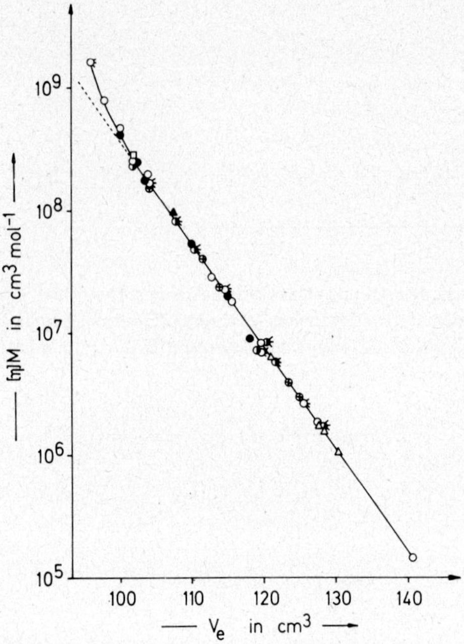


*Abb. 9-19:* „Universelle" Kalibrierkurve bei der Gelpermeationschromatographie nach Messungen an linearem Poly(styrol) (○), kammartig verzweigtem Poly(styrol) (○<), sternartig verzweigtem Poly(styrol) (⊕), Poly(methylmethacrylat)(●), Poly(vinylchlorid) (△), cis-1,4-Poly(butadien) (▲), Poly(styrol)-Poly(methylmethacrylat)-Pfropfcopolymeren (◑<), statistischen Copolymeren aus Styrol und Methylmethacrylat (◑), und an Leiterpolymeren des Poly(phenylsiloxans) (□). Nach Z. Grubisic, P. Rempp und H. Benoit.

Das zum Elutionsvolumen gehörige Molekulargewicht stellt vermutlich einen Mittelwert

$$(9\text{-}123) \quad \overline{M}_{GPC} = \frac{\sum_i m_i M_i^{1+a_\eta}}{\sum_i m_i M_i^{a_\eta}}$$

dar. Dieses Mittel ergibt für Schulz-Flory-Verteilungen mit dem Kopplungsgrad $k$

$$(9\text{-}124) \quad \overline{M}_{GPC} = \frac{\overline{M}_w (k + a_\eta + 1)}{k + 1} = \frac{\overline{M}_n (k + a_\eta + 1)}{k}$$

Für Kugeln mit $a_\eta = 0$ erhält man daher $\overline{M}_{GPC} = \overline{M}_w$ und für steife Stäbchen $\overline{M}_{GPC} = \overline{M}_{z+1}$. Für Knäuelmoleküle mit den üblichen Molekulargewichtsverteilungen bekommt man in Theta-Lösungen ein Mittel nahe dem Gewichtsmittel.

Die Elutionskurve ist umso breiter, je breiter die Molekulargewichtsverteilung ist. Auch molekulareinheitliche Substanzen geben jedoch eine Kurve und kein scharfes Signal. Dieser Effekt ist durch die sog. axiale Dispersion bedingt. Sie wird nach dem oben beschriebenen Modell als Verteilung von Verweilzeiten in den Poren gedeutet. Für sie muß also bei der Berechnung von Molekulargewichtsverteilungen korrigiert werden. Dazu wird angenommen, daß die totale Standardabweichung $\sigma_{tot}$ sich aus den Standardabweichungen der Polymolekularität $\sigma_{mol}$ und der axialen Dispersion $\sigma_{ad}$ zusammensetzt:

(9–125) $$\sigma_{tot}^2 = \sigma_{mol}^2 + \sigma_{ad}^2$$

$\sigma_{ad}$ wird ermittelt, indem man die Flüssigkeit nach der Entwicklung der Elutionskurve rückwärts fließen läßt. Aus dem berechneten $\sigma_{mol}$ läßt sich dann die wahre Elutionskurve konstruieren.

### 9.8.3 ADSORPTIONSCHROMATOGRAPHIE

Die Adsorptionschromatographie basiert auf der verschieden starken Wechselwirkung von Adsorbens und Adsorptiv. Sie eignet sich daher für Trennungen aufgrund der Unterschiede in Konstitution und Konfiguration. Die Adsorptions/Desorptions-Gleichgewichte werden jedoch im realen Fall von einer Reihe weiterer Effekte überlagert.

Bei der Dünnschichtchromatographie von Polymeren kann man je nach Anteil des Fällungsmittels im Entwickler vier Bereiche unterscheiden (Abb. 9–20). Bei kleinen Fällungsmittelgehalten überwiegt die Adsorption. Mit zunehmendem Fällungsmittelgehalt steigen die $R_f$-Werte an und werden schließlich im Desorptionsgebiet unabhängig von der Fällungsmittelkonzentration. Bei noch höheren Fällungsmittelkonzentrationen setzt schließlich zuerst Phasentrennung und dann eine Fällung der Polymeren ein. Im Adsorptions/Desorptions-Gebiet erfolgen Trennungen nach Konstitution und Konfiguration, im Fällungsgebiet nach dem Molekulargewicht. Überlagert ist ferner noch ein Molekularsieb-Effekt, der von den meist ziemlich grobporigen Trägern stammt.

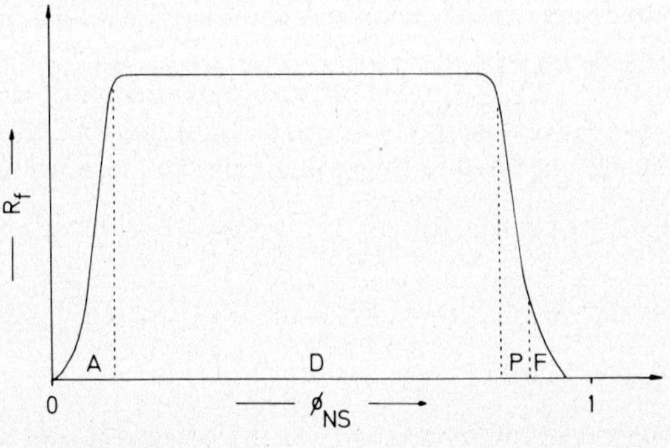


*Abb. 9-20:* Schematische Darstellung der $R_f$-Werte als Funktion des Volumenbruches $\phi_{NS}$ des Nichtlösers bei der Dünnschichtchromatographie. A = Adsorption, D = Desorption, P = Phasentrennung, F = Fällung

## 9.9 Viskosimetrie

### 9.9.1 GRUNDLAGEN

Untersuchungen über die Viskosität von Dispersionen anorganischer Kolloide und über die Viskosität von Lösungen von Makromolekülen zeigten, daß zwischen der Teilchen- bzw. Molekülgröße einerseits und der Viskosität andererseits eine Beziehung besteht. Aus der Viskosität verdünnter Lösungen von Makromolekülen kann daher auf das Molekulargewicht geschlossen werden. Die Methode stellt in der Praxis das wichtigste Verfahren zur Bestimmung des Molekulargewichtes dar, da sie apparativ einfach und schnell auszuführen ist. Sie ist jedoch keine Absolutmethode, da die Viskosität außer vom Molekulargewicht noch von anderen Moleküleigenschaften abhängt, z. B. von der Form der gelösten Teilchen.

Einstein leitete nämlich bereits 1906 eine Beziehung zwischen der Viskosität $\eta$ der Lösung unsolvatisierter Kugeln und deren Volumbruch $\phi_2$ sowie der Viskosität des reinen Lösungsmittels $\eta_1$ ab

(9-126) $\eta_{sp} \equiv (\eta/\eta_1) - 1 = 2{,}5\ \phi_2\ ; \quad (\phi_2 \to 0)$

$\eta_{sp}$ wird spezifische Viskosität, $\eta/\eta_1 = \eta_{rel}$ relative Viskosität genannt. Die Konstante 2,5 ergab sich aus hydrodynamischen Berechnungen. Gl. (9-126) gilt nur bei Abwesenheit von Wechselwirkungen zwischen den Lösungsteilnehmern, d. h. für unendlich verdünnte Lösungen. Der Einfluß endlicher Konzentration kann durch eine Reihenentwicklung nach höheren Potenzen des Volumenbruches berücksichtigt werden, wie er experimentell bei Messungen an Dispersionen von Kügelchen aus Glas oder Guttapercha gefunden wurde:

(9-127) $\eta_{sp} = 2{,}5\ \phi_2 + \alpha\phi_2^2 + \beta\phi_2^3 + \ldots\ ; \alpha, \beta = \text{const.}$

Gl. (9-126) kann verallgemeinert werden, wenn man zu anderen Teilchen als unsolvatisierten Kugeln, z.B. Knäueln oder Stäbchen, übergeht. Der Volumenbruch des Gelösten ist durch $\phi_2 \equiv V_2/V$ definiert. Das Volumen $V_2$ aller Moleküle des Gelösten in der Lösung von Volumen $V = V_{Lsg}$ (ml) ist über die Zahl $N_2$ der Moleküle des Gelösten mit dem hydrodynamischen wirksamen Volumen $V_h$ des Einzelmoleküls verknüpft ($V_2 = N_2 V_h$). Die Molkonzentration $[M_2]$ der gelösten Moleküle in mol/dm$^3$ ist mit $N_2$ über $[M_2] = 10^3\ N_2/(N_L\ V_{Lsg})$ und mit der Konzentration $c_2$ des Gelösten in g/cm$^3$ über $[M_2] = 10^3 c_2/M_2$ verknüpft. $M_2$ ist das Molekulargewicht des Gelösten. Setzt man diese Beziehungen in Gl. (9-126) ein und formt um, so erhält man

(9-128) $\eta_{sp}/c_2 = 2{,}5 \cdot N_L (V_h/M_2)\ ; \qquad c_2 \to 0$

wobei der Grenzwert

(9-129) $\lim\limits_{c_2 \to 0} \eta_{sp}/c_2 \equiv [\eta]$

als Staudinger-Index oder Grenzviskositätszahl $[\eta]$ bezeichnet wird (engl.: intrinsic viscosity). $[\eta]$ hängt nach Gl. (9-128) sowohl vom Molekulargewicht $M_2$ als auch vom hydrodynamischen Volumen $V_h$ des Gelösten ab. $V_h$ ist seinerseits eine Funktion der Masse, der Form und der Dichte der gelösten Moleküle. Der Staudinger-Index einer Substanz aus flexiblen Makromolekülen kann daher je nach der Wechselwirkung mit dem Lösungsmittel differieren, oft bis zum Faktor 5 (Tab. 9 – 4).

*Tab. 9 – 4:* Einfluß des Lösungsmittels auf die Staudinger-Indices $[\eta]$ je einer Probe Poly(isobutylen) (PIB), Poly(styrol) (PS) und Poly(methylmethacrylat) (PMMA) bei 34 °C

| Lösungsmittel | $[\eta]$ in $cm^3/g$ PIB | PS | PMMA |
|---|---|---|---|
| Cyclohexan | 478 | 44 | Nichtlöser |
| $CCl_4$ | 462 | 100 | 305 |
| n-Hexan | 327 | Nichtlöser | Nichtlöser |
| Chlorbenzol | 250 | 107 | – |
| Toluol | 247 | – | 403 |
| Benzol | 119 | 114 | 640 |
| Butylacetat | Nichtlöser | – | 195 |

$[\eta]$ besitzt die Einheit einer reziproken Konzentration und daher eines spezifischen Volumens. Es wird jetzt meist in $cm^3/g$ angegeben. Die ältere Literatur benutzte die Einheiten 100 ml/g oder Ltr/g (hier mit dem besonderen Symbol $Z_\eta$), so daß die numerischen Werte 100 bzw. 1000 mal kleiner als bei der Verwendung von $cm^3/g$ sind. Für Lösungen niedermolekularer Substanzen kann $[\eta]$ u. U. negative Werte annehmen, und zwar dann, wenn die Viskosität der Lösung (und damit des Gelösten) kleiner als die Viskosität des Lösungsmittels ist.

In Mischungen von Polymeren ohne spezielle Wechselwirkungen zwischen den Polymeren, wie sie z. B. bei polymerhomologen Reihen vorliegen, erhält man den Staudinger-Index als Gewichtsmittel (Philippoff-Gleichung):

$$(9-130)\quad \overline{[\eta]_w} = \sum_i W_i [\eta]_i / \sum_i W_i = \sum_i c_i [\eta]_i / \sum_i c_i = $$
$$= \sum_i c_i [\eta]_i / c = \sum_i w_i [\eta]_i = [\eta]$$

Das Staudinger-Index von Mischungen verschiedener Polymerer ist dagegen wegen der Anziehungs- oder Abstoßungskräfte meist kleiner oder größer als der über Gl. (9–130) aus den Gewichtsanteilen $w_i$ und den Staudinger-Indices $[\eta]_i$ der Komponenten berechnete. Ein Beispiel dafür sind die Werte für Mischungen aus Poly(styrol) und Poly(methylmethacrylat) (Tab. 9 – 5).

*Tab. 9 – 5:* Experimentell gefundene und nach Gl. (9–130) berechnete Staudinger-Indices von Mischungen aus je einem Poly(styrol) (PS) und Poly(methylmethacrylat) (PMMA) in Chloroform bei 25 °C

| Gewichtsanteile $w_{PS}$ | $w_{PMMA}$ | $[\eta]$ $cm^3/g$ ber. | gef. |
|---|---|---|---|
| 1,0 | 0,0 | – | 120,0 |
| 0,7 | 0,3 | 90,8 | 102,0 |
| 0,5 | 0,5 | 76,4 | 84,0 |
| 0,3 | 0,7 | 58,9 | 65,0 |
| 0,1 | 0,9 | 41,4 | 44,0 |
| 0,0 | 1,0 | – | 32,7 |

### 9.9.2 EXPERIMENTELLE METHODEN

Zur Ermittlung des Staudinger-Index $[\eta]$ müssen die Viskositäten von Lösungen verschiedener Konzentration sowie die des Lösungsmittels bestimmt werden. Die Konzentrationen der Lösungen dürfen nicht zu hoch sein, da sonst die Extrapolation der Viskositätsdaten auf unendliche Verdünnung schwierig ist. Erfahrungsgemäß sind sie so zu wählen, daß $\eta/\eta_1$ zwischen etwa 1,2 und 2,0 liegt.

Die obere Grenze von $\eta_{rel} \approx 2$ ergibt sich durch die mit der Konzentration zunehmenden Abweichungen von der linearen Beziehung zwischen $\eta_{sp}/c$ und $c$. Die untere Grenze von $\eta_{rel} \approx 1{,}2$ ist dadurch bedingt, daß apparateabhängige Anomalien in der Funktion $(\eta_{sp}/c) = f(c)$ auftreten. Diese Anomalien werden meist als Effekt der Adsorption der Makromoleküle an der Kapillarwand gedeutet.

Damit nun $\eta_{sp} = \eta_{rel} - 1$ bei $\eta_{rel} = 1{,}2$ auf ca. ± 1 % bestimmt werden kann, muß das Viskositätsverhältnis auf besser als ± 0,2 % bestimmt werden. Die Viskositäten selbst müssen folglich besser als ca. ± 0,1 % ermittelt werden (Fehlerfortpflanzung). Für eine derartige Aufgabe eignen sich vor allem Kapillarviskosimeter. Die üblichen Rotationsviskosimeter vom Couette-Typ arbeiten im günstigsten Fall mit einer Genauigkeit von ± 1 %. Kugelfallviskosimeter sind noch ungenauer.

Die in der makromolekularen Chemie meist verwendeten Typen von Kapillarviskosimetern sind in Abb. 9-21 dargestellt. Bei allen wird als Maß für die Viskosität die

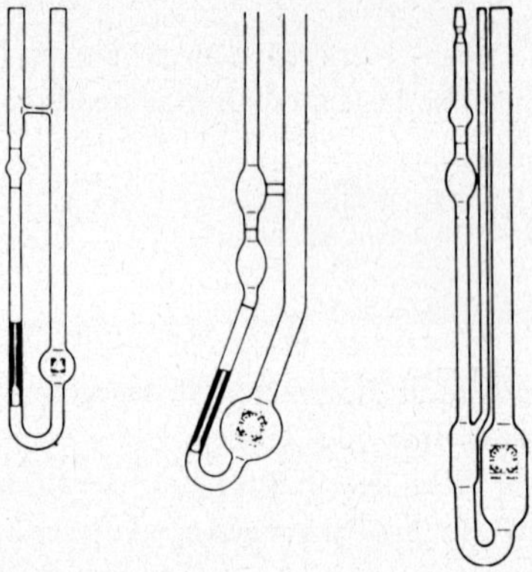


*Abb. 9-21:* Kapillarviskosimeter nach Ostwald (O), Cannon-Fenske (CF) und Ubbelohde (U).

Durchlaufzeit eines bestimmten Flüssigkeitsvolumens zwischen zwei Marken bei konstantem Druck gemessen. Beim Ausströmen der Flüssigkeit wird jedoch die potentielle Energie teilweise in Reibungsenergie umgewandelt, sofern der Fluß nicht unendlich langsam ist. Ein anderer Teil setzt sich in kinetische Energie um, die durch Wirbelbildung beim Austritt aus der Kapillaren vernichtet wird (Hagenbach). Außerdem wird zur Ausbildung des parabolischen Geschwindigkeitsprofiles eine gewisse Anlaufarbeit gebraucht (Couette). Die durch diese beiden Effekte hervorgerufene scheinbare Viskositätserhöhung wird nach Hagenbach-Couette durch ein Korrekturglied zur Hagen-Poiseuille'schen Gleichung (zur Ableitung s. Gl. (7-47)) berücksichtigt:

$$(9\text{-}131) \quad \eta = \frac{\pi r^4 pt}{8LV} - \frac{k\rho V}{8\pi Lt} = \text{const.}\, pt - \text{const}'\, \rho t^{-1}$$

In dieser Gleichung sind $r$ = Radius der Kapillaren, $p$ = Druck, $L$ = Länge der Kapillaren, $V$ = Volumen der Flüssigkeit mit der Dichte $\rho$. Die Konstante $k$ hängt von der geometrischen Form des Kapillarendes ab. Sie kann nicht theoretisch berechnet werden und wird durch Eichmessungen an Flüssigkeiten verschiedener Viskosität erhalten.

Die Hagenbach-Couette-Korrektur ist nach Gl. (9 – 131) bei Viskosimetern mit sehr langen Kapillaren zu vernachlässigen. Bei käuflichen Kapillarviskosimetern werden die Werte für die Hagenbach-Couette-Korrektur vom Hersteller in Form von Korrekturzeiten angegeben. Die Meßzeit soll nie unter 100 s betragen, da sonst die prozentualen Fehler zu hoch werden. Die Viskosimeter müssen außerdem stets senkrecht hängen, da sonst die effektive Länge der Kapillare von Messung zu Messung verschieden ist. Die Temperatur sollte auf ca. ± 0,01 °C konstant sein, da ein Temperaturunterschied von 0,01 °C in der Regel eine Viskositätsänderung von ca. 0,02 % bedingt.

Lösung und Lösungsmittel besitzen verschiedene Dichten. Bei Messungen in Kapillarviskosimetern werden daher bei gleichen Füllhöhen $h = h_0$ die mittleren treibenden Drucke $p$ verschieden groß sein. Nach Gl. (9 – 131) ist somit für die relative Viskosität im Falle einer verschwindend kleinen Hagenbach-Couette-Korrektur zu setzen:

$$(9-132)\quad \eta_{\text{rel}} = \frac{\eta}{\eta_1} = \frac{\text{const.}\, pt}{\text{const.}\, p_1 t_1} = \frac{\text{const.}\,(h\rho)\,t}{\text{const.}\,(h_1\rho_1)\,t_1} = \frac{\rho \cdot t}{\rho_1 \cdot t_1}$$

Die Dichte-Unterschiede zwischen Lösung und Lösungsmittel sind besonders bei Viskositätsmessungen an relativ niedrigmolekularen Substanzen zu beachten, da dort recht hohe Konzentrationen gemessen werden müssen, um $\eta_{\text{rel}}$-Werte von 1,2 bis 2 zu erreichen.

Die in Abb. 9 – 21 aufgeführten Kapillarviskosimeter unterscheiden sich in ihren Anwendungsbereichen. Ostwald-Viskosimeter brauchen nur geringe Flüssigkeitsmengen von ca. 3 cm$^3$ und werden darum und wegen ihres niedrigen Preises wohl am häufigsten verwendet. Die Flüssigkeitsmenge muß aber sehr genau eingefüllt werden, da sonst der treibende Druck bei den verschiedenen Lösungen verschieden hoch ist.

Die Ubbelohde-Viskosimeter mit hängendem Niveau sind so konstruiert, daß die Dicke der hängenden Schicht am Ausgang der Kapillare immer gleich groß ist. Die Druckhöhe bleibt dadurch immer konstant. Ubbelohde-Viskosimeter brauchen daher nicht so präzis gefüllt zu werden wie Ostwald-Viskosimeter. Außerdem gleicht bei Ubbelohde-Viskosimetern der Zug der hängenden Flüssigkeit gerade die Effekte der Oberflächenspannung am oberen Meniskus aus, was vor allem bei oberflächenaktiven Substanzen wichtig ist. Ubbelohde-Viskosimeter erfordern größere Flüssigkeitsmengen als Ostwald-Viskosimeter. Ihr größeres Volumen kann aber umgekehrt benutzt werden, um verschieden verdünnte Lösungen im Viskosimeter selbst herzustellen.

Bei Cannon-Fenske-Viskosimetern sind die treibenden Drucke in den beiden Flüssigkeitskugeln verschieden. Diese Viskosimeter gestatten daher eine qualitative Prüfung auf den Einfluß der Schubspannung $\sigma_{ij}$ auf die Lösungsviskositäten. Die Schubspannung ist über

$$(9-133)\quad \sigma_{ij} = pr/2\,L$$

aus dem treibenden Druck $p$ und der Länge $L$ bzw. dem Radius $r$ der Kapillaren berechenbar (vgl. die Ableitung in Kap. 7.6.2). Bei Newton'schen Flüssigkeiten sind die Viskositäten und damit auch die Staudinger-Indices unabhängig von $\sigma_{ij}$. Lösungen von

Makromolekülen hohen Molekulargewichtes zeigen aber auch in verdünnten Lösungen u.U. schon nicht-Newton'sches Verhalten, d.h. es wird $\eta = f(\sigma_{ij})$. Nach experimentellen und theoretischen Untersuchungen nimmt der bei einer bestimmten Schubspannung gemessene Staudingerindex mit zunehmendem $\sigma_{ij}$ nach

(9-134) $[\eta]_{\sigma_{ij}} = [\eta]\,(1 - A\beta^2 \ldots)$

ab. $\beta$ ist eine generalisierte Schubspannung,

(9-135) $\beta = ([\eta]\,\eta_1\,\overline{M}_n/RT)\,\sigma_{ij}$

die die Effekte der Viskosität $\eta_1$ des Lösungsmittels, des Zahlenmittels $\overline{M}_n$ des Molekulargewichtes und der Temperatur $T$ berücksichtigt. $A$ ist eine Konstante, die noch von der Lösungsmittel-Güte abhängt. Poly(styrol)-Lösungen zeigen bei $\beta > 0{,}1$ nicht-Newton'sches Verhalten (Abb. 9-22), was etwa Molekulargewichten $\overline{M}_n > 500\,000$ entspricht.

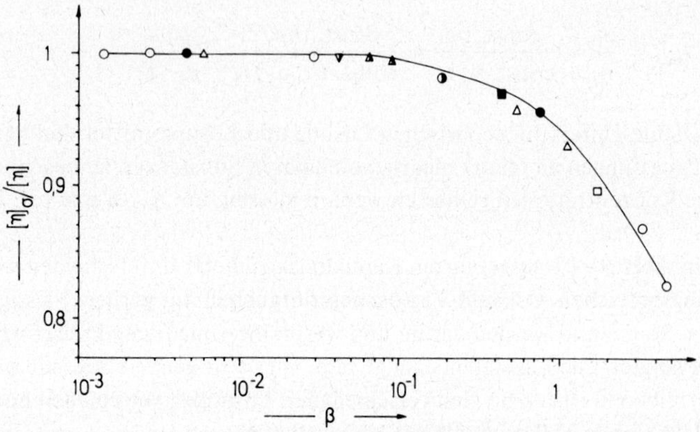


*Abb. 9-22:* Abhängigkeit der reduzierten Staudinger-Indices $[\eta]_\tau/[\eta]$ von der reduzierten Schubspannung $\beta = ([\eta]\,\eta_1\,\overline{M}_n/RT)\,\sigma_{ij}$ bei Poly(styrolen) mit $\overline{M}_w = 7{,}1 \cdot 10^6$ (○, □, △), $3{,}2 \cdot 10^6$ (●) und $1{,}4 \cdot 10^6$ (◑, ◨, ▲, ▼) in guten (○, ●, ◑, □, ◨) und Theta-Lösungsmitteln (△, ▲, ▼).

Da die Einflüsse der Schubspannung bei stäbchenförmigen Makromolekülen besonders stark ausgeprägt sind, werden für Messungen an Substanzen wie Desoxyribonucleinsäure häufig Rotationsviskosimeter verwendet (Abb. (9-23)). Bei Rotationsviskosimetern wird zwischen Rotor und Stator bei genügend kleinen Rotationsgeschwindigkeiten und engen Spalten ein linearer Geschwindigkeitsgradient erzeugt. Dazu müssen Rotor und Stator gut zentriert sein. Bei Rotationsviskosimetern vom Couette-Typ wird diese Zentrierung durch eine mechanische Achse erreicht. Eine viel bessere Zentrierung ist beim Zimm-Crothers-Viskosimeter möglich. Beim Zimm-Crothers-Viskosimeter wird der Effekt ausgenutzt, daß ein Rotor geeigneten Auftriebs durch die Oberflächenspannung der zu messenden Flüssigkeit zwischen Stator und Rotor automatisch zentriert wird. Der Rotor enthält ein Eisenplättchen. Der thermostatisierte Stator befindet sich zwischen den Polen eines Magneten, der auf einem Motor mit konstanter, aber variabel einstellbarer Drehzahl befestigt ist. Die Kopplung zwischen dem äußeren Magnetfeld und dem in Eisenplättchen hervorgerufenen magnetischen

Moment erzeugt ein schwaches Drehmoment. Auf diese Weise können Schubspannungen bis herab zu ca. 40 nN $cm^{-2}$ erreicht werden.

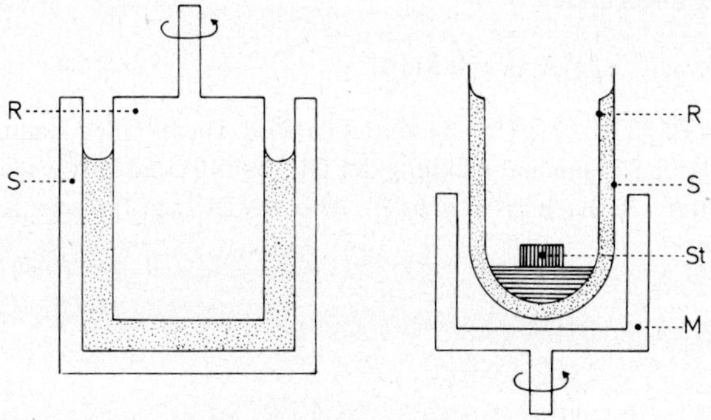


*Abb. 9-23:* Rotationsviskosimeter vom Couette-Typ (links) bzw. vom Zimm-Crothers-Typ (rechts). R = Rotor, S = Stator, St = Stahlplättchen, M = Magnet.

### 9.9.3 KONZENTRATIONSABHÄNGIGKEIT BEI NICHTELEKTROLYTEN

Der Staudinger-Index $[\eta]$ ist als Grenzwert der reduzierten Viskosität $\eta_{sp}/c$ ( $= \eta_{sp}/c_2$ ) für unendliche Verdünnung definiert. Da die Messungen bei endlichen Konzentrationen ausgeführt werden, müssen die $\eta_{sp}/c$-Werte oder verwandte Größen somit mit einer geeigneten Gleichung auf $c \rightarrow 0$ extrapoliert werden. Die Extrapolation sollte über den Bereich $\eta_{rel} = 1{,}2$ bis 2 möglichst linear erfolgen.

Alle bis jetzt aufgestellten Extrapolationsformeln sind empirisch. Die viel verwen deten Beziehungen von Schulz und Blaschke, von Huggins sowie von Kraemer gehen sämtlich von der Beziehung aus:

(9–136) $\eta_{sp}/c = [\eta]/(1 - k[\eta]c)$

Die durch Umformung aus Gl. (9 – 136) erhaltbare Extrapolationsformel

(9–137) $c/\eta_{sp} = (1/[\eta]) - kc$

ist bislang jedoch praktisch nicht benutzt worden. Löst man Gl. (9– 136) auf, so erhält man $c = \eta_{sp}/([\eta] + \eta_{sp} k[\eta])$. Setzt man diesen Ausdruck wiederum in die rechte Seite von Gl. (9 – 136) für $c$ ein, so gelangt man zu der als Schulz-Blaschke-Gleichung bekannten Formel

(9–138) $\eta_{sp}/c = [\eta] + k[\eta]\eta_{sp}$

Für kleine Werte von $k[\eta]c$ kann man den Klammerausdruck der Gl. (9 – 136) in eine Reihe $(1 - k[\eta]c)^{-1} = 1 + k[\eta]c + \ldots.$ entwickeln. Setzt man diese Beziehung in Gl. (9 – 136) ein, so erhält man die Huggins-Gleichung

(9–139) $\eta_{sp}/c = [\eta] + k[\eta]^2 c$

Entwickelt man $\ln \eta_{rel} = \ln(1 + \eta_{sp})$ in eine Taylor-Reihe

(9–140) $\ln \eta_{rel} = \eta_{sp} - (1/2)\eta_{sp}^2 + (1/3)\eta_{sp}^3 - \ldots$

und setzt diese Gleichung in Gl. (9 – 139) ein, so resultiert die Kraemer-Gleichung

(9 – 141) $(\ln \eta_{rel})/c = [\eta] + [\eta]^2 (k - 0{,}5 + ([\eta] c (0{,}333 - k)))c + \ldots$

die meist in der abgekürzten Form

(9 – 142) $(\ln \eta_{rel})/c = [\eta] + (k - 0{,}5) [\eta]^2 c$

ohne das Glied $(0{,}333 - k) [\eta]^3 c^2$ geschrieben wird. Dieses Glied stammt jedoch aus der mathematischen Reihenentwicklung der Gl. (9 – 140) und darf wegen seiner Größe nicht ohne weiteres vernachlässigt werden. Abb. 9 – 24 zeigt typische Konzentrationsabhängigkeiten.

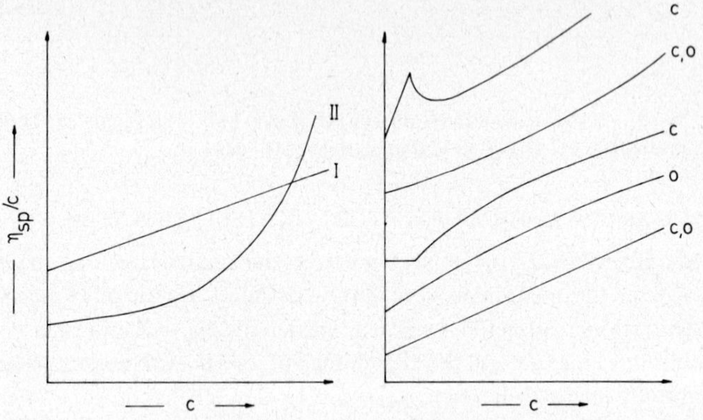


*Abb. 9-24:* Schematische Darstellung der Konzentrationsabhängigkeit von $\eta_{sp}/c$ bei verschiedenen Polymer/Lösungsmittel- und Polymer/Polymer-Wechselwirkungen. Linke Abbildung: nicht-assoziierende Polymere. Rechte Abbildung: assoziierende Polymere. I = gutes Lösungsmittel, II = schlechtes Lösungsmittel. o = offene Assoziation, c = geschlossene Assoziation. Die Vielfalt der Kurven bei assoziierenden Polymeren stammt von den verschiedenen möglichen Modellen sowie von den relativen Einflüssen der Gleichgewichtskonstanten der Assoziation, der Assoziationszahl, dem Molekulargewicht und der Form und Größe der Moleküle und Assoziate und der Wechselwirkung mit dem Lösungsmittel. In gewissen Fällen ist es schwierig, zwischen offenen und geschlossenen Assoziationen zu unterscheiden oder auch nur zwischen nicht-assoziierenden und assoziierenden Polymeren.

Die numerische Durchrechnung experimenteller Daten zeigt, daß die Gl. (9 – 137) – (9 – 139) und (9 – 142) verschiedene Werte für $[\eta]$ und $k$ geben. Da die Gl. (9 – 139) und (9 – 142) Näherungen von Gl. (9 – 136) sind, müssen sie a priori einen weniger breiten Konzentrationsbereich überstreichen. Diese Argumentation setzt natürlich voraus, daß Gl. (9 – 136) die Konzentrationsabhängigkeit von $\eta_{sp}/c$ wirklich adäquat beschreibt. Extrapolationen über einen noch breiteren Konzentrationsbereich läßt die Martin-Gleichung (oft auch Bungenberg-de Jong-Gleichung genannt) zu

(9 – 143) $\log (\eta_{sp}/c) = \log [\eta] + k \cdot c$

Die molekulare Bedeutung des Koeffizienten $k$ ist noch nicht geklärt. Theoretische Untersuchungen deuten darauf hin, daß $k$ bei Knäueln in einen hydrodynamischen Faktor $k_h$ und einen thermodynamischen Faktor $(3 A_2 M/[\eta]) f(\alpha)$ zerlegt werden kann, wobei $f(\alpha)$ eine Funktion des Aufweitungsfaktors $\alpha$ ist:

$$(9-144) \quad k = k_h - (3 A_2 M/[\eta]) f(\alpha)$$

Der hydrodynamische Faktor $k_h$ besitzt wahrscheinlich Werte zwischen 0,5 und 0,7. In Theta-Lösungsmitteln ist demnach wegen $A_2 = 0$ ein $k = 0{,}5 - 0{,}7$ zu erwarten, in guten Lösungsmitteln wegen $A_2 > 0$ ein $k < 0{,}5 - 0{,}7$. Experimentell werden für gute Lösungsmittel $k$-Werte zwischen 0,25 und 0,35 gefunden. Mit steigendem Molekulargewicht sollte nach Gl. (9–144) das zweite Glied zunächst stark und dann immer schwächer ansteigen, da bei statistischen Knäueln $[\eta]$ und $f(\alpha)$ weniger als proportional mit dem Molekulargewicht ansteigen und $A_2$ weniger als proportional mit $M$ sinkt. Alle diese Erwartungen werden durch die Mehrzahl des experimentellen Daten bestätigt.

Oft begnügt man sich mit einer Viskositätsmessung bei einer einzigen Konzentra tion $c$ (meist 0,5 %) und gibt die sog. inhärente Viskosität $\{\eta\}_c = (\ln \eta_{rel}/c)_c$ für diese Konzentration an. Zur Kennzeichnung der klassischen Kunststoffe wie Poly(styrol) und Poly(vinylchlorid) wird vor allem im deutschsprachigen Bereich noch die sog. Fikentscher-Konstante $K$ (nicht zu verwechseln mit dem über Gl. (9–156) definierten $K$ der modifizierten Staudinger-Gleichung) verwendet. $K$ wird mit Hilfe von Tabellenwerken aus der relativen Viskosität bei einer verhältnismäßig hohen Konzentration über

$$(9-145) \quad \log \eta_{rel} = \left( \frac{75 k_F^2}{1 + 1{,}5 k_F c} + k_F \right) c$$

mit der Definition $K = 1000 k_F$ ermittelt. $K$ wurde seinerzeit eingeführt, weil man aufgrund eines beschränkten Tatsachenmaterials $K$ als konzentrationsunabhängige, aber auf das Molekulargewicht ansprechende Konstante ansah. $K$ hängt jedoch noch von der Konzentration ab und ist bei hohen Molekulargewichten zunehmend weniger empfindlich auf Änderungen im Molekulargewicht.

### 9.9.4 KONZENTRATIONSABHÄNGIGKEIT BEI POLYELEKTROLYTEN

In Lösungen von Polyelektrolyten ohne zugesetztes Fremdsalz nimmt $\eta_{sp}/c$ mit fallender Konzentration des Polyelektrolyten stark zu (Abb. 9–25). Mit steigender Fremdsalzkonzentration wird der Anstieg schwächer. Bei kleinen Polymerkonzentrationen durchläuft die Funktion $(\eta_{sp}/c) = f(c)$ ein Maximum, was jedoch nicht bei allen Polyelektrolytlösungen gefunden wurde. Bei hohen Konzentrationen des Polyelektrolyten nimmt $\eta_{sp}/c$ wie bei Lösungen von Nichtelektrolyten mit der Konzentration zu.

Der Effekt wird wie folgt erklärt: Mit abnehmender Polyelektrolytkonzentration nimmt die Dissoziation zu. Bei Polysalzen (z. B. Natriumpektinat, Natriumsalz der Poly(acrylsäure) usw.) bilden die Gegenionen eine Ionensphäre um die Ketten der Polyelektrolytmakromoleküle. In sehr verdünnten, salzfreien Lösungen ist die Dicke der Ionensphäre größer als der Durchmesser des geknäuelten Moleküls. Die Carboxylatgruppen $-COO^-$ stoßen sich gegenseitig ab, wodurch die Kette versteift wird und die Viskosität ansteigt. Bei mittleren Polyelektrolytkonzentrationen befinden sich die Gegenionen teils außerhalb, teils innerhalb des Knäuels. Bei sehr hohen Polyelektrolytkonzentrationen ist die Konzentration der Gegenionen im Innern des Knäuels grö-

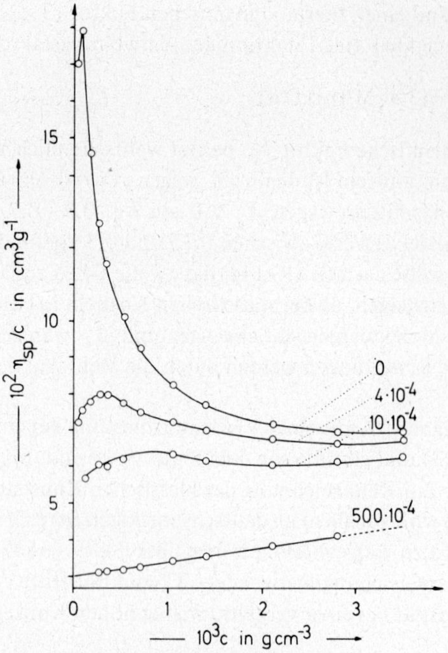


*Abb. 9-25:* Konzentrationsabhängigkeit der Viskositätszahlen $\eta_{sp}/c$ eines Natriumpektinates in NaCl-Lösungen verschiedener Konzentration in mol $dm^{-3}$ bei 27 °C (nach D. T. F. Pals und J. J. Hermans).

ßer als außerhalb. Durch den erzeugten osmotischen Effekt dringt mehr Wasser in das Knäuel ein und weitet es auf. Bei hohen Polyelektrolytkonzentrationen überwiegt also der osmotische, bei sehr kleinen der elektrostatische Effekt. Durch einen Zusatz von Fremdsalz wird die Ionenstärke außerhalb des Knäuels relativ zum Innern erhöht und die Dicke der Ionenwolke verringert. Beide Effekte verkleinern den Knäueldurchmesser und damit auch $\eta_{sp}/c$.

Der Staudinger-Index eines Polyelektrolyten kann empirisch nach der Fuoss-Gleichung

$$(9-146) \quad c/\eta_{sp} = (1/[\eta]) + Bc^{0,5} - \ldots..$$

ermittelt werden. Dazu werden für Konzentrationen $c > c_{max}$ die Werte von $c/\eta_{sp}$ gegen $c^{0,5}$ aufgetragen und auf $c^{0,5} \rightarrow 0$ extrapoliert.

### 9.9.5 STAUDINGER-INDEX UND MOLEKULARGEWICHT STARRER MOLEKÜLE

#### Unsolvatisierte Kugeln

Der Staudinger-Index $[\eta]$ hängt nach Gl. (9 – 128) sowohl vom Molekulargewicht als auch vom hydrodynamischen Volumen ab, daṣ seinerseits wiederum eine Funktion des Molekulargewichtes sein kann. Der einfachste Fall liegt bei unsolvatisierten Kugeln vor. Letztere sind außer durch ihre Gestalt durch eine vom Ort unabhängige Dichte definiert, die gleich der Dichte des trockenen Materials ist. Die Masse $(m_{mol})_2$ eines einzelnen

Moleküls ist mit dessem hydrodynamischen Volumen über $(m_{mol})_2 = V_h \rho_2$ verknüpft, bzw. mit dem Molekulargewicht $M_2$ über $M_2 = N_L (m_{mol}) \rho_2$. Gl. (9–128) geht daher für unsolvatisierte Kugeln über in

(9–147) $[\eta] = 2{,}5/\rho_2$

Solvatisierte Kugeln

Unsolvatisierte Kugeln sind in guter Näherung in Dispersionen realisierbar (z. B. bei Poly(styrol)-Latices), nicht jedoch bei isolierten Makromolekülen. Gewisse Proteine liegen jedoch in wässriger Lösung als solvatisierte Kugeln vor. Bei diesen Proteinen befindet sich ein Teil der Aminosäure-Reste in der Helix-Konformation, ein anderer in der Knäuelkonformation (vgl. Abb. 4-19). Die Helix- und Knäuelteile lagern sich unter dem Einfluß das Wassers durch hydrophobe Bindungen, Salzbindungen usw. zu hydratisierten kugelförmigen Partikeln zusammen. Die Masse des hydrodynamisch wirksamen Einzelmoleküls setzt sich folglich aus der Masse des Proteinanteils und der des Hydratwassers zusammen, d.h. $m_h = m_2 + m_1^{\square}$. Die Dichte ist im Mittel für jedes Kugelsegment gleich groß. Wenn das Verhältnis der Massen $\Gamma = m_1^{\square}/m_2$ genügend niedrig ist, wird während der Messung kein Hydratwasser gegen das umgebende Wasser ausgetauscht. Die hydratisierte Kugel ist also undurchspült, da alles Hydratwasser bei der Masse und beim Volumen des hydrodynamisch wirksamen Teilchens mitzuzählen ist. Ersetzt man das hydrodynamische Volumen $V_h$ in Gl. (9–128) durch den Ausdruck der Gl. (7–6), so erhält man

(9–148) $[\eta] = (\tilde{v}_2 + \Gamma\, v_1)$

Der Staudinger-Index einer solvatisierten Kugel hängt demnach nur vom partiellen spezifischen Volumen $\tilde{v}_2$ des Gelösten, vom spezifischen Volumen $v_1$ des Wassers und vom Massenverhältnis $\Gamma = m_1^{\square}/m_2$ (Solvatationsgrad der beiden Komponenten im Innern der Kugel) ab. Auch bei solvatisierten Kugeln läßt sich daher aus dem Staudinger-Index allein noch nicht das Molekulargewicht berechnen. Die Staudinger-Indices kugelförmiger Proteinmoleküle sind niedrig und bei gleichem Hydrationsgrad unabhängig vom Molekulargewicht (Tab. 9–6). Die in dieser Tabelle aufgeführten Proteine besitzen allerdings keine exakt kugelförmige Gestalt, da ihre Reibungskoeffizienten $f$ etwas größer sind als die von Kugeln $f_0$.

*Tab. 9-6:* Staudinger-Index $[\eta]$ und Reibungsverhältnis $f/f_0$ einiger kugelähnlicher Proteine bei 20 °C in verdünnten Salzlösungen

| Protein | Molekulargewicht $M_2$ | $[\eta]$ $cm^3\,g^{-1}$ | $f/f_0$ |
|---|---|---|---|
| Ribonuclease | 13 683 | 3,30 | 1,14 |
| Myoglobin | 17 000 | 3,1 | 1,11 |
| β-Lactoglobulin | 35 000 | 3,4 | 1,25 |
| Serumalbumin | 65 000 | 3,68 | 1,31 |
| Hämoglobin | 68 000 | 3,6 | 1,14 |
| Katalase | 250 000 | 3,9 | 1,25 |

Unsolvatisierte Stäbchen

Die Beziehung zwischen Staudinger-Index und Molekulargewicht läßt sich bei unsolvatisierten stäbchenförmigen Molekülen wie folgt veranschaulichen. $[\eta]$ hängt vom hydrodynamischen Volumen ab (vgl. Gl. (9-128)) und damit vom Trägheitsradius. Man kann daher anstelle von Gl. (9-128) mit einer allgemeinen Proportionalitätskonstanten $\Phi^*$ schreiben

$$(9-149) \quad [\eta] = \Phi^* \langle R_G^2 \rangle_{st}^{3/2} / M_2$$

Bei Stäbchen ist der Trägheitsradius nach Gl. (4-53) mit dem Fadenendenabstand verknüpft: $\langle L_{st}^2 \rangle = 12 \langle R_G^2 \rangle_{st}$. Für Makromoleküle in der all-trans-Konformation ist der Fadenendenabstand gleich der maximalen Kettenlänge $L_{max}$. $L_{max}$ ist jedoch proportional dem Polymerisationsgrad $X$ (vgl. auch Gl. 4-11)). Bei helixförmigen, stäbchenartigen Makromolekülen ist der Fadenendenabstand gleich der Länge der Helix und diese wiederum proportional dem Polymerisationsgrad. Im allgemeinen gilt also für stäbchenförmige Makromoleküle $\langle L^2 \rangle = const.\ X^2$. Mit $X = M_2/M_u$ gilt folglich

$$(9-150) \quad [\eta] = \Phi^* \left( \frac{const.}{12 M_u^2} \right)^{3/2} M_2^2 = K \cdot M_2^2$$

Nach dieser Beziehung ist der Staudinger-Index von Stäbchen dem Quadrat des Molekulargewichtes proportional. Für eine homologe Reihe von Stäbchenmolekülen, d.h. eine solche mit konstanter Dicke, gilt diese Funktionalität aber nur in einem beschränkten Molekulargewichtsbereich. Bei kleinen Molekulargewichten ähneln die Stäbchen immer mehr einer Kugel, so daß der Exponent unter 2 sinkt. Bei hohen Mo-

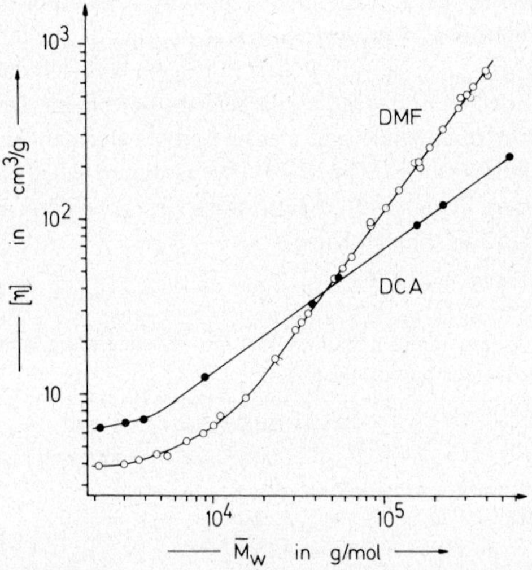


*Abb. 9-26:* Molekulargewichtsabhängigkeit der Staudinger-Indices, aufgetragen gemäß Gl. (9-156), für Poly(γ-benzyl-L-glutamate) in Dichloressigsäure (DCA) und Dimethylformamid (DMF) bei 25 °C. In DCA liegen Knäuel, in DMF Helices vor. Nach P. Rohrer und H.-G. Elias.

lekulargewichten ist ein reales Stäbchenmolekül nicht mehr inflexibel, da ein Stab unendlicher Länge sich wie ein statistisches Knäuel verhält (vgl. die Flexibilität von Drahtstücken). Auch bei hohen Molekulargewichten sinkt daher der Exponent unter 2 ab (vgl. auch Abb. 9–26).

### 9.9.6 STAUDINGER-INDEX UND MOLEKULARGEWICHT VON KNÄUELMOLEKÜLEN

Undurchspülte Knäuel

Als undurchspülte Knäuel werden Knäuel definiert, bei denen sich bei Transportprozessen die Lösungsmittelmoleküle im Innern des Knäuels mit gleicher Geschwindigkeit bewegen wie die Segmente des Polymermoleküls. Das hydrodynamische Volumen $V_h$ dieser Knäuel ist in thermodynamisch guten Lösungsmitteln größer als in Theta-Lösungsmitteln. Diese Aufweitung kann man in Analogie zu derjenigen des Trägheitsradius (vgl. Kap. 4.5) durch einen Expansionskoeffizienten $\alpha_\eta$ beschreiben, also durch $V_h = (V_h)_\Theta \alpha_\eta^3$. Die Größe $\alpha_\eta$ ist jedoch von dem für den Trägheitsradius verwendeten Expansionskoeffizienten $\alpha_R$ verschieden, da der hydrodynamische Radius als Folge der nicht-Gauß'schen Segmentverteilung im Knäuel etwas anders vom Molekulargewicht abhängt als der Trägheitsradius. Ganz allgemein kann man aber schreiben

(9–151) $V_h = (V_h)_\Theta \alpha_\eta^3 = (V_h)_\Theta \alpha_R^q ; \qquad q \neq 3$

Der Faktor q besitzt nach Modellrechnungen einen Wert von $q = 2{,}43$ für ein linear aufgeweitetes Knäuel und einen Wert von $q = 2{,}18$ für ein ellipsoidähnliches Knäuel. Setzt man Gl. (9–151) in Gl. (9–128) ein, so gelangt man zu

(9–152) $[\eta] = 2{,}5\, N_L (V_h)_\Theta \alpha_R^q / M_2$

Das hydrodynamische Volumen $(V_h)_\Theta$ ist der dritten Potenz des Trägheitsradius im Thetazustand proportional, d.h. man kann schreiben $(V_h)_\Theta = \Phi' \langle R_G^2 \rangle_0^{3/2}$. Gl. (9–152) lautet dann

(9–153) $[\eta] = 2{,}5\, N_L \Phi' \langle R_G^2 \rangle_0^{3/2} \alpha_R^q / M_2 = 2{,}5\, N_L \Phi' (\langle R_G^2 \rangle_0 / M_2)^{3/2} M_2^{0{,}5} \alpha_R^q$

$$= \Phi (\langle R_G^2 \rangle / M_2)^{3/2} M_2^{0{,}5} = \Phi (\langle R_G^2 \rangle)^{3/2} / M_2$$

wobei die Beziehung $\langle R_G^2 \rangle = \langle R_G^2 \rangle_0 \alpha_R^2$ benutzt und $\Phi = 2{,}5\, \Phi' (\alpha_R^q / \alpha_R^3)$ gesetzt wurde.

Gl. (9–153) beschreibt den Staudinger-Index $[\eta]$ von undurchspülten Knäueln als Funktion von Molekulargewicht und Trägheitsradius. Um $[\eta]$ als alleinige Funktion des Molekulargewichtes zu erhalten, kann man zwei Wege begehen:

1. Nach Gl. (4-49) gilt $\langle R_G^2 \rangle = const'.\ M_2^{1+\epsilon}$. Gl. (9–153) läßt sich daher schreiben als

   (9–154) $[\eta] = \Phi\, (const'.)^{3/2} M_2^{0{,}5\,(1+3\epsilon)}$

   oder mit $K = \Phi\, (const'.)^{3/2}$ und der Definition

   (9–155) $a_\eta \equiv 0{,}5\,(1 + 3\,\epsilon)$

auch als

(9–156) $[\eta] = KM_2^{a_\eta}$

Da $\epsilon$ bei undurchspülten Knäueln kaum Werte über 0,23 annimmt, erhält man bei undurchspülten Knäueln $a_\eta$-Werte von maximal ca. 0,9. Im Theta-Zustand wird $\epsilon = 0$ und Gl. (9 – 156) reduziert sich zu

(9–157) $[\eta]_\Theta = K_\Theta M_2^{0,5}$

Gl. (9–156) wird als modifizierte Staudinger-Gleichung (ursprünglich mit $a_\eta = 1$) oder als Kuhn-Mark-Houwink-Sakurada-Gleichung bezeichnet. Sie wurde zuerst empirisch gefunden. $K$ und $a_\eta$ sind durch Eichung gewonnene empirische Konstanten (vgl. Kap. 9.9.7 und 9.9.8 und Abb. 9 – 26).

2. Das Verhältnis $(\langle R_G^2 \rangle / M_2)^{3/2}$ läßt sich nach Gl. (4 – 50) auch ausdrücken als

(9–158) $(6 \langle R_G^2 \rangle / M_2)^{3/2} = A^3 + 0{,}632\, B\, M_2^{0,5}$

Setzt man Gl. (9 – 153) in Gl. (9 – 158) ein, so gelangt man zur Burchard-Stockmayer-Fixman-Gleichung (oft nur Stockmayer-Fixman-Gleichung genannt)

(9–159) $[\eta]/M_2^{0,5} = K_\Theta + (0{,}632/6^{3/2})\, \Phi\, B\, M_2^{0,5}$

wobei gesetzt wurde

(9–160) $K_\Theta = (\Phi/6^{3/2})\, A^3$

Nach Gl. (9 – 159) läßt sich durch Auftragen von $[\eta]/M_2^{0,5} = f(M_2^{0,5})$ die Größe $K_\Theta$ bestimmen, die über $A$ den Beitrag der Rotationsbehinderung enthält (vgl. Abb. 9 – 27). $A$ enthält nämlich nach Gl. (4–51) außer dem Bindungsabstand

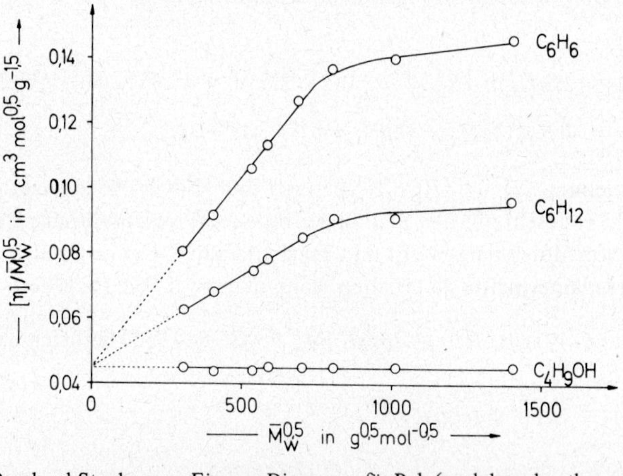


*Abb. 9-27:* Burchard-Stockmayer-Fixman-Diagramm für Poly(cyclohexylmethacrylat) in Benzol und Cyclohexan bei 25 °C bzw. in Butanol bei 23 °C (nach N. Hadjichristidis, M. Devaleriola und V. Desreux).

$l$ der Kettenatome, dem Valenzwinkel $\vartheta$ und dem mittleren Formelgewicht $M_u$ der Kettenglieder noch den Behinderungsparameter $\sigma$

$$(9-161) \qquad A = \left[\left(\frac{1-\cos\vartheta}{1+\cos\vartheta}\right)\sigma^2 l^2 / M_u\right]^{0,5}$$

Gl. (9 - 159) gestattet somit eine Bestimmung von $\sigma$ allein auf viskosimetrischem Wege. $K_\theta$ ist wie $\sigma$ nur dann eine Materialkonstante, wenn weder in polaren Lösungsmitteln noch in Mischlösern gemessen wird (vgl. Kap. 4.4.3).

Die Gl. (9-156) und (9-159) beschreiben beide die Staudinger-Indices $[\eta]$ als Funktion des Molekulargewichtes. Experimentell hat sich gezeigt, daß Gl. (9-156) über einen größeren Bereich von Molekulargewichten, Temperaturen und Lösungsmitteln gilt als Gl. (9-159). Gl. (9-159) ist in der Nähe der Theta-Temperatur gut erfüllt, liefert aber bei hohen Molekulargewichten relativ zu kleine Werte von $[\eta]/M^{0,5}$ falls $T > \Theta$ (Abb. 9-27). Um eine bessere Linearität zu erhalten, wurden viele Funktionen vorgeschlagen. Recht gut bewährt hat sich dabei die Berry-Gleichung (vgl. auch Abb. 9-28)

$$(9-162) \qquad \left(\frac{[\eta]}{\overline{M}_w^{0,5}}\right)^{0,5} = K_\Theta^{0,5} + D\left(\frac{\overline{M}_w}{[\eta]}\right).$$

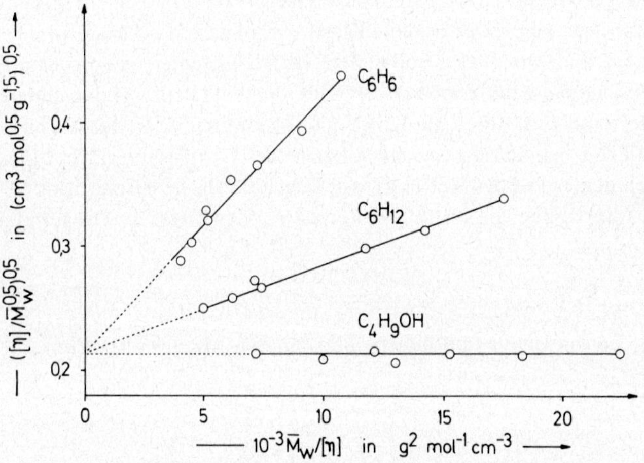


*Abb. 9-28:* Berry-Diagramm für Poly(cyclohexylmethacrylat) in Benzol und Cyclohexan bei 25 °C bzw. in Butanol bei 23 °C (gleiche Meßwerte wie in Abb. 9-27). Nach N. Hadjichristidis, M. Devaleriola und V. Desreux.

In den Gl. (9-153), (9-154) und (9-159) taucht überall $\Phi$ als Konstante auf. Theoretische und experimentelle Untersuchungen haben gezeigt, daß $\Phi$ unabhängig von der Konstitution und der Konfiguration des Polymeren und der chemischen Natur des verwendeten Lösungsmittels ist. $\Phi$ als Proportionalitätsfaktor zwischen hydrodynamischen Volumen und Trägheitsvolumen ist vielmehr nur mit der Aufweitung der Knäuel in den betreffenden Lösungsmitteln verknüpft, d. h. mit den Werten von $\alpha$ bzw. $\epsilon$. Die aufwendige theoretische Durchrechnung führt bei Knäueln zu

(9-163) $\Phi = \Phi_0(1 - 2{,}63\,\epsilon + 2{,}86\,\epsilon^2)$

wobei $\Phi_0$ der Wert im Theta-Zustand ($\epsilon = 0$ bzw. $a_\eta = 0{,}5$) ist. Bezieht man $\Phi_0$ auf den Trägheitsradius, so gilt $\Phi_0 = 4{,}18 \cdot 10^{24}$ (mol Makromolekül)$^{-1}$. Rechnet man mit dem Fadenendenabstand, so bekommt man wegen $\langle R_G^2 \rangle_0 = \langle L^2 \rangle_0/6$ dagegen $\Phi_0 = 2{,}84 \cdot 10^{23}$ (mol Makromolekül)$^{-1}$ (vgl. auch Tab. 9-3).

Durchspülte Knäuel

Bei durchspülten Knäueln ist die Relativgeschwindigkeit des Lösungsmittels innerhalb und außerhalb des Knäuels gleich groß. Durchspülte Knäuel sind bei Makromolekülen mit relativ starrer Kette in guten Lösungsmitteln zu erwarten. Undurchspülte Knäuel sind dagegen ein Grenzfall für sehr flexible Ketten in schlechten Lösungsmitteln. Zwischen beiden Extremen sind alle Übergänge möglich. Das Modell des teilweise durchspülten Knäuels ist jedoch theoretisch nur sehr schwierig zu erfassen. In der Literatur werden vor allem zwei theoretische Ansätze diskutiert:

Bei der Kirkwood-Riseman-Theorie berechnet man die Störung der Fließgeschwindigkeit des Lösungsmittels durch $(N-1)$ Kettenelemente für das $N$. Kettenelement und summiert dann über alle möglichen Konformationen. Als anpassungsfähige Parameter werden die effektive Bindungslänge $b$ und der Reibungswert $\zeta$ des Grundbausteins verwendet.

Die Debye-Bueche-Theorie stellt sich dagegen ein teilweise durchspültes Knäuel als eine mehr oder weniger permeable Kugel vor, in der eine Anzahl von Perlen homogen verteilt sind. Die Perlen sollen den Grundbausteinen entsprechen. Es wird dann der Widerstand beim Fließen berechnet, den eine Perle bei den anderen erzeugt. Dieser Widerstand wird durch die Länge $L$ ausgedrückt. $L$ ist der Abstand von der Kugeloberfläche, bei dem die Geschwindigkeit des Lösungsmittels im Inneren der Kugel nur noch den e. Teil des Wertes an der Kugeloberfläche beträgt. Das Abschirmverhältnis $\zeta$ ist durch das Verhältnis von Radius $R_s$ der Kugel zu Abschirmlänge $L$ gegeben

(9-164) $\zeta = R_s/L$

$\zeta$ kann aus der von Debye und Bueche berechneten Abschirmfunktion $F(\zeta)$ erhalten werden

(9-165) $$F(\zeta) = 2{,}5 \left[ \frac{1 + \left(\frac{3}{\zeta^2}\right) - \left(\frac{3}{\zeta}\right) \operatorname{cotg} \zeta}{1 + \frac{10}{\zeta^2} \left(1 + \frac{3}{\zeta^2} - \left(\frac{3}{\zeta}\right) \operatorname{cotg} \zeta\right)} \right]$$

die wiederum mit dem Staudinger-Index verknüpft ist

(9-166) $[\eta] = F(\zeta) N_L \left(\frac{4\pi R_s^3}{3}\right) M_2^{-1}$

Reale makromolekulare Knäuel besitzen jedoch eher die Gestalt einer Bohne (vgl. Kap. 4.4.2.5). Bei bohnenförmigen Knäueln entspricht $R_s$ der Hauptachse des Rotationsellipsoides. Für derartige Knäuel mit hoher Flexibilität (z. B. Poly(styrol)) wurde empirisch ein einfacher Zusammenhang zwischen dem Abschirmungsverhältnis $\zeta$ und der Größe $\epsilon$ gefunden, nämlich $\zeta\epsilon = 3$. $\epsilon$ beschreibt den Einfluß des Lösungsmittels auf die Knäuelaufweitung (vgl. (9-163)). Gl. (9-164) geht damit über in

$$(9\text{-}167) \quad L = (R_s\epsilon)/3$$

$\epsilon$ läßt sich nach Gl. (9-155) aus dem Exponenten $a_\eta$ der Viskositäts-Molekulargewichts-Beziehung $[\eta] = KM^{a_\eta}$ berechnen. Für ein $a_\eta = 0{,}8$ ergibt sich z.B. $\epsilon = 0{,}2$. $L$ wird dann nach Gl. (9-167) zu $L = 0{,}067\ R_s$. Die Eindringtiefe $L$ beträgt somit für diesen Fall aufgeweiteter Knäuel nur 6,7 % der Hauptachse des Rotationsellipsoides. Das Lösungsmittel dringt daher nur wenig in die Knäuel ein. Bei den starreren Celluloseketten ist die Eindringtiefe dagegen größer.

Dimensionen aus Viskositätsmessungen

Nach Gl. (9-153) ist der Staudinger-Index $[\eta]$ mit dem Trägheitsradius $\langle R_G^2\rangle^{3/2} = E$ verknüpft. Bei sehr verdünnten Lösungen gilt ferner $[\eta] \approx \eta_{sp}/c$ und folglich

$$(9\text{-}168) \quad \eta_{sp}/c \approx [\eta] = \Phi\langle R_G^2\rangle^{3/2}/M = \Phi E/M$$

Für ein polymolekulares Gelöstes mit i Komponenten ergibt sich entsprechend mit $m_i = n_i M_i$, $w_i = c_i/c$ und $w_i = W_i/\sum_i W_i$

$$(9\text{-}169) \quad \sum_i (\eta_{sp})_i = \Phi \sum_i E_i(c_i/M_i) = \Phi c \sum_i n_i E_i/\sum m_i$$

Der Staudinger-Index $[\eta]$ eines polymolekularen Gelösten ist nach Gl. (9-130) das Gewichtsmittel über die Staudinger-Indices der einzelnen Komponenten:

$$(9\text{-}170) \quad [\eta] = \frac{\sum_i c_i[\eta]_i}{\sum_i c_i} \approx \frac{\sum_i c_i(\eta_{sp})_i/c_i}{\sum_i c_i} = \frac{\sum_i(\eta_{sp})_i}{c}$$

Setzt man Gl. (9-170) in Gl. (9-169) ein und berücksichtigt die Definition des Zahlenmittels des Molekulargewichtes $\overline{M}_n = \sum_i m_i/\sum_i n_i$, so erhält man nach einer Erweiterung mit $\sum_i n_i/\sum_i n_i$

$$(9\text{-}171) \quad [\eta] = \Phi\frac{\sum_i n_i E_i}{\sum_i m_i} = \Phi\left(\frac{\sum_i n_i E_i}{\sum_i n_i}\right)\left(\frac{\sum_i n_i}{\sum_i m_i}\right) = \Phi\,\overline{E}_n/\overline{M}_n = \Phi\langle R_G^2\rangle_n^{3/2}/\overline{M}_n$$

Gl. (9-171) zeigt, daß durch Viskositätsmessungen die Zahlenmittel der 1,5. Potenz der Mittel über die Quadrate der Trägheitsradien erhalten werden.

### 9.9.7 EICHUNG VON VISKOSITÄTS/MOLEKULARGEWICHTS-BEZIEHUNGEN

Der Vergleich des Ausdrücke für die Molekulargewichtsabhängigkeit der Staudinger-Indices zeigt, daß die Beziehungen für alle Formen durch die modifizierte Staudinger-Gleichung $[\eta] = KM^{a_\eta}$ wiedergegeben werden können (vgl. auch Tab. 9-7). Sowohl $K$ als auch $a_\eta$ sind meist a priori unbekannt. Die modifizierte Staudinger-Gleichung muß daher für jede polymerhomologe Reihe empirisch ermittelt werden. Dazu bestimmt man für eine Anzahl von Proben die Molekulargewichte und Staudinger-Indices (Lösungsmittel, Temperatur = const) und trägt entsprechend Gl. (9-156) $\log[\eta]$ gegen $\log M_2$ auf (Abb. 9-26). Die Neigung ist gleich $a_\eta$, der Ordinatenabschnitt bei $\log M_2 = 0$ gleich $K$. Bei kleinen Molekulargewichten wird die Neigung geringer (Endgruppeneinflüsse, Abweichung von der Knäuelstatistik usw.), was in Abb. 9 – 26 durch die logarithmische Darstellung überbewertet wird. Bei knäuelförmigen Makromolekülen steigt $a_\eta$ mit zunehmender thermodynamischer Güte des Lösungsmittels. $K$ sinkt, wenn $a_\eta$ steigt (Tab. 9 – 8).

*Tab. 9 - 7:* Theoretische Exponenten $a_\eta$ der Viskositäts/Molekulargewichts-Beziehung Gl. (9 - 156).

| Form | Homologie | $a_\eta$ |
|---|---|---|
| Stäbchen | Durchmesser const.; Höhe prop. $M$; keine Rotationsdiffusion | 2 |
| Stäbchen | dto., aber mit Rotationsdiffusion | 1,7 |
| Knäuel | unverzweigt; durchspült; kein ausgeschlossenes Volumen | 1 |
| Knäuel | unverzweigt; undurchspült; ausgeschlossenes Volumen | 0,51 - 0,9 |
| Knäuel | unverzweigt; undurchspült; kein ausgeschlossenes Volumen | 0,5 |
| Scheibchen | Durchmesser prop. $M$; Höhe const. | 0,5 |
| Kugeln | konstante Dichte; unsolvatisiert oder gleich solvatisiert | 0 |
| Scheibchen | Durchmesser const.; Höhe prop. $M$ | – 1 |
| Stäbchen | Durchmesser prop. $M^{0,5}$; Höhe const. | – 1 |
| Stäbchen | Durchmesser prop. $M$; Höhe const. | – 2 |

*Tab. 9 - 8:* Konstanten $K$ und $a_\eta$ für Lösungen knäuelförmiger Makromoleküle

| Substanz | Temp. °C | Lösungsmittel | $K \cdot 10^3$ $cm^3\,g^{-1}$ | $a_\eta$ |
|---|---|---|---|---|
| at-Poly(styrol) | 34 | Benzol | 9,8 | 0,74 |
| ” | 34 | Butanon | 28,9 | 0,60 |
| ” | 35 | Cyclohexan | 78 | 0,50 |
| Nylon 66 | 25 | 90 proz. HCOOH | 13,4 | 0,87 |
| ” | 25 | m-Kresol | 35,3 | 0,79 |
| ” | 25 | 2 m KCl in 90 proz. HCOOH | 142 | 0,56 |
| ” | 25 | 2,3 m KCl in 90 proz. HCOOH | 253 | 0,50 |
| Cellulosetricaproat | 41 | Dimethylformamid | 245 | 0,50 |
| Cellulosetricarbanilat | 20 | Aceton | 4,7 | 0,84 |
| Amylosetricarbanilat | 20 | Aceton | 0,81 | 0,90 |
| Poly(γ-benzyl-L-glutamat) | 25 | Dichloressigsäure | 2,8 | 0,87 |
| ” | 25 | Dimethylformamid | 0,00029 | 1,70 |

Da bei derartigen Eichungen nur gleiche Mittelwerte miteinander verglichen werden dürfen, ergibt sich die Frage, welchem Mittelwert das in Gl. (9 – 156) enthaltene Molekulargewicht entspricht. Der Staudinger-Index $[\eta]$ einer polymolekularen Substanz stellt nach Gl. (9 – 130) ein Gewichtsmittel dar. Gl. (9 – 156) läßt sich daher schreiben als

$$(9-172) \quad KM_2^{a_\eta} = [\eta] = \frac{\sum_i W_i [\eta]_i}{\sum_i W_i} = \frac{\sum_i W_i K_i M_i^{a_\eta}}{\sum_i W_i}$$

$K_i$ ist bei genügend hohen Molekulargewichten unabhängig von $M_2$, es gilt also $K_i = K$. Löst man Gl. (9 – 156) in der Schreibweise $[\eta] = K(\overline{M}_\eta)^{a_\eta}$ nach $\overline{M}_\eta$ auf und setzt Gl. (9 – 172) ein, so erhält man

$$(9-173) \quad \overline{M}_\eta = \left(\frac{[\eta]}{K}\right)^{1/a_\eta} = \left(\frac{\sum_i W_i M_i^{a_\eta}}{\sum_i W_i}\right)^{1/a_\eta}$$

Das durch Viskositätsmessungen erhaltene Molekulargewicht stellt ein Viskositätsmittel dar, das nicht mit dem Zahlen- oder Gewichtsmittel identisch ist (vgl. auch Abb. 8 – 6). Das Viskositätsmittel $\overline{M}_\eta$ wird nur für $a_\eta = 1$ mit dem Gewichtsmittel $\overline{M}_w$ identisch. Für $a_\eta < 1$ wird $\overline{M}_\eta < \overline{M}_w$. Trägt man somit bei Substanzen gleicher Molekulargewichtsverteilung $\log [\eta]$ gegen $\log \overline{M}_w$ statt gegen $\log \overline{M}_\eta$ auf, so wird bei $a_\eta < 1$ die Konstante $K$ zu niedrig gefunden (Abb. 9 – 29). $a_\eta$ ändert sich jedoch nicht. Beim Auftragen von $\log [\eta]$ gegen $\log \overline{M}_n$ wird $K$ dagegen zu groß. Ändert sich mit dem Molekulargewicht auch die Breite oder der Typ der Molekulargewichtsverteilung, so erhält man beim Auftragen gegen $\log \overline{M}_n$ oder $\log \overline{M}_w$ inkorrekte Werte für $K$ und $a_\eta$.

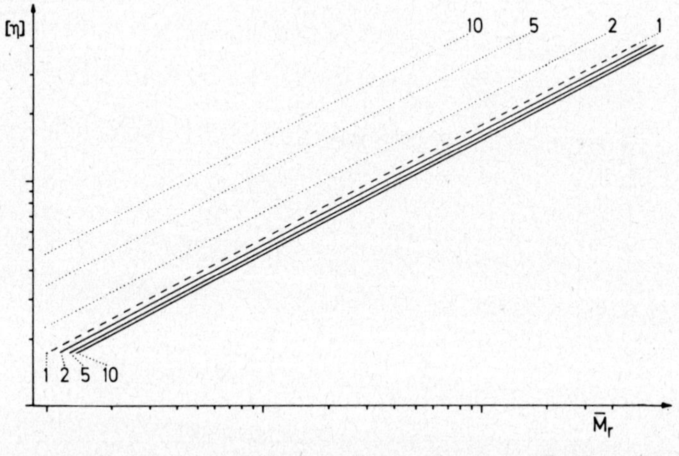


*Abb. 9-29:* Einfluß der Molekulargewichtsverteilung (ausgedrückt durch $\overline{M}_w/\overline{M}_n$) auf die Beziehung zwischen Staudinger-Indices $[\eta]$ und Molekulargewichten $M_r$ bei $a_\eta = 0{,}5$. ... $M_r = M_n$, – – – – $M_r = M_w$. Die Zahlen geben das Verhältnis $\overline{M}_w/\overline{M}_n$ an.

Um das Viskositätsmittel $\overline{M}_\eta$ des Molekulargewichtes zu berechnen, müssen $\overline{M}_w, \overline{M}_n$ und $a_\eta$ bekannt sein. Man trägt zunächst $\log [\eta]$ gegen $\log \overline{M}_w$ auf und berechnet $K$ und $a_\eta$. Das Viskositätsmittel ermittelt man dann über die für nicht zu breite Verteilungen ($\overline{M}_w/\overline{M}_n < 2$) geltende Näherung

$$(9-174) \quad \frac{\overline{M}_\eta}{\overline{M}_n} = \left(\frac{1 - a_\eta}{2}\right) + \left(\frac{1 + a_\eta}{2}\right)\left(\frac{\overline{M}_w}{\overline{M}_n}\right)$$

Anschließend trägt man log $[\eta]$ gegen log $M_\eta$ auf, berechnet erneut $K$ und $a_\eta$ und wiederholt diese Prozedur solange, bis sich $K$ und $a_\eta$ nicht mehr ändern.

### 9.9.8 EINFLÜSSE DER CHEMISCHEN STRUKTUR

Der Staudinger-Index ist ein Maß für die Dimensionen der Makromoleküle. Bei flexiblen Makromolekülen wird er demzufolge durch die Skelettparameter (Bindungslänge, Valenzwinkel, Polymerisationsgrad, Masse des Grundbausteins), den Behinderungsparameter $\sigma$ als Maß für die Rotationsbehinderung und den Aufweitungsfaktor $\alpha$ als Maß für die thermodynamische Wechselwirkung mit dem Lösungsmittel bestimmt. In Theta-Lösungsmitteln wird $\alpha = 1$. Nach den Gl. (9-153) und (9-157) wird dann

$$(9\text{-}175)\quad K_\Theta = \Phi_0 (\langle R_G^2 \rangle_\Theta / M_2)^{3/2} = \Phi_0 (\langle R_G^2 \rangle_\Theta / X_2)^{3/2} (M_u)^{-3/2}$$

$\langle R_G^2 \rangle_\Theta$ ist nach den Gl. (4-14) und (4-16) proportional $\sigma^2$. Falls also der Rotationsbehinderungsparameter unabhängig von der Art der Substituenten wäre, sollte beim Auftragen von log $K_\Theta$ gegen log $M_u$ die Neigung −3/2 betragen. Die Neigung ist jedoch bei Verbindungen vom Typ $\text{+}CH_2\text{–}CR^1R^2\text{+}_n$ positiver (Abb. 9-30). Die Rotationsbehinderung nimmt somit mit steigendem Formelgewicht der Grundbausteine $M_u$, d.h. steigender Größe der Substituenten $R^1$ bzw. $R^2$ zu. Relativ viel zu hohe Werte weist z.B. Poly(vinyl-N-carbazol) auf. Abb. 9-30 kann dazu dienen, die $K_\Theta$-Werte für Polymere mit unbekannter Viskositäts/Molekulargewichts-Beziehung abzuschätzen.

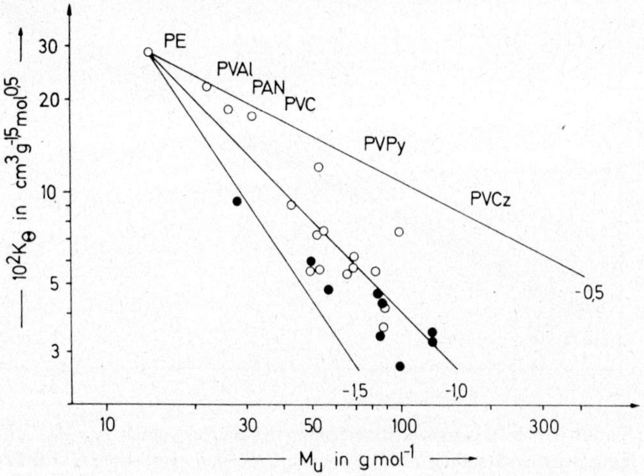


*Abb. 9-30:* Beziehung zwischen den Konstanten $K_\Theta$ der Viskositäts-Molekulargewichts-Beziehung $[\eta] = K_\Theta M^{0,5}$ und den Formelgewichten $M_u$ der Kettenglieder bei Polymeren vom Typ $\text{+}CH_2\text{–}CHR\text{+}_n$ (○) bzw. $\text{+}CH_2\text{–}CRR'\text{+}_n$ (●). PE = Poly(äthylen), PVAl = Poly(vinylalkohol), PAN = Poly(acrylnitril), PVC = Poly(vinylchlorid), PVPy = Poly(2-vinylpyridin), PVCz = Poly(N-vinylcarbazol). Die Zahlen geben die Neigungen an.

Die $K_\Theta$-Werte von Copolymeren lassen sich nicht linear aus den $K_\Theta$-Werten der Unipolymeren extrapolieren. Für Poly(p-chlorstyrol) wurde z.B. $K_\Theta = 0{,}050$, für Poly(methylmethacrylat) $K_\Theta = 0{,}049\ cm^3\,g^{-1}$ gefunden. Für ein Copolymer mit $x_{mma} = 0{,}484$

ergab sich jedoch $K_\Theta$ = 0,064 cm³ g⁻¹. Das Knäuel des Copolymeren wird daher durch die Abstoßung polarer Gruppen aufgeweitet.

Durch Verzweigungen wird das hydrodynamische Volumen relativ zur Masse vermindert. Der Staudinger-Index verzweigter Makromoleküle ist daher niedriger als derjenige unverzweigter. Der Effekt ist besonders stark bei Langkettenverzweigungen ausgeprägt. Nimmt bei polymerhomologen Reihen die Zahl der Verzweigungsstellen mit zunehmendem Molekulargewicht zu, so sinken auch die $[\eta]$-Werte relativ zu denen der unverzweigten Moleküle ab. Die Neigung der $\log [\eta] = f(\log M_2)$-Kurve wird daher mit steigendem Molekulargewicht immer geringer, was als Indiz für verzweigte Makromoleküle gelten kann. Man muß sich jedoch vergewissern, daß der Effekt nicht vom Einfluß der Schubspannung auf die Staudinger-Indices stammt, der ebenfalls mit steigendem Molekulargewicht zunimmt (vgl. Kap. 9.9.2).

Polymere mit größerer Taktizität besitzen steifere Ketten als ataktische Polymere, da mehr Bausteine in gleichen konformativen Sequenzen festgelegt sind. Das Knäuel wird dadurch stärker aufgeweitet, was formal einer Zunahme des Behinderungsparameters $\sigma$ entspricht. Bei einem weitgehend isotaktischen Poly(methylmethacrylat) wurde z.B. in Heptanon-3 ein $K_\Theta$ = 0,087 $cm^3\,g^{-1}$ ($\Theta$ = 40,0 °C) gefunden. Für ein at-PMMA ergab sich im gleichen Lösungsmittel dagegen nur ein $K_\Theta$ = 0,063 $cm^3\,g^{-1}$ ($\Theta$ = 33,7 °C). Bei höheren Temperaturen werden die Potentialschwellen leichter überwunden. Die $K_\Theta$-Werte werden dann praktisch identisch: 0,057 für das it-PMMA ($\Theta$ = 152,1 °C) und 0,058 für das at-PMMA ($\Theta$ = 159,7 °C).

### 9.9.9 TEMPERATURABHÄNGIGKEIT DER STAUDINGER-INDICES

Der Staudinger-Index $[\eta]$ ist eine Funktion des hydrodynamischen Volumens, das seinerseits von der Masse, der Form und der Dichte der Partikeln abhängt. Die Dichte der Partikeln wird durch die Flexibilität der Molekülkette und deren Solvatation bestimmt. Bei starren Partikeln wie Kugeln, Ellipsoiden und Stäbchen ändern sich Flexibilität und Solvatation nur wenig mit der Temperatur. Der Staudinger-Index ist daher bei diesen Partikeln praktisch temperaturunabhängig.

Bei flexiblen Makromolekülen wird das Knäuel mit steigender Temperatur aufgeweitet, vermutlich, weil die Solvatation mit der Temperatur zunimmt. Die Aufweitung erfolgt jedoch nur bis zu einem Grenzwert, der durch die Skelettparameter und den optimalen Solvatationsgrad gegeben ist. Bei noch höheren Temperaturen wird die Flexibilität der Kette wegen der abnehmenden Rotationsbehinderung größer: der Staudinger-Index nimmt wieder ab. Mit steigender Temperatur nimmt also $[\eta]$ zunächst stark zu und läuft evt. durch ein Maximum.

Die Zunahme der Staudinger-Indices mit der Temperatur macht man sich technisch bei den sog. Viskositätsverbesseren (viscosity improver, V.I.) zu Nutze. Die Viskosität von Schmierölen sinkt mit steigender Temperatur. Diese Abnahme der Zähigkeit ist nicht immer erwünscht. Man setzt daher dem Schmieröl Makromoleküle zu, die sich im Öl gerade so lösen, daß sie sich bei der niedrigsten Gebrauchstemperatur etwa im Theta-Zustand befinden. Mit steigender Temperatur sinkt zwar die Viskosität $\eta_1$ des Schmieröls. Die Staudinger-Indices $[\eta]$ der zugesetzten Polymeren steigen dagegen an, so daß sich bei geeigneter Wahl der Zusatzstoffe entsprechend der in der Form mit $\eta_{sp} = (\eta - \eta_1)/\eta_1$

(9–176) $$\eta = \eta_1 + \eta_1 [\eta] \cdot c + \eta_1 k_H [\eta]^2 \cdot c^2$$

geschriebenen Gl. (9 – 139) gerade eine Kompensation beider Effekte und damit eine weitgehend temperaturunabhängige Viskosität $\eta$ der Lösung ergibt. Gute Schmierölverbesserer sind z.B. Copolymere aus Methylmethacrylat und Laurylmethacrylat. Die Laurylreste sorgen dabei für die Löslichkeit des im apolaren Schmieröl sonst nicht löslichen, weil zu polaren, Poly(methylmethacrylates).

## Literatur zu Kap. 9


### *9.1 Molekulargewicht und Molekulargewichtsverteilung (allgemein)*

R. U. Bonnar, M. Dimbat und F. H. Stross, Number Average Molecular Weights, Interscience, New York 1958

P. W. Allen, Hrsg., Techniques of Polymer Characterization, Butterworths, London 1959

Ch'ien Jên-Yüan, Determination of Molecular Weights of High Polymer, Oldbourne Press, London 1963

S. R. Rafikov, S. Pavlova und I. I. Tverdokhlebova, Determination of Molecular Weights and Polydispersity of High Polymers, Akad. Wiss. USSR, Moskau 1963; Israel Program of Scientific Translation, Jerusalem 1964

–, Characterization of Macromolecular Structure, Natl. Acad. Sci. US, Publ. 1573, Washington D. C., 1968 (nachstehend CMS genannt)

### *9.2 Membranosmometrie*

H. Coll und F. H. Stross, Determination of Molecular Weights by Equilibrium Osmotic Pressure Measurements, in CMS (vgl. oben)

H.-G. Elias, Dynamic Osmometry, in CMS (vgl. oben)

### *9.3 Ebullioskopie und Kryoskopie*

R. S. Lehrle, Ebulliometry Applied to Polymer Solutions, Progr. in High Polymers **1** (1961) 37

M. Ezrin, Determination of Molecular Weight by Ebulliometry, in CMS (vgl. oben)

### *9.4 Dampfdruckosmometrie*

W. Simon und C. Tomlinson, Thermoelektrische Mikrobestimmung von Molekulargewichten, Chimia **14** (1960) 301

K. Kamide und M. Sanada, Molecular Weight Determination by Vapor Pressure Osmometry, Kobunshi Kagaku (Chem. High Polymers Japan) **24** (1967) 751 (in jap. Sprache)

J. van Dam, Vapor-Phase Osmometry, in CMS (vgl. oben)

### *9.5 Lichtstreuung*

D. McIntyre und F. Gornick, Hrsg., Light Scattering from Dilute Polymer Solutions, Gordon and Breach, New York 1964

K. A. Stacey, Light Scattering in Physical Chemistry, Butterworths, London 1956

M. Kerker, The Scattering of Light and other Electromagnetic Radiation, Academic Press, New York 1969

M. B. Huglin, Hrsg., Light Scattering from Polymer Solutions, Academic Press, London 1972

### *9.6 Röntgenkleinwinkelstreuung*

H. Brumberger, Hrsg., Small Angle X-Ray Scattering, Gordon and Breach, New York 1967

## 9.7 Ultrazentrifugation

T. Svedberg und K. O. Perdersen, Die Ultrazentrifuge, D. Steinkopff, Dresden 1940; The Ultracentrifuge, Clarendon Press, Oxford 1940
H. K. Schachmann, Ultracentrifugation in Biochemistry, Academic Press, New York 1959
R. L. Baldwin und K. E. van Holde, Sedimentation of High Polymers, Fortschr. Hochpolymer-Forschg. **1** (1960) 451
H.-G. Elias, Ultrazentrifugen-Methoden, Beckman Instruments, München 1961
H. Fujita, Mathematical Theory of Sedimentation Analysis, Academic Press, New York 1962
J. Vinograd und J. E. Hearst, Equilibrium Sedimentation of Macromolecules and Viruses in a Density Gradient, Fortschr. Chem. Org. Naturstoffe **20** (1962) 372
J. W. Williams, Hrsg., Ultracentrifugal Analysis in Theory and Experiment, Academic Press, New York 1963

## 9.8 Chromatography

G. M. Guzmàn, Fractionation of High Polymers, Progress in High Polymers **1** (1961) 113
R. M. Screaton, Column Fractionation of Polymers, in B. Ke, Hrsg., Newer Methods of Polymer Characterization, Interscience, New York 1964
J. F. Johnson, R. S. Porter und M. J. R. Cantow, Gel Permeation Chromatography with Organic Solvents, Revs. Macromol. Chem. **1** (1966) 393
M. J. R. Cantow, Hrsg., Polymer Fractionation, Academic Press, New York 1967
H. Determann, Gelchromatographie, Springer, Berlin 1967
J. F. Johnson und R. S. Porter, Gel Permeation Chromatography, Progr. Polymer Sci. **2** (1970) 201
K. H. Altgelt und L. Segal, Gel Permeation Chromatography, Dekker, New York 1971

## 9.9 Viskosimetrie

G. Meyerhoff, Die viskosimetrische Molekulargewichtsbestimmung von Polymeren, Fortschr. Hochpolym. Forschg. – Adv. Polymer Sci. **3** (1961/64) 59
M. Kurata und W. H. Stockmayer, Intrinsic Viscosities and Unperturbed Dimensions of Long Chain Molecules, Fortschr. Hochpolym. Forschg. – Adv. Polymer Sci. **3** (1961/64) 196
H. van Oene, Measurement of the Viscosity of Dilute Polymer Solutions, in CMS (vgl. oben).
H. Yamakawa, Modern Theory of Polymer Solutions, Harper & Row, New York 1971

## 9.10 Andere Methoden

D. V. Quayle, Molecular Weight Determination of Polymers by Electron Microscopy, Brit. Polymer J. **1** (1969) 15

# Teil III

# FESTKÖRPEREIGENSCHAFTEN

# 10 Thermische Umwandlungen

## *10.1 Grundlagen*

### 10.1.1 PHÄNOMENE

Niedermolekulare Stoffe ändern mit steigender Temperatur ihren Stoffzustand und gehen sichtbar am Schmelzpunkt vom Kristall in eine Flüssigkeit und am Siedepunkt von der Flüssigkeit in ein Gas über. Jeder echte Übergang ist thermodynamisch durch eine sprunghafte Änderung der Enthalpie oder des Volumens definiert. Da Enthalpieänderungen aber nur sehr aufwendig zu bestimmen sind, ermittelt man die Umwandlungstemperaturen meist über andere Methoden. In der organischen Chemie werden z. B. Schmelzpunkte als Beginn des Fluidwerdens im Schmelzpunktsröhrchen gemessen. Die Methode kann letztlich zur Schmelzpunktsbestimmung verwendet werden, weil sich am Schmelzpunkt die Viskosität um mehrere Zehnerpotenzen ändert und die Viskosität der Schmelze sehr niedrig ist. Das Schmelzpunktsröhrchen stellt daher eigentlich ein primitives Viskosimeter dar.

Die Methode muß versagen, wenn die Viskosität der Schmelze so hoch ist, daß innerhalb des Beobachtungszeitraumes kein Fließen mehr wahrgenommen werden kann. Das ist bereits bei hochannellierten Kohlenwasserstoffen wie dem Coronen der Fall und erst recht bei kristallinen makromolekularen Substanzen. Im Falle des Coronens führt die Verwendung des Schmelzpunktsröhrchens zu Unsicherheiten bei der Bestimmung der exakten Höhe des Schmelzpunktes. Bei Makromolekülen ist der im Röhrchen ermittelte „Schmelzpunkt" in Wirklichkeit ein Fließpunkt, der wegen der hohen Viskosität der Schmelze u.U. weit über dem eigentlichen Schmelzpunkt liegen kann.

Im Schmelzpunktsröhrchen können aber auch nichtkristalline Stoffe ein Fließen zeigen. Radikalisch polymerisiertes Styrol geht z.B. beim Erwärmen von einer spröden,

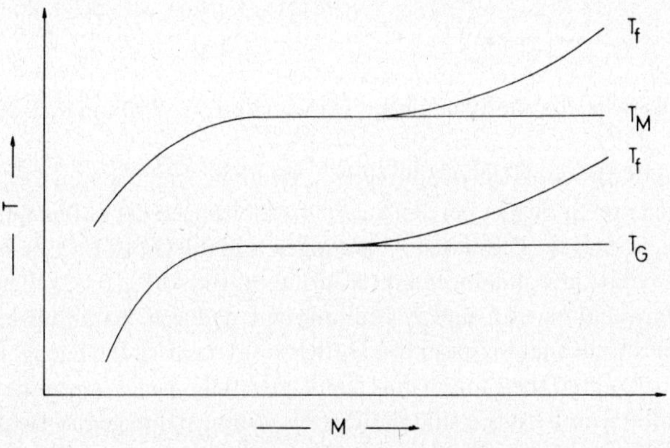


*Abb. 10–1:* Schematische Darstellung der Molekulargewichtsabhängigkeit der Schmelztemperaturen $T_M$, der Glastemperaturen $T_G$ und der Fließtemperaturen $T_f$ bei einer polymerhomologen Reihe.

ziemlich harten, glasartigen Masse in ein weicheres und gummiartigeres Material über. Da dieses Poly(styrol) röntgenamorph ist, kann es sich nicht um eine Schmelztemperatur handeln. Es liegt vielmehr eine Glastemperatur vor, ein Übergang von einem Glaszustand in eine Schmelze. Bei niedrigen Molekulargewichten sind Glas- und Fließtemperaturen praktisch identisch (Abb. 10–1). Glastemperaturen können bei 100 % kristallinen Polymeren natürlich nicht beobachtet werden. Bei teilkristallinen Polymeren treten dagegen sowohl Schmelz- als auch Glastemperaturen auf.

Außer Schmelz-, Glas- und Fließtemperaturen existiert noch eine Reihe weiterer Umwandlungspunkte. Im Gegensatz zu den drei genannten Umwandlungstemperaturen lassen sie sich jedoch nicht immer sofort einem molekularen Phänomen zuordnen. Bei Unsicherheiten in der Zuordnung von experimentell beobachteten Umwandlungspunkten zu Schmelz-, Glas- und anderen Übergangstemperaturen bezeichnet man die bei der höchsten Temperatur liegende Umwandlung als $\alpha$-Umwandlung, die nächsttiefere als $\beta$-Umwandlung usw.

### 10.1.2 THERMODYNAMIK

Thermodynamische Umwandlungen 1. Ordnung sind durch Sprünge in den *ersten* Ableitungen der Gibbs-Energie $G$ definiert, d. h. bei der Enthalpie $H$, der Entropie $S$ und dem Volumen $V$ (Abb. 10–2):

(10–1) $H = G - T(\partial G/\partial T)_p$

(10–2) $S = -(\partial G/\partial T)_p$

(10–3) $V = (\partial G/\partial p)_T$

Da die ersten Ableitungen Sprünge aufweisen, müssen folglich auch die zweiten Ableitungen bei der Umwandlung einen Sprung zeigen, d. h. Wärmekapazität $C_p$, kubischer Ausdehnungskoeffizient $\alpha$ und isotherme Kompressibilität $\kappa$ (Abb. 10–2):

(10–4) $C_p = (\partial H/\partial T)_p = T(\partial S/\partial T)_p = -T(\partial^2 G/\partial T^2)_p$

(10–5) $\alpha = V^{-1}(\partial V/\partial T)_p$

(10–6) $\kappa = -V^{-1}(\partial V/\partial p)_T$

Eine typische thermodynamische Umwandlung 1. Ordnung ist der Schmelzpunkt.

Thermodynamische Umwandlungen 2. Ordnung sind dagegen durch das erstmalige Auftreten von Sprüngen bei den *zweiten* Ableitungen der Gibbs-Energie definiert, d. h. bei $C_p$, $\alpha$ und $\kappa$. Die ersten Ableitungen und die Gibbs-Energie selbst verlaufen dagegen beim Umwandlungspunkt kontinuierlich (Abb. 10–2). Echte thermodynamische Umwandlungen 1. und 2. Ordnung sind dadurch charakterisiert, daß zu beiden Seiten des Umwandlungspunktes ein thermodynamisches Gleichgewicht vorliegt. Alle sicher bekannten thermodynamischen Umwandlungen 2. Ordnung sind Einphasen-Umwandlungen. Beispiele sind die Rotationsumwandlungen in Kristallen und das Verschwinden des Ferromagnetismus am Curie-Punkt.

Die Glasumwandlung weist viele Züge einer thermodynamischen Umwandlung 2. Ordnung auf, z. B. die Diskontinuitäten bei $C_p$, $\alpha$ und $\kappa$ (Abb. 10–2). Sie ist je-

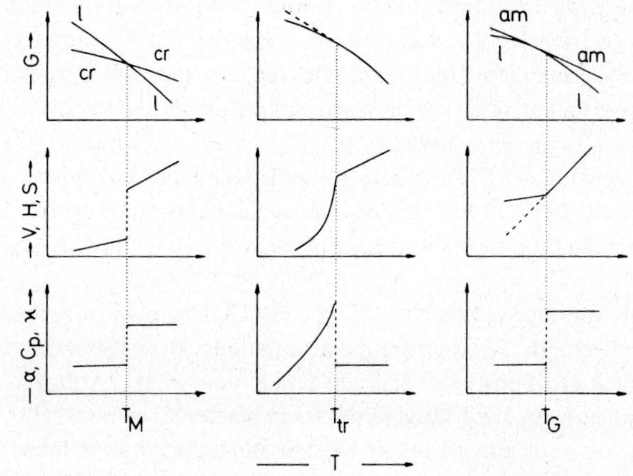


*Abb. 10-2:* Schematische Darstellung verschiedener thermischer Umwandlungen: Schmelzprozeß als thermodynamische Umwandlung 1. Ordnung, Rotationsumwandlung als thermodynamische Umwandlung 2. Ordnung und Glasumwandlung. *l* = Flüssigkeit, cr = Kristall, am = amorpher Zustand. Nach G. Rehage und W. Borchard.

doch keine echte thermodynamische Umwandlung, da kein Gleichgewicht zu *beiden* Seiten des Umwandlungspunktes existiert. Die Lage der Glastemperatur hängt vielmehr von der Geschwindigkeit des Abkühlens ab: je langsamer die Abkühlgeschwindigkeit, umso tiefer die Glastemperatur. Bei sehr langsamem Abkühlen wird überhaupt kein Knick mehr für das Volumen als Funktion der Temperatur erhalten (Abb. 10–3), d. h. die Glastemperatur ist verschwunden.

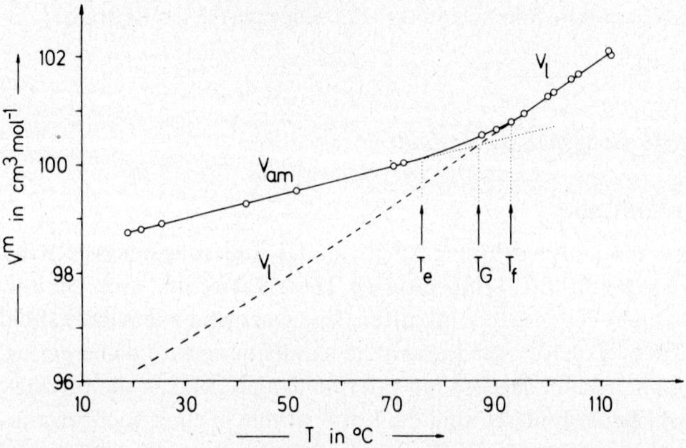


*Abb. 10-3:* Molvolumina eines ataktischen Poly(styrols) mit $\overline{M}_n$ = 20 000 g mol$^{-1}$ als Funktion der Temperatur. $T_e$ = Erweichungstemperatur, $T_G$ = Glastemperatur, $T_f$ = Einfriertemperatur. Nach G. Rehage.

Die Kurve für sehr langsames Abkühlen kann man nicht durch direkte Messungen gewinnen. Man kann z. B. eine Zeit $t_{1/e}$ definieren, bei der der Abstand von der Gleichgewichtskurve 1/e der Ausgangsabweichung beträgt. Diese Zeit beträgt bei den in Abb. 10–3 wiedergegebenen Messungen an einer Poly(styrol)-Probe mit einer Glastemperatur

$T_G$ = 89 °C zwar nur 1 Sekunde bei 95 °C und 5 Minuten bei 89 °C, aber bereits 1 Jahr bei 77 °C. Die gestrichelte Kurve in Abb. 10 – 3 wurde daher durch Extrapolation der Werte an Lösungen in einem Malonester erhalten, was möglich war, da der kubische Ausdehnungskoeffizient sich als eine lineare Funktion der Konzentration bis zu einem Poly(styrol)-Gehalt von 90 % erwies.

Die Erniedrigung der Glastemperatur bei langsamerer Abkühlung deutet auf einen kinetischen Effekt. Bei echten thermodynamischen Umwandlungen 2. Ordnung hängt dagegen die Umwandlungstemperatur nicht von der Geschwindigkeit der Unterkühlung ab.

Gegen eine thermodynamische Ursache der Glastemperatur spricht auch, daß $C_p$, $\alpha$ und $\kappa$ unterhalb $T_G$ kleiner sind als oberhalb. Bei echten thermodynamischen Umwandlungen 2. Ordnung ist es dagegen gerade umgekehrt (Abb. 10 – 2).

Wie bereits in Kap. 5.5.1 ausgeführt, friert bei der Glastemperatur die Bewegung der Kettensegmente ein. Ein perfekter Kristall kann keine beweglichen Kettensegmente aufweisen, da alle Segmente im Kristallgitter festgelegt sind. Hochkristalline Makromoleküle weisen daher keine Glastemperatur auf. Amorphe Polymere besitzen umgekehrt keine Schmelztemperatur, da ein Schmelzen ein Kristallgitter voraussetzt.

Teilkristalline Polymere zeigen dagegen sowohl eine Glastemperatur als auch eine Schmelztemperatur (Abb. 10 – 4). Da die Kettensegmente bereits unterhalb der Glastemperatur etwas beweglich sind (vgl. Kap. 10.5), kann es wegen der praktisch immer vorhandenen Kristallisationskeime (vgl. Kap. 10:3.2) bereits unterhalb der Glastemperatur zu einer beginnenden Kristallisation kommen (Abb. 10 – 4). Beim Aufheizen werden die Kettensegmente ständig zwischen den kristallinen und nichtkristallinen Bereichen neu verteilt, sodaß ein Schmelz*bereich* beobachtet wird. Das obere Ende des Schmelzbereiches wird als Schmelz*punkt* $T_M$ der Probe definiert, da hier die größten und vollkommensten Kristallite schmelzen. Dieser Schmelzpunkt $T_M$ ist tiefer als der thermodynamische Schmelzpunkt $T_M^0$ eines perfekten Kristalls.

## *10.2 Spezielle Größen und Methoden*

### 10.2.1 AUSDEHNUNG

Die thermische Ausdehnung hängt von der Änderung der zwischen den Atomen wirkenden Kräfte mit der Temperatur ab. Diese Kräfte sind groß bei kovalenten Bindungen und klein bei Dispersionskräften. Im Quarz sind alle Atome dreidimensional in einem Gitter festgelegt: die thermische Ausdehnung wird daher gering sein. Bei Flüssigkeiten herrschen dagegen nur intermolekulare Kräfte: die thermische Ausdehnung ist groß. Bei Polymeren sind die Kettenatome in einer Richtung kovalent gebunden, in den beiden anderen Richtungen können dagegen nur intermolekulare Kräfte wirken. Polymere liegen daher in ihrer thermischen Ausdehnung zwischen den Flüssigkeiten einerseits und Quarz oder Metallen andererseits (Tab. 10 – 1).

Wegen der sehr verschiedenen thermischen Ausdehnungskoeffizienten von Polymeren und Metallen bzw. Glas können daher beim Verbinden derartiger Stoffe bei thermischer Beanspruchung erhebliche Probleme aufterten. Technisch wichtig ist auch die sog. Maßhaltigkeit der Polymeren. Maßhaltige Polymere müssen nicht nur einen kleinen Ausdehnungskoeffizienten aufweisen, sondern auch keine Rekristallisa-

*Tab. 10-1:* Dichte $\rho$, spezifische Wärmekapazität $c_p$ bei konstantem Druck, linearer Ausdehnungskoeffizient $\alpha$ und Wärmeleitfähigkeit $\lambda$ von Polymeren, Metallen und Glas bei 25 °C

| Stoff | $\rho$<br>g cm$^{-3}$ | $c_p$<br>J g$^{-1}$ K$^{-1}$ | $10^5\,\alpha$<br>K$^{-1}$ | $\lambda$<br>J m$^{-1}$ s$^{-1}$ K$^{-1}$ |
|---|---|---|---|---|
| Poly(äthylen) | 0,92 | 2,1 | 20 | 0,35 |
| Poly(styrol) | 1,05 | 1,3 | 7 | 0,16 |
| Poly(vinylchlorid) | 1,39 | 1,2 | 8 | 0,18 |
| Poly(methylmethacrylat) | 1,19 | 1,5 | 8,2 | 0,20 |
| Poly(caprolactam) | 1,13 | 1,9 | 8 | 0,29 |
| Poly(oxymethylen) | 1,42 | 1,5 | 9,5 | 0,23 |
| Kupfer | 8,9 | 0,39 | 2 | 350 |
| Grauguß | 7,25 | 0,54 | 1 | 58 |
| Jenaer Glas 16 III | 2,6 | 0,78 | 1 | 0,96 |
| Quarz (Mittel über die Raumrichtungen) | 2,65 | 0,72 | 0,1 | 10,5 |

tionserscheinungen zeigen. Rekristallisationen führen wegen der Dichteunterschiede zwischen kristallinen und amorphen Bereichen zu Verzügen.

Die Ausdehnungskoeffizienten oberhalb und unterhalb der Glastemperatur sind verschieden (Abb. 10-2, 10-3 und Tab. 10-2). Zwischen diesen beiden Größen und der Glastemperatur besteht eine Beziehung:

Die Änderungen der Volumina mit der Temperatur können in erster Näherung als linear angesehen werden. Mit der Definition der kubischen Ausdehnungskoeffizienten erhält man dann für den flüssigen und den amorphen Zustand:

$$(10\text{-}7)\quad (V_l^0)_T = (V_l^0)_0 + (V_l^0)_T\,\alpha_l\,T$$

$$(10\text{-}8)\quad (V_{am}^0)_T = (V_{am}^0)_0 + (V_{am}^0)_T\,\alpha_{am}\,T$$

Bei der Glastemperatur $T_G$ werden die Volumina der Flüssigkeit und des amorphen Materials in erster Näherung gleich groß. Es gilt daher $(V_l^0)_G = (V_{am}^0)_G$. Gleichsetzen der Gl. (10-7) und (10-8) und erneutes Einsetzen der Gl. (10-8) führt zu

$$(10\text{-}9)\quad \left(\frac{(V_{am}^0)_0 - (V_l^0)_0}{(V_{am}^0)_0}\right)[1 - \alpha_{am}\,T_G] = [\alpha_l - \alpha_{am}]\,T_G$$

Bei der Temperatur 0 K müssen die Volumina der Flüssigkeit und des Kristalls gleich groß werden. Das Glied in runden Klammern auf der linken Seite der Gl. (10-9) muß daher gleich dem Anteil $f_{exp}$ des freien Volumens sein (vgl. Gl. (5-10)). Vernachlässigt man in erster Näherung das Glied in eckigen Klammern auf der linken Seite, so kann man schreiben

$$(10\text{-}10)\quad f_{exp} \approx [\alpha_l - \alpha_{am}]\,T_G$$

Die über Gl. (10-10) berechenbaren Anteile $f_{exp}$ des freien Volumens (Tab. 10-2) stimmen ganz gut mit den in Tab. 5-6 wiedergegebenen überein. Empirisch wurde gefunden, daß das Produkt $[\alpha_l - \alpha_{am}]\,T_G$ für eine große Zahl von amorphen

*Tab. 10-2:* Kubische Ausdehungskoeffizienten $\alpha_{am}$ und $\alpha_l$

| Polymer | $T_G$ K | $10^4 \alpha_l$ $K^{-1}$ | $10^4 \alpha_{am}$ $K^{-1}$ | $(\alpha_l - \alpha_{am}) T_G$ |
|---|---|---|---|---|
| Poly(äthylen) | 203 | 8,9 | 4,7 | 0,085 |
| Poly(isobutylen) | 200 | 6,2 | 1,5 | 0,094 |
| Poly(styrol) | 373 | 5,5 | 2,5 | 0,112 |
| Poly(vinylacetat) | 301 | 6,0 | 1,8 | 0,126 |
| Poly(methylmethacrylat) | 383 | 4,6 | 2,2 | 0,092 |
| Poly(acrylnitril) | 377 | 3,4 | 1,8 | 0,060 |

Polymeren im Mittel ca. 0,11 beträgt. Bei kristallinen Polymeren sind die Werte dagegen kleiner.

### 10.2.2 WÄRMEKAPAZITÄT

Bei makromolekülen Substanzen ist nur die Wärmekapazität („spezifische Wärme") $C_p$ bei konstantem Druck zugänglich. Für theoretische Betrachtungen ist aber die Wärmekapazität $C_V$ bei konstantem Volumen wichtig. Beide Größen sind nach den thermodynamischen Gesetzen über den kubischen Ausdehnungskoeffizienten $\alpha$ und die isotherme Kompressibilität $\kappa$ miteinander verknüpft:

(10-11) $$C_p = C_V + TV\alpha^2/\kappa$$

Die molare Wärmekapazität $C_V^m$ bei konstantem Volumen kann bei kristallinen Polymeren theoretisch berechnet werden, wenn das Frequenzspektrum bekannt ist. Im kristallinen Zustand schwingen die Atome harmonisch um ihre Gleichgewichtslagen. Jede einzelne Schwingung trägt entsprechend der Einstein-Funktion

(10-12) $$E(\Theta/T) = \Theta^2[\exp(\Theta/T)]/[1 - \exp(\Theta/T)]$$

zur Wärmekapazität bei. $\Theta = h\nu/k$ ist dabei die Einstein-Temperatur. Die molare Wärmekapazität ist dann einfach die Summe über alle diese Beiträge

(10-13) $$C_V^m = R\,\Sigma\,E(\Theta/T)$$

Bei sehr tiefen Temperaturen tragen diese Gitterschwingungen fast ausschließlich zur Wärmekapazität bei. Bei höheren Temperaturen muß man eine Korrektur für die Anharmonizität der Gitterschwingungen berücksichtigen. Bei noch höheren Temperaturen hat man außerdem noch den Anteil von Gruppenschwingungen und von Rotationen um die Kettenbindungen einzubeziehen. Ein weiterer Beitrag kann schließlich noch von Defekten herrühren.

In der Tat ist die Wärmekapazität amorpher und kristalliner Polymerer unterhalb der Glastemperatur praktisch gleich groß (Abb. 10-4). Bei der Glastemperatur nimmt die Wärmekapazität durch das Einsetzen neuer Schwingungen mehr oder weniger sprunghaft zu. Da derartige Bewegungen aber schon unterhalb der Glastemperatur beginnen können (vgl. Kap. 10.2.4), kann man bei kristallisierbaren amorphen Polymeren gelegentlich schon unterhalb der Glastemperatur den Beginn einer Rekristallisation beobachten. Beim Schmelzen durchläuft die Wärmekapazität ein Maximum. Der Schmelzpunkt ist dann das obere Ende des Schmelzbereiches.

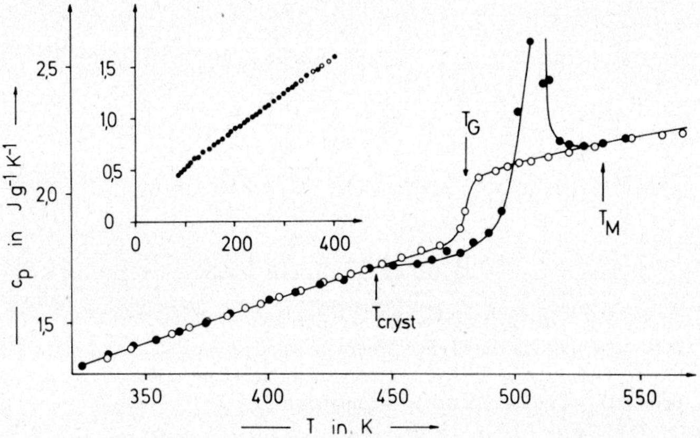


*Abb. 10-4:* Spezifische Wärmekapazitäten $c_p$ bei konstantem Druck von partiell kristallinem (●–●–●) und von amorphem (○–○–○) Poly[oxy-(2,6-dimethyl)-1,4-phenylen] $T_{cryst}$ = Beginn der Rekristallisation, $T_G$ = Glastemperatur, $T_M$ = Schmelzpunkt. Nach F. E. Karasz, H. E. Bait und J. M. O'Reilly.

### 10.2.3 DIFFERENTIALTHERMOANALYSE

Bei der Differentialthermoanalyse (DTA) werden die zu untersuchende Substanz und eine Vergleichsprobe mit konstanter Geschwindigkeit aufgeheizt. Gemessen wird die Temperaturdifferenz zwischen beiden Proben. Die Vergleichsprobe wird so gewählt, daß sie im untersuchten Temperaturbereich keine chemische oder physikalische Umwandlung aufweist. Erreicht die Temperatur z.B. den Schmelzpunkt der zu analysierenden Probe, so muß laufend Wärme zugefügt werden, bis die gesamte Probe geschmolzen ist. Die Temperatur dieser Probe ändert sich am Schmelzpunkt nicht, während die der Vergleichsprobe weiter ansteigt. Am Schmelzpunkt beobachtet man daher eine Endothermie, d. h. ein negatives $\Delta T$ (Abb. 10-5). Mit fortschreitendem Aufheizen nimmt die Probe schließlich wieder die Temperatur der Vergleichsprobe an und $\Delta T$ wird gleich null. Da aber die Substanzen unter- oder oberhalb des Schmelzpunktes im allgemeinen verschiedene Wärmekapazitäten aufweisen, ist die Basislinie zu beiden Seiten des Signals für den Schmelzpunkt meist nicht gleich hoch. Sie ist u. U. auch nicht parallel zur Temperaturkoordinate.

Exothermien treten bei vielen chemischen Reaktionen und bei Rekristallisationen unterhalb des Schmelzpunktes auf. Die Abspaltung flüchtiger Bestandteile macht sich meist durch ein Schwanken der Basislinie bemerkbar, da sich durch das Entweichen der Gase stets die mittlere spezifische Wärme der Probe ändert. Glastemperaturen zeigen sich meist durch einen Sprung in der $\Delta T = f(T)$-Kurve an. Je nach Aufheizgeschwindigkeit, Probenmenge und Wärmekapazität können aber beim Glaspunkt auch ähnliche Signale auftreten, wie sie in Abb. 10-5 für die Schmelztemperatur wiedergegeben wurden.

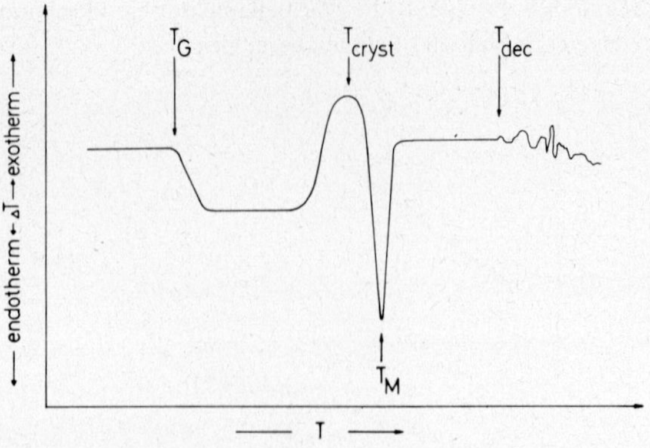


*Abb. 10-5:* Schematische Darstellung eines Thermogramms eines partiell kristallinen Polymeren mit der Glastemperatur $T_G$, der Rekristallisationstemperatur $T_{cryst}$, der Schmelztemperatur $T_M$ und der Zersetzungstemperatur $T_{dec}$.

Die Differentialthermoanalyse eignet sich besonders für Routineuntersuchungen, da sie schnell und einfach auszuführen ist. Messungen an unbekannten Substanzen sind dagegen manchmal nur mit Mühe und unter Beiziehung von Ergebnissen anderer Methoden interpretierbar. Auch quantitative Messungen sind recht schwierig. Diese Unsicherheiten treten auf, weil die Größe und die Form der Signale noch von den experimentellen Bedingungen abhängt. Ein Signal mit einem Minimum in der $\Delta T = f(T)$-Kurve wird z. B. meist einem Schmelzpunkt zugeschrieben, kann aber auch (vor allem bei hohen Aufheizgeschwindigkeiten) eine Glastemperatur anzeigen. Zwischen beiden Umwandlungspunkten kann durch Beobachtung des Aufheizens der Probe unter einem Polarisationsmikroskop entscheiden werden. Kristalline Polymere sind unterhalb des Schmelzpunktes doppelbrechend. Die Doppelbrechung verschwindet am Schmelzpunkt. Entspricht das DTA-Signal einem Schmelzprozeß, so wird das Minimum als Schmelzpunkt angesehen. Das Minimum des DTA-Signals entspricht nämlich bei der Aufheizgeschwindigkeit null der Temperatur, bei der die häufigste Kristallitlänge aufschmilzt. Dieser so definierte Schmelzpunkt steigt in der Regel mit wachsender Aufheizgeschwindigkeit an, da die Wärmezuführung schneller als der Abtransport ins Innere der Probe ist. Wenn die Probe rekristallisiert, findet man jedoch den umgekehrten Effekt.

Als Glastemperatur wird entweder der Beginn der Abweichungen von der Basislinie oder der Wendepunkt angesehen. Auch hier ist bei genaueren Messungen stets zu prüfen, inwieweit die Ergebnisse von der Aufheizgeschwindigkeit und der Probenmenge abhängen. Größere Probenmengen führen zu einem stärkeren Temperaturgefälle und zu einem langsameren Temperaturausgleich, wodurch das Signal verbreitert und evtl. auch zu höheren Temperaturen verschoben wird. Höhere Aufheizgeschwindigkeiten erzeugen größere Flächen unter den Signalen, da mehr Einfrierwärme pro Zeiteinheit freigesetzt wird.

Bei der Abtast-Kalorimetrie (Differential Scanning Calorimetry, DSC) wird bei den Umwandlungstemperaturen der Probe eine bestimmte Wärmemenge zusätzlich zu- oder abgeführt. Mit dieser Methode lassen sich daher Schmelz- oder Kristallisationswärmen besonders gut messen, so daß z.B. die Kristallisation bei einer bestimmten Temperatur verfolgbar ist.

### 10.2.4 BREITLINIEN-KERNRESONANZ

Atomkerne mit ungerader Zahl von Protonen besitzen ein magnetisches Moment und führen daher in einem Magnetfeld eine Präzessionsbewegung aus. Wenn die elektromagnetische Schwingungsfrequenz mit derjenigen der Präzessionsbewegung übereinstimmt, wird ein Resonanzsignal beobachtet. Die Frequenz hängt vom Verhältnis des magnetischen Kernmoments zum Drehimpuls und von der Stärke des äußeren Richtmagnetfeldes ab.

Bei der hochauflösenden magnetischen Kernresonanz von Lösungen beobachtet man die Abschirmung, die von den benachbarten Elektronen des gleichen Moleküls stammt. Dieses Verfahren wird daher zur Aufklärung der Konstitution und Konfiguration von Molekülen verwendet. In festen Substanzen unterhalb der Glastemperatur oder in Schmelzen liegen dagegen hohe Konzentrationen und folglich auch starke Wechselwirkungen zwischen den magnetischen Dipolen verschiedener Kerne vor. Die magnetischen Dipole dieser benachbarten Kerne weisen eine Verteilung der Orientierung relativ zum benachbarten Kern auf. Es resultiert daher ein breites Signal.

Mit steigender Temperatur nimmt die Bewegung der Kettenglieder immer mehr zu. Die Verteilung der Orientierung wird daher statistischer. Die zunehmende gegenseitige Kompensation führt zu einer Verschärfung der Signale. Aus der Linienbreite lassen sich daher Aussagen über die Beweglichkeit der Moleküle und folglich über die Glastemperatur gewinnen. Da man jedoch bei Frequenzen im MHz-Bereich arbeitet, liegen die Glastemperaturen aus NMR-Messungen höher als bei den „statischen" Messungen der Temperaturabhängigkeit der spezifischen Wärmen oder der Differentialthermoanalyse (vgl. Kap. 10.5.2). Die Methode spricht auch auf einsetzende Bewegungen der Seitengruppe an, nicht aber auf einsetzende Bewegungen kurzer Kettenstücke bei den Umwandlungen unterhalb der Glastemperatur. Sie eignet sich auch nicht gut für die Bestimmung von Schmelzpunkten. Die Resonanzsignale werden nämlich schon weit unterhalb des Schmelzpunktes kristalliner Polymerer mit steigender Temperatur immer schärfer, während die Röntgenkristallinität konstant bleibt. Selbst unterhalb des Schmelzpunktes muß daher eine bestimmte Beweglichkeit der Segmente im Kristallgitter vorliegen.

Nach dem plötzlichen Anlegen eines magnetischen Feldes an eine Probe baut sich mit der Zeit eine magnetische Polarisation auf. Diese Magnetisierung folgt gewöhnlich einer e-Funktion. Die Zeitkonstante wird Spin-Gitter-Relaxationszeit $T_1$ genannt. Das Kernresonanzexperiment entspricht also makroskopisch dem dielektrischen Relaxationsexperiment. Molekular bestehen jedoch Unterschiede. Die Kernmagnetisierung ist nämlich gleich der Summe über alle individuellen kernmagnetischen Momente. Die Orientierungen dieser Kernmagnete sind aber nur lose mit den Moleküllagen gekoppelt. $T_1$ ist daher meist viel größer als die molekulare Relaxationszeit aus Messungen der dielektrischen Relaxation (vgl. auch Kap. 10.5.2).

### 10.2.5 DYNAMISCHE METHODEN

Die Methoden des mechanischen Verlustes und des dielektrischen Verlustes basieren auf der unterschiedlichen Beweglichkeit der Segmente bzw. der daran gebundenen Dipole im Glaszustand und in der Schmelze. Diese Unterschiede führen zu einer anomalen Dispersion des Elastizitätsmoduls (vgl. Kap. 11.4.4) bzw. der relativen Permittivität (vgl. Kap. 14.1.2) und zu den entsprechenden Verlusten in mechanischen bzw. elektrischen Wechselfeldern.

Leistet man an einer Probe Arbeit, so wird ein Teil davon durch die Bewegungen der Moleküle bzw. Molekülsegmente irreversibel in ungeordnete Wärmebewegung überführt. Dieser Verlust durchläuft in Abhängigkeit der Temperatur bzw. der angewendeten Frequenz ein Maximum bei der entsprechenden Umwandlung bzw. dazugehörigen Relaxationsfrequenz im mechanischen Wechselfeld (Torsionsschwingungsversuch). Bei dielektrischen Messungen erhält man einen ähnlichen Effekt durch die verzögerte Einstellung der Dipole. Durch dielektrische Messungen kann daher nur die Glastemperatur polarer Polymerer gemessen werden. Die mit dynamischen Methoden gemessenen Glastemperaturen liegen je nach angewendeter Frequenz höher als die mit statischen Methoden erhaltenen (vgl. Kap. 10.5.2).

Derartige dynamische mechanische Testmethoden eignen sich natürlich nur für solche Proben, die ihr eigenes Gewicht tragen können. Um Lacke und nicht-selbsttragende Filme zu untersuchen, imprägniert man einen Strang von Glasfasern mit der Lösung des Testmaterials und entfernt dann das Lösungsmittel thermisch. Der imprägnierte Strang wird dann Wechselschwingungen ausgesetzt (torsional braid analysis).

### 10.2.6 TECHNISCHE PRÜFMETHODEN

In der Technik werden eine ganze Reihe von empirischen Prüfverfahren verwendet, um die physikalischen Umwandlungen zu bestimmen. Die Methoden sprechen in der Regel gleichzeitig auf verschiedene physikalische Größen an und sind daher genormt. In den einzelnen Ländern bestehen unterschiedliche Normvorschriften.

Bei Sprödigkeitsmessungen wird die Temperatur ermittelt, bei der eine Probe durch einen Schlag bricht. Bei dieser Temperatur können größere Kettensegmente nicht mehr ausweichen. Bei der Glastemperatur wird dagegen die Beweglichkeit viel kleinerer Molekülsegmente beeinflußt. Die Sprödigkeitstemperatur liegt daher immer

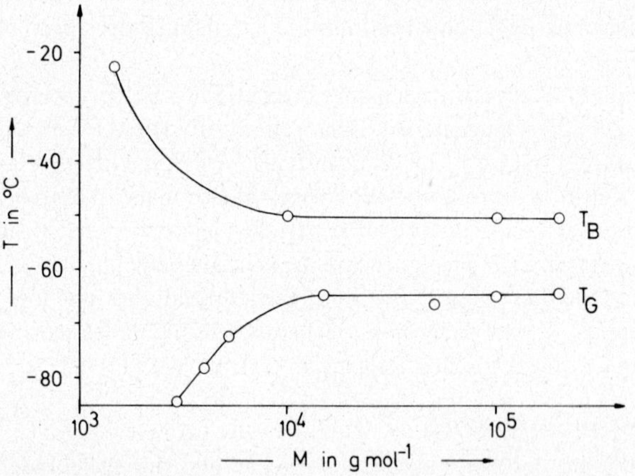


*Abb. 10-6:* Molekulargewichtsabhängigkeit der Sprödigkeitstemperaturen $T_B$ und der Glastemperaturen $T_G$ von Poly(isobutylenen). Nach A. X. Schmidt und C. A. Marlies.

höher als die Glastemperatur. Sie hängt aber nicht nur von den Beweglichkeiten größerer Segmente ab, sondern auch noch von der Elastizität der Probe, da das Bruchverhalten von der Deformation der Probe beeinflußt wird. Dünne Proben sind aber elastischer als dicke. Die Sprödigkeitstemperaturen fallen mit zunehmendem Molekulargewicht bis zu einem Grenzwert ab, weil größere Moleküllängen zu größeren mechanischen Festigkeiten führen (Abb. 10 – 6).

Die Wärmeformbeständigkeit von Kunststoffen wird durch die Angabe von Martens-Zahlen oder Vicat-Temperaturen charakterisiert. Die Martens-Zahl ist als die Temperatur definiert, bei der sich ein genormter Prüfstab bei genormter Aufheizgeschwindigkeit unter einer bestimmten Belastung um einen bestimmten Betrag durchbiegt. Auch bei dieser Methode beeinflußt somit die Elastizität das Meßresultat. Die Vicat-Temperatur mißt das Eindringen einer Nadel um einen bestimmten Betrag bei sonst konstanten Bedingungen. Diese Methode spricht somit noch zusätzlich auf die Oberflächenhärte an. Die Vicat-Temperatur ist bei amorphen Polymeren meist um 5 – 10 °C von der statischen Glastemperatur verschieden. Die Martens-Zahlen liegen bei amorphen Polymeren ca. 20 – 25 °C tiefer als die Glastemperaturen.

Alle genannten Methoden eignen sich als integrale Verfahren nur für die Untersuchung von Proben mit einer einzigen Umwandlungstemperatur. Sie sind darum weder bei teilkristallinen Substanzen noch bei Mischungen von Polymeren (z. B. schlagfesten Kunststoffen) sinnvoll anwendbar.

In präparativ arbeitenden Laboratorien werden „Erweichungspunkte“ oft mit der Koflerbank bestimmt. Eine Koflerbank besteht aus einer Metallplatte, entlang der ein Temperaturgefälle besteht. Die Probe wird mit einem Pinsel von den kälteren zu den wärmeren Stellen der Metallplatte geschoben. An einer bestimmten Stelle wird die Probe an der Platte kleben bleiben; die dazu gehörende Temperatur wird als „Erweichungspunkt“ angesehen. Da diese Temperatur sowohl von der Viskosität der Probe als auch von deren Adhäsion an der Metalloberfläche abhängt, ist der so ermittelte Erweichungspunkt sehr undefiniert. Er steht oft in keiner einfachen Beziehung zur Glas- oder Schmelztemperatur.

## *10.3 Kristallisation*

### 10.3.1 MORPHOLOGIE

Die beim Abkühlen von Polymerlösungen oder -schmelzen auftretenden Ordnungszustände hängen außer von der Konstitution und der Konfiguration der Makromoleküle noch sehr stark von äußeren Bedingungen wie Konzentration, Temperatur, Art des Mediums, Art der Induzierung der Kristallisation usw. ab. Die bekannten Wachstumsformen können in Facettenwachstum, Dendritenwachstum und mikrokristallines Erstarren eingeteilt werden.

Ein *Facettenwachstum* wurde zuerst beim Abkühlen von ca. 0,01 % Lösungen von Poly(äthylen) entdeckt, wobei rautenähnliche Einkristalle entstehen (Abb.5–14). Das Facettenwachstum tritt immer in sehr verdünnter Lösung auf. Die durch das Facettenwachstum erzeugten lamellenartigen Einkristalle sind ausgesprochen flächenarm. Die Moleküle wachsen in den sehr verdünnten Lösungen bevorzugt einzeln eindimensional auf die Seitenflächen der Lamellen auf, können aber auch auf den Faltenflächen zweidimensional stufen- oder spiralförmig aufwachsen. Die Lamellenhöhe

(Stufenhöhe) hängt bei gegebener Kristallisationstemperatur bei niedrigen Molekulargewichten vom Polymerisationsgrad ab und wird dann konstant (vgl. Kap. 5.3.1). Wenn in verschiedenen Lösungsmitteln verschiedene Makrokonformationen des Makromoleküls stabil sind, variiert die Faltungshöhe mit dem Lösungsmittel. Amylosetricarbanilate kristallisieren z. B. aus dem Gemisch Dioxan/Äthanol in Form gefalteter Ketten, aus Pyridin/Äthanol dagegen in Form gefalteter Helices. Bei gleichkonzentrierten verdünnten Lösungen bilden sich bei sehr hohen Polymerisationsgraden u. U. Bündelkeime aus, da die Faltungsmizellen durch die hohe Viskosität der Lösung zu größeren morphologischen Einheiten assoziieren. Bei noch höheren Konzentrationen werden Fibrillen oder Netzwerke beobachtet.

Ein *Dendritenwachstum* erhält man, wenn Kristalle in unterkühlter Schmelze in Richtung eines starken Temperaturgefälles wachsen. Durch ein dendritisches Wachstum werden auch die Sphärolithe (vgl. Abb. 5 – 24) erzeugt.

Ein *mikrokristallines Erstarren* tritt auf, wenn weder Facetten- noch Dendritenwachstum mehr möglich sind. Eine mikrokristalline Erstarrung ist entweder die Folge einer sekundären Kristallisation oder ein kristallines Festlegen der noch flüssigen Phase zwischen bereits gebildeten Dendriten.

Als *Transkristallisation* bezeichnet man eine Kristallisation, bei der die Keimbildung von der Oberfläche der Schmelze her erfolgt. Sie wird stark durch Diffusionsprozesse beeinflußt.

Noch andere physikalische Strukturen treten auf, wenn die Kristallisation unter Spannung erfolgt, z. B. unter Scherspannung beim Verarbeiten. Die Kristallisation wird hier durch eine entlang den Strömungslinien angeordnete kontinuierliche Reihe von Kristallkeimen ausgelöst. Dadurch entsteht eine „Reihenstruktur" von orientierten Lamellen. Diese Reihenstrukturen sind morphologisch mit den in Abb. 5 – 27 gezeigten „Schaschlik-Strukturen" verwandt.

Ein anderer Spezialfall ist die Kristallisation unmittelbar nach der Polymerisation. Bei der Polymerisation von Formaldehyd-Kristallen entstehen z. B. Poly(oxymethylen)-Moleküle in all-trans-Konformation. Das gleiche Polymer kristallisiert dagegen aus verdünnter Lösung in der Makrokonformation einer $9_5$-Helix mit tgtg-Sequenzen. Durch Biosynthese erzeugte Elementarfibrillen nativer Cellulose enthalten die Cellulosemoleküle in gestreckter Form. Regenerierte Cellulosen weisen dagegen andere Elementarzellen und daher wahrscheinlich auch andere Makrokonformationen auf.

Die Kristallisation erfolgt in zwei Stufen: Keimbildung und Keimwachstum. Die Keimbildung ist nicht nur für die Auslösung der Kristallisation wichtig, sie bestimmt auch die Ausbildung der verschiedenen Kristallstrukturen. Setzt man z.B. it-Poly(propylen) $10^{-4}$ – $10^{-5}$ Gew. proz. p-t-Butylbenzoesäure zu, so kristallisiert es monoklin, mit Permanentrot E3B (Chinacridon-Farbstoff) dagegen pseudohexagonal.

### 10.3.2 KEIMBILDUNG

Kristallisationskeime können entweder homogen oder heterogen gebildet werden. Eine homogene oder thermische Keimbildung erfolgt spontan aus den Molekülen des kristallisierenden Stoffes, eine heterogene dagegen an fremden Grenzflächen (Gefäßwand, Staubkörner, absichtlich zugesetzte Keimbildner). Zwischen der homogenen und der heterogenen Keimbildung steht die athermische, bei der verschleppte, d. h. beim Aufschmelzen nicht völlig aufgelöste, Bruchstücke von Keimen der eigenen Moleküle die Kristallisation auslösen. Derartige verschleppte oder heterogene Keime sind für das „Erinnerungsvermögen" von Schmelzen verantwortlich, d.h. für das Phänomen, daß die Keime nach dem Schmelzen und Abkühlen oft wieder an der gleichen Stelle wie vor dem Schmelzen erscheinen. Die Keime treten am gleichen Ort auf, weil die Viskosität der Schmelze sehr hoch ist und die Keime daher nicht wegdiffundieren können.

Die Keimkonzentration variiert je nach dem kristallisierenden Material bei der als „spontan" angesehenen Keimbildung um mehrere Zehnerpotenzen. Beim Poly(äthylen) wurden z.B. Keimkonzentrationen von $< 10^{12}$ Keimen/cm$^3$, bei Poly(äthylenoxid) von $> 1$ Keim/cm$^3$ gefunden.

Eine homogene Keimbildung ist bei Lösungen von Makromolekülen noch nicht mit Sicherheit nachgewiesen worden. Wenn sie tatsächlich existiert, so ist die Bildung von Faltenkeimen auf diese Art wahrscheinlicher als die von Fransenkeimen. Bei Fransenkeimen müssen nämlich im Gegensatz zu Faltenkeimen mehrere Moleküle zusammentreten, um einen stabilen Keim zu bilden. Fransenkeime führen daher zu einem größeren Entropieverlust. Eine homogene Keimbildung ist in Schmelzen wahrscheinlicher als bei Lösungen, da hier die Konzentration an Ketten größer ist. Aber auch in Schmelzen ist es unsicher, ob eine homogene Keimbildung merklich zur Keimbildung beiträgt, da die heterogene Keimbildung der schnellere Prozeß ist.

Eine heterogene Keimbildung kann nur dann eintreten, wenn der wachsende Kristall die Oberfläche des Fremdstoffes benetzen kann. Es ist also eine bestimmte Wechselwirkung zwischen Keim und Schmelze erforderlich. Ist diese Wechselwirkung sehr stark, so starten alle Kristallisationskeime sofort die Kristallisation. Die Zahl der Keime bleibt konstant. Ist die Wechselwirkung dagegen schwach, wird die Kristallisation

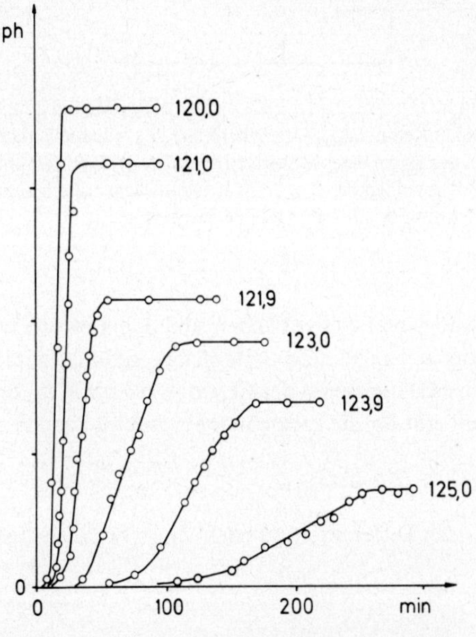


*Abb. 10-7:* Zeitabhängigkeit der Zahl $n_{sph}$ gebildeter Sphärolithe in Schmelzen von Poly(decamethylenglycolterephthalat) bei verschiedenen Temperaturen in °C (nach A. Sharples).

zunächst von einer mit der Zeit zunehmenden Zahl von Keimen ausgelöst, die dann konstant wird.

Die Keimbildung läßt sich über die Bildung und das Wachstum von Sphärolithen verfolgen. Bei der Kristallisation von Poly(decamethylenglykolterephthalat) tritt zunächst eine Induktions- oder Nucleationsperiode auf (Abb. 10 – 7). In dieser Periode werden entweder homogen oder heterogen (schwache Wechselwirkung!) stabile Keime gebildet. Bei einer heterogenen Keimbildung mit starker Wechselwirkung wäre dagegen die Zahl der Sphärolithe von Anfang an konstant. Außerdem wären wohl alle Sphärolithe gleich groß. Bei einer rein homogenen Keimbildung nimmt die Zahl der Keime ständig zu und man beobachtet daher eine Verteilung der Sphärolithgrößen.

Bei der heterogenen Keimbildung lagert sich ein Kettenmolekül unter Kettenfaltung an die Oberfläche eines bestehenden Keimes an (Abb. 10 – 8). Die Gibbs-Energie der Keimbildung ist daher durch die beiden Oberflächenenergien der Faltoberfläche $\sigma_f$ und der Seitenflächen $\sigma_s$ und die Kristallisationsenergie pro Volumen gegeben:

(10–14) $$\Delta G = 2\,L_s b_o \sigma_f + 2\,L_{lam}\,b_o\,\sigma_s - b_o L_s L_{lam}\,\Delta G_{cryst}$$

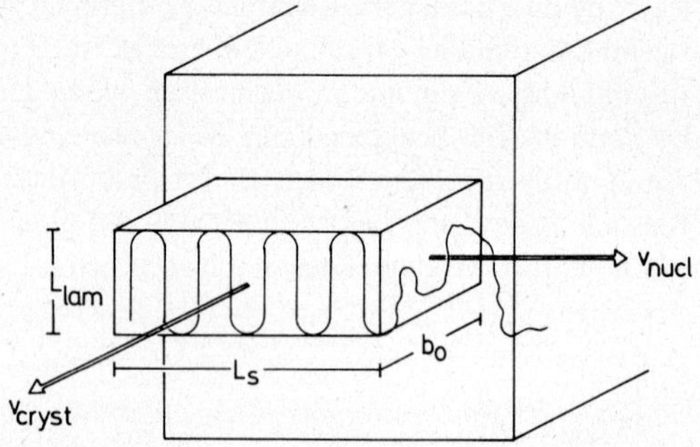


*Abb. 10-8:* Schematische Darstellung der heterogenen Keimbildung durch Aufwachsen auf einen existierenden Keim. $L_{lam}$ = Lamellenhöhe, $L_s$ = Lamellenlänge, $b_o$ = Lamellendicke (etwa von der Dicke eines Moleküldurchmessers). Der Keim bildet sich in Richtung $L_s$ mit der Geschwindigkeit $v_{nucl}$, der Kristall wächst durch Anlagerung anderer Moleküle in Richtung $b_o$ mit der Geschwindigkeit $v_{cryst}$.

Von den vier möglichen Seitenflächen sind dabei jedoch nur zwei zu berücksichtigen, da in Richtung $b_o$ keine neue Seitenfläche gebildet wird, sondern lediglich eine andere ersetzt wird. Differenzieren der Gl. (10 – 14) nach $L_s$ und Gleichsetzen des Ergebnisses mit Null gibt für die kritische theoretische Lamellenhöhe

(10–15) $$(L_{lam})_{theor} = 2\,\sigma_f/\Delta G_{cryst}$$

und entsprechend nach Differentiation nach $L_{lam}$ für die kritische theoretische Länge der Seitenfläche

(10–16) $$(L_s)_{theor} = 2\,\sigma_s/\Delta G_{cryst}$$

Die Gibbs-Energie der Kristallisation hängt aber von der Kristallisationstemperatur ab

$$(10-17) \quad \Delta G_{cryst} = (\Delta H_M)_u - T_{cryst}(\Delta S_M)_u$$

Die Schmelztemperatur ist andererseits durch

$$(10-18) \quad T_M^0 = (\Delta H_M)_u/(\Delta S_M)_u = \Delta H_M^0/\Delta S_M^0$$

gegeben. Einsetzen der Gl. (10–17) und (10–18) in Gl. (10–15) führt zu

$$(10-19) \quad (L_{lam})_{theor} = \frac{2\,\sigma_f\,T_M^0}{(\Delta H_M)_u\,(T_M^0 - T_{cryst})}$$

Die kritische theoretische Lamellenhöhe nimmt also mit steigender Unterkühlung $(T_M^0 - T_{cryst})$ ab. Dieses Verhalten wurde auch experimentell für die realen Lamellenhöhen gefunden (Abb. 5–21).

### 10.3.3 KEIMWACHSTUM

Kurz unterhalb der Schmelztemperatur ist die Kristallisationsgeschwindigkeit sehr klein, da die gebildeten Keime schnell wieder aufgelöst werden. Bei einer Temperatur $T_{ch}$ von ca. 50 K unterhalb der Glastemperatur ist dagegen die Beweglichkeit der Segmente und Moleküle praktisch gleich null. Eine Kristallisation tritt daher in der Regel nur zwischen dem Schmelzpunkt und der Glastemperatur auf. Die Kristallisationsgeschwindigkeit läuft dabei durch ein Maximum (Abb. 10–9). Unabhängig vom Typ des Polymeren erhält man dabei eine einzige Kurve, wenn man $\ln(v/v_{max})$ gegen $(T - T_{ch})/(T_M^0 - T_{ch})$ aufträgt. Das Maximum liegt bei etwa 0,63. Drückt man $T_{ch}$ durch $T_G - 50$ aus und berücksichtigt, daß die Werte für $T_M^0/T_G$

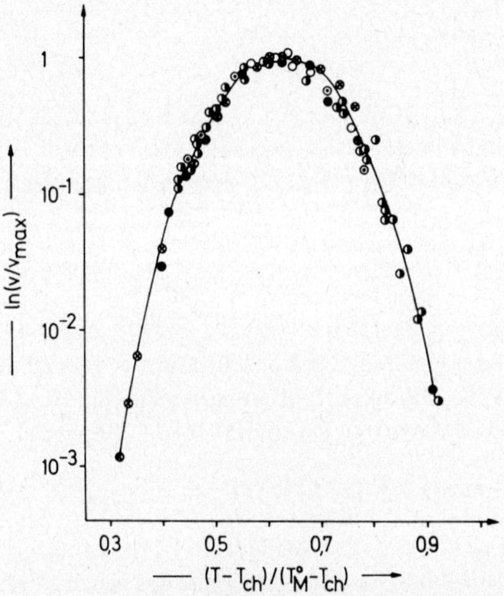


*Abb. 10-9:* Darstellung des natürlichen Logarithmus der reduzierten Wachstumsgeschwindigkeiten von Sphärolithen verschiedener Polymerer als Funktion einer reduzierten Temperatur. $T_{ch}$ = charakteristische Temperatur, ca. 50 K unter $T_G$, bei der alle Segmentbewegungen aufhören; $T_M^0$ = thermodynamischer Schmelzpunkt. Nach A. Gandica und J. H. Magill.

etwa zwischen 2 und 1,5 liegen, so ergibt sich, daß die maximalen Kristallisationsgeschwindigkeiten bei ca. (0,8 – 0,87) $T_M^0$ liegen.

Die Zeitabhängigkeit der primären Kristallisation wird durch die Avrami-Gleichung beschrieben. Die Avrami-Gleichung wurde zuerst für die Kristallisation von Metallen abgeleitet. Die Kristallinität wird als Volumbruch $\phi$ des kristallinen Materials in der Gesamtprobe ausgedrückt. Zur Ableitung wird angenommen, daß aus jedem Keim ein Gebilde (z. B. Stab, Scheibe, Kugel) entsteht). Nach einer unendlich langen Zeit ist die ganze Probe mit diesen Gebilden ausgefüllt. Die Kristallinität der Probe ist dann gleich $\phi_\infty$. $\phi_\infty$ ist aber auch die Kristallinität eines einzelnen Gebildes, da sich ja dessen Kristallinität während der Kristallisation nicht ändern soll. Zu einer Zeit $t$ ist der durch die Gebilde ausgefüllte Bruchteil des Volumens der Probe gleich $\phi/\phi_\infty$. Bei statistisch verteilten Gebilden ist die Wahrscheinlichkeit $p$, daß ein Punkt nicht in irgend einem Gebilde liegt, proportional diesem Bruchteil, d. h.

(10–20) $p = 1 - (\phi/\phi_\infty)$

Die Wahrscheinlichkeit $p_i$, daß ein Punkt nicht in einem bestimmten Gebilde mit dem Volumen $V_i$ liegt, ist

(10–21) $p_i = 1 - (V_i/V)$

Die Wahrscheinlichkeit, daß ein Punkt außerhalb aller Gebilde liegt, ist gleich dem Produkt der Einzelwahrscheinlichkeiten

(10–22) $p = p_1 p_2 \ldots\ldots p_n = \prod_{i=1}^{n} (1 - (V_i/V))$

oder

(10–23) $\ln p = \sum_{i=1}^{n} \ln (1 - (V_i/V))$

Falls das Volumen jedes Gebildes viel kleiner als das totale Volumen ist ($V_i \ll V$), läßt sich der Logarithmus in eine Reihe entwickeln ($\ln (1 - x) = - x - x^2/2 - \ldots$), wobei die Glieder mit $x^2$ und höher vernachlässigt werden können

(10-24) $\ln p = - \sum_{i=1}^{n} (V_i/V) = - V^{-1} \sum_{i=1}^{n} V_i$

Das mittlere Volumen $\overline{V}_i$ eines einzelnen Gebildes ist durch $\overline{V}_i = (\sum_{i=1}^{n} V_i)/N$ gegeben. $N$ ist die Zahl der Gebilde. Die Konzentration $\nu$ der Gebilde pro Einheitsvolumen ist gleich $\nu = N/V$. Mit diesen Notierungen geht Gl. (10 – 24) nach der Entlogarithmierung über in $p = \exp(-\nu \overline{V}_i)$ und Gl. (10 – 20) wird zu

(10–25) $\phi = \phi_\infty (1 - \exp(- \nu \overline{V}_i))$

Werden nun alle Keime simultan gebildet, so ist die Konzentration der Keime konstant ($\nu = k_0$). Die Gebilde besitzen ferner alle das gleiche Volumen $\overline{V}_i$. $\overline{V}_i$ nimmt natürlich mit der Zeit zu. Bei Stäbchen vom konstanten Querschnitt $A$ ist diese Zunahme gänzlich auf die mit der Zeit zunehmende Länge $L$ zurückzuführen. Es gilt also

(10–26) $\overline{V}_i = A \cdot L = A k_1 t$ (Stäbchen)

Bei Scheibchen bleibt die Dicke $d$ konstant und der Radius $r$ wächst proportional der Zeit $t$. Für das mittlere Volumen ergibt sich also

(10–27) $\overline{V}_i = \pi d r^2 = \pi d (k_2 t)^2$ (Scheibchen)

Bei Kugeln nimmt der Radius ebenfalls proportional der Zeit $t$ zu und man erhält

(10–28) $\overline{V}_i = (4/3)\pi (k_3 t)^3$ (Kugeln)

Bei der sporadischen Keimbildung werden die Keime nicht gleichzeitig, sondern unregelmäßig nacheinander gebildet. $\nu$ ist daher keine zeitunabhängige Konstante, sondern nimmt mit der Zeit $t$ zu. Es sei angenommen, daß die Keime zeitlich und räumlich statistisch gebildet werden. Die Berechnung wird sehr vereinfacht, wenn man diesen Prozeß auf das gesamte Volumen bezieht, einschließlich desjenigen, das bereits durch wachsende Gebilde ausgefüllt ist. Das Resultat wird durch diese scheinbare Doppelbelegung nicht geändert, da die im Innern eines Gebildes neu entstehenden Keime nicht den Bruchteil des freien Raumes beeinflussen. Bei der sporadischen Keimbildung möge die Konzentration $\nu$ der Keime mit der Zeit $t$ zunehmen:

(10–29) $\nu = kt$

Das mittlere Volumen $\overline{V}_i$ eines Gebildes ergibt sich dann aus der Überlegung, daß jeder Keim im gleichen Zeitraum die gleiche Bildungschance hat. Diese Chance ist für den Zeitraum von $(t - \tau)$ bis $(t - \tau + d\tau)$ gleich $d\tau/t$. Die Gleichungen (10–26) – (10–28) gehen also über in

(10–30) $\overline{V}_i = k_1 A \int_0^t (t - \tau)(d\tau/t) = 0{,}5\, k_1 A t$ (Stäbchen)

(10–31) $\overline{V}_i = \pi d k_2^2 \int_0^t (t - \tau)^2 (d\tau/t) = (1/3)\pi d k_2^2 t^2$ (Scheibchen)

(10–32) $\overline{V}_i = (4/3)\pi k_3^3 \int_0^t (t - \tau)^3 (d\tau/t) = (1/3)\pi k_3^3 t^3$ (Kugeln)

Setzt man diese Ausdrücke für $\nu$ und $\overline{V}_i$ in Gl. (10–25) ein, so gelangt man zu Gleichungen vom allgemeinen Typ

(10-33) $\phi = \phi_\infty [1 - \exp(-z t^n)]$

Gl. (10–23) wird als Avrami-Gleichung bezeichnet. Die Konstanten $z$ und $n$ haben für die verschiedenen Gebilde und Typen der Keimbildung die in Tab. 10 – 3 zusammengestellte Bedeutung.

*Tab. 10–3:* Konstanten $z$ und $n$ der Avrami-Gleichung

| Gebilde | $z$ | | $n$ | |
|---|---|---|---|---|
| | simultan | sporadisch | simultan | sporadisch |
| Stäbchen | $k_0 k_1 A$ | $0{,}5\, k k_1 A$ | 1 | 2 |
| Scheibchen | $k_0 k_2^2 \pi d$ | $(1/3) k k_2^2 \pi d$ | 2 | 3 |
| Kugel | $(4/3) k_0 k_3^3 \pi$ | $(4/3) k k_3^3 \pi$ | 3 | 4 |

Zur Auswertung von Kristallisationsmessungen wird Gl. (10–33) doppelt logarithmiert

(10–34) $\ln [-\ln (1-(\phi\, \phi_\infty^{-1})] = \ln z + n \cdot \ln t$

Die Konstante $n$ kann dann aus der Auftragung der linken Seite der Gl. (10–34) gegen ln $t$ entnommen werden. Bei der Kristallisation von Poly(chlortrifluoräthylen) wurde z.B. je nach den Bedingungen $n = 1$ oder $n = 2$ gefunden, beim Poly(hexamethylenadipamid) $n = 3$. Poly(äthylenterephthalat) gab je nach Kristallisationstemperatur Werte zwischen 2 und 4. Die Interpretation der $n$-Werte muß sehr vorsichtig erfolgen, da auch gebrochene Zahlen und Werte von $n = 6$ bekannt sind. Verschiedene Methoden können verschiedene Werte von $n$ geben, wenn die Methoden verschieden auf die Form ansprechen. Die Dilatometrie mißt z. B. in der Regel das Wachstum von Sphärolithen, die Calorimetrie dagegen auch das Wachstum von Lamellen in Spärolithen. Die Avrami-Gleichung kann in allen Fällen natürlich nur gelten, bis sich die wachsenden Gebilde zu berühren anfangen.

Die Kristallisationsgeschwindigkeiten sind von Polymer zu Polymer sehr stark verschieden (Tab. 10–4). Langsam kristallisierende Polymere wie Poly(äthylenglykolterephthalat) können nämlich durch rasches Unterkühlen unter den Schmelzpunkt praktisch völlig amorph erhalten werden, was beim rasch kristallisierenden Poly(äthylen) selbst beim Abkühlen mit flüssigem Stickstoff niemals gelungen ist. Die Kristallisationsgeschwindigkeit hängt von der Konstitution und der Konfiguration der Polymeren ab. Symmetrisch aufgebaute Polymere wie Poly(äthylen), Poly(oxymethylen) usw. kristallisieren meist rasch, während sperrige Substituenten und Kettenglieder die Kristallisationsgeschwindigkeit herabsetzen.

*Tab. 10-4:* Lineare Kristallisationsgeschwindigkeiten verschiedener Polymerer aus der Schmelze bei Unterkühlungen von ca. 30 °C unter dem Schmelzpunkt

| Polymer | Kristallisationsgeschwindigkeit μm/min |
|---|---|
| Poly(äthylen) | 5000 |
| Poly(hexamethylenadipamid) | 1200 |
| Poly(oxymethylen) | 400 |
| Poly(caprolactam) | 150 |
| Poly(trifluorchloräthylen) | 30 |
| it-Poly(propylen) | 20 |
| Poly(äthylenglykolterephthalat) | 10 |
| it-Poly(styrol) | 0,25 |
| Poly(vinylchlorid) | 0,01 |

Ein Spezialfall der Kristallisation ist das Wachstum über Sphärolithe. Sphärolithe werden nur in einem bestimmten Temperaturbereich gebildet, z. B. beim it-Poly(propylen) mit einem Schmelzpunkt von 170 °C erst unterhalb von 115 °C. Bei Sphärolithen wird das Wachstum der Sphärolithengrenze verfolgt. Diese Grenze ist durch die kristallinen Anteile des Sphärolithen gegeben. Da ein Sphärolith aber auch nichtkristallines Material enthält, entspricht das Sphärolithwachstum damit dem maximalen Kristallwachstum. Mit steigendem Molekulargewicht nimmt die Kristallisationsgeschwindigkeit ab, da die Diffusionsgeschwindigkeit der Moleküle sinkt.

Die fibrilläre Struktur im Innern eines Sphärolithen (Abb. 5 – 23) folgt aus der chemischen und molekularen Uneinheitlichkeit der kristallisierenden Makromoleküle. Die Anteile mit niedrigem Molekulargewicht und mit starker Verzweigung brauchen wegen ihrer tieferen Schmelzpunkte eine stärkere Unterkühlung; sie kristallisieren daher weniger gut. Das Sphärolithwachstum führt somit zu einer fraktionierten Kristallisation. Die schlecht kristallisierenden Anteile werden von der Wachstumszone ausgeschlossen und geraten in eine Zwischenzone. Sie unterdrücken hier die Kristallisation, was zum bevorzugten Wachstum in der Wachstumszone und daher zu einer fibrillären Struktur führt.

### 10.3.4 EINFLUSS VON ZUSÄTZEN

Bei der Kristallisation reiner Polymerer entstehen die Kristallisationskeime je nach thermischer Vorgeschichte, Verunreinigungen usw. mehr oder weniger zufällig. Da meist nur relativ wenig Keime entstehen, bilden sich große Sphärolithe. Dadurch werden die mechanischen Eigenschaften ungünstig beeinflußt. Man steuert daher die Kristallisation durch Zugabe von Keimbildnern, z. B. Alkalisalzen von langkettigen Fettsäuren bei Poly(α-olefinen). Die Wirksamkeit dieser Keimbildner hängt weitgehend von ihrer Löslichkeit in der Polymerschmelze ab. Lösliche Zusätze wirken lediglich als Verdünner und verringern die Kristallisationsgeschwindigkeit. Unverträgliche Zusätze lassen dagegen die Kristallisationsgeschwindigkeit konstant oder erhöhen sie, je nachdem ob die Zusätze inert oder für die Polymerschmelze benetzbar sind.

Derartige Effekte spielen offenbar auch bei der Einfärbung von Polymeren mit Pigmenten eine Rolle. Anorganische Pigmente sind in den Polymerschmelzen unlöslich, aber vermutlich benetzbar, und induzieren daher die heterogene Keimbildung für viele kleine Sphärolithe. Organische Pigmente sind dagegen meist etwas löslich, was zu einer langsameren Keimbildung und langsameren Kristallisation führt. Unter den Arbeitsbedingungen findet dann beim Abkühlen der Formteile eine Nachkristallisation statt, die zu einem Schwund und wegen der Anisotropie der Wärmeleitfähigkeit auch zu einem Verzug der Formteile führt.

### 10.3.5 REKRISTALLISATION

Kristalline Polymere können nach Kap. 5.3.3 in verschiedenen enantiomorphen Formen auftreten. Beim Abkühlen einer Polymerschmelze auf eine bestimmte Temperatur unterhalb des Schmelzpunktes wird nun aus kinetischen Gründen nicht immer die dort thermodynamisch stabile Kristallmodifikation erreicht. In vielen Fällen wandeln sich die Formen nur sehr langsam ineinander um, was einer der Gründe für ein schlechtes Langzeitverhalten von Polymeren oder eine ungenügende Tieftemperaturbeständigkeit ist. Beim it-Poly(buten-1) wird z.B. aus der Lösung die Modifikation 3, aus der Schmelze die Modifikation 2 erhalten. Beide Modifikationen sind metastabil. Die Modifikation 2 geht durch eine fest-fest-Umwandlung in die stabile Modifikation 1 über. Die Modifikation 3 ist dagegen bei Raumtemperatur stabil, wandelt sich aber bei höheren Temperaturen in die Modifikation 1 oder 2 um. Die Unterschiede in den Schmelzenthalpien und Schmelzentropien sind dabei klein (Tab. 10 – 5).

*Tab. 10-5:* Thermodynamische Größen der drei Modifikationen des it-Poly(buten-1), bezogen auf den Grundbaustein

| Modifikation | $T_M$ °C | $\Delta H_M$ J mol$^{-1}$ | $\Delta S_M$ J K$^{-1}$ mol$^{-1}$ |
|---|---|---|---|
| 1 | 138 | 6700 | 16,3 |
| 2 | 130 | 4200 | 10,4 |
| 3 | 106,5 (?) | 6300 | 16,5 |

## *10.4 Schmelzen*

### 10.4.1 SCHMELZPROZESSE

Kettenförmige Polymere kristallisieren im allgemeinen unter Kettenfaltung in Lamellen (vgl. Kap. 5.4.2). Die Deckschicht dieser Lamellen ist „amorph", das Innere kristallin (vgl. Abb. 5-15). Röntgenkleinwinkelmessungen sind so interpretiert worden, daß beim Erhitzen derartiger Lamellen sowohl die Dicke der amorphen Deckschicht als auch die Dicke der kristallinen Schicht über einen weiten Temperaturbereich konstant bleibt (Abb. 10-10). Von einer bestimmten Temperatur an nimmt demnach die mittlere Dicke der kristallinen Schicht stark ab und die der amorphen stark zu.

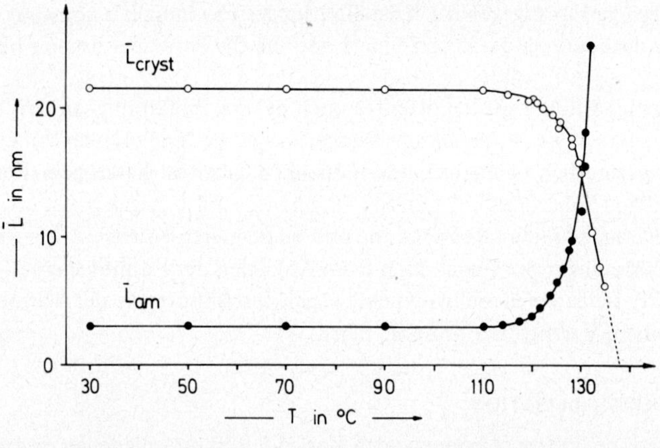


*Abb. 10-10:* Mittlere Längen der kristallinen und amorphen Anteile der Lamellenhöhe von Poly(äthylen) nach Röntgenkleinwinkelstreuungs-Messungen bei verschiedenen Temperaturen. Alle Experimente wurden mit dem gleichen Material ausgeführt.

Die Schmelztemperatur wird jedoch als die Temperatur definiert, bei der die kristalline Schicht im thermodynamischen Gleichgewicht mit der Schmelze steht. Sie muß noch von der Dicke der Lamelle *vor* Einsetzen des Schmelzprozesses abhängen. Jeder Grundbaustein trägt ja eine Schmelzenthalpie $(\Delta H_M)_u$ zur beobachteten Schmelzenthalpie $\Delta H_M$ bei. Die Schmelzenthalpie wird außerdem um den Betrag der Grenzflächenenthalpie $\Delta H_f$ auf beiden Seiten der Lamelle erniedrigt. Für eine Lamelle aus $N_u$ Grundbausteinen erhält man daher

(10-35) $\Delta H_M = N_u\,(\Delta H_M)_u - 2\,\Delta H_f$

Der für eine solche Lamelle beobachtbare Schmelzpunkt ist

(10-36) $T_M = \Delta H_M / \Delta S_M$

während der Schmelzpunkt für eine unendlich dicke Lamelle den Wert

(10-37) $T_M^0 = N_u\,(\Delta H_M)_u / (N_u\,(\Delta S_M)_u) = (\Delta H_M)_u / (\Delta S_M)_u$

annehmen würde. Die Schmelzentropie für eine Lamelle aus $N_u$ Grundbausteinen ist dabei

(10-38) $\Delta S_M = N_u\,(\Delta S_M)_u$

Durch Einsetzen der Gl. (10-35) – (10-37) ineinander gelangt man zu

(10-39) $$T_M = T_M^0 - \frac{2\,\Delta H_f}{(\Delta S_M)_u} \cdot \frac{1}{N_u}$$

oder mit Gl. (10-37)

(10-40) $$T_M = T_M^0 \left[1 - \frac{2\,\Delta H_f}{(\Delta H_M)_u} \cdot \frac{1}{N_u}\right]$$

Durch Auftragen der Schmelztemperatur $T_M$ gegen die reziproke Anzahl der Grundbausteine pro Lamelle, d. h. die Lamellenhöhe, und Extrapolation auf eine unendlich dicke Lamelle läßt sich somit der thermodynamische Schmelzpunkt $T_M^0$ erhalten (Abb. 10-11).

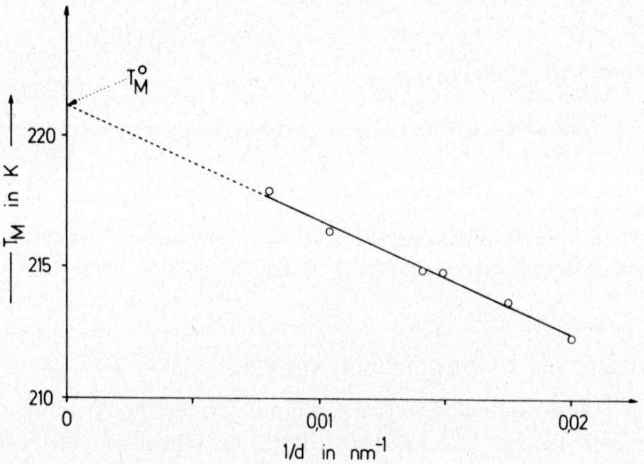


*Abb. 10-11:* Abhängigkeit der Schmelztemperaturen von Poly(trifluorchloräthylen) von der reziproken Lamellendicke *d* der Lamellen. Die Lamellendicken wurden röntgenographisch bei kleinen Winkeln als Abstände der Lamellen gemessen, enthalten daher sowohl die kristallinen Anteile als auch die amorphe Deckschicht. J. D. Hoffman nach Daten von P. H. Geil und J. J. Weeks.

Die Anzahl $N_u$ der Grundbausteine pro Kettenstück in der Lamelle ist mit der beobachteten Lamellendicke $L_{beob}$ über die kristallographische Länge $L_u$ eines Grundbausteins verbunden:

(10-41) $L_{beob} = N_u L_u$

Die beobachtete Lamellendicke wird aber experimentell immer um einen Faktor $\gamma$ größer als die über die Wachstumstheorie berechnete Lamellendicke $(L_{lam})_{theor}$ gefunden:

(10-42) $L_{beob} = \gamma (L_{lam})_{theor}$

Einsetzen der Gl. (10-18), (10-19), (10-41) und (10-42) in die Gl. (10-39) führt mit $\sigma_f = L_u \Delta H_f$ zu

(10-43) $T_M = T_M^0 (1 - \gamma^{-1}) + \gamma^{-1} T_{cryst}$

Durch Auftragen der Schmelztemperatur $T_M$ von Kristallen gegen deren Kristallisationstemperatur $T_{cryst}$ sollte man daher eine Gerade erhalten (Abb. 10-12). Der Schnittpunkt dieser Geraden mit der Linie für $T_M = T_{cryst}$ gibt den thermodynamischen Schmelzpunkt $T_M^0$. $\gamma$ wurde für viele Polymere als zu etwa 2 ermittelt.

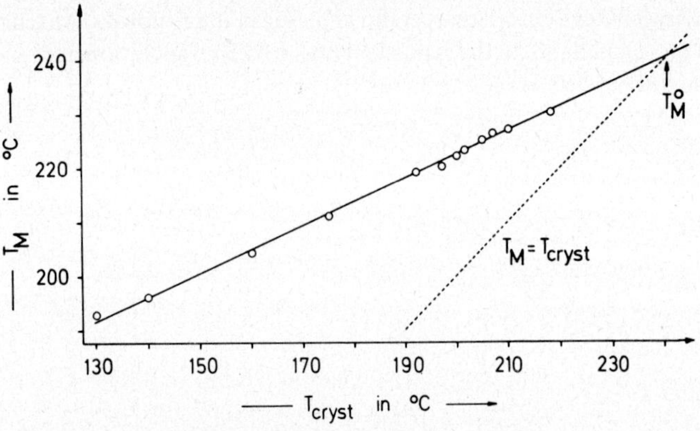


*Abb. 10-12:* Einfluß der Kristallisationstemperatur $T_{cryst}$ auf die Schmelztemperatur $T_M$ von it-Poly(styrol). Nach N. Overbergh, H. Bergmans und G. Smets.

### 10.4.2 SCHMELZPUNKT UND MOLEKULARGEWICHT

In einer polymerhomologen Reihe nimmt der thermodynamische Schmelzpunkt mit zunehmendem Molekulargewicht zu, bis schließlich der Einfluß der Endgruppen vernachlässigbar gering wird (Abb. 1-1). Durch Extrapolation auf ein unendlich hohes Molekulargewicht läßt sich daher der thermodynamische Schmelzpunkt eines perfekten Kristalls aus unendlich langen Ketten erhalten (Abb. 10-13).

Die meisten der in der Literatur berichteten Schmelzpunkte gelten weder für perfekte Kristalle unendlich langer Ketten ($T_M^\infty$) noch für perfekte Kristalle endlich langer Ketten ($T_M^0$). Sie sind vielmehr lediglich die beobachteten Schmelzpunkte $T_M$ von

Polymeren endlichen Molekulargewichtes und undefinierter Lamellenhöhe, d. h. keine perfekten Kristalle.

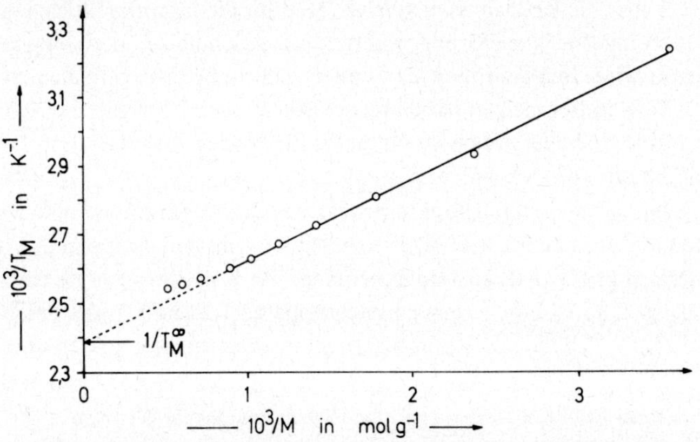


*Abb. 10-13:* Molekulargewichtsabhängigkeit der Schmelzpunkte von Alkanen, gereinigt durch Zonenschmelzen. Der Schmelzpunkt eines 100 % kristallinen Poly(äthylens) von unendlich hohem Molekulargewicht ergibt sich zu 146,3 °C (Daten der Abb. 1 - 1 und von W. Heitz, R. Peters, G. Strobl und E. W. Fischer.

10.4.3 SCHMELZPUNKT UND KONSTITUTION

Die Schmelzenthalpien und Schmelzentropien pro mol Grundbaustein können in weiten Grenzen schwanken (Tab. 10 - 6). Die Schmelzentropie pro mol Kettenglied ist jedoch bei vielen Polymeren ziemlich konstant. Da der Schmelzpunkt somit maß-

*Tab. 10-6:* Schmelzenthalpien und Schmelzentropien von Polymeren. Die Gruppen COO, NHCO und $C_6H_4$ wurden jeweils als ein Kettenglied angenommen

| Polymer | Schmelztemp. | Anzahl Kettenglieder pro Grundbaustein | Schmelzenthalpie | | Schmelzentropie | |
|---|---|---|---|---|---|---|
| | | | pro Grundbaustein | pro Kettenglied | pro Grundbaustein | pro Kettenglied |
| | °C | | kJ mol$^{-1}$ | kJ mol$^{-1}$ | JK$^{-1}$mol$^{-1}$ | J K$^{-1}$ mol$^{-1}$ |
| Poly(methylen) | 144 | 1 | 3,29 | 3,29 | 7,87 | 7,87 |
| Poly(oxymethylen) | 180 | 2 | 7,45 | 3,73 | 16,50 | 8,25 |
| Poly(oxyäthylen) | 67 | 3 | 8,29 | 2,76 | 24,37 | 8,12 |
| Poly(decamethylen-adipat) | 80 | 16 | 42,71 | 2,67 | 121,42 | 7,59 |
| Poly(decamethylen-sebacat) | 80 | 20 | 50,24 | 2,51 | 142,36 | 7,12 |
| Poly(decamethylen-terephthalat) | 138 | 13 | 46,06 | 3,54 | 112,21 | 8,63 |
| Poly(äthylentere-phthalat) | 267 | 5 | 23,02 | 4,60 | 42,71 | 8,54 |
| Poly(caprolactam) | 225 | 6 | 21,35 | 3,56 | 42,71 | 7,12 |
| Poly(hexamethylen-adipamid) | 267 | 12 | 43,13 | 3,60 | 79,97 | 6,66 |
| Cellulosetributyrat | 207 | 2 | 12,56 | 6,28 | 26,17 | 13,08 |

geblich durch die Schmelzenthalpie bestimmt wird, wurde vermutet, daß die Kohäsionsenergie die entscheidende Größe sei.

Nun ist aber die Kohäsionsenergie ein Maß für die intermolekular wirkenden Kräfte beim Übergang flüssig/gasförmig, während beim Schmelzen der Übergang fest/flüssig betrachtet wird. Beide Größen sind daher nicht unbedingt vergleichbar. Infrarotmessungen an Polyamidschmelzen haben ferner gezeigt, daß oberhalb des Schmelzpunktes noch der größte Teil aller Wasserstoffbrückenbindungen vorhanden ist. Die Kohäsionsenergie muß daher relativ unwichtig sein.

Wenn ferner die Schmelzpunkte primär von der Kohäsionsenergie bestimmt würden, sollten die Schmelzpunkte mit zunehmender Zahl von Gruppen mit hohen Kohäsionsenergien pro Grundbaustein zunehmen. Die Kohäsionsenergie einer Methylengruppe beträgt 2,85 kJ $mol^{-1}$, einer Estergruppe 12,1 kJ $mol^{-1}$ und einer Amidgruppe 35,6 kJ $mol^{-1}$. Die Schmelzpunkte von aliphatischen Polyamiden und Polyestern

*Tab. 10-7:* **Vergleich der Kohäsionsenergien und Schmelzpunkte für Polymere**

| Kettenglieder | | Beispiele für Polymere | | |
|---|---|---|---|---|
| Gruppierung | Kohäsionsenergie kJ/mol Gruppe | Grundbaustein | mittlere Kohäsionsenergie kJ/mol Gruppe | $T_M$ °C |
| $-CH_2-$ | 2,85 | $-CH_2-$ | 2,85 | 144 |
| $-CF_2-$ | 3,18 | $-CF_2-$ | 3,18 | 327 |
| $-O-$ | 4,19 | $-CH_2-O-$ | 3,52 | 188 |
| | | $-CH_2-CH_2-O-$ | 3,31 | 67 |
| $-C(CH_3)_2-$ | 8,00 | $-CH_2-C(CH_3)_2-$ | 5,40 | 44 |
| $-CCl_2-$ | 13,0 | $-CH_2-CCl_2-$ | 7,91 | 198 |
| $-CH(C_6H_5)-$ | 18,0 | $-CH_2-CH(C_6H_5)-$ | 10,4 | 250* |
| $-CHOH-$ | 21,4 | $-CH_2-CHOH-$ | 12,1 | 265** |
| $-COO-$ | 12,1 | $-(CH_2)_5-COO-$ | 4,4 | 55 |
| $-CONH-$ | 35,6 | $-(CH_2)_5-CONH-$ | 8,3 | 228 |

*isotaktisch; **wahrscheinlich syndiotaktisch

sollten daher umso höher liegen, je niedriger ihr Gehalt an Methylen-Gruppen ist. Das Verhalten der Polyester ist aber gerade umgekehrt (Abb. 10-14). Andererseits besitzen aber Estergruppen eine niedrigere Potentialschwelle als Methylen- und Amidgruppen (Tab. 4-3). Die Flexibilität des Einzelmoleküls und nicht die intermolekulare Wechselwirkung der Ketten ist daher der primäre Faktor für die Höhe der Schmelzpunkte.

Die Flexibilität eines Moleküls hängt von der Konstitution und der Konfiguration der Kette und der dadurch erzeugten Konformation ab. Die Flexibilität ist bei gleicher Konformation umso höher, je größer die Abstände der Kettenatome und je größer deren Valenzwinkel sind. Sie ist höher, wenn die Rotationsbehinderung niedriger ist. Poly(äthylen) ($T_M^o$ = 144 °C) mit seiner relativ hohen Potentialschwelle für die Rotation um die $-CH_2-CH_2$-Bindung hat daher einen höheren Schmelzpunkt als das Äthergruppen enthaltende Poly(tetrahydrofuran) ($(-CH_2-CH_2-CH_2-CH_2-O-)_n$ mit $T_M$ ~ 35 °C (vgl. dazu auch Kap. 4.2). Starre Gruppen (Phenylreste usw.) erhöhen den Schmelzpunkt.

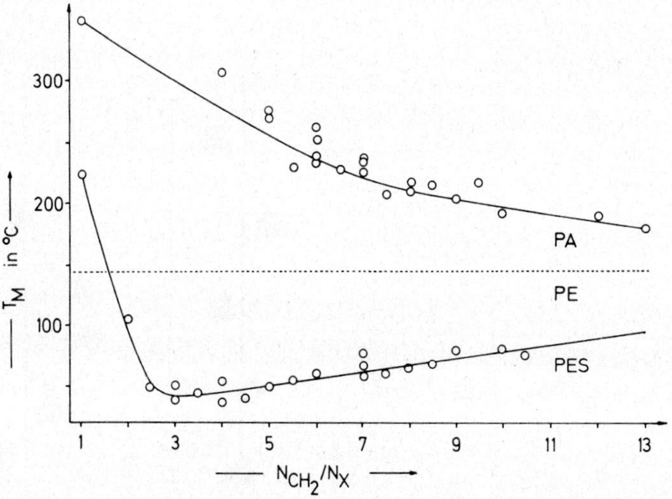


*Abb. 10-14:* Abhängigkeit der Schmelztemperatur $T_M$ von aliphatischen Polyamiden PA und aliphatischen Polyestern PES mit X = Amid- oder Estergruppe als Funktion des Gruppenverhältnisses. ----- Poly(äthylen).

Helices sind je nach der Sequenz der Konformation lockerer oder dichter aufgebaut. Helices des Poly(oxymethylens) mit der Konformationssequenz gg haben z. B. bei etwa gleicher Zahl der Kettenatome pro Längeneinheit in Kettenrichtung einen viel kleineren Durchmesser als die Helices des Poly(äthylenoxids), die aus ttg-Sequenzen aufgebaut sind (Abb. 10-15). Die Helices des Poly(oxymethylens) sind daher steifer. Der Schmelzpunkt des Poly(oxymethylens) ist folglich höher als der des Poly(oxyäthylens).

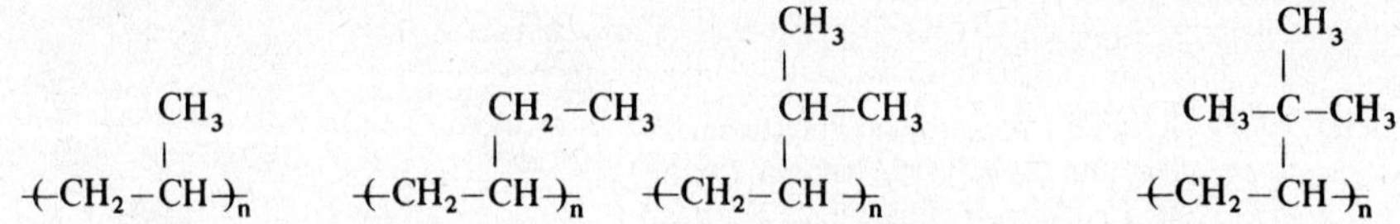

| it-Poly(propylen) | it-Poly(buten-1) | it-Poly(3-methyl-buten-1) | it-Poly(3,3'-dimethyl-buten-1) |
|---|---|---|---|
| $3_1$-Helix | $3_1$-Helix | $4_1$-Helix | ? |
| $T_M$ = 178 °C | $T_M$ = 136 °C | $T_M$ = 245 °C | $T_M$ > 320 °C |

Die Tendenz zur Versteifung der Helix durch dichtere Packung läßt sich auch durch Substitution erreichen. Zusätzliche Substituenten in unmittelbarer Nähe der Hauptkette von helixbildenden Makromolekülen weiten die Helix auf und erniedrigen den Schmelzpunkt. Der Schmelzpunkt des it-Poly(butens-1) ist daher niedriger als der des it-Poly(propylens). Poly-(3-methylbuten-1) besitzt wegen der dichteren intermolekularen Packung einen höheren Schmelzpunkt als Poly(buten-1).

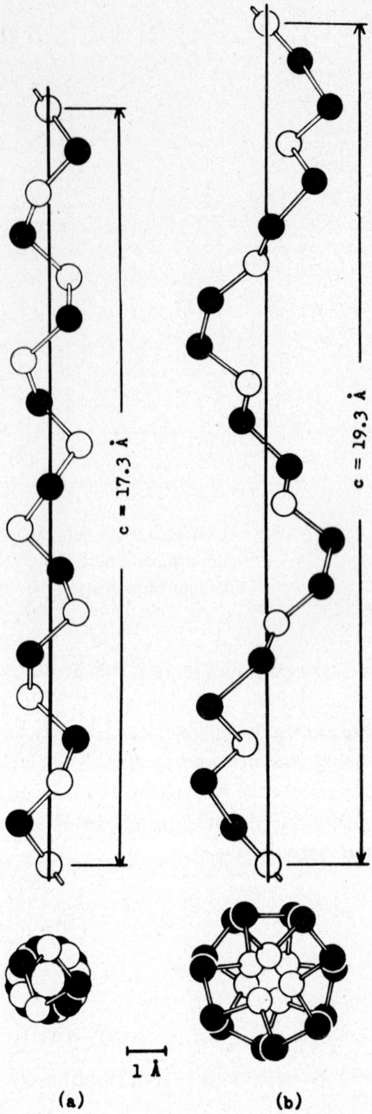


*Abb. 10-15:* Kristallstruktur von (a) Poly(oxymethylen) und (b) Poly(äthylenoxid) (nach H. Tadokoro, Y. Chatani, M. Kobayashi, T. Yoshihara, S. Murahashi und K. Imada). 10 Å = 1 nm

In der Reihe der Poly-$\alpha$-olefine $\left( CH_2{-}CH(CH_3) \right)_n$, $\left( CH_2{-}CH(CH_2CH_3) \right)_n$, $\left( CH_2{-}CH(CH_2CH_2CH_3) \right)$ usw. ist der unmittelbar an der Kette sitzende Substituent stets eine CH-Gruppe. Die Kettenkonformation bleibt somit erhalten. Die längeren Seitenketten setzen aber die gegenseitige Packung der Ketten herab, so daß der Schmelzpunkt sinkt (Abb. 10 - 16). Erst bei sehr langen Seitenketten tritt eine zusätzliche Ordnung der Seitenketten untereinander ein, so daß der Schmelzpunkt mit steigender Zahl der Kohlenstoffatome wieder ansteigt.

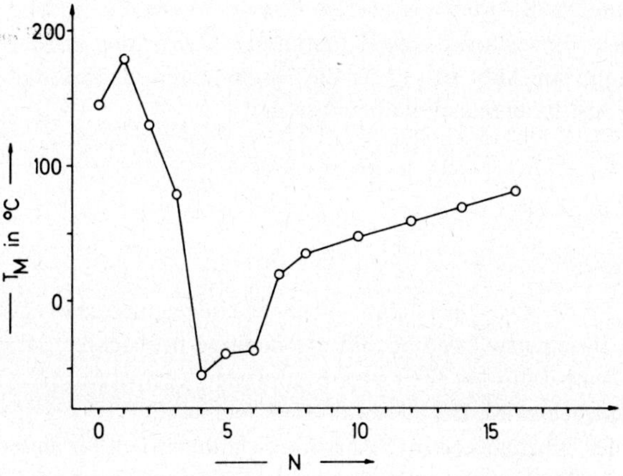


*Abb. 10-16:* Schmelzpunkte $T_M$ isotaktischer Poly(α-olefine) $\text{+}CH_2\text{–}CHR\text{+}_n$ als Funktion der Zahl $N$ der Methylengruppen in den Resten $R = (CH_2)_NH$.

## 10.4.4 SCHMELZPUNKT VON COPOLYMEREN

Bei Copolymeren können die einzelnen Bausteine miteinander isomorph sein. Sind sie zudem noch statistisch angeordnet, so steigen die Schmelzpunkte regelmäßig mit dem Molenbruch des höher schmelzenden Comonomeren an. Ein Beispiel dafür sind die Copolymeren aus Hexamethylenterephthalamid und Hexamethylenadipamid (Abb. 10-17). Bei nichtisomorphen Bausteinen werden dagegen die Kristallitlän-

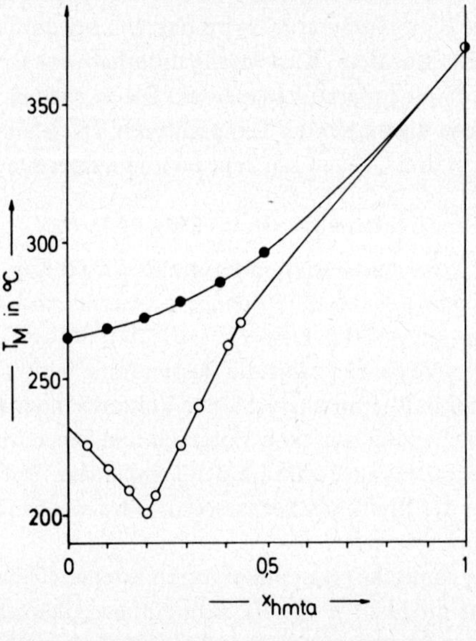


*Abb. 10-17:* Schmelzpunkte $T_M$ von Copolymeren aus Hexamethylenterephthalamid (HMTA) und Hexamethylenadipamid (●) bzw. Hexamethylensebacinsäureamid (○). Nach O. B. Edgar und R. Hill.

gen mit zunehmendem Anteil des zweiten Comonomeren vermindert. Die Schmelzpunkte sinken und erreichen bei einer bestimmten Zusammensetzung des Copolymeren ein Minimum, wie Abb. 10 – 17 für die Copolymeren aus Hexamethylenterephthalamid und Hexamethylensebacinsäureamid zeigt.

## *10.5 Glasumwandlung*

### 10.5.1 PHÄNOMENE

In der Mitte der zwanziger Jahre wurde bei einigen niedermolekularen Substanzen (Glyzerin, Brucin usw.) und bei Silicatschmelzen beobachtet, daß die Viskosität mit fallender Temperatur bei einer ganz bestimmten Temperatur plötzlich um mehrere Zehnerpotenzen anstieg. Bei dieser „Einfriertemperatur" betrug die Viskosität unabhängig von der Substanz ca. $10^{12}$ Pa s. Als charakteristisch für diesen Einfrierprozeß wurde daher ein „isoviskoses" Verhalten angesehen. Heute neigt man dagegen dazu, die Einfriertemperatur als diejenige Temperatur anzusehen, bei der alle Substanzen das gleiche freie Volumen aufweisen (vgl. auch Kap. 10.2.1). Die Meinungen gehen dabei auseinander, um welches freie Volumen es sich handelt. Übereinstimmung herrscht jedoch darüber, daß es sich um ein Einfrieren von Segmenten handeln muß. Bei vernetzenden Copolymerisationen ergaben sich nämlich solange konstante Einfriertemperaturen, als sich zwischen den Vernetzungspunkten ca. 30 – 50 Kettenglieder befanden.

Die Begriffe „Einfriertemperatur", „Glastemperatur" und „Erweichungstemperatur" werden heute meist phänomenologisch definiert. Die Einfriertemperatur ist demnach die Temperatur, bei der erstmals Abweichungen der Meßgröße vom „normalen" Verhalten bei höheren Temperaturen beobachtet wird (vgl. dazu Abb. 10 – 3). Die „Erweichungstemperatur" ist in ähnlicher Weise für Experimente mit steigender Temperatur definiert. Als „Glastemperatur" wird dagegen oft die Temperatur bezeichnet, bei der sich die beiden „linearen" Kurventeile unterhalb der Erweichungstemperatur und oberhalb der Einfriertemperatur schneiden. Die so definierte Glastemperatur liegt demnach zwischen diesen beiden Temperaturen. In vielen Fällen ist der Unterschied zwischen diesen drei Größen konzeptuel und numerisch belanglos.

### 10.5.2 STATISCHE UND DYNAMISCHE GLASTEMPERATUREN

Der numerische Wert der Glastemperatur hängt nach Kap. 10.1.2 von der Geschwindigkeit der Messung ab. Man teilt daher die Verfahren in statische und dynamische Methoden ein.

Zu den statischen Verfahren zählt die Bestimmung der Wärmekapazitäten (einschließlich der Differentialthermoanalyse), der Volumenänderung und wegen der Lorenz-Lorentz'schen Beziehung zwischen Volumen und Brechungsindex auch die Änderung der Brechungsindices als Funktion der Temperatur. Dynamische Verfahren stellen die Messungen der Breitlinienkernresonanz, des mechanischen Verlustes und des dielektrischen Verlustes dar.

Statische und dynamische Glastemperaturen können ineinander umgerechnet werden. Die Wahrscheinlichkeit $p$ für die Segmentbeweglichkeit ist umso größer, je größer der Anteil $f_{WLF}$ des freien Volumens ist (vgl. dazu auch Kap. 5.5.1). Für $f_{WLF} = 0$ muß auch gelten $p = 0$. Für $f_{WLF} \to \infty$ gilt andererseits $p \to 1$. Die Funktion muß daher lauten

(10-44) $p = \exp(-B/f_{WLF})$ ; $B$ = const.

Das Ausmaß der Deformation hängt von der Zeit $t$ ab. In guter Näherung gilt $pt = const.$ Gl. (10-44) geht daher über in

(10-45) $\log pt = -(B/f_{WLF}) \log e + \log t = \log const$

Für die Differenzen der Logarithmen der Zeiten $t_2$ und $t_1$ gilt daher mit den entsprechenden Anteilen der freien Volumina

(10-46) $$\log t_2 - \log t_1 = \Delta(\log t) = B(\log e)\left(\frac{1}{(f_{WLF})_2} - \frac{1}{(f_{WLF})_1}\right)$$

Eine Änderung der Zeitskala entspricht also einer Änderung des freien Volumens (eine kleinere Zeit entspricht einem größeren Volumen). Andererseits muß der Anteil des freien Volumens mit steigender Temperatur zunehmen. Diese Zunahme wird in der Nähe der Glastemperatur linear sein.

(10-47) $$(f_{WLF})_2 = (f_{WLF})_1 + (\alpha_1 - \alpha_{am})(T_2 - T_1)$$

wobei $\alpha_1$ und $\alpha_{am}$ die Ausdehnungskoeffizienten der Flüssigkeit und des amorphen Polymers sind. Der Bruchteil des freien Volumens für diese beiden Zustände wird jedoch bei der Glastemperatur $T_G$ gleich groß sein. Aus den Gl. (10-46) und (10-47) erhält man daher mit $T_1 = T_G$ für beliebige Temperaturen $T_2 = T$

(10-48) $$\Delta(\log t) = -\frac{[B(\log e)/(f_{WLF})_G][T - T_G]}{[(f_{WLF})_G/(\alpha_1 - \alpha_{am})] + [T - T_G]}$$

oder aufgelöst nach $T$ und mit $\Delta(\log t) = -\log a_t$

(10-49) $$T = T_G + \frac{[(f_{WLF})_G/(\alpha_1 - \alpha_{am})][\log a_t]}{[(B \log e)/(f_{WLF})_G - \log a_t]}$$

Empirisch wurde für $(f_{WLF})_G \approx 0{,}025$ gefunden (vgl. Kap. 5.5.1). $B$ kann in guter Näherung als 1 gesetzt werden. Da $(\alpha_1 - \alpha_{am})$ für viele Stoffe etwa $4{,}8 \cdot 10^{-4}$ K$^{-1}$ beträgt (vgl. auch Tab. 10-2), kann Gl. (10-49) auch als

(10-50) $$T = T_G + \frac{51{,}6 \log a_t}{17{,}4 - \log a_t}$$

geschrieben werden.

Gl. (10-50) bzw. Gl. (10-49) sind als Williams-Landel-Ferry-Gleichung oder als WLF-Gleichung bekannt. Sie gelten für alle Relaxationsprozesse und damit auch für die Temperaturabhängigkeit der Viskosität (vgl. Kap. 7.6.4). Ihr Gültigkeitsbereich ist auf Temperaturen zwischen $T_G$ und etwa ($T_G$ + 100 K) beschränkt. Über einen weiteren Temperaturbereich variiert nämlich der Ausdehnungskoeffizient $\alpha_1$ nicht linear mit der Temperatur, sondern mit der Wurzel daraus.

Die WLF-Gleichung gestattet, die statische Glastemperatur $T_G$ und die verschiedenen dynamischen Glastemperaturen $T$ ineinander umzurechnen. Dazu müssen die Deformationszeiten für die einzelnen Methoden bekannt sein (vgl. Tab. 10-8). Der Verschiebungsfaktor $a_t$ für die Umrechnung ergibt sich dann aus der Differenz der Logarithmen der Deformationszeiten.

*Tab. 10-8:* Deformationszeiten (reziproke effektive Frequenzen) bei verschiedenen Methoden und beim Poly(methylmethacrylat) beobachtete Glastemperaturen. Bei den mit * bezeichneten Methoden können die Frequenzen variiert werden

| Methode | Deformationszeit s | Glastemperatur °C |
|---|---|---|
| Thermische Ausdehnung | $10^4$ | 110 |
| Penetrometrie | $10^2$ | 120 |
| Mechanischer Verlust* | $1 - 10^{-4}$ | — |
| Rückprallelastizität | $10^{-5}$ | 160 |
| Dielektrischer Verlust* | $10^2 - 10^{-8}$ | — |
| NMR Linienbreite | $10^{-4} - 10^{-5}$ | — |
| NMR-Spin-Gitter-Relaxationszeit | $10^{-7} - 10^{-8}$ | — |

Ein- und derselbe Stoff kann sich somit je nach der verwendeten Methode mechanisch ganz verschieden verhalten. Poly(methylmethacrylat) ist nach Tab. 10–8 bei 140 °C gegenüber Messungen der Rückprallelastizität von Kugeln ein Glas, bei penetrometrischen Messungen dagegen ein gummielastischer Körper. Statische und dynamische Glastemperaturen haben somit auch eine unmittelbare praktische Bedeutung. Bei der statischen Glastemperatur geht der Körper bei langsamen Beanspruchungen wie Ziehen, Biegen usw. vom Spröd- in das Zähverhalten über. Die dynamische Glastemperatur ist dagegen wichtig für Kurzzeitbeanspruchungen (Schlag, Stoß).

### 10.5.3 GLASTEMPERATUR UND KONSTITUTION

Die Beweglichkeit der Kettensegmente wird durch chemische und physikalische Vernetzungen erheblich eingeschränkt, wenn der Abstand zwischen den Vernetzungsstellen kleiner als die Segmentgröße wird. In der Tat wird auch bei vielen teilweise kristallinen Polymeren ein Ansteigen der Glastemperatur mit zunehmender Kristallinität beobachtet (vgl. Abb. 10–18). Beispiele dafür sind it-Poly(styrol), st-1,2-Poly(butadien),

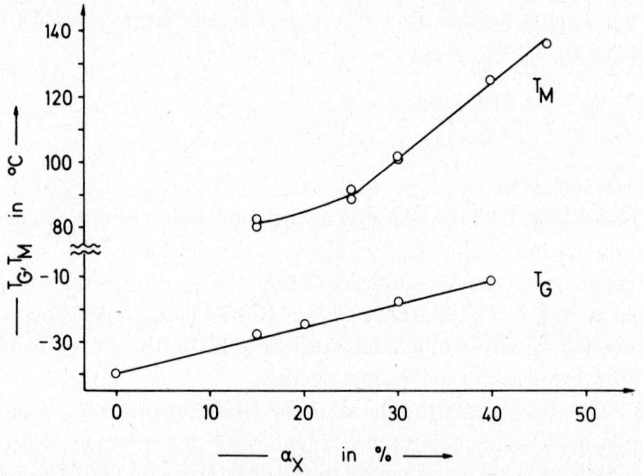


*Abb. 10–18:* Abhängigkeit der Schmelztemperatur $T_M$ und der Glastemperatur $T_G$ von der Kristallinität $\alpha_X$ eines 90 % syndiotaktischen 1,2-Poly(butadiens).

Poly(vinylchlorid), Poly(äthylenoxid) und Poly(äthylenglycolterephthalat). Beim it-Poly(propylen) und beim Poly(chlortrifluoräthylen) gibt es dagegen keinen Einfluß der Kristallinität auf die Glastemperatur. Der Einfluß der Konstitution kann daher nur bei völlig amorphen Polymeren diskutiert werden.

Einflüsse verschieden langer Seitenketten äußern sich bei den Glastemperaturen und den damit symbat gehenden Sprödigkeitstemperaturen $T_B$ ähnlich wie bei den Schmelztemperaturen. Bei Poly(acryl)- und Poly(methacrylsäureestern) vermindern längere Alkylreste (bis $-C_8H_{17}$) die gegenseitige Packung der Ketten und setzen daher die Sprödigkeitstemperatur und die Glastemperatur herab. Bei noch längeren Alkylresten werden die Seitenketten eines Polymermoleküls gegenseitig stark festgelegt, wodurch die Flexibilität der Einzelkette sinkt und die Sprödigkeitstemperatur steigt (Abb. 10-19). Fluoratome in der Hauptkette erhöhen die Glastemperatur stark, in der Seitenkette dagegen nur gering (vgl. z.B. die Nummer 6, 7 und 8 oder 1 und 2 in Tab. (10-9).

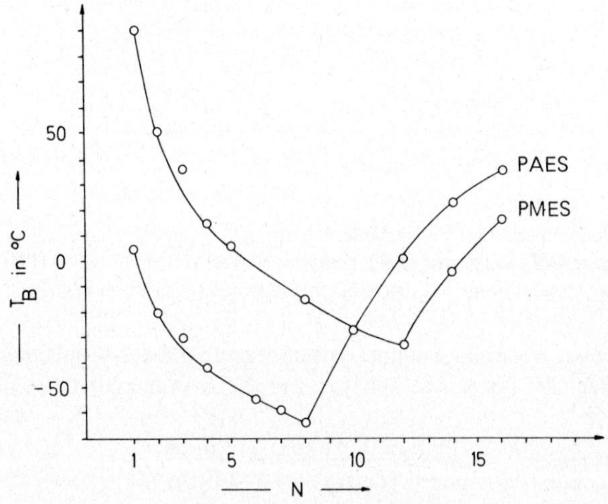


*Abb. 10-19:* Sprödigkeitstemperaturen $T_B$ von Poly(acrylsäureestern) PAES und Poly(methacrylsäureestern) PMES als Funktion der Zahl *N* der Kohlenstoffatome in der aliphatischen Seitenkette.

10.5.4 GLASTEMPERATUR UND KONFIGURATION

Die Zusammenhänge zwischen Glastemperatur und Taktizität sind nur wenig erforscht. Ataktisches und isotaktisches Poly(styrol) weisen praktisch je die gleichen Glastemperaturen auf, ebenso at- und it-Poly(methylacrylat). Die Glastemperatur des it-Poly(methylmethacrylates) (42 °C) ist dagegen deutlich tiefer als die des ataktischen Produktes (103 °C).

10.5.5 GLASTEMPERATUR VON COPOLYMEREN

Die Glastemperatur von Copolymeren kann mit steigendem Gehalt an einer Komponente linear oder nichtlinear variieren (Abb. 10-20). Da die Glastemperatur von der Flexibilität der Ketten und damit von der Konformationsenergie um eine Bindung

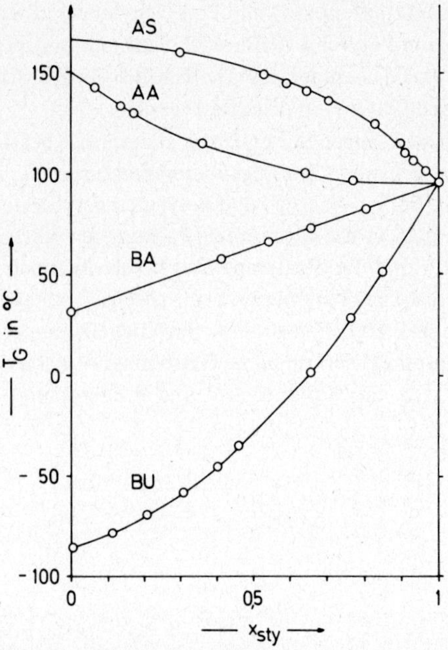


*Abb. 10-20:* Glastemperaturen $T_G$ radikalisch hergestellter Copolymerer aus Styrol und Acrylsäure (AS), Acrylamid (AA), t-Butylacrylat (BA) bzw. Butadien (BU) als Funktion des Molenbruches $x_{sty}$ an Styrol-Bausteinen (nach K. H. Illers).

abhängt, kann man erwarten, daß die Glastemperatur von der Konformationsenergie und den Anteilen aller Bindungen abhängt. Empirisch kann man daher ansetzen:

$$(10\text{-}51) \quad \frac{1}{T_G} = \frac{w_A p_{AA}}{(T_G)_{AA}} + \frac{w_A p_{AB} + w_B p_{BA}}{(T_G)_{AB}} + \frac{w_B p_{BB}}{(T_G)_{BB}}$$

Dabei sind $w_A$ und $w_B$ die Massenanteile an A- und B-Bausteinen, $p_{AA}$, $p_{AB}$, $p_{BA}$ und $p_{BB}$ die Wahrscheinlichkeiten des Auftretens von AA-, AB-, BA- und BB-Diaden und $T_G$, $(T_G)_{AA}$, $(T_G)_{AB} = (T_G)_{BA}$ und $(T_G)_{BB}$ die Glastemperaturen der entsprechenden A-Unipolymeren, alternierenden Copolymeren und B-Unipolymeren. Gl. (10-51) reduziert sich für einen verschwindenden Anteil an AB-Bindungen, d. h. für relativ lange Blöcke zu

$$(10\text{-}52) \quad (1/T_G) = (w_A/(T_G)_A) + (w_B/(T_G)_B)$$

Wird die Glastemperatur durch Einpolymerisieren einer zweiten Komponenten herabgesetzt, so spricht man von „innerer Weichmachung". Ein Beispiel dafür ist das Copolymer von Styrol mit Butadien (Abb. 10-20).

Zwischen der Glastemperatur und dem Behinderungsparameter $\sigma$ (vgl. Kap. 4.4.2.3) besteht eine recht gute Beziehung (vgl. Abb. 10-21). Da der Behinderungsparameter ein Maß für die Flexibilität einer Kette ist, hängt somit die Glastemperatur primär von der Flexibilität einer Einzelkette und nur sekundär von den zwischen den Ketten wirkenden Kräften ab. Da auch der Schmelzpunkt primär von der Flexibili-

*Tab. 10-9:* Glas- und Schmelztemperaturen von Polymeren (* = $T_M^0$)

| Nr. | Polymer | Grundbaustein | $T_M$ °C | $T_G$ °C | $T_G/T_M$ K/K |
|---|---|---|---|---|---|
| 1 | Poly(äthylen) | $-CH_2-CH_2-$ | 144* | -70 | 0,48 |
| 2 | Poly(tetrafluoräthylen) | $-CF_2-CF_2-$ | 327 | ? | ? |
| 3 | Poly(vinylidenchlorid) | $-CH_2-CCl_2-$ | 198 | -17 | 0,54 |
| 4 | Poly(isobutylen) | $-CH_2-C(CH_3)_2-$ | 44 | -73 | 0,63 |
| 5 | Poly(oxymethylen) | $-O-CH_2-$ | 188 | -85 | 0,42 |
| 6 | Poly(oxyäthylen) | $-O-CH_2-CH_2-$ | 67 | -67 | 0,61 |
| 7 | Poly(thioäthylen) | $-S-CH_2-CH_2-$ | 205 | -50 | 0,47 |
| 8 | it-Poly(propylen) | $-CH_2-CH(CH_3)-$ | 208* | -15 | 0,53 |
| 9 | at-Poly(äthylvinyläther) | $-CH_2-CH(OC_2H_5)-$ | 86 | -25 | 0,69 |
| 10 | st-Poly(acrylnitril) | $-CH_2-CH(CN)-$ | 317 | 104 | 0,64 |
| 11 | Poly(4-methylpenten-1) | $-CH_2-CH(CH_2CH(CH_3)_2)-$ | 250 | 17 | 0,55 |
| 12 | Poly(caprolactam) | $-NH-(CH_2)_5-CO-$ | 223 | 49 | 0,64 |
| 13 | Selen | $-Se-$ | 220 | 36 | 0,63 |

tät beeinflußt wird, kann man eine Beziehung zwischen der Glas- und der Schmelztemperatur erwarten. In der Tat schwankt das Verhältnis $T_G/T_M$ nur zwischen etwa 0,42 und 0,7 (Tab. 10-9).

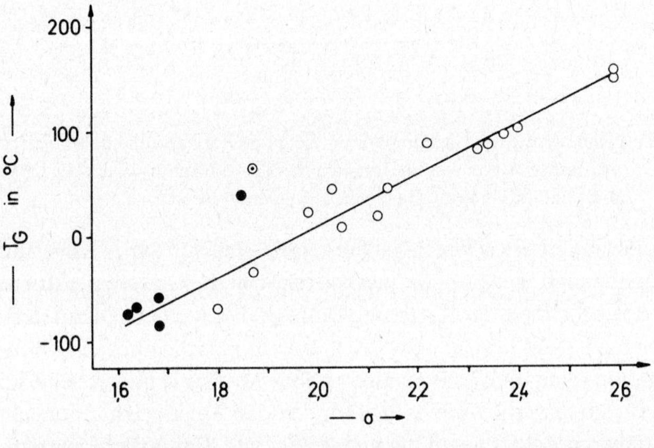


*Abb. 10-21:* Beziehung zwischen der Glastemperatur $T_G$ und dem Behinderungsparameter σ bei Kohlenstoff-Ketten (o), Kohlenstoff/Sauerstoff-Ketten (●) und Kohlenstoff/Stickstoff-Ketten (⊙).

### 10.5.6 WEICHMACHER

Die Glastemperatur kann auch durch Zusatz niedermolekularer Verbindungen herabgesetzt werden. Der Effekt wird in Analogie zur „inneren Weichmachung" durch Copolymerisation als „äußere Weichmachung" oder meist als Weichmachung schlechthin bezeichnet. Die Weichmacherwirksamkeit wird über die Erniedrigung der Glastemperatur gemessen. Sie steigt mit zunehmendem Weichmachergehalt. Die spezifische Weichmacherwirksamkeit ist dabei umso größer, je weniger Weichmacher das Polymere enthält (Abb. 10–22). In der Technik werden Weichmacher in Mengen von 10–20 %, bezogen auf das Polymere, eingesetzt. Noch größere Weichmacheranteile würden die mechanischen Eigenschaften zu stark verschlechtern. Außerdem sind Weichmacher meist teurer als die Polymeren.

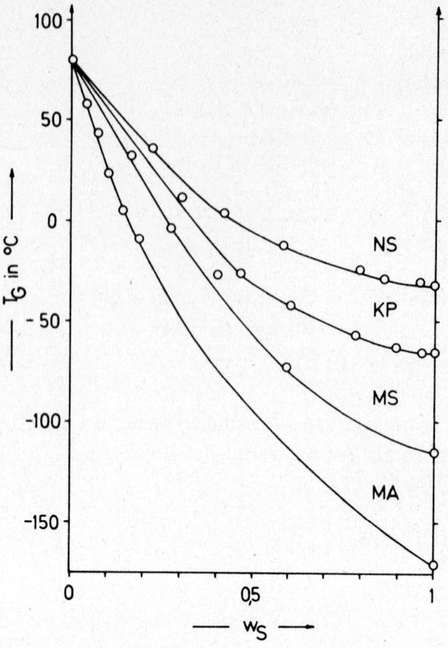


*Abb. 10–22:* Erniedrigung des Glastemperatur $T_G$ eines Poly(styrols) durch verschiedene Gewichtsanteile $w_S$ von Weichmachern. NS = β-Naphthylsalicylat, KP = Trikresylphosphat, MS = Methylsalicylat, MA = Methylacetat.

Die Wirksamkeit eines Weichmachers ergibt sich aus seiner Konstitution und den von ihm ausgehenden Wechselwirkungskräften. Um die Glastemperatur zu erniedrigen, muß ja die Beweglichkeit der Kettensegmente größer werden. Damit der Weichmacher einen derartigen Effekt hervorrufen kann, muß er natürlich mit dem Polymeren verträglich sein, d.h. eine thermodynamisch stabile Mischung bilden. Eine gute Löslichkeit wird z.B. durch starke Wechselwirkungen der Weichmachermoleküle mit den Grundbausteinen des Polymeren hervorgerufen. Die Solvatation versteift jedoch die Ketten. Weichmacher müssen daher möglichst schlechte Lösungsmittel sein, aber natürlich keine Nichtlöser. Die versteifende Wirkung der solvatisierenden Moleküle ist ferner umso höher, je größer die Weichmachermoleküle sind. Die Weichmachermoleküle sollten daher möglichst klein sein, um eine hohe Weichmacherwirkung hervorzurufen. Sehr kleine Moleküle besitzen aber einen hohen Dampfdruck und damit eine große Flüchtigkeit, was technisch unerwünscht ist. Ferner sollten die Wechselwirkungen zwischen den Weichmachermolekülen selbst gering sein. Starke Wechselwirkungen vermindern nämlich die möglichen Wechselwirkungen mit dem Polymeren. Außerdem bilden dann die Weichmachermoleküle eine Art „Netz", gegen das die Bewegungen der Polymersegmente ausgeführt werden müssen. Dafür ist mehr Energie erforderlich, wodurch die Glastemperatur wieder erhöht wird. Kleine Wechselwirkungen zwischen den

Weichmachermolekülen resultieren nun in einer geringen Viskosität. Die Viskosität des Weichmachers sollte also möglichst klein sein (Leilich'sche Regel).

Diese Betrachtungen zeigen, daß zwischen der Forderung nach möglichst hoher Weichmacherwirkung pro Anteil an Weichmacher durch schlechte Löslichkeit, kleine Weichmachermoleküle und niedrige Viskosität und der technischen Brauchbarkeit von Weichmachern eine Diskrepanz besteht. Technische Weichmacher stellen daher immer einen Kompromiß zwischen wünschbaren und noch tolerierbaren Eigenschaften dar. Die Forderung nach geringer Flüchtigkeit kann man z.B. durch Einsatz von sogenannten Polymerweichmachern erfüllen. Derartige Polymerweichmacher sind aliphatische Polyester und Polyäther, also Ketten mit einer hohen Flexibilität. Ihre Molekulargewichte betragen etwa 2000–4000. Sie müssen wegen ihrer Molekülgröße natürlich in größeren Mengen eingesetzt werden, um etwa die gleiche Wirksamkeit wie niedermolekulare Weichmacher zu erzielen. Mit steigendem Molekulargewicht nimmt jedoch die thermodynamische Unverträglichkeit zu (Kap. 6.6.6). Da andererseits die Diffusionskoeffizienten der Polymerweichmacher im Polymeren wegen der relativ hohen Molekulargewichte ziemlich niedrig sind, wird eine Weichmacherwanderung aus kinetischen Gründen verhältnismäßig unbedeutend sein.

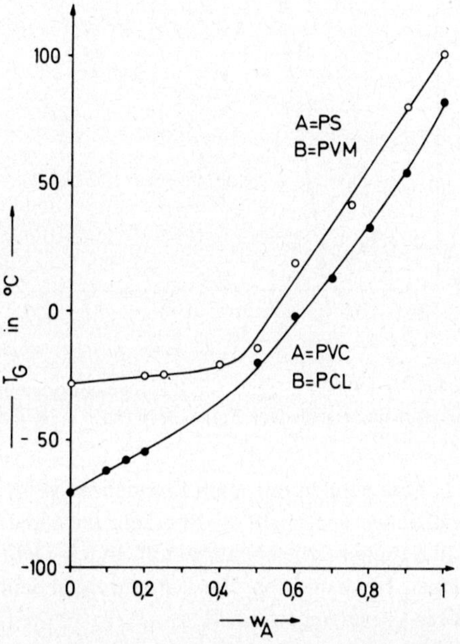


*Abb. 10 - 23:* Wirkung der polymeren Weichmacher Poly(vinylmethyläther) PVM bzw. Poly(ε-caprolacton) PCL auf die Glastemperaturen von Poly(styrol) PS bzw. Poly(vinylchlorid) PVC (nach Daten von M. Bank, J. Leffingwell und C. Thies bzw. J. V. Koleske und R. L. Lundberg).

## *10.6 Andere Umwandlungen*

Außer der Schmelz- und der Glastemperatur treten bei Polymeren noch eine Reihe anderer thermischer Umwandlungen auf. Nicht alle dieser Umwandlungen sind mit einer einzigen Methode nachweisbar. Man kombiniert daher häufig mehrere Techniken, wie z.B. Kriechexperimente (vgl. Kap. 11.4.3) für lange Zeiten und Schwingungsexperimente für kurze Zeiten und rechnet dann alle Daten mit Hilfe von

(10-53) $t = 1/\omega = 1/(2\pi\nu)$

auf eine gemeinsame Zeitskala oder Frequenzskala um. Ein Beispiel dafür sind Messungen des mechanischen Verlustfaktors tg δ (zur Definition vgl. Kap. 11.4.5). Das bei den verschiedenen Frequenzen auftretende Temperaturmaximum (vgl. Abb. 10-24) wird dann in Form des Reziprokwertes als Funktion des Logarithmus der Meßfrequenzen aufgetragen (Abb. 10-25). Die Temperaturen beim Maximum der Kurven in Abb. 10-24 stellen die dynamischen Umwandlungstemperaturen für diese Frequenzen dar.

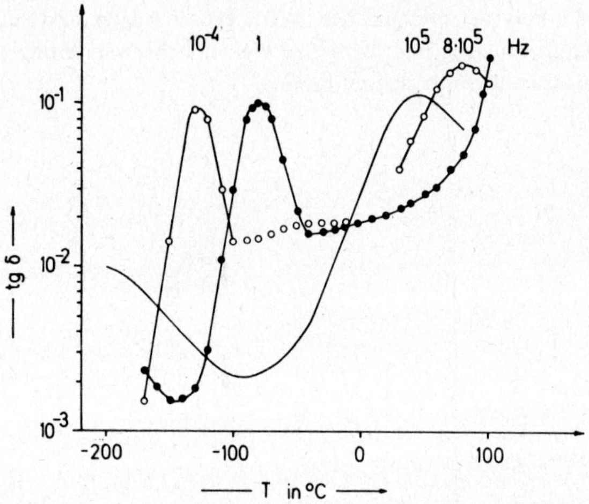


*Abb. 10-24:* Mechanischer Verlustfaktor tg δ von Poly(cyclohexylmethacrylat) als Funktion der Temperatur für verschiedene Frequenzen (nach J. Heijboer).

In Abb. 10-24 konnte bei den mittleren Frequenzen von 1-10 000 Hz der gesamte Bereich überstrichen werden, nicht aber bei sehr kleinen und sehr hohen Frequenzen. In diesem Fall zieht man, wie oben erwähnt, andere Methoden heran und/oder arbeitet bei verschiedenen Temperaturen. Die Daten werden dann mit Hilfe der WLF-Gleichung in eine Master-Kurve umgewandelt.

Die in Abb. 10-24 wiedergegebenen Verlustmaxima müssen von der Bewegung der Cyclohexylgruppe herrühren. Sowohl die Werte für Poly(cyclohexylmethacrylat) und Poly(cyclohexylacrylat) als auch die für Cyclohexanol lassen sich nämlich auf der gleichen Kurve anordnen (Abb. 10-25), nicht aber z. B. Werte für Poly(phenylacrylat). Die beobachteten Verlustmaxima müssen daher von der Boot/Sessel-Umwandlung des Cyclohexylringes herrühren.

Die Natur anderer Umwandlungen unterhalb der Glastemperatur ist dagegen meist nicht bekannt. Diskutiert werden Bewegungen sehr kurzer Segmente, z. B. die gekoppelte Bewegung von 4 Methylengruppen. Es ist aber auch bekannt, daß die beobachteten Umwandlungen manchmal durch Verunreinigungen (z. B. Wasser) bedingt sind und auch von der thermischen Vorgeschichte abhängen können.

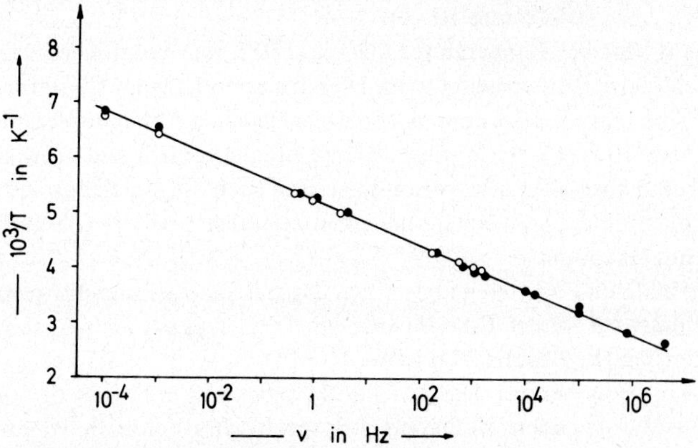


*Abb. 10-25:* Temperaturabhängigkeit der Verlustmaxima von Poly(cyclohexylmethacrylat) (●), Poly(cyclohexylacrylat) (○) und Cyclohexanol (⊕). Nach Heijboer.

## *10.7 Wärmeleitfähigkeit*

Die üblichen Polymeren sind nicht elektrisch leitfähig. Die Wärme kann daher in ihnen nicht durch Elektronen transportiert werden. Sie muß vielmehr durch elastische Wellen (im Teilchenbild: Phononen) weitergeleitet werden. Die Strecke, bei der die Intensität auf 1/e abgesunken ist, wird freie Weglänge genannt. Diese freie Weglänge ist bei Gläsern, amorphen Polymeren und Flüssigkeiten weitgehend temperaturunabhän-

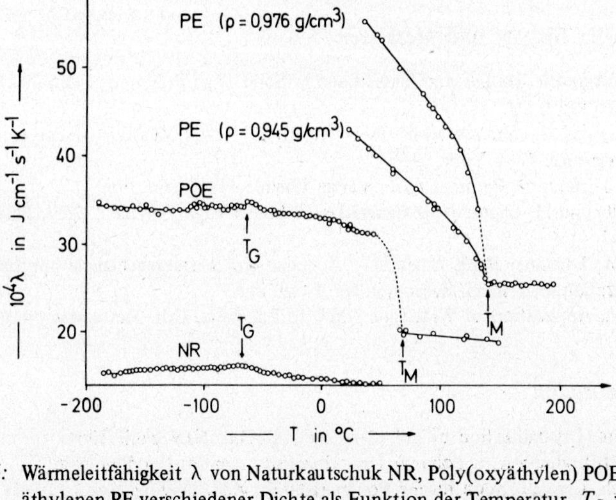


*Abb. 10-26:* Wärmeleitfähigkeit λ von Naturkautschuk NR, Poly(oxyäthylen) POE und Polyäthylenen PE verschiedener Dichte als Funktion der Temperatur. $T_G$ = Glastemperatur, $T_M$ = Schmelztemperatur. Nach Daten verschiedener Autoren aus der Zusammenstellung von W. Knappe.

gig; sie beträgt ca. 0,7 nm. Daraus kann man schließen, daß der bei amorphen Polymeren unterhalb der Glastemperatur beobachtete schwache Abfall der Wärmeleitfähigkeit im wesentlichen durch den Abfall der Wärmekapazität mit der Temperatur bedingt ist (vgl. Abb. 10–26 und 10–4).

Da die Wärme bei Temperaturen über ca. 150 K im wesentlichen durch Stöße von Molekül zu Molekül weitergeleitet wird, kann man oberhalb der Glastemperatur wegen der zunehmend lockeren Anordnung der Moleküle einen Abfall der Wärmeleitfähigkeit erwarten (Abb. 10 – 26). Die Wärmeleitfähigkeiten unterhalb und oberhalb der Glastemperatur sind aber nicht sehr verschieden, weil auch die Molekülpackungen nicht sehr verschieden sind. Die Wärmeleitfähigkeit zeigt daher bei der Glastemperatur nur ein schwaches Maximum.

Bei kristallinen Polymeren ändert sich dagegen die Packungsdichte am Schmelzpunkt sehr drastisch. In der Tat wird auch am Schmelzpunkt ein sehr starker Abfall der Wärmeleitfähigkeit beobachtet (Abb. 10–26). Er ist umso stärker, je kristalliner das betreffende Polymere ist. Der Abfall setzt dabei weit unterhalb der Temperaturen ein, bei denen durch andere Methoden (z.B. spezifisches Volumen, Wärmekapazität) der Beginn des Schmelzens festgestellt wird.

## Literatur zu Kap. 10

### *10.1 Allgemein*

P. E. Slade und L. T. Jenkins, Hrsg., Techniques and Methods of Polymer Evaluation, Vol 1 (Thermal Analysis) 1966, Vol. 2 (Thermal Characterization Techniques) 1970, M. Dekker, New York

### *10.2 Spezielle Größen und Methoden*

M. Dole, Calorimetric Studies and Transitions in Solid High Polymers, Fortschr. Hochpolym. Forschg. **2** (1960) 221

B. Ke, Differential Thermal Analysis, in B. Ke, Hrsg., Newer Methods of Polymer Characterization, Interscience, New York 1964

D. Schultze, Differentialthermoanalyse, Verlag Chemie, Weinheim 1969

B. Wunderlich und H. Bauer, Heat Capacities of Linear High Polymers, Adv. Polymer Sci. **7** (1970) 151

J. K. Gillham, Torsional Braid Analysis – A semimicro thermomechanical approach to polymer characterization, Crit. Revs. Macromol. Sci. **1** (1972) 83

A. M. Hassan, Application of Wide-Line NMR to Polymers, Crit. Revs. Macromol. Sci. **1** (1972) 399

### *10.3 Kristallisation*

L. Mandelkern, Crystallization of Polymers, McGraw-Hill, New York 1964

A. Sharples, Introduction to Polymer Crystallization, Arnold, London 1966

B. Wunderlich, Crystallization during Polymerization, Adv. Polymer Sci **5** (1968) 568

J. N. Hay, Application of the Modified Avrami Equation to Polymer Crystallization Kinetics, Brit. Polymer J. **3** (1971) 74

M. Iguchi, H. Kanetsuna und T. Kawai, Formation of Polymer Crystals During Polymerization, Kobunshi (High Polymers Japan) **19** (1970) 577; Brit. Polymer J. **3** (1971) 177

R. H. Marchessault, B. Fisa und H. D. Chanzy, Nascent Morphology of Polyolefins, Crit. Revs. Macromol. Sci. **1** (1972) 315

### *10.4 Schmelztemperatur*

H. G. Zachmann, Das Kristallisations- und Schmelzverhalten hochpolymerer Stoffe, Fortschr. Hochpolym. Forschg.-Adv. Polymer Sci. **3** (1961/64) 581

### *10.5 Glastemperatur*

R. F. Boyer, The Relation of Transition Temperatures to Chemical Structure in High Polymers, Rubber Revs. **36** (1963) 1303

A. J. Kovacs, Transition vitreuse dans les polymères amorphes. Etude phénoménologique, Fortschr. Hochpolym. Forschg. – Adv. Polymer Sci. **3** (1961/64) 394

M. C. Shen und A. Eisenberg, Glass Transitions in Polymers, Rubber Chem. Technol. **43** (1970) 95

W. A. Lee und G. J. Knight, Ratio of the Glass Transition Temperature to the Melting Point in Polymers, Brit. Polymer J. **2** (1970) 73

### *10.6 Andere Umwandlungen*

A. Hiltner und E. Baer, Relaxation Processes at Cryogenic Temperatures, Crit. Revs. Macromol. Sci. **1** (1972) 215

### *10.7 Wärmeleitfähigkeit*

D. R. Anderson, Thermal Conductivity of Polymers, Chem. Revs. **66** (1966) 677

W. Knappe, Wärmeleitung in Polymeren, Adv. Polymer Sci. **7** (1971) 477

Zeitschriften: Thermochimica Acta (Bd. 1 ab 1970)

# 11 Mechanische Eigenschaften

## *11.1 Phänomene*

Makromolekulare Stoffe verhalten sich gegenüber mechanischen Beanspruchungen ganz verschieden. Becher aus konventionellem Poly(styrol) sind recht spröde und brechen bei einem kurzen, schnellen Schlag. Becher aus Nylon 6 sind dagegen sehr zäh. Schwach vernetzter Naturkautschuk dehnt sich beim Verstrecken um mehrere hundert Prozent; nach der Entlastung nimmt er praktisch seine ursprüngliche Form wieder an. Knetgummi behält dagegen nach dem Verformen völlig seine Gestalt.

Rein gefühlsmäßig wird das Verhalten gegenüber einer Beanspruchung oft mit dem Aggregatzustand eines Stoffes verbunden. Niedermolekulare Substanzen können demgemäß fest, flüssig oder gasförmig sein. Bei niedermolekularen Stoffen ist die Einteilung nach Aggregatzuständen in der Regel auch eine Einteilung nach Ordnungszuständen. Die Einteilung nach den klassischen drei Aggregatzuständen erweist sich jedoch bei makromolekularen Substanzen als zu eng.

Als „fest" werden bei niedermolekularen Substanzen Stoffe bezeichnet, die eine hohe Ordnung und einen großen Widerstand gegen eine Verformung aufweisen. Fest in diesem Sinne sind z. B. Eisen und Kochsalz. Die Ordnung kommt durch ihre hohe Kristallinität zustande. Bei einer kurzen Beanspruchung werden die Atome aus ihrer Ruhelage ausgelenkt, die Atomabstände vergrößern sich. Nach der Entlastung nehmen die Atome wieder ihre Ruhelagen ein. Damit der Vorgang reversibel ist, darf die Dehnung Beträge von ca. 1 – 2 % nicht überschreiten. Derartige Körper werden idealelastisch oder energieelastisch genannt.

Fest im üblichen Sprachgebrauch sind aber auch Holz und Glas. Beide Stoffe zeigen bei Raumtemperatur einen großen Widerstand gegen eine Verformung, sind aber nicht röntgenkristallin. Andererseits gibt es „kristalline Flüssigkeiten", die zwar eine optisch nachweisbare Ordnung, aber wenig Widerstand gegen eine Verformung aufweisen.

Echte Flüssigkeiten weisen dagegen keine weitreichende Ordnung auf. Sie verformen sich schon bei sehr kleinen und kurzzeitigen Beanspruchungen so vollständig, daß sie sehr schnell die Form des umgebenden Gefäßes annehmen. Auch Flüssigkeiten besitzen aber eine elastische Komponente, die sich z.B. bei Bauchklatschern beim Turmspringen unangenehm bemerkbar macht. Unter normalen Bedingungen verhalten sich aber niedermolekulare Flüssigkeiten rein viskos. Die Moleküle werden bei einer Beanspruchung irreversibel gegeneinander verschoben. Bei hochmolekularen Substanzen ist ein Fließen verhältnismäßig leicht oberhalb ihrer Glastemperatur möglich. Unterhalb der Glastemperatur amorpher Polymerer sind Deformationen viel schwieriger. Aus diesem Grunde und wegen ihrer mangelnden Ordnung bezeichnet man amorphe Substanzen unterhalb ihrer Glastemperatur auch als unterkühlte Flüssigkeiten.

Viskoses und energieelastisches Verhalten sind nach der Rheologie, der Lehre vom Fließen, nur zwei Grenzformen der möglichen Verhaltensweise der Materie. Es ist zweckmäßig, noch die entropieelastischen, die viskoelastischen und die plastischen Körper als besondere Klassen zu betrachten.

Plastische Körper zeigen eine irreversible Verformung erst oberhalb einer bestimmten Beanspruchung (vgl. Kap. 7.6.1).

Entropieelastische oder hochelastische Körper können im Gegensatz zu den energieelastischen Stoffen um sehr große Beträge reversibel gedehnt werden (vgl. Kap. 11.3.1). Entropieelastische Körper verhalten sich daher – von den großen Dehnungen von einigen hundert Prozent einmal abgesehen – bei einer Beanspruchung wie feste niedermolekulare Substanzen. Wie Flüssigkeiten zeigen sie dagegen eine geringe Formbeständigkeit, aber eine hohe Volumbeständigkeit. Die Ausdehnungs- und Kompressibilitätskoeffizienten sind jedoch kleiner als die von Flüssigkeiten. Rein entropieelastische Körper sind z. B. schwach vernetzte Gummis. Dieses Verhalten wird durch eine Auslenkung der Molekülsegmente aus ihrer Ruhelage durch Einnehmen neuer Konformationen verursacht. Nach dem Entlasten stellt sich wieder die wahrscheinlichste Verteilung der Konformationen ein. Die Elastizität beruht also auf einer Entropieänderung. Da bei derartigen Stoffen die Molekülketten durch die Vernetzung gegenseitig festgelegt sind, kann kein Abgleiten der Molekülketten voneinander, d.h. kein viskoses Fließen, auftreten.

Unvernetzte makromolekulare Substanzen zeigen ebenfalls in einem gewissen Ausmaß ein entropieelastisches Verhalten. Man kann sich dazu vorstellen, daß die Molekülketten zu einem Teil miteinander verhakt sind. Bei kurzen Beanspruchungen können sich die Verhakungen nicht voneinander lösen. Die Verhakungen wirken dann wie Vernetzungen und der Körper zeigt ein entropieelastisches Verhalten. Bei langen Beanspruchungszeiten schlüpfen jedoch die Ketten aus der Verhakung: die Substanz fließt. Stoffe mit vergleichbaren Anteilen von entropieelastischem und viskosem Verhalten nennt man viskoelastisch.

Der wissenschaftlichen Einteilung der Stoffzustände nach ihrem Fließverhalten entspricht in einem gewissen Umfang die Einteilung nach ihrer technischen Verwendung. Man unterscheidet hier Thermoplaste, Fasern, Elastomere und Duromere. Diese Einteilung gilt selbstverständlich nur für die betrachtete Gebrauchs- oder Verarbeitungstemperatur.

Thermoplaste sind unvernetzte Stoffe, deren Gebrauchstemperatur unterhalb und deren Verarbeitungstemperatur oberhalb ihrer Glastemperatur (falls amorph) bzw. Schmelztemperatur (falls teilkristallin) liegt. Oberhalb dieser Temperaturen sind ihre Viskositäten um Größenordnungen niedriger: die Stoffe sind folglich durch Erwärmen verformbar. Sie zeigen bei den Verarbeitungstemperaturen jedoch immer noch einen elastischen Anteil und sind darum viskoelastische Substanzen. In der Regel zeigen sie keine Plastizität. Ihr Name Thermoplaste ist daher unrichtig. Um als Thermoplast eingesetzt werden zu können, muß ein Material aus unverzweigten oder höchstens schwach verzweigten Molekülen bestehen. Thermoplaste sollen nach der Verarbeitung möglichst keine Orientierung der Molekülketten und Kristallite zeigen. Typische Thermoplaste sind nach ihrem Verhalten Poly(äthylen) und andere Polyolefine, Poly(styrol), Poly(vinylchlorid), Poly(methylmethacrylat) und Polyamide.

Fasern sind dagegen sozusagen eindimensional orientierte Thermoplaste, jedenfalls, sofern man zuerst die makromolekulare Substanz und dann daraus die Faser herstellt. Um eine Substanz zu Fäden genügender Festigkeit verarbeiten zu können, muß sie genügend lange, unverzweigte oder wenig verzweigte Moleküle aufweisen. Aus dieser Substanz werden dann aus der Schmelze oder aus der Lösung lange Fäden gezogen, die anschließend bei Temperaturen unterhalb der Schmelz- bzw. Glastemperatur verstreckt werden. Bei der Verstreckung orientieren sich die Molekülketten, wodurch die Reißfestigkeit ansteigt. In gewissen Fällen werden die Fasern anschließend noch chemisch vernetzt (Poly(vinylalkohol)-Fasern, Graphit- und Kohlefasern usw.). Thermoplaste und Fasern sollen möglichst hohe Glastemperaturen aufweisen. Typische Faserbildner sind Cellulose, bestimmte Proteine, Polyamide, aromatische Polyester und Poly(propylen).

Elastomere (Elaste) sind schwach vernetzte makromolekulare Substanzen. Sie sollen ferner vor der Vernetzung eine Glastemperatur weit unterhalb der Gebrauchstemperatur aufweisen. Die Ketten müssen also sehr flexibel sein. Flexible Ketten können sich bei Beanspruchung leicht verformen. Damit kein viskoses Fließen auftreten kann, werden die Ketten durch Vernetzung gegeneinander festgelegt. Das Ausmaß der Vernetzung muß schwach sein, damit die Segmente zwischen den Vernetzungspunkten noch beweglich sind. Als Elastomere werden häufig auch die Substanzen vor ihrer Vernetzung bezeichnet, obwohl der typisch elastomere Charakter erst nach der Vernetzung hervortritt. Man hat daher früher den Kautschuk (unvernetzt) vom Gummi (vernetzter Kautschuk) unterschieden. Typische Elastomere sind cis-1,4-Poly(isopren), Poly(butadien-co-styrol), Butylkautschuk (Copolymer von Isobutylen mit wenig Isopren) und Polysulfidkautschuk.

Duromere (früher Duroplaste genannt) sind stark vernetzte Substanzen. Die Vernetzung erfolgt gleichzeitig oder nach der Formgebung. Nach dieser Vernetzung oder Aushärtung kann das Material durch erneutes Erhitzen nicht mehr in eine neue Form gebracht werden. Duromere werden daher manchmal auch Thermodure genannt. Durch die starke Vernetzung ist das Material auch bei erhöhter Temperatur noch formbeständig. Typische Duromere sind z.B. Phenol-, Harnstoff-, Melamin- und Epoxidharze.

Zwischen den Grenztypen der Thermoplasten, Fasern, Elastomeren und Duromeren gibt es selbstverständlich Übergänge. Die klassischen Fasern weisen z. B. nur eine geringe Dehnbarkeit und eine hohe Glastemperatur auf, die klassischen Elastomeren dagegen eine hohe Dehnbarkeit und eine niedrige Glastemperatur. Elastische Fasern kombinieren dagegen eine hohe Dehnbarkeit mit einer hohen Glastemperatur. Hohe Glastemperaturen sind bei Fasern notwendig, damit sich die Gewebe bei der Wäsche nicht verformen. Diese Kombination von Eigenschaften kann durch eine Kombination von „Hartsegmenten" (hohe Glastemperaturen) und „Weichsegmenten" (niedrige Glastemperaturen) im Molekül erreicht werden. Typisch dafür sind die sog. Spandex-Fasern mit Hartsegmenten aus Urethanresten und Weichsegmenten aus aliphatischen Polyestern oder Polyäthern (Poly(propylenoxid) oder Poly(tetrahydrofuran)).

Die sog. thermoplastischen Elastomeren sind nach einem ähnlichen Prinzip aufgebaut. Sie sind Blockcopolymere, bei denen ein weicher Block ($T_G <$ Gebrauchstemperatur) zwischen zwei harte Blöcke ($T_G >$ Gebrauchstemperatur) eingebaut ist. Die verschiedenen Blöcke sind miteinander unverträglich. Die harten Blöcke bilden physikalische Vernetzungen. Bei der Gebrauchstemperatur verhält sich das Material wie ein Elastomer. Bei höheren Temperaturen sind auch die harten Blöcke oberhalb der Glastemperatur und das Material kann wie ein Thermoplast verformt werden.

## *11.2 Energieelastizität*

### 11.2.1 GRUNDGRÖSSEN

Ein idealelastischer oder energieelastischer Körper verformt sich bei einer Einwirkung einer Kraft um einen bestimmten, von der Dauer der Einwirkung unabhängigen

Betrag. Zu Vergleichszwecken bezieht man jedoch nicht auf die Kraft, sondern auf die Kraft pro Flächeneinheit, d. h. die Spannung. Die Verformung kann eine Dehnung, Scherung, Verdrillung, Stauchung, Kompression oder Biegung sein (vgl. Tab. 11 – 1).

Energieelastische Körper lassen sich bei Zugspannungs/Dehnungs-Messungen durch das Hookesche Gesetz beschreiben, das die Zugspannung $\sigma_{ii}$ in Beziehung zur Deformation $\epsilon = \Delta l/l_0$ setzt:

(11-1) $\sigma_{ii} = E\epsilon$

Die Proportionalitätskonstante $E$ wird bei Zugspannung/Dehnungs-Messungen Elastizitätsmodul, E-Modul oder Young-Modul genannt. Der E-Modul wird immer auf den Querschnitt der Probe *vor* der Verstreckung bezogen. Er hat bei Zugversuchen an Fäden eine besonders anschauliche Bedeutung: er gibt an, welche Kraft pro Fläche erforderlich ist, um den Faden um die eigene Länge zu verlängern.

Zwischen der Scherspannung $\sigma_{ij}$ und der Verformung $\gamma$ besteht eine ähnliche Beziehung:

(11-2) $\sigma_{ij} = G\gamma$

$G$ ist dabei der Scher-, Schub- oder Gleitmodul. Bei einer allseitigen Kompression ist die Proportionalitätskonstante zwischen Druck $p$ und Kompression $(-\Delta V/V_0)$ der Kompressionsmodul $K$:

(11-3) $p = K(-\Delta V/V_0)$

*Tab. 11-1:* Bezeichnungen der Moduln bei verschiedenen Verformungen

| Kraft | Verformung | Modul |
|---|---|---|
| Zugspannung | Dehnung | Elastizitätsmodul |
| Scherspannung (tangential) | Scherung | Schermodul, Schubmodul, Gleitmodul (im Engl. Torsionsmodul) |
| Scherspannung (an Zylindern) | Verdrehung, Verdrillung, Torsion | Torsionsmodul |
| Druckspannung | Stauchung | Elastizitätsmodul (falls allseitiger Druck: Kompressionsmodul) |
| Biegespannung | Biegung | Elastizitätsmodul (als Mittelwert von Zug und Druck) |

Bei isotropen Materialien sind die drei erwähnten Moduln über das Poisson-Verhältnis $\mu$ miteinander verbunden:

(11-4) $E = 2\,G(1 + \mu)$

(11-5) $E = 3\,K(1 + \mu)$

Das Poisson-Verhältnis ist ein Maß für die von der Spannung herrührende laterale Kontraktion. Bei inkompressiblen Stoffen gilt $E = 3\,G$. Diese Beziehung wird auch von vielen Kunststoffen erfüllt.

Die Reziprokwerte der Moduln werden Nachgiebigkeiten genannt.

### 11.2.2 STRUKTUREINFLÜSSE

Die Energieelastizität beruht in molekularer Sicht auf einer Änderung von Bindungsabständen und Valenzwinkeln. Der Elastizitätsmodul kann daher durch röntgenographische Messung der Deformation des Gitters unter Belastung ermittelt werden. Zur Berechnung muß dabei eine homogene Spannungsverteilung angenommen werden, was zutrifft, da die sogenannten Gittermoduln $E_{lat}$ unabhängig von der Dichte-Kristallinität sind (Tab. 11–2). Die Elastizitätsmoduln der gesamten Probe hängen dagegen noch von der Kristallinität ab. Traditionsgemäß (aber inkorrekt) werden die Elastizitätsmoduln häufig in kg/cm² statt in N/m² angegeben.

*Tab. 11-2:* Elastizitätsmoduln $E_{lat}$ der Kristallgitter (in Kettenrichtung) und $E$ der gesamten Probe verschiedener Polymerer. $\alpha_D$ = Dichte-Kristallinität (nach Daten von Sakurada et al)

| Polymer | $\alpha_D$ % | $E_{lat}$ N cm$^{-2}$ | $E$ N cm$^{-2}$ |
|---|---|---|---|
| Poly(äthylen) | 84 | 24000 | 1500 |
| | 78 | 24000 | 700 |
| | 64 | 24000 | 240 |
| | 52 | 24000 | 65 |
| Poly(tetrafluoräthylen) | – | 15600 | – |
| it-Poly(propylen) | – | 4200 | – |
| Poly(oxymethylen) | – | 5400 | – |
| Poly(oxyäthylen) | – | 1000 | – |

Die Gitter-Elastizitätsmoduln sind beim Poly(äthylen) recht hoch, da die Deformation wegen der all-trans-Konformation in Kettenrichtung nur durch eine Deformation der Valenzwinkel zustande kommen kann. it-Poly(propylen), Poly(oxymethylen) und Poly(oxyäthylen) liegen dagegen in Helixkonformationen vor. Die Deformation erfolgt hier durch Drehungen um die Valenzwinkel. Der Gitter-Elastizitätsmodul von helixformenden Polymeren ist daher geringer als der von Polymeren in all-trans-Konformation: ihre Nachgiebigkeit bzw. Dehnbarkeit ist höher.

Die Elastizitätsmoduln von Polymer-Proben sind in der Regel viel tiefer als die Gittermoduln der gleichen Verbindungen. Der Unterschied ist auf mehrere Ursachen zurückzuführen. Einmal liegen in einer Probe normalerweise die meisten Ketten nicht in Richtung der Zugspannung. Deformationen können daher auch durch Vergrößerung des Abstandes zwischen den Ketten erfolgen, d. h. auch durch andere konformative Lagen (Entropieelastizität). Die Deformationen können auch durch irreversibles Abgleiten der Ketten voneinander erfolgen (Viskoelastizität).

Die über Zugspannung/Dehnungs-Messungen ermittelten Elastizitätsmoduln sind daher wegen der Einflüsse der Entropie- und Viskoelastizität im Gegensatz zu den Gittermoduln keine Maßzahlen für die Energieelastizität. Sie sind vielmehr nur Proportionalitätskonstanten in der Hookeschen Gleichung. Die Grenze des Proportionalitätsbereiches liegt beim Stahl bei ca. 0,05 und bei Polymeren bei ca. 0,1 bis 0,2 % Dehnung. Oberhalb dieser sog. Proportionalitätsgrenze kann die Beziehung zwischen Spannung und Dehnung völlig anders verlaufen (Kap. 11.5.1). Die Elastizitätsmoduln von Polymeren werden daher üblicherweise bei einer Dehnung von 0,2 % und über

Zeiten von ca. 100 s gemessen. Über längere Zeiten und/oder bei höheren Dehnungen gemessene Moduln sind niedriger.

Die Elastizitätsmoduln hängen vielfach noch von der Umgebung ab. Wasser wirkt in vielen Fällen als Weichmacher und setzt wegen der dann erhöhten Kettenbeweglichkeit den Elastizitätsmodul herab. Da die Diffusion des Wassers in das Material zeitabhängig ist, hängt auch der Elastizitätsmodul von der Zeit ab. Ein Polyamid besaß z.B. im trockenen Zustand ein $E = 0{,}275$ MN/cm², luftfeucht ein $E = 0{,}170$ MN/cm² und nach vier Monaten an der Luft ein $E = 0{,}086$ MN/cm².

Wegen der mit steigender Temperatur zunehmenden Einflüsse der Entropieelastizität beobachtet man bei der Glas- und der Fließtemperatur jeweils einen deutlichen Abfall der Elastizitätsmoduln. Innerhalb der einzelnen Zustände beobachtet man dagegen nur eine verhältnismäßig geringe Variation der Elastizitätsmoduln mit der Struktur der Polymeren (Tab. 11 – 3).

*Tab. 11-3:* Elastizitätsmoduln verschiedener Materialien bei Raumtemperatur

| Material | *E*-Modul<br>N cm$^{-2}$ |
|---|---|
| vulkanisierter Kautschuk | $10^2$ - $10^3$ |
| kristallisierter Kautschuk | $10^4$ |
| unorientierte, partiell kristalline Polymere | $10^4$ - $10^5$ |
| organische Gläser | $10^5$ - $10^6$ |
| Fasern, glasfaserverstärkte Kunststoffe | $10^7$ |
| anorganische Gläser | $10^7$ - $10^8$ |
| Kristalle | $10^8$ - $10^9$ |

## *11.3 Entropieelastizität*

### 11.3.1 PHÄNOMENE

Das Verhalten von schwach vernetztem Gummi war in Kap. 11.1 als entropieelastisch beschrieben worden. Deformiert man dieses Material, so werden die Segmente aus ihrer Gleichgewichtslage entfernt und in einen entropisch ungünstigeren Zustand gebracht. Wegen der schwachen Vernetzung können die Segmente nicht aneinander abgleiten. Bei der Entlastung kehren die Segmente aus einer geordneteren in eine ungeordnetere Lage zurück: die Entropie nimmt zu. Das Phänomen kann also auf verschiedene Weise beschrieben werden. Thermodynamisch gesehen ist die Gummielastizität mit einer Entropieerniedrigung beim Verformen verbunden. In molekularer Sicht wird durch die Verformung eine Orientierung von Molekülteilen, d.h. eine Konformationsänderung, erzwungen. In der Sprache der Mechanik hat man das Auftreten einer Normalspannung zu betrachten. Dieser Spannungsanteil hat seinen Namen daher, weil er rechtwinklig („normal") zur Deformationsrichtung auftritt.

Entropie- und energieelastische Körper unterscheiden sich in einigen Phänomenen sehr charakteristisch:

1. Energieelastische Körper weisen kleine reversible Deformationen von maximal 0,1 – 1 % bei großen Elastizitätsmoduln auf (vgl. z.B. Tab. 1 – 5). Der energie-

elastische Körper Stahl besitzt z.B. einen E-Modul von ca. $2{,}1 \cdot 10^7$ N/cm². Der entropieelastische Körper Weichgummi zeigt dagegen eine große reversible Deformation von einigen hundert Prozent bei kleinen Elastizitätsmoduln von 20 – 80 N/cm². Der E-Modul entropieelastischer Körper liegt damit ähnlich niedrig wie der von Gasen (ca. 10 N/cm²).

2. Der energieelastische Körper Stahl kühlt sich beim Verstrecken ab, der entropieelastische Körper Gummi erwärmt sich dagegen.
3. Unter einer Last sich befindender Stahl dehnt sich beim Erhitzen aus, ebenso nur ganz schwach ($< 10$ %) gedehnter Gummi. Stärker gedehnter Gummi zieht sich jedoch beim Erhitzen zusammen. Seine Spannung nimmt also beim Erhitzen zu.

Nicht nur chemisch schwach vernetzte Stoffe, auch unvernetzte Kettenmoleküle zeigen unter bestimmten Beanspruchungen entropieelastisches Verhalten. Man kann sich dazu vorstellen, daß sich die Ketten langer, unvernetzter, flexibler Makromoleküle zu einem gewissen Ausmaß ineinander verhaken oder verschlaufen können. Bei einer schnellen Deformation durch Zug wirken die Verhakungen wie Vernetzungen. Die Kettenteile nehmen unwahrscheinlichere Lage ein und versuchen, in die Ausgangslagen zurückzukehren. Es baut sich eine Normalspannung auf. Diese Normalspannung läßt sich in Kegel/Platte-Viskosimetern getrennt von der Schubspannung messen. Bei der Rotation gibt es eine Scherung. Auf den Rotor wird ein Drehmoment übertragen, aus dem die Schubspannung berechnet werden kann. Kegel und Platte werden aber durch die Normalspannung der Probe auseinandergedrückt. Um dieses zu verhindern, muß eine Kraft aufgewendet werden, die der Normalspannung proportional ist. Die Normalspannung kann viel größer als die Schubspannung sein (Abb. 11 – 1).

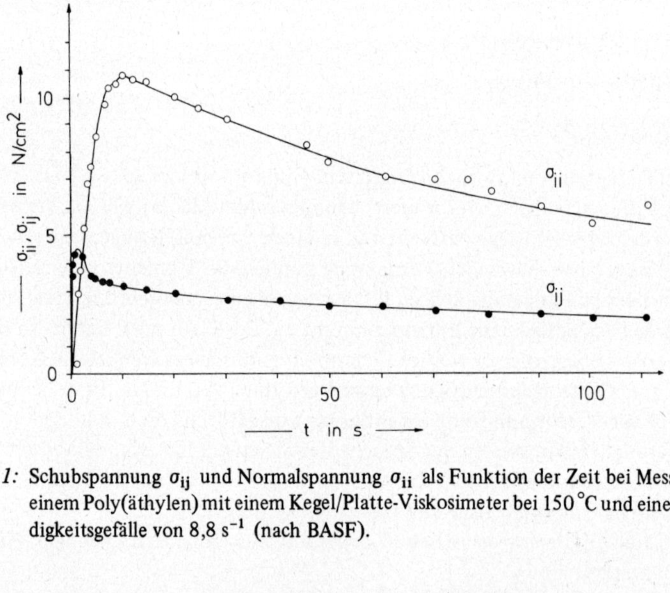


*Abb. 11-1:* Schubspannung $\sigma_{ij}$ und Normalspannung $\sigma_{ii}$ als Funktion der Zeit bei Messungen an einem Poly(äthylen) mit einem Kegel/Platte-Viskosimeter bei 150 °C und einem Geschwindigkeitsgefälle von 8,8 s$^{-1}$ (nach BASF).

Schub- und Normalspannungen lassen sich in Kapillarviskosimetern nicht einzeln erfassen. Preßt man Material mit entropieelastischen Anteilen durch ein Düse, so werden die Makromoleküle deformiert. Die Segmente können aber bei kleinen Belastungszeiten und bei nicht zu starker Belastung wegen der Verhakungen nicht voneinander abgleiten. Am Düsenausgang hat das Material wieder mehr Platz zur Verfügung. Das Material wird sich somit beim Verlassen der Düse ausdehnen. Der Effekt ist bei Schmelzen als Barus- oder Memory-Effekt, bei Lösungen als Weissenberg-Effekt bekannt. Beim Extrudieren heißt er Strangaufweitung, beim Hohlkörperblasen Schwellverhalten. Der Effekt ist natürlich noch zeitabhängig, da die Ketten mit zunehmender Zeit stärker voneinander abgleiten können.

Der Barus-Effekt läßt sich im sog. Bagley-Diagramm erfassen. Löst man nämlich Gl. (7-43) nach dem Druck $p$ auf und ersetzt die Schubspannung $\sigma_{ij}$ für nicht-Newton'sche Flüssigkeiten durch $\sigma_{ij} = \eta_{app} D$ (vgl. Kap. 7.6.2), so erhält man

(11-6) $$p = 2\,\sigma_{ij}\,(L/R) = 2\,\eta_{app}\,D\,(L/R)$$

Im Bagley-Diagramm trägt man den Druck $p$ gegen die sog. Düsengeometrie $L/R$ bei konstanter Schergeschwindigkeit $D$ auf. Bei Newton'schen Flüssigkeiten wird entsprechend Gl. (7-43) für $(L/R) = 0$ auch $p = 0$; die Neigung der Geraden ist durch $2\,\sigma_{ij}$ gegeben. Ein derartiges Verhalten findet man auch für konzentrierte Polymerlösungen bei großen $L/R$-Werten (Abb. 11-3). Offenbar arbeitet man hier im Bereich der zweiten Newton'schen Viskosität $\eta_\infty$. Bei kleinen $L/R$-Werten weicht aber die Funktion $p = f(L/R)$ für $D = \text{const.}$ von dieser Geraden ab und strebt einer neuen, linearen Beziehung zu. Diese bei kleinen $L/R$-Werten auftretende Gerade schneidet die $p$-Achse nicht bei $p = 0$, sondern bei einem endlichen Wert $p_0$ (Abb. 11-2 und (11-3). Gl. (11-6) geht somit über in

(11-7) $$p = p_0 + const'.\,(L/R)\;; \qquad D = const.$$

$p_0$ wird gewöhnlich mit dem Druckverlust identifiziert, der durch die elastisch gespeicherte Energie der strömenden Flüssigkeit und durch die Ausbildung eines sta-

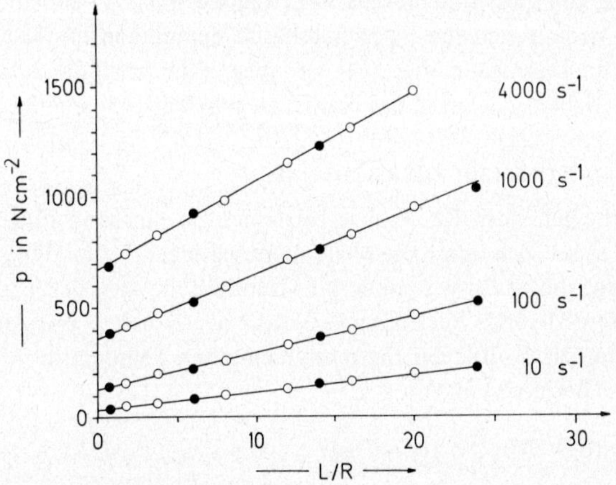


*Abb. 11-2:* Bagley-Diagramm eines schlagfesten Poly(styrols) bei 189 °C bei Geschwindigkeitsgefällen von 10, 100, 1000 und 4000 $s^{-1}$ nach Messungen mit Kapillaren der Durchmesser 1 mm (●) bzw. 0,6 mm (○) und verschiedener Länge $L$ (nach BASF).

tionären Strömungsprofils an den beiden Enden der Kapillaren verursacht wird. Da der der Druckverlust bei großen $L/R$-Werten verschwindet, kann man jedoch annehmen, daß sich die elastische Deformation mit der Zeit in sehr langen Kapillaren ausgleichen kann (Lösung von Verhakungen). Dafür spricht auch, daß die $p_0$-Werte umso größer sind, je größer die Schergeschwindigkeiten, d. h. je kleiner die Verweilzeiten sind. Außerdem geht auch die Strangaufweitung nach Messungen an Poly(äthylen)-Schmelzen bei sehr hohen $L/R$-Werten zurück. Die Strangaufweitung ist aber nach allgemeiner Auffassung ein Maß für die im System gespeicherte elastische Energie am Kapillarende.

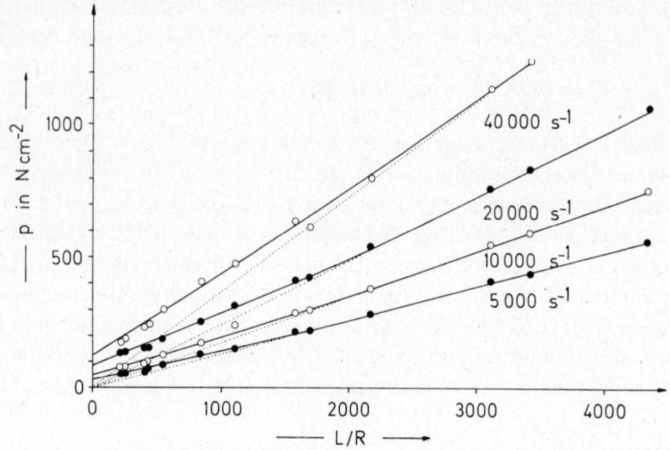


*Abb. 11-3:* Druck $p$ als Funktion der Kapillargeometrie $L/R$ bei einer 6 %igen Lösung eines Poly(isobutylens) ($\overline{M}_w = 6 \cdot 10^6$, $\overline{M}_n = 0{,}55 \cdot 10^6$ g mol$^{-1}$) in Toluol bei Zimmertemperatur bei verschiedenen Geschwindigkeitsgefällen. $L$ = Länge, $R$ = Radius der Kapillaren (nach J. Klein und H. Fusser).

Unabhängig von diesen theoretischen Erwägungen hat $p$ jedoch eine unmittelbare praktische Bedeutung beim Extrudieren und Verspinnen von Kunststoffen. Je größer nämlich die Düsengeometrie $L/R$ ist, umso höher muß der aufzubringende Druck sein. Man arbeitet daher in der Praxis mit möglichst kleinen Düsenlängen.

### 11.3.2 PHÄNOMENOLOGISCHE THERMODYNAMIK

Die im vorhergehenden Kapitel beschriebenen Zustandsänderungen entropieelastischer Körper lassen sich durch die phänomenologische Thermodynamik quantitativ beschreiben. Man geht dazu von einer der Grundgleichungen der Thermodynamik aus. Die hier interessierende Beziehung verknüpft den Druck $p$ mit der Inneren Energie $U$, dem Volumen $V$, und der thermodynamischen Temperatur $T$ (vgl. Lehrbücher der chemischen Thermodynamik):

(11-8) $$p = -(\partial U/\partial V)_T + (\partial p/\partial T)_V T$$

Statt der Volumenänderung $dV$ wird nun die Längenänderung $dl$ beim Anlegen einer Reckkraft $F$ betrachtet. $F$ hat das umgekehrte Vorzeichen wie der Druck $p$. Gl. (11-8) geht somit über in

(11-9) $F = (\partial U/\partial l)_T + (\partial F/\partial l)_l T$

Differenziert man den 2. Hauptsatz der Thermodynamik $A = U - TS$ nach der Länge $l$, so erhält man

(11-10) $(\partial A/\partial l)_T = (\partial U/\partial l)_T - T(\partial S/\partial l)_T$

Durch Gleichsetzen der beiden Ausdrücke für $(\partial U/\partial l)_T$ in den Gl. (11-9) und (11-10) findet man

(11-11) $(\partial A/\partial l)_T + T(\partial S/\partial l)_T = F - T(\partial F/\partial T)_l$

In der Thermodynamik gilt ferner ganz allgemein

(11-12) $(\partial S/\partial V)_T = (\partial p/\partial T)_V$

Da die Kraft $F$ dem Druck $p$ proportional ist und die Länge $l$ dem Volumen $V$, kann man in Analogie zu Gl. (11-12) setzen

(11-13) $(\partial S/\partial l)_T = -(\partial F/\partial T)_l$

Setzt man Gl. (11-13) in Gl. (11-11) ein, so resultiert

(11-14) $(\partial A/\partial l)_T - T(\partial F/\partial T)_l = F - T(\partial F/\partial T)_l$

Die zweiten Terme jeder Seite der Gl. (11-14) sind miteinander identisch. Die sog. thermische Zustandsgleichung der entropieelastischen Körper lautet daher

(11-15) $(\partial A/\partial T)_l = F$

Experimentell wurde gefunden, daß bei weniger als 300 % gedehntem, schwach vernetzten Naturkautschuk die Kraft $F$ der Temperatur $T$ proportional ist. Daraus folgt $F = const \cdot T$ bzw. $(\partial F/\partial T) = const$ oder

(11-16) $F/T = (\partial F/\partial T)$

Setzt man Gl. (11-16) in Gl. (11-9) ein, so resultiert

(11-17) $(\partial U/\partial l)_T = 0$

Die Innere Energie $U$ eines entropieelastischen Körpers ändert sich bei einer Dehnung somit nicht. In diesem Verhalten unterscheidet sich ein entropieelastischer Körper grundlegend von einem energieelastischen.

Für die Änderung der Reckkraft $F$ beim Erwärmen ergibt sich die folgende Beziehung. Durch eine Kombination von Gl. (11-16) und Gl. (11-13) gelangt man zu

(11-18) $\mathrm{d}S = -(F/T)\,\mathrm{d}l$

$T\mathrm{d}S$ und $F$ sind positiv. Die Längenänderung muß also negativ sein: entropieelastische Körper besitzen einen negativen thermischen Ausdehnungskoeffizienten.

Das totale Differential der Längenänderung eines entropieelastischen Körpers lautet

(11-19) $\mathrm{d}l = (\partial l/\partial F)_T \,\mathrm{d}F + (\partial l/\partial T)_F \,\mathrm{d}T$

Erwärmt man bei konstanter Länge, so ist $\mathrm{d}l = 0$. Gl. (11 - 19) geht dann über in

(11-20) $(\partial F/\partial T)_l = -(\partial l/\partial T)_F / (\partial l/\partial F)_T$

Der thermische lineare Ausdehnungskoeffizient $\gamma = (1/l)\,(\partial l/\partial T)$ eines entropieelastischen Körpers ist nach Gl. (11 - 18) negativ. Der Nenner der Gl. (11 - 20) entspricht der Längenzunahme bei einer Erhöhung der Spannung. $(\partial l/\partial F)_T$ ist positiv. In Gl. (11 - 20) muß also $(\partial F/\partial T)_l$ positiv sein: beim Erwärmen eines entropieelastischen Körpers nimmt die Spannung zu.

### 11.3.3 STATISTISCHE THERMODYNAMIK

Die phänomenologische Thermodynamik beschreibt die Änderungen von Energien, Volumina, Temperaturen usw. Sie kann aber ohne zusätzliche Annahmen nichts über die diesen Prozessen zugrundeliegenden molekularen Phänomene aussagen. Die statistische Thermodynamik versucht, solche Aussagen durch Wahrscheinlichkeitsbetrachtungen zu erhalten.

Beim Dehnen eines schwach vernetzten Materials nehmen die sich zwischen zwei Vernetzungspunkten befindenden Molekülsegmente eine unwahrscheinliche Lage ein. Die Enden der Segmente entfernen sich voneinander (Abb. 11 - 4). Das eine Ende soll definitionsgemäß im Koordinatenursprung liegen. Es muß dann die Wahrscheinlichkeit $\Omega_i(x, y, z)\,\mathrm{d}x\mathrm{d}y\mathrm{d}z$ betrachtet werden, den anderen Endpunkt in einem Volumenelement $\mathrm{d}x\mathrm{d}y\mathrm{d}z$ zu finden (vgl. dazu Gl. (A 4-37) für den Ausdruck für *eine* Richtung)

(11-21) $\Omega_i(x, y, z)\,\mathrm{d}x\mathrm{d}y\mathrm{d}z = (b/\pi^{0,5})^3 \exp(-b^2(x_i^2 + y_i^2 + z_i^2))\,\mathrm{d}x\mathrm{d}y\mathrm{d}z$

mit

(11-22) $b^2 = (3/2)/(N l^2)$

wobei $N$ die Anzahl der Bindungen und $l$ die Bindungslänge ist.

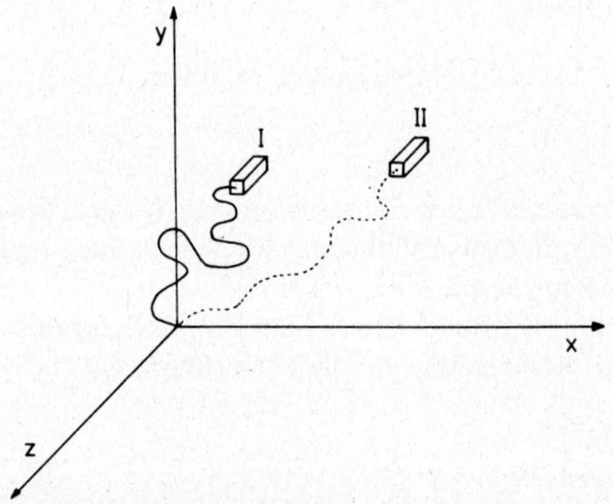


*Abb. 11-4:* Schematische Darstellung der Verstreckung eines Segmentes zwischen zwei Vernetzungspunkten. Der eine Vernetzungspunkt wird im Ursprung des Koordinatensystems festgehalten, der andere bewegt sich von der Position I vor der Vernetzung während der Verstreckung zur Position II, ohne daß sich die Länge der Kette ändert.

Durch Einsetzen von Gl. (11–21) in die Boltzmannsche Gleichung $s_i = k \ln \Omega_i$ erhält man für die Entropie eines Segmentes

(11-23) $s_i = k \ln [const\ (b/\pi^{0,5})^3\ dx dy dz] - kb^2(x_i^2 + y_i^2 + z_i^2)]$

Die Konstante *const* dient zum Anpassen der Einheiten und ist daher eine reine Hilfsgröße. Sie fällt bei der weiteren mathematischen Behandlung wieder heraus. Es wird nämlich jetzt angenommen, daß sich die Abmessungen jedes einzelnen Segmentes in der gleichen Weise wie die äußeren Abmessungen des Prüfkörpers ändern, nämlich mit dem Dehnungsverhältnis $\alpha$. Die Abmessung in $x$-Richtung des i.Segmentes soll daher nach der Drehung $\alpha$-mal so groß wie vor der Dehnung sein usw.:

(11-24) $x_i = \alpha_x x_{i,o}\ ;\quad y_i = \alpha_y y_{i,o}\ ;\quad z_i = \alpha_z z_{i,o}$

Gl. (11–24) geht mit Gl. (11–23) für die Entropieänderung *eines* Segmentes beim Recken über in

(11-25) $\Delta s_i = s_i - s_{i,o} = -kb^2[(\alpha_x^2 x_{i,o}^2 + \alpha_y^2 y_{i,o}^2 + \alpha_z^2 z_{i,o}) - (x_{i,o}^2 + y_{i,o}^2 + z_{i,o}^2)]$

Die totale Entropieänderung soll additiv sein. Bei gleich langen Ketten gilt dann

(11-26) $\Delta S = \sum_i \Delta s_i = -kb^2[(\alpha_x^2 - 1) \sum_i x_{i,o}^2 + (\alpha_y^2 - 1) \sum_i y_{i,o}^2 + (\alpha_z^2 - 1) \sum_i z_{i,o}^2]$

Nun gilt aber für den Fadenendenabstand (vgl. Gl. (4–9))

(11-27) $\langle L^2 \rangle_{oo} = N l^2 = \langle x_0^2 \rangle + \langle y_0^2 \rangle + \langle z_0^2 \rangle$

sowie mit der Zahl $N_i$ der Segmente

(11-28) $\sum_i x_{i,o}^2 = N_i \langle x_0^2 \rangle\ ;\quad \sum_i y_{i,o}^2 = N_i \langle y_0^2 \rangle\ ;\quad \sum_i z_{i,o}^2 = N_i \langle z_0^2 \rangle$

und bei einem isotropen Material

(11-29) $\langle x_0^2 \rangle = \langle y_0^2 \rangle = \langle z_0^2 \rangle$

Aus den Gl. (11–26) – (11–28) und (11–22) folgt daher

(11-30) $\Delta S = -0{,}5\ kN_i\ (\alpha_x^2 + \alpha_y^2 + \alpha_z^2 - 3)$

Nach Gl. (11–30) ist die Entropieänderung eines Kautschuks beim Verstrecken nicht durch eine besondere chemische Struktur bedingt, sondern lediglich durch die Zahl der Vernetzungspunkte zwischen den Ketten.

Gl. (11–30) beschreibt einen Spezialfall, nämlich den eines Dehnens ohne Volumenänderung ($\alpha_x \alpha_y \alpha_z = 1$). Für den allgemeinen Fall sind verschiedene Gleichungen vorgeschlagen worden, die sich alle auf einen Typ

(11-31) $\Delta S = -A\ [(\alpha_x^2 + \alpha_y^2 + \alpha_z^2 - 3) - B]$

zurückführen lassen. Sowohl der Frontfaktor $A$ als auch $B$ haben nach den verschiedenen theoretischen Ansätzen eine unterschiedliche Bedeutung, z. B. $B = \alpha^3$.

Die Reckkraft $F$ läßt sich nach Gl. (11–18) durch

(11-32) $F = -T\,(\partial S/\partial l)_{T,V} = -T\,(\partial\,\Delta S/\partial l)_{T,V}$

ausdrücken. $\Delta S$ ergibt sich aus Gl. (11 - 30). Dehnt sich die Kette beim Recken in einer Richtung aus $(\alpha_x = \alpha)$ und verkürzt sie sich gleichmäßig in den beiden anderen Richtungen $(\alpha_y = \alpha_z = \alpha_x^{-0,5})$, dann geht Gl. (11 - 30) über in

(11-33) $\Delta S = -0{,}5\, kN_i\, (\alpha^2 + (2/\alpha) - 3)$

und nach der Differentiation, mit $\alpha = l/l_0$,

(11-34) $(\partial \Delta S/\partial l)_{T,V} = -kN_i\, (\alpha - \alpha^{-2})/l_0$

bzw. eingesetzt in Gl. (11 - 32)

(11-35) $F = kTN_i\, (\alpha - \alpha^{-2})/l_0$

Dividiert man beide Seiten durch den Ausgangsquerschnitt $A_0 = V_0/l_0$, so geht Gl. (11 - 35) mit der Definition der Zugspannung $\sigma_{ii} = F/A_0$, der Gaskonstanten $R = kN_L$ und der Molkonzentration $[M_i] = N_i/(V_0 N_L)$ der Netzketten über in

(11-36) $\sigma_{ii} = kT\,(N_i/V_0)\,(\alpha - \alpha^{-2}) = RT\,[M_i]\,(\alpha - \alpha^{-2})$

Das Experiment stimmt nach Abb. 11 - 5 bei der Kompression und bei kleinen Dehnungen recht gut mit der von Gl. (11 - 36) geforderten Beziehung zwischen $\sigma$ und $\alpha$ überein. Bei großen Dehnungen treten Abweichungen auf. Sie könnten durch die beginnende Kristallisation des Kautschuks, eine nicht Gaußsche Verteilung der Vernetzungsstellen oder durch Zeiteffekte bedingt sein.

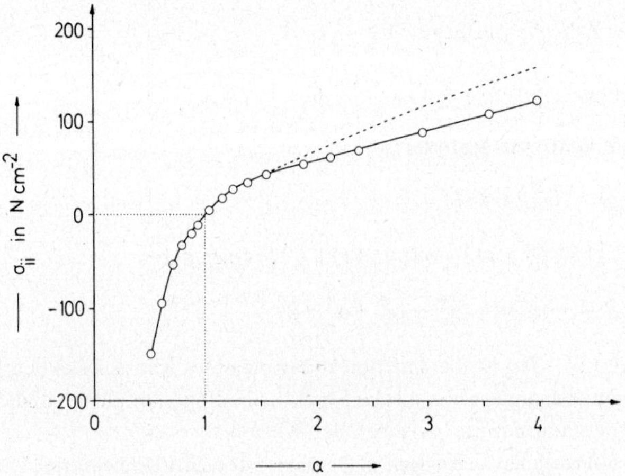


*Abb. 11-5:* Beziehung zwischen der Spannung $\sigma_{ii}$ und dem Dehnungsverhältnis $\alpha = l/l_0$ bei vernetztem Naturkautschuk. ○——○ experimentell, --- berechnet nach Gl. (11 - 36). Messungen durch Dehnung (bei $\alpha > 1$) oder Kompression (bei $\alpha < 1$) (nach L. R. G. Treloar).

Schreibt man Gl. (11 - 36) als

(11-37) $$\frac{\sigma_{ii}}{\alpha - \alpha^{-2}} = C_1 = RT\,[M_i]$$

so lassen sich die Abweichungen durch die empirische Mooney-Rivlin-Gleichung

$$\frac{\sigma_{ii}}{\alpha - \alpha^{-2}} = C_1 + C_2 \alpha^{-1} \tag{11-38}$$

wiedergeben. Die Bedeutung von $C_2$ ist umstritten. Nach einigen Autoren soll das Auftreten des zweiten Terms durch Zeiteffekte bedingt sein, d.h. die Messungen wären nicht unter Gleichgewichtsbedingungen ausgeführt worden. Dafür spricht, daß der Wert von $C_2$ mit steigender Quellung der Kautschuke, d. h. bei einer größeren Beweglichkeit der Segmente, sinkt. Je nach den Versuchsbedingungen nimmt $C_2$ mit zunehmender Temperatur ab (schnellere Gleichgewichtseinstellung), bleibt konstant oder nimmt sogar zu (Entwicklung von Spannungen).

Ein reales Elastomer verhält sich auch sonst nicht so ideal, wie es bei den vorstehenden Ableitungen vorausgesetzt wurde. Ein Teil der Vernetzungspunkte ist z. B. nicht mit anderen Vernetzungspunkten verknüpft, sondern endet in freien Kettenteilen. Nur ein Bruchteil der chemischen Vernetzungsstellen ist daher physikalisch wirksam. Umgekehrt treten zusätzlich physikalische „Vernetzungen" durch Kettenverschlingungen auf. Die Stücke zwischen den Vernetzungsstellen können ferner ungleich lang sein. Außerdem führt man die Vernetzung meist bei höheren Temperaturen als die anschließende Messung der Deformation aus. Der Kautschuk hat bei der Vernetzungstemperatur aber andere Dimensionen als bei der Deformationstemperatur, so daß bei der Deformation ein gestörter Ausgangszustand vorliegt.

Eine Scherung kann ähnlich wie ein Zug behandelt werden. Bei der Scherung wird die Probe in $x$-Richtung gedehnt und in $y$-Richtung entsprechend verkleinert. Die Abmessungen in der $z$-Richtung bleiben konstant. Es gilt also $\alpha = \alpha_x$, $\alpha = 1/\alpha_y$ und $\alpha_z = 1$. Gl. (11 – 30) geht damit über in

$$\Delta S = -0{,}5\, kN_i\, (\alpha^2 + \alpha^{-2} - 2) \tag{11-39}$$

und entsprechend für die auf das Einheitsvolumen $V_0$ bezogene Entropieänderung $\Delta S_V$ mit $[M_i] = N_i/(V_0 N_L)$, $R = kN_L$ und $\Delta S_V = \Delta S/V_0$

$$\Delta S_V = -0{,}5\, R\, [M_i]\, (\alpha^2 + \alpha^{-2} - 2) \tag{11-40}$$

Die Deformation $\gamma$ bei einer Scherbeanspruchung ergibt sich durch $\gamma = \alpha - \alpha^{-1}$. Aus Gl. (11 – 39) wird somit wegen $\gamma^2 = (\alpha - \alpha^{-1})^2 = \alpha^2 + \alpha^{-2} - 2$

$$\Delta S_V = -0{,}5\, R\, [M_i]\, \gamma^2 \tag{11-41}$$

Die Beziehung zwischen Scherspannung $\sigma_{ij}$ und Scherung $\gamma$ ist in Analogie zu Gl. (11 – 32) gegeben durch

$$\sigma_{ij} = -T(\partial \Delta S_V / \partial \gamma) \tag{11-42}$$

Aus Gl. (11 – 42) erhält man daher nach Differentiation von Gl. (11 – 41)

$$\sigma_{ij} = RT\gamma\, [M_i] = G\gamma \tag{11-43}$$

Nach Gl. (11 – 43) ist die Scherspannung direkt proportional der Scherung. Der Kautschuk verhält sich also bei der Scherung wie ein Hookescher Körper mit dem Schermodul $G$ (vgl. Gl. (11 – 2)), nicht aber bei einer Dehnung (vgl. Gl. (11 – 36)).

### 11.3.4 ELASTO-OSMOMETRIE

In einem gequollenen Netzwerk (einem Gel) ist das chemische Potential des Lösungsmittels innerhalb und außerhalb des Gels gleich groß. Ersetzt man das Lösungsmittel außerhalb des Gels durch eine Lösung, so wird sich auch das chemische Potential des Lösungsmittels außerhalb des Gels ändern. Dadurch wird eine Änderung des Lösungsmittels innerhalb des Gels erzeugt, was wiederum eine Volumenänderung, eine Längenänderung (bei konstanter Belastung) oder eine Deformationskraftänderung (bei konstanter Dehnung) hervorruft.

Die Änderung der Deformationskraft $F$ ergibt sich in erster Näherung zu

(11-44) $$\Delta F = F - F_0 = (\partial F/\partial \mu_1)\,\Delta \mu_1^{\text{int}} = (\partial F/\partial \mu_1)\,\Delta \mu_1^{\text{ext}}$$

Das chemische Potential des Lösungsmittels in der Lösung außerhalb des Gels kann durch den Ausdruck für den osmotischen Druck ersetzt werden (vgl. Gl. (9–4) und (9–7)):

(11-45) $$-\Delta \mu_1^{\text{ext}} = \Pi \widetilde{V}_1^{\text{m}} = \widetilde{V}_1^{\text{m}}\,[(RTc_2/\overline{M}_{\text{n}}) + RTA_2c_2^2]$$

Durch Kombination der Gl. (11 – 44) und (11 – 45) gelangt man zu

(11-46) $$\Delta F/c_2 = -(\partial F/\partial \mu_1)\,\widetilde{V}_1^{\text{m}}\,[(RT/\overline{M}_{\text{n}}) + RTA_2c_2]$$

Aus der Konzentrationsabhängigkeit der Änderung der Deformationskraft kann somit das Zahlenmittel des Molekulargewichtes des Gelösten und der zweite Virialkoeffizient erhalten werden. Die zur Auswertung noch erforderliche Änderung der Deformationskraft mit dem chemischen Potential des Lösungsmittels kann aus dem allgemeinen thermodynamischen Ausdruck für die Änderung der Gibbs-Energie

(11-47) $$\mathrm{d}G = -S\mathrm{d}T + V\mathrm{d}p + F\mathrm{d}l + \mu\mathrm{d}n$$

abgeleitet werden. Bei einem isotherm-isobaren Prozeß gilt $\mathrm{d}T = 0$, $\mathrm{d}p = 0$ und $\mathrm{d}G = 0$ und folglich

(11-48) $$F = -\mu\,\mathrm{d}n/\mathrm{d}l$$

Differentiation dieser Gleichung ergibt

(11-49) $$(\partial F/\partial \mu)_{p,T,l} = -\partial(\mu\mathrm{d}n/\mathrm{d}l)/\partial \mu = -(\mathrm{d}n/\mathrm{d}l)_{p,T,\mu}$$

Die Änderung der Deformationskraft mit dem chemischen Potential läßt sich somit über die Änderung der Länge mit den Molen bestimmen.

## *11.4 Viskoelastizität*

### 11.4.1 GRUNDLAGEN

Bei den vorstehenden Diskussionen über das energie- und das entropieelastische Verhalten der Materie war stillschweigend angenommen worden, daß der Körper nach Entfernen der Belastung unmittelbar und vollständig in den Ausgangszustand zurückkehrt. Tatsächlich dauert dieser Prozeß bei makromolekularen Substanzen immer eine gewisse Zeit. Außerdem kehren nicht alle Körper vollständig in die Ausgangslage zurück; sie werden also u.U. teilweise irreversibel verformt.

Bei diesen Körpern müssen also gleichzeitig zeitunabhängige elastische und zeitabhängige viskose Eigenschaften zusammenwirken. Durch verschiedene Kombinationen der Grundgleichungen für das elastische und das viskose Verhalten der Materie lassen sich viele Phänomene beschreiben.

Die beiden Extremfälle des mechanischen Verhaltens lassen sich sehr gut durch mechanische Modelle wiedergeben. Als Modell für den energieelastischen Körper kann eine Sprungfeder dienen (Abb. 11-6). Die Sprungfeder kehrt nach der Entlastung sofort in ihre Ausgangslage zurück. Die Beziehung zwischen der Scherspannung $(\sigma_{ij})_e$, dem Schermodul $G_e$ und der elastischen Deformation $\gamma_e$ ist durch das Hooke'sche Gesetz (Gl. 11-2) gegeben:

(11-50) $(\sigma_{ij})_e = \sigma_e = G_e \gamma_e$

Die Differentiation nach der Zeit liefert

(11-51) $d(\sigma_{ij})_e/dt = G_e(d\gamma_e/dt)$

Das Modell für eine Newton'sche Flüssigkeit ist ein Stempel in einem Kolben mit einer viskosen Flüssigkeit. Nach der Entlastung verstreicht eine gewisse Zeit, bis der Stempel seine Ausgangslage wieder erreicht hat. Diese Zeitabhängigkeit ist im Newton'schen Gesetz (Gl.(7-41)) bereits enthalten. Zur besseren Übersichtlichkeit und zur Anpassung an Gl. (11-51) schreiben wir im Newton'schen Gesetz die Schub-

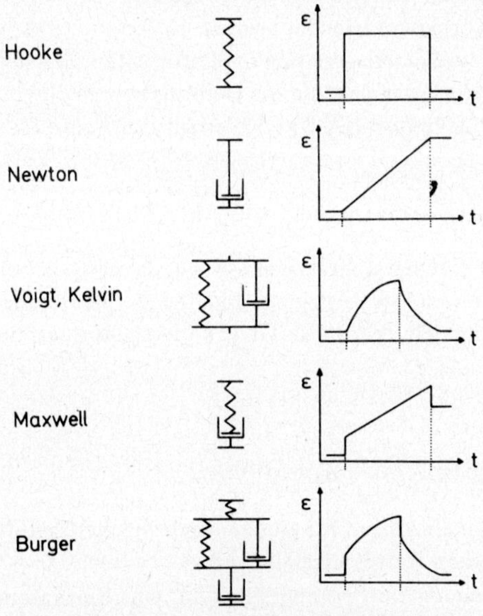


*Abb. 11-6:* Verformung $\epsilon$ als Funktion der Zeit bei verschiedenen Modellen. Die Prüflinge werden zur Zeit $t_1$ belastet und zur Zeit $t_2$ entlastet (durch ············ dargestellt).

spannung $\sigma_{ij}$ als $(\sigma_{ij})_\eta = \sigma_\eta$ und die Schergeschwindigkeit $(dv/dy)$ als Deformationsgeschwindigkeit $(d\gamma_\eta/dt)$:

(11-52) $\sigma_\eta = \eta\,(d\,\gamma_\eta/dt)$

Die Integration führt zu

(11-53) $\gamma_\eta = (\sigma_\eta/\eta)\,t$

Schaltet man den Hooke'schen Körper und den Newton'schen Körper in Reihe, so gelangt man zum Maxwell-Körper (Abb. 11-6). Das Voigt- oder Kelvin-Modell enthält dagegen den Hooke'schen und den Newton'schen Körper parallel geschaltet (Abb. 11-6). Der Maxwell-Körper ist ein Modell für Relaxationserscheinungen, der Voigt-Körper ein Modell für Retardationsprozesse.

### 11.4.2 RELAXATIONSPROZESSE

Unter einer Relaxation wird in der Mechanik die Abnahme der Spannung bei einer konstanten Deformation verstanden. Wird nämlich eine zähe Flüssigkeit durch eine Scherung deformiert, so entwickelt sich eine der Deformation entgegenwirkende Spannung. Die Spannung wird sehr schnell abnehmen, da die Moleküle bzw. Molekülsegmente schnell ausweichen. Das Maxwell-Modell beschreibt dieses Verhalten offenbar sehr gut. Bei einer Verformung wird sich die Feder sehr schnell bis zum Gleichgewichtswert ausdehnen. Hält man die Deformation konstant, dann wird sich durch die entspannende Feder mit der Zeit der Kolben langsam durch die zähe Flüssigkeit bewegen (vgl. auch Abb. 11-6). Entfernt man plötzlich die Spannung, zieht sich die Feder zusammen. Der Kolben bleibt aber im gedehnten Zustand. Das ursprünglich nur für energieelastische Körper geltende Federmodell darf wegen Gl. (11-43) auch bei Scherungen entropieelastischer Körper angewendet werden.

Bei diesen Prozessen überlagern sich die Deformationsgeschwindigkeiten $d\gamma/dt$. Durch Kombination der Ausdrücke für die Deformationsgeschwindigkeiten nach Hooke (Gl. 11-51) und nach Newton (Gl. 11-52) erhält man somit für die totale Verformungsgeschwindigkeit

(11-54) $d\gamma/dt = (d\gamma_e/dt) + (d\gamma_\eta/dt) = G_e^{-1}(d\sigma_e/dt) + (\sigma_\eta/\eta)$

Die Indices e und $\eta$ können weggelassen werden, da man a priori nicht unterscheiden kann, welcher Prozeß welchen Beitrag zur erhaltenen Verformungsgeschwindigkeit liefert. Für die Relaxation gilt $d\gamma/dt = 0$. Gl. (11-54) geht somit über in

(11-55) $G^{-1}(d\sigma/dt) = -\sigma/\eta$

oder integriert

(11-56) $\sigma = \sigma_0 \exp(-Gt/\eta) = \sigma_0 \exp(-t/t_{rel})$

$t_{rel} = \eta/G$ ist die Relaxationszeit. Sie gibt an, nach welcher Zeit die Spannung auf den e. Teil des ursprünglichen Wertes abgefallen ist.

Bei realen Polymeren existiert aber nicht nur eine Relaxationszeit, sondern ein ganzes Relaxationszeitenspektrum. Bei einem idealen Kautschuk sind z.B. die Abstände zwischen den Vernetzungspunkten alle gleich groß. Bei kurzen Beanspruchungszeiten werden die resultierenden Spannungen durch die weitgehend „freie“ Drehbarkeit um die Kettenbindungen innerhalb kurzer Relaxationszeiten von ca. $10^{-5}$ s ausgeglichen. Bei großen Beanspruchungszeiten können sich auch die Vernetzungspunkte gegeneinander verschieben. Die für diesen Prozeß charakteristischen großen Relaxationszeiten verhindern das viskose Fließen des Materials bei kleinen Beanspruchungszeiten. Zwischen diesen beiden Relaxationszeiten existiert ein Bereich, in dem der Elastizitätsmodul praktisch konstant bleibt. Bei realen Kautschuken sind jedoch die Abstände der Vernetzungspunkte nicht konstant, sondern über einen weiten Bereich variabel. Man wird daher ein ganzes Relaxationszeitenspektrum zu erwarten haben. Dieses Spektrum kann man modellmäßig durch eine Folge von parallel geschalteten Maxwell-Körpern erfassen.

### 11.4.3 RETARDATIONSPROZESSE

Unter Retardation wird die Zunahme der Deformation mit der Zeit bei konstanter Spannung verstanden. Retardationsprozesse geben sich durch ein „Kriechen“ oder ein „Nachfließen“ des Materials zu erkennen. Da die Erscheinung erstmals bei scheinbar festen Materialien bei Raumtemperaturen ohne Wärmeeinwirkung gefunden wurde, nennt man sie auch „kalter Fluß“. Entfernt man die Belastung, so findet man oft einen langsamen Rückgang der Deformation. U.U. kann die Probe wieder die ursprünglichen Dimensionen annehmen. Die Erscheinung des kalten Flusses läßt sich daher besser als verzögerte Elastizität denn als viskoses Fließen beschreiben.

Im Prinzip läßt sich der kalte Fluß durch ein Maxwell-Element wiedergeben. Wegen der bei der Lösung der Gleichungssysteme auftretenden mathematischen Schwierigkeiten bevorzugt man zur Beschreibung des Phänomens jedoch ein eigenes Modell mit parallel geschalteter Feder und Reibungselement (Voigt- oder Kelvin-Element). Da das Kriechen eine Deformation bei konstanter Spannung ist, braucht man nur die beiden Ausdrücke für die Spannung beim Hooke'schen Körper (Gl. (11 – 50)) und bei der Newton'schen Flüssigkeit (Gl. (11 – 52)) zu addieren:

$$(11\text{-}57) \qquad \sigma = \sigma_e + \sigma_\eta = G_e \gamma_e + \eta (\mathrm{d}\gamma_\eta / \mathrm{d}t)$$

Durch Integration folgt daraus (Index k zur Charakterisierung des Kelvin-Elementes)

$$(11\text{-}58) \qquad \gamma_k = (\sigma/G)(1 - \exp(-Gt/\eta)) = \gamma_\infty (1 - \exp(-t/t_{ret}))$$

Dabei wurden wieder die Indices wegen der Nichtunterscheidbarkeit fortgelassen. In Gl. (11 – 58) ist $\gamma_\infty$ eine Konstante und $t_{ret}$ die Retardationszeit. Auch bei den Retardationsprozessen existiert in der Regel ein ganzes Spektrum von Retardationszeiten. Retardations- und Relaxationszeiten sind zwar von etwa gleicher Größenordnung, aber nicht identisch, da sie auf verschiedenen Modellen für das Deformationsverhalten beruhen.

### 11.4.4 KOMBINIERTE PROZESSE

Makromolekulare Stoffe besitzen in der Regel außer viskosen und energieelastischen auch entropieelastische Anteile. Ein solches Verhalten wurde von den bisher diskutierten Modellen nur teilweise erfaßt. Es läßt sich aber gut durch ein 4-Parameter-Modell beschreiben, bei dem ein Hookescher Körper, ein Kelvin-Körper und ein

Newton-Körper kombiniert werden (vgl. die unterste Figur in Abb. 11 - 6). Bei diesem Modell müssen wiederum die Deformationen addiert werden, d. h. mit den Gl. (11-50), (11 - 53) und (11 -58)

(11-59) $$\gamma = \gamma_e + \gamma_k + \gamma_\eta$$
$$\gamma = (\sigma/G) + \gamma_\infty [1 - \exp(-t/t_r)] + (\sigma/\eta)\, t$$

oder bei Einführung der Nachgiebigkeiten $C = \gamma/\sigma$

(11-60) $$C = C_0 + C_\infty (1 - \exp(-t/t_r)) + (t/\eta)$$

Nach dieser Gleichung hängt das beobachtete mechanische Verhalten stark vom Verhältnis der Versuchszeit zur Orientierungszeit $t_r$ ab. Ist $t \gg t_r$, so trägt das exponentielle Glied in Gl. (11 – 60) praktisch nichts mehr zur Gesamtverformung bei. Der durch dieses Glied beschriebene Anteil der Dämpfung an der Gesamtverformung wird umgekehrt umso merkbarer, je ähnlicher sich Versuchszeit $t$ und Orientierungszeit $t_r$ werden (vgl. Abb. 11 – 7). Ähnliche Betrachtungen gelten für die Temperaturabhängigkeit. Bei tiefen Temperaturen strebt $t_r = \eta/G$ gegen unendlich. Die Viskosität $\eta$ wird sehr groß. Man beobachtet daher bei tiefen Temperaturen nur eine Hooke'sche Elastizität. Bei hohen Temperaturen überwiegt dagegen das dritte Glied, bei dem die Orientierungszeit der Versuchszeit vergleichbar wird. Bei dieser Temperatur wird dann eine Dämpfung beobachtet.

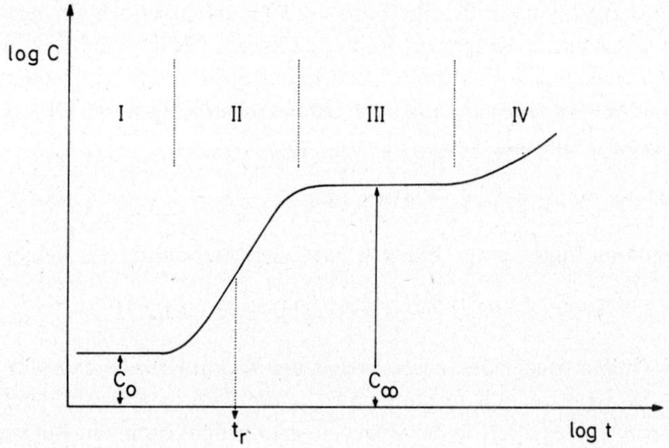


*Abb. 11-7:* Schematische Darstellung der Nachgiebigkeit $C$ als Funktion der Zeit. $t_r$ = Orientierungszeit. I = Glaszustand, II = viskoelastischer Zustand, III = entropieelastischer Zustand, IV = viskoses Fließen.

### 11.4.5 DYNAMISCHE BEANSPRUCHUNGEN

Bei dynamischen Messungen wird der Prüfling einer periodischen Beanspruchung unterworfen. Im einfachsten Fall erfolgt diese Beanspruchung sinusförmig. Die angelegte Spannung $\sigma$ ändert sich dann mit der Zeit $t$ und der Kreisfrequenz $\omega$ nach

(11-61) $\sigma = \sigma_0 \sin(\omega t)$

$\sigma_0$ ist die Amplitude. Die resultierende Verformung $\gamma$ weist die gleiche Frequenz wie die anregende Schwingung auf, ist jedoch um einen Winkel $\vartheta$ in der Phase verschoben (Abb. 11-8). Im stationären Zustand gilt dann für die Verformung

(11-62) $\gamma = \gamma_0 \sin(\omega t - \vartheta)$

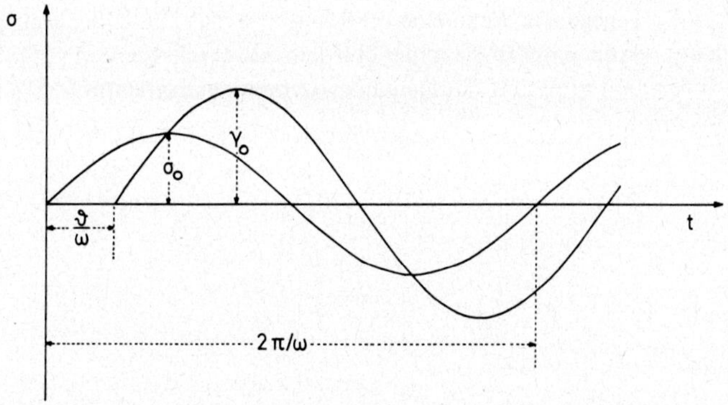


*Abb. 11-8:* Schematische Darstellung der Zugspannung $\sigma$ als Funktion der Zeit $t$ bei dynamischer (sinusförmiger) Beanspruchung (s. Text).

Der Tangens des Winkels $\vartheta$ wird als Verlustfaktor bezeichnet. Das Amplitudenverhältnis $\gamma_0/\sigma_0 = C$ ist die absolute Nachgiebigkeit.

Die Verformung kann nach Gl. (11-62) in zwei Anteile aufgespalten werden

(11-63) $\gamma = \gamma_0 (C'(\omega) \sin \omega t - C''(\omega) \cos \omega t)$

Der erste Anteil ist mit der angelegten Spannungsänderung in Phase, der zweite Anteil ist um die Winkel $\pi/2$ verschoben. Die Amplitude $C'$ des ersten Anteils wird Speichernachgiebigkeit genannt, die Amplitude $C''$ des zweiten Anteils Verlustnachgiebigkeit. Speichermodul $G'$ und Verlustmodul $G''$ sind jedoch nicht einfach die Kehrwerte der entsprechenden Nachgiebigkeiten. Die Speichernachgibigkeit mißt den Anteil der reversiblen elastischen Verformung, die Verlustnachgiebigkeit die surch Umwandlung in Wärme verlorengegangene Energie. Zwischen diesen Größen bestehen Beziehungen

(11-64) $C' = C \cos \vartheta \qquad G' = C'/[(C')^2 + (C'')^2]$

$C'' = C \sin \vartheta \qquad G'' = C''/[(C')^2 + (C'')^2]$

$\operatorname{tg} \vartheta = C''/C'$

Auch das Verhalten bei dynamischen Beanspruchungen kann natürlich durch die verschiedenen Modelle erfaßt werden.

## 11.5 Verformvorgänge

### 11.5.1 ZUGVERSUCH

Beim Zugversuch wird ein genormter Probestab in eine Zugmaschine eingespannt, mit konstanter Geschwindigkeit gedehnt und Zugspannung $\sigma_{ii}$ und Verstreckungsverhältnis $\alpha = L/L_0$ (bzw. Zeit) registriert. Das Wort Verstrecken bezieht sich dabei auf die Längenänderung der Probe. Es hat a priori nichts mit der molekularen Vorstellung zu tun, daß die Molküle nach dem Verstrecken gestreckter vorliegen würden. Statt des Verstreckungsverhältnisses (Streckverhältnisses) $\alpha$ wird auch oft die Dehnung $\epsilon = (L - L_0)/L_0$ angegeben. Wenn eine Probe auf z. B. das 2,5fache der ursprünglichen Länge gedehnt würde, dann ist sie in der üblichen Ausdrucksweise um 150 % gedehnt. Abb. 11 - 9 zeigt ein typisches Zugspannungs/Dehnungs-Diagramm.

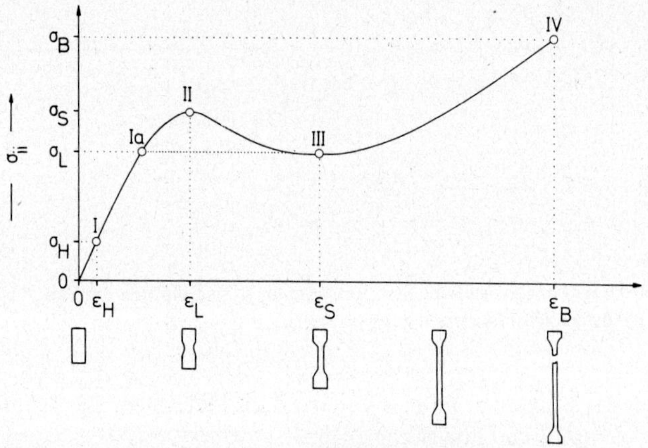


*Abb. 11-9:* Zugspannung $\sigma_{ii}$ als Funktion der Dehnung $\epsilon$ eines Stabes bei konstanter Temperatur. I = Proportionalitätsgrenze, II = obere Fließgrenze mit Streckspannung und Streckgrenze, III = untere Fließgrenze (in diesem Bereich ist Verformungsbruch möglich), IV = Bruchgrenze mit Reißfestigkeit und Bruchdehnung (Trennbruch). Der duktile Bereich ist durch die Fläche Ia-II-III gegeben. Entlang II-III tritt Spannungsweichmachung, entlang III-IV Spannungsverhärtung auf. Das Spannungs/Dehnungs-Diagramm ist typisch für Verformungen mit Teleskopeffekt.

Anstelle des gesamten Zugspannungs/Dehnungs-Diagramms werden häufig nur einige Punkte angegeben:

Bei kleinen Spannungen bzw. Dehnungen wird im Bereich zwischen dem Ursprung und dem Punkt I (Abb. 11 - 9) das Hookesche Gesetz befolgt (vgl. Gl. (11 - 1)). Der Punkt I wird daher auch als *Proportionalitätsgrenze* oder *Elastizitätsgrenze* bezeichnet. Der letztere Name ist allerdings wegen der auch oberhalb von I vorhandenen Entropieelastizität inkorrekt. Die Proportionalitätsgrenze ist definitionsgemäß erreicht, wenn der Prüfling nach der Entlastung eine bleibende Dehnung von 0,01 % aufweist. Als *technische Streckgrenze* wird eine Längenzunahme von 0,2 % definiert.

Der Punkt II gibt das Maximum der Zugspannungs/Dehnungs-Kurve und damit die *obere Fließgrenze* $\epsilon_S$ mit der *oberen Streckspannung* $\sigma_S$ an. Im Punkt III liegen entsprechend die *untere Fließgrenze* und die untere Streckspannung vor. Schließlich wird beim Punkt IV die Bruchgrenze mit der *Bruchfestigkeit* $\sigma_B$ und der *Bruchdehnung* $\epsilon_B$ erreicht. Zwischen den Punkten Ia–II–III liegt der sog. duktile Bereich. Der zwischen II und III auftretende Abfall der Zugspannung mit wachsender Dehnung wird Spannungsweichmachung, die zwischen III und IV auftretende Zunahme Spannungsverhärtung genannt. Spannungsweichmachung und Spannungsverhärtung sind jedoch nur nominell, da Streckenverhältnis bzw. Dehnung nicht auf den realen, sondern den ursprünglichen Querschnitt der Probe bezogen werden (vgl. auch weiter unten).

In vielen Fällen wird außerdem noch eine „spezifische Festigkeit" oder „Reißlänge"

(11-65) spez. Festigkeit = Zugspannung/Dichte

angegeben. Die Namen sind jedoch inkorrekt, da die Zugspannung eine Kraft und daher in Newton zu messen ist. Die Einheit dieser Größe ist daher $(\text{Länge/Zeit})^2$ und folglich weder eine Länge noch eine spezifische Größe. Angegeben wird auch oft eine

(11-66) spez. Steifigkeit = Elastizitätsmodul/Dichte

Die Steifigkeit eines Körpers hängt jedoch außer vom Elastizitätsmodul $E$ noch von der geometrischen Form des Körpers ab. So kann z. B. das für eine bestimmte Durchbiegung benötigte Biegemoment $M$ eines Körpers mit dem Radius $R$ angenähert durch

(11-67) $M \approx \pi E R^2/4$

wiedergegeben werden. Von zwei Körpern gleicher Form und gleichen Querschnittes ist derjenige der steifere, der den höheren Elastizitätsmodul besitzt. Je kleiner der Durchmesser, umso mehr nimmt die Steifigkeit ab.

Nach der üblichen Konvention wird bei der Berechnung der Zugspannung $\sigma_{ii} = F/A_0$ die Zugkraft $F$ auf den ursprünglichen Querschnitt $A_0$ der Probe bezogen (nominelle Zugspannung, engineering stress). Bei der Verformung verjüngt sich jedoch der Querschnitt. Die bei einer bestimmten Dehnung herrschende wirkliche Zugspannung $\sigma'_{ii}$ ist daher größer als die nominelle Zugspannung:

(11-68) $\sigma'_{ii} = F/A = (F/A_0)(L/L_0) = \sigma_{ii}(L/L_0) \quad ; V = const.$

Die wahre Dehnung $\epsilon'$ ist ebenfalls von der scheinbaren Dehnung (engineering strain) verschieden

(11-69) $\epsilon' = \int_{L_0}^{L} dL/L = \ln(L/L_0) = \ln(A_0/A)$

Nominelle und wahre Zugspannungs/Dehnungs-Diagramme unterscheiden sich charakteristisch (Abb. 11 – 10). Der Einfluß der Querschnittsveränderung kann natürlich ausgeschaltet werden, wenn man mit einer allseitigen Kompression statt eines Zuges arbeitet.

Bei vielen Thermoplasten wurde zwischen den wahren Zugspannungen und den wahren Dehnungen empirisch eine Beziehung

(11-70) $[\log(\sigma'/\sigma^*)][\log(\epsilon'/\epsilon^*)] = -C$

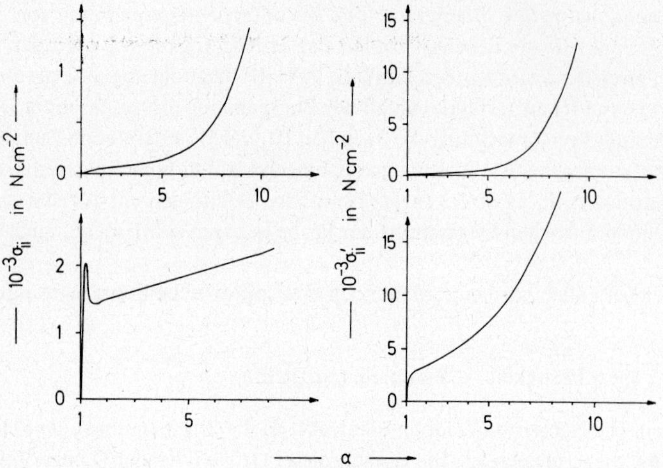


*Abb. 11-10:* Zugspannungs/Dehnungs-Diagramme eines Naturkautschuks (oben) und eines it-Poly(propylens) (unten) bei Zimmertemperatur. Links: experimentelle Diagramme, rechts: wahre Zugspannungs/Dehnungs-Kurven. In der Originalarbeit wurden für die Abb. unten links keine numerischen Werte angegeben (nach P. I. Vincent).

gefunden. $\sigma^*$ und $\epsilon^*$ sind dabei Normalisierungsgrößen, die durch Verschieben der Kurven in einem $\log \sigma' = f(\log \epsilon')$-Diagramm bei Proben mit verschiedenen Molekulargewichten, Verformungsgeschwindigkeiten und Verformungstemperaturen in der Weise erhalten wurden, daß eine einzige Kurve resultierte.

Bei einem idealen System mit $C = 0$ ist $\sigma^*$ gleich der kritischen Spannung für das Auflösen von Kettenfaltungen. $\epsilon^*$ gibt die Dehnung für die Bildung von gestreckten Kettenkonformationen an. Bei Poly(äthylen) ist z.B. $\epsilon^* = 5{,}55$, was einem Verstrekkungsverhältnis von 240 entspricht. Die Konstanten $C$ sind für jedes Polymer typisch: sie betragen z. B. 0,175 für Nylon 6, 0,230 für Poly(propylen) und 0,384 für Poly(äthylen).

### 11.5.2 TELESKOP-EFFEKT

Die Form einer Zugspannungs/Dehnungs-Kurve hängt von der chemischen Struktur der Probe (Konstitution, Konfiguration, Molekulargewicht, Molekulargewichtsverteilung, Vernetzung), von ihrer physikalischen Struktur (Kristallinität, Orientierung) und damit auch von den Verarbeitungsbedingungen beim Herstellen der Probe (Tempern, Recken, Spritzgießen usw.), von Zusätzen (Füllstoffe, Weichmacher), von der Art des Prüfkörpers (geometrische Form, Filmdicke usw.) und von den Verformungsbedingungen (Geschwindigkeit, Temperatur) ab.

Die gleiche Probe kann demnach als spröde, zäh oder gummiähnlich erscheinen (Abb. 11 - 11), jenachdem, ob die Prüftemperatur unterhalb oder oberhalb der Glastemperatur liegt. In einigen Fällen tritt dabei ein sog. kalter Fluß auf. Er wird makroskopisch von dem sog. Teleskop-Effekt (engl. necking) begleitet (vgl. auch Abb. 11 -9). Ein kalter Fluß ist dadurch charakterisiert, daß die Zugspannung mit steigender Dehnung nicht steigt, sondern fällt oder mindestens konstant bleibt.

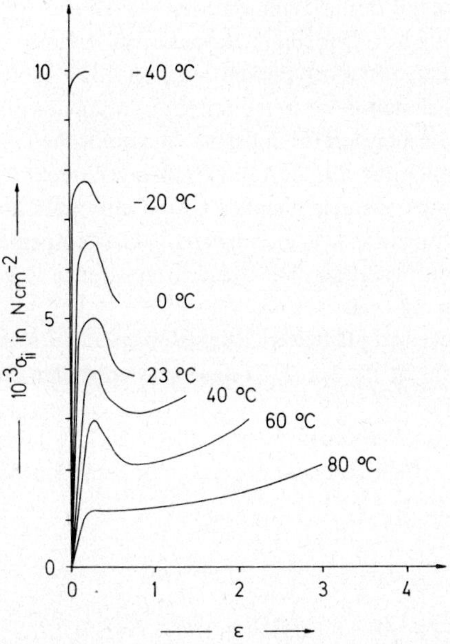


*Abb. 11-11:* Zugspannungs/Dehnungs-Diagramme eines Poly(vinylchlorides) bei Temperaturen zwischen -40 °C und + 80 °C (nach R. Nitsche und E. Salewski). Die Probe erscheint spröd bei - 40 °C, als duktil (zäh) bei 23 bis - 20 °C, weist einen kalten Fluß bei 40 bis 60 °C auf und ist gummiähnlich bei 80 °C.

Der Teleskop-Effekt gibt sich durch eine Halsbildung beim Verformen zu erkennen (Abb. 11 - 9). Zuerst bildet sich bei der oberen Fließgrenze eine Einschnürung. Der Querschnitt der Einschnürung nimmt bis zur unteren Fließgrenze ab. Beim noch weiteren Dehnen wächst die Länge der eingeschnürten Stelle auf Kosten der anderen Teile, wobei der Querschnitt jedoch praktisch konstant bleibt. Die Fließzone wandert den Stab entlang und es bildet sich eine Art Hals aus. Die Halsbildung verschwindet, wenn der für alle Polymeren etwa gleich große „natürliche" Streckfaktor von ca. 400 bis 500 % erreicht ist.

Während der Halsbildung kann sich die Temperatur lokal bis zu 50 °C über die Umgebungstemperatur erhöhen. Dadurch sinkt die Viskosität, was wiederum zu einem stärkeren Fließen führt. Der Effekt wird jedoch auch bei isothermer Versuchsführung gefunden und muß daher primär durch eine andere Ursache bedingt sein. Die Proben weisen nämlich mikroskopisch kleine lokale Unterschiede im Querschnitt auf. An diesen kleineren Querschnitten herrscht bei gleicher angreifender Kraft eine größere Zugspannung. Dadurch wird die Querviskosität (Trouton-Viskosität) relativ herabgesetzt. Die halsartige Fließzone wird dann durch eine örtliche Stauung der beim Verstrecken freiwerdenden Wärme stabilisiert. Der Wärmestau ruft eine örtliche Viskositätsabnahme hervor usw.

Der Teleskop-Effekt wird bei praktisch allen Polymeren beobachtet, auch bei röntgenamorphen. Eine der wenigen Ausnahmen ist Celluloseacetat. Die Halsbildung kann manchmal durch sehr langsames Verstrecken verhindert werden. Entscheidend für das Auftreten einer Halsbildung ist die Differenz zwischen Prüf- und Sprödigkeitstemperatur. Bei genügend tiefen Temperaturen verhält sich jeder Körper als spröd und es tritt kein kalter Fluß auf. Der Name „kalter Fluß" bezieht sich daher auf die Abwesenheit einer zusätzlichen Erwärmung und nicht auf die absolute Temperatur.

Da die Sprödigkeitstemperaturen amorpher Polymerer manchmal bis zu 100–150 K tiefer als die Glastemperaturen liegen, sind amorphe Polymere auch noch unterhalb ihrer Glastemperatur zäh, d. h. sie können verstreckt werden. Partiell kristalline Polymere lassen sich aus dem gleichen Grund unterhalb ihrer Schmelztemperatur verformen. Mit zunehmender Annäherung an die Glastemperatur werden jedoch die viskosen Anteile immer wichtiger. Die obere Streckgrenze sinkt, die Bruchdehnung wird größer (vgl. Abb. 11 – 9).

Dünnere Filme weisen oft höhere Zugfestigkeiten auf als dickere, weil die statistische Wahrscheinlichkeit für das Auftreten von Fehlstellen bei dünneren Filmen geringer ist.

Das Zugspannungs/Dehnungs-Diagramm verstreckter Filme und Fasern unterscheidet sich oft wesentlich von dem der unverstreckten Körper (Abb. 11 – 12).

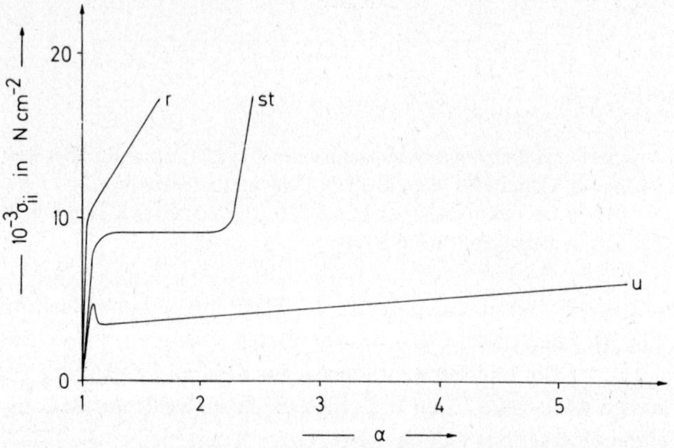


*Abb. 11-12:* Zugspannungs/Dehnungs-Diagramme eines Poly(äthylenglycolterephthalates) bei verschiedener Vorbehandlung. u = ungereckt, st = zweidimensional gereckt, r = gereckt und rekristallisiert (nach R. A. Hudson).

Proben mit breiterer Molekulargewichtsverteilung besitzen eine stärkere nicht-Newtonsche Viskosität und daher einen geringeren kalten Fluß und eine bessere Verarbeitbarkeit. Umgekehrt weisen aber Proben mit engerer Molekulargewichtsverteilung (vor allem, wenn sie vernetzt sind) bessere dynamische Eigenschaften auf. Ein langer Schwanz von niedermolekularen, hochkristallisierten Anteilen macht eine Probe spröde. Hochmolekulare Anteile führen dagegen zu elastischen Proben. Wegen der heraufgesetzten Viskosität gleichen sich jedoch durch Extrusion erzeugte Unebenheiten nicht so gut aus: die Oberfläche ist nicht so eben.

### 11.5.3 HÄRTE

Unter der Härte eines Körpers wird gewöhnlich sein mechanischer Widerstand gegen das Eindringen einer Nadel, einer Kugel usw. verstanden. Eine für alle Stoffe geeignete, allgemeingültige Definition der Härte existiert noch nicht, ebenso wie es keine allgemein anwendbare Prüfmethode gibt. In der Regel wird nämlich bei den üblichen Prüfmethoden außer der eigentlichen Härte noch irgendeine andere Eigenschaft mitgemessen. Aus diesem Grund sind mit der gleichen Härteprüfmethode nur ähnliche Stoffe vergleichbar.

Bei der Methode nach Brinell wird eine kleine Stahlkugel mit einer bestimmten Kraft in den Prüfkörper gedrückt. Gemessen wird die Eindrücktiefe, d. h. die bleibende, plastische Verformung. Man mißt also erst nach der Entlastung. Die Brinellmethode eignet sich besonders für die Härteprüfung an Metallen, da man dort oberhalb der Fließgrenze im plastischen Bereich mißt.

Die Härteprüfung nach Rockwell arbeitet ähnlich wie die Prüfung nach Brinell über die Eindrücktiefe. Im Gegensatz zur Methode von Brinell mißt sie aber die Eindrücktiefe einer Kugel unter Last. Letztlich wird also die bleibende *und* die elastische Verformung gemessen. Aus diesem Grunde gibt die Rockwell-Methode stets geringere Härtegrade als die Brinell-Methode. Die Härtegrade werden zudem nach Rockwell nicht in $N/cm^2$, sondern in Skalenteilen von 0 – 120 gemsssen. Bei weichen Materialien werden Stahlkugeln, bei harten Diamantspitzen verwendet. Die Härteprüfung nach Vickers benutzt eine Diamantpyramide. Für Kunststoffe benutzt man eine abgeänderte Rockwellmethode (Kugeldruckhärte nach VDE). Bei den so ermittelten Rockwellhärten von Kunststoffen ist zu beachten, daß der plastische Anteil der Kunststoffe durch das Kriechen erst allmählich größer wird. Bei Metallen ist dagegen die Verformung immer plastisch und daher auch zeitunabhängig. Kunststoffe zeigen daher im Vergleich zu Metallen relativ hohe Rockwellhärten.

Die sog. Shore-Härten werden für Metalle und Kunststoffe verschieden gemessen. Bei harten Stoffen (Metallen) benutzt man das sog. Skleroskop und mißt den Rückprall einer kleinen Stahlkugel. Diese Shore-Härte wird also mit einer dynamischen Methode gemessen. Sie liefert die Rücksprunghärte (Stoßelastizität der Gummiindustrie). Weiche Kunststoffe werden dagegen mit dem sog. Durometer geprüft. Bei einem Durometer wird der Widerstand gegen das Eindringen eines Kegelstumpfes durch das Zusammendrücken einer geeichten Feder gemessen. Das Durometer arbeitet also nach einer statischen Methode. Es liefert die eigentliche Shore-Härte der Gummiindustrie. Die Shore-Härte wird wie die Rockwell-Härte in Skalenteilen und nicht in $N/cm^2$ angegeben.

Die Pendelhärte dient zum Prüfen von lackierten Stahloberflächen. Bei dieser Methode benutzt man das sog. Duroskop. Bei einem Duroskop läßt man ein Hämmerchen wie ein Pendel auf die Probe auffallen. Bei den Pendelhärte-Prüfungen gibt es noch viele weitere genormte Testmethoden.

Bei der Härteprüfung nach Mohs wird der Widerstand der Probe gegen Ritzen geprüft. Die Mohs'sche Härteskala ist in 10 Härtegrade eingeteilt. Die Härtegrade wurden willkürlich festgesetzt (z. B. Talk = 1, Kalkspat = 3, Quarz = 7, Diamant = 10) Eine ähnliche Härteskala beruht auf der Ritzfähigkeit durch Bleistifte verschiedener Härte.

Bei alle Härteprüfmethoden ist die Materialdicke und die Art der Unterlage sehr wichtig, weil meist die Elastizität mitgemessen wird. Außerdem ist zu beachten, daß die Härteprüfung stets die Härte der Oberfläche, nicht aber die Härte des im Innern der Probe sich befindenden Materials mißt. Die Oberfläche einer Probe kann z.B. durch die Luftfeuchtigkeit weichgemacht sein. Spritzt man einen kristallisierbaren Kunststoff in eine kalte Form, so ist u. U. die Oberfläche weniger kristallin als das Innere usw.

Zu den Härteprüfungen kann man in einem gewissen Sinne auch die Abriebprüfungen rechnen. Der Abrieb wird teils von der Härte, teils von den Reibungseigenschaften der Probe beeinflußt. Das beste Verhalten gegen Abrieb zeigen die Polyharnstoffe, gefolgt von den Polyamiden und den Polyacetalen.

## *11.6 Bruchvorgänge*

### 11.6.1 BEGRIFFE UND METHODEN

Ein Polymer kann je nach Typ, Umgebung und Beanspruchung sehr verschiedenartig brechen. Manche Polymere brechen bei einer Beanspruchung praktisch sofort. Bei anderen ist selbst nach Tagen und Monaten keine Veränderung bemerkbar. Der Bruch kann glatt oder splittrig sein. Die Dehnung beim Bruch kann weniger als 1 % oder mehr als einige tausend % betragen.

Im Extremfall sind zwei Arten von Bruchvorgängen möglich, nämlich der spröde und der zähe Bruch. Beim Sprödbruch (Zugbruch, athermischer Bruch) reißt das Material senkrecht zur Spannungsrichtung ohne jegliche Fließprozesse. Beim Zähbruch (Verformungsbruch) erfolgt dagegen das Zerreißen in Richtung der Schubspannung durch Gleitprozesse und durch Umlagerungsvorgänge in den kristallinen Bereichen. Ein Körper wird dabei definitionsgemäß als spröde bezeichnet, wenn seine Bruchdehnung weniger als 20 % beträgt.

Spröde Körper werden häufig durch Biegeprüfungen auf ihr Bruchverhalten geprüft (Abb. 11 – 13). Bei Biegeversuchen wird der Körper langsam mit kontinuierlich zunehmender Kraft belastet. Der Prüfkörper wird dabei entweder zweiseitig gelagert oder einseitig eingespannt. Die Biegefestigkeit ist ein Maß für die Fähigkeit eines Körpers, seine Form zu verändern. Weiche Körper können sich so stark durchbiegen, daß der Prüfling abrutscht.

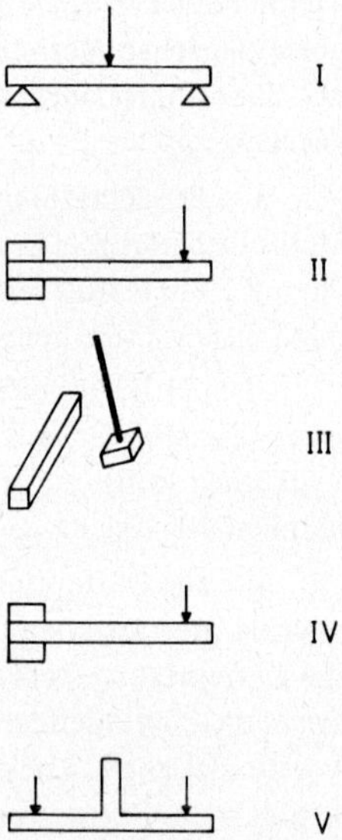


*Abb. 11-13:* Schematische Darstellung verschiedener Arten von Biegeversuchen: I: Biegeversuch mit zweiseitiger Lagerung des Prüflings. II: Biegeversuch mit einseitiger Lagerung. III: Pendelschlag-Versuch zur Bestimmung der Schlagbiegefestigkeit. IV: Biegeschlag-Versuch. V: Zugschlag-Versuch.

Bei der Prüfung auf die Schlagbiegefestigkeit (Schlagzähigkeit) wird der Prüfling in kurzer Zeit bis zum Bruch auf eine Biegung beansprucht. Der Schlag kann als Pendelschlag, als Biegeschlag oder als Zugschlag erfolgen. Bei der Prüfung auf Kerbschlagzähigkeit wird die Probe vorher definiert eingekerbt und sozusagen die Weiterreißfestigkeit gemessen. Als Schlagbiegefestigkeit wird das Verhältnis von Arbeitsaufnahme zu Querschnitt bezeichnet.

### 11.6.2 THEORIE DES SPRÖDBRUCHES

Die für einen Sprödbruch aufzuwendende Kraft $F = E/L$ läßt sich im Prinzip aus der zum Trennen von chemischen und physikalischen Bindungen aufzubringenden Energie $E$ und dem Abstand $L$ zwischen den Bindungspartnern berechnen. Bei gestrecktkettigen Kristallen von Poly(äthylen) sind bei einem Bruch senkrecht zur Kettenrichtung (d.h. der kovalenten Bindungen) ca. $2 \cdot 10^6$ N/cm² erforderlich, bei einem Bruch parallel zur Kettenrichtung (d.h. durch Aufheben der Dispersionskräfte) dagegen nur $2 \cdot 10^4$ N/cm². Experimentell werden jedoch nur Reißfestigkeiten von maximal $2 \cdot 10^3$ N/cm² beobachtet (sog. Kristallparadoxon). Der Bruch muß also an Inhomogenitäten einsetzen, da diese zu einer ungleichmäßigen Verteilung der Zugspannung auf „Störstellen" und damit auch zu Spannungskonzentrationen führen.

Das Bruchverhalten energie- und entropieelastischer Körper ist verschieden. Nach der für energieelastische Körper geltenden Bruchtheorie von Ingles hängt die kritische Bruchspannung $(\sigma_{ii})_{crit}$ mit der an der Spitze eines Risses herrschenden Spannung $\sigma_{ii}$, der Geometrie des Risses und dem Elastizitätsmodul zusammen. Im einfachsten Fall eines Risses mit der Länge $L$ und einer runden Rißspitze mit dem Radius $R$ gilt

$$(11\text{-}71) \quad (\sigma_{ii})_{crit} = \sigma_{ii}\,(R/(4\,L))^{0,5}$$

Die Ingles-Theorie beschreibt sehr gut das Bruchverhalten von Silikatglas, da Silikatgläser praktisch nur energieelastisch sind und die Rißfortpflanzungsenergien in der Größenordnung der Oberflächenenergien liegen.

Das Bruchverhalten beliebiger elastischer Körper wird durch die Theorie von Griffith beschrieben. Nach Griffith pflanzt sich ein Riß in einem elastischen Körper erst dann weiter fort, wenn die zum Brechen chemischer Bindungen notwendige Energie gerade von der gespeicherten elastischen Energie übertroffen wird. Durch Kombination mit dem Konzept von Ingles gelangt Griffith zu

$$(11\text{-}72) \quad (\sigma_{ii})_{crit} = (2\,E\,\gamma/\pi\,L)^{0,5}$$

wobei $E$ = Elastizitätsmodul und $\gamma$ = Bruchflächenenergie, d. h. die Energie zur Schaffung einer neuen festen Oberfläche sind. Die vorausgesagte Abhängigkeit der kritischen Zugspannung von der Wurzel aus der reziproken Rißlänge wird in der Tat experimentell gefunden (Abb. 11 – 14). Bei kleinen Rißlängen weichen die Meßpunkte jedoch von der Griffith-Theorie ab und münden bei $L = 0$ in einen endlichen Wert von $(\sigma_{ii})_{crit}$ ein. Die Rißlänge, bei der erstmals abweichendes Verhalten eintritt, ist jedoch nicht durch „natürlich vorkommende" Risse gegeben, sondern durch sog. Pseudobrüche.

Die Pseudobrüche (engl. crazes) entstehen kurz vor dem Einsetzen eines zerstörenden Bruches senkrecht zur Spannungsrichtung. Sie können bis zu 100 µm lang und

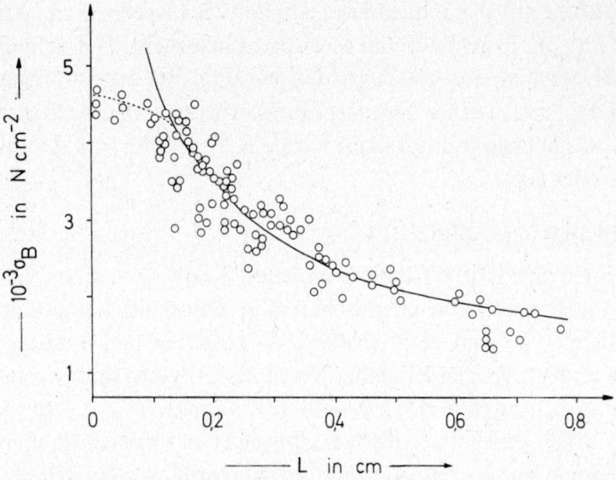


*Abb. 11-14:* Abhängigkeit der kritischen Zugspannung $\sigma_B$ von der Länge $L$ künstlich hergestellter Risse bei Poly(styrol)-Stäben mit Querschnitten zwischen 0,3 · 0,5 und 2,8 · 0,5 cm² und Zuggeschwindigkeiten zwischen 0,05 und 0,5 cm/min. Die ausgezogene Linie entspricht der von der Griffith-Theorie vorhergesagten Funktionalität (nach J. P. Berry).

bis zu 10 $\mu$m breit werden. Die Pseudobrüche sind jedoch keine Haarrisse, d.h. sie sind zwischen den Bruchflächen nicht leer. Sie enthalten vielmehr Molekülbündel oder Lamellen mit in Spannungsrichtung verstreckter Materie, die in der restlichen Probe verwurzelt sind. Die Pseudobrüche besitzen daher im Gegensatz zu den echten Brüchen eine strukturelle und mechanische Kontinuität. Da sich gewisse Materialien beim Auf-

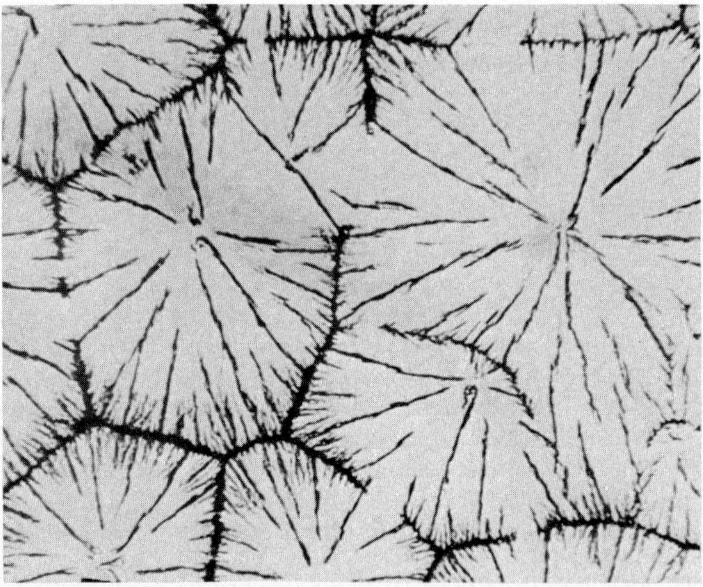

*Abb. 11-15:* Einsetzen des Bruches an den amorphen Stellen von Sphärolithen eines it-Poly(propylens), d.h. zwischen den Sphärolithen und radial in den Sphärolithen (nach H. D. Keith und F .J. Padden jr.).

treten von Pseudobrüchen weißlich verfärben, spricht man auch von einem Weißbruch (russ. Silberbruch).

Schon vor dem makroskopischen Bruch treten nach Elektronenspinresonanz-Messungen Radikale an den Kettenenden auf. Die Radikalkonzentration hängt nur von der Dehnung und nicht von der Zugspannung ab. In der Regel werden Konzentrationen von $10^{14}$ - $10^{17}$ Radikale/cm² beobachtet. Da sich an der Oberfläche jedoch nur ca. $10^{13}$ Radikale/cm² befinden, müssen die Radikale im Innern der Probe gebildet werden, d. h. durch Zerreißen von Ketten.

Der Bruch erfolgt dabei in der Regel in den amorphen Bereichen, da die amorphe Phase beim Verstrecken verspannt wird. Der Bruch tritt daher bei interlamellaren Bindungen und an den Grenzflächen von Sphärolithen auf (Abb. 11 – 15). In der Regel zeigen orientierte Proben in Orientierungsrichtung größere Reißfestigkeiten als nichtorientierte (Abb. 11 – 16). Für jedes Polymer existiert ein Schwellenwert der Reißfestigkeit sowie ein Molekulargewicht, oberhalb dessen die Reißfestigkeit nicht oder nur wenig weiter zunimmt.

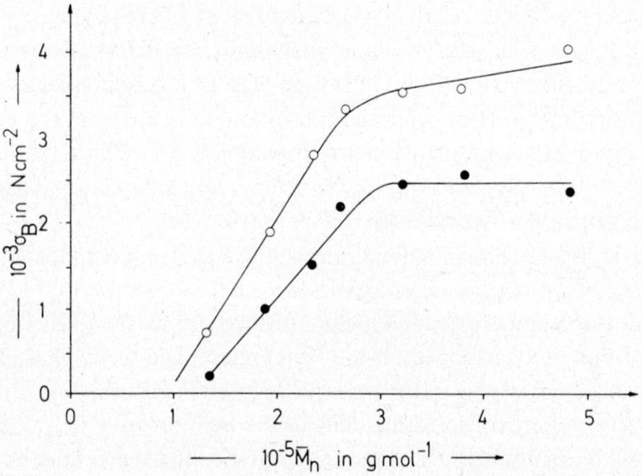


*Abb. 11-16:* Zugspannung $\sigma_B$ beim Bruch bei at-Poly(styrolen) verschiedenen Zahlenmittels $\overline{M}_n$ des Molekulargewichtes mit enger Molekulargewichtsverteilung. Messungen bei 23 °C und 50 % rel. Luftfeuchtigkeit. Verarbeitung durch Formpressen (●) oder Spritzgießen (○). Spritzgegossenes Material ist orientiert (nach H. W. McCormick, F. M. Brower und L. Kin).

### 11.6.3 SCHLAGFESTIGKEIT

Schlagfeste Polymere bestehen immer aus einer Hart- und einer Weichkomponeten. Die beiden Komponenten können chemisch und/oder physikalisch verschieden sein. Bei partiell kristallinen Polymeren vertreten die kristallinen Anteile die Hartkomponente und die amorphen die Weichkomponente. Andererseits kann die Hartkomponente ein Stoff mit hoher Glastemperatur sein und die Weichkomponente ein Kautschuk (Beispiel: Poly(styrol)/Poly(butadien)). Die beiden unverträglichen Komponenten können auch in einem Blockcopolymeren oder in einem Pfropfcopolymeren vereinigt sein. Wichtig ist, daß zwischen Hart- und Weichkomponente Phasentrennung eintritt, da sonst nur Weichmachung beobachtet wird. Polymere aus einer Hart- und einer Weichkomponenten sind schlagfest, wenn die Weichphase diskontinuierlich in die Matrix der Hartphase eingebettet ist. Im umgekehrten Fall liegt ein gefüllter Kautschuk vor.

Welche Komponente in die kontinuierliche Phase geht, kann weitgehend durch die Wahl eines geeigneten Lösungsmittels erreicht werden. Die Komponente mit der schlechteren Wechselwirkung mit dem Lösungsmittel geht immer in die dispergierte Phase. Nach dieser „Emulgierung von Öl in Öl" wird dann das Lösungsmittel wieder entfernt. Die Beschreibung dieser Systeme als „Öl-in-Öl"-Emulsionen gestattet eine Analogie zu den Emulsionen von z. B. Öl in Wasser. Bei den „Öl in Wasser"-Emulsionen wirkt der Emulgator mit seinen hydrophilen und hydrophoben Gruppen löslichkeitsvermittelnd zwischen dem Wasser und dem Öl. Bei den „Öl in Öl"-Emulsionen zweier unverträglicher Polymerer wird eine derartige Emulgatorwirkung durch Blockcopolymere $(A)_m (B)_n$ hervorgerufen. Die emulgierende Wirkung dieser Blockcopolymeren ist umso stärker, je näher deren Zusammensetzung bei $m = n$ liegt und je größer das Formelgewicht der Blöcke im Vergleich zu den Molekulargewichten der Unipolymeren $A_q$ und $B_p$ ist.

Die Weichphase muß natürlich möglichst fest mit der Hartphase verbunden sein, da die beiden Phasen sich sonst bei einer mechanischen Beanspruchung voneinander lösen würden. Eine derartige Kopplung ist bei den Blockcopolymeren durch die chemische Verknüpfung der Hart- und Weichkomponenten automatisch gegeben. Bei Polymermischungen kann die Adhäsion zwischen den beiden Phasen durch Zusatz von Block- und Pfropfcopolymeren verbessert werden. Die Anreicherung derartiger „Öl-in-Öl"-Emulgatoren an der Grenzfläche Hartphase/Weichphase wurde durch UV-Fluoreszenzmikroskopie von entsprechend mit wenigen fluoreszierenden Gruppen dotierten Block- und Pfropfcopolymeren bewiesen.

Die gute Haftung führt jedoch nicht a priori zu einer besseren Übertragung der Schlagenergie von der Hartphase auf die Weichphase. Die Weichphase kann nämlich nur im Bereich der Glastemperatur wesentlich Energie absorbieren. Diese Energieabsorption ist aber außerdem so gering, daß sie die Spannungsverhältnisse im Werkstoff nicht merklich beeinflußt. Der Spannungsausgleich muß daher über einen anderen Mechanismus erfolgen.

Beim Abkühlen einer Polymermischung aus einer Hart- und einer Weichkomponenten würden sich wegen der unterschiedlichen Ausdehnungskoeffizienten der sich entmischenden Komponenten die Weichphasen von den Hartphasen lösen. Bei einer Pfropfung der Hartkomponenten auf die Weichkomponenten bleiben jedoch beide Komponenten miteinander verbunden. Eine unvernetzte Weichphase schrumpft jedoch beim Abkühlen weiter, wodurch innerhalb der Weichphase Spannungen entstehen. Die Spannungen werden durch eine Lochbildung in der Weichphase abgebaut. Ist jedoch die Weichphase vernetzt, so muß sie beim Abkühlen dilatieren, da sie unter einer allseitigen Spannung von ca. 6000–8000 $N/cm^2$ durch die Hartphase steht. Da die Glastemperatur von Elastomeren unter einer allseitigen Spannung um ca. 0,0024 K pro $N/cm^2$ ansteigt, sinkt folglich die Glastemperatur der Kautschukphase bei Anlegen einer Zugspannung um 14 – 20 K ab, wodurch die Schlagenergie absorbiert wird.

Die für eine gewünschte Schlagfestigkeit erforderliche Größe der Kautschukphasen hängt von den Eigenschaften der Hartkomponenten ab. Beim schlagfesten Poly (styrol) müssen die Kautschukteilchen einen Durchmesser von mindestens 1000 nm aufweisen. Beim schlagfesten Poly(vinylchlorid) sollen die Durchmesser der Kautschukteilchen dagegen unter 100 nm liegen. Poly(vinylchlorid) ist aber ein duktileres Material als Poly(styrol).

### 11.6.4 VERSTÄRKUNG

Kunststoffe können durch Zumischen von Fasern „verstärkt" werden, d. h. sie verhalten sich dann mehr faserähnlich. Der Elastizitätsmodul $E_{mix}$ (und analog die Zugfestigkeit) der Mischung läßt sich aus den Elastizitätsmoduln $E_f$ der Faser und $E_m$ der Matrix (jeweils bei 0,2 % Dehnung und 100 s) mit Hilfe der entsprechenden Volumenanteile über die Additivitätsregel berechnen:

(11-73) $$E_{mix} = f E_f \phi_f + E_m (1 - \phi_f)$$

Der Orientierungsfaktor $f$ wird gleich 1, wenn alle Fasern in Zugrichtung liegen. Bei dreidimensional statistisch verteilten Fasern gilt $f = 1/6$, bei zweidimensional statistisch verteilten $f = 1/3$. Falls sich die Fasern im rechten Winkel kreuzen und in einer der beiden Faserrichtungen geprüft wird, gilt $f = 1/2$.

Empirisch wurde für das optimale Modulverhältnis $E_f/E_m \approx 50$ gefunden. Bei kleineren Werten erzielt man eine geringere Versteifung. Bei größeren Verhältnissen wird die Fasersteifigkeit nicht voll ausgenutzt. Zu kurze Fasern können von der Matrix nicht mehr völlig gefaßt werden: es tritt ein Schlupf auf und die verstärkende Wirkung sinkt.

Die Schlagzähigkeit verstärkter Kunststoffe hängt von den Wahrscheinlichkeiten des Rißbeginns und des Rißabfangens ab. Bei ungekerbten Prüfstücken werden durch einen höheren Faseranteil mehr Lücken erzeugt: die Schlagzähigkeit nimmt ab. Bei gekerbten Prüflingen ist dagegen die Kerbe die größte Lücke. Ein größerer Faseranteil verhindert hier das Weiterlaufen von Rissen. Je länger die Fasern sind, umso weniger Faserenden und damit Störstellen sind vorhanden, umso weniger Risse können sich auch bilden. Ein zu guter Verbund zwischen Faser und Matrix ist nicht immer vorteilhaft. Falls nämlich die Grenzfläche Matrix/Faser beim Schlag nicht gelöst wird, läuft der Riß weiter in die Matrix hinein. Bei einem schlechten Verbund löst sich dagegen die Faser von der Matrix: Der Riß wird abgeleitet, die Schlagenergie wird aufgefangen.

### 11.6.5 WEICHMACHUNG

Durch Weichmacher wird generell die Glastemperatur, die Bruchdehnung und die Reißfestigkeit herabgesetzt (Abb. 11 – 17). Beim weichgemachten Poly(vinylchlorid) gibt es jedoch Anomalien. Hier steigt die Reißfestigkeit bei kleinen Weichmacherkonzentrationen erst an und sinkt dann wieder ab. Diese Versteifung des Materials kann nicht von einer Versteifung der Moleküle durch Solvatation kommen. Bei einer Versteifung durch Solvatation müßte nämlich auch die Glastemperatur ansteigen, was aber nicht gefunden wird.

### 11.6.6 SPANNUNGSKORROSION

Bei Metallen und Kunststoffen spricht man von Spannungskorrosion, wenn das Material durch gleichzeitiges Einwirken chemischer Agenzien und mechanischer Kräfte geschädigt wird. Bei Kunststoffen beobachtet man in solchen Fällen meist eine Rißbildung auf der Oberfläche des Materials. Man spricht daher auch von Spannungskorro-

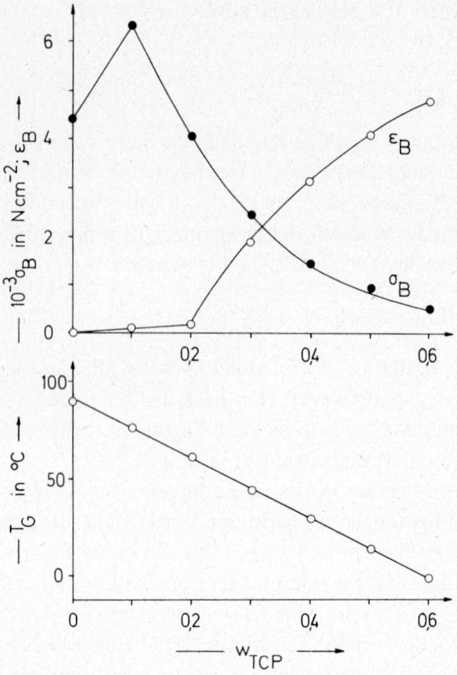


*Abb. 11-17:* Zugspannung $\sigma_B$ beim Bruch, Bruchdehnung $\epsilon_B$ und Glastemperatur $T_G$ eines Poly(vinylchlorides) mit verschiedenen Massenbrüchen $w_{TCP}$ an Trikresylphosphat (nach R. S. Spencer und R. F. Boyer).

sionsrißbildung oder – da chemische Reaktionen meist eine geringe oder keine Rolle spielen – von Spannungsrißbildung. Die Spannungsrißbildung spielt eine große Rolle bei Flaschen, Rohren, Kabeln usw., die mit chemischen Reagenzien (vor allem oberflächenaktiven Stoffen) unter Zug in Berührung kommen.

Das Ausmaß der Spannungskorrosion richtet sich nach dem umgebenden Medium. Bei nichtbenetzenden Medien sind die Effekte meist klein. Die Spannungskorrosion verläuft hier in drei Phasen. Bei einer Zugbeanspruchung unterhalb der Bruchgrenze wachsen Schwachstellen bis zu sichtbaren Haarrissen senkrecht zur Beanspruchungsrichtung. Die Risse vertiefen sich anschließend bis zu einem Grenzwert. Dann verfestigt sich das Material wieder. Bei benetzenden Medien gibt es dagegen keinen Grenzwert der Rißtiefe.

Die Ursache der Spannungskorrosion ist noch nicht völlig geklärt. Es ist sicher, daß sich in den Rissen noch amorphes Material befindet. Dieses Material kann durch kalten Fluß verformt werden. Das Ausmaß des kalten Flusses wird natürlich noch durch die Diffusion des umgebenden Mediums in das Material und dessen Quellung bestimmt. Benetzende Substanzen könnten in den Schwachstellen einen Quelldruck aufbauen.

Die Anfälligkeit eines Materials gegen Spannungskorrosion sinkt mit steigendem Molekulargewicht und steigt beim gleichen Material mit zunehmender Dichte an. Eine Spannungskorrosion tritt nur an der Oberfläche auf. Durch Polymerweichmacher (nicht flüchtig, nicht ins Innere der Probe diffundierend) wird die Oberfläche weichgemacht, wodurch sich die Spannungen ausgleichen und die Anfälligkeit gegen Spannungskorrosion sinkt. Die Beweglichkeit der Kettenteile sorgt auch dafür, daß oberhalb der Glastemperatur eines Materials keine Spannungsrisse mehr auftreten. Durch Vernetzen wird die Anfälligkeit gegen Spannungskorrosion herabgesetzt.

### 11.6.7 ZEITFESTIGKEIT

Werkstoffe können bei einer bestimmten Beanspruchung u.U. nicht „momentan", sondern erst nach einiger Zeit geschädigt werden. Dabei ist zwischen der Dauerfestigkeit und der Zeitfestigkeit zu unterschieden. Unter einer Dauerfestigkeit versteht man die Beanspruchung, bei der ein Werkstoff selbst nach unendlich langer Zeit noch keinen Schaden erleidet. Als Zeitfestigkeit bezeichnet man die Beanspruchung, bei der nach einer bestimmten Zeit das Material zerstört oder beschädigt wird.

Die Beanspruchung kann dabei statisch oder periodisch erfolgen. Bei statischen Prüfungen (Zeitstandfestigkeits-Prüfungen) wird z.B. der Prüfling mit einem bestimmten Gewicht belastet und dann die Zeit bis zum Bruch gemessen. Die gleiche Prüfung wird dann mit verschiedenen Gewichten ausgeführt. Erfolgt die Beanspruchung unter Zug, so spricht man von einer Zeitstandzugfestigkeit. Eine ruhende Beanspruchung unter Druck würde entsprechend Zeitstanddruckfestigkeit heißen. Um die Zeitstandfestigkeiten zu ermitteln, trägt man gewöhnlich die der Kraft proportionale Größe (z.B. Zugspannung) entweder direkt oder als Logarithmus gegen den Logarithmus der Zeit auf (Abb. 11 - 18). Die Zeitstandfestigkeiten können je nach Polymer stark schwanken. Bei einer Belastung von 4000 $N/cm^2$ weisen z. B. normale Poly(styrol)typen Zeitstandfestigkeiten von 0,01 - 10 Stunden auf, schlagfeste Poly(styrole) dagegen bis zu $10^4$ Stunden.

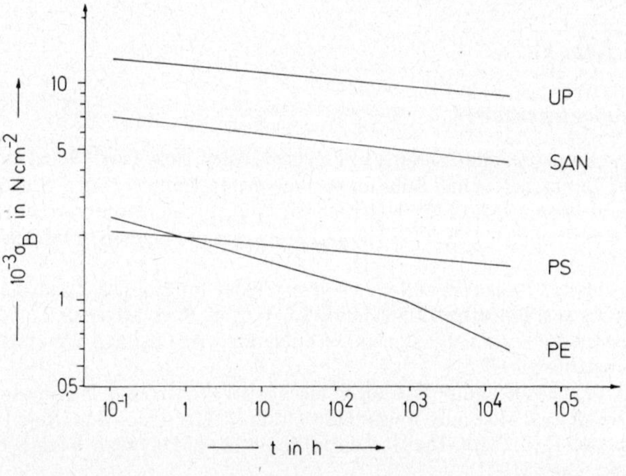


*Abb. 11-18:* Zeitstandzugfestigkeit (Zerreißfestigkeit $\sigma_B$) als Funktion der Zeit bei einem glasfaserverstärkten ungesättigten Polyester (UP), einem schlagfesten Poly(styrol) (SAN), einem Poly(styrol) (PS) und einem Poly(äthylen) (PE) (nach BASF).

Bei den periodischen Beanspruchungen unterschiedet man solche mit Lastwechsel von denen unter Drehbeanspruchung. Bei den ersteren wird die Biegewechselfestigkeit, bei den letzteren die Torsionsbiegefestigkeit gemessen. Analog zur Ermittlung der Zeitstandfestigkeit trägt man zur Ermittlung der „Zeitschwingungsfestigkeit" wiederum die der Kraft proportionale Größe gegen den Logarithmus der Lastwechsel oder der Umdrehungen auf (Abb. 11 – 19). Derartige Kurven heißen Wöhler-Kurven. Auch hier zeigen normale und schlagzähe Poly(styrole) große Unterschiede. Bei Biegespannungen von 4000 N/cm² brechen normale Poly(styrole) schon nach ca. 300 Lastwechseln, schlagfeste Poly(styrole) aber erst nach 1 Million.

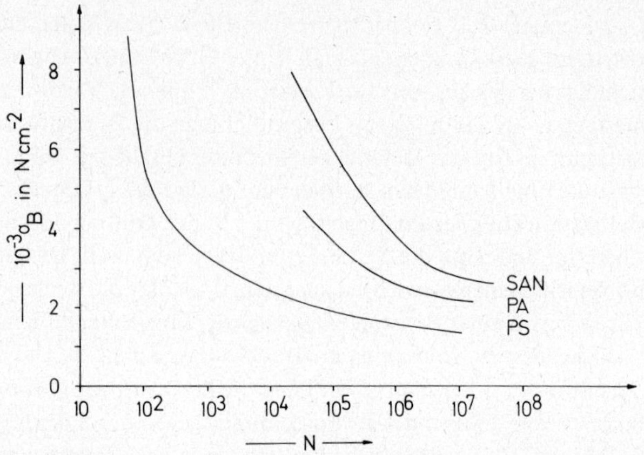


*Abb. 11-19:* Wöhler-Kurve für die Wechselbiegebeanspruchung eines schlagfesten Poly(styrols) (SAN), eines luftfeuchten Polyamids (PA) und eines Poly(styrols) (PS). Gemessen wird die Biegespannung $\sigma_B$ als Funktion der Zahl $N$ der Lastwechsel (nach BASF).

## Literatur zu Kap. 11

### *11.1 Allgemeine Literatur*

A. V. Tobolsky, Properties and Stuctures of Polymers, Wiley, New York 1960; Dtsch. Übersetzung: Mechanische Eigenschaften und Struktur von Polymeren, Berliner Union, Stuttgart 1967.
H. Oberst, Elastische und viskose Eigenschaften von Werkstoffen, Beuth-Vertrieb, Berlin 1963
L. E. Nielsen, Crosslinking – Effect on Physical Properties of Polymers, Revs. Macromol. Chem. **4** (1970) 69
I. M. Ward, Mechanical Properties of Solid Polymers, Wiley-Interscience, London 1971
A. Peterlin, Mechanical Properties of Polymeric Solids, Ann. Revs. Materials **2** (1972) 349
D. W. van Krevelen, Properties of Polymers – Correlation with Chemical Structures, Elsevier-North Holland, Amsterdam 1972
J. R. Martin, J. F. Johnson und A. R. Cooper, Mechanical Properties of Polymers: The Influence of Molecular Weight and Molecular Weight Distribution, J. Macromol. Sci. [Revs.] **C 8** (1972) 57
E. A. Meinecke und R. C. Clark, The Mechanical Properties of Polymeric Foams, Technomic Publ. Co., Westport, Conn. 1972

### *11.3 Entropieelastizität*

L. R. G. Treloar, Physics of Rubber Elasticity, Oxford Univ. Press, Oxford 1958
M. Shen, W. F. Hall und R. E. De Wames, Molecular Theories of Rubber-Like Elasticity and Polymer Viscoelasticity, J. Macromol. Sci. **C 2** (1968) 183
K. J. Smith, jr., und R. J. Gaylord, Rubber Elasticity, ACS Polymer Div. Polymer Preprints **14** (1973) 708

J. E. Mark, Thermoelastic properties of rubberlike networks and their thermodynamic and molecular interpration, Rubber Chem. Technol. **46** (1973) 593
L. R. G. Treloar, The elasticity and related properties of rubber, Rep. Progr. Phys. **36** (1973) 755

### *11.4 Viskoelastizität*

J. D. Ferry, Viscoelastic Properties of Polymers, 2. Aufl., Wiley, New York 1970
N. G. McCrum, B. E. Read und G. Williams, Anelastic and Dielectric Effects in Polymeric Solids, Wiley, London 1967
R. M. Christensen, Theory of Viscoelasticity: An Introduction, Academic Press, New York 1970
J. J. Aklonis, W. J. MacKnight und M. Shen, Introduction into Polymer Viscoelasticity, Wiley-Interscience, New York 1972

### *11.5 Verformvorgänge*

A. J. Durelli, E. A. Phillips und C. H. Tsao, Introduction to the Theoretical and Experimental Analysis of Stress and Strain, McGraw-Hill, New York 1958
J. W. Dally and W. F. Riley, Experimental Stress Analysis, McGraw-Hill, New York 1965
O.H. Varga, Stress-Strain-Behavior of Elastic Materials, Interscience, New York 1966
A. Peterlin, Plastic deformation of polymers, Dekker, New York 1971
J. G. Williams, Stress Analysis of Polymers, Longmans, Harlow, Essex 1973
A. R. Payne, Physics and Physical Testing of Polymers, Progr. in High Polymers, **2** (1968) 1
H. J. Orthmann und H. J. Mair, Die Prüfung thermoplastischer Kunststoffe, Hanser, München 1971
G. C. Ives, J. A. Mead und M. M. Riley, Handbook of plastic test methods, Iliffe Books, London 1971
S. Turner, Mechanical Testing of Plastics, Butterworths, London 1973
J. K. Gillham, Torsional Braid Analysis, Crit. Revs. Macromol. Sci. **1** (1972) 83

### *11.6 Bruchvorgänge*

E. H. Andrews, Fracture in Polymers, Oliver and Boyd, Edinburgh 1968
H. H. Kausch und J. Becht, Elektronenspinresonanz, eine molekulare Sonde bei der mechanischen Beanspruchung von Thermoplasten, Kolloid-Z. Z. f. Polymere **250** (1970) 1048
E. H. Andrews, Fracture of Polymers, in C. E. H. Bawn, Hrsg., Macromolecular Science (= Vol. 8 der Physical Chemistry Series One (1972), MTP International Review of Science)
H. Liebowitz, Hrsg., Fracture, Vol. 7, Fracture of Nonmetals and Composites, Academic Press, New York 1972
G. H. Estes, S. L. Cooper und A. V. Tobolsky, Block Polymers and Related Heterophase Elastomers, J. Macromol. Sci. **C 4** (1970) 313
P. F. Bruins, Hrsg., Polyblends and Composites (= Appl. Polymer Symposia **15**), Interscience, New York 1970
S. Rabinowitz und P. Beardmore, Craze formation and fracture in glassy polymers, Crit. Revs. Macromol. Sci. **1** (1972) 1
R. P. Rambour, A Review of Crazing and Fracture in Thermoplastics, J. Polymer Sci. **D 7** (1973) 1
J. A. Manson und R. W. Hertzberg, Fatigue Failure in Polymers, Crit. Revs. Macromol. Sci. **1** (1973) 433

### *Zeitschriften*

International J. Nondestructive Testing **1** (1970) ff.
Polymer Mechanics **1** (1970) ff.
J. V. Schmitz, Hrsg., Testing of Polymers, Interscience, New York **1** (1965) ff.

# 12 Ausrüstung und Verarbeitung von Kunststoffen

Die meisten der synthetisch hergestellten makromolekularen Stoffe werden als Kunststoffe im weitesten Sinn verbraucht. Damit ein makromolekularer Stoff zu einem Kunststoff wird, muß er mit Antioxydantien, Füllstoffen, Gleitmitteln usw. ausgerüstet werden. Die Ausrüstung soll die mechanischen, elektrischen und/oder chemischen Eigenschaften des Kunststoffes verbessern, seine Verarbeitung erleichtern und ihm ein gefälliges Aussehen verleihen.

Art und Ausmaß der Verarbeitung und Ausrüstung richten sich teils nach dem Typ der Kunststoffe, teils nach der vorgesehenen Verwendung. Die Kunststoffe werden üblicherweise nach ihren mechanischen und thermischen Verhalten in Plaste (Thermoplaste), Elaste (Elastomere), Duromere (Duroplaste) und Fasern eingeteilt (vgl. dazu auch Kap. 11.1). Je nach der Verwendung unterscheidet man Konstruktionsmaterialien, Isolierstoffe, Kleber, Bodenverbesserer, Lacke, Folien, Antidröhnmittel usw.

## *12.1 Ausrüstung*

### 12.1.1 ALLGEMEINES

Bei der absatzweisen Polymerisation entstehen oft trotz gleicher Rezepte Chargen, die sich von Ansatz zu Ansatz etwas unterscheiden. Solche Chargen werden vereinigt, um den Abnehmern Produkte mit gleicher Spezifikation liefern zu können. Dieser Mischprozeß wird auch darum Mikrohomogenisieren genannt. Das mit Zuschlägen versehene Produkt heißt Compound. Das Compound wird oft noch in eine zur Verarbeitung geeignetere Form gebracht, z. B. durch Granulieren. Das Mischen von Granulaten und ähnlichen Vorfabrikaten nennt man Makrohomogenisieren. Granulate müssen oft vor der Verarbeitung noch vorgetrocknet werden, da sonst im Fabrikat Blasen entstehen.

Die Compounds unterscheiden sich je nach der Herstellung und den verwendeten Zusätzen. Rührt man z. B. Poly(vinylchlorid) mit anderen Zuschlägen in einem Mischer zusammen, so entsteht ein heterogenes Compound. Dieser sog. Premix kann wegen seiner Heterogenität nicht für Fertigfabrikate eingesetzt werden. Verwendet man dagegen Hochleistungsmischer, so werden homogene, rieselfähige Mischungen erhalten, die direkt auf Extrudern und Spritzgußmaschinen verarbeitet werden können (Dry Blends). Behandelt man Dry Blends bei höheren Temperaturen, so entstehen grobkörnige Partikel (Agglomerate).

Durch inniges Vermischen von zwei Polymeren entsteht ein Polyblend. Polyblends (Polymerlegierungen) sind meist thermodynamisch instabil (vgl. Kap. 6.6.6). Der Entmischungsprozeß ist aber wegen der sehr niedrigen Diffusionskoeffizienten außerordentlich langsam, so daß die Polyblends als kinetisch stabil erschienen.

In Kunststoffe müssen oft nur sehr kleine Mengen eines Zusatzes eingearbeitet werden. Da die Dosierung kleiner Mengen schwierig ist, verwendet man häufig einen sog. Masterbatch. Ein Masterbatch ist sozusagen ein Konzentrat des Zusatzstoffes im Kunststoff. Die eigentliche Einarbeitung erfolgt dann durch Zugabe der berechneten Menge des Masterbatches.

### 12.1.2 FÜLLSTOFFE

Füllstoffe sind feste anorganische oder organische Materialien. Inaktive Füllstoffe erhöhen die Menge des Kunststoffes und erniedrigen daher seinen Preis. Aktive Füllstoffe verbessern bestimmte mechanische Eigenschaften und werden daher auch oft verstärkende Füllstoffe oder Harzträger genannt. Der Begriff der Verstärkung ist nicht genau definiert, da als Verstärkung sowohl die Erhöhung der Zugfestigkeit, als auch die Erhöhung der Kerbschlagzähigkeit und der Wechselbiegefestigkeit oder die Verringerung des Abriebs bezeichnet wird.

Als Füllstoffe werden anorganische Materialien wie Gesteinsmehl, Kreide, Kaolin, Talkum, Glimmer, Schwerspat, Kieselgur, Aerosil (fein verteiltes $SiO_2$), Asbest, Glasfasern, Hohlkugeln aus Glas und Metall- oder Oxideinkristalle (Whiskers) eingesetzt. Als organische Füllstoffe dienen Holzmehl, Celluloseflocken, Schaumstoffschnitzel, Papierschnitzel, Papierbahnen, Gewebebahnen oder Chemiefasern. Glas- bzw. chemiefaserverstärkte Kunststoffe werden als GFK bzw. CFK bezeichnet. Füllstoffe werden Thermoplasten in Mengen bis zu 30 %, Duroplasten bis zu 60 % zugesetzt.

Die Wirkung aktiver Füllstoffe kann drei Ursachen haben. Einige Füllstoffe können chemische Bindungen mit dem zu verstärkenden Material eingehen. Beim Ruß erfolgt dies über radikalische Reaktionen der im Ruß in großer Zahl vorhandenen ungepaarten Elektronen. Die Rußteilchen rufen in Elastomeren eine Vernetzung hervor.

Andere Füllstoffe wirken rein durch ihre Volumenbeanspruchung. Die Molekülketten des zu verstärkenden Materials können wegen der Gegenwart der Füllstoffteilchen nicht alle prinzipiell möglichen konformativen Lagen einnehmen. Die Molekülketten werden dadurch weniger flexibel und die Zugfestigkeit nimmt zu. Die Wirkung der Füllstoffe ist umso größer, je feiner verteilt sie sind.

Eine dritte Wirkungsweise ergibt sich dadurch, daß die Molekülketten bei einer Beanspruchung unter Energieaufnahme von den Füllstoffoberflächen abrutschen können. Die Schlagenergie kann dadurch besser verteilt und die Schlagfestigkeit erhöht werden.

In verstärkten Kunststoffen liegen immer zwei diskrete Phasen vor. Die diskontinuierliche Phase aus den Füllstoffen soll eine höhere Zugfestigkeit und einen höheren Elastizitätsmodul als das umgebende Matrixmaterial haben. Die kontinuierliche Phase muß dagegen eine höhere Bruchdehnung als die disperse Phase besitzen. Aus diesem Grunde eignen sich Fasern sehr gut als verstärkendes Material für Kunststoffe (z.B. ungesättigte Polyesterharze, Nylon, Polycarbonate, Polyäthylen usw.). Bei einer Zugbeanspruchung werden die örtlichen Zugspannungen durch Scherkräfte an die Grenzfläche Kunststoff/Faser übertragen und über die größere Fläche der Faser verteilt. Die Faser muß dazu gut an dem Kunststoff haften und ein bestimmte Länge haben, da sie sonst aus dem Matrixmaterial herausgleitet. Die gute Adhäsion von Glasfasern an Nylon, Polycarbonat oder Poly(styrol) wird durch Silanisieren der Fasern mit z. B. Vinyltriäthoxysilan erreicht. Die Mindestlänge kann umso kleiner sein, je höher der E-Modul der Matrix ist. Zu lange Fasern sind schwierig in der erforderlichen statistischen Verteilung einzuarbeiten.

Die Fasern werden je nach ihrer Länge verschieden eingearbeitet. Kurze Glasfasern mit Längen von ca. 0,3 – 0,5 mm werden mit den pulverförmigen Kunststoffen vermischt. Das resultierende Material wird dann extrudiert und granuliert. Langfasern werden zuerst kontinuierlich mit dem Kunststoff imprägniert, dann auf 6 – 12 mm Länge geschnitten und anschließend eingearbeitet.

Durch das Einarbeiten von Glas- und Chemiefasern werden z.T. erhebliche Verstärkungen erzielt. Zug-, Druck- und Scherfestigkeiten und die Schlagzähigkeit steigen bei der Glasfaserverstärkung mindestens bis auf die doppelten Werte des Matrix-Materials an. Die erzielbare Steigerung der Zugfestigkeit hängt dabei vom Kunststoff und von der Art der verstärkenden Faser ab. Die Rißbildung wird bei diesen verstärkten Kunststoffen durch Schubspannungsspitzen an den Grenzflächen Faser/Kunststoff verursacht. Kunststoffe mit duktilem Verformungsverhalten erzielen daher bessere mechanische Werte als spröde (glasfaserverstärkte Polyamide weisen im Vergleich zu den glasfaserverstärkten Epoxidharzen die größere Zunahme der Zugfestigkeit auf). Bei Duromeren hat man gefunden, daß sie sich bei Glasfaserverstärkung spröd, bei Chemiefaserverstärkung dagegen zäh verhalten. GFK sind daher besonders für Anwendungen mit hoher Zugfestigkeit, CFK für solche mit großer Schlagzähigkeit und Zeitschwingungsfestigkeit geeignet.

Die Kerbschlagzähigkeit steigt bei GFK mit zunehmender Temperatur an, während sie bei ungefüllten Polymeren mit der Temperatur sinkt. Feuchtigkeitsaufnahme und Wärmeausdehnung werden durch Glasfaserverstärkung verringert. Die Wärmestandzugfestigkeit steigt bei einem glasfaserverstärkten Nylon 6 z.B. von 75 auf 245 °C (bei 18,5 $kg/cm^2$).

Noch höhere Festigkeitswerte werden erzielt, wenn man die Glasfasern nicht statistisch verteilt, sondern in Form von Matten oder Strängen, d. h. gerichtet, einarbeitet. Beim gleichen härtenden Kunstharz stieg z. B. die Reißfestigkeit von 600 $kg/cm^2$ nach der Verstärkung mit einer Glasfasermatte auf 2000 $kg/cm^2$ und beim Verarbeiten nach dem sog. Filament-Winding-Verfahren (Kap. 12.2.2) sogar auf 12 000 $kg/cm^2$ an.

### 12.1.3 FARBSTOFFE UND PIGMENTE

Kunststoffe werden mit löslichen oder unlöslichen, anorganischen oder organischen Farbstoffen eingefärbt. Unlösliche Farbstoffe heißen Pigmente. Farbstoffe und Pigmente werden den Kunststoffen in Mengen von 0,001 bis 5 % zugesetzt.

An Pigmente und Farbstoffe werden hohe Anforderungen in Bezug auf Hitzebeständigkeit, Dispergierbarkeit, Migrations-, Licht- und Wetterechtheit, physiologische Unbedenklichkeit, Nuance und Preis gestellt. Die Hitzebeständigkeit ist wegen der meist hohen Verarbeitungstemperaturen erforderlich. Licht-, Wetter- und Migrationsbeständigkeit sowie physiologische Unbedenklichkeit werden in speziellen Tests ge geprüft (vgl. z. B. Kap. 24 für die Wetter- und Lichtechtheit, Kap. 10.5.6 für die Migrationsbeständigkeit).

Die Nuance (Farbton, Farbstärke, Farbreinheit) hängt außer von der chemischen Konstitution und der Kristallmodifikation bei Pigmenten noch von der Teilchengröße ab. Die eingefärbten Kunststoffe sind transparent, falls die Pigmentteilchen kleiner als die halbe Wellenlänge des einfallenden Lichtes sind. Pigmente sollen Durchmesser zwischen etwa 0,3 und 0,8 $\mu m$ aufweisen. Mit derartigen Pigmenten können Folien und Fäden bis herab zu Stärken von 20 $\mu m$ eingefärbt werden. Bei dünneren Folien bzw. Fäden tritt dann der sog. Fadenbruch auf, weil die Pigmentteilchen in ihrer Größe der Folienstärke vergleichbar werden und das Material dann leicht an der Aufenthaltsstelle eine Pigmentteilchens bricht. Für sehr dünne Folien und Fasern werden aus diesem Grunde nur organische Pigmente verwendet, da die organischen Pigmente viel feiner ausgemahlen werden können als die anorganischen (spezifische Flächen von

10 – 70 $m^2/g$ gegen 400 – 700 $m^2/g$). Durch Vermahlen können hellere Farbtöne erhalten werden, allerdings steigt dann auch das Quellvermögen. Das Deckvermögen steigt mit zunehmender Differenz der Brechungsindices von Pigment und Kunststoff.

Die Pigmente können nach verschiedenen Methoden in das Polymer eingebracht werden. Beim Weich-PVC wird das Pigment meist als Paste in einem Weichmacher zugemischt. In vielen Fällen verwendet man einen Masterbatch (Farbkonzentrat) oder man mischt die Pigmente mit Füllstoffen zusammen an, um sie besser abwägen zu können. Granulate bedecken sich beim Vermischen mit Pigmenten in Granulatmischern an der Oberfläche infolge elektrostatischer Aufladung mit Pigmentkörnchen; auf diese Weise kann total bis zu 1 %Pigment eingebracht werden. Bei Lacken und Druckfarben verwendete Pigmente werden oft mit sog. Trägerharzen umgeben. Als Trägerharze werden Copolymere aus Vinylacetat und Vinylchlorid, hydriertes Kolophonium oder Äthylcellulose eingesetzt.

Das Verklumpen der Pigmente ist oft durch Lufteinschlüsse bedingt; Luft wird durch Anlegen eines Vakuums entfernt. Pigmente müssen ferner gut benetzbar sein. Eine bessere Benetzbarkeit kann z. B. durch Behandeln mit oberflächenaktiven Agentien erreicht werden. Die Gesamtheit der Vorbehandlungsprozesse für Pigmente nennt man Konditionieren.

Folgende Pigmente werden am häufigsten verwendet:

| | |
|---|---|
| weiß: | Titandioxid (nur Rutilmodifikation), ZnO, ZnS, Lithopone ($ZnS + BaSO_4$). |
| gelb: | CdS (säureempfindlich), $Fe_2O_3 \cdot x\, H_2O$, $PbCrO_4$ (Chromgelb), Benzidingelb, Flavanthrongelb. |
| orange: | Pigmente aus der Anthrachinongruppe. |
| rot: | CdSe, Eisenoxidrot, Molybdatrot und viele organische Pigmente. |
| bordeaux: | CdSe, Thioindigo, Chinacridone. |
| violett: | viele organische Pigmente. |
| blau: | Ultramarinblau, Kobaltblau, Manganblau ($Ba(MnO_4)/BaSO_4$), Phthalocyaninblau. |
| grün: | Chromoxidgrün, chloriertes Kupferphthalocyanin. |
| Metallpulver: | Aluminium. |
| Perlglanzpigmente: | blättchenförmige Bleicarbonate. |
| schwarz: | Russ. |

### 12.1.4 WEICHMACHER

Durch Weichmacher wird die Glastemperatur erniedrigt (vgl. Kap.10.5.6). Im Bereich bis zu ca. 40 Gewichtsprozent Weichmacher ist die Herabsetzung der Glastemperatur $\Delta T$ direkt proportional dem Gewichtsanteil $w_W$ des Weichmachers (vgl. auch Abb. 10–22). Die Weichmacherwirkung $\Delta T/w_w$ ist nach Kap. 10.5.6 umso größer, je kleiner gut das Lösungsmittel ist. Alle diese Eigenschaften begünstigen aber das Ausschwitzen, Abwandern und Verdunsten der Weichmacher. In der Technik strebt man daher einen Kompromiß zwischen der Weichmacherwirksamkeit einerseits und der Beständigkeit gegenüber Entmischen und dem Ausschwitzen andererseits an.

Typische technische Weichmacher sind daher nicht zu niedermolekular (langsamere Diffusionsgeschwindigkeit) und wegen der Gefahr der Entmischung nicht zu schlechte Lösungs- bzw. Quellmittel. Das Lösungsmittel muß also noch in eine gewisse Wechselwirkung mit dem Polymeren treten können. Für Poly(vinylchlorid) verwendet man daher z. B. gern schwerflüchtige Ester der Phthalsäure oder Phosphorsäure bzw. oligomere Polyester von Glykolen mit Adipin- oder Sebacinsäure. Sie werden in Mengen von 10 – 40 % zugegeben. Technische Weichmacher müssen sehr oft physiologisch unbedenklich sein.

#### 12.1.5 TRENN- UND GLEITMITTEL, STABILISATOREN, ANTISTATIKA

Trennmittel sollen das Ankleben von Kunststoffen in Formen verhindern. In der Gummiindustrie werden dazu meist Silcone verwendet.

Gleitmittel erniedrigen den Reibungskoeffizienten Polymer/Maschinenteil, so daß bei der Verarbeitung niedrigere Drücke gebraucht werden. Ein typisches Gleitmittel ist Stearinsäure. Bei Emulsionspolymerisationen können auch die im Polymerisat verbliebenen Emulgatorreste als Gleitmittel wirken. Gleitmittel werden in Mengen von 1 – 5 % zugesetzt. Nur ein kleiner Teil davon wirkt jedoch als Gleitmittel, da sich der größte Teil des Zusatzes im Innern des Kunststoffes befindet. Gleitmittel erzeugen oft getrübte Folien.

Stabilisatoren sollen Abreaktionen (im weitesten Sinn) von Kunststoffen bei der Verarbeitung (Wärmeschutzmittel) und beim praktischen Gebrauch (Licht- und Alterungsschutzmittel) verhindern. Sie werden in Mengen von ca. 1 % zugesetzt. Für ihre Wirkung vgl. Kap. 24.

Antistatika verhindern die elektrostatische Aufladung der Oberfläche von Kunststoffen. Es handelt sich dabei meist um hygroskopische, oberflächenaktive Substanzen (vgl. Kap. 14.1.5). Teppiche werden auch durch Einspinnen, Einzwirnen und Eintexturieren von feinen Stahldrähten in jeden 5. – 10. Faden antistatisch gemacht.

## *12.2 Verarbeitung von Thermoplasten, Duromeren und Elastomeren*

#### 12.2.1 EINLEITUNG

Die Wahl eines Verarbeitungsverfahrens richtet sich technisch nach den rheologischen Eigenschaften des Materials und der Form des gewünschten Gebildes, wirtschaftlich nach dem Preis der Verarbeitungsmaschinen und Formen und der pro Zeiteinheit produzierten Stückzahl.

Die Verarbeitungsverfahren können nach der Verfahrenstechnologie oder nach der Art der Formgebung eingeteilt werden. Bei der Verfahrenstechnologie kann man die Verfahren nach den bei ihnen durchlaufenen rheologischen Zuständen unterteilen:

| | |
|---|---|
| viskos: | Gießen, Pressen, Spritzen, Auftragen |
| elastoviskos: | Spritzgießen, Strangpressen (Extrudieren), Kalandrieren, Walzen, Kneten |
| elastoplastisch: | Ziehen, Blasen, Schäumen |
| viskoelastisch: | Sintern, Schweißen |
| fest: | Spangebende Verarbeitung, Fügen, Kleben |

Als elastoviskos wird dabei ein rheologisches Verhalten mit viel viskosen und wenig elastischen Anteilen, als viskoelastisch umgekehrt ein Verhalten mit hauptsächlich elastischen und wenig viskosen Anteilen bezeichnet. Stoffe mit elastoplastischem Verhalten weisen eine ausgeprägte Fließgrenze auf. Zwischen diesen Verhaltensweisen gibt es selbstverständlich alle Übergänge. Das Verspinnen zu Fäden kann man als Spezialfall der Kunststoffverarbeitung betrachten. Die Verarbeitbarkeit ist in der Regel umso besser, je breiter die Molekulargewichtsverteilung ist.

Nach der Art der Formgebung kann man die Verfahren einteilen in

| | |
|---|---|
| Urformen: | Gießen, Tauchen, Pressen, Spritzgießen, Extrudieren, Schäumen, Sinterformen |
| Umformen: | Kalandieren, Prägen, Biegen, Tiefziehen |
| Fügen: | Schweißen, Kleben, Verschrauben und Nieten, Auf- und Einschrumpfen, Verspannen |
| Beschichten: | Kaschieren, Streichen, Flammspritzen, Wirbelsintern, Auskleiden |
| Trennen: | Schneiden, Spanen |
| Veredeln: | Oberflächenvergüten, Gefügesteuerung. |

Weitere Einteilungsmöglichkeiten bestehen nach dem angewendeten Druck oder danach, ob das Verfahren diskontinuierlich, halbkontinuierlich oder kontinuierlich ist bzw. automatisch abläuft und nach der Weiterverarbeitung: Halbzeug (z. B. Profile, usw.), Fertigzeug (z. B. Schäume) (vgl. Kunststoff-Taschenbuch oder DIN-Normen).

### 12.2.2 VERARBEITUNG ÜBER DEN VISKOSEN ZUSTAND

Die Verarbeitung über den viskosen Zustand erfolgt durch Gießen, Pressen, Spritzen und Auftragen. Die Viskosität der zu verarbeitenden Massen muß niedrig sein, d.h. man arbeitet über Schmelzen von Monomeren oder Präpolymeren oder über Lösungen und Dispersionen. Schmelzen von Präpolymeren werden bei der Herstellung von Halb- oder Fertigfabrikaten aus Duromeren (weniger aus Thermoplasten) durch Gießen und Pressen verwendet. Zum Pressen gehören auch Formpressen und Spritzpressen. Lösungen oder Dispersionen von Thermoplasten oder Elastomeren werden durch Spritzen oder Auftragen verarbeitet. Zum Auftragen werden hier auch das Tauchen, Lackieren und Laminieren, sowie das Filament-Winding gerechnet.

Beim *Gießen* werden flüssige Massen in eine Form gegossen und dort „ausgehärtet", d. h. polykondensiert oder polymerisiert (Abb. 12-1). Durch Gießen werden Phenol- und Epoxidharze, aber auch Monomere wie Methylmethacrylat, Styrol, Vinylcarbazol und Caprolactam verarbeitet (Reaktionsguß). Das Gießen gelierbarer Massen heißt Gelatinieren (Weich-Poly(vinylchlorid)). Beim Gießen sind die Werkzeugkosten niedrig. Metallteile können leicht eingegossen werden. Diesen Vorteilen stehen zwei Nachteile gegenüber. Die Fertigungsgeschwindigkeit ist gering; das Verfahren ist daher nur bei Fertigungen von bis zu ca. 3000 Teilen pro Jahr wirtschaftlich. Außerdem

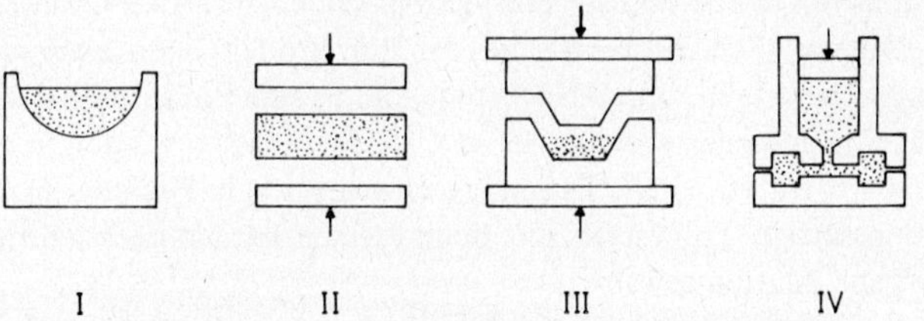


*Abb. 12-1:* Verarbeitung über den viskosen Zustand (schematisch). I = Gießen, II = Schichtpressen, III = Formpressen, IV = Spritzpressen.

lassen sich exotherme Reaktionen schwierig beherrschen. Aus diesem Grund hat sich die Verarbeitung von Polyesterharzen durch Gießen nicht recht eingeführt. Zu Thermoplasten führende Monomere werden nur für Spezialteile durch Gießen verarbeitet, z. B. Methylmethacrylat für Linsen oder für Gebisse.

Folienguß und Rotationsguß sind zwei Abarten des Gießens. Durch Gießen hergestellte Folien sind homogener als die durch Kalandrieren fabrizierten. Durch Foliengießen werden vor allem Celluloseacetat, Polyamide und Polyester verarbeitet. Der Rotationsguß (auch Schleudern genannt) wird hauptsächlich für die automatische Fertigung von Hohlkörpern aus Weich-PVC eingesetzt.

Das *Laminieren* arbeitet im Gegensatz zum Kaschieren und zum Lackieren mit einer Durchdringung des Werkstoffes. Beim sog. Handauflegeverfahren werden z. B. Matten aus Glasfasern mit ungesättigten Polyesterharzen getränkt. Die getränkten Matten werden dann von Hand auf die Form gebracht und durch Rollen angepreßt. Die endgültige Formgebung erfolgt durch Kaltpressen. Das Verfahren eignet sich für großflächige Gegenstände in kleinen Stückzahlen (z. B. Bootskörper).

Zur Herstellung sog. Prepregs werden Matten kontinuierlich getaucht, abgequetscht, im Ofen vorgehärtet und dann im Preßverfahren unter Formgebung verarbeitet.

Ein Laminierverfahren ist auch das *Filament-Winding* (Fadenwickel-Verfahren). Bei diesem Verfahren tränkt man sog. Glasfaser-Rovings mit dem Harz, wickelt sie nach einem geometrischen Muster um einen (entfernbaren) Kern und läßt dann aushärten. Rovings bestehen aus mehreren Strukturfäden (sog. Ends), die wiederum ca. 204 Glasfäden enthalten. Das Verfahren wird zur Herstellung von Hohlköpern sehr hoher Festigkeit verwendet.

Durch *Tauchen* werden besonders dünne Formteile (z.B. Gummihandschuhe) hergestellt. Dabei wird das Negativ solange und/oder so oft in einen Latex (eine Dispersion) oder eine Paste getaucht, bis die gewünschte Schichtdicke erreicht ist. Die Viskosität des Latex soll weniger als 12 Pa s betragen, die Fließgrenze möglichst niedrig sein. Auf diese Weise werden Latices des Naturkautschuks, des Polychloroprens oder von Siliconen sowie PVC-Pasten verarbeitet.

Beim *Spritzen* soll die Viskosität weniger als 7 Pa s betragen. Die Latices, Plastisole oder Lösungen sollen wenig oder keine Dilatanz aufweisen.

Beim *Lackieren* werden Lösungen filmbildender Polymerer aufgetragen und das Lösungsmittel dann verdunsten gelassen. Lackiert werden außer metallischen und nichtmetallischen Werkstücken auch Folien aus Cellulose oder Aluminium. Lackierte Cellulosefolien besitzen eine höhere Dichtigkeit gegen Wasserdampf, werden aber durch die Verbundfolien mit Polyäthylen konkurrenziert (Kap. 12.2.6). Lacke und Anstrichfarben müssen verhältnismäßig niederviskos sein, da eine Bürste Geschwindigkeitsgradienten von ca. 20 000 $s^{-1}$ erzeugt (vgl. auch nächstes Kapitel).

Beim *Pressen* (Schichtpressen) werden Pulver oder Gießmassen meist in Tablettenform vorgewärmt (evtl. durch Hochfrequenz) in eine Presse gebracht, gepreßt und dabei gleichzeitig ausgehärtet (Abb. 12 – 1). Als Preßmassen werden in der Regel nur stark mit Füllstoffen versehene Duromere eingesetzt, d.h. Phenol-, Harnstoff-, Melamin- und ungesättigte Polyesterharze. Beim Pressen werden auch häufig Einlagen verwendet (Gewebe, Matten usw.).

Bei *Formpressen* (Warmpressen) bringt man die kalten Pulver oder Gießmassen unter Druck in eine geheizte Form (Abb. 12 – 1). Nach dem Formpressverfahren werden z. B. glasfaserverstärkte, ungesättigte Polyesterharze verarbeitet. Auch die Vulkanisation von Kautschuk erfolgt nach dem Formpreßverfahren. Hochwertige Schallplatten werden aus dem Thermoplasten Poly(äthylen-co-vinylacetat) gepreßt, billige dagegen spritzgegossen.

Bei *Spritzpressen* spritzt man eine warme Preßmasse in eine kalte Form unter Druck ein. Auch beim Spritzpressen werden wie beim Pressen und beim Formpressen in der Regel nur Duromere eingesetzt. Thermoplaste werden durch Spritzpressen nur dann verarbeitet, wenn sich wirtschaftliche Vorteile bieten (z.B. Poly(chlortrifluoräthylen) oder Hart-PVC). Durch Spritzpressen lassen sich besonders günstig dickwandige Teile sowie Teile geringer Masse in großen Stückzahlen herstellen. Das Spritzgießen bietet gegenüber dem Pressen und dem Formpressen folgende Vorteile. Die größere Produktionsgeschwindigkeit gestattet eine Automatisierung. Die Produkte sind besser maßhaltig als beim Pressen, da beim Pressen je nach Füllung Unterschiede im Preßdruck auftreten. Durch das Vorwärmen der Massen in der Vorkammer sind ferner niedrigere Viskositäten und Drücke erforderlich. Nachteilig gegenüber dem Pressen und dem Formpressen sind dagegen der höhere Materialverbrauch, die Orientierung von Füllstoffteilchen durch den Spritzprozeß und die großen Investitionskosten für Formen für sehr dünnwandige oder sehr große Formteile.

### 12.2.3 VERARBEITUNG ÜBER DEN ELASTOVISKOSEN ZUSTAND

Die Verarbeitung über den elastoviskosen Zustand erfolgt durch Spritzgießen, Strangpressen (Extrudieren), Walzen, Kalandrieren (Kalandern) und Pressen (Abb. 12 - 2). Die dabei entstehenden Halb- oder Fertigfabrikate werden – ausgenommen beim Spritzgießen – beim Austritt aus der Verarbeitungsmaschine nicht durch eine Form gestützt. Die zu verarbeitenden Massen müssen daher zumindest an dieser Stelle eine viel höhere Viskosität als bei der Verarbeitung über den viskosen Zustand haben. Je niedriger die Viskosität, umso höher kann der bei der Verarbeitung herrschende Geschwindigkeitsgradient sein. Die Geschwindigkeitsgradienten betragen beim Spritzgießen ca. 1 000 - 10 000, beim Extrudieren ca. 100 - 1 000, beim Walzen und Kalandern ca. 10 - 100 und beim Kneten unter ca. 10 $s^{-1}$. Beim Walzen, Kalandern und Kneten verhält sich das Material natürlich eher viskoelastisch als elastoviskos.

Beim *Spritzgießen* (Abb. 12 - 2) werden die Massen zunächst vorgewärmt („plastiziert“) und dann durch einen Kolben(Bild), eine Schnecke oder eine Doppelschnekke in die kalte, evtl. leicht vorgewärmte Form befördert (Abb. 12 - 2). Die Kolben (Torpedos) bzw. die Schnecken dienen gleichzeitig als Plastizier-, Dosier- und Einspritzaggregat. Mit Schnecken wird ein höherer Durchsatz als mit Kolben erzielt. Das Material erkaltet in der Form unter einem verhältnismäßig kleinen Druck. Anschließend wird die Form abgefahren und das Teil ausgeworfen. Der ganze Vorgang ist automatisiert. Nach dem Spritzgußverfahren werden eine ganze Reihe Thermoplaste und einige Duromere verarbeitet. Dazu gehören als Thermoplaste: Poly(styrol), Poly(äthylen), Poly(propylen), Poly(vinylchlorid), Polyamide, Polyurethane, Poly(oxymethylen), Polycarbonate, Poly(trifluorchloräthylen), Polyacrylate, Cellulosederivate und Poly(methylmethacrylat), als Duromere ungesättigte Polyester, sowie Phenol- und Aminoharze. Die zu verarbeitenden Materialien sollen verhältnismäßig geringe Schmelzviskositäten aufweisen. Die Schmelzviskositäten können dabei über das Molekulargewicht, die Molekulargewichtsverteilung, die Verzweigung und die Verarbeitungstemperatur eingestellt werden.

Beim *Sandwich-Spritzgießen* werden zwei Polymerisatmassen aus getrennten Spritzeinheiten nacheinander so durch den gleichen Ausguß in eine Form eingespritzt, daß der zweite Schuß von dem ersten völlig eingeschlossen wird. Das Verfahren eignet sich z. B. zum Einbringen von Schäumen in eine festere Außenhaut, zum Ummanteln von billigen Kunststoffen mit teureren usw.

Beim *Extrudieren* oder Strangpressen wird das vorgewärmte Material mit einer Schnecke (Abb. 12–2) oder Doppelschnecke aus dem Extruder herausgefördert und an der Luft oder in einem Bad erkalten gelassen. Extrudiert werden Thermoplaste, Elastomere und Duromere. Duromere werden in der Regel auf Kolbenstrangpressen verarbeitet. Der Hauptteil der Härtungsreaktion muß sich bei Duromeren in einer beheizten Druckkammer abspielen. Die Drucke können bis zu einigen hundert bar betragen. Die Extrusionsgeschwindigkeit ist bei dickwandigen Körpern am ge-

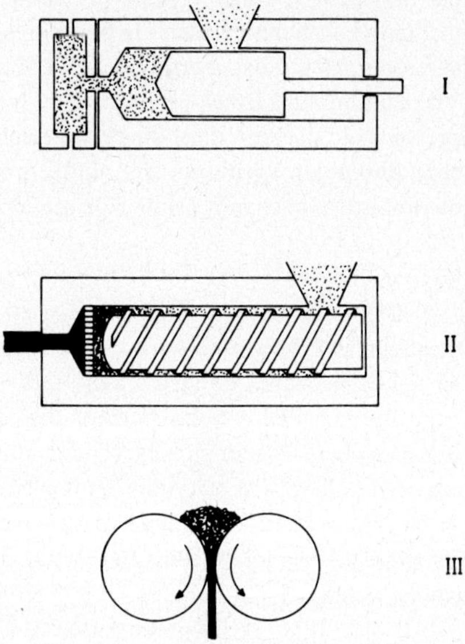


*Abb. 12–2:* Verarbeitung über den elastischen Zustand (schematisch). I = Spritzgießen (mit Kolben), II = Strangpressen (Extrudieren), III = Walzen. Beim Spritzgießen wird das Granulat durch Wärme plastifiziert und dann mit dem Torpedo (alternativ mit einer Schnecke) durch die Düse in die Form befördert. Nach dem Erkalten des Formlings wird die Form abgefahren und der Formling ausgeworfen. Beim Extrudieren passiert die erwärmte Masse vor der Düse noch eine Lochblende.

ringsten. Rohre werden mit Geschwindigkeiten bis zu 10 m/min, Folien bis 150 m/min und Telefonleitungsisolationen bzw. Fäden bis zu 1000 m/min extrudiert. Beim Extrudieren ist der Barus-Effekt (Kap. 11.3.1) und der Schmelzbruch (Kap. 7.6.1) zu beachten. Durch Extrusion werden Rohre, Folien, Profile, Drahtisolationen und knotenfreie Netze hergestellt.

Ein Spezialfall ist das Extrudieren mit Breitschlitzdüsen. Mit Breitschlitzdüsen werden z.B. Flachfolien von 20–100 μm Dicke hergestellt. Der Film wird anschließend durch Kühlwalzen oder Wasserbäder abgeschreckt (Schmelzgießen oder Chill-Roll-Verfahren). Breitschlitzdüsen werden auch beim sog. Extrusionsbeschichten von Papier oder Karton mit Polyäthylen verwendet. Die so behandelten Papiere können anschließend heißgesiegelt werden.

Beim Extrudieren von Duromeren wird eigentlich das Monomer oder ein Vorpolymer extrudiert, wobei Polymerbildung und Formgebung gleichzeitig erfolgen. Das Extrudieren von Monomeren unter gleichzeitiger Formgebung ist prinzipiell auch bei Thermoplasten möglich, wird aber nur in sehr beschränktem Ausmaß, z.B. beim Methylmethacrylat, angewendet.

Beim *Walzen* und *Kalandrieren* (Abb. 12–2) werden Elastomere oder weichgemachte Thermoplaste zu Fellen oder Folien ausgezogen oder Folien oder Gewebe mit Duromeren beschichtet. Die Walzen sind beheizt und laufen mit unterschiedlicher Geschwindigkeit. Die entstehende Friktion führt zu einer Reckung. Durch Kalandrieren werden Folien mit Dicken von 60–600 μm hergestellt. Dickere Folien erzeugt man durch Extrudieren. Eine Ausnahme bilden hochgefüllte Weich-PVC, die auf Zweiwalzen-Kalandern mit Stärken bis zu 1 mm produziert werden. Kalander werden in einer Reihe von Formen gebaut. Das Material weist in den verschiedenen 4-Walzen-Kalandern unterschiedliche Verweilzeiten auf:

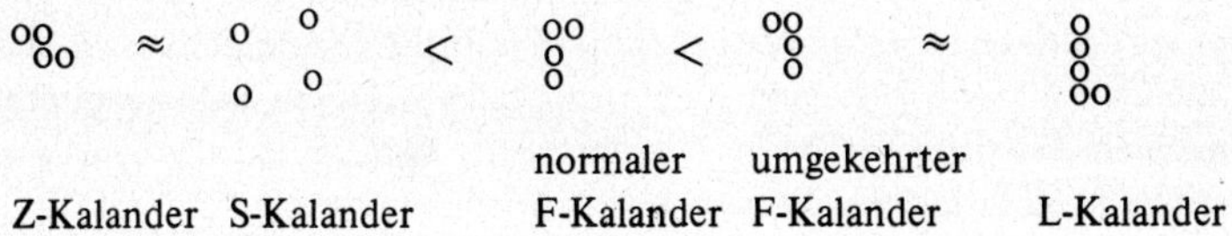


Das *Kneten* dient zur Herstellung von Halbzeug aus Elastomeren, vor allem zum Einarbeiten von Füllstoffen, Mischen von Elastomeren usw.

### 12.2.4 VERARBEITUNG ÜBER DEN ELASTOPLASTISCHEN ZUSTAND

Bei einigen Verarbeitungsverfahren nutzt man die Existenz einer Fließgrenze aus. Zu diesen Verfahren gehören das Ziehen, das Streckformen, das Blasen und das Schäumen. Streckformen und Blasen werden als sog. Kaltverformungen bezeichnet, da das Material dabei nicht erhitzt wird. Die Kaltverformung ist nur im duktilen Bereich der Zugspannungs/Dehnungskurve möglich (vgl. Abb. 11–9). Derartige duktile Bereiche treten nur bei nicht zu kristallinen Polymeren auf, d. h. der Schmelzpunkt der Polymeren darf nicht zu scharf sein. Poly(4-methylpenten-1) kann daher nicht vakuumgeformt werden.

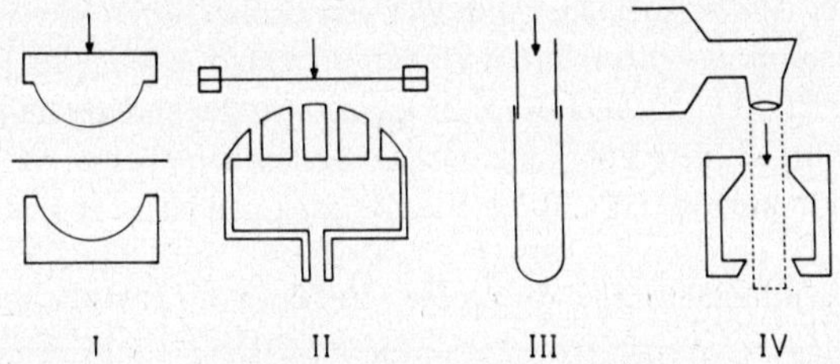


*Abb. 12-3:* Verarbeitung über den elastoplastischen Zustand (schematisch). I = Ziehen, II = Streckformen mit Vakuum, III = Blasen, IV = Extrusionsblasen mit Ringdüse (vgl. Text).

Das *Streckformen* oder Strecken ist eine Art Ziehen unter weitgehender Verstreckung der Folien. Die Verstreckung kann mechanisch mit einem Stempel, durch Preßluft oder durch Vakuum erreicht werden. Im letzteren Fall spricht man auch von Vakuumformen. Ein Tiefziehen mit federnden Niederhaltern wird Ziehformen genannt. Durch Tiefziehen können mit 4–12fach-Werkzeugen*) in der Stunde 4000–8000 Teile

* Formsystem mit vier bis zwölf Einzelformen.

hergestellt werden. Das Verfahren wird hauptsächlich für Verpackungen von Obst, Eiern, Pralinen usw. eingesetzt. Nach dem Tiefzieh-Verfahren werden ABS-Polymere, Celluloseacetat, Polycarbonat, Poly(olefine), Poly(methylmethacrylat), Poly(styrol) und Hart-PVC verarbeitet.

Das *Blasen* kann als eine Spezialform des Streckformens aus Ringdüsen zur Herstellung von endlosen Hohlkörpern angesehen werden, die als solche verwendet oder nachher zu Folien aufgeschnitten werden. Durch Blasen können auch Hohlkörper aus zwei Komponenten hergestellt werden, z. B. Zahnpastatuben, die außen aus Polyamid und innen aus Polyäthylen bestehen.

Das *Extrusionsblasen* ist eigentlich eine Spezialform des Extrudierens. Der Extruderkopf wird senkrecht nach unten gerichtet (Abb. 12-3) und der aus einer Ringdüse kommende endlose Schlauch in eine Form geblasen. Durch Zuklappen der Form entsteht in einem Arbeitsgang ein unten geschlossener Hohlkörper, was sonst nur durch das aufwendigere Rotationsgießen möglich ist. Wird der Vorformling statt durch Extrudieren mit einem Spritzgießwerkzeug gefertigt, so spricht man auch von Spritzblasen oder Spritzgießblasen. Durch Hohlkörperblasen werden Poly(äthylen), Hart-PVC, Polyamide, schlagfestes Poly(styrol) und Polycarbonat verarbeitet.

Das *Schäumen* ist ebenfalls eine Art Blasen. Schäume werden nach ihrer Härte, ihrer Zellstruktur oder dem zugrundliegenden Rohmaterial eingeteilt. Bei harten Schäumen liegt die Glastemperatur weit über, bei weichen Schäumen tief unter der Gebrauchstemperatur. Die Zellstruktur kann durch offene, geschlossene oder gemischte Poren bedingt sein. Schäume werden mechanisch, physikalisch oder chemisch mit Niederdruck- ($<$ 10 bar) oder Hochdruckverfahren (bis 1000 bar) erzeugt. Bei der mechanischen Schaumerzeugung werden Latices oder Präpolymere unter Zusatz von oberflächenaktiven Stoffen heftig gerührt oder geschlagen und der gebildete Schaum anschließend durch chemische Vernetzung des schaumbildenden Materials fixiert. Das mechanische Verfahren liefert offen- bis gemischtzellige Schäume. Bei der sogen. physikalischen Schaumerzeugung läßt man vorher unter Druck zugesetzte Gase expandieren. Typisch dafür ist das Aufblähen von PVC-Plastisolen durch Stickstoff oder die Erzeugung von Schaumpoly(styrol) durch Verdampfen niedrigsiedender Kohlenwasserstoffe (Dampfstoßverfahren, vgl. auch Kap. 25.2.6.2). Bei der chemischen Schaumerzeugung bläht man vorgebildete Polymere mit gasabgebenden Mitteln auf (z.B. $N_2$-Abspaltung aus Azoverbindungen (Gl. (20-3)) oder Bildung von $NH_3$, $H_2O$ und $CO_2$ aus Hirsch-

*Tab. 12-1:* Wichtige Schaumbildner und verwendete Verfahren (h = Hartschaum, w = Weichschaum)

| Polymer | Schaumerzeugung mechanisch | physikalisch | chemisch |
|---|---|---|---|
| Phenolharze | h | h | h |
| Melaminharze | h | h | h |
| Polyurethanschäume | - | h, w | h, w |
| Poly(styrol) | - | h | - |
| Poly(vinylchlorid) | - | h, w | h, w |
| Poly(vinylformal) | w | - | w |
| Silicone | - | - | h, w |
| Poly(äthylen) | - | - | h, w |
| Naturkautschuk | - | h, w | h, w |
| Naturkautschuklatex | w | - | w |

hornsalz $NH_4HCO_3$) oder erzeugt das Polymere unter gleichzeitiger Gasabspaltung (z.B. Umsetzung von Isocyanaten mit Carbonsäuren, vgl. Tab. 28 – 1). Die wichtigsten Schaumbildner und die verwendeten Verfahren sind in Tab. 12 – 1 zusammengestellt. Schäume werden wegen ihrer geringen Wärmeleitfähigkeit als Isoliermittel oder wegen ihrer geringen Dichte als stoßsicheres Verpackungsmaterial verwendet.

### 12.2.5 VERARBEITUNG ÜBER DEN VISKOELASTISCHEN ZUSTAND

Als über den viskoelastischen Zustand ausgeführte Verarbeitungsarten sind das Schweißen und das Sintern anzuführen. Schneiden, Fügen und Kleben setzen den festen Zustand voraus.

Beim *Schweißen* werden Thermoplaste unter Stickstoff (manchmal auch unter Luft) bis zu einer teigigen Konsistenz erhitzt. Es dient zum Verbinden von Röhren und Formteilen, hauptsächlich aus Poly(äthylen) oder Poly(vinylchlorid). Beim autogenen Schweißen liefert das zu verbindende Material selbst die Schweißnaht; dabei werden die zu verschweißenden Rohre meist übereinander geschoben. Beim heterogenen Schweißen stoßen die Rohre bzw. Formteile stumpf aneinander; die Verbindung wird durch eine Schweißnaht aus zusätzlichem Material besorgt. Das Erwärmen erfolgt in der Regel durch heiße Gase. Beim Reibungsschweißen läßt man die zu verbindenden Teil schnell gegeneinander rotieren. Durch die entstehende Reibungswärme wird die Glas- bzw. Schmelztemperatur überschritten, so daß Selbstdiffusion auftritt. Dieses „Verschmelzen" wird noch durch Druck begünstigt. Beim Induktionsschweißen wird in die Nut ein Metallband eingelegt, die Teile angedrückt und 50 kHz angelegt. Die entstehende Induktionswärme führt zum Verschweißen der Teile.

Das *Sintern* dient zur Oberflächenbehandlung, zur Herstellung permporöser Werkstoffe oder zur Fabrikation großer Hohlkörper. Das Material wird unter Drücken bis 500 MN $cm^{-2}$ zu einer Fritte gepreßt und dann so hoch erhitzt, daß die oberen Schichten zu schmelzen beginnen. Die Teilchen verkleben und schaffen permporöse Körper mit offenen Porenkanälen. Der permporösen Körper werden als Filtereinsätze, als Wirkkörper in Stoffaustauschern oder für Belüftungsflächen verwendet. Als Werkstoffe werden Poly(äthylen), Poly(propylen), Poly(tetrafluoräthylen), Poly(methylmethacrylat) und Poly(styrol) eingesetzt.

Beim *Doppelrotationsschleuder*-Verfahren werden die erhitzten Körner in einer Art Zentrifuge zusammengesintert. Auf diese Weise werden Hohlkörper aus Poly(äthylen) mit Inhalten bis zu 10 000 $dm^3$ hergestellt.

Das *Wirbelsintern* ist eigentlich keine Abart des Sinterns. Hier werden die erhitzten und vorher durch Sandstrahlen aufgerauhten oder mit Washprimern behandelten Metallteile in ein Wirbelbett aus dem Kunststoffpulver eingetaucht. Das Kunststoffpulver mit Korngrößen von ca. 200 $\mu$m schmilzt an der warmen Oberfläche und fließt zu einem dichten Film von ca. 200 – 400 $\mu$m Stärke zusammen. Auf diese Weise werden z. B. Gartenmöbel mit Polyamiden überzogen. Außer Polyamiden werden so Poly(äthylen) und Poly(vinylchlorid) verarbeitet, seltener auch Celluloseacetobutyrat.

Beim *Flammspritzen* müssen die zu behandelnden Metallteile ebenfalls aufgerauht oder mit Washprimern vorbehandelt werden. Die granulierten Thermoplaste werden dann in einer Flammspritzpistole aufgeschmolzen und auf die erwärmte Metalloberfläche gespritzt. Das Verfahren eignet sich besonders für kleine Stückzahlen. Durch Flammspritzen werden Polyäthylen, PVC, Celluloseester und Epoxide verarbeitet.

Das *Heißstrahlsprühen* ist eine Abart des Flammspritzens, bei dem die Metalloberfläche nicht erwärmt zu werden braucht. Das Erhitzen der Metalloberflächen wird in vielen Fällen gern vermieden, weil dadurch unerwünschte Gefügeänderungen der Metalle hervorgerufen werden. Beim Heißstrahlsprühen wird das Kunststoffpulver mit einer Spritzpistole auf das Werkstück aufgeblasen und von einem ca. 1660 °C heißen Lichtbogen (unter Ar, He, $N_2$) erweicht. Das Metall erwärmt sich dabei nur auf 50 - 60 °C. Nach diesem Verfahren werden Polyamide und Epoxidharze verarbeitet.

### 12.2.6 VERARBEITUNG ÜBER DEN FESTEN ZUSTAND

Beim *Kaschieren* oder Beschichten verbindet man eine vorgeformte feste Kunststoffolie durch Haftvermittler oder Kleber direkt mit dem zu kaschierenden Material. Auf diese Weise werden z.B. Verbundfolien aus Cellulose und Poly(äthylen) hergestellt. Bei diesen Verbundfolien sorgt die Cellulose für die Aroma-, das Poly(äthylen) für die Wasserdichtigkeit. Verbundfolien aus Poly(isobutylen) und Poly(äthylen) werden im chemischen Apparatebau eingesetzt. Das Poly(äthylen) übernimmt den Korrosionsschutz, das Poly(isobutylen) (mit Klebern!) die Haftung am Stahl. Mit PVC kaschierte Stahlbleche lassen sich wie normale Stahlbleche verarbeiten, sind aber ohne weitere Nachbehandlung korrosionsfest. Auf Flugzeuge werden manchmal Folien aus Pol(tetrafluoräthylen) aufgebracht. Poly(tetrafluoräthylen) ist nur schlecht benetzbar; auf diese Weise wird die Vereisung herabgesetzt.

Verbundwerkstoffe werden häufig ähnlich wie beim Kaschieren durch Verbinden zweier Werkstoffe aufgebaut. Bei den synthetischen Ledern (sog. Poromeren) fügt man Schichten verschiedener Kunststoffe zusammen. Corfam®, das erste Produkt dieser Art, besteht z.B. aus einer oberen dampfdurchlässigen Polyurethanschicht, einer mittleren Schicht aus einem Mischgewebe von 95 % Poly(äthylenterephthalat) und 5 % Baumwolle und einer unteren Schicht aus einem porösen Poly(äthylenterephthalat)-Vlies, das von einem elastomeren Polyurethan-Binder zusammengehalten wird. Dieses Vlies wird aus Fibrids hergestellt (vgl. Kap. 12.3.1).

Thermoplaste und Duromere werden im festen Zustand spanlos durch *Stanzen* oder *Schneiden* (Schälen), spanabhebend durch *Sägen, Bohren, Drehen* oder *Fräsen* verarbeitet. Das Schneiden wird noch in einigem Umfang bei der Herstellung von Folien aus Halbzeug von Celluloid oder Poly(tetrafluoräthylen) verwendet. Alle anderen Verfahren dienen nur zum Herstellen von Spezialteilen. Beim spanabhebenden Verarbeiten sollen hohe Schnittgeschwindigkeiten möglichst vermieden werden, da sich der Kunststoff sonst zu stark erwärmt, viskoelastisch wird und dann „schmiert". Bei hohen Schnittgeschwindigkeiten muß aus diesem Grunde der Spanquerschnitt klein sein.

## *12.3 Verarbeitung zu Fasern*

### 12.3.1 EINFÜHRUNG

Aus den Schmelzen oder konzentrierten Lösungen der meisten makromolekularen Substanzen und auch aus denen einiger niedermolekularer Verbindungen (Honig, Seifenlösungen) lassen sich Fäden ziehen (vgl. Kap. 12.3.3). Die Fadenbildung ist also keine besondere Eigenschaft makromolekularer Substanzen. Die Fäden aus niedermolekularen Verbindungen besitzen aber nur eine niedrige mechanische Festigkeit. Besteht das Fadenmaterial aus langen Molekülketten, so werden diese beim Verstrecken teilweise orientiert. Die resultierenden Fäden besitzen eine höhere Festigkeit. Nur einige Fäden weisen aber so hohe Reißfestigkeiten auf, daß sie sich für den textilen oder industriellen Gebrauch eignen.

Erste Voraussetzung für die Fadenbildung sind daher kettenförmige Makromoleküle. Starke Verzweigungen setzen die Fadenbildung und die mechanischen Eigenschaften der Fäden herab, da pro Einheitslänge weniger Kontaktstellen zwischen den Kettenmolekülen möglich sind. Aus dem gleichen Grunde muß zur Fadenbildung ein gewisser Mindestpolymerisationsgrad vorhanden sein (Tab. 12 – 2). Unter diesem Mindestwert ist die Reißfestigkeit praktisch gleich null (Abb. 11 –16). Der Mindestpolymeristationsgrad liegt umso tiefer, je stärker die Kräfte zwischen den Ketten sind, d.h. je polarer die Gruppierungen sind und/oder je leichter die Makromoleküle kristallisieren können. Eine Kristallisation ist aber keine unbedingt erforderliche Voraussetzung für die Bildung von Fäden. Aus dem nichtkristallinen Poly(styrol) werden z. B. Borsten für Bürsten usw. hergestellt. Eine zu hohe Kristallinität ist sogar unerwünscht, da dann der Faden zu spröde wird.

*Tab. 12-2:* Zur Fadenbildung erforderlicher Mindest-Polymerisationsgrad $\overline{X}_n$ bei verschiedenen Polymeren (nach H. Mark)

| Substanz | $\overline{X}_n$ | Substanz | $\overline{X}_n$ |
|---|---|---|---|
| Nylon 6 | 50 | Poly(acrylnitril) | 300 |
| Poly(äthylenterephthalat) | 70 | Poly(vinylalkohol) | 300 |
| Cellulose | 130 | Poly(styrol) | 600 |

Man unterschiedet Fäden und Fasern. Fäden sind endlos; sie bestehen aus einem Strang (Monofil) oder aus mehreren Strängen (Multifil). Fasern sind in Stücke von 30 – 150 mm geschnittene Fäden (Stapelfasern). Fäden und Fasern teilt man nach ihrem Durchmesser in Filamente (ca. 5 – 50 nm), Fibrillen (einige hundert nm) und die eigentlichen Fasern und Fäden ein. Die längenbezogene Masse von Fäden und Fasern wird als Titer bezeichnet. Der Titer wird in tex oder decitex angegeben (1 tex = 1 $g km^{-1}$) früher auch in denier (1 den = 1/9 tex). Das Verhältnis Faserlänge/Faserdurchmesser wird Schlankheitsverhältnis genannt.

Die Fasern werden ferner nach ihrer Herkunft in Naturfasern und Chemiefasern eingeteilt. Naturfasern können pflanzlichen, tierischen oder mineralischen Ursprungs sein. Chemiefasern werden in Regeneratfasern und Synthesefasern unterteilt.

Alle zur Zeit gebräuchlichen pflanzlichen Fasern sind Cellulosen (Baumwolle, Flachs, Hanf, Ramie, Jute, Sisal), alle gebräuchlichen tierischen Fasern sind Proteine (Wolle, Naturseide, Kamelhaar). Asbest ist eine mineralische Faser.

Regeneratfasern werden aus Naturprodukten durch chemische Aufbereitung oder Modifikation hergestellt (Viskoseseide, Acetatseide, Nitrocellulose, Alginatfasern usw.), Synthesefasern dagegen vollsynthetisch aus anderen Rohstoffen.

Nach ihrer Verwendung unterscheidet man ferner textile und industrielle Fasern (vgl. auch Kap. 12.3.6). Textile Fasern werden für Garne, Gewebe, Stricksachen usw. verwendet, industrielle Fasern für Filtertücher, Taue usw.

Nach der Art des Spinnprozesses unterscheidet man Schmelz-, Naß-, Trocken-, Gelextrusions- und Dispersionsspinnen. In allen Fällen kann man entweder von Polymerschnitzeln ausgehen oder im Prinzip direkt aus dem Polymerisationsreaktor verspinnen. Völlig verschieden davon ist die Herstellung von Flachfäden. Vliese werden in der Regel durch thermischen oder chemischen Verbund von Fasern erzeugt.

### 12.3.2 FADENBILDUNG

Die Fähigkeit, lange, kontinuierliche Fäden zu bilden, ist bei verschiedenen Materialien verschieden hoch. Für ein gegebenes Material hängt die erzielbare Fadenlänge von der Viskosität $\eta$ der Flüssigkeit und der Geschwindigkeit $v$ des Spinnvorganges ab. Die Länge $L$ des flüssigen Fadens geht mit dem steigenden Produkt $v\eta$ durch ein Maximum (Abb. 12-4). Die maximal erzielbare Fadenlänge wird Spinnbarkeit genannt.

Aus diesem Verlauf von $L = f(v\eta)$ ist ersichtlich, daß die Spinnbarkeit durch zwei Prozesse reguliert wird, nämlich durch den Kohäsionsbruch und durch den Kapillarbruch. Nach Kap. 11.3.1 kann in jeder viskoelastischen Flüssigkeit ein bestimmter Betrag an elastischer Energie gespeichert werden. Dieses Phänomen führt u. a. zu dem in Kap. 11.3.1 beschriebenen Barus-Effekt. Wird ein bestimmter Betrag überschritten, so reißt der Faden durch den sog. Kohäsionsbruch ab. Dieser Bruchprozeß hat seinen Namen daher, weil er außer von der Viskosität der Flüssigkeit, der Geschwindigkeit des Prozesses und dem Elastizitätsmodul auch noch von der Kohäsionsenergie des Materials abhängt. Der Kapillarbruch ist nichts anderes als der in Kap. 7.6.1 diskutierte Schmelzbruch, ein Auftreten von elastischen Oberflächenwellen. Der Kapillarbruch hängt außer von der Viskosität $\eta$ und der Geschwindigkeit $v$ noch von der Oberflächenspannung ab.

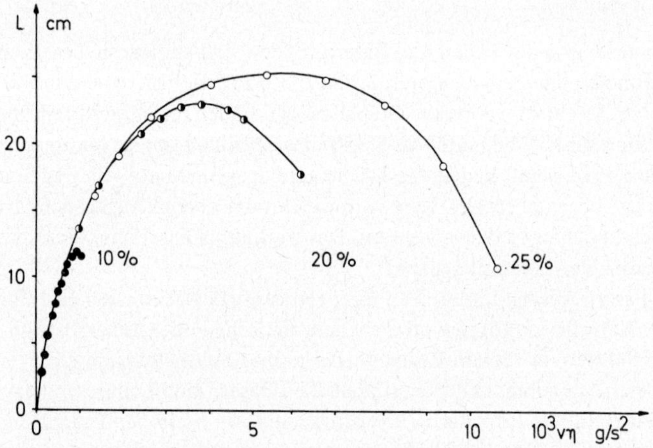


*Abb. 12-4:* Fadenlängen $L$ als Funktion von Geschwindigkeit $v$ und Viskosität $\eta$ beim Verspinnen verschieden konzentrierter Lösungen eines Celluloseacetates aus einer Aceton/Wasser-Mischung (85/15). $L$ im Maximum = Spinnbarkeit (A. Ziabicki: nach Daten von Y. Oshima, H. Maeda und T. Kawai).

Der früher einsetzende Mechanismus führt zum Bruch (Abb. 12-5). Aus diesem Grunde beobachtet man bei einem bestimmten Wert von $v\eta$ einen optimalen Wert für $L$. Das Auftreten der Funktion $L = f(v\eta)$ hat folgende Konsequenz. Ist die Geschwindigkeit und/oder die Viskosität beim Verspinnen zu niedrig, dann tritt der Kapillarbruch ein. Der Faden zerfällt in einzelne Tropfen. Zu niedrige Viskositäten erhält man z.B. bei zu verdünnten Lösungen oder zu hohen Spinntemperaturen. Einen Kohäsionsbruch erhält man umgekehrt bei zu großen Relaxationszeiten, wie sie durch zu hohe Molekulargewichte oder zu schnelle Gelbildung beim Naßspinnen hervorgerufen werden. Der Kohäsionsbruch ist ein Sprödbruch.

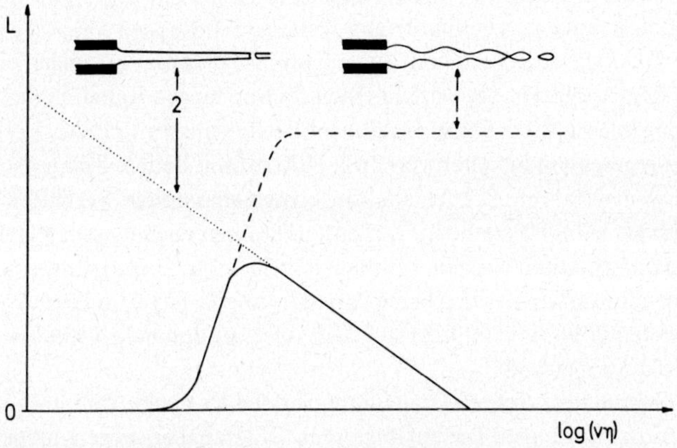


*Abb. 12-5:* Einfluß von Kapillarbruch (– – – –) und Kohäsionsbruch (· · · ·) auf die Spinnbarkeit. Länge *L* der Fäden als Funktion von Geschwindigkeit *v* und Viskosität *η*. —— beobachteter Effekt bei Überlagerung von Kapillar- und Kohäsionsbruch (nach A. Ziabicki).

12.3.3 SPINNVERFAHREN

Das *Schmelzspinnen* ist die wirtschaftlichste Methode. Die Polymerschnitzel gelangen in die geheizte Spinnpumpe. Die Schmelze wird durch Düsen ausgepreßt und die Fäden an der Luft erkalten gelassen. Die Fäden werden mit Geschwindigkeiten bis zu 1200 m/min abgezogen. Schmelzspinnen lassen sich nur thermostabile und schmelzbare Polymere. Nach diesem Verfahren werden Polyamide, Polyester, Polyolefine und Glas versponnen.

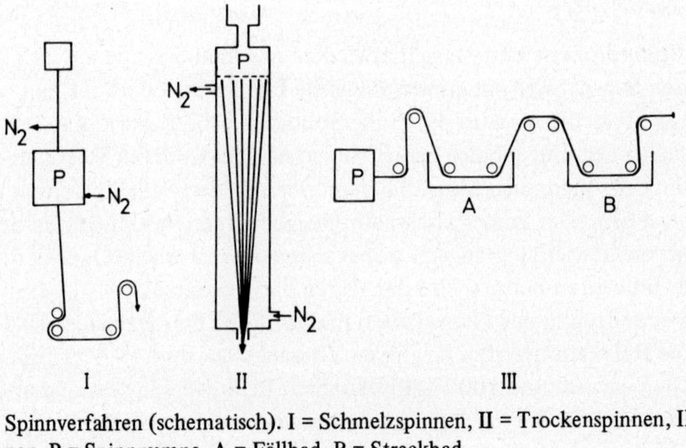


*Abb. 12-6:* Spinnverfahren (schematisch). I = Schmelzspinnen, II = Trockenspinnen, III = Naßspinnen, P = Spinnpumpe, A = Fällbad, B = Streckbad.

Das *Naßspinn*-Verfahren wird angewendet, wenn sich die Polymeren beim Schmelzen zersetzen. 5 – 25 proz. Lösungen werden durch eine Spinnpumpe durch die Düsen befördert. Die Fäden werden in einem Fällbad koaguliert und in einem Streckbad verstreckt. Das Verfahren arbeitet mit wesentlich geringeren Abzugsgeschwindigkeiten als das Schmelzspinnen, nämlich 50 – 100 m/min. Es ist wegen der Kosten für die Lösungsmittelrückgewinnung unwirtschaftlicher. Nach diesem Verfahren werden Viskose, Kupferseide und Poly(vinylalkohol) aus wässrigen Lösungen versponnen.

Beim *Trockenspinn*-Verfahren setzt man 20 – 45 proz. Lösungen ein. Die Fäden treten nach dem Verlassen der Düse in einen 5 – 8 m langen Kanal, in dem ihnen Warmluft entgegengeblasen wird. Dabei verdunstet das Lösungsmittel. Das Verfahren gestattet mit Abzugsgeschwindigkeiten von 300 – 400 m/min höhere Spinngeschwindigkeiten als das Naßspinnverfahren. Die Installationskosten sind höher, die laufenden Kosten jedoch geringer als beim Naßspinnen. Außerdem können nach diesem Verfahren nur solche Polymere versponnen werden, für die leichtflüchtige Lösungsmittel bekannt sind. Das Trockenspinnverfahren wird beim Poly(acrylnitril) (25 % in Dimethylformamid), beim chlorierten Poly(vinylchlorid) (45 % in Aceton) und beim Cellulosetriacetat (ca. 20 % in $CH_2Cl_2$) angewandt.

Beim *Gelspinnen*, *Gelextrusionsspinnen* oder *Extrusionsspinnen* arbeitet man mit 35 – 55 proz. Lösungen. Die entstehenden Fäden haben wegen des geringeren Lösungsmittelgehaltes eine größere Formstabilität. Die Abzugsgeschwindigkeit kann daher größer sein (ca. 500 m/min.). Nach diesem Verfahren werden Poly(acrylnitril) und Poly(vinylalkohol) versponnen.

Das *Dispersionsspinnen* ist ein spezieller Spinnprozeß für unlösliche und unschmelzbare Polymere. Den Dispersionen der zu verspinnenden Polymeren werden andere organische Polymere zur Viskositätserhöhung und Fadenstabilisierung zugesetzt. Nach der Fadenbildung wird dann dieses Polymere weggebrannt, wobei das fadenbildende Polymere noch zusammensintert. Nach diesem Verfahren wird Poly(tetrafluoräthylen) (Kap. 25.7.4.3) verarbeitet.

Beim *Polymerisationsspinnen* wird das Monomer zusammen mit den Initiatoren, Füllstoffen, Pigmenten und Flammschutzmitteln polymerisiert und direkt ohne Isolierung des Polymeren mit Geschwindigkeiten von ca. 4000 m/min versponnen. Das Verfahren eignet sich nur für schnell polymerisierende Monomere.

### 12.3.4 SPINNPROZESSE

Alle Spinnprozesse laufen nach etwa dem gleichen Schema in vier Teilschritten ab. Im ersten Schritt wird die zu verspinnende Flüssigkeit durch die Düse extrudiert. Die erzielbare Fadenlänge wird durch die Spinnbarkeit reguliert (Kap. 12.3.2). Im zweiten Schritt beginnt sich der Faden zu verfestigen. In dieser Übergangszone gleichen sich interne Spannungen aus. Bei den ersten beiden Schritten erhält der Faden seine äußere Form. Der immer noch halbflüssige Faden wird im dritten Schritt unter seinem eigenen Gewicht verlängert, wobei schon eine schwache Orientierung der Ketten stattfindet. Im vierten Schritt wird der Faden dann verstreckt.

Die Verweilzeiten der Flüssigkeiten in den Düsen betragen ca. 0,1 – 100 Millisekunden. Die Relaxationszeiten für diesen Vorgang (vgl. Kap. 11.4.2) liegen andererseits zwischen ca. 100 und 1000 Millisekunden. Beim Verspinnen sind also Relaxationsprozesse wichtig. Sie machen sich besonders als Barus-Effekt (Kap. 11.3.1) und als elastische Turbulenz (Kap. 7.6.1) bemerkbar.

Beim Spinnprozeß werden die Molekülketten durch drei Effekte orientiert: Strömungsorientierungen innerhalb und außerhalb der Düse sowie Orientierung durch Deformation. Damit sich die vorhandene Orientierung der Molkülketten in der Düse als Orientierung im Faden auswirkt, muß die Geschwindigkeit der Verfestigung des Fadens größer als die reziproke Relaxationszeit sein. Diese Forderung trifft nur für die Oberfläche, nicht aber für das Innere des Fadens zu. Die Orientierung der Moleküle im Innern der Düse beeinflußt daher die Orientierung der Moleküle im fertigen Faden nur wenig.

Durch der Fluß selbst orientieren sich die Moleküle auch noch außerhalb der Düse. Die optische Doppelbrechung nimmt mit steigendem Abstand von der Düsenöffnung zuerst langsam und dann schnell bis zu einem Grenzwert zu (Abb. 12–6). Dieser Grenzwert ist durch das Erstarren des Fadens und die dadurch herabgesetzte Beweglichkeit der Moleküle gegeben. Dieser Prozeß erzeugt den größten Anteil an der beobachteten Orientierung. Ein kleiner Anteil kommt schließlich noch vom dritten Prozeß, nämlich einer Orientierung der Ketten durch Deformation des gebildeten physikalischen Netzwerkes.

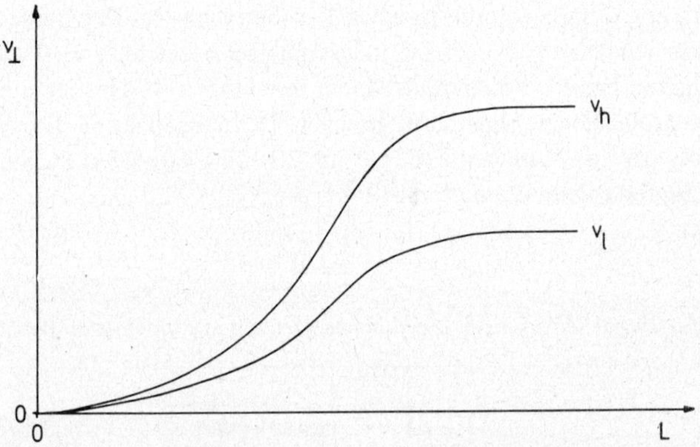


*Abb. 12-7:* Abhängigkeit der Doppelbrechung $\nu_{\parallel}-\nu_{\perp}$ in Fäden vom Abstand $L$ von der Düse bei niedrigen ($v_l$) und hohen ($v_h$) Geschwindigkeiten (schematisch).

Die durch den Spinnprozeß erzeugte Kristallinität der Fäden kann in weiten Grenzen schwanken. Sie hängt von der Kristallisierbarkeit der Polymeren bei den Spinnbedingungen und der Verfestigungsgeschwindigkeit der Fäden ab. Bei langsam kristallisierenden, sich schnell verfestigenden Polymeren ist die Kristallinität praktisch gleich null (Beispiel: Schmelzspinnen von Poly(äthylenterephthalat)). Gut kristallisierende, sich langsam verfestigende Polymere zeigen praktisch ihre optimal möglichen Kristallinitäten (z.B. Poly(vinylalkohol) und Cellulose beim Naßspinnen). Mittlere Kristallinitätsgrade zeigen durch Schmelzspinnen erhaltene Fäden aus it-Poly(propylen) und Polyamiden. Beim Naßspinnen werden im allgemeinen die höchsten Kristallinitätsgrade erhalten, da dort die Beweglichkeit der Moleküle am größten ist. Beim Schmelzspinnen ist andererseits die Beweglichkeit und damit der Kristallinitätsgrad klein, weil der Faden gewöhnlich sehr schnell unter die Glastemperatur abgekühlt wird. Sphärolithe werden beim Schmelzspinnen nur selten, beim Naß- und Trockenspinnen überhaupt nicht gefunden.

Die Form des Fadenquerschnittes hängt von der Form von Spinndüsen und von den Diffusionsprozessen außerhalb der Düsen ab. Runde Düsen geben beim Schmelzspinnen zylindrische Fäden. Beim Erstarren der aus runden Düsen durch Trocken- oder Naßspinnen erhaltenen Fäden entstehen wegen der Diffusionsprozesse nichtzylindrische Fadenformen. Nichtzylindrische Fadenformen können natürlich auch erhalten werden, wenn zu anderen Düsenformen übergegangen wird. Dabei ist die Strangaufweitung durch den Baruseffekt (vgl. Kap. 11.3.1) zu beachten: dreieckige Düsen mit z.B. konkav gewölbten Seitenflächen geben dreieckige Fäden mit konvex gewölbten Seitenflächen. Nichtzylindrische Fadenformen sind bei Textilfäden erwünscht, da die Fäden dann wegen der größeren Oberfläche besser färbbar sind und Fäden, Fasern und Gewebe ein angenehmeres Aussehen und einen besseren Griff erhalten.

### 12.3.5 VERSTRECKEN

Beim Verstrecken wird der Faden um ein Mehrfaches seiner ursprünglichen Länge irreversibel gedehnt. Der gleiche Prozeß heißt bei Folien und Bändern Recken. Der maximal erreichbare Verstreckungsgrad hängt von vielen Faktoren ab (vgl. auch Kap. 11.5.1). Um z. B. bei Monofils die maximale Verstreckung zu erreichen, muß nach empirischen Befunden die sog. Kapillargeometrie etwa 3 – 7 betragen. Als Kapillargeometrie wird das Verhältnis von Düsenlänge zu Düsendurchmesser bezeichnet. Erst durch das Verstrecken erhalten Fasern, Folien und Bänder ihre großen Reißfestigkeiten (Tab. 12-3). Bei steiferen Molekülen genügen dazu geringere Dehnungen als bei flexiblen. Fasern aus Cellulosederivaten brauchen z. B. nur um 80 – 120 % gedehnt zu werden, um eine genügende Zugfestigkeit zu erhalten. it-Poly(propylen) wird andererseits bis zu 600–800 % gedehnt.

*Tab. 12-3:* Zugfestigkeiten $\sigma_B$ beim Bruch orientierter und nichtorientierter Polymerer

| | $\sigma_B$ in MN $m^{-2}$ nichtorientiert | orientiert |
|---|---|---|
| it-Poly(propylen) (Faser F) | 35 | 700 |
| Poly(äthylenterephthalat) (Film) | 35 | 500 |
| Poly(styrol) (Monofil) | 35 | 110 |

Die molekularen bzw. übermolekularen Vorgänge sind beim Reckprozeß noch nicht genau bekannt. Vermutlich werden ganze Kristallitblöcke aus ihrer ursprünglichen Struktur gelöst und neu orientiert.

Bei Folien schließt sich in vielen Fällen an das Recken noch ein Temperprozeß an. Folien aus Poly(äthylenterephthalat) werden z.B. zuerst bei 80 °C biaxial verstreckt und anschließend bei 200 °C (d.h. unterhalb des Schmelzpunktes) unter Spannung fixiert. Beim Fixieren nimmt die Kristallinität und die Dichte der Probe zu, d.h. die Reißfestigkeit ebenfalls.

Beim Verarbeiten zu Folien (Extrudieren, Recken) werden oft Spannungen eingefroren. Die Spannungen werden beim Wiedererwärmen gelöst, wodurch die Folie schrumpft. Derartige Schrumpffolien sind im Verpackungswesen sehr bedeutsam, vor allem solche, die bei Temperaturen unter 100 °C schrumpfen. In diesem Fall kann nämlich das Schrumpfen bereits in Heißwasserbädern ausgeführt werden.

Von Folien ausgehend können ebenfalls Fasern hergestellt werden. Das Verfahren ist auf Polymere beschränkt, die gut orientierte Filme hoher mechanischer Festigkeit geben können. Die Filme werden mit Messern in Bändchen von 1 – 10 mm Breite geschnitten oder mechanisch gespalten (fibrilliert), in dem die Filme zwischen Walzen mit unregelmäßigen Oberflächen geführt werden. Derartige Flachfäden (auch Folienfäden, Folienbändchen oder Splitfäden genannt) werden vor allem aus Poly(propylen) hergestellt, daneben auch aus Polyamiden oder Poly(vinylchlorid). Sie werden für Seile, Schnüre, Sackgewebe, Gewebe für Verpackungen oder Gartenmöbel und als Teppichgrund eingesetzt.

### 12.3.6 FASEREIGENSCHAFTEN

Die Eigenschaften der Fasern und der daraus hergestellten Gebilde hängen von der chemischen Natur des Faserrohstoffes, der physikalischen Struktur der Faser, der Form und dem Verbund der Fasern ab. An textile und an industrielle Fasern werden dabei verschiedene Anforderungen gestellt (Tab. 12 – 4).

*Tab. 12-4:* Anforderungen an Fasern (ohne elastische Fasern) (1 den = 1 g/9000 m)

| Eigenschaft | Fasern textil | Fasern industriell |
|---|---|---|
| Zugfestigkeit (g/den) | 3 - 5 | > 7 - 8 |
| Bruchdehnung (%) | > 10 | 8 - 15 |
| reversible Dehnung | > 5 % | - |
| E-Modul im konditionierten Zustand (g/den) | 30 - 60 | > 80 |
| Temp. für Zugfestigkeit null (°C) | > 215 | > 250 |
| zusätzliche Anforderungen | Anfärbbarkeit<br>Trockenreinigung<br>Pflegeleicht | Chemikalienbeständig<br>Schwer entflammbar |

Die mechanische Festigkeit der Fasern hängt nicht von der Orientierung der Kristallite, sondern von der Orientierung der die Kristallite verbindenden Molekülstränge ab (vgl. auch Kap. 5.4.2). Diese Molekülstränge können sehr wirksam Kräfte übertragen. Beim Vergleich von Reißfestigkeiten von im Laboratorium hergestellten Fasern ist zu beachten, daß diese im Gegensatz zu technisch hergestellten Fasern oft Fehler aufweisen. Als Reißfestigkeit eines solchen Materials ist daher stets der höchste Wert zu nehmen, da man sonst die Schwachstellen vergleicht und nicht den Einfluß der Struktur.

Synthetische Fasern sollen möglichst Schmelzpunkte zwischen 240 und 270 °C aufweisen. Niedrigere Schmelzpunkte schließen bestimmte Anwendungsgebiete aus, höhere erschweren ein schnelles und gleichmäßiges Spinnen. Ein gleichmäßiges Spinnen ist unbedingt erforderlich, da höchstens 1 Fehler pro 2000 km Faden (ca. 10 kg) zulässig ist. Die Glastemperaturen sollen möglichst zwischen 110 und 160 °C liegen. Bei zu niedrigen Glastemperaturen ist die Erholung ungenügend.

Die Eigenschaften der Fasern werden aber auch stark durch die Form der Fasern bestimmt, insbesondere durch den Querschnitt. Baumwolle ist eine Hohlfaser. Seide hat einen dreieckigen Querschnitt, wodurch Glanz (Lüster), Griff und Rauschen hervorgerufen werden. Wolle weist „Schuppen" an der Oberfläche auf und scheint außer-

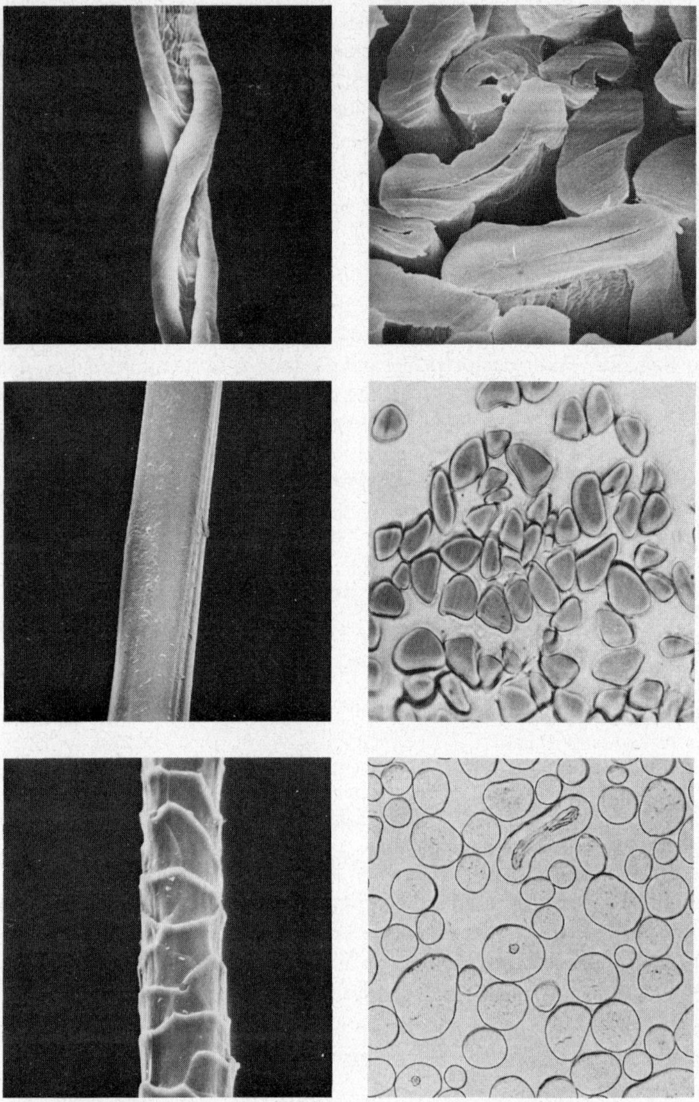


*Abb. 12-8:* Längs- und Querschnitte verschiedener Naturfasern (Institut für angewandte Mikroskopie der Fraunhofer-Gesellschaft, Karlsruhe).

dem eine Bikomponentenfaser zu sein, da die beiden Hälften verschiedene Mengen Wasser aufzunehmen vermögen (Abb. 12–8). Dadurch wird die Kräuselfähigkeit der Wolle und ihre Voluminosität (ihr Bausch) hervorgerufen. Synthetische Fasern kann man mit verschiedenen Querschnitten und damit mit verschiedenem Griff erzeugen (Abb. 12–9). Wegen ihrer Thermoplastizität lassen sie sich ferner in einer bestimmten Form fixieren; sie können „texturiert" werden.

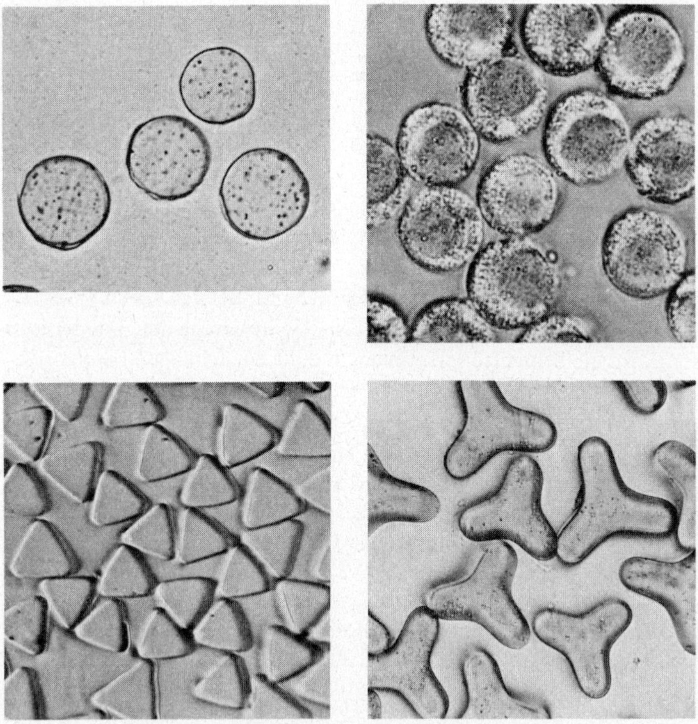

*Abb. 12-9:* Querschnitte verschiedener synthetischer Fasern. Oben links: Polyamid, oben rechts: Bikomponentenfaser mit einem Kern aus Poly(hexamethylendiamin) und einem Mantel aus Poly($\epsilon$-caprolactam), unten links: Polyester, unten rechts: Polyamid mit trilobalem (dreilappigem) Querschnitt (Institut für angewandte Mikroskopie der Fraunhofer-Gesellschaft, Karlsruhe).

Gutes Bauschvermögen und gute Kräuselungsbeständigkeit erhält man bei Bikomponentenfasern (auch konjugierte Fasern, Zwillingsfaserstoffe oder Faserstoffe mit bilateraler Struktur genannt). Die beiden Komponenten können Seite-an-Seite liegen, eine Kern/Mantel-Struktur aufweisen oder eine Matrix/Fibrillen-Struktur besitzen (Abb. 12 – 10). M/F-Fasern werden in den USA nicht als Bikomponentenfasern, sondern als Matrixfasern bezeichnet. Zur Herstellung derartiger Bikomponentenfasern eignen sich Naß-, Trocken- und Emulsionsspinnen, seltener Schmelzspinnen. Dabei werden zwei Spinnlösungen verschiedener Zusammensetzung getrennt der Düse zugeführt und erst unmittelbar vor der Düsenöffnung vereinigt. Derartige Bikomponenten-Fasern sind z. B. technische Fasern aus Cellulose mit einem Polyäthylen-Mantel, oder eine textile, elastische M/F-Faser aus zwei Acrylnitril-Copolymeren. Im letzteren Falle besteht die „Faser" aus einem Copolymer aus 70 % Acrylnitril, 20 % Äthylacrylat und 10 % Methylolacrylamid, und die „Matrix" aus 20 % Acrylnitril, 70 % Äthylacrylat sowie 10 % Methylolacrylamid.

Der Griff von Textilprodukten wird auch stark durch den Faserverbund beeinflußt, d. h. durch Zwirnen, Weben, Wirken usw. Die Produktionsgeschwindigkeiten

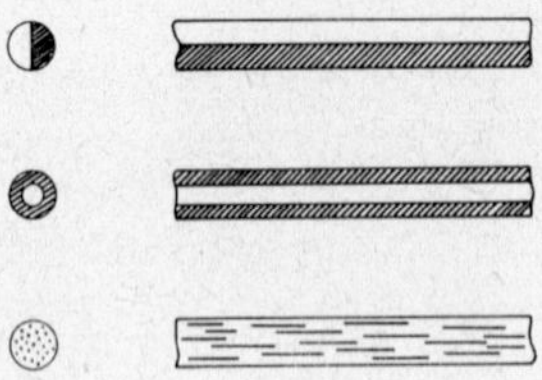


*Abb. 12-10:* Schematische Darstellung der Quer- und Längsschnitte von Bikomponentenfasern. S/S = Seite/Seite, C/C = Kern/Mantel, M/F = Matrix/Fibrillen.

sind dabei je nach Verfahren sehr verschieden (Tab. 12 – 5). Bei der Vliesbildung (Spunbonding) werden dabei Trocken- und Naßprozesse unterschieden. Bei den Trockenprozessen wird die Schmelze versponnen und die entstehenden Fasern endlos verstreckt, geschnitten, unregelmäßig auf einem Band abgelegt und dann durch kurzzeitiges Erhitzen verschweißt. Nach diesem Verfahren können z. B. aus Polyäthylen Papiere vom groben Packpapier bis zum feinsten Schreibpapier hergestellt werden. Die Beschreibbarkeit wird dabei durch die Kapillarkräfte und nicht durch eine spätere chemische Modifikation der Oberfläche hervorgerufen. Beim Naßprozeß werden relativ kurz geschnittene Fasern in Wasser suspendiert und auf eine wasserundurchlässige Unterlage abgelegt.

*Tab. 12-5:* Produktionsgeschwindigkeit von Textilprodukten

| Prozeß | Geschwindigkeit $m^2/h$ |
|---|---|
| Weben | 5 |
| Stricken | 20 |
| Wirken | 80 |
| Vliesbildung (Trocken) | 1000–10000 |
| (Naß) | 10000–50000 |
| Papiermachen | 200000–50000 |

Vliese werden auch als Textilverbundstoffe (non-woven fabrics) bezeichnet. Textilverbundstoffe dienen u.a. als Teppichrücken oder als Einlagen in Anzügen.

## *12.4 Veredlung von Kunststoffoberflächen*

Kunststoffoberflächen werden manchmal noch aus technischen (Oberflächenhärte, Abrieb) oder ästhetischen Gründen (Glanz) durch Überzüge aus Metallen oder Glas veredelt.

### 12.4.1 METALLISIEREN

Metallschichten bis zu Stärken von ca. 1 $\mu$m können durch chemische Verfahren oder durch Vakuumaufdampfung aufgebracht werden. Die Schichten besitzen einen hohen Glanz. Für stärkere Schichten sind diese Verfahren unwirtschaftlich und man arbeitet dann, soweit vom Kunststoff her möglich, mit galvanischen Verfahren. Bei allen Verfahren muß zuvor die Kunststoffoberfläche gründlich entgast, entfettet bzw. getrocknet werden.

Fast alle Kunststoffe lassen sich mit Metallen im Vakuum bedampfen. So hergestellte Radkappen aus schlagfesten Kunststoffen sind heute schon billiger als solche aus Blech. Der Nachteil dieses Verfahrens ist die vor allem bei größeren Schichtdicken geringe Haftfestigkeit.

Die chemische Metallisierung wird praktisch nur beim Versilbern angewendet. Die Kunststoffoberfläche wird in Lösungen von Silbersalzen getaucht und das Silber dann chemisch reduziert. Die Haftfestigkeit ist auch hier gering.

Galvanisiert werden bislang nur ABS-Polymere, da nur hier die genügend große Haftfestigkeit erhalten werden kann. Beim Beizen der Kunststoffoberflächen wird die kautschukeleastische Komponente anoxidiert. Dabei entstehen Kavernen und Kanäle, in denen z. B. Silber chemisch abgeschieden werden kann. Das Silber bildet dann den Haftgrund für die stromlos abgeschiedenen Kupferschichten, die anschließend durch den galvanischen Überzug verstärkt werden. Dicken der Metallschichten von mehr als ca. 10 $\mu$m sind auch hier schwierig herzustellen, weil die unterschiedlichen thermischen Ausdehnungskoeffizienten von Kunststoffen und Metallen leicht zu Spannungen und damit zu Blasen oder Rissen führen können.

### 12.4.2 GLASÜBERZÜGE

Kunststoffoberflächen können durch 3 $\mu$m dicke Glasschichten vor dem Verkratzen geschützt werden. Diese Schichten werden durch Aufdampfen bestimmter Borsilikatgläser im Hochvakuum mit Hilfe von Elektronenstrahlen erzeugt. Das Verfahren ist wegen der hohen Verdampfungsgeschwindigkeiten und der entsprechend kurzen Bedampfungszeiten wirtschaftlich. Das direkte Verdampfen oder das Verdampfen mit Hilfe von Kathodenstrahlen ist dagegen zu langsam. Die Kondensationsgeschwindigkeit darf allerdings nicht zu schnell sein, da sonst Risse entstehen. Beschichtungen mit $SiO_2$ sind wegen der im Vergleich zu den Kunststoffen sehr verschiedenen thermischen Ausdehnungskoeffizienten nicht genügend temperaturbeständig.

Überzüge können auch mit alkoholischen Lösungen von hydrolysierbaren Alkoholaten mehrwertiger Metalle (z. B. Ti, Si, Al) erhalten werden. Beim Verdunsten des Alkohols an der Luft erfolgt gleichzeitig Hydrolyse, wodurch sich ein Netzwerk ausbildet. Erfolgt die Netzwerkwirkung bei tiefen Temperaturen, so enthält das Produkt noch >M–OH-Gruppen; die Oberfläche ist hydrophil und antistatisch. Bei höheren Temperaturen entstehen Metalloxide: die Oberfläche ist kratzfest.

Kratzfeste Überzüge auf Poly(methylmethacrylat) können durch Aufbringen einer 50 : 50 Mischung von Poly(kieselsäure) und Poly(tetrafluoräthylen-co-hydroxyalkylvinyläther) erzeugt werden. Es ist nicht bekannt, warum auf dieses Weise Überzüge mit der Kratzfestigkeit von Glas erzeugt werden können.

## Literatur zu Kap. 12

### *12.1.1 Aufbereitung*

O. Lauer und K. Engels, Aufbereiten von Kunststoffen, Hanser, München 1971

### *12.1.2 Füllstoffe*

S. Oleesky und G. Mohr, Handbook of Reinforced Plastics, Reinhold, New York 1964
G. Kraus, Hrsg., Reinforcement of Elastomers, Interscience, New York 1965
W. S. Penn, GFP-Technology, MacLaren, 1966
P. H. Selden, Hrsg., Glasfaserverstärkte Kunststoffe, Springer, Berlin 1967 (= 3. Aufl. von H. Hagen, Glasfaserverstärkte Kunststoffe)
R. T. Schwartz und H. S. Schwartz, Fundamental Aspects of Fiber Reinforced Plastic Composites, Interscience, New York 1968
W. C. Wake, Hrsg., Fillers for plastics, Iliffe, London 1971
P. D. Ritchie, Hrsg., Plasticisers, Stabilisers, and Fillers, Butterworth, London 1971
G. Kraus, Reinforcement of Elastomers by Carbon Black, Adv. Polymer Sci.-Fortschr. Hochpolymer. Forschg. 8 (1971) 155

### *12.1.3 Farbstoffe und Pigmente*

C. H. Giles, The Coloration of Synthetic Polymers – A review of the chemistry of dyeing of hydrophobic fibres, Brit. Polymer J. **3** (1971) 279
T. B. Reeve, Organic colorants for polymers, J. Macromol. Sci. **D 1** (1961) – Revs. Polymer Technol. **1** (1972) 217

### *12.1.4 Weichmacher*

K. Thinius, Chemie, Physik und Technologie der Weichmacher, VEB Dtsch. Verlag f. Grundstoffind., Leipzig 1962
I. Mellan, Industrial Plasticizers, Pergamon, Oxford 1963
P. D. Ritchie, Hrsg., Plasticizers, Stabilisers, and Fillers, Butterworth, London 1971

### *12.2 Verarbeitung von Thermoplasten, Duromeren und Elastomeren*

J. A. McKelvey, Polymer Processing, Wiley, New York 1962
W. Schaaf und A. Hahnemann, Verarbeitung von Plasten, VEB Dtsch. Verlag für Grundstoffindustrie, Leipzig 1968
H. Domininghaus, Kunststoffe II (Kunststoffverarbeitung), VDI-Taschenbücher, T 8, VDI-Verlag, Düsseldorf 1969
A. Höger, Warmformen von Kunststoffen, C. Hanser, München 1971
J. S. Walker und E. R. Martin, Injection Moulding of Plastics, Butterworth, London 1966
W. S. Penn, Hrsg., Injection moulding of elastomers, MacLaren, London 1969
I. I. Rubin, Injection Molding Theory and Practice, Wiley-Interscience, New York 1973
E. G. Fisher, Extrusion of Plastics, Interscience, New York 1964, 2. Aufl.
R. E. Elden und A. D. Swan, Calendering of plastics, Iliffe, London 1971
L. I. Naturman, Cold forming: where to next? , Plast. Technol. **15**/4 (1969) 39
E. G. Fisher, Blow Moulding of Plastics, Butterworth, London 1971
A. Kobayashi, Machining of plastics, McGraw Hill, New York 1969
D. V. Rosato und C. S. Grove jr., Filament Winding, Interscience, New York 1968
C. M. Blow, Hrsg., Rubber Technology and Manufacture, Butterworths, London 1971
O. J. Sweeting, The Science and Technology of Polymeric Films, 2 Bde., Interscience, New York 1968
W. R. R. Park, Plastics Film Technology, Van Nostrand Reinhold, London 1970
T. H. Ferrigno, Rigid Plastics Foams, Reinhold, New York 1963
H. Götze, Schaumkunststoffe, Straßenbau, Chemie und Technik Verlagsges., Heidelberg 1964
E. Meinecke, Mechanical properties of polymeric foams, Technometric Publ., Westport, Conn., 1973
K. Stoeckerth, Formenbau für die Kunststoff-Verarbeitung, C. Hanser, München 1969
B. S. Benjamin, Structural Design with Plastics, Van Nostrand-Reinhold, New York 1969

### 12.3 Verarbeitung zu Fasern

J. W. S. Hearle und R. H. Peters, Fibre Structure, Butterworths, London 1963
R. H. Peters, Textile Chemistry, Elsevier, Amsterdam 1963
H. Rath, Lehrbuch der Textilchemie, Springer, Berlin 1963 (2. Aufl.)
L. R. McCreight, H. W. Rauch, Sr., und W. H. Hutton, Ceramic and Graphic Fibers and Whiskers, Acedemic Press, New York 1965
W. Bernhard, Praxis des Bleichens und Färbens von Textilien, Springer, Berlin 1966
K. Meyer, Chemiefasern (Handelsnamen, Arten, Herstelle), VEB Fachbuchverlag, Leipzig, 2. Aufl. 1970, Ergänzungsband 1971
O. A. Battista, Hrsg., Synthetic Fibers in Papermaking, Interscience, New York 1968
H. F. Mark, S. M. Atlas und E. Cernia, Hrsg., Man-Made Fibers, 3 Bde., Interscience, New York 1968
R. Jeffries, Bicomponent Fibres, Merrow Publ. Watford, England, 1972
C. Placek, Multicomponent Fibers, Noyes Development, Pearl River 1971
H. Balk, Fibrillieren – Ein neues Verfahren zur Herstellung von Synthesefasern, Kunststoff-Berater **15** (1970) 1091
H. Mark, N. S. Wooding und S. M. Atlas, Chemical Aftertreatment of Textiles, Wiley, New York 1971

### 12.4 Oberflächenbehandlung

G. Kühne, Bedrucken von Kunststoffen, Hanser, München 1967
P. Schmidt, Beschichten von Kunststoffen, Hanser, München 1967
E. Roeder, Galvanische Beschichtung von Kunststoffen, Adhäsion (1972) 202
B. Rotrekl, K. Hudeček, J. Komárek und J. Staněk, Surface Treatment of Plastics, Khimiya Publ., Leningrad 1972 (in Russ.)

### 12.5 Konstruieren mit Kunststoffen

E. Baer, Hrsg., Engineering Design for Plastics, Reinhold Publ., New York 1964
B. S. Benjamin, Structural Design with Plastics, Van Nostrand-Reinhold, New York 1969
G. Schreyer, Konstruieren mit Kunststoffen, Hanser, München 1972, 2. Aufl.

### Übersichten:

Revs. in Polymer Technology, M. Dekker, Vol. 1 (1972)

# 13 Grenzflächenphänomene

## *13.1 Spreitung*

Unlösliche Moleküle spreiten auf flüssigen Oberflächen, der sog. Hypophase. Bei kleinen Bedeckungen entspricht dieses Verhalten demjenigen eines zweidimensionalen Gases. Analog zur Gleichung der idealen Gase gilt dann für die Beziehung zwischen dem Oberflächendruck $(\gamma_0 - \gamma)$ als Differenz der Oberflächenspannungen zwischen Hypophase und bedeckter Fläche und der Fläche $A$ pro Molekül Gespreitetem:

(13-1) $$(\gamma_0 - \gamma) A = kT \,; \qquad \text{für } A \to \infty$$

Über Gl. (13 - 1) läßt sich somit prinzipiell das Molekulargewicht des spreitenden Stoffes ermitteln. Der Oberflächendruck und die spezifische Fläche werden mit einem Langmuir-Trog gemessen. Bei einem Langmuir-Trog spreitet eine bestimmte Menge Material über eine bestimmte Fläche, die auf der einen Seite durch einen leichtbeweglichen Schwimmer abgetrennt ist. Der auf diesen Schwimmer bei einer bestimmten Fläche durch eine bestimmte Menge Material ausgeübte Druck ist dann der Oberflächendruck. Diese Messungen sind nicht einfach auszuführen, da bei kleinen Materialmengen auch nur kleine Drucke vorliegen und die Oberfläche der Hypophase peinlich sauber sein muß. Die Methode hat sich daher nicht als Routineverfahren zur Bestimmung von Molekulargewichten eingeführt.

Interessante Aufschlüsse ergeben sich jedoch aus den $(\gamma_0 - \gamma) = f(A)$-Diagrammen bei Molekülen verschiedener Form bzw. Konfiguration. Die starreren Moleküle des Poly(vinylbenzoats) führen z.B. bei kleinen $A$-Werten zu einem Kollaps der Oberfläche, nicht aber die flexibleren Poly(vinylacetat)-Moleküle (Abb. 13-1). Isotaktische und syndiotaktische Moleküle zeigen bei Spreitungsversuchen ein verschiedenes Verhalten. Die Kurven sind jedoch als Funktion molekularer Größen nur schwierig quantitativ zu interpretieren. Dazu kommt, daß das über Gl. (13-1) bei endlichen Konzen-

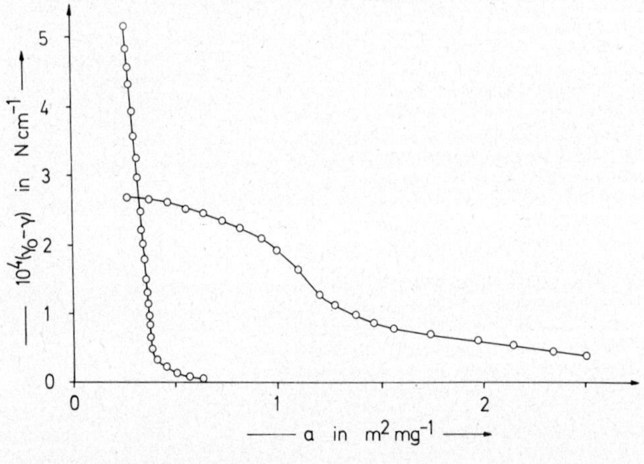


*Abb. 13-1:* Abhängigkeit des Spreitungsdruckes $(\gamma_0 - \gamma)$ von der spezifischen Fläche $a$ bei Poly(vinylacetat) PVAC und Poly(vinylbenzoat) PVBE (nach N. Berendjik)

trationen berechnete scheinbare Molekulargewicht u. U. noch von der chemischen Natur der Hypophase abhängen kann. Ein solches Verhalten wurde bei Spreitungsversuchen an Proteinen gefunden und zeigt Assoziations/Dissoziations-Phänomene der Proteine an.

## *13.2 Grenzflächenspannungen*

### 13.2.1 OBERFLÄCHENSPANNUNG FLÜSSIGER POLYMERER

Die Oberflächenspannung flüssiger Polymerer kann wegen der hohen Viskosität von Polymerschmelzen nur mit einigen der sog. statischen Methoden gemessen werden. Brauchbar sind z. B. die Wilhelmysche Plattenmethode und die Methode des hängenden Tropfens. Nicht geeignet sind dagegen die Ringabreiß- und die Kapillarmethode, da die gemessenen Oberflächenspannungen noch von der Geschwindigkeit der Messung abhängen. Durch verschiedene Geschwindigkeiten wird bei den Polymeren mit nicht-Newton'schen Verhalten jedoch die scheinbare Viskosität beeinflußt.

Bei der Wilhelmy-Methode wird eine Platte teilweise in eine benetzende Flüssigkeit getaucht. Auf die Platte wirkt in Abwärtsrichtung die Oberflächenspannung $\gamma_{lv}$ der Flüssigkeit. Wenn die Platte vollständig benetzt wird und ihre untere Ecke sich gerade in Höhe der Flüssigkeitsebene befindet, dann ist die auf die Platte wirkende Kraft gleich $\gamma_{lv} l_{per}$. $l_{per}$ ist der Perimeter der Platte. Durch Messen des Auftriebes der Platte in Luft und in Kontakt mit der Flüssigkeitsoberfläche kann dann die Oberflächenspannung berechnet werden. Da ein Kontaktwinkel $\vartheta = 0$ schwierig zu verwirklichen ist, wird die Methode nur zum Messen der Oberflächenspannung (= Grenzflächenspannung Flüssigkeit/Luft), nicht aber zum Messen der Grenzflächenspannung zwischen zwei polymeren Flüssigkeiten verwendet.

Die Form eines hängenden Tropfens wird sowohl durch die Schwerkraft als auch durch die Oberflächenspannung beeinflußt. Der Tropfen wird fotografiert und dann der

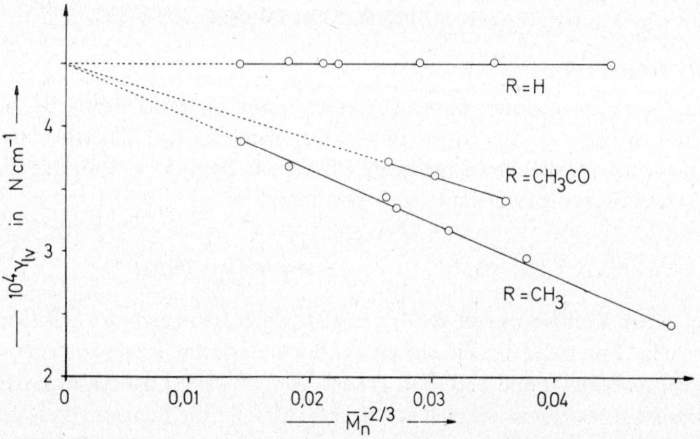


*Abb. 13-2:* Abhängigkeit der Oberflächenspannung $\gamma_{lv}$ von Poly(äthylenoxiden) $RO(CH_2CH_2O)_nR$ vom Zahlenmittel des Molekulargewichtes $\overline{M}_n$ bei 24 °C (nach Daten verschiedener Autoren).

Durchmesser an verschiedenen Stellen gemessen. Die daraus berechenbaren Formfaktoren müssen in sich konsistent sein, wenn das hydrodynamische Gleichgewicht erreicht ist.

Die Oberflächenspannung eines Polymeren hängt von dessen Endgruppen, dem Molekulargewicht und von der Temperatur ab. Die Molekulargewichtsabhängigkeit läßt sich empirisch durch

$$(13\text{-}2) \qquad \gamma_{lv} = \gamma_{lv}^{\infty} - k \langle M \rangle_n^{-2/3}$$

beschreiben. Die Neigungskonstante $k$ wird von der chemischen Natur der Endgruppen beeinflußt, wie Abb. 13-2 für Poly(äthylenglykole) $R{-}(OCH_2CH_2)_{n-1}OR$ zeigt. $\gamma_{lv}^{\infty}$ ist unabhängig vom Molekulargewicht und von der Natur der Endgruppen und hängt nur noch von der Temperatur ab. Typische Oberflächenspannungen von Polymeren sind in Tab. 13-1 zusammengestellt. Die Temperaturabhängigkeit der Oberflächenspannung ist im allgemeinen nicht sehr stark und beträgt ca. $d\gamma/dT = (5-8) \cdot 10^{-4}$ N cm$^{-1}$ K$^{-1}$.

*Tab. 13-1:* Oberflächenspannung $\gamma_{lv}^{\infty}$ von Polymeren unendlich hohen Molekulargewichtes (Daten verschiedener Autoren)

| Polymer | Temp. K | $10^4\ \gamma_{lv}^{\infty}$ N/cm |
|---|---|---|
| Poly(dimethylsiloxan) | 293,2 | 21,3 |
| Perfluoralkane | 293,2 | 26,2 |
| Poly(styrol) | 449,2 | 30,0 |
| Poly(isobutylen) | 297,2 | 35,6 |
| n-Alkane | 293,2 | 37,7 |
| Poly(äthylenglykol) | 297,2 | 45,0 |

### 13.2.2 GRENZFLÄCHENSPANNUNG FESTER POLYMERER

#### 13.2.2.1 Grundlagen

Ein Flüssigkeitstropfen bildet auf einer festen glatten Oberfläche einen bestimmten Kontaktwinkel $\vartheta$ aus (Abb. 13-3). Der Wert des Kontaktwinkels wird vektoriell durch die drei Grenzflächenspannungen Flüssigkeit/Dampf ($\gamma_{lv}$), Festkörper/Flüssigkeit ($\gamma_{sl}$) und Festkörper/Dampf ($\gamma_{sv}$) bestimmt:

$$(13\text{-}3) \qquad \gamma_{sv} = \gamma_{sl} + \gamma_{lv} \cos \vartheta \qquad \text{(Young-Gleichung)}$$

Bei einem Kontaktwinkel $\vartheta = 0°$ erfolgt völlige, bei einem Kontaktwinkel $\vartheta = 180°$ dagegen keine Spreitung der Flüssigkeit auf der Oberfläche. Reale Systeme weisen Kontaktwinkel zwischen 0 und 180° auf. Da der Kontaktwinkel das Ausmaß der Spreitung bestimmt, ist sein Cosinus folglich ein direktes Maß für die Benetzbarkeit der Oberfläche.

Gl. (13-3) gilt für ideale Oberflächen im Vakuum. Im realen Fall ist noch der vom adsorbierten Flüssigkeitsdampf auf den Festkörper ausgeübte Gleichgewichtsdruck $p_e$ zu berücksichtigen:

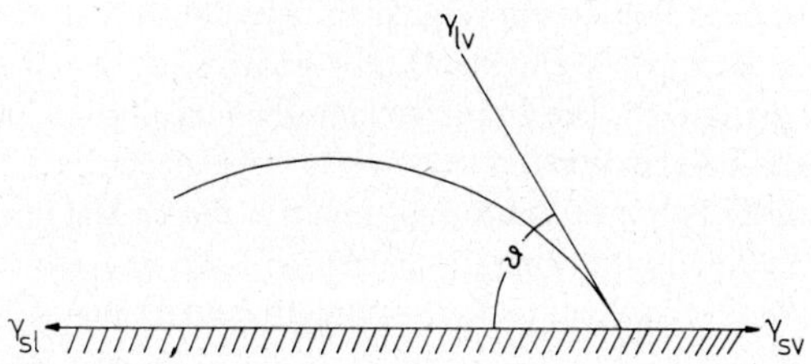


*Abb. 13-3:* Definition des Kontaktwinkels $\vartheta$ und der Grenzflächenspannungen $\gamma_{sl}$ (fest-flüssig), $\gamma_{lv}$ (flüssig-dampfförmig) und $\gamma_{sv}$ (fest-dampfförmig).

$$\gamma_{sv} = \gamma_{sl} + \gamma_{lv} \cos \vartheta + p_e \qquad (13\text{-}4)$$

Reale Oberflächen sind nicht eben, sondern rauh. Als Rauhigkeit $r$ wird das Verhältnis $r$ = wahre Oberfläche/geometrische Oberfläche definiert. $r$ kann daher nur gleich oder größer als 1 sein. Frisch gespaltener Glimmer weist $r$-Werte nahe 1 auf, polierte Oberflächen $r$-Werte zwischen 1,5 und 2.

Als Folge der Rauhigkeit wird statt des theoretischen Kontaktwinkels $\vartheta$ ein experimenteller Mittelwert $\vartheta_{exp}$ gemessen. Die Oberflächenrauhigkeit wird die Kontaktfläche Flüssigkeit/Polymer zu vergrößern suchen. Dieser Tendenz überlagern sich die Wirkungen von Kohäsion und Adhäsion. Bei schlecht spreitenden Flüssigkeiten ($\vartheta > 90°$) überwiegt die Kohäsion. Die Vergrößerung der Oberfläche durch die Rauhigkeit wird dann durch eine Zunahme des Kontaktwinkels ausbalanciert ($\vartheta_{exp} > \vartheta$). Bei gut spreitenden Flüssigkeiten ($\vartheta < 90°$) überwiegt die Adhäsion. Bei einer aufgerauhten Oberfläche kann daher die Flüssigkeit eine größere Fläche als bei einer glatten einnehmen. Der Kontaktwinkel nimmt daher ab ($\vartheta_{exp} < \vartheta$). Die Rauhigkeit ist daher auch gleich $r = \cos \vartheta_{exp}/\cos \vartheta$. Aus der über die Flächen bestimmten Rauhigkeit $r$ kann dann mit Hilfe des experimentell bestimmten Kontaktwinkels $\vartheta_{exp}$ der wahre Kontaktwinkel $\vartheta$ berechnet werden.

Die Grenzflächenspannungen zwischen zwei flüssigen Polymeren endlichen Molekulargewichtes sind in Tab. 13 – 2 zusammengestellt und mit den Oberflächen-

*Tab. 13-2:* Grenzflächenspannungen $\gamma_{ll}$ zwischen zwei flüssigen Polymeren und Oberflächenspannungen $\gamma_{lv}$ der reinen Polymeren bei 150 °C.

| Polymer | $10^5$ $\gamma_{lv}$ | $10^5$ $\gamma_{ll}$ in N/cm bei | | | | | | | |
|---|---|---|---|---|---|---|---|---|---|
| | N/cm | PDMS | it-PP | PBMA | PVAc | PE | PS | PMMA | PEO |
| PDMS | 13,6 | 0 | 3,0 | 3,8 | 7,4 | 5,4 | 6,0 | – | 9,8 |
| it-PP | 22,1 | 3,0 | 0 | – | – | 1,1 | 5,1 | – | – |
| PBMA | 23,5 | 3,8 | – | 0 | 2,8 | 5,2 | – | 1,8 | – |
| PVAc | 27,9 | 7,4 | – | 2,8 | 0 | 11,0 | 3,7 | – | – |
| PE | 28,1 | 5,4 | 1,1 | 5,2 | 11,0 | 0 | 5,7 | 9,5 | 9,5 |
| PS | 30,8 | 6,0 | 5,1 | – | 3,7 | 5,7 | 0 | 1,6 | – |
| PMMA | 31,2 | – | – | 1,8 | – | 9,5 | 1,6 | 0 | – |
| PEO | 33,0 | 9,8 | – | – | – | 9,5 | – | – | 0 |

spannungen der einzelnen Polymeren verglichen. Aus Tab. 13 – 2 geht hervor, daß die Grenzflächenspannungen im allgemeinen umso höher sind, je stärker die Polaritäten der Polymeren differieren. Die Grenzflächenspannungen sind jedoch im allgemeinen klein. Die Kontaktwinkel können jedoch sehr verschieden sein, wenn man einmal Polymer 1 auf das feste Polymer 2 aufbringt und das andere Mal umgekehrt verfährt. Der Kontaktwinkel von Poly(butylmethacrylat) auf Poly(vinylacetat) ist z. B. gleich null, der von Poly(vinylacetat) auf (Poly(butylmethacrylat) aber 42°.

13.2.2.2 Kritische Oberflächenspannung

Bei einer Reihe von homologen Flüssigkeiten variiert auch systematisch deren Kontaktwinkel gegenüber einer gegebenen Unterlage. Empirisch wurde gefunden, daß der Cosinus dieser Kontaktwinkel linear mit der Oberflächenspannung $\gamma_{lv}$ dieser Flüssigkeiten gegenüber ihrem gesättigten Dampf variiert (Abb. 13 – 4). Der Grenzwert der Oberflächenspannung bei einem Wert von $\cos \vartheta = 1$ entspricht einer völligen Benetzung der Unterlage und wird daher als kritische Oberflächenspannung $\gamma_{crit}$ der Unterlage be-

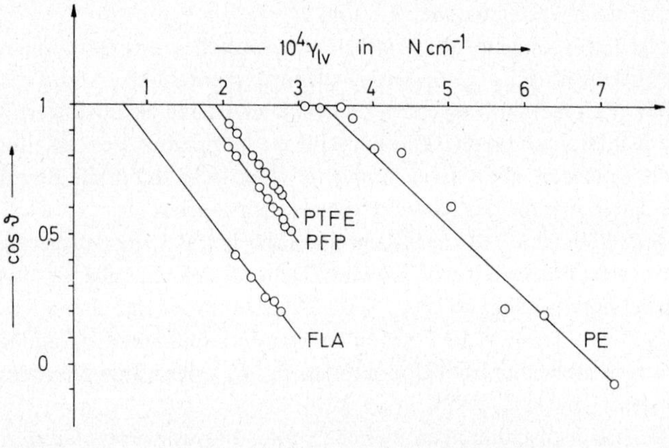


*Abb. 13-4:* Bestimmung der kritischen Oberflächenspannung über die Beziehung zwischen dem Cosinus des Kontaktwinkels und der Oberflächenspannung der verwendeten Flüssigkeiten bei 20 °C bei Poly(äthylen) (PE), Poly(tetrafluoräthylen) (PTFE), Poly(hexafluorpropylen) (PFP) und Perfluorlaurinsäure (FLA), monomolekular auf Platin (nach R. C. Bowers und W. A. Zisman). 1 dyn/cm = $10^{-5}$ N/cm.

zeichnet. Diese Beziehung zwischen $\cos \vartheta$ und $\gamma_{lv}$ gilt für eine gegebene Unterlage nicht nur für homologe Reihen, sondern auch noch recht gut für die verschiedensten Flüssigkeiten. Ein Beispiel dafür sind die Messungen an Polyäthylen bei 20 °C mit so verschiedenen Flüssigkeiten wie Benzol ($\gamma_{lv} = 28{,}9 \cdot 10^{-5}$ N/cm), 1, 1,2 2-Tetrachloräthan (36,0), Formamid (58,2) und Wasser ($\gamma_{lv} = 72 \cdot 10^{-5}$ N/cm) (Abb. 13-4). Die kritische Oberflächenspannung $\gamma_{crit}$ des Polymeren ist daher offenbar eine Materialkonstante.

Die theoretische Bedeutung der kritischen Oberflächenspannung ist umstritten. Abb. 13 – 4 definiert $\gamma_{crit}$ als Grenzwert von $\gamma_{lv}$ für $\cos \vartheta \to 1$. Nach der Young-Gleichung würde das

$$(13\text{-}5) \qquad \gamma_{crit} = \gamma_{sv} - (\gamma_{sl} + p_e)$$

entsprechen. Nur im Falle $\gamma_{crit} = \gamma_{sv}$ wäre aber die kritische Oberflächenspannung eine echte Materialkonstante.

Die kritischen Oberflächenspannungen aller bekannten festen Polymeren liegen niedriger als die Oberflächenspannung des Wassers von $72 \cdot 10^{-5}$ N/cm (Tab. 13-3). Alle Polymeren werden daher von Wasser relativ schlecht benetzt. Die kritischen Oberflächenspannungen von fluorhaltigen Polymeren sind besonders niedrig. Sie werden daher nicht nur von Wasser, sondern auch von Ölen und Fetten schlecht benetzt. Öle und Fette besitzen als Glycerinester Oberflächenspannungen von ca. $(20\text{-}30) \cdot 10^{-5}$ N/cm. Der Effekt wird z.B. bei der Beschichtung von Bratpfannen ausgenutzt (Verhinderung des Anbackens).

*Tab. 13-3:* Kritische Oberflächenspannungen $\gamma_{crit}$ von reinen und ebenen Polymeren bei 20 °C

| Oberfläche bedeckt mit | $10^5\ \gamma_{crit}$ N/cm | $10^5\ \gamma_{sv}$ N/cm |
|---|---|---|
| $-CF_3$ | 6 | – |
| $-CF_2-CF(CF_3)-$ | 16,2 | – |
| $-CF_2-CF_2-$ | 18,5 | 14,0 |
| $-CH_2-CF_2-$ | 25 | 30,3 |
| $-CH_3$ | 22 | – |
| $-CH_2-CHF-$ | 28 | 36,7 |
| $-CH_2-CH_2-$ | 31 | 33,1 |
| $-CH_2-CH(C_6H_5)-$ | 43 | 42,0 |
| $-CH_2-CHOH-$ | 37 | – |
| $-CH_2-CHCl-$ | 39 | 41,5 |
| Poly(äthylenglykolterephthalat) | 43 | 41,3 |
| Wolle | 45 | – |
| Nylon 66 | 46 | 43,2 |
| Harnstoff/Formaldehyd-Harz | 61 | – |
| Wolle, chloriert | 68 | – |
| Poly(vinylidenchlorid) | 40 | 45 |
| NaCl | 150 | – |
| Eisen | 1 200 | – |
| Kupfer | 2 700 | – |
| Diamant | 10 000 | – |

## *13.3 Adsorption von Polymeren*

Die Adsorption und damit auch die Adsorptionsgeschwindigkeit kann z.B. durch die Gewichtszunahme des Adsorbens oder die Abnahme der Konzentration der überstehenden Lösung nachgewiesen werden. Eine besonders elegante Methode zur Bestimmung der Adsorptionsgeschwindigkeit benutzt die Auftriebsänderung des Adsorbens während des Adsorptionsprozesses. Das Adsorbens wird dazu in Form von Folien an einer empfindlichen Waage aufgehängt und seine Gewichtsänderung ständig registriert. Bei dieser Methode wird der Adsorptionsprozeß nicht gestört. Die Adsorptionsgeschwindigkeit steigt mit wachsender Konzentration und sinkt mit zunehmendem Molekulargewicht des Gelösten. Die Diffusion zum Adsorbens ist daher der geschwindigkeitsbestimmende Schritt der Adsorption. Rührt oder schüttelt man das System, so wird u. U. die Ausbildung einer vollständigen Adsorptionsschicht gestört oder sogar das Polymer abgebaut.

Nach dieser Methode steigt die adsorbierte Menge bei Messungen an Knäuelmolekülen mit zunehmender Zeit ständig bis zu einem Endwert an. Die Viskosität der überstehenden Lösung geht aber oft in der gleichen Zeit durch ein Minimum. Die Schichtdicke (gemessen durch Ellipsometrie) läuft durch ein Maximum. Als Ellipsometrie wird die Veränderung von elliptisch polarisiertem Licht nach der Reflexion an mit einer Schicht bedeckten Oberfläche bezeichnet.

Diese Effekte zeigen, daß das Adsorptionsgleichgewicht nach Konstantwerden der adsorbierten Menge noch nicht erreicht ist. Die Ursache dafür ist die hohe Flexibilität der fadenförmigen Makromoleküle. Ein ankommendes Makromolekül wird zunächst an vielen Haftstellen gebunden und liegt relativ flach auf der Oberfläche. Die Segmente neu ankommender Makromoleküle verdrängen einen Teil der vorher adsorbierten Segmente. Mit zunehmender Belegung richten sich daher die adsorbierten Makromoleküle immer mehr auf. Die Dicke der adsorbierten Schicht steigt bis zu einem Grenzwert an, die Dichte bleibt aber meist konstant.

Die pro Flächeneinheit adsorbierte Masse $m/A$ des Polymeren steigt in der Regel mit steigender Konzentration $c$ zunächst steil an und strebt bei höheren Konzentrationen einem Endwert zu. Dieser Endwert wird aus meßtechnischen Gründen (z. B. hohe Viskosität der Lösungen) häufig nicht erreicht, wie z. B. beim Poly(isobutylen) mit dem $\overline{M}_w$ = 50 000 g/mol Molekül in Cyclohexan an Aluminium bei 22,5 °C (Abb. 13 - 5).

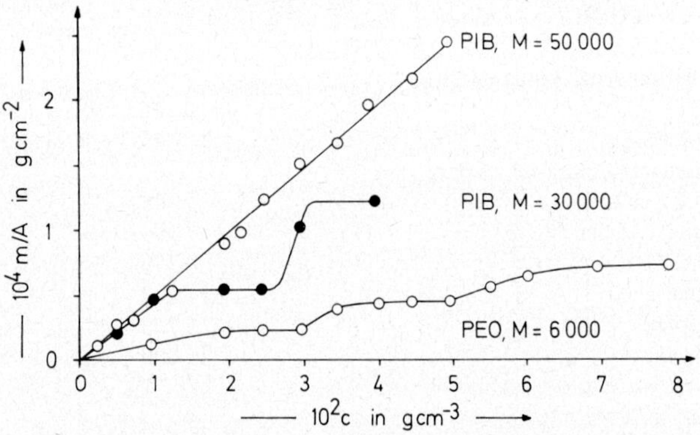


*Abb. 13-5:* Adsorbierte Masse Polymer pro Oberfläche Aluminium als Funktion der Konzentration der Lösungen von Poly(isobutylen) (PIB) in Cyclohexan bei 22,5 °C bzw. Poly(äthylenglykol) PEG in Benzol bei 32,5 °C (nach F. Patat).

Vor allem bei niedermolekularen Polymeren beobachtet man eine ausgeprägte Adsorption in Stufen (Abb. 13 - 5). Nach Messungen an Poly(äthylenglykolen) in Wasser an Glasoberflächen ist die Adsorptionsenthalpie der ersten Stufe positiv, die der zweiten Stufe aber negativ. Die Adsorptionsentropie der ersten Stufe muß also positiv sein. Diese Zunahme der Entropie kann nur von einer Desolvatation der Makromoleküle stammen. Das Auftreten der Stufen ist durch noch unbekannte Ordnungserscheinungen bedingt und nicht durch eine Mehrschichtenadsorption.

Die molekulare Interpretation der Stufenisothermen ist schwierig, da systematische Messungen der Schichtdicke und -dichte, der Kontaktstellenzahl, der Struktur der Schichten usw. fehlen. Man beobachtet jedoch, daß die aus Mischungen adsorbierte Menge größer als die der einzelnen Komponenten ist.

## 13.4 Adhäsion und Klebung

### 13.4.1 ADHÄSION

Im streng wissenschaftlichen Sinne ist Adhäsion die Anziehung zwischen Molekülen auf einer Oberfläche. Als Adhärens wird dabei die aufnehmende Fläche, als Adhäsiv das aufziehende Material bezeichnet. Die Stärke der Adhäsion bestimmt sich nach dieser Definition aus der Zahl der Haftpunkte pro Einheitsfläche und der Größe der Anziehung an diesen Haftpunkten. Bei dieser Definition wäre die Adsorption die entscheidende Größe und man müßte nur die Kräfte zwischen dem Adsorbens (der Unterlage) und dem Adsorptiv (der aufziehenden Substanz) betrachten.

Bei realen Systemen und vor allem bei technischen Prozessen sind aber außer der Adsorption noch weitere Größen wichtig, z.B. die Diffusion und/oder chemische oder elektrische Wechselwirkungen. Alle diese Effekte tragen zur beobachteten Adhäsion bei. Welcher Effekt allein vorhanden ist oder überwiegt, läßt sich aus Adhäsionsmessungen allein nicht entscheiden. Falls das Adhärens vollständig mit adhärierenden Gruppen belegt ist und jede Gruppe einen Platz von 6,25 $nm^2$ beansprucht, so befinden sich ca. $5 \cdot 10^{14}$ Gruppen pro $cm^2$. Mit dieser Zahl und den bekannten Bindungsstärken erhält man Festigkeiten von 5 000 – 25 000 $kg/cm^2$ für die chemische Bindung, 2 000 – 8 000 $kg/cm^2$ für Wasserstoffbrückenbindungen und 800 – 2 000 $kg/cm^2$ für van der Waals-Bindungen (Dispersionskräfte, Dipolkräfte). Experimentell werden jedoch nur bis zu 200 $kg/cm^2$ gefunden.

Der Typ und das Ausmaß der Wechselwirkungen zwischen Adhäsiv und Adhärens werden wahrscheinlich primär vom physikalischen Zustand beider Stoffe bestimmt. Dabei können bei Makromolekülen drei Grenzfälle unterschieden werden, zwischen denen selbstverständlich Übergänge möglich sind. Beim E/E-Typ befinden sich sowohl Adhärens als auch Adhäsiv oberhalb der Glastemperatur im viskoelastischen Zustand. Beim G/G-Typ sind beide Stoffe unterhalb der Glastemperatur. Beim G/E-Typ ist das Adhärens oberhalb und das Adhäsiv unterhalb der Glastemperatur. Diese physikalischen Zustände führen zu den folgenden Konsequenzen für die Adhäsion:

Beim E/E-Typ sind die Segmente und im gewissen Ausmaß auch die Makromoleküle des Adhärens und des Adhäsivs selbst beweglich. Sie können daher ineinander diffundieren. Sind Adhärens und Adhäsiv chemisch gleich, so beobachtet man bei diesem Typ eine Selbstdiffusion. Die Selbstdiffusion führt zu einer Autohäsion, worauf z. B. der Selbstklebeeffekt von frisch geschnittenen Flächen des Naturkautschuks beruht. Der Selbstklebeeffekt ist dann besonders gut, wenn unter Druck oder beim Tempern eine schwache Kristallisation auftreten kann, wie z. B. beim Naturkautschuk oder beim 1,5-trans-Polypentenamer (physikalische Vernetzung). Bei einer zu starken Kristallisation wird jedoch die Deformierbarkeit des Klebers zu niedrig (vgl. Kap. 13.4.2).

Sind Adhärens und Adhäsiv chemisch verschieden, so führt dies beim E/E-Typ zu einer Interdiffusion und folglich zu einer Heterohäsion. Interdiffusionen sind selbstverständlich nur dann möglich, wenn die verschiedenen Makromoleküle miteinander verträglich sind. Die Stärke der Autohäsion bzw. der Heterohäsion hängt außer von der Diffusion noch von der Adsorption ab.

Der G/G-Typ ist das andere Extrem. Da sich beide Stoffe unterhalb der Glastemperatur befinden, ist die Beweglichkeit der Segmente sehr gering. Die Selbstdiffusionskoeffizienten wurden theoretisch zu ca. $10^{-21}$ $cm^2/s$ abgeschätzt, so daß Diffusionseffekte bei den üblichen Beobachtungszeiten sehr gering sein sollten.

Auch beim G/E-Typ erfolgt nur eine geringe Interdiffusion, da sich das Adhärens unterhalb der Glastemperatur befindet. Die Kettenenden des Adhäsivs besitzen jedoch eine gewisse Beweglichkeit. Sie können – vor allem unter Druck – die Oberfläche des Adhärens ausfüllen, so daß eine größere Zahl von Haftpunkten erhalten wird. Die Adhäsion von G/E-Typen wird daher durch Aufrauhen des Adhärens gefördert. Bei diesem Typ ist die Adsorption sehr wichtig. Der Entscheid, ob die Diffusion oder die Adsorption wichtiger ist, läßt sich nur schwierig führen, da beide Effekte in etwa gleicher Weise zeit- und temperaturabhängig sind.

Eine Haftung eines viskoelastischen Stoffes (eines Klebfilmes) an einer festen Oberfläche ist nur dann zu erwarten, wenn die Oberflächenspannung $\gamma_{lv}$ der Flüssigkeit kleiner als die kritische Oberflächenspannung $\gamma_{crit}$ des Feststoffes ist. Diese beiden Größen sind nach Gl. (13 – 3) mit dem Kontaktwinkel $\vartheta$ und der Grenzflächenspannung $\gamma_{sl}$ zwischen Feststoff und Klebfilm verknüpft. Da durch eine chemische Variation der Oberfläche auch deren Oberflächenspannung verändert werden kann, läßt sich so oft eine bessere Haftung erreichen. Ein Beispiel dafür ist die Oxydation der Oberfläche von Polyolefinen (vgl. die kritischen Oberflächenspannungen von Poly(äthylen) und Poly(vinylalkohol) in Tab. 13 – 3).

### 13.4.2 KLEBUNG

Um eine gute Klebung zu erreichen, muß die zu verklebende Fläche vom Kleber gut benetzt werden. Der Kleber muß sich dann im abgebundenen Zustand verfestigen. Schließlich muß die Klebschicht genügend deformierbar sein, damit Spannungsspitzen ausgeglichen werden können.

Die Güte einer Klebung wird meist mit einer Zerreißmaschine gemessen. Derartige Untersuchungen sagen aber nur dann etwas über die Stärke der Klebung aus, wenn die Klebschicht gleichmäßig deformierbar ist. Die zu verklebenden Werkstoffe dürfen also nicht deformierbar sin (Abb. 13 – 6/II). Bei stark deformierbaren Werkstoffen und wenig deformierbaren Klebschichten wird dagegen die Klebschicht an den Enden wesentlich stärker deformiert als in der Mitte. Die auftretenden Spannungsspitzen lassen dann den Klebstoff auch bei guter Adhäsion als schlecht erscheinen. Dieser Effekt erklärt, warum man beim Verkleben von Metallen hohe Festigkeiten erzielt. Dünne Folien sind dagegen oft recht schwierig zu verkleben, da sie leicht deformierbar sind. Zum Verkleben von Folien müssen daher sehr leicht deformierbare Klebstoffe verwendet werden.

Für die nachfolgenden Betrachtungen wird vorausgesetzt, daß die Klebschicht besser deformierbar ist als die zu verklebenden Werkstoffe. Es sei zunächst auch angenommen, daß zwischen Werkstoff und Klebstoff keine chemischen Bindungen bestehen. Die somit zunächst allein zu diskutierende Adhäsion hängt hauptsächlich von der

Adsorption und von der Diffusion ab. Das Adhäsiv soll ein reiner Stoff sein und muß folglich oberhalb seiner Glastemperatur (falls amorph) bzw. oberhalb seiner Schmelztemperatur (falls partiell kristallin) vorliegen. Die Diffusion in die Werkstoffe erfolgt nun umso schneller, je niedriger das Molekulargewicht des Adhäsivs ist. Der Beitrag der Adsorption zur Adhäsion ist dagegen umso größer, je mehr Haftstellen pro Molekül des Adhäsivs vorhanden sind, je höher also sein Molekulargewicht ist. Die Adhäsion sollte also bei einem bestimmten Molekulargewicht des Schmelzklebers ein Optimum aufweisen. Eine geringe Zahl von Verzweigungen pro Molekül setzt dessen Schmelzviskosität herab und erhöht folglich die Diffusionsgeschwindigkeit. Bei sehr stark verzweigten Molekülen können dagegen weniger Haftpunkte pro Molekül Adhäsiv ausgebildet werden, so daß die Adhäsion mit zunehmender Verzweigung ebenfalls durch ein Maximum gehen sollte.

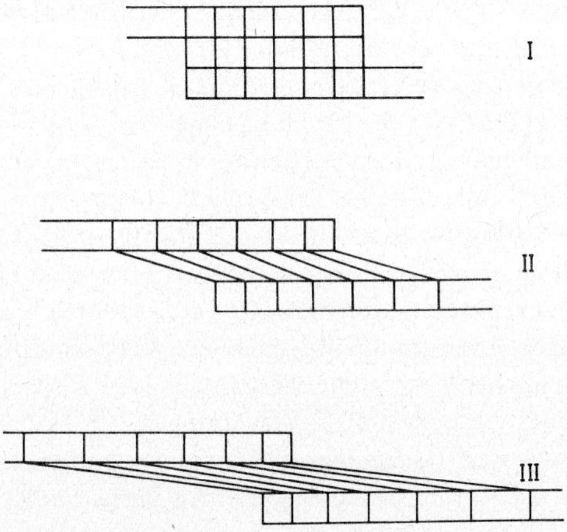


*Abb. 13-6:* Schematische Darstellung der Zugbeanspruchung von Klebungen, wenn das Adhärens verformbarer als der Klebfilm ist.

Als Kleber werden häufig Lösungen von makromolekularen Stoffen verwendet. Das Lösungsmittel setzt die Viskosität des Klebstoffes herab und vereinfacht sein Aufbringen. Außerdem kann das Lösungsmittel bei richtiger Auswahl (Anpassen der Löslichkeitsparameter von Werkstoff und Lösungsmittel) das Adhärens anquellen. Durch die dadurch herabgesetzten Glas- bzw. Schmelztemperaturen wird die Interdiffusion gefördert (Übergang vom G/E- zum E/E-Typ). Nach dem Verkleben sollte das Lösungsmittel aber nicht mehr weichmachen. Dazu muß das Lösungsmittel sehr leicht aus den Randzonen der Verbindung Werkstoff/Klebstoff wegdiffundieren, was mit niedermolekularen flüchtigen Lösungsmitteln erreicht werden kann. Die Weichmachung wird auch aufgehoben, wenn man polymerisierbare Monomere als Lösungsmittel verwendet. Eine bessere Verbindung von Werkstoff und Klebstoff wird natürlich noch erreicht, wenn zwischen ihnen chemische Bindungen ausgebildet werden können.

Schmelzkleber werden oberhalb ihrer Schmelz- bzw. Glastemperatur angewendet. Sie dienen z. B. in der Textilindustrie zum Verkleben von Deck- und Einlagestoffen. Typische Schmelzkleber sind Poly(äthylen), Poly(äthylen-co-vinylacetat) und Terpolyamide.

Die verwendeten Klebstoffe können je nach Art und Verwendungszweck in Festkleber und Weichkleber eingeteilt werden. Bei den Festklebern liegt die Klebschicht nach der Verklebung unterhalb der Glas- bzw. Schmelztemperatur, bei den Weichklebern oberhalb dieser Temperaturen vor. Bei den Festklebern kann man solche ohne Vernetzung von denen mit Vernetzung unterscheiden. Als Festkleber ohne Vernetzung werden z.B. Dispersionen von Poly(vinylacetat) oder Stärkelösungen verwendet. Als Festkleber mit Vernetzung wirken z.B. Harnstoff-, Phenol- und Melaminharze, Epoxidharze, ungesättigte Polyester und Polyisocyanatklebstoffe. Bei beiden Festklebertypen hängt die Wirkung stark von der chemischen Natur von Werkstoff und Klebstoff ab. Bei den Weichklebern unterscheidet man Kontaktkleber und Haftkleber. Kontaktkleber sind z.B. Lösungen von polaren synthetischen Kautschuken (wie Poly(chlorbutadien) oder Poly(butadien-co-acrylnitril) oder die Polymeren selbst (z.B. bei Selbstklebepostkarten). Haftkleber sind hochkonzentrierte Lösungen niedermolekularer Polymerer, z.B. von Poly(isobutylen) oder Poly(vinyläthern) oder von Kautschukabbauprodukten. Sie werden für Klebebänder oder Heftpflaster verwendet.

Um gute Verklebungen zu erzielen, muß die Oberfläche des Werkstoffes meist vorbereitet werden. Die Art der Vorbereitung hängt vom Typ des Werkstoffes ab. Bei Festklebern mit Vernetzung können auf den Werkstoffen reaktive Gruppierungen z.B. durch Oxydation mit Chromschwefelsäure oder z.B. durch Glimmentladungen geschaffen werden. Da alle Klebstoffe beim Aufbringen in viskoser bzw. viskoelastischer Form sind, empfiehlt sich immer ein Aufrauhen der Oberfläche. Oberflächenbeläge müssen entfernt werden: adsorbierte Gase durch Ausgasen, Fett durch organische Lösungsmittel. Bei Schutzanstrichen werden auf Metallen noch Haftvermittler verwendet, sog. Wash-primer. Ein typischer Wash-primer besteht aus einer Dispersion von Poly(vinylbutyral) (ca. 40 % Butyralgruppen, 50 % Vinylgruppen, 7 % Hydroxylgruppen), dem meist noch ein zweites Harz (Melaminharz, Epoxid usw.) zugesetzt ist. Wash-primer haben ihren Namen daher, weil sie auf den eisernen Decks von Kriegsschiffen „aufgewaschen“ wurden.

## Literatur zu Kap. 13

J. F. Danielli, K. G. A. Pankhurst und A. C. Riddifort, Surface Phenomena in Chemistry and Biology, Pergamon Press, New York 1958

### *13.1 Spreitung*

W. D. Harkins, The Physical Chemistry of Surface Films, Reinhold, New York 1952

D. J. Crisp, Surface Films of Polymers, in J. F. Danielli, K. G. A. Pankhurst und A. C. Riddifort, Hrsg., Pergamon Press, New York 1958

F. H. Müller, Monomolekulare Schichten, in R. Nitzsche und K. A. Wolf, Hrsg., Struktur und physikalisches Verhalten der Kunststoffe, Springer, Berlin 1962, Vol. 1

### *13.2.1 Oberflächenspannung flüssiger Polymerer*

G. L. Gaines, jr., Surface and Interfacial Tension of Polymer Liquids – A Review, Polymer Engng. Sci. **12** (1972) 1

### 13.2.2 Grenzflächenspannung fester Polymerer

W. A. Zisman, Relation of the Equilibrium Contact Angle to Liquid and Solid Constitution, in Advances in Chemistry Series **43**, Am. Chem. Soc., Washington 1964

### 13.3 Adsorption von Polymeren

F. Patat, E. Killmann und C. Schliebener, Die Adsorption von Makromolekülen aus Lösungen, Fortschr. Hochpolym.-Forschg. **3** (1961/64) 332

R. M. Screaton, Column Fractionation of Polymers, in B. Ke, Hrsg., Newer Methods of Polymer Characterization, Interscience, New York 1964

Yu. S. Lipatov und L. M. Sergeeva, Adsorption von Polymeren (in Russisch), Naukova Dumka, Kiew 1972

### 13.4 Adhäsion und Klebung

S. S. Voyutskii, Autohesion and Adhesion of High Polymers, Interscience, New York 1963

–, Contact Angle, Wettability and Adhesion, Adv. in Chem. Series, Nr. 43, American Chem. Soc., Washington 1964

R. Houwink und G. Salomon, Hrsg., Adhesion and Adhesives, Elsevier, Amstradem 1965

R. S. R. Parker und P. Taylor, Adhesion and Adhesives, Pergamon Press, London 1966

R. L. Patrick, Hrsg., Treatise on Adhesion and Adhesives, M. Dekker, New York 1967 - 1969 (2 Bde.)

J. J. Bikerman, The Science of Adhesive Joints, Academic Press, New York 1968 (2. Aufl.)

N. I. Moskvitin, Physicochemical Principles of Glueing and Adhesion Processes, Israel Programm for Scientific Translations, Jerusalem 1969

D. H. Kaelble, Physical chemistry of adhesion, Wiley-Interscience New York 1971

D. H. Kaelble, Rheology of Adhesion, J. Macromol. Sci. **C 6** (1971) 85

P. E. Cassidy und W. J. Yager, Coupling Agents as Adhesion Promoters, J. Macromol. Sci. **D** (Revs. Polymer Technol.) **1** (1971/1972) 1

### *Zeitschriften:*

Adhäsion (Ullstein, Berlin), Adhesives Age (Palmerton Publ., New York), The Journal of Adhesion (Gordon & Breach)

# 14 Elektrische Eigenschaften

Die Materie wird nach ihrer spezifischen elektrischen Leitfähigkeit $\sigma$ in elektrische Isolatoren ($\sigma = 10^{-12}$ bis $10^{-22}$ ohm$^{-1}$ cm$^{-1}$), Halbleiter ($\sigma = 10^{3}$ bis $10^{-12}$ ohm$^{-1}$ cm$^{-1}$) und Leiter ($\sigma > 10^{3}$ ohm$^{-1}$ cm$^{-1}$) eingeteilt. Die spezifische elektrische Leitfähigkeit ist der Kehrwert des spezifischen elektrischen Widerstandes. Da der elektrische Widerstand in Ohm gemessen wird, schreibt man in der amerikanischen Literatur für die Einheit der Leitfähigkeit statt ohm$^{-1}$ oft auch mho.

Makromoleküle mit bestimmten Konstitutionsmerkmalen besitzen Halbleitereigenschaften (Kap. 14.2). Die meisten der technisch verwendeten Polymeren sind jedoch Isolatoren (Kap. 14.1). Ihre geringe Leitfähigkeit führt dazu, daß sich derartige Polymere leicht elektrostatisch aufladen (Kap. 14.1.5). Die spezifischen Leitfähigkeiten betragen z.B. für Poly(äthylen) ca. $10^{-17}$ mho/cm, für Poly(styrol) $10^{-16}$ mho/cm und für (wasserhaltige?) Polyamide $10^{-12}$ mho/cm.

## *14.1 Dielektrische Eigenschaften*

Beim Anlegen eines elektrischen Feldes wurden die Gruppen bzw. die Moleküle des Isolators polarisiert. Bei höheren Feldstärken werden Elektronen abgetrennt und es entstehen Ionen. Bei noch höheren Feldstärken wird die Ionenleitfähigkeit schließlich so groß, daß das Material keinen elektrischen Widerstand mehr aufweist: es schlägt durch. Eine elektrische Leitfähigkeit kann nicht nur im Innern, sondern auch an der Oberfläche erfolgen.

### 14.1.1 POLARISIERBARKEIT

Legt man an einen Nichtleiter ein statisches elektrisches Feld $\boldsymbol{E}_i$, so werden Elektronen und Atomkerne in entgegengesetzte Richtungen verschoben (Elektronenpolarisation). Die entsprechende Verschiebung von Atomen heißt Atompolarisation. Das dadurch induzierte elektrische Moment $\boldsymbol{\mu}_i$ ist dem Feld $\boldsymbol{E}_i$ direkt proportional, d.h. es gilt für die Verschiebungspolarisation (Elektronen- und Atompolarisation)

$$\boldsymbol{\mu}_i = \alpha_i \cdot \boldsymbol{E}_i \qquad (14\text{-}1)$$

$\alpha$ ist die Polarisierbarkeit des Atoms, der Gruppe oder des Moleküls. Je größer $\alpha$, umso mehr Energie wird vom Material aufgenommen.

Moleküle mit polaren Gruppen besitzen ein permanentes Dipolmoment $\boldsymbol{\mu}_p$. Ein statisches elektrisches Feld erzeugt bei diesen Molekülen zusätzlich zur induzierten Atom- und Elektronenpolaristation noch eine Orientierungspolarisation, d.h. eine bevorzugte Aufenthaltswahrscheinlichkeit der permanenten Dipole in Feldrichtung. Von Molekülen mit permanenten Dipolen wird daher mehr Energie als von solchen mit induzierten Dipolen gespeichert.

Die Polarisierbarkeit $\alpha$ ist im allgemeinen schlecht experimentell ermittelbar. Man kann jedoch das Verhältnis der Kapazitäten eines Kondensators im Vakuum und in dem betreffenden Medium, d.h. die Dielektrizitätskonstante des Mediums, messen.

Die Dielektrizitätskonstante ist elektrischen Nichtleitern bei niedrigen Frequenzen praktisch unabhängig von der Frequenz. Bei hohen Frequenzen hängt die relative Permittivität (Dielektrizitätskonstante) von der Frequenz ab, da die permanenten Dipole sich bei schnellem Wechsel des Feldes nicht mehr einstellen können.

### 14.1.2 VERHALTEN IM ELEKTRISCHEN WECHSELFELD

In einem elektrischen Wechselfeld versuchen die Dipole des Dielektrikums, sich in die Feldrichtung einzustellen. Dies gelingt ihnen umso weniger, je schneller sich die Richtung des Wechselfeldes ändert. Je stärker die Einstellung der Dipole hinter dem angelegten Wechselfeld nachhinkt, desto größer ist die bei diesem Vorgang verbrauchte elektrische Energie (Verlustleistung). Die nutzbare Leistung (sog. Blindleistung) wird dadurch verringert, da die Verlustleistung in Wärme umgesetzt wird.

Die Verlustleistung hängt von der Phasenverschiebung zwischen Strom und Spannung ab. Ist der Phasenwinkel zwischen Spannung und Stromstärke 90°, so ist die Verlustleistung null. Sind dagegen Strom und Spannung in Phase, so wird die gesamte elektrische Energie in Wärme umgewandelt und die Blindleistung ist null. $\vartheta$ ist der Winkel, um den der Phasenwinkel zwischen Stromstärke und Spannung von 90° abweicht. Das Verhältnis von Verlustleistung $N_v$ zur Blindleistung $N_b$ wird dielektrischer Verlustfaktor $\operatorname{tg}\delta$ genannt:

$$(14\text{-}2)\qquad \frac{N_v}{N_b} \equiv \frac{U \cdot I \cdot \cos(90 - \vartheta)}{U \cdot I \cdot \sin(90 - \vartheta)} \equiv \operatorname{tg}\delta$$

Blindleistung und Verlustleistung können auch als reelle $\epsilon'$ bzw. imaginäre Dielektrizitätskonstante $\epsilon''$ aufgefaßt werden

$$(14\text{-}3)\qquad \epsilon = \epsilon' - \mathrm{i}\,\epsilon''$$

Der dielektrische Verlustfaktor ergibt sich dann als

$$(14\text{-}4)\qquad \operatorname{tg}\delta = \frac{\epsilon''}{\epsilon'} = \frac{\epsilon \cdot \sin\delta}{\epsilon \cdot \cos\delta}$$

$\epsilon'$ und $\epsilon''$ hängen von der Frequenz $\nu$ ab. Die Funktion $\epsilon' = f(\nu)$ entspricht einer Dispersion, die Funktion $\epsilon'' = f(\nu)$ einer Absorption (Abb. 14 – 1). Der Energieverlust pro Sekunde, also die Verlustleistung, ergibt sich aus

$$(14\text{-}5)\qquad N_v = E^2 \cdot 2\,\pi\nu \cdot \epsilon \cdot \operatorname{tg}\delta$$

Dabei ist $E$ die Feldstärke in V/cm, $\nu$ die Frequenz des Wechselfeldes in Hertz, $\epsilon$ die Dielektrizitätskonstante und $\operatorname{tg}\delta$ der dielektrische Verlustfaktor. $\epsilon' \cdot \operatorname{tg}\delta$ wird in der angelsächsischen Literatur als loss factor bezeichnet und ist also nicht identisch mit dem Ausdruck Verlustfaktor. In der deutschen Literatur wird dafür der Ausdruck Schweißfaktor vorgeschlagen. Stoffe mit hohem $\epsilon' \cdot \operatorname{tg}\delta$ eignen sich für die Erwärmung im Hochfrequenzfeld, können also hochfrequent geschweißt werden. Als Isolierstoffe für Hochfrequenzleiter sind derartige Materialien dagegen nicht geeignet. Unpolare Kunststoffe wie Poly(äthylen), Poly(styrol), Poly(isobutylen) usw. besitzen niedrige Dielektrizitätskonstanten (ca. 2-3) und dielektrische Verlustfaktoren ($\operatorname{tg}\delta = (1-8) \cdot 10^{-4}$). Sie besitzen als Isolierstoffe große Bedeutung für die Hochfrequenztechnik. Polare Materialien wie z.B. Poly(vinylchlorid) dagegen besitzen ein $\epsilon' \cdot \mathrm{tg}\,\delta$, das wenigstens hundertmal größer ist als der entsprechende Wert von Poly(styrol) oder Poly(äthylen). PVC kann daher ausgezeichnet mittels Hochfrequenz verschweißt werden.

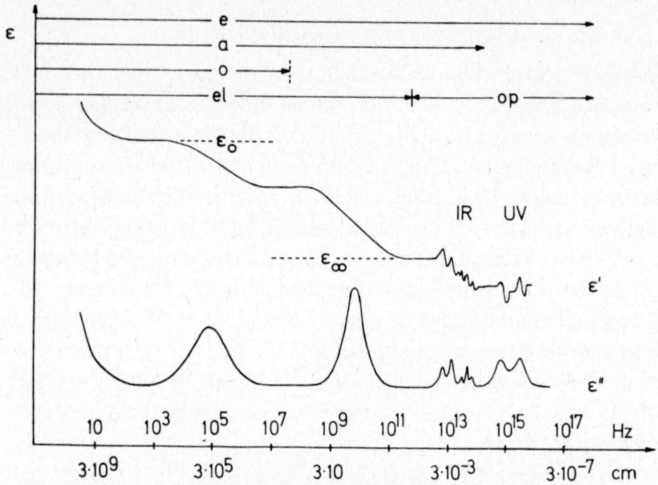


*Abb. 14-1:* Abhängigkeit der reellen Dielektrizitätskonstanten $\epsilon'$ und der imaginären $\epsilon''$ von der Frequenz bzw. der Wellenlänge (schematisch). e = Elektronenpolarisation, a = Atompolarisation, o = Orientierungspolarisation, el = elektrischer Bereich, op = optischer Bereich, IR = Infrarotgebiet, UV = ultravioletter Bereich.

Über das Verhalten von polaren Makromolekülen im elektrischen Wechselfeld können die Glastemperatur und andere Relaxationstemperaturen bestimmt werden (vgl. dazu auch Kap. 11.4.5). Sind die Frequenzen niedrig und ist die Probe oberhalb der Glastemperatur, so können die Dipole noch dem Wechselfeld folgen. Bei hohen Frequenzen und/oder unterhalb der Glastemperatur ist dies nicht mehr möglich. Das Verhalten eines polaren Makromoleküls in einem Wechselfeld richtet sich nun danach, ob sich die Dipole in der Kette oder aber in Seitengruppen befinden. Beim Poly(oxymethylen) $\text{+}CH_2\text{–}O\text{+}_n$ sind die Dipole in der Kette. Sie können sich daher nur dann orientieren, wenn die Segmentbeweglichkeit groß ist, d.h. nur oberhalb der Glastemperatur. Bei Stoffen wie z.B. Poly(vinyläthern) $\text{+}CH_2\text{–}CHOR\text{+}_n$ befinden sich dagegen die Dipole in den Seitengruppen. Die Orientierung dieser flexiblen Gruppen kann daher entweder durch Segmentbewegungen der Hauptkette oder durch Ausrichten der Seitengruppen erfolgen. Man beobachtet hier daher zwei Dispersionsgebiete: bei niedrigen Frequenzen bedingt durch die Segmentbeweglichkeit und bei hohen Frequenzen durch die Orientierung der Seitengruppen. Arbeitet man unterhalb der Glastemperatur, so wird natürlich nur der Effekt der Seitengruppen beobachtet.

### 14.1.3 DURCHSCHLAGSFELDSTÄRKE

Durch den Imaginäranteil der Dielektrizitätskonstanten wird im Innern des Polymeren Wärme entwickelt. Läßt man das Feld sehr lange einwirken, so kann die entwickelte Wärme wegen der schlechten Wärmeleitfähigkeit des Materials nicht abgeführt werden. Der Stoff wird sich daher erwärmen. Der Imaginäranteil stammt nun entweder von der Dissoziation polarer Gruppen des Polymeren oder aber von Verunreinigungen. Diese Verunreinigungen müssen ionischer Natur sein, da die Leitfähigkeit der Polymeren stark von der Temperatur abhängt. Die elektronische Leitfähigkeit variiert dagegen viel weniger mit der Temperatur. Wegen der starken Temperaturabhängigkeit der ionischen Leitfähigkeit führt der Wärmestau zu einer immer besseren Leitfähigkeit, so daß schließlich ein Durchschlag erfolgt. Dünne Folien weisen wegen der besseren Wärmeabführung eine höhere Durchschlagsfeldstärke als dicke auf.

### 14.1.4 KRIECHSTROM

Die Kriechstrom ist definiert als „ein Strom, der sich auf der Oberfläche eines im trockenen, sauberen Zustand gut isolierenden Stoffes zwischen spannungsführenden Teilen infolge von leitfähigen Verunreinigungen bildet". Da der Oberflächenwiderstand um ca. zwei Zehnerpotenzen niedriger als der spezifische Widerstand und meist schwierig meßbar ist, testet man die Kriechstromfestigkeit unter standardisierten Bedingungen. Man benutzt dazu eine „Normalverunreinigung", nämlich eine Salzlösung mit zugefügtem Netzmittel. Diese Prüflösung wird gleichmäßig zwischen Elektroden, die sich in definiertem Abstand auf der Oberfläche des Prüflings unter definierter Spannung befinden, durchtropfen gelassen. Sobald die Oberfläche des Prüflings stark verunreinigt ist, bildet sich ein Lichtbogen. Der Lichtbogen kann sich einbrennen und so eine Kriechspur erzeugen. Die Kriechspur führt schließlich zum Überschlag. Die Zahl der bis zum Überschlag zugeführten Tropfen Normalverunreinigung ist ein Maß für die Kriechstromfestigkeit.

Ein Material ist kriechstromfest, falls sich unter der Wirkung des Lichtbogens keine Kohleteilchen bilden können. Erzeugt z.B. ein Lichtbogen aus dem Polymeren durch Depolymerisation Monomeres, so verhindern die verdampfenden Monomermoleküle die Ablage von Salz (Beispiel: Poly(methylmethacrylat)). Die gleiche Wirkung ergibt sich, wenn sich unter der Wirkung des Lichtbogens flüchtige Abbauprodukte bilden, wie z.B. beim Poly(äthylen) oder bei Polyamiden. Poly(N-vinylcarbazol) bildet dagegen keine flüchtigen Abbauprodukte und besitzt daher trotz seiner guten Isolationswirkung nur eine schlechte Kriechstromfestigkeit.

### 14.1.5 ELEKTROSTATISCHE AUFLADUNG

Materialien laden sich elektrostatisch auf, wenn die spezifische elektrische Leitfähigkeit niedriger als ca. $10^{-8}$ mho/cm ist. Reibt man daher Kunststoffe gegeneinander oder Kunststoffe gegen Metall, so werden je nach Reibpartner und -zeit verschieden hohe Aufladungen beobachtet. Poly(oxymethylen) gegen Polyamid 6 gibt z.B. beim erstmaligen Reiben eine Aufladung von + 360 V/cm, beim zehnmaligen Reiben einen Wert von 1400 V/cm und schließlich einen Grenzwert von 3000 V/cm. Reibt man ein antistatisch ausgerüstetes ABS-Polymer gegen Poly(acrylnitril), so beträgt der Grenzwert 120 V/cm. Das gleiche ABS-Polymer besitzt jedoch gegen Polyamid 6 einen Grenzwert von – 1700 V/cm. Die Prüfmethoden sind genormt.

Die Ursache für dieses Verhalten ist die Übertragung von elektrischen Ladungen. Auf der Oberfläche der Körper werden daher sowohl Bezirke mit positiver als auch mit negativer Ladung erzeugt, wie durch Bestäuben mit verschieden geladenen Farbstoffen festgestellt wurde. In der Regel überwiegt jedoch eine Ladungssorte, so daß die Oberfläche positiv oder negativ geladen erscheint. Das Vorzeichen der Bruttoaufladung hängt von der Stellung der Reibpartner in der Spannungsreihe nichtmetallischer Werkstoffe ab (Tab. 14 – 1).

*Tab. 14- 1:* Spannungsreihe nichtmetallischer Werkstoffe

| Material | Ladungsdichte $10^{-6}$ Coulomb pro Gramm |
|---|---|
| Melaminharz | - 14,70 |
| Phenolharz | - 13,90 |
| Graphit | - 9,13 |
| Epoxidharz | - 2,13 |
| Siliconkautschuk | - 0,18 |
| Poly(styrol) | + 0,37 |
| Poly(tetrafluoräthylen) | + 3,41 |
| Poly(trifluorchloräthylen) | + 8,22 |

Wegen der schlechten Oberflächenleitfähigkeit der meisten makromolekularen Stoffe können die erzeugten Ladungen nur langsam abfließen. Die Halbwertszeiten für den Abfluß der Aufladungen sind für positive und negative Aufladungen meist verschieden (Tab. 14 – 2). Die oft hohen Halbwertszeiten machen sich in der Technik und im Haushalt oft unangenehm bemerkbar, z. B. bei der Aufladung von Umlenkrollen bei Spinnprozessen, oder beim Verstauben von Haushaltsartikeln aus Kunststoffen.

*Tab. 14-2:* Halbwertszeiten für die Entladung elektrostatisch aufgeladener Stoffe

| Material | Halbwertszeit (s) | |
|---|---|---|
| | pos. Aufl. | neg. Aufl. |
| Cellophan | 0,30 | 0,30 |
| Wolle | 2,50 | 1,55 |
| Baumwolle | 3,60 | 4,80 |
| Poly(acrylnitril) | 670 | 690 |
| Polyamid 66 | 940 | 720 |
| Poly(vinylalkohol) | 8500 | 3800 |

Die elektrostatische Aufladung kann durch verschiedene Methoden verhindert werden. Eine Gruppe von Verfahren führt die Ladungen ab, z.B. durch Neutralisieren mit ionisierter Luft in der Textilindustrie oder durch Umhüllen von Gummischläuchen mit Metallstrümpfen an Tankstellen. Alternativ kann man die Materialien extern oder intern mit Antistatika ausrüsten. Arbeitet man z.B. in ein Copolymer aus Äthylen und Vinylidenchlorid bis zu 30 % Ruß ein, so behält das Material praktisch noch alle guten Eigenschaften des Kunststoffes. Durch diese interne Ausrüstung wird aber die spezifische Leitfähigkeit auf etwa $10^{-2}$ mho/cm heraufgesetzt. Das Material lädt sich nicht mehr elektrostatisch auf. Bei externen antistatischen Ausrüstungen bringt man Materialien auf die Oberfläche, die die Luftfeuchtigkeit binden. Im Gegensatz zur internen Ausrüstung ändert sich dadurch nicht die spezifische Leitfähigkeit, wohl aber der Oberflächenwiderstand. Externe antistatische Ausrüstungen müssen natürlich von Zeit zu Zeit erneuert werden. Die elektrostatische Aufladung kann auch verhindert werden, wenn die Reibung herabgesetzt wird, z.B. durch Zugabe von Gleitmitteln oder durch Beschichten mit Poly(tetrafluoräthylen).

Die Effekte der elektrostatischen Aufladung werden umgekehrt auch technisch nutzbar gemacht, nämlich beim elektrostatischen Lackspritzen und bei der Beflockung von Materialien, um samtartige Oberflächen zu erzeugen.

#### 14.1.6 ELEKTRETE

Elektrete sind Dielektrika, die ein einmal aufgegebenes elektrisches Feld eine gewisse Zeit halten können. Sie können nur aus Polymeren mit schlechter elektrischer Leitfähigkeit gebildet werden, z.B. aus Poly(styrol), Poly(methylmethacrylat), Poly(propylen), Polyamiden oder auch Carnaubawachs.

Zur Herstellung von Elektreten sind zwei Verfahren bekannt. Beim ersten Verfahren wird das Polymer auf Temperaturen oberhalb der Glastemperatur erhitzt, dann ein elektrisches Feld angelegt (z.B. 25 kV/cm) und das Polymer unter der Wirkung des Feldes erstarren gelassen. Eine optimale Arbeitstemperatur scheint bei ca 37 °C oberhalb der Glastemperatur $T_G$ zu liegen. Beim zweiten Verfahren läßt man das Polymer beim Fließen unter Druck erstarren. Hier liegt das Temperaturoptimum offenbar bei $(T_G + 57)$ °C. Wenn das elektrische Feld weggenommen wird, sind die Körper auf der einen Seite positiv, auf der anderen Seite negativ geladen. Die Ladungsdifferenz nimmt nur langsam ab; der Abklingprozeß kann sich über Monate erstrecken.

Die Ursachen der Elektretbildung sind noch nicht gut bekannt. Wahrscheinlich können sowohl Volumen- als auch Oberflächenpolarisationen auftreten. Bei Feldern unter ca. 10 kV/cm erhält man eine Volumenpolarisation. Bricht man nämlich einen Elektreten parallel zu den geladenen Oberflächen, so entstehen zwei neue Elektrete. Bei Feldern über ca. 10 kV/cm erfolgt ein Durchbruch des Feldes und man erhält eine Oberflächenpolarisation. Für diese Deutung sprechen auch die Polarisierungen bei den verschiedenen Feldstärken. Bei kleinen Feldstärken ist die Polarisierung dem elektrischen Feld entgegengesetzt, was durch eine Wanderung von z.B. ionischen Verunreinigungen bedingt sein könnte. Bei Temperaturen oberhalb der Glastemperatur sollten sich die Abstände zwischen den Ionen leicht vergrößern und dann bei $T < T_G$ einfrieren lassen. Bei großen Feldstärken bricht Luft durch und die Oberflächen des Elektreten sind gleichsinnig polarisiert wie die Elektroden.

## *14.2 Elektronische Leitfähigkeit*

#### 14.2.1 EINFLUSS DER CHEMISCHEN STRUKTUR

Polymere mit delokalisierten $\pi$-Elektronen sind in der Regel halbleitende Verbindungen. Die spezifische Leitfähigkeit hängt von zwei Faktoren ab: Transport der Ladungsträger innerhalb der einzelnen Molekeln sowie von Molekül zu Molekül.

Damit ein guter intramolekularer Elektronentransport erreicht wird, muß das Molekül möglichst planar sein. Je ausgedehnter des delokalisierte $\pi$-Elektronensystem ist, umso besser ist die Leitfähigkeit. Die spezifische Leitfähigkeit nimmt daher in der Reihe Coronen – Ovalen – Circumanthracen – Graphit stark zu (Tab. 14-3). Die über

$$(14\text{-}6) \qquad \sigma = \sigma_0 \exp(-E_\sigma^{\ddagger}/2kT)$$

berechenbare Aktivierungsenergie $E_\sigma^{\ddagger}$ der elektronischen Leitfähigkeit nimmt in gleicher Weise stark ab. Diese Formel entspricht dem vom Bändermodell abgeleiteten Aus-

*Tab. 14-3:* Spezifische Leitfähigkeiten von Polymeren und niedermolekularen Verbindungen ($T_p$ = Pyrolysetemperatur); 1 eV = 1,6021 · $10^{-19}$ J.

| Material Name | Konstitutionsformel | | Temp. °C | Spez. Leitfähigkeit mho/cm | Aktivierungs-energie eV |
|---|---|---|---|---|---|
| Cellulose, trocken | — | | 25 | $10^{-18}$ | ? |
| Gelatine, trocken | — | | 130 | $2 \cdot 10^{-14}$ | 3,1 |
| Tabakmosaikvirus | — | | 130 | $9 \cdot 10^{-14}$ | 2,9 |
| Desoxyribonucleinsäure | — | | 130 | $2 \cdot 10^{-12}$ | 2,4 |
| Coronen |  | | 15 | $6 \cdot 10^{-18}$ | 0,85 |
| Ovalen | 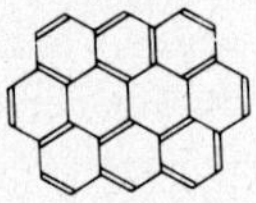 | | 15 | $4 \cdot 10^{-16}$ | 0,55 |
| Circumanthracen | 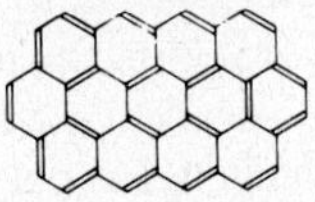 | | 15 | $2 \cdot 10^{-13}$ | ? |
| Graphit | — | | 25 | $10^4$ | 0,025 |
| Violanthren | 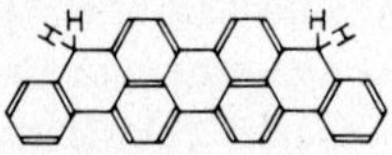 | | 15 | $5 \cdot 10^{-15}$ | 0,43 |
| Violanthron | 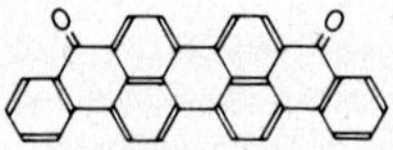 | | 15 | $4 \cdot 10^{-11}$ | 0,39 |
| Poly(methylen) | $\left(CH_2\right)_n$ | | 25 | $< 10^{17}$ | ? |
| Poly(vinylen) | $\left(CH{=}CH\right)_n$ | | 25 | $< 10^{-8}$ | ? |
| Poly(acetylen) | $\left(C{\equiv}C\right)_n$ | amorph | 25 | $< 10^{-8}$ | 0,83 |
| | | kristallin | 25 | $< 10^{-4}$ | ? |
| Poly(phenylen) | 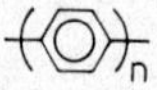 | | 25 | $10^{-11}$ | 0.94 |
| Poly(p-divinylbenzol) (oxydiert und pyrolysiert bei $T_p$ °C) | 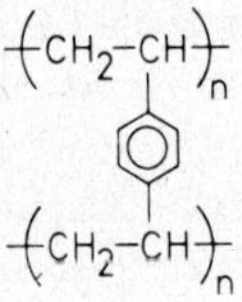 | $T_p$ = 500°C | 25 | $10^{-15}$ | ? |
| | | 600°C | | $10^{-12}$ | ? |
| | | 700°C | | $10^{-6}$ | ? |
| | | 1000°C | | $10^2$ | ? |
| Poly(carbazen) | $\left(N{=}CR\right)_n$ | | 25 | ~ $10^{-5}$ | ~ 0,2 |
| Poly(azasulfen) | $\left(NS\right)_n$ | | 25 | ~ 8 | ~ 0,02 |

druck. In einigen Arbeiten wird die Formel auch ohne den Faktor 2 geschrieben, worauf beim Vergleich von Aktivierungsenergien zu achten ist. Eingebaute Heteroatome stören das $\pi$-Resonanzsystem und erhöhen die Leitfähigkeit (Violanthren gegenüber Violanthron). Auch Poly(carbazen) und Poly(azasulfen) haben erheblich höhere Leitfähigkeiten als Poly(vinylen). Ganz allgemein kann man sagen, daß alle leitenden und halbleitenden Polymeren konjugiert sind, aber nicht alle (formal) konjugierten Polymeren halbleitend.

Der intermolekulare Übertritt von Elektronen wird erleichtert, wenn sich die Molekülketten in einem hohen Ordnungszustand befinden. Das kristalline Poly(acetylen) hat daher eine um vier Zehnerpotenzen höhere spezifische Leitfähigkeit als das amorphe. Damit eine gute Kristallisation möglich wird, müssen die Einheitszellen möglichst einfach aufgebaut sein.

Der Elektronenübergang wird erleichtert, wenn die Makromoleküle vernetzt sind. Solche vernetzten Systeme mit konjugierten Doppelbindungen entstehen z.B. bei der Oxydation mit anschließender Pyrolyse des Poly(p-divinylbenzols). Vernetzte Polymere entstehen aber manchmal auch unbeabsichtigt bei einigen Synthesen. Lineare Poly(p-phenylene) entstehen z.B. bei der Umsetzung von p-Dihalogenbenzol mit Natrium. Die Reaktionsprodukte besitzen aber nur eine relativ niedrige Leitfähigkeit von $\sigma = 1{,}6 \cdot 10^{-11}$ mho/cm (25 °C) und eine relativ hohe Aktivierungsenergie von $E_\sigma^\ddagger = 0{,}94$ eV. Bei der Polymerisation von Benzol mit Friedel-Crafts-Katalysatoren werden dagegen wahrscheinlich vernetzte oder hochverzweigte Polymere erhalten, denn die spezifische Leitfähigkeit ist mit $\sigma = 0{,}1$ mho/cm ($E_\sigma^\ddagger = 0{,}025$ eV) fast so hoch wie die des Umsetzungsproduktes von Hexachlorbenzol mit Natrium ($\sigma < 5$ mho/cm).

Der intermolekulare Elektronenübergang wird auch durch Bildung von Elektronendonator/Elektronenakzeptor-Komplexen erleichtert. Der Komplex aus Poly[(styrol)$_{45\%}$-co-(1-butyl-2-vinylpyridin)$_{55\%}$] und Tetracyan-p-chinodimethan (mit 15 % Tetracyan-p-chinodimethan) weist z. B. eine spezifische Leitfähigkeit von $\sigma = 1 \cdot 10^{-3}$ mho/cm auf. Diese Produkte sind auch im Gegensatz zu den vernetzten halbleitenden Polymeren löslich und zu Filmen vergießbar.

### 14.2.2 MESSMETHODEN

Die spezifischen Leitfähigkeiten organischer Halbleiter reichen bis in das Gebiet der Halbmetalle bzw. Metalle. Auch die Konzentration an Ladungsträgern ist mit $10^9 - 10^{21}$ Teilchen/cm$^3$ u.U. fast so hoch wie die bei Metallen ($10^{21} - 10^{22}$ Teilchen/cm$^3$). Die Beweglichkeit der Ladungsträger ist mit $10^{-6}$ bis $10^2$ cm$^2$ Volt$^{-1}$ s$^{-1}$ dagegen meist erheblich tiefer als die der Metalle und anorganischen Halbleiter ($10 - 10^6$ cm$^2$ Volt$^{-1}$ s$^{-1}$). Es ist daher fraglich, ob das für anorganische Halbleiter verwendete einfache Bändermodell für organische Halbleiter verwendet werden darf. Bei diesem Bändermodell wird nämlich angenommen, daß Elektronenwolken vorhanden sind. Das Bild setzt somit implizit eine hohe Beweglichkeit der Ladungsträger voraus. Man diskutiert daher ein modifiziertes Bändermodell, bei dem sich Wellenpakete aus Elektronen und Phononen* bewegen sollen. Nach diesem Modell sollen Gitterdeformationen vorhanden sein. Die von diesen Gitterdeformationen eingefangenen Ladungsträger sol-

* Die thermische Schwingung eines Gitters wird als Bewegung eines elastischen Körpers mit der Energie $h\nu$ – als sogenanntes Phonon – betrachtet.

len dann diskontinuierlich von Deformation zu Deformation hüpfen. Für dieses Hüpmodell könnten die relativ niedrigen Aktivierungsenergien von $E^{\ddagger} = 0{,}03$ eV bei mittleren spezifischen Leitfähigkeiten von $\sigma = 10^{-8}$ mho/cm sprechen.

Zur Charakterisierung der elektrischen Eigenschaften makromolekularer Halbleiter werden meist die Leitfähigkeit, die Aktivierungsenergie der Leitfähigkeit, die Konzentration an freien Radikalen und die Thermo-EMK gemessen. Dabei muß sichergestellt sein, daß die Probe keine ionische Leitfähigkeit (Verunreinigungen!) und keine Oberflächenleitfähigkeit aufweist. Auch Feuchtigkeit kann die Leitfähigkeit um einige Zehnerpotenzen heraufsetzen. Da die Substanzen meist als amorphe Pulver vorliegen, werden sie zu Tabletten gepreßt. Die Kontakte sind entweder unter Druck angepreßte Metallelektroden oder z. B. leitfähige Pasten.

Zur Bestimmung der Thermo-EMK bringt man die Probe zwischen zwei Platten verschiedener Temperatur. Die bei einer Temperaturdifferenz von 1 °C auftretende Thermospannung wird Seebeck-Koeffizient genannt. Der Seebeck-Koeffizient ist positiv, wenn der wärmere Pol positiv ist. Ein positiver Seebeck-Koeffizient stammt von einem Überschuß an Defektelektronen (p-Leitung), ein negativer von einem Überschuß an Leitungselektronen (n-Leitung). Die über die Elektronenspinresonanz gemessene Konzentration an freien Radikalen muß natürlich nicht mit der Konzentration an Leitungselektronen identisch sein.

## Literatur zu Kap. 14

### *14.1 Dielektrische Eigenschaften*

N. G. McCrum, B. E. Read und G. Williams, Anelastic and Dielectric Effects in Polymeric Solids, J. Wiley, London 1967

M. E. Baird, Electrical properties of polymeric materials, Plastics Institute, London 1973

### *14.2 Elektronische Leitfähigkeit*

B. A. Bolta, D. E. Weiss und D. Willis, in D. Fox, Hrsg., Physics and Chemistry of the Organic Solid State, Vol. **II**, Interscience, New York, 1965, p. 67

A. A. Dulov, Fortschr. Chem. (Usphechi Chim.) **35** (1966) 1853

J. E. Katon, Hrsg., Organic Semiconducting Polymers, M. Dekker, New York, 1968

G. Kossmehl und G. Manecke, Chem.-Ing.-Techn. **39** (1967) 1041, 1079

R. H. Norman, Conductive Rubbers and Plastics, Elsevier, Amsterdam 1970

## 15 Optische Eigenschaften

Die optischen Eigenschaften eines Materials hängen von dessen Wechselwirkung mit dem elektromagnetischen Feld des einfallenden Lichtes ab. Da diese Wechselwirkung durch eine ganze Reihe molekularer Größen erzeugt wird, können sehr viele optische Eigenschaften hervorgerufen werden. Im allgemeinen können zwei Hauptgruppen optischer Eigenschaften unterschieden werden: solche, die auf Mittelwerte molekularer Eigenschaften zurückgehen, und solche, die auf der Abweichung lokaler Werte von diesen Mittelwerten beruhen. Zur ersten Gruppe gehören Brechungs-, Absorptions- und Beugungsphänomene, zur zweiten Streuungserscheinungen. Zwischen beiden Gruppen gibt es viele Beziehungen; die betrachteten Phänomene sind daher häufig nur Grenzfälle.

### *15.1 Lichtbrechung*

Ein auf einen transparenten Körper im Vakuum mit dem Einfallswinkel $\alpha$ auffallender Lichtstrahl tritt am anderen Ende des Körpers unter einem anderen Einfallswinkel $\alpha'$ wieder aus (Abb. 15-1): das Licht wird gebrochen. Der Brechungsindex $n$ als Maßzahl für die Brechung hängt sowohl vom Eintrittswinkel $\alpha$ als auch vom Brechungswinkel $\beta$ ab:

(15-1) $$n = \sin\alpha/\sin\beta = \sin\alpha'/\sin\beta'$$

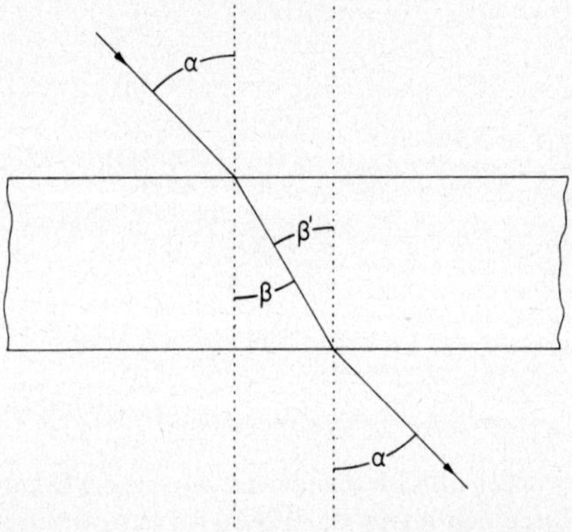


*Abb. 15-1:* Definition des Einfallswinkels $\alpha$ und des Brechungswinkels $\beta$ beim Einfall von Licht auf eine von Luft umgebene planparallele Platte mit dem Brechungsindex $n = 1{,}5$. $\alpha = \alpha'$ und $\beta = \beta'$.

Der Brechungsindex $n$ variiert mit der Wellenlänge des einfallenden Lichtes. Als Maß für diese Dispersion wird oft die Abbésche Zahl $\nu$ angegeben. Sie beruht auf Messungen des Brechungsindices bei den drei Wellenlängen 656,3, 589,3 und 486,1 nm:

(15-2) $$\nu = (n_{589} - 1)/(n_{486} - n_{656})$$

Je kleiner $\nu$, umso stärker kann das Material die Farben separieren.

Der Brechungsindex $n$ eines Materials hängt nach der Lorenz-Lorentzschen Beziehung von der Polarisierbarkeit **P** aller sich im Einheitsfeld befindenden Moleküle ab:

$$\frac{n^2 - 1}{n^2 - 2} = (4/3)\,\pi\,\mathbf{P} = (4/3)\,\pi\,N\,\alpha = (4/3)\,\pi\,N\,\mu/\mathbf{E} \tag{15-3}$$

Die Polarisierbarkeit **P** ist durch die Zahl $N$ der Moleküle im Einheitsvolumen und die Polarisierbarkeit $\alpha$ eines einzelnen Moleküls gegeben. Die Polarisierbarkeit $\alpha$ hängt wiederum vom Dipolmoment $\mu$ ab, das von einem elektrischen Feld mit der Feldstärke **E** erzeugt wird. $\alpha$ und daher auch $n$ sind daher umso größer, je mehr Elektronen ein Molekül enthält und je beweglicher diese Elektronen sind. Kohlenstoff besitzt folglich eine viel größere Polarisierbarkeit als Wasserstoff. Da somit der Beitrag des Wasserstoffs zur Polarisierbarkeit in erster Näherung vernachlässigt werden kann, weisen die meisten Polymeren mit Kohlenstoff/Kohlenstoff-Ketten etwa den gleichen Brechungsindex von ca. 1,5 auf. Abweichungen von diesem ,,Normalwert" treten nur auf, wenn große Seitengruppen vorhanden (z. B. Poly(N-vinylcarbazol)) oder starke Polarisierbarkeiten vorhanden sind (z. B. fluorhaltige Polymere) (vgl. auch Abb. 15 - 2). Aufgrund des Molekülbaus kann man ferner abschätzen, daß die Brechungsindices aller organischen Polymeren nur im Bereich 1,33 - 1,73 liegen können.

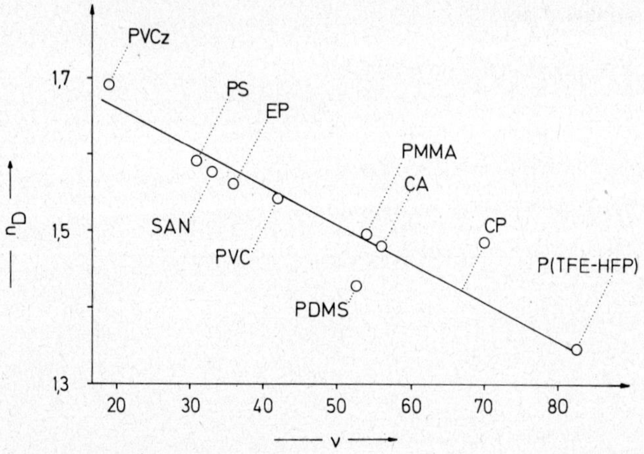


*Abb. 15-2:* Beziehung zwischen dem Brechungsindex $n_D$ bei der D-Linie (589,3 nm) und der Abbéschen Dispersion $\nu$ (vgl. Gl. (15-2)) bei verschiedenen Polymeren. PVCz = Poly(N-vinylcarbazol), P(TFE–HFP) = Copolymer aus Tetrafluoräthylen und Hexafluorpropylen. Für die anderen Abkürzungen vgl. Tab. VI - 1.

## 15.2 Lichtbeugung

### 15.2.1 GRUNDLAGEN

Ein Teil des auf einen transparenten homogenen Körper auffallenden Lichtes wird an der Eintrittsoberfläche reflektiert, d. h. zurückgeworfen (äußere Reflexion), ein anderer Teil an der Austrittsoberfläche (innere Reflexion). Das Verhältnis der Intensität $I_r$ des reflektierten Lichtes zur Intensität $I_0$ des einfallenden Lichtes hängt nach Fresnel sowohl vom Einfallswinkel $\alpha$ als auch vom Brechungswinkel $\beta$ ab (zur Definition der Winkel vgl. Abb. 15 – 1):

(15-4) Reflexion $R = \frac{I_r}{I_0} = \frac{1}{2}\left[\frac{\sin^2(\alpha-\beta)}{\sin^2(\alpha+\beta)} + \frac{\mathrm{tg}^2(\alpha-\beta)}{\mathrm{tg}^2(\alpha+\beta)}\right]$

Die Reflexion $I_r/I_0$ ist bei kleinen Einfallswinkeln $\alpha$ niedrig und steigt erst bei hohen $\alpha$-Werten steil an (Abb. 15 – 3).

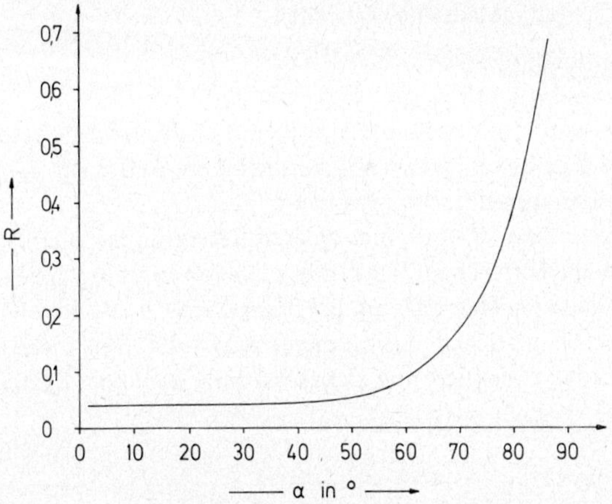


*Abb. 15-3:* Reflexion R als Funktion des Einfallswinkels $\alpha$ bei einem Material mit $n = 1{,}5$.

### 15.2.2 IRISIERENDE FARBEN

Bei Folien und Filmen aus vielen übereinander liegenden Schichten können durch Lichtbeugung irisierende Farben auftreten. Jede Grenzschicht reflektiert ja nur einen kleinen Anteil des Einfallslichtes. Falls alle Schichten gleich dick sind, wird das an den Grenzflächen reflektierte Licht in Phase verlassen. Es tritt eine verstärkende Interferenz auf, das reflektierte Licht besitzt eine hohe Intensität. Die Wellenlänge des reflektierten Lichtes hängt von den optischen Dichten der Schichten ab. Die Wellenlängen $\lambda_m$ der Reflexionen m.Ordnung ergeben sich bei abwechselnd angeordneten Schichten von zwei Polymeren mit den Brechungsindices $n_1$ und $n_2$ und den Schichtdicken $d_1$ und $d_2$ bei rechtwinklig einfallendem Licht zu

(15-5) $\lambda_m = (2/m)(n_1 d_1 + n_2 d_2)$

Die relativen Intensitäten der einzelnen Wellenlängen hängen vom Anteil der optischen Dichte der beiden Polymeren ab, d. h.

(15-6) $f_1 = (n_1 d_1)/(n_1 d_1 + n_2 d_2)$

Bei gleichen optischen Dichten ($f_1 = f_2 = 0{,}5$) werden die Reflexionen geradzahliger Ordnung unterdrückt; die Reflexionen ungeradzahliger Ordnung besitzen ihre maximale Intensität. Bei $f_1 = 0{,}33$ würden dagegen die Reflexionen 3. Ordnung unterdrückt, während die Reflexion 1. Ordnung immer noch stark ist und die Reflexionen 2., 4. usw. Ordnung weniger als die maximale Intensität aufweisen. Wenn daher die Reflexion 1. Ordnung bei $\lambda_I = 1\ \mu m$ und $f_1 = 0{,}50$ ist, dann gibt es keine Reflexion bei $(1{,}5/2)\ \mu m = 0{,}75\ \mu m$, eine starke Reflexion bei $(1{,}5/3)\ \mu m = 0{,}5\ \mu m$, keine Reflexion bei $(1{,}5/4)\ \mu m = 0{,}375\ \mu m$ usw. Ein solcher Film würde im nahen Infrarot ($1{,}5\ \mu m$) und im Blaugrünen ($0{,}5\ \mu m$) reflektieren.

Die Banden verbreitern sich, wenn man von gleicher zu variabler Schichtdicke übergeht. Durch geeignete Wahl der Zahl der Schichten, der Variation der Schichtdicke mit der laufenden Nummer der Schicht und der Brechungsindices der beiden Polymeren kann man so erreichen, daß u. U. das ganze sichtbare Spektrum reflektiert wird. Derartige Filme besitzen ein metallisches Aussehen.

### 15.2.3 LICHTLEITUNG

Totalreflexion tritt ein, wenn das eintretende Licht verlustlos (total) reflektiert wird. Das Problem ist besonders wichtig für die innere Reflexion, da es für die Herstellung sog. Lichtleiter ausgenutzt werden kann.

Eine Totalreflexion tritt bei einer inneren Reflexion nur oberhalb eines ganz bestimmten minimalen (kritischen) Winkels des inneren Einfallslichtes auf. Bei einem sich in Luft befindenden Material vom Brechungsindex $n_1$ ist diese Beziehung durch $\sin \alpha \geqslant 1/n_1$ gegeben. Bei $n_1 = 1{,}5$ ist daher $\alpha_{crit} = 42°$. Das Licht wird an der inneren Grenzfläche total reflektiert und zickzackförmig durch das System geführt (Abb. 15-4).

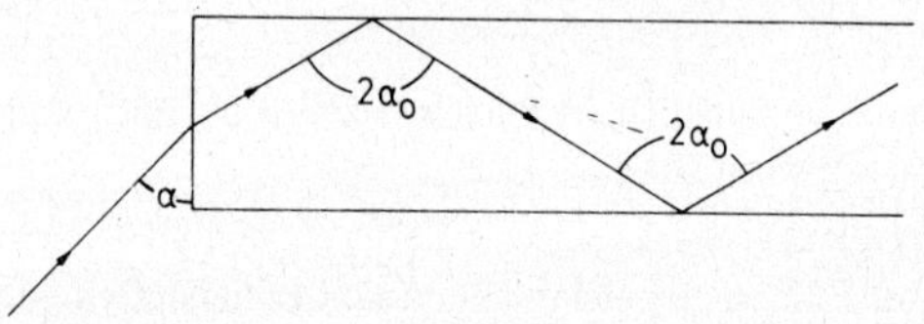


*Abb. 15-4:* Prinzip der Lichtleitung in einem Körper. $2\,\alpha_0$ = Öffnungswinkel.

Bei Luft als Mantel um den Lichtleiter liegt die optisch wirksame Mantelfläche frei. Kratzer an der Oberfläche und Staubablagerungen führen zu Lichtstreuung und damit zu Lichtverlust. Man umgibt daher den Lichtleiter mit einem ebenfalls transparenten, glatt anliegenden Mantel aus einem Material mit einem niedrigeren Brechungsindex $n_2$. Die Differenz der Brechungsindices $n_1$ und $n_2$ soll möglichst groß sein, da sie wegen

$$(15\text{-}7) \qquad n_0 \sin \alpha_0 = (n_1^2 - n_2^2)^{0,5}$$

den Öffnungswinkel $2\,\alpha_0$ bestimmt. Der Öffnungswinkel $2\,\alpha_0$ gibt den Winkel an, unter dem das Licht in dem Lichtleiter bei einem umgebenden Medium (z.B. Luft) mit dem Brechungsindex $n_0$ weitergeleitet werden kann (vgl. Abb. 15-4). Technisch haben sich z.B. für sichtbares Licht Systeme mit einem Kern von Poly(methylmethacrylat) und einem Mantel von partiell fluorierten Polymeren, für ultraviolettes Licht auch hochreines Kieselglas als Kern und Poly(tetrafluoräthylen-co-hexafluorpropylen) als Mantel eingeführt.

Mit flexiblen Lichtleiterbündeln kann man z. B. Licht „um die Ecke" leiten, mit geordneten Lichtleiterbündeln sogar „um die Ecke" gucken. Lichtleiter dienen daher in der Medizin zum Ausleuchten bzw. Beobachten von inneren Organen, in der Technik bei Autohecklichtern oder zum Entwerten von Briefmarken usw.

### 15.2.4 TRANSPARENZ

Bei einem Lichteinfall rechtwinklig zu einer optisch homogenen, planparallelen Probe wird ein Teil des Lichtes reflektiert, ein anderer durchgelassen. Die Fresnelsche Gleichung, Gl. (15 – 4), reduziert sich in diesem Fall für $\alpha \rightarrow 0$ und $\beta \rightarrow 0$ zu

(15-8) $$R_0 = (n-1)^2/(n+1)^2$$

Die Lichtdurchlässigkeit $\tau_i$ (innere Transmission, Transparenz) ist folglich gleich

(15-9) $$\tau_i = 1 - R_0$$

Bei den meisten Polymeren beträgt der Brechungsindex ca. $n \approx 1{,}5$. Die Transparenz kann folglich maximal 96 % sein, mindestens 4 % des Lichtes würden an der Grenzfläche Polymer/Luft reflektiert.

Diese ideale Transparenz wird jedoch nur selten erreicht, da das Licht auch immer etwas absorbiert und/oder gestreut wird. Poly(methylmethacrylat), das transparenteste Polymer, weist eine maximale Transparenz von 92 % auf (Abb. 15 – 5), und zwar im Bereich von ca. 430 – 1110 nm. Jenseits dieses Bereiches sinkt die innere Transmission wegen der Absorption ab. Infrarotstrahlung wird im allgemeinen von Polymeren absorbiert. Eine Ausnahme bilden halogenierte Poly(äthylene).

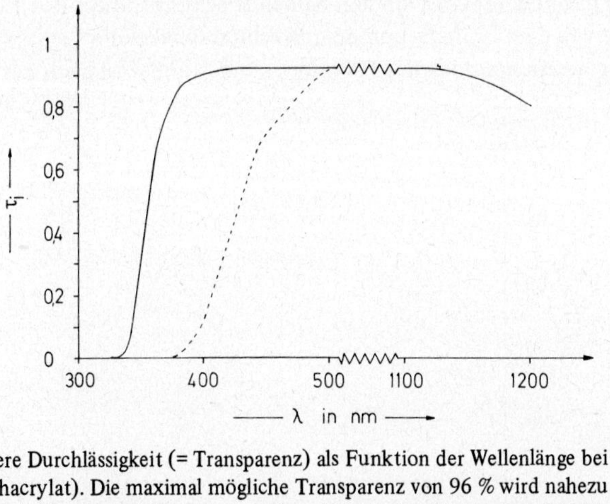


*Abb. 15-5:* Innere Durchlässigkeit (= Transparenz) als Funktion der Wellenlänge bei Poly(methylmethacrylat). Die maximal mögliche Transparenz von 96 % wird nahezu im Bereich 430 – 1115 nm erreicht. – – – – Verschiebung bei Zusatz eines UV-Absorbers.

Das sog. Deckvermögen eines Anstrichstoffes kann in grober Näherung ebenfalls über die Fresnelsche Gleichung abgeschätzt werden. Bei pigmentierten Anstrichstoffen hat man entsprechend die Brechungsindices $n_1$ des Pigmentes und $n_2$ des Polymeren zu berücksichtigen:

$$(15\text{-}10) \quad R_0 = (n_1 - n_2)^2/(n_1 + n_2)^2$$

Das Deckvermögen steigt also mit zunehmender Differenz der Brechungsindices an. Aus diesem Grunde benutzt man als Weißpigment fast ausschließlich Rutil (eine $TiO_2$-Modifikation mit $n_D = 2{,}73$), da es den höchsten Brechungsindex aller Weißpigmente besitzt. Das Deckvermögen steigt dabei exponentiell mit dem Brechungsindexunterschied an, sodaß kleine Variationen in der Polymerzusammensetzung bereits große Effekte im Deckvermögen erzeugen können.

Das Deckvermögen wird jedoch nicht nur von der Reflektion, sondern auch stark von der Lichtstreuung beeinflußt. Das auf ein Teilchen auffallende Licht wird nach allen Seiten gestreut (vgl. Kap. 9.5). Die Streuintensität steigt mit der Teilchengröße an. Je größer die Teilchen, umso geringer ist aber auch die Rückwärtsstreuung. Eine große Rückwärtsstreuung ist jedoch für ein gutes Deckvermögen erwünscht. Das Deckvermögen läuft daher als Funktion der Teilchengröße durch ein Maximum. Je höher die Pigmentkonzentration, umso mehr steigt auch die Streuintensität an. Wird die Pigmentkonzentration zu hoch, so wird einundderselbe Lichtstrahl mehrmals gestreut. Die Mehrfachstreuung erniedrigt die relative Streuintensität und das Deckvermögen sinkt. Dieser Verlust an Deckvermögen wird merklich, falls die Partikelabstände kleiner als der dreifache Partikeldurchmesser werden.

### 15.2.5 GLANZ

Glanz wird als das Verhältnis der Reflexion der Probe zur Reflexion eines Standards definiert. In der Lackindustrie wird z. B. als Standard eine Probe mit dem Brechungsindex $n_D = 1{,}567$ genommen. Der Glanz als Verhältnis zweier Reflexionen hängt somit nach Gl. (15–4) von den beiden Brechungsindices der Probe und des Standards, sowie von dem Einfalls- und dem Brechungswinkel des Lichtes ab (Abb. 15–6). Je höher der Brechungsindex des Polymeren, umso höher ist auch der Glanz.

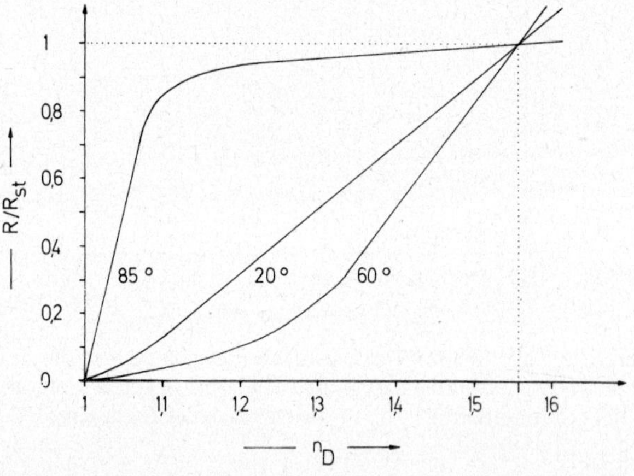


*Abb. 15-6:* Glanz $R/R_{st}$ als Funktion des Brechungsindex $n_D$ der Probe für verschiedene Einfallswinkel. Als Standard wurde ein Körper mit $n_D = 1{,}567$ gewählt.

Der so berechnete, theoretisch maximal mögliche Glanz wird in der Praxis nur selten erreicht. Die Oberflächen sind stets etwas rauh. Rauhe Oberflächen streuen jedoch Licht und führen daher zu Lichtverlusten. Auch optische Inhomogenitäten unterhalb der Oberfläche, d.h. im Medium selbst, streuen das Licht merklich. Die relativen Anteile der Lichtstreuung von der Oberfläche und vom Medium hängen vom Einfallswinkel des Lichtes ab. Beide Anteile werden in der Regel voneinander getrennt, indem man die Streuung einmal in Luft und einmal nach Immersion des Prüfkörpers in ein Medium mit dem gleichen Brechungsindex wie der Prüfkörper mißt. Durch Subtraktion erhält man dann den von der Oberfläche der Probe stammenden Streuanteil.

## *15.3 Lichtstreuung*

### 15.3.1 PHÄNOMENE

Alle vorhergehenden Ausführungen gelten nur für optisch homogene Systeme. Bei optisch inhomogenen Systemen wirkt das Medium in zweierlei Weise auf die das Medium durchlaufende elektromagnetische Welle ein. Einmal werden die Amplitude und die Phase der Welle verändert, d.h. die Wellenfront wird verzerrt. Es resultiert in der Sprache der Optik ein „geringeres Auflösevermögen", in der Terminologie der Kunststoffindustrie ein „Verlust an Klarheit".

Außerdem verliert aber die elektromagnetische Welle beim Durchtritt durch ein inhomogenes Medium einen Teil ihrer Energie durch Streuung (vgl. Kap. 9.4). Der durch die Vorwärtsstreuung hervorgerufene Verlust an Kontrast wird Schleier genannt („haze"). Der von der kombinierten Vorwärts- und Rückwärtsstreuung stammende verminderte Kontrast macht eine Probe „milchig".

Bei optisch inhomogenen Materialien ist die innere Durchlässigkeit durch die reflektierten, gestreuten und absorbierten Anteile gegeben:

(15-11) $\tau_i = 1 - R - f_{st} - f_{abs}$

Der Anteil $R$ der Reflexion kann eliminiert werden, wenn man die Probe mit einer Substanz gleichen Brechungsindex umgibt. Sowohl die Änderung der Streuung als auch die der Absorption ist in diesem Fall der Schichtdicke $\Delta L$ der Probe proportional. Der Proportionalitätskoeffizient ist folglich durch die Summe von Absorptionskoeffizient $K$ und Streukoeffizient $S$ (sog. Trübung) gegeben:

(15-12) $\tau_i = 1 - (K + S)\,\Delta L$

Gl. (15 – 12) nimmt eine einmalige Streuung an. Für den etwas allgemeineren Fall muß man zu einer infinitisimalen Form übergehen, die nach der Integration zu

(15-13) $\tau_i = \exp(-(K + S))\,L$

führt. Die Summe $(K + S)$ wurde früher Extinktionskoeffizient genannt.

Die Kubelka-Munk-Theorie verknüpft den Extinktionskoeffizienten mit der Reflexion. Im einfachsten Fall wird angenommen, daß das Licht nur in zwei Richtungen gestreut wird: in Einfallsrichtung und rückwärts in die Einfallsrichtung normal zur

Oberfläche des Körpers. Einfallendes und austretendes Licht sollen ferner diffus sein. Nach Kubelka-Munk gilt dann

(15-14) $K/S = (1 - R_\infty)^2/(2\,R_\infty)$

wobei $R_\infty$ die Reflexion eines unendlich dicken Filmes ist.

### 15.3.2 OPAZITÄT

Ein das Licht streuender Körper erscheint opak, wenn entweder lokale Schwankungen des Brechungsindex und/oder Schwankungen der Orientierung anisotroper Volumenelemente vorhanden sind.

Lokale Schwankungen des Brechungsindex führen jedoch nur dann zu einer Opazität, wenn verschiedene Strukturen vorliegen, die jeweils größer als etwa die Wellenlänge des einfallenden Lichtes sind. Die Strukturen dürfen andererseits aber auch nicht zu groß sein, da ein unendlich großer Einkristall kein Licht streut. Die Klarheit eines Materials kann daher durch Erniedrigung der Dimensionen der Strukturen beträchtlich erhöht werden. Die Annäherung der Brechungsindices der beiden Phasen vergrößert andererseits die Klarheit nur wenig. Ist bei PVC/ABS-Mischungen der Brechungsindex des PVC größer als der der dispersen Phase des ABS, so erscheint das Material im reflektierten Licht milchig-gelblich. Im umgekehrten Fall ist es blau-milchig.

Zwischen den Schwankungen des Brechungsindex und den Schwankungen der Orientierung anisotroper Volumenelemente kann durch die Streuung polarisierten Lichtes bei kleinen Winkeln entschieden werden. Die beim Einstrahlen von vertikal polarisiertem Licht beobachtete horizontal polarisierte Streuung ($H_v$-Streuung) stammt von der Anisotropie der Streuelemente. Die $V_v$-Streuung hängt dagegen sowohl von der Anisotropie der Streuelemente als auch von den Unterschieden im Brechungsindex ab.

Ein geordneter Sphärolith ist kugelsymmetrisch. Die Streuung im Innern eines $H_v$-Musters (vgl. auch Abb. 5 – 25) sollte daher gleich null sein. Eine endliche Streuintensität im Zentrum zeigt daher Unordnung an. Aus der Winkellage der maximalen Streuintensität kann dann auf die Sphärolithgröße geschlossen werden.

Lamellare Strukturen, bei denen sich die Ordnung über Bezirke mit Abmessungen größer als die Wellenlänge des Lichtes erstreckt, sind optisch weniger heterogen als Sphärolith-Strukturen. Sie streuen daher das Licht weniger, die Proben sind transparenter. Unter bestimmten Bedingungen durch Abschrecken und Orientieren hergestellte Poly(äthylen)-Folien sind daher klar, obwohl die Proben kristallin sind und sogar Überstrukturen mit Abmessungen größer als die Wellenlänge des Lichtes aufweisen.

## Literatur zu Kap. 15

R. W. Burnham, R. M. Hanes und C. J. Bertleson, Color: A Guide to Basic Facts and Concepts, J. Wiley, New York 1963

R. Ross und A. W. Birley, Optical properties of polymeric materials and their measurements, J. Phys. D. Appl. Phys. **6** (1973) 795

T. Alfrey, jr., E. F. Gurnee, W. J. Schrenk, Physical Optics of Iridescent Multilayered Plastic Films, Polymer Engng. Sci. **9** (1969) 400

N. S. Capany, Fiber Optics, Academic Press, New York 1967

# TEIL IV

# SYNTHESEN UND REAKTIONEN

# 16 Grundlagen der Polyreaktionen

Als „Polyreaktionen" bezeichnet man alle Synthesen, die von niedermolekularen (monomeren) zu hochmolekularen (polymeren) Verbindungen führen (engl. polymerization). Polyreaktionen treten nur auf, wenn die entsprechenden chemischen, thermodynamischen und mechanistischen Voraussetzungen erfüllt sind.

Polyreaktionen sind *chemisch* nur dann möglich, wenn die Monomeren mindestens bifunktionell sind. Die Funktionalität ist für eine betrachtete Verbindung aber keine konstante Größe, sondern hängt vielmehr noch vom Reaktionspartner ab (Kap. 16.1.1).

*Thermodynamisch* gesehen muß die Freie Enthalpie $\Delta G_{mp}$ der Polyreaktion negativ sein. Bei Polyreaktionen werden entweder Monomere M an eine wachsende Kette $M_n^*$ an- oder eingelagert, z. B.

(16-1) $\sim\!\sim M_n^* + M \rightleftarrows \sim\!\sim M_{n+1}^*$

oder aber bereits gebildete Ketten $M_n$ und $M_p$ (evtl. mit verschiedenen Bausteinen M) miteinander verknüpft:

(16-2) $M_n + M_p \rightleftarrows M_j$

Beide Reaktionstypen sind grundsätzlich reversibel. Die entsprechenden Gleichgewichte lassen sich daher experimentell einfach untersuchen, wenn sich den Reaktionen (16 – 1) und (16 – 2) keine irreversiblen Schritte anschließen. Ein solcher Schritt wäre z.B. die Vernichtung des aktiven Kettenendes $\sim\!\sim\!\sim M^*$. Ketten/Ketten-Gleichgewichte

(16-3) $M_n + M_p \rightleftarrows M_j + M_k$

werden auch als Austauschgleichgewichte bezeichnet, da zwischen den Molekülen Kettenteile ausgetauscht werden. Ein solcher Austausch ist nur möglich, wenn die Aktivierungsenergie genügend niedrig ist. Chemisch ist das besonders bei Heteroketten zu erwarten, da hier die Elektronenlücken oder die freien Elektronenpaare einen Angriff von Initiatoren begünstigen.

*Mechanistisch* müssen zwei Bedingungen erfüllt sein. Zunächst müssen die zu verknüpfenden Moleküle genügend leicht aktiviert werden können. Außerdem muß die Geschwindigkeit der Verknüpfungsreaktion viel höher sein als die Summe der Geschwindigkeiten aller Reaktionen, die die funktionellen Stellen blockieren.

## *16.1 Chemische Voraussetzungen*

### 16.1.1 FUNKTIONALITÄT

Als Funktionalität wird die Anzahl reaktionsfähiger Stellen in einem Molekül unter den spezifischen Reaktionsbedingungen definiert. Sie kann alle Werte von 0 und höher annehmen, auch gebrochene, da sie einen Mittelwert über alle Moleküle darstellt.

Kettenmoleküle werden gebildet, wenn die Funktionalität der Monomeren gleich oder größer als zwei ist. Eine Isocyanatgruppe –NCO ist z. B. gegenüber einer Hydro-

xylgruppe monofunktionell, wenn beide Gruppen in etwa gleichen molekularen Verhältnissen vorliegen. Zur Bildung von Polyurethanen mit der Urethangruppe
−NH−CO−O− müssen daher Diisocyanate mit Diolen reagieren:

(16-4) $\quad n\ OCN-R-NCO + n\ HO-R^1-OH \rightarrow -(CO-NH-R-NH-CO-O-R^1-O)_n$

Die Urethangruppen können sich aber mit überschüssigen Isocyanatgruppen zu Allophanaten umsetzen:

(16-5) $\quad -NCO\ +\ -NH-CO-O- \rightarrow \left( \begin{array}{c} -NH-CO \\ | \\ -N-CO-O- \end{array} \right)$

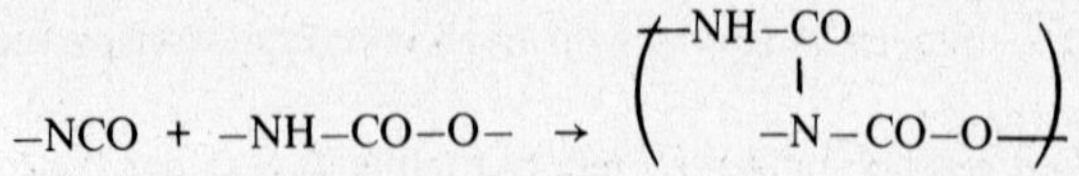

Bei der Allophanat-Bildung reagieren somit zwei Isocyanatgruppen mit einer Hydroxylgruppe; die Isocyanatgruppe ist also hier halbfunktionell.

Gegenüber Polymerisationsinitiatoren ist die Isocyanatgruppe dagegen immer bifunktionell

(16-6) $\quad \begin{array}{c} R \\ | \\ N=CO \end{array} \xrightarrow{\text{Basen}} \left( \begin{array}{c} R \\ | \\ -N-CO- \end{array} \right)$

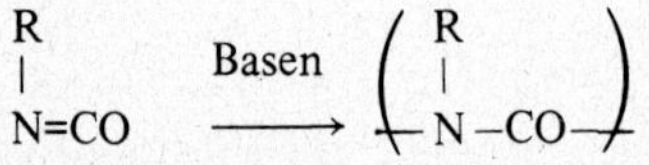

Die Funktionalität ist somit keine absolute Eigenschaft einer Gruppe, sondern stets relativ zum Reaktionspartner zu betrachten. Die chemische Struktur der entstehenden Makromoleküle wird zudem nicht nur durch die Funktionalität der polyreaktionsfähigen Gruppe, sondern auch noch durch die Funktionalität der Moleküle bestimmt. Die Kohlenstoff/Kohlenstoff-Doppelbindung des Vinylchlorids ist gegenüber radikalischen Polymerisationsinitiatoren bifunktionell. Die Radikale können aber auch das fertige Polymer angreifen, wobei z.B. ein Chloratom übertragen und ein neues Polymerradikal gebildet wird, das wiederum die Polymerisation von Vinylchlorid starten kann:

(16-7) $\quad \sim\sim CH_2-\overset{\cdot}{C}HCl\ +\ \begin{array}{c} \} \\ CH_2 \\ | \\ CHCl \\ \} \end{array} \rightarrow \sim\sim CH_2-CHCl_2\ +\ \begin{array}{c} \} \\ CH_2 \\ | \\ \cdot CH \\ \} \end{array}$

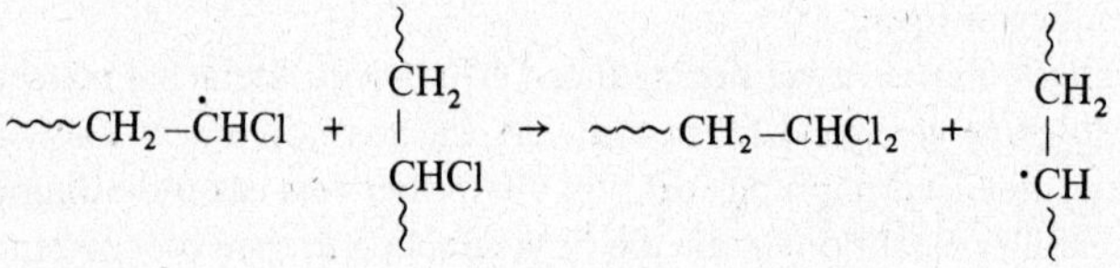

Durch diese Nebenreaktion wird die mittlere Funktionalität des Grundbausteins größer als zwei. Im Gegensatz zur niedermolekularen Chemie erfolgt aber die Nebenreaktion am gleichen Molekül. Das „Nebenprodukt" ist daher ein Teil des Makromoleküls und kann von diesem nicht abgetrennt werden.

Die mittlere Funktionalität des Monomeren kann aber auch kleiner sein als die Summe der Funktionalitäten der im Monomermolekül enthaltenen Gruppen. Bei der Diels-Alder-Polymerisation von 2-Vinylbutadien mit p-Chinon ist z. B. die gesamte Funktionalität des 2-Vinylbutadiens für die Kettenbildung nur vier (je 2 Bindungen für 2 Ketten) und pro Molekül nur zwei (unverzweigtes Makromolekül):

(16-8)

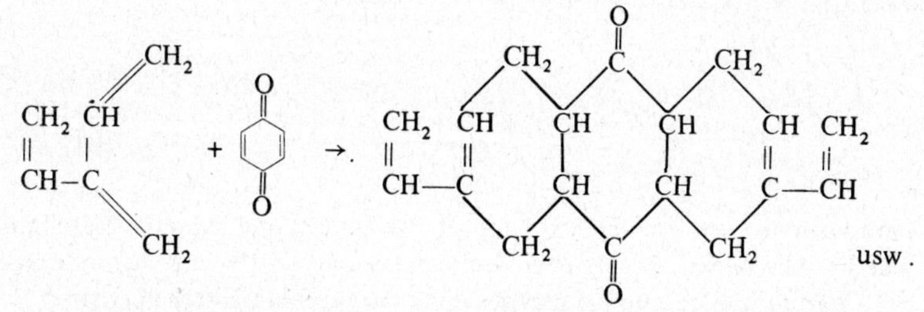

### 16.1.2 RING- UND KETTENBILDUNG

Die chemische Forderung nach mindestens bifunktionellen Monomeren wird von sehr vielen niedermolekularen Verbindungen erfüllt. Die Verknüpfung zu Makromolekülen erfolgt durch Öffnung von Mehrfachbindungen, durch Spaltung von σ-Bindungen oder durch Absättigung koordinativ ungesättigter Gruppen.

Mehrfachbindungen lassen sich bei geeigneter Anregung z.B. bei acetylenischen Gruppierungen –C≡C–, bei olefinischen Verbindungen >C=C<, bei Ketogruppen >C=O, bei Nitrilen –C ≡ N, nicht aber z.B. bei Azogruppen –N=N–, zur Polymerisation nach dem allgemeinen Schema

(16-9) $A{=}B \rightarrow -A{-}B-$

öffnen. Ob eine Mehrfachbindung geöffnet werden kann, hängt von den relativen Kraftkonstanten der Bindungen ab, die auf die Einfachbindung bezogen sind. Sind die relativen Kraftkonstanten kleiner als die Summe der Kraftkonstanten der Einfachbindungen, so ist die Polymerisation möglich (Tab. (16 – 1)). Zur Abschätzung der Polymerisationsfähigkeit von Doppelbindungen der Typen C=O, C=S, N=B, N=P, N=O, N=S, S=O usw. müssen allerdings noch Resonanzeffekte berücksichtigt werden.

*Tab. 16–1:* Relative Kraftkonstanten bei Mehrfachbindungen

| | | | | | |
|---|---|---|---|---|---|
| C–C | 1,00 | C–N | 1,00 | N–N | 1,00 |
| C=C | 1,79 | C=N | 1,95 | N=N | 2,54 |
| C≡C | 2,35 | C≡N | 3,06 | N≡N | 5,86 |

σ-Bindungen werden bei der Polymerisation von Ringen, der Polykondensation und der Polyaddition geöffnet. Sie können leicht aktiviert werden, wenn sie zwischen Heteroatomen oder zwischen Heteroatomen und Kohlenstoffatomen bestehen. Die Aktivierung von reinen C–C-Bindungen ist schwierig. Aus diesem Grunde lassen sich Cycloalkane schlecht polymerisieren, obwohl die Polymerisation meist thermodynamisch möglich ist (vgl. Kap. 16.2). Bei anorganischen Verbindungen wird oft nur eine kleine Aktivierungsenergie benötigt, da günstige Reaktionswege eingeschlagen werden können.

Eine Polymerisation durch koordinative Absättigung kann immer stattfinden, wenn das Molekül freie Elektronenpaare besitzt, die an Metallionen gebunden werden können. Palladiumchlorid (II) existiert daher im Kristall in Form einer „Spiro"-Kette und Silbercyanid (III) als „lineares" Polymer:

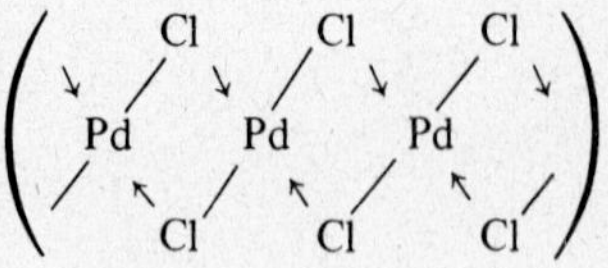
(II)

$(\rightarrow Ag - C \equiv N \rightarrow Ag - C \equiv N \rightarrow)$

(III)

Sind mehr als zwei freie Elektronenpaare vorhanden und kann das Metallion oktagonale Formen bilden, so entstehen dreidimensionale Gitter, z. B. beim Berlinerblau.

Warum werden nun bei den genannten drei Bildungsarten überhaupt Makromoleküle gebildet und nicht Ringe aus wenigen Einheiten? Dafür können sowohl thermodynamische als auch kinetische Gründe maßgebend sein. Bei der Polymerisation von Ringen sind z.B. die Bildungsenthalpien bei Ring- und Kettenbindungen etwa gleich groß. Entropisch bestehen jedoch Unterschiede. Bei der Kettenbildung nehmen die translatorischen Freiheitsgrade stärker als bei der Ringbildung ab. Andererseits sind in Ringen weniger konformative Lagen möglich als in Ketten. Ist der translatorische Entropieverlust größer,so wird $\Delta S$ negativ und das Glied $-T\Delta S$ mit steigender Temperatur immer positiver. Bei hohen Temperaturen sind dann Ringe, bei tiefen Temperaturen Ketten zu erwarten. Für eine genauere Diskussion vgl. Kap. 16.3.

Bei der Polymerisation von ringförmigen Monomeren entstehen nicht nur eigentliche Polymere, sondern auch eine ganze Reihe von cyclischen Oligomeren. Aus dem siebengliedrigen ε-Caprolactam entstehen so das 14-gliedrige cyclische Dimer, das 21-gliedrige cyclische Trimer usw. Aus dem 5-gliedrigen 1,3-Dioxolan erhält man das 10-gliedrige Dimer, das 15-gliedrige Trimer usw. Aus dem 8-gliedrigen Octamethylcyclotetrasiloxan entstehen nicht nur die einfachen Multiplen (16-, 24- usw. -gliedrige Ringe), sondern wegen der hier möglichen Austauschgleichgewichte auch 6-, 10-, 12-, 14-gliedrige Ringe, da die kleinste Grundeinheit die Siloxangruppe $-O-Si(CH_3)_2-$ mit zwei Gliedern ist. Die Gleichgewichtskonstante der Cyclisierung nimmt rasch mit zunehmender Kettengliederzahl ab (Abb. 16 – 1). Das Minimum ist vermutlich durch konformative Effekte bedingt.

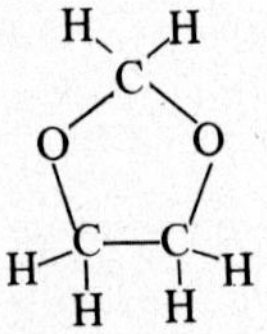
1,3-Dioxolan

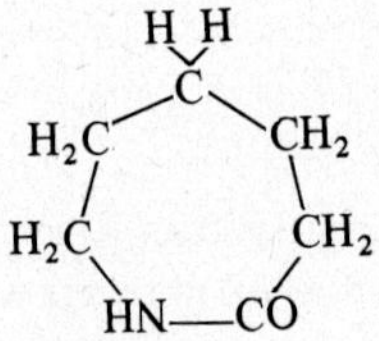
ε-Caprolactam

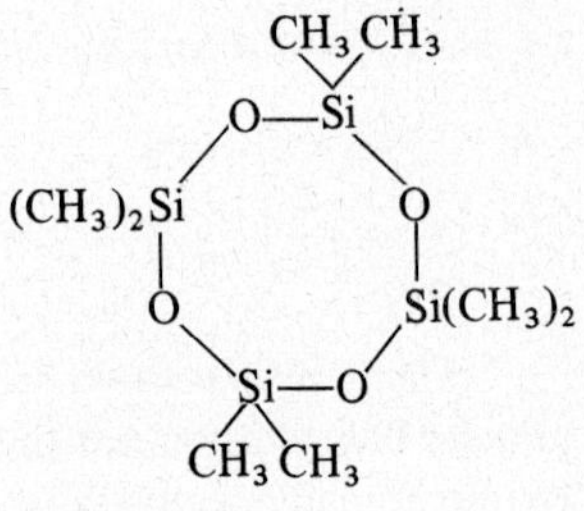
Octamethylcyclotetrasiloxan

Die Größe der entropischen Effekte ist durch die Steifheit der Moleküle bedingt. Sehr steife Monomermoleküle wie z.B. Terephthalsäure werden beim Umsatz mit Glyzerin weniger Ringe bilden als z.B. Adipinsäure. In thermodynamisch schlechten Lösungsmitteln sind die Moleküle ferner stärker eingeknäuelt; es bilden sich mehr Ringe als in guten Lösungsmitteln.

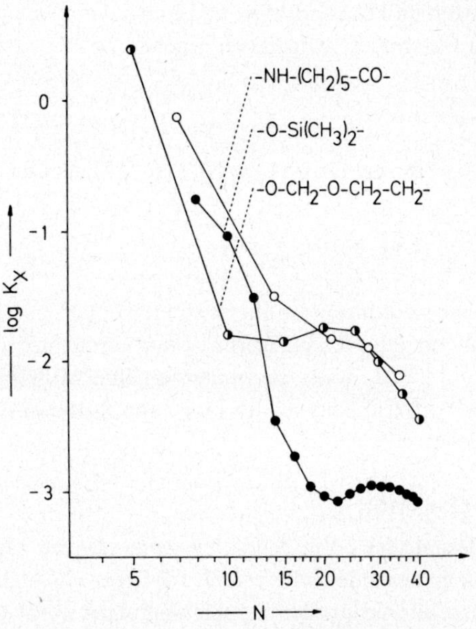


*Abb. 16-1:* Experimentell gefundene Gleichgewichtskonstanten $K_X$ der Cyclisierung für Polymerisationen in Masse bei 110 °C (ε-Caprolactam und Cyclosiloxane) bzw. bei 60 °C (1,3-Dioxolan). Nach Daten von S. A. Semlyen, G. R. Walker, P. V. Wright und J. M. Andrews.

Die Kettenbildung ist aber bei kinetisch kontrollierten Reaktionen meist ebenfalls bevorzugt. Arbeitet man z.B. in der Schmelze, so ist bei Beginn der Polyreaktion (kleiner Umsatz) die Wahrscheinlichkeit für ein Treffen eines Kettenendes mit einem anderen Molekül viel größer als für ein Treffen mit dem anderen Ende des eigenen Moleküls.

Das Verhältnis von Ring- zu Kettenbildung ist durch die Bildungsgeschwindigkeiten $v_r$ und $v_c$ gegeben. Die Bildung der Kette ist bimolekular, da z. B. bei einer radikalischen, irreversiblen Reaktion eines 1,6-Diens zwischen Polymerradikal $P^{\cdot}$ und Monomer M gilt

(16-10) $v_c = 2\,k_c\,[P^{\cdot}]\,[M]$

In Gl. (16 – 10) tritt der Faktor 2 auf, da sich die Reaktion auf *zwei* Doppelbindungen bezieht.

Gl. (16 – 10) ist aber nicht auf Polymerisationen beschränkt. Kondensiert man z.B. ω-Aminocarbonsäuren $NH_2$–$(CH_2)_x$–COOH, so gilt für die Kettenbildung ebenfalls Gl. (16 – 10). Allerdings ist dann die Proportionalitätskonstante $k_c$ und nicht $2k_c$, da die Gruppen nunmehr monofunktionell sind.

Die Ringbildungsreaktion ist dagegen monomolekular, da sie innerhalb des gleichen Moleküls abläuft und folglich nur die Radikalkonzentration entscheidend ist:

(16-11) $v_r = k_r\,[P^{\cdot}]$

Der Bruch $f_r$ an Ringen im Polymerisat ist durch den Anteil der Ringbildungsgeschwindigkeit an der Gesamtgeschwindigkeit gegeben:

(16-12)  $\quad f_r = \dfrac{v_r}{v_r + v_c}$

Setzt man die Gl. (16-10) und (16-11) in Gl. (16-12) ein und formt um, so erhält man

(16-13)  $\quad \dfrac{1}{f_r} = 1 + \dfrac{2\,k_c}{k_r}\,[M] = 1 + \dfrac{2}{r_c}\,[M]$

Je höher die Monomerkonzentration, umso kleiner der Anteil der Ringbildung (quantitative Formulierung des Ruggli-Ziegler'schen Verdünnungsprinzipes). Das Cyclisierungsverhältnis $r_c = k_r/k_c$ weist die Dimension einer Molkonzentration auf. Es gibt diejenige Molkonzentration an, bei der Ringe und Ketten mit gleicher Wahrscheinlichkeit gebildet werden.

### 16.1.3 CYCLOPOLYMERISATION

Wie schon das Beispiel des 2-Vinylbutadiens zeigt, sind die Verhältnisse bei der Polymerisation von Dienen besonders interessant. 1,4-Diene $CH_2=CH-CR_2-CH=CH_2$ sind wegen der beiden bifunktionellen Doppelbindungen normalerweise tetrafunktionell und führen daher schon bei relativ kleinen Umsätzen zu Verzweigungen und Vernetzungen. 1,3-Diene wie Butadien $CH_2=CH-CH=CH_2$ oder Isopren $CH_2=C(CH_3)-CH=CH_2$ reagieren aber mit bestimmten Initiatoren bifunktionell zu unverzweigten 1,4-Polydienen. Symmetrische 1,6-Diene und häufig auch symmetrische 1,5-Diene geben bei der Polymerisation ebenfalls mehr oder weniger unverzweigte Moleküle. Im Gegensatz zu den 1,4-Polydienen sind die 1,6- und 1,5-Polydiene aber nur wenig ungesättigt. Durch eine Cyclopolymerisation werden nämlich intramerar Ringe gebildet, z. B. beim 1,6-Dien Acrylsäureanhydrid

(16-14)

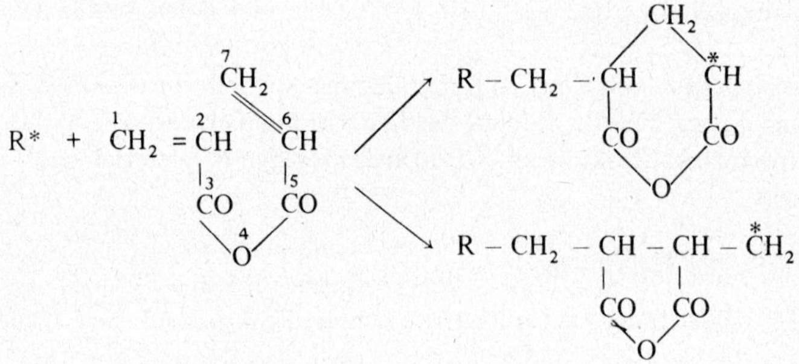

oder beim Dimethylencyclohexan

(16-15)  $\quad R^* + CH_2=\langle H \rangle=CH_2 \;\rightarrow\; R-CH_2-\langle\bigcirc\rangle-{}^*$

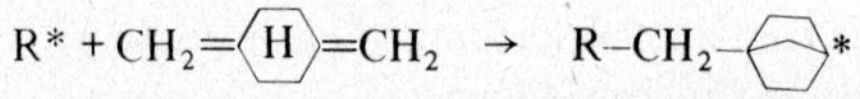

Eine Überschlagsrechnung zeigt, daß der gefundene hohe Anteil an Cyclisierungen nicht durch eine statistische Reaktion erklärt werden kann. Bei einer rein statistischen Reaktion können die Wahrscheinlichkeiten $p_r$ für die Ringbildung und $p_c$ für die Kettenbildung wie folgt abgeschätzt werden:

Die Wahrscheinlichkeit für die Ringbildung ist durch die Verteilungsfunktion $p(r)$ des Abstandes $r$ zwischen den beiden reagierenden Atomen gegeben. Bei 1,6-Dienen sind dies z.B. die Atome $C^2$ und $C^7$ (vgl. Gl. (16–14)). Der Abstand zwischen diesen beiden Atomen ist derjenige zwischen den Enden einer Kette mit fünf Bindungen (sechs Kettengliedern). Die Verteilung $p(L)$ des Fadenendenabstandes $L$ einer solchen Kette ist bei Paraffinen berechnet worden und ergibt sich für Fadenendenabstände $(0{,}33 \leqslant L < 1{,}3)$ in guter Näherung zu

(16-16) $$p(L) = 0{,}09\,(L - 0{,}33)$$

$L$ wird dabei in Einheiten der Bindungslänge ausgedrückt. Bei Paraffinen gilt daher $1\,L = 0{,}153$ nm.

Ringe sollten nur bei kleineren Abständen als $1\,L$ gebildet werden. Die Wahrscheinlichkeit, den Fadenendenabstand innerhalb dieser Grenzen zu finden, ist dann durch Integration von Gl. (16–16) zwischen den Werten $L = 0{,}33$ und $L = 1$ zu finden

(16–17) $$p(L) = \int p(L)\,\mathrm{d}L = 0{,}09 \int_{0,33}^{1} L\,\mathrm{d}L = 0{,}09 \int_{0,33}^{1} 0{,}33\,\mathrm{d}L = 0{,}020$$

$p(L)$ ist gleichzeitig die Wahrscheinlichkeit $p_r$, daß sich Ringe bilden.
Die Wahrscheinlichkeit $p_c$ für die Kettenbildung ist durch

(16–18) $$p_c = r^3/\bar{r}^3$$

gegeben. $r$ ist der Abstand, bei dem eine Reaktion zwischen zwei Doppelbindungen verschiedener Moleküle erfolgt. $\bar{r}$ ist der mittlere Abstand zwischen zwei Doppelbindungen. Er berechnet sich wie folgt: Die Molkonzentration [M] (in Mol Monomermoleküle pro $dm^3$) ist mit der Konzentration $c_n$ der Moleküle pro $10^{-3}$ $nm^3$ über $[M] \cdot 10^{-3}(10^{-8})^3 \cdot 6{,}02 \cdot 10^{23} = c_n$ verknüpft. Die Zahl der Doppelbindungen pro $10^{-3}$ $nm^3$ ist dann $c_d = 2\,c_n$. Das für eine Doppelbindung verfügbare Volumen berechnet sich zu $v_1 = 1/c_d = 830/[M]$. Der mittlere Abstand $\bar{r}$ der Doppelbindungen berechnet sich aus $v_1 = (4\pi/3)\,\bar{r}^3$. Setzt man diese Werte in (16–18) ein, so erhält man

(16-19) $$p_c = \frac{r^3}{(\bar{r})^3} = \frac{r^3\,(4\pi/3)\,[M]}{830} = 1{,}84 \cdot 10^{-2}\,[M]$$

wenn $r = 0{,}154$ nm gesetzt wird. Für das Verhältnis der Wahrscheinlichkeiten von Ketten- zu Ringbildung bekommt man somit $p_c/p_r = [M]/1{,}09$. Das Verhältnis der Wahrscheinlichkeiten ist gleich dem Verhältnis der Geschwindigkeiten $v_c/v_r$. Mit den Gl. (16–10), (16–11), (16–17) und (16–18) bekommt man somit:

(16-20) $$k_r/k_c = 2{,}18$$

Mit diesem berechneten Verhältnis $k_r/k_c = 2{,}18$ kann über Gl. (16–13) der Anteil der Cyclisierung bei verschiedenen Konzentrationen unter Annahme einer rein statistischen Reaktion berechnet werden. Eine Monomerkonzentration von 0,01 mol/$dm^3$ führt demnach zu einer 99,1 proz. Cyclisierung, eine von 1,00 mol/$dm^3$ zu einer solchen von 52,1 %, eine Monomerkonzentration von 7,43 mol/$dm^3$ (entspricht etwa Polymerisation in Masse bei 1,6-Dienen) zu einer Cyclisierung von 27,8 %. Experimentell werden aber bei Monomerkonzentrationen von 1 – 8 mol/dm³ Cyclisierungsgrade von 90 – 100 % gefunden. Die Cyclisierung kann daher nicht statistisch erfolgen.

Symmetrische 1,6-Diene zeigen nun im UV-Spektrum eine starke bathochrome Verschiebung der Absorptionsbande für die Doppelbindung. Es muß also eine Wechselwirkung zwischen den Doppelbindungen vorliegen:

(16–21)

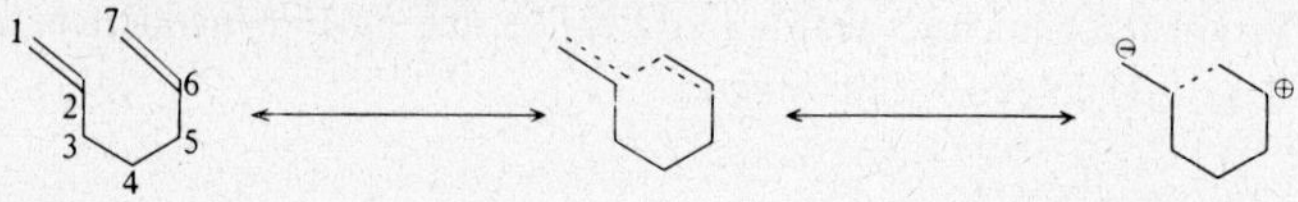


wodurch auch die starke Zunahme der Cyclisierung verständlich würde. Möglicherweise handelt es sich jedoch nicht um eine $\pi$-$\pi$-Wechselwirkung, sondern um eine $\pi$-$\sigma$-Wechselwirkung. Erfolgt die stärkste Annäherung zwischen dem $C^2$ und dem $C^7$, so werden Sechsringe gebildet. Die Wechselwirkung wird bei unsymmetrisch an der Doppelbindung substituierten 1,6-Dienen sterisch gehindert, was zu einer relativen Abnahme der Cyclopolymerisation führt. Sterische Hinderung tritt auch auf, wenn die stärkste Annäherung bei 1,6-Dienen zwischen dem $C^2$ und dem $C^6$ eintritt. Auch hier ist noch eine Cyclopolymerisation möglich, jedoch zu Fünfringen. Experimentell wurden bei der Polymerisation von 1,6-Dienen Sechs- und Fünfringe gefunden.

Die Zusammenhänge zwischen Ringbildungstendenz und Konstitution der Monomeren sind noch nicht völlig geklärt. Auffällig sind jedoch die hohen Verhältnisse $k_r/k_c$ für Methacrylsäureanhydrid und Divinylformal (Tab. 16 – 2).

*Tab. 16–2:* Geschwindigkeitskonstanten und Polymerisationsenthalpien, sowie -entropien bei der Cyclopolymerisation

| Monomer | $k_r/k_c$ mol/dm³ | $\Delta H_c - \Delta H_r$ kJ/mol | $\Delta S_c - \Delta S_r$ J mol⁻¹ K⁻¹ |
|---|---|---|---|
| Acrylsäureanhydrid | 6 - 11 | - 8,3 bis - 19,7 | 21 |
| Methacrylsäureanhydrid | 45 - 100 | – | – |
| Divinylformal | 130 | - 10,9 | – |
| o-Diallylphthalat | 4,3 | – | – |

Auch intermolekulare Cyclisierungsreaktionen sind möglich, z. B. bei der Copolymerisation von Divinyläther mit Maleinsäureanhydrid:

(16–22)

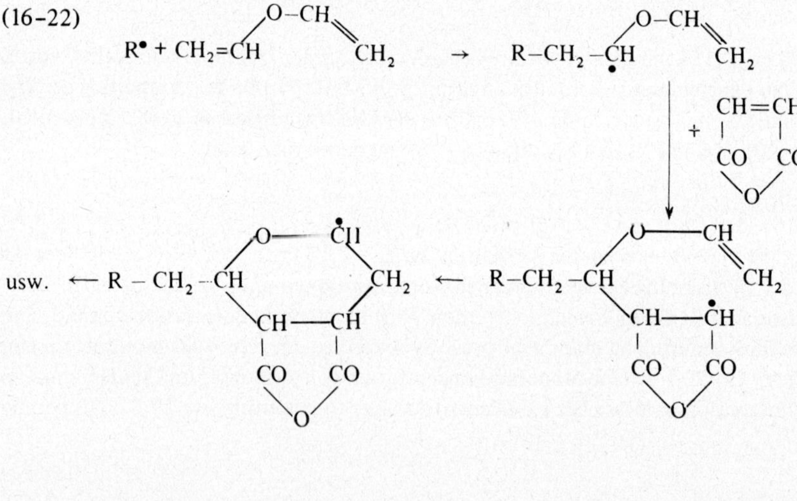

## *16.2 Experimentelle Verfolgung von Polyreaktionen*

Was die Herren nicht beweisen können, nennen sie Praxis, und was sie nicht widerlegen können, nennen sie Theorie.

L. Bamberger, Reden im Reichstag

### 16.2.1 NACHWEIS UND QUANTITATIVE BESTIMMUNG DER POLYMERBILDUNG

Für die Durchführung von Polyreaktionen ist strengste Sauberkeit erforderlich. Bei der radikalischen Polymerisation von Styrol genügen bereits einige ppm Sauerstoff (parts per million), um die Polymerisation zu unterbinden. 1 % einer monofunktionellen Verunreinigung verursacht bei Polykondensationen, daß die mittleren Polymerisationsgrade nicht über 100 steigen können (vgl. Kap. 17.2.2).

Die Monomeren müssen daher sehr sorgfältig gereinigt werden. Wichtig ist das Entfernen höherfunktioneller Verbindungen, z.B. von Trichlormethylsilan aus Dichlordimethylsilan bei der Polykondensation mit Wasser zu Poly(dimethylsiloxan) oder von Divinylbenzol bei der Polymerisation von Styrol. Spätestens bei den abschließenden Reinigungsoperationen muß unter Stickstoff oder Helium sowie unter völligem Ausschluß von Wasser (falls die Reaktion darauf empfindlich ist) und Licht gearbeitet werden. Durch Licht können z.B. aus dem Monomeren oder dem Lösungsmittel Radikale entstehen, die das Monomer polymerisieren oder aber das Polymerisat angreifen. Es ist darum auch zweckmäßig, in ausgeglühten Quarzgefäßen zu arbeiten, da die Oberfläche von Glasgefäßen vor allem bei ionischen Polymerisationen in das Reaktionsgeschehen eingreifen kann. Bei Polymerisationen hat sich als abschließende Reinigungsstufe eine Vorpolymerisation bewährt (Abb. 16 – 2). Ein Teil des Monomeren wird mit dem gleichen Initiator wie beim Hauptversuch anpolymerisiert. Nach einem Umsatz von ca. 20 % wird das restlichen Monomer aus der polymerisierenden Mischung in das Reaktionsgefäß abdestilliert, das bereits den Initiator für den Hauptversuch enthält.

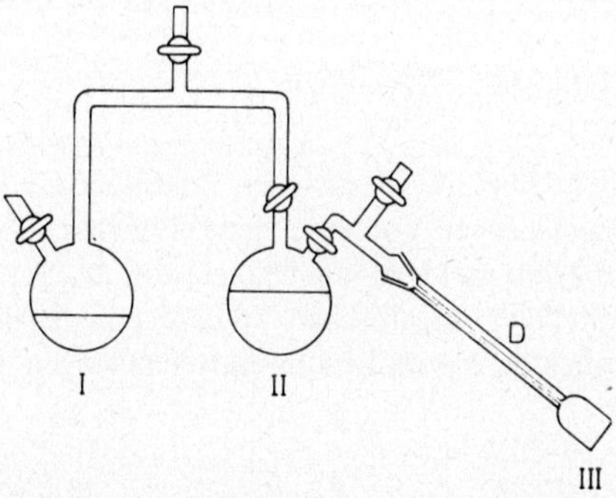


*Abb. 16-2:* Apparatur für die Reinigung und Aufbewahrung polymerisierender Monomer. Im Vorpolymerisationskolben I wird ein Gemisch aus Monomer und Initiator bis zu Umsätzen von 10 - 20 proz. polymerisiert und das restliche Monomer dann in den Vorratskolben II destilliert. Das Dilatomer D enthält im Kolben III den Initiator, auf den nun das Monomer aus II durch Anlegen eines Vakuums überführt wird.

Absolute Reinheitskriterien sind schwierig zu definieren, da die meisten Nachweismethoden für noch wirksame Spuren von Verunreinigungen zu unempfindlich sind. Ein guter Hinweis ist die Reproduzierbarkeit von kinetischen Messungen, vor allem dann, wenn die Monomeren nach verschiedenen Methoden hergestellt und gereinigt wurden.

Polyreaktionen können über die Bildung des Polymeren, das Verschwinden des Monomeren oder die Bildung eines weiteren Reaktionsproduktes (z.B. Abspaltungsprodukte bei Polykondensationen) verfolgt werden. Im Zweifelsfall wird man alle drei Methoden heranziehen.

Rein qualitativ läßt sich die Bildung von Polymeren oft durch eine Viskositätszunahme verfolgen. Die quantitative Auswertung von Viskositätsmessungen ist aber schwierig, da die Viskosität einer reagierenden Mischung nicht nur vom Umsatz, sondern auch von den physikalischen Wechselwirkungen der Mischungsteilnehmer und vom Molekulargewicht des entstehenden Polymeren abhängt.

Die indirekten Methoden zur Verfolgung von Polyreaktionen verzichten auf die Isolierung der Polymeren. Sie gestatten aber, die Polyreaktionen kontinuierlich zu verfolgen. Besonders genau ist die Dilatometrie, bei der die Kontraktion einer polymerisierenden Mischung gemessen wird. Ein Dilatometer besteht aus einem kalibrierten Rohr von ca. 3 mm Durchmesser mit angeschmolzenem Reaktionsgefäß von 4–8 cm³ Inhalt. Es wird zuerst mit dem Initiator beschickt. Das Monomer wird dann aus dem Vorratsgefäß z. B. unter Stickstoff eindestilliert (Abb. 16–2) und das Dilatometer in das Temperaturbad gebracht. Bei der Polymerisation verringert sich der Abstand zwischen den Atomen der verschiedenen Grundbausteine, z. B.

(16-23)

$$\text{>C=C<} + \text{>C=C<} \rightarrow \text{>C—C—C—C<}$$

|← →|← →|← →|           |← →|

0,144 nm  0,3–0,4 nm  0,144 nm           0,154 nm

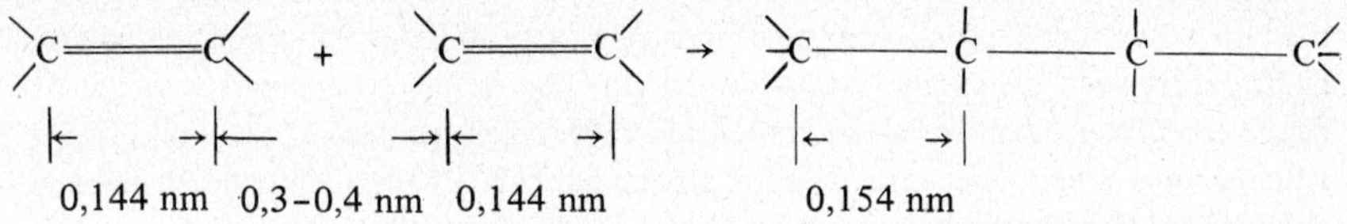

Die dadurch bedingte Kontraktion ist viel größer als die Vergrößerung des Abstandes beim Übergang von einer $\pi$- zu einer $\sigma$-Bindung. Auch Ringöffnungspolymerisationen lassen sich daher dilatometrisch verfolgen. Das Polymer wird aus dem Dilatometer durch Einpressen von Lösungsmittel mit einer Injektionsspritze entfernt.

Die Dichten ändern sich bei der Polymerisation z. T. erheblich (Tab. 16–3). Die relative Volumänderung bei 100 % Umsatz

(16-24) $\quad \dfrac{v_{\text{mon}} - v_{\text{pol}}}{v_{\text{mon}}} = K$

wird über die spezifischen Volumina $v$ von Polymer und Monomer berechnet. Die spezifischen Volumina der Polymeren sind bei Molekulargewichten $M$ von über ca. 20 000 praktisch unabhängig von $M$. Bei nicht vollständigem Umsatz treten an die Stelle der spezifischen Volumina die partiellen spezifischen Volumina $\tilde{v}$, die u.a. auch noch vom Lösungsmittel abhängen. Der Umsatz $u$ ergibt sich dann zu

(16-25) $\quad u = \dfrac{\Delta V}{V_0} \cdot \dfrac{1}{K}$

Die Kontraktion ist im allgemeinen bei der Polymerisation von Doppelbindungen größer als bei der von Ringen. Im Einzelnen können jedoch erhebliche Unterschiede bestehen. Die in Tab. 16–3 aufgeführten Monomeren polymerisieren alle über eine

*Tab. 16-3:* Dichten und Brechungsindices von Monomeren und Polymeren bei 20 °C

| Monomer | Dichte $\rho_4^{20}$ g/cm³ Monomer | Polymer | Brechungsindex $n_D^{20}$ Monomer | Polymer | Kontraktionsfaktor K Gl. (16-24) |
|---|---|---|---|---|---|
| Isobutylen | 0,600 | 0,912 | 1,381 | 1,509 | 0,342 |
| Butadien | 0,627 | 0,906 | 1,429 | 1,520 | 0,310 |
| Isopren | 0,681 | 0,906 | 1,422 | 1,519 | 0,316 |
| Styrol | 0,906 | 1,059 | 1,546 | 1,590 | 0,130 |
| Vinylchlorid | 0,911 | 1,406 | – | 1,544 | 0,352 |
| Vinylacetat | 0,936 | 1,191 | 1,396 | 1,466 | 0,223 |
| Methylmethacrylat | 0,944 | 1,213 | 1,415 | 1,488 | 0,222 |
| Chloropren | 0,951 | 1,25 | 1,458 | 1,558 | 0,239 |

Doppelbindung und schrumpfen zwischen 13 und 35 %. 1-Vinylpyren schrumpft sogar nur 6 %. Bei der Polymerisation von Äthylenoxid erfolgt andererseits eine Kontraktion von 23 %, während Octamethylcyclotetrasiloxan und Cyclooctan bei der Ringöffnungspolymerisation nur um je 2 % schrumpfen. Im Prinzip ist auch eine Polymerisation unter Expansion denkbar.

Auch durch Messung der Brechungsindices lassen sich Polyreaktionen verfolgen. Brechungsindices bzw. spezifische Volumina ändern sich praktisch linear mit dem Umsatz.

Bei Polykondensationen können auch oft sehr einfach die Konzentrationen der Endgruppen als Funktion der Zeit bestimmt werden.

Die Abnahme des Monomeren (z.B. durch Titration der Doppelbindungen) wird nicht so häufig verwendet, um Polyreaktionen zu verfolgen. Der Nachweis von Doppelbindungen durch Bromaddition versagt z. B. bei sehr elektronenarmen Doppelbindungen. Monomeres kann z. B. auch durch andere Reaktionen als Polyreaktionen verschwinden. Außerdem läßt es sich nicht gut aus der hochviskosen Mischung entfernen. Bei Lösungen von polymerisierenden Monomeren kann man das Monomer gelchromatographisch bestimmen oder auch nach vorheriger Abtrennung des Polymeren gaschromatographisch.

### 16.2.2 ISOLIERUNG UND REINIGUNG DES POLYMEREN

Die Bildung des Polymeren kann direkt durch Isolieren des entstandenen Polymeren verfolgt werden. Die Methode hat den Vorteil, daß anschließend direkt die chemische Struktur untersucht werden kann. Die Polyreaktion wird dazu durch Zusätze (Inhibitoren bei der Polymerisation) oder durch starkes Abkühlen gestoppt. Das Monomer und/oder das Lösungsmittel können vom Polymeren abdestilliert werden, doch läßt sich wegen der hohen Viskosität nicht alles Monomer entfernen. Außerdem wird dadurch nicht der Initiator bzw. Katalysator entfernt. Eine Destillation muß auf jeden Fall bei sehr tiefen Temperaturen vorgenommen werden, da sonst das Polymer abgebaut wird oder aber die Polyreaktion weitergeht.

In der Regel wird daher das Polymer von Monomeren durch Umfällen getrennt. Eine Lösung des Polymeren (ca. 1 – 5 %) wird in dünnem Strahl in einen großen Überschuß an Fällungsmittel (ca. 1 : 10) unter heftigem Rühren eingetragen oder eingesprüht. Das Fällungsmittel soll nicht zu schwach sein, da sonst nicht alles Polymer ausgefällt wird und nicht zu stark, da sonst Monomer bzw. Initiator eingeschlossen werden. Das Ausfällen soll bei möglichst tiefen Temperaturen erfolgen. Arbeitet man oberhalb der Glastemperatur des Polymeren, so verklebt das Polymer.

Die ausgefallenen Polymeren enthalten stets noch Lösungsmittel. Beim Trocknen bei erhöhter Temperatur werden diese Lösungsmittel inkludiert, da sie bei Temperaturen unterhalb der Glastemperatur wegen der sehr hohen Viskosität nicht gut aus dem Polymeren entweichen können. Poly(styrol) kann z.B. 20 % $CCl_4$ oder 2,5 % Butanon inkludieren, Poly(acrylnitril) 10 % Dimethylformamid. Die Inklusion vermindert sich, wenn dem Lösungsmittel ein Nichtlöser zugesetzt wird, der mit dem Lösungsmittel azeotrop abdestilliert. Besser ist eine Gefriertrocknung. Das Makromolekül wird in Lösungsmitteln wie Wasser, Dioxan, Benzol oder Ameisensäure gelöst, die Lösung in flüssiger Luft schnell eingefroren und das Lösungsmittel dann bei Temperaturen unterhalb der Glastemperatur absublimiert. Das Einfrieren muß sehr schnell erfolgen, da die wachsenden Kristalle des Lösungsmittels sonst Polymerketten sprengen können.

Polymere können nicht durch Umkristallisieren gereinigt werden, da viele von ihnen nicht kristallisieren und bei den kristallisierbaren während der Kristallisation Verunreinigungen eingeschlossen werden. Aus verdünnten Lösungen von Poly(2,6-diphenyl-1,4-phenylenäther) in Tetrachloräthan entstehen z. B. beim Eindunsten zentimetergroße Kristalle, die noch ca. 30 % Lösungsmittel enthalten. Auch die Protein-„Einkristalle" enthalten stets große Mengen Wasser.

In manchen Fällen kann das Polymer durch Extraktion mit das Polymere gut quellenden Extraktionsmitteln gereinigt werden. Besonders für wasserlösliche Polymere eignet sich das Verfahren der Dialyse, für geladene Polymere die Methode der Elektrodialyse. Emulsionen lassen sich durch Einfrieren und Auftauen, durch Zugabe von Säuren bzw. Basen (jeweils anderen Vorzeichens als die Ladung der Latices), durch Kochen oder durch Zugabe von Elektrolyten brechen. Die zugegebenen Elektrolyte flocken bei gleicher Konzentration umso stärker, je höher ihre Ladung ist (Schulze-Hardy'sche Flockungsregel).

Zur Kontrolle auf verbleibende Verunreinigungen eignet sich die Gelpermeationschromatographie. Die chemische Struktur des Makromoleküls läßt sich dann mit den üblichen Methoden (magnetische Kernresonanz, Infrarot- und Ultraviolettspektroskopie, Elementaranalyse, Pyrolyse mit anschließender Gaschromatographie, usw.) aufklären.

## *16.3 Gleichgewichte Kette/Monomer*

### 16.3.1 DEFINITION

Das Gleichgewicht zwischen der Anlagerung und der Abspaltung eines Monomeren an eine wachsende Kette

$$(16\text{–}26) \qquad \sim\!\sim\!\sim M_i^* + M \underset{k_{dp}}{\overset{k_p}{\rightleftarrows}} \sim\!\sim\!\sim M_{i+1}^*$$

ist wie jedes Gleichgewicht unabhängig vom Weg. Es ist also auch unabhängig vom Mechanismus und daher unabhängig von der chemischen Natur des Keims *, der ein Anion, Kation oder auch ein Radikal sein kann. Die typischen Kennzeichen einer solchen Gleichgewichtsreaktion lassen sich natürlich nur dann erkennen, wenn keine zusätzlichen Reaktionen auftreten, bei denen der Keim vernichtet wird. Diese Bedingung läßt sich besonders leicht bei anionischen Polymerisationen erreichen, schwieriger bei kationischen und relativ selten bei radikalischen. Ein echtes Gleichgewicht läßt sich von beiden Seiten, d. h. über Polymerisation und Depolymerisation, einstellen. Das Erreichen eines mit der Zeit konstanten Umsatzes bei der Polymerisation ist dabei noch kein Beweis für ein Polymerisationsgleichgewicht (vgl. dazu die „dead end-Polymerisation" in Kap. 20.2.6).

Eine typische Gleichgewichtspolymerisation tritt z. B. bei der mit Natriumnaphthalin als Initiator (vgl. Gl. (18–11)) gestarteten anionischen Polymerisation von Styrol in Tetrahydrofuran auf. Sind Fremdsubstanzen ausgeschlossen, so tritt keine Abbruchsreaktion auf. Die Konzentration an Anionen bleibt daher im System konstant und im Gleichgewicht auch die Konzentration an Monomer. Gibt man neues Monomer zu, so wird das Gleichgewicht gestört und die Polymerisation läuft bis zur erneuten Gleichgewichtseinstellung weiter. Die Konzentrationen an Monomer im Gleichgewicht hängen dabei vom Monomer selbst, von der Temperatur, der Konzentration, der Natur eines etwaigen Lösungsmittels, vom Druck usw. ab. Bei 25 °C beträgt z.B. die Gleichgewichtskonzentration an Methylacrylat $10^{-9}$ mol/dm$^3$, die von $\alpha$-Methylstyrol aber 2,6 mol/dm$^3$ (bei Polymerisation in Masse).

Bei radikalischen Polymerisationen kann man Polymerisationsgleichgewichte besonders gut bei Biradikalen beobachten. Bei Biradikalen führt die Kombination zweier Monomerradikale erneut zu einem Biradikal. Bicyclo-[2.2.1]-hepten-2 und $SO_2$ copolymerisieren z.B. spontan. Dabei wird zunächst eine Anlagerungsverbindung gebildet, die sich dann zu einem Biradikal umlagert:

(16-27)

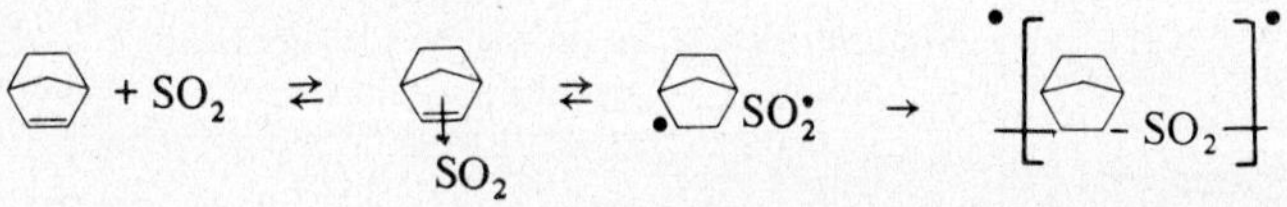

Auch das Xylylen kann derartige radikalische Gleichgewichtspolymerisationen eingehen. Bei hohen Temperaturen spaltet das cyclische Dimer zum Xylylen auf, das dann bei genügend tiefen Temperaturen polymerisiert. Durch Elektronenspinresonanz-Messungen wurde eine Konzentration von $(5-10) \cdot 10^{-4}$ mol freier Elektronen pro grundmol gemessen. Der daraus berechenbare Polymerisationsgrad von 2000 bis 4000 stimmte gut mit dem durch Molekulargewichtsbestimmungen ermittelten überein:

(16–28)

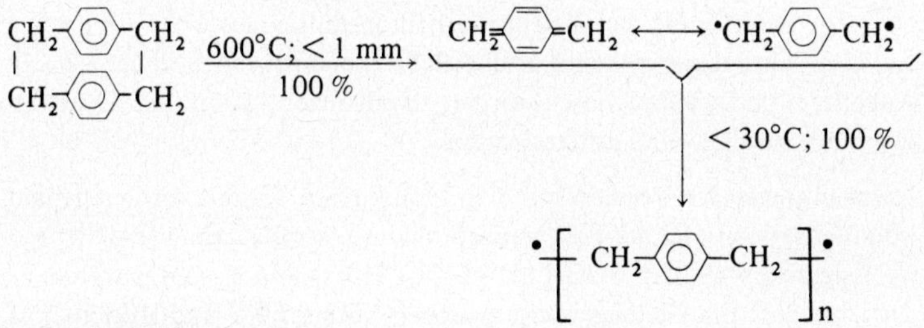


#### 16.3.2 GLEICHGEWICHTSKONSTANTE

Die Gleichgewichtskonstante $K_n$ für das Polymerisationsgleichgewicht ergibt sich nach Gl. (16 – 26) zu

$$(16\text{-}29) \quad K_n = \frac{[\sim\sim\sim M^*_{i+1}]_e}{[M]_e[\sim\sim\sim M^*_i]_e}$$

Ist der Polymerisationsgrad und damit i und das Molekulargewicht sehr groß, so werden die Konzentrationen der wachsenden Ketten i und (i + 1) praktisch identisch. Die Gleichgewichtskonstante ergibt sich dann als Reziprokwert der Monomerkonzentration im Gleichgewicht e,

$$(16\text{-}30) \quad K_n \approx 1/[M]_e \; ; \qquad \overline{M}_n \rightarrow \infty$$

Hohe Polymerisationsgrade bedingen kleine Initiatorkonzentrationen. Bei der Polymerisation von Laurinlactam $\overline{(CH_2)_{11}\text{—}CO\text{—}NH}$ sind erstere schon bei einem Molverhältnis Initiator: Monomer von 1 : 100 innerhalb der experimentellen Fehler erreicht (Tab. 16 – 4). Die Gleichgewichtskonzentrationen an Monomer sind auch unabhängig von der Natur des Initiators, d.h. Säure oder Amin. Bei größeren Initiatorkonzentrationen und folglich kleineren Molekulargewichten sinkt aber die Monomerkonzentration im Gleichgewicht. Der Effekt ist außer durch die dann nicht mehr zutreffende Annahme $[\sim\sim\sim M^*_{i+1}] \approx [\sim\sim\sim M^*_i]$ noch vor allem dadurch bedingt, daß nunmehr auch die Gleichgewichtsreaktion zwischen Initiator und Monomer sich auszuwirken beginnt.

*Tab. 16-4:* Gleichgewichtspolymerisation von Laurinlactam bei 280 °C

| Initiator Typ | Initiator Konz. am Anfang mol/kg | Monomer-Konz. am Anfang mol/kg | Monomer-Konz. im Gleichgewicht mol/kg | $\overline{M}_n$ g/mol Molekül |
|---|---|---|---|---|
| Hexamethylendiamin | 0,0687 | 5,02 | 0,107 | 20 300 |
| ω-Aminoundecancarbonsäure | 0,0510 | 5,03 | 0,110 | |
| Adipinsäure | 0,0509 | 5,03 | 0,108 | |
| Phenylessigsäure | 0,0501 | 5,03 | 0,108 | |
| Sebacinsäure | 0,0490 | 5,01 | 0,108 | |
| Laurinsäure | 0,0494 | 5,01 | 0,107 | |
| Laurinsäure | 0,499 | 4,561 | 0,100 | 2 380 |
| Laurinsäure | 1,248 | 3,801 | 0,0817 | 1 015 |
| Laurinsäure | 2,496 | 2,534 | 0,0623 | 585 |

Zur Berechnung der Gleichgewichtskonstanten aus den Gleichgewichtskonzentrationen muß daher bekannt sein, welche Gleichgewichte zu berücksichtigen sind. Außerdem muß nachgewiesen werden, daß Konzentration und Aktivität identisch sind. Der einfache Fälle sind unterscheidbar:

I. Ein Initiator XY reagiert mit dem Monomeren M und wird eingebaut (z.B. Lactampolymerisation). Bei der Polymerisation von Laurinlactam $\overline{NH\text{—}(CH_2)_{11}\text{—}CO}$ mit Phenylessigsäure $C_6H_5CH_2COOH$ ($X = C_6H_5CH_2CO$ und $Y = OH$) treten zwei Gleichgewichte auf: Ein Gleichgewicht zwischen Initiator XY und Monomer M

$$(16\text{-}31) \quad XY + M \rightleftarrows XMY \quad ; \quad K_i = [XMY]_e/([XY]_e[M]_e)$$

und ein Gleichgewicht zwischen $XM_nY$ (Polymer) und Monomer, wobei die Gleichgewichtskonstante als unabhängig von der Molekülgröße angenommen werden kann:

(16–32) $XM_{n-1}Y + M \rightleftarrows XM_nY$ ; $K_n = [XM_nY]_e/([XM_{n-1}Y]_e[M]_e)$

Der Polymerisationsgrad $\overline{Y}_n$ der entstehenden Polymermoleküle setzt sich aus der Anzahl Monomerreste pro Molekül und dem Initiatorrest zusammen und ergibt sich für einen beliebigen Umsatz $u$ zu

$$(16\text{–}33) \quad (\overline{Y}_n)_{u<100\,\%} = \frac{[M]_0 - [M]_e}{[XY]_0 - [XY]_e} + 1 = \overline{X}_n + 1$$

Die Indices o und e geben dabei die Verhältnisse zu Beginn und im Gleichgewicht an; $\overline{X}_n$ ist die Zahl der Monomerreste pro Initiatormolekül.

Die Verknüpfung der Gleichgewichtskonstanten $K_i$ und $K_n$ mit den Molkonzentrationen erfolgt analog der Berechnung der Gleichgewichtskonstanten der offenen Assoziation (Kap. 6.5). Man summiert dazu die Molkonzentrationen der einzelnen Spezies [M], [XY], [XMX], $[XM_2Y]$ usw. auf, führt die Gleichgewichtskonstanten ein und verwandelt die entstehenden Reihen in einen geschlossenen Ausdruck. Für die totale Molkonzentration aller im Gleichgewicht sich befindenden Teilnehmer erhält man so

$$(16\text{–}34) \quad \Sigma[n_i] = [XY]_e + [M]_e + [XMY]_e + [XM_2Y]_e + [XM_3Y]_e + \ldots$$

und mit Gl. (16 – 31) und (16 – 32):

$$(16\text{-}35) \quad \Sigma[n_i] = [XY]_e + [M]_e + [M]_e[XY]_e K_i (1 + K_n[M]_e + (K_n[M]_e)^2 + \ldots)$$

bzw. mit der Reihenentwicklung für $1 + Z + Z^2 + Z^3 + \ldots = 1/(1-Z)$ für $Z < 1$ mit $Z = K_n[M]_e$ (zum Beweis für $Z < 1$ vgl. Kap. 6.5.2)

$$(16\text{–}36) \quad \Sigma[n_i] = [XY]_e + [M]_e + [M]_e[XY]_e K_i/(1 - K_n[M]_e)$$

Für die Gleichgewichtskonstante $K_i$ der Initiation erhält man so für beliebige Molekulargewichte*

$$(16\text{-}37) \quad K_i = \frac{([XY]_0 - [XY]_e)^2}{[XY]_e[M]_e([XY]_0 - [XY]_e + [M]_0 - [M]_e)}$$

und für die Gleichgewichtskonstante $K_n$ der Polymerisation

$$(16\text{-}38) \quad K_n = \frac{1}{[M]_e} \cdot \frac{\overline{Y}_n - 1}{\overline{Y}_n}$$

Für hohe Polymerisationsgrade ($\overline{Y}_n \approx \overline{X}_n > 100$) reduzieren sich die Gl. (16 – 37) und (16 – 38) zu den in Tab. 16 – 5 angegebenen Ausdrücken.

* $[XY]_0 = [XY]_e + [XY]_{gebunden}$; $[XY]_{gebunden} = \Sigma[XM_nY]_e$; nach Gl. (16 – 34) und (16 – 36) wird $\Sigma[XM_nY]_e = [XMY]_e + [XM_2Y]_e + \ldots = [M]_e[XY]_e K_i/(1-K_n[M]_e)$. Für den Polymerisationsgrad gilt ferner $\overline{X}_n = [M]_0/\Sigma[XM_nY]_e = \overline{Y}_n - 1$. Die totale Konzentration an Monomerbausteinen ist aber durch $[M]_0 = [M]_e + \Sigma n[XM_nY]_e = [M]_e + ([XMY]_e + 2[XM_2Y]_e + 3[XM_3Y]_e + \ldots) = [M]_e + ([M]_e[XY]_e K_i)/(1 - K_n[M]_e)^2)$ gegeben.
Es gilt also auch $\overline{X}_n = 1/(1 - K_n[M]_e)$. Durch Kombinieren aller dieser Gleichungen und Auflösen nach $K_i$ gelangt man zu Gl. (16 – 37).

II. Die Polymerisation erfolgt entweder ohne Initiator oder der Initiator ist ein echter Katalysator. Das Monomer wird zuerst in eine aktive Spezies M* umgewandelt (z. B. Diradikal bei der Polymerisation von Xylylen, Gl. (16 – 28), oder Zwitterion usw.), die im Gleichgewicht mit der intakten Form steht

(16–39) $M \rightleftarrows M^* \quad ; \quad K_i = [M^*]/[M]$

Die aktive Form polymerisiert

(16–40) $M^* + M \rightleftarrows M_2^*$

$M_2^* + M \rightleftarrows M_3^*$ usw.; $K_n = [M_n^*]/[M_{n-1}^*]\,[M] \quad ; \quad n \geqslant 2$

III. Die Polymerisation erfolgt ohne Durchlaufen eines Zwischenzustandes, der im Gleichgewicht mit der nicht aktivierten Spezies steht, und ohne Beteiligung eines Initiators:

(16–41) $M + M \rightleftarrows M_2 \quad ; \quad K_i = [M_2]/[M]^2$

(16-42) $M_2 + M \rightleftarrows M_3$ usw. ; $K_n = [M_n]/[M_{n-1}]\,[M]$ für $n \geqslant 3$

*Tab. 16-5:* Gleichgewichtskonstanten der Polymerisation für hohe Polymerisationsgrade bei den Fällen I, II und III

| Größe | I | II | III |
|---|---|---|---|
| $K_n =$ | $\dfrac{1}{[M]_e} \cdot \left(\dfrac{\overline{Y}_n - 1}{\overline{Y}_n}\right)$ | $\dfrac{1}{[M]_e}\left(\dfrac{\overline{X}_n - 1}{\overline{X}_n}\right)$ | $\dfrac{1}{[M]_e}\left(\dfrac{\overline{X}_n - 1}{\overline{X}_n}\right)$ |
| $k_i =$ | $\dfrac{[XY]_o^2}{[M]_e[XY]_e([M]_o - [M]_e)}$ * | $\dfrac{[XY]_o^2}{[M]_e([M]_o - [M]_e)}$ | $\dfrac{[XY]_0^2}{[M]_e^2([M]_o - [M]_e)}$ |
| $\overline{Y}_n =$ | $\dfrac{[M]_0 - [M]_e}{[XY]_o}$ | dto. mit $\overline{Y}_n \neq \overline{X}_n$ | dto. mit $\overline{Y}_n = \overline{X}_n$ |

*aus Gl. (16-37) mit $[XY]_o \gg [XY]_e$ und $([M]_o - [M]_e) \gg ([XY]_o - [XY]_e)$

16.3.3 EINFLÜSSE DER ARBEITSBEDINGUNGEN

Die molare Gibbs-Energie der Polymerisation $\Delta G_{mp}^m$ für den Übergang m → p (Monomer → Polymer) errechnet sich aus der Gleichgewichtskonstanten $K_n$ des Polymerisations-/Depolymerisations-Gleichgewichtes zu

(16-43) $\Delta G_{mp}^m = -RT \ln K_n$

Wird die Gleichgewichtskonstante $K_n$ über die Molkonzentrationen bestimmt, so ist die so berechnete Gibbs-Polymerisationsenergie $\Delta G_{mp}^m$ in der Regel nicht mit der Gibbs-Energie $\Delta G_{xx}^m$ des Gesamtprozesses identisch, da noch die Wechselwirkungen von Monomer und Polymer zu berücksichtigen sind. Diese Wechselwirkungen sind je nach Aggregatzustand verschieden groß (Tab. 16 – 6).

*Tab. 16-6:* Indices x für molare thermodynamische Größen ($\Delta G^m_{xx}$, $\Delta H^m_{xx}$, $\Delta S^m_{xx}$) bei Polymerisationsprozessen

| Prozeß | Index xx |
|---|---|
| Gas (1 atm) → Gas (1 atm) | gg |
| Gas (1 atm) → kondensiert amorph (flüssig oder (meist) fest) | gc |
| Gas (1 atm) → kondensiert, kristallin | gc′ |
| Flüssigkeit → kondensiert amorph (flüssig oder (meist) fest) | lc |
| Flüssigkeit → kondensiert, kristallin | lc′ |
| Flüssigkeit → Lösung des Polymeren im Monomer (l-grundmolar!) | ls |
| l-molare Lsg. des Monomeren → l-grundmolare Lsg. des Polymeren | ss |
| l-molare Lsg. des Monomeren → unlösliches kondensiertes Polymer (flüssig oder amorph) | sc |

In den meisten Fällen ist man an der Polymerisation des flüssigen Monomeren zum kondensierten Polymeren interessiert, also an $\Delta G^m_{lc}$. $\Delta G^m_{lc}$ gibt dabei die Gibbs-Energie für die Umsetzung von einem Mol flüssigen Monomer in ein Grundmol amorphes Polymer oberhalb der Glastemperatur an. Unterhalb der Glastemperatur wäre noch die Einfrierwärme zu berücksichtigen. Bei konstanter Temperatur und konstantem Druck läuft die Polymerisation bis

$$\Delta G^m = \Delta G^m_{lc} - \Delta \widetilde{G}^m_{mon} + \Delta \widetilde{G}^m_{pol} - \Delta \widetilde{G}^m_{s} = 0 \tag{16-44}$$

ab, wobei $\Delta \widetilde{G}^m_{mon}$, $\Delta \widetilde{G}^m_{pol}$ und $\Delta \widetilde{G}^m_{s}$ die partiellen molaren Gibbs-Energien des Monomeren, des Polymeren und des Lösungsmittels sind. Sind die partiellen Molvolumina des Monomeren, der Grundbausteine des Polymeren und des Lösungsmittels jeweils gleich groß, so erhält man folgende einfache Fälle:

1. Ein flüssiges Monomer wird zu einem im Monomer unlöslichen Polymeren umgesetzt. Das ungelöste Polymer trägt als Bodenkörper nichts zur Gibbs-Energie des Prozesses bei und es gilt folglich:

$$\Delta G^m_{lc'} = \Delta G^m_{mp} \tag{16-45}$$

2. Ein flüssiges Monomer wird zu einem in diesem löslichen Polymer umgesetzt. Im Gegensatz zu Fall 1 ist noch die Gibbs-Mischungsenergie zu berücksichtigen. Für nicht zu niedrige Polymerkonzentrationen und bei hohen Polymerisationsgraden ergibt sich dann aus den Ableitungen des Kap. 6 für die partiellen molaren Gibbs-Energien des Monomeren und des Polymeren

$$\Delta \widetilde{G}^m_{mon} = RT(\ln \phi_{mon} + \phi_{pol} + \chi_{mp}\phi^2_{pol}) \tag{16-46}$$

$$\Delta \widetilde{G}^m_{pol} = RT(-\phi_{mon} + \chi_{mp}\phi^2_{mon}) \tag{16-47}$$

wobei $\phi_{mon}$ und $\phi_{pol}$ die Volumenbrüche von Monomer und Polymer sind und $\chi_{mp}$ der Wechselwirkungsparameter Monomer/Polymer ist. Für die molare Gibbs-Polymerisationsenergie erhält man dann

$$\Delta G^m_{lc} = \Delta \widetilde{G}^m_{mon} - \Delta \widetilde{G}^m_{pol} = RT(\ln \phi_{mon} + 1 + \chi_{mp}(\chi_{pol} - \phi_{mon})) \tag{16-48}$$

Der Wechselwirkungsparameter $\chi_{mp}$ nimmt normalerweise Werte zwischen 0,3 und 0,5 an (vgl. Kap. 6). Der Ausdruck $\Delta G_{lc}^{m}/RT$ kann daher für verschiedene Werte von $\chi_{mp}$ und $\phi_m = 1 - \phi_p$ berechnet werden. Nach Tab. 16–7 ist der Wert von $\Delta G_{lc}^{m}$ nicht sehr empfindlich auf eine Änderung von $\chi_{mp}$, falls die Polymerkonzentration etwa 50 % beträgt. Bei guten Lösungsmitteln (Monomer als Lösungsmittel) variiert $\chi_{mp}$ ferner nicht sehr mit der Temperatur (vgl. Kap. 6). Die berechneten Gleichgewichtskonzentrationen des Polymeren lassen sich mit Gl. (16–48) gut wiedergeben (Abb. 16–3). Die Polymerisation hört bei einer bestimmten Temperatur auf.

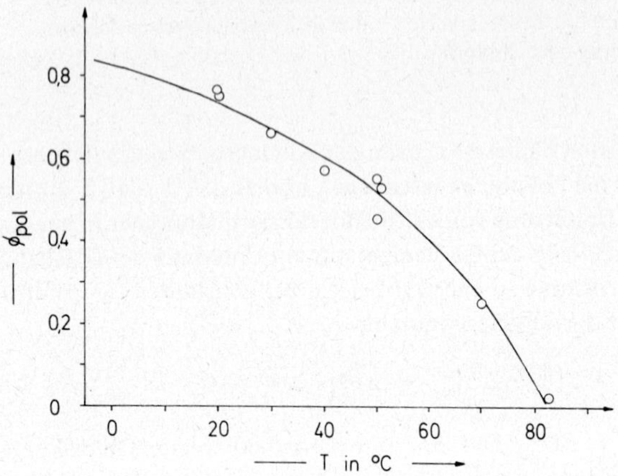


*Abb. 16-3:* Volumenbruch $\phi_{pol}$ des Poly(tetrahydrofurans) im Polymerisationsgleichgewicht mit Tetrahydrofuran. Die Kurve wurde mit $\chi_{mp} = 0{,}3$, $\Delta H_{lc}^{m} = -12{,}4$ kJ mol$^{-1}$ und $\Delta S_{lc}^{m} = -40{,}8$ J K$^{-1}$mol$^{-1}$ berechnet (nach K. J. Ivin und J. Leonhard).

3. Bei der Polymerisation eines Monomeren in Lösung zu einem löslichen Polymeren sind zusätzlich noch die Parameter des Lösungsmittels s zu berücksichtigen. Ein Beispiel dafür ist die Gleichgewichtspolymerisation von α-Methylstyrol in Tetrahydrofuran. Gl. (16–48) wird erweitert und lautet dann

$$(16\text{-}49) \qquad \Delta G_{lc}^{m}/RT = \ln \phi_{mon} + 1 + \chi_{mp}(\phi_{pol} - \phi_{mon}) + (\chi_{ms} - \chi_{ps})\,\phi_s$$

In sehr verdünnter Lösung wird $\phi_s \approx 1$ und folglich $(\phi_{pol} - \phi_{mon}) \approx 0$ und Gl. (16–49) damit zu

$$(16\text{-}50) \qquad \Delta G_{lc}^{m}/RT = \ln \phi_{mon} + 1 + \chi_{ms} - \chi_{ps}$$

Der Einfluß des Lösungsmittels (d.h. $\chi_{ms} \neq \chi_{ps}$) kann ziemlich beträchtlich werden. Die Gleichgewichtskonzentrationen des Styrols betragen z. B. bei 100 °C und einem unendlich hohen Molekulargewicht des Polymeren in Benzol $12{,}0 \cdot 10^{-5}$ mol dm$^{-3}$, in Cyclohexan dagegen $7{,}8 \cdot 10^{-5}$ mol dm$^{-3}$. Ähnlich groß ist der Einfluß der Polymerkonzentration ($\chi_{mp} \neq 0$). Die Gleichgewichtskonzentrationen des α-Methylstyrols in Tetrahydrofuran bei 25 °C betragen 0,8 mol dm$^{-3}$ bei [P] = 0 und 0,4 mol dm$^{-3}$ bei [P] = 2,8 mol dm$^{-3}$.

Für die Temperaturabhängigkeit von $\Delta G^{m}_{mp}$ ergibt sich nach dem 2. Hauptsatz der Thermodynamik

$$(16\text{-}51)\quad \Delta G^{m}_{mp} = \Delta H^{m}_{mp} - T\Delta S^{m}_{mp}$$

Folgende vier Spezialfälle können unterschieden werden:

1. Die Polymerisationsenthalpie $\Delta H^{m}_{mp}$ ist negativ und die Polymerisationsentropie $\Delta S^{m}_{mp}$ ist positiv. In diesem Fall ist $\Delta G^{m}_{mp}$ immer negativ. Die Polymerisation ist bei allen Temperaturen möglich. Experimentelle Beispiele sind nicht bekannt.

*Tab. 16-7:* $\Delta G^{m}_{lc}/RT$ als Funktion des Volumbruches $\phi_{mon}$ des Monomeren bei der Gleichgewichtspolymerisation flüssiger Monomerer zu Schmelzen von Polymeren hohen Polymerisationsgrades $\overline{X}_n \to \infty$ für verschiedene Wechselwirkungsparameter $\chi_{mp}$

| | $\Delta G^{m}_{lc}/RT$ bei $\chi_{mp}$ | | |
|---|---|---|---|
| $\phi_{mon}$ | $\chi_{mp} = 0{,}3$ | $\chi_{mp} = 0{,}4$ | $\chi_{mp} = 0{,}5$ |
| 0,01 | -3,31 | -3,21 | -3,12 |
| 0,05 | -1,73 | -1,64 | -1,55 |
| 0,1 | -1,06 | -0,98 | -0,90 |
| 0,2 | -0,43 | -0,37 | -0,31 |
| 0,3 | -0,09 | -0,05 | -0,01 |
| 0,4 | 0,14 | 0,16 | 0,18 |
| 0,5 | 0,31 | 0,31 | 0,31 |
| 0,6 | 0,43 | 0,41 | 0,39 |
| 0,7 | 0,52 | 0,48 | 0,44 |
| 0,8 | 0,60 | 0,54 | 0,48 |
| 0,9 | 0,65 | 0,57 | 0,49 |
| 0,95 | 0,68 | 0,59 | 0,50 |
| 0,99 | 0,70 | 0,60 | 0,50 |

2. Im umgekehrten Fall ($\Delta H^{m}_{mp}$ positiv, $\Delta S^{m}_{mp}$ negativ) ist die Polymerisation bei jeder Temperatur unmöglich.
3. Sowohl $\Delta H^{m}_{mp}$ als auch $\Delta S^{m}_{mp}$ sind negativ. Dieser Fall ist außerordentlich häufig. Mit steigender Temperatur wird das Glied $-T\Delta S^{m}_{mp}$ immer positiver. Bei einer bestimmten thermodynamischen Grenztemperatur $T_c = \Delta H^{m}_{mp}/\Delta S^{m}_{mp}$ wird somit $\Delta G^{m}_{mp}$ gleich null. Oberhalb dieser Temperatur $T_c$ (engl. ceiling temperature) ist somit keine Polymerisation möglich.

   Diese Aussage bedarf einer Erläuterung. Wenn die Gleichgewichtskonstante $K_n$ der Polymerisation nämlich kleiner als 1 ist, wird die Freie Polymerisationsenthalpie $\Delta G^{m}_{mp}$ nach Gl. (16-43) positiv. Nach Gl. (16-29) ist aber bei $1 > K_n > 0$ die Polymerkonzentration $[\sim\!\sim\!\sim M^{*}_{i+1}]_e$ nicht gleich null. „Keine Polymerisation" bedeutet also hier: keine Polymerisation zu *hochmolekularen* Verbindungen, wohl aber zu Dimeren, Trimeren usw.

   Für die Polymerisation zu einem im Monomeren löslichen Polymeren ergibt sich nach den Gl. (16-48) und Gl. (16-51), daß mit steigendem Umsatz eine Reihe zunehmend höherer Temperaturen $T_c$ durchlaufen wird. Die höchste Temperatur $T_c$ wird bei der Polymerisation zu einem unlöslichen Polymeren erhalten.

   Für die Temperatur $T_c$ ergibt sich über kinetische Betrachtungen ein einfacher Ausdruck. Die Geschwindigkeiten der Wachstumsreaktion $v_p = k_p\,[P^*]\,[M]$ und der

Depolymerisationsreaktion $v_{dp} = k_{dp}$ [P*] sind im Gleichgewicht gleich groß, d. h. $v_p = v_{dp}$ bzw. $k_p$ [M] = $k_{dp}$. Mit den Arrhenius'schen Gleichungen für die Geschwindigkeiten $k = A \cdot \exp(-E^{\ddagger}/RT_c)$ bekommt man dann

$$(16\text{-}52) \quad T_c = \frac{E_p^{\ddagger} - E_{dp}^{\ddagger}}{R \ln (A_p/A_{dp}) + R \ln [M]} = \frac{\Delta H_{ss}^{m}}{\Delta S_{ss}^{0,m} + R \ln [M]}$$

Für große Polymerisationsgrade werden nämlich $\Delta H_{ss}^{m} = E_p^{\ddagger} - E_{dp}^{\ddagger}$ und $\Delta S_{ss}^{0,m} = R \ln (A_p/A_{dp})$, wobei $\Delta S_{ss}^{0,m}$ die Entropieänderung für die Polymerisation einer l-molaren Lösung des Monomeren zu einer grundmolaren Lösung des Polymeren ist und $\Delta H_{ss}^{m}$ die entsprechende Enthalpieänderung.

4. Sind sowohl $\Delta H_{mp}^{m}$ als auch $\Delta S_{mp}^{m}$ positiv, so existiert eine untere thermodynamische Grenztemperatur $T_f$. Unterhalb dieser Boden-Temperatur $T_f$ (engl. floor temperature) ist keine Polymerisation mehr möglich. Dieser sehr seltene Fall wurde für die Polymerisation von Schwefel und Selen gefunden (vgl. Kap. 33).

Gleichgewichtskonzentrationen und Ceiling-Temperaturen $T_c$ werden außerdem noch durch den Druck beeinflußt. Nach dem Satz von Clausius-Clapeyron gilt allgemein mit der Änderung des Molvolumens $\Delta V_c^m = V_{pol}^m - V_{mon}^m$ bei der Ceiling-Temperatur $T_c$

$$(16\text{-}53) \quad dT_c/dp = T_c(\Delta V_c^m/\Delta H^m)$$

bzw. nach Integration

$$(16\text{-}54) \quad \ln (T_c)_p = \ln (T_c)_{1\,bar} + (\Delta V_c^m/\Delta H^m)p \quad ; \quad (T_c \text{ in K})$$

In der Regel hat das Polymer das kleinere grundmolare Volumen. $\Delta V^m$ ist dann negativ, z. B. $-14{,}7\ cm^3/mol$ beim $\alpha$-Methylstyrol. $\Delta H^m$ ist in der Regel ebenfalls negativ. Mit zunehmendem Druck nimmt daher nach Gl. (16–54) die Temperatur $T_c$ zu (Tab. 16–8). Mit steigendem Druck steigt aber auch der Schmelzpunkt des Monomeren. Kristallisierte Monomere sind aber oft schwierig zu polymisieren (vgl. Kap. 21.4). Bei einem bestimmten Druck $p_c$ existiert kein Polymer mehr im Gleichgewicht. Dieser Druck beträgt bei 25 °C ca. $p_c$ = 0,2 kbar für die Polymerisation von 0,1 mol $dm^{-3}$ Chloral in Pyridin, $p_c$ = 5 kbar für n-Butyraldehyd (Schmelze) und über 30 kbar für $CS_2$.

*Tab. 16-8:* Druckabhängigkeit der Polymerisation von $\alpha$-Methylstyrol in der Schmelze

| Druck p bar | Ceiling-Temp. $(T_c)_p$ °C | Schmelzpunkt des Monomeren °C |
|---|---|---|
| 1 | 61 | - 23,2 |
| 2200 | 97 | - |
| 4210 | 131 | - |
| 4860 | 143 | +60 |
| 6480 | 171 | - |

## 16.3.4 KONSTITUTIONS-EINFLÜSSE

Die Gleichgewichtskonzentrationen $[M]_e$ der Monomeren im Polymerisationsgleichgewicht schwanken je nach Konstitution in weiten Grenzen. Bei 25 °C findet man z.B. für die Polymerisation in Masse für Vinylacetat $[M]_e = 10^{-9}$ mol/liter, für Styrol $[M]_e = 10^{-6}$ mol/liter, für Methylmethacrylat $[M]_e = 10^{-3}$ mol/liter und für $\alpha$-Methylstyrol $[M]_e = 2{,}8$ mol/liter. Da die Gleichgewichtskonzentrationen mit der Gibbs-Polymerisationsenergie verknüpft sind und diese von der Polymerisationsenthalpie und Polymerisationsentropie abhängt, sind folglich die Einflüsse der Konstitution auf $\Delta H_{mp}^m$ und $\Delta S_{mp}^m$ zu ermitteln.

### 16.3.4.1 Polymerisationsentropie

Die Entropieänderung $\Delta S_{gg}^0$ beim Übergang von einem gasförmigen Monomer zu einem (hypothetischen) gasförmigen Polymeren setzt sich aus vier Teilen zusammen: Translationsentropie $\Delta S_{tr}^0$, äußere (externe) und innere Rotationsentropie $\Delta S_{er}^0$ und $\Delta S_{ir}^0$ sowie Schwingungsentropie (Vibrationsentropie) $\Delta S_{vb}^0$. Da die Zahl der Moleküle bei der Polymerisation geringer wird, müssen $\Delta S_{tr}$ und $\Delta S_{er}$ negativ sein. Die Änderungen der Schwingungsentropie $\Delta S_{vb}$ und der inneren Rotationsentropie $\Delta S_{ir}$ sind dagegen positiv, da mehr Freiheitsgrade frei werden (vgl. die Polymerisation von Doppelbindungen zu Einfachbindungen):

(16-55) $$\Delta S_{gg}^0 = \Delta S_{vb}^0 + \Delta S_{ir}^0 - \Delta S_{er}^0 - \Delta S_{tr}^0$$

Berechnungen für Äthylen, Styrol und Isobutylen haben gezeigt, daß bei der Polymerisation der Verlust an äußerer Rotationsentropie gerade durch den Gewinn an innerer Rotationsentropie und an Schwingungsentropie ausgeglichen wird (Tab. 16-9). Es gilt also $\Delta S_{er}^0 \approx \Delta S_{ir}^0 + \Delta S_{vb}^0$. $\Delta S_{gg}^0$ muß also numerisch praktisch gleich der Translationsentropie des Monomeren sein ($\Delta S_{gg}^0 = -\Delta S_{tr}^0$).

*Tab. 16-9:* Teilbeträge der Polymerisationsentropie bei der Polymerisation gasförmiger Monomerer zu gasförmigen Polymeren (nach Dainton und Ivin)

| | Entropieanteile in $JK^{-1}\,mol^{-1}$ im | | | | | | |
|---|---|---|---|---|---|---|---|
| | Monomer | | | | | Grundbaustein | $(\Delta S_{gg}^0)^m =$ |
| Monomer | $S_{tr}^m$ | $S_{er}^m$ | $S_{vb}^m$ | $S_{ir}^m$ | $(S_g^0)_{mon}^m$ | $(S_g^0)_{pol}^m = S_{vb}^m - S_{ir}^m$ | $(S_g^0)_{mon}^m - (S_g^0)_{pol}^m$ |
| Äthylen | 35,9 | 15,9 | 0,6 | 0 | 52,4 | 18,4 | 34,0 |
| Isobutylen | 38,0 | 23,1 | – | 9,1 | 70,2 | 29,2 | 41,5 |
| Styrol | 39,8 | 27,9 | 10,1 | 4,7 | 82,5 | 47,0 | 35,5 |

Polymerisiert man gasförmige Monomere zu kondensierten kristallinen Polymeren, so sind außerdem noch die Anteile für die Verdampfung $\Delta S_v^m$ und für das Schmelzen $\Delta S_M$ zu berücksichtigen

(16-56) $$(\Delta S_{gc'}^0)^m = (\Delta S_{gg}^0)^m - \Delta S_v^m - \Delta S_M^m$$

Die Polymerisationsentropie kann in bestimmten Fällen nach einer Inkrementen-Methode berechnet werden. Eine direkte Bestimmung von z.B. $(\Delta S_{gc'}^0)^m$ aus den Wärmekapazitäten ist möglich, kann jedoch u.U. falsche Werte geben. Falsche Werte werden beobachtet, wenn im Dampf noch Assoziate des Monomeren vorliegen oder beim Polymeren im Temperaturbereich zwischen kalorimetrischer Messung und Gleichgewichtsmessung physikalische Umwandlungen auftreten. Sind derartige Effekte ausgeschlossen, so ist der Quotient $S^0_{298}/c^0_{p,298}$ jedoch für die verschiedensten Systeme Monomer/Polymer bemerkenswert konstant (Tab. 16 – 10). Relativ voraussetzungsfrei ist die Ermittlung der Polymerisationsentropie aus der Temperaturabhängigkeit der Gleichgewichtskonzentrationen des Monomeren. Alternativ kann man auch die Polymerisationsentropie aus den Aktionskonstanten $A_p$ der Polymerisation und $A_{dp}$ der Depolymerisation bestimmen (vgl. Gl. (16 – 52)).

*Tab. 16-10:* Spezifische Wärmekapazität und Entropie bei einer Reihe von Polymeren (nach einer Zusammenstellung von Dainton et al.)

| Polymer | $c^0_{p,298}$ $\mathrm{J\,K^{-1}\,g^{-1}}$ | $S^0_{298}$ $\mathrm{J\,K^{-1}\,g^{-1}}$ | $S^0_{298}/c^0_{p,298}$ |
|---|---|---|---|
| Poly(styrol) | 1,227 | 1,298 | 1,06 |
| 1,4-Poly(butadien) | 1,955 | 2,043 | 1,04 |
| Naturkautschuk | 1,884 | 1,893 | 1,00 |
| Butadien-Styrol-Copolymer | 1,934 | 1,968 | 1,02 |
| Hycar-O.T.-Kautschuk | 1,972 | 1,746 | 0,88 |
| Poly(äthylen) (79 % kristallin) | 1,813 | 1,750 | 0,94 |
| Poly(methylenoxid) (Delrin) | 1,415 | 1,478 | 1,04 |
| Poly(methylenoxid) (Trioxan-Polymer) | 1,365 | 1,432 | 1,05 |
| Poly(propylen) | 1,846 | 1,666 | 0,90 |
| Propen-polysulfon | 0,950 | 1,269 | 1,09 |
| Buten-1-polysulfon | 1,223 | 1,298 | 1,06 |
| Hexen-1-polysulfon | 1,415 | 1,491 | 1,05 |
| Penton | 1,156 | 1,228 | 1,06 |

Die Standard-Polymerisationsentropien $(\Delta S^0_p)^m_{pp}$ sind für den Übergang xx = gc′ am negativsten und nehmen dann in der Reihenfolge gc′ → gc → gg → lc′ → lc zu (Tab. 16 – 11). Diese Reihenfolge ist nach den Betrachtungen über die zur Polymerisationsentropie beitragenden Anteile unmittelbar verständlich. Bei der Polymerisation zu einem kristallinen Polymeren (c′) muß die Polymerisationsentropie immer negativer als die zu einem amorphen Polymeren (c) sein, da die positive Schmelzentropie $\Delta S^m$ die Polymerisationsentropie nach Gl. (16 – 56) zu negativeren Werten verschiebt. Die Polymerisationsentropie der Polymerisation gasförmiger Monomerer (g) muß ebenfalls negativer als diejenige flüssiger Monomerer (l) sein, da bei der Polymerisation flüssiger Monomerer nur die translatorischen und äußeren rotatorischen Entropieanteile des Monomeren verloren gehen. Innerrotatorische und vibratorische Entropieanteile bleiben dagegen etwa erhalten. Mit $(\Delta S^0_p)^m_{gg} = -(\Delta S^0_{tr})^m$, Gl. (16 – 56) und $\Delta S^m_M = 0$ erhält man

$$(16\text{-}57)\quad (\Delta S^0_p)^m_{gc} = -(\Delta S^0_{tr})^m - (\Delta S_v)^m$$

und für $(\Delta S^0_p)^m_{lc}$ entsprechend mit Gl. (16 – 55) und $(S^0_{vb})^m + (S^0_{ir})^m = 0$

$$(16\text{-}58)\quad (\Delta S^0_p)^m_{lc} = -(\Delta S^0_{er})^m - (\Delta S^0_{tr})^m$$

Die Differenz

$$(16\text{-}59)\quad (\Delta S^0_p)^m_{gc} - (\Delta S^0_p)^m_{lc} = -\Delta S^m_v + (\Delta S^0_{er})^m$$

wird wegen $\Delta S^m_{er} < \Delta S^m_v$ daher negativ. Es gilt folglich $(\Delta S^0_p)^m_{gc} < (\Delta S^0_p)^m_{lc}$.

*Tab. 16-11:* Standardentropien $(\Delta S^0_{mp})^m$ der Polymerisation bei 25 °C (1 bar im Gaszustand g, 1 = flüssiges Monomer, c = kondensiertes flüssiges oder amorphes Polymer, c′ = kondensiertes kristallines Polymer). * = berechnete Werte

| Monomer | $(\Delta S^0_{mp})^m$ in J K⁻¹ mol⁻¹ für | | | | |
|---|---|---|---|---|---|
| | g → c′ | g → c | g → g | 1 → c′ | 1 → c |
| Äthylen | - 174 | - 158 | - 142 | | |
| Propylen | | | - 167 | - 136 | - 116 |
| Buten-1 | - 219 | - 190 | - 167 | - 141 | - 113 |
| Styrol | | | - 149 | - 111 | - 107 |
| α-Methylstyrol | | | - 147 | | - 110 |
| Isobutylen | | | - 172 | | - 112 |
| Formaldehyd | - 170 | - 175 | | | |
| Acetaldehyd | | - 176 | | | |
| Propionaldehyd | | - 184 | | | |
| Trichloracetaldehyd | | - 185 | | | |
| Aceton | | - 230 | | | |
| Cyclopropan | | | | | - 69* |
| Cyclobutan | | | | | - 55* |
| Cyclopentan | | | | | - 43* |
| Cyclohexan | | | | | - 10* |
| Cycloheptan | | | | | - 16* |
| Cyclooctan | | | | | - 3* |
| Äthylenoxid | | | | | - 78* |
| Cyclooxabutan | | | | | - 67* |
| 3,3-Bis(chlormethyl)-cyclooxabutan | | - 190 | | | - 83* |
| Tetrahydrofuran | | - 75 | | | - 43* |
| Pyran | | | | | - 26* |
| Cyclooxaheptan | | | | | - 3* |
| Cyclooxaoctan | | | | | + 23* |

Die Standardentropie $(\Delta S^0_p)^m_{lc}$ ist bei Verbindungen mit olefinischen Doppelbindungen praktisch unabhängig von der Konstitution. Dieses Verhalten kommt zustande, weil nur die translatorischen und äußeren rotatorischen Entropieanteile verloren gehen. Der Verlust an Translationsentropie hängt aber nicht von der Konstitution ab und der Verlust an $(\Delta S^0_{er})^m$ ist unabhängig vom Monomer immer gleich groß, weil die Momente und Trägheitsmomente bei den meisten Monomeren gleiche Werte aufweisen. Bei Verbindungen mit olefinischen Doppelbindungen sind daher die Unterschiede in der Temperatur $T_c$ praktisch nur durch die Polymerisationsenthalpie bedingt.

Bei der Ringöffnungspolymerisation von Cycloaliphaten und Cyclooxaaliphaten wird $(\Delta S^0_p)^m_{lc}$ mit steigender Ringgröße bis zum Achtring immer positiver und erreicht sogar beim Cyclooxaoctan einen positiven Wert. Ist daher die Polymerisationsenthalpie $(\Delta H_p)^m_{lc}$ ebenfalls negativ, so wird die Temperatur $T_c$ mit steigender Ringgröße immer niedriger.

### 16.3.4.2 Polymerisationsenthalpie

Die Polymerisationsenthalpie $\Delta H^{m}_{mp}$ ergibt sich theoretisch aus der Differenz der Bindungsenergien, $2\,E^{m}_{\sigma} - E^{m}_{\pi}$, aus der Delokalisierungsenergie $E^{m}_{D}$ und aus der Differenz der Spannungsenergien von Monomer $E^{m}_{sM}$ und Polymer $E^{m}_{sP}$:

(16-60) $$\Delta H^{m}_{mp} = (2\,E^{m}_{\sigma} - E^{m}_{\pi}) - E^{m}_{D} - (E^{m}_{sM} - E^{m}_{sP})$$

Unterschiede in den Bindungsenergien treten bei der Polymerisation von z. B. Doppelbindungen zu Einfachbindungen auf. Die Differenz der Bindungsenergien läßt sich aus den Bindungsenthalpien unsubstituierter Verbindungen berechnen. Für die Polymerisation der äthylenischen Doppelbindung erhält man so

$$2\,E^{m}_{\sigma} - E^{m}_{\pi} = 2(-352) - (-610)\text{ kJ mol}^{-1} = -94\text{ kJ mol}^{-1}$$

Tab. 16 – 12 gibt die Differenzen der Bindungsenthalpien bei der Polymerisation anderer Mehrfachbindungen wieder. Die angegebenen Zahlenwerte für $(2\,E^{m}_{\sigma} - E^{m}_{\pi})$ sind dabei als relative und nicht als absolute Größen aufzufassen, da die zur Berechnung benutzten Bildungsenthalpien mittlere Werte – u.a. auch über substituierte Verbindungen – sind. Substituierte Verbindungen können aber noch Anteile an Resonanzenergie oder Spannungsenergie enthalten. Die Spannungsenergie hängt jedoch nicht von der Größe des Atomradius, sondern vom van der Waals-Radius ab. Obwohl nämlich das Fluoratom den gleichen Atomradius wie das Wasserstoffatom aufweist, ist die Polymerisationsenthalpie des Tetrafluoräthylens ($(\Delta H^{m}_{mp})_{gg} = -155\text{ kJ mol}^{-1}$) wesentlich negativer als die des Äthylens ($(\Delta H^{m}_{mp})_{gg} = -95\text{ kJ mol}^{-1}$). Wegen der höheren Atommasse des Fluors sind aber die mittleren Schwingungsamplituden niedriger als beim Wasserstoff. Der van der Waals-Radius ist daher geringer. Die Polymerisationsenthalpie des Äthylens ist durch den sterischen Effekt der Wasserstoffatome daher positiver als die des Tetrafluoräthylens. Normalerweise wird aber in der organischen Chemie Wasserstoff nicht als Substituent betrachtet. Alle Effekte werden daher auf das Äthylen bzw. das Polyäthylen als Standard bezogen. In etwas schwächerem Ausmaße findet man den gleichen Effekt auch bei der Polymerisation deuterierter Verbindungen. Der Wert von $\Delta H^{m}_{lc}$ für α-Trideuteromethyl-β,β-dideuterostyrol ($-38\text{ kJ mol}^{-1}$) ist z. B. geringer als der für α-Methylstyrol ($-34\text{ kJ mol}^{-1}$).

Die Delokalisierungsenergien $E^{m}_{D}$ erhält man aus der Differenz der Verbrennungswärmen der Monomeren und der entsprechenden Grundeinheiten der Polymeren. Bei

*Tab. 16-12:* Bindungsenergien von Mehrfach- und Einfachbindungen und daraus berechnete Beiträge $(2\,E^{m}_{\sigma} - E^{m}_{\pi})$ zur Polymerisationsenthalpie $\Delta H^{m}_{pm}$.

| Mehrfachbindung Typ | Energie kJ mol⁻¹ | | Einfachbindung Typ | Energie kJ mol⁻¹ | $2\,E^{m}_{\sigma} - E^{m}_{\pi}$ kJ mol⁻¹ |
|---|---|---|---|---|---|
| >C=C< | 609 | → | >C–C< | 352 | - 95 |
| >C=O | 737 | → | >C–O– | 358 | + 21 |
| >C=N– | 615 | → | >C–N< | 305 | + 5 |
| –C≡N | 892 | → | >C=N– | 615 | - 338 |
| >C=S | 536 | → | >C–S– | 272 | - 8 |
| >S=O | 435 | → | >S–O– | 232 | - 29 |

einigen Systemen wie den Cyclosiloxanen/Poly(siloxanen) oder den Phosphazenen/Poly(phosphazenen) sind die Delokalisierungsenergien bei Monomer und Polymer gleich groß. Sind die Monomeren resonanzstabilisiert und die Polymeren nicht (z.B. durch mangelnde Planarität), so wird die Resonanzenergie $E_D^m$ negativ. $\Delta H_{mp}^m$ wird daher bei der Polymerisation von Benzol zu $-(CH{=}CH)_n-$ wegen $(2E_\sigma^m - E_\pi^m) = 0$ positiv. Der umgekehrte Fall dürfte sehr selten sein. Ein weiterer Beitrag zur Delokalisierungsenergie kommt von der Pitzerspannung bei Monomeren. Ekliptische H-Atome stören sich z. B. gegenseitig in kleinen Ringen. Nach Messungen der Verbrennungswärme beträgt der Beitrag zur Energie z. B. beim Tetrahydrofuran dadurch 12 kJ mol$^{-1}$.

Zur Spannungsenergie tragen konformative (sterische) Effekte und Ringspannungen bei. Experimentell wird die Größe $(E_{sM}^m - E_{sP}^m)$ aus der Differenz zwischen berechneter und experimentell gefundener Polymerisationsenthalpie erhalten. Sterische Effekte verschieben die Polymerisationsenthalpie zu positiveren Werten, wie man an den Beispielen Styrol/$\alpha$-Methylstyrol oder Äthylenoxid/Propylenoxid sieht (Tab. 16-13).

Die Ringspannung hängt sehr von der Flexibilität der Bindungen ab. Bei Cyclosiloxanen mit den Si–O–Si-Gruppierungen kann sie z.B. wegen der großen Bindungs-

*Tab. 16-13:* Polymerisationsenthalpien $(\Delta H_{mp}^m)_{xx}$ verschiedener Monomerer
* berechnete Werte

| Monomer | $(\Delta H_{mp}^m)_{xx}$ in kJ mol$^{-1}$ für xx = gc' | gc | gg | lc |
|---|---|---|---|---|
| Tetrafluoräthylen | -172 | | -155 | -155 |
| Äthylen | -106 | | -94 | -92 |
| Propylen | -104 | | -87 | -84 |
| Buten-1 | | | -87 | -84 |
| Isobutylen | | -72 | -77 | -48 |
| Styrol | | | -75 | -70 |
| $\alpha$-Methylstyrol | | | -34 | -35 |
| $\alpha$-Vinylnaphthalin | | | | -36 |
| Formaldehyd | -66 | | | -31 |
| Acetaldehyd | | -46 | | 0 |
| Propionaldehyd | | -50 | | |
| Aceton | | -30 | | 0 |
| Cyclopropan | | | | -113* |
| Cyclobutan | | | | -105* |
| Cyclopentan | | | | -22* |
| Cyclohexan | | | | +3* |
| Cycloheptan | | | | -21* |
| Cyclooctan | | | | -35* |
| Cyclodecan | | | | -48* |
| Cyclododecan | | | | -14* |
| Cycloheptadecan | | | | -8* |
| Äthylenoxid | | | -104 | -95* |
| Propylenoxid | | | -75 | |
| Tetrahydrofuran | | | -17 | -22 |
| Hexamethylenoxid | | | | -13 |

längen Si–O und dem großen Bindungswinkel ohne Anzeichen für Ringspannungen zwischen 524 und 595 kJ mol$^{-1}$ variieren. Die Flexibilität der Bindungen ist umso höher, je stärker ausgeprägt der ionische Charakter der Bindung ist und je mehr sich d-Orbitals an der Bindung beteiligen. Die Flexibilität sinkt bei nichtpolaren p- und sp-Bindungen und bei $p_\pi - p_\pi$-Überlappungen.

Ringe sind meist nicht planar gebaut, sondern treten z.B. in Sessel- oder Kronen-Formen auf. In diesen Fällen kann man zwei Minima für die Abhängigkeit der Spannungsenergie von der Ringgröße erwarten. Ein erstes Minimum tritt auf, wenn die Bindungswinkel ungespannte planare Ringe zulassen. Bei höheren Ringen bestehen dann nur wenig Möglichkeiten für ungespannte Anordnungen und die Ringspannung steigt an. Mit steigender Gliederzahl sind wiederum weitere Anordnungen möglich und die Ringspannung sinkt auf ein Plateau (z.B. −8,4 kJ mol$^{-1}$ bei Cycloalkanen) herab.

Bei substituierten Ringen kann man drei verschiedene sterische Effekte unterscheiden

(16-61)

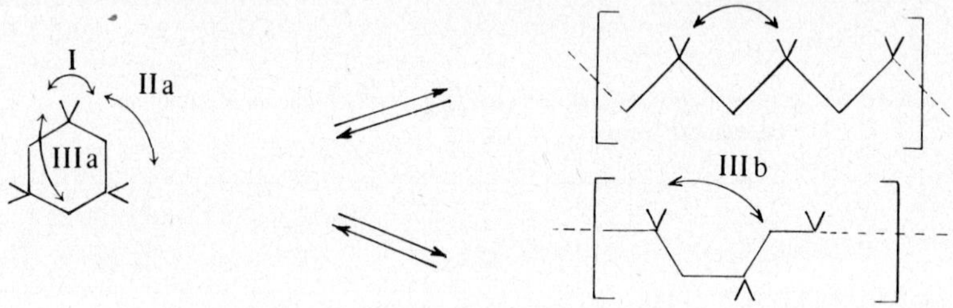


Durch die Abstoßung der Substituenten bei I wird der Winkel zwischen den Substituenten aufgeweitet. Da dadurch die Hybridisierung geändert wird, nimmt der Bindungswinkel im Ring oder in der Kette ab. Ein kleinerer Kettenwinkel läßt aber die anderen Gruppen der Kette näher zusammenrücken. Durch die eintretende sterische Abstoßung nimmt die Enthalpie des Polymeren zu und die Polymerisationsenthalpie wird positiver. Der Effekt ist aber relativ klein verglichen mit den Effekten II und III.

Der Effekt II trägt am stärksten zum sterischen Effekt bei, und zwar beim Polymeren (II b) stärker als beim Monomeren (II a). Durch die Abstoßung der Gruppen beim Polymeren wird die innere Energie des Polymeren erhöht. Die Polymerisationsenthalpie wird positiver. Der Effekt III ist beim Polymeren ebenfalls stärker als beim Monomeren und zwar wegen der größeren Abstandes der Gruppen. Er ist aber geringer als der Effekt II.

Durch die sterische Hinderung der Seitengruppen wird außerdem die Rotationsentropie des Polymeren herabgesetzt. Die Polymerisationsentropie wird negativer. Da gleichzeitig auch die Polymerisationsenthalpie weniger negativ wird, sinkt auch die Temperatur $T_c = \Delta H^{m}_{mp}/\Delta S^{m}_{mp}$.

Die Polymerisationsenthalpien verschiedener Monomerer hängen in gleicher Weise vom Aggregatzustand ab wie die Polymerisationsentropien, d. h. es gilt $gc' > gc > gg > lc$ (Tab. 16–13). Durch Substitution wird die Polymerisationsenthalpie herabgesetzt (Äthylen/Propylen, Styrol/$\alpha$-Methylstyrol, Acetaldehyd /Aceton, Äthylenoxid/Propylenoxid). Aldehyde weisen wegen der geringeren Differenz der Bindungsenthalpien eine niedrigere Polymerisationsenthalpie als Olefine auf. Der Einfluß der Ringspannung spiegelt sich in den Abhängigkeiten der Polymerisationsenthalpien von Cycloaliphaten und Cyclooxaaliphaten von der Ringgröße wider.

Die Polymerisationsenthalpie $(\Delta H^{m}_{mp})_{xx}$ wird experimentell entweder über die direkte Messung der Polymerisationswärme oder aus der Temperaturabhängigkeit der Gleichgewichtskonzentrationen des Monomeren ermittelt. $(\Delta H^{m}_{mp})_{xx}$ kann auch theoretisch nach einer Inkrementenmethode berechnet werden.

#### 16.3.4.3 Gibbs'sche Polymerisationsenergie

Um Monomere polymerisieren zu können, muß die Gibbs'sche Polymerisationsenergie null oder negativ sein. Die Polymerisationsentropie von Monomeren mit olefinischen Doppelbindungen liegt nach Tab. 16 – 11 bei $(\Delta S^{m}_{mp})_{lc} \approx -105 \text{ J K}^{-1} \text{ mol}^{-1}$. Das Entropieglied $T(\Delta S^{m}_{mp})_{lc}$ kann also bei Temperaturen zwischen –100 und +200 °C Werte zwischen – 19 und – 52 kJ mol$^{-1}$ annehmen. Die Polymerisationsenthalpie muß daher mindestens ebenfalls die gleichen Werte aufweisen, damit $\Delta G^{m}_{mp}$ null oder negativ wird. Bei der Polymerisation von Ringen kann man ähnliche Überlegungen anstellen, nur ist hier die Polymerisationsentropie im Gegensatz zu der von Äthylenabkömmlingen nicht unabhängig von der Konstitution.

Sind sowohl die Polymerisationsenthalpie als auch die Polymerisationsentropie negativ (häufigster Fall), so ist es also beim Versuch, unbekannte Monomere zu polymerisieren, zweckmäßig, bei so niedrigen Temperaturen wie möglich zu arbeiten. Allerdings kann dann die Aktivierung schwierig werden und es muß evtl. nach besseren Initiatoren gesucht werden. Da mit steigender Verdünnung die Temperatur $T_c$ sinkt, arbeitet man vorteilhafterweise in der Schmelze oder in sehr konzentrierten Lösungen. Die Ceiling-Temperatur wird erhöht, wenn man unter Druck arbeitet oder das Monomer durch Komplexbildung mit Hilfsstoffen vorordnet. Durch die Komplexbildung wird die Polymerisationsentropie positiver.

Bei Systemen mit Temperaturen $T_c$ wird $\Delta G^{m}_{mp}$ mit steigender Temperatur immer positiver. Da $\Delta G^{m}_{mp}$ mit der Gleichgewichtskonstanten $K_n$ verknüpft ist und diese wiederum nach Tab. 16 – 5 mit dem Polymerisationsgrad $\overline{Y}_n$, muß folglich $\overline{Y}_n$ mit steigender Temperatur niedriger werden. Die genaue Funktion $\overline{Y}_n = f(T)$ hängt vom Typ des Gleichgewichtes ab.

## *16.4 Mechanismus und Kinetik*

### 16.4.1 EINTEILUNG VON POLYREAKTIONEN

Die klassische Einteilung von Polyreaktionen erfolgte rein phänomenologisch nach drei Typen: Polymerisation, Polyaddition und Polykondensation (vgl. Kap. 1.5). Einteilungskriterien waren, ob bei der Polyreaktion etwas abgespalten wurde oder ob die Bruttozusammensetzung des Grundbausteines der der Monomeren entsprach oder nicht. Diese Einteilung hat sich für technische Belange gut bewährt, da die Reaktionsführung bei Polykondensationen wegen der abzuführenden niedermolekularen Produkte natürlich ganz anders als bei Polymerisationen sein muß.

Viele Autoren teilen Polyreaktionen in Ketten- und Stufenreaktionen ein. Nun verläuft natürlich jede Reaktion in „Stufen“, d.h. es erfolgt ein Reaktionsschritt nach dem anderen. Bereits termolekulare Reaktionen sind ja recht selten. Der Ausdruck

„Stufenreaktion" im Sinne der organischen Chemiker bedeutet aber, daß Zwischenprodukte isoliert und später erneut zur Reaktion gebracht werden können. Das heißt aber nur, daß man gewisse Reaktionen „einfrieren" kann, wenn Verunreinigungen abwesend sind. Tatsächlich kann man z. B. anionische Polymerisationen bei tiefen Temperaturen einfrieren und später bei höheren Temperaturen ablaufen lassen. Daß man diese Prozedur nicht in Gegenwart von Wasser und Kohlendioxid ausführen kann, ist lediglich eine experimentelle Frage und nicht eine konzeptuelle. Falls wir in einer Isocyanat-Atmosphäre leben würden, könnte man auch keine „Stufen" bei der Polyamid-Synthese isolieren. Diese Einteilung ist daher auf die experimentelle Geschicklichkeit gegründet, was natürlich niemals die Grundlage einer physikalischen Definition abgeben kann.

Eine andere Argumentation besagt, daß bei Polykondensationen nicht nur die Monomeren, sondern auch bereits gebildete Oligomere und Polymere untereinander reagieren können, bei Polymerisationen dagegen nur das Polymer und das Monomer. Auch diese Argumentation ist nicht sonderlich stichhaltig, denn bei der Reaktion von Biradikalen treten ähnliche Verhältnisse wie bei Polykondensationen auf. Es ist nicht einzusehen, daß beim Übergang von Mono- zu Biradikalen völlig andere Reaktivitäten auftreten sollen. Argumentiert man aber im Sinne der klassischen Theorie der kinetischen Ketten (Aufbau einer stationären Konzentration, Konstanz der Keimträger, Abfall der Keimkonzentration auf null), dann gehören die lebenden Polymerisationen eindeutig nicht zu den Kettenreaktionen im Sinne dieser Definition.

Vom wissenschaftlichen Standpunkt aus ist eine andere Einteilung zweckmäßiger. Der wesentliche Schritt bei allen Polyreaktionen ist die Verknüpfung der Kette mit einem anderen Monomeren oder einer anderen Kette. Das Monomer oder die Kette kann sich dabei *an*lagern oder *ein*lagern. Der Initiator oder Starter oder Katalysator kann dabei während des ganzen Aufbaues ständig mit einer individuellen Kette verbunden bleiben (Einketten-Mechanismus) oder aber von Kette zu Kette wechseln (Mehrketten-Mechanismus). Nach diesen Kriterien kann man dann zwischen Polymerisationen, Polyinsertionen und Polykondensationen unterscheiden (Tab. 16–14).

*Tab. 16–14:* Einteilung der Polyreaktionen

| Kriterium | Polyreaktion<br>Polymerisation | Polyinsertion | Polykondensation |
|---|---|---|---|
| Initiatortyp | Starter | Starter oder Katalysator | Katalysator |
| Initiatorort | an bestimmtem Kettenmolekül | an bestimmtem Kettenmolekül | Wechsel von Kette zu Kette |
| Verknüpfung des Monomeren bei Kettenverlängerung | Anlagerung | Einlagerung | Anlagerung |

### 16.4.2 AKTIVIERUNG UND DESAKTIVIERUNG

Spontane Polymerisationen von Monomeren ohne zugefügten Initiator oder Katalysator sind relativ selten. Beispiele dafür sind die radikalisch ablaufende thermische Polymerisation von Styrol (Kap. 20.1.2) und die durch Ladungsübertragung eingeleitete Copolymerisation von Monomeren mit entgegengesetzer Polarität (Kap. 18.1.2.2). Diese echten spontanen Polymerisationen sind häufig schwierig von den unechten zu unterscheiden, bei denen die Polymerisation durch eine unerkannt gebliebene Beimengung ausgelöst wird.

Monomere können Polyreaktionen in der Regel daher nur dann eingehen, wenn sie geeignet aktiviert werden. So können stark polarisierte Doppelbindungen oder Ringe mit Heteroatomen leicht zur Polymerisation angeregt werden.

Heteroatome werden wegen ihrer freien Elektronenpaare oder Elektronenlücken besonders leicht von Katalysatoren angegriffen. Da bei Polykondensationen und Polyadditionen heteroatom-haltige Gruppen reagieren, sind diese Polyreaktionen besonders gut katalysierbar. Auch die Polymerisation von Ringen mit Heteroatomen (Lactame, Lactone, Trioxan usw.) ist daher noch recht gut initiierbar. Aus dem gleichen Grunde können aber bei diesen Substanzen auch oft Desaktivierungen der Kette auftreten, wodurch der erzielbare Polymerisationsgrad klein bleibt. Cycloalkane lassen sich andererseits nur schwierig zur Polyreaktion aktivieren. Die nachfolgende Diskussion wird sich daher auf die Polymerisation von Ringen mit Heteroatomen und Monomeren mit Mehrfachbindungen konzentrieren.

Erfahrungsgemäß verhalten sich verschiedene Monomere gegenüber verschiedenen Initiatoren ganz verschieden (Tab. 16 – 15). Styrol wird beispielsweise durch Radikale (Zerfall von Dibenzoylperoxid), durch Kationen (aus $BF_3 + H_2O \rightarrow H^{\oplus}[BF_3OH^{\ominus}]$), durch Anionen (aus $LiC_4H_9$) oder durch Ziegler-Katalysatoren (z.B. aus $TiCl_4$ und $Al(C_2H_5)_3$) polymerisiert. Vinylester ließen sich in fluider Phase dagegen nur radikalisch, Formaldehyd nur kationisch und anionisch, Acetaldehyd nur kationisch usw. polymerisieren.

*Tab. 16-15:* Initiatoren für die Polymerisation verschiedener Monomerer mit elektronenabgebenden (D) bzw. elektronenanziehenden (A) Substituenten

| Monomer | Substituent | Initiation durch Radikale | Kationen | Anionen | Ziegler-Kat. |
|---|---|---|---|---|---|
| Äthylen | - | + | + | - | + |
| Propylen | D | - | + | - | + |
| Isobutylen | D | - | + | - | - |
| Styrol | D,A | + | + | + | + |
| Vinylchlorid | A | + | - | + | + |
| Vinyläther | D | - | + | - | + |
| Vinylester | D | + | - | - | - |
| Acrylester | A | + | - | + | + |
| Formaldehyd | - | - | + | + | - |
| Acetaldehyd | D | - | + | - | - |
| Tetrahydrofuran | - | - | + | - | - |

Ob ein Monomer durch einen bestimmten Initiatortyp zur Polymerisation aktiviert wird, läßt sich über die Polarisierung der Bindungen und sterische Effekte abschätzen. Formaldehyd besitzt eine negative Teilladung auf dem Sauerstoffatom und eine positive auf dem Kohlenstoffatom ($\overset{\delta^+}{C}H_2 = \overset{\delta^-}{O}$). Eine Kation $R^\oplus$ (z.B. ein Proton $H^\oplus$) kann daher beim Sauerstoffatom angreifen, wodurch die Polymerisation ausgelöst wird:

(16-62)  $R^\oplus + \overset{\delta^-}{O} = \overset{\delta^+}{C}H_2 \rightarrow R-O-\overset{\oplus}{C}H_2 \xrightarrow{+CH_2O} R-O-CH_2-O-\overset{\oplus}{C}H_2$

Eine Initiierung durch ein Anion ist wegen der Polarisierung ebenfalls möglich. Substituiert man das Kohlenstoffatom, so kann das C-Atom der C=O-Doppelbindung wegen der sterischen Hinderung nicht mehr angegriffen werden, wohl aber noch das Sauerstoffatom. Acetaldehyd läßt sich daher nur noch kationisch polymerisieren.

Auch bei den Kohlenstoff-Doppelbindungen ist die Polarisierung wichtig. Sie wird hier durch die elektronenanziehenden (A) oder elektronenabgebenden (D) Substituenten bewirkt:

(16-63)  $\overset{\delta^-}{C}H_2 = \overset{\delta^+}{C}H$ $\qquad$ $\overset{\delta^+}{C}H_2 = \overset{\delta^-}{C}H$
$\qquad\qquad\quad\ \ \ |$ $\qquad\qquad\qquad\quad\ |$
$\qquad\qquad\quad\ \ \ D$ $\qquad\qquad\qquad\quad\ A$

Propylen läßt sich wegen der elektronenabgebenden Methylgruppe nur kationisch polymerisieren, da der Angriff eines initiierenden Anions an der =CH-Gruppierung wegen der sterischen Hinderung unwahrscheinlich ist. Acrylester mit der elektronenanziehenden Acrylester-Gruppe sind andererseits nur anionisch polymerisierbar. Vinyläther polymerisieren offenbar wegen $CH_2=CH-O-CH_3 \leftrightarrow \overset{\ominus}{C}H_2-CH=\overset{\oplus}{O}-CH_3$ nicht radikalisch.

Ob und an welcher Stelle ein Monomer zur Polymerisation aktivierbar ist, hängt also von der Polarisierung der Bindung, einer sterischen Hinderung durch Substituenten und schließlich noch von einer möglichen Resonanzstabilisierung ab. Styrol könnte z.B. von einem Keim R* (Anion, Kation, Radikal) am α- oder am β-Kohlenstoffatom der Doppelbindung angegriffen werden:

(16-64)

$R^* + \begin{matrix} ^\beta CH_2 \\ \| \\ ^\alpha CH \\ | \\ C_6H_5 \end{matrix}$ $\begin{matrix} \underline{\beta\text{-Angriff}} \\ \\ \\ \underline{\alpha\text{-Angriff}} \end{matrix}$ $\begin{matrix} R-CH_2-CH^* \\ | \\ C_6H_5 \\ \\ R-CH-\!\!-\!\!-CH_2^* \\ | \\ C_6H_5 \end{matrix}$

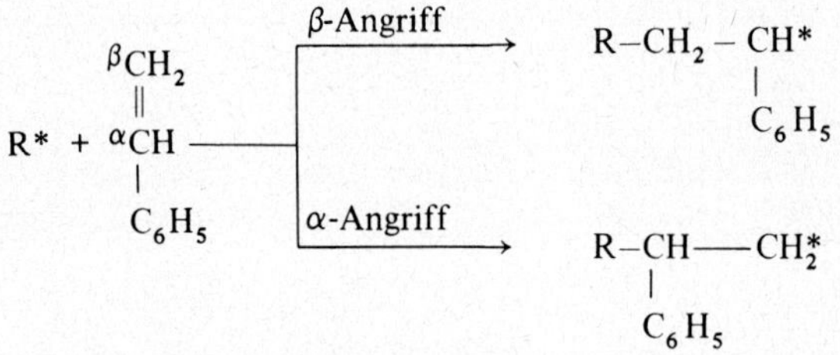

Sowohl bei einem ausschließlichen α- als auch bei einem ausschließlichen β-Angriff würden Kopf-Schwanz-Polymere entstehen. Der Beweis für den Angriff kann daher nicht über die Struktur der gebildeten Polymeren erfolgen. Setzt man aber Styrol mit äquimolaren Mengen Butyllithium um und fängt anschließend die gebildeten Anionen mit $CO_2$ ab, so findet man nur 2-Phenylheptansäure, nicht aber 3-Phenylheptansäure. Der Angriff muß also ausschließlich am β-Kohlenstoffatom erfolgt sein:

(16-65)

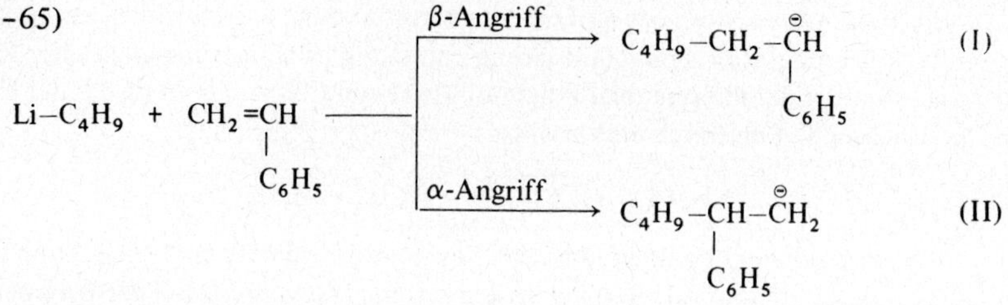

$$Li-C_4H_9 + CH_2=CH\underset{C_6H_5}{|} \begin{array}{c} \xrightarrow{\beta\text{-Angriff}} C_4H_9-CH_2-\overset{\ominus}{CH}\underset{C_6H_5}{|} \quad (I) \\ \\ \xrightarrow{\alpha\text{-Angriff}} C_4H_9-CH-\overset{\ominus}{CH_2}\underset{C_6H_5}{|} \quad (II) \end{array}$$

(I)  $C_4H_9-CH_2-\overset{\ominus}{CH}\underset{C_6H_5}{|}$  + $CO_2$ ⟶ $C_4H_9-CH_2-CH-COO^{\ominus}\underset{C_6H_5}{|}$

(II) $C_4H_9-CH-\overset{\ominus}{CH_2}\underset{C_6H_5}{|}$ + $CO_2$ ⟶ $C_4H_9-CH-CH_2-COO^{\ominus}\underset{C_6H_5}{|}$

Bei der kationischen Polymerisation des Styrols ist der Angriff am $\beta$–C-Atom durch Copolymerisation mit Trioxan, dem cyclischen Trimer des Formaldehyds, bewiesen worden. Trioxan spaltet bei der Polymerisation Formaldehyd ab (vgl. Kap. 26.1.2):

(16-66)

allein gefunden

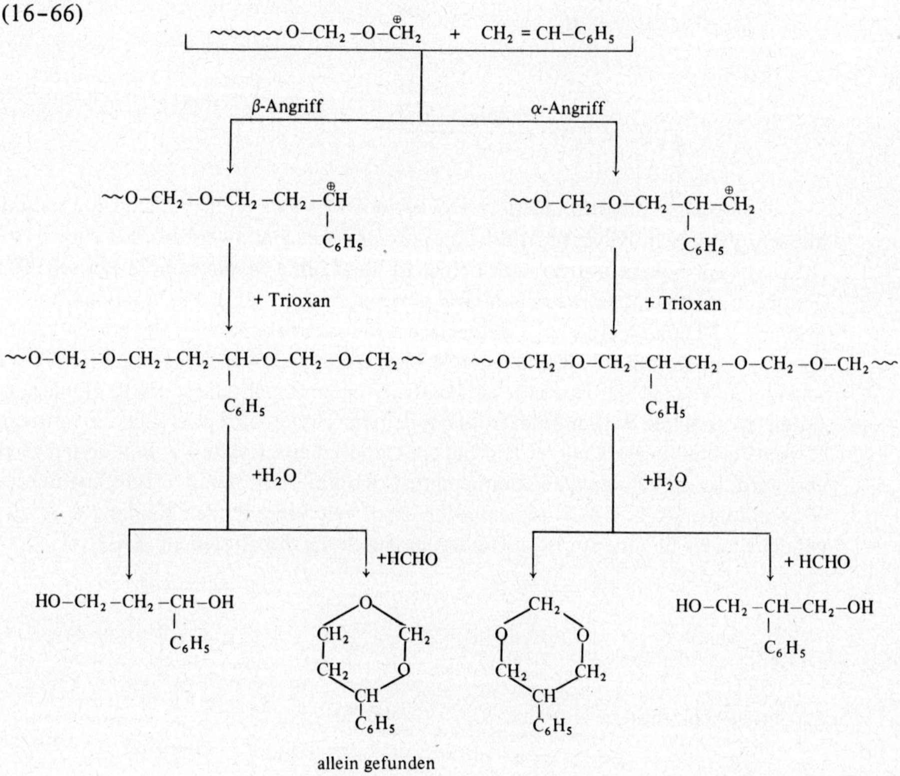

Ein bestimmtes Atom des Monomeren wird nur dann ausschließlich angegriffen, wenn Polarisierung, Resonanzstabilisierung und sterische Hinderung in gleicher Richtung wirken. Bei der kationischen Polymerisation von Formaldehyd ist das der Fall, da die wachsende Poly(oxymethylen)-Kette resonanzstabilisiert ist

$$\sim\sim\sim CH_2-O-\overset{\oplus}{C}H_2 \leftrightarrow \sim\sim\sim CH_2-\overset{\oplus}{O}=CH_2.$$

Bei der radikalischen Polymerisation von Styrol ist der Angriff am β-Atom ungehindert und das Poly(styrol)-Radikal zudem resonanzstabilisiert. Bei der Polymerisation von Vinylacetat $CH_2=CH(OCOCH_3)$ sind im Übergangszustand schwache Dipol/Dipol-Wechselwirkungen zwischen den –COO-Gruppen vorhanden, wodurch trotz sterischer Hinderung durch diese Gruppe der Angriff am α–C-Atom gelegentlich möglich wird. Das Poly(vinylacetat) enthält daher 1 – 2 %Kopf/Kopf-Gruppierungen. Sind bei Verbindungen vom Typ $CH_2=CHR$ die Substituenten R sehr klein, so ist der Angriff in α-Stellung erleichtert. Poly(vinylfluorid) weist daher bis zu 30 % Kopf/Kopf-Gruppierungen auf.

Wenn Monomere mit großen Seitengruppen nicht polymerisierbar sind, so muß das nicht zwingend durch eine sterische Hinderung bedingt sein. 1,2-Diphenyläthylen läßt sich z. B. weder radikalisch noch ionisch zum Poly(phenylmethylen) polymerisieren, wohl aber polymerisiert Phenyldiazomethan ionisch zu diesem Polymer

(16-67)

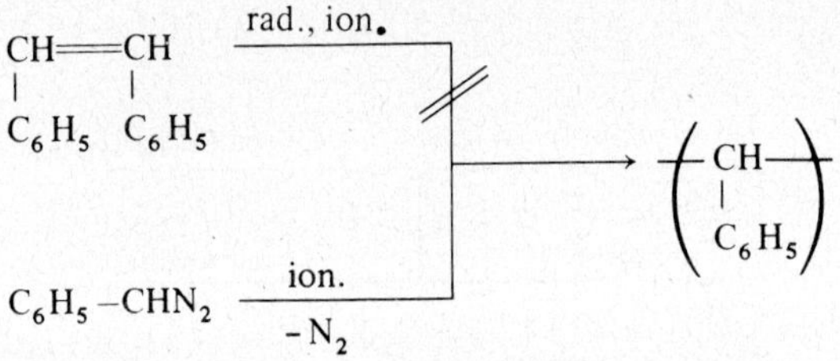

$$\begin{array}{c} CH=CH \\ | \quad\quad | \\ C_6H_5 \quad C_6H_5 \end{array} \xrightarrow{rad., ion.} \not\to$$

$$C_6H_5-CHN_2 \xrightarrow[-N_2]{ion.} \left(\begin{array}{c} CH- \\ | \\ C_6H_5 \end{array}\right)$$

Maleinsäureanhydrid ($\Delta H^m_{mp}$ = –59 kJ/mol) läßt sich radikalisch nur zu Produkten mit sehr niedrigem Polymerisationsgrad polymerisieren, Vinylencarbonat aber zu solchen mit sehr hohem. Auch dieser Effekt ist nicht ohne weiteres durch sterische Hinderung zu deuten. Maleinsäureanhydrid gibt andererseits ein 1 : 1-Copolymer mit Stilben (1,2-Diphenyläthylen), wofür nach UV-spektroskopischen Messungen Ladungsübertragungs-Komplexe zwischen den Monomeren verantwortlich sein dürften. Der entscheidende Faktor hier ist damit die Polarisierung und nicht die sterische Hinderung. Da die abstoßende Wirkung elektronendonierender oder -akzeptierender Substituenten R von Verbindungen CHR=CHR bei der Copolymerisation mit z. B. Äthylen verringert wird, ist die erfolgreiche alternierende Copolymerisation mit 1,2-disubstituierten Verbindungen R–CH=CH–R entgegen einer weitverbreitenden Meinung *kein* zwingender Beweis für eine sterische Hinderung durch die Substituenten R.

Maleinsäureanhydrid

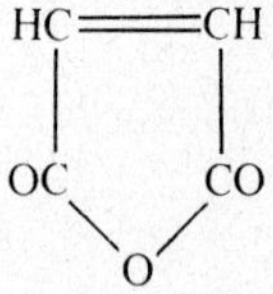

Vinylencarbonat

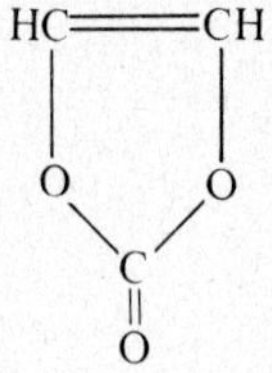

Einige 1,2-disubstituierte Äthylene polymerisieren mit gewissen Katalysatoren überraschend gut, weil sie unter dem Einfluß des Katalysators vor der Polymerisation teilweise oder ganz isomerisiert werden. Buten-2, Penten-2 und Hexen-2 isomerisieren z. B. unter dem Einfluß von $\alpha$-TiCl$_3$/AlCl$_3$/NaH zuerst zu den entsprechenden $\alpha$-Olefinen. Hepten-3 isomerisiert mit Al(C$_2$H$_3$)$_3$/TiCl$_3$/Ni(acac)$_2$ (mit Al:Ti:Ni = 3:1:2) zuerst zum Hepten-1, das dann polymerisiert:

(16-68)

$$\underset{\underset{C_2H_5\ \ C_3H_7}{|\ \ \ \ \ \ \ |}}{CH\!=\!\!=\!\!CH} \rightleftharpoons \underset{\underset{CH_3\ \ C_4H_9}{|\ \ \ \ \ \ |}}{CH\!=\!\!=\!\!CH} \rightleftharpoons \underset{\underset{\ \ \ \ \ \ C_5H_{11}}{|}}{CH_2\!=\!\!=\!\!CH} \longrightarrow \underset{\underset{\ \ \ \ \ \ C_5H_{11}}{|}}{-\!(\!CH_2\!-\!CH\!)\!-}$$

Isomerisierungen und Disproportionierungen des Monomeren sind auch bei anderen Systemen häufig zu finden. 1,4-Dihydronaphthalin isomerisiert unter der Wirkung von Natriumnaphthalin zuerst zum 1,2-Dihydronaphthalin, das dann anionisch polymerisiert. Propylen disproportioniert in Ggw. von MoO$_3$ auf Trägern zu Äthylen und Buten-2, von denen das Äthylen polymerisiert.

Bei Monomeren mit zwei oder mehr aktivierbaren Stellen hängt die Struktur des entstehenden Polymeren vom Initiator ab. Dimethylketen mit den Resonanzformen

(16-69) $\quad CR_2\!=\!C\!=\!O \longleftrightarrow \overset{\ominus}{C}R_2\!-\!\overset{\oplus}{C}\!=\!O \longleftrightarrow \overset{\ominus}{C}R_2\!-\!C\!\equiv\!\overset{\oplus}{O} \longleftrightarrow CR_2\!=\!\overset{\oplus}{C}\!-\!\overset{\ominus}{O}$

kann so zu einem Polyketon oder einem Polyester polymerisiert werden:

(13-70)

$$\begin{matrix} CH_3 \\ | \\ C=C=O \\ | \\ CH_3 \end{matrix} \quad \begin{matrix} \overset{\text{Lewis-Säuren}}{\longrightarrow} \\ \\ \overset{\text{Metallalkyle}}{\longrightarrow} \end{matrix} \quad \begin{matrix} \left(\!\!-\!\!\underset{\underset{CH_3}{|}}{\overset{\overset{CH_3}{|}}{C}}\!-\!\underset{\overset{\|}{O}}{C}\!-\!\!\right) \\ \\ \left(\!\!-\!\!\underset{\underset{}{}}{\overset{\overset{C(CH_3)_2}{\|}}{C}}\!-\!O\!-\!CO\!-\!\underset{\underset{CH_3}{|}}{\overset{\overset{CH_3}{|}}{C}}\!-\!\!\right) \end{matrix}$$

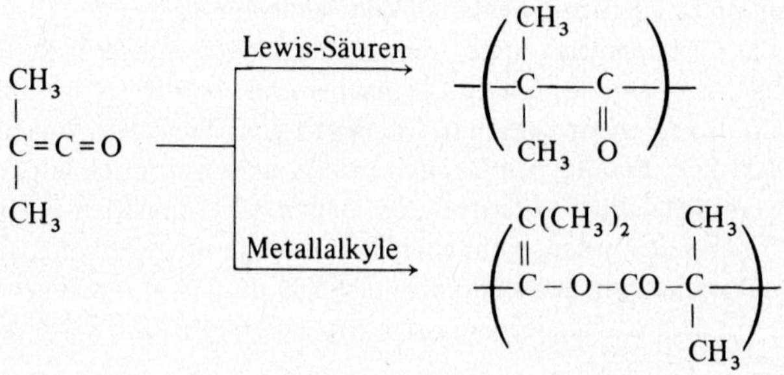

Auch Diketen kann je nach Initiator zu sehr verschiedenen Produkten polymerisiert werden:

(16-71)

$$2n\ CH_2\!=\!C\!=\!O \rightarrow n\ \underset{\underset{CH_2\!-\!C\!=\!O}{|\ \ \ \ \ \ \ \ |}}{CH_2\!=\!C\!-\!-\!-\!O}$$

HgCl$_2$; Al(OC$_3$H$_7$)$_3$ $\longrightarrow$ $\displaystyle -\!\!\left(\!O\!-\!\underset{\overset{\|}{CH_2}}{C}\!-\!CH_2\!-\!CO\!\right)\!\!_n$

Lewis-S.; Zn(C$_2$H$_5$)$_2$ $\longrightarrow$ $-\!(CH_2\!-\!CO\!-\!CH_2\!-\!CO)\!_n$
$\quad\quad\quad\quad\quad\quad\quad\quad\quad\quad\quad\quad\uparrow\downarrow$
$\quad\quad\quad\quad\quad\quad\quad\quad\quad\quad-\!(CH\!=\!C\!-\!CH\!=\!C)\!_n$
$\quad\quad\quad\quad\quad\quad\quad\quad\quad\quad\quad\quad|\quad\quad\quad|$
$\quad\quad\quad\quad\quad\quad\quad\quad\quad\quad\quad OH\quad\ \ OH$

$\gamma$-Strahlen $\longrightarrow$ $-\!(CH_2\!-\!C)\!_n$ + Ringöffnung
$\quad\quad\quad\quad\quad\quad\quad\quad\quad\quad\diagup\ \diagdown\quad$ (Erweiterung!)
$\quad\quad\quad\quad\quad\quad\quad\quad\ CH_2\ \ O\quad$ zum Polyester
$\quad\quad\quad\quad\quad\quad\quad\quad\quad\diagdown\ \diagup$
$\quad\quad\quad\quad\quad\quad\quad\quad\quad\ CO$

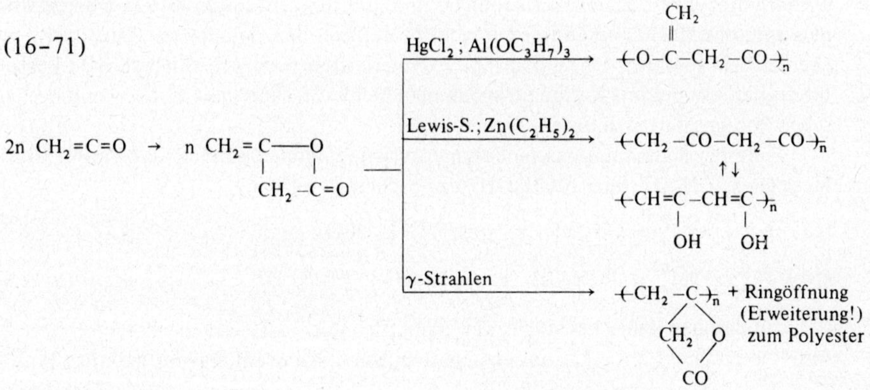

Aus diesem Grunde und durch eine Reihe weiterer Effekte ist es nicht immer leicht zu entscheiden, nach welchem Mechanismus eine Polyreaktion abläuft. Aus dem verwendeten Katalysatortyp allein lassen sich in der Regel keine zuverlässigen Schlüsse ziehen. Ziegler-Katalysatoren bestehen z.B. aus einer Verbindung eines Übergangsmetalles (z.B. $TiCl_4$) und einer Verbindung eines Elementes der I.–III. Gruppe (z.B. $AlR_3$) (für eine genauere Diskussion vgl. Kap. 19). Sie lösen in der Regel Polyinsertionen aus. Das System Phenyltitantriisopropoxid/Aluminiumtriisopropoxid bewirkt jedoch eine radikalische Polymerisation von Styrol. $BF_3$ initiiert (zusammen mit Cokatalysatoren, vgl. Kap. 18) meist kationische Polymerisationen, nicht aber beim Diazomethan, bei dem die Polyreaktion über Boralkyle abläuft. Die Wirkungsweise der Initiatoren hängt dabei außer vom Monomeren auch vom Medium ab. Jod löst in der Form von Jodjodid $J^+J_3^-$ die kationische Polymerisation von Vinyläthern aus. In Form bestimmter Komplexe $DJ^+J^-$ (mit D = Benzol, Dioxan, bestimmte Monomere) führt es aber zu einer anionischen Polymerisation von 1-Oxa-4,5-dithiacycloheptan.

Zur sicheren Feststellung eines Mechanismus müssen daher stets mehrere Kriterien herangezogen werden. Sie gründen sich meist auf Variationen von Temperatur, Lösungsmittel und/oder Zusätzen, sowie der Monomeren.

Die Temperaturabhängigkeit der Polyreaktionsgeschwindigkeit ist meist ein schlechtes Kriterium, insofern als sowohl Polyinsertionen als auch ionische Polymerisationen und sogar radikalische Polymerisationen bei tiefen Temperaturen noch sehr schnell sein können.

Die Variation des Lösungsmittels gibt folgende Hinweise. Radikalische Polymerisationen hängen praktisch nicht von der Dielektrizitätskonstanten des Lösungsmittels ab. Je polarer das Lösungsmittel, umso unwahrscheinlicher werden in der Regel Polyinsertionsmechanismen und desto wahrscheinlicher ionische Polymerisationen (Dissoziation in Ionen). Eine Polymerisation in Gegenwart von sauerstoffhaltigen Lösungsmitteln wird wegen der Bildung von Oxoniumsalzen nicht kationisch sein, es sei denn, das Monomere enthielte selbst Sauerstoff. So können Alkylvinyläther in Diäthyläther kationisch polymerisiert werden, nicht aber Olefine. Anionische Polymerisationen in Gegenwart von Alkylhalogeniden sind kaum möglich, da die als Gegenion vorhandenen Kationen $Me^+$ mit dem Alkylhalogenid reagieren:

$$(16\text{-}72)\quad (M_n)^- Me^+ + RCl \rightarrow (M_n)R + MeCl$$

Durch Zusätze können bestimmte Polyreaktionen gestoppt werden. Diphenylpikrylhydrazyl ist z.B. ein Radikalfänger und unterbindet radikalische Polymerisationen. Ionische Mechanismen werden nicht beeinflußt. Benzochinon ist andererseits ebenfalls ein Inhibitor für radikalische Polymerisationen. Wegen seiner starken Basizität reagiert es aber mit Kationen, sodaß man nicht zwischen radikalischen und kationischen Polymerisationen unterscheiden kann.

Kationische und anionische Polymerisationen können durch Zusatz markierten Methanols ($CH_3OT$ oder $^{14}CH_3OH$) unterschieden werden:

$$(16\text{-}73)\quad \sim\!\sim\!\sim M^{\ominus} + CH_3OT \rightarrow \sim\!\sim\!\sim MT + \overset{\ominus}{O}CH_3$$

$$(16\text{-}74)\quad \sim\!\sim\!\sim M^{\oplus} + {}^{14}CH_3OH \rightarrow \sim\!\sim\!\sim M{-}O{-}{}^{14}CH_3 + H^{\oplus}$$

Findet man daher bei einem Kettenabbruch mit $^{14}CH_3OH$ das Polymer aktiv, so muß die Polymerisation kationisch ablaufen. Ein dabei resultierendes inaktives Polymer ist aber noch kein Beweis für die Abwesenheit einer kationischen Polymerisation oder für die Anwesenheit einer anionischen, da das Alkoxidion vom wachsenden Makrokation auch ein Wasserstoffatom abstrahieren kann:

$$(16\text{-}75)\quad \sim\!\sim\!\sim CH_2-\overset{\oplus}{C}HR + CH_3O^{\ominus} \rightarrow \sim\!\sim\!\sim CH{=}CHR + CH_3OH$$

Arbeitet man mit tritiiertem Methanol $CH_3OT$ und enthält das tote Polymer kein Tritium, so ist die Polymerisation sicher nicht anionisch.

Manche Monomere reagieren nur nach einem bestimmten Mechanismus, sodaß andere ausgeschlossen sind. Isobutylen polymerisiert nur kationisch, nicht aber anionisch oder radikalisch. Ein die Polymerisation von Isobutylen auslösender Initiator wird daher höchstwahrscheinlich kationisch wirken. Acrylate und Methylmethacrylat polymerisieren nicht kationisch, wohl aber radikalisch oder anionisch. Cyclische Sulfide und Oxide gehen keine radikalische Polymerisation ein. Alternativ kann man zur Prüfung eines Initiators auch Monomere verwenden, die mit verschiedenen Initiatoren zu unterschiedlichen Strukturen führen. 2-Vinyloxyäthylenmethacrylat polymerisiert kationisch über die Vinylgruppe, anionisch über die Acrylgruppe und radikalisch über beide Gruppen (vernetzte Polymere). Eine weitere Möglichkeit besteht über die Copolymerisation zweier verschiedener Monomerer (vgl. Kap. 22). Geeignete Paare sind in Tab. 16 – 16 zusammengestellt.

*Tab. 16-16:* Zur Prüfung auf die Initiatorwirkung geeignete Paare von Monomeren

| Monomergemisch | Erhaltenes Polymer | | |
|---|---|---|---|
| | kationisch | radikalisch | anionisch |
| Styrol/Methylmethacrylat | Poly(styrol) | statistisches Copolymer | Poly(methylmethacrylat) |
| Isobutylen/Vinylchlorid | Poly(isobutylen) | alternierendes Copolymer | – |
| Isobutylen/Vinylidenchlorid | Poly(isobutylen) | alternierendes Copolymer | Poly(vinylchlorid) |

Damit hochmolekulare Produkte entstehen, müssen Desaktivierungsreaktionen möglichst fehlen. Die Wachstumsgeschwindigkeit muß stets größer als die Summe der Geschwindigkeiten aller Reaktionen sein, die die individuellen Ketten abbrechen. Die möglichen Desaktivierungsreaktionen lassen sich wie folgt einteilen:

1. Eine wachsende Kette wird desaktiviert, wenn sie mit einer anderen Kette unter Bildung toter Makromoleküle abreagiert, z.B. durch Kombination zweier Radikale (vgl. Kap. 20). Desaktivierung durch Reaktion zweier Makroradikale ist einer der Gründe, warum ionische Polymerisationen schneller als radikalische sind. Die Reaktion zwischen zwei Radikalen weist eine kleine Aktivierungsenergie auf und verläuft daher sehr schnell. Die Konzentration an wachsenden Radikalen muß darum klein bleiben (ca. $10^{-8}$ bis $10^{-9}$ molar). Bei ionischen Polymerisationen gibt es dagegen keinen Abbruch durch gegenseitige Desaktivierungen und eine höhere Aktivierungsenergie für einen unimolekularen Abbruch (vgl. Kap. 18). Die Konzentration an wachsenden Makroionen kann daher viel größer sein (ca. $10^{-2}$ bis $10^{-3}$ molar). Die größere ionische Polymerisationsgeschwindigkeit ist daher mindestens teilweise durch eine höhere

Keimkonzentration bedingt. Komplexbildung zwischen Monomer und Initiator kann die Polymerisation unterhalb einer bestimmten kinetischen Bodentemperatur verhindern.

2. Die wachsende Kette wird durch Übertragungsreaktionen desaktiviert, z. B.

(16-76)

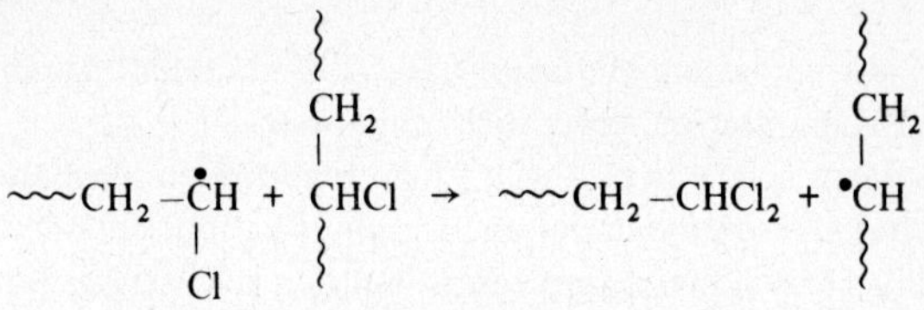

Ist der neu entstehende Keim gleich reaktiv wie der verschwindende, so bleibt zwar die Polymerisationsgeschwindigkeit gleich groß, der Polymerisationsgrad wird aber herabgesetzt. Der Polymerisationsgrad wird jedoch nicht herabgesetzt, wenn die Übertragung zu einem Makromolekül erfolgt wie im Beispiel der Gl. (16-76). Bei sehr starken Übertragungsreaktionen werden daher nur Oligomere erhalten. Zu den Übertragungsreaktionen kann man auch die Eliminationen von β-Substituenten zählen, wie sie bei der Polymerisation von 1,2-disubstituierten Monomeren auftreten:

(16-77)

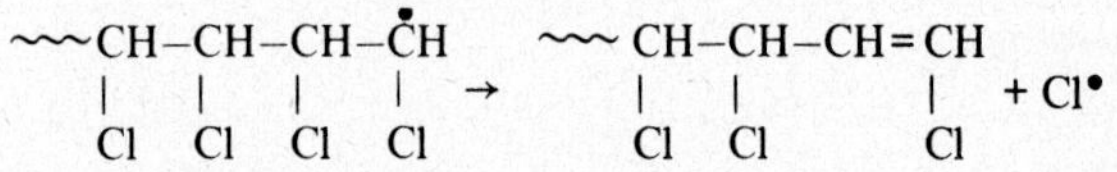

3. Eine spontane Desaktivierung tritt auch dann auf, wenn sich wachsendes Makroion und niedermolekulares Gegenion zu inaktiven Verbindungen isomerisieren (vgl. Kap. 18).

4. Die Aktivität eines polymerisierenden Systems kann ferner durch eine Reihe weiterer Faktoren verringert werden, z.B. eine diffusionskontrollierte Anlagerung des Monomeren durch die mit dem Umsatz steigende Viskosität der Mischung, eine durch das gebildete Polymer bewirkte Abnahme der Löslichkeit des Monomeren und/oder eine Blockierung der aktiven Zentren durch ausgefallenes Polymer.

Durch eine Akkumulation von Schwingungsenergie innerhalb der Kette könnten ferner die Ketten zerrissen werden, wodurch Makromoleküle nur bis zu bestimmten Molekulargewichten auftreten könnten. Exakte Beweise für die Existenz dieses Effektes fehlen jedoch. Die für diesen Effekt postulierte obere Grenze für die erreichbaren Molekulargewichte ist in den letzten Jahrzehnten zu immer höheren Werten verschoben worden und liegt jetzt bei einigen zehn Millionen.

### 16.4.3 KINETIK

Zur Beschreibung der Temperaturabhängigkeit der Geschwindigkeitskonstanten von Elementarreaktionen werden meist zwei Theorien benutzt. Nach der Kollisionstheorie hängt die Geschwindigkeitskonstante $k_i$ vom Häufigkeitsfaktor $p$, vom sterischen Faktor $Z$ und vom Boltzmann-Faktor ($\exp(-E^{\ddagger}/RT)$) ab.

(16-78) $$k_i = p\,Z \exp(-E^{\ddagger}/RT) = A \exp(-E^{\ddagger}/RT)$$

Der Häufigkeitsfaktor $p$ gibt die Zahl der Zusammenstöße an (ca. $10^{11}$ pro s). $p$ ist in kondensierten Phasen noch diffusionskontrolliert. Der sterische Faktor $Z$ ist ein Maß dafür, wieviele Stöße erfolgreich sind und somit ein Maß für die Wahrscheinlichkeit der Reaktion. $p$ und $Z$ werden oft zur Aktionskonstanten $A$ zusammengefaßt. Der Boltzmann-Faktor ($\exp(-E^{\ddagger}/RT)$) mißt die Zahl der Moleküle, die genügend Energie besitzen, um die Reaktion eingehen zu können. $E^{\ddagger}$ ist die scheinbare oder Arrhenius'sche Aktivierungsenergie.

Bei der Theorie des Übergangszustandes wird angenommen, daß der Übergangszustand durch eine Gleichgewichtskonstante $K^{\ddagger}$ beschrieben werden kann:

$$(16\text{-}79) \quad k_i = \frac{kT}{h} K^{\ddagger} = \frac{kT}{h} \exp(-\Delta G^{\ddagger}/RT)$$

wobei $k$ die Boltzmann-Konstante, $h$ das Plancksche Wirkungsquantum und $\Delta G^{\ddagger}$ die Freie Aktivierungsenthalpie sind. Mit dem 2. Hauptsatz der Thermodynamik gelangt man zu

$$(16\text{-}80) \quad k_i = \frac{kT}{h} \exp(\Delta S^{\ddagger}/R) \exp(-\Delta H^{\ddagger}/RT)$$

Die Aktivierungsenthalpie $\Delta H^{\ddagger}$ ist für Reaktionen in der flüssigen Phase durch

$$(16\text{-}81) \quad \Delta H^{\ddagger} \equiv RT^2 (\mathrm{d} \ln K^{\ddagger}/\mathrm{d}T) = RT^2 (\mathrm{d} \ln k_i/\mathrm{d}T) - RT$$

definiert. Für die Beziehung zwischen Arrhenius'scher Aktivierungsenergie und Aktivierungsenthalpie gilt folglich

$$(16\text{-}82) \quad \Delta H^{\ddagger} = E^{\ddagger} - RT$$

und für die Beziehung zwischen Aktionskonstante und Aktivierungsentropie

$$(16\text{-}83) \quad \Delta S^{\ddagger} = R(\ln A - \ln(kT/h))$$

Bei Polyreaktionen laufen teils hintereinander, teils gleichzeitig viele Reaktionen von Molekülen verschiedenen Polymerisationsgrades ab. Zur mathematischen Behandlung der Kinetik von Polyreaktionen können grundsätzlich zwei Verfahren benutzt werden:

1) Das erste Verfahren geht von den wahrscheinlich auftretenden Elementarreaktionen aus, für welche die Differentialgleichungen aufgestellt und integriert werden. Die abgeleiteten Beziehungen werden experimentell überprüft. Die Methode ist einfach und flexibel. Nachteilig ist, daß für jede Polyreaktion gesonderte Annahmen gemacht werden müssen.
2) Das zweite Verfahren benutzt statistische Methoden. Es liefert generalisierte Gleichungen für die verschiedensten Polyreaktionen. Die mathematische Durchrechnung führt jedoch manchmal zu Schwierigkeiten.

In den folgenden Kapiteln werden beide Methoden meist je nach ihrer Zweckmäßigkeit für das betrachtete Problem eingesetzt.

Die kinetische Behandlung von Polyreaktionen vereinfacht sich sehr, wenn man annimmt, daß die Reaktivität einer Gruppe unabhängig von der Größe des Moleküls ist, an dem sie sich befindet (Prinzip der gleichen chemischen Reaktivität). Diese Unabhängigkeit der Geschwindigkeitskonstanten von der Molekülgröße ist bei einer Polyreaktion schon nach wenigen Gliedern erreicht, wie man z.B. aus dem Vergleich der

Geschwindigkeitskonstanten für den hydrolytischen Abbau von Oligosacchariden sieht (Tab. 16 – 17). Auch bei der Polykondensation von Dicarbonsäuren mit Diaminen oder Diolen und bei der radikalischen Polymerisation (vgl. Tab. 20 – 8) wurde das Prinzip der gleichen chemischen Reaktivität bestätigt gefunden.

*Tab. 16-17:* Geschwindigkeitskonstanten $k_i$ der Hydrolyse von Oligomeren der Cellulose ($51\,\%\ H_2SO_4$, 30 °C)

| Verbindung | $10^4 k_i$<br>$s^{-1}$ |
|---|---|
| Cellobiose | 6,9 |
| – -triose | 4,5 |
| – -tetrose | 3,7 |
| – -pentose | 3,5 |
| – -hexose | 3,2 |

Gegen das Prinzip der gleichen chemischen Reaktivität wurde eingewendet, daß die Geschwindigkeitskonstanten mit steigendem Molekulargewicht abnehmen müßten, weil die Beweglichkeit der Moleküle abnimmt. Entscheidend ist aber nicht die Beweglichkeit des ganzen Moleküls, sondern die des Molekülsegmentes, das die reagierende Gruppe enthält. Bei vernetzenden Polykondensationen nimmt z. B. die Beweglichkeit der Endgruppen ab, weil diese in dem entstehenden Netzwerk immobilisiert werden. Es trifft ferner zu, daß durch die hohe Viskosität der reagierenden Mischung die Stoßzahl abnimmt. Wegen dieser hohen Viskosität nimmt aber auch die Begegnungszeit zu, sodaß die Wahrscheinlichkeit für die Reaktion im gleichen Ausmaß erhöht wird. Auch der sterische Faktor wird nicht durch die Molekülgröße beeinflußt, da bei endlichen Konzentrationen nicht unterschieden werden kann, ob die Abschirmung der reagierenden Gruppen vom gleichen Molekül oder durch fremde Segmente erfolgt.

Das Prinzip der gleichen Reaktivität gilt nicht mehr, wenn die reagierenden Gruppen nur formal voneinander isoliert, in Wirklichkeit aber miteinander gekoppelt sind. Die zweite Vinylgruppe des Divinylbenzols $CH_2{=}CH{-}C_6H_4{-}CH{=}CH_2$ weist nach der Reaktion der ersten Gruppe eine ganz andere Reaktivität als die erste auf. Bei der Bildung von konjugierten Verbindungen bei der Polymerisation nimmt die Reaktivität ebenfalls ab. Ein Beispiel dafür ist die Polymerisation von Acetylen zu Polyvinylenen $\text{+}CH{=}CH\text{+}_n$. Das Prinzip der gleichen chemischen Reaktivität wird scheinbar auch verletzt, wenn die reagierenden Enden assoziieren. Bei der Polykondensation von Glykolen mit Dicarbonsäuren sind z. B. die niedermolekularen Ester über die OH- bzw. COOH-Endgruppen assoziiert. Die Assoziation nimmt mit fortschreitender Polykondensation ab, da die Konzentration an Endgruppen sinkt. Die Endgruppen der niedermolekularen Polyester liegen also in anderer chemischer Umgebung vor als die der hochmolekularen. Die gemessene Reaktivität wird folglich verschieden sein.

### 16.4.4 MOLEKULAREINHEITLICHE MAKROMOLEKÜLE

Makromoleküle entstehen entweder durch struktur- oder zeitgesteuerte Prozesse. Bei den strukturgesteuerten Prozessen wird das Molekulargewicht und die chemische Struktur des entstehenden Makromoleküls durch ein vorgegebenes morphologisches Muster (Matrize, template) im Zusammenwirken mit einem geeigneten Katalysator geprägt, schematisch

(16-84)

$$\begin{array}{c} -T-T-T-T- \\ \end{array} \xrightarrow{+M} \begin{array}{cccc} -T-T-T-T- \\ | & | & | & | \\ M & M & M & M \end{array}$$

$$\begin{array}{cccc} -T-T-T-T- \\ | & | & | & | \\ M & M & M & M \end{array} \rightarrow \begin{array}{cccc} -T-T-T-T- \\ | & | & | & | \\ -M-M-M-M- \end{array}$$

$$\begin{array}{cccc} -T-T-T-T- \\ | & | & | & | \\ -M-M-M-M- \end{array} \rightarrow \begin{array}{c} -T-T-T-T- \\ + \\ -M-M-M-M- \end{array}$$

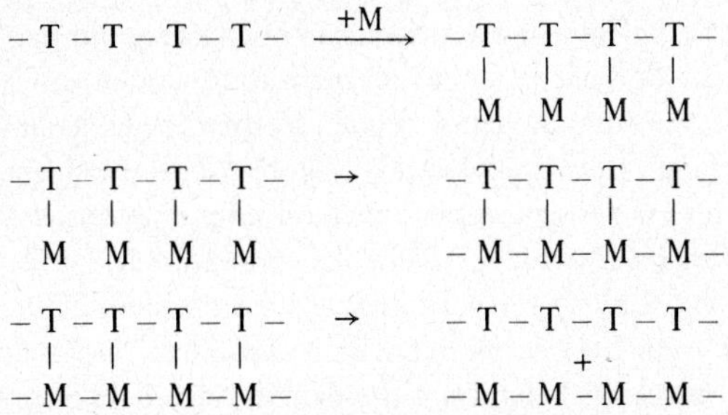

In einem ersten Schritt werden die Monomeren M an Bausteine T der makromolekularen Matrize angelagert. Im zweiten Schritt werden die Reste M miteinander zum Makromolekül verknüpft, das im dritten Schritt von der Matrize abelöst wird. Derartige Polyreaktionen sind bei Biosynthesen bekannt, z. B. bei der Synthese von Nucleinsäuren (Kap. 29) und Proteinen (Kap. 30). Die Bausteine M sind hier wie die Bausteine T von verschiedener Konstitution. Da ein Makromolekül nach dem anderen gebildet wird, sind alle gleich groß ($\bar{X}_w/\bar{X}_n = 1$). Der Polymerisationsgrad ist unabhängig von der Zeit.

(16-85)

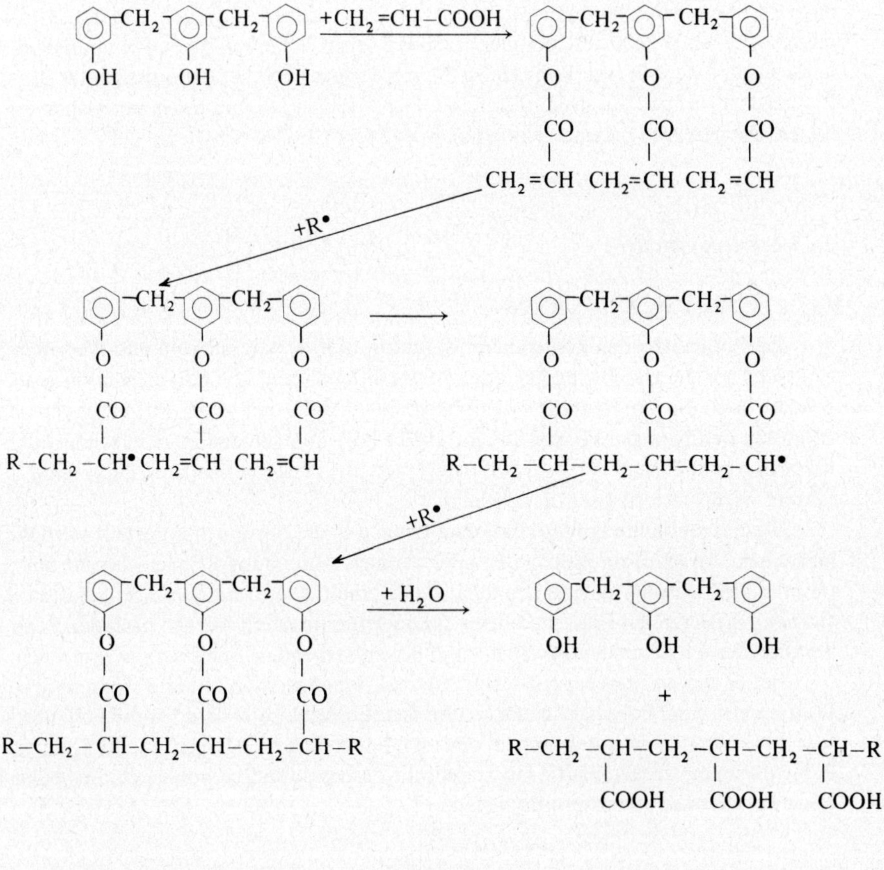

Bei synthetischen Polymeren sind Matrizenprozesse bislang nur partiell nachahmbar. Molekulareinheitliche Polyphenole mit Polymerisationsgraden von 3 bis 5 können z. B. mit Acrylsäure verestert und die entstehenden Verbindungen dann in großer Verdünnung (Verhinderung der intermolekularen Polymerisation) mit einem Überschuß an radikalbildenden Initiatoren (Festlegung der zweiten Endgruppe durch Abbruch mit Initiatorradikalen) polymerisiert werden. (Siehe Schema (16–85) auf Seite 483).

Die entstehenden Polyacrylsäuren sind ebenfalls molekulareinheitlich aufgebaut. Über die Konfiguration – die bei den Biopolymeren durch den Matrizenmechanismus genau festgelegt wird – ist nichts bekannt. Außerdem können bei synthetischen Polymeren bislang nur Unipolymere so aufgebaut werden, jedoch nicht Copolymere mit definierter Sequenz wie bei den Biopolymeren.

Praktisch – aber nicht exakt – molekulareinheitliche Makromoleküle werden durch zeitgesteuerte Prozesse gebildet. Gibt man zu einer Lösung eines Monomeren sehr rasch eine Lösung eines Initiators in der Weise, daß alle Initiatormoleküle homogen verteilt sind, so können bei geeigneten Initiatoren alle Ketten gleichzeitig gestartet werden. Jede Kette hat die gleiche Chance für das Wachstum. Der Polymerisationsgrad ist dem Umsatz proportional und nimmt daher linear mit der Zeit zu. Die Molekulargewichtsverteilungen sind außerordentlich eng (vgl. Kap. 18). Da bei diesen Prozessen voraussetzungsgemäß keine Desaktivierungsreaktionen auftreten dürfen, bleiben die Kettenenden nach Verbrauch des Monomeren aktiv. Die Polyreaktion geht nach Zugeben neuen Monomers weiter. Man spricht darum auch von „lebenden Polymeren". Lebende Polymere können besonders leicht bei anionischen Polymerisationen realisiert werden (vgl. Kap. 18.2). Sie treten aber auch bei kationischen (z. B. Polymerisation von Tetrahydrofuran mit $Ph_3C^{\oplus}[SbCl_6]^{\ominus}$) und bei radikalischen Polymerisationen auf (Polymerisation von p-Xylylen, Gl. (16 – 28)).

## 16.5 Stereokontrolle

### 16.5.1 EINTEILUNG UND ABLAUF

Bei Polyreaktionen kontrollieren Initiator- bzw. Katalysatortyp und Monomertyp nicht nur die Geschwindigkeit der Polyreaktionen und den Polymerisationsgrad, sondern auch die Konfiguration der entstehenden Makromoleküle. Nur unter ganz bestimmten Bedingungen können stereoreguläre Polymere entstehen, d. h. solche mit taktisch regelmäßigem Aufbau. Polyreaktionen, die zu stereoregulären Polymeren führen, werden stereospezifisch genannt.

Stereospezifische Polymerisationen können in drei Gruppen unterteilt werden, jenachdem, ob man von prochiralen oder chiralen Monomermolekülen ausgeht und ob man achirale oder chirale Grundbausteine erhält. Diese, auf den Eigenschaften der *Gruppen* basierenden Klassen können dann weiter unterteilt werden nach den Eigenschaften der entstehenden *Moleküle* und des entstehenden *Systems* von Molekülen.

Bei *achiralen* stereospezifischen Polyreaktionen werden achirale Monomere zu dissymmetrischen Polymermolekülen umgesetzt. Ein Beispiel dafür ist die Polymerisation von Propylen zu isotaktischem oder syndiotaktischem Poly(propylen). Derartige Polyreaktionen werden häufig nur stereospezifisch genannt, obwohl auch die beiden folgenden Klassen stereospezifisch sind.

Bei den *prochiralen* stereospezifischen oder den *chiralitätserzeugenden* stereospezifischen Polyreaktionen wird ein prochirales Monomermolekül zu einem Polymeren mit chiralen Gruppen umgesetzt. Ein Beispiel dafür ist die Polyreaktion von Benzofuran mit $RAlCl_2$/opt. aktivem Phenylalanin zu einem optisch aktiven Polymeren.

(16–86) 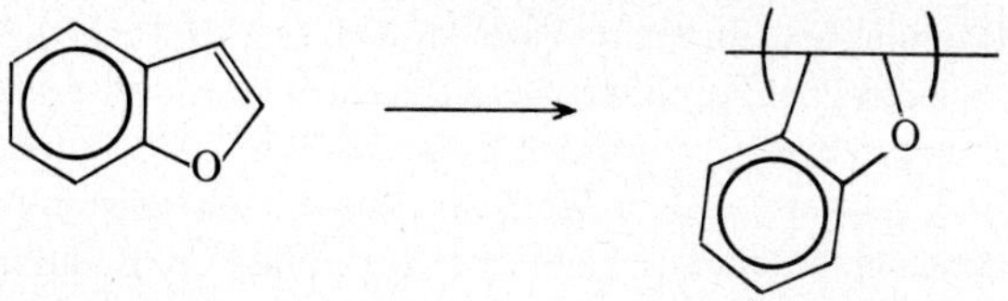

Bei den *chiralen* stereospezifischen oder *chiralitätsübertragenden* Polyreaktionen werden chirale Monomermoleküle zu Polymeren mit chiralen Gruppen umgesetzt. Ein Beispiel dafür ist die Polymerisation von (*R*)-Propylenoxid zu Poly(*R*-propylenoxid).

Bei den prochiralen und den chiralen stereospezifischen Polymerisationen können noch weitere Spezialfälle unterschieden werden. Geht man nämlich von einer racemischen Mischung der Stereoisomeren aus, so können entweder Copolymere aus (*R*)- und (*S*)-Einheiten entstehen oder aber Mischungen aus den reinen (*R*)-Polymeren und (*S*)-Polymeren. Im letzteren Fall können die (*R*)- und (*S*)-Einheiten entweder in gleichen Mengen vorliegen oder aber eine Einheit im Überschuß vorhanden sein. Auch bei den chiralitätserzeugenden stereospezifischen Polymerisationen können im Prinzip alle drei genannten Systeme entstehen.

Für diese Spezialfälle sind eine Reihe von Namen vorgeschlagen worden. Sie schließen in der Regel an die in der organischen Chemie gebräuchliche Nomenklatur an, bei der asymmetrische Reaktionen in der Regel als Reaktionen definiert werden, bei denen achirale Einheiten in chirale Einheiten in einer Weise überführt werden, daß ein Stereoisomer (hier eine Gruppe, nicht ein Molekül) im Überschuß entsteht. Die folgenden Bezeichnungen sind gebräuchlich:

1. chiralitätserzeugende Polyreaktion, die zu einem Überschuß an einer Stereoisomerie-Einheit führt: asymmetrische, asymmetrisch-synthetisierende oder asymmetrisch-induktive Polyreaktion.
2. chiralitätsübertragende Polyreaktion, die zu einem Überschuß an einer Stereoisomerie-Einheit führt: asymmetrisch-selektive, asymmetrisch-transformierende oder stereoelektive Polymerisation.
3. chiralitätsübertragende Polyreaktion, die zu gleichen Mengen an Stereoiosmerie-Einheiten im resultierenden Produkt führt: stereoselektive Polymerisation.

Diese organisch-chemische Nomenklatur legt das Schwergewicht auf die resultierende optische Aktivität des Gesamtsystems, ist also phänomenologisch.

In allen Fällen ist die Stereokontrolle nur dann vollständig, wenn unter den Reaktionsbedingungen ausschließlich Kopf/Schwanz-Polymere entstehen. Im Prinzip können natürlich auch durch alternierende Kopf/Kopf- und Schwanz/Schwanz-Verknüpfungen streng stereoregular aufgebaute Polymere entstehen. Da jedoch Kopf/Kopf-Verknüpfungen im allgemeinen nur als Strukturfehler entstehen, ist eine derartige vollständige Stereokontrolle jedoch wenig wahrscheinlich.

### 16.5.2 ACHIRALE STEREOSPEZIFISCHE POLYMERISATIONEN

Bei der Polymerisation von achiralen Monomeren zu dissymmetrischen Polymeren treten keine optisch aktiven Zentren auf. Die kleinste konfigurative Einheit ist daher die konfigurative Diade aus zwei Grundbausteinen.

Durch Anlagerung bzw. Insertion eines Monomeren wird eine neue konfigurative Diade gebildet. Während bei Polyinsertionen das einzulagernde Monomer nur in einer ganz bestimmten Lage eingelagert werden kann (vgl. Kap. 19), bestehen bei Anlagerungsreaktionen in der Regel verschiedene Möglichkeiten. Im einfachsten Fall ist die Anlagerung nur durch eine einzige chemische Spezies kontrolliert, z. B. durch ein Radikal. In anderen Fällen kann das wachsende Ende mit verschiedenen Spezies im Gleichgewicht stehen, z. B. freie Ionen im Gleichgewicht mit Ionenpaaren. Man unterscheidet daher Einweg- und Mehrwegmechanismen. Die folgenden Bemerkungen befassen sich ausschließlich mit Einweg-Mechanismen.

#### 16.5.2.1 Ataktische Polymerisation

Im einfachsten Fall einer Einweg-Polymerisation besitzt die letzte Monomereinheit keinen Einfluß auf die Art der Anlagerung. Isotaktische und syndiotaktische Diaden werden daher mit gleicher Wahrscheinlichkeit gebildet

$$(16\text{-}87) \quad p_i = p_s = 0{,}5 \qquad (p_i + p_s \equiv 1)$$

Da an einem wachsenden Ende entweder nur eine isotaktische oder nur eine syndiotaktische Diade gebildet werden kann, muß die Summe der Einzelwahrscheinlichkeiten gleich eins sein. Die Einzelwahrscheinlichkeiten sind als Verhältnis der betrachteten Anlagerungsgeschwindigkeit zur Summe aller möglichen Anlagerungsgeschwindigkeiten definiert:

$$(16\text{-}88) \quad p_i = v_i/(v_i + v_s)\,; \quad p_s = v_s/(v_i + v_s)$$

Einsetzen der Geschwindigkeitsgleichungen führt zu

$$(16\text{-}89) \quad p_i = \frac{k_i[P^*][M]}{k_i[P^*][M] + k_s[P^*][M]} = \frac{k_i}{k_i + k_s}$$

d. h. $k_i = k_s$. Für die Bildung der Triaden erhält man vier Wahrscheinlichkeiten, die in diesem Fall definitionsgemäß gleich groß sein müssen

$$(16\text{-}90) \quad p_{ii} = p_{is} = p_{si} = p_{ss} = 0{,}25$$

Die is-Triaden und si-Triaden werden zusammen als heterotaktische Triaden gemessen. Bei einer echten ataktischen Polymerisation erhält man je 50 % isotaktische und syndiotaktische Diaden, je 25 % isotaktische und syndiotaktische Triaden, 50 % heterotaktische Triaden usw., und zwar in statistischer Anordnung (vgl. auch Abb. 3.2).

#### 16.5.2.2 Bernoulli-Statistik

Falls die letzte Monomereinheit, nicht aber die letzte konfigurative Diade, die Anlagerung des neuen Monomeren beeinflußt, spricht man von einer Bernoulli-Statistik. Der Prozeß folgt einer Bernoulli-Statistik in Bezug auf die konfigurativen Diaden, nicht in Bezug auf die Monomereinheiten. Die wachsenden Radikale brauchen deshalb bei achiralen Monomeren nicht durch Indices i und s unterschieden werden. Die Situation ist natürlich bei chiralen Monomeren anders.

Bei einem Bernoulli-Prozeß bezogen auf Diaden sind die Wahrscheinlichkeiten und die Geschwindigkeitskonstanten für die isotaktischen und syndiotaktischen Anlagerungen verschieden:

(16-91) $p_i \neq p_s$

(16-92) $k_i \neq k_s$

Triaden werden durch konsekutive Anlagerungen von zwei Diaden gebildet. Die Bildungswahrscheinlichkeit der zweiten Diade ist unabhängig von der der ersten. Die Bildungswahrscheinlichkeit jeder Triadensorte muß daher gleich dem Molenbruch dieser Triade im Polymer sein

(16-93) $p_{ii} = p_i p_i = x_i^2 = x_{ii}$

(16-94) $p_{ss} = p_s p_s = x_s^2 = x_{ss}$

(16-95) $p_{is} = p_i p_s + p_s p_i = 2\, p_i p_s = 2\, x_i x_s = 2\, x_i (1 - x_i)$

### 16.5.2.3 Markoff-Stastistik 1. Ordnung

Bei diesen Prozessen besteht ein Einfluß der letzten konfigurativen Diade, d. h. der beiden letzten Monomereinheiten. Man muß daher zwischen den Wahrscheinlichkeiten der Bildung einer isotaktischen Diade an einer syndiotaktischen und an einer isotaktischen Diade unterscheiden. Diese Summe dieser beiden Wahrscheinlichkeiten muß gleich eins sein, da dies die beiden einzigen Anlagerungsmöglichkeiten an einer gegebenen Diade sind:

(16-96) $p_{i/i} + p_{i/s} = 1$

(16-97) $p_{s/s} + p_{s/i} = 1$

Die Geschwindigkeit $v_p$ der Wachstumsreaktion ist durch die Summe aller Einzelgeschwindigkeiten gegeben:

(16-98) $v_p = v_{i/i} + v_{s/i} + v_{i/s} + v_{s/s}$

Für jede Diadensorte muß ein stationärer Zustand bestehen:

(16-99) $\mathrm{d}[P_i^*]/\mathrm{d}t = v_{s/i} - v_{i/s} = k_{s/i}[P_s^*][M] - k_{i/s}[P_i^*][M] = 0$

(16-100) $\mathrm{d}[P_s^*]/\mathrm{d}t = v_{i/s} - v_{s/i} = k_{i/s}[P_i^*][M] - k_{s/i}[P_s^*][M] = 0$

und folglich

(16-101) $[P_s^*]/[P_i^*] = k_{i/s}/k_{s/i}$

Der *momentane* Molanteil an isotaktischen Diaden ist durch

(16-102) $$x_i^{inst} = \frac{[P_i^*]}{[P_i^*] + [P_s^*]} = \frac{[P_i^*]}{[P^*]} = \frac{k_{s/i}}{k_{s/i} + k_{i/s}}$$

gegeben. Der Molanteil an isotaktischen Diaden im *fertigen* Polymer kann wie folgt berechnet werden. Die Bildungsgeschwindigkeit der Mengen (in mol) der isotaktischen Diaden ist gleich

(16-103) $$\mathrm{d}n_i/\mathrm{d}t = k_{i/i}[P_i^*][M] + k_{s/i}[P_s^*][M]$$

Die Polymerisationsgeschwindigkeit beträgt

(16-104) $$\mathrm{d}[M]/\mathrm{d}t = -k_p[P^*][M] = K[M]$$

Aus der Änderung der Mengen der isotaktischen Diaden mit dem Umsatz, d. h. mit den Gl. (16 - 101), (16 - 103) und (16 - 104),

(16-105) $$\mathrm{d}n_i/\mathrm{d}[M] = (k_{i/i} + k_{i/s})[P^*]/K$$

erhält man nach Integration von 0 bis $n_i$ und von $[M]_0$ bis $[M]$

(16-106) $$n_i = (k_{i/i} + k_{i/s})[P_i^*]([M]_0 - [M])/K$$

Mit der Definition des Molenbruchs der isotaktischen Diaden erhält man daher

(16-107) $$x_i = \frac{n_i}{n_i + n_s} = \frac{k_{s/i}(k_{i/i} + k_{i/s})}{k_{s/i}(k_{i/i} + k_{i/s}) + k_{i/s}(k_{s/s} + k_{s/i})}$$

Die Bedingung $x_i = x_i^{inst}$ ist daher nur gültig, falls gilt

(16-108) $$k_{i/i} + k_{i/s} = k_{s/s} + k_{s/i}$$

Mit Hilfe dieser Gleichungen können die vier individuellen Geschwindigkeitskonstanten berechnet werden, z. B.

(16-109) $$k_p = k_{i/i}x_i\left[1 + \left(2 + \frac{x_{ss}}{x_s - x_{ss}}\right)\left(\frac{x_i - x_{ii}}{x_{ii}}\right)\right]$$

(16-110) $$k_p = k_{i/s}x_i\left[2 + \frac{x_{ii}}{x_i - x_{ii}} + \frac{x_{ss}}{x_s - x_{ss}}\right]$$

Isotaktische Triaden können nur mit der Wahrscheinlichkeit $p_{i/i}$ an einer isotaktischen Diade gebildet werden. Für die Beziehungen zwischen Triaden und Diaden erhält man daher

(16-111) $$x_{ii} = x_i p_{i/i}$$

(16-112) $$x_{ss} = x_s p_{s/s}$$

(16-113) $$x_{is} = x_i p_{i/s} + x_s p_{s/i}$$

Die Wahrscheinlichkeiten $p_{i/i}$ und $p_{s/s}$ können daher über die exeperimentell bestimmten Verhältnisse $x_{ii}/x_i$ bzw. $x_{ss}/x_s$ berechnet werden. Die beiden verbleibenden Wahrscheinlichkeiten $p_{i/s}$ und $p_{s/i}$ ermittelt man über die Gl. (16 - 96) bzw. (16 - 97). Sind z. B. die Wahrscheinlichkeiten $p_{i/i}$ und $p_{s/i}$ innerhalb des experimentellen Fehlers gleich groß, so liegt eine Bernoulli-Statistik und keine Markoff-Statistik erster Ordnung vor. Diese Aussage gilt nur für eine bestimmte Polymerisationstemperatur und kann nicht auf andere Temperaturen übertragen werden. Für Glycidylmethacrylat wurde z.B. bei – 78 °C $p_{s/s} = 0{,}97$ und $p_{i/s} = 1{,}00$ gefunden, d.h. eine Bernoulli-Statistik. Bei + 60 °C traten mit $p_{s/s} = 0{,}77$ und $p_{i/s} = 0{,}86$ jedoch deutliche Abweichungen von der Bernoulli-Statistik auf (alles bei der rad. Polymerisation).

Bei Markoff-Statistiken 2. Ordnung hat man den Einfluß der letzten beiden Diaden zu beachten, d. h. der letzten drei Monomereinheiten. Tab. 16 – 18 faßt zusammen, welche Verhältnisse von Geschwindigkeitskonstanten aus welchen Verhältnissen von Diaden und Triaden berechnet werden können. Die Tabelle zeigt, daß das Verhältnis der Molenbrüche der beiden Diaden durchaus nicht immer ein Maß für das Verhältnis der mittleren Geschwindigkeitskonstanten über *alle* möglichen Einzelgeschwindigkeiten ist.

*Tab. 16-18:* Verhältnisse von Geschwindigkeitskonstanten, die aus den experimentell bestimmbaren Diaden- und Triaden-Konzentrationen berechnet werden können

| J-Aden-Verhältnis | Mechanismus<br>Bernoulli | Markoff<br>1. Ordnung | Markoff<br>2. Ordnung |
|---|---|---|---|
| $x_i/x_s$ | $\frac{k_i}{k_s}$ | $\frac{k_{s/i}}{k_{i/s}}$ | $\frac{k_{ss/i}(k_{si/i}+k_{ii/s})}{k_{ii/s}(k_{is/s}+k_{ss/i})}$ |
| $x_{ii}/x_{ss}$ | $\frac{k_i^2}{k_s^2}$ | $\frac{k_{i/i}k_{s/i}}{k_{s/s}k_{i/s}}$ | $\frac{k_{ss/i}k_{si/i}}{k_{ii/s}k_{is/s}}$ |
| $x_{ii}/x_{is} = x_{ii}/x_{si}$ | $\frac{k_i}{k_s}$ | $\frac{k_{i/i}}{k_{i/s}}$ | |
| $x_{iii}/x_{sss}$ | $\frac{k_i^3}{k_s^3}$ | $\frac{k_{i/i}^2 k_{s/i}}{k_{s/s}^2 k_{i/s}}$ | $\frac{k_{ss/i}k_{si/i}k_{ii/i}}{k_{ii/s}k_{is/s}k_{ss/s}}$ |

Die Ableitungen lassen sich auf prochirale und chirale Polyreaktionen übertragen, wenn man beachtet, daß sich die Wahrscheinlichkeit $p_i$ der Bildung einer isotaktischen Diade aus den Wahrscheinlichkeiten $p_{LL}$ und $p_{DD}$ zusammensetzt. Für die wahrscheinlichkeit $p_s$ sind entsprechend die Wahrscheinlichkeiten $p_{LD}$ und $p_{DL}$ zu betrachten.

### 16.5.3 CHIRALE STEREOSPEZIFISCHE POLYMERISATION

Die Polymerisation eines reinen chiralen Monomeren zu einem Polymeren ist trivial. Interessanter sind die Verhältnisse, wenn von racemischen Monomeren ausgegangen wird. Hierbei können zwei Grenzfälle betrachtet werden.

Im ersten Fall polymerisiert ein Isomer viel schneller als das andere. Es entsteht bei allen Umsätzen ein optisch reines Polymer, das nur Bausteine des schneller polymerisierenden Isomeren enthält. Das zurückbleibende Monomer ist optisch aktiv und von entgegengesetztem Drehsinn. Ein Beispiel dafür ist die Polymerisation von (R,S)-3-Methylpenten-1 mit $TiCl_4/Zn(S)$-2-methylbutyl$)_2$.

Im zweiten Fall polymerisieren beide Isomeren unabhängig voneinander mit der gleichen Geschwindigkeit: es entsteht eine Mischung aus reinen R- und reinen S-Ketten. Falls nun der für die Polymerisation jeder Kette verantwortliche Katalysator anfänglich in gleichen Mengen vorhanden ist, entstehen jeweils auch gleiche Mengen an R- und S-Grundbausteinen. Die resultierende racemische Mischung von Polymerketten ist optisch inaktiv. Sie kann aber (wenigstens prinzipiell) z. B. chromatographisch aufgetrennt werden. Falls jedoch die beiden polymerisationsauslösenden Spezies anfänglich in ungleichen Mengen vorhanden sind, dann werden die R- und S-Einheiten auch in ungleichen Mengen gebildet. Die Polymermischung ist bei niedrigen Umsätzen optisch aktiv. Die optische Aktivität nimmt jedoch mit zunehmenden Umsatz ab und beim Umsatz 100 % ist das Produkt optisch inaktiv, da dann eine racemische Mischung vorliegt.

Zwischen diesen beiden Grenzfällen können eine Reihe anderer Fälle auftreten. Sie können in der Regel durch eines der beiden folgenden Modelle erfaßt werden.

### 16.5.3.1 Allgemeine Beziehungen

Sowohl Polyinsertionen als auch Polymerisationen können mit dem gleichen kinetischen Formalismus behandelt werden. $P^*$ kann z. B. eine wachsende Kette oder eine Katalysatorstelle sein. $P_L^*$ ist daher entweder das sich an einer L-Monomereinheit befindende aktive Zentrum einer wachsenden Kette oder eine das L-Monomer bevorzugende Katalysatorstelle.

Im allgemeinen Fall liegen Adsorptionsgleichgewichte zwischen den beiden möglichen aktiven Stellen $P_L^*$ und $P_D^*$ und den beiden Monomeren L und D vor:

(16–114) $P_L^* + L \rightleftarrows P_L^*/L \quad ; \quad K_{LL} = [P_L^*/L]/([P_L^*]\,[L])$

(16–115) $P_L^* + D \rightleftarrows P_L^*/D \quad ; \quad K_{LD} = [P_L^*/D]/([P_L^*]\,[D])$

(16–116) $P_D^* + L \rightleftarrows P_D^*/L \quad ; \quad K_{DL} = [P_D^*/L]/([P_D^*]\,[L])$

(16–117) $P_D^* + D \rightleftarrows P_D^*/D \quad ; \quad K_{DD} = [P_D^*/D]/([P_D^*]\,[D])$

$P_L^*/L$, $P_L^*/D$ sind die entsprechenden Adsorptionskomplexe und $K_{LL}$, $K_{LD}$ die dazugehörigen Gleichgewichtskonstanten der Adsorption.

Im allgemeinen Fall können für den Einbau des adsorbierten Monomeren vier Geschwindigkeitsgleichungen geschrieben werden:

(16–118) $v_{LL} = k_{LL}[P_L^*/L] = k_{LL}K_{LL}[P_L^*]\,[L]$

(16–119) $v_{LD} = k_{LD}[P_L^*/D] = k_{LD}K_{LD}[P_L^*]\,[D]$

(16–120) $v_{DL} = k_{DL}[P_D^*/L] = k_{DL}K_{DL}[P_D^*]\,[L]$

(16–121) $v_{DD} = k_{DD}[P_D^*/D] = k_{DD}K_{DD}[P_D^*]\,[D]$

wobei der Einbau als der geschwindigkeitsbestimmende Schritt angenommen wurde. Der relative Verbrauch an L- und D-Monomeren ist dann

(16–122) $$\frac{d[L]}{d[D]} = \frac{v_{LL} + v_{DL}}{v_{DD} + v_{LD}} = \frac{[L]}{[D]}\left(\frac{k_{LL}K_{LL}[P_L^*] + k_{DL}K_{DL}[P_D^*]}{k_{DD}K_{DD}[P_D^*] + k_{LD}K_{LD}[P_L^*]}\right)$$

Der Term in runden Klammern in Gl. (16 – 122) ist nur konstant, wenn das Verhältnis $[P_L^*]/[P_D^*]$ konstant ist. Eine derartige Konstanz ist gegeben, wenn beide Einzelkonzentrationen konstant sind oder wenn die beiden Einzelkonzentrationen sich gleichsinnig und im gleichen Ausmaß mit der Zeit ändern. Die letzte Möglichkeit kann bei lebenden Polymeren ausgeschlossen werden, da bei ihnen die Bedingung $d([P_L^*] + [P_D^*])/dt = 0$ gelten muß (vgl. auch Kap. 18). Bei lebenden Polymeren müssen daher die beiden Einzelkonzentrationen individuell konstant sein. Diese Bedingung scheint bei den sog. enantiomorphen Katalysatoren (vgl. weiter unten) immer erfüllt zu sein.

Falls beide Konzentrationen $[P_L^*]$ und $[P_D^*]$ gleich groß sind, wird das erhaltene Polymer keine optische Aktivität aufweisen. Die individuellen Ketten können aber durchaus verschiedene Anteile von L- und D-Monomeren enthalten.

Falls die beiden Konzentrationen $[P_L^*]$ und $[P_D^*]$ jedoch ungleich sind, wird man eine optische Aktivität beobachten. Dieses Verhalten wurde in der Tat bei der Polymerisation der Leuchs-Anhydride der racemischen $\alpha$-Aminosäuren mit optisch aktiven Aminen als Initiatoren gefunden.

#### 16.5.3.2 Enantiomorpher Katalysator

Bei diesem Modell werden zwei enantiomorphe, katalytisch aktive Stellen mit gleicher Konzentration angenommen. Die eine Stelle soll die Polymerisation von D-Monomeren, die andere die von L-Monomeren bevorzugen. Die Wahrscheinlichkeit für die Anlagerung eines D-Monomeren an einer D-Einheit an einer D-Katalysatorstelle soll dabei größer sein als die Wahrscheinlichkeit für die Anlagerung eines L-Monomeren an einer L-Einheit an einer D-Katalysatorstelle. Für die L-Katalysatorstellen soll das umgekehrte gelten. Es soll daher $p_{D/D} > p_{L/L}$ für die D-Stellen und $p_{L/L} > p_{D/D}$ für die L-Stellen gelten. Das Modell sagt daher die Bildung von zwei Ketten mit entgegengesetzter optischer Aktivität, aber in gleichen Mengen, voraus. Nach den Annahmen müssen die beiden Ketten mehr isotaktisch als syndiotaktisch sein.

Die Summe der Anteile an D- und L-Einheiten in der Kette muß gleich 1 sein:

(16–123) $$f_D + f_L = 1$$

Für die Wahrscheinlichkeiten muß gelten

(16–124) $$p_{L/L} + p_{L/D} = 1$$

(16–125) $$p_{D/D} + p_{D/L} = 1$$

Die Anlagerung von L-Monomeren mit der Wahrscheinlichkeit $p_{L/L}$ muß dem Anteil $f_L$ proportional sein und die Anlagerung von L-Monomeren mit der Wahrscheinlichkeit $p_{D/L}$ proportional dem Anteil $f_D$. Der totale Anteil an L-Einheiten ist daher

(16-126) $$f_L = f_L p_{L/L} + f_D p_{D/L}$$

oder, mit den Gl. (16 – 123) und (16 – 125)

(16–127) $$f_L = p_{D/L}/(p_{D/L} + p_{L/D})$$

Analog gilt für den Anteil an D-Einheiten

(16–128) $f_D = p_{L/D}/(p_{D/L} + p_{L/D})$

Isotaktische Diaden werden mit den Wahrscheinlichkeiten $p_{L/L}$ und $p_{D/D}$ gebildet. Beide Wahrscheinlichkeiten sind den entsprechenden Anteilen $f_L$ und $f_D$ proportional:

(16–129) $x_i = f_L p_{L/L} + f_D p_{D/D}$

oder nach Einsetzen der Gl. (16–123) – (16–128)

(16–130) $x_i = 1 - 2\,p_{L/D}p_{D/L}/(p_{L/D} + p_{D/L})$

Der Anteil der syndiotaktischen Diaden berechnet sich mit der Bedingung $x_i + x_s = 1$. Für die drei möglichen Triaden erhält man durch analoge Überlegungen:

(16–131)
$$x_{ii} = f_D p_{D/D}^2 + f_L p_{L/L}^2 = 1 + p_{L/D}p_{D/L} - 4\,p_{L/D}p_{D/L}/(p_{L/D} + p_{D/L})$$
$$x_{ss} = f_D p_{D/L}p_{L/D} + f_L p_{L/D}p_{D/L} = p_{L/D}p_{D/L}$$
$$x_{is} = f_D p_{D/L}p_{L/L} + f_L p_{L/D}p_{D/D} + f_L p_{L/L}p_{L/D} + f_D p_{D/D}p_{D/L}$$
$$= 4\,p_{L/D}p_{D/L}/(p_{L/D} + p_{D/L}) - 2\,p_{L/D}p_{D/L}$$

Ein Spezialfall liegt vor, wenn die Anlagerung eines neuen Monomeren unabhängig von der vorhergehenden Einheit ist, d. h., wenn gilt

(16–132) $p_{D/D} = p_{L/D}$ und $p_{L/L} = p_{D/L}$

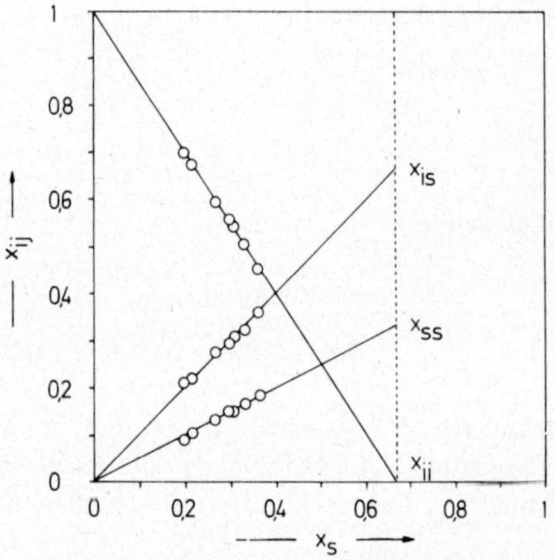


*Abb. 16-4:* Beziehung zwischen den verschiedenen Triadenanteilen und dem Anteil an syndiotaktischen Diaden. Ausgezogene Linie: Theorie für einen enantiomorphen Katalysator mit Anlagerungen unabhängig von der vorhergehenden Einheit, (○) experimentelle Ergebnisse für die Polymerisation von Methylvinyläther mit $Al_2(SO_4)_3/H_2SO_4$ in Toluol (nach Daten von T. Higashimura, Y. Ohsumi, K. Kuroda und S. Okamura).

Dann muß natürlich wegen der Gl. (16 – 124) und (16 – 125) auch gelten

(16–133) $p_{D/D} = p_{L/L}$ und $p_{L/D} = p_{D/L}$

Durch Kombination der Gl. (16 – 129) – (16 – 133) erhält man für die Triadenanteile

(16–134) $x_{ii} = 1 - 3\,p_{L/D}\,(1 - p_{L/D}) = 1 - 3\,x_{ss} = 1 - 1{,}5\,x_s$

(16–135) $x_{ss} = p_{L/D}(1 - p_{L/D}) = 0{,}5\,x_s$

(16–136) $x_{is} = 2\,p_{L/D}(1 - p_{L/D}) = 2\,x_{ss} = x_s$

Bei Gültigkeit dieses Modells kann der Molenbruch der syndiotaktischen Diaden niemals den Wert 2/3 überschreiten. Außerdem muß immer $x_{ss}/x_{is} = 0{,}5$ gelten (vgl. auch Abb. 16 – 4).

### 16.5.4 TEMPERATURABHÄNGIGKEIT

Aus der Temperaturabhängigkeit der Geschwindigkeitskonstanten lassen sich die Aktivierungsenthalpien und Aktivierungsentropien der Elementarschritte ermitteln (vgl. Kap. 16.4.3). Die Geschwindigkeitskonstanten der einzelnen stereokontrollierenden Schritte sind aber nicht direkt meßbar. Ermittelt werden können dagegen entweder die Konzentration an D- und L-Einheiten und/oder die Anteile an Diaden, Triaden usw. Je nach Modell gibt aber ein bestimmtes Verhältnis von z. B. Diadenkonzentrationen Informationen über sehr verschiedene Geschwindigkeitskonstanten (vgl. Tab. 16 – 18). Experimentell geht man daher so vor, daß man zunächst bestimmt, welches Modell am besten mit den empirischen Daten übereinstimmt.

Durch Auftragen von log $(x_A/x_B)$ als Funktion von $1/T$ erhält man nach Gl. (16 – 137)

(16–137) $$x_A/x_B = \exp\left(\frac{\Delta S_a^{\ddagger} - \Delta S_b^{\ddagger}}{R}\right) \exp\left(-\frac{\Delta H_a^{\ddagger} - \Delta H_b^{\ddagger}}{RT}\right)$$

aus dem Ordinatenabschnitt die Differenz $(\Delta S_a^{\ddagger} - \Delta S_b^{\ddagger})$ der Aktivierungsentropien und aus der Neigung die Differenz $(\Delta H_a^{\ddagger} - \Delta H_b^{\ddagger})$ der Aktivierungsenthalpien. Mißt man nun die Diadenanteile (d. h. A = i und B = s) und liegt eine Bernoulli-Statistik vor, dann erhält man nach Tab. 16 – 18 über Gl. (16 – 137) die Differenzen der Aktivierungsgrößen für die Bildung iso- und syndiotaktischer Diaden (a = i und b = s). Liegt aber eine Markoff-Statistik 1. Ordnung vor, dann erhält man mit den gleichen Diadenanteilen nur die Differenzen der Aktivierungsgrößen der beiden Heterowachstumsschritte (d. h. a = s/i und b = i/s).

Empirisch wurde gefunden, daß zwischen den Differenzen der Aktivierungsenthalpien und denen der Aktivierungsentropien lineare Beziehungen bestehen, wenn Versuche in verschiedenen Lösungsmitteln ausgeführt werden:

(16–138) $$(\Delta H_a^{\ddagger} - \Delta H_b^{\ddagger}) = (\Delta\Delta H^{\ddagger})_0 + T_0\,(\Delta S_a^{\ddagger} - \Delta S_b^{\ddagger})$$

Derartige Beziehungen werden üblicherweise „Kompensationseffekt" genannt. Die Kompensationstemperatur $T_0$ gibt dabei an, bei welcher Temperatur die Polymerisation in verschiedenen Lösungsmitteln immer zu den gleichen Anteilen an Elementarschritten a und b führt. Abb. 16 – 5 zeigt derartige Auftragungen für radikalische Polymerisationen unter der Annahme einer Markoff-Statistik 1. Ordnung.

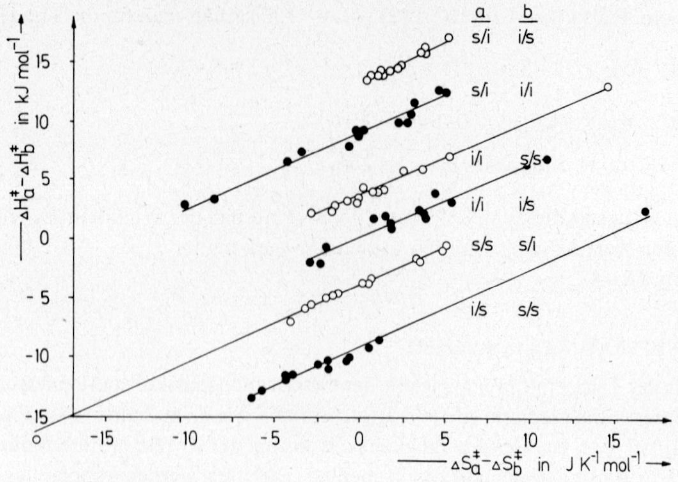


*Abb. 16-5:* Kompensationsdiagramm für die verschiedenen Anlagerungsmöglichkeiten bei einer Markoff-Statistik 1. Ordnung für die radikalische Polymerisation von Methylmethacrylat. Zur besseren Übersicht wurden einige der Geraden vertikal um – 10,5 ($\Delta H^{\ddagger}_{i/s} - \Delta H^{\ddagger}_{s/s}$), 4,2 ($\Delta H^{\ddagger}_{i/i} - \Delta H^{\ddagger}_{s/s}$), 6,3 ($\Delta H^{\ddagger}_{s/i} - \Delta H^{\ddagger}_{i/i}$) und 10,5 ($\Delta H^{\ddagger}_{s/i} - \Delta H^{\ddagger}_{i/s}$) kJ/mol verschoben. Die Kompensationstemperatur, nicht aber die Kompensationsenthalpie, ist unabhängig von der Art der Anlagerung. Nach Daten von H.-G. Elias und P. Goeldi.

## Literatur zu Kap. 16

### *16.1 Allgemeine Übersichten*

R. W. Lenz, Organic Chemistry of Synthetic High Polymers, Interscience, New York 1967
T. Tsuruta und K. F. O'Driscoll, Structure and Mechanism in Vinyl Polymerization, M. Dekker, New York 1969
G. E. Ham, Hrsg., Vinyl Polymerisation (2 Bde.), M. Dekker, New York 1969
K. C. Frisch und S. L. Reegen, Ring-Opening Polymerization, M. Dekker, New York 1969
G. Henrici Olivé und S. Olivé, Polymerisation, Verlag Chemie, Heidelberg 1969
R. J. Cotter und M. Matzner, Ring Forming Polymerizations (2 Teile), Academic Press, New York 1969
G. Odian, Principles of Polymerization, McGraw-Hill, New York 1970

### *16.1.3 Cyclopolymerisation*

C. Aso, T. Kunitake und S. Tagami, Cyclopolymerization of Divinyl and Dialdehyde Monomers, Progr. Polymer Sci. Japan **1** (1971) 149
G. C. Corfield, Cyclopolymerization, Chem. Soc. Revs. **1** (1972) 523
C. L. McCormick und G. B. Butler, Anionic Cyclopolymerization, J. Macromol. Sci. [Revs.] **C 8** (1972) 201

## *16.3 Gleichgewichte Kette/Monomer*

F. S. Dainton und K. J. Ivin, Some Thermodynamic and Kinetic Aspects of Addition Polymerization, Quarterly Revs. **12** (1958) 61

S. W. Benson und J. H. Buss, Additivity Rules for the Estimation of Molecular Properties, Thermodynamic Properties, J. Chem. Phys. **29** (1958) 546

T. L. Allen, Bond Energies and the Interactions between Next-Nearest Neighbors, J. Chem. Phys. **31** (1959) 1039

K. E. Weale, Addition Polymerization at High Pressures, Quarterly Revs. **16** (1962) 267

H. A. Skinner und G. Pilcher, Bond-Energy Term Values in Hydrocarbos and Related Compounds, Quarterly Revs. **17** (1963) 264

M. Szwarc, Thermodynamics of Polymerization with Special Emphasis on Living Polymers. Adv. Polymer Sci. – Fortschr. Hochpolym. Forschg. **4** (1965/67) 457

H. Sawada, Thermodynamics of Polymerization, J. Macromol. Sci. [Revs. Macromol. Chem.] **C 3** (1969) 313; **C 5** (1970) 151

H. R. Allcock, Ring-Chain Equilibria, J. Macromol. Sci. [Revs.] **C 4** (1970) 149

## *16.4.3 Kinetik*

A. A. Frost und R. G. Pearson, Kinetic and Mechanism. J. Wiley, New York 1961, 2. Aufl.

K. F. O'Driscoll und T. Yonozawa, Application of Molecular Orbital Theory to Vinyl Polymerization, Revs. Macromol. Chem. **1** (1966)1

T. Tsuruta und K. F. O'Driscoll, Structure and Mechanism in Vinyl Polymerization, M. Dekker, New York 1969

K. C. Frisch und S. L. Reegen, Ring-Opening Polymerization, M. Dekker, New York 1969

## *16.5 Stereokontrolle*

G. G. Lowry, Markov Chains and Monte Carlo Calculations in Polymer Science, M. Dekker, New York 1970

T. Tsuruta, Stereoselective and Asymmetric-Selective (or Stereoelective) Polymerizations, J. Polymer Sci. **D** (Macromol. Revs.) **6** (1972) 179

H.-G. Bührer, Asymmetrisch-Selektive Polymerisation von Nicht-Olefinischen Monomeren, Chimia [Aarau] **26** (1972) 501

# 17 Polykondensationen

## 17.1 Chemische Reaktionen

Polykondensationen wurden in Kap. 16.4.1 als Polyreaktionen definiert, bei denen jeder einzelne Verknüpfungsschritt an mindestens bifunktionellen Verbindungen durch einen neuen Angriff des Katalysators aktiviert werden muß. Der Katalysator wechselt dabei von Kette zu Kette. Grundsätzlich sollten sich somit für Polykondensationen alle bekannten, meist mit monofunktionellen Verbindungen ausgeführten Reaktionen der niedermolekularen anorganischen und organischen Chemie eignen, wenn sie auf höherfunktionelle Verbindung übertragen werden. Experimentell hat sich jedoch gezeigt, daß nur sehr wenige Reaktionstypen der niedermolekularen Chemie zum Aufbau von Makromolekülen herangezogen werden können.

Um durch Polykondensation lineare Polymere zu erzielen, müssen die Umsätze sehr hoch sein (Kap. 17.2.2). Ein Umsatz von 90 % führt im günstigsten Fall zu einem Polymerisationsgrad von $\bar{X}_n = 10$, einer von 98 % zu $\bar{X}_n = 50$ und einer von 99 % zu $\bar{X}_n = 100$. Derartige Umsätze sind aber nicht erreichbar, wenn Nebenreaktionen eintreten. Bevor man neue Polykondensationsreaktionen untersucht, ist es daher zweckmäßig, die bekannten niedermolekularen Reaktionen zu optimieren. Umsätze unter 95 % geben bei Polykondensationen Polymerisationsgrade unter 20 und daher keine Makromoleküle. Die Optimierung niedermolekularer Reaktionen ist zweckmäßiger als die direkte Untersuchung der Polykondensation, da die Reaktionsansätze meist einfacher aufgearbeitet und auf eingetretene Nebenreaktionen untersucht werden können.

Will man dagegen vernetzte Makromoleküle erhalten, brauchen die Umsätze an vorhandenen Gruppen nicht sehr hoch zu sein. Pro makromolekulare Kette müssen hier nur wenige Gruppen reagieren, damit alle Ausgangsketten miteinander verknüpft sind (vgl. Kap. 17.3). Die Forderung nach hohen Umsätzen an Gruppen ist daher nicht so kritisch wie bei der Synthese von linearen Polymeren.

Aus diesen Gründen ist es nicht verwunderlich, daß bislang nur wenige Reaktionstypen erfolgreich zur Synthese hochmolekularer linearer Polykondensate ausgenutzt werden konnten. Hochmolekulare Polyester (Kap. 26.4) oder Polyamide (Kap. 28.3) bekommt man sowohl durch direkte Veresterung bzw. direkte Amidierung von Säuren als auch durch Umesterung oder Schotten-Baumann-Reaktionen (vgl. Kap. 17.4). Die Polyurethan-Synthese aus Diisocyanaten und Diolen stellt eine Anlagerung von H an die N=C-Doppelbindung dar (Kap. 28.5). Andere Anlagerungsreaktionen wie z.B.
$HS-R-SH + CH_2=CH-R'-CH=CH_2 \rightarrow HS-R-S-CH_2-CH_2-R'-CH=CH_2$ usw. sind technisch nicht bedeutsam geworden. Polyalkylensulfide werden dagegen durch nucleophile Substitutionen hergestellt (Kap. 27.1). Eine elektrophile Substitution ist die Polykondensation von Benzylchlorid

(17-1)  $n \; \langle O \rangle-CH_2Cl \xrightarrow{AlCl_3} \left[\langle O \rangle-CH_2\right]_n + n \, HCl$

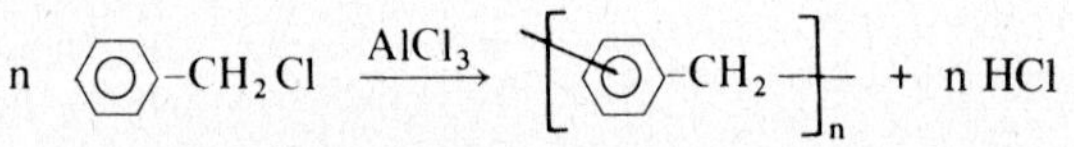

Hochmolekulare aromatische Polyäther können durch oxydative Kupplung von substituierten Phenolen hergestellt werden (Kap. 26.2.6). Die wichtigsten dieser Polykondensationsreaktionen werden in den Kap. 26 – 28 besprochen.

Anorganische Polykondensationsreaktionen sind ebenfalls in großer Zahl bekannt. Auch hier sind jedoch nur einige Reaktionen wirklich bedeutsam geworden, z.B. die Polykondensation von Dimethyldichlorsilanen mit Wasser (Kap. 33.3.2) oder die Selbstkondensation von Phosphorsäure (Kap. 33.3.3).

## *17.2 Gleichgewichte bifunktioneller Polykondensationen*

### 17.2.1 GLEICHGEWICHTSKONSTANTEN

Polykondensationsreaktionen sind Gleichgewichtsreaktionen. Bei den meisten Polykondensationen wird das Kondensationsgleichgewicht auch tatsächlich erreicht.

Die Polykondensationen verlaufen meist unter Abspaltung eines niedermolekularen Bestandteiles. Ein Beispiel ist die Polykondensation von Dicarbonsäuren mit Diolen. Nach dem Massenwirkungsgesetz gilt für die Konzentrationen an Wasser, Carboxyl-, Hydroxyl- und Estergruppen

$$(17-2) \qquad \mathrm{K} = \frac{[\mathrm{Ester}]\ [\mathrm{H_2O}]}{[\mathrm{COOH}]\ [\mathrm{OH}]}$$

Sind Carboxyl- und Hydroxyl-Gruppen ursprünglich nicht in gleicher Zahl vorhanden, so kann die Polykondensation nur bis zum völligen Verbrauch der im Unterschuß vorhandenen Gruppe ablaufen. Zur Vereinfachung des Problems sei angenommen, daß Hydroxyl- und Carboxylgruppen am Anfang in gleicher Konzentration vorliegen (z. B. in Hydroxysäuren). Im Gleichgewicht ist der Bruchteil $p$ an Gruppen verestert, d.h. es sind jetzt der Bruchteil $p$ an Estergruppen und die Bruchteile $(1-p)$ an Hydroxyl- und $(1-p)$ an Carboxylgruppen vorhanden. $p_w$ ist der Molanteil an Wasser, bezogen auf die ursprünglich vorhandenen Mole OH-Gruppen (oder COOH-Gruppen). Gl. (17-2) wird somit zu

$$(17-3) \qquad K = \frac{p \cdot p_w}{(1-p)^2}$$

oder

$$(17-4) \qquad p = \frac{1 + 2\,(K/p_w) - (1 + 4\,K/p_w)^{0,5}}{2\,K/p_w}$$

Das Vorzeichen vor der Wurzel muß negativ sein, da sonst $p$ größer als 1 werden würde.

Der erzielbare Umsatz hängt somit vom Quotienten aus der Gleichgewichtskonstanten $K$ und dem Molanteil $p_w$ des Wassers im System ab. Die Gleichgewichtskonstante $K$ liegt bei Esterkondensationen in der Größenordnung 1 - 10. Um hohe Umsätze zu erzielen, muß daher nach Gl. (17-4) der Wassergehalt $p_w$ sehr niedrig sein, d.h. man muß das Gleichgewicht in Richtung der Esterbindungen verschieben. In der niedermolekularen Chemie kann man dazu entweder das abgespaltene Wasser aus dem Gleichgewicht entfernen oder die Konzentration an COOH- und/oder OH-Gruppen erhöhen. In der makromolekularen Chmie steht nach dem oben gesagten nur der erste Weg offen. Die Konzentrationen an COOH- und OH-Gruppen können höchstens gleich denen in der Schmelze sein. Man kann aber auch nicht nur eine der beiden Konzentrationen erhöhen, da dann die andere Gruppe keinen Reaktionspartner findet. Setzt man z.B. 2 Mole Diol HO–R–OH mit 1 Mol Dicarbonsäure HOOC–R′–COOH um, so kann der mittlere Polymerisationsgrad nicht über 3 steigen, da bei vollständigem Umsatz die mittlere Zusammensetzung einem Molekül HO–R–O–CO–R′–CO–O–R–OH entspricht. Tatsächlich entsteht jedoch eine Molekulargewichtsverteilung (vgl. Tab. 17 - 3). Um bei Polykondensationsgleichgewichten hohe Polymerisationsgrade zu erzielen, müssen daher die COOH- und OH-Gruppen in äquivalenten Konzentrationen vorliegen.

Das Wasser kann aus dem Polymerisationsgleichgewicht durch Dünnschichtverdampfung, azeotrope Destillation mit geeigneten Lösungsmitteln, durch Vakuum oder durch Reaktion bei erhöhten Temperaturen entfernt werden. Bei höheren Temperaturen treten aber leicht Nebenreaktionen auf. Durch Anlegen eines Vakuums können vor allem bei niedrigen Umsätzen außer dem Wasser noch flüchtige Reaktionspartner entfernt werden, wodurch die Äquivalenz gestört wird. Diese Vorgänge sind mitverantwortlich, daß das Gleichgewicht nicht beliebig weit in Richtung Polyester verschoben werden kann. Andere Gründe sind der Partialdampfdruck des Wassers und die aus makrokinetischen Gründen (hohe Viskosität der Schmelze) aufzuwendende Zeit für die Diffusion des Wassers aus der Masse.

### 17.2.2 UMSATZ UND POLYMERISATIONSGRAD

Die vorstehenden qualitativen Betrachtungen zeigten bereits, daß die kondensierbaren Gruppen möglichst in äquivalenten Mengen vorhanden sein müssen, damit hohe Molekulargewichte erzielt werden. Das Problem wird nunmehr in quantitativer Form behandelt.

Bei Polykondensationen ist das Zahlenmittel des Polymerisationsgrades $\overline{X}_n$ durch

$$(17\text{-}5) \qquad \overline{X}_n = \frac{\text{Mol Grundbausteine im System}}{\text{Mol Moleküle im System}} = \frac{n_{mer}}{n_{mol}} = \frac{N_{mer}}{N_{mol}}$$

definiert. Abgespaltene Wassermoleküle usw. werden also nicht mitgezählt, wohl aber nicht umgesetzte Monomermoleküle. Der Ansatz bezieht sich somit auf ein offenes System, aus dem die Wassermoleküle völlig entweichen. $\overline{X}_n$ ist nach Gl. (17 - 5) auf den Grundbaustein bezogen und nicht auf das Strukturelement. Es gibt den maximal erreichbaren mittleren Polymerisationsgrad an.

Zur Berechnung des Polymerisationsgrades bei Reaktionen von bifunktionellen Molekülen wird vorausgesetzt, daß die funktionellen Gruppen nur durch Polykondensation und weder durch Nebenreaktionen noch durch Flüchtigkeit usw. aus dem System verschwinden. Bei der Polykondensation von A-Gruppen mit B-Gruppen (z. B. A–A mit B–B oder A–B mit A–B) sind am Anfang $(n_A)_0$ Mol A-Gruppen (nicht Moleküle) und $(n_B)_0$ Mol B-Gruppen im Verhältnis $r_0 = (n_A/n_B)_0$ vorhanden. $r_0$ wird so definiert, daß es nie größer als 1 ist (d.h. $(n_A)_0 < (n_B)_0$). $p_A$ sei ferner das Reaktionsausmaß, d.h. der Bruchteil der im Unterschuß vorliegenden A-Gruppen, die bei einem bestimmten Umsatz reagiert haben.

Zur Berechnung der Mol Grundbausteine im System $(n_{mer})$ überlegt man sich, daß bei bifunktionellen Verbindungen die Zahl der A- und B-Gruppen doppelt so groß wie die der Bausteine ist:

$$(17\text{-}6) \qquad n_{mer} = ((n_A)_0 + (n_B)_0)/2 = \frac{(n_A)_0\,(1 + (1/r_0))}{2}$$

Die Berechnung der Mol Moleküle kann über die Zahl der Endgruppen erfolgen, da pro Molekül nach Voraussetzung zwei Endgruppen vorhanden sein müssen. Nach einem bestimmten Umsatz $p_A$ sind noch

(17-7) $n_A = (n_A)_0 - p_A (n_A)_0$

Mol A-Gruppe als Endgruppen vorhanden. Für die Mole B-Endgruppen kann man eine analoge Gleichung ansetzen. Pro B-Gruppe wird aber auch eine A-Gruppe umgesetzt, also

(17-8) $n_B = (n_B)_0 - p_B (n_B)_0 = (n_B)_0 - p_A (n_A)_0$

Für die totalen Mole $n_E = n_A + n_B$ aller Endgruppen nach einem bestimmten Umsatz gilt dann

(17-9) $n_E = n_A + n_B = ((n_A)_0 - (n_A)_0 + ((n_B)_0 - p_A (n_A)_0)$

und nach Addieren von $(n_A)_0 - (n_A)_0$ sowie nach Einführung von $r_0 = (n_A)_0/(n_B)_0$ und nach einer Umformung

(17-10) $n_E = (n_A)_0 [2(1 - p_A) + (1 - r_0)/r_0]$

Die Zahl der Moleküle ist bei bifunktionellen Kondensationen halb so groß wie die Zahl der Endgruppen. Folglich gilt für Gl. (17-5)

(17-11) $\overline{X}_n = n_{mer}/n_{mol} = 2\, n_{mer}/n_E$

oder mit Gl. (17-6) und Gl. (17-10) und nach einer Umformung

(17-12) $$\overline{X}_n = \frac{r_0 + 1}{2\, r_0 (1 - p_A) + 1 - r_0}$$

Das maximal erreichbare Zahlenmittel des Polymerisationsgrades bifunktioneller Polykondensate ist somit durch das Ausgangsmolverhältnis $r_0$ und das Reaktionsausmaß $p_A$ gegeben.

Gl. (17-12) enthält einige Spezialfälle der bifunktionellen Polykondensation:

a) Äquimolare Ausgangsmischungen ($r_0 = 1$) und ein Reaktionsausmaß von 100 % ($p_A = 1$) führen nach Gl. (17-12) zu einem unendlich hohen Polymerisationsgrad.

b) Bei vollständiger Reaktion ($p_A = 1$) der im Unterschuß vorliegenden A-Gruppen ($r_0 < 1$) reduziert sich Gl. (17-12) zu

(17-13) $$(\overline{X}_n)_\infty = \frac{1 + r_0}{1 - r_0}$$

und der optimal erreichbare Polymerisationsgrad ist durch das Ausgangsmolverhältnis an Gruppen gegeben (Tab. 17-1). Je näher $r_0$ an 1 liegt, umso höher ist der erzielbare Polymerisationsgrad $(\overline{X}_n)_\infty$. Technische Polykondensate weisen Polymerisationsgrade von ca. 200 auf. Bei ihrer Synthese müssen also anfänglich etwa 1 Molproz. Überschuß an einer Gruppe oder die äquivalente Menge monofunktioneller

Verunreinigungen anwesend gewesen sein oder aber das abgespaltene Wasser ist nur bis zu dem durch Gl. (17–4) gegebenen Wert entfernt worden.

c) Bei äquimolaren Ausgangskonzentrationen ($r_0 = 1$) hängt der optimal erreichbare Polymerisationsgrad nur noch vom Reaktionsmaß $p_A$ ab (Tab. 17–2), da Gl. (17–12) übergeht in

(17-14) $$\overline{X}_n = \frac{1}{1-p_A}$$

*Tab. 17-1:* Abhängigkeit des bei einem Reaktionsausmaß von 100 % ($p_A = 1$) erreichbaren Polymerisationsgrades $(\overline{X}_n)_\infty$ vom Ausgangsmolverhältnis $r_0$ der funktionellen Gruppen

| $(n_A)_0$ mol | $(n_B)_0$ mol | $r_0 = (n_A)_0/(n_B)_0$ | $(\overline{X}_n)_\infty$ |
|---|---|---|---|
| 1,0000 | 2,0000 | 0,5000 | ~ 3 |
| 1,0000 | 1,1000 | 0,9091 | ~ 21 |
| 1,0000 | 1,0100 | 0,9901 | ~ 201 |
| 1,0000 | 1,0010 | 0,9990 | ~ 2000 |
| 1,0000 | 1,0001 | 0,9999 | ~ 20000 |

*Tab. 17-2:* Zahlenmittel des Polymerisationsgrades $\overline{X}_n$ als Funktion des Reaktionsausmaßes $p_A$ bei bifunktionellen Reaktionen

| | $\overline{X}_n$ für | |
|---|---|---|
| $p_A$ | $r_0 = 1$ | $r_0 = 0{,}833$ |
| 0,1 | 1,1 | 1,1 |
| 0,9 | 10 | 5,5 |
| 0,99 | 100 | 10 |
| 0,999 | 1000 | 10,9 |
| 0,9999 | 10000 | 11 |

Die bei der Polykondensation bifunktioneller Monomerer entstehenden Polymeren enthalten bei anfänglicher Äquivalenz der funktionellen Gruppen ($r_0 = 1$) noch kondensationsfähige Endgruppen, z. B. bei der Polyesterbildung –COOH und –OH. Diese Endgruppen können während der Verarbeitung des Polymeren noch weiterkondensieren und dadurch z. B. die Schmelzviskosität in unerwünschter Weise erhöhen. Die Weiterkondensation kann man wie folgt verhindern:

Arbeitet man mit einem kleinen Überschuß an einem der beiden Ausgangsmonomeren, so entsteht nur eine Sorte von Endgruppen. Wenn die endständigen Gruppen nicht miteinander reagieren können und die abspaltbaren endständigen Bausteine nicht flüchtig sind, so kann keine Weiterkondensation eintreten. Diese Bedingungen sind jedoch nur selten erfüllbar. Arbeitet man bei der Esterkondensation mit einem kleinen Überschuß an Äthylenglykol, so entstehen zwar nur Hydroxylendgruppen, die unter den Kondensationsbedingungen praktisch nicht miteinander reagieren. Die entstandenen Makromoleküle können aber eine Glykolyse eingehen, wobei die endständigen Glykolmoleküle abgespalten und aus dem Gleichgewicht entfernt werden.

Die Weiterkondensationen werden daher in der Regel durch Zusatz kondensationsfähiger monofunktioneller Verbindungen verhindert, die somit als „Kettenstabilisatoren" oder „Molekulargewichtsstabilisatoren" wirken. Diese Stabilisierung ist besonders bei den Polyamiden wichtig, da dort die Gleichgewichtskonstanten ca. hundertmal größer als bei den Polyestern sind. Liegen $n_1$ Mole der monofunktionellen Verbindungen vor, so wird Gl. (17 – 14) modifiziert zu

$$(17\text{-}15)\quad \overline{X}_n = \frac{1 + (n_1/n_A)_0}{1 - p_A + (n_1/n_A)_0}$$

$p_A$ ist wieder das Reaktionsausmaß, $(n_A)_0$ die eingesetzten Mole an funktionellen Gruppen A.

Die vorstehenden Gleichungen wurden unter der Annahme abgeleitet, daß die Monomeren nicht flüchtig sind und keine Nebenreaktionen eingehen. Diese Bedingungen sind nicht immer erfüllt. Bei der technisch wichtigen Polykondensation von Äthylenglykol mit Terephthalsäuredimethylester muß das Ausgangsmolverhältnis Glykol/Terephthalsäureester mindestens 1,4 betragen, damit genügend hohe Molekulargewichte erreicht werden. Bei der Umesterung des Terephthalsäuredimethylesters mit dessen Hydrierungsprodukt Cyclohexan-1,4-dimethylol wird dagegen das höchste Molekulargewicht beim Ausgangsmolverhältnis 1 : 1 erreicht (Abb. 17 - 1).

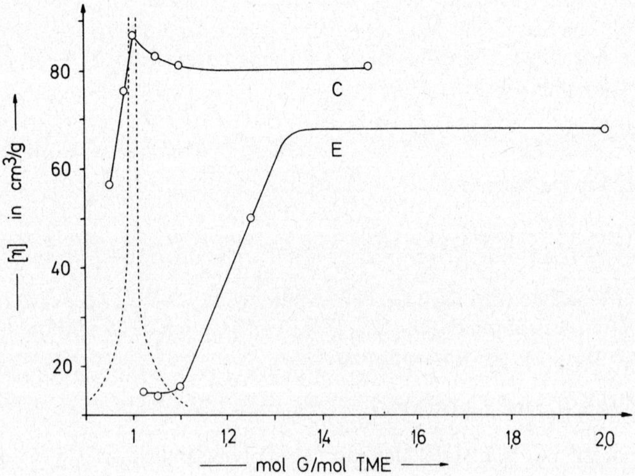


*Tab. 17-1:* Staudinger-Indices [$\eta$] als Maß für das Molekulargewicht in Abhängigkeit vom Ausgangsmolverhältnis mol Glykol/mol TME bei der Polykondensation von Terephthalsäuredimethylester TME mit 1,4-Cyclohexandimethylol C bzw. Äthylenglykol E (nach H.-G. Elias). — — — Theorie für die Polykondensation äquivalenter Mengen TME und E bei Abwesenheit chemischer und physikalischer Nebenreaktionen ($p$ = 1).

Höhere Molverhältnisse Diol/Terephthalsäureester lassen hier das Molekulargewicht praktisch konstant, da bei dieser Polyreaktion zuerst durch Umesterung Produkte mit Glykolendgruppen gebildet werden. Diese Produkte kondensieren anschließend unter Abspaltung von Glykol weiter zu höhermolekularen Produkten.

### 17.2.3 MOLEKULARGEWICHTSVERTEILUNG UND UMSATZ

Da bei Polykondensationen alle Gruppen wegen des Prinzips der gleichen chemischen Reaktivität gleiche Reaktionswahrscheinlichkeiten besitzen, entstehen bei der

Polykondensation Mischungen verschiedener Polymerisationsgrade. Ihre Verteilungsfunktion kann im Prinzip über kinetische Ansätze durch eine Aufsummierung der Anteile an den einzelnen Stufen abgeleitet werden. Eleganter ist die Ableitung über Wahrscheinlichkeitsrechnungen.

Vorausgesetzt sei die Polykondensation äquimolarer Mengen bifunktioneller Verbindungen (d.h. AB + AB oder AA + BB), z. B. die Reaktion von HO–R–OH mit HOOC–R'–COOH. $p$ sei die Wahrscheinlichkeit für die Bildung einer Esterbindung. Sie ist gleich dem Reaktionsausmaß, bezogen auf funktionelle Gruppen. Der Bruchteil nichtumgesetzter Gruppen ist folglich $(1-p)$.

Die Wahrscheinlichkeit für die Bildung von drei Esterbindungen in einem Molekül ist $p^3$. Dazu sind 4 Grundbausteine erforderlich. Die Wahrscheinlichkeit des Auftretens für eine beliebige Zahl von Estergruppierungen ist folglich $p^{X-1}$, wobei $X$ der Polymerisationsgrad ist.

Die Wahrscheinlichkeit $p_X$ für das Auftreten *eines* Polymermoleküls vom Polymerisationsgrad $X$ setzt sich aus der Wahrscheinlichkeit für das Auftreten von Esterbindungen und aus der Wahrscheinlichkeit für das Auftreten nichtreagierter Endgruppen zusammen, also

$$(17\text{-}16)\quad p_X = p^{X-1}(1-p)$$

In einem Polykondensat sind $N_{mol}$ Moleküle verschiedener Polymerisationsgrade vorhanden. Die Anzahl der Moleküle mit dem Polymerisationsgrad $X$ ist proportional der Gesamtzahl der Moleküle

$$(17\text{-}17)\quad N_X = N_{mol} p^{X-1}(1-p)$$

Der Molenbruch beträgt somit

$$(17\text{-}18)\quad x_X = \frac{N_X}{N_{mol}} = p^{X-1}(1-p)$$

Die Zahl der Moleküle wird nach Gl. (17-5) durch $N_{mol} = N_{mer}/\overline{X}_n$ ersetzt. $\overline{X}_n$ kanr bei äquimolaren Ausgangsmengen nach Gl. (17-14) durch das Reaktionsausmaß ersetzt werden. Gl. (17-18) wird somit zu

$$(17\text{-}19)\quad N_X = N_{mer} p^{X-1}(1-p)^2$$

Der Massenanteil $w_X$ von Molekülen mit dem Polymerisationsgrad $X$ ist durch

$$(17\text{-}20)\quad w_X = N_X X/N_{mer}$$

gegeben. Setzt man Gl. (17-20) in (17-19) ein, so erhält man

$$(17\text{-}21)\quad w_X = X p^{X-1}(1-p)^2$$

Die nach Gl. (17-18) berechnete Abhängigkeit der Molenbrüche $x_X$ vom Polymerisationsgrad $X$ ist in Abb. 17-2 für verschiedene Umsätze (verschiedene $p$-Werte) aufgetragen. Je höher der Polymerisationsgrad, umso kleiner wird der Molanteil der Fraktionen. Mit zunehmendem Umsatz wird die Molekulargewichtsverteilung immer breiter. Die entsprechenden Verteilungskurven für die Gewichtsanteile $w_X$ gehen dagegen durch Maxima (Abb. 17-3).

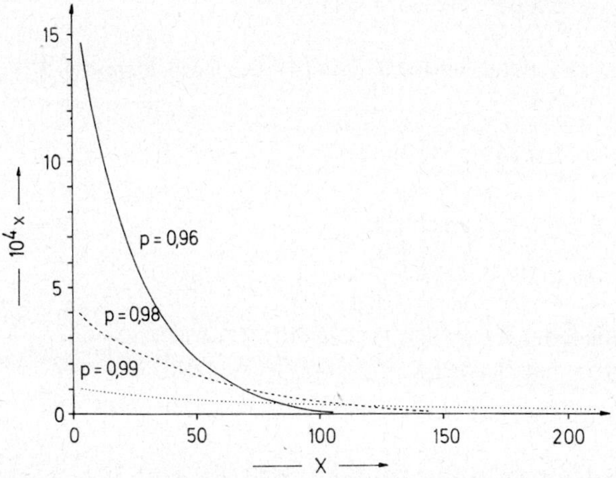


*Abb. 17-2:* Abhängigkeit der Molenbrüche $x$ vom Polymerisationsgrad $X$ bei der Polykondensation äquivalenter Mengen bifunktioneller Monomerer. Die Zahlen geben das Reaktionsausmaß $p$ an.

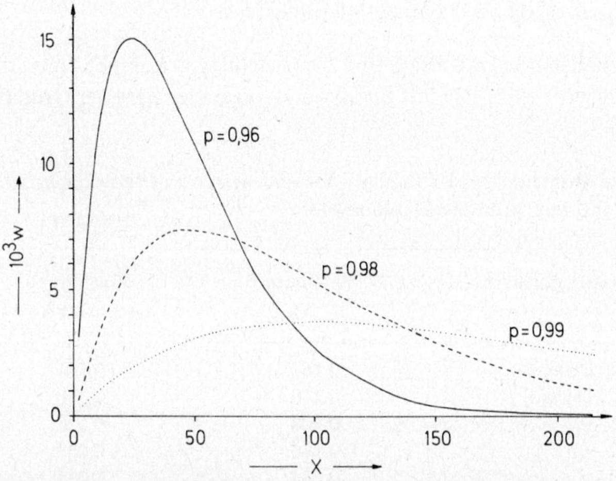


*Abb. 17-3:* Abhängigkeit der Massenbrüche $w$ vom Polymerisationsgrad $X$ bei der Polykondensation äquivalenter Mengen bifunktioneller Monomerer. Die Zahlen geben das Reaktionsausmaß $p$ an.

Das Zahlenmittel des Polymerisationsgrades ist durch

$$(17\text{-}22) \quad \overline{X}_n \equiv \sum_X x X$$

definiert. Mit Gl. (17-18) gilt somit

$$(17\text{-}23) \quad \overline{X}_n = \sum_X X p^{X-1}(1-p) = 1/(1-p)^*$$

also die gleiche Beziehung wie in Gl. (17-14). Das Gewichtsmittel $\overline{X}_w$ des Polymerisationsgrades ist über

$$(17\text{-}24) \quad \overline{X}_w \equiv \sum_X w_X \overline{X}$$

definiert. Mit Gl. (17-21) erhält man

$$(17\text{-}25) \quad \overline{X}_w = \sum_X X^2 p^{X-1}(1-p)^2 = (1+p)/(1-p)^*$$

Durch Kombination der Gl. (17-23) und (17-25) erhält man mit Gl. (17-14) nach Auflösung

$$(17\text{-}26) \quad \overline{X}_w = 2\overline{X}_n - 1$$

Für das z-Mittel des Polymerisationsgrades ergibt sich durch ähnliche Überlegungen

$$(17\text{-}27) \quad \overline{X}_z = \frac{3\overline{X}_w^2 - 1}{2\overline{X}_w} = \frac{1 + 4p + p^2}{(1-p)(1+p)}$$

Durch analoge Ableitungen erhält man für nichtäquimolare Ausgangsverhältnisse ($r_0 < 1$) bei vollständigem Umsatz der im Unterschuß vorliegenden Gruppe ($p_A = 1$)

$$(17\text{-}28) \quad w_X = X r_0^{(X-1)/2}(1-r_0)^2/(1+r_0)$$

Für einen unvollständigen Umsatz sind die Gleichungen komplizierter, da hier im Polymerisat gleichzeitig Moleküle mit gerader und ungerader Zahl der Grundbausteine auftreten.

*Tab. 17-3:* Massenanteile $w_X$ der einzelnen Verbindungen bei der Polykondensation von zwei Mol Diamin mit 1 Mol Dicarbonsäure

| Polymerisationsgrad $X_i$ | Massenbruch $w_X$ | Molenbruch $x_X = w_X \overline{X}_n / X_i$ |
|---|---|---|
| 1 (Diamin) | 0,167 | 0,501 |
| 3 (Diamid) | 0,250 | 0,250 |
| 5 | 0,208 | 0,125 |
| 7 | 0,146 | 0,063 |
| 9 | 0,094 | 0,031 |
| 11 | 0,057 | 0,016 |

Setzt man z. B. zwei Mol Diamin mit einem Mol Dicarbonsäure ($r_0 = 0{,}5$) vollständig ($p_{COOH} = 1$) um, so beträgt nach Gl. (17-13) das Zahlenmittel der Polymerisationsgrades $\overline{X}_n = 3$ und das Gewichtsmittel nach Gl. (17-26) $\overline{X}_w = 5$. Das Diamid

$^*\ \sum_X X p^{X-1} = 1/1 - p)^2$

$\sum_X X^2 p^{X-1} = (1+p)/(1-p)^3$

wird jedoch nach Gl. (17–28) nur zu 25 Gew. proz. gebildet ($w_X$ = 0,25), so daß die Ausbeute an dieser Verbindung nur 25 % des molaren Formelumsatzes betragen kann (Tab. 17–3).

## *17.3 Gleichgewichte multifunktioneller Polykondensationen*

### 17.3.1 GELPUNKTE

Kondensiert man eine bifunktionelle Verbindung (z.B. Adipinsäure) mit einer trifunktionellen (z.B. Glycerin) im Molverhältnis der funktionellen Gruppen von 1 : 1, so beobachtet man nach einer bestimmten Zeit, daß die zähe Masse in ein elastisches Gel übergeht. Dieser Übergang erfolgt so scharf, daß man von einem „Gelpunkt" sprechen kann. Dieses Gel enthält sofort nach Überschreiten des Gelpunktes einen in allen Lösungsmitteln unlöslichen Anteil sowie eine lösliche Fraktion. Es ist also nur teilweise vernetzt. Mit steigendem Umsatz nimmt der lösliche Anteil immer mehr ab.

Die Ursache des Phänomens ist die Bildung verzweigter Moleküle, die nach Überschreiten des Gelpunktes in vernetzte Polymere übergehen. Aus zwei trifunktionellen Verbindungen können dabei Substanzen wie z. B.

(17–29)

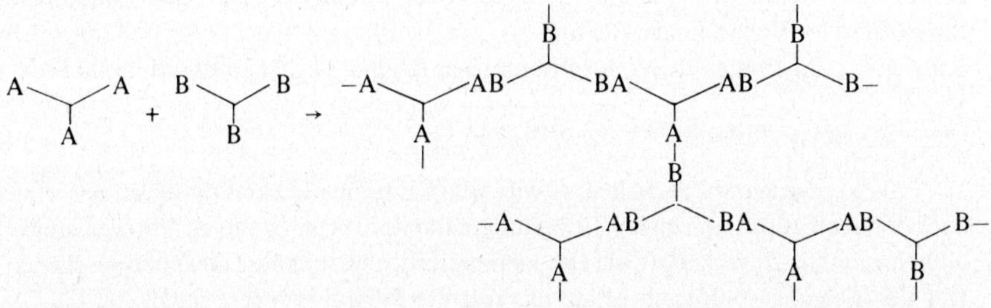

entstehen. Die vernetzten Moleküle sind dann „unendlich" groß. Der eigentliche Grund für das Auftreten unendlich großer Moleküle bei der Polykondensation von mindestens einer trifunktionellen Verbindung liegt darin, daß ein solches Makromolekül umso mehr Endgruppen besitzt, je größer es ist. Mit fortschreitender Kondensation können diese Endgruppen dann nicht nur mit neuen Monomeren, sondern auch intermolekular mit anderen bereits gebildeten Polymeren reagieren, wodurch die Molekülgröße stark ansteigt.

Die Zahl der Endgruppen $N_E$ pro Molekül läßt sich aus dem erreichten Polymerisationsgrad $\overline{X}_n$ und der mittleren Funktionalität $f_0 = \Sigma N_i f_i / \Sigma N_i$ der Ausgangsmischung der Monomeren errechnen:

(17–30) $N_E = \overline{X}_n \cdot f_0 - 2(\overline{X}_n - 1)$

Da der Polymerisationsgrad vom Reaktionsausmaß $p$ abhängt, muß sich auch das erstmalige Auftreten eines Gels aus dem Umsatz und den Anfangsbedingungen (Funktionalität, Molverhältnis der Gruppen usw.) berechnen lassen.

Reagieren beispielsweise bifunktionelle B–B-Moleküle (z.B. Adipinsäure) mit einer Mischung aus bifunktionellen A–A-Molekülen (z. B. Äthylenglykol) und trifunktionellen A⟩—⟨A (A) -Molekülen (z.B. Trimethylolpropan), so können folgende Größen definiert werden:

$p_A$ sei die Wahrscheinlichkeit der Reaktion einer beliebigen A-Gruppe. Die B-Gruppen können sowohl mit bifunktionellen als auch mit trifunktionellen A-Molekülen reagieren, sodaß die Wahrscheinlichkeiten $p_A x_A^{\wedge}$ für die Reaktion mit einer A-Gruppe an einer Verzweigungsstelle und $p_A(1 - x_A^{\wedge})$ für die Reaktion mit einer A-Gruppe an einem bifunktionellen Molekül zu unterscheiden sind. $p_A^{\wedge}$ ist der Molenbruch der A-Gruppen in trifunktionellen Molekülen:

$$(17\text{-}31) \quad x_A^{\wedge} \equiv \frac{(N_A)_0 \text{ in verzweigten Monomermolekülen}}{(N_A)_0 \text{ in verzweigten und unverzweigten Monomermolekülen}}$$

Die Strukturelemente bei der genannten Polykondensation sind allgemein durch

$$\begin{array}{cccc} \text{I} & \text{II} & \text{III} & \text{IV} \\ \downarrow & \downarrow & \downarrow & \downarrow \end{array}$$

A⟩—A − (B − B − A − A)$_i$ − B − B − A −⟨A ; $i = 0 \to \infty$

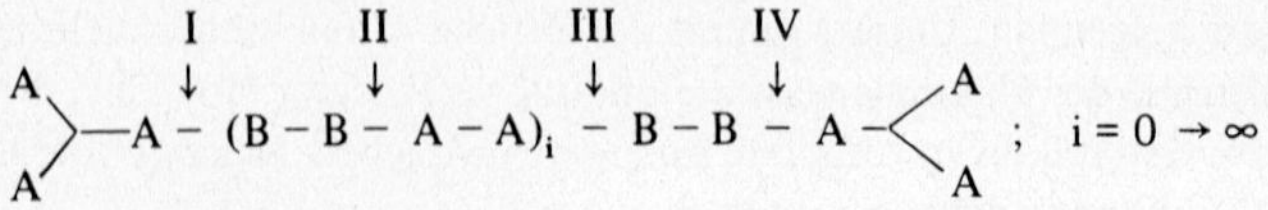

beschreibbar. Die Wahrscheinlichkeit $(p_A)_v$, daß eine A-Gruppe mit dem gezeigten Kettenstück verknüpft ist, setzt sich aus den Wahrscheinlichkeiten für die Bildung der Bindungen I–IV zusammen. Sie sind $p_A$ für die Bindung I, $(p_B(1 - x_A^{\wedge}))^i$ für die Bildung von i Bindungen II, $p_A^i$ für i Bindungen III und $p_B x_A^{\wedge}$ für die Bindung IV, d.h.

$$(17\text{-}32) \quad (p_A)_v = p_A (p_B(1 - x_A^{\wedge}))^i p_A^i p_B x_A^{\wedge}$$

Als Verzweigungskoeffizient $\alpha$ wird die Wahrscheinlichkeit definiert, daß eine funktionelle Gruppe an einer Verzweigungseinheit mit einer anderen Verzweigungseinheit mit $f > 2$ verknüpft ist. Das kann natürlich über andere Gruppen geschehen. Der Verzweigungskoeffizient ist auf das gesamte System bezogen, sodaß also gilt

$$(17\text{-}33) \quad \alpha = \sum_{i=0}^{i=\alpha} (p_A)_v$$

oder mit Gl. (17-32)

$$(17\text{-}34) \quad \alpha = \sum_{i=0}^{i=\alpha} p_A (p_B(1 - x_A^{\wedge}))^i p_A^i p_B x_A^{\wedge}$$

bzw. umgeformt*

$$(17\text{-}35) \quad \alpha = \frac{p_A p_B x_A^{\wedge}}{1 - p_A p_B (1 - x_A^{\wedge})}$$

und mit $r_0 = p_B / p_A$

---

* $\alpha = \sum_{i=0}^{i=\alpha} p_A p_B x_A^{\wedge} (p_A p_B (1 - x_A^{\wedge}))^i \equiv \underline{X} \sum_i (Y)^i = X(1 + Y + Y^2 + \ldots)$

$\alpha = X \left( \dfrac{1}{1 - Y} \right)$ ; da $p_A p_B (1 - x_A^{\wedge}) < 1$

(17-36) $$\alpha = \frac{r_0 p_A^2 x_A^\wedge}{1 - r_0 p_A^2 (1 - x_A^\wedge)} = \frac{p_B^2 x_A^\wedge}{r_0 - p_B^2 (1 - x_A^\wedge)}$$

Der Verzweigungskoeffizient $\alpha$ gestattet, den Gelpunkt als Funktion der Reaktionsausmaßes zu berechnen. Enthält eine Verzweigungsstelle $f$ funktionelle Gruppen, dann erhöht sich bei der Anlagerung eines solchen polyfunktionellen Moleküles an ein lineares die Wahrscheinlichkeit für eine weitere Anlagerung um $(f-1)$. Die Wahrscheinlichkeit, daß aus $N$ Ketten mehr als $N$ Ketten entstehen, ist $\alpha(f-1)$. $\alpha$ ist ja die Wahrscheinlichkeit, daß an beiden Enden der Kette eine Verzweigungsstelle sitzt. Vernetzung tritt ein, wenn $\alpha(f-1) \geqslant 1$, d. h.

(17-37) $$\alpha_{crit} = 1/(f-1)$$

bzw. mit Gl. (17-6)

(17-38) $$\frac{1}{f-1} = \frac{r_0 p_{A,crit}^2 x_A^\wedge}{1 - r_0 p_{A,crit}^2 (1 - x_A^\wedge)}$$

Nach dieser Gleichung hängt das Reaktionsausmaß $(p_A)_{crit}$ am Gelpunkt nur von der Funktionalität $f$ der Verzweigermoleküle, dem Molenbruch $x_A^\wedge$ der Verzweigermoleküle und dem Verhältnis $r_0$ an funktionellen Gruppen ab. Diese Aussage wird experimentell bestätigt, da die Gelbildung für die Polykondensation von 2 Molen Glycerin mit drei Molen Phthalsäureanhydrid ($r_0 = 3 \cdot 2/2 \cdot 3$ und $x_A^\wedge = 1$) immer beim gleichen Reaktionsausmaß $p_A$ auftritt (Tab. 17-4). Der Gelpunkt tritt aber bei grö-

*Tab. 17-4:* Experimentell gefundene kritische Reaktionsausmaße $(p_A)_{crit}$ bei der Polykondensation von 2 Molen Glycerin mit 3 Molen Phthalsäureanhydrid

| Temp. °C | Gelbildung min | $(p_A)_{crit}$ |
|---|---|---|
| 160 | 860 | 0,795 |
| 185 | 255 | 0,796 |
| 200 | 105 | 0,796 |
| 215 | 50 | 0,797 |

*Tab. 17-5:* Gelpunkte bei multifunktionellen Polykondensationen. Berechnungen unter der Annahme der Abwesenheit intramolekularer Reaktionen

| Substanzen | $r_0$ | $x_A^\wedge$ | $p_{crit}$ exp. | $p_{crit}$ ber. |
|---|---|---|---|---|
| Glycerin und Dicarbonsäure | 1,000 | 1,000 | 0,765 | 0,707 |
| Pentaerythrit + Adipinsäure | 1,000 | 1,000 | 0,63 | 0,577 |
| Diäthylenglykol + Tricarballylsäure + Bernsteinsäure | 1,000 | 0,194 | 0,939 | 0,916 |
| Diäthylenglykol + Tricarballylsäure + Bernsteinsäure | 1,002 | 0,404 | 0,894 | 0,843 |
| Diäthylenglykol + Tricarballylsäure + Adipinsäure | 1,000 | 0,293 | 0,911 | 0,879 |
| Diäthylenglykol + Tricarballylsäure + Adipinsäure | 0,800 | 0,375 | 0,991 | 0,955 |

ßeren Umsätzen auf, als berechnet wird (theoretisch $(p_A)_{crit} = 0{,}707$). Ähnliche Effekte wurden auch bei anderen multifunktionellen Polykondensationen beobachtet (Tab. 17 - 5).

Dieser Effekt kommt dadurch zustande, daß bei der theoretischen Ableitung *intra*molekulare Kondensationen vernachlässigt wurden. Die dadurch hervorgerufenen Cyclisierungen tragen nichts zur Gelbildung bei, sodaß der Gelpunkt erst bei einem größeren Reaktionsausmaß auftritt. Nach Gl. (16-13) nimmt die Cyclisierung mit steigender Verdünnung zu. Durch Arbeiten bei verschiedenen Konzentrationen und Extrapolation auf unendlich hohe Konzentration wird bei der Polykondensation in der Tat auch der richtige Gelpunkt gefunden (Abb. 17 — 4). Dazu ist noch anzumerken, daß die Schmelze der Komponenten wegen der „Verdünnung" der OH- und COOH-Gruppen durch die $CH_2$-Gruppen usw. *keine* unendlich hohe Konzentration darstellt.

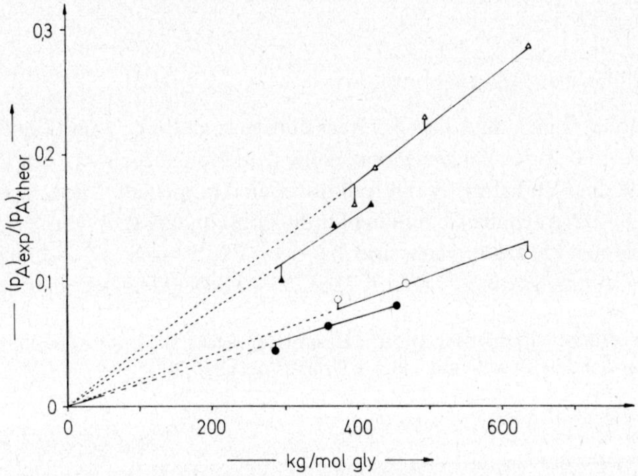


*Tab. 17-4:* Verhältnis von experimentell gefundenem Umsatz $(p_A)_{exp}$ zu theoretisch berechnetem Umsatz $(p_A)_{theor}$ am Gelpunkt bei der vernetzenden Polykondensation von Isophthalsäure mit Trimethylolpropan (●) oder Pentaerythrit (○) bzw. von Phthalsäureanhydrid mit Trimethylolpropan (▲) oder Pentaerythrit (△) in Toluol als Funktion der Verdünnung des verwendeten Alkohols (in kg Mischung/mol Alkohol) (nach Daten von J. J. Bernardo und P. Bruins).

Bei einer gegebenen anfänglichen Monomerkonzentration ist die Abweichung des am Gelpunkt beobachteten Reaktionsausmaßes $(p_A)_{exp}$ vom über Gl. (17 - 38) berechneten $(p_A)_{theor}$ ein Maß für die Cyclisierungstendenz. Diese Cyclisierungstendenz ist nach Abb. 17 - 4 beim Phthalsäureanhydrid größer als bei der Isophthalsäure und beim Pentaerythrit größer als beim Trimethylolpropan. Beide Befunde sind wegen der Stellung der Gruppen (ortho vs. meta) bzw. der Funktionalität der Moleküle (tetra vs. tri) verständlich.

17.3.2 MOLEKULARGEWICHTE

Abb. 17 - 5 gibt den typischen Verlauf einer Polykondensation mit Gelbildung für das Beispiel der Veresterung von Diäthylenglykol mit Bernsteinsäure und Tricarballylsäure HOOC–$CH_2$–CH(COOH)–$CH_2$–COOH wieder. Mit fortschreitender Zeit und Annäherung an den Gelpunkt steigen Reaktionsausmaß $p$ und Verzweigungskoeffizient $\alpha$ immer schwächer an. Das Zahlenmittel $\overline{X}_n$ das Polymerisationsgrades nimmt jedoch zunehmend stärker zu. Der Anstieg ist bei der Viskosität der Reaktionsmischung besonders stark.

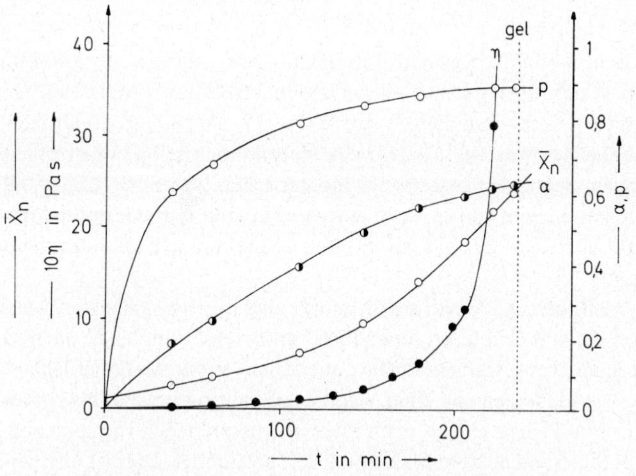


*Abb. 17-5:* Verlauf der Viskosität $\eta$ (in 0,1 Pa s), des Zahlenmittels der Polymerisationsgrades $\overline{X}_n$, des Reaktionsausmaßes $p$ und des Verzweigungskoeffizienten $\alpha$ mit der Zeit bei der mit p-Toluolsulfonsäure katalysierten multifunktionellen Polykondensation von Diäthylenglykol mit einem Gemisch aus Bernsteinsäure und Tricarballysäure ($r_0$ = 1,002; $x_A^{\curlywedge}$ = 0,404) bei 109 °C. gel = Gelpunkt (nach P. J. Flory).

Am Gelpunkt wird somit das Zahlenmittel des Molekulargewichtes nicht unendlich, sondern nimmt einen endlichen und noch nicht einmal sehr hohen Wert an (in Abb. 17 – 5 ist am Gelpunkt $\overline{X}_n \approx 24$). Daß niedrige Zahlenmittel des Polymerisationsgrades auftreten müssen, läßt sich auch theoretisch zeigen. Das Zahlenmittel des Polymerisationsgrades ist nach Gl. (17 – 5) durch den Quotienten aus der Zahl $N_{mer}$ der Grundbausteine und $N_{mol}$ der Moleküle gegeben. Beide Größen sind wie folgt berechenbar:

$N_A$ und $N_B$ sind die Zahlen der A- bzw. B-Gruppen zu Beginn der Polykondensation. Die Verzweigungsmoleküle sollen A-Gruppen tragen. $f$ sei die Funktionalität der Verzweigermoleküle (also nicht die mittlere Funktionalität aller Moleküle). Die Zahl an insgesamt vorhandenen Bausteinen ist dann

$$(17\text{-}39)\quad N_{mer} = (N_A)_0\,(1 - x_A^{Y})/2 + (N_A)_0\, x_A^{Y}/f + (N_B)_0/2$$

$$N_{mer} = (N_A)_0\,[(1 - x_A^{Y})/2 + x_A^{Y}/f + 0{,}5/r_0]$$

wobei $x_A^{Y}$ durch Gl. (17 – 31) und $r_0$ durch $r_0 = (N_A)_0/(N_B)_0$ definiert sind. Die Anzahl der Bindungen ist andererseits $N_{bind} = (N_A)_0\, p_A$. Die Zahl der Moleküle ergibt sich aus $N_{mol} = N_{mer} - N_{bind}$ und folglich zu

$$(17\text{-}40)\quad N_{mol} = 0{,}5\,(N_A)_0\,(1 - x_A^{Y} + 2x_A^{Y}/f + 1/r_0 - 2\,p_A)$$

Wenn alle Bindungen intermolekular sind, so berechnet sich das Zahlenmittel des Polymerisationsgrades aus den Gl. (17 – 39) und (17 – 40) zu

$$(17\text{-}41)\quad \overline{X}_n = \frac{N_{mer}}{N_{mol}} = \frac{f\left(1 - x_A^Y + \frac{1}{r_0}\right) + 2x_A^Y}{f\left(1 - x_A^Y + \frac{1}{r_0} - 2p_A\right) + 2x_A^Y}$$

Für das in Abb. 17-5 gezeigte Beispiel gilt $r_0 = 1{,}002$, $x_A^Y = 0{,}404$ und $f = 3$. Daraus berechnet sich über Gl. (17 – 38) für den kritischen Umsatz am Gelpunkt $(p_A)_{crit} = 0{,}910$. Setzt man diese Werte in Gl. (17 – 41) ein, so erhält man $\overline{X}_n = 43$. Dieser sehr niedrige Wert gilt aber für eine Polykondensation ohne intramolekulare Cyclisierungen. Setzt man anstelle des theoretischen Wertes $(p_A)_{crit} = 0{,}910$ den experimentell gefundenen von ca. 0,90 ein, so erniedrigt sich der Polymerisationsgrad am Gelpunkt auf $\overline{X}_n = 29$, was gut mit dem experimentell gefundenen von ca. 24 übereinstimmt.

Diese niedrigen $\overline{X}_n$-Werte am Gelpunkt sind nur scheinbar im Widerspruch mit der Aussage, daß am Gelpunkt „unendlich" große Makromoleküle auftreten. Der Gelpunkt gibt nämlich an, wann erstmals „unendlich" große Makromoleküle auftreten, d.h. solche, die sozusagen von einer Wand des Reaktionsgefäßes bis zur anderen reichen. Am Gelpunkt sind jedoch noch nicht alle ursprünglich vorhandenen Monomerbausteine in diesen vernetzten Makromolekülen vereinigt. Dies ist erst bei einem Umsatz von 100 % der Fall. Am Gelpunkt liegt vielmehr ein Teil der Monomerbausteine in Form von hochverzweigten und noch löslichen Makromolekülen vor, die aus dem Gel extrahierbar sind. Für das Zahlenmittel des Molekulargewichtes ist aber die (große) Zahl der Moleküle, für das Gewichtsmittel dagegen die (große) Masse verantwortlich. Das Gewichtsmittel des Polymerisationsgrades am Gelpunkt ist denn auch unendlich hoch.

Dieser Effekt läßt sich leicht numerisch klarmachen. Kurz nach Überschreiten des Gelpunktes sei z.B. der Massenanteil des Gels $w_g = 0{,}0001$ und der Anteil der löslichen Fraktionen entsprechend $w_s = 0{,}9999$. Die mittleren Molekulargewichte der als molekulareinheitlich gedachten Fraktionen seien $M_s = 10^3$ und $M_g = 10^{26}$ (entspricht ca. der vollständigen Vernetzung von 1 Mol Monomer mit $M_u = 170$). Für das Zahlenmittel des Molekulargewichtes gilt nach Gl. (8 – 40)

$$(17\text{-}42)\quad \overline{M}_n = \frac{1}{\frac{w_s}{M_s} + \frac{w_g}{M_g}} = \frac{1}{0{,}9999 \cdot 10^{-3} + 10^{-30}} \approx 10^3 \text{ g mol}^{-1}$$

und für das Gewichtsmittel des Molekulargewichtes nach Gl. (8 - 41)

$$(17\text{-}43)\quad \overline{M}_w = w_s M_s + w_g M_g = 0{,}9999 \cdot 10^3 + 10^{-4} \cdot 10^{26} \approx 10^{22} \text{ g mol}^{-1}$$

Das Zahlenmittel des Molekulargewichts weist somit am Gelpunkt sehr niedrige, das Gewichtsmittel dagegen „unendlich" hohe Werte auf. Auch das Viskositätsmittel des Molekulargewichtes nimmt wegen der bei den verzweigten Molekülen auftretenden niedrigen Exponenten a der Viskositäts-Molekulargewichts-Beziehung (vgl. Kap. 9) im Gelpunkt keine hohen Werte an.

Für die Polymerisationsgrade nach Überschreiten des Gelpunktes lassen sich ebenfalls quantitative Beziehungen angeben, die aber ziemlich kompliziert sind. Das Wesentliche kann man jedoch bereits rein qualitativen Überlegungen entnehmen. Am Gelpunkt liegen vernetzte Moleküle unendlich hohen Polymerisationsgrades neben noch verzweigten Molekülen niedrigen Polymerisationsgrades vor. Mit fortschreitendem Umsatz ist die Wahrscheinlichkeit für einen Einbau hochverzweigter Moleküle in ein Netzwerk umso größer, je mehr reaktionsfähige Endgruppen pro Molekül vorhanden sind. Die höhermolekularen Vertreter des löslichen Anteils werden daher mit steigendem Umsatz zuerst verschwinden. Das Zahlenmittel des Polymerisationsgrades muß folglich weiter sinken und sich beim Umsatz 100 % dem Wert null nähern.

Die Verteilungsfunktionen der Polymerisationsgrade werden bei multifunktionellen Polykondensationen sehr kompliziert. Kondensiert man ein Monomer mit drei A-Gruppen mit einem bifunktionellen Monomer mit zwei B-Gruppen

(17-44)

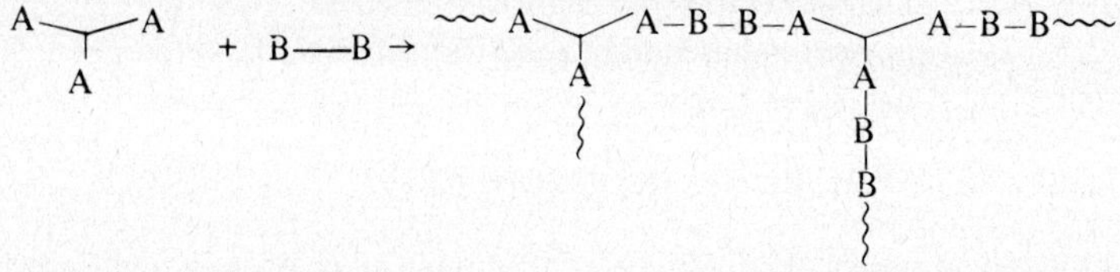

so entstehen wegen der Vielzahl an Kondensationsmöglichkeiten Moleküle sehr verschiedenen Molekulargewichtes. Am Gelpunkt weist das Zahlenmittel des Polymerisationsgrades sehr niedrige Werte, das Gewichtsmittel jedoch einen „unendlich" hohen Wert auf. Die Molekulargewichtsverteilung der verzweigten Produkte vor dem Gelpunkt muß daher sehr breit sein, viel breiter als sie durch die in Kap. 17.2.3 besprochenen Verteilungen bei bifunktionellen Kondensationen gegeben ist.

Spezielle Verhältnisse treten jedoch auf, wenn man ein multifunktionelles Monomer mit gleichen Endgruppen mit einem bifunktionellen Monomer mit zwei verschiedenen Endgruppen miteinander kondensiert:

(17-45)

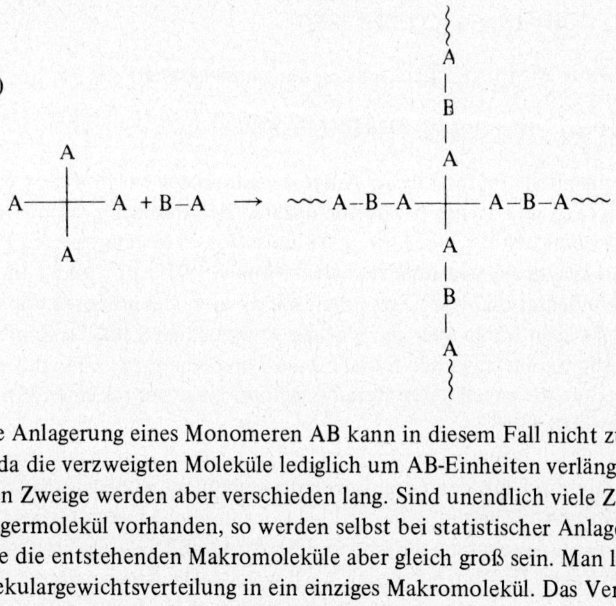

Die Anlagerung eines Monomeren AB kann in diesem Fall nicht zu Vernetzungen führen, da die verzweigten Moleküle lediglich um AB-Einheiten verlängert werden. Die einzelnen Zweige werden aber verschieden lang. Sind unendlich viele Zweige an einem Verzweigermolekül vorhanden, so werden selbst bei statistischer Anlagerung der AB-Moleküle die entstehenden Makromoleküle aber gleich groß sein. Man legt sozusagen die Molekulargewichtsverteilung in ein einziges Makromolekül. Das Verhältnis $\overline{M}_w/\overline{M}_n$ muß daher bei hoher Funktionalität des Verzweigermoleküls dem Wert 1 zustreben.

## *17.4 Kinetik*

### 17.4.1 KINETIK HOMOGENER POLYKONDENSATIONEN

Die Mechanismen von Polykondensationsreaktionen sind die gleichen wie die der entsprechenden niedermolekularen Kondensationen und werden daher nicht detailliert besprochen. Durch die Änderung der Molekülgröße mit der Zeit und durch die für große Polymerisationsgrade erforderlichen sehr hohen Umsätze treten aber einige Besonderheiten in der Kinetik auf. Sie seien am Beispiel der Polyestersynthese, der kinetisch am besten untersuchten Polykondensationsreaktion besprochen.

Kondensiert man eine Dicarbonsäure HOOC–R–COOH mit einem Glykol HO–R'–OH, so hängt bei irreversiblen Reaktionen die Abnahme der Konzentration an Carboxylgruppen von den Molkonzentrationen an Carboxylgruppen, Hydroxylgruppen und Katalysator K ab:

(17-46) $-\mathrm{d}\,[\mathrm{COOH}]/\mathrm{d}t = k\,[\mathrm{K}]\,[\mathrm{COOH}]\,[\mathrm{OH}]$

Geht man von äquivalenten Molkonzentrationen an Hydroxyl- und Carboxylgruppen aus, so wird $[\mathrm{COOH}] = [\mathrm{OH}]$. Die zur Zeit $t$ vorliegende Molkonzentration an Carboxyl-Gruppen [COOH] ist über das Reaktionsausmaß $p$ mit der anfänglich vorhandenen Molkonzentration $[\mathrm{COOH}]_0$ verknüpft. Gl. (17-46) wird mit diesen Bedingungen und Gl. (17-14) für konstante Katalysatorkonzentration nach der Integration zu

(17-47) $1/(1-p) = 1 + k\,[\mathrm{K}]\,[\mathrm{COOH}]_0\,t = \overline{X}_n$

Bei Polykondensationen ohne zusätzlichen Katalysator wirken die Carboxylgruppen als Katalysator. Gl. (17-46) wird somit zu

(17-48) $-\mathrm{d}\,[\mathrm{COOH}]/\mathrm{d}t = k\,[\mathrm{COOH}]^2\,[\mathrm{OH}]$

und für äquivalente Ausgangskonzentrationen nach Integration

(17-49) $1/(1-p)^2 = 1 + 2k\,[\mathrm{COOH}]_0^2\,t = \overline{X}_n^2$

Die experimentelle Prüfung dieser Ansätze ergab in der Tat für Polymerisationsgrade zwischen ca. 5 und 50 die erwarteten linearen Beziehungen zwischen $1/(1-p)$ und $t$ im Falle der durch 0,1 Mol proz. p-Toluolsulfonsäure katalysierten Polykondensation von 12-Hydroxystearinsäure sowie zwischen $1/(1-p)^2$ und $t$ im Falle der gleichen Polykondensation ohne zugesetzten Katalysator. Bei größeren und kleineren Polymerisationsgraden treten aber gelegentlich Abweichungen auf. Da Zahlenmittel der Polymerisationsgrade zwischen 5 und 50 nur Umsätzen $p$ zwischen 0,8 und 0,98 entsprechen, gelten die abgeleiteten Beziehungen offenbar nur für einen verhältnismäßig kleinen Umsatzbereich.

Für die Abweichungen bei hohen Polymerisationsgraden ist in der Regel die Reaktion des Katalysators mit den Endgruppen des Polymeren verantwortlich. Ein Katalysator wie p-Toluolsulfonsäure wird der Reaktionsmischung nur in kleinen Konzentrationen zugesetzt. Am Anfang der Polykondensation sind viele Carboxylgruppen vorhanden, bei hohen Umsätzen aber nur noch wenige. Die Konzentration des Katalysators wird dann der Konzentration an Carboxylgruppen vergleichbar. Die Säuregruppen des monofunktionellen Katalysators verestern dann ebenfalls Hydroxylgruppen. Die Konzentration an Katalysator und damit auch die Reaktionsgeschwindigkeit sinkt. Wäscht man zu diesem Zeitpunkt den noch unverbrauchten Katalysator aus und ersetzt ihn durch Katalysator in Höhe der Anfangskonzentration, so ist die lineare Beziehung zwischen $1/(1-p)$ und $t$ auch noch bei höheren Umsätzen erfüllt (Abb. (17-5)).

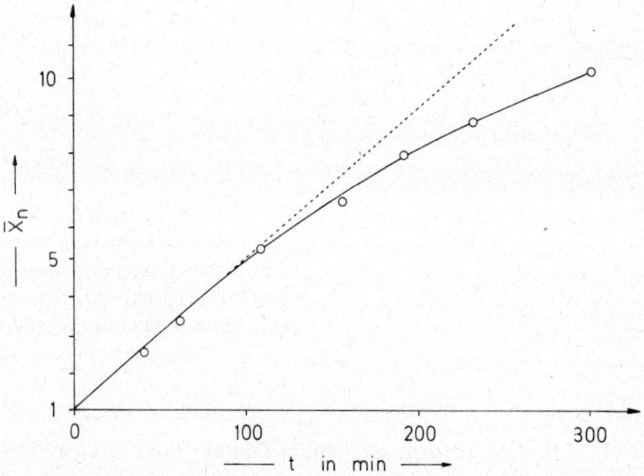


*Abb. 17-6:* Abhängigkeit des Zahlenmittels $\bar{X}_n$ des Polymerisationsgrades von der Zeit $t$ in min bei der Polykondensation von 12-Hydroxystearinsäure bei 152,5 °C mit 0,01 $\gamma$ p-Toluolsulfonsäure als Katalysator. - - - Reaktionsverlauf nach Entfernen unverbrauchten Katalysators und erneutem Zusatz gleicher Mengen wie beim Beginn der Polykondensation. $\gamma$ = mol p-Toluolsulfonsäure/mol Grundbaustein (nach C. E. H. Bawn und M. B. Huglin).

Die Abweichungen bei niedrigen Umsätzen sind ungeklärt. Bei der Polykondensation von 12-Hydroxystearinsäure wurden sie nicht beobachtet (vgl. Abb. 17-6), wohl aber z.B. bei der Polykondensation von Adipinsäure mit Diglykol. Da bei der letztgenannten Polykondensation viel polarere Ausgangsmonomere eingesetzt werden, könnte eine Änderung der Aktivitätskoeffizienten der Endgruppen mit dem Umsatz die Ursache für die Abweichungen sein.

### 17.4.2 KINETIK HETEROGENER POLYKONDENSATIONEN

Die bekannteste heterogen ablaufende Polykondensation ist die sog. Grenzflächen-Polykondensation oder Grenzflächen-Kondensation. Bei der Grenzflächen-Polykondensation reagieren zwei Monomere an der Phasengrenzfläche zwischen zwei nicht miteinander mischbaren Lösungsmitteln. Das gebildete Polykondensat fällt meist an der Grenzfläche in Form eines Filmes aus (Abb. 17 - 7). Mechanisch stabile Filme können von der Grenzfläche abgezogen werden. Nicht entfernte Filme behindern den Transport der Monomermoleküle zur Phasengrenzfläche, sodaß die Polykondensation mit zunehmender Zeit immer langsamer wird.

Grenzflächen-Kondensationen wurden bislang fast ausschließlich mit Hilfe der Schotten-Baumann-Reaktion ausgeführt. Bei dieser Reaktion reagiert ein Dicarbon-

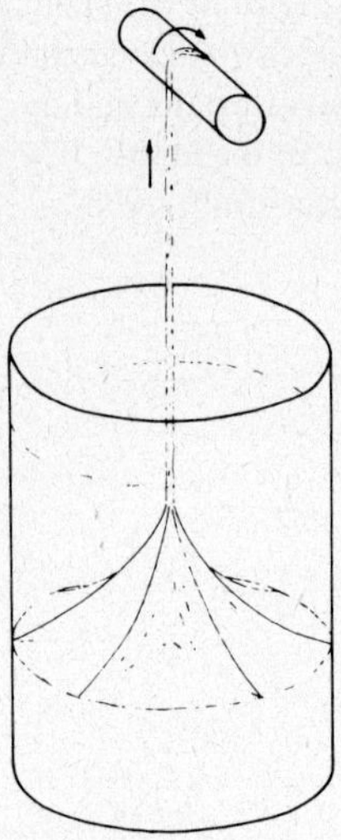


*Abb. 17-7:* Schematische Darstellung einer Grenzflächenkondensation mit Bildung eines Polymerfilms an der Grenzfläche zwischen wässriger und chloroformischer Lösung.

säuredichlorid in z. B. Chloroform mit einem Diamin oder Diol in Wasser, z. B. nach

(17-50)

$$n\ H_2N{-}R{-}NH_2 + n\ ClOC{-}R'{-}COCl \longrightarrow$$

$$\longrightarrow\ \!\left(NH{-}R{-}NH{-}CO{-}R'{-}CO\right)_n + 2\ n\ HCl$$

Da die Säurechloride wegen der größeren Basizität des Diamins schneller mit diesem als mit dem Wasser reagieren, erhält man nur eine relativ geringe Verseifung des Säurechlorides zur Säure. Zum Binden des bei der Reaktion entstehenden HCl wird oft eine nichtkondensierbare Base (z. B. Pyridin) zugesetzt.

Bei der Grenzflächen-Polykondensation diffundiert das hydratisierte Diamin durch den immer dicker werdenden Film und reagiert auf dessen organischer Seite mit dem Dichlorid. Die Reaktion ist offensichtlich diffusionskontrolliert, da die Diffusionsgeschwindigkeit um Größenordnungen kleiner als die Reaktionsgeschwindigkeit ist. Die Wachstumsgeschwindigkeit $dL/dt$ des Films ist umso größer, je höher die Konzentration $c_A$ des Diamins und je kleiner die Filmdicke $L$ ist, d. h. es gilt $dL/dt = k\ (c_A/L)$. Die Proportionalitätskonstante $k$ enthält den Diffusionskoeffizienten des Diamins in dem Film.

Auf der organischen Seite sammeln sich Wassertropfen an, die mit der Zeit immer größer werden. Das transportierte Wasser verseift COCl-Endgruppen

(17-51) $$R{-}COCl + H_2O \longrightarrow R{-}COOH + HCl$$

Es entstehen zwei Äquivalente Säure, die durch Neutralisation ein Molekül Diamin verbrauchen. Von der Wachstumsgeschwindigkeit $dL/dt$ ist folglich noch ein Faktor abzuziehen, der die Verseifungsreaktion berücksichtigt. Die Verseifungsreaktion hängt von der Filmdicke $L$ und von einer Konstanten $k'$ ab, die der Geschwindigkeitskonstanten der Verseifungsreaktion proportional ist:

$$\text{(17-52)} \quad \mathrm{d}L/\mathrm{d}t = k\,(c_{\mathrm{A}}/L) - k'L$$

oder

$$\text{(17-53)} \quad L = L_{\infty}(1 - \exp(-2\,k't))^{0,5}$$

Die Filmdicke $L_{\infty}$ bei unendlicher Zeit ergibt sich aus dem Grenzfall $\mathrm{d}L/\mathrm{d}t = 0$ zu

$$\text{(17-54)} \quad L_{\infty} = (k/k')^{0,5}\,c_{\mathrm{A}}^{0,5}$$

Die Filmdicke strebt also nach unendlich langer Zeit einem Grenzwert $L_{\infty}$ zu (vgl. Abb. 17-8)), der durch die beiden Proportionalitätskonstanten und die Konzentration des Diamins gegeben ist (vgl. Gl. (17-54)).

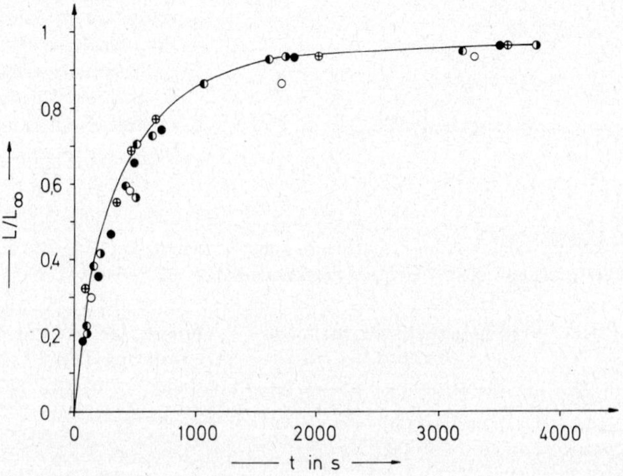


*Abb. 17-8:* Abhängigkeit der reduzierten Filmdicke $L/L_{\infty}$ von der Zeit $t$ bei der Grenzflächenkondensation von Hexamethylendiamin mit Sebacoylchlorid bei variabler Diamin-Konzentration zwischen 0,5 und 0,05 mol/dm³ (verschiedene Zeichen) und konstantem (1 : 1) Molverhältnis von Amin und Säurechlorid (nach V. Enkelmann und G. Wegner).

Da die Grenzflächen-Polykondensation diffusionskontrolliert ist und ein Teil des Säurechlorids durch Verseifung verloren geht, muß das Verhältnis an funktionellen Gruppen nicht exakt äquivalent sein. In der Tat läuft das Molekulargewicht für jedes Monomerpaar in Abhängigkeit vom Molverhältnis Amin/Säurechlorid durch ein Maximum (Abb. 17-9). Das optimale Molverhältnis wird durch den Verteilungskoeffizienten des Amins zwischen Wasser und organischem Lösungsmittel reguliert (Tab. 17-6).

Auch die Reinheit der Monomeren braucht wegen der Diffusionskontrolle nicht sehr groß zu sein. Schnell reagierende monofunktionelle Monomere müssen allerdings ausgeschlossen werden. Im Gegensatz zur Polykondensation in der Schmelze können mit der Grenzflächen-Polykondensation auch hitzeempfindliche Polymere oder solche mit hitzeempfindlichen Gruppen hergestellt werden.

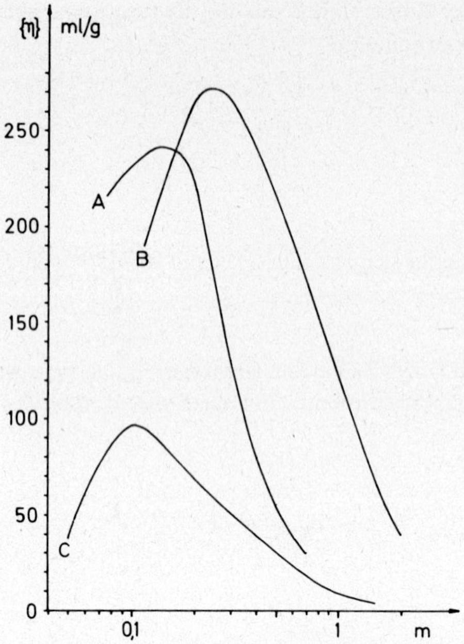


*Abb. 17-9:* Abhängigkeit des Molekulargewichtes (ausgedrückt durch die inhärente Viskosität {η} (in $cm^3/g$)) als Funktion der molaren Konzentration des Säurechlorides in Chloroform bei der Grenzflächenkondensation mit 0,4 mol/$dm^3$ Diamin. A, B, C = verschiedene Polyamide (nach H. F. Mark).

*Tab. 17-6:* Abhängigkeit der Staudinger-Indices [η] vom Verteilungskoeffizienten des Hexamethylendiamins bei der Grenzflächenkondensation mit Sebacoyldichlorid

| Lösungsmittel LM | Verteilungskoeffizient des Amins Wasser/LM | optimales Molverhältnis Diamin/Dichlorid | [η] ml/g |
|---|---|---|---|
| Cyclohexan | 182 | 17 | 86 |
| Xylol | 50 | 8 | 147 |
| Äthylenchlorid | 5,6 | 2,3 | 176 |
| Chloroform | 0,70 | 1,7 | 275 |

## *17.5 Technische Polykondensationen*

Polykondensationen können in der Schmelze, in Lösung, in Suspension oder als Grenzflächenkondensation ausgeführt werden.

Die Grenzflächenkondensation ist für die Synthese von Polymeren mit wenigen Ausnahmen eine Laboratoriumsmethode geblieben, da die Säurechloride für eine technische Produktion zu teuer sind. Diese Ausnahmen sind die Polykondensation von Biphenolen mit Phosgen (vgl. Kap. 26.4.2) und die Synthese aromatischer Polyamide aus m-Phenylendiamin, Isophthalsäurechlorid und Terephthalsäurechlorid (Kap. 28.3.5). Das Verfahren wird auch zum Filzfreiausrüsten von Wolle verwendet, indem man aus Sebacinsäuredichlorid und Hexamethylendiamin ein Polykondensat auf der Wollfaser erzeugt.

In den weitaus überwiegenden Fällen führt man Polykondensationen in der Schmelze bei Temperaturen zwischen ca. 120 und 180 °C in inerter Gasatmosphäre ($N_2$, $CO_2$, $SO_2$) mit oder ohne zugesetzten Katalysator aus. Die Schmelzkondensation setzt jedoch thermostabile Monomere und Polymere voraus.

Thermolabile Produkte werden durch Polykondensation in Lösung gewonnen. Bei den eigentlichen Lösungskondensationen setzt man ca. 20 proz. Lösungen ein. Das Wasser kann z. B. durch eine azeotrope Destillation aus dem Reaktionsgemisch entfernt werden, wenn man Schlepper wie Benzol oder $CCl_4$ einsetzt. Ein anderes Verfahren entfernt das Wasser durch eine kontinuierliche Dünnschichtverdampfung. Die Lösung der Ausgangskomponenten wird oben auf eine Füllkörperkolonne gegeben. Das freigewordene Wasser wird im Gegenstrom mit $CO_2$ entfernt. Bei diesem Verfahren entstehen sehr helle Produkte, da keine lokalen Überhitzungen auftreten können.

Bei der Polykondensation in Suspension setzt man z. B. Diarylester von Dicarbonsäuren mit Diaminen in aromatischen Kohlenwasserstoffen um, wobei die Phenole abgespalten werden und das gebildete Polyamid in feinkörniger Form ausfällt. Das verwendete Lösungsmittel darf natürlich nicht mit den Reaktionsteilnehmern reagieren, muß die Phenylester gut lösen und darf die entstehenden Polyamide nicht anquellen. Zuerst wird eine Vorkondensation bei Temperaturen zwischen 80 – 100 °C (amorphe Polyamide) bzw. 130 – 160 °C (kristalline Polyamide) durchgeführt. Die eigentliche Polykondensation wird dann bei höheren Temperaturen im Wirbelbett vorgenommen. Die obere Temperaturgrenze ist durch ein Verkleben der Polyamidteilchen gegeben.

Der letzte Schritt der Polykondensation in Suspension stellt eine Polykondensation im festen Zustand dar. Polykondensationen im festen Zustand können besonders gut bei Polyamiden durchgeführt werden. Auch hier führt man zunächst eine kontinuierliche Vorkondensation zu Molekulargewichten zwischen 1000 und 4000 aus. Die Produkte werden dann durch Zerstäubung getrocknet und bei Temperaturen von ca. 200 – 220 °C unter Stickstoff auskondensiert. Diese Polykondensation erfolgt verhältnismäßig rasch. Um beim Polymeren aus Hexamethylendiamin und Adipinsäure vom Molekulargewicht 1000 zum Molekulargewicht 15 000 zu gelangen, sind bei 216 °C 16 h erforderlich. Setzt man aber das Molekulargewicht des Vorkondensates auf 4000 herauf, so werden nur noch 2 h benötigt. Da die Temperaturen niedriger als bei der Polykondensation in der Schmelze sind, bekommt man zudem bessere Endprodukte (geringere Verfärbung usw.).

## Literatur zu Kap. 17

G. F. Ham, Hrsg., Kinetics and Mechanism of Polymerization, Vol. 3, Condensation Polymerization, M. Dekker, New York 1967.

G. J. Howard, The Molecular Weight Distribution of Condensation Polymers, Progr. in High Polymers **1** (1961) 185

P. W. Morgan, Condensation Polymers: By Interfacial and Solution Methods, Interscience, New York 1965

L. B. Sokolov, Synthesis of Polymers by Polycondensation, Israel Program for Scientific Translations, Jerusalem 1968 (Übersetzung der russischen Ausgabe 1966)

H. Lee, D. Stoffey und K. Neville, New Linear Polymers, McGraw-Hill, New York 1967

D. H. Solomon, A Reassessment of the Theory of Polyesterfication with Particular Reference to Alkyd Resins, J. Macromol. Sci. C [Revs.] **1** (1967) 179

J. K. Stille und T. W. Campbell, Hrsg., Condensation Monomers, Wiley-Interscience, New York 1972

D. H. Solomon, Hrsg., Step-Growth Polymerizations (= Kinetics and Mechanisms of Polymerization Series, Vol. 3), M. Dekker, New York 1972

## 18.1 *Grundlagen*

### 18.1.1 IONEN UND IONENPAARE

Ionische Polymerisationen werden durch wachsende Makroionen fortgepflanzt. Man kann dabei anionische Polymerisationen

(18-1) $\sim\sim\sim M_n^{\ominus} + M \rightleftarrows \sim\sim\sim M_{n+1}^{\ominus}$

von kationischen Polymerisationen

(18-2) $\sim\sim\sim M_n^{\oplus} + M \rightleftarrows \sim\sim\sim M_{n+1}^{\oplus}$

unterscheiden. In einem realen System liegt jedoch in der Regel mehr als eine Sorte wachsender Spezies vor, da die Ionen als freie Ionen, als Ionenpaare oder als Ionenassoziate aus drei, vier oder mehr Ionen existieren können. Zwischen zwei oder mehr Erscheinungsformen der Ionen stellt sich häufig ein rasches dynamisches Gleichgewicht ein, z. B.

(18-3) $R-X \rightleftarrows \overset{\delta^+}{R}-\overset{\delta^-}{X} \rightleftarrows R^{\oplus}X^{\ominus} \rightleftarrows R^{\oplus}/\!/X^{\ominus} \rightleftarrows R^{\oplus} + X^{\ominus}$

Kontaktionenpaar — Solvationenpaar — freie Ionen

Polarisation — Ionisation — Dissoziation

Kontaktionenpaare werden gelegentlich auch feste Ionenpaare und Solvationenpaare auch solvensgetrennte oder lockere Ionenpaare genannt. Freie Ionen, Solvationenpaare und Kontaktionenpaare können außerdem noch im Gleichgewicht mit den entsprechenden Ionenassoziaten stehen, z. B.

(18-4) 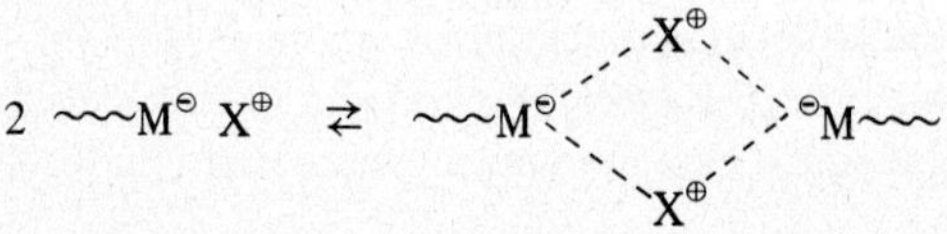

Kontaktionenpaare, Solvationenpaare, freie Ionen und Ionenassoziate sind häufig experimentell durch UV-, IR-, Raman- oder Kernresonanz-Spektroskopie experimentell voneinander unterscheidbar. Fluorenylnatrium

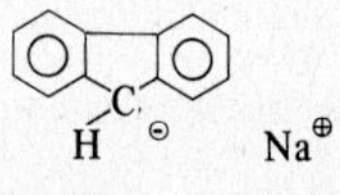

zeigt z. B. in Tetrahydrofuran bei Raumtemperatur nur eine Bande bei 355 nm und bei Temperaturen unterhalb $-50\ °C$ nur eine Bande bei 373 nm. Bei dazwischen liegenden Temperaturen treten beide Banden auf. Bei jeder Temperatur wird die relative Bandenhöhe weder durch eine Verdünnung der Lösungen noch durch einen Zusatz des in THF leicht dissoziierbaren $NaB(C_6H_5)_4$ beeinflußt. Keine der Banden kann daher von den freien Fluorenylanionen stammen. Auch Leitfähigkeitsmessungen sprechen dafür, daß die Konzentration an freien Anionen unter diesen Bedingungen sehr niedrig ist.

Die beiden Banden bei 355 und 373 nm müssen daher von zwei verschiedenen Ionenpaaren stammen. Ein Gleichgewicht zwischen Kontaktionenpaaren würde in der Tat praktisch konzentrationsunabhängig sein, da es sich um eine Umwandlung in Gegenwart eines großen Überschusses Lösungsmittel handelt. Da die Solvatation bei tiefen Temperaturen bevorzugt ist, muß folglich die Bande bei 373 nm vom Solvationenpaar stammen und die bei 355 nm vom Kontaktionenpaar. Das Spektrum bei 373 nm wird auch nur wenig vom Lösungsmittel beeinflußt (Abb. 18 – 1). Bei der Bildung des Solvationenpaares muß daher das Gegenion (das nicht absorbiert) und nicht das Fluorenylanion solvatisiert werden.

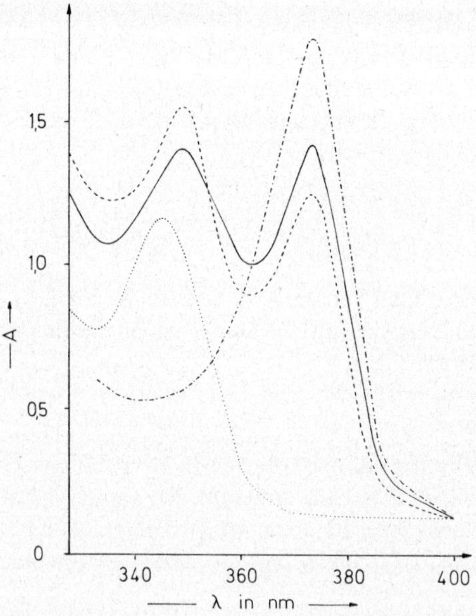


*Abb. 18-1:* Absorption A (früher Extinktion oder optische Dichte) des Fluorenyllithiums bei 25 °C in 3,4-Dihydropyran (· · · ·), 3-Methyltetrahydrofuran (– – – –), 2,5-Dihydrofuran (——) und Hexamethylcyclotriphosphazen (– . – . –) nach J. Smid).

### 18.1.2 ELEMENTARSCHRITTE

Bei ionischen Polymerisationen können die folgenden Elementarschritte unterschieden werden:

#### 18.1.2.1 Bildung der initiierenden Spezies

In den meisten Fällen enthält der zugesetzte Initiator direkt die polymerisationsauslösende Spezies. Beim Amylkalium $C_5H_{11}K$ ist das Amylanion $C_5H_{11}^{\ominus}$ die polymerisationsauslösende Spezies bei der Polymerisation von Styrol, da es als Endgruppe in die wachsende Kette eingebaut wird. Bei der Polymerisation von Isobuten mit $H[BF_3OH]$ wird $H^{\oplus}$ als Endgruppe in die wachsende Kette eingebaut usw.

In einigen Fällen ist aber die eigentliche polymerisationsauslösende Spezies nicht mit dem zugesetzten Initiator identisch. Bei anionischen Polymerisationen in Dimethylsulfid mit starken Basen wie z. B. $t$-$C_4H_9OK$ reagiert die Base zuerst mit dem Dimethylsulfoxid, wobei die eigentliche polymerisationsauslösende Spezies. das DMSO-Anion, gebildet wird:

(18-5) $\quad C_4H_9O^{\ominus}K^{\oplus} + (CH_3)_2SO \longrightarrow CH_3SOCH_2^{\ominus}K^{\oplus} + C_4H_9OH$

Die eigentliche polymerisationsauslösende Spezies kann aber nicht nur durch Reaktion des zugesetzten Initiators mit dem Lösungsmittel, sondern auch durch Reaktion mit dem Monomer selbst gebildet werden. Triphenylmethylhexachlorantimonat $(C_6H_5)_3C^{\oplus}[SbCl_6]^{\ominus}$ ist z. B. ein Initiator für die kationische Polymerisation von Tetrahydrofuran. Die eigentliche initiierende Spezies ist aber nicht das Tritylkation $(C_6H_5)_3C^{\oplus}$. Mit dem Dikation $(C_6H_5)_2\overset{\oplus}{C}-CH_2CH_2-\overset{\oplus}{C}(C_6H_5)_2$ wurde nämlich das gleiche Molekulargewicht wie mit dem Tritylkation erhalten, wenn gleiche Mol Moleküle zugesetzt wurden. Es wird daher angenommen, daß das Triphenylcarbokation zunächst das Tetrahydrofuran dehydriert:

(18-6) $\quad (C_6H_5)_3C^{\oplus} + $ ⟨O⟩ $\longrightarrow (C_6H_5)_3CH + $ ⟨O⟩$^{\oplus}$

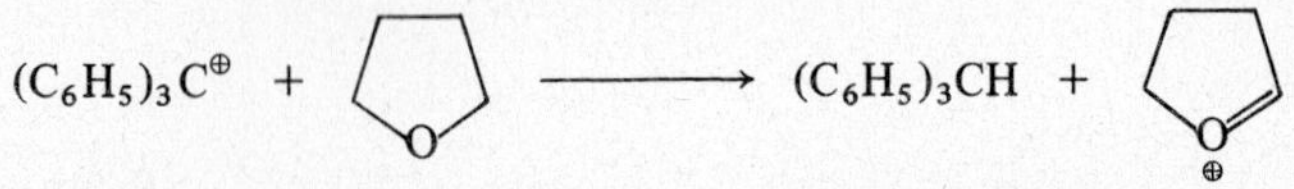

Die weiteren Reaktionen des Tetrahydrofurankations sind nicht genau bekannt. Es entsteht aber eine Protonsäure, die die eigentliche polymerisationsauslösende Spezies für das Tetrahydrofuran ist.

### 18.1.2.2 Startschritte

Im Startschritt reagiert die eigentliche polymerisationsauslösende Spezies mit dem Monomer. Dabei können zwei Fälle unterschieden werden: Übertragung von zwei Elektronen unter Ausbildung einer Bindung zwischen polymerisationsauslösender Spezies und Monomermolekül und Übertragung von einem Elektron ohne Ausbildung einer Bindung.

Bei den *Zwei-Elektronen-Mechanismen* wird die auslösende Spezies immer an das Monomer angelagert. Es handelt sich also nicht um eine Übertragung im Sinne der makromolekularen Chemie, da der Begriff der Übertragung für die Reaktion einer aktiven Spezies (Kation, Anion, Radikal) mit einem anderen Molekül unter Bildung der aktiven Spezies aus diesem Molekül und einer inaktiven Spezies reserviert ist (vgl. weiter unten). Bei den Zwei-Elektronen-Mechanismen sind drei Untergruppen zu unterscheiden:

α. Ein Anion lagert sich an ein Monomermolekül an und bildet durch diese elektrophile Reaktion ein Monomeranion. Beispiel: die durch Amylkalium ausgelöste Polymerisation von Styrol

(18-7) $\quad C_5H_{11}^{\ominus} + CH_2{=}\underset{\underset{C_6H_5}{|}}{CH} \longrightarrow C_5H_{11}{-}CH_2{-}\underset{\underset{C_6H_5}{|}}{CH^{\ominus}}$

β. Ein Kation lagert sich an ein Monomermolekül an und bildet durch diese nucleophile Reaktion ein Monomerkation. Beispiel: die durch Bortrifluorid/Wasser, $H[BF_3OH]$, ausgelöste Polymerisation von Isobuten, bei der $H^{\oplus}$ der eigentliche Initiator ist

(18-8) $\quad H^{\oplus} + CH_2=C(CH_3)_2 \longrightarrow H-CH_2-\overset{\oplus}{C}(CH_3)_2$

γ. Ein „neutrales" Molekül lagert sich an ein Monomermolekül an und bildet ein Zwitterion. Beispiel: die Reaktion von tertiären Aminen mit β-Lacton

$$(18\text{-}9) \quad R_3N + \begin{matrix} CH_2-CO \\ | \quad\; | \\ CH_2-O \end{matrix} \longrightarrow R_3\overset{\oplus}{N}-CH_2CH_2COO^{\ominus}$$

Bei den *Ein-Elektronen-Mechanismen* handelt es sich um echte Elektronen-Übertragungs-Reaktionen. Im ersten Schritt wird immer ein Radikalion erzeugt, bei dem nach Elektronenspinresonanzmessungen die Ladungen nicht getrennt sind. Im zweiten Schritt erfolgt in der Regel eine Dimerisation zum Diion. Auch bei den Ein-Elektronen-Mechanismen kann man drei Untergruppen unterscheiden:

α. Elektronenübertragungen von einer elektronenabgebenden Spezies zum Monomermolekül, z. B. vom Naphthalidanion zum Styrol. Die initiierende Spezies ist also hier das Naphthalidanion. Es entsteht durch eine Elektronenübertragung vom Natrium zum Naphthalin:

(18-10) $\quad \bigcirc\!\bigcirc + Na \rightleftarrows \left[\bigcirc\!\overset{\bullet}{\bigcirc}\right]^{\ominus} Na^{\oplus}$

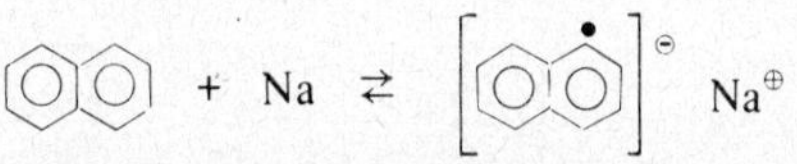

Für das Naphthalidanion können selbstverständlich viele Resonanzformen geschrieben werden. Der eigentliche Startschritt ist dann die Elektronenübertragung vom Naphthalidanion auf das Monomermolekül

(18-11)
$$\left[\bigcirc\!\overset{\bullet}{\bigcirc}\right]^{\ominus} + \begin{matrix} CH_2=CH \\ | \\ C_6H_5 \end{matrix} \rightarrow$$

$$\rightarrow \bigcirc\!\bigcirc + \left[\begin{matrix} CH_2 \overset{\bullet}{=} CH \\ | \\ C_6H_5 \end{matrix} \leftrightarrow \begin{matrix} {}^{\bullet}CH_2-\overset{\ominus}{CH} \\ | \\ C_6H_5 \end{matrix} \leftrightarrow \begin{matrix} {}^{\ominus}CH_2-\overset{\bullet}{CH} \\ | \\ C_6H_5 \end{matrix}\right]$$

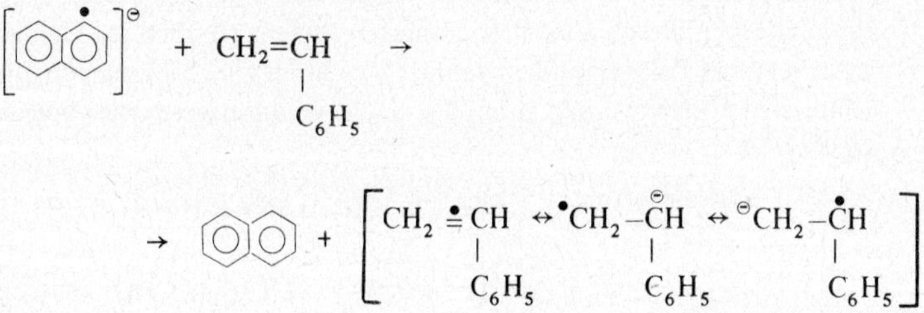

Die Radikalanionen dimerisieren zum Distyryldianion:

(18-12) $\quad 2\,{}^{\bullet}\begin{matrix} CH_2-\overset{\ominus}{CH} \\ | \\ C_6H_5 \end{matrix} \rightarrow \begin{matrix} \overset{\ominus}{CH}-CH_2-CH_2-\overset{\ominus}{CH} \\ | \qquad\qquad\qquad | \\ C_6H_5 \qquad\qquad C_6H_5 \end{matrix}$

β. Elektronenübertragung von einem Monomer auf einen Elektronenakzeptor. Der Elektronenakzeptor kann z. B. ein Radikalkation sein. Derartige Radikalkationen entstehen durch Entfernung eines Elektrons von Molekülen mit einem freien Elektronenpaar, z.B. durch Oxydation von Aminen, Sulfiden oder Sauerstoffverbindungen. Ein Beispiel dafür ist

(18-13)  $2\,(Br\text{–}\langle O \rangle)_3N \;+\; 3\,SbCl_5 \longrightarrow$

$\longrightarrow \; 2\,(Br\text{–}\langle O \rangle)_3N^\oplus\,[SbCl_6]^\ominus \;+\; SbCl_3$

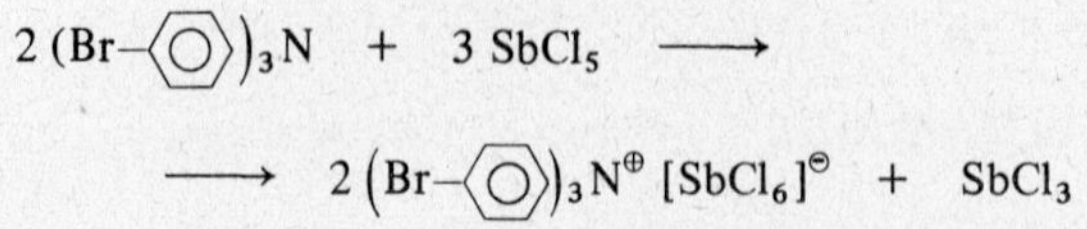

Der eigentliche Startschritt ist dann die Elektronenübertragung vom Radikalkation zum Monomer, z. B. zum N-Vinylcarbazol

(18-14)  $(Br\text{–}\langle O \rangle)_3 N^\oplus \;+\; CH_2=CH\text{–(Carbazol)} \longrightarrow$

$\longrightarrow \; (Br\text{–}\langle O \rangle)_3 N \;+\; {}^\bullet CH_2\text{–}\overset{\oplus}{C}H\text{–(Carbazol)}$

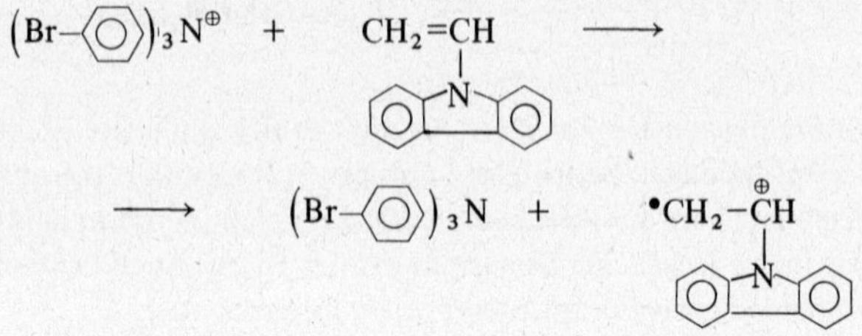

Das Radikalkation dimerisiert vermutlich zum Di(N-vinylcarbazol)dikation.

γ. Je ein Monomermolekül mit Donator- bzw. Akzeptoreigenschaften bilden einen Ladungsübertragungskomplex (charge-transfer-Komplex, CT-Komplex), aus dem durch thermische Elektronenübertragung ein Radikalkation und ein Radikalanion hervorgehen:

(18-15)  $D + A \;\rightleftarrows\; [D\text{—}A] \;\rightleftarrows\; \dot{D}^\oplus/\dot{A}^\ominus \;\rightleftarrows\; \dot{D}^\oplus_{solv} + \dot{A}^\ominus_{solv}$

Die Radikalkationen und die Radikalanionen können entweder homodimerisieren und so Dikationen und Dianionen geben, oder aber heterodimerisieren und ein Diradikal erzeugen. Homodimerisationen liegen vermutlich bei der Copolymerisation von Vinyläthern $CH_2=CHOR$ mit Vinylidencyanid $CH_2=C(CN)_2$ vor. Beim Zusammengeben dieser beiden Monomeren entsteht nämlich ein Gemisch von Poly(vinyläther) und Poly(vinylidencyanid), was durch eine Bildung von Dikationen und Dianionen erklärt werden kann, die die Polymerisation der jeweiligen Monomeren auslösen.

$$\left.\begin{array}{l} CH_2=CHOR \\ + \\ CH_2=C(CN)_2 \end{array}\right\} \rightarrow \left\{\begin{array}{l} RO\text{–}\check{C}H\text{–}\dot{C}H_2 \;\rightarrow\; RO\text{–}\overset{\oplus}{C}H\text{–}CH_2\text{–}CH_2\text{–}\overset{\oplus}{C}H\text{–}OR \\ + \\ \dot{C}H_2\text{–}\overset{\ominus}{C}(CN)_2 \;\rightarrow\; {}^\ominus C(CN)_2\text{–}CH_2\text{–}CH_2\text{–}\overset{\ominus}{C}(CN)_2 \end{array}\right\}$$

Eine Heterodimerisation liegt dagegen möglicherweise bei der von einer Copolymerisation gefolgten CT-Komplexbildung von 2,4,6-Trinitrostyrol und 4-Vinylpyridin vor:

(18-16)  $O_2N\text{–}\langle O \rangle(NO_2)\text{–}NO_2$ (CH=CH_2) $\;+\;$ $\langle N \rangle$ (CH=CH_2) $\longrightarrow$ Copolymer

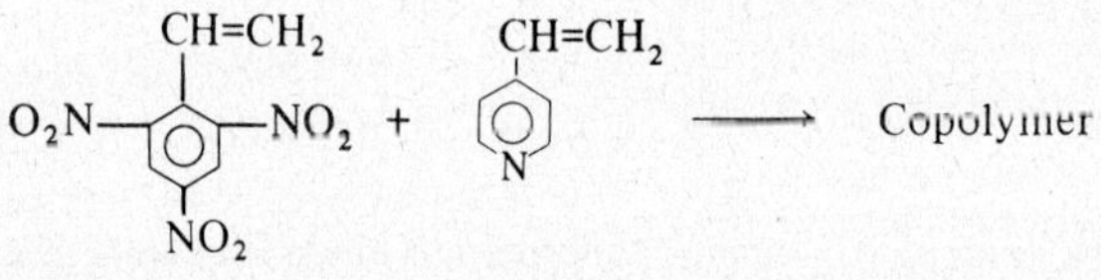

### 18.1.2.3 Wachstumsschritte

Bei Zwei-Elektron-Mechanismen der Startreaktion entstehen folglich Monoionen, bei den Ein-Elektron-Mechanismen Diionen. An diese Monoionen und Diionen können sich weitere Monomermoleküle anlagern: die Polymerkette wächst. In vielen Fällen gibt es keine Abbruchsreaktion, d. h. keine Vernichtung des Anions oder Kations (vgl. weiter unten). In diesem Falle wachsen die Ketten bei Ausschluß von Verunreinigungen bis zu dem durch die Freie Enthalpie (Gibbs-Energie) der Polymerisation bedingten Gleichgewicht zwischen wachsendem Makroion oder Makrodiion und Monomer (vgl. Kap. 16.3). Im Gleichgewicht gilt daher bei Abwesenheit von Abbruchs- und Übertragungsreaktionen, sofern der Initiator nicht in die Kette eingebaut wird

$$(18\text{-}17) \quad \overline{X}_n = i\left(\frac{[M]_0 - [M]_e}{[I]_0 - [I]_e}\right)$$

wobei der Index o die Ausgangskonzentrationen und der Index e die Gleichgewichtskonzentrationen an Monomer M und Inititator I angibt. i gibt die Zahl der Keimstellen pro Kette an. Es gilt folglich i = 1 für wachsende Monoionen und i = 2 für wachsende Diionen.

Falls das Initiatorfragment jedoch in die Kette eingebaut wird, geht Gl. (18 – 17) über in

$$(18\text{-}18) \quad \overline{Y}_n = 1 + \frac{i([M]_o - [M]_e)}{[I]_o - [I]_e} = 1 + \overline{X}_n = 1 + \langle X \rangle_n$$

Falls man nicht im Gleichgewicht ist, sind natürlich die Gleichgewichtskonzentrationen $[M]_e$ und $[I]_e$ durch die momentanen Konzentrationen [M] und [I] zu ersetzen. Eine Umformung von Gl. (18 – 18) gibt dann mit $\langle M \rangle_n = M_I + M_M \langle X \rangle_n$

$$(18\text{-}19) \quad \langle M \rangle_n = M_I + \frac{i M_M [M]_0}{[I]_0 - [I]} \left(\frac{[M]_0 - [M]}{[M]_0}\right)$$

Dabei sind $\langle M \rangle_n$ = Zahlenmittel des Molekulargewichtes des Polymeren beim Umsatz $u = ([M]_0 - [M])/[M]_0$ und $M_M$ das Molekulargewicht des Monomeren. Bei genügend

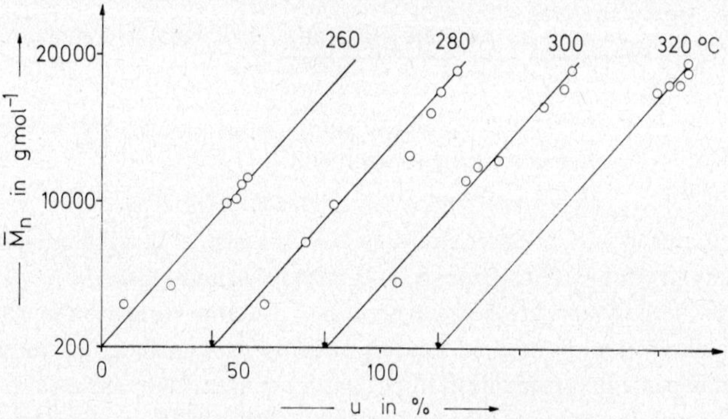


*Abb. 18-2:* Abhängigkeit des Zahlenmittels des Molekulargewichtes vom Umsatz bei der Polymerisation von wasserfreiem Laurinlactam mit $x_i$ = 0,01 Laurinsäure als Initiator. Die eingezeichneten Geraden wurden über Gl. (18 – 19) mit i = 1 und $[I]_0 \gg [I]$ theoretisch berechnet. Zur besseren Übersichtlichkeit wurden die Kurven bei 280, 300 und 320 °C um 40, 80 und 120 Einheiten auf der Abszisse nach rechts verschoben (nach H.-G. Elias und A. Fritz).

kleinen Initiatorkonzentrationen ist $[I]$ gegenüber $[I]_0$ zu vernachlässigen (vgl. Kap. 16.3). Durch Auftragen von $\langle M \rangle_n$ gegen $u$ sollte man daher eine Gerade mit dem Ordinatenabschnitt $M_I$ und der vom Umsatz unabhängigen Steigung $i M_M [M]_0/[I]_0$ erhalten. Abb. 18 – 2 zeigt dies für die Polymerisation von Laurinlactam mit Laurinsäure bei verschiedenen Temperaturen:

$$(18\text{-}20) \quad CH_3(CH_2)_{10}COOH + n\ \underbrace{NH\text{——}CO}_{(CH_2)_{11}} \longrightarrow$$

$$\longrightarrow \quad CH_3(CH_2)_{10}CO\text{-}\!\!\left(NH(CH_2)_{11}CO\right)\!_n\text{-}OH$$

Fügt man zu einem derartigen polymerisierenden System ohne Abbruch und Übertragungsreaktionen nach Erreichen des Gleichgewichtes neues Monomer, so steigen sowohl Umsatz als auch Molekulargewicht weiter an. Sind jedoch Übertragungsreaktionen vorhanden, nicht jedoch Abbruchsreaktionen, dann wird zwar der Umsatz größer, nicht notwendigerweise aber auch das Molekulargewicht.

## *18.2 Chemie der anionischen Polymerisationen*

### 18.2.1 ÜBERSICHT

Anionische Polymerisationen erfolgen über Anionen als Träger der kinetischen Kette. Sie treten nur bei gewissen Kombinationen von Monomer, Initiator und Lösungsmittel auf.

Anionisch polymerisierbar sind Olefinabkömmlinge mit elektronenanziehenden Substituenten, Lactame, Lactone, Oxirane, Isocyanate und Leuchs-Anhydride:

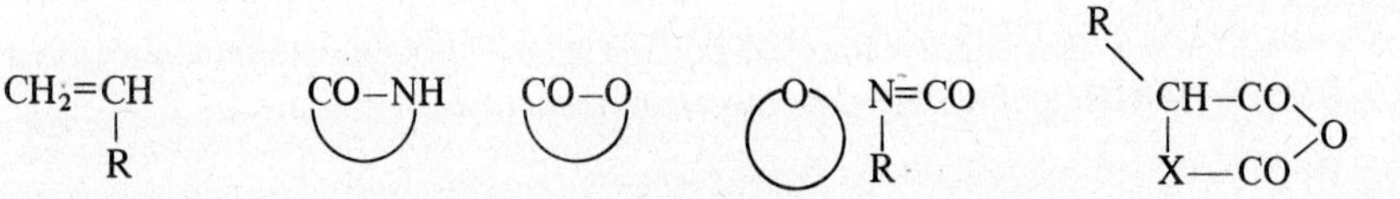

Olefinabkömmlinge — Lactame — Lactone — Oxirane — Isocyanate — Leuchs-Anhydride

(R = $CH{=}CH_2$, CN, $COOCH_3$, usw.) — (substituierte oder unsubstituierte Ringe verschiedener Größe) — (X=NH, S oder O)

Als Initiatoren wirken Basen und Lewis-Basen, also z. B. Alkalimetalle, Alkoholate, Metallketyle, Amine, Phosphine und Grignard-Verbindungen.

Anionische Polymerisationen setzen polare Systeme voraus, da in stark apolaren Systemen nicht Polymerisationen, sondern Polyinsertionen ablaufen. In vielen Fällen führt man daher die Polymerisation in polaren Lösungsmitteln aus. Als solche Lösungsmittel eignen sich besonders Äther und Stickstoffbasen. Oft verwendet werden Tetrahydrofuran, Äthylenglykoldimethyläther (Glyme), Diäthylenglykoldimethyläther (Diglyme), Pyridin und Ammoniak.

Das Wachstum kann bei der anionischen Polymerisation nach zwei Typen erfolgen, nämlich über wachsende Makroanionen (Kap. 18.2.3) oder über Monomeranionen (Kap. 18.2.4).

## 18.2.2 INITIATION

### 18.2.2.1 Basizität der Initiatoren und Monomeren

Der Startschritt einer anionischen Polymerisation kann nach Kap. 18.1.2.2 in einer Addition eines Anions an ein Monomer, der Bildung eines Zwitterions oder der Elektronenübertragung zu einem Monomer bestehen.

Ob ein bestimmter Initiator die anionische Polymerisation eines bestimmten Monomeren auslöst, hängt primär von den Basizitäten von Monomer und Initiator ab. Monomere mit starken Akzeptorgruppen benötigen nur schwache Basen als Initiatoren. Bei Olefinabkömmlingen $CH_2=CHR$ sinkt daher die Fähigkeit zur anionischen Polymerisation in der Reihenfolge der Substituenten R

$$-NO_2 > -CO-R' > -COOR' \approx -CN > -C_6H_5 \approx -CH=CH_2 \ggg -CH_3$$

2-Nitropropylen kann schon mit der schwachen Base $KHCO_3$ zur Polymerisation initiiert werden. Vinylidencyanid benötigt sogar nur die sehr schwachen Lewis-Basen Wasser, Alkohol oder Ketone. Methylmethacrylat ist andererseits wegen der Anwesenheit der elektronendonierenden $CH_3$-Gruppe schwieriger zur anionischen Polymerisation anzuregen als Acrylnitril (Tab. 18-1).

Je höher der $pK_a$-Wert eines Initiators, umso leichter ist im allgemeinen ein Monomer zur anionischen Polymerisation anzuregen (Tab. 18-1). Bei Alkalimetallketylen sind z. B. dimere, dem Triphenylcarbinol-Anion ähnliche Alkoholatanionen die eigentlichen Initiatoren (vgl. unten). Nach Tab. 18-1 wird man für diese Anionen $pK_a$-Werte von ca. 19-20 erwarten (vgl. die Werte für die Alkaliverbindungen von Acetophenon und Triphenylcarbinol). Damit sollten diese Initiatoren Acrylnitril polymerisieren können, nicht aber Styrol, was tatsächlich zutrifft.

Die Unregelmäßigkeiten in Tab. 18-1 zeigen aber auch, daß die Anregbarkeit nicht von der Basizität allein abhängt. Natriumfluorenyl ($pK_a = 31$) löst z. B. nicht die Polymerisation von Methylmethacrylat oder Styrol in Ammoniak aus, wohl aber das Natriumxanthenyl ($pK_a = 29$). Abweichungen von der Beziehung zwischen dem $pK_a$-Wert des Initiators und der initiierenden Wirkung könnten von der Resonanzstabilisierung der Initiatoranionen, der Komplexierung der Gegenionen durch das Lösungsmittel oder das Monomer oder von sterischen Effekten stammen. Das Gebiet ist jedoch noch wenig erforscht.

### 18.2.2.2 Start durch Zwitterionen

Bestimmte Initiatoren bilden mit dem Monomeren ein Zwitterion oder ein Ylid. Der Prozeß stellt formal eine Michael-Addition dar:

(18-21) $\quad R_3N + CH_2=\overset{R'}{\underset{R''}{C}} \longrightarrow \left[ R_3\overset{\oplus}{N}-CH_2-\overset{R'}{\underset{R''}{\overset{|}{C}{}^{\ominus}}} \longleftrightarrow R_3\overset{\oplus}{N}-\overset{\ominus}{CH}-\overset{R'}{\underset{R''}{\overset{|}{CH}}} \right]$

$\qquad\qquad\qquad\qquad\qquad\qquad\quad$ Zwitterion $\qquad\qquad\quad$ Ylid

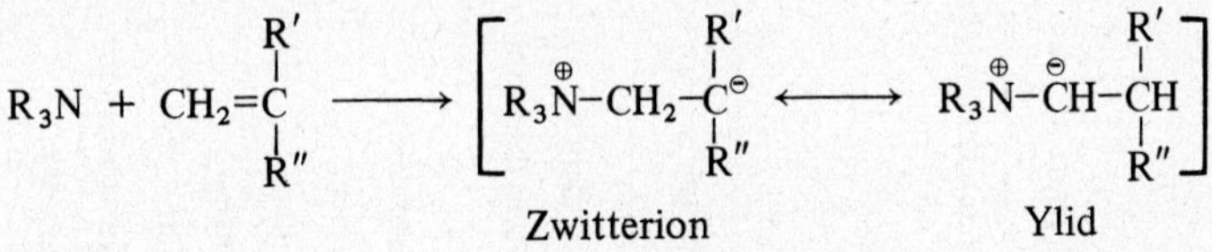

Ein Ylid ist ein Zwitterion, bei dem ein Carbanion direkt an ein positiv geladenes Heteroatom gebunden ist (z. B. N, P oder S).

*Tab. 18-1:* Anionische Polymerisation von Monomeren $CH_2$=CHR (nach N. S. Wooding und W. C. E. Higginson)

| Initiierende Natriumverbindung | | | Monomere in Äther bei 20 °C | | | | Monomere in $NH_3$ bei −33 °C | | | |
|---|---|---|---|---|---|---|---|---|---|---|
| Name | $pK_a$ in Äther | Farbe des Initiator-anions | Acryl-nitril | Methylmeth-acrylat | Styrol | Butadien | Acryl-nitril | Methylmeth-acrylat | Styrol | Butadien |
| Methanol | 16 | farblos | + | + | – | – | ? | ? | ? | ? |
| Äthanol | 17 | farblos | + | + | – | – | + | – | ? | ? |
| Acetophenon | 19 | gelb | + | – | – | – | + | – | ? | ? |
| Triphenylcarbinol | 19 | grün | + | – | – | ? | + | – | ? | ? |
| Inden | 21 | gelb | + | + | – | – | + | – | ? | ? |
| Diphenylamin | 23 | farblos | + | + | – | – | + | + | – | ? |
| Acetylen | 26 | farblos | ? | ? | ? | ? | + | + | – | ? |
| Xanthen | 29 | rot | + | + | + | + | + | + | + | ? |
| Fluoren | 31 | rot/orange | + | + | – | – | + | – | – | – |
| Anilin | 33 | farblos | + | – | – | – | + | + | + | – |
| Triphenylmethan | 40 | rot | + | + | + | + | + | + | + | ? |
| Ammoniak | 42 | farblos | ? | ? | ? | ? | + | + | + | – |

Das Zwitterion löst dann eine anionische Polymerisation aus:

$$(18\text{-}22)\quad R_3\overset{\oplus}{N}-CH_2-\underset{R''}{\overset{R'}{|}}{C}^{\ominus} + CH_2=\underset{R''}{\overset{R'}{|}}{C} \longrightarrow R_3\overset{\oplus}{N}-CH_2-\underset{R''}{\overset{R'}{|}}{C}-CH_2-\underset{R''}{\overset{R'}{|}}{C}^{\ominus} \quad \text{usw.}$$

Derartige Zwitterionen wurden über den Stickstoffgehalt der Polymeren, IR- und NMR-Messungen, die positive Ladung bei der Veresterung und die Wanderung der veresterten Produkte bei der Hochspannungselektrolyse nachgewiesen.

In manchen Fällen löst der Zusatz derartiger Initiatoren jedoch nur scheinbar eine Polymerisation via Zwitterionen aus. Bei der mit tertiären Phosphinen initiierten Polymerisation von Acrylnitril wird z. B. zwar zuerst ein Zwitterion gebildet

$$(18\text{-}23)\quad R_3P + CH_2=CHCN \longrightarrow R_3\overset{\oplus}{P}-CH_2-\overset{\ominus}{C}HCN$$

das aber anschließend mit einem weiteren Acrylnitrilmolekül unter Protonübertragung reagiert

$$(18\text{-}24)\quad R_3\overset{\oplus}{P}-CH_2-\overset{\ominus}{C}HCN + CH_2=CHCN \longrightarrow R_3\overset{\oplus}{P}-CH_2-CH_2CN + \\ + CH_2=\overset{\ominus}{C}CN$$

Das Monomeranion löst dann eine normale anionische Polymerisation aus.

### 18.2.3 WACHSTUM VIA MAKROANIONEN

Eine anionische Polymerisation mit Wachstum via Makroionen ist die klassische anionische Polymerisation. Bei jedem Wachstumsschritt wird ein neues Monomermolekül an das anionische Ende der wachsenden Kette angelagert, wie es Gl. (18 – 1) verallgemeinert zeigt. Dabei ist es natürlich gleichgültig, wie das Makroanion entstanden ist, d. h. ob der Startschritt eine Zwei-Elektronen-Reaktion mit Bildung eines Monomeranions oder Zwitterions oder eine Ein-Elektronen-Übertragung ist.

Die Polymerisationsgeschwindigkeit hängt sehr davon ab, wie groß der Anteil an freien Makroanionen ist. Bei der anionischen Styrolpolymerisation in THF mit Natrium als Gegenanion wurde durch kinetische Messungen (vgl. weiter unten) bei 25 °C die Geschwindigkeitskonstante der Polymerisation via freie Makroanionen zu $\underline{k}_{(-)} = 65\,000\ dm^3\ mol^{-1}\ s^{-1}$ und die für die Polymerisation via Ionenpaare zu $\overline{k}_{(\pm)} = 80\ dm^3\ mol^{-1}\ s^{-1}$ gefunden. Die Geschwindigkeit der Wachstumsreaktion hängt aber nach $v_p = k_p\,[P^*]\,[M]$ nicht nur von der Geschwindigkeitskonstanten $k_p$, sondern auch von der Konzentration $[P^*]$ an aktiven Spezies ab. Die Gleichgewichtskonstante $K_D$ der Dissoziation der Ionenpaare in freie Ionen beträgt aber bei diesem System nur $10^{-7}$ mol dm$^{-3}$. Führt man die Polymerisation in einer Lösung von $10^{-3}$ mol/dm$^3$ aus, so beträgt der Anteil der freien Ionen folglich nur $(10^{-7}/10^{-3})^{0,5} = 0{,}01$, d.h. 1 %. 99 % der aktiven Spezies sind dagegen Ionenpaare. Die Polymerisationsgeschwindigkeit wird daher trotz der viel niedrigeren Geschwindigkeitskonstanten sehr wesentlich von den Ionenpaaren mitbestimmt.

Die Geschwindigkeitskonstante $k_{(-)}$ der Polymerisation via freie Anionen hängt nicht vom Lösungsmittel (vgl. obere Kurve in Abb. 18 – 3) und nicht vom Gegenion ab. Sie wird außer von der Natur des Anions nur von der Temperatur beeinflußt.

*Tab. 18-2:* Geschwindigkeitskonstanten $\overline{k}_{(\pm)}$ der Polymerisation von Styrol via Ionenpaare bei 25 °C (nach M. Szwarc)

| Lösungsmittel | $\overline{k}_{(\pm)}$ in $dm^3\ mol^{-1}\ s^{-1}$ beim Gegenion | | | | |
|---|---|---|---|---|---|
| | $Li^{\oplus}$ | $Na^{\oplus}$ | $K^{\oplus}$ | $Rb^{\oplus}$ | $Cs^{\oplus}$ |
| Dioxan | 0,9 | 4,0 | 20 | 22 | 25 |
| Tetrahydropyran | – | 14 | 60 | 80 | – |
| Methyltetrahydrofuran | 57 | 11 | – | – | 22 |
| Tetrahydrofuran | 160 | 80 | 70 | 60 | 22 |
| Dimethoxyäthan | – | 3600 | – | – | 150 |

Trägt man diese Geschwindigkeitskonstanten in einem Arrhenius-Diagramm auf, so ergeben sich je nach Lösungsmittel mehr oder weniger gekrümmte Kurven (Abb. 18–3). Die Geschwindigkeitskonstanten müssen daher *mittlere* Geschwindigkeitskonstanten sein. Ihre Temperaturabhängigkeit kann verstanden werden, wenn man annimmt, daß zwei Typen von Ionenpaaren miteinander im thermodynamischen Gleichgewicht stehen:

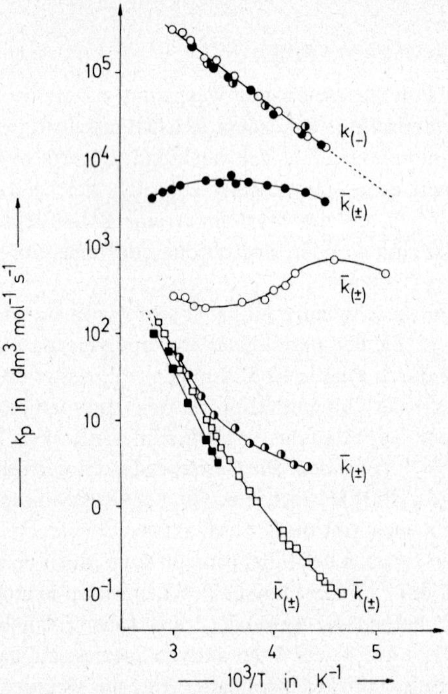


*Abb. 18-3:* Arrhenius-Diagramm der Geschwindigkeitskonstanten des Wachstums der freien Anionen $k_{(-)}$ und der mittleren Geschwindigkeitskonstanten $\overline{k}_{(\pm)}$ der Ionenpaare für Polystyrylnatrium in Tetrahydropyran (○), Tetrahydrofuran (●), Dimethoxyäthan (○). Oxepan (□) und Dioxan (■) (nach G. V. Schulz).

(18-25)

$$\begin{array}{ccccccccc}
P_n^{\ominus}Na^{\oplus} & + & m\,S & \overset{K_{cs}}{\rightleftarrows} & P_n^{\ominus}/S_m/Na^{\oplus} & \overset{K^*_{diss}}{\rightleftarrows} & P_n^{\ominus} & + & Na^{\oplus}S_m \\
\downarrow{+M}\;k_{(\pm)c} & & & & \downarrow{+M}\;k_{(\pm)s} & & \downarrow{+M}\;k_{(-)} & & \\
P_{n+1}^{\ominus}Na^{\oplus} & + & m\,S & \overset{K_{cs}}{\rightleftarrows} & P_{n+1}^{\ominus}/S_m/Na^{\oplus} & \overset{K^*_{diss}}{\rightleftarrows} & P_{n+1}^{\ominus} & + & Na^{\oplus}S_m
\end{array}$$

Das Lösungsmittel S solvatisiert dabei die freien Polystyrylanionen nicht, da andernfalls ein Lösungsmitteleinfluß auf die Geschwindigkeitskonstante $k_{(-)}$ gefunden werden müßte. Die Geschwindigkeitskonstanten $k_{(\pm)}$ der Polymerisation via Kontaktionenpaare und $k_{(\pm)s}$ der Solvationenpaare sind mit der aus kinetischen Messungen erhaltbaren mittleren Geschwindigkeitskonstanten $\overline{k}_{(\pm)}$ der Ionenpaare über

(18-26) $\overline{k}_{(\pm)} = k_{(\pm)c} + k_{(\pm)s}K_{cs}/(1 + K_{cs})$

verbunden. Die Gleichgewichtskonstante $K_{cs}$ der Dissoziation der Kontaktionenpaare in Solvationenpaare kann z. B. über Leitfähigkeitsmessungen ermittelt werden. Dabei erhält man eine experimentelle Dissoziationskonstante $K_{diss}$, die mit der wahren Dissoziationskonstanten über

(18-27) $K_{diss} = [K^*_{diss}K_{cs}/(1 + K_{cs})]$

verbunden ist.

Die Temperaturabhängigkeit von $\overline{k}_{(\pm)}$ ist daher durch die Temperaturabhängigkeit der beiden Geschwindigkeitskonstanten $k_{(\pm)c}$ und $k_{(\pm)s}$ und der Gleichgewichtskonstanten $K_{cs}$ gegeben. Die gekrümmte Linie in Abb. 18-4 zeigt folglich den Übergang von dem reaktiveren und bei tiefen Temperaturen stabileren Solvationenpaar zu dem weniger reaktiven Kontaktionenpaar. Für jede Geschwindigkeitskonstante kann eine

*Tab. 18-3:* Geschwindigkeits- und Gleichgewichtsdaten der Polymerisation von Styrol mit Natrium als Gegenion in verschiedenen Lösungsmitteln (nach einer Zusammenstellung von G. V. Schulz). Zur Nomenklatur vgl. Gl. (18-25). Alle Aktionskonstanten $A$ sind in $dm^3\ mol^{-1}\ s^{-1}$, alle Dissoziationsentropien $\Delta S$ in $J\ mol^{-1}\ K^{-1}$, und alle Aktivierungsenergien $E^{\ddagger}$ und Dissoziationsenthalpien $\Delta H$ in $kJ\ mol^{-1}$ angegeben

| Größe | Lösungsmittel | | | |
|---|---|---|---|---|
| | Dimethoxyäthan | Tetrahydrofuran | Tetrahydropyran | Dioxan |
| $A_c$ | 7,8 | 7,8 | 8,1 | 8,4 |
| $A_s$ | 7,8 | 8,3 | 8,0 | – |
| $A_{(-)}$ | 8,0 | 8,0 | 8,0 | 8,0 |
| $E_c^{\ddagger}$ | 38.5 | 36,0 | 40,6 | 44,0 |
| $E_s^{\ddagger}$ | 17,6 | 19,7 | 18,8 | – |
| $E_{(-)}^{\ddagger}$ | 16,3 | 16,3 | 16,3 | 16,3 |
| $\Delta H_{cs}$ | – 22,6 | – 26,4 | – 12,6 | – |
| $\Delta H^*_{diss}$ | – 5,0 | ± 0 | ± 0 | – |
| $\Delta S_{cs}$ | – 93,2 | – 138,2 | – 117,2 | – |
| $\Delta S^*_{diss}$ | – 108,9 | – 98,4 | – 113,0 | – |

Arrhenius-Gleichung mit der Aktionskonstanten $A$ und der Aktivierungsenergie $E^{\ddagger}$, für jede Gleichgewichtskonstante eine van't Hoff-Gleichung mit der Enthalpie $\Delta H$ und der Entropie $\Delta S$ geschrieben werden. Typische Werte für die Polymerisation von Polystyrylnatrium sind in Tab. 18 – 3 zusammengestellt.

Die Polymerisation *via* Zwitterionen stellt eine besondere Form der Polymerisation unter Beteiligung von Ionenpaare dar. Die Ionenpaare können entweder intramolekular als Makrozyklen oder intermolekular als kettenförmige Assoziate vorliegen:

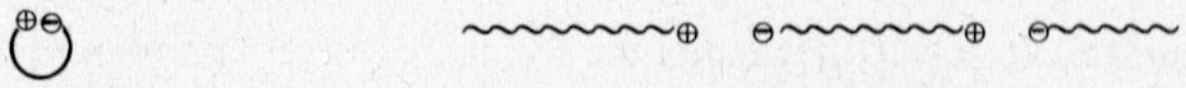

intramolekular intermolekular

### 18.2.4 POLYMERISATION VIA MONOMERANIONEN

Die durch starke Basen initiierte anionische Polymerisation von Monomeren mit NH-Gruppen erfolgt nicht über die Anlagerung von Monomeren an ein wachsendes Makroanion, sondern über die Anlagerung eines Monomeranions an ein Makromolekül. In einem ersten Schritt wird zunächst durch die starke Base ein Proton abstrahiert, z.B. bei der Reaktion eines N-Carboxyanhydrides mit einem Alkoxidion:

(18-28) 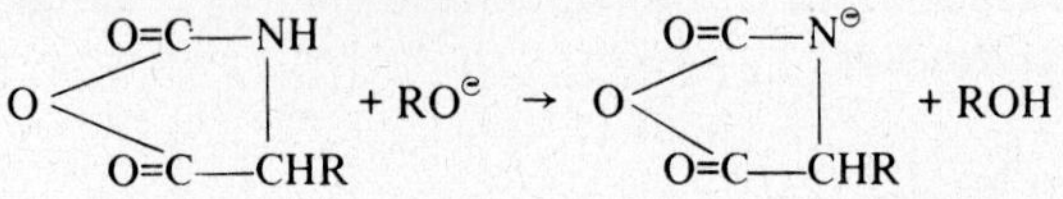

Das „aktivierte" Monomer reagiert mit einem intakten Monomermolekül und erzeugt ein Dimer

(18-29) 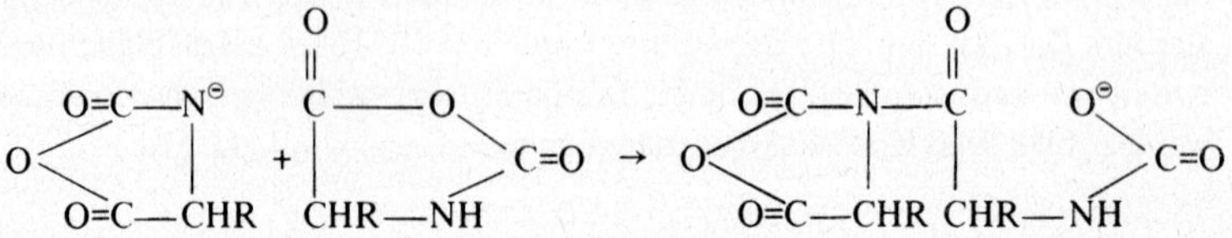

(18-30)

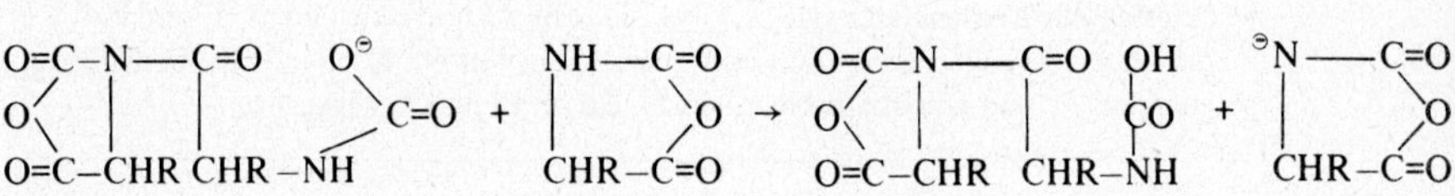

Die entstehende Carbaminsäure ist instabil und spaltet $CO_2$ ab

(18-31) 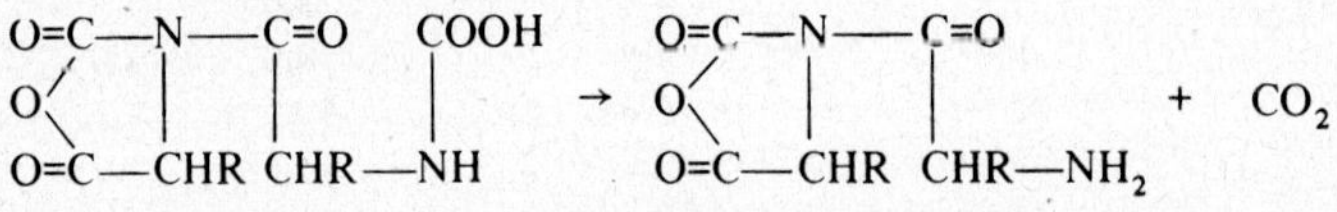

An das entstandene Dimer mit einer Aminendgruppe greift wiederum in der eigentlichen Wachstumsreaktion ein Monomeranion unter Verlängerung der Kette um eine Einheit an

(18-32)

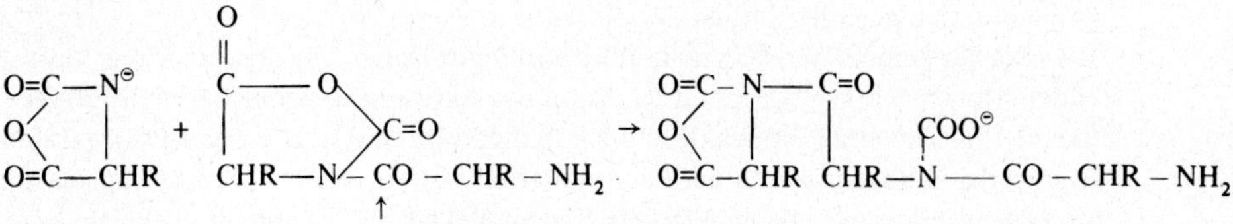

Bei diesem Schritt ist gegenüber dem analogen der Gl. (18-29) der Ring des wachsenden Makromoleküls (hier des Dimeren) gegenüber dem Monomer noch durch eine zusätzliche CO-Gruppe (↑) aktiviert. Das Monomer reagiert daher bevorzugt mit dem Polymeren und nicht mit noch nicht umgesetzten Monomeren. Dieser Reaktion schließt sich wieder die Regeneration eines Monomeranions unter Bildung der Carbaminsäuregruppierung (Gl.(18-30)) und deren Zerfall (Gl. (18-31)) an.

Die anionische Polymerisation von Lactamen verläuft ähnlich („Schnellpolymerisation"). Auch hier wird zunächst durch Reaktion eines Alkoxidions mit einem Monomermolekül ein Lactamanion gebildet, das dann analog Gl. (18-29) ein anderes Monomermolekül addiert:

(18-33) 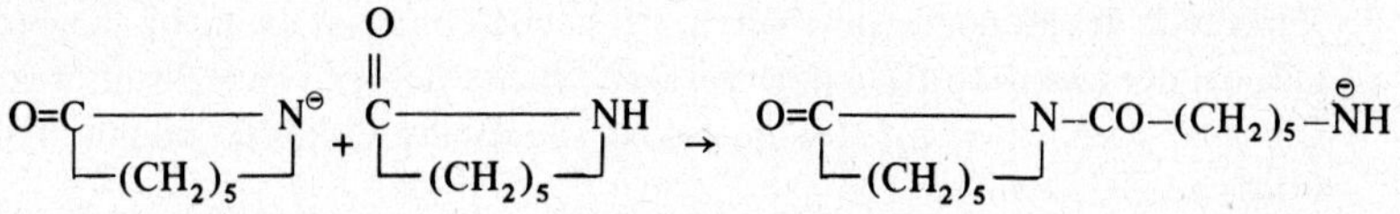

In der anschließenden, der Gl. (18-30) analogen Übertragungsreaktion wird ω-Aminocaproylcaprolactam gebildet und ein Monomeranion regeneriert. Das ω-Aminocaproylcaprolactam reagiert mit einem Monomeranion usw.

(18-34)

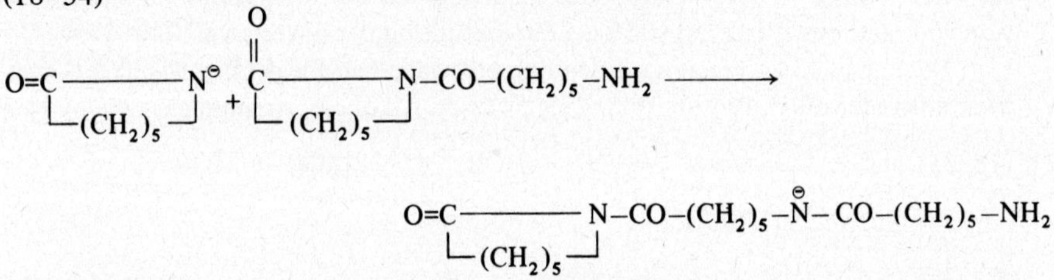

Die Reaktion (18-34) ist wegen der Aktivierung des anzugreifenden Lactamringes durch eine zweite CO-Gruppe viel schneller als die Reaktion (18-33). Man kann daher zur Beschleunigung der Reaktion dem Reaktionsansatz direkt ω-Aminocaproylcaprolactam oder andere Acyllactame als „Aktivatoren" zusetzen. Alternativ kann man die Acyllactame auch in situ durch Zugabe von Essigsäureanhydrid oder Keten bilden, da die Reaktion dieser Zusätze mit dem Caprolactam sehr schnell erfolgt.

Die Polymerisationsgeschwindigkeit einer durch Zugabe von Basen ausgelösten und durch Acyllactam aktivierten anionischen Polymerisation von Caprolactam ist durch die Konzentration an der Base bestimmt. Die Base reagiert nämlich in schneller Reaktion mit dem Acyllactam und bildet ein Anion. Jedes so gebildete Anion startet eine Kette. Der Polymerisationsgrad ist daher durch die Konzentration an Acyllactam bestimmt. Die Bildung von Anionen durch Reaktion der Base mit dem Monomeren ist demgegenüber sehr viel langsamer, so daß über diesen Reaktionsweg praktisch keine Polymerketten gebildet werden.

Bei der anionischen Polymerisation von Caprolactam ohne zusätzlichen Aktivator bildet sich zunächst in langsamer Reaktion der Aktivator ω-Aminocaproylcaprolactam, der in schneller Folgereaktion die Polymerkette startet. Bei dieser Polyreaktion werden daher noch während der Polymerisation weitere ω-Aminocaproylcaprolactam-Moleküle gebildet. Reagieren jetzt alle Basenmoleküle mit Monomermolekülen, bevor die anderen Monomermoleküle durch Bildung von Polymerketten verbraucht sind, so ist der Polymerisationsgrad durch das Verhältnis von Monomerkonzentration zu Basenkonzentration gegeben. Wegen der langsamen Reaktion zwischen Monomer und Base ist dies jedoch meist nicht der Fall, so daß keine Beziehung zwischen dem Verhältnis [Monomer]/[Base] und dem Polymerisationsgrad besteht. Ähnliche Verhältnisse liegen bei der Polymerisation der Leuchsanhydride vor.

### 18.2.5 ABBRUCH UND ÜBERTRAGUNG

Viele anionische Polymerisationen weisen in Abwesenheit von Verunreinigungen keine Abbruchsreaktionen auf. Die anionischen Kettenenden bleiben daher nach dem Verbrauch des Monomeren erhalten, sie „leben" und werden nicht „abgetötet", wie z.B. bei der zwangsläufigen gegenseitigen Desaktivierung von Makromonoradikalen. Gibt man nämlich erneut Monomeres zu, steigen die Viskosität und der Polymerisationsgrad weiter an.

Die anionischen Enden dieser lebenden Polymeren kann man daher benutzen, um definiert aufgebaute Blockcopolymere zu erzeugen. Ein Makroanion kann die Polymerisation eines Monomeren auslösen, wenn der e-Wert des Monomeren des Anions niedriger als der e-Wert des anzulagernden Monomeren ist. Das Polymethacrylanion (Monomer e = 0,40) löst z.B. die Polymerisation von Acrylnitril (e = 1,20) aus, aber nicht die von Styrol (e = –0,80). Umgekehrt kann aber das Polystyrylanion die Polymerisation von Methylmethacrylat starten. (Zur Definition der e-Werte vgl. Kap. 22.4.5).

Die lebenden Polymeren werden durch Zugabe von Reagentien abgetötet, und zwar entweder durch Protonenübergang (Wasser, Alkohole, Ammoniak)

(18-35) $$\sim\sim\sim M^{\ominus} + HOR \rightarrow \sim\sim\sim MH + {}^{\ominus}OR$$

oder nucleophile Substitution

(18-36) $$\sim\sim\sim M^{\ominus} + Cl{-}CH_2\sim\sim\sim \rightarrow \sim\sim\sim M{-}CH_2\sim\sim\sim + Cl^{\ominus}$$

oder Addition

(18-37) $$\sim\sim\sim M^{\ominus} + CO_2 \rightarrow \sim\sim\sim M-COO^{\ominus}$$

Ein echter Abbruch findet nur dann statt, wenn die neu entstehenden Anionen zu elektronegativ sind, um die Polymerisation des Monomeren auszulösen. Die Reaktionen (18–35) und (18–36) können daher auch Übertragungsreaktionen darstellen, wie sie z. B. für die anionische Polymerisation von Styrol mit $KNH_2$ als Initiator in Ammoniak als Lösungsmittel gefunden wurden.

## 18.3 Chemie der kationischen Polymerisationen

### 18.3.1 ÜBERSICHT

Kationische Polymerisationen erfolgen über Kationen als Träger der kinetischen Kette. Derartige Kationen können z. B. Carbokationen oder Oxoniumionen sein. Als Carbokationen werden alle elektrophilen Kohlenstoffatome bezeichnet. Sie lassen sich in Carbeniumionen (= dreiwertige Carbokationen) und in Carboniumionen (= vier- oder fünffach koordinierte Carbokationen) einteilen. Die Carbeniumionen, wie z. B. $R_2C^\oplus$, sind die klassischen Carbokationen. Carboniumionen wie z.B. $R_5C^\oplus$ oder $R_5C_2^\oplus$ sind nichtklassische Ionen.

Monomere sind kationisch polymerisierbar, wenn sie starke Elektronendonatorgruppen besitzen. Die Donorgruppe kann in einer Seitengruppe sitzen und eine Kohlenstoff/Kohlenstoff-Doppelbindung aktivieren. Bei Monomeren mit Donorgruppen in Doppelbindungen (Aldehyde, Ketone, Thioketone, Diazoalkane) oder in Ringen (Ringäther, cyclische Acetale, cyclische Imine, cyclische Sulfide, cyclische Amide, Lactone) kann sich das initiierende Kation in einer Zwei-Elektron-Reaktion direkt anlagern. Nicht alle prinzipiell kationisch polymerisierbaren Monomeren führen aber zu hochmolekularen Produkten. Viele der Makrokationen sind nämlich sehr aktiv und gehen daher leicht Übertragungs- und Abbruchsreaktionen ein.

Die eine kationische Polymerisation auslösenden Initiatoren können in

Brønsted-Säuren ($HClO_4$, $H_2SO_4$, HCl, $CCl_3COOH$, $HBF_3OH$ usw.),
Lewis-Säuren ($AlCl_3$, $TiCl_4$, $BF_3$ usw.), und
Salze ($RCOClO_4$, $R_3CClO_4$, $C_7H_7SbCl_6$ usw.)

eingeteilt werden.
Typische Lösungsmittel für kationische Polymerisationen sind Methylenchlorid, Benzol und Nitrobenzol.

### 18.3.2 INITIATOREN

#### 18.3.2.1 Brønsted-Säuren

Nach der klassischen Vorstellung dissoziieren Brønsted-Säuren unter den Bedingungen der kationischen Polymerisation in Protonen und Gegenanionen. Die Protonen sollen dann durch Anlagerung an das Monomer die kationische Polymerisation auslösen, z. B.

(18-38) $\quad H^\oplus \;+\; CH_2{=}C(CH_3)_2 \;\longrightarrow\; H{-}CH_2{-}\overset{\oplus}{C}(CH_3)_2$

(18-39) $\quad H^\oplus \;+\; O\!\!\begin{array}{c}{-}CH_2{-}O{-}\\ {-}CH_2{-}O{-}\end{array}\!\!CH_2 \;\longrightarrow\; H{-}\overset{\oplus}{O}\!\!\begin{array}{c}{-}CH_2{-}O{-}\\ {-}CH_2{-}O{-}\end{array}\!\!CH_2$

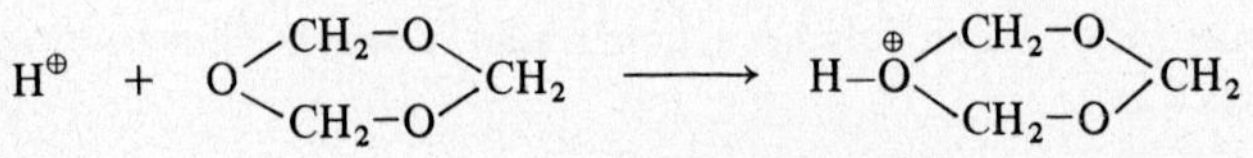

Es ist jedoch fraglich, ob diese Vorstellung zutrifft. Verbindungen wie $HClO_4$, $H[BF_3OH]$ (= $BF_3 \cdot H_2O$) usw. zeigen nämlich in sauerstoffreien Lösungsmitteln keine elektrische Leitfähigkeit. Sie sind folglich als „kovalente" Verbindungen aufzufassen. Monomere als Brønsted-Basen können aber mit derartigen kovalenten Verbindungen so reagieren, daß die Gibbs-Energie des gesamten Prozesses genügend negativ wird:

(18-40) $HClO_4 + CH_2{=}C(CH_3)_2 \longrightarrow H{-}CH_2{-}\overset{\oplus}{C}(CH_3)_2 + ClO_4^{\ominus}$

Nach diesen Vorstellungen wären also die Brønsted-Säuren eine Unterklasse der kovalenten Initiatoren, zu denen auch die Acylperchlorate zu zählen wären. Charakteristisch für die kovalenten Initiatoren wäre, daß sie erst in Ggw. des Monomeren ein Kation und ein Anion ausbilden würden.

18.3.2.2 Salze

Salze zerfallen im Gegensatz zu den kovalenten Initiatoren schon in Ggw. des Lösungsmittels in Kationen und Anionen. Die Kationen können z. T. direkt spektroskopisch nachgewiesen werden. Tritylchlorid (Triphenylmethylchlorid) zerfällt z. B. in das Tritylcarbeniumion und das Chloridion

(18-41) $(C_6H_5)_3CCl \longrightarrow (C_6H_5)_3C^{\oplus} + Cl^{\ominus}$

Diese Dissoziation wird gefördert, wenn das Gegenion geeignet komplexiert wird, z.B. durch $SbCl_5$

(18-42) $(C_6H_5)_3CCl + SbCl_5 \longrightarrow (C_6H_5)_3C^{\oplus}[SbCl_6]^{\ominus}$

Typische Kationen derartiger Salze sind das Tritylcarbokation $(C_6H_5)_3C^{\oplus}$, das Tropyliumcarbokation $C_7H_7^{\oplus}$, und das Aryldiazoniumkation $ArN_2^{\oplus}$. Die Acylkationen $RCO^{\oplus}$ gehören dagegen wahrscheinlich in die Klasse der „kovalenten" Verbindungen.

Typische Anionen derartiger Salze sind $Cl^{\ominus}$, $[SbCl_6]^{\ominus}$, $[PF_6]^{\ominus}$, $[BF_4]^{\ominus}$ usw. Perchlorate $ClO_4^{\ominus}$ gehören dagegen möglicherweise in die Klasse der „kovalenten" Verbindungen.

Auch Jod ist zu dieser Klasse der Salze zu rechnen, da es sich mit sich selbst komplexieren kann

(18-43) $2\,J_2 \longrightarrow J^{\oplus}\,J_3^{\ominus}$

Nach Leitfähigkeitsmessungen treten derartige Selbstionisierungen aber auch bei Verbindungen auf, die üblicherweise zu den Lewis-Säuren gezählt werden, z. B. bei Aluminiumchlorid

(18-44) $2\,AlCl_3 \rightleftarrows AlCl_2^{\oplus} + AlCl_4^{\ominus}$

In die Klasse der Salze gehören vermutlich auch $TiCl_4$ (als $TiCl_3^{\oplus}TiCl_5^{\ominus}$), $RAlCl_2$ (als $RAlCl^{\oplus}RAlCl_3^{\ominus}$) und $PF_5$ (als $PF_4^{\oplus}PF_6^{\ominus}$). $PF_6^{\ominus}$ wurde z. B. analytisch nachgewiesen. Von den anderen Verbindungen liegen Berichte vor, nach denen für diese Verbindungen bei kationischen Polymerisationen kein Cokatalysator benötigt wird (vgl. nächstes Kap.).

18.3.2.3 Lewis-Säuren

Die „Säurekatalysen" durch Brønsted-Säuren waren die ersten Beispiele kationischer Polymerisationen. Die später – und noch vor den Salzen – entdeckte Polymerisationsauslösung durch Lewis-Säuren war zuerst nicht gut zu verstehen. Polymerisationsgeschwindigkeit und Polymerisationsgrad schienen in vielen Fällen bei der durch Lewis-Säuren ausgelösten kationischen Polymerisation nicht recht reproduzierbar zu sein. Man nimmt heute an, daß manche reine Lewis-Säuren die Polymerisation ganz reiner Monomerer überhaupt nicht auslösen können, und daß bei diesen mindestens Spuren von „Cokatalysatoren" benötigt werden. Als derartige Cokatalysatoren wirken z. B. Wasser, HCl, CCl$_3$COOH, aber in gewissen Fällen auch Alkylhalogenide und Äther, das verwendete Lösungsmittel oder sogar das Monomer selbst. Da der Initiator, das Monomer, die Lösungsmittel und die Reaktionsgefäße nur sehr schwierig von Spuren derartiger Cokatalysatoren zu befreien sind, sind die schlechten Reproduzierbarkeiten bei qualitativen und vor allem bei quantitativen Messungen gut zu verstehen.

Der Cokatalysator tritt in Wechselwirkung mit der Lewis-Säure, wodurch die polymerisationsauslösende Spezies erzeugt wird. Aus BF$_3$ und Wasser entsteht so H$^{\oplus}$[BF$_3$OH]$^{\ominus}$, aus BF$_3$ und (C$_2$H$_5$)$_2$O wird C$_2$H$_5^{\oplus}$[BF$_3$OC$_2$H$_5$]$^{\ominus}$ gebildet und aus C$_2$H$_5$Cl und R$_2$AlCl das C$_2$H$_5^{\oplus}$[R$_2$AlCl$_2$]$^{\ominus}$. Der Cokatalysator trägt also seinen Namen zu Unrecht: er ist der eigentliche Kationlieferant, wird bei der Polymerisation verbraucht und ist folglich im Gegensatz zur Lewis-Säure kein Katalysator.

Diese Vorstellung läßt verstehen, daß nicht jeder Cokatalysator bei jeder Lewis-Säure gleich wirksam ist. Besonders auffällig ist das Verhalten von Wasser als Cokatalysator. In vielen Fällen erhöht ein kleiner Zusatz von Wasser die Polymerisationsgeschwindigkeit, in anderen hat er praktisch keinen Einfluß. Dieser Effekt des Wassers scheint von besonderem diagnostischen Wert bei der Unterscheidung von echten kationischen und unechten pseudokationischen Polymerisationen zu sein. Pseudokationische Polymerisationen (vgl. Kap. 19.2.2) werden nämlich nur sehr wenig von Wasserzusätzen beeinflußt.

### 18.3.3 WACHSTUM

Kationische Polymerisationen werden durch Anlagerung von Monomeren an das Makrokation fortgepflanzt. Beispiele sind die Polymerisation von Isobutylen (vgl. Gl. (18–40)) oder von Nitrosobenzol

(18-45) $\quad$ H$^{\oplus}$ + N=O $\longrightarrow$ HO–N$^{\oplus}$ $\longrightarrow$ HO–N–O–N$^{\oplus}$
$\qquad\qquad\qquad\quad$ |$\qquad\qquad\qquad\;\;$ |$\qquad\qquad\;\;$ | $\;\;\;\;$ |
$\qquad\qquad\qquad$ C$_6$H$_5$ $\qquad\qquad\;$ C$_6$H$_5$ $\qquad\;\;$ C$_6$H$_5$ C$_6$H$_5$

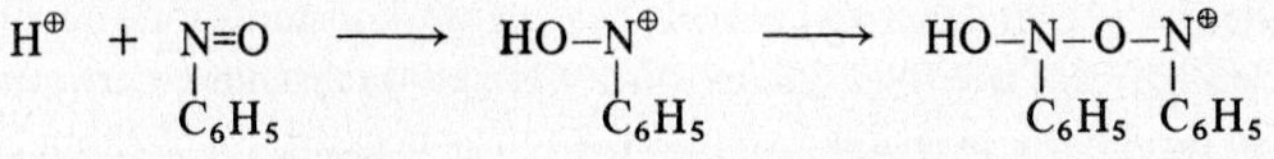

die beide über einfache Makrokationen ablaufen. Die Polymerisation kann aber auch über Zwitterionen erfolgen:

(18-46) $\quad$ O$_3$S + S$\overset{\displaystyle CH_2}{\underset{\displaystyle CH_2}{\diagdown\mkern-10mu|\mkern-10mu\diagup}}$ $\longrightarrow$ $^{\ominus}$O$_3$S–$\overset{\oplus}{S}\overset{\displaystyle CH_2}{\underset{\displaystyle CH_2}{\diagdown\mkern-10mu|\mkern-10mu\diagup}}$ $\longrightarrow$

$\qquad\qquad\qquad\longrightarrow\;\;\;$ $^{\ominus}$O$_3$S–S(CH$_2$)$_2$–$\overset{\oplus}{S}\overset{\displaystyle CH_2}{\underset{\displaystyle CH_2}{\diagdown\mkern-10mu|\mkern-10mu\diagup}}$

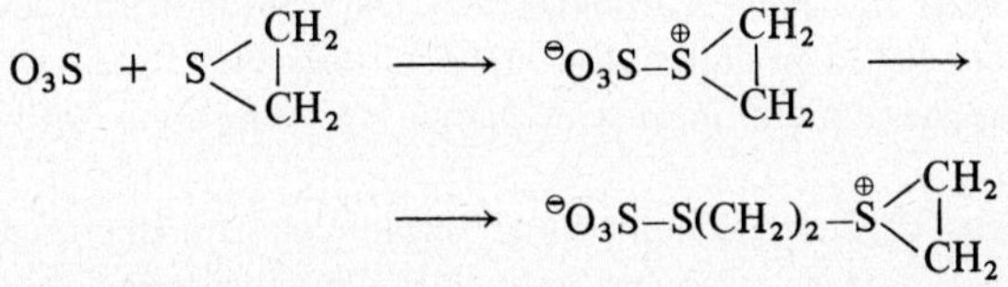

Es ist noch umstritten, ob Makrodikationen wirklich existieren. Bei der durch eine Ein-Elektron-Übertragung ausgelösten Polymerisation von N-Vinylcarbazol (vgl. Gl. (18-14)) entstehen nämlich aus dem primär gebildeten Radikalkation möglicherweise nicht Dikationen, sondern Diradikale

(18-47)

$$\begin{array}{c} >\text{N}-\overset{\oplus}{\text{C}}\text{H} \\ | \\ \bullet\text{CH}_2 \\ | \\ \bullet\text{CH}_2 \\ | \\ >\text{N}-\text{CH} \\ \oplus \end{array} \quad \begin{array}{c} A\bullet^{\oplus} \\ \\ A\bullet^{\ominus} \end{array} \longrightarrow \begin{array}{c} >\text{N}-\overset{\bullet}{\text{C}}\text{H} \\ | \\ \text{CH}_2 \\ | \\ \text{CH}_2 \\ | \\ >\text{N}-\text{CH} \\ \bullet \end{array} + 2A$$

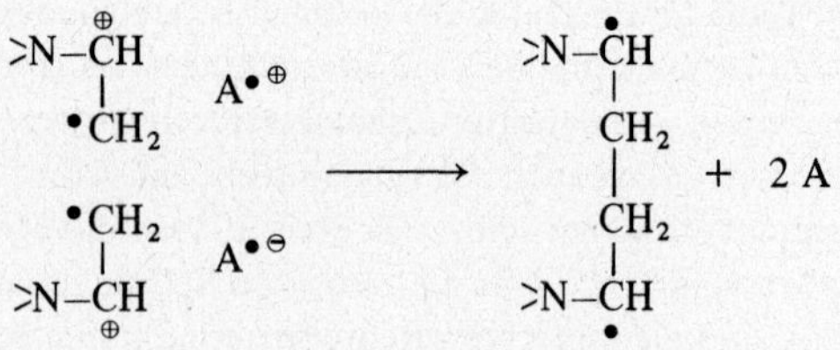

Die mittleren Geschwindigkeitskonstanten des Wachstums überstreichen bei kationischen Polymerisationen einen weiten Bereich, nämlich von ca. $10^9$ bis $10^{-5}$ dm$^3$mol$^{-1}$s$^{-1}$ (Tab. 18-4). Die mittleren Geschwindigkeitskonstanten sind die direkt experimentell gemessenen, d. h. sie enthalten die Beiträge der freien Ionen, Ionenpaare und Ionenassoziate.

*Tab. 18-4:* Mittlere Geschwindigkeitskonstanten kationischer Polymerisationen

| Monomer | Lösungsmittel | Temp. °C | Initiator | $\bar{k}_p$ dm$^3$mol$^{-1}$s$^{-1}$ |
|---|---|---|---|---|
| Cyclopentadien | – | –78 | Strahlung | $6 \cdot 10^8$ |
| Styrol | – | 15 | Strahlung | $4 \cdot 10^6$ |
| N-Vinylcarbazol | $CH_2Cl_2$ | –25 | $C_7H_7^{\oplus}[SbCl_6]^{\ominus}$ | $2 \cdot 10^5$ |
| i-Butylvinyläther | $CH_2Cl_2$ | –25 | $C_7H_7^{\oplus}[SbCl_6]^{\ominus}$ | $2 \cdot 10^3$ |
| 1,3-Dioxepan | $CH_2Cl_2$ | 0 | $HClO_4$ | $3 \cdot 10^3$ |
| 1,3-Dioxolan | $CH_2Cl_2$ | 0 | $HClO_4$ | 10 |
| 3,3-Diäthylthietan | $CH_2Cl_2$ | 20 | $(C_2H_5)_3O^{\oplus}BF_4^{\ominus}$ | $3 \cdot 10^{-5}$ |

Die Olefine weisen daher viel größere Wachstumskonstanten als die O- und S-Heterozyklen auf, was wie folgt erklärt wird. Bei den wachsenden Carbokationen greift ein Zentrum mit großer positiver Ladungsdichte das negativierte β-Atom eines Olefines an. Das im Übergangszustand auftretende Dipolmoment wird im wesentlichen durch das angreifende Kation erzeugt. Der Übergangszustand muß nahezu linear sein und die Aktivierungsenergie folglich klein.

Die Onium-Ionen der Heterozyklen sind dagegen stark solvatisiert. Ihre Ladungsdichte ist daher geringer als bei den Carbokationen. Da die Monomermoleküle starke Dipole aufweisen und sich dem Onium-Ion mit dem negativen Heteroatom nähern, kann der Übergangszustand nicht linear sein. Daraus folgt eine hohe Aktivierungsenergie.

Bei kationischen Polymerisationen können intramolekulare Übertragungsreaktionen auftreten. Sie führen zu einer Isomerisierung des Grundbausteins. Da die Grundbausteine des so entstehenden Polymeren oft nicht durch Polymerisation existierender Monomerer erhalten werden können, spricht man auch von Phantom– oder Exoten-Polymerisation. Die isomerisierende Polymerisation ist bei tiefen Temperaturen gegenüber dem normalen Wachstum bevorzugt. Dabei können zwei Typen auftreten. Eine Isomerisation von Bindungen tritt bei der transannularen Polymerisation von Norbornadien auf:

(18–48)

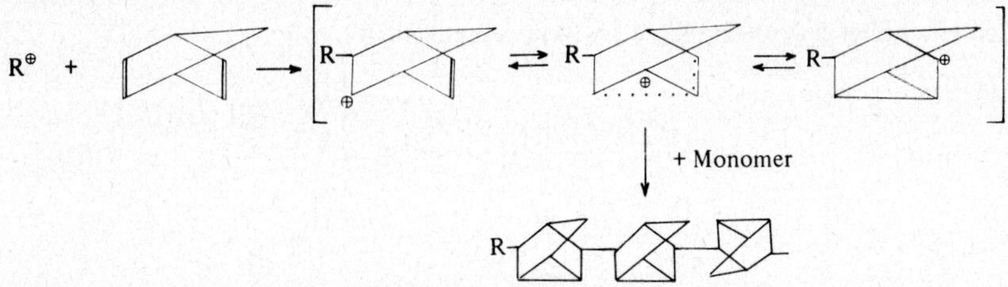


Bei der isomerisierenden Polymerisation mit „Materialtransport" kann man eine Polymerisation durch Hydridverschiebung wie beim 3-Methylbuten-1 (oder 4-Methylpenten-1, 4-Methylhexen-1 bzw. Vinylcyclohexan)

(18-49)

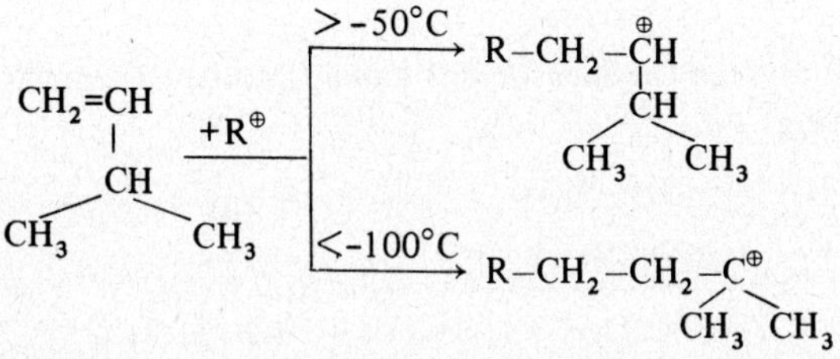

von einer Polymerisation durch Methidverschiebung wie beim 3,3-Dimethylbuten-1 unterscheiden:

(18-50)

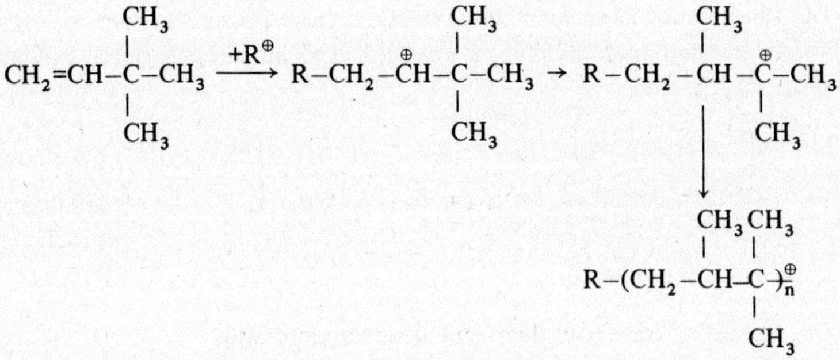

18.3.4 ÜBERTRAGUNG UND ABBRUCH

Bei kationischen Polymerisationen treten verhältnismäßig häufig intermolekulare Übertragungsreaktionen auf. Bei diesen Übertragungsreaktionen wird das Kation von einer wachsenden Kette auf die andere übertragen. Es wird also eine individuelle wachsende Kette getötet und eine neue wachsende Kette gestartet. Derartige Reaktionen stellen somit im chemischen Sinn für eine individuelle Kette eine Abbruchsreaktion dar, nicht aber im kinetischen Sinn. Abbruchsreaktionen sind kinetisch dadurch definiert, daß bei ihnen eine Kette (oder auch deren zwei, vgl. weiter unten) getötet und keine neue Kette gebildet wird. Echte (kinetische) Abbruchsreaktionen sind auch bei kationischen Polymerisationen selten.

Übertragungsreaktionen sind dagegen recht häufig. Bei aliphatischen Olefinen wird das Wachstum einer individuellen Kette durch Übertragung zum Monomer beendet, wobei sich ungesättigte Endgruppen ausbilden:

(18-51)

$$\sim\sim CH_2-\overset{\overset{CH_3}{|}}{\underset{\underset{CH_3}{|}}{C^{\oplus}}}\,[BF_3OH]^{\ominus} \xrightarrow{+CH_2=C(CH_3)_2} \sim\sim CH_2-\overset{\overset{CH_3}{|}}{\underset{\underset{CH_2}{|}}{C}}\overset{---[BF_3OH]^{\ominus}}{\underset{H}{\diagdown}}C(CH_3)_2 \rightarrow$$

$$\rightarrow \sim\sim CH_2-\overset{\overset{CH_3}{|}}{\underset{\underset{CH_2}{\|}}{C}} \;+\; H-CH_2-\overset{\overset{CH_3}{|}}{\underset{\underset{CH_3}{|}}{C^{\oplus}}}\,[BF_3OH]^{\ominus}$$

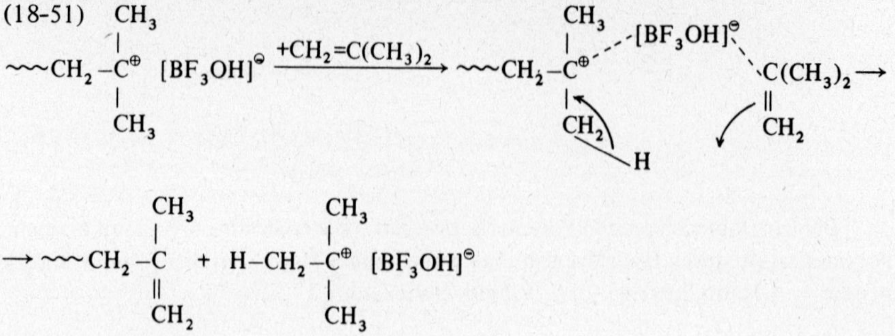

Bei aromatisch substituierten Olefinen werden durch Übertragung zum Monomer Indan-Endgruppen erzeugt:

(18-52)

$$\sim\sim CH_2-\underset{\underset{C_6H_5}{|}}{\overset{\overset{CH_3}{|}}{C}}-CH_2-\underset{\underset{C_6H_5}{|}}{C^{\oplus}}X^{\ominus} \;+\; CH_2=\underset{\underset{C_6H_5}{|}}{\overset{\overset{CH_3}{|}}{C}} \longrightarrow \sim\sim CH_2-\underset{\underset{C_6H_5}{|}}{\overset{\overset{CH_3}{|}}{C}}-CH_2\overset{CH_3}{\underset{C_6H_5}{\diagup}}C \;+\; H-CH_2-\underset{\underset{C_6H_5}{|}}{C^{\oplus}}X^{\ominus}$$

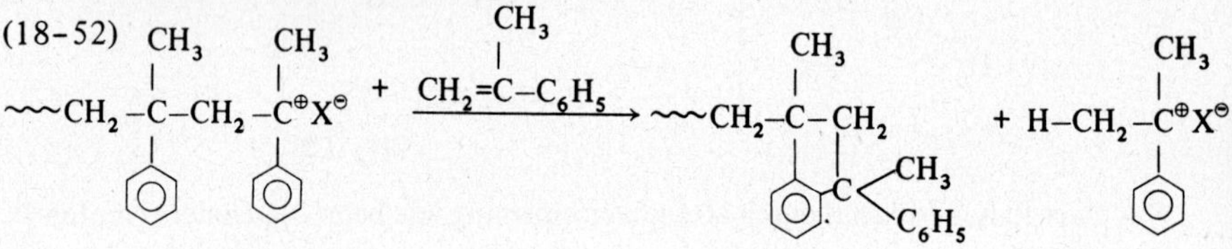

Die Übertragung kann auch zum Lösungsmittel erfolgen wie bei der Polymerisation von Isobutylen in Methylchlorid mit $AlCl_3/HCl$ als Initiator durch Einbau von $^{14}C$ festgestellt wurde:

(18-53)

$$\sim\sim CH_2-\overset{\overset{CH_3}{|}}{\underset{\underset{CH_3}{|}}{C^{\oplus}}}[AlCl_4]^{\ominus} \;+\; {}^{14}CH_3Cl \;\rightarrow\; \sim\sim CH_2-\overset{\overset{CH_3}{|}}{\underset{\underset{CH_3}{|}}{C}}-Cl \;+\; {}^{14}CH_3^{\oplus}\,[AlCl_4]^{\ominus}$$

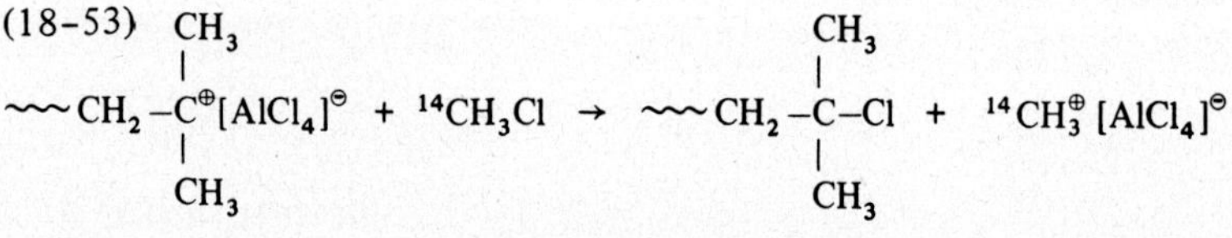

Das Methylkation startet dann eine neue Polymerkette.

Die meisten echten Abbruchsreaktionen sind bei kationischen Polymerisationen durch den Initiator bedingt. Das wachsende Kation kann z. B. mit gewissen Gegenanionen unter Ausbildung von Estergruppen reagieren:

(18-54)

$$H\text{---}(CH_2-\overset{\overset{CH_3}{|}}{\underset{\underset{CH_3}{|}}{C}})_n\text{---}CH_2-\overset{\overset{CH_3}{|}}{\underset{\underset{CH_3}{|}}{C^{\oplus}}}\,[CCl_3COO\cdot TiCl_4]^{\ominus} \;\rightarrow\; H\text{---}(CH_2-\overset{\overset{CH_3}{|}}{\underset{\underset{CH_3}{|}}{C}})_{n+1}O-CO-CCl_3\cdot TiCl_4$$

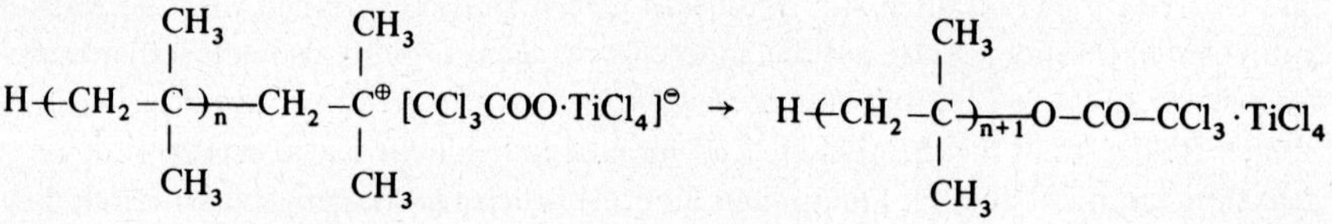

Nach Modellversuchen mit nicht-polymerisierenden Systemen kann der Abbruch auch in einer Alkylierung bestehen:

(18-55) $\quad \sim\!\!\sim\!\!\overset{|}{\underset{|}{C}}{}^{\oplus} + [-\overset{|}{\underset{|}{Al}}-R]^{\ominus} \longrightarrow \sim\!\!\sim\!\!\overset{|}{\underset{|}{C}}-R + \overset{|}{\underset{|}{Al}}-$

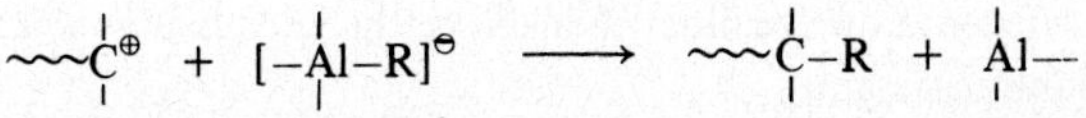

Falls der Abbruch durch das Monomer oder das Polymer erfolgt, spricht man vom „Selbstmord" des Polymeren. Bei der Polymerisation von Propylen mit typisch kationischen Initiatoren (also in Abwesenheit von Insertionsmechanismen) kann z. B. eine Hydridübertragung stattfinden

(18-56) $\quad \sim\!\!\sim\!\!\overset{|}{\underset{|}{C}}{}^{\oplus} + \overset{|}{\underset{|}{C}}=\overset{|}{\underset{|}{C}}-\overset{|}{\underset{|}{C}}H \longrightarrow \sim\!\!\sim\!\!\overset{|}{\underset{|}{C}}H + \overbrace{\overset{|}{\underset{|}{C}}\cdots\overset{|}{\underset{|}{C}}\cdots\overset{|}{\underset{|}{C}}}^{\delta^+}$

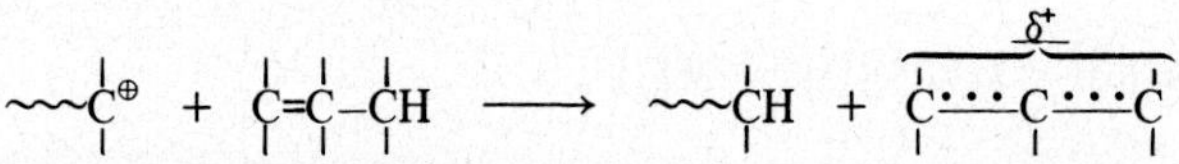

Die entstehenden allylischen Gruppierungen sind resonanzstabilisiert und können kein Propylen mehr anlagern.

Falls das das Kation tragende Atom im Polymeren basischer ist als im Monomeren, findet ebenfalls ein „Selbstmord" statt, diesmal durch Übertragung zum Polymeren. Ein Beispiel ist die Polymerisation von Thietanen mit $(C_2H_5)_3O^{\oplus}[BF]_4^{\ominus}$:

(18-57)

$$P_p\!\sim\!\!\sim\!\!\overset{\oplus}{S}\!\!\diagdown\!\!\diagup + P_{m+n+1} \longrightarrow P_{p+1}\overset{\oplus}{S}\!\!\diagup^{P_m}_{(CH_2)_3P_n}$$

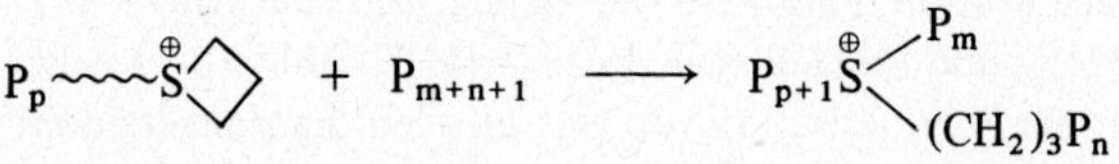

Das entstehende tertiäre Sulfoniumion ist zu stabil, um eine Polymerisation von Thietanen auszulösen.

Als Spezialfall einer solchen Abbruchsreaktion kann man die Polymerisation von Zwitterionen auffassen. Sie führt durch Neutralisation der Ladungen („death charge polymerization") zu ungeladenen Polymeren und ist daher wohl von der Polymerisation *via* Zwitterionen zu unterscheiden:

(18-58)

$$n\ (CH_2)_x\!-\!S^{\oplus}\!\!-\!\!\langle\bigcirc\rangle\!-\!O^{\ominus} \longrightarrow \{\!(CH_2)_x\!-\!S\!-\!\langle\bigcirc\rangle\!-\!O\}\!\!\underset{n}{}$$

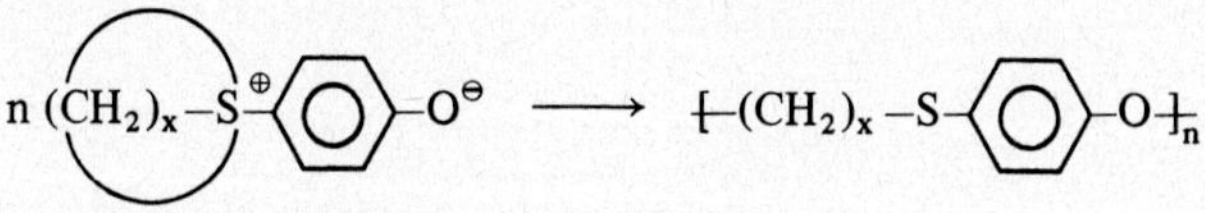

## 18.4 Polymerisationskinetik

Bei Polymerisationen ohne Abbruchsreaktion sind je nach Mechanismus mehrere kinetische Schemata möglich. Für den kinetischen Formalismus ist es dabei unerheblich, ob die Polymerisation anionisch oder kationisch abläuft.

### 18.4.1 POLYMERISATIONEN MIT EINER AKTIVEN SPEZIES OHNE ÜBERTRAGUNG

Die Polymerisation erfolge ohne Abbruch und Übertragung mit nur einer kinetischen Spezies bis zum Gleichgewicht. Bei Beginn der Polymerisation sollen bereits alle Keime P* fertig vorliegen (unendlich schnelle Startreaktion). Dieser Fall tritt bei der Polymerisation von Laurinlactam $\overline{NH-(CH_2)_{11}-CO}$ mit Aminen oder Carbonsäuren als Initiatoren auf. Das Monomer wird durch die Wachstumsreaktion nach $-d[M]/dt = k_p[M][P^*]$ verbraucht und durch die Depolymerisationsreaktion nach

$d[M]/dt = k_{dp}[P^*]$ wieder zurückgebildet. Für die zeitliche Abnahme der Monomerkonzentration gilt dann insgesamt

$$(18\text{-}59)\quad -d[M]/dt = k_p[M][P^*] - k_{dp}[P^*]$$

Die Gleichgewichtskonstante ist durch $K = k_p/k_{dp}$ gegeben. Bei unendlich hohem Polymerisationsgrad gilt nach Gl. (16–30) für die Gleichgewichtskonstante ferner $K = 1/[M]_e^\infty$. Gl. (18–59) wird damit zu

$$(18\text{-}60)\quad -d[M]/dt = k_p[P^*]([M] - [M]_e^\infty)$$

bzw. integriert und umgeformt

$$(18\text{-}61)\quad \log \frac{[M] - [M]_e^\infty}{[M]_0 - [M]_e^\infty} = k_p[P^*]\,t/2{,}303$$

$[P^*]$ ist bei diesem Mechanismus bei genügend hohen Polymerisationsgraden (Gleichgewicht zwischen Initiator und Monomer vernachlässigbar) identisch mit der anfänglichen Initiatorkonzentration. Falls man weit genug vom Gleichgewicht entfernt ist, gilt ferner $[M] \gg [M]_e^\infty$ und folglich auch $[M]_0 \gg [M]_e^\infty$. Abb. 18–4 zeigt eine derartige Auftragung für die Polymerisation von wasserfreiem Laurinlactam mit Laurinsäure.

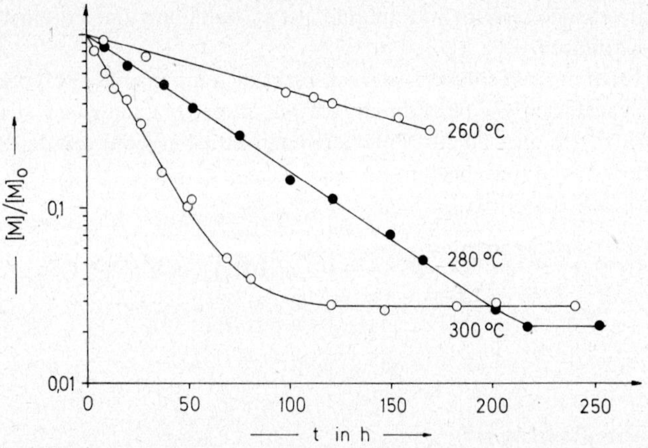


*Abb. 18-4:* Relativer Monomeranteil $[M]/[M]_0$ als Funktion der Zeit $t$ bei der Polymerisation von wasserfreiem Laurinlactam mit $x_i = 0{,}01$ mol Laurinsäure als Initiator bei verschiedenen Temperaturen (nach H.-G. Elias und A. Fritz).

### 18.4.2 POLYMERISATION MIT EINER AKTIVEN SPEZIES UND ÜBERTRAGUNG

Die Polymerisation erfolge ohne Abbruch mit unendlich schneller Startreaktion, jedoch mit Übertragung zum Monomeren. Das aktivierte Monomer sei weniger aktiv als der Polymerkeim. Die Gleichgewichtskonzentration an Monomeren sei unendlich klein. Man hat dann folgende Reaktionen zu berücksichtigen:

| | | | |
|---|---|---|---|
| (18–62) | Wachstum: | $P_x^* + M \rightarrow P_{x+1}^*$ | $(k_p)$ |
| (18–63) | Übertragung: | $P_x^* + M \rightarrow P_x^* + M^*$ | $(k_{tr,m})$ |

(18-64) Start durch das aktivierte Monomer $M^* + M \rightarrow P_2^*$ $(k_s')$

Für jeden verschwindenden Polymerkeim wird ein Monomerkeim gebildet, d. h. $-d[P^*]/dt = d[M^*]/dt$. Die Konzentration an Keimen ist somit quasistationär

(18-65) $v_{tr,m} = v_s'$

bzw. mit den Gl. (18-63) und (18-65)

(18-66) $k_{tr,m}[P^*][M] - k_s'[M^*][M] = 0$

oder

(18-67) $[P^*]/[M^*] = k_s'/k_{tr,m} = C$

Da alle Initiatormoleküle starten sollen, muß auch gelten $[P^*] + [M^*] = [I]_0$. Gl. (18-67) geht somit über in

(18-68) $[P^*] = [I]_0 C/(1+C)$

Die Bruttopolymerisationsgeschwindigkeit hängt nur vom Verbrauch an Monomeren durch die Wachstumsreaktion ab. Der Verbrauch an Monomeren durch die Übertragungsreaktion (mit $k_{tr,m}$) und durch die zweite Startreaktion (mit $v_s'$) muß nämlich gering sein, da bei einem Überwiegen der Übertragungsreaktion keine Polymere entstehen können. Für die Bruttopolymerisationsgeschwindigkeit gilt also mit den Gl. (18-62) und (18-68)

(18-69) $v_p = -d[M]/dt = k_p[P^*][M] = \left(\frac{C}{1+C}\right) k_p [I]_0 [M]$

Wie man durch den Vergleich von Gl. (18-69) mit Gl. (18-60) sieht, läßt sich aus der Polymerisationsgeschwindigkeit $v_p$ allein noch kein Hinweis auf allfällige Übertragungsreaktionen entnehmen.

Das tote Polymer P wird durch die Übertragungsreaktion gebildet. Für die Zunahme der Konzentration an totem Polymer gilt somit

(18-70) $d[P]/dt = k_{tr,m}[P^*][M]$

Mit dem Ausdruck für die Wachstumsreaktion (Gl. (18-62)) ergibt sich dann

(18-71) $d[P]/d[M] = -k_{tr,m}/k_p = -C_m$

Durch Integration von Gl. (18-71) gelangt man zu

(18-72) $[P] = C_m[M]_0 = [M^*]$

da bei jeder Übertragungsreaktion ein totes Polymer und ein aktiviertes Monomer gebildet werden. Beim Aufarbeiten des Ansatzes werden die noch lebenden Polymeren getötet. Das Zahlenmittel des Polymerisationsgrades ergibt sich somit auch in diesem Fall durch $\overline{X}_n = [M]_0/[I]_0$, wobei vollständiger Umsatz vorausgesetzt wird. Mit den Gl. (18-68) und (18-71) gilt dann

(18-73) $$\overline{X}_n = \frac{[M]_0}{[P^*] + [M^*]} = \frac{[M]_0}{\left(\frac{C}{1+C}\right)[I]_0 + C_m [M]_0}$$

oder umgeformt

(18-74) $$\frac{1}{\overline{X}_n} = C_m + \frac{C}{1+C}\,\frac{[I]_0}{[M]_0}$$

Für den Grenzfall $[I]_0/[M]_0 \gg C_m$, d.h. ($C \gg 1$), reduziert sich Gl. (18–74) zu $\overline{X}_n = [M]_0/[I]_0$, d. h. der Polymerisationsgrad wird nur durch Monomer- und Initiatorkonzentration bestimmt. Für den anderen Grenzfall gilt $[I]_0/[M]_0 \ll C_m$ und somit $\overline{X}_n = 1/C_m$; der Polymerisationsgrad hängt nach Gl. (18–71) nur noch vom Verhältnis von Wachstums- zu Übertragungskonstante ab.

### 18.4.3 POLYMERISATION MIT ZWEI AKTIVEN SPEZIES

Die Polymerisation erfolge ohne Abbruch und Übertragung zu praktisch vollständigem Umsatz, aber mit zwei verschiedenen aktiven Spezies. Eine derartige Reaktion ist bei der anionischen Polymerisation von z. B. Styrol gegeben, bei der sowohl das freie Anion als auch das Ionenpaar aktive Spezies sind. Diese Polymerisationen laufen aber so schnell ab, daß sie mit den normalen kinetischen Techniken nicht mehr verfolgbar sind. Man führt daher die kinetischen Messungen mit Hilfe eines Strömungsrohres aus

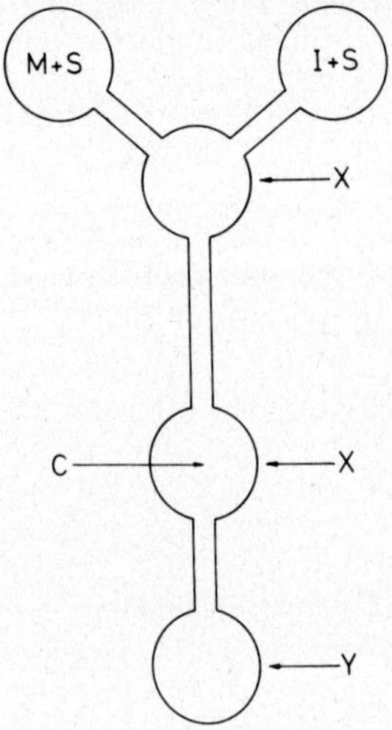


*Abb. 18-5:* Schematische Darstellung eines Mischungsrohres für schnelle Polymerisationsreaktionen. M = Monomer, S = Lösungsmittel, I = Initiator, C = Kettenabbrecher, X = Mischdüse, Y = Auffanggefäß.

(Abb. 18–5). In diesem Strömungsrohr muß eine turbulente Strömung herrschen (Reynolds-Zahlen über 10 000), da bei laminarer Strömung die Ketten verschieden lange Wachstumszeiten aufweisen würden. Die effektive Polymerisationszeit $\tau$ hängt bei einem Strömungsrohr vom Volumen $V_0$ des Strömungsrohres (von Mischdüse bis Mischdüse) und vom Volumen $V$ der in der Zeit $t$ insgesamt geströmten Flüssigkeit ab

(18–75) $$\tau = V_0/(V/t)$$

Integriert man die Gleichung für die Wachstumsgeschwindigkeit ($-\mathrm{d}[\mathrm{M}]/\mathrm{d}t = k_p [\mathrm{M}] [\mathrm{C}^*]$), so erhält man

$$(18\text{-}76) \quad -\ln [\mathrm{M}] \Big|_{[\mathrm{M}]_0}^{[\mathrm{M}]_\tau} = k_p [\mathrm{C}^*]\, t \Big|_0^\tau$$

$[\mathrm{M}]_\tau = [\mathrm{M}]_0 - [\mathrm{m}]$ ist der in der Zeit $\tau$ erfolgte Umsatz, $[\mathrm{m}]$ die Konzentration an Monomerbausteinen im Polymer und $[\mathrm{C}^*]$ die konstante Konzentration an Keimen. Gl. (18 - 76) geht mit Gl. (18-75) über in

$$(18\text{-}77) \quad \ln \frac{[\mathrm{M}]_0}{[\mathrm{M}]_\tau} = k_p [\mathrm{C}^*]\, \tau = \ln \left( \frac{[\mathrm{M}]_0}{[\mathrm{M}]_0 - [\mathrm{m}]} \right) = k_p [\mathrm{C}^*] (V_0/V)\, t$$

Führt man die Experimente bei konstanter Monomer-, aber variabler Initiatorkonzentration durch, und wertet nach Gl. (18 - 77) aus, so nimmt $k_p$ mit steigender Initiatorkonzentration ab. Das Modell muß also zu einfach sein. Gibt man dem Ansatz ein Salz mit dem gleichen Gegenion zu, so wird bei Verhältnissen $[\text{Fremdsalz}] \gg [\mathrm{C}^*]$ ein konstanter Grenzwert für $k_p$ erreicht. Da das Fremdsalz die Dissoziation zurückdrängt, müssen somit auch die nichtdissoziierten Ionen (d.h. die Ionenpaare) noch die Polymerisation fortpflanzen können. Wegen der guten Löslichkeit wird bei Polymerisationen mit dem Initiator Natriumnaphthalin als Fremdsalz das Natriumtetraphenylborat (Kalignost) genommen.

Die Gleichung für die Wachstumsgeschwindigkeit muß somit zu

$$(18\text{-}78) \quad -\mathrm{d}[\mathrm{M}]/\mathrm{d}t = \bar{k}_p [\mathrm{C}^*] [\mathrm{M}] = k_{(\pm)} [\mathrm{PNa}] [\mathrm{M}] + k_{(-)} [\mathrm{P}^-] [\mathrm{M}]$$

modifiziert werden. $[\mathrm{PNa}]$ bzw. $[\mathrm{P}^-]$ sind die Molkonzentrationen an Ionenpaaren bzw. freien Anionen beliebigen Polymerisationsgrades (d. h. es gelte das Prinzip der gleichen chemischen Reaktivität) und $k_{(\pm)}$ bzw. $k_{(-)}$ die entsprechenden Geschwindigkeitskonstanten. $\bar{k}_p$ ist folglich nur ein Mittelwert und hängt von den relativen Anteilen der beiden Wachstumsprozesse ab:

$$(18\text{-}79) \quad \bar{k}_p = \frac{k_{(\pm)} [\mathrm{PNa}]}{[\mathrm{C}^*]} + \frac{k_{(-)} [\mathrm{P}^-]}{[\mathrm{C}^*]}$$

Wegen des kleinen Dissoziationsgrades ist die Konzentration an Ionenpaaren praktisch immer identisch mit der totalen Initiatorkonzentration, d.h. $[\mathrm{NaP}] \approx [\mathrm{C}^*]$. Mit dieser Beziehung und dem Ostwald'schen Verdünnungsgesetz* geht Gl. (18 - 79) über in

$$(18\text{-}80) \quad \bar{k}_p = k_{(\pm)} + k_{(-)} K_{\mathrm{diss}}^{0,5} [\mathrm{C}^*]^{-0,5}$$

*Die Gleichgewichtskonstante $K_{\mathrm{diss}}$ der Dissoziation des Polystyrolnatriums wird durch $K_{\mathrm{diss}} \equiv [\mathrm{Na}^+] [\mathrm{P}^-]/[\mathrm{NaP}]$ definiert. Führt man den Dissoziationsgrad $\alpha$ ein, so erhält man $[\mathrm{Na}^+] = [\mathrm{P}^-] = \alpha \cdot [\mathrm{C}^*]$ und $[\mathrm{NaP}] = (1 - \alpha) [\mathrm{C}^*]$. $K_{\mathrm{diss}}$ kann somit durch das Ostwald'sche Verdünnungsgesetz ausgedrückt werden

$$K_{\mathrm{diss}} = \alpha^2 [\mathrm{C}^*]/(1 - \alpha)$$

Für die hier vorliegenden kleinen Dissoziationsgrade wird $(1 - \alpha) \approx 1$ und daher $K_{\mathrm{diss}} \approx \alpha^2 [\mathrm{C}^*]$ bzw. $\alpha = (K_{\mathrm{diss}}/[\mathrm{C}^*])^{0,5}$. Der Dissoziationsgrad ist gleich dem Anteil an freien Polystyrolanionen an der gesamten Keimkonzentration, d.h. $\alpha = [\mathrm{P}^-]/[\mathrm{C}^*]$. Also gilt $K_{\mathrm{diss}} = [\mathrm{P}^-]^2/[\mathrm{C}^*]$ und $[\mathrm{P}^-] = (K_{\mathrm{diss}}[\mathrm{C}^*])^{0,5}$.

Die Gleichgewichtskonstante $K_{diss}$ der Dissoziation kann nur schwierig mit genügender Genauigkeit aus Leitfähigkeitsmessungen erhalten werden. Sie ist jedoch aus reaktionskinetischen Messungen unter Zusatz eines Fremdsalzes mit gleichem Gegenion ermittelbar. Mit $K_{diss} = [P^-]^2/[C^*]$ geht Gl. (18-80) über in

$$(18\text{-}81) \quad \overline{k}_p = k_{(\pm)} + k_{(-)}[P^-][C^*]^{-1}$$

Durch den Zusatz eines Fremdsalzes, wie z. B. $Na[B(C_6H_5)_4]$ bei der mit Natriumnaphthalin gestarteten Polymerisation von Styrol in Tetrahydrofuran, wird die Dissoziation der wachsenden Makroanionen sehr stark zurückgedrängt. Für die Dissoziationskonstante $K_{diss}$ kann man daher schreiben

$$(18\text{-}82) \quad K_{diss} = \frac{[Na^+][P^-]}{[NaP]} \approx \frac{[Na^+][P^-]}{[C^*]}$$

Einsetzen von Gl. (18-82) in Gl. (18-81) gibt

$$(18\text{-}83) \quad \overline{k}_p = k_{(\pm)} + k_{(-)} K_{diss}[Na^+]^{-1}$$

Durch Auftragen der gemessenen Geschwindigkeiten $\overline{k}_p$ gegen die reziproke Gesamtkonzentration an Natriumgegenionen erhält man aus der Neigung $k_{(-)} K_{diss}$. Da man nach Gl. (18-80) bei der Messung ohne Salzzusatz $k_{(-)} K_{diss}^{0,5}$ bekommt, lassen sich durch Kombination beider Werte die Größen $k_{(-)}$ und $K_{diss}$ einzeln berechnen.

### 18.4.4 MOLEKULARGEWICHTSVERTEILUNG

Bei der ionischen Polymerisation über Makroionen ohne Abbruch und Übertragung ist das Zahlenmittel des Molekulargewichtes durch Umsatz und Gleichgewichtskonzentrationen an Monomer und Initiator eindeutig festgelegt, da dort die Bildung der Ionen aus dem Initiator immer sehr schnell gegenüber den Wachstumsschritten ist. Die entstehende Molekulargewichtsverteilung hängt aber noch davon ab, ob die Initiatorionen (bei einem Start durch eine Zwei-Elektronen-Reaktion) oder die Dimerdiionen (bei einer Ein-Elektronen-Reaktion) tatsächlich alle gleichzeitig die Polymerisation der Monomeren auslösen. Gibt man nämlich die Initiatorlösung tropfenweise zu der Monomerlösung, so starten die Initiatorionen des ersten Tropfens bereits die Polymerisation, bevor diejenigen des zweiten Tropfens damit beginnen können. Die Ketten werden daher unterschiedlich groß.

Für die folgende Ableitung wird angenommen, daß die genannten Mischungs- und Diffusionsprobleme keine Rolle spielen. Alle Ketten sollen also die Chance haben, gleichzeitig mit dem Wachstum zu beginnen. Zur Zeit $t = 0$ soll der der Initiatorkonzentration äquivalente Anteil der Monomeren bereits in Monoionen $P_1^*$ umgewandelt sein. Das Wachstum soll über Monoionen erfolgen. Die zeitliche Änderung der Molkonzentration für Verbindungen mit einem Monomerbaustein pro Molekül ist dann für ein bimolekulares irreversibles Wachstum:

$$(18\text{-}84) \quad -d[P_1^*]/dt = k_p[M][P_1^*]$$

wobei $k_p$ die Geschwindigkeit der Wachstumsreaktion ist. Für die zeitliche Veränderung der Konzentration von Verbindungen mit zwei Monomerbausteinen gilt analog

(18-85) $d[P_2^*]/dt = k_p[M][P_1^*] - k_p[M][P_2^*]$

und für die x-Meren

(18-86) $d[P_x^*]/dt = k_p[M][P_{x-1}^*] - k_p[M][P_x^*]$

Die Abnahme des Monomeren mit der Zeit ist durch die Konzentration aller wachsenden Ketten bedingt

(18-87) $-d[M]/dt = k_p[M] \cdot \sum_1^\infty [P_x^*] = k_p[M][C^*]$

Zur Zeit $t = 0$ ist die totale Keimkonzentration $[C^*]$ gleich der Konzentration an Monoanionen ($P_1^* = C^*$). $[C^*]$ bleibt über den gesamten Polymerisationsverlauf konstant, da keine Abbruchsreaktionen auftreten sollen. Die Integration von Gl. (18-87) führt zu

(18-88) $-\int_{[M]_0 - C^*}^{[M]} d[M] = [C^*]\, k_p \int_0^t [M]\, dt$

(18-89) $\dfrac{[M]_0 - [C^*] - [M]}{[C^*]} = k_p \int_0^t [M]\, dt$

Für die linke Seite der Gl. (18-89) ergibt sich mit Gl. (18-17), da $[I]_0 - [I] = [C^*]$ (irreversibler Prozeß!) für $i = 1$

(18-90) $\dfrac{[M]_0 - [C^*] - [M]}{[C^*]} = \dfrac{[M]_0 - [M]}{[C^*]} - 1 = \overline{X}_n - 1 \equiv \nu$

In diesem Fall gilt $\overline{Y}_n = \overline{X}_n$, da die Monoanionen $P_1^*$ den Polymerisationsgrad 1 haben sollen.

Die neu eingeführte Größe $\nu$ gibt an, wieviel Monomermoleküle an das Monoanion $P_1^*$ angelagert werden. Sie ist somit die kinetische Kettenlänge des Systems. $\nu$ läßt sich direkt aus der experimentellen Umsatzkurve entnehmen. Einsetzen von Gl. (18-90) in Gl. 18-89) gibt

$$\nu = k_p \int_0^t [M]\, dt \text{ und } d\nu = k_p [M]\, dt.$$

Wird diese Gleichung in die Gl. (18-84) - (18-86) eingesetzt, so folgt

(18-91/1) $d[P_1^*] = -[P_1^*]\, d\nu$

(18-91/2) $d[P_2^*] = [P_1^*]\, d\nu - [P_2^*]\, d\nu$

. . . . . . . . . . . . . . . . .

(18-91/3) $d[P_x^*] = [P_{x-1}^*]\, d\nu - [P_x^*]\, d\nu$

Die Integration von Gl. (18-91/1)

(18-92) $\int d[P_1^*]/[P_1^*] = -\int d\nu$

gibt $\ln[P_1^*] = -\nu + \text{const}$. Bei $t = 0$ wird auch $\nu = 0$. Bei $t = 0$ ist die Molkonzentration an Anionen gleich $[C^*]$. Also gilt $\ln[P_1^*] = -\nu + \ln[C^*]$ und folglich

(18-93) $[P_1^*] = [C^*] \cdot e^{-\nu}$

Gl. (18 – 93) wird in Gl. (18 – 91/2) eingesetzt:

(18-94) $d[P_2^*] = [C^*]\, e^{-\nu}\, d\nu - [P_2^*]\, d\nu$

Die Integration erfolgt nach der Methode des integrierenden Faktors*.

Für die Integrationskonstante erhält man mit $[P_2^*] = 0$ bei $t = 0$ $(\nu = 0)$ folglich const' = 0. Die Integration von Gl. (18 – 94) ergibt somit

(18-95) $[P_2^*] = e^{-\nu} [C^*] \nu$

In analoger Weise führt die Integration des Ausdrucks für die Trimeren

(18-96) $d[P_3^*] = [P_2^*]\, d\nu - [P_3^*]\, d\nu = e^{-\nu} [C^*] \nu d\nu - [P_3^*]\, d\nu$

zu

(18-97) $[P_3^*] = e^{-\nu}\, [C^*] \nu^2/2!$

Der verallgemeinerte Ausdruck für ein x-Mer lautet somit

(18-98) $$[P_x^*] = \frac{e^{-\nu}\,[C^*]\,\nu^{(X-1)}}{(X-1)!}$$

Der Molanteil $x_i = [P_x^*]/[C^*]$ der x-meren Anionen an den insgesamt vorhandenen Anionen ist gleichzeitig der Molanteil des x-Meren an insgesamt vorhandenen Molekülen, d. h. es liegt eine Poisson-Verteilung vor (vgl. Kap. 8.3.2.3):

(18-99) $x_i = e^{-\nu} \cdot \nu^{(X-1)}/(X-1)!$

Das Massenbruch $w_i$ ist durch $w_i = X_i x_i/\overline{X}_n$ gegeben (vgl. Gl. (8 – 41)) und folglich hier durch $w_i = X_i x_i/(\nu + 1)$, da $\nu$ nur die Anzahl der Schritte zählt

(18-100) $$w_i = \frac{e^{-\nu}\,\nu^{X-1}\,X}{(X-1)!\,(\nu+1)}$$

Wie man aus dem Zahlenbeispiel (Tab. 18 – 5) für eine kinetische Kettenlänge $\nu = 10$ sieht, ist die Verteilung der Polymerisationsgrade außerordentlich eng. Da man das Gewichtsmittel $\overline{X}_w$ des Polymerisationsgrades aus $\overline{X}_w = \Sigma\, w_i X_i$ erhält, bekommt man mit Gl. (18 – 100) und mit $\overline{X}_n = \nu + 1$ und der Schreibweise $X_i \equiv X$

(18-101) $$\overline{X}_w = \Sigma\, w_i X_i = \sum \frac{e^{-\nu}\,\nu^{X-1}\,X^2}{(X-1)!\,(\nu+1)}$$

---

* Multiplikation mit $e^{\nu}$ führt zu

$e^{\nu} d[P_2^*] + e^{\nu}[P_2^*] d\nu = [C^*] d\nu$

Mit $d(e^{\nu})/d\nu = e^{\nu}$ und folglich $e^{\nu} d\nu = d(e^{\nu})$ bekommt man das vollständige Differential

$e^{\nu} d[P_2^*] + [P_2^*]\, d(e^{\nu}) = [C^*] d\nu$

Die Integration führt zu

$e^{\nu}[P_2^*] = [C^*]\nu + const'$

(18-102) $$\overline{X}_w = \frac{e^{-\nu}\nu}{(\nu+1)} \sum \frac{X^2 \nu^{X-2}}{(X-1)!}$$

(18-103) $$= \frac{e^{-\nu}\nu}{(\nu+1)} \cdot (\nu + 3 + \frac{1}{\nu})\, e^{\nu}$$

(18-104) $$= \left(\frac{\nu^2 + 3\nu + 1}{\nu + 1}\right) = \left(\frac{\overline{X}_n^2 + \overline{X}_n - 1}{\overline{X}_n}\right)$$

Der Quotient $\overline{X}_w/\overline{X}_n$ ergibt sich daher zu

(18-105) $$\overline{X}_w/\overline{X}_n = 1 + ((\overline{X}_n - 1)/\overline{X}_n^2) \approx 1 + (1/\overline{X}_n)$$

Schon bei mäßig hohen Polymerisationsgraden wird somit $\overline{X}_w/\overline{X}_n \approx 1$ und somit experimentell von einer molekulareinheitlichen Substanz ununterscheidbar.

*Tab. 18-5:* Molenbrüche $x_i$ und Massenanteile $w_i$ bei einer kinetischen Kettenlänge $\nu = 10$ bei Poissonverteilungen

| | Polymerisationsgrade $X$ = | | | | | | | |
|---|---|---|---|---|---|---|---|---|
| | 2 | 5 | 9 | 10 | 11 | 12 | 15 | 20 |
| $x_i$ | $4{,}5 \cdot 10^{-4}$ | $2 \cdot 10^{-2}$ | 0,11 | 0,125 | 0,125 | 0,11 | 0,05 | $3 \cdot 10^{-3}$ |
| $w_i$ | $8 \cdot 10^{-5}$ | $9 \cdot 10^{-3}$ | 0,09 | 0,113 | 0,125 | 0,12 | 0,068 | $5{,}5 \cdot 10^{-3}$ |

## *18.5 Stereokontrolle*

Trotz eine sehr großen Zahl von Einzelbeobachtungen läßt sich zur Zeit noch kein befriedigendes Bild von der Stereokontrolle bei ionischen Polymerisationen entwerfen. In grober Näherung kann man die Befunde jedoch wie folgt zusammenfassen:

Für ein gegebenes Monomer hängt die Stereokontrolle primär von der Polarität des Mediums ab. Polymerisiert man in hochpolaren Lösungsmitteln, die die Dissoziation fördern, so werden Polymere mit verhältnismäßig hohen Anteilen an syndiotaktischen Triaden $x_{ss}$ erhalten (vgl. Tab. 18 – 6). Der Anteil an heterotaktischen Triaden ist jedoch ebenfalls sehr bedeutend. Geht man zu polaren Lösungsmitteln über, so steigt der Anteil an isotaktischen Triaden $x_{ii}$, während der Anteil an heterotaktischen

*Tab. 18-6:* Einfluß der Polarität des Mediums auf die Triadenanteile in Poly(methylmethacrylat) (Polymerisation bei −30 °C mit Lithiumbutyl)

| Toluol/Dimethoxyäthan | Anteile an Triaden (%) | | |
|---|---|---|---|
| | $x_{ii}$ | $x_{is}$ | $x_{ss}$ |
| 100 : 0 | 59 | 23 | 18 |
| 64 : 36 | 38 | 27 | 35 |
| 38 : 62 | 24 | 32 | 44 |
| 2 : 98 | 16 | 29 | 55 |
| 0 : 100* | 13 | 25 | 62 |

*interpoliert aus Messungen bei 0 und −70 °C

Triaden $x_{is}$ etwa konstant bleibt. Holotaktische Polymere können durch ionische Polymerisationen mit freien Ionen offenbar nicht erzielt werden. Der Einfluß der Polarität des Lösungsmittels zeigt, daß die Zunahme der Anteile an isotaktischen Triaden wahrscheinlich mit der Zunahme der Konzentration an Kontaktionenpaaren oder aber an Ionenassoziaten konform geht.

Der relative Anteil an Kontakionenpaaren und Ionenassoziaten hängt bei einem gegebenen System Monomer/Lösungsmittel aber nicht nur von der Polarität des Mediums, sondern auch von der Natur des Gegenions ab. Lithiumionen gehen z.B. Bindungen mit großem kovalenten Bindungsanteil ein, d.h. die Ausbildung von Kontaktionenpaaren, Ionenassoziaten und polarisierten Bindungen ist viel stärker als im Falle der anderen Alkalimetall-Gegenionen. Diese Effekte sind naturgemäß in Kohlenwasserstoffen als Lösungsmittel viel stärker ausgeprägt als in polaren Lösungsmitteln. Man beobachtet daher deutliche Unterschiede in der Mikrostruktur von Polydienen, die mit verschiedenen Alkalimetallen als Initiator in Kohlenwasserstoffen polymerisiert wurden (Tab. 18-7).

*Tab. 18-7:* Mikrostruktur von Polydienen, die mit Alkalimetallen in Kohlenwasserstoffen polymerisiert wurden

| Initiator | Anteile an Strukturen in % | | | |
|---|---|---|---|---|
| | 1,4 cis | 1,4 trans | 1,2 | 3,4 |
| | | *Poly(isopren)* | | |
| Lithium | 94 | 0 | 0 | 6 |
| Natrium | 0 | 43 | 6 | 51 |
| Kalium | 0 | 52 | 8 | 40 |
| Rubidium | 5 | 47 | 8 | 39 |
| Caesium | 4 | 51 | 8 | 37 |
| | | *Poly(butadien)* | | |
| Lithium | 35 | 52 | 13 | - |
| Natrium | 10 | 25 | 65 | - |
| Kalium | 15 | 40 | 45 | - |
| Rubidium | 7 | 31 | 62 | - |
| Caesium | 6 | 35 | 59 | - |

Je weniger polar das System und je mehr die Dissoziation der Ionen zurückgedrängt wird, umso stärker wird somit der Anteil isotaktischer Strukturen im Polymer. Streng genommen handelt es sich hier aber nicht mehr um ionische Polymerisationen, sondern um Polyinsertionen (Kap. 19).

Beschränkt man die Diskussion auf die freien Ionen, so ist festzuhalten, daß eine hohe Konzentration an freien Ionen bei anionischen Polymerisationen verhältnismäßig leicht zu erreichen ist. Für kationische Polymerisationen gibt es dagegen keine hochpolaren Lösungsmittel, die die Gegenionen so stark komplexieren können, daß eine große Zahl von freien Polymerkationen vorliegt. Kationische Polymerisationen werden oft in apolaren Lösungsmitteln ausgeführt und es wundert darum nicht, daß dort verhältnismäßig viel isotaktische Produkte erhalten werden. Aus diesem Befund darf man aber nicht schließen, daß kationische Polymerisationen zu isotaktischen, anionische Polymerisationen aber zu syndiotaktischen Polymeren führen (genügend tiefe Temperaturen vorausgesetzt). Die wirklichen Einflüsse von freien Kationen und freien Anionen auf die Stereokontrolle von ionischen Polymerisationen bedürfen noch eingehenderer Untersuchungen. Man beobachtet aber auch bei ionischen Polymerisationen den in Kap. 16.5.4 beschriebenen Kompensationseffekt.

## Literatur zu Kap. 18

### *18.1 Grundlagen*

J. Smid, Die Struktur solvatisierter Ionenpaare, Angew. Chem. **84** (1972) 127
M. Szwarc, Hrsg., Ions and Ion Pairs in Organic Reactions, Wiley-Interscience, New York, Vol 1, 1972
E. T. Kaiser und L. Kevan, Hrsg., Radical Ions, Interscience, New York 1968
L. P. Ellinger, Electron Acceptors as Initiators of Charge-Transfer Polymerizations, Adv. Macromol. Chem. **1** (1968) 169
S. Tazuka, Photosensitized Charge Transfer Polymerization, Adv. Polymer Sci. **6** (1969) 321
N. G. Gaylord, One-Electron Transfer Initiated Polymerization Reactions. I. Initiation Through Monomer Cation Radicals, Macromol. Revs. **4** (1970) 183 (= J. Polymer Sci. **D 4** (1970) 183)
A. Ledwith, Cation Radicals in Electron Transfer Reactions, Acc. Chem. Res. **5** (1972) 133
H. Zweifel und Th. Völker, Polymerisation via Zwitterionen, Chimia [Aarau] **26** (1972) 345

### *18.2 Chemie der anionischen Polymerisation*

J. M. Mulvaney, C. G. Overberger und A. M. Schiller, Anionic Polymerization, Fortschr. Hochpolym.-Forschg.-Adv. Polymer Sci. **3** (1961) 106
M. Morton und L. J. Fetters, Homogeneous Anionic Polymerization of Unsaturated Monomers, Macromol. Revs. **2** (1967) 71
M. Szwarc, Carbanions, Living Polymers and Electron Transfer Processes, Interscience, New York 1968
L. L. Böhm, M. Chmeliř, G. Löhr, B. J. Schmitt und G. V. Schulz, Zustände und Reaktionen des Carbanions bei der anionischen Polymerisation des Styrols, Adv. Polymer Sci. **9** (1972) 1
J. P. Kennedy und T. Otsu, Hydrogen Transfer Polymerization with Anionic Catalysts and the Problems of Anionic Isomerization Polymerization, J. Macromol. Sci. **C 6** (1972) 237

### *18.3 Chemie der kationischen Polymerisation*

P. H. Plesch, Hrsg. The Chemistry of Cationic Polymerization, Pergamon Press, London 1963
J. P. Kennedy und A. W. Langer, Recent Advances in Cationic Polymerization, Fortschr. Hochpolym. Forschg. **3** (1964) 508
P. H. Plesch, Cationic Polymerization, in J. C. Robb und F. W. Peaker, Hrsg., Progress in High Polymers, Vol. III, Heywood, London 1968, p. 137
D. Pepper, Polymerization, in G. A. Olah, Hrsg., Friedel-Crafts and Related Reactions, Interscience, New York Vol. II, pt. 2 (1964) 1293
T. Higashimura, Rate Constants of Elementary Reactions in Cationic Polymerizations, in T. Tsuruta und K. F. O'Driscoll, Hrsg., Structure and Mechanism in Vinyl Polymerization, M. Dekker, New York 1969, p. 313 (Geschwindigkeitskonstanten)
Z. Zlamal, Mechanisms of Cationic Polymerizations, in G. E. Ham, Hrsg., Kinetics and Mechanism of Polymerization, M. Dekker, New York 1969, Vol 1, pt. 2, p. 231 (Mechanismen)
P. H. Plesch, The Propagation Rate-Constants in Cationic Polymerisations, Adv. Polymer Sci **8** (1971) 137
J. P. Kennedy, Cationic Polymerization, in C. E. H. Bawn, Hrsg., Macromolecular Science (= Vol. 8 der MTP International Review of Science, Physical Chemistry Series One (1972) 49)
H. Sawada, Thermodynamics of Polymerization. III., J. Macromol. Sci. **C 7** (1972) 161 (Energetik kationischer Polymerisationen)
J. P. Kennedy und J. K. Gillham, Cationic Polymerization of Olefins with Alkylaluminium Initiators, Adv. Polymer Sci. **10** (1972) 1

# 19 Polyinsertion

Als Polyinsertionen waren in Kap. 16.4.1 Polyreaktionen definiert worden, bei denen das Monomer zwischen der wachsenden Kette und dem Initiatorfragment eingelagert wird. Dem eigentlichen Insertionsschritt geht häufig eine Koordination des Monomeren mit dem Initiator voraus. Man bezeichnet daher diese Art Polyreaktion auch als koordinative Polymerisation. Es gibt jedoch Fälle, bei denen das Monomer am Initiator koordiniert wird, ohne daß sich eine eigentliche Polyinsertion anschließt. Äthylen bildet z. B. eine Koordinationsverbindung mit Silbernitrat. Die anschließende Polyreaktion ist aber eine radikalische Polymerisation. Der Name „Polyinsertion" erscheint auch deshalb zweckmäßiger als „koordinative Polymerisation", weil er das Schwergewicht auf den bei Polyreaktionen entscheidenden Verknüpfungsschritt („Wachstumsschritt") legt und nicht auf die diesem Schritt vorhergehende Komplexbildung.

## *19.1 Ziegler-Polymerisation*

### 19.1.1 KATALYSATOREN

Unter „Ziegler-Katalysatoren" versteht man eine Klasse von Katalysatoren, die aus der Kombination von Verbindungen von Metallen der IV. bis VIII. Nebengruppe des Perioden-Systems mit z.B. Hydriden, Alkyl- oder Arylverbindungen von Metallen der Hauptgruppen I–III entstehen. Ein typischer Ziegler-Katalysator besteht z.B. aus $TiCl_4$ und $(C_2H_5)_3Al$.

Ziegler-Katalysatoren können verschiedene Polymerisationsmechanismen initiieren. Eine anionische Polymerisation ist möglich, wenn die Metallalkylkomponente die Polymerisation des Monomeren auch allein auslösen kann (Beispiel ($C_4H_9Li/TiCl_4/$Isopren). Die Polymerisation läuft kationisch ab, wenn die eine Komponente des Ziegler-Katalysators ein starker Elektronenakzeptor ist (z.B. $TiCl_4$, $VCl_4$, $C_2H_5AlCl_2$, $(C_2H_5)_2AlCl$) und das Monomer ein Elektronendonator (z.B. Vinyläther). Beim Vinylchlorid scheint vor allem in Gegenwart von $O_2$ eine radikalische Polymerisation einzutreten. Als Ziegler-Polymerisationen sind somit nur diejenigen zu bezeichnen, die nicht nach den klassischen Mechanismen (kationisch, radikalisch, anionisch) ablaufen.

Ziegler-Polymerisationen erfolgen meist bei Olefinen und Dienen (Tab. 19–1). Nicht jedes Katalysatorsystem ist jedoch gleich wirksam. Als Faustregel gilt, daß alle Ziegler-Katalysatoren, die α-Olefine $CH_2{=}CHR$ polymerisieren, dies auch mit Äthylen tun. Die Umkehrung dieser Regel trifft dagegen nicht zu. Katalysatoren mit Übergangselementen der VIII. Gruppe polymerisieren zwar Diene, aber nicht α-Olefine. Verbindungen mit Elementen der Gruppen IV–VI initiieren dagegen sowohl die Polymerisation von α-Olefinen als auch die von Dienen.

Cycloolefine können entweder unter Öffnung der Doppelbindung und Erhalt des Ringes oder unter Öffnung des Ringes und Erhalt der Doppelbindung polymerisieren. Bei Ziegler-Polymerisationen wird die Doppelbindung umso eher geöffnet, je elektronegativer das Übergangsmetall der 7. und 8. Gruppe ist (Cr, V, Ni, Rh). Verbindungen mit elektropositiveren Übergangsmetallen (Ti, Mo, W, Ru) katalysieren eine Ringöffnungspolymerisation (Tab. 19–1).

*Tab. 19-1:* Ziegler-Polymerisationen

| Monomer | Initiator Zusammensetzung | Phase | Temp. °C | Konfiguration des Polymeren |
|---|---|---|---|---|
| Äthylen | $(C_2H_5)_3Al/TiCl_4$ | het. | | – |
| Propylen | $(C_2H_5)_2AlCl/TiCl_3$ | het. | + 50 | it |
| Propylen | $(C_2H_5)_2AlCl/VCl_4$/Anisol | hom. | - 78 | st |
| Butadien | $(C_2H_5)_3Al/V(acetylacetonat)_3$ | hom.? | + 25 | 1,2-st |
| Butadien | $(C_2H_5)_2AlCl/CoCl_2$ * | hom. | - | 1,4-cis |
| Butadien | $(C_2H_5)_3Al/TiI_4$ | het. | - | 1,4-cis |
| Isopren | $(C_2H_5)_3Al/TiCl_4$ | het. | - | 1,4-cis |
| 1,5-Hexadien | $(i\text{-}Bu)_3Al/TiCl_4$ | het. | + 30 | Cyclopolymerisation mit 5–8 % 1,2-Verknüpfungen |
| Cyclobuten | $(C_6H_{13})_3Al/VCl_4$ | het. | - 50 | Ringerhaltung („Form I") |
| Cyclobuten | $(C_2H_5)_2AlCl/V(acetylacetonat)_3$ | hom.? | - 50 | Ringerhaltung („Form II") |
| Cyclobuten | $(C_2H_5)_3Al/TiCl_4$ | het. | - 50 | cis-1,4-Poly(butadien) |
| Cyclobuten | $(C_2H_5)_3Al/TiCl_3$ | het. | + 45 | trans-14-Poly(butadien) im Gemisch mit Ringpolymeren |

*Komplexierung mit z.B. Tributylphosphat, Pyridin oder Äthanol

β-Olefine werden durch Ziegler-Katalysatoren häufig erst isomerisiert. Bei schneller Isomerisierung wird das neu gebildete Isomere durch die Polymerisation ständig aus dem Gleichgewicht entfernt. Das Polymer besteht dann ausschließlich aus den Bausteinen des Isomerisierungsproduktes und enthält keine oder nur wenige Bausteine des ursprünglichen Monomeren. 4-Methylpenten-2 wird z. B. durch $Al(C_2H_5)_3/TiCl_3/CrCl_3$ zu Poly(4-methylpenten-1) polymerisiert.

Der Katalysator kann in der Reaktionsmischung homogen oder heterogen vorliegen (Tab. 19 – 1). Allein mit den gleichen Komponenten lassen sich je nach Aggregatzustand sehr unterschiedliche Wirkungen erzielen. Mischt man z.B. $TiCl_4$ mit $(i\text{-}Bu)_3Al$ in Heptan oder Toluol bei −78 °C, so eignet sich der entstehende dunkelrote Komplex gut für die Polymerisation von Äthylen, aber nur schlecht für die von Propylen. Bei −25 °C bildet sich dagegen ein schwarzbrauner, unlöslicher Komplex, der sich auch bei tieferen Temperaturen nicht mehr löst. Dieser Katalysator besteht aus einer Mischung von $i\text{-}BuTiCl_3$ und $(i\text{-}Bu)_4Al_2Cl_2$ und polymerisiert Propylen und Butadien gut.

Beim Mischen der Katalysatorkomponenten können sehr verschiedenartige Umsetzungen auftreten, z. B.

(19-1) $TiCl_4 + R_xMt \longrightarrow RTiCl_3 + R_{x-1}MtCl$

gefolgt von

(19-2) $TiCl_4 + R_{x-1}MtCl \longrightarrow RTiCl_3 + R_{x-2}MtCl_2$

(19-3) $RTiCl_3 + R_xMt \longrightarrow R_2TiCl_2 + R_{x-1}MtCl$

und weiter

(19-4) $RTiCl_3 \longrightarrow TiCl_3 + R^\bullet$

(19-5) $R_2TiCl_2 \longrightarrow RTiCl_2 + R^\bullet$

wobei Mt z. B. Aluminium und R z. B. der $C_2H_5$-Rest ist. Diese Austauschreaktionen verlaufen langsam, so daß unterschiedlich „gealterte" Ziegler-Katalysatoren verschieden wirksam sind. Diese Prozesse machen die mechanistische Aufklärung von Ziegler-Polymerisationen so schwierig.

Aus dem Aggregatzustand des Katalysators kann nicht in einfacher Weise auf seine Stereospezifität geschlossen werden. Heterogene Katalysatorsysteme scheinen aber für die Polymerisation zu isotaktischen Poly(α-olefinen) erforderlich zu sein. Umgekehrt ist syndiotaktisches Poly(propylen) bislang nur mit einem homogenen Katalysatorsystem erzeugt worden. Andere syndiotaktische Poly(α-olefine) sind bislang nicht bekannt.

Homogene Katalysatoren sind bei der Polymerisation von Äthylen häufig sehr aktiv, da sie bei gleichem Gewichtsanteil eine größere „Oberfläche" als heterogene Katalysatorsysteme aufweisen. In anderen Fällen sind homogene Katalysatoren jedoch wenig aktiv. Das könnte daher rühren, daß sie eine komplizierte Mischung verschiedenartiger Verbindungen darstellen, von denen nur ein Teil aktiv ist. Außerdem könnten die Geschwindigkeitskonstanten für lösliche und unlösliche „Stellen" verschieden sein. Unlösliche Polymere schließen den Katalysator ein und vermindern dadurch dessen Aktivität.

Ein in Kohlenwasserstoffen heterogen vorliegender Katalysator besteht aus $TiCl_3/(C_2H_5)_2AlCl$. Da hier $TiCl_3$ unlöslich, die Aluminiumverbindung aber löslich ist, muß das $(C_2H_5)_2AlCl$ auf der Oberfläche des $TiCl_3$ die aktiven Stellen bilden. $TiCl_3$ kommt in verschiedenen Kristallmodifikationen vor und bildet Kristallaggregate. Nach elektronenmikroskopischen Aufnahmen beginnt die Polymerisation an den Ecken und Seiten dieser Aggregate, nicht jedoch an den Basisflächen. Das Polymer wächst dann entlang den Spiralstufen der Kristalle.

Die verschiedenen Komplexe bilden sich in Gleichgewichtsreaktionen und liegen daher je nach Mischungsverhältnis der Komponenten in unterschiedlichen Konzentrationen vor. Erfahrungsgemäß wird bei α-Olefinen das Optimum der Polymerisationsgeschwindigkeit und der Stereospezifität bei molaren Verhältnissen Al/Ti = 2 – 3 erreicht. Bei der Polymerisation von Isopren liegt es dagegen bei ca. 1 : 1 (Tab. 19 – 2).

*Tab. 19-2:* Mikrostruktur von Poly(isopren) in Abhängigkeit von der Initiator-Zusammensetzung bei 7 °C

| $TiCl_4/AlEt_3$ mol/mol | Ausbeute % | cis-1,4 % | trans-1,4 % | 3,4 % |
|---|---|---|---|---|
| 5 | 5 | 42 | 52,5 | 3,8 |
| 2,5 | 60 | 50,5 | 44,0 | 4,2 |
| 1,25 | 58 | 89,6 | 6,1 | 4,2 |
| 1,0 | 95 | 95,2 | 0,7 | 4,0 |
| 0,83 | 100 | 96,1 | 0,0 | 3,9 |
| 0,71 | 68 | 96,3 | 0,0 | 3,7 |
| $0{,}62_5$ | 41 | 95,8 | 0,0 | 4,2 |
| $0{,}55_5$ | 10 | 95,8 | 0,0 | 4,2 |

Aluminiumalkyle sind Reduktionsmittel (vgl. Gl. (19 - 1) bis (19 – 5)). Titan und die anderen Übergangselemente können daher in Ziegler-Katalysatoren in verschiedenen Wertigkeitsstufen vorliegen. Experimentell zugänglich ist nur die mittlere Wertigkeit des Katalysators, nicht aber die Wertigkeit der individuellen aktiven Stellen, die für die Polymerisation verantwortlich sind. Das Problem der Wertigkeit konnte bislang nur im Falle des Systems Äthylen/$Cp_2TiCl_2$/$EtAlCl_2$ (Cp = Cyclopentadienyl) gelöst werden. $Ti^{III}$ ist paramagnetisch. Nach Messungen der magnetischen Suszeptibilität nimmt die Konzentration an $Ti^{III}$ mit zunehmender Alterung des Katalysators zu. Die Polymerisationsgeschwindigkeit sinkt jedoch. Wirksam muß also das $Ti^{IV}$ sein, aber in welcher Verbindung? Dieses Problem wurde durch Umsetzen von $Cp_2TiEtCl$ und $EtAlCl_2$ oder $AlCl_3$ gelöst. $Cp_2TiEtCl$ ist eine kristallisiert herstellbare Verbindung, die aber nicht die Polymerisation auslöst. Beim Umsetzen mit $EtAlCl_2$ wird die Katalysatormischung polymerisationsaktiv, nicht aber bei der Reaktion mit $AlCl_3$. Da das Titan in vierwertiger Form wirksam ist, muß also die Verbindung A polymerisationsaktiv sein. Dabei sind nach den Befunden an löslichen Ziegler-Katalysatoren Elektronenmangelbindungen anzunehmen:

(19-6)

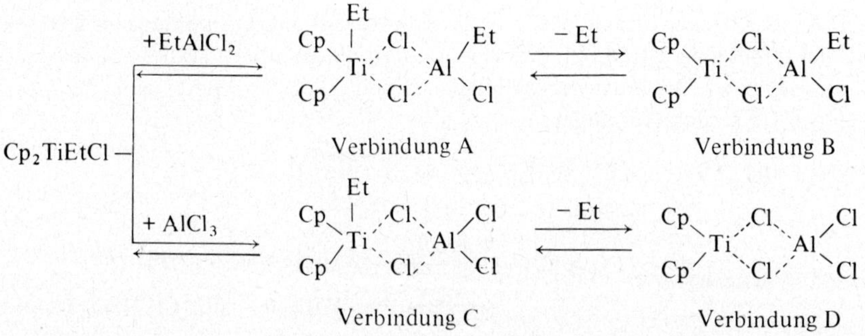


Die Struktur der löslichen Ziegler-Katalysatoren aus $Cp_2TiCl_2$ und $(C_2H_5)_3Al$ konnte aufgeklärt werden. Gibt man beide Komponenten in Heptan bei Temperaturen bis zu 70 °C zusammen, so bildet sich unter Abspaltung von Äthan und Äthylen eine dunkelblaue Lösung, aus der sich beim Abkühlen blauer Kristalle abscheiden. Nach Molekulargewichtsbestimmungen ($M$ = 331 – 339) und röntgenographischen Messungen an Einkristallen muß eine Struktur mit Elektronenmangelbindungen vorliegen.

aufgeklärte Struktur bei löslichem Ziegler-Katalysator

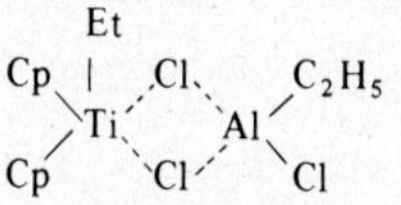

vorgeschlagene Strukturen bei heterogenen Ziegler-Katalysatoren für

bimetallischen Mechanismus

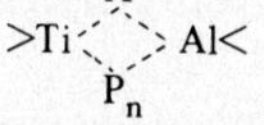

monometallischen Mechanismus

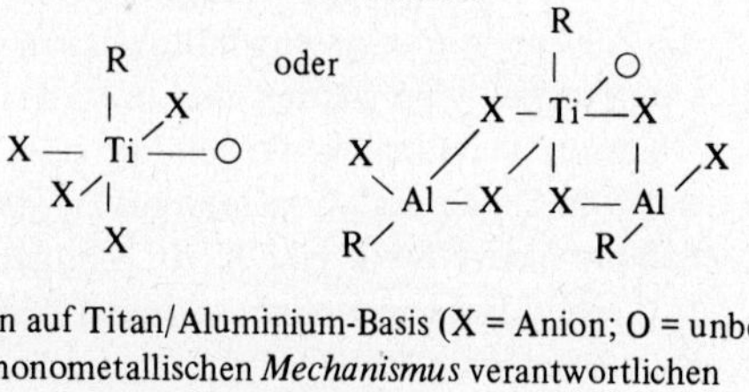


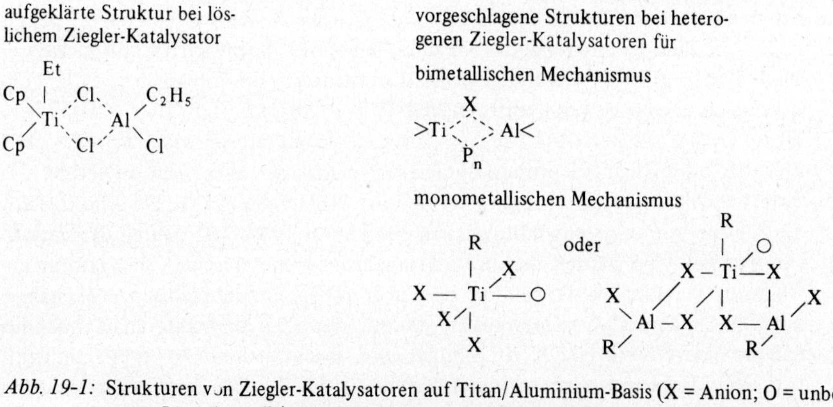

*Abb. 19-1:* Strukturen von Ziegler-Katalysatoren auf Titan/Aluminium-Basis (X = Anion; O = unbesetzte Ligandenstelle). Die für den monometallischen *Mechanismus* verantwortlichen Komplexe können – wie gezeigt – sowohl mono- als auch bimetallisch sein.

Die Struktur der heterogenen Ziegler-Katalysatoren ist nicht mit Sicherheit bekannt. Die vorgeschlagenen Strukturen gründen sich z.T. auf Analogiebetrachtungen, z.T. auf MO-Berechnungen. In jedem Fall weist der Komplex einen Elektronenmangel auf. Durch Zugabe von kleinen Mengen von Elektronendonatoren sinkt die Polymerisationsgeschwindigkeit; vermutlich wird dabei die Zahl der aktiven Stellen vermindert. Setzt man aber große Mengen an Elektronendonatoren zu, so nimmt die Aktivität des Katalysators zu. Dieser Effekt kann durch eine Zerstörung der Kristallaggregate gedeutet werden. Diese Wirkung von elektronendonierenden Gruppen dürfte der Grund sein, warum sauerstoff- und stickstoffhaltige Monomere nicht mit den klassischen Ziegler-Katalysatoren polymerisiert werden können.

### 19.1.2 WACHSTUMSMECHANISMUS

Der Mechanismus der Ziegler-Polymerisation war und ist Gegenstand vieler Experimente und Spekulationen gewesen. Er ist sicherlich nicht radikalischer Natur, da Wasserstoff als Kettenüberträger wirkt. Bei Zusatz von tritiierten Alkoholen als Kettenabbrecher findet man Tritium im Polymeren. Startet man mit $(^{14}C_2H_5)_3Al$, so ist das Polymer radioaktiv. Die Bruttoreaktion läßt sich somit nur unter Beteiligung der Metall/Kohlenstoff-Bindung formulieren:

$$(19\text{-}7) \qquad Mt{-}^{14}Et + n\,CH_2{=}CH_2 \longrightarrow Mt{-}\!\left(CH_2CH_2\right)_n{-}^{14}Et$$

$$Mt{-}\!\left(CH_2CH_2\right)_n{-}^{14}Et \begin{cases} \xrightarrow{+\,ROT} MtOR + {}^{14}Et(CH_2CH_2)_nT \\ \xrightarrow{+\,D_2} MtD + {}^{14}Et(CH_2CH_2)_nD \end{cases}$$

Wegen der möglichen Austauschreaktionen der Alkylreste läßt sich aber nicht ohne weiteres entscheiden, ob die Polyreaktion an der Bindung Hauptgruppenmetall/Kohlenstoff (z. B. Al–C) oder an der Bindung Nebengruppenelement/Kohlenstoff (z. B. Ti–C) erfolgt. Zur Zeit gibt es kein einziges Experiment, das *allein* für die eine oder die andere Möglichkeit spricht. Dagegen gibt es eine Reihe von Hinweisen, die zusammengenommen alle für die Polymerisation an der Bindung Nebengruppenelement/Kohlenstoff sprechen:

a. Äthylen und α-Olefine lassen sich mit einer Reihe von Übergangsmetallhalogeniden auch ohne Zusatz von Metallalkylen zu hohen Molekulargewichten polymerisieren. Die Polymerisationsgeschwindigkeit ist zwar niedriger, die Poly(α-olefine) sind aber isotaktisch. Derartige Katalysatoren sind $TiCl_2$, $(Cp)_2Ti(C_6H_5)_2/TiCl_4$, $CH_3TiCl_3/TiCl_3$, $TiCl_3/Et_3N$ und $Zr(CH_2C_6H_5)_4$. Andere Katalysatoren wie z. B. $Ti/J_2$, $TiH_2$, $Zr/ZrCl_4$ oder Dibenzolchrom polymerisierten Äthylen, aber nicht α-Olefine.
b. Setzt man diesen Katalysatoren (z.B. $TiCl_3/Et_3N$) Metallalkyle zu, so erhöht sich die Polymerisationsgeschwindigkeit um den Faktor 10 bis $10^4$. Durch den Zusatz von Metallalkylen werden also entweder mehr monometallische Katalysatoren am Übergangsmetallhalogenid gebildet oder aber es liegt ein bimetallischer Mechanismus vor. Da die Katalysatoren bis zu 100 Stunden aktiv sind, kann man annehmen, daß pro aktive Stelle eine Kette gebildet wird. Bricht man die Polymerisation mit tritiiertem Isopropanol ab, so findet man in den durch echte Ziegler-Katalysatoren (mit Zusatz von Metallalkyl) hergestellten Polymeren $10^3 - 10^4$ mal mehr Tritium als in den mit hauptgruppenmetallalkyl-freien Katalysatoren hergestellten.

c. Organische Chloride reagieren mit der Metall/Kohlenstoff-Bindung und brechen dadurch die Kette ab:

(19–8) $ZnEt_2 + t\text{-}BuCl \longrightarrow ZnEtCl + t\text{-}BuEt$

Die Reihenfolge der Wirksamkeit der organischen Chloride ist nun bei echten Ziegler-Katalysatoren und metallalkylfreien Katalysatoren gleich. Die gleiche Wirksamkeit wäre unwahrscheinlich, wenn beide Systeme verschieden arbeiten würden.

d. Bei der Copolymerisation von Äthylen und Propylen mit Initiator-Systemen aus Aluminiumtriisobutyl und Halogeniden bzw. Oxyhalogeniden verschiedener Übergangsmetalle steigt der Propylengehalt der Polymeren in Richtung $HfCl_4 < ZrCl_4 < VOCl_3 < VOCl_4$. Hält man dagegen das Übergangsmetall konstant ($VCl_4$) und variiert die Alkyle ($Al(i\text{-}Bu)_3$, $Zn(C_6H_5)_2$, $Zn(i\text{-}Bu)_2$, $CH_3TiCl_3$), so bleibt der Anteil Propylen im Copolymeren konstant. Die Kette wächst daher am Übergangsmetall.

Für die weiteren Betrachtungen wird daher angenommen, daß die Polyreaktion an der Bindung Übergangsmetall/Kohlenstoff erfolgt. Für die Wachstumsreaktion wurden sowohl monometallische als auch bimetallische Mechanismen vorgeschlagen. Als monometallisch wird ein Mechanismus definiert, wenn bei der Wachstumsreaktion nur das Übergangsmetall beteiligt ist. Bei bimetallischen Mechanismen sind dagegen Übergangsmetall und Hauptgruppenmetall beteiligt. Bei den monometallischen *Mechanismen* spielt es somit per definitionem keine Rolle, ob der Komplex ein oder zwei Metallzentren enthält, d.h. ob es sich um einen monometallischen oder bimetallischen *Komplex* handelt.

Beim *monometallischen* Mechanismus wird angenommen, daß sich das Olefin mit seiner π-Bindung der unbesetzten Ligandenstelle des Übergangsmetalles nähert und von diesem koordiniert wird:

(19-9)

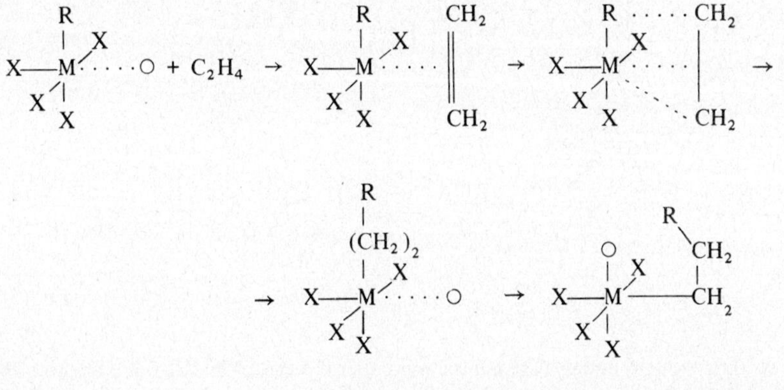

Durch die Koordination wird die Bindung M–R zwischen dem Übergangsmetall und der Alkylgruppe R destabilisiert, wie durch quantenmechanische Berechnungen und magnetische Messungen gezeigt wurde, letztere an nichtpolymerisierenden Olefinen. Die Alkylgruppe wird dadurch so aktiviert, daß sie mit der Doppelbindung des koordinierten Monomermoleküls reagieren kann: das Olefin wird zwischen das Übergangsmetall und den Alkylrest (bzw. die Polymerkette) eingeschoben.

Der in Gl. (19 – 9) gezeigte Mechanismus gilt nicht nur für monometallische, sondern auch für bimetallische Komplexe. Entscheidend ist nämlich die Stabilität der Bindung Mt–R. Eine zu stabile Bindung Mt–R wird durch die Koordination des Monomeren nicht reaktiv. Eine zu instabile Bindung Mt–R würde andererseits unter den Polymerisationsbedingungen zerfallen. Die Liganden X müssen also bezüglich ihrer Elektronen-Donator-Eigenschaften so ausbalanciert sein, daß gerade der richtige Grad der Destabilisierung erhalten wird.

Als Liganden können verschiedene Reste X (z.B. $C_2C_5$, Cl) oder auch Aluminiumalkyle wie bei bimetallischen Komplexen wirken. Jeder Komplex mit einer Koordinationslücke sowie einer ungleichmäßigen Elektronenverteilung ist nämlich ein potentieller Ziegler-Katalysator. Ziegler-Katalysatoren sind daher auch Komplexe zwischen zwei Verbindungen verschiedener Metalle (Ti/Al), zwischen zwei Spezies desselben Metalles mit verschiedener Wertigkeit (Ti(II)/Ti(III)) oder zwischen Spezies mit verschiedenen Liganden und gleicher Wertigkeit des Zentralatoms (z. B. $RTiCl_2$/$TiCl_3$). Bei heterogenen Katalysatoren wird die Bindung Mt–R auch durch das Kristallfeld stabilisiert.

Der monometallische Mechanismus könnte auch die stereospezifische Polymerisation von Propylen zu syndiotaktischem Poly(propylen) erklären. Diese Polymerisation erfolgt nur mit löslichen Katalysatoren bei tiefen Temperaturen (–70 °C). Bei Annäherung des Propylens an die freie Ligandenstelle behindert die Methylgruppe der vorher eingebauten Propyleneinheit die Verknüpfung der neuen Einheit. Es müssen daher syndiotaktische Polymere entstehen:

(19-10)

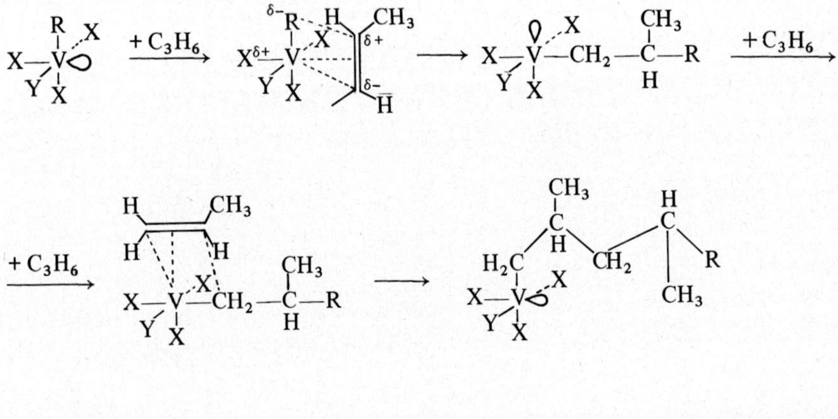

Mit zunehmender Temperatur wird aber die Potential-Schwelle leichter überwunden; der Anteil der syndiotaktischen Verknüpfungen nimmt ab. Das Bild erklärt auch, warum höhere α-Olefine (z. B. Buten-1) nicht mit dem gleichen Katalysator polymerisiert werden können. Andererseits gelingt aber die Copolymerisation von Buten-1 mit Äthylen.

Beim *bimetallischen* Mechanismus sind beide Metallatome an der Verknüpfungsreaktion beteiligt (Gl.(19-11)). Das π-Elektronensystem des α-Olefins tritt zunächst mit den p- oder d-Zuständen des Übergangsmetalles (in Gl.(19-11) des Titans) in Beziehung, wodurch eine neue Elektronenmangelbindung entsteht. Am $C_\beta$ und am $C_\gamma$ verbleiben dadurch geringe Restvalenzen (durch Δ gekennzeichnet). Da die Doppelbindung jedoch nur teilweise aufgehoben wird und die 2p-3d-Überlappung ($C_\alpha$–Ti-Bindung) planar ist, gibt es keine freie Drehbarkeit um diese Bindungen. Dieses relativ starre System $C_\beta$–$C_\alpha$–Ti schwingt um die Bindung Ti/X ein, wobei sich die Restvalenzen am $C_\beta$ und am $C_\gamma$ absättigen. Bei der anschließenden Hybridisierung am $C_\beta$- und $C_\gamma$-Atom löst sich die $C_\gamma$/Al-Bindung. Die am $C_\alpha$ und am Al neu entstehenden Restvalenzen sättigen sich ab, wodurch ein dem ursprünglichen entsprechender Komplex entstanden ist. Die Kette ist jedoch um ein Monomerglied verlängert:

(19-11)

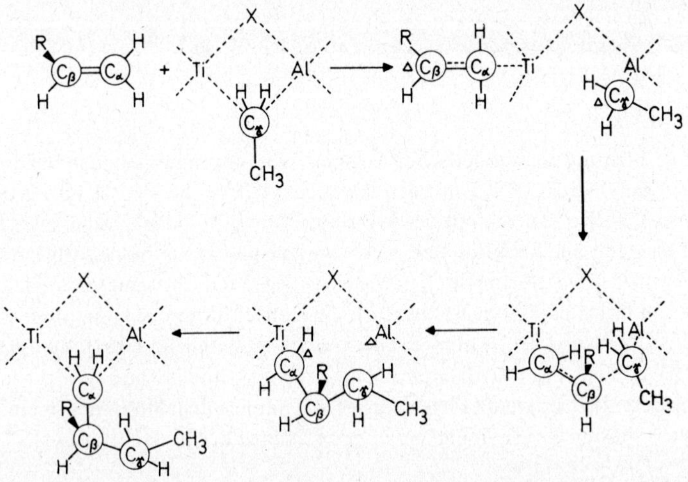

Sowohl beim bimetallischen als auch beim monometallischen Mechanismus müssen die Bindung des Monomeren und die anschließende Umlagerung innerhalb des Komplexes in immer gleicher Weise erfolgen: α-Olefine werden daher stereospezifisch zu isotaktischen Polymeren verknüpft.

### 19.1.3 ABBRUCHSREAKTIONEN

Bei Ziegler-Polymerisationen sind verschiedene Abbruchsreaktionen möglich. Bei Polymerisationstemperaturen unterhalb von 60 °C enthält jede Polymerkette ein Metallatom. Bei diesen Temperaturen erfolgt somit kein thermischer Abbruch, wohl aber bei höheren Temperaturen, da Vinyl- und Vinylidengruppen gefunden wurden:

(19-12)

$$\text{Mt–CH}_2\text{–CH(CH}_3\text{)–P}_n \xrightarrow{+100\,^\circ\text{C}} \text{MtH} + \text{CH}_2\text{=C(CH}_3\text{)–P}_n$$

$$\text{Mt–CH}_2\text{–CH(CH}_3\text{)–P}_n \xrightarrow[+\text{C}_3\text{H}_6]{+200\,^\circ\text{C}} \text{Mt–CH}_2\text{–CH=CH}_2 + \text{CH}_3\text{–CH(CH}_3\text{)–P}_n$$

Mit Zinkdiäthyl als Katalysatorkomponente erfolgt der Abbruch durch Alkylaustausch:

(19-13) $Mt{-}P_n + ZnEt_2 \rightarrow Mt{-}Et + Et{-}Zn{-}P_n$

Wasserstoff ist ein besonders guter Regler:

(19-14)
$Mt{-}P_n + H_2 \rightarrow MtH + H{-}P_n$
$MtH + \text{Olefin} \rightarrow \text{neue } Mt{-}C\text{-Bindung}$

Mit organischen (RCl) und anorganischen (HCl) Halogeniden können ebenfalls Austauschreaktionen stattfinden, und zwar hauptsächlich wie folgt:

(19-15) $Ti{-}P_n + RCl \rightarrow Ti{-}Cl + R{-}P_n$

und daneben

(19-16) $Et_2AlCl + RCl \rightarrow EtAlCl_2 + R{-}Et$

### 19.1.4 KINETIK

Zur Ableitung eines kinetischen Schemas wird angenommen, daß das Übergangsmetallhalogenid (z. B. $TiCl_3$) mit dem Metallalkyl A (z. B. $Al(C_2H_5)_3$) reagiert und so potentiell aktive Zentren mit der Konzentration $[C_i^*]$ bildet. Dabei muß es sich um eine echte chemische Reaktion und nicht um eine physikalische Adsorption des Metallalkyls auf der Oberfläche des heterogen vorliegenden Übergangsmetallhalogenids handeln. Im letzteren Fall müßte nämlich die Konzentration der potentiell aktiven Zentren proportional dem Anteil $f_A$ der durch das Metallalkyl bedeckten Katalysatoroberfläche sein, was jedoch experimentell nicht gefunden wird.

Die potentiell aktiven Zentren reagieren dann mit dem Monomer in einem Initiationsschritt, dessen Geschwindigkeit $v_i$ proportional der Konzentration $[C_i^*]$ an po-

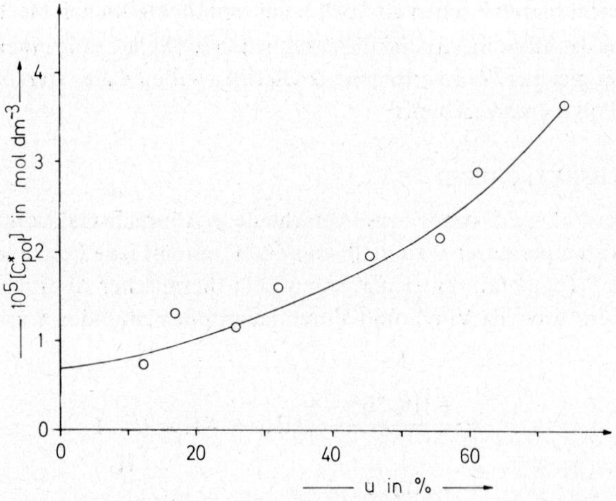


*Abb. 19-2:* Änderung der Konzentration $[C^*_{pol}]$ an Metall/Polymer-Bindungen, d. h. an aktiven Zentren, mit dem Umsatz $u$ an 4-Methylpenten-1 bei 30 °C. Ausgangskonzentration: $2{,}00 \cdot 10^3$ mol/m$^3$. Initiatorkonzentrationen: $[VCl_3] = 18{,}5$ mol/m$^3$ und $[Al(iBu)_3] = 37{,}0$ mol/m$^3$. Nach Daten von D. R. Burfield und P. J. T. Tait.

tentiell aktiven Zentren und proportional dem durch das adsorbierte Monomer eingenommenen Anteil $f_{mon}$ der Katalysatoroberfläche ist:

(19-17) $v_i = k_i\ [C_i^*]\ f_{mon}$

Beim Initiationsschritt werden neue, aktive Zentren mit der Konzentration $[C^*_{pol}]$ gebildet.

Das zweite Monomermolekül und alle folgenden Monomermoleküle werden im eigentlichen Wachstumsschritt mit der Geschwindigkeit $v_p$ insertiert:

(19-18) $v_p = k_p\ [C^*_{pol}]\ f_{mon}$

Die Konzentration an aktiven Zentren ist durch Umsetzen des Reaktionsgemisches mit tritiiertem Alkohol bestimmbar (vgl. Gl. (19 – 7)). Aus der Konzentration der tritiierten Ketten ist die Konzentration der Metall/Polymer-Bindungen, d. h. der aktiven Zentren, berechenbar. Die Zahl der Metall/Polymer-Bindungen ist jedoch nicht zeitlich konstant, sodaß ihr Wert bei verschiedenen Umsätzen ermittelt werden muß (Abb. 19 – 2).

Gl. (19 – 18) fordert eine lineare Beziehung zwischen der Polymerisationsgeschwindigkeit $v_p$ und dem Produkt $[C^*_{pol}]\ f_{mon}$, und zwar unabhängig von der chemischen Natur des Metallalkyls. Ein solches Verhalten wurde für das System 4-Methylpenten-1/$VCl_3$/Aluminiumtrialkyle auch gefunden (Abb. 19 – 3). Die aktiven Zentren werden folglich tatsächlich durch die Übergangsmetallhalogenide gebildet. Als aktives Zentrum wirkt wahrscheinlich eine alkylierte Vanadiumspezies und sicher nicht ein bimetallischer Komplex.

Ziegler-Polymerisationen weisen bei nicht zu hohen Temperaturen keine Abbruchs-

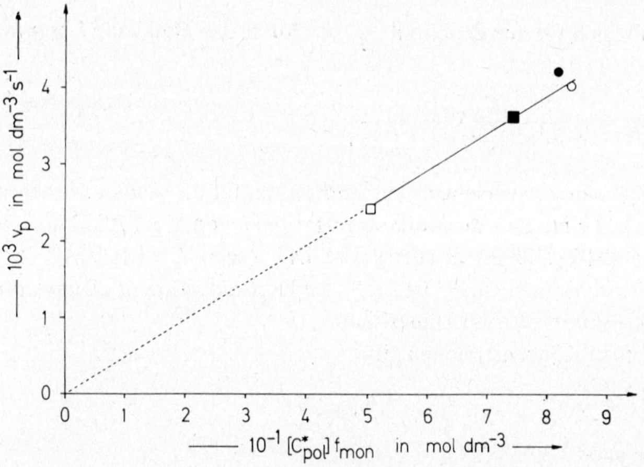


*Abb. 19-3:* Zunahme der Polymerisationsgeschwindigkeit $v_p$ mit zunehmendem Produkt aus der Konzentration $[C^*_{pol}]$ an aktiven Zentren und dem durch das Monomer bedeckten Bruchteil $f_{mon}$ der Katalysatoroberfläche bei der Polymerisation von $2{,}00 \cdot 10^3$ mol/m³ 4-Methylpenten-1 mit 18,5 mol/m³ $VCl_3$ und 37,0 mol/m³ $AlR_3$ bei 30 °C. Die Neigung gibt die Geschwindigkeitskonstante $k_p$ an. $k_p$ ist unabhängig von der Natur des Aluminiumtrialkyls $AlR_3$, nämlich von $Al(iBu)_3$ (●), $Al(Et)_3$(○), $Al(Bu)_3$ (■) und $Al(Hex)_3$ (□). Nach Daten von D. R. Burfield und P.J. Tait.

reaktionen auf (vgl. Kap. 19.1.3). Sie stellen lebende Systeme dar. Die totale Konzentration an aktiven Zentren muß daher konstant und zeitunabhängig sein:

(19-19) $[C^*] = [C_i^*] + [C_{pol}^*] = \text{const.}$

Es können jedoch Übertragungsreaktionen zum Monomer mit der Geschwindigkeit $v_{tr,mon}$ und zum Polymer mit der Geschwindigkeit $v_{tr,A}$ auftreten:

(19-20)

$$v_{tr} = v_{tr,mon} + v_{tr,A} = k_{tr,mon}\,[C_{pol}^*]\,f_{mon} + k_{tr,A}\,[C_{pol}^*]\,f_A$$

Bei beiden Übertragungsreaktionen verschwinden echte aktive Zentren, bei beiden werden neue, potentiell aktive Zentren gebildet. Im stationären Zustand muß gelten

(19-21) $v_i = v_{tr}$

Mit den Gl. (19 – 17) und (19 – 19) – (19 – 21) erhält man daher für die Konzentration an echten aktiven Zentren

(19-22) $$[C_{pol}^*] = \frac{k_i\,[C^*]\,f_{mon}}{k_i f_{mon} + k_{tr,mon} f_{mon} + k_{tr,A} f_A}$$

Die Adsorption des Monomeren auf der Katalysatoroberfläche, d. h. die Komplexbildung, kann durch eine Langmuir-Hinshelwood-Isotherme beschrieben werden. Der Bruchteil $f_{mon}$ an durch das Monomer belegter Oberfläche ergibt sich folglich zu

(19-23) $$f_{mon} = \frac{K_{mon}[M]}{1 + K_{mon}[M] + K_A[A]}$$

Analog ergibt sich für den Bruchteil $f_A$ an durch das Metallalkyl belegter Oberfläche

(19-24) $$f_A = \frac{K_A[A]}{1 + K_{mon}[M] + K_A[A]}$$

$K_{mon}$ und $K_A$ sind die Gleichgewichtskonstanten für die beiden Adsorptionsgleichgewichte und $[A]$ und $[M]$ die Molkonzentrationen von Metallalkyl und Monomer. Falls das Metallalkyl als Dimer auftritt, ist $[A]$ wegen $K = [A_2]/[A]^2$ durch $([A_2]/K)^{0,5}$ zu ersetzen. Dabei ist $[A_2]$ die Konzentration des Dimeren und $K$ die Gleichgewichtskonstante der Dimerisation.

Bei kleinen Konzentrationen gilt

(19-25) $f_A = K_A[A]\ ; \quad f_{mon} = K_{mon}[M]$

und folglich auch

(19-26) $$v_p = \frac{k_p k_i [C^*] K_{mon}^2 [M]^2}{k_i K_{mon}[M] + k_{tr,mon} K_{mon}[M] + k_{tr,A} K_A [A]}$$

oder

(19-27) $$\frac{[M][C^*]}{v_p} = \frac{1 + k_{tr,mon} k_i^{-1}}{k_p K_{mon}} + \frac{k_{tr,A} K_A [A]}{k_p k_i K_{mon}^2} \cdot \frac{1}{[M]}$$

Auftragen von $[M]\,[C^*]/v_p$ gegen $[M]^{-1}$ sollte daher eine Gerade liefern (Abb. 19-4).

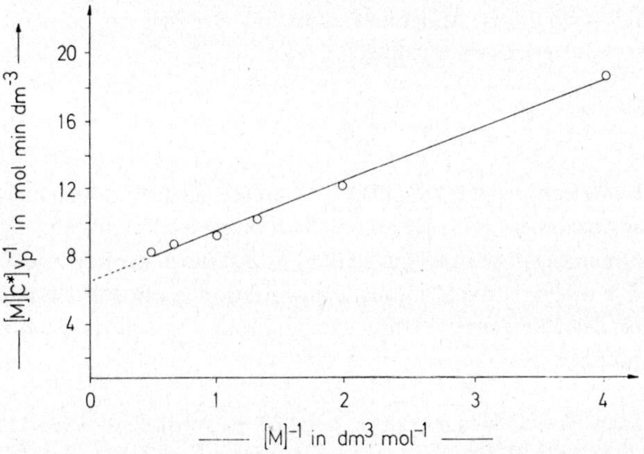


*Abb. 19-4:* Test der Gl. (19 - 27) bei der Polymerisation von 4-Methylpenten-1 mit $[VCl_3] = 17{,}8\ mol/m^3 = [C^*]$ und $[Al(iBu)_3] = 35{,}6\ mol/m^3$. Nach Daten von I. D. McKenzie, P. J. T. Tait und D. R. Burfield.

Bei der Gültigkeit des kinetischen Ansatzes sollte die Polymerisationsgeschwindigkeit $v_p$ nach Gl. (19 - 18) sowohl mit der Konzentration $[C_p^*]$ an echten aktiven Zentren als auch mit dem Bruchteil $f_{mon}$ der durch das Monomer belegten Katalysatoroberfläche zunehmen. Bei konstanter Oberfläche des Übergangsmetallhalogenides und sehr kleiner Konzentration des Metallalkyls wird der Term $K_A[A]$ in Gl. (19 - 23) vernachlässigbar. $f_{mon}$ ist dann in erster Näherung eine Konstante. Mit steigender Metallalkylkonzentration sollte dann die Konzentration an aktiven Zentren und folglich auch $v_p$ zunehmen und schließlich – nachdem alle reaktiven Stellen auf der Katalysatoroberfläche besetzt sind – konstant werden. Mit zunehmender Metallalkylkonzentration wird aber auch die Adsorption des Monomeren durch die Adsorption des Metallalkyls immer stärker konkurrenziert. $f_{mon}$ muß also abnehmen und folglich auch $v_p$. Im allgemeinen sollte daher die Polymerisationsgeschwindigkeit $v_p$ mit zunehmender Konzentration an Metallalkyl durch ein Maximum laufen, wofür experimentelle Hinweise vorliegen. Bei konstantem Verhältnis Metallalkyl/Übergangsmetallhalogenid sollte die Polymerisationsgeschwindigkeit proportional der Konzentration an Metallalkyl sein.

Das Zahlenmittel des Polymerisationsgrades $\overline{X}_n$ wird einerseits durch die Wachstumsreaktion und andererseits sowohl durch die Konzentration $[C^*]$ an echten aktiven Zentren als auch die beiden Übertragungsreaktionen zum absorbierten Monomer bzw. zum Metallalkyl bestimmt. Es ergibt sich für die Zeit t zu

$$(19\text{-}28)\quad \overline{X}_n = \frac{\int k_p f_{mon}\,[C^*_{pol}]\,dt}{[C^*_{pol}] + \int k_{tr,mon} f_{mon}\,[C^*_{pol}]\,dt + \int k_{tr,A} f_{mon}\,[C^*_{pol}]\,dt}$$

Nach Integration und Elimination von $[C^*_{pol}]$ erhält man für den Polymerisationsgrad

$$(19\text{-}29)\quad \frac{1}{\overline{X}_n} = \frac{k_{tr,A} K_A [A]}{k_p K_{mon} [M]} + \frac{1}{k_p K_{mon} [M] t} + \frac{K_A [A]}{k_p K_{mon} [M] t} + \frac{(k_{tr,mon} + t^{-1})}{k_p}$$

$\overline{X}_n$ sollte daher nach diesen Annahmen zuerst mit der Zeit zunehmen. Nach genügend langer Zeit $(t \rightarrow \infty)$ erhält man jedoch

$$(19\text{-}30)\quad \frac{1}{\overline{X}_n} = \frac{k_{tr,mon}}{k_p} + \frac{k_{tr,A} K_A [A]}{k_p K_{mon} [M]}$$

Der Polymerisationsgrad wird also nach einiger Zeit zeitunabhängig, vorausgesetzt, daß weder die Monomer- noch die Metallalkylkonzentration mit der Zeit variieren.

Der Polymerisationsgrad ist nach Gl. (19 – 30) umso niedriger, je höher die Metallalkyl- und je niedriger die Monomerkonzentration ist. Er sollte unabhängig von der Konzentration des Übergangsmetallhalogenides sein. Die Natur des Metallalkyls sollte die Geschwindigkeit der Übertragung zum Monomer beeinflussen (vgl. auch Tab. 19-3).

*Tab. 19-3:* Einfluß des Aluminiumtrialkyls $AlR_3$ auf die Polymerisation von 4-Methylpenten-1 in Benzol bei 30 °C mit $VCl_3$ (nach Daten von I. D. McKenzie, P. J. T. Tait und D. R. Burfield)

| R | $v_p/[VCl_3]$ mol dm$^{-3}$min$^{-1}$ | $10^4 [C^*]$ mol/mol | $10^6\, v_{tr,A}$ mol dm$^{-3}$ min$^{-1}$ |
|---|---|---|---|
| $CH_3$ | 0,288 | – | – |
| $C_2H_5$ | 0,253 | 6,10 | 17,2 |
| $C_4H_9$ | 0,221 | 3,30 | 1,53 |
| $C_6H_{13}$ | 0,169 | 2,30 | 0,87 |
| $C_{10}H_{21}$ | 0,107 | – | – |

## *19.2 Pseudoionische Polyreaktionen*

Eine Reihe von ursprünglich als ionische Polymerisationen angesehenen Polyreaktionen haben sich bei genauerer kinetischer und mechanistischer Untersuchung als Polyinsertionen herausgestellt. Dazu gehören die durch Lithiumbutyl ausgelöste Polyreaktion von Isopren, die durch Natriumphenolat/Phenol bewirkte Polyreaktion von Äthylenoxid, sowie einige ursprünglich als kationisch angesehene Polyreaktionen.

### 19.2.1 PSEUDOANIONISCHE POLYREAKTIONEN

Lithiumbutyl ist in apolaren Medien zu Dimeren, Trimeren und Hexameren (als eine Art Sandwich von zwei Trimeren) assoziiert, z. B.

(19-31)

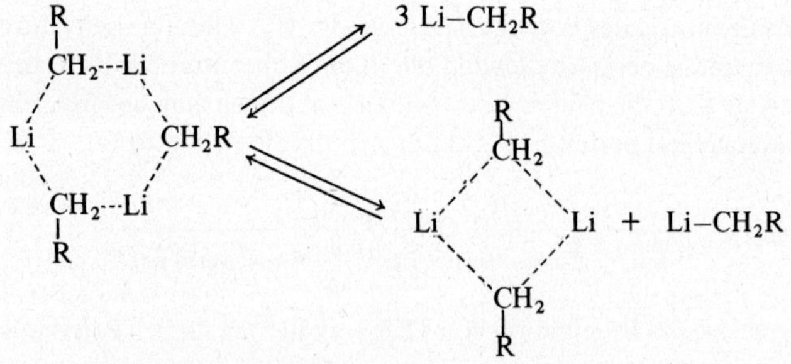

Nimmt man nun „Lithiumisoprenyl" $Li-CH_2-C(CH_3)=CH-CH_2-CH_2-R$ als Initiator für die Polyreaktion von Isopren, so ist die Reaktionsgeschwindigkeit von erster Ordnung in Bezug auf die Monomerkonzentration. Die Ordnung in Bezug auf den Initiator ist bei Initiatorkonzentrationen größer als ca. $10^{-5}$ mol/dm³ kleiner als 1 (Grenzwert 1/6), darunter jedoch größer als 1. Die unimeren Lithiumorganyle reagieren zuerst mit dem Monomeren:

(19-32)

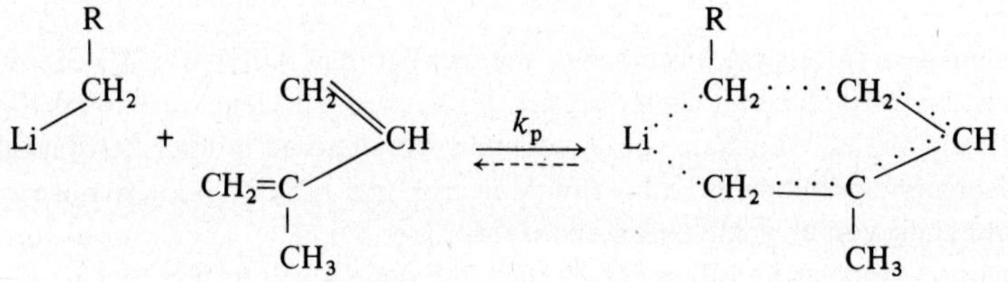


Dieses Addukt reagiert anschließend mit den Assoziaten des Initiators, z.B. mit dem Dimeren:

(19-33)

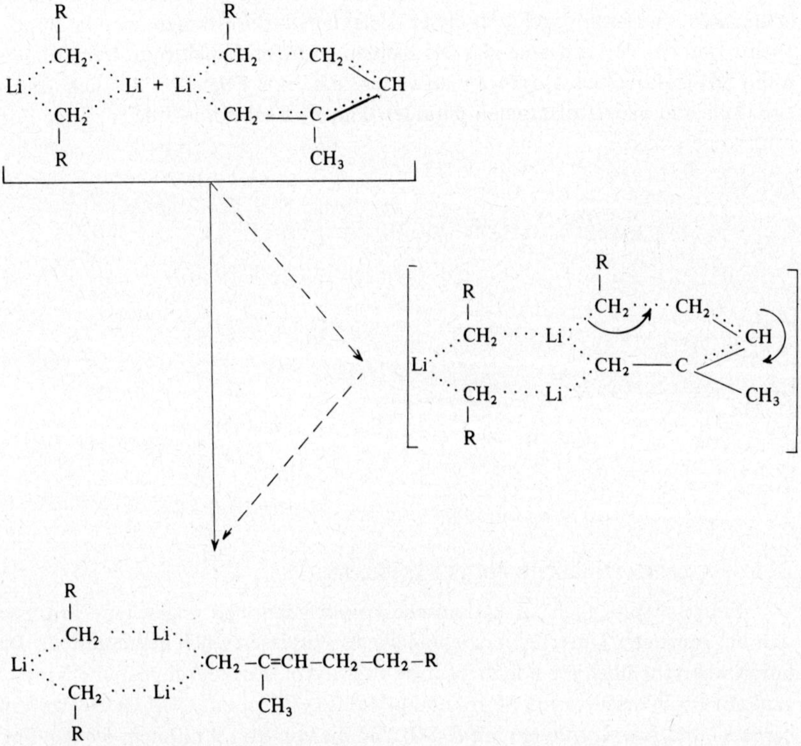


Bei hohen Initiatorkonzentrationen (> $10^{-2}$ mol/m³) wird die Polymerisationsgeschwindigkeit wegen der kleinen Konzentration an Initiatorunimeren und der hohen Konzentration an Initiatormultimeren durch Gl. (19–32) geregelt. Bei kleinen Initiatorkonzentrationen ($< 10^{-2}$ mol/m$^3$) wird dagegen der Prozeß (19–33) geschwindigkeitsbestimmend, weil die Absolutkonzentration an Initiatormultimeren niedrig ist.

Bei der Polyreaktion von Äthylenoxid mit Natriumphenolat/Phenol als Initiator hatte man zunächst angenommen, daß das Phenolatanion die Polymerisation auslöst

(19–34) $$C_6H_5O^{\ominus} + \underset{\diagdown O \diagup}{CH_2\text{———}CH_2} \rightarrow C_6H_5O{-}CH_2CH_2O^{\ominus}$$

Genauere Untersuchungen haben aber gezeigt, daß Äthylenoxid weder mit Phenol noch mit Natriumphenolat allein reagiert. Im System Äthylenoxid/Phenol/Natriumphenolat ist die molare Abnahme von Phenol und Äthylenoxid mit der Zeit fast gleich groß. Die Abnahme des Phenols ist bis zum Molverhältnis Äthylenoxid/Phenol 1 : 1 praktisch unabhängig von der Äthylenoxidkonzentration. Sie hängt aber sowohl von der Konzentration von Natriumphenolat als auch von der Konzentration an Phenol selbst ab.

Aus diesen Befunden wurde geschlossen, daß die Polyreaktion über einen Komplex aus allen drei Komponenten ablaufen muß. Durch gesonderte Untersuchungen wurde nachgewiesen, daß dabei das Äthylenoxid in Form seines Ätherates mit dem Phenol in den Komplex eintritt. Gibt man die drei Komponenten in den geeigneten Anteilen in einem Lösungsmittel zusammen, so beobachtet man ein Minimum in der Löslichkeit, im Dampfdruck und in der Dielektrizitätskonstanten, ein Maximum in der Dichte und ein Verschwinden der OH-Banden im Infrarotspektrum. Der Komplex muß somit OH-inaktive Schwingungen aufweisen, d.h. eine Ebene, in der sich das H-Atom zwischen drei Sauerstoffatomen befindet. Für die Reaktion wurde folgende Formulierung vorgeschlagen:

(19-35)

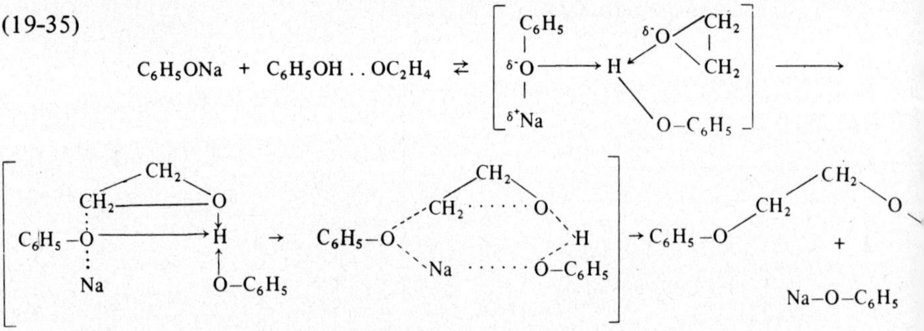

## 19.2.2 PSEUDOKATIONISCHE POLYREAKTIONEN

Einige ursprünglich als kationische Polymerisationen angesehene Prozesse haben sich bei genauerer Untersuchung ebenfalls als Polyinsertionen herausgestellt. Dazu gehören wahrscheinlich die Polymerisation von Styrol, Acenaphthylen und Vinylcarbazol mit Perchlorsäure, von Styrol und p-Methoxystyrol mit $CF_3COOH$, von Vinylcarbazol und Acenaphthylen mit $H_2SO_4$ und die von Styrol mit dem System $SnCl_4$/$H_2O$, sämtliche in $CH_2Cl_2$.

Die Vorgänge bei diesen Polyinsertionen wurden am gründlichsten beim System Styrol/$HClO_4$/$CH_2Cl_2$ untersucht. Ursprünglich hatte man angenommen, daß aus dem Styrol bei Zugabe von Perchlorsäure im Überschuß das 1-Phenyläthylkation entsteht

(19-36)

$$H^{\oplus} + \underset{\displaystyle\mathrm{Ph}}{\underset{|}{CH_2{=}CH}} \rightarrow \underset{\displaystyle\mathrm{Ph}}{\underset{|}{CH_3{-}\overset{\oplus}{C}H}}$$

In der Tat beobachtet man auch Absorptionsbanden bei 309 und 421 nm, allerdings erst *nach* der Polymerisation. Das Auftreten dieser Absorptionsbanden ist aber weder ein Beweis für die Existenz der postulierten 1-Phenyläthylkationen, noch ein Beweis dafür, daß diese Kationen die Polymerisation von Styrol auslösen. Die Polymerisationen werden nämlich mit sehr kleinen Initiatorkonzentrationen ausgeführt und könnten prinzipiell anders verlaufen.

Tatsächlich hat sich gezeigt, daß die Absorptionsbanden nicht vom 1-Phenyläthylkation stammen, sondern hauptsächlich vom 1-(Oligostyryl)-3-phenylindankation und damit aus einer Abbruchsreaktion:

(19-37)

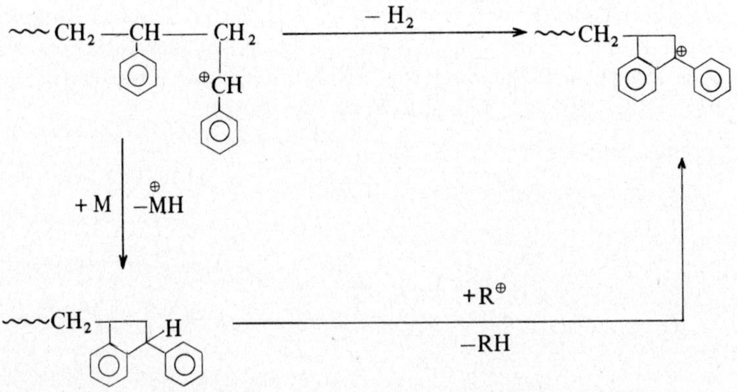


Beim Zusammengeben von Perchlorsäure und Styrol bildet sich vielmehr ein Ester, der dann Styrol insertiert:

(19-38)

$$\underset{\displaystyle\mathrm{Ph}}{\underset{|}{CH_2{=}CH}} + HClO_4 \rightarrow \left(\underset{\displaystyle\mathrm{Ph}}{\underset{|}{CH_3{-}CH}}{-}O{-}ClO_3\right)_{solv} \xrightarrow{+Sty} \left(CH_3{-}\underset{\displaystyle\mathrm{Ph}}{\underset{|}{CH}}{-}CH_2{-}\underset{\displaystyle\mathrm{Ph}}{\underset{|}{CH}}{-}O{-}ClO_3\right)_{solv}$$

Das Auftreten dieses Esters wurde u.a. durch seine Bildung aus 1-Phenyläthylbromid und $AgClO_4$ in situ bewiesen. Der Ester ist rein nicht beständig, sondern nur in Gegenwart von mindestens der vierfachen Menge Styrol. Der Ester wird daher wahrscheinlich durch Styrol solvatisiert.

Pseudokationische Polymerisationen können von echten kationischen Polymerisationen durch die Temperaturabhängigkeit der Polyreaktionsgeschwindigkeit und die Wirkung von zugesetztem Wasser unterschieden werden. Pseudokationische Reaktionen verlaufen nämlich bei tiefen Temperaturen (ca. – 90 °C) langsam, kationische Polymerisationen aber noch recht schnell. Die Polymerisationsgeschwindigkeit wird ferner bei pseudokationischen Polymerisationen praktisch nicht durch Zugabe von Wasser beeinflußt (bis $[H_2O]/[\text{Initiator}] = 10$!). Bei echten kationischen Polymerisationen greift dagegen Wasser in Polyreaktion ein. Carbokationen von Olefinen werden nämlich sofort durch Wasserzugabe zerstört (vgl. Kap. 18). Metallhalogenide bilden mit Wasser Hydrate. Die Konzentration dieser Hydrate und damit die Konzentration an Wasser beeinflußt dann die Polymerisationsgeschwindigkeit und den Polymerisationsgrad.

### *19.3. Enzymatische Polyreaktionen*

Die enzymatische Synthese bestimmter Polysaccharide wird häufig als Polyinsertion aufgefaßt. Ein Beispiel dafür ist die Bildung des Poly(glucosids) Dextran (vgl. Kap. 31) aus Saccharose unter der Wirkung des Enzyms Dextransaccharase, wobei Fructose freigesetzt wird. Es wird angenommen, daß die in vorherigen Schritten gebildete Polymerkette $P_n$ am Enzym adsorbiert ist. Das Substrat S (in diesem Fall Saccharose) wird ebenfalls am Enzym adsorbiert. Aus dem Enzym/Polymer-Komplex $EP_n$ und dem Substrat S bildet sich ein Substrat/Enzym-Komplex $SEP_n$ aus, der sich dann unter Insertion des Glucose-Restes der Saccharose und Freisetzen der Fructose in einen Enzym/Polymer-Komplex $EP_{n+1}$ umwandelt:

(19-39)

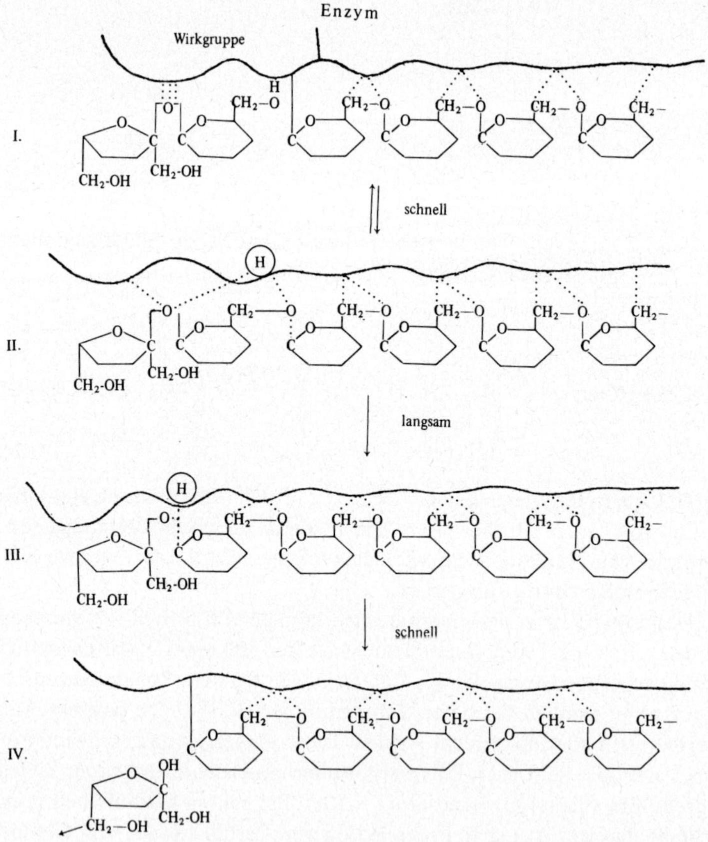

Kinetisch handelt es sich um eine Polyreaktion mit vorgelagertem Gleichgewicht:

(19-40) $EP_n + S \rightleftarrows SEP_n \quad ; \quad K = \frac{[SEP_n]}{[EP_n][S]}$

(19-41) $SEP_n \xrightarrow{k_i} EP_{n+1} + F$

Falls weder die Gleichgewichtskonstante $K$ noch die Geschwindigkeitskonstante $k_i$ der Polyinsertion vom Polymerisationsgrad abhängen und der Insertionsschritt, Gl. (19-41), die geschwindigkeitsbestimmende Reaktion ist, erhält man

(19-42) $v_p = k_i[SEP_n] = k_i K[EP_n][S]$

Die Geschwindigkeit ist also proportional der Substratkonzentration und der Konzentration an $EP_n$-Komplex. Die Proportionalitätskonstante setzt sich aus einer Geschwindigkeits- und einer Gleichgewichtskonstanten zusammen.

Bei diesem *Einketten*-Mechanismus bleibt das Enzym ständig mit der Polymerkette verbunden. Viel häufiger sind jedoch *Vielketten*-Mechanismen, bei denen das Enzym nach jedem Verknüpfungsschritt wieder abgespalten wird und somit von Kette zu Kette wandert (vgl. auch Polykondensationen, Kap. 17). Im ersten Schritt wird hier aus Enzym und Substrat ein Enzym/Substrat-Komplex ES gebildet:

(19-43) $E + S \rightleftarrows ES \quad ; \quad v_c = k_c[E][S]$

$v_{-c} = k_{-c}[ES]$

Der Enzym/Substrat-Komplex wird im zweiten Schritt in das Produkt P und das Enzym E gespalten:

(19-44) $ES \rightleftarrows E + P \quad ; \quad v_i = k_i\,[ES]$

$v_{-i} = k_{-i}[E][P]$

Das Enzym wird in sehr kleinen Mengen zugegeben. Die im Komplex ES vorliegende Menge Substrat ist daher vernachlässigbar klein gegenüber der frei vorliegenden Menge S. Für den Bereich konstanter Geschwindigkeit gilt demnach

(19-45) $-d[E]/dt = d[ES]/dt = 0$

oder

(19-46) $(v_c - v_{-i}) - (v_{-c} + v_i) = 0$

Nach Einsetzen der Gl. (19-43) und (19-44) in Gl. (19-46) erhält man

(19-47) $[E] = \frac{(k_{-s} + k_i)[ES]}{(k_c[S] + k_{-i}[P])}$

Die Gesamtkonzentration an Enzym ändert sich nicht:

(19-48) $[E]_0 = [E] + [ES]$

Die beobachtbare Reaktionsgeschwindigkeit $v$ ist durch die Bildung des Produktes P oder durch das Verschwinden des Substrates S gegeben, d. h.

(19-49) $v = d[P]/dt = k_i[ES] - k_{-i}[E][P]$

und mit den Gl. (19-47) – (19-49)

(19-50) $$v = \frac{k_c k_i\,[S] - k_{-c}k_{-i}[P]}{k_c[S] + k_{-i}[P] + k_{-c} + k_i}\,[E]_0$$

Gl. (19-50) vereinfacht sich, wenn das Gleichgewicht (19-44) ganz auf der Seite des Produktes P liegt. Die Rückreaktionen P → S brauchen dann nicht berücksichtigt zu werden. Ist dies durch $k_{-i} \to 0$ verursacht, so reduziert sich Gl. (19-50) zur sogenannten Michaelis-Menten-Gleichung

(19-51) $$v = \frac{k_i[S][E]_0}{\dfrac{k_{-c} + k_i}{k_c} + [S]} = \frac{k_i[S][E]_0}{K_m + [S]}$$

Die Michaelis-Menten-Konstante $K_m$ ist nur dann eine echte Gleichgewichtskonstante, falls $k_i \ll k_{-c}$.

Arbeitet man bei sehr hohen Substratkonzentrationen, so wird $[S] \gg K_m$. Nach Gl. (19-51) erreicht die Geschwindigkeit unter diesen Bedingungen einen maximalen Wert $v_{max} = k_i[E]_0$. Gl. (19-51) kann man daher auch schreiben

(19-52) $v = v_{max}[S]/(K_m + [S])$

oder umgeformt

(19-53) $$\frac{1}{v} = \frac{1}{v_{max}} + \frac{K_m}{v_{max}} \cdot \frac{1}{[S]}$$

Durch Auftragen von $1/v$ gegen $1/[S]$ kann also bei Vorliegen dieser Kinetik aus dem Ordinatenabschnitt $v_{max}$ und damit aus der Neigung $K_m$ ermittelt werden (Lineweaver-Burk-Diagramm).

Die vorliegende Ableitung bezieht sich auf einen Vielkettenmechanismus mit einer katalytisch aktiven Gruppe pro Enzymmolekül. Weist das Enzymmolekül $N$ gleiche und unabhängig voneinander wirksame Gruppen auf, so wird Gl. (19-52) modifiziert zu

(19-54) $v = v_{max}[S]^N/(K'_m + [S]^N)$

Bei enzymatischen Polyreaktionen wird häufig gefunden, daß $v_{max}$ und $K_m$ noch vom Polymerisationsgrad abhängen. Dieser Befund kann wie folgt erklärt werden:

a. Die Bindungsfestigkeit des Enzyms am nichtreduzierenden Ende der Kette hängt vom Polymerisationsgrad ab, d.h. es gilt nicht das Prinzip der gleichen chemischen Reaktivität. In diesem Falle müssen bei steigendem Polymerisationsgrad $v_{max}$ größer und $K_m$ kleiner werden.
b. Die reagierende Endgruppe wird mit steigendem Polymerisationsgrad immer weniger zugänglich. In diesem Falle würde $v_{max}$ mit steigendem Polymerisationsgrad kleiner, während $K_m$ konstant bliebe.
c. Das Enzym wird nicht nur am Kettenende, sondern auch im Innern der Polymerkette gebunden. Die über die Michaelis-Menten-Gleichung berechneten Werte von $v_{max}$ und $K_m$ sind dann nur scheinbar. $K_m$ würde sich aus den Konstanten

$(K_m)_{endgruppe}$ und $(K_m)_{innern}$ zusammensetzen. $v_{max}$ würde dann im wesentlichen von $(K_m)_{innern}$ bestimmt.

## Literatur zu Kap. 19

### *19.1 Ziegler-Polymerisationen*

N. G. Gaylord und H. F. Mark, Linear und Stereoregular Addition Polymers: Polymerization with Controlled Propagation, Interscience, New York 1958

L. Reich und A. Schindler, Polymerization by Organometallic Compounds, Interscience, New York 1966

J. Boor, jr., The Nature of the Active Site in the Ziegler-Type Catalyst, Macromol. Revs. **2** (1967) 115

G. Henrici-Olivé und S. Olivé, Koordinative Polymerisation an löslichen Übergangsmetall-Katalysatoren, Adv. Polymer Sci. **6** (1969) 421

J. Boor, jr., Review of Recent Literature on Ziegler-Type Catalysts, Ind. Engng. Chem. Prod. Res. Develop. **9** (1967) 437

T. Keii, Kinetics of Ziegler-Natta Polymerization, Kodansha Sci. Books, Tokyo 1972 (in Englisch)

### *19.2 Pseudoionische Polyraktionen*

F. Patat, Polymeraufbau durch Einschieben von Monomeren, Chimia (Aarau) **18** (1964) 233

### *19.3 Enzymatische Polyreaktionen*

K. Plowman, Enzyme Kinetics, McGraw-Hill, New York 1972

# 20 Radikalische Unipolymerisationen

## 20.1 Initiation und Start

### 20.1.1 PHÄNOMENE

Die radikalische Polymerisation wird durch freie Radikale ausgelöst und über wachsende Makroradikale fortgepflanzt. Im Prinzip kann man daher zu einem Monomer entweder eine Lösung stabiler freier Radikale geben (sehr selten) oder aber die Radikale erst in der Monomerlösung selbst erzeugen.

Um Radikale zu bilden, müssen covalente Bindungen homolytisch getrennt werden. Je weniger Energie dazu nötig ist, umso stabiler sind auch die Radikale. Stabile freie Radikale wie das Triphenylmethylradikal können in der Regel keine Polymerisation einleiten.

Die polymerisationsauslösenden Radikale werden meist im Monomeren oder in seiner Lösung erzeugt. Sie können in den weitaus überwiegenden Fällen aus geeigneten Radikalbildnern erhalten werden. In sehr seltenen Fällen können die Monomeren allein ohne zugesetzte Radikalbildner ihre Polymerisation auslösen (thermische Polymerisation). Die zum Zerfall in Radikale erforderliche Energie kann auf verschiedene Weisen in das System gebracht werden: thermisch, elektrochemisch, chemisch (Redoxsysteme) oder photochemisch.

Die Bildung von Radikalen und die durch sie bewirkte Polymerisationsauslösung ist mit verschiedenen Methoden direkt oder indirekt nachgewiesen worden. Tetraphenylbernsteinsäurenitril ist z.B. ein Initiator für die Polymerisation von Styrol; aus magnetischen Messungen ist bekannt, daß diese Substanz in Lösung bei Raumtemperatur zu etwa 1 % in Radikale zerfällt. Pro Initiatormolekül wird ferner ungefähr eine Polymerkette gefunden (Vergleich der Ausgangskonzentrationen mit dem Zahlenmittel des Molekulargewichtes des Polymeren)

(20-1) $\mathrm{Ph_2C(CN)-C(CN)Ph_2} \longrightarrow 2\ \mathrm{Ph_2\dot{C}-CN} \xrightarrow{+\ n\ Styrol} \mathrm{Ph_2C(CN)-(sty)_n^\bullet}$

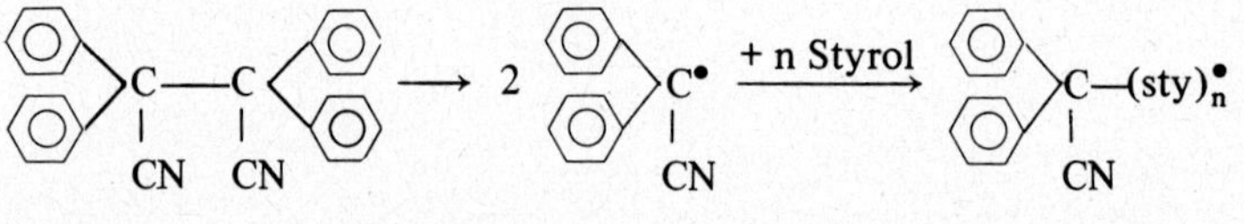

Nach diesem Schema sollte mindestens das eine Ende der Polymerkette einen kovalent gebundenen Initiatorrest tragen. Tatsächlich wurden bei der Polymerisation des Styrols mit Chloracetylperoxid oder mit Brombenzoylperoxid als Initiatoren je ein bis zwei Initiator-Reste pro Kette gefunden (Halogen ist chemisch leicht nachzuweisen), z. B. beim Brombenzoylperoxid

(20-2)

$\mathrm{Br\text{-}C_6H_4\text{-}C(=O)\text{-}O\text{-}O\text{-}C(=O)\text{-}C_6H_4\text{-}Br} \rightarrow 2\ \mathrm{Br\text{-}C_6H_4\text{-}C(=O)\text{-}O^\bullet} \xrightarrow{+\ n\ Styrol} \mathrm{Br\text{-}C_6H_4\text{-}C(=O)\text{-}O\text{-}(sty)_n^\bullet}$

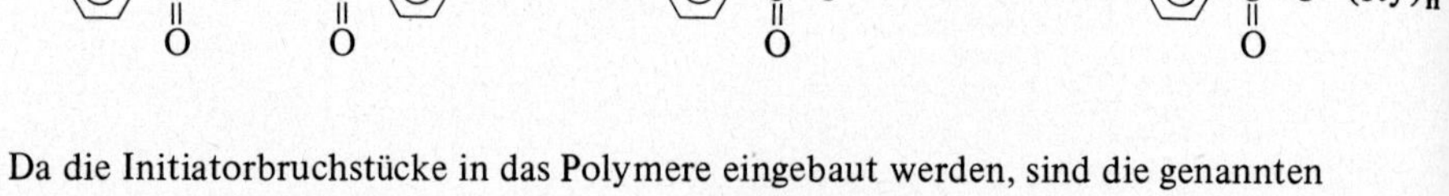

Da die Initiatorbruchstücke in das Polymere eingebaut werden, sind die genannten Verbindungen keine Katalysatoren und werden besser Initiatoren genannt.

Beim Azobisisobutyronitril (AIBN) als Initiator beobachtet man eine Stickstoffentwicklung und das Verschwinden der durch die Azogruppierung hervorgerufenen Absorption bei 360 nm:

(20-3)
$$\begin{array}{c}CH_3 \\ CH_3\end{array}\!\!>\!\!\underset{\underset{CN}{|}}{C}\!\!-\!\!N\!=\!N\!-\!\underset{\underset{CN}{|}}{C}\!\!<\!\!\begin{array}{c}CH_3 \\ CH_3\end{array} \longrightarrow 2\ \begin{array}{c}CH_3 \\ CH_3\end{array}\!\!>\!\!\underset{\underset{CN}{|}}{C^\bullet} + N_2$$

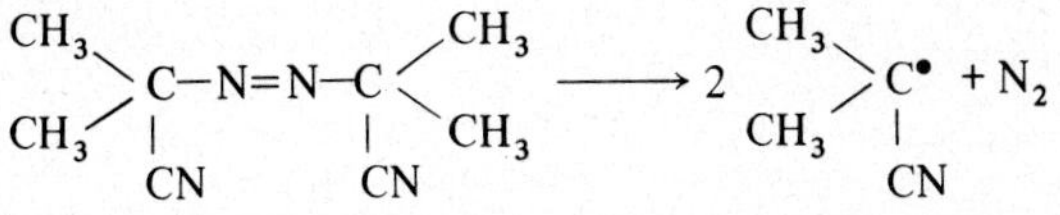

Schließlich konnten bei der Vinylpolymerisation gebildete freie Radikale direkt durch Elektronenspinresonanz-Messungen nachgewiesen werden.

### 20.1.2 THERMISCHER ZERFALL VON RADIKALBILDNERN

#### 20.1.2.1 Konstitution und Radikalbildung

Die meisten radikalischen Polymerisationen werden durch Radikale gestartet, die beim thermischen Zerfall geeigneter Radikalbildner entstehen. Geeignete Radikalbildner sind Verbindungen mit leicht spaltbaren Bindungen. Radikale werden z. B. beim Zerfall von Azoverbindungen wie Azobisisobutyronitril gebildet (Gl. (20-3)) oder auch beim Zerfall von Perverbindungen wie Peroxiden, Perestern, Persäuren oder Hydroperoxiden. Benzoylperoxid kann in Benzoyloxy- und in gewissen Lösungsmitteln auch weiter in Phenyl-Radikale zerfallen:

(20-4)
$$\text{Ph}-CO-O-O-CO-\text{Ph} \rightarrow 2\ \text{Ph}-CO-O^\bullet \rightarrow 2\ \text{Ph}^\bullet + 2\ CO_2$$

In Gegenwart von Monomeren wird eine Polymerisation in der Regel durch die Benzoyloxy-Radikale und nicht durch die Phenyl-Radikale gestartet. Kaliumpersulfat $K_2S_2O_8$ zerfällt thermisch in zwei Radikalanionen $SO_4^{\bar{\bullet}}$, welche die Polymerisation auslösen.

Die Zerfallsgeschwindigkeit von Radikalbildnern kann in weiten Grenzen schwanken (Tab. 20-1). Der Zerfall wird erleichtert, wenn sich für das Radikal zusätzliche Resonanzmöglichkeiten ergeben. Je mehr Resonanzmöglichkeiten aber vorhanden sind, umso stabiler ist das Radikal. Pentaphenylcyclopentadienyl liegt z. B. im festen Zustand zu 100 % dissoziiert vor.

Die Zerfallsgeschwindigkeit hängt ferner vom Lösungsmittel ab. Benzoylperoxid ist z.B. nach 60 min bei 79,8 °C in $CCl_4$ zu 13,0 %, in Benzol zu 15,5 %, in Cyclohexan zu 51 % und in Dioxan zu 82,2 % zerfallen. In i-Propanol sind bereits nach 10 min 95,1 % zersetzt und in Aminen erfolgt der Zerfall explosionsartig. Das Lösungsmittel kann also in die Radikalbildung eingreifen.

Alkylradikale sind besonders wenig resonanzstabilisiert (vgl. auch Kap. 20.2.1) und daher sehr leicht polymerisationsauslösend. Sie sind aber so reaktionsfähig, daß sie nicht nur selektiv mit C=C-Doppelbindungen reagieren (Übertragungsreaktionen, vgl. Kap. 20.3). Alkylradikale können z. B. durch Reaktion von Tributylbor mit Sauerstoff erzeugt werden:

(20-5) $(C_4H_9)_3B + O_2 \rightarrow (C_4H_9)_2BOOC_4H_9$

(20-6) $(C_4H_9)_2BOOC_4H_9 + 2(C_4H_9)_3B \rightarrow (C_4H_9)_2BOB(C_4H_9)_2 +$
$\qquad\qquad\qquad\qquad\qquad\qquad\qquad + 2(C_4H_9)^\bullet + (C_4H_9)_2BOC_4H_9$

*Tab. 20–1:* Halbwertszeiten für den Zerfall einiger technischer Perverbindungen in Benzol (geschlossene Ampullen) bzw. in Wasser

| Name | Verbindung Konstitutionsformel | Halbwertszeit $t_{50\%}$ (h) 40 °C | 70 °C | 110 °C | Aktivierungsenergie kJ/mol |
|---|---|---|---|---|---|
| Cumolhydroperoxid | 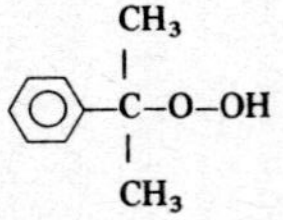 | $4 \cdot 10^6$ | 66 000 | 760 | 100 |
| Dicumylperoxid | 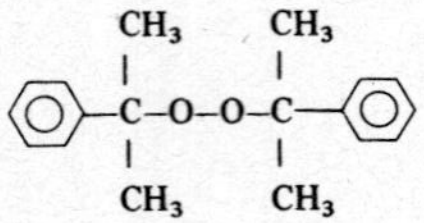 | $3 \cdot 10^6$ | 11 200 | 27 | 170 |
| t-Butylperbenzoat | 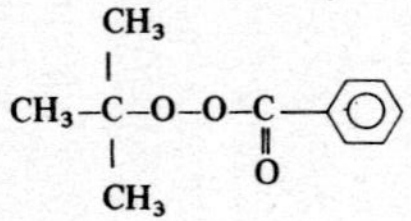 | 150 000 | 950 | 5.6 | 145 |
| Dibenzoylperoxid | 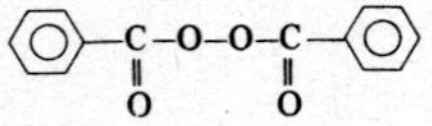 | 550 | 10.3 | 0.14 | 124 |
| Dilauroylperoxid | $H{-}(CH_2)_{11}{-}C(=O){-}O{-}O{-}C(=O){-}(CH_2)_{11}{-}H$ | 280 | 3.2 | 0.028 | 127 |
| 2,4-Dichlorbenzoylperoxid (50% in Dibutylphthalat) | 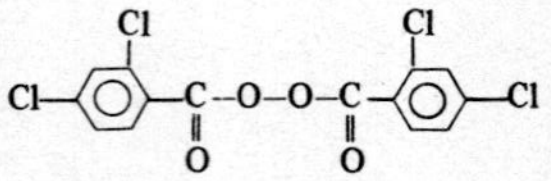 | 80 | 1.4 | 0.018 | 118 |
| Kaliumperoxidisulfat | $K_2S_2O_8$ | | | | |
| in Wasser pH ≥ 4 | | 98.4 | 10.5 | | 138 |
| in Wasser pH = 1 | | 9.4 | 2.4 | | 109 |

Es handelt sich also eigentlich um eine Redoxreaktion (vgl. Kap. 20.1.4). Die entstehenden $(C_4H_9)^\bullet$-Radikale können in Form ihrer Dimerisierungsprodukte (z. B. Octan) nachgewiesen werden. Wegen der Reaktion (20 – 6) müssen weniger als stöchiometrische Mengen Boralkane in Bezug auf Sauerstoff verwendet werden. Zu große Sauerstoffmengen inhibieren die Polymerisation (Kap. 20.1.5). Das Initiatorsystem Boralkan/ Sauerstoff löst radikalische Polymerisationen noch bei $-100\,°C$ aus. Die Halbwertszeit der Peroxiborane beträgt in Heptan bei $-80\,°C$ ca. eine Woche.

Für den Start radikalischer Polymerisationen bei hohen Temperaturen eignen sich dagegen aromatische Pinakole als Initiatoren. Die primär entstehenden Radikale starten jedoch nicht die Polymerisation, da sie nicht als Endgruppen gefunden wurden. Die startenden Radikale sind vermutlich durch eine Übertragungsreaktion entstandene Monomerradikale

(20 – 7)
$$\underset{\underset{C_6H_5C_6H_5}{|}}{\overset{\overset{C_6H_5C_6H_5}{|}}{HO-C-C-OH}} \xrightarrow{>40\,°C} 2\,HO-\underset{\underset{C_6H_5}{|}}{\overset{\overset{C_6H_5}{|}}{C^\bullet}} \xrightarrow{+\,2\,CH_2=CHR} 2\,\underset{\underset{C_6H_5}{|}}{\overset{\overset{C_6H_5}{|}}{C}}=O\ +$$

$$+\ 2\ CH_3-\overset{\bullet}{C}HR$$

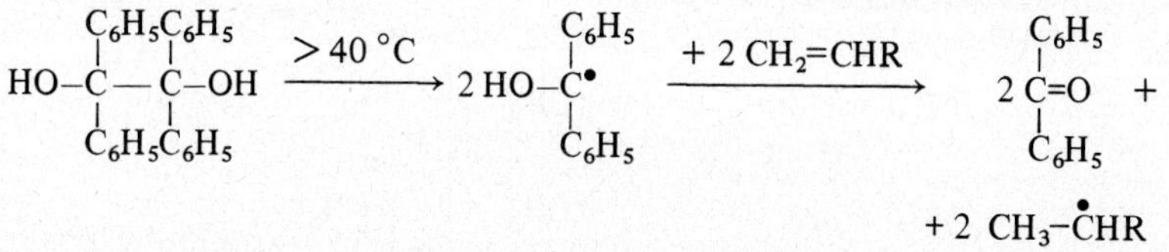

Nicht stabilisierte, reaktionsfähige Radikale (z.B. Alkylradikale) können außerdem besonders leicht das fertige Polymermolekül angreifen. Das neu gebildete Radikal kann Monomer addieren, wodurch verzweigte Polymere entstehen oder mit anderen Radikalen kombinieren, wobei Vernetzung auftritt:

(20 – 8)
$$R^\bullet + \underset{\underset{\{}{CHR_1}}{\overset{\{}{CH_2}} \longrightarrow RH + \underset{\underset{\{}{^\bullet CR_1}}{\overset{\{}{CH_2}} \xrightarrow{+nM} RH + \underset{\underset{\{}{^\bullet(M)_{\overline{n}}CR_1}}{\overset{\{}{CH_2}}$$

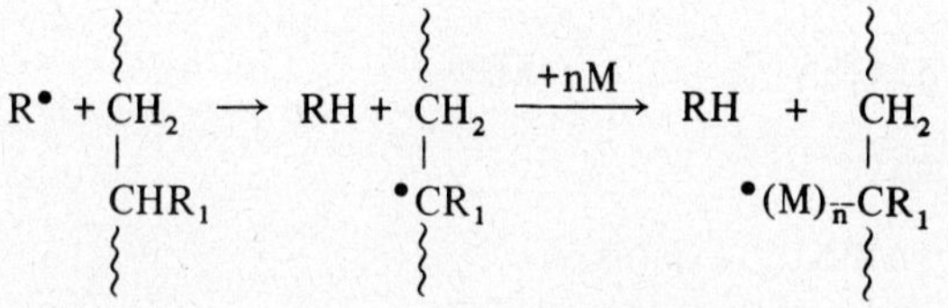

p-Vinylbenzylmethyläther gibt z.B. mit AIBN bei kleinen Umsätzen unverzweigte, bei höheren Umsätzen leicht verzweigte Produkte. Mit Benzoylperoxid erhält man dagegen Vernetzung bei hohen Umsätzen und mit Diacetyl (Zerfall eingeleitet durch $h\nu$) eine solche schon bei niedrigen Umsätzen. Mit derartigen Initiatoren lassen sich also im Gegensatz zum AIBN leicht Pfropfcopolymerisationen durchführen.

Für technische Polymerisationen verwendete Radikalbildner dürfen sich bei Raumtemperatur nicht stark zersetzen, d. h. sie müssen lagerfähig sein. Schlecht lagerfähige Perverbindungen verlieren ihre Polymerisationsaktivität und sind daher unwirtschaftlich. Die Lagerfähigkeit ist in der Regel umso besser, je besser die Perverbindung kristallisiert.

### 20.1.2.2 Einfacher Zerfall

Für polymerisationskinetische Versuche muß die Konzentration der Polymerradikale und damit auch der Initiatorradikale $R_i^\bullet$ konstant sein, da sonst eine Durchrechnung sehr schwierig wird. Derartige Bedingungen können z.B. mit Azobisisobutyronitril (AIBN) erreicht werden. Die meßbare Abnahme der AIBN-Konzentration in polymerisierenden Systemen ist gegeben durch

(20-9)  $-d[AIBN]/dt = k_z[AIBN]$

Für kinetische Versuche interessiert aber weniger die Geschwindigkeit des Zerfalls als die der Bildung der Radikale $v_{R\bullet}$. Pro verschwundenem Molekül AIBN entstehen im Idealfall zwei Radikale $R_I^\bullet$

(20-10)  $v_{R\bullet} = d[R_I^\bullet]/dt = -2 d[AIBN]/dt = 2 k_z [AIBN]$

Nicht alle gebildeten Radikale starten aber eine Polymerkette. Kurz nach dem Zerfall befinden sich die Radikale nämlich noch sehr eng beieinander in einem „Käfig" aus Lösungsmittel- oder Monomer-Molekülen. Die Radikale können daher miteinander kombinieren oder anderweitig abreagieren, bevor sie mit den Monomermolekülen reagieren können:

(20-11)

$$\begin{array}{c}CH_3\\ \phantom{C}\\CH_3\end{array}\!\!\!\!\!>\!\!C-N=N-C\!<\!\!\!\!\!\begin{array}{c}CH_3\\ \phantom{C}\\CH_3\end{array}$$
$$\phantom{CH_3}\ \ \ |\ \ \ \ \ \ \ \ \ \ |$$
$$\phantom{CH_3}\ \ CN\ \ \ \ \ \ \ CN$$

$$\longrightarrow\ \begin{array}{c}CH_3\\CH_3\end{array}\!\!\!\!\!>\!\!C\!-\!C\!<\!\!\!\!\!\begin{array}{c}CH_3\\CH_3\end{array} + N_2$$
$$\phantom{CH_3}\ \ \ \ \ |\ \ \ |$$
$$\phantom{CH_3}\ \ \ CN\ CN$$

$$\longrightarrow\ \begin{array}{c}CH_3\\CH_3\end{array}\!\!\!\!\!>\!\!C=C=N-C\!<\!\!\!\!\!\begin{array}{c}CH_3\\CH_3\end{array}$$
$$\phantom{CH_3CCCCCCCCCCCC}|$$
$$\phantom{CH_3CCCCCCCCCCC}CN$$

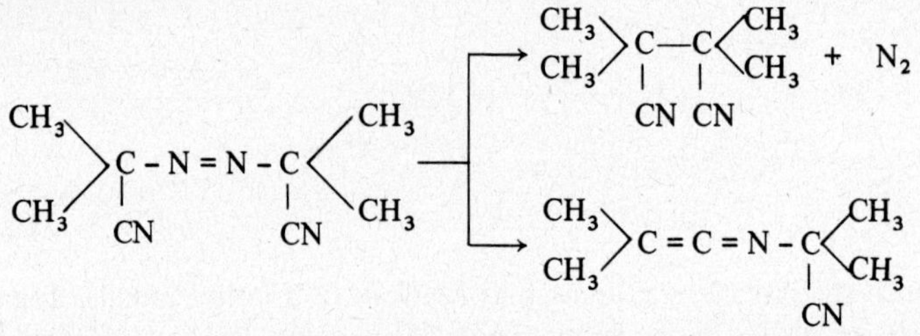

Ist $f$ der Bruchteil der wirksamen Radikale (= Zahl der eingebauten Radikale/Zahl der entstandenen Radikale), so gilt für die Bildungsgeschwindigkeit $v_{R\bullet}$ der Radikale nunmehr

(20-12)  $v_{R\bullet} = -2 f d[AIBN]/dt = 2 k_z f[AIBN]$

Die Integration führt zu

(20-13)  $[AIBN] = [AIBN]_o \cdot \exp(-k_z t)$

Die Radikalausbeute $f$ beträgt für AIBN in Styrol und verschiedenen Lösungsmitteln bei 50 °C $f = 0,5$. Können die Radikale aus sterischen Gründen nicht rekombinieren, wie bei Verwendung der folgenden Verbindung als Radikalbildner

$$\begin{array}{ccc}& CH_3 & CH_3 \\ & | & | \\ \bigcirc\!\!-\!\!&C\!-\!N = N\!-\!C&\!\!-\!\!\bigcirc \\ & | & | \\ & O & O \\ & | & | \\ & CO\!-\!CH_3 & CO\!-\!CH_3 \end{array}$$

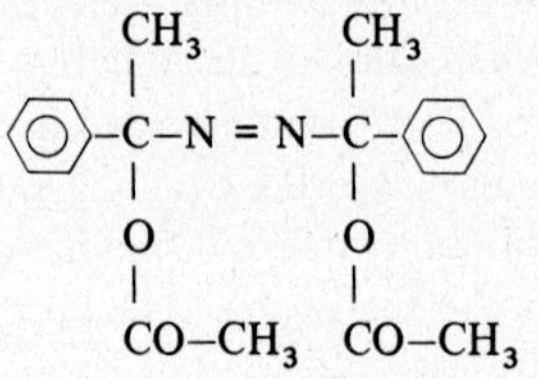

so kann die Radikalausbeute bis auf $f = 1$ steigen. Für polymerisationskinetische Messungen sollte auch die Radikalkonzentration $[R_I^\bullet]$ konstant sein. $[R_I^\bullet]$ = const. gilt aber nur, falls die AIBN-Konzentration sich ebenfalls nicht ändert. Diese Bedingung ist praktisch erfüllt, wenn weniger als 5 % des AIBN zerfallen ist. Ein Maß dafür ist die Zeit für einen 5 %igen Zerfall: $t_{5\%} \approx 0,05/k_z$.

Diese Zeiten hängen wegen der für derartige Reaktionen benötigten Aktivierungsenergie von ca. 125 kJ/mol stark von der Temperatur ab. Die Geschwindigkeitskonstante $k_z$ ist auch wie beim BPO noch etwas vom Lösungsmittel abhängig (Tab. 20-2), aber nicht so stark wie Geschwindigkeitskonstanten ionischer Reaktionen. Die mittlere Zerfallskonstante von Initiatorgemischen setzt sich oft additiv aus den Einzelkonstanten zusammen.

An die Radikalbildung (Initiation) schließt sich die eigentliche Startreaktion an

(20-14) $R_I^\bullet + M \rightarrow R_I M^\bullet$

mit den Geschwindigkeitsgleichungen

(20-15) $v_{st} = k_{st}\,[R_I^\bullet]\,[M] = -d\,[R_I^\bullet]/dt = d\,[R_I M^\bullet]/dt$

20.1.2.3 Induzierter Zerfall

Der Vergleich der Zerfallsgeschwindigkeiten zeigt, daß der Zerfall von BPO (Kap. 20.1.2.1) viel stärker vom Lösungsmittel beeinflußt wird als der vom AIBN (Tab. 20-2). Beim BPO beobachtet man auch sonst eine Reihe von Unregelmäßigkeiten. Bei einer größeren Variation der BPO-Konzentration ist z.B. $k_z$ nicht mehr konstant. Der Zerfall kann ferner durch freie Radikale wie Triphenylmethyl beschleunigt und durch Inhibitoren wie Chinon oder Pikrinsäure gehemmt werden.

Es muß also neben der rein thermischen Spaltung noch ein durch Radikale induzierter Zerfall vorliegen. Kinetisch läßt sich dieser Zerfall durch eine gesonderte Geschwindigkeitskonstante $k'$ erfassen:

(20-16) $-d\,[\text{Init}]/dt = k\,[\text{Init}] + k'\,[\text{Init}]^y$

y kann dabei zwischen 1 und 2 liegen. Der Mechanismus des induzierten Zerfalls ist nicht immer geklärt. Für den durch n-Butyläther induzierten Zerfall von BPO wird die Bildung von $\alpha$-Butoxybutyl-Radikalen vermutet

(20-17)

$$C_6H_5COO^\bullet + C_3H_7{-}CH_2{-}O{-}CH_2{-}C_3H_7 \rightarrow C_6H_5COOH + C_3H_7{-}\dot{C}H{-}O{-}CH_2{-}C_3H_7$$

Diese Radikale können mit einem weiteren Molekül BPO reagieren

(20-18)

$$C_3H_7{-}\dot{C}H{-}O{-}C_4H_9 + C_6H_5COOOOCC_6H_5 \rightarrow C_3H_7{-}C(H)(OCOC_6H_5)(O{-}C_4H_9) + C_6H_5COO^\bullet$$

oder mit einem Benzoyloxyradikal kombinieren. Die Kombination ungleicher Radikale ist wegen der in der Regel verschiedenen Polarität der Fragmente günstiger als die Kombination gleicher Bruchstücke. Die Keimbildung ist somit meist keine einfache Funktion der zugesetzten Menge des Radikalbildners, da sie noch von der Radikalausbeute und von einem evt. induzierten Zerfall abhängt. Ein schnellerer Zerfall muß daher noch keine schnellere Polymerisation bedingen. Benzoylperoxid zerfällt z. B. in Benzol 1000 mal schneller als Cyclohexylhydroperoxid, beschleunigt aber die Styrolpolymerisation nur 5 mal so stark. $K_2S_2O_8$ zerfällt z.B. in Wasser normal, in Gegenwart organischer Verbindungen aber induziert.

Der induzierte Zerfall ist besonders stark beim Zusatz von Aminen, wodurch sich die explosionsartige Zersetzung von Benzoylperoxid in Gegenwart von Aminen erklärt.

*Tab. 20-2:* Geschwindigkeitskonstanten $k_z$ und Zeiten $t_{5\%}$ für einen Zerfall von 5 % für AIBN in verschiedenen Lösungsmitteln in geschlossenen Ampullen

| Lösungsmittel | Temp. °C | Dielektrizitätskonstante | $k_z \cdot 10^6$ $s^{-1}$ | $t_{5\%}$ min | $f$ |
|---|---|---|---|---|---|
| Dioxan | 50 | 2,20 | 1,54 | 540 | 0,5 |
| Dimethylformamid | 50 | 36,7* | 2,0 | 420 | – |
| Benzol | 50 | 2,22 | 2,18 | 390 | 0,5 |
| Benzol | 70 | 2,17 | 37 | 22 | – |
| Benzol | 90 | 2,12 | 900 | 1 | – |
| Brombenzol | 50 | 5,05 | 2,61 | 320 | 0,5 |
| Styrol | 50 | 2,38 | 2,98 | 280 | – |

*25 °C

Er läuft z. B. für Benzoylperoxid und Dimethylanilin über Radikalkationen wie folgt ab:

(20 - 19)

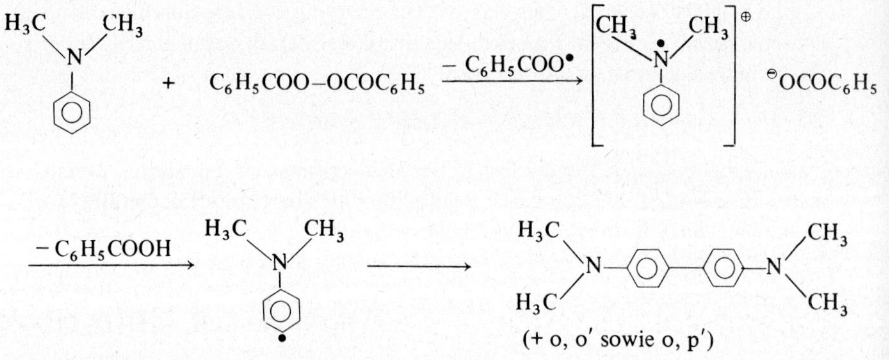


20.1.3 THERMISCHER START

Eine rein thermische Polymerisation zu hohen Molekulargewichten wurde bis jetzt nur beim Styrol und einigen seiner Derivate, beim Methylmethacrylat und beim Acenaphthylen nachgewiesen. Bei den anderen der ursprünglich als thermisch bezeichneten Polymerisationen hat sich dagegen herausgestellt, daß entweder noch Spuren anderer Initiatoren, sekundäre Zerfallsprodukte von primär gebildeten Sauerstoffverbindungen mit dem Monomeren oder noch Licht wirksam waren. Eine echte thermische Polymerisation ist dagegen eine Dunkelreaktion unter völligem Ausschluß von Sauerstoff und anderen Keimbildern, z. B. auch solchen aus der Gefäßwand.

Thermische Polymerisationen sind bei nicht zu hohen Temperaturen sehr langsam, wodurch die Aufklärung des Mechanismus sehr erschwert wird. Um einen Umsatz von 50 % zu erzielen, sind beim Styrol bei 29 °C 400 Tage erforderlich, bei 127 °C 235 min und bei 167 °C nur 16 min. Die thermische Polymerisation von Styrol wurde vor allem durch die Untersuchung der niedermolekularen Nebenprodukte aufgeklärt. Die vermutlichen Reaktionswege sind in Gl. (20 – 20) zusammengefaßt.

Nach diesen Vorstellungen können die Vinyldoppelbindungen zweier Styrolmoleküle entwerder in $\beta, \beta$ oder aber in $\alpha, \beta$ reagieren. Das entstehende Biradikal Ia löst sicher keine Polymerisation aus, da dies auch die durch Zerfall der Azoverbindung II entstehenden gleichen Biradikale nicht tun. 1,2-Diphenylcyclobutan mit einem trans/cis-Verhältnis 3 : 1 ist das Hauptprodukt der Dimerenfraktion. In kleineren Mengen wurden noch 2,4-Diphenylbuten-1 (III) und 1-Phenyltetralin (VI) nachgewiesen. Die für den Polymerisationsstart verantwortlichen Radikale entstehen vermutlich durch Reaktion von IV mit Styrol oder einem bereits gebildeten Polymerradikal $P^{\bullet}_n$. In der Tat werden mit o,o-dideuteriertem Styrol kinetische Isotopeneffekte gefunden. Die Reaktion von IV mit Styrol könnte auch die gefundene 3. Ordnung der Startreaktion in Bezug auf Styrol erklären.

(20-20)

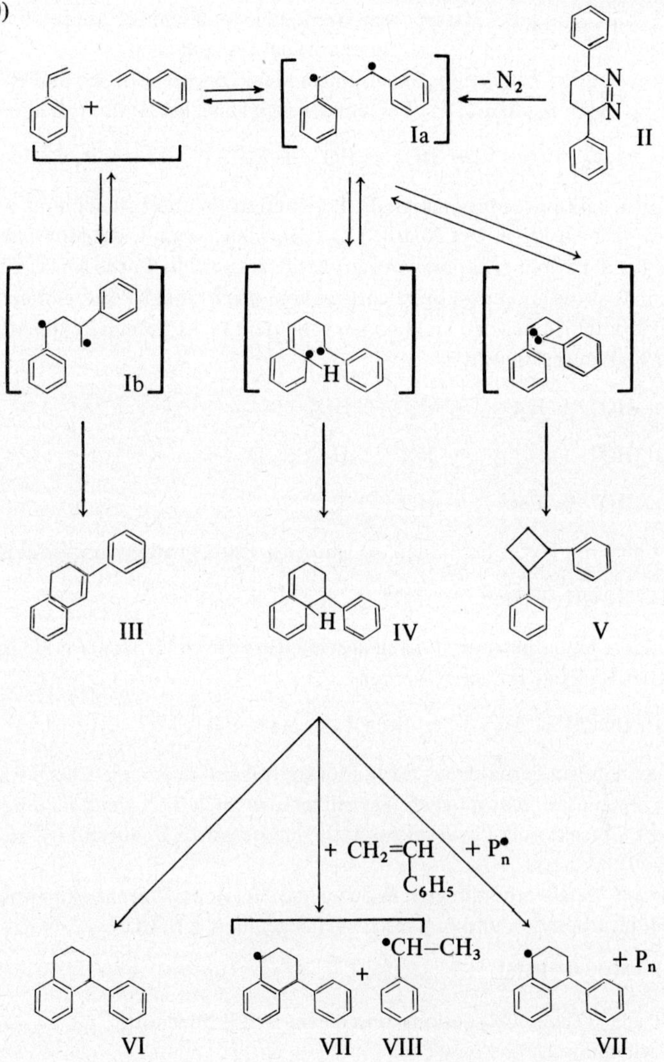

### 20.1.4 REDOX–SYSTEME

Redox-Initiatoren bestehen aus je einem Reduktionsmittel und einem Oxydationsmittel. Bei der Reaktion dieser Verbindungen entstehen intermediär Radikale, die dann die Polymerisation der Monomeren starten. Redox-Initiatoren wurden 1937 entdeckt, als man bei der Emulsionspolymerisation von Chloropren die letzten Spuren Sauerstoff durch Zugabe von Reduktionsmitteln auszuschalten versuchte. Diese Reduktionsmittel steigerten aber die Polymerisationsgeschwindigkeit stärker, als es dem Sauerstoffgehalt entsprach. Die Wirksamkeit der Reduktionsmittel stimmte außerdem nicht mit ihrer Reaktionsfähigkeit gegenüber Sauerstoff überein. Es mußte also ein neuer Mechanismus vorliegen.

Heute können vier Typen von Redox-Initiatoren unterschieden werden:

1. die bereits diskutierten Systeme aus Peroxiden und Aminen. Diese Systeme werden in der Technik häufig bei Massepolymerisationen, vor allem bei Vernetzungsreaktionen, angewendet. Sie sind weniger sauerstoffempfindlich als
2. Systeme aus einem Reduktionsmittel, einem Metallion (Fe, Cu, Co) und einer Peroxiverbindung. Beim System $H_2O_2/Fe^{2+}$ bilden sich zunächst Hydroxylradikale

(20-21) $H_2O_2 + Fe^{2+} \rightarrow HO^- + HO^\bullet + Fe^{3+}$

die in Gegenwart eines Monomeren die Polymerisation unter Ausbildung von Hydroxylendgruppen auslösen. Der Angriff kann dabei auch am $\alpha$-C des Monomeren erfolgen, wie bei der Polymerisation von Acrylsäure festgestellt wurde (max. 20 %). Da das Ausmaß dieses anomalen Startschrittes vom pH-Wert abhängt, wird er wahrscheinlich über Komplexe mit den Metallionen verlaufen. In Abwesenheit von Monomeren geht der Radikalzerfall weiter

(20-22) $HO^\bullet + H_2O_2 \rightarrow H_2O + HO_2^\bullet$

(20-23) $HO_2^\bullet + H_2O_2 \rightarrow HO^\bullet + H_2O + O_2$

(20-24) $HO^\bullet + Fe^{2+} \rightarrow HO^- + Fe^{3+}$

Arbeitet man mit Hydroperoxiden, so lautet Gl. (20-21) allgemein formuliert

(20-25) $ROOH + Me^n \rightarrow RO^\bullet + Me^{n+1} + OH^-$

Das gebildete Metallion $Me^{n+1}$ kann anschließend durch Hydroperoxide unter Bildung neuer Radikale reduziert werden

(20-26) $ROOH + Me^{n+1} \rightarrow ROO^\bullet + Me^n + H^+$

Setzt man dagegen Peroxide als Oxydationsmittel ein, so ist eine solche Regeneration des Metallions nicht möglich. Sie gelingt aber auch hier, wenn man Reduktionsmittel wie Glucose oder Glycerin zusetzt. Glucose wird z.B. durch $Fe^{3+}$ zu Glucosealkohol aufoxydiert.

3. Systeme aus Metallverbindungen, in denen das Metall im Valenzzustand null vorliegt (z.B. Metallcarbonyle), und organischen Halogeniden, z.B. $CCl_4$:

(20-27) $Mt^o + RHal \longrightarrow Mt^+Hal^- + R^\bullet$

4. Systeme aus je einem Oxydations- und einem Reduktionsmittel, die zwei Radikale bilden, schematisch

(20-28) $ROOH + AH \rightarrow RO^{\bullet} + A^{\bullet} + H_2O$

Ein solches System kann z.B. aus Kaliumpersulfat $K_2S_2O_8$ und Reduktionsmitteln wie langkettigen Sulfinsäuren oder Mercaptanen bestehen:

(20-29) $K_2S_2O_8 + RSH \rightarrow RS^{\bullet} + KSO_4^{\bullet} + KHSO_4$

Die unter 4) zusammengefassten Systeme erzeugen die Radikale paarweise und weisen darum Käfigeffekte auf. Bei den unter 1) – 3) genannten Systemen werden dagegen die Radikale einzeln gebildet. Bei den Systemen 1) – 3) ist daher die Radikalausbeute gleich 1, wenn kein induzierter Zerfall auftreten kann.

Nach den bei den Redox-Systemen ablaufenden induzierten Zerfallsreaktionen ist es verständlich, daß diese Systeme sehr empfindlich auf das Medium (Emulsion, Lösung) sind und daß der Zerfall stark von den Konzentrationen der Teilnehmer abhängt. Es handelt sich meist um eine Folge gekoppelter Reaktionen. Bei gekoppelten Reaktionen müssen aber alle Teilschritte sorgfältig angepaßt sein. Ist die Redox-Reaktion langsam, so werden nur wenig Radikale gebildet und die Polymerisation ist ebenfalls langsam. Ist die Redox-Reaktion viel schneller als die Reaktion der gebildeten Radikale mit den Monomeren, so wird der größte Teil des Initiatorsystems verbraucht, bevor er für den Polymerisationsstart ausgenutzt werden kann. $f$ ist dann nicht mehr gleich 1. Man kann daher auch die Redox-Systeme durch weitere Zusätze beeinflussen. Durch Komplexbildung der Schwermetallionen mit z.B. Citraten kann die Reaktion abgepuffert werden. Technisch wichtige Redox-Systeme sind daher meist sehr kompliziert aufgebaut, um eine optimale Wirkung zu erzielen. Redox-Systeme sind vor allem wegen ihrer geringen Aktivierungsenergie für die Radikalbildung von ca. 42 kJ/mol technisch bedeutsam, und ermöglichen daher radikalische Polymerisationen bei tiefen Temperaturen.

### 20.1.5 WIRKUNG VON SAUERSTOFF

Molekularer Sauerstoff kann je nach den Versuchsbedingungen die Polymerisation hemmen oder fördern. Bei kinetischen Untersuchungen muß daher der Sauerstoff ausgeschlossen werden, d.h. seine Konzentration sollte unter 2 ppm (part per million) liegen.

Die Doppelrolle des Sauerstoffs folgt aus seiner Konstitution. Er kann als Biradikal aufgefaßt werden, was sowohl seinen starken Paramagnetismus als auch seine Reaktionsfähigkeit gegenüber ungesättigten Verbindungen und freien Radikalen erklärt.

Sauerstoff kann mit den Monomeren einmal unter Bildung von Hydroperoxiden (z.B. beim Äthylen wahrscheinlich $CH_2{=}CH(OOH)$) reagieren, sich zum anderen aber auch an freie Radikale unter Bildung von Peroxiden anlagern

(20-30) $R^{\bullet} + O_2 \rightarrow R{-}O{-}O^{\bullet}$

In günstigen Fällen (z.B. Durchleiten von Sauerstoff durch Monomere) kann es zur Bildung von Copolymeren aus Sauerstoff und Monomer kommen. In einem geschlossenen Reaktionsgefäß werden daher zunächst alle Radikale vom Sauerstoff weggefangen und die Polymerisation unterbunden. Ist der Sauerstoff dann verbraucht, so können die gebildeten Peroxide – evtl. induziert – zerfallen und so die Polymerisation fördern. Außerdem können die Polyperoxide auch über andere Reaktionen zerfallen, z.B. unter Bildung von Aldehyden, die ihrerseits wieder als starke Überträger in die Reaktion eingreifen können.

### 20.1.6 ELEKTROLYSE

Es ist seit langem bekannt, daß bei der Elektrolyse von fettsauren Salzen Radikale entstehen. Die gebildeten Alkylradikale

(20-31)

$$R{-}CH_2{-}CH_2{-}COO^- \xrightarrow{e^-} R{-}CH_2{-}CH_2{-}COO^\bullet \rightarrow R{-}CH_2{-}CH_2^\bullet + CO_2$$

können entweder kombinieren oder disproportionieren

$$(20\text{-}32)\quad R{-}CH_2{-}CH_2^\bullet \rightarrow R{-}CH_2{-}CH_2{-}CH_2{-}CH_2{-}R$$
$$\searrow R{-}CH{=}CH_2 + CH_3{-}CH_2{-}R$$

oder aber mit den Acyloxy-Radikalen zum Ester abreagieren

$$(20\text{-}33)\quad R{-}CH_2{-}CH_2^\bullet + {}^\bullet O{-}CO{-}CH_2CH_2R \rightarrow RCH_2CH_2OCOCH_2CH_2R$$

Die Reaktion kann zum Start von Polymerisationen ausgenutzt werden. Dabei werden aber außer radikalischen je nach Monomer und Lösungsmittel auch kationische und anionische Polymerisationen beobachtet. Die anodische Entladung von Acetationen gibt z.B. in homogener Phase eine radikalische Polymerisation von Styrol bzw. Acrylnitril. Die anodische Entladung von $ClO_4^-$ und $BF_4^-$ führt dagegen zu einer kationischen Polymerisation von Styrol, N-Vinylcarbazol bzw. Isobutylvinyläther. Die durch kathodischen Zerfall von Tetraalkylammoniumsalzen (Perchlorat, Oxalat, Jodid) angeregte Polymerisation von Acrylnitril läuft dagegen anionisch ab.

## *20.2 Wachstum und Abbruch*

### 20.2.1 AKTIVIERUNG DER MONOMEREN

Von den vielen, thermodynamisch potentiell polymerisierbaren Gruppen von Verbindungen läßt sich nur ein Teil durch Radikale zur Polymerisation anregen.

Die Öffnung von gesättigten ungespannten Ringen erfordert z.B. eine sehr hohe Aktivierungsenergie für die Sprengung von $\sigma$-Bindungen (ca. 250 kJ/mol). Da die Aktivierungsenergie für die Abstraktion eines H-Atoms geringer ist (ca. 42–84 kJ/mol), greifen die Radikale das Monomer ziemlich unspezifisch an und das Reaktionsprodukt stellt im günstigsten Fall eine Mischung von verschieden verzweigten niedermolekularen Kohlenwasserstoffen dar. Gespannte Ringe können u.U. radikalisch polymerisiert werden, z.B. das 1-Bicyclo[1.1.0]butannitril

(20-34)

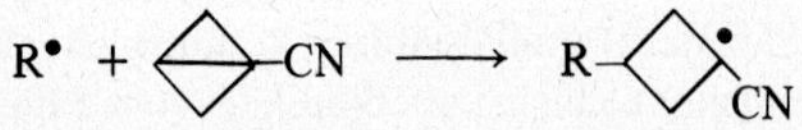


Günstiger ist die Aktivierung von Doppelbindungen. Die Wachstumsreaktion von Styrol kann z.B. durch Initiatorradikale $R^\bullet$ eingeleitet werden (Polymerisation von C=C-Doppelbindungen)

(20-35)
$$R^{\bullet} + CH_2{=}\underset{\displaystyle C_6H_5}{\underset{|}{CH}} \rightarrow R{-}CH_2{-}\underset{\displaystyle C_6H_5}{\underset{|}{\dot{C}H}} \xrightarrow{+Sty} R{-}CH_2{-}\underset{\displaystyle C_6H_5}{\underset{|}{CH}}{-}CH_2{-}\underset{\displaystyle C_6H_5}{\underset{|}{\dot{C}H}} \quad \text{usw.}$$

Bei einer Doppelbindungen und gespannte Ringe enthaltenden Substanz muß aber die radikalische Polymerisation nicht notwendigerweise über die Doppelbindung erfolgen, wie die Polymerisation der Vinylcyclopropanderivate zeigt:

(20-36) 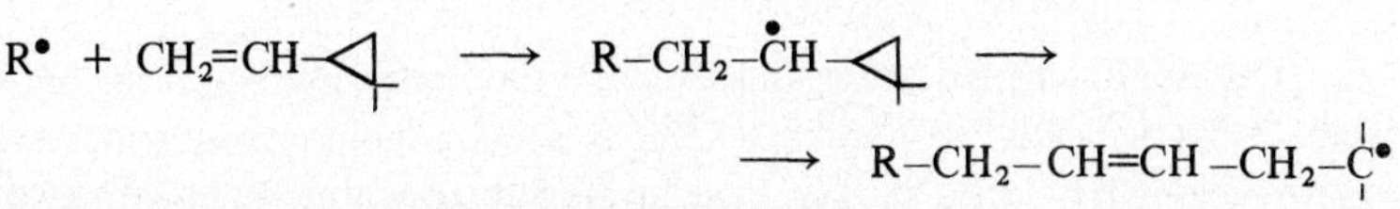

Bei einer erfolgreichen Polymerisation müssen aber nicht nur Bindungen aktiviert werden können. Das entstehende Radikal muß vielmehr auch genügend stabil sein, damit es vor einer evtl. Zerfallsreaktion oder anderen Abreaktionen weitere Monomere in einer Wachstumsreaktion anlagern kann. Die radikalische Aktivierung der Carbonyldoppelbindung sollte z.B. grundsätzlich möglich sein

(20-37)
$$\sim\sim R^{\bullet} + \overset{\displaystyle CH_3}{\overset{|}{\underset{\displaystyle CH_3}{\underset{|}{C}}}}{=}O \rightleftarrows \sim\sim R{-}\overset{\displaystyle CH_3}{\overset{|}{\underset{\displaystyle CH_3}{\underset{|}{C}}}}{-}O^{\bullet}$$

da auch das t-Butoxyradikal existiert (durch Zerfall von t-Butylperoxid). Das t-Butoxyradikal zerfällt aber in Abwesenheit geeigneter Monomerer rasch in Methylradikale und Aceton:

(20-38)
$$(CH_3)_3C{-}O^{\bullet} \longrightarrow CH_3^{\bullet} + (CH_3)_2CO$$

Die Zerfallsreaktion kann vermindert werden, wenn die Substituenten elektronenanziehend sind. Trifluoracetaldehyd kann daher radikalisch polymerisiert werden. Andererseits ist der Zerfall auch in diesem Fall begünstigt, wenn das Zerfallsprodukt stabilisiert ist. Wohl aus diesem Grunde kann 1,2-Dichlortetrafluoraceton trotz der erhöhten Elektrophilie des Carbonylzentrums nicht radikalisch polymerisiert werden. Das wachsende Radikal zerfällt vielmehr in

(20-39)
$$R^{\bullet} + \overset{\displaystyle CF_2Cl}{\overset{|}{\underset{\displaystyle CF_2Cl}{\underset{|}{C}}}}{=}O \rightarrow R{-}\overset{\displaystyle CF_2Cl}{\overset{|}{\underset{\displaystyle CF_2Cl}{\underset{|}{C}}}}{-}O^{\bullet} \rightarrow R{-}CO{-}CF_2Cl + \dot{C}F_2Cl$$

Bei diesem Radikalzerfall sind sowohl die gebildete Carbonylverbindung als auch das Radikal resonanzstabilisiert. Die Resonanzstabilisierung von Radikalen kann z. T. erhebliche Werte annehmen (Tab. 20 – 3).

Tab. 20-3: Resonanzstabilisierung von Radikalen in kJ/mol relativ zum Methylradikal

| Radikal | Energie | Radikal | Energie |
|---|---|---|---|
| $^\bullet CH_3$ | 0 | $^\bullet CCl_3$ | 50 |
| $^\bullet CH_2 CH_3$ | 17 | $^\bullet CH_2-C_6H_5$ | 103 |
| $^\bullet CH(CH_3)_2$ | 34 | $^\bullet CH_2-CH=CH_2$ | 105 |
| $^\bullet C(CH_3)_3$ | 50 | | |

Ein Monomer wird daher umso leichter mit einem Radikal reagieren können, je stabiler das neugebildete Radikal ist. Die Resonanzstabilisierung ist bei Radikalen vom Typ $-CH_2-\overset{\bullet}{C}HR$ umso stärker, je mehr die Substituenten R in Konjugation zum ungepaarten Elektron stehen. Entsprechend wurde gefunden, daß die Resonanzstabilisierung der Radikale von substituierten Olefinen $CH_2=CHR$ in der Reihenfolge

$-C_6H_5 \gtrsim -CH=CH_2 > -CO-CH_3 > -CN > COOR' > -Cl$

$-Cl > -CH_2X > -O-CO-CH_3 > -OR$

abnimmt. Styrol wird sich also leichter zur Polymerisation anregen lassen als z.B. Vinylacetat. Umgekehrt ist das Vinylacetatradikal ca. 1 000 mal reaktionsfähiger als ser Styrolradikal. Die leichter zur Polymerisation anregbaren Monomeren geben in der Regel die stabileren Radikale und umgekehrt.

Ob ein Monomer radikalisch polymerisierbar ist, hängt u.U. auch vom Initiator ab. Azobisisobutyronitril polymerisiert z.B. Vinylmercaptale $CH_2=CH-S-CH_2-S-R$ zu Produkten hohen Molekulargewichtes, während mit Dibenzoylperoxid unter den gleichen Bedingungen überhaupt kein Polymer entsteht. Hierbei kommt es nämlich zu einem induzierten Zerfall des Dibenzoylperoxides durch die $-S-CH_2-S-$Gruppe unter Bildung vom Benzoesäure und einem (instabilen) Ester $CH_2=CH-S-CH(OCOC_6H_5)-S-R$.

Die Polymerisationsgeschwindigkeit gewisser Monomerer kann durch Zusätze erhöht werden. Nitril- und carboxylgruppenhaltige Monomere komplexieren mit Lewissäuren, z. B. $ZnCl_2$ oder $AlCl_3$ (vgl. auch Kap. 22.4.3):

(20-40)

$$\sim\sim CH_2-\underset{\underset{OCH_3}{\overset{\overset{CH_3}{|}}{C=O:AlCl_3}}}{\overset{\bullet}{C}} \quad + \quad CH_2=\underset{\underset{OCH_3}{\overset{\overset{CH_3}{|}}{C=O}}}{C} \quad \longrightarrow \quad \sim\sim CH_2-\underset{\underset{CH_3O}{C}}{\overset{CH_3}{C}}\cdots\underset{\underset{Cl_3}{O:Al:O}}{\overset{CH_2}{C}}\cdots\underset{OCH_3}{\overset{CH_3}{C}} \longrightarrow$$

$$\longrightarrow \sim\sim CH_2-\underset{\underset{OCH_3}{CO}}{\overset{\overset{CH_3}{|}}{C}}-CH_2-\underset{\underset{OCH_3}{C=O:AlCl_3}}{\overset{\overset{CH_3}{|}}{\overset{\bullet}{C}}}$$

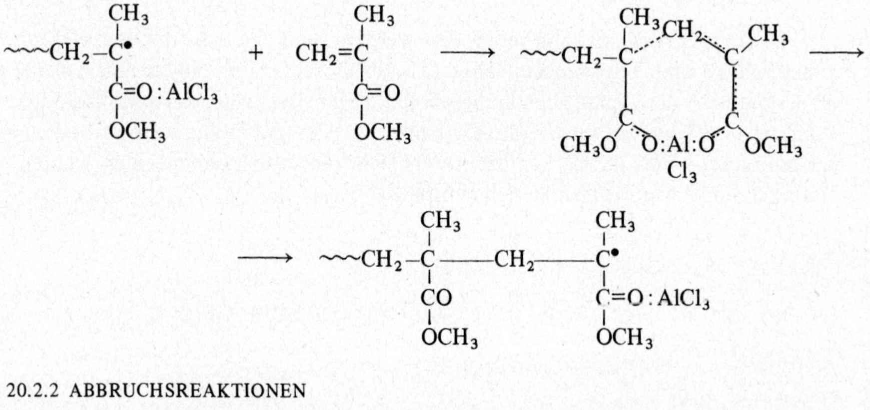

20.2.2 ABBRUCHSREAKTIONEN

Eine wachsende Polymerkette kann nicht nur das Monomer in einem Wachstumsschritt anlagern, sie kann auch mit einem anderen Polymerradikal kombinieren (z.B. beim Poly(methylmethacrylat)radikal)

(20-41)

$$\sim\sim CH_2-\underset{\underset{\underset{CH_3}{|}}{\underset{O}{|}}}{\overset{\overset{CH_3}{|}}{\underset{|}{C}}} \bullet \;+\; \bullet\underset{\underset{\underset{CH_3}{|}}{\underset{O}{|}}}{\overset{\overset{CH_3}{|}}{\underset{|}{C}}}-CH_2\sim\sim \;\to\; \sim\sim CH_2-\underset{\underset{\underset{CH_3}{|}}{\underset{O}{|}}}{\overset{\overset{CH_3}{|}}{\underset{|}{C}}}-\underset{\underset{\underset{CH_3}{|}}{\underset{O}{|}}}{\overset{\overset{CH_3}{|}}{\underset{|}{C}}}-CH_2\sim\sim$$

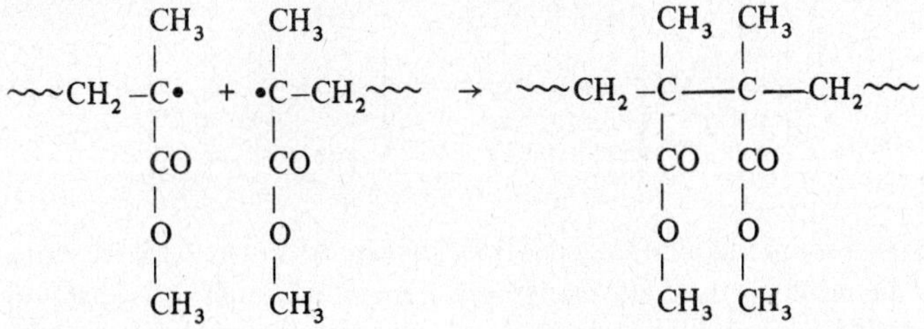

(20-42) $v_{t(pp)} = k_{t(pp)} [P^\bullet]^2$

oder disproportionieren (unbekannt, welches H übertragen wird!), z. B.

(20-43)

$$\sim\sim CH_2-\underset{\underset{\underset{CH_3}{|}}{\underset{O}{|}}}{\overset{\overset{CH_3}{|}}{\underset{|}{C}}}\bullet \;+\; \bullet\underset{\underset{\underset{CH_3}{|}}{\underset{O}{|}}}{\overset{\overset{CH_3}{|}}{\underset{|}{C}}}-CH_2\sim\sim \;\to\; \sim\sim CH_2-\underset{\underset{\underset{CH_3}{|}}{\underset{O}{|}}}{\overset{\overset{CH_3}{|}}{\underset{|}{CH}}} \;+\; CH_2{=}\underset{\underset{\underset{CH_3}{|}}{\underset{O}{|}}}{\overset{|}{\underset{|}{C}}}-CH_2\sim\sim$$

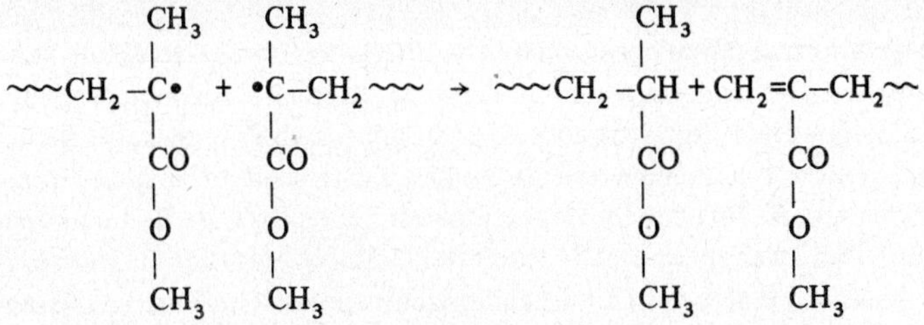

(20-44) $v_{t(pp)} = k_{t(pp)} [P^\bullet]^2$

oder bei hohen Initiatorkonzentrationen auch mit den Initiatorradikalen kombinieren

(20-45)

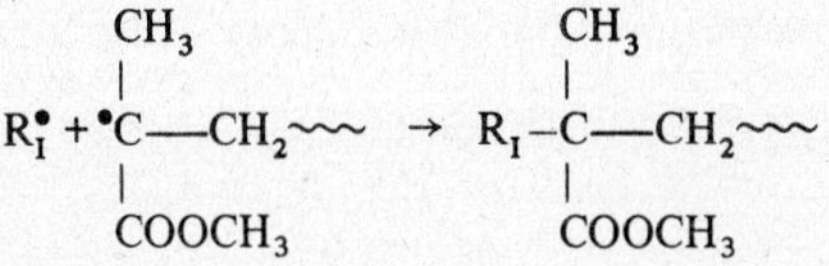

$$R_I^\bullet + \bullet\underset{\underset{COOCH_3}{|}}{\overset{\overset{CH_3}{|}}{C}}-CH_2\sim\sim \;\to\; R_I-\underset{\underset{COOCH_3}{|}}{\overset{\overset{CH_3}{|}}{C}}-CH_2\sim\sim \;;\; v_{t(pr)} = k_{t(pr)}[R_I^\bullet][P^\bullet]$$

In einigen Fällen kann aber auch ein Abbruch durch das Monomere selbst erfolgen, so z. B. bei Allylverbindungen

(20-46)

$$\sim\sim CH_2-\underset{\underset{CH_2OCOCH_3}{|}}{CH}\bullet \;+\; \underset{\underset{CH_2OCOCH_3}{|}}{CH_2{=}CH} \;\to\; \sim\sim CH_2-\underset{\underset{CH_2OCOCH_3}{|}}{CH_2} \;+\; CH_2\text{\textbf{...}}CH\text{\textbf{...}}\underset{\underset{OCOCH_3}{|}}{CH}$$

Das entstehende Radikal ist resonanzstabilisiert. Bei der Anlagerung eines neuen Monomeren an dieses Radikal müßte Resonanzenergie abgegeben werden. Das durch die Reaktion (20-46) gebildete Radikal startet daher keine neue Kette. Das Polymerradikal begeht sozusagen „Selbstmord". Eine derartige Reaktion ist kinetisch als Abbruch, chemisch jedoch als Übertragung zu klassifizieren (vgl. dazu Kap. 20.3.1).

Übertragungs- und Abbruchsreaktionen können in günstigen Fällen ausgenutzt werden, um Polymere zu synthetisieren. p-Diisopropylbenzol hat z.B. zwei leicht übertragbare H-Atome. Bei einer hohen Initiatorradikal-Konzentration werden daher Biradikale gebildet. Die entstehenden Biradikale können zu neuen Biradikalen rekombinieren, so daß durch diese sog. Polyrekombination Makromoleküle aufgebaut werden können:

(20-47)

$$n\ H-\underset{CH_3}{\underset{|}{\overset{CH_3}{\overset{|}{C}}}}-\underset{\phantom{|}}{\overset{\phantom{|}}{\bigcirc}}-\underset{CH_3}{\underset{|}{\overset{CH_3}{\overset{|}{C}}}}-H + 2nR^\bullet \rightarrow {}^\bullet\!\left[\underset{CH_3}{\underset{|}{\overset{CH_3}{\overset{|}{C}}}}-\bigcirc-\underset{CH_3}{\underset{|}{\overset{CH_3}{\overset{|}{C}}}}\right]^\bullet_n + 2n\ RH$$

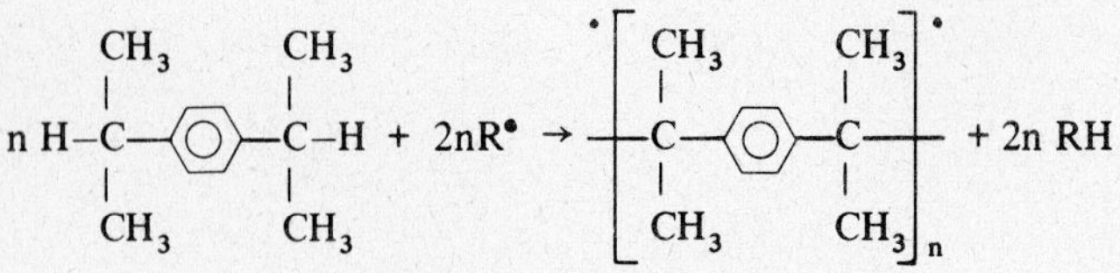

Da aber die Radikalbildung durch Übertragung unspezifisch ist, können auch andere als die tertiären H-Atome übertragen werden, wodurch verzweigte und evt. sogar vernetzte Polymere entstehen. Da Biradikale beliebiger Größe miteinander zu neuen Biradikalen unveränderter Reaktivität rekombinieren, handelt es sich bei derartigen Polyrekombinationen jedoch nicht um Kettenreaktionen im kinetischen Sinn.

### 20.2.3 STATIONARITÄTSPRINZIP

Der Abbruch durch gegenseitige Desaktivierung zweier Radikale kann erst aufauftreten, wenn eine genügend hohe Konzentration an Radikalen erreicht ist. Da jedoch ständig weitere Initiatorradikale und damit auch Polymerradikale neu gebildet werden, stellt sich schließlich ein stationärer Zustand für die Bildung und das Verschwinden von Radikalen ein. Im stationären Zustand ist die Radikalkonzentration konstant, und zwar entweder die totale Radikalkonzentration (stationärer Zustand 1. Art) oder die individuellen Radikalkonzentrationen (stationärer Zustand 2. Art). Die stationären Zustände können jedoch nur erreicht werden, wenn noch genügend Initiatormoleküle vorhanden sind (vgl. auch Kap. 20.2.7.1).

Der stationäre Zustand wird schon nach relativ kurzen Zeiten erreicht. Die Produktion von Polymerradikalen $P^\bullet$ *vor* dem Eintreten des stationären Zustandes ist (unter Vernachlässigung des Abbruchs durch Initiatorradikale)

(20-48) $\quad d[P^\bullet]/dt = v_{st} - k_{t(pp)}[P^\bullet]^2; \quad v_{st} = \text{const.}$

Nach Trennung der Variablen

(20-49) $\quad \displaystyle\int \frac{d[P^\bullet]}{v_{st} - k_{t(pp)}[P^\bullet]^2} = \int dt$

und Integration*

(20-50) $\quad \displaystyle\frac{1}{(v_{st} \cdot k_{t(pp)})^{0,5}} \tanh^{-1} \frac{[P^\bullet](v_{st} \cdot k_{t(pp)})^{0,5}}{v_{st}} \Bigg|_0^{[P^\bullet]_t} = t \Bigg|_0^t$

(20-51) $\quad [P^\bullet]_t = \displaystyle\frac{v_{st}}{(v_{st} \cdot k_{t(pp)})^{0,5}} \cdot \tanh(\sqrt{v_{st} \cdot k_{t(pp)}}\,)\, t$

Im stationären Zustand gilt nach Bodenstein (Gl. (20-48)) mit $d[P^\bullet]/dt = 0$

(20-52) $\quad [P^\bullet]_{stat} = (v_{st}/k_{t(pp)})^{0,5}$

---

\* $\displaystyle\int \frac{dx}{a + bx^2} = \frac{1}{(ab)^{0,5}} \tanh^{-1}\left(\frac{x \cdot (ab)^{0,5}}{a}\right)$

Beim Erreichen des stationären Zustandes muß $[P^\bullet]_t/[P^\bullet]_{stat} = 1$ sein, also mit den Gl. (20-51) und (20-52)

(20-53) $[P^\bullet]_t/[P^\bullet]_{stat} = \tanh\,(v_{st} \cdot k_{t(pp)})^{0,5}\; t = 1$

Experimentell muß Gl. (20-53) auf ± 1 % erfüllt sein. Setzt man $y = \tanh \alpha$ und $x = \tanh^{-1} y$, so bekommt man

| y | x |
|---|---|
| 0 | 0 |
| 0.76 | 1 |
| 0.96 | 2 |
| 0.995 | 3 |
| 1.0 | 4 |

Stationarität wird also für den Fall

(20-54) $\sqrt{v_{st} \cdot k_{t(pp)}} \cdot t \geqslant 3$

erreicht. Für die Polymerisation von Styrol mit Azobisisobutyronitril ($[I]_o = 5 \cdot 10^{-3}$ mol/dm³) ergibt sich somit bei 50 °C mit $f = 0{,}5$, $k_z = 2 \cdot 10^{-6}\ s^{-1}$ und $k_{t(pp)} = 10^8\ dm^3\ mol^{-1}\ s^{-1}$, daß der stationäre Zustand bereits nach 3 s eingetreten ist.

### 20.2.4 KINETIK BEI KLEINEN UMSÄTZEN

#### 20.2.4.1 Kleine Initiatorkonzentrationen

Um kinetische Beziehungen für die Polymerisation bei kleinen Umsätzen (< 5 %) abzuleiten, wird angenommen:

1. Alle Reaktionen sind irreversibel.
2. Das Monomere wird nur durch die Wachstumsreaktion verbraucht und nicht durch andere Reaktionen wie die Startreaktion oder den Abbruch durch das Monomere. Damit diese Bedingung innerhalb der experimentellen Fehler von ca. 1 % erfüllt bleibt, muß das Zahlenmittel der Polymerisationsgrades $\overline{X}_n$ mindestens gleich 100 sein. Die Geschwindigkeit der Wachstumsreaktion ist dann annähernd gleich der Geschwindigkeit der Bruttoreaktion:

   (20-55) $v_{br} \cong v_p = -d[M]/dt = k_p [P^\bullet][M]$

3. Es gelte das Prinzip der gleichen chemischen Reaktivität (vgl. Kap. 16.4.3). Die Geschwindigkeitskonstante der Wachstumsreaktion sei also unabhängig vom Molekulargewicht.
4. Die Konzentrationen an Polymerradikalen $P^\bullet$ und Initiatorradikalen $R_I^\bullet$ seien konstant, d. h. es gelte das Stationaritätsprinzip:

   (20-56) $d[P^\bullet]/dt = 0; \quad d[R_I^\bullet]/dt = 0$

Initiatorradikale werden durch die Zerfallsreaktion gebildet und durch die Startreaktion verbraucht:

(20-57) $d[R_I^\bullet]/dt = 2 f k_z [I] - k_{st} [R_I^\bullet] [M] = 0$

Polymerradikale werden durch die Startreaktion erzeugt und beim Abbruch durch gegenseitige Desaktivierung vernichtet. Andere Abbruchsreaktionen (z.B. $R_I^\bullet + P^\bullet$) bleiben bei diesem Schema unberücksichtigt:

(20-58) $d[P^\bullet]/dt = k_{st} [R_I^\bullet] [M] - k_{t(pp)} [P^\bullet]^2 = 0$

Aus den Gl. (20 - 55), (20 - 57) und (20 - 58) ergibt sich somit

(20-59) $$-\frac{d[M]}{dt} = v_{br} = v_p = k_p (2 f k_z / k_{t(pp)})^{0,5} [M] [I]^{0,5}$$

oder integriert für konstante Initiatorkonzentration ($t < t_{5\%}$)

(20-60) $\ln ([M]_0 / [M]) = k_p (2 f k_z / k_{t(pp)})^{0,5} [I]_0^{0,5} \cdot t$

Die Bruttogeschwindigkeit sollte also nach diesen Annahmen von 1. Ordnung in Bezug auf das Monomer und von 0,5. Ordnung in Bezug auf den Initiator sein. Trägt man aber nach Gl. (20 - 59) die Bruttogeschwindigkeit gegen die Wurzel aus der Initiatorkonzentration auf, so sollte man bei konstanter Monomerkonzentration (kleine Umsätze) eine Gerade erhalten. Man beobachtet jedoch häufig, daß die Bruttogeschwindigkeit mit zunehmender Initiatorkonzentration schwächer als proportional der Wurzel aus der Initiatorkonzentration ansteigt. Dieses Verhalten legt einen zusätzlichen Abbruch durch die Initiatorradikale nahe:

(20-61) $P^\bullet + R_I^\bullet \rightarrow PR_I \; ; \quad v_{t(pr)} = k_{t(pr)} [P^\bullet] [R_I^\bullet]$

20.2.4.2 Abbruch durch das Monomer

Die Beziehungen zwischen Bruttogeschwindigkeit einerseits und Initiatorkonzentration und Monomerkonzentration andererseits ändern sich, wenn der Abbruch durch das Monomer erfolgt. Ein derartiger Abbruch tritt z.B. bei der Polymerisation von Allylverbindungen auf (vgl. Kap. 20.2.2). Zur Berechnung werden die gleichen Annahmen wie bei 20.2.4.1 gemacht. Mit dem kinetischen Ausdruck für den Abbruch durch das Monomer

(20-62) $v_{t(pm)} = k_{t(pm)} [P^\bullet] [M]$

und den Gleichungen für die Radikalbildung (20 - 13) und die Startreaktion (20 - 14) ergibt sich dann für die Initiatorradikalbildung

(20-63) $d[R_I^\bullet]/dt = 2 f k_z [I] - k_{st} [R_I^\bullet] [M] = 0$

sowie für die Bildung von Polymerradikalen

(20-64) $d[P^\bullet]/dt = k_{st} [R_I^\bullet] [M] - k_{t(pm)} [P^\bullet] [M] = 0$

Die aus den Gl. (20 - 62) und (20 - 64) ausrechenbare Konzentration an Polymerradikalen wird in Gl. (20 - 55) für die Wachstumsreaktion eingesetzt und liefert

(20-65) $v_{br} = v_p = (2 f k_z k_p k_{t(pm)}) [I]$

Beim Abbruch durch das Monomer ist die Polymerisationsgeschwindigkeit unter den genannten Bedingungen unabhängig von der Monomerkonzentration und von 1. Ordnung in Bezug auf die Initiatorkonzentration. Die Kinetik dieser Polymerisationen ist jedoch komplizierter, da die Polymerisationsgrade meist sehr klein sind.

20.2.4.3 Kinetische Kettenlänge

Die kinetische Kettenlänge $\nu$ gibt an, wieviel Monomermoleküle an ein Radikal addiert werden können, bevor das Radikal durch eine Abbruchreaktion vernichtet wird. Erfolgt der Abbruch nur durch Polymer- und Initiatorradikale, so ist $\nu$ über

$$(20\text{-}66) \quad \nu = \frac{v_p}{v_{t(pp)} + v_{t(pr)}}$$

definiert. $\nu$ ist jedoch keine direkt experimentell zugängliche Größe. Andererseits kann man analytisch bestimmen, wie groß das Verhältnis von Initiatorresten [r] zu Monomereinheiten [m] im Polymeren ist. Die Initiatorreste können nur durch die Startreaktion und durch Abbruch mit den Initiatorradikalen in das Polymer gekommen sein:

$$(20\text{-}67) \quad \delta = [r]/[m] = (v_{st} + v_{t(pr)})/v_p$$

Mit der Stationaritätsbedingung

$$(20\text{-}68) \quad v_{st} = v_{t(pp)} + v_{t(pr)}$$

gelangt man somit zu

$$(20\text{-}69) \quad \delta = \frac{v_{t(pp)} + 2\, v_{t(pr)}}{v_p} = \frac{1}{\nu} + \frac{v_{t(pr)}}{v_p}$$

Setzt man die Geschwindigkeitsausdrücke für das Wachstum (Gl.(20 – 55)) und die Abbrüche durch Polymerradikale (Gl. (20-44/45)) und Initiatorradikale (Gl. (20-61)) jetzt ein

$$(20\text{-}70) \quad \delta = \frac{k_{t(pp)}[P^\bullet]}{k_p[M]} + \frac{2\, k_{t(pr)}\, [R^\bullet]}{k_p\, [M]}$$

und erweitert das 1. Glied oben und unten mit $k_p$ [M] sowie das 2. Glied mit $2\, f\, k_z[I] = k_{st}[R_I^\bullet]\,[M]$, so erhält man nach Einsetzen des Ausdruckes für die Bruttogeschwindigkeit Gl. (20 – 55) nach einer Umformung

$$(20\text{-}71) \quad \frac{[M]^2 \cdot \delta}{v_{br}} = \frac{k_{t(pp)}}{k_p^2} + \frac{4\, f\, k_z\, k_{t(pr)}}{k_p\, k_{st}} \cdot \frac{[I]}{v_{br}}$$

Durch Auftragen der experimentell zugänglichen Größen der linken Seite gegen $[I]/v_{br}$ bekommt man daher als Ordinatenabschnitt die wichtige Größe $(k_{t(pp)}/k_p^2)$.

## 20.2.5 ABSOLUTE GESCHWINDIGKEITSKONSTANTEN

### 20.2.5.1 Methode des rotierenden Sektors

Aus der Kinetik bei kleinen Umsätzen bekommt man nur den Quotienten $k_{t(pp)}/k_p^2$ und nicht die Geschwindigkeitskonstanten selbst. Eine der beiden Geschwindigkeitskonstanten muß also auf einem anderen Weg ermittelt werden. Ein solcher Weg ist über die mittlere Lebensdauer einer Kette $\tau^*$ möglich. Sie ist definiert durch

$$(20\text{-}72)\quad \tau^* = \frac{\text{Konzentration wachsender Ketten}}{\text{Abbruchsgeschwindigkeit}} = \frac{[P^\bullet]}{v_{Abbruch}}$$

Erfolgt der Abbruch durch gegenseitige Desaktivierung, so geht Gl. (20 – 72) mit dem Ausdruck für die Radikalkonzentration aus der Bruttogeschwindigkeit (Gl. 20 – 55) über in

$$(20\text{-}73)\quad \tau^* = \frac{[P^\bullet]}{k_{t(pp)}[P^\bullet]^2} = \frac{k_p}{k_{t(pp)}}\,\frac{[M]}{v_{br}}$$

Kann man also $\tau^*$ bestimmen, so läßt sich mit den experimentell ermittelbaren Werten von [M] und $v_{br}$ der Quotient $k_p/k_{t(pp)}$ und mit dem Quotienten $k_{t(pp)}/k_p^2$ aus der Kinetik nunmehr $k_p$ und $k_{t(pp)}$ ausrechnen.

Die mittlere Lebensdauer der Ketten läßt sich aus der Zeit bis zum Erreichen des stationären Zustandes ermitteln. Diese Zeit ist aber normalerweise für eine direkte Beobachtung zu klein (vgl. Kap. 20.2.3). Begrenzt man aber die Radikalerzeugung örtlich oder zeitlich, so kann man das Abklingen der Polymerisationsgeschwindigkeit ermitteln. Man kann z.B. bei photochemisch initiierten Polymerisationen dauernd mehrere scharf begrenzte Lichtstrahlen durch das Polymerisationsgefäß schicken (Methode der Lochblende). Bei dieser Methode muß aber die Diffusionsgeschwindigkeit der Polymeren bekannt sein.

Aus diesem Grunde hat sich die Methode des rotierenden Sektors besser eingeführt (Abb. 20 – 1). Die Polymerisationsgeschwindigkeit ohne eingeschaltete Sektorblende ist durch die Intensität des absorbierten Lichtes gegeben

$$(20\text{-}74)\quad v_{br,o} = K\,(I_{abs})^{0,5}$$

Der rotierende Sektor unterbricht nun den stationären Zustand. In der Hellperiode werden Radikale gebildet, in der Dunkelperiode nimmt ihre Konzentration durch Abbruchsreaktionen ab. Das Verhältnis von Dunkel- zu Hellperiode sei $r$. Ist die Belichtungszeit $t_L$ viel größer als die mittlere Lebensdauer $\tau^*$, so wird nach einer Anlaufzeit die volle Polymerisationsgeschwindigkeit erreicht ($v_{br}/v_{br,o} = 1$).

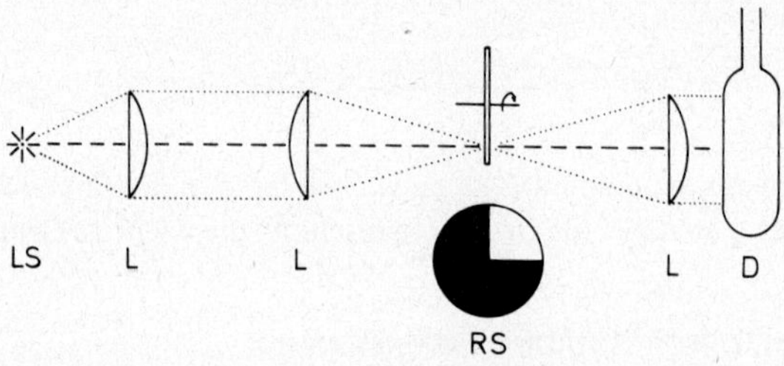


*Abb. 20-1:* Schema einer experimentellen Anordnung zur Bestimmung der mittleren Lebensdauer $\tau^*$ von Ketten nach der Methode des rotierenden Sektors. Es wird fokussiert, damit der Übergang hell/dunkel scharf ist. Das Verhältnis dunkel/hell beträgt im Beispiel $r = 3/1$. LS = Lichtquelle, RS = rotierender Sektor, D= temperiertes Dilatometer, L = Linse.

Die Belichtungszeit ist reziprok proportional der Umdrehungsgeschwindigkeit. In der Dunkelperiode werden die Radikale vernichtet und die Polymerisationsgeschwindigkeit sinkt auf null ab (Abb. 20 - 2, oben). Damit gilt

$$(20\text{-}75) \quad v_{br} = \frac{v_{br,o}}{r+1}$$

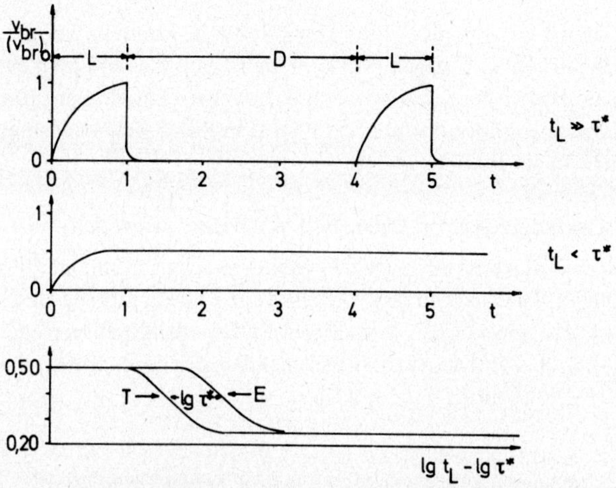


*Abb. 20-2:* Schematische Darstellung der relativen Polymerisationsgeschwindigkeit $v_{br}/(v_{br})_0$ für ein hell/dunkel-Verhältnis von $r = 3$. $t_L$ = Belichtungszeit, $\tau^*$ = Lebenszeit der Radikale, L = Hellperiode, D = Dunkelperiode, T = Theorie, E = Experiment.

Ist die Umdrehungsgeschwindigkeit sehr hoch, so wird die Belichtungszeit kleiner als die mittlere Lebensdauer. Die Polymerisation wird nicht mehr völlig unterbrochen und es kann keinen Abfall auf $v_{br} = 0$ geben (Abb. 20- 2, Mitte). Die Intensität beträgt aber bei $r = 3$ nur 1/4 der Gesamtintensität:

$$(20\text{-}76) \quad v_{br} = K([I_{abs}]/4)^{0,5} = v_{br,o}/2 = v_{br,o}/(r+1)^{0,5}$$

d.h. die Bruttogeschwindigkeit sinkt auf die Hälfte ab. Experimentell beobachtet man daher einen Zusammenhang zwischen relativer Polymerisationsgeschwindigkeit und mittlerer Belichtungsdauer (Abb. 20- 2, unten). Dieser experimentelle Kurvenverlauf kann mit dem theoretisch berechenbaren verglichen werden. Die Stationaritätsbedingung (Gl. (20 - 53)) lautet nach Erweiterung mit $k_{t(pp)}/k_{t(pp)}$

$$(20\text{-}77) \quad [P^\bullet]_t/[P^\bullet]_{stat} = \tanh\,(v_{st}/k_{t(pp)})^{0,5} \cdot k_{t(pp)} \cdot t$$

bzw. mit Gl. (20 - 52)

$$(20\text{-}78) \quad [P^\bullet]_t/[P^\bullet]_{stat} = \tanh\,[P^\bullet]_{stat} \cdot k_{t(pp)} \cdot t$$

und mit Gl. (20 - 72)

$$(20\text{-}79) \quad [P^\bullet]_t/[P^\bullet]_{stat} = \tanh\,(t/\tau^*) = v_{br}/v_{br,o} \quad \text{(Hellperiode)}$$

In der Dunkelperiode $t'$ verschwinden die Radikale und es werden keine neuen gebildet

(20-80) $-\mathrm{d}\,[\mathrm{P}^\bullet]/\mathrm{d}t = k_{t(pp)}\,[\mathrm{P}^\bullet]^2$

Nach Integration und mit den Radikalkonzentrationen $[\mathrm{P}^\bullet]_1$ bzw. $[\mathrm{P}^\bullet]_2$ am Beginn und am Ende der Dunkelperiode erhält man

(20-81) $$\frac{[\mathrm{P}^\bullet]_{stat}}{[\mathrm{P}^\bullet]_1} - \frac{[\mathrm{P}^\bullet]_{stat}}{[\mathrm{P}^\bullet]_2} = k_{t(pp)}\,[\mathrm{P}^\bullet]_{stat} \cdot t' = \frac{t \cdot r}{\tau^*}$$

Die Gleichungen für die Hell- und Dunkelperiode können vereinigt werden. Trägt man entsprechend $v_{br}/v_{br,o}$ gegen ($\log t_L - \log \tau^*$) auf, so wird man eine Verschiebung der Kurven parallel zur Zeitachse beobachten, aus der man $\tau^*$ berechnen kann (Abb. 20-2). $\tau^*$ liegt gewöhnlich etwa bei 0,1 – 10 s. In dieser Zeit werden etwa 1000 Monomermoleküle an ein Radikal addiert.

### 20.2.5.2 Geschwindigkeitskonstanten und Aktivierungsenergien

Die Geschwindigkeitskonstanten $k_p$ nehmen schwach mit der Viskosität des Lösungsmittels zu. Die Ursache dieses Effektes ist unbekannt. Die Geschwindigkeitskonstanten $k_p$ sind umso höher, je niedriger die Resonanzstabilisierung der Polymerradikale ist (Tab. 20-4). Die Aktivierungsenergien $E_p^\ddagger$ liegen dagegen alle im gleichen Bereich von 21 – 29 kJ/mol.

*Tab. 20-4:* Geschwindigkeitskonstanten (60 °C) und Aktivierungsenergien bei der Polymerisation in Masse

| Monomer | Geschwindigkeitskonstanten $dm^3\,mol^{-1}\,s^{-1}$ | | Aktivierungsenergien kJ/mol | |
|---|---|---|---|---|
| | $k_p$ | $k_{t(pp)}$ | $E_p^\ddagger$ | $E_{t(pp)}^\ddagger$ |
| Styrol | 260 | $12{,}7 \cdot 10^7$ | 25 | 2 |
| Methylmethacrylat | 510 | $2{,}4 \cdot 10^7$ | 20 | 6 |
| Vinylacetat | 1500 | $\sim 60 \cdot 10^7$ | 29 | 21 |

Die Geschwindigkeitskonstanten $k_{t(pp)}$ des Abbbruchs durch gegenseitige Desaktivierung zweier Polymerradikale nehmen stark mit der Viskosität des Lösungsmittels ab (Abb. 20-3). Sie sind jedoch unabhängig vom Molekulargewicht der Polymeren. Der Viskositätseffekt kann daher nicht durch die Makrodiffusion der Makroradikale bedingt sein. Er muß vielmehr von dem Segment am wachsenden Kettenende stammen. Bei hohen Polymerkonzentrationen wird der Abbruch jedoch durch die Diffusion des ganzen Moleküls kontrolliert (vgl. Kap. 20.2.7.2).

Die Aktivierungsenergie für die Abbruchsreaktion ist beim Styrol sehr niedrig (Tab. 20-4). Nach Messungen der Molekulargewichtsverteilung (Kap. 20.2.6) brechen die Polystyrylradikale praktisch ausschließlich durch Rekombination ab. Bei der Rekombination wird aber keine Masse übertragen (vgl. Gl. (20-41)), was die niedrige Aktivierungsenergie erklärt. Auch bei einem Abbruch durch Rekombination zweier Radikale ist jedoch die Aktivierungsenergie nicht gleich null, weil bei der Rekombination eine Spinumkehr erfolgt.

Beim Abbruch durch Disproportionierung werden dagegen höhere Aktivierungsenergien gefunden, weil hier Masse übertragen wird (vgl. Gl. (20-42)).

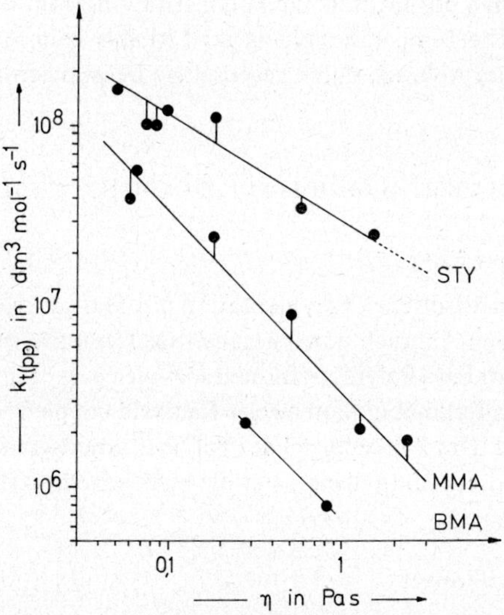


*Abb. 20-3:* Abhängigkeit der Geschwindigkeitskonstanten $k_{t(pp)}$ des Polymerisationsabbruchs durch gegenseitige Desaktivierung zweier Polymerradikale von der Viskosität des Lösungsmittels für Styrol (STY), Methylmethacrylat (MMA) und Benzylmethacrylat (BMA) bei 20 °C (nach G. V. Schulz).

Die Polymerisationsgeschwindigkeit wird durch die Aktivierungsenergien der einzelnen Elementarreaktionen geregelt. In den Ausdrücken für die Polymerisationsgeschwindigkeit treten nun immer Produkte verschiedener Geschwindigkeitskonstanten auf (vgl. Gl. (20 – 59) und (20 – 65)). Bei Produkten von Geschwindigkeitskonstanten sind aber die Aktivierungsenergien additiv:

(20–82) $k_i k_j = A_i\ A_j \exp(-(E_i^{\ddagger} + E_j^{\ddagger})/(RT))$

Für die Bruttoaktivierungsenergie der Polymerisation erhält man daher bei einem Abbruch durch gegenseitige Desaktivierung zweier Polymerradikale unter Annahme einer temperaturunabhängigen Radikalausbeute $f$ mit Hilfe der Gl. (20 – 59) und (20 – 82):

(20–83) $E_{br}^{\ddagger} = E_p^{\ddagger} + 0{,}5\,E_z^{\ddagger} - 0{,}5\,E_{t(pp)}^{\ddagger}$

und entsprechend für einen Abbruch durch das Monomer nach Gl. (20 – 65):

(20-84) $E_{br}^{\ddagger} = E_p^{\ddagger} + E_z^{\ddagger} - E_{t(pm)}^{\ddagger}$

Setzt man die üblicherweise gefundenen Aktivierungsenergie von $E_z^{\ddagger} = 126$ kJ/mol (vgl. Tab. 20 – 1), $E_p^{\ddagger} = 25$ kJ/mol (Tab. 20 – 4), $E_{t(pp)}^{\ddagger} = 6$ kJ/mol und $E_{t(pm)}^{\ddagger} =$ $= 25$ kJ/mol ein, so bekommt man für einen Abbruch durch gegenseitige Desaktivierung

$$E_{br}^{\ddagger} = 25 + 0{,}5 \cdot 126 - 0{,}5 \cdot 6 = 85 \text{ kJ/mol}$$

und für einen Abbruch durch das Monomer

$$E_{br}^{\ddagger} = 25 + 126 - 25 = 126 \text{ kJ/mol}$$

$E^{\ddagger}_{br}$ ist in beiden Fällen positiv, d. h. die Polymerisationsgeschwindigkeit nimmt mit der Temperatur zu. Die Temperaturabhängigkeit ist aber beim Abbruch durch das Monomer stärker als beim Abbruch durch gegenseitige Desaktivierung zweier Polymerradikale.

### 20.2.6 MOLEKULARGEWICHT UND MOLEKULARGEWICHTSVERTEILUNGEN

#### 20.2.6.1 Molekulargewichte

Bei einer radikalischen Polymerisation mit Start durch thermischen Zerfall eines Initiators ist beim Abbruch durch gegenseitige Desaktivierung zweier Polymerradikale das Zahlenmittel des Polymerisationsgrades gleich der kinetischen Kettenlänge. Beim Abbruch durch Rekombination zweier Radikale koppeln aber je zwei Ketten zu einem Makromolekül. Das Zahlenmittel des Polymerisationsgrades ist hier also doppelt so groß wie die kinetische Kettenlänge. Für die kinetische Kettenlänge erhält man nach Gl. (20-66)

(20-85) $\nu_{(pp)} = v_p/v_{t(pp)}$

Durch Einsetzen des Ausdruckes für die Wachstumsgeschwindigkeit (Gl. (20-55)), für die Abbruchsgeschwindigkeit (Gl. (20-42)) und für die Makroradikalkonzentration (Gl. (20-57) und (20-58)) erhält man

(20-86) $$\nu_{(pp)} = \frac{k_p}{(2\, f\, k_z\, k_{t(pp)})^{0,5}} \frac{[M]}{[I]^{0,5}}$$

Die kinetische Kettenlänge und damit auch der Polymerisationsgrad sind also reziprok proportional der Wurzel aus der Initiatorkonzentration. Je höher die Initiatorkonzentration, umso niedriger wird das Molekulargewicht.

Beim Abbruch durch das Monomer ergibt sich entsprechend für die kinetische Kettenlänge $\nu_{(pm)}$

(20-87) $$\nu_{(pm)} = v_p/v_{t(pm)}$$
$$\nu_{(pm)} = k_p/k_{t(pm)}$$

Der Polymerisationsgrad wird hier also nicht von der Initiatorkonzentration beeinflußt.

Für die Aktivierungsenergie $E^{\ddagger}_x$ zur Bildung der Polymerisationsgrade $\overline{X}_n$ bekommt man für den Abbruch durch gegenseitige Desaktivierung aus Gl. (20-86)

(20-88) $$E^{\ddagger}_x = E^{\ddagger}_p - 0{,}5\, E^{\ddagger}_z - 0{,}5\, E^{\ddagger}_{t(pp)}$$

und mit den Werten für die Aktivierungsenergien der Elementarreaktionen (vgl. Kap. 20.2.5.2)

$$E^{\ddagger}_x = 25 - 0{,}5 \cdot 126 - 0{,}5 \cdot 6 = -41 \text{ kJ/mol}$$

Der Polymerisationsgrad sinkt also mit steigender Temperatur.

Für einen Abbruch durch das Monomer erhält man nach Gl. (20-87)

(20-89) $$E^{\ddagger}_x = E^{\ddagger}_p - E^{\ddagger}_{t(pm)}$$

und mit den numerischen Werten (Kap. 20.2.5.2)

$$E_x^{\ddagger} = 25 - 25 = 0 \text{ kJ/mol}$$

also keine Temperaturabhängigkeit des Polymerisationsgrades.

### 20.2.6.2 Molekulargewichtsverteilung

Molekulargewichtsverteilungen können über Wahrscheinlichkeitsrechnungen oder aber detailliert über die Betrachtung der Elementarreaktionen abgeleitet werden. Das letztere Verfahren sei bei einer Polymerisation demonstriert, bei der die Monomeren durch Lichtquanten aktiviert werden sollen ($M \to M^*$) und der Abbruch nur durch Disproportionierung erfolgt. Die Bildung der aktivierten Monomeren $M^* = P_1^*$ hängt dann von der Intensität des eingestrahlten Lichtes $I_{h\nu}$ und den Reaktionen ab, bei denen das aktivierte Monomer verschwindet:

(20-90)

$$d[M^*]/dt = f(I_{h\nu}) - k_p[M^*][M] - k_t[M^*][M^*] - k_t[M^*][P_2^*] \ldots\ldots - k_t[M^*][P_x^*]$$

wobei $f(I_{h\nu}) = k_I[M][I]$. Für die Bildung des Dimeren $P_2^*$ erhält man analog

(20-91)

$$d[P_2^*]/dt = k_p[P_1^*][M] - k_p[P_2^*][M] - k_t[P_2^*][P_1^*] - k_t[P_2^*][P_2^*] \ldots\ldots - k_t[P_2^*][P_x^*]$$

und so weiter bis zum x-Meren

(20-92)

$$d[P_x^*]/dt = k_p[P_{x-1}^*][M] - k_p[P_x^*][M] - k_t[P_x^*][P_1^*] \ldots\ldots - k_t[P_x^*][P_x^*]$$

Im stationären Zustand gilt $d[M^*]/dt = d[P_2^*]/dt = \ldots\ldots = d[P_x^*]/dt = 0$ und mit $v_{st} = v_t$ für $v_{st} = f(I_{h\nu})$ und alle hier vorkommenden Abbruchsreaktionen

$$\text{(20-93)} \quad f(I_{h\nu}) = k_t \sum_{x=1}^{\infty} [P_x^*] \cdot \sum_{x=1}^{\infty} [P_x^*] = k_{t(pp)} [P^*]^2$$

Mit Gl. (20-93) folgt aus Gl. (20-90) nach einer Umformung mit ($[M^*] = [P_1^*]$)

$$\text{(20-94)} \quad f(I_{h\nu})/k_p[M] = [P_1^*](1+\beta); \quad \beta = \frac{k_{t(pp)}[P^*]}{k_p[M]} = \frac{(f(I_{h\nu})\,k_{t(pp)})^{0,5}}{k_p[M]}$$

$\beta$ ist konstant, wenn die Monomerkonzentration konstant bleibt (kleiner Umsatz). Für die weiteren Bilanzen der Gl. (20-90/92) gilt analog

$$\text{(20-95)} \quad [P_{x-1}^*] = [P_x^*](1+\beta)$$

Aus diesen Gleichungen erhält man durch Multiplikation mit Gl. (20-94) und einer Umformung

$$\text{(20-96)} \quad [P_x^*] = \frac{f(I_{h\nu})}{k_p[M]}(1+\beta)^{-x}$$

Aus je zwei Polymerradikalen entstehen durch Disproportionierung zwei tote Polymere; für die Änderung der Polymerkonzentration gilt also

(20-97) $d[P_x]/dt = k_{t(pp)}[P_x^*][P^*]$

bzw. integriert

(20-98) $[P_x] = k_{t(pp)}[P_x^*][P^*]t$

Durch Kombination dieser Gleichung mit Gl. (20-96) und mit der Definition von $\beta$ gelangt man zu

(20-99) $[P_x] = f(I_{h\nu})\,\beta(1+\beta)^{-X}\,t$

In der Zeit $t$ werden $f(I_{h\nu})\,t$ Radikale erzeugt. Jedes Radikal führt nach den Annahmen zu einem Polymermolekül. Also gilt für die Summe aller Polymermoleküle

(20-100) $$\sum_{X=1}^{\infty} f(I_{h\nu})\,\beta(1+\beta)^{-X}\,t = f(I_{h\nu})\,t = \sum_{X=1}^{\infty}[P_x]$$

$$\sum_{X=1}^{\infty} \beta(1+\beta)^{-X} = 1$$

Für den Molenbruch $x_X$ der Moleküle mit dem Polymerisationsgrad $X$ gilt dann

(20-101) $$x_X = \frac{[P_x]}{\sum_{X=1}^{\infty}[P_x]} = \beta(1+\beta)^{-X}$$

und den Massenanteil entsprechend

(20-102) $$w_X = xX_x/\overline{X}_n = \beta^2 X(1+\beta)^{-X}$$

Diese Gleichungen gelten für einen Abbruch durch Disproportionierung, also für Polymermoleküle mit einem Kopplungsgrad 1. Analog kann man Gleichungen für andere Kopplungsgrade ableiten (vgl. Kap. 8.3.2.4).

Der durch Gl. (20-94) definierte Parameter $\beta$ kann mit dem Zahlenmittel $\overline{X}_n$ des Polymerisationsgrades verknüpft werden. Mit Hilfe der Definition des Molenbruches (Gl. (20-101)) erhält man nämlich für das einfache Integral

(20-103) $$\int_{X=1}^{\infty}(1+\beta)^{-X}\,dX = \int_{X=1}^{\infty} a^{-X}\,dX = \left| -\frac{1}{\ln a}\cdot a^{-X}\right|_1^{\infty} = \frac{1}{(1+\beta)\ln(1+\beta)}$$

und folglich mit der Definition des Zahlenmittels des Polymerisationsgrades

(20-104) $$\overline{X}_n = \frac{1}{\int_{X=1}^{\infty} x_X\,dX} = \frac{(1+\beta)\ln(1+\beta)}{\beta^2}$$

Für $\beta \ll 1$ wird also $\overline{X}_n \approx 1/\beta$.

Für das Gewichtmittel des Molekulargewichtes bekommt man analog über

(20-105) $$\overline{X}_w = \frac{1}{\int_{X=1}^{\infty} w_X\,dX} = \frac{\beta^2(\ln^2(1+\beta) + 2\ln(1+\beta) + 2)}{(1+\beta)\ln^3(1+\beta)}$$

und für $\beta \ll 1$ folglich $\overline{X}_w \approx 2/\beta$. Das in Gl. (20-105) auftretende Integral wird durch partielle Integration gelöst:

$$(20\text{-}106) \qquad \int_{X=1}^{\infty} X^2 a^{-2} dX = - \left| \frac{a^{-X}}{\ln^3 a} ((X \ln a)^2 + 2 X \ln a + 2) \right|_1^{\infty}$$

Nach Gl. (20 - 104) ist das Zahlenmittel des Polymerisationsgrades reziprok proportional $\beta$. $\beta$ ist aber nach Gl. (20 - 94) reziprok proportional der Monomerkonzentration. Da der Polymerisationsgrad folglich der Monomerkonzentration proportional ist, sollte er mit steigendem Umsatz abnehmen. Tatsächlich wird bei radikalischen Polymerisationen jedoch häufig eine Unabhängigkeit des Polymerisationsgrades vom Umsatz gefunden (vgl. auch Abb. 20 - 5 in Kap. 20.2.7.2). Dieses Verhalten kann damit erklärt werden, daß bei der obigen Ableitung ein Kettenabbruch durch die Initiatorradikale nicht berücksichtigt wurde.

### 20.2.7 KINETIK BEI GROSSEN UMSÄTZEN

Kinetische Versuche werden in der Regel bei kleinen Umsätzen ausgeführt. Beim präparativen Arbeiten ist man jedoch an hohen Umsätzen des Monomeren interessiert. Unter diesen Bedingungen können jedoch noch zusätzliche Effekte auftreten, nämlich dead end-Polymerisation, Geleffekt und Glaseffekt.

#### 20.2.7.1 Dead end-Polymerisation

Bei präparativen Arbeiten wird oft die Zeit überschritten, innerhalb derer die Initiatorkonzentration noch als konstant angesehen werden kann (vgl. Abschnitt 20.1.2.2). Ein Teil des Initiators wird daher anderweitig verbraucht, bevor er mit dem Monomeren reagieren und eine Kette starten kann. Dieser Effekt ist besonders bei rasch zerfallenden Initiatoren zu erwarten. Für den Verbrauch des Monomeren gilt nach Gl. (20 - 59) = (20 - 107)

$$(20\text{-}107) \qquad -d\,[M]/dt = k_p (2 k_z f / k_{t(pp)})^{0,5}\, [M]\, [I]^{0,5}$$

Für den Initiatorzerfall erhält man andererseits (Gl. (20 - 14))

$$(20\text{-}108) \qquad [I] = [I]_0 \exp(-k_z t)$$

Die Kombination von Gl. (20 - 107) und Gl. (20 - 108) führt nach der Integration zu

$$(20\text{-}109) \qquad -\ln ([M]/[M])_0 = 2 k_p (2f/k_z k_{t(pp)})^{0,5}\, [I]_0^{0,5}\, (1 - \exp(-0,5\, k_z t))$$

Wird der Initiator vor Beendigung der Polymerisation verbraucht, so kann nicht alles Monomer polymerisieren. Für $t \to \infty$ erreicht die Monomerkonzentration folglich den Endwert $[M]_\infty$ und Gl. (20 - 109) wird somit zu

$$(20\text{-}110) \qquad -\ln (1 - u_\infty) = 2 k_p (2 f/k_{t(pp)} k_z)^{0,5}\, [I]_0^{0,5}\, ; \quad u_\infty = ([M]_o - [M]_\infty)/[M]_o$$

$u_\infty$ ist der optimal erreichbare Umsatz an Monomer. Er hängt nach Gl. (20 - 110) von den Geschwindigkeitskonstanten des Initiatorzerfalls $k_z$, der Wachstumsreaktion $k_p$ und der Abbruchsreaktion $k_t$ sowie von der Radikalausbeute $f$ ab. Das Auftreten von Endwerten des Umsatzes darf daher nicht mit der Einstellung eines Gleichgewichtes verwechselt werden. Gibt man neuen Initiator zu, so geht die Polymerisation wieder weiter, nicht aber bei Polymer/Monomer-Gleichgewichten (falls Initiatorkonzentration nicht extrem hoch).

Ein Beispiel möge die Auswirkungen dieser dead end-Polymerisation verdeutlichen. Für die Polymerisation von Styrol in Masse bei 60 °C ($k_p$ = 260 dm³ mol⁻¹ s⁻¹; $k_t = 1{,}2 \cdot 10^8$ dm³ mol⁻¹ s⁻¹) erhält man mit Azobisisobutyronitril (AIBN) als Initiator ($f = 0{,}5$; $k_z = 1{,}35 \cdot 10^{-5}$ s⁻¹) für verschiedene Anfangskonzentrationen des Initiators folgende Umsätze:

$[AIBN]_o$ = 0,001 mol/dm³ $u_\infty$ = 33,5 %

$[AIBN]_o$ = 0,01 mol/dm³ $u_\infty$ = 51,0 %

$[AIBN]_o$ = 0,10 mol/dm³ $u_\infty$ = 98,3 %

Eine höhere Initiatorkonzentration führt also zu einem größeren Umsatz. Gleichzeitig sinkt jedoch das Molekulargewicht (Kap. 20.2.6.1). Es ist daher zweckmäßig, in diesen Fällen den Initiator periodisch zuzusetzen.

Gl. (20 – 110) kann auch dazu dienen, die Zerfallskonstante $k_z$ zu bestimmen. Über eine Kombination der Gl. (20 – 109) und (20 – 111) erhält man

$$(20\text{-}111) \qquad \frac{\ln(1-u)}{\ln(1-u_\infty)} = 1 - \exp(-0{,}5\, k_z t)$$

Alle Gleichungen dieses Abschnittes gelten jedoch nur für den Fall, daß keine Übertragungsreaktionen und kein Abbruch durch Initiatorradikale auftreten.

### 20.2.7.2 Glas- und Geleffekt

Nach Gl. (20 – 59) sollte sich eine lineare Beziehung zwischen der Bruttogeschwindigkeit $v_{br}$ und dem Umsatz $u = ([M]_o - [M])/[M]_o$ des Monomeren ergeben. Je höher der Umsatz, umso kleiner die Monomerkonzentration, umso stärker sollte die Polymerisationsgeschwindigkeit abnehmen (Abb. (20 – 4)).

Experimentell beobachtet man jedoch häufig, daß nach einem anfänglich linearen Abfall von $v_{br}$ mit $u$ die Polymerisationsgeschwindigkeit wieder ansteigt, durch ein Maximum geht und dann erst wieder auf 0 (bei $u = 1$) abfällt. Dieser Effekt setzt bei 60 °C beim Methylmethacrylat schon bei Umsätzen von ca. 20 % ein, beim Styrol dagegen erst bei 65 %. Er wird auch bei isothermer Reaktionsführung gefunden, kann also nicht primär durch einen Wärmestau hervorgerufen sein. Der Effekt ist auch umso stärker, je viskoser die Masse ist (Zusatz von sonst inertem Polymer, niedrige Initiatorkonzentrationen, schlechte Lösungsmittel). Er muß daher etwas mit der Diffusionskontrolle zu tun haben und wird Gel-Effekt oder Trommsdorf-Norrish-Effekt genannt.

Die quantitative Auswertung der kinetischen Messungen an polymerisierenden Systemen mit Abbruch durch gegenseitige Desaktivierung der Radikale zeigt, daß die Wachstumskonstanten $k_p$ konstant bleiben, während die Abbruchskonstanten $k_{t(pp)}$ abnehmen. Beim Allylacetat, wo ein Abbruch durch das Monomer erfolgt, bleibt dagegen die Abbruchskonstante $k_{t(pm)}$ auch bei hohen Umsätzen konstant. Durch die hohe Viskosität muß also die gegenseitige Desaktivierung zweier Polymerradikale behindert werden. Dadurch wird die Radikalkonzentration und damit auch die Polymerisationsgeschwindigkeit erhöht. Da die Abbruchskonstanten $k_{t(pp)}$ bereits bei niedrigen Viskositäten diffusionskontrolliert sind (Kap. 20.2.5.2), kann der Effekt aber nicht

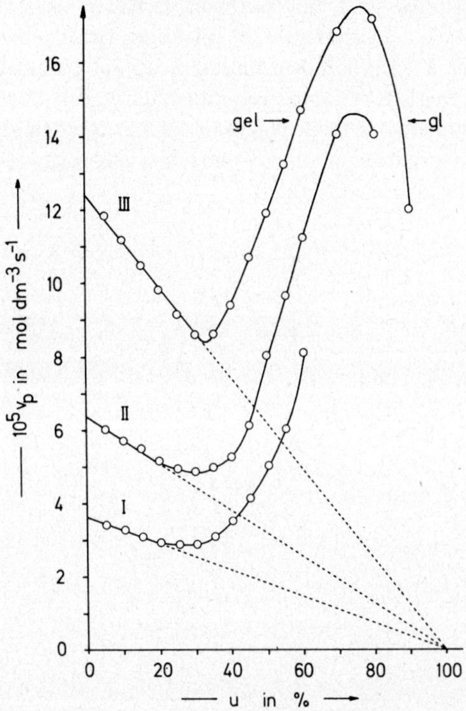


*Abb. 20-4:* Änderung der Polymerisationsgeschwindigkeit $v_p$ mit dem Umsatz $u$ bei der Polymerisation von Styrol in Masse mit AIBN als Initiator bei 50 °C. Initiatorkonzentrationen von $1{,}83 \cdot 10^{-2}$ (I), $6{,}10 \cdot 10^{-2}$ (II) und $28{,}10 \cdot 10^{-2}$ mol dm$^{-3}$ (III). Nach Daten von G. Henrici-Olivé und S. Olivé. --- „Normaler" Polymerisationsverlauf, gel = Geleffekt, gl = Glaseffekt.

durch ein *Einsetzen* einer Diffusionskontrolle bedingt sein. Er muß vielmehr davon kommen, daß die Effekte, die die Diffusionskontrolle bedingen, geändert werden. Als Erklärung für den Geleffekt ist angenommen worden, daß die Diffusionskontrolle durch die Polymer*moleküle* hervorgerufen wird. Die Geschwindigkeitskonstanten des Abbruchs werden dagegen durch die *Segmente* kontrolliert.

Bei noch höheren Umsätzen wird durch die sehr hohe Viskosität zusätzlich die Diffusion des Monomeren zu den Polymerradikalen kontrolliert. Die Polymerisationsgeschwindigkeit sinkt folglich wieder ab (Glaseffekt).

Für den Geleffekt sollte man folgendes Verhalten für den Polymerisationsgrad erwarten. Die kinetische Kettenlänge $\nu$ ist bei Abwesenheit von Übertragungsreaktionen unter Berücksichtigung von $v_{br} \doteq v_p$ und $v_{t(pp)} = v_{R\bullet}$ nach Gl. (20-13) gegeben durch

$$(20\text{-}112) \qquad \nu = \frac{v_{br}}{2 f k_z [\mathrm{I}]}$$

Da der Polymerisationsgrad proportional der kinetischen Kettenlänge ist (Kap. 20.2.6.1), sollte man bei einer erhöhten Polymerisationsgeschwindigkeit auch einen erhöhten Polymerisationsgrad $X$ finden. Dieses Verhalten beobachtet man auch tatsächlich für den Bereich des Geleffektes. Bei niedrigen Umsätzen vor Erreichen des Geleffektes fällt aber $X$ nicht mit dem Umsatz $u$ ab, sondern bleibt zunächst konstant (Abb. 20-5). Der Effekt kommt vermutlich durch eine Übertragung der Initiatorradikale zum Polymeren zustande (vgl. Kap. 20.3.5). An den neu gebildeten Polymerradikalen wächst Monomer auf und es entstehen verzweigte Produkte. Das Molekulargewicht wird dadurch relativ höher.

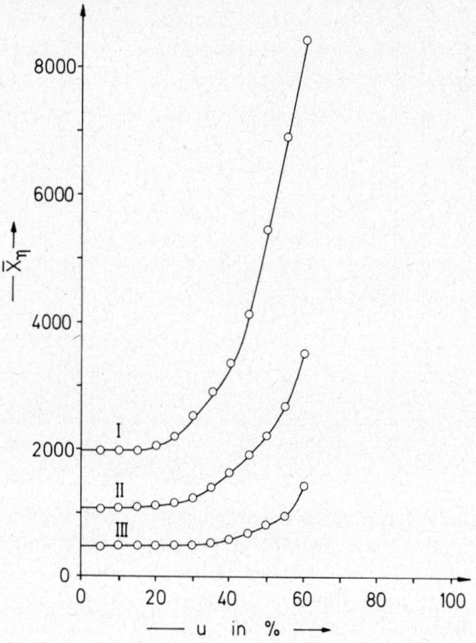


*Abb. 20-5:* Änderung des Viskositätsmittel $\overline{X}_\eta$ des Polymerisationsgrades mit dem Umsatz $u$ bei der Polymerisation von Styrol in Masse bei 50 °C. Gleiche Initiatorkonzentrationen wie in Abb. 20-5. Nach Daten von G. Henrici-Olivé und S. Olivé.

Kinetik, Polymerisationsgrad und Konstitution können aber noch durch eine Reihe weiterer Reaktionen (vgl. Kap. 20.3) verändert werden. Unter bestimmten Bedingungen beobachtet man z.B. das Auftreten blumenkohlartiger Gebilde (Popcorn-Polymerisation), die häufig vernetzte Polymere darstellen.

## 20.3 *Übertragungsreaktionen*

### 20.3.1 EINTEILUNG

Bei der Übertragung im chemischen Sinne reagiert ein Radikal mit einem anderen Molekül und bildet einen neuen Typ von Radikalen. Derartige Übertragungsreaktionen können zu allen im Polymerisationsansatz vorhandenen Molekülsorten vorkommen: zum Monomeren, zum Polymeren, zum Initiator, zum Lösungsmittel und zu weiteren zugesetzten Fremdstoffen. In den meisten Fällen wird bei dieser Übertragung nicht nur die Radikalstelle übertragen, sondern umgekehrt auch ein Atom (z. B. H, Cl usw.) des angegriffenen Moleküls zum angreifenden Radikal, z. B.

$$(20-113)\quad \sim\!\sim\!\sim CH_2\overset{\bullet}{C}H(R) + R'X \rightarrow \sim\!\sim\!\sim CH_2CHX(R) + (R')^{\bullet};\quad v_{tr,x} = k_{tr,x}\,[P^{\bullet}]\,[R'X]$$

In anderen Fällen beobachtet man aber keine Übertragung von Atomen, sondern den Einbau des angegriffenen Moleküls (Nitroverbindungen, vgl. weiter unten).

Diese chemische Übertragung ist vom Begriff der kinetischen Übertragung (Kettenübertragung) zu trennen. Das durch chemische Übertragung neugebildete Radikal ist nämlich nicht immer etwa gleich aktiv wie das verschwundene. Ist es inaktiv, so ist die chemische Übertragung kinetisch ein Kettenabbruch (vgl. Allylpolymerisation). Man gelangt dann auf Grund der Reaktivität des neuen Radikals gegenüber dem Monomeren bzw. zugesetzten Stoffen zu verschiedenen Klassen (Tab. 20 - 5).

*Tab. 20- 5:* Kinetische Einteilung chemischer Übertragungsreaktionen

| Reaktivität des durch Übertragung gebildeten Radikals relativ zum ursprünglichen | Bezeichnung der Reaktion ohne Zusatz | mit Zusatz |
|---|---|---|
| inaktiv | Abbruch | Verhinderung (Inhibition) |
| reaktionsträger | Übertragung | Verzögerung (Retardation) |
| gleich aktiv | Übertragung | Übertragung |

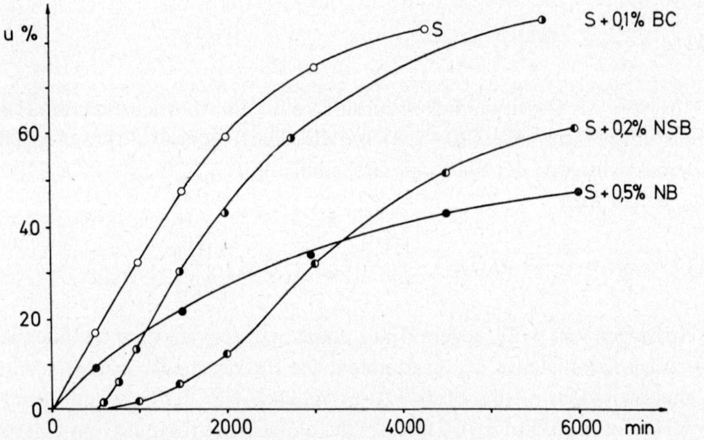


*Abb. 20- 6:* Einfluß des Zusatzes von Benzochinon BC, Nitrosobenzol NSB und Nitrobenzol NB auf die thermische Polymerisation von Styrol S bei 100 °C (nach G. V. Schulz).

Zusätze können sich demnach sehr verschieden auswirken (vgl. auch Tab. 20–5). Bei Zusatz von Benzochinon reagieren offenbar alle Initiator- und Polymerradikale mit diesem und die neuen Radikale sind inaktiv. Die Polymerisation beginnt daher erst nach einer Inhibitionsperiode, in der alle Benzochinonmoleküle aufgebraucht werden. Die Inhibitionsperiode steigt folglich mit der Konzentration von Benzochinon an (Abb. 20-6). Benzochinon ist also ein Inhibitor. Beim Zusatz von Nitrobenzol tritt dagegen keine Inhibitionsperiode auf. Die Polymerisation erfolgt aber mit geringerer Geschwindigkeit. Nitrobenzol ist daher ein Verzögerer. Nitrosobenzol wirkt andererseits anfänglich als Verzögerer, verhält sich dann aber wie ein Verhinderer.

### 20.3.2 ÜBERTRAGUNG ZUM MONOMEREN

Bei einer Übertragung zum Monomeren, Lösungsmittel usw. hört eine individuelle Polymerkette zu wachsen auf und eine neue wird begonnen. Der Polymerisationsgrad wird also durch die Übertragung herabgesetzt.

Zur quantitativen Berechnung sei angenommen, daß der Abbruch durch die Initiatorradikale vernachlässigbar klein ist. Außerdem soll der Abbruch durch gegenseitige Desaktivierung zweier Polymerradikale und nur durch Rekombination erfolgen. Das Zahlenmittel des Polymerisationsgrades $\overline{X}_n$ ist dann gleich der doppelten kinetischen Kettenlänge:

(20-114) $$\overline{X}_n = 2\nu$$

Der Polymerisationsgrad steigt mit zunehmender Wachstumsgeschwindigkeit und sinkt, je größer die Geschwindigkeiten der Reaktionen sind, die die individuelle Kette beenden:

(20-115) $$\overline{X}_n = \frac{v_p}{\frac{v_{t(pp)}}{2} + \Sigma\, v_{tr,x}}$$

Erfolgt die Übertragungsreaktion nur zum Monomeren, so gilt $\Sigma\, v_{tr,x} = v_{tr,m}$ und aus Gl. (20-115) wird nach einer Umformung

(20-116) $$\frac{1}{\overline{X}_n} = \frac{v_{t(pp)}}{2\, v_p} + \frac{v_{tr,m}}{v_p}$$

Nach Einsetzen der Geschwindigkeitsausdrücke für die Abbruchsreaktion (Gl.(20-42)), die Wachstumsreaktion (Gl. (20-55)) und die Übertragungsreaktion (Gl. (20-113)), unter Berücksichtigung der Stationaritätsbedingung ($v_{t(pp)} = v_{st} = 2 f k_z$ [I]) und mit $v_p = v_{br}$ erhält man

(20-117) $$\frac{1}{\overline{X}_n} = \frac{k_{tr,m}}{k_p} + (f k_z) \cdot \frac{[I]}{v_{br}} = C_m + (f k_z)\, \frac{[I]}{v_{br}}$$

Durch Auftragen von $1/\overline{X}_n$ gegen $[I]/v_{br}$ kann man also aus dem Ordinatenabschnitt die Übertragungskonstante $C_m$ bestimmen. Die Übertragungskonstanten zum Monomeren sind meist sehr niedrig (Tab. (20-6)) und liegen in der Größenordnung von $10^{-4}$ bis $10^{-5}$. Auf ca. 10 000 bis 100 000 Wachstumsschritte folgt also ein Übertragungsschritt.

Ist die Übertragungsgeschwindigkeit sehr viel größer als die Abbruchsgeschwindigkeit, so reduziert sich Gl. (20-116) zu

(20-118) $$\frac{1}{\overline{X}_n} \approx \frac{v_{tr,m}}{v_p} = \frac{k_{tr,m}}{k_p}$$

*Tab. 20-6:* Übertragungskonstanten $C_m$ bei verschiedenen Monomeren

| Monomer | $10^5 \cdot C_m$ bei °C | | | | $E^{\ddagger}_{tr,m}$ |
|---|---|---|---|---|---|
| | 0 | 25 | 50 | 60 | kJ/mol |
| Vinylacetat | 5 | 8 | - | 18,8 | 25 |
| Styrol | - | 3 | 4 | 6 | 59 |
| Methylmethacrylat | - | - | 1 | - | 50 |
| Butylacrylat | - | 0,8 | - | - | ? |

Der Polymerisationsgrad wird dann unabhängig von der Initiatorkonzentration. Er kann nur noch über die Temperaturabhängigkeit der Polymerisation gesteuert werden, da die Aktivierungsenergien der Übertragung zum Monomeren meist größer als die des Wachstums sind.

### 20.3.3 ÜBERTRAGUNG ZU LÖSUNGSMITTELN UND REGLERN

Bei Polymerisationen in Lösungsmitteln S ist zusätzlich noch die Geschwindigkeit der Übertragung $v_{tr,s}$ zu berücksichtigen. Aus Gl. (20-115) erhält man dann mit $\Sigma v_{tr,x} = v_{tr,m} + v_{tr,s}$ unter sonst gleichen Bedingungen wie in Kap. 20.3.2

$$(20\text{-}119) \qquad \frac{1}{\overline{X}_n} - \frac{f k_z[I]}{v_{br}} = C_m + C_s \frac{[S]}{[M]}; \qquad C_s \equiv k_{tr,s}/k_p$$

Die Übertragungskonstante $C_s$ kann somit über die Variation der Lösungsmittelkonzentration ermittelt werden (Abb. 20-7).

Die Übertragungskonstanten der Lösungsmittel variieren um mehrere Zehnerpotenzen (Tab. 20 - 7). Sie sind umso höher, je mehr übertragbare Atome pro Molekül vorhanden sind (H in der Reihe Benzol-Toluol-Äthylbenzol), je schwächer die Bindung (Tetrachlorkohlenstoff-Tetrabromkohlenstoff) und je stärker resonanzstabilisiert das entstehende Radikal ist (Triphenylmethan-Fluoren-Pentaphenyläthan).

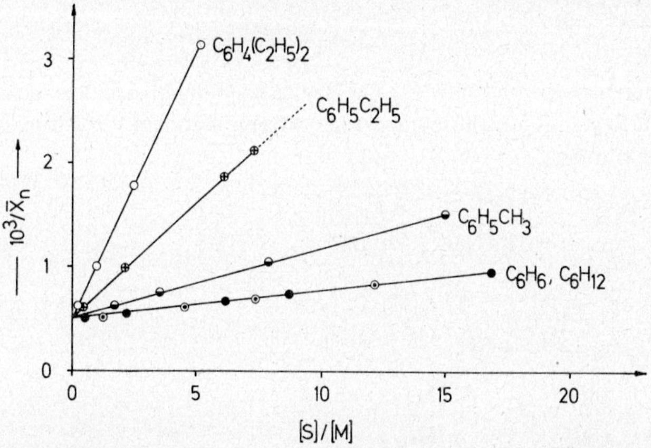


*Abb. 20-7:* Abhängigkeit des reziproken Zahlenmittels des Polymerisationsgrades von der Verdünnung bei der Polymerisation von Styrol in Diäthylbenzol, Äthylbenzol, Toluol, Benzol bzw. Cyclohexan bei 100 °C. S = Lösungsmittel, M = Monomer (nach G. V. Schulz, A. Dinglinger und E. Husemann).

Die manchmal sehr starke Übertragung kann technisch zur Regelung des Polymerisationsgrades ausgenutzt werden. In vielen Fällen sind hohe Polymerisationsgrade unerwünscht, da die Produkte dann mechanisch schwierig zu verarbeiten sind (zu hohe Schmelzviskosität) oder vernetzen (z. B. bei der Dien-Polymerisation). Höhere Initiatorkonzentrationen würden zwar nach Gl. (20 – 86) den Polymerisationsgrad herabsetzen, steigern nach Gl. (20 – 59) aber die Polymerisationsgeschwindigkeit. Bei zu hoher Polymerisationsgeschwindigkeit kann aber die Polymerisation durchgehen (vgl. Kap. 20.2.7.2).

Man setzt darum sog. Regler zu. Regler sind Substanzen mit sehr hoher Übertragungskonstante. Sie brauchen darum nur in kleinen Konzentrationen eingesetzt zu werden. Besonders SH-Verbindungen (Mercaptane, Thioglykolsäureäthylester) eignen sich als Regler. n-Butylmercaptan besitzt z.B. bei 60 °C ein $C_s$ von 22 (Styrol) bzw. 0,66 (Methylmethacrylat). Der Wert für das System n-Butylmercaptan/Styrol liegt somit höher als der für Pentaphenyläthan/Styrol (Tab. 20 – 7). Diese hohen Übertragungskonstanten kommen nicht zuletzt dadurch zustande, daß die Mercaptane einen induzierten Zerfall des Initiators hervorrufen.

*Tab. 20 – 7:* Übertragungskonstanten der Lösungsmittel bei verschiedenen Monomeren bei 60 °C

| Lösungsmittel | $C_s \cdot 10^5$ bei Styrol | Acrylnitril | Vinylacetat |
|---|---|---|---|
| Benzol | 0,2 | 2,5 | 3,0 |
| Cyclohexan | 0,3 | 2,1 | 6,6 |
| Toluol | 1,2 | 5,8 | 21 |
| Äthylbenzol | 7 | 36 | 55 |
| Isopropylbenzol | 8 | 41 | 90 |
| t-Butylbenzol | 0,6 | 1,9 | 3,6 |
| Triphenylmethan | 35 | - | - |
| Fluoren | 750 | - | - |
| Pentaphenyläthan | 200 000 | - | - |
| Tetrachlorkohlenstoff | 1 000 | - | - |
| Tetrabromkohlenstoff | 136 000 | - | - |

Die Übertragungskonstante $C_R$ der Regler kann man besonders leicht aus den Umsätzen an Regler R und Monomer M ermitteln. Aus dem Verhältnis der Geschwindigkeiten erhält man

$$\text{(20–120)} \quad \frac{v_{tr,R}}{v_p} = \frac{-d\,[R]/dt}{-d\,[M]/dt} = \frac{k_{tr,R}\,[R]}{k_p\,[M]} = C_R\,\frac{[R]}{[M]}$$

$$\int_{[R]_0}^{[R]} \frac{d\,[R]}{[R]} = \int_{[M]_0}^{[M]} \frac{d\,[M]}{[M]}$$

$$\ln \frac{[R]}{[R]_0} = C_R \cdot \ln \frac{[M]}{[M]_0}$$

Die große Übertragungskonstante mancher Verbindungen kann man auch zum Verfahren der Telomerisation ausnutzen. Startet man z.B. die radikalische Polymerisation von Äthylen in Gegenwart großer Mengen von $CCl_4$, so entstehen über die

Schritte $R^\bullet + C_2H_4 \rightarrow R{-}CH_2{-}CH_2^\bullet$, $R{-}CH_2{-}CH_2^\bullet + CCl_4 \rightarrow R{-}CH_2{-}CH_2Cl +$ $^\bullet CCl_3$, $^\bullet CCl_3 + CH_2{=}CH_2 \rightarrow CCl_3{-}CH_2{-}CH_2^\bullet$ usw. eine Reihe verschiedener Verbindungen, die destillativ getrennt werden können. Das Verfahren bildet in der USSR die Grundlage für Lactam-Synthesen (vgl. Kap. 28.3.2.7).

Die kinetische Analyse der Telomerisation ist nicht einfach, da die verschiedenen Radikale $R{-}C_2H_4^\bullet$, $R{-}(C_2H_4)_2^\bullet$ usw. unterschiedliche Übertragungskonstanten aufweisen (Tab. 20 – 8).

*Tab. 20-8:* Übertragungskonstanten $C_R$ als Funktion der Kettenlänge bei der Telomerisation verschiedener Monomerer mit $CCl_4$

| Monomer | Temp. °C | $C_R$ beim Monomer | Dimer | Polymer |
|---|---|---|---|---|
| Äthylen | 70 | 0,08 | 1,9 | 3,2 |
| Propylen | 100 | 1,3 | - | 5,1 |
| Isobutylen | 100 | 1,4 | - | 17 |
| Allylacetat | 100 | 0,01 | 0,05 | 2,0 |
| Styrol | 76 | 0,0006 | 0,0025 | 0,012 |

20.3.4 ÜBERTRAGUNG ZUM INITIATOR

Bei hoher Initiatorkonzentration können auch Ketten zum Initiator übertrawerden. In Analogie zu den anderen Übertragungskonstanten erhält man für die Übertragungskonstante $C_I$ zum Initiator

$$(20\text{–}121) \qquad \Sigma\, v_{tr,x}/v_p = C_M + C_I\,([I]/[M])$$

Die Übertragungskonstanten $C_I$ können zum Teil beträchtlich sein (Tab. 20 – 9). Sie sind im wesentlichen durch den induzierten Zerfall dieser Initiatoren bedingt. Azobisisobutyronitril hat praktisch keine übertragende Wirkung.

*Tab. 20-9:* Übertragungskonstanten verschiedener Initiatoren mit Styrol

| Initiator | °C | $C_I$ |
|---|---|---|
| Bis (2,4-dichlorbenzoyl) peroxid | 70 | 2,6 |
| Bis (p-chlorbenzoyl) peroxid | 70 | 0,21 |
| Benzoylperoxid | 70 | 0,075 |
| Cumolhydroperoxid | 60 | 0,063 |
| t-Butylhydroperoxid | 60 | 0,035 |
| Azobisisobutyronitril | 70 | ~ 0 |

20.3.5 ÜBERTRAGUNG ZUM POLYMEREN

Die Übertragung zum Polymeren kann besonders gut studiert werden, wenn man verhältnismäßig niedermolekulare Polymere ($\alpha$-Polymere) gleichen Typs zu der polymerisierenden Monomermischung gibt. Die Übertragungskonstante $C_{poly}$ läßt sich dann aus den Polymerisationsgraden $\overline{X}_n$ und $\overline{X}_{n,o}$ berechnen, die bei Polymerisationen mit und ohne Zusatz dieser $\alpha$-Polymeren ausgeführt wurden:

(20–122) $$\frac{1}{\overline{X}_n} - \frac{1}{\overline{X}_{n,o}} = C_{poly} \frac{[poly]}{[M]}$$

Die Konzentration [poly] ist in mol Grundbaustein einzusetzen.

Bei 60 °C ist bei Poly(styrol) $C_{poly} = 2 \cdot 10^{-4}$, also etwas höher als die Übertragungskonstante für das Monomer. Beim Poly(styrol) ist $C_{poly}$ auch unabhängig vom Polymerisationsgrad, nicht aber beim Poly(methylmethacrylat). Hier steigt $C_{poly}$ mit sinkendem Polymerisationsgrad und muß daher von den Endgruppen abhängen.

Eine Übertragung zum Polymeren erzeugt an diesem eine radikalische Stelle, die weiteres Monomer anlagern kann. Das Polymer wird dadurch verzweigt. Erfolgt die Verzweigung intramolekular wie beim Poly(äthylen) (vgl. Kap. 25.2.1), so werden Kurzkettenverzweigungen gebildet:

(20–123)

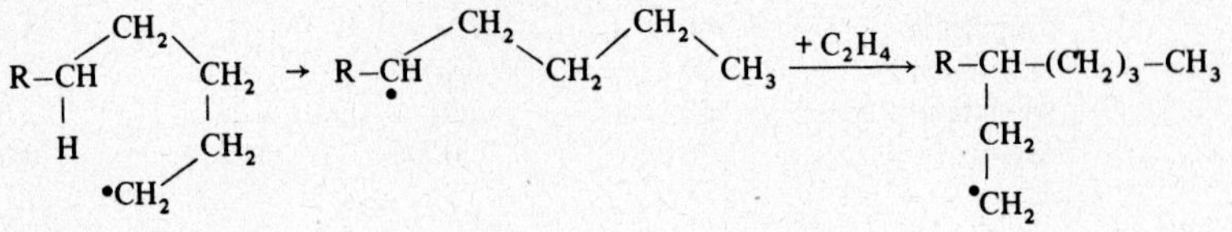

Bei anderen Polymeren wie beim Poly(vinylacetat) erfolgt die Verzweigung überwiegend intermolekular

(20–124)

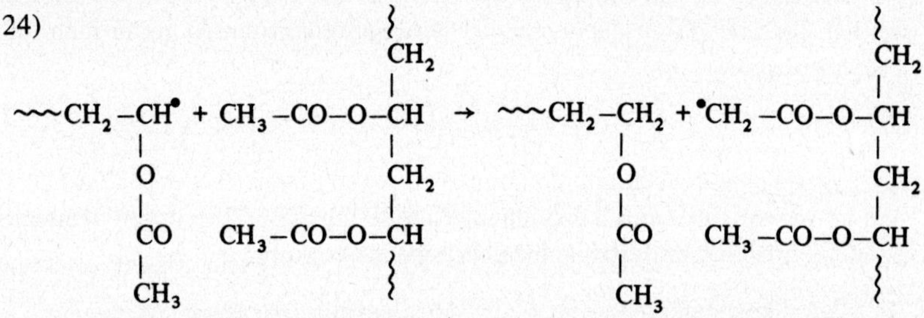

Diese Verzweigungen über die Esterbrücke können durch Verseifen beseitigt werden, wodurch der Polymerisationsgrad sinkt. Daneben können aber auch nichtverseifbare Verzweigungen am $\alpha$-C-Atom auftreten. Da die Konzentration an Polymeren mit steigendem Umsatz zunimmt, steigt auch die Selbstverzweigung mit dem Umsatz $u$ an.

Eine Verzweigung kann auch durch den Initiator verursacht werden. Für die Polymerisation von Styrol mit AIBN bekommt man

(20–125) $$\frac{v_{tr,R}}{v_{st}} = \frac{k_{tr,R}[R^\bullet][M]}{k_{st}[R^\bullet][M]} = 0{,}35 \frac{[poly]}{[M]}$$

woraus sich das Verhältnis $v_{tr,R}/v_{st}$ bei einem Umsatz von 5 % (zeitliches Mittel 2,5 %) zu $0{,}35 \cdot 2{,}5/97{,}5 \approx 0{,}01$ und bei einem Umsatz von 50 % zu $0{,}35 \cdot 25/75 \approx 0{,}1$ ergibt. Bei höheren Umsätzen werden also schon recht viele Ketten durch Verzweigungsstellen am Polymeren gestartet.

### 20.3.6 INHIBITION UND STABILISIERUNG

Verzögerung und Verhinderung hängen ebenso wie die Übertragung von den relativen Reaktivitäten von Makroradikal, Monomeren und Zusatzstoff ab. Eine Substanz, die bei einem Monomeren als Überträger wirkt, kann bei einem anderen als Verzögerer wirken und bei einem dritten als Verhinderer. Es ist darum besser, die Reaktionen so zu kennzeichnen und nicht die Substanzen.

Nitroverbindungen und Chinone haben sich als besonders gute Inhibitoren für viele Monomere erwiesen. Die Initiatorradikale $R^{\bullet}$ oder Polymerradikale $P^{\bullet}$ addieren sich an die Nitroverbindung (keine Übertragungsreaktion!) und das neu gebildete Radikal reagiert dann mit einem weiteren Radikal $R^{\bullet}$ oder $P^{\bullet}$ ab, z. B.

(20-126)

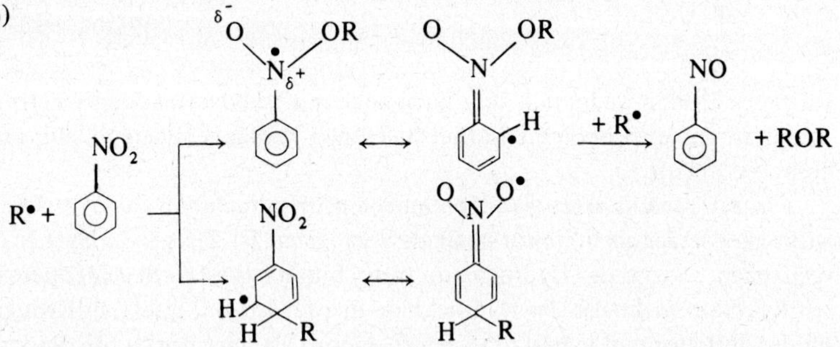

Pro Molekül Nitrobenzol werden also zwei Radikale verbraucht. So erklärt es sich, daß 1,3,5-Trinitrobenzol sechs Ketten stoppen kann. Erwartungsgemäß ist 2,2-Diphenyl-1-pikrylhydrazyl (DPPH)

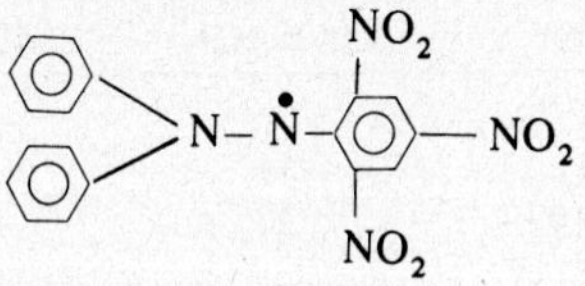

(DPPH)

eine besonders guter Inhibitor. Es liegt bereits im isolierten Zustand als Radikal vor (Wirkung der Nitrogruppen) und verhindert die Polymerisation von Vinylacetat oder Styrol bereits in Konzentrationen von $10^{-4}$ mol/dm$^3$.

Bei Chinonen ist die Wirkung grundsätzlich ähnlich:

(20-127)

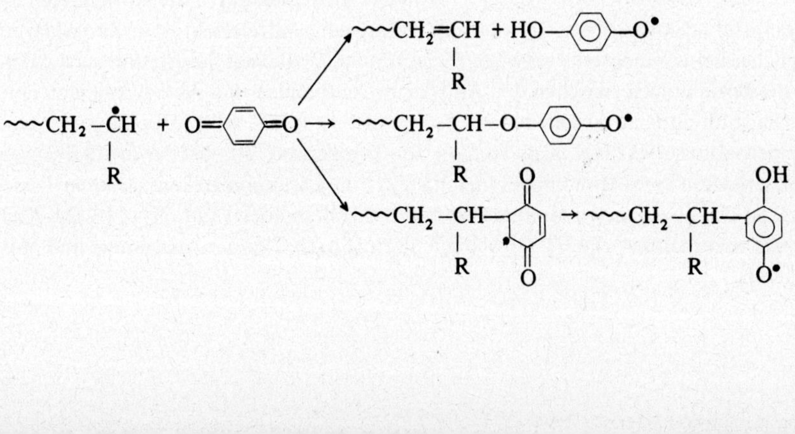

Ob Chinone nur als Verzögerer oder Inhibitoren oder aber als Comonomere wirken, hängt von ihrem Redoxpotential ab. Chinone mit hohem Redoxpotential wie z.B. das 2,5,7,10-Tetrachlordiphenochinon copolymerisieren mit Styrol zu Produkten hohen Molekulargewichtes:

(20 – 128)

$$\sim\sim CH_2-\overset{\bullet}{\underset{C_6H_5}{C}}H \ + \ \underset{Cl}{\overset{Cl}{\bigcirc}}=\underset{Cl}{\overset{Cl}{\bigcirc}}=O \longrightarrow$$

$$\longrightarrow \ \sim\sim CH_2-\underset{C_6H_5}{CH}-O-\underset{Cl}{\overset{Cl}{\bigcirc}}-\underset{Cl}{\overset{Cl}{\bigcirc}}-O^\bullet$$

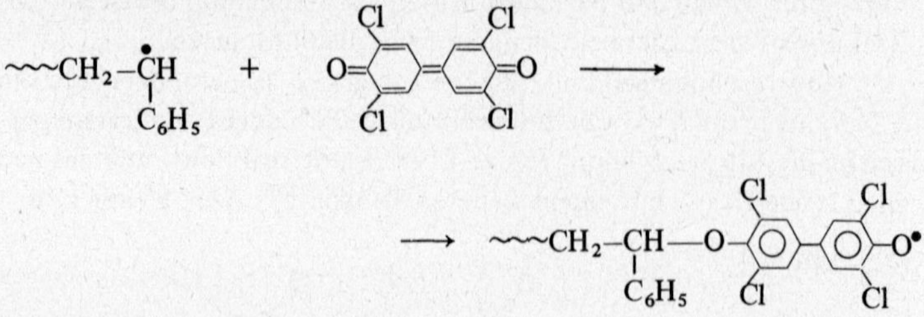

Da dieses Chinon weder mit Acrylnitril noch mit Vinylacetat copolymerisiert, wurde vermutet, daß die Copolymerisation über einen primär gebildeten Ladungsübertragungskomplex abläuft.

In der Technik setzt man Monomeren oft Hydrochinon zu. Hydrochinon selbst wirkt aber weder als Inhibitor noch als Verzögerer. Ist dagegen im System Sauerstoff vorhanden, so wird das Hydrochinon zum Chinon oxydiert. Bei einer peroxidinitiierten Reaktion wirkt also das Hydrochinon in zwei Weisen: direkt als Reduktionsmittel für den Initiator und indirekt (als Benzochinon) als Inhibitor. Hydrochinon ist daher ein Stabilisator.

Tab. 20-10: Übertragungskonstanten von Chinonen

| Inhibitor | $C_{tr,inh}$ bei | | |
|---|---|---|---|
| | Styrol | Vinylacetat | Allylacetat |
| Chloranil | 950 | – | 160 |
| p-Benzochinon | 570 | 54 | 52 |
| Durochinon | 0,67 | 90 | 4,1 |

## 20.4 Stereokontrolle

Die Stereokontrolle radikalischer Polymerisationen scheint in den meisten Fällen durch einen endkontrollierten Mechanismus zu erfolgen, und zwar in der Regel mindestens nach einer Markoff-Statistik 1. Ordnung in Bezug auf die Diaden (vgl. dazu Kap. 16.5.2). Die Taxie der entstehenden Polymeren wird noch durch die verwendeten Lösungsmittel beeinflußt. Der Grund für diesen Lösungsmitteleffekt ist z. Zt. unklar und möglicherweise mindestens teilweise in der unterschiedlichen Solvatation zu suchen. Für die Beziehungen zwischen den Aktivierungsenthalpien und Aktivierungsentropien der Diadenbildung in verschiedenen Lösungsmitteln existiert für jedes Monomer ein Kompensationseffekt (vgl. Kap. 16.5.4). Die Temperatur $T_0$, bei der die radikalische Polymerisation eines Monomeren unabhängig vom Lösungsmittel zur gleichen Taxie führt, ist für die einzelnen Monomeren unterschiedlich hoch (Tab. 20-11). Die Kompensationsenthalpien $\Delta\Delta H_0^\ddagger$ schwanken stark je nach Typ der Anlagerung und Monomerers.

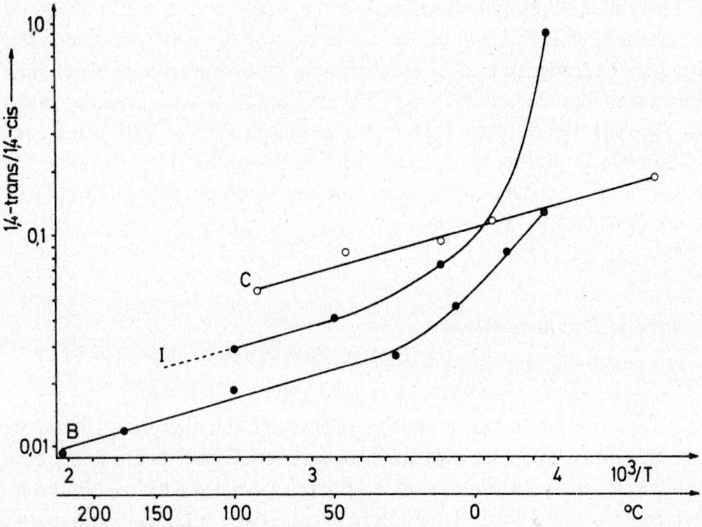


*Abb. 20–8:* Temperaturabhängigkeit des Verhältnisses von 1,4-trans- zu 1,4-cis-Bindungen bei der radikalischen Polymerisation von 1,3-Dienen. I = Isopren, C= Chloropren, B = Butadien.

*Tab. 20–11:* $T_0$- und $\Delta\Delta H_0^{\ddagger}$-Werte der radikalischen Polymerisation

| Monomer | $T_0$ °C | $\Delta\Delta H_0^{\ddagger}$ in J/mol für $k_{i/i}/k_{i/s}$ | $k_{s/i}/k_{s/s}$ | $k_{i/s}/k_{s/s}$ | $k_{s/i}/k_{i/i}$ |
|---|---|---|---|---|---|
| Methylmethacrylat | 74 | 121 | 957 | 1390 | 2570 |
| Methacrylsäure in Alkoholen | 50 | 6280 | 4254 | - 185 | - 2290 |
| Acrylnitril | 1130 | ? | ? | ? | ? |
| Vinylacetat | 837 | ? | ? | ? | ? |
| Vinyltrifluoracetat | 67 | ? | ? | ? | ? |
| Vinyltrichloracetat | 27 | ? | ? | ? | ? |
| Vinylchlorid | 35 | 820 | 1130 | 0 | - 75 |

*Tab. 20–12:* Anteile an 1,2- und 3,4-Verknüpfungen, sowie Aktivierungsenthalpien und Aktivierungsentropien bei der radikalischen Polymerisation von 1,3-Dienen

| Monomer | Anteil an Verknüpfungen Temp.Bereich °C | 1,2 % | 3,4 % | Aktivierungsgrößen zwischen 0 und 100 °C $\Delta H^{\ddagger}_{trans} - \Delta H^{\ddagger}_{cis}$ kJ/mol | $\Delta S^{\ddagger}_{trans} - \Delta S^{\ddagger}_{cis}$ J mol$^{-1}$ s$^{-1}$ |
|---|---|---|---|---|---|
| Butadien | - 20 bis 233 | 18 | — | 7,2 | 4,0 |
| Isopren | - 20 bis 200 | 5 | 5 | 6,8 | 6,7 |
| Chloropren | - 50 bis 100 | 1-2,4 | 0,3→2,4 | 6,4 | 9,3 |

Bei der radikalischen Polymerisation von 1,3-Dienen (Abb. 20 - 8) ist die Differenz der Aktivierungsenthalpien für die 1,4-trans- und die 1,4-cis-taktische Verknüpfung beim Butadien, Chloropren und beim Isopren im Temperaturbereich zwischen ca. 0 und 100 °C etwa gleich groß. Lediglich die Differenz der Aktivierungsentropien ist verschieden (Tab. 20 - 12). Bei tieferen Temperaturen ändern sich die Verhältnisse jedoch beim Isopren und beim Butadien, bei höheren Temperaturen nur beim Isopren (Abb. 20 - 8). Alle drei Diene unterscheiden sich auch charakteristisch durch ihre Anteile an 1,2- und 3,4-Verknüpfungen (Tab. 20 - 12).

## 20.5 Technische Polymerisationen

### 20.5.1 POLYMERISATION IN MASSE

Die Polymerisation in Masse führt zu sehr reinen Polymeren, da in der Reaktionsmasse nur Monomer, Polymer und Initiator anwesend sind. Bei hohen Umsätzen können aber Übertragungsreaktionen zum Polymeren merklich werden, wodurch verzweigte Produkte entstehen. Durch den Geleffekt (vgl. Kap. 20.2.7.2) kann es zu einem Wärmestau kommen. Die lokale Überhitzung führt in extremen Fällen zu einem Abbau und evtl. zu einer Verfärbung der Polymeren.

Bei Substanzpolymerisationen wird daher die Polymerisation oft bei einem Umsatz von 40 - 60 % abgebrochen und das restliche Monomer abdestilliert. Alternativ kann man in zwei Stufen polymerisieren. In der ersten Stufe wird in großen Kesseln bis zu einem mittleren Umsatz polymerisiert. In der zweiten Stufe wird dann in dünnen Schichten auspolymerisiert, z.B. in Kapillaren, in Dünnschicht an Wänden oder im freien Fall in dünnem Strahl. Alle Methoden haben den Nachteil, daß geringe Mengen nichtumgesetzten Monomers in den Polymerisaten verbleiben, was physiologisch bedenklich sein kann.

Einige Polymere wie Poly(vinylchlorid) oder Poly(acrylnitril) sind in ihren eigenen Monomeren nicht löslich. Bei der Massepolymerisation fällt das Polymer daher schon bei relativ geringen Umsätzen aus. Da den neu entstehenden Radikalen immer noch Monomer angeboten wird, läuft die Polymerisation weiter. Die Polymerisationskinetik wird aber kompliziert. Ein Teil der wachsenden Ketten befinden sich nämlich im koagulierten Polymeren. Die Wahrscheinlichkeit für einen Kettenabbruch wird daher gering. Andererseits ist aber auch die Diffusionsgeschwindigkeit des Monomeren stark herabgesetzt, so daß auch die Wachstumsreaktion beeinflußt wird.

### 20.5.2 POLYMERISATION IN SUSPENSION

Wasserunlösliche Monomere können in Wasser unter Zusatz eines Suspensionsmittels durch Schütteln oder Rühren in feine Tröpfchen von ca. $1 - 10^{-3}$ cm Durchmesser verteilt werden. Radikalische „öllösliche" Initiatoren starten die Polymerisation in den Tröpfchen. Nach dem Auspolymerisieren haben sich die Tröpfchen in Perlen verwandelt, weshalb das Verfahren auch Perlpolymerisation genannt wurde. Durch das Suspendieren wird sozusagen der bei der Substanzpolymerisation vorhandene Reaktionsraum in viele kleine Räume aufgeteilt. Die Polymerisationswärme kann daher besser abgeführt werden. Mechanistisch handelt es sich um eine „wassergekühlte" Substanzpolymerisation.

Nach dem Verfahren der Suspensionspolymerisation können nur solche Monomere polymerisiert werden, die sehr wenig wasserlöslich sind und deren Polymere eine genügend hohe Glastemperatur aufweisen. Ist das Monomer etwas wasserlöslich, so kann die Polymerisation u.U. auch außerhalb der Monomertröpfchen stattfinden. Die Größenverteilung der Perlen wird dann einen langen Schwanz zu kleinen Teilchen hin aufweisen. Dieser Feinstaub ist technisch unerwünscht, da er bei der Verarbeitung zu ungleichmäßigen Schmelzen führen kann. Durch eine unterschiedliche Löslichkeit der Monomeren können bei Copolymerisationen die entstehenden Perlen außen und innen verschiedene Zusammensetzung aufweisen. Der gleiche Effekt tritt bei unterschiedlichen Polymerisationsgeschwindigkeiten auf, da es sich um „abgeschlossene" kleine Reaktionsräume handelt. Ist die Glastemperatur der Polymeren niedriger als die Polymerisationstemperatur, so können die Perlen leicht deformiert werden und folglich schon nach Umsätzen von 20 – 30 % agglomerieren.

Die Suspensionsmittel müssen das Zusammenlaufen der Tröpfchen verhindern. Dazu muß die Wahrscheinlichkeit für den Zusammenstoß zweier Tröpfchen erniedrigt werden, was z.B. durch Viskositätserhöhung erreicht werden kann (Zusatz von Glycerin oder Poly(vinylalkohol)). Durch Zusatz von Ionenseifen werden die Tröpfchen gleichsinnig geladen und stoßen sich daher ab. Die Tröpfchen neigen außerdem weniger zum Zusammenfließen, wenn die Grenzflächenspannung Monomertröpfchen/Wasser heraufgesetzt und der Dichte-Unterschied herabgesetzt wird. Die meisten Suspendiermittel wirken in mehrfacher Weise. Im allgemeinen sind anorganische Suspendiermittel (Dispersionen von Bariumsulfat) vorzuziehen, da sie später leichter abgetrennt und ausgewaschen werden können. Mit fallendem Durchmesser der Perlen geht aber die eingeschlossene Menge an Suspendiermittel sowohl absolut als auch relativ durch ein Minimum. Je höher die Konzentration an Suspendiermittel, umso enger ist die Verteilung der Perldurchmesser.

### 20.5.3 POLYMERISATION IN LÖSUNGS- UND FÄLLUNGSMITTELN

Einige Polymere sind in ihren eigenen Monomeren unlöslich und fallen daher bei der Polymerisation aus. Beispiele sind Poly(vinylchlorid) und Poly(acrylnitril). Im ausgefallenen Polymerisat läuft die Polymerisation noch weiter. Ihre Geschwindigkeit wird aber durch die Diffusion des Monomeren zu den Radikalen und folglich vom Aufbau des Koagulates bestimmt. Faktoren wie Rührgeschwindigkeit usw. können daher die Polymerisationsgeschwindigkeit sehr stark beeinflussen. Der Vorteil der Fällungspolymerisation ist, daß die Polymeren direkt in fester Form anfallen. Aus diesem Grunde führt man auch oft Polymerisationen unter Zusatz von Fällungsmitteln für das Polymere aus, die aber noch Lösungsmittel für das Monomere sein müssen.

Die Fällungsmittel können aber wie jedes zugesetzte Lösungsmittel die Polymerisation noch zusätzlich beeinflussen. Das Lösungsmittel wirkt zusätzlich als Verdünner. Dadurch sinkt die Polymerisationsgeschwindigkeit und die Polymerisationswärme kann besser abgeführt werden. Gleichzeitig wird die Übertragung zum Polymeren herabgesetzt, wodurch die Zahl der Verzweigungen geringer und die Molekulargewichtsverteilung enger wird. Gewisse Lösungsmittel können aber manche Initiatoren zu einem induzierten Zerfall anregen. Durch Übertragung wird z. B. aus dem Lösungsmittel Äthylacetat das Radikal $^{\bullet}CH_2{-}COOC_2H_5$ gebildet. Dieses sehr aktive Radikal führt zu einer erhöhten Polymerisationsgeschwindigkeit. Das Lösungsmittel kann auch übertragend wirken und so den Polymerisationsgrad herabsetzen.

Bei technischen Lösungspolymerisationen ist von Nachteil, daß die Lösungsmittel nach der Polymerisation nur schwierig aus dem Polymerisat entfernt werden können. Lösungspolymerisationen werden daher nur dann ausgeführt, wenn das Polymer gleich in Lösung verbleiben kann, z. B. für Lackharze.

### 20.5.4 EMULSIONSPOLYMERISATION

#### 20.5.4.1 Phänomene

Bei Emulsionspolymerisationen enthält das System immer mindestens vier Bestandteile: wasserunlösliches Monomer, Wasser, Emulgator und Initiator. Die ersten Rezepte wurden rein empirisch gefunden, als man den Latex des Naturkautschuks nachahmen wollte. Dabei zeigte sich, daß wasserlösliche Initiatoren (z.B. $K_2S_2O_8$) wirksamer waren als monomerlösliche (z. B. Dibenzoylperoxid). Die für Emulsionspolymerisationen geeigneten Monomeren müssen wasserunlöslich sein.

Die Wirksamkeit wasserlöslicher Initiatoren deutet bereits darauf hin, daß die Polymerisation anders als bei der Suspensionspolymerisation nicht in den Monomertröpfchen, sondern „in der Flotte" abläuft. Diese Annahme wird durch Versuche bestätigt, bei denen die Flotte mit dem Monomeren überschichtet wurde oder bei denen Flotte und Monomer getrennt und nur über den Gasraum miteinander verbunden waren.

Die meisten Monomeren lösen sich nur sehr wenig in reinem Wasser. Styrol löst sich bei 50 °C zu 0,038 % in Wasser, aber zu 1,45 % in 0,093 molarer wässriger Kaliumpalmitatlösung. Das Monomer wird durch den Emulgator solubilisiert, indem es sich in die vom Emulgator gebildeten Mizellen einlagert.

Die meisten der verwendeten Emulgatoren bilden in Wasser Assoziate vom geschlossenen Typ $N\,M_I \rightleftarrows (M_I)_N$ (vgl. Kap. 6.5). $N$ liegt dabei nach Molekulargewichtsbestimmungen zwischen ca. 20 und 100. Die Seifenmoleküle sind dabei so angeordnet, daß die polaren Gruppen nach außen und die Kohlenwasserstoffreste nach innen gerichtet sind. Die genaue geometrische Form der Mizellen ist meist unbekannt, diskutiert werden vor allem kugel- und stäbchenförmige Mizellen. Unterhalb der kritischen Mizellkonzentration (vgl. Abb. 6 – 6 in Kap. 6.5) ist die Mizellkonzentration praktisch gleich null.

Durch die eingelagerten Monomermoleküle nimmt der Durchmesser der Mizellen zu, z. B. nach röntgenographischen Messungen bei Styrol in Kaliumoleatmizellen von 4,3 auf 5,5 nm. Mit fortschreitender Polymerisation nimmt der Durchmesser der Mizellen wegen der Kontraktion zunächst wieder ab. Die Polymerisation findet aber nicht in allen Mizellen statt. Beim System Styrol/Kaliumdodecanoat wandeln sich nämlich nur ca. 1/700 aller Mizellen in Latexpartikeln um.

Man beobachtet ferner, daß die Polymerisationsgeschwindigkeit in der ersten Zeit des Versuches stark ansteigt, dann konstant wird und schließlich wieder abfällt (Abb. 20 – 9). Gleichzeitig ändert sich auch die Oberflächenspannung. Dem starken Anstieg der Polymerisationsgeschwindigkeit entspricht eine konstante Oberflächenspannung, dem Übergang zur konstanten Polymerisationsgeschwindigkeit ein starker Anstieg der Oberflächenspannung. Offensichtlich geht der Anstieg der Oberflächenspannung auf das Verschwinden der Mizellen zurück. Es können somit drei Perioden unterschieden

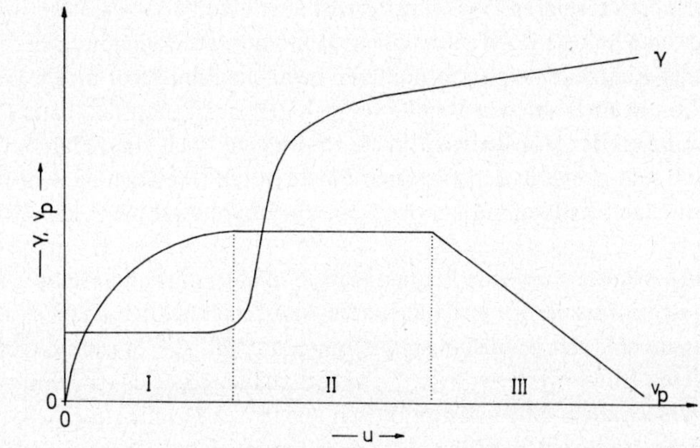


*Abb. 20-9:* Schematische Darstellung der Abhängigkeiten der Bruttoreaktionsgeschwindigkeit $v_{br}$ und der Oberflächenspannung $\gamma$ vom Umsatz $u$ bei der Emulsionspolymerisation

werden, die in der Theorie von Smith und Ewart sowie Harkins wie folgt interpretiert werden:

Zunächst hat man ein System aus Wasser, einem wenig wasserlöslichen Monomeren, einem Emulgator und einem schlecht öllöslichen Initiator (vgl. Abb. 20-10). Der Emulgator bildet Seifenmizellen von ca. 3,5 nm Ausdehnung, sofern er oberhalb der kritischen Mizellkonzentration vorliegt. Diese Mizellen können Monomeres lösen, wodurch sie auf ca. 4,5 nm aufquellen. Das Monomere wird aus den Monomertröpfchen von ca. 1000 nm Durchmesser durch Diffusion über das Wasser nachgeliefert. Der Initiator bildet Radikale. Die Radikale können unter Umständen mit echt im Wasser ge-

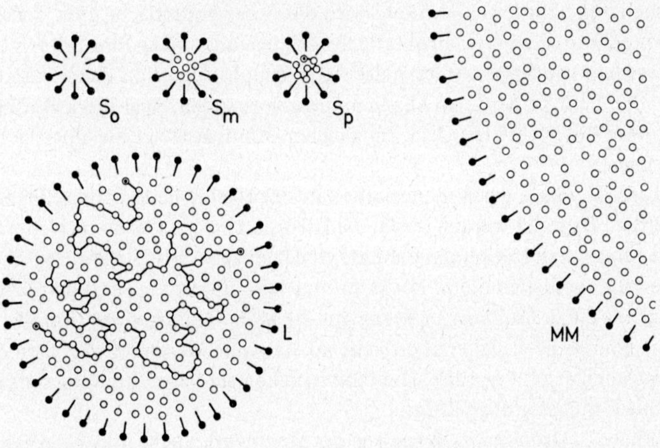


*Abb. 20-10:* Schema der Emulsionspolymerisation mit leeren Seifenmizellen ($S_o$), monomergefüllten Seifenmizellen ($S_m$), Seifenmizellen mit wachsenden Polymerketten ($S_p$), Monomertröpfchen (MM) und Latexteilchen (L) mit Monomeren M und wachsenden Polymeren. ⊙ = Radikalrest, ○ = Monomer bzw. Monomerbaustein, ● = hydrophiler Rest des Seifenmoleküls.

lösten Monomeren reagieren. Viel günstiger ist aber eine Polymerisation in einer Mizelle, da hier eine höhere Konzentration an Monomer-Molekülen herrscht. Trifft daher ein solches Radikal eine mit Monomeren beladene Emulgatormizelle, so wird die Polymerisation in einer solchen Mizelle vor sich gehen. Das Radikal kann dabei wegen des lockeren Baues der Mizelle leicht in sie eindringen. Nach einer anderen Theorie von Medvedev soll sich zuerst in der wässrigen Flotte durch Übertragung vom Initiatorradikal ein Seifenmizell-Radikal bilden, das dann die Polymerisation in den Mizellen auslöst.

Natürlich könnte auch eine Polymerisation in einem Monomertröpfchen anstatt in einer Emulgatormizelle vor sich gehen, die Wahrscheinlichkeit dazu ist aber viel geringer. In einem $cm^3$ der Emulsion sind nämlich nur ca. $10^{10}$ Monomertröpfchen mit einem mittleren Durchmesser von $10^{-4}$ cm vorhanden, dagegen $10^{18}$ Emulgatormicellen. Die Polymerisation geht somit praktisch nur in den Mizellen vor sich, da die Gesamtoberfläche der Mizellen größer als die der Latexteilchen ist. Nun enthält aber eine Mizelle nur etwa 100 Monomermoleküle. Die Polymerisation müßte daher nach Verbrauch dieser Monomermoleküle unter Bildung eines Polymeren vom Polymerisationsgrad 100 zum Stillstand kommen, wenn nicht Monomers durch Diffusion aus den Monomertröpfchen nachgeliefert würde.

Durch die laufende Polymerisation werden aber die Mizellen immer größer und gehen schließlich in kugelförmige Polymerteilchen (Latexteilchen) über. Diese Latexteilchen können ebenfalls noch Monomeres gelöst enthalten. Durch den Abtransport von Monomeren wird aber die Zahl der großen Monomertröpfchen immer kleiner. Die Anzahl der Latexteilchen steigt dagegen. In dieser Periode der Teilchen-Bildung (Abb. 20 – 9) steigt auch die Bruttogeschwindigkeit, weil ständig mehr wachsende Ketten entstehen.

Weil aber nun viel mehr Latexteilchen gebildet werden als Monomertröpfchen verschwinden, sinkt der mittlere Teilchendurchmesser im System und trotz der geringen Teilchengröße der Latexpartikeln wird die Gesamtoberfläche aller Teilchen immer größer. An der größeren Gesamtoberfläche können aber mehr Emulgatormoleküle adsorbiert werden. Die Konzentration des freien Emulgators sinkt daher ständig. Schließlich sind überhaupt keine freien Mizellen mehr vorhanden, weil die kritische Mizellkonzentration unterschritten wird. Im gleichen Moment steigt die Oberflächenspannung stark an.

In dieser II. Phase der Polymerisation können keine neue Latexteilchen mehr gebildet werden. Dagegen werden durch die Diffusion aus den Monomertröpfchen laufend neue Monomer-Moleküle in die Latexteilchen geliefert. Die Monomerkonzentration in den Latexteilchen bleibt konstant und es resultiert eine Polymerisationsgeschwindigkeit, die 0. Ordnung in Bezug auf die Monomerkonzentration ist. Während dieser Zeit nimmt die Teilchenoberfläche zu, da große Monomertröpfchen durch kleine Latexteilchen ersetzt werden. Die Latexteilchen sind am Schluß dieser Periode nur zu 60 % mit Emulgator abgesättigt.

Die Phase 0. Ordnung in Bezug auf das Monomere bleibt solange erhalten, als noch Monomeres aus den Monomertröpfchen nachgeliefert werden kann. Sind diese schließlich aufgezehrt, so können zur weiteren Polymerisation nur noch die Monomermoleküle in den Latexteilchen verbraucht werden. Dadurch sinkt aber deren Konzentration in den Latexteilchen ständig, wodurch nach den allgemeinen Gesetzen der Formalkinetik eine Reaktion 1. Ordnung in Bezug auf das Monomere resultiert (Periode III).

20.5.4.2 Kinetik

Für die Bruttoreaktionsgeschwindigkeit $v_{br(L)}$ in einem Latexteilchen kann man analog zum Ausdruck für die Wachstumsgeschwindigkeit in homogener Phase, Gl. (20 – 55), ansetzen:

$$(20–129) \quad v_{br(L)} = k_{p(L)} \{M\}_L \{P^\bullet\}$$

$v_{br(L)}$ = Bruttoreaktionsgeschwindigkeit in einem Latexteilchen (mol Monomer/(Latexteilchen · s)), $k_{p(L)}$ = Wachstumskonstante ($cm^3$ Latexteilchen/(mol Monomer · s)), $\{M\}_L$ bzw. $\{P^\bullet\}_L$ = Mole Monomer bzw. Radikale/Latexteilchen.

Das Gesamtvolumen der Emulsion $v_E$ setzt sich aus dem Volumen der wässrigen Phase $v_{wass}$ und den Volumina der Latexteilchen $v_L$ zusammen:

$$(20–130) \quad v_E = v_{wass} + v_L$$

Die Bruttogeschwindigkeit in einem $cm^3$ der Emulsion ist dann mit der Konzentration [L] der Latexteilchen (als Teilchen pro $cm^3$ Emulsion)

$$(20–131) \quad v'_{br(E)} = [L] \cdot v_{br(L)}$$

oder mit Gl. (20 – 130)

$$(20–132) \quad v'_{br(E)} = k_{p(L)} \cdot \{M\}_L \cdot \{P^\bullet\}_L \cdot [L]$$

Experimentell findet man nun häufig für die Periode II eine konstante Bruttogeschwindigkeit (Abb. 20 – 9). Das kann bedeuten, daß jede einzelne Größe der rechten Seite der Gl. (20 – 132) konstant ist oder aber einige Größen sich so mit der Zeit ändern, daß sich ihre Zeitabhängigkeiten wegkompensieren.

Die Konzentration $\{P^\bullet\}_L$ an Radikalen in Latexteilchen kann nur konstant sein, wenn in der Zeiteinheit genau so viele Radikale gebildet werden wie verschwinden. Ein in ein Latexteilchen eintretendes Radikal wird eine Kette starten. Ein zweites Radikal wird aber wegen des kleinen Volumens der Latexteilchen eher mit dem Polymerradikal unter Abbruch reagieren als selbst eine Kette starten. Teilchen mit zwei Radikalen werden daher kaum existieren. Die Abbruchsgeschwindigkeit dürfte viel größer als die Eintrittsgeschwindigkeit sein. Die Zeit vom Eintritt eines zweiten Radikals bis zur Desaktivierung ist daher viel kleiner als die Zeit zwischen dem Eintritt des ersten und des zweiten Radikals. Die Austrittsgeschwindigkeit ist demgegenüber vernachlässigbar. Zu jedem Zeitpunkt enthält demnach ein Latexteilchen entweder ein Radikal oder überhaupt keines, im Zeitmittel also ein halbes ($\{P^\bullet\}_L = 0{,}5$). Führt man diese Konzentration in Gl. (20 – 132) ein und rechnet die Monomerkonzentration gleichzeitig auf molare Einheiten um, so erhält man mit der Loschmidt'schen Zahl $N_L$

$$(20–133) \quad v_{br(E)} = 0{,}5\, k_p\, [L]\, [M]_L / N_L$$

über $v_{br(E)} = v'_{br(E)}/N_L$ = Bruttogeschwindigkeit in der Emulsion (mol/Monomer/(s · $cm^3$ · Emulsion)), $k_p = k_{p(L)} \cdot N_L$ = Wachstumskonstante ($cm^3$ Latexteilchen/(mol Monomer · s)), $[M]_L = \{M\}_L/N_L$ = Monomerkonzentration (mol Monomer/$cm^3$ Latexteilchen) und $[P^\bullet]_E = \{P^\bullet\}_L/N_L = ([L]/2)N_L$ = Radikalkonzentration (mol Radikale/$cm^3$ Emulsion).

Die Bruttogeschwindigkeit wird nach dieser Theorie von Smith und Harkins in der Periode II also konstant, wenn die Zahl der Latexteilchen und die Monomerkonzentration in den Latexteilchen konstant bleiben. Da die Latexteilchen aus den Mizellen gebildet werden, muß die Zahl der Mizellen ebenfalls konstant bleiben.

Die Monomerkonzentration kann durch zwei Effekte konstant bleiben. Einmal kann sich ein stationärer Zustand ausbilden, bei dem der Monomerverbrauch durch Polymerisation gerade durch Nachdiffusion in die Latexteilchen kompensiert wird. Die Monomerkonzentration ist dann stets niedriger als die Sättigungskonzentration im Gleichgewicht.

Außerdem wird die Monomerkonzentration im Latexteilchen dann konstant, wenn sich Gibbs'sche Grenzflächenenergie $\Delta G_\gamma$ und Gibbs'sche Quellungsenergie $\Delta G_q$ gerade gegenseitig aufheben, so daß die Gibbs-Energie des Monomeren im Gleichgewicht gleich null wird

(20-134) $$\Delta G_M = \Delta G_\gamma + \Delta G_q = 0$$

Setzt man die entsprechenden Ausdrücke für die Gibbs'sche Grenzflächenenergie und die Gibbs'sche Quellungsenergie (vgl. dazu Gl. (6-107)) ein:

(20-135) $$\frac{2\,V_M^m \cdot \gamma}{r_L} + RT\,[\ln(1-\phi_{P,L}) + \phi_{P,L} + \chi_1 \phi_{P,L}^2] = 0$$

mit $V_M^m$ = Molvolumen des Monomeren, $\gamma$ = Grenzflächenspannung Latexteilchen/wässrige Phase, $r_L$ = Radius der Latexteilchen, $\phi_{P,L}$ = Volumbruch des Polymeren im Latexteilchen ($\phi_{P,L} = 1 - \phi_{M,L}$) und $\chi_1$ = Huggins-Flory'scher Wechselwirkungsparameter. Bei $\chi_1 > 0{,}5$ löst sich das Polymer ($M \rightarrow \infty$) nicht mehr in seinem Monomeren (Kap. 6.6). Die Durchrechnung ergibt, daß bei niedrigen $\chi_1$-Werten der Gleichgewichtswert von $\phi_{M,L}$ noch stark vom Teilchenradius abhängt, bei hohen $\chi_1$-Werten aber nicht mehr.

Abweichungen von dieser einfachen Theorie sind zu erwarten, wenn das Monomere wirklich wasserlöslich ist (z. B. Methylacrylat), ein Geleffekt auftreten kann oder der Abbruch durch das Monomere erfolgt.

Ein Teil der Emulsionspolymerisate wird direkt als Latices verwendet. Dazu interessiert die Abhängigkeit der Zahl $N_{lat}$ der Latexteilchen pro $cm^3$ Emulsion von den Versuchsbedingungen. Es sei angenommen, daß alle Radikale mit der konstanten Geschwindigkeit $v_R$ ($dm^{-3}\,s^{-1}$) in die Mizellen eindringen. Das Eindringen erfolge zur Zeit $t_{st}$. In jeder so durch ein Radikal „angeimpften" Mizelle kann die Polymerisation starten. Wie experimentell gefunden wird, nimmt das Volumen $V_l$ jedes Latexteilchens mit konstanter Geschwindigkeit zu, d. h. es gilt $dV_l/dt$ = const. Zur Zeit $t$ beträgt daher die Oberfläche $A_l$ *eines* Latexteilchens

(20-136)

$$A_l = ((4\,\pi)^{0,5}\; 3 \int_{t_{st}}^{t} (dV_l/dt)\,dt_{st})^{2/3} = ((4\,\pi)^{0,5}\; 3\,(dV_l/dt))^{2/3}\,(t - t_{st})^{2/3}$$

Die totale Oberfläche $A_L$ *aller* Latexteilchen pro Einheitsvolumen $V_{em}$ der Emulsion ist daher

(20-137)

$$A_L/V_{em} = v_R \int_0^t A_l\,dt_{st} = 0{,}60\; v_R\;((4\,\pi)^{0,5}\; 3\,(dV_L/dt))^{2/3}\,t^{5/3}$$

Die Seifenmoleküle nehmen eine spezifische Fläche $a_s = A_s/m_s$ ein. Sie liegen in einer Konzentration $c_s = m_s/V_{em}$ vor. Im Falle $A_L/V_{em} = a_s c_s = A_s/V_{em}$, d.h. $A_L = A_s$, befinden sich alle Seifenmoleküle nur auf den Latexteilchen. Mizellen können dann nicht mehr existieren, d. h. die Zeit I ist abgelaufen. Für die Zeitspanne der Periode I erhält man daher

$$(20-138) \qquad t_{crit} = (a_s c_s / 0{,}60\,[(4\pi)^{0,5}\,3\,(\mathrm{d}V_l/\mathrm{d}t)]^{2/3}\,v_R)^{3/5}$$
$$= 0{,}53\,(a_s c_s/v_R)^{3/5}\,(1/(\mathrm{d}V_l/\mathrm{d}t))^{2/5}$$

Die obere Grenze für die Zahl der Latexteilchen pro Volumen Emulsion ist daher

$$(20-139) \qquad v_R\, t_{crit} = 0{,}53\,(v_R/(\mathrm{d}V_l/\mathrm{d}t))^{2/5}\,(a_s c_s)^{3/5}$$

Die Polymerisationsgeschwindigkeit wird also größer, wenn die Seifenkonzentration $c_s$ erhöht wird. Der Exponent von $c_s$ wurde für Styrol und kernsubstituierte Styrole experimentell bestätigt. Bei wasserlöslichen Monomeren wie Vinylacetat sinkt der Exponent jedoch unter 0,6 ab.

Der Zahlenwert von 0,53 ist ein oberer Grenzwert, da die Radikale natürlich nicht nur in die Mizellen, sondern auch in die bereits gebildeten Latexteilchen eindringen. Die Durchrechnung ergibt als untere Grenze einen Faktor von 0,37 anstelle von 0,53.

Der Polymerisationsgrad ist nach Gl. (20-66) über die kinetische Kettenlänge proportional dem Verhältnis der Wachstums- bzw. Bruttogeschwindigkeit zu allen Geschwindigkeiten, die die individuelle Kette abbrechen. Man sollte daher die Proportionalitäten $\overline{X}_n \propto c_s^{0,6}$ und $\overline{X}_n \propto v_R^{0,4}$ bzw. $\overline{X}_n \propto [\mathrm{I}]^{0,4}$ erwarten. Für Styrol wurden diese Funktionalitäten experimentell auch gefunden. Beim Kernmethylstyrol steigt der Exponent der Seifenkonzentration jedoch auf 0,72 und beim Kerndimethylstyrol sogar auf 1,0 an. Umgekehrt sinkt der Exponent der Katalysatorkonzentration beim Kernmethylstyrol auf 0,18 und beim Kerndimethylstyrol sogar auf 0,09 ab. Beide Effekte wurden auf einen langsamer werdenden Kettenabbruch zurückgeführt.

Mit zunehmender Initiatorkonzentration steigt die Bruttogeschwindigkeit und nach Gl. (20-66) damit auch der Polymerisationsgrad an. Andererseits wird aber auch die Startgeschwindigkeit erhöht, so daß $\overline{X}_n$ kleiner werden sollte. Da aber die Startgeschwindigkeit von einer höheren Potenz der Initiatorkonzentration abhängt als die Bruttogeschwindigkeit, sinkt der Polymerisationsgrad mit zunehmender Initiatorkonzentration ab.

#### 20.5.4.3 Produkteigenschaften

Die Emulsionspolymerisation bietet gegenüber anderen Polymerisationsverfahren eine Reihe verfahrenstechnischer Vorteile. Die Temperatur kann durch das Wasser leicht konstant gehalten werden. Durch die Redox-Initiatoren sind Polymerisationen noch bei relativ niedrigen Temperaturen mit hoher Geschwindigkeit möglich. Auch die Polymerisationsgrade können ziemlich hoch eingestellt werden. Das nicht polymerisierte Monomer ist durch Wasserdampfdestillation (Dämpfen) verhältnismäßig leicht entfernbar.

Andererseits sind die Reste des Emulgators nur schwierig aus den Polymeren entfernbar. Die Polymerisate werden durch Emulgatorrückstände hydrophiler und der dielektrische Verlust steigt. Bei der Emulsionspolymerisation von Vinylchlorid können außerdem gewisse Seifen die spätere Abspaltung von HCl im Fertigprodukt katalysieren. Man versucht daher, möglichst verseifbare Emulgatoren einzusetzen, emulgatorarm bzw. mit nichtionogenen Emulgatoren zu arbeiten, oder die Emulsionspolymerisation bei der Herstellung von festen Polymeren überhaupt durch die Substanz- oder die Suspensionspolymerisation zu ersetzen.

Der bei der Emulsionspolymerisation anfallende Latex kann aber direkt für Klebstoffe, Anstriche, Beschichtungen oder für die Ausrüstung von Leder weiterverwendet werden. Dazu wünscht man eine Kontrolle über die Verteilung der Latexteilchen. Legt man am Anfang der Polymerisation Emulgator und Wasser vor und gibt dann Monomer und Initiator erst im Verlauf der Polymerisation laufend zu, so wachsen nur die zuerst gebildeten Latexteilchen weiter. Die Latexteilchen sind relativ klein und weisen eine enge Größenverteilung auf. Polymerisiert man dagegen erst einen Teil des Ansatzes und gibt dann den Rest als Emulsion während der Polymerisation zu, so entstehen immer wieder neue Latexteilchen. Die zuerst gebildeten Teilchen werden sehr groß, die zuletzt gebildeten bleiben relativ klein. Die Größenverteilung wird sehr uneinheitlich.

Eine Kettenübertragung durch das Polymere führt zu verzweigten Polymeren. Verzweigte Polymere werden besonders leicht gebildet, wenn die Umsätze schon hoch sind, da dann die Wahrscheinlichkeit größer ist, daß die wachsende Kette auf ein fertiges Polymeres trifft. Die Polymerisation läuft nun bei Emulsionspolymerisationen in den Mizellen bzw. Latexteilchen ab. In beiden herrscht aber eine relativ hohe Polymerkonzentration. Emulsionspolymerisate sollten daher besonders stark verzweigt sein.

Durch eine Emulsionspolymerisation lassen sich selbstverständlich auch Copolymere herstellen. Die Zusammensetzung eines Copolymerisates ist von den Verhältnissen der Geschwindigkeitskonstanten abhängig (vgl. Kap. 22.1). Eine verschiedene Löslichkeit der beiden Monomeren im Wasser wird also eine gegenüber der Polymerisation in Substanz veränderte Zusammensetzung des Copolymerisates hervorrufen, wenn man sich in beiden Fällen auf die gleichen vorgegebenen Monomerkonzentrationen bezieht. Das Flottenverhältnis hat dann einen starken Einfluß auf die Zusammensetzung der Copolymerisate. Zwei schwerlösliche Monomere haben dagegen unter gleichen Bedingungen die gleiche Zusammensetzung bei Substanz- und Emulsionspolymerisation.

Bei verschieden löslichen Monomeren ist aber das tatsächliche Monomerverhältnis in der Ölphase, dem Ort der Polymerisation, verschieden von dem Gesamtmonomerverhältnis. Das wahre Monomerverhältnis kann aus dem vorgegebenen Verhältnis und dem Verteilungskoeffizienten ausgerechnet werden. Eine Auftragung der Zusammensetzung des Polymeren gegen das tatsächliche Monomerverhältnis in der Ölphase gibt Kurven, die deckungsgleich mit den Copolymerisations-Diagrammen bei der Substanzpolymerisation sind.

### 20.5.5 POLYMERISATION IN DER GASPHASE UND UNTER DRUCK

Bei den einfachsten Gasphasen-Verfahren wird die Polymerisation photochemisch (UV) initiiert. Wegen der großen Verdünnung enthält jede wachsende Partikel ähnlich wie bei der Emulsionspolymerisation ein einziges Radikal. Neues Monomer wird über die Gasphase nachgeliefert. Die Polymerisation wird dann durch die Geschwindigkeit der Absorption von Monomeren an der Partikel bestimmt. Da die Absorption mit steigender Temperatur abnimmt, verringert sich also auch die Polymerisationsgeschwindigkeit bei zunehmender Temperatur. Die Bruttoaktivierungsenergie des Prozesses wird daher negativ. Da Makromoleküle nicht in den gasförmigen Zustand überführbar sind, fällt das Polymer schon nach kurzer Zeit aus. Die Polymerisation in der Gasphase vereinigt also Kennzeichen der Emulsions- und der Fällungspolymerisation. Die Produkte sind sehr rein.

Führt man die Polymerisation in der Gasphase in Gegenwart von erhitzten Metalloberflächen aus, so lassen sich auch so unübliche Monomere wie Hexachlorbutadien an der Metalloberfläche zu Filmen polymerisieren. Dabei wird u.a. Chlor entwickelt und das Verhältnis Chlor/Kohlenstoff steigt auf 1 : 2. Das Polymerisat kann daher nicht den gleichen Grundbaustein wie das Monomer enthalten. Bei der ähnlich durchgeführten Polymerisation von Tetrafluoräthylen fand man im Polymer z.B. $CF_3$-Gruppen.

Erhöht man bei Gasphasen-Polymerisationen den Druck, so wird die Konzentration vergrößert. Viele Polymerisationen werden dadurch erst thermodynamisch möglich (vgl. Kap. 16.3.3). Um einen merklichen Effekt zu erhalten, genügen meist Drucke von einigen hundert Atmosphären.

Arbeitet man dagegen mit Flüssigkeiten, so kann wegen der geringen Kompressibilität die Konzentration durch einen angelegten Druck nicht wesentlich erhöht werden. Um die Polymerisation zu beeinflussen, müssen bei Flüssigkeiten Drucke von mindestens einigen tausend Atmosphären angewendet werden. Bei den einzelnen Druckbereichen kann man folgende Effekte erwarten (1 kbar ≈ 1000 atm):

| | |
|---|---|
| bis 1 kbar | Verdichtung von Gasen (Gleichgewichtsverschiebungen bei Gasreaktionen) |
| 1 – 10 kbar | Überwindung zwischenmolekularer Kräfte (Kristallisation, Viskositätserhöhung usw.) |
| 10 – 100 kbar | Änderung von Molekülstrukturen und Elektronenanordnungen, Verschiebung von Isomerengleichgewichten |
| über 1000 kbar | Erzeugung und Zerstörung chemischer Bindungen. |

Druckänderungen bewirken daher im Vergleich zu Temperaturänderungen verhältnismäßig kleine Effekte. Um z. B. eine Kompressionsarbeit von 9,63 kJ/mol zu leisten, sind bei idealen Gasen ca. 50 kbar, beim Äthanol ca. 12 kbar und beim Schwefel ca. 60 kbar erforderlich.

Aus der Theorie des Übergangszustandes erhält man für druckabhängige Reaktionen, wenn die Geschwindigkeitskonstante $k_i$ in druckinvarianten Einheiten gemessen wird (z. B. mol/kg):

$$(20-140) \quad k_i = \frac{kT}{h} \exp(\Delta S_i^{\ddagger}/R) \exp(-(\Delta H_i^{\ddagger} + p\Delta V_i^{\ddagger})/RT)$$

bzw.

$$(20-141) \quad \partial \ln k/\partial p = -\Delta V_i^{\ddagger}/RT$$

mit $k$ = Boltzmann-Konstante, $h$ = Planck'sches Wirkungsquantum, $\Delta S_i^{\ddagger}$ = Aktivierungsentropie, $\Delta H_i^{\ddagger}$ = Aktivierungsenthalpie und $\Delta V_i^{\ddagger}$ = Aktivierungsvolumen.

Das Aktivierungsvolumen spielt also für die Druckabhängigkeit der Geschwindigkeitskonstanten die gleiche Rolle wie die Aktivierungsenergie für die Temperaturabhängigkeit. Aus der Gleichung für die Bruttopolymerisationsgeschwindigkeit Gl. (20 – 59) erhält man somit analog zu Gl. (20 – 83)

$$(20-142) \quad \Delta V_{br}^{\ddagger} = \Delta V_p^{\ddagger} + 0{,}5\, \Delta V_z^{\ddagger} - 0{,}5\, \Delta V_{t(pp)}^{\ddagger}$$

Die Aktivierungsvolumina der einzelnen Elementarreaktionen lassen sich nun wie folgt abschätzen:

Initiation: Beim Zerfall von z. B. Benzoylperoxid muß die O–O-Bindung gestreckt und schließlich gebrochen werden. Das Aktivierungsvolumen $\Delta V_z^{\ddagger}$ ist folglich positiv. Es hängt stark vom Lösungsmittel ab, d.h. vom induzierten Zerfall (Tab. 14–15).

*Tab. 20–13:* Aktivierungsvolumina $\Delta V_z^{\ddagger}$ des Zerfalles von Initiatoren

| Initiator | Temperatur °C | Lösungsmittel | $\Delta V_z^{\ddagger}$ cm³/mol |
|---|---|---|---|
| Benzoylperoxid | 60 | $CCl_4$ | 9,7 |
| Benzoylperoxid | 70 | $CCl_4$ | 8,6 |
| Azobisisobutyronitril | 62,5 | Toluol | 3,8 |
| t-Butylperoxid | 120 | Toluol | 5,4 |
| t-Butylperoxid | 120 | Cyclohexan | 6,7 |
| t-Butylperoxid | 120 | Benzol | 12,6 |
| t-Butylperoxid | 120 | $CCl_4$ | 13,3 |

Wachstum: Bei Olefinderivaten usw. verschwinden die zwischenmolekularen Abstände, das Aktivierungsvolumen ist negativ. Da Ringe meist die größeren Molvolumina als die entsprechenden offenkettigen Verbindungen haben, ist auch bei Ringöffnungspolymerisationen die Polymerisation durch Druck begünstigt.

Abbruch und Übertragung: Das Aktivierungsvolumen ist negativ, wenn der Abbruch durch Kombination erfolgt. Es ist aber vermutlich noch diffusionskontrolliert. Bei Abbruch durch Disproportionierung und bei Übertragungsreaktionen werden gleichzeitig Bindungen gebrochen und neue gebildet. Das Vorzeichen von $\Delta V_t^{\ddagger}$ ist daher ungewiß. Experimentell wird jedoch eine Zunahme der Übertragungsreaktionen mit dem Druck gefunden.

Bei der Polymerisation sind die Aktivierungsvolumina $\Delta V_{br}^{\ddagger}$ meist negativ (Tab. (20–14), $\partial \ln k_{br}/\partial p$ also positiv. Die Polymerisationsgeschwindigkeit nimmt also mit steigendem Druck zu, beim Styrol z.B. bei einer Druckerhöhung auf 3000 bar auf das etwa zehnfache. Das Molekulargewicht steigt jedoch nur um den Faktor 1,5.

*Tab. 20–14:* Aktivierungsvolumina $\Delta V_{br}^{\ddagger}$ der Bruttopolymerisationsgeschwindigkeit bei radikalischen Polymerisationen

| Monomer | Druck bar | Temperatur °C | $\Delta V_{br}^{\ddagger}$ cm³/mol |
|---|---|---|---|
| Styrol | 1-3000 | 60 | -18 |
| Allylacetat | 1-8500 | 80 | -14 |
| Methylmethacrylat | 1-3000 | 40 | -19 |
| α-Methylstyrol | 3000-4500 | 60 | -17 |
| Acenaphthylen | 1-2000 | 60 | -10 |

## Literatur zu Kap. 20

### *20.0 Allgemeine Übersichten*


L. Küchler, Polymerisationskinetik, Springer, Heidelberg 1951
G. M. Burnett, Mechanism of Polymer Reactions, Interscience, New York 1954
C. H. Bamford, W. G. Barb, A. D. Jenkins und P. F. Onyon, Kinetics of Vinyl Polymerization by Radical Mechanism, Butterworths, London 1958
J. C. Bevington, Radical Polymerization, Academic Press, London 1961
G. H. Williams, Hrsg., Adv. Free Radical Chemistry, Academic Press, New York, Bd. 1 ff. (ab 1965)
A. M. North, The Kinetics of Free Radical Polymerization, Pergamon Press, Oxford 1965
H. Fischer, Freie Radikale während der Polymerisation, nachgewiesen und identifiziert durch Elektronenspinresonanz, Adv. Polymer Sci. Fortschr. Hochpolym. Forschg. **5** (1967/68) 463
Kh. S. Bagdasar'yan, Theory of Free Radical Polymerization, Israel Program for Scientific Translations, Jerusalem 1968 (= Übersetzung der russ. Ausgabe 1966)


### *20.1. Initiation und Start*

### *20.1.2 Thermischer Start*


J. R. Ebdon, Thermal Polymerization of Styrene – A Critical Review, Brit. Polymer J. **3** (1971) 9


### *20.1.3 Thermischer Zerfall von Radikalbildnern*


C. Walling, Free Radicals in Solution, J. Wiley, New York 1957
A. C. Davies, Organic Peroxides, Butterworths, London 1961
A. V. Tobolsky und R. B. Mesrobian, Organic Peroxides, Interscience, New York 1961
D. Swern, Hrsg., Organic Peroxides, J. Wiley, New York, Vol 1 (1970), Vol 2 (1971), Vol 3 (1972)


### *20.1.6 Elektrolyse*


B. L. Funt, Electrolytically Controlled Polymerizations, Macromol. Revs. **1** (1967) 35
N. Yamazaki, Electrolytically Initiated Polymerization, Adv. Polymer Sci. **6** (1969) 377
J. W. Breitenbach, O. F. Olaj und F. Sommer, Polymerisationsanregung durch Elektrolyse, Adv. Polymer. Sci. **9** (1972) 47
G. Parravano, Electrochemical Polymerization, in M. M. Bazier, Hrsg., Organic Electrochemistry, M. Dekker, New York 1972


### *20.2 Wachstum und Abbruch*

### *20.2.1 Aktivierung der Monomeren*


K. Takemoto, Preparation und Polymerization of Vinyl Heterocyclic Compounds, J. Macromol. Sci. **C 5** (1970) 29
S. Nozakura and Y. Inaki, Radical Polymerization of Internal Olefins: Steric Effects in Polymerization, Progr. Polymer Sci. Japan **2** (1971) 109
S. Tazuke, Effects of Metal Salts on Radical Polymerization, Progr. Polymer Sci. Japan **1** (1969) 69
V. I. Volodina, A. I. Tarasov und S. S. Spasskij, Polymerisation von Allylverbindungen (in russ.), Usspechi Chim. (Fortschr. Chem.) **39** (1970) 276


### *20.2.3 – 20.2.6 Kinetik*


D. G. Smith, Non-Ideal Kinetics in Free-Radical Polymerization, J. Appl. Chem. **17** (1967) 339
A. M. North, Diffusion Control of Homogeneous Free-Radical Reactions, in J. C. Robb und F. W. Peaker, Hrsg., Progress in High Polymers, Vol. II, Heywood, London 1968
J. W. Breitenbach, Popcorn Polymerizations, Adv. Macromol. Chem. **1** (1968) 139

G. P. Gladyschew und K. M. G. Gibov, Polymerization at Advanced Degrees of Conversion, Israel Program for Scientific Translations, Jerusalem 1970 (engl. Übersetzung eines 1968 bei Nauka Publ. House, Alma Ata, erschienen Buches)
G. E. Scott und E. Senogles, Kinetic Relationships in Radical Polymerizations, J. Macromol. Sci. [Revs.] C **9** (1973) 49

### *20.3 Übertragungsreaktionen*

G. Henrici-Olivé und S. Olivé, Kettenübertragungen bei der radikalischen Polymerisation, Fortschr. Hochpolym. Forschg. **2** (1960/61) 496

### *20.5.4 Emulsionspolymerisation*

F. A. Bovey, I. M. Kolthoff, A. J. Medalia und E. J. Mehan, Emulsion Polymerization, Interscience, New York 1955
H. Gerrens, Kinetik der Emulsionspolymerisation, Fortschr. Hochpolym. Forschg. **1** (1958-1960) 234
D. C. Blackley, Hrsg., High Polymer Latices, MacLaren, London (1966), 2 Bde.
J. C. H. Hwa und J. W. Vanderhoff, Hrsg., New Concepts in Emulsion Polymers, J. Wiley, New York 1969
J. L. Gardon, Mechanism of Emulsion Polymerization, Brit. Polymer J. **2** (1970) 1
A. E. Alexander und D. H. Napper, Emulsion Polymerization, Progr. Polymer Sci. **3** (1971) 145

# 21 Strahlungsaktivierte Polymerisationen

## *21.1 Übersicht*

Durch elektromagnetische Strahlung eingeleitete und/oder fortgepflanzte Polymerisationen werden strahlungsaktivierte Polymerisationen genannt. Strahlungsaktivierte Polymerisationen werden in strahlungsinitiierte Polymerisationen und Strahlungspolymerisationen eingeteilt. Bei der strahlungsinitiierten Polymerisation leitet die Strahlung eine Polyreaktion ein; jeder einzelne Wachstumsschritt erfolgt aber ohne direkte Mitwirkung der Strahlung. Bei der Strahlungspolymerisation wird dagegen jeder einzelne Wachstumsschritt durch die Strahlung selbst bewirkt.

Strahlungsinitiierte Polymerisationen verlaufen somit mit Ausnahme des eigentlichen Startschrittes wie die regulär initiierten radikalischen und ionischen Polymerisationen ab. Eine Berechtigung zur Behandlung der strahlungsinitiierten Polymerisation in einem eigenen Kapitel ergibt sich eigentlich nur dadurch, daß der Wachstumsmechanismus in vielen Fällen nicht vorhergesagt werden kann. Strahlungspolymerisationen verlaufen dagegen häufig nicht nach einem radikalischen oder ionischen Mechanismus.

Strahlungsaktivierte Polymerisationen werden außerdem nach der Art der verwendeten Strahlung eingeteilt. Man unterscheidet dabei hochenergiereiche Strahlen von 10 keV (= 1,6 fJ) bis 100 MeV (16 000 fJ) ($\gamma$- und $\beta$-Strahlen, langsame Neutronen) und Strahlen niedriger Energie (sichtbares oder ultraviolettes Licht). Durch Strahlen niedriger Energie bewirkte Polymerisationen werden als fotoaktivierte Polymerisationen bezeichnet, wobei wiederum die fotoinitiierten Polymerisationen von den eigentlichen Fotopolymerisationen unterschieden werden können.

Die durch fotoaktivierte Polymerisationen erzeugten Polymeren werden Fotopolymere genannt. Fotovernetzbare Polymere sind dagegen solche, die unter dem Einfluß von Licht vernetzen. In der Literatur werden die Namen häufig in einem anderen Zusammenhang verwendet. Insbesondere wird oft nicht zwischen einer Fotopolymerisation und einer fotoinitiierten Polymerisation unterschieden und häufig auch nicht zwischen einem Fotopolymer und einem fotovernetzbaren Polymer.

## *21.2 Strahlungsinitiierte Polymerisationen*

### 21.2.1 START DURCH HOCHENERGIEREICHE STRAHLUNG

Eine elektromagnetische Strahlung verliert beim Durchgang durch Materie durch den fotoelektrischen Effekt (ca. 60 keV = 9,6 fJ), die Compton-Streuung (60 keV - 25 MeV = (9,6 - 4000) fJ) und/oder durch die Erzeugung von Elektron/Positron-Paaren (ca. 1 MeV = 160 fJ) an Intensität. Für hochenergiereiche Strahlen ist die Compton-Streuung am wichtigsten. Die von einer $^{60}$Co-Quelle ausgesandten $\gamma$-Strahlen stellen Photonen von so hoher Energie dar, daß sie nicht-selektiv Elektronen aus deren Orbitalen verdrängen können (primärer Strahlungseffekt). Das Photon verliert dabei einen Teil seiner Energie. Sowohl das herausgeschlagene Elektron (Compton-Elektron) als auch das Photon haben häufig noch genügend Energie, um in Sekundärprozessen weitere Elektronen herauszuschlagen. Um den Ort der ursprünglichen Wechselwirkung herum entstehen also lokale Ionisationen. Das wandernde Photon und die von ihm gebildeten Tochterprodukte erzeugen weitere Ionen, bis ihre Energie verbraucht ist. Auf diese Weise wird eine Bahn oder Spur von ionisierten Produkten gebildet. Die durch diesen Prozeß erzeugten Kationen und Elektronen können ionische Polymerisationen auslösen.

Angeregte Elektronen mit ungenügender Energie zur Erzeugung weiterer Ionisationen werden thermische Elektronen genannt. Thermische Elektronen senden bei der Rückkehr zum Grundzustand Photonen aus, bevor sie schließlich mit früher gebildeten Kationen rekombinieren. Diese niedrigenergetischen Photonen können ebenfalls die Polymerisation geeigneter Monomerer auslösen. Ionen können zu neuen, angeregten Molekülen rekombinieren. Sie können aber auch mit anderen Molekülen reagieren und dann eine ionische Polymerisation starten. Derartige kationische Polymerisationen treten aber nur mit ultrareinen Monomeren bei tiefen Temperaturen in Lösungsmitteln mit hoher Dielektrizitätskonstante auf. Ultrareine Monomere enthalten weniger als $10^{-5}$ % Verunreinigungen.

In den meisten Fällen lösen hochenergetische Strahlen jedoch radikalische Polymerisationen aus. Die stationäre Konzentration von Ionen oder Radikalen ist ja durch

$$(21-1) \quad [C^*]_{stat} = (v_i/k_t)^{0,5}$$

gegeben. $v_i$ ist dabei die Geschwindigkeit der Bildung von Radikalen oder Ionen und $k_t$ die Geschwindigkeitskonstante des Abbruchs bzw. der Rekombination.

Die Bildungsgeschwindigkeit von Ionen ist um den Faktor 10 bis 100 mal kleiner als die von Radikalen. Die Rekombinationskonstante $k_t$ ist dagegen bei Ionen um den Faktor 100 größer als bei Radikalen. Daraus folgt, daß die Konzentrationen im stationären Zustand bei Ionen ca. 100 mal kleiner sind als bei freien Radikalen. Die meisten strahlungsinitiierten Polymerisationen laufen daher radikalisch ab.

Radikale entstehen durch Dissoziation angeregter Moleküle. Die Polymerisationsauslösung durch hochenergetische Strahlung ist besonders für Pfropfcopolymerisationen und für die Polymerisation im festen Zustand wichtig. Für die Polymerisation gasförmiger, flüssiger und gelöster Monomerer hat sich die strahlungsinduzierte Polymerisation wegen der hohen Investitionskosten nicht durchgesetzt. Die Polymerisation von Methylmethacrylat in Masse wird jedoch in kleinerem Umfang durch Strahlung initiiert (ca. 2000 t/a).

Als Maß für die Produktion von Radikalen $R^{\bullet}$ wird ein $G_{R^{\bullet}}$-Wert definiert. $G_{R^{\bullet}}$ gibt an, wieviel Radikale pro 100 Elektronenvolt (1 eV = $1{,}6 \cdot 10^{-19}$ J) absorbierter Energie gebildet werden. Resonanzstabilisierte Moleküle wie z.B. Styrol können die absorbierte Energie auf das gesamte Molekül verteilen, wodurch relativ weniger Bindungen gebrochen werden als bei nichtresonanzstabilisierten Molekülen. So ist z. B. der $G_{R^{\bullet}}$-Wert sowohl für Styrol als auch für Poly(styrol) niedrig. Chlorhaltige Verbindungen können unter dem Einfluß der Strahlung Chlorradikale bilden, die dann Kettenreaktionen auslösen können. Der $G_{R^{\bullet}}$-Wert ist daher sowohl für Vinylchlorid als auch für Poly(vinylchlorid) hoch (Tab. 21–1). Äthylen kann wegen seiner Doppelbindung mehr Energie aufnehmen als Poly(äthylen), bevor Radikale entstehen. Der $G_{R^{\bullet}}$-Wert für das Polymer ist daher höher als für das Monomer.

Die Bestrahlung von Polymeren mit hochenergiereichen Strahlen erzeugt Polymerradikale, die die Polymerisation von Monomeren auslösen können. Die Polymer-

*Tab. 21-1:* $G_{R\bullet}$-Werte für einige Monomere bzw. Polymere

| Monomere bzw. Grundbaustein | $G_{R\bullet}$ für Monomer | Polymer |
|---|---|---|
| Vinylchlorid | 10 | 10-15 |
| Vinylacetat | 10-12 | 6 oder 12 |
| Methylacrylat | 6,3 | 6 oder 12 |
| Acrylnitril | 5-5,6 | ? |
| Äthylen | 4,0 | 6,0 - 8,0 |
| Styrol | 0,69 | 1,5 - 3,0 |

radikale können aber auch rekombinieren, sodaß vernetzte Polymere entstehen. Falls jedoch die Polymerradikale disproportionieren oder mit nichtpolymerisationsfähigen Verunreinigungen reagieren, wird die Polymerkette nur gespalten. Im allgemeinen ist der $G_{R\bullet}$-Wert für die Spaltung höher als der $G_{R\bullet}$-Wert für die Vernetzung. Es entstehen somit mehr Spaltungen als Vernetzungen. Eine geringe Vernetzung ändert die mechanischen Eigenschaften des Polymeren sehr drastisch, nicht jedoch eine geringe Spaltung. Eine stärkere Vernetzung erzeugt nur geringe Änderungen der mechanischen Eigenschaften, während sich die vielen Spaltungen ungünstig auswirken. Bei der Vernetzung von Polymeren durch Bestrahlung ist daher ein Optimum der gewünschten mechanischen Eigenschaften als Funktion der Bestrahlungsdosis zu erwarten.

### 21.2.2 START DURCH NIEDRIGENERGIEREICHE STRAHLUNG

Wird die energiereiche Strahlung im sichtbaren oder ultravioletten Licht absorbiert, so wird die Energie sofort aufgenommen und das Molekül in den angeregten Zustand überführt. Das angeregte Molekül dissoziiert entweder in freie Radikale oder dissipiert die Energie durch Fluoreszenz, Phosphoreszenz oder Stoßdesaktivierung.

Im einfachsten Fall kann das Monomermolekül selbst in den angeregten Zustand überführt werden. Die durch Dissoziation entstehenden freien Radikale lösen dann die Polymerisation der restlichen Monomeren aus.

Kann das Monomer bei Bestrahlung keine eigenen Radikale bilden, dann muß man einen Fotoinitiator zusetzen. Disulfide bilden bei Bestrahlung zwei Radikale $RS^\bullet$. Die Azogruppe des Azobisisobutyronitrils absorbiert Licht bei ca. 350 nm, worauf dann Radikale gebildet werden (vgl. Gl. 20 – 3)). Bestimmte aliphatische Ketone zerfallen nach einem Norrish I-Mechanismus in zwei Radikale

$$(21-2)\quad R{-}CO{-}R' \xrightarrow{h\nu} R^\bullet + R'CO^\bullet \rightarrow R^\bullet + (R')^\bullet + CO$$

Die nach einem Norrish II-Mechanismus zerfallenden aliphatischen Ketone liefern jedoch keine Radikale

$$(21-3)\quad R{-}CH_2{-}CH_2{-}CH_2{-}CO{-}R' \xrightarrow{h\nu} R{-}CH{=}CH_2 + CH_3{-}CO{-}R'$$

Fotosensibilisatoren können auf zwei Arten wirken. Benzophenon wird z. B. durch UV-Licht in den angeregten Zustand überführt und überträgt dann Energie zum Monomeren. Andere Fotosensibilisatoren reagieren im angeregten Zustand mit dem Monomer oder dem Lösungsmittel und bilden erst so die auslösende Spezies.

Durch Ladungsübertragung zwischen einem Monomeren und einem nicht polymerisierbaren organischen Akzeptor oder Donator bzw. einem anorganischen Salz können Komplexe entstehen, die durch Licht in den angeregten Zustand überführt werden können. Die Polymerisation selbst läuft dann über radikalische oder kationische Zwischenstufen ab. N-Vinylcarbazol bildet z. B. einen derartigen Komplex mit $NaAuCl_3 \cdot 2\,H_2O$, wobei unbekannt ist, ob Au(III) oder Au(II) für die Elektronenübertragung verantwortlich ist. Der Prozeß kann schematisch durch

(21–4)

$$D + A \rightleftarrows D\ldots A \xrightarrow{h\nu} D^{+\bullet} + A^{-\bullet} \longrightarrow \begin{cases} {}^{\bullet}D{-}A^{\bullet} \\ {}^{+}D{-}A^{-} \end{cases}$$

wiedergegeben werden. Die Polymerisation wird nur wenig durch Sauerstoff, jedoch stark durch $NH_3$ verzögert. Es handelt sich daher vermutlich um eine kationische Polymerisation.

Die Ladungsübertragung zwischen einem polymerisierbaren Donor und einem polymerisierbarem Akzeptor kann ebenfalls zu einem Ladungsübertragungs-Komplex führen, der durch Einstrahlung von Licht in den angeregten Zustand gebracht werden kann. Diese Art der Fotoinitiierung kann entweder zur Unipolymerisation eines der beiden Monomeren oder aber zur Copolymerisation führen (vgl. auch Kap. 22.4.3).

## *21.3 Fotopolymerisation*

Bei der eigentlichen Fotopolymerisation wird jeder einzelne Wachstumsschritt fotochemisch aktiviert. Dabei können entweder ein reaktiver Grundzustand oder die angeregten Singulett- oder Triplett-Zustände reagieren.

Aus einer fotochemischen Reaktion stammende reaktive Grundzustände sind z. B. an der fotoreduktiven Dimerisierung aromatischer Diketone zu hochmolekularen Poly(benzpinakolen) beteiligt. Als Reduktionsmittel dient i-Propanol, das zu Aceton oxydiert wird:

(21 – 5)

$$C_6H_5{-}CO{-}Ar{-}CO{-}C_6H_5 + (CH_3)_2CHOH \xrightarrow[(C_6H_5)_2CO]{h\nu} \left[ \begin{matrix} OH & & OH \\ | & & | \\ -C & -Ar- & C- \\ | & & | \\ C_6H_5 & & C_6H_5 \end{matrix} \right] + (CH_3)_2CO$$

Ar kann dabei z.B. $-C_6H_4-(CH_2)_x-C_6H_4-$ sein.

Singulett-Zustände sind bei der Fotopolymerisation von Anthracen-Derivaten beteiligt, die eine $4\pi + 4\pi$-Cycloaddition darstellt:

(21–6)

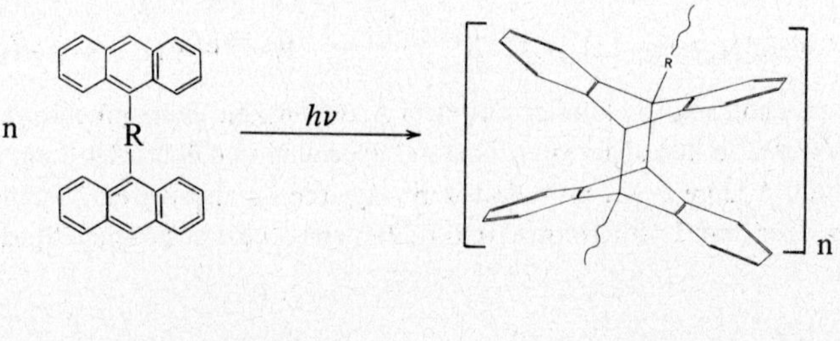

R kann dabei z.B. $-COO(CH_2)_nOCO-$ oder $-CH_2OCO(CH_2)_nCOOCH_2-$ sein.

Triplett-Zustände werden bei der 4-Zentren-Polymerisation von Distyrylpyrazinen durchlaufen. Diese Polyreaktion stellt eine $(2\pi + 2\pi)$-Cycloaddition dar:

(21 – 7)

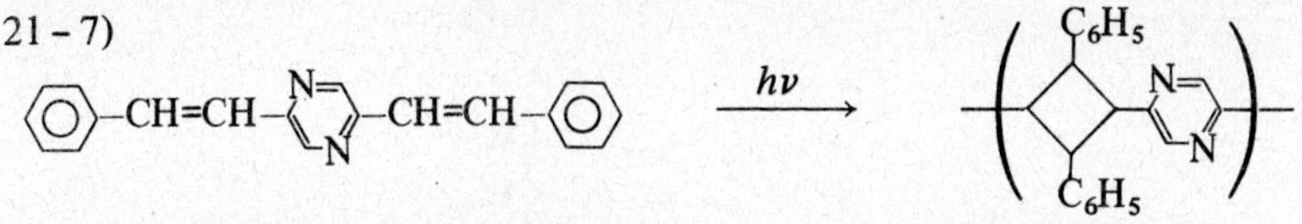


Die Fotopolymerisation läuft nur im festen Zustand mit nennenswerter Geschwindigkeit ab, d.h. z.B. in einer Suspension der Monomerkristalle. N,N-Polymethylen-bis-chlormaleinsäureimide fotopolymerisieren dagegen bereits in Lösung in Ggw. eines Sensibilisators wie z. B. Benzophenon zu hochmolekularen Poly(N,N'-polymethylen-bis-dichlormaleinsäureimiden):

(21 – 8)

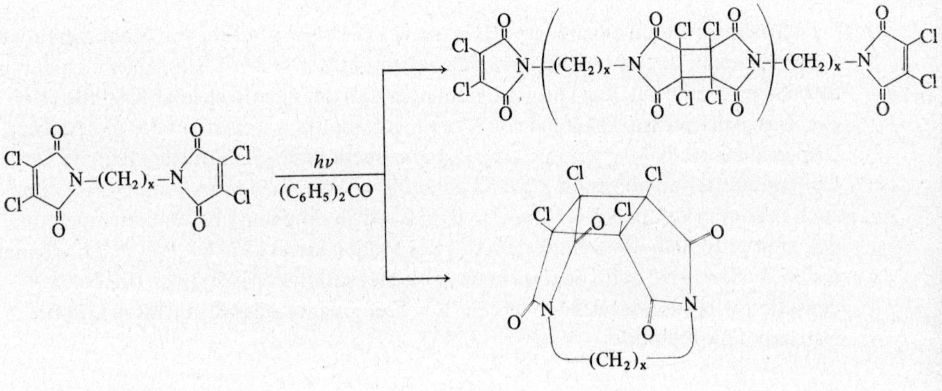


A

Das intramolekulare Cyclisierungsprodukt A tritt bei mehr als sechs Methylengruppen praktisch nicht auf. Bei drei Methylengruppen ist dagegen die Cyclisierung vollständig; es werden ausschließlich neungliedrige Ringe gebildet. Falls unsubstituierte Maleinsäureimid-Derivate verwendet werden, können die endständigen Doppelbindungen polymerisieren und so eine Vernetzung hervorrufen.

Fotopolymerisationen können besonders gut für Vernetzungsreaktionen verwendet werden. Eine geeignete Gruppe ist z. B. die Chalcon-Gruppe, die durch eine Friedel-Crafts-Reaktion in das Polymer eingeführt und anschließend fotopolymerisiert werden kann:

(21-9)

$$-(CH_2-CH)- \xrightarrow[\text{AlCl}_3, -\text{HCl}]{+C_6H_5CH=CHCOCl} -(CH_2-CH)- \xrightarrow{h\nu} -(CH_2-CH)-$$

$$\begin{array}{c} | \\ C_6H_5 \end{array} \qquad \begin{array}{c} | \\ C_6H_4 \\ | \\ CO \\ | \\ CH \\ \| \\ CH \\ | \\ C_6H_5 \end{array} \qquad \begin{array}{cc} | \\ C_6H_4 \\ | \\ CO & C_6H_5 \\ | & | \\ CH-CH \\ | & | \\ CH-CH \\ | & | \\ C_6H_5 & CO \\ & | \\ & C_6H_4 \\ & | \\ & -(CH-C \end{array}$$

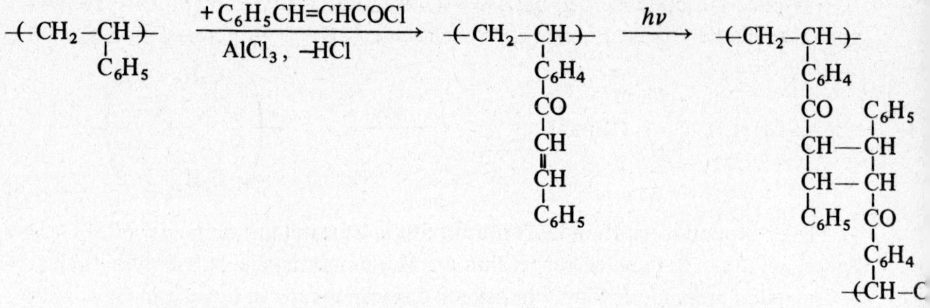

Fotoempfindlich und daher für Fotovernetzungen geeignet sind auch Azide ($-N_3$), Carbazide ($-CON_3$), Sulfonazide ($-SO_2N_3$), Diazoniumsalze ($R-N_2X$) und Diazoketone mit der Gruppierung

[Struktur: Cyclohexenon mit $=N_2$]

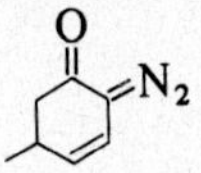

## 21.4 Polymerisation im festen Zustand

Strahlung ist ein bevorzugtes Hilfsmittel zur Polymerisation von Monomeren im festen Zustand, d.h. unterhalb ihres Schmelzpunktes. Der Start kann aber auch durch fotochemische Zersetzung von Radikalbildnern an der Oberfläche der Kristalle erfolgen. Das gleichzeitige Abkühlen von Monomerdampf mit atomaren oder molekularen Dispersionen (z. B. Magnesiumdampf) ist eine recht unkonventionelle Methode, um die Polymerisation im festen Zustand auszulösen. Eine Reihe von Monomeren scheint auch „spontan" zu polymerisieren, z. B. p, p'-Divinyldiphenyl bei Raumtemperatur, d.h. weit unterhalb des Schmelzpunktes des Monomeren (152 °C). Polyreaktionen im festen Zustand sind außerdem nicht auf Polymerisationen beschränkt. Die Polykondensation von p-Halogenthiophenolen (X = Fluor, Chlor oder Brom, Mt = Lithium, Natrium oder Kalium):

(21-10)   $X-\langle\bigcirc\rangle-SMt \longrightarrow -(S-\langle\bigcirc\rangle)- + MtX$

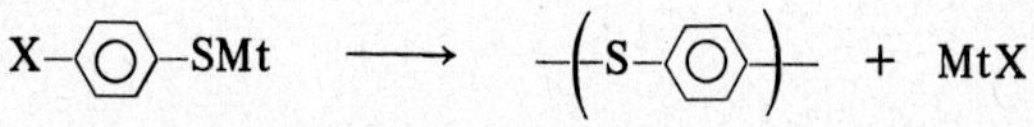

führt z. B. oberhalb des Schmelzpunktes der Monomeren zu vernetzten, unterhalb des Schmelzpunktes aber zu unverzweigten hochmolekularen Produkten.

Die folgende Diskussion beschränkt sich auf die durch hoch- oder niedrigenergiereiche Strahlen ausgelösten Polymerisationen im festen Zustand.

### 21.4.1 START

Es gibt eine Reihe von Hinweisen, daß bei der Bestrahlung mit hochenergiereichen Strahlen die Polymerisation an Fehlstellen ausgelöst wird. Kratzt man nämlich die Kristalle an, so beginnen die Polymerketten von diesen Stellen aus zu wachsen. Die Orte des Polymerisationsbeginns sind außerdem unregelmäßig verteilt. Bei der Polymerisation im Monomerkristall werden wegen der Dichteunterschiede zwischen Monomer und Polymer Spannungen erzeugt, die zu neuen Fehlstellen führen. Diese

Fehlstellen können neue Polymerisationen auslösen. Auf elektronenmikroskopischen Aufnahmen sieht man daher eine Anzahl von Kratern, die zu einem späteren Zeitpunkt von Satellitenkratern umgeben sind.

Bei der Initiation durch Bestrahlung ist meist schwierig festzustellen, ob die Polymerisation radikalisch oder ionisch abläuft. Bei Elektronenspinresonanz-Messungen erhält man oft Signale. Damit ist jedoch noch nicht bewiesen, daß diese Radikale auch die Polymerisation auslösen. In vielen Fällen begnügt man sich mit der „chemischen Erfahrung": polymerisiert ein Monomer in Lösung nur kationisch, so kann die Polymerisation im Kristall nicht radikalisch sein und umgekehrt.

Die Wirkung von Inhibitoren ist ebenfalls kein sicherer Beweis für oder gegen einen Radikalmechanismus. Ein Zusatz von 5 % Benzochinon erniedrigt z.B. die Polymerisationsgeschwindigkeit des Acrylnitrils um die Hälfte. Der gleiche Effekt wird jedoch auch durch 5 % Toluol hervorgerufen. Ein exakter Beweis kann mit Inhibitoren nur erbracht werden, wenn diese isomorph mit dem Monomeren sind, die Fehlstellenkonzentration nicht verändern und außerdem in hoher Konzentration vorliegen. Das gleiche gilt für Copolymerisationen als Kriterium für den Mechanismus (vgl. Kap. 22).

Auch eine Reihe anderer Phänomene ist nicht unbedingt beweisend für den Mechanismus. Die Aktivierungsenergien der Polymerisationen im festen Zustand sind oft ungewöhnlich niedrig (vgl. weiter unten). Da bei Bestrahlung für die Startreaktion keine Aktivierungsenergie aufzubringen ist, kann diese geringe Aktivierungsenergie aber auch durch die speziellen Verhältnisse im Kristall bedingt sein. Das gleiche gilt für die Polymerisationen von Monomeren im festen Zustand, die in fluiden Phasen nur ionisch polymerisierbar sind.

Die Polymerisation mit hochenergiereichen Strahlen scheint in den meisten Fällen radikalisch zu erfolgen (vgl. Kap. 21.2.1). Die Startreaktion scheint nach ESR-Messungen in einer Disproportionierungsreaktion zu bestehen:

$$(21-11) \quad 2\ CH_2{=}CHR \longrightarrow CH_3{-}\dot{C}HR + CH_2{=}\dot{C}R$$

### 21.4.2 WACHSTUM

Bei der Polymerisation im festen Zustand sind zwei Typen unterscheidbar. Die eine Gruppe von Verbindungen polymerisiert knapp unterhalb des Schmelzpunktes (vgl. z.B. Abb. 21 - 1). Die Aktivierungsenergie ist hoch und beträgt 6,3 kcal/mol (= 26,4 kJ/mol) beim β-Propiolacton, 9,6 kcal/mol (= 40,2 kJ/mol) beim Hexamethylcyclotrisiloxan, 18,4 kcal/mol (= 77 kJ/mol) beim Trioxan und 23 kcal/mol (= 96 kJ/mol) beim Acrylamid. Da nur ein Bruchteil der Aktivierungsenergie für den Wachstumsschritt erforderlich ist, muß somit noch eine bestimmte Beweglichkeit der Monomermoleküle im Kristall vorhanden sein, wodurch die Aktivierungsenergie erhöht wird. Da aber auch die Polymerisationsgeschwindigkeit recht hoch ist (Acrylnitril: ca. 20 mal schneller unterhalb $T_M$ als oberhalb), muß bei der hohen Aktivierungsenergie auch die Aktionskonstante $A$ in Gl. (16-78) noch recht hoch sein. Die Aktionskonstante wird größer, weil die Orientierung der Moleküle im Kristall den sterischen Faktor beträchtlich reduziert.

Bei der zweiten Gruppe von Monomeren erfolgt auch bei tiefen Temperaturen noch eine langsame Polymerisation. Die Bruttopolymerisationsgeschwindigkeit hängt nicht von der Temperatur ab. Die Aktivierungsenergie ist daher null. Zu dieser Grup-

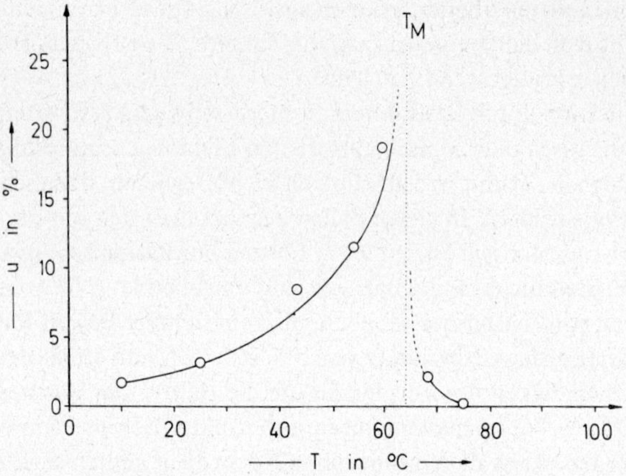


*Abb. 21-1:* Temperaturabhängigkeit des Umsatzes *u* bei der Polymerisation von Hexamethylcyclotrisiloxan im Kristall. $T_M$ = Schmelzpunkt des Monomeren (nach E. J. Lawton, W. T. Grubb und J. S. Balwit).

pe scheint auch Formaldehyd zu gehören, das allerdings eine Aktivierungsenergie von 2,8 kcal/mol (= 11,7 kJ/mol) aufweist.

Im kristallinen Zustand besitzt das chemische Potential den niedrigsten Wert. Wenn die Polymerisation thermodynamisch möglich ist, sollte daher das Monomer zu 100 % in Polymer umgewandelt werden. Niedrigere maximale Umsätze deuten daher auf kinetische Effekte (Tab. 21 – 2).

*Tab. 21-2:* Maximale Umsätze bei der Polymerisation kristalliner Monomerer

| Typ | Monomer Schmelzpunkt °C | Polymerisations-temperatur °C | maximaler Umsatz % |
|---|---|---|---|
| Acrylamid | 85 | 27 | 100 |
| Acrylnitril | - 82 | - 196 | 4,4 (o. Nachpolymerisation) |
| | | - 196 | 11 (m. Nachpolym.) |
| | | - 90 | 22 |
| Formaldehyd | - 92 | - 196 | 45 |
| | | - 131 | 23 |

Eine kinetische Hemmung kann z.B. dadurch auftreten, daß das bereits gebildete Polymer wachsenden Ketten den Weg versperrt, weil in dieser Region schon alles Monomer aufgebraucht ist. Die freien Radikale bleiben erhalten, die Polymerisation stoppt aber.

Bei vielen Monomeren beobachtet man nach dem Abschalten der Strahlung noch eine Weiterpolymerisation. Der Anteil dieser Nachpolymerisation ist schwierig zu bestimmen. Man heizt dazu die Proben verschieden schnell auf, bestimmt dann den Umsatz und extrapoliert diesen auf die Aufheizzeit null. Die Nachpolymerisation kann sich über Wochen erstrecken. Sie ist vermutlich durch eingeschlossene Radikale und Ionen bedingt.

### 21.4.3 ABBRUCH UND ÜBERTRAGUNG

Auch bei der Polymerisation im kristallinen Zustand treten Übertragungsreaktionen auf. Ein Zusatz von 2 % des mit Acrylamid isomorphen Propionamids erniedrigt das Molekulargewicht, während die Polymerisationsgeschwindigkeit erst bei Zusätzen von ca. 50 % deutlich vermindert wird. Bei dem nichtisomorphen System Acrylamid/Acetamid beobachtet man dagegen keine Übertragung. Echte Abbruchreaktionen sind nicht bekannt.

### 21.4.4 STEREOKONTROLLE UND MORPHOLOGIE

Bei der strahlungsinduzierten Polymerisation kristalliner Monomerer entstehen in den meisten Fällen ataktische, nichtkristallisierbare Polymere, dadurch bedingt, daß sich die Orientierung der Monomermoleküle im Kristall beim eigentlichen Wachstumsschritt wegen der Dichteunterschiede zwischen Monomerkristall und Polymermolekül nicht auswirken kann.

Bei eigentlichen fotochemischen Polymerisationen können dagegen gelegentlich sterisch reine Produkte erzeugt werden, da hier jeder Wachstumsschritt fotochemisch kontrolliert werden muß. Voraussetzung dazu sind nur geringe Dichte-Unterschiede zwischen Monomer- und Polymerkristall. Ein Beispiel dafür ist die Polymerisation von Zimtsäure-Derivaten, die je nach der Kristallstruktur des Monomeren entweder zu $\beta$- oder $\alpha$-Truxinsäure-Abkömmlingen führt:

(21–12)

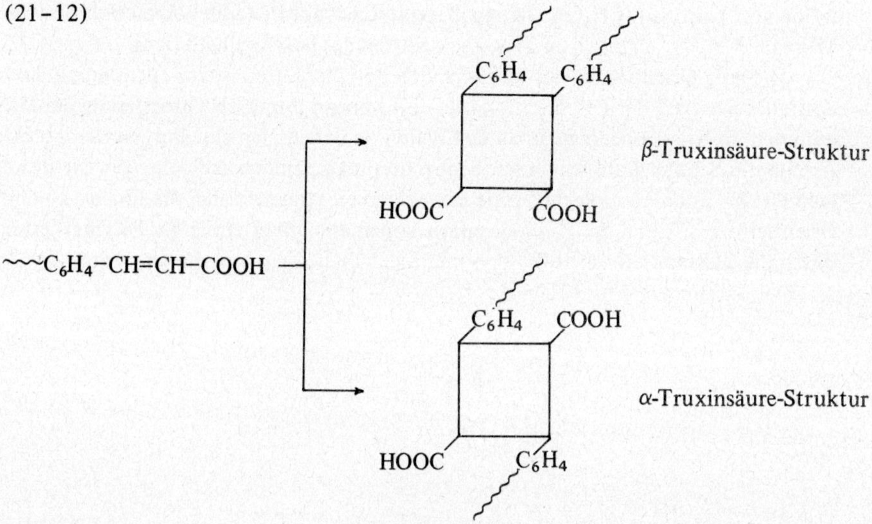


Sind die Gitter des Ausgangsmonomeren und des entstehenden Polymeren kristallographisch verwandt, so spricht man von einer topotaktischen Polymerisation. Geeignet substituierte Diacetylene sind im Kristallgitter so angeordnet, daß die konjugierten Dreifachbindungen die Sprossen einer Leiter darstellen. Die Holme werden durch die Substituenten gebildet, die z. B. über Wasserstoff-Brückenbindungen zusammengehalten werden. Ein geeigneter Substituent ist z.B.
$R = CH_2–O–CO–NH–C_6H_5$. Bei der Polymerisation erfolgt eine Art Scherung, sodaß

die Dichteunterschiede zwischen dem kristallinen Monomeren und dem kristallinen Polymeren gering sind:

(21-13)

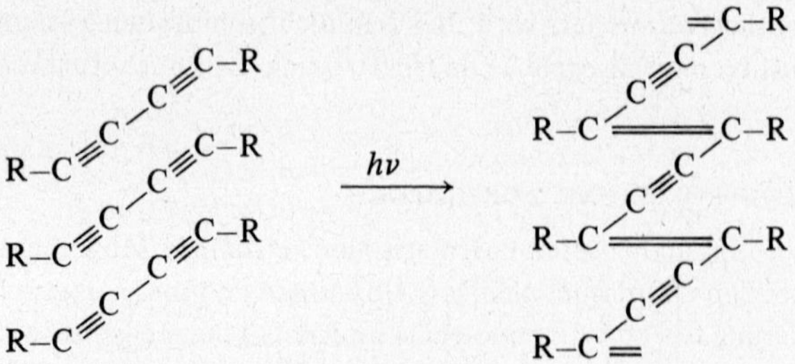

Die Polymeren sind nach Raman-Messungen aus abwechselnd konjugierten Doppel- und Dreifachbindungen aufgebaut. Die Monomerkristalle ändern bei der Polymerisation ihre Form nicht. Die Polymerkristalle sind tief gefärbt, zeigen Doppelbrechung und sind elektrisch leitfähig.

Die Konformation der bei der Polymerisation im festen Zustand entstehenden Polymeren hängt oft stark von der Kristallstruktur des Monomeren ab. Die Polymerisation von Tetroxan $(CH_2O)_4$ führt z.B. zu Helixstrukturen, die Polymerisation von Trioxan $(CH_2O)_3$ dagegen zu Zick-Zack-Ketten des Polyoxymethylens.

Die gute Orientierung der entstehenden Polymerketten ist vor allem durch die Kristallisierbarkeit der Polymermoleküle und weniger durch die Orientierung der Monomeren im Kristall bedingt. In all den Fällen, in denen man eine Polymerisation unterhalb des Schmelzpunktes findet, beobachtet man nämlich auch eine gewisse Beweglichkeit der Monomermoleküle. Eine Beweglichkeit reduziert aber die Chance zu einer Orientierung während der Polymerisation, sodaß die Orientierung der Polymerketten durch die Kristallisierbarkeit der Polymermoleküle bedingt sein dürfte.

**Literatur zu Kap. 21**

*21.2.1 Start durch hochenergiereiche Strahlen*

A. Charlesby, Atomic Radiation and Polymers, Pergamon Press, Oxford 1960
A. Chapiro, Radiation Chemistry of Polymeric Systems, Interscience, New York 1962
R. C. Potter, C. Schneider, M. Ryska und D. O. Hummel, Entwicklungstendenzen bei der strahleninduzierten Polymerisation, Angew. Chem. 22 (1968) 921
M. Dole, Hrsg., The Radiation Chemistry of Macromolecules, Academic Press, 2 Bde., New York 1972

### *21.2.2 Start durch niedrigenergiereiche Strahlung*

J. L. R. Williams, Photopolymerization and photocrosslinking of polymers, Fortschr. chem. Forschg. **13** (1969) 227

–, Symposium on Photochemical Processes in Polymer Chemistry, Pure and Applied Chem. **34**/2 (1973) 171

### *21.3 Fotopolymerisation*

J. L. R. Williams, Photopolymerization and photocrosslinking of polymers, Fortschr. chem. Forschg. **13** (1969) 227

G. A. Delzenne, Recent advances in photo-cross-linkable polymers, J. Macromol. Sci. **D 1** (1971) 185

### *21.4 Polymerisation im festen Zustand*

M. Magat, Polymerization in the Solid State, Polymer **3** (1962) 449

Y. Tabata, Solid State Polymerization, Adv. Macromol. Chem. **1** (1968) 283

G. C. Eastwood, Solid State Polymerization, Progr. Polymer Sci. **2** (1970) 1

M. Hasegawa, Y. Suzuki, H. Nakanishi und F. Nakanishi, Four-Center Type Photopolymerization in the Crystalline State, Adv. Polymer Sci. Japan **5** (1973) 143

## 22 Copolymerisation

Viele Monomeren können nicht nur mit Molekülen der eigenen Sorte Polymere bilden, sondern auch mit anderen Monomeren. Die Skala der Möglichkeiten ist dabei sehr weitgespannt. Durch radikalische Polymerisation wird z.B. Styrol zu Poly(styrol), Methylmethacrylat zu Poly(methylmethacrylat) und Vinylacetat zu Poly(vinylacetat) umgesetzt. Ein Gemisch von Styrol und Methylmethacrylat gibt bei den kleinsten Umsätzen Poly(styrol-co-methylmethacrylat). Aus einem Gemisch von Styrol und Vinylacetat wird dagegen zuerst praktisch reines Poly(styrol) und nach dem Verbrauch des Styrols anschließend fast reines Poly(vinylacetat) gebildet. Hier entsteht also ein Gemisch (Blend) und kein Copolymer. Stilben gibt andererseits bei radikalischer Initiation kein Unipolymer und Maleinsäureanhydrid nur eines von niedrigem Molekulargewicht. Ein Gemisch beider Monomerer führt aber zu einem Copolymeren der Zusammensetzung 1 : 1.

Copolymere aus zwei Sorten von Monomerbausteinen werden Bipolymere, aus drei Sorten Terpolymere, aus vier Quaterpolymere genannt. Da die Bipolymeren die größte Gruppe der Copolymere bilden, wird der Ausdruck „Copolymere" häufig nur für sie allein verwendet. Der früher benutzte Name „Mischpolymer" sollte wegen der Verwechslungsgefahr mit Polymergemischen nicht mehr verwendet werden.

Die Copolymerisation ist technisch außerordentlich bedeutsam. Durch Einpolymerisieren kleinerer Mengen eines zweiten Monomeren können gewisse Eigenschaften vorteilhaft verändert werden, z.B. Anfärbbarkeit, Adhäsion usw. Die Copolymerisation mit größeren Mengen eines zweiten Monomeren führt zu Polymeren mit ganz neuen Eigenschaften. Poly(äthylen) und Poly(propylen) sind z.B. Thermoplaste, Poly(äthylen-co-propylen) ist dagegen ein Elastomer.

### *22.1 Die Copolymerisationsgleichung*

Copolymerisate sind meist anders zusammengesetzt als die anfängliche Monomermischung, jedenfalls, sofern nicht zu 100 proz. Umsatz polymerisiert wird. Die Zusammensetzung hängt von der Reaktivität (gemessen als Geschwindigkeitskonstante) und den Konzentrationen von Keim (z.B. Radikal) und Monomer ab. Bei der Copolymerisation wird das reaktivere Monomer bevorzugt polymerisieren. Das bei kleinen Umsätzen gebildete Copolymere wird daher je nach der Zusammensetzung der Monomermischung und der Reaktivität mehr von dem reaktiveren Monomeren eingebaut enthalten. Durch den Verbrauch dieses reaktiveren Monomeren verarmt aber die restliche Monomermischung daran. Das bei weiterem Umsatz gebildete Copolymer muß folglich eine andere Zusammensetzung als das anfänglich entstandene aufweisen. Nur bei einer bestimmten Kombination von Reaktivität und Konzentration ist die Zusammensetzung der Copolymeren gleich der der Ausgangsmischung (azeotrope Copolymerisation).

#### 22.1.1 GRUNDLAGEN

Um eine Beziehung zwischen der Zusammensetzung der Monomermischung, der Reaktivität und der Zusammensetzung des Copolymeren abzuleiten, wird angenommen:

1) Beide Monomeren 1 und 2 reagieren nach dem gleichen bimolekularen Mechanismus. Es können somit für das Wachstum vier Geschwindigkeitskonstanten definiert werden:

$$(22-1)\quad \begin{aligned} \sim\sim\sim M_1^* + M_1 &\rightarrow \sim\sim\sim M_1M_1^* \; ; \; v_{11} = k_{11}\,[M_1^*]\,[M_1] \\ \sim\sim\sim M_1^* + M_2 &\rightarrow \sim\sim\sim M_1M_2^* \; ; \; v_{12} = k_{12}\,[M_1^*]\,[M_2] \\ \sim\sim\sim M_2^* + M_1 &\rightarrow \sim\sim\sim M_2M_1^* \; ; \; v_{21} = k_{21}\,[M_2^*]\,[M_1] \\ \sim\sim\sim M_2^* + M_2 &\rightarrow \sim\sim\sim M_2M_2^* \; ; \; v_{22} = k_{22}\,[M_2^*]\,[M_2] \end{aligned}$$

Diese Formulierung setzt z.B. voraus, daß z.B. das vorletzte Glied einer wachsenden Kette nicht die Copolymerisation beeinflußt. Als Verhältnis der Geschwindigkeitskonstanten werden die sogenannten Copolymerisationsparameter (relative Reaktivitäten) definiert:

$$(22-2)\quad r_1 \equiv k_{11}/k_{12} \; ; \quad r_2 \equiv k_{22}/k_{21}$$

2) Die Bruttokonzentrationen $[M_1]$ und $[M_2]$ der Monomeren sind gleichzeitig die Konzentrationen am Reaktionsort. Komplexbildung des Monomeren mit dem Keim soll also ebenso ausgeschlossen sein wie Assoziationsbildung des Monomeren in der Lösung. Diese Beschränkung ergibt sich, weil bei kinetischen Ansätzen die Konzentration der kinetisch unabhängigen Teilchen zu berücksichtigen ist und nicht die analytisch bestimmte Konzentration.
3) Die Reaktivität des wachsenden Keimes wird nur durch den letzten Grundbaustein bestimmt. Das vorletzte Glied habe somit keinen Einfluß auf die Reaktivität. Diese Annahme wird solange zutreffen, wie keine großen Differenzen in der Polarität der Monomeren bestehen. Diese Annahme schließt weiter ein, daß bei ionischen Copolymerisationen das wachsende Ion nicht im Gleichgewicht mit einem Ionenpaar steht.
4) Alle Wachstumsreaktionen sind irreversibel. Depolymerisation tritt nicht auf. Nach dieser Bedingung dürfen auch keine Umlagerungen wie z.B. Umamidierungen auftreten.
5) Der Polymerisationsgrad ist groß. Die Monomeren werden praktisch nur durch die Wachstumsreaktion verbraucht. Der Verbrauch für Start, Abbruch und Übertragung ist demgegenüber gering.

Für die Bedingungen muß gelten, daß an einem wachsenden Keim $K_1^*$ entweder das Monomere $M_1$ oder das Monomere $M_2$ angelagert werden kann. An einen gegebenen Keim werden umso mehr Monomere der gleichen Sorte addiert, je größer die Geschwindigkeit dafür ist. Folglich ist die Wahrscheinlichkeit $p_{11}$ für die Bildung einer konstitutiven Diade $M_1M_1$ durch das Verhältnis dieser Anlagerungsgeschwindigkeit zu der Summe aller möglichen Anlagerungsgeschwindigkeiten gegeben:

$$(22-3)\quad p_{11} = v_{11}/(v_{11} + v_{12})$$

oder nach Einsetzen der Ausdrücke für die Geschwindigkeiten (Gl. (22 – 1)) mit Gl. (22 – 2)

$$(22-4)\quad p_{11} = \frac{k_{11}\,[M_1^*]\,[M_1]}{k_{11}\,[M_1^*]\,[M_1] + k_{12}\,[M_1^*]\,[M_2]} = \frac{r_1\,[M_1]}{r_1\,[M_1] + [M_2]} = \frac{r_1}{r_1 + ([M_2]/[M_1])}$$

und entsprechend für die gemischte Diade $M_1M_2$

$$(22-5) \quad p_{12} = \frac{k_{12}[M_1^*][M_2]}{k_{11}[M_1^*][M_1] + k_{12}[M_1^*][M_2]} = \frac{[M_2]}{r_1[M_1] + [M_2]}$$

und für die restlichen beiden Diaden

$$(22-6) \quad p_{21} = \frac{[M_1]}{r_2[M_2] + [M_1]} \quad ; \quad p_{22} = \frac{r_2[M_2]}{r_2[M_2] + [M_1]}$$

Die Summe der Wahrscheinlichkeiten für die Anlagerung an den gleichen Keim muß gleich 1 sein:

$$(22-7) \quad p_{11} + p_{12} \equiv 1 \quad ; \quad p_{22} + p_{21} \equiv 1$$

Das Zahlenmittel der Sequenzlänge $(\overline{N}_{M_1})_n$ von Sequenzen des Monomeren $M_1$ ist durch

$$(22-8) \quad (\overline{N_{M_1}})_n = \sum_{i=1}^{i=i} x_i \cdot (N_{M_1})_i = x_1 (N_{M_1})_1 + x_2(N_{M_1})_2 + x_3(N_{M_1})_3 + \ldots$$

gegeben (Kap. 2.3.2.3). Die einzelnen Sequenzlängen $(N_{M_1})_i$ mit der Länge i können nur Werte von 1, 2, 3 ... annehmen. Die Molenbrüche $x_i$ sind andererseits durch die Wahrscheinlichkeit der Bildung dieser Sequenzen gegeben. Für eine Sequenz aus einem Grundbaustein $M_1$ ist diese Wahrscheinlichkeit $p_{12}$, da die Anlagerung eines Monomeren $M_2$ eine Sequenz $(M_1)_1$ bereits beendet. Dabei ist es gleichgültig, welche Monomereinheit vor der reagierenden Einheit $\sim\!\sim\!\sim M_1^*$ steht, wie man aus der Grenzwertbetrachtung für eine endständige Einheit $RM_1^*$ sieht.

Für eine Sequenz aus zwei gleichen Grundbausteinen ist dann die Wahrscheinlichkeit durch das Produkt aus den Einzelwahrscheinlichkeiten gegeben: $p_{11}$ für die Anlagerung eines zweiten Monomeren, $p_{12}$ für die Beendigung der Sequenz (vgl. die analoge Berechnung des Molekulargewichtes bei der Polykondensation (Kap. 17)). Für das Zahlenmittel der Sequenzlänge ergibt sich somit

$$(22-9) \quad (\overline{N_{M_1}})_n = p_{12} \cdot 1 + (p_{11} \cdot p_{12}) \cdot 2 + (p_{11} \cdot p_{11} \cdot p_{12}) \cdot 3 + \ldots\ldots$$
$$= p_{12}(1 + 2p_{11} + 3p_{11}^2 + \ldots\ldots)$$

Die Wahrscheinlichkeit $p_{11}$ muß nach Gl. (22-7) immer kleiner als 1 sein. Für diese Bedingung $p_{11} < 1$ geht die Reihe $1 + 2p_{11} + 3p_{11}^2 + \ldots$ über in $1/(1-p_{11})^2$ und Gl. (22-9) wird mit Gl. (22-5) zu:

$$(22-10) \quad (\overline{N_{M_1}})_n = p_{12}/(1-p_{11})^2 = 1/p_{12} = (r_1[M_1] + [M_2])/[M_2]$$

Für das Zahlenmittel der Sequenzlänge $(\overline{N}_{M_2})_n$ der $M_2$-Sequenzen erhält man analog mit Gl. (22-6)

$$(22-11) \quad (\overline{N_{M_2}})_n = p_{21} + (p_{22}p_{21}) \cdot 2 + (p_{22}^2 p_{21}) \cdot 3 + \ldots = 1/p_{21}$$
$$= (r_2[M_2] + [M_1])/[M_1]$$

Das Verhältnis der Bausteine $m_1$ und $m_2$ (in mol) der Monomeren 1 und 2 im Copolymeren ist durch das Verhältnis der Zahlenmittel der Sequenzlängen gegeben. Mit den Gl. (22-10), (22-11), (22-5) und (22-6) folgt dann

$$(22-12)\quad [m_1]/[m_2] = (\overline{N_{M_1}})_n/(\overline{N_{M_2}})_n = p_{21}/p_{12}$$

$$= \frac{[M_1]}{[M_2]} \cdot \frac{(r_1[M_1] + [M_2])}{(r_2[M_2] + [M_1])} = \frac{1 + r_1([M_1]/[M_2])}{1 + r_2([M_2]/[M_1])}$$

Gl. (22 – 12) ist die Copolymerisationsgleichung. Sie verknüpft die Zusammensetzung der Monomermischung über die relativen Reaktivitäten (Copolymerisationsparameter $r_1$ und $r_2$) mit der Zusammensetzung des Copolymeren. Da die Wahrscheinlichkeiten der Anlagerung nach den Gl. (22 – 4) – (22 – 6) von der momentanen Zusammensetzung des Monomergemisches abhängen, ist die durch Gl. (22 – 12) gegebene Zusammensetzung des Copolymeren $[m_1]/[m_2]$ auch die jeweilige *momentane* Zusammensetzung. Nach einem bestimmten Umsatz hat die Monomerzusammensetzung aber in der Regel verschiedene numerische Werte durchlaufen. Das nach diesem Umsatz gebildete Copolymer besitzt demnach eine integrale Zusammensetzung. Nur bei sehr kleinen Umsätzen hat sich die Zusammensetzung der Monomermischung praktisch noch nicht geändert und die bei sehr kleinen Umsätzen (exakt: Umsatz 0) auftretende Zusammensetzung des Copolymeren $([m_1]/[m_2])_0$ kann daher in Gl. (22 – 12) den Ausgangskonzentrationen der Monomeren $([M_1]/[M_2])_0$ zugeordnet werden:

$$(22-13)\quad ([m_1]/[m_2])_0 = \frac{1 + r_1([M_1]/[M_2])_0}{1 + r_2([M_2]/[M_1])_0}$$

Die momentane Zusammensetzung des Copolymeren ist nun aber gleich der Änderung der Monomerkonzentrationen, da die verschiedenen Monomermoleküle im Copolymer eingebaut werden müssen. Diese Forderung muß aber auch bei jedem Umsatz gelten. An die Stelle von Gl. (22 – 12) tritt daher

$$(22-14)\quad d[M_1]/d[M_2] = \frac{1 + r_1([M_1]/[M_2])}{1 + r_2([M_2]/[M_1])}$$

Die Integration von Gl. (22 – 14) führt zu (nur Endresultat angegeben):

$$(22-15)\quad \frac{[M_1] + [M_2]}{[M_1]_0 + [M_2]_0} = \left(\frac{[M_1]([M_1]_0 + [M_2]_0)}{[M_1]_0([M_1] + [M_2])}\right)^{\alpha} \left(\frac{[M_2]([M_2]_0 + [M_1]_0)}{[M_2]_0([M_2] + [M_1])}\right)^{\beta} \cdot A$$

$$A = \left(\frac{\dfrac{[M_1]_0}{[M_1]_0 + [M_2]_0} - \dfrac{1 - r_2}{2 - r_1 - r_2}}{\dfrac{[M_1]}{[M_1] + [M_2]} - \dfrac{1 - r_2}{2 - r_1 - r_2}}\right)^{\gamma}$$

mit

$$\alpha = r_2/(1 - r_2)\ ;\ \beta = r_1/(1 - r_1)\ ;\ \gamma = (1 - r_1 r_2)/(1 - r_1)(1 - r_2)$$

Die Berechnung von Copolymerisationsparametern nach Gl. (22 – 15) ist aber ohne Computer sehr aufwendig. Man beschränkt sich daher meist darauf, die Zusammensetzung des anfänglich gebildeten Copolymeren als Funktion der Zusammensetzung des anfänglichen Monomergemisches zu verfolgen und die Copolymerisationsparameter nach Gl. (22 – 13) auszurechnen.

Für technische Zwecke ist es nun häufig sehr unerwünscht, daß sich die momentane Zusammensetzung des Copolymeren mit dem Umsatz ändert, da dann das Copolymer eine breite Verteilung der Zusammensetzungen der Makromoleküle aufweist. Eine Möglichkeit, die Zusammensetzung weitgehend konstant zu halten, besteht darin, das reaktivere Monomer entsprechend seinem Verbrauch laufend einzuspeisen. Um Copolymere mit konstanter Zusammensetzung bei allen Umsätzen zu erhalten, darf sich die Zusammensetzung der Monomermischung nicht ändern. Mit der Bedingung $d[M_1]/d[M_2] = [m_1]/[m_2] = [M_1]/[M_2]$ geht Gl. (22 – 14) über in

(22 – 16) $[M_1]/[M_2] = (1 - r_2)/(1 - r_1)$

Nach Gl. (22 – 16) können azeotrope Copolymerisationen nur dann ausgeführt werden, wenn jeweils beide Copolymerisationsparameter entweder kleiner oder aber größer als 1 sind. Für jedes solche Monomerpaar existiert somit eine einzige azeotrope Mischung. Für den Spezialfall $r_1 = r_2 = 1$ erhält man nach Gl. (22 – 16) einen unbestimmten Ausdruck. Man überzeugt sich aber durch Einsetzen dieser Bedingung in Gl. (22 – 14) davon, daß für diesen Fall $d[M_1]/d[M_2] = [M_1]/[M_2]$ wird. Für $r_1 = r_2 = 1$ hat also das gebildete Copolymer immer die gleiche Zusammensetzung wie die Ausgangsmischung.

Die Copolymerisationsgleichung (22 – 14) wurde ursprünglich mit den Gleichungen (22 – 1) unter Berücksichtigung von $v_i = -d[M_i]/dt$ und der Bedingung $v_{12} = v_{21}$ abgeleitet. Diese Annahme scheint zwar für radikalische Polymerisationen gut erfüllt, ist aber bei ionischen Copolymerisationen zweifelhaft. Die vorstehende statistische Ableitung kommt ohne diese Annahme aus und zeigt damit gleichzeitig, daß die Copolymerisationsgleichung auch für ionische Copolymerisationen gelten muß, wenn die Bedingungen 1) – 5) erfüllt sind. Man entnimmt der Copolymerisationsgleichung auch, daß sie nichts über die Kinetik der Copolymerisation aussagt.

### 22.1.2 EXPERIMENTELLE BESTIMMUNG DER COPOLYMERISATIONSPARAMETER

Um die Copolymerisationsparameter zu berechnen, bestimmt man zunächst die Zusammensetzung des Copolymeren oder die des nicht umgesetzten Monomergemisches (oder beide). Zur Bestimmung der Zusammensetzung des Copolymeren eignen sich Elementaranalyse, spektroskopische Methoden (IR, UV, NMR), Brechungsindex oder Fällungspunkt-Titration, je nachdem, um welche charakteristischen Gruppen oder Elemente es sich handelt. Die Zusammensetzung des unverbrauchten Monomergemisches kann besonders gut durch Gaschromatographie ermittelt werden. Dabei ist natürlich in Zweifelsfällen zu prüfen, ob wirklich Copolymere gebildet wurden (Löslichkeit, Ultrazentrifugation im Dichtegradienten, Fällungspunkt-Titration).

Zur Berechnung der Copolymerisationsparameter werden in den seltensten Fällen Experimente bei beliebigen Umsätzen ausgeführt, da die integrierte Gleichung (22 – 15) nur mit Computern lösbar ist. In der Regel geht man vielmehr von verschiedenen Mischungsverhältnissen $[M_1]_0/[M_2]_0$ der Monomeren aus und polymerisiert nur zu geringen Gesamtumsätzen. Unter dieser Bedingung ändert sich nämlich die Zusammensetzung der Monomermischung nur wenig. Die Änderung des Monomerverhältnisses $d[M_1]/d[M_2]$ ist dann gleich dem Molverhältnis $[m_1]_0/[m_2]_0$ der Grundbausteine im Copolymeren und Gl. (22 – 13) kann angewandt werden. Für exakte Bestimmungen, vor allem bei sehr verschiedenen Copolymerisationsparametern, sind die Copolymerisationsparameter bei verschiedenen Umsätzen zu bestimmen und auf den Umsatz null zurückzuextrapolieren.

Da die Copolymerisationsgleichung eine Gleichung mit 2 Unbekannten ($r_1$ und $r_2$) darstellt, genügen im Prinzip zwei Versuche mit verschiedenem Ausgangsmonomerverhältnis $[M_1]_0/[M_2]_0$, um die Copolymerisationsparameter zu berechnen. Das Verfahren ist aber zu ungenau, und man muß stets mehrere Copolymerisationsversuche ausführen. Man kann dann z.B. den Molenbruch $[M_2]_0/([M_2]_0 + [M_1]_0)$ des Monomeren 2 in der Ausgangsmischung gegen den Molenbruch $[m_2]_0/([m_2]_0 + [m_1]_0)$ der Grundbausteine im Copolymer auftragen. Durch passende Wahl und stetige Angleichung der Parameter $r_1$ und $r_2$ sucht man dann die experimentellen Werte mit der über Gl. (22 – 13) berechneten Kurve zur Deckung zu bringen.

Eleganter ist folgendes Auswerteverfahren (Methode der konjugierten Paare). Gl. (22 – 13) wird umgeformt zu

$$(22\text{–}17) \quad r_2 = \frac{[M_1]_0}{[M_2]_0}\left(\frac{[m_2]_0}{[m_1]_0}\left(1 + \frac{[M_1]_0}{[M_2]_0}\, r_1\right) - 1\right)$$

$[m_1]_0/[m_2]_0$ und $[M_1]_0/[M_2]_0$ sind experimentell bestimmt und daher bekannt. Man wählt jetzt ein beliebiges Wertepaar $[m_1]_0/[m_2]_0$ und $[M_1]_0/[M_2]_0$ aus und nimmt willkürlich einen Wert für $r_1$ an, der mit $r_1^*$ bezeichnet werden soll. Nach Gl. (22–17) wird dann $r_2^*$ berechnet. Für das gleiche Wertepaar nimmt man dann einen anderen $r_1^*$-Wert an und berechnet wiederum den dazugehörigen $r_2^*$-Wert. Die beiden $r_1^*$-Werte werden dann gegen die dazugehörigen $r_2^*$-Werte in einem Diagramm aufgetragen und durch eine Gerade verbunden. Analog berechnet man für alle anderen experimentell bestimm-

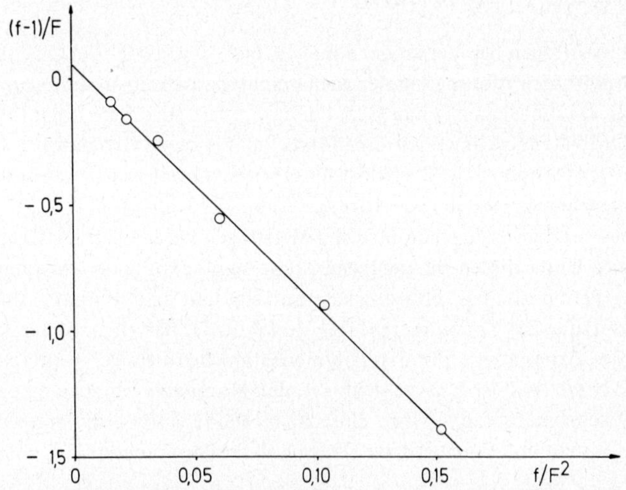


*Abb. 22-1:* Bestimmung der Copolymerisationsparameter nach dem Verfahren von Fineman und Ross durch direkte Extrapolation. Copolymerisation von N-Vinylsuccinimid (1) mit Methylmethacrylat (2) mit $r_1$ = 0,07 und $r_2$ = 9,7 (nach Daten von H. Hopff und P. C. Schlumbom)

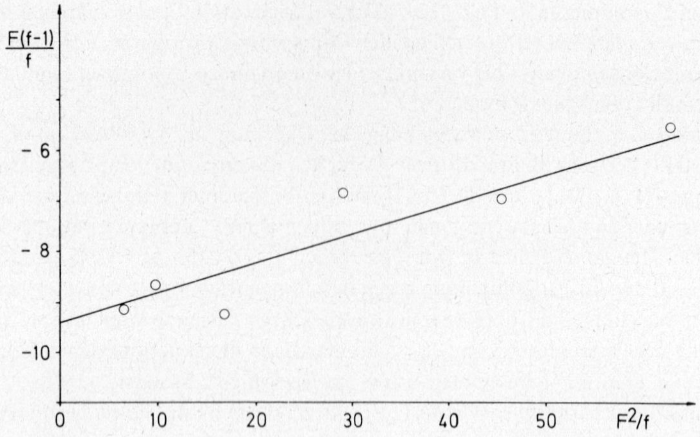


*Abb. 22-2:* Bestimmung der Copolymerisationsparameter nach der Methode der direkten Extrapolation (Verfahren von Fineman und Ross). Daten der Abb. 22-1.

ten Wertepaare je zwei $r_1^*$- und $r_2^*$-Werte. Der Schnittpunkt des entstehenden Geradenbündels gibt die wahren $r$-Werte an. Bei ungenaueren Bestimmungen muß man den Mittelpunkt eines eingeschriebenen Kreises nehmen.

Eine weitere Methode linearisiert die Copolymerisationsgleichung. Setzt man $F = [M_1]_0/[M_2]_0$ und $f = [m_1]_0/[m_2]_0$, so läßt sich Gl. (22-13) umformen zu

(22-18) $(f-1)/F = r_1 - r_2(f/F^2)$

oder

(22-19) $F(f-1)/f = -r_2 + r_1(F^2/f)$

Durch Auftragen der Variablen, z.B. $(f-1)/F$ gegen $f/F^2$ in Gl. (22-18), ermittelt man die Copolymerisationsparameter aus Ordinatenabschnitt und Steigung (Abb. 22-1) und (22-2). Da die Neigung einer Geraden immer mit einem größeren Fehler behaftet ist als der Ordinatenabschnitt, wird man zweckmäßig beide Gleichungen anwenden, um $r_1$ und $r_2$ zu erhalten. Gl. (22-19) ist für ein System mit weit auseinanderliegenden $r$-Werten ungeeigneter als Gl. (22-18) (vgl. Abb. 22-1 mit Abb. 22-2).

Alle beschriebenen Verfahren setzen Messungen bei kleinen Umsätzen der Monomeren voraus. Unter diesen Bedingungen ist die Veränderung der Zusammensetzung des Monomergemisches nur schwierig zu ermitteln, und man bestimmt stattdessen die Zusammensetzung des Copolymeren. Das Verfahren ist natürlich immer dann von Nachteil, wenn das Copolymer unter den Polymerisationsbedingungen weitere Reaktionen eingeht. In diesem Fall ist es zweckmäßiger, den Monomerverbrauch zu bestimmen, z.B. über Gaschromatographie. Eine einfache Methode ergibt sich dann wie folgt:

Arbeitet man mit einem großen Überschuß des Monomeren 1,

(22-20) $r_1[M_1]/[M_2] \gg 1$ und $r_2[M_2]/[M_1] \ll 1$

so wird Gl. (22-14) zu

(22-21) $d[M_1]/d[M_2] = r_1[M_1]/[M_2]$

oder integriert

(22-22) $\log([M_1]/[M_1]_0) = r_1 \cdot \log([M_2]/[M_2]_0)$

Das Verfahren setzt jedoch voraus, daß keine alternierende Copolymerisation auftritt (vgl. weiter unten).

### 22.1.3 SPEZIALFÄLLE

Die Copolymerisationsparameter sind Verhältnisse zweier Geschwindigkeitskonstanten des Wachstum ($r_1 = k_{11}/k_{12}$ bzw. $r_2 = k_{22}/k_{21}$). Man kann daher bei $r_1$ (und analog bei $r_2$) folgende Fälle unterscheiden:

$r_1 = 0$ Die Geschwindigkeitskonstante $k_{11}$ ist gleich null. Der Keim lagert nur das fremde Monomer an.

$r_1 = 1$ Die Geschwindigkeitskonstanten beider Wachstumsreaktionen sind gleich groß. Der Keim addiert eigenes und fremdes Monomer mit gleicher Leichtigkeit.

$r_1 = \infty$ Es erfolgt nur Unipolymerisation und keine Copolymerisation.

Diese Grenzfälle werden selten erreicht oder sind nicht experimentell nachgewiesen worden ($r_1 = \infty$). Wichtig sind daher noch die dazwischen liegenden Fälle:

$r_1 < 1$ Der Keim addiert beide Monomeren, lagert aber das fremde Monomer bevorzugt an.

$r_1 > 1$ Das eigene Monomer wird bevorzugt, aber nicht ausschließlich angelagert.

Dabei ist es gleichgültig, welches Monomer als 1 oder 2 bezeichnet wird. Am Wettbewerb um ein Monomer beteiligen sich nun aber beide Keimtypen. Es sind daher jeweils beide Copolymerisationsparameter zusammen zu diskutieren. Die Copolymerisa-

*Tab. 22-1:* Spezialfälle der gemeinsamen Polymerisation zweier Monomerer

| Bezeichnung | Bedingung | Untergruppe | Bedingung |
|---|---|---|---|
| alternierende Copolymerisation | $r_1 r_2 = 0$ | doppelt alternierende<br>einfach alternierende | $r_1 = r_2 = 0$<br>$r_1 = 0;\ r_2 > 0$ |
| nichtideale Copolymerisation | $r_1 r_2 < 1$ | azeotrope nichtideale<br>nichtazeotrope nichtideale | $r_1 < 1;\ r_2 < 1$<br>$r_1 < 1;\ r_2 > 1;\ r_1 < 1/r_2$ |
| ideale Copolymerisation | $r_1 r_2 = 1$ | azeotrope ideale<br>nichtazeotrope ideale | $r_1 = r_2 = 1$<br>$r_1 = 1/r_2$ |
| Blockcopolymerisation | $r_1 r_2 > 1$ | nichtazeotrope Blockcopolymerisation | $r_1 > 1;\ r_2 < 1;\ r_1 > 1/r_2$ |
| | | azeotrope Blockcopolymerisation | $r_1 > 1;\ r_2 > 1$ |
| Gemischpolymerisation | $r_1 r_2 = \infty$ | | |

tionsparameter hängen aber mit der Wahrscheinlichkeit der Anlagerung zusammen. Um die verschiedenen Typen der Copolymerisation zu unterscheiden, muß man also das Produkt der Copolymerisationsparameter $r_1 \cdot r_2$ berücksichtigen.

Die bei der gemeinsamen Polymerisation zweier Monomerer möglichen Fälle sind in Tab. 22 – 1 zusammengestellt. Eine weitere Unterteilung kann noch danach vorgenommen werden, ob eine azeotrope Copolymerisation möglich ist oder nicht.

Alternierende Copolymerisation

Im Grenzfall der doppelt alternierenden Copolymerisation ($r_1 = r_2 = 0$) lagert jeder Keim nur fremdes Monomer an. In den Ketten müssen daher die beiden Monomerbausteine alternieren. Die Zusammensetzung des anfänglichen Copolymeren ist unabhängig von der anfänglichen Monomerzusammensetzung (Abb. 22 – 3) und besitzt immer den Molenbruch 0,5. Die Polymerisation hört jedoch auf, wenn das im Unterschuß vorliegende Monomer verbraucht ist. Doppelt alternierende Copolymerisationen treten auf, wenn die beiden Monomeren CT-Komplexe bilden (vgl. Kap. 22.4.3).

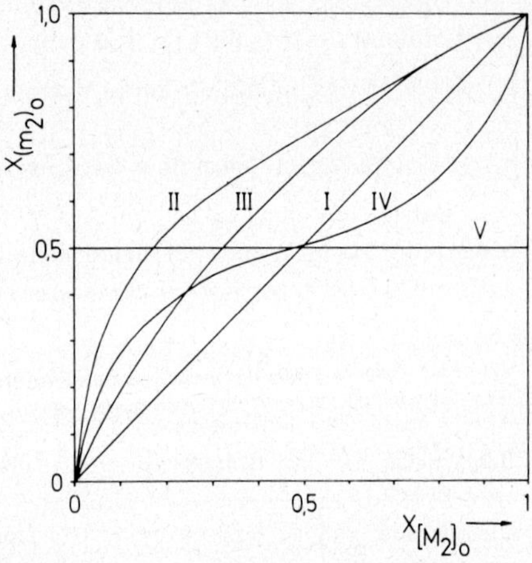


*Abb. 22 – 3:* Abhängigkeit des Molenbruches $x_{(m_2)_0}$ des Grundbausteins 2 im anfänglich gebildeten Copolymeren vom Molenbruch $x_{[M_2]_0}$ des Monomeren 2 in der anfänglichen Monomermischung.
I = ideale azeotrope Copolymerisation ($r_1 = r_2 = 1$)
II = nichtideale, nichtazeotrope Copolymerisation ($r_1 = 0{,}1$ und $r_2 = 2{,}0$)
III = ideale nichtazeotrope Copolymerisation mit $r_1 = 1/r_2$ und $r_2 = 2$
IV = nichtideale azeotrope Copolymerisation mit $r_2 = r_1 < 1$ ($r_2 = r_1 = 0{,}2$)
V = streng alternierende Copolymerisation ($r_1 = r_2 = 0$)

Im Fall der einfach alternierenden Copolymerisation ist nur ein Copolymerisationsparameter gleich null, z.B. $r_2 = 0$. Gl. (22 – 14) wird dann zu

(22–23) $$d[M_1]/d[M_2] = 1 + r_1([M_1]/[M_2])$$

Bei einem großen Überschuß an Monomeren 2 wird $r_1([M_1]/[M_2]) \sim 0$ und es werden ebenfalls nur Copolymere der Zusammensetzung 1 : 1 gebildet, und zwar wiederum solange, bis das Monomer 1 verbraucht ist. Dann stoppt die Polymerisation. Ist dagegen die Konzentration des Monomeren $M_1$ vergleichbar mit oder größer als die von $M_2$, so werden je nach Monomerverhältnis und Reaktivität immer Copolymere mit mehr als 50 Molproz. $m_1$-Einheiten gebildet.

Ideale Copolymerisation

Bei der idealen azeotropen Copolymerisation ($r_1 = r_2 = 1$) reduziert sich Gl. (22 - 14) zu $d[M_1]/d[M_2] = [M_1]/[M_2]$. Die Copolymerzusammensetzung ist daher immer gleich der Monomerzusammensetzung und zwar für alle Umsätze (Abb. 22 - 3).

Für die ideale nichtazeotrope Copolymerisation gilt $r_1 = 1/r_2$. Gl. (22 - 14) wird daher zu

(22 - 24) $d[M_1]/d[M_2] = r_1[M_1]/[M_2]$

Das Molverhältnis der Bausteine im Copolymeren ist daher immer um den Faktor $r_1$ verschieden von der Zusammensetzung der Ausgangsmonomermischung. Die Kurve im Copolymerisationsdiagramm kann daher niemals die 45°- Gerade der idealen azeotropen Copolymerisation schneiden. Sie muß aber symmetrisch zur Senkrechten auf dieser Geraden sein.

Nichtideale Copolymerisation

Bei der azeotropen nichtidealen Copolymerisation sind beide Parameter kleiner als 1. Sind nun beide Parameter auch noch gleich groß, so muß nach Gl. (22–16) der azeotrope Punkt bei einer Zusammensetzung von 1 : 1 liegen und der Molenbruch entsprechend bei 0,5. Copolymerisationsparameter unter 1 bedeuten aber eine zunehmende Tendenz zur alternierenden Copolymerisation. Für einen Molenbruch $(x_2)_0 = 0{,}2$ des Monomeren 2 im anfänglichen Monomergemisch muß wegen der Alternierungstendenz der Ordinatenpunkt oberhalb der 45°-Geraden für die ideale azeotrope Copolymerisation liegen, jedoch unterhalb der Horizontalen für die streng alternierende Copolymerisation (Abb. 22 - 3). Für Molenbrüche über 0,5 ist das Verhalten gerade umgekehrt.

Bei ungleichen Copolymerisationsparametern ist der Verlauf der Kurve grundsätzlich ähnlich. Nur kann wegen der Bedingung $r_1 < 1; r_2 < 1; r_1 \neq r_2$ der azeotrope Punkt nicht mehr bei 0,5 liegen. Er ist vielmehr zu höheren ($r_1 > r_2$) oder kleineren ($r_1 < r_2$) Abszissenwerten verschoben.

Bei der nichtidealen nichtazeotropen Copolymerisation ($r_1 < 1, r_2 > 1, r_1 < 1/r_2$) schneidet die Kurve ebenfalls nicht die Azeotroplinie. Im Gegensatz zur idealen nichtazeotropen Copolymerisation ist die Kurve jedoch nicht mehr symmetrisch.

Blockcopolymerisation

Bei der Blockcopolymerisation sind beide Parameter über 1. Die Keime lagern bevorzugt Monomere der eigenen Sorte an, und es entstehen mehr oder weniger lange Blöcke (vgl. Kap. 22.1.4). Der Verlauf der Kurve ist grundsätzlich der der nichtidealen Copolymerisation ähnlich. Wo dort aber die Kurven oberhalb der Azeotroplinie liegen, befinden sie sich hier unterhalb und umgekehrt.

Der Fall ist theoretisch denkbar, wenn durch synergistische Effekte ein Überschuß an Konjugationsenergie zustandekommt. Experimentell ist jedoch ein Fall mit $r_1 \cdot r_2$ deutlich größer als 1 bei der radikalischen Copolymerisation noch nicht mit Sicherheit nachgewiesen. Außerdem bedeutet ein experimentell gefundenes $r_1 r_2 > 1$ noch nicht, daß tatsächlich Blockcopolymerisation vorliegt, da u.U. auch der Einfluß des vorletzten Gliedes ein solches Verhalten hervorrufen könnte (vgl. weiter unten). Bei ionischen

Copolymerisationen wird bei konventioneller Auswertung gelegentlich $r_1 r_2 > 1$ gefunden, was jedoch auch durch andere Faktoren bedingt sein könnte.

Blendpolymerisation bzw. Gemischpolymerisation

Bei diesem Grenzfall müßte ein Gemisch zweier Monomerer schon bei den kleinsten Umsätzen zu einem Gemisch zweier Unipolymerer (Polyblend) führen. Bei der Radikalpolymerisation ist ein solches Verhalten nie beobachtet worden.

### 22.1.4 SEQUENZVERTEILUNG IN COPOLYMEREN

Um Ausdrücke für die Sequenzverteilung zu erhalten, geht man in ähnlicher Weise wie bei der Berechnung der Molekulargewichtsverteilung von Polykondensaten vor. Um eine Sequenz von $N$ Einheiten des Monomeren $M_1$ in der Copolymerkette zu erhalten, muß man $N-1$ Einheiten an den Keim $M_1^*$ anlagern. Die Wahrscheinlichkeit dafür ist $(p_{11})^{N-1}$. Die Sequenz wird durch einen $M_2$-Baustein abgeschlossen. Die Wahrscheinlichkeit der Anlagerung dieses Bausteins an die $M_1$-Sequenz ist $p_{12} = (1 - p_{11})$. Für die Wahrscheinlichkeit, daß sich im Copolymer eine Sequenz mit $N$ Einheiten findet, ergibt sich daher

$$(22\text{-}25) \quad (p_{M_1})_n = (p_{11})^{N-1}(1 - p_{11})$$

und für den Gewichtsanteil entsprechend

$$(22\text{-}26) \quad (p_{(M_1)})_w = (p_{11})^{N-1}(1 - p_{11})^2 N$$

Gl. (22 – 25) gestattet, die Sequenzverteilung für ein Copolymer gegebener Zusammensetzung zu berechnen. Die Sequenzverteilung einer Monomersorte hängt dabei nur von der Wahrscheinlichkeit $p_{11}$ ab und folglich nach Gl. (22 – 4) nur von den Konzentrationen an Monomeren und dem Parameter $r_1$, nicht aber von $r_2$. Für ein Molverhältnis von 1 : 1 der Ausgangsmonomeren errechnet sich z.B. unter Annahme von $r_1 = 10$ die Wahrscheinlichkeit $p_{11}$ über Gl. (22 – 4) zu $p_{11} = 10/(10+1) = 0{,}909$.

Eine Anzahl so berechneter Verteilungen ist in Tab. 22 – 2 zusammengestellt. Für $r_1 = 1$ erhält man eine ziemlich breite Verteilung, die aber mit zunehmender Sequenzlänge rasch abfällt. Für $r_1 = 10$ wird die Verteilung flacher, d.h. die Blocklängen werden wegen der größeren Tendenz zur Unipolymerisation größer. Für $r_1 = 0{,}1$ überwiegt die Alternierungstendenz: es werden sehr viel Einer-Sequenzen gebildet. Diese Tendenz verstärkt sich bei noch kleineren $r_1$-Werten.

*Tab. 22-2:* Verteilung der Sequenzen der Bausteine $m_1$ des anfänglich gebildeten Copolymeren bei verschiedenen Reaktivitäten unter Annahme einer Zusammensetzung der Monomermischung von 1 : 1

| Anzahl $m_1$-Einheiten | Anteil der Monomereinheiten in % bei $r_1 = 1$ | $r_1 = 10$ | $r_1 = 0{,}1$ |
|---|---|---|---|
| 1 | 50,00 | 9,10 | 90,91 |
| 2 | 25,00 | 8,27 | 8,26 |
| 3 | 12,50 | 7,52 | 0,75 |
| 4 | 6,25 | 6,84 | 0,07 |
| usw. | usw. | usw. | usw. |

## 22.2 Terpolymerisation

Copolymerisationsgleichungen können mit den gleichen Annahmen wie unter 22.1 auch für die Copolymerisation von mehr als zwei Monomeren abgeleitet werden. Derartige Beziehungen sind für die Technik sehr wichtig, da bei Terpolymerisationen bereits 160 000 Dreier-Kombinationen auftreten, wenn man von 100 Monomeren ausgeht. Die Gleichungen werden aber mit zunehmender Zahl Monomerer pro System sehr bald unübersichtlich.

Eine Copolymerisationsgleichung für drei Monomere kann grundsätzlich gleich wie die für zwei Monomere über die Bildungswahrscheinlichkeit der Sequenzen abgeleitet werden. Es sei hier zu Illustration jedoch die ältere, kinetische Ableitung gewählt. Dabei muß aber betont werden, daß die bei dieser Ableitung erforderliche Einführung der Stationaritätsbedingung keine unbedingte Voraussetzung ist, da die gleichen Bedingungen mit der statistischen Ableitung ohne diese Annahme erhalten werden können.

Bei der Copolymerisation von drei Monomeren erhält man in Analogie zu Gl. (22-1) insgesamt neun Geschwindigkeitskonstanten: $k_{11}$, $k_{12}$, $k_{13}$, $k_{22}$, $k_{23}$, $k_{21}$, $k_{33}$, $k_{31}$ und $k_{32}$, die zu sechs Copolymerisationsparametern kombiniert werden können,

(22-27)
$$r_{12} \equiv k_{11}/k_{12}\,;\; r_{21} \equiv k_{22}/k_{21}\,;\; r_{31} \equiv k_{33}/k_{31}$$
$$r_{13} \equiv k_{11}/k_{13}\,;\; r_{23} \equiv k_{22}/k_{23}\,;\; r_{32} \equiv k_{33}/k_{32}$$

Der Verbrauch des Monomeren $M_1$ ist z.B. bei radikalischen Terpolymerisationen durch

(22-28)
$$-\mathrm{d}[M_1]/\mathrm{d}t = k_{11}[M_1^{\cdot}][M_1] + k_{21}[M_2^{\cdot}][M_1] + k_{31}[M_3^{\cdot}][M_1]$$

gegeben; entsprechende Gleichungen lassen sich für $M_2$ und $M_3$ schreiben. Lagert sich ein Monomeres 2 an ein Radikal 1 an, so verschwindet aber ein Radikal $\sim\sim M_1^{\bullet}$ und ein Radikal $\sim\sim M_2^{\bullet}$ wird gebildet. Bei einer Copolymerisation von zwei Monomeren wird also $v_{12} = v_{21}$. Die entsprechenden Stationaritätsbedingungen für drei Monomere lauten:

(22-29)
$$v_{12} + v_{13} = v_{21} + v_{31}$$
$$v_{21} + v_{23} = v_{12} + v_{32}$$
$$v_{31} + v_{32} = v_{13} + v_{23}$$

Durch Kombination der Gl. (22-28) und (22-29) erhält man die Terpolymerisationsgleichung

(22-30)
$$\mathrm{d}[M_1] : \mathrm{d}[M_2] : \mathrm{d}[M_3] = Q_1 : Q_2 : Q_3$$

mit

$$Q_1 = [M_1]\left(\frac{[M_1]}{r_{31}r_{21}} + \frac{[M_2]}{r_{21}r_{32}} + \frac{[M_3]}{r_{31}r_{23}}\right)\left([M_1] + \frac{[M_2]}{r_{12}} + \frac{[M_3]}{r_{13}}\right)$$

$$Q_2 = [M_2]\left(\frac{[M_1]}{r_{12}r_{31}} + \frac{[M_2]}{r_{12}r_{32}} + \frac{[M_3]}{r_{32}r_{13}}\right)\left([M_2] + \frac{[M_1]}{r_{21}} + \frac{[M_3]}{r_{23}}\right)$$

$$Q_3 = [M_3]\left(\frac{[M_1]}{r_{13}r_{21}} + \frac{[M_2]}{r_{23}r_{12}} + \frac{[M_3]}{r_{13}r_{23}}\right)\left([M_3] + \frac{[M_1]}{r_{31}} + \frac{[M_2]}{r_{32}}\right)$$

Bei der Terpolymerisation lassen sich einige Spezialfälle besonders einfach behandeln:

A. Die beiden Monomeren $M_2$ und $M_3$ polymerisieren weder allein noch untereinander, d.h. es gilt $k_{22} = k_{33} = k_{23} = k_{32} = 0$. Gl. (22-30) wird damit zu

$$d[M_1]/d[M_2] = 1 + r_{12}[M_1]/[M_2] + (r_{12}/r_{13})([M_3]/[M_2])$$

(22-31) $$d[M_1]/d[M_3] = 1 + r_{13}[M_1]/[M_3] + (r_{13}/r_{12})([M_2]/[M_3])$$

$$d[M_2]/d[M_3] = (r_{13}/r_{12})([M_2]/[M_3])$$

Zur Bestimmung der Copolymerisationsparameter sind demnach Copolymerisationsexperimente mit je zwei Monomeren erforderlich.

B. Zwei der drei Monomeren polymerisieren nicht allein ($k_{22} = k_{33} = 0$), wohl aber untereinander ($k_{23} \neq k_{32} \neq 0$). Durch zwei Copolymerisationsexperimente erhält man hier $r_{12}$ und $r_{13}$ und durch einen Tercopolymerisationsversuch die noch fehlenden Verhältnisse $k_{31}/k_{23}$ und $k_{31}/k_{32}$.

Terpolymerisationen führen zu interessanten Konsequenzen für die Wahrscheinlichkeit der Sequenzverteilungen. Sind nämlich die Wechselwirkungen $\sim\sim M_1^{\cdot} + M_2$ und $\sim\sim M_2^{\cdot} + M_1$ symmetrisch, dann gilt für den Anteil an Bindungen $x_{ij}$ im Copolymeren

(22-32) $$x_{12} = x_{21}\,;\; x_{23} = x_{32}\,;\; x_{31} = x_{13}$$

Diese Annahme ist a priori nicht selbstverständlich, wenn unsymmetrisch substituierte Monomere betrachtet werden. Die Anteile an Bindungen sind weiterhin mit den Anteile $x_{m_1}$ bzw. $x_{m_2}$ usw. der Grundbausteine im Copolymeren über die Wahrscheinlichkeit $p_{12}$ usw. der Anlagerung verknüpft:

(22-33) $$x_{12} = x_{m_1}p_{12}\,;\; x_{21} = x_{m_2}p_{21} \quad \text{usw.}$$

Durch Kombination der Gl. (22-32) und (22-33) gelangt man zu

$$x_{m_1}p_{12} = x_{m_2}p_{21}$$

(22-34) $$x_{m_2}p_{23} = x_{m_3}p_{32}$$

$$x_{m_3}p_{31} = x_{m_1}p_{13}$$

bzw. für die Produkte der linken und rechten Seiten nach Division durch $x_{m_1}x_{m_2}x_{m_3}$

(22-35) $$p_{12}p_{23}p_{31} = p_{21}p_{32}p_{13}$$

Gl. (22-35) gilt exakt für die Wahrscheinlichkeit des Auftretens einer Sequenz, ist aber nur eine Hypothese für die Wahrscheinlichkeit der Einbaus*, d.h. für

(22-36) $$r_{12}r_{23}r_{31} = r_{21}r_{32}r_{13}$$

Gl. (22-36) ist häufig gut experimentell erfüllt, wobei jedoch Unterschiede zwischen konjugierten und nichtkonjugierten Monomeren zu bestehen scheinen. Die Kennt-

*Propylen kann z. B. mit gewissen Katalysatoren zu Poly(äthylen) polymerisiert werden. Propylen ist also sein eigenes Comonomer. Bei der Copolymerisation mit einem zusätzlichen Monomer gibt also die Monomeranalyse und die nichtspezifische Copolymeranalyse (Mikroanalyse usw.) nur den Einbau und damit $r_1$ an, nicht aber die Fraktion an Propylen/Äthylen-Bausteinen.

nis dieser Zusammenhänge wäre wichtig, da man dann Copolymerisationsparameter der Terpolymerisation aus solchen der Bipolymerisation berechnen könnte. Mit Hilfe von Gl. (22-36) kann man außerdem die Zuverlässigkeit von Copolymerisationsparametern abschätzen, da die Produkte $r_{12}r_{23}r_{31}$ und $r_{21}r_{13}r_{32}$ in der Regel um nicht mehr als den Faktor 2 differieren, wenn man sich jeweils auf 3 unkonjugierte oder konjugierte Monomere beschränkt.

Bei Terpolymerisationen sind wie bei der Bipolymerisation azeotrope Gemische denkbar. Ein Durchrechnung für 653 in der Literatur beschriebene Zweierpaare ergab 731 mögliche Dreierpaare, von denen 36 ein Azeotrop bildeten, 598 Viererpaare mit 2 Viererazeotropen und 330 mögliche Fünferpaare mit nur einer einzigen, ein Azeotrop bildenden Fünferkombination. Das Problem ist technisch wegen der Unverträglichkeit von Polymeren wichtig.

Terpolymerisationen können gut mit Dreieckskoordinaten dargestellt werden. Ein Pfeil gibt dabei an, wie sich während der Polymerisation die Zusammensetzung der anfänglichen Monomermischung zur anfänglichen Zusammensetzung des Copolymeren verändert. Im azeotropen Fall sind beide Zusammensetzungen gleich: der Pfeil schrumpft zu einem Punkt zusammen.

Falls ein ternäres Azeotrop möglich ist, ergibt sich so ein Wirbelfeld um den azeotropen Punkt (Abb. 22-4). Neben dem ternären Azeotrop gibt es aber noch Azeotroplinien für jedes einzelne Monomer. Bei diesen Azeotropen ist der Molenbruch einer einpolymerisierten Komponente im anfänglichen Monomergemisch und in dem anfänglichen Copolymeren gleich:

$$\left(\frac{[m_1]}{[m_1] + [m_2] + [m_3]}\right)_0 = \left(\frac{[M_1]}{[M_1] + [M_2] + [M_3]}\right)_0 \qquad (22\text{-}37)$$

Weiterhin kann man noch partielle Azeotrope definieren, bei denen das Molverhältnis zweier Monomerer konstant bleibt, das Molverhältnis dieser beiden Monomeren zum dritten sich aber ändern kann.

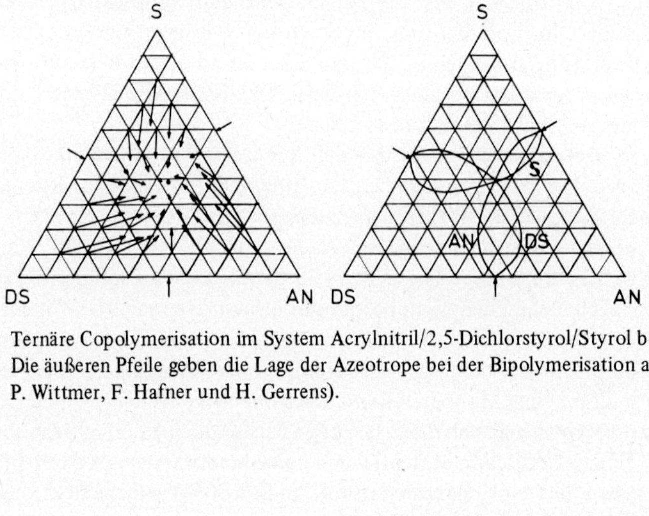


*Abb. 22-4:* Ternäre Copolymerisation im System Acrylnitril/2,5-Dichlorstyrol/Styrol bei 60 °C. Die äußeren Pfeile geben die Lage der Azeotrope bei der Bipolymerisation an (nach P. Wittmer, F. Hafner und H. Gerrens).

## 22.3 Thermodynamik

Die Copolymerisationsgleichung wurde unter der Voraussetzung abgeleitet, daß alle Wachstumsschritte irreversibel sind. Falls ein Wachstumsschritt oder deren mehrere jedoch reversibel sind, muß die Copolymerisationsgleichung erweitert werden.

Für den Fall eines reversiblen (Monomer 1) und eines irreversiblen Homowachstums sowie zweier irreversibler Heterowachstumsschritte wurde unter den üblichen Annahmen (Stationaritätsprinzip, keine Einflüsse des vorletzten Gliedes (vgl. Kap. 22.4.2), kein Einfluß der Kettenlänge auf das Polymerisationsgleichgewicht) die folgende Gleichung abgeleitet:

$$(22\text{-}38)\quad \frac{d[M_1]}{d[M_2]} = \frac{1 + (r_1[M_1]/[M_2]) - (r_1K/[M_2])(1 - x_1^*)}{1 + (r_2[M_2]/[M_1])}$$

Dabei ist $K$ die Gleichgewichtskonstante der Polymerisation/Depolymerisation und $x_1^*$ der Bruchteil der aktiven Ketten des Monomeren 1 mit der Sequenzlänge 1. $x_1^*$ kann über

$$(22\text{-}39)\quad 1 - x_1^* = \frac{r_1([M_1] + K) + [M_2]}{2r_1K} - \left[\left(\frac{r_1([M_1] + K) + [M_2]}{2r_1K}\right)^2 - \frac{[M_1]}{K}\right]^{0,5}$$

berechnet werden. $K$ kann durch Gleichgewichtsmessungen beim System Polymer 1/Monomer 1 ermittelt werden. $r_1$ und $r_2$ sind daher die beiden einzigen frei verfügbaren Parameter.

## 22.4 Radikalische Copolymerisation

### 22.4.1 KONSTITUTION UND COPOLYMERISATIONSPARAMETER

Bei der radikalischen Copolymerisation sind in der Regel alle in Kap. 22.1.1 zusammengestellten Annahmen erfüllt, nämlich bimolekularer Wachstumsmechanismus, Abwesenheit von Einflüssen des vorletzten Gliedes und von Depolymerisationen, große Polymerisationsgrade und Identität von Bruttokonzentration und effektiver Konzentration. Abweichungen werden in den Kap. 22.4.2 und 22.4.5 besprochen. Tab. 22–3 enthält die Copolymerisationsparameter der radikalischen Copolymerisation von einigen sich normal verhaltenden Monomerpaaren.

Man kann zunächst erwarten, daß die Copolymerisationsparameter bei Äthylenabkömmlingen durch die Einflüsse der Substituenten und durch die Resonanzstabilisierung beeinflußt werden. Elektronenanziehende Gruppen sind z.B. –Cl, –COOR und –CN, elektronenabgebende $-CH_3$, $-C_6H_5$, $-OCH_3$ und –OCOR. Nimmt man Styrol als Bezugsmonomer, so sieht man sehr deutlich diese Einflüsse. Styrol mit der elektronenabgebenden Phenylgruppe gibt mit Monomeren mit elektronenanziehenden Gruppen (Acrylnitril, Methylacrylat, Methylmethacrylat) Copolymerisationsparameter unter 1. Ein fremdes Monomer wird somit immer bevorzugt addiert, was bei der Copolymerisation eines Monomeren mit elektronenabgebenden Gruppen mit einem solchen mit elektronenanziehenden Gruppen verständlich ist. Man sieht aber auch, daß diese Tendenz nur dann besteht, wenn beide Monomere resonanzstabilisierte Radikale geben. Bei der Copolymerisation von Styrol mit seinem elektronenabgebenden Phenylrest und Vinylchlorid mit dem elektronenanziehenden Cl-Substituenten ist nämlich $r_{sty} = 17$ und $r_{vc} = 0{,}02$. An das Styrolradikal wird daher viel leichter Styrol als Vinylchlorid angelagert, da das neue Radikal immer noch resonanzstabilisiert ist. Andererseits ist es wegen der Anlagerung eines Monomeren mit elektronenabgebenden und resonanzstabilisierenden Substituenten leicht verständlich, daß beim Vinylchloridradikal die Copolymerisation mit Styrol gegenüber der Unipolymerisation bevorzugt ist.

*Tab. 22-3:* Parameter bei der radikalischen Copolymerisation (ca. 60 °C)

| Monomer | $r_1$ | Monomer | $r_2$ | $r_1 r_2$ |
|---|---|---|---|---|
| Styrol | 0,75 ± 0,03 | Methylacrylat | 0,18 ± 0,02 | 0,14 |
| Styrol | 0,41 ± 0,08 | Acrylnitril | 0,04 ± 0,04 | 0,016 |
| Styrol | 0,52 ± 0,03 | Methylmethacrylat | 0,46 ± 0,03 | 0,24 |
| Styrol | 55 ± 10 | Vinylacetat | 0,01 ± 0,01 | 0,55 |
| Styrol | 68 ± 30 | Vinylstearat | 0,01 ± 0,01 | 0,68 |
| Styrol | 50 ± 15 | Vinylpelargonat | 0,01 ± 0,01 | 0,50 |
| Vinylchlorid | 1,68 ± 0,08 | Vinylacetat | 0,23 ± 0,02 | 0,39 |
| Vinylchlorid | 0,04 ± 0,03 | Methylmethacrylat | 12,5 ± 1,4 | 0,50 |
| Vinylchlorid | 0,05 | n-Butylmethacrylat | 13,5 | 0,68 (45 °C) |
| Vinylchlorid | 0,04 | n-Octylmethacrylat | 14,0 | 0,56 (45 °C) |
| Vinylchlorid | 0,09 ± 0,02 | Methylacrylat | 5,8 ± 1,6 | 0,52 |
| Vinylchlorid | 0,07 | n-Butylacrylat | 4,4 | 0,31 |
| Vinylchlorid | 0,12 | n-Octylacrylat | 4,8 | 0,58 |
| Styrol | 17 ± 3 | Vinylchlorid | 0,02 | 0,34 |
| Styrol | 18 ± 2 | Vinylbromid | 0,06 | 1,08 |
| Styrol | 7 | Vinyljodid | 0,15 | 1,05 |
| Acrylnitril | 470 | Tetrachloräthylen | 0 | 1,05 |
| Acrylnitril | 6 | Maleinsäureanhydrid | 0 | 0 |
| Stilben | 0,03 ± 0,03 | Maleinsäureanhydrid | 0,03 ± 0,03 | ~0 |

Bei der Copolymerisation von Vinylchlorid mit seinem elektronenanziehenden Substituenten –Cl und Vinylacetat mit der elektronenabgebenden Gruppe $-OCOCH_3$ sind die Verhältnisse ganz ähnlich. Auch in diesem Fall liegen beide Copolymerisationsparameter erwartungsgemäß bei bzw. unter 1. Besitzt das Comonomer dagegen eine zur Resonanz mit dem Radikal befähigte Gruppe wie es z.B. beim Styrol und bei den Acryl- und Methacrylestern der Fall ist, so ist dieser Copolymerisationsparameter weit über 1, der andere dagegen weit unter 1. Die Copolymerisationsparameter zeigen somit deutlich den Einfluß beider Effekte. Da jedoch beide Effekte gleichzeitig und ungetrennt erfaßt werden, ist es manchmal schwierig, ihre relative Größe abzuschätzen. Das in Kap. 22.4.6 beschriebene Q-e-Schema gestattet jedoch, Resonanzstabilisierung und Elektronegativität (Polarität) voneinander zu separieren. Als Faustregel kann man annehmen, daß der Resonanzeffekt weit stärker als der Polaritätseffekt ist.

Die Einflüsse von Polarität und Resonanzstabilisierung machen es auch ohne weiteres verständlich, daß die Copolymerisationsparameter nur durch die unmittelbar an der Äthylengruppierung sich befindenden Gruppen beeinflußt werden. Weiter entfernt liegende Gruppen spielen keine Rolle. So sind die Copolymerisationsparameter von Styrol mit Vinylacetat oder Vinylpelargonat jeweils etwa gleich groß (Tab. 22 – 3). Das gleiche Verhalten findet sich bei der Copolymerisation von Vinylchlorid mit Methylacrylat, n-Butylacrylat oder n-Octylacrylat. Abweichungen von dieser Regel sind jedoch dann zu erwarten, wenn die Segmentbeweglichkeit und damit die Reaktivität stark herabgesetzt wird, z.B. bei hohen Umsätzen bei der vernetzenden Copolymerisation.

### 22.4.2 EFFEKTE DES VORLETZTEN GLIEDES

Die Copolymerisationsgleichung wurde unter der Annahme abgeleitet, daß die Wahrscheinlichkeit der Anlagerung eines Monomeren an die wachsende Kette nur durch den letzten Grundbaustein bestimmt wird. Bei stark polaren Grundbausteinen ist aber auch ein Einfluß des vorletzten Gliedes zu erwarten (penultimate effect). Statt *einer* Geschwindigkeitsgleichung z.B. für den Prozeß $\sim\!\sim\!\sim M_1^\bullet + M_1 \rightarrow \sim\!\sim\!\sim M_1M_1^\bullet$ sind folglich zwei Beziehungen zu formulieren

$$\text{(22-40)}\quad \begin{aligned} &\sim\!\sim\!\sim M_1M_1^\bullet + M_1 \rightarrow \sim\!\sim\!\sim M_1M_1M_1^\bullet \;;\; v_{111} = k_{111}[M_1M_1^\bullet][M_1] \\ &\sim\!\sim\!\sim M_2M_1^\bullet + M_1 \rightarrow \sim\!\sim\!\sim M_2M_1M_1^\bullet \;;\; v_{211} = k_{211}[M_2M_1^\bullet][M_1] \end{aligned}$$

Da man analoge Gleichungen für alle acht möglichen Prozesse definieren kann, ergeben sich insgesamt vier Copolymerisationsparameter:

$$\text{(22-41)}\quad \begin{aligned} &r_1 \equiv k_{111}/k_{112} \;;\; r_2 \equiv k_{222}/k_{221} \\ &r_1' \equiv k_{211}/k_{212} \;;\; r_2' \equiv k_{122}/k_{121} \end{aligned}$$

Die Durchrechnung ergibt eine modifizierte Copolymerisationsgleichung:

$$\text{(22-42)}\quad d[M_1]/d[M_2] = \frac{1 + \dfrac{r_1'x(r_1x+1)}{r_1'x+1}}{1 + \dfrac{r_2'}{x}\left(\dfrac{r_2+x}{r_2'+x}\right)} \;;\; x \equiv [M_1]/[M_2]$$

Diese Einflüsse des vorletzten Gliedes können die Copolymerisationsparameter beträchtlich modifizieren (Tab. 22–4). Der Effekt ist besonders bei Monomeren mit stark polaren Gruppen in der Nähe der Hauptkette beträchtlich und vermutlich auch dafür verantwortlich, daß bei der radikalischen Copolymerisation von Äthylen mit verschiedenen Monomeren das Produkt der konventionell berechneten Copolymerisationsparameter teilweise über 1 liegt (Tab. 22–5).

*Tab. 22-4:* Einflüsse der vorletzten Glieder bei der radikalischen Copolymerisation

| Monomere $M_1/M_2$ | Copolymerisationsparameter | | |
|---|---|---|---|
| | m. vorl. Glied | | o. vorl. Glied |
| | $r_1$ | $r_1'$ | $r_1 = r_1'$ |
| Äthylen/Kohlenmonoxid | 0,0197 | 0,08 | 0,0424 |
| Styrol/Maleinsäureanhydrid | 0,017 | 0,063 | 0,02 |
| Styrol/Citraconsäureanhydrid | 0,07 | 0,25 | 0,136 |
| Styrol/Fumarsäurenitril | 0,07 | 1,0 | 0,21 |
| Styrol/Acrylnitril | 0,30 | 0,45 | 0,328 |
| Chloropren/Vinylidencyanid | 0,000 | 0,057 | 0,013 |
| Methylmethacrylat/Vinylidencyanid | 0,04 | 0,08 | 0,046 |
| Vinylacetat/Hexafluoraceton | 0,12 | 4,1 | - |
| Vinylacetat/sym-Dichlortetrafluoraceton | 0,41 | 5,6 | - |

*Tab. 22-5:* Parameter der radikalischen Copolymerisation von Äthylen mit verschiedenen Monomeren

| Monomere $M_1/M_2$ | $r_1$ | $r_2$ | $r_1r_2$ |
|---|---|---|---|
| Äthylen/Vinylacetat | 1,01 | 1,01 | 1,0 |
| Äthylen/Methylacrylat | 0,2 | 11 | 2,2 |
| Äthylen/Methylmethacrylat | 0,2 | 17 | 3,4 |
| Äthylen/Diäthylmaleat | 0,25 | 10 | 2,5 |
| Äthylen/Diäthylfumarat | 0,25 | 10 | 2,5 |

Um Einflüsse des vorletzten Gliedes von z.B. $M_1$ zu erfassen, sind sehr genaue Experimente bei kleinen Verhältnissen $[M_1]/[M_2]$ erforderlich. Außerdem müssen andere Einflüsse, wie z.B. die des Mediums, ausgeschlossen werden. Gl. (22–42) wird jedoch wesentlich einfacher, wenn eines der beiden Monomeren nicht unipolymerisiert ($r_2 = r'_2 = 0$), wie z.B. Hexafluoraceton.

Weit empfindlicher als die Copolymerisationsparameter sind die Sequenzverteilungen. In Analogie zur Ableitung der Sequenzverteilung der normalen Copolymerisation erhält man

(22-43) $$(p_{M_1})_n = p_{211}p_{112}p_{111}^{N-2} \qquad N > 1$$

mit

(22-44) $$p_{111} = \frac{r_1[M_1]/[M_2]}{1 + r_1([M_1]/[M_2])}$$

$$p_{112} = \frac{1}{1 + r_1([M_1]/[M_2])}$$

$$p_{211} = \frac{r'_1[M_1]/[M_2]}{1 + r'_1([M_1])/[M_2])}$$

Leider sind Sequenzverteilungen nur in sehr wenigen Fällen chemisch oder physikalisch (Spektroskopie) experimentell bestimmbar.

### 22.4.3 LADUNGSÜBERTRAGUNGS-KOMPLEXE

Abweichungen vom „normalen" Copolymerisationsverhalten können nicht nur durch Effekte der vorletzten Gliedes, sondern auch durch Bildung von Ladungsübertragungskomplexen bedingt sein. Zwei Monomermoleküle mit stark verschiedener Polarität, d.h. ein Elektronendonator und ein Elektronenakzeptor, können definierte CT-Komplexe bilden. Die Anwesenheit derartiger Komplexe gibt sich häufig durch ausgeprägte Banden im sichtbaren oder ultravioletten Spektrum erkennen.

Bei der radikalischen Polymerisation reagiert dieser Komplex als Ganzes. Es handelt sich dann eigentlich nicht mehr um eine Copolymerisation zwischen einem Radikal und einem anderen Monomeren, sondern um eine Unipolymerisation des CT-Komplexes. Liegen die Monomeren im „richtigen" Mischungsverhältnis vor (meist 1 : 1) und liegt das Gleichgewicht praktisch auf Seiten des Komplexes, dann werden streng alternierende Copolymere gebildet. Liegt jedoch nur ein Teil der Monomeren in CT-Komplexen vor, wird man folglich eine Copolymerisation der Monomeren mit dem CT-Komplex beobachten.

Primär gebildete CT-Komplexe sind dafür verantwortlich, daß sonst nicht radikalisch homopolymerisierende Monomere eine Copolymerisation eingehen können. Beispiele dafür sind Stilben/Maleinsäureanhydrid, Allylalkohol/Maleinsäureanhydrid, Hexen-1/Schwefeldioxid usw.

Bei schwachen Elektronenakzeptoren kann die Tendenz zur CT-Komplex-Bildung durch Zusatz gewisser Metallsalze wie $ZnCl_2$, $C_2H_5AlCl_2$, $VOCl_3$ usw. erhöht werden. Die so komplexierten Elektronenakzeptoren können dann alternierende Copolymere mit entsprechenden elektronendonierenden Monomeren bilden. Die Elektronenakzeptoren müssen dabei *e*-Werte von 0,5 und höher aufweisen (zur Definition der *e*-Werte vgl. Kap. 22.4.6), die Elektronendonatoren Werte von $e < 0,5$. Typische Akzeptoren sind Verbindungen mit den Gruppierungen >C=CR–CO– oder >C=CR–C≡N, als z.B. Acrolein, Vinylketon, Acrylester oder Acrylnitril. Typische Elektronendonatoren sind α-Olefine, Diene, ungesättigte Ester und Äther und Halogenolefine. Durch die Komplexierung werden natürlich die *Q*- und *e*-Werte stark geändert (vgl. Tab. 22-6).

*Tab. 22-6:* Einfluß der Komplexierung mit Metallsalzen auf die *Q*- und *e*-Werte von Monomeren

| Monomer 1 | Monomer 2 | $Q_1$ | $e_1$ |
|---|---|---|---|
| $CH_2$=C($CH_3$)$COOCH_3$ | $CH_2$=$CCl_2$ | 0,74 | 0,4 |
| $CH_2$=C($CH_3$)$COOCH_3$/$ZnCl_2$ | $CH_2$=$CCl_2$ | 26,3 | 4,2 |
| $CH_2$=C($CH_3$)$COOCH_3$ | $CH_2$=CH($C_6H_5$) | 0,74 | 0,4 |
| $CH_2$=C($CH_3$)$COOCH_3$/$ZnCl_2$ | $CH_2$=CH($C_6H_5$) | 13,5 | 1,74 |
| $CH_2$=CH(CN) | $CH_2$=$CCl_2$ | 0,6 | 1,2 |
| $CH_2$=CH(CN)/$ZnCl_2$ | $CH_2$=$CCl_2$ | 12,6 | 8,2 |
| $CH_2$=CH(CN) | $CH_2$=CH(Cl) | 0,6 | 1,2 |
| $CH_2$=CH(CN)/$SnCl_4$ | $CH_2$=CH(Cl) | 2,64 | 2,22 |

Die Polymerisation derartiger CT-Komplexe erfolgt in vielen Fällen „spontan", d.h. ohne absichtlich zugesetzte Radikalbildner. Der Grund ist nicht völlig klar. Diskutiert werden die Bildung von Biradikalen aus dem CT-Komplex, die Bildung von $C_2H_5$-Radikalen aus $C_2H_5AlCl_2$, die Bildung angeregter Zustände unter dem Einfluß des Lichtes usw.

### 22.4.4 KINETIK

Die Polymerisationsgeschwindigkeiten sind bei der radikalischen Copolymerisation in der Regel deutlich von denen der Unipolymerisation verschieden (Tab. 22-7). Ein kleiner Zusatz von Styrol zu Methylmethacrylat setzt die Bruttogeschwindigkeit um den Faktor 2,5 herab. Der gleiche Zusatz von Methylmethacrylat zu Styrol ändert dagegen die Polymerisationsgeschwindigkeit nur wenig. Die Bruttogeschwindigkeiten ändern sich aber anders als die Geschwindigkeitskonstanten. Die Geschwindigkeitskonstanten für die Anlagerung von Methylmethacrylat an ein Styrolradikal und von Styrol an ein Methylmethacrylatradikal sind beide größer als die Wachstumskonstanten für die jeweilige Unipolymerisation. Die Polymerisationsgeschwindigkeit ist aber trotz der erhöhten Wachstumskonstanten für die Copolymerisation geringer, weil der Abbruch zwischen ungleichen Radikalen proportional viel häufiger eintritt. Bei gleicher Radikalerzeugung nimmt nämlich bei einer erhöhten Abbruchsgeschwindigkeit die totale Radikalkonzentration ab. Wegen $v_{br} = v_p = k_p$ [P$^\bullet$] [M] muß daher auch die Polymerisationsgeschwindigkeit sinken. Als Maß für den gekreuzten Abbruch kann man einen Parameter $\phi$ definieren:

(22-45) $$\phi \equiv k_{t,12}/2(k_{t,11}k_{t,22})^{0,5}$$

wobei $k_t$ die Geschwindigkeitskonstanten für den Abbruch durch gegenseitige Desaktivierung zweier gleicher (11 bzw. 22) oder ungleicher (12) Radikale sind. Der Parameter $\phi$ wird manchmal auch ohne den Faktor 2 definiert.

*Tab. 22-7:* Copolymerisationsgeschwindigkeiten $v_p$, Geschwindigkeitskonstanten $k_p$ des Wachstums und $\phi$-Faktoren bei der radikalischen Copolymerisation von Methylmethacrylat mit Styrol bei 60 °C

| Molenbruch MMA im ursprünglichen Gemisch | $v_p \cdot 10^5$ mol dm$^{-3}$ s$^{-1}$ | $k_p$ für dm$^3$ mol$^{-1}$ s$^{-1}$ | $\phi$ |
|---|---|---|---|
| 1,00 | 26,30 | 734 (~mma·+MMA) | - |
| 0,87 | 9,58 | } | 9 |
| 0,73 | 7,49 | 1740 (~mma·+Sty) | 12 |
| 0,52 | 5,90 | 352 (~sty·+MMA) | 17 |
| 0,30 | 5,32 | | 20 |
| 0,15 | 4,93 | | 23 |
| 0,00 | 5,45 | 176 (~sty·+Sty) | - |

Bei der Definition von $\phi$ wurde angenommen, daß der Kreuzabbruch gleich dem geometrischen Mittel der Abbruchskonstanten für die Unipolymerisation ist. Diese statistische Erwartung trifft bei Gasreaktionen zu. Bei Copolymerisationen kann aber der Wert von $\phi$ bis auf etwa 400 (Methylmethacrylat/Vinylacetat) ansteigen. $\phi$ hängt zudem von der Zusammensetzung der Mischung ab. Die Ursache dafür ist noch ungeklärt. Es ist aber auffällig, daß $\phi$ besonders groß ist, wenn die Monomeren zur alternierenden Copolymerisation neigen.

### 22.4.5 EINFLUSS DER UMGEBUNG

Die Copolymerisation kann im Prinzip außer von den Monomeren selbst und von der Initiationsart (radikalisch oder ionisch) noch von der Umgebung abhängen, also von Lösungsmittel, Temperatur und Phasenverhältnissen (homogen oder heterogen).

Die Copolymerisationsparameter werden durch die Polaritäten (Elektronegativitäten) der Monomeren $e$ bzw. ihrer Radikale $e^\cdot$ beeinflußt (Abschnitt 22.4.1). Nimmt man die Teilladungen als lokalisiert an, so kann man den Polaritätsterm $e_1^\cdot e_2$ durch die entsprechenden Ladungen $z_1^\cdot$ des Radikals und $z_2$ des Monomeren, den Abstand $L$ dieser Ladungen im Übergangskomplex, die Dielektrizitätskonstanten $\epsilon_r$, die Boltzmann-Konstante $k$ und die absolute Temperatur $T$ ausdrücken:

(22-46) $$e_1^\cdot e_2 = z_1^\cdot z_2/L\epsilon_r kT$$

Nach dieser Gleichung sollte man einen Einfluß der Dielektrizitätskonstanten des Lösungsmittels auf die Copolymerisation erwarten. Tatsächlich wird ein solcher Effekt jedoch höchst selten gefunden. Eine Ausnahme bildet z.B. die Copolymerisation von

Vinylmonomeren mit Sauerstoff zu Polyperoxiden. Der Ansatz kann also nicht zutreffen, vermutlich, weil die Teilladungen gar nicht lokalisiert sind. Außerdem sind die Polaritätseffekte klein gegenüber den Resonanzeffekten (vgl. Abschnitt 22.4.1).

Das Lösungsmittel kann aber insofern noch das Copolymerisationsverfahren beeinflussen, als es die Konzentration der Monomeren am Reaktionsort verändern kann. In die Copolymerisationsgleichung gehen als Konzentrationen der Monomeren die lokalen Konzentrationen ein. In vielen Fällen sind diese lokalen Konzentrationen mit den Gesamtkonzentrationen identisch. Abweichungen sind zu erwarten, wenn ein Monomer assoziiert oder ganz generell bei heterogenen Polymerisationen eine andere Löslichkeit aufweist als das zweite Monomer. Die Copolymerisationsparameter sind z.B. bei der Copolymerisation von Acrylnitril mit Methylacrylat (50 °C) je nach Verfahren sehr verschieden (Tab. 22 – 8).

*Tab. 22-8:* Copolymerisationsparameter der Copolymerisation von Acrylnitril (A) mit Methylacrylat (M)

| Verfahren | $r_A$ | $r_M$ |
|---|---|---|
| Suspension | 0,75 ± 0,05 | 1,54 ± 0,05 |
| Emulsion | 0,78 ± 0,02 | 1,04 ± 0,02 |
| Lsg. in Dimethylsulfoxid | 1,02 ± 0,02 | 0,70 ± 0,02 |

Durch eine Assoziation wird die lokale Konzentration des Monomeren erhöht und damit auch die Reaktionswahrscheinlichkeit, solange Diffusionseffekte keine Rolle spielen. Setzt man daher in die Geschwindigkeitsgleichungen statt der unbekannten lokalen Konzentration die Bruttokonzentration ein, so wird die Geschwindigkeitskonstante $k$ zu hoch gefunden. So erklärt es sich, daß der Copolymerisationsparameter $r_s = k_{ss}/k_{sm}$ bei der Copolymerisation von Styrol(s) mit Maleinsäureanhydrid(m) in einer Mischung von 50 % Styrol und 50 % Dekan kleiner ist als in Styrol allein und in diesem wiederum kleiner als in einer Mischung von 25 % Styrol und 75 % o-Dichlorbenzol ($r_s$ = 0,010, 0,022, 0,029). Maleinsäureanhydrid ist in der erstgenannten Mischung ($\epsilon_r$ = 2,194) stärker assoziiert als in Styrol ($\epsilon_r$ = 2,431) und in der Mischung mit o-Dichlorbezol ($\epsilon_r$ = 7,977). Bei allen Versuchen war das Molverhältnis Styrol/Maleinsäureanhydrid stets gleich. Die Dielektrizitätskonstanten beeinflussen also die Teilladungen nicht direkt, sondern bewirken indirekt eine Konzentrationsänderung der Monomeren.

Die Assoziation kann sich besonders stark bei heterogenen Polymerisationen bemerkbar machen. Fällt das gebildete Copolymer aus der Reaktionsmischung aus, so wird die Adsorption der beiden Monomeren an den ausfallenden Polymeren verschieden sein. Die Adsorption ist aber wiederum von der Assoziation in Lösung und diese vom Lösungsmittel abhängig. Die bei heterogenen Copolymerisationen oft beobachteten Abweichungen der Copolymerisationsparameter sind also nicht eigentlich durch die Heterogenität selbst bedingt, sondern haben ihre Ursache in der Assoziation.

Da die Assoziation stark von der Temperatur beeinflußt wird, ist eine besonders große Temperaturabhängigkeit der Copolymerisationsparameter immer bei assoziierenden Monomeren zu erwarten. Ein Beispiel dafür ist die Copolymerisation von Acrylnitril mit Methylacrylat. Die wechselnden Einflüsse von Assoziation und Adsorption können sogar im Prinzip erklären, warum die r-Werte Maxima oder Minima durchlaufen können. Die Temperaturabhängigkeit der Copolymerisationsparameter ist dagegen bei nichtassoziierenden Monomeren viel geringer, wie das Beispiel Styrol/Methylmethacrylat zeigt (Tab. 22 – 9).

*Tab. 22-9:* Temperaturabhängigkeit von Copolymerisationsparametern

| Monomerpaar $M_1/M_2$ | Temp. °C | Copolymerisationsparameter $r_1$ | $r_2$ |
|---|---|---|---|
| Acrylnitril/Methylacrylat | 20 | 0,70 ± 0,20 | 1,22 ± 0,20 |
| | 30 | 0,86 ± 0,05 | 1,25 - 0,15 |
| | 50 | 1,5 ± 0,1 | 0,84 ± 0,05 |
| | 60 | 1,25 ± 0,1 | 0,67 ± 0,1 |
| | 80 | 0,50 ± 0,05 | 0,71 ± 0,012 |
| Styrol/Methylmethacrylat | 35 | 0,50 ± 0,02 | 0,44 ± 0,02 |
| | 60 | 0,52 ± 0,03 | 0,46 ± 0,03 |
| | 90 | 0,54 ± 0,03 | 0,49 ± 0,03 |
| | 132 | 0,60 | 0,55 |

Der Einfluß hoher Drucke wurde bislang nur wenig untersucht. Sowohl beim Paar Methylmethacrylat/Acrylnitril als auch beim Paar Styrol/Acrylnitril steigen aber die $r$-Werte mit steigendem Druck an. Das Produkt $r_1 r_2$ nähert sich bei höheren Drucken dem Wert 1, so daß die Copolymerisation zunehmend idealer wird. Die Unterschiede in der Polarität der Monomeren bzw. Radikale nehmen also ab, während der Resonanzterm (vgl. Kap. 22.4.6) praktisch nicht beeinflußt wird.

### 22.4.6 DAS Q-e-SCHEMA

Betrachtet man das Produkt der Copolymerisationsparameter $r_1 r_2$, so kann man bei der radikalischen Copolymerisation die Monomerpaare in einer Reihe anordnen (Tab. 22 – 10). In dieser Reihe stehen links Monomere mit elektronenabgebenden Gruppen wie Butadien, Styrol oder Vinylacetat, rechts Monomere mit elektronenanziehenden Substituenten wie Maleinsäureanhydrid, Acrylnitril, Vinylidenchlorid usw. Das Produkt $r_1 r_2$ fällt in jeder senkrechten Reihe von 1 auf 0 ab. In jeder waagrechten Reihe steigt es dagegen von kleinen Werten (links) auf Werte in der Nähe von 1 (rechts).

*Tab. 22-10:* Produkte $r_1 r_2$ der Copolymerisationsparameter bei radikalischen Copolymerisationen (ca. 60 °C)

| | | | | | | | | |
|---|---|---|---|---|---|---|---|---|
| Butadien | | | | | | | | |
| 1,08 | Styrol | | | | | | | |
| - | 0,55 | Vinylacetat | | | | | | |
| 0,31 | 0,34 | 0,39 | Vinylchlorid | 2,5-Dichlorstyrol | | | | |
| 0,21 | 0,16 | - | - | | | | | |
| 0,19 | 0,24 | 0,30 | 0,50 | 1,0 | Methylmethacrylat | | | |
| 0,10 | 0,16 | 0,1 | 0,86 | - | 0,61 | Vinylidenchlorid | | |
| 0,08 | 0,02 | 0,25 | 0,07 | 0,015 | 0,24 | 0,34 | Acrylnitril | |
| - | 0 | 0,0004 | 0,002 | - | 0,12 | 0 | 0 | Maleinsäureanhydrid |

Das Verhalten legt nahe, daß das Produkt $r_1 r_2$ die Einflüsse von Polarität und Resonanzstabilisierung widerspiegelt. Beide Faktoren müssen in der Aktivierungsenergie $E_{12}^{\ddagger}$ enthalten sein:

$$k_{12} = A_{12} \exp(-E_{12}^{\ddagger}/RT) \qquad (22\text{-}47)$$

wobei $A_{12}$ die Aktionskonstante darstellt. Für eine konstante Temperatur kann man $E^{\ddagger}_{12}/RT$ in die von der Resonanz beim Polymerradikal $(p_1)$ und beim Monomeren $(q_2)$ herrührenden Anteile und die durch die elektrostatischen Wechselwirkungen der Ladungen beim Radikal $(e_i^{\cdot})$ und beim Monomer $(e_2)$ bedingten Teile zerlegen:

(22-48) $k_{12} = A_{12} \exp(-(p_1 + q_2 + e_1^{\cdot} e_2))$

Bei Monomeren vom Typ $CH_2{=}CRR'$ weist jedes Polymer immer eine $CH_2$-Gruppe auf. Man kann daher die Aktionskonstante für alle Reaktionspartner als konstant ansetzen. Die Faktoren $\exp(p_1)$ und $\exp(q_2)$ werden mit dem Faktor $A_{12}$ vereinigt, so daß Gl. (22–48) übergeht in

(22-49) $k_{12} = P_1 Q_2 \exp(-e_1^{\cdot} e_2)$

Analoge Gleichungen kann man für die anderen Geschwindigkeitskonstanten $k_{11}$, $k_{22}$ und $k_{21}$ ansetzen. Nimmt man weiter an, daß die effektiven Ladungen $e_1^{\cdot}$ und $e_1$ für Radikal und Monomer gleich groß sind, so erhält man z.B. für die Geschwindigkeitskonstanten der Unipolymerisation

(22-50) $k_{11} = P_1 Q_1 \exp(-e_1^{\cdot} e_1) = P_1 Q_1 \exp(-e_1^2)$

Mit diesen Gleichungen ergeben sich für die Copolymerisationsparameter die folgenden Ausdrücke

$$r_1 = (Q_1/Q_2) \exp(-e_1(e_1 - e_2))$$
(22-51) $$r_2 = (Q_2/Q_1) \exp(-e_2(e_2 - e_1))$$
$$r_1 r_2 = \exp(-(e_1 - e_2)^2)$$

Jedem Monomer kann so ein $Q$-Wert (*Resonanzterm*) und ein $e$-Wert (*Polaritätsterm*) zugeordnet werden, wenn ein Monomer als Bezugssubstanz gewählt wird. Als derartiges Monomer wurde Styrol (mit $Q = 1$ und $e = -0{,}8$) genommen, da es sich mit vielen Monomeren copolymerisieren läßt. Bei Versuchen mit verschiedenen Monomeren wird oft eine befriedigende Konstanz der $Q$- und $e$-Werte beobachtet, gelegent-

*Tab. 22-11:* $Q$- und $e$-Werte bei Versuchen mit verschiedenen Monomeren

| Monomer 1 | Monomer 2 | $r_1$ | $r_2$ | $Q_1$ | $e_1$ |
|---|---|---|---|---|---|
| p-Methoxystyrol | Styrol | 0,82 | 1,16 | 1,0 | - 1,0 |
| | Methylmethacrylat | 0,32 | 0,29 | 1,22 | - 1,1 |
| | p-Chlorstyrol | 0,58 | 0,86 | 1,23 | - 1,1 |
| Vinylacetat | Vinylidenchlorid | 0,1 | 6 | 0,022 | - 0,1 |
| | Methylacrylat | 0,05 | 9 | 0,028 | - 0,3 |
| | Methylmethacrylat | 0,025 | 20 | 0,026 | - 0,4 |
| | Methylmethacrylat | 0,015 | 20 | 0,022 | - 0,7 |
| | Allylchlorid | 0,7 | 0,67 | 0,047 | - 0,3 |
| | Vinylchlorid | 0,3 | 2,1 | 0,010 | - 0,5 |
| | Vinylchlorid | 0,23 | 1,68 | 0,015 | - 0,8 |
| | Vinylidenchlorid | 0 | 3,6 | 0,022 | - 0,9 |

lich treten aber auch starke Abweichungen aus (Tab. 22 – 11). Da die *e*-Werte aus dem Exponenten ausgerechnet werden, sind sie besonders dann auf Schwankungen in den Copolymerisationsparametern empfindlich, wenn $r_1$ und $r_2$ stark verschieden sind. Die in der Literatur angegebenen *Q*- und *e*-Werte (vgl. Tab.(22 – 12)) dürfen daher nicht überstrapaziert werden.

*Tab. 22-12:* *Q*- und *e*-Werte von Monomeren bei der radikalischen Copolymerisation

| Monomer | *e* | *Q* |
|---|---|---|
| N-Vinylurethan | - 1,62 | 0,12 |
| Isopropylvinyläther | - 1,31 | 45,4 |
| Butadien | - 1,05 | 2,39 |
| Styrol (Bezugsmonomer) | - 0,800 | 1,00 |
| Vinylacetat | - 0,22 | 0,026 |
| Äthylen | - 0,20 | 0,015 |
| Vinylchlorid | + 0,20 | 0,044 |
| 2,5-Dichlorstyrol | + 0,09 | 1,60 |
| Methylmethacrylat | + 0,40 | 0,74 |
| Vinylidenchlorid | + 0,36 | 0,22 |
| Acrylnitril | + 1,20 | 0,60 |
| Vinylidencyanid | + 2,58 | 20,1 |

*Q* sollte nach dieser Normierung gleich null werden, wenn das Radikal nicht resonanzstabilisiert ist. Tatsächlich werden auch für Äthylen, Vinylacetat und Vinylchlorid sehr niedrige *Q*-Werte erhalten (Tab. 22 – 12). *Q* wurde bei der Normierung für Styrol gleich 1 gesetzt, weil man für das Styrolradikal die größte Resonanzstabilisierung annahm. Einige Monomere wie 2,5-Dichlorstyrol, Butadien und Vinylidencyanid weisen jedoch höhere *Q*-Werte auf. Unverständlich ist der hohe *Q*-Wert des Isopropylvinyläthers (experimenteller Fehler, CT-Komplex? ).

Das *Q*-*e*-Schema gestattet auf der Basis experimentell ermittelter Werte die Copolymerisationsparameter unbekannter Monomerpaare abzuschätzen und die Copolymerisationsfähigkeit dieser Monomeren zu beurteilen. Dabei gilt:

1) Monomere mit sehr verschiedenen *Q*-Werten können nicht copolymerisieren.
2) Bei etwa gleichen *Q*-Werten bedeuten gleiche *e*-Werte eine Tendenz zur idealen azeotropen Copolymerisation. Weit verschiedene *e*-Werte führen zur alternierenden Copolymerisation.

Der Resonanzterm ist also wichtiger als der Polaritätsterm, wie es auch bereits die Diskussion der *r*-Werte ergab (Kap. 22.4.1).

Die Grenzen des *Q*-*e*-Schemas gehen aus seiner Ableitung hervor:

1) Das *Q*-*e*-Schema berücksichtigt Polarität und Resonanz, nicht aber die sterische Hinderung. Diese Einschränkung ist bei 1,1-disubstituierten Äthylenverbindungen nur dann wichtig, wenn nicht auf Depolymerisation geachtet wurde. Sie ist jedoch gravierend für 1,2-disubstituierte (und höhersubstituierte) Äthylenderivate, da ja zur Ableitung des *Q*-*e*-Schemas eine konstante Aktionskonstante $A_{12}$ angenommen wurde. Diese Annahme trifft bei der Copolymerisation von z.B. CHR=CHR′ mit $CH_2$=CH″R‴ sicher nicht zu.

2) Die Annahme gleich großer elektrostatischer Ladungen beim Monomeren und beim Polymerradikal ist unbewiesen.
3) Unbewiesen ist bislang ebenfalls, ob Polarität und Resonanz wirklich exakt voneinander getrennt werden können. Für praktische Zwecke scheint dieser Ansatz jedoch erlaubt zu sein.
4) Der Polaritätsterm sollte durch die Polarität des Mediums beeinflußt werden, was praktisch nicht gefunden wird. Das experimentelle Ergebnis spricht also gegen getrennte Teilladungen.

Wegen dieser Mängel des *Q-e*-Schemas wurden einige andere Schemata vorgeschlagen. Sie konnten sich jedoch alle nicht durchsetzen, teils, weil man bewährtes Altes nicht gern aufgibt, teils, weil die neuen Formulierungen außer Copolymerisationen zusätzliche Daten erfordern, wie absolute Geschwindigkeitskonstanten bestimmter Radikalreaktionen usw.

Es hat auch nicht an Versuchen gefehlt, die *Q*- und *e*-Werte theoretisch zu berechnen. *e* als Polaritätsfaktor ist ein Maß für die Elektronendichte. *Q* als Maß für die Resonanzstabilisierung im Übergangszustand läßt sich mit der elektronentheoretisch berechenbaren Lokalisierungsenergie korrelieren. Die Größe $-RT \ln Q$ kann man dann als den Anteil an der Aktivierungsenergie für die Lockerung der $\pi$-Bindung am endständigen C-Atom des Monomeren ansehen.

## *22.5 Ionische Copolymerisationen*

### 22.5.1 PHÄNOMENE

Bei der radikalischen Copolymerisation sind die Copolymerisationsparameter in den weitaus meisten Fällen praktisch unabhängig von der Natur der Startreaktion (thermisch, photochemisch, Typ des Radikalbildners) und dem Ort des Wachstums (Masse, Lösungsmittel, Emulsion). Die ionische Copolymerisation führt dagegen zu ganz anderen Parametern (Tab. 22 – 13). Man kann daher Copolymerisationen als diagnostisches Mittel einsetzen, um bei unbekannt wirkenden Initiatoren zwischen der radikalischen Copolymerisation einerseits und nichtradikalischen Mechanismen andererseits zu unterscheiden (Tab. 22 – 14). Boralkyle sollten demnach bei der Copolymerisation von Methylmethacrylat mit Acrylnitril radikalische Initiatoren sein, Lithiumalkyle dagegen anionische.

*Tab. 22-13:* Einfluß der Polymerisationsanregung auf die konventionell berechneten Copolymerisationsparameter

| Monomere | | $r$-Werte | | | | | |
|---|---|---|---|---|---|---|---|
| | | radikalisch | | kationisch | | anionisch | |
| 1 | 2 | $r_1$ | $r_2$ | $r_1$ | $r_2$ | $r_1$ | $r_2$ |
| Styrol | Vinylacetat | 55 | 0,01 | 8,25 | 0,015 | 0,01 | 0,1 |
| Styrol | Methylmethacrylat | 0,52 | 0,46 | 10,5 | 0,1 | 0,12 | 6,4 |
| Methylmeth-acrylat | Methacrylnitril | 0,67 | 0,65 | – | – | 0,67 | 5,2 |

*Tab. 22-14:* Einfluß verschiedener Initiatoren auf die Parameter der Copolymerisation von Methylmethacrylat (1) mit Acrylnitril (2)

| Initiatoren | $r_1$ | $r_2$ | $r_1 r_2$ |
|---|---|---|---|
| Radikalisch | 1,35 | 0,18 | 0,24 |
| Alkyle von B, Al, Zn oder Cd | 1,24 | 0,11 | 0,14 |
| Alkyle von Li, Na, Be oder Mg | 0,34 | 6,7 | 2,3 |
| Anionisch | 0,25 | 7,9 | 2,0 |

Für den Unterschied in den Parametern der radikalischen bzw. nichtradikalischen Copolymerisationen sind verschiedene Faktoren verantwortlich:

1) Bei ionischen Polymerisationen ist die Polarität der Monomeren bzw. Ionen weit wichtiger als die Resonanzstabilisierung, während es bei der radikalischen Copolymerisation umgekehrt ist. Gilt z.B. bei der kationischen Copolymerisation $r_1 \gg r_2$, so ist umgekehrt bei der anionischen Copolymerisation $r_1 \ll r_2$ (Tab. 22-13). Sind die Polaritäten sehr verschieden, so ist ein kationische oder anionische Copolymerisation überhaupt nicht mehr möglich. Das Styrylanion addiert z.B. noch Butadien, das Butadienylanion aber nicht Styrol. Nur Monomere mit praktisch gleichen Polaritäten können echte Copolymerisationen (mit $r_1 r_2 < 1$) eingehen, es sei denn, es würden Komplexe zwischen dem wachsenden Keim und dem Monomeren gebildet.

2) Die Reaktivitäten, d.h. die Geschwindigkeitskonstanten, sind stark verschieden, wenn einmal das Ion und einmal das Ionenpaar die aktiven Spezies sind. Die Reaktivität wird ferner durch Komplexbildung der Ionen mit dem Monomeren verändert. Da die Lösungsmittel sowohl die Dissoziation in Ionen als auch die Komplexbildung mit dem Monomeren beeinflussen, wird man bei gleichem Initiator einen starken Einfluß des Lösungsmittels (Tab. 22-15) und bei gleichem Lösungsmittel (z.B. die Monomermischung selbst) einen starken Effekt des Initiators erwarten (Tab. 22-16). Tab. 22-15 zeigt auch, daß man Copolymerisationen als diagnostisches Mittel zur Unterscheidung von Mechanismen nur sehr vorsichtig einsetzen darf, da die zweifellos nicht radikalische Copolymerisation von Styrol mit Isopren mit Butyllithium als Initiator in Toluol bzw. Triäthylamin etwa die gleichen Copolymerisationsparameter wie die radikalische Initiation liefert.

*Tab. 22-15:* Anionische Copolymerisation von Styrol ($M_1$) mit Isopren ($M_2$) mit Butyllithium als Initiator

| Lösungsmittel | Temp. °C | Umsatz % | $r_1$ | $r_2$ |
|---|---|---|---|---|
| Toluol | 27 | 12 | 0,25 | 9,5 |
| Triäthylamin | 27 | 48 | 0,8 | 1,0 |
| Tetrahydrofuran | 27 | 82 | 9 | 0,1 |
| Tetrahydrofuran | -35 | 97 | 40 | 0 |
| radikalische CoPM in Masse | ? | ? | 0,4 | 2,0 |

3) Durch die Komplexbildung mit dem Monomeren ändert sich nicht nur die Reaktivität, sondern auch die Konzentration der Monomeren. Die wirksame Konzentration ist daher nicht mit der Bruttokonzentration der Monomeren identisch. Viele der bei

*Tab. 22-16:* Einfluß verschiedener Initiatoren auf die Parameter der Copolymerisation von Äthylen (1) mit Propylen (2)

| Initiator | $r_1$ | $r_2$ | $r_1 r_2$ |
|---|---|---|---|
| $Al(C_6H_{13})_3 + TiCl_4$ | 33,4 | 0,032 | 1,07 |
| $Al(C_6H_{13})_3 + TiCl_3$ | 15,7 | 0,11 | 1,73 |
| $Al(C_6H_{13})_3 + VOCl_3$ | 18,0 | 0,065 | 1,17 |
| $Al(C_6H_{13})_3 + VCl_3$ | 5,6 | 0,15 | 0,81 |
| $AlR_2Cl + VO(OR)_3$ | 26 | 0,04 | 1,04 |

ionischen Copolymerisationen berechneten Copolymerisationsparameter stellen daher scheinbare und nicht wahre Werte dar.

Bei der ionischen Copolymerisation sind somit nicht die Voraussetzungen hinfällig, unter denen die Copolymerisationsgleichung abgeleitet wurde. Die einfache Zuordnung von Bruttokonzentration und aktiver Konzentration ist dagegen nicht mehr möglich, so daß es bislang unmöglich war, ein dem *Q-e*-Schema ähnliches Schema für die ionische Copolymerisation aufzustellen.

Je stärker polar das Lösungsmittel oder das System, umso größer ist die Dissoziation der Ionen und umso geringer ist die Möglichkeit zur Komplexbildung. Bei derartigen Copolymerisationen wirken sich die Unterschiede in den Polaritäten optimal aus. In der Regel werden daher nur Blockcopolymere oder Polymerblends erhalten. Mit abnehmender Dissoziation steigt der Einfluß des Gegenions an und man kommt u.U. in das Gebiet der nichtidealen Copolymerisation. Je stärker die Tendenz zur Komplexbildung zwischen verschiedenen Monomeren, umso mehr neigt das System zur alternierenden Copolymerisation.

Alternierende Copolymere sind durch viele anionische Copolymerisationen zugänglich. Beispiele dafür sind die Copolymerisation von Dimethylketen und Benzaldehyd

(22-52)
$$\begin{array}{c} CH_3 \\ | \\ C=C \\ | \quad \| \\ CH_3 \ O \end{array} + \begin{array}{c} Ph \\ | \\ O=C \\ | \\ H \end{array} \xrightarrow{BuLi} \left( \begin{array}{cccc} CH_3 & & & Ph \\ | & & & | \\ -C & - & C - O - C - \\ | & & \| & | \\ CH_3 & & O & H \end{array} \right)$$

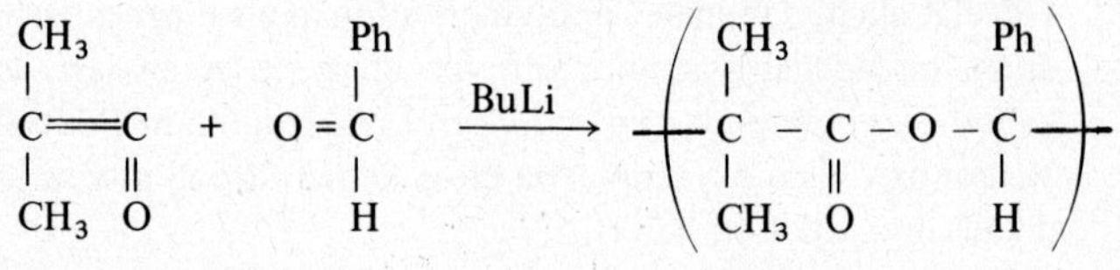

oder von Dimethylketen und Aceton

(22-53)
$$\begin{array}{c} CH_3 \\ | \\ C=C \\ | \quad \| \\ CH_3 \ O \end{array} + \begin{array}{c} CH_3 \\ | \\ O=C \\ | \\ CH_3 \end{array} \xrightarrow{BuLi} \left( \begin{array}{cccc} CH_3 & & & CH_3 \\ | & & & | \\ -C & - & C - O - C - \\ | & & \| & | \\ CH_3 & & O & CH_3 \end{array} \right)$$

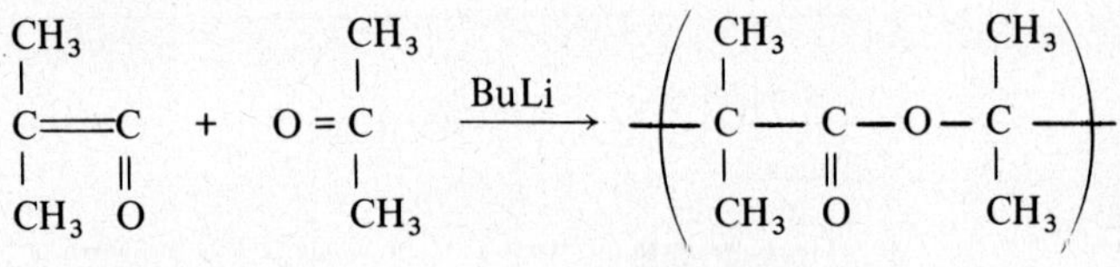

sowie die von Carbonsäureanhydriden und Epoxiden zu verschiedenen Polyestern:

(22-54)
$$\begin{array}{c} CH_2 - CH_2 \\ | \quad\quad | \\ O=C \quad\quad C=O \\ \ \ \backslash O / \end{array} + \begin{array}{c} CH_2 - CH_2 \\ \backslash O / \end{array} \xrightarrow{NaCl} \left( -O-CO-CH_2-CH_2-CO-O-CH_2-CH \right.$$

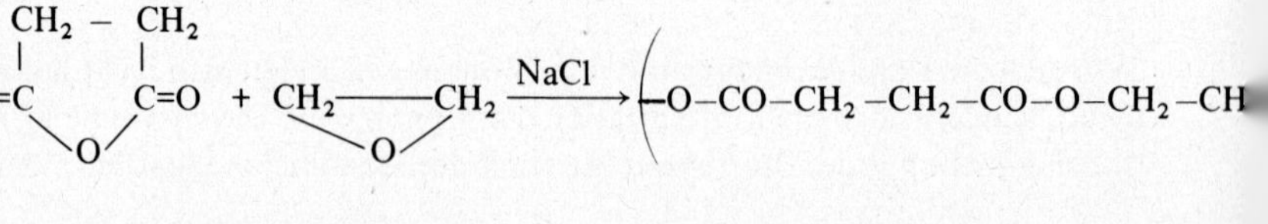

### 22.5.2 COPOLYMERISATIONSGLEICHUNGEN

#### 22.5.2.1 Voraussetzungen

Ionische Copolymerisationen gelingen nur unter drei Bedingungen. Die erste Bedingung ist, daß das ionische Ende jeweils die Polymerisation des anderen Monomeren auslösen kann. Bei der anionischen Copolymerisation von z.B. Äthylenoxid mit Vinylverbindungen $CH_2{=}CHR$ bilden sich z.B. Alkoxidionen $\sim\!\sim CH_2{-}CH_2{-}O^-$. Diese Alkoxidionen können nur Monomere mit positivierten Doppelbindungen, d.h. mit elektronenanziehenden Substituenten R, addieren (z.B. Acrylnitril, Vinylidencyanid).

Die zweite Bedingung ist, daß die Aktivierungsschwelle bei dieser gekreuzten Reaktion überwunden werden kann. Die Aktivierungsenergien sind nämlich für das besprochene Beispiel unterschiedlich hoch. Vinylverbindungen erfordern eine Aktivierungsenergie von $E^{\ddagger} < 42$ kJ/mol, Ringverbindungen dagegen von mehr als 63–84 kJ/mol. Sind die Unterschiede in den Aktivierungsenergien zu groß, so werden eher Block- bzw. Unipolymerisationen auftreten.

Als dritte Bedingung ist zu fordern, daß keine Übertragungsreaktionen auftreten. Bei der Copolymerisation von Vinylverbindungen mit Lactamen sind beispielsweise Übertragungen der Amidwasserstoffe zu erwarten.

#### 22.5.2.2 Ideale ionische Copolymerisation

Die wachsenden Makroionen unterscheiden sich immer um den gleichen Betrag in Bezug auf die Reaktivität gegenüber den beiden Monomeren, d.h. es gilt

(22-55) $$k_{11} = Z \cdot k_{21}$$

$$k_{12} = Z \cdot k_{22}$$

oder $$k_{11} \cdot k_{22} = k_{12} \cdot k_{21}$$

Dieser Fall ist immer zu erwarten, wenn die Monomeren etwa gleiche $e$-Werte aufweisen (z.B. Styrol mit $e = -0{,}8$ und Butadien mit $e = -1{,}05$). Für derartige Systeme gilt somit $r_1 = 1/r_2$ und folglich die Gleichung für die ideale nichtazeotrope Copolymerisation:

(22-56) $$\mathrm{d}[M_1]/\mathrm{d}[M_2] = r_1 [M_1]/[M_2]$$

#### 22.5.2.3 Blockcopolymerisation

In vielen Fällen sind die Polaritäten der Monomeren und Makroionen sehr stark verschieden, z.B. bei der anionischen Copolymerisation von Styrol (1) und Methylmethacrylat (2). Ein Styrylanion kann Methylmethacrylat anlagern; es gilt somit $k_{12} \neq 0$. Styrol addiert sich aber nicht an das Methylmethacrylatanion ($k_{21} = 0$). Alles eingebaute Styrol muß daher aus dem Startschritt und den unmittelbar darauffolgenden Wachstumsschritten stammen. Für die Unipolymerisation gilt somit

(22-57) $$A^- + M_1 \xrightarrow{k_1} AM_1^- \xrightarrow[+M_1]{k_{11}} PM_1^-$$

$$A^- + M_2 \xrightarrow{k_2} AM_2^- \xrightarrow[+M_2]{k_{22}} PM_2^-$$

Von den beiden möglichen Kreuzreaktionen braucht wegen $k_{21} = 0$ nur eine berücksichtigt werden:

(22-58) $PM_1^- + M_2 \xrightarrow{k_{12}} PM_2^-$

Für die Anfangsbedingungen gilt für die Zunahme der $M_2^-$-Konzentrationen mit $k_{21} = 0$

(22-59) $d[M_2^-]/dt = k_2[A^-][M_2]$

und für die Zunahme der Konzentration an $M_1^-$-Ionen unter Annahme einer sehr geringen Geschwindigkeit für die Kreuzreaktion ($v_{12} \ll v_1$) entsprechend

(22-60) $d[M_1^-]/dt = k_1[A^-][M_1] - k_{12}[M_1^-][M_2] \approx k_1[A^-][M_1]$

Durch Kombination von Gl. (22-59) und (22-60) gelangt man für $t \approx 0$ zu

(22-61) $d[M_1^-]/d[M_2^-] = (k_1/k_2)([M_1]/[M_2]) = [M_1^-]/[M_2^-]$

Für die Wachstumsreaktionen kann man andererseits ansetzen

(22-62) $-d[M_1]/dt = k_1[A^-][M_1] + k_{11}[M_1^-][M_1] \approx k_{11}[M_1^-][M_1]$

$-d[M_2]/dt = k_2[A^-][M_2] + k_{22}[M_2^-][M_2] \approx k_{22}[M_2^-][M_2]$

Mit den Gl. (22-61) und (22-62) erhält man daher

(22-63) $d[M_1]/d[M_2] = (k_1/k_2)(k_{11}/k_{22})([M_1]/[M_2])^2$

Da Gl. (22-63) und Gl. (22-24) Formulierungen für Grenzfälle darstellen, kann man sie verallgemeinern zu

(22-64) $d[M_1]/d[M_2] = K([M_1]/[M_2])^Y$

wobei $Y$ zwischen 1 (Gl. (22-24)) und 2 (Gl. (22-63)) schwanken kann und $K$ für die Verhältnisse der verschiedenen Geschwindigkeitskonstanten steht. Experimentell wer-

*Tab. 22-17:* Anionische Copolymerisation

| Monomere | Initiator | Lösungsmittel | Temp. °C | Exponent Y in Gl. (22-64) |
|---|---|---|---|---|
| Styrol/Methylmethacrylat | $C_6H_5MgBr$/Äther | Diäthyläther | -78 | 2,2 |
| " | " | " | -30 | 1,66 |
| " | " | " | +20 | 1,4 |
| " | $C_6H_5MgBr$/Toluol | Toluol | 20 | 1,9 |
| " | $NaNH_2$ | fl. $NH_3$ | -50 | 2,0 |
| Acrylnitril/Methylmethacrylat | $C_6H_5MgBr$/Äther | Toluol | -78 | 2 |
| " | $C_6H_5MgBr$/Toluol | Toluol | -78 | 2 |
| Methylmethacrylat/Methacrylnitril | $C_6H_5MgBr$ | Äther | -78 bis +20 | 1 |
| " | $C_6H_5MgBr$ | Toluol | " | 1 |
| " | $NaNH_2$ | fl. $NH_3$ | -50 | 1,3 |
| Butadien/Styrol | $C_4H_9Li$ | Heptan | 30 | 1 |

den in vielen Fällen in der Tat Exponenten zwischen 1 und 2 gefunden (Tab. 22-17). Mit steigender Temperatur nehmen die Exponenten $Y$ für ein gegebenes Initiatorsystem ab und nähern sich dem Wert 1.

### 22.5.2.4 Copolymerisationen mit vorgelagertem Gleichgewicht

Bei allen bisherigen Betrachtungen wurde angenommen, daß der Keim (Radikal oder Ion) direkt mit dem Monomeren reagiert. Das Monomer kann aber auch stattdessen in einer vorgelagerten Gleichgewichtsreaktion mit dem Ionenpaar ein Zwischenprodukt bilden, das sich dann in einem geschwindigkeitsbestimmenden Schritt in das eigentliche Anlagerungsprodukt umlagert:

$$(22\text{-}65) \quad \sim\!\sim m_1^- \mid G^+ + M_1 \rightleftarrows \sim\!\sim\!\sim m_1^- \mid G^+M_1 \longrightarrow \sim\!\sim\!\sim m_1 m_1^- \mid G^+$$

Die Geschwindigkeit des Monomerverbrauchs ist daher durch

$$(22\text{-}66) \quad -\mathrm{d}[M_1]/\mathrm{d}t = k_{11}^* [M_1]$$

gegeben. Können jetzt die beiden reaktiven Enden mit jedem der beiden Monomeren eine solche Zwischenverbindung bilden, dann gilt für die Änderungen der Monomerkonzentrationen:

$$(22\text{-}67) \quad \begin{aligned} -\mathrm{d}[M_1]/\mathrm{d}t &= k_{11}^* [M_1] + k_{21}^* [M_1] \\ -\mathrm{d}[M_2]/\mathrm{d}t &= k_{22}^* [M_2] + k_{12}^* [M_2] \end{aligned}$$

Kombiniert man die beiden Gln. und setzt die Beziehung $v_{12} = v_{21}$ voraus, so erhält man wiederum die Copolymerisationsgleichung (Gl. 22-14). Die in dieser Ableitung auftretenden Copolymerisationsparameter $r_1^{**} = k_{11}^*/k_{12}^*$ und $r_2^{**} = k_{22}^*/k_{21}^*$ beziehen sich aber im Gegensatz zu den sonst gebräuchlichen Parametern nicht auf die Reaktivität der Keime. Kann dagegen nur einer der Keime (z.B. des Monomeren $M_1$) Zwischenprodukte mit beiden Monomeren bilden, der andere dagegen nicht, so lauten die entsprechenden Gleichungen für den Monomerverbrauch:

$$(22\text{-}68) \quad \begin{aligned} -\mathrm{d}[M_1]/\mathrm{d}t &= k_{11}^* [M_1] + k_{21} [m_2^-] [M_1] \\ -\mathrm{d}[M_2]/\mathrm{d}t &= k_{22} [m_2^-] [M_2] + k_{12}^* [M_2] \end{aligned}$$

und mit der Annahme $v_{12} = v_{21}$ und den Copolymerisationsparametern $r_1^* = k_{11}/k_{12}$ und $r_2 = k_{22}/k_{21}$ erhält man wiederum die Copolymerisationsgleichung

$$(22\text{-}69) \quad \mathrm{d}[M_1]/\mathrm{d}[M_2] = (1 + r_1^*([M_1]/[M_2]))/(1 + r_2([M_2]/[M_1]))$$

Der Copolymerisationsparameter $r_2$ enthält in dieser Gleichung die Reaktivitäten der $m_2^-$-Ionen, während $r_1^*$ sich nicht auf die Reaktivität der $m_1^-$-Ions bezieht.

### 22.5.3 KINETIK

Die Kinetik der anionischen Copolymerisation ist nur wenig erforscht. Die gemessenen Geschwindigkeitskonstanten für die Wachstumsreaktionen können über viele Größenordnungen variieren (Tab. 22-18). Ihre quantitative Interpretation ist

*Tab. 22-18:* Anionische Copolymerisation bei 25 °C in Tetrahydrofuran (Natriumion als Gegenion) (α-MeSty = α-Methylstyrol; Sty = Styrol; VP = 4-Vinylpyridin)

| Polymerisation | $k_p$ $dm^3\ mol^{-1}\ s^{-1}$ |
|---|---|
| ~~~ mesty⁻ + α-MeSty | 2,5 |
| ~~~ mesty⁻ + Sty | 1200 |
| ~~~ sty⁻ + α-MeSty | 27 |
| ~~~ sty⁻ + Sty | 950 |
| ~~~ sty⁻ + VP | 50000 |
| ~~~ vp⁻ + Sty | sehr niedrig |
| ~~~ vp⁻ + VP | 4500 |

schwierig, da die Anteile der reinen ionischen Wachstumsgeschwindigkeit und die Anteile der durch das Gegenion beeinflußten Wachstumsschritte nicht separiert wurden.

## Literatur zu Kap. 22

### *22.1 Copolymerisation (allgemein)*

T. J. Alfrey, J. J. Bohrer und H. Mark, Copolymerization, Interscience, New York 1952

G. E. Ham, Hrsg., Copolymerization, Interscience, New York 1964

R. A. Patsiga, Copolymerization of Vinyl Monomers with Ring Compounds, J. Macromol. Sci. C [Revs.] **1** (1967) 223

J. E. Herz und V. Stannett, Copolymerization in the Crystalline Solid State, Macromol. Rev. **3** (1968) 1

P. W. Tidwell und G. A. Mortimer, Science of Determining Copolymerization Reactivity Ratios, J. Macromol Sci. **C 4** (1970) 281

### *22.2 Terpolymerisation*

A. Valvassori und G. Sartori, Present Status of the Multicomponent Copolymerization Theory, Adv. Polymer Sci. **5** (1967/68) 28

### *22.4 Radikalische Copolymerisation*

S. Iwatsuki und Y. Yamashita, Radical Alternating Copolymerizations, Progr. Polymer Sci Japan **2** (1971) 1

J. Furukawa, Alternating Copolymers of Diolefins and Olefinic Compounds, Progress Polymer Sci. Japan **5** (1973) 1

# 23 Reaktionen von Makromolekülen

## 23.1 *Grundlagen*

### 23.1.1 ÜBERBLICK

Reaktionen an Makromolekülen werden ausgeführt, um den makromolekularen Aufbau von Polymeren zu beweisen oder deren Konstitution aufzuklären. Umsetzungen an Makromolekülen sind ferner wissenschaftlich und technisch interessant, um neue Verbindungen herzustellen, und zwar besonders dann, wenn deren Monomere nicht existieren (Vinylalkohol als Enolform des Acetaldehydes) oder schwer oder nicht polymerisieren (z.B. Vinylhydrochinon). In diesem Falle polymerisiert man Derivate wie Vinylacetat oder Vinylhydrochinonester und verseift anschließend die Polymeren zu Poly(vinylalkohol) bzw. Poly(vinylhydrochinon). Technisch bedeutsam sind ferner Umsetzungen von preiswerten makromolekularen Verbindungen wie Cellulose zu neuen Stoffen (Celluloseacetat, Cellulosenitrat usw.), die Herstellung von Ionenaustauschern sowie Reaktivfärbungen. Alle genannten Reaktionen erfolgen also gezielt. Bleibt der Polymerisationsgrad dabei erhalten, so werden sie polymeranaloge Umsetzungen genannt.

Unter dem Einfluß von Atmosphärilien (Luft, Wasser, Licht usw.) laufen daneben bei mehr oder weniger langzeitiger Beanspruchung von makromolekularen Werkstoffen ungewollte Reaktionen ab. Bei dieser sog. „Alterung" zu unerwünschten Folgeprodukten kann nicht nur z.B. durch Oxydation die Konstitution der Grundbausteine geändert, sondern auch durch Oxydation oder Hydrolyse der Polymerisationsgrad verringert werden. In einigen Fällen wird aber auch durch gleichzeitig ablaufende Vernetzungsreaktionen das Molekulargewicht erhöht. Da meist die Abnahme des Polymeridationsgrades überwiegt, spricht man bei diesen ungewollten Reaktionen oft einfach von einem „Abbau". Der Ausdruck Abbau sollte aber eigentlich auf Reaktionen mit Abnahme des Polymerisationsgrades und Beibehalt der ursprünglichen Konstitution beschränkt bleiben.

Reaktionen und Eigenschaften von Makromolekülen werden durch die chemische Struktur und die Molekülgröße bestimmt. Es ist daher zweckmäßig, diese Größen und nicht etwa die Mechanismen als Basis für die Einteilung der Reaktionen zu wählen. Jenachdem, ob die chemische Struktur, das Molekulargewicht und/oder der Polymerisationsgrad erhalten bleibt oder geändert wird, unterscheidet man daher Katalysen, Isomerisierungen, polymeranaloge Umsetzungen, Aufbau- und Abbau-Reaktionen.

### 23.1.2 MOLEKÜL UND GRUPPE

Im Großen und Ganzen laufen makromolekulare Reaktionen ähnlich ab wie niedermolekulare. Besonderheiten ergeben sich durch Nachbargruppen-Effekte und den Verbleib der „Nebenprodukte".

In der niedermolekularen Chemie führen Nebenreaktionen lediglich zu einer verminderten Ausbeute des Hauptproduktes. Bei makromolekularen Substanzen können aber die Nebenreaktionen am gleichen Makromolekül auftreten, da jedes Makromolekül viele reaktive Gruppen besitzt. Haupt- und Nebenprodukte können daher nicht wie in der niedermolekularen Chemie mehr oder weniger leicht voneinander getrennt werden. Anders als in der niedermolekularen Chemie muß man daher Ausbeute (in Bezug auf Moleküle) und Umsatz (in Bezug auf Gruppen) deutlich voneinander unterscheiden.

Die Reaktionsfähigkeit von Gruppen an makromolekularen Verbindungen ist etwa gleich der niedermolekularer Substanzen, wenn der Einfluß der Nachbargruppen beachtet wird. Für die Hydrolyse von Poly(vinylacetat) mit Natronlauge in Aceton/Wasser (75/25) bei 30 °C ist Isopropylacetat und nicht Äthylacetat oder Vinylacetat die geeignete Modellverbindung, wie man aus den Geschwindigkeitskonstanten sieht:

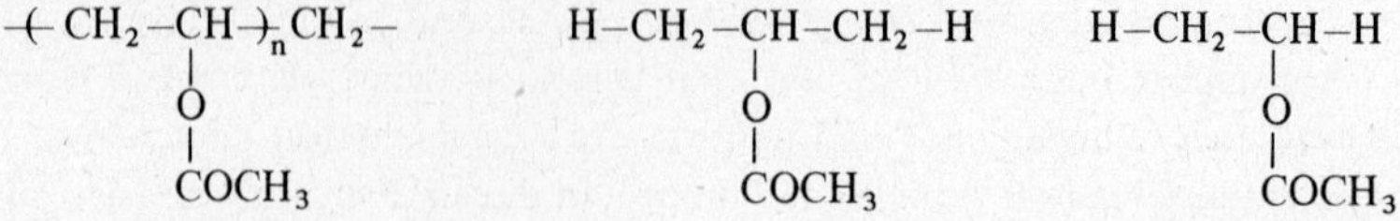

$$-(CH_2-CH)_n-CH_2- \quad\quad H-CH_2-CH-CH_2-H \quad\quad H-CH_2-CH-H$$
$$\underset{COCH_3}{\overset{O}{|}} \quad\quad \underset{COCH_3}{\overset{O}{|}} \quad\quad \underset{COCH_3}{\overset{O}{|}}$$

$k = 0{,}37$ $\quad\quad\quad\quad\quad\quad k = 0{,}57 \quad\quad\quad\quad\quad k = 3{,}5$ dm$^3$ mol$^{-1}$ min$^{-1}$

Sind bei einer Reaktion die funktionellen Gruppen nur in geringer Zahl pro Makromolekül vorhanden, so ändert sich die Umgebung dieser Gruppen während der Reaktion nicht. Die makromolekulare Kette wirkt lediglich als Verdünner. Selbstverständlich können auch in diesem Fall die nächsten Nachbarn die Reaktion beeinflussen, und zwar besonders dann, wenn fünf- und sechsgliedrige cyclische Übergangszustände auftreten können. Ein Beispiel dafür ist die partielle Imidbildung von Poly(methacrylamid) bei Temperaturen oberhalb 65 °C:

(23-1)

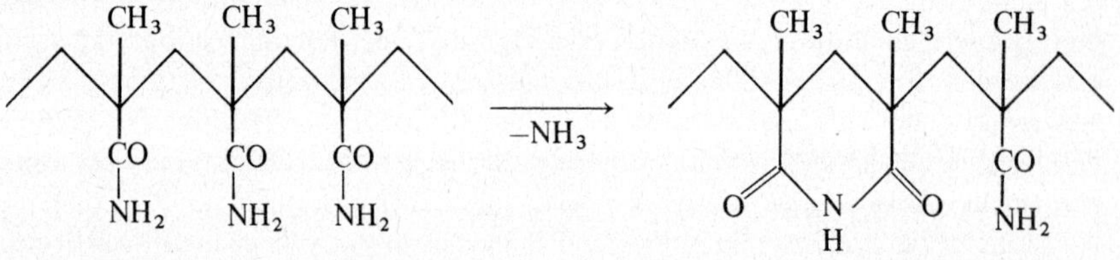

oder die Lactonbildung bei der Polymerisation von Chloracrylsäure in Wasser
(23-2)

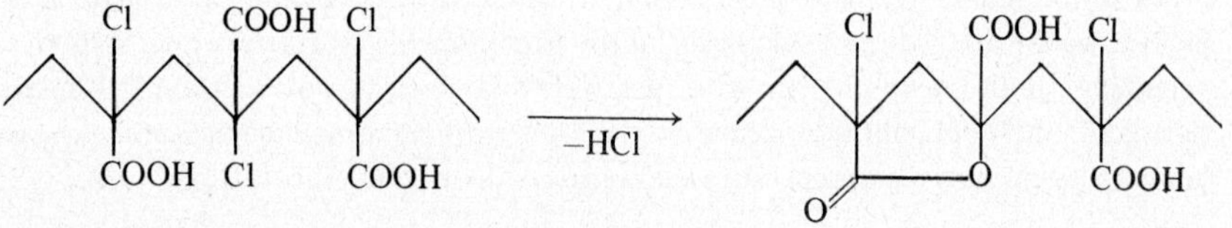

Selbst bei einer sehr niedrigen Konzentration der Makromoleküle sind jedoch die funktionellen Gruppen noch in recht hoher Konzentration vorhanden. Die meisten Makromoleküle liegen in Lösung als Knäuelmoleküle vor (vgl. Kap. 4). Innerhalb dieses Knäuelmoleküls ist die Konzentration an Gruppen hoch, außerhalb ist sie gleich null.

Das folgende Beispiel verdeutlicht die Situation: eine einprozentige Lösung von Äthylacetat ($M = 88$ g mol$^{-1}$) stellt eine Lösung von 0,11 mol dm$^{-3}$ in Bezug auf die Acetatgruppen dar. Eine einprozentige Lösung von Poly(vinylacetat) von $M = 10^6$ g mol$^{-1}$ ist ebenfalls ca. 0,11 molar in Bezug auf die Acetatgruppen ($M_u = 86$ g mol$^{-1}$). In einem als kugelförmig mit homogener Dichte gedachten Knäuel liegen jedoch

$$(23\text{-}3) \quad \frac{\overline{X}_n}{V_p} = \frac{M/M_u}{(4\pi r^3/3)} = \text{Gruppen/Volumen}$$

vor. Mit einem Radius von ca. r = 20 nm erhält man folglich $3{,}5 \cdot 10^{20}$ Gruppen/$cm^3$, d.h. eine Lösung von 0,55 mol Acetatgruppen pro $dm^3$.

### 23.1.3 MEDIUM

Das Medium kann den Reaktionsverlauf in der makromolekularen Chemie entscheidend beeinflussen, wobei nicht nur die Geschwindigkeit, sondern auch der optimal erzielbare Umsatz verändert werden kann. Bei gleichen Konzentrationen ist die Wahrscheinlichkeit für intramolekulare Reaktionen von Knäuelmolekülen in schlechten Lösungsmitteln (niedriger 2. Virialkoeffizient) größer als für gute Lösungsmittel (hoher 2. Virialkoeffizient). Ringschlußreaktionen laufen daher in schlechten Lösungsmitteln bevorzugt ab.

Bei polymeranalogen Reaktionen an Unipolymeren wird bei unvollständigem Umsatz in jedem Fall zunächst ein Copolymer gebildet. Sind diese Copolymeren im Lösungsmittel unlöslich, so fallen sie aus und ein weiterer Umsatz wird wegen der Unzugänglichkeit der potentiell umsetzbaren Gruppen nicht mehr erzielt. Das entstehende Umsetzungsprodukt enthält die neu eingeführten Gruppierungen heterogen verteilt. Um homogene Produkte zu erzielen, muß daher ein Lösungsmittel für die Reaktion eingesetzt werden, in dem sich das Endprodukt löst.

Im Extremfall können bei derartigen Umsetzungen Blockcopolymere oder Polymergemische entstehen. Beim Hydrieren von Poly(styrol) mit Raneynickel als Katalysator werden die Gruppen in der Nähe des Katalysators bevorzugt hydriert. Es bildet sich zunächst ein Block von Hexahydrostyrol-Einheiten in einer Poly(styrol)-Kette. Ist der Block groß genug, so wird er unverträglich mit den Poly(styrol)-Blöcken sein (zur Unverträglichkeit vgl. Kap. 6.6.6). Wenn bei der einsetzenden Phasentrennung die Vinylcyclohexan-Einheiten wiederum in der Nähe des Katalysators sind, werden zunächst nur diese Ketten mit durchhydriert, während andere Ketten weiterhin aus reinem Poly(styrol) bestehen. Obwohl die Hydrierung also an sich statistisch abläuft, werden durch den Einfluß des Mediums Polymergemische gebildet.

In kristallinen Polymeren liegen die Ketten in gegenseitiger hoher Ordnung vor. Diffusionsvorgänge sind daher sehr langsam oder bei zu engem Abstand der Ketten ganz unmöglich. In partiell kristallinen Polymeren laufen die Reaktionen folglich nur in den amorphen Bereichen ab. Da auch die Orientierung der Ketten eine erschwerte Zugänglichkeit bedeutet, können bei festen Polymeren je nach Vorbehandlung verschiedene Umsätze erzielt werden. Das Lösungsmittel kann andererseits die festen Polymeren quellen, wodurch erhöhte Umsätze möglich sind.

## *23.2 Makromolekulare Katalysatoren*

Katalysatoren sind definitionsgemäß Substanzen, die durch Erniedrigung der Aktivierungsenergie eine Reaktion erst ermöglichen oder stark beschleunigen und dabei am Ende der Reaktion unverändert sind. Weder die chemische Struktur des Katalysators noch sein Molekulargewicht werden daher geändert.

Makromolekulare Katalysatoren sind demgemäß Makromoleküle, die katalytisch wirksame Gruppen enthalten. Ob und in welchem Ausmaß diese Gruppen wirksamer als ihre niedermolekularen Analoga sind, hängt weitgehend von ihrer Anordnung relativ zueinander ab. Die relative Anordnung ist besonders wichtig für bifunktionelle Katalysen. Eine derartige bifunktionelle Analyse ist z. B. der gemeinsame Angriff eines elektrophilen und eines nucleophilen Reagenzes auf ein Substrat. Derartige bifunktionelle Katalysen werden für die hohe Wirksamkeit von Enzymen verantwortlich gemacht.

Bei Enzymen und Hormonen unterschiedet man zwischen einer Anordnung der katalytisch wirksamen Gruppen als „continuate word" und einer solchen als „discontinuate word" (Abb. 23 – 1). Bei der Anordnung als „continuate word" ist die Sequenz der reaktiven Gruppen wichtig, beim „dicontinuate word" dagegen die Topologie. Im ersteren Fall hat man sozusagen eine zweidimensionale Stereochemie, im zweiten Fall eine dreidimensionale. Hohe Aktivitäten und Spezifitäten sind nur beim „discontinuate word" zu erwarten.

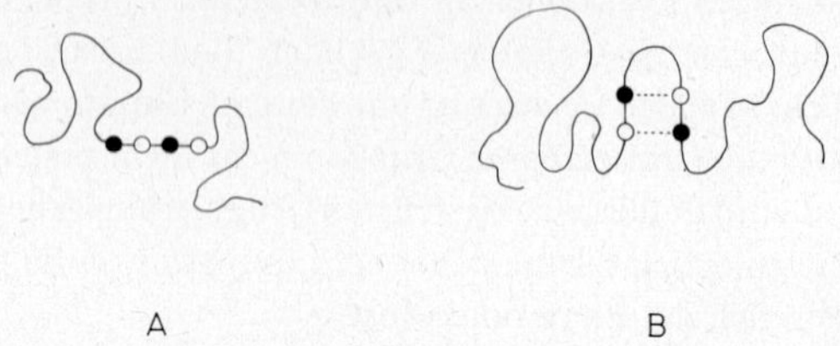


*Abb. 23-1:* Anordnung kooperativ wirksamer katalytischer Stellen in Hormonen und Enzymen. A = continuate word, B = discontinuate word.

Die katalytisch wirksamen Gruppen synthetischer Polymerer kann man in ähnlicher Weise klassifizieren. Die Wirksamkeit konventionell hergestellter Pfropfcopolymerer und statistischer Copolymerer ist verhältnismäßig klein, weil nur wenige der katalytisch wirksamen Gruppen in der richtigen Lage zueinander angeordnet sind (Abb. 23 – 2). Diese richtige Lage kann man jedoch erreichen, wenn man Vernetzer mit spaltbaren Gruppen verwendet. Der 2,3-O-p-Vinylphenylborsäureester des D-Glycerinsäure-p-vinylanilids kann z. B. mit Divinylbenzol in Acetonitril copolymerisiert werden. Nach Abspaltung der D-Glycerinsäure besitzt das vernetzte Polymer freie Amino- und Borsäuregruppen, die durch den vernetzten Träger in der „richtigen" Lage zueinander gehalten werden (Abb. 23 – 3). Das so entstandene Polymer kann D,L-Glycerinsäure und

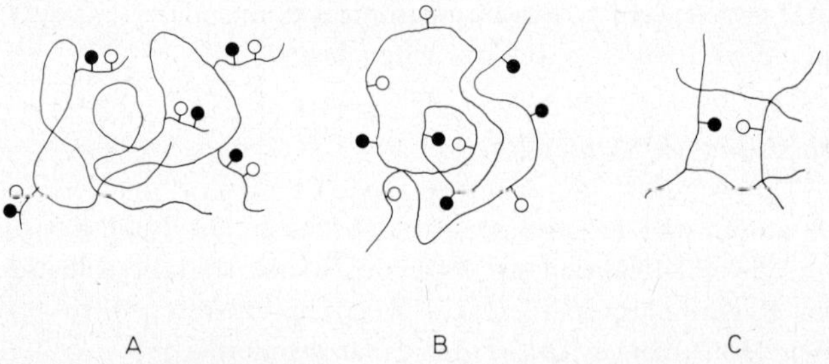


*Abb. 23-2:* Anordnung kooperativ wirksamer katalytischer Stellen in Pfropfcopolymeren (A), statistischen Copolymeren (B) und bei konformativ gezielt eingeführten Gruppen (C).

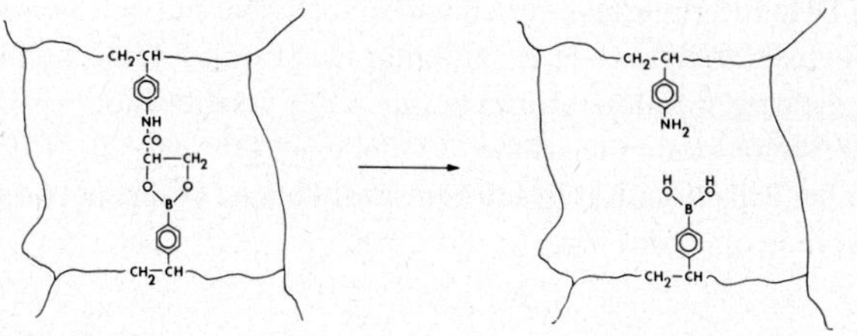


*Abb. 23-3:* Beispiel einer gezielt eingeführten, katalytisch-kooperativ wirkenden Gruppierung.

D,L-Glycerinaldehyd in die Antipoden auftrennen. Ähnliche kooperative Effekte kann man bei katalytisch wirksamen Gruppen erwarten. Die Nachbarschaft der beiden katalytisch aktiven Gruppen erzeugt entropisch günstigere Bedingungen für die Reaktion mit dem Substrat: die an sich termolekulare Reaktion erscheint als bimolekular.

Die Selektivität eines makromolekularen Katalysators hängt sowohl von der Größe des Substrates als auch von hydrophoben Effekten ab. Je größer das Substrat ist, umso schwieriger wird es bei sonst gleichen Bedingungen mit der katalysierend wirkenden Gruppe in Kontakt treten können. Cyclododecen wird aus diesem Grunde fünfmal langsamer als Cyclohexen an einem „polymeren“ Rhodium(I)-Katalysator (I) hydriert, während sich bei der analogen „isolierten“ Verbindung (II) dieser Effekt nicht zeigt.

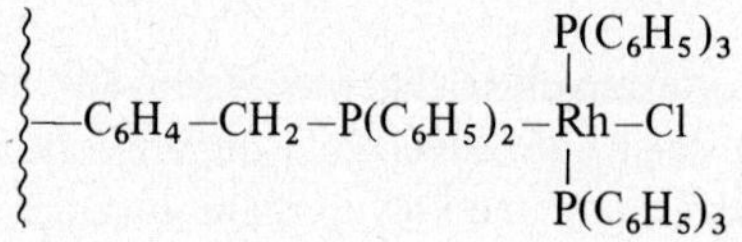

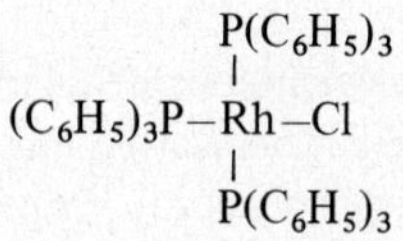

$$\sim\!\!-C_6H_4-CH_2-P(C_6H_5)_2-\underset{\displaystyle P(C_6H_5)_3}{\overset{\displaystyle P(C_6H_5)_3}{Rh}}-Cl \qquad\qquad (C_6H_5)_3P-\underset{\displaystyle P(C_6H_5)_3}{\overset{\displaystyle P(C_6H_5)_3}{Rh}}-Cl$$

I II

Wenn Ester des Typs (III) mit Poly(vinylimidazol) (IV) als Katalysator verseift werden, beobachtet man eine ca. tausendfache Erhöhung der Verseifungsgeschwindigkeit gegenüber der analogen Reaktion mit Imidazol (V). Die Reaktion ist außerdem autokatalytisch. Je länger der Acylrest, umso größer ist auch die Verseifungsgeschwindigkeit (Faktor 25 von n = 1 zu n = 17). Offenbar tritt mit steigender Länge der Methylenkette eine zunehmende intramolekulare Assoziation des Polymers ein, das ja bei der Verseifung des Esters intermediär acyliert wird.

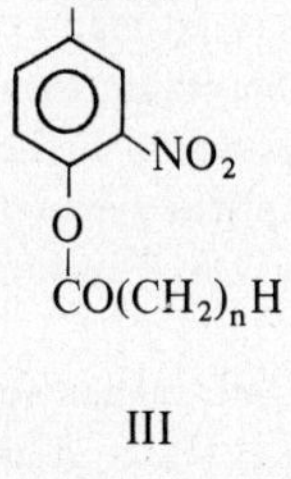


III

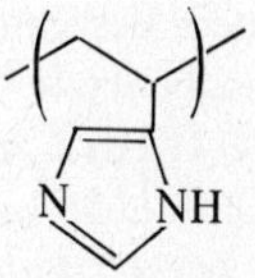


IV

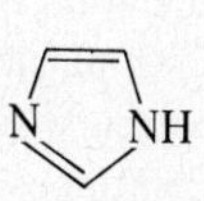


V

Halbleitende Polymere wurden als Katalysatoren für Dehydrierungs-, Oxydations- und Zerfallsreaktionen verwendet. Die Gründe für ihre Wirksamkeit sind zur Zeit nicht klar. Bei den Dehydrierungsreaktionen wirken offenbar nur solche Polymere katalysierend, die von einer aromatischen in eine chinoide Struktur übergehen können und umgekehrt. Mit derartigen Katalysatoren wurde z.B. Cyclohexanol bei 250 °C ohne Nebenreaktionen in Cyclohexanon überführt. Cyclohexan geht bei 350 °C in Benzol über, ohne daß die bei Palladium-Katalysatoren sonst übliche Disproportionierung zu Benzol und Cyclohexan beobachtet wird.

## *23.3 Isomerisierungen*

Isomerisierungen sind als Reaktionen definiert, bei denen die chemische Struktur verändert wird, das Zahlenmittel der Molekulargewichts jedoch konstant bleibt.

### 23.3.1 AUSTAUSCHGLEICHGEWICHTE

Zwischen Polymerketten können Segmente ausgetauscht werden, z. B. bei Polysiloxanen

(23-4)

$$\begin{array}{r} -(SiR_2-O)_m-SiR_2 \\ | \\ -(O-SiR_2)_n-O \end{array} + \begin{array}{l} O-(SiR_2-O)_p \\ | \\ SiR_2-(O-SiR_2)_g \end{array} \longrightarrow \begin{array}{c} -(SiR_2-O)_m-SiR_2-O-(SiR_2-O)_p \\ + \\ -(O-SiR_2)_n-O-SiR_2-(O-SiR_2)_g \end{array}$$

Diese Gleichgewichte werden darum auch Austauschgleichgewichte genannt. Sie treten besonders leicht bei Ketten mit Heteroatomen auf. Außer Poly(dimethylsiloxanen) sind als Beispiele Polyamide, Polyester, Polyacetate und Polyurethane zu nennen. Bei allen diesen Verbindungen stellen sich Austauschgleichgewichte leicht ein, weil die Aktivierungsenergie für derartige Reaktionen bei Ketten mit Heteroatomen niedrig ist. Bei Kohlenstoff-Ketten ist die erforderliche Aktivierungsenergie viel höher, da dort weder Elektronenlücken noch freie Elektronenpaare oder ungesättigte Elektronenschalen vorhanden sind. In der Regel werden aber die zur Einstellung des Gleichgewichtes führenden Reaktionen geeignet katalysiert; beim Poly(dimethylsiloxan) z.B. mit Schwefelsäure. Die Reaktionen bezeichnet man auch als Umamidierungen (Transamidierungen), Umacetalisierungen (Transacetalisierungen) usw., im speziellen Fall der Polysiloxane auch als Äquilibrierungen.

Die Reaktionsenthalpie ist für derartige Austauschreaktionen gleich null, da gleichartige Bindungen ausgetauscht werden. Bestimmend ist daher die Reaktionsentropie, d.h. die Statistik der Anordnungsmöglichkeiten der Segmente. Versetzt man z. B. Penten-2 mit einem Katalysator $WCl_6/C_2H_5OH/C_2H_5AlCl_2$, so wird bei Raumtemperatur in wenigen Minuten eine Mischung aus 25 Molproz. Buten-2, 50 Molproz. Penten-2 und 25 Molproz. Hexen-3 erhalten. Diese Zusammensetzung entspricht genau der statistischen Erwartung bei einem Austausch um die Doppelbindung. Die Reaktion wird auch Olefin-Metathese genannt.

Die Olefin-Metathese kann zur Synthese makromolekularer Substanzen ausgenutzt werden. Behandelt man Cycloolefine mit dem oben genannten Katalysatorsystem, so werden durch Ringerweiterungspolymerisation große Ringe erhalten. Aus Cyclopenten konnten so die cyclischen Kohlenwasserstoffe $C_{10}H_{16}$, $C_{15}H_{24}$ usw. bis zum 120-gliedrigen Ring (15-Mer) isoliert werden. Es ist anzunehmen, daß die bei Experimenten mit kleinen Initiatorkonzentrationen erhaltenen Polymeren ringförmige Makromoleküle ohne Endgruppen darstellen. Der Mechanismus ist noch nicht klar. Diskutiert werden eine intermediäre Komplexbildung der olefinischen Doppelbindung an das Wolframatom oder eine Carben-Zwischenstufe.

Bei den Austauschreaktionen zwischen linearen Molekülen ändert sich das Zahlenmittel des Molekulargewichtes nicht, da bei der Reaktion die Zahl der Moleküle konstant bleibt. Geht man von Substanzen mit enger Molekulargewichtsverteilung aus, so nimmt jedoch das Gewichtsmittel des Molekulargewichtes zu, bis ein Wert $\overline{X}_w = 2\,\overline{X}_n - 1$ erhalten wird. Der gleiche Wert wird bei Polykondensationen erhalten (vgl. Gl. (17-26)), was verständlich ist, da die Lage von Gleichgewichten unabhängig von den zu ihnen führenden Wegen ist. Austauschgleichgewichte sind in der Technik nicht immer erwünscht. Bei der anionischen Polymerisation von ε-Caprolactam werden z. B. recht enge Verteilungen erhalten. Bei der anschließenden Verarbeitung des Polymers treten aber Austauschgleichgewichte auf, wodurch das Gewichtsmittel des Molekulargewichtes und damit auch die Schmelzviskosität ansteigt. Die Verarbeitungsgeschwindigkeit (z. B. Schmelzspinnen) muß daher ständig nachreguliert werden.

Die Lage des Austauschgleichgewichtes kann verschoben werden, wenn bestimmte Sequenzen bevorzugt kristallisieren können. Bei der Polykondensation von Terephthalsäure mit einem Gemisch von cis- und trans-1,4-Cyclohexandimethylol werden die beiden Glykole statistisch eingebaut. Der Schmelzpunkt dieses statistischen Copolymeren hängt nur vom trans-Gehalt ab. Setzt man jedoch Ester-Austauschkatalysatoren zu und erwärmt auf Temperaturen kurz unterhalb des Schmelzpunktes dieses Polyesters, so steigt der Schmelzpunkt und die Löslichkeit sinkt: durch Esteraustausch ist ein Blockcopolymer mit längeren kristallisationsfähigen trans-Sequenzen entstanden.

### 23.3.2 KONSTITUTIONS-UMWANDLUNGEN

Von den vielen möglichen Isomerisierungsreaktionen der Grundbausteine wurden bislang nur die durch Licht ausgelösten näher untersucht.

Aromatische Polyester können unter der Einwirkung von Licht eine Fries'sche Verschiebung eingehen:

(23-5)

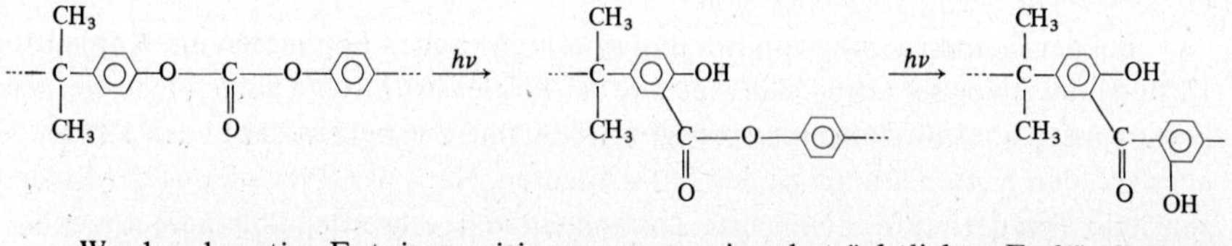

Werden derartige Fotoisomerisierungen von einer beträchtlichen Farbänderung begleitet, so wird der Prozeß Fotochromie genannt. Polymethacrylate mit gewissen Spiropyran-Gruppen werden bei der Belichtung farbig und im Dunkeln wieder langsam farblos:

(23-6)

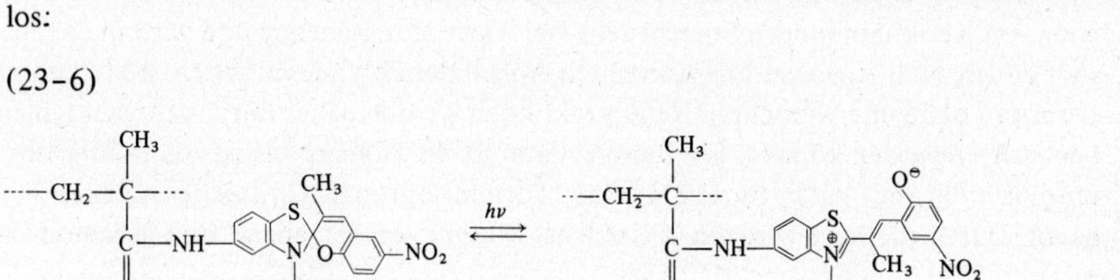

23.3.3 KONFIGURATIONSUMWANDLUNGEN

Die Lage der Konfigurationsgleichgewichte hängt vom Unterschied in den Energieinhalten der Konfigurationsisomeren (geometrischen Isomeren) ab:

$$(23-7) \qquad \Delta G_{iso} = G_a - G_b = -RT \ln K_{iso} = -RT \ln \frac{[a]}{[b]}$$

*a* und *b* sind dabei die Isomeren, z. B. R- und S-Isomeren optisch aktiver Verbindungen oder die cis- and trans-Isomeren.

Eine Isomerisierung führt zu gleich großen Anteilen, wenn der Energieinhalt gleich groß ist. Dieser Spezialfall wird Racemisierung genannt. Ein Beispiel dafür ist die Isomerisierung von $\alpha$-Aminosäuren.

Polydiene können cis/trans-Isomerisierungen unterworfen werden. Durch Anlagerung von Radikalen $X^\bullet$ an die Doppelbindung wird die Bindung frei drehbar. Bei einer Wiederabspaltung des Radikals kann die sich zurückbildende Doppelbindung in eine neue Lage einschnappen:

(23-8)

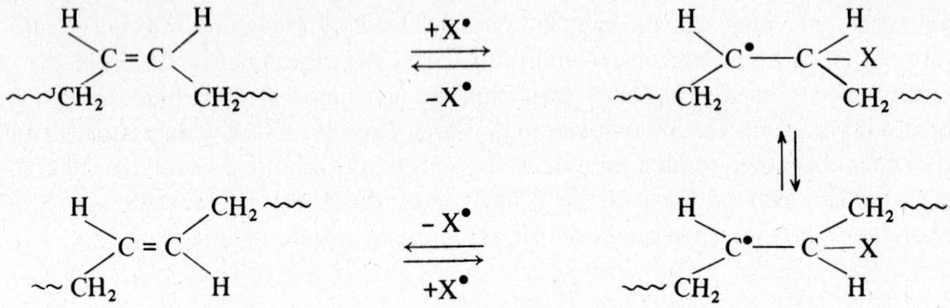

Derartige Radikale werden durch Bestrahlen organischer Bromide, Sulfide oder Mercaptane oder von $Br_2$ mit ultraviolettem Licht gebildet. Die Isomerisierung kann auch alternativ über Ladungsübertragungskomplexe mit Schwefel oder Selen erfolgen. cis-1,4-Poly(butadien) wird auf diese Weise bei 25 °C bis zu einem Gleichgewicht von 77 % trans-Bindungen isomerisiert. Mit $K_{iso} = 77/23 = 3{,}35$ erhält man daher über Gl. (23-7) ein $\Delta G_{iso} = 3{,}0$ kJ mol$^{-1}$.

Bei der Isomerisierung von iso- und syndiotaktischen Polymeren mit Kohlenstoff-Ketten muß zuvor der tetragonale Zustand der Kohlenstoffatome aufgehoben werden. Dazu müssen aber Bindungen gesprengt werden, und zwar entweder in den Ketten oder aber von den Kettenatomen zu den Substituenten. Nach der Rückbildung der Bindungen stellt sich der wahrscheinlichste Zustand ein, d.h. es werden Polymere mit dem Verhältnis an iso- und syndiotaktischen Diaden gebildet, das dem Konformationsgleichgewicht entspricht.

Die Isomerisierung von it/st-Polymeren kann nur selten erreicht werden. Die Sprengung von Kettenbindungen braucht sehr viel Aktivierungsenergie und wird in den meisten Fällen auch zu einem unerwünschten Abbau der Polymeren führen. it/st-Isomerisierungen ohne unerwünschten Nebenreaktionen werden daher nur in seltenen Fällen beobachtet werden können. Ein Beispiel dafür ist die Isomerisierung von it-Poly(isopropylacrylat) mit katalytischen Mengen Natriumisopropylat in trockenem Isopropanol. Durch die Base wird am $\alpha$-Kohlenstoffatom vorübergehend ein Carbanion erzeugt, das mesomer mit seiner Enolatform ist. Bei der Rückbildung der ursprünglichen Konstitution treten folglich Konfigurationsänderungen auf und es resultiert ein „ataktisches" Polymer:

(23-9)

$$\text{it} \;\; \pm\text{CH}_2-\text{CH}\pm_n \quad \xrightarrow[-BH]{+B^\ominus} \quad \begin{bmatrix} \pm\text{CH}_2-\overset{\ominus}{\text{C}}\pm_n \\ | \\ \text{C=O} \\ | \\ \text{OR} \\ \updownarrow \\ \pm\text{CH}_2-\text{C}\pm_n \\ \| \\ \text{C}-\text{O}^\ominus \\ | \\ \text{OR} \end{bmatrix} \quad \xrightarrow[-B^\ominus]{+BH} \quad \text{at} \;\; \pm\text{CH}_2-\text{CH}\pm_n$$

(mit C=O | OR Seitengruppen)

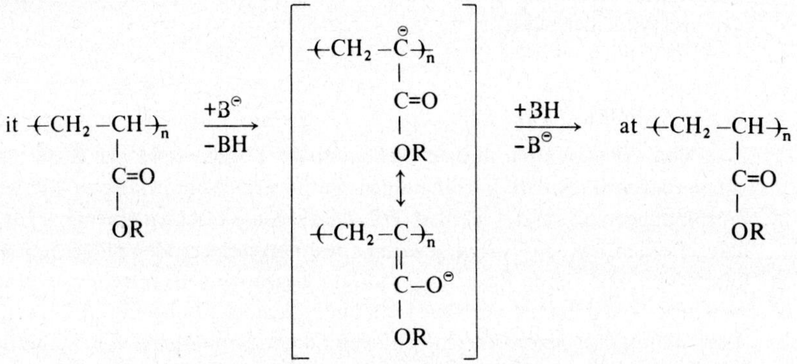

Das in Lösung beobachtete Konfigurationsgleichgewicht kann verschoben werden, wenn ein Isomer aus dem Gleichgewicht entfernt werden kann, z. B. durch Kristallisation. Wenn z.B. 1,4-Poly(butadiene) mit hohem trans-Gehalt mit geringen Mengen eines all-trans-Poly(butadiens) dotiert werden, so wird zunächst eine Abnahme des trans-Gehaltes beobachtet. Anschließend nimmt jedoch der trans-Gehalt wieder zu. Es wird angenommen, daß in den kristallin-amorphen Grenzschichten eine trans-Isomerisierung abläuft, wobei die längeren trans-Sequenzen in das Kristallgitter eingebaut und dadurch aus dem Gleichgewicht entfernt werden. Das Gleichgewicht versucht sich dann erneut durch Erzeugung neuer trans-Gruppierungen einzustellen.

*23.4 Polymeranaloge Umsetzungen*

23.4.1 ÜBERSICHT

Bei polymeranalogen Reaktionen wird die Konstitution der Grundbausteine verändert, während der Polymerisationsgrad konstant bleibt. Ein Spezialfall sind die kettenanalogen Reaktionen, bei denen die Endgruppen umgewandelt werden, die Konstitution der Grundbausteine jedoch erhalten bleibt.

Die Verseifung von Poly(methylmethacrylat) zu Poly(methacrylsäure) ist ein Beispiel für eine polymeranaloge Reaktion:

(23-10)

$$\pm\text{CH}_2-\underset{\underset{\text{COOCH}_3}{|}}{\overset{\overset{\text{CH}_3}{|}}{\text{C}}}\pm_m \quad \xrightarrow[-\text{CH}_3\text{OH}]{+\text{H}_2\text{O}} \quad \pm\text{CH}_2-\underset{\underset{\text{COOH}}{|}}{\overset{\overset{\text{CH}_3}{|}}{\text{C}}}\pm_m$$

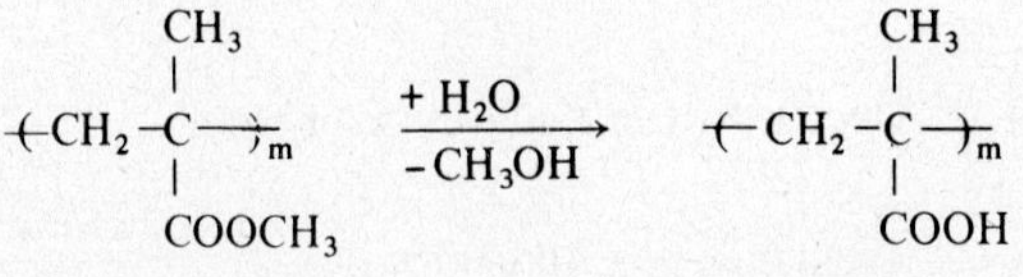

Polymeranaloge Reaktionen werden in der Technik in großem Umfang durchgeführt, um Polymere zu erzeugen, die durch direkte Polymerisation der Monomeren nicht herstellbar sind. Beispiele dafür sind die Verseifung von Poly(vinylacetat) zu Poly(vinylalkohol) (Kap. 25.5.2), die Veresterung von Cellulose mit verschiedenen Säuren (vgl. Kap. 31.5.2) oder die Alkoholyse von Poly(phosphornitrilchlorid) (vgl. Kap. 33.3.4).

Reaktionen von Reaktivharzen können als Spezialfälle der polymeranalogen Reaktionen betrachtet werden. Reaktivharze können in Ionenaustauscher und in Polymerreagentien unterteilt werden. Besonderheiten treten ferner auf, wenn zwei Gruppen der gleichen Kette mit einem bifunktionellen Reagenz umgesetzt werden (Cyclisierungen und Annellierungen).

### 23.4.2 POLYMERREAGENTIEN

Polymerreagentien sind ein Spezialfall der polymeranalogen Reaktionen, da bei ihnen niedermolekulare Verbindungen mit dem makromolekularen Reagenz zu neuen Verbindungen umgesetzt werden. Polymerreagentien bieten gegenüber niedermolekularen Reagentien den Vorteil, daß die mit ihnen reagierenden niedermolekularen Verbindungen bzw. deren Reaktionsprodukte wegen der sehr verschiedenen Löslichkeit von nieder- und hochmolekularen Verbindungen leicht abgetrennt werden können. Die Trennung ist besonders einfach, wenn die makromolekularen Verbindungen vernetzt sind und in Form einer Trennsäule angewendet werden. Durch den in der Säule herrschenden großen Konzentrationsgradienten kann dann die Ausbeute beträchtlich gesteigert werden. Die Polymerreagentien sollen selbstverständlich leicht regenerierbar sein und unter den Reaktionsbedingungen nicht abbauen. Die Vernetzung erfolgt am besten in der Weise, daß makroretikulare Netzwerke gebildet werden, da andernfalls Adsorptionsprobleme entstehen können.

Derartige Polymerreagentien sind z. B. Ionenaustauscher (vgl. Kap. 23.4.3.2) oder elektronenübertragende Polymere (Oxydations/Reduktions-Polymere). Polymerreagentien werden auch bei der Merrifield-Synthese der Peptide und Proteine verwendet (vgl. Kap. 30.3.2). Einige andere Polymerreagentien und ihre Verwendung sind nachfolgend zusammengestellt:

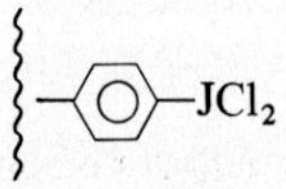


cis-Chlorierung von Olefinen

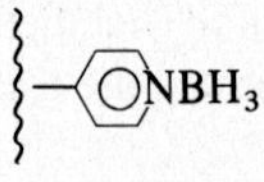


Hydrierung und Reduktionen von Aldehyden, Ketonen und Säurechloriden

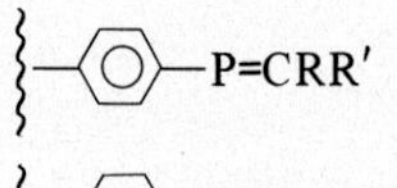


Wittig-Reaktion von Aldehyden

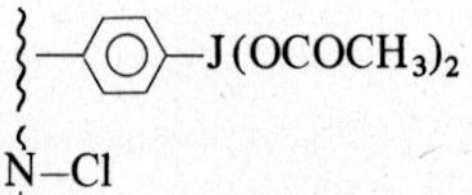


Oxydation von Anilin zu Azobenzol

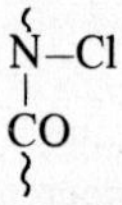


Oxydation von Alkoholen

Wegen Nachbargruppen-Effekten laufen jedoch Reaktionen bei nieder- und hochmolekularen Verbindungen nicht immer gleich ab. Ein Beispiel dafür ist die Reaktion von Cyclohexen mit N-Bromsuccinimiden:

(23–11)

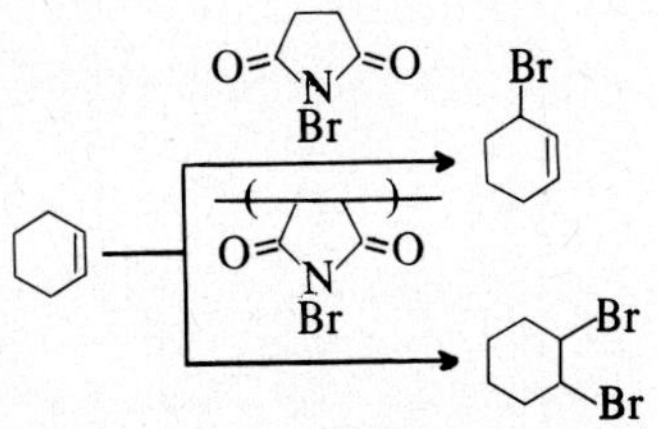

23.4.3 SÄURE/BASE-REAKTIONEN

23.4.3.1 Titration von Polyelektrolyten

Bei niedermolekularen einwertigen Elektrolyten besteht ein einfacher Zusammenhang zwischen dem *pH*-Wert und dem Dissoziationsgrad. Die Gleichgewichtskonstante $K$ der Dissoziation einer Säure HA ist durch $K = [H^+][A^-]/[HA]$ definiert. Die Logarithmierung führt zu

(23–12) $\log K = \log [H^+] + \log ([A^-]/[HA])$

Definitionsgemäß gilt $pH \equiv -\log [H^+]$ und in Analogie dazu $pK_a = -\log K$. Gl. (23–12) geht damit über in die Henderson-Hasselbalch-Gleichung

(23–13) $pH = pK_a + \log ([A^-]/[HA]) = pK_a + \log (\beta/(1-\beta))$

$\beta$ ist dabei der Anteil an neutralisierten Säuregruppen, d.h. $\beta = [HA]/([HA] + [A^-])$. $\beta$ wird üblicherweise aus der zugefügten Menge Base berechnet.

Die Henderson-Hasselbalch-Gleichung muß für Polyelektrolyte modifiziert werden, da $H^+$ nur gegen den Widerstand der starken elektrostatischen Kräfte der bereits vorhandenen Ladungen entfernt werden kann:

(23–14) $pH = pK_a - \log (\beta/(1-\beta)) + 0{,}434\ \Delta G_{el}/(RT)$

$\Delta G_{el}$ ist hierbei die zusätzliche elektrische Arbeit, um ein Proton von der Oberfläche des Makroions in eine unendliche Entfernung zu bringen. Die Form des Zusatzgliedes ergibt sich aus einer Analogie. Die Gibbs-Energie ist ja durch $\Delta G = -2{,}303\ RT \log K$ gegeben. Mit $-\log K = pK$ ergibt sich dann die Form des Zusatzgliedes.

Der angeführte elektrostatische Effekt kommt wie folgt zustande. Mit zunehmender Neutralisierung der Polyelektrolyte wird die Konzentration negativer Ladungen in der unmittelbaren Nachbarschaft der Carboxylgruppen erhöht. Die Dissoziation der Carboxylgruppen wird dadurch zurückgedrängt und die Säurestärke erniedrigt. Poly(acrylsäure) ist daher eine schwächere Säure als Propionsäure. Ein Zugabe von Neutralsalz drängt die Protonen mehr an die Carboxylatgruppen heran. Der Einfluß der Protonen auf die Dissoziation der benachbarten Carboxylgruppen wird daher geringer: die Säurestärke von Polysäuren ist daher in Gegenwart von Neutralsalzen höher (vgl. auch Abb. 23–4).

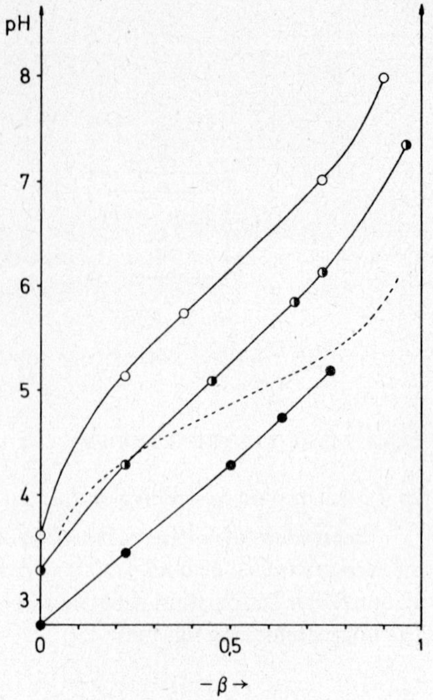


*Abb. 23-4:* Abhängigkeit des pH-Wertes vom Neutralisationsgrad $\beta$ bei der Titration von 0,01 n Propionsäure (– – –), 0,01 grundnormaler Poly(acrylsäure) (○), 0,01 grundnormaler Poly(acrylsäure) in 0,1 m KCl (◑) bzw. 0,01 grundnormaler Poly(acrylsäure) in 3,0 m KCl (●) (nach H. P. Gregor, L. B. Luttinger und E. M. Loebl).

Für die mit abnehmender Säurestärke der Polysäure gefundene Zunahme der Abhängigkeit des $pK_a$-Wertes vom Neutralisationsgrad $\beta$ ist jedoch außer dem elektrostatischen Effekt auch noch ein statistischer Effekt verantwortlich. Der statistische Effekt ist auch bei niedermolekularen Dicarbonsäuren bekannt. Er ist dadurch bedingt, daß die Kationen der Base mit den Protonen der Säure um die Plätze konkurrieren. Unterhalb eines Neutralisationsgrades von $\beta = 0,5$ sind mehr Möglichkeiten für eine Dissoziation als für eine Assoziation der Protonen vorhanden. Oberhalb $\beta = 0,5$ ist es gerade umgekehrt. Wegen dieses statistischen Effektes sollten also polyvalente Säuren bei kleinen Neutralisationsgraden stärkere Säuren als die entsprechenden univalenten Säuren sein, während es bei großen Neutralisationsgraden gerade umgekehrt sein sollte. Wie man aus Abb. 23–4 durch Verschieben der beiden Kurven (- - - -) und (- ○ - ○ -) parallel zur $\beta$-Achse sieht, ist dieser statistische Effekt in der Tat vorhanden. Er wird aber völlig vom elektrostatischen Effekt überdeckt, sodaß Poly(acrylsäure) bei allen Neutralisationsgraden eine schwächere Säure als Propionsäure ist.

Die Säurestärke der Polysäuren hängt ferner noch von der Größe der nichthydratisierten Gegenionen ab. Das Lithiumkation ist kleiner als das Rubidiumkation und weist daher die größere Ladungsdichte auf der Oberfläche auf. Lithiumionen werden daher durch Polysäuren fester gehalten als Rubidiumionen. Einunddieselbe Polysäure besitzt also bei der Titration mit Lithiumhydroxidlösungen die größere scheinbare Säurestärke als bei der Titration mit Rubidiumhydroxidlösungen.

Bei der Titration von Polysäuren mit Basen mit großen Kationen wird beobachtet, daß zum Erreichen der Neutralität bis zum 1,2fachen der stöchiometrisch berechneten Menge Base zugegeben werden muß. Diese Ionen werden also zusätzlich gebunden. Auch bei Osmose-, Diffusions- und Elektrophorese-Messungen verhalten sich die

Polyionen oft so, als ob sie große Mengen (manchmal bis zu 70 %) der Gegenionen gebunden hielten, d.h., als ob ein großer Teil der Gegenionen überhaupt nicht dissoziieren könnte.

Die Ionenbindung wird in eine spezifische und in eine nichtspezifische Art unterteilt. Bei spezifischen Ionenbindungen sind nur individuelle Gruppen bzw. ihre Nachbargruppen wichtig. Nichtspezifische Ionenbindungen sind dagegen durch das elektrische Feld des gesamten Polyions bedingt. Spezifische und nichtspezifische Ionenbindungen lassen sich durch Ramanspektroskopie und/oder Messungen der magnetischen Kernresonanz unterscheiden. Spezifische Ionenbindungen müssen sich nämlich durch das Auftreten neuer Linien im Ramanspektrum zu erkennen geben, da in diesem Fall das durch die Nachbargruppen hervorgerufene elektrische Feld wichtig wird. Nachbargruppeneffekte geben sich im Kernresonanzspektrum durch eine chemische Verschiebung zu erkennen. Nach derartigen Untersuchungen soll die Ionenbindung bei mehrwertigen Gegenionen spezifisch, bei einwertigen Gegenionen nicht spezifisch sein.

23.4.3.2 Ionenaustauscher

Ionenaustauscher sind vernetzte Polyelektrolyte. Die Mehrzahl der technischen Produkte besteht aus einem Grundgerüst aus vernetzten Copolymeren von Styrol mit Divinylbenzol. Vernetzte Poly(styrole) sind zur Synthese von Ionenaustauschern besonders gut geeignet, weil sich in den Phenylrest sehr einfach verschiedene, dissoziierbare Gruppen einführen lassen. Durch Behandeln mit $SO_3$ entstehen stark saure Kationenaustauscher

(23-15)

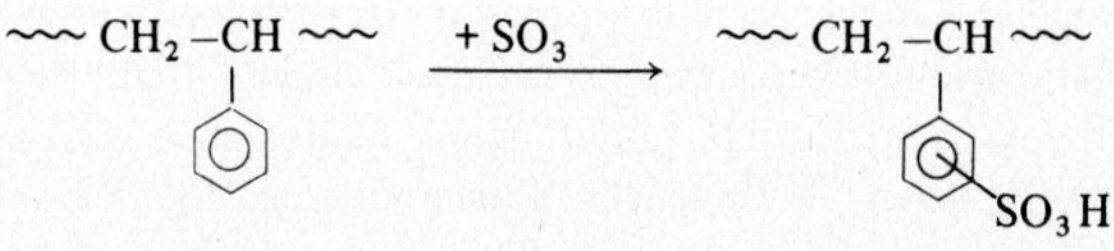


und durch Behandeln mit Chlordimethyläther und anschließender Quarternierung oder durch Umsetzen mit N-Chlormethylphthalimid stark basische Anionenaustauscher:

(23-16)

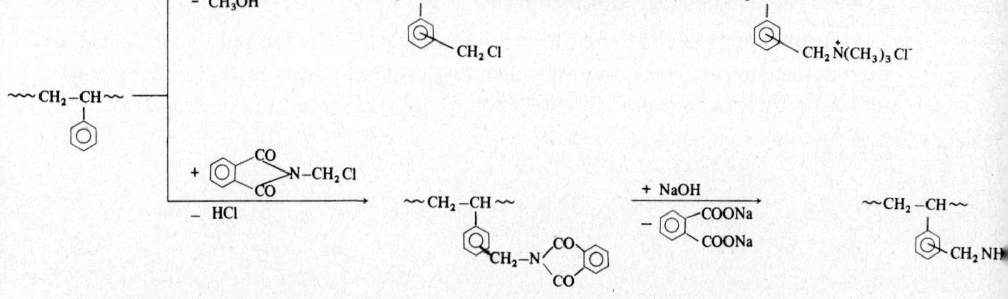


Schwach saure Kationenaustauscher gewinnt man durch Copolymerisation von Divinylbenzol mit Acrylsäureestern. Die Estergruppen werden anschließend mit Alkali verseift. Außer diesen Typen sind noch viele andere bekannt, z.B. auf Basis der Phenol/Formaldehyd-Harze, der Cellulose usw.

Die so hergestellten Ionenaustauscher quellen in Wasser stark auf, wodurch die dissoziierbaren Gruppen zugänglich werden. Die Harze tauschen in Gleichgewichtsreaktionen ihre dissoziierbaren niedermolekularen Ionen aus, so daß man salzhaltiges Wasser durch Passieren je eines Kationen- und Anionenaustauschers mit den Polyionen $(poly)^-$ bzw. $(poly)^+$ entsalzen kann:

(23-17)
$$(poly)^- H^+ + Na^+ \rightleftarrows (poly)^- Na^+ + H^+$$
$$(poly)^+ OH^- + Cl^- \rightleftarrows (poly)^+ Cl^- + OH^-$$
$$(poly)^- H^+ + (poly)^+ OH^- + NaCl \rightleftarrows (poly)^- Na^+ + (poly)^+ Cl^- + H_2O$$

Die beladenen Ionenaustauscher werden anschließend durch Behandeln mit Säuren bzw. Laugen regeneriert.

Die Austauschkapazität wird durch die dissoziierbaren Gruppen pro Monomerbaustein und den Vernetzungsgrad bestimmt. Je höher der Vernetzungsgrad, umso größer ist auch der $pK_a$-Wert der Polysäuren, weil die Zugänglichkeit der Gruppen herabgesetzt wird. Besonders gute Austauschkapazitäten besitzen die makroporösen Ionenaustauscher, da sie eine feste, nicht quellbare Gelstruktur aufweisen (vgl. Kap. 2.4.2).

Die Säurestärke der vernetzten Polysäuren nimmt mit der Größe der hydratisierten Gegenionen ab. Das hydratisierte Lithiumion ist größer als das hydratisierte Rubidiumion. Die scheinbare Säurestärke ist also bei vernetzten Polysäuren in Gegenwart von Rubidiumionen größer als in Gegenwart von Lithiumionen, gerade umgekehrt wie bei den unvernetzten Polysäuren, wo es auf die Größe der unhydratisierten Ionen ankommt.

Dieser Effekt ist vermutlich durch die andersartige Struktur des Wassers im Gel im Vergleich zum Knäuel bedingt. Nach Protonresonanzmessungen ist das Wasser in den Gelen der Poly(styrolsulfonsäure) weniger geordnet als außerhalb. Da der Ordnungsgrad mit der Vernetzungsdichte variiert, könnte dieser Befund auch erklären, warum die Selektivität eines geladenen Gels gegenüber Ionen mit steigender Vernetzungsdichte durch ein Maximum geht.

### 23.4.4 RINGSCHLUSS-REAKTIONEN

#### 23.4.4.1 Polymeranaloge Umsetzungen

Beim Umsetzen von benachbarten monofunktionellen Gruppen an Polymeren mit bifunktionellen Reagentien entstehen ringförmige Substituenten. Ein Beispiel dafür ist die Umsetzung von Poly(vinylalkohol) mit Aldehyden zu Poly(vinylacetalen)

(23-18)

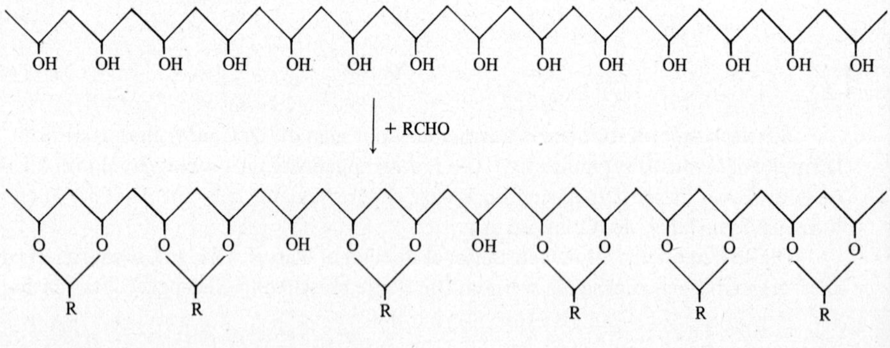

Falls die Reaktion irreversibel ist und statistisch abläuft, werden einzelne Hydroxylgruppen nicht reagieren können. Wenn außerdem die Reaktion nur zwischen benachbarten Gruppen ablaufen kann, wird niemals ein Umsatz von 100 % erhalten werden können. Die Reaktion zwischen Hydroxylgruppen verschiedener Moleküle kann man durch Arbeiten in großer Verdünnung, die Reaktion von Hydroxylgruppen an weit voneinander entfernten Hydroxylgruppen des gleichen Moleküls durch Arbeiten in guten Lösungsmitteln weitgehend ausschalten.

Der bei diesen Reaktionen maximal erreichbare Umsatz hängt davon ab, ob alle Monomereinheiten in Kopf/Schwanz-Stellung miteinander verknüpft sind. Befinden sich alle Gruppen in 1,3-Stellung zueinander, so können theoretisch $1/e^2$ der Gruppen nicht reagieren (vgl. Anhang A23). Das entspricht einem theoretisch maximal möglichen Umsatz von 86,5 %. In guter Übereinstimmung damit wurden für Chloracetaldehyd Umsätze von 85,8 %, für Palmitinaldehyd 85,0 % und für Benzaldehyd 83 % gefunden. Enthält der Aldehyd ionisierbare Gruppen, so sinkt der Umsatz wegen der Nachbargruppeneffekte stark ab, z.B. auf 44 % bei der o-Benzaldehydsulfonsäure und auf 36 % bei der 2,4-Benzaldehyddisulfonsäure.

Bei Copolymeren aus einem Monomeren 1 mit reaktiven Gruppen und einem Monomeren 2 mit nichtreagierenden Gruppen erfolgt die Berechnung ähnlich. Nur bestimmte Anteile $p$ des Monomeren 1 können reagieren. Diese Anteile berechnen sich aus der Wahrscheinlichkeit $p_{11}$, daß im Copolymeren konstitutive Diaden des Monomeren 1 auftreten (vgl. dazu Gl. (22-4)). An die Stelle des für Unipolymere gültigen Ausdrucks $1/e^2 = \exp(-2)$ tritt bei Copolymeren $\exp(-2\,p_{11})$.

Anders ist die Situation bei Reaktionen zwischen zwei benachbarten Substituenten ohne Beteiligung einer zusätzlichen niedermolekularen Verbindung. Ein Beispiel dafür ist die intramolekulare Wasserabspaltung von Poly(vinylmethylketon). Sind nur Kopf/Schwanz-Verknüpfungen vorhanden, so werden in diesem Fall $1/(2\,e) = 18{,}4$ % Gruppen nicht umgesetzt (vgl. auch Tab. 23 - 1):

(23-19)

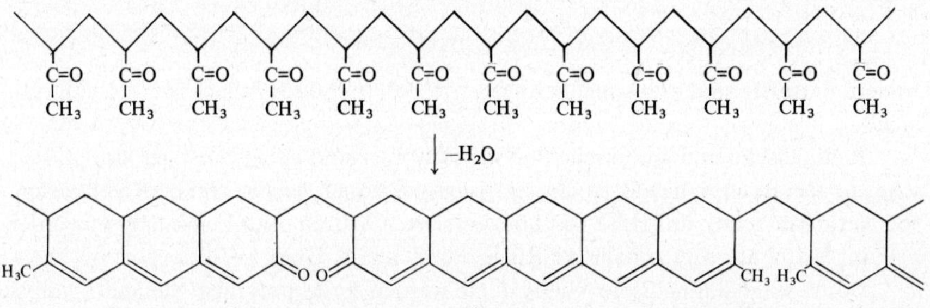


Bei reinen Kopf/Kopf- bzw. Schwanz/Schwanz-Polymerisaten könnten zwar alle Substituenten reagieren, es entstehen jedoch Polymere anderer Konstitution:

(23-20)

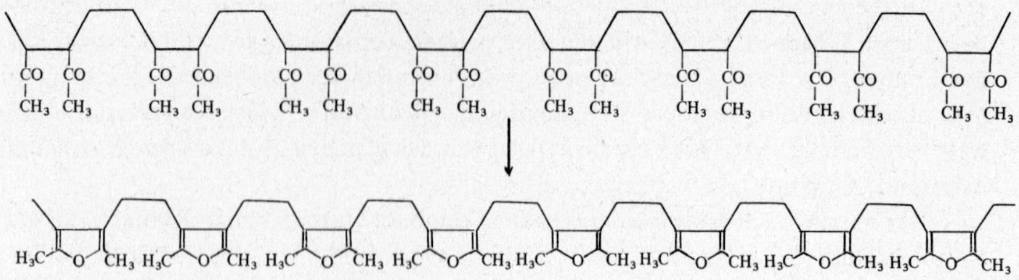

23.4.4.2 Zweischritt-Annellierungen

Rein statistisch ablaufende Annellierungsreaktionen können nicht zu sehr langen Sequenzen von annellierten Ringen führen (vgl. z. B. Gl. (23 – 19)), da ein maximaler Umsatz nicht überschritten werden kann. Günstiger ist dagegen eine durch Polymerisation bewirkte Zweischritt-Annellierung.

Im ersten Schritt wird eine Polymerkette mit regelmäßig angeordneten Substituenten gebildet, die dann im zweiten Schritt polymerisiert werden. Ein Beispiel dafür ist die Polymerisation von Butadien zu 1,2-Poly(butadien), das dann durch Polymerisation der Vinylgruppen cyclisiert wird:

(23-21)

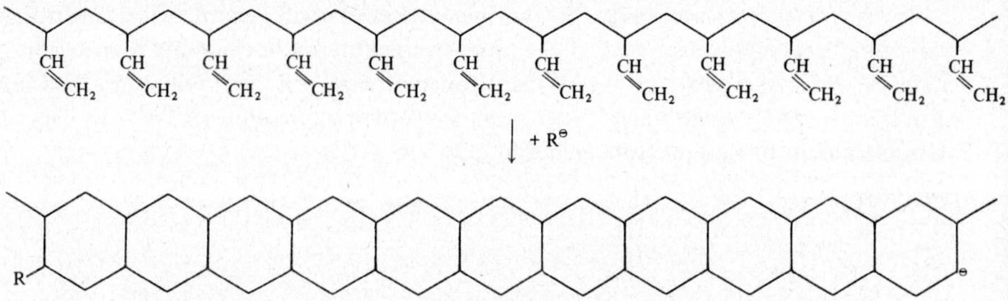

Andere Beispiele sind die Annellierungen von Poly(vinylisocyanat) oder Poly(acrylnitril).

Radikalische und anionische Polymerisationen sind dabei günstiger als kationische, da die letzteren häufig zu Übertragungsreaktionen neigen. Bei der Cyclisierung von Naturkautschuk mit Hilfe von konzentrierten Säuren oder Lewis-Säuren werden z. B. im Mittel nur drei annellierte Ringe erhalten (vgl. Gl. (25 – 20)).

Durchgehend annellierte Ringsysteme werden Leiterpolymere genannt, weil sie ähnlich wie eine Leiter mit Sprossen aussehen. Leiterpolymere können natürlich auch durch Einschritt-Annellierungen hergestellt werden. Ein Beispiel dafür ist die Diels-Alder-Polymerisation von 2-Vinylbutadien und p-Chinon

(23-22)

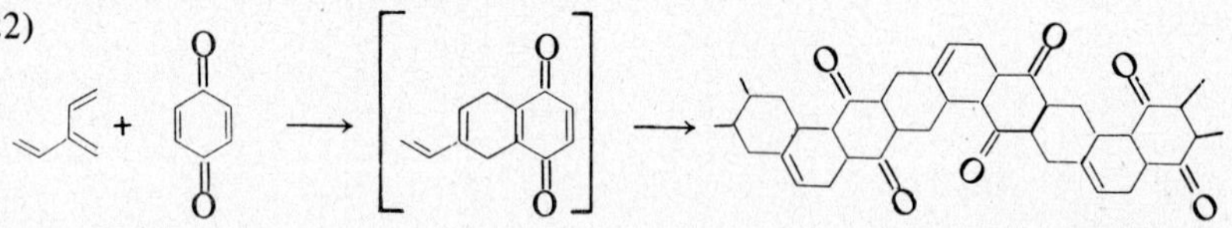

*Tabl. 23-1:* Anteil $f$ unreagierter Gruppen bei der bifunktionellen Verknüpfung von Substituenten R in Uni- bzw. azeotropen Copolymeren. $p$ = Molenbruch Grundbausteine mit reaktionsfähigen Gruppen in Copolymeren. K = Kopf; S = Schwanz; Uni = Unipolymer; Co = Copolymer

| | Polymer | | Reaktion | | | | |
|---|---|---|---|---|---|---|---|
| Typ | Stellung und Folge der Substituenten | Folge der Bausteine in Copolymeren | Stellung der reagierenden Substituenten | Zahl der reaktionsfähigen Gruppen pro Mer | Anteil $f$ unreagierter Gruppen allgemein | $p = 0$ | $p = 1$ |
| Uni | KS | - | 1,3 | 2 | 1/2e | – | 0,184 |
| Co | KS | statistisch | 1,3 | 2 | $1 - p + \frac{2}{9} p^3 \ldots\ldots$ | 1 | 0,184 |
| Uni | KS | - | 1,3 | 1 | $1/e^2$ | – | 0,135 |
| Co | KS | statistisch | 1,3 | 1 | $1/e^{2p}$ | 1 | 0,135 |
| Uni | KK+SS alternierend | - | 1,2 | 2 | 0,5 | – | 0,5 |
| Co | KK+SS alternierend | statistisch | 1,2 | 2 | 1-0,5p | 1 | 0,5 |
| Uni | KK, SS, KS (statistisch) | - | 1,2+1,3 | 2 | 0,312 | – | 0,312 |
| Co | KK, SS, KS (statistisch) | statistisch | 1,2+1,3 | 2 | $1 - \frac{3}{4} p + \frac{5}{72} p^3$ | 1 | 0,312 |

## 23.5 Aufbau-Reaktionen

Bei Aufbau-Reaktionen nimmt der Polymerisationsgrad des Makromoleküls zu. Je nach der Kettenstruktur des neu entstehenden Makromoleküls werden dabei Blockbildungsreaktionen, Pfropfreaktionen und Vernetzungsreaktionen unterschieden. Bei den Blockbildungsreaktionen wird eine Kette an einem oder an beiden der Kettenenden um einen oder zwei Blöcke eines fremden Monomeren verlängert. Die Kette bleibt unverzweigt. Bei Pfropfreaktionen werden an einzelnen Grundbausteinen Seitenketten gebildet. Das Pfropfpolymer ist verzweigt. Bei Vernetzungsreaktionen werden die primär vorliegenden Moleküle miteinander zu einem einzigen Molekül verknüpft.

Blockbildungsreaktionen und Pfropfreaktionen werden stets mit fremden Monomeren ausgeführt. Block- und Pfropfpolymere sind daher Copolymere. Vernetzungsreaktionen können dagegen auch ohne fremde Monomere ausgeführt werden. Bei allen drei Typen von Aufbaureaktionen kann man sowohl Polymerisationen als auch Polykondensationen und Polyinsertionen verwenden.

### 23.5.1 BLOCK - COPOLYMERISATIONEN

Block-Copolymere können entweder durch Kombination vorgeformter Blöcke oder aber durch Addition von Monomeren an anderweitig gebildete Blöcke hergestellt werden, d.h. schematisch

$$(23-23) \quad A_n \begin{cases} \xrightarrow{+B_n} A_n - B_n \\ \xrightarrow{+B} A_n - B \xrightarrow{+B} A_n - B_2 \xrightarrow{+B} \ldots \xrightarrow{+B} A_n - B_n \end{cases}$$

Welche Strategie eingeschlagen werden muß, hängt von der Struktur der gewünschten Block-Copolymeren und den zu ihrer Synthese geeigneten Polyreaktionen ab. Zweckmäßigerweise kann man dabei zwischen Zweiblock-Copolymeren $A_n B_m$, Dreiblock-Copolymeren $A_n B_m A_n$ und Multiblock-Copolymeren $(A_n B_m)_p$ unterscheiden. Multiblock-Copolymere mit kurzen Blöcken $A_n$ und $B_m$ werden auch segmentierte Copolymere oder Segment-Copolymere genannt.

Alle wichtigeren Verfahren zur Herstellung von Block-Copolymeren mit langen Blöcken bedienen sich der Methode der „lebenden" Polymeren. Um definierte Blocklängen zu erreichen, dürfen die wachsenden Enden keine Abbruchs- und Übertragungsreaktionen eingehen. Anionische Polymerisationen sind daher in der Regel vorteilhafter als kationische (vgl. auch Kap. 18).

Die bei der Herstellung von Block-Copolymeren verwendeten Strategien können gut am Beispiel der Dreiblock-Copolymeren demonstriert werden. Das Dreiblock-Copolymer (Styrol)$_m$ (Butadien)$_n$ (Styrol)$_m$ ist als sog. thermoplastisches Elastomer im Handel (vgl. auch Kap. 5.5.4 und 25.3.1.1).

Dieses Dreiblock-Copolymer läßt sich am besten über einen *Zweistufen-Prozeß mit bifunktionellen Initiatoren* herstellen. Als Initiatoren können Natriumnaphthalin oder Dilithiumverbindungen verwendet werden (vgl. Kap. 18.1). An das entstehende Dianion $^{\ominus}B_n^{\ominus}$ wird dann Styrol angelagert, sodaß $^{\ominus}S_m B_n S_m^{\ominus}$ entsteht. Die genannten Initiatoren wirken aber nur in Tetrahydrofuran und anderen Äthern. In diesen Lösungsmitteln entstehen aber nur Butadienblöcke mit geringem cis-1,4-Gehalt, was sich ungünstig auf die Eigenschaften der gewünschten thermoplastischen Elastomeren auswirkt (zu hohe Glastemperatur). Als Initiator verwendet man daher vorzugsweise gut lösliche aromatische Dilithiumverbindungen in Ggw. geringer Mengen aromatischer Äther. Nach der Bildung der Dien-Blöcke wird dann Dimethoxyäthan zugegeben und die Styrolpolymerisation in diesem Lösungsmittel ausgeführt. Ungewollte Abbruchsreaktionen führen bei diesem Verfahren entweder zu unipolymerem Poly(butadien) oder zu Zweiblock-Copolymeren $A_m B_n$. Poly(butadien) erhöht lediglich den Matrixanteil der thermoplastischen Elastomeren (vgl. Kap. 5.5.4) und schadet daher den gewünschten Eigenschaften nicht. Der Prozeß läßt sich schematisch durch die nachstehende Reaktionsfolge wiedergeben:

(23-24) $${}^{\ominus}R^{\ominus} + n\,B \longrightarrow {}^{\ominus}B_{n/2}RB_{n/2}^{\ominus} \xrightarrow{+\,2\,m\,A} {}^{\ominus}A_m(B_{n/2}RB_{n/2})A_m^{\ominus}$$

Beim *Zweistufen-Prozeß mit monofunktionellen Initiatoren* baut man zuerst ein Zweiblock-Copolymer auf und kuppelt es dann in der Mitte zu einem Dreiblock-Copolymer:

(23-25) $$R^{\ominus} + m\,A \longrightarrow RA_m^{\ominus} \xrightarrow{+\,0{,}5\,n\,B} RA_m B_{n/2}^{\ominus},$$

$$2\,RA_m B_{n/2}^{\ominus} \quad + \quad X \longrightarrow RA_m(B_{n/2}XB_{n/2})A_mR$$

Verwendet man als Initiator z. B. Lithiumbutyl, dann läßt sich die entstehende $C_4H_9A_mB_{n/2}^{\ominus}Li^{\oplus}$-Verbindung mit $X = COCl_2$ zum Dreiblock-Copolymer kuppeln. Das Verfahren liefert in der Regel mehr Zweiblock-Copolymere als der Zweistufen-Prozeß mit bifunktionellen Initiatoren.

*Dreistufen-Prozesse* arbeiten ebenfalls mit monofunktionellen Initiatoren, verzichten aber auf eine Kupplung:

(23-26) $$R^{\ominus} + m\,A \longrightarrow RA_m^{\ominus} \xrightarrow{+\,n\,B} RA_mB_n^{\ominus} \xrightarrow{+\,m\,A} RA_mB_nA_m^{\ominus}$$

Wegen der drei separaten Wachstumsschritte besteht aber eine erhöhte Wahrscheinlichkeit für unerwünschte Abbruchsprozesse.

### 23.5.2 PFROPF-COPOLYMERISATIONEN

Einige Polymere enthalten bereits reaktive Gruppierungen, die eine Pfropfpolymerisation auslösen können. Die Hydroxylgruppen der Cellulose lösen die Polymerisation von Äthylenimin aus

(23-27) $$\text{cell}-OH + n\,\underset{\diagdown NH \diagup}{CH_2-\!\!-\!\!-CH_2} \longrightarrow \text{cell}-O\!\left(CH_2-CH_2-NH\right)_{n}\!H$$

und Amidgruppen von Polyamiden reagieren mit Äthylenoxid

(23-28) $$\sim\!NH-CO\!\sim \; + \; n\,\underset{\diagdown O \diagup}{CH_2-\!\!-\!\!-CH_2} \longrightarrow \;\sim\!\underset{(CH_2-CH_2-O)_nH}{\underset{|}{N}}-CO\!\sim$$

Beim Poly(vinylalkohol) kann man Radikale erzeugen, die die Polymerisation von Vinylmonomeren starten

(23-29)

$$\sim CH_2-\underset{\underset{OH}{|}}{CH}\sim + Ce^{4+} \longrightarrow Komplex \longrightarrow \sim CH_2-\underset{\underset{OH}{|}}{\overset{\bullet}{C}}\sim + H^+ + Ce^{3+}$$

Sind derartige Gruppen nicht vorhanden, so kann man sie oft durch eine gezielte chemische Synthese einführen. Die Polymerisation von Monomeren auf Poly(styrol) gelingt z.B. leicht, wenn einige Phenylkerne isopropyliert und dann zum Hydroperoxid umgewandelt werden. Die Bildung des Hydroperoxides wird durch Zugabe von Radikalbildnern (Peroxide) begünstigt, da die Primärreaktion (RH + $O_2$ → $R^\bullet$ + $^\bullet OOH$) sehr langsam ist (vgl. Kap. 24.2.1). Das Hydroperoxid spaltet sich thermisch in ein $RO^\bullet$-Radikal und ein $HO^\bullet$-Radikal, die beide die Polymerisation von Vinylmonomeren auslösen. Durch die $HO^\bullet$-Radikale werden somit neben den gewünschten Pfropfcopolymeren unerwünschte Unipolymere gebildet. Unipolymere lassen sich aus der Mischung mit Copolymeren meist schlecht abtrennen. Die Pfropfausbeute läßt sich dann nicht mit Sicherheit bestimmen. Außerdem sind Unipolymer und Copolymer meist über weite Bereiche der Zusammensetzung des Copolymeren miteinander unverträglich, wodurch die mechanischen Eigenschaften ungünstig werden. Man kann aber das Hydroperoxid reduktiv spalten, sodaß nur noch die $RO^\bullet$-Radikale die Polymerisation auslösen können:

(23-30)

$$\sim CH_2-\underset{\underset{\bigcirc}{|}}{CH}\sim \xrightarrow[AlCl_3]{(CH_3)_2CHCl} \sim CH_2-\underset{\underset{\underset{CH_3\ CH_3}{\diagdown\ \diagup}}{\underset{CH}{|}}{\underset{\bigcirc}{|}}}{CH}\sim \xrightarrow{+O_2} \sim CH_2-\underset{\underset{\underset{CH_3\ |\ CH_3}{\diagdown\ \diagup}}{\underset{OOH}{\underset{C}{|}}}{\underset{\bigcirc}{|}}}{CH}\sim \begin{matrix} \xrightarrow{thermisch} & RO^\bullet + {}^\bullet OH \\ \xrightarrow{+Fe^{2+}} & RO^\bullet + OH^- + Fe^3 \end{matrix}$$

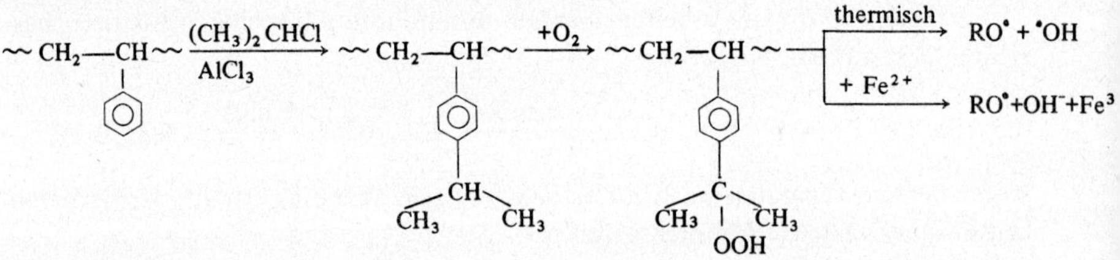

In vielen Fällen ist es aber nicht möglich, die Pfropfcopolymerisation von bestimmten Gruppierungen der Kette aus zu starten. Man führt daher reaktive Stellen gleichzeitig mit dem zu pfropfenden Monomeren ein. Diese Methoden arbeiten unter drastischen Bedingungen. Sie sind darum unspezifisch und für viele Polymere anwendbar. Oft ist aber auch die Pfropfwirkung fraglich und außerdem ein Abbau nicht zu vermeiden.

Eine universell anwendbare Methode ist die Pfropfung durch Kettenübertragung. Ein Radikal $P^\bullet$ (Polymerradikal) oder $R^\bullet$ (Initiatorradikal) abstrahiert z.B. ein H- oder Cl-Atom und bildet ein Makroradikal, das die Polymerisation des zugesetzten Monomeren auslöst:

(23-31) $$R^\bullet + \begin{matrix} \wr \\ CH_2 \\ | \\ CHCl \\ \wr \end{matrix} \longrightarrow RCl + \begin{matrix} \wr \\ CH_2 \\ | \\ {}^\bullet CH \\ \wr \end{matrix} \xrightarrow{+nM} \begin{matrix} \wr \\ CH_2 \\ | \\ H-C-(M)^\bullet_n \\ \wr \end{matrix}$$

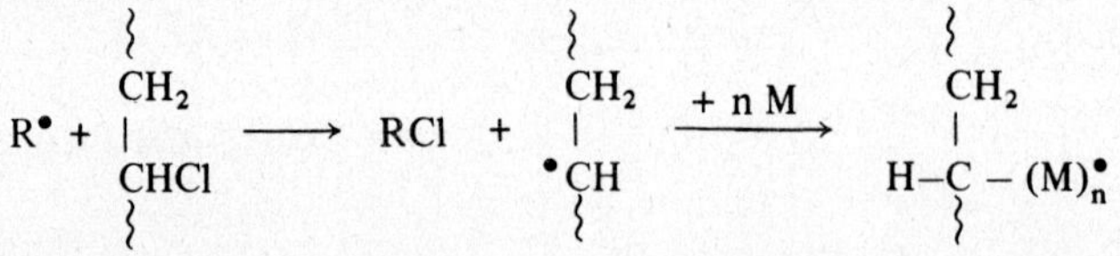

Die Übertragungskonstanten von Polymerradikalen $P^\bullet$ sind jedoch verhältnismäßig niedrig. Die Pfropfausbeute wird dadurch sehr klein. Man bildet daher die Makroradikale durch Zusatz von Initiatorradikalen $R^{\bullet}$. Die Initiatorkonzentration muß darum hoch sein. Wirksam sind jedoch nur Initiatorradikale, die übertragend wirken können (vgl. Kap. 20.3.4). Ob das gebildete Makroradikal die Polymerisation des zugesetzten Monomeren auslöst, hängt von der Resonanzstabilisierung und der Polarität von Makroradikal und Monomer ab. Die Wirksamkeit kann daher über das Q/e-Schema abgeschätzt werden. Bei dieser Methode werden in jedem Fall auch Unipolymere gebildet. Technisch wird sie zur Synthese gewisser Typen von ABS-Polymeren eingesetzt (Kap. 25.2.6.4).

Einige wenige Polymere können direkt mit ultraviolettem Licht aktiviert werden. Ein Beispiel dafür ist Poly(vinylmethylketon). Das Polymere wird jedoch gleichzeitig abgebaut. Außerdem entstehen Unipolymere (vgl. Gl. (23 – 32)).

Auch die Bildung von Makroradikalen durch γ-Strahlen ist nicht spezifisch. Die Radikale werden sowohl in amorphen als auch in kristallinen Bereichen gebildet. In den amorphen Anteilen können die Makroradikale bei $T \gtrsim T_G$ rekombinieren, wodurch das Polymer vernetzt wird. Die Radikale in den kristallinen Bereichen müssen dagegen migrieren. Bestrahlt man in Gegenwart des aufzupfropfenden Monomeren, so werden sowohl Makro- als auch Monomerradikale gebildet. Beide Sorten lösen die Polymerisation des Monomeren aus. Die unerwünschte Bildung von Unipolymeren kann jedoch bei passender Auswahl Polymer/Monomer vermindert werden. Halogenverbindungen geben z. B. einen hohen $G_{R^{\bullet}}$-Wert, Aromaten dagegen einen kleinen (Kap. 21.2.1). Die Bestrahlung von Poly(vinylchlorid) in Gegenwart von Styrol gibt daher in hoher Ausbeute Pfropfcopolymere neben sehr wenig Poly(styrol).

Ist die Rekombinationstendenz der Makroradikale gering, so kann man auch zunächst bestrahlen und erst nach der Bestrahlung das aufzupfropfende Monomer zugeben. Dabei muß die Temperatur so gewählt werden, daß die Geschwindigkeit der Desaktivierung der eingeschlossenen Radikale geringer als die des Kettenstarts mit dem fremden Monomeren ist. Die Pfropfausbeute ist daher in der Nähe der Glastemperatur besonders hoch.

### 23.5.3 VERNETZUNGSREAKTIONEN

Bei der Vernetzung werden die einzelnen Molekülketten untereinander zu „unendlich" großen Molekülen verknüpft. Die vor der Vernetzung vorliegenden Makromoleküle werden Primärmoleküle genannt. Vernetzungen entstehen vielfach ungewollt bei Pfropfpolymerisationen. Die bewußte Vernetzung ist andererseits von großer technischer Bedeutung. Sie kann je nach Konstitution der Primärmoleküle durch Polykondensations- oder Polymerisationsreaktionen vorgenommen werden. Beispiele für Vernetzungen durch Polykondensation sind die sogenannten Härtungen der Phenol-, Amino- und Epoxidharze (vgl. Kap. 26.3, 28.2 und 26.2.3.2). Diese Vernetzungen werden Härtungen genannt, da viskose weiche Massen in harte feste Produkte übergehen.

Auch Vernetzungen durch Polymerisation sind in großer Zahl bekannt. Ungesättigte Polyester werden durch Copolymerisation mit Styrol oder Methylmethacrylat vernetzt. Die Vernetzung von Naturkautschuk mit Schwefel führt zu Gummi. Äthylen/Propylen-Kautschuke können mit Peroxiden vernetzt werden. Die Vernetzung von Elastomeren wird auch als Vulkanisation bezeichnet, da die klassische Vernetzung des

(23-32)

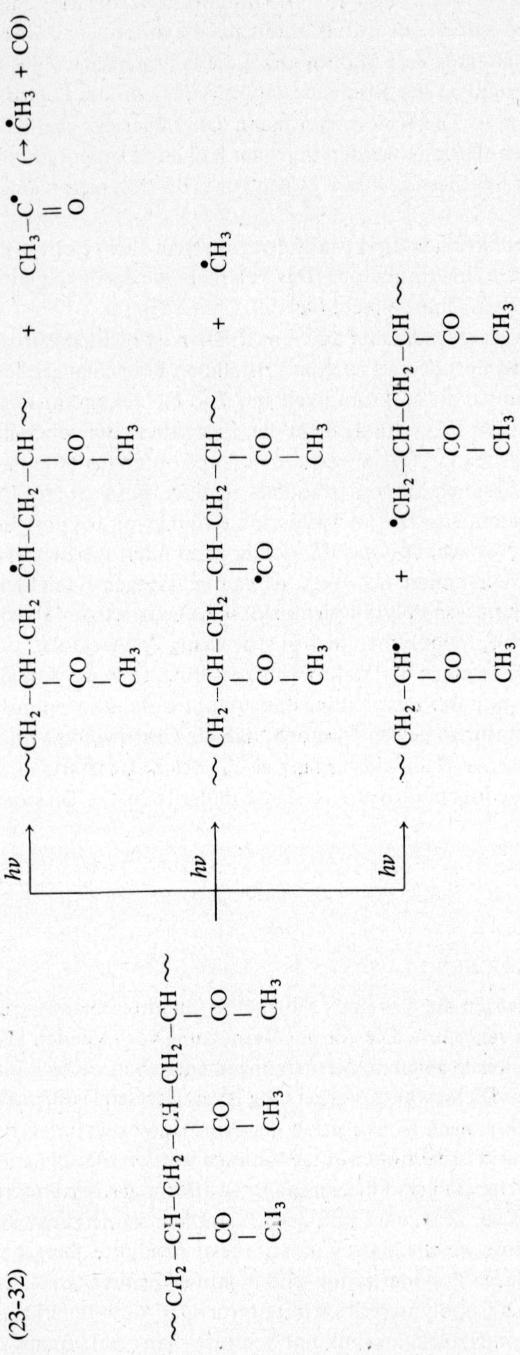

Naturkautschuks (cis-1,4-Poly(isopren)) mit Schwefel und Wärme arbeitete. Schwefel und Wärme waren die dem Gotte Vulkan zugeschriebenen Attribute.

Bei der Vulkanisation von Polydienen mit Schwefel werden Schwefelbrücken gebildet (vgl. Gl. (23 – 33)). Bei der unkatalysierten Reaktion wird auf je etwa 50 eingesetzte Schwefelatome eine Vernetzungsbrücke gebildet. Bei katalysierten Reaktionen (mit ZnO, Pyridinabkömmlingen, Thiuramsulfiden usw.) sinkt diese Zahl auf ca. 1,6. Naturkautschuk kann aber auch kalt mit $S_2Cl_2$ oder MgO vulkanisiert werden. Grundsätzlich eignen sich alle Reaktionen für Vernetzungen, wenn das angreifende Agens mindestens bifunktionell ist.

(23-33)

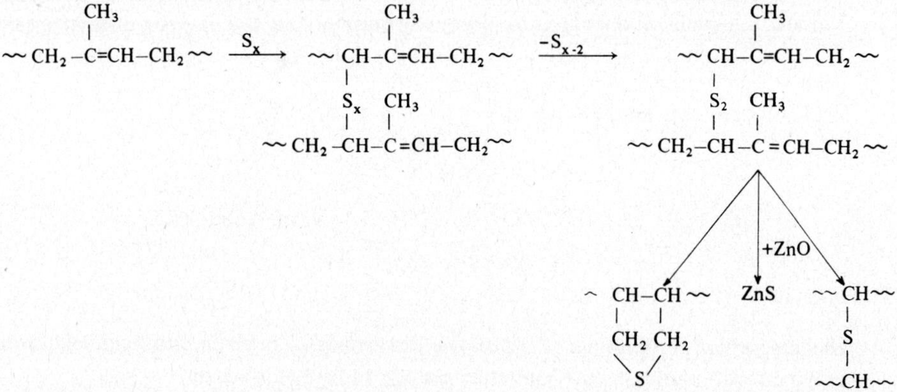

Vernetzungen an der Oberfläche kann man durch das sog. CASING-Verfahren erzielen (*C*rosslinking by *A*ctivated *S*pecies of *In*ert *G*ases). Dabei wird – z.B. durch Mikrowellen – ein inertes Gas zunächst aktiviert (He ⇝ He*) und anschließend auf die Oberfläche des Polymeren einwirken gelassen:

(23-34)

$$R{-}CH_2{-}CH_2{-}CH_2{-}CH_3 + He^* \rightarrow R{-}\dot{C}H{-}CH_2{-}CH_2{-}CH_3 + H^\bullet + He$$

$$\downarrow$$

$$R{-}CH{=}CH{-}CH_2{-}CH_3 + H_2$$

(23-35)

$$\left.\begin{array}{c} R{-}CH_2{-}CH_2{-}CH_2{-}CH_3 \\ + \\ R{-}\dot{C}H{-}CH_2{-}CH_2{-}CH_3 \end{array}\right\} \rightarrow \begin{array}{l} R{-}CH{-}CH_2{-}CH_2{-}CH_3 \\ \quad | \\ R{-}CH{-}CH_2{-}CH_2{-}CH_3 \end{array} + H^\bullet \quad \text{usw.}$$

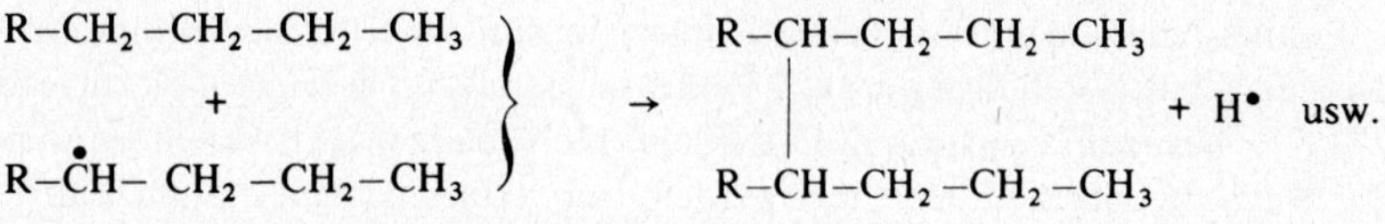

Durch die niedrigenergetische Strahlung wird das Polymer nicht abgebaut. Die Zeiten sind kurz (ca. 1 s) und die Vernetzungsausbeuten hoch. Allerdings wird nur die Oberfläche bis zu einer Tiefe von 50 – 100 nm vernetzt.

Für Vernetzungen durch $\gamma$-Strahlen vgl. Kap. 21.2.1. Die Betrachtung der $G_{R\bullet}$-Werte zeigt, daß zwar Styrol auf Poly(vinylchlorid) gepfropft werden kann, nicht aber Vinylchlorid auf Poly(styrol). Im ersteren Fall können nämlich soviele Radikale auf der Polymerkette erzeugt werden, daß praktisch kein Unipolymer gebildet wird. Oberhalb der Glastemperatur (amorphe Polymere) bzw. der Schmelztemperatur (kristalline Polymere) nehmen die $G_{R\bullet}$-Werte von Polymeren wegen der größeren Beweglichkeit der Ketten zu, so daß man auch durch die Temperaturvariation andere Effekte erzielen kann.

Bei der Vernetzungsreaktion werden die verschiedenen primär vorliegenden Polymerketten A, B, C, D usw. miteinander verbunden. Die primären Polymerketten seien zunächst als molekulareinheitlich vom Polymerisationsgrad $X$ angenommen. Jede Vernetzungsstelle sei dabei tetrafunktionell (Beispiel: Vernetzung von ungesättigten Polyesterharzen mit Styrol, Kap. 26.4.4). $p_m$ sei die Wahrscheinlichkeit, daß an irgendeinem Grundbaustein eine Vernetzungsbrücke sitzt. Das vernetzte Polymermolekül kann dann schematisch durch

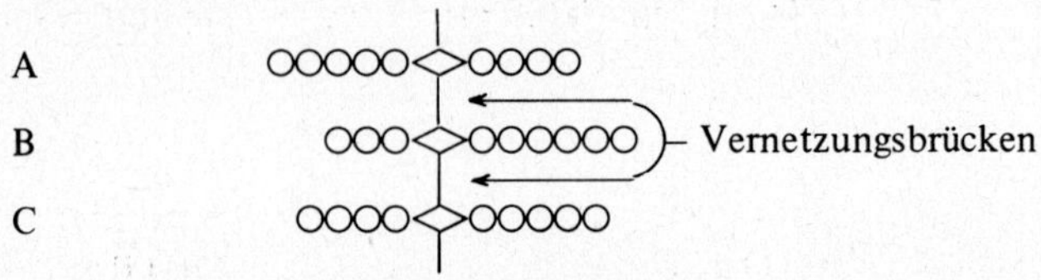


wiedergegeben werden (hier $X = 10$). Die Erwartung $\epsilon$, in einem Primärmolekül vom Polymerisationsgrad $X$ eine Vernetzungsstelle zu finden, ist dann

(23-36) $\epsilon = p_m (X - 1)$

da für $X = 1$ keine Vernetzung möglich ist. Die Erwartung eines Ereignisses ist gleich dem Produkt aus der Wahrscheinlichkeit und den Faktoren, die diese Wahrscheinlichkeit regulieren.

Pro Primärmolekül muß mindestens eine tetrafunktionelle Vernetzungsstelle vorliegen, damit alle Primärketten miteinander verbunden sind. Ist die Erwartung $\epsilon$ kleiner als 1, so kann die Vernetzung nicht alle Primärmoleküle umfassen und es entstehen lediglich verzweigte Makromoleküle (die Vernetzungsstellen sind dann Verzweigungsstellen). Bei $\epsilon > 1$ entstehen immer vernetzte Strukturen. Die kritische Bedingung für das Eintreten einer Vernetzung liegt also bei $\epsilon_{crit} = 1$. Gl. (23–36) wird dann zu

(23-37) $(p_m)_{crit} = 1/(X - 1) \approx 1/X$

Bei tetrafunktionellen Vernetzungsstellen braucht man zur Vernetzung eine Vernetzungsstelle und eine Vernetzungsbrücke pro Primärkette. Bei trifunktionellen Vernetzungsstellen sind dagegen zwei Vernetzungsstellen pro Primärmolekül erforderlich.

Besitzen die primären Ketten eine Molekulargewichtsverteilung, so muß die Wahrscheinlichkeit berechnet werden, eine tetrafunktionelle Einheit als Teil eines Primärmoleküls anzutreffen. Jedes Primärmolekül – und auch das kleinste – muß mindestens eine Vernetzungsstelle aufweisen. Da die Vernetzungsstellen voraussetzungsgemäß statistisch verteilt sind, werden folglich die großen Primärmoleküle mehr als eine Vernetzungsstelle besitzen. Die Erwartung, pro Primärmolekül eine Vernetzungsstelle zu finden, hängt somit einmal von der mittleren Größe der Primärmoleküle ab und zum anderen vom Anteil der vernetzbaren Grundbausteine. Ist dieser Anteil zu klein, so können bei einer gegebenen Größe der Primärmoleküle nicht alle Primärmoleküle vernetzt werden. Als Anteil der vernetzten Grundbausteine ist der Massenbruch $(w_m)_i$ und nicht der Molenbruch $(x_m)_i$ einzusetzen.

Beispiel: Ein Primärmolekül vom Polymerisationsgrad $X = 20$ und ein Primärmolekül vom Polymerisationsgrad $X = 10$ besitzen zusammen zwei vernetzte Grundbausteine. Die Wahrscheinlichkeit, einen dieser Bausteine im Primärmolekül mit $X = 20$ anzutreffen, ist doppelt so groß wie beim Primärmolekül mit $X = 10$. Die Wahrscheinlichkeit für das große Molekül ist also 2/3, die für das kleine 1/3. Für den Massenbruch des großen Moleküls gilt andererseits mit der Zahl $N$ und der Masse $m$ der Moleküle

$$w_{20} = \frac{N_{20} \cdot m_{20}}{N_{20} \cdot m_{20} + N_{10} \cdot m_{10}} = \frac{1 \cdot 20}{1 \cdot 20 + 1 \cdot 10} = 2/3$$

und für das kleine Molekül entsprechend $w_{10} = 1/3$. Für den Molenbruch des großen Moleküls bekommt man dagegen

$$x_{20} = \frac{N_{20}}{N_{20} + N_{10}} = \frac{1}{1+1} = 1/2$$

Für den Anteil der vernetzten Grundbausteine ist also der Massenbruch einzusetzen.

Bei den molekularuneinheitlichen Polymeren wird dann die Erwartung $\epsilon_i$ für eine herausgegriffene Primärkette i nunmehr

$$(23\text{-}38) \quad \epsilon_i = p_m (w_m)_i (X_i - 1)$$

Gesucht wird jedoch die mittlere Erwartung für die gesamte Probe:

$$(23\text{-}39) \quad \overline{\epsilon} = \sum_i \epsilon_i = \sum_i p_m (w_m)_i (X_i - 1) = p_m \sum_i ((w_m)_i X_i - (w_m)_i)$$

Mit $\overline{X}_w \equiv \sum_i (w_m)_i X_i$ und $\sum_i (w_m)_i \equiv 1$ erhält man folglich

$$(23\text{-}40) \quad \overline{\epsilon} = p_m (\overline{X}_w - 1)$$

bzw. mit $\epsilon_{crit} = 1$.

$$(23\text{-}41) \quad (p_m)_{crit} = 1/(\overline{X}_w - 1) \approx 1/\overline{X}_w$$

Bei molekularuneinheitlichen Primärketten hängt also die kritische Konzentration an vernetzten Monomereinheiten vom Gewichtsmittel des Polymerisationsgrades des Primärmoleküls ab und nicht vom Zahlenmittel.

## *23.6 Abbau-Reaktionen*

### 23.6.1 GRUNDLAGEN

Unter einem „Abbau" wird oft die ungezielte und unerwünschte Änderung von Konstitution und Molekulargewicht eines Polymeren verstanden. Nachfolgend wird die Bezeichnung „Abbau" jedoch ausschließlich für Prozesse unter Verringerung des Polymerisationsgrades und unter Beibehalt der Konstitution der Grundbausteine reserviert.

Ein Abbau einer Kette kann chemisch, thermisch, mechanisch, durch Ultraschall oder auch durch Licht herbeigeführt werden. Chemische Reaktionen sind z.B. die Hydrolysen von Polyestern, Polyamiden oder Cellulose oder die Ozonisierung und anschließende Spaltung von Polydienen. Thermische Spaltungen laufen je nach Temperatur und Ausgangspolymer homolytisch oder heterolytisch ab.

Bei einem Abbau können zwei Grenzfälle unterschieden werden: Depolymerisation und Kettenspaltung. Bei der Depolymerisation wird von einem aktivierten Ende Monomer M abgespalten. Sie ist die Umkehrung der Polymerisation und läuft in einer Art Reißverschlußreaktion ab:

(23-42) $P^*_{n+1} \longrightarrow P^*_n + M \longrightarrow P^*_{n-1} + 2\,M$ usw.

Die Kettenspaltung ist dagegen die Umkehrung der Polykondensation, da die Spaltung an beliebigen Stellen der Kette unter Bildung größerer oder kleinerer Bruchstücke erfolgt:

(23-43) $P_nP_m \longrightarrow P_n + P_m$

Für die mittlere Zahl $q$ von Spaltungen pro Primärmolekül gilt dann für ein geschlossenes System (intakte und gespaltene Ketten, abgespaltenes Monomer) unabhängig von der Art des Abbaus, da $(\overline{X}_n)_0 \equiv n_m/(n_p)_0$

(23-44) $(\overline{X}_n)_t = (\overline{X}_n)_0/(q+1) = n_m/(q+1)\,(n_p)_0$

$\overline{X}_{n,t}$ und $\overline{X}_{n,0}$ sind die Zahlenmittel der Polymerisationsgrade zu den Zeiten t und 0. $n_m$ = Mole der Monomerbausteine im System und $(n_p)_0$ = Mole der Polymermoleküle zur Zeit 0. Die Polymerisationsgrade sind dabei über *alle* Moleküle gerechnet, auch über die abgespaltenen Monomermoleküle.

### 23.6.2 KETTENSPALTUNGEN

Beim mechanischen Abbau werden durch die Scherkräfte Ketten zerissen und Radikale gebildet. Je stärker ein Makromolekül geknäuelt ist, umso weniger wird es der Beanspruchung ausweichen können und umso stärker ist der Abbau. Poly(isobutylen) baut darum in Theta-Lösungen stärker als in guten Lösungsmitteln ab, wenn man die Lösungen durch Kapillaren preßt. Sehr steife Makromoleküle können die bei der Scherung zugeführte Energie nicht in Rotationen um die Hauptkette umsetzen und bauen daher ebenfalls leicht ab. Der Polymerisationsgrad hochmolekularer Desoxyribonucleinsäuren wird z.B. schon beim Ausfließen ihrer Lösungen aus Pipetten verringert. Ein starker mechanischer Abbau ist daher besonders bei steifen Makromolekülen, in schlechten Lösungsmitteln, bei tiefen Temperaturen und bei hohen Schergeschwindigkeiten zu erwarten.

Der Abbau durch Ultraschall ist ein spezieller mechanischer Abbau. Durch Ultraschall werden in der Lösung periodisch Zug und Druck erzeugt. An Stellen, an denen ein gasförmiger oder fester Keim vorhanden ist, kann dabei die Flüssigkeit zerreißen. Dabei werden „Höhlen" vom Durchmesser mehrerer Moleküle gebildet, die aber rasch wieder zusammenfallen (Kavitation). Bei diesem Kollaps werden beträchtliche Drucke und Scherkräfte frei, die die Bindungsenergie von kovalenten Bindungen übersteigen können. Polymermoleküle werden dabei statistisch gespalten, da sie wegen ihrer trägen Masse nicht schnell genug ausweichen können.

Ein Abbau durch Ultraschall hängt von der eingestrahlten Energie ab. Entgaste Lösungen sind wesentlich schwieriger durch Ultraschall abzubauen. Durch das Entgasen werden einmal mögliche Keime entfernt. Außerdem verbleibt weniger Sauerstoff, der natürlich einen chemischen Abbau hervorrufen könnte.

Statistische Kettenspaltungen treten besonders leicht auf, wenn das Makromolekül leicht aktivierbare Bindungen in der Hauptkette enthält. Diels-Alder-Strukturen werden z.B. thermisch leicht gespalten. Bei chemischen Reaktionen sind alle Gruppierungen mit Heteroatomen leicht aktivierbar.

Als Abbaugrad wird der Bruchteil $f_b$ der gebrochenen Bindungen definiert. Er ist durch das Zahlenmittel des Polymerisationsgrades vor dem Abbau und durch die Zahl $q$ der gebrochenen Bindungen pro Ausgangsmolekül gegeben:

$$(23\text{-}45)\quad f_b = \frac{q}{(\overline{X}_n)_0 - 1}$$

Der Polymerisationsgrad vor dem Abbau ist mit dem Polymerisationsgrad nach dem Abbau über die Zahl der gebrochenen Bindungen verknüpft:

$$(23\text{-}46)\quad (\overline{X}_n)_0 = (1+q)(\overline{X}_n)_t$$

Einsetzen in Gl. (23 – 45) führt zu

$$(23\text{-}47)\quad f_b = \frac{(\overline{X}_n)_0 - (\overline{X}_n)_t}{(\overline{X}_n)_t((\overline{X}_n)_0 - 1)}$$

bzw. für hohe Polymerisationsgrade mit $(\overline{X}_n)_0 \gg 1$

$$(23\text{-}48)\quad f_b = \frac{1}{(\overline{X}_n)_t} - \frac{1}{(\overline{X}_n)_0}$$

Definitionsgemäß gilt für die Anteile der gebrochenen Bindungen, $f_b$, und die Anteile der verbleibenden Verbindungen, $f_r$,

$$(23\text{-}49)\quad f_b + f_r \equiv 1$$

Die Geschwindigkeit der Kettenspaltung hängt von der Konzentration $[K]$ des Katalysators und dem Anteil der verbleibenden Bindungen ab

$$(23\text{-}50)\quad -\mathrm{d}f_r/\mathrm{d}t = k[K]f_r$$

$$(23\text{-}51)\quad f_r = (f_r)_0 \exp(-k[K]t)$$

Bei hohen Polymerisationsgraden ist der Abbau anfänglich nur niedrig, sodaß gilt $f_r/(f_r)_0 \approx 1$. Folglich erhält man auch $\exp(-k[K]t) \approx 1$. Mit sehr guter Näherung gilt dann $\exp(-k[K]t) = 1 - k[K]t$. Gl. (23 – 51) geht daher über in

$$(23\text{-}52)\quad f_r = (f_r)_0(1 - k[K]t)$$

$(f_r)_0$ ist der Anteil der verbleibenden Bindungen zur Zeit null; da dort noch alle Bindungen vorhanden sind, muß er gleich 1 sein. Mit den Gl. (23 – 48) und (23 – 49) geht dann Gl. (23 – 52) über in

$$(23\text{-}53)\quad \frac{1}{(\overline{X}_n)_t} = \frac{1}{(\overline{X}_n)_0} + k[K]t$$

Das reziproke Zahlenmittel des Polymerisationsgrades sollte also linear mit der Zeit $t$ ansteigen, wie es auch Abb. 23 – 5 für die Hydrolyse von Cellulose zeigt. Die Abbaugeschwindigkeit nimmt dabei in Übereinstimmung mit Gl. (23 – 53) mit der Konzentration des Katalysators zu.

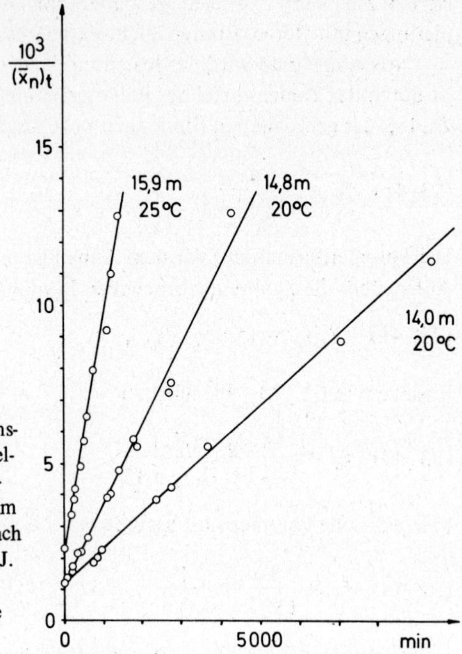


*Abb. 23-5:* Zeitabhängigkeit des reziproken Zahlenmittels des Polymerisationsgrades bei der Hydrolyse von Cellulose durch Phosphorsäure verschiedener Molarität m (Diagramm von H. Mark und A. Tobolsky nach Daten von A. af Ekenstamm, A. J. Stamm und W. E. Cohen, G. V. Schulz und H. J. Lohmann sowie L. A. Hiller und E. Pascu).

Gl. (23 – 53) ist ein Spezialfall für kleine bis mittlere Abbaugrade. Bei höheren Abbaugraden kann die Konzentration ursprünglicher Bindungen nicht mehr als konstant angesehen werden. An die Stelle von Gl. (23 – 53) tritt dann

$$(23\text{-}54) \quad \ln\left(1 - \frac{1}{(\overline{X}_n)_t}\right) = \ln\left(1 - \frac{1}{(\overline{X}_n)_0}\right) - k\,[K]\,t$$

Gl. (23 – 53) muß auch modifiziert werden, wenn während der Kettenspaltung ein Molanteil $x_m$ in Form von Monomer oder Oligomer verloren geht:

$$(23\text{-}55) \quad \frac{1 - x_m}{(\overline{X}_n)_t} = \frac{1}{(\overline{X}_n)_0} + k\,[K]\,t$$

Wird von den Bindungen der Hauptkette die eine Sorte viel schneller gespalten als die andere, so kann die Kettenspaltung nur bis zu einem Polymerisationsgrad $(\overline{X}_n)_\infty$ fortschreiten. Gl. (23 – 53) wird dann zu

$$(23\text{-}56) \quad \frac{1}{(\overline{X}_n)_t} - \frac{1}{(\overline{X}_n)_\infty} = \frac{1}{(\overline{X}_n)_0} + k\,[K]\,t$$

Die bislang angeführten Gleichungen gelten nur, wenn das Zahlenmittel des Polymerisationsgrades gemessen wird. Wünscht man das Gewichtsmittel des Polymerisationsgrades zu verwenden, so kann man von folgenden Überlegungen ausgehen:

Erfolgen mehr als fünf Spaltungen pro Primärkette, so kann für das Abbauprodukt bereits eine Schulz-Flory-Verteilung angenommen werden. Bei Schulz-Flory-Verteilungen gibt aber der Anteil $f_r$ der verbleibenden Bindungen gerade den Umsatz an, den man bei einer Polykondensation zu einem Produkt mit dem gleichen Polymerisationsgrad erzielen würde. Für das Gewichtsmittel ergibt sich nach Gl. (17 – 25)

$$(23\text{-}57) \quad \overline{X}_w = \frac{1 + f_r}{1 - f_r}$$

Für den Abbaugrad erhält man daher anstelle von Gl. (23 – 48)

$$(23\text{-}58) \quad f_b = 2\left(\frac{1}{(\overline{X}_w)_t + 1} - \frac{1}{(\overline{X}_w)_0 + 1}\right)$$

und für die Abbaugeschwindigkeit mit $\overline{X}_w/\overline{X}_n = 2$ anstelle von Gl. (23 – 53)

$$(23\text{-}59) \quad \frac{1}{(\overline{X}_w)_t} = \frac{1}{(\overline{X}_w)_0} + 0{,}5\, k\, [K]\, t$$

Ein ursprünglich molekulareinheitliches Polymer zerfällt bei einem statistischen Abbau in verschieden große Bruchstücke und wird dabei molekularuneinheitlich. Bei einem vollständigen Abbau liegen schließlich nur noch Monomere mit dem Polymerisationsgrad 1 vor. Das Produkt des totalen Abbaus ist also wieder molekulareinheitlich. Während des Abbaus muß also der Quotient $(\overline{X}_w/\overline{X}_n)_t$ durch ein Maximum gehen.

### 23.6.3 PYROLYSE

Die chemischen Reaktionen von Makromolekülen sollten im Prinzip denen niedermolekularer Substanzen ähnlich sein. Experimentell findet man jedoch entweder einen Abbau bei viel niedrigeren Temperaturen oder gelegentlich einen Abbau zu anderen Produkten. Die Zersetzung von Poly(äthylen) beginnt z.B. bei ca. 200° tieferen Temperaturen als die von Hexadekan. Poly(methylmethacrylat) wird bei 450 °C praktisch vollständig zum Monomer Methylmethacrylat depolymerisiert (Tab. 23 – 2). Niedermolekulare primäre Ester zerfallen dagegen bei dieser Temperatur in Olefin und Säure. Die Anteile der Abbauprodukte hängen ferner davon ab, ob man bei Atmosphärendruck unter $N_2$ oder aber im Hochvakuum arbeitet (Tab. 23 – 3).

*Tab. 23-2:* Monomer-Ausbeuten bei der thermischen Zersetzung von Polymeren im Vakuum bei ca. 300 °C

| Polymer | Monomer Massenprozente | Monomer Molprozente |
|---|---|---|
| Poly(methylmethacrylat) | 100 | 100 |
| Poly(α-methylstyrol) | 100 | 100 |
| Poly(isobutylen) | 32 | 78 |
| Poly(styrol) | 42 | 65 |
| Poly(äthylen) | 3 | 21 |

*Tab. 23-3:* Pyrolyse von Poly(styrol) unter verschiedenen Bedingungen

| Abbauprodukt | Ausbeuten in Massenprozent. bei 1 bar 310 - 350 °C | Hochvak. 290 - 320 °C |
|---|---|---|
| Monomer (Styrol) | 63 | 38 |
| Dimer (2,4-Diphenyl-buten-1 und 1,3-Diphenylpropan) | 19 | 19 |
| Trimer (2,4,6-Triphenyl-hexen-1 und 1,3,5-Triphenyl-pentan) | 4 | 23 |

Für diese Unterschiede sind mehrere Faktoren verantwortlich. Einmal sind die Makromoleküle nicht so regelmäßig aufgebaut, wie es die idealisierte Konstitutionsformel angibt. Sie enthalten „weiche Bindungen" (Kap. 2.3.1) und Endgruppen, sowie nur schwierig zu entfernende Fremdstoffe (Initiatorrückstände, Lösungsmittelreste usw.). An diesen Stellen kann die Zersetzung einsetzen. Die Zersetzung wird umso vollständiger und bei umso niedrigeren Temperaturen in Richtung des Monomeren verlaufen, je niedriger die Polymerisationsenthalpie ist. Aus diesem Grunde depolymerisieren Poly(methylmethacrylat) und Poly($\alpha$-methylstyrol) praktisch quantitativ in ihre Monomeren (vgl. Kap. 16.3.4). Polymere mit höheren Polymerisationsenthalpien erfordern zur Zersetzung höhere Temperaturen. Unter diesen Bedingungen sind aber oft die Bindungen der Substituenten weniger stabil als die der Hauptkette. Aus Poly(vinylacetat) wird daher bei der thermischen Zersetzung unter Bildung von Polyen-Strukturen Essigsäure abgespalten. Schließlich ist noch zu bedenken, daß die Polymeren immer in hoher Segmentkonzentration vorliegen, sodaß verhältnismäßig leicht Reaktionen mit benachbarten Gruppen eintreten. Zersetzungsreaktionen mit Abspaltung flüchtiger Bestandteile lassen sich besonders einfach durch die sog. Thermogravimetrie verfolgen. Als „Thermogravimetrie" wird die quantitative Verfolgung der Massenänderung einer Probe bei konstanter Aufheizgeschwindigkeit definiert.

Das Phänomen der pyrolytischen Spaltung in eine Vielzahl von Abbauprodukten kann man umgekehrt zur Charakterisierung des ursprünglichen Polymeren benutzen. Nimmt man die Pyrolyse unter Standardbedingungen vor, so liefern die Abbauprodukte jedes Polymeren bei z.B. gaschromatographischer Untersuchung einen charakteristischen „Fingerabdruck". Das Verfahren eignet sich daher sehr gut zur Betriebskontrolle und evtl. auch zur Strukturaufklärung (Sequenz usw.) von Polymeren.

Gezielte Pyrolysen werden präparativ ausgeführt, um hochtemperaturbeständige oder elektrisch leitfähige Polymere zu erhalten. Ein Beispiel dafür ist die dehydrierende Zersetzung von st-1,2-Poly(butadien) zu Doppelstrangpolymeren.

Die Anfälligkeit gegen Pyrolysen kann durch Auswahl geeigneter Grundbausteine verbessert werden. Lange Sequenzen von Methylengruppen dürfen z.B. nicht vorhanden sein, da sie leicht homolytisch oder dehydrierend zerfallen:

(23–60)

$$\sim CH_2-CH_2\sim \;\longrightarrow\; \sim CH_2^{\bullet} + {}^{\bullet}CH_2\sim$$

$$\sim CH_2-CH_2\sim \;\longrightarrow\; \sim CH{=}CH\sim + H_2$$

Anfällig gegenüber Pyrolyse sind ferner Verzweigungsstellen, elektronenanziehende Gruppen und alle Gruppierungen, die leicht Fünf- oder Sechsringe bilden können.

### 23.6.4 DEPOLYMERISATION

Die Depolymerisation ist die Umkehr der Polymerisation (Gl. (23 – 42)). Sie tritt nur dann ohne Nebenreaktionen auf, wenn die Seitengruppen viel stabiler als die Bindungen der Hauptkette sind. Nur bei lebenden Polymeren kann die Depolymerisation spontan einsetzen. Bei allen anderen Makromolekülen müssen dagegen zunächst Bindungen in der Hauptkette in einer Startreaktion homolytisch gespalten werden. Die Depolymerisation läuft daher in diesen Fällen nach einem Radikalmechanismus ab.

Bei der Depolymerisation wird bei jeder Spaltung eines Polymeren P ein einziges Monomer M gebildet (Ausnahme: Spaltung eines Dimeren). Die Mole $(n_M)_t$ des Monomeren zur Zeit $t$ und $(n_P)_0$ des Polymeren zur Zeit 0 sind über die mittlere Zahl der Spaltungen $q$ pro Polymermolekül miteinander verknüpft:

(23-61) $$q\,(n_P)_0 = (n_M)_t$$

Der Polymerisationsgrad der Reaktionsmischung zur Zeit $t$ ist durch Gl. (23 – 44) gegeben; zur Zeit 0 also durch $(\overline{X}_n)_0 = n_m/(n_P)_0$. $n_m$ ist dabei die Menge der Grundbausteine m. Das Verhältnis der Polymerisationsgrade in einem geschlossenen System ($n_m$ = const.) ergibt sich folglich mit den Gl. (23 – 61) und (23 – 44) zu

(23-62) $$\frac{(\overline{X}_n)_t}{(\overline{X}_n)_0} = \frac{(n_P)_0}{(q+1)\,(n_P)_0} = \frac{(n_P)_0}{(n_M)_t + (n_P)_0} = \frac{1}{((n_M)_t/(n_P)_0) + 1}$$

bzw. mit $(\overline{X}_n)_0 = n_m/(n_p)_0$ und umgeformt

(23-63) $$\frac{1}{(\overline{X}_n)_t} = \frac{1}{(\overline{X}_n)_0} + \frac{1}{n_m} \cdot (n_M)_t$$

Nach dieser Gleichung sollte also bei der Depolymerisation $1/(\overline{X}_n)_t$ als Funktion der Menge des abgespaltenen Monomeren eine Gerade mit der Neigung $(1/n_m)$ geben. Alternativ kann man Gl. (23 – 63) auch in einer anderen Form auftragen:

(23-64) $$\frac{(\overline{X}_n)_0}{(\overline{X}_n)_t} = 1 + \frac{(\overline{X}_n)_0}{n_m} \cdot (n_M)_t$$

Bei der Depolymerisation interessiert man sich aber in der Regel nicht für den Polymerisationsgrad der Reaktionsmischung (abgebaute Polymere + gebildetes Monomer), sondern lediglich für den Polymerisationsgrad $(\overline{X}_n^*)_t$ der zurückbleibenden Polymeren. Dieser Fall entspricht einem „offenen“ System, bei dem das abgespaltene Monomer mit den Molen $(n_M)_t$ ständig abgeführt wird. Anstelle von Gl. (23 – 44) bekommt man daher

(23-65) $$(\overline{X}_n^*)_t = \frac{n_m - (n_M)_t}{(q+1)\,(n_P)_0 - (n_M)_t}$$

oder umgeformt mit Gl. (23 – 61) und $(\overline{X}_n)_0 = n_m/(n_p)_0$

(22-66) $$(\overline{X}_n^*)_t = (\overline{X}_n)_0 - \frac{(\overline{X}_n)_0}{n_m}\,(n_M)_t$$

In diesem Fall hat man also das Zahlenmittel des Polymerisationsgrades des zurückbleibenden Polymeren gegen die abgespaltenen Mole des Monomeren aufzutragen.

Die Gleichungen (23 – 65) und (23 – 66) können nur gelten, wenn die depolymerisierenden Makroradikale weder Abbruchs- noch Übertragungsreaktionen eingehen. Durch diese Reaktionen wird nämlich der mittlere Polymerisationsgrad verändert. Die Abbruchsreaktion setzt außerdem die Wahrscheinlichkeit für die Bildung von Monomermolekülen herab.

Die Zip-Länge $\Xi$ gibt die Anzahl der abgespaltenen Monomermoleküle pro kinetische Kette an. Kleine $\Xi$-Werte bedeuten wenig abgespaltenes Monomer, jedoch nicht notwendigerweise geringen Abbau (vgl. z. B. die Zip-Länge von Poly(styrol) (Tab. 23–4) mit den beim Abbau gebildeten Produkten (Tab. 23 – 3)).

*Tab. 23-4:* Zip-Längen $\Xi$ verschiedener Polymerer

| Polymer | $\Xi$ | Polymer | $\Xi$ |
|---|---|---|---|
| Poly(äthylen) | 0,01 | Poly(styrol) | 3,1 |
| Poly(acrylnitril) | < 0,5 | Poly(α-deuterostyrol) | 11,8 |
| Poly(methylacrylat) | < 1,0 | Poly(α-methylstyrol) | > 200 |
| Poly(isobutylen) | 3,1 | Poly(methylmethacrylat) | > 200 |

Das Verhalten eines Polymeren bei der Depolymerisation hängt sehr stark vom Verhältnis Molekulargewicht/Zip-Länge und der anfänglichen Molekulargewichtsverteilung ab (Abb. (23–6)). Ist das Molekulargewicht eines molekulareinheitlichen Polymeren sehr hoch ($\Xi < X$), so wird durch die Depolymerisation stets nur ein Teil der Polymerkette abgebaut. Dieser Teil wird mit den unverändert gebliebenen Ketten als Polymer

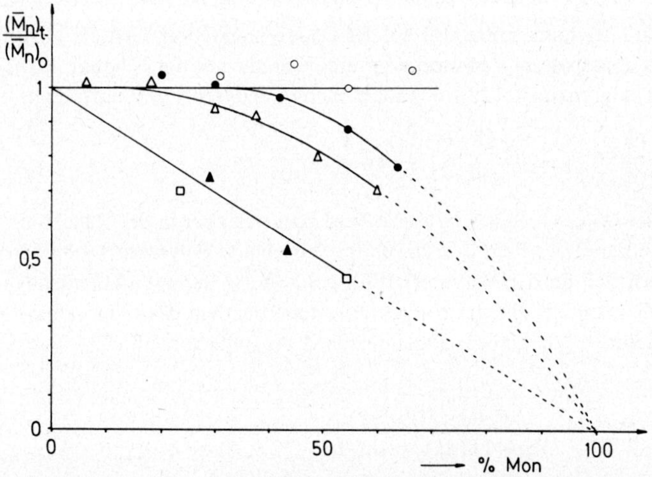


*Abb. 23-6:* Änderung des Zahlenmittels des Molekulargewichtes des Rückstandes mit dem prozentualen Anteil abgespaltenen Monomers bei Poly(methylmethacrylaten) verschiedenen Zahlenmittels des Molekulargewichtes $(\bar{M}_n)_0$. $(\bar{M}_n)_0$-Werte: ○ 44 300, ● 94 000 △ 179 000, ▲ 650 000, □ 725 000 g/mol Molekül (nach N. Grassie und H. W. Melville).

gemessen. Das Molekulargewicht des Rückstandes sinkt. Es gilt Gl. (23–66), wie es Abb. 23-6 für Poly(methylmethacrylate) mit den Molekulargewichten 725 000 und 650 000 zeigt. Ist dagegen das Molekulargewicht eines molekulareinheitlichen Polymeren niedrig ($\Xi > X$), so werden bei gleicher Zip-Länge einige Ketten total zum Monomeren abgebaut. Die anderen Ketten behalten aber ihren ursprünglichen Polymerisationsgrad. Der Polymerisationsgrad des Rückstandes ändert sich dann nicht mit der abgespaltenen Monomermenge (Molekulargewicht 44 300 in Abb. 23–6).

Bei molekularuneinheitlichen Polymeren kann man sich vorstellen, daß bei einem Teil der Ketten der Polymerisationsgrad größer als die Zip-Länge ist und bei dem anderen kleiner. Die Wahrscheinlichkeit einer Spaltung pro Kette ist bei den höhermolekularen Ketten größer als bei den niedermolekularen. Wird eine niedermolekulare Kette ($\Xi > \overline{X}_n$) abgebaut, so verschwindet sie vollständig aus dem Gemisch und der Polymerisationsgrad $\overline{X}_n$ des Rückstandes steigt an. Eine hochmolekulare Kette wird dagegen wegen $\Xi < \overline{X}_n$ nicht vollständig abgebaut und $\overline{X}_n$ sinkt daher. Bei bestimmten Verhältnissen ($\Xi$, $\overline{X}_n$, Molgewichtsverteilung) kompensieren sich beide Effekte und $\overline{X}_n$ bzw. $\overline{M}_n$ bleiben bei kleinen Umsätzen konstant. Die Molekulargewichtsverteilung wird jedoch mit zunehmendem Abbau in die Richtung der niedermolekularen Produkte verschoben. Mit zunehmender Menge des abgespaltenen Monomeren muß dann der Polymerisationsgrad sinken (vgl. $(\overline{M}_n)_0 = 179\,000$ in Abb. 23–6). Da die Proben der Abb. 23–6 molekularuneinheitlich waren, kann man keine quantitative Übereinstimmung zwischen Ziplänge und Abbauverhalten erwarten.

Die Kinetik der Depolymerisation ist im Gegensatz zu der der Kettenspaltung sehr spezifisch von der Art der Initiationsreaktion, der Molekulargewichtsverteilung usw. abhängig. Sie muß daher für jeden Fall gesondert durchgerechnet werden. Sie kann z.B. von der Art der Endgruppen abhängen. Um innerhalb von 45 min einen 50 prozentigen Abbau zum Monomeren zu erhalten, sind bei einem mit Benzoylperoxid hergestellten Poly(methylmethacrylat) 283 °C erforderlich. Bei einem thermisch polymerisierten Produkt man dagegen die Temperatur auf 325 °C steigern.

## *Anhang A 23: Berechnung des maximal möglichen Umsatzes bei intramolekularen Cyclisierungsreaktionen*

Der theoretisch maximal mögliche Umsatz berechnet sich bei irreversiblen, ausschließlich intramolekularen Reaktionen dieser Art für Kopf/Schwanz-Polymere wie folgt. Das Polymere besitze $X$ Grundbausteine und entsprechend $X$ reaktionsfähige Substituenten. Es sollen nur benachbarte Gruppen miteinander reagieren können. Die mittlere Zahl unreagierter Gruppen pro Kette mit dem Polymerisationsgrad $X$ sei $N_x$. Das Polymer mit dem Polymerisationsgrad 1 kann nicht intramolekular reagieren; es gilt $N_1 = 1$. Beide Substituenten des Dimeren reagieren vollständig ($N_2 = 0$). Beim Polymerisationsgrad 3 können nur zwei der drei vorhandenen Substituenten reagieren, pro Trimer bleibt stets eine Gruppe übrig und folglich ist $N_3 = 1$. Bei einem Tetrameren können je zwei Substituenten in den Paaren 1–2, 2–3 oder 3–4 reagieren. Wird zuerst das Paar 1–2 gebildet, so ist für das verbleibende Paar 3–4 die Situation wie die für ein Dimer, d.h. es können alle vier Substituenten des Tetrameren reagieren. Für die primäre Bildung des Paares 3–4 ist die Situation gleich. Wird dagegen das Paar 2–3 gebildet, so bleiben die Substituenten 1 und 4 isoliert. Nach der Bildung eines

Paares 2 – 3 ist also die Situation wie bei der Reaktion eines Monomeren. Es sind nach der Bildung eines ersten Paares (1 – 2, 3 – 4 oder 2 – 3) jeweils 2 Möglichkeiten wie für ein Dimer ($N_2$) und zwei Möglichkeiten für ein Monomer ($N_1$) vorhanden, die sich auf insgesamt 3 Kombinationen verteilen. Für die Anzahl isolierter Gruppen in einem Tetrameren gilt folglich:

(A 23-1) $$N_4 = (2N_1 + 2N_2)/3 = 2(N_1 + N_2)/(X-1)$$

Da $N_1 = 1$ und $N_2 = 0$, ergibt sich $N_4 = 2/3$. Bei einem Pentamer kann zuerst das Paar 1 – 2 gebildet werden, und anschließend Paar 3 – 4 (Substituent 5 reagiert dann nicht) oder Paar 4 – 5 (Substituent 3 isoliert). Analog ist es bei der primären Bildung von Paar 4 – 5. Man hat also für die Bildung des zweiten Paares zweimal die Situation wie bei einem Trimeren. Werden dagegen zuerst die Paare 2 – 3 oder 3 – 4 gebildet, so bleiben jeweils je ein Monomer und ein Dimer zurück. Insgesamt gilt also

(A 23-2) $$N_5 = (2N_3 + 2N_2 + 2N_1)/(X-1)$$

oder für beliebige Polymerisationsgrade

(A 23-3) $$N_x = \frac{2}{X-1}(N_1 + N_2 + N_3 + \ldots . N_{x-3} + N_{x-2})$$

bzw. analog für $N_{x-1}$ nach einer kleinen Umformung

(A 23-4) $$N_{x-1}(X-2) = 2(N_1 + N_2 + \ldots . N_{x-3})$$

Zieht man Gl. (A 23–4) von Gl. (A 23 – 3) ab

(A 23-5) $$N_x(X-1) - N_{x-1}(X-2) = 2N_{x-2}$$

und führt die Definitionen

(A 23-6) $$N_x - N_{x-1} \equiv \Delta_x \; ; \quad N_{x-1} - N_{x-2} \equiv \Delta_{x-1} \quad \text{usw.}$$

ein, so wird Gl. (A 23 – 6) zu

(A 23-7) $$(X-1)\Delta_x + \Delta_{x-1} = N_{x-2}$$

Von dieser Gleichung kann man das analoge Glied $(X-2)\Delta_{x-1} + \Delta_{x-2} = N_{x-3}$ abziehen und erhält dann nach einer Umformung

(A 23-8) $$\Delta_x - \Delta_{x-1} = \frac{-2}{X-1}(\Delta_{x-1} - \Delta_{x-2})$$

bzw. nach wiederholtem Einsetzen

(A 23-9) $$\Delta_x - \Delta_{x-1} = \frac{(-2)^{X-1}}{(X-1)!}(\Delta_1 - \Delta_0)$$

Den Wert für $\Delta_1 - \Delta_0$ erhält man aus den Werten $N_2 = 0$, $N_1 = 1$ und $N_0 = 0$. Folglich gilt $\Delta_1 = 1$ und $\Delta_2 = -1$. Aus Gl. (A 23 – 9) bekommt man dann

(A 23-10) $$\Delta_2 - \Delta_1 = -2(\Delta_1 - \Delta_0) = -2$$

und damit $\Delta_1 - \Delta_0 = 1$. Gl. (A 23 – 9) wird also zu

(A 23–11) $\Delta_x = 1 - \frac{2}{1!} + \frac{4}{2!} - \frac{8}{3!} + \ldots\ldots \frac{(-2)^{X-1}}{(X-1)!}$

Für $X \to \infty$ entspricht diese Reihe dem Reihenausdruck für $1/e^2$, d. h.,

(A 23–12) $\Delta_\infty = 1/e^2$

Für ein einzelnes Molekül mit dem (hohen) Polymerisationsgrad $\overline{X}_n$ erhält man somit $N_x$ unreagierte Gruppen, d. h.

(A 23–13) $N_x \approx X/e^2$

Für kürzere Ketten bekommt man durch analoge Überlegungen

(A 23–14) $N_x = X - 2(X-1) + \frac{4(X-2)}{2!} - \ldots\ldots + (-2)^{X-1} \frac{(X-(X-1))}{(X-1)!}$

## Literatur zu Kap. 23

*23 Reaktionen von Makromolekülen (allgemein)*

E. M. Fetters, Hrsg., Chemical Reactions of Polymers, Interscience, New York 1964.

*23.1 Grundlagen*

H. Morawetz, Macromolecules in Solution, Interscience, New York, 1965
R. W. Lenz, Organic Chemistry of Synthetic High Polymers, Interscience, New York 1967

*23.2 Makromolekulare Katalysatoren*

C. G. Overberger und K. N. Sannes, Organic Chemistry of Macromolecules, in H.-G. Elias, Hrsg., Trends in Macromol. Sci. (= Midland Macromol. Monographs, Vol.1), Gordon und Breach, London 1974
W. Hanke, Heterogene Katalyse an halbleitenden organischen Verbindungen, Z. Chem. **9** (1969) 1
C. U. Pittman und G. O. Evans, Polymer-bound catalysts and reagents, Chem. Technol. **1973**, 560
D. R. Cooper, A. M. G. Law und B. J. Tighe, Highly Conjugated Organic Polymers as Heterogenous Catalysts, Brit. Polymer J. **5** (1973) 163

*23.3.1 Austauschgleichgewichte*

N. Calderon, The Olefin Metathesis Reaction, Acc. Chem. Res. **5** (1972) 127
N. Calderon, Ring-Opening Polymerization of Cycloolefins, J. Macromol. Sci. [Revs.] **C 7** (1972) 105

*23.4.3 Säure/Base-Reaktionen*

R. Kunin, Ion Exchange Resins, Wiley, New York 1958, 2. Aufl.
S. A. Rice und M. Nagasawa, Polyelectrolyte Solutions, Academic Press, New York 1961
F. Helfferich, Ion Exchange, McGraw-Hill, New York 1962

### *23.4.4 Ringschluß-Reaktionen*

A. A. Berlin und M. G. Chanser, Polymers with Doubled Chains (Ladder Polymers), Usp. Khim. Polim. **1966**, 256
W. de Winter, Double Strand Polymers, Revs. Macomol. Sci. **1** (1966) 329
V. V. Korshak, Heat-Resistant Polymers, Israel Progr. Sci. Transl. Jerusalem, 1971

### *23.5.1 Block-Copolymere*

W. J. Burlant und A. S. Hoffmann, Block und Graft Polymers, Reinhold, New York 1961
E. B. Bradford und L. D. McKeever, Block Copolymers, Progr. Polymer Sci. **3** (1971) 109
D. C. Allport und W. H. Janes, Block Copolymers, Appl. Sci. Ltd., Berking, Essex 1973, Halsted Press-Wiley, New York 1973
R. J. Ceresa, Block and graft copolymers, Vol. 1, Wiley, New York, 1973 (2 Bände)

### *23.5.2 Pfropf-Copolymere*

W. J. Burlant und A. S. Hoffmann, Block and Graft Polymers, Reinhold, New York 1961
A. Charlesby, Atomic Radiation and Polymers, Pergamon Press, Oxford 1961
A. Chapiro, Radiation Chemistry of Polymeric Systems, Interscience, New York 1962
H. A. J. Battaerd und G. W. Tregear, Graft Copolymers, Interscience, New York 1967

### *23.5.3 Vernetzungen*

G. Alliger und I. J. Sjothun, Vulcanization of Elastomers, Reinhold, New York 1964
W. Hofmann, Vulkanisation und Vulkanisationshilfsmittel, Berliner Union, Stuttgart 1966

### *23.6.1 Grundlagen der Abbau-Reaktionen*

H. H. G. Jellinek, Degradation of Vinyl Polymers, Academic Press, New York 1955
N. K. Baramboim, Mechanochemistry of Polymers, herausgegeben von W. F. Watson, Rubber and Plastic Res., Assn. Great Britain, MacLaren, London 1964
N. Grassie, Chemistry of High Polymer Degradation Processes, Butterworths, London, 2. Aufl. 1966
S. L. Madorsky, Thermal Degradation of Organic Polymers, Interscience, New York 1964
L. Reich und D. W. Levi, Dynamic Thermogravimetric Analysis in Polymer Degradation, Macromol. Revs. **1** (1967) 173
A. H. Frazer, High Temperature Resistant Polymers, J. Wiley, London 1968
R. T. Conley, Thermal Stability of Polymers, M. Dekker, New York 1969
V. V. Korshak, Heat-Resistant Polymers, International Scholarly Book Services, Portland, Ore., 1971
L. Reich und S. Stivala, Elements of Polymer Degradation, McGraw-Hill, New York 1971

# 24 Chemische Alterung

## 24.1 Übersicht

Unter der Alterung eines Polymeren versteht man die unerwünschte Änderung seiner chemischen und physikalischen Struktur während des Gebrauchs, d.h. meist unter dem Einfluß von Atmosphärilien. Chemische Veränderungen treten sowohl bei der Verarbeitung als auch bei der Verwendung auf. Bei der Verarbeitung durch z.B. Spritzgießen sind wegen der hohen Verarbeitungstemperatur hauptsächlich thermische und oxydative Reaktionen wichtig. Bei der Verwendung in Gegenwart von Luft und Licht treten photochemische und oxydative Abbaureaktionen auf. Die Oxydation führt zur Verhärtung und zur Verfärbung des Stoffes sowie zu Oberflächenveränderungen. Kunststoffe für medizinische Zwecke müssen gegen Desinfektionsmittel beständig sein, also z.B. gegen Salicylsäure. In diesem Abschnitt werden nur die chemischen Alterungsvorgänge diskutiert. Als physikalisch-chemische Alterung ist z.B. die Migration von Weichmachern zu bezeichnen (vgl. Kap. 10.5.6). Physikalische Alterungsprozesse sind z.B. Kristallisationen und Ausgleich von internen Spannungen (Kap. 10.3).

Als biologischer Abbau wird der Abbau von Polymeren unter dem Einfluß der natürlichen Umweltbedingungen bezeichnet, d.h. unter dem Einfluß von Sauerstoff, ultraviolettem Licht, Wasser, Bakterien, Huminsäuren usw. Die Forderung nach biologisch abbaubaren Polymeren wird in letzter Zeit häufig von Politikern und nicht informierten ,,Umweltschützern" erhoben. Die meisten zu Verpackungszwecken verwendeten Polymeren ,,verschmutzen" ja die Umwelt nicht, da sie von lebenden Organismen weder verdaut noch resorbiert werden können. Sie verschandeln jedoch die Landschaft, was aber kein technisches, sondern ein ästhetisches und erzieherisches Problem ist. Die meisten der bisher vorgeschlagenen Methoden zur Beschleunigung eines biologischen Abbaus erzeugen Oligomere. Oligomere können jedoch häufig von Organismen verdaut und resorbiert werden. Sie sind außerdem oft toxisch. Es ist also zu befürchten, daß durch den ,,biologischen" Abbau die mit Recht unerwünschte Umweltverschmutzung kräftig gefördert wird.

## 24.2 Oxydation

### 24.2.1 PROZESSE

Bei der Oxydation unterscheidet man zwei Teilprozesse. Im Primärschritt werden die Polymeren direkt vom Sauerstoff angegriffen. Anschließend reagieren dann die in den Primärschritten gebildeten Produkte in den eigentlichen Autoxydationsprozessen weiter.

Im *Primärschritt* werden Radikale gebildet, was durch einen Angriff von molekularem Sauerstoff, von Ozon oder von Initiatorradikalen erfolgen kann. Initiatorradikale werden durch den Zerfall von Initiatoren gebildet, die noch von der Polymerisation her im Polymerisat verblieben sind. Diese Radikale (z.B. Benzoyloxy-Radikale) greifen das Polymer RH unter Kettenübertragung an und bilden Kohlenwasserstoffradikale

$$(24\text{-}1) \quad \text{C}_6\text{H}_5\text{-CO-O}^\bullet + \text{H-R} \rightarrow \text{C}_6\text{H}_5\text{-COOH} + \text{R}^\bullet$$

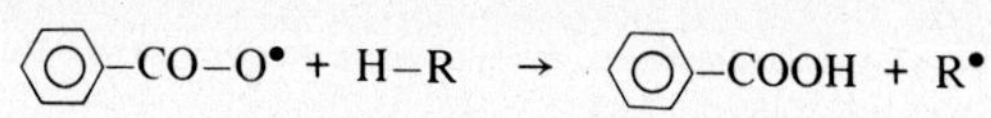

Ob und in welchem Ausmaß ein Primärschritt durch Ozon (ca. 0,1 ppm in der Atmosphäre) bewirkt wird, ist unbekannt. Die atmosphärische Ozonkonzentration ist jedenfalls optimal für Reaktionen des Typs

(24-2) $$RH + O_3 \rightarrow RO^{\bullet} + {}^{\bullet}OOH$$

Beim Angriff von RH durch $O_2$ könnten einerseits direkt Radikale gebildet werden oder aber zuerst Peroxide, die dann in Radikale zerfallen. Der chemische Entscheid ist schwierig, da jeweils die gleichen Produkte wie bei den eigentlichen Autoxydationsprozessen entstehen. Eine kinetische Analyse ist dagegen möglich. Dazu müssen zunächst die Sekundärreaktionen besprochen werden.

Beim Primärschritt entstehen zunächst Radikale (vgl. weiter unten). Diese Radikale können je nach ihrer chemischen Struktur die kinetische Kette fortpflanzen.

An Kohlenwasserstoffradikale $R^{\bullet}$ lagert sich in einer sehr schnellen Reaktion Sauerstoff an. Wegen der Biradikalnatur des Sauerstoffs hat diese Reaktion die Aktivierungsenergie null:

(24-3) $$R^{\bullet} + O_2 \rightarrow ROO^{\bullet} \qquad ; E^{\ddagger} = 0 \text{ kJ mol}^{-1}$$

Ungünstiger ist eine Übertragungsreaktion

(24-4) $$R^{\bullet} + O_2 \rightarrow HOO^{\bullet} + \text{Alken} \qquad ; E^{\ddagger} = 30 - 40 \text{ kJ mol}^{-1}$$

Die Peroxy-Radikale $ROO^{\bullet}$ und die Hydroperoxy-Radikale $HOO^{\bullet}$ können je nach Substrat verschiedene Reaktionen eingehen. Mit Kohlenwasserstoffen RH bilden sich Hydroperoxide bzw. Wasserstoffperoxid:

(24-5) $$\begin{array}{l} ROO^{\bullet} + RH \rightarrow ROOH + R^{\bullet} \\ HOO^{\bullet} + RH \rightarrow HOOH + R^{\bullet} \end{array} \qquad ; E^{\ddagger} = \begin{array}{ll} 30 \text{ kJ mol}^{-1} & \text{(tertiäre H)} \\ 45 \text{ kJ mol}^{-1} & \text{(sekundäre H)} \\ 60 \text{ kJ mol}^{-1} & \text{(primäre H)} \end{array}$$

Die Reaktion ist langsam und daher geschwindigkeitsbestimmend. Tertiäre Wasserstoffatome werden bei Kohlenwasserstoffen bevorzugt angegriffen. Beim Poly(acrylnitril) erfolgt dagegen der Angriff wegen der dirigierenden Wirkung der Nitrilgruppe an der Methylengruppe. Bei Poly(olefinen) wird bevorzugt die Nachbargruppe angegriffen, da in thermisch oxydiertem Poly(propylen) nur ca. 10 % isolierte Hydroperoxid-Gruppen vorliegen, während der Rest in Diaden, Triaden usw. vorkommt:

(24-6)

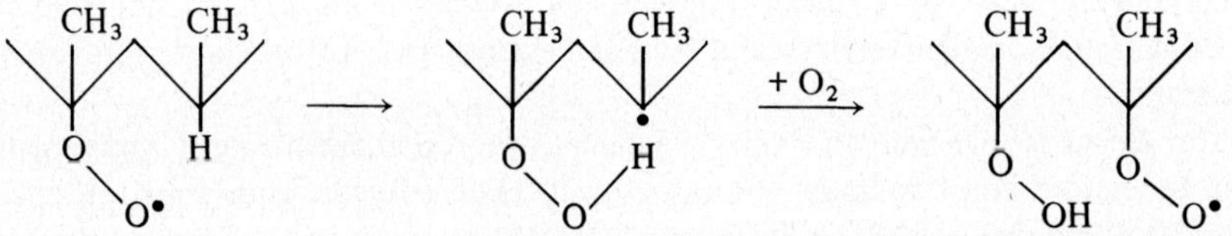


Bei den Olefinen beobachtet man dagegen eine Anlagerung oder eine Epoxid-Bildung:

(24-7)

$$ROO^\bullet + {>}C=C{<} \longrightarrow \begin{array}{l} ROO-\underset{|}{\overset{|}{C}}-\underset{|}{\overset{|}{C}}{}^\bullet \quad \left( \xrightarrow{+O_2} ROO-\underset{|}{\overset{|}{C}}-\underset{|}{\overset{|}{C}}-O-O^\bullet \right) \\ RO^\bullet + {>}\underset{\diagdown O \diagup}{C-C}{<} \end{array}$$

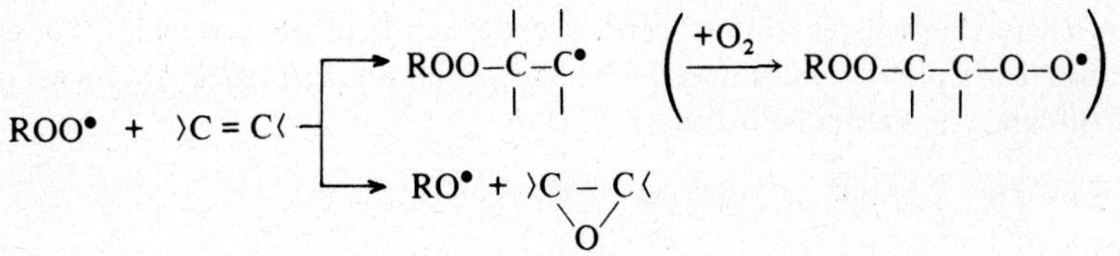

Befinden sich die olefinischen Doppelbindungen bei niedermolekularen Verbindungen in einem resonanzstabilisierten System (z.B. Styrol, Acrylnitril, Inden), so bilden sich durch Copolymerisation mit Sauerstoff anschließend leicht Polyperoxide. Bei Makromolekülen als Substrat und dem Radikal $ROO^\bullet$ ist die kinetische Kettenlänge bei den Reaktionen groß, sofern die Makromoleküle noch beweglich sind (Lösung oder Schmelze). Da aber zwei Makromoleküle miteinander reagieren müssen, wird sie unterhalb des Schmelzpunktes (kristalline Polymere) bzw. unterhalb der Glastemperatur (amorphe Stoffe) sehr viel niedriger. Bei beiden Schritten ist der Angriff zudem durch Gruppen wie CO, Phenyl oder weitere Doppelbindungen in Nachbarstellung aktiviert.

Die Radikale $ROO^\bullet$ reagieren außerdem mit konjugierten Doppelbindungen unter Anlagerung und Verschiebung der Doppelbindung:

(24-8)    $ROO^\bullet + {\sim}CH=CH-CH=CH{\sim} \rightarrow {\sim}CH-CH=CH-\overset{\bullet}{C}H{\sim}$
                                                            $\underset{OOR}{|}$

Die nach Gleichung (24-5) gebildeten Hydroperoxide können ebenfalls in einer Reihe von Reaktionen weitere Radikale bilden:

(24-9)    $ROOH \rightarrow RO^\bullet + HO^\bullet$      $E^\ddagger$ = ca. 150 kJ mol$^{-1}$

(24-10)   $ROOH + R^\bullet \rightarrow RO^\bullet + ROH$

(24-11)   $2\,ROOH \rightarrow ROO^\bullet + RO^\bullet + H_2O$    (bei hohen Hydroperoxid-Konzentrationen über ca. $10^{-2}$ mol/dm$^3$)

Diese Zerfallsreaktionen werden durch Ionen der Übergangsmetalle induziert und beschleunigt. Das Metallion kann dabei je nach Redoxpotential entweder oxydierend oder reduzierend wirken:

(24-12)   $ROOH + Met^{x+} \rightarrow RO^\bullet + OH^- + Met^{(x+1)+}$

(24-13)   $ROOH + Met^{x+} \rightarrow ROO^\bullet + H^+ + Met^{(x-1)+}$

Oxy-Radikale $RO^\bullet$ und Hydroxy-Radikale $HO^\bullet$ reagieren schließlich nach

(24-14)   $RO^\bullet + RH \rightarrow ROH + R^\bullet$

(24-15)   $HO^\bullet + RH \rightarrow H_2O + R^\bullet$    ; $E^\ddagger$ = 4–8 kJ mol$^{-1}$

(24-16)   $RO^\bullet + {-}CH=CH{-} \rightarrow RO-CH-\overset{\bullet}{C}H-$    (Vernetzung durch Rekombi-
                                              $\quad\quad\quad\quad\quad\quad |$                        nation)

(24-17)   $RO^\bullet + ROOH \rightarrow ROH + ROO^\bullet$    (induzierter Zerfall)

In den Abbruchsreaktionen werden schließlich Radikale vernichtet. Für große Sauerstoffpartialdrucke über 100 mbar scheint die wichtigste Abbruchsreaktion die Bildung von Peroxiden zu sein:

(24-18) $\quad 2\,ROO^\bullet \rightarrow ROOR + O_2$

bzw.

(24-19)

$$2\,RR'C\text{-}OO^\bullet \rightarrow \left[ \begin{array}{c} R\diagdown\quad\diagup O\text{-}O^\bullet \\ C \\ R'\diagup\quad\diagdown H \quad O^\bullet \\ \quad\quad\quad\quad | \\ \quad\quad\quad\quad O \\ \quad\quad\quad\quad | \\ \quad\quad\quad\quad CH \\ \quad\quad\quad R\diagup\,\diagdown R' \end{array} \right] \rightarrow \begin{array}{c} R\diagdown \\ C=O \\ R'\diagup \end{array} + O_2 + \begin{array}{c} R\diagdown \\ CHOH \\ R'\diagup \end{array}$$

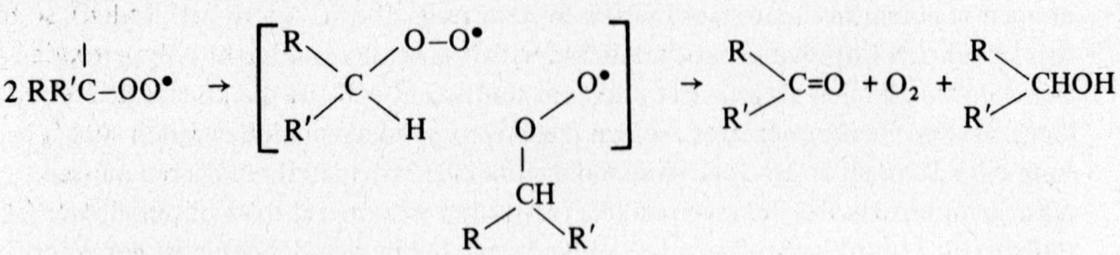

Außerdem können Rekombinationen der Radikale auftreten:

(24-20)

$$2\,\overset{|}{\underset{|}{CH}}\text{-}O^\bullet \rightarrow \overset{|}{\underset{|}{CH}}\text{-}O\text{-}O\text{-}\overset{|}{\underset{|}{CH}} \quad (\text{Vernetzung})$$

$$\overset{|}{\,^\bullet CH} + {}^\bullet OH \rightarrow \overset{|}{\underset{|}{CH}}\text{-}OH$$

Für diese Reaktionen kann bei kleinen Peroxidkonzentrationen und großen Sauerstoffpartialdrucken ein einfaches kinetisches Schema aufgestellt werden. Vernachlässigt man zunächst den Primärschritt und setzt die Existenz von Hydroperoxiden als gegeben an, so erfolgt der Start nach Gl. (24-9), d. h.

(24-21) $\quad ROOH \rightarrow RO^\bullet + {}^\bullet OH \quad\quad\quad v_{st} = k_{st}\,[ROOH]$

Die Kette wird z.B. fortgepflanzt durch die Reaktionen $RO^\bullet + RH \rightarrow ROH + R^\bullet$ und $R^\bullet + O_2 \rightarrow ROO^\bullet$. Nur durch die letztgenannte Reaktion wird aber Sauerstoff verbraucht, also

(24-22) $\quad -\dfrac{d\,[O_2]}{dt} = v_{br} = k\,[R^\bullet]\,[O_2]$

bzw., da die Reaktion von $R^\bullet$ mit Sauerstoff sehr schnell erfolgt

(24-23) $\quad v_{br} = k\,[ROO^\bullet]\,[O_2]$

In der Abbruchsreaktion werden $ROO^\bullet$-Radikale vernichtet (z.B. nach Gl. (24-18)). Der dabei gebildete Sauerstoff ist vernachlässigbar gegen die vorhandene Sauerstoffkonzentration:

(24-24) $\quad v_t = k_t\,[ROO^\bullet]^2$

Bei den kleinen Peroxid-Konzentrationen kann man die Konzentration an Radikalen als konstant ansetzen, d. h. es gilt $v_{st} = v_t$ oder

(24-25) $[\mathrm{ROO}^\bullet] = (k_{st}[\mathrm{ROOH}]/k_t)^{0,5}$

und folglich mit Gl. (24-23), da die Sauerstoffkonzentration bei großen Partialdrukken als konstant angesehen werden kann:

(24-26) $-\mathrm{d}[\mathrm{O}_2]/\mathrm{d}t = k\,(k_{st}/k_t)^{0,5}\,[\mathrm{O}_2]\,[\mathrm{ROOH}]^{0,5} = const.\ [\mathrm{ROOH}]^{0,5}$

Bei Gl. (24-26) wurde die Primärreaktion nicht berücksichtigt. Werden nun in der Primärreaktion Peroxide oder andere Verbindungen, aber keine Radikale gebildet, so läuft diese Einzelreaktion mit der Geschwindigkeit $v_e$ unabhängig von der Kettenreaktion ab und man erhält

(24-27) $v_{br} = v_e + const\ [\mathrm{ROOH}]^{0,5}$

Werden dagegen in den Primärreaktionen direkt Radikale gebildet, so stellt diese Reaktion eine zusätzliche Startreaktion mit der Geschwindigkeit $v_r$ dar und man erhält folglich

(24-28) $$v_{br} = \frac{k \cdot [\mathrm{O}_2]}{k_t^{0,5}} \cdot \sqrt{v_r + k_{st} \cdot [\mathrm{ROOH}]}$$

Zur experimentellen Prüfung wird Gl. (24-28) quadriert und $v_{br}^2$ gegen [ROOH] aufgetragen. Dabei zeigt sich, daß Gl. (24-28), aber nicht Gl. (24-27) erfüllt wird. Die Geschwindigkeit der Primärreaktion ist mit ca. $10^{-8}$ mol dm$^{-3}$ h$^{-1}$ sehr gering und wird daher erst bei ROOH-Konzentrationen unter ca. $10^{-4}$ mol/dm$^3$ merklich.

### 24.2.2 ANTIOXYDANTIEN

Die Oxydation von Polymeren wird herabgesetzt, wenn die Zugänglichkeit der oxydierbaren Gruppierungen vermindert oder die Reaktion selbst unterbunden wird. Die Zugänglichkeit wird umso geringer, je kristalliner das Material ist. Außerdem verringern Oberflächenschutzmittel das Eindiffundieren des Sauerstoffs. Derartige Substanzen werden in Mengen von ca. 1 % zugegeben.

Die eigentlichen Antioxydantien können in Desinitiatoren und Kettenabbrecher eingeteilt werden. Desinitiatoren verhindern die Bildung von Hydroperoxiden oder fördern deren Zersetzung so, daß weniger Radikale gebildet werden. Kettenabbrecher greifen in die kinetische Kette ein und fangen Radikale ab.

Bei den Desinitiatoren unterscheidet man Peroxid-Desaktivatoren, Metall-Desaktivatoren und UV-Absorber. Die UV-Absorber gehören zu den Lichtschutzmitteln (Kap. 24.3.2) und werden dort besprochen. Peroxid-Desaktivatoren zerstören Hydroperoxide, bevor sie in freie Radikale zerfallen. Tertiäre Phosphine werden so zu Phosphinoxiden

(24-29) $\mathrm{R_3P + ROOH \rightarrow R_3PO + ROH}$,

tertiäre Amine zu Aminoxiden und Sulfide zu Sulfoxiden oxydiert. Substanzen wie $\mathrm{P_2S_5}$ scheinen außer dieser stöchiometrischen Wirkung noch einen ungeklärten katalytischen Effekt zu zeigen. Metall-Desaktivatoren wie z.B. organische Phosphite oder Dithiocarbamate bilden mit Metallen Komplexe und verhindern so den metallinduzierten Zerfall von Perverbindungen. Ihre Wirkung hängt außerdem noch von ihrem Redoxpotential ab.

Als Kettenabbrecher eignen sich Phenole, Amine und einige annellierte Kohlenwasserstoffe. Durch Substanzen wie Di-t-butyl-p-kresol werden pro Molekül zwei Radikale vernichtet:

(24-30)

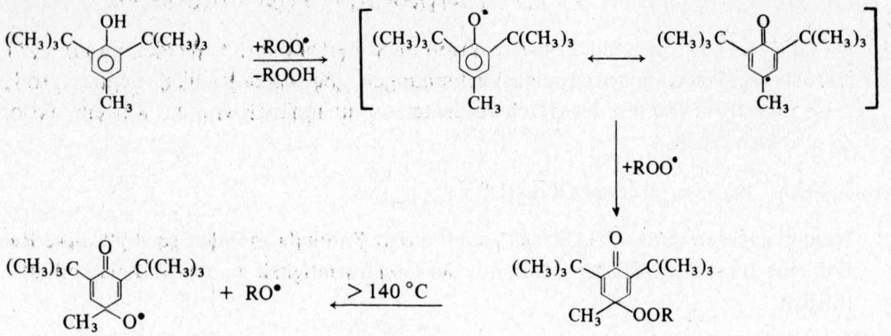


Die Reaktion läuft wahrscheinlich über einen primär gebildeten $\pi$-Komplex des Radikals ROO• mit dem Kresol ab. Bei höheren Temperaturen sind Phenole jedoch ziemlich unwirksame Antioxydantien, da sie neue Radikale bilden können.

Für die Wirkung von Aminen hat man stärkere Hinweise für eine Komplexbildung:

(24-31)

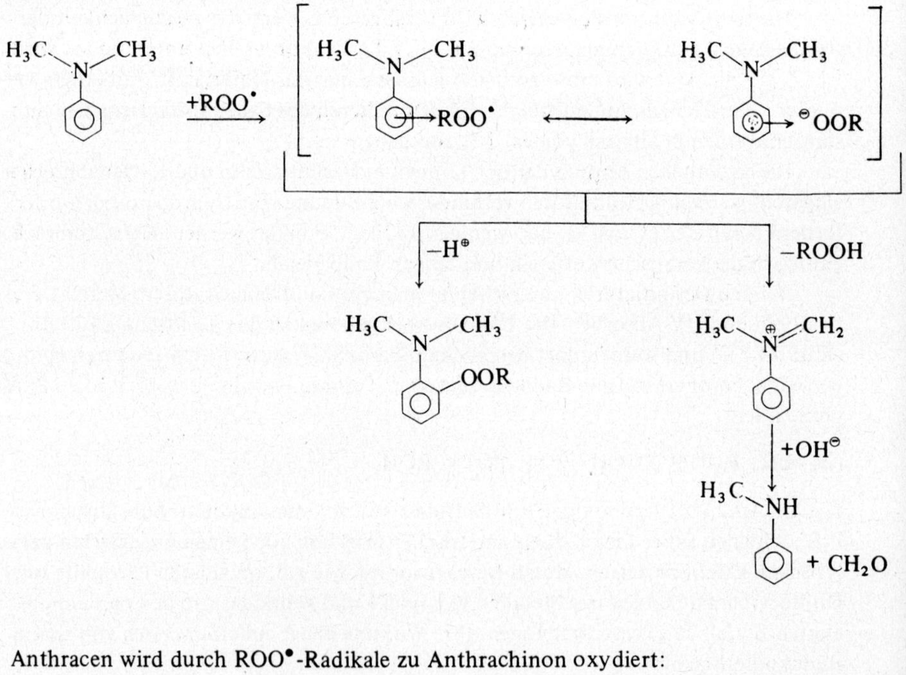


Anthracen wird durch ROO•-Radikale zu Anthrachinon oxydiert:

(24-32)

$$\text{anthracene} \xrightarrow{+2\,ROO^\bullet} \text{ROO,H / H,OOR adduct} \longrightarrow \text{anthraquinone} + 2\,ROH$$

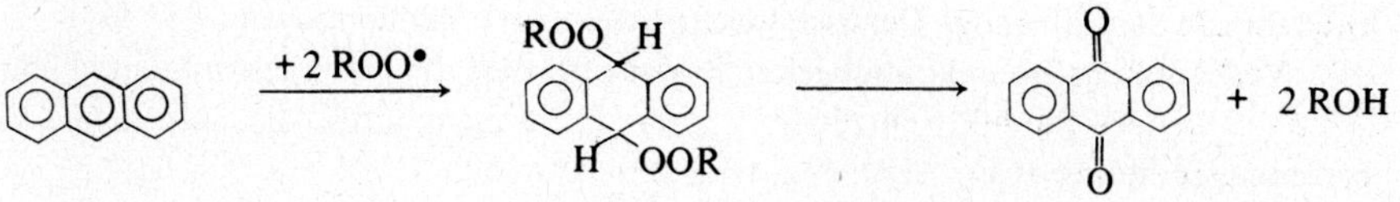

Zinkdiäthyldithiocarbamat wirkt in einer sehr komplexen Weise als Antioxydans. Es wird zuerst oxydiert (vermutlich zu einem instabilen Sulfonat):

(24-33)
$$(R_2NCS)_2Zn \xrightarrow{ROOH} (R_2NC(S)\text{-}S(O)_2\text{-}O)_2Zn$$

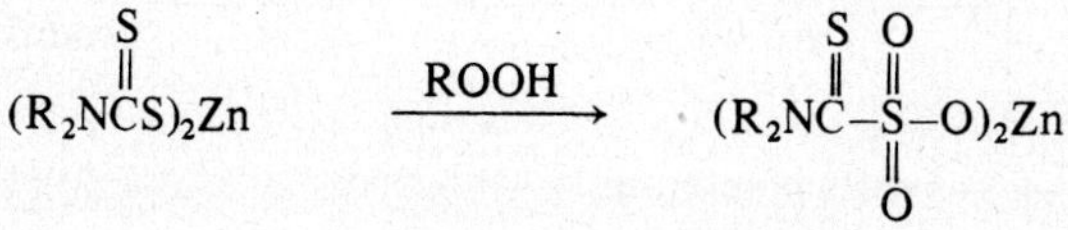

Dieses Sulfat könnte in der gleichen Weise thermisch zerfallen, wie es bei der Benzthiozol-2-sulfonsäure bekannt ist:

(24-34)
$$R_2NC(=S)\text{-}S(=O)_2\text{-}H \xrightarrow{-SO_2} R_2NC(=S)\text{-}OH \longrightarrow R\text{-}N=C=S + ROH$$

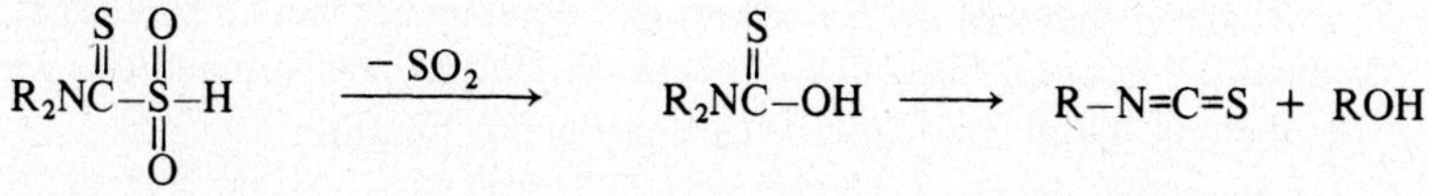

Das dabei entstehende Schwefeldioxid ist ein aktiver Katalysator für den Zerfall von Hydroperoxiden, z. B. von Cumolhydroperoxid:

(24-35)
$$C_6H_5\text{-}C(CH_3)_2\text{-}OOH + SO_2 \longrightarrow C_6H_5\text{-}C(CH_3)_2\text{-}O^\oplus + HSO_3^\ominus \longrightarrow C_6H_5OH + (CH_3)_2CO + SO_2$$

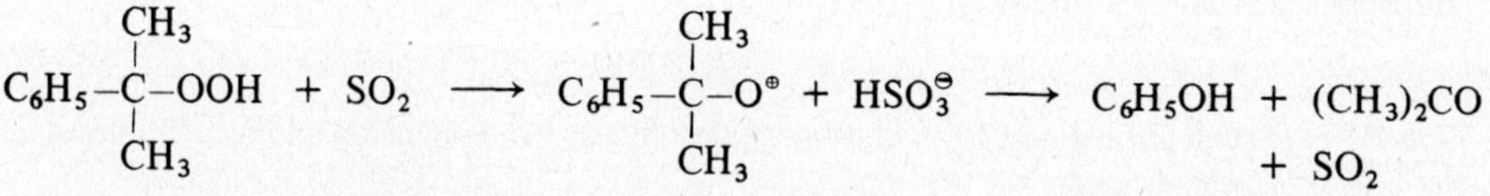

$SO_2$ und Isothiocyanat wurden in der Tat nachgewiesen. Nach diesem Mechanismus spielt das Übergangsmetall nur eine untergeordnete Rolle.

Kombiniert man einen Desinitiator und einen Kettenabbrecher, so erzielt man oft einen größeren Effekt in Bezug auf Inhibitionsperiode und Geschwindigkeit der Sauerstoff-Aufnahme als sich additiv aus den Einzelwirksamkeiten ergibt. Dieser synergistische Effekt kommt zustande, weil beide Verbindungen nacheinander in die Reaktion eingreifen. Kombinationen mit geringerer Wirksamkeit sind ebenfalls bekannt (antagonistischer Effekt). Antagonistische Effekte treten bei der Wirksamkeit von Antioxydantien in Gegenwart von Ruß auf, da Ruß die Antioxydantien adsorbieren und damit unwirksam machen kann.

### 24.2.3 FLAMMSCHUTZ

Alle organischen Verbindungen sind bei Raumtemperatur gegen $O_2$ thermodynamisch instabil. Die erforderliche Aktivierungsenergie kann aber meist erst bei höheren Temperaturen aufgebracht werden. Sie hängt noch stark von der Konstitution der Polymeren ab. Einige Polymeren brennen nur langsam und werden daher flammwidrig oder flammhemmend genannt, andere verlöschen von selbst. Bei vielen Polymeren brennt nicht die kondensierte Phase, sondern das durch Depolymerisation und Abbau entstehende dampfförmige Gemisch niedermolekularer Verbindungen.

Verbrennung ist ein komplizierter Prozeß, bei dem die durch Pyrolyse ursprünglich entstehenden Produkte entzündet werden, verbrennen und so die eigentlichen Verbrennungsprodukte ($CO_2$, $H_2O$, CO usw.) und Wärme liefern:

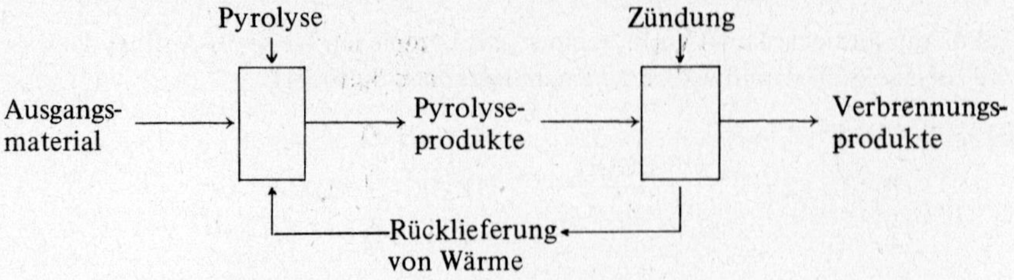


Ein quantitatives Maß für die Entflammbarkeit ist der sog. Sauerstoffindex LOI. Der Sauerstoffindex ist der Grenzwert des Volumenbruches an Sauerstoff in einer Sauerstoff/Stickstoff-Mischung, bei dem das Material bei Normaldruck gerade noch von oben nach unten mit einer Diffusionsflamme brennt:

(24–36) $\mathrm{LOI} = \phi_{O_2} = V_{O_2}/(V_{O_2} + V_{N_2})$

Der Sauerstoffindex ist bei den sog. flammwidrigen Kunststoffen größer als 0,225 und bei den selbstverlöschenden größer als 0,27. Er steigt im allgemeinen um ca. 15 % bei Verdopplung der Verhältnisses Masse/Fläche (= „Stoffgewicht“) an, was durch die behinderte Diffusion bedingt ist.

*Tab. 24-1:* Sauerstoffindices LOI (= *l*imiting *o*xygen *i*ndex) von Polymeren und niedermolekularen Verbindungen

| Verbindung | $\phi_{O_2}$ | Verbindung | $\phi_{O_2}$ |
|---|---|---|---|
| Wasserstoff | 0,054 | Poly(äthylen) | 0,174 |
| Formaldehyd | 0,071 | Poly(styrol) | 0,182 |
| Benzol | 0,131 | Poly(vinylalkohol) | 0,225 |
| Poly(oxymethylen) | 0,149 | Poly(bischlormethylbutylenoxid) | 0,232 |
| Poly(äthylenoxid) | 0,150 | Poly(carbonat) | 0,27 |
| Poly(methylmethacrylat) | 0,173 | Poly(2,6-xylylenoxid) | 0,28 |
| it-Poly(propylen) | 0,174 | | |

Zwischen dem Sauerstoffindex und dem Anteil $f_c$ an kohligem Rückstand besteht eine lineare Beziehung (Abb. 24 – 1). Die Zusammenhänge zwischen Flammbarkeit, Brennbarkeit und Rauchbildung sind noch weitgehend ungeklärt. Aliphatische Hauptketten brennen stark, entwickeln aber bei der Verbrennung wenig Rauch. Halogenhaltige Polymere sind andererseits nur schwach brennbar, geben aber starken Rauch ab. Polymere mit aromatischen Seitengruppen brennen stark mit großer Rauchentwicklung.

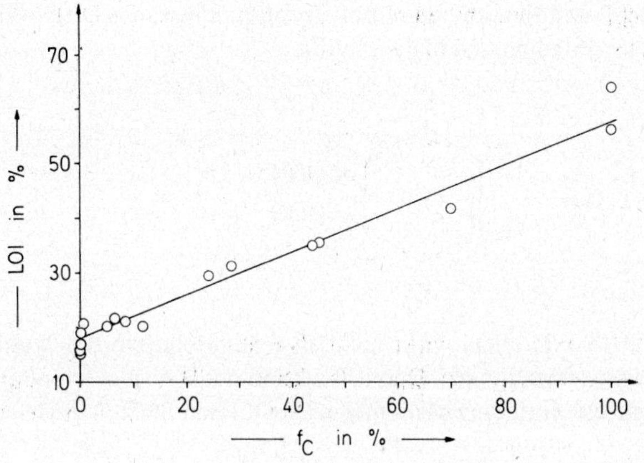


*Abb. 24-1:* Beziehung zwischen dem Sauerstoffindex LOI und dem Anteil $f_C$ an kohleartigen Rückständen bei der Verbrennung verschiedener Polymerer (nach D. W. van Krevelen)

Der Flammschutz kann durch Verwendung von Überzügen oder Anwendung von Flammfestmachern verbessert werden. Nichtbrennbare oder stark reflektierende Überzüge setzen dabei die Pyrolysetemperatur herauf.

Alle technisch wichtigen Flammfestmacher (Flammschutzmittel) enthalten mindestens eines der folgenden Elemente: P, Sb, Cl, Br, B oder N. Da der Wirkungsmechanismus der Flammschutzmittel nur in wenigen Fällen bekannt ist, erfolgt ihre Auswahl weitgehend empirisch. Gesichert sind zwei verschiedene Wirkungsweisen: Verhinderung des Sauerstoffzutritts durch Abspalten nichtbrennbarer Gase und „Vergiften" der Flamme durch Radikale. Die sog. thermische Theorie der Flammfestmacher ist dagegen umstritten. Nach dieser Theorie werden die Flammfestmacher endotherm abgebaut. Sie erniedrigen dadurch die Oberflächentemperatur der Kunststoffe auf so tiefe Werte, daß die durch die Oxydation freiwerdende Energie nicht mehr für die Zersetzung der Makromoleküle zu leicht brennbaren Fragmenten ausreicht.

Der Sauerstoff-Zutritt wird verhindert, wenn die Flammfestmacher oder die Polymeren selbst nichtbrennbare Gase abgeben. Polycarbonate zersetzen sich unter Bildung von $CO_2$, wodurch sie selbstverlöschend werden. Der Zusatz von $ZnCl_2$ fördert den Abbau der Cellulose zu Kohlenstoff und Wasserdampf, wobei gleichzeitig ein schlecht brennender Überzug aus Kohlenstoff gebildet wird.

Radikalbildende Flammfestmacher „vergiften" die Flamme, indem sie mit den in der Flamme auftretenden Radikalen rekombinieren. Durch die Rekombination wird die kinetische Kette abgebrochen. Chlor- und bromhaltige Verbindungen wirken in dieser Weise. Erfahrungsgemäß müssen 2–4 Gew. proz. Brom- und 20–30 Gew. proz. Chlorverbindungen zugesetzt werden, damit ein Flammschutz erhalten wird. Bromverbindungen sind aber viel weniger lichtbeständig als Chlorverbindungen und werden daher weniger verwendet. Die Chlorverbindungen können zugemischt oder in die Polymerkette eingebaut werden. Als zumischbare Stoffe eignen sich Chlorparaffine. Wegen ihrer Unverträglichkeit mit den Polymeren verlieren die Werkstücke aber ihre Transparenz. Der Einbau ist daher in vielen Fällen vorteilhafter. Ungesättigte Polyester macht man deshalb durch Einkondensation der sog. HET-Säure flammfester (HET-

Säure = *H*exachlor-*e*ndomethylen-*t*etrahydrophthalsäure, das Diels-Alder-Produkt von Hexachlorcyclopentadien und Maleinsäure).

HET-Säure

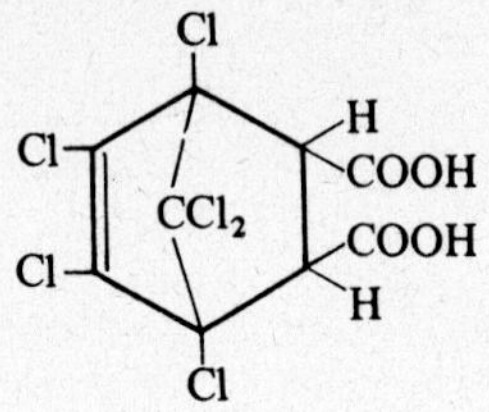

Antimon(III)oxid allein wirkt nicht als Flammschutzmittel, wohl aber in Gegenwart von Halogenverbindungen. Durch Reaktion der Halogenverbindungen mit $Sb_4O_6$ entstehen flüchtige Antimonverbindungen ($SbOCl$ und $SbCl_3$), die leicht mit Radikalen reagieren.

## *24.3 Lichtschutz*

### 24.3.1 PROZESSE

Einige wenige Polymere wie z.B. cis-1,4-Poly(isopren) oder Poly(styrol) absorbieren UV-Licht direkt. Beim Poly(isopren) bildet sich dabei unter Wasserstoffabspaltung ($2\,H^{\bullet} \rightarrow H_2$) ein resonanzstabilisiertes Allylradikal:

(24–37)
$$\sim CH_2-\underset{}{\overset{CH_3}{\overset{|}{C}}}=CH-CH_2\sim \xrightarrow[-H^{\bullet}]{+h\nu} \sim CH_2-\overset{CH_3}{\overset{|}{C}}=CH-\dot{C}H\sim$$

Durch Kombination dieser Radikale wird das Poly(isopren) vernetzt. Sind die Radikale nur wenig resonanzstabilisiert wie z. B. beim Poly(methylmethacrylat), so erfolgt Disproportionierung und daher Kettenabbau:

(24–38)
$$\sim CH_2-\underset{\underset{COOCH_3}{|}}{\overset{\overset{CH_3}{|}}{C}}-\dot{C}H-\underset{\underset{COOCH_3}{|}}{\overset{\overset{CH_3}{|}}{C}}-CH_2\sim \;\rightarrow\; \sim\dot{C}H_2 + \underset{\underset{COOCH_3}{|}}{\overset{\overset{CH_3}{|}}{C}}{=}CH-\underset{\underset{COOCH_3}{|}}{\overset{\overset{CH_3}{|}}{C}}-CH_2\sim$$

Die meisten Polymeren wie Poly(äthylen) und Poly(propylen) sollten keine absorbierenden Gruppen enthalten. Die meisten technischen Polymeren absorbieren aber trotzdem ultraviolettes Licht, wofür sowohl Strukturfehler als auch Verunreinigungen verantwortlich sind. Die Natur dieser fotoaktiven Gruppierungen ist nicht mit Sicherheit bekannt. Häufig handelt es sich jedoch um Ketone, Aldehyde und Peroxide.

Bei Ketonen können vier verschiedene fotoinduzierte Prozesse auftreten:

Der sog. Norrish I-Mechanismus ist eine Radikalreaktion und kann daher durch Radikalfänger unwirksam gemacht werden:

(24–39)
$$-\underset{|}{\overset{|}{C}}-\underset{\underset{O}{\|}}{C}-\underset{|}{\overset{|}{C}}- \xrightarrow{h\nu} -\underset{|}{\overset{|}{C}}-\underset{\underset{O}{\|}}{C^{\bullet}} + {}^{\bullet}\underset{|}{\overset{|}{C}}- \longrightarrow -\underset{|}{\overset{|}{C^{\bullet}}} + CO + {}^{\bullet}\underset{|}{\overset{|}{C}}-$$

Der Norrish I-Mechanismus tritt bei Arylketonen nicht auf. Er ist aber sehr wichtig bei Poly($\alpha$-olefinen).

Der Norrish II-Mechanismus ist ein molekularer Prozeß:

(24-40)

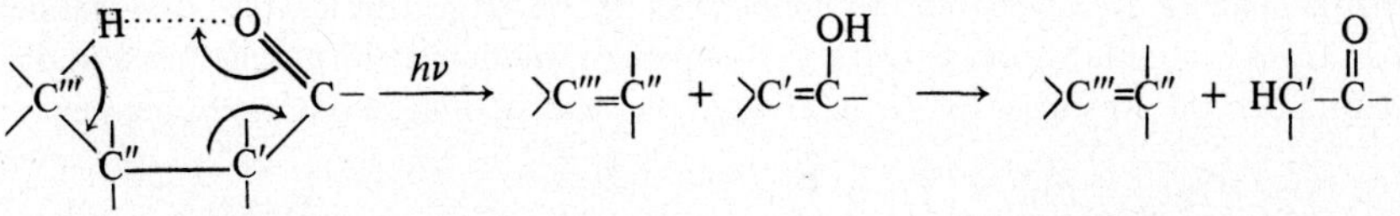

Der molekulare Prozeß kann daher nicht durch die üblichen Antioxydantien gestoppt werden. Der Norrish II-Mechanismus tritt nicht bei Arylketonen auf und auch nicht bei araliphatischen Ketonen mit stark elektronendonierenden Gruppen in o- und p-Stellung.

Intramolekulare Reduktionen sind bei Polymeren eher selten:

(24-41)

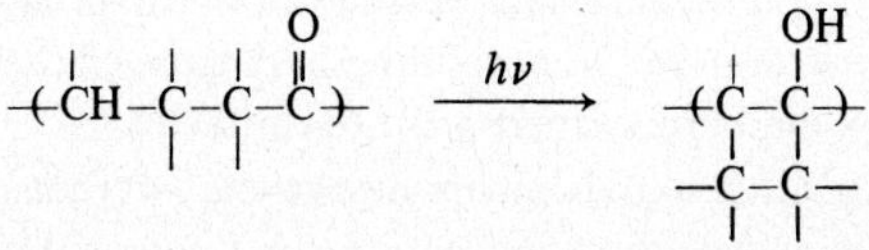

Die Wasserstoffübertragung ist besonders wichtig bei aromatischen Ketonen, da diese im angeregten Zustand sehr wirksame Oxydationsmittel sind:

(24-42)

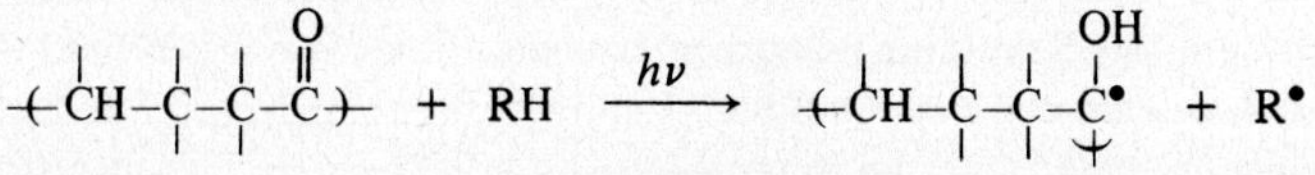

Die Bildung von Tripletts mit ihrem Biradikalcharakter ist dagegen bei Poly(olefinen) nicht wichtig:

(24-43) $$>C{=}O \xrightarrow{h\nu} >\dot{C}{-}O^{\bullet} \xrightarrow{+RH} >C^{\bullet}{-}OH + R^{\bullet}$$

24.3.2 LICHTSCHUTZMITTEL

Polymere können durch die folgenden Maßnahmen gegen einen durch Licht induzierten Abbau geschützt werden: Verhinderung der Lichtabsorption, Desaktivierung angeregter Zustände, Zerstörung gebildeter Perverbindungen und Verhinderung von Reaktionen von Radikalen. Die letzten beiden Maßnahmen wurden bereits in Kap. 24.2 besprochen.

Die Lichtabsorption kann durch Zusatz von UV-Absorbern stark eingeschränkt werden. Pigmentierte Polymere reflektieren oft das Licht so gut, daß nur wenig Radikale gebildet werden können. Ruß als Füllstoff absorbiert ultraviolettes Licht sehr gut; er ist außerdem eine wirksame Radikalfalle. Titandioxid ist jedoch ein Sensibilisator und fördert den Abbau.

Durchsichtige Polymere müssen in jedem Fall durch Zusatz von UV-Absorbern gegen einen Lichtabbau geschützt werden. UV-Absorber sollen das UV-Licht absorbieren und dabei keine Radikale bilden. Die Absorptionsmaxima vieler Kunststoffe liegen zwischen 290 und 360 nm. UV-Absorber für technische Zwecke müssen daher unter 420 nm absorbieren. UV-Absorber für kosmetische Zwecke sollen dagegen unter 320 nm absorbieren, da die menschliche Haut ein scharfes Empfindlichkeitsmaximum bei 297 nm aufweist.

UV-Absorber wie o-Hydroxybenzophenone oder 2-(2′-Hydroxyphenyl)-benztriazole nehmen die eingestrahlte Energie über die Wasserstoffbrücke auf und wandeln sie in Infrarotstrahlung um. Andere Verbindungen wandeln sich fotochemisch in die eigentlichen UV-Absorber um, z. B. Phenylsalicylate in o-Hydroxybenzophenone.

o-Hydroxybenzophenon 2-(2′-Hydroxyphenyl)-benztriazol

UV-Absorber für Kunststoffe müssen nicht nur eine Absorptionsfähigkeit und eine Schutzwirkung aufweisen, sondern außerdem noch verträglich mit dem Substrat sein, eine hohe Lichtechtheit besitzen, unter den Verarbeitungsbedingungen stabil bleiben, ungiftig sein und z. B. bei Fasern die Farbechtheit nicht beeinträchtigen.

Angeregte Zustände können durch sog. Quencher desaktiviert werden. Der Quencher nimmt dabei die Energie des angeregten Sensibilisators auf und geht selbst in einen angeregten Zustand über. Nur solche Quencher eignen sich aber als Schutzmittel gegen einen UV-Abbau, die im angeregten Zustand ihre akkumulierte Energie ohne weitere schädliche Folgen dissipieren können. Bislang kennt man nur einige Nickelverbindungen, die als derartige Schutzmittel wirken können. Einige von ihnen besitzen jedoch den Nachteil, daß sie sich bei den hohen Verarbeitungstemperaturen in Extrudern und Spinnanlagen (ca. 300 °C) rasch unter Bildung von schwarzem Nickelsulfid zersetzen. Der Schwefel kann dabei von einem Liganden stammen oder aus Thioldipropionaten, die häufig als Synergisten zugesetzt werden.

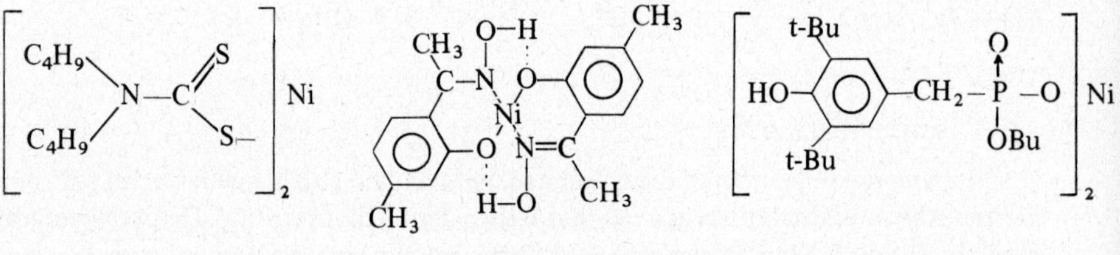

## 24.4 *Ablation*

Unter einer Ablation versteht man das Abtragen von Material durch thermische Effekte. Der Begriff wurde ursprünglich in der Glaziologie verwendet. Der Effekt ist aber auch bei der Konstruktion von Hitzeschilden für Raumschiffe bedeutsam. Polymere unterliegen nämlich entgegen der oberflächlichen Erwartung nur einer recht geringen Ablation, da sie Wärme absorbieren, dissipieren und speichern können, allerdings unter Veränderung des Materials.

Bei Beginn der Hitzeeinwirkung wird. Wärme aufgenommen und intern weitergegeben. Wegen der schlechten Wärmeleitfähigkeit nimmt die Temperatur zu. In diesem Stadium verdampfen Wasser, Lösungsmittelreste und Oligomere, wobei Verdampfungswärme abgeführt wird. Bei noch höheren Temperaturen beginnt die Abspaltung von Seitengruppen, evtl. auch eine Spaltung der Hauptkette. In diesem Stadium konkurrenzieren sich die irreversible Pyrolyse und die reversible Depolymerisation. Überwiegt die Pyrolyse, so entsteht Kohle. Die Kohle bewirkt aber einen guten Wärmeschutz (endotherme Bildung, große Wärmekapazität, gute Wärmeabstrahlung). Das Polymer kann aber auch erst schmelzen und dann verdampfen, immer unter Wärmeaufnahme.

Als Materialien für Hitzeschilde werden zur Zeit Poly(tetrafluoräthylen) oder mit $SiO_2$ gefüllte verstärkte Phenolharze bzw. mit $SiO_2$ gefüllte Epoxidharz/Polyamid-Kombinationen verwendet. In Entwicklung befinden sich Polyimide, Silicone, Phosphornitrilchloride und Polyborphosphorverbindungen.

## Literatur zu Kap. 24.

### *24.1 Allgemein*

M. B. Neiman, Aging and Stabilization of Plastics, Consultants Bureau, New York 1965
S. H. Pinner, Weathering and Degradation of Plastics, Columbine Press, Manchester 1966
J. Voigt, Die Stabilisierung der Kunststoffe gegen Licht und Wärme, Springer, Berlin 1967
D. V. Rosato und R. T. Schwartz, Environmental Effects on Polymeric Materials, 2 Bde., Interscience, New York 1968
C. Thinius, Stabilisierung und Alterung von Plastwerkstoffen, Bd. 1, Stabilisierung und Stabilisatoren (1969), Bd. 2, Alterung (1971) Akademie-Verlag, Berlin
J. J. P. Staudinger, Disposal of Plastics Waste und Litter, Soc. Chem. Ind., London 1970
G. Scott, Some New Concepts in Polymer Stabilisation, British Polymer J. **3** (1971) 24
W. L. Hawkins, Hrsg., Polymer Stabilization, Wiley-Interscience, New York 1972

### *24.2.1 Oxydationsprozesse*

W. O. Lundborg, Autoxidation and Antioxidants, Interscience, New York 1961
G. Scott, Atmospheric Oxidation and Antioxidants, Elsevier, Amsterdam 1965
L. Reich und S. T. Stivala, Autoxidation of Hydrocarbons and Polyolefins, Dekker, New York 1968

### *24.2.2 Antioxydantien*

L. R. Mahoney, Antioxidantien, Angew. Chem. **81** (1969) 555

### *24.2.3 Flammschutz*

A. A. Delman, Recent Advances in the Development of Flame-Retardent Polymers, J. Macromol. Sci. (Revs. in Macromol. Chem.) **C 3** (1969) 281
J. W. Lyons, The Chemistry and Uses of Fire Retardants, Wiley-Interscience, New York 1970
I. N. Einhorn, Fire retardance of polymeric materials, J. Macromol. Sci. **D 1** (1971/72) 113
W. C. Kuryla und A. J. Papa, Hrsg., Flame Retardancy of Polymeric Materials, Dekker, New York, Bd. 1 (1973) ff.

*Zeitschriften:*

J. Fire and Flammability 1970 (ff.)

### *24.3.1 Abbau durch Licht*

N. Z. Searle und R. C. Hirt, Bibliography on Ultraviolet Degradation on Stabilization of Plastics, Soc. Plast. Engng. Trans. **2** (1962) 32
R. B. Fox, Photodegradation of High Polymers, Progr. Polymer Sci. **1** (1967) 45
O. Cicchetti, Mechanism of Oxidative Photodegradation and UV Stabilization of Polyolefins, Adv. Polymer Sci. **7** (1970) 70

### *24.3.2 UV-Stabilisatoren*

H. J. Heller, Protection of Polymers Against Light Irradation, European Polymer J., Suppl. 1969, 105
B. Felder und R. Schumacher, Untersuchungen über Wirkungsmechanismen von Lichtschutzmitteln, Angew. Makromol. Chem. **31** (1973) 35

### *24.4. Ablation*

G. F. d'Alelio und J. A. Parker, Ablative Plastics, Dekker, New York 1971

# Teil V
# STOFFE

# 25 Kohlenstoff-Ketten

## *25.1 Kohlenstoffe*

### 25.1.1 DIAMANT UND GRAPHIT

Kohlenstoff kommt in einer Reihe allotroper Formen vor, d.h. Isomeren mit verschiedener Verknüpfung der Kohlenstoffatome. Beim Diamanten ($\rho = 3{,}51$ g/cm$^3$) weisen alle Atome den gleichen Atomabstand von 0,154 nm auf und sind tetraedrisch miteinander verknüpft. Der Diamant ist somit der Grundköper der aliphatischen Kohlenwasserstoffe. Beim Graphit ($\rho = 2{,}22$ g/cm$^3$) liegen dagegen alle Kohlenstoffatome in einer Ebene. Der Abstand zwischen den in der Ebene angeordneten Atomen beträgt 0,1415 nm, der Abstand von Schicht zu Schicht dagegen 0,335 nm. Der Schichtabstand entspricht etwa der Summe der van der Waals'schen Radien des Kohlenstoffs. Wegen des großen Schichtabstandes sind die Ebenen leicht gegeneinander verschiebbar. Wegen des delokalisierten Elektronensystems innerhalb einer Schicht ist der Graphit somit der Grundkörper der Benzolreihe.

Graphit ist bei 30 °C und 1 bar Druck um 2 900 J/mol stabiler als Diamant. Beide Formen stehen bei 300 °C und 15'000 bar im Gleichgewicht. Bei 2 700 ° C und bei Drucken über 125'000 bar kann Graphit in Diamant umgewandelt werden. Die Reaktion ist jedoch sehr langsam und muß daher durch Katalysatoren (Cr, Fe, Pt) beschleunigt werden.

Der große Schichtabstand und die schwachen Bindungen zwischen den Schichten ermöglichen eine Einlagerung verschiedener Stoffe. Lagert man z.B. Kalium oder Chlor ein, so bleibt die Leitfähigkeit erhalten. Oxydiert man dagegen mit starken Oxydationsmitteln wie konz. Salpetersäure/Schwefelsäure, so wird unter Aufweitung des Abstandes auf 0,6 – 0,7 nm Graphitoxid gebildet. Die Sauerstoffatome sind vermutlich ätherartig gebunden, was auch den Verlust der Leitfähigkeit erklären könnte.

### 25.1.2 KOHLE UND RUSS

*Kohle* ist ein fossiles Pflanzenprodukt, das hauptsächlich C, H, O und N enthält. Je älter die Kohle, umso höher ist der Kohlenstoffgehalt.

Durch Zersetzen von Kohlenwasserstoffen zwischen 1000 und 2000 °C wird eine isotrope Form der Kohle erhalten. Diese *pyrolytische Kohle* eignet sich für künstliche Organe, z. B. für künstliche Herzklappen. Sie ist mit Blutproteinen und dem Gewebe verträglich, und verursacht daher nur wenig Blutkoagulation.

*Ruße* entstehen durch Verbrennung von gasförmigen oder flüssigen Kohlenwasserstoffen bei beschränktem Luftzutritt. Nach elektronenmikroskopischen Aufnahmen mit dem Phasenkontrastmikroskop besitzen sie eine graphitähnliche Mikrostruktur mit Gitterabständen von ca. 0,35 nm. Die Schichten liegen parallel zur Teilchenoberfläche. Diskrete kristalline Bereiche ließen sich nicht erkennen. Die Struktur der Ruße läßt sich daher besser als parakristalliner Zustand, denn als statistische Verteilung von Graphitkristallen beschreiben.

Ruße weisen eine Mikroporosität auf. Die „Poren"-Durchmesser sind in erster Näherung einfache Vielfache von 0,35 nm, d. h. sie sind durch fehlende Gitterschichten bedingt. Es handelt sich also nicht um durchgehende Poren im üblichen Sinne. Die große innere Oberfläche macht Ruße zu einem gesuchten Adsorbens. Sie werden außerdem als verstärkende Füllstoffe verwendet. Die Verstärkerwirkung kommt vermutlich durch die Reaktion der sich an der Oberfläche befindenden Elektronen mit dem zu verstärkenden Material (z. B. Poly(dienen)) zustande.

*Bitumen* ist eine fast schwarze, natürlich vorkommende oder durch Aufbereitung von Erdöl gewonnene Masse. Es besteht aus in ölartigen Substanzen dispergierten hochmolekularen Kohlenwasserstoffen.

*Asphalt* ist ein braunes bis pechschwarzes, natürliches oder künstliches Gemenge aus Bitumen und Mineralien.

### 25.1.3 KOHLENSTOFF- UND GRAPHITFASERN

Graphit ist ziemlich oxydationsstabil. Er kann außerdem unter Stickstoff bei Temperaturen bis zu 3000 °C verwendet werden. Man hat daher versucht, diese Eigenschaften bei hochtemperaturbeständigen Fasern nutzbar zu machen. Dabei wird zwischen zwei Typen unterschieden: Kohlenstoff- und Graphitfasern. Kohlenstofffasern werden bei 1000 – 1500 °C hergestellt und enthalten 80 – 95 % elementaren Kohlenstoff. Graphitfasern entstehen dagegen durch kurzzeitige Pyrolyse bei 2500 °C; sie weisen ca. 99 % Kohlenstoff auf.

Zur technischen Herstellung von Kohlenstoff- und Graphitfasern eignen sich zwei Methoden: Pyrolyse von organischen Fasern oder Pyrolyse von hochviskosen Kohlenwasserstoffen wie z. B. Asphalt, Teer oder Pech. Nicht eingeführt haben sich das Wachstum von Fasern im Hochdrucklichtbogen oder durch thermische Zersetzung von Gasen (z. B. Koksofengas oder $CH_4/H_2$-Gemische).

Als Precursoren werden meist Fasern aus Reyon oder Poly(acrylnitril) eingesetzt, daneben auch Poly(vinylalkohol), aromatische Polyamide oder Poly(acetylene). Bei der Pyrolyse dürfen die Fasern nicht schmelzen. Außerdem dürfen keine kohlenstoffhaltigen flüchtigen Produkte entstehen, die die Faser porös machen würden.

Nach dem einen Verfahren werden Cellulosefasern bei Temperaturen über 2400 °C carbonisiert und gleichzeitig um bis zu 50 % ihrer Länge verstreckt. Durch diese Streckgraphitierung werden die entstehenden Graphitkristalle in Faserrichtung orientiert. Nur auf diese Weise kann der gewünschte hohe Elastizitätsmodul der Fasern erreicht werden.

Die schwierige Streckgraphitierung wird bei einem anderen Verfahren vermieden. Hier werden eingespannte Poly(acrylnitril)fasern bei 200-300 °C oxydiert. Die dadurch bewirkte Vernetzung stabilisiert die Faserform. Das Einspannen verhindert ferner die Schrumpfung der Fasern und bewirkt eine Vororientierung für die sich später bildenden Graphitkristalle. Anschließend wird 24 h bei 2000 °C unter Wasserstoff carbonisiert. Weiteres Erhitzen auf 1600 – 2000 °C unter Argon erzeugt besonders reißfeste Graphitfasern (Typ HT = „high tensile"), kurzzeitiges Erhitzen unter Argon auf 2600 – 2800 °C Hochmodulfasern (Typ HM).

Kohlenstoff- und Graphitfasern werden für textile (Autopolsterstoffe) oder industrielle Zwecke (Filtertücher) eingesetzt. Sie dienen außerdem als verstärkende Füllstoffe. Kompressorschaufeln von Strahltriebwerken werden z. B. aus mit Epoxidharzen verbundenen Graphitfasern hergestellt.

Taucht man Reyon-Fasern vor der Zersetzung in Alkalisilikat-Lösungen, so entstehen Silica/Kohle-Fasern. Sie eignen sich ebenfalls für die Verstärkung von Kunststoffen.

## 25.2 Poly(olefine)

### 25.2.1 POLY(ÄTHYLEN)

„Polyethylene is good for inert laboratory beakers and very little else."

R. E. Dickerson und I. Geis, The Structure and Action of Proteins, Harper and Row, New York 1969, p. 4

Der einfachste Polykohlenwasserstoff mit dem Strukturelement $-CH_2-$ kann durch Polymerisation von Äthylen, von Diazomethan $CH_2N_2$ oder eines Gemisches aus CO und $H_2$ hergestellt werden.

Das aus Diazomethan entstehende Polymer heißt Poly(methylen). Es ist nur wenig verzweigt. Der Polymerisationsmechanismus ist unklar. Für Gold als Initiator wird ein Carbenmechanismus diskutiert. Für $H^{\oplus}[BF_3OH]^{\ominus}$ wird eine Protonanlagerung an $CH_2N_2$ und ein Wachstum $CH_3N_2^{\oplus} + CH_2N_2 \rightarrow CH_3CH_2N_2^{\oplus}$ usw. angenommen. Diese Synthese hat jedoch wie die aus CO und $H_2$ (Ru, < 140 °C, > 500 bar) im Gegensatz zu der aus Äthylen keine technische Bedeutung.

#### 25.2.1.1 Synthese

Poly(äthylen) wurde 1933 bei den Imperial Chemical Industries Ltd. bei Versuchen mit einer neuen Hochdruckanlage entdeckt. 1935 wurden erstmals größere Mengen dargestellt. Die 1937 laufende erste kontinuierliche Laboratoriumsapparatur führte 1938 zu einer Produktionsanlage. Im gleichen Jahr begannen die Arbeiten der IG Farbenindustrie.

*Monomer-Synthese:* Äthylen wurde vor dem Aufkommen der Petrochemie aus Kokereigas, in dem es zu ca. 2 % enthalten ist, durch Auswaschen mit Aceton oder durch Tiefkühlung gewonnen. In Rußland wurde Äthylen auch durch Dehydratisierung von Äthanol mit Mineralsäuren hergestellt. Heute wird Äthylen überwiegend durch Cracken der niedrigsiedenden Fraktionen des Erdöls, rasches Überleiten über Metalle bei 600 °C oder direkt aus dem Erdgas erhalten. Die Rohgase werden durch unmittelbares Fraktionieren bei -100 bis -130 °C und 5-50 bar zu einem ca. 50 %-igen Äthylen konzentriert, das als Hauptverunreinigungen Methan und Äthan und in kleinen Mengen Sauerstoff und Acetylen enthält. Da Sauerstoff beim Hochdruckverfahren als Polymerisationsinitiator zu einer Polymerisation und das tetrafunktionelle Acetylen zur Vernetzung führt, werden beide vor der weiteren Kompression durch Hydrieren mit einem Kobaltmolybdat-Katalysator bei 250 °C und 15 bar vollständig entfernt, wobei 99 %iges Äthylen mit einem Druck von 15 bar anfällt. Für das Hochdruckverfahren wird dann das Äthylen in mehreren Stufen auf 250 bar und anschließend mit Spezialkompressoren auf 1500 bar komprimiert, wobei die Kompressionswärme durch sorgfältige Kühlung abgeführt wird.

*Polymerisation nach dem Hochdruckverfahren:* Die radikalische Polymerisation in Masse wird technisch durch ca. 500 ppm (0,05 %) Sauerstoff ausgelöst und bei ca. 1500 bar und 180 °C in einem kontinuierlichen Verfahren zu einem ca. 20%igen Umsatz geführt. Der Sauerstoff läßt sich beim Zusetzen vor der Kompression gut dosieren, wobei jedoch die Gefahr einer vorzeitigen Polymerisation in den Kompressoren besteht. Bei einem Zusatz nach der Kompression ist dagegen die Dosierung wesentlich schlechter. Die Dosierung ist wichtig, da sowohl Umsatz als auch Molekulargewicht wesentlich vom Sauerstoffgehalt abhängen (Tab. 25 – 1). Der Sauerstoff bildet vermutlich ein Äthylenhydroperoxid $CH_2$=CH(OOH), dessen Zerfall die Starterradikale liefert. Im Poly(äthylen) konnten entsprechend auch Hydroxylgruppen nachgewiesen werden. Als weitere Katalysatoren werden neuerdings auch organische Peroxide, Azoverbindungen oder Diisopropylperoxidicarbonat eingesetzt, wobei mit dem Percarbonat Dichten der Poly(äthylens) bis 0,95 g/cm$^3$ erzielt werden können.

Die höheren Dichten sind durch geringere Verzweigungsgrade bedingt. Vermutlich neigen die Radikale der organischen Initiatoren weniger zu Übertragungsreaktionen zum Polymeren als die bei der Polymerisation mit Sauerstoff auftretenden Radikale.

*Tab. 25-1:* Einfluß der Sauerstoff-Konzentration auf Umsatz und Molekulargewicht des entstehenden Hochdruck-Poly(äthylens)

| Sauerstoff (%) | Umsatz (%) | Molekulargewicht |
|---|---|---|
| 0,01 | 6 | 18 000 |
| 0,04 | 9 | 12 000 |
| 0,07 | 10 | 10 000 |
| 0,13 | 15 | 6 000 |
| 0,16 | Zersetzung unter Explosion | |

Umsatz, Molekulargewicht, Verzweigung und Sauerstoffgehalt sind stark von den Versuchsvariablen Äthylendruck, Sauerstoffkonzentration, Temperatur und Verweilzeit im Reaktor abhängig und können so in gewünschter Weise eingestellt werden (Tab. 25 – 2). Die Polymerisationswärme wird teils durch Kühlen, teils durch das unverbrauchte Äthylen abgeführt.

*Tab. 25-2:* Einfluß der Erhöhung der Versuchsvariablen X auf den Umsatz des Äthylens und die Eigenschaften des Poly(äthylens)

| X | Molekulargewicht | Sauerstoff-Gehalt | Verzweigung | Umsatz |
|---|---|---|---|---|
| Äthylendruck | höher | kleiner | kleiner | höher |
| Initiatorkonz. | kleiner | höher | höher | höher |
| Temperatur | kleiner | ? | höher | höher |
| Verweilzeit | höher | ? | ? | höher |

Äthylen kann auch alkalisch in Emulsion unter 500 bar zu Wachsen polymerisiert werden, wobei mit steigendem Alkaligehalt eine stärkere Vernetzung auftritt. Ein Zusatz von 50 % Methanol gibt Hartwachse. Diese Poly(äthylen)-Typen haben wegen des hohen Gehaltes polarer Gruppen keine guten dielektrischen Eigenschaften. Ihre Hydrophilie kann jedoch durch Verwendung organischer Katalysatoren wie Benzoylperoxid ausgeschaltet werden.

Die Hochdruck-Poly(äthylene) besitzen nach hydrodynamischen Messungen Langketten-Verzweigungen, die durch Kettenübertragung zum Polymeren durch intermolekulare Reaktionen entstehen:

$$(25\text{-}1) \quad \sim\!\!CH_2-\overset{\bullet}{C}H_2 + \begin{array}{c}\wr\\CH_2\\|\\CH_2\\\wr\end{array} \rightarrow \sim\!\!CH_2-CH_3 + \begin{array}{c}\wr\\{}^\bullet CH\\|\\CH_2\\\wr\end{array}$$

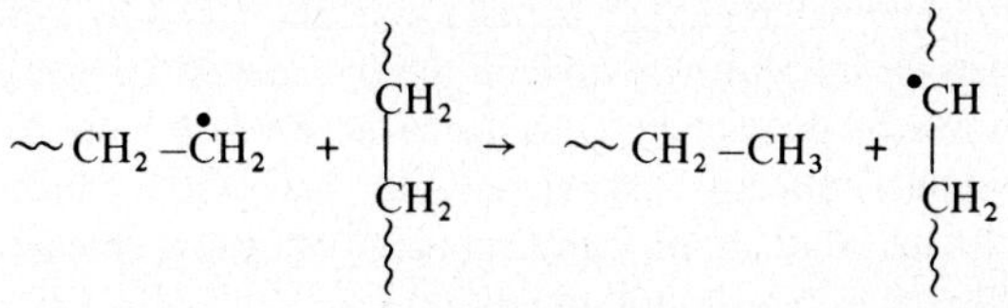

Die neu entstehenden Radikale lösen die Polymerisation von Äthylen aus und erzeugen so Langkettenverzweigungen. Kurzkettenverzweigungen entstehen durch intramolekulare Übertragungsreaktionen

$$(25\text{-}2) \quad \sim\!\!CH_2-CH_2-\overset{\overset{\displaystyle CH_2}{\diagup}}{\underset{\underset{\displaystyle \overset{\bullet}{C}H_2}{}}{\overset{|}{C}H}}\quad \begin{array}{c}CH_2\\|\\CH_2\end{array} \rightarrow \sim\!\!CH_2-CH_2-\overset{\overset{\displaystyle CH_2}{\diagup}}{\overset{\bullet}{C}H}\quad \begin{array}{c}CH_2\\|\\CH_2\\|\\CH_3\end{array}$$

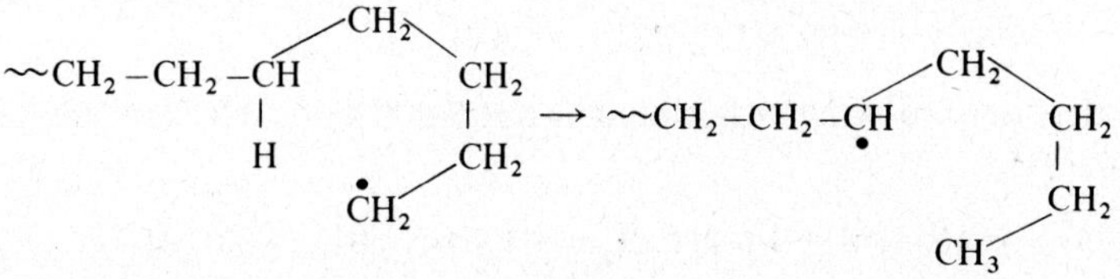

Die entstehenden Butyl-Seitengruppen wurden durch Infrarotspektroskopie und $^{13}$C-Kernresonanzspektroskopie nachgewiesen. Nach den Kernresonanzmessungen sollen nur sehr wenig Äthyl-Seitengruppen gebildet werden.

*Polymerisation nach Niederdruck-Verfahren:* Schmelzpunkte und Festigkeiten von Hochdruck-Poly(äthylenen) liegen umso tiefer, je höher der Verzweigungsgrad der Produkte ist. Man hat daher schon früh nach Polymerisationsverfahren gesucht, bei denen weniger Verzweigungen gebildet werden. Dieses Ziel wurde etwa zur gleichen Zeit von den drei nicht-radikalischen Verfahren der Standard Oil, der Phillips Petroleum und von Ziegler erreicht.

Das Standard-Oil-Verfahren ist das historisch älteste Verfahren. Es arbeitet mit Äthylendrucken um 70 bar und stellt daher ein Mitteldruckverfahren dar. Die Polymerisation wird durch einen handelsüblichen Hydroforming-Katalysator ausgelöst: partiell reduziertes $MoO_3$ auf Aluminiumoxid, das mit Natrium oder Lithiumaluminiumhydrid aktiviert wird. Das Äthylen wird zu 5–10 % in Xylol als Lösungsmittel gelöst und bei Temperaturen unter 200 °C, aber noch oberhalb des Schmelzpunktes des Poly(äthylens), zu praktisch 100 % Umsatz polymerisiert. Durch diese Lösungspolymerisation gelingt es, die Katalysatoroberfläche weitgehend frei und aktiv zu erhalten.

Das etwa zur gleichen Zeit entwickelte Phillips-Verfahren arbeitet ebenfalls in Xylol-Lösung, jedoch bei tieferen Drucken (30–50 bar) und Temperaturen (150 °C) und mit einem partiell reduzierten Chromoxid auf Aluminiumoxid oder Aluminiumsilikaten als Träger. Der in verhältnismäßig großen Mengen (10 % auf Äthylen) verwendete Katalysator wird durch Erhitzen aktiviert und nach dem praktisch 100%igen Umsatz des Äthylens abgefiltert. Aus der gekühlten Lösung fällt das Poly(äthylen) aus, das zur Destillation kommende Lösungsmittel enthält noch niedermolekulare Poly(äthylen)-wachse. Das Arbeiten in Lösungsmitteln bietet die Vorteile der guten Wärmeabführung, der praktisch konstanten Katalysatoraktivität und des verringerten Kettenabbruches.

Die Arbeiten von K. Ziegler entwickelten sich aus Arbeiten über die Reaktion von Olefinen mit Metallalkylen und Metallhydriden. Frühe Arbeiten mit Lithiumalkylen führten zu einem Katalysator für die Copolymerisation von Butadien und Styrol, aber nicht für Äthylen. Kurz danach wurden für Reaktionen mit Äthylen die Lithiumalkyle durch Lithiumaluminiumhydrid ersetzt, wobei lineare Alkane, Fettalkohole und Säuren erhalten wurden. Ziegler nahm an, daß Metallalkyle und Metallhydride im Gleichgewicht stehen, und daß für die Synthese höherer Olefine Metallalkyle erforderlich sind. Da bei Aluminiumverbindungen das Gleichgewicht auf Seiten des Alkylaluminiums liegt, sollten so höhere Olefine zugänglich sein. Ziegler fand jedoch, daß Aluminiumalkyle nicht direkt aus Aluminium, Äthylen und Wasserstoff erzeugt werden können, sondern nur in Gegenwart von Aluminiumäthyl:

(25–3)
$$\begin{aligned} Al + 2\,Al(C_2H_5)_3 + 1{,}5\,H_2 &= 3\,HAl(C_2H_5)_2 \\ 3\,HAl(C_2H_5)_2 + 3\,C_2H_4 &= 3\,Al(C_2H_5)_3 \\ \hline Al + 1{,}5\,H_2 + 3\,C_2H_4 &= Al(C_2H_5)_3 \end{aligned}$$

Die Reaktion von Äthylen mit Aluminiumtriäthyl bei 150 °C und 100 – 200 bar führte zu Wachsen:

(25–4)
$$\begin{aligned} (C_2H_5)_3Al + (n-1)\,C_2H_4 &= C_2H_5(C_2H_4)_{n-1}Al(C_2H_5)_2 \\ C_2H_5(C_2H_4)_{n-1}Al(C_2H_5)_2 &= HAl(C_2H_5)_2 + C_2H_5(C_2H_4)_{n-1}CH{=}CH_2 \\ \hline n\,C_2H_4 &= (C_2H_4)_n \end{aligned}$$

Die Reaktion (25 – 3) ließ sich jedoch nicht auf Aluminiumtriisopropyl übertraggen. Statt des gewünschten Aluminiumtriisopropyls entstanden vielmehr Aluminiumtriäthyl, Propylen und Buten-1. Ziegler schloß daraus, daß eine Verdrängungsreaktion

(25-5) $(C_3H_7)_3Al + 3\,C_2H_4 = (C_2H_5)_3Al + 3\,C_3H_6$

vorliegen muß, die von den Reaktionen

(25-6) $(C_2H_5)_3Al + 3\,C_2H_4 = (C_4H_9)_3Al$

(25 – 7) $(C_4H_9)_3Al + 3\,C_2H_4 = (C_2H_5)_3Al + 3\,C_4H_8$

gefolgt wird. Kurze Zeit darauf mißlang auch die Reaktion von Aluminiumtriäthyl mit Äthylen, die vorher zu höheren α-Olefinen geführt hatte. Ziegler schloß daraus, daß bei den ursprünglich erfolgreichen Reaktionen ein Katalysator vorhanden gewesen sein müsse. Dieser Katalysator erwies sich als Nickel, mit dem der Autoklav bei einem früheren Versuch verunreinigt worden war. Die systematische Suche nach noch wirksameren Katalysatoren führte dann schließlich zum Katalysatorsystem $TiCl_4/Al(C_2H_5)_3$. Spätere Arbeiten zeigten, daß das $TiCl_4$ zum $TiCl_3$ reduziert wird. Da bei der Polymerisation mit $TiCl_4$ stark verzweigte Poly(äthylene) entstehen, wird als Titanverbindung nunmehr $TiCl_3$ eingesetzt. Das Molekulargewicht wird durch Zugabe von Wasserstoff geregelt. Engere Molekulargewichtsverteilungen erhält man, wenn die Halogensubstituenten durch Alkoxy- oder Aroxy-Gruppierungen ersetzt werden.

Die Polymerisation erfolgt wahrscheinlich über einen Insertionsmechanismus, wie er besonders bei der Polymerisation apolarer Monomerer in Kohlenwasserstoffen zu erwarten ist (vgl. Kap. 19.1). Dieser Mechanismus läßt verstehen, warum nur wenige Verzweigungen entstehen können und warum das gleiche Katalysatorsystem bei den höheren l-Olefinen zu isotaktischen Produkten führt, wie es zuerst von Natta am Propylen beim Arbeiten mit Ziegler-Katalysatoren gefunden wurde.

Die Ziegler-Polymerisation wird in Lösung (Kohlenwasserstoffe, Schweröl) bei 60 - 75 °C, also unterhalb des Schmelzpunktes des Poly(äthylens), bei Drucken von 1 - 10 bar bis zu Umsätzen von praktisch 100 % ausgeführt. In der Stunde werden ca. 200 Liter Äthylen pro Liter Lösung umgesetzt. Der Vorteil des niedrigen Druckes wird aber durch die erforderliche Entfernung der Katalysatorreste wieder aufgehoben, die bei der Zerstörung des Katalysators mit Äthanol anfallen.

#### 25.2.1.2 Eigenschaften

Poly(äthylene) werden in Poly(äthylene) niedriger Dichte (PE-LD) und hoher Dichte (PE–HD) eingeteilt. PE–LD weisen etwa 8 - 40 Verzweigungsstellen pro 1000 Kettenatome auf, PE–HD weniger als 5 pro 1000. Außerdem sind ca. 0,1 - 2,5 Doppelbindungen pro 1000 C-Atome verhanden. PE–LD ist etwa 60 % röntgenkristallin, PE–HD bis zu 95 %. Verschiedene „Poly(äthylene)" des Handels sind in Wirklichkeit Copolymere mit kleinen Mengen Propylen oder anderen Monomeren oder stellen Polyblends verschiedener Ansätze dar. Aus dem Handelsnamen kann daher nicht immer auf die konstitutionelle Reinheit geschlossen werden.

Das Molekulargewicht wird häufig durch den Schmelzindex charakterisiert (vgl. Kap. 7.6.2). Je höher der Schmelzindex, umso niedriger das Molekulargewicht. Der Schmelzindex wird jedoch auch durch die Verzweigung beeinflußt.

Der Schmelzpunkt eines 100 % kristallinen, völlig unverzweigten Poly(äthylens) von unendlich hohem Molekulargewicht liegt bei ca 147 °C. Die technischen Poly(äthylene) besitzen niedrigere Schmelzpunkte, teils weil sie verzweigt sind, teils, weil sie aus kinetischen Gründen niedrigere Kristallinitätsgrade besitzen. Durch vorsichtiges Tempern kann jedoch die Kristallinität und damit der Schmelzpunkt erhöht werden, wobei erwartungsgemäß die Sprödigkeit des Materials zunimmt. Der Glaspunkt eines, experimentell allerdings nicht verifizierbaren, 100 % amorphen Materials liegt bei -85 °C. Unendlich große, perfekte Kristalle besitzen eine Dichte von $\rho = 1{,}002\ g/cm^3$ bei 25 °C. Da durch Verzweigungen die Kristallinität und folglich die Dichte herabgesetzt wird, kann die Dichte als Maß für die konstitutionelle Reinheit dienen.

Poly(äthylen) kristallisiert in einer all-trans-Konformation der Kettenatome und bildet unter den üblichen Kristallisationsbedingungen aus der Lösung und aus der Schmelze Faltungsstrukturen aus.

#### 25.2.1.3 Verarbeitung und Verwendung

Bei der Polymerisation entstehen vor allem bei den Hochdruckverfahren vernetzte Partikel (Mikrogele), die bei den Produkten die unerwünschten „Fischaugen" hervorrufen. Durch Scherung in engen Mischwalzen werden diese Gelpartikeln teilweise abgebaut. Anschließend wird das Material mit Schneckenpressen homogenisiert und granuliert. Diesem Mikrohomogenisieren schließt sich das Makrohomogenisieren der verschiedenen Granulate an.

Poly(äthylen) wird durch Zusatz von Antioxydantien und UV-Stabilisatoren ausgerüstet. Als UV-Stabilisator hat sich für technische Artikel 2 % Ruß bewährt, der in Form eines Masterbatches eingearbeitet wird. Ein Masterbatch enthält ein Konzentrat des einzuarbeitenden Stoffes, wodurch die Dosierung einfacher wird.

Die Verarbeitungstemperaturen variieren mit dem Schmelzindex und der Methode. Sie liegen bei der Extrusion zu Röhren bei 140 – 170 °C, bei der Extrusion zu Folien und für Beschichtungen bei 200 – 340 °C. Poly(äthylen) kann außerdem nach dem Blasverfahren, im Wirbelbett, nach dem Rotationsschleuder- und dem Flammspritzverfahren verarbeitet werden. Beim Vakuumformen treten Schwierigkeiten auf: da die Verarbeitungstemperatur nahe der Schmelztemperatur liegt und die Aufheizung langsam ist, kann partielle Kristallisation eintreten. Die Kristallite rufen eine physikalische Vernetzung hervor, wodurch die Viskosität sehr stark steigt und die Verformung schwierig wird.

Poly(äthylen) wird vor allem in der Verpackungsindustrie (Filme, Folien, Flaschen) verwendet. Ferner wird es für Rohre, Kabelummantelungen und – in Form der Latices – für Bodenpflegemittel eingesetzt.

Extrem hochmolekulares Poly(äthylen) ist ein Konstruktionswerkstoff. Es ist so ungewöhnlich schlagzäh, daß es bei Raumtemperatur noch durch Hammerschläge umgeformt werden kann. Wegen der sehr hohen Viskosität kann es nicht spritzgegossen werden. Es eignet sich besonders für schlagbeanspruchte Bauteile oder solche mit starkem Verschleiß.

### 25.2.1.4 Derivate

Die Bestrahlung des Poly(äthylens) mit $\gamma$-Strahlen führt zu vernetzten Produkten mit erhöhter Wärmebeständigkeit; sie wird insbesondere bei Flaschen und anderen Formkörpern angewendet. Bestrahlt man unter Zusatz hydrophiler Monomerer wie z.B. Acrylamid, so werden diese aufgepfropft, wobei leichter bedruckbare Oberflächen entstehen.

Poly(äthylen) kann in Masse (z.B. Fließbett), in Lösung (z.B. $CCl_4$), in Emulsion oder in Suspension in Gegenwart von Radikalbildnern chloriert werden. Produkte mit 25 – 40 % Chlor sind gummiähnlich, weil durch die unregelmäßige Substitution die Kristallinität herabgesetzt wird. Produkte mit größerem Chlorgehalt ähneln dem PVC und werden daher von einigen Firmen auch als wärmebeständiges Poly(vinylchlorid) bezeichnet. Sie werden dem Poly(vinylchlorid) zugesetzt, um dessen Schlagzähigkeit zu verbessern oder auch für Heißwasserdruckrohre eingesetzt.

Bei der Sulfochlorierung läßt man auf Lösungen von PE in heißem $CCl_4$ Chlor und Schwefeldioxid in Ggw. von UV-Licht oder einem Azo-Initiator einwirken. Sulfochloriertes Poly(äthylen) enthält pro 100 Äthylengruppen 25–42 $\text{-(-}CH_2CHCl\text{-)-}$-Gruppierungen und 1 – 2 $\text{-(-}CH_2CH(SO_2Cl\text{-)-})$-Gruppen. Die $SO_2Cl$-Gruppen reagieren mit Metalloxiden (MgO, ZnO, PbO) unter $MtCl_2$-Abspaltung und Ausbildung von OMtO-Brücken. Die so vernetzten Produkte werden wegen ihrer guten Witterungsbeständigkeit für Schutzüberzüge, Kabelummantelungen, Weißwandreifen usw. verwendet.

### 25.2.1.5 Copolymere

Durch Copolymerisation des Äthylens mit anderen Monomeren wird die Sequenzlänge der $CH_2$-Blöcke herabgesetzt und dadurch die Kristallisationsfähigkeit der Produkte vermindert oder sogar aufgehoben. Wegen der nur schwachen Dispersionskräfte zwischen den Methylengruppierungen stellen diese Copolymeren bei genügend kleiner Sequenzlänge Elastomere dar.

Die Copolymerisation des Äthylens mit 5 % Buten-1 nach dem Phillips-Verfahren gibt ein gegen Spannungsriß-Korrosion beständigeres Produkt. Unter Standardbedingungen wird die Beständigkeit von 190 auf 2000 h heraufgesetzt. Ein Blockcopolymer von Propylen mit geringem Äthylengehalt kann das kautschukmodifizierte, schlagfeste Poly(propylen) ersetzen.

Die Copolymerisation von Äthylen und Propylen mit Ziegler-Katalysatoren ($VCl_3/R_2AlCl$) in Hexan gibt Elastomere (EPR-Kautschuke) mit hervorragender Elastizität und guter Licht- und Oxydationsbeständigkeit. Die EPR-Polymeren sind nicht mit Naturkautschuk verschweißbar und daher keine Konkurrenz zum Poly(isopren), wohl aber zum Butylkautschuk und zum Poly(chloropren). Wegen der Abwesenheit von Doppelbindungen sind sie gut alterungsbeständig; dieser Vorteil mußte aber mit dem Nachteil erkauft werden, daß ein spezielles, auf Übertragungsreaktionen beruhendes, Vulkanisationsverfahren mit Peroxiden entwickelt werden mußte. Die neueren Äthylen-Propylen-Elastomeren sind dagegen Terpolymere (EPT-Kautschuke), da sie einige Prozente einer dritten Komponente mit Dien-Struktur enthalten, die die zur klassischen Schwefel-Vulkanisation benötigten Doppelbindungen bereitstellt. Als solche Verbindungen werden die folgenden Verbindungen verwendet

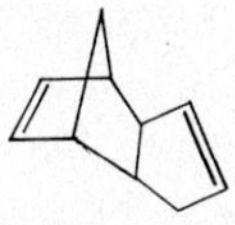
Dicyclopentadien (DCP)

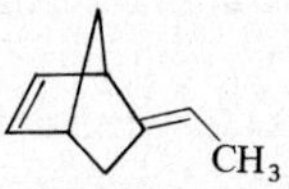

Äthylidennorbornen (ENB)

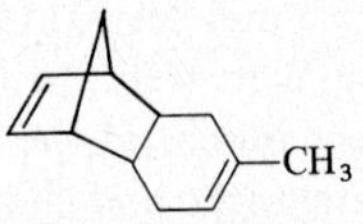

Methylendomethylenhexahydronaphthalin

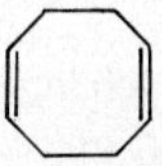
cis,cis-Cyclooctadien-1,5

$CH_2{=}CH{-}CH_2{-}CH{=}CH{-}CH_3$

Hexadien-1,4 (HX)

Technisch wird jetzt meist Äthylidennorbornen verwendet. EPT enthalten ca. 15 Doppelbindungen pro 1000 C-Atome, 1,4-cis-Poly(butadien) dagegen 250 Doppelbindungen pro 1000 C-Atome, 1,4-cis-Poly(isopren) 200/1000. EPT-Kautschuke sind daher viel widerstandsfähiger gegen Ozon als die Poly(diene). Für Seitenstreifen von Reifen werden daher dem NR oder SBR 20 – 25 % EPR zugemischt. Reifen aus 100 % EPR eignen sich für Personenwagen. Bei Lastwagen ist die Walkarbeit zu groß, wodurch zu viel Wärme entwickelt wird und die Elastizität absinkt.

Die Copolymerisation von Äthylen mit größeren Mengen Dicyclopentadien mit z. B. Vanadiumtrisacetylacetonat/$AlR_3$ führt zu Polymeren mit isolierten Doppelbindungen. Sie oxydieren bei Zimmertemperatur zu unlöslichen, vernetzten Filmen und können mit Phenol/Formaldehyd-Harzen vernetzt und verschnitten werden.

Äthylen kann radikalisch mit Vinylacetat unter der Wirkung von Azobisisobutyronitril bei 300 – 400 bar in t-Butanol (niedrige Übertragungskonstante) copolymerisiert werden. Produkte mit Vinylacetat-Gehalten über 10 % geben schrumpfbare Folien, solche mit bis zu 30 % Vinylacetat thermoplastische Kunststoffe, und mit Gehalten über 40 % Vinylacetat klare Folien. Die Produkte können mit Laurylperoxid unter Zusatz von z.B. Triallylcyanurat vernetzt werden. In den Eigenschaften ähnlich sind die Copolymeren des Äthylens mit Äthylacrylat.

Durch radikalische Copolymerisation von Äthylen mit Methacrylsäure und ähnlichen Monomeren entstehen „Ionomere", die an den Ketten vereinzelte, negativ geladene Carboxylgruppen enthalten. Die Carboxylgruppen werden mit Kationen (z.B. $Na^+$, $K^+$, $Mg^{2+}$ usw.) partiell in –COOMt überführt. Diese Gruppen sind teilweise dissoziiert. Eine Carboxylgruppe ist dabei von vielen Metallionen umgeben und umgekehrt. Entscheidend für die Bindung ist die Koordinationszahl und nicht die Valenz. Die so entstehenden Cluster wirken bei tiefen Temperaturen als Vernetzer. Bei erhöhten Temperaturen tritt eine Dissoziation der ionischen Bindungen ein. Die Produkte können daher wie Thermoplaste verarbeitet werden. Da die ionische Vernetzung irregulär erfolgt, können sich keine größeren kristallinen Bereiche ausbilden. Die meisten Ionomeren sind daher transparent. Da die Ionomeren polare Gruppen enthalten, haften sie auf verschiedenen Trägermaterialien weit besser als andere Poly(olefine). Sie eignen sich besonders gut für Extrusionsbeschichtungen, da porenfreie Überzüge gebildet werden.

Durch Einleiten von Äthylen in eine Lösung von N-Vinylcarbazol entsteht bei Temperaturen unter 60 – 70 °C unter der Wirkung eines modifizierten Ziegler-Katalysators ein Copolymer aus beiden Monomeren. Das Copolymer mit seiner hohen Glastemperatur von 140 °C eignet sich besonders für elektrische Isolationen.

Das Copolymer aus Äthylen und Trifluorchloräthylen ist bis 200 °C beständig und nicht brennbar. Wegen seiner hervorragenden chemischen Beständigkeit und seinen guten mechanischen Eigenschaften wird es für medizinische Verpackungen, für Kabelummantelungen und chemische Laborgeräte eingesetzt.

### 25.2.2 POLY(PROPYLEN)

Propylen $CH_2{=}CH(CH_3)$ wird durch Cracken von Erdöl-Fraktionen als Nebenprodukt der Äthylensynthese erhalten. Die radikalische Polymerisation liefert nur niedermolekulare Öle, bestehend aus verzweigten, ataktischen Molekülen. Erst durch Natta's Arbeiten mit Ziegler-Katalysatoren wurden isotaktische Poly(propylene) zugänglich, die Eingang in die Technik gefunden haben.

Isotaktisches Propylen kristallisiert in Form einer $3_1$-Helix und weist durch die dadurch erzeugte kompaktere Struktur einen höheren Schmelzpunkt und eine größere Zugfestigkeit als Poly(äthylen) auf (Tab. 25-3). Diese Eigenschaften befähigen Poly(propylen), teilweise in das Anwendungsgebiet der Metalle einzudringen. Vorteilhaft ist auch seine niedrige Dichte (0,85 – 0,92), durch die es für Fischernetze verwendet werden

*Tab. 25-3:* Zugfestigkeit unverstreckter Proben und Schmelzpunkte von technischen Polyolefinen

| Name | Schmelzpunkt °C thermodyn. | Schmelzpunkt °C techn. | Dichte g/cm³ | Zugfestigk. kg/cm² | Konformation der Kettenatome im kristall. Zustand |
|---|---|---|---|---|---|
| Poly(äthylen) (Niederdruck) | 147 | 132 | ~ 0,95 | 250 | Zick-Zack-Kette |
| Poly(propylen) (isot.) | 208 | 170 | ~ 0,90 | 420 | $3_1$-Helix |
| Poly(buten-1) (isot.) | 140 | 120 | ~ 0,91 | 210 | $3_1$-Helix |
| Poly(penten-1) (isot.) | 130 | ? | 0,90 | 140 | $3_1$-Helix |
| Poly(3-methylpenten-1) (isot.) | 273 | 240 | 0,90 | ? | $4_1$-Helix |
| Poly(4-methylpenten-1) (isot.) | 250 | 205 | 0,80 | ? | $4_1$-Helix |

kann. Nachteilig sind seine durch die relativ steife Kette hervorgerufene Sprödigkeit, seine durch die tertiären C-Atome bedingte Anfälligkeit gegen Oxydation und seine geringe Kältebeständigkeit, die auf seine Glastemperatur von $T_G = -18$ °C zurückgeht. Seine mechanischen Eigenschaften hängen vom Grad der Stereoregularität und der durch diese erreichbaren Kristallinität ab. Erwartungsgemäß nimmt mit abnehmender Kristallinität die Elastizität und damit die Bruchdehnung zu, während die obere Streckspannung (yield stress) abnimmt.

### 25.2.3 POLY(BUTEN-1)

Buten-1 fällt beim Cracken von Petroleum als Nebenprodukt an. Die $C_4$-Kohlenwasserstoffe werden durch Destillation von den $C_3$- und $C_5$-Kohlenwasserstoffen abgetrennt. Aus der $C_4$-Fraktion wird anschließend das Isobutylen durch Absorption in Schwefelsäure entfernt. Durch eine fraktionierte Destillation werden dann cis- und trans-Buten-2 vom Buten-1 separiert. Die in den Destillaten noch vorhandenen gesättigten Kohlenwasserstoffe werden durch extraktive Destillation mit wässrigem Furfurol, mit Aceton oder Acetonitril von den Butenen abgetrennt.

Buten-1 wird mit Ziegler-Natta-Katalysatoren zu isotaktischen Polymeren umgesetzt. Alternativ kann man auch vom cis- oder trans-Buten-2 ausgehen, die beide mit gewissen Katalysatorsystemen vor der Polymerisation zu Buten-1 isomerisiert werden. st-Poly(buten-1) erhält man durch Hydrieren des st-1,2-Poly(butadiens).

Das it-Poly(buten-1) wird wegen seiner hohen Reißfestigkeit für Verpackungsfolien eingesetzt. Da es nur wenig kriecht, keine Spannungsrisse bildet und recht flexibel ist, wird es auch für Röhren und Tuben verwendet.

### 25.2.4 POLY(4-METHYLPENTEN-1)

4-Methylpenten-1 entsteht durch Dimerisierung des Propylens bei 135 – 165 °C unter 40 – 60 bar mit Kalium auf Graphit als Katalysator. Dabei werden vermutlich primär $[CH_3CH{=}CH]^{\ominus}K^{\oplus}$ und KH gebildet. Das Monomer wird dann mit Ziegler-Katalysatoren polymerisiert.

Das Polymer ist isotaktisch, zu ca. 40 % kristallin, aber glasklar. Es besitzt die geringste Dichte aller synthetischen Polymeren (ca. 0,83 g/cm³). Die Glastemperatur beträgt ca. 40 °C, der Erweichungspunkt ca. 179 °C. Das Polymer ist daher sterilisierbar und im Dauerbetrieb bis ca. 170 °C einsetzbar. Es ist sehr durchlässig für Gase und Wasserdampf. Seine Lichtdurchlässigkeit ist größer als die der meisten Laborgläser. Da sein Ausdehnungskoeffizient bei Raumtemperatur ähnlich wie der von Wasser ist, eignet es sich besonders für Pipetten für wässrige Lösungen und andere graduierte Laborgeräte.

### 25.2.5 POLY(ISOBUTYLEN)

*Monomer-Synthese:* Isobutylen $CH_2{=}C(CH_3)_2$ wird überwiegend aus Crackgasen hergestellt, aus denen es durch Schwefelsäure bestimmter Konzentration selektiv absorbiert und so von Buten-1 getrennt wird. Bei der Synthese aus Crackgasen ist auf die völlige Entfernung von Schwefelverbindungen zu achten, die Polymerisationsgifte darstellen. Diese Gefahr besteht bei der Synthese von Isobuten durch Wasserabspaltung aus Isobutanol über $Al_2O_3$ nicht.

*Polymerisation:* Isobutylen wird kationisch mit $BF_3$ in Äthylen als Lösungsmittel bei −80 °C polymerisiert. Die Polymerisationswärme wird durch Verdampfen des unter diesen Bedingungen nicht polymerisierenden Äthylens (Kp −106 °C) abgeführt. Schwefelsäure, Orthophosphorsäure und besonders stark Chlorwasserstoff und Fluorwasserstoff sind dagegen überwiegend Dimerisierungsreagenzien.

Das Molekulargewicht wird durch Zusatz von n-Buten oder Diisobuten geregelt, die mit $BF_3$ allein nicht polymerisieren. Ein Zusatz von ca. 10 % Buten setzt unter sonst gleichen Bedingungen das Molekulargewicht von 300 000 auf 100 000 herab, während je 0,015 % Diisobuten das Molekulargewicht um etwa 50 000 Einheiten senken.

Bei der technischen Polymerisation werden Isobutylen und Diisobuten durch Ammoniak- bzw. Äthylenkühlung nach dem Linde-Prinzip verflüssigt, in den gewünschten Mengen vereinigt und die Reaktionsmischung anschließend drucklos mit Äthylen im Gewichtsverhältnis 1 : 1 vermischt. Das flüssige Gemisch gelangt auf ein 18 m langes Förderband aus V2A-Blech und wird sodann mit 1 Teil einer Lösung von 0,003 Teilen $BF_3$ in flüssigem Äthylen versetzt. Nach 8 s ist das Gemisch auf dem sich mit 1 m/s bewegenden Förderband auspolymerisiert und wird dann auf der anderen Seite mit einem Schaber abgenommen. In einem Kneter wird sodann bei Temperaturen von 50 – 100 °C das nichtpolymerisierte Äthylen durch Verdampfen entfernt.

*Eigenschaften und Verarbeitung:* Poly(isobutylen) kristallisiert erst unter Zugspannung und ist daher, wegen seiner mangelnden Kristallinität, der nur schwachen zwischenmolekularen Kräfte und der niedrigen Glastemperatur von $T_G = -70$ °C ein Elastomer. Die niedrigmolekularen Typen werden für Klebstoffe oder als Viskositätsverbesserer (vgl. Abschnitt 9.9.9) verwendet, die höhermolekularen Produkte als Kautschukzusätze oder für sehr luftundurchlässige Schläuche. Der kalte Fluß kann durch Zusatz von Poly(äthylen) beseitigt werden. Für den Bauten- und Korrosionsschutz werden durch Copolymerisation modifizierte Poly(isobutylene) verwendet, z.B. ein Copolymer aus 90 % Isobutylen und 10 % Styrol.

Das Copolymer mit ca. 2 % Isopren ist unter dem Namen Butylkautschuk oder GR-I-Rubber im Handel. Seine Polymerisation erfolgt mit 0,3 % „wasserfreiem" Aluminiumchlorid in einer Methylchlorid-Lösung bei −90 °C mit siedendem Äthylen als Temperaturstabilisator. In einem Verdampfer werden anschließend die Kohlenwasserstoffe und das Methylchlorid mit heißem Wasser bei 55 °C verdampft, das Produkt unter Zugabe von Zinkstearat als Antiklebmittel evakuiert, getrocknet und in Platten ausgewalzt. Durch die geringe Zahl von Doppelbindungen pro Molekül läßt es sich noch vulkanisieren, ist aber auch gut alterungsbeständig.

### 25.2.6 POLY(STYROL)

Die Polymerisation wurde bereits 1839 als „Festwerden" des Styrols beim Erhitzen beobachtet. Erste Patente datieren aus dem Jahre 1911. Am Styrol entwickelte H. Staudinger die Theorie der Polymerisation als Kettenreaktion. Technische Verfahren wurden ca. 1930 realisiert.

#### 25.2.6.1 Synthese

Styrol $CH_2{=}CH(C_6H_5)$ wird fast ausschließlich durch katalytische Dehydrierung von Äthylbenzol (600 °C, Metalloxide) gewonnen, das durch eine Friedel-Crafts-Reaktion von Benzol mit Äthylen erhalten wird. Wichtig ist die Abtrennung des Styrols vom tetrafunktionellen und darum vernetzenden Divinylbenzol. Um die Polymerisation zu verhindern, wird dem Monomeren bei der Destillation Schwefel oder Dinitrophenole zugesetzt, bei der Lagerung dagegen p-t-Butylcatechol.

Styrol ist eine der wenigen Substanzen, die radikalisch (thermisch und mit Initiatoren), kationisch, anionisch und mit Komplex-Katalysatoren polymerisiert werden können. Radikalische, kationische und anionische Polymerisationen liefern ataktische Polymere, gewisse Polymerisationen des Insertionstyps dagegen isotaktische. Von technischem Interesse sind nur die radikalischen Polymerisationen.

Der Mechanismus der thermischen Polymerisation des Styrols ist noch nicht völlig aufgeklärt (vgl. Kap. 20.1.2). Technisch erfolgt die thermische Polymerisation in Substanz nach dem sog. Turmverfahren. Dabei wird unter Stickstoff und Rühren in 2 $m^3$-Kesseln eine Lösung von ca. 30 % Poly(styrol) in Styrol bei ca. 80 °C hergestellt und anschließend in einem ca. 6 m hohen Turm in 6 Stufen hauptsächlich bei Temperaturen von 110 – 140 °C auspolymerisiert. Das Vorpolymerisat wird oben auf den Turm aufgegeben und nach einer Verweilzeit von ca. 28 h am 220 °C heißen Boden das Polymerisat durch Schlitze auf gekühlte Walzen ausgepreßt und dann granuliert. Dieses Polymerisat besitzt durch den Polymerisationsprozeß eine mehrmodale Verteilungsfunktion und enthält überdies noch kleine Mengen Styrol, die als Weichmacher wirken und die Glastemperatur herabsetzen. Der andere Typ besitzt geringere Mengen an Monostyrol, da hier das Vorpolymerisat auf dampferhitzten Walzen bei 130 mbar auspolymerisiert wird, wobei das restliche Styrol entfernt wird. Nach dem Turmverfahren werden pro Turm ca. 44 kg/h polymerisiert.

Große Mengen Styrol werden diskontinuierlich nach dem Verfahren der Suspensionspolymerisation in mit Glas ausgekleideten, ca. 5 $m^3$ fassenden Autoklaven polymerisiert, während nur ein kleiner Teil nach dem Emulsionsverfahren umgesetzt wird.

### 25.2.6.2 Eigenschaften und Verarbeitung

Radikalisch hergestelltes Poly(styrol) ist ataktisch und weist eine Glastemperatur $T_G$ = 100 °C auf. Es wird vor allem zu Spritzgußartikeln verarbeitet, z. B. zu Haushaltsbüchsen, Joghurtbechern usw. (Fließtemperatur 140 – 160 °C). Eine kleinere Menge wird für hochorientierte Monofils für Bürsten und für hochgereckte Folien für Isolierzwecke verbraucht.

Die große Sprödigkeit des Poly(styrols) ist durch seine relativ starre Hauptkette bedingt. Bei den sogenannten schlagfesten Poly(styrolen), die aus mindestens 90 % Styrol-Grundbausteinen bestehen, wird versucht, diesen Mangel zu überwinden. Schlagfeste Poly(styrole) werden entweder durch Dispergieren von Gummi in heißem Poly(styrol), durch Mischen eines Poly(isopren)-Latex mit einem Poly(styrol)-Latex unter nachfolgender Koagulation oder schließlich durch Auflösen von Gummi in Styrol und anschließender Polymerisation hergestellt. Da es sich in der Regel um physikalische Mischungen zweier Polymerer handelt, die miteinander unverträglich sind (vgl. Kap. 6.6.6), tritt Phasentrennung ein. Die schlagfesten Poly(styrole) sind daher im Gegensatz zu den reinen Poly(styrolen) nicht glasklar. Reine Poly(styrole) werden darum gelegentlich auch Kristallpoly(styrole) genannt.

Große Mengen Styrol werden auch bei den Poly(styrol)schäumen verwendet. Dazu wird eine Mischung von Styrol, Petroläther, Poly(styrol) und Benzoylperoxid zunächst vorpolymerisiert, dann gekörnt und anschließend die Masse bei höheren Temperaturen auspolymerisiert, wobei der verdampfende Petroläther die Masse aufbläht.

Das isotaktische Poly(styrol) kann wegen seines hohen Schmelzpunktes ($T_M$ = 230 °C) und seiner noch höheren Sprödigkeit schlecht verarbeitet werden und ist darum bis jetzt nicht technisch verwendet worden.

### 25.2.6.3 Derivate

Die Glastemperatur hängt von der Beweglichkeit der Kettensegmente ab und kann daher durch Kettenversteifung heraufgesetzt werden (vgl. Kap. 10.5.3). α-Methylstyrol bildet daher ein Polymer $\leftarrow CH_2-CCH_3(C_6H_5)\rightarrow_n$, das sich wegen seiner Glastemperatur von $T_G$ = 170 °C im Gegensatz zu Poly(styrol) auch bei 100 °C noch nicht verformt. Da gleichzeitig aber auch die Ceiling-Temperatur für das Gleichgewicht Polymerisation/Depolymerisation herabgesetzt wird (vgl. Kap. 16.3), zersetzt sich Poly(α-methylstyrol) leichter als Poly(styrol), so daß die Verarbeitung nach dem Spritzguß-Verfahren schwieriger ist.

Die Depolymerisation wird durch Einbau von Gruppierungen mit höherer Ceiling-Temperatur gestoppt. Copolymere aus α-Methylstyrol und Methylmethacrylat haben daher als wärmestabile, glasklare Polymere für Spezialzwecke eine gewisse Bedeutung erlangt.

Poly(2,5-dichlorstyrol) weist eine gute Schlagbiegefestigkeit auf, hat sich aber wegen des Monomerpreises nicht durchsetzen können. Erwartungsgemäß ist die Formbeständigkeit von Poly(o-methylstyrol) gut, während die p- und m-Methylverbindungen in dieser Beziehung keine Vorteile gegenüber Poly(styrol) aufweisen.

### 25.2.6.4 Copolymere

Styrol kann mit geringen Mengen Divinylbenzol zu vernetzten Produkten copolymerisiert werden. Das Masse-Polymerisat kann nur spanabhebend bearbeitet werden. Es wird in der Elektrotechnik verwendet und hat nur geringe Bedeutung. In Suspension hergestellte Copolymerisate fallen als Perlen an, die nach der Sulfonierung als Ionenaustauscher verwendet werden.

Copolymere aus Styrol und Acrylnitril werden für Geschirr, Geräteteile und Monofils verwendet. Sie werden durch Zusatz von 1,4-cis-Poly(butadien) schlagfester gemacht (ABS-Polymere). ABS-Polymere sind gegen Sonne und Sauerstoff (Außenbewitterung) empfindlich. Für derartige Zwecke sind ASA-Polymere besser geeignet, d. h. Terpolymere aus Acrylestern, Styrol und Acrylnitril. Terpolymere aus Methylmethacrylat, Butadien und Styrol (MBS-Polymere) sind im Gegensatz zu den ABS-Polymeren transparent.

## 25.2.7 POLY(VINYLPYRIDINE)

4-Vinylpyridin ist ein Nucleophil und löst daher die Polymerisation von Vinylpyridiniumsalzen aus. Bei der Polymerisation in Wasser entstehen bei Monomerkonzentrationen über ca. 1 mol/dm$^3$ Poly(vinylpyridin)salze hohen Molekulargewichtes, bei Konzentrationen unter 0,5 mol/dm$^3$ dagegen oligomere Polyaddukte

(25-8)

$$CH_2=CH-\langle N: + \begin{matrix} CH_2=CH \\ | \\ \langle \oplus N \\ | \\ H \quad X^\ominus \end{matrix} \longrightarrow \begin{bmatrix} CH_2=CH-\langle \oplus N-CH_2-\overset{\ominus}{C}H \\ | \\ \langle \oplus N \\ | \\ H \quad X^\ominus \\ \\ CH_2=CH-\langle \oplus N-CH_2-\overset{\ominus}{C}H-\langle \oplus NH \quad X^\ominus \\ \downarrow\uparrow \\ CH_2=CH-\langle \oplus N-CH_2-CH_2-\langle N: \quad X^\ominus \end{bmatrix}$$

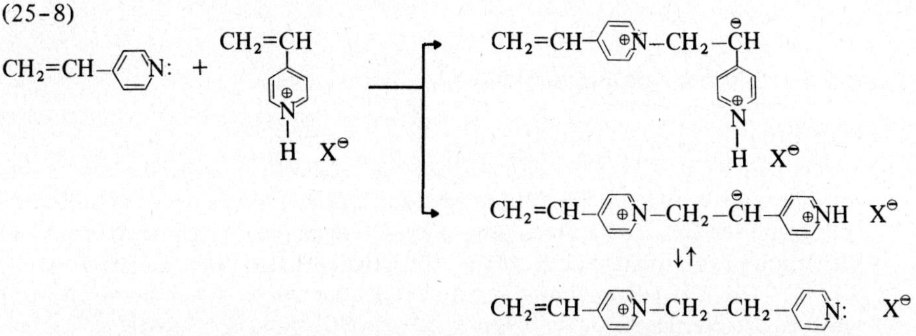

Der Wechsel des Polymerisationsmechanismus ist vermutlich durch die Bildung von Mizellen bei höheren Monomerkonzentrationen bedingt.

## 25.3 Poly(diene)

Polydiene entstehen durch Polymerisation von Dienen wie Butadien, Isopren, Chloropren usw. Sie weisen je nach den Polymerisationsbedingungen verschiedene Konstitution und Konfiguration auf, enthalten aber pro Grundbaustein immer eine Doppelbindung (vgl. Tab. 25-4). Die Doppelbindung kann sich in der Hauptkette oder in einem Substituenten befinden. Dem Aufbau, nicht aber der Entstehung nach, sind zu dieser Verbindungsklasse auch die Polymeren zu zählen, die durch Ringerweiterungspolymerisation von Cycloolefinen unter Erhaltung der Doppelbindung entstehen.

*Tab. 25-4:* Konstitution und Konfiguration technischer Poly(diene)

| Monomer | Polymerisation | Struktur (%) | | | |
|---|---|---|---|---|---|
| | | 1,4-cis | 1,4-trans | 1,2 | 3,4 |
| Butadien | Natrium | 10 | 25 | 65 | 0 |
| | Alfin, Lsg. | 20 | 80 | 0 | 0 |
| Butadien/Styrol | radikalisch, Emulsion, 70 °C | 20 | 63 | 17 | 0 |
| | radikalisch, Emulsion, 5 °C | 12 | 72 | 16 | 0 |
| | anionisch, Lsg. | 40 | 54 | 6 | 0 |
| Chloropren | radikalisch | 11 | 86 | 2 | 1 |
| Isopren | Lithium, Kohlenwasserstoffe | 93 | 0 | 0 | 7 |

## 25.3.1 POLY(BUTADIENE)

### 25.3.1.1 Synthese und Eigenschaften

Monomer

Butadien $CH_2{=}CH{-}CH{-}CH_2$ wird zur Zeit technisch entweder durch Extraktion von $C_4$-Schnitten von Erdöldestillaten oder durch Dehydrierung oder oxydative Dehydrierung von Buten oder Butan gewonnen. Ältere und nicht mehr ausgeübte Verfahren gingen von Äthanol ($C_2H_5OH \rightarrow CH_3CHO \rightarrow CH_3{-}CH{=}CH{-}CHO \rightarrow CH_3{-}CH{=}CH{-}CH_2OH \rightarrow CH_2{=}CH{-}CH{=}CH_2$) oder von Acetylen aus. Mit Acetylen starteten drei Verfahren:

a) $C_2H_2 \rightarrow CH_2{=}CH{-}C{\equiv}CH \rightarrow CH_2{=}CH{-}CH{=}CH_2$,

b) $C_2H_2 \rightarrow CH_3CHO \rightarrow CH_3{-}CHOH{-}CH_2CHO \rightarrow CH_3CHOH{-}CH_2{-}CH_2OH \rightarrow CH_2{=}CH{-}CH{=}CH_2$,

c) $C_2H_2 + 2\,HCHO \rightarrow HOCH_2{-}C{\equiv}C{-}CH_2OH \rightarrow HOCH_2CH_2CH_2CH_2OH \rightarrow \overline{CH_2CH_2CH_2CH_2O} \rightarrow CH_2{=}CH{-}CH{=}CH_2$.

Anionische Polymerisation:

Das älteste, jetzt nicht mehr technisch ausgeführte Verfahren arbeitete mit Natrium als Initiator. Es wurde bereits 1910 in einem englischen Patent und kurz darauf auch von Harris beschrieben. Das Natrium wurde wegen der besseren Verteilung als Dispersion in Paraffinöl oder in Hexan zugegeben und die Polymerisation in Masse in Knetern oder mit Schnecken ausgeführt. Bei der Polymerisation werden etwa 70 % 1,2-Strukturen gebildet. Die Produkte gelangten in Deutschland als Zahlenbuna-Typen, in Rußland als SK-Typen in die Verarbeitung. Buna bedeutet dabei *Bu*tadien-*Na*trium-Polymerisat, SK *s*owjetischer *K*autschuk. Die russischen Produkte führten die Bezeichnung SKA, wenn das Butadien über Erdöl, und SKB, wenn es aus Alkohol hergestellt worden war. Die Zahlenbuna-Produktion wurde bereits 1939 in Deutschland gestoppt, mit Ausnahme des Buna 85, das für die Produktion von Hartgummi eingesetzt wurde.

Die Polymerisation von Butadien mit Lithium, Natrium oder bestimmten Ziegler-Katalysatoren wird zur Herstellung syndiotaktischer Poly(butadiene) mit ca. 90 % 1,2-Einheiten ausgenutzt. Die Glastemperaturen dieser Polymeren liegen bei ca. – 40 °C (röntgenamorph) bzw. – 12 °C (40 % röntgenkristallin), der Schmelzpunkt bei 125 °C (40 % röntgenkristallin). Das kommerzielle Produkt ist ca. 25 % kristallin und steht in seinen mechanischen Eigenschaften etwa zwischen Elastomeren und Thermoplasten. Es besitzt eine hohe Durchlässigkeit für Sauerstoff und Kohlendioxid und kann daher für Lebensmittelverpackungen eingesetzt werden. 1,2-PBD vernetzt bei Bestrahlung mit UV-Licht und gibt dann so spröde Produkte, daß Flaschen und andere Formstücke schon durch einen leichten Wind zerstört werden

Radikalische Copolymerisation:

Die Natriumpolymerisate des Butadiens wiesen wegen ihren geringen Anteils an 1,4-Strukturen relativ schlechte Elastizitäten auf. Bei Versuchen, die Elastizität durch Abwandlung der Polymerisationsbedingungen zu erhöhen, gelangte man zu den radikalisch hergestellten Copolymeren aus Butadien und Styrol (80 % 1,4-Addition).

Durch radikalische Copolymerisation von Butadien und Styrol in Emulsion entsteht Buna-S bzw. GR-S (*G*overnment *r*ubber with *s*tyrene). Buna S weist den beträchtlichen Anteil von ca. 20 % 1,2-Strukturen auf, der durch Polymerisation in der Kälte mit Redoxsystemen zu Gunsten von trans-1,4-Strukturen zurückgedrängt werden kann (bei 100 °C: 28 % cis, 51 % trans, 21 % 1,2; bei −20 °C: 6 % cis, 77 % trans, 17 % 1,2). Die durch 1,2-Polymerisation entstehenden seitenständigen Vinylgruppen führen bei größeren Polymerisationsumsätzen zur Vernetzung des Produktes. Das Molekulargewicht und damit die Tendenz zur Verzweigung bzw. Vernetzung wird durch Zugabe von Reglern und Abbruch der Polymerisation bei ca. 60 % Umsatz erniedrigt. Als Regler werden technisch Dodecylmercaptan und Diproxid (= Diisopropylxanthogendisulfid) verwendet. Das Molekulargewicht wird durch die Regler so eingestellt, daß eine Mastikation (vgl. weiter unten) nicht mehr erforderlich ist. Buna S ist preisgünstiger als Buna N und kann zudem im Gegensatz zu diesem direkt mit Naturkautschuk verbunden werden. Es wird daher in sehr großen Mengen hergestellt und vor allem für Laufflächen von Autoreifen verwendet.

Die Copolymerisation mit Acrylnitril erfolgt wie die mit Styrol in Emulsion mit Redoxsystemen diskontinuierlich, in einer Kaskade oder durch kontinuierlichen Abzug des Latex vom Boden des Kessels. Acrylnitril und Butadien werden bei 25 °C im Verhältnis 37 : 63 (Azeotrop) eingesetzt. Das Molekulargewicht wird durch Zugabe von Reglern, Stoppern und unvollständigen Umsatz (70 – 80 %) gesteuert. Überschüssiges Butadien wird durch Entspannen, überschüssiges Acrylnitril durch Einblasen von Dampf entfernt. Als Nebenreaktion tritt in geringem Ausmaß eine Diels-Alder-Codimerisation von Butadien und Acrylnitril zum Cyancyclohexen ein, die bei hohem Acrylnitrilgehalt der Ausgangsmischung die Güte der Produkte beeinflussen kann. Als Emulgatoren werden praktisch ausschließlich anionaktive Substanzen wie Alkylarylsulfonate (Deutschland) oder fettsaure Alkalisalze (USA) verwendet, da deren Wirkungsmaximum bei pH $>$ 7 liegt. Kationaktive Emulgatoren (Wirkungsmaximum bei pH $<$ 7) erzeugen positiv geladene Latices, die zur Imprägnierung oder Beschichtung von Papier oder Textilien eingesetzt werden. Mit nichtionogenen Emulgatoren hergestellte Latices lassen sich schlecht koagulieren.

Die bei 5 °C ausgeführte Kaltpolymerisation führt zu Produkten mit höherem trans-1,4-Gehalt (ca. 90 % 1.4, davon 6 – 7 mal mehr trans als cis). Trans-reiche Strukturen neigen weniger zur Cyclisierung als cis-reiche, was bei der Verarbeitung im Kneter vorteilhaft ist. Diese Cyclisierung (Verstrammung) der Warmpolymerisate beginnt bei etwa 160 °C; solche Temperaturen können im Kneter erreicht werden. Kaltpolymerisate benötigen kürzere Mastikationszeiten und niedrigere Spritztemperaturen und lassen höhere Spritzgeschwindigkeiten zu. Die Copolymeren aus Butadien und Acrylnitril sind unter dem Namen Buna-N oder GR-N als ölbeständige Kautschuke im Handel. Die Ölbeständigkeit wird durch die polare Nitrilgruppe bewirkt. Produkte mit Acrylnitrilgehalten unter 25 % sind daher nicht gut ölbeständig.

Arbeitet man bei höheren Temperaturen, so polymerisiert das Butadien bevorzugt in 1,2-Stellung. Die so entstehenden Vinylgruppen können nachträglich vernetzt werden. Das Produkt hat daher etwa die gleichen Einsatzgebiete wie die ungesättigten Polyesterharze, ist aber wegen des Fehlens von Heteroatomen weniger witterungsempfindlich.

Anionische Copolymerisation:

Die zu Elastomeren führende Copolymerisation von Butadien und Styrol wurde früher ausschließlich radikalisch in Emulsion ausgeführt. Neuerdings kommen anionisch mit RLi als Initiator hergestellte Lösungspolymerisate auf den Markt. Die Lösungspolymerisate weisen gegenüber den Emulsionspolymerisaten ein höheres Molekulargewicht (besserer Widerstand gegen Rißbildung), einen von 12 auf 40 % erhöhten cis-Anteil (Rißbildung), eine engere Molekulargewichtsverteilung (verbesserte Aufnahme von Ruß und Öl) und einen höheren Reinheitsgrad auf (Produkt mit 98,5 – 99 gegenüber ca. 94 % Elastomer). Die restlichen Anteile sind Katalysator- und Emulgatorreste usw. Das höhere Molekulargewicht wird durch die verringerte Tendenz zur Vernetzung erreicht, die wiederum von den erniedrigten Anteilen an 1,2-Strukturen herrührt.

Durch Erhöhen der Initiatorkonzentration, Einsatz von Dianionen und Abbruch mit z. B. $CO_2$ (vgl. Kap. 18.2.5) entstehen Poly(butadiene) mit Carboxylendgruppen und Molekulargewichten von ca. 10 000. Die anschließende Umsetzung mit Polyisocyanaten verlängert die Kette und vernetzt das Produkt. Derartige Polymere sind als Flüssigkeitskautschuk für Gießreifen projektiert.

Blockpolymere des Typs $(Sty)_n$–$(Bu)_m$–$(Sty)_n$ bilden thermoplastische Elastomere, d.h. physikalisch und damit reversibel vernetzte Produkte (vgl. Kap. 5.5.4).. Sie werden durch anionische Polymerisation hergestellt, da der technische Effekt nur bei molekulareinheitlichen Blöcken und außerdem nur bei bestimmten Verhältnissen m/n erreicht wird.

Ziegler-Polymerisation:

Erst die Entdeckung der Ziegler-Katalysatoren machte jedoch erst den Weg zum angestrebten cis-1,4-Poly(butadien) frei. cis-1,4-Poly(butadien) wird technisch durch Polymerisation von Butadien mit $VOCl_2/(C_2H_5)_2AlCl$ erhalten. Bei dieser Polymerisation entstehen lebende Polymere, sodaß das Molekulargewicht mit dem Umsatz ansteigt. Die mit fortschreitender Zeit durch die Zunahme des Umsatzes und des Molekulargewichtes sehr stark ansteigende Viskosität der Reaktionsmischung setzt der technischen Durchführung Grenzen. Das von der Anwendungsseite erwünschte hohe Molekulargewicht läßt sich jedoch nach Ende der Polymerisation durch Zugabe von Alkyl- oder Acyldihalogeniden (z.B. $SOCl_2$) erreichen, wobei sich das Molekulargewicht sprunghaft und definiert erhöht (Molekulargewichtssprungreaktion).

Mit anderen Ziegler-Katalysatoren (z.B. Kobaltverbindungen + Alkylaluminiumchloride oder Nickelverbindungen/Trialkylaluminium/$BF_3$-Ätherat) entstehen niedermolekulare „Poly(butadien)öle" mit cis-1,4-Gehalten zwischen 80 und 97 %. Die Produkte sind wenig verzweigt und trocknen so schnell wie Holzöl und schneller als Leinöl. Umsetzen der Poly(butadien)öle mit 20 % Maleinsäureanhydrid gibt lufttrocknende Alkydharze. Modifizierte Poly(butadiene) verfestigen erosionsgefährdete Böden. Die wässrige Emulsion dringt wegen ihrer niedrigen Viskosität in die oberste Bodenschicht ein. Durch die Oxydation verkleben die Erdkrumen. Da es aber keine Haut gibt, bleibt die Saugfähigkeit des Bodens erhalten.

cis-1,4-Poly(butadiene) sind sehr beständig gegen Abrieb und werden daher für Autoreifen verwendet. Reifen aus cis-Poly(butadienen) zeigen im Vergleich zu Reifen aus cis-Poly(isoprenen) weniger Walkarbeit. Da bei der Walkarbeit Wärme entwickelt wird, nimmt die Plastizität zu und die Elastizität ab. Dem begegnet man beim cis-Poly(isopren) durch eine stärkere Vernetzung, wodurch aber auch die Glastemperatur heraufgesetzt und folglich die Elastizität der Reifen bei tiefen Temperaturen schlecht wird. Reifen aus cis-Poly(butadien) weisen daher bei tiefen Temperaturen eine bessere Elastizität auf. Sie sind außerdem sehr gut beständig gegen Abrieb. Bei normalen Straßenverhältnissen sind dagegen Reifen aus reinem cis-1,4-Poly(butadien) etwas schlechter als Reifen aus cis-1,4-Poly(isopren); als Gummi wird daher ein Polyblend aus cis-1,4-Poly(butadien) mit Poly(isopren) (natürlich oder synthetisch) oder mit Buna S eingesetzt.

Alfin-Polymerisation:

Neuerdings wird auch die schon lange bekannte sog. Alfin-Polymerisation des Butadiens technisch ausgeführt. Der Alfin-Katalysator hat seinen Namen daher, daß zu seiner Herstellung ursprünglich ein *Al*kohol und ein Ole*fin* verwendet wurden (z. B. Natriumisopropylat und Allylnatrium). Die wirtschaftlich beste Methode für die Herstellung des Katalysators geht von Isopropanol, Natrium und n-Butylchlorid aus

(25–9)

$$Na + (CH_3)_2CHOH \rightarrow (CH_3)_2CHO^{\ominus}Na^{\oplus} + 0{,}5\ H_2$$

$$(CH_3)_2CHO^{\ominus}Na^{\oplus} + 2\,Na + C_4H_9Cl \rightarrow C_4H_9^{\ominus}Na^{\oplus} + (CH_3)_2CHO^{\ominus}Na^{\oplus} + NaCl$$

Der eigentliche Alfin-Katalysator entsteht dann durch Zugabe von Propylen zu dieser Suspension, wobei das Butylnatrium in Allylnatrium übergeht

(25–10) $C_4H_9^{\ominus}Na^{\oplus} + CH_2{=}CH{-}CH_3 \rightarrow CH_2{=}CH{-}CH_2^{\ominus}Na_2^{\oplus} + C_4H_{10}$

Der Alfin-Katalysator ist vermutlich ein Komplex aus Allylnatrium, Natriumisopropylat und NaCl

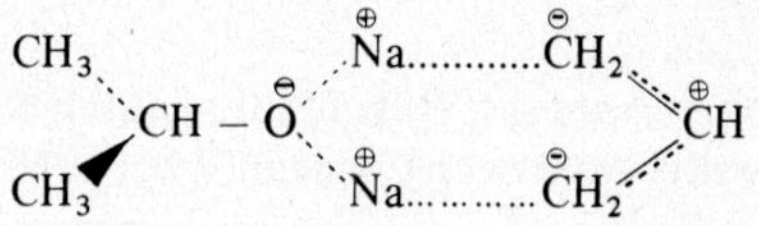

Die Alfin-Polymerisation liefert extrem hochmolekulare Produkte mit ca. 65-75% trans-1,4-Strukturen. Als Kettenüberträger zur Regelung des Molekulargewichtes dienen 1,4-Dihydrobenzol oder 1,4-Dihydronaphthalin. Technisch werden Copolymere des Butadiens mit 5 – 15 % Styrol oder 3 – 10 % Isopren hergestellt.

25.3.1.2 Vulkanisation

Buna S und Buna N werden nach dem klassischen Verfahren mit Schwefel zu vernetzten Produkten umgesetzt (vulkanisiert). Um optimale Eigenschaften des Gummis zu erreichen, ist ein derartiger Ansatz recht kompliziert aufgebaut und besteht mindestens aus dem Elastomer, Schwefel, Füllstoff, Weichmachern, Beschleunigern, Aktivatoren und Alterungsschutzmitteln. In einem typischen Rezept haben diese Bestandteile folgende Aufgaben: 100 g Buna S geben dem Vulkanisat die gewünschten viskoelastischen Eigenschaften. 3 g Schwefel bilden die Vernetzungspunkte zwischen den Polymerketten aus, das Eigenschaftsspektrum wird dadurch mehr von „viskos“ nach „elastisch“ verschoben. 40 g Ruß dienen einerseits zum Füllen, d.h. zum Verbilligen, andererseits bewirkt Ruß aber auch als aktiver Füller eine größere mechanische Festigkeit des Vulkanisats. 10 g Mineralöl werden als Weichmacher zugegeben, um die durch die Vernetzung mit Schwefel angestiegene Glastemperatur wieder zu senken. 0,3 g Diphenylguanidin wirken als Vulkanisationsbeschleuniger, d.h. die Radikalproduktion wird erhöht. Das Diphenylguanidin wird durch 10 g Zinkoxid aktiviert, das gleichzeitig als Füllstoff wirkt. Als Alterungsschutzmittel, d.h. als Sauerstoffänger, werden 1 g Phenylnaphthylamin zugesetzt.

Die Vulkanisation von Polydienen kann „heiß" oder „kalt" erfolgen. Bei der nichtbeschleunigten Heißvulkanisation bei ca. 120 – 160 °C greift der Schwefel in $\alpha$-Stellung zur Doppelbindung an und bildet inter- und intramolekulare Vernetzungen aus, wobei ein Teil der cis-Doppelbindungen in trans-Doppelbindungen übergeht (vgl. auch Kap. 23.5.3).

(25-11) $\sim CH_2-CH{=}CH-CH_2\sim \xrightarrow{+S_8} \sim CH-CH{=}CH-CH_2\sim$ über $S_x$ verbunden mit $\sim CH-CH{=}CH-CH_2\sim$

$$\begin{array}{l} \sim CH-CH{=}CH-CH_2\sim \\ \quad | \\ \quad S_x \\ \quad | \\ \sim CH-CH{=}CH-CH_2\sim \end{array}$$

Diese Reaktion wird nicht durch Peroxide beeinflußt, was für einen ionischen Mechanismus spricht. Die Vulkanisation wird in der Technik durch Verbindungen wie 2-Mercaptobenzthiazol oder Tetramethylthiuramdisulfid beschleunigt, deren Wirkungsweise noch nicht aufgeklärt ist.

Die Kaltvulkanisation wird bei Raumtemperatur ausgeführt und führt bei Verwendung von $S_2Cl_2$ zu monosulfidischen Brücken:

(25-12) $$2 \sim CH_2-CH{=}CH-CH_2\sim + S_2Cl_2 \longrightarrow \begin{array}{l} \sim CH_2-CH-CHCl-CH_2\sim \\ \qquad\ \ | \\ \qquad\ \ S \\ \qquad\ \ | \\ \sim CH_2-CH-CHCl-CH_2\sim \end{array} + S$$

Als neuestes Verfahren wird die Vulkanisation durch Mikrowellen diskutiert. Die durch Mikrowellen bewirkte Aufheizung ist schnell bei polaren und langsam bei apolaren Kautschuken. Die Aufheizgeschwindigkeit wird durch Ruß erhöht. Ein diesen Effekt bewirkender heller Füllstoff ist jedoch nicht bekannt.

### 25.3.2 POLY(ISOPREN)

Poly(isopren) kommt in der Natur als cis-1,4-Poly(isopren) (Naturkautschuk) und als trans-1,4-Poly(isopren) (Guttapercha, Balata) vor. Beide Isomere können auch synthetisch hergestellt werden.

#### 25.3.2.1 Natürliche Polyprene

In der Natur sind über 2000 Pflanzen bekannt, die Polyprene erzeugen, die meisten in Mischung mit Terpenen und Wachsen. Fast aller Naturkautschuk wird heute von den Bäumen von Hevea brasiliensis gewonnen. Der Ertrag liegt bei 500 – 2000 kg Latex pro Jahr und Hektar. Die Bäume werden dazu mit winkelförmigen Schnitten angezapft und der herausfließende Latexsaft gesammelt. Dieser Prozeß gab dem Kautschuk seinen Namen: in der Maya-Sprache bedeutet „caa" nämlich Holz und „o-chu" Fließen oder Weinen. H. brasiliensis ist für Plantagekulturen besonders vorteilhaft, weil der Latex bei mehrmaligem Anzapfen immer stärker fließt. Im Gegensatz dazu versiegen die im Amazonasgebiet vorkommenden Castilla elastica und C. ulai bei mehrmaligem Anzapfen; sie bildeten jedoch die Hauptquelle für den Wildkautschuk. Die Produktion Ostasiens stützte sich früher auf Ficus elastica. Bei den buschartigen Pflanzen von Guayule (Paethenium argentatum) und Kok-Ssagys bestehen über 30 % der Pflanzen aus Latex. Während des 2. Weltkrieges wurde in Rußland versucht, Kok-Ssagys zu kultivieren, um den dringend benötigten Naturkautschuk zu gewinnen.

Die trans-1,4-Poly(isoprene) kommen in den Latices von Palaquium gutta und Mimusops balata vor. Sie wurden hauptsächlich für Kabel (Gutta) und werden noch für Treibriemen (Balata) verwendet. Eine Mischung von Guttapercha und Triterpenen liefert die in Zentralamerika wachsende Pflanze Achras sapota. Ihr Polypren bildet die Grundlage für Chicle-Kaugummi. In Konkurrenz dazu stehen die Alstonia- und Dyera-Arten Ostasiens, die allerdings einen hohen Harzgehalt aufweisen.

Bereits im 11. Jahrhundert verwendeten die Maya Bälle aus koaguliertem Kautschuk. Im 16. Jahrhundert wurden in Mexiko Mäntel mit Frischlatex imprägniert; in der gleichen Zeit wurde der Latex in Ostasien als Vogelleim verwendet. Der Frischlatex konnte aber nicht nach Europa verschickt werden, da er während des Transports koagulierte. In Europa wurde der Kautschuk daher über Lösungen in Terpentilöl und Äther verarbeitet (1761 Hérissant, Macquer). 1770 erfand E. Nairne den Radiergummi, 1791 bekam S. Peal ein Patent für wasserdichte Gewebe. 1826 entdeckte MacIntosh, daß Naphtha (aromatenreiche Fraktion des Erdöls) als Lösungsmittel geeignet war. 1819 beobachtete Th. Hancock die Autohäsion frisch geschnittenen Kautschuks. Er hielt die Beobachtung mehrere Jahre geheim und versuchte, durch Ausnützen des Phänomens den Kautschuk lösungsmittelfrei unter Druck zu verschweißen. Dazu konstruierte er eine Maschine mit einer Walze mit Dornen (Pickle-Maschine), mit der die Mastikation entdeckt wurde. Bei der Mastikation wird Kautschuk mechanisch unter Einwirkung von Luft auf Walzen abgebaut, wobei durch das herabgesetzte Molekulargewicht eine teigigere, plastische Masse entsteht, in die leicht Füllstoffe eingearbeitet werden können. Die so von Hancock hergestellten Artikel änderten aber mit der Zeit ihre Eigenschaften: sie wurden klebrig in der Wärme und am Licht und spröde und hart in der Kälte.

Seit 1831 versuchte dann der Amerikaner Goodyear, dieses Klebrigwerden durch geeignete „Trocknungsmittel" zu verhindern. Im Laufe langjähriger Untersuchungen fand er dann 1839, daß die Klebrigkeit durch Erhitzen des Kautschuks mit Schwefel über dessen „Schmelzpunkt" verschwindet: die Vulkanisation war gefunden. An seine Entdeckung schloß sich ein langjähriger Patentstreit an, bei dem Goodyear die Patente in Europa versagt wurden, da Hancock ähnliche Resultate vorwies. Die Ergebnisse Hancocks waren aber Nacherfindungen, da sie durch Untersuchung der Goodyear-Produkte zustandegekommen waren.

Mastikation und Vulkanisation öffneten den Weg zur großindustriellen Verwendung des Naturkautschuks. Während die Produktion 1825 erst 30 t pro Jahr betrug, war sie bereits 1840 auf 388 t gestiegen. Praktisch aller Kautschuk kam zu dieser Zeit aus Brasilien. Um dieses Monopol zu brechen, wurde in England versucht, in Singapore Ficus elastica für die Kautschuk-Produktion zu kultivieren, jedoch ohne nachhaltigen Erfolg. 1860 wurde das gleiche Experiment mit Lianenkautschuk aus Afrika wiederholt, wiederum erfolglos. Ausgedehnte Untersuchungen von J. Collins, Konservator am Museum für Pharmazie in London, ließen 1869 erkennen, daß sich für die Zucht in Plantagen am besten Hevea brasiliensis eignet. Da das brasilianische Monopol immer drückender wurde – 1870 wurden bereits 8000 t gewonnen –, wurde versucht, Samen aus Brasilien herauszuschmuggeln. Von 2000 im Jahre 1873 geschmuggelten Samen gingen zunächst nur 12 auf, aber auch diese gingen später wieder ein. In einem zweiten Versuch schmuggelte Wickham 1876 70 000 Stück Samen heraus, aber erst im Jahre 1900 kamen die ersten 4 t Plantagenkautschuk auf den Markt. Im gleichen Jahr wurden aber bereits 50 000 t Wildkautschuk gehandelt. Heute stammt praktisch aller Kautschuk von Plantagen in Indonesien, Malaya und Brasilien.

### 25.3.2.2 Biosynthese

Die Pflanze synthetisiert Naturkautschuk über die sogenannte aktivierte Essigsäure $CH_3-CO-S-(CoA)$, den Essigsäurethiolester des Coenzyms A (Acetyl-CoA)*). Durch Dimerisierung entsteht zunächst Acetacetyl-CoA und durch weitere Anlagerung β-Hydroxy-β-methylglutaryl-CoA, das sich mit dem enzymatisch reduzierten Triphosphopyridin-nucleotid (TPNH) zur Mevalonsäure umsetzt:

(25–13)

$$\begin{array}{c} \text{COOH} \\ | \\ \text{CH}_2 \\ | \\ \text{CH}_3-\text{C}-\text{OH} \\ | \\ \text{CH}_2 \\ | \\ \text{O=C}-\text{S}-\text{CoA} \end{array} + 2\,\text{TPNH} + 2\,\text{H}^+ \rightarrow \begin{array}{c} \text{COOH} \\ | \\ \text{CH}_2 \\ | \\ \text{CH}_3-\text{C}-\text{OH} \\ | \\ \text{CH}_2 \\ | \\ \text{HO}-\text{CH}_2 \\ \text{(Mevalonsäure)} \end{array} + 2\,\text{TPN}^+ + \text{CoAS}$$

---

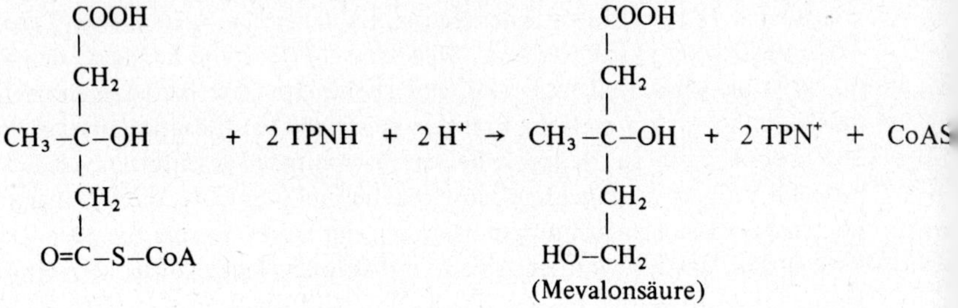

\*) Coenzym A ist ein Pantothensäurederivat

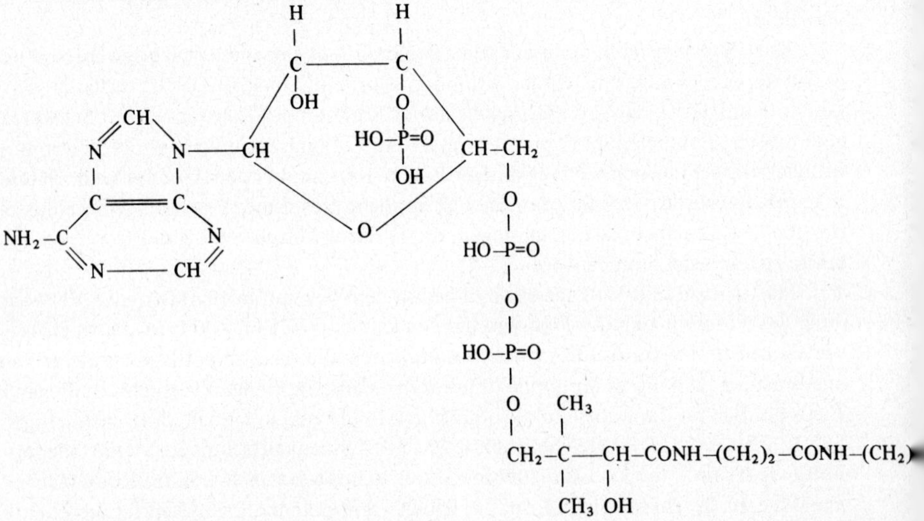

Über eine Reihe von Zwischenstufen wird mit Adenosintriphosphat dann das Isopentenylpyrophosphat erhalten, von dem sich ein Teil zum Dimethylallylpyrophosphat umsetzt:

(25-14)

$$\begin{array}{c} CH_2-O-\overset{*}{P}-\overset{*}{P} \\ | \\ CH_2 \\ \diagdown C \diagup \\ CH_2 \quad CH_3 \end{array} \xrightleftharpoons{+HS-Enzym} \left( \begin{array}{c} CH_2-O-\overset{*}{P}-\overset{*}{P} \\ | \\ CH_2 \\ \diagdown C \diagup S-Enzym \\ CH_3 \quad CH_3 \end{array} \right) \xrightleftharpoons{-HS-Enzym} \begin{array}{c} CH_2-O-\overset{*}{P}-\overset{*}{P} \\ | \\ CH \\ \diagdown C \diagup \\ CH_3 \quad CH_3 \end{array} **)$$

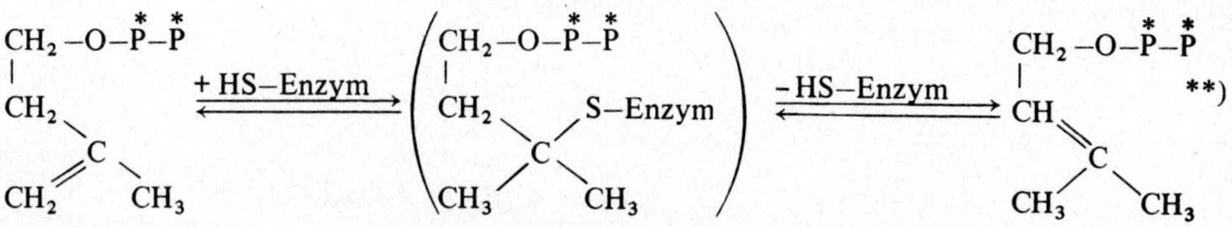

Der Kettenaufbau erfolgt aus Dimethylallylpyrophosphat und Isopentenylpyrophosphat:

(25-15)

$$CH_3-C=CH-CH_2 \;+\; CH_2=C-CH_2-CH_2-OP_2O_6^{3-} \longrightarrow$$
$$\;\;\;\;\;\;\;\;| \;\;\;\;\;\;\;\;\;\;\;\; | \;\;\;\;\;\;\;\;\;\;\;\;\;\;\;\;\;\;\; |$$
$$\;\;\;CH_3 \;\;\; OP_2O_6^{3-} \;\;\;\;\;\;\;\;\;\;\;\; CH_3$$

$$\longrightarrow \; CH_3-C=CH-CH_2-CH_2-C=CH-CH_2-OP_2O_6^{3-} + H^+$$
$$\;\;\;\;\;\;\;\;\;\;\;\;\;\;\;\;\;\;\;\;\;\; | \;\;\;\;\;\;\;\;\;\;\;\;\;\;\;\;\;\;\;\;\;\;\;\;\;\;\;\; |$$
$$\;\;\;\;\;\;\;\;\;\;\;\;\;\;\;\;\;\;\;\; CH_3 \;\;\;\;\;\;\;\;\;\;\;\;\;\;\;\;\; CH_3 \;\;\;\;\; + P_2O_7^{4-}$$

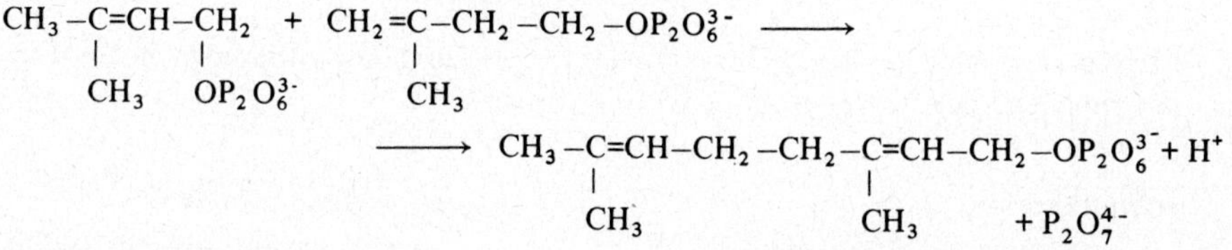

25.3.2.3 Technische Synthese

Monomer-Synthese

Isopren wurde früher aus Butylalkohol oder Terpentinöl oder später aus Acetylen hergestellt:

(25-16)

$$C_2H_2 + CH_3COCH_3 \xrightarrow{+NaNH_2} \begin{array}{c} CH_3 \\ | \\ CH_3-C-C\equiv CH \\ | \\ OH \end{array} \xrightarrow{+H_2} \begin{array}{c} CH_3 \\ | \\ CH_3-C-CH=CH_2 \\ | \\ OH \end{array} \xrightarrow{-H_2O} \text{Isopren}$$

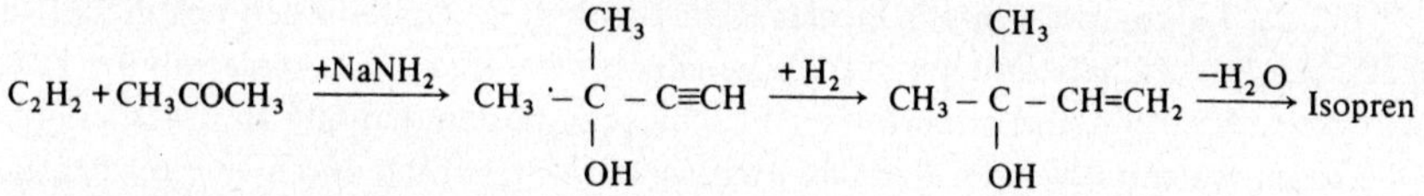

Neuere Synthesen gehen von Propylen aus

(25-17)

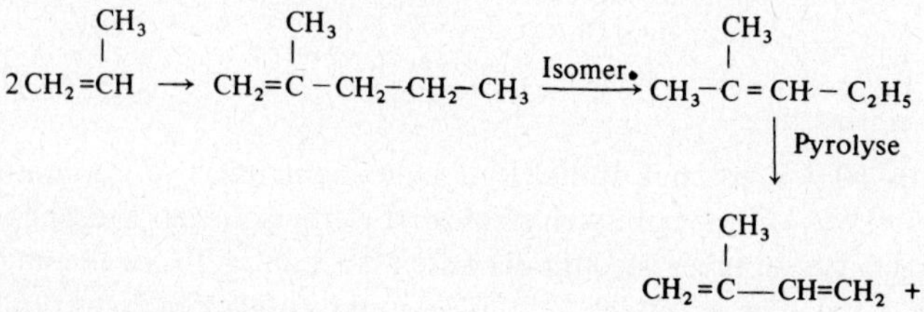

$$2\,CH_2=CH \;\;\longrightarrow\;\; CH_2=C-CH_2-CH_2-CH_3 \;\xrightarrow{Isomer.}\; CH_3-C=CH-C_2H_5$$
$$\;\;\;\;\;\;\;\;\;| \;\;\;\;\;\;\;\;\;\;\;\;\;\;\;\;\; | \;\;\;\;\;\;\;\;\;\;\;\;\;\;\;\;\;\;\;\;\;\;\;\;\;\;\;\;\;\;\;\;\;\;\;\;\;\;\;\;\;\;\; |$$
$$\;\;\;\;\;CH_3 \;\;\;\;\;\;\;\;\;\;\; CH_3 \;\;\;\;\;\;\;\;\;\;\;\;\;\;\;\;\;\;\;\;\;\;\;\;\;\;\;\;\;\; CH_3$$
$$\;\;\;\;\;\;\;\;\;\;\;\;\;\;\;\;\;\;\;\;\;\;\;\;\;\;\;\;\;\;\;\;\;\;\;\;\;\;\;\;\;\;\;\;\;\;\;\;\;\;\;\;\;\; \downarrow \text{Pyrolyse}$$
$$\;\;\;\;\;\;\;\;\;\;\;\;\;\;\;\;\;\;\;\;\;\;\;\;\;\;\;\;\;\;\;\;\;\;\;\;\;\;\;\;\;\;\;\;\;\;\;\;\; CH_3$$
$$\;\;\;\;\;\;\;\;\;\;\;\;\;\;\;\;\;\;\;\;\;\;\;\;\;\;\;\;\;\;\;\;\;\;\;\;\;\;\;\;\;\;\;\;\;\;\;\;\; |$$
$$\;\;\;\;\;\;\;\;\;\;\;\;\;\;\;\;\;\;\;\;\;\;\;\;\;\;\;\;\;\;\;\;\;\;\;\;\; CH_2=C-CH=CH_2 \;+\; CH_4$$

**)  $\overset{**}{OPP}$ steht in der biochemischen Literatur für die energiereiche (*) Pyrophosphatgruppierung $-OP_2O_6^{3-}$.

oder vom Isobutylen

(25-18)

$$CH_2=C(CH_3)_2 + 2 CH_2O \rightarrow \underset{CH_3}{\overset{CH_3}{C}}\underset{CH_2-CH_2}{\overset{O-CH_2}{\diagdown}}O \rightarrow CH_2=\underset{|}{\overset{CH_3}{C}}-CH=CH_2 + CH_2O + H_2O$$

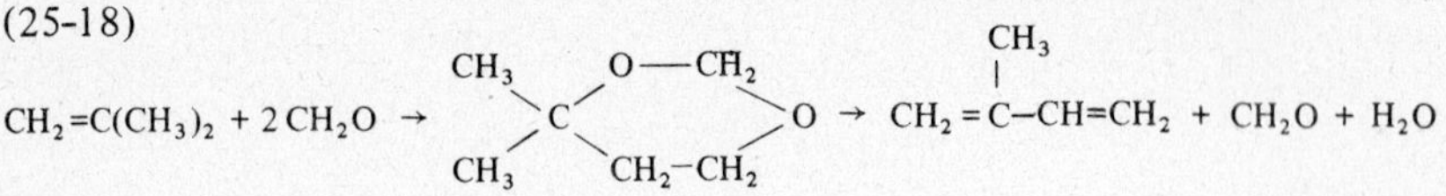

oder

(25-19)

$$HCl + CH_3OH + CH_2O \rightleftharpoons H_2O + CH_3OCH_2Cl$$

$$CH_3OCH_2Cl + CH_2=C(CH_3)_2 \xrightarrow{TiCl_4} CH_3-\underset{Cl}{\overset{CH_3}{\underset{|}{C}}}-CH_2-CH_2-O-CH_3 \longrightarrow$$

$$\xrightarrow[-HCl, -CH_3OH]{\Delta} CH_2=\underset{|}{\overset{CH_3}{C}}-CH=CH_2$$

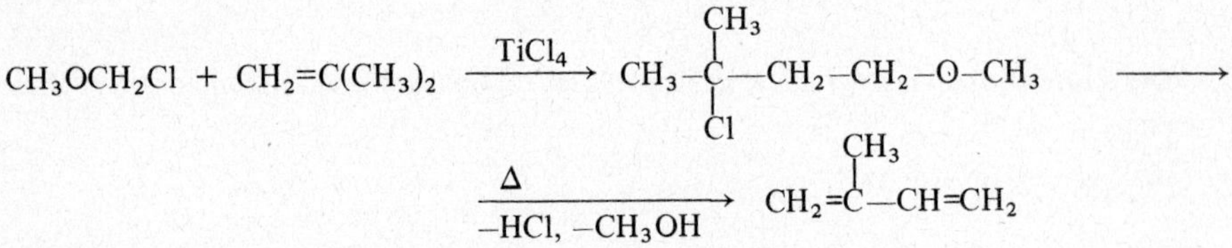

Isopren kann auch aus der $C_5$-Fraktion des Erdöls durch Dehydrierung von Isopentan gewonnen werden.

Polymerisation

Isopren kann mit Lithium oder Lithiumalkylen in Kohlenwasserstoffen nach dem Mechanismus der Insertionspolymerisation zu 1,4-cis-Poly(isopren) (94 % cis-1,4-, 6 % 3,4-Strukturen) polymerisiert werden. Zu ähnlichen Produkten mit 96 % cis-1,4-Struktur kommt man mit Ziegler-Katalysatoren, wenn das Molverhältnis $TiCl_4/Al(C_2H_5)_3$ unter 1 liegt. Hohe Gehalte an trans-Strukturen, meist neben 1,2- und 3,4-Gruppierungen, erhält man bei ca. 30 °C mit $AlR_3/VCl_3$ (R = Alkyl) in Heptan (99 % trans), $AlCl_3$ in Äthylbromid (93 % trans), $BF_3$ in Pentan (90 % trans) oder bei – 20 °C sogar mit Redox-Systemen in Emulsion (ca. 90 % trans).

Bei der Polymerisation mit Ziegler-Katalysatoren in aliphatischen Lösungsmitteln erhält man 20 – 35 % Gelanteile. Der Gelgehalt ist praktisch unabhängig von der Katalysatorkonzentration und nimmt nur sehr schwach mit dem Umsatz ab. Das Gel bildet sich also immer mit etwa gleicher Geschwindigkeit, vermutlich durch eine gelegentlich vorkommende 3,4-Addition an der Katalysatoroberfläche. In aromatischen Lösungsmitteln wird dagegen nur wenig Gel gebildet, da aromatische Lösungsmittel mit derartigen Katalysatoren stabile Komplexe geben.

25.3.2.4 Verarbeitung

Der 20 – 60 % Kautschuk enthaltende Latex kann mit 5 – 7 g Ammoniak/dm³ gegen den Befall von Mikroorganismen stabilisiert werden. Da der Versand wegen des hohen Wassergehaltes zu teuer ist, wird der Latex noch durch Erhitzen mit Alkali und Zusatz eines Schutzkolloides, durch Aufrahmen unter Zusatz von Schutzkolloiden (Tragant, Alginate, Gelatine, Poly(vinylalkohol)) mittels Zentrifugieren, Ultrafiltration oder Elektroaufrahmung auf etwa 75 % Feststoffgehalt aufkonzentriert. Dieser Latex wird für Tauchartikel verwendet, nachdem vorher Schwefel, Vulkanisationsbeschleuniger usw. zugesetzt wurden. Nach dem Tauchen wird durch Dampf, kochendes Wasser oder Heißluft vulkanisiert.

Der größte Teil des Kautschuks wird jedoch schon in der Plantage mit 1 % Essigsäure oder 0,5 % Ameisensäure koaguliert. Beim Durchgang durch vier Riffelwalzen mit Friktion wird er mit viel Wasser gewaschen und gelangt so als „pale crepe" in den Handel. „Smoked sheets" werden auf vier glatten Walzen mit fließendem Wasser gewaschen, dann durch eine Riffelwalze geschickt und anschließend in Kreosot-Dampf aus Teeröl-Fraktionen geräuchert. Beide Maßnahmen erfolgen, um den Befall durch Mikroorganismen zu vermeiden. Von minderer Handelsqualität sind Sorten, die von Rückständen in Auffangbechern, spontan koaguliertem Kautschuk usw. stammen. Naturkautschuk enthält stets Fettsäuren und Proteine. Die Fettsäuren wirken als Stabilisatoren, die Proteine als Vulkanisationsaktivatoren. Bei synthetischem Kautschuk müssen dagegen Stabilisatoren und Amine eigens zugesetzt werden.

Der so den Gummifabriken angelieferte Kautschuk wird auf Walzen zu niedrigeren Molekulargewichten abgebaut (mastiziert) und dann mit Zuschlägen versehen (vgl. beim Buna S) und vulkanisiert (über Schwefelbrücken vernetzt). Die Hauptmenge Naturkautschuk geht in die Reifenindustrie.

Altgummi wird zum Teil wieder regeneriert. Beim Regenerieren wird der in kleine Stücke zerteilte Gummi mit Wasserdampf, Natronlauge oder Öl behandelt, um den Schwefel weitmöglichst zu entfernen. Der so erhaltene Regeneratgummi wird meist als verstärkender Füllstoff eingesetzt.

Zur Vulkanisation vgl. die Angaben beim Buna S und beim Naturkautschuk. Bei der Mastikation ist zu beachten, daß die Poly(isopren)-Ketten durch Sauerstoff gespalten werden, während Styrol-Butadien-Kautschuke vernetzt werden. Die Verarbeitung hängt außerdem stark vom Gelanteil ab. Ist der Quellwert über 20, d.h. sind die Netzbrücken weit auseinander, so wird das Gel bei der Verarbeitung durch die Scherkräfte abgebaut. Dicht vernetzte Gelanteile verhalten sich dagegen wie Füllstoffe. Kleine Gelmengen (bis 20 Gew. proz.) vermindern das Fließvermögen und erhöhen die Plastizität des Rohkautschuks. Dank der erhöhten inneren Scherwirkung werden so Ruß, Schwefel und andere Zusätze besser dispergiert (Superior Processing Rubber, SP-Rubber). Bei zu dichten Gelteilchen bekommt man dagegen eine unterschiedliche Verteilung von Schwefel und anderen Zuschlägen auf Sol- und Gelphase und damit eine ungleichmäßige Vulkanisation.

Die Gelanteile haben somit in der Regel wenig Einfluß auf das Vulkanisat. Das Vulkanisat wird aber stark vom Gehalt an 3,4-Strukturen im Polypren beeinflußt. Poly(isopren) von Hevas bras. hat etwa 3 % 3,4-Strukturen, Ziegler-Poly(isopren) etwa 6 %, Lithium-Poly(isopren) etwa 10 % und Natrium-Poly(isopren) etwa 60 % (+ viel trans). Steigt der 3,4-Gehalt über 10 %, so verschwindet der Selbstklebeeffekt. Bei höherem 3,4-Gehalt sinkt außerdem die Zugfestigkeit und der 600 %-Modul ab, während die Dehnung nur wenig beeinflußt wird.

#### 25.3.2.5 Derivate

Durch Erhitzen von Naturkautschuk auf über 250 °C in Ggw. von Protonen wird der Kautschuk von Molekulargewichten von etwa 300 000 auf 3 000 – 10 000 abgebaut und gleichzeitig cyclisiert. Je nach Umsatz und Reaktionsbedingungen entstehen dabei mono-, di- und tricyclische Strukturen, die durch $CH_2$-Gruppen oder nichtcyclische Isopren-Einheiten voneinander getrennt sind:

(25-20)

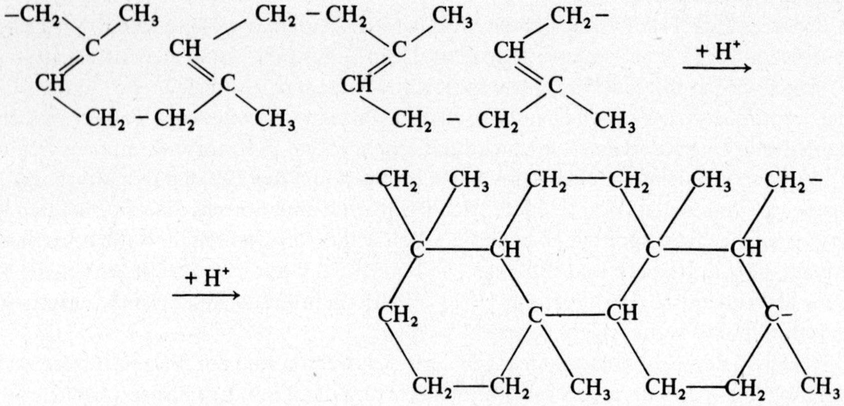

Beim Cyclisieren verliert er etwa 50–90 % der ursprünglichen Doppelbindungen. Als Protonenlieferant hat sich besonders Phenol bewährt, da es gleichzeitig ein Sauerstoffänger ist. Das Phenol wird dabei teils als Ätherendgruppe, teils als substituiertes Phenol eingebaut. Der Cyclokautschuk weist eine Glastemperatur von ca. 90 °C auf. Er ähnelt in seinen Eigenschaften je nach Vorbehandlung vulkanisiertem Kautschuk bzw. Balata oder Guttapercha und wird als Bindemittel für Druckfarben, Lacke, Klebstoffe usw. eingesetzt.

Beim Einleiten von HCl in Gegenwart von $H_2SnCl_6$ in Kautschuklösungen entsteht eine feste weiße Masse des Kautschukhydrochlorids. Kautschukhydrochlorid wird für Fäden und Folien verwendet. Durch HCl-Abspaltung erhält man aus den Kautschukhydrochloriden durch Isomerisierung die Isokautschuke:

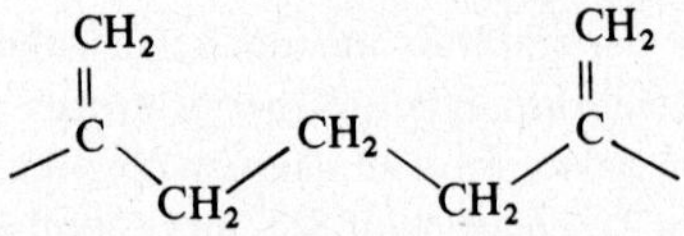

Durch Behandeln mit Chlor gewinnt man aus Naturkautschuk den Chlorkautschuk. Die Produkte können bis zu 65 % Chlor enthalten; es muß also neben der Addition an der Doppelbindung (Theorie 51 %) auch Substitution eingetreten sein. IR-Untersuchungen deuten auf Cyclohexan-Strukturen und damit auf eine gewisse Cyclisierung. Ein Produkt (H nicht gezeigt)

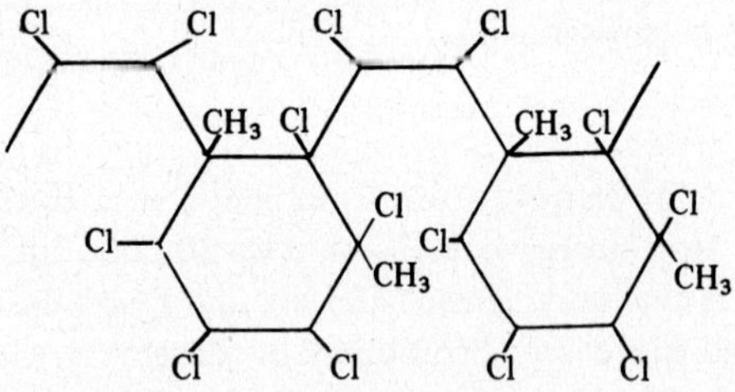

würde 65,4 % Chlor enthalten, was gut mit dem Experiment übereinstimmt. Chlorkautschuk ist sehr beständig gegen Alkalien. Lösungen des Chlorkautschuks werden auch heute noch zum Verkleben von Buna S, Buna N, Neopren usw. mit Metallen eingesetzt.

### 25.3.3 POLY(DIMETHYLBUTADIEN)

Poly(dimethylbutadien) (Methylkautschuk) wurde während des 1. Weltkrieges als Ersatz für den den Zentralmächten fehlenden Naturkautschuk hergestellt, konnte sich aber nach Kriegsende wegen der schlechten Eigenschaften und des hohen Preises nicht mehr halten. 2,3-Dimethylbutadien wird aus Aceton über das Pinakon hergestellt:

(25-21)

$$CH_3{-}CO{-}CH_3 \xrightarrow[H_2]{\text{Mg-Amalgam}} CH_3{-}\underset{CH_3}{\overset{OH}{C}}{-}\underset{CH_3}{\overset{OH}{C}}{-}CH_3 \xrightarrow[\text{Tonerde}]{-H_2O} CH_2{=}\underset{CH_3}{C}-\underset{CH_3}{C}{=}CH_2$$

Die H-Type wurde gewonnen, indem das Monomer in Metalltrommeln mit Luft 3 Monate stehen gelassen wurde. Die so durch Popcorn-Polymerisation erhaltene weiße, feste, kristalline Masse wurde beim Mahlen gummiartig. Durch Erhitzen unter Druck bei 70 °C während 6 Monaten wurde die W-Type synthetisiert. Eine weitere Type wurde durch Polymerisation mit Natrium in Gegenwart von $CO_2$ (2 – 3 Wochen; B-Type) erzeugt.

### 25.3.4 POLY(CHLOROPREN)

Poly(chloropren) ist eines der ersten synthetischen Elastomeren. Es kam bereits 1931 auf den Markt und wurde von der Fa. Du Pont bei der Suche nach Elastomeren für spezielle Einsatzgebiete entwickelt. Die technische Synthese des Monomeren wurde erst diskutabel, als Nieuwland das Monovinylacetylen entdeckt hatte. Chloropren $CH_2{=}CCl{-}CH{=}CH_2$ kann heute aus Monovinylacetylen $C_4H_4$, aus Butadien $C_4H_6$, aus Buten $C_4H_8$ oder aus Butan $C_4H_{10}$ technisch synthetisiert werden.

(25-22)

$$2\,C_2H_2 \xrightarrow[\text{(Nieuwland)}]{CuCl/NH_4Cl} CH{\equiv}C{-}CH{=}CH_2 \xrightarrow[CuCl]{+HCl} CH_2{=}CCl{-}CH{=}CH_2$$

$$C_4H_6 \xrightarrow{+\,Cl_2} C_4H_6Cl_2 \xrightarrow{\text{Isomerisierung}} CH_2Cl{-}CHCl{-}CH{=}CH_2 \xrightarrow{-HCl} CH_2{=}CCl{-}CH{=}CH_2$$

$$C_4H_8 \xrightarrow[-\,2\,HCl]{+\,2\,Cl_2} C_4H_6Cl_2$$

$$C_4H_{10} \xrightarrow[-\,3\,HCl]{+\,3\,Cl_2} C_4H_7Cl_3 \longrightarrow C_4H_6Cl_2$$

Das zuerst angewandte Polymerisationsverfahren arbeitete mit Luftsauerstoff als Initiator in Abwesenheit von Licht, da Chloropren außerordentlich leicht Sauerstoff aufnimmt. Später wurde zur Emulsionspolymerisation übergegangen. Da die Emulsionspolymerisation durch Sauerstoff stark gehemmt wird, versuchte man, die letzten Spuren Sauerstoff durch Zugabe von Reduktionsmitteln wie Natriumhypodisulfit zu entfernen. Wider Erwarten wurde aber die Polymerisation dadurch stark beschleunigt, was in der Folge zur Entdeckung der Redoxpolymerisation führte.

Die Emulsionspolymerisation von Chloropren verläuft unter gleichen Bedingungen etwa 700 mal schneller als die von Isopren. Die auftretende Polymerisationswärme muß daher durch kräftige Außenkühlung oder durch Arbeiten im Strömungsrohr rasch abgeführt werden. Alternativ kann man die Reaktionsgeschwindigkeit durch Zugabe eines Inhibitors herabsetzen. Technisch wird Schwefel verwendet, was jedoch bei der Polymerisation von Butadien oder Isopren nicht möglich ist. Die Emulsion wird anschließend durch Zugabe von Säuren oder mehrvalenten Salzen gebrochen. Die Emulsionspolymerisate weisen nur ca. 1,5 % 1,2-Strukturen auf.

### 25.3.5 POLY(CYANOPREN)

Das Monomer ist über Cyclohexanon oder Acrylnitril zugänglich

(25-23)

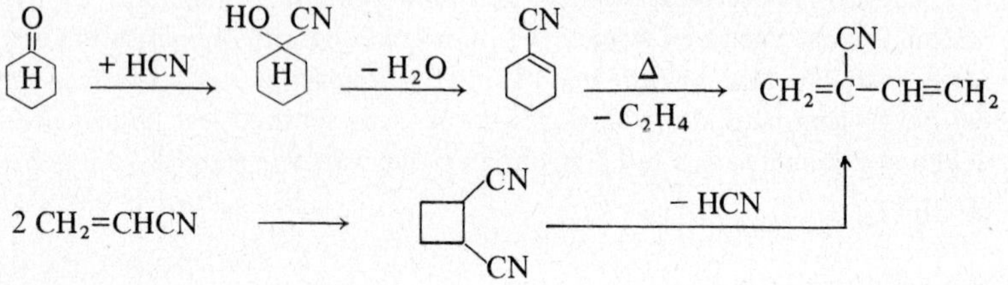


Cyanopren kann ähnlich wie Chloropren polymerisiert werden.

### 25.3.6 POLYPENTENAMER

Eine interessante Klasse von Polyenen wird durch ringöffnende Polymerisation von Cycloolefinen erhalten. Cycloolefine können im Prinzip nach zwei Arten polymerisieren: über die Doppelbindung und durch Ringerweiterung unter Erhalt der Doppelbindung (vgl. auch Kap. 23.3.1):

(25-24)

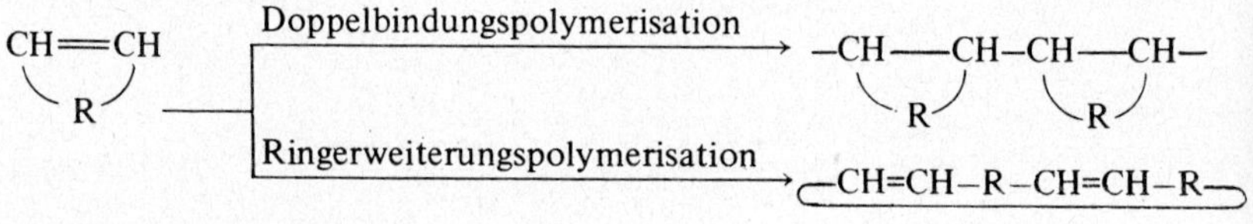


Cyclopenten polymerisiert so anionisch über die Doppelbindung, desgleichen auch gespannte Ringe wie z.B. das Acenaphthylen. Polymerisiert man dagegen Cyclopenten mit dem Katalysatorsystem $WCl_6/Al(C_2H_5)_3$, so erhält man mit einer Ausbeute von 39 % das sog. trans-Polypentenamer. Hierbei muß also die der Doppelbindung benachbarte C–C-Bindung geöffnet werden. Mit dem System $MoCl_5/(C_2H_5)_3$ bekommt man mit 21 % Ausbeute das cis-Polypentenamer. In beiden Fällen erfolgt Ringerweiterung ohne Beteiligung der Doppelbindung und es entstehen normale Kopf-Schwanz-Struk-

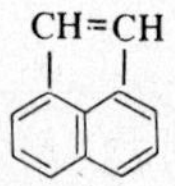


Acenaphthylen

turen, also keine Dien-Strukturen in der Kette. Das trans-Polypentenamer schmilzt bei 15 °C, das cis-Polypentenamer unter – 41 °C. Die Glastemperaturen liegen bei – 114 °C (cis), bzw. – 90 °C (trans).

## 25.4 Andere Polykohlenwasserstoffe

### 25.4.1 POLY(PHENYLEN)

Benzol läßt sich mit $AlCl_3/CuCl_2$ als Katalysator zu unlöslichen, schwarzen Poly-(phenylenen) mit dem Grundbaustein ($-C_6H_4-$) umsetzen. Die Produkte sind verzweigt, aber nicht vernetzt. Ihr Polymerisationsgrad beträgt nach Überführen in die löslichen Sulfonate ca. 100. Stufenweises aufgebautes Poly(1,4-phenylen) ist nicht stark gefärbt. Die Färbung des durch Polymerisation von Benzol erhaltenen Poly(phenylens) muß daher von Verunreinigungen oder Baufehlern stammen.

Zur technischen Synthese der Poly(phenylene) geht man von einem Gemisch aus o-, m- und p-Terphenyl (nachstehend Ar genannt) aus. Das Gemisch wird mit Benzol-m-disulfonylchlorid in chloroformlösliche Präpolymere überführt. Die Arylierungsreaktion besteht aus einer thermischen Zerfallsreaktion des Sulfonylchlorides in Ggw. der Terphenylene. Vermutlich handelt es sich nicht um eine Friedel-Crafts-Reaktion, sondern um einen radikalischen Prozeß:

(25-25)
$$ArSO_2Cl \begin{matrix} \nearrow Ar^\bullet + SO_2Cl^\bullet \\ \searrow ArSO_2^\bullet + Cl^\bullet \end{matrix} \longrightarrow Ar^\bullet + SO_2 + Cl^\bullet$$

$$Ar^\bullet + \underset{R}{\bigcirc} \longrightarrow \underset{H\ R}{Ar\bigcirc}$$

$$\underset{H\ R}{Ar\bigcirc} \begin{matrix} \xrightarrow{+Cl^\bullet} & Ar-\underset{R}{\bigcirc} + HCl \\ \xrightarrow{+SO_2Cl^\bullet} & Ar-\underset{R}{\bigcirc} + HCl + SO_2 \\ \xrightarrow{+ArSO_2Cl} & Ar-\underset{R}{\bigcirc} + Ar^\bullet + SO_2 + HCl \end{matrix}$$

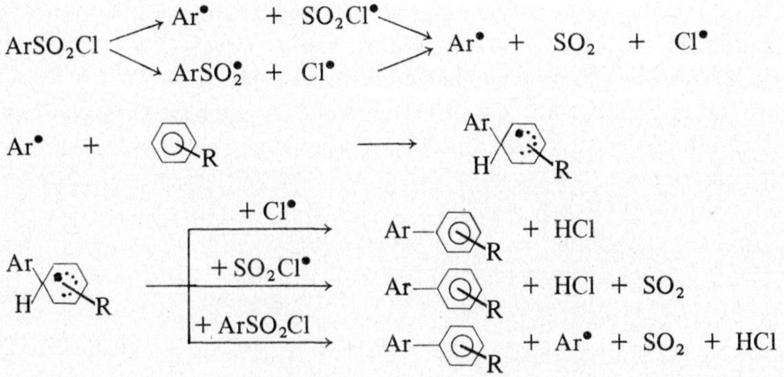

Für einen radikalischen Mechanismus spricht die starke o- und m-Substitution. Bei tiefen Temperaturen werden mit Eisenspuren als Katalysator Sulfone als Nebenprodukte gebildet.

Das Präpolymer wird dann (als Tränklack für Laminate oder mit Füllstoffen versehen) mit Sulfurylchlorid $SO_2Cl_2$ in unlösliche und unschmelzbare Polymere umgewandelt. Pulverförmige Poly(phenylene) werden bei ca. 400 °C und hohen Drucken in einer Art Sinterverfahren „isostatisch" zu Formteilen verpreßt.

### 25.4.2 POLY(p-XYLYLEN)

Poly(p-xylylen) $+CH_2-\bigcirc-CH_2+_n$ wird aus Xylylen $CH_2=\bigcirc=CH_2$ hergestellt (Mechanismus vgl. Kap. 16.3.1). Die Glastemperaturen liegen zwischen 60-70 °C (Poly(p-xylylen)) bzw. 80-100 °C (Poly-p-(monochlorxylylen)). Die Polymeren sind auch noch bei tiefer Temperatur biegsam und weisen eine gute Dimensionsstabilität auf. Aus ihnen können Filme von 50 nm bis 0,1 mm Stärke hergestellt werden, die vor allem für Kondensatoren eingesetzt werden. Bei Temperaturen über 80 °C wird das Polymer wegen der Methylengruppen leicht oxydativ angegriffen, unter Stickstoff ist es bis ca. 185 – 200 °C beständig. Die Filme sind nur wenig gas- und dampfdurchlässig.

Das amorphe Polymere geht bei Erwärmen in eine kristalline α-Form und in eine noch stabilere β-Form mit einem Schmelzpunkt von ca. 400 °C über. Die Polymeren lösen sich bei Temperaturen über 300 °C in Benzylbenzoat und chloriertem Diphenylen und Terphenylen.

### 25.4.3 POLY(ALKYLIDENE)

Diese Polymeren entstehen durch eine „Polyalkylierung":

(25-26)

$$\text{\textcircled{O}}-X-\text{\textcircled{O}} + Cl-\underset{CH_3}{\overset{CH_3}{C}}-Y-\underset{CH_3}{\overset{CH_3}{C}}-Cl \longrightarrow \left[-\text{\textcircled{O}}-X-\text{\textcircled{O}}-\underset{CH_3}{\overset{CH_3}{C}}-Y-\underset{CH_3}{\overset{CH_3}{C}}-\right] + 2\,HCl$$

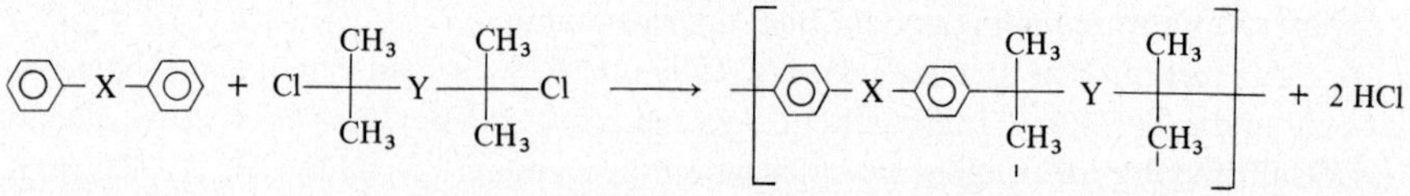

Das als Katalysator wirkende $AlCl_3$ muß dabei komplexiert sein (z.B. mit $(C_6H_5)_3CCl$ oder $H_2SbCl_6$) und die Komplexe müssen geeignet stabilisiert werden (z. B. mit $CH_2Cl_2$ oder $C_6H_5NO_2$, vgl. Kap. 18.3). Die Friedel-Crafts-Reaktion führt nur dann zu linearen Polymeren, falls die Isopropylgruppen an aromatische Reste Y geknüpft sind. Y kann z. B. $-C_6H_4-$, $-C_6H_4-C(CH_3)_2-C_6H_4-$ oder $-C_6H_4-OCH_2CH_2O-C_6H_4-$ sein. X muß eine elektronendonierende Gruppe sein, z.B. $-O-$, $-S-$, $-NH-$, $-CH_2-$ oder $-OCH_2CH_2O-$. Mit X = $-CO-$ oder $-SO_2-$ gelingt die Reaktion nicht. Bei Temperaturen über 0 °C tritt anstelle der Alkylierung eine Cyclisierung zu Indan-Derivaten ein:

(25-27)

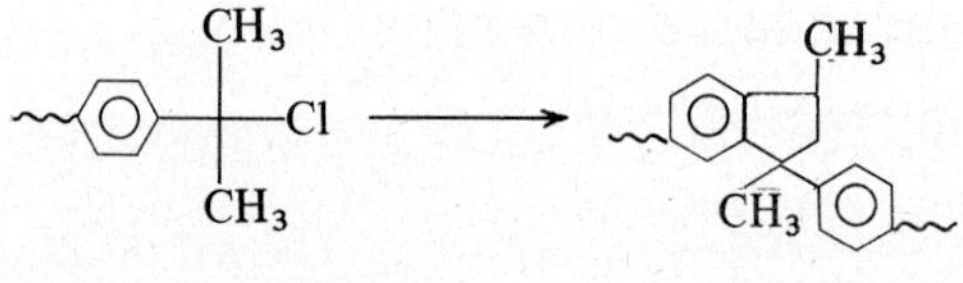

Das Produkt mit X = O und Y = $C_6H_4$ besitzt z. B. eine Glastemperatur von 152 °C.

### 25.4.4 POLY(ARMETHYLENE)

Durch Kondensation von Aralkyläthern oder Aralkylhalogeniden mit Phenolen oder anderen aromatischen, heterocyclischen oder metallorganischen Verbindungen in Ggw. von Friedel-Crafts-Katalysatoren entstehen Präpolymere:

(25-28)

$$(n + 2)\,\underset{}{\text{\textcircled{O}}}^{OH} + (n + 1)\,CH_3OCH_2-\text{\textcircled{O}}-CH_2OCH_3 \xrightarrow{\Delta}$$

$$\xrightarrow{\Delta} \underset{OH}{\text{\textcircled{O}}}\left[-CH_2-\text{\textcircled{O}}-CH_2-\underset{OH}{\text{\textcircled{O}}}\right]_n -\text{\textcircled{O}}-CH_2-\underset{OH}{\text{\textcircled{O}}} + (2n + 2)\,CH_3OH$$

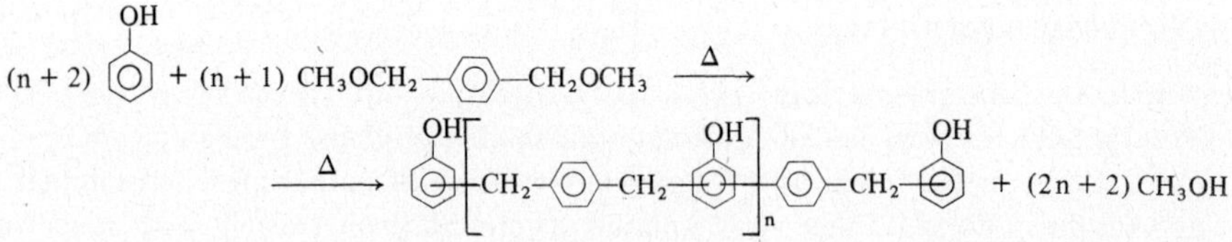

Die Präpolymeren können mit Di- oder Polyepoxiden bzw. Hexamethylentetramin (Abspaltung von $NH_3$) vernetzt werden.

### 25.4.5 DIELS-ALDER-POLYMERE

Bei der Diels-Alder-Synthese wird in reversibler Reaktion ein Dienophil an ein Dien addiert:

(25-29) [Diels-Alder-Reaktion Schema]

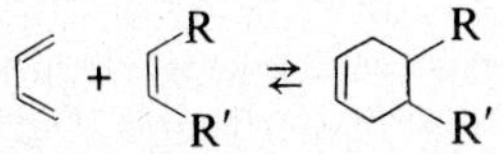

Die Reaktion verläuft rasch, bei Raumtemperaturen mit hohem Umsatz und ohne Bildung von Nebenprodukten und ist daher bei geeigneter Wahl der Komponenten für Polyreaktionen brauchbar.

Technisch geht man vom Cyclopentadien aus. In der Petrochemie fällt „Dicyclopentadien" an, das thermisch gespalten wird:

(25-30) [Dicyclopentadien] $\xrightarrow{> 150\,°C}$ 2 [Cyclopentadien]

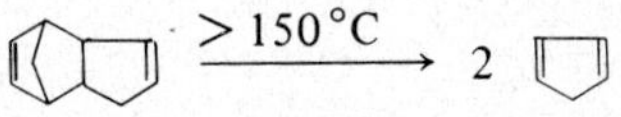

Durch Reaktion von Äthylen mit Dicyclopentadien gelangt man übrigens zum Norbornen:

(25-31) [Dicyclopentadien] + 2 $C_2H_4$ → 2 [Norbornen]

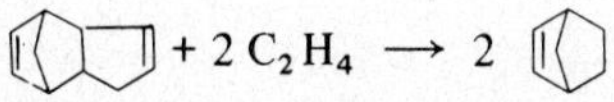

Cyclopentadien wird als Natriumverbindung mit Dihalogenverbindungen zu „Bisdienen" umgesetzt

(25-32)

2 [Cp]$^\ominus$ $Na^\oplus$ + X—R—X → [Cp]—R—[Cp] + 2 NaX; X = Cl, Br

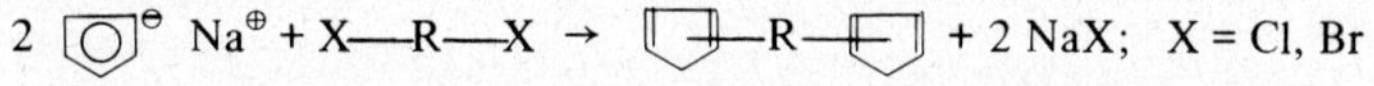

die dann zwischen Raumtemperatur und 140 °C oligomerisieren

(25-33) n [Cp]—R—[Cp] ⇌ +[Cp]—R+$_n$

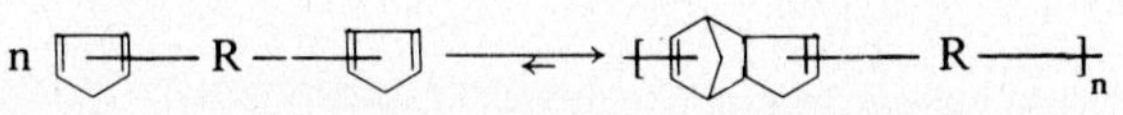

Die Oligomeren mit aliphatischen Resten R = $-(CH_2)_n-$ sind bis n = 12 flüssig. Oberhalb 150 °C härten sie mit ungesättigten Polyestern aus. Nachteilig ist die durch die Doppelbindung bedingte Anfälligkeit gegen Oxydation. Normale Antioxydantien sind unwirksam. Stabilere Polymere werden mit R = $-CH_2-C_6Cl_4-CH_2-$ erhalten.

### 25.4.6 CUMARON/INDEN-HARZE

Die zwischen 150 und 200 °C siedende Teerfraktion enthält ca. 20 – 30 % Cumaron (Benzofuran), bedeutende Mengen Inden und als Hauptbestandteil eine cycloparaffinreiche Fraktion (Naphtha):

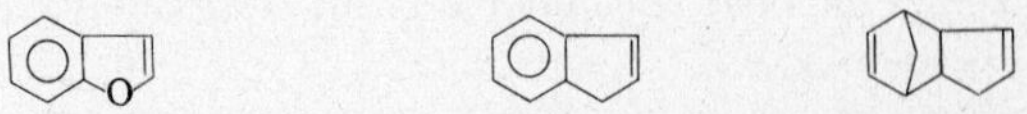


Benzofuran Inden Dicyclopentadien

Benzofuran und Inden haben sehr ähnliche Siedepunkte von 174 bzw. 182 °C und werden daher nicht getrennt, sondern direkt in der Naphtha-Lösung mit $H_2SO_4$ oder $AlCl_3$ als Katalysatoren zu Harzen mit Molekulargewichten zwischen 1000 und 3000 polymerisiert. Die Polymerisation erfolgt überwiegend über die Doppelbindung des Fünfringes. Nach der Polymerisation wird die Naphtha verdampft. Durch Hydrieren der Harze wird ihre Verfärbung an Licht und Luft verhindert.

Als Cumaron/Inden-Harz-ähnliche Typen bezeichnet man eine Reihe von niedermolekularen Harzen aus Naturstoffen oder industriellen Nebenprodukten, die ähnliche physikalische Eigenschaften wie die eigentlichen Cumaron/Inden-Harze aufweisen. Das bei der Petroleum-Aufbereitung anfallende Cyclopentadien dimerisiert z. B. leicht zum sog. Dicyclopentadien (IUPAC: *4,7-Methylen-4,7,8,9-tetrahydrinden*). Dicyclopentadien polymerisiert kationisch zu Polymeren mit verschiedenen Grundbausteinen. Die kommerziellen Polymeren erweichen bei ca. 100 – 200 °C und werden beim weiteren Erhitzen als Oberflächenfilme unlöslich.

α-Pinen (I) und β-Pinen (IV) kommen im Terpentinöl vor. Sie können zu oligomeren Harzen polymerisiert werden. α-Pinen öffnet sich dabei wahrscheinlich an der Brücke und isomerisiert zum Dipenten (DL-Limonen, II), das dann kationisch zu III polymerisiert wird:

(25-34)

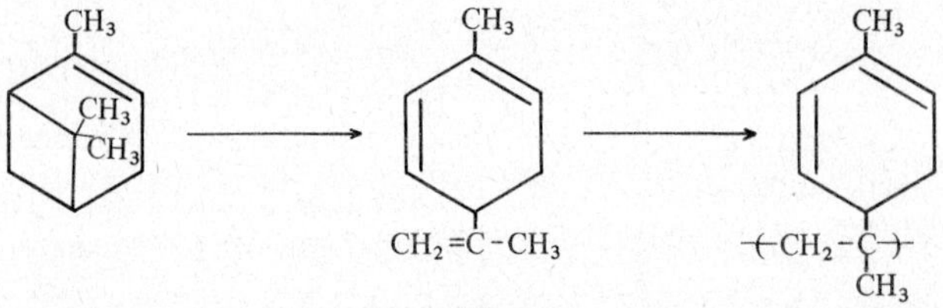


(I) (II) (III)

β-Pinen (IV) wird dagegen wahrscheinlich ohne vorherige Isomerisierung zu V polymerisiert:

(25-35)

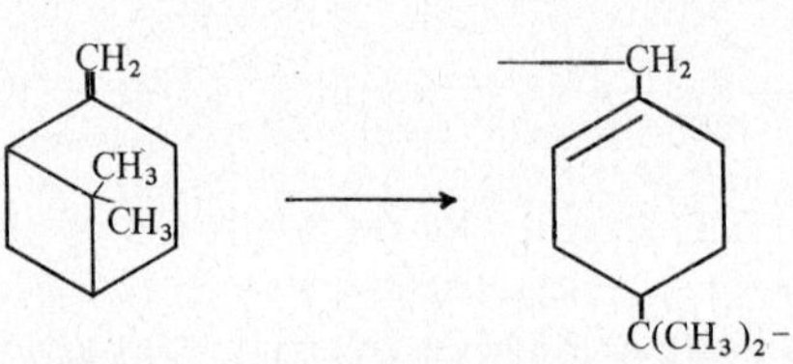


(IV) (V)

Cyclohexanon kondensiert unter Wasserabspaltung oder nach einer Aldol-Kondensation zu Polymeren mit den Grundbausteinen

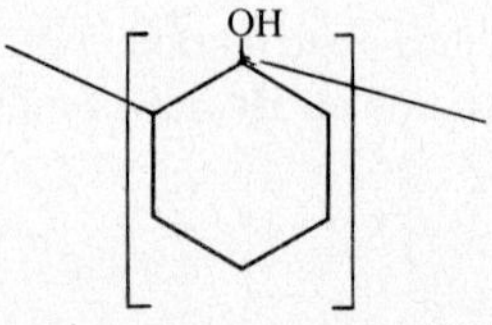


und

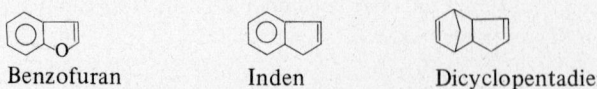

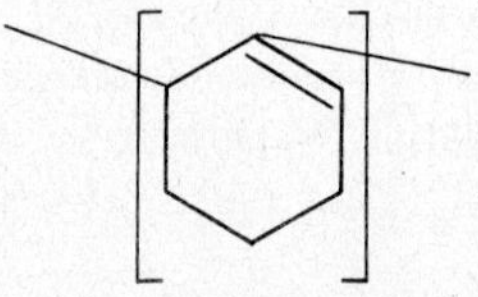

Daneben müssen aber auch polycyclische Strukturen gebildet werden, da ein typisches Produkt mit dem Polymerisationsgrad 6 ca. 3 Hydroxy-, 1 Carbonyl-, 1 Methoxy- und 1 andere Äthergruppe enthält. Cyclohexanonharze sind fast wasserhell und licht- und wärmebeständig.

Alle Harz-Typen sind unverseifbar und werden daher z. B. für Schiffsbodenfarben eingesetzt. Weitere Gebiete umfassen Druckfarben, Firnisse, Bodenpolituren, Heizkleber und Vergußmassen für die Elektroindustrie, letztere in Kombination mit Epoxidharzen.

### 25.4.7 POLYMERE AUS UNGESÄTTIGTEN NATURÖLEN

Aus ungesättigten Naturölen werden durch Vernetzungsreaktionen niedermolekulare Produkte hergestellt, von denen besonders Linoxyn und Faktis zu nennen sind.

*Linoxyn* wird aus Leinöl erhalten. Leinöl ist eine Mischung ungesättigter Fettsäuren mit wenig gesättigten Säuren. Die Zusammensetzung des Leinöls schwankt je nach Sorte, Klima, Bodenbeschaffenheit, Düngung usw. Typisch ist z. B. eine Zusammensetzung von

| | | |
|---|---|---|
| 51 % | Linolensäure | $CH_3CH_2CH{=}CHCH_2CH{=}CHCH_2CH{=}CH(CH_2)_7COOH$ |
| 16 % | Linolsäure | $CH_3(CH_2)_4CH{=}CHCH_2CH{=}CH(CH_2)_7COOH$ |
| 23 % | Ölsäure | cis-$CH_3(CH_2)_7CH{=}CH(CH_2)_7COOH$ |
| 7 % | Palmitinsäure | $C_{15}H_{31}COOH$ |
| 3 % | Stearinsäure | $C_{17}H_{35}COOH$ |

Leinöl wird bei 60 °C unter Sauerstoff vorpolymerisiert. Das entstehende Linoxyn wird anschließend mit Colophonium oder Kopalharzen bei 150 °C zu einem zähen Gel homogenisiert. Der entstehende „Linoleumzement" wird mit Füllstoffen und Farbstoffen vermischt auf Jutebahnen ausgewalzt und zu Linoleum ausgehärtet.

*Faktis* wird aus fetten Ölen wie Leinöl, Rizinusöl, Sojaöl oder Rüböl hergestellt. Um braunen Faktis zu erhalten, wird das Öl mit Schwefel auf 130 – 160 °C 6–8 Stunden erhitzt. Diese Vulkanisation führt zu einem weichen, krümeligen elastischen Produkt mit 5 – 20 % Schwefel. Weißer Faktis wird durch Vulkanisation der Öle mit $S_2Cl_2$ bei Raumtemperatur gewonnen. Er enthält 15 – 20 % Schwefel und ist nicht elastisch. Beide Faktissorten werden zur Verbilligung von Gummiartikeln und zur Verbesserung der Maßhaltigkeit von Kalanderfolien aus Naturkautschuk eingesetzt.

## *25.5 Poly(O-Vinylverbindungen)*

Polyvinylverbindungen werden entweder durch Polymerisation von Vinylverbindungen $CH_2{=}CHX$ oder durch polymeranaloge Umsetzung von Polyvinylverbindungen hergestellt. Technisch wichtig sind vor allem die Abkömmlinge des Poly(vinylalkohols) $-\!\!\!(CH_2{-}CH(OH)\!)\!\!\!-_n$ und die Poly(vinylhalogenide) $-\!\!\!(CH_2{-}CHHal\!)\!\!\!-_n$, daneben auch Abkömmlinge des Poly(vinylamins) $-\!\!\!(CH_2{-}CH(NR_1R_2)\!)\!\!\!-_n$. Poly(vinylsulfide) $-\!\!\!(CH_2{-}CH(SR)\!)\!\!\!-_n$ besitzen demgegenüber nur akademisches Interesse. Vinylalkohol ist nicht beständig, da es sich beim Versuch seiner Darstellung sofort in Acetaldehyd umlagert. Poly(vinylalkohol) wird daher über Poly(vinylacetat) dargestellt.

### 25.5.1 POLY(VINYLACETAT)

#### 25.5.1.1 Monomer-Synthese

1) *aus Acetylen und Essigsäure.* Die direkte Anlagerung von Acetylen an Essigsäure erfolgt in der Flüssig- oder in der Gasphase. Die *Flüssigphasen*-Reaktion wird bei 75 – 80 °C mit $HgSO_4$ als Katalysator ausgeführt. Das gebildete Vinylacetat muß möglichst schnell aus der Reaktionsmischung entfernt werden, da sonst zuviel Äthylidendiacetat entsteht. Die Bildung des Diesters kann jedoch durch Zusatz von $HgSO_4/BF_3/HF$ verhindert werden. Das Verfahren hat den technischen Nachteil, daß die entstehenden Rückstände aus Poly(vinylacetat), metallischem Quecksilber usw. nur durch Verbrennen beseitigt werden können. Das *Gasphasen*-Verfahren arbeitet bei 180 °C mit Zinkacetat als Katalysator. Pro Zyklus werden nur 5 – 10 % Vinylacetat gebildet, da andernfalls große Mengen Nebenprodukte entstehen. Die prinzipiell mögliche Gesamtausbeute von 98 % wird vermieden, da sonst die Heizschlangen zu stark verkrusten (technisch ca. 70 – 75 % Ausbeute). Im Gegensatz zum ebenfalls möglichen Fließbettverfahren ist keine Katalysatorregeneration erforderlich. Als Wärmeträger wird ein 30 % Überschuß von $CH_3COOH$ verwendet. Das Reaktionsgemisch wird dann durch Destillation in drei Kolonnen aufgetrennt (1. $C_2H_2$ + $CH_3CHO$, 2. reines VAc, 3. Crotonaldehyd, ferner Rückstand + Essigsäure).

2) *aus Äthylen und Essigsäure.* Die beiden bekannten Verfahren unterscheiden sich in der in situ-Dehydrierung. Bei der ersten Methode

(25-36) $$CH_2{=}CH_2 + CH_3COOH + PdCl_2 \rightarrow CH_2{=}CH{-}O{-}COCH_3 + Pd + 2HCl$$

kann die nach der Grundreaktion mögliche Bildung von Pd durch Zugabe von Hydrochinon und Sauerstoff verhindert werden. Alternativ kann man das Palladium mit $CuCl_2$ aufoxydieren:

(25-37) $$Pd + 2\,CuCl_2 \rightarrow PdCl_2 + 2\,CuCl$$
$$CuCl + 2\,HCl + 1/2\,O_2 \rightarrow 2\,CuCl_2 + H_2O$$

Bei der zweiten Methode wird mit Sauerstoff dehydriert:

(25-38) $$CH_2{=}CH_2 + CH_3COOH + 1/2\,O_2 \xrightarrow{Pd} CH_2{=}CH{-}O{-}COCH_3 + H_2O$$

Bei diesem Verfahren fällt nur wenig $CH_3CHO$ an.

3) *aus Acetaldehyd und Acetanhydrid.* Die beiden Grundstoffe werden aus Butan erhalten (Butan → Acetaldehyd → Essigsäure → Acetanhydrid).

(25-39)
$$CH_3CHO + O\begin{matrix}\diagup CO{-}CH_3\\ \diagdown CO{-}CH_3\end{matrix} \xrightarrow{FeCl_3} CH_3CH\begin{matrix}\diagup OCOCH_3\\ \diagdown OCOCH_3\end{matrix} \rightarrow \begin{matrix}CH_2{=}CH{-}O{-}CO{-}CH_3\\ +\\ CH_3COOH\end{matrix}$$

Die Spaltung des Äthylidendiacetats erfolgt durch aromatische Sulfosäuren in Acetanhydrid als Lösungsmittel bei ca. 135 °C.

Ganz reines Vinylacetat kann ohne Stabilisator verschickt werden. Aus versicherungstechnischen Gründen wird jedoch Kupferresinat zugesetzt.

### 25.5.1.2 Polymerisation

Reines Vinylacetat polymerisiert nicht thermisch. Die Polymerisation gelingt mit radikalischen Initiatoren und wird technisch in Substanz, in Emulsion oder in Suspension durchgeführt.

Die Polymerisation in Masse erfolgt beim Siedepunkt des Monomeren (72,5 °C bei 1 bar) und liefert durch die Übertragung zur Estergruppe (vgl. Kap. 20.3.5) stark verzweigte Polymere. Technisch wird bis zu einem bestimmten Umsatz polymerisiert und dann das Monomere durch Dünnschichtverdampfung entfernt. Alternativ kann man kontinuierlich in einem Turm polymerisieren. Dieses Verfahren erzeugt jedoch nur mittlere Polymerisationsgrade, da das entstehende Polymere noch fließfähig sein und die Fließtemperatur („Erweichungstemperatur") unterhalb der Zersetzungstemperatur liegen muß. Die Fließtemperatur steigt aber mit dem Molekulargewicht stark an (vgl. Kap. 7.6.4).

Die Emulsions- und die Suspensionspolymerisationen müssen bei genügend tiefen Temperaturen ausgeführt werden, da die Glastemperatur des radikalisch polymerisierten, „ataktischen" Poly(vinylacetates) bei ca. 28 °C liegt. Bei höheren Temperaturen würden die Latices bzw. Perlen daher agglomerieren. Bei der Emulsionspolymerisation erhält man üblicherweise negativ geladene Latices. Positiv geladene Latices entstehen bei Verwendung z. B. stickstoffhaltiger Derivate oxäthylierter Poly(propylenoxide). Stabile, feindisperse Latices mit mehr als 50 % Feststoff sind schwierig herzustellen, werden jedoch erhalten, wenn wenig eines hydrophilen Comonomeren (z. B. Salze der Vinylsulfonsäure) in das hydrophobe Polymere eingebaut wird.

### 25.5.1.3 Eigenschaften und Verwendung

Poly(vinylacetat) wird als Klebstoff und für Holzleime (40 % Lösungen), als Lackrohstoff und für Appreturen (Dispersionen) und als Betonzusatz (Dispersionspulver durch Sprühtrocknung) verwendet.

### 25.5.1.4 Copolymere des Vinylacetats

Wasserbeständigere Poly(vinylacetat)typen werden durch Copolymerisation mit Vinylstearat und Vinylpivalat (Vinylester der Trimethylessigsäure) erhalten, da die Verseifungsgeschwindigkeit durch die sperrigeren Seitengruppen herabgesetzt ist. Reines Poly(vinylpivalat) hat für die meisten Verwendungszwecke der Poly(vinylester) eine zu hohe Glastemperatur ($T_G$ = 78 °C). Die Copolymerisation mit Vinylidencyanid liefert eine Faser mit einem der Kaschmirwolle ähnlichen Griff. Weitere Copolymere werden mit Olefinen (vgl. Kap. 25.2.1.5) und mit Vinylchlorid (vgl. Kap. 25.7.5.5) hergestellt.

### 25.5.1.5 Höhere Poly(vinylester)

Andere Vinylester können außer durch die beim Vinylacetat beschriebenen Methoden im Laboratorium auch durch Umvinylierung von Vinyläthern oder Vinylacetat dargestellt werden. Die Umvinylierung wird durch $Hg(OAc)_2$ (Vinyläther) oder durch $Hg(OAc)_2 + H_2SO_4$ (Vinylacetat) katalysiert. Dabei bildet sich aus der Vinylverbindung $CH_2{=}CH{-}O{-}R$, dem zu vinylierenden Substrat R'OH und dem $Hg(OCOCH_3)_2$ unter der Wirkung der Protonen ein faßbarer Quecksilberkomplex, der unter der Wirkung der gleichfalls intermediär gebildeten Essigsäure weiter zerfällt:

(25-40)

$$\begin{array}{l}R'O \\ \quad \rangle CH-CH_2-Hg-OCOCH_3 \\ RO\end{array} \begin{array}{l} \xrightleftharpoons{+\,CH_3COOH} ROH + R'O-CH{=}CH_2 + Hg(OCOCH_3)_2 \\ \\ \xrightleftharpoons{+\,CH_3COOH} CH_3CH\begin{smallmatrix}OR \\ OR'\end{smallmatrix} + Hg(OCOCH_3)_2 \end{array}$$

R und R′ können dabei Acyl-, Aryl- oder Alkyl- sein. Die Acetatbildung bzw. Diesterbildung werden durch tiefe Temperaturen und optimale Versuchszeiten zurückgedrängt. Bei Umvinylierungen zwischen verschiedenen Substanzklassen liegt das Gleichgewicht stark auf einer Seite. Die Umvinylierung kann nur in der Richtung Vinylester → Vinylaryläther → Vinylalkyläther erfolgen.

Poly(vinylpropionat) wird ebenfalls als Klebstoff verwendet.

### 25.5.2 POLYVINYLALKOHOL

Poly(vinylalkohol) $-\!\!(CH_2-CHOH)\!\!-_n$ wird durch Umesterung von Poly(vinylacetat) mit Methanol oder seltener mit Butanol hergestellt. Methylacetat und das wertvollere Butylacetat sind gesuchte Lösungsmittel. Methylacetat wird z.T. auch verseift, da die Essigsäure wieder zu Vinylacetat verarbeitet werden kann.

Bei der Umesterung wird bei Umsätzen zwischen 45 und 75 % eine hochviskose Gelphase durchlaufen. Um diese Phase zu vermeiden, wurde vorgeschlagen, kontinuierlich in sehr verdünnter Lösung zu arbeiten, die Lösung des Poly(vinylacetates) in Kohlenwasserstoffen zu emulgieren oder in Knetern zu arbeiten. Die Schwierigkeiten könnten bei dem leicht in heißem Wasser verseifbaren Poly(vinylformiat) umgangen werden. Das monomere Vinylformiat ist aber wegen seiner leichten Hydrolysierbarkeit schwierig herzustellen. Außerdem wirkt die bei der Verseifung entstehende Ameisensäure stark korrodierend.

Poly(vinylalkohol) entsteht auch durch Polymerisation von Acetaldehyd in polaren Lösungsmitteln (Dielektrizitätskonstante über 4) bei tiefen Temperaturen mit Alkalialkoholaten als Initiatoren. Das Verfahren wird jedoch nicht technisch ausgeführt.

Poly(vinylalkohol) wird für viele Verwendungszwecke eingesetzt: als Schlichte für Nylon und Kunstseide, als Emulgator und Schutzkolloid z.B. für Polymerisationen, als Komponente bei Druckfarben, Zahnpasten und kosmetischen Präparaten, für treibstoffeste Schläuche. Durch Verspinnen, Tempern und Vernetzen mit Formaldehyd wird in Japan eine Faser hergestellt, die allerdings einen etwas drahtigen Griff hat. Durch Coextrudieren von Poly(vinylalkohol) und Poly(vinylchlorid) (50 : 50) erhält man eine flammfeste Faser. Unlösliche Kopierschichten entstehen durch Belichten in Gegenwart von Alkalidichromat.

### 25.5.3 POLY(VINYLACETALE)

Durch Umsetzen des Poly(vinylalkohols) mit Butyraldehyd in einem für das Poly(vinylbutyral) guten Lösungsmittel entsteht Poly(vinylbutyral). Poly(vinylformal) kann direkt aus dem Poly(vinylacetat) hergestellt werden. Ein vollständiger Umsatz ist bei diesen Reaktionen nicht erreichbar (vgl. Kap. 23.4.4):

(25-41)

$$-CH_2-CH-CH_2-CH-CH_2-CH- \xrightarrow{R-CHO} \left(-CH_2-CH-CH_2-CH-\right)\left(-CH_2-CH-\right)$$
$$\phantom{xxx}|\phantom{xxxxx}|\phantom{xxxxx}|\phantom{xxxxxxxxxxxxxxxxxxxx}|\phantom{xxxxx}|\phantom{xxxxxxxxxx}|$$
$$\phantom{xx}OH\phantom{xxx}OH\phantom{xxx}OH\phantom{xxxxxxxxxxxxxxx}O\phantom{xxxx}O\phantom{xxxxxxx}OH$$
$$\phantom{xxxxxxxxxxxxxxxxxxxxxxxxxxxxxxxxxxxxxxxxx}\diagdown CH \diagup$$
$$\phantom{xxxxxxxxxxxxxxxxxxxxxxxxxxxxxxxxxxxxxxxxxxxx}|$$
$$\phantom{xxxxxxxxxxxxxxxxxxxxxxxxxxxxxxxxxxxxxxxxxxxx}R$$

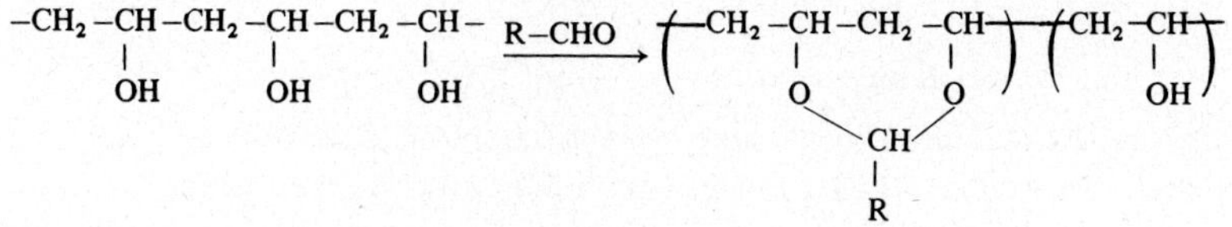

Poly(vinylbutyral) wird für Sicherheitsgläser und für sogen. „wash primer" verwendet. Sicherheitsgläser bestehen aus einem 0,3 – 0,5 mm starken Film von Poly(vinylbutyral) zwischen zwei Glasscheiben. Beim Zersplittern haften die Scherben an dem gut klebenden Poly(vinylbutyral). „Wash primer" dienen für Lackgrundierungen. Über einer anorganischen Filmschicht (Bestandteile Zinktetraoxychromat, Phosphorsäure, Talkum, Wasser, i-Propanol) wird ein Poly(vinylbutyral)film als Haftvermittler für den Lack gebildet.

Poly(vinylacetale) werden als Polyblends mit Kautschuk für Formkörper im Maschinenbau eingesetzt, da die Kerbschlagzähigkeit und der Biegemodul erhöht werden.

Poly(vinylformale) sind verträglich mit Phenolharzen und ergeben elastische Drahtisolierungen.

### 25.5.4 POLY(VINYLÄTHER)

Vinyläther werden nach drei Methoden hergestellt:

(25-42)

1) $CH\equiv CH + 2\ ROH \rightarrow CH_3CH\diagdown_{OR}^{OR} \xrightarrow{350\,°C,Pd} CH_2=CH-OR + ROH$

(25-43)

2) $CH\equiv CH + ROH \xrightarrow{KOH,\ 90-100\ bar} CH_2=CH-OR$

(25-44)

3) $CH_2=CH_2 + CH_3OH + 1/2\ O_2 \xrightarrow{PdCl_2} CH_2=CH-OCH_3 + H_2O$

Polymerisation

Die Doppelbindung wird durch die —COR-Gruppe stärker negativiert als durch die OCOR-Gruppe, was sich durch einen negativeren e-Wert (vgl. Kap. 22.4.6) des Vinylbutyläthers (– 1,6) im Vergleich zum Vinylacetat (– 0,4) zu erkennen gibt. Vinyläther können daher nur schwierig radikalisch polymerisiert werden. Wegen der Negativierung der Doppelbindung ist jedoch die kationische Polymerisation ermöglicht. An und für sich ist ja die OR-Gruppe elektronenanziehend. Man nimmt jedoch an, daß der in der entgegengesetzten Richtung wirkende mesomere Effekt stärker als der induktive Effekt ist. Die OR-Gruppe sollte daher aus diesem Grund als Donatorgruppe wirken. Noch nicht völlig geklärt ist, warum bei der Inflation mit Borfluoridätherat unterhalb einer bestimmten Temperatur keine Polymerisation mehr möglich ist. Diese Temperatur liegt beim Vinylmethyläther bei – 25 °C und beim Vinylisopropyläther bei – 100 °C. Bei der technischen Polymerisation des Methylvinyläthers wird ein kleiner Teil des Monomeren in Dioxan bei 5 °C vorgelegt, der Initiator (3 % $BF_3 \cdot 2H_2O$) zugegeben und nach dem Anspringen der Polymerisation weiteres Monomer so zugegeben, daß unter Rückfluß (ca. 100 °C) polymerisiert werden kann.

Eigenschaft und Verwendung

Poly(vinyläther) bilden Weichharze von schwerer Verseifbarkeit und guter Lichtbeständigkeit. Sie werden als Klebstoffe, Textilhilfsmittel und Weichmacher eingesetzt.

## *25.6 Poly-N-vinylverbindungen*

### 25.6.1 POLY(N-VINYLCARBAZOL)

Carbazol wird aus dem Steinkohlenteer gewonnen. Die Vinylierung erfolgt bei 160 – 180 °C und 20 bar in Ggw. von ZnO/KOH mit Acetylen. N-Vinylcarbazol ist in Suspension mit nichtoxydierenden radikalischen Initiatoren polymerisierbar:

(25-45)

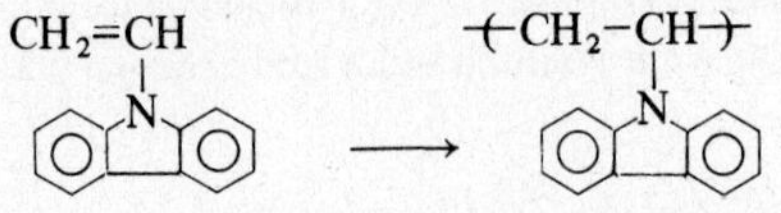


Die Polymeren sind bis ca. 160 °C formbeständig, aber spröde. Die Sprödigkeit kann durch Copolymerisation mit etwas Isopren herabgesetzt werden. Poly(N-vinylcarbazol) wird für Isolationsschichten für Hochfrequenzbauteile eingesetzt.

### 25.6.2 POLY(N-VINYLPYRROLIDON)

Pyrrolidon wird technisch aus dem Butandiol-1,4 hergestellt

(25-46)

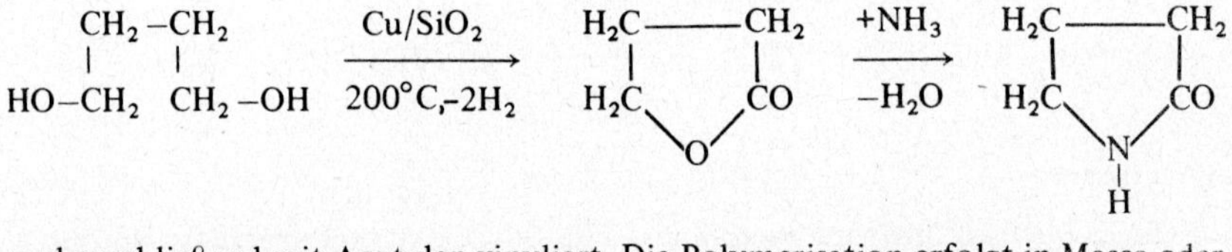


und anschließend mit Acetylen vinyliert. Die Polymerisation erfolgt in Masse oder in wässriger Lösung. Das wichtigste technische Verfahren initiiert mit $H_2O_2$ und aliphatischen Aminen, da die letzteren die im sauren Milieu auftretende Zersetzung von Vinylpyrrolidon verhindern. Die Polymeren sind sowohl in Wasser als auch in polaren organischen Lösungsmitteln wie Chloroform löslich. Sie dienen als Schutzkolloide, Emulgatoren, Bestandteile von Haarsprays und als Blutplasmaersatzmittel.

## *25.7 Poly(halogenkohlenwasserstoffe)*

Fluorierte Polyalkane sind wegen der großen Bindungsenergie der Kohlenstoff/Fluor-Bindung (Tab. 25 – 5) und der damit verbundenen Verkürzung des Atomabstandes C–F sehr widerstandsfähig gegen thermische oder chemische Spaltungen der C–F-

Bindungen. Der markanteste Vertreter dieser Gruppe ist das Poly(tetrafluoräthylen) $\leftarrow\!\!(CF_2-CF_2)\!\!\rightarrow_n$. Poly(tetrafluoräthylen) wurde zuerst von der Firma DuPont als Teflon in den Handel gebracht. Der Name Teflon ist aber mittlerweile ein Gattungsname für eine Reihe fluorierter Polyalkane geworden.

Poly(vinylchlorid) $-(CH_2CHCl)_n-$ ist einer der in größten Mengen hergestellten Kunststoffe. Trichloräthylen und Tetrachloräthylen sind nicht polymerisierbar, da die Tendenz zu Übertragungsreaktionen mit zunehmender Ordnungszahl des Halogens ansteigt, wie aus den Bindungsenergien (Tab. 25 – 5) hervorgeht. Beim Poly(vinyljodid) konnten daher bei der radikalischen Polymerisation nur niedrige Polymerisationsgrade erhalten werden. Dabei muß man noch zusätzlich dafür sorgen, daß das bei der Polymerisation abgespaltene und als Inhibitor wirkende Jod durch Zusatz von Natriumthiosulfat unschädlich gemacht wird. Poly(vinyljodid) und Poly(vinylbromid) werden technisch nicht verwendet.

*Tab. 25-5:* Bindungsenergien der Kohlenstoff/Halogen-Bindungen C–X und Kovalenzradien X–X

| | | X = | | | | |
|---|---|---|---|---|---|---|
| | | F | H | Cl | Br | J |
| Bindungsenergie C–X | kJ/mol Bindung | 461 | 377 | 293 | 251 | 188 |
| Kovalenzradien X–X | nm | 0,072 | 0,077 | 0,099 | 0,114 | 0,133 |
| van der Waals-Radien | nm | 0,13 | 0,12 | – | – | – |

25.7.1 POLY(VINYLFLUORID)

Vinylfluorid kann aus Acetylen oder Äthylen erhalten werden:

(25-47) $$CH{\equiv}CH + HF \xrightarrow{HgCl_2/\text{Aktivkohle}} CH_2{=}CHF$$

(25-48)

$$CH_2{=}CH_2 + 2\,HF \longrightarrow CH_3CHF_2 \xrightarrow[\text{oder wenig } O_2/400\,^\circ C]{\text{Pt und Cr-Fluoride}/725\,^\circ C} CH_2{=}CHF$$

Wegen des niedrigen Siedepunktes (– 72 °C) des Vinylfluorids wird die radikalische Polymerisation mit BPO als Initiator bei 300 bar und 85 °C ausgeführt. Das Polymer ist partiell kristallin. Es ähnelt in seinen Eigenschaften mehr dem Poly(äthylen) als dem Poly(vinylchlorid). Da der Schmelzpunkt bei ca. 200 °C liegt, wird es bei Temperaturen von ca. 210 °C verarbeitet. Filme aus Poly(vinylfluorid) sind witterungsbeständiger als solche aus PE oder PVC. Poly(vinylfluorid) wird daher hauptsächlich für Überzüge auf Metall oder Holz eingesetzt.

25.7.2 POLY(VINYLIDENFLUORID)

Zur Synthese von Vinylidenfluorid wird meist von 1,1-Difluor-1-chloräthan ausgegangen, das aus Acetylen, Vinylidenchlorid oder 1,1,1-Trichloräthan erzeugt wird:

(25-49) $$CH{\equiv}CH + 2\,HF \rightarrow CH_3CHF_2 \xrightarrow[-HCl]{+Cl_2} CH_3CF_2Cl$$

(25-50) $CH_2{=}CCl_2 + 2\,HF \rightarrow CH_3CF_2Cl + HCl$

(25-51) $CH_3{-}CCl_3 + 2\,HF \rightarrow CH_3CF_2Cl + 2\,HCl$

1,1-Difluor-1-chloräthan wird dann dehydrochloriert

(25-52) $CH_3CF_2Cl \xrightarrow{720-850\,°C} CH_2{=}CF_2 + HCl$

Alternativ kann man auch vom Trichloräthylen ausgehen:

(25-53)

$$CHCl{=}CCl_2 + 2\,HF \xrightarrow[-HCl]{200\,°C} CH_2Cl{-}CF_2Cl \xrightarrow[-ZnCl_2]{Zn/EtOH} CH_2{=}CF_2$$

Vinylidenfluorid (Sdp. - 84 °C) wird radikalisch bei 10 - 300 bar und 10 - 150 °C in Suspension oder Emulsion polymerisiert. Suspensionspolymere sind weniger verzweigt und besitzen daher eine engere Molekulargewichtsverteilung als die Emulsionspolymeren. Suspensionspolymere weisen daher auch eine höhere Kristallinität, eine größere mechanische Festigkeit und eine bessere Chemikalienbeständigkeit auf. Alle Polymeren besitzen einen beträchtlichen Anteil an Kopf/Kopf-Verknüpfungen.

Poly(vinylidenfluorid) ist polymorph. Aus der Schmelze wird die tgtg-, aus Lösung die tttt-Konformation gebildet. Der Schmelzpunkt liegt je nach Kristallmodifikation zwischen 158 und 197 °C, die Glastemperatur bei - 40 °C. Das thermoplastische Polymer ähnelt mehr dem Poly(äthylen) als dem Poly(vinylidenchlorid). Es kann extrudiert und spritzgegossen werden. Wegen der guten Witterungs- und Chemikalienbeständigkeit wird es für Verpackungszwecke, Kabelummantelungen und Schutzüberzüge im chemischen Apparatebau und beim Gebäudeschutz verwendet. Im Gegensatz zu anderen fluorierten Polymeren vernetzt Poly(vinylidenfluorid) unter ionisierender Bestrahlung.

Copolymere des Vinylidenfluorids mit Hexafluorpropylen (70 : 30) bzw. Trifluoräthylen (70 : 30 und 50 : 50) geben nach Vulkanisation mit BPO in Ggw. von ZnO, Aminen oder Diisocyanaten ölbeständige und chemisch inerte Elastomere mit Einsatztemperaturen bis 150 - 200 °C. Ihre Kältebeständigkeit reicht dagegen nur bis - (10 - 50) °C.

### 25.7.3 POLY(TRIFLUORCHLORÄTHYLEN)

*Monomersynthese:* Die Monomersynthese folgt dem beim Tetrafluoräthylen verwendeten Verfahren:

(25-54) $CCl_3{-}CCl_3 \xrightarrow[-HCl]{+HF;\,Sb{-}Kat.} CF_2Cl{-}CFCl_2 \xrightarrow[-ZnCl_2]{+Zn/EtOH} CF_2{=}CFCl$

*Polymerisation:* wie Tetrafluoräthylen radikalisch in Suspension mit dem Redox-System $K_2S_2O_8/NaHSO_3/AgNO_3$ oder in Masse mit Bis(trichloracetyl)peroxid.

*Eigenschaften:* Poly(trifluorchloräthylen) $\text{+}CF_2{-}CFCl\text{+}_n$ ist wegen der C–Cl-Bindungen leichter angreifbar als Poly(tetrafluoräthylen). Der größere Raumbedarf der Chloratome, vermutlich in Verbindung mit einer ataktischen Konfiguration, führt zu einer weniger dicht gepackten Kristallstruktur und darum zu einem niedrigeren

Schmelzpunkt ($T_M$ = 220 °C) und zu einer besseren Löslichkeit im Vergleich zum Poly(tetrafluoräthylen). Die Glastemperatur liegt bei 50 °C; andere Umwandlungstemperaturen sind bislang nicht bekannt geworden. Falls überhaupt vorhanden, müssen jedoch die damit verbundenen Effekte klein sein. In Übereinstimmung damit zeigt Poly(trifluorchloräthylen) einen viel geringeren kalten Fluß als Poly(tetrafluoräthylen) und eignet sich somit besser für unter Druck stehende Dichtungen.

*Verarbeitung:* Poly(trifluorchloräthylen) kann spanabhebend verarbeitet werden oder aber auch wegen des vergleichsweise niedrigen Fließpunktes von 250 – 300 °C auf den üblichen Kunststoffverarbeitungsmaschinen. Diese Maschinen müssen jedoch wegen der bei dieser Temperatur schon möglichen Zersetzung korrosionsfest sein. Filme und Überzüge können mit „Vehikeln" aus Dispersionen bei Sintertemperaturen von 220 °C erhalten werden. Porenfreie Überzüge werden nach 8 - 10 Auftragungen mit einer letzten Sinterung bei 300 °C geformt.

## 25.7.4 POLY(TETRAFLUORÄTHYLEN)

### 25.7.4.1 Synthese

Die moderne Monomersynthese geht vom Chloroform aus

(25-55) $3\ CHCl_3 + 3\ HF \xrightarrow{70\ °C;\ SbCl_5} CHCl_2F + CHClF_2 + 3\ HCl$

(25-56) $2\ CHCl_2F \xrightarrow{AlCl_3} CHClF_2 + CHCl_3$

(25-57) $2\ CHClF_2 \xrightarrow{600-800\ °C;\ Pt} CF_2{=}CF_2 + 2\ HCl$

Das Monomer wird stabilisiert, z. B. mit Dipenten.

*Polymerisation:* Da Tetrafluoräthylen bei Raumtemperatur ein Gas ist (Kp -76,3°C) und eine sehr große Polymerisationswärme (– 172 kJ/mol) besitzt, wird es unter Druck radikalisch mit Luftsauerstoff oder Peroxiden in Wasser (Wärmeabführung) polymerisiert, wobei das Polymerisat als Pulver anfällt. Unter Zusatz von ca. 1 % hochfluorierten Emulgatoren (z.B. $H(CF_2)_{10}COOH$) entstehen 49 proz. Dispersionen mit Teilchengrößen < 30 nm. Die über die Carbonyl-Endgruppen abgeschätzten Molekulargewichte liegen zwischen einigen Hunderttausend und mehreren Millionen. Diese Endgruppen entstehen z. B. durch Verseifung primär gebildeter $HO{-}CF_2$-Gruppierungen, deren OH-Gruppe aus dem Initiator stammt.

(25-58) $KO{-}SO_2{-}O{-}CF_2CF_2{\sim\sim} + H_2O \rightarrow KHSO_4 + HO{-}CF_2CF_2{\sim\sim}$

(25-59) $HO{-}CF_2CF_2{\sim\sim} + H_2O \rightarrow HOOC{-}CF_2{\sim\sim} + 2\ HF$

(25-60) $HOOC{-}CF_2CF_2CF_2{\sim\sim} \rightarrow CO_2 + HF + CF_2{=}CF{-}CF_2{\sim\sim}$

### 25.7.4.2 Eigenschaften

*Eigenschaften:* Poly(tetrafluoräthylen) ist wegen der hohen Bindungsenergie der C–F-Bindung sehr chemikalienbeständig, widerstandsfähig gegen Oxydation und daher schlecht brennbar. Da es bei geeigneter Polymerisation nur wenige polare Gruppen in der Polymermasse aufweist, besitzt es einen niedrigen dielektrischen Verlustfaktor und damit eine gute elektrische Isolierfähigkeit.

Poly(tetrafluoräthylen) besitzt einen Schmelzpunkt von 327 °C und eine Glastemperatur von 120 °C. Die unterhalb $T_{cc}$ = 19 °C vorliegende $13_6$-Helix der Fluoratome geht bei dieser Umwandlungstemperatur kristallin/kristallin in eine $15_7$-Helix über. Die Helix der Kette ist jedoch oberhalb und unterhalb 19 °C gleich, nämlich $13_1$. Oberhalb 30 °C beginnen Torsionsschwingungen um die Helix. Eine bei $T_{gg}$ = –120 °C beobachtete Glas-Glas-Umwandlung konnte noch nicht molekular gedeutet werden.

Die unter 30 °C auftretenden Umwandlungstemperaturen sind für den kalten Fluß des Materials verantwortlich. Der regelmäßige Bau in Bezug auf die Konstitution und die Konformation einer Helix wirkt sich in einer hohen Kristallinität des Materials von 93 – 98 % aus.

Der chemische Aufbau führt aber andererseits auch zu einer schlechten Haftung und zu einer schwierigen Anfärbbarkeit; diese ist nur mit Dispersionsfarbstoffen erreichbar. Einzigartig ist auch der sehr niedrige Reibungskoeffizient des Poly(tetrafluoräthylens), der ein Schmieren von Lagern aus Poly(tetrafluoräthylen) unnötig macht.

### 25.7.4.3 Verarbeitung

*Verarbeitung:* Die Kombination der chemischen und thermischen Eigenschaften macht Poly(tetrafluoräthylen) verarbeitungstechnisch zu einer Art „Nihilit". Der hohe Schmelzpunkt und die Schmelzviskosität ($10^{10}$ Pa s bei 380 °C) verhindern eine Verarbeitung mit den üblichen Maschinen. Werkteile konnten daher zuerst nur durch Verpressen der bei der Polymerisation anfallenden Pulver mit anschließender Nachsinterung bei 350 °C hergestellt werden. Zur Herstellung von Profilen werden die Pulver mit bei 200 °C verdampfbaren Mineralölen als „Vehikel" angeteigt und dann oberhalb dieser Temperatur extrudiert.

Eine spezielle Technologie wurde für die Fadenherstellung entwickelt. Bei der Polymerisation in Dispersion entstehen neben kugelförmigen Partikeln auch bandförmige vom Achsenverhältnis 5 – 10. Eine durch Sedimentation auf mindestens 5 % dieser der bandförmigen Teilchen angereicherte Dispersion wird nach Zusatz von z. B. Viskose oder Poly(vinylalkohol) als Stützsubstanz aus verdünnter Salzsäure in ein Fällbad versponnen. Anschließend wird die organische Stützsubstanz bei Temperaturen oberhalb des Schmelzpunktes weggebrannt.

Trocknen und Verpacken von Poly(tetrafluoräthylen) muß staubfrei erfolgen. Das Polymer lädt sich nämlich leicht elektrostatisch auf und zieht daher Schwebstoffe an. Beim Sintern (350 – 380 °C) würden die Staubteilchen verbrannt werden und einen schwarzen Fleck hinterlassen.

Durch Behandeln des Poly(tetrafluoräthylens) mit Natrium werden C–F-Bindungen gebrochen und Radikale gebildet. Folien können daher anschließend verklebt werden.

### 25.7.4.4 Copolymere

Durch Pyrolyse von Tetrafluoräthylen entsteht Hexafluorpropylen. Dessen Copolymer mit Tetrafluoräthylen ist ein durchscheinender Thermoplast mit Kristallinitäten von 40 – 50 (abgeschreckt) bzw. 50 – 70 % (getempert). Das Copolymer besitzt ähnliche mechanische und chemische Eigenschaften wie Poly(tetrafluoräthylen), kann aber gegossen und extrudiert werden.

Bei der radikalischen Copolymerisation von Tetrafluoräthylen mit Trifluornitrosomethan $CF_3NO$ entstehen alternierende Copolymere. Bei höheren Temperaturen erhält man dagegen ein cyclisches Oxazetidin:

(25-61)

$$CF_2=CF_2 \ + \ CF_3NO \ \begin{array}{c} \xrightarrow{-20\,°C} \\ \xrightarrow[100\,°C]{} \end{array} \ \begin{array}{c} +\!\!(CF_2CF_2-N-O)\!\!+ \\ | \\ CF_3 \\ CF_3-N\!-\!\!O \\ |\quad\ | \\ CF_2\!-\!CF_2 \end{array}$$

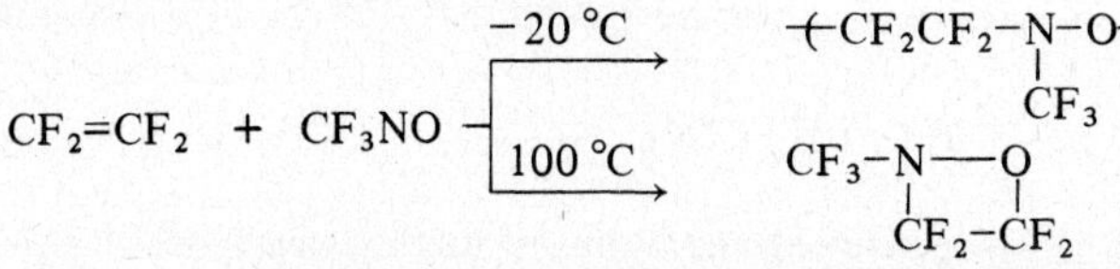

Die hochmolekularen Copolymeren besitzen eine sehr niedrige Glastemperatur von −51 °C und sind daher Elastomere. Die Vulkanisation wird durch Einpolymerisieren von ca. 1 molproz. 4-Nitrosoperfluorbuttersäure gefördert und mit Diaminen ausgeführt. Die Copolymeren sind gegen reinen Sauerstoff, $H_2O_2$ und $N_2O_4$ beständig. Da die höchste Gebrauchstemperatur bei ca. 190 °C liegt, sind sie jedoch den anderen Fluorelastomeren thermisch unterlegen. Die Copolymeren werden als kältebeständige Elastomere bei Düsenflugzeugen in der Arktis und als flexible Behälter für Raketentreibstoffe eingesetzt.

Copolymere aus Tetrafluoräthylen mit 40 % Perfluorvinylmethyläther sind ebenfalls Elastomere (Glastemperatur −12 °C). Die Polymerisation erfolgt in wässriger Emulsion mit Ammoniumperfluoroctanoat als Emulgator. Die Vulkanisation wird mit Hexamethylendiamin über den in kleinen Mengen einpolymerisierten Perfluor-(4-carboxymethylbutylvinyläther) erreicht. Dieser Äther wird aus Perfluorglutarylfluorid und Hexafluorpropylenoxid hergestellt.

### 25.7.5 POLY(VINYLCHLORID)

Poly(vinylchlorid) (PVC) ist der in Europa und Japan in den größten Mengen hergestellte Kunststoff; in den USA steht er an zweiter Stelle nach den Poly(olefinen). Das Monomer wurde bereits 1835 von Regnault entdeckt, die Polymerisation von Baumann 1872 beobachtet. PVC ist unter sehr vielen Namen im Handel.

#### 25.7.5.1 Monomer-Synthese

Das klassische Verfahren geht vom Acetylen aus

(25-62) $\quad CH\equiv CH \ + \ HCl \ \xrightarrow[150\,°C]{Hg_2Cl_2 \ \text{auf Aktivkohle}} \ CH_2=CHCl$

und wird zunehmend durch das billigere Äthylenverfahren ersetzt

(25-63)

$CH_2=CH_2 \ + \ Cl_2 \ \xrightarrow[FeCl_3]{45\,°C} \ CH_2Cl-CH_2Cl \ \xrightarrow[1,5-2\ \text{bar}]{500\,°C} \ CH_2=CHCl \ + \ HCl$

Durch Chlorieren von Äthan in Ggw. von Luft bei 300−650 °C mit CuCl/CuOCl kann ebenfalls Vinylchlorid hergestellt werden.

Da beim Äthylenverfahren HCl gebildet und beim Acetylenverfahren verbraucht wird, ist die Kombination beider Verfahren ebenfalls technisch bedeutungsvoll. Alternativ kann man beim Äthylenverfahren Chlorwasserstoff anstelle von Chlor einsetzen und diesen durch Zugabe von Sauerstoff zum Chlor oxydieren.

### 25.7.5.2 Polymerisation

Die radikalisch ausgeführte Polymerisation zeichnet sich wegen der leichten homolytischen Spaltung der C–Cl-Bindung durch einen vergleichsweisen hohen Wert der Übertragungskonstante $C_{ü,m}$ für die Reaktion

$$(25\text{-}64)\quad \sim\sim CH_2-\dot{C}HCl + CH_2{=}CHCl \longrightarrow \sim\sim CH_2CHCl_2 + CH_2{=}\dot{C}H$$

aus ($C_{ü,m} \sim 10^{-3}$). Der genaue Mechanismus ist unklar; wegen der geringeren Bindungsenergie scheint die Übertragung eines Cl-Radikals jedoch wahrscheinlicher als die H-Übertragung. Da die Geschwindigkeit der Übertragungsreaktion $v_{ü,m}$ viel größer ist als die der Abbruchsreaktion $v_a$, wird der Polymerisationsgrad praktisch unabhängig von der Initiatorkonzentration (vgl. dazu Kap. 20.3.2). Die Einstellung des Polymerisationsgrades erfolgt technisch über die Variation der Polymerisationstemperatur. Als Initiatoren werden für Suspensionspolymerisationen industriell Lauroylperoxid (LPO) oder wegen seiner besseren Radikalausbeute trotz höheren Preises neuerdings Isopropylperoxydicarbonat (IPP) verwendet. Für Massepolymerisationen wird auch Azobisisobutyronitril eingesetzt. Die Polymerisation wird wegen des niedrigen Siedepunktes (- 13,9 °C) des Monomeren in Druckapparaten ausgeführt, da die verwendeten Radikalbildner Polymerisationstemperaturen von ca. 50 °C erfordern.

Da beim Zugeben von Perverbindungen Explosionen auftreten können, setzt man auch in situ gebildete Initiatoren ein, z.B. Peroxydicarbonate aus Alkylhaloformaten und Natriumperoxid.

Poly(vinylchlorid) ist im eigenen Monomer unlöslich, die Polymerisation in Masse stellt also eine Fällungspolymerisation dar. Sie wird in ca. 12 000 $dm^3$ fassenden Rollautoklaven ausgeführt, wodurch ein Wärmestau durch die Polymerisationswärme verhindert wird. Ein moderneres Verfahren polymerisiert in 2 Stufen. In einer ersten Stufe fällt nach relativ geringen Umsätzen das Polymer aus, enthält aber noch viel Monomer. Nach Zugabe weiteren Monomers wird dann auspolymerisiert.

70 – 75 % des gesamten Vinylchlorids werden in Suspension bzw. Emulsion polymerisiert, wobei die Umsätze praktisch 100 % in Suspension und ca. 50 % in Emulsion betragen. Um den Abbau oder ein Ankleben der Produkte zu verhindern, werden die Kessel aus rostfreiem Stahl gearbeitet oder mit Glas ausgekleidet. Bei der Suspensionspolymerisation muß ein besonders reines Wasser verwendet werden; das Polymerisat wird zentrifugiert und dann in Trockentrommeln aufgearbeitet. Die Emulsionspolymerisate werden entweder durch Koagulieren oder Zerstäuben aufgearbeitet. Im letzteren Fall enthält das Produkt noch etwa 5 % feste Fremdstoffe und kann daher nur für Pasten verwendet werden.

### 25.7.5.3 Eigenschaften

Bei der Polymerisation werden durch die Kettenübertragung endständige Doppelbindungen eingebaut, in deren Nachbarschaft bei höheren Temperaturen besonders leicht eine HCl-Abspaltung beginnt (Gewinn an Resonanzenergie durch konjugierte Doppelbindungen). Zusätzliche Doppelbindungen werden durch den Disproportionierungsabbruch eingebaut, der etwa gleich häufig wie die Rekombination erfolgt, und evtl. durch die in Gl. (25-66) beschriebene Reaktion. Höher wärmebeständigere Polymerisate können daher durch leichte Nachchlorierung der Doppelbindungen erhalten werden.

PVC verfärbt sich „thermisch" bei den Verarbeitungstemperaturen und am „Licht". Bei der thermischen Zersetzung wird unter Ausbildung konjugierter Doppelbindungssysteme HCl abgespalten. Die Farbe ändert sich gleichzeitig von gelblichweiß über gelb nach braun und schwarz. Diese Farbänderungen sind nicht allein auf Polyen-Strukturen zurückzuführen, sondern auch auf charge transfer-Komplexe.

$CH_3CH=CHCH=CHCH_3$ ist nämlich farblos, $[CH_3CH=CHCH=\overset{\oplus}{C}H_2CH_3]Cl^{\ominus}$ dagegen gelb. Die Abspaltungsreaktion scheint in der Nachbarschaft von endständigen Doppelbindungen (entstanden durch Übertragung zum Monomeren oder durch Disproportionierung) oder an tertiären Chloratomen an Verzweigungsstellen (durch H-Übertragung bei Übertragung zum Polymeren) zu beginnen, z. B.:

(25-65) $\quad CH_2=CH-CH_2-CHCl \sim\sim \xrightarrow{-HCl} CH_2=CH-CH=CH \sim\sim$

Der genaue Mechanismus der HCl-Abspaltung ist noch nicht mit Sicherheit bekannt. Die beobachtete Gelbildung deutet jedoch darauf hin, daß auch intermolekulare Eliminationen auftreten. Große Effekte scheinen auch durch trans-Vinylengruppierungen bewirkt zu werden. trans-Vinylengruppierungen bilden sich wahrscheinlich durch eine Reaktion von Vinylchlorid-Bausteinen mit Initiatorradikalen $R^{\bullet}$

(25-66) $\quad \{-CH_2-CH-\} + R^{\bullet} \rightarrow \{-CH_2-\overset{\bullet}{C}H-\} + RCl$
$\qquad\qquad\quad\;\; |$
$\qquad\qquad\quad\;\; Cl$

$\qquad \{-CH_2-\overset{\bullet}{C}H-\} + R^{\bullet} \rightarrow \{-CH=CH-\} + RH$

Als Stabilisatoren wirken a) anorganische und organische Bleisalze, b) organische Derivate der Gruppe II des Periodensystems (Ba, Cd, Zn) und c) organische Derivate des vierwertigen Zinns. Diese primären Stabilisatoren scheinen eine intermolekulare Vernetzung unter Verlust an Doppelbindungen hervorzurufen, dagegen nicht eigentlich die Zersetzung zu verhindern. Das abgespaltene HCl wirkt autokatalytisch, da die Abspaltungsgeschwindigkeit von der HCl-Konzentration abhängt. Wegen der hohen Preise der primären Stabilisatoren werden den Substanzen der Gruppen b) und c) epoxidierte pflanzliche Öle zugesetzt, die allein nicht stabilisieren, aber zusätzlich noch weichmachend wirken. Diese Zusätze werden auch als sekundäre Stabilisatoren bezeichnet.

Die Stabilisierung von PVC durch Metallseifen beruht vermutlich auf eine Umesterung, wobei die labilen Cl-Atome (z.B. Allylchlor) durch die stabileren Estergruppen ersetzt werden. Organozinn-Verbindungen bilden dagegen vermutlich Assoziationskomplexe mit dem PVC.

Bei der Zersetzung durch „Licht" handelt es sich um einen Oxydationsprozeß, da unter HCl-Abspaltung Carbonylstrukturen gebildet werden:

(25-67)

$$\sim\sim CH_2-\underset{\underset{Cl}{|}}{\overset{\overset{H}{|}}{C}}-CH_2-\underset{\underset{Cl}{|}}{\overset{\overset{H}{|}}{C}}\sim\sim \xrightarrow{+O_2} \sim\sim CH_2-\underset{\underset{Cl}{|}}{\overset{\overset{OOH}{|}}{C}}-CH_2-\underset{\underset{Cl}{|}}{\overset{\overset{H}{|}}{C}}\sim\sim \xrightarrow{-HO^{\bullet}} \sim\sim CH_2-\underset{\underset{Cl}{|}}{\overset{\overset{O^{\bullet}}{|}}{C}}-CH_2-\underset{\underset{Cl}{|}}{\overset{\overset{H}{|}}{C}}\sim\sim$$

$$\downarrow -Cl^{\bullet}$$

$$\sim\sim CH_2-CO-CH=CH\sim\sim \xleftarrow{-HCl} \sim\sim CH_2-\overset{\overset{O}{\|}}{C}-CH_2-\underset{\underset{Cl}{|}}{\overset{\overset{H}{|}}{C}}\sim\sim$$

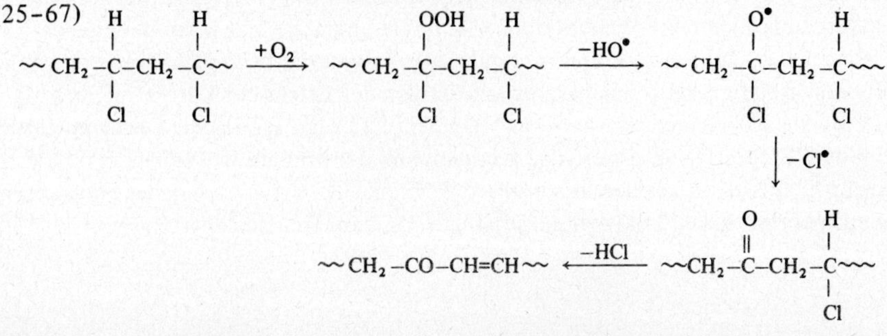

Im Gegensatz zur thermischen Zersetzung fallen hier die mechanischen Werte bereits vor der Verfärbung des Materials ab. Als Stabilisatoren werden Kondensationsprodukte von Aminen und Phenolen mit Aldehyden und Ketonen zugesetzt.

Bei der radikalischen Polymerisation entsteht ein an syndiotaktischen Sequenzen angereichertes Material, das noch partiell kristallisieren kann. Die Kristallisationsneigung ist bei Tieftemperaturpolymerisaten erhöht, da bei 50 °C hergestellte Produkte 1 Verzweigungsstelle pro 30 Bausteine aufweisen, bei –60 °C hergestellte Polymere aber praktisch unverzweigt sind. Technisch nutzt man die Tieftemperaturpolymerisation aus, um ein Polymer mit einem um 10–15 °C gegenüber dem konventionellen PVC erhöhten Erweichungspunkt zu erzeugen. Man stellt dazu bei 60 °C durch Umsatz bis zu 10 % ein Vorpolymerisat her, das dann bei –15 °C unter Zusatz von 10 % Methanol mit dem Initiatorsystem $H_2O_2$/Fe(II)/Ascorbinsäure bis zu Umsätzen von 65 % weiterpolymerisiert wird.

Der Schmelzpunkt eines völlig syndiotaktischen Polymeren liegt bei $T_M$ = 273 °C, der eines technischen PVC bei 173 °C. Reines Poly(vinylchlorid) (Hart-PVC) ist daher schwierig zu verarbeiten. Technisch werden überwiegend weichgemachte PVC-Typen oder für Spezialzwecke auch Copolymerisate verwendet.

Die Emulsionspolymerisate nehmen wegen ihrer geringeren Teilchengröße von 50–500 nm schneller Weichmacher auf als die Suspensionspolymerisate (75–150 μm). Sie sind auch „wärmebeständiger" als diese, weil sie geringere Mengen Polymerisationshilfsmittel (Alkali und Phosphate) als die Suspensionspolymerisate enthalten. Nachteilig ist dagegen die Neigung zum Trübwerden durch Emulgatorreste und der höhere Preis. Suspensionspolymerisate besitzen dagegen wegen des geringen Anteiles an polaren Gruppen (Emulgator) bessere elektrische Eigenschaften als Emulsionspolymerisate.

#### 25.7.5.4 Verarbeitung

PVC-hart wird für Rohre oder Folien in der chemischen Industrie und der Elektrotechnik verwendet. Bei Hart-Folien wird von einem Kalander ein Film abgezogen, einige s auf 260 °C erwärmt und anschließend auf das Doppelte gereckt.

Höher schlagfeste PVC-Sorten werden durch Beimischung von 5–15 % Buna N®, Poly(acrylaten), Äthylen/Vinylacetat-Copolymeren, oder von chloriertem Poly(äthylen) erhalten; diese Zusätze dienen nach dem allgemeinen Prinzip des Schlagfestmachens (Kap. 11.6.3) wegen ihrer niedrigen Glastemperatur als Puffer. Die Zusätze müssen zugleich polare Gruppen enthalten, um mit dem ebenfalls polaren PVC besser verträglich zu sein. Die Wetterbeständigkeit ist bei Zusätzen von Poly(acrylaten) oder chloriertem Poly(äthylen) besser als beim Buna N, da letzteres wegen der Doppelbindungen leichter angegriffen wird.

PVC wird durch Zusatz von 30–70 Tln. Weichmacher pro 100 Tle. PVC leichter verarbeitbar. Man erhitzt dazu die PVC/Weichmachermischung auf 160–180 °C, wobei sie geliert. Der (primäre) Weichmacher solvatisiert die Poly(vinylchlorid)-Moleküle, wodurch die Zahl der Polymer-Polymer-Kontakte herabgesetzt wird. Bei kleinen Weichmacher-Konzentrationen wird daher die Polymerkette zunächst versteift, während bei größeren Weichmacherkonzentrationen der Effekt der Kettentrennung als eigentliche Weichmachung überwiegt. In jedem Fall sinkt jedoch die Glastemperatur. Um die PVC-Kette solvatisieren zu können, muß der primäre Weichmacher polare Gruppen aufweisen können. Als primäre Weichmacher eignen sich daher Substanzen wie Dioctylphthalat, Trikresylphosphat usw. Primäre Weichmacher sind nun aber etwa doppelt so teuer wie PVC. Sie können daher für den zweiten Teil ihrer Aufgabe, Trennung der PVC-Ketten voneinander, durch sekundäre Weichmacher (Extender) ersetzt werden. Als sekundäre Weichmacher werden z. B. epoxidierte Öle, Paraffine und ungesättigte Polyester verwendet. Sie sind nur in Verbindung mit einem primären Weichmacher verwendbar, da sie allein unverträglich mit dem Polymeren sind. Sekundäre Weichmacher sind in der Regel schlecht lichtbeständig.

Ein Weichmacher ist thermodynamisch umso wirksamer, je stärker er bei gleichem Anteil die Glastemperatur herabsetzt (vgl. dazu Kap. 10.5.6). Eine besonders hohe Wirksamkeit wird daher von thermodynamisch schlechten Lösungsmitteln erreicht. Da man aber in der Nähe der Phasentrennung arbeitet, entmischt sich das System PVC-Weichmacher oft, was zu einer Weichmacherwanderung (Migration) führt. Dieser Diffusionsprozeß wird mit zunehmendem Molekulargewicht des Weichmachers verlangsamt. Polymerweichmacher wie z.B. gewisse aliphatische Polyester neigen daher weniger zum Ausschwitzen. Die mit steigendem Molekulargewicht der Polymerweichmacher ansteigende Tendenz zur Unverträglichkeit (vgl. Kap. 6.6.6) wirkt sich offenbar aus kinetischen Gründen nicht aus.

Im Handel sind auch Plastisole und Organosole. Plastisole (Pasten) sind Aufschlämmungen von 40 – 70 % PVC ind 60 – 30 % Weichmacher. Da die PVC-Körnchen eine geschlossene Oberfläche besitzen, kann der Weichmacher nicht in sie eindringen. Bei 180 °C geliert das Plastisol zum Weich-PVC. Organosole enthalten außer PVC und Weichmacher noch ein organisches Dispergiermittel. In Europa wird 1/3 des PVC als Paste verarbeitet.

Die Poly(vinylchloride) werden ferner durch Füllstoffe wie Asbest, Quarzpulver, Silikate und Pigmentfarbstoffe modifiziert. Die Verarbeitung wird durch Stearate erleichtert, die als Gleitwachse wirken.

Werkstoffe aus weichgemachtem Poly(vinylchlorid) werden für Folien, Kunstleder, Bodenbeläge und Kabelisolierungen eingesetzt. Mit PVC beschichtetes Stahlblech ist korrosionsfest und kann geschweißt, genietet, gefalzt usw. werden. Die Haftfestigkeit an Stahl wird durch Einpolymerisation von wenig Maleinsäureanhydrid erreicht.

#### 25.7.5.5 Derivate

Poly(vinylchlorid) löst sich nur in wenigen Lösungsmitteln (Tetrahydrofuran, Cyclohexanon usw.). Durch starke Nachchlorierung des Poly(vinylchlorids) erhält man acetonlösliche Polymerisate, die 63 – 64 % Chlor enthalten. Sie werden als Kleber, Lackrohstoffe oder technische Fasern eingesetzt. Die Chlorierung wird in Lösung bei 60 – 100°C oder im Gelzustand bei 50 °C vorgenommen. Bei der Chlorierung im Gelzustand wird das PVC in Chlorkohlenwasserstoffen angequollen und in wässriger Lösung mit UV-Licht bestrahlt. Bei beiden Verfahren werden die $CH_2$-Gruppen stärker als die CHCl-Gruppen chloriert. Das Polymer enthält daher etwa gleiche Anteile an
$\leftarrow$CHCl–CHCl$\rightarrow$ und $\leftarrow CH_2$–CHCl$\rightarrow$ -Gruppen.

Bei gleichem Chlorgehalt weisen die als Gel nachchlorierten PVC eine höhere Glastemperatur auf, vermutlich wegen des stärkeren Block-Charakters.

#### 25.7.5.6 Copolymere

Durch Copolymerisation mit 3 – 20 % Vinylacetat in Aceton- oder Dioxan-Lösung oder im Fällungsmittel n-Hexan werden Produkte erhalten, die sich für Oberflächenüberzüge eignen, da sie in Lacklösungsmitteln löslich sind. Für Schallplatten werden z. B. Copolymere des Vinylchlorids mit ca. 15 % Vinylacetat verwendet. Die mechanischen Werte des Poly(vinylchlorids) können durch Copolymerisation des Vinylchlorids mit 10–20% Vinylidenchlorid in Emulsion verbessert werden.

Durch radikalische Copolymerisation des VC mit 3 – 10 % Propylen kann der „Reißverschlußmechanismus" der Dehydrochlorierung verhindert werden. Bei der Copolymerisation wird das Propylen ständig nachgeführt, damit die konstitutive Uneinheitlichkeit nicht zu breit wird. Die Polymeren werden für Fernsehgehäuse und Teile für Kühlschränke, Staubsauger usw. sowie für Flaschen eingesetzt.

### 25.7.6 POLY(VINYLIDENCHLORID)

Vinylidenchlorid entsteht durch Pyrolyse von Trichloräthan

(25-68)

$$CH_2{=}CH_2 \xrightarrow[-HCl]{+2Cl_2} CHCl_2-CH_2Cl \xrightarrow{400\,°C} CH_2{=}CCl_2 + HCl$$

Vinylidenchlorid entsteht auch durch thermisches Cracken von Trichloräthylen bei 400 °C. Aus der entstehenden Mischung mit den cis- und trans-1,2-Isomeren kann 1,1-Dichloräthylen quantitativ abgetrennt werden.

Bei der radikalischen Polymerisation muß in Glasgefäßen oder Kesseln aus rostfreiem Stahl gearbeitet werden, da durch Metalle wie Fe, Zn, Sn und Cu eine Dehydrochlorierung katalysiert wird.

Poly(vinylidenchlorid) weist einen Schmelzpunkt von 220 °C und eine Glastemperatur von +23 °C auf und ist bei den daher erforderlichen hohen Verarbeitungstemperaturen chemisch instabil. Durch Copolymerisation von 85 – 90 % Vinylidenchlorid mit 15-10 % Vinylchlorid wird die Kristallisationstendenz des Poly(vinylidenchlorids) herabgesetzt. Die Schmelztemperatur dieses Copolymerisates von + 120 °C (Glastemperatur – 5 °C) erlaubt eine Verarbeitung des Produktes zu Fäden. Folien sind nur wenig permeabel und eignen sich daher für die Lebensmittelverpackung. Auch durch Copolymerisation von Vinylidenchlorid (55 – 65 %) mit Acrylnitril (45 – 35 %) können faserbildende Polymere erhalten werden. Für die Verwendung als Thermoplaste sind auch Copolymere mit Äthylacrylat im Handel.

Poly(vinylidenchlorid) bzw. seine Copolymeren ist sehr lösungsmittelbeständig. Es wird daher für Röhren und Filtertücher eingesetzt. Außerdem wird es für stark beanspruchte Sitzbezüge, nichtentflammbare Puppenhaare und für „Kokons" zum „Einmotten" von Kriegsschiffen, Flugzeugen usw. verwendet.

## *25.8 Poly(acrylverbindungen)*

Unter Polyacrylverbindungen werden polymere Derivate der Acrylsäure $CH_2{=}CH{-}COOH$ und Methacrylsäure $CH_2{=}CH(CH_3){-}COOH$ verstanden.

### 25.8.1 POLY(ACRYLSÄURE)

Monomer-Synthese

Acrylsäure $CH_2{=}CH{-}COOH$ wird technisch nach drei Verfahren hergestellt:

1) aus Acetylen, Kohlenmonoxid und Wasser und zwar entweder bei 225°, 60 bar, in Tetrahydrofuran und mit in situ gebildetem $Ni(CO)_4$ als Katalysator oder drucklos unter Zusatz von Säuren, um das Nickel zu binden.

2) aus Äthylen durch Oxydation zu Äthylenoxid, das mit HCN (50–60 °C, pH > 7) zum Äthylencyanhydrin $HO{-}CH_2{-}CH_2{-}CN$ umgesetzt wird. In einer Kolonne bläst man dann dem Gemisch aus Äthylencyanhydrin und 75 % Schwefelsäure Wasserdampf entgegen. Die wässrige Acrylsäure wird destilliert und kondensiert, so daß eine etwa 50 % Lösung in Wasser anfällt.

3) aus Keten $CH_2{=}C{=}O$ durch Anlagerung von Formaldehyd über das β-Propiolacton. β-Propiolacton polymerisiert ohne Katalysator oder nach Zugabe von $SnCl_4$ oder $H_2SO_4$ zu dem entsprechenden Polyester, der bei 150 °C zu Acrylsäure gespalten wird:

(25-69)

$$\begin{array}{l} CH_2{-}CO \\ | \quad\;\; | \\ CH_2{-}O \end{array} \longrightarrow CH_2{=}CH{-}COO{-}(CH_2{-}CH_2COO)_nH \longrightarrow CH_2{=}CH{-}COOH$$

Keten wird technisch durch Pyrolyse von Aceton (Methanabspaltung) oder Essigsäure hergestellt.

Technisch erprobt wird zur Zeit die Direktoxydation von Acrolein zu Acrylsäure. Die Verseifung von Acrylamid mit Schwefelsäure zu Acrylsäure wird dagegen technisch nicht durchgeführt.

Polymerisation, Eigenschaften und Anwendung

Acrylsäure ist in Wasser löslich und wird in diesem Lösungsmittel radikalisch mit $K_2S_2O_8$ polymerisiert. Auch Poly(acrylsäure) löst sich in Wasser und wird daher wegen der hohen Viskosität seiner Lösungen als Verdicker eingesetzt. Durch Copolymerisation der Acrylsäure oder der Methacrylsäure mit dem hydrophoben Methacrylsäuremethylester erhält man erdalkalilösliche Verdickungsmittel für Flutwasserzusätze bei der Erdölgewinnung. Da die Kalksalze wasserlöslich sind, können diese Copolymeren auch als Bodenverbesserungsmittel eingesetzt werden. Poly(acrylsäure) selbst bildet unlösliche Erdalkalisalze. Sie ist ein gutes Flockungsmittel zum Klären von Abwässern. Poly(acrylsäure) wird ferner wasserlöslichen Anstrichmitteln als Pigmentverteiler zugesetzt. Bei Leder vernetzt sie als polyfunktionelle Verbindung dessen Oberfläche und schließt sie daher ab.

### 25.8.2 POLY(ACRYLSÄUREESTER)

Monomer-Synthese

Acrylsäuremethylester wird technisch analog der Acrylsäure hergestellt.

1) Beim Verfahren mit Acetylen wird das Wasser durch Methanol ersetzt und zusätzlich noch HCl eingesetzt:

(25-70)

$$C_2H_2 + CO + CH_3OH + 1/2\,HCl \longrightarrow CH_2{=}CH{-}COOCH_3 + 1/4\,Cl_2 + 1/4\,H_2$$

Die Reaktion wird bei 170 - 180 °C und 30 bar mit Nickelverbindungen als Katalysator ausgeführt, wie z.B. mit $\{NiBr_2[(C_6H_5)_3P]_2\}C_4H_9Br$.

2) Beim Verfahren mit Äthylen wird ebenfalls das Wasser durch Methanol ersetzt und die entstehende Ammoniumbisulfat-„Schmelze" am Fuß der Kolonne abgezogen.

3) Beim Verfahren mit Keten wird das β-Propiolacton zusammen mit Methanol und Alkylsulfat (oder Dialkylsulfat) auf 100 – 200 °C erhitzt, wobei unter Wasserabspaltung der Acrylsäuremethylester entsteht.

Acrylsäureester höherer Alkohole werden durch Veresterung von Acrylsäure mit den Alkoholen über Ionenaustauscher erhalten.

### Polymerisation, Eigenschaften und Anwendung

Poly(acrylsäuremethylester) weist eine niedrige Glastemperatur von 6 °C auf. Er kann daher nicht in Suspension polymerisiert werden (Zusammenfließen der Tröpfchen). Da die Glastemperatur niedriger als die Filmbildungstemperatur liegt, sind die Polymeren jedoch filmbildend. Das bevorzugte Polymerisationsverfahren für Methyl-, Äthyl- und Butylacrylat ist daher die Emulsionspolymerisation, da die anfallenden Emulsionen direkt weiter für Schlichten, Appretiermittel, Autolacke, Fußbodenpflegemittel und Lederhilfsmittel eingesetzt werden können.

Durch Copolymerisation von Acrylsäureestern mit 5 – 15 % Acrylnitril oder 2-Chloräthylvinyläther gewinnt man Elastomere. Diese Copolymeren sind wegen des Fehlens von Doppelbindungen besser wärme- und oxydationsbeständig als Butadien/Acrylnitril-Copolymere. Sie eignen sich aus dem gleichen Grund als Dichtungen und Membranen für technische Öle mit hohem Schwefelgehalt (z. B. Wellendichtungen im Automobilbau). Da die Seitengruppen schlecht hydrolysebeständig sind, ist keine Dampfvulkanisation möglich. Die Vulkanisation erfolgt mit Aminen.

Poly(1,1-dihydroperfluoralkylacrylate) werden über den folgenden Weg erhalten. Aliphatische Carbonsäuren werden elektrochemisch fluoriert. Die entstehenden Perfluorcarbonsäuren $CF_3(CF_2)_xCOOH$ werden als Chlorid oder Ester hydriert und die 1,1-Dihydroperfluoralkohole $CF_3(CF_2)_xCH_2OH$ mit Acrylsäurechlorid verestert. Die Monomeren werden in wässriger Emulsion mit $K_2S_2O_8$ polymerisiert. Nach Vulkanisation der Polymeren mit Schwefel/Triäthylentetramin entstehen ölbeständie Elastomere. Im Handel sind Poly(1,1-dihydroperfluorbutylacrylat) und Poly(3-perfluormethoxy-1,1-dihydroperfluorpropylacrylat).

## 25.8.3 POLY(ACROLEIN)

### Monomer-Synthese

Zur Synthese von Acrolein $CH_2{=}CH{-}CHO$ werden drei Methoden technisch verwendet:

1) Dehydratisierung von Glycerin über $KHSO_4$, $Al_2O_3$ oder $H_3PO_4$ bei ca. 190 °C (veraltetes Verfahren).

2) Reaktion von 30 % Formalinlösung mit Acetaldehyd bei 300 °C
$$CH_2O + CH_3CHO \longrightarrow CH_2{=}CH{-}CHO + H_2O$$

3) Oxydation von Propylen bei 370 °C mit 0,4 % $Cu_2O$ auf Carborund. Bei der Synthese wird ein H von der Methylgruppe abgespalten und ein Allylradikal gebildet.

Polymerisation und Eigenschaften

Bei der radikalischen Polymerisation von Acrolein entsteht ein Copolymer mit den Grundbausteinen

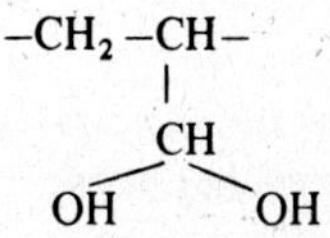

und

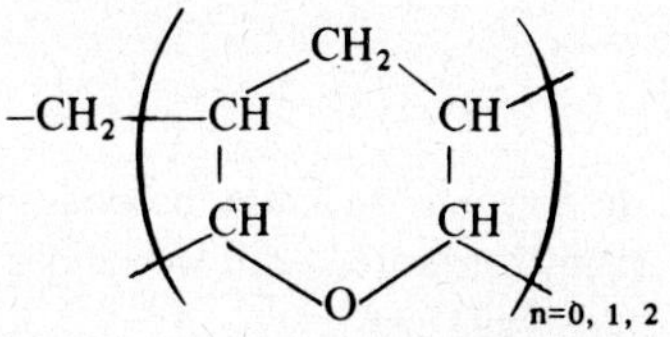

Die Leiterstrukturen dürften für die relativ hohe Glastemperatur (85 °C) verantwortlich sein. Im Copolymer sind ferner etwa 4 % Vinyldoppelbindungen vorhanden, die durch Polymerisation der Aldehydgruppen zustande gekommen sein dürften. Die ionische Polymerisation führt je nach Initiator und Reaktionsbedingungen zu Polymerisationen über die Aldehyd- oder die Vinylgruppe oder über beide. Eine 1,4-Polymerisation wie beim Butadien wurde noch nicht nachgewiesen. Einige Polymere befinden sich in technischer Erprobung.

### 25.8.4 POLY(ACRYLAMID)

Monomer-Synthese

Acrylamid $CH_2{=}CH{-}CONH_2$ wird durch Verseifung von Acrylnitril mit Schwefelsäure bei 80 °C hergestellt. Aus der mit Kalk neutralisierten Lösung kristallisiert nach der Filtration das Acrylamid beim Einengen aus.

Polymerisation, Eigenschaften und Anwendung

Acrylamid wird in wässriger, sauerer Lösung radikalisch polymerisiert. Bei zu hoher Polymerisationstemperatur werden Imidstrukturen und damit Vernetzungen gebildet. In zu stark alkalischem Medium wird die Amidgruppe zur Carboxylgruppe verseift. Die Polymerisation von Acrylamid mit starken Basen zu Poly($\beta$-alanin) (Kap. 28.3.2.3) hat noch zu keinem technischen Polymeren geführt.

Poly(acrylamid) dient ähnlich wie Poly(acrylsäure) als Gerbstoff, Fixierungsmittel und Sedimentationshilfsmittel. Durch Copolymerisation mit wenig Acrylsäure werden Papierhilfsmittel erhalten, die bei Zugabe von Alaun die Naßfestigkeit des Papiers durch Ausbildung von Al-Brücken verbessern. Durch Umsetzen von Poly(acrylamid) oder Poly(methacrylamid) mit Aldehyden werden Methylolverbindungen erhalten, die als Textilhilfsmittel wertvoll sind. Vernetzte Copolymere des Acrylamids dienen zum Unlöslichmachen von Enzymen.

### 25.8.5 POLY(ACRYLNITRIL)

#### 25.8.5.1 Monomer-Synthese

Die technischen Synthesen kann man in drei Gruppen einteilen:

1) Aus Äthylencyanhydrin $HO{-}CH_2{-}CH_2{-}CN$ wird durch Erhitzen mit $H_3PO_4$ auf 600 - 700 °C (1 - 2 s) Wasser abgespalten)

2) Aus Acetaldehyd und HCN über α-Hydroxypropionitril nach einem analogen Prozeß ($H_3PO_4$, 400–800 °C, 1/10 s, über Quarz):

(25–71)
$$CH_3CHO + HCN \longrightarrow \underset{\displaystyle OH}{CH_3-\overset{}{CH}-CN} \longrightarrow CH_2{=}CH-CN + H_2O$$

3) Durch die sogenannte Ammonoxydation von Propylen mit Ammoniak und Sauerstoff. Dieses Verfahren wird wegen des petrochemisch leicht zugänglichen Propylens immer wichtiger

(25–72)
$$CH_2{=}CH-CH_3 + NH_3 + 3/2\ O_2 \xrightarrow[\text{einige sec}]{425-510\ °C} 2\ CH_2{=}CH-CN + 3\ H_2O$$

Bei dem Verfahren entsteht als Nebenprodukt viel Acetonitril $CH_3CN$. Katalysiert wird durch Vanadiumoxid auf $Al_2O_3$, Borphosphat oder Titanphosphat oder Wismutphosphormolybdat auf Kieselsäure. Der Mechanismus ist noch unklar. Einerseits scheint Acrolein kein Zwischenprodukt zu sein, da ohne Ammoniak kein Acrolein gebildet wird. Andererseits kann man auch aus Acrolein mit Ammoniak und Sauerstoff und Molybdänoxid als Katalysator Acrylnitril erhalten. Bei einer weiteren Abwandlung wird nicht mit Ammoniak und Luft, sondern mit Stickoxid umgesetzt:

(25–73)
$$4\ CH_2{=}CH-CH_3 + 6\ NO \xrightarrow[450-550\ °C]{\text{Ag auf Träger}} 4\ CH_2{=}CH-CN + 6\ H_2O + N_2$$

Drei weitere Verfahren wurden früher verwendet, sind aber heute zu teuer:

4) Das Kurtz-Verfahren, entweder in wässriger Phase oder „trocken" in α-Pyrollidon oder Adiponitril:

(25–74)
$$C_2H_2 + HCN \xrightarrow[80\ °C]{NH_4Cl,\ CuCl,\ HCl} CH_2{=}CH-CN$$

5+6) Zwei vom Äthylenchlorhydrin ausgehende Methoden, bei denen zuerst mit NaCN das Äthylencyanhydrin hergestellt wurde:

(25–75)
$$\begin{matrix} CH_2OH \\ | \\ CH_2CN \end{matrix} \xrightarrow{+\ CH_3COOH} CH_3-COOCH_2-CH_2CN \xrightarrow{\Delta} CH_2{=}CH-CN + CH_3COOH$$
$$\begin{matrix} CH_2OH \\ | \\ CH_2CN \end{matrix} \xrightarrow{NaHSO_4,\ \Delta} CH_2{=}CH-CN$$

25.8.5.2 Polymerisation, Eigenschaften und Verarbeitung

Acrylnitril ist in Wasser gut löslich. Die Polymerisation erfolgt daher als Fällungspolymerisation in wässriger Lösung mit $K_2S_2O_8$ als Radikalbildnern. Im alkalischen Bereich werden gelblich gefärbte Polymere erhalten, die vermutlich einige über die

Polymerisation von Nitrilgruppen gebildete Iminstrukturen und durch anschließende Oxydation auch Nitrongruppen enthalten:

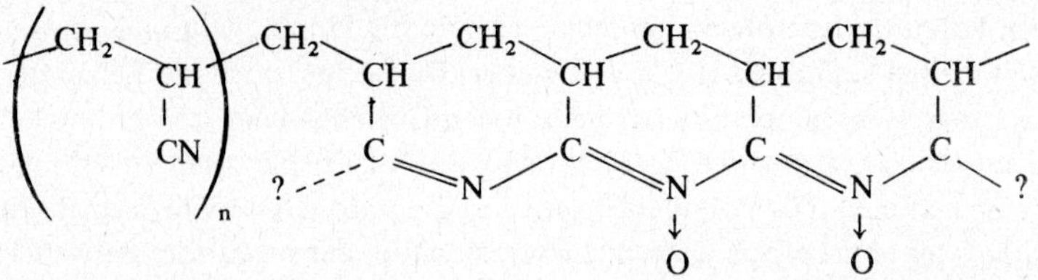

Im festen Poly(acrylnitril) sind Dipol/Dipol-Wechselwirkungen zwischen den Nitrilgruppen vorhanden. Poly(acrylnitril) löst sich daher nur in Lösungsmitteln, die diese Bindungen sprengen können. Es wird nach dem Trockenspinnverfahren oder dem Naßspinnverfahren aus Lösungsmitteln wie Dimethylformamid, $\gamma$-Butyrolacton, Dimethylsulfoxid, Äthylencarbonat und azeotroper Salpetersäure versponnen.

Die Poly(acrylnitril)-Fasern sind gut licht- und wetterbeständig und haben eine hohe Bauschkraft und ein gutes Wärmerückhaltvermögen. Sie werden daher als bislang wollähnlichste synthetische Faser vor allem für flauschige Textilien und Regenmäntel eingesetzt. Die schlechte Anfärbbarkeit wird durch Copolymerisation mit etwa 4 % basischen (2-Vinylpyridin, N-Vinylpyrrolidon), sauren (Acrylsäure, Methyllylsulfonsäure) oder weichmachend wirkenden Monomeren (Vinylacetat, Acrylester) verbessert. Beim Erhitzen der Fasern auf 160 – 275 °C entstehen durch Cyclisierung die genannten Iminstrukturen, die durch Dehydrierung in Leiterpolymere mit konjugierten C=C- und C=N-Bindungen übergehen. Poly(acrylnitril)fasern dürfen daher nicht bei Temperaturen über 150 °C gebügelt werden.

Acrylfasern enthalten definitionsgemäß mindestens 85 % Acrylnitril. Modacrylfasern bestehen zu 35 – 84 % aus Acrylnitril; beliebte Comonomere sind hier Vinylchlorid und Vinylidenchlorid.

Acrylnitril ist ferner im Buna N und in den ABS-Polymeren enthalten. Copolymere aus Acrylnitril, Acrylamid und Acrylsäure können durch $\gamma$- und $\beta$-Strahlen in Formen geschäumt werden. Die Hartschäume isolieren bis 150 °C gegen Wärme und sind preislich mit den Polyurethanen vergleichbar.

### 25.8.6 POLY($\alpha$-CYANOACRYLATE)

Unter den Bedingungen der Monomersynthese entsteht direkt ein Polymer

$$(25\text{-}76)\quad H_2CO + H_2\underset{\displaystyle COOR}{\overset{\displaystyle CN}{C}} \xrightarrow{\text{Base}} -\!\!\left(CH_2-\underset{\displaystyle COOR}{\overset{\displaystyle CN}{C}}\right)\!\!- + H_2O$$

aus dem anschließend durch thermische Depolymerisation unter Wasserausschluß und Zusatz von $SO_2$ zur Verhinderung der Autopolymerisation das Monomer $CH_2{=}C(CN)COOR$ gewonnen wird. Das Monomer wird durch Lewis-Säuren stabilisiert.

Die Polymerisation wird bereits durch so schwache Basen wie Wasser ausgelöst. Die Monomeren werden daher zusammen mit einem Weichmacher, einem Verdicker und einem Stabilisator (z.B. $SO_2$) als Einkomponentenkleber eingesetzt. Die höheren

Homologen (R = Butyl, aber auch Hexyl und Heptyl) werden gut von Blut benetzt. Die Monomeren werden daher auf Gewebeoberflächen aufgespritzt, um einen Polymerfilm auszubilden und dadurch das Bluten zu stoppen. Die Wundumgebung wird dabei durch Poly(äthylen)folien abgedeckt, an dem die Monomeren nicht haften. Die Monomeren dienen außerdem als Gewebekleber. Da sie aber auch die Zellen der Nachbarschaft angreifen, können sie nur bei solchen Geweben benutzt werden, bei denen der Zelltod (Nekrose) toleriert werden kann, z. B. bei Leber- und Nieren-, nicht aber bei Herzoperationen. Der Polymerfilm wird in 2 – 3 Monaten biologisch abgebaut. Dabei entsteht der antiseptisch wirkende Formaldehyd, der im Körper entweder mit $NH_3$ Harnstoff gibt oder aber weiter zu $CO_2$ und $H_2O$ abgebaut wird. Der Abbau ist vermutlich eine Depolymerisation.

Auch Vinylidencyanid wird bereits durch schwache Basen polymerisiert. Das Monomer entsteht aus Diketen oder Acetanhydrid und HCN über das Diacetylcyanid (DAC) (IUPAC: 1-Acetoxy-1,1-dicyanäthan):

(25-77)

$$H_2C=C=O + 2\,HCN \xrightarrow[\text{Basen}]{0-150\,°C} CH_3-\underset{\underset{CN}{|}}{\overset{\overset{CN}{|}}{C}}-O-CO-CH_3 \xrightarrow[-CH_3COOH]{600-650\,°C} CH_2=\underset{\underset{CN}{|}}{\overset{\overset{CN}{|}}{C}}$$

### 25.8.7 POLY(METHACRYLSÄUREMETHYLESTER)

#### 25.8.7.1 Monomer-Synthese

Methylmethacrylat wird technisch aus Aceton hergestellt:

(25-78)

$$\underset{\underset{CH_3}{|}}{\overset{\overset{CH_3}{|}}{CO}} \xrightarrow[\text{Base}]{+HCN} \underset{\underset{CH_3}{|}}{\overset{\overset{CH_3}{|}}{C}}\overset{OH}{\underset{CN}{\diagdown}} \xrightarrow[120-130\,°C]{\text{konz. }H_2SO_4} \underset{\underset{CH_3}{|}}{\overset{\overset{CH_3}{|}}{C}}\overset{OSO_2OH}{\underset{CONH_2}{\diagdown}} \longrightarrow \left[\underset{\underset{CH_3}{|}}{\overset{\overset{CH_2}{\|}}{C}}-CONH_3\right]^{\oplus}\left[HSO_4\right]^{\ominus} \xrightarrow[+H^+]{+ROH} \underset{\underset{CH_3}{|}}{\overset{\overset{CH_2}{\|}}{C}}-COOR$$

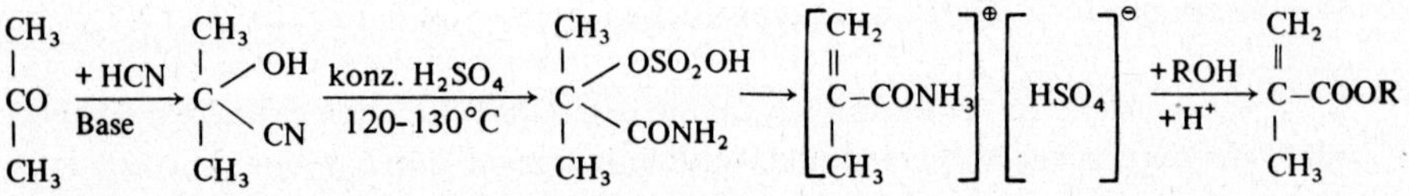

Polymerisation

Die Polymerisation erfolgt radikalisch in Masse, Lösung, Emulsion oder Suspension. In *Masse* wird polymerisiert, um optisch klare Formteile (Platten, Rohre) zu erhalten. Die Substanzpolymerisation ist jedoch wegen der hohen Polymerisationswärme und des großen Gel-Effektes schwierig zu beherrschen. Das Monomere wird bei 90 °C bis zu einer Viskosität von 1 Pa s anpolymerisiert, wodurch gleichzeitig der im Ester gelöste Sauerstoff ausgetrieben und der Schwund bei der eigentlichen Polymerisation vermindert wird. Bei höheren Viskositäten des Vorpolymerisats sind Blasen schwer zu vermeiden. Die Platten werden in verstellbaren Formen aus Spiegelglas hergestellt, da die Volumkontraktion ausgeglichen werden muß. Formen aus Metall verkratzen zu leicht. Als bewegliche Abstandhalter werden Elastomere oder Pappscheiben verwendet. Sie werden entfernt, wenn die Masse genügend, aber noch nicht völlig verfestigt ist. Die großen Formwände folgen dann der Schrumpfung der Masse. Die Polymerisationswärme wird durch Luftkühlung abgeführt, wobei Wirbelbildung vermieden werden muß, da sonst ein „Hammereffekt" an der Oberfläche auftritt. Die Polymerisation ist langsam und erfordert bei 40 – 50 °C und Plattendicken über 5 cm Wochen, um bis zu einem Umsatz von 90 % zu kommen. Der Rest wird kurz oberhalb der Glastemperatur auspolymerisiert.

Die Polymerisation in *Lösung* (Ketone, Aromaten, Ester) wird für Lackharze verwendet, und zwar für physikalisch trocknende (Copolymere mit z. B. Laurylmethacrylat) oder hitzehärtbare (mit Methacrylsäureglycidylester oder Methacrylsäureglykolester). Auch wasserlösliche Harze aus Copolymeren von Methylmethacrylat mit etwas Methacrylsäure werden so hergestellt, wobei später mit Ammoniak neutralisiert wird. In Lösung (Mineralöl) werden auch die V.I.-Verbesserer synthetisiert (vgl. weiter unten). In *Suspension* polymerisierte Typen werden für Spritzguß- und Strangpreß-Massen verwendet, außerdem für Dentalzwecke (Gaumenplatten, Zahnfüllungen).

25.8.7.2 Eigenschaften, Verwendung und Copolymere

Poly(methylmethacrylat) besitzt mit 92 % Lichtdurchlässigkeit bessere optische Eigenschaften als Glas und wird daher als organisches Glas verwendet. Die Festigkeit von Flugzeugfenstern wird durch vernetzende Copolymerisation mit Glykoldimethacrylat erhöht. Das Polymere ist unter Normalbedingungen nicht verseifbar, was sich günstig für die Wetterbeständigkeit auswirkt.

Die gute Lichtdurchlässigkeit des Poly(methylmethacrylates) wird bei den sog. Lichtleitern ausgenutzt. Lichtleiter leiten Licht von einem Punkt zum anderen. PMMA-Drähte von 0,25 mm Durchmesser werden mit einem transparenten Kunststoff von niedrigem Brechungsindex überzogen. Ein Bündel aus mehreren Drähten wird dann mit einem Mantel aus schwarzem Polyäthylen umgeben, der den Energieverlust verhüten soll. Alle Strahlen, die auf die Kern/Mantel-Grenzfläche mit einem größeren als den kritischen Winkel auftreffen, werden in den Kern zurückreflektiert. Lichtleiter dienen für Beleuchtungs- und Kontrollzwecke, z. B. zur Impulsgabe bei Büromaschinen und in der Chirurgie zur Beleuchtung schwer zugänglicher Körperhöhlen.

Copolymere des Methylmethacrylates mit Methacrylsäureestern höherer Alkohole (Laurylester usw.) sind V.I-Verbesserer (V.I. = Viskositätsindex). Bei Normaltemperaturen sind Öle schlechte Lösungsmittel für die Polymeren. Ihr hydrodynamisches Volumen ist daher klein. Mit zunehmender Temperatur nimmt die Lösungsmittelgüte zu, die Knäuel werden stärker aufgeweitet und die Viskosität steigt. Gleichzeitig sinkt aber die Eigenviskosität des Mineralöls. Die Viskosität der Lösung bleibt also praktisch konstant (vgl. auch Kap. 9.9.9).

Durch Copolymerisation von Glykolmethacrylat mit Glykoldimethacrylat wurden vernetzte hydrophile Gele erhalten, die überraschend hydrolysebeständig und z. B. für Kontaktlinsen brauchbar sind.

25.8.8 POLY(METHACRYLIMID)

Poly(methacrylimide) werden aus Poly(methacrylsäure-co-methacrylnitril) durch Zugabe eines $NH_3$ abspaltenden Treibmittels (z.B. $NH_4HCO_3$) bei Temperaturen oberhalb der Glastemperatur von ca. 140 °C erhalten:

(25–79)

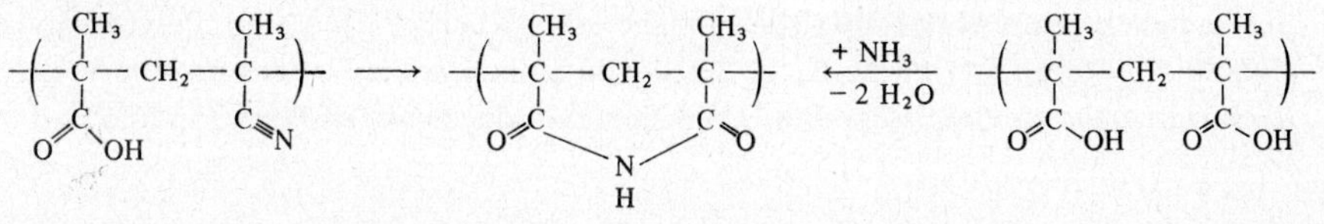

Die Imidierungsreaktion läuft gleichzeitig mit der Ausbildung des Zellgefüges ab. Die entstehenden Hartschäume sind geschlossenzellig und sehr temperaturbeständig ($T_G \approx 200$ °C). Sie besitzen hohe Zug- und Druckfestigkeiten, nehmen aber auch viel Wasser auf.

## *25.9 Poly(allylverbindungen)*

Allylverbindungen $CH_2{=}CH{-}CH_2Y$ mit z.B. Y = OH, Y = $OCOCH_3$ usw. sind radikalisch wegen des Kettenabbruchs durch das Monomer (vgl. Kap. 20.2.2) nur zu niedrigen Polymerisationsgraden polymerisierbar. Technische Bedeutung haben deshalb nur Di- und Triallylmonomere erlangt, und zwar nur die Ester. Da die bei der Polymerisation entstehenden vernetzten Polymeren in den Seitengruppen Estergruppierungen enthalten, werden sie in der Technik auch manchmal als „Polyester" bezeichnet.

Die monomeren Di- und Triallylester werden durch Umsetzen von Allylalkohol mit Säuren, Säureanhydriden oder Säurechloriden hergestellt. Beispiele dafür sind die Reaktion von Phthalsäureanhydrid mit Allylalkohol zu Diallylphthalat

(25-80)

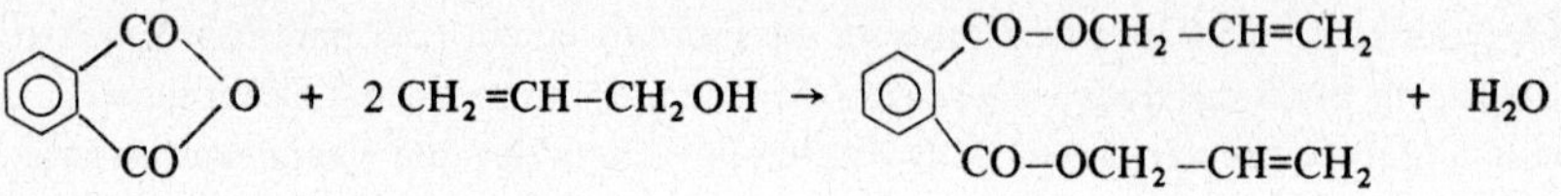

oder die Umsetzung von Trichlor-s-triazin (durch Trimerisation von ClCN) zu Triallylcyanurat:

(25-81)

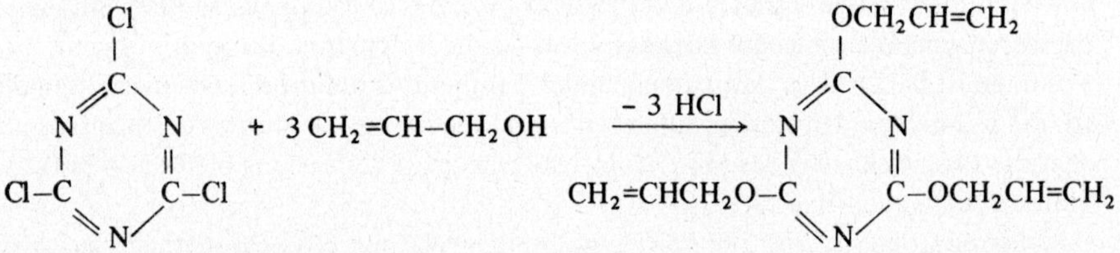

Die Monomeren werden radikalisch bis zu Umsätzen von ca. 25 % (bezogen auf die Vinylgruppen) zu Produkten mit Molekulargewichten von ca. 10 000 – 25 000 polymerisiert. Dieses stark verzweigte, aber noch nicht vernetzte Vorpolymer wird anschließend beim Verarbeiter ausgehärtet, meist in Mischung mit dem Monomeren. Die Schrumpfung bei der Polymerisation des Vorpolymers ist sehr gering, nämlich nur 1 % verglichen mit 12 % beim Monomeren.

Die Polymere werden als Gießharze für optische Teile eingesetzt, da die Lichtdurchlässigkeit etwa der des Poly(methylmethacrylates) entspricht, die Kratzfestigkeit und die Beständigkeit gegen Abrieb aber 30–40 mal besser als beim PMMA sind. Poly(diäthylenglykolbisallylcarbonat) wird z.B. für Gläser von Sonnenbrillen verwendet. Die ausgehärteten Harze weisen elektrische Leitfähigkeiten auf, die zwischen Porzellan und Poly(tetrafluoräthylen) liegen. Sie werden daher auch für elektrische Isolationen eingesetzt. Mit Vorpolymeren getränkte Harzmatten sind als Prepregs im Handel.

## Literatur zu Kap. 25

### *25.1. Kohlenstoffe*

P. L. Walker, jr., Hrsg., Chemistry and Physics of Carbon, M. Dekker, New York 1965 (Bd. 1 ff.)
E. Best, Technische Ruße, Chem.-Ztg. **94** (1970) 453
O. Vohler, P.-L. Reise, R. Martina und D. Overhoff, Neuartige Kohlenstoffe, Angew. Chem. **82** (1970) 401
D. L. Schmidt und W. X. Jones, Chem. Engng. Progress **58** (1962) 42 (Graphit-Fasern)
H. Frehsen, Kohlenstoff- und Graphitfasern, Melliand Textilber. **52** (1971) 3
H. Abraham, Asphalts and Allied Substances, Van Nostrand, 6. Aufl., Princeton, N. J. 1960
A. J. Hoiberg, Bituminous Materials: Asphalts, Tar and Pitches, Interscience, New York 1964
Zeitschrift: Carbon (Bd. 1 ab 1963)

### *25.2 Poly(olefine), allgemein*

R. A. V. Raff und J. B. Allison, Polyethylene, Interscience, New York 1956
H. V. Boenig, Polyolefins, Elsevier, Amsterdam 1966
J. G. Cook, Handbook of Polyolefin Fibres, Textile Book Service, London 1967
P. D. Ritchie, Hrsg., Vinyl and Allied Polymers, Vol. 1, Iliffe, London 1968
R. Vieweg, A. Schley und A. Schwarz, Kunststoff-Handbuch, Bd. IV, Polyolefine, Hanser, München 1969

### *25.2.1 Poly(äthylen)*

H. Hagen und H. Domininghaus, Polyäthylen und andere Polyolefine, Verlag Brunke Garrels, Hamburg 1961
R. A. V. Raff und J. B. Allison, Polyethylene, Interscience, New York 1956
K. Ziegler, Angewandte Chem. **76** (1964) 545
G. Natta, Angewandte Chem. **76** (1964) 553
P. Ehrlich und G. A. Mortimer, Fundamentals of the Free-Radical Polymerization of Ethylene, Adv. Polymer Sci. **7** (1970) 386
F. P. Baldwin und G. Ver Strate, Polyolefin Elastomers Based on Ethylene und Propylene, Rubber Chem. Technol. **45** (1972) 709

### *25.2.2 Poly(propylen)*

T. O. J. Kresser, Polypropylene, Reinhold, New York 1960
H. P. Frank, Polypropylene, Gordon and Breach, New York 1968

### *25.2.3 Poly(buten-1)*

I. D. Rubin, Poly(1-butene), Gordon and Breach, New York 1968

### 25.2.4 Poly(4-methylpenten-1)

K. J. Clark und R. P. Palmer, Transparent polymers from 4-methylpentene-1, Soc. Chem. Ind., Monograph No. 20, London 1966, p. 82

### 25.2.5 Poly(isobutylen)

J. P. Kennedy und I. Kirshenbaum, Isobutylene, in E. C. Leonhard, Hrsg., Vinyl and Diene Monomers, Vol. 2, J. Wiley, New York 1971
H. Güterbock, Polyisobutylen und Isobutylen-Mischpolymerisate, Springer, Berlin 1955

### 25.2.6 Poly(styrol)

K. C. Coulter, H. Kehde und B. F. Hiscock, Styrene and Related Monomers, in E. C. Leonard, Hrsg., Vinyl and Diene Monomers, Vol. 2, J. Wiley, New York 1971
R. H. Boundy und R. F. Boyer, Styrene, Reinhold Publ., New York 1952
H. Ohlinger, Polystyrol, Springer, Berlin 1955
M. H. George, Styrene, in G. E. Ham, Hrsg., Vinyl Polymerization, Vol. I., M. Dekker, New York 1967
C. H. Basdekis, ABS Plastics, Reinhold, New York 1964
H.-L. v. Cube und K. E. Pohl, Die Technologie des schäumbaren Polystyrols, A. Hüthig, Heidelberg 1965
R. Vieweg und G. Daumiller, Kunststoff-Handbuch, Bd. V, Polystyrol, Hanser, München 1969

### 25.3 Polydiene, allgemein

G. S. Whitby, Synthetic Rubber, Wiley, New York 1954
K. F. Heinisch, Kautschuk-Lexikon, Gentner, Stuttgart 1966
W. Hofmann, Vulkanisation und Vulkanisationshilfsmittel, Berliner Union, Stuttgart 1965
G. Kraus, Reinforcement of Elastomers, Interscience, New York 1965
T. P. Blokh, Organic Accelerators in the Vulcanization of Rubber, Israel Program for Scientific Translations, Jerusalem 1968
P. D. Ritchie, Hrsg., Vinyl and Allied Polymers, Vol. 1, Iliffe, London 1968

### 25.3.1 Poly(butadien)

W. J. Bailey, Butadiene, in E. C. Leonhard, Hrsg., Vinyl and Diene Monomers, Vol. 2, J. Wiley, New York 1971
C. Heuck, Ein Beitrag zur Geschichte der Kautschuk-Synthese: Buna-Kautschuk IG (1925–1945), Chem.-Ztg. **94** (1970) 147
H. Logemann und G. Pampus, Buna S – seine großtechnische Herstellung und seine Weiterentwicklung – ein geschichtlicher Überblick, Kautschuk und Gummi-Kunststoffe **23** (1970) 479
W. Hofmann, Nitrilkautschuk, Berliner Union, Stuttgart 1965

### 25.3.2 Poly(isopren)

W. J. Bailey, Isoprene, in E. C. Leonard, Hrsg., Vinyl and Diene Monomers, Vol 2, J. Wiley, New York 1971
J. LeBras, Grundlagen der Wissenschaft und Technologie des Kautschuks, Berliner Union, Stuttgart 1955
S. Boström, Kautschuk-Handbuch, 6 Bde., Berliner Union, Stuttgart 1958 - 1962
L. G. Polhamus, Rubber, L. Hill, London 1962 (Botanik)
F. Lynen und U. Henning, Über den biologischen Weg zum Naturkautschuk, Angewandte Chem. **72** (1960) 820
W. König, Cyclokautschuklacke, Colomb, Stuttgart 1966

*25.3.4 Poly(chloropren)*

P. S. Bauchwitz, J. B. Finley and C. A. Stewart, jr., Chloroprene, in E. C. Leonard, Hrsg., Vinyl and Diene Monomers, Vol. 2, J. Wiley, New York 1971
E. S. Latimore, Neoprene that's duprene forty years on, Rubber J. **153** (1971) 41

*25.4.1 Poly(phenylen)*

G. K. Noren und J. K. Stille, Polyphenylenes, J. Polymer Sci. **D** (Macromol. Revs.) **5** (1971) 385
J. G. Speight, P. Kovacic und F. W. Koch, Synthesis and Properties of Polyphenyls and Polyphenylenes, J. Macromol. Sci. **C 5** (1971) 295

*25.4.5 Diels-Alder-Polymere*

J. K. Stille, Diels-Alder Polymerization, Fortschr. Hochpolym. Forschg. – Adv. Polymer Sci. **3** (1961/64) 48
A. Renner und F. Widmer, Vernetzung durch Diels-Alder-Polyaddition, Chimia **22** (1968) 219

*25.4.6 Cumaron/Inden-Harze und 25.4.7 Polymere aus ungesättigten Naturölen*

W. Sandermann, Naturharze, Terpentinöl, Tallöl; Chemie und Technologie, Springer, Berlin 1960
E. Hicks, Shellac, Chem. Publ. Co., New York 1961
P. Wagner und H. F. Sarx, Lackkunstharze, Hanser, München 1971, 5. Aufl.

*25.5.1 Poly(vinylacetat)*

M. K. Lindemann, The Mechanism of Vinyl Acetate Polymerization, in G. E. Ham, Hrsg., Vinyl Polymerization, Vol. I, M. Dekker, New York 1967
H. Lüssi, Umvinylierungen und verwandte Reaktionen, Chimia [Aarau] **21** (1967) 82
M. K. Lindemann, The Higher Vinyl Esters, in E. C. Leonard, Hrsg., Vinyl and Diene Monomers, Teil 1, Wiley, New York 1970
G. Matthews, Hrsg., Vinyl and Allied Polymers, Vol. 2, Iliffe, London 1972

*25.5.2 Poly(vinylalkohol)*

F. Kainer, Polyvinylalkohole, F. Enke, Stuttgart 1949
S. Murahashi, Poly(vinyl alcohol)-Selected topics on its synthesis, in IUPAC, Macromolecular Chemistry **3** (1967) 435 (= Pure and Applied Chemistry **15** (1967) Nos. 3 und 4)
J. G. Pritchard, Poly(vinyl alcohol)-Basic Properties and Uses, Gordon and Breach, New York 1970
K. Fujii, Stereochemistry of Poly(vinyl Alcohol), J. Polymer Sci. **D** (Macromol. Revs.) **5** (1971) 431

*25.5.4 Poly(vinyläther)*

N. D. Field und D. H. Lorenz, Vinyl Ethers, in E. C. Leonard, Hrsg., Vinyl and Diene Monomers, Vol 1, Wiley, New York 1970

*25.6 Poly-N-vinylverbindungen*

W. Reppe, Polyvinylpyrrolidon, Verlag Chemie, Weinheim 1954

### 25.7.1 – 25.7.4 Polyfluorkohlenwasserstoffe

O. Scherer, Technische organische Fluorverbindungen, Fortschr. der chem. Forschg. **14** (1970) 127
L. E. Wolinski, Fluorvinyl Monomers, in E. C. Leonhard, Hrsg., Vinyl and Diene Monomers, Vol 3, J. Wiley, New York 1971
W. Postelnik, L. E. Coleman und A. M. Lovelace, Fluorine-Containing Polymers, Fortschr. Hochpolymeren-Forschg. **1** (1958) 75
C. A. Sperati und H. W. Starkweather, jr., Fluorine-Containing Polymers (II. Polytetrafluoroethylene), Fortschr. Hochpolymeren-Forschg. **2** (1961) 465
M. A. Rudner, Fluorcarbons, Reinhold, New York 1958
O. Scherer, Fluorkunststoffe, Fortschr. chem. Forschg. **14** (1970) 161

### 25.7.5 Poly(vinylchlorid)

M. Kaufmann, The history of PVC – The chemistry and industrial production of polyvinylchloride, MacLaren & Sons, London 1969
K. Krekeler und G. Wick, Polyvinylchlorid (2 Bde.), in R. Vieweg, Kunststoff-Handbuch, Hanser, München 1963
H. Kainer, Polyvinylchlorid und Vinylchlorid-Mischpolymerisate, Springer, Berlin 1965
anonym, Guide to the Literature and Patents Concerning Polyvinyl Chloride Technology, Soc. Plastics Engineers, 2. Aufl., Stamford, Conn. 1964
J. V. Koleske und L. H. Wartman, Poly(vinyl chloride), Gordon and Breach, New York 1969
H. A. Sarvetnick, Polyvinyl chloride, van Nostrand-Reinhold, New York 1969
W. S. Penn, PVC-Technology, MacLaren & Sons, 3. Aufl., London 1972
G. Talamini und E. Peggion, Polymerization of Vinyl Chloride and Vinylidene Chloride, in G. E. Ham, Hrsg., Vinyl Polymerization, Vol. 1, M. Dekker, New York 1967
F. Chevassus und R. De Broutelles, The Stabilization of Polyvinyl chloride, St. Martin, London 1963
W. Geddes, Mechanism of PVC Degradation, Rubber Chem. Technol. **40** (1967) 177
M. Onozuka und M. Asahina, On the Dehydrochlorination and the Stabilization of Polyvinyl Chloride, J. Macromol. Sci. (Revs.) **C 3** (1969) 235

### 25.7.6 Poly(vinylidenchlorid)

L. G. Shelton, D. E. Hamilton und R. H. Fisackerly, Vinyl and Vinylidene Chloride, in E. C. Leonhard, Hrsg., Vinyl and Diene Monomers, Vol. 3, J. Wiley, New York 1971

### 25.8 Polyacrylverbindungen

E. H. Riddle, Monomeric Acrylic Esters, Reinhold, New York 1954
M. B. Horn, Acrylic Resins, Reinhold, New York und London 1960
H. Rauch-Puntigam und Th. Völker, Acryl- und Methacrylverbindungen (= Bd. 9 von K. A. Wolf, Hrsg., Chemie, Physik und Technologie der Kunststoffe in Einzeldarstellungen), Springer, Berlin 1967
L. S. Luskin, Acrylic Acid, Methacrylic Acid, and the Related Esters, in E. C. Leonard, Hrsg., Vinyl and Diene Monomers, Teil 1, Wiley-Interscience, New York 1970
R. C. Schulz, Polymerization of Acrolein, in G. E. Ham, Hrsg., Vinyl Polymerization, Vol. I., M. Dekker, New York 1967
A. D. Jenkins, Occlusion Phenomena in the Polymerization of Acrylonitrile and other Monomers, in G. E. Ham, Hrsg., Vinyl Polymerization, Vol. I, M. Dekker, New York 1967
R. H. Beevers, The Physical Properties of Polyacrylonitrile and Its Copolymers, Macromol. Revs. **3** (1968) 113
N. M. Bikales, Acrylamide and Related Amides, in E. C. Leonard, Hrsg., Vinyl and Diene Monomers, Vol. 1, Wiley-Interscience, New York 1970

### 25.9 Polyallylverbindungen

H. Raech, Allylic Resins and Monomers, Reinhold, New York 1965

## 26 Kohlenstoff/Sauerstoff-Ketten

### *26.1 Polyacetale*

#### 26.1.1 KONSTITUTION

Poly(acetale) enthalten in der Kette die Gruppierung (–CHR–O–) und sind wie ihre niedermolekularen Analoga unbeständig gegen Säuren und beständig gegen Alkalien. Makromolekulare Poly(acetale) sind unter verschiedenen Trivialnamen als sogenannte „Modifikationen" der entsprechenden Monomeren schon lange bekannt; ihre makromolekulare Natur wurde aber erst von H. Staudinger erkannt. Paraformaldehyd ist z.B. niedermolekulares Poly(oxymethylen) $\leftarrow OCH_2 \rightarrow_n$ mit n ≈ 6 – 100. Metaldehyd ist ein Oligomeres des Acetaldehyds $\leftarrow OCH(CH_3) \rightarrow_{4-6}$. Paraldehyd ist das cyclische Trimer des Acetaldehyds, Trioxan das des Formaldehyds.

#### 26.1.2 POLY(OXYMETHYLEN)

Zur Synthese von Poly(oxymethylen) (Poly(formaldehyd)) kann man vom Formaldehyd oder vom Trioxan ausgehen. Beide Verfahren unterscheiden sich in der Stabilisierung der Endgruppen.

##### 26.1.2.1 Monomere

Formaldehyd wird entweder durch Oxydation von Methanol mit Luft (über Metalloxiden, 300 – 600 °C) oder mit Sauerstoff (über Cu oder Ag) oder durch Oxydation niedriger Kohlenwasserstoffe (Petroläther) technisch hergestellt. Die Oxydation von Methan liefert bislang zu geringe Ausbeuten. Der anfallende Formaldehyd wird in Wasser absorbiert, worin er praktisch nur als Hydrat (Methylenglykol) vorliegt. Lösungen bis 30 proz. Formaldehyd sind klar. Aus Lösungen höherer Konzentrationen fällt ein Gemisch von amorphen Poly(oxymethylenen) $H(OCH_2)_nOH$ aus. Dieser Paraformaldehyd depolymerisiert bei 180 – 200 °C zum Formaldehyd (dessen Reinheit allerdings für kinetische Untersuchungen nicht ausreicht).

Erhitzt man die Formaldehyd-Lösung mit 2 proz. Schwefelsäure und extrahiert mit Chloroform, so erhält man Trioxan. Trioxan wird für Polymerisationszwecke durch fraktionierte Destillation oder Rekristallisation aus Methylenchlorid oder Petroläther gereinigt.

##### 26.1.2.2 Polymerisation von Formaldehyd

Formaldehyd kann entweder zum Poly(oxymethylen) oder zum Poly(hydroxymethylen) polymerisiert werden

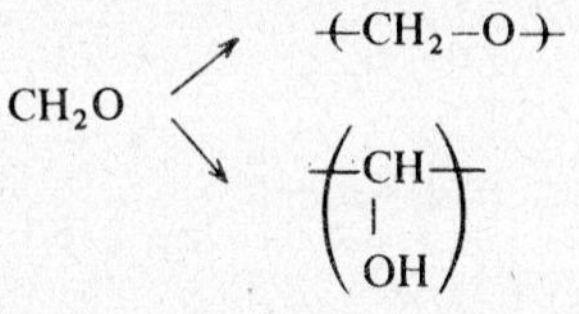
(Poly(oxymethylen); Poly(formaldehyd))

(Poly(hydroxymethylen))

Poly(hydroxymethylene) bilden sich jedoch in der Regel nur mit kleinen Ausbeuten. Nur mit TlOH als Katalysator erreicht man Ausbeuten bis 90 proz. Da auch Cannizzaro-Reaktionen auftreten, bekommt man nur niedrige Molekulargewichte (bis zu Hexosen).

Formaldehyd kann kationisch ($BF_3$, $HClO_4$ usw., vgl. die Polymerisation von Trioxan), anionisch (Tributylamin, Triphenylphosphin, Diphenylzinn usw.) oder nach dem Insertionsmechanismus (Aluminiumisopropylat) zu hochmolekularen Poly(oxymethylenen) polymerisiert werden. Einige anionische Initiatoren wie z.B. Dimethylamin geben zu starken Cannizzaro-Reaktionen Anlaß und setzen daher mit steigender Initiatorkonzentration die Polymerisationsgeschwindigkeit stark herab. Bei der kationischen Polymerisation sind gelegentlich starke Übertragungsreaktionen beobachtbar. Die Übertragungskonstante $C_{tr} = k_{tr}/k_p$ beträgt z.B. für niedermolekulare Acetale 0,5 – 2, für Methylformiat 0,026 und für Halogenverbindungen 0,0006.

Die Ceiling-Temperatur des Poly(oxymethylens) liegt bei 127 °C. Unter Verarbeitungsbedingungen kann daher das Monomere ausgehend von den ionischen Endgruppen depolymerisieren. Das Polymer wird daher durch Umsetzen mit Acetanhydrid (Pyridin als Katalysator) stabilisiert, wobei die Endgruppen verestert werden.

### 26.1.2.3 Polymerisation von Trioxan

Trioxan kann kationisch ($BF_3$, $HClO_4$ usw.) oder anionisch ($R_3N$ usw.) polymerisiert werden. Bei der kationischen Polymerisation lagert sich z. B. das Proton des $HClO_4$ an den Acetalsauerstoff an und bildet ein Oxoniumion. Der Ring wird geöffnet, weil die dabei entstehende offenkettige Spezies resonanzstabilisiert ist. Das Trimer spaltet Formaldehyd bis zu einer Gleichgewichtskonzentration von etwa 0,07 Mol Formaldehyd pro Liter ab. Das Kettenwachstum erfolgt dann durch Anlagerung von Formaldehyd und wahrscheinlich nicht durch die von Trioxan. Bei nicht zu schneller Reaktion beobachtet man daher eine Induktionsperiode. Der durch Polymerisation verbrauchte Formaldehyd wird über die Depolymerisation des Trioxans nachgeliefert:

(26-1)

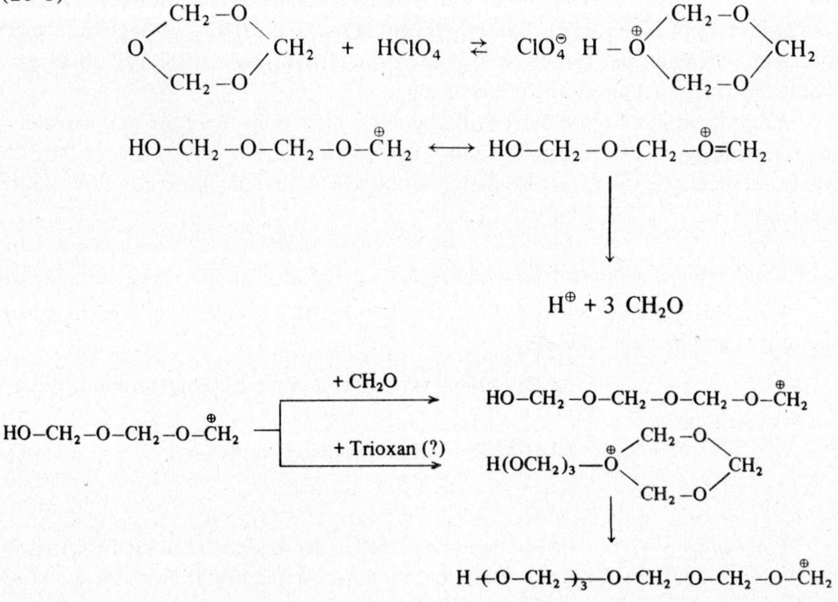

Durch kleine Mengen Formaldehyd wird auch die z. B. beim Sublimieren auftretende „spontane" Polymerisation von Trioxan hervorgerufen, vermutlich durch orientierte Polymerisation an den Kristalloberflächen. Wenn diese Spuren Formaldehyd mit $Ag_2O$ entfernt werden, erfolgt keine Polymerisation mehr.

Kleine Mengen Wasser im Monomeren setzen durch Übertragung das Molekulargewicht stark herab. Wasser reagiert mit Formaldehyd zum Methylenglykol und zu höheren Kondensationsprodukten:

(26-2) $\quad CH_2O + H_2O \rightleftarrows HO-CH_2-OH$

Sowohl das Methylenglykol als auch das Wasser können in die Polymerisation eingreifen und instabile Halbacetale (Hemiacetale) als Endgruppen bilden:

(26-3)

$$\sim\sim O-CH_2-O-\overset{\oplus}{C}H_2 \xrightarrow{+HOCH_2OH} \sim\sim O-CH_2-O-CH_2-\overset{\overset{\displaystyle H}{|}}{\underset{\underset{\displaystyle CH_2OH}{|}}{O^{\oplus}}}$$

$$\Big\downarrow +H_2O \qquad\qquad\qquad\qquad\qquad \Big\downarrow -\overset{\oplus}{C}H_2OH$$

$$\sim\sim O-CH_2-O-CH_2-\overset{\oplus}{O}\!\!\begin{smallmatrix}\nearrow H\\ \searrow H\end{smallmatrix} \xrightarrow{-H^{\oplus}} \sim\sim O-CH_2-O-CH_2-OH$$

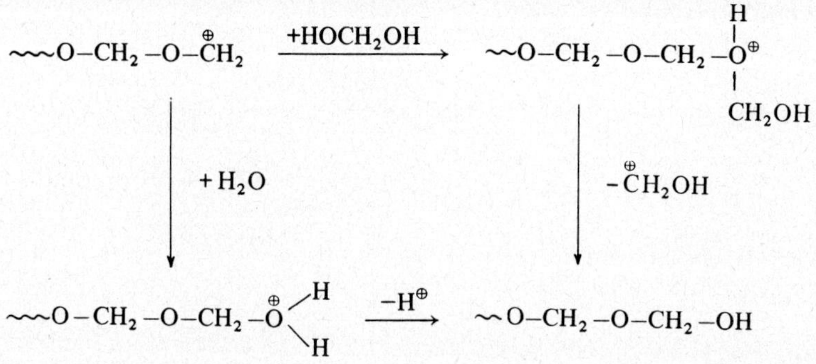

Die Stabilisierung des Polymeren gegen Alkali erfolgt bei der Polymerisation von Trioxan direkt durch Zusätze und nicht erst im fertigen Polymeren wie bei der Polymerisation von Formaldehyd. Diese Stabilisatoren sind Überträger; pro Überträgermolekül werden bis zu 40 Polymermoleküle gebildet. Gute Stabilisatoren müssen beide Endgruppen gegen Alkali stabilisieren, so daß sich also Äther wie Äthylenoxid oder cyclische Acetale wie Äthylenglykolformal oder Diäthylenglykolformal eignen. Alkohole und Ester geben dagegen nur eine gegen Alkali stabile Endgruppe. Mit Acetalen wie Dimethylmethylenglykol (Dimethylformal)

(26-4)

$$\sim\sim O-CH_2-O-\overset{\oplus}{C}H_2 + \underset{\underset{\displaystyle CH_3}{|}}{\overset{\overset{\displaystyle CH_2-O-CH_3}{|}}{O}} \rightarrow \sim O-CH_2-O-CH_2-\overset{\oplus}{O}\!\!\begin{smallmatrix}\nearrow CH_2-O-CH_3\\ \searrow CH_3\end{smallmatrix}$$

$$\downarrow$$

$$\sim O-CH_2-O-CH_2-O-CH_3 + \overset{\oplus}{C}H_2-O-CH_3$$
$$\updownarrow$$
$$CH_2=\overset{\oplus}{O}-CH_3$$

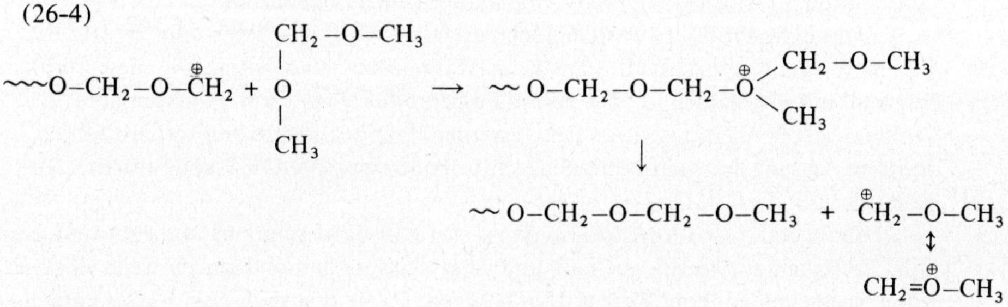

erreicht man eine gute Stabilisierung der Endgruppen gegen den Alkaliabbau. Die Produkte sind jedoch nicht sehr beständig gegen einen thermischen Abbau, da oberhalb der Ceiling-Temperatur $T_c$ nach einer einmal erfolgten, zufälligen Kettenspaltung eine Depolymerisation von Formaldehyd einsetzt. Besser sind daher Verbindungen wie

Äthylenoxid, da die Depolymerisation an den Äthylenoxideinheiten stoppt. Für die Anlagerung ist nicht die Basizität wichtig, sondern die Leichtigkeit, mit der aus dem Oxonium- ein Carboniumion entsteht.

Diese Stabilisatoren sind aber nicht nur Überträger, sondern auch gleichzeitig Copolymerisationskomponenten. Bei der Copolymerisation von Trioxan mit z.B. Äthylenoxid wird das Äthylenoxid bei kleinen Umsätzen quantitativ in das Copolymer eingebaut. Durch die gleichzeitig ablaufende Transacetalisierung erfolgt dann später eine statistische Verteilung der Äthylenoxidreste im Copolymer.

Ein Teil der Poly(oxymethylen)moleküle ist jedoch auch ohne absichtlich zugefügten Stabilisator alkalistabil. Der Grund dafür ist nicht völlig klar, denkbar sind drei Übertragungsreaktionen:

(26-5)

$$\sim\!\!CH_2-O-\overset{\oplus}{C}H_2 \rightarrow \sim\!\!\overset{\oplus}{C}H-O-CH_3 \xrightarrow{+CH_2O} \sim\!\!CH-O-CH_3$$
$$\underset{\phantom{x}}{\phantom{x}} \quad \text{mit } \overset{\oplus}{C}H_2-O\text{-Rest}$$

$$\sim\!\!O-CH_2-O-\overset{\oplus}{C}H_2 + CH_2\!\!<\!\!\overset{O-CH_2}{\underset{O-CH_2}{}}\!\!>\!\!O \rightarrow \sim\!\!O-CH_2-O-CH_3 + \overset{\oplus}{C}H\!\!<\!\!\overset{O-CH_2}{\underset{O-CH_2}{}}\!\!>\!\!O$$

$$\sim\!\!CH_2-O-CH_2-O-\overset{\oplus}{C}H_2 \xrightarrow{+R^{\oplus}} \sim\!\!CH_2-\overset{\oplus}{\underset{R}{O}}-CH_2-O-\overset{\oplus}{C}H_2 \rightarrow \sim\!\!\overset{\oplus}{C}H_2 + R-O-CH_2-O-\overset{\oplus}{C}H_2$$

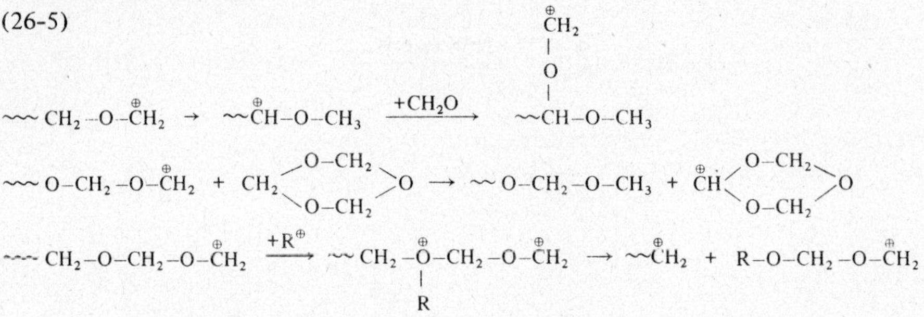

#### 26.1.2.4 Eigenschaften

Ein völlig amorphes Poly(oxymethylen) besitzt eine Glastemperatur von $-73\,°C$, ein völlig kristallines eine Schmelztemperatur von $184\,°C$. Technische Polymere weisen Kristallinitätsgrade von 50–80 % auf (Dichten: 1,506 (kristallin), 1,277 (amorph), 1,42 g/cm³ (technisch)). Niedermolekulare Produkte mit $\{\eta\}_{0,5\%} = 130-150$ cm³/g können für Spritzgußmassen, höhermolekulare mit $\{\eta\}_{0,5\%} = 180-200$ zum Extrudieren verwendet werden. Noch niedermolekularere Polymere sind zu spröde, noch höhermolekularere zu viskos. Poly(oxymethylene) ähneln den Metallen in Härte und thermischer Stabilität. Sie lösen sich bei Zimmertemperatur nur in Hexafluoracetonhydrat unter Abbau, bei höheren Temperaturen auch in m-Kresol.

Technische Produkte werden noch zusätzlich mit Polyamiden oder Hydrazin, Harnstoff oder Thioharnstoff gegen einen Wärmeabbau stabilisiert. Alle diese Zusätze reagieren mit Formaldehyd oder dessen Folgeprodukten wie z.B. Ameisensäure. Zur Erhöhung der Oxydationsbeständigkeit werden noch sekundäre und tertiäre Amine, zur Verbesserung der Lichtbeständigkeit Ruß oder spezielle UV-Stabilisatoren zugesetzt.

Poly(acetale) sind Konstruktionswerkstoffe, weil sie sehr hart und steif sind, eine hohe Festigkeit aufweisen, gut reib- und verschleißfest sind und ein günstiges Gleitverhalten gegenüber anderen Werkstoffen besitzen. Da sie praktisch kein Wasser aufnehmen, sind sie auch sehr maßhaltig.

#### 26.1.3 POLY(ACETALDEHYD)

Acetaldehyd ist ein wichtiges Zwischenprodukt und wird nach vier Verfahren hergestellt:

1) $C_2H_2 + H_2O \xrightarrow[85\ °C]{HgSO_4} CH_3CHO$

2) Oxydation eines Gemisches von Propan und Butan mit 95 prozentigem Sauerstoff in der Dampfphase unter Bildung eines Gemisches von $CH_3OH$, $CH_2O$ und $CH_3CHO$

3) $C_2H_5OH \xrightarrow[\text{Cu, aktiviert mit Chromoxid}]{300\ °C,\ \text{Dampf}} CH_3CHO$

4) Oxydation von Äthylen durch Luft oder Sauerstoff bei 20 °C mit $PdCl_2$ bzw. Cu- oder Fe-Salzen als Katalysator. Die Reaktion gibt nur wenig Nebenprodukte.

Höhere Aldehyde sind technisch über die Oxoreaktion zugänglich:

(26-6) $R{-}CH{=}CH_2 + CO + H_2 \longrightarrow R{-}CH_2{-}CH_2{-}CHO$

Die Ceiling-Temperatur der Polymerisation $T_c$ liegt mit −60 °C sehr tief. Die kationische Polymerisation führt zu „ataktischen" (67 % isotaktischen), kautschukartigen Produkten, die anionische zu hoch syndiotaktischen, kristallinen Polymeren. Die Polymeren finden wegen der leichten Oxydierbarkeit (H am $\alpha$-C) keine technische Verwendung.

### 26.1.4 POLY(HALOGENACETALE)

Poly(fluoral) $\text{+}CH(CF_3){-}O\text{+}_n$ besitzt eine außerordentlich gute Chemikalienbeständigkeit. Es ist inert gegen 10 proz. Natronlauge und kann 72 h mit rauchender Salpetersäure gekocht werden, ohne daß ein merklicher Abbau stattfindet. Bei 380 – 400 °C depolymerisiert es zum Monomeren, ohne vorher eine Glastemperatur oder einen Schmelzpunkt zu zeigen.

Chloral $CCl_3CHO$ kann kationisch oder anionisch polymerisiert werden. Für die anionische Polymerisation eignen sich als Initiatoren besonders Phosphine und Lithium-t-butoxid, während tertiäre Amine nur Poly(chlorale) niedriger thermischer Stabilität erzeugen. Die Polymerisation wird oberhalb der Ceiling-Temperatur von 58 °C initiiert und dann weit unterhalb der Ceiling-Temperatur ablaufen gelassen. Selbst dann erhält man wegen der ungünstigen Polymerisationsgleichgewichte nur Umsätze von 75 – 80 %. Das nicht umgesetzte Monomer kann nur teilweise durch Erhitzen entfernt werden; der Rest wird extrahiert.

Die kationische Copolymerisation mit einem Überschuß Trioxan führt immer zu 1 : 1-Copolymeren. Auch bei der anionischen Polymerisation mit einem Überschuß Isocyanaten werden immer alternierende Copolymere erhalten, obwohl Lithium-t-butoxid Isocyanate zu hochmolekularen Unipolymeren polymerisiert.

Poly(chloral) ist weitgehend isotaktisch. Es liegt im kristallinen Zustand als $4_1$-Helix vor. Es ist in allen Lösungsmitteln unlöslich und kann daher nur spanabhebend verarbeitet werden. Alternativ kann man Formteile nach der Monomergießtechnik herstellen. Poly(chloral) ist stabil gegen rauchende Salpetersäure. Es schmilzt und tropft nicht. Oberhalb 200 °C wird es thermisch zu einem brennbaren Monomeren abgebaut. Das Polymer selbst hat einen Sauerstoffindex von 1,00. Die mechanischen Eigenschaften der Unipolymeren oder der Copolymeren mit wenig Isocyanat entsprechen etwa derjenigen von PMMA oder PS.

## 26.2 Polyäther

Als Polyäther $-(R-O)_n-$ werden Polymere bezeichnet, bei denen die Sauerstoffatome der Kette durch aromatische, cycloaliphatische oder aliphatische Reste R mit mindestens zwei Methylengruppen getrennt sind. Die Synthese erfolgt in der Regel durch Polymerisation der entsprechenden sauerstoffhaltigen Ringe.

### 26.2.1 POLY(ÄTHYLENOXID)

Äthylenoxid wird durch direkte Oxydation von Äthylen mit Sauerstoff über Silberkatalysatoren hergestellt. Ein älteres Verfahren spaltet aus Äthylenchlorhydrin $CH_2Cl-CH_2OH$ (aus Äthylen mit NaOCl, $H_2O + Cl_2$) Chlorwasserstoff ab.

Äthylenoxid wird mit wenig Natriummethylat oder Alkalihydroxid zu Poly(äthylenoxid) $-(CH_2-CH_2-O)_n-$ mit Molekulargewichten unter ca. 40 000 polymerisiert. Da die technischen Systeme etwas wasserhaltig sind, erhält man Poly(äthylenoxide) mit Hydroxylendgruppen (Poly(äthylenglykole)). Höhermolekulare Produkte mit Molekulargewichten bis zu 3 Millionen bekommt man unter verschärften Bedingungen mit Erdalkalioxiden oder Erdalkalicarbonaten als Katalysatoren. Da dabei auch etwas Isomerisierung des Äthylenoxids zu Acetaldehyd eintreten und dieser ebenfalls als Acetalstruktur einpolymerisiert werden kann, können die Poly(äthylenoxide) je nach Polymerisationsbedingungen einen schwächeren oder stärkeren hydrolytischen Abbau erleiden. Die radikalische Polymerisation liefert nur niedrige Molekulargewichte.

Poly(äthylenoxide) lösen sich in Wasser und in fast allen organischen Lösungsmitteln (Ausnahmen: Alkane, Schwefelkohlenstoff), jedenfalls solange die Molekulargewichte nicht extrem hoch sind. Der Schmelzpunkt bei $\overline{X}_n \to \infty$ beträgt $T_M = 67\ °C$. Die höhermolekularen Produkte werden als Verdicker (Schlichten usw.) eingesetzt. Die niedermolekularen Polymeren werden bei kosmetischen und pharmazeutischen Präparaten verwendet, da sie wasserlöslich sind und sich ihr Schmelzpunkt außerdem durch Abmischen verschiedener Polymerisationsgrade leicht auf die Körpertemperatur einstellen läßt.

Das Copolymer von Äthylenoxid mit p-Hydroxybenzoesäure bildet eine Polyesteräther-Faser.

### 26.2.2 POLY(PROPYLENOXID)

Propylenoxid $\underset{\diagdown O \diagup}{CH_2 - CH(CH_3)}$ existiert in zwei Isomeren (D und L). Bei der Polymerisation können daher stereoreguläre Produkte gebildet werden, wenn man von einem der Antipoden ausgeht. Die mit gewissen Katalysatoren entstehenden „ataktischen" (= nichtkristallisierenden) Polymeren sind nicht eigentliche ataktische Produkte, sondern enthalten viele Kopf-Kopf-Verknüpfungen.

Propylenoxid wird technisch vor allem für Copolymerisate verwendet. Durch Copolymerisation von Äthylenoxid mit Propylenoxid entstehen Blockcopolymere (Pluronics®), die als Detergentien eingesetzt werden können, da Poly(äthylenoxid) wasserlöslich ist, hochmolekulares Poly(propylenoxid) aber nicht.

Durch Copolymerisation von Propylenoxid mit nichtkonjugierten Dienen entstehen ölbeständige (polare Äthergruppen!), gut zugfeste und tieftemperaturbeständige Elastomere, die mit Schwefel vulkanisierbar sind. Der Abrieb ist allerdings für die Verwendung als Autoreifen zu hoch. Konjugierte Diene würden wegen ihrer hohen Reaktivität zu Blockcopolymeren führen, die nach der Vulkanisation eine sehr ungleichmäßige Verteilung der Vernetzungsstellen aufweisen würden und daher technisch unbrauchbar sind.

Die Copolymerisation von Propylenoxid mit Allylglycidyläther
$CH_2=CH-CH_2-O-CH_2-\overline{CH-CH_2-O}$ führt zu gut ozonbeständigen Elastomeren mit gutem Tieftemperaturverhalten. Diese Elastomeren haben jedoch eine hohe bleibende Verformung und eine verhältnismäßig schlechte Ölbeständigkeit.

### 26.2.3 EPOXID-HARZE

Epoxid-Harze enthalten die charakteristischen Oxiran-Gruppierungen $-\overline{CH-CH_2-O}$ oder $-\overline{CH-CH-O}$, die in der sogenannten Härtungsreaktion zu vernetzten Strukturen umgesetzt werden.

#### 26.2.3.1 Monomer-Synthese

Das älteste Verfahren geht von Diolen $HO-R-OH$ und Epichlorhydrinverbindungen $R'-\overset{\frown{O}}{CH}-CH-CHCl-R''$ aus. Technisch bedeutsam ist vor allem die Epoxidverbindung aus Bisphenol A (aus 2 Phenol und Aceton bei pH = 1 – 5) und Epichlorhydrin selbst. Unter der Wirkung katalytischer Mengen Alkali bildet sich zunächst ein Chlorhydrin-Zwischenprodukt

(26-7)

$$2\ Cl-CH_2-\overset{\frown{O}}{CH}-CH_2\ +\ HO-\langle O \rangle-\underset{CH_3}{\overset{CH_3}{C}}-\langle O \rangle-OH\ \xrightarrow{NaOH}$$

$$Cl-CH_2-\underset{OH}{CH}-CH_2-O-\langle O \rangle-\underset{CH_3}{\overset{CH_3}{C}}-\langle O \rangle-O-CH_2-\underset{OH}{CH}-CH_2-Cl$$

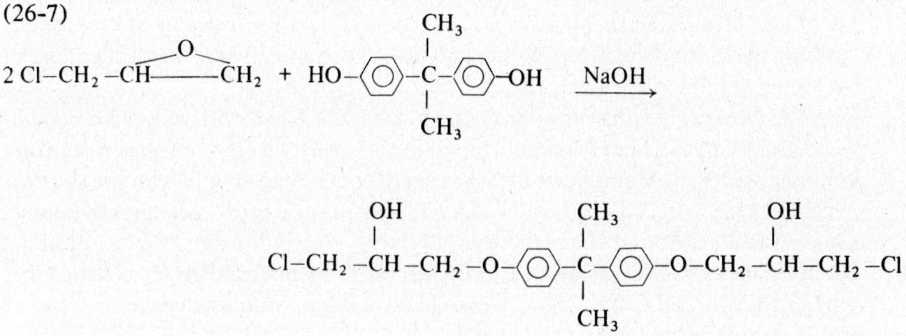

das gleichzeitig unter Bildung höhermolekularer Produkte und unter HCl-Abspaltung zu Epoxid-Verbindungen der folgenden idealisierten Formel übergeht:

(26-8)

$$CH_2\overset{\frown{O}}{-}CH-CH_2-O-[\langle O \rangle-\underset{CH_3}{\overset{CH_3}{C}}-\langle O \rangle-O-CH_2-\underset{OH}{CH}-CH_2-O-]_q\langle O \rangle-\underset{CH_3}{\overset{CH_3}{C}}-\langle O \rangle-O-CH_2-CH\overset{\frown{O}}{-}CH_2$$

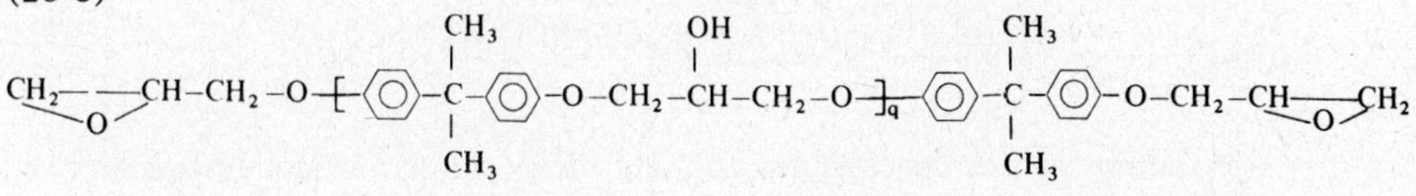

Das Zahlenmittel des Polymerisationsgrades dieser Verbindung beträgt somit $\bar{X}_n = q + 3$. Verbindungen mit $q = 0{,}1$ bis $0{,}6$ sind flüssig, mit $q = 2 - 12$ fest. Bei der Synthese wird mit einem $4 - 6$ fachen Überschuß an Epichlorhydrin gearbeitet, da stöchiometrische Mengen nur zu ca. 10 % Ausbeute an Epoxidharz führen. Die genannte Struktur ist idealisiert, da auch noch die Hydroxylgruppen reagieren können. Man sieht das auch daran, daß bei einem Molekulargewicht von 1130 nur ca. 1,32 Epoxidgruppen pro Molekül vorhanden sind.

Statt Bisphenol A (DPP, „p, p'-Dihydroxydiphenylpropan", 2,2-Bis[p-hydroxyphenyl]-propan) können auch andere Phenole eingesetzt werden, z. B. Novolake, Umsetzungsprodukte chlorierter Phenole usw.

Ein neueres Verfahren zur Synthese von Epoxid-Verbindungen geht von Olefinen und NaOCl aus

(26-9) $\quad \rangle=\langle \quad \xrightarrow{+\text{HOCl}} \quad \rangle\!\!\stackrel{\text{OH}}{\underset{}{\mid}}\!\!\stackrel{\text{Cl}}{\underset{}{\mid}}\!\!\langle \quad \xrightarrow{-\text{HCl}} \quad \rangle\!\!\stackrel{\text{O}}{\triangle}\!\!\langle$

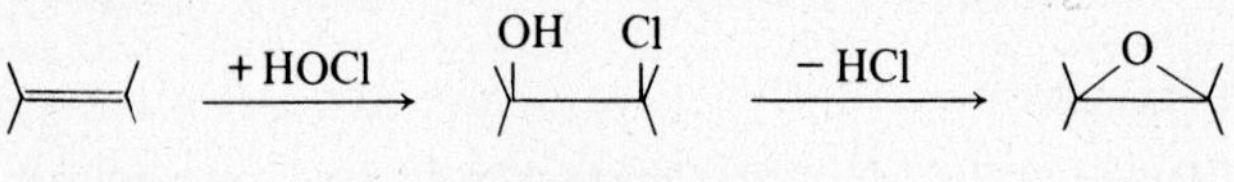

wobei zweimalige Walden'sche Umkehr erfolgt:

(26-10) $\rangle=\langle \xrightarrow{+\text{Cl}^{\oplus}} \left[ \rangle\!\!\stackrel{\overset{\oplus}{\text{Cl}}}{\triangle}\!\!\langle \right] \xrightarrow{+\text{H}_2\text{O}} \left[ \rangle\!\!\stackrel{\text{Cl}}{\underset{\overset{\oplus}{\text{O}-\text{H}}}{\mid}}\!\!\langle \atop \text{H} \right] \xrightarrow{-\text{H}^{\oplus}} \rangle\!\!\stackrel{\text{Cl}}{\underset{\text{OH}}{\mid}}\!\!\langle \xrightarrow[-\text{HCl}]{+\text{Base}} \rangle\!\!\stackrel{\text{O}}{\triangle}\!\!\langle$

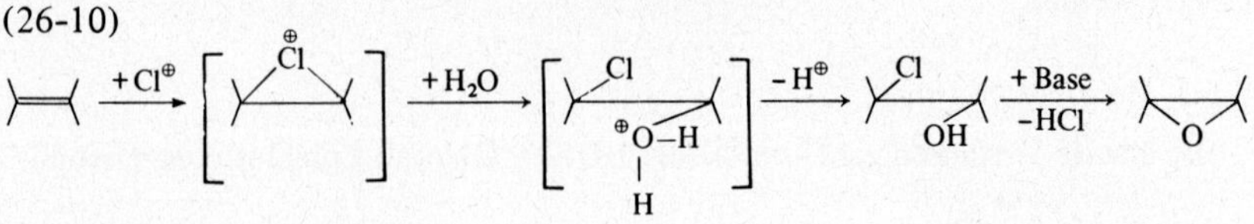

Die Bildung von Epoxid-Verbindungen ist ein Spezialfall einer allgemeineren Reaktion, da an die Stelle des Wassers andere nucleophile Verbindungen treten können (z.B. Alkohole, Carbonsäuren, Halogenwasserstoffe). Da in einer wässrigen Hypochlorit-Lösung stets Cl⁻ vorhanden ist, entstehen bei der Epoxidierung auch beträchtliche Mengen an Dichloriden als Nebenprodukte. Der Anteil an Nebenprodukten kann durch Verdünnen mit Wasser herabgesetzt werden, wobei dann allerdings die Isolierung der Produkte teuer wird.

Die direkte Epoxidierung von Olefinen kann mit Sauerstoff, mit Perverbindungen oder mit alkalischem Wasserstoffperoxid ausgeführt werden. Im Gegensatz zum vorgenannten Verfahren erfolgt die Epoxidierung mit Persäuren hier an der sterisch ungehinderten Seite, so daß keine Walden'sche Umkehr eintritt. Die direkte Epoxidierung mit Sauerstoff und einem Silberkatalysator gelingt nur beim Äthylen, nicht aber bei den höheren Olefinen. Mit anorganischen oder organischen Persäuren kann eine große Zahl von Olefinen erfolgreich epoxidiert werden, vermutlich nach

(26-11) $\rangle\text{C}=\text{C}\langle \quad \xrightarrow{+\text{RCO}_3\text{H}} \quad \rangle\text{C}\!\!\stackrel{\overset{\text{R}-\text{C}\cdots\text{O}}{\underset{\text{O}\cdots\text{H}}{\mid}}}{\cdots}\!\!\text{C}\langle \quad \xrightarrow{-\text{RCOOH}} \quad \rangle\text{C}\!\!\stackrel{\text{O}}{\triangle}\!\!\text{C}\langle$

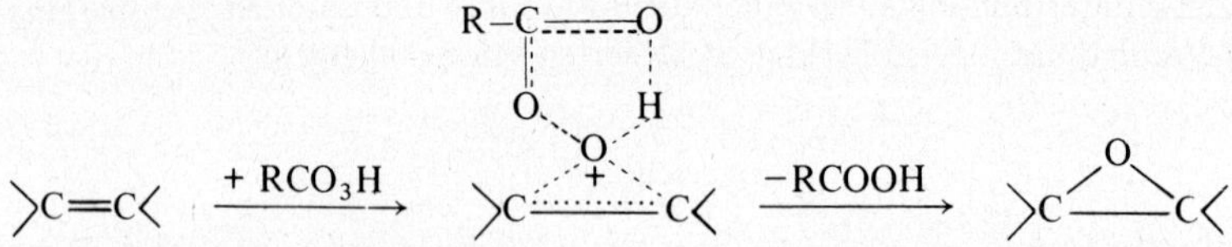

Persäuren werden dabei häufig nicht als solche, sondern in situ eingesetzt, z. B. eine Mischung von Essigsäure und Wasserstoffperoxid. Die Reaktion ist exotherm und hat den Vorteil, halogenfreie Produkte zu liefern. Die Epoxidationsgeschwindigkeit wird durch elektronenakzeptierende Gruppen verringert und in polaren Lösungsmitteln erhöht. Bei der Epoxidierung mit alkalischem Wasserstoffperoxid wird die Epoxidationsgeschwindigkeit dagegen durch Elektronendonatoren herabgesetzt. Die direkte Epoxidierung gestattet, Polyepoxide herzustellen, z. B. epoxidierte Weichmacher von

Estern ungesättigter Fettsäuren, Epoxide niedermolekularer Poly(butadiene), Epoxide von Verbindungen mit mehreren cycloaliphatischen Resten (über Diels-Alder-Synthesen zugänglich).

Eine weitere Synthese geht von bereits gebildeten Epoxiden aus

(26-12)

$$\begin{array}{c} O \diagup\!\!\diagdown \begin{array}{c} CH-R'' \\ | \\ CH-R'-X \end{array} \end{array} \xrightarrow[-XY]{+YR} \begin{array}{c} O \diagup\!\!\diagdown \begin{array}{c} CH-R'' \\ | \\ CH-R'-R \end{array} \end{array}$$

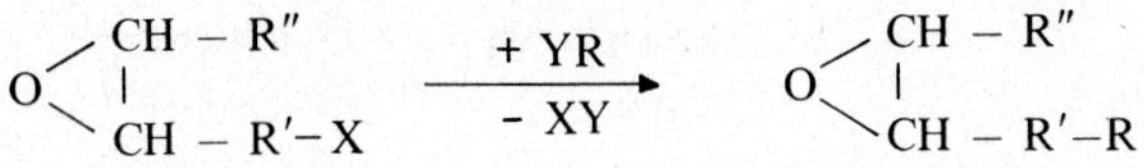

wobei Y = Säure, Ester, Isocyanat, Hydroxyl oder Amin und X = OH, $>$C=C$<$ oder $>$C$-\!\!\overset{O}{-}\!\!-$C$<$ sein kann.

### 26.2.3.2 Härtung (Vernetzung)

Die Härtung des Epoxidverbindungen kann mit a) Carbonsäureanhydriden (Polycarbonsäureanhydriden), b) Verbindungen mit Wasserstoff (Polyaminen, Polyphenolen, Polyalkoholen, Polycarbonsäuren, Polythiolen) oder c) Katalysatoren wie Lewissäuren oder t-Aminen erfolgen. Dabei werden Mengen bis zu 30 – 40 Gew. proz. eingesetzt.

Amine greifen nur die Epoxid-Endgruppen an. Ein Zusatz eines Protondonators ist erforderlich, da ein ganz trockenes Amin nicht reagiert (vgl. auch die Polymerisation von Äthylenoxid, Kap. 19.2.1). Die Aminhärtung verläuft oft ohne äußere Wärmezufuhr und ist daher technisch interessant. Äthylendiamin und N-Aminoäthylpiperazin, aber auch Polyamide und Polysulfide härten schon bei Raumtemperatur.

(26-13)

$$\begin{array}{c} R_2 \\ | \\ R_1-N \\ | \\ H \end{array} + \begin{array}{c} \overset{\delta+}{C}H_2 \\ \underset{\delta-}{O} \\ \diagdown CH \\ \phantom{xx}CH_2 \end{array} \longrightarrow \left[ \begin{array}{c} R_2 \\ | \\ R_1-N^{\oplus}-CH_2 \\ | \\ H \phantom{xxx} | \\ \phantom{xxx} O^{\ominus}-CH \\ \phantom{xxxxxxx} \diagdown CH_2 \end{array} \right] \longrightarrow \begin{array}{c} R_2 \\ | \\ R_1-N-CH_2 \\ | \\ HO-CH \\ \phantom{xxx}\diagdown CH_2 \end{array}$$

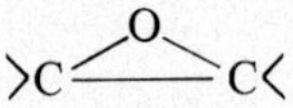

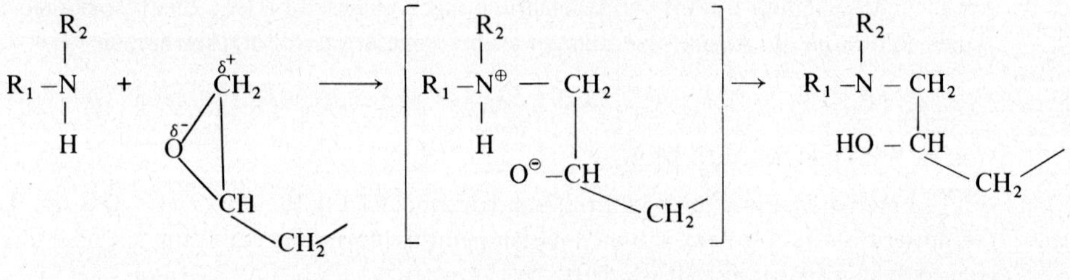

Bei der Anhydridhärtung werden endständige Epoxidgruppen und mittelständige Hydroxylgruppen angegriffen, wobei Äther- und Ester-Gruppen entstehen. Die Härtung mit Säureanhydriden, aber auch die mit Harnstoff- oder Melaminharzen erfordert höhere Temperaturen als die Aminhärtung

(26-14)

$$>\!CH-OH \;+\; O=C\diagup\!\!\overset{O}{\diagdown}\!C=O \;\longrightarrow\; >\!CH-O-CO \qquad COO^{\ominus} + H^{\oplus}$$

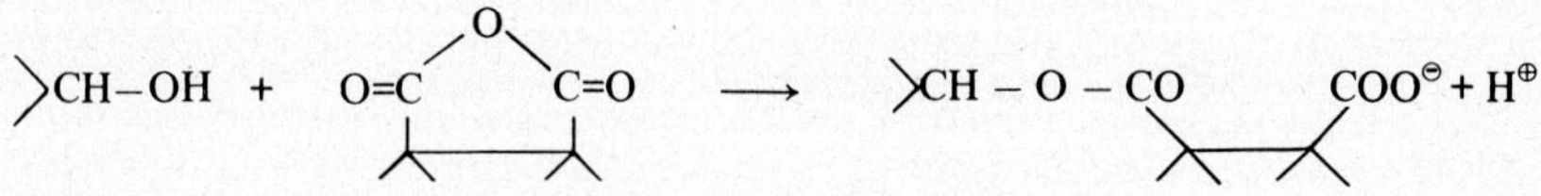

$$H^{\oplus} + \text{epoxide} \longrightarrow \left[ \text{protonated epoxide} \leftrightarrow \text{carbocation-OH} \right]$$

with pathways: $+ \text{\textgreater CH-OH}, -H^{\oplus}$ giving diol-ether product; $+ R\text{-COO}^{\ominus}$ giving hydroxy-ester product.

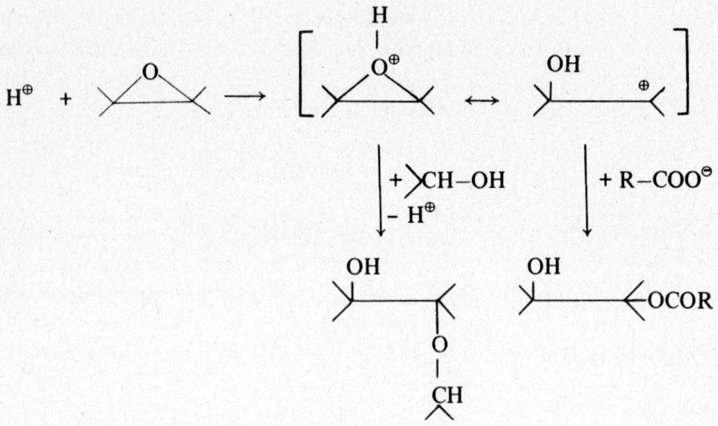

Epoxide werden unter den üblichen Bedingungen nicht völlig ausgehärtet, da die Glastemperatur nach einiger Zeit unabhängig von Reaktionszeit und -temperatur wird. Bei völliger Vernetzung wäre dagegen keine Glastemperatur zu erwarten.

### 26.2.3.3 Anwendung

Epoxid-Harze werden als Klebstoff, für Anstrichzwecke, in der Elektroindustrie und nach Verstärkung mit Glasfasern auch für Bauelemente und Großbehälter eingesetzt. Aromatische Epoxide weisen wegen der größeren Steifheit der Kette eine höhere Wärmebeständigkeit als aliphatische auf. Cycloaliphatische Epoxide sind noch besser brauchbar, da sie weniger Nebenreaktionen als aromatische Epoxide eingehen (Fries' sche Verschiebung usw.). Epoxid-Harze werden als Konstruktionswerkstoffe für höhere mechanische und thermische Beanspruchungen eingesetzt. Der Rohstoffpreis ist aber höher und die Aushärtezeit länger als bei ungesättigten Polyesterharzen.

### 26.2.4 POLY(EPICHLORHYDRIN)

Epichlorhydrin oder 1-Chlor-2,3-epoxidpropan $Cl-CH_2-\overline{CH-CH_2-O}$ kann durch Chlorierung von Acrolein, durch Hochtemperaturchlorierung von Propylen oder direkt aus Allylchlorid hergestellt werden:

(26-15)

$$CH_2=CH\text{-}CHO \xrightarrow{+Cl_2} ClCH_2\text{-}CHCl\text{-}CHO \xrightarrow{+0{,}5\,H_2} ClCH_2\text{-}CHCl\text{-}CHOH \xrightarrow{Ca(OH)_2} ClCH_2-\overline{CH-CH_2-O}$$

$$CH_2=CH\text{-}CH_3 \xrightarrow[-HCl]{+Cl_2} CH_2=CH\text{-}CH_2Cl \xrightarrow[-HCl]{+Cl_2,+H_2O} ClCH_2\text{-}CH\text{-}OH\,(CH_2Cl) \xrightarrow{Ca(OH)_2} ClCH_2-\overline{CH-CH_2-O}$$

$$CH_2=CH\text{-}CH_2Cl \xrightarrow[-CH_3COOH]{+CH_3COOOH} ClCH_2-\overline{CH-CH_2-O}$$

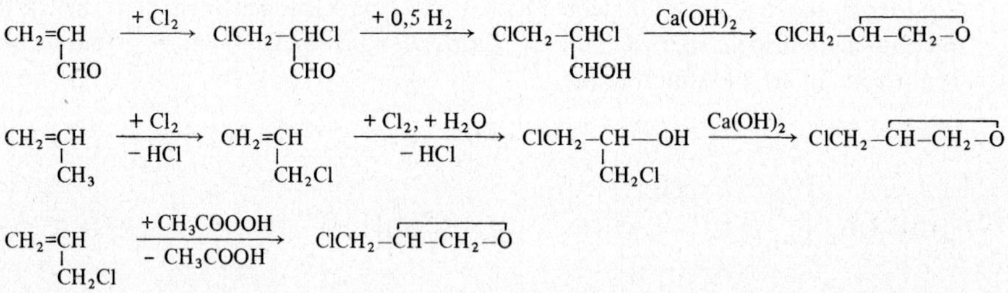

Epichlorhydrin führt als Unipolymer

(26-16)

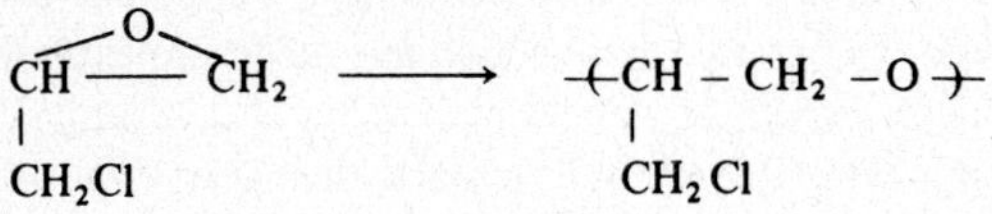

oder als Copolymer mit Äthylenoxid zu ozon-, öl- und kältebeständigem Elastomeren. Die Vulkanisation erfolgt über die Chlorgruppen mit Aminen (Piperazinhexahydrat, 2-Mercaptoimidazolin).

### 26.2.5 PHENOXY-HARZE

Phenoxy-Harze mit dem Strukturelement

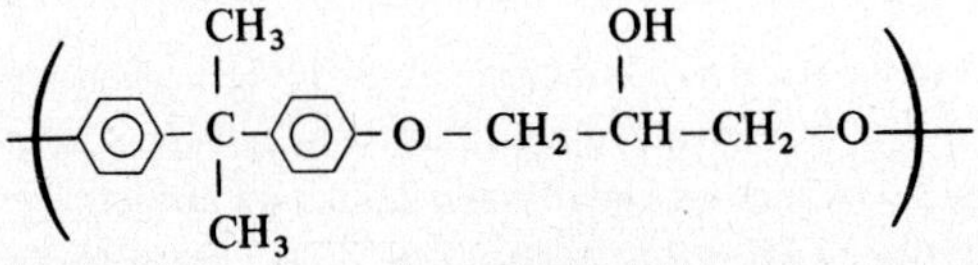

werden aus Biphenolen und Epichlorhydrin in Gegenwart von Alkali hergestellt. In der ersten Stufe wird ein Phenolatanion erzeugt, das dann das Epichlorhydrin anlagert:

(26-17)

$$\sim\!\!\langle O \rangle\!-\!OH \xrightarrow[-H_2O]{+OH^\ominus} \sim\!\!\langle O \rangle\!-\!O^\ominus \xrightarrow{+CH_2\overset{O}{\frown}CH-CH_2Cl} \sim\!\!\langle O \rangle\!-\!O\!-\!CH_2\!-\!\overset{\overset{O^\ominus}{|}}{CH}\!-\!CH_2Cl$$

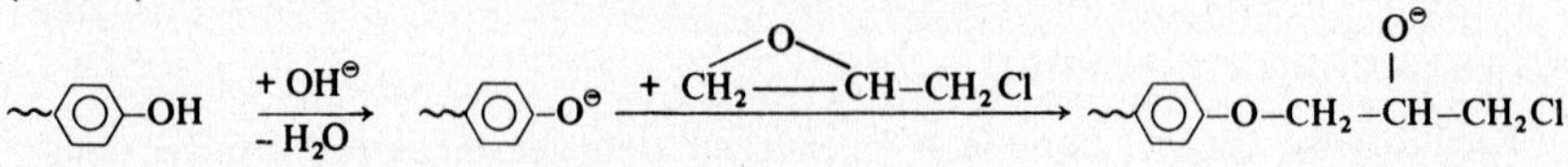

Das neue Anion kann auf zwei Arten weiterreagieren

(26-18)

$$\sim\!\!\langle O \rangle\!-\!O\!-\!CH_2\!-\!\overset{\overset{O^\ominus}{|}}{CH}\!-\!CH_2Cl \xrightarrow{+\sim\!\langle O\rangle-OH} \sim\!\!\langle O \rangle\!-\!O\!-\!CH_2\!-\!\overset{\overset{OH}{|}}{CH}\!-\!CH_2Cl + \sim\!\!\langle O \rangle\!-\!O^\ominus$$

$$\downarrow +NaOH$$

$$\xrightarrow{+Na^\oplus} \sim\!\!\langle O \rangle\!-\!O\!-\!CH_2\!-\!CH\overset{O}{\frown}CH_2 + H_2O + NaCl$$

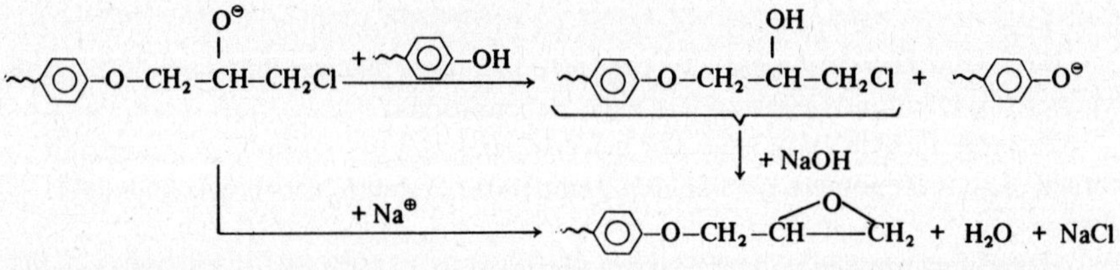

Der Glycidäther reagiert dann mit dem Phenolat

(26-19)

$$\sim\!\!\langle O \rangle\!-\!O\!-\!CH_2\!-\!CH\overset{O}{\frown}CH_2 + \sim\!\!\langle O \rangle\!-\!O^\ominus \longrightarrow \sim\!\!\langle O \rangle\!-\!O\!-\!CH_2\!-\!\overset{\overset{O^\ominus}{|}}{CH}\!-\!CH_2\!-\!O\!-\!\langle O \rangle\!\sim$$

$$\downarrow +\sim\!\langle O\rangle\!-\!OH$$

$$\sim\!\!\langle O \rangle\!-\!O\!-\!CH_2\!-\!\overset{\overset{OH}{|}}{CH}\!-\!CH_2\!-\!O\!-\!\langle O \rangle\!\sim$$

$$+ \sim\!\!\langle O \rangle\!-\!O^\ominus$$

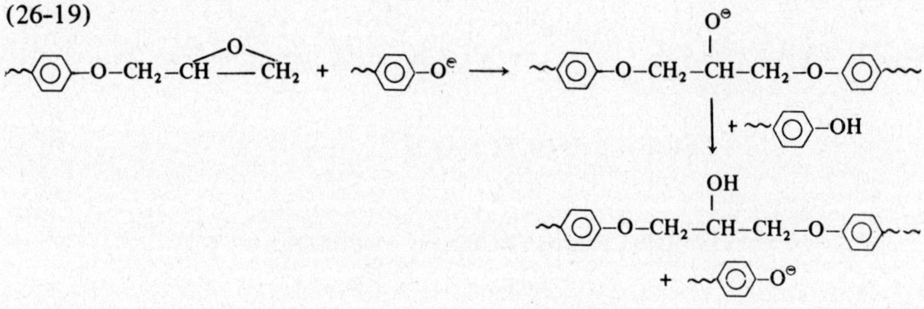

Die sekundäre Hydroxylgruppe kann ebenfalls reagieren und so zu vernetzten Polymeren führen. Diese Vernetzungsreaktion wird verhindert, wenn man das Epichlorhydrin im Überschuß zusetzt. Dann entstehen jedoch nur niedermolekulare Produkte. Zur Synthese hochmolekularer Produkte wendet man daher ein 2-Stufen-Verfahren an. In der ersten Stufe wird mit einem Überschuß Epichlorhydrin gearbeitet. Aus den niedermolekularen Produkten wird dann das restliche Epichlorhydrin und NaOH entfernt. NaOH wird in der ersten Stufe verbraucht. Zur Bildung der hochmolekularen Produkte soll es aber nicht als Dehydrohalogenierungsreagenz, sondern nur als Katalysator wirken. Man gibt daher in der zweiten Stufe zum Epoxidharz neues Diphenol und katalytische Mengen NaOH zu.

Zur Synthese niedermolekularer Produkte wird meist in Masse gearbeitet. Hochmolekulare Produkte für Überzüge werden in Lösungsmitteln wie Butanon hergestellt. Für Spritzgußqualitäten synthetisiert man in wasserlöslichen Lösungsmitteln und fällt dann die Lösung in Wasser aus.

Die Phenoxy-Harze sind wegen der sekundären Hydroxylgruppen hervorragende Primer. In der Automobilindustrie wird auf diesen Primer zuerst ein spezielles Epoxidesterharz und dann erst das Acrylharz als eigentliches Lackharz aufgetragen. Die Glastemperatur der höhermolekularen Produkte liegt bei ca. 80 °C. Der Einsatzbereich für Spritzgußartikel ist also beschränkt. Oberhalb 80 – 100 °C sind die Produkte elastomer und zeigen wenig Abbau bis ca. 200 °C. Phenoxy-Harze sind auch leicht durch Photooxydation abbaubar.

### 26.2.6 PERFLUORIERTE EPOXIDE

Perfluorierte Olefine können bei genügend tiefen Temperaturen unter sorgfältiger pH-Kontrolle epoxidiert werden:

$$(26\text{-}20) \quad CF_3-CF=CF_2 \quad \xrightarrow{\underset{KOH/CH_3OH/H_2O}{30\,\%\,H_2O_2;\,-30\,°C}} \quad CF_3-CF\underset{O}{\diagdown\!\!\!\diagup}CF_2$$

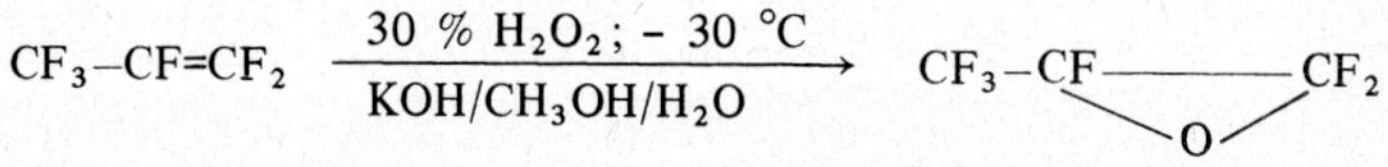

Die direkte Oxydation mit $O_2$ bei 130 – 165 °C in flüssiger Phase bei 20 bar kann explosiv verlaufen und liefert zudem viele Nebenprodukte.

Tetrafluoräthylenoxid kann nur bei Temperaturen um – 196 °C polymerisiert werden, da das Monomere bei höheren Temperaturen durch Nebenreaktionen zerstört wird.

Hexafluorpropylenoxid ist dagegen thermisch bis 150 °C stabil. Die Polymerisation wird durch Fluoridionen anorganischer Fluoride in Lösungsmitteln wie α-Methyl-ω-methoxy-tetra(oxyäthylen) (Tetraglyme) ausgeführt

$$(26\text{-}21) \quad CF_3CF\underset{O}{\diagdown\!\!\!\diagup}CF_2 \xrightarrow{+F^{\ominus}} CF_3CF_2CF_2O^{\ominus} \xrightarrow{+n\,C_3F_6O}$$

$$\longrightarrow CF_3CF_2CF_2O{\overset{}{\underset{}{\text{+}}}}(\underset{\underset{CF_3}{|}}{C}FCF_2O)_{\overline{n}}^{\ominus} \longrightarrow$$

$$\longrightarrow CF_3CF_2CF_2O{\overset{}{\underset{}{\text{+}}}}(\underset{\underset{CF_3}{|}}{C}FCF_2O)_{\overline{n-1}} \underset{\underset{CF_3}{|}}{C}F-COF + F^{\ominus}$$

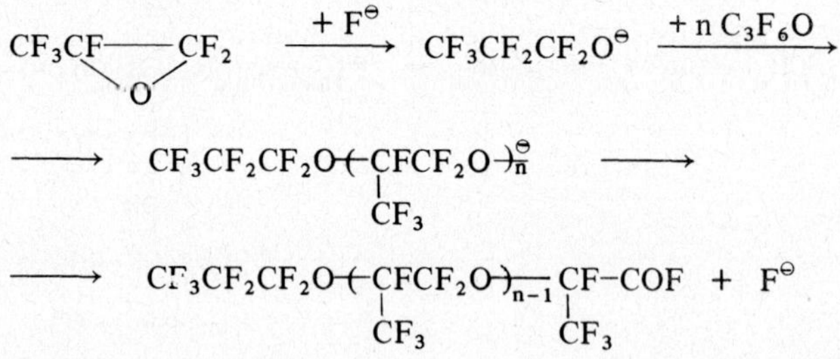

Die instabilen COF-Endgruppen werden hydrolysiert und die entstehenden Carboxylgruppen decarboxyliert:

(26-22)  $\sim\sim\sim\underset{\underset{CF_3}{|}}{CF}-COF \longrightarrow \sim\sim\sim\underset{\underset{CF_3}{|}}{CF}-COOH \xrightarrow[\Delta, -CO_2]{KOH/H_2O} \sim\sim\sim\underset{\underset{CF_3}{|}}{CF}H$

### 26.2.7 POLY(2,2-DICHLORMETHYLTRIMETHYLENOXID)

Die Monomersynthese geht vom Pentaerythrit aus:

(26-23)

$$HO-CH_2-\underset{\underset{CH_2-OH}{|}}{\overset{\overset{CH_2-OH}{|}}{C}}-CH_2-OH \xrightarrow{+CH_3COOH} \text{Tetraacetat} \xrightarrow{+HCl} Cl-CH_2-\underset{\underset{CH_2Cl}{|}}{\overset{\overset{CH_2Cl}{|}}{C}}-CH_2-O-CO-CH_3$$

$$Cl-CH_2-\underset{\underset{CH_2-O}{|}}{\overset{\overset{CH_2-Cl}{|}}{C}}\!\!-\!\!CH_2 \xleftarrow{+NaOH}$$

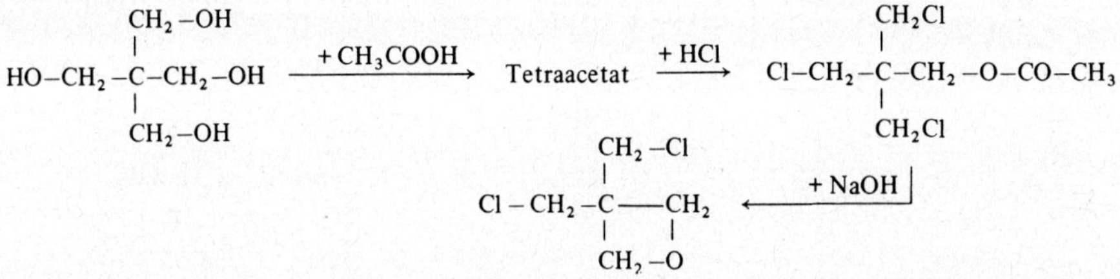

Beim Ringschluß können zwei Nebenreaktionen auftreten. Durch eine Parallelreaktion kann aus dem Pentaerythrit-monoacetat-trichlorid der Spirodiäther entstehen. Aus dem monomeren 3,3-Bis(chlormethyl)oxetan (2,2-Bis(chlormethyl)oxacyclobutan) kann sich ferner durch eine Folgereaktion eine Vinylidenverbindung $CH_2=C(CH_2Cl)_2$ bilden.

Die Polymerisation erfolgt kationisch mit $BF_3$-Komplexen bei Temperaturen unter 0 °C, um genügend hohe Molekulargewichte zu erhalten. Da das Monomer bereits bei 18 °C erstarrt, muß in Lösungsmitteln wie Dichlormethan oder $SO_2$ gearbeitet werden. Bei Polymerisationstemperaturen bis 300 °C kann gearbeitet werden, wenn als Initiatoren Aluminiumchlorid, Aluminiumalkyle, Aluminiumhydrid usw. verwendet werden. Der technische Prozeß arbeitet in Masse unter Rückfluß des Monomeren bei 180 - 250 °C.

Das Polymere ist ein halbkristalliner Thermoplast. Die Schmelzpunkte der beiden Kristallmodifikationen liegen bei 130 bzw. 175 °C. Das Polymere ist gegen Königswasser und starke nichtoxydierende Säuren bis 65 und gegen Fluorwasserstoff bis 27 °C beständig. Unbeständig ist es gegen Fluor, 100 % Salpetersäure und rauchende Schwefelsäure, sowie gegen Arylhalogenide (oberhalb 27 °C) und gegen Ketone und Ester (über 65 °C). Wegen seiner guten Chemikalien- und Temperaturbeständigkeit wird das technische Produkt (Penton®) für Rohrleitungen in der chemischen Industrie verwendet. Beschichtungen können aus Lösung, im Wirbelsinterverfahren oder u.U. auch durch direktes Extrudieren erhalten werden. Fasern (Zugfestigkeit bis zu 2500 kg/cm²) und Filme können ebenfalls erzeugt werden, sind aber zu teuer.

### 26.2.8 POLY(TETRAHYDROFURAN)

Tetrahydrofuran kann nur kationisch zu Polyäthern mit dem Baustein $-\!\!\!+\!\!(CH_2)_4-O\!\!+\!\!\!-$ polymerisiert werden. Die hochmolekularen Produkte sind kristallin, die niedermolekularen viskose Öle. Polymere mit Molekulargewichten von ca. 2000 mit zwei Hydroxylendgruppen werden als Weichsegmente für elastische Polyurethanfasern verwendet. Hochmolekulare Produkte werden bislang nicht technisch eingesetzt.

### 26.2.9 POLY(PHENYLENOXIDE)

Die sogenannte Poly(phenylenoxide) werden durch oxydative Kupplung von 2,6-disubstituierten Phenolen hergestellt (Ar = z.B. 2,6-Dimethylphenyl):

(26-24)

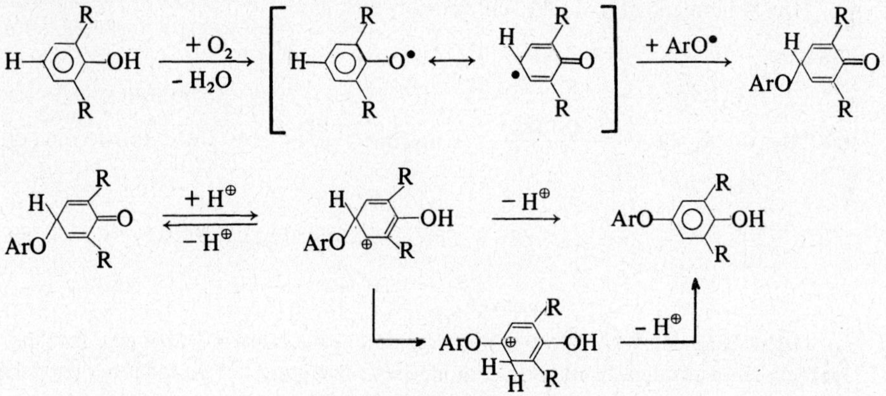

Für den in der zweiten Zeile aufgeführten Chinon-Mechanismus spricht, daß nur gewisse, in para-Stellung zum OH substituierte Verbindungen I oxydativ gekuppelt werden können, nämlich mit R′ = H, t-$C_4H_9$ und $HOCH_2$. Die Kupplung erfolgt nicht mit R′ = $CH_3$, $C_2H_5$ oder $CH_3O$. Die Verbindung II gibt überhaupt kein Polymer, sollte es aber nach einem direkten Kupplungsmechanismus geben.

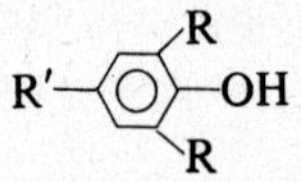

(I)

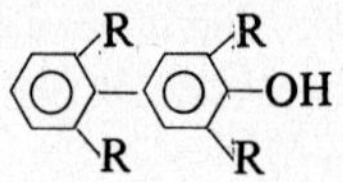

(II

Wenn die Substituenten R zu elektronegativ sind (Nitro- oder Methoxygruppen) oder zu voluminös (t-Butyl), gelingt die Kupplung nicht. Statt dessen entstehen Chinone:

(26-25)

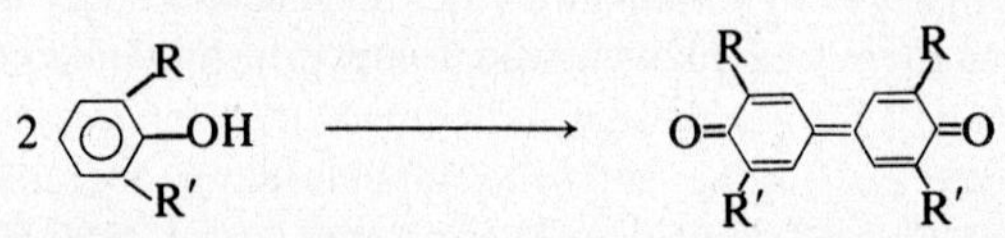

Als Katalysatoren dienen Cu(II)-Salze in Form ihrer Komplexe mit primären, sekundären oder tertiären Aminen. Primäre und sekundäre aliphatische Amine müssen bei tiefen Temperaturen verwendet werden, da sie sonst oxydiert werden. Primäre aromatische Amine werden zu Azoverbindungen, sekundäre aromatische Verbindungen wahrscheinlich zu Hydrazo-Verbindungen oxydiert. Gut geeignet ist Pyridin.

Ein Produkt mit zwei Methylsubstituenten ist als „Polyphenylenoxid“ im Handel ($M$ = 30 000). Es hat eine höhere Dimensionsstbilität als Polycarbonate, Acetalharze und Nylon, ist widerstandsfähig gegen Kriechen und kann bis zu Temperaturen von 175 °C eingesetzt werden (Sterilisieren!).

2,6-Diphenylphenol ist über Cyclohexanon zugänglich

(26-26)

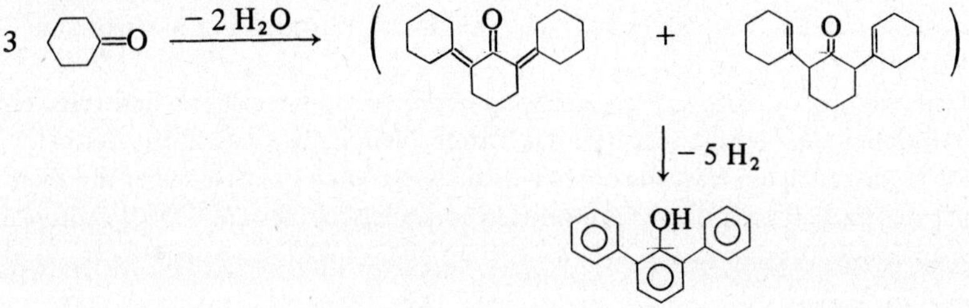


und kann ebenfalls oxydativ gekuppelt werden. Das entstehende Polymer mit $T_G$ = 235 °C und $T_M$ = 480 °C ist in Luft bis 175 °C stabil. Es kann aus organischen Lösungsmitteln trocken versponnen werden. Die Fäden werden nach dem Verstrecken bei hohen Temperaturen hochkristallin. Kurzfasern können zu Papieren verarbeitet werden, die zur Kabelisolation unter superhohen Spannungen dienen.

Poly(phenylenoxide) bzw. Poly(phenyläther) entstehen auch als unlösliche Verbindungen bei der durch Licht bewirkten Vernetzung von Chinonaziden:

(22-27)

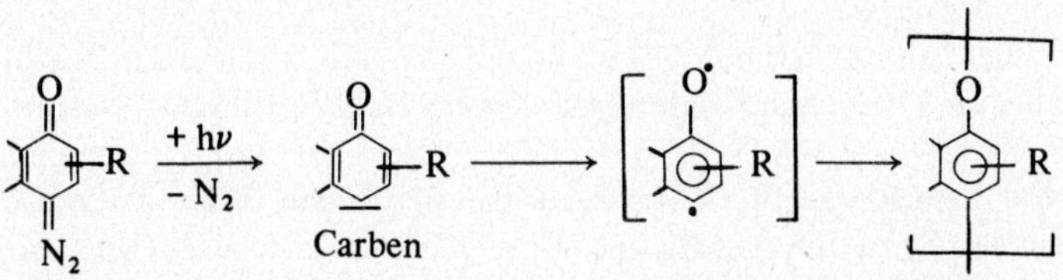


26.2.10 COPOLYKETONE

Aus Diphenyläther und einem Gemisch vonTerephthalsäurechlorid und Isophthalsäurechlorid entstehen unter der Wirkung von Komplexen des H[$BF_4$] sogenannte Copolyketone:

(26-28)

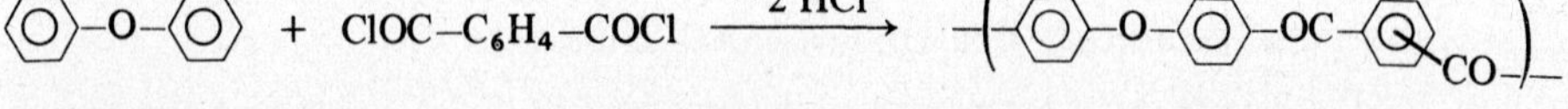


Die Polymeren kristallisieren beim Tempern und bilden transparente, guthaftende Überzüge auf Metallen.

## 26.3 *Phenolharze*

Phenolharze sind Kondensationsprodukte von Phenolen mit Formaldehyd, gelegentlich auch mit anderen Aldehyden. Sie besitzen für eine Reihe verschiedenster Gebiete große Bedeutung und werden in Mengen von ca. 200 000 jato hergestellt. Phenolharze werden in die durch Säurekatalyse mit einem Unterschuß Formaldehyd gewonnenen *Novolake* und die durch Basenkatalyse mit Überschuß Formaldehyd enthältlichen *Resole* (A-Zustand), *Resitole* (B-Zustand) und *Resite* (C-Zustand) eingeteilt.

Novolake sind lösliche, unverändert schmelzbare, durch Methylenbrücken vernetzte, mehrkernige Phenole mit Molekulargewichten von 600 – 1500. Sie werden durch Härtungsmittel wie z.B. Formaldehyd, nicht aber durch Wärme allein in unlösliche Harze überführt.

Resole sind bei ca. 100 °C hergestellte, leicht lösliche, ein- oder mehrkernige Hydroxymethylphenole, die sich schon durch Wärme allein härten lassen. Bei der bei 150 – 160 °C ausgeführten Härtung entstehen aus geeigneten Phenolen über die Zwischenstufe der partiell auskondensierten Resitole schließlich bei 160 – 200 °C die vollkommen auskondensierten Resite.

### 26.3.1 MONOMER-SYNTHESEN

Phenol wird heute nach mehreren Verfahren gewonnen. Das Mittelöl (180 – 250 °C) des Steinkohlenteers wird fraktioniert destilliert, das Naphthalin durch Abkühlen ausgeschieden und die alkalilöslichen Phenole durch Lösen in Natronlauge und anschließendes Ansäuern gewonnen. Aus dem bei 250 – 300 °C siedenden Schweröl sowie aus den Gewässern der Kokereien gewinnt man die Kresole. Das o-Kresol wird durch mehrfache Rektifikation abgetrennt, während p- und m-Kresol nur durch chemische Verfahren zu trennen sind. m-Kresol läßt sich mit verd. Schwefelsäure bei 130 °C sulfieren, p-Kresol aber nicht.

Phenol kann auch durch Verschmelzen des Natriumsalzes der Benzolsulfosäure mit NaOH bei ca. 320 °C hergestellt werden, wobei Natriumphenolat, Natriumsulfit und Wasser entstehen. Durch Sättigen mit $CO_2$ entsteht aus dem Natriumphenolat Phenol.

Nach dem Raschig-Verfahren setzt man Benzol mit HCl und $\frac{1}{2}$ Moläquiv. Sauerstoff bei 250 °C zu Chlorbenzol und Wasser um. Das Chlorbenzol wird dann bei 480 °C unter Rückbildung von HCl zu Phenol hydrolysiert.

Durch direkte Chlorierung des Benzols entstehen HCl und Chlorbenzol, das unter Druck mit Natronlauge zu Phenol unter Bildung von NaCl verseift werden kann.

Beim Cumol-Prozeß wird zunächst Benzol mit Propylen in einer Friedel-Crafts-Synthese unter Einwirkung von $AlCl_3$, Schwefelsäure oder Phosphorsäure zu Isopropylbenzol (Cumol) alkyliert. Beim Behandeln des Cumols mit Sauerstoff entsteht am tert. C-Atom das Hydroperoxid, das in Phenol und Aceton gespalten werden kann.

Zur Synthese des Formaldehyds vgl. Kap. 26.1.2.

### 26.3.2 PRIMÄRSCHRITTE DER PHENOLHARZBILDUNG

Der Primärschritt der Phenolharzbildung besteht in der Anlagerung von Formaldehyd an Phenol zu p- oder o-Methylolphenol. Er kann durch Säuren (HCl, Oxalsäure) oder Basen ($NH_3$, Alkali- oder Erdalkalihydroxide) katalysiert werden. Das bei der *Säurekatalyse*

(26-29) $HCHO + HA \rightleftarrows \overset{\oplus}{C}H_2OH + A^{\ominus}$

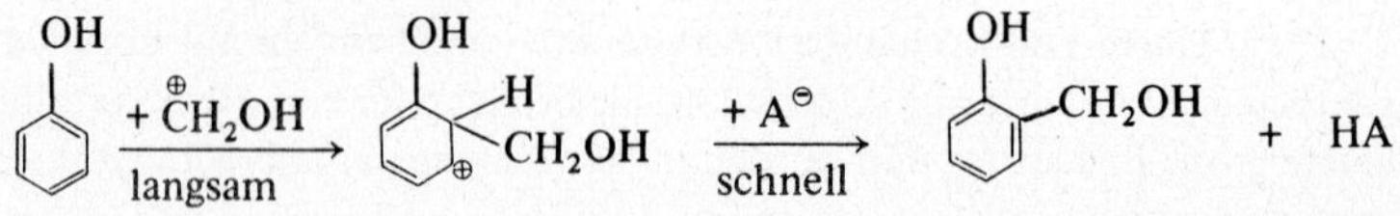

entstehende o- oder p-Methylolphenol läßt sich nicht isolieren, sondern setzt sich in einer Kondensationsreaktion zu den entsprechenden Methylenverbindungen um:

(26-30)

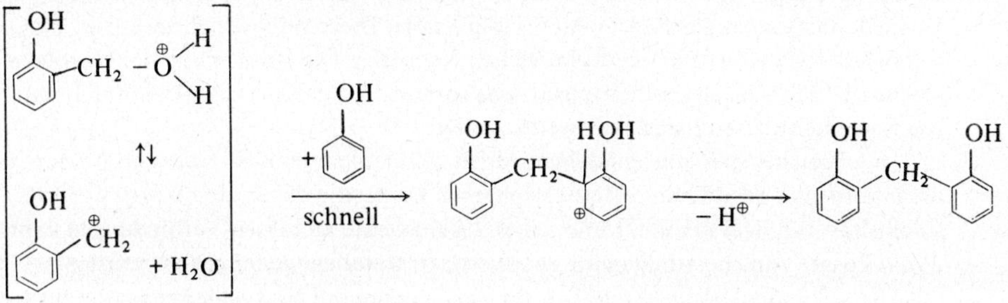

Die intermediäre Bildung von o-Methylolphenol läßt sich beim Arbeiten mit einem Überschuß Formaldehyd durch die Entstehung des isolierbaren Acetals des Phenolalkohols

(26-31)

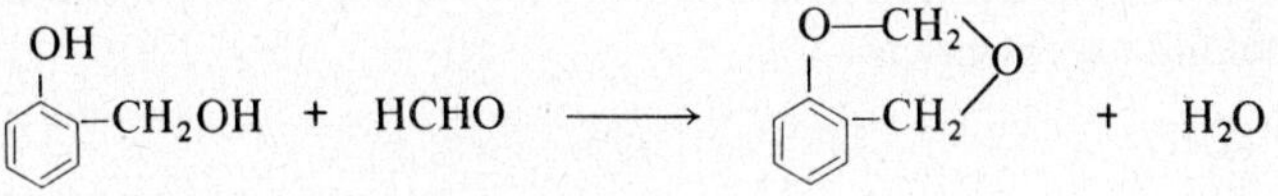

bzw. durch Bildung des offenkettigen Formals beweisen:

(26-32)

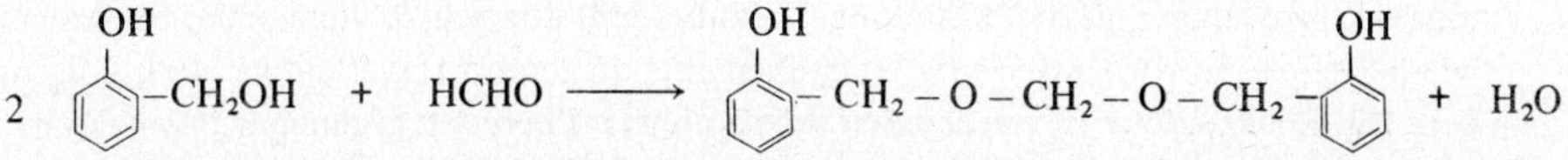

In Bezug auf die Additions- und die anschließende Kondensationsreaktion ist nun Phenol trifunktionell (2 ortho- und 1 para-Stellung) und Formaldehyd bifunktionell. Will man daher unvernetzte Produkte erhalten, so muß das Molekulargewicht niedrig gehalten werden, was durch einen Unterschuß an Formaldehyd erreicht werden kann. Empirisch wurde gefunden, daß ein Molverhältnis Formaldehyd : Phenol von 0,75 : 1 nicht überschritten werden darf, damit keine vernetzten Produkte entstehen. Dieses Molverhältnis entspricht einem Äquivalentverhältnis der funktionellen Gruppen von $r = (2 \cdot 0{,}75) : (3 \cdot 1) = 0{,}5$. Theoretisch sollte das Äquivalentverhältnis bei Abwesenheit intramolekularer Reaktionen und bei vollständigem Umsatz aller reaktiven Stellen des Phenols ebenfalls 0,5 betragen. Diese Übereinstimmung ist jedoch zufällig, da sich Theorie und Experiment nicht exakt vergleichen lassen (intramolekulare Reaktionen, Nichtäquivalenz von o- und p-Positionen des Phenols bei diesen irreversiblen Reaktionen, Bildung offenkettiger Formale). Die nur bifunktionellen o- und p-Alkylphenole geben entsprechend auch mit einem Überschuß an Formaldehyd keine vernetzten Produkte und können als sogenannte Pseudonovolake nicht gehärtet werden.

Die säurekatalysierte Reaktion ist mit einer Bruttoreaktionsenthalpie von $\Delta H = 9{,}85 \cdot 10^4$ J/mol erheblich exotherm. Auf die Additionsreaktion (Anlagerung des Formaldehyds) entfallen dabei $-2{,}0 \cdot 10^4$, auf die Kondensationsreaktion (Ausbildung von Methylenbrücken) $-7{,}85 \cdot 10^4$ J/mol.

Bei der Reaktion zwischen Phenol und Formaldehyd verhalten sich die Geschwindigkeiten der Additions- und der Kondensationsreaktion zueinander wie 1 : 42. Die Bruttoaktivierungsenergie beträgt ca. (8,4 – 10,0) · $10^4$ J/mol. Die p-Stellung ist bei dieser säurekatalysierten Reaktion ca. 2,4 mal reaktiver als die o-Stellung des Phenols. Es entstehen also in der Regel p-Methylolphenole. Diese sind jedoch technisch nicht so erwünscht wie die o, o′-methylolreichen Novolake. Die Aushärtung der Novolake soll nämlich möglichst rasch erfolgen, was voraussetzt, daß die reaktiveren p-Stellungen noch nicht besetzt sind (vgl. weiter unten).

o, o′-reiche Novolake entstehen jedoch bei mäßig hohen $H^+$-Konzentrationen, da die intermediär gebildeten o-Methylolphenole kurzzeitig durch eine Wasserstoffbrücke stabilisiert sind. Die Stabilität und daher die Ausbeute an diesen Verbindungen kann durch Zusatz von chelatbildenden zweiwertigen Metallen weiter erhöht werden.

Bei der basenkatalysierten Reaktion von Phenol mit Formaldehyd ist die Bruttoreaktionsenthalpie mit – 5,0 · $10^4$ J/mol um die Hälfte niedriger als bei der säurekatalysierten Reaktion, wobei die Differenz zur säurekatalysierten Reaktion ungeklärt ist. Die Aktivierungsenergie liegt mit (7,1 – 7,5) $10^4$ J/mol ebenfalls etwas tiefer. Im ersten Schritt wird das Phenolatanion nucleophil an Formaldehyd addiert, was den Vorgängen bei der Aldolbildung entspricht:

(26-33)

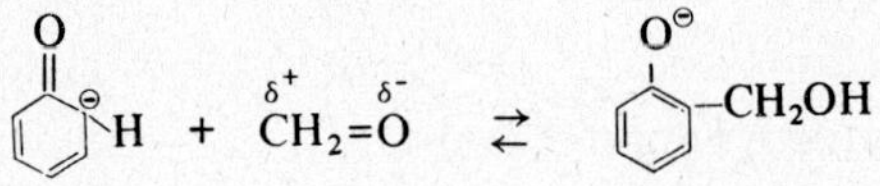


Im Gegensatz zur säurekatalysierten Reaktion ist hier aber die p-Stellung nur wenig reaktionsfähiger als die o-Stellung. Da außerdem doppelt so viele ortho-Stellungen wie p-Stellungen vorhanden sind, entstehen überwiegend ortho-ständige Methylolgruppen. Die Reaktivität von verschieden substituierten Phenolen gegenüber Formaldehyd ist jedoch kein Maß für die Verharzungsgeschwindigkeit, da für den zweiten Schritt, die Bildung von Methylgruppen, andere Gesetzmäßigkeiten herrschen.

### 26.3.3 HÄRTUNGSREAKTIONEN

*Novolake* können keine Eigenhärtung eingehen, da sie durch Methylenbrücken verknüpfte, polyfunktionelle Phenole darstellen. Die Härter müssen daher mindestens bifunktionelle Verbindungen sein. Härtungen ohne Wasserabspaltung erfolgen mit Verbindungen, die leicht in Methylencarboniumionen überführbar sind, wie z.B. das technisch viel verwendete Hexamethylentetramin (Urotropin, Hexa). Dazu bilden sich unter Abspaltung von Ammoniak Dihydroxybenzylamin- und Trihydroxybenzylaminstrukturen, z. B.:

(26-34)

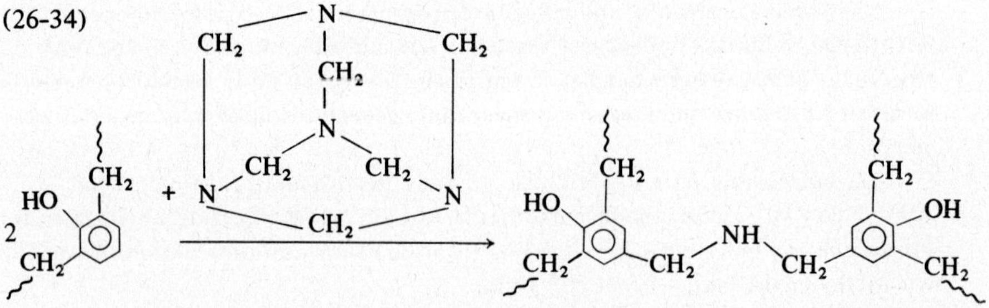

Die wichtigste Nebenreaktion der Härtung mit „Hexa" ist die bevorzugt an den Kettenenden durch Dehydrierung eintretende Bildung von Azomethin-Gruppen (Schiff'schen Basen). Die Azomethingruppen rufen die charakteristische Gelbfärbung der Phenolharze hervor. Bei der Härtung mit hydroxymethylgruppenhaltigen oder ähnlichen Verbindungen wird Wasser abgespalten. Die dadurch bei Preßmassen mögliche Blasenbildung wird durch Arbeiten unter Druck und Zusatz hydrophiler Füllstoffe wie Holzmehl vermieden.

*Resole* können sauer, basisch oder „nichtkatalysiert" gehärtet werden. Bei der sauren Härtung wird der Phenolalkohol an der basischeren alkoholischen Hydroxylgruppe protoniert. Aus dem Oxoniumion wird unter Wasserabspaltung ein Benzylcarboniumion gebildet, das dann mit einer Verbindung mit mindestens zwei nucleophilen Gruppen HY~~ abreagiert:

(26-35)

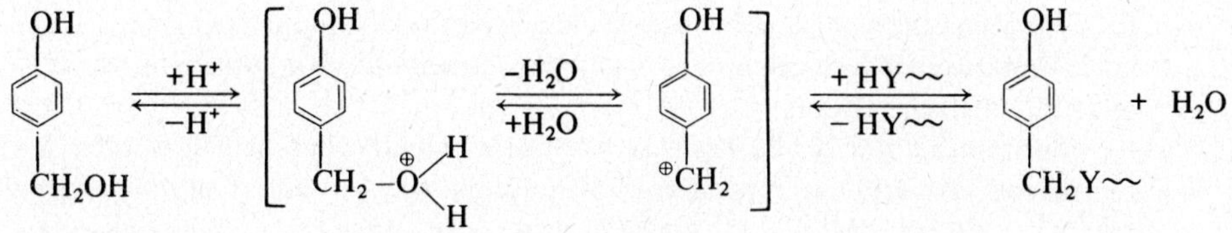


X kann dabei O–Alkyl, NH–Alkyl, S–Alkyl usw. oder auch eine CH-acide Verbindung (Aromaten!) sein. Da die Aktivierungsenergie für die Bildung einer $-CH_2$-Brükke ca. $5{,}9 \cdot 10^4$ J/mol, für die einer $-CH_2-O-CH_2$-Brücke jedoch $11{,}3 \cdot 10^4$ J/mol beträgt, weisen die Resite überwiegend Methylenbrücken auf. Die Ausbildung von $-CH_2$Brücken wird noch gefördert, da die Äthergruppierungen im sauren Milieu leicht gespalten werden.

Bei der basischen Härtung werden Phenolationen gebildet, die dann weiter reagieren können

(26-36)

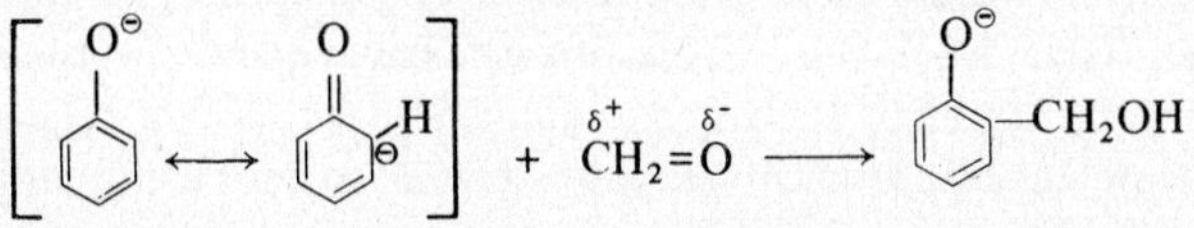


Die alkoholischen Gruppen können unter diesen Bedingungen veräthert werden. Setzt man zusätzliche monofunktionelle Alkohole ein (vgl. weiter unten), so tritt diese nucelophile Substitution in Konkurrenz zur Vernetzung über Ätherbrücken.

Bei der „nichtkatalysierten", d.h. ohne Zusatz von Fremdstoffen ausgeführten Härtung spielen sich im Prinzip die gleichen Reaktionen wie bei der sauren oder basischen Härtung ab. Durch die saure phenolische Gruppe kann z.B. ein Benzylcarboniumion oder auch durch den Einfluß der Methylolgruppe ein Phenolatanion gebildet werden. Der früher für diese Reaktion postulierte Ablauf über Chinonmethidgruppierungen ist daher nicht notwendig. Chinonmethide selbst entstehen erst in nennenswertem Umfang bei Temperaturen um 600 °C, nicht aber bei den hier verwendeten von ca. 200 °C.

### 26.3.4 Technische Anwendungen

Die ohne Füllstoffe in Formen bei erhöhter Temperatur ausgeführte Härtung der Resole führt zu durchscheinenden Gegenständen, wie sie für Messergriffe verwendet werden. Die unter Zusatz von Benzylalkohol ablaufende saure Härtung der A-Stufe mit Phosphorsäure oder aromatischen Sulfosäuren gibt säurebeständige Kitte (Asplit). Setzt man der mit Benzolsulfosäure ablaufenden Härtung noch gasabgebende Mittel wie $NaHCO_3$ zu, so erhält man Schaumstoffe. Mit Asbest gefülltes Material wird für Spachtelmassen oder für Isolierungen verwendet (Haveg-Material). Ganz allgemein wird durch Füllstoffe die Schlagfestigkeit verbessert, wozu noch als wichtigste physikalische Kenngröße der Technik der niedrigere Preis kommt.

Resitole werden mit Papier, Holz und Gewebe heiß als Schichtpreßmassen zu Platten usw., aber auch zu mit Wasser schmierbaren Zahnrädern verarbeitet. Resitole werden allein, sowie in Form von mit Resitolen getränkten Papieren (Tegofilm) als Kleber verwendet. Für raschhärtende Sperrholzkleber werden Verbindungen mit vielen o-Verknüpfungen, also vielen para-ständigen Methylol-Gruppen, eingesetzt. Der im 2. Weltkrieg berühmt gewordene englische Jagdbomber „Mosquito" wurde z.B. mit Phenolharzen geklebt.

Phenolharze sind für Lackzwecke besonders vielfältig abgewandelt worden. Die reinen Novolake sind nur in polaren Lösungsmitteln wie Alkohol, Aceton, niedrigen Estern usw. löslich und weisen als spritlösliche Lacke nur einen beschränkten Einsatzbereich auf; zudem sind sie für viele Zwecke zu spröde. Es wurden darum sogen. plastifizierte und elastifizierte Phenolharze entwickelt. Bei der Plastifizierung wird entweder partiell veräthert (z.B. mit t-Butylalkohol) oder verestert (z.B. mit Fettsäuren) oder sowohl veräthert als auch verestert (z.B. mit Adipinsäure und Trimethylolpropan). Die so plastifizierten Phenolharze haben eine erhöhte Elastizität, lösen sich in Aromaten, sind verträglich mit Polyvinylverbindungen und Fettsäuren und können so gut als Einbrennlacke verwendet werden.

Sowohl die spritlöslichen Novolake als auch die plastifizierten Phenolharze lösen sich aber nicht in trocknenden Ölen wie Leinöl. Ein erster Fortschritt in dieser Richtung wurde durch Kombination der Phenolharze mit Abietinsäure erzielt, die vorher mit Glycerin verestert wurde. Diese „modifizierten Phenolharze" trocknen besser als die Kopal-Leinöl-Harze. Noch bessere „elastifizierte Phenolharze" wurden durch Einführen neuer Gruppierungen in die Grundkomponenten erzielt. Verwendet man als Phenolkomponente das Bisphenol A (vgl. Kap. 26.4.2), so wird nicht nur die Löslichkeit in trocknenden Ölen heraufgesetzt, sondern auch die Vergilbungsneigung erniedrigt. Die unter Bildung von Chinonmethid-Strukturen ablaufende Vergilbung

(26-37) $\quad \sim\!\!\langle\bigcirc\rangle\!-\!CH_2-\langle\bigcirc\rangle\!-\!OH \;+\; 0{,}5\; O_2 \;\longrightarrow\; \sim\!\!\langle\bigcirc\rangle\!-\!CH\!=\!\langle\bigcirc\rangle\!=\!O \;+\; H_2O$

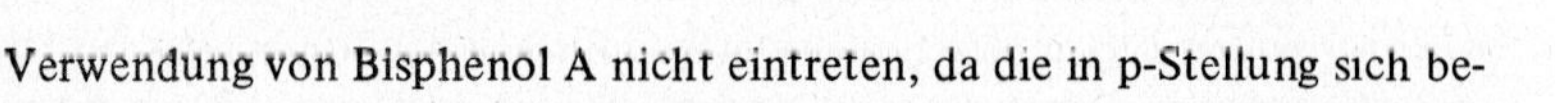

kann bei Verwendung von Bisphenol A nicht eintreten, da die in p-Stellung sich befindende Methylengruppe vollkommen substituiert ist. Auch diese Alkylphenolharze lösen sich in trocknenden Ölen, wenn die Phenole p-substituiert sind: sie können in Kombination mit trocknenden Ölen eingebrannt werden. Eine Elastifizierung kann auch durch Verwendung von Bis- oder Polyphenolen mit elastischen Zwischengliedern erreicht werden. Unverseifbare Einbrennlacke erhält man so z.B. aus Verbindungen, die durch Kondensation von höherchlorierten $C_{15}-C_{30}$-Paraffinen mit Phenol unter Wirkung von $ZnCl_2$ erhalten und anschließend mit Formaldehyd zu Resolen umgesetzt werden.

Phenolharze werden ferner als Gerbstoffe, als Bindemittel für Formsand und als Vulkanisationshilfsmittel verwendet. Ionenaustauscher werden durch Einkondensation von Phenolen mit Sulfo-, Carboxyl- oder Aminogruppen erhalten. Die Mäntel der Weltraumraketen weisen ebenfalls eine Schicht von Phenolharzen auf, die unter dem Einfluß der Hitze carbonisiert wird und so einen guten Wärmeschutz abgibt (vgl. auch Kap. 24.4).

Aus Phenolharzen werden auch Fasern hergestellt. Ein Novolak mit $M \approx 800$ g/mol wird aus der Schmelze bei 130 °C mit ca. 200 m/min versponnen. Anschließend wird 6–8 h bei 100–150 °C mit Formaldehydgas oder -lösung gehärtet. Die gelbliche Faser hat eine Dehnbarkeit von ca. 30 % und verkohlt in der Flamme unter Beibehalt der Form. Sie wird hauptsächlich für die Füllung flammfester Decken und für flammfeste Berufskleider eingesetzt.

## 26.4 Polyester

### 26.4.1 SYNTHESEPRINZIPIEN

Polyester enthalten in der Hauptkette die Estergruppe $-CO-O-$. Zur Synthese hochmolekularer Polyester eignen sich sechs Methoden:

1) Kondensation von Dicarbonsäuren mit Diolen

(26-38)

$$n\,HOOC-R-COOH + n\,HO-R'-OH \rightleftarrows HO+OC-R-CO-O-R'-O\!\!+_n\!H + (2n+1)\,H_2O$$

bzw. Selbstkondensation von $\omega$-Hydroxycarbonsäuren:

(26-39)

$$n\,HOOC-R-OH \rightleftarrows HO+OC-R-O\!\!+_n\!H + (n-1)\,H_2O$$

Um mit diesem Verfahren Polyester hohen Molekulargewichtes zu erhalten, muß das abgespaltene Wasser möglichst weitgehend entfernt werden und es müssen jeweils die stöchiometrischen Mengen COOH- und OH-Gruppen vorhanden sein (Kap. 17.2). Bei der technischen Synthese kann das Wasser oft nur unter verschärften Bedingungen abgeführt werden. Bei höheren Reaktionstemperaturen können u.U. aus den Diolen Äther gebildet werden, vor allem mit Katalysatoren wie p-Toluolsulfosäure. Durch Esterpyrolyse können ferner ungesättigte Endgruppen entstehen, wodurch ebenfalls die Stöchiometrie gestört wird:

(26-40)

$$\sim\!\!\langle O \rangle\!-CO-O-CH_2-CH_2-O-CO-\langle O \rangle\!\sim \rightarrow \sim\!\!\langle O \rangle\!-COOH + CH_2=CH-O-CH-\langle O \rangle\!\sim$$

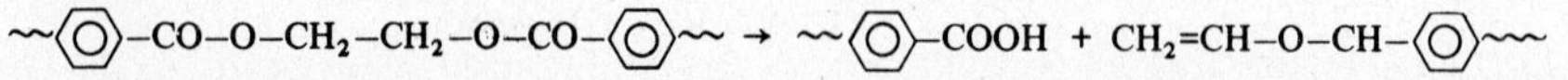

Das Verfahren wird daher technisch nur für relativ niedermolekulare lineare aliphatische Polyester oder für die verzweigten bzw. vernetzten Alkydharze angewandt.

2) Kondensation von Säureanhydriden und Diolen. Es können ähnliche Nebenreaktio-

nen wie bei 1) auftreten. Technisch wird das Verfahren zur Synthese von ungesättigten Polyestern aus Maleinsäureanhydrid und Äthylenglykol

(26-41)

$$n \begin{array}{c} HC=\!=\!=\!CH \\ | \quad\quad | \\ OC \quad\quad CO \\ \diagdown O \diagup \end{array} + \; n\,HO-CH_2CH_2-OH \;\rightleftarrows$$

$$\rightleftarrows \; HO\!-\!\!(\!COCH\!=\!CHCO\!-\!OCH_2CH_2O\!)_n\!H \; + \; (n\!-\!1)H_2O$$

oder zur Synthese der Glyptalharze (Phthalsäureanhydrid und mehrwertige Alkohole) eingesetzt.

3) Die Umesterung (Esteraustausch) verläuft unter milderen Bedingungen, so daß das Gleichgewicht besser zur Seite des Polyesters verschoben werden kann, z.B.

(26-42)

$$n\,CH_3OOC-R-COOCH_3 \; + \; (n+1)\,HOR'OH \;\rightleftarrows$$

$$\rightleftarrows \; HOR'O\!-\!\!(\!OC-R-CO-OR'O\!)_n\!H \; + \; 2n\,CH_3OH$$

Vorteilhaft sind auch die leichtere Reinigung, die bessere Löslichkeit und der niedrigere Schmelzpunkt der Ester im Vergleich mit den Säuren. Ein guter Umesterungskatalysator ist z.B. Butyltitanat. Das Verfahren ist bei der Synthese aromatischer Polyester üblich.

4) Die Kondensation von Säurechloriden mit Hydroxylgruppen (Schotten-Baumann-Reaktion)

(26-43)

$$n\,ClOC-R-COCl \; + \; (n+1)\,HO-R'-OH \;\rightleftarrows$$

$$\rightleftarrows \; HO-R'-O\!-\!\!(\!OC-R-CO-O-R'-O\!)_n\!H \; + \; 2n\,HCl$$

verläuft meist rasch und erfordert oft keine Äquivalenz der funktionellen Gruppen (Kap. 17.4.2). In einer Nebenreaktion kann jedoch die Hydroxylgruppe durch Chlor substituiert werden. Bei aliphatischen Säurechloriden können sich ferner durch Nebenreaktionen Ketenderivate bilden, die sich dann dimerisieren:

(26-44)

$$ClOC-R-CH_2-COCl \;\rightarrow\; ClOC-R-CH=C=O \; + \; HCl$$

$$2\,ClOC-R-CH=C=O \;\rightarrow\; \begin{array}{c} ClOC-R-CH=C\;-\;O \\ | \quad\quad\quad | \\ ClOC-R-\;CH-C=O \end{array}$$

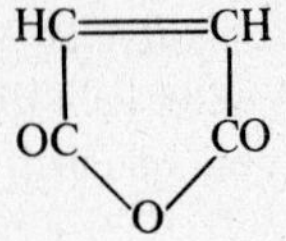

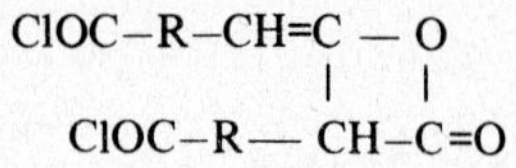

Für technische Prozesse sind jedoch die Säurechloride zu teuer. Eine Ausnahme bildet $COCl_2$ und die darauf basierende Synthese von Polycarbonaten.

5) Die Copolymerisation von Anhydriden mit einfachen Ringäthern zu linearen Poly-

estern hat bislang nur theoretisches Interesse. Die sogen. Anhydridhärtung von Stoffen mit mehreren Epoxidgruppen pro Molekül zu vernetzten Polymeren wird dagegen bei den Epoxidharzen technisch ausgenutzt.

6) Die Polymerisation von Lactonen liefert die Polyester mit den größten Molekulargewichten. Poly($\epsilon$-caprolactone) werden als Polymerweichmacher eingesetzt.

### 26.4.2 POLYCARBONATE

Polycarbonate sind als Ester der Kohlensäure die einfachsten Polyester. Technische Bedeutung besitzen nur die Polycarbonate mit Bisphenol A als Grundbaustein. Bisphenol A gewinnt man aus Phenol und Aceton

(26-45)

$$2\, \text{C}_6\text{H}_5\text{-OH} + (CH_3)_2CO \xrightarrow{\text{pH 1-5}} HO\text{-C}_6\text{H}_4\text{-}C(CH_3)_2\text{-C}_6\text{H}_4\text{-}OH + H_2O$$

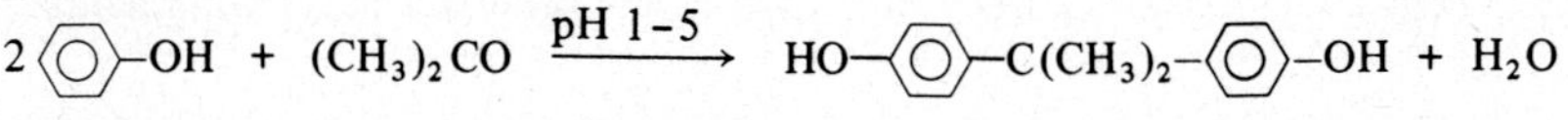

Polycarbonate werden entweder über den Esteraustausch oder aber durch eine Grenzflächenkondensation hergestellt. Beim Esteraustausch wird Bisphenol A mit einem leichten Überschuß Diphenylcarbonat unter Phenolabspaltung in zwei Schritten umgeestert:

(26-46)

$$n\, HO\text{-}C_6H_4\text{-}C(CH_3)_2\text{-}C_6H_4\text{-}OH + (n+1)\, C_6H_5O\text{-}CO\text{-}OC_6H_5 \longrightarrow$$

$$\longrightarrow C_6H_5O\text{-}CO\text{-}\!\!\left[O\text{-}C_6H_4\text{-}C(CH_3)_2\text{-}C_6H_4\text{-}O\text{-}CO\right]_n\!OC_6H_5 + 2n\, C_6H_5OH$$

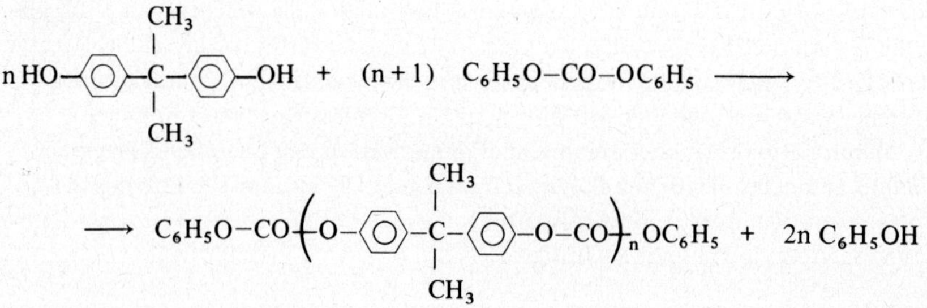

Im ersten Schritt (180–220 °C, 270–400 Pa, Umsatz 80–90 %) wird ein nichtflüchtiges Oligomer erhalten, das dann im zweiten Schritt unter langsamer Temperatursteigerung auf 290 bis 300 °C bei Drucken unter 130 Pa zu Produkten mit Molekulargewichten bis zu $M_n \approx 30\,000$ auskondensiert wird. Höhere Molekulargewichte sind wegen der hohen Viskosität der Schmelze nicht erzielbar. Saure Katalysatoren ergeben größere Reaktionsgeschwindigkeiten als basische, führen aber auch über die Kolbe-Reaktion zu Verzweigungen:

(26-47) $\sim\!\!\sim\!C_6H_4\text{-}C(CH_3)_2\text{-}C_6H_4\text{-}O\text{-}CO\text{-}O\!\sim\!\!\sim \rightarrow \sim\!\!\sim\!C_6H_4\text{-}C(CH_3)_2\text{-}C_6H_4\text{-}O\!\sim\!\!\sim$
$\phantom{(26-47) \sim\!\!\sim\!C_6H_4\text{-}C(CH_3)_2\text{-}C_6H_4\text{-}O\text{-}CO\text{-}O\!\sim\!\!\sim \rightarrow \sim\!\!\sim\!C_6H_4\text{-}C(CH_3)_2\text{-}C_6H_4\text{-}O}$ COOH

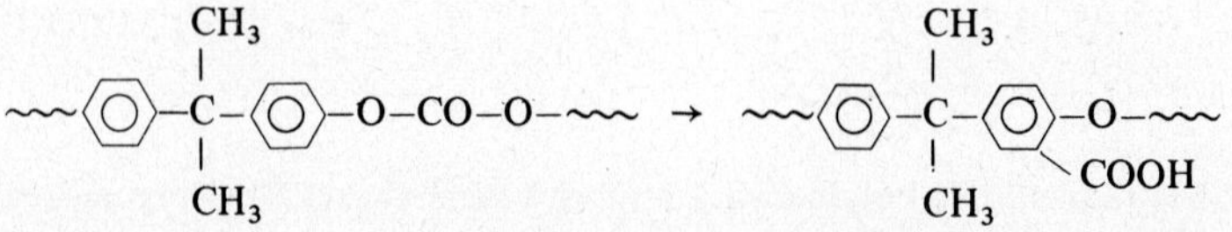

Die Grenzflächenkondensation des Natriumsalzes von Bisphenol A und Phosgen läuft bereits bei Raumtemperatur ab (Phosgenierung). Sie ist billiger als der Esteraustausch und führt zu höheren Molekulargewichten. Die Produkte sind aber schwierig vom entstehenden Natriumchlorid zu befreien, das u.a. Trübung in Folien bewirkt. Die Reinigung des Polymeren erfolgt in Ausdampfextrudern. Die Reaktion wird entweder in organischen Lösungsmitteln (Aromaten, Chlorkohlenwasserstoffen) mit t-Aminen oder Pyridin als Katalysator und Akzeptor ausgeführt oder mit wässrigem Alkali unter Zusatz wasserunlöslicher organischer Verbindungen, da sonst keine hohen Molekulargewichte erzielt werden.

Polycarbonate weisen eine niedrige Wasserabsorption auf, besitzen eine mäßig gute Wärmebeständigkeit ($T_G \sim 150\ °C$), eine gute elektrische Isolierfähigkeit sowie eine hervorragende Dimensionsstabilität und eine ausgezeichnete Schlagfestigkeit. Sie werden daher hauptsächlich für maßhaltige Spritzgußartikel sowie für Isolationsfolien eingesetzt. Polycarbonate sind jedoch spannungsrißanfällig.

Polycarbonate werden auch als Fasern in Mischgeweben mit Cellulose für pflegeleichte Kochwäsche und als Gewebe aus Endlosfäden mit seidenähnlichem Charakter eingesetzt. Die Glastemperatur wird durch Wasser nicht herabgesetzt.

### 26.4.3 ALIPHATISCHE GESÄTTIGTE POLYESTER

Gesättigte aliphatische Polyester haben mit Ausnahme des Poly(äthylenglykoloxalates) (Poly(äthylenoxalat)) wegen der geringen Rotationsschwelle (vgl. Kap. 4.2) nur relativ niedrige Schmelzpunkte. Poly(äthylenadipat) schmilzt z. B. bei 54 °C.

Polyester mit Molekulargewichten von einigen Tausend auf Basis von Sebacinsäure oder Adipinsäure und Äthylenglykol werden daher als Weichsegmente für elastische Fasern oder als sekundäre Polymerweichmacher für Poly(vinylchlorid) verwendet. Poly(äthylenglykoladipat) dient auch als nichtfettende Salbengrundlage und wegen seiner wasserabstoßenden Wirkung zum Undurchlässigmachen von Leder.

Durch kationische oder anionische Polymerisation von Lactonen kann man ebenfalls zu hochmolekularen Polymeren gelangen. Die kationische Polymerisation erfolgt vermutlich durch eine Acylspaltung, z.B. bei der Polymerisation von ε-Caprolacton mit Acetylperchlorat als Initiator:

(26-48) $CH_3 \overset{\oplus}{C}O\ +\ \underset{COO}{\bigcirc}\ \rightarrow\ CH_3CO-O(CH_2)_5 \overset{\oplus}{C}O$

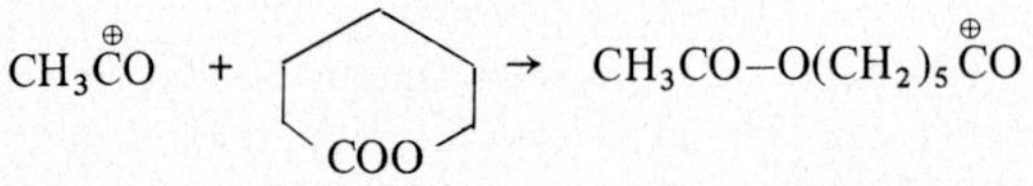

Für β-Propiolacton wird auch eine Alkylöffnung diskutiert. Bei der anionischen Polymerisation von ε-Caprolacton ist ebenfalls eine Acylöffnung wahrscheinlich

(26-49) $R^\ominus\ +\ \underset{}{\bigcirc}\ \rightarrow\ \underset{}{\bigcirc}\ \rightarrow\ RCO(CH_2)_5O^\ominus$

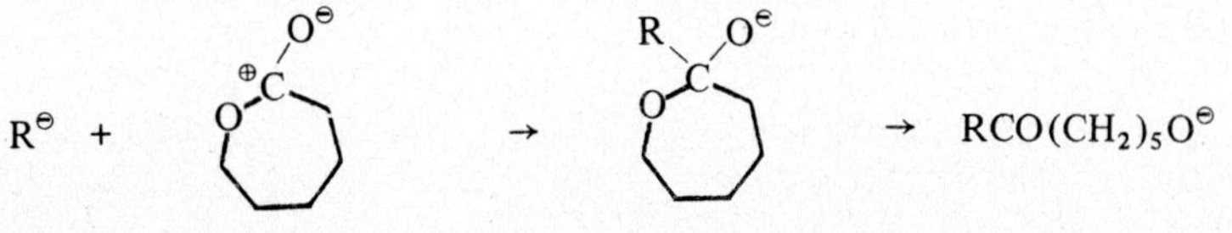

Die radikalische Polymerisation führt wegen starker Übertragungsreaktionen zwar zu hohen Ausbeuten, jedoch zu niedrigen Molekulargewichten.

Poly(ε-caprolacton) wird technisch hergestellt. Oberhalb 250 °C zersetzt es sich in Monomer und Dimer. Poly(ε-caprolactone) dienen als Polymerweichmacher und als Zusätze zur Verbesserung der Färbbarkeit und der Schlagfestigkeit von Polyolefinen.

Poly(glycolid) mit dem Grundbaustein $-\!\!+\!\!CO\!-\!CH_2\!-\!O\!\!+\!\!-$ ist durch Polymerisation des cyclischen Dimeren (Glycolid) oder des O-Carboxyanhydrids der Glycolsäure zugänglich. Aus ihm hergestellte Nähfäden werden in der Chirurgie verwendet, da es vom Körper nicht eingekapselt, sondern absorbiert wird und auch keine Entzündungen hervorruft.

Optisch aktives Poly($\beta$-hydroxybutyrat) mit dem Grundbaustein $-\!\!+\!\!O\!-\!CH(CH_3)\!-\!CH_2\!-\!CO\!\!+\!\!-$ kommt im Cytoplasma von Bakterien in Form hydrophober Granulen von 500 nm Durchmesser vor. Ähnlich wie die Stärke für Pflanzen, ist Poly($\beta$-hydroxybutyrat) die Kohlenstoffreserve für Bakterien.

### 26.4.4 UNGESÄTTIGTE POLYESTER

Ungesättigte Polyester mit Molekulargewichten von einigen Tausend werden in der Technik durch Kondensation von Maleinsäureanhydrid oder Phthalsäureanhydrid mit Äthylenglykol oder Propylenglykol hergestellt. Die anschließende radikalische Copolymerisation mit 30–35 Gew. proz. Styrol führt zu vernetzten Polymeren, die vor allem bei Verstärkung mit Glasfasern hervorragende mechanische Eigenschaften aufweisen. Durch Variation der Säuren, Alkohole und Vinylmonomeren können die Eigenschaften der Duroplaste dem Verwendungszweck angepaßt werden. In der Technik werden als „ungesättigte Polyester" meist die Mischungen der eigentlichen ungesättigten Polyester mit den Monomeren bezeichnet.

Bei der Synthese der ungesättigten Polyester wird der Maleinsäurerest größtenteils zum Fumarsäurerest isomerisiert, der leichter mit Styrol copolymerisiert als der Maleinsäurerest. Bei der Copolymerisation werden nicht alle Doppelbindungen des Polyesters umgesetzt. In einer Nebenreaktion können auch HOR-Reste an Doppelbindungen unter Bildung von Äthern $-CH_2-CH(OR)-$ addiert werden. Die Copolymerisation der ungesättigten Polyester mit elektronegativeren Monomeren wie Styrol oder Vinylacetat führt zu „alternierenden"Copolymeren, d.h. zu kürzeren Vernetzungsbrücken und folglich härteren Polymerisaten. Elektropositivere Monomere wie Methylmethacrylat bilden dagegen lange Methylmethacrylatblöcke zwischen den Polyesterketten aus und geben weichere Polymerisate:

(26-50)

$$\sim\!\!\sim O\!-\!CH_2\!-\!CH_2\!-\!O\!-\!CO\!-\!CH\!=\!CH\!-\!CO\!-\!O\!-\!CH_2\!-\!CH_2\!-\!O\!-\!CO\!-\!\overset{|}{C}H\!-\!CH\!-\!CO\!-\!\!\sim\!\!\sim$$

$$\left(\begin{array}{c} CH_3-\overset{|}{\underset{|}{C}}-CO-O-CH_3 \\ CH_2 \end{array}\right)_m \qquad \left(\begin{array}{c} CH_2 \\ | \\ CH_3-\overset{|}{C}-CO-O-CH_3 \end{array}\right)_n$$

$$\sim\!\!\sim O\!-\!CO\!-\!\overset{|}{C}H\!-\!CH\!-\!CO\!-\!O\!-\!CH_2\!-\!CH_2\!-\!O\!-\!CO\!-\!\overset{|}{C}H\!-\!CH\!-\!CO\!-\!O\!-\!CH_2\!-\!CH_2\!-\!O\!\sim\!\!\sim$$

$$\left(\begin{array}{c} CH_2 \\ | \\ CH_3-\overset{|}{\underset{|}{C}}-CO-O-CH_3 \end{array}\right)_p \qquad \left(\begin{array}{c} CH_2 \\ | \\ CH_3-\overset{|}{\underset{|}{C}}-CO-O-CH_3 \end{array}\right)_q$$

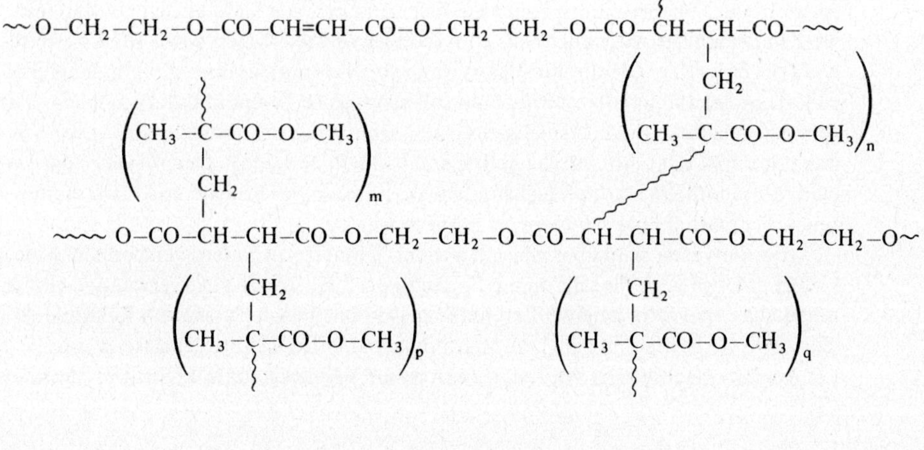

Vorgeformte Matten aus glasfaserverstärkten ungesättigten Polyestern werden als sog. SMC (sheet molding compounds) wie folgt hergestellt: auf einen sich kontinuierlich bewegenden Poly(äthylen)film wird eine Schicht aus einer Mischung von ungesättigten Polyestern, Monomeren und Katalysator gegossen. Darauf werden 20 – 30 Gew. proz. Glasfasern von 2 – 5 cm Länge gestreut. Die Glasfasern werden mit einer zweiten Harzschicht begossen und die fertige Matte mit einem Poly(äthylen)film abgedeckt. Durch anschließendes Rollen wird eine gute Benetzung gewährleistet.

### 26.4.5 AROMATISCHE POLYESTER

Aromatische Polyester enthalten entweder Terephthalsäure oder p-Hydroxybenzoesäure als Säurekomponente. Terephthalsäure wird synthetisiert a) durch katalytische Oxydation der Methylgruppen des p-Xylols mit Luft, b) durch Umlagerung des Kaliumsalzes der o-Phthalsäure bei 145 °C, oder c) durch Chlormethylierung von Toluol (mit $(CH_2O)_3$ + 3 HCl, sowie $ZnCl_2$ als Katalysator) mit anschließender Oxydation.

#### 26.4.5.1 Poly(p-hydroxybenzoesäure)

p-Hydroxybenzoesäure wird aus Phenol und $CO_2$ hergestellt. Das durch Polykondensation hergestellte metallähnliche Polymer ist bis 315 °C einsetzbar. Es ist selbstschmierend und sehr korrosionsbeständig und wird daher für Pumpen und Überzüge verwendet. Das Polymer kann durch Plasmaspritzen und nach den Methoden der Pulvermetallurgie verarbeitet werden.

#### 26.4.5.2 Poly(äthylenterephthalat) (Poly(äthylenglykolterephthalat))

Bei der Synthese geht man technisch überwiegend vom Dimethylester der Terephthalsäure aus. Der Dimethylester wird in einer ersten Stufe mit einem Überschuß Glykol bei ca. 200 °C mit Erdalkalimetallacetaten als Umesterungskatalysatoren umgeestert, wobei das Methanol abgetrieben wird und ein oligomerer Polyester

$$HO{-}CH_2{-}CH_2 \left( CO{-}C_6H_4{-}CO{-}O{-}CH_2{-}CH_2{-}O \right)_{3-4} H$$

entsteht. Dieses Oligomere ist schwer flüchtig und spaltet bei 280 °C unter Vakuum mit $Sb_2O_3$ als Katalysator Glykol ab, wobei der hochmolekulare Polyester entsteht. Auftretende Nebenreaktionen sind die Ätherbildung (aus 2 Molekülen Glykol) und die Zersetzung des Äthylenglykols zu Acetaldehyd und Wasser, sowie die Esterpyrolyse (Gl.(26 – 40)). Die direkte Veresterung von Terephthalsäure mit Äthylenglykol zu hochmolekularen Polyestern ist nur mit sehr reiner Terephthalsäure möglich. Man vermeidet dadurch die kostspielige Rückgewinnung des bei der Umesterung von Dimethylterephthalat mit Äthylenglykol anfallenden Methanols. Der Weg über das Dimethylterephthalat war anfänglich nötig, weil die schwer lösliche und hoch schmelzende Terephthalsäure schwierig zu reinigen war.

Der Polyester wird überwiegend aus der Schmelze zu Fasern versponnen. Eine kleinere Menge wird für sehr dünne Folien in der Elektroindustrie verwendet. Höhermolekulare Poly(äthylenglykolterephthalate) können nach Zusatz von Keimbildnern (Salze von Carbonsäuren) auch als thermoplastische Kunststoffe eingesetzt werden. Ein gewisser Nachteil der Polyesterfasern ist ihr Vergilben unter Licht. Der Mechanismus dafür ist nicht bekannt, denkbar ist eine Esterspaltung mit anschließender Übertragung eines H-Radikals vom Benzolring zum Glykolradikal und anschließender Rekombination der Radikale:

(26-51)

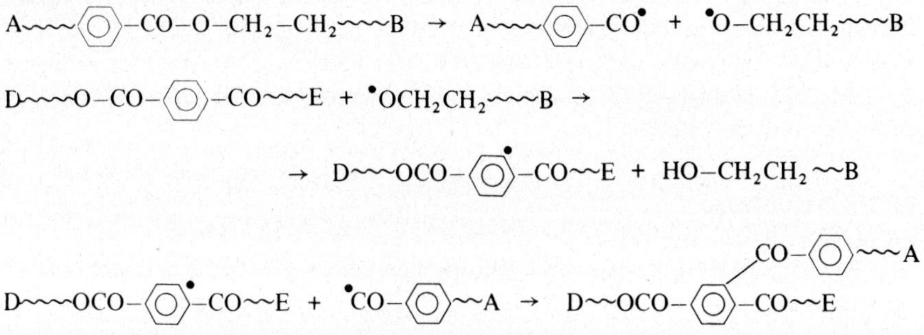

A$\sim\sim$⟨O⟩–CO–O–CH$_2$–CH$_2$$\sim\sim$B → A$\sim\sim$⟨O⟩–CO$^\bullet$ + $^\bullet$O–CH$_2$CH$_2$$\sim\sim$B

D$\sim\sim$O–CO–⟨O⟩–CO$\sim\sim$E + $^\bullet$OCH$_2$CH$_2$$\sim\sim$B →

→ D$\sim\sim$OCO–⟨Ȯ⟩–CO$\sim\sim$E + HO–CH$_2$CH$_2$$\sim\sim$B

D$\sim\sim$OCO–⟨Ȯ⟩–CO$\sim\sim$E + $^\bullet$CO–⟨O⟩$\sim\sim$A → D$\sim\sim$OCO–⟨O⟩(–CO$\sim\sim$E)(CO–⟨O⟩$\sim\sim$A)

Poly(äthylenterephthalat) (PETP) gibt eine verhältnismäßig hydrophobe Faser und wird daher leicht durch Öl verschmutzt. Die Verschmutzungsneigung kann man durch Aufpfropfen von 0,5 % Acrylsäure mit Hilfe ionisierter Gase oder durch partielle Hydrolyse der Oberfläche (wobei COOH-Gruppen freigesetzt werden) beseitigen. Durch Einbau von ca. 5 % Adipinsäure wird die Kristallinität herabgesetzt, wodurch eine bessere Färbbarkeit resultiert. Der Einbau kleiner Mengen sulfonierter Terephthalsäure schafft anionische Stellen für kationische Farbstoffe.

Aus PETP werden auch Folien für Tonbänder hergestellt (früher aus PVC oder Cellulosediacetat oder -triacetat). Die Tonbänder sind mit magnetischen Oxiden beschichtet, die in Vinylchlorid-Co- oder Terpolymere, vernetzte Polyisocyanate, Epoxidharze oder Polyesterharze eingebettet sind.

Poly(äthylenterephthalat) mit dem Zusatz von Keimbildnern für die Kristallisation kann durch Spritzgießen zu Formteilen verarbeitet werden, wobei jedoch sehr genaue Verarbeitungsbedingungen eingehalten werden müssen. PETP nimmt als Konstruktionswerkstoff kaum Wasser auf. Es ist steif und hart, reibungs- und verschleißarm, mechanisch hoch belastbar und sehr kriechfest. Aus diesen Gründen und wegen seines geringen Längenausdehnungskoeffizienten wird es für maßgetreue Zahnräder und für Gleitelemente eingesetzt.

Der Polyester aus Terephthalsäuredimethylester und Cyclohexan-1,4-dimethylol kann im Gegensatz zum Polyäthylenterephthalat auch mit äquivalenten Ausgangsmengen hergestellt werden. Er hat ebenso wie der Copolyester aus Terephthalsäuredimethylester, Äthylenglykol und 5 – 10 proz. p-Hydroxybenzoesäure bzw. Isophtalsäure eine verbesserte Anfärbbarkeit.

### 26.4.5.3 Poly(butylenterephthalat)

Der Polyester aus 1,4-Butandiol und Terephthalsäure besitzt eine gute Verarbeitbarkeit und eine ausgezeichnete Schlagfestigkeit. Er konkurriert mit den Polyacetalen.

Ein Blockcopolymer aus 60 % Poly(1,4-butandiolterephthalat) und 40 % Poly(butylenglykol) (Molekulargewicht 1000) mit einem Molekulargewicht von ca. 25 000 g/mol ist ein thermoplastisches Elastomer.

26.4.6 ALKYDHARZE

Alkyd- oder Glyptalharze (Glycerin + Phthalsäure) entstehen durch Umsetzen von drei- oder mehrwertigen Alkoholen (Glycerin, Trimethylolpropan, Pentaerythrit, Sorbit) mit zweiwertigen Säuren (Phthalsäure, Bernsteinsäure, Maleinsäure, Fumarsäure, Adipinsäure), Fettsäuren (aus Leinöl, Ricinusöl, Sojaöl, Kokosöl oder Anhydriden (Phthalsäureanhydrid) bei Temperaturen zwischen 200 und 250 °C. Die Umsetzung wird zunächst nur bis zu noch löslichen Produkten geführt, die Vernetzung erfolgt erst nach der Anwendung, z.B. als Lackharz. Die Technologie der Alkydharze ist noch weitgehend empirisch.

## 26.5 Polyanhydride

Polyanhydride entstehen durch Selbstkondensation gewisser aromatischer Dicarbonsäuren:

(26-52)  $HOOC-\langle O \rangle-R-\langle O \rangle-COOH \longrightarrow -(-\langle O \rangle-R-\langle O \rangle-CO-O-CO-)-$

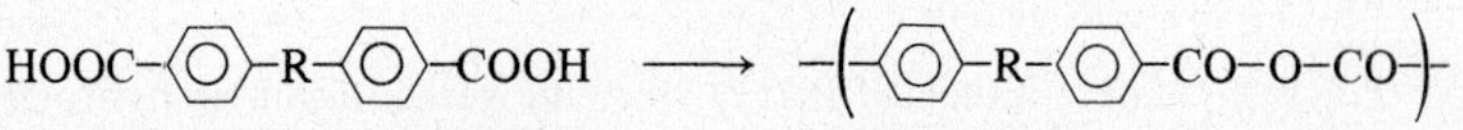

mit $R = CH_2$, $O(CH_2)_nO$ oder $O(CH_2O)_n$. Die kristallinen Polymeren sind film- und faserbildend und besitzen eine gute thermische und hydrolytische Beständigkeit, sogar gegen Alkali. Sie werden jedoch noch nicht technisch hergestellt.

**Literatur zu Kap. 26**

### 26.1 Polyacetale

J. Furukawa und T. Saegusa, Polymerization of Aldehydes and Oxides, Wiley, New York 1963
M. Sittig, Polyacetal Resins, Gulf Publ. Comp., Houston 1964, 3. Aufl.
K. Weissermel, E. Fischer, K. Gutweiler, H. D. Hermann und H. Cherdron, Polymerisation von Trioxan, Angewandte Chem. **79** (1967) 512
S. J. Barker und M. B. Price, Polyacetals, Iliffe, London 1970

### 26.2 Polyäther, allgemein

J. Furukawa und T. Saegusa, Polymerization of Aldehydes und Oxides, Wiley, New York 1963
A. F. Gurgiolo, Poly(alkylene oxides), Revs. Macromol. Chem. **1** (1966) 39
H. Tadokoro, Structure of Crystalline Polyethers, Macromol. Revs. **1** (1967) 119

### 26.2.3 Epoxidharze

A. M. Paquin, Epoxydverbindungen und Epoxydharze, Springer, Berlin 1958
H. Lee und K. Neville, Handbook of Epoxy Resins, McGraw-Hill, New York 1967
H. Batzer, Stand und Entwicklung in der Chemie der Epoxydharze, Kunststoffe-Plastics (Solothurn) **14** (1967) 77, 117
H. Jahn, Epoxidharze, VEB Dtsch. Verlag f. Grundstoffindustrie, Leipzig 1969
Y. Ishii und S. Sakai, 1,2 Epoxides, in K. C. Frisch und S. L. Reegen, Hrsg., Ring-Opening Polymerization (= Vol 2, Kinetics and Mechanism of Polymerization Series), M. Dekker, New York 1969
I. Skeist und G. R. Somerville, Epoxy Resins, Reinhold, New York 1964
P. F. Bruins, Hrsg., Epoxy Resin Technology, Interscience, New York 1969

### *26.2.6 Perfluorierte Epoxide*

H. S. Eleuterio, Polymerization of Perfluoro Epoxides, J. Polymer Sci. **[A-1] 6** (1972) 1027

### *26.2.8 Poly(tetrahydrofuran)*

P. Dreyfuss und M. P. Dreyfuss, Polytetrahydrofuran, Adv. Polymer Sci. **4** (1967) 528
P. Dreyfuss und M. P. Dreyfuss, 1,3-Epoxides and Higher Epoxides, in K. C. Frisch und S. L. Reegen, Hrsg., Ring-Opening Polymerizations, M. Dekker, New York 1969

### *26.2.9 Poly(phenylenoxid)*

A. S. Hay, Aromatic Polyethers, Adv. Polymer Sci. **4** (1967) 496

### *26.3 Phenolharze*

T. S. Carswell, Phenoplasts, Interscience, New York 1947
K. Hultzsch, Chemie der Phenolharze, Springer, Berlin 1950
R. W. Martin, The Chemistry of Phenolic Resins, Wiley, New York 1956
N. J. L. Megson, Phenolic Resin Chemistry, Butterworths, London 1958
A. A. K. Whitehouse, E. G. K. Pritchett, G. Barnett, Phenolic Resins, Iliffe Ltd., London 1967
R. Vieweg und E. Becker, Duroplaste (= Bd. 10 von R. Vieweg und K. Krekeler, Kunststoff-Handbuch), C. Hanser, München 1968

### *26.4 Polyester*

J. Bjorksten, H. Tovey, B. Harker und J. Henning, Polyesters and Their Applications, Reinhold, New York 1959 (3. Aufl.)
V. V. Korshak und S. V. Vinogradova, Polyesters, Pergamon Press, Oxford 1965
I. Goodman und J. A. Rhys, Polyesters, Vol. I, Saturated Polyesters, Iliffe Ltd., London 1965
D. H. Solomon, A Reassessment of the Theory of Polyesterfication with Particular Reference to Alkyd Resins, J. Macromol. Sci. **C** (Reviews) **1** (1967) 179
H. Schnell, Chemistry and Physics of Polycarbonates, Interscience, New York 1964
H. V. Boenig, Unsaturated Polyesters, Elsevier, Amsterdam 1964
B. Parkyn, F. Lamb, B. V. Clifton, Polyesters, Vol. II, Unsaturated Polyesters, Iliffe, London 1967
H. Ludwig, Polyester-Fasern, Akademie-Verlag, Berlin 1965; Polyester Fibres, Wiley, New York 1971
L. H. Buxbaum, Der Abbau von Polyäthylenterephthalat, Angewandte Chem. **80** (1968) 225
H. Martens, Alkyd Resins, Reinhold, New York 1961
R. D. Lundberg und E. F. Cox, Lactones, in K. C. Frisch und S. L. Reegen, Hrsg., Ring-Opening Polymerizations, M. Dekker, New York 1969
W. F. Christopher, Polycarbonates, Reinhold, New York 1962
G. L. Brode und J. V. Koleske, Lactone Polymerization and Polymer Properties, J. Macromol. Sci. [Chem.] **A 6** (1972) 1109

# 27 Kohlenstoff/Schwefel-Ketten

## *27.1 Polysulfide*

### 27.1.1 ALIPHATISCHE POLYSULFIDE MIT MONOSCHWEFEL

Die einfachste Kettenstruktur $\text{+}CH_2{-}S\text{+}_n$ entsteht durch Polymerisation von Thioformaldehyd $CH_2S$ oder dessem cyclischen Trimeren (Trithian). Aliphatische Polysulfide mit zwei und mehr Kohlenstoffatomen pro Grundbaustein sind durch Polymerisation der cyclischen Sulfide zugänglich. Der Startschritt der Polymerisation von Propylensulfid mit lithiumorganischen Verbindungen weicht dabei von demjenigen der Epoxide ab, da bei dem ersteren das Schwefelatom, bei dem letzteren aber der Kohlenstoff angegriffen wird. Im Startschritt bildet sich aus Propylensulfid und z. B. Lithiumäthyl zunächst Propylen und Lithiumäthanthiolat:

(27-1) $$C_2H_5Li + CH_3{-}\overset{\overset{S}{\frown}}{CH{-}CH_2} \longrightarrow CH_3{-}CH{=}CH_2 + C_2H_5SLi$$

Das Thiolatanion polymerisiert dann das überschüssige Propylensulfid:

(27-2) $$C_2H_5S^{\ominus} + CH_3{-}\overset{\overset{S}{\frown}}{CH{-}CH_2} \longrightarrow C_2H_5S\text{+}\overset{\overset{CH_3}{|}}{CH}{-}CH_2{-}S\text{+}^{\ominus}$$

Bei der Polymerisation viergliedriger Ringe bilden sich aber Carbanionen:

(27-3) $$C_2H_5Li + \begin{array}{l} CH_3{-}CH{-}S \\ \quad\;\; | \quad\;\; | \\ \quad\; CH_2{-}CH_2 \end{array} \longrightarrow C_2H_5\text{+}S{-}\overset{\overset{CH_3}{|}}{CH}{-}CH_2{-}CH_2\text{+}^{\ominus}\,Li^{\oplus}$$

Aus Pentaerythrit $C(CH_2OH)_4$ und Chloracetaldehyd $ClCH_2CHO$ läßt sich ein Monomer gewinnen, das nach der Polykondensation mit Dinatriumsulfid zu schwefelhaltigen Polymeren führt:

(27-4)

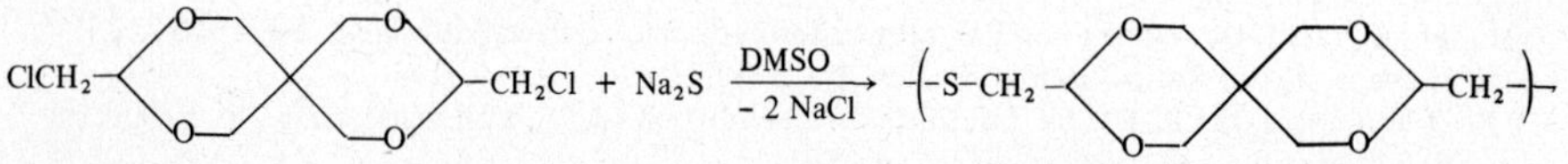


Zur Stabilisierung werden die Endgruppen mit Äthylenchlorhydrin verkappt. Das Material wird bei 200 - 260 °C thermoplastisch und kann dann zu zähen Filmen verarbeitet werden.

### 27.1.2 ALIPHATISCHE POLYSULFIDE MIT POLYSCHWEFEL

Bei den technisch bedeutsamen organischen Polysulfiden mit dem Strukturelement $\text{+}RS_x\text{+}_n$ wird x als Schwefelgrad bezeichnet. x gibt die mittlere Zahl von Schwefelatomen pro Strukturelement an.

*Synthese:* Die organischen Polysulfid-Polymeren werden nach der allgemeinen Gleichung

(27-5) $$n\,Hal{-}R{-}Hal + n\,Na_2S_x \longrightarrow \text{+}RS_x\text{+}_n + 2\,n\,NaHal$$

aus $\alpha$, $\omega$-Dihalogenverbindungen und Natriumpolysulfid hergestellt. Als Halogenverbindungen eignen sich Äthylenchlorid, Bis($\beta$-chloräthoxy)methan (Bis(2-chloräthyl)-formal), Bis(2-chloräthyl)äther und Allyl- bzw. Benzylhalogenide. In der Technik wird jetzt überwiegend das Bis(2-chloräthyl)formal verwendet. Aromatische Halogenverbindungen oder Vinylhalogenide sind zu reaktionsträge. Die Kondensationsgeschwindigkeit wird durch ionisierende Lösungsmittel oder Temperaturerhöhung vergrößert.

Die beiden Reaktionspartner brauchen nicht in äquivalenten Mengen eingesetzt zu werden. Durch einen Überschuß an $Na_2S_x$ werden nämlich –SNa-Endgruppen gebildet, die eine Disproportionierungsreaktion

(27-6) $$2 \sim\sim RS_xNa \rightleftarrows \sim\sim RS_xR \sim\sim + Na_2S_x$$

eingehen können. Die Situation ist also ähnlich wie bei der Umesterung bei der Poly(äthylenglykolterephthalat)-Synthese. Durch Oxydation der –SNa-Endgruppen analog zur Cystin-Cystein-Reaktion kann das Molekulargewicht ebenfalls erhöht werden:

(27-7) $$2 \sim\sim R{-}S{-}Na + \tfrac{1}{2} O_2 + H_2O \longrightarrow \sim\sim R{-}S{-}S{-}R \sim\sim + 2\,NaOH$$

Für die Synthese technischer Polysulfid-Typen verwendet man als Dihalogenverbindung entweder Äthylendichlorid (Thiokol A der Thiokol Chemical Corp., Schwefelgrad 4), Bis(2-chloräthyl-)-formal (Thiokol FA, Schwefelgrad 2) oder ein Gemisch dieser beiden Verbindungen (Thiokol ST, Schwefelgrad 2,2).

*Eigenschaften:* Nach ramanspektroskopischen Messungen liegen die Schwefelatome in Polymeren mit höheren Schwefelgraden in Form von Ketten –S–S–S– vor. Ein Teil des Schwefels isr bis zu einem Schwefelgrad $x = 2$ austauschbar, da nur S–S-Bindungen, nicht aber C–S-Bindungen gespalten werden. Behandelt man z. B. ein Grundmol eines Polymeren mit dem Schwefelgrad 4 mit 1 Mol $Na_2S_4$, dann geht der Schwefelgrad des Polymeren auf 3,1 herunter und der des Natriumpolysulfids auf 4,9 hinauf. Der Schwefelgrad im Polymeren $\text{+}(RS_x)\text{+}$ sinkt dabei mit steigendem Überschuß an $NaS_x$.

Die Eigenschaften der Polymeren hängen in erster Linie vom Schwefelgrad der Proben ab (Tab. 27 – 1). Höhere Schwefelgrade ergeben bessere Elastomere.

Thiokol A hat wegen seines hohen Schwefelgehaltes von 84 % die größte Lösungsmittelbeständigkeit, läßt sich aber nur schlecht verarbeiten und hat einen starken, unan-

*Tab. 27-1:* Einfluß des Schwefelgrades auf die Konsistenz organischer Polysulfid-Polymerer

| | |
|---|---|
| $+(CH_2-S)_n$ | Pulver |
| $+(CH_2-S_2)_n$ | feste, plastische Masse |
| $+(CH_2-S_4)_n$ | Gummi |
| $+(CH_2-CH_2-S)_n$ | Pulver |
| $+(CH_2-CH_2-S_2)_n$ | hornähnlich, kalt verstreckbar |
| $+(CH_2-CH_2-S_3)_n$ | gummiähnlich |
| $+(CH_2-CH_2-S_4)_n$ | Gummi, neigt beim Stehen zur Kristallisation |

genehmen Geruch. Thiokol ST besitzt diese Nachteile nicht, wird aber von Aromaten, Ketonen und Estern stärker gequollen als Thiokol A. Thiokol FA weist Eigenschaften zwischen denen der Typen A und ST auf.

*Verarbeitung und Anwendung:* Die flüssigen Polymeren mit Molekulargewichten von ca. 3000–4000 werden durch Oxydationsmittel vulkanisiert (gehärtet), wobei vorzugsweise Bleidioxid verwendet wird.

(27-8) $\sim\sim\sim$RSH + PbO$_2$ $\longrightarrow$ $\sim\sim\sim$R–S–S–R$\sim\sim\sim$ + PbO + H$_2$O

$\sim\sim\sim$RSH + PbO $\longrightarrow$ $\sim\sim\sim$R–S–Pb–S–R$\sim\sim\sim$ + H$_2$O

$\sim\sim\sim$R–S–Pb–S–R$\sim\sim\sim$ + PbO$_2$ $\longrightarrow$ $\sim\sim\sim$R–S–S–R$\sim\sim\sim$ + 2 PbO

Andere Härter sind Cumolhydroperoxid und andere organische Peroxide, sowie für niedere Molekulargewichte auch p-Chinondioxim.

Die festen Polysulfid-Polymeren werden wegen ihrer Beständigkeit gegen Lösungsmittel, Sauerstoff und Ozon für Dichtungen und andere Formartikel verwendet. Mit Epoxidharzen flexibilisierte Polymere werden als Kleber und als Beschichtungsmaterial im Straßenbau verwendet. Gemische aus flüssigen Polysulfid-Polymeren mit gewissen Oxydationsmittel verbrennen mit großer Intensität und starker Gasentwicklung und werden als Grundstoffe für Feststoff-Raketen eingesetzt.

### 27.1.3 AROMATISCHE POLYSULFIDE

Das sog. Poly(phenylensulfid) (*Poly(thio-1,4-phenylen)*) ist ein kristallines Polymer ($T_M$ = 288 °C) mit einer Vicat-Temperatur von 315 °C. Es ist in allen untersuchten Lösungsmitteln bis 200 °C unlöslich, nicht entflammbar und in Luft bis 500 °C stabil. Dieser ausgesprochene Konstruktionskunststoff wird daher für Überzüge von Ventilen und Pumpen aus Stahl und Aluminium eingesetzt (Konkurrenz für Poly(tetrafluoräthylen)). Das Polymer kann gegossen und extrudiert, sowie im Spritzgußverfahren verarbeitet werden.

## 27.2 Polysulfone

Polysulfon ist ein thermoplastisches Copolymer des Natriumsalzes von Bisphenol A und p,p′-Dichlordiphenylsulfon

(27-9) NaO–⟨O⟩–C(CH$_3$)$_2$–⟨O⟩–ONa + Cl–⟨O⟩–SO$_2$–⟨O⟩–Cl $\longrightarrow$

$\longrightarrow$ ⟨O–C$_6$H$_4$–C(CH$_3$)$_2$–C$_6$H$_4$–O–C$_6$H$_4$–SO$_2$–C$_6$H$_4$⟩ + 2 NaCl

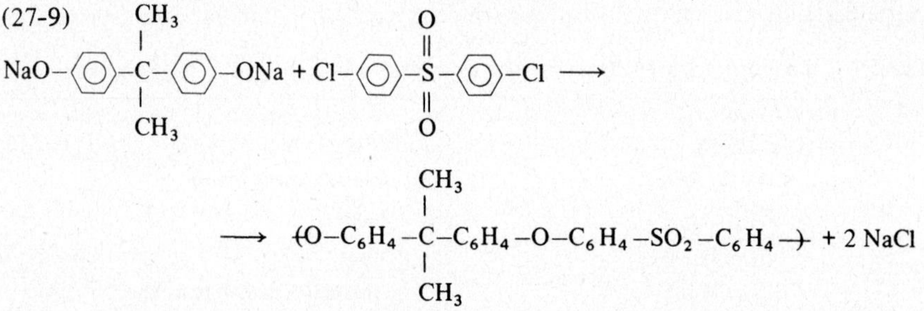

mit Polymerisationsgraden von 100–160, bezogen auf die Grundbausteine. Dichlordiphenylsulfon erhält man aus Chlorbenzol und SO$_3$. Die mechanische Festigkeit des Polysulfons ist im Bereich zwischen –180 und +140 °C gut, d.h. sie ist deutlich besser als die der Polycarbonate und des Poly(oxymethylens). Die höhere Steifheit des Moleküls ist durch die höchste Oxydationsstufe des Schwefels bedingt, wodurch Elektronen von den benachbarten Benzolringen abgezogen und diese gleichzeitig oxydationsbeständiger werden. Die Resonanz zwischen $-SO_2-$ und $-C_6H_4-$ erlaubt die Aufnahme thermischer Energie und führt zu einer höheren thermischen Beständigkeit. Äthergruppierungen und in geringerem Umfang auch die Isopropylgruppen machen das Molekül flexibel und daher relativ leicht verarbeitbar. Polysulfon wird für Spritzgußartikel eingesetzt, sowie für Filme und Folien.

Polyarylsulfone entstehen auch durch Friedel-Crafts-Synthese über

(27-10)  ⟨O⟩–O–⟨O⟩–SO₂Cl  $\xrightarrow{FeCl_3}$  –[⟨O⟩–O–⟨O⟩–SO₂]–

oder

(27-11)  ClSO₂–⟨O⟩–O–⟨O⟩–SO₂Cl + ⟨O⟩–⟨O⟩ →

→ –[·SO₂–⟨O⟩–O–⟨O⟩–SO₂–⟨O⟩–⟨O⟩]–

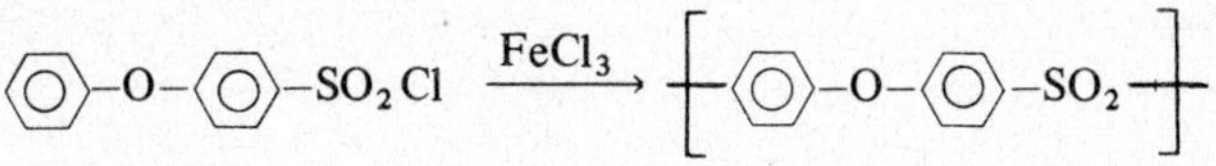

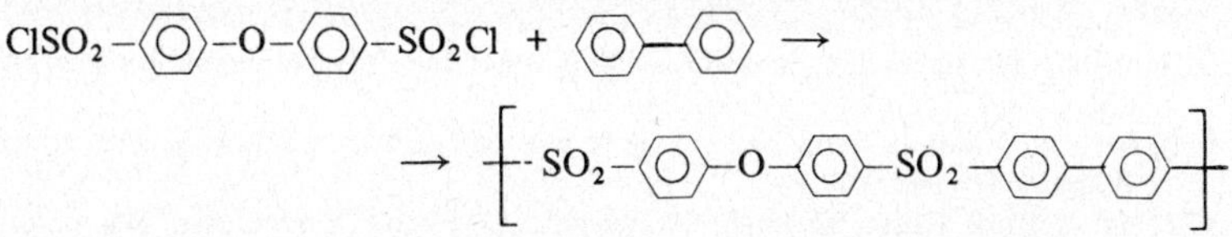

in Lösungsmitteln wie Dimethylsulfon oder Nitrobenzol. Wegen der desaktivierenden Wirkung der Sulfongruppe auf den aromatischen Ring wird praktisch keine Verzweigung erhalten. Polyarylsulfone besitzen je nach Konstitution Glastemperaturen zwischen 200 und 350 °C. Sie sind im gleichen Temperaturbereich thermisch und oxydativ über längere Zeit beständig.

## 27.3 Poly(thiocarbonylfluorid)

Thiocarbonylfluorid oder **Difluorthioformaldehyd** $CF_2S$ ist über

(27-12)  $Cl_2C\underset{S}{\overset{S}{\diamond}}CCl_2 \xrightarrow{SbF_3} F_2C\underset{S}{\overset{S}{\diamond}}CF_2 \rightarrow 2\,CF_2{=}S$

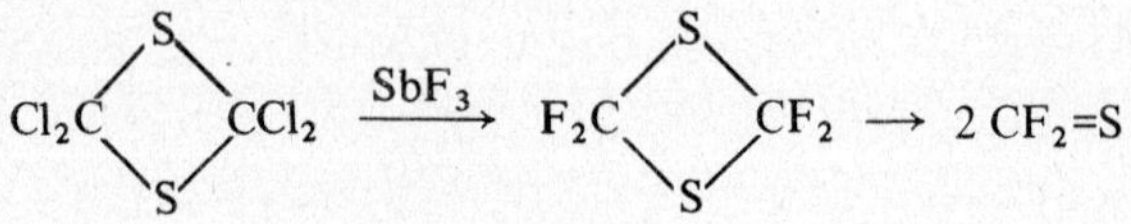

zugänglich. Es kann anionisch bei $-80\,°C$ mit Aminen, Phosphinen, Tetraalkyltitanaten oder Dimethylformamid als Initiatoren zu hochmolekularen Produkten ($M \sim 500\,000$ g/mol) polymerisiert werden. Bei der DMF-initiierten Polymerisation ist vermutlich das Fluoridion (aus HF als Verunreinigung) der eigentliche Initiator:

(27-13)  $DMF + HF \rightarrow [DMF-H]^{\oplus} + F^{\ominus}$

$F^{\ominus} + CF_2S \rightarrow CF_3S^{\ominus}$

$CF_3S^{\ominus} + CF_2S \rightarrow CF_3-S-CF_2-S^{\ominus}$

$CF_3-S-(-CF_2S-)_x\,CF_2-S^{\ominus} \rightarrow CF_3-S-(-CF_2S-)_x\,CF{=}S + F^{\ominus}$

Radikalische Polymerisationen sind bei tiefen Temperaturen (mit Radikalen aus der Boralkyl/Sauerstoff-Reaktion, vgl. Kap. 20.1.3.1) ebenfalls möglich.

Poly(thiocarbonylfluoride) sind mit ihrer niedrigen Glastemperatur von – 118 °C und ihrer Schmelztemperatur von + 35 °C gute Elastomere. Sie werden von Aminen im festen Zustand rasch abgebaut, falls die Amine die Polymeroberfläche benetzen können. Oberhalb 175 °C depolymerisieren die Polymeren zu $CF_2S$.

## Literatur zu Kap. 27

E. J. Goethals, Sulfur-Containing Polymers, J. Macromol. Sci. **C** (Reviews) **2** (1968) 73

G. Gaylord, Polyethers, Pt. 3, Polyalkylene Sulfides and Other Polythioethers, J. Wiley, London 1962

L. Hockenberger, Herstellung und Verwendung fester und flüssiger organischer Polysulfid-Polymerer, Chem.-Ing.-Technik **36** (1964) 1046

E. R. Bertozzi, Chemistry and Technology of Elastomeric Polysulfide Polymers, Rubber Chem. Technol. **41** (1968) 114

K. J. Ivin und J. B. Rose, Polysulphones, Organic and Physical Chem., Adv. Macromol. Chem. **1** (1968) 336

W. H. Sharkey, Poly(Thiocarbonyl Fluoride) and Related Elastomers, in J. P. Kennedy and E. G. M. Törnqvist, Hrsg., Polymer Chemistry of Synthetic Elastomers, Teil II, Interscience, New York 1969

C. Placek, Polysulfide Manufacture, Noyes Data Corp., Park Ridge, N. Y. 1970

W. Cooper, Polyalkylene Sulphides, Brit. Polymer J. **3** (1971) 28

E. Dachselt, Thioplaste, VEB Dtsch. Vlg. für Grundstoffindustrie, Leipzig 1971

P. Sigwalt, Polysulfures d'éthylène, Chim. et Ind. **104** (1971) 47

F. Lautenschlaeger, Alkylene Sulfide Polymerizations, J. Macromol. Sci. [Chem.] **A 6** (1972) 1089

# 28 Kohlenstoff/Stickstoff-Ketten

## *28.1 Polyimine*

Die Polymerisationsprodukte des Äthylenimins werden als Polyimine bezeichnet. Die Ringöffnungspolymerisation des Äthylenimins kann durch Säuren HA oder alkylierende Agenzien RX initiiert werden, z. B.:

(28-1)

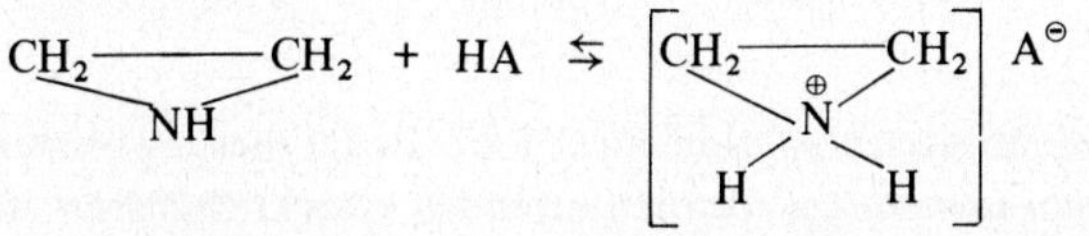

Die geladene Spezies löst dann die Polymerisation aus. Die entstehende Polymerkette enthält durch Übertragungsreaktionen neben den sekundären Amingruppen auch primäre und tertiäre, so daß eine hochverzweigte Struktur vorliegt'

(28-2)

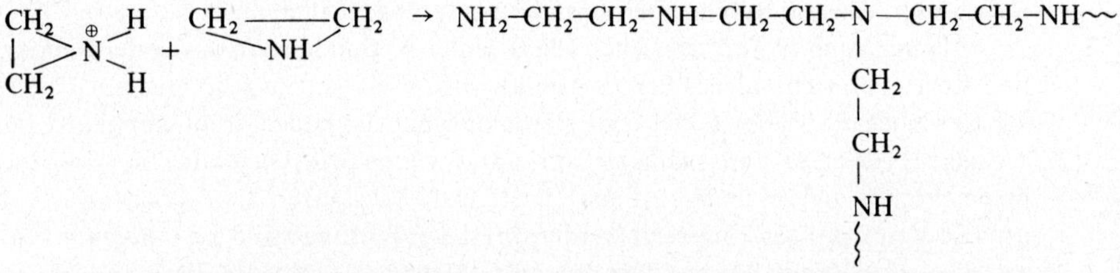

Kommerzielle Polymere weisen Molekulargewichte bis zu ca. 100 000 g/mol und Verhältnisse von primären: sekundären: tertiären Aminogruppen von 1 : 2 : 1 auf. Sie werden als Adhäsive (z.B. Bindung von Polyestercord an Kautschuk), Papierhilfsmittel usw. eingesetzt. Quaternierte Poly(äthylenimine) bilden wasserlösliche Polykationen und werden als Flockungsmittel in der Wasseraufbereitung verwendet.

Unverzweigte Poly(äthylenimine) können über die isomerisierende Polymerisation unsubstituierter 2-Oxazoline hergestellt werden:

(28-3)

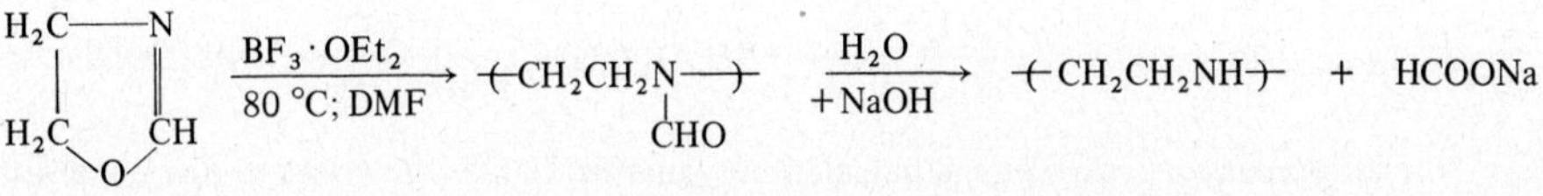

Diese Produkte sind kristallin ($T_M$ = 58,5 °C; $T_G$ = −23,5 °C) und lösen sich nur in heißem Wasser.

## *28.2 Aminoharze*

Aminoharze (Aminoplaste) sind Kondensationsprodukte aus NH-gruppenhaltigen Verbindungen, die mit einer nucleophilen Komponente über das Carbonylkohlenstoffatom eines Aldehyds oder eines Ketons in einer Art Mannich-Reaktion verknüpft werden:

$$(28\text{-}4) \quad H-Y \; + \; \underset{R}{\overset{R}{\underset{|}{\overset{|}{C}}}}=O \; + \; H-N\underset{}{\overset{}{\big\langle}} \; \longrightarrow \; Y-\underset{R}{\overset{R}{\underset{|}{\overset{|}{C}}}}-N\underset{}{\overset{}{\big\langle}} \; + \; H_2O$$

nucleo-     Carbonyl-     NH-
phile       Komponente  Kompo-
Komponente                   nente

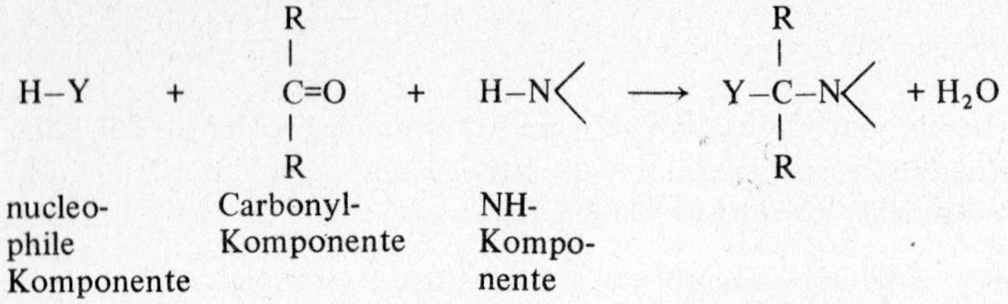

Bei dieser nach der wichtigsten Reaktion auch α-Ureidoalkylierung genannten Reaktion werden als *NH-gruppenhaltige* Verbindungen hauptsächlich Harnstoff und Melamin verwendet, daneben in geringerem Umfange entsprechende substituierte und cyclische Harnstoffe, Thioharnstoffe, Guanidine, Urethane, Cyanamide, Säureamide usw.

Als *Carbonyl*komponente wurde ursprünglich nur Formaldehyd eingesetzt, in neuerer Zeit werden jedoch auch höhere Aldehyde und Ketone verwendet. Die Brauchbarkeit dieser Aldehyde und Ketone wird jedoch durch Aldolisierungen, Cannizzaro-Reaktionen, Enamin-Bildung und sterische Hinderung eingeschränkt.

Als *nucleophile* Partner dienen alle H-aciden Verbindungen, die an der Kondensationsstelle ein ungebundenes Elektronenpaar aufweisen. Hierzu gehören einmal die Halogenwasserstoffe, dann als OH-acide Verbindungen Alkohole, Carbonsäuren und Halbacetale, als NH-acide Verbindungen Säureamide, Harnstoffe, Guanidine, Melamine, Urethane, primäre und sekundäre Amine, als SH-acide Substanzen Mercaptane. Auch können alle Verbindungen eingesetzt werden, die unter Protonabgabe ein Carbanion bilden (CH-acide Verbindungen) oder durch Prototropie in tautomere Formen übergehen wie enolisierbare Ketone. Außer den entsprechend (mit $NO_2$-, CN-, COOH-Gruppen usw.) aktivierten Substanzen mit Methylengruppen (CH-acide Verbindungen) gehören hierzu auch entsprechend substituierte aromatische Verbindungen wie Anilin usw.

### 28.2.1 MONOMER-SYNTHESE

*Harnstoff* wird aus Ammoniak und Kohlendioxid hergestellt, wobei über die Zwischenstufe des Ammoniumcarbaminates (Ammoncarbamates) unter Wasserabspaltung der Harnstoff in wässriger Lösung anfällt:

$$(28\text{-}5) \quad 2\,NH_3 + CO_2 \xrightarrow[130-140\,°C]{100\,\text{bar}} NH_4OCONH_2 \xrightarrow[40\%\,\text{Ums.}]{-H_2O} NH_2CONH_2$$

*Thioharnstoff* wird aus dem Calciumcyanamid $CaCN_2$ gewonnen, das seinerseits aus Calcium und Stickstoff entsteht:

$$(28\text{-}6) \quad CaCN_2 + Na_2S + 2\,CO_2 + 2\,H_2O \longrightarrow NH_2CSNH_2 + CaCO_3 + Na_2CO_3$$

Das Calciumcyanamid dient auch als Ausgangsverbindung für die Synthese des *Dicyandiamids* $NH_2-C(NH)-NH-CN$:

$$(28\text{-}7) \quad CaCN_2 + CO_2 + H_2O \longrightarrow CaCO_3 + NH_2CN$$

$$2\,NH_2CN \longrightarrow NH_2-\underset{\underset{NH}{\|}}{C}-NH-CN$$

Aus Dicyandiamid wiederum entsteht durch Erhitzen unter Druck in Ammoniak-Atmosphäre das *Melamin* (Cyanursäureamid), dessen Konstitutionsformel je nach pH-Wert verschieden ist:

(28-8) $\quad 3\ NH_2-C-NH-CN \xrightarrow{NH_3}$

$$\begin{array}{c} NH_2 \\ | \\ C \\ \diagup \ \diagdown \\ N \quad\quad N \\ \| \quad\quad | \\ 2\ NH_2-C \quad C-NH_2 \\ \diagdown_N\diagup \end{array}$$

(mit $\|$ NH unter dem C links)

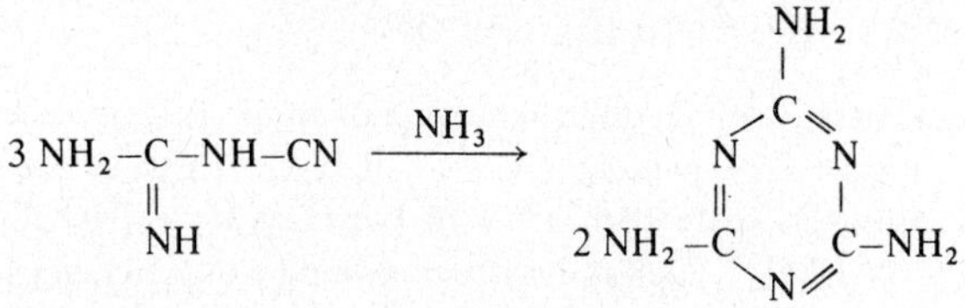

Melamin wird auch durch Erhitzen von Harnstoff erhalten:

(28-9) $\quad 6\ O=C\begin{matrix}\diagup NH_2 \\ \diagdown NH_2\end{matrix} \longrightarrow$ Melamin $+ 6\ NH_3 + 3\ CO_2$

Beim Erhitzen von Melamin auf über 300 °C wird unter Bildung stärker kondensierter Produkte Ammoniak abgespalten, wobei hitzebeständige und praktisch unlösliche höhere Kondensationsprodukte z.T. ungeklärter Struktur entstehen.

*Anilin* wird durch Reduktion von Nitrobenzol mit Fe/HCl hergestellt. Zur Synthese des Formaldehyds vgl. Abschnitt 26.1.2.

### 28.2.2 KONDENSATIONEN

Im Primärschritt wird in einer Gleichgewichtsreaktion die Carbonylkomponente (z.B. Formaldehyd) mit der NH-gruppenhaltigen Verbindung (z.B. Harnstoff) verknüpft:

(28-10) $\quad >\!\!N - CO - NH + C=O \rightleftharpoons\ >\!\!N - CO - N - C - OH$

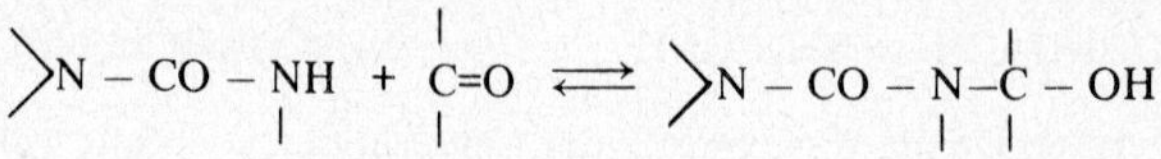

Der Primärschritt kann durch Basen oder Säuren katalysiert werden, z. B.:

(28-11) $\quad H_2N - CO - NH_2 \xrightarrow[-H_2O]{+OH^{\ominus}} H_2N-CO-\overset{\ominus}{N}H \xrightarrow{+CH_2O} H_2N-CO-NH-CH_2-O^{\ominus}$

$\quad\quad\quad\quad\quad\quad\quad\quad\quad\quad\quad\quad\quad\quad\quad\quad\quad\quad\quad\quad\quad\quad\quad\quad\quad\quad\quad \downarrow +H^{\oplus}$

$$\begin{matrix} H_2N - C - NH \\ O^{\diagdown}\quad\quad\quad\diagdown \\ \quad\ \ H-O\diagup\quad CH_2 \end{matrix} \rightleftharpoons\ H_2N-CO-NH-CH_2-OH$$

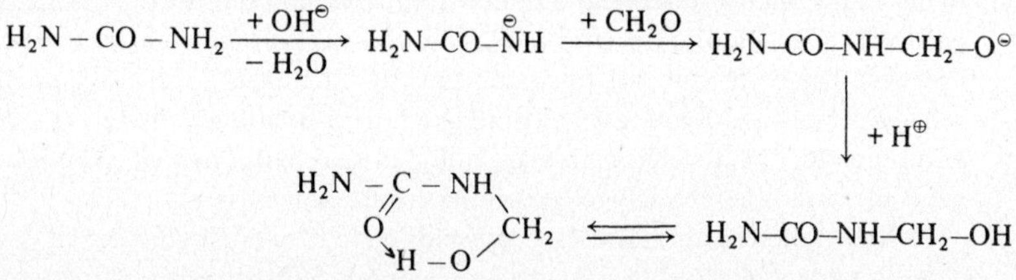

Der entstehende N-Methylolharnstoff ist dabei durch eine intramolekulare Wasserstoffbrücke stabilisiert. Setzt man einen Überschuß an Formaldehyd ein, so können auch Dimethylolharnstoff und die bislang nur indirekt nachgewiesenen Tri- und Tetramethylolharnstoffe entstehen. Beim Melamin reagieren im Gegensatz zum Harnstoff zwei Moleküle Formaldehyd mit einer $NH_2$-Gruppe.

Die Methylolierung NH-gruppenhaltiger Verbindungen mit Formaldehyd ist 1. Ordnung in Bezug auf die NH-Verbindung, Formaldehyd und Katalysator (z.B. $H_3O^{\oplus}$, $\overset{\oplus}{H}NMe_3$, $H_3PO_4$), d.h. es gilt $v = k'$ [>NH] [$CH_2O$] [Kat]. Da ein termolekularer Schritt unwahrscheinlich ist, muß man annehmen, daß sich zuerst ein Assoziat bildet, z.B. bei der durch Hydrogencarbonat katalysierten Reaktion:

(28-12) $$CH_2O + HCO_3^{\ominus} \rightleftarrows CH_2O \ldots HCO_3^{\ominus} ;$$

$$K = [CH_2O \ldots HCO_3^{\ominus}]/([CH_2O]\,[HCO_3^{\ominus}])$$

Der geschwindigkeitsbestimmende Schritt wäre dann die Reaktion des Assoziates mit der NH-Verbindung mit der Geschwindigkeit $v = k_r\,[CH_2O..HCO_3^{\ominus}]\,[{>}NH]$. Die Bruttogeschwindigkeitsgleichung lautet folglich $v = k_r\,K\,[{>}NH]\,[CH_2O]\,[HCO_3^{\ominus}]$.

$HCO_3^{\ominus}$, $H_2PO_4^{\ominus}$ und $HPO_4^{2\ominus}$ als Katalysatoren geben beim gleichen $pK_a$ eine höhere Geschwindigkeitskonstante als $CH_3COOH$ oder $H\overset{\oplus}{N}R_3$. Der Grund ist, daß die erstgenannten Verbindungen bifunktionelle Katalysatoren sind, die als Säure ein Proton aufnehmen und als Base ein Proton abgeben können.

Bei basenkatalysierten Reaktionen bleibt die Reaktion auf der Stufe der Methylolharnstoffe stehen. Unter dem Einfluß von Säuren geht jedoch die N-Methylolverbindung sehr leicht in ein resonanzstabilisiertes Carbonium-Immonium-Ion über, z. B.

(28-13)

$$R_2N{-}CO{-}NH{-}CH_2{-}OH \xrightarrow[-H_2O]{+H^{\oplus}} [\,R_2N{-}CO{-}NH{-}\overset{\oplus}{C}H_2 \longleftrightarrow R_2N{-}CO{-}\overset{\oplus}{N}H{=}CH_2\,]$$

Die resonanzstabilisierten $\alpha$-Ureidoalkyl-(carbonium-immonium)-Ionen reagieren dann in elektrophiler Substitutionsreaktion mit geeigneten nucleophilen Reaktionspartnern. Da Harnstoff selbst als NH-acide Verbindung ein solcher Reaktionspartner sein kann, erhält man nach

(28-14) $$NH_2{-}CO{-}NH{-}\overset{\oplus}{C}H_2 + NH_2CONH_2 \longrightarrow NH_2CONHCH_2NHCONH_2 + H^{\oplus}$$

eine Kettenverlängerung. Da die Wasserstoffe der NH-Gruppen ebenfalls weiter reagieren können, kommt man schließlich zu vernetzten Produkten.

Durch die Unterschiede im nucleophilen Potential der $NH_2$- bzw. NH-Gruppen, in der Elektronenverteilung und in der Resonanzstabilisierung der Ausgangsverbindungen erhält man somit ein weites Spektrum an Reaktionsmöglichkeiten und Reaktionsgeschwindigkeiten, wobei naturgemäß zwischen der chemischen Konstitution einerseits und der Alkylolierungsgeschwindigkeit, dem Bindungsvermögen für die Carbonylkomponente, der Gleichgewichtslage und der Reaktivität der $\alpha$-N-Alkylolverbindungen andererseits gesetzmäßige Beziehungen bestehen müssen.

Neben diesem normalen Mechanismus der $\alpha$-Ureidoalkylierung ist besonders die Transureidoalkylierung wichtig, eine nucleophile Substitution einer H-aciden Komponente durch eine andere nucleophile Verbindung:

(28-15) $$\rangle N{-}\underset{R}{\overset{R}{C}}{-}X + HY \rightleftarrows \rangle N{-}\underset{R}{\overset{R}{C}}{-}Y + HX$$

Transureidoalkylierungen spielen bei den Prozessen der Textilhochveredlung und ganz allgemein bei der Härtung von Lacken eine große Rolle. So beruht z. B. die Härtbarkeit von Novolaken (vgl. Abschnitt 26.3) durch Zusatz von Polymethylenharnstoff-Harzen auf diesem Vorgang.

Die Kondensation von Anilin mit Formaldehyd läuft prinzipiell gleich ab. In diesem Falle wirkt in saurem Medium der aromatische Ring als geeigneter nucleophiler Reaktionspartner, wobei wiederum wegen der in zwei o- und einer p-Stellung möglichen Substitution sowie wegen der Bifunktionalität der Aminogruppe Vernetzungen auftreten können. Die Grundbausteine können dabei schematisch als

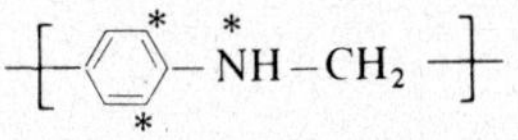

angegeben werden, wobei * mögliche andere Kondensationsstellen angibt.

### 28.2.3 TECHNISCHE PRODUKTE

Die aus Harnstoff und Formaldehyd ohne weitere Zusätze entstehenden, sehr preiswerten Kondensationsprodukte sind stark polar und im unvernetzten Zustand wasserlöslich. Sie werden als Leimharze, als Textilveredlungsmittel (Knitterfestausrüstung), zur Erzeugung naßfester Papiere und zur Schaumstoffherstellung eingesetzt.

Verwendet man als zusätzliche nucleophile Komponenten Alkohole, so entstehen verätherte Produkte, die in organischen Lösungsmitteln löslich sind und als Lackrohstoffe dienen. Als Alkohol wird überwiegend n-Butanol und in neuerer Zeit das preiswertere i-Butanol verwendet, da die kürzerkettigen Alkohole zu nicht genügend löslichen Lackharzen führen. Bei den längerkettigen Alkoholen ist die Verätherungsgeschwindigkeit „zu langsam"[a] im Vergleich zur Weiterkondensation, die schließlich zu vernetzten Produkten führt. Die Synthese dieser Produkte beginnt mit der Reaktion von 1 Mol Harnstoff mit 2 Molen Formaldehyd in schwach alkalischer Umgebung. Dann wird Butanol zugegeben und angesäuert. Nachdem der gewünschte Kondensations- und Verätherungsgrad erreicht ist, wird neutralisiert und der Überschuß an Wasser und Lösungsmittel abgedampft. Die Harze werden meist in ca. 50 proz. Lösung in Butanol bzw. Butanol/Xylol geliefert.

Da das Pigmentaufnahme-Vermögen dieser alkoholmodifizierten Harnstoffharze nicht besonders gut ist und die eingebrannten Filme ziemlich spröde und unelastisch sind, werden sie häufig „plastifiziert". Eine solche Plastifizierung besteht in einer Kombination mit Nitrocellulose und Weichmachern für lufttrocknende Harze oder in einer Kombination mit Alkydharzen für Einbrennlacke. Im letzteren Fall erfolgt die Kombination technisch überwiegend durch einfaches Mischen der Komponenten und nicht durch Erzeugung beider Strukturtypen in situ. Die chemische Reaktion mit den Alkydharzen tritt also erst bei der Härtung der Lackfilme ein.

Ein großer Teil der Aminoharze wird mit oder ohne Trägermaterialien (Cellulose usw.) für Preßmassen eingesetzt. Für alle Aminoharze gilt dabei, daß sie farbloser und weniger lichtempfindlich als die Phenolharze sind, dagegen stärker empfindlich gegen

[a] Es ist nicht völlig klar, auf welchem experimentellen Befund diese Aussage der Technik beruht. Die Reaktionsgeschwindigkeitskonstanten der höheren Alkohole sind alle etwa gleich groß. Eine geringere Geschwindigkeit käme zustande, wenn mit Masse- statt mit Molkonzentration gerechnet würde. Nimmt man die Viskosität als Maß, so könnten die langkettigen Alkohole die NH-Gruppierungen abschirmen und damit die Zahl der Wasserstoffbrücken herabsetzen und so die Viskosität vermindern.

Feuchtigkeit und Temperatur, was in allen Fällen auch nach der Konstitution zu erwarten ist. Die Harnstoffharze können bis zu Temperaturen von 90 °C eingesetzt werden, die Melaminharze bis zu 150 °C. Die Harnstoffharze eignen sich dabei vorzüglich als Schnellpreßmassen. Bei den Anilinharzen härtet man mit Verbindungen wie Paraformaldehyd, Hexamethylentetramin oder Furfurol nach. Da aber ohne Zusatz saurer Katalysatoren keine Kernkondensation eintritt, müssen hier vorvernetzte Produkte verwendet werden. Die Anilinharze lassen sich daher nicht als Schnellpreßmassen (vgl. Abschnitt 12.2.2) verwenden.

## *28.3 Polyamide*

### 28.3.1 AUFBAU UND EIGENSCHAFTEN

Polyamide enthalten die Amidgruppe –NH–CO–. Sie lassen sich in zwei homologe Reihen einteilen. Bei der Perlon-Reihe sind Grundbaustein und Strukturelement identisch, da diese Polyamide entweder durch Polymerisation von Lactamen (cyclischen Amiden) oder durch Polykondensation von $\omega$-Aminocarbonsäuren entstehen. Die Polyamide der Nylon-Reihe werden dagegen durch Polykondensation von Diaminen und Dicarbonsäuren gebildet: zwei Grundbausteine bilden somit ein Strukturelement.

Technische Produkte werden häufig ohne weitere Unterscheidung als Nylons bezeichnet und voneinander durch Nummern unterschieden. Die Nummern geben die Zahl der Kohlenstoffe pro Grundbaustein an. Bei der eigentlichen Nylon-Reihe werden zwei Nummern verwendet, von denen die erste das Amin, die zweite die Dicarbonsäure charakterisiert (*A*min kommt vor *S*äure). Nylon 6 ist also Poly($\epsilon$-caprolactam), Nylon 6,6 Poly(hexamethylenadipamid).

„Nylon" war ursprünglich ein Markenname der Fa. DuPont und hat sich nun zum Gattungsnamen gewandelt. Die Herkunft des Namens ist nicht genau bekannt. Nach einer besonders hübschen, aber nicht unbedingt wahren Geschichte soll der Name auf den Erfinder des Nylons, W. H. Carothers, zurückgehen. Demnach soll Carothers erkannt haben, daß die hervorragenden Fasereigenschaften des Nylons das japanische Seidenmonopol bedrohen könnten. Aus den Anfangsbuchstaben seines Ausrufs „Now, you lousy old nipponese" soll dann das Wort „nylon" gebildet worden sein (Der Spiegel 20/7 (1966) 47–59).

Nylon 6 und Nylon 6,6 werden von allen Polyamiden bei weitem in den größten Tonnagen produziert, der mengenmäßige Anteil aller anderen Typen ist gering. In den USA entfallen etwa 78 % der Polyamid-Produktion auf Nylon 6,6, während in Deutschland etwa 65 % Nylon 6 sind. Diese Entwicklung ist historisch zu verstehen, da in den USA zuerst Nylon 6,6 hergestellt wurde (Du Pont), während in Deutschland das erste kommerzielle Polyamid Perlon=Nylon 6 war (IG-Farben). In den USA wurden 1965 32 % der Nylon-Produktion für Reifencord, 22 % für Teppiche und 17 % für Oberbekleidung verbraucht.

Alle kommerziell hergestellten aliphatischen Nylon-Typen besitzen etwa die gleichen Eigenschaften. Die Zahlenmittel der Molekulargewichte liegen zwischen etwa 15 000 und 25 000. Bei niedrigeren Molekulargewichten sind die Fasereigenschaften noch nicht gut; bei den höheren ist die Schmelzviskosität für die Verarbeitung zu hoch. Die Schmelzpunkte liegen etwa zwischen 180 und 260 °C, die Glastemperaturen entsprechend zwischen 30 und 50 °C, was für die Bügeleigenschaften wichtig ist (vgl. Abb. 28-1). Wasser wird bei 65 % relativer Luftfeuchtigkeit zwischen 2,2 (Nylon 12) und 4,1 % (Nylon 5) aufgenommen.

Polyamide mit Molekulargewichten über 10 000 wurden von W. H. Carothers Superpolyamide genannt. In den letzten Jahren wird der Name gelegentlich für Polyamide mit aromatischen Gruppierungen verwendet.

Alle Nylontypen besitzen gute Zugfestigkeiten und Biegefestigkeiten und sind sehr widerstandsfähig gegen Abrieb. Schlecht im Vergleich mit anderen Fasern sind dagegen die hohe Dehnung bei kleinen Zugspannungen, die elektrostatische Aufladung, ein schwacher Pilling-Effekt und die Lichtempfindlichkeit. Unter „Pilling" versteht man die Knötchenbildung auf der Oberfläche von Geweben beim Scheuern.

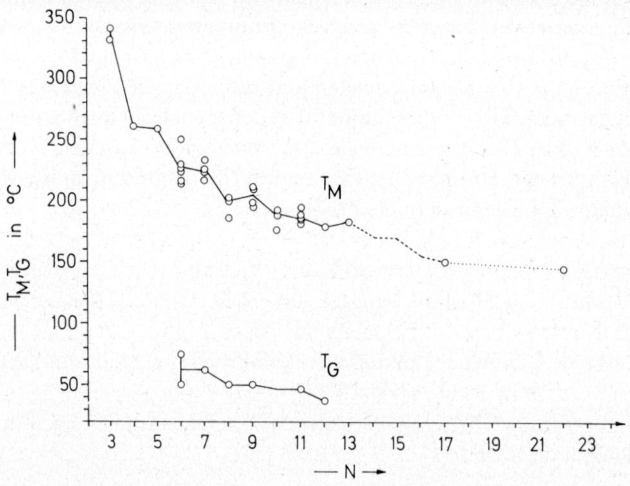


*Abb.* 28-1: Abhängigkeit der Schmelzpunkte $T_M$ und Glastemperaturen $T_G$ von der Anzahl der Kohlenstoffatome in aliphatischen Polyamiden mit der konstitutiven Struktureinheit $-\!\!\!(NH-(CH_2)_n-CO)\!\!\!-$ nach Daten verschiedener Autoren (N = n + 1).

### 28.3.2 ALIPHATISCHE POLYAMIDE DER PERLON-REIHE

Die Polyamide der Perlon-Reihe besitzen den Grundbaustein –NH–R–CO–. Sie werden technisch meist durch Polymerisation der Lactame $\overline{NH-R-CO}$ hergestellt. Ausnahmen bestehen beim Nylon 7, beim Nylon 11 und bei den Nylon 2-Derivaten. Der Weg über das Lactam erfolgt aus den folgenden Gründen:

Bei den Aminocarbon*säuren* ist die Carboxylgruppe verhältnismäßig stark resonanzstabilisiert. Um eine genügend hohe Reaktivität zu erreichen, muß bei höheren Temperaturen gearbeitet werden. Bei diesen Temperaturen erfolgt dann aber häufig Cyclisierung (zum Dimer beim Glycin $H_2NCH_2COOH$, zum Pyrrolidon bei der $\gamma$-Aminocarbonsäure, zum Piperidon bei der $\delta$-Aminocarbonsäure) oder Zersetzung ($NH_3$-Abspaltung unter Bildung von Acrylsäure bei der $\beta$-Aminocarbonsäure). Erst bei höheren als $\epsilon$-Aminocarbonsäuren tritt beim Erhitzen überwiegend Polymerisation ein.

Aminocarbonsäure*ester* sind leichter zu polykondensieren, da die –COOR-Gruppe weniger resonanzstabilisiert ist (vgl. Nylon 7 und Nylon 11). Noch weniger stabilisiert und daher sehr reaktiv ist die Säurechloridgruppe. Die *Säurechloride* der α,ω-Aminocarbonsäuren sind jedoch aus dem gleichen Grund nicht gut isolierbar, so daß die Polymerbildung recht unkontrolliert abläuft.

### 28.3.2.1 Polymerisation der Lactame

Die Polymerisation der Lactame zeichnet sich durch ausgeprägte Polymerisationsgleichgewichte $P_n^* + M \leftrightarrows P_{n+1}^*$ aus, deren Lage je nach Monomer verschieden ist (vgl. Kap. 16–3). Das im Polymer verbleibende Monomer hat eine weichmachende Wirkung und wird daher mit Lösungsmitteln (z.B. heißem Wasser) extrahiert. Bei der Verarbeitung (Schmelzspinnen) versucht sich wieder das Polymerisationsgleichgewicht einzustellen. Der Faden wird dann erneut gewaschen. Alternativ kann man versuchen, die Verarbeitungszeit möglichst kurz zu halten. Außerdem kann bei Initiation mit bifunktionellen Verbindungen wie Wasser bei den Verarbeitungstemperaturen eine Weiterpolymerisation erfolgen, wodurch die Schmelzviskosität stark ansteigt. Man initiiert daher die Polymerisation mit monofunktionellen Verbindungen wie Essigsäure. Im technischen Sprachgebrauch werden diese Initiatoren daher auch als Regulatoren oder Stabilisatoren oder sogar als Kettenabbrecher (im organisch-chemischen, nicht im kinetischen Sinn) bezeichnet. Basische Regulatoren wie N-Aminopropylmorpholin und N-Aminohexylmorpholin verbessern die Färbbarkeit.

Lactame konnen anionisch, kationisch oder „hydrolytisch" polymerisiert werden. Die *anionische* Polymerisation wird durch Natrium oder Grignardverbindungen ausgelöst. Sie wird in der Technik benutzt, um große Formteile herzustellen (hohe Polymerisationsgeschwindigkeit bei relativ niedrigen Temperaturen, keine Entfernung flüchtiger Bestandteile). Bei der anionischen Polymerisation greift ein Lactamanion nucleophil ein Lactammolekül an (vgl. Gl. (18–33)). Durch Reaktion des neu entstehenden Anions mit dem im Überschuß vorliegenden Lactam wird der eigentliche Initiator, das Lactamanion, regeneriert:

(28-16)

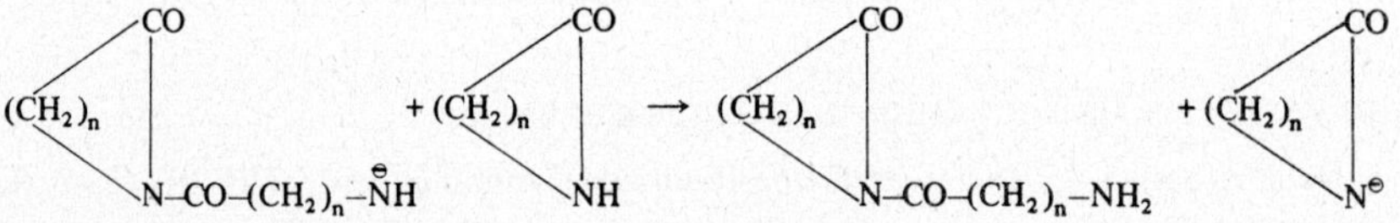

Das resultierende Dimer wird dann erneut angegriffen usw. (vgl. Gl. (18–34)).

Die *kationische* Polymerisation kann z.B. mit HCl ausgelöst werden

(28-17)

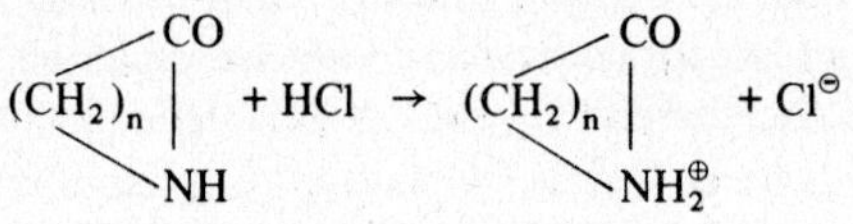

Mit den bislang bekannten kationischen Initiatoren werden aber beim ε-Caprolactam nur geringe Umsätze und Polymerisationsgrade erzielt, so daß die kationische Polymerisation nicht technisch verwendet wird. Geringe Umsätze und niedrige Polymerisationsgrade sind vermutlich durch die Bildung von Amidinendgruppen bedingt:

(28-18) 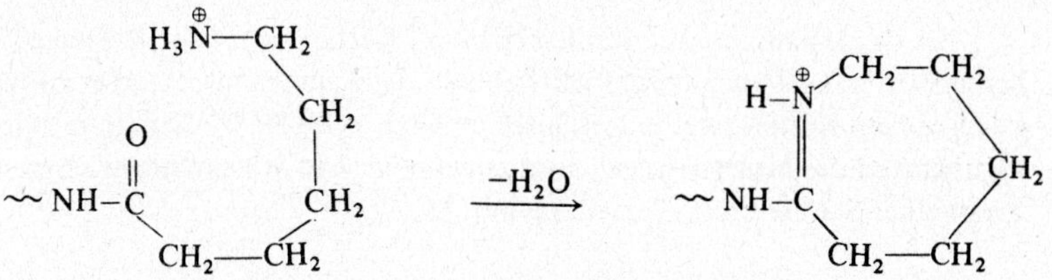

Die „*hydrolytische*" Polymerisation ist das technisch wichtigste Polymerisationsverfahren. Sie wird bei Caprolactam bei 250 – 260 °C mit Wasser oder wasserabgebenden Substanzen als Initiatoren ausgeführt. Grundsätzlich können sich dabei drei verschiedene Reaktionen abspielen, nämlich die Hydrolyse des Lactams

(28-19) 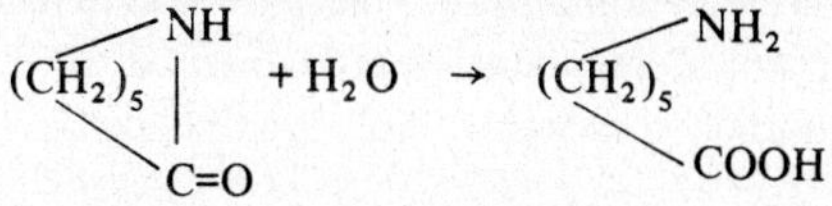

die Polykondensation der ω-Aminosäuren

(28-20)) $H\!\leftarrow\!NH{-}(CH_2)_5{-}CO\!\rightarrow_m OH + H\!\leftarrow\!NH{-}(CH_2)_5{-}CO\!\rightarrow_n OH \longrightarrow$

$\longrightarrow H\!\leftarrow\!NH{-}(CH_2)_5{-}CO\!\rightarrow_{m+n} OH;\ m,n \geqslant 1$

und die Polymerisation der Lactame

(28-21)

$H\!\leftarrow\!NH{-}(CH_2)_5{-}CO\!\rightarrow_n OH + NH\overset{(CH_2)_5}{\longrightarrow}CO \rightarrow H\!\leftarrow\!NH{-}(CH_2)_5{-}CO\!\rightarrow_{n+1} OH$

Die Hydrolyse bildet die zur Initiation erforderlichen Amin- und Carboxylgruppen. Die Polymerisation ist um ca. eine Größenordnung schneller als die Polykondensation und daher der wichtigste Schritt. Da die Polymerisation in einem „lebenden" System mit homogener Verteilung des Initiators erfolgt, ist die Molekulargewichtsverteilung – zumindest bei den höheren Polymerisationstemperaturen – mit einem Verhältnis $\overline{M}_w/\overline{M}_n \sim 1{,}2 - 1{,}3$ recht eng. Tempert man die so entstehenden Polyamide längere Zeit (Polyreaktion bei tieferen Temperaturen, Aufheizen von Spritzgußmassen usw.), so verbreitert sich die Molekulargewichtsverteilung durch die einsetzende Umamidierung. Bei der Umamidierung (Transamidierung) dominiert die säurekatalysierte Aminolyse

(28-22) 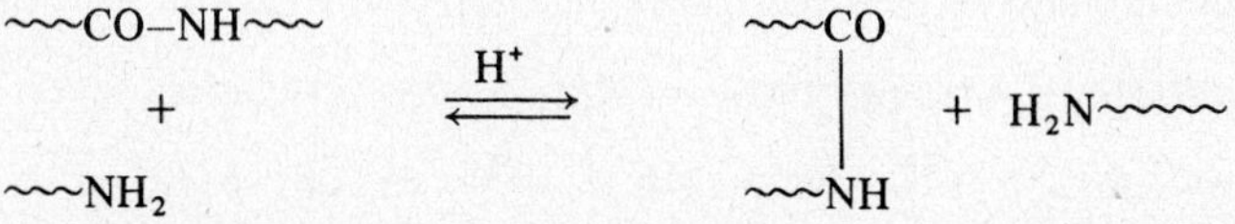

da nach dem Entfernen der Endgruppen praktisch keine Umamidierung mehr erfolgt. Der direkte Austausch

(28-23) 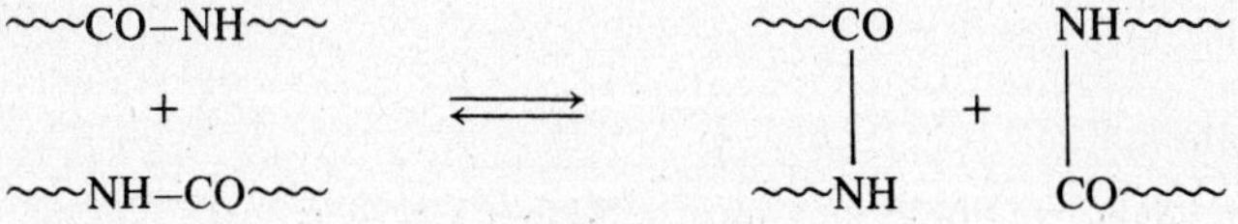

kann daher keine bedeutende Rolle spielen.

Bei der Umamidierung werden aus zwei Ketten zwei neue Ketten gebildet: das Zahlenmittel des Molekulargewichtes bleibt daher konstant. Da aber aus zwei etwa gleich langen Ketten zwei unterschiedlich lange gebildet werden, muß folglich das Gewichtsmittel des Molekulargewichtes zunehmen. Die Molekulargewichtsverteilung strebt einer Schulz-Flory-Verteilung mit $\bar{M}_w/\bar{M}_n = 2$ zu.

### 28.3.2.2 Nylon 2

Nylon 2 mit dem Grundbaustein $-(\text{NH}-\text{CHR}-\text{CO})-$ ist das niedrigste Glied der Nylon-Reihe, da Nylon 1 mit dem Grundbaustein $-(\text{NH}-\text{CO})-$ ein Polyimid und kein Polyamid ist. R kann Wasserstoff oder ein substituierter oder unsubstituierter Alkyl- oder Arylrest sein. Enthält das Polymer nur eine Sorte von Grundbausteinen, so spricht man von Poly($\alpha$-aminocarbonsäuren). Polypeptide sind dagegen Copolymere von $\alpha$-Aminocarbonsäuren mit Molekulargewichten unter ca. 10 000 g/mol. Proteine sind hochmolekulare, natürlich vorkommende Polyamide der Nylon 2-Reihe (vgl. Kap. 30).

Monomer-Synthese

Die meisten der natürlichen $\alpha$-Aminocarbonsäuren kommen als L-Isomere vor. Sie werden durch Hydrolyse von Proteinen gewonnen. Nur Glutaminsäure, Methionin und Lysin werden bislang großtechnisch hergestellt. L-Glutaminsäure wird durch Hydrolyse von Casein, Zuckerrübenrückständen usw. gewonnen. Lysin und Methionin sind dagegen synthetische Produkte.

Beim Lysin geht man vom Caprolactam aus

(28-24)

$$\text{Caprolactam} \xrightarrow[-\text{HCl}]{+\text{COCl}_2} \text{N-COCl} \xrightarrow[\text{SO}_3(\text{SO}_2)]{+\text{HNO}_3} \text{NO}_2\text{-Caprolactam} \xrightarrow{+\text{H}_2} \text{NH}_2\text{-Caprolactam} \xrightarrow{+\text{H}_2\text{O}}$$

$$\xrightarrow{+\text{H}_2\text{O}} \text{H}_2\text{N}-\text{CH}_2-\text{CH}_2-\text{CH}_2-\text{CH}_2-\underset{\underset{\text{NH}_2}{|}}{\text{CH}}-\text{COOH}$$

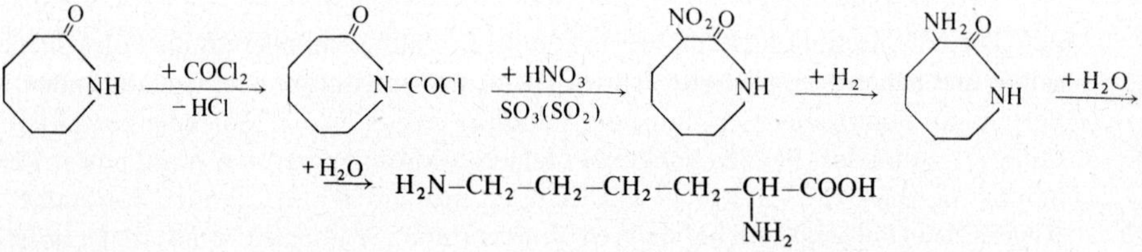

Das bei der Racematspaltung des Lactams anfallende D-Isomer wird wieder racemisiert.

Die Methionin-Synthese führt über eine Strecker-Reaktion des Aldehyds

(28-25) $\text{CH}_3\text{SH} + \text{CH}_2=\text{CH}-\text{CHO} \rightarrow \text{CH}_3-\text{S}-\text{CH}_2-\text{CH}_2-\text{CHO}$

$\text{CH}_3-\text{S}-\text{CH}_2-\text{CH}_2-\text{CHO} + \text{NH}_3 + \text{HCN} \rightarrow \text{CH}_3-\text{S}-\text{CH}_2-\text{CH}_2-\underset{\underset{\text{NH}_2}{|}}{\text{CH}}-\text{CN} + \text{H}_2\text{O}$

$\text{CH}_3-\text{S}-\text{CH}_2-\text{CH}_2-\underset{\underset{\text{NH}_2}{|}}{\text{CH}}-\text{CN} + 2\,\text{H}_2\text{O} \rightarrow \text{CH}_3-\text{S}-\text{CH}_2-\text{CH}_2-\underset{\underset{\text{NH}_2}{|}}{\text{CH}}-\text{COOH} + \text{NH}_3$

Polymerisation

Hochmolekulare Poly($\alpha$-aminocarbonsäuren) werden durch Polymerisation der N-Leuchsanhydride (N-Carboxyanhydride, NCA) gewonnen, die man durch Umsetzen der α-Aminosäuren mit Phosgen erhält. Die Polymerisation wird durch primäre Amine initiiert:

(28-26)

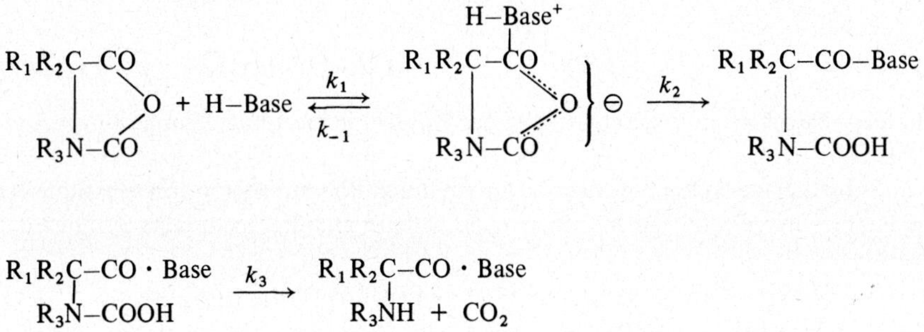

$$\begin{array}{c} R_1R_2C-CO \\ | \quad\quad\;\; \diagdown O \\ R_3N-CO \end{array} + H-Base \underset{k_{-1}}{\overset{k_1}{\rightleftarrows}} \left\{\begin{array}{c} H-Base^+ \\ | \\ R_1R_2C-CO \\ | \quad\quad\;\; \diagdown O \\ R_3N-CO \end{array}\right\}^{\ominus} \overset{k_2}{\longrightarrow} \begin{array}{c} R_1R_2C-CO-Base \\ | \\ R_3N-COOH \end{array}$$

$$\begin{array}{c} R_1R_2C-CO \cdot Base \\ | \\ R_3N-COOH \end{array} \overset{k_3}{\longrightarrow} \begin{array}{c} R_1R_2C-CO \cdot Base \\ | \\ R_3NH \end{array} + CO_2$$

Die Polymerisation durch tertiäre Amine verläuft nach einem anderen Mechanismus.

Polymere

Poly(α-aminocarbonsäuren) existieren im festen Zustand in zwei Formen. Die α-Form ist eine durch intramolekulare H-Brücken stabilisierte Helix. Die β-Form ist die Faltblattstruktur (vgl. Abb. 5 – 10); sie ist wegen der intermolekularen H-Brücken unschmelzbar und unlöslich. Die α-Form ist wollähnlich, die β-Form seidenähnlich. Die seidenähnlichste Faser gibt Poly(L-alanin) in der β-Form.

Die Polymerisation der NCA der L-Isomeren von Alanin, Leucin, Lysin, Glutaminsäure, Phenylalanin und Methionin führt zur α-Form, die der NCA von Glycin, Valin, Serin und Cystein zur β-Form. Zum Verspinnen muß die lösliche α-Form vorliegen, was die technische Verwendung der letztgenannten α-Aminosäuren ausschließt. Das Verspinnen muß bei so niedrigen Konzentrationen erfolgen, daß noch keine Mesophasen vorliegen, z.B. beim Poly(γ-methyl-L-glutamat) bei Konzentrationen von ca. 10 – 14 %. Beim Verstrecken und anschließenden Lagern wandeln sich die α-Formen in die für den Gebrauch gewünschten β-Formen um. Durch Kochen in bestimmten Lösungsmitteln kann man u.U. die β-Formen wieder in α-Formen umwandeln, z.B. das Poly(L-leucin) durch Kochen in Dioxan.

Poly(γ-methyl-L-(oder D)-glutamat) wird in Japan in Dichloräthylen gelöst und als Ausgangsstoff für die Beschichtungen (synthetische Leder) gehandelt. Der größeren Anwendung der Poly(α-aminocarbonsäuren) steht der hohe Preis für die L- oder D-Isomeren entgegen. DL-Racemate führen nicht zu Polymeren mit Fasereigenschaften.

### 28.3.2.3 Nylon 3

Das einfachste Glied dieser Reihe ist das Poly(β-alanin) mit dem Grundbaustein $+NH-CH_2-CH_2-CO+$. Es ist durch Polymerisation von Acrylamid mit starken Basen zugänglich:

(28-27)

$$\text{t-BuO}^\ominus + \text{CH}_2=\text{CH-CO-NH}_2 \rightleftarrows \text{t-BuOH} + \text{CH}_2=\text{CH-CO-}\overset{\ominus}{\text{NH}}$$

$$\text{CH}_2=\text{CH-CO-}\overset{\ominus}{\text{NH}} + \text{CH}_2=\text{CH-CO-NH}_2 \rightarrow \text{CH}_2=\text{CH-CO-NH-CH}_2-\overset{\ominus}{\text{CH}}-\text{CO-NH}_2$$

$$\downarrow$$

$$\text{CH}_2=\text{CH-CO-NH-CH}_2-\text{CH}_2-\text{CO-}\overset{\ominus}{\text{NH}}$$

Für diesen Mechanismus spricht, daß in das Polymer keine t-Butylgruppe eingebaut wird.

Substituierte Nylon 3 werden technisch durch Polymerisation von substituierten β-Lactamen hergestellt. Für substituierte β-Lactame sind drei technische Synthesen bekannt:

1. Aus N-Carbonyl-sulfamidsäurechlorid und Olefinen (Isobutylen, Styrol, Trimethyl- und Tetramethyläthylen):

(28-28)

$$\begin{array}{c}\text{Cl-CN}\\+\\\text{SO}_3\end{array} \rightarrow \begin{array}{c}\text{N=CO}\\|\\\text{SO}_2\text{Cl}\end{array} \xrightarrow{+\,\rangle\text{C=C}\langle} \begin{array}{c}\text{SO}_2\text{Cl}\\|\\\text{N-CO}\\|\quad\;|\\-\text{C-C-}\\|\quad\;|\end{array} \xrightarrow{+\,\text{H}_2\text{O}} \begin{array}{c}\text{NH-CO}\\|\quad\;\;|\\-\text{C}---\text{C-}\\|\quad\;\;|\end{array}$$

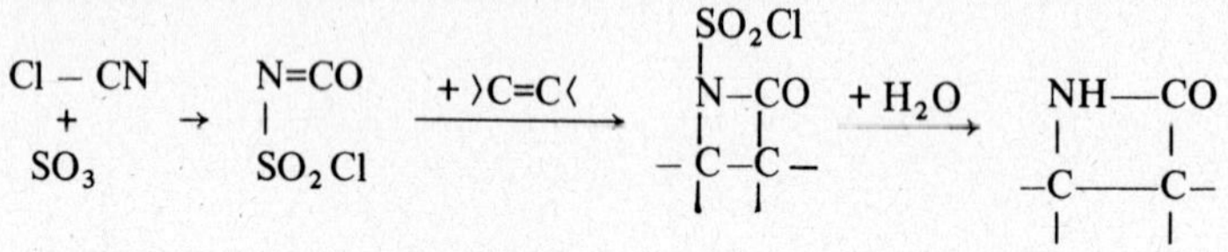

2. Aus N-Carbonyl-sulfamidsäurechlorid, Aldehyden und Ketenen

(28-29)

$$\begin{array}{c}\text{RCHO} + \begin{array}{c}\text{N=CO}\\|\\\text{SO}_2\text{Cl}\end{array}\end{array} \rightarrow \begin{array}{c}\text{R-CH=N}\\|\\\text{SO}_2\text{Cl}\end{array} \xrightarrow[\text{Dimethylketen}]{+\,\text{Keten oder}} \begin{array}{c}|\\\text{R-CH-C-}\\|\quad\;\;|\\\text{N-CO}\\|\\\text{SO}_2\text{Cl}\end{array}$$

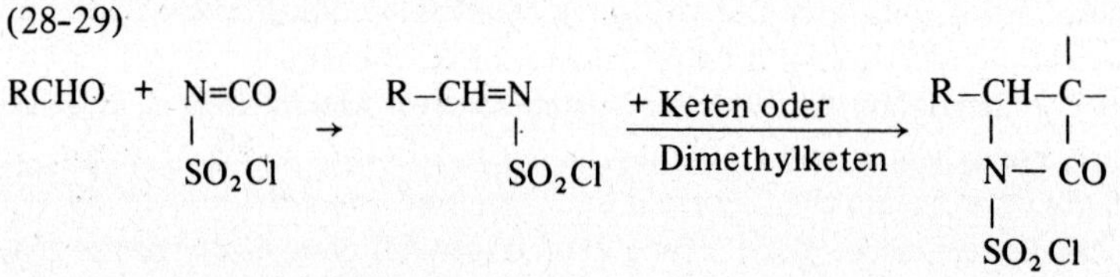

3. Cyclisierung von β-Aminosäureestern, wobei nur bei den 3-substituierten Verbindungen gute Ausbeuten erhalten werden:

(28-30)

$$\begin{array}{c}\diagdown\quad\diagup\text{CN}\\\text{C}\\\diagup\quad\diagdown\text{COOR}\end{array} \xrightarrow{\text{Ni/H}_2} \begin{array}{c}\diagdown\quad\diagup\text{CH}_2-\text{NH}_2\\\text{C}\\\diagup\quad\diagdown\text{COOR}\end{array} \xrightarrow{\text{C}_6\text{H}_5\text{MgBr}} \begin{array}{c}\diagdown\quad\diagup\text{CH}_2\diagdown\\\text{C}\qquad\qquad\text{NH}\\\diagup\quad\diagdown\text{CO}\diagup\end{array}$$

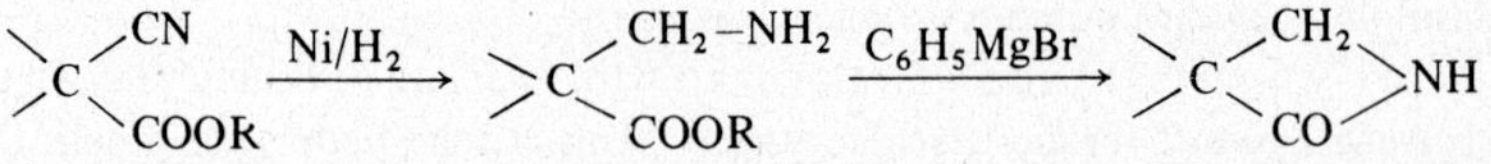

Die Polymerisation der substituierten Lactame muß wegen des hohen Formelgewichtes der Grundbausteine zu Molekulargewichten von mindestens 200 000 führen, da die Polymerisationsgrade sonst zu niedrig sind und die günstigen Fasereigenschaften nicht erreicht werden. Die Polymerisation erfolgt daher anionisch. 3,3-Dimethylazetidinon kann auch hydrolytisch bei 200 °C polymerisiert werden.

Die Polymeren sind schwer löslich und können daher nur aus einer methanolischen Lösung von Calciumthiocyanat versponnen werden. Gesponnene Fäden sind auch ohne Verstrecken hochkristallin. Die Polymeren sind gegen Oxydation beständig und besitzen hohe Schmelzpunkte. Sie werden daher als Nähgarne für technische Nähmaschinen eingesetzt. Die sehr heißen Nähnadeln würden bei niedrigschmelzenden Polymeren bei einem Stillstand der Maschine ein Durchschmelzen des Fadens und daher einen Produktionsstop verursachen.

### 28.3.2.4 Nylon-4

Das Monomer α-Pyrrolidon erhält man aus 1,4-Butandiol:

(28-31)
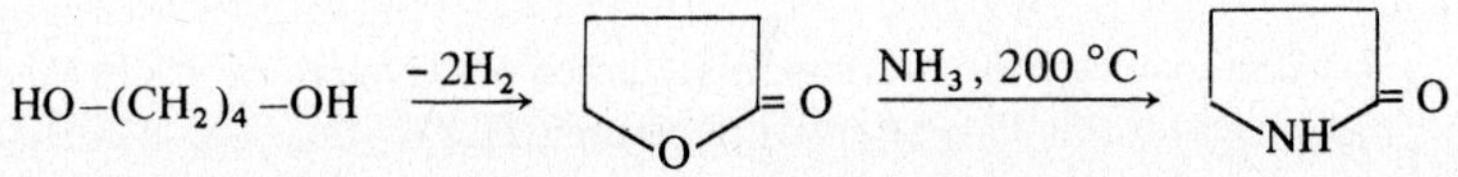


α-Pyrrolidon besitzt eine verhältnismäßig niedrige Ceiling-Temperatur und kann daher wegen der erforderlichen Aktivierungsenergie (hohe Polymerisationstemperaturen) nicht hydrolytisch polymerisiert werden. Die Polymerisation gelingt anionisch mit Natrium und Acylverbindungen oder $CO_2$ als „Cokatalysatoren" (20 – 70 °C). Substituierte Pyrrolidone besitzen noch niedrigere Ceiling-Temperaturen, ihre Polymerisation ist mangels genügend aktiver Initiatoren bisher nicht gelungen. Poly(α-pyrrolidon) hat eine höhere Wasseraufnahme als Nylon 6.

### 28.3.2.5 Nylon-5

Piperidon (Valerolactam) wurde bislang nicht technisch polymerisiert.

### 28.3.2.6 Nylon-6

Monomer-Synthese

Alle technisch interessanten Wege zum ε-Caprolactam gehen von den drei Grundstoffen Phenol, Toluol und Cyclohexan aus. Der Weg vom Cyclohexan wird dabei wegen des petrochemisch leicht und preiswert zugänglichen Ausgangsstoffes immer wichtiger.

1. Der Weg über das *Phenol* ist das klassische Verfahren (IG-Prozeß):

(28-32)

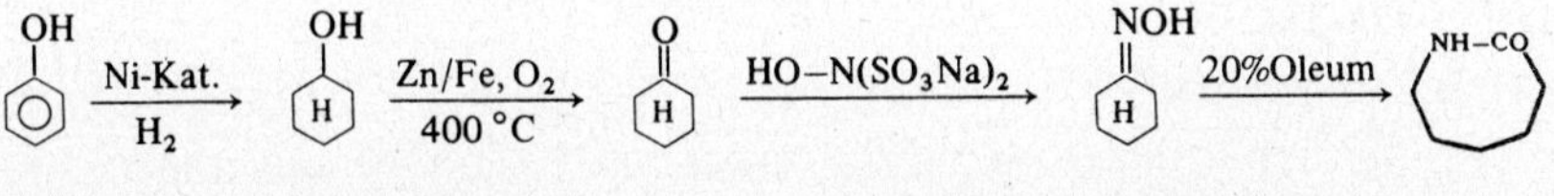


Bei der Beckmann-Umlagerung wird mit 5 % Caprolactam „gepuffert", da diese sonst zu stürmisch verläuft. Beim Verfahren der Union Carbon und Carbide vermeidet man den Weg über das Oxim und geht über das Caprolacton. Die Peressigsäure wird hierbei aus Acetaldehyd und Sauerstoff hergestellt (sonst in situ aus $CH_3COOH$ und $H_2O_2$):

(28-33)

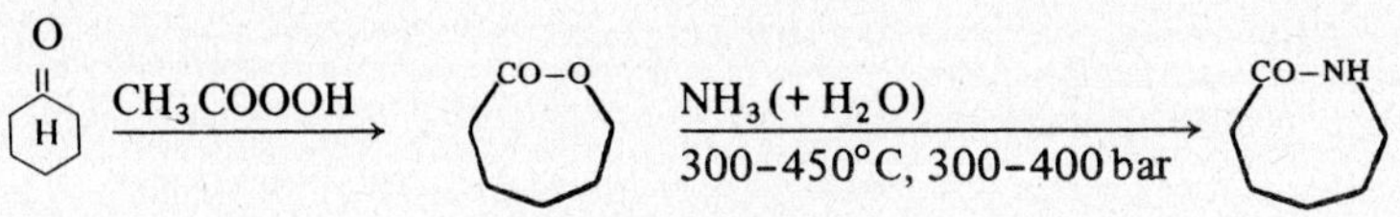

2. Vom *Cyclohexan* gehen drei Verfahren aus:
   a) Oxydation von Cyclohexan mit Luft in Ggw. von Kobaltnaphthenat zu einem Gemisch von Cyclohexanol und Cyclohexanon, das dann wie beim IG-Prozeß über das Oxim in das Lactam umgewandelt wird:

   (28-34)  [H] ⟶ [H]–OH ⟶ [H]=O ⟶ (wie 1)

   Das Oxim ist auch durch Ammonoxydation des Cyclohexanols in flüssiger Phase zugänglich, wobei Phosphorwolframsäuren $H_3PW_{12}O_{40} \cdot (8-12) H_2O$ sehr wirksame Katalysatoren sind

   (28-35)  [H]=O + $NH_3$ + $H_2O_2$ $\xrightarrow[H_2O]{10-30 \,°C}$ [H]=N–OH + $H_2O$

   b) Beim sogenannten PNC-Prozeß (*p*hoto *n*itrosyl *c*hlorination) wird das Oxim durch direkte Photooximierung mit NOCl gebildet. Dieser Prozeß ist wegen der wenigen Verfahrensstufen vorteilhaft, besitzt aber Nachteile wegen der erforderlichen Kühlung der Lampen, deren geringer Lebensdauer und der Korrosion durch das NOCl. Alternativ kann man mit einem Gemisch von $NOCl_2$ und HCl arbeiten und erhält dann das Oximhydrochlorid.

   (28-36)  NOCl $\xrightarrow{h\nu}$ NO$^\bullet$ + Cl$^\bullet$

   [H] + Cl$^\bullet$ ⟶ [H]$^\bullet$ + HCl

   [H]$^\bullet$ + NO$^\bullet$ $\xrightarrow[<20\,°C; h\nu]{HCl}$ [H]=NOH·HCl

   c) Beim Du Pont-Prozeß wird Cyclohexan nitriert:

   (28-37)  [H] $\xrightarrow[120\,°C,\,4\,bar]{35\%\,HNO_3}$ [H]–NO$_2$ $\xrightarrow[Alkali]{Ag}$ [H]=N–O–ONa $\xrightarrow[100-150\,°C;\,3\,bar]{Zn/Cr\,oder\,Pt;\,H_2}$ Oxim

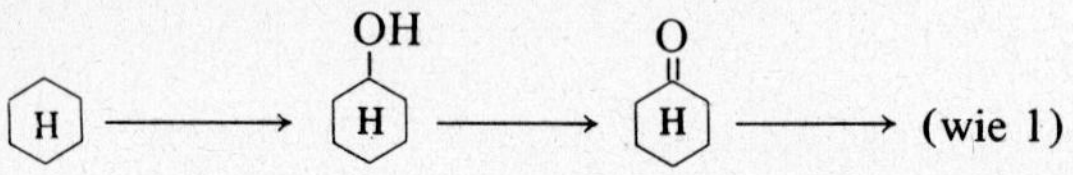

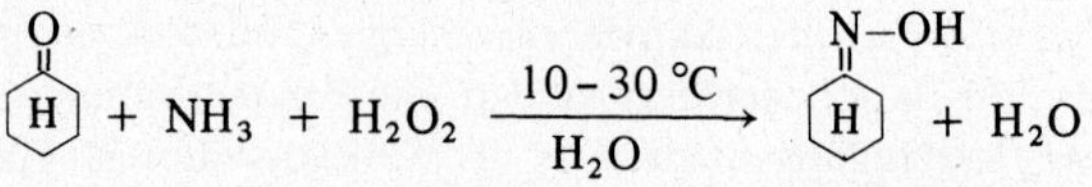

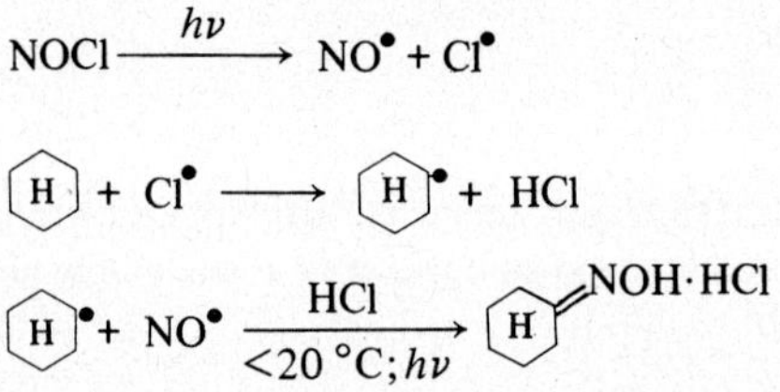

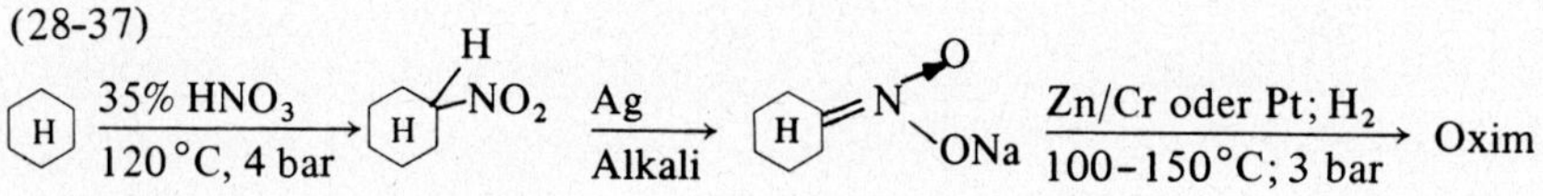

3. Beim SNIA-Viscosa-Verfahren wird vom Toluol ausgegangen, wobei Ketone als Aktivatoren eingesetzt werden. Das anfallende Lactam ist aber verhältnismäßig unrein. Zudem wird viel Ammonsulfat gebildet:

   (28-38)  [⌬]–CH$_3$ $\xrightarrow[140\,°C;\,Keton]{O_2}$ [⌬]–COOH $\xrightarrow{Ni/H_2}$ [H]–COOH $\xrightarrow[80\,°C;\,50\%\,Oleum]{34\%\,HO-SO_2-ONO}$ Ox

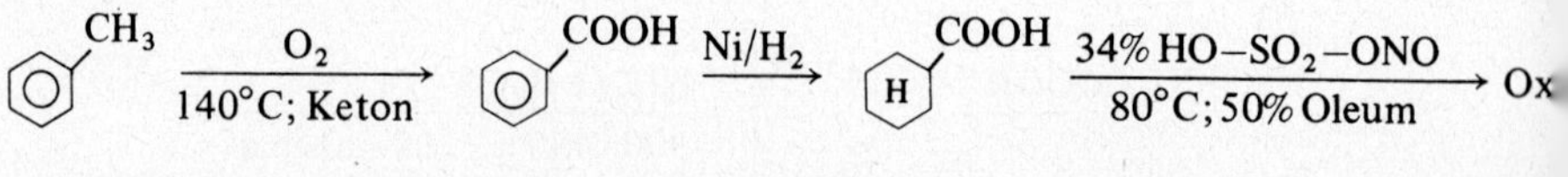

Alle Verfahren mit Beckmann-Umlagerung erzeugen viel Ammonsulfat (ca. 4 Tonnen Ammonsulfat auf 1 Tonne Caprolactam). Ammonsulfat wird als Dünger verwendet und läßt sich nur bei kurzen Transportwegen gewinnbringend absetzen. Man bemüht sich daher um Umlagerungen mit z.B. Borsäure in der Gasphase, bei denen kein Ammonsulfat anfällt.

Polymerisation

Die Polymerisation erfolgt für die Verwendung des Polymeren als Faser „hydrolytisch", d.h. ausgehend von einer 80–90% wässrigen Lactam-Lösung mit 0,2–0,5 % Essigsäure und Äthylendiamin bei 250–280 °C. Das Äthylendiamin erhöht das Aminäquivalent, so daß eine egale Färbung in Mischgeweben mit Wolle (hohes Aminäquivalent) möglich wird. Das Wasser wird mit fortschreitender Polymerisation als Dampf abgezogen. Im Gegensatz zum Nylon 6,6 ist ein kontinuierliches Arbeiten möglich. Die Schmelze kann daher direkt aus dem Reaktor versponnen werden.

Das Verspinnen von Nylon 6 erfolgt bei höheren Temperaturen als die Polymerisation. Da das Polymerisationsgleichgewicht wachsendes Polymer/Monomer bei höheren Temperaturen auf die Seite des Monomeren verschoben wird (vgl. Kap. 16.3.3), sollte beim Verspinnen das Molekulargewicht abnehmen. Tatsächlich beobachtet man jedoch eine Zunahme der dem Molekulargewicht proportionalen Viskosität. Der Effekt könnte zwei Ursachen haben:

1) Das Gleichgewicht Schmelze/Wasserdampf wird verschoben, weil die Spinnvorrichtung sehr trocken ist. Das Polykondensationsgleichgewicht wird dadurch in Richtung höherer Polymerisationsgrade verschoben.
2) Bei der Polymersynthese überwiegt die Polymerisation. Die Molekulargewichtsverteilung der Produkte ist eng (vgl. Kap. 18.4). Mit zunehmender Zeit spielen Ketten/Ketten-Gleichgewichte eine zunehmende Rolle, die zu einer Verbreiterung der Molekulargewichtsverteilung führen. Dabei bleibt das Zahlenmittel des Molekulargewichtes konstant. Das Gewichtsmittel nimmt aber zu (vgl. Kap. 23.3.1). Da die Viskosität bei diesen Polymeren stärker auf das Gewichtsmittel anspricht, erhält man beim Verspinnen eine zunehmende Viskosität.

### 28.3.2.7 Nylon-7

Monomer-Synthese

Die fünf bekannten Synthesen führen zu drei verschiedenen Monomeren:

1) Vom *Cyclohexanon* über das Suberon (Cycloheptanon) durch Oximierung zum Önanthsäurelactam (BASF). Die Diazotierung verläuft jedoch mit schlechter Ausbeute.

(28-39)

$$\underset{H}{\bigcirc}\!\!=\!\!O \;\;\xrightarrow{+HCN}\;\; \underset{H}{\bigcirc}\!\!\overset{OH}{\underset{}{-}}\!\!CN \;\;\xrightarrow{+H_2}\;\; \underset{H}{\bigcirc}\!\!\overset{OH}{\underset{}{-}}\!\!CH_2-NH_2 \;\;\xrightarrow[+HCl]{+NaNO_2}\;\; \bigcirc\!\!=\!\!O$$

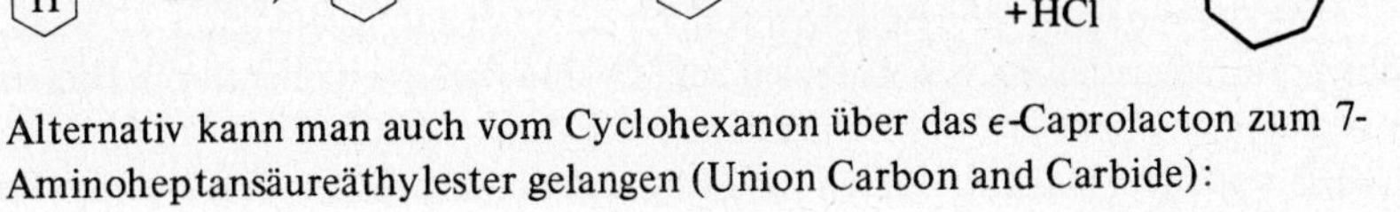

2) Alternativ kann man auch vom Cyclohexanon über das ε-Caprolacton zum 7-Aminoheptansäureäthylester gelangen (Union Carbon and Carbide):

(28-40)

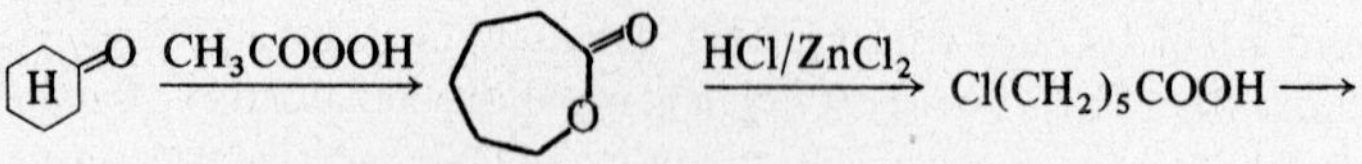

$$Cl(CH_2)_5COOC_2H_5 \xrightarrow[-NaCl]{NaCN} NC(CH_2)_5COOC_2H_5 \xrightarrow{H_2} H_2N(CH_2)_6COOC_2H_5$$

3) Von Butadien und Acrylnitril zum Önanthlactam:

(28-41)

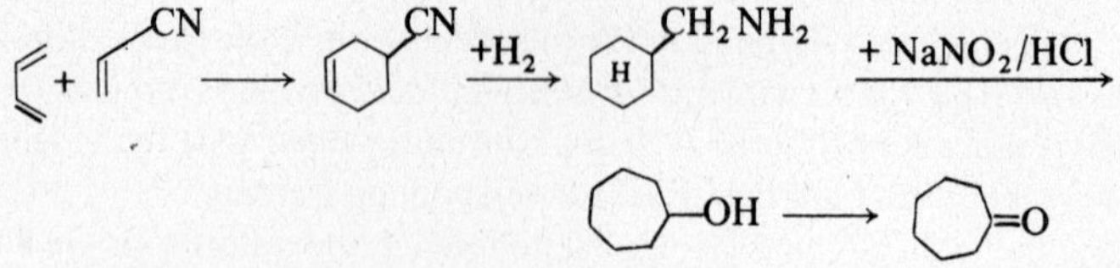

4) Vom Pimelinsäuredinitril zur 7-Aminoheptansäure

(28-42) $NC{-}(CH_2)_5{-}CN \rightarrow NH_2{-}(CH_2)_6{-}CN \rightarrow NH_2{-}(CH_2)_6{-}COOH$

5) In der USSR gelangt man durch Telomerisation von Äthylen mit $CCl_4$ und Azobisisobutyronitril als Initiator zum 1-Chlor-7-trichlorheptan, wobei aber beträchtliche Mengen schwer verwertbarer Nebenprodukte anfallen (vgl. auch Kap. 20.3.3)

(28-43)

$$Cl{-}(CH_2)_6{-}CCl_3 \xrightarrow{H_2O} Cl{-}(CH_2)_6{-}COOH \xrightarrow{NH_3} NH_2{-}(CH_2)_6{-}COOH$$

Polymerisation

Önanthsäurelactam wird nach den für Caprolactam üblichen Verfahren polymerisiert, während die Polymersynthese über 7-Aminoheptansäure dem beim Nylon 11 üblichen Verfahren folgt: Der 7-Aminoheptansäureäthylester wird mit Wasser bei etwa 100 °C umgesetzt. Das unter partieller Hydrolyse entstehende Gemisch von 7-Aminoheptansäure und den dimeren Säuren und Estern wird dann zum Poly(önanthlactam) umgewandelt.

Eigenschaften

Poly(önanthlactam) hat einen etwas höheren Schmelzpunkt und eine geringere Feuchtigkeitsaufnahme als Nylon 6 und ist daher trotz des höheren Preises technisch interessant.

28.3.2.8 Nylon-8

Alle Monomersynthesen gehen vom Cyclooctan aus. Cyclooctan wird entweder durch Tetramerisierung von Acetylen zum Cyclooctatetraen oder durch Dimerisierung von Butadien zum Cyclooctadien erhalten, die dann anschließend zum Cyclooctan hydriert werden. Das Cyclooctan wird dann entweder auf dem Weg über das Keton oder über die Photooximierung mit NOCl in das Capryllactam umgewandelt (vgl. dazu Nylon 6). Die Polymerisation erfolgt wie beim Nylon 6.

28.3.2.9 Nylon 9

Aus Sojabohnen-Öl lassen sich durch Alkoholyse die Alkylester der zugrundeliegenden Fettsäuren gewinnen. Die reduzierende Ozonolyse dieser Ester führt zu $ROOC(CH_2)_7CHO$, das mit $NH_3$ und $H_2$ zum Aminoester umgesetzt wird:

(28-44)

$$ROOC(CH_2)_7CHO + NH_3 + H_2 \longrightarrow ROOC(CH_2)_8NH_2 + H_2O$$

Der Aminoester wird zur 9-Aminononansäure $HOOC(CH_2)_8NH_2$ verseift. Die gleiche Säure fällt auch bei dem in Kap. 28.3.2.7 beschriebenen Telomerisationsverfahren als Nebenprodukt an. Das durch Polykondensation der 9-Aminononansäure = ω-Aminopelargonsäure erhaltene Nylon 9 steht in seinen Eigenschaften erfahrungsgemäß zwischen denen von Nylon 12, Nylon 11 und Nylon 8.

28.3.2.10 Nylon 10

Ein brauchbares technisches Verfahren zur Synthese der ω-Aminocaprinsäure ist nicht bekannt. Vorgeschlagen wurde ein vom Dekalin ausgehender Weg:

(28-45)

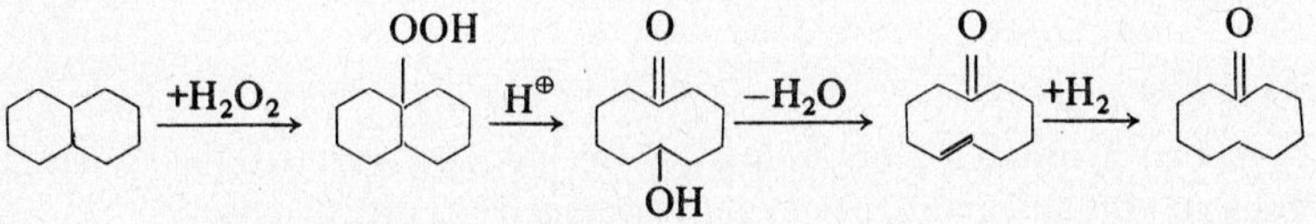


und einer vom Butadien und Acetylen

(24-46)

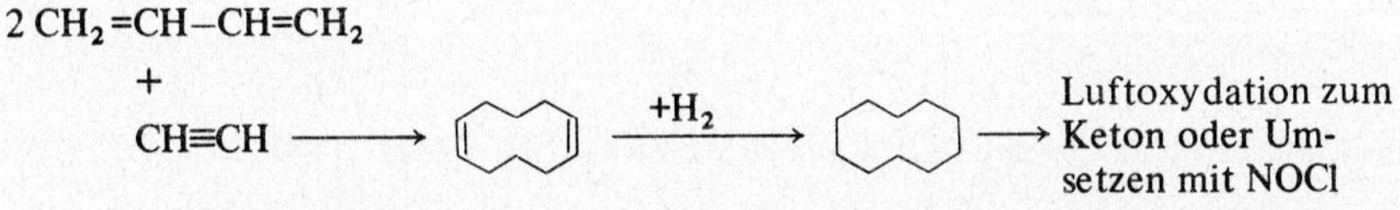


28.3.2.11 Nylon 11

Die technische Monomer-Synthese geht vom Ricinusöl (castor oil) aus. Ricinusöl besteht aus den gemischten Triglyceriden der Ricinol-, Öl-, Palmitin-, Stearin- und Dioxystearinsäure. Ricinolsäure (12-Hydroxy-octadecen (9)-säure) ist der wichtigste Bestandteil (85 – 88 %). Sie geht durch Methanolyse in den Ricinolsäuremethylester über, der mit weit höheren Ausbeuten an Undecylensäure thermisch spaltbar ist als das Ricinusöl selbst. Bei dieser bei 550 °C mit kurzen Verweilzeiten ausgeführten Pyrolyse wird zwischen dem O und dem H der Hydroxylgruppe und den Kohlenstoffatomen 11 und 12 gespalten, da der cyclische Übergangszustand durch die Wasserstoffbrücke zu den $\pi$-Elektronen der Doppelbindung schon vorgebildet ist (Beweis durch Markierung mit Deuterium):

(28-47)

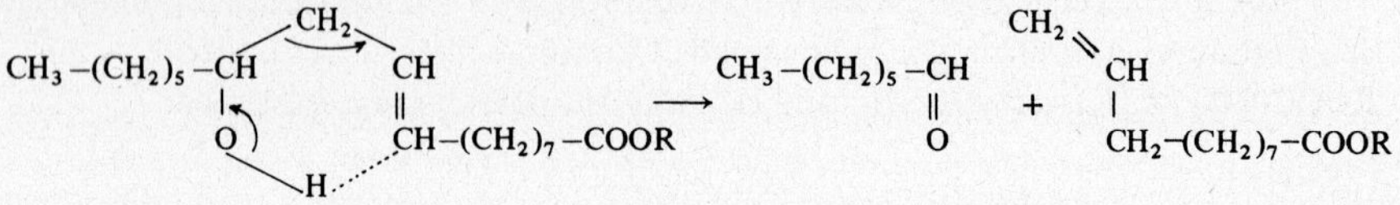

Das bei der Spaltung entstehende Heptanal (Önanthol) wird für verschiedene Synthesen verwendet. Der Undecylensäuremethylester wird zur Säure verseift, an die dann in einer radikalischen Reaktion mit $O_2$ Bromwasserstoff unter Bildung der 11-Bromundecansäure angelagert wird. Durch Ammonolyse in wässriger Dispersion wird diese in die 11-Aminoundecansäure umgewandelt, wobei eine rohe 11-Bromundecansäure eingesetzt werden kann, da die 10-Bromundecansäure wegen des sekundären Br-Atoms nicht ammonolysierbar ist. 3 kg Ricinusöl ergeben etwa 1 kg Nylon 11.

11-Aminoundecansäure wird in Schmelze unter Wasserabspaltung polykondensiert. Die Reißfestigkeit der Fäden ist mit 54 – 63 g/tex relativ hoch. Nylon 11 wird in Frankreich (Rilsan), Brasilien, Indien, den USA und der USSR produziert. In den drei erstgenannten Ländern bildet Ricinusöl ($2{,}5 \cdot 10^8$ kg/a) eine billige Rohstoffquelle. In der USSR wird das Monomer durch Telomerisation hergestellt (vgl. Nylon 7).

### 28.3.2.12 Nylon 12

Monomer-Synthese

Alle Monomer-Synthesen gehen vom 1,5,9-Cyclododecatrien (CDT) aus, das durch Trimerisierung von Butadien mit Nickelkatalysatoren, $TiCl_4/AlEt_3$ oder $Et_2AlCl/EtAtCl_2/CoCl_2$ erhalten wird. Je nach Katalysator fällt die trans, trans, trans- oder die trans, trans, cis-Verbindung an. Die trans, trans, cis-Verbindung wird großtechnisch hergestellt:

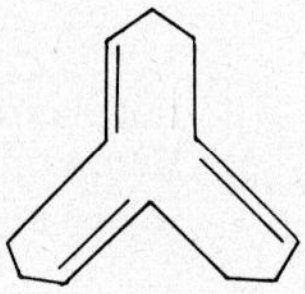

trans, trans, trans-1,5,9-Cyclododecatrien

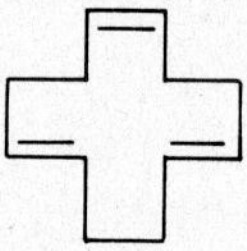

trans, trans, cis-1,5,9-Cyclododecatrien

Das CDT wird dann hydriert und weiter mit Luftsauerstoff bei 150 °C zum Cyclododecanol und Cyclododecanon oxydiert. Bei der Reaktion entsteht bis zu 5 % „Ketonhydroperoxid“, das in das Cyclododecanol, das Cyclododecanon und die Dicarbonsäure zerfallen kann. Diese unerwünschte Reaktion kann durch Zusatz von Borsäure (liegt bei dieser Temperatur als Polysäure vor) verhindert werden. Das Peroxid bildet mit der Polyborsäure wahrscheinlich ein Addukt, dessen Abreaktion noch nicht genau bekannt ist. Das Cyclododecanon wird wie üblich über das Oxim in das Laurinlactam überführt (vgl. Nylon 6).

Bei der BASF wird in einer Oxosynthese an CDT CO und $H_2$ zum Cyclododecylcarbinol addiert und dieses durch Kalischmelze weiter zur Cyclododecanmonocarbonsäure oxidiert, die dann mit Nitrosylschwefelsäure in das Lactam überführt wird.

Weitere Verfahren sind analog den bei Caprolactam ausgeführten (Umsetzung des Cyclododecans mit NOCl, Nitrierung, usw.). Keines von ihnen hat bislang technische Reife erlangen können. Speziell beim CDT ausgearbeitet wurde die Epoxidierung einer Doppelbindung mit anschließender Umlagerung mit $MgJ_2$ in das Keton. Dieses Verfahren ist nicht wirtschaftlich, weil der Preis für das Wasserstoffperoxid zu hoch ist.

### Polymerisation, Eigenschaften und Verwendung

Laurinlactam wird wie Caprolactam, aber bei höheren Temperaturen polymerisiert. Da das Polymerisationsgleichgewicht im Vergleich zum Caprolactam mehr auf der Seite des Polymers liegt, ist der Monomergehalt des Polymeren recht niedrig. Da aus dem gleichen Grund die Depolymerisation bei der Verarbeitung gering ist, eignet sich Poly(laurinlactam) gut für die Herstellung von Verpackungsfolien. Nylon 12 wird in Europa für Wursthüllen verwendet, nicht aber in den USA, da in Europa vor dem Stopfen geräuchert wird, in den USA aber hinterher. Nylon 12 ist jedoch wenig rauchdurchlässig.

Der im Vergleich zum Nylon 6 größere aliphatische Charakter des Nylon 12 erzeugt einen niedrigeren Schmelzpunkt ($T_M$ = 185 °C) und eine geringere Wasseraufnahme (0,85 % bei einer rel. Luftfeuchtigkeit von 65 %). Der niedrige Schmelzpunkt macht Nylon 12 für das Wirbelsintern und als Klebepulver in der Konfektion von Textilien (Befestigen von Einlagen, nahtlosen Säumen) geeignet. Die geringe Wasseraufnahme und die Abwesenheit von Polymorphie erzeugt eine gute Dimensionsstabilität (Präzisionsteile). Es wird außerdem für öl- und treibstoffeste Schläuche verwendet.

## 28.3.3 ALIPHATISCHE POLYAMIDE DER NYLON-REIHE

In der Nylon-Reihe (Struktureinheit aus zwei Grundbausteinen) sind praktisch nur Nylon 6,6, Nylon 6,10 und Nylon 6,12 großtechnisch bedeutsam. Daneben werden eine Reihe von Spezialtypen hergestellt. Die Polymerbildung erfolgt durch Polykondensation von Diaminen und Dicarbonsäuren. Die erforderliche Äquivalenz der funktionellen Gruppen wird erreicht, indem zuerst das Salz aus je einem Mol Dicarbonsäure und Diamin hergestellt wird (z. B. aus Adipinsäure und Hexamethylendiamin das sog. AH-Salz). Das Amidierungsgleichgewicht liegt so günstig, daß die Polykondensation in Gegenwart von Wasser erfolgen kann. Wasser wird daher als Wärmeträger verwendet. Die Polykondensation zum Nylon 6,6 ist typisch für die technischen Synthesen. Eine 60 – 80 % Aufschlämmung des Salzes wird 1 - 2 Stunden bei 220 - 230 °C und 13 - 17 bar (Dampfdruck des Wasserdampfes) vorkondensiert. Nachdem ein Umsatz von 80 – 90 % erreicht ist, wird oberhalb des Schmelzpunktes (264 °C) bei 270 - 280 °C unter Vakuum weiterkondensiert.

### 28.3.3.1 Nylon 6,6

Nylon 6,6 ist das Polyamid aus Hexamethylendiamin und Adipinsäure.

Synthese der Adipinsäure

Bei den Synthesen kann man von Benzol, Phenol, Tetrahydrofuran, Butadien oder von Cyclohexan ausgehen. Benzol wird z.B. mit dem Cumol-Prozeß in Phenol überführt, dieses hydriert zum Cyclohexanol und das durch Dehydrierung gewonnene Cyclohexanon mit Salpetersäure zur Adipinsäure $HOOC-(CH_2)_4-COOH$ oxydiert. Cyclohexan kann man auch mit Luft zum Cyclohexanol oxydieren und von diesem durch direkte Salpetersäureoxydation zu Adipinsäure gelangen. Adipinsäure kann man auch durch Verseifen des Adipinsäuredinitrils erhalten und dieses wieder aus Tetrahydrofuran oder Butadien (vgl. unten).

Synthese des Hexamethylendiamins

Die vier technischen Synthesen gehen vom Tetrahydrofuran, vom Butadien, von der Adipinsäure und vom Acrylnitril aus.

1) Tetrahydrofuran wird aus Maiskolben gewonnen. Durch Hydrolyse gewinnt man Furfural („Furfurol") und weiter das Furan:

   (28-48)

$$\text{Furfural} \longrightarrow \text{Furan} \xrightarrow{+2H_2} \text{Tetrahydrofuran} \xrightarrow{+2HCl}$$

$$\begin{array}{c} CH_2\text{---}CH_2 \\ | \quad\quad | \\ CH_2Cl \;\; CH_2Cl \end{array} \xrightarrow{+2NaCN} \begin{array}{c} CH_2\text{---}CH_2 \\ | \quad\quad | \\ CH_2CN \;\; CH_2CN \end{array} \xrightarrow{+4H_2} H_2N(CH_2)_6NH_2$$

   Eine technische Synthese des Tetrahydrofurans geht vom 1,4-Butandiol aus.

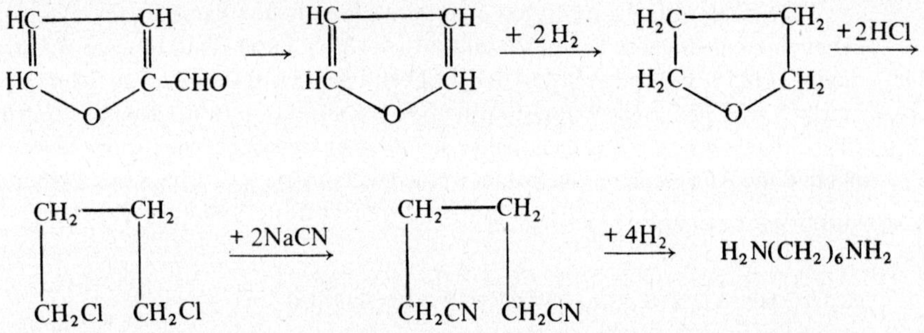

2) An Butadien wird zuerst Chlor angelagert, die Chlorverbindungen werden dann unter gleichzeitiger Isomerisierung in das Nitril überführt:

   (28-49)

$$\text{Butadien} \xrightarrow{Cl_2} \begin{pmatrix} CH_2=CH-CHCl-CH_2Cl \\ ClCH_2-CH=CH-CH_2Cl \end{pmatrix} \xrightarrow{+NaCN/CuCN} CN-CH_2-CH=CH-CH_2-CN$$

$$\xrightarrow[Pd]{H_2, \text{ Dampfphase}} NH_2-(CH_2)_6-NH_2$$

3) Adipinsäure wird über das Ammonsalz, das Adipamid, und das Adiponitril in das Hexamethylendiamin umgewandelt:

(28-50)

$$(CH_2)_4\begin{matrix}\diagup COOH\\ \diagdown COOH\end{matrix} \xrightarrow{2NH_3} (CH_2)_4\begin{matrix}\diagup COONH_4\\ \diagdown COONH_4\end{matrix} \xrightarrow{-2H_2O} (CH_2)_4\begin{matrix}\diagup CONH_2\\ \diagdown CONH_2\end{matrix} \xrightarrow{-H_2O} (CH_2)_4\begin{matrix}\diagup CN\\ \diagdown CN\end{matrix} \rightarrow \text{Hexa-methylen-diamin}$$

4) Acrylnitril läßt sich elektrochemisch dimerisieren

(28-51) $$2\,CH_2{=}CH{-}CN + 2H^+ + 2e^- \longrightarrow NC{-}(CH_2)_4{-}CN$$

Es wird bei pH = 9 in Lösungsmitteln wie Acetonitril oder Dioxan gearbeitet. Bei pH < 9 entsteht mehr Propionitril. Die Ausbeute an Adiponitril (83 %) wird unabhängig von der Stromdichte (2 – 30 A/m²), wenn die Konzentration des Acrylnitrils höher als 10 % ist. Adiponitril wird dann hydriert.

28.3.3.2 Nylon 6,10

Nylon 6,10 ist das Polyamid aus Hexamethylendiamin und Sebacinsäure. Sebacinsäure entsteht durch Alkalispaltung von Ricinolsäure:

(28-52)

$$CH_3{-}(CH_2)_5{-}\underset{}{\overset{OH}{\overset{|}{C}}}H{-}CH_2 \vdots CH{=}CH{-}(CH_2)_7{-}COOH \xrightarrow{600\,^\circ C} CH_3{-}(CH_2)_5{-}\overset{OH}{\overset{|}{C}}H{-}CH_3 + HOOC{-}(CH_2)_8{-}COOH$$

28.3.3.3 Nylon 6,12

Nylon 6,12 ($T_M$ = 209 °C) nimmt wegen des stärkeren aliphatischen Charakters weniger Feuchtigkeit als Nylon 6,10 auf, wodurch eine höhere Steifigkeit im nassen Zustand resultiert. Es wird daher ähnlich wie Nylon 12 für Spritzgußmassen eingesetzt.

28.3.3.4 Nylon 13,13

Crambe, eine ursprünglich in Afrika beheimatete und jetzt auch in den USA angebaute Pflanze, enthält ein stark Erucasäurehaltiges Öl. Die Ozonolyse der Erucasäure führt zur Brassyl-Säure (1,13-Tridecandiensäure). Brassylsäure läßt sich analog zu dem in Gl. (28 – 47) beschriebenen Verfahren in 1,13-Diaminotridecan überführen. Durch Polykondensation der Brassylsäure mit 1,13-Diaminotridecan entsteht dann Nylon 13,13. Dessen Produktion ist z. Zt. unwirtschaftlich, weil der bei der Gewinnung des Crambe-Öls anfallende Preßkuchen nicht verwertet werden kann. Er läßt sich nicht verfüttern, weil sich sein Geschmack auf Milch und Eier überträgt.

28.3.3.5 Versamide

Durch Polykondensation der Estergruppen „polymerisierter" pflanzlicher Öle mit Diaminen und Triaminen werden die sogenannten Versamide erhalten. Die Produkte sind von niedrigem bis mittlerem Molekulargewicht, gut löslich, und mit Schmelzpunkten zwischen Zimmertemperatur und 185 °C. Die „harten" Versamide (aus Äthylendiamin) sind Klebstoffe, die erst bei kurzem Erwärmen kleben, also in der Kälte gelagert werden können. Die „weichen" Versamide (aus Diäthylentriamin) werden mit Epoxiden kombiniert und geben gute Lacke, die z. B. mit Phenol- und Kolophoniumharzen verträglich sind.

### 28.3.4 CYCLOALIPHATISCHE POLYAMIDE

Alicyclische Polyamide (Polycyclamide) aus 1,4-Bis-(aminomethyl)-cyclohexan und aliphatischen Dicarbonsäuren, z.B. Korksäure, besitzen eine geringere Wasseraufnahme und eine bessere elektrische Isolierfähigkeit als aliphatische Polyamide. Sie werden bislang als Spritzgußartikel eingesetzt und dafür oft mit 20 – 40 Gew. proz. Glasfasern verstärkt.

Das Polyamid aus trans,trans-Diaminodicyclohexylmethan und Dodecandicarbonsäure liefert weichfallende, seidenähnliche Gewebe. Das Diamin wird aus Anilin und Formaldehyd synthetisiert; das Gemisch aus cis,cis-, cis,trans- und trans,trans-Isomeren wird anschließend getrennt. Das Polyamid mit $T_M$ = 270 °C und $T_G$ = 150 °C eignet sich für Reifencord.

### 28.3.5 AROMATISCHE POLYAMIDE

Das einfachste aromatische Polyamid, Poly(p-benzamid), mit dem Grundbaustein $+$NH$-\langle$O$\rangle-$CO$+$ eignet sich gut für Reifencord für Gürtelreifen.

Die Polykondensation von Terephthalsäure mit Hexamethylendiamin führt zu einem hochschmelzenden Polyamid, das wegen seines hohen Schmelzpunktes von 370 °C nur aus konz. Schwefelsäure versponnen werden kann.

Das Gemisch der 2,2,4- und 2,4,4-Trimethylhexamethylendiamine gibt nach der Polykondensation mit Terephthalsäure glasklare amorphe Polyamide. Zur Herstellung der Diamine wird Aceton zu Isophoron trimerisiert, das dann zu einem Gemisch der 2,2,4- und 2,4,4-Trimethyladipinsäuren gespalten wird, z.B.

(28-53)

$$\text{Isophoron} \longrightarrow \text{HOOC}-\underset{\underset{CH_3}{|}}{\overset{\overset{CH_3}{|}}{C}}-CH_2-\overset{\overset{CH_3}{|}}{CH}-CH_2-COOH$$

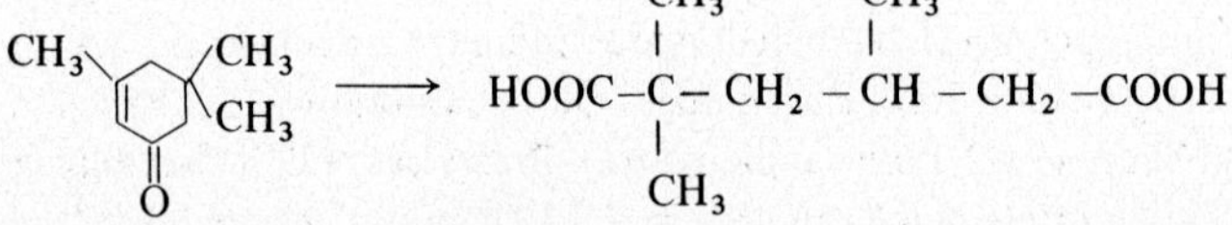

Die Dicarbonsäuren werden dann über die Dinitrile in die Diamine überführt.

In Japan wird aus Adipinsäure und m-Xylylendiamin ein für Reifencord sehr gut geeignetes Polyamid hergestellt, das jedoch gegen Wärme und Feuchtigkeit empfindlich ist.

Nach der Methode der Grenzflächenpolykondensation wird ein aromatisches Polyamid aus Isophthalsäuredichlorid (in Cyclohexanon) und m-Phenylendiamindihydrochlorid unter Zusatz von Trimethylaminhydrochlorid als Katalysator und NaOH als HCl-Fänger hergestellt. Das Polymer hat einen sehr hohen Schmelzpunkt von über 375 °C und ist daher schwer löslich. Es kann aus einer Lösung von siedendem Dimethylacetamid unter Zusatz von 3 % $CaCl_2$ versponnen werden. Garn und Fasern sind nicht anfärbbar und werden für industrielle Zwecke eingesetzt, z.B. als Verstärker für Elastomere und als Filtertücher für heiße Gase. Aus zerschnittenen und zusammengesinterten Fasern werden Papiere in Stärken von 2 - 20 mil (1 mil = 0,0025 cm) für elektrische Isolierungen hergestellt.

In der Reproduktionstechnik nutzt man die durch Licht induzierte Zersetzung von Azoketonen bei den sog. Negativverfahren aus. Intermediär entstehen Carbene, die sich zu Ketenabkömmlingen umlagern, die dann mit z.B. Poly(p-aminostyrol) vernetzen:

(28-54)

[Reaktionsschema: Bis-Diazoketon → (hν) → Bis-Keten → Vernetzung mit Poly(p-aminostyrol) unter Bildung von Amid-Bindungen]

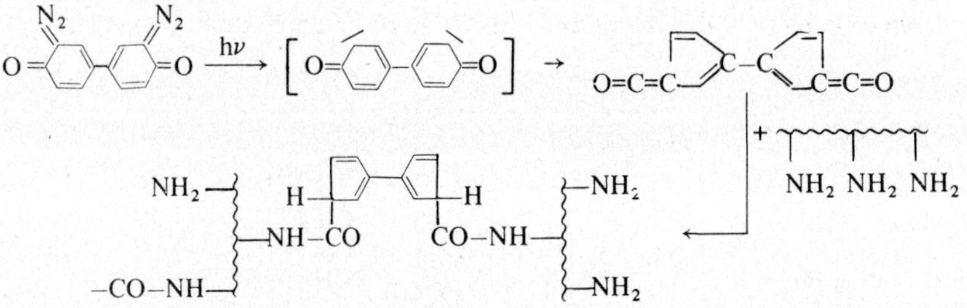

## 28.4 Polyhydrazide

Aus Terephthalsäuredichlorid und p-Aminobenzyhydrazid entstehen sog. Polyhydrazide

(28-55)  $ClOC-\langle O \rangle-COCl + H_2N-\langle O \rangle-CO-NH-NH_2 \longrightarrow$

$\longrightarrow [-(-NH-\langle O \rangle-CO-NH-NH-)-CO-\langle O \rangle-CO-]- + 2\,HCl$

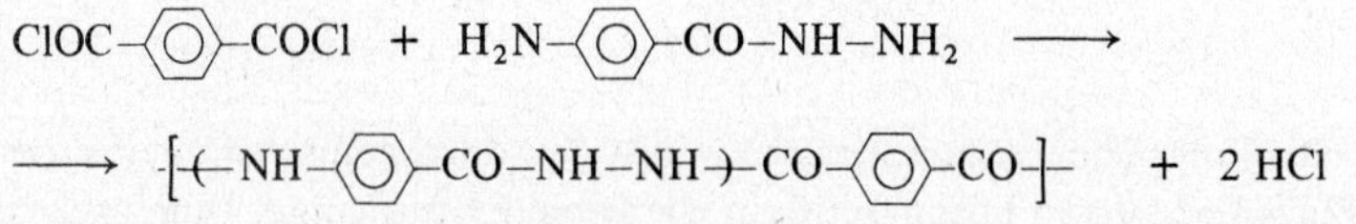

Der in runden Klammern stehende Aminobenzhydrazid-Rest kann dabei auch umgekehrt angeordnet sein. Der Elastizitätsmodul beträgt ca. 5400 g/tex und ist damit etwa doppelt so groß wie der von E-Glas. Die aus dem Polymeren hergestellten Fasern dienen als sog. Hochmodulfasern zum Verstärken von Kunststoffen und für Reifencord.

## 28.5 Polyimide

### 28.5.1 NYLON 1

Polyimide enthalten die Gruppierung $-CO-NR-CO-$. Der Grundkörper dieser Reihe bildet sich spontan bei 15 °C aus Isocyansäure $H-N=C=O$ in Benzol oder auch mit tertiären Aminen oder $SnCl_4$ als Initiatoren. Er ist identisch mit Cyamelid $-(-NH-CO-)_n$ und formal das Nylon 1. Cyamelid ist aber kein Polyamid, sondern ein Polyimid. Bei höheren Temperaturen erfolgt Trimerisierung der Cyansäure zu Cyanursäure.

Substituierte Nylon 1-Typen $-(-NR-CO-)_n$ erhält man durch Polymerisation von Isocyanaten mit z.B. KCN als Initiator in Lösungsmitteln wie Dimethylformamid. Die Produkte werden nicht technisch verwendet.

## 28.5.2 AROMATISCHE POLYIMIDE

### 28.5.2.1 Unipolymere

Ein hochtemperaturbeständiges Polyimid entsteht aus Pyromellithsäuredianhydrid mit aromatischen Diaminen, z.B. p, p'-Diaminodiphenyläther. Pyromellithsäure wird entweder durch direkte Oxydation von 1,2,4,5-Tetramethylbenzol (Durol) oder aus den Xylolen hergestellt. Das Gemisch der Xylole wird chlormethyliert. Das kristalline 1,3-Dimethyl-4,6-di(chlormethyl)-benzol (I) wird von den beiden flüssigen Isomeren (II) und (III) abgetrennt und mit $HNO_3$ zu Pyromellithsäure oxydiert:

(28-56)

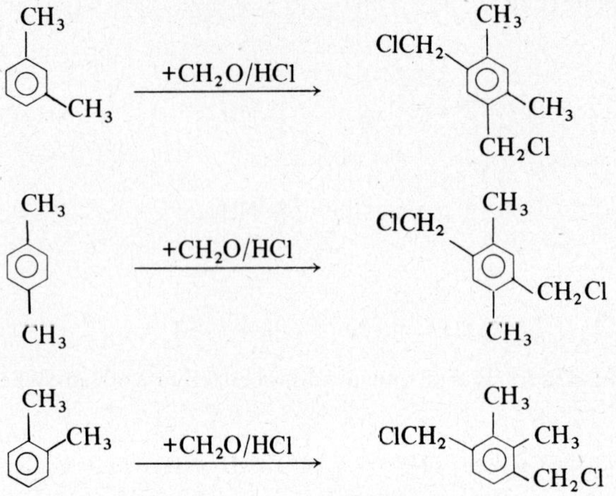


(I) (II) (III)

Die Polykondensation wird in zwei Stufen durchgeführt. In der ersten Stufe wird die Polyamidsäure in Lösungsmitteln wie Dimethylformamid, Dimethylacetamid, Tetramethylharnstoff oder Dimethylsulfoxid gebildet:

(28-57)

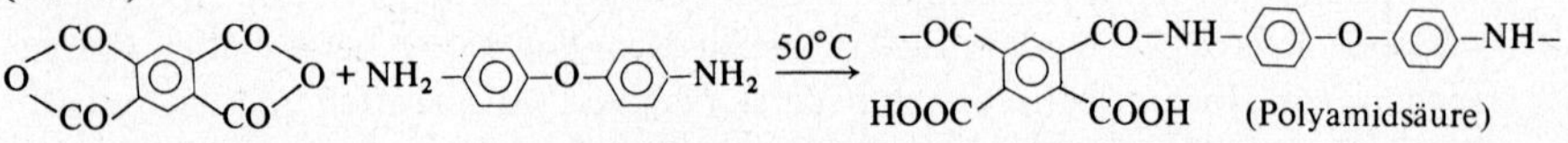


Die Verknüpfung erfolgt hauptsächlich in para- und nur wenig in meta-Stellung. Um Vernetzungsreaktionen zu vermeiden, wird der Festkörpergehalt der Lösungen auf 10 - 15 % und der Umsatz auf unter 50 % beschränkt. Das Molekulargewicht der entstehenden Polyamidsäuren wird wesentlich durch die Zugabe der Reaktionspartner beeinflußt und kann Werte bis zu $\overline{M}_n = 55\,000$ und $\overline{M}_w = 240\,000$ erreichen. In der zweiten Stufe wird Wasser bei ca. 300 °C abgespalten:

(28-58) Polyamidsäure

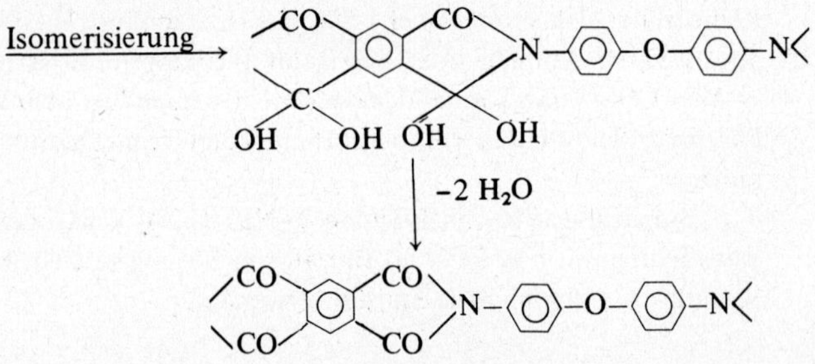

Wegen der erforderlichen hohen Temperatur muß die Reaktion an Filmen der Polyamidsäure durchgeführt werden. Das abgespaltene Wasser kann aber Polymerketten spalten. Man tränkt daher die Filme vor dem Erhitzen mit Akzeptoren für das Wasser (Acetanhydrid oder Pyridin). Die anfallenden Filme können direkt weiterverwendet werden. Um Lösungen für Laminierharze herzustellen, werden die Polyimide in Mischungen von N-Methylpyrrolidon mit Dimethylformamid oder Xylol mit Festkörpergehalten von 18–45 % gelöst. Diese Lösungen dienen in der Elektroindustrie zum Beschichten von Magnetdrähten oder Kondensatoren.

Wegen der Syntheseschwierigkeiten wurde vorgeschlagen, die Reaktion mit „verkappten Aminen" durchzuführen. Derartige verkappte Amine sind z.B. Isocyanate, O-Alkylcarbaminsäureester, Ald- oder Ketimine. Verkappte Amine sind weniger basisch und leichter reinigbar. Sie reagieren langsamer mit Anhydriden, wodurch stufenweise Umsetzungen möglich werden. Beim Einsatz von Isocyanaten als verkappte Amine wird z.B. kein Wasser abgespalten

(28-59)

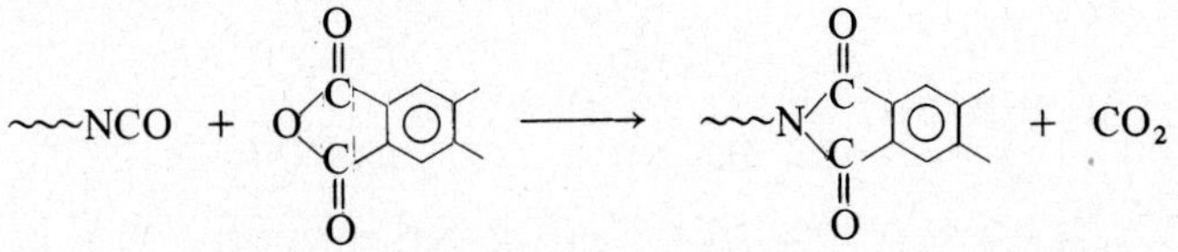


Die Polyimide sind unter Luft bis 350 °C gut mechanisch beständig und können kurzfristig bis 425 °C eingesetzt werden. Über 425 °C setzt eine Verflüchtigung ein, die bei 485 °C in 5 Stunden komplett ist. Polyimide verformen sich im Gegensatz zum Poly(tetrafluoräthylen) bei höheren Gebrauchstemperaturen nicht. Überschallflugzeuge enthalten mehrere Tonnen Polyimide: Lackierung des Titanrumpfes, Imidschaum im Rumpf und in den Flügeln.

28.5.2.2 Poly(imid-co-amide)

Poly(imid-co-amide) sind leichter herzustellen und zu verarbeiten als aromatische Polyamide oder Polyimide. Wie diese werden sie vor allem für Beschichtungen bei elektrischen Isolierungen eingesetzt. Je höher das Verhältnis von Imid/Amid-Bedingungen, umso besser temperaturbeständig sind die Copolymeren, umso mehr nimmt aber auch die Flexibilität der Produkte ab.

Zur Synthese eignen sich drei Verfahren:

a) Dicarbonsäuredichloridc werden mit überschüssigen primären Diaminen nach der Methode der Grenzflächenkondensation umgesetzt. Das Präpolymer besitzt Aminendgruppen, die dann wie bei der Synthese von Polyimiden mit Dianhydriden unter Ringschluß reagieren.
b) Dianhydride werden mit Diaminen im Überschuß reagieren gelassen und das Präpolymer anschließend mit dem Dicarbonsäuredichlorid umgesetzt.
c) Aus primären Diaminen und Trimellithsäureanhydrid erhält man die Produkte mit dem höchsten Verhältnis Imid/Amid.

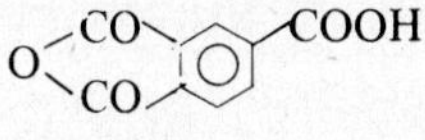


Trimellithsäureanhydrid

### 28.5.2.3 Poly(imid-co-ester)

Diese Copolymeren werden ähnlich wie die Poly(imid-co-amide) synthetisiert. Der Precursor ist hier aber ein Dianhydrid mit aromatischen Esterbindungen, das man durch Umsetzung von Trimellithsäureanhydrid mit Phenolestern erhält:

(28-60)

$$2\, O{\overset{CO}{\underset{CO}{\diagdown}}}\!\!\bigcirc\!\!-COOH + CH_3CO-O-\bigcirc-O-COCH_3 \longrightarrow$$

$$\longrightarrow O{\overset{CO}{\underset{CO}{\diagdown}}}\!\!\bigcirc\!\!-CO-O-\bigcirc-O-CO-\bigcirc{\overset{CO}{\underset{CO}{\diagdown}}}O + 2\, CH_3COOH$$

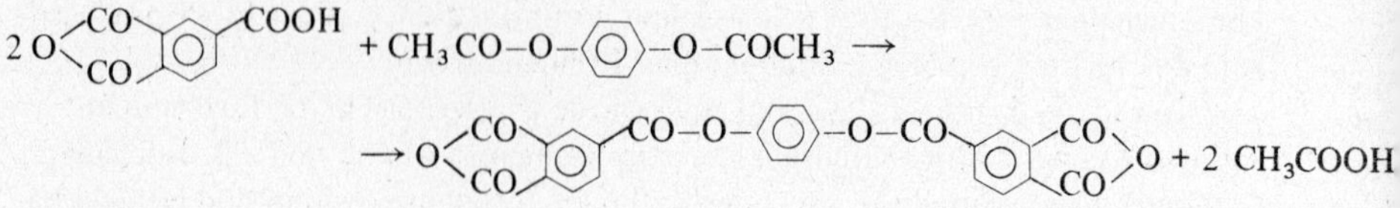

### 28.5.2.4 Poly(imid-co-amine)

Durch Addition von aromatischen Diaminen an die Doppelbindungen von Bismaleinimiden entstehen Duroplaste

$$(28\text{-}61)\quad H_2N-R-NH_2 \;+\; \begin{array}{c}HC-CO\\ \|\\ HC-CO\end{array}\!\!\!>\!N-R'-N\!<\!\!\!\begin{array}{c}CO-CH\\ \|\\ CO-CH\end{array} \longrightarrow$$

$$\longrightarrow \;\;\;\text{--}(NH-R-NH\;\begin{array}{c}HC-CO\\ |\\ H_2C-CO\end{array}\!\!\!>\!N-R'-N\!<\!\!\!\begin{array}{c}CO-CH_2\\ |\\ CO-CH\end{array}\text{--})$$

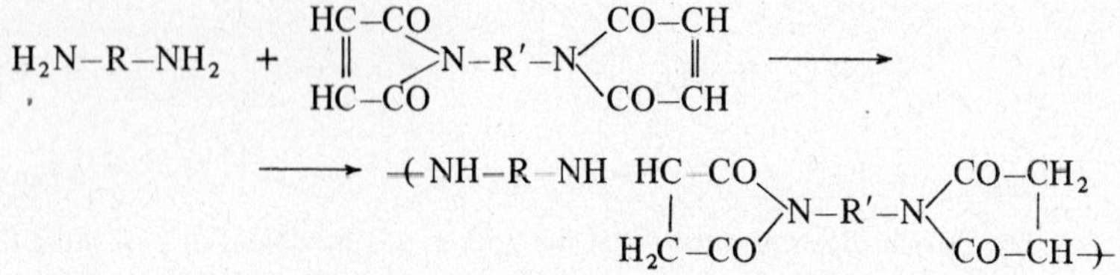

R ist dabei z.B. $-C_6H_4-$ oder $-C_6H_4-O-C_6H_4-$, R' ein aromatischer Rest. Die Formmassen werden mit der Diaminkomponente im Unterschuß angeliefert. Beim Verpressen bei ca. 250 °C vernetzen die Produkte. Da keine flüchtigen Bestandteile abgespalten werden, sind die Preßteile homogen und porenfrei. Die Preßmassen können auch mit Glasfasern verstärkt werden.

## 28.6 Polyurethane

Polyurethane besitzen die charakteristische Gruppierung $(-NH-CO-O-)$ und stehen somit in Konstitution und Eigenschaften zwischen den Polyharnstoffen mit der Gruppierung $(-NH-CO-NH-)$ und den Polycarbonaten mit der Gruppierung $(-O-CO-O-)$. Sie werden technisch durch Umsetzen von Diisocyanaten (Triisocyanaten usw.) mit Diol-Verbindungen hergestellt.

### 28.6.1 ISOCYANAT-SYNTHESEN

Die in der Technik ausschließlich ausgeführte Synthese aus Aminen und Phosgen verläuft in zwei Stufen, um die Bildung von Polyharnstoffen zurückzudrängen:

In der ersten Stufe (Kaltphosgenierung) wird die Lösung oder die Suspension des Amins bei 0 °C mit einem Überschuß Phosgen umgesetzt, wobei ein Gemisch aus freiem Carbaminsäurechlorid und dessen Hydrochlorid anfällt:

$$(28\text{-}62)\quad H_2N-R-NH_2 \;+\; COCl_2 \;\longrightarrow\; H_2N-R-NH-CO-Cl \;+$$

$$+\; [H_3\overset{\oplus}{N}-R-NH-CO-Cl]Cl^{\ominus}$$

Ein Unterschuß Phosgen gibt polymere Harnstoffe und das salzsaure Salz des Amins.

In der zweiten Stufe wird in die aus Aminhydrochlorid und Carbaminsäurechlorid bestehende Suspension bei 60 – 70 °C weiter Phosgen eingeleitet, wobei unter HCl-Abspaltung das Isocyanat entsteht (Heißphosgenierung). Das Isocyanat O=C=N–R–N=C=O wird dann durch Destillation gereinigt.

### 28.6.2 POLYMER-SYNTHESE

Die C=N-Doppelbindung der Isocyanat-Gruppe kann entweder polymerisieren (bei höheren Temperaturen oligomerisieren) oder funktionelle Gruppen mit einem aktiven Wasserstoffatom addieren (Wasser, Alkohole, Phenole, Thiole, Amine, Amide, Carbonsäuren).

Die Polymerisation der Isocyanat-Gruppen zu hochmolekularen Produkten erfolgt nur bei tiefen Temperaturen und mit bestimmten Initiatoren. Bei etwas höheren Temperaturen werden reaktive Isocyanate zum Uretdion (labil) dimerisiert, während weniger reaktive bei noch höheren Temperaturen zum Isocyanurat (stabil) trimerisiert werden:

(28-63)

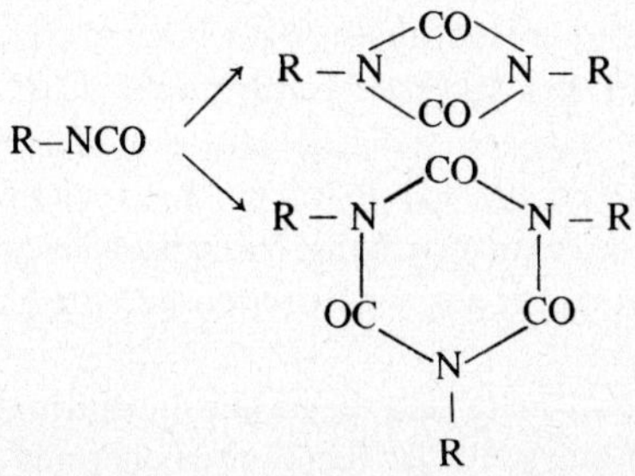

Uretdion

Isocyanurat

Die Addition einer Verbindung BH mit aktivem Wasserstoff an die Isocyanatgruppe erfolgt nach spektroskopischen Untersuchungen, Bestimmung des Isotopen-Effektes sowie im Hinblick auf eine Beschleunigung der Reaktion durch Elektronenakzeptorwirkung des Restes R beim Isocyanat und durch Elektronendonatoren beim Rest B durch einen nukleophilen Angriff auf das C-Atom der Isocyanat-Gruppe:

$$\text{(28-64)}\quad R{-}N{=}C{=}O + BH \rightleftarrows R{-}N{=}\underset{\overset{|}{{}^{\oplus}BH}}{C}{-}O^{\ominus} \longleftrightarrow R{-}N^{\ominus}{-}\underset{\overset{|}{{}^{\oplus}BH}}{C}{=}O$$

Die Abreaktion erfolgt mit einem weiteren Molekül BH unter Bildung von Wasserstoffbrücken vom BH entweder zum $-O^{\ominus}$ oder zum $-N^{\ominus}$ einer der beiden Resonanzformen (welche ist ungeklärt). Bei einer katalysierten Reaktion kann an die Stelle des 1. Moleküls BH auch der Katalysator treten. Sterisch nicht gehinderte Amine wie z.B. das Triäthylendiamin mit den durch die Struktur besonders freiliegenden freien Elektronenpaaren am Stickstoffatom können daher die Addition katalysieren. Sehr wirksam sind auch Metallsalze wie Di-n-butylzinndiacetat.

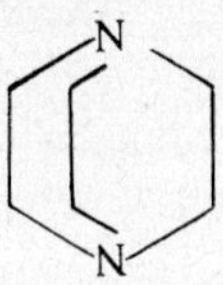

Triäthylendiamin (Dabco-Katalysator)

Die Addition kann in der Schmelze oder in Lösungsmitteln wie Essigester, Butanon, Tetrahydrofuran, Aromaten und Halogenaromaten ausgeführt werden. Bei Reaktionen in der Schmelze ist aber mit Nebenreaktionen (Oligomerisationen und anderen Additionen, vgl. unten) zu rechnen.

Die Addition ist eine Gleichgewichtsreaktion. Als Faustregel gilt, daß die entstehenden Urethane umso stabiler sind, je geringer ihre Bildungsgeschwindigkeit ist. Urethane aus aliphatischen Isocyanaten sind daher stabiler als solche aus aromatischen, solche aus sekundären Alkoholen stabiler als die aus primären. Bei Alkoholen kann jedoch eine Olefinspaltung als Nebenreaktion auftreten und zwar bei sekundären Alkoholen bei tieferen Temperaturen als bei primären:

(28-65)

$$C_6H_5NH-CO-O-CH\begin{smallmatrix}CH_2R\\R_1\end{smallmatrix} \longrightarrow C_6H_5NH_2 + CH\begin{smallmatrix}CHR\\R_1\end{smallmatrix} + CO_2$$

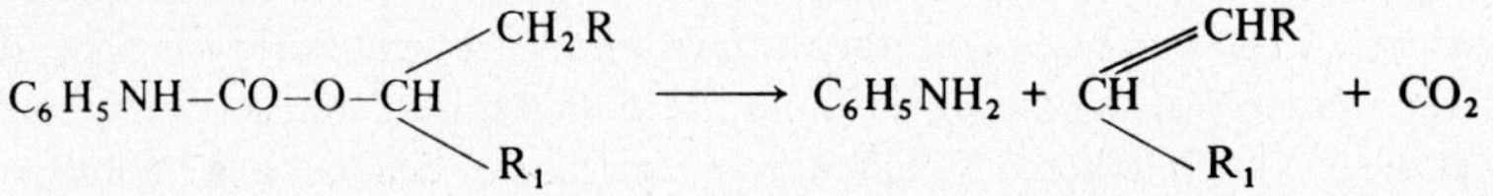

Die mangelnde Stabilität mancher Urethane kann man für die Synthese „verkappter" Isocyanate nutzbar machen. Verkappte Isocyanate erlauben ein physiologisch gefahrloses Arbeiten bei Raumtemperatur. Bei höheren Temperaturen (150–180 °C) wird der Verkapper (z.B. Phenol, Acetessigester, Malonester) abgespalten und die Isocyanatgruppe freigesetzt. Mit $NaHSO_3$ verkappte aliphatische Mono- und Diisocyanate sind sogenannte Bisulfitabspalter für die Textilausrüstung. Verkappte Isocyanate sind auch die Uretdione, bei denen kein Verkapper aus der Reaktionsmischung entfernt werden muß.

Die wichtigsten Additionen der Isocyanate sind diejenigen an Hydroxyl-, Amin- und Carboxylgruppen, wobei je nach Äquivalenz der Reaktanten oder mit einem Isocyanat-Überschuß verschiedene Produkte entstehen:

Tab. 28-1: Isocyanat-Additionen

| Addition von –NCO an | entstehende Strukturen bei | |
|---|---|---|
| | Äquivalenz | Überschuß –NCO |
| –OH | –NH–CO–O– (Urethan) | –N–CO–O–<br>  &#124;<br>CO–NH– (Allophanat) |
| –NH$_2$ | –NH–CO–NH– (Harnstoff) | –N–CO–NH–<br>  &#124;<br>CO–NH– (Biuret) |
| –COOH | –NH–CO– + CO$_2$ (Amid) | –N–CO–<br>  &#124;<br>CO–NH– (Acylharnstoff) |

Vor allem die Allophanate sind wiederum instabil. Ihre Spaltung in die Ausgangskomponenten beginnt bei etwa 100 °C und ist bei etwa 150–160 °C vollständig.

### 28.6.3 EIGENSCHAFTEN UND VERWENDUNG

Polyurethane sind gegen alkalische oder saure Verseifung sehr beständig. Diese Eigenschaft und die Vielzahl möglicher Reaktionen der Isocyanatgruppe führen zu einer Reihe von Polymeren für sehr unterschiedliche Verwendungszwecke.

*Fasern und Filme:* Durch Reaktion von Hexamethylendiisocyanat mit 1,4-Butandiol entsteht ein polyamidähnliches Produkt, das zu Borsten und Spritzgußmassen verarbeitet wird. Das aliphatische Diisocyanat geht Nebenreaktionen nur in untergeordnetem Ausmaß ein. Die Produkte sind hochlichtecht.

*Lacke:* Lacke entstehen bei der Umsetzung von Triisocyanaten mit Substanzen mit drei oder mehr Hydroxylgruppen pro Molekül (verzweigte Polyester, Pentaerythrit, partiell verseiftes Celluloseacetat usw.) in geeigneten Lösungsmitteln. Als Isocyanatkomponente wird z.B. $C_2H_5{-}C(CH_2{-}O{-}CO{-}NH{-}C_6H_3(o{-}CH_3)NCO)_3$ verwendet (Mischung verschiedener Produkte). Die Produkte besitzen wegen ihrer schon bei Raumtemperatur ablaufenden, exothermen Reaktion eine von der Größe des Behälters (Wärmeabführung!) abhängige Topfzeit. Die Topfzeit ist die Lagerungszeit für eine bestimmte Gebindegröße. Lagerbeständige Lacke werden mit Isocyanatabspaltern erhalten, z.B. bei Einbrennlacken mit Phenolabspaltern.

*Klebstoffe:* Durch Umsetzung von Monomeren mit drei und mehr *reaktiven* Isocyanatgruppen pro Molekül einerseits und Polyestern mit Hydroxylendgruppen andererseits entstehen Klebstoffe. Die guten Eigenschaften kommen durch eine Kombination mehrerer Effekte zustande: Entfernung des Wasserfilms an der Oberfläche durch Polyharnstoffbildung, Ausbildung von Wasserstoffbrücken zum Glas, Reaktion mit OH-Gruppen des Glases (Silanolgruppen), der Cellulose, von Metallen (Oberflächenhydroxide) usw.

*Schaumstoffe:* Schaumstoffe werden durch Reaktion von Toluylendiisocyanat (Isomerengemisch des 2,4-Diisocyanat- und des 2,6-Diisocyanattoluols) mit Polyestern oder Polyäthern mit Hydroxylendgruppen und dosierten Wassermengen hergestellt. Die genaue Wasserdosierung ist wichtig, da bei einem zu frühen Entweichen des abgespaltenen $CO_2$ die Masse zusammenfällt und bei einer zu späten $CO_2$-Entwicklung das bereits gebildete Netzwerk aufreißt. Hartschäume haben einen hohen Vernetzungsgrad, sie werden daher mit einem großen Anteil Isocyanat hergestellt. Weichschäume entstehen aus flexiblen Polymeren und Polyäthern. Schaumstoffe sind das wichtigste Einsatzgebiet der Polyurethane, in das 75 % allen Toluylendiisocanates, des in den größten Mengen hergestellten Isocyanates, gehen. Dieses Diisocyanat ist daher preiswert, neigt aber zur Vergilbung.

*Elastomere:* Elastomere Polyurethane bestehen aus einem „Hartsegment“ aus aromatischen Isocyanaten und einem „Weichsegment“ aus flexiblen Makromolekülen vom Molekulargewicht 2000 mit Hydroxylendgruppen. Solche Weichsegmente können aliphatische Polyester, oder Polyäther wie Poly(propylenglykol) oder Poly(tetrahydrofuran) sein. Als Hartsegmente dienen 1,5-Naphthylendiisocyanat oder p,p′-Diisocyanatdiphenylmethan. Die Synthese erfolgt in zwei Schritten. Im ersten Schritt wird die Hydroxylkomponente mit einem Überschuß des Diisocyanats (2 : 3,5) umgesetzt, wobei lineare „verlängerte“ Diisocyanate entstehen (Copolymere mit Isocyanatendgruppen). Im zweiten Schritt werden die „verlängerten Diisocyanate“ vernetzt. Diese Vernetzung kann durch verschiedene Maßnahmen erreicht werden:

a) Mit aromatischen Diaminen im Unterschuß erfolgt zunächst eine weitere Kettenverlängerung über Harnstoffgruppen und dann unter Vernetzung eine Reaktion der überschüssigen Isocyanatgruppen mit den Harnstoffgruppen zu Biuretgruppen.
b) Mit aliphatischen Glykolen (z.B. 1,4-Butandiol) im Unterschuß entstehen unter Kettenverlängerung Urethangruppen und weiter mit überschüssigen Isocyanatgruppen Allophanate. Die Allophanate werden bei ca. 150 °C gespalten, so daß das bei Raumtemperatur vernetzte Polymer bei höheren Temperaturen wie ein Thermoplast verarbeitet werden kann.
c) Trimerisierung zum Isocyanurat. Bei sorgfältiger Kontrolle der Äquivalenz (schwacher Überschuß des Isocyanats wegen Nebenreaktionen) können lineare (?) bzw. schwach vernetzte Polymere erhalten werden, die als elastische Fasern dienen. Spandex-Fasern sind elastische Fasern, deren faserbildende Komponente zu wenigstens 85 % aus einem segmentierten Polyurethan besteht.

*Reproduktionstechnik:* Die bei der Zersetzung von Carbonsäureazidestern durch Licht entstehenden Isocyanate setzen sich mit den Schichten aus Poly(vinylalkohol) zu vernetzten Produkten mit Urethangruppierungen um:

(28-66)

$$N_3CO-\langle O \rangle-CON_3 \xrightarrow[-N_2]{h\nu} OCN-\langle O \rangle-NCO + \sim\sim CH_2-CH\sim\sim \atop OH \longrightarrow$$

$$\begin{array}{c} \sim\sim CH_2-CH\sim\sim \\ | \\ OCONH \\ | \\ \langle O \rangle \\ | \\ NHCOO \\ | \\ \sim\sim CH_2-CH\sim\sim \end{array}$$

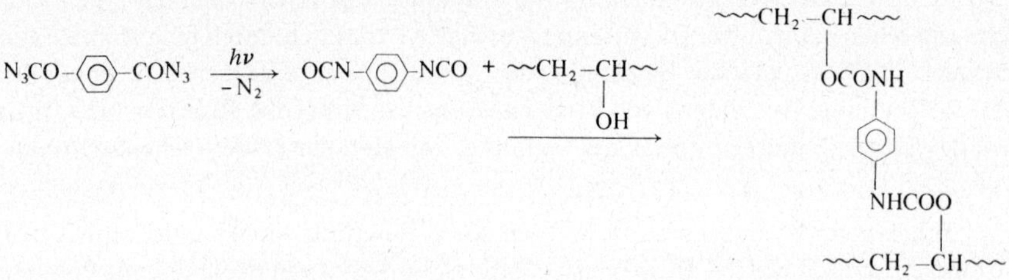

Die nicht vernetzten Anteile des Poly(vinylalkohols) werden anschließend herausgelöst, wodurch das Klischee entsteht.

## 28.7 Polyharnstoffe

Zur Synthese von Polyharnstoffen mit dem Grundstein $-\!\!\!+\!\!R-NH-CO-NH\!\!-\!\!\!\!+\!_n$ sind mindestens 15 Methoden vorgeschlagen worden, von denen sich jedoch die meisten nicht zu technischen Synthesen eignen. Bei der Umsetzung von Diisocyanaten mit Diaminen entstehen z.B. leicht Biuretgruppen und damit vernetzte Polymere (vgl. z.B. Kap. 28.6). Polymere aus der Reaktion von Diaminen mit COS sind nicht schwefelfrei zu erhalten usw.

In der Praxis setzt man daher nur Diamine mit Harnstoff in Schmelze oder Lösung (z.B. Phenol) um. Die Reaktion läuft möglicherweise über Isocyansäure (aus dem Harnstoff). Beim Erhitzen auf 140–160 °C wird heftig Ammoniak abgespalten. Das so entstehende Präpolymer wird dann im Vakuum bei ca. 250 °C auskondensiert. Da die Endgruppen labile Gruppierungen ($-NH-CO-NH_2$, $-NCO$?) sind, werden sie durch Zugabe von Regulatoren (einbasige Säuren, Amide, Amine) stabilisiert. Die Bildungsreaktion ist eine Gleichgewichtsreaktion; eine „Harnstoffumlagerung" ist daher möglich.

Technisch werden nur eine Faser und eine Reihe thermoplastischer Copolyharnstoffe hergestellt. Bei der Faser geht man vom Nonamethylendiamin aus, das auf folgendem Wege erhalten wird: Reiskleien-Öl (rice-bran oil) enthält viel Ölsäure ($CH_3-(CH_2)_7-CH=CH-(CH_2)_7-COOH$) und Linolsäure ($CH_3-(CH_2)_4-CH=CH-CH_2-CH=CH-(CH_2)_4-COOH$. Das Öl wird ozoniert und zu Azelainsäure ($HOOC-(CH_2)_7-COOH$) gespalten. An die Azelainsäure wird Ammoniak angelagert, dann unter Bildung von Heptamethylendinitril Wasser abgespalten und durch Hydrierung das Nonamethylendiamin gewonnen. Der Poly(nonamethylenharnstoff) hat einen Schmelzpunkt von 240 °C und besitzt eine höhere Alkalibeständigkeit als z.B. Poly(äthylenterephthalat). Er ist gut mit sauren Farbstoffen färbbar.

Durch Umsetzen von Gemischen verschiedener Diamine mit Harnstoff gelangt man zu weitgehend amorphen Copolymeren, die im Spritzguß-, Extrusions-, Blas-oder Wirbelsintersektor eingesetzt werden können.

## *28.8 Polyazole*

Polyazole sind Polymere mit fünfgliedrigen heteroaromatischen Ringen in der Hauptkette, wobei diese Ringe mindestens ein tertiäres Stickstoffatom enthalten.

### 28.8.1 POLY(BENZIMIDAZOLE)

Poly(benzimidazole) sind ebenfalls technisch bedeutsam geworden. Während die Polyimide zwei Carboxylgruppen pro Amingruppe enthalten, läßt man zur Herstellung der Poly(benzimidazole) zwei Amingruppen mit einer Carboxylgruppe reagieren. Als Dicarboxylverbindungen werden die Diphenylester verwendet, da a) die freien Säuren unter den Synthesebedingungen (anfangs 250, später 400 °C) decarboxylieren, b) die Säurechloride zu schnell reagieren, so daß der Ringschluß schwierig wird und c) mit den Methylestern die Aminogruppen partiell methyliert werden. Das abgespaltene Phenol kann außerdem leicht ausgewaschen werden. Typische Ausgangsstoffe sind 3,3'-Diaminobenzidin und Diphenylisophthalat. Nach Modelluntersuchungen an niedermolekularen Verbindungen wird zunächst Phenol abgespalten:

(28-67)

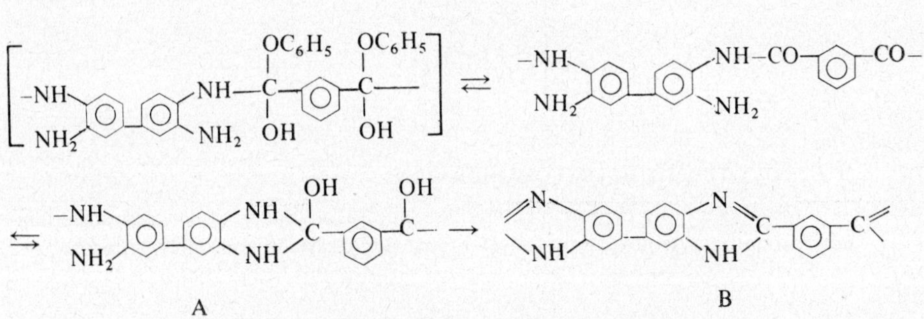

Das Präpolymer enthält auf eine A-Einheit ungefähr 0,26 B-Einheiten. Wegen der starken Empfindlichkeit der Tetramine gegen Oxydation wird mit Vorteil das Tetrahydrochlorid eingesetzt.

Die Beständigkeitstemperaturen der Poly(benzimidazole) liegen um ca. 25 °C höher als die der Polyimide. Durch geeignete Wahl der Reaktionspartner können sehr verschiedene Polymere mit Ringen in der Kette hergestellt werden. Alle diese Produkte sind bis etwa 500 °C stabil, ohne daß sich besondere Effekte der Heterocyclen zeigen. Die Polymeren sind in der Regel umso weniger hydrolysestabil, je stabiler sie gegen Oxidation sind.

Die Thermostabilität erhöht sich um weitere 100 auf 600 °C, wenn zu Leiterpolymeren wie z. B. Poly(imidazopyrrolon) („Pyrron")

(28-68)

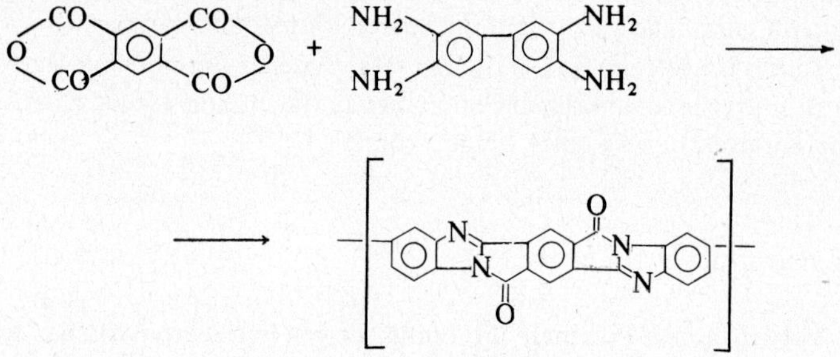


übergangen wird. Auch hier zeigen sich keine besonderen Effekte der Konstitution, solange es sich um verschiedene konjugierte Systeme handelt. Die Oxydations- und die Hydrolysestabilitäten sind gut. Da aber die Leiterstrukturen oft nicht komplett sind, setzen Abbaureaktionen leicht an diesen Fehlstellen ein.

Auch „Polypyrrolon" ist unter Stickstoff bis 600 °C beständig:

(28-69)

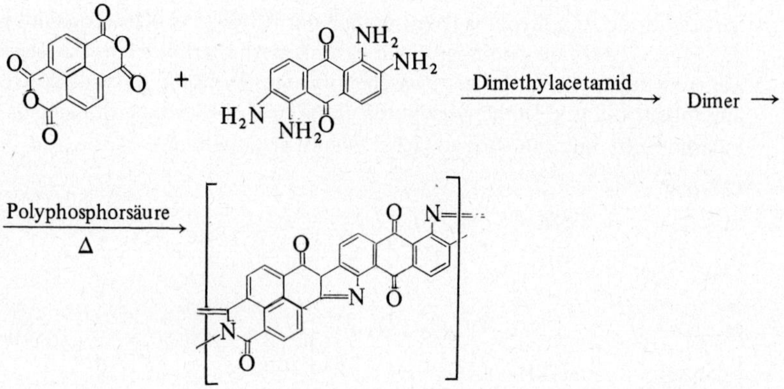


28.8.2 POLY(TEREPHTHALOYLOXAMIDRAZON)

Aus Dicyan und Hydrazin entsteht Oxamidrazon, das nach der Isomerisierung mit Terephthaloylchlorid zum Poly(terephthaloyloxamidrazon) (PTO) umgesetzt

(28-70)

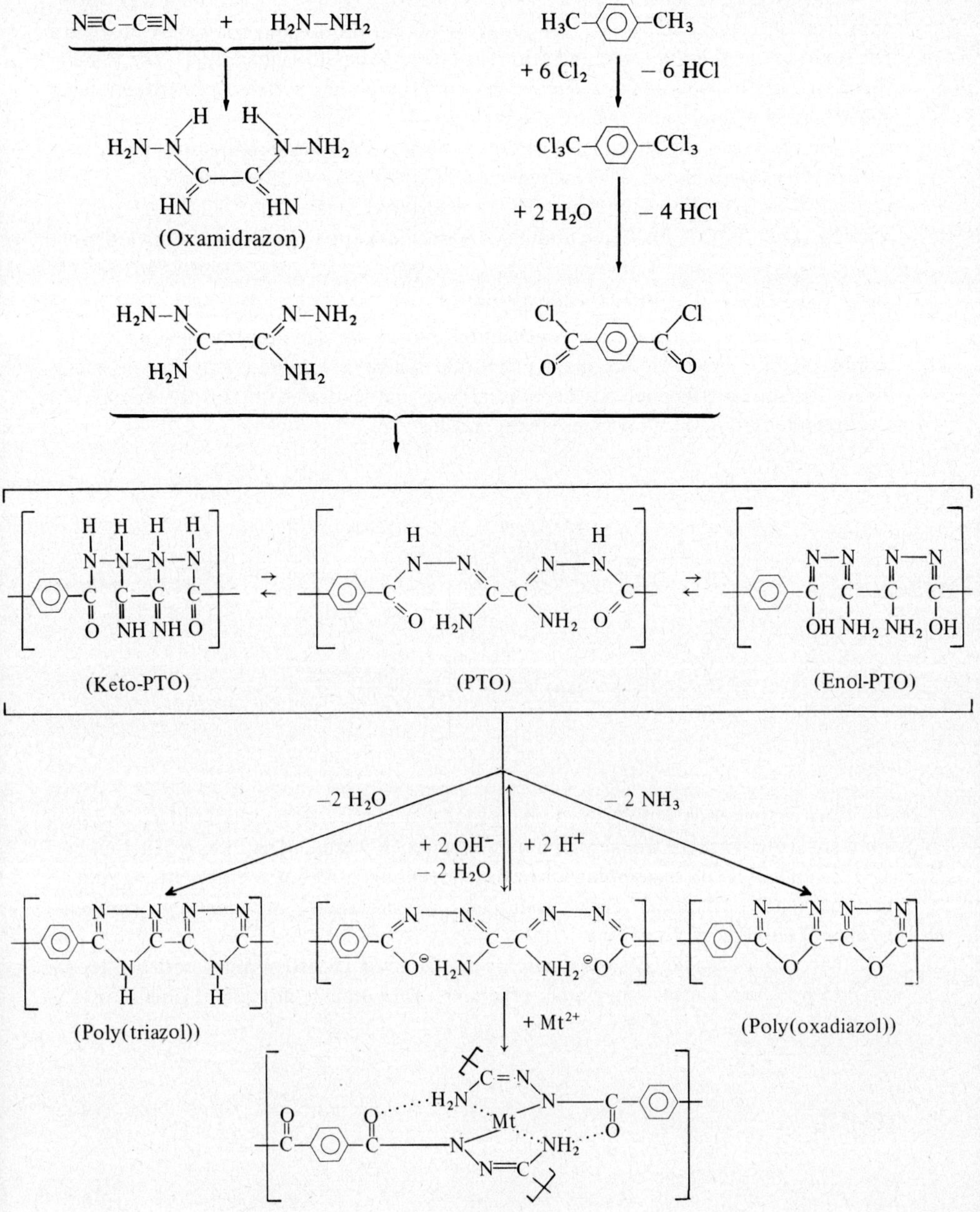
N≡C–C≡N + H2N–NH2
H3C–⌬–CH3
+ 6 Cl2 – 6 HCl
Cl3C–⌬–CCl3
+ 2 H2O – 4 HCl
(Oxamidrazon)
(Keto-PTO)
(PTO)
(Enol-PTO)
–2 H2O
– 2 NH3
+ 2 OH–
– 2 H2O
+ 2 H+
(Poly(triazol))
(Poly(oxadiazol))
+ Mt2+
Mt

wird. PTO kann in Polytriazol, in Poly(oxadiazol) oder in ein mit Metallionen cheliertes Polymer überführt werden:

Die Chelierung führt zu einer Pseudocyclisierung, wobei ein koordinatives Netzwerk entsteht. Außer der in Gl. (28-70) gezeigten Struktur sind viele andere möglich. Die resultierenden Polymeren sind sehr flammfest (Sauerstoffindex 0,52). Die besten Flammfestigkeiten werden mit Zink-, Zinn- und Eisenionen erzielt. Quecksilberionen geben strahlen-, aber nicht flammfeste Polymere.

Die Farbe des chelierten PTO variiert je nach der Natur des Metallions und je nach Molverhältnis Metall/PTO zwischen gelb ($Zr^{4+}$/PTO = 0,35) über orange ($Zn^{2+}$/PTO = 2) und olivgrün ($Cu^{2+}$/PTO = 0,66) nach braun ($Ca^{2+}$/PTO = 1) und schwarz ($Fe^{2+}$/PTO = 1). Weiße und blaue Farbtöne können nicht erhalten werden.

### 28.8.3 POLYTRIAZOLE UND POLYOXADIAZOLE

Durch den im vorigen Kapitel genannten Prozeß werden Polytriazole und Polyoxadiazole mit je zwei Heteroringen pro Strukturelement erhalten. Polytriazole mit einem Triazolrest entstehen aus Terephthalsäure und Hydrazin mit anschließender Cyclokondensation der Poly(phenylenhydrazide):

(28-71)

*Poly [3,5-(4-phenyl-1,2,4-triazol)-1,4-phenylen]*

*Poly [3,5-(4-oxa-1,2-diazol)-1,4-phenylen)]*

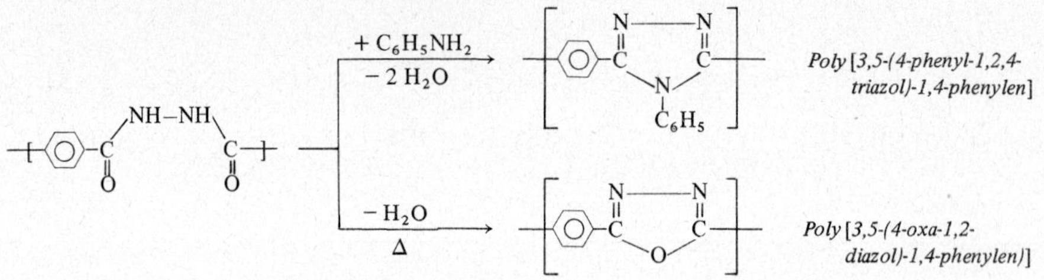

Das entstehende Poly [3,5-(4-phenyl-1,2,4-triazol)-1,4-phenylen] mit $T_G$ = 260 °C kann aus Ameisensäure trocken- und naß versponnen werden. Die Fasern behalten bei 300 °C noch 30 % ihrer ursprünglichen Bruchdehnung. – Die Wasserabspaltung zum Polyoxadiazol wird an der verstreckten oder unverstreckten Faser von Poly(phenylenhydrazid) ausgeführt.

Polyaminotriazole entstehen durch Umsetzen von Dicarbonsäureestern mit Hydrazin und weiterem Umsatz der primär erhalten Dihydrazide mit einem Überschuß Hydrazin:

(28-72)

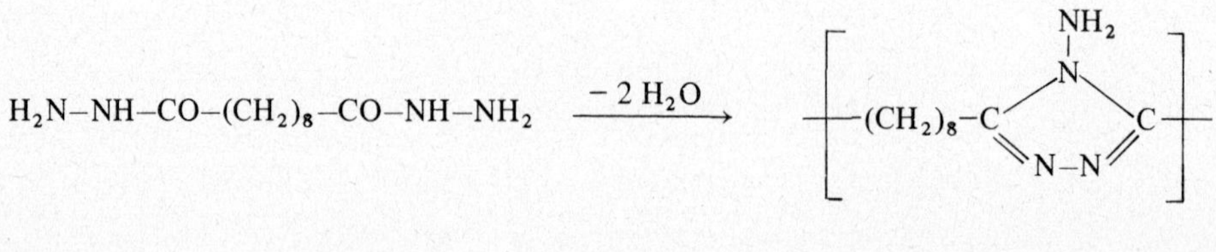

Das entstehende *Poly [3,5-(4-amino-1,2,4-triazol)-octamethylen]* hat einen Schmelzpunkt von ca. 260 °C, aber eine relativ hohe Wasseraufnahme von 3,9 % bei 65 % rel. Luftfeuchtigkeit.

### 28.8.4 POLYPARABANSÄUREN

Aus Diisocyanaten und HCN entstehen Poly(iminoimidazolidindione), die nach der Hydrolyse in Polyparabansäuren übergehen:

(28-73)

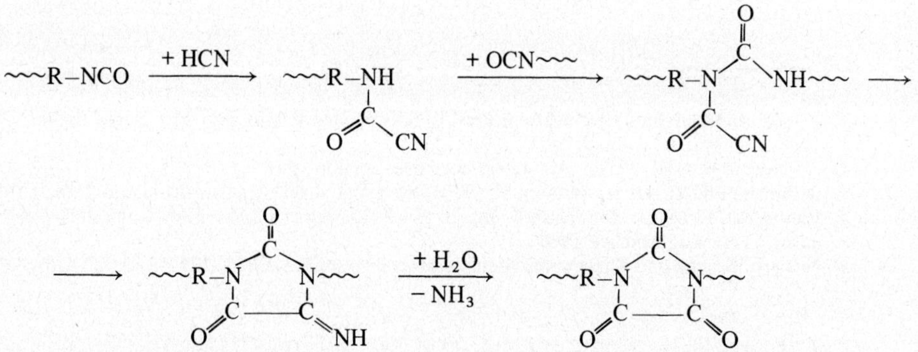

Polyparabansäuren sind amorphe, linear aufgebaute Thermoplaste. Ihre Erweichungstemperaturen liegen je nach der Natur des Restes R (aromatisch, aliphatisch, alicyclisch) zwischen Raumtemperatur und 300 °C. Die mechanischen Werte sind recht gut, die Wasseraufnahme ist aber ziemlich hoch.

### 28.8.5 POLYHYDANTOINE

Polyhydantoine werden wie folgt hergestellt:

(28-74)

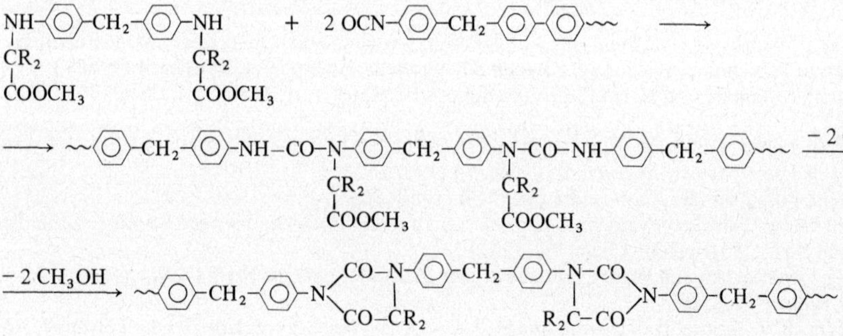

Spezielle Verbindungen dieser Stoffklasse eignen sich für die Herstellung von Elektroisolierfolien hoher Wärmebeständigkeit.

## Literatur zu Kap. 28

### *28.1 Polyimine*

O. C. Dermer und G. E. Ham, Ethyleneimine and Other Aziridines, Academic Press, New York 1968
M. Hauser, Alkylenimines, in K. C. Frisch und S. L. Reegen, Hrsg., Ring-Opening Polymerizations, M. Dekker, New York 1969

### *28.2 Aminoharze*

C. P. Vale, Aminoplastics, Cleaver-Hume Press Ltd., Interscience Publ. Inc., New York-London 1960
P. Talet, Aminoplastes, Dunod, Paris, 2. Aufl., 1951
C. P. Vale und W. G. K. Taylor, Aminoplastics, Iliffe, London 1964
A. Bachmann und Th. Bertz, Aminoplaste, VEB Dtsch. Verlag für Grundstoffindustrie, Leipzig 1967
R. Vieweg und E. Becker, Duroplaste (= Bd. 10 von R. Vieweg und K. Krekeler, Kunststoff-Handbuch), C. Hanser, München 1968
H. Petersen, Kinetik und Katalyse bei Aminoplastkondensationen, Chem.-Ztg. **95** (1971) 625, 692

### *28.3 Polyamide, allgemein*

H. Hopff, A. Müller und F. Wenger, Die Polyamide, Springer, Heidelberg 1954
H. Klare, E. Fritzsche und V. Gröbe, Synthetische Fasern aus Polyamiden, Akademie-Verlag, Berlin 1963
V. V. Korshak und T. M. Frunze, Synthetic Heterochain Polyamides, Israel Program for Scientific Translations, Jerusalem 1964; Akad. Wiss. USSR, Moskau 1962
R. Vieweg und A. Müller, Hrsg., Polyamide (Kunststoff-Handbuch, Bd. VI), C. Hanser-Verlag, München 1966
D. E. Floyd, Polyamide Resins, Reinhold, New York 1966

### *28.3.1 – 28.3.5 Spezielle Polyamide*

M. Szwarc, The Kinetics and Mechanism of N-Carboxy-α-amino-acid Anhydride (NCA) Polymerization to Poly-amino Acids, Adv. Polymer Sci.-Fortschr. Hochpolym.-Forschg. **4** (1965) 1
J. Noguchi, S. Tokura und N. Nishi, Poly-α-amino Acid Fibres, Ang. Makromol. Chem. **22** (1972) 107
R. Graf, G. Lohau, K. Börner, E. Schmidt und H. Bestian, β-Lactame, Polymerisation und Verwendung als Faserrohstoff, Angewandte Chem. **74** (1962) 523
H. Bestian, Poly-β-amide, Angewandte Chem. **80** (1968) 304
K. Dachs und E. Schwarz, Pyrrolidon, Capryllactam und Laurinlactam als neue Grundstoffe für Polyamidfasern, Angewandte Chem. **74** (1962) 540
M. Sittig, Caprolactam and Higher Lactams (Chem. Proc. Monographs No. 21), Noyes Development, Park Ridge N. J. 1966
C. F. Horn, B. T. Freure, H. Vineyard und H. J. Decker, Nylon 7, ein faserbildendes Polyamid, Angewandte Chem. **74** (1962) 531
M. Genas, Rilsan (Polyamid 11), Synthese und Eigenschaften, Angewandte Chem. **74** (1962) 535
W. K. Franke und K.-A. Müller, Synthesewege zum Laurinlactam für Nylon 12, Chem.-Ing.-Technik **36** (1964) 960
H. R. Schweizer, Die Versamide – eine neue Gruppe von Polyamiden, Kunststoffe-Plastics **4** (1957) 49
R. Gabler, H. Müller, G. E. Ashby, E. R. Agouri, H.-R. Meyer und G. Kabas, Amorphe Polyamide aus Terephthalsäure und verzweigten Diaminen, Chimia **21** (1967) 65

## *28.5 Polyimide*

H. Lee, D. Stoffey und K. Neville, New Linear Polymers, McGraw-Hill, New York 1967, p. 205
N. A. Adrova, M. I. Bessonov, L. A. Laius und A. P. Rudakov, Polyimides: A New Class of Heat-Resistant Polymers, Israel Program for Sci. Transl. Jerusalem 1969
M. W. Ranney, Polyimide manufacture, Noyes Data Corp., Park Ridge, N. J., 1971

## *28.6 Polyurethane*

J. H. Saunders und K. C. Frisch, Polyurethanes, Chemistry and Technology, 2 Bde., Interscience, New York 1962 (Vol. I) und 1964 (Vol. II)
B. A. Dombrow, Polyurethanes, Reinhold, New York 1965 (2. Aufl.)
R. Vieweg und A. Höchtlen, Polyurethane (= Kunststoff-Handbuch, Bd. VII), C. Hanser-Verlag, München 1966
D. J. Lyman, Polyurethanes, Revs. Macromol Chem. **1** (1966) 191
K. C. Frisch und L. P. Rumao, Catalysis in Isocyanate Reactions, J. Macromol. Sci. **C 5** (1970) 103
E. N. Doyle, The Development and Use of Polyurethane Products, McGraw-Hill, New York 1971 (2. Aufl.)

## *28.7 Polyharnstoffe*

P. Borner, W. Gugel und R. Pasedag, Synthese und Eigenschaften copolymerer Polyharnstoffe mit linearer Struktur, Makromol. Chem. **101** (1967) 1

## *28.8 Polyazole*

J. P. Critchley, A Review of the Poly(azoles), Progr. Polymer Sci. **2** (1970) 47
V. V. Korshak und M. M. Teplyakov, Synthesis Methods and Properties of Polyazoles, J. Macromol. Sci. **C 5** (1971) 409
P. M. Hergenrother, Linear Polyquinoxalines, J. Macromol. Sci. **C 6** (1971) 1

## 29 Polynucleotide

### *29.1 Vorkommen*

Polynucleotide sind die Polyester der Phosphorsäure mit Ribose (Ribonucleinsäure, RNS oder RNA) oder 2′-Desoxyribose (Desoxyribonucleinsäure, DNS oder DNA). Wegen ihres sauren Charakters werden sie auch Nucleinsäuren genannt. Die beiden Pentosen liegen in der Furanose-Form vor und sind durch Purin- oder Pyrimidin-Basen substituiert.

Die Molekulargewichte können bei RNA bis in die Millionen gehen, bei DNA sogar in die Milliarden. Als Maß für das Molekulargewicht und zur Charakterisierung der Nucleinsäuren werden häufig die Sedimentationskoeffizienten *s* verwendet. Die RNA werden auch nach ihrer Funktion klassifiziert; man spricht z.B. von transfer-RNA (t-RNA) und messenger-RNA (m-RNA oder Boten-RNA). Jede Klasse von Nucleinsäuren kann im Prinzip viele verschiedene Typen enthalten, d.h. Nucleinsäuren mit verschiedener Basenzusammensetzung und Sequenz (vgl. Tab. 29 – 1).

RNA und DNA kommen in Tieren, Pflanzen, Bakterien und Viren vor. Sowohl die DNA als auch die RNA sind meist über die ganze Zelle verteilt. Allerdings ist die DNA im Zellkern und die RNA im Cytoplasma angereichert.

*Tab. 29-1:* DNA und RNA in einer Bakterienzelle von Escherichia coli

| Molekültyp | Anzahl Arten | Molekulargewicht | Anzahl Moleküle pro Zelle |
|---|---|---|---|
| DNA | 1 | 2 500 000 000 | 2 |
| 23 *s*-RNA | 1 | 1 000 000 | 30 000 |
| 16 *s*-RNA | 1 | 500 000 | 30 000 |
| 5 *s*-RNA | 1 | 40 000 | 30 000 |
| t-RNA | 40 | 20 000 | 50 000 |
| m-RNA | 1000 | 1 000 000 | 1 000 |

### *29.2 Chemische Struktur*

RNA enthalten die Purinbasen Adenin und Guanin und die Pyrimidinbasen Cytosin und Uracil (Abb. 29 – 1). Die Basen sind $\beta$-glycosidisch an die Zucker gebunden. DNA weisen anstelle von Uracil dessen 3-methylsubstituiertes Produkt Thymin auf. Die Verbindungen dieser Basen mit Ribose bzw. 2′-Desoxyribose heißen Nucleoside. Die Phosphorsäureester der Nucleoside werden Nucleosidphosphate oder Nucleotide genannt (Tab. 29 – 2)

Durch enzymatische RNA-Hydrolyse wurde nachgewiesen, daß die Nucleotide in den Nucleinsäuren in 5′, 3′-Stellung miteinander verknüpft sind. Konventionsgemäß wird das 5′-Ende des Moleküls stets links geschrieben. Die Enden des Moleküls werden als 5′-Ende und 3′-Ende bezeichnet, jenachdem, ob der endständige Ribosylrest eine unveresterte Hydroxylgruppe in 5′- oder 3′-Stellung besitzt. Befindet sich der Phosphorsäurerest in 5′-Stellung, so wird ein p links von dem Symbol für das

*Tab. 29-2:* Vorkommen und Namen der Bausteine von Nucleinsäuren

| Vorkommen | Basen | Nucleoside | | Nucleotide |
|---|---|---|---|---|
| RNA, DNA | Adenin | Adenosin | (A) | Adenylsäure |
| RNA, DNA | Guanin | Guanosin | (G) | Guanidylsäure |
| RNA, DNA | Cytosin | Cytidin | (C) | Cytidylsäure |
| RNA, – | Uracil | Uridin | (U) | Uridylsäure |
| – , DNA | Thymin | Thymidin | (T) | Thymidilsäure |

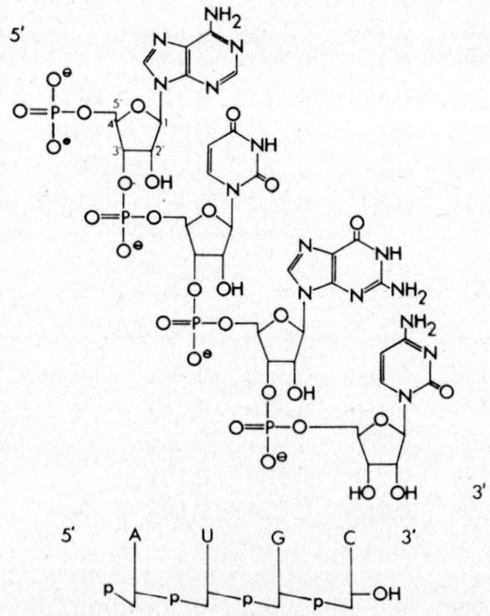


pApUpGpC

pA-U-G-C

AUGC

*Abb. 29-1:* Schreibweisen für Ribonucleinsäure-Strukturen bei einer kurzen Kette mit (von links nach rechts) Adenosin-, Uridin-, Guanosin- und Cytidin-Nucleosiden

Nucleosid geschrieben; ist er in 3'-Stellung, dagegen rechts. Bei den Nucleosiden der Desoxyribose wird zur Unterscheidung von denen der Ribose noch ein d vor den Namen gesetzt.

In den RNA und DNA befinden sich außer den genannten fünf Basen noch kleine Mengen ihrer Derivate. In Pflanzen-DNA können z.B. bis zu 6 % der Basen 5-Methylcytosin sein, in gewissen Säugetier-DNA bis zu 1,5 %. In RNA können 1-Methylguanin oder Dihydrouracil vorkommen.

Nach der Chargaffschen Regel enthält jedes Polynucleotid gleichviel Adenin wie Thymin (Tab. 29 – 2). Auch ist immer ebensoviel Guanin wie Cytosin (bzw. 5-Methylcytosin) vorhanden. Diese Regel ist bei den DNA gut erfüllt, während bei den RNA manchmal signifikante Abweichungen auftreten. Dieser Befund hängt eng mit der unterschiedlichen physikalischen Struktur der DNA und RNA zusammen (vgl. Kap. 29.4.1 und 29.4.2).

*Tab. 29-3:* Zusammensetzung der Nucleinsäuren an Purin- und Pyrimidinbasen. [a] = Hydroxymethylcytosin.

| Quelle | Molenbrüche an | | | | | Verhältnis | |
|---|---|---|---|---|---|---|---|
| DNA-Quelle | A | T | G | C | 5MC | $\frac{A}{T}$ | $\frac{G}{C+5MC}$ |
| Menschl. Thymus | 0,309 | 0,294 | 0,199 | 0,198 | – | 1,05 | 1,00 |
| Schafsleber | 0,296 | 0,292 | 0,204 | 0,208 | – | 1,01 | 0,98 |
| Kalbsthymus | 0,282 | 0,278 | 0,215 | 0,212 | 0,013 | 1,01 | 0,96 |
| Heringssperma | 0,278 | 0,275 | 0,222 | 0,207 | 0,019 | 1,01 | 0,98 |
| Weizenkeime | 0,265 | 0,270 | 0,235 | 0,172 | 0,058 | 0,98 | 1,02 |
| T 2-Phagen | 0,325 | 0,325 | 0,182 | – | 0,168[a] | 1,00 | 1,08 |
| RNA-Quelle | A | U | G | C | – | $\frac{A}{U}$ | $\frac{G}{C}$ |
| Kalbsleber | 0,195 | 0,164 | 0,350 | 0,291 | – | 1,19 | 1,20 |
| Kaninchenleber | 0,193 | 0,199 | 0,326 | 0,282 | – | 0,97 | 1,15 |
| Hühnerleber | 0,195 | 0,207 | 0,333 | 0,265 | – | 0,94 | 1,25 |
| Bäckerhefe | 0,251 | 0,246 | 0,302 | 0,201 | – | 1,02 | 1,50 |
| Tabakmosaikvirus | 0,299 | 0,263 | 0,254 | 0,185 | – | 1,14 | 1,37 |

Die Bindung zwischen den einzelnen Nucleotiden, die sog. Internucleotid-Bindung, ist hydrolyseempfindlich. Die glycosidische Bindung zwischen den Furanoseresten und den Base-Resten ist erwartungsgemäß säurelabil, vor allem bei Purinnucleotiden. Die RNA sind zudem wegen der sich in 2'-Stellung befindenden OH-Gruppen alkalilabil.

Natürliche Polynucleotide besitzen nach Protonresonanz-Messungen eine „anti"-Konformation der Thymidin-Reste: die $CH_3$-Gruppe der Base liegt über der Zuckerebene. Die „syn"-Konformation (CO-Gruppe über der Zuckerebene) ist sehr selten. Sie liegt vermutlich bei den alternierenden Copolymeren $[d(A-s^4T)]$ vor, die durch enzymatische Copolymerisation von Desoxyadenosintriphosphat (dATP) mit 4-Thiothymidintriphosphat ($s^4$dTTP) unter der Wirkung von Bacillus-subtilis-DNA-hergestellt werden. Auf das Vorliegen einer syn-Konformation wurde geschlossen, weil dieses Copolymer nach Messungen der optischen Rotationsdispersion und des Circulardichroismus bei 400 nm einen stark negativen Cotton-Effekt zeigt. Die gleiche Bande besitzt jedoch beim monomeren 4-Thiothymidin ein positives Vorzeichen.

## *29.3 Synthesen*

Polynucleotide enthalten sehr viele reaktive Gruppen (vgl. Abb. 29 – 1). Alle diese Gruppen müßten bei einer rein chemischen Polynucleotid-Synthese während des Aufbaus der Zucker/Phosphorsäure-Verknüpfungen durch Schutzgruppen geschützt werden. In der Regel zieht man daher eine enzymatische Synthese vor.

### 29.3.1 ENZYMATISCHE POLYNUCLEOTID-SYNTHESEN

Die zu enzymatischen Polynucleotid-Synthesen verwendeten Enzyme werden aus Mikroorganismen bzw. aus Zellen höherer Organismen gewonnen und so gereinigt, daß sie eine zellfreie Polynucleotid-Synthese ermöglichen. Die Enzyme katalysieren die lineare Verknüpfung der Nucleotide in der Weise, daß die 3′-Hydroxygruppe des letzten Ribose- oder Desoxyribose-Restes der wachsenden Polynucleotid-Kette mit der 5′-Hydroxygruppe des hinzukommenden Nucleotids durch eine Phosphordiester-Brücke verbunden wird. Die meisten Enzyme können dabei nicht zwischen den an den Zuckerresten hängenden Basen unterscheiden.

Bei der enzymatischen Polynucleotid-Synthese können drei Typen unterschieden werden: de novo-Synthese, primerabhängige Synthese und matrizenabhängige Synthese. Kombinationen dieser drei Grundtypen sind selbstverständlich möglich.

Bei der *de novo-Synthese* werden die Nucleotide unter der Wirkung des Enzyms Polynucleotidpolymerase (PN-Pase) zu Polynucleotiden verknüpft. Nach dieser Methode werden Unipolymere hergestellt, z.B. $(rA)_n$, $(rG)_n$, $(rU)_n$ und $(rC)_n$, aber auch statistische Copolymere. Da die Verknüpfung regellos erfolgt, kann man eine der Polykondensation entsprechende Molekulargewichtsverteilung erwarten.

Bei der *primerabhängigen Synthese* werden an einer bestehenden Polynucleotid-Kette unter der Wirkung der Enzyme PN-Pase und/oder Addase schrittweise neue Nucleotidreste angelagert. Auf diese Weise können besonders Blockcopolymere aufgebaut werden. Unter der Wirkung von PN-Pase und Addase erhält man z.B. das Polynucleotid rrr-d$(ddd)_n$, unter der Wirkung von Addase die Kette ddd-r$(ddd)_n$. Der Prozeß entspricht dem einer „lebenden Polymerisation", d.h. es resultiert eine enge Molekulargewichtsverteilung.

Bei der *matrizenabhängigen Synthese* (template-abhängigen S.) werden die Nucleotide nach dem Prinzip der Basen-Komplementarität in einer spezifischen Sequenz eingebaut. Verwendet man eine Linkshelix als Matrize, dann können Polymere mit vorbestimmtem Molekulargewicht entstehen. Bei diesen Synthesen kann aber ein sog. „Slippage"-Mechanismus auftreten: die nach der Reduplikation gebildete Kette rutscht die Kette entlang:

$$\text{(29-1)}\quad \text{TATATA} \xrightarrow{\text{Reduplik.}} \begin{array}{l}\text{TATATA}\\ \text{5}'\text{-p-ATATAT}\end{array} \xrightarrow{\text{Slippage}} \begin{array}{r}\text{TATATA}\\ \text{5}'\text{-p-ATATAT}\qquad\end{array}$$

### 29.3.2 CHEMISCHE POLYNUCLEOTID - SYNTHESEN

Die chemische Synthese von Polynucleotiden ist prinzipiell durch einen stufenweisen Aufbau der Kette möglich, durch die Labilität der einzelnen Bindungen aber sehr mühsam. Zunächst wird das Nucleosid zum Nucleotid phosphoryliert, wobei als klassisches Kondensationsmittel Dicyclohexylcarbodiimid verwendet wird. Zur Kondensation zweier Nucleotide müssen der Phosphorsäurerest des einen Nucleotides, die Aminogruppen der Basen und die nicht zur Kondensation vorgesehenen Hydroxylgruppen beider Nucleotide geschützt werden. Für die Aminogruppen werden die gleichen Schutzgruppen wie in der Peptidchemie verwendet (vgl. Kap. 30.3.2). Die Hydroxylgruppen in 5′-Stellung werden durch Tritylderivate, die in 2′-Stellung durch Dihydropyran oder Äthylvinyläther geschützt. Die Phosphorsäuregruppierung wird durch eine einfache Veresterung blockiert, eine zweifache Veresterung inaktiviert dagegen das Nucleotid.

## *29.4 Substanzklassen*

### 29.4.1 DESOXYRIBONUCLEINSÄUREN

Je zwei Polynucleotid-Ketten (Stränge) der DNA bilden eine doppelsträngige Helix (Abb. 4 – 7). Die Basen sind mit einem Ringebenenabstand von 0,34 nm senkrecht zur Helixachse angeordnet. Nach je zehn Basen ist die Windung vollständig. Dabei ist jeweils eine Purinbase des einen Stranges über Wasserstoffbrückenbindungen mit je einer Pyrimidinbase des zweiten Stranges gekoppelt bzw. „gepaart". Die beiden Einzelketten der doppelsträngigen Helix sind also zueinander „komplimentär". Die Komplimentarität erklärt die Chargaffsche Regel (vgl. Kap. 29.2).

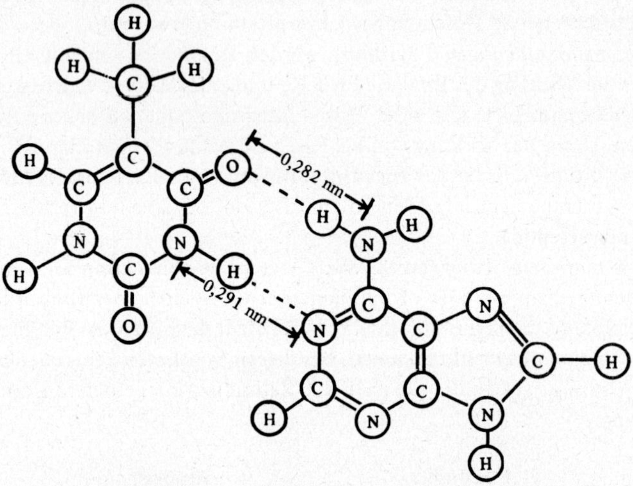


Thymin Adenin

Nucleoside und Nucleosidderivate sind in Chloroform, Tetrachlorkohlenstoff und Dimethylsulfoxid über Wasserstoffbrücken gepaart. Säulenchromatographische Untersuchungen an C- und G-haltigen Gelen haben jedoch gezeigt, daß Nucleosid-Gemische in Wasser nicht entsprechend den berechneten Bindungsenergien für Wasserstoffbrükkenbindungen zwischen gleichen oder verschiedenen Nucleosiden getrennt werden. Die Nucleoside werden daher in Wasser über den sog. Stapeleffekt zusammengehalten, d.h. durch Wechselwirkungen zwischen den Purin- bzw. Pyrimidin-Ringen. Mit steigendem Polymerisationsgrad geht jedoch vermutlich der Einfluß des Stapeleffektes zugunsten der Wasserstoffbrücken zurück.

Die Kopplung der Nucleotide zu Polynucleotiden erfolgt in vivo und in vitro nun nicht über die Monophosphate, sondern über die Diphosphate und Triphosphate, z. B.

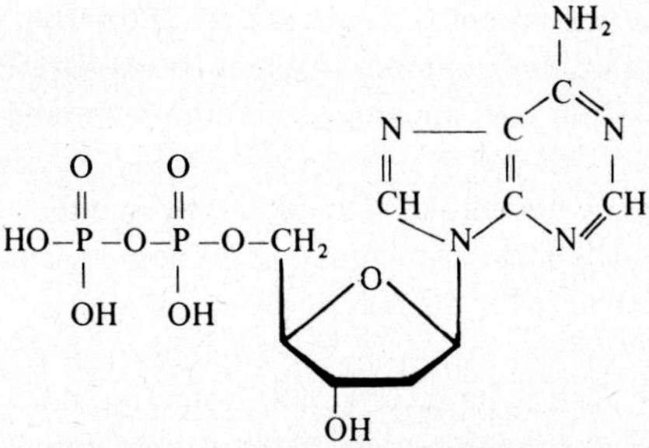

d–p-Adenosindiphosphat
(d–p-ADP)

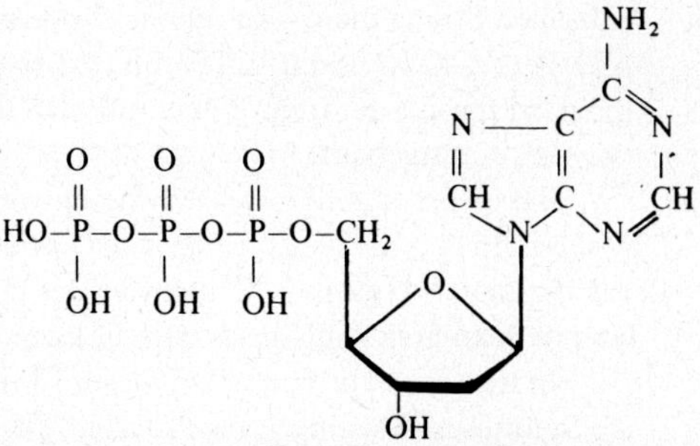

d–p-Adenosintriphosphat
(d–p-ATP)

Diese Nucleotide sind energiereicher als die Monophosphate, so daß ihre Kondensation leichter erfolgt. Als energiereiche Verbindung bezeichnet man in der Biochemie nicht eine Verbindung mit hoher thermochemischer Dissoziationsenergie, sondern eine Substanz, deren Hydrolyse leicht aktivierbar ist. ATP ist nach quantenmechanischen Berechnungen eine derartige energiereiche Verbindung, weil die Phosphatgruppierung fünf aufeinanderfolgende, positiv geladene Kettenatome aufweist, die leicht von den negativen Ionen der Phosphatasen angegriffen werden:

$$\sim\sim O-\overset{O}{\underset{O^-}{\overset{\|}{P^{\delta+}}}}-O^{\delta+}-\overset{O}{\underset{O^-}{\overset{\|}{P^{\delta+}}}}-O^{\delta+}-\overset{O}{\underset{O^-}{\overset{\|}{P^{\delta+}}}}-O^-$$

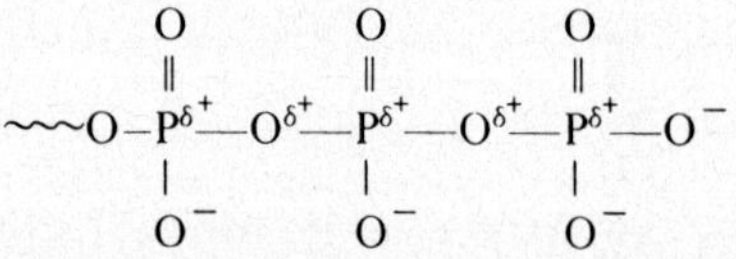

Sind in vitro alle vier 5'-Triphosphate (d–ATP, d–CTP, d–GTP und d–TTP), sowie eine DNA-Matrize (template) und das Enzym DNA-Polymerase vorhanden, so entstehen hochmolekulare Poly-d-ribonucleotide. Da die Synthese ohne die DNA-Matrize nicht möglich ist, wird diese auch als „primer" bezeichnet. Die Zusammensetzung und die Sequenz dieser neu gebildeten DNA entsprechen denjenigen der primer–DNA, also der zugesetzten DNA. Die DNA-Polymerase (Kornberg-Enzym) wird dabei aus Escherichia coli gewonnen und als zellfreier Extrakt zugesetzt.

Völlig intakte DNA-Doppelstränge sind jedoch nur sehr langsam wirkende Matrizen. Besser wirkt eine durch das Enzym Pankreas-DNAse angedaute und anschließend kurz bei 77 °C denaturierte DNA. Die nur schlechte Wirksamkeit intakter Matrizen bei dieser Reaktion läßt darauf schließen, daß DNA-Polymerase ein sog. reparierendes Enzym ist. Tatsächlich lassen sich auch mit DNAse und den entsprechend zugesetzten Nucleotiden sowie einer DNA als Matrize bei 20 °C Lücken in DNA-Molekülen reparieren. Bei höheren Temperaturen entstehen allerdings verzweigte Polynucleotide.

Bei der DNA-Synthese verdoppelt sich einer der beiden Stränge (evt. auch beide) in kurzen Segmenten von ca. 1000 Nucleotiden. Diese Segmente (Okazi-Fragmente) können dann durch das Enzym Polynucleotid-Ligase vereinigt werden. DNA-Polymerase ist also nicht das einzige Enzym bei der Reduplikation.

Ist keine DNA-Matrize oder sind keine $Mg^{2+}$-Ionen vorhanden, so geben d–ATP und d–TTP einen gegenläufigen Doppelstrang von Poly–d–(AT), bei dem in jedem einzelnen Strang die d–Ap- und d–Tp-Einheiten miteinander alternieren (Poly-alt-AT). Aus d–GTP und d–CTP entsteht ebenfalls ein Doppelstrang; hier ist jedoch ein Einzelstrang aus der unipolymeren Poly–d–G und der andere aus der unipolymeren Poly–d–C aufgebaut.

Bei diesen stimulierten Synthesen wird die hochmolekulare Matrize gegen die wachsende Polynucleotid-Kette verschoben (slipping mechanism). Dafür spricht, daß das Heptamer d$(pA)_7$ in Gegenwart der Matrize $(pT)_4$ als Starter für die Synthese hochmolekularer Poly–d–A wirken kann.

In den Desoxyribonucleinsäuren ist die genetische Information festgelegt, d.h. die Syntheseanweisungen für Proteine. Die Reihenfolge der vier Basen A, G, C und T innerhalb einer Desoxyribonucleinsäure entspricht dabei einer „Vier-Buchstaben-Schrift". Der in dieser Schrift in der DNA fixierte „Code" wird zunächst in die etwas andere Vier-Buchstaben-Schrift der m-RNA übertragen. Die m-RNA-Moleküle wandern dann aus dem Zellkern in das Zellplasma. Im Zellplasma wird mit Hilfe der Ribosomen und der t-RNA die Vier-Buchstaben-Schrift der Nucleinsäure in die Zwanzig-Buchstaben-Schrift der Proteine übertragen (vgl. Kap. 30.3.1).

### 29.4.2 RIBONUCLEINSÄUREN

Ribonucleinsäuren sind unverzweigte Moleküle. Sie liegen im Gegensatz zu den DNA einsträngig vor. Nur ein Teil der Basen ist gepaart, und zwar intramolekular und nicht intermolekular wie bei den DNA (Abb. 29–2). Die nur teilweise Basenpaarung

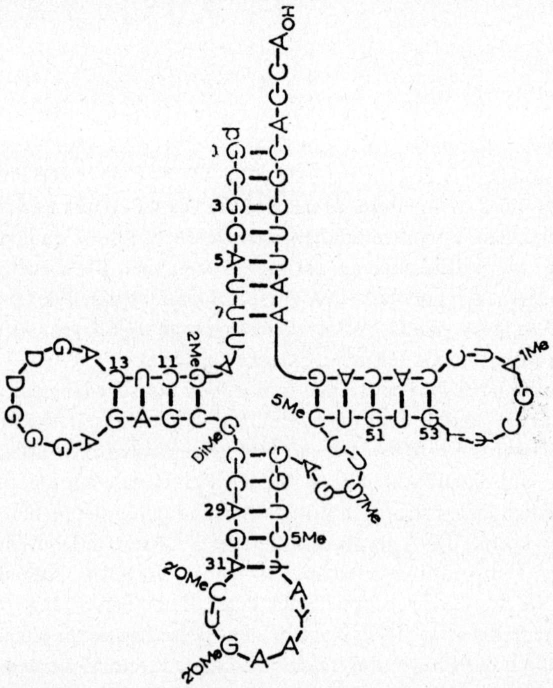

*Abb. 29–2:* Sequenz und Projektion der Konformation der phenylalanin-spezifischen t-$RNA^{phe}$ aus Hefe. D = Dihydrouridin, DiMeG = 2,2-Dimethylguanosin, 2′OMeC = 2′-Methylcytidin, ψ = Pseudouridin (Base über $C^5$ an den Zuckerrest gebunden).

erklärt die bei den RNA häufigen Abweichungen von der Chargaffschen Regel (vgl. Kap. 29.2), da bei der thermodynamisch stabilen Konformation nicht jede Purin-Base einen Pyrimidin-Partner erfordert. Die RNA nehmen eine kompakte ellipsenförmige Gestalt an.

Die RNA steuern in vivo die Protein-Synthese. Bei der in vitro-Synthese der RNA geht man von einer Mischung der vier Ribonucleosid-5'-triphosphate aus, setzt eine DNA-Matrize zu und löst die Polyreaktion mit der in Bakterien vorkommenden RNA-Polymerase aus. Dabei entstehen einsträngige, hochmolekulare Polyribonucleotide, bei denen die Sequenz der Kette komplementär zu der der Matrize ist. Das Thymidin der DNA ist jedoch in der RNA durch das Uridin ersetzt. Die DNA-Matrize selbst braucht nicht sehr hochmolekular zu sein; es genügt bereits eine Verbindung mit drei Tripletts, also mit einem Polymerisationsgrad 9. Auch bei der RNA-Synthese bewegt sich somit die Matrize gegen die wachsende Polynucelotid-Kette. Arbeitet man nicht mit der Bakterien-RNA-Polymerase, sondern mit der Polynucleotid-Phophorylase als Enzym, so entstehen Polynucleotide mit statistisch verteilten Basenresten. Benutzt man synthetische DNA als Matrize, so erhält man die entsprechenden komplementären RNA; mit Poly(dT) bekommt man Poly-A, mit Poly[d(A-alt-T)] nunmehr Poly(U-alt-A).

### 29.4.3 NUCLEOPROTEINE

Nucleoproteine oder Nucleoproteide sind Verbindungen aus Nucleinsäuren mit Proteinen (Nucleoproteine) bzw. Peptiden (Nucleoproteide im engeren Sinne). Die verhältnismäßig niedermolekularen Proteine oder Peptide sind dabei an die stäbchenförmige Helix der hochmolekularen Nucleinsäuren gebunden. Das Molekulargewicht der Nucleoproteide kann bis zu 15 Millionen betragen; Nucleoproteide sind molekulareinheitliche Verbindungen.

Eine wichtige Quelle für Nucleoproteine ist der Zellinhalt, das Cytoplasma, aus dem durch Zentrifugieren bei verschiedenen Erdbeschleunigungen g Zellkerne (500 – 1000 g), Mitochondrien (10 000 – 15 000 g) und Mikrosomen (20 000 – 100 000 g) gewonnen werden können.

Die Mikrosomen bestehen aus einer Matrix von Lipoproteinen, auf der die sogenannten Ribosomen angeordnet sind. Die Lipoproteine und die Ribosomen sind wiederum je zu gleichen Gewichtsteilen aus zwei verschiedenen Verbindungsklassen aufgebaut: die Lipoproteine aus Lipiden und Proteinen, die Ribosomen aus Nucleinsäuren und Proteinen. Durch Behandeln der Mikrosomen mit Desoxycholsäure werden die Lipoproteine gelöst und die Ribosomen gewonnen.

Die Bindung der Proteine an die Nucleinsäuren erfolgt bei den Ribosomen über $Mg^{2+}$-Ionen. Mehrere Ribosomen sind stets zu den sogenannten Polysomen vereinigt, wobei die Bindung durch m—RNA (vgl. Kap. 30.3.1) bewirkt wird.

Fischspermen enthalten Nucleinsäureprotamine, eine Klasse von Nucleinproteiden. Durch Behandeln mit Schwefelsäure werden die Nucleinsäureprotamine in Nucleinsäuren und Protaminsulfat zerlegt. Die so gewonnenen, chemisch uneinheitlichen Protamine vom Molekulargewicht 2000 – 8000 enthalten nur wenige Sorten Aminosäuren pro Molekül, niemals jedoch Cystin, Asparaginsäure und Tryptophan. Sie sind dagegen verhältnismäßig reich an basischen Aminosäuren, wie die Zusammensetzung der Protamine Clupein und Salmin zeigt (Tab. 29 – 4). Diese basischen Aminosäuren bewirken die Bindung an die Nucleinsäuren.

*Tab. 29-4:* Aminosäuregehalt von Protaminen

| | Clupein (Hering) | Salmin (Lachs) |
|---|---|---|
| Aminosäuren pro Molekül | 36,5 | 36,2 |
| davon Arginin | 24,6 | 24,6 |
| Alanin | 3,0 | 0,35 |
| Serin | 2,5 | 3,6 |
| Prolin | 2,7 | 3,2 |

Histone sind den Protaminen nahe verwandt. Sie sind stark basisch. Die Molekulargewichte liegen bei etwa 10 000 bis 20 000. Sie enthalten wie die Proteine nicht Cystin, Asparaginsäure und Tryptophan, im Gegensatz zu den Protaminen aber alle sonstigen α-Aminocarbonsäuren. Histone werden meist nach ihrem Gehalt an Arginin oder Lysin eingeteilt.

Es scheint nur eine begrenzte Zahl verschiedener Histone zu geben. Jeder Typ kann aber durch Methylierung, Phosphorylierung und Acetylierung nach der Transkription in verschiedenen Derivaten auftreten.

Histone kommen in den Chromosomen von Organismen mit wahren Zellkernen vor, d.h. in Thymusdrüsen. Ihre biologische Bedeutung ist noch weitgehend unbekannt. Sie regeln wahrscheinlich die Replikation oder Transkription. Histone sind im Organismus mit Nucleinsäuren komplexiert (Nucleohistone).

Pflanzliche Viren sind Nucleoproteine, tierische Viren enthalten außerdem noch zusätzlich Lipide. Der Anteil an Protein und RNA ist ebenso wie das Molekulargewicht von Virus zu Virus verschieden (Tab. 29 – 5).

*Tab. 29-5:* Zusammensetzung und Molekulargewicht einiger Viren

| Virus | Molekulargewicht (Millionen) | Zusammensetzung Protein | RNS |
|---|---|---|---|
| Tabakmosaikvirus | 40 | 94 | 6 |
| Kartoffel–X–Virus | 30-35 | 94 | 6 |
| Turnip yellow mosaic-virus | 5 | 60 | 40 |

## Literatur zu Kap. 29

R. F. Steiner und R. F. Beers, jr., Polynucleotides, Elsevier, Amsterdam 1960
A. M. Michelson, The Chemistry of Nucleosides and Nucleotides, Academic Press, New York 1963
E. Harbers, G. F. Domagk und W. Müller, Die Nukleinsäuren, G. Thieme, Stuttgart 1964
F. Cramer, Die Synthese von Oligo- und Polynucleotiden, Angewandte Chem. **78** (1966) 186
I. C. Watt, Copolymers of Naturally Occuring Macromolecules, J. Macromol. Sci. **C 5** (1970) 175
D. Beyersmann, Nucleinsäuren (= Chem. Taschenbücher, Bd. 16), Verlag Chemie, Weinheim 1971
G. Schreiber, Die Translation der genetischen Information am Ribosom, Angew. Chem. **83** (1971) 645

J. N. Davidson, The Biochemistry of the Nucleic Acids, Chapman and Hall, London 1972, 7. Aufl.
J. H. Spencer, The Physics and Chemistry of DNA and RNA, W. B. Saunders, Philadelphia 1972
S. Mandeles, Nucleic Acid Sequence Analysis, Columbia University Press, New York 1972
N. K. Kochetkov und E. I. Budovskii, Organic Chemistry of Nucleic Acids, Plenum, London 1972
J. Duchesne, Physico-Chemical Properties of Nucleic Acids, Academic Press, New York 1973
J. N. Davidson und W. E. Cohn, Hrsg., Progress in Nucleic Research, Academic Press, New York (ab 1963)
D. M. P. Phillips, Hrsg., Histones and Nucleohistones, Plenum, New York 1971
Nucleic Acids Abstracts I (1971 ff.)

# 30 Proteine

## 30.1 Chemische Struktur und Einteilung

Proteine sind Copolymere aus bis zu etwa 20 verschiedenen L-α-Aminocarbonsäuren $NH_2$–CHR–COOH. Die in diesen Makromolekülen auftretenden Amidbindungen werden aus historischen Gründen auch Peptidbindungen genannt. Die Unipolymeren heißen Poly(α-aminocarbonsäuren), die Copolymeren mit Molekulargewichten von weniger als etwa 10 000 Polypeptide, mit mehr als ca. 10 000 Proteine. In einigen wichtigen Klassen der Proteine sind alle Moleküle ein und desselben Proteins gleich aufgebaut, d.h. mit von Molekül zu Molekül gleicher, jedoch unregelmäßiger und nichtstatistischer Folge der Aminocarbonsäuren in der Kette.

Die Struktur der Proteine läßt sich im Prinzip mit den gleichen Strukturparametern Konstitution, Konfiguration, Konformation, Bruttokonformation, Assoziation beschreiben, wie bei allen anderen makromolekularen Verbindungen. Teils aus Zweckmäßigkeitsgründen benutzt man in der Proteinchemie jedoch eine andere Nomenklatur. Man spricht von Primär-, Sekundär- und Tertiärstrukturen (Linderstrøm-Lang) und der Quartärstruktur (Bernal).

Die *Primärstruktur* wird durch die Zusammensetzung und die Sequenz der Aminosäurereste in einer Polypeptidkette gegeben. Sie gibt also die Konsitution an. Die dreiundzwanzig wichtigsten α-Aminocarbonsäuren sind in Tab. 30 – 1 zusammengestellt. Bei der Angabe der Sequenz wird die N-terminale Aminosäure immer links geschrieben, die C-terminale immer rechts. gly-ala-ser oder GAS bedeutet daher

$$NH_2CH_2CO{-}NHCH(CH_3)CO{-}NHCH(CH_2OH)COOH$$

Die natürlich vorkommenden Polypeptide und Proteine enthalten ausschließlich oder fast ausschließlich L-Aminosäuren. Die Konformation ist daher durch die Konstitution (Sequenz) gegeben, während die Konfiguration immer gleich ist.

Die *Sekundärstruktur* umfaßt alle räumlich geordneten Konformationen, also Helixsequenzen (vgl. Kap. 4.2 und 4.6) und Faltblattstrukturen (5.3.2). Sequenzen in der Konformation eines statistischen Knäuels werden normalerweise nicht zu den Sekundärstrukturen gerechnet. α-Aminosäuren, die helixartige Poly(α-aminosäuren) erzeugen, bilden in der Regel (aber nicht immer) auch Helixsequenzen in Proteinen und Polypeptiden (Tab. 30 – 1). Die α-Aminosäuren-Ketten sind in den Faltblattstrukturen antiparallel zueinander angeordnet.

Als *Tertiärstruktur* bezeichnet man Bruttokonformationen, die bei einer einzelnen Peptidkette durch andere Bindungen als Wasserstoffbrücken zwischen Peptidgruppen stabilisiert werden. Diese Bindungen können covalent oder auch nicht-covalent sein. Bei den covalenten Bindungen scheinen allein Disulfidbindungen (Cystin) allgemein bedeutsam zu sein. Disulfidbindungen können intra- und intracatenar auftreten. Zu den die Bruttokonformation stabilisierenden, nicht covalenten Bindungen gehören hauptsächlich die ionische Bindung und die hydrophobe Bindung.

Als *Quartärstrukturen* bezeichnet man Assoziate mehrerer gleicher oder verschiedener Polypeptidketten. Hämoglobin ist z.B. aus zwei gleichen A- und zwei gleichen B-Ketten aufgebaut. Tabakmosaikvirus enthält andererseits ca. 2100 Polypeptidketten.

Das Molekulargewicht der einzelnen Peptidketten ist meist relativ niedrig und bewegt sich zwischen etwa 13 000 und 100 000.

Die Einteilung in Primär-, Sekundär-, Tertiär- und Quartärstrukturen ist vom chemischen und vom physikalischen Standpunkt aus nicht konsequent, da covalente

*Tab. 30-1:* α-Aminocarbosäuren $NH_2$–CHR–COOH; α = Konformation der α-Helix; β = Faltblattstruktur; Werte in [ ]: Konformation beim Verstrecken; $10_3$ bzw. $3_1$ = andere Helices; h = Helixbildner; r = Helixbrecher; 0 = indifferent

| R | Name | Abkürzung für Peptidketten | | Konformation in Poly(α-aminosäure) | Konformation in Protein |
|---|---|---|---|---|---|
| –H | Glycin | gly oder | G | β | r |
| $-CH_3$ | Alanin | ala | A | α [β] | h |
| $-CH(CH_3)_2$ | Valin | val | V | β | h |
| $-CH_2-CH(CH_3)_2$ | Leucin | leu | L | α | h |
| $-CH(CH_3)-CH_2-CH_3$ | Isoleucin | ile | I | β | h |
| $-CH_2-C_6H_5$ | Phenylalanin | phe | F | α | 0 |
| $-CH_2-C_6H_4-OH$ | Tyrosin | tyr | Y | α | 0 |
| 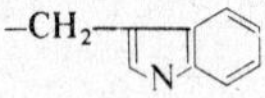 | Tryptophan | trp | W | α | h |
| 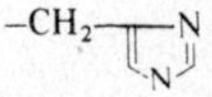 | Histidin | his | H | α | h |
| $-(CH_2)_3-NH_2$ | Ornithin | orn | – | | |
| $-(CH_2)_4-NH_2$ | Lysin | lys | K | α [β] | 0 |
| $-(CH_2)_2-N{=}C(NH_2)_2$ | Arginin | arg | R | – | 0 |
| $-CH_2-OH$ | Serin | ser | S | β | r |
| $-CH(CH_3)-OH$ | Threonin | thr | T | β | 0 |
| $-CH_2-SH$ | Cystein | cys | C | – | 0 |
| $-CH_2-S-S-CH_2-$ | Cystin | – | – | – | |
| $-(CH_2)_2-S-CH_3$ | Methionin | met | M | α | h |
| $-CH_2-COOH$ | Asparaginsäure | asp | D | α | 0 |
| $-(CH_2)_2-COOH$ | Glutaminsäure | glu | E | α | h |
| $-CH_2-CONH_2$ | Asparagin | asn | N | – | r |
| $-(CH_2)_2-CONH_2$ | Glutamin | gln | Q | – | h |
| 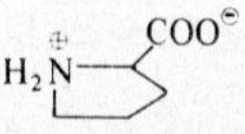 | Prolin (Imidocarbonsäure!) | pro | P | $10_3, 3_1$ | r |
| 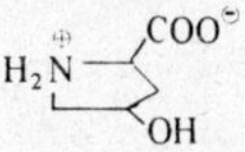 | Hydroxyprolin | – | – | $3_1$ | – |

Bindungen sowohl unter die Primär- als auch die Tertiärstruktur gezählt werden, Konformationen sowohl unter die Sekundär- als auch die Tertiärstruktur usw.

Die Proteine werden nach ihren Funktionen eingeteilt, also nach Enzymen, faserbildenden Proteinen, Membranproteinen usw., oder auch nach der äußeren Form (globulär, fibrillär usw.).

Außer den reinen Proteinen, die nur aus Aminosäureresten aufgebaut sind, existieren noch Verbindungen von Proteinen mit anderen Substanzklassen (konjugierte Proteine). Man teilt diese Verbindungen gewöhnlich nach der Art der zusätzlichen Komponente in Chromoproteine, Glycoproteine (mit Kohlehydraten), Lipoproteine (mit Lipoiden) und Nucleoproteine (mit Nucleinsäuren) ein.

## *30.2 Strukturaufklärung*

### 30.2.1 KONSTITUTION

Proteine können durch die Biuret- oder die Ninhydrinreaktion nachgewiesen werden. Bei der Biuretreaktion wird die Proteinlösung mit viel Natronlauge und anschließend mit wenig Kupfersulfatlösung versetzt. Es bildet sich ein purpurner löslicher Komplex

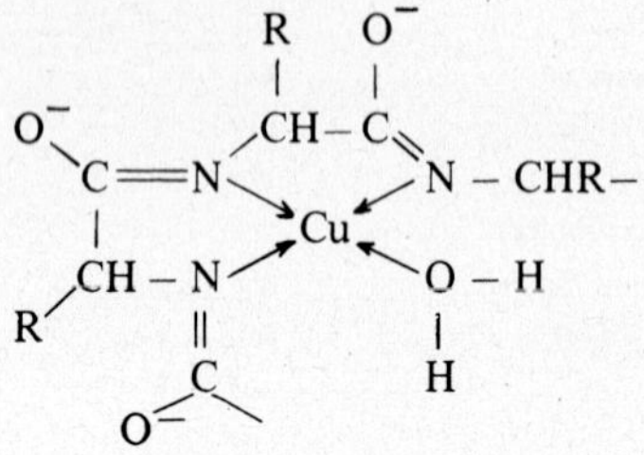

Eine positive Biuretreaktion können daher nur Peptide mit mindestens drei Peptidbindungen geben.

Beim Erwärmen mit Ninhydrin (Triketohydrinden) färben sich Proteinlösungen violett. Ninhydrin wird dabei in seiner Hydratform durch die Aminosäuren kondensiert und reagiert anschließend mit dem freigesetzten Ammoniak:

(30-1)

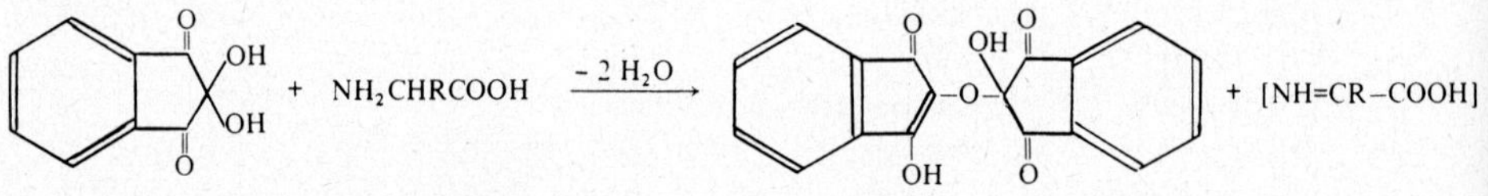

$$[NH{=}CR{-}COOH] + H_2O \rightarrow R{-}CO{-}COOH + NH_3 \rightarrow RCHO + CO_2 + NH_3$$

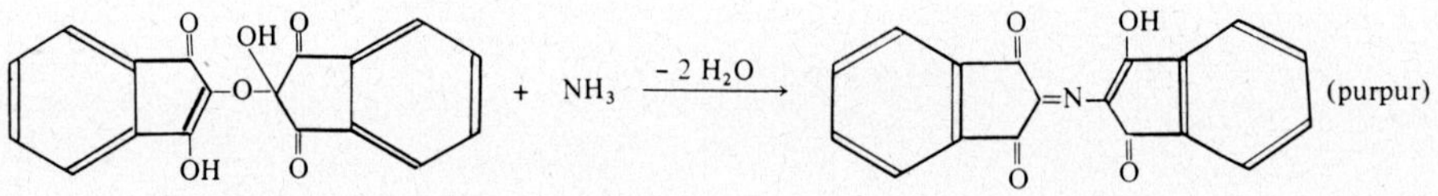

Proteine mit aromatischen Seitengruppen geben die Xanthoproteinreaktion: nach Zusatz von Salpetersäure färbt sich das Produkt gelb, nach weiterem Zusatz von Ammoniak orange. Spezifisch auf Tyrosin ist die Millon'sche Reaktion: durch Kochen der Eiweißlösung mit einer Auflösung von Quecksilber in salpetrigsäurehaltiger Salpetersäure wird ein rotbrauner Niederschlag gebildet.

Die Konstitution eines Proteins ist erst vollständig bekannt, wenn die Zusammensetzung und die Sequenz ermittelt worden sind. Durch die Sequenz sind die N-terminalen ($NH_2$–CHR–CO~~~) und die C-terminalen (~~~NH–CHR′–COOH) Aminosäuren festgelegt.

Durch saure Totalhydrolyse werden zunächst die einzelnen Aminosäuren und ihre Anteile im Protein bestimmt. Die Trennung erfolgt chromatographisch an Ionenaustauschern, die Identifizierung somit nach dem Retentionsvolumen und die quantitative Bestimmung nach Anfärbung mit Ninhydrin. Mit den kommerziell erhältlichen vollautomatischen Aminosäureanalysatoren ist eine derartige Analyse in 24 Stunden möglich.

Durch einen gezielten enzymatischen Abbau werden die Polypeptidketten in größere Bruchstücke zerlegt. Trypsin spaltet z.B. spezifisch an den Carboxylgruppen von Arginin und Lysin, während Pepsin und Chymotrypsin die Peptidkette unspezifischer hydrolysieren. Die Carboxypeptidase setzt am Carboxylende der Peptidkette Aminosäurereste frei. Von den Bruchstücken wird dann über die Totalhydrolyse wieder die Zusammensetzung und mit der Endgruppenanalyse die C- und N-terminalen Aminosäuren sowie die Sequenz bestimmt. Durch Kombination der bei den verschiedenen enzymatischen Spaltungen entstehenden, sich ,,überlappenden" Peptide kann auf die Sequenz des Gesamtmoleküls geschlossen werden (overlapping).

Die N-terminalen Aminosäuren werden meist mit der Fluordinitrophenyl-Methode (DNP-Methode, Sanger-Abbau)

(30-2)

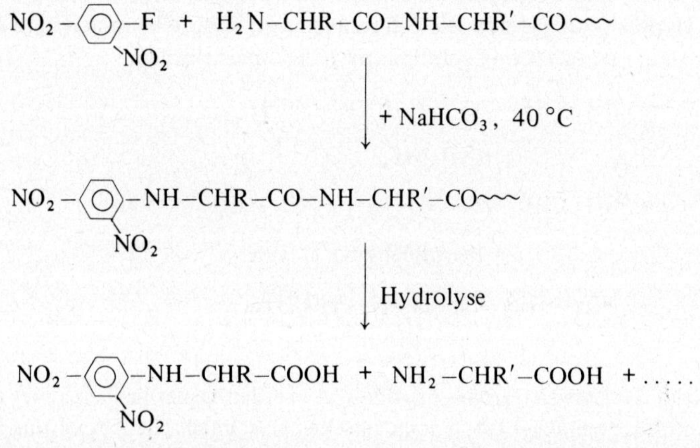

$NO_2$–⟨O⟩–F + $H_2N$–CHR–CO–NH–CHR′–CO~~~
$NO_2$
+ $NaHCO_3$, 40 °C
$NO_2$–⟨O⟩–NH–CHR–CO–NH–CHR′–CO~~~
$NO_2$
Hydrolyse
$NO_2$–⟨O⟩–NH–CHR–COOH + $NH_2$–CHR′–COOH + .....
$NO_2$


oder der Phenylthiocarbamylmethode (PTC-Methode, Edman-Abbau) bestimmt (hauptsächlich Sequenzanalyse, weniger zur hier gezeigten Endgruppenbestimmung):

(30-3)

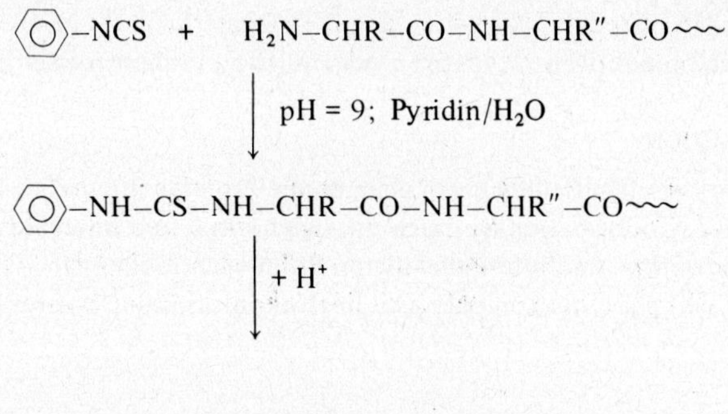

⟨O⟩–NCS + $H_2N$–CHR–CO–NH–CHR″–CO~~~
pH = 9; Pyridin/$H_2O$
⟨O⟩–NH–CS–NH–CHR–CO–NH–CHR″–CO~~~
+ $H^+$

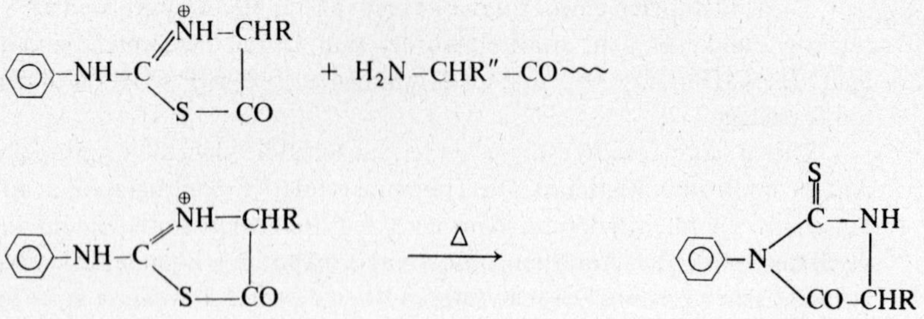

Die modifizierten Aminosäuren werden extrahiert und spektroskopisch identifiziert.

Zur Bestimmung der C-terminalen Aminosäuren geht man ähnlich vor. Bei der $LiAlH_4$-Methode wandelt man die Carboxylgruppe in eine Methylolgruppe um und bestimmt nach der Hydrolyse den Aminoalkohol neben den übrigen Aminosäuren:

(30-4)

$$\sim NH-CHR-COOH \xrightarrow{CH_2N_2} \sim NH-CHR-COOCH_3 \xrightarrow{LiAlH_4} \sim NH_2-CHR-CH_2OH$$

$\downarrow$ Hydrolyse (24 h, 6n HCl, 105 °C)

Bei der Hydrazinmethode werden alle Aminosäuren mit Ausnahme der endständigen in Hydrazide umgesetzt. Die C-terminale Aminosäure kann dann mit Fluor-2,4-dinitrobenzol umgesetzt und colorimetrisch bestimmt werden:

(30-5) $\sim\sim NH-CHR-CO-NH-CHR'-COOH$

$\downarrow + NH_2NH_2$

$\sim\sim NH-CHR-CO-NH-NH_2 + NH_2-CHR'-COOH$

$\downarrow$ + Benzaldehyd

$NH_2-CHR-CO-N{=}N-CH(C_6H_5)$

Durch das Enzym Carboxypeptidase A werden ferner nacheinander alle C-terminalen Aminosäuren abgebaut, jedoch verschieden schnell. Die Abspaltung ist schnell bei Leucin und allen aromatischen Aminosäuren und praktisch null bei Glycin und Lysin.

Außerdem müssen noch die freien Säuregruppen (Glutaminsäure, Asparaginsäure) bestimmt werden, was durch Veresterung mit Diazomethan erfolgt. S–S-Brücken werden meist durch reduktiven, oxydativen oder sulfitolytischen Abbau gespalten.

### 30.2.2 KONFORMATION

Unter physiologischen Bedingungen nehmen die Proteine ihre native Konformation ein. Die native Konformation ist durch die vielen intra- und intercatenaren (intra- und interchenaren), intra- und intermolekularen Bindungen (Sekundär-, Tertiär- und Quartärstruktur) sehr starr und kompakt. Die Bruttokonformation nativer Proteine kann daher durch röntgenographische Messungen an Proteinkristallen aufgeklärt werden. Hydrodynamische Messungen liefern andererseits nur Aussagen über die äußere Form (Kugel, Stab, Ellipsoid) dieser kompakten Strukturen.

Ursprünglich wurde angenommen, daß die verhältnismäßig starre Struktur der Proteine durch Wasserstoff-Bindungen erzeugt wird. Diese Hypothese gründete sich auf die Beobachtung, daß Harnstoff Wasserstoffbrücken-Bindungen mit den Peptidgruppen bilden und so die Wasserstoffbrücken zwischen zwei Peptidgruppen schwächen kann. Harnstoff erhöht aber auch die Löslichkeit von Alkanen in Wasser, d.h. vergrößert die Tendenz zur hydrophoben Bindung. Man nimmt heute an, daß die α-Helices hauptsächlich durch nichtgebundene Atome und nicht durch Wasserstoffbrücken zusammengehalten werden.

Alle Veränderungen der nativen Struktur von Proteinen werden als Denaturierungen bezeichnet. Sie können durch Änderungen der biologischen Aktivität (Enzymaktivität, Antikörpereigenschaften usw.), der optischen Eigenschaften (UV-Spektren, optische Rotationsdispersion usw.), der hydrodynamischen Größen (Staudinger-Index, Sedimentationskoeffizient) oder der technischen Eigenschaften erkannt und verfolgt werden. Da die Denaturierung im Lösen von physikalischen Vernetzungsstellen besteht, nehmen die Proteinmoleküle nach vollständiger Denaturierung in Lösung schließlich die Bruttokonformation eines statistischen Knäuels an. Da die Information zur Bildung der nativen Konformation durch die Konstitution und die Konfiguration gegeben ist, sind die Denaturierungen im Prinzip reversibel. Denaturierungen können je nach Art der die Bruttokonformation erzeugenden bzw. stabilisierenden Kräfte außer durch die Temperatur durch verschiedene andere Maßnahmen bewirkt werden (Tab. 30 – 2). An die (reversible) Denaturierung schließt sich häufig eine (irreversible) Aggregation an. In der älteren Literatur bezeichnet man als Denaturierung meist die als Koagulation beobachtbare Aggregation.

*Tab. 30-2:* Kriterien für nicht-covalente Bindungen bei Proteinen

| Typ | Bindung wird geschwächt durch | Bindung wird gestärkt durch |
|---|---|---|
| elektrostatische Bindung (Ionenpaar-Bindung) | Abschirmung der Ladungen durch Elektrolytzugabe; pH-Variation entsprechend pK-Variation | Erniedrigung der Dielektrizitätskonstanten; pH-Variation |
| Wasserstoffbrücke | Erhöhung der Bindungskapazität (Zusatz von Harnstoff, Guanidin); gruppenspezifische Blockierung; pH-Variation (Trennung ~~~ COOH/HOOC ~~~) | Verminderung der H-Bindungskapazität (Zusatz von LiBr); pH-Variation |
| hydrophobe Bindung | Temperaturerniedrigung; Verminderung der Polaritätsdifferenz; Erniedrigung der Dielektrizitätskonstanten; Solubilisierung der unpolaren Komponenten | Temp.-Erhöhung; Verminderung der Löslichkeit der unpolaren Komponenten; Elektrolytzugabe. |

Proteine aus zwei oder mehr Polypeptidketten können durch Änderung des Milieus (Änderung des pH-Wertes oder der Ionenstärke, oganische Lösungsmittel usw.) oder gezielte chemische Reaktionen (Zusätze von S–S-gruppenspaltenden Reagenzien)

in kleinere Bruchstücke unter Erhalt der Primärstruktur jeder einzelnen Kette gespalten werden. Bestehen die Bruchstücke selbst aus zwei oder mehr Polypeptidketten der ursprünglichen Proteinmoleküle, so bezeichnet man sie als Untereinheiten. Bei Spaltungen der nichtcovalenten Bindungen beobachtet man je nach Änderung des Milieus einen stufenweisen Zerfall

(30-6) Proteinmolekül $\rightleftarrows$ a Untereinheiten $\rightleftarrows$ xa Polypeptidketten

oder einen nur teilweise stufenweisen Zerfall

(30-7) Proteinmolekül $\rightleftarrows$ a Unterheiten + b Untereinheiten

oder auch einen vollständigen Zerfall (zu den Problemen der Assoziation vgl. Kap. 6.5)

(30-8) Proteinmolekül $\rightleftarrows$ a Polypeptidketten

Die kompakte Struktur der Proteinmoleküle in der nativen Konformation führt dazu, daß viele Aminosäurereste im Proteinmolekül maskiert sind. Die maskierten Gruppen können daher nicht oder nur schlecht reagieren. Umgekehrt kann man daher auch den zugänglichen Gruppen eine „besondere" Reaktionsfähigkeit zuschreiben. Diese Gruppen liegen meist im sogenannten aktiven Zentrum, das für die biologische Aktivität der Proteinmoleküle verantwortlich ist. Ein aktives Zentrum wird durch eine besondere Lage der Peptidketten (oder Teilen davon) gebildet (vgl. Kap. 30.4). Die Reaktionsfähigkeit der funktionellen Gruppen (z.B. $-NH_2$, $-SH$, $-OH$) der Peptidreste eines solchen aktiven Zentrums wird dabei durch Wechselwirkung mit benachbarten Aminosäureresten erhöht oder erniedrigt.

## 30.3 *Protein-Synthese*

### 30.3.1 BIOSYNTHESE

Die Protein-Synthese erfolgt in vivo in zwei Schritten. Im ersten Schritt wird am Ort der Informationsspeicherung (im Zellkern) aus Ribonucleotiden mit DNA als Matrize und dem Enzym RNA-Nucleotidyltransferase (RNA-Polymerase) die Boten-RNA (messenger-RNA oder m-RNA) gebildet. Die Boten-RNA enthält den genetischen Code (Aminosäure-Code). Die m-RNA ist dabei komplementär zu dem als Matrize verwendeten Strang der DNA, d.h. Cytosin entspricht Guanin, und umgekehrt, Thymin entspricht Adenin, Adenin jedoch Uracil (bei RNA) (vgl. dazu Kap. 29):

(30-9) ~~~ TTC—TTT—CAA—CTC—TAA–CGC–ATA ~~~ DNA

↓ (+ Ribonucleotide + RNA-Nucleotidyltransferase)

~~~ AAG–AAA–GUU–GAG–AUU–GCG–UAU ~~~ m–RNA

Die m-RNA bildet im zweiten Schritt am Ort der Biosynthese (an den Ribosomen) die Matrize für die Bildung der Polypeptidkette. Die dazu erforderlichen $\alpha$-Aminocarbonsäuren sind über die Carboxylgruppe an eine weitere RNA, die t-RNA (trans-
~~~

fer-RNA) mit Molekulargewichten von ca. 25 000, gebunden. Die für die Anlagerung der α-Aminocarbonsäuren erforderliche Energie wird dabei durch den Übergang von Adenosintriphoshat in Adenosinmonophosphat (ATP ⇄ AMP) aufgebracht. Für die Aktivierung jeder Aminocarbonsäure ist ein besonderes Enzym nötig, erforderlich sind also mindestens 20 verschiedene:

(30-10)

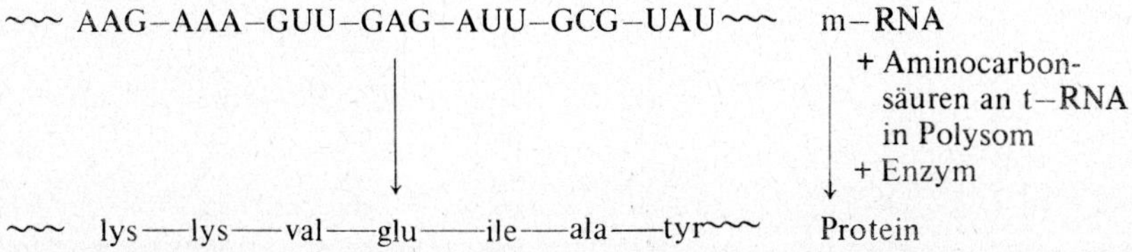
~~~ AAG–AAA–GUU–GAG–AUU–GCG–UAU~~~
m–RNA
+ Aminocarbonsäuren an t–RNA in Polysom
+ Enzym
~~~ lys—lys—val—glu—ile—ala—tyr~~~
Protein

Da die Aminocarbonsäuren über ihre Carboxylgruppe an die t–RNA gebunden sind, muß der Aufbau der Peptidkette vom N-terminalen Ende her erfolgen, z.B.

(30-11)

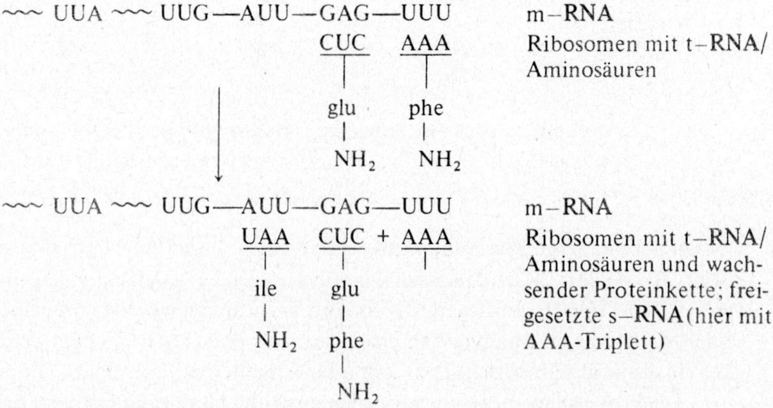
~~~ UUA ~~~ UUG—AUU—GAG—UUU
CUC AAA
glu phe
NH2 NH2
m–RNA
Ribosomen mit t–RNA/ Aminosäuren
~~~ UUA ~~~ UUG—AUU—GAG—UUU
UAA CUC + AAA
ile glu
NH2 phe
NH2
m–RNA
Ribosomen mit t–RNA/ Aminosäuren und wachsender Proteinkette; freigesetzte s–RNA (hier mit AAA-Triplett)

Die Verknüpfung der Aminosäurereste erfolgt durch spezielle Syntheseenzyme (Transferfaktor I und II).

Entscheidend für den Aufbau eine Polypeptidkette ist der Triplett-Code. Er ist gleichzeitig die einfachste Möglichkeit, um mit den vorhandenen vier Basen bei den DNA und den RNA 20 Typen von Aminocarbonsäuren einzubauen, da $4^3 = 64$ Möglichkeiten bestehen. Ein Dublett-Code besitzt demgegenüber nur $4^2 = 16$ Möglichkeiten, also weniger, als normalerweise Aminocarbonsäuren vorhanden sind. Ein Triplett-Code weist aber $64 - 20 = 44$ mehr Einbaumöglichkeiten auf, als Typen vorhanden sind, Es muß somit verschiedene Tripletts geben, die jeweils die gleiche Aminosäure einzubauen. Nach Versuchen mit synthetischen Polynucleotiden genügt es dabei häufig, daß zwei der drei Basen identisch sind. So bauen die Tripletts GCU, GCC, GCA und GCG alle Alanin ein (vgl. auch Tab. 30 – 3). In genetischer Sicht führt dieser Effekt zu einer Herabsetzung der Mutationshäufigkeit, also zu einer Stabilisierung der Spezies.

Die Zuordnung der Homo-Tripletts (UUU, CCC, AAA und GGG) geschah mit synthetischen unipolymeren Polynucleotiden, die der gemischten Tripletts mit statistischen Copolymeren. Ein Beispiel dafür sind Versuche mit den statistischen Copoly-

*Tab. 30-3:* Codons für die Polypeptidsynthese bei der m–RNA

| 1. Buchstabe | 2. Buchstabe U | C | A | G | 3. Buchstabe |
|---|---|---|---|---|---|
| U | phe | ser | tyr | cys | U |
| U | phe | ser | tyr | cys | C |
| U | leu | ser | ▨ | ▨ | A |
| U | leu | ser | ▨ | trp | G |
| C | leu | pro | his | arg | U |
| C | (leu) | pro | his | arg | C |
| C | leu | pro | gln | arg | A |
| C | leu | pro | gln | arg | G |
| A | ile | thr | asn | ser | U |
| A | ile | thr | asn | ser | C |
| A | ile | thr | lys | (arg) | A |
| A | [met] | thr | lys | arg | G |
| G | val | ala | asp | gly | U |
| G | val | ala | asp | gly | C |
| G | val | ala | glu | gly | A |
| G | [val] | ala | glu | gly | G |

( ) = Codon durch Synthese gesichert, Triplett aber in t–RNA unwirksam.
[ ] = Anfangs-Codons (vgl. Text); ▨ = Nonsense-Codons (Termination)

meren der mittleren Zusammensetzung Poly($U_5G_1$) und Poly($U_6C_1G_1$) als Matrizen (Tab. 30 – 4). Mit diesen Matrizen wird überwiegend Phenylalanin eingebaut, da sehr viele UUU-Tripletts vorliegen. Glycin und Tryptophan werden von beiden Polynucleotiden stärker als im Blindversuch eingebaut. Nur Poly($U_6G_1C_1$) baut aber Arginin stärker ein als im Blindversuch. Das Codon für Arginin muß also aus U, G und C bestehen.

Die Proteinbiosynthese wird allgemein durch Methionin initiiert. Bakterien sind auf N-Formylmethionin angewiesen. Methionin scheint jedoch nach Versuchen an höheren Zellen nach Anbau von 15 – 20 Aminosäuren wieder abgespalten zu werden.

*Tab. 30-4:* Ermittlung der für den Einbau des Arginins erforderlichen Triplett-Zusammensetzung

| eingebaute Aminosäure | Einbau von Aminosäuren in m μ Äquiv./mg Ribosomprotein bei Zugabe von | | |
|---|---|---|---|
| | Blindversuch | Poly($U_5G_1$) | Poly($U_6G_1C_1$) |
| phe | 0,18 | 13,40 | 10,60 |
| arg | 0,12 | 0,04 | 0,47 |
| gly | 0,19 | 0,74 | 0,45 |
| try | 0,03 | 0,70 | 0,46 |

Die Nonsense-Codons UGA, UAG und UAA geben das Signal für den Abbruch einer Proteinkette (Termination). Sie wurden bei Mutationsversuchen an E.coli entdeckt, da nach bestimmten Mutationen plötzlich zwei kurze Proteinketten statt einer langen gebildet wurden.

### 30.3.2 PEPTIDSYNTHESE

Peptide werden in vitro in drei Stufen synthetisiert. In der ersten Stufe werden die Amino- oder Carboxylgruppen der α-Aminosäuren durch sogenannte Schutzgruppen substituiert:

$$\text{(30-12)}\quad H_3\overset{(+)}{N}-CHR-CO-O^{(-)} \rightarrow Z-NH-CHR-CO-OH$$

$$H_3\overset{(+)}{N}-CHR'-CO-O^{(-)} \rightarrow H_2N-CHR'-CO-Y$$

Diese Schutzgruppen heben den Zwitterionenzustand der Aminosäuren auf und lenken gleichzeitig im zweiten Schritt der Synthese die Verknüpfung in die gewünschte Sequenz. Dazu werden die zu verknüpfenden Carboxylgruppen in Form ihrer „aktivierten" Ester eingesetzt:

(30–13)

$$Z-NH-CHR-CO-X + H_2N-CHR'-CO-Y \rightarrow Z-NH-CHR-CO-NH-CHR'-CO-Y$$

In der dritten Stufe werden die Schutzgruppen selektiv abgespalten:

(30–14)

$$Z-NH-CHR-CO-NH-CHR'-CO-Y \begin{cases} \nearrow Z-NH-CHR-CO-NH-CHR'-COOH \\ \searrow H_2N'CHR-CO-NH-CHR'-CO-Y \end{cases}$$

Die Aminogruppen werden durch folgende Schutzgruppen blockiert:

| | | |
|---|---|---|
| Carbobenzoxygruppe | $C_6H_5-CH_2-O-CO-$ | (Abkürzung Z) |
| p-Toluolsulfonylgruppe | $CH_3-C_6H_4-SO_2-$ | (Abkürzung Tos) |
| Triphenylmethylgruppe | $(C_6H_5)_3C-$ | (Abkürzung TRI) |
| t-Butyloxycarbonylgruppe | $CH_3-C(CH_3)_2-O-CO-$ | (Abkürzung BOC) |

Zum Schutz der Carboxylgruppe werden Methylester (OMe), Äthylester (OAt), Benzylester (OBZL, p-Nitrobenzylester (ONB), t-Butylester (OBut) oder substituierte Hydrazide (z.B. $-N_2H_2-Z$) verwendet. Die Verknüpfung erfolgt nach der Azidmethode

$$\text{(30–15)}\quad R-CO-OCH_3 \xrightarrow{+N_2H_4\cdot H_2O} R-CO-NH-NH_2 \xrightarrow{+HNO_2} R-CON_3$$

$$R-CON_3 \xrightarrow{+H_2NR'} R-CO-NH-R' + HN_3$$

der Carbodiimid-Methode

(30–16)

$$R-COOH \xrightarrow{+C_6H_{11}-N=C=N-C_6H_{11}} R-CO-O-C\begin{cases} /\!\!/ N-C_6H_{11} \\ \backslash NH-C_6H_{11} \end{cases}$$

$$R-CO-O-C\begin{cases} /\!\!/ N-C_6H_{11} \\ \backslash NH-C_6H_{11} \end{cases} \xrightarrow{+H_2NR'} R-CO-NH-R' + C_6H_{11}NH-CO-NHC_6H_{11}$$

der gemischten Anhydridmethode (mit z.B. Chlorameisensäureisobutylester)

(30-17)

$$R-COOH + Cl-CO-O-Alk \xrightarrow{+ Et_3N} R-CO-O-CO-O-Alk$$

$$R-CO-O-CO-O-Alk \xrightarrow{+ H_2NR'} R-CO-NH-R' + CO_2 + Alk-OH$$

oder der Nitrophenylestermethode

(30-18)

$$R-COO-C_6H_4-NO_2 + H_2N-R' \rightarrow R-CO-NH-R' + HO-C_6H_4-NO_2$$

Jede Methode hat für die Knüpfung einer bestimmten Peptidbindung sowohl Vorteile als auch Nachteile. Bei der Azidmethode ist z.B. im Gegensatz zu den drei anderen Verfahren noch nie eine Racemisierung der α-Aminosäuren beobachtet worden, dagegen sind aber viele Nebenreaktionen (Amidbildung, Curtius-Abbau zu Isocyanaten usw.) bekannt. Die gemischte Anhydridmethode führt zu sehr starken Racemisierungen, gibt aber hohe Ausbeuten und ist sehr schnell. Sie wird darum zur Knüpfung von Glycyl- oder Prolylbindungen eingesetzt. Ein Peptid wird darum in der Regel nicht mit einer einzigen Methode aufgebaut.

Das Problem der Trennung der nichtumgesetzten Peptide von den gewünschten Syntheseprodukten ist in eleganter Weise durch Kopplung der Peptide an eine feste Matrix gelöst worden. Bei dieser von Merrifield eingeführten Synthese benutzt man ein mit $CH_2O/HCl$ chlormethyliertes, vernetztes Poly(styrol). Die Chlormethylgruppen werden mit der Aminosäure umgesetzt, die später das N-terminale Ende bilden soll:

(30-19)

$$CH-\underset{}{\bigcirc}-CH_2Cl + H_2N-CHR-COOR' \rightarrow CH-\underset{}{\bigcirc}-CH_2-NH-CHR-COOR'$$

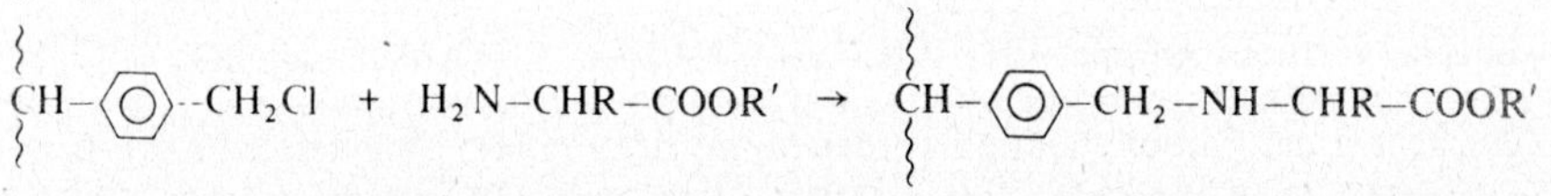

Die weiteren Schritte erfolgen wie in den Gl. (30-13) und (30-14). Die Peptidketten haften so ständig an der Poly(styrol)matrix. Nichtreagiertes Material kann daher sehr einfach ausgewaschen werden. Jeder einzelne Schritt muß aber sehr sorgfältig auf Vollständigkeit geprüft werden. Zur Zeit lassen sich mit der Merrifield-Methode Peptide mit bis zu 20 Bausteinen aufbauen.

### 30.3.3 TECHNISCHE PROTEIN–SYNTHESE

Gewisse Mikroorganismen, z.B. Hefen, setzen Paraffine mit Ammoniak unter der Wirkung des Luftsauerstoffs in Gegenwart von Mineralsalzen zu Gemischen von Proteinen um:

(30-20)

$$2n\,(-CH_2-) + 2n\,O_2 + 0.2\,n\,(NH_4^+) \rightarrow n(CH_{1,7}O_{0,5}N_{0,2}) + n\,CO_2 + 1,5\,H_2O$$

wobei ca. 840 000 n kJ frei werden. Diese Wärmemenge entspricht etwa 32 000 kJ/kg Trockenmasse! Technisch geht man von Gasölen mit $C_{14}-C_{20}$ Kohlenwasserstoffen aus. Der dicke Hefebrei wird durch Zentrifugieren vom nichtverbrauchten Gasöl getrennt und sehr sorgfältig gewaschen. Das gelbliche Endprodukt wird zur Tierernährung eingesetzt.

## *30.4 Enzyme*

### 30.4.1 EINTEILUNG

Enzyme sind Proteine, die gewisse Reaktionen katalysieren können. Die einfachen Enzyme bestehen nur aus Aminosäureresten. Beispiele dafür sind Pepsin und Ribonuclease. Die konjugierten Enzyme enthalten zudem noch eine nichtproteinische (prosthetische) Gruppe, das sogen. Coenzym. Da bislang nur von verhältnismäßig wenigen Enzymen die chemische und physikalische Struktur bekannt ist, teilt man sie im allgemeinen nach ihrer Wirkungsweise ein.

Man unterscheidet so z.B. hydrolytisch wirkende Enzyme (Hydrolasen) von decarboxylierenden (Decarboxylasen) usw.:

Hydrolasen: a) Esterasen (Lipasen, Phosphatasen, Sulfatasen, Nucleasen usw.)
b) Carbohydrasen (Glucosidasen, Amylase, Cellulase usw.)
c) Proteasen (Pepsin, Trypsin, Chymotrypsin, Carboxypeptidase)

Oxidoreduktasen (Redox-Enzyme: Oxydasen, Dehydrogenasen usw.)
Transferasen (Transaminasen, Hexokinasen usw.)
Lyasen (Decarboxylasen, Hydrolyasen usw.)
Isomerasen
Ligasen (alle Synthetasen: aktivierende Enzyme bei Proteinsynthesen, Polymerasen usw.)

### 30.4.2 WIRKUNGSWEISE

Die Wirkungsweise der Enzyme hängt von vielen Faktoren ab: Verhältnis Enzym/Substrat, Temperatur, pH Wert, Gegenwart nieder- oder hochmolekularer Aktivatoren, Inhibitoren. Die sehr spezifische Wirksamkeit der Enzyme ist auf ihren hochmolekularen Bau zurückzuführen. Im Grunde genommen sind nämlich für enzymatische Wirkungen die gleichen Gruppen verantwortlich wie bei Reaktionen in der niedermolekularen Chemie. So müssen für Spaltungen wirksame nucleophile Gruppierungen vorhanden sein:

(30–21)
$$R-\underset{\underset{O}{\|}}{C}-X + Y^- \rightleftarrows R-\overset{\overset{Y}{|}}{\underset{\underset{O^-}{|}}{C}}-X \rightleftarrows R-\overset{\overset{Y}{|}}{\underset{\underset{O}{\|}}{C}} + X^-$$

Wegen dieser Gruppierungen gibt es spezifische pH-Optima für die Enzymwirkung. Die Gruppierungen sind aber an die makromolekulare Struktur des Enzyms gebunden und befinden sich daher in einer ganz bestimmten Lage (Abb. 30–1). Das Substrat wird bis zur Sättigung vom Enzym gebunden (vgl. dazu Kap. 19.3), was wegen der makromolekularen Struktur nur für ganz bestimmte Substrate möglich ist. Bei der Spaltungsreaktion stabilisieren andere Gruppen des Enzyms die Zwischenprodukte.

Die katalytisch wirksamen Bezirke von Enzymen befinden sich immer in Vertiefungen, niemals in herausragenden Teilen der Makrokonformation. Derartige Vertiefungen oder Spalten können durch die Assoziation zweier Untereinheiten gebildet werden (regulativ wirkende Enzyme) oder auch durch die Konformation der Primärkette selbst (bei den meisten respiratorisch wirkenden Enzymen).

Bei den metallhaltigen Enzymen sind z.B. zwei globuläre Teile durch eine tiefe Spalte getrennt. Das Metallatom sitzt im Innern der Spalte. In der Nähe des Metallatoms befindet sich eine hydrophobe Vertiefung, die wahrscheinlich das Substrat aufnimmt und somit für die Enzymspezifität verantwortlich ist.

Die Wirksamkeit eines Enzyms wird oft als sog. Wechselzahl (turn-over-number TN) angegeben. Sie ist definiert als

$$(30\text{-}22) \quad TN = \frac{\text{Anzahl reagierter Substratmoleküle}}{\text{Minuten} \cdot \text{Mol Enzym}}$$

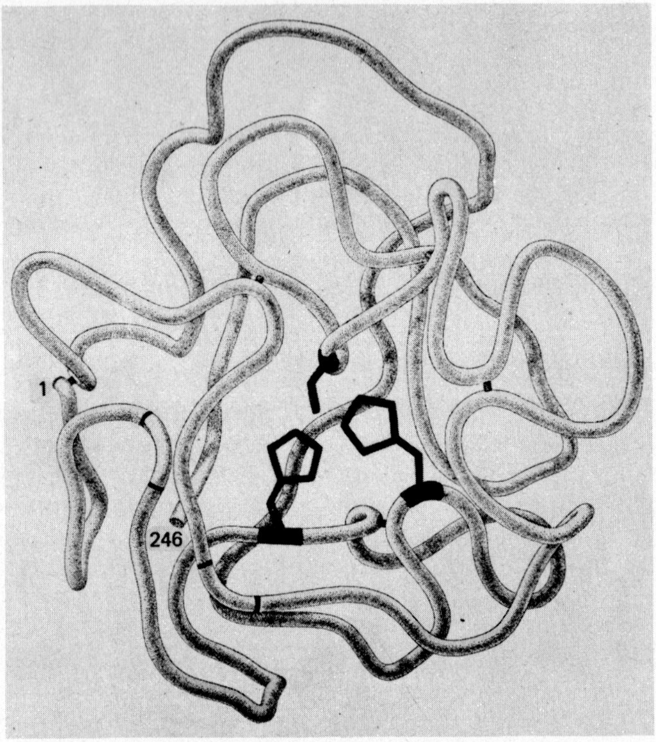


*Abb. 30-1:* Schematische Darstellung der Kettenformation des Enzyms Chymotrypsinogen. Das Molekül enthält fünf Disulfidbrücken. Die beiden schwarz gekennzeichneten Histidinreste und der ebenfalls schwarz gezeichnete Serinrest bilden das aktive Zentrum. Das Molekül geht in ein aktives Enzym über, wenn die Kette an der Stelle des schwarzen Ringes links im Bild gebrochen wird (nach H. Neurath).

30.4.3 PROTEOLYTISCH WIRKENDE ENZYME

Proteasen bewirken Hydrolysen, einige auch die Spaltung von Esterbindungen oder Transpeptidisation (Austausch von Peptidbindungen). Sie entstehen aus höhermolekularen Proteinen durch Abspaltung von Aminosäuren. Diese höhermolekularen Proteine heißen auch Precursoren oder Zymogene.

Aus dem Precursor Pepsinogen ($M$ = 42 500) wird vom Aminoende aus ein basisches Peptid abgespalten und das Enzym Pepsin ($M$ = 35 500) gebildet. Der Precursor Trypsinogen ($M$ = 23 700) geht unter der Wirkung von Enterokinase (pH 5,2 – 6,0) oder Trypsin selbst in Gegenwart von $Ca^{2+}$-Ionen (pH 7 – 9) in Trypsin mit dem Molekulargewicht 15 100 über. Chymotrypsin ($M$ = 22 000) wandelt sich unter der Wirkung von Trypsin in das α-Chymotrypsin ($M$ = 21 600) um. Aus dem Zymogen Procarboxypeptidase ($M$ = 95 000) entsteht die Carboxypeptidase ($M$ = 34 000).

Proteasen sind sehr verschieden aufgebaut. Trypsin besteht z.B. aus einer Kette, die intrachenar (intracatenar) durch Disulfidbrücken stabilisiert ist. Es hat einen isoelektrischen Punkt bei pH 7 – 8 und sein Wirkungsmaximum liegt bei pH 7–9. Papain (isoelektrischer Punkt bei pH 8) besitzt zwei verschieden aktive SH-Gruppen. Schwermetalle können mit der aktiveren SH-Gruppe Komplexe bilden und das Enzym so vergiften. Mit Quecksilber bildet sich beispielsweise ein 2 : 1 Komplex (Enzym/Hg) mit dem Molekulargewicht 41 400. Pepsin hat den isoelektrischen Punkt bei pH 1 – 2 und Wirkungsmaxima bei pH 1,9 und pH 4 – 5. Bei pH über 7 erfolgt Denaturierung unter Erhalt des Molekulargewichtes, bei pH-Werten unter 4 Selbstverdauung. Nach elektrophoretischen Messungen ist Pepsin nicht einheitlich. Da die chemischen (Aminosäureanalyse) und physikalischen Molekulargewichte aber gut übereinstimmen, muß Pepsin in verschiedenen Bruttokonformationen vorliegen. Im nativen Zustand besteht es aus einer Polypeptidkette, die durch drei intracatenare Disulfidbrücken und eine intracatenare Phosphatdiesterbrücke stabilisiert ist.

30.4.4 OXYDOREDUKTASEN

Oxydoreduktasen besitzen gegenüber proteolytisch wirkenden Enzymen im allgemeinen ein viel höheres Molekulargewicht (im Mittel bei $10^5$) und außerdem immer ein prosthetische Gruppe oder mindestens ein gebundenes Metallatom (Tab. 30 – 5). Proteinanteil (Apoenzym) und nicht-Protein (Coenzym) zusammen werden auch Holoenzym genannt.

*Tab. 30-5:* Aufbau von Oxydoreduktasen

| Enzym | nicht-Proteinanteil | Molekulargewicht |
|---|---|---|
| Ascorbinsäureoxydase | 6 Cu-Atome | 146 000 |
| Altes gelbes Enzym | Lactoflavinphosphorsäure | |
| Lebercatalase | 4 Ferriporphyringruppen | ca. 240 000 |
| Cytochrom C | 1 Porphyringruppe | 13 200 |

Bei den Redoxasen wurde besonders die Rolle des Cytochrom C bei der Evolution untersucht. Cytochrom C enthält pro Molekül 104 – 108 Aminosäurereste (je nach Spezies) sowie als prosthetische Gruppe das covalent gebundene Häm. Je nach Spezies sind Differenzen im Aufbau vorhanden. So hat der Mensch gegenüber dem Rhesusaffen nur eine von 104 Aminosäuren verschieden, während sich die verschiedenen Cytochrome umso mehr unterscheiden, je weiter die Spezies phylogenetisch auseinanderstehen. So beträgt z.B. die Differenz zum Thunfisch 21 und zur Bäckerhefe 48 Aminosäuren von 104. Ein Unterschied von einer Aminosäure entspricht molekulargenetisch einer Evolutionsperiode von 22 Millionen Jahren.

## *30.5 Faserförmige Proteine*

### 30.5.1 EINTEILUNG

Die faserförmigen Proteine werden gewöhnlich nach ihrer Bruttokonformation in drei Gruppen eingeteilt:

*Faltblattstrukturen* (β-Strukturen) sind wenig dehnbar, aber von hoher Reißfestigkeit. Bei ihnen liegen die Peptidketten jeweils in einer Ebene, und zwar parallel wie beim β-Keratin der Vogelfedern oder antiparallel wie bei den höherkristallinen Seiden.

Proteine mit *Helixstrukturen* (α-Strukturen) sind auf ca. die doppelte Länge dehnbar und von ungewöhnlicher Elastizität. Proteine mit Einzelhelices sind nicht sicher bekannt, wohl aber mehrsträngige oder Superhelices. In diese Gruppe fallen das Wollkeratin, Myosin (ein Muskelprotein) und Fibrinogen sowie das Kollagen.

*Tab. 30-6:* Aminosäure-Zusammensetzung von faserförmigen Proteinen

| Aminosäure | Anteil Millimol/kg<br>Merinowolle | <br>Seidenfibroin | <br>Rinderkollagen |
|---|---|---|---|
| Glycin | 693 | 5700 | 3740 |
| Alanin | 415 | 3740 | 1170 |
| Valin | 427 | 281 | 212 |
| Leucin | 579 | 68 | 279 |
| Isoleucin | 236 | 84 | 123 |
| Phenylalanin | 206 | 81 | 152 |
| Serin | 856 | 1542 | 423 |
| Threonin | 554 | 115 | 189 |
| Tyrosin | 353 | 660 | 52 |
| Tryptophan | 103 | 21 | - |
| Lysin | 192 | 42 | 279 |
| Arginin | 603 | 60 | 535 |
| Histidin | 58 | 23 | 51 |
| Hydroxylysin | Spur | - | 76 |
| Asparaginsäure | 503 | 166 | 5 |
| Glutaminsäure | 1012 | 130 | 8 |
| Methionin | 40 | 10 | 74 |
| Cystin | 470 | 14 | - |
| Cystein | 30 | - | - |
| Lanthionin | ~ 10 | - | - |
| Prolin | - | - | 1460 |
| Hydroxyprolin | - | - | 1014 |
| Amidstickstoff | 650 | 160 | - |

Als *statistische* Knäuel liegen regenerierte Proteinfasern vor, z.B. Erdnußprotein, Zein, Casein und Eialbumin. Beim Verstrecken gehen sie in Faltblattstrukturen über.

### 30.5.2 SEIDE

Seiden – oder exakter: Naturseiden – werden von gewissen Raupen und Spinnen produziert. Das wichtigste Produkt ist die vom Maulbeerseidenspinner (Bombyx mori Linné) stammende edle Seide, in die sich die Raupe in Form von Kokons einspinnt. Die Kokons bestehen zu 78 % aus Seidenfibroin und zu 22 % aus Seidenleim (Sericin).

In den einzelnen Fäden sind 10 nm breite Mikrofibrillen bis zu 2000 nm breiten Fibrillenbändern zusammengefaßt. In den Mikrofibrillen liegen die Proteinketten in Faltblattstrukturen vor. Dieses sog. Seidenfibroin kann mit Chymotrypsin in einen röntgenkristallinen (60 Gew. proz.) und einen amorphen Teil gespalten werden. Der kristalline Teil besteht aus einheitlichen Hexapeptiden (–ser–gly–ala–gly–ala–gly). Beim Fibroin von Bombyx mori L. sind zehn dieser Hexapeptide, also insgesamt 60 Aminosäurereste, zusammen mit 33 Aminosäureresten des amorphen Teils zu einer Peptidkette vereinigt. Die sehr verschiedenen Aminosäuren dieses amorphen Teils sind zu Peptiden unterschiedlicher Zusammensetzung und Länge angeordnet.

Die dichte Packung ist für die hohe Festigkeit verantwortlich, der amorphe Anteil für die Dehnbarkeit. Die Eigenschaften werden noch wesentlich vom Gehalt an Aminosäuren mit kurzen Seitenketten beeinflußt, wie Tab. 30-7 für das Fibroin verschiedener Seidenwürmer zeigt.

*Tab. 30-7:* Zusammensetzung und Eigenschaften von Fibroinen verschiedener Seidenwürmer

| | % Aminosäuren mit kurzen Seitenketten | Dehnung bei 0,5 g/den (65 % rel. Luftfeuchtigkeit) | elastische Erholung von 10% Dehnung | |
|---|---|---|---|---|
| | | | Luft | Wasser |
| Anaphe moloneyi | 95,2 | 1,3 | 50 | 50 |
| Bombyx mori | 87,4 | 2,5 | 50 | 60 |
| Antherea mylitta | 71,1 | 4,4 | 30 | 70 |

Zur Gewinnung der Seide werden die Puppen mit Wasserdampf oder heißer Luft abgetötet. Durch Eintauchen der Kokons in heißes Wasser wird der Seidenleim erweicht. Rotierende Bürsten erfassen den Anfang der Seidenfäden. Je 4 – 10 der Fäden werden zusammen auf eine Haspel aufgewickelt und getrocknet. Von den 3000–4000 m Faden pro Kokon können aber nur ca. 900 abgehapselt werden. Die äußeren und inneren Schichten sind zu verunreinigt und werden zusammen mit beschädigten Kokons in der Schappespinnerei verarbeitet.

Durch Eintauchen der Fäden in Öl werden sie geschmeidig gemacht und anschließend mit möglichst alkalifreier Seife vom Sericin befreit (entbastet). Die Seide verliert dabei bis zu 25 % Gewicht und wird daher wieder künstlich erschwert (chargiert). Man behandelt sie dazu mit wässrigen Lösungen von $SnCl_4$ und $Na_2HPO_4$. Diese Verbindungen werden auf der Faser zu Zinnphosphat umgesetzt, das dann mit Wasserglas in Silicate umgewandelt wird. Ist die Gewichtszunahme durch Erschwerung gleich der Gewichtsabnahme durch Entbastung, so spricht man von pari. 50 % über pari bedeutet, daß z.B. 100 kg Rohseide am Ende des Prozesses auf 150 kg zugenommen haben. Diese 150 kg bestehen bei einem Entbastungsverlust von 25 % somit aus 75 kg Seidenfibroin und 75 kg Erschwerungsmittel. Die Erschwerung verbessert Griff und Glanz. Eine vegetabilische Erschwerung mit Gerbstoffen wird nur vorgenommen, wenn das Material hinterher schwarz eingefärbt wird. An das Erschweren schließt sich eine Bleiche mit $SO_2$, Perboraten oder Alkaliperoxiden usw., an.

### 30.5.3 WOLLE

Das abgeschnittene Haar von Schafen, Ziegen, Lamas usw. wird Wolle genannt. Bei der Rohwolle sind die Fasern mit Wollfett, Wollschweiß und vegetabilischen Verunreinigungen verklebt. Die Fasern sind wie folgt aufgebaut: Die Peptidketten sind aus praktisch allen α-Aminocarbonsäuren zusammengesetzt (Tab. 30 – 6). Die genaue Ordnung innerhalb der Peptidketten ist nicht bekannt. Durch röntgenographische Messungen weiß man jedoch, daß Lysin und Tryosin sich periodisch in der Kette häufen. Fast alle der vorkommenden Aminosäuren haben voluminöse Seitenketten. Dadurch können keine Faltblattstrukturen ausgebildet werden und die Peptidkette liegt in einer α-Helix vor. Je drei dieser helicalen Peptidketten sind zu einer Protofibrille vereinigt. 11 Protofibrillen bilden eine Mikrofibrille, bei der wahrscheinlich 9 um 2 angeordnet sind (Abb. 30 – 2). In den Zwischenräumen zwischen den Protofibrillen der Mikrofibrille befindet sich die Matrix, ein sehr schwefelreiches (6 %) Protein. Viele Mikrofibrillen sind dann zur Makrofibrille der Cortexzelle vereinigt.

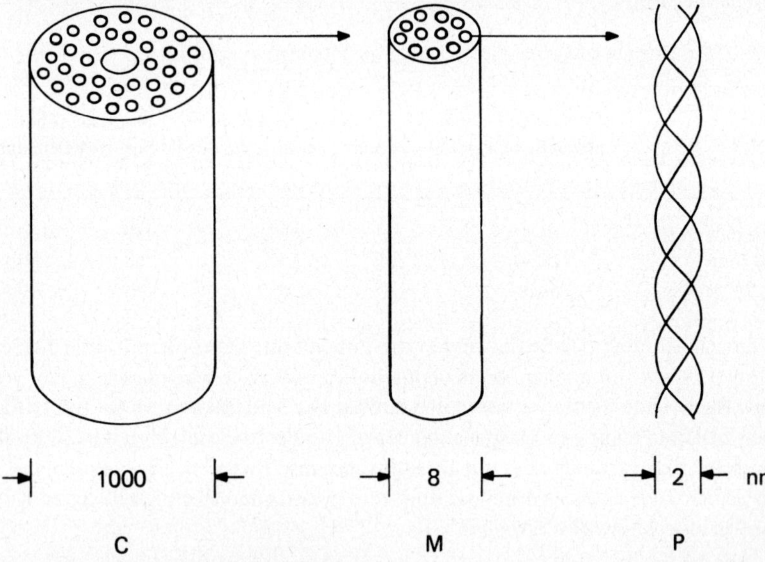


*Abb. 30-2:* Aufbau der Wollfasern (schematisch). Von links nach rechts: C = Cortexzelle, M = Mikrofibrille, P = Protofibrille aus drei Peptidketten in der Konformation von α-Helices. Die Zahlen geben die Durchmesser in nm an.

Die beim Wachstum des Haares in der Präkeratin-Zone gebildeten Proteinketten sind zunächst in wässriger Harnstofflösung noch löslich. Erst beim Herausschieben des Haares oxydieren die –SH-Gruppen in der Keratinierungszone zu S–S-Brücken. S–S-

Brücken werden teils zwischen den Protofibrillen ausgebildet, teils aber auch intracatenar innerhalb der Peptidkette. Das relative Verhältnis beider Brückensorten ist nicht bekannt. Diese „Quervernetzung" macht die Wolle im Gegensatz zu allen anderen bekannten Fasern unlöslich. Technisch wird dieser Vorgang bei der Herstellung von Dauerbügelfalten imitiert. Durch Behandlung mit Alkali (pK des Cysteins bei ca. 5) wird ein Thiol gebildet, das anschließend mit S–S-Brücken austauscht (Thiol-katalysierter Disulfid-Austausch):

(30-23)

$$\begin{array}{c}|{-}S{-}S{-}|\\|{-}SH\quad S\\\quad\quad|\\\quad\quad S\end{array}\quad\xrightarrow[-H_2O]{+OH^\ominus}\quad\begin{array}{c}|{-}S{-}S{-}|\\|{-}S{-}S{-}|\\|{-}{}^\ominus S{-}|\end{array}$$

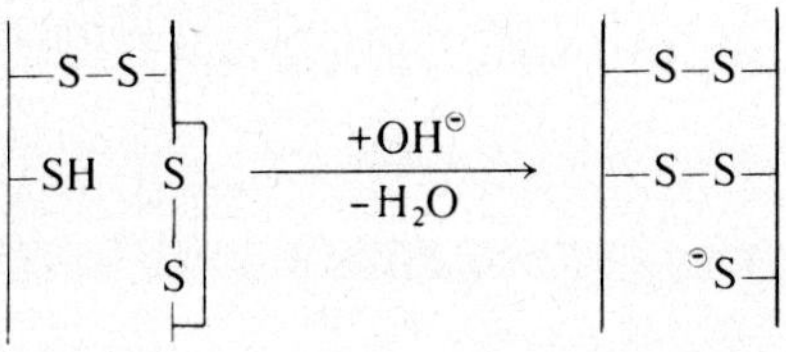

Die Reaktion wird durch eine Dehnung begünstigt. Dämpft man nur kurz, so lösen sich lediglich Hauptvalenzbindungen (S–S-Brücken) oder auch van der Waals'sche Bindungen. Erst wenn man länger preßt, schnappen die Bindungen in die neue Lage ein und die Faser behält die Dehnung bei („Set").

Das Carbonisieren von Wolle soll Cellulosefasern und Verunreinigungen (Holz usw.) durch saure Hydrolyse entfernen. Es besteht aus drei Operationen: Foulardieren in 4–7 proz. Schwefelsäure, Trocknen bei 100–120 °C („Brennen") und Klopfen („Rumpeln"), d.h. mechanischem Abtrennen der Cellulosebestandteile. Beim Carbonisieren laufen mehrere chemische Reaktionen ab; nämlich eine N–O-Peptidylverschiebung

(30-24)

$$\begin{array}{c}\{\\CH{-}CH_2\\|\quad|\\NH\quad OH\\|\\CO\\\}\end{array}\xrightarrow{H^\oplus}\begin{array}{c}\{\\CH{-}CH_2\\|\quad|\\NH\quad O\\\quad\searrow\nearrow\\\quad C{-}OH\\\}\end{array}\xrightarrow{-H_2O}\begin{array}{c}\{\\CH{-}CH_2\\|\quad|\\N\quad O\\\searrow\nearrow\\C\\\}\end{array}\xrightarrow[+H^\oplus]{+H_2O}\begin{array}{c}\{\\CH{-}CH_2\\|\quad|\\{}^\oplus NH_3\quad O\\\quad|\\\quad CO\\\}\end{array}\xrightarrow{\text{Hydrolyse des Esters}}\begin{array}{c}\{\\CH{-}CH_2\\|\quad|\\{}^\oplus NH_3\quad OH\\\\OH\\|\\CO\\\{\end{array}$$

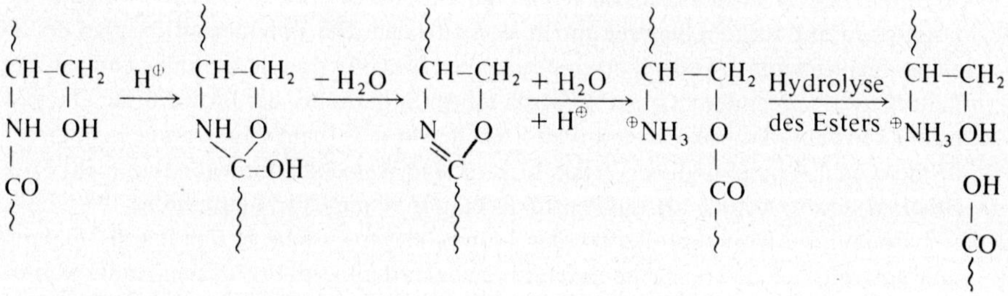

eine Veresterung von Serin mit nachfolgender Zersetzung unter β-Eliminierung

(30-25)

$$\begin{array}{c}\{\\NH\\|\\CO\\|\\CH{-}CH_2{-}OH\\|\\{}^\oplus NH_3\end{array}\to\begin{array}{c}\{\\NH\\|\\CO\\|\\CH{-}CH_2{-}O{-}SO_3H\\|\\{}^\oplus NH_3\end{array}\to\begin{array}{c}\{\\NH\\|\\CO\\|\\C{=}CH_2\\|\\{}^\oplus NH_3\end{array}\to\begin{array}{c}\{\\NH_2\\|\\COOH\\|\\C{=}CH_2\\|\\NH_2\end{array}\xrightarrow{+H_2O}\begin{array}{c}COOH\\|\\C{-}CH_3\\\|\\O\end{array}+NH_3$$

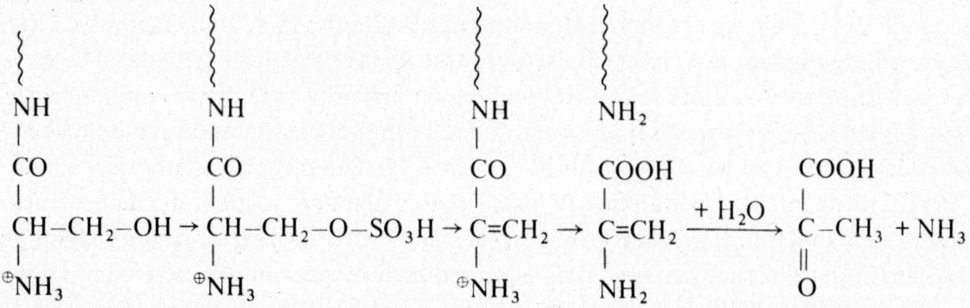

eine Sulfidierung von Tyrosin und wahrscheinlich in untergeordnetem Maße die Bildung von Sulfaminsäure:

(30-26)   $-NH_2 + H_2SO_4 \rightarrow -NH-SO_3H + H_2O$

Das Bleichen der Wolle muß vorsichtig vorgenommen werden, da Cystinbindungen zu Cysteinsäure oxydiert werden können, was zu Peptidspaltungen führt:

(30-27)

$$\frac{1}{2}\begin{array}{c}|\\CO\\|\\CH-CH_2-S-S-CH_2-CH\\|\\NH\\|\\CO\\|\end{array} \rightarrow \begin{array}{c}|\\CO\\|\\CH-CH_2-SO_3^{\ominus}\\|\\NH\\|\\CO\\|\end{array} \xrightarrow{+H^{\oplus}} \begin{array}{c}|\\CO\\|\\CH-CH_2-SO_3^{\ominus}\\|\\{}^{\oplus}NH_2\\|\\CO\\|\end{array} \xrightarrow{+H_2O} \begin{array}{c}|\\CO\\|\\CH-CH_2-SO_3^{\ominus}\\|\\{}^{\oplus}NH_3\\|\\COOH\end{array}$$

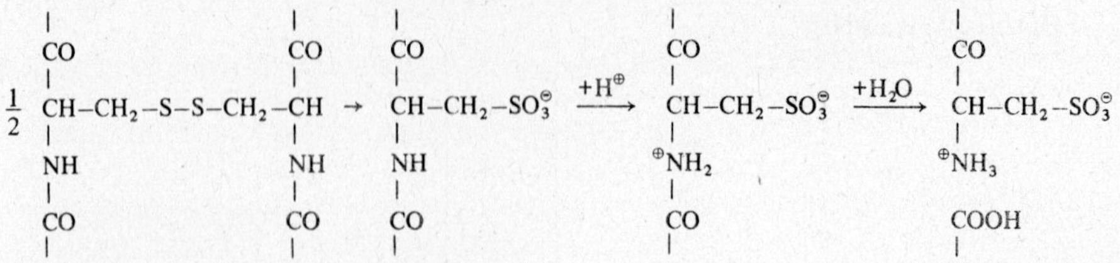

Durch Behandlung mit gasförmigem Chlor wird Wolle an der Oberfläche chloriert, mit Chlor in Wasser wegen der Quellung jedoch die ganze Faser. Durch die Chlorierung nimmt die Neigung zum Verfilzen ab.

### 30.5.4 KOLLAGEN

Kollagene und Elastine kommen in Sehnen, in der Haut und in Knochen vor und bilden somit eine sehr wichtige Gruppe von Proteinen. Die Proteine des menschlichen Körpers bestehen zu ca. 1/3 aus Kollagen.

Kollagen und Elastin weisen viel Glycin, Prolin und Hydroxyprolin auf; auch der Arginingehalt ist verhältnismäßig hoch (vgl. Tab. 30 - 6). Elastine haben weniger Aminogruppen mit polaren Seitengruppen als Kollagene. Der Polymerisationsgrad der einzelnen helixförmigen Peptidketten beträgt ca. 1000. Je drei dieser linkshändigen Peptidhelices sind ineinander zu einer rechtshändigen Superhelix, der Protofibrille (Tropokollagen) verdreht. Tropokollagen bildet Stäbchen von 280 nm Länge und einem Durchmesser von 1,4 nm. Für diese Tertiärstruktur sind Wasserstoffbrücken und nicht S—S-Brücken verantwortlich, da die Peptidketten nur wenig Cystin enthalten.

In den drei Polypeptidketten des Tropokollagens wechseln sich jeweils apolare und polare Bereiche ab. Die apolaren Bereiche enthalten die neutralen Aminosäuren und sind stark an Prolin und Hydroxyprolin angereichert. In ihnen liegt eine regelmäßige Sequenz (gly−pro−X) vor. X kann dabei Hydroxyprolin, Alanin, Glycin, Glutamin, Arginin, Asparagin, Phenylalanin, Threonin oder Serin sein. Außerdem kann in dieser Sequenz das Glycin auch durch Alanin und das Prolin durch Alanin ersetzt sein. Hydroxyprolin wird in vivo erst nach der Synthese der Peptidketten gebildet. Die Zusammensetzung der polaren Bereiche ist nicht genau bekannt; jede dritte Aminosäure ist aber Glycin. Dieser abwechselnde Aufbau des Tropokollagens aus diesen Bereichen führt dazu, daß man bei den Subfibrillen nach Anfärben mit z.B. Uranylsalzen eine Querstreifung erhält. Die dunklen Bänder entsprechen den polaren, die hellen Interbänder den apolaren Bereichen (Abb. 30 - 3). Die Protofibrillen schließen sich zu Subfibrillen in der Weise zusammen, daß jedem polaren, ungeordneten Bereich mit überwiegend positiver Ladung der Seitengruppen ein polarer Bereich mit überwiegend negativer Ladung gegenüber liegt. Die so entstehenden Subfibrillen vereinigen sich zu Kollagenfibrillen und diese wiederum zu den Kollagenfasern (Abb. 30 - 3). Die Tro-

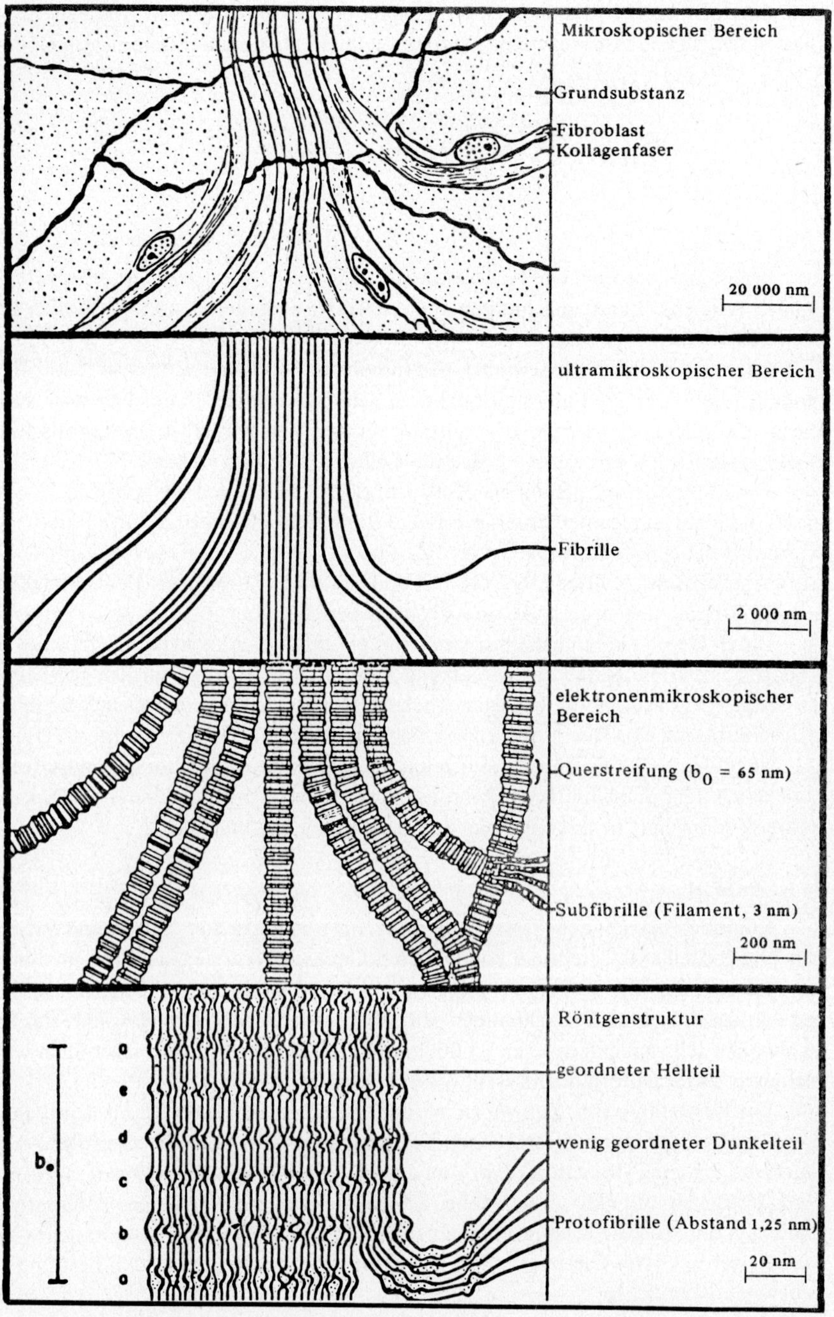


*Abb. 30-3:* Strukturelemente der Kollagenfaser. Von oben nach unten: mikroskopischer Bereich, ultramikroskopischer Bereich, elektronenmikroskopischer Bereich, Röntgenstruktur (nach R. S. Baer).

pokollagen-Einheiten sind dabei untereinander durch kleine Mengen Kohlenhydrate (hauptsächlich Glucose) verbunden (intermolekular, aber auch intramolekular):

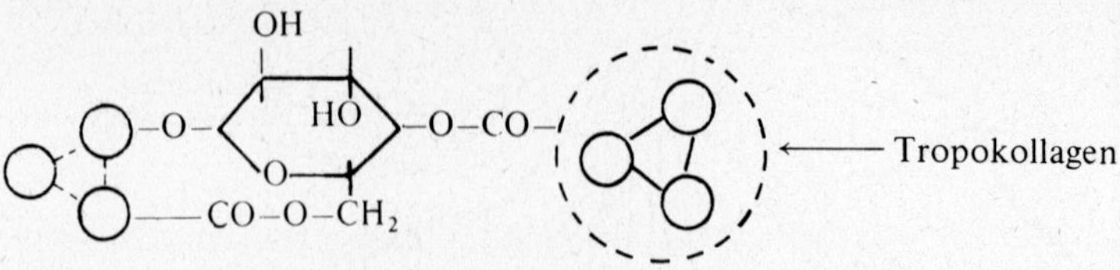


Bringt man die trockene Kollagenfaser in Wasser, so werden die ungeordneten polaren Bereiche (Band) angequollen und die Kräfte zwischen den Protofibrillen geschwächt. Die Kollagenfaser streckt sich. In saurer bzw. alkalischer Lösung werden die basischen bzw. sauren Seitengruppen in den polaren Bereichen neutralisiert und die Salzbindung nimmt ab. Die Faser quillt daher in den ungeordneten Bereichen stark auf. Durch die kleinen Gegenionen des Neutralisationsmittels wird aber ein osmotischer Quellungsdruck hervorgerufen, so daß die Kollagenfaser sich verkürzt.

Erwärmt man eine gequollene Kollagenfaser, so lagert sich die gestreckte Faser mehr und mehr in die energetisch günstigere Form eines Knäuels um. Die Faser schrumpft dabei. Erwärmt man längere Zeit über diese Schrumpftemperatur (ca. 40–60 °C), so wird das Kollagen hydrolysiert und geht in Gelatine über. Dabei zerfällt zuerst das Tropokollagen. Es folgt ein Abbau der Peptidkette.

Durch Gerben kann man chemische und physikalische Vernetzungsstellen in das Kollagen einführen. Durch die Vernetzung werden die einzelnen Fibrillen gegeneinander festgelegt. Das gegerbte Kollagen trocknet dagegen zu Pergament, einer harten hornartigen Substanz. Als Gerbstoffe eignen sich eine Vielzahl von polyvalenten Verbindungen. Sie bilden teils covalente Bindungen (Aldehyde, Difluordinitrodiphenylsulfon, Chinone usw.), teils Salzbindungen (Polyphosphorsäuren, Ligninsulfosäuren), teils koordinative Bindungen (Chromkomplexe) und teils Wasserstoffbrücken.

### 30.5.5 CASEIN

Kuhmilch besteht aus Wasser, Proteinen, Fett, Milchzucker, Salzen und Vitaminen. Der Proteinanteil stellt ein kompliziertes Gemisch verschiedener Proteine und Lipoproteine dar. Ein Teil der Proteine enthält Phosphatgruppen, die meist über Serinreste an das Proteinmolekül gebunden sind. Die mittleren Molekulargewichte des Proteinanteiles schwanken zwischen 75 000 und 375 000. Ein Teil der Magermilch wird technisch zu Kunsthorn oder Caseinwolle verarbeitet.

Zur Herstellung von *Kunsthorn* wird die Magermilch bei 35 °C mit dem Labferment des Kälbermagens versetzt. Nach Temperaturerhöhung auf 65 °C erfolgt Koagulation der Proteine (Denaturierung) zum Quark. Quark enthält ca. 60 proz. Wasser. Er wird gewaschen und dann in Leinenbeuteln getrocknet und zerkleinert. Alternativ kann man die Proteine auch mit Säuren ausflocken. Aus 30 Litern Magermilch werden ca. 1 kg getrocknetes Casein erhalten. Das Handelsprodukt enthält noch Fett und ist daher gelblich-milchig.

Zur weiteren Verarbeitung wird das Casein in Wasser gequollen. Verschiedene Partien werden wegen der unterschiedlichen Eigenfarbe gemischt, um ein gleichmäßiges Rohmaterial zu erhalten. Die Produkte werden dann eingefärbt und in geheizten Pressen plastifiziert. Die erhaltenen Platten oder Stäbe werden dann – oft tagelang – in

Bädern mit Formaldehyd gelagert, um das Casein zu vernetzen. Nach Behandeln mit Glycerin oder Öl bei 100 °C ist Kunsthorn biegbar. Es kann spanabhebend verarbeitet werden, vor allem zu Bijouteriewaren (Knöpfe usw.). Kunsthorn hat auch heute noch eine gewisse Bedeutung, da man sich wegen der leichten Einfärbbarkeit schnell Modeströmungen anpassen kann.

*Caseinwolle* wird ähnlich wie Kunsthorn hergestellt. Das Casein wird durch verdünnte Schwefelsäure bei 20 °C ausgefällt und dann gewaschen und abgepreßt. Die Alkalilösung des Caseins wird anschließend bei 50 °C in ein saures Fällbad versponnen und die Faser durch Formaldehyd vernetzt.

Caseinwolle ist ähnlich wie Naturwolle empfindlich gegen Säuren, Alkali und Wärme, jedoch weniger naßfest. Außerdem besitzt Caseinwolle im Gegensatz zur Naturwolle eine plastische Dehnung.

Durch Pfropfen von 70 % Acrylnitril auf 30 % Casein und anschließendes Verspinnen entsteht eine seidenähnliche Faser. Die Faser ist besser lichtecht als Seide und besitzt auch bessere Trocken- und Naßfestigkeiten.

## *30.6 Proteine des Blutes*

Blut besteht aus etwa 90 % Wasser und ca. 10 % gelösten Substanzen (Proteine, Salz usw.). Die Blutproteine haben sehr verschiedene Aufgaben zu erfüllen. In einem Liter Blut befinden sich z.B. $133 \cdot 10^{19}$ Moleküle Hämoglobin (für Sauerstoff-Transport), $17{,}3 \cdot 10^{19}$ Moleküle Albumin (für Transport anderer Moleküle), $1{,}63 \cdot 10^{19}$ Moleküle Gammaglobulin (Schutzfunktionen), ferner Hormone usw. Der Sauerstoff-Transport ist also die bei weitem wichtigste Aufgabe des Blutes.

Durch Zusatz von Oxalat trennt sich das Blut in zwei Schichten. Die dunkelrote Schicht enthält die Blutkörperchen, die gelbliche das Plasma mit dem Plasmaprotein. Durch fraktioniertes Ausfällen mit Ammonsulfatlösungen werden dann die Plasmaproteine isoliert. 20 – 25 proz. Ammonsulfatlösungen fällen Fibrinogen, 33 prozentige Globuline, 50 prozentige Pseudoglobuline, während Albumine bei noch höheren Konzentrationen anfallen. Nach Ultrazentrifugen-Messungen kann man vier Komponenten mit unterschiedlichen Sedimentationskoeffizienten $s$ unterschieden und isolieren:

| | | | |
|---|---|---|---|
| X-Komponente (Lipoproteine), | 3,3 | % des Gesamtproteins, | 2,25 $s$ |
| A-Komponente (Albumin), | 59 | % des Gesamtproteins, | 4,03 $s$ |
| G-Komponente ($\gamma$-Globulin), | 25 | % des Gesamtproteins, | 6,2 $s$ |
| M-Komponente ($\alpha_2$-Makroglobulin), | 2 | % des Gesamtproteins, | 17 $s$ |

Die Globulin-Fraktion besteht wiederum aus mehreren Komponenten. Bei der Elektrophorese wandert Albumin am schnellsten, dann folgen die $\alpha$-Globuline, die $\beta$-Globuline und schließlich die $\gamma$-Globuline.

Das Blutserum (durch Zentrifugieren von Fibrin befreites Plasma) enthält die Serumalbumine. Serumalbumin besitzt ein Molekulargewicht von 67 500 und einen isoelektrischen Punkt bei pH 4,8 – 5,0. Die Serumalbumine der höheren Tiere unterscheiden sich vor allem in den Aminosäuregruppierungen des einen Endes, während das andere Ende immer Asparagin ist:

| | | |
|---|---|---|
| asp . . . . . . . . . . . . . . . . . . . . | val | Truthahn |
| asp . . . . . . . . . . . . . . . . . . . . | ala | Huhn, Ente |
| asp–thr . . . . . . . . . . . . . . . . . . | leu–ala | Schaf, Kuh |
| asp–ala . . . . . . . . . . . . . . . . . . | ala | Schwein |
| asp–ala . . . . . . . . . . . . . . . . . . | leu–ala | Pferd, Esel, Maulesel |
| asp–ala . . . . . . . . . . . . . . . . . . | leu | Kaninchen, Hund |
| asp–ala . . . . . . . . . . . | gly–val–ala–leu | Affe |
| asp–ala . . . . . . . . . . . | lys–val–ala–leu | Mensch |

Bei der Blutkoagulation wird das lösliche Fibrinogen in das unlösliche Fibrin umgewandelt. Fibrinogen weist ein Molekulargewicht von ca. 330 000 auf. Es besteht aus einer Doppelhelix von 1,5 nm Durchmesser, die an beiden Enden einen globulinähnlichen Teil von 6,5 nm und in der Mitte einen von 5 nm Durchmesser besitzt. Unter der Wirkung von Thrombin werden aus dessen mittleren Teil vom Aminoende her zwei sogen. B-Peptide mit Molekulargewichten von 2460 und aus dem einen endständigen Teil zwei A-Peptide mit je $M = 1\,890$ herausgespalten. In einer noch nicht ganz geklärten Folge von Prozessen wird dann dieses aktivierte Fibrinogen in Fibrin umgewandelt.

Unter Antigenen versteht man im allgemeinen körperfremde Stoffe, die in höheren Organismen die Bildung von Antikörpern auslösen. In einer Sekunde werden pro Antigen-Molekül ca. 1000 – 2000 Antikörper-Moleküle gebildet. Die Antikörper reagieren sehr spezifisch mit den Antigenen. Der Körper wird dadurch immun gegen Antigene.

Antikörper sind $\gamma$-Globuline. Als Antigene wirken nur relativ große und starre Makromoleküle. Sie müssen groß sein, damit sie im Körper nicht zu schnell abgebaut oder ausgeschieden werden. Die Zusammenhänge zwischen der Starrheit der Antigene und ihrer Wirksamkeit sind noch nicht ganz klar.

## *30.7 Glycoproteine*

Glycoproteine (Mucoproteine) sind Proteine mit einem wechselnden Gehalt an kovalent gebundenen Kohlehydraten

| % Kohlehydrat | Beispiele |
|---|---|
| 0 | Hämoglobin, Lysozym, Insulin, Kollagen |
| 10 | 19 s $\gamma$-Globulin |
| 20 | 3 s $\alpha_2$-Globulin |
| 60 | Protein-Mucopolysaccharid-Komplexe |
| 80 | Blutgruppensubstanzen, kohlehydratreiche $\alpha_1$-Glycoproteine |
| 100 | saure Mucopolysaccharide (Glycogen) |

Die Kohlehydratreste sind oft nur 10 – 15 Zuckergruppen lang. Sie hängen ähnlich wie prosthetische Gruppen an der Polypeptidkette. Die Zucker sind meist sehr verschieden (Galactose, Mannose, Fucose, Glucosamin, Galactosamin usw.). Verhältnismäßig oft tritt Sialinsäure (Neuraminsäure) auf. Die Aminogruppen der Aminozucker sind meist acetyliert. Im lebenden Organismus wirken Glycoproteine als Hormone, Enzyme oder Schutzstoffe (Immunoglobuline).

## Literatur zu Kap. 30


### *30.1 Proteine, allgemein*

H. Neurath, und K. Bailey, The Proteins, Academic Press, New York 1963–1970, 5 Bde.
B. Schröder und K. Lübke, The Peptides, Academic Press, New York 1966, 2 Bde.
C. H. Bamford, A. Elliott und W. E. Hanby, Synthetic Polypeptides, Academic Press, New York 1956
R. E. Dickerson und I. Geis, The Structure and Action of Proteins, Harper and Row, New York 1969
Adv. in Protein Chemistry (ab 1944)
Zeitschrift: International J. Protein Research (Bd. 1 ab 1969)

### *30.2 Strukturaufklärung*

G. Bodo, Zur chemischen Aufklärung von Eiweißstrukturen, Fortschr. chem. Forschg. **6** (1966) 1
T. Dévényi und J. Gergely, Analytische Methoden zur Untersuchung von Aminosäuren, Peptiden und Proteinen, Akad. Verlagsges., Frankfurt/Main 1968
M. Joly, A Physico-Chemical Approach to the Denaturation of Proteins, Academic Press, London 1965
S. Blackburn, Protein Sequence Determination: Methods and Techniques, Dekker, New York 1970
S. B. Needlemann, Protein Sequence Determination, Springer, Berlin 1970

### *30.3 Protein-Synthese*

J. Meierhofer, Synthesen biologisch wirksamer Peptide, Chimia **16** (1962) 385
E. Wünsch, Synthese von Peptid-Naturstoffen, Angew. Chem. **83** (1971) 773
G. R. Pettit, Synthetic Peptides, Van Nostrand-Reinhold, London 1971 (Vol. 1)
E. H. McConkey, Hrsg., Protein Synthesis: A Series of Advances, Vol. **1** (1971)

### *30.4 Enzyme*

M. V. Vol'kenstein, Enzyme physics, Plenum, New York 1969
Adv. Enzymology (ab 1941)
Adv. Enzyme Regulation, Oxford (seit 1963)

### *30.5 Faserförmige Proteine*

C. Earland, Wool, its Chemistry and Physics, Chapman & Hall, London 1963, 2. Aufl.
W. von Bergen, Wool Handbook (2 Bde.), American Wool Handbook Co., New York 1963
K. H. Gustavson, The Chemistry and Reactivity of Collagen, Academic Press, New York 1956
G. Reich, Kollagen, Steinkopff, Dresden 1966
A. Veis, Macromolecular Chemistry of Gelatin, Academic Press, New York 1964
R. L. Wormell, New Fibres from Proteins, Academic Press, London 1954
J. H. Collins, Casein Plastics and Allied Materials, Plastics Inst., London 1952
I. V. Yannas, Collagen and Gelatine in the Solid State, J. Macromol. Sci. **C 7** (1972) 49
R. D. B. Frazer, T. P. MacRae und G. E. Rogers, Keratins: their composition, structure and biosynthesis, Thomas, Springfield 1972
R. D. B. Frazer und T. P. MacRae, Conformation in Fibrous Proteins, Academic Press, New York 1973

### *30.6 Blutproteine*

F. W. Putnam, Hrsg., The Plasma Proteins, Academic Press, New York 1960
K. Laki, Hrsg., Fibrinogen, M. Dekker, New York 1968

*30.7 Glycoproteine*

A. Gottschalk, Glycoproteins, Elsevier, Amsterdam 1972, 2. Aufl.
K. Schmid, Methods for the Isolation, Purification and Analysis of Glycoproteins – a Brief Review, Chimia **18** (1964) 321

## 31 Polysaccharide

### *31.1 Vorkommen*

Polysaccharide sind Uni- oder Copolymere aus miteinander verknüpften Zuckerresten. Sie kommen sowohl in Tieren als auch in Pflanzen vor. Bei den höheren Pflanzen und bei den Algen sind sie entweder Bestandteile der Zellwände oder des Zellinnern. Bei Bakterien und Pilzen treten sie sowohl als Zellbestandteile als auch als Stoffwechselprodukte auf.

Die Zellwände pflanzlicher Zellen sind aus den sog. Strukturpolysacchariden aufgebaut. Zu dieser Gruppe gehören außer Cellulose auch Poly(β-(1→3)-glucane), (Poly(β-(1→4)-mannane), Poly(glucomannane), Poly(glucogalactane) und Poly(xyloglucane). Das wichtigste Strukturpolysaccharid tierischer Herkunft ist Chitin. Alle Strukturpolysaccharide besitzen sehr hohe Polymerisationsgrade von mindestens 14 000. Sie liegen in Faltblatt-Strukturen (β-Strukturen) vor und sind fibrillär. In der Regel kommen sie im nativen Zustand nicht „rein" vor; sie weisen vielmehr einen stabilen und wahrscheinlich kovalent gebundenen Peptidanteil von einigen Prozent auf. Der Peptidanteil ist reich an hydroxylgruppenhaltigen Aminosäuren.

Eine große Zahl von Polysacchariden wird technisch verwertet, und zwar z.B. als Faserstoffe (Cellulose), als Nahrungsmittel (Amylose), als industrielle Verdickungsmittel (z.B. Pektin, Guar), für medizinische Zwecke (Blutplasmaersatz, Blutantikoagulantien usw.).

### *31.2 Grundtypen*

#### 31.2.1 EINFACHE MONOSACCHARIDE

Die Grundbausteine der Polysaccharide lassen sich sämtlich auf Monooxo-polyhydroxy-Verbindungen $C_nH_{2n}O_n$ zurückführen, die formal aus N-wertigen Alkoholen mit N C-Atomen durch Dehydrierung hervorgehen. In der Natur kommen nur solche Zucker vor, bei denen sich die Oxo-Gruppe an einem der beiden ersten C-Atome befindet. Außerdem muß stets eine Oxo-Cyclo-Tautomerie möglich sein, d.h. z.B. bei den Hexosen

(31-1)

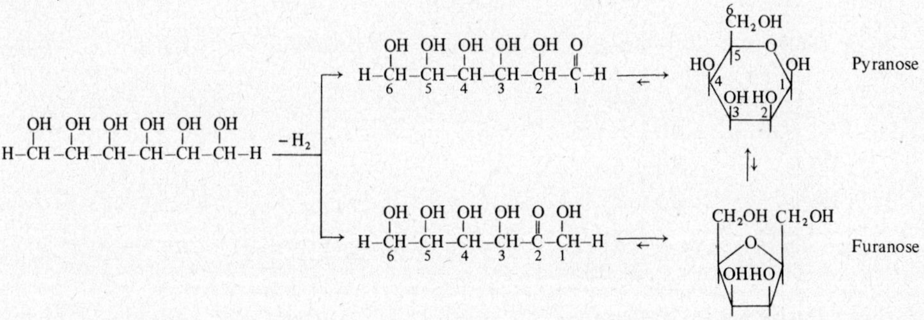

*Tab. 31-1:* Konfiguration und Trivialnamen der sechs möglichen D-Pentosen und zwölf möglichen D-Hexosen. Die Konfiguration ist dabei bei den Ketozuckern auf das Kohlenstoffatom bezogen, das benachbart zu der $CH_2OH$-Gruppe ist, die am weitesten von der CO-Gruppe entfernt ist.

*Ketopentosen* *Ketohexosen*

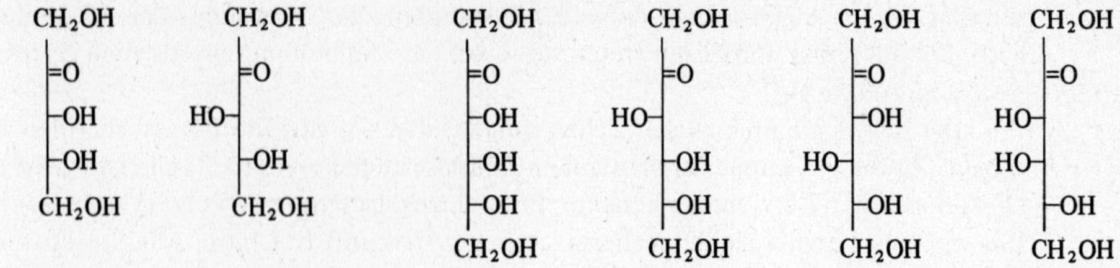

D-Ribulose (D-Araboketose) D-Xyloketose D-Allulose (D-Psicose) D-Fructose D-Sorbose D-Tagatose

*Aldopentosen*

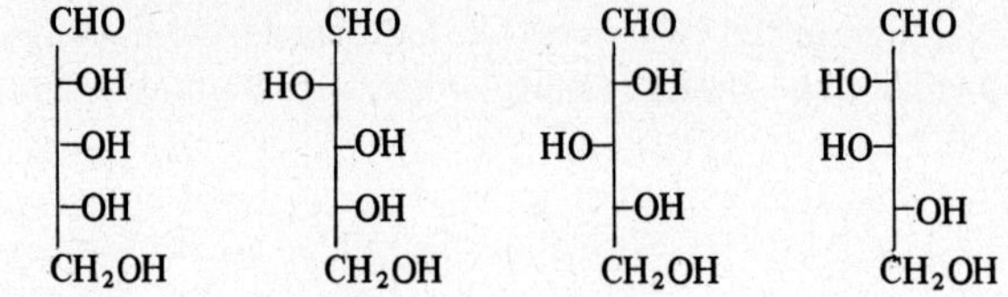

D-Ribose D-Arabinose D-Xylose D-Lyxose

*Aldohexosen*

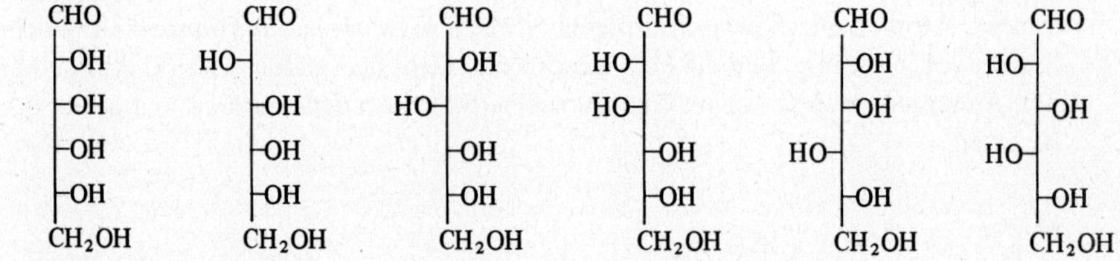

D-Allose D-Altrose D-Glucose D-Mannose D-Gulose D-Idose

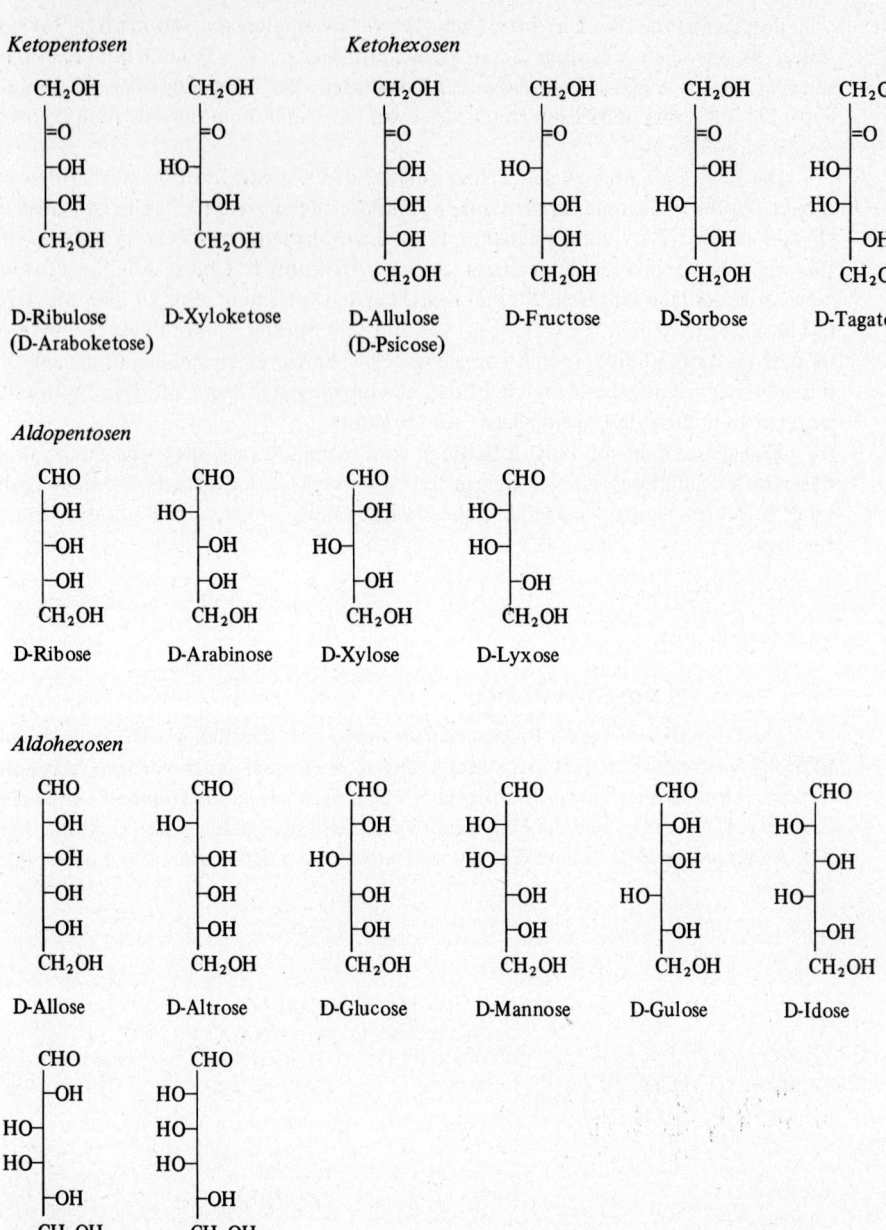

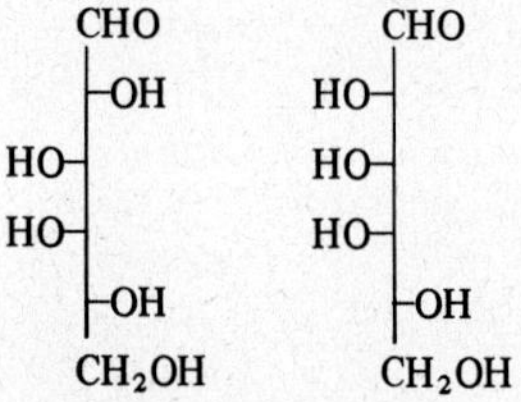

D-Galactose D-Talose

Bei Aldehydzuckern befindet sich das $C^1$-Kohlenstoffatom in einer Aldehydgruppe. Bei Ketozuckern stellt das $C^2$-Kohlenstoffatom eine Ketogruppe dar. Da die geforderte Oxo-Cyclo-Tautomerie erst bei fünfgliedrigen Ringen auftreten kann, müssen Aldehydzucker mindestens vier und Ketozucker mindestens fünf Kohlenstoffatome aufweisen. Die einfachen Zucker sind daher cyclische Halbacetale von Monooxo-polyhydroxy-Verbindungen mit mindestens vier Kohlenstoffatomen in unverzweigter Kette. Da die Aldehydzucker jeweils n–2 und die Ketozucker jeweils n–3 asymmetrische Kohlenstoffatome aufweisen, ist die Zahl der möglichen Stereoisomeren durch das $2^n$-Gesetz gegeben. Es gibt also $2^2$ Aldehydzucker mit vier Kohlenstoffatomen, $2^3$ Aldehydzucker und $2^2$ Ketozucker mit je fünf Kohlenstoffatomen, $2^4$ Aldehydzucker und $2^3$ Ketozucker mit je sechs Kohlenstoffatomen usw. Je die Hälfte dieser Verbindungen liegt dabei in der D-, die andere Hälfte in der L-Form vor. Die Zucker werden dabei konventionsgemäß als D-Zucker bezeichnet, wenn das der $CH_2OH$-Gruppe benachbarte Kohlenstoffatom die gleiche Konfiguration wie der D-Glycerinaldehyd aufweist.

Zucker mit vier Kohlenstoffatomen nennt man Tetrosen, solche mit fünf Pentosen, solche mit sechs Hexosen usw. Gemäß der obigen Regel müssen also zwei Ketopentosen mit je einer D- und einer L-Form vorliegen, total vier (vgl. Tab. 31-1). Es gibt fernerhin vier Ketohexosen, vier Aldopentosen und acht Aldohexosen mit je einer D- und einer L-Form. Diese Zucker werden mit Trivialnamen bezeichnet (vgl. Tab. 31–1).

Die Zucker liegen in Lösung überwiegend in den cyclischen Formen vor, und zwar die Hexosen in der Pyranose-Form und die Pentosen in der Furanose-Form. Durch die Ringbildung tritt ein neues Asymmetriezentrum auf. Die beiden neuen Isomeren werden als α- und β-Anomere voneinander unterschieden, da sie epimer in Bezug auf das $C^1$ sind. Bei den α-Anomeren ist anomere Hydroxylgruppe axial orientiert (das anomere Wasserstoffatom daher äquatorial), bei den β-Anomeren dagegen äquatorial. Bei der D-Glucose (D-Glucopyranose) ergibt sich daher

(31-2)

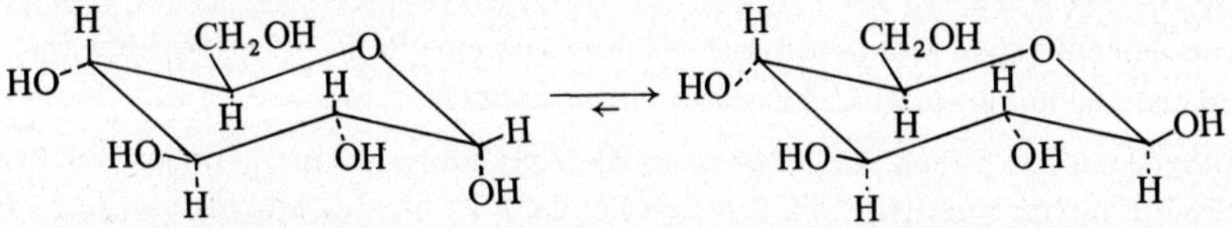


α-D-Glucose β-D-Glucose

In den nicht-räumlichen Darstellungen erscheint daher bei der β-D-Glucose die anomere Hydroxylgruppe „auf der gleichen Seite" wie die $CH_2OH$-Gruppe (vgl. Tab. 31–2). Zur besseren Übersicht sind in Tab. 31 – 2 alle vier möglichen Glucopyranosen und alle vier möglichen Galactopyranosen zusammengestellt, sowie je eine Gluco- und Galactofuranose (vgl. diese Formeln mit denen in Tab. 31 – 1).

Die β-D-Glucose ist die stabilere Form, da bei der α-Form die Stabilität der axial orientierten anomeren Hydroxylgruppe durch Wechselwirkungen mit zwei axialen Wasserstoffatomen beeinträchtigt ist. Wegen der intramolekularen Wasserstoffbrücke zwischen der $CH_2OH$-Gruppe und der anomeren Hydroxylgruppe ist die optische Aktivität der β-Form geringer als die der α-Form. Da nun die räumlich große $CH_2OH$-

*Tab. 31-2:* Die vier möglichen Glucopyranosen und die vier möglichen Galactopyranosen sowie je eine Glucofuranose und Galactofuranose

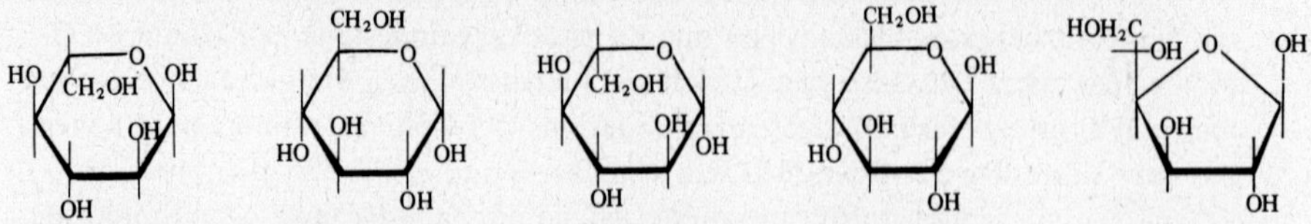

α-L-Glucopyranose | α-D-Glucopyranose | β-L-Glucopyranose | β-D-Glucopyranose | β-D-Glucofuranose

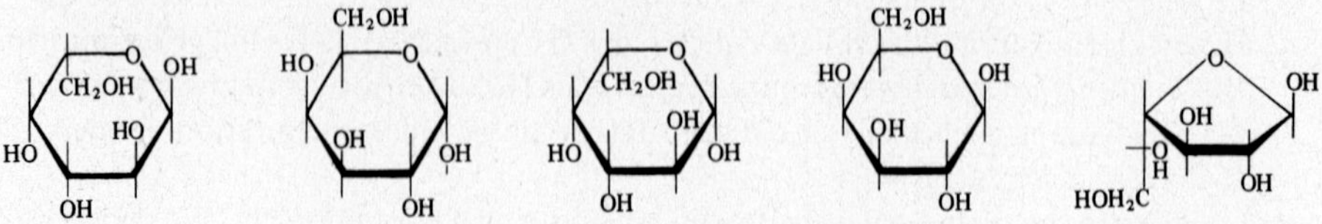

α-L-Galactopyranose | α-D-Galactopyranose | β-L-Galactopyranose | β-D-Galactopyranose | β-D-Galactofuranose

Gruppe äquatorial orientiert ist, besitzen alle D-Zucker die gleiche Sessel-Konformation. Daraus folgt aber auch, daß bei allen D-Zuckern die α-Form immer die höhere (rechtsdrehende) optische Aktivität aufweist als die β-Form. Bei den L-Zuckern ist entsprechend die α-Form immer stärker linksdrehend als die β-Form. Aus den gleichen konformativen Gründen überwiegt bei den Aldosen der D-Reihe in wässriger Lösung die β-Form, wenn das $C^2$-Atom D-konfiguriert ist (Glucose, Galactose, Xylose usw.). Bei L-konfigurierten $C^2$-Atomen herrscht dagegen die α-Form vor (Mannose, Arabinose usw.).

### 31.2.2 DERIVATE DER MONOSACCHARIDE

Von den einfachen Monosacchariden leiten sich eine Reihe von Derivaten ab, die als Bausteine in Polysacchariden vorkommen können:

*Anhydrozucker* liegen vor, wenn zwei Hydroxylgruppen innerhalb des gleichen Bausteins intramerar veräthert sind. Ein Beispiel dafür ist die 3,6-Anhydro-α-L-galactopyranose (Tab. 31 – 3).

*Uronsäuren* sind Verbindungen, bei denen die $CH_2OH$-Gruppe durch eine COOH-Gruppe ersetzt ist. Ein Beispiel dafür ist die β-D-Glucuronsäure oder β-D-Glucopyranosyluronsäure (Tab. 31 – 3).

*Aminozucker* weisen eine $NH_2$-Gruppe anstelle einer OH-Gruppe auf. Zur Kennzeichnung der nicht vorhandenen Hydroxylgruppe wird häufig „desoxy" eingefügt. Ein Beispiel dafür ist die 2-Amino-2-desoxy-β-D-galactose oder 2-Amino-2-desoxy-β-D-galactopyranose, gelegentlich auch 2-Aminogalactose oder Galactosamin genannt.

*Alkylzucker* haben mindestens eine Hydroxylgruppe mit Alkylgruppen veräthert. Bei *Acylzuckern* sind Hydroxylgruppen verestert. Halbester der Schwefelsäure heißen auch Sulfate (vgl. Tab. 31 – 3).

*Tab. 31-3:* Beispiele für Zuckerderivate

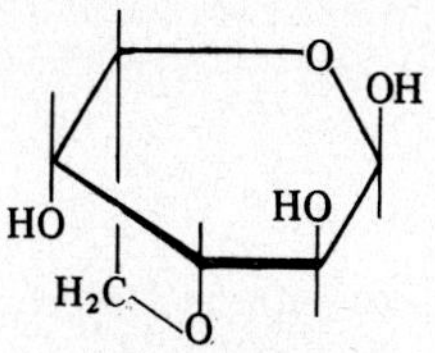


3,6-Anhydro-α-L-galactopyranose

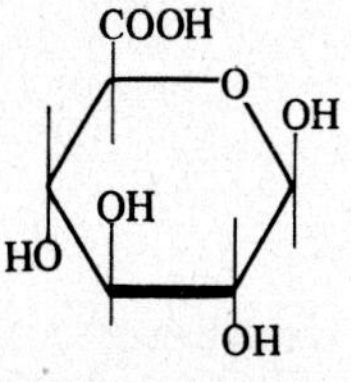


β-D-Glucopyranosyluronsäure (Glucuronsäure)

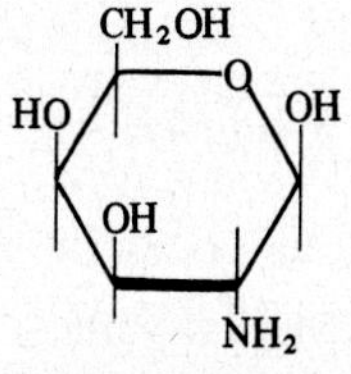


2-Amino-2-desoxy-β-D-galactopyranose (Galactosamin)

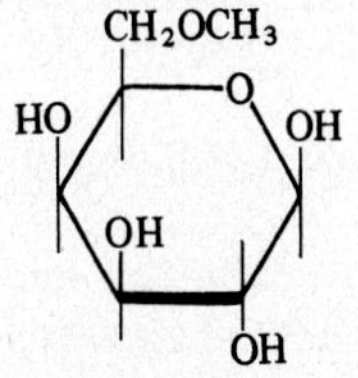


6-O-Methyl-β-D-galactopyranose

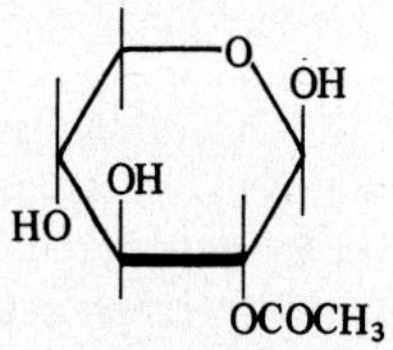


2-O-Acetyl-β-D-xylopyranose

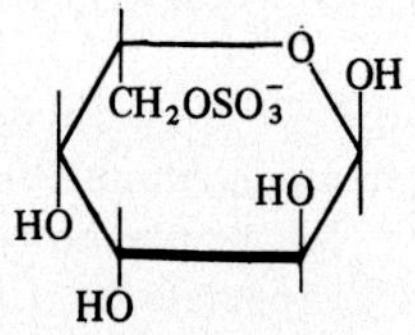


α-L-Galactopyranose-6-sulfat

### 31.2.3 NOMENKLATUR DER POLYSACCHARIDE

Die Nomenklatur der Polysaccharide schwankt bei älteren und neueren Arbeiten erheblich. Von den vielen Trivialnamen (Cellulose, Chitin, Dextran usw.) einmal abgesehen, sind folgende Nomenklaturen in Gebrauch:

Im einfachsten Falle werden die Polymeren z.B. der Glucose einfach als Poly(glucosen) bezeichnet. Man findet jedoch auch den Namen Poly(glucane) oder auch Poly(anhydroglucosen) oder Poly(anhydroglucane). Da es sich hier um Bindungen zwischen zwei verschiedenen Zuckerresten handelt und nicht um Bindungen innerhalb eines Zuckerrestes, pflegt man die Positionsnummern der Kohlenstoffatome mit einem Pfeil zu verbinden. Bei der Cellulose erfolgt z.B. die Verknüpfung der Glucose-Reste vom $C^1$ zum $C^4$ des nächsten Glucose-Restes. Cellulose ist daher eine Poly(β-(1→4)-anhydro-D-glucose).

Jeder Zuckerrest ist mit einem anderen über eine α- oder β-acetalische Bindung verknüpft. Diese Bindungen werden auch glycosidisch genannt. Korrekterweise müßte man ferner noch angeben, ob der Zuckerrest in der Pyranose- oder in der Furanose-Form vorliegt, doch wird diese Angabe oft fortgelassen, da es sich bei den natürlich vorkommenden Polysacchariden meist um Aldehydzucker handelt und diese praktisch ausschließlich in der Pyranose-Form vorliegen.

Der Name eines Polysaccharides mit einer einzigen Sorte Bausteinen müßte also den Namen des zugrundeliegenden Monozuckers, seine Konfiguration, die Bezeichnung „anhydro" für die glycosidische Bindung, die Art der glycosidischen Verknüpfung von Baustein zu Baustein und die Angabe, ob es sich um eine α- oder β-Verknüpfung handelt, enthalten. Bei Copolymeren käme noch die Angabe, ob alternierende Grundbausteine oder statistische Copolymere vorliegen, dazu. In vielen Fällen ist die Konstitution und die Konfiguration der natürlich vorkommenden Polysaccharide jedoch nur unvollständig bekannt.

## *31.3 Synthesen*

### 31.3.1 BIOLOGISCHE SYNTHESE

Die Biosynthese der Polysaccharide ist nicht eine einfache Umkehrung der Hydrolyse, da die direkte Polykondensation von Monozuckern im wässrigen Milieu eine positive Gibbs-Energie aufweist. Die Biosynthese erfolgt vielmehr durch Anlagerung eines Monozuckers an das nichtreduzierende Ende eines sog. Primers

$$\text{(31-3)} \qquad \text{G–O–X} + (\text{G–O})_{n}\text{G} \xrightarrow{E} (\text{G–O})_{n+1}\text{G} + \text{X}$$

wobei G = Kohlenhydratrest, X = nichtpolymeres Produkt (z.B. Pyrophosphat, Uridindiphosphat, Monozucker usw.) und E = Enzym ist.

Die membrangebundenen Biosynthesen laufen intrazellular in den Zisternen des Golgi-Apparates ab. Die Polymeren werden dann durch Exocytose nach außen verlagert. X ist bei der in vivo-Synthese der Polysaccharide der *Amylose-Gruppe* Uridindiphosphat (UDP), das Enzym E die Uridindiphosphatglucosetransglucosylase. Die für die Biosynthese des Polysaccharides aufzuwendende Energie wird durch die Umsetzung von UDP mit Adenosintriphosphat (ATP) zu Uridintriphosphat (UTP) und Adenosindiphosphat (ADP) aufgebracht. Das UTP reagiert dann mit D-Glucose-1-phosphat (Cori-Ester) unter der Wirkung des Enzyms UDPG-Pyrophosphorylase zu Uridindiphosphatglucose und Pyrophosphat. Das D-Glucose-1-phosphat wird dabei aus D-Glucose-6-phosphat mit Hilfe des Enzyms Phosphoglucomutase synthetisiert.

Bei der *Cellulose-Synthese* tritt an die Stelle des UDP vermutlich Guanosindiphosphat. Bei in vitro-Synthesen wurde auch Adenosintriphosphat oder der Cori-Ester eingesetzt. Die Polykondensation der einfachen Monozucker gelingt auch mit Hilfe der Kondensationsprodukte von Äthern mit Phosphorpentoxid.

Bei anderen Polysaccharid-Synthesen scheint die intermediäre Bildung von D-Glucose-1-phosphat nicht erforderlich zu sein. Rohrzucker (Sucrose, Saccharose) geht z.B. unter der Wirkung des Enzyms Dextransaccharase unter Abspaltung von Fructose in Dextran, eine Poly(glucose), über. Aus Saccharose entsteht ferner mit Hilfe des Enzyms Lävansaccharase die Poly(fructose) Lävan, wobei Glucose freigesetzt wird. Alle diese Biosynthesen scheinen phosphorfrei zu verlaufen.

### 31.3.2 CHEMISCHE SYNTHESE

Die chemische Synthese von Polysacchariden ist eine Acetal-Synthese, formal zwischen der Halbacetal-Funktion am $C^1$ und irgendeiner Hydroxylgruppe eines anderen Zuckerbausteines. Sie kann entweder stufenweise durch Kondensationsreaktionen oder aber durch Ringöffnungspolymerisation erfolgen. In beiden Fällen sind die Syntheseanforderungen wesentlich höher als bei Polynucleotiden, Proteinen oder Poly(α-aminosäuren). Die Zuckerbausteine müssen ja stereospezifisch am $C^1$ verknüpft werden. Dieses Kohlenstoffatom ist aber dem Ringsauerstoff benachbart. Der Ringsauerstoff destabilisiert jedoch äquatoriale elektronegative Abgangsgruppen und stabilisiert benachbarte Carboniumionen. Die stereospezifische Synthese wird auch noch durch die Ringflexibilität, durch Nachbargruppeneffekte und durch sterische Hinderungen erschwert.

31.3.2.1 Stufenweise Synthesen

Die stufenweise Synthese von Oligo- und Polysacchariden mit geordneten Sequenzen erfordert einen entsprechend substituierten Monozucker. Dieser muß am $C^1$ eine reaktive Abgangsgruppe X, an der zu verknüpfenden Hydroxylgruppe (z.B. am $C^4$) eine leicht zu entfernende Schutzgruppe B und an den restlichen Hydroxylgruppen beständige Schutzgruppen R aufweisen. Man kuppelt dann das zu verknüpfende Monomer über $C^1$ an die von der Schutzgruppe B befreite Hydroxylgruppe, z.B. bei Kupplung in (1→4)-Stellung. Nach dem Entfernen der Schutzgruppe B wird erneut mit einem anderen Zucker gekuppelt usw. Dabei kann z.B. X = Br, B = $CO-C_6H_4NO_2$ und R = $CH_2C_6H_5$ sein.

(31-4)

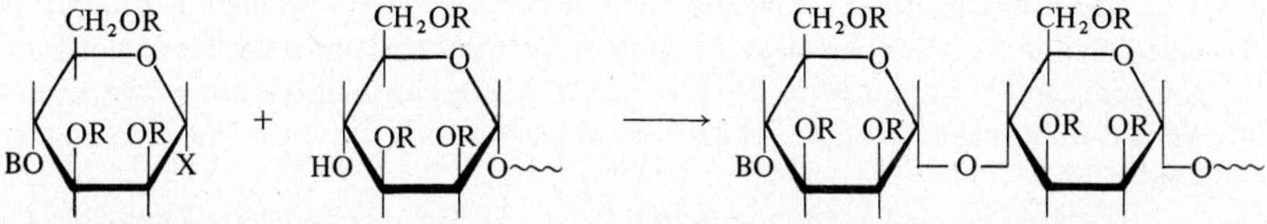


Wegen der Dipol/Dipol-Wechselwirkung sind elektronegative Abgangsgruppen nur in der α-Stellung (der axialen Stellung) stabil genug. Bei der Methanolyse von völlig veräthertem α-D-Gluco-pyranosylchlorid (cis-1,2-Konfiguration) tritt jedoch eine nahezu stereospezifische Inversion am $C^1$ ein, sodaß man das verätherte Methyl-β-D-glucopyranosid (trans-1,2-Konfiguration) erhält. Die gleiche Reaktion am entsprechenden α-D-Bromid führt aus noch nicht geklärten Gründen zur Racemisierung. Durch diese Methode können daher gewöhnlich nur die β-Glycoside erhalten werden.

Die Solvolyse von Zuckerderivaten mit sich nicht an der Reaktion beteiligenden Gruppen am $C^2$ gibt wegen des Nachbargruppeneffektes hohe trans-1,2-Stereospezifitäten. Beispiele dafür sind Reaktionen benzoylierter Glucosyl- oder Mannosylbromide. Mit dieser Methode können daher im allgemeinen keine hochreinen cis-1,2-Glycoside hergestellt werden.

Glycosidsynthesen mit Zuckerderivaten mit sich nicht beteiligenden Gruppen am $C^2$ laufen je nach der Art der anderen Substituenten verschieden ab. Die Methanolyse benzylierter α-D-Glucopyranosylbromide mit einer p-Nitrobenzoatgruppe am $C^6$ gibt z.B. über 90 % der entsprechenden Methyl-α-glucoside. Wird jedoch die p-Nitrobenzoatgruppe durch p-Methoxybenzoat ersetzt, so werden β-Glucoside erhalten.

Die Polykondensation führt daher im allgemeinen nicht zu völlig sterisch reinen Produkten. Auch die Polymerisationsgrade sind meist niedrig, da die Umsätze und Ausbeuten gering sind.

31.3.2.2 Ringöffnungs-Polymerisation

Durch Ringöffnungspolymerisation werden im allgemeinen höhere Polymerisationsgrade als bei der Polykondensation erhalten. Bei Oligo- und Polysaccharid-Synthesen sind zwei Typen verwendet worden: Orthoester-Synthese und kationische Anhydrozucker-Polymerisation.

Bei der *Orthoester-Synthese* wird ein cyclischer Orthoester ohne freie Hydroxylgruppen mit $HgBr_2$ als Katalysator in Ausbeuten von bis zu 50 % zu Produkten mit Polymerisationsgraden von bis zu 50 überführt:

(31-5)

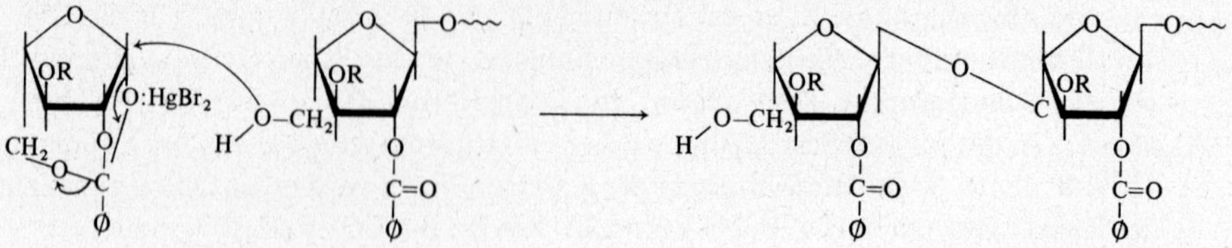

Dabei muß es sich um eine Polymerisation via aktivierte Monomere (und nicht um eine Polykondensation) handeln, da das Molekulargewicht durch das Monomer/Initiator-Verhältnis bestimmt wird. Die Polymerisationsgeschwindigkeit nimmt stark mit der Katalysatorkonzentration zu, da dann die Konzentration der aktivierten Monomeren erhöht wird.

Die *Anhydrozucker-Polymerisation* läuft dagegen über aktivierte Ketten ab. Das Wachstum erfolgt vermutlich über einen Angriff des Brückensauerstoffs eines Monomermoleküls auf das $C^1$ eines wachsenden Trialkyloxonium-Ions mit gleichzeitiger Ringöffnung des Oxoniumionen-Rings:

(31-6)

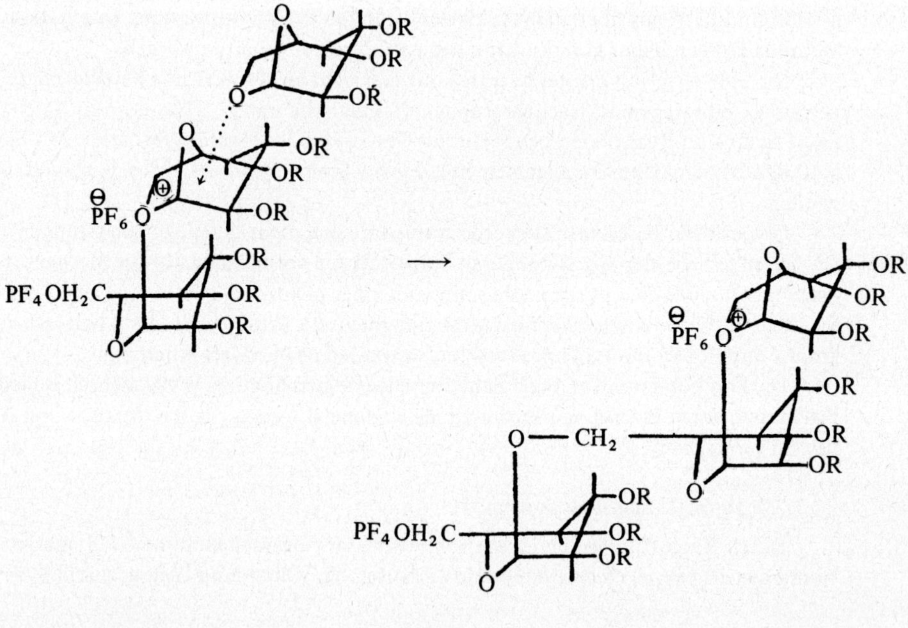

Die stereospezifische Polymerisation mit $PF_5$ als Katalysator bei tiefen Temperaturen (z.B. –78 °C) gibt Ausbeuten bis zu 95 % und Polymerisationsgrade bis zu 2000. Die Molekulargewichte variieren nicht sehr mit dem Umsatz, was auf ein Kettenwachstum mit Übertragung hinweist, vermutlich zum Katalysator. Typische Unipolymerisationen sind die von 1,6-Anhydromaltosebenzyläther zum Poly(α-(1→6)-mannopyranan) oder von 1,6-Anhydrocellobiosebenzyläther zu Poly(4-β-D-glucopyranosyl-(1→6)-α-D-glucopyranan). Polymerisationsgeschwindigkeit und Polymerisationsgrad nehmen dabei in der Reihenfolge Manno > Gluco > Galacto ab. Copolymerisationen zwischen z.B. Gluco- und Galactopyranosen scheinen der klassischen Copolymerisationstheorie zu folgen.

## *31.4 Poly(α-glucosen)*

### 31.4.1 AMYLOSEGRUPPE

Zur Amylosegruppe gehören Amylose, Amylopektin, Glykogen und Dextrin. Amylose (ca. 20 %) und Amylopektin (ca. 80 %) sind die Bestandteile der Stärke.

Amylose selbst ist Poly(α-(1→4)-D-glucose), da bei der Säurehydrolyse ausschließlich D-Glucose erhalten wird. Beim enzymatischen Abbau entsteht dagegen überwiegend Maltose. Durch Permethylierung von Amylose, Amylopektin bzw. Glykogen und anschließender Hydrolyse wurde festgestellt, daß Amylose nur wenig verzweigt ist, während Amylopektin und Glykogen über die 6-Stellung verzweigt sind. Beim Amylopektin entfällt auf etwa 18 – 27, beim Glykogen auf etwa 8 – 16 Glucosereste eine Verzweigungsstelle. Die Verzweigungsstellen sind unregelmäßig verteilt, wobei auch viele Folgeverzweigungen vorkommen. Glykogen ist daher nicht eine definierte Substanz, sondern eine Verbindungsklasse mit wechselndem Aufbau. Wegen der hohen Verzweigung ist Glykogen ein sehr kompaktes Molekül mit hoher Knäueldichte und verhält sich bei hydrodynamischen Messungen kugelähnlich.

Da auch beim Amylopektin die Verzweigungsstellen statistisch verteilt sind, und Stärke aus Amylopektin und Amylose aufgebaut ist, ist Stärke ebenfalls keine einheitliche Substanz, sondern eine Substanzklasse. Der Amylosegehalt verschiedener Stärken beträgt in der Regel 15 – 25 %, kann aber auch 34 % (Lilienknolle) oder sogar 67 % (steadfast pea) erreichen. Die Amylose kann vom Amylopektin durch Fällen aus wässriger Lösung mit Butanol oder durch Lösen in flüssigem Ammoniak abgetrennt werden.

Natürliche Amylose besitzt einen Polymerisationsgrad von ca. 6000. Amylose kann aber auch in vitro aus Glucose-1-phosphat mit einem Enzym aus Kartoffelpreßsaft und einem Primer oder aus Muskelphosphorylase und einem Primer synthetisiert werden. Als Primer und eigentliche Starter wirken höhere Zucker, beim Kartoffelsaft auch Maltotriose.

Mit einer konventionell hergestellten Phosphorylase erhält man nur relativ geringe Polymerisationsgrade von 30 – 250. Erhitzt man aber die Enzymlösung, so steigen die Polymerisationsgrade bis zu denen der natürlichen Amylose an. Die Phosphorylase muß also ein thermolabiles, hydrolysierendes Enzym enthalten. Je höher die Primer-Konzentration, umso höher der Polymerisationsgrad. Da es im System viel mehr Startermoleküle als Enzymmoleküle gibt, muß das Enzym von Kette zu Kette wechseln. Die synthetischen Amylosen besitzen sehr enge Molekulargewichtsverteilungen.

Verzweigte Produkte werden durch das sogenannte Q-Enzym hervorgerufen, das z.B. in Kartoffeln vorkommt. Das Q-Enzym kann nur auf Amylose Verzweigungen aufpfropfen, wodurch Amylopektin entsteht, selbst aber keine Amylose bilden.

Amylose, Amylopektin und Glykogen werden durch den Bacillus macerans zu den Schardinger-Dextrinen abgebaut. Diese Dextrine sind cyclische Oligo($\alpha$-(1→4)-anhydroglucosen) aus sechs ($\alpha$-Dextrin), sieben ($\beta$-Dextrin) oder acht Glucoseresten ($\gamma$-Dextrin). In die Löcher dieser Ringe kann Jod zu einem blauen Jodkomplex eingelagert werden, ähnlich wie in die Helix der Amylose. Die unter Löslichkeitsverminderung verlaufende Umwandlung der Knäuel zu den Helices nennt man Retrogradation.

#### 31.4.2 DEXTRAN

Dextrane sind Poly($\alpha$-(1→6)-D-glucosen) mit viel $\alpha$-1,4-Verzweigungen. Beim Dextran aus Leuconostoc mesenteroides sind z.B. 95 % 1,6-Bindungen und 5 % nicht-1,6-Bindungen vorhanden. 80 % der Verzweigungen sind nur eine Glucoseeinheit lang. die restlichen 20 % sind Langkettenverzweigungen. Das Zahlenmittel des Molekulargewichtes liegt bei nativen Produkten bei ca. 200 000. Das extrapolierte scheinbare Gewichtsmittel $(\overline{M}_w)_{ext}$ kann dagegen wegen der auch in Wasser auftretenden Assoziation bis auf über 500 Millionen ansteigen.

Die Bildung von Dextran wurde zuerst als lästige Schleimproduktion bei der Zukkerfabrikation beobachtet. Das von den Bakterien produzierte Enzym Dextransaccharase greift nur Saccharose an und setzt unter Bildung von Dextran Fructose frei. Ein Primer wie bei der Amylose-Synthese ist nicht erforderlich. In der Aufbaureaktion bildet sich aus dem an das Dextranpolymer gebundenen Enzym $EP_n$ und der Saccharose S ein sehr stabiler Komplex $SEP_n$, der dann unter Bildung von Fructose F zerfällt:

$$(31\text{-}7)\qquad \begin{aligned} EP_n + S &\rightleftarrows SEP_n \\ SEP_n &\rightarrow EP_{n+1} + F \end{aligned}$$

Das Molekulargewicht ist bereits bei kleinen Umsätzen hoch. Mit bestimmten Akzeptoren (Glucose, Maltose, Isomaltose) kann die Polymerisationsgeschwindigkeit erhöht werden, mit anderen dagegen erniedrigt (Fructose, Glycerin, Saccharose). Gleichzeitig werden Anteile niedrigeren Molekulargewichtes gebildet.

Dextran vom Molekulargewicht $\overline{M}_w = 80\,000$ wird für Blutplasma-Expander verwendet. Vernetzte Dextrane werden als Kolonnenfüllung für die Gelpermeationschromatographie eingesetzt.

## *31.5 Poly($\beta$-glucosen)*

### 31.5.1 CELLULOSE

#### 31.5.1.1 Definition und Vorkommen

Cellulosen sind die wichtigsten Bestandteile pflanzlicher Zellwände. Der Name „Cellulose“ wird in den einzelnen Wissenschaftszweigen mit unterschiedlicher Bedeutung verwendet. Ursprünglich bezeichnete der Botaniker Payen im Jahre 1847 mit „Cellulose“ den Hauptbestandteil pflanzlicher Zellwände. Die Botaniker verwenden das

Wort noch heute in diesem Sinne, ganz gleich, ob die Pflanze eine Blütenpflanze, ein Farn oder eine Alge ist. Der Fasertechnologe versteht unter Cellulosen die Materialien, die aus einer kleinen Zahl von Pflanzen durch bestimmte chemische Grundprozesse isoliert werden. Für den Chemiker sind Cellulosen hochmolekulare Substanzen aus in β-Stellung miteinander verknüpften D-Glucose-Resten. Der Kristallograph bezeichnet schließlich als Cellulose eine kristalline Substanz mit ganz bestimmter Einheitszelle.

Nur wenige ,,Cellulosen" erfüllen alle genannten Definitionen. Entfernt man die nicht-cellulosischen Komponenten der Zellwand nacheinander durch Kochen mit Wasser, Chlorieren (gibt Halocellulose) und Behandeln mit 4 n Kalilauge, so können die sogenannten α-Cellulosen als Mikrofibrillen mit minimalem Gewichtsverlust erhalten werden. Die Mikrofibrillen sind lange dünne Fäden von ca. 10–20 nm Durchmesser. Die α-Cellulosen sind nur in den seltensten Fällen aus reiner Glucose aufgebaut, z.B. bei den Algen Valonia und Cladophora. Alle anderen α-Cellulosen enthalten noch kleine Mengen anderer Zucker. Baumwolle weist z.B. außer 1,5 % Xylose noch kleinere Mengen Mannose, Galactose und Arabinose auf. Die α-Cellulose der Rotalge Rhodymenia palmata besitzt andererseits 50 % Xylose. Selbst in diesem Fall erhält man aber ein ganz gleiches Röntgendiagramm wie bei der α-Cellulose von Valonia. Um einen kristallinen Kern von Eucellulose (100 % Glucose) muß also eine parakristalline Hülle der anderen Zucker liegen.

Die Bezeichnungen α-, β- und γ-Cellulose werden in der Holzstoffindustrie etwas anders verwendet. α-Cellulose wird dort der hochmolekulare Anteil genannt. β-Cellulose ist die in 17,5 % Alkali lösliche und beim Neutralisieren ausfallende Fraktion. γ-Cellulose ist der beim Neutralisieren löslich bleibende Anteil. β- und γ-Cellulosen sind Cellulosen niedrigen Polymerisationsgrades (< 200), die teilweise oxydiert sind.

Cellulose kommt ziemlich rein in den Samenhaaren (Baumwolle) und Stengeln bzw. Blättern (Flachs, Hanf, Ramie) mancher Pflanzen vor. Da für technologische Zwecke nur eine mechanische Trennung erforderlich ist, wurden diese Vorkommen schon seit Jahrtausenden genützt. In neuerer Zeit wird Cellulose auch durch nichtmechanische Trennverfahren aus Laub- und Nadelhölzern bzw. Stengeln von Einjahrespflanzen gewonnen. In diesen Pflanzen kommt Cellulose zu ca. 40 % in der verholzten Zellwand zusammen mit nichtcellulosischen Bestandteilen vor. Die nichtcellulosischen Bestandteile bestehen zu ca. 70 % aus Lignin (vgl. Kap. 32.4) und zu ca. 30 % aus den sog. Hemicellulosen. Hemicellulosen sind kürzerkettige Polysaccharide aus Nichtglucose-Zuckern (Mannose, Galactose, Xylose, Arabinose, Uronsäuren usw.).

### 31.5.1.2 Chemische Struktur

Der Chemiker verwendet die Bezeichnung Cellulose ausschließlich für die Poly-(β-(1→4)-D-glucose) = Poly(β-(1→4)-D-glucopyranose). Die Konstitution der Cellulose wurde wie folgt bewiesen. Die Totalhydrolyse liefert mit mehr als 95 % Ausbeute Glucose. Permethyliert man vor der Hydrolyse mit Dimethylsulfat, so erhält man 2,3,6-Trimethylglucose. Die Glucosereste müssen daher in 1,4-Stellung verknüpft sein. Cellulose wird enzymatisch nur durch β-Glucosidasen abgebaut, die Verknüpfung ist daher β-glycosidisch. Für β-glycosidische Bindungen spricht außerdem die optische Drehung des Disaccharides Cellobiose. Es wird durch Abbau von Cellulose mit Acetanhydrid erhalten. Cellobiose weist nun eine spezifische Drehung von + 35° auf, das Diglucosid Maltose dagegen + 136°. In der D-Reihe ist aber die Drehung der $\alpha$-Form immer positiver als die der $\beta$-Form. $\alpha$-Methyl-D-glucosid hat z.B. eine Drehung von +159°, $\beta$-Methyl-D-glucosid dagegen eine von − 34°. Für $\beta$-glycosidische Bindungen spricht schließlich auch die Röntgenanalyse.

Die Molekulargewichte nativer Cellulose sind sehr hoch. Erntet man Baumwolle vor Öffnung der Kapseln unter Ausschluß von Licht und Sauerstoff, so ergeben sich Polymerisationsgrade von $\overline{X}_w$ = 18 000*. Die Molekulargewichtsverteilung ist sehr eng. Konventionell geerntete Baumwolle ist dagegen schon etwas abgebaut und besitzt nur noch Polymerisationsgrade von ca. 10 000.

Cellulose löst sich nicht in Wasser. Als Grund werden intramolekulare Wasserstoffbrücken sowie die hohe Röntgenkristallinität von ca. 60 % und die dadurch erforderliche zusätzliche Schmelzenthalpie angegeben. Andererseits kann man aber Cellulose in Metallkomplexen wie Cuoxam ($[Cu(NH_3)_4]^{2+}$), Cuen ($[Cu(H_2NCH_2CH_2NH_2)]^{2+}$) oder EWN (Eisen-Weinsäure-Natrium-Lösung, ein 3 : 1 Komplex aus $[(C_4H_3O_6)_3Fe]Na$ mit HOOC–CHOH–CHOH–COOH) lösen. EWN ist dabei weniger oxydationsempfindlich als Cuoxam und Cuen. In diesen Lösungsmitteln dürften Hydratkomplexe der Cellulose vorliegen (vgl. auch Kap. 31.5.1.4). Man kann weiterhin Cuoxam-Lösungen sehr stark mit Wasser verdünnen, ohne daß die Cellulose ausfällt. Diese Beobachtungen sprechen dafür, daß die schlechte Wasserlöslichkeit der Cellulose im wesentlichen nicht durch Kristallinität und intermolekulare Wasserstoffbrücken bedingt ist. In Lösung ist Cellulose auch ein relativ flexibles Molekül (vgl. die $\sigma$-Werte in Tab. 4 – 6). Der hohe Exponent von $a$ = 1 in der Viskositäts/Molekulargewichts-Beziehung ($[\eta] = KM^a$) ist demzufolge nicht durch die Steifheit des Cellulosemoleküls, sondern durch spezifische Lösungsmitteleffekte bedingt.

### 31.5.1.3 Physikalische Struktur

Cellulose kommt in verschiedenen kristallinen Modifikationen vor, die sich alle etwas in den Dimensionen und den Winkeln der Elementarzellen unterscheiden (Tab. 31 – 4). Die genaue Lage der Wasserstoffbrücken bei den einzelnen Modifikationen ist nicht bekannt. In der Cellobiose sind die beiden Glucopyranosen in Sesselform und alle OH- und $CH_2OH$-Gruppen äquatorial angeordnet. Zwischen O am C 3 und O am C 5 ist eine intramolekulare Wasserstoffbrücke vorhanden, außerdem existieren sieben intermolekulare Brücken.

Pro Elementarzelle sind bei Cellulose I zwei Fadenmoleküle vorhanden. Sie laufen vermutlich antiparallel, da beide Enden der Mikrofibrillen Ag-Ionen reduzieren.

Die einzelnen Modifikationen sollten sich ferner in den Dichten unterschieden. Für die dichteste Packung nimmt man eine Dichte von 1,59 g/cm³ an. Cellulosefasern weisen dagegen nach Berücksichtigung des Anteils der intermicellaren Zwischenräume eine Dichte von nur 1,50 – 1,55 g/cm³ auf. Die Dichte der nativen Fasern ist wegen dieser Zwischenräume viel geringer. Bei Baumwolle beträgt sie nur 1,27 g/cm³.

Die verschiedenen Methoden zur Bestimmung der Kristallinität geben auch bei Cellulose verschiedene Werte (Tab. 31 – 5). Die Unterschiede dürften z.T. darauf zurückzuführen sein, daß bei Anwendung chemischer Methoden die ursprüngliche physikalische Struktur zum Teil modifiziert werden kann (Quellung usw.).

* In der Cellulosechemie ist aus traditionellen Gründen noch üblich, vom DP („durchschnittlichen Polymerisationsgrad“) zu sprechen.

*Tab. 31-4:* Modifikationen der Cellulose

| Typ | Vorkommen natürlich | Vorkommen künstlich | Elementarzelle a nm | b nm | c nm | β ° |
|---|---|---|---|---|---|---|
| Cellulose I (native Cellulose) | Ramie, cellulosehaltige Algen | aus III mit $H_2O$ unter Druck | 0,817 | 1,034 | 0,785 | 84 |
| Cellulose II (Hydratcellulose; regenerierte Cellulose) | Helicystis-Algen | Auflösen und Wiederausfällen von Cellulose I; mercerisierte Fasern | 0,792 | 1,034 | 0,908 | 62 |
| Cellulose III (Ammoniak-Cellulose) | – | vorsichtige Zersetzung von Ammoniakcellulose (aus II mit $NH_3$) | 0,774 | 1,03 | 0,99 | 58 |
| Cellulose IV (Hochtemperatur-Cellulose) | Huflattich | Erhitzen von III in Glycerin bis 290 °C | 0,811 | 1,03 | 0,791 | 90 |
| Valonia-Cellulose | Valonia | – | 1,643 | 1,034 | 1,570 | 97 |

*Tab. 31-5:* Kristallinitäten von Cellulosen

| Substanz | Kristallinität in % bei Säurehydrolyse ($HCl+FeCl_3$) | Röntgen-Diagramm | Dichte | Deuterium-austausch* | Formylierung |
|---|---|---|---|---|---|
| Ramie | 95 | 70 | 60 | – | – |
| Baumwolle | 82-87 | 70 | 60 | 60 | 72 |
| Baumwolle, unter Zug mercerisiert | 78 | – | – | – | – |
| Baumwolle, ohne Zug mercerisiert | 68 | – | – | – | 48 |
| Zellstoff | – | 65 | 65 | 45–50 | 53–65 |
| Viskosefaser | 68 | 40 | 40 | 32 | – |

* C–D 2600 $cm^{-1}$; C–H 3450 $cm^{-1}$

Cellulose ist die wichtigste Gerüstsubstanz der Pflanzen und kommt dort hauptsächlich in der sekundären Zellwand vor (Abb. 31 – 1). Die primäre Zellwand enthält vor allem Hemicellulosen, daneben ca. 8 % Cellulose und etwas Pektin. Sie weist eine netzartige Struktur mit geringer Orientierung der Cellulosemoleküle auf. Bei reifen Baumwollfasern ist die primäre Zellwand durch die Witterung zerstört.

Die Mittellamelle ist pektinartig. Sie bildet den Leim zwischen den primären Zellwänden.

Die sekundäre Zellwand enthält ca. 94 % Cellulose. Sie wächst erst nach Bildung der primären Zellwand. Die Cellulosemoleküle sind in ihr hochorientiert. Mit abnehmendem Durchmesser kann man folgende Ordnungstrukturen unterscheiden: Fasern (0,06 – 0,28 mm), Zellwände, Makrofibrille (400 nm), Mikrofibrille (20 – 30 nm), Elementarfibrille (3,5 nm). In den interfibrillären Zwischenräumen von 5 – 10 nm Breite

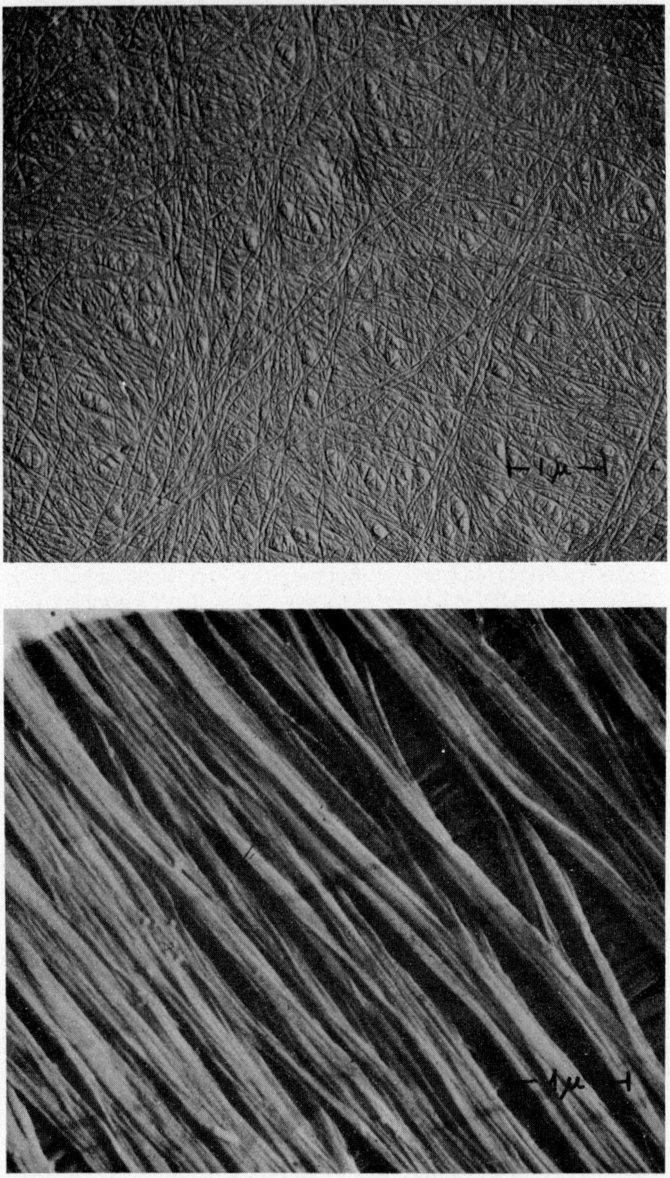

*Abb. 31-1:* Aufbau der Zellwände der Cellulose. Oben: Primärwand, unten: Sekundärwand (K. Mühlethaler).

ist Lignin als „Zement" eingelagert. Die zwischen den Elementarfibrillen sich befindenden intermicellaren Zwischenräume von 1 nm sind zwar zugänglich für $H_2O$, $ZnCl_2$ oder $J_2$, aber nicht für Farbstoffe.

Die Cellulosemoleküle sind in der nativen Cellulose nicht gefaltet, was wie folgt bewiesen wurde. Aus dem experimentell bestimmten Polymerisationsgrad wurde die Konturlänge berechnet. Die parallel gelagerten Elementarfibrillen wurden dann senkrecht zur Faserachse im Abstand der Konturlänge geschnitten. Im Mittel wird so jede Kette gerade einmal getroffen. Das Zahlenmittel des Polymerisationsgrades sinkt dadurch auf die Hälfte ab. Bei gestreckten Ketten erfolgt bei der zu erwartenden Versetzung der Kettenenden ein rein zufälliger Abbau, d.h. die ganze Molekulargewichtsverteilung verschiebt sich zu kleineren Polymerisationsgraden. Bei gefalteten Ketten werden dagegen einige Ketten überhaupt nicht, andere in der Gegend der Kettenfaltung sehr häufig getroffen. Es muß sich daher eine spezielle Verteilung kleinerer Polymerisationsgrade unter weitgehendem Erhalt der Lage der Ausgangsverteilung aufbauen. Experimentell wurde so kein Anzeichen für eine Kettenfaltung gefunden.

### 31.5.1.4 Native Cellulosen

Native Cellulosen wie Baumwolle, Flachs, Hanf, Ramie und Jute werden z. T. schon seit prähistorischen Zeiten als Fasern verwendet.

*Baumwolle* ist eine buschartige subtropische Pflanze von 1 – 2,5 m Höhe. 1500 v. Chr. bis 1500 n. Chr. war Indien das Zentrum der Baumwollkultur, später Ostindien. Im 5. Jahrhundert v. Chr. wurde sie in Ägypten viel gebraucht, nach der Völkerwanderung allerdings praktisch vergessen. Im Mittelalter wurde sie aus Indien in Europa eingeführt. Sei 1625 datiert in England eine Baumwollindustrie. In Ägypten wurde die Baumwolle erst 1821 durch den Schweizer Ingenieur Jumel wieder eingeführt. In Amerika war Peru schon lange vor Christi Geburt ein Zentrum der Baumwollkultur. In Nordamerika wurden die ersten Kulturen 1625 in Virginia eingeführt. Der Großanbau begann ca. 1780. Heute produzieren die USA ca. 52 %, Rußland ca. 9 %, Pakistan und Indien zusammen 11 % und Brasilien und Ägypten je 5 – 6 % der Baumwolle. Die ägyptische Baumwolle hat die größte Stapellänge und ist darum am teuersten.

Baumwolle braucht 3 – 4 Monate vom Säen bis zur Blüte und nach einer Blütezeit von nur 10 Stunden weitere 2 – 3 Monate bis zur Reife des Samens. Die Frucht wird von Hand oder mit Maschinen gepflückt. 1/3 der Gewichtes sind Haare, der Rest Samen. Durch Walzen (Saw-Gin) mit vielen aufgesetzten Sägeblättern werden die Baumwollsamen von den Haaren getrennt (Ginning). Diese Sägeblätter greifen durch einen Rost in den Raum, in dem sich die Baumwollsamen befinden. Auf der anderen Seite befindet sich eine Bürstenwalze zum Abstreifen der Baumwollfasern von den Sägezähnen. Die Fasern (Lints) werden dann durch Luft weggeblasen. Mit einer Art großem elektrischen Rasierapparat werden dann die Kerne zum zweiten Mal geschert. Die anfallenden Linters werden vorwiegend für Kunstseide und Schießbaumwolle verwendet. Die rohen Kerne werden in Pressereien ausgepreßt. Das Öl (15 – 20 % der Kerne) ist hochwertig. Der Preßkuchen wird als Viehfutter verwendet.

*Flachs* ist kein Samenhaar, sondern eine Bastfaser aus der Bastschicht der Stengel von Linum usitatissimum (30 – 80 cm hoch). Aus den Samen gewinnt man Leinöl, das viel ungesättigte Fettsäuren enthält und darum trocknet. Durch Dreschen der Pflanze wird der Samen entfernt. Anschließend werden die Stengel 3 – 6 Wochen in Wasser faulen gelassen („rotten“), wodurch das Lignin oxydativ abgebaut wird. Durch Brechen, Klopfen bzw. Schlagen wird dann die verholzte Substanz von den Bastfasern getrennt. Beim anschließenden Hecheln werden die aneinanderklebenden Bastfasern durch Stahl-Kämme gezogen, wodurch die einzelnen Fasern getrennt werden. Aus 100 kg trockenen Stengeln werden 12 kg Flachs erhalten. Flachs wird praktisch ausschließlich in nördlich liegenden Staaten angebaut (Rußland, Polen, Deutschland, Frankreich, Belgien).

*Hanf* wird etwa in den gleichen Gebieten wie Flachs produziert, außerdem aber in Oberitalien. Die Pflanze wird 1 bis 5 m hoch. Der Hanfanbau geht laufend zurück, da Hanf für Leinwand durch Jute und für Seile durch Sisal- oder Manilahanf bzw. Nylon ersetzt wird. Aus dem Hanföl wird im Orient Haschisch (Rauschgift) gewonnen.

*Manilahanf* (musa textilis) ist mit der Bananenpflanze verwandt und kommt hauptsächlich in Ostindien vor. *Sisalhanf* wird aus einer Agavenart in Indien und Mexiko gewonnen. Beide sind Blattfasern und nicht Stengelfasern wie Hanf und Flachs.

*Ramie* wird aus Chinagras erhalten. Die mehrjährige Pflanze ist dicker als Flachs und Hanf und liefert ein sehr reißfestes Papier („japanisches Papier“). Sie kommt in zwei Arten als weiße (Boehmeria nivea) und grüne (B. tenacissima) Ramie vor allem in China, Japan, Thailand, Indien und Malaya, daneben in Mexiko vor.

*Jute* (Cordorus capularis) ist der Hanfpflanze ähnlich. Sie ist stark ligninhaltig und braungelb. Anbaugebiete sind in Turkestan, am Kaspischen Meer und in Bangla Desh. Sie wird für Säcke, Matten und als Faser für Linoleum-Einlagen verwendet.

*Espartogras* wächst in Nordafrika und wird für feine Papiere, Matten und für Strohhalme für Brissago verwendet. Die Papiere werden auch als „englische Papiere“ bezeichnet, da für Nordafrika bestimmte englische Kohlendampfer auf dem Rückweg Esparto mitführten.

*Kapok* ist eine auf Java vorkommende Kokonseide, die aus ca. 65 % Cellulose, 15 % Lignin, 12 % Wasser, Pentosen, Proteinen und Wachs besteht. Sie wird für Matratzen- und Kissenfüllungen sowie für thermische und akustische Isolierungen benutzt.

*Hydrocellulosen* entstehen durch hydrolytischen Abbau von Cellulose. Sie ähneln $\beta$-Cellulose und werden auch mikrokristalline Cellulosen genannt. Schlägt man 5 % dieser abgebauten Cellulose (Polymerisationsgrad 100 – 200) in Wasser mit schnellaufenden Rührwerken, so wird eine cremeartige Masse erhalten, die als nichtverdaubarer Verdikker in der Nahrungsmittelindustrie eingesetzt wird. Die cremeartige Konsistenz kommt durch eine physikalische Vernetzung von Cellulose-Kristalliten zustande.

*Oxycellulosen* entstehen durch lichtkatalysierte Oxydation von Cellulose oder Hydrocellulose mit atmosphärischem Sauerstoff oder auch mit Oxydationsmitteln. Dabei werden Aldehyd-, Keto- und Carboxyl-Gruppen gebildet.

### 31.5.1.5 Hydratcellulosen

Unter Hydratcellulosen faßt man alle Verarbeitungsformen von Cellulosen zusammen, bei denen diese lediglich eine mechanische Umwandlung im gequollenen Zustand eingegangen sind. Die wichtigsten Formen sind Papier, Pergamentpapier und Vulkanfiber.

Zu *Pergamentpapier* wird jetzt vor allem Sulfitzellstoff, daneben auch Linters verarbeitet. Die Bahnen von Papierrollen werden kontinuierlich etwa 5 – 20 s lang in 70 – 75 proz. kalte Schwefelsäure getaucht und sofort kräftig mit Wasser ausgewaschen (50 – 100 $m^3$/100 kg). Nach dem Weichmachen mit Glycerin wird auf Mehrzylindertrocknern (Kalandern) getrocknet. Der Zusatz von Glycerin und tierischen und pflanzlichen Leimen macht das Pergamentpapier beschreibbar. Es wird als Verpackungsmaterial für Fette und Lebensmittel, z. B. auch für Wursthüllen, verwendet.

Für *Vulkanfiber* (= vulcanized fiber) werden ebenfalls ungeleimte Papiere aus Linters oder Natronzellstoff verarbeitet. Durch Behandeln mit 70 proz. $ZnCl_2$-Lösung bei 50–70 °C werden die Bahnen durch Pergamentierung zu Schichtstoffen verschweißt. Dicke Pergamentpapiere und dünne Vulkanfiber sind praktisch identisch. Es wird angenommen, daß sich durch den Pergamentierungsprozeß ein Cellulosehydrat

$$\left[\text{Cell}-\overset{\oplus}{\text{O}}\diagdown_{\text{H}}^{\text{H}}\right]\left[\begin{matrix}\text{Cl}\diagdown&\diagup\text{OH}\\&\text{Zn}\\\text{Cl}\diagup&\diagdown\text{OH}_2\end{matrix}\right]^{\ominus}$$

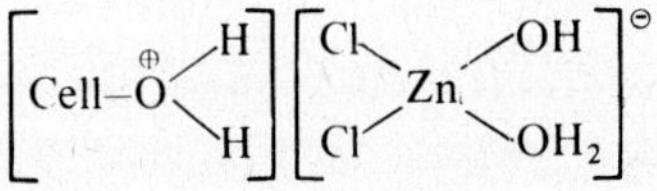

bildet. Wie bei der Herstellung von Pergamentpapier werden die Bahnen dann ausgewaschen, getrocknet und kalandriert. Zur Herstellung von Platten werden die Papierbahnen nach dem Tränken aufgewickelt und Tage bis Wochen gereift. Dann wird langsam ausgewaschen (8 Tage bis 1 Jahr!), getrocknet und zwischen 80 und 130 °C mit 20–30 kg/cm² gepreßt. Vulkanfiber weist bei niedrigem spezifischen Gewicht eine hohe Zugfestigkeit, Schlagzähigkeit und Biegefestigkeit auf. Wegen dieser Eigenschaften und ihrer Splittersicherheit wird sie als Koffermaterial verwendet. In der Textilindustrie dient sie für Spinnkannen (Haltbarkeit mehr als 30 Jahre) und für Spulenkästen. Aus Vulkanfiber werden ferner Knöpfe, Dichtungen und Transportbehälter hergestellt. In der Elektroindustrie wird sie zum Bau von Schaltern eingesetzt, da sie Lichtbögen löscht.

Beim *Mercerisieren* wird Baumwolle unter Spannung mit 10–25 % Natronlauge behandelt. Cellulose I wandelt sich dabei unter Erniedrigung der Kristallinität in Cellulose II um. Der Prozeß vergrößert den Faserdurchmesser, verkleinert die Faserlänge und ruft einen starken Glanz der Faser hervor.

### 31.5.1.6 Regenerierte Cellulosen

Cuoxam-Verfahren

Beim Cuoxam-Verfahren werden Linters oder Edelzellstoff in $[Cu(NH_3)_4]^{2+}$ $[OH]_2^{2-}$ (Cuoxam) gelöst. Das Verfahren ist etwas verschieden, je nachdem ob man Kupferseide (Bemberg-Seide) oder Zellglas herstellen will.

Zur Herstellung von Kupferseide wird die Cellulose in einer Lösung von 40 % Kupfersulfat in 25 proz. Ammoniak gelöst und dann 8 % NaOH dazugegeben. Die klare Spinnlösung wird während des Rührens durch Luftsauerstoff angegriffen, wodurch der Polymerisationsgrad sinkt. Die Spinnlösung ist nach dem Filtrieren und Vakuumlüften unter Licht- und Luftausschluß haltbar. Das Verfahren ist darum einfacher als das Viscoseverfahren, wegen der Fabrikationshilfsstoffe Cu und $NH_3$ jedoch teurer. Das Kupfer ist zu 95 % regenerierbar, das Ammoniak zu etwa 80 %.

Die Lösung wird im Streckspinnverfahren versponnen, d.h. im Spinntrichter von warmem Wasser mitgerissen und verstreckt. Im anschließenden Säurebad (7 % $H_2SO_4$) wird die Faser von Kupfer- und Ammoniakresten befreit.

Zur Herstellung von Zellglas (Cellulosehydrat-Folien) muß man höhere Cellulose-Konzentrationen verwenden, da sonst die frisch gebildete Folie zu viel Lösungsmittel enthält und daher zu leicht reißt. Im Gegensatz zur Kupferseide kann man daher nicht von Kupfersulfat ausgehen, da zu viel $Na_2SO_4$ entstehen würde, wodurch die Lösefähigkeit der Cuoxam-Lösung sinkt. Man geht daher von einem basischen Kupfersulfat oder besser von $Cu(OH)_2$ aus.

Viscose-Verfahren

Beim Viscose-Verfahren wird die Cellulose über das Xanthogenat in Fasern bzw. Folien überführt:

(31-8)

$$\text{cell–OH} \xrightarrow{NaOH} \text{cell– ONa} \xrightarrow{CS_2} \text{cell–OC}{\genfrac{}{}{0pt}{}{\nearrow S}{\searrow SNa}} \xrightarrow{+H_2SO_4} \text{cell–OH} + CS_2 + NaHSO_4$$

Wie beim Cuoxam-Verfahren muß auch beim Viscose-Verfahren die Cellulose-Konzentration für die Herstellung von Folien höher als die für Fasern sein. Als Cellulosen werden Sulfitzellstoff oder Linters verwendet.

Die Cellulose wird zuerst durch 30 min Tauchen bei 22 °C in Natronlauge in Alkalicellulose verwandelt. Mit 10 % NaOH entsteht die in $CS_2$ leicht lösliche Alkalicellulose I. Anders als bei niedermolekularen Alkoholen wird aber nur ein Teil der Hydroxylgruppen in Alkoholat überführt; die restliche Natronlauge liegt in Form einer Anlagerungsverbindung oder frei vor. Da zu wenig Alkoholatgruppen vorliegen, ist auch der Xanthogenierungsgrad zu gering. Man taucht daher in 18 – 20 % NaOH. Dabei werden gleichzeitig kurze Ketten und Hemicellulosen herausgelöst. Die abfließende Tauchlauge wird mit neuer NaOH aufkonzentriert. Die beim Pressen abfließende Preßlauge wird mit 5 % NaOH durch Dialyse von den Hemicellulosen befreit und anschließend ebenfalls durch Zusatz von NaOH konzentriert. Die Alkalicellulose wird dann 90 min bei 28 °C zu einer krümeligen Masse zerfasert.

In der Vorreife („Murissement") wird die Alkalicellulose von einem Polymerisationsgrad $X = 700$ auf $X = 300$ durch Luftsauerstoff innerhalb 40 Stdn. bei 30 °C abgebaut. Durch den Abbau erhält man ein weniger viskoses und daher leichter verarbeitbares Produkt.

Das Xanthogenieren (Barattieren, Sulfidieren) erfolgt, um ein wasserlösliches Cellulosederivat zu erhalten. Bei $X = 300$ wird das Produkt bei 0,4 Xanthogenatgruppen pro Glucosebaustein löslich. Technische Xanthogenate enthalten 27 % Cellulose, 14 % NaOH, 8 % $CS_2$ und 51 % Wasser. Die reinen Natriumxanthogenate sind farblos. Die orangerote Farbe der technischen Xanthogenate ist durch das Natriumtrithiocarbonat bedingt, das bei der Umsetzung von $CS_2$ mit freier Natronlauge entsteht:

(31-9) $$3\,CS_2 + 6\,NaOH = 2\,Na_2CS_3 + Na_2CO_3 + 3\,H_2O$$

Der Name Xanthogenat stammt ursprünglich vom gelben (xanthos = gelb) Kupfersalz des Äthylxanthogenates $C_2H_5OCSSCu$.

Mit $^{18}O$-markierter NaOH wurde bewiesen, daß die Reaktion am O und nicht am C stattfindet:

(31-10) $$\text{cell–OH} + Na^{18}OH + CS_2 \longrightarrow \text{cell–O–CSSNa} + H_2^{18}O$$

Bestimmend für die Reaktionsgeschwindigkeit ist die Reaktion von $CS_2$ mit $OH^-$ zum Hydrogendithiocarbonat-Ion $HCS_2O^-$, dem sich die rasche Folgereaktion mit der

Cellulose anschließt. Durch den Zerfall des Dithiocarbonat-Ions bildet sich HS⁻ (als Nebenprodukt Sulfid) und COS (reagiert zum Trithiocarbonat):

(31-11)

$$CS_2 + {}^{18}OH^\ominus \rightleftharpoons \left( \begin{array}{c} H^{18}O_{\delta^+} \quad {}^{\delta^-} \\ \phantom{xx}C = S \\ {}^\ominus S \end{array} \right)$$

$\downarrow + \text{cell}-O^\ominus$

$\text{cell}-O-CS_2^\ominus + {}^{18}OH^\ominus \qquad\qquad SH^\ominus + C^{18}OS$

$\downarrow + HCS_2O^\ominus \qquad\qquad \downarrow + 4\,OH^\ominus$

$CS_3^{2\ominus} + H_2O \qquad\qquad S^{2\ominus} + CO_3^{2\ominus} + 2\,H_2O$

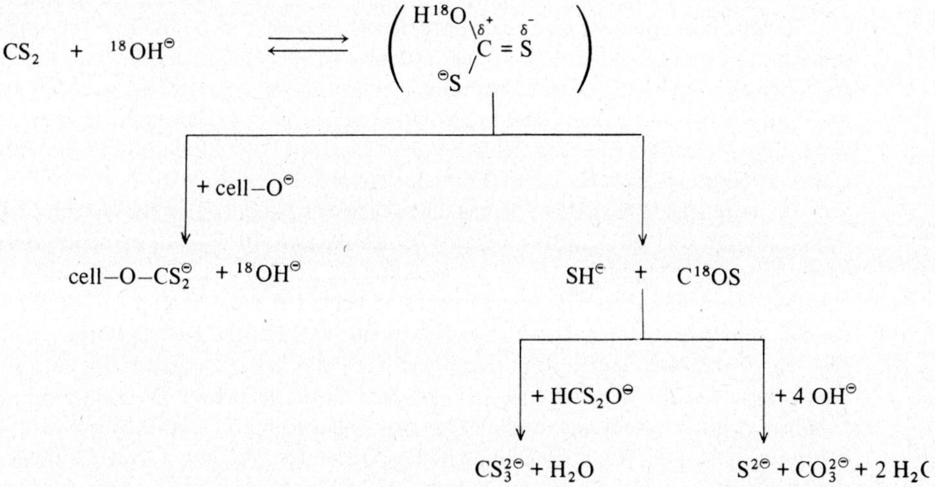

Das Lösen des Xanthogenates kann im Prinzip mit Wasser erfolgen. Die Lösung ist jedoch zu instabil und zu hochviskos (Polyelektrolyteffekt). Das Xanthogenat wird daher in 3 proz. Natronlauge (z.B. aus Dialysenlauge) gelöst. Die so entstehende Viscose wird zur Entfernung nichtsulfidierter und daher als Gel vorliegender Teilchen dann durch ein Tuch oder durch Watte filtriert und anschließend entlüftet. Feine Luftbläschen würden beim Spinnen zu Fadenbrüchen führen.

In der darauf folgenden Nachreife (Maturation) spielen sich chemische und physikalisch-chemische Prozesse ab. In 2- und 3-Stellung sich befindende $CS_2$-Reste werden abgespalten und in $Na_2CO_3$ und $Na_2CS_3$ überführt. Der Substitutionsgrad sinkt unter gleichzeitig stattfindender statistischer Verteilung der Xanthogenatreste auf etwa 0,35 pro Mer ab. Die Nachreife ist sehr temperaturempfindlich (Kontrolle auf ± 0,2 °C) und wird etwa 10 - 96 Stdn. bei 13 - 20 °C durchgeführt. Gleichzeitig sinkt die Viskosität im ersten Stadium der Nachreife durch Lösen von kristallinen Bezirken ab. Mit zunehmender $CS_2$-Abspaltung werden aber dann Hydroxylgruppen gebildet, die assoziieren und die Viskosität wieder ansteigen lassen. U.U. kann der Prozeß zur Gelierung führen (zu starke Abspaltung von $CS_2$, zu hohe Temperatur, zu lange Zeiten usw.). Die Viscose ist dann nicht mehr verarbeitbar.

Zur Herstellung von Viscose-Seide wird Xanthogenat-Lösung anschließend unter 3-5 bar Druck in das sogen. Müllerbad aus 7-12 % $H_2SO_4$, 16-23 % $Na_2SO_4$ und 1-6 % Zn-Mg-$NH_4$-sulfat versponnen. Dabei laufen zwei Vorgänge gleichzeitig ab: die Koagulation des Cellulosexanthogenates und die hydrolytische Zersetzung zu Cellulose* unter Rückbildung von $CS_2$. Als Nebenprodukte gelangen in die Abluft $H_2S$, COS und ins Bad und auf den Faden elementarer Schwefel (aus Natriumpolysulfiden). Das Natriumsulfat soll die Dissoziation herabsetzen und so das osmotische Ge-

* endloser Faden = Filament = Rayon = Reyon = „Kunstseide"; Stapelfaser = „Zellwolle".

fälle des stark elektrolythaltigen Bades gegenüber dem relativ elektrolytarmen Fasergel vermindern.

Anschließend wird gewaschen (entsäuert), durch heiße Natriumsulfid-, Soda- oder Natronlauge-Lösung entschwefelt, mit NaOCl oder $H_2O_2$ gebleicht und getrocknet.

Zellglas (Cellophan®) wird analog hergestellt, nur wird noch mit Glycerin weichgemacht. Die Folien weisen einen höheren Glanz und eine größere Steifheit als Kunststoffolien auf. Nachteilig ist ihre Durchlässigkeit gegen Wasserdampf. Sie werden daher noch mit Nitrolacken lackiert oder mit Poly(vinylidenchlorid) (Lacke oder Dispersionen) beschichtet. Neuerdings werden Zellglas-Folien auch mit Poly(äthylen)folien kaschiert, wobei die Haftung durch Harnstoff/Formaldehyd-Harze vermittelt wird.

Die normalen Viscosefasern haben eine gegenüber Baumwolle stark verschlechterte Formstabilität, was teils auf das niedrigere Molekulargewicht, teils auf die schlechtere Orientierung der Celluloseketten zurückzuführen ist. Bei den neuen Modalfasern (polynosische Fasern und Hochnaßmodulfasern) sind beide Faktoren durch folgende Maßnahmen verbessert worden. Das Lignin wird möglichst schonend herausgelöst und die Bleiche nur mit Natriumchlorit durchgeführt; der Polymerisationsgrad bleibt darum relativ hoch. Auf die Reife wird aus dem gleichen Grund verzichtet. Die xanthogenierte Masse wird ferner in Wasser und nicht in Natronlauge eingebracht. Dadurch wird das Fortschreiten der Xanthogenierung in den Kristalliten vermindert. Das Xanthogenat bildet ein Gel mit weitgehend intakten Cellulosekristalliten. Das Spinnen wird darum in Spezialbädern durchgeführt. Das Tachikawa-Verfahren verwendet als Spinnbad eine Lösung mit wenig Schwefelsäure ohne Natrium- und Zinksulfat. Durch die langsamere Koagulation bilden sich Fasern mit glatter Oberfläche und homogenem Querschnitt. Die Naßreißfestigkeit der polynosischen Fasern liegt bei 8 – 9 % Dehnung bei einer Belastung von 2,5 g/den*. Sie werden meist mit Baumwolle gemischt. Hochnaßmodulfasern kommen auf 11 – 15 % Naßreißfestigkeit, sie werden anstelle von Baumwolle mit synthetischen Fasern gemischt. Die Reißfestigkeit im trockenen Zustand ist besser als die von Baumwolle, vermutlich durch die bessere Orientierung.

### 31.5.1.7 Vernetzungsreaktionen an Cellulose

Kunstseide und Zellwolle wurden schon vor einigen Jahrzehnten mit Formaldehyd vernetzt, um die mangelnde Knitterfestigkeit im trocknen und die Dimensionsstabilität im feuchten Zustand zu verbessern. Unter dem Druck der Konkurrenz der synthetischen Fasern hat man sich dann bemüht, bügelfreie Baumwollgewebe zu schaffen (Hochveredlung). Man unterscheidet heute in der Technik Ausrüstungen mit Aldehyden, mit Aminoplast-Vorkondensaten, mit Reaktant-Harzen und mit Stickstoff-freien Cellulose-Vernetzern. Die Bezeichnung „Harz" ist dabei nur cum grano salis zu verstehen, da die Produkte vor der Anwendung niedermolekular sind und die Umsetzung auf der Cellulose wahrscheinlich auch nur zu kurzkettigen Vernetzungsstellen führt.

Bei der Vernetzung mit *Formaldehyd* sollten sich optimal Formale bilden:

$$(31\text{-}12)\quad \text{cell–OH} + CH_2O + \text{HO–cell} \longrightarrow \text{cell–O–}CH_2\text{–O–cell} + H_2O$$

Dabei können sich aber auch Hemiacetale bilden, die vermutlich wegen der Änderung der Wasserstoffbrückenbindungen die Naßfestigkeit herabsetzen:

* 1 Denier = 1 g/9000 m
1 Tex = 1 g/1000 m

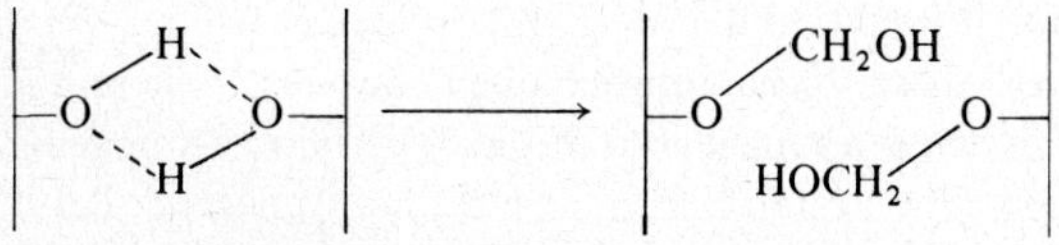


Technisch unterscheidet man drei Prozesse:

Form-W-Prozeß: Naßvernetzung mit Formaldehyd-Lösungen in wässriger Salzsäure. Die Reißfestigkeit fällt nur wenig ab, der Naßknitterwinkel ist gut.

Form-D-Prozeß: Die ungequollene Cellulose wird mit Formaldehyd in 76 proz. Eisessig + wenig HCl vernetzt. Naß- und Trockenknitterwinkel sind gut, die Reißfestigkeit fällt stärker ab.

Form-V-Prozeß: Paraformaldehyd wird in Gegenwart von Katalysatoren ($H_3BO_3$, HCl) appliziert.

Glyoxal (CHO–CHO) ist ein tetrafunktioneller Vernetzer. Es verbessert die Reißfestigkeit. Seine Wirkung dürfte darauf beruhen, daß es intercatenare Bishemiacetale bilden kann, Formaldehyd aber nur Hemiacetale. Der relative Anteil der aus Glyoxal bildbaren Hemiacetale, inter- und intracatenaren bzw. -molekularen Bis-Hemiacetale sowie der entsprechenden Mono- und Diacetale ist unbekannt. Bei Glyoxal kann man folgende Verbindungen erwarten:

Hemiacetal

Bis-hemiacetale

Mono-acetale

Diacetale

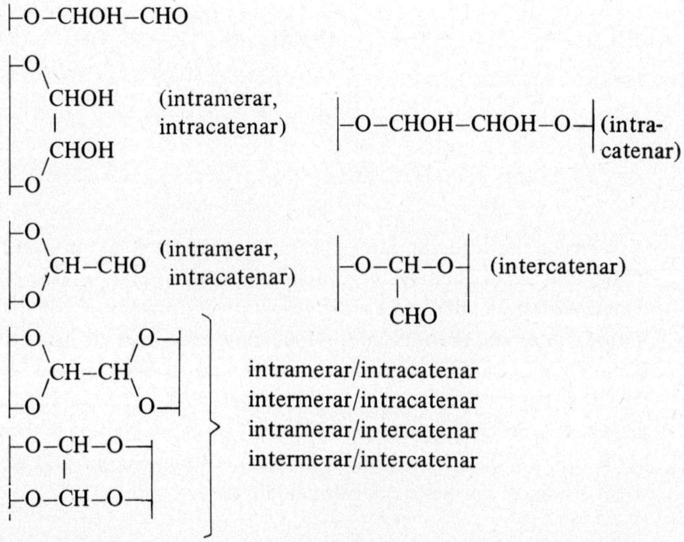


*Harnstoff-Formaldehyd-Harze* und ähnliche Aminoplast-Vorkondensate bilden heute den größten Teil aller zur Ausrüstung verwendeten Harze. Verwendet werden Monomethylol- und Dimethylolharnstoff sowie die analogen Kondensationsprodukte von Formaldehyd und Melamin. Die monomeren Verbindungen dringen in wässriger Lösung in die intermizellaren Räume der Cellulose ein und härten dort in der Wärme zu unlöslichen Harzen aus (vgl. dazu Kap. 28.2). Da die Bildung von Mono- und Dimethylolharnstoff reversibel ist, tritt im Gleichgewicht $CH_2O$ auf. Der Formaldehyd kann Methylenbrücken zwischen den einzelnen Ketten bilden. Außerdem können längere Vernetzungsbrücken durch Reaktion der Methylolgruppen auftreten. Ob die verbesserte Knitterfestigkeit durch diese Vernetzungsbrücken oder durch die rein mechanische Wirkung des Harzes in den intermizellaren Räumen herrührt, ist ungewiß. Die Kochwaschechtheit der so ausgerüsteten Fasern ist jedoch ungenügend. Bei der Wäsche mit chloriertem Wasser neigen sie ferner zur Chloraminbildung. Beim Bügeln wird dann Chlorwasserstoff abgespalten, wodurch Faserschädigungen und Verfärbungen auftreten können.

Diese unangenehmen Nebenerscheinungen fallen bei den sogenannten *Reaktantharzen* weg. Reaktantharze sind vorwiegend Methylolverbindungen cyclischer Harnstoffderivate mit tertiärem Stickstoff, z. B.

Dimethyloläthylenharnstoff (DMEU) (aus Harnstoff, Äthylendiamin und $CH_2O$)

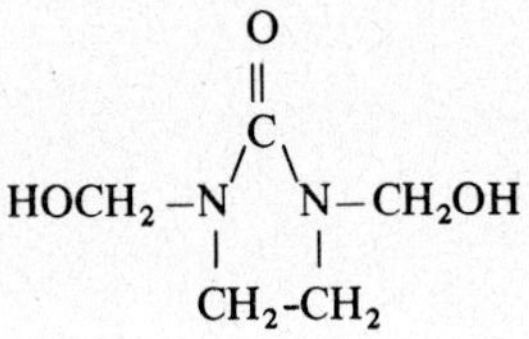

4,5-Dihydroxy-1,3-dimethyloläthylenharnstoff (Glyoxal, Harnstoff und Formaldehyd)

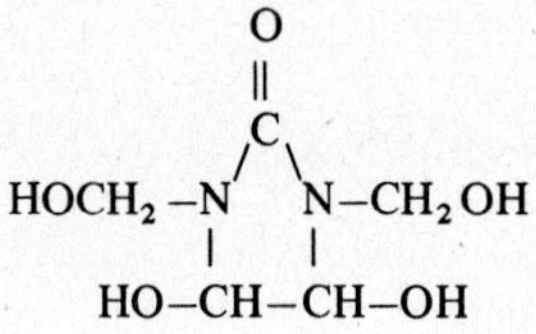

Tetrahydro-s-triazin-2-on-Derivate („Triazone", z. B. aus Harnstoff, Alkylamin und 4 Formaldehyd)

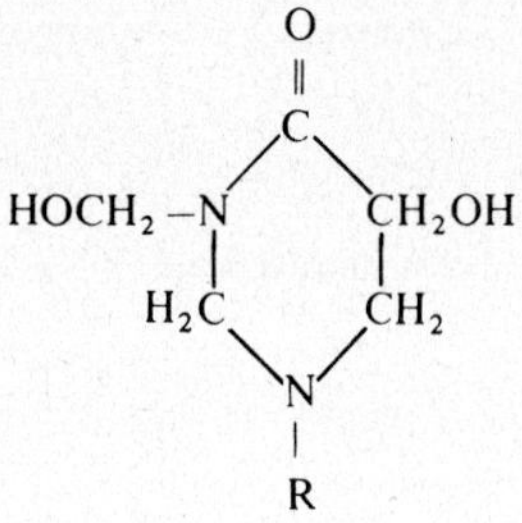

Wegen des tertiären Stickstoffs können diese Reaktant-Harze keine Chloramine bilden und daher auch keinen Chlorwasserstoff abspalten. Der 4,5-Dihydroxy-1,3-dimethyloläthylenharnstoff ist außerdem tetrafunktionell, da die CHOH-Gruppen in 4- und 5-Stellung ebenfalls Methylolcharakter aufweisen. Mit Triazonen behandelte Baumwolle ist stabiler gegen Säure und Alkali als DMEU-Produkte. Triazon-behandelte Produkte müssen aber wegen ihres Fischgeruches gut ausgewaschen werden. Außerdem neigen sie zum Gelbwerden bei höheren Temperaturen. N, N'-Dimethylol-N,N'-dialkylharnstoffe können dagegen nicht als Reaktantharze eingesetzt werden, da ihr Gleichgewicht stark auf der Seite des Formaldehyds liegt:

$$(31-13) \qquad HOCH_2-\underset{R}{\underset{|}{N}}-CO-\underset{R}{\underset{|}{N}}-CH_2OH \rightleftarrows H\underset{R}{\underset{|}{N}}-CO-\underset{R}{\underset{|}{N}}H + 2\,CH_2O$$

Da auch die Reaktantharze noch mehr oder weniger stark Chlor aus Chlorbleichlaugen binden können, hat man in den letzten Jahren stickstoffreie Reaktantharze entwikkelt. Praktisch alle enthalten Epoxidgruppen. Wichtige Verbindungen sind z. B. Glycerin-bis-glycidyläther (aus Glycerin und Epichlorhydrin), Butandiol-bis-glycidyläther, Butadiendiepoxid und Vinylcyclohexendioxid, sowie Epichlorhydrin:

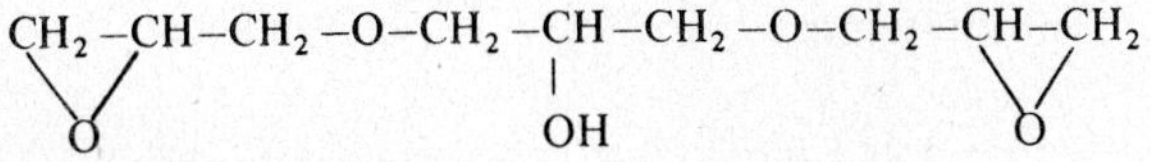

Glycerin-bis-glycidyläther

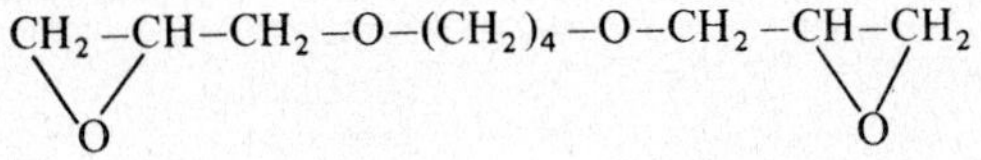

Butandiol-bis-glycidyläther

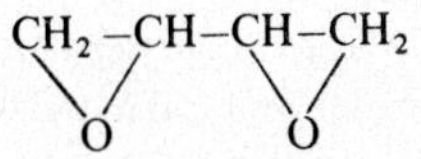

Butadiendiepoxid

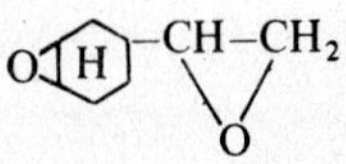

Vinylcyclohexendioxid

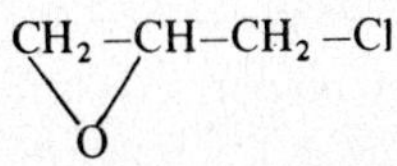

Epichlorhydrin

Wirksam sind auch aktivierte äthylenische Doppelbindungen, z.B. beim Divinylsulfon, das mit den Hydroxylgruppen der Cellulose unter Ausbildung von Äthern reagiert:

(31-14)

$$2\ \text{cell–OH} + CH_2{=}CH{-}SO_2{-}CH{=}CH_2 \rightarrow \text{cell–O–}CH_2{-}CH_2{-}SO_2{-}CH_2{-}CH_2\text{–O–cell}$$

Sofern man einmal von der vor allem in den USA geforderten Beständigkeit gegen Chlor absieht, ist es für die Wirkung der einzelnen Vernetzer ziemlich gleichgültig, von welchem chemischen Typ sie sind. Entscheidend ist jedoch die Verfahrensweise. Durch die Vernetzung versprödet die Faser. Reißfestigkeit, Scheuerfestigkeit usw. nehmen daher ab. Da die einzelnen Ketten gegeneinander festgelegt werden, nimmt die Knitterfestigkeit im trockenen Zustand dagegen zu. Vernetzt man im trockenen Zustand, so ist die Verteilung der Netzbrücken anders als bei der Vernetzung im nassen (gequollenem) Zustand. Werden Vernetzungsbrücken im gequollenen Zustand gebildet, so ist auch der Naßknitterwinkel sehr gut, da sich im Wasser wieder die gleiche statistische Verteilung der Kettensegmente einstellen wird („Erinnerungsvermögen"). Im trockenen Zustand hat man dagegen bei einer vorausgegangenen Naßvernetzung eine andere Verteilung der Segmente und folglich keine wesentliche Änderung des Trockenknitterwinkels. Vernetzt man ganz trocken, so wird umgekehrt die Trockenknitterfestigkeit gut und die Naßknitterfestigkeit schlecht sein. Man erreicht darum ein Optimum beider Eigenschaften bei der Vernetzung in Gegenwart von etwas Wasser (z.B. 9 % bei der Vernetzung mit Formaldehyd).

### 31.5.2 TECHNISCHE CELLULOSEDERIVATE

#### 31.5.2.1 Cellulosenitrat

ist der Salpetersäureester der Cellulose („Nitrocellulose"). Es wird durch Nitrieren der Cellulose mit wechselndem Substitutionsgrad je nach Konzentration der Nitriersäure ($HNO_3 + H_2SO_4$) erhalten.

| Stickstoffgehalt | Substitutionsgrad pro Mer | Verwendung |
|---|---|---|
| 14,14 | 3 | Theorie |
| 12,6 - 13,4 | 2,7 - 2,9 | Schießbaumwolle |
| 11,8 - 12,4 | 2,5 - 2,6 | Fotofilme |
| 10,6 - 12,4 | 2,25 - 2,6 | Nitrolacke |
| 10,6 - 11,2 | 2,25 - 2,4 | Celluloid |

Zur Herstellung von Fotofilmen, Nitrolacken und Celluloid wird von Linters ausgegangen, da die Zellstoffe wegen der in ihnen enthaltenen Carbonyl- und Carboxylgruppen nicht lichtbeständig sind. Nach dem Nitrieren enthält die für Celluloid geeignete Nitrocellulose noch 40 - 50 % Wasser, das in Zentrifugen oder Pressen durch Äthanol „verdrängt" wird. Das entstehende Produkt enthält noch 30 - 45 % „Feuchtigkeit" (davon 80 % Alkohol und 20 % Wasser), und wird mit 20 - 30 % Campher als Weichmacher vermischt und anschließend mit Äthanol in Knetern gelatiniert. Andere Weichmacher haben Campher nicht wesentlich verdrängen können. Das Celluloid wird anschließend gewalzt, um den Gehalt an Äthanol auf 12 - 18 % zu erniedrigen. Die Walzfelle werden in Pressen bei 80 - 90 °C und 50 - 300 N/cm$^3$ zu festen Blöcken verschweißt („Kochpressen"). Die Blöcke werden dann zu Halbzeug (Platten, Stäbe, Röhren usw.) zerschnitten. Celluloid ist leicht verarbeitbar (verbiegbar durch Wasserdampf) und besonders gut einfärbbar. Nachteilig sind die hohen Herstellungskosten (vor allem Löhne) und die leichte Entflammbarkeit.

### 31.5.2.2 Celluloseacetat

Der Essigsäureester der Cellulose entsteht durch Acetylierung mit Acetanhydrid unter Zusatz von Schwefelsäure als Katalysator in Eisessig oder $CH_2Cl_2$ bei 50 °C. Im Gegensatz zur Nitrierung ist eine direkte partielle Acetylierung nicht möglich, da man unter milderen Bedingungen nur eine Mischung von völlig acetylierten und nicht acetylierten Molekülen erhält. Partiell acetylierte Produkte müssen daher durch Verseifen des primär gebildeten Triacetates (darum auch Primäracetat genannt) hergestellt werden. Als Cellulose werden Linters oder Buchenzellstoffe (wenig Hemicellulosen!) eingesetzt.

Vor der eigentlichen Veresterung wird die zerfaserte Cellulose mit 30-40 proz. Essigsäure 2 - 3 Stdn. angequollen, wobei Erwärmung auf ca. 50 °C eintritt. Bei der Acetylierung werden zuerst die primären Hydroxylgruppen mit Schwefelsäure verestert; dann wird der Schwefelsäureester in den Essigsäureester umgewandelt. Erst dann werden die sekundären Acetylgruppen umgesetzt.

Das Triacetat konnte früher nicht zu Fasern versponnen werden, weil ein geeignetes Lösungsmittel fehlte. Jetzt ist Methylenchlorid preiswert genug. Außerdem konnte die restliche Schwefelsäure nur schwierig ausgewaschen werden, was man jetzt durch eine Essigsäurewäsche erreicht. Die Triacetatfaser ist sehr wetterbeständig und gut knitterfest. Ein Teil des Triacetates wird oxydativ abgebaut und dann aus $CHCl_3$ oder $CH_2Cl_2$ zu Fasern für Kabelummantelungen versponnen.

Da man früher das Triacetat nicht verarbeiten konnte, wurde aus ihm durch Hydrolyse das 2 1/2-Acetat als Chemiefaser hergestellt. Ein kleiner Teil wird als 2,2- bis 2,8-Acetat ähnlich wie Celluloid hergestellt und dient für Spritzgußmassen oder Folien.

Die Hydrolyse erfolgt im Fällkessel unter Zusatz von 50 proz. Wasser und 6 - 7 proz. Schwefelsäure 6 - 8 Stdn. bei 80 °C, wobei das Methylenchlorid gleichzeitig abdestilliert. Wegen der höheren Reaktionsfähigkeit werden wieder vorwiegend die primären Hydroxylgruppen hydrolysiert. Die entstehende Lösung von 30 proz. Celluloseacetat in 75 proz. Essigsäure wird anschließend mit 8 – 10 proz. Essigsäure ausgefällt. Das Produkt wird dann gemahlen, im Gegenstrom gewaschen, zentrifugiert, und getrocknet. Anschließend wird dieses Celluloseacetat in 4 – 5 Tln. Aceton bei 40 °C 8 – 10 Stdn. gelöst, filtriert und 2 – 3 Tage entlüftet. Gesponnen wird aus einem auf 60 °C geheizten Spinnkopf in einen 4 m hohen Spinnschacht (je nach Fadendicke) mit einer Spinngeschwindigkeit von 180 – 250 m/min (höher als Viskose- oder Kupferseide). Durch den Spinnschacht wird warme Luft geblasen. Die Abluft enthält 35 – 40 g Aceton/$m^3$ (Explosionsgrenze 60 g/$m^3$). Das Aceton wird zu 90 % durch Aktivkohle adsorbiert und regeneriert. Es folgt ein Avivagebad, um die elektrische Aufladung zu verringern und die textile Verarbeitung zu verbessern.

Durch Verseifen der Acetatseide wird eine regenerierte, sehr feinfaserige und hochorientierte Cellulosefaser erhalten. Celluloseacetat wird jetzt anstelle von Cellulosenitrat für Fotofilme verwendet.

Cellulose(acetat-co-butyrat) enthält zwischen 29 und 6 % Acetyl- und 17 – 48 % Butyrylgruppen. Die Formbeständigkeit dieser Copolymeren ist höher als die der Celluloseacetate. Wie diese laden sie sich nur wenig elektrostatisch auf. Sie werden für Autozubehör und für Rohre in der Ölindustrie verwendet. Korrosionsfreie Verpackungen werden durch Eintauchen der Proben in die geschmolzenen Copolymeren hergestellt.

### 31.5.2.3 Celluloseäther

Celluloseäther werden aus Alkalicellulosen hergestellt, da das Alkali das Cellulosegitter aufweitet und dadurch die Zugänglichkeit zu den Hydroxylgruppen erhöht. Technisch unterscheidet man Verfahren mit und ohne Alkaliverbrauch.

Bei der Herstellung der eigentlichen Celluloseäther wird NaOH verbraucht:

$$(31\text{-}15) \quad C_6H_{10}O_5 \cdot NaOH + CH_3Cl \xrightarrow{60-110°C} C_6H_9O_5CH_3 + NaCl + H_2O$$

Die Methylierungen werden nicht mehr mit dem früher gebräuchlichen Dimethylsulfat vorgenommen. Das anfallende Natriumchlorid wird mit Wasser ausgewaschen. Das Produkt wird dann bis auf einen Wassergehalt von 55 – 60 % geschleudert und anschließend in Schneckenpressen homogenisiert und verdichtet. Äthylcellulose wird analog mit Äthylchlorid hergestellt, wobei man die Reaktion bis zu 2,1 – 2,6 Äthoxygruppen pro Glucoseeinheit führt. Die Produkte dienen als Textilhilfsmittel und für Anstrichmittel und Spritzgußmassen.

### 31.5.2.4 Cellulosehydroxyalkyläther

Umsetzungen der Alkalicellulose mit Äthylenoxid oder Propylenoxid verlaufen katalytisch, d.h. ohne Alkaliverbrauch, z.B. nach

$$(31\text{-}16) \quad \text{cell–OH} + \underbrace{CH_2\text{–}CH(CH_3)}_{O} \longrightarrow \text{cell–O–}CH_2\text{–}CH(OH)\text{–}CH_3$$

An die gebildeten sekundären Hydroxylgruppen können sich weitere Propylenoxidmoleküle anlagern. Technische Hydroxypropylcellulosen (HPC) weisen im Mittel ca. vier Propylenoxideinheiten pro Glucoserest auf.

HPC ist in Wasser unterhalb 38 °C löslich, in warmem Wasser jedoch unlöslich. Es löst sich in vielen organischen Lösungsmitteln. HPC kann thermoplastisch verarbeitet werden, z.B. nach dem Blasverfahren oder im Spritzgußverfahren. Diese Eigenschaften werden zur Herstellung von wasserlöslichen Verpackungsfolien ausgenutzt (Kapseln für pharmazeutische Zwecke, Chemikalien für Schwimmbäder). HPC wird außerdem als Suspensionsmittel bei der Emulsionspolymerisation, als Überzug für Süßigkeiten und Tabletten, in den USA als Stabilisator für künstlichen Schlagrahm, als Bindemittel für Keramik usw. eingesetzt.

#### 31.5.2.5 Carboxymethylcellulose

Setzt man Alkalicellulose mit Chloressigsäure um, so erhält man das Natriumsalz der Carboxymethylcellulose (CMC):

(31-17)

$$\text{cell–OH} + 2\,\text{NaOH} + \text{ClCH}_2\text{COOH} \rightarrow \text{cell–OCH}_2\text{COONa} + 2\,\text{H}_2\text{O} + \text{NaCl}$$

CMC dient als Verdicker (Textilhilfsmittel, Kosmetika, Kuchen) und als Schutzkolloid bei der Emulsionspolymerisation.

### 31.5.3 POLY(β-GLUCOSAMINE)

Bei den wichtigsten der in der Natur vorkommenden Poly(β-glucosamine) sind die sich in 2-Stellung befindenden Hydroxygruppen der Glucosereste durch Aminogruppen ersetzt. Sie stellen daher Poly(β-2-amino-2-desoxyglucopyranosen) dar.

#### 31.5.3.1 Chitin

Chitin ist Poly(β-(1→4)-N-acetyl-2-amino-2-desoxy-glucopyranose). 20 – 25 % Chitin ist zusammen mit Calciumcarbonat (ca. 70 %) in den Schalen von Crustaceen vergesellschaftet. Es ist neben dem Protein Kollagen die zweite wichtige biologische Gerüstsubstanz.

Chitin wird gewonnen, indem zuerst das Calciumcarbonat mit ca. 5 % Salzsäure weggelöst wird. Anschließend wird das Protein mit Pepsin oder Trypsin entfernt. Die Desacetylierung des Chitins zum Chitosan erfolgt, indem die enzymatische Behandlung durch eine solche mit 5 % Natronlauge ersetzt wird, der sich eine mit konz. Alkali in Äthanol/Äthylenglykol anschließt.

#### 31.5.3.2 Hyaluronsäure

Hyaluronsäure ist ein alternierendes Copolymer, nämlich Poly(β-(1→4)-glucuronsäure-alt-β-(1→3)-2-acetamido-2-desoxy-glucose) (vgl. Tab.31 – 6). Sie kommt in der Schmierflüssigkeit (Synovialflüssigkeit) der Gelenke und des Auges vor und dient als eine Art Zement bei der extrazellularen Grundsubstanz des Bindegewebes.

31.5.3.3 Heparin

Heparin ist ebenfalls ein alternierendes Copolymer (vgl. Tab. 31 – 6). Die Sulfonsäuregruppierungen des Heparins sind, wenn auch nicht allein, für die gute Wirkung des Heparins als Blutanticoagulans verantwortlich zu machen.

## *31.6 Poly(galactosen)*

### 31.6.1 GUMMI ARABICUM

Das getrocknete Ausscheidungsprodukt kranker Akazien wird Gummi arabicum genannt. Gesunde Bäume scheiden kein Harz aus. Die Hauptkette des Polysaccharids des Gummi arabicums besteht im wesentlichen aus (1→3)-verknüpften D-Galactopyranose-Einheiten. Einige der Grundbausteine sind in $C^6$-Stellung mit verschiedenen Seitengruppen substituiert. Gummi arabicum wird hauptsächlich als Verdicker in der Nahrungsmittelindustrie verwendet, daneben aber auch in der Pharmazeutik, der Kosmetik, der Textilindustrie und zur Herstellung von Adhäsiven und Tinten.

### 31.6.2 AGAR-AGAR

Agar-agar kommt in gewissen Rotalgen vor den Küsten Japans, Neuseelands, Südafrikas, Mexikos, Marokkos und Ägyptens vor. Zur Gewinnung des Polysaccharides werden die Algen zunächst gewaschen und zwei Stunden gekocht. Anschließend werden sie 14 h bei 80 °C mit verdünnter Schwefelsäure bei pH = 5 – 6 aufgeschlossen. Nach dem Bleichen mit Sulfit wird die Flüssigkeit abfiltriert, das abgekühlte Gel in Stücke geschnitten, eingefroren und wieder aufgetaut. Durch die dadurch bewirkte Desintegration der Zellwände werden die in kaltem Wasser löslichen Bestandteile entfernt. Nach einem zweiten Gefrierprozeß wird mit kaltem Wasser gewaschen oder das Polysaccharid mit wasserlöslichen organischen Lösungsmitteln gefällt, worauf sich eine Dialyse anschließt.

Die Makromoleküle stellen vermutlich alternierende Copolymere aus in (1→3)-Stellung gekuppelten β-D-Galactopyranosyl- und 3,6-Anhydro-α-L-galactopyranosyl-Resten dar. Agar-agar besitzt nach neueren Untersuchungen offenbar keine Sulfatgruppen. Die Polymeren sind unlöslich in kaltem, löslich in kochendem Wasser. Bereits 0,04 – 2 proz. Lsgn. gelieren bereits bei 35 °C. Das Gel „schmilzt" jedoch erst bei 60 – 97 °C. Wegen der guten Gelierung wird es als Bakteriennährboden und als Verdicker in der Marmeladeindustrie verwendet.

### 31.6.3 TRAGANTH

Traganth ist ein Pflanzenexudat bestimmter Leguminosen. Es stellt eine Mischung verschiedener Polysaccharide dar, vor allem mit D-Galacturonsäureresten. Es wird als Verdicker in der Nahrungsmittelindustrie verwendet, z.B. bei Salatsaucen, Eiscreme usw.

### 31.6.4 CARRAGEENIN

Unter diesem Namen werden alternierende Copolymere verschiedener Galactopyranosesulfate mit Molekulargewichten von einigen Hunderttausend zusammenge-

*Tab. 31–6:* Struktur von Mucopolysacchariden

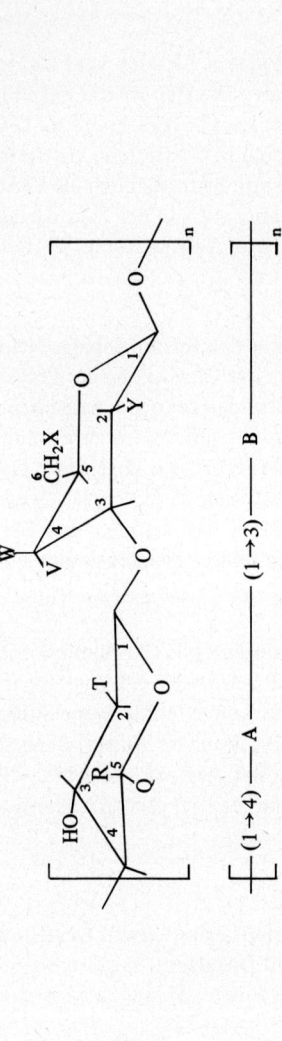

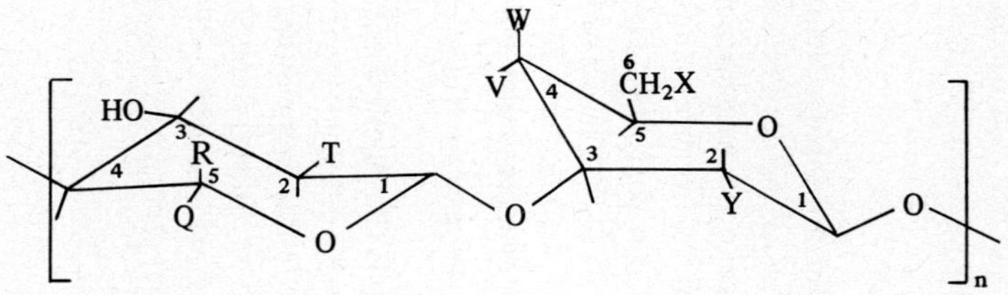


$\left[ (1 \rightarrow 4) — A — (1 \rightarrow 3) — B — \right]_n$

| Name | A | B | Q | R | T | V | W | X | Y |
|---|---|---|---|---|---|---|---|---|---|
| Chondroitin | β-D-Glucose | β-D-Galactose | COOH | H | OH | H | OH | OH | $NHCOCH_3$ |
| Chondroitin-4-sulfat | ” | ” | COOH | H | OH | H | $OSO_3^-$ | OH | $NHCOCH_3$ |
| Chondroitin-6-sulfat | ” | ” | COOH | H | OH | H | OH | $OSO_3^-$ | $NHCOCH_3$ |
| Keratansulfat | ” | ” | $CH_2OSO_3^-$ | H | $NHCOCH_3$ | H | OH | $OSO_3^-$ | OH |
| Dermatansulfat | α-L-Idose and β-D-Glucose | ” | H | $CH_2OH$ | OH | H | $OSO_3^-$ | OH | $NHCOCH_3$ |
| Hyaluronsäure | β-D-Glucose | β-D-Glucose | COOH | H | OH | OH | H | OH | $NHCOCH_3$ |
| Heparin | ” | ” | COOH | H | OH | $OSO_3^-$ | H | OH | $NHSO_3^-$ |

faßt, die in den Rotalgen des Atlantiks (Irisches Moos) vorkommen. Ca. 80 % der Produktion wird als Verdicker in Nahrungsmitteln verwendet, der Rest in Pharmazie und Kosmetik sowie als Geliermittel, Stabilisator und Viskositätserhöher.

### 31.6.5 MUCOPOLYSACCHARIDE

Mucopolysaccharide sind eine Gruppe von sauren, acetamido-gruppenhaltigen alternierenden Copolymeren (vgl. Tab. 31-6). Zu ihnen gehört außer Hyaluronsäure (vgl. Kap. 31.5.3.2) Chondroitin, Chondroitinsulfat, Keratansulfat und Dermatansulfat.

Chondroitinsulfat (veraltet: Chondroitschwefelsäure) wurde erstmals aus Rippenknorpeln menschlicher Leichen isoliert. Die Analyse erwies sich in der Mitte des vorigen Jahrhunderts als schwierig, da die Substanz Stickstoff erhielt und Aminozukker noch nicht bekannt waren. So beschlossen Professor und Assistent eine Arbeitsteilung. Der Professor gab der Substanz den Namen (ursprünglich: Chondroitsäure). Der Assistent aß das Produkt unter strenger Diät, fand in seinem Harn Zucker, wodurch die chemische Natur der Verbindung sichergestellt war und kam dafür an die erste Stelle der Publikation.

Chondroitinsulfat übernimmt im Körper den Sulfataustausch und bewirkt die Calcification der Knochen. Es ist an ganz bestimmten Stellen im Knorpel lokalisiert und nimmt mit dem Alter der Tiere ab.

### 31.6.6 PEKTINE

Pektinsäure ist Poly($\alpha$-(1-4)-D-galacturonsäure). Je nach Herkunft kann die Hauptkette noch L-Arabinose, D-Galactose und L-Rhamnose enthalten.

Bei den Pektinen sind 20–60 % der Carboxylgruppen mit Methanol verestert. Außerdem ist bei den Pektinen der Zuckerrübe ein geringer Teil der Hydroxylgruppen acetyliert, nicht jedoch bei den Pektinen der Orange und Zitrone. Der Veresterungsgrad und die Molekulargewichte (20 000–40 000) schwanken je nach Herkunft und Aufarbeitungsbedingungen.

Pektine kommen in allen höheren Pflanzen vor. Zitronen und Orangen enthalten bis zu 30 % davon. Wichtig ist auch das Vorkommen im Zuckerrübensaft. Auch junge Baumwolle enthält 5 % Pektine; der Gehalt nimmt jedoch beim Reifen auf ca. 0,8 % ab. Pektine dienen biologisch als eine Art Zement für die Zellwände, regeln wahrscheinlich die Permeabilität für Ionen und haben wahrscheinlich auch etwas mit dem Metabolismus der Reservesubstanzen zu tun. Pektine werden technisch als Geliermittel oder als Verdicker verwendet.

Die Gewinnung der Pektine richtet sich nach dem Verwendungszweck. Sollen die Pektine als Geliermittel dienen, so wird die Pflanze mit Wasser unter Säurezusatz extrahiert und die Pektine dann mit Alkohol gefällt. Für die Verwendung als Verdicker wird alkalisch extrahiert. Bei den Geliermitteln kann man Typen mit und ohne $Ca^{2+}$ unterscheiden.

Bei den Calciumtypen ist es wichtig, daß die Pektinsäure nur wenig verestert ist, da dann sehr viel Carboxylgruppen für die Vernetzung bereitstehen. Bei den calciumfreien Typen ist umgekehrt nur ein hoher Veresterungsgrad der Vernetzung förderlich. Bei einem hohen Veresterungsgrad sind viele hydrophobe Gruppen pro Kette vorhanden. Diese Gruppen versuchen hydrophobe Bindungen einzugehen. Durch die ionisierten Carboxylgruppen werden jedoch die Ketten versteift. Die optimale Zahl der hydrophoben Bindungen kann daher nur intermolekular ausgebildet werden. So erklärt es sich, daß die steifsten Gele bei einem Veresterungsgrad von ca. 50 % erhalten werden, ein Zusatz von Säuren die Gelierung fördert (Anteil $COO^-$ bei den Polymeren sinkt) und ein Zusatz von Zuckern oder Glycerin wegen der dann erfolgenden Dehydratation der Gruppen die Gelierung begünstigt.

## *31.7 Poly(mannosen)*

### 31.7.1 GUARAN

Guar wird in Indien und im Südwesten der USA angebaut. Aus ihrem Samen wird das bereits in kaltem Wasser lösliche Polysaccharid Guaran gewonnen. Guaran (M ~ 200 000) besteht aus eine linearen Hauptkette aus Poly(β-(1→4)-mannopyranosyl). Jeder zweite Mannoserest enthält noch eine einzelne, über α-(1→6) gebundene D-Galactoseeinheit als Seitengruppe

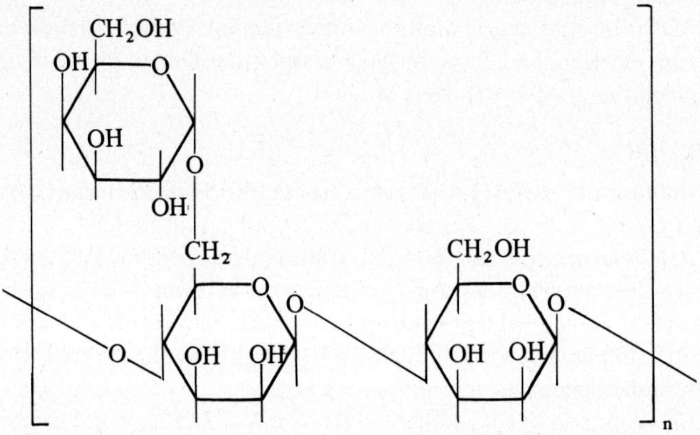


Technische Produkte werden teilweise noch mit Äthylenoxid oder Propylenoxid so umgesetzt, daß bei jedem Zuckerrest im Mittel eine Hydroxylgruppe mit einer Oxiraneinheit substituiert wird. Guaran und seine Substitutionsprodukte werden als Flotations- und Flockungsmittel im Bergbau, als Filtrationsmittel, als Verdickungsmittel für Nahrungsmittel, zur Papierherstellung usw. eingesetzt.

### 31.7.2 ALGINATE

Alginsäure ist ein lineares Multiblock-Copolymer aus Blöcken von β-(1→4)-D-Mannuronsäure, α-(1→4)-L-Guluronsäure sowie alternierenden Copolymeren aus diesen beiden Grundbausteinen. Die Molekulargewichte betragen bei nativen Produkten etwa 150 000, bei regenerierten ca. 30 000 – 60 000. Alginate sind die Salze der Alginsäure.

Alginsäure kommt in Braunalgen vor und wirkt dort in der Zellwand als Ionenaustauscher. Sie wird in England, Frankreich, Norwegen, Japan, Südkalifornien und Australien durch Extraktion der Zellwände mit Sodalösung als Alginat gewonnen.

Alginsäure wird nicht direkt verwendet. Natriumalginat löst sich in Wasser und wird in 1 – 2 proz. Lsgn. als Suspensions- und Emulgiermittel benutzt. Ammoniumalginat wird Eiscreme zugesetzt. Fasern aus wasserlöslichen Alginaten werden auch militärisch verwendet, z.B. für „Wegwerf"-Fallschirme. Fasern aus Calciumalginat werden für feuerbeständige Gewebe sowie für assimilierbare chirurgische Nähfäden benutzt.

Durch Umsetzen mit Propylenoxid entsteht das nicht toxische Propylenglykolalginat, das im Gegensatz zu den Alkalialginaten bei höheren Konzentrationen nicht geliert. Typische Verwendungszwecke sind als Stabilisator für Puddings, Eiscreme, Orangesaft, Bierschaum (in den USA), für Tinten, kosmetische Artikel usw.

## *31.8 Poly(maltosen)*

Durch Behandeln von Stärke mit der Hefe Pullularia pullulans entstehen lineare Ketten der Poly(β-(1→5)-D-maltotriose) mit Molekulargewichten von ca. 40 000

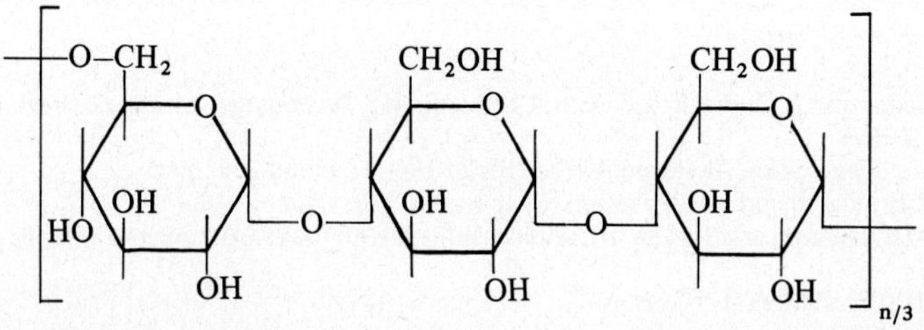


Dieses sog. Pullulan ist sehr gut wasserlöslich. Durch Anteigen eines Pulvers mit wenig Wasser kann man das Produkt zu biologisch abbaubaren Folien, Filmen oder Formartikeln verpreßt werden. Die Artikel sind nicht toxisch und lassen keinen Sauerstoff durch.

## *31.9 Poly(fructosen)*

Bei den Polyfructosen kann man die Inulin-Gruppe mit 1,2-glycosidisch verknüpften Fructose-Resten von der Phlean-Gruppe mit 2,6-glycosidischen Bindungen unterscheiden. Polyfructosen kommen als Reservestoffe in Wurzeln, Blättern und Samen verschiedener Pflanzen vor. Sie werden außerdem durch gewisse Bakterienarten produziert, z.B. die zur Phlean-Gruppe gehörenden Lävane.

Der Polyfructosegehalt unserer Gräser nimmt z.B. mit zunehmender Zeit nach Durchlaufen eines Maximums ca. Mitte Mai wieder ab. Der Cellulosegehalt nimmt dagegen stetig zu. Da das Vieh zwar Cellulose (im Gegensatz zum Menschen) verdauen kann, aber nicht gern frißt, und der Nährwert mit zunehmendem Cellulosegehalt sinkt, schneidet man das Grad etwa Mitte Mai.

## Literatur zu Kap. 31

### *31.1 Allgemeine Literatur*

W. W. Pigman und R. M. Goegg jr., Chemistry of the Carbohydrates, Academic Press, New York 1948
R. L. Whistler und C. L. Smart, Polysaccharide Chemistry, Academic Press, New York 1953
F. Micheel, Chemie der Zucker und Polysaccharide, Akd. Verlagsges., Leipzig 1956
E. Percival und R. H. McDowell, Chem. and Enzymol. of Marine Algae Polysaccharides, Academic Press, London 1967
J. Staněk, M. Černý und J. Pacák, The Oligosaccharides, Academic Press, New York 1965
R. L. Whistler, Hrsg., Industrial Gums-Polysaccharides and their derivatives, Academic Press, New York 1973
C. Schuerch, Systematic Approaches to the Chemical Synthesis of Polysaccharides, Acc. Chem. Res. **6** (1973) 184

### *31.4 Amylose-Gruppe*

R. L. Whistler und E. P. Paschall, Starch: Chemistry and Technology, Academic Press, Bd. 1, (1965), Bd. 2 (1967)
M. Ullmann, Die Stärke, Akademie-Verlag, Berlin 1967 ff. (Bibliographie)
J. A. Radley, Starch and Its Derivatives, Chapman & Hall, London 1968
A. Grönwall, Dextran and Its Use in Colloidal Infusion Solutions, Almquist & Wiksell, Stockholm 1957
Zeitschrift: Die Stärke (ab 1949)

### *31.5.1 Cellulose allgemein*

E. Ott und H. M. Spurlin, Cellulose and Cellulose Derivatives, 3 Bde., Interscience, New York 1954 (2. Aufl.); Bd. 4 und 5: N. M. Bikales und L. Segal, 1971
J. Honeyman, Recent Advances in the Chemistry of Cellulose and Starch, Heywood, London 1959
N. I. Nikitin, The Chemistry of Cellulose and Wood, Israel Program for Sci. Translations, Jerusalem 1967
R. H. Marchessault und A. Sarko, X-Ray Structure of Polysaccharides, Adv. Carbohydrate Chem. **22** (1967) 421
E. Treiber, Chemie der Pflanzenzellwand, Springer, Berlin 1957
A. Frey-Wyssling, Die pflanzliche Zellwand, Springer, Berlin 1959
W. D. Paist, Cellulosics, Reinhold, New York 1958
G. W. Lock, Sisal, Longmans, London 1969 (2. Aufl.)
J. N. Mathers, Carding-Jute and Similar Fibres, Iliffe, London 1969
J. R. Colvin, The Structure and Biosynthesis of Cellulose, Crit. Revs. Macromol. Sci. **1** (1972) 47
Zeitschrift: Cellulose Chemistry and Technology (ab 1967)

### *31.5.1.6 Regenerierte Cellulosen*

H. Rath, Lehrbuch der Textilchemie, Springer, Berlin 1963 (2. Aufl.)
R. H. Peters, Textile Chemistry, Elsevier, Amsterdam 1963
H. Fourné, Synthetische Fasern, Wissenschaftliche Verlagsgesellschaft, Stuttgart 1964
K. Götz, Chemiefasern nach dem Viskoseverfahren, Springer, Berlin 1967

### *31.5.1.7 Vernetzungsreaktionen*

F. Weiss, Spezial- und Hochveredlungsverfahren für Textilien aus Cellulose, Springer, Wien 1951
J. T. Marsh, An Introduction to Textile Finishing, Chapman & Hall, London 1966
J. T. Marsh, Self Smoothing Fabrics, Chapman & Hall, London 1962

### *31.5.2 Cellulosederivate*

O. Wurz, Celluloseäther, C. Roether, Darmstadt 1961
F. D. Miles, Cellulose Nitrate, Interscience, New York 1955
V. E. Yarsley, W. Flavell, P. S. Adamson und N. G. Perkins, Cellulosic Plastics, Iliffe, London 1964

### *31.6.5 Mucopolysaccharide*

R. W. Jeanloz und E. A. Balasz, Hrsg., The Amino Sugars, 4 Bde., Academic Press, New York 1965 ff.
J. S. Brimacombe und J. M. Webber, Mucopolysaccharides, Elsevier, Amsterdam 1964

Adv. Carbohydrate Chem. (ab 1945)
Carbohydrate Res. (ab 1965)

## 32 Holz und Lignin

Holz besteht im wesentlichen aus Cellulose (Kap. 31.5), Lignin (Kap. 32.3), Hemicellulose (Kap. 31.5.1) und Wasser. Der größte Teil wird als Brennmaterial und Bauholz verwendet. Ca. 1/6 (150 Millionen Tonnen) dienen aber als Cellulosequelle für Papier und Zellstoff. Dazu muß es zuerst von Lignin und den Hemicellulosen durch bestimmte Aufschlußverfahren (Kap. 32.3) befreit werden. Ein sehr kleiner Teil wird in Preßholz und in Spanplatten umgewandelt. Zur Fabrikation von Spanplatten wird junges Holz oder Abfallholz mechanisch zerkleinert und die Späne mit Kunstharzen untereinander verbunden.

### *32.1 Preßholz*

Zur Herstellung von Preßholz wird Buchenholz maschinell vorgetrocknet. Anschließend wird die gewünschte Form durch spanabhebende Verarbeitung oder Verleimen mehrerer Hölzer geschaffen. Das Formstück wird dann allseitig bei Drucken bis zu 300 $kg/cm^2$ und Temperaturen bis zu 150 °C verpreßt. Dabei sinkt das Porenvolumen auf praktisch null ab und die Dichte steigt um über 30 % bis auf 1,44 $g/cm^3$ an. Die Faserrichtung wird beibehalten. Druckfestigkeit, Schlagzähigkeit, Biegefestigkeit usw. senkrecht zur Faserrichtung nehmen aber stark zu. Preßholz kann nur noch spanabhebend mit hoher Schnittgeschwindigkeit bearbeitet, aber nicht mehr genagelt werden.

Da Preßholz eine hohe Wechselbiegefestigkeit aufweist, wird es für Federn an Transportrinnen verwendet. In der Textilindustrie wird es für Schlagteile und Lager eingesetzt, da es eine hohe Splitterfestigkeit aufweist, keine Schmierung erfordert und der Schmutz in die Oberfläche statt in die Webware gepreßt wird. Hämmer aus Preßholz verhindern die Funkenbildung.

### *32.2 Polymerholz*

Den Vorteilen des Holzes (Elastizität, leichte Verarbeitbarkeit) steht eine Reihe von Nachteilen gegenüber, nämlich Quellung in Wasser, Brennbarkeit, Befall durch Lebewesen (Pilze, Termiten usw.). Durch Tränken des Holzes mit Phosphaten, Chromaten oder Ammoniumsalzen hat man schon lange versucht, diese Nachteile zu beheben. Eine neuere Entwicklung ist das sog. Polymerholz.

Zur Herstellung von Polymerholz wird das Holz entgast und anschließend mit dem Monomer beladen. Die Monomeren werden dann durch Polykondensation oder Polymerisation in Polymere umgewandelt. Bei der Polykondensation sind natürlich solche Monomere bevorzugt, die bei der Polyreaktion keine flüchtigen Bestandteile abspalten (Diisocyanate). Polymerisiert werden können sowohl ringförmige Monomere (Epoxide) als auch Monomere mit Kohlenstoffdoppelbindungen. Im letzteren Fall kann die Polymerisation sowohl durch $\gamma$-Strahlen als auch durch Peroxide, Redoxsysteme usw. ausgelöst werden. Nicht alle Monomeren eignen sich allerdings für die Herstellung von Polymerholz. Acrylnitril ist z.B. im eigenen Monomeren unlöslich; die Fällungspolymerisation führt daher im Holz nur zu pulvrigen Ablagerungen und nicht zu einer kontinuierlichen Phase. Beim Vinylchlorid besteht das gleiche Problem, außerdem ist aber der Siedepunkt des Monomeren (–14 °C) zu niedrig. Poly(vinylacetat) hat eine zu niedrige Glastemperatur. Monomere mit niedrigen *G*-Werten (vgl. Kap. 21.2.1) brauchen außerdem hohe Dosen bei der Polymerisationsauslösung mit γ-Strahlen. Technisch verwendet man Copolymere von Styrol und Acrylnitril, Poly(methylmethacrylat) und ungesättigte Polyester.

Bei der Polymerisation tritt vermutlich teilweise Pfropfung ein. Die Elektronenspinresonanz zeigt nämlich nach der Bestrahlung sowohl bei der Cellulose als auch beim Lignin Radikale an. Außerdem ist ein Teil des Polymeren nicht extrahierbar. Diese Nichtextrahierbarkeit kann aber nicht von einer Vernetzung der Polymerketten unter sich allein stammen, da die extrahierbaren Anteile unverzweigt sind. Bei einer Vernetzungsreaktion müßte man aber im Extrakt verzweigte Ketten finden.

Die Polymerisation wird durch Begleitstoffe des Holzes gehemmt. Das im Holz enthaltene Quercitin geht z.B. unter der Wirkung von Sauerstoff in ein Chinon über, das als Inhibitor wirkt (vgl. Kap. 20.3.6):

(32-1)

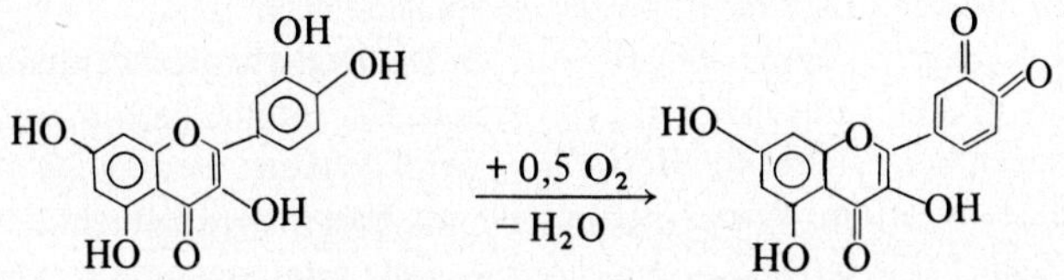


Diese unvermeidbare Inhibition wird durch geeignete Auswahl der Initiatoren überspielt, z.B. durch eine Mischung eines schnell und eines langsam zerfallenden Initiators.

Polymerholz hat gegenüber Holz verbesserte mechanische Eigenschaften. Es wird für Fensterrahmen, Sportgeräte, Musikinstrumente und als Bootsholz eingesetzt. Ein Parkettfußboden aus Polymerholz braucht nicht mehr versiegelt zu werden. Die Beladung des Holzes mit Polymer ist natürlich von Holzart zu Holzart verschieden, bewegt sich jedoch in der Regel zwischen 35 und 95 %.

## *32.3 Aufschluß von Holz*

Holz wird nach vier Verfahren aufgeschlossen: Holzverzuckerung, Natronzellstoff, Sulfatzellstoff und Sulfitzellstoff.

Bei der *Holzverzuckerung* wird das Holz mit 3–6 % Schwefelsäure oder Salzsäure unter Zusatz von 1–2 % $SO_2$ bei 140–180 °C und 6–9 bar hydrolysiert. Die anfallende Glucose wird in der Regel nicht gewonnen, sondern anschließend zu Alkohol vergoren. Man erhält ca. 20 $dm^3$ Alkohol aus 100 kg Holz, d.h. 17 % des Formelumsatzes. Als Nebenprodukte fallen Furfurol, aliphatische Ketone und Aldehyde an.

Durch Kochen von Holz mit 8 proz. Natronlauge unter Druck bei 150–170 °C wird der *Natronzellstoff* erhalten. Dabei werden die Glucosidbindungen zum Lignin gespalten und die Ligninphenolate gebildet. Die Natriumligninate diffundieren anschließend aus dem Holz heraus.

Kocht man z.B. Holz 4–5 Stunden bei 165–175 °C mit einer Lösung von 70 dm³ NaOH, 30 g/dm³ $Na_2S$ und 20 g/dm³ $Na_2CO_3$, so erhält man einen leichter bleichbaren Zellstoff. Er heißt *Sulfatzellstoff,* da die Restlauge unter Zusatz von $Na_2SO_4$ eingedampft wird. Beim Erhitzen dieses Rückstandes auf 1150 °C entsteht aus zum Lignin usw. Kohle, die das Sulfat zu Sulfid reduziert. Der anfallende Rückstand besteht im wesentlichen aus $Na_2S$ und $Na_2CO_3$. Durch Kaustifizieren mit $Ca(OH)_2$ wird aus dem $Na_2CO_3$ ein Teil der beim Prozeß verwendeten NaOH regeneriert.

Der Mechanismus des Sulfatverfahrens ist noch weitgehend unklar. Durch das Sulfid wird ein Teil der Hydroxylgruppen der Cellulose durch SH-Gruppen ersetzt. Das gebildete Mercaptan ist in Alkali instabil. Es greift die Ätherbrücken beim Lignin an, spaltet sie und bildet stattdessen Sulfidbrücken. Die Sulfide werden anschließend hydrolytisch gespalten, wodurch das Lignin abgebaut und dadurch löslich wird. Die Cellulose wird dagegen durch Sulfid praktisch nicht abgebaut.

Beim Sulfatverfahren können auch Nadelhölzer, Sägemehl und harzreiche Hölzer eingesetzt werden. Sulfatzellstoff ist opaker und voluminöser als Sulfitzellstoff. Als Nebenprodukte fallen aus den Abgasen terpentinölartige flüssige Harze („Kiefernöl“) an.

Durch Kochen des Holzes mit Sulfiten (z.B. $Ca(HSO_3)_2/H_2SO_3$ oder $NaHSO_3$) gelangt man zu löslichen Ligninsulfosäuren, vermutlich nach
lignin–OH + $H_2SO_3$ → lignin–$SO_3H$ + $H_2O$. Die Begleitstoffe werden dabei zu löslichen Mono- und Oligosacchariden hydrolysiert. Der anfallende *Sulfitzellstoff* wird in größten Mengen hergestellt. Zur Herstellung der Kochsäure werden $SO_2$-haltige Gase durch mit Kalkstein gefüllte Türme geleitet, die mit Wasser berieselt werden. Die fertige Kochsäure enthält 5,3 % freies $SO_2$ und 1,2 % an CaO gebundenes $SO_2$. Das auf ca. 5 cm zerkleinerte Holz wird in 60 – 300 m³-Kesseln aus Edelstahl oder Schamotte 3 – 4 Stunden bei 105 – 110 °C und 4 – 6 bar angekocht, weitere 6 – 8 Stunden bei 130 – 148 °C gekocht und schließlich 2 – 3 Stunden abgekocht. Die Cellulose wird in einem Defibrator (liegende Trommel mit Speichen und Wellen) zerfasert und anschließend in einem Bleichholländer (mit $Cl_2$, $CaOCl_2$, HOCl usw.) gebleicht. Auf einer Langsiebmaschine werden anschließend die Zellstoffbogen hergestellt.

Der anfallende Holzzellstoff enthält im Gegensatz zur Baumwollcellulose immer noch einige Prozente niedermolekularer Fremdpolyosen, meist Pentosane. Außerdem sind stets noch Carbonyl- und Carboxyl-Gruppen vorhanden. Die Fasern sind 1 – 3 mm lang und daher in der Regel nicht direkt als Spinnfasern einsetzbar. Sie werden daher nach dem Viskose- oder dem Kupferseideprozeß zu „Chemiefasern“ verarbeitet.

## *32.4 Lignin*

### 32.4.1 DEFINITION UND VORKOMMEN

Als Lignin bezeichnet man eine Gruppe von hochmolekularen, amorphen Substanzen mit hohem Methoxylgehalt, die sich vom Coniferylalkohol ableiten lassen. In der Holztechnologie wird Lignin als der durch verdünnte Säuren und organische Lösungsmittel nicht lösbare Anteil des Holzes definiert. Lignin löst sich in heißem Alkali oder in Bisulfit. Die entstehenden Lignosulfonate weisen Molekulargewichte zwischen ca. 4000 und 100 000 auf.

Lignin ist in den Pflanzen hauptsächlich in den Lamellen konzentriert, von wo aus die Ligninbildung allmählich in die primären und sekundären Zellwände voranschreitet und das Holz verstärkt. Die einzelnen Pflanzen enthalten dabei unterschiedliche Mengen Lignin (Tab. 32 – 1).

Lignin und seine Abbauprodukte (Coniferylalkohol) können durch Farbreaktionen nachgewiesen werden: Zugabe von salzsaurem Anilin führt zu einer Gelbfärbung, Zugabe einer Mischung von 1 g Phloroglucin + 25 $cm^3$ Salzsäure + 50 $cm^3$ Wasser zu einer kirschroten Färbung.

*Tab. 32-1:* Zusammensetzung von Pflanzenbestandteilen (Trockensubstanz)

| | Anteile in % an | | | | |
|---|---|---|---|---|---|
| | Cellulose | Hemicellulosen | Lignin | Extrakt* | Pektin |
| Hartholz | 54 | 21 | 22 | 3 | 0 |
| Weichholz | 52 | 17 | 28 | 3 | 0 |
| Baumwolle | 96 | 1 | 0 | 2 | 1 |

* Proteine, Harze, Wachse

Coniferylalkohol entsteht in vivo aus Glucose, wie Versuche mit in 1- und in 6-Stellung durch $^{14}C$-markierten (*C) Glucosen gezeigt haben:

(32-2)

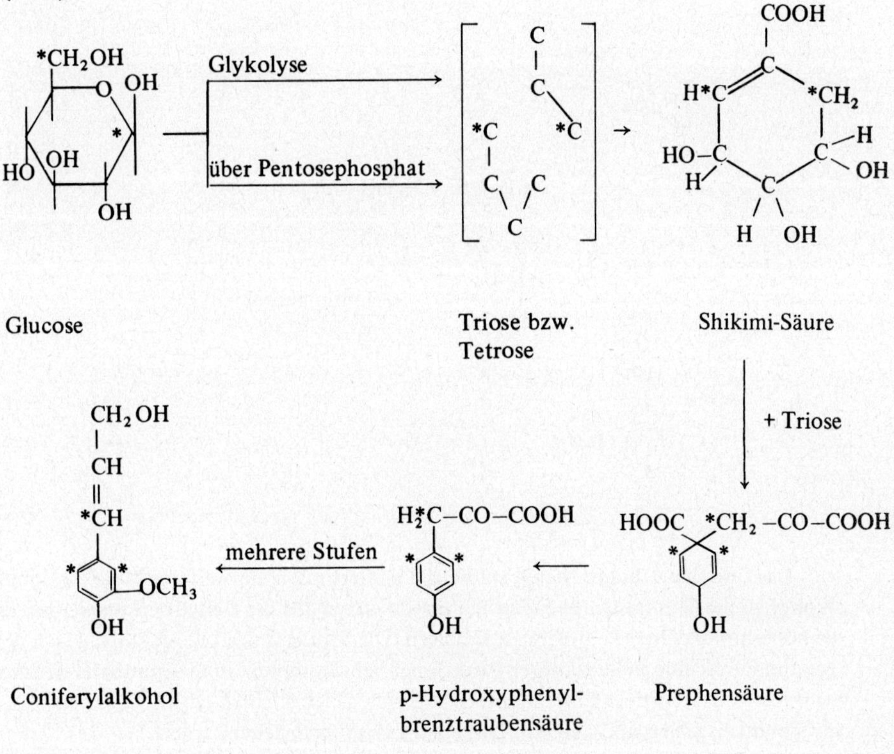

### 32.4.2 POLYMERISATION

Die Polymerisation des Coniferylalkohols beginnt mit einer Dehydrierung unter Einfluß des Enzyms Laccase. Dabei entsteht das Radikal des Dehydroconiferylalkoholes, das über drei mesomere Formen weiterreagieren kann:

(32-3)

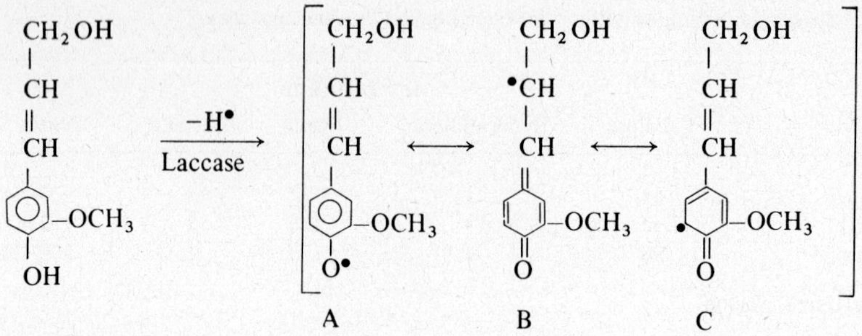

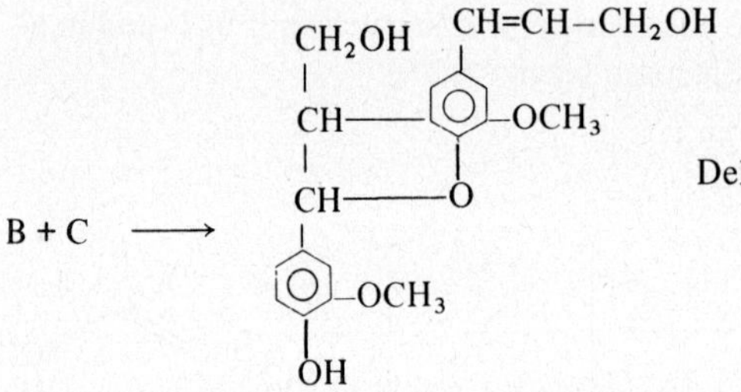

Dehydrodiconiferylalkohol

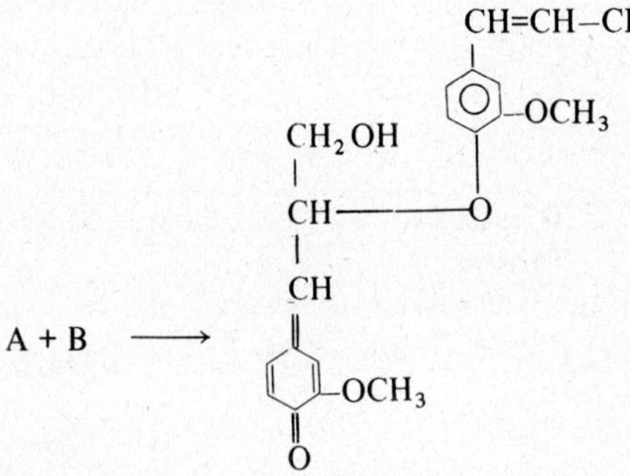

Chinonmethid

Das Chinonmethid ist wenig stabil und addiert rasch ein weiteres Molekül Coniferylalkohol an die Chinon-Gruppe. Durch erneute enzymatische Dehydrierung werden dann die höhermolekularen Polymerisate erhalten. Die Struktur des Lignins wird durch derartige und durch eine Fülle weiterer Reaktionen sehr komplex. Eine eigentliche definierte Strukturformel existiert daher nicht, es läßt sich günstigstenfalls die Zusammensetzung an Grundbausteinen und deren mittlere Verknüpfung angeben.

32.4.3 TECHNOLOGIE

Lignin fällt in großen Mengen bei der Zellstoffherstellung (Kap. 32.3) an. Es hat daher nicht an Versuchen gefehlt, nützliche Produkte aus Lignin herzustellen. Durch Abbaureaktionen können eine Reihe wertvoller Zwischenprodukte hergestellt werden:

Kalischmelze: Protocatechusäure 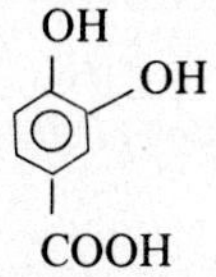 und Gallussäure (Buchenholz) 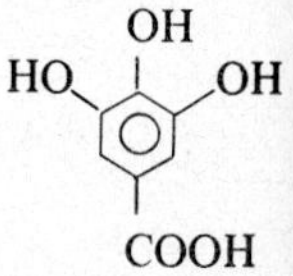

Zinkdestillation: n-Propylguajacol 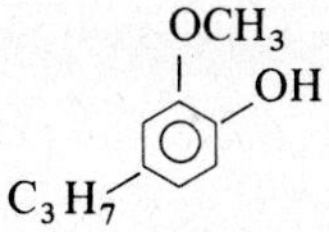

mit Nitrobenzol (Oxidation): Vanillin 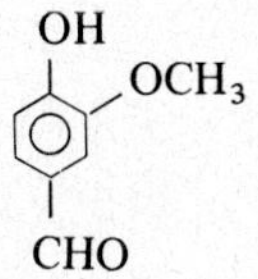 Syringaaldehyd (Buchenholz) 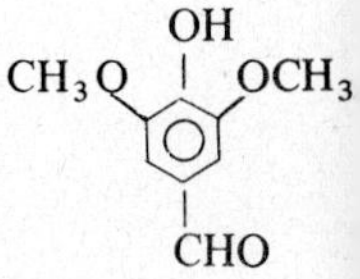

mit Alkohol/HCl (Extraktion): α-Äthoxypropioveratron 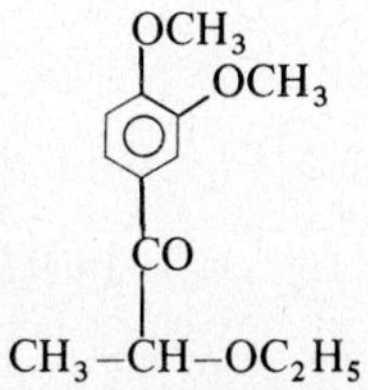

Der Bedarf an diesen Verbindungen ist aber nicht so groß. Ein weiterer Abbau zur Hydroxycarbonsäure als Monomer für Polyester ist studiert worden, aber nicht bis zur technischen Reife gediehen. In kleineren Mengen (relativ zum Anfall) werden eingedickte Sulfitablaugen für Straßenbelage, als Bindemittel für Gießereiformen, sowie als Flotations- und Bohrhilfsmittel verwendet. In geringen Mengen werden die Abbauprodukte des Lignins auch für die Synthese von Ionenaustauschern, Lackrohstoffen und Kunstharzen eingesetzt. Der weitaus größte Teil der eingedickten Sulfitablaugen wird aber verbrannt, um die Wärmebilanz der Zellstoffabriken zu verbessern.

**Literatur zu Kap. 32**

N. I. Nikitin, The Chemistry of Cellulose and Wood, Israel Program for Sci. Transl., Jerusalem 1966
H. Hentschel, Chemische Technologie der Zellstoff- und Papierherstellung, VEB Fachbuchverlag, Leipzig 1966 (3. Aufl.)
F. E. Brauns, The Chemistry of Lignin, Academic Press, New York 1952
F. E. Brauns und D. A. Brauns, The Chemistry of Lignins, Suppl. Vol, Academic Press, New York 1960

J. M. Harkin, Recent Developments in Lignin Chemistry, Fortschr. chem. Forschg. **6** (1966) 101
K. Kürschner, Chemie des Holzes, H. Cram, Berlin 1966
I. A. Pearl, The Chemistry of Lignin, M. Dekker, New York 1967
K. Freudenberg und A. C. Neish, Constitution and Biosynthesis of Lignin, Springer, Berlin 1968
–, Impregnated fibrous materials, International Atomic Energy Agency, Wien 1968
K. V. Sarkanen und C. H. Ludwig, Hrsg., Lignins: Occurrence, Formation, Structure and Reactions, J. Wiley, New York 1971

Tappi (= J. Techn. Ass. of the Pulp and Paper Technol.), Vol **I** (1918) ff.
Wood Science and Technology, Vol. **I** (1967) ff.

## 33 Anorganische Ketten

### *33.1 Einleitung*

Anorganische Ketten können in der Hauptkette eine Reihe von Elementen enthalten (vgl. Kap. 2.2), wobei Kohlenstoff definitionsgemäß ausgeschlossen ist. Die anorganischen Ketten werden in Isoketten und Heteroketten eingeteilt. Einige Heteroketten-Polymere wie die Silicone, die Polyphosphate und neuerdings auch die Bornitride sind auch von großem technischen Interesse. Die Isoketten haben dagegen praktisch nur wissenschaftliche Bedeutung.

Die bei den organischen Polymeren auftretenden Eigenschaften „plastisch" und „elastisch" sind grundsätzlich auch bei anorganischen Polymeren vorhanden. Da einige Heteroketten beträchtlich höhere Bindungsenergien aufweisen als Kohlenstoff/Kohlenstoffketten, hat man versucht, anorganische Polymere für hochtemperaturbeständige Werkstoffe einzusetzen. Höhere Bindungsenergien als C–C (320 kJ/mol) weisen z.B. B–C (370), Si–O (370), B–N (440) und B–O (500 kJ/mol) auf.

Da alle Bindungen jedoch mehr oder weniger stark polarisiert sind und zum Teil über freie Elektronenpaare (Stickstoff, Sauerstoff) oder Elektronenpaarlücken (Bor) verfügen, ist die Spaltung dieser Bindungen leicht durch chemische Agenzien aktivierbar. Die gute Temperaturbeständigkeit der Einzelketten kann daher nur in inerter Atmosphäre (Weltraum) ausgenutzt werden. Bei Leiter-, Schichten- und Gitterpolymeren ist dagegen der simultane Angriff an benachbarten Bindungen statistisch unwahrscheinlich und wird zudem noch durch die dichte Packung der Ketten erschwert. Derartige Polymere sind aber meist entweder vernetzt oder wegen der Steifheit ihrer Ketten gut kristallisiert, schwer löslich und schwer schmelzbar. Diese Eigenschaften können oft durch Einführen organischer Substituenten verbessert werden, die wegen ihrer Sperrigkeit die Kristallisierbarkeit herabsetzen.

### *33.2 Isoketten*

Anorganische Isoketten genügend hohen Molekulargewichtes liefern nur wenige Elemente wie Schwefel, Selen und Phosphor.

Beim *Schwefel* liegen eine Reihe simultaner Gleichgewichte zwischen verschiedenen Formen vor, die noch nicht völlig aufgeklärt sind. Der monokline $S_\beta$-Schwefel geht bei 119 °C in den $S_\lambda$-Schwefel über, der aus Ringen mit je 8 Schwefelatomen aufgebaut ist. Der $S_\lambda$-Schwefel steht wiederum im Gleichgewicht mit dem $S_\pi$-Schwefel, der aus ebenfalls acht Schwefelatomen besteht, aber vermutlich offenkettig ist. Bei 150 °C ist im Gleichgewicht ca. 10 % $S_\pi$-Schwefel vorhanden. Man kennt außerdem $S_{12}$- und $S_{10}$-Schwefel.

Bei ca. 159 °C steigt jedoch die Viskosität des Schwefels ziemlich abrupt um zwei Zehnerpotenzen an (Abb. 33 – 1). Bei röntgenographischen Messungen verschiebt sich bei der gleichen Temperatur die Lage des Hauptmaximums der Intensität sehr stark. Aus den Abständen der Intensitätsmaxima läßt sich berechnen, daß bei dieser Schwefelmodifikation ($S_\mu$-Schwefel) die Zahl der nächsten Nachbarn gleich zwei ist. Es muß sich also um einen Polymerisationsprozeß handeln. Für das Gleichgewicht

(33-1) $n/8\ (S_8)_{ring} \rightleftarrows +S+_n$

ergibt sich eine positive Polymerisationsenthalpie $\Delta H_{mp} = 13{,}8$ kJ/mol und eine positive Polymerisationsentropie $\Delta S_{mp} = 31{,}6\ J\ K^{-1}\ mol^{-1}$.

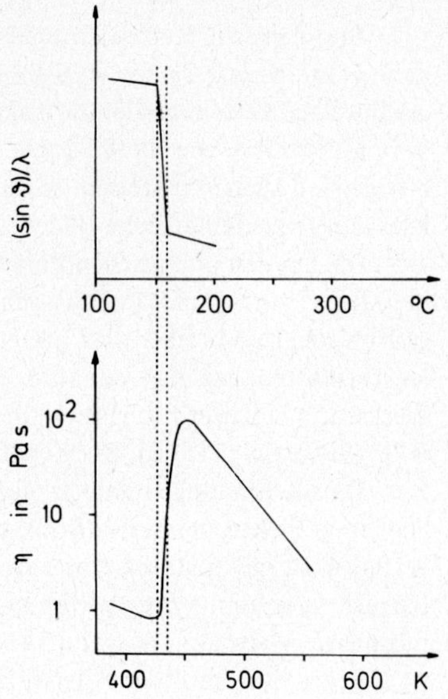


*Abb. 33-1:* Temperaturabhängigkeit der Lage des Hauptmaximums der Intensität der Röntgenstreuung (oben) und der Viskosität (in Pascalsekunden) von Schwefel (unten)

Die Abnahme der Translationsentropie (durch die verringerte Zahl der Moleküle) muß also durch eine Zunahme der Konformationsentropie (zu starre Konformation der $S_8$-Ringe) weit aufgewogen sein. Aus den Vorzeichen der thermodynamischen Größen ergibt sich zwanglos, daß *unterhalb* der Floor-Temperatur keine Polymerisation möglich ist. Die Kettenenden addieren leicht Jod. Über diese Endgruppenbestimmung läßt sich der Polymerisationsgrad ermitteln, der gut mit dem über die thermodynamischen Daten ermittelten (vgl. dazu Kap. 16) übereinstimmt. Elektronenspinresonanz-Messungen ergaben ferner Konzentrationen an ungepaarten Elektronen, die den Endgruppenkonzentrationen praktisch gleich waren.

Schreckt man die Schmelze des Polymerschwefels ab, so erhält man einen plastischen Schwefel. Er ist plastisch, weil der Polymerschwefel noch durch die im Gleichgewicht vorhandenen Achterringe weichgemacht ist. Extrahiert man diese Oligomeren, so ist der verbleibende Polymerschwefel spröde, wie es auch für unsubstituierte Isoketten zu erwarten ist. Erhitzt man die Polymerketten über ca. 200 °C, so setzt eine statistische Kettenspaltung ein, wodurch der Polymerisationsgrad und damit die Viskosität sinkt.

*Phosphor* existiert ebenfalls in mehreren allotropen Modifikationen. Der weiße Phosphor besteht im kristallinen Zustand aus diskreten $P_4$-Tetraedermolekeln und ist in Schwefelkohlenstoff löslich. Durch Zusatz von Katalysatoren und unter hohen Drucken geht er jedoch über den roten und violetten in den schwarzen Phosphor über. Dazu sind bei 20 °C ca. 35 000 bar, bei 200 °C ca. 12 000 bar erforderlich. Die Floor-Temperatur muß also bei dieser Gleichgewichtspolymerisation bei 1 bar Druck oberhalb des Schmelzpunktes des weißen Phosphors (44 °C) liegen. Der schwarze Phosphor besitzt ein kompliziertes, dem Graphit ähnliches Schichtgitter und ist als 2-Typ-Polymer nicht mehr in $CS_2$ löslich. Beim violetten und beim roten Phosphor sind die Polymerisationsgrade geringer als beim schwarzen.

## *33.3 Heteroketten*

Anorganische Heteroketten mit zwei oder mehr Sorten von Kettenatomen sind in großer Zahl bekannt. Besonders wichtig sind die aus Si–O-Ketten aufgebauten Silikate und Silicone, die Polyphosphate mit P–O-Ketten und die Polyphosphazene mit P=N-Ketten.

### 33.3.1 SILIKATE

Silicium kann als vierwertiges Element eine große Zahl Verbindungen und Strukturen bilden, von denen jedoch als makromolekulare Substanzen nur diejenigen mit SiO-Bindungen, Silikate und Silicone, bedeutsam sind.

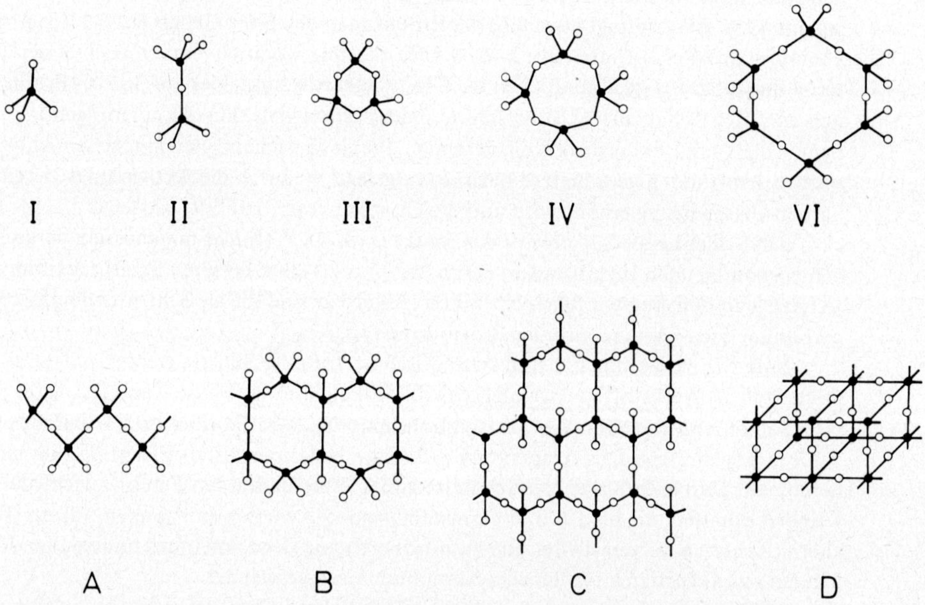


*Abb. 33-2:* Strukturen von Silikaten (mit Beispielen für natürlich vorkommende Silikate). • Siliciumatome, ○ Sauerstoffatome. Die Sauerstoffatome sind teilweise negativ geladen (nicht eingezeichnet). Von links nach rechts bedeuten in der oberen Reihe (niedermolekulare Strukturen): I = Tetraeder (Olivine, Granate, Topase), II = Doppeltetraeder (Mellilithgruppe), III = Dreiringe (Wollastonit), IV = Vierringe (Neptunit), VI = Sechsringe (Beryll). In der unteren Reihe sind makromolekulare Strukturen dargestellt: A = Kettenpolymere (Augite), B = Leiter- oder Doppelkettenpolymere (Hornblenden), C = Schichtenpolymere (Glimmer, Talk), D = Raumpolymere (Quarz).

Die einfachen Strukturen vom 0-Typ umfassen Tetraeder $[SiO_4]^{4-}$, die seltenen Doppeltetraeder $[Si_2O_7]^{6-}$, Dreierringe $[Si_3O_9]^{6-}$ und Viererringe $[Si_4O_{12}]^{8-}$ sowie Sechserringe $[Si_6O_{18}]^{12-}$, bei denen die freien negativen Ladungen durch Kationen abgesättigt sind (Abb. 33 – 2).

Der makromolekulare Charakter tritt erst bei den Kettenstrukturen $(Si_2O_6)^{4-}$ hervor, wie sie bei den Augiten vorliegen und bei den Natriumsilikat-Gläsern verwirklicht sind. Ein Glas mit ungefähr je 50 Molproz. $SiO_2$ und $Na_2O$ weist eine praktisch lineare Kette auf

$$\begin{array}{c c c}
Na^+ & Na^+ & Na^+ \\
O^- & O^- & O^- \\
| & | & | \\
-Si-O\!\!&\!\!-Si-O\!\!&\!\!-Si-O- \\
| & | & | \\
O^- & O^- & O^- \\
Na^+ & Na^+ & Na^+
\end{array}$$

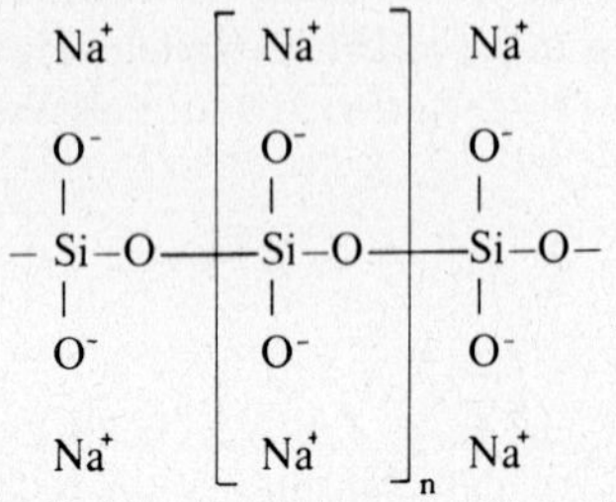

Bei höheren $Na_2O$-Gehalten sinkt das Molekulargewicht ab, bis endlich ausschließlich Natriumorthosilikat $Na_4SiO_4$ vorliegt. Die Glastemperatur eines Natriumsilikat-Glases mit 49 % $SiO_2$ beträgt etwa 420 °C. Erhöht man den $SiO_2$-Gehalt auf 70 %, so bekommt man Siloxan-Ketten mit kurzen Seitenketten, wodurch ähnlich wie bei den Poly(methacrylaten) (vgl. Kap. 10.5.3) die Glastemperatur sinkt, hier auf 355 °C. Erhöht sich der $SiO_2$-Gehalt auf 92 %, so sind nunmehr schon viele SiO-Gruppierungen in Band-, Blatt- und Raumstrukturen vereinigt. Die noch vorhandenen amorphen Anteile werden somit durch geordnetere Bezirke festgelegt, wodurch die Aktivierungsenergie für den Glasübergang erhöht wird und die Glastemperatur auf 540 °C steigt.

Band- oder Leiter-Silikate mit der Struktur $[Si_2O_6]^{4-}$ findet man bei den natürlich vorkommenden Hornblenden, deren Struktur zu einer besseren Spaltbarkeit im Vergleich zu den Augiten führt. Noch besser spaltbar sind die als Schichtenpolymere vorkommenden Glimmer mit der Bruttoformel $[Si_4O_{10}]^{4-}$.

Natürlich vorkommende und synthetisch hergestellte Silikate werden seit Jahrhunderten als Werkstoffe verwendet, so z.B. Silikatgläser für Fenster und Haushaltsgeräte, Sand für Mörtel, Glimmer als Isolationsmaterial, Montmorillonite als Spülmittel bei Bohrungen, Asbest als temperaturbeständiges Isolationsmittel, Glaswolle zum Isolieren usw. Durch Zerblasen der Schmelze von Kieselerde werden Fasern verschiedener Feinheit erhalten, die bis 1200 °C formstabil sind. Sie werden zu Papieren, Filzen, Tüchern, Rohren usw. verarbeitet und zum Isolieren von Öfen und Induktionsspulen, Auskleiden von Gießrinnen für flüssiges Aluminium usw. verwendet.

Aus Gläsern werden nach dem Düsenziehverfahren Glasfasern von ca. (5-13)$\mu$m Durchmesser hergestellt, die zur Verstärkung synthetischer Polymerer (ungesättigte Polyester, Nylon, Poly(äthylen) usw.) eingesetzt werden. Wegen der guten Wasser- und Witterungsbeständigkeit hat sich dafür das ursprünglich für die Elektroisolation entwickelte alkalifreie E-Glas besonders bewährt (50-55 % $SiO_2$, 8-12 % $B_2O_3$, 13-15 % $Al_2O_3$, 15-17 % $CaO$, 3-5 % $MgO$, weniger als 1 % Alkalioxid). Durch neuere Entwicklungen auf dem Gebiete der Haftmittel ist es gelungen, auch mit dem etwas billigeren, alkalireichen A-Glas gute, wasserfeste Laminate zu erhalten.

### 33.3.2 SILICONE

Organopolysiloxane sind unter dem Trivialnamen „Silicone" bekannt geworden, der als Sammelbezeichnung für eine Gruppe von monomeren und polymeren siliciumorganischen Verbindungen dient, die Si–C-Bindungen enthalten. Im engeren Sinne wird die Bezeichnung Silicon für siliciumorganische Verbindungen mit einem $-Si(R_2)-O$-Gerüst verwendet. Der Name Silicon stammt von dem englichen Forscher Kipping, der in einer Verbindung der Bruttozusammensetzung $R_2SiO$ ein siliciumorganisches Analogon zu den Ketonen $R_2CO$ der Kohlenstoffchemie gefunden zu haben glaubte. Die Si=O-Doppelbindung scheint jedoch nicht stabil zu sein. Auch sonst unterscheidet sich die Chemie der Organosiliciumverbindungen durch die freien 3 d-Orbitale des Siliciums, der Koordinationszahl 6 und der Polarität der Si–C-Bindungen charakteristisch von der Chemie der Kohlenstoff-Verbindungen.

*Monomer-Synthese:* Die Polymersynthesen gehen meist von den Dichlor- und Trichlorsilanen aus, die nach drei verschiedenen Synthese-Typen hergestellt werden können. Die Polymerisation von Cyclosiloxanen spielt dagegen technisch eine geringere Rolle.

Bei der Rochow-Müller-Synthese läuft die Brutto-Reaktion nach

$$(33\text{-}2) \qquad 2\,RCl + Si \xrightarrow{280\ °C} R_2SiCl_2$$

ab, wobei für $R = CH_3$ Kupfer, für $R = C_6H_5$ Silber als Katalysator verwendet wird. Der radikalische Charakter dieser Synthese konnte mit der Paneth-Reaktion nachgewiesen werden, bei der die entstehenden $CH_3$-Radikale mit einem Bleispiegel zu Bleitetramethyl reagieren, das dann in einer Transportreaktion an einer heißeren Stelle unter erneuter Ausbildung eines Bleispiegels zersetzt wird. Das Reaktionsschema

$$(33\text{-}3) \qquad \begin{array}{lllll} 2\,Cu & + CH_3Cl & \longrightarrow & CuCl & + CuCH_3 \\ \gg Si & + CuCl & \longrightarrow & \gg Si\text{-}Cl & + Cu \\ CuCH_3 & & \longrightarrow & Cu & + \dot{C}H_3 \\ \gg Si\text{-}Cl & + \dot{C}H_3 & \longrightarrow & CH_3-\overset{|}{\underset{|}{Si}}-Cl \text{ usw.} & \end{array}$$

läßt verstehen, daß neben dem Dichlordimethylsilan auch Monochlortrimethylsilan, Trichlormonomethylsilan usw. entstehen, von denen das erste bei der Polymersynthese als Kettenabbrecher, das zweite als Vernetzer wirkt. Die Bildung dieser Produkte wird durch Disproportionierungsreaktionen des $(CH_3)_2SiCl_2$ gefördert. Diese technisch unerwünschten Reaktionen werden durch Aluminium beschleunigt, sodaß das Silicium möglichst davon frei sein muß. Da die Disproportionierungsreaktion langsamer als die Aufbaureaktion ist, kann sie durch eine feinere Verteilung des Siliciums (eingebaute Wendeln oder Wirbelschicht-Verfahren) zurückgedrängt werden. Man läßt außerdem das gasförmige Methylchlorid von oben nach unten strömen, da so die entstehenden Aluminiumverbindungen besser ausgetragen werden. Wirksam ist auch ein Zusatz von Wasserstoff.

Die Grignard-Reaktion

$$(33\text{-}4) \qquad 2\,CH_3MgCl + SiCl_4 \longrightarrow (CH_3)_2SiCl_2 + 2\,MgCl_2$$

wird nur für Spezialprodukte eingesetzt. Sie eignet sich nicht für die Synthese von Massenprodukten, da viel $MgCl_2$ anfällt und große Mengen Lösungsmittel aufgearbeitet werden müssen.

Siliciumverbindungen mit ungesättigten Doppelbindungen können durch Acetylen-Addition an Halogensilane

$$HSiCl_3 + CH{\equiv}CH \xrightarrow[425\,°C,\ 17\ bar]{Pt\ auf\ Kohle} CH_2{=}CHSiCl_3 \tag{33-5}$$

hergestellt werden. In ähnlicher Weise läßt sich z.B. auch Äthylen addieren. Die Reaktion ist für die Synthese organofunktioneller Silicone interessant.

*Polymer-Synthese:* Die normalen Silicone mit Methyl- bzw. Phenyl-Substituenten werden überwiegend durch Polykondensation von Dichlorsilanen mit Wasser hergestellt, daneben auch durch Polymerisation von Cyclosiloxanen mit Alkali- oder Säure-Katalysatoren.

Bei der Polykondensation

$$(CH_3)_2SiCl_2 + 2\,H_2O \longrightarrow (CH_3)_2Si(OH)_2 + 2\,HCl \tag{33-6}$$

$$(CH_3)_2Si(OH)_2 \longrightarrow HO\!\left(\!-\underset{CH_3}{\overset{CH_3}{\underset{|}{\overset{|}{Si}}}}-O-\!\right)_{\!n}\!-H + ((CH_3)_2SiO)_{3-10} + H_2O$$

entstehen neben den Polysiloxanen mit Silanol-Endgruppen auch Cyclosiloxane.

Die Polymerisation dieser Cyclosiloxane z.B. mit dem Dikaliumsalz des Tetramethyldisiloxandiols als Katalysator führt zu einem Polymerisationsgleichgewicht (vgl. Abb. 16-1):

$$(Me_2SiO)_4 \xrightarrow{KO\underset{CH_3}{\overset{CH_3}{Si}}-O-\underset{CH_3}{\overset{CH_3}{Si}}OK} KO-\underset{CH_3}{\overset{CH_3}{\underset{|}{\overset{|}{Si}}}}-O(Me_2SiO)_x-\underset{CH_3}{\overset{CH_3}{\underset{|}{\overset{|}{Si}}}}-OK + (Me_2SiO)_{4\text{-}8} \tag{33-7}$$

zwischen einem Polymeren und Cyclosiloxanen, bei dem z.B. bei 150 °C 87 % Polymeres mit breiter Molekulargewichtsverteilung und 13 % Cyclooligomere vom Tetrameren bis zum Octameren gebildet werden. Die hochmolekularen Polysiloxane werden anschließend durch Umsatz mit Trimethylmonochlorsilan an den Enden versiegelt.

Auch bei der z.B. mit $HCl/H_2O$ katalysierten Polymerisation entstehen neben Polysiloxanen mit Cl-Endgruppen Cyclooligomere. Bei der anschließenden Hydrolyse dieser Endgruppen wird die Kette unter Ausbildung einer neuen Si–O–Si-Bindung verdoppelt.

Organofunktionelle Silicone besitzen Gruppierungen der Typs $\geqslant Si-CH_2-Y$, da Gruppierungen vom Typ $\geqslant Si-Y$ zu reaktiv sind. Y ist dabei eine reaktionsfähige Gruppe. Solche organofunktionellen Silicone können z.B. durch direkte Chlorierung von Methylgruppen erhalten werden.

Vielseitiger ist die Addition von HY an C=C-Doppelbindungen. Da die Si–C-Bindung polarisiert und Silicium dabei der elektropositivere Partner ist, folgt die Addition nicht der Markownikow-Regel:

(33-8)  $\geqslant$Si–CH=CH$_2$  $\xrightarrow{+\text{HY}}$  $\geqslant$Si–CH$_2$–CH$_2$–Y

In einigen Fällen, z.B. bei der Reaktion von Dichlormonomethylsilan CH$_3$SiHCl$_2$ mit Allylverbindungen CH$_2$=CH–CH$_2$–Y, ist es nützlich, nicht zuerst die reaktiven Gruppen an das Monomer zu knüpfen und dann das Polymer zu bilden, sondern die reaktiven Gruppen in einer polymeranalogen Reaktion in das fertige Polymere einzuführen:

(33-9)

$$\begin{array}{c} CH_3 \\ | \\ Cl-Si-Cl \\ | \\ H \end{array} \xrightarrow{+H_2O} \left[\begin{array}{c} CH_3 \\ | \\ -Si-O- \\ | \\ H \end{array}\right] \xrightarrow[Pt]{+CH_2=CH-CH_2-Y} \left[\begin{array}{c} CH_3 \\ | \\ -Si-O- \\ | \\ CH_2-CH_2-CH_2-Y \end{array}\right]$$

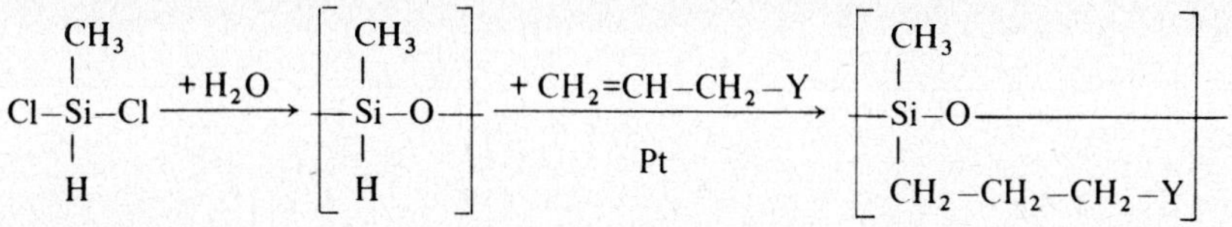

Im ersteren Fall würde nämlich z.B. die Hydroxylgruppe des Allylalkohols (Y=OH) bei der Hydrolyse mit eingebaut werden. Außerdem reagieren Verbindungen des Typs CH$_2$=CHX bei den Arbeitstemperaturen auch mit den Methylgruppen.

Durch Einführen von Fluor in γ-Stellung zum Silicium wird die Löslichkeit der Polysiloxane in organischen Lösungsmitteln herabgesetzt und die thermische Beständigkeit erhöht. Derartige Monomere lassen sich über

(33-10)  CF$_3$–CH=CH$_2$ + CH$_3$SiHCl$_2$  $\longrightarrow$  $\underset{\displaystyle |}{\overset{\displaystyle CH_3}{CF_3CH_2CH_2SiCl_2}}$

erhalten. Fluoratome in α- und β-Stellung zum Silicon wirken zu stark elektronegativierend. Dadurch und durch den induktiven Effekt sind die so substituierten Siliciumverbindungen anfälliger gegen Hydrolyse:

(33-11)  CF$_3$SiCl$_3$ + H$_2$O  $\xrightarrow{\text{NaOH}}$  CF$_3$H + HOSiCl$_3$
(+ Folgereaktionen)

Mit Fluor in α- und β-Stellung substituierte Siliciumverbindungen sind auch thermisch nicht stabil; sie zerfallen (vermutlich über einen Carben-Mechanismus) nach

(33-12)  CF$_3$Si$\leqslant$  $\longrightarrow$  [CF$_2$] + [SiF]

(33-13)  CF$_3$CH$_2$Si$\leqslant$  $\longrightarrow$  [CF$_2$=CF$_2$] + FSi$\leqslant$

Die schon verschiedentlich erwähnte leichte Einstellung bzw. Verschiebung der Gleichgewichte zwischen Cyclo- und Polysiloxanen bzw. untereinander („Äquilibrierung") kann außer zur Verschiebung des Oligomeranteils und der Molekulargewichtsverteilung des Polymeren (technisch mit Schwefelsäure) auch zur Synthese von Leiterpolymeren ausgenutzt werden. Phenyltrihydroxysilan PhSi(OH)$_3$ oder Phenyltrialkoxysilan (PhSi(OR)$_3$ kann in geeigneten Lösungsmitteln in Käfig-Strukturen von der Bruttoformel (PhSiO$_{3/2}$)$_x$ übergeführt werden (Abb. 33 – 3). Beim Äquilibrieren in heißem Toluol fällt die Verbindung mit x = 8 quantitativ aus, während sich in Tetrahydrofuran eine Einschlußverbindung des Tetrahydrofurans mit $(PhSiO_{3/2})_{12}$ bildet und aus Aceton die entsprechende Verbindung mit x = 10 gebildet wird (Verschiebung der Gleichgewichte durch Ausfallen einer Komponente). Die Verbindungen $(PhSiO_{3/2})_x$ gehen beim weiteren Erhitzen in ein Leiterpolymer über. Dieses Leiterpolymer ist unregelmäßig aufgebaut, da es unwahrscheinlich ist, daß bei der Polymerisation der Monomeren zwei gegenüberliegende Bindungen gleichzeitig gebrochen werden.

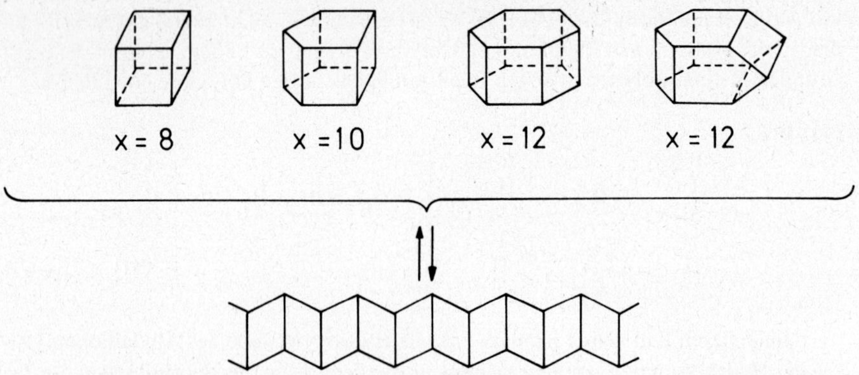


*Abb. 33-3:* Schematische Darstellung der Äquilibrierungsreaktionen von Cyclosiloxanen $(PhSiO_{3/2})_x$ mit dem entsprechenden Leiterpolymeren. Die Abstände Ecke/Ecke entsprechen der Struktur ⩾ Si–O–Si ⩽. Die Phenylgruppen sind nicht eingezeichnet (vgl. auch den Text) (nach J. F. Brown, jr.).

*Eigenschaften und Verarbeitung:* Polysiloxane mit Einfachketten sind Flüssigkeiten oder hochzähe Massen. Der Bindungsabstand Si–O ist bei ihnen mit 0,164 nm nur wenig höher als der der Silikate, aber merklich tiefer, als sich aus der Summe der kovalenten Bindungsradien nach Pauling (0,183 nm) oder aus den Ionenradien nach V. M. Goldschmidt (0,171 nm) berechnen läßt. Die Abstandsverkürzung wird als Folge einer Resonanzstabilisierung aufgefaßt und die Si–O-Bindung als vom kovalent-polaren Resonanztyp angesehen.

Für die thermische Beständigkeit sind nun die Bindungsenergien verantwortlich (Tab. 33 – 1). Die Bindungsenergie der Si–O-Bindung ist ähnlich hoch wie bei den Silikaten, sodaß die Hauptkette thermisch sehr stabil ist. Die Si–O-Bindung weist etwa die gleiche Bindungsenergie wie die C–C-Bindung auf. Substituiert man nun mit dem Elektronendonator $CH_3$-, so wird die Si–C-Bindung verfestigt, während die gleiche Bindung durch die elektronenaufnehmende Phenylgruppe gelockert wird. Durch $CH_3$-Substituenten wird aber auch gleichzeitig die Si–O–Si-Bindung stärker polarisiert, wodurch die Hydrolysierbarkeit der Polysiloxane ansteigt. Oxydierbarkeit und Hydrolysierbarkeit beeinflussen nun die Wärmebeständigkeit (vgl. dazu Kap. 24), die folglich ein Optimum bei Polysiloxanen aufweist, die sowohl Methyl- als auch Phenyl-Gruppen enthalten. Ein zu hoher Phenylgehalt führt jedoch zu einer Versteifung der Ketten und damit zu einer zu großen Sprödigkeit der Produkte. Silicone mit Chlorphenylgruppen sind flammlöschende, hochtemperaturbeständige Schmiermittel.

*Tab. 33-1:* Vergleich der Bindungsenergien (kJ/mol Bindung) in der Silicium- und in der Kohlenstoff-Reihe

| | | | |
|---|---|---|---|
| Si–Si | 180 | C–C | 343 |
| Si–C | 243 | | |
| Si–O | 373 | C–O | 293 |

Die Silicone sind witterungsbeständig, da sie keine ungesättigten Gruppen aufweisen. Da die Kette als Helix vorliegt, weisen die Silicone eine gute Elastizität auf, die durch eine schwache Vernetzung noch erhöht wird. Auf polaren Oberflächen wird der Kontakt durch die ebenfalls polaren Si–O–Si-Bindungen hergestellt, während die Kohlenwasserstoffreste in die andere Richtung zeigen. Die normalen Silicone besitzen daher eine gute Oberflächenaktivität und sind in genügend hohen Konzentrationen wegen ihrer geringen Volumen- und hohen Oberflächenlöslichkeit erwartungsgemäß Antischaummittel und Trennmittel, in kleinen Konzentrationen dagegen Schäumer. In gleicher Weise ist ihre hydrophobierende Wirkung zu erklären, was bei der Imprägnierung von Mänteln usw. ausgenützt wird. Bei den organofunktionellen Siliconen beobachtet man dagegen eine umso stärkere Umkehrung dieser Werkstoffeigenschaften zu Schäumern, Haftmittel und hydrophilen Filmen, je stärker elektronegativ der organische Substituent ist.

Organofunktionelle Polysiloxane mit Silanol-Gruppen sind mit Tetrabutyltitanat, Methyltriacetoxysilan und ähnlichen Verbindungen in der Kälte vernetzbar und werden daher als kaltvulkanisierende Elastomer-Typen gehandelt. Die heißvulkanisierenden Silicone besitzen dagegen 1 Vinylgruppe auf ca. 500 – 1000 andere Reste und werden mit Peroxiden vernetzt. Alle Silikonkautschuke sind mit hochdispergiertem Siliciumdioxid gefüllt, da die ungefüllten Kautschuke keinen praktisch brauchbaren Gummi geben.

Das Leiterpolymer wird in Form von Folien für elektrische Isolationen verwendet. – Siliconfette sind Siliconöle mit Zusätzen, z.B. von Kieselsäure.

### 33.3.3 POLYPHOSPHATE

Als „Polyphosphate" schlechthin werden heute neben den eigentlichen hochmolekularen, unverzweigten, verzweigten und vernetzten Polymeren auch die oligomeren, cyclischen Metaphosphate bezeichnet. Die Polyphosphate entstehen durch kontrollierte Entwässerung von Alkalidihydrogenphosphaten, z.B. von $NaH_2PO_4$. Dabei entsteht bei Temperaturen bis etwa 160 °C zunächst das Diphosphat $Na_2[H_2P_2O_7]$, das bei Temperaturerhöhung bis auf 240 °C in das cyclische Trimetaphosphat $Na_3[P_3O_9]$ übergeht. Das Erhitzen dieser Verbindung zur Schmelze (625 °C) führt zum $(NaPO_3)_n$, das beim Abschrecken zum Graham'schen Salz führt. Das Graham'sche Salz stellt ein Polymerengemisch mit einem mittleren Polymerisationsgrad $\overline{X}_n \geqslant 20$ dar, bei dem die $PO_4$-Tetraeder kettenförmig über je zwei O-Atome miteinander verknüpft sind. Das Graham'sche Salz ist wasserlöslich. Beim Tempern geht das glasige Graham'sche Salz je nach Temperatur in eine der beiden Formen A oder B des hochmolekularen Kurrol'schen Na-Salzes $(NaPO_3)_x$, in das Maddrell'sche Salz der gleichen Bruttozusammensetzung oder schließlich in eine der drei Formen des Natriumtrimetaphosphates $Na_3[P_3O_9]$ über.

Die verschiedenen Formen des Kurrol'schen Natriumsalzes, das Madrell'sche Salz und andere Vertreter der kondensierten, kettenförmigen Polyphosphate unterscheiden sich durch ihre Konformation (Abb. 33 – 4). Beim Übergang von der Schmelze zu den hochmolekularen Polyphosphaten bleibt jedoch im Gegensatz zu den entsprechenden Übergängen Schmelze/amorpher Festkörper bzw. Schmelze/Kristall bei den

(RbPO$_3$)$_x$   (KPO$_3$)$_x$   Maddrell(h)   [Pb(PO$_3$)$_2$]$_x$   Na-Kurrol A   Na-Kurrol B
                                 [Na$_2$H(PO$_3$)$_3$]$_x$                (AgPO$_3$)$_x$
(CsPO$_3$)$_x$   (LiPO$_3$)$_x$(t)              [Ca(PO$_3$)$_2$]$_x$

*Abb. 33-4:* Die bisher bekannten sechs Kettenkonformationen der Anionen von kristallinen hochmolekularen Polyphosphaten und einige ihrer typischen Vertreter: Oben: Projektionen senkrecht zur Kettenrichtung; unten: Projektionen in Kettenrichtung (nach E. Thilo).

organischen Polymeren nicht die individuelle Kette erhalten. Vielmehr werden die in der Schmelze vorliegenden Verbindungen durch Äquilibrierung gespalten und die Ketten im Kristallverband anschließend neu aufgebaut. Der Beweis erfolgte röntgenographisch über die Verteilung der Arsenatome in Arsenatphosphat-Copolymeren. Sie ist beim Typ des Graham'schen Salzes statistisch; beim Typ des Maddrell'schen Salzes besetzen die Arsenatome dagegen bevorzugt die Zentren derjenigen PO$_4$-Tetraeder, welche in der Abb. 33 – 4 nach rechts schauen.

Alle hochmolekularen Produkte stehen im Gleichgewicht mit den cyclischen oligomeren Metaphosphaten und den vernetzten Polyphosphaten. Bei den vernetzten Polyphosphaten sind mindestens zwei der O-Gruppierungen pro Kette durch andere Phosphat-Gruppierungen ersetzt:

$$\begin{array}{c} \mathrm{O} \quad\quad \mathrm{O} \quad\quad \mathrm{O} \\ \| \quad\quad \| \quad\quad \| \\ \sim\mathrm{P-O-P-O-P-}\sim \\ | \quad\quad | \quad\quad | \\ \mathrm{O^-} \quad \mathrm{O^-} \quad \mathrm{O^-} \\ | \\ \mathrm{O=P-O^-} \\ | \\ \mathrm{O} \\ \wr \end{array}$$

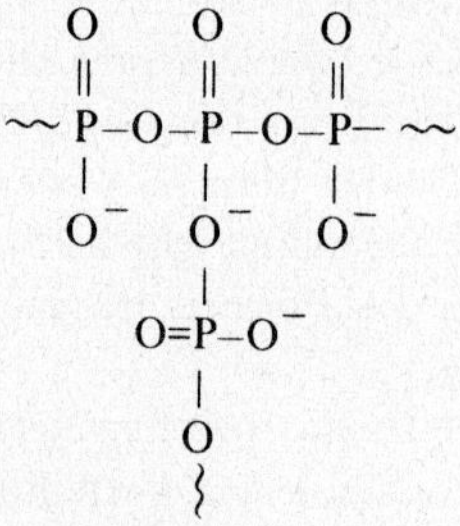

Der Anteil an den einzelnen Verbindungstypen hängt vom Na/P-Verhältnis und vom Wassergehalt ab. Als Endgruppen können Hydroxylgruppen und $O^-$-Gruppierungen auftreten.

Die oligomeren und hochmolekularen Polyphosphate binden mehrwertige Kationen sehr fest und halten sie dabei so in Lösung, daß sie mit den üblichen Fällungsreagentien nicht mehr nachgewiesen werden können. Sie werden daher technisch zum Weichmachen von Kesselspeisewasser und Kühlwasser und für Wasch- und Färbeflotten, sowie in der Lebensmittelindustrie verwendet.

### 33.3.4 POLYPHOSPHAZENE

Aus Phosphorpentachlorid und Ammoniumchlorid entsteht durch Erhitzen in Lösungsmitteln wie z.B. Chlorbenzol und Tetrachloräthan die Reihe der „Phosphornitrilchloride" (Poly(dichlorphosphazene)):

$$\text{(33-14)}\quad n\,PCl_5 + n\,NH_4Cl \xrightarrow{120\,°C} (NPCl_2)_n + 4\,n\,HCl$$

Das Reaktionsprodukt besteht aus dem cyclischen Trimeren, dem cyclischen Tetrameren und den entsprechenden höheren Homologen, sowie aus linearen Oligomeren mit verschiedenen Endgruppen, die aus dem $PCl_5$ gebildet werden. Je nach den Reaktionsbedingungen kann die Ausbeute an Tri- und Tetramer bis auf 90 % gesteigert werden. Beim Ersatz des $PCl_5$ durch $R_2PCl_3$ gelangt man zu Verbindungen $(NPR_2)_n$ mit organischen Resten R.

Hexachlorcyclotriphosphazen $(NPCl_2)_3$ und Octachlorcyclotetraphosphazen $(NPCl_2)_4$ polymerisieren bei ca. 250 °C zu hochmolekularen Produkten

$$\text{(33-15)}\quad (NPCl_2)_{3\text{-}4} \underset{350°C}{\overset{250°C}{\rightleftarrows}} \left( -N{=}\overset{\displaystyle Cl}{\underset{\displaystyle Cl}{\overset{|}{\underset{|}{P}}}}- \right)_n$$

Bei den organischen Derivaten der cyclischen Oligomeren liegt das Polymerisationsgleichgewicht so ungünstig, daß unter den Bedingungen der thermischen Polymerisation keine Polymeren entstehen. Polyphosphazene mit organischen Seitengruppen werden daher durch Substitution der Cl-Seitengruppen in einer polymeranalogen Reaktion synthetisiert. Als solche Reaktion eignen sich die Alkoholyse mit RONa oder die Aminolyse mit $R_2NH$. Mit mehrfunktionellen Reaktanden (Ammoniak, Diolen, Methylamin) entstehen vernetzte Produkte.

Die Alkoholyse

$$\text{(33-16)}\quad (NPCl_2)_n + 2\,n\,NaOR \rightarrow (NP(OR)_2)_n + 2\,n\,NaCl$$

führt bei Verwendung von Alkoholatmischungen ($R = CH_2CF_2$ und $CH_2C_3F_7$) zu statistischen Copolymeren mit einer Glastemperatur von $T_G = -77$ °C. Diese Copolymeren sind im Gegensatz zu den Unipolymeren mit $R = CH_2CF_3$ amorph und im Gegensatz zu den Poly(dichlorphosphazenen) beständig gegen Hydrolyse. Sie sind in allen gebräuchlichen Lösungsmitteln praktisch unlöslich.

Die so hergestellten Polymeren können Gewichtsmittel der Molekulargewichte bis zu einigen Millionen aufweisen. Die Glastemperaturen der linearen Polymeren sind meist niedrig, z.B. −63 °C bei $(NPCl_2)_n$, −84 °C bei $(NP(OC_2H_5)_2)_n$ und −8°C bei $(NP(OC_6H_5)_2)_n$, können aber bei sperrigen Seitengruppen stark ansteigen. $(NP(NHC_6H_5)_2)_n$ weist z.B. eine Glastemperatur von 91 °C auf.

Die linearen Polymeren werden wegen des hohen Preises von $(NPCl_2)_3$ bislang nicht kommerziell eingesetzt. Vernetzungsprodukte der cyclischen Oligomeren eignen sich als Oberflächenschutz oder als verstärkte Harze für Temperaturbereiche von 250 − 550 °C.

### 33.3.5 POLY(CARBORANSILOXANE)

Poly(carboransiloxane) enthalten m-Carboranreste und Siloxangruppen in der Kette. Zur Synthese diese hochtemperaturbeständigen Polymeren wird zunächst Acetylen an Dekaboran $B_{10}H_{14}$ (oder auch Pentaboran $B_5H_9$) addiert. Das entstehende o-Carboran $B_{10}C_2H_{12}$ (1,2-Dicarbaclovodekaboran) lagert sich bei 475 °C in m-Carboran um:

(33-17)

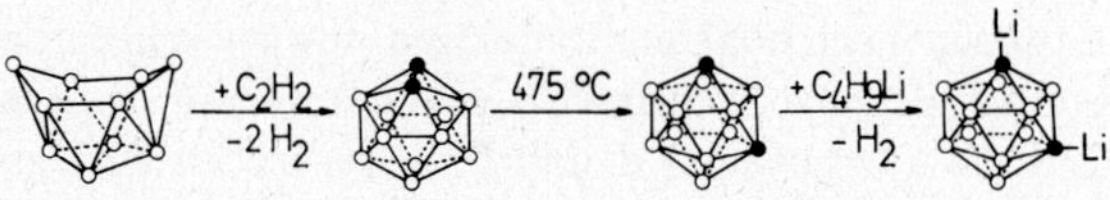


Durch Umsetzen des m-Carborans mit Butyllithium entsteht die m-Dilithiumverbindung $LiCB_{10}H_{10}CLi$. Die säurekatalysierte Reaktion dieser Verbindung mit Dichlordisiloxan liefert nach anschließender Polykondensation mit Wasser Polymere mit Molekulargewichten von ca. 15 000 bis 30 000 g/mol:

(33-18)

$$LiCB_{10}H_{10}CLi + 2\,Cl{-}\underset{CH_3}{\overset{CH_3}{Si}}{-}O{-}\underset{CH_3}{\overset{CH_3}{Si}}{-}Cl \xrightarrow[-2\,LiCl]{}$$

$$\xrightarrow[-2\,LiCl]{} Cl{-}\underset{CH_3}{\overset{CH_3}{Si}}{-}O{-}\underset{CH_3}{\overset{CH_3}{Si}}CB_{10}H_{10}C\underset{CH_3}{\overset{CH_3}{Si}}{-}O{-}\underset{CH_3}{\overset{CH_3}{Si}}{-}Cl \xrightarrow[-2\,HCl]{+2\,H_2O}$$

$$\xrightarrow[-2\,HCl]{+2\,H_2O} \left[ \underset{CH_3}{\overset{CH_3}{Si}}{-}CB_{10}H_{10}C{-}\left( \underset{CH_3}{\overset{CH_3}{Si}}{-}O \right)_3 \right]$$

Die Polykondensation mit Wasser gelingt nur in Anwesenheit von Siloxangruppen, d.h. z.B. nicht mit Dichlorsilan. In diesem Falle werden die Dichlorverbindungen mit den entsprechenden Dimethoxyderivaten (aus der Reaktion der Dichlorverbindungen mit Methanol) umgesetzt:

(33-19)

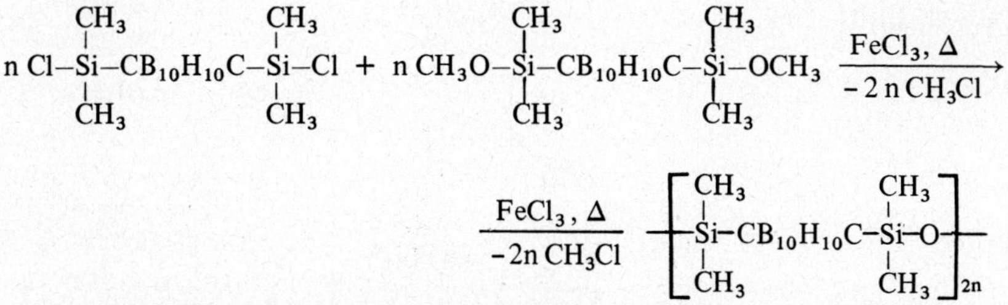

Das entstehende Polymer besitzt einen Schmelzpunkt von 464 °C und eine Glastemperatur von 77 °C. Kondensiert man dagegen die Dimethoxyverbindungen unter den gleichen Bedingungen mit Dichlordimethylsilan, so entstehen Elastomere mit Schmelzpunkten von 151 °C und Glastemperaturen von – 22 °C.

### 33.3.6 METALLORGANISCHE VERBINDUNGEN

Polymere mit Metallen in den Seitengruppen können durch Polymerisation oder Polykondensation entsprechender Monomerer oder durch polymeranaloge Umsetzung hergestellt werden. Vinylferrocen copolymerisiert z.B. radikalisch mit Styrol unter der Wirkung nichtoxydierender Initiatoren wie AIBN zu Produkten hohen Molekulargewichtes. BPO oxydiert das Eisen. – Beispiele für die Einführung von Metallen durch polymeranaloge Umsetzung sind die Synthese von Poly(p-lithiumstyrol) (vgl. Gl. (3 – 11)) oder die Umsetzung von Poly(p-chlormethylstyrol) mit Natriumwolframpentacarbonyl, bei der die Metallanionen als nucleophile Reagenzien wirken:

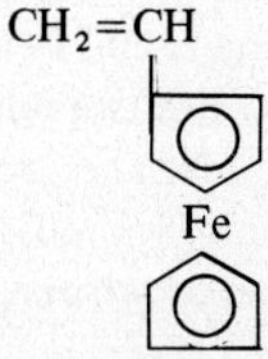

Vinylferrocen

(33-20)

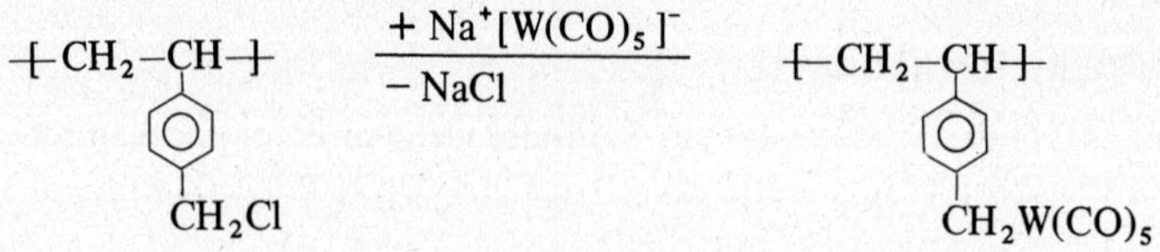

Metallorganische Verbindungen mit Metallen in der Hauptkette können nur durch Polykondensation hergestellt werden. In einigen dieser Reaktionen liegt die Metallgruppierung schon vor der Polykondensation vor, z.B. bei der Reaktion der Äthylacetoacetat-Derivate des Kupfers mit Glykolen

(33-21)

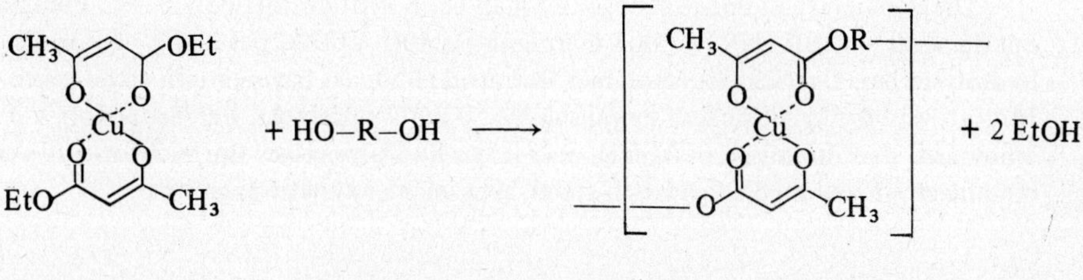

Aus anorganischen Säuren und $Fe^{3+}$ (oder auch anderen Übergangsmetallen) bilden sich unter der Wirkung von Aldehyden unvernetzte, in Aceton oder Butanon lösliche Polymere:

(33-22)

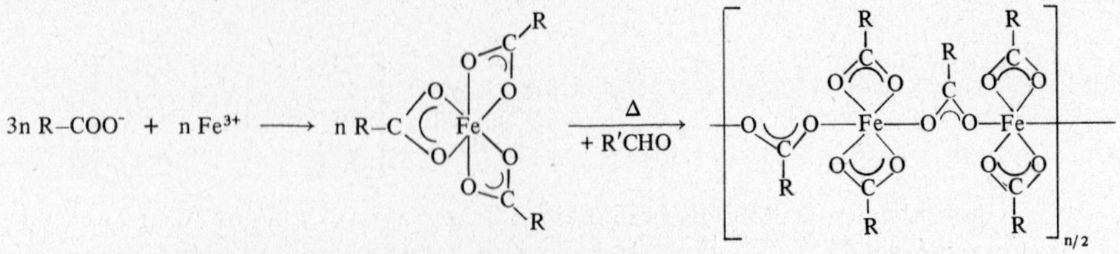


Da diese Polymeren sich in Wasser langsam zersetzen, wurde vorgeschlagen, daß man als Säurekomponente solche mit biologischer Aktivität nimmt, um auf diese Weise Herbizide, Insektizide usw. kontrolliert freizusetzen.

Die Reaktionen metallorganischer Polymerer wurden nicht systematisch untersucht. Monomeres Ferrocen und andere metallorganische Verbindungen überführen jedoch den Triplett-Zustand des Anthracens (Zustand mit zwei ungepaarten Elektronen mit parallelem Spin) in den Grundzustand, d.h. sie wirken als Quencher. Der Prozeß wird vermutlich durch ungepaarte Elektronen in der äußeren Valenzschale des Eisens hervorgerufen. Ferrocen ist andererseits ein Sensibilisator für die fotochemische Dimerisierung des Isoprens. Diese Wirksamkeit ist vermutlich durch die $\pi$-Elektronen im Liganden oder aber durch die Elektronen bedingt, die den Liganden an das Eisen binden. Polymere metallorganischer Verbindungen eignen sich daher möglicherweise als Festbettkatalysatoren.

### 33.3.7 ANDERE HETEROKETTEN

Der Erfolg der Silicone hat zur Synthese vieler anderer anorganischer Heteroketten mit Sauerstoff in der Hauptkette geführt. Diese Poly(aluminoxane) mit der Kette $-\!\!\left(\overset{|}{\mathrm{Al}}-\mathrm{O}\right)\!\!-$, Poly(germanoxane)) $-\!\!\left(\overset{|}{\underset{|}{\mathrm{Ge}}}-\mathrm{O}\right)\!\!-$, Poly(stannoxane) $-\!\!\left(\overset{|}{\underset{|}{\mathrm{Sn}}}-\mathrm{O}\right)\!\!-$ usw. sind in der Regel unlöslich und unschmelzbar und daher vermutlich vernetzt. Sie sind bis 400 °C beständig, vermutlich aus dem gleichen Grund. Auch Polysilazane mit der Kette $-\!\!\left(\overset{|}{\underset{|}{\mathrm{Si}}}-\underset{|}{\mathrm{N}}\right)\!\!-$ sind leicht hydrolysierbar. Bildet man jedoch Leiterpolymere mit koordinativ gebundenen Kupfer- und Beryllium-Ionen, so sinkt die Hydrolysierbarkeit stark ab.

Die gleichen Phänomene beobachtet man bei Bor/Stickstoff-Polymeren. Borazine mit der Kette $-\!\!\left(\mathrm{BR}-\mathrm{NR}'\right)\!\!-$ sind thermisch bis 400 – 500 °C beständig, aber leicht hydrolysierbar. Das Schichtenpolymer Bornitrid $(BN)_n$ ist dagegen sehr stabil gegen Hydrolyse und Oxydation und thermisch bis 2000 °C einsetzbar. Bor/Sauerstoff-Verbindungen sind thermisch beständig, aber leicht hydrolysierbar. Bor/Kohlenstoff-Verbindungen sind ebenfalls thermisch stabil, aber leicht oxydativ angreifbar.

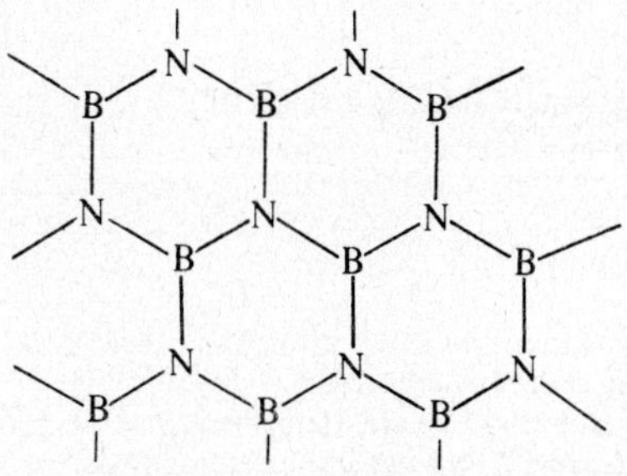

Bornitrid $(BN)_x$

Anorganische Fasern aus Metalloxiden und Siliciumcarbid sind in jüngster Zeit technisch interessant geworden. Sie können im Prinzip nach zwei Methoden hergestellt werden. Nach dem ersten Verfahren extrudiert man die Lösung eines organischen Polymeren (z.B. Poly(vinylalkohol) in Wasser), in der das anorganische Material suspendiert ist. Die organische Substanz wird weggebrannt und der Faden gesintert. Nach dieser Methode können Fasern aus $Al_2O_3$, MgO oder CaO mit Zugfestigkeiten bis zu 140 000 $N/cm^2$ hergestellt werden.

Nach dem zweiten Verfahren werden Halogenide auf einem elektrisch geheizten Metallfaden zersetzt. Der Metallfaden bildet dann die Seele für die anorganische Faser. Nach dieser Methode hergestellte Siliciumcarbid-Fasern (aus Zersetzung von $SiCl_4$ mit z. B. Toluol oder Aceton) wiesen Zugfestigkeiten bis zu 280 000 $N/cm^2$ auf.

## Literatur zu Kap. 33

### *33.1 Einleitung*

D. B. Sowerby und L. F. Audrieth, Inorganic Polymerization Reactions I, II, III, J. Chem. Educ. **37** 2, 86, 134

M. L. Lappert und G. J. Leigh, Developments in Inorganic Polymer Chemistry, Elsevier, Amsterdam 1962

F. G. A. Stone und W. A. G. Graham, Hrsg., Inorganic Polymers, Academic Press, New York 1962

F. G. R. Gimblett, Inorganic Polymer Chemistry, Butterworths, London 1963

W. Gerrard, Inorganic Polymers, Trans. & J. Plastics Inst. **35** (1967) 509

### *33.2 Isoketten*

A. V. Tobolsky und W. J. MacKnight, Polymeric Sulfur and Related Polymers, Interscience, New York 1965

### *33.3 Heteroketten*

K. A. Andrianov, Metalorganic Polymers, Interscience, New York 1965

H. R. Allcock, Heteroatom Ring Systems and Polymers, Academic Press, New York 1967

*33.3.1 Silikate*

K. A. F. Schmidt, Technologie textiler Glasfasern, Hüthig, Heidelberg 1964
O. Knapp, Glasfasern, Akademia Kiado, Budapest 1966

*33.3.2 Silicone*

E. G. Rochow, An Introduction to the Chemistry of the Silicones, J. Wiley, New York 1951
A. Hunyar, Chemie der Silicone, VEB Verlag Technik, Berlin 1959
W. Noll, Chemie und Technologie der Silicone, Verlag Chemie, Heidelberg, 2. Aufl. 1968
S. N. Borisova, M. G. Voronkov und E. Ya. Lukevits, Organosilicon Heteropolymer and Heterocompounds, Plenum Press, New York 1970

*33.3.3 Polyphosphate*

E. Thilo, Zur Strukturchemie der kondensierten anorganischen Phosphate, Angewandte Chemie **17** (1965) 1056
J. R. Van Walzer und C. F. Callis, Metal Complexing by Phosphates, Chem. Revs. **58** (1958) 1011
M. Sander und E. Steininger, Phophorus Containing Polymers, J. Macromol. Sci. [Revs.] **C 1** (1967) 1,7, 91; **C 2** (1968) 1, 33, 57

*33.3.4 Polyphosphazene*

H. R. Allcock, Phosphorus-Nitrogen Compounds, Academic Press, New York 1972

*33.3.6 Metallorganische Verbindungen*

E. W. Neuse und H. Rosenberg, Metallocene Polymers, J. Macromol. Sci.-Revs. Macromol. Chem. **C 4** (1970) 1
C. U. Pittman, jr., Organic polymers containing transition metals, Chem. Technology **1** (1971) 416

*33.3.7 Andere Heteroketten*

I. B. Atkinson und B. R. Currell, Boron-nitrogen polymers, Inorgan. Macromol Revs. **1** (1971) 203
G. Winter, Polykristalline anorganische Fasern-Herstellung, Eigenschaften, Anwendung, Angew. Chem. **84** (1972) 866

Zeitschrift: Inorganic Macromolecular Revs., Bd. 1 ab 1970

# ANHANG

*Tab. VI–1:* Internationale Kurzbezeichnungen für Kunststoffe und Fasern

| | |
|---|---|
| ABR | Copolymer aus Acrylestern und Butadien |
| ABS | Copolymer aus Acrylnitril, Butadien und Styrol |
| ACM | Copolymer aus Acrylester und 2-Chlorvinyläther |
| AMMA | Copolymer aus Acrylnitril und Methylmethacrylat |
| ANM | Copolymer aus Acrylester und Acrylnitril |
| BR | Polybutadien |
| BT | Poly(buten-1) |
| CA | Celluloseacetat |
| CAB | Celluloseacetobutyrat |
| CAP | Celluloseacetopropionat |
| CAR | Kohlenstoff-Faser |
| CF | Kresol/Formaldehyd-Harz |
| CFK | Chemiefaserverstärkte Kunststoffe |
| CHC | Chlorhydrin-Copolymer (aus Epichlorhydrin und Äthylenoxid) |
| CHR | Chlorhydrin-Elastomer (Poly(epichlorhydrin)) |
| CL | Poly(vinylchlorid)-Faser |
| CMC | Carboxymethylcellulose |
| CN | Cellulosenitrat |
| CNR | Carboxynitroso-Kautschuk |
| CP | Cellulosepropionat |
| CPVC | Chloriertes Poly(vinylchlorid) |
| CR | Poly(chloropren) |
| CS | Casein |
| CSR | Chlorsulfoniertes Poly(äthylen) |
| EA | Segmentierte Polyurethan-Fasern |
| EEA | Copolymer aus Äthylen und Äthylacrylat |
| EC | Äthylcellulose |
| EP | Epoxidharz |
| EPDM | Elastomer aus Äthylen, Propylen und einem Dien |
| EPM | Elastomer aus Äthylen und Propylen |
| EVA | Copolymer aus Äthylen und Vinylacetat |
| FE | Fluor enthaltende Elastomere |
| GEP | Glasfaserverstärktes Epoxidharz |
| GFK | Glasfaserverstärkte Kunststoffe |
| GUP | Glasfaserverstärktes Polyester-Harz |
| IIR | Butylkautschuk |
| MA | Modacryl-Faser |
| MC | Methylcellulose |
| MF | Melamin/Formaldehyd-Harz |
| MOD | Modacrylfaser (EWG-Bezeichnung) |
| NBR | Elastomer aus Acrylnitril und Butadien |
| NR | Naturkautschuk |
| PA | Polyamid |
| PAC | Poly(acrylnitril)-Faser |
| PAN | Poly(acrylnitril) |
| PC | Poly(acrylnitril)-Faser (EWG-Bezeichnung) |
| PCF | Poly(trifluorchloräthylen)-Faser |
| PCTFE | Poly(trifluorchloräthylen)-Faser |
| PDAP | Poly(diallylphthalat) |
| PE | Poly(äthylen) |
| PE | Polyester-Faser (EWG-Bezeichnung) |
| PES | Polyester-Faser |
| PETP | Poly(äthylenglykolterephthalat) |
| PF | Phenol/Formaldehyd-Harz |
| PFEP | Copolymer aus Tetrafluoräthylen und Hexafluorpropylen |
| PIB | Poly(isobutylen) |
| PL | Poly(äthylen) (EWG-Bezeichnung) |
| PMMA | Poly(methylmethacrylat) |
| PO | Phenoxy-Harz |
| POM | Poly(oxymethylen) |
| POR | Elastomer aus Propylenoxid und Allylglycidyläther |
| PP | Poly(propylen) |
| PPO | Poly(phenylenoxid) |
| PS | Poly(styrol) |
| PSB | Copolymer aus Styrol und Butadien |
| PST | Poly(styrol)-Faser |
| PS-TSG | Poly(styrol)-Schaumspritzguß |
| PTF | Poly(tetrafluoräthylen)-Faser |
| PTFE | Poly(tetrafluoräthylen) |
| PU | Polyurethan-Faser |
| PUA | Polyharnstoff-Faser |
| PUE | Segmentierte Polyurethan-Fasern |
| PUR | Polyurethan |
| PVA | Poly(vinyläther) |
| PVA | Poly(vinylalkohol)-Faser |
| PVAC | Poly(vinylacetat) |
| PVAL | Poly(vinylalkohol) |
| PVB | Poly(vinylbutyral) |
| PVC | Poly(vinylchlorid) |
| PVCA | Copolymer aus Vinylchlorid und Vinylacetat |
| PVDC | Poly(vinylidenchlorid) |
| PVDF | Poly(vinylidenfluorid) |
| PVF | Poly(vinylfluorid) |
| PVFM | Poly(vinylformal) |
| PVID | Poly(vinylidennitril) |
| PVM | Copolymer aus Vinyläthern und Vinylchlorid |
| SAN | Copolymer aus Styrol und Acrylnitril |
| SBR | Elastomer aus Styrol und Butadien |
| SMS | Copolymer aus Styrol und α-Methylstyrol |
| SI | Silicon |
| TR | Thermoplastische Elastomere |
| UF | Harnstoff/Formaldehyd-Harz |
| UP | Ungesättigte Polyester |
| VP | Vulkanfiber |

(nach ISO/DR 1252, DIN 7728, sowie nach EWG-Bezeichnungen)

*Tabl. VI–2:* Trivial- und Handelsnamen von makromolekularen Substanzen
(Die Liste erhebt keinen Anspruch auf Vollständigkeit)

Verzeichnis von Handelsnamen:

J. B. Titus, Trade Designations of Plastics and Related Materials, Plastics Evaluation Center, Dover, N. J., 1970.
Deutsche Rhodiaceta, Chemiefasern auf dem Weltmarkt, Deutsche Rhodiaceta, Freiburg/Br. 1966.

| | | |
|---|---|---|
| ABS-Polymere | Gattungsbezeichnung für Copolymere oder Polyblends aus Acrylnitril, Butadien, Styrol | – |
| Acetat | Gattungsname für Fasern aus Cellulose-2-$\frac{1}{2}$-acetat | – |
| ACETA | Celluloseacetat | Bayer/D |
| ACRILAN | Polyacrylnitril | Chemstrand Corp./USA (= Monsanto) |
| ACRONAL | Dispersionen auf Basis von Uni- und Copolymeren aus Acrylsäureestern | BASF/D |
| Acryl | Gattungsname für Fasern aus mindestens 85 Gew. proz. Polyacrylnitril | |
| ACRYLAN-RUBBER | Acrylsäurebutylester/5 – 10 % Acrylnitril-Copolymer | Monomer Corp./USA |
| ALATHON | Äthylen/Vinylacetat-Copolymer | Du Pont/USA |
| ALBERTOL/ALBERLAT | Modifizierte Phenolharze | Chem. Werke Albert/D |
| ALKATHENE | Poly(äthylen) (Hochdruck) | ICI/GB |
| ALKYDAL | Polyesterharz | Bayer/D |
| ALLOPRENE | Chlorkautschuk | ICI/GB |
| AMBERLITE | Synthetische Ionentauscher | Röhm & Haas/USA |
| AMERIPOL | Poly(isopren) | Firestone/USA |
| AMERIPOL SM | cis-1,4-Poly(isopren) | Firestone/USA |
| ARALAC | Eiweißfaser | National Dairy Prod. USA |
| ARALDIT | Epoxidharze | CIBA/CH |
| ARDIL | Faser aus Erdnußprotein | ICI/GB |
| ARNITE | Poly(äthylenglykolterephthalat) (als Kunststoff) | AKU/NL |
| ASPLIT | Phenoplast | Hoechst/D |
| Azlon | Gattungsname für Fasern aus regenerierten Proteinen | – |
| BALATA | trans-1,4-Poly(isopren) | Naturprodukt |
| BAKELIT | Phenol-Formaldehyd-Harze | Bakelite AG/USA |
| BAREX | Copolymer von Acrylnitril und Methylacrylat (3 : 1) | Vistron/USA |
| BECKACITE | Phenoplast | Reichhold/USA |
| BODANYL | Poly(caprolactam) | Feldmühle, Rorschach/CH |
| BORALLOY | Bornitrid | Union Carbide/USA |
| BUNAN | Copolymer aus Butadien und Acrylnitril | Hüls/D |
| BUNA S bzw. SS | Butadien/Styrol-Copolymer (Elastomer) | Hüls/D |
| BUTON | Bei hohen PM-Temperaturen hergestellter vernetzbarer Kunststoff aus Butadien und Styrol | Esso/GB |
| BUTYLKAUTSCHUK | Poly(isobutylen) mit 2 % Isopren | Bayer/D |
| CARBOWAX | Poly(äthylenglykol) | Union Carbide/USA |
| CARIFLEX | Blockcopolymer Styrol/Butadien/Styrol | Shell/NL |
| C 23 | Äthylen-Propylen-Copolymer | Montecatini/I |
| CELCON | Poly(formaldehyd) (aus Trioxan mit etwas Äthylenoxid) | Celanese/USA |

| | | |
|---|---|---|
| CELLIDOR | Thermoplast auf Basis CELLIT | Bayer/D |
| CELLIT | Celluloseacetat bzw. -acetatbutyrat | Bayer/D |
| CELLON | Celluloseacetat | Dynamit-Nobel/D |
| CELLOPHAN | Hydratcellulose aus Zellstoff | Kalle/D |
| CELLULOID | Cellulosenitrat, mit Campher weichgemacht | Dynamit-Nobel/D |
| Chicle | Rohstoff für Kaugummi (Mischung von trans-1,4-Poly(isopren) mit Triterpenen) | Naturprodukt |
| CHINON | Pfropfcopolymer von 70 % Acrylnitril auf 30 % Casein | Toyoba, Japan |
| CHLORKAUTSCHUK | Chlorierter Naturkautschuk | Bayer/D |
| CIBANOID | Harnstoff-Formaldehyd-Harz | CIBA/CH |
| COLLACRAL K | Poly(vinylpyrrolidon) für techn. Zwecke | BASF/D |
| COURLENE | Poly(äthylen) (-Faden) | Courtaulds/GB |
| COURLENE PY | Poly(propylen)(-Faden) | Courtaulds/GB |
| COURTELLE | Poly(acrylnitril) | Courtaulds/GB |
| CORFAM | Poröses Kunstleder aus Polyurethan/Polyester/Polyester-Vlies | Du Pont/USA |
| CORVIC | Poly(vinylchlorid) | ICI/GB |
| CORAL RUBBER | cis-1,4-Poly(isopren) | Goodrich/USA |
| DACRON | Faser aus Poly(äthylenglykolterephthalat) | Du Pont/USA |
| DELRIN | Poly(oxymethylen) (aus Formaldehyd) | Du Pont/USA |
| DESMODUR | Isocyanattypen für Polyurethane | Bayer/D |
| DESMOPHEN | Polyester für Polyurethane | Bayer/D |
| DEXSIL | Poly(carboransiloxane) | Olin/USA |
| DIOFAN | Dispersion von Copolymeren des Vinylidenchorids | BASF/D |
| DIOLEN | Faser aus Poly(äthylenglykolterephthalat) | Glanzstoff/D |
| DRALON | Poly(acrylnitril) | Bayer/D |
| DRAWINELLA | Cellulosetriacetat | Wacker/D |
| DURANIT | Butadien/Styrol-Copolymer | Hüls/D |
| DURETHAN | Polyamide oder Polyurethane | Bayer/D |
| DURETTE | Faser aus Isophthalsäure und m-Phenylendiamin | Monsanto/USA |
| DUTRAL | Äthylen-Propylen-Copolymer | Montecatini/I |
| DYNEL | Vinylchlorid/Acrylnitril-Copolymer | Union Carbide/USA |
| EKONOL | Poly(p-hydroxybenzoat) | Carborundum/USA |
| ENJAY-BUTYL | Isobutylen-Isopren-Copolymer | Enjay/USA |
| ENKATHERM | Poly(terephthaloyloxamidrazon) | AKZO/NL |
| EPIKOTE | Epoxidharz | Shell/NL |
| EPON | Epoxidharz | Shell/NL |
| ETHOCEL | Celluloseäther | Dow/USA |
| FASER AF | Dehydriertes, cycl. Poly(acrylnitril) | Du Pont/USA |
| FLUON | Poly(tetrafluoräthylen) | ICI/GB |
| GAFLON | Poly(tetrafluoräthylen) | Gachot/F |
| GALALITH | Kunststoff aus Milcheiweiß | Internationale Galalith/D |
| GLYPTAL | Alkydharz | General Electric/USA |
| GRAFOIL | Folie aus reinem Graphit | Union Carbide/USA |
| GR | „Governments Rubber", frühere Bezeichnung von Polymeren, die während des 2. Weltkrieges in staatseigenen Fabriken der USA hergestellt wurden | – |
| GR–I | Copolymer aus Isobutylen mit 2 % Isopren | – |
| GR–N | Poly(chloropren) | – |
| GR–P | Thiokol | – |

| | | |
|---|---|---|
| GR–S | Copolymer aus Butadien und Styrol | – |
| GREX | Poly(äthylen) (Niederdruck) | W.R. Grace & Co./USA |
| GRILEN | p-Hydroxybenzoesäure + Terephthalsäure + Glycol (Faser) | Emser Werke/CH |
| GRILON | Polyamid 6 | Emser Werke/CH |
| GRILONIT | Epoxidverbindungen | Emser Werke/CH |
| GUTTAPERCHA | trans-1,4-Poly(isopren) | Naturprodukt |
| H–FILM | Polyimid (Pyromellithsäureanhydrid +p,p′-Diaminodiphenylenoxid) | Du Pont/USA |
| HI-FAX | Poly(äthylen) (Niederdruck) | Hercules Powder/USA |
| HOSTAFLON | Poly(trifluormonochloräthylen) | Hoechst/D |
| HOSTAFORM | Polyoxymethylen (aus Trioxan unter Zusatz cyclischer Acetale) | Hoechst/D |
| HOSTALEN | Poly(äthylen) (Niederdruck) | Hoechst/D |
| HOSTALEN PP | Poly(propylen) | Hoechst/D |
| HOSTALIT | Poly(vinylchlorid) | Hoechst/D |
| HOSTAPHAN | Poly(terephthalsäureglykolester) | Kalle/D. |
| HYCAR | Gruppe von Elastomeren (z.B. Nitrilkautschuke, Styrol/Butadien-Kautschuke usw. | Goodrich/USA |
| HYDRON | Poly(hydroxyäthylmethacrylat) | Hydro-Dent, USA |
| HYGROMULL | Harnstoff/Formaldehyd-Harz (Schaumstoff) | BASF/D |
| HYPALON | Sulfochloriertes Poly(äthylen) | Du Pont/USA |
| HYSTREL | Blockcopolymer aus Poly(butylenterephthalat) und Poly(butylenglykol) | Du Pont/USA |
| IGELIT | Poly(vinylchlorid) | BASF/D |
| IPORKA | Harnstoff/Formaldehyd-Schaumstoff | BASF/D |
| IRRATHENE | Bestrahltes, vernetztes Poly(äthylen) | General Electric/USA |
| KAPTON H | Polyimid aus Pyromellithsäuredianhydrid und p,p′-Diaminodiphenyläther | Du Pont/USA |
| KAURIT-Leim | Harnstoffformaldehyd-Harz | BASF/D |
| KAUTEX | Poly(vinylchlorid) | Kautex Werke/D |
| KEL-F | Poly(trifluormonochloräthylen) | M. W. Kellog/USA |
| KEL-F-ELASTOMER | Copolymer aus Vinylfluorid und Trifluorchloräthylen | M. W. Kellog/USA |
| KODEL-2 | Polyester aus Terephthalsäure und 1,4-Dimethylolcyclohexan | Eastman/USA |
| KODEL-10 | Poly(äthylenglykolterephthalat) | Eastman/USA |
| KRYTOX | Perfluorierte Polyäther | Du Pont/USA |
| KYNOL | Phenol/Formaldehyd-Faser | Carborundum/USA |
| LANITAL | Faser aus Milcheiweiß | Snia Viscosa/I |
| Lastrile | Fäden aus Copolymeren mit 10-50 % Acrylnitril und einem Kohlenwasserstoffdien | Gattungsname |
| LEACRIL | Poly(acrylnitril) | ACSA/I |
| LEGUVAL | Ungesättigte Polyester | Bayer/D |
| LEVAPREN | Äthylen/Vinylacetat-Copolymer | Bayer/D |
| LEXAN | Polycarbonat aus Bisphenol A und Phosgen | General Electric/USA |
| LIGNOSTONE | Gepreßtes Holz | Röchling/D |
| LOPAC | Copolymer von Methacrylnitril und Styrol oder α-Methylstyrol | Monsanto/USA |
| LUCITE | Poly(methylmethacrylat) | Du Pont/USA |
| LUPAREN | Poly(propylen) | BASF/D |
| LUPHEN | Phenoplast | BASF/D |
| LUPOLEN | Poly(äthylen) (Hochdruck) | BASF/D |
| LURAN | Copolymer aus Styrol/Acrylnitril | BASF/D |

| | | |
|---|---|---|
| LUTOFAN | Vinylchloridhaltige Copolymere für Papierbeschichtung in Form von Lösungen (L) oder Dispersionen (D) | BASF/D |
| LUTONAL | Poly(vinyläther) | BASF/D |
| LUVICAN | Poly(vinylcarbazol) (wird nicht mehr produziert) | BASF/D |
| LUVITHERM | Poly(vinylchlorid) (Folie) | BASF/D |
| LYCRA | Elastomer aus Segmenten von Polyäther und Polyurethan | Du Pont/USA |
| MAKROLON | Polycarbonat aus Bisphenol A- und Phosgen-Bausteinen | Bayer/D |
| MARLEX | Poly(äthylen) | Phillips/USA |
| MELAN, MELAMIN | Melamin-Formaldehyd-Vorkondensat | Henkel/D |
| MERAKLON | Poly(propylen) | Montecatini/I |
| MERINOVA | Casein-Faser | Snia Visc./I |
| Methylkautschuk | Poly(2,3-dimethylbutadien) | Bayer/D (I. Weltkrieg) |
| MIPOLAM | Poly(vinylchlorid) | Dynamit-Nobel/D |
| MIRLON | Polyamid | Viscose-Suisse/CH |
| Modacrylic | Gattungsname für Fäden mit 35-85 Gew.proz. Poly(acrylnitril), ausg, Gummi | – |
| Modal | Gattungsname für Fäden aus reg. Cell. mit modifizierter Struktur | – |
| MOLTOPREN | Polyester oder Polyäther + Diisocyanat + Wasser (Schaumstoff) | Bayer/D |
| MOVIL, MOWIL | Poly(vinylchlorid) | Polymer Ind./I |
| MOWILITH | Poly(vinylacetat) | Hoechst/D |
| MOVIOL | Poly(vinylalkohol) | Hoechst/D |
| MYLAR | Polyester (Folie) | Du Pont/USA |
| Neoprene | Poly(chloropren) | Du Pont/USA |
| NIAX | Polyäther aus Propylenoxid und Glycerin bzw. 1,2,6-Hexantriol | Union Carbide/USA |
| NITRON | Cellulosenitrat | Monsanto/USA |
| NOMEX | Polyamid aus Isophthalsäure + m-Phenylendiamin | Du Pont/USA |
| NOVODUR | ABS-Polymer | Bayer/D |
| NOVOLAK | Phenol/Formaldehyd-Kondensat | Dynamit-Nobel/D |
| Nylon | Gattungsname für Polyamide | – |
| NYLON 6-T | Polyamid aus Terephthalsäure + Hexamethylendiamin | Celanese/USA |
| NYLSUISSE | Adipinsäure + Hexamethylendiamin | Viscose-Suisse/CH |
| Olefin | Fäden und Fasern aus mind. 85 % Äthylen, Propylen oder andern Olefinen, ausgenommen Gummi | Gattungsname |
| OPPANOL B | Poly(isobutylen) | BASF/D |
| OPPANOL C | Poly(vinylisobutyläther) | BASF/D |
| OPPANOL O | Copolymer aus 90 % IB und 10 % Sty | BASF/D |
| ORLON | Poly(acrylnitril) | Du Pont/USA |
| Pale Crepe | Heller, ungeräucherter Kautschuk | – |
| PARALAC | Polyesterharz | ICI/GB |
| PARLON | Chlorkautschuk | Hercules Powder/USA |
| PARYLEN N | Poly(p-xylylen) | Union Carbide/USA |
| PARYLEN C | Poly(monochlor-p-xylylen) | Union Carbide/USA |
| PBI | Poly(benzimidazol) | Celanese/USA |
| PE CE | nachchloriertes Poly(vinylchlorid) (Faser) | BASF/D |
| PENTON | Poly(2,2-dichlormethyltrimethylenoxid) | Hercules Powder/USA |
| PERBUNAN C | Poly(chloropren) | Bayer/D |
| PERBUNAN N | Butadien/Acrylnitril-Copolymer | Bayer/D |
| PERDUREN | Thioplaste | Hoechst/D |

| | | |
|---|---|---|
| PERISTON | Poly(vinylpyrrolidon) für Blutersatz | Bayer/D |
| PERLENKA | Poly(caprolactam) | AKU/NL |
| PERLON | Gattungsname für Polyamide aus Caprolactam (= Nylon 6) | – |
| PERLON U | Polyurethan | Bayer/D |
| PERSPEX | Poly(methacrylsäuremethylester) | ICI/GB |
| PHENOXY | Copolymer aus Bisphenol A + Epichlorhydrin | Union Carbide/USA |
| PHENYL T | Polymerisiertes Phenylsesquisiloxan (Leiterpolymer) | General Electric/USA |
| PHILPRENE | Butadien-Styrol-Copolymer | Philips Petrol/NL |
| PLEXIGLAS | Poly(methacrylsäuremethylester) | Röhm & Haas/D |
| PLEXOL | Öllösliches Methacrylestercopolymer (Viskositätsverbesserer) | Röhm & Haas/D |
| PLIOFILM | Kautschuk-Hydrochlorid | Goodyear/USA |
| PLIOLITE NR | Cyclokautschuk | Goodyear/USA |
| PLURONICS | Äthylenoxid/Propylenoxid-Copolymer | Wyandotte Chem./USA |
| POLLOPAS | Harnstoff-Formaldehyd-Harz | Dynamit-Nobel/D |
| Polyester | Gattungsname für Fasern aus mind. 85 Gew. proz. eines Esters aus Terephthalsäure und einem Dialkohol | – |
| POLYMIN | Poly(äthylenimin) | BASF/D |
| POLYOX | Hochmolekulare Poly(äthylenoxide) | Union Carbide/USA |
| POLYSAR-BUTYL | Isobutylen-Isopren-Copolymer | Sarnia/Canada |
| POLYSULFON | Copolymer aus Bisphenol A + p, p′-Dichlordiphenylsulfon | Shell/NL |
| POLYTHENE | Poly(äthylen) (Hochdruck) | Du Pont/USA |
| PPO | Poly(2,6-dimethylphenylenoxid) | General Electric/USA |
| PRO-FAX | Poly(propylen) | Hercules Powder/USA |
| PROPIOFAN | Poly(vinylpropionat) | BASF/D |
| QIANA | Faser aus trans, trans-Diamino-dicyclohexylmethan und Dodecandicarbonsäure oder Sebacinsäure | Du Pont/USA |
| Q2 | Polyamid aus 1,4-Bis(aminomethyl)-cyclohexan und Korksäure | Eastman/USA |
| Rayon, Rayonne | Gattungsname für Fasern aus regenerierter Cellulose oder Cellulosederivaten (Substitutionsgrad der OH-Gruppen $< 15$ %) | |
| RHODESTER | Celluloseacetat | Soc. Rhone Poulenc/F |
| RHODIA | Cellulose $2\frac{1}{2}$ acetat | Soc. Rhodiaceta/F |
| RHODIACETA-NYLON | Nylon 66 | Soc. Rhodiaceta/F |
| RHOVIL | Poly(vinylchlorid) | Soc. Rhovil/F |
| RIBBONSTRAW | Cellulose $2\frac{1}{2}$ acetat (Kunststroh) | British Celanese/GB |
| RILSAN | Nylon 11 | Acquitaine-Organico/F |
| ROVICELLA | Cellulose (Viskose) | Feldmühle Rorschach/CH |
| ROYALENE | Poly(äthylen) oder Poly(propylen) | U.S. Rubber Co./USA |
| RT 700 | Cellulose (Viskose) | Glanzstoff/D |
| RUBAZOTE | Naturkautschuk | Expanded Rubber/GB |
| RUVEA | Nylon 66 (Kunststroh) | Du Pont/USA |
| RYTON | Poly(thio-1,4-phenylen) | Phillips Petroleum/USA |
| SAFLEX | Poly(vinylacetal) | Monsanto/USA |
| Saran | Gattungsname für Fasern aus Polymeren mit mind. 80 Gew. proz. Vinylidenchlorid | – |
| SCOTCHCAST | Epoxidharz | Minnesota Min./USA |
| Silicone | Gattungsname für Polymere mit $\text{-(}SiR_2\text{—}O\text{)-}$ Ketten | Bayer, Dow, General Electric |
| SILOPREN | Polysiloxankautschuk | Bayer/D |

| | | |
|---|---|---|
| SKS | Copolymer aus Butadien und Styrol | USSR |
| Smoked Sheets | geräucherter Naturkautschuk | – |
| SOWPREN | Poly(chloropren) | USSR |
| Spandex | Gattungsname für Fäden aus mind. 85 % segmentierten Polyurethanen | |
| STYROFLEX | Poly(styrol) (Faser) | Ndd. Seekabelwerke/D |
| STYROFOAM | Poly(styrol) (Schaumstoff) | Dow/USA |
| STYRON | Poly(styrol), auch Copolymer | Dow/USA |
| STYROPOR P | Poly(styrol (Schaumstoff) | BASF/D |
| SUPRALEN | Poly(äthylen) (Rohre) | Mannesmann/D |
| SURLYN A | Ionomer (Copolymer aus Äthylen + wenig Acrylsäure oder Maleinsäure-anhydrid) | Du Pont/USA |
| TEDLAR | Poly(vinylfluorid) | Du Pont/USA |
| | Poly(tetrafluoräthylen) oder andere fluorierte Polymere | |
| TEFLON | Poly(tetrafluoräthylen) | Du Pont/USA |
| TEFLON FEP | Copolymer aus Tetrafluoräthylen und Hexafluorpropylen | Du Pont/USA |
| TEGO | Phenoplast | Resinous Products/USA |
| TENAX | Poly(oxy-1,4-(2,6-diphenyl)-phenylen)) | AKU/NL |
| TERITAL | Poly(äthylenglycolterephthalat) | Soc. Rhodiadoce/I |
| TERLENKA | Poly(äthylenglycolterephthalat) | AKU/NL |
| TERLURAN | schlagfestes Polystyrol (Pfropfpolymer von Styrol und Acrylnitril auf Styrol-Butadien-Copolymer) | BASF/D |
| TERYLEN | Poly(äthylenglycolterephthalat) | ICI/GB |
| THIOKOL | Poly(äthylentetrasulfid) (Kautschuk) | Du Pont/USA |
| THORNEL | Graphitgarn | Union Carbide/USA |
| TPX | Poly(4-methyl-penten-1) | ICI/GB |
| TRAVIS | Vinylacetat-Vinylidencyanid-Copolymer | Hoechst/Celanese |
| TREVIRA | Polyester (Fasern) | Hoechst/D |
| Triacetat | Gattungsname für Fasern aus Cellulose-triaceta (Veresterungsgrad > 92 %) | – |
| TRICEL | Cellulosetriacetat | Bayer/D |
| TROLIT AE | Celluloseäther | Dynamit-Nobel/D |
| TROLIT F | Cellulosenitrat | Dynamit-Nobel/D |
| TROLITAN | Phenol-Formaldehyd-Harz | Dynamit-Nobel/D |
| TROLITUL | Poly(styrol) | Dynamit-Nobel/D |
| TRONAL | schlagfestes (Poly(styrol) | Dynamit-Nobel/D |
| TROVIDUR | Poly(vinylchlorid) | Dynamit-Nobel/D |
| TROVITHERM | Poly(vinylchlorid) (Folien) | Dynamit-Nobel/D |
| TYLOSE | Celluloseäther | Kalle/D |
| TYNEX | Nylon 66 | Du Pont/USA |
| ULTRAMID A | Nylon 66 | BASF/D |
| ULTRAMID B | Nylon 6 | BASF/D |
| ULTRAMID S | Nylon 610 | BASF/D |
| ULTRAPAS | Melamin-Formaldehyd-Harz | Dynamit-Nobel/D |
| URYLON | Poly(nonamethylenharnstoff) | Toya/Japan |
| VERSAMIDE | Gruppe von „polymerisierten" pflanzlichen Ölen, deren Estergruppen mit Di- und Triaminen umgesetzt wurden | General Mills/USA |
| VESTAMID | Verschiedene Nylontypen | Hüls/D |
| VESTAN | Polykondensate aus Terephthalsäure und 1,4-Dimethylolcyclohexan bzw. Äthylenglykol | Hüls/D |
| VESTOLEN A | Niederdruck-Poly(äthylen) | Hüls/D |

| | | |
|---|---|---|
| VESTOLEN P | Poly(propylen) | Hüls/D |
| VESTOLIT | Poly(vinylchlorid) | Hüls/D |
| VESTOPAL | unges. Polyester, in Styrol gelöst | Hüls/D |
| VESTORAN | Vinylchlorid-Vinylacetat-Copolymer | Hüls/D |
| VESTYRON | Poly(styrol) | Hüls/D |
| VICARA | Eiweiß-Faser | Virginia-Carolina Chem./USA |
| Vinal | Gattungsname für Fasern aus mind. 50 Gew. proz. Ketten mit Poly(vinylalkohol)-Gruppen, bei denen mind. 85 % dieser Ketten aus Vinylalkohol- und Acetalgruppen bestehen | – |
| VINIDUR | Poly(vinylchlorid)-Folie | BASF/D |
| VINNIPAS | Poly(vinylacetat) | Wacker/D |
| VINNOL | Poly(vinylchlorid) | Wacker/D |
| VINOFLEX | Vinylchlorid-Vinyläther-Copolymer | BASF/D |
| VINYLITE, VINYON | Vinylchlorid-Vinylacetat-Copolymer | Carbide & Carbon Chem./USA |
| VINYLON | Poly(vinylalkohol)-Faser | Synthetic Fiber Mfts. Group/Japan |
| Vinyon | Gattungsname für Fasern aus mind. 85 Gew. proz. Vinylchlorid-Einheiten | – |
| VISCOPLEX | öllösliches Methacrylsäureestercopolymer (Viskositätsverbesserer) | Röhm & Haas/D |
| Viscose | Gattungsname für Fäden aus reg. Cellulose (nach dem Xanthogenatverfahren hergestellt) | – |
| VISTANEX | Poly(isobutylen) | Standard Oil/USA |
| VITON A | Vinylidenfluorid-Hexafluorpropylen-Copolymer | Du Pont/USA |
| VULCOLLAN | Polyurethan | Bayer/D |
| WORBALOID | Cellulosenitrat | Worbla AG/CH |
| Zein | Gattungsname für Fäden und Fasern aus pflanzlichem Eiweiß | – |
| ZETAFIN | Äthylen-Vinylacetat-Copolymer | Dow/USA |
| ZYTEL | Nylon 610 | Du Pont/USA |
| ZYTEL 101 | Nylon 66 | Du Pont/USA |

Tab. VI-3: SI-Einheiten

| Symbol | Größe | Name | Einheit |
|---|---|---|---|
| *Basisgrößen* | | | |
| $l$ | Länge | Meter | m |
| $m$ | Masse | Kilogramm | kg |
| $t$ | Zeit | Sekunde | s |
| $I$ | Elektrische Stromstärke | Ampere | A |
| $T$ | Thermodynamische Temperatur | Kelvin | K |
| $I_v$ | Lichtstärke | Candela | cd |
| $n$ | Stoffmenge | Mol | mol |
| *Zusätzliche Basisgrößen* | | | |
| $\alpha, \beta, \gamma \ldots$ | Winkel in der Ebene | Radiant | rad |
| $\omega, \Omega$ | Winkel im Raum | Steradiant | sr |

| Symbol | Größe | Name | Einheit |
|---|---|---|---|
| *Abgeleitete Größen* | | | |
| $F$ | Kraft | Newton | $N = J\,m^{-1} = kg\,m\,s^{-2}$ |
| $E$ | Energie | Joule | $J = N\,m = kg\,m^2\,s^{-2}$ |
| $P$ | Leistung | Watt | $W = J\,s^{-1} = V\,A = kg\,m^2\,s^{-3}$ |
| $p$ | Druck | Pascal | $Pa = N\,m^{-2} = J\,m^{-3} = kg\,m^{-1}\,s^{-2}$ |
| $\nu$ | Frequenz | Hertz | $Hz = s^{-1}$ |
| $Q$ | Elektrizitätsmenge Elektrische Ladung | Coulomb | $C = A\,s$ |
| $U$ | Elektrische Potentialdifferenz, Spannung | Volt | $V = J\,C^{-1} = W\,A^{-1} = kg\,m^2\,s^{-3}\,A^{-1}$ |
| $R$ | Elektrischer Widerstand | Ohm | $\Omega = V\,A^{-1} = kg\,m^2\,s^{-3}\,A^{-2}$ |
| $S$ | Elektrischer Leitwert | Siemens | $G = A\,V^{-1} = s^3\,A^2\,kg^{-1}\,m^{-2}$ |
| $C$ | Elektrische Kapazität | Farad | $F = C\,V^{-1} = s^4\,A^2\,kg^{-1}\,m^{-2}$ |
| $\Phi$ | Magnetischer Fluß | Weber | $Wb = V\,s = kg\,m^2\,s^{-2}\,A^{-1}$ |
| $L$ | Eigeninduktivität | Henry | $H = V\,s\,A^{-1} = kg\,m^2\,s^{-2}\,A^{-2}$ |
| $B$ | Magnetische Induktion | Tesla | $T = V\,s\,m^{-2} = kg\,s^{-2}\,A^{-1}$ |
| $\Phi_v$ | Lichtstrom | Lumen | $lm = cd\,sr$ |
| $E_v$ | Beleuchtungsstärke | Lux | $Lx = lm\,m^{-2} = cd\,sr\,m^{-2}$ |

*Tab. VI-4:* Vorsilben für SI-Einheiten

| Faktor | Vorsilbe | Symbol |
|---|---|---|
| $10^{12}$ | Tera | T |
| $10^{9}$ | Giga | G |
| $10^{6}$ | Mega | M |
| $10^{3}$ | Kilo | k |
| $10^{2}$ | Hekto | h |
| $10^{1}$ | Deka | da |
| $10^{-1}$ | Dezi | d |
| $10^{-2}$ | Zenti | c |
| $10^{-3}$ | Milli | m |
| $10^{-6}$ | Mikro | $\mu$ |
| $10^{-9}$ | Nano | n |
| $10^{-12}$ | Pico | p |
| $10^{-15}$ | Femto | f |
| $10^{-18}$ | Atto | a |

*Tab. VI-5:* Fundamentale Konstanten

| Größe | Symbol, Wert und Einheit |
|---|---|
| Lichtgeschwindigkeit im Vakuum | $c = 2{,}9979 \cdot 10^{8}\ \text{m s}^{-1}$ |
| Elementarladung | $e = 1{,}602 \cdot 10^{-19}\,\text{C}$ |
| Faraday-Konstante | $F = 9{,}64870 \cdot 10^{4}\ \text{C mol}^{-1}$ |
| Planck-Konstante | $h = 6{,}6256 \cdot 10^{-34}\ \text{J s}$ |
| Boltzmann-Konstante | $k = 1{,}3805 \cdot 10^{-23}\ \text{J K}^{-1}$ |
| Avogadro-Konstante (Loschmidtsche Zahl) | $N_L = 6{,}0225 \cdot 10^{23}\ \text{mol}^{-1}$ |
| (Molare) Gaskonstante | $R = 83{,}143\ \text{bar cm}^3\ \text{K}^{-1}\ \text{mol}^{-1} = 8{,}3143\ \text{J K}^{-1}\ \text{mol}^{-1}$ |
| Permeabilität des Vakuums | $\mu_0 = 4\pi \cdot 10^{-7}\ \text{J s}^2\ \text{C}^{-2}\ \text{m}^{-1}$ |
| Permittivität des Vakuums | $\epsilon_0 = \mu_0^{-1} c^{-2} = 8{,}854 \cdot 10^{-12}\ \text{J}^{-1}\ \text{C}^2\ \text{m}^{-1}$ |

*Tab. VI-6:* Umrechnungen von alte in neue Einheiten

| Alte Einheit | Neue Einheit | Umrechnung |
|---|---|---|
| Mikron = Mü | Meter | $1\ \mu = 10^{-6}$ m = 1 $\mu$m |
| Millimikron | Meter | $1\ \mathrm{m}\mu = 10^{-9}$ m = 1 nm |
| Angstrøm | Meter | $1\ \mathrm{A} = 10^{-10}$ m = 0,1 nm |
| Denier | Tex | 1 den = 1/9 tex = 1/9 g $\mathrm{km}^{-1}$ |
| Dyn | Newton | 1 dyn = $10^{-5}$ N |
| Pond | Newton | 1 p = 9,89665 · $10^{-3}$ N |
| Phys. Atmosphäre | Bar | 1 atm = 1,01325 bar |
| Techn. Atmosphäre | Bar | 1 at = 0,980665 bar |
| Torr | Bar | 1 torr = 1,333224 mbar |
| Konventionelle mm Quecksilbersäule | Pascal | 1 mm Hg = 133.322 Pa |
| Erg | Joule | 1 erg = $10^{-7}$ J |
| Kalorie | Joule | 1 cal = 4,1868 J |
| Elektronenvolt | Joule | 1 eV = 1,6021 · $10^{-19}$ J |
| Poise | Pascal-Sekunden | 1 P = 0,1 Pa s |
| Grad | Radian | 1 ° = 0,017453 rad |

## Sachregister

Bei der Anordnung der Stichworte wurden die Umlaute ä, ö, ü und äu wie die nichtumgelauteten Stichworte a, o, u und au behandelt, jedoch nach diesen angeordnet. Die zu näheren Kennzeichnung chemischer Verbindungen verwendeten Präfixes 2-, o-, m-, p-, d-, D-, N-, α-, β-, it- usw. wurden bei der alphabetischen Anordnung nicht berücksichtigt. Handelsnamen und meist auch Kurzzeichen wurden nicht in das Stichwortverzeichnis aufgenommen. Die Abkürzungen bedeuten:

| | | | |
|---|---|---|---|
| anion. | = anionisch(e) | PK | = Polykondensation |
| Def. | = Definition | PM | = Polymerisation |
| ff. | = folgende | rad. | = radikalisch(e) |
| MS | = Monomersynthese | kat. | = kationisch(e) |

Die Zahlen geben die Seite an, auf der das Stichwort erwähnt ist oder seine Behandlung beginnt. Weiterführende Literatur wurde nicht in das Sachregister aufgenommen; sie befindet sich stets am Ende jedes Kapitels.